# PERIODIC TABLE OF THE ELEMENTS

**KEY**

| An element | |
|---|---|
| 79 | Atomic number |
| Au | Symbol |
| Gold | Name |
| 196.9666 | Atomic weight |

- Main group metals
- Transition metals
- Metalloids
- Nonmetals, noble gases

Period number; Group number, U.S. system; Group number, IUPAC system

| Period | 1A (1) | 2A (2) | 3B (3) | 4B (4) | 5B (5) | 6B (6) | 7B (7) | 8B (8) | 8B (9) | 8B (10) | 1B (11) | 2B (12) | 3A (13) | 4A (14) | 5A (15) | 6A (16) | 7A (17) | 8A (18) |
|---|---|---|---|---|---|---|---|---|---|---|---|---|---|---|---|---|---|---|
| 1 | 1<br>**H**<br>Hydrogen<br>1.0079 | | | | | | | | | | | | | | | | | 2<br>**He**<br>Helium<br>4.0026 |
| 2 | 3<br>**Li**<br>Lithium<br>6.941 | 4<br>**Be**<br>Beryllium<br>9.0122 | | | | | | | | | | | 5<br>**B**<br>Boron<br>10.811 | 6<br>**C**<br>Carbon<br>12.0107 | 7<br>**N**<br>Nitrogen<br>14.0067 | 8<br>**O**<br>Oxygen<br>15.9994 | 9<br>**F**<br>Fluorine<br>18.9984 | 10<br>**Ne**<br>Neon<br>20.1797 |
| 3 | 11<br>**Na**<br>Sodium<br>22.9898 | 12<br>**Mg**<br>Magnesium<br>24.3050 | | | | | | | | | | | 13<br>**Al**<br>Aluminum<br>26.9815 | 14<br>**Si**<br>Silicon<br>28.0855 | 15<br>**P**<br>Phosphorus<br>30.9738 | 16<br>**S**<br>Sulfur<br>32.065 | 17<br>**Cl**<br>Chlorine<br>35.453 | 18<br>**Ar**<br>Argon<br>39.948 |
| 4 | 19<br>**K**<br>Potassium<br>39.0983 | 20<br>**Ca**<br>Calcium<br>40.078 | 21<br>**Sc**<br>Scandium<br>44.9559 | 22<br>**Ti**<br>Titanium<br>47.867 | 23<br>**V**<br>Vanadium<br>50.9415 | 24<br>**Cr**<br>Chromium<br>51.9961 | 25<br>**Mn**<br>Manganese<br>54.9380 | 26<br>**Fe**<br>Iron<br>55.845 | 27<br>**Co**<br>Cobalt<br>58.9332 | 28<br>**Ni**<br>Nickel<br>58.6934 | 29<br>**Cu**<br>Copper<br>63.546 | 30<br>**Zn**<br>Zinc<br>65.38 | 31<br>**Ga**<br>Gallium<br>69.723 | 32<br>**Ge**<br>Germanium<br>72.64 | 33<br>**As**<br>Arsenic<br>74.9216 | 34<br>**Se**<br>Selenium<br>78.96 | 35<br>**Br**<br>Bromine<br>79.904 | 36<br>**Kr**<br>Krypton<br>83.798 |
| 5 | 37<br>**Rb**<br>Rubidium<br>85.4678 | 38<br>**Sr**<br>Strontium<br>87.62 | 39<br>**Y**<br>Yttrium<br>88.9058 | 40<br>**Zr**<br>Zirconium<br>91.224 | 41<br>**Nb**<br>Niobium<br>92.9064 | 42<br>**Mo**<br>Molybdenum<br>95.96 | 43<br>**Tc**<br>Technetium<br>(98) | 44<br>**Ru**<br>Ruthenium<br>101.07 | 45<br>**Rh**<br>Rhodium<br>102.9055 | 46<br>**Pd**<br>Palladium<br>106.42 | 47<br>**Ag**<br>Silver<br>107.8682 | 48<br>**Cd**<br>Cadmium<br>112.411 | 49<br>**In**<br>Indium<br>114.818 | 50<br>**Sn**<br>Tin<br>118.710 | 51<br>**Sb**<br>Antimony<br>121.760 | 52<br>**Te**<br>Tellurium<br>127.60 | 53<br>**I**<br>Iodine<br>126.9045 | 54<br>**Xe**<br>Xenon<br>131.293 |
| 6 | 55<br>**Cs**<br>Cesium<br>132.9055 | 56<br>**Ba**<br>Barium<br>137.327 | 57<br>**La**<br>Lanthanum<br>138.9055 | 72<br>**Hf**<br>Hafnium<br>178.49 | 73<br>**Ta**<br>Tantalum<br>180.9479 | 74<br>**W**<br>Tungsten<br>183.84 | 75<br>**Re**<br>Rhenium<br>186.207 | 76<br>**Os**<br>Osmium<br>190.23 | 77<br>**Ir**<br>Iridium<br>192.217 | 78<br>**Pt**<br>Platinum<br>195.084 | 79<br>**Au**<br>Gold<br>196.9666 | 80<br>**Hg**<br>Mercury<br>200.59 | 81<br>**Tl**<br>Thallium<br>204.3833 | 82<br>**Pb**<br>Lead<br>207.2 | 83<br>**Bi**<br>Bismuth<br>208.9804 | 84<br>**Po**<br>Polonium<br>(209) | 85<br>**At**<br>Astatine<br>(210) | 86<br>**Rn**<br>Radon<br>(222) |
| 7 | 87<br>**Fr**<br>Francium<br>(223) | 88<br>**Ra**<br>Radium<br>(226) | 89<br>**Ac**<br>Actinium<br>(227) | 104<br>**Rf**<br>Rutherfordium<br>(261) | 105<br>**Db**<br>Dubnium<br>(262) | 106<br>**Sg**<br>Seaborgium<br>(266) | 107<br>**Bh**<br>Bohrium<br>(264) | 108<br>**Hs**<br>Hassium<br>(277) | 109<br>**Mt**<br>Meitnerium<br>(268) | 110<br>**Ds**<br>Darmstadtium<br>(281) | 111<br>**Rg**<br>Roentgenium<br>(272) | 112<br>—<br>—<br>(285) | 113<br>—<br>—<br>(284) | 114<br>—<br>—<br>(289) | 115<br>—<br>—<br>(288) | 116<br>—<br>—<br>(293) | | 118<br>—<br>—<br>(294) |

Numbers in parentheses are mass numbers of radioactive isotopes.

| | Period | | | | | | | | | | | | | | | | Period |
|---|---|---|---|---|---|---|---|---|---|---|---|---|---|---|---|---|---|
| Lanthanides | 6 | 58<br>**Ce**<br>Cerium<br>140.116 | 59<br>**Pr**<br>Praseodymium<br>140.9076 | 60<br>**Nd**<br>Neodymium<br>144.242 | 61<br>**Pm**<br>Promethium<br>(145) | 62<br>**Sm**<br>Samarium<br>150.36 | 63<br>**Eu**<br>Europium<br>151.964 | 64<br>**Gd**<br>Gadolinium<br>157.25 | 65<br>**Tb**<br>Terbium<br>158.9254 | 66<br>**Dy**<br>Dysprosium<br>162.500 | 67<br>**Ho**<br>Holmium<br>164.9303 | 68<br>**Er**<br>Erbium<br>167.259 | 69<br>**Tm**<br>Thulium<br>168.9342 | 70<br>**Yb**<br>Ytterbium<br>173.054 | 71<br>**Lu**<br>Lutetium<br>174.9668 | | 6 |
| Actinides | 7 | 90<br>**Th**<br>Thorium<br>232.0381 | 91<br>**Pa**<br>Protactinium<br>231.0359 | 92<br>**U**<br>Uranium<br>238.0289 | 93<br>**Np**<br>Neptunium<br>(237) | 94<br>**Pu**<br>Plutonium<br>(244) | 95<br>**Am**<br>Americium<br>(243) | 96<br>**Cm**<br>Curium<br>(247) | 97<br>**Bk**<br>Berkelium<br>(247) | 98<br>**Cf**<br>Californium<br>(251) | 99<br>**Es**<br>Einsteinium<br>(252) | 100<br>**Fm**<br>Fermium<br>(257) | 101<br>**Md**<br>Mendelevium<br>(258) | 102<br>**No**<br>Nobelium<br>(259) | 103<br>**Lr**<br>Lawrencium<br>(262) | | 7 |

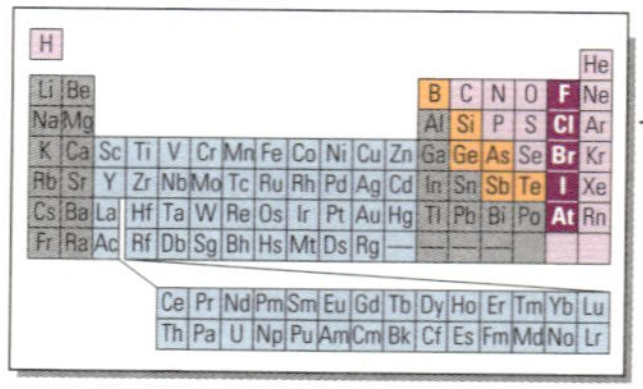

This icon appears throughout the book to help locate elements of interest in the periodic table. The halogen group is shown here.

## Standard Atomic Weights of the Elements 2007, IUPAC

Based on Relative Atomic Mass of $^{12}C = 12$, where $^{12}C$ is a neutral atom in its nuclear and electronic ground state.†

| Name | Symbol | Atomic Number | Atomic Weight |
|---|---|---|---|
| Actinium* | Ac | 89 | (227) |
| Aluminum | Al | 13 | 26.9815386(8) |
| Americium* | Am | 95 | (243) |
| Antimony | Sb | 51 | 121.760(1) |
| Argon | Ar | 18 | 39.948(1) |
| Arsenic | As | 33 | 74.92160(2) |
| Astatine* | At | 85 | (210) |
| Barium | Ba | 56 | 137.327(7) |
| Berkelium* | Bk | 97 | (247) |
| Beryllium | Be | 4 | 9.012182(3) |
| Bismuth | Bi | 83 | 208.98040(1) |
| Bohrium* | Bh | 107 | (264) |
| Boron | B | 5 | 10.811(7) |
| Bromine | Br | 35 | 79.904(1) |
| Cadmium | Cd | 48 | 112.411(8) |
| Calcium | Ca | 20 | 40.078(4) |
| Californium* | Cf | 98 | (251) |
| Carbon | C | 6 | 12.0107(8) |
| Cerium | Ce | 58 | 140.116(1) |
| Cesium | Cs | 55 | 132.9054519(2) |
| Chlorine | Cl | 17 | 35.453(2) |
| Chromium | Cr | 24 | 51.9961(6) |
| Cobalt | Co | 27 | 58.933195(5) |
| Copper | Cu | 29 | 63.546(3) |
| Curium* | Cm | 96 | (247) |
| Darmstadtium* | Ds | 110 | (281) |
| Dubnium* | Db | 105 | (262) |
| Dysprosium | Dy | 66 | 162.500(1) |
| Einsteinium* | Es | 99 | (252) |
| Erbium | Er | 68 | 167.259(3) |
| Europium | Eu | 63 | 151.964(1) |
| Fermium* | Fm | 100 | (257) |
| Fluorine | F | 9 | 18.9984032(5) |
| Francium* | Fr | 87 | (223) |
| Gadolinium | Gd | 64 | 157.25(3) |
| Gallium | Ga | 31 | 69.723(1) |
| Germanium | Ge | 32 | 72.64(1) |
| Gold | Au | 79 | 196.966569(4) |
| Hafnium | Hf | 72 | 178.49(2) |
| Hassium* | Hs | 108 | (277) |
| Helium | He | 2 | 4.002602(2) |
| Holmium | Ho | 67 | 164.93032(2) |
| Hydrogen | H | 1 | 1.00794(7) |
| Indium | In | 49 | 114.818(3) |
| Iodine | I | 53 | 126.90447(3) |
| Iridium | Ir | 77 | 192.217(3) |
| Iron | Fe | 26 | 55.845(2) |
| Krypton | Kr | 36 | 83.798(2) |
| Lanthanum | La | 57 | 138.90547(7) |
| Lawrencium* | Lr | 103 | (262) |
| Lead | Pb | 82 | 207.2(1) |
| Lithium | Li | 3 | [6.941(2)]† |
| Lutetium | Lu | 71 | 174.9668(1) |
| Magnesium | Mg | 12 | 24.3050(6) |
| Manganese | Mn | 25 | 54.938045(5) |
| Meitnerium* | Mt | 109 | (268) |
| Mendelevium* | Md | 101 | (258) |
| Mercury | Hg | 80 | 200.59(2) |

| Name | Symbol | Atomic Number | Atomic Weight |
|---|---|---|---|
| Molybdenum | Mo | 42 | 95.96(2) |
| Neodymium | Nd | 60 | 144.242(3) |
| Neon | Ne | 10 | 20.1797(6) |
| Neptunium* | Np | 93 | (237) |
| Nickel | Ni | 28 | 58.6934(4) |
| Niobium | Nb | 41 | 92.90638(2) |
| Nitrogen | N | 7 | 14.0067(2) |
| Nobelium* | No | 102 | (259) |
| Osmium | Os | 76 | 190.23(3) |
| Oxygen | O | 8 | 15.9994(3) |
| Palladium | Pd | 46 | 106.42(1) |
| Phosphorus | P | 15 | 30.973762(2) |
| Platinum | Pt | 78 | 195.084(9) |
| Plutonium* | Pu | 94 | (244) |
| Polonium* | Po | 84 | (209) |
| Potassium | K | 19 | 39.0983(1) |
| Praseodymium | Pr | 59 | 140.90765(2) |
| Promethium* | Pm | 61 | (145) |
| Protactinium* | Pa | 91 | 231.03588(2) |
| Radium* | Ra | 88 | (226) |
| Radon* | Rn | 86 | (222) |
| Rhenium | Re | 75 | 186.207(1) |
| Rhodium | Rh | 45 | 102.90550(2) |
| Roentgenium* | Rg | 111 | (272) |
| Rubidium | Rb | 37 | 85.4678(3) |
| Ruthenium | Ru | 44 | 101.07(2) |
| Rutherfordium* | Rf | 104 | (261) |
| Samarium | Sm | 62 | 150.36(2) |
| Scandium | Sc | 21 | 44.955912(6) |
| Seaborgium* | Sg | 106 | (266) |
| Selenium | Se | 34 | 78.96(3) |
| Silicon | Si | 14 | 28.0855(3) |
| Silver | Ag | 47 | 107.8682(2) |
| Sodium | Na | 11 | 22.98976928(2) |
| Strontium | Sr | 38 | 87.62(1) |
| Sulfur | S | 16 | 32.065(5) |
| Tantalum | Ta | 73 | 180.94788(2) |
| Technetium* | Tc | 43 | (98) |
| Tellurium | Te | 52 | 127.60(3) |
| Terbium | Tb | 65 | 158.92535(2) |
| Thallium | Tl | 81 | 204.3833(2) |
| Thorium* | Th | 90 | 232.03806(2) |
| Thulium | Tm | 69 | 168.93421(2) |
| Tin | Sn | 50 | 118.710(7) |
| Titanium | Ti | 22 | 47.867(1) |
| Tungsten | W | 74 | 183.84(1) |
| Uranium* | U | 92 | 238.02891(3) |
| Vanadium | V | 23 | 50.9415(1) |
| Xenon | Xe | 54 | 131.293(6) |
| Ytterbium | Yb | 70 | 173.054(5) |
| Yttrium | Y | 39 | 88.90585(2) |
| Zinc | Zn | 30 | 65.38(2) |
| Zirconium | Zr | 40 | 91.224(2) |
| —‡* | | 112 | (285) |
| —‡* | | 113 | (284) |
| —‡* | | 114 | (289) |
| —‡* | | 115 | (288) |
| —‡* | | 116 | (293) |
| —‡* | | 118 | (294) |

† The atomic weights of many elements vary depending on the origin and treatment of the sample. This is particularly true for Li; commercially available lithium-containing materials have Li atomic weights in the range of 6.939 and 6.996. Uncertainties are given in parentheses following the last significant figure to which they are attributed.

* Elements with no stable nuclide; the value given in parentheses is the atomic mass number of the isotope of longest known half-life. However, three such elements (Th, Pa, and U) have a characteristic terrestrial isotopic composition, and the atomic weight is tabulated for these.

‡ Not yet named.

Principles of

# Chemistry

THE MOLECULAR SCIENCE

John W. Moore
Conrad L. Stanitski
Peter C. Jurs

수정판

# 화학의 원리

화학교재연구회

CENGAGE 녹 문 당

Andover • Melbourne • Mexico City • Stamford, CT • Toronto • Hong Kong • New Delhi • Seoul • Singapore • Tokyo

CENGAGE

***Principles of Chemistry: The Molecular Science,* 1st Edition**

**John W. Moore**
**Conrad L. Stanitski**
**Peter C. Jurs**



ISBN-13: 978-89-88684-72-6

**Cengage Learning Korea Ltd.**
14F YTN Newsquare 76 Sangamsan-ro
Mapo-gu Seoul 03926 Korea
Tel: (82) 2 330 7000
Fax: (82) 2 330 7001

Cengage Learning is a leading provider of customized learning solutions with office locations around the globe, including Singapore, the United Kingdom, Australia, Mexico, Brazil, and Japan. Locate your local office at: **www.cengage.com**

Cengage Learning products are represented in Canada by Nelson Education, Ltd.

To learn more about Cengage Learning Solutions, visit **www.cengageasia.com**

Printed in Korea
Print Number: 02 Print Year: 2018

# 저자소개

© Dr. Donald R. Neu

John Moore, Conrad Stanitski, and Peter Jurs.

**John W. Moore**, Franklin Marshall 대학을 우등으로 졸업하고 Northwestern 대학에서 Ph.D.를 받았다. 이후 Copenhagen 대학에서 NSF postdoc 과정을 보냈으며 1989년 현재의 Wisconsin 대학로 오기 전에 Indiana 대학과 Eastern Michigan 대학에서 화학을 가르쳤다. 현 Wisconsin 대학에서는 Lippincott Professor of Chemistry 와 화학교육 연구소장으로 재임하고 있다. 그는 1996년부터 *Journal of Chemical Education(JCE)*의 편집자로 활동하고 있으며, 화학교육 분야에서 미국화학회의 George Pimental Award 와 James Flack Norris Award를 수상하였다.

**Conrad L. Stanitski**, Central Arkansas 대학의 명예교수이며 현재 Franklin Marshall 대학의 방문교수로 있다. Bloomberg State 대학에서 과학교육을 전공하였고, Northern Iowa 대학에서 화학교육으로 M.A.를, 그리고 Connecticut 대학에서 무기화학으로 Ph.D.를 받았다. 그는 여러 화학교재의 공저자였으며, CMA Catalyst Award, Gustav Ohaus National Science Teachers Association Award, Thomas R. Branch Award 등 우수 과학 교육상을 수상하였다. 2001년에 ACS의 화학교육분과 회장을 역임하였다.

**Peter C. Jurs**, Pennsylvania State 대학의 명예교수이다. 그는 Stanford 대학 화학과를 졸업하고 University of Washington에서 화학으로 Ph.D.를 받았다. 1978년부터 Pennsylvania State 대학의 화학교수로 재직하였다. 그의 연구 분야는 분자구조와 화학적 성질을 연결하는 모델의 개발을 포함하여 화학이나 생물학적 문제들에 이론적 계산 방법을 응용하는 것에 초점이 맞춰졌다. 이러한 연구로 1990년 Computers in Chemistry ACS Award 를 수상하였고, 1995년에는 우수교육상으로 C. I Noll Award를 수상하였다. ACS 컴퓨터분과 이사로 활동하고 있다.

# 머리말

과학을 전공하는 학생들이 두 학기 과정의 일반화학을 수강해야 하는 이유는 여러 가지가 있겠지만 대부분은 일반화학이 다른 과학 관련 전공이나 진로에 꼭 필요한 필수 과목이거나 선수 과목이라는 것이다. 이 교재의 핵심에는 다음과 같은 두 가지 주장이 있다. (1) 학생들은 화학적 지식이 여러 가지 문제를 해결하는데 필수적이고, 또 화학은 다른 분야에 중요한 기여를 한다는 것을 인식할 필요가 있다. (2) 학생들로 하여금 화학원리가 다양한 응용 측면에서 문제를 해결하는데 어떻게 적용되는지에 대한 유용한 지식을 얻게 하는 것이 필수적이다. 그러한 응용의 예로서 더 효과적인 신약의 합성에 이르는 화학적 경로를 새로 개발하거나 기존의 방법을 개선하고, 지구 온난화를 줄일 대체 에너지원에 대한 이해의 수준을 더 깊게 하고, 공기 오염을 줄이고 산업공정에서 발생하는 화학 폐기물을 최소화하는 새롭고 또 더 효과적인 촉매의 이해 등이 있다. 화학에 대한 지식은 앞서 언급한 문제들을 포함하여 21세기의 심각한 여러 가지 문제들에 적용 가능한, 거시적인 현상을 분자 수준에서 해석할 수 있는 방법을 제공한다.

## 목표

우리의 목표는 과학이나 공학을 전공하는 학생들에게 현대 화학이 무엇인지, 화학이 다른 여러 분야에 어떻게 적용되는지, 화학이 우리 생활에 어떤 영향을 주는지에 대한 연구에 적극적으로 참여하게 하는 것이다. 일반화학을 수강해야 하는 과학이나 공학을 전공하는 학생들이 화학적 개념을 배우고 화학적 아이디어를 효과적으로 사용하여 문제 해결 능력을 개발할 수 있도록 높은 수준의 엄격함을 유지하였다. 구체적으로 이 교재의 의도는 학생들로 하여금 다음과 같은 사항들을 개발할 수 있도록 하는데 있다.

- 화학과 화학반응에 대한 개론
- 중요한 개념 및 화학자들이 사용하는 모델에 대한 이해
- 화학적 사실, 개념, 모델을 화학이나 다른 과학 및 공학 분야의 새로운 상황에 적절하게 적용할 수 있는 능력
- 화학을 다른 과학이나 공학 분야에 실제로 응용할 수 있는 지식
- 화학이 여러 가지 면에서 우리의 일상생활에 미치는 영향을 이해
- 학생들의 실질적인 배움을 통하여 사실과 개념을 숙지하고 어떻게 적용하는지에 대한 연구 동기

현대 화학은 많은 다른 분야들과 서로 연결되어 있기 때문에, 유기화학, 생화학, 환경화학, 공업화학, 재료화학을 접목하여 화학적 원리와 사실을 논의하였다. 이러한 분야의 응용을 그것들이 기초하고 있는 원리와 함께 논하였다. 이러한 접근은 관련 분야에 흥미를 갖고 있는 학생들의 동기 유발을 돕고, 오늘날의 화학 연구에서 흔히 일어나고 있는 여러 학제 간의 협력의 중요성을 이해하게 될 것이다.

## 대상

본 교재는 과학, 공학 또는 과학과 관련된 분야의 진로를 고려하는 학생들을 위한 전통적인 일반화학 과정을 염두에 두고 있다. 화학, 생화학, 생명과학, 공학, 지구과학, 농학, 재료과학, 물리학 및 여러 관련 분야의 전공을 계획하는 학생들에게 이 교재와 그것의 접근 방식이 도움을 줄 것이다.

이 교재를 사용하는 학생은 과학 및 수학의 기본지식을 갖고 있을 것으로 가정한다. 대학에 입학하기 전에 기본적인 화학을 배웠을 것이다. 이 교재는 일반적으로 두 학기용 일반화학 교재로 적절하지만 화학이나 수학의 배경 지식이 많은 심화과정 학생들을 위한 한 학기 일반화학 교재로도 사용할 수 있을 것이다.

역 자

# 목차


| | | |
|---|---|---|
| 1 | 화학이란? | 1 |
| 2 | 원자와 원소 | 31 |
| 3 | 화합물 | 55 |
| 4 | 반응물과 생성물의 양 | 89 |
| 5 | 화학 반응 | 119 |
| 6 | 에너지와 화학반응 | 159 |
| 7 | 전자배치와 주기율표 | 201 |
| 8 | 공유결합 | 251 |
| 9 | 분자 구조 | 287 |
| 10 | 기체와 대기 | 319 |
| 11 | 액체, 고체 및 재료 | 353 |
| 12 | 화학반응속도론: 반응속도 | 387 |
| 13 | 화학평형 | 433 |
| 14 | 용질 및 용액화학 | 475 |
| 15 | 산과 염기 | 507 |
| 16 | 추가 수용액 평형 | 545 |
| 17 | 열역학: 화학반응의 방향성 | 581 |
| 18 | 전기화학과 응용 | 615 |
| 19 | 핵 화학 | 663 |
| | Appendix | 693 |
| | 찾아보기 | 771 |

# 세부목차


## 1 화학이란? 1

1.1 우리는 왜 화학에 관심을 가져야 하는가? 2
1.2 식수의 정체 2
1.3 과학을 어떻게 수행해야 하는가? 4
1.4 물질의 확인: 물리적 성질 6
1.5 화학적 변화와 화학적 성질 10
1.6 물질의 분류: 순물질과 혼합물 12
1.7 물질의 분류: 원소와 화합물 14
1.8 나노스케일의 이론과 모델 16
1.9 원자론 19
1.10 화학의 원소 22
1.11 화학의 정보 전달: 기호 체계 25
1.12 현대 화학 27
ESTIMATION How Tiny Are Atoms and Molecules? 21

## 2 원자와 원소 31

2.1 원자구조와 아원자 입자 32
2.2 원자핵 34
2.3 원자의 크기와 크기를 나타내는 단위 36
2.4 불확실성과 유효숫자 40
2.5 원자번호와 질량수 42
2.6 동위원소와 원자량 45
2.7 물질의 양: 몰 47
2.8 몰질량과 문제 풀이 49
2.9 주기율표 51
ESTIMATION The Size of Avogadro's Number 49
CHEMISTRY IN THE NEWS Periodic Table Stamp 52

## 3 화합물 55

3.1 분자화합물 56
3.2 이성분 무기화합물의 명명 59
3.3 탄화수소 60
3.4 알케인과 그들의 이성질체 62
3.5 이온과 이온화합물 64
3.6 이온과 이온화합물의 명명 71
3.7 이온화합물의 결합과 성질 74
3.8 화합물의 몰수 76
3.9 퍼센트 조성 80
3.10 실험식과 분자식의 결정 82
3.11 생물학적 주기율표 84

## 4 반응물과 생성물의 양 89

4.1 화학반응식 90
4.2 화학반응의 유형 92
4.3 화학반응식의 균형 맞추기 98
4.4 몰과 화학반응: 마크로–나노의 연결 100
4.5 한 반응물의 양이 제한된 화학반응 105
4.6 반응의 완성도 평가: 퍼센트 수득률 111
4.7 백분율 조성과 실험식 113
ESTIMATION How Much $CO_2$ Is Produced by Your Car? 106
CHEMISTRY IN THE NEWS Smothering Fire—Water That Isn't Wet 110

© Michael J. Thompson, 2008/Used under license from Shutterstock.com

© Getty Images Bank


# 5 화학 반응 119

5.1 교환 반응: 침전과 알짜 이온 반응식 120
5.2 산, 염기 및 산-염기 교환 반응 127
5.3 산화-환원 반응 135
5.4 산화수와 산화-환원 반응 140
5.5 치환 반응, 산화-환원 반응 및 활성도 144
5.6 용액의 농도 146
5.7 몰농도와 수용액에서의 반응 152
5.8 수용액의 적정 153

# 6 에너지와 화학반응 159

6.1 에너지의 본질 160
6.2 에너지의 보존 163
6.3 열용량 169
6.4 에너지와 엔탈피 172
6.5 열화학적 표현 178
6.6 화학반응의 엔탈피 변화 180
6.7 에너지는 어디로부터 오는가? 184
6.8 엔탈피 변화의 측정: 열계량법 186
6.9 헤스의 법칙 189
6.10 표준 몰 생성엔탈피 192
ESTIMATION Earth's Kinetic Energy 163
CHEMISTRY IN THE NEWS How Small Can a Calorimeter Be? 190

# 7 전자배치와 주기율표 201

7.1 전자기 복사와 물질 202
7.2 플랑크의 양자이론 204
7.3 수소원자에 대한 Bohr모델 209
7.4 Bohr모델을 넘어서: 원자의 양자역학적 모델 215
7.5 양자수, 에너지준위 및 원자오비탈 218
7.6 원자오비탈의 모양 224
7.7 원자의 전자배치 226
7.8 이온의 전자배치 233
7.9 주기적 경향: 원자반지름 237
7.10 주기적 경향: 이온반지름 239
7.11 주기적 경향: 이온화 에너지 241
7.12 주기적 경향: 전자친화도 243
7.13 이온화합물의 생성에서 에너지의 고찰 244
ESTIMATION Turning on the Light Bulb 206
CHEMISTRY IN THE NEWS Light Up Your Money 215

# 8 공유결합 251

8.1 공유결합 252
8.2 단일 공유결합과 루이스구조 253
8.3 다중 공유결합 259
8.4 탄화수소에서의 다중결합 262
8.5 결합의 성질: 결합길이와 결합에너지 265
8.6 결합의 성질: 결합의 극성과 전기음성도 269
8.7 형식전하 272
8.8 루이스구조와 공명 274
8.9 옥테트 규칙의 예외 276
8.10 분자오비탈 이론 279

# 9 분자 구조 287

9.1 분자 모델의 사용 288
9.2 분자 모양의 예측: VSEPR 289
9.3 분자 모양과 일치하는 오비탈: 혼성화 299
9.4 다중결합을 하는 분자들의 혼성화 304
9.5 분자 극성 307
9.6 분자간 비공유 상호작용과 힘 310

© Getty Images Bank / 게티이미지코리아


## 10 기체와 대기 319

10.1 대기 320
10.2 기체의 압력 322
10.3 분자운동론 323
10.4 이상기체의 성질 328
10.5 화학반응에서 기체의 양 336
10.6 기체의 밀도와 몰질량 339
10.7 기체혼합물과 분압 340
10.8 실제기체의 성질 344
10.9 대기의 이산화탄소, 온실효과와 지구온난화 346
ESTIMATION Thickness of Earth's Atmosphere 321
CHEMISTRY IN THE NEWS Nitrogen in Tires 325

## 11 액체, 고체 및 재료 353

11.1 액체 상태 354
11.2 증기압 356
11.3 상변화: 고체, 액체 및 기체 359
11.4 물: 특이한 성질을 갖는 중요한 액체 370
11.5 고체의 형태 372
11.6 결정성 고체 374
11.7 그물구조 고체 380
11.8 금속, 반도체 및 절연체 382

## 12 화학반응속도론: 반응속도 387

12.1 반응속도 388
12.2 반응속도에 대한 농도의 효과 394
12.3 속도법칙과 반응차수 397
12.4 나노스케일의 관점: 단일단계반응 404
12.5 온도와 반응속도: 아레니우스 식 409
12.6 단일단계반응의 속도법칙 412
12.7 반응 메커니즘 414
12.8 촉매와 반응속도 418
12.9 효소: 생물 촉매 422
12.10 공업에서 촉매작용 424
ESTIMATION Pesticide Decay 403

## 13 화학평형 433

13.1 화학평형의 특징 434
13.2 평형상수 436
13.3 평형상수의 결정 444
13.4 평형상수의 의미 448
13.5 평형상수의 이용 451
13.6 화학평형의 이동: 르 샤틀리에의 원리 455
13.7 나노수준의 평형 464
13.8 화학반응의 조절: Harber-Bosch 공정 466
CHEMISTRY IN THE NEWS Bacteria Communicate Chemically 458
ESTIMATION Generating Gaseous Fuel 462

## 14 용질 및 용액화학 475

14.1 용해도와 분자간 인력 476
14.2 엔탈피, 엔트로피 및 용질의 용해 480
14.3 용해도와 평형 482
14.4 온도와 용해도 485
14.5 압력과 액체에 대한 기체의 용해: 헨리의 법칙(Henry's Law) 486
14.6 용액의 농도: 농도의 단위 488
14.7 용액의 증기압, 끓는점, 어는점 및 삼투압 494

## 15 산과 염기 507

15.1 Brønsted–Lowry의 산-염기 개념 508
15.2 카복실산과 아민 515
15.3 물의 자동 이온화 516
15.4 pH 값 518
15.5 산과 염기의 이온화 상수 522
15.6 분자구조와 산의 세기 528
15.7 Ka와 Kb를 이용한 문제풀이 529
15.8 염의 산-염기 반응 534
15.9 Lewis 산과 염기 539
ESTIMATION Using an Antacid 522

## 16 수용액 평형 545

16.1 완충용액 546
16.2 산-염기 적정 558
16.3 용해도 평형과 용해도 곱 상수, Ksp 565
16.4 용해도에 영향을 주는 요인 568
16.5 침전: 침전이 일어날 것인가? 574

## 17 열역학: 화학반응의 방향성 581

17.1 반응물-선호 과정과 생성물-선호 과정 582
17.2 화학반응과 에너지 분산 583
17.3 에너지 분산의 측정: 엔트로피 585
17.4 엔트로피 변화의 계산 591
17.5 엔트로피와 열역학 제2법칙 592

© Getty Images Bank / 게티이미지코리아


17.6 Gibbs 자유에너지 596
17.7 Gibbs 자유에너지 변화와 평형 상수 600
17.8 Gibbs 자유에너지와 최대 일 602
17.9 Gibbs 자유에너지의 보존 605
17.10 열역학적 안정도와 속도론적 안정도 607
ESTIMATION Gibbs Free Energy and Automobile Travel 606

## 18 전기화학과 응용 615

18.1 산화환원 반응 616
18.2 반쪽 반응을 이용한 산화환원 반응의 이해 618
18.3 전기화학 전지 625
18.4 전기화학 전지와 전압 629
18.5 표준 환원포텐셜의 이용 634
18.6 E°와 Gibbs 자유에너지 638
18.7 전지 포텐셜에 대한 농도의 영향 641
18.8 일반 전지 642
18.9 연료 전지 647
18.10 전기분해: 반응물-선호 산화환원 반응의 강제적 수행 648
18.11 전자수의 계산 652
18.12 부식: 생성물-선호 산화환원 반응 656
CHEMISTRY IN THE NEWS Hybrid Cars 646
ESTIMATION The Cost of Aluminum in a Beverage Can 656

## 19 핵 화학 663

19.1 방사능의 특성 664
19.2 핵 반응 665
19.3 원자핵의 안정도 669
19.4 붕괴 반응속도 674
19.5 핵 분열 680
19.6 핵 융합 685
19.7 핵 방사선: 영향과 단위 686
ESTIMATION Counting Millirems: Your Radiation Exposure 689

**Appendix A 해답편-실전예제 693**
**연습문제 및 개념학습 710**
**문제 726**

**Appendix B 단위와 환산인자 744**

Appendix C 물리적 상수와 데이터의 출처 750
Appendix D 원자들의 바닥상태 전자배치 752
Appendix E 탄화수소의 명명 753
Appendix F 25˚C에서 약산의 이온화 상수 756
Appendix G 25˚C에서 약염기의 이온화 상수 757
Appendix H 25˚C에서 무기화합물의 용해도 곱 상수 758
Appendix I 25˚C 수용액에서의 표준환원전위 760
Appendix J 열역학적 데이터 763

찾아보기 771

# 1장

# 화학이란?

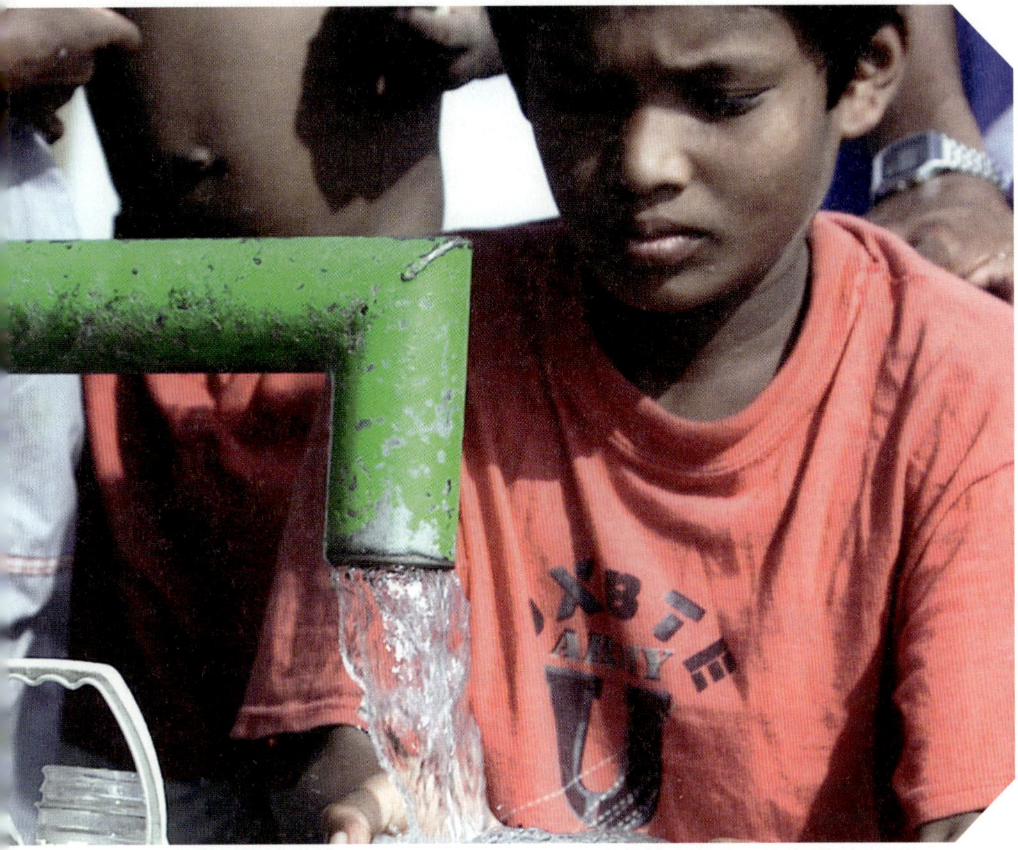


1.1 우리는 왜 화학에 관심을 가져야 하는가?
1.2 식수의 정제
1.3 과학을 어떻게 수행해야 하는가?
1.4 물질의 확인: 물리적 성질
1.5 화학적 변화와 화학적 성질
1.6 물질의 분류: 순물질과 혼합물
1.7 물질의 분류: 원소와 화합물
1.8 나노스케일의 이론과 모델
1.9 원자론
1.10 화학의 원소
1.11 화학의 정보 전달: 기호 체계
1.12 현대 화학

화학은 전 세계적으로 인류가 당면한 많은 문제들을 해결하는 데 도움을 줄 수 있다. 이 사진은 방글라데시의 한 소년이 수도 Dhaka의 남서쪽 마을 Jessore 근처의 관정에서 식수를 받고 있는 모습이다. 비소오염이 없어 마시기에 안전하다는 표시로 펌프에 녹색 페이트 칠을 하였다. 화학자들이 개발한 도구로 비소오염의 문제를 확인하였고, 오염된 물로부터 비소를 제거하는 방법을 발견함에 있어서 화학이 커다란 기여를 하였다.

화학의 세계에 들어온 것을 환영한다. 이 장에서는 현대의 화학적 연구가 어떻게 수행되고 우리의 일상생활에 영향을 주는 많은 문제들에 어떻게 적용되는지를 기술한다. 또한 과학의 방법론과 화학의 기본적인 아이디어들을 개관할 것이다. 이러한 아이디어들은 매우 중요하고 광범위하게 퍼져있어 화학이나 다른 분야의 과학을 공부하는 과정에서 반복적으로 적용될 것이다.

## 1.1 우리는 왜 화학에 관심을 가져야 하는가?

왜 화학을 공부하는가? 거기에는 여러 가지 훌륭한 이유들이 있다. 화학이란 물질과 그것의 변화를 다루는 과학이다. 물질은 질량을 갖고 공간을 차지한다. 결과적으로, 화학은 우리의 일상생활이나 다른 과학, 심지어 예술, 음악, 요리, 여가 생활 등 다양한 분야에 막대한 영향을 미친다. 화학적 변화는 도처에서 항상 진행되고 있다. 화학은 우리가 숨을 쉬는 대기, 우리가 마시는 물의 정제, 우리가 먹는 음식의 생산, 요리, 소화 및 건강을 유지시키는데 도움이 되는 약의 발견과 생산에 즉각적으로 관여한다. 화학자들은 물질을 유용한 성질을 갖는 다른 형태로 변환시키는 새로운 방법들을 지속적으로 제공한다. 한 예로 CD나 DVD 제작에 사용되는 플라스틱, 휴대전화나 노트북의 칩과 배터리, 자동차의 강철, 알루미늄, 플라스틱 및 다른 여러 가지 소재 등을 들 수 있다.

여러분도 화학을 경험하고 난 후 그렇게 되겠지만 화학자는 물질과 그것의 변화에 매혹된 사람들이다. 화학자들은 주변의 물질세계를 원자와 분자의 관점에서 독특하고 매우 훌륭하게 설명하고 해석하는 방법을 알고 있다. 화학에 대한 지식과 이해는 생물학, 약학, 의학, 지질학, 재료과학 및 다양한 분야의 공학과 과학에 매우 결정적이다. 현대의 화학적 연구는 이러한 다양한 분야의 여러 사람들이 하나의 팀을 이루어 수행된다. 이 경우 서로 소통하고 협력할 수 있는 능력은 어느 한 분야의 지식만큼이나 중요하다. 화학을 공부하는 것은 화학자들이 세상을 어떻게 생각하고 문제를 어떻게 해결하는 가를 배우며, 그 결과로 효과적인 협력 관계에 이르게 하는 것이다. 그러한 지식은 경력에 유용할 것이며 또한 기술적으로 더욱 복잡해지며 흥미로워지는 세계에서 견문이 넓은 시민이 되는데 도움이 될 것이다.

원자는 모든 물질을 구성하는 극히 작은 입자이다(단원 1.9). 원자들이 결합하여 생성된 분자는 특정 물질의 성질을 갖는 가장 작은 입자이다(단원 1.10).

## 1.2 식수의 정제

현대 과학이 어떻게 작용하고 화학자의 독특한 시각이 왜 중요한지 한 가지 예를 통해 알 수 있다(현 시점에서 과학을 완전히 이해하지 못하거나, 용어나 아이디어들이 익숙하지 않아도 걱정할 필요는 없다). 많은 가능한 주제 중에 전 인류에 직접적으로 영향을 미치는 이슈—식수에 미치는 비소의 독성 영향—를 선택하여 논의하려고 한다. 지난 30년 동안 방글라데시와 인도 북동부의 갠지스 강 삼각주에서 발생한 역사상 가장 큰 규모의 독극물 오염 사건에 관한 이야기이다.

비소 원소는 800년 이상 알려져 왔었고, 비소화합물은 그보다 훨씬 더 오래 전 알려져 있었다. 밝은 노란색 광물인 웅황($As_2O_3$)은 고대 그리스 사람들에게는 **arsenikon**으로 알려져 있었으며 아마 이로부터 이 원소의 이름이 유래하였을 것이다. 고대 중국의 문서들은 비소화합물의 독성과 살충제로서의 사용을 기술하고 있으며 비소화합물을 2년 이상 살충제로 사용한 사람들에게서 비소중독 증상이 나타나기 시작했음을 시사하고 있다. 비소는 가끔 독살에 사용되기 때문에 탐정소설에 많이 등장하는 독극물이다. 비소화합물은 제초제나 살충제에 두루 사용되기 때문에, 독살할 목적으로 은밀하게 희생자의 음식물에 첨가되기도 한다. 많은 사람들이 마시는 식수에 비소가 우연히 존재한다면 어떻게 될 것인가?

1960년대 UNICEF는 방글라데시에서 박테리아에 오염된 물을 마시고 이질이나 콜레라로 숨지는 어린이의 수를 줄이는 운동을 펼치기 시작하였다. 대부분의 식수는 강이나 얕은 우물, 지표면으로부터 얻어진다. 오염된 하수나 몬순 시기의 강의 범람으로 물이 오염되는 것은 거의 확실시 되었다. 그러므로 UNICEF와 다른 원조 기관들은 사람들이 오염되지 않은 물을 마실 수 있도록 안전한 우물을 설치하는 것을 지원하였다. 지하 20~100 피트 깊이로 관을 묻고 손 펌프를 설치한 관정으로, 5살 이하의 사망률을 반으로 줄이고 매년 125,000명의 목숨을 구하였다.

관정이 설치된 당시에는 아무도 박테리아 외에는 물의 오염을 확인하지 않았고, 지하수는 마시기에 충분히 깨끗할 것이라고 생각하였다. 갠지스 강 삼각주의 여러 곳에서 높은 농도의 비소화합물이 침전되어 있었다. 지하수는 침전되어 있는 비소화합물을 녹이면서 관정 5개 중 하나는 비소의 농도(50 ppb 이상, 1 ppb는 10억 g의 물에 1 g의 비소의 양)가 위험 수준이었다. 약 2천만 명의 사람들이 50 ppb 이상의 비소로 오염된 관정으로부터 물을 마시고 있다. 세계보건기구가 추천한 최대 안전 농도인 10 ppb 이상의 비소로 오염된 물을 마시는 사람들이 방글라데시, 인도 및 주변 국가에 1억 명 이상으로 추산된다.

1980년대 초 캘커타의 한 의과대학의 Chakraborty와 Saha는 피부에 반점을 갖고 있는 환자들에서 반점이 흰색에서 갈색으로 다시 검은색으로 변하는 것을 보았다. 비소의 독성 증상뿐만 아니라 피부가 두꺼워지고 갈라졌다. Chakraborty와 Saha는 비소의 농도가 높게 나온 1978년에 수행된 물 분석 자료를 알고 있었다. 1987년 그들은 인도와 방글라데시의 사람들이 마시는 물로부터 비소에 중독되었다는 결론을 내리고 Indian Journal of Medical Research에 논문을 발표하였다. 그러나 1990년 후반에 가서야 문제의 심각성을 인식하고 관정의 물을 검사하기 시작하였다.

UNICEF에 의하면 방글라데시에 거의 천만 개의 관정이 있다. 2007년까지 반이 조금 넘는 관정들에 대하여 비소 오염을 검사하였다. 비소 농도가 50 ppb 보다 작으면 식수로 어느 정도 안전하다는 표시로 펌프를 초록색으로 칠하였고, 50 ppb 이상이면 빨간색으로 칠하였는데 15% 정도의 펌프가 빨간색이었다. 8300여 개의 마을에서 80% 이상의 펌프가 빨간색이어서 깨끗한 물을 제공할 수 있는 관정이 거의 없었다. 관정이 오염된 것을 알고서는 주민의 1/3 정도가 깨끗한 관정으로 바꿨지만, 반 이상의 주민들이 오염된 물을 그대로 마시면서 비소 중독에 노출되어 있었다.

STRDEL/AFP

**그림 1.1 방글라데시의 한 마을에 설치된 SONO 필터.** 붉은색 용기가 철화합물을 포함하고 옥색의 통에는 모래와 숯 필터가 들어있다.

문제의 심각성으로 2005년 미국의 국가공학아카데미(NAE)는 식수에서 비소의 농도를 안전한 수준까지 낮추는 효율적인 시스템을 개발하는데 100만 달러의 상금을 수여하는 Grainger 챌린지 상을 공표하였다. 2007년 아카데미는 George Mason 대학의 화학과 Abul Hussam 교수를 수상자로 선정하였다. Hussam 교수는 식수에서 비소를 효과적으로 제거하는 SONO 필터를 개발하였는데 이 필터는 수 년 동안 사용 가능하고, 사용하고 난 필터를 처리하는 데에도 위험이 거의 없다. SONO 필터의 사진을 그림 1.1에 나타내었다. 비록 엉성해 보이지만 이 간단한 장치는 1인당 연평균소득이 $480 정도에 그치는 국가에서 필요한 작업을 정확하게 수행하고 있다.

SONO 필터의 화학은 흥미롭지만 자세한 것은 특허권으로 비밀에 부쳐지고 있다. 지하수에서 pH는 6.5~7.5이며 비소는 3+ ($H_3AsO^3$)와 5+ ($H_2AsO_4^-$ 또는 $HAsO_4^{2-}$)의 산화상태로 존재한다. 필터는 이 세 종류의 화합물을 모두 제거하여야 한다. 필터의 주 재료는 복합철맥석(composite iron matrix, CIM)이라고 부르는데 CIM은 주철조각으로부터 만들어진다. 상부의 필터 통은 맨 위에 10 kg의 모래, 중간에 5~10 kg의 CIM, 아래에 10 kg의 돌조각과 모래를 채운 세 개의 층으로 구성된다. 물은 천천히 이 필터 통을 통과하여 하부 통으로 내려간다. 하부 통은 10 kg의 굵은 모래, 유기물질을 흡수하는 숯, 9 kg의 고운 모래와 3.5 kg의 작은 돌조각을 포함한다. 하부 통으로부터 받은 물을 식수로 사용한다. 물이 통 속의 내용물과 충분히 오랫동안 접촉하기 위하여 물의 흐름을 천천히 유지하도록 고안되었다.

상부 통에서 3+의 산화상태를 갖는 비소는 공기 중의 산소에 의해서 5+의 산화상태로 산화된다. 1~2%의 질량비로 CIM을 구성하는 망간이 촉매역할을 한다. 음이온의 비소화합물($H_2AsO_4^-$ 또는 $HAsO_4^{2-}$)은 CIM의 철 입자 표면에 있는 수산이온($OH^-$)을 치환하여 철 원자와 강하게 결합한다. 화학반응식은

$$=\mathrm{FeOH} + \mathrm{H_2AsO_4^-} \longrightarrow =\mathrm{FeHAsO_4^-} + \mathrm{H_2O}$$

$$=\mathrm{FeOH} + \mathrm{HAsO_4^{2-}} \longrightarrow =\mathrm{FeAsO_4^{2-}} + \mathrm{H_2O}$$

여기서 =Fe는 입자표면의 철 원자를 나타낸다. 비소화합물은 철 원자에 매우 강하게 결합하여 물을 아무리 많이 흘려도 떨어져나가지 않는다.

화학은 방글라데시에서 오염된 식수 문제를 해결하는데 크게 기여를 하였다. 화학자들은 10억 g의 물에서 1g의 비소(1 ppb) 농도까지도 검사할 수 있고, 물에서 비소를 제거하는 효과적이고 값싼 방법을 고안하였다. 이러한 모든 노력은 우리의 생활을 개선하기 위하여 과학의 방법들을 적용하는 일에 달려 있다.

## 1.3 과학을 어떻게 수행해야 하는가?

식수의 비소 오염은 우리가 과학을 어떻게 수행하고, 과학적 지식이 시간이 지나면서 어떻게 변하고 개선되는지에 대한 많은 점들을 시사한다. 고대 시대에 비소원소가 발견되지는 않았었지만, 비소화합물이 독성이 있다는 것은 알려져 있었다. 예를 들어 중국인들은 $As_2O_3$를 사용하여 해충을 없앴으며, 그것에 노출된 사람들은 2년 내에 머리털이 빠지고 병에 걸리게 된다는 것을 알았다. 이것은 "pee-song"(poison의 중국어)이 사람에게 해롭다는 합리적인 가설에 이르게 하였다. **가설(hypothesis)**은 어떤 관찰에 대한 설명으로서 시험적으로 제안된 아이디어이며 실험에 대한 근거를 제시한다. 중국의 pee-song이나 서구에서 알려진 백색 비소가 독약으로 사용될 수 있다는 가설은 권력이나 돈을 얻기 위하여 경쟁자들을 독살시킨 Borgias나 다른 사람들에 의해서 충분히 입증되었다.

가설의 시험은 정량적 혹은 정성적 데이터의 수집을 포함하기도 한다. 방글라데시에서 관정의 물을 마신 사람들의 피부에 반점이 생기고 피부색이 변하며 궁극적으로 딱딱해지고 갈라지는 것을 목격한 정성적인 자료는 비소 중독이 일어나고 있다는

단서를 제공한다. **정성적인(qualitative)** 데이터는 수치를 포함하지 않는다. 정성적인 자료는 5개의 관정 중 하나에서 50 ppb 이상의 비소가 검출되었다는 정량적인 연구로 이어진다. 이러한 정량적인 연구는 비소가 얼마나 존재하는지를 수치로 나타내준다. 다른 정량적인 임상연구는 50 ppb 이상의 비소 농도는 중독에 이르게 하고 암을 유발 할 수 있다는 것을 보여주었다.

과학적 법칙은 광범위한 실험 자료를 요약하고 설명해주는 하나의 진술이며 실험과 모순되지 않아야 한다. 하나의 법칙은 알려지지 않은 결과를 예측하기도 하고 새로운 실험에 의해서 반박되거나 틀렸음이 입증되기도 한다. 새로운 실험결과가 법칙에 위배되는 경우 과학자들은 흥미를 느낀다. 여러 사람이 법칙에 위배되는 같은 결과를 반복적으로 얻었다면 법칙은 새로운 결과를 설명하기 위하여 수정되거나 심지어는 완전히 폐기될 수도 있다.

성공적인 가설은 하나의 **이론(theory)** — 사실들과 그것들에 기초한 법칙을 설명하는 통합 원리 — 이 된다. 이론은 보통 새로운 가설과 실험을 제안하고 새로운 실험결과에 의해서 법칙처럼 수정되기도 하고 폐기되기도 한다. 모델(model)은 가끔 물리적 또는 수학적 형태로 이론을 좀 더 구체화한다. 예를 들어 분자모델은 비소화합물에서 원자들이 어떻게 결합되어 있는지 알려주고 비소가 왜 철 원자와 강하게 결합하게 되는지에 대한 단서를 제공하기도 한다. 분자모델은 구 모양을 사용하여 원자를 나타내고 막대 모양을 사용하여 원자사이의 결합을 표시한다. 또는 컴퓨터를 사용하여 원자의 위치를 계산하고 모니터에 분자구조를 나타낼 수 있다. 물질이 원자와 분자로 구성되고, 분자 내 원자들이 특정한 방법으로 배열되고, 물질의 성질이 구조에 의존한다는 이론은 화학자에게는 기본적인 것이다. 여러분들이 이러한 이론과 그것에 기초한 모델들에 익숙하게 되는 것은 분명히 중요하다.

과학이 수행되는 방식의 또 다른 중요한 점은 정보전달에 있다. 과학은 실험과 실험에 모순되는 가설, 법칙, 이론에 기초한다. 그러므로 실험결과는 그 특정 연구 분야에 종사하는 모든 과학자들에게 가능한 신속하고 정확하게 전달되어야 한다. 연구 결과의 소통은 전 세계 과학자들로부터의 기여를 가능하게하고 과학의 발전 속도를 매우 빠르게 한다. 게다가 연구팀원들 사이의 소통은 팀의 성공에 결정적이다. 불충분한 의사소통과 발표된 정보를 수집하고, 그것에 대응하지 않은 것은 비소 문제의 심각성을 거의 10년이나 방치하게 하였다. 정보 전달이 잘 이루어졌다면 오늘날 방글라데시에서 식수로 인해 병에 걸린 사람들의 수가 훨씬 줄어들었을 것이다. 인터넷이 상업적 목적이 아니라 손쉬운 정보전달의 잠재적 가능성을 예측한 과학자들에 의해서 처음 개발되었다는 사실은 정보전달의 중요성을 강조한다.

이 장에서 우리는 과학적 과정을 물질의 연구에 적용하여 밝혀진 화학의 기본 개념들에 대해서 살펴볼 것이다. 우선 물질이 그 특성에 따라 어떻게 분류 되는지에 대하여 볼 것이다.

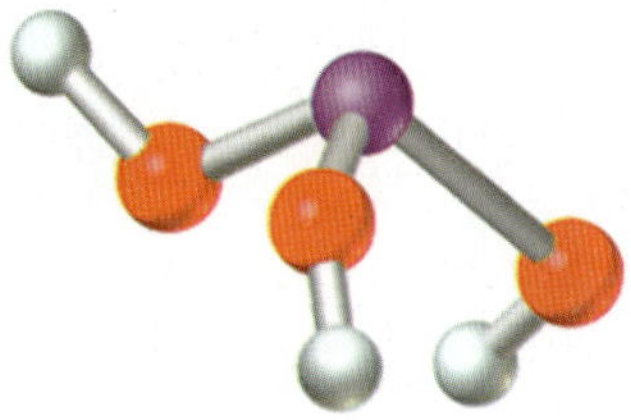

$H_3AsO_3$

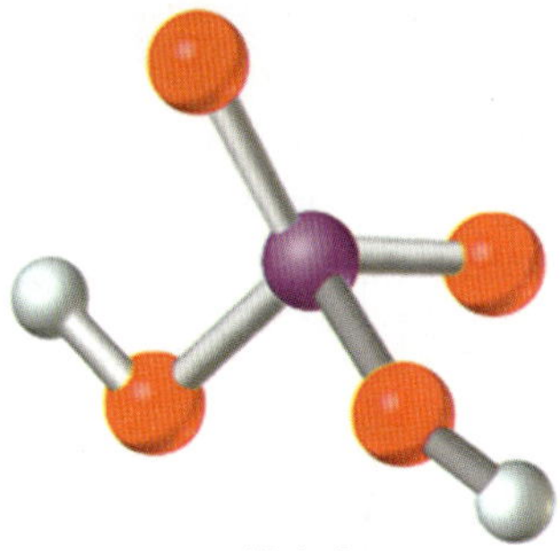

$H_2AsO_4^-$

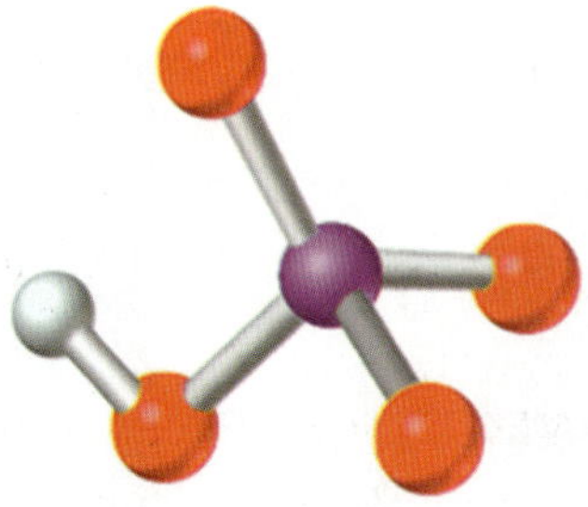

$HAsO_4^{2-}$

방글라데시의 음용수에서 발견된 비소화합물들의 구조

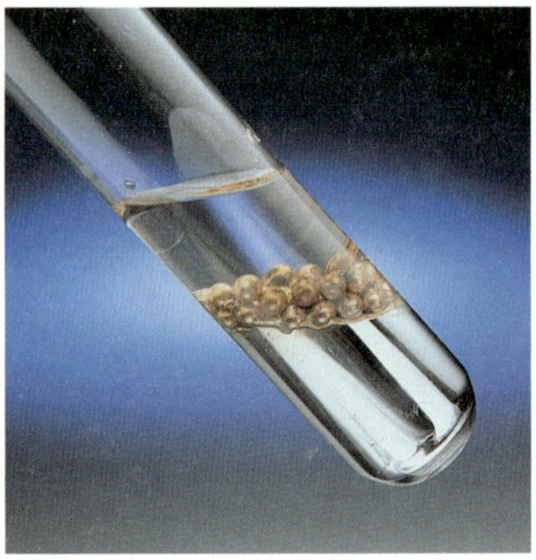



**그림 1.2 물질은 고유한 물리적 성질을 갖는다.** 시험관 안에는 은색의 액체 수은, 작은 구리 구슬, 무색의 물이 들어 있다. 각각의 물질은 서로 구별되는 고유한 성질을 갖는다.

## 1.4 물질의 확인: 물리적 성질

어떤 물질의 성질을 관찰하고 그 성질에 따라 물질을 분류함으로서 다른 물질과 구별할 수 있다. **물질(substance)**이란 같은 성질과 조성을 가지는 본질이 있다. 한 물질은 다른 물질의 성질과 구별되는 특성이 있으며(그림 1.2) 게다가 물질의 하나의 시료는 그 물질의 다른 모든 시료와 조성이 같다.

설탕은 작고 하얀 알갱이로 구성되고 물은 투명한 액체이기 때문에 설탕과 물은 쉽게 구별된다. 금속은 일반적으로 고체이고, 밀도가 높고, 만지면 차게 느껴지고, 광택이 있어 한 가지 유형의 물질로 인식된다. 이러한 성질은 물질의 조성을 바꾸지 않은 채 관찰되고 측정된다. 이러한 성질을 **물리적 성질(physical properties)**이라고 한다.

몇 가지 물리적 성질

| | | |
|---|---|---|
| 온도 | 녹는점 | 경도, 깨지기 쉬움 |
| 압력 | 끓는점 | 열용량 |
| 질량 | 밀도 | 열전도도 |
| 부피 | 색상 | 전기전도도 |
| 상태(고체, 액체, 기체) | 고체결정의 형태 | |

### 물리적 변화

물질에 열이나 압력 또는 물리적 변형이 가해지면 그들의 물리적 성질이 변한다. 물질의 물리적 성질의 변화를 **물리적 변화(physical change)**라고 한다. 물리적 변화의 전과 후 물질의 물리적 상태, 크기, 모양은 변하였지만 같은 물질이다. 예로 고체의 녹음(그림 1.3), 액체의 끓음, 구리줄을 망치로 쳐서 납작하게 만들기, 설탕을 더 고운 가루로 분쇄하기 등은 물리적 변화이다.

**그림 1.3 물리적 변화.** 얼음이 녹으면 고체 상태에서 액체 상태로 변하지만 여전히 물이다.

### 녹는점과 끓는점

물질을 확인하는 중요한 방법의 하나는 물질의 녹는점(물질의 녹는점은 어는점과 같다)을 측정하는 것이다. 물질의 끓는점 또한 물질의 고유한 성질이다. 2개 이상의 물질로 구성된 혼합물의 녹는점은 성분 물질의 구성 비율에 따라 달라지지만 순수한 물질의 녹는점은 항상 일정하다. 이것은 액체의 끓는점(일정한 압력에서)에 대해서도 마찬가지이다. 또한 순수한 고체 결정의 녹는점은 매우 뚜렷하지만 혼합물은 일정 온도 범위에 걸쳐서 일어난다.

**온도(temperature)**는 한 물체에서 다른 물체로 열에너지의 이동이 일어날 수 있는지를 결정하는 물질의 성질이며 기호 $T$로 표시된다. 에너지는 온도가 높은 물체에서 낮은 물체로 이동한다. 미국에서는 하루의 기온을 화씨온도로 나타낸다. 이 온도 단위에서는 물의 어는점과 끓는점이 각각 32°F와 212°F로 정의된다. 대부분의 국가나 과학에서는 섭씨온도 단위를 사용한다. 이 온도 단위에서는 1기압에서 물의 어는점은 0°C이고 끓는점은 100°C이다. 끓는점과 어는점 사이의 차이는 화씨단위에서는 180°F 이고 섭씨단위에서는 100°C이다. 이것은 섭씨온도의 변화는 화씨온도 변화의 거의 두 배이다. 같은 온도구간을 표시하는데 화씨온도로는 9°F가 되면 섭씨온도로는

5°C가 된다. 이 관계를 이용하면 서로 다른 단위 간 온도 변환을 할 수 있다(부록 B.2).

과학에서는 주로 섭씨온도 단위를 사용하기 때문에 화씨온도로의 변환이 거의 필요 없고 섭씨온도 단위에 익숙해지는 것은 유용하다. 예를 들면 물은 0°C에서 얼고 100°C에서 끓으며, 쾌적한 실내 온도는 22°C이고 체온은 37°C이며, 큰 화상을 입지 않는 뜨거운 온도는 약 60°C 정도이다.

CONCEPTUAL
**개념학습 1.1 온도**

(a) 다음 중 더 높은 온도는? 110°C 또는 180°F
(b) 다음 중 더 낮은 온도는? 36°C 또는 100°F
(c) 갈륨의 녹는점은 29.8°C이다. 갈륨을 손에 쥐면 녹는가?

## 밀도

부피에 대한 질량비를 나타내는 **밀도(density)**는 물질을 확인하는 또 다른 성질이다. 설탕 10그램은 설탕 1그램이 차지하는 부피의 10배를 차지한다. 수학적으로 물질의 부피는 질량에 비례한다. 이것은 물질의 밀도는 그 시료의 크기에 무관하며 항상 같다는 것을 의미한다.

$$\text{밀도}(d) = \frac{\text{질량}(m)}{\text{부피}(V)}$$

알루미늄 시료는 납과 비슷해 보이지만 손으로 들어보면 구별할 수 있다. 같은 부피에 대하여 질량이 더 큰 물질이 납이다. 알루미늄의 밀도는 2.70 g/mL로서 금속들 중에서 밀도가 비교적 작은 편이다. 납의 밀도는 11.34 g/mL이고 같은 크기의 알루미늄에 비해 훨씬 무겁다.

에틸알코올이라고 생각되는 액체를 확인하기 위하여 그것의 밀도를 조사할 수 있다. 눈금실린더의 무게를 달고 밀도를 측정하려는 액체를 채운다. 눈금실린더의 눈금이 8.30 mL(20°C에서)이고 액체가 들어있는 눈금실린더의 무게를 달고 빈 눈금실린더의 질량을 빼면 액체의 질량이 얻어진다. 액체의 질량이 6.544 g이었다면 이 액체의 밀도는 다음과 같이 계산된다.

$$d = \frac{m}{V} = \frac{6.544\ \text{g}}{8.30\ \text{mL}} = 0.788\ \text{g/mL}$$

다양한 물질들의 물리적 성질을 나타내는 표로부터 에탄올의 밀도가 0.789 g/mL임을 확인하여 대상 물질이 에탄올임을 알 수 있다.

CONCEPTUAL
**개념학습 1.2 액체의 밀도**

식용유, 물, 등유를 각각 5 mL 씩 큰 시험관에 섞으면 그림처럼 3개의 층을 형성한다.
(a) 3개의 액체를 밀도가 증가하는 순으로 나열하시오.
(b) 식용유 5 mL를 시험관에 더 추가하면 어떻게 되는지 기술하시오.
(c) (b)의 시험관에 5 mL 석유를 더하면 액체 층의 순서가 어떻게 되는가?

물질의 밀도는 온도와 압력에 따라 변한다. 액체와 고체의 밀도는 기체의 밀도에 비하여 압력과 온도의 영향을 훨씬 덜 받는다. 기체의 부피는 압력과 온도에 따라 크게 변하기 때문에 압력과 온도가 명시되었을때 기체의 밀도는 기체를 확인하는데 도움을 줄 수 있다.

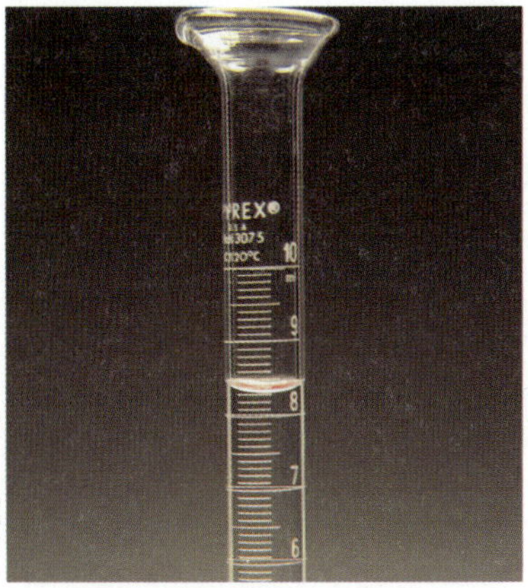



**8.30 mL의 액체가 들어있는 눈금실린더**

계산기에서 6.544를 8.30으로 나누면 답이 아마 0.788433735로 나올 것이다. 이 결과는 무의미한 자릿수를 포함하고 있으며 세 자리의 유효숫자로 나타낸다. 계산에서 유효숫자를 표시하는 규칙은 단원 2.4에서 설명한다.

© Cengage Learning/Charles D. Winters

**액체의 밀도.** 등유(맨 위층), 식용유(가운데 층), 물(맨 아래층)은 서로 다른 밀도를 갖는다.

수은과 수은 증기는 독성을 갖고 있기 때문에 밀폐된 용기에서 다루어야 한다.

EXERCISE
**연습문제** 1.3 액체의 물리적 성질과 변화

다음 각각의 진술에서 언급된 물리적 성질과 물리적 변화를 확인하시오.

(a) 푸른색 화합물 azulene은 99°C에서 녹는다.

(b) 소금의 흰색 결정은 입방체이다.

(c) 납의 시료는 질량이 0.123 g이고, 327°C에서 녹는다.

(d) 에탄올은 쉽게 증발하는 무색의 액체이다. 78°C에서 끓고, 밀도는 0.789 g/mL이다.

## 측정과 계산: 단위분석

밀도와 같은 성질을 결정하는 것은 측정과 계산을 요구한다. 6.544 g 또는 8.30 mL와 같은 측정 결과에는 숫자와 단위가 포함된다. 계산에는 숫자와 단위가 모두 포함되어야 한다. 예를 들면, 표 1.1의 밀도는 g/mL 단위를 포함하는데, 밀도는 시료의 질량을 부피로 나눈 값으로 정의되기 때문이다. 질량을 부피로 나눌 때 단위도 같이 나눠지기 때문이다. 숫자와 단위들은 대수학의 규칙을 따른다. 계산을 확인하기 위하여 단위를 함께 사용하는 방법을 단위분석이라 한다. 2.3절에서 단위분석에 대하여 더 자세하게 다룰 것이며 이러한 방법을 앞으로 이 교재에서 문제 해결에 적용할 것이다.

액체금속 수은 1갤런(3784 mL)을 들 수 있는지 알아보자. 이 질문에 답하기 위하여 표 1.1에서 얻은 밀도 13.55 g/mL로부터 수은 질량을 계산한다. 밀도를 정의하는 식 $d = m/V$를 이용하여 질량을 계산하면

$$m = V \times d = 3784\ \cancel{\text{mL}} \times \frac{13.55\ \text{g}}{1\ \cancel{\text{mL}}} = 51{,}270\ \text{g} \qquad (1.1)$$

이 식은 부피에 비례상수인 밀도가 곱해지기 때문에 질량은 밀도에 비례한다는 것을 강조한다. 부피단위(mL)는 분모에 한번, 분자에 한번 나타나서 서로 약분되고 질량 단위만 남는다. 계산 결과 51.270 kg이 되는데 쉽게 들 수는 없는 무게이다.

식 1.1에서 알고 있는 양(부피)에 비례상수(밀도)가 곱해지고, 단위가 약분되어 질량의 단위가 답으로 얻어진다. 이러한 문제의 일반적인 접근법은 계산하려는 양(질량)이 알고 있는 양(부피)에 비례한다는 것을 파악하는 것이다. 그리고서 두 가지의 양을 연관시키는 비례 인자를 사용하여 단위가 약분이 되도록 한다.

표 1.1 20°C에서의 몇 가지 물질의 밀도

| 물질 | 밀도(g/mL) | 물질 | 밀도(g/mL) |
|---|---|---|---|
| Butane | 0.579 | Titanium | 4.50 |
| Ethanol | 0.789 | Zinc | 7.14 |
| Benzene | 0.880 | Iron | 7.86 |
| Water | 0.998 | Nickel | 8.90 |
| Bromobenzene | 1.49 | Copper | 8.93 |
| Magnesium | 1.74 | Lead | 11.34 |
| Sodium chloride | 2.16 | Mercury | 13.55 |
| Aluminum | 2.70 | Gold | 19.32 |

$$\cancel{\text{알고있는 양의 단위}} \times \frac{\text{구하려는 양의 단위}}{\cancel{\text{알고있는 양의 단위}}} = \text{구하려는 양의 단위}$$

비례(환산)인자

$$3784\ \cancel{\text{mL}} \times \frac{13.55\ \text{g}}{1\ \cancel{\text{mL}}} = 51{,}270\ \text{g}$$

**비례인자(proportionality factor)**란 같은 대상을 서로 다른 단위로 나타내는 분자와 분모의 비이다. 앞의 예제에서 비례인자는 밀도로서 일정 수은 시료의 부피와 질량을 연관시켜 준다. 비례인자를 **환산인자(conversion factor)**라고 부르기도 하는데 하나의 단위를 다른 단위로 환산시켜 주기 때문이다.

환산인자는 분수이기 때문에 모든 환산인자는 두 가지 방식으로 나타낼 수 있다. 앞의 예에서 환산인자는 밀도나 또는 그것의 역수로 주어진다.

$$\frac{13.55\ \text{g}}{1\ \text{mL}} \quad \text{또는} \quad \frac{1\ \text{mL}}{13.55\ \text{g}}$$

첫 번째 환산인자는 부피 단위(mL)를 질량 단위(g)로 바꿔주고 두 번째 환산인자는 그 반대이다. 어느 환산인자를 사용할 것인지는 어떤 양을 알고 어떤 양을 구하려는 지에 달려 있다. 단위가 서로 상쇄되도록 계산식을 세우면 적절한 환산인자를 사용하고 있는 것이다.

**예제 1.1 밀도**

영화에서 도둑들이 길이가 1피트, 단면적이 6인치 정도하는 금괴를 가지고 달아나는 장면이 나오는데 이 금괴의 부피가 7000 mL이다. 금의 질량을 계산하고 결과를 파운드로 나타내시오. 결과에 기초하여 영화에 나오는 장면이 가능한지 생각해보시오(1 lb = 454 g).

**정답:** $1.4 \times 10^5$ g: 300파운드, 불가능

**풀이:** 문제풀이의 좋은 접근법은 (1) 문제를 분석하고 (2) 풀이를 계획하고 (3)계획을 수행하고 (4) 결과가 타당한지 검토한다.

**단계 1:** 문제를 분석한다. 금의 질량을 계산하여야 하는데 부피를 알고 있다.

**단계 2:** 풀이를 계획한다. 밀도는 질량과 부피를 연관시키는 비례인자이므로 표에서 금의 밀도를 찾는다. 질량은 부피에 비례한다. 따라서 부피에 밀도를 곱하거나 또는 나누어야하는데 어느 쪽을 선택할지를 결정하기 위해서 단위를 이용한다.

**단계 3:** 계획을 수행한다. 표 1.1에 따르면 금의 밀도는 19.32 g/mL이다. 단위가 약분되도록 계산식을 세우면

$$7000\ \cancel{\text{mL}} \times \frac{19.32\ \text{g}}{1\ \cancel{\text{mL}}} = 1.35 \times 10^5\ \text{g}$$

이것을 파운드 단위로 바꾸면

$$1.35 \times 10^5\ \cancel{\text{g}} \times \frac{1\ \text{lb}}{454\ \cancel{\text{g}}} = 300\ \text{lb}$$

부피의 유효숫자가 1개로 주어졌기 때문에 결과도 유효숫자 1개로 나타내었다.

**실전예제 1.1**

벤젠 4.33 g의 부피를 구하시오.

이 책에는 문제 풀이 기술과 특별한 유형의 문제들에 접근하는 방식들을 보여주는 많은 예제 문제들이 있다. 보통 이러한 예제들은 문제를 제시하고, 답을 주고, 문제를 분석하는 방법을 설명하고, 풀이 방법을 계획하고 수행한 후 결과의 타당성을 확인한다. 여러분들에게 우선 문제를 독자적으로 풀어 볼 것을 권장한다. 그런 다음 답이 맞는지를 확인한다. 답이 맞지 않는다면 설명을 보기 전에 다시 한 번 시도한다. 두 번 시도한 후 왜 답이 틀리는지를 알아보기 위하여 설명을 읽는다. 답은 맞지만 여러분의 추론이 설명과 다르면 문제 풀이의 대안을 발견한 것이다. 마지막으로 예제 바로 뒤에 나오는 실전예제를 풀어봄으로서 개념을 확실히 하고 문제 해결 능력을 향상시킬 것이다.

## 1.5 화학적 변화와 화학적 성질

물질을 확인하는 또 다른 방법은 화학적으로 어떻게 반응하는지를 관찰하는 것이다. 예를 들어, 어떤 백색의 고체 알갱이를 조심스럽게 녹일 때 캐러멜(갈색의 시럽 – 그림 1.4)처럼 되었다면 아마 그 흰색 고체는 백설탕이라고 추측할 수 있다. 설탕을 약하게 가열하면 물과 다른 새로운 물질들로 분해된다. 설탕을 아주 세게 가열하면 숯처럼 까맣게 된다. 소듐 금속에 물을 가하면 물과 격렬하게 반응하여 양잿물(수산화소듐)과 인화성 수소 기체를 생성한다(그림 1.5). 이러한 것들은 **화학적 변화** 또는 **화학반응의 예**이다. 화학반응에서는 하나 이상의 물질(**반응물**)이 반응하여 다른 물질(**생성물**)들로 변환된다. 반응이 진행되면서 반응물이 생성물로 대치된다. 이 과정을 반응물과 생성물, 화살표로 나타낸다.

$$\underset{\text{반응물}}{\text{설탕}} \xrightarrow[\text{변화}]{} \underset{\text{생성물}}{\text{탄소} + \text{물}}$$

**그림 1.4 화학적 변화.** 설탕을 가열하면 캐러멜처럼 된다.

Photos © Cengage Learning/Charles D. Winters

(a) (b)

**그림 1.5 화학적 변화.** 물방울이 소듐과 접촉하면 가연성의 수소기체와 수산화나트륨 용액이 생성되면서 반응이 격렬하게 일어난다. 물질을 서로 혼합하였을 때 운동, 열, 빛이 생성되면 화학 반응이 일어나고 있다는 증거이다.

© Cengage Learning/Charles D. Winters

**그림 1.6 화학적 변화.** 식초산은 탄산칼슘이 주성분인 달걀껍질과 반응하여 무색의 이산화탄소를 발생시킨다. 물질이 서로 접촉하여 기체가 발생하면 화학반응이 일어나는 하나의 증거이다.

화학반응은 화학을 매우 흥미롭고 중요하게 만든다. 여러분은 그 방법을 안다면 나무껍질로부터 약을 만들거나 원유로부터 의복을 만들 수도 있고, 심지어 어림도 없는 일을 할 수도 있다. 이러한 전지전능한 아이디어로부터 우리는 많은 것을 누리고 있다. 화학반응을 이용하고 조절할 수 있게 되어 우리 생활은 크게 향상되었고 우리 생활 자체가 화학반응에 의존하게 되었다. 생물 세포들은 수용액으로 가득 채워져 있으며 그 안에서는 수많은 화학반응이 항상 일어나고 있다.

## 화학적 성질

물질의 화학적 성질은 물질이 어떤 화학반응을 일으킬 수 있는지를 기술한다. 금속 소듐의 한 가지 화학적 성질은 물과 빠르게 반응하여 수소와 수산화소듐을 생성한다는 것이다(그림 1.5). 또한 소듐은 공기나 많은 다른 물질들과 반응하기 때문에 더 일반적으로 반응성이 매우 높은 화학적 성질을 갖는다. 금속탄산염으로 알려진 물질의 화학적 성질은 산과 반응할 때 이산화탄소를 발생한다는 것이다(그림 1.6). 연료는 공기 중의 산소와 반응하여 많은 양의 에너지를 주위로 방출하는 화학적 성질을 가진 물질이다. 그림 1.7의 가스스토브에 사용되는 천연가스(주로 메탄)가 한 예이다. 물질의 화학적 성질은 그 물질이 공기나 수분과 접촉할 때, 가열되거나 냉각될 때, 햇빛에 노출되었을 때, 또는 다른 물질과 섞일 때 어떻게 반응할지를 알려준다. 그러한 지식은 화학자, 생물학자, 지질학자, 화공 엔지니어, 다른 여러 분야의 과학자들에게 매우 유용하다.

© Cengage Learning/George Semple

**그림 1.7 천연가스의 연소.** 주로 메탄을 포함하는 천연가스는 공기 중에서 연소하여 주위로 에너지를 전달하고 주위의 온도를 상승 시킨다.

## 에너지

화학 반응은 보통 에너지의 이동을 수반한다(물리적 변화도 에너지 이동을 수반하지만 대게 화학적 변화에 비하여 작다). 에너지는 일(즉 어떤 것을 일어나게 하는)을 할 수 있는 능력으로 정의된다. 그림 1.7에서처럼 연료의 연소는 연료분자와 산소분자의 화

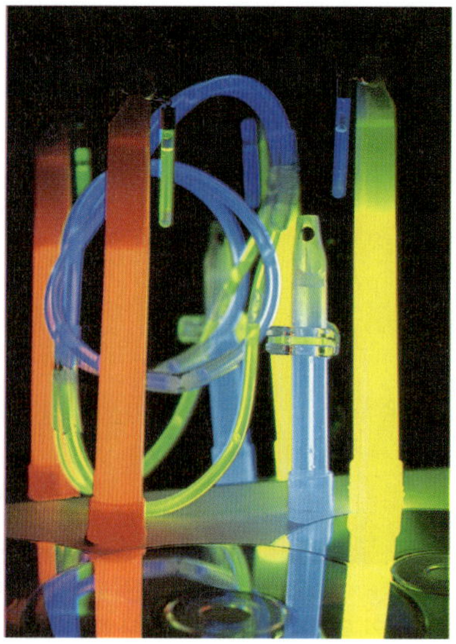


**그림 1.8 에너지의 전환.** 발광 스틱에서 화학 반응은 분자에 저장된 에너지를 빛으로 바꾼다.

학 결합 안에 저장된 에너지가 생성분자나 주위 분자의 운동으로 전환된다. 이는 불꽃 근처의 온도가 더 높은 것과 일치한다. 발광 스틱에서의 화학반응은 분자에 저장된 에너지를 열보다는 빛 에너지로 전환시킨다(그림 1.8). 배터리에서의 화학반응은 전기 회로에 전자를 흐르게 함으로서 계산기가 작동할 수 있게 해준다.

외부에서 공급해준 에너지가 화학반응을 일으킬 수 있다. 녹색 식물은 햇빛을 받아 광합성을 한다. 광합성에 의해 태양에너지의 일부는 이산화탄소와 물로부터 생성된 탄화수소와 산소에 저장된다. 음식물을 싸거나 보관하는데 사용하는 알루미늄 포일은 알루미늄 광석에 전기를 흘려 생산된다. 우리는 음식을 섭취하고 소화하고 분자 내에 저장된 에너지를 이용하여 신체의 세포들에서 화학반응이 일어나게 한다. 화학적 변화와 에너지의 관계는 화학의 중요한 주제의 하나이다.

CONCEPTUAL **개념학습** **1.4 화학적 물리적 변화**

다음 문장에서 화학적 변화와 물리적 변화를 확인하시오.

프로판 가스가 연소하고 연소반응의 열은 달걀을 익히는데 사용된다.

## 1.6 물질의 분류: 순물질과 혼합물

물질 시료의 화학적 성질과 물리적 성질이 알려지면서 이러한 성질에 기초하여 물질을 분류할 수 있다. 일상에서 접하는 물질의 대부분은 나무껍질, 콘크리트, 자전거 프레임의 탄소섬유처럼 균일하지 않다. 시료 내의 위치에 따라 색, 경도, 또는 일부 성질이 다르다는 사실은 이러한 물질을 복잡하고 흥미롭게 한다. 불균일한 물질로부터 여러 가지 성분 물질들을 분리할 수 있다는 것을 인식하였을 때 화학의 주요한 발전이 있었다. 예를 들어 지하수가 흙 속의 비소화합물을 녹인다는 사실은 방글라데시에서 식수에 비소가 존재하게 된 이유이다.

흙이나 콘크리트의 예처럼, 종종 시료의 한 부분이 다른 부분과 같지 않을 수 있다. 또 눈으로는 균일한 것처럼 보이지만 현미경으로 보면 그렇지 않을 수 있다. 혈액은 균일해 보이지만 확대하여 보면 혈장 내에 백혈구와 적혈구가 있다(그림 1.9). 우유도 마찬가지이다. 눈이나 현미경으로 봤을 때 조직이 불균일한 혼합물은 **불균일혼합물(heterogeneous mixture)**로 분류된다. 부분적으로 성질이 다르다.

**균일혼합물(homogeneous mixture)** 또는 **용액(solution)**은 같은 상(고체, 액체 또는 기체)에서 완전히 균일하며 두 가지 이상의 물질로 이루어져 있다. 부분적으로 성질에 어떤 차이도 보이지 않는다. 원자나 분자 수준에서만 불균일하며 그 차이는 너무 작아 거의 구별할 수 없다. 용액의 예로서 깨끗한 공기(대부분 질소와 산소의 혼합물), 설탕물, 놋쇠 합금(구리와 아연의 균일 혼합물) 등이 있다. 균일 혼합물의 성질은 시료내의 어느 부분에서나 모두 같지만 시료에 따라 혼합비율이 달라지면 다를 수 있다.

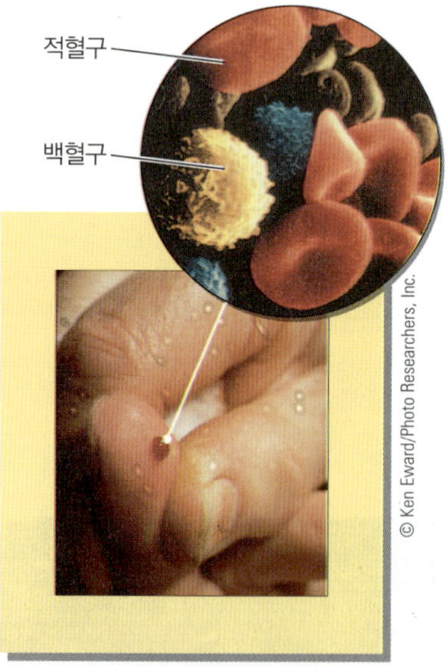


**그림 1.9 불균일혼합물.** 혈액은 우리 눈에 균일한 것처럼 보이지만 현미경으로 보면 그렇지 않다. 적혈구의 성질은 주위의 혈장 성질과 다르다.

## 분리와 정제

앞에서 우리는 모든 물질은 다른 물질들과 구별되는 특징적인 성질이 있다고 기술하였다. 그러나 그러한 성질을 관찰하기 위하여 한 물질을 다른 물질들로부터 분리해야 한다. 즉 정제되어야 한다. 순수하지 않은 물질의 녹는점은 순수한 물질의 녹는점과 다르다. 혼합물의 색상이나 외관은 순수한 물질과 다르다. 그러므로 물질의 성질을 이야기할 때는 순순한 물질을 의미한다.

정제는 물질의 몇 가지 성질을 추적하면서 여러 번 반복적인 단계들로 이루어진다. 철은 그림 1.11에서처럼 철과 황의 불균일혼합물로부터 자석을 사용하여 분리할 수 있다. 이 예에서 철과 황의 상대적 조성에 따라 색상이 다르다. 순수한 황의 밝은 노란색은 철이 모두 분리되었음을 나타낸다.

한 가지 성질에만 기초하여 어떤 시료가 순수하다고 하는 것은 잘못된 결론일 수 있다. 왜냐하면 다른 정제 방법은 시료의 다른 성질을 변화시킬 수 있기 때문이다. 황을 다양한 방법으로 정제하여 그것의 물리적 화학적 성질이 변하지 않는 다면 순수하다고 할 수 있다. 어떤 성질은 특정 물질에 기인하고, 우리가 원하는 유용한 성질을 갖는 물질을 체계적으로 연구할 수 있게 해주기 때문에 정제는 중요하다. 물질이 잘 정제되지 않은 경우 미량으로 존재하는 불순물의 성질을 그 물질의 성질로 착각할 수 도 있다.

금, 다이아몬드, 실리콘다이옥사이드(석영)등이 예에서 보듯이 자연계에서 순수한 형태로 존재하는 물질은 별로 많지 않다. 우리는 혼합물의 세계에 살고 있다. 모든 생명체, 공기와 음식, 많은 공산품 등이 모두 혼합물이다. 화학에 대해서 우리가 알고 있는 많은 것들이 혼합물로부터 성분 물질을 분리하고 정제하여 그것들의 성질을 결정하는 것이다. 오늘날까지 5천만 개 이상의 물질이 보고되었고 매년 더 많은 물질이 발견되거나 합성되고 있다. 이러한 물질들은 순수한 경우 특수한 조성과 고유한 특징을 갖는다. 정제의 중요성에 대한 좋은 예가 트랜지스터나 컴퓨터 칩의 제조에 필요한 고순도 실리콘이다. 고순도 실리콘의 경우 10억 g(1,000톤)에 불순물이 1 g 미만으로 존재하여야 한다. 실리콘을 정제 후 미량의 보론 이나 비소와 같은 특정 물질을 정확하게 주입하여 반도체 성질을 갖게 할 수 있다(단원 11.8과 11.9 참조).

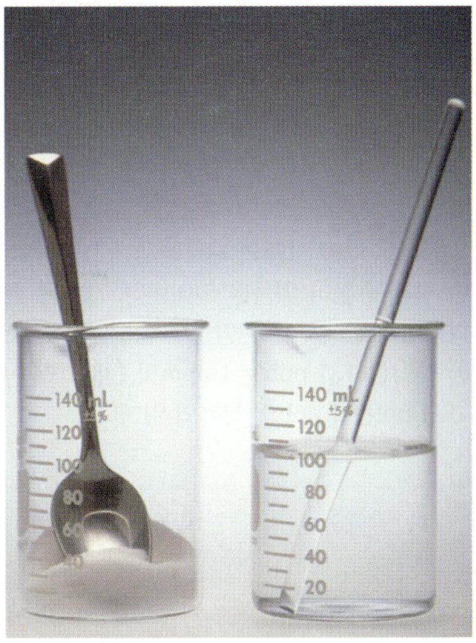



**그림 1.10 용액.** 고체 소금을 액체인 물에 녹이면 균일한 액체혼합물이 만들어진다. 용액의 어느 부분도 똑 같은 짠맛을 나타내며 용액 전체에 걸쳐 성질이 모두 일정하다.

고순도 실리콘

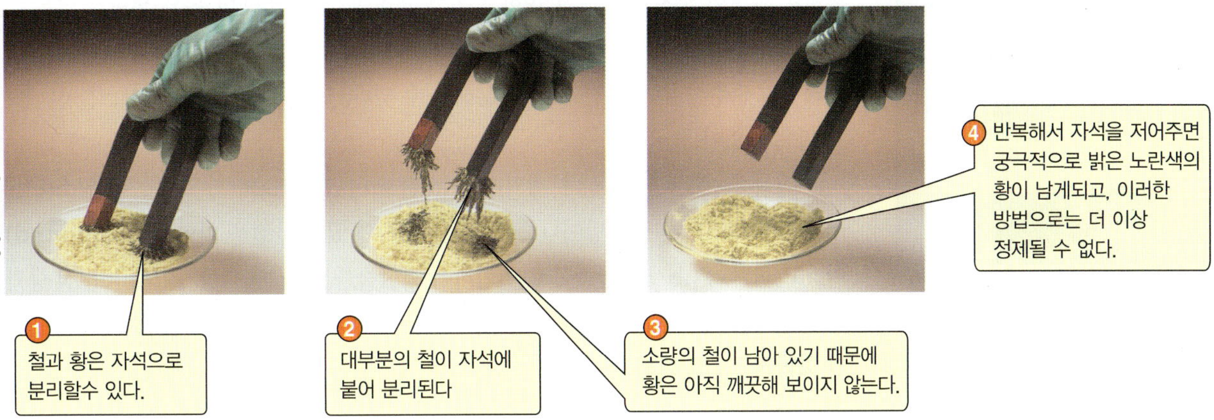




**그림 1.11 혼합물의 분리.** 철과 황

## 검출과 분석

식수에 존재하는 비소의 예는 시료에 어떤 물질이 들어 있는지, 있다면 얼마나 존재하는지를 아는 것이 중요해진다. 광석을 채굴할 만큼 그 광석은 가치 있는 금속을 충분히 포함하고 있는지? 생선에는 사람이 먹기에 안전하지 않은 양의 수은이 존재하는지?

1 ppm은 백만 그램의 시료에서 1 그램의 어떤 물질이 들어 있음을 의미한다. 그것은 한 양동이의 물에서 물 한방울의 십분의 일 정도에 해당한다. 1 ppb는 1 ppm의 천분의 일이고, 1 ppt는 1 ppb의 천분의 일이다.

이러한 물음에 답하는 것은 분석화학자들의 일이고 해마다 그 방법이 개선되고 있다. 1960년에는 수은을 1 ppm 농도까지 검출할 수 있었으나 1970년에는 1 ppb까지 내려갔고, 1980년에는 1 ppt까지 내려갔다. 따라서 20년 동안 수은의 검출 한계가 백만 배나 증가했다. 이러한 발전은 중요한 효과를 가져왔다. 점점 더 작은 양의 오염 농도를 측정할 수 있기 때문에 더 많은 시료에서 오염물질이 발견된다. 몇 십 년 전에는 식품이나 공기, 물을 조사해보면 유해 물질이 거의 발견되지 않았지만 그렇다고 없었던 것은 아니다. 단지 우리의 검출 방법이 그것들을 검출하지 못했을 뿐이다. 오늘날은 훨씬 더 민감한 검출 방법으로 인해 대부분의 시료물질에서 유해 물질이 검출되고 있는데 유해 농도를 0으로 줄이라고 요구하고 있다.

화학은 불순물의 검출 한계를 지속적으로 낮춰 갈 것이지만 거기에는 일정 한계가 있을 것이다. 시료가 전혀 오염되지 않았다는 것을 증명하는 것은 불가능하다. 달리 말하면 완전히 순수한 물질을 만든다는 것은 불가능하고, 식품 등에 오염 물질이 하나도 없어야 한다는 법을 제정한다는 것은 비생산적인 일이다. 화학 분석을 통해 독소가 조금도 없다고 증명하기보다 독소의 안전 기준을 정하는 것이 중요하다. 어떤 물질은 소량으로 존재할 때는 유익하지만 다량으로 존재하면 유해한 경우가 있다(다이어트에 사용되는 셀레늄과 비소의 경우가 그렇다). 분석화학의 도움으로 적절한 농도 범위를 결정할 수 있다.

## 1.7 물질의 분류: 원소와 화합물

혼합물로부터 분리된 대부분의 물질은 분해라고 하는 화학반응에 의하여 2개 이상의 더 간단한 물질로 변환될 수 있다. 물질은 가열하거나, 빛을 쪼여 주거나, 전기를 흘려주면 분해될 수 있다. 설탕가루는 사탕수수에서 분리되고 정제될 수 있다. 설탕을 가열하면 일련의 복잡한 화학적 변화를 거쳐 캐러멜처럼 된다. 더 높은 온도로 열을 가하면 설탕은 2개의 서로 다른 물질(탄소와 물)로 완전히 바뀐다. 더욱이 물은 전류를 통해주면 순수한 수소와 산소로 더 분해될 수 있다. 그러나 탄소, 수소, 산소를 분해하는 방법은 없다.

그림 1.12 **화합물과 그들의 원소.** 설탕은 탄소, 산소, 수소 원소들로 구성된다. 원소들이 결합하여 화합물이 되면 원소들의 성질은 사라지고 화합물의 성질만 나타난다.

화학반응으로 더 이상 분해되지 않는 탄소, 수소, 산소와 같은 물질을 **원소(elements)**라고 부른다. 설탕이나 물처럼 분해될 수 있는 물질을 **화합물(compound)**이라고 한다. 원소가 화학적으로 결합하여 화합물을 만들 때 색상, 경도, 녹는점 등과 같은 원래의 특성은 화합물의 특성으로 대치된다. 예를 들어 설탕은 다음 세 가지 원소가 화학적으로 결합되어 있다.

- 탄소: 보통 검은색 가루이지만 다이아몬드의 형태로도 존재

- 수소: 밀도가 가장 작은 무색의 가연성 기체
- 산소: 호흡에 필요한 무색의 기체

경험으로부터 알고 있지만 설탕은 위의 세 가지 원소들과는 완전히 다른 하얀 결정성 고체이다(그림 1.12).

화합물이 2개 이상의 원소들로 구성되어 있다면 혼합물과 어떻게 다른가? 두 가지 점에서 다르다. (1) 화합물은 일정한 조성이 있다. (2) 화합물은 특수한 성질이 있다. 혼합물의 조성이나 특성은 변할 수 있다. 설탕 용액은 설탕이 얼마나 녹아 있는지에 따라 매우 단 맛이 나기도하고 그렇지 않을 수도 있다. 설탕용액은 조성에 따라 고유의 성질을 갖는다. 반면, 100.0 g의 순수한 물은 항상 11.2 g의 수소와 88.8 g의 산소를 포함한다. 순수한 물은 항상 0°C에서 얼고 100°C에서 끓고(1기압 조건에서) 상온에서 항상 무색의 액체이다.

**예제 1.2 원소와 화합물**

광택이 나는 고체(물질 A)를 이산화탄소와 함께 가열하였다. 몇 분 후 하얀색 고체(물질 B)와 검은색 고체(C)가 생성되었고 다른 물질은 존재하지 않았다. 검은색 고체를 산소와 함께 가열하였더니 이산화탄소가 생성되었다. 물질 A, B, C 는 각각 원소인지 화합물인지 결정하고 그 이유를 설명하시오. 증거가 충분한지도 확인하시오.

**정답:** A: 증거 불충분, B: 화합물, C: 원소

**풀이:** 물질 C는 산소와 결합하여 두 가지의 원소만 포함하는 이산화탄소를 생성하므로 원소이다. 물질 C는 실제 탄소이다. 물질 B는 화합물이다. 왜냐하면 산소(이산화탄소로부터)와 적어도 다른 원소 1개(물질 A로부터)를 포함하여야만 한다. 물질 A는 원소인지 화합물인지 판단할 수가 없다.

**실전예제 1.2**

한 학생이 미지의 시료 A를 곱게 가루로 분쇄하여 순수한 물 100 mL에 녹인다. 약간의 고체 B가 녹지 않고 남았다. 물을 고체로부터 분리하고 증발시키면 하얀색의 가루 C가 남는다. 흰색 가루 C의 질량은 0.034 g이었다. 시료 C는 25 mL 순수한 물에 전부 녹는다. 시료 A, B, C가 원소인지 화합물인지, 혼합물인지 간략하게 설명하시오.

## 물질의 형태

원소 또는 화합물을 얻기 위한 혼합물의 분리와 원소를 얻기 위한 화합물의 분해는 물질을 분류하는 유용한 방법을 제공한다(그림 1.13) 철과 황의 불균일혼합물은 자석을 이용한 간단한 방법으로 분리할 수 있다. 균일혼합물을 분리하는 것은 다소 어렵지만 물리적 방법을 적용할 수 있다. 예를 들어 소금물은 증류를 통하여 음용수로 정제할 수 있는데 가열하여 물을 증발시키고 수증기를 냉각시켜 액화시킨다. 물이 모두 증발하고 나면 소금 결정이 생성되고 용액으로부터 분리된다. 가장 어려운 것은 화합물의 원소들을 분리하는 것이다. 매우 큰 에너지를 가해주거나 다른 물질과 화학반응을 시켜야 분리할 수 있다.

바닷물의 염분을 제거하여 건조한 지역에 사는 많은 사람들에게 식수로 제공할 수 있다. 그러나 증류는 많은 에너지를 필요로 하고 비용이 많이 든다. 태양에너지를 사용하면 비용을 줄일 수 있다.

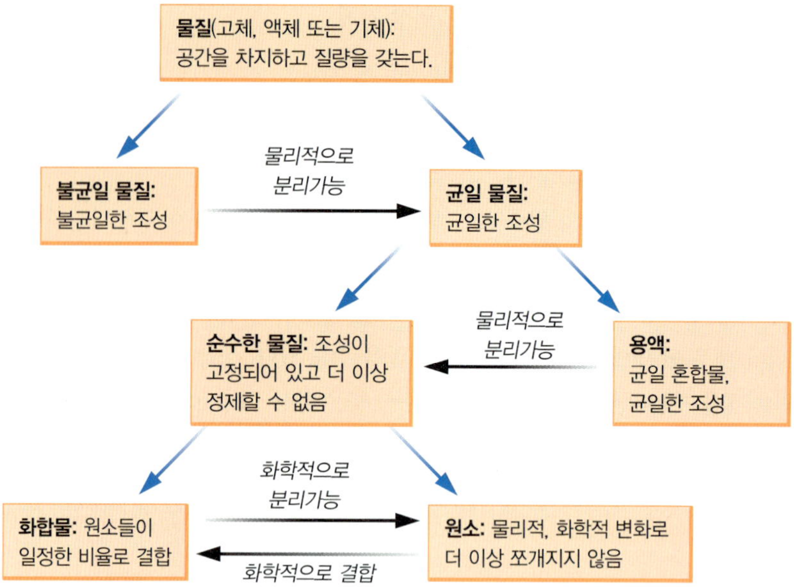


그림1.13 **물질을 분류하는 개략도**

> CONCEPTUAL
> **개념학습** 1.5 **물질의 분류**
>
> 다음을 물질의 유형으로 분류하시오.
>
> (a) 물에 녹아 있는 설탕
>
> (b) 탄산음료 캔 속의 소다
>
> (c) 자동차의 엔진오일
>
> (d) 보석 장신구의 다이아몬드
>
> (e) 100원 짜리 동전
>
> (f) 설탕 결정

## 1.8 나노스케일의 이론과 모델

원자와 분자에 기초한 이론으로 물질의 물리적 성질, 화학적 성질 및 앞에서 기술한 물질의 분류 도식을 어떻게 설명할 수 있는지 고려해 보자. 물리화학적 성질은 독립적인 인간의 감각으로 관측될 수 있고 눈으로 보고, 측정하고, 다룰 수 있을 만큼 충분히 큰 시료와 관련이 있다. 그러한 시료를 거시적이라고 하고 **마크로스케일(macroscale)**의 위치에 놓는다. 반면 너무 작아서 현미경을 이용하여 관찰해야 하는 물질의 시료를 **마이크로스케일(microscale)** 시료라고 한다. 혈구나 박테리아 등이 마이크로스케일 시료의 예이다. 그러나 화학자들이 흥미로워 하는 시료는 **나노스케일(nanoscale)** 시료이다. 접두어 "나노"는 국제표준단위계(SI 단위)에서 유래하며 어떤 양의 10억분의 1을 나타낸다(표 1.2). 예를 들어 1 미터의 10억분의 1을 1 나노미터($1 \times 10^{-9}$ m)라고 한다. 원자와 분자의 크기는 나노스케일이다. 황 원자의 평균 직경은 1 나노미터의 10분의 2정도이고(0.2 nm = $2 \times 10^{-10}$ m) 물 분자도 비슷한 크기이다. 아스피린 분자는 0.75 nm ($7.5 \times 10^{-10}$ m) 정도이다. 그림 1.14에 마크로스케일, 마이크로스케일, 나노스케일에서 여러 물체들의 상대적 크기를 나타낸다.

**표 1.2** 길이에 대한 SI 단위 및 접두어

| 접두어 | 약어 | 의미 | 보기 |
|---|---|---|---|
| kilo | k | $10^{3}$ | 1 kilometer (km) = $1 \times 10^{3}$ meter (m) |
| deci | d | $10^{-1}$ | 1 decimeter (dm) = $1 \times 10^{-1}$ m = 0.1 m |
| centi | c | $10^{-2}$ | 1 centimeter (cm) = $1 \times 10^{-2}$ m = 0.01 m |
| milli | m | $10^{-3}$ | 1 millimeter (mm) = $1 \times 10^{-3}$ m = 0.001 m |
| micro | μ | $10^{-6}$ | 1 micrometer (μm) = $1 \times 10^{-6}$ m |
| nano | n | $10^{-9}$ | 1 nanometer (nm) = $1 \times 10^{-9}$ m |
| pico | p | $10^{-12}$ | 1 picometer (pm) = $1 \times 10^{-12}$ m |

앞서, 원자와 분자에 대한 화학자들의 관점을 살펴보았다. 물질은 그것을 구성하는 원자나 분자를 반영한다는 것이 화학의 기본 아이디어이다. 원자나 분자는 극히 작아서 나노스케일의 구성 성분을 마크로스케일의 성질과 연결시키는 이론을 찾아내기 위하여 창의적인 상상력이 필요하다. 화학을 배우면 주위에 있는 모든 물질들에서 눈으로는 볼 수 없는 나노스케일의 구조를 볼 수 있게 될 것이다.

## 물질의 상태: 고체, 액체, 기체

물질의 물리적 상태는 쉽게 관찰되고 유용한 성질이다. 물질의 상태가 **고체(solid)**, **액체(liquid)**, 또는 **기체(gas)**인가? 고체는 온도나 압력의 변화에도 단단한 모양이나 부피의 변화가 거의 없다(그림 1.15). 액체는 고체처럼 부피가 일정하지만 모양은 담겨 있는 용기에 따라 유동적이다. 기체 또한 유동적이지만 용기 전체를 채우고 온도와 압력에 따라 부피가 크게 변한다. 대부분의 물질은 같은 조건에서 비교했을 때 부피는 고체일 때가 액체일 때보다 약간 작지만 기체 상태일 때는 훨씬 크다. 대부분의 고체는 온도가 증가하면 녹아서 액체가 되고 온도가 충분히 더 오르면 끓어서 기체가 된다.

**그림 1.15** 석영 결정. 석영은 여느 고체처럼 단단한 형태를 하고 온도나 압력 변화에 대하여 부피 변화가 거의 없다.

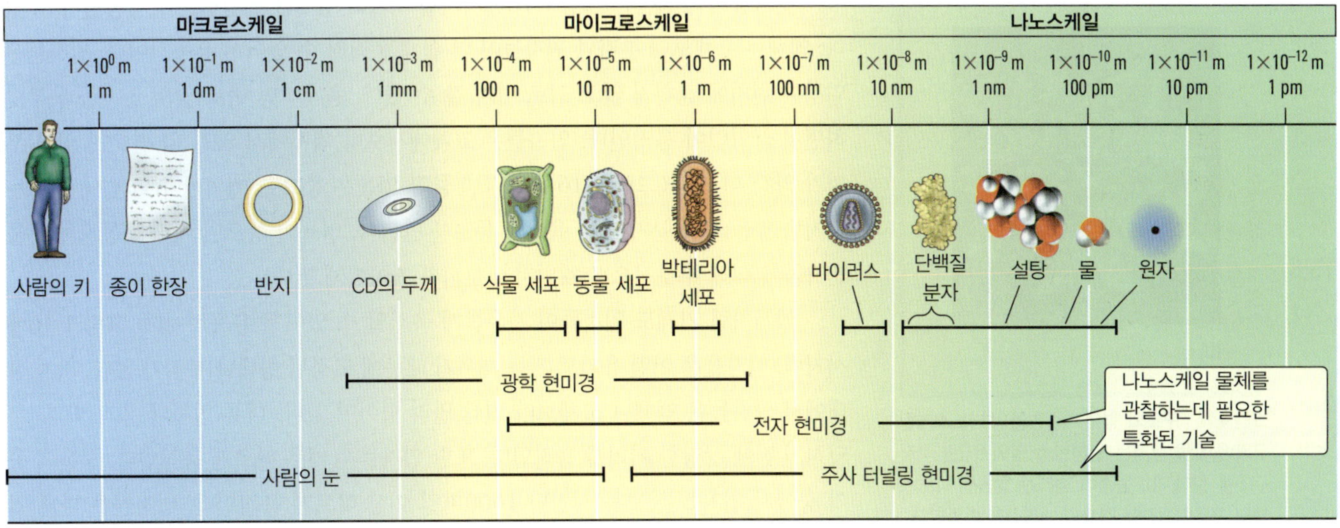


**그림 1.14** **마크로스케일,** 마이크로스케일, 나노스케일

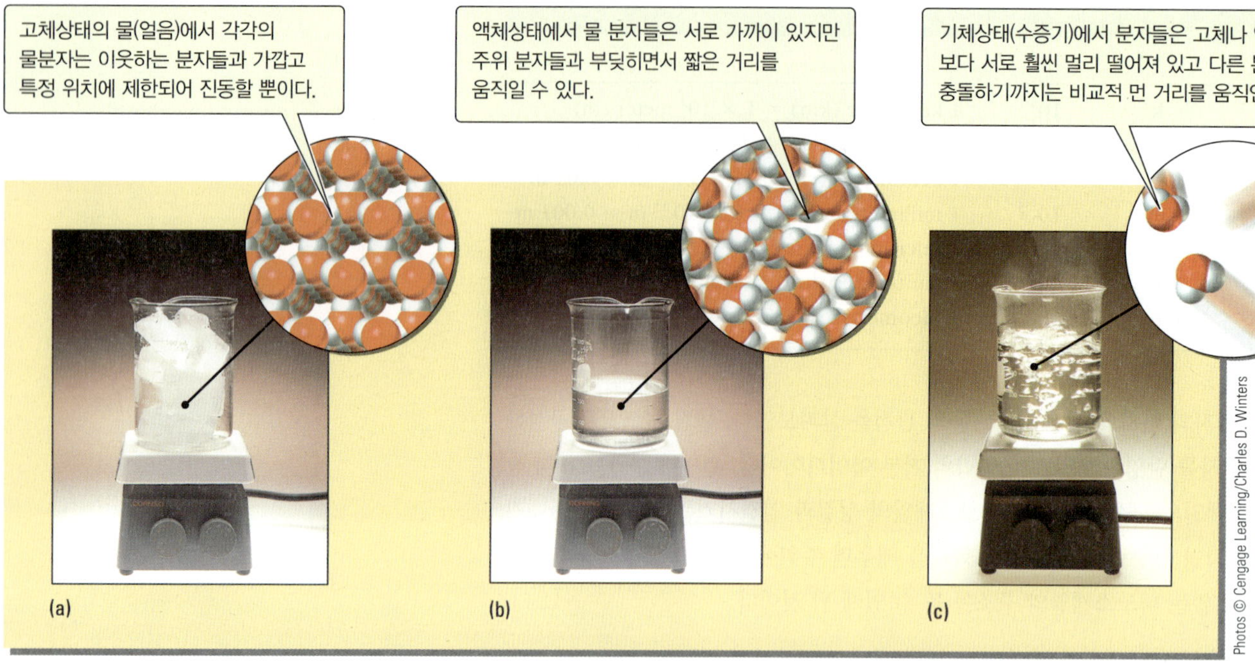


**그림 1.16 물질의 세 가지 상태에 대한 나노스케일 묘사.** 물은 가열하면 고체(얼음)에서 액체, 액체에서 기체로 변환된다.

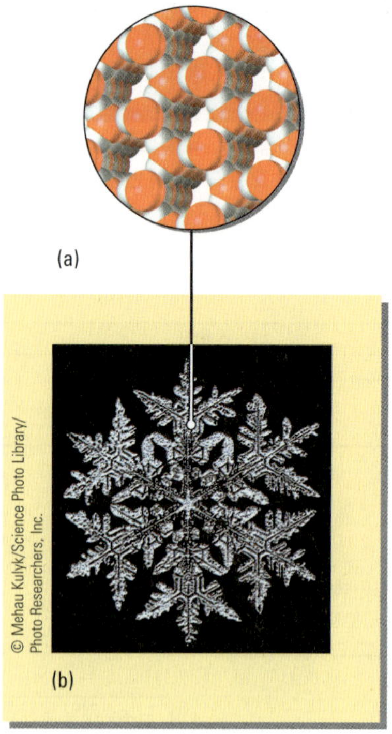


**그림 1.17 구조와 형태.** (a) 얼음의 나노스케일 구조에서 물 분자는 일정한 배열의 6각형 격자 구조를 한다. (b) 눈송이 형태는 얼음의 나노스케일 구조인 6각형 격자의 대칭성을 반영한다.

나노스케일의 물질을 다루는 이론인 분자동력학에서 모든 물질은 끊임없이 운동하고 있는 극히 작은 입자(원자 또는 분자)로 구성되어 있다고 본다. 고체 상태에서 입자들은 그림 1.16처럼 조밀하게 규칙적으로 배열되어 있다. 입자들은 평균 위치에서 진동은 하지만 위치가 이동하여 새로운 다른 입자와 접촉하는 일은 거의 없다. 입자들은 일정한 배열에서 빽빽하게 채워져 있기 때문에 고체 상태는 딱딱하고, 부피가 고정되어 있고, 주어진 질량에 대하여 부피가 작다. 고체의 외형은 입자들의 내부 배열을 반영하기도 한다. 관측되어진 고체의 구조와 그것을 구성하는 입자 배열의 관계는 과학자들이 결정이나 광물의 형태에 흥미를 갖는 이유의 하나이다(그림 1.17).

분자동력학 이론은 그림 1.16에서처럼 액체의 성질을 설명하는데 사용될 수도 있다. 액체는 고체보다 분자나 원자들이 더 쉽게 움직일 수 있어서 유동적이다. 입자들은 일정한 위치에 갇히지 않고 서로 비켜 갈 수 있다. 움직이면 바로 옆의 입자들과 부딪히면서 끊임없이 움직인다. 입자들은 고체에서보다 액체에서 약간 더 떨어져 있어 부피가 약간 더 크다(그림 1.16에 나타낸 물과 얼음은 중요한 예외이다. 그림에서 보는 것처럼 얼음의 물 분자는 빈 육각형 통로를 만든다. 얼음이 녹으면 이러한 통로들이 물 분자들에 의해 부분적으로 채워지고 부피가 작아지게 된다).

액체처럼 기체도 입자들이 자유롭게 움직일 수 있어서 유동적이다. 그림 1.16에서처럼, 입자들은 어떤 용기도 가득 채우기 때문에 고정된 형태나 부피가 없다. 기체 상태에서 입자들은 액체나 고체보다 훨씬 멀리 떨어져 있다. 다른 입자나 용기 벽과 부딪히기 전에 상당한 거리를 움직인다. 또한 입자들은 매우 빠르게 움직인다. 상온의 공기 중에서 입자들은 보통 시간당 1000마일 이상 빠르게 움직인다. 입자들은 다른 입자들과 자주 충돌하지만 대부분 서로 멀리 떨어져 있다. 따라서 기체의 성질을 결정하는데 입자의 특성이 별로 중요하지 않다.

분자 동력학 이론으로 온도도 설명할 수 있다. 온도가 높을수록 입자들은 더 활동적이다. 온도가 올라가면 고체는 녹는데, 입자들은 규칙적으로 배열된 현재 위치에서 빠르고 크게 진동하여 다른 입자들을 밀어내면서 위치가 변한다. 입자들이 서로 밀어내고 부딪히기 때문에 물질은 액체 상태가 된다. 온도가 더 올라가면 입자들은 더 빨리 움직이고 마침내 주변 입자들의 영향에서 벗어나 독립적이 되면서 물질은 기체 상태가 된다. 온도를 높이는 것은 원자나 분자의 움직임이 더욱 더 빨라지는 것을 의미한다. 이것은 화학에서 앞으로 유용하게 사용될 일반적인 규칙이다(그림 1.18).

기체의 행동을 결정하는데 있어서 입자의 성질은 상대적으로 덜 중요하기 때문에 모든 기체는 이상기체 법칙(10장)으로 아주 정확하게 기술할 수 있다.

고체, 액체, 기체의 성질과 온도 변화의 효과를 설명하기 위하여 분자동력학 이론을 사용하는 것은 마크로스케일의 관찰을 해석하고 설명하기 위하여 화학자들이 어떻게 나노스케일 이론과 모델을 사용하는지에 대한 일례이다. 이 장의 나머지 부분과 여러분이 화학을 공부하는 동안 마크로스케일의 시료 물질을 고려할 때 마다 원자와 분자들이 어떻게 배열하고 행동하는지를 상상하려고 노력해야 한다. 즉 여러분들은 나노스케일 구조와 마크로스케일 성질사이의 관련성에 대한 화학자의 특별한 관점을 개발하도록 하여야 한다.

CONCEPTUAL
**개념학습 1.6 분자동력학 이론**

물질은 운동하고 있는 작은 입자들로 구성된다는 아이디어를 사용하여 다음과 같은 관찰을 해석하시오.

(a) 햇빛에 놓인 얼음 조각은 천천히 녹고 액체 상태의 물은 궁극적으로 증발한다.
(b) 줄에 걸어 놓은 젖은 옷은 궁극적으로 마른다.
(c) 얼음 물 컵의 바깥 면에 물방울이 맺힌다.
(d) 설탕용액의 증발은 결정을 생성한다.

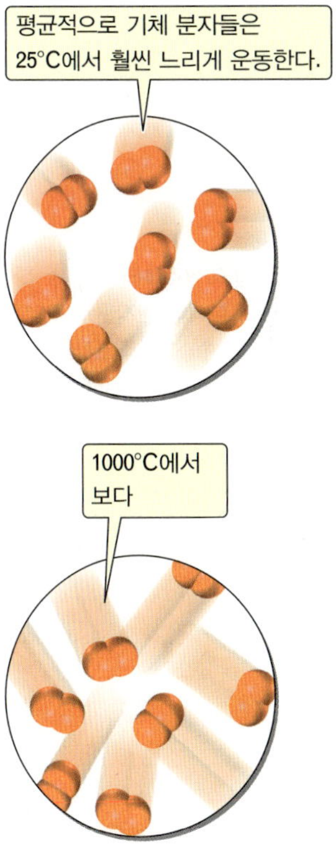

그림 1.18 분자의 속력과 온도

## 1.9 원자론

고체, 액체, 기체의 성질처럼 원소의 존재도 나노스케일 모델로 설명할 수 있다. 분자 동력학 이론과 밀접한 관계가 있는 이 모델을 **원자론**이라고 부른다. 1803년 **John Dalton**에 의해 제안되었다. Dalton의 이론에 의하면 원소는 2개 이상의 새로운 물질로 쪼개지지 않는다. 왜냐하면 나노스케일에서 보면 원소는 한 가지 종류의 원자로만 구성되고 원자는 화학반응으로 나누어지지 않기 때문이다. 원자는 원소의 화학적 성질을 구체화하는 가장 작은 입자이다. 그림 1.19의 구리 시료처럼 원소는 전적으로 같은 종류의 원자로 구성된다.

화합물이 2개 이상의 다른 물질로 분해된다는 것은 2개 이상의 서로 다른 종류의 원자를 포함한다고 말할 수 있다. 분해 과정은 한 종류의 원자를 다른 종류의 원자로부터 분리하는 것이다. 예를 들어 설탕을 태우면 탄소원자가 산소원자와 수소원자로부터 분리된다.

Dalton은 한 종류의 원자는 특히 질량과 같은 고유한 성질을 갖는다고 했다. 이

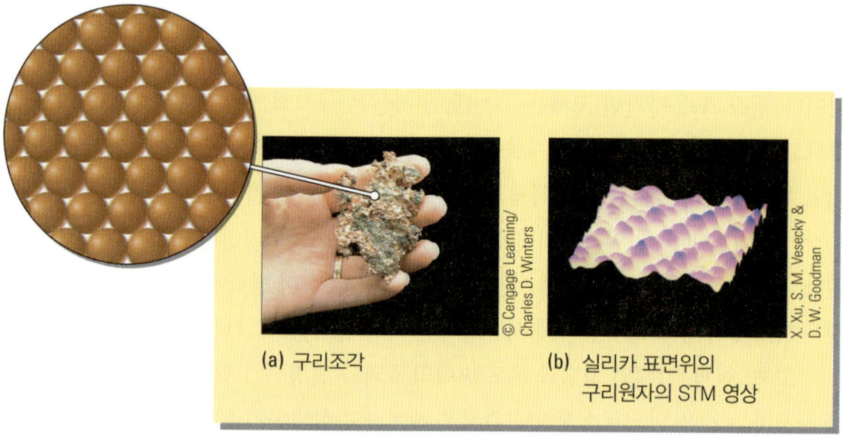


그림 1.19 **원소, 원자, 화학의 나노스케일 세계.** (a) 구리를 입힌 냄비 표면의 나노스케일 확대 영상. 구리를 입힌 냄비 표면의 모든 원자들은 똑같은 원자들이다. (b) 실리카(실리콘과 산소의 화합물)표면 위의 구리 원자 층에 대한 주사터널링 현미경(STM) 영상. 영상의 크기는 1.7 $nm^2$ 로서 원자들의 줄 간격은 0.44 nm 정도이다.

아이디어는 화학반응에서 결합하는 여러 가지 원소들의 질량을 설명하고 알려진 화학적 사실을 정량적으로 해석할 수 있게 해준다.

Dalton의 시대에 알려진 두 가지 법칙은 원자론으로 설명할 수 있다. 하나는 반응하기 전 반응물의 질량을 정확하게 측정하고 반응생성물을 조심스럽게 모아 질량을 측정한다. 그 결과로부터 **질량보존의 법칙(law of conservation of mass)**에 이르게 된다. 보통의 화학반응에서는 질량의 변화가 없다. 원자론은 반응의 전후로 각 종류의 원자의 수와 고유 질량이 같다고 말한다.

우리의 신체는 오랜 과거로부터의 원자. 다른 사람과 물질로부터의 원자들로 구성된다. 우리 몸의 탄소, 수소, 산소원자들의 일부는 과거 다른 사람들의 호흡에서 나온 것일 수 있다.

또 다른 법칙은 화합물에서 원소들의 질량비는 항상 일정하다는 관찰에 기초한다. 물은 항상 수소 1 g 당 산소 8 g을 포함하고 일산화탄소는 탄소 3 g 당 산소 4 g을 포함한다. **일정성분비 법칙(law of constant composition)**은 다음과 같이 요약된다. 화합물은 항상 일정한 질량비로 같은 원소들을 포함한다. 원자론은 서로 다른 원소의 원자들은 화합물에서 항상 같은 비로 결합한다고 설명한다. 예를 들어 일산화탄소에서 한 개의 탄소원자에 대해 항상 한 개의 산소원자가 존재한다. 산소원자의 질량이 탄소 원자의 질량의 4/3 배이면 일산화탄소에서 산소질량 대 탄소질량의 비는 항상 4:3이다.

Dalton의 이론은 그 후의 발견들을 설명하기 위하여 수정되어 왔다. 현대의 원자론은 다음과 같은 가정에 기초하고 있다.

1. 모든 물질은 지극히 작은 원자로 구성된다. 원자 사이의 상호작용은 물질의 성질을 설명한다.
2. 한 원소의 모든 원자들은 똑같은 화학적 성질을 갖는다. 다른 원소의 원자들은 다른 화학적 성질을 갖는다.
3. 화합물은 2개 이상의 다른 종류의 원자들이 화학적으로 결합하여 생성된다. 원자들은 보통 가장 작은 정수비로 결합한다. 일산화탄소 분자에는 1개의 탄소원자와 1개의 산소원자가 존재한다. 이산화탄소 분자에서는 1개의 탄소원자와 2개의 산소원자가 존재한다.

4. 화학반응은 원자를 붙이고, 분리하고, 재배열하는 과정을 포함한다. 반응물질의 원자들은 생성물질에서 새로운 결합을 생성한다. 원자는 화학반응 동안 새로 생기거나, 없어지거나, 다른 종류의 원자로 바뀌지 않는다.

좋은 이론의 검증은 새로운 실험을 제안하는데 원자론에도 적용된다. Dalton은 원자론이 아직까지 발견되지 않은 법칙을 예견한다는 것을 알았다. 만약 나노스케일에서 서로 다른 원소의 원자들이 결합하여 화합물이 생성된다면 어떤 경우에는 하나 이

## ESTIMATION How Tiny Are Atoms and Molecules?

It is often useful to estimate an approximate value for something. Usually this estimation can be done quickly, and often it can be done without a calculator. The idea is to pick round numbers that you can work with in your head, or to use some other method that allows a quick estimate. If you really need an accurate value, an estimate is still useful to check whether the accurate value is in the right ballpark. Often an estimate is referred to as a "back–of–the–envelope" calculation, because estimates might be done over lunch on any piece of paper that is at hand. Some estimates are referred to as "order–ofmagnitude calculations" because only the power of ten (the order of magnitude) in the answer is obtained. To help you develop estimation skills, most chapters in this book will provide you with an example of estimating something.

To get a more intuitive feeling for how small atoms and molecules are, estimate how many hydrogen atoms could fit inside a 12–oz (355–mL) soft–drink can. Make the same estimate for protein molecules. Use the approximate sizes given in Figure 1.14.

Because 1 mL is the same volume as a cube 1 cm on each side (1 $cm^3$), the volume of the can is the same as the volume of 355 cubes 1 cm on each side. Therefore, we can first estimate how many atoms would fit into a 1–cm cube and then multiply that number by 355.

According to Figure 1.14, a typical atom has a diameter slightly less than 100 pm. Because this is an estimate, and to make the numbers easy to handle, assume that we are dealing with an atom that is 100 pm in diameter. Then the atom's diameter is $100 \times 10^{-12}$ m $= 1 \times 10^{-10}$ m, and it will require $10^{10}$ of these atoms lined up in a row to make a length of 1 m. Since 1 cm is $\frac{1}{100}(10^{-2})$ of a meter, only $10^{-2} \times 10^{10} = 10^8$ atoms would fit in 1 cm.

In three dimensions, there could be 108 atoms along each of the three perpendicular edges of a 1–cm cube (the $x$, $y$, and $z$ directions). The one row along the $x$–axis could be repeated 108 times along the $y$–axis, and then that layer of atoms could be repeated $10^8$ times along the $z$–axis. Therefore, the number of atoms that we estimate would fit inside the cube is $10^8 \times 10^8 = 10^8 = 10^{24}$ atoms. Multiplying this by 355 gives $355 \times 10^{24} = 3.6 \times 10^{26}$ atoms in the soft–drink can.

This estimate is a bit low. A hydrogen atom's diameter is less than 100 pm, so more hydrogen atoms would fit inside the can. Also, atoms are usually thought of as spheres, so they could pack together more closely than they would if just lined up in rows. Therefore, an even larger number of atoms than $3.6 \times 10^{26}$ could fit inside the can.

For a typical protein molecule, Figure 1.14 indicates a diameter on the order of 5 nm = 5000 pm. That is 50 times bigger than the 100–pm diameter we used for the hydrogen atom. Thus, there would be 50 times fewer protein molecules in the $x$ direction, 50 times fewer in the $y$ direction, and 50 times fewer in the $z$ direction. Therefore, the number of protein molecules would be fewer by $50 \times 50 \times 50 =$ 125,000. The number of protein molecules can thus be estimated as $(3.6 \times 10^{26}) / (1.25 \times 10^5)$. Because 3.6 is roughly three times 1.25, and because we are estimating, not calculating ccurately, we can take the result to be $3 \times 10^{21}$ protein molecules. That's still a whole lot of molecules!

Visit this book's companion website at www.cengage.com/chemistry/moore to work an interactive module based on this material.

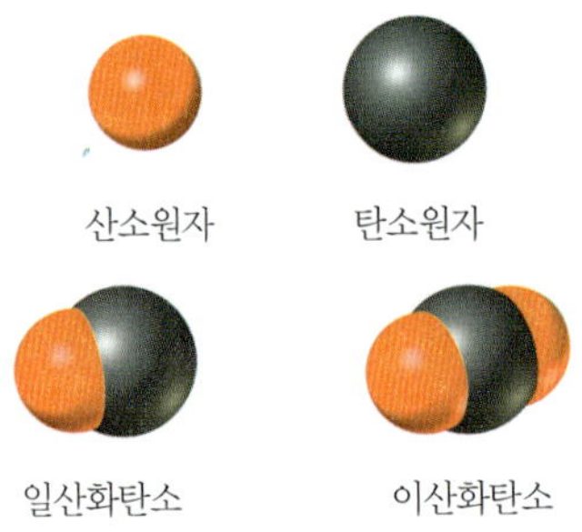


상의 조합이 가능할 것이다. 그 예가 일산화탄소와 이산화탄소이다. 일산화탄소에서는 탄소원자 하나당 산소원자 하나가 있는 반면 이산화탄소에서는 탄소원자 하나당 산소원자 2개가 있다. 그러므로 이산화탄소에서 탄소 1 g 당 산소의 질량은 일산화탄소에서의 두 배가 된다. Dalton은 이것을 배수 비례의 법칙(law of multiple proportions)이라고 불렀고 그것을 확인하기 위하여 정량적 실험을 수행하였다. Dalton 뿐만 아니라 다른 사람들도 배수 비례의 법칙에 잘 맞는 데이터를 얻었으며 원자론의 수용을 더 용이하게 하였다.

## 1.10 화학의 원소

모든 원소들에는 고유의 이름과 기호가 부여되었다. 원소의 이름과 기호가 수록된 주기율표를 교재의 속표지에 나타내었다. He처럼 원소기호의 첫 글자는 대문자를 사용하고 두 번째 글자는 소문자로 표시한다. 금을 Au(aurum)로, 철을 Fe(ferum)로 나타내듯이 오래 전에 발견된 원소의 이름과 기호는 라틴어에서 유래한다. 최근에 발견된 원소들의 이름은 발견된 장소나 발견한 사람의 이름에서 유래한다(표 1.3).

원소는 현재에도 합성되고 있다. 2004년에 115번째 원소가 만들어졌지만 소수의 원자만이 관측되었다.

고대 사람들은 9개의 원소 금(Au), 은(Ag), 구리(Cu), 주석(Sn), 납(Pb), 수은(Hg), 철(Fe), 황(S), 탄소(C)를 알고 있었다. 자연계에 존재하는 대부분의 원소들은 1800 년대에 광석이나 대기, 바닷물에서 하나씩 분리되면서 발견되었다. 현재는 110개 이상의 원소가 알려졌는데 그 중 90개만이 자연계에 존재한다. 테크네튬(Tc), 넵투늄(Np), 멘델레븀(Md), 시보오금(Sg), 메이트네륨(Mt) 등은 1930년대 이래 핵반응을 통해서 만들어 졌다.

표 1.3 몇 가지 원소의 이름과 기호

| 원소 | 기호 | 발견된 해 | 발견자 | 이름/기호의 유래 |
|---|---|---|---|---|
| Carbon | C | 고대 | 고대 | 라틴, *carbo*(숯) |
| Curium | Cm | 1944 | G. Seaborg, et al. | 방사성 원소의 발견으로 노벨상을 수상한 퀴리부부에게 경의를 표하며 |
| Hydrogen | H | 1766 | H. Cavendish | 그리스어, *hydro*(물), *genes*(생성) |
| Meitnerium | Mt | 1982 | P. Armbruster, et al. | 핵분열의 공동 발견자인 Lise Meitner에게 경의를 표하며 |
| Mendelevium | Md | 1955 | G. Seaborg, et al. | 주기율표를 고안한 Dmitri Mendeleev 표 |
| Mercury | Hg | 고대 | 고대 | 머큐리신, 신들의 사자, 빠르게 흘러내리기 때문, 그리스어 *hydrargyrum*(액체 은) |
| Polonium | Po | 1898 | M. Curie and P. Curie | 마리 퀴리의 조국인 폴란드를 기념하여 |
| Seaborgium | Sg | 1974 | G. Seaborg, et al. | 새로운 원소의 합성으로 노벨상을 수상한 Glenn Seaborg에게 경의를 표하며 |
| Sodium | Na | 1807 | H. Davy | 라틴어, 소다(탄사소듐) |
| Tin | Sn | 고대 | 고대 | 독일어, *Zinn*; 라틴어 기호 *stannum* |

## 원소의 유형

24개의 원소를 제외한 대부분의 원소는 금속이다. 여러분은 금속의 여러 가지 성질을 잘 알고 있을 것이다. 상온에서 액체인 수은을 제외한 모든 금속은 상온에서 고체이며, 전기를 통하고(온도가 낮으면 전기를 더 잘 통함), 연성(늘이기 쉬운 성질)과 전성(펴늘일 수 있는 성질)이 있으며, 합금(2개 이상의 금속 원소가 섞인 금속)을 만들 수 있다. 고체 금속에서 원자들은 촘촘히 쌓여있기 때문에 금속의 밀도는 보통 크다. 그림 1.20에 흔한 금속들을 나타내었다. 철(Fe)과 알루미늄(Al)은 연성과 전성이 있고 값이 비교적 싸서 자동차 부품에 많이 사용된다. 구리(Cu)는 다른 금속들보다 전기를 잘 통하기 때문에 전선에 사용된다. 금(Au)은 잘 부식되지 않고 전기 전도도가 좋아서 컴퓨터 등 중요한 전기회로의 부품에 사용된다.

**그림 1.20 몇 가지 금속 원소. 철, 알루미늄, 구리 및 금.** 금속은 연성과 전성이 있으며 전기를 통한다.

반면 비금속은 흑연과 같은 예외적인 원소가 있기는 하나 전기를 통하지 않는다. 비금속은 금속보다 물리적 성질에 있어서 더 다양하다(그림 1.21). 상온에서 인, 황, 아이오딘 등은 고체이고 브로민은 액체, 수소, 질소, 클로린 등은 기체이다. 헬륨(He), 네온(Ne), 아르곤(Ar), 크립톤(Kr), 제논(Xe), 라돈(Rn)은 원자 기체이다.

교재 속표지의 주기율표에서는 금속, 비금속, 준금속을 색상을 달리하여 나타내었다. 금속은 회색과 푸른색, 비금속은 라벤더색, 준금속은 오랜지색

보론, 실리콘, 게르마늄, 비소, 안티몬, 텔루륨은 **준금속(metalloid)**으로 분류된다. 준금속의 몇 가지 성질은 금속과 같고 또 다른 성질들은 비금속과 같다. 준금속은 금속처럼 광택이 있으나 금속만큼 전기를 잘 통하지 않는다. 대부분은 반도체이며 전자 산업에 필수적인 원소이다(단원 11.8과 11.9 참조).

EXERCISE
**연습문제 1.7 원소**

표 1.3과 주기율표의 원소 목록을 이용하여 다음 질문에 대답하시오.
(a) 태양계 행성의 이름을 딴 4개 원소의 이름과 기호를 쓰시오.
(b) 미국 어느 주의 이름을 딴 원소의 이름과 기호를 쓰시오.
(c) 여성을 기리는 2개 원소의 이름과 기호를 쓰시오?
(d) 국가나 지역의 이름을 딴 원소를 적어도 4개 이상 쓰시오.
(e) 모든 비금속 원소들의 기호를 쓰시오.

(a) (b) (c) (d)

**그림 1.21 몇 가지 비금속 원소.** (a) 브롬 (b) 황 (c) 염소 (d) 요오드. 비금속원소는 고체, 액체, 기체로 존재하며 전기전도도가 매우 낮다. 브롬은 상온에서 액체인 유일한 비금속 원소이다.

## 분자로 구성된 원소

화학결합은 원자를 서로 묶는 강한 인력이다. 결합은 8장에서 자세하게 다룰 것이다.

대부분의 비금속 원소는 분자로 구성된다. **분자(molecule)**는 2개 이상의 원자가 화학결합에 의하여 연결된 물질을 구성하는 기본 요소이다. 클로린 분자는 2개의 클로린 원자로 구성되고 $Cl_2$로 나타낸다. **화학식(chemical formula)**은 물질의 원자 성분을 나타내기 위하여 원소 기호를 사용한다. 클로린 분자 $Cl_2$는 기체 상태에서 서로 충돌하거나 용기 벽과 부딪히는 입자이다. $Cl_2$처럼 2개의 원자로 구성된 분자를 **이원자 분자(diatomic molecules)**라고 한다. 산소 $O_2$와 질소 $N_2$는 수소 $H_2$, 플루오린 $F_2$, 브로민 $Br_2$, 아이오딘 $I_2$처럼 이원자 분자이다.

$Cl_2$의 공간채움 모형

이원자 분자를 구성하는 원소들은 $H_2$, $N_2$, $O_2$, $F_2$, $Cl_2$, $Br_2$, $I_2$이다. 이 원소들은 자주 접하기 때문에 기억할 필요가 있다. 이들 원소들은 주기율표에서 서로 가까이 놓여있다.

EXERCISE
**연습문제 1.8 이원자 분자로 구성된 원소와 준금속**

(a) 주기율표에 이원자 분자로 구성된 원소기호를 표시하여 보시오.

(b) 준금속으로 구성된 원소기호를 표시하시오.

## 동소체

동소체는 온도와 압력이 같은 물리적 상태에서 한 원소가 두 가지 이상의 서로 다른 형태로 존재하는 것을 동소체라고 하는데 산소와 탄소는 동소체를 갖는 원소들이다. 동소체는 한 원소의 원자가 분자를 생성할 때 서로 다른 방식으로 결합하여 만들어진다. 예를 들어 O는 $O_2$(산소)와 $O_3$(오존)의 두 가지 동소체가 존재한다. 대기의 주성분의 하나인 $O_2$가 훨씬 흔한 동소체이다. 오존은 엷은 청색의 자극성 기체로서 반응성이 매우 크며 냄새가 난다는 그리스어 **ozein**에서 유래한다.

산소분자 $O_2$

오존분자 $O_3$

수세기 동안 우리에게 잘 알려진 다이아몬드와 흑연은 매우 다른 성질을 갖는다. 다이아몬드는 단단한 무색 고체이고 흑연은 부드럽고 검은색의 고체이지만 모두 탄소원자로만 이루어져 있다. 이 둘은 오랫동안 탄소의 유일한 동소체라고 여겨져 왔다. 그런데 1980년대에 탄소화합물이 미량의 산소와 반응하여 탈 때 생기는 검댕에서 탄소의 새로운 동소체가 발견되었다. 이 새로운 동소체는 60개의 탄소원자로 구성된다. $C_{60}$ 분자는 축구공 모양으로 탄소원자가 그림 **1.22b**의 검은색 오각형의 꼭지점에 위치하고 이 오각형 고리는 다섯 개의 육각형 고리로 둘러 싸여 있다. 탄소 오각형과 육각형의 분자구조는 발견자들에게 미국의 혁신적인 철학자겸 엔지니어였던 R. Buckminster Fuller가 고안한 그림 **1.22a**의 돔을 연상시켰다. 그래서 $C_{60}$ 동소체의 공식명칭이 **buckminsterfullerene**이다. 화학자들은 그것을 종종 buckyball 이라고도 한다. $C_{60}$ buckyball은 fullerene이라고 부르는 짝수의 탄소원자로 이루어진 새장 모양의 거대 분자에 속한다.

$C_{60}$ 분자의 크기를 축구공에 비교하는 것은 축구공을 지구에 비교하는 것과 거의 같다.

탄소원자는 튜브 모양을 하기도 한다. 탄소 원자의 단일 또는 다중 벽 탄소나노튜브는 우수한 전기 전도체이며 매우 강하다. 그러한 성질을 이용하여 전기를 공급하는 전선을 대치할 버키파이버를 만드는 것을 상상해 볼 수 있다. 다양한 풀러렌, **buckytube, buckyfiber**를 이용한 미세 볼베어링, 경량 배터리, 새로운 윤활유, 나노스케일의 전기 스위치, 새로운 플라스틱, 암환자의 함암치료(방사선 물질을 새장 안에 들어가게 하여) 등의 응용이 제시되었다. 이러한 응용은 **buckyball**이나 다른 풀

(a) (b) (c)

**그림 1.22 풀러렌의 모델.** (a) 캐나다 몬트리올의 돔. Buckminster Fuller 에 의해 처음 설계된 돔은 육각형과 오각형으로 연결되어 있다. (b) 축구공은 $C_{60}$ 구조의 모델이다. (c) $C_{60}$ 풀러렌분자는 오각형(검은색)과 육각형(흰색) 고리로 만들어진다. $C_{60}$ 분자의 크기를 축구공과 비교하는 것은, 축구공을 지구의 크기와 비교하는 것과 거의 같다.

러렌을 싸게 만드는 방법을 기다리고 있다. 현재 가장 싼 풀러렌인 buckyball도 금보다 더 싸게 팔린다.

EXERCISE
**연습문제 1.9 동소체**

한 학생이 주석과 납이 무딘 회색 금속으로 서로 동소체라고 주장한다면 왜 틀렸는가?.

## 1.11 화학의 정보 전달: 기호 체계

**Na, I, Mt** 같은 화학 기호는 원자의 종류를 나타내는 기호이다. 화학식은 분자 내 한 원소의 원자가 몇 개 결합하고 화합물에서 원자들이 어떤 비율로 결합하는지 알려준다. 화학식 $Cl_2$는 클로린 분자에 클로린 원자 2개가 있다는 것을 알려준다. 화학식 CO와 $CO_2$는 탄소와 산소가 결합하여 두 가지 서로 다른 화합물을 형성한다고 알려준다. CO에서는 탄소의 수와 산소의 수가 같고, $CO_2$에서는 산소의 수는 탄소의 수의 두 배이다. 다시 말해서 화학의 원소기호와 화학식은 각 물질의 나노스케일 조성을 기호화한 것이다.

화학의 기호와 화학식은 원소와 화합물의 마크로스케일 성질도 나타낸다. 즉 기호 Na는 반응성이 매우 큰 금속을 연상시키고, 화학식 $H_2O$는 0°C에서 얼고 100°C에서 끓으며 Na와 격렬하게 반응하는 무색의 액체를 나타낸다. 화학자들은 물질의 나노스케일 특성과 마크로스케일 특성에 모두 익숙하기 때문에 그들을 약어로 표시하기 위하여 기호를 사용한다. 기호는 화학 반응을 표시하는 데도 유용하다. 설탕이 숯으로 변하는 과정을 기호로 나타내면

| 설탕 | $\longrightarrow$ | 숯 | + | 물 |
|---|---|---|---|---|
| $C_{12}H_{22}O_{11}$ | $\longrightarrow$ | 12 C | + | 11 $H_2O$ |
| 반응물 | 변화 | | 생성물 | |

기호를 사용하는 화학은 화학자가 자연을 바라보는 특별한 관점이다. 화학 기호를 사용하여 화학 물질과 그들의 반응을 표시하는 것에 익숙해지는 것은 중요하다. 그림 1.23은 물의 전기분해 과정에 화학 기호가 어떻게 적용되는지를 보여준다.

**예제 1.3 기호, 나노스케일, 마크로스케일 표시**

그림은 물의 끓는 것을 나타낸다. A의 두 군데 빈 칸에 마크로스케일인지 나노스케일인지 표시하시오. 두 군데 B 중 하나에는 수증기 분자들이 서로 일정 거리를 유지한 상태를 다른 하나에는 액체 상태에서 서로 이웃하여 있는 물 분자의 상태를 그리시오. C 칸에는 물이 끓는 과정을 화학 기호를 사용하여 나타내시오.

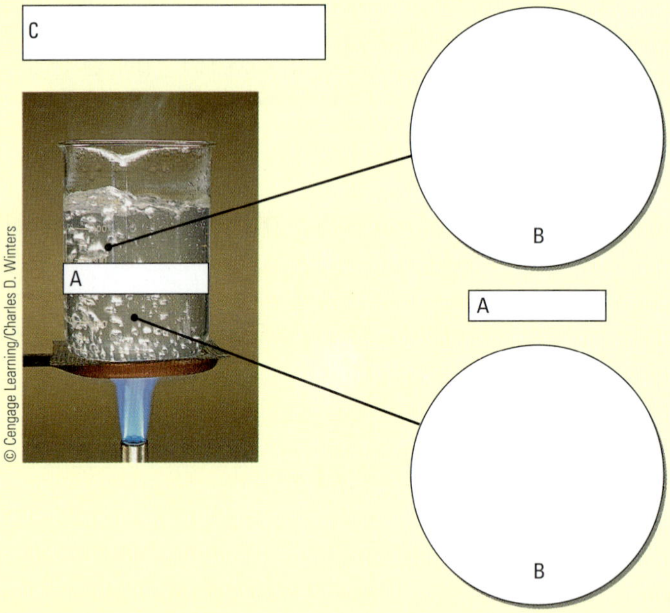


**정답:**

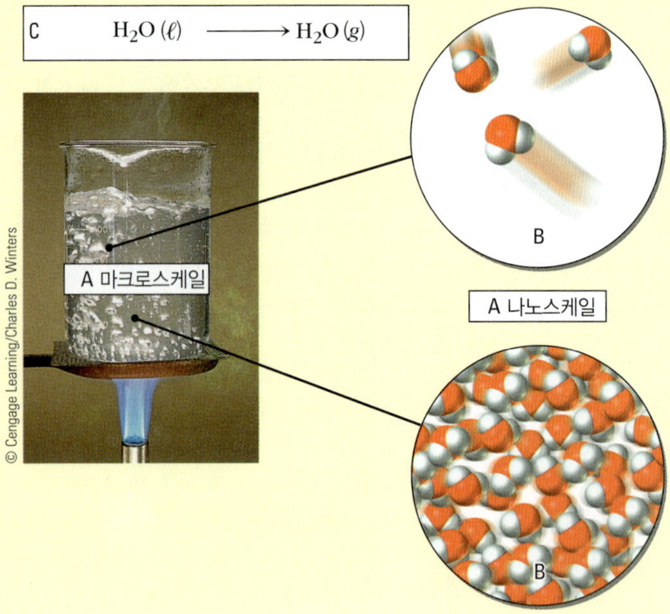

**풀이:** 물 분자는 2개의 수소원자와 1개의 산소원자로 구성되어 있다. 액체 상태에서는 물 분자들이 서로 매우 가까이 붙어 있고, 수증기 상태에서는 분자들이 서로 멀리 떨어져 있다. 이 과정을 기호로 나타내면

$$H_2O(\ell) \longrightarrow H_2O(g)$$

실전예제 1.3

산소 동소체를 기호를 사용하여 표시하고 또 나노스케일에서 표시하시오. 마크로스케일에서 각각의 동소체의 성질을 기술하시오.

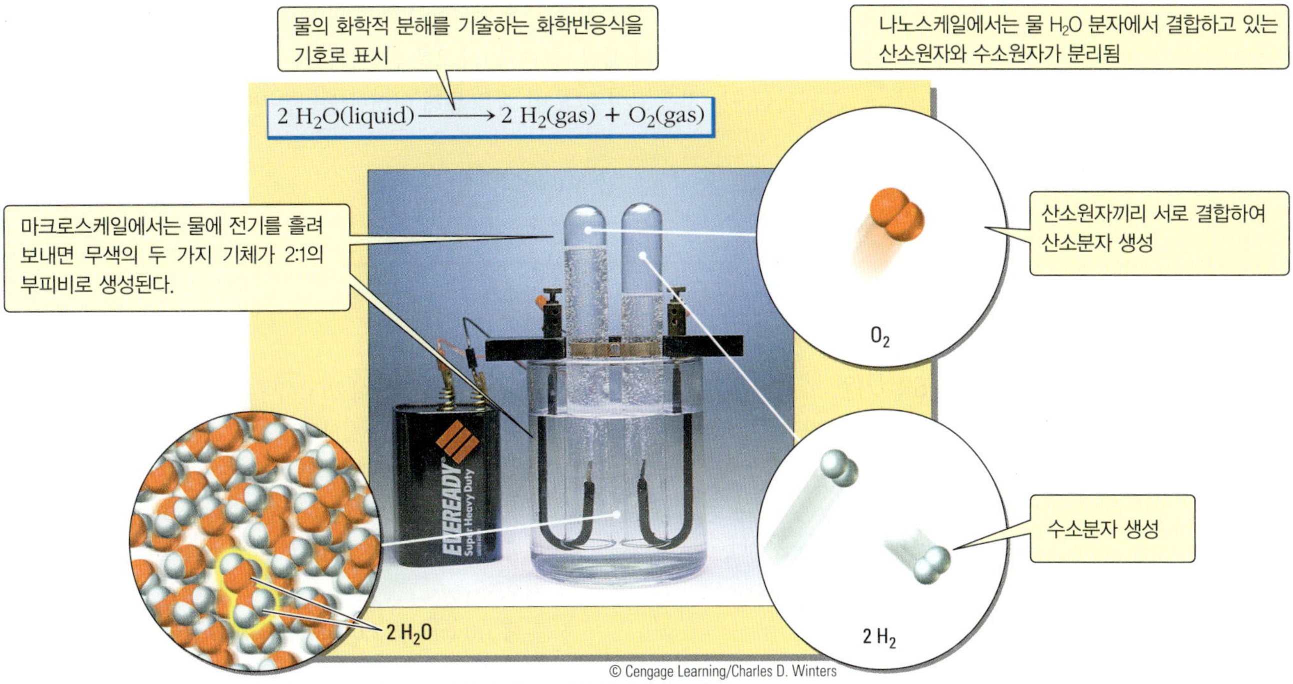




그림 1.23 **화학반응(물의 전기분해)을 기호, 마크로스케일 및 나노스케일 관점에서 묘사.**

## 1.12 현대 화학

이 단원의 목적은 여러분이 화학에 관심을 가져야하는 이유를 명확히 하는 것이었다. 화학은 다른 과학을 이해하고, 우리 주변의 물질계가 어떻게 작동하고 있는지를 이해하는데 필수적이다. 화학은 과학적 탐구를 자극하고, 하이테크 재료나 신약을 개발하고, 우리에게 이로운 기술을 발전시키는데 매우 성공적인 나노스케일 관점을 제공한다. 화학은 우리 주변의 어느 곳에서나 항상 일어나고 있다. 화학적 지식은 우리의 환경을 이해하고, 우리 삶에 대한 보다 좋은 결정을 내리고 경제와 사회를 구축하는 관건이다. 마지막으로 화학—원소와 화합물의 성질, 이러한 성질을 해석하는 나노스케일 이론과 모델, 한 물질이 다른 물질로의 변환—은 흥미롭고 재미있다. 화학은 지적 도전을 제공하고, 지적 호기심을 충족시켜 주며 동시에 우리가 살고 있는 세상을 더 잘 이해할 수 있도록 해준다.

현대 화학은 생물학, 의학, 공학 및 다른 과학들과 점점 더 많이 겹쳐지고 있다. 우

리 생활에 필요한 물질과 에너지의 생산을 위하여 화학적 지식에 의존하는 오늘날 화학은 지속적으로 점점 더 중요해지고 있다. 화학, 화공학, 화학 생물학, 재료 화학, 산업 화학, 환경 화학, 약 화학 등의 분야들을 포함하여 화학을 화학 과학이라는 용어로 지칭하는 것으로부터 화학의 범위를 짐작할 수 있다. 화학 과학 종사자들은 새로운 플라스틱, 약, 초전도체, 복합체 물질, 전기 소자를 만들어낸다. 화학 과학은 단백질이 어떻게 작용하며, 중요한 기능을 수행하는 유기체의 작동을 어떻게 모방하는지 등의 생물학적 메커니즘을 더 잘 이해할 수 있게 해준다. 화학 과학은 물질의 극미량을 측정할 수 있도록 해 주고, 물질을 분리시킬 수 있고, 물질이 인간에게 유용한지 해로운지를 결정할 수 있도록 해준다. 화학 과학 종사자는 덜 해로운 산업 공정과 상품을 고안하고, 공해 배출을 줄이고, 폐기물을 적게 배출하는 녹색 화학에 관심을 갖고 있다. 화학자들의 연구에 대한 열정과 매일 나타나는 새로운 발견들은 화학이 매우 활동적이고 흥미로운 과학이라는 것을 보여준다. 이 책을 통해 이러한 놀라운 발견을 경험해보기 바란다.

## 문제

### 우리는 왜 화학에 관심을 가져야 하는가?

1. 다음 각 문장의 내용이 정성적인지 또는 정량적인지 확인하시오.
   (a) 갈륨 원소는 29.8°C에서 녹는다.
   (b) 코발트와 클로르를 포함하는 화합물은 푸른색이다.
   (c) 알루미늄 금속은 전기전도체이다.
   (d) 에탄올은 79°C에서 끓는다.
   (e) 납과 황을 포함하는 화합물은 반짝이는 노란색 판상 결정을 형성한다.

### 물질의 확인: 물리적 성질

2. 황과 브롬을 나타낸 사진으로부터 각 시료의 성질에 대하여 최대한 기술하시오. 어떤 성질이 같고 어떤 성질이 다른가?

3. 어떤 액체의 끓는점이 20°C이다. 이 시료를 손으로 잡으면 어떻게 될지 간략하게 설명하시오.
4. 105.5 g의 금속을 물이 들어 있는 눈금실린더에 넣었더니 완전히 물에 잠겼다. 물의 눈금은 25.4 mL에서 37.2mL 로 높아졌다. 표 1.1의 자료로부터 이 금속이 무엇인지 확인하시오.
5. 두께 1.0 cm, 폭 2.0 cm, 길이 10.0 cm인 어떤 금속 시료의 질량은 54.0 g이다. 표 1.1의 자료로부터 이 금속이 무엇인지 확인하시오.
6. 다음의 밑줄 친 성질이 물리적 성질인지 화학적 성질인지 구별하고 그 이유를 설명하시오.
   (a) 브롬의 색상은 붉은 오렌지색이다.
   (b) 철은 공기와 물이 존재하면 녹으로 변한다.
   (c) 다이너마이트는 폭발한다.
   (d) 주방에서 사용하는 반짝이는 알루미늄 포일은 660°C에서 녹는다.
7. 다음의 변화가 물리적 변화인지 화학적 변화인지 구별하고 그 이유를 설명하시오.
   (a) 표백제가 보라색 티셔츠를 분홍색으로 변화시킨다.
   (b) 우주 왕복선의 연료(수소와 산소)는 물로 바뀌고 우주왕복선을 우주로 쏘아 올린다.
   (c) 레모네이드 잔의 얼음 조각이 녹는다.

## 물질의 분류: 물질과 혼합물

8. 그림처럼 작은 쇳조각을 모래와 섞는다. 이것은 균일혼합물인가 또는 불균일혼합물인가? 두 물질을 분리할 수 있는 실험과정을 기술하시오.

© Cengage Learning/Charles D. Winters

모래, 철, 모래층

9. 다음은 균일혼합물인가 또는 불균일혼합물인가?
   (a) 보드카
   (b) 혈액
   (c) 소가죽
   (d) 빵

## 물질의 분류: 원소와 화합물

10. 다음에 기술한 변화들에 대하여 화합물이 원소들로부터 생성되는지 또는 원소나 다른 화합물로 분해되는지 설명하시오.
    (a) 푸른색 가루를 가열하면 흰색으로 되면서 질량이 줄어든다.
    (b) 흰색 고체를 가열하면 3가지 다른 기체가 생성된다. 이 때 기체의 총 질량은 고체와 같다.
11. 다음을 물질의 유형에 따라 원소, 화합물, 균일혼합물, 또는 불균일혼합물로 분류하시오.
    (a) 신문지
    (b) 설탕알갱이
    (c) 신선한 오렌지주스
    (d) 금덩어리
12. 검은색 가루를 긴 유리관에 넣고 수소기체를 유리관에 흘려 다른 기체들을 밀어낸 후 가루를 버너로 가열하였다. 가루는 붉은 오렌지색으로 변하고 유리관 끝으로 수증기가 응축되는 것이 보였다. 유리관이 식은 후에도 가루는 붉은 오렌지색으로 유지되었다.
    (a) 원래의 검은 가루는 원소인지 간략하게 설명하시오.
    (b) 새롭게 생긴 붉은 오렌지 물질은 원소인지 간략하게 설명하시오.
13. 아래 그림은 일반적인 소금 결정인 암염을 나타낸다. 이 결정은 마크로스케일, 마이크로스케일, 또는 나노스케일 중 어떤 상태를 나타내는가? 이 결정의 형태를 어떻게 기술할 것인가? 이것은 결정 내의 원자들의 배열에 대하여 무엇을 말해주는가?

© Cengage Learning/Charles D. Winters

소금(염화소듐) 결정

14. 탄산음료수 캔을 개봉하면 안에 들어있던 이산화탄소가 갑자기 팽창하면서 캔 밖으로 빠져나간다. 이 과정을 분자운동론의 관점에서 설명하시오.
15. 설탕을 높은 온도로 가열하면 캐러멜이 된다. 설탕이 높은 온도에서만 캐러멜로 되는 이유를 분자운동론을 이용하여 설명하시오.
16. 표 1.2의 접두사를 이용하여 단위환산을 하시오.
    (a) 32.75 km을 m로
    (b) $8.347 \times 10^7$ nL를 L로
    (c) 423.7 g을 kg으로

## 원자론

17. 원자론은 화학반응이나 물리적 변화 과정에서 질량 보존을 어떻게 설명하는지 기술하시오.
18. 원자론은 배수비례의 법칙을 어떻게 예측했는지 기술하시오.

19. 다음의 원소들에 대한 예를 2개 들고 이름과 기호를 쓰시오.
    (a) 금속
    (b) 비금속
    (c) 준금속
    (d) 이원자분자

## 기호를 이용한 화학의 정보전달

20. 다음 물질의 화학식을 쓰고 상온에서 분자들이 어떻게 배열되어 있는지 나노스케일 그림을 그리시오.
    (a) 2개의 수소원자와 1개의 산소원자로 이루어진 물분자를 포함하는 액체
    (b) 이원자분자로 구성된 질소기체
    (c) 네온
    (d) 염소기체
21. 수소와 산소가 반응하여 수증기를 생성하는 반응에 대하여 나노스케일의 과정을 기호로 나타내고, 거시적 규모(마크로스케일)에서 무슨 일이 일어나는지 기술하시오.

# 2장

# 원자와 원소


2.1 원자구조와 아원자 입자

2.2 원자핵

2.3 원자의 크기와 크기를 나타내는 단위

2.4 불확실성과 유효숫자

2.5 원자번호와 질량수

2.6 동위원소와 원자량

2.7 물질의 양: 몰

2.8 몰질량과 문제풀이

2.9 주기율표


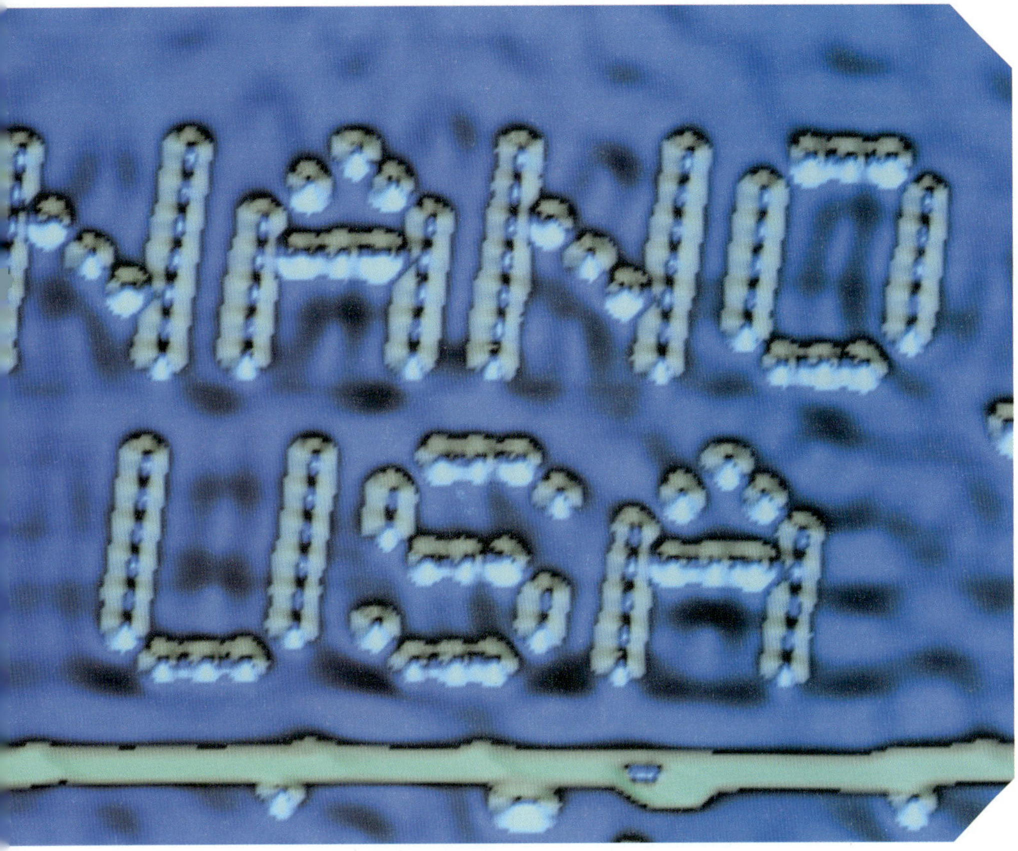



사진의 글자들은 구리 표면에 112개의 CO 분자들로 만들어진 영상이다. 각 글자는 높이가 4 nm이고 폭이 3 nm이다. 전체적인 영상은 주사터널링 현미경(STM)에 의해 생성되었는데, 이 기술은 나노스케일의 원자 배열에 대한 이미지를 얻는데 사용된다.

화학을 공부하기 위해서 물질을 만드는 기본 단위인 원자에서 출발할 필요가 있다. 초기의 원자론은 원자는 쪼개지지 않는 것으로 간주했지만 실제는 더 복잡하다. 원소들은 원자 내부의 구조가 다르기 때문에 서로 다르다. 적절한 조건에서 아원자 입자라고 부르는 원자 내부의 입자를 제거하거나 재배열 할 수 있다. 원자의 구조라고 하는 용어는 원자 내 아원자 입자의 존재와 배치를 이르는 말이다. 원자 구조의 구체적인 이해는 원소들이 어떻게 결합하여 화합물을 만들고 화학반응에서 원자들이 어떻게 재배치되는지를 이해하는데 도움이 된다. 원자 구조는 또한 물질의 성질을 설명해 준다. 다음 여러 단원에서 어떻게 원자가 아원자 입자들로 구성되었는 지를 뒷받침하는 실험들을 기술하고 있다.

## 2.1 원자구조와 아원자 입자

원자구조에 대한 이론이 유도되는 많은 실험에서 전기 전하는 중요한 역할을 한다. 두 종류의 전기 전하(음전하와 양전하)가 존재한다. **같은 종류의 전하끼리는 반발하고 반대 전하끼리는 끌어당긴다.** 양전하는 다른 양전하를 밀어내고 음전하도 다른 음전하와 반발한다. 반면, 서로 반대 부호의 전하는 끌어당긴다.

> CONCEPTUAL 개념학습 2.1 전기 전하
>
> 건조한 날에 머리를 빗으면 머리카락이 빗에 달라붙는다. 원자는 양전하와 음전하를 가지고 있다는 나노스케일 모델로부터 이러한 현상을 어떻게 설명할 것인가?

### 방사능

1896년에 **Henri Becquerel**은 우라늄광 시료로부터 사진 건판을 검은 종이로 잘 싸도 사진 건판을 검게 하는 광선이 방출된다는 것을 발견하였다. 1898년에 **Marie Curie**와 Pierre Curie는 비슷한 종류의 광선을 방출하는 새로운 원소인 폴로늄과 라듐을 분리 하였다. Marie는 원자가 광선을 자발적으로 방출한다고 제안하였고 그 현상을 **방사능**이라고 하였다.

방사능 원소의 원자는 **알파(α), 베타(β), 감마(γ)**선의 세 가지 형태의 방사선을 방출한다. 이 방사선들은 전기전하 판을 통과할 때 다르게 행동한다(그림 2.1). 알파선과 베타선은 휘어지고 감마선은 그렇지 않다. 이 현상은 알파선과 베타선이 원자 내의 전

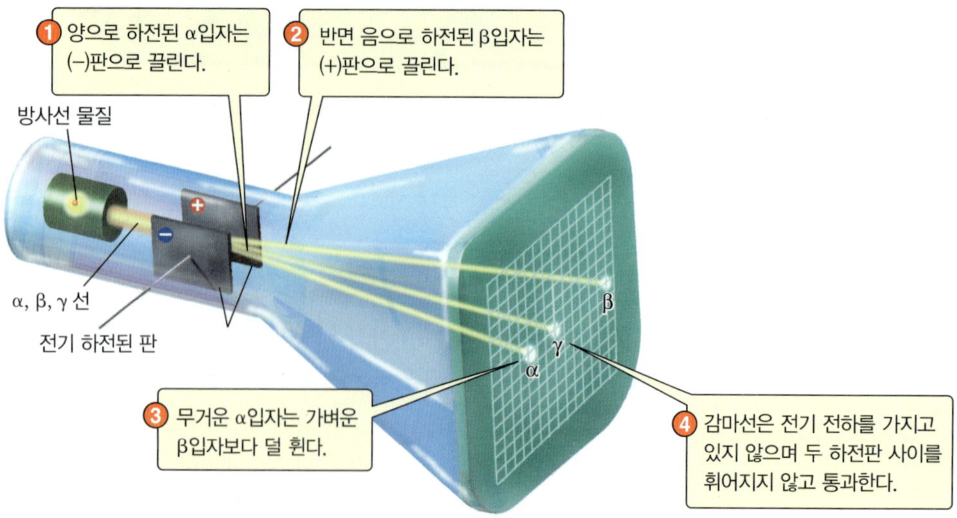


그림 2.1 전기장에 의해서 분리된 방사능 시료의 알파(α), 베타(β), 감마(γ)선

하를 띠는 입자들로 구성되기 때문이다. 알파선은 2+의 전하를 갖고 베타선은 1−의 전하를 갖는다. 알파선과 베타선은 질량을 가지고 있는 입자이다. 그림 **2.1**에 나타낸 실험에서 알파 입자가 베타입자보다 덜 휘어지는 것으로 보아 더 무겁다. 감마선은 전하와 질량이 거의 측정되지 않고 광선처럼 행동한다. 만약 방사능 원자가 쪼개져서 알파 입자와 베타 입자를 생성하면 원자 내부의 무엇인가 작아져야 한다.

## 전자

원자가 아원자 입자로 구성되어 있다는 또 다른 증거는 음극선관이라는 특별히 고안된 유리관 실험에서 유래한다. 공기를 제거한 유리관 내부의 양쪽에 금속 전극을 붙이고 고전압을 걸어주면 (−)전극(cathode)의 금속 원자로부터 (+)전극(anode)으로 **음극선**이라고 부르는 선이 흐른다. 음극선은 (+)하전판 쪽으로 끌리며, 자기장에 의해 휘어지고, 기체나 형광물질을 발광시킬 수 있다. 음극선의 성질은 형광스크린에 부딪힐 때 섬광을 발하는 (−)전하를 띤 입자의 성질과 같다. Joseph John **Thomson** 경은 음극선이 전기를 운반하는 **전자(electron)**와 같은 입자로 구성되어있다고 제안하였다. 그는 또한 음극선이 다른 금속 전극을 사용해도 발생하는 것을 관찰할 수 있었는데, 이것은 전자가 서로 다른 금속원소에 공통으로 존재하는 입자라는 것을 암시한다.

1897년 Thompson은 특별히 고안된 음극선관에 전기장과 자기장을 동시에 걸어주었다. 전기장과 자기장의 균형을 맞추고 전기와 자기 법칙을 사용하여 Thompson은 음극선 내의 전자에 대하여 질량 : 전하의 비가 $5.60 \times 10^{-9}$ g/C 이라고 계산하였다(C는 전하량의 기본 단위이다).

14년 후 Robert **Millikan**은 영리하게 고안된 실험으로 전자의 전하를 측정할 수 있었다(그림 2.2). 미세한 기름방울을 용기 안에 뿌리고 기름방울이 천천히 공기 중에서 떨어지는 동안 X선에 노출되도록 하면 공기 중의 기체분자에서 기름방울로 전자가 이동한다. 현미경으로 각각의 기름방울을 관찰하면서 정전기적인 인력이 중력과 균형이 맞도록 기름방울의 위와 아래에 있는 판의 전기 전하를 조절하였다. 이러한 방법으로 그는 기름방울을 움직이지 않고 떠있게 할 수 있었다. 힘의 균형을 이루는 식으로부터 Millikan은 떠 있는 기름방울의 전하를 계산하였다. Millikan은 서로 다른 기름방울은 다른 전하량을 갖지만 항상 가장 작은 전하량의 정수배임을 발견하였다. 가장 작은 전하량은 $1.60 \times 10^{-19}$ C 이다. Millikan은 이 값을 전자 전하의 기본량으로 가정하였다. 이 값과 Thompson이 알아낸 질량 대 전하 비를 이용하면 전자의 질량은 $(1.6 \times 10^{-19}\text{C}) \times (5.60 \times 10^{-9}\ \text{g/C}) = 8.96 \times 10^{-28}$ g이다. 현재 전자 질량의 가장 정확한 값은 $9.10938215 \times 10^{-28}$ g이고 전자 전하량의 가장 정확한 값은 $-1.602176487 \times 10^{-19}$ C이다. 편의상 아원자 입자의 전하량은 쿨롱이 아니라 전자 전하량의 정수배로 주어진다. 이 관례에 따르면 전자의 전하는 1−이다.

전자가 물질의 기본 입자 즉 모든 물질에 기본적으로 존재한다는 증거는 여러 다른 실험들로 부터도 알 수 있다. 방사능 원소로부터 방출되는 베타선이 전자의 흐름인 음극선의 성질과 같다는 것을 알아냈다.

부록 A.2에 10의 멱수로 매우 작거나 큰 수를 나타내는데 사용되는 과학적 표기법을 정리하였다. 예를들면 0.000001은 $1\times10^{-6}$(−6의 지수를 나타내기 위하여 소수점을 왼쪽으로 6자리 이동)으로, 2,000,000은 $2 \times 10^{6}$(+6의 지수를 나타내기 위하여 소수점을 오른쪽으로 6자리 이동)으로 표시한다.

**전자**
전하 = 1−
질량 = $9.10938 \times 10^{-28}$ g

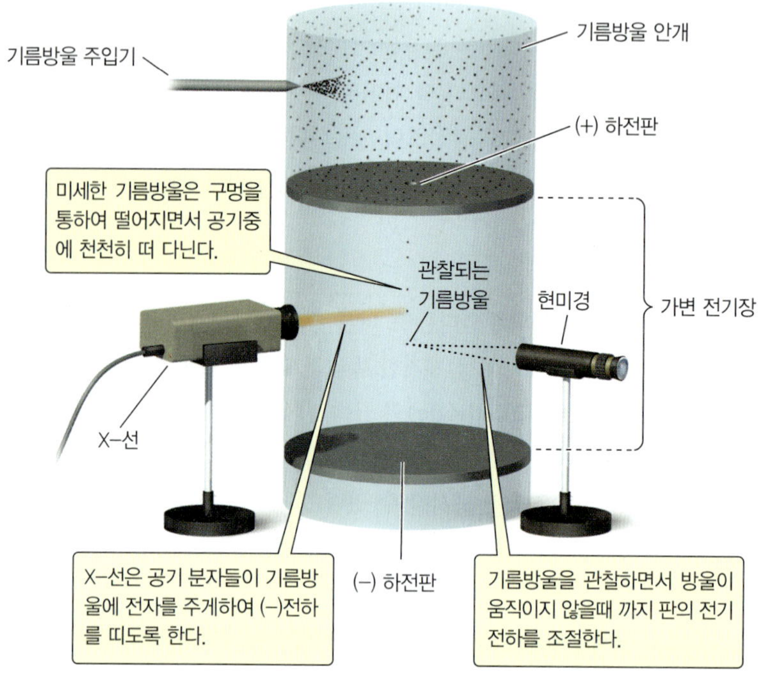


그림 2.2 **Millikan의 기름방울 실험.** 기름방울의 질량과 전하를 띤 방울이 정지 상태를 유지하는데 필요한 전압으로부터 Millikan은 방울의 전하를 계산할 수 있었다.

### 양성자

원자가 전자를 잃으면 양전하를 띠게 되고 전자를 얻으면 음전하를 띠게 된다. 이처럼 전하를 띤 원자를 이온(ion)이라고 한다. 양이온 실험으로부터 양전하를 띠는 기본입자의 존재가 유추된다. 다른 원소의 원자들로부터 질량:전하 비가 다른 양전하 입자가 만들어진다. 질량의 변화로부터 다른 원소의 원자들은 다른 수의 양전하 입자를 포함해야 한다. 수소원자는 가장 작은 질량:전하 비를 갖는다. 이것은 원자 구조의 기본적인 양전하 입자를 의미하며 **양성자**(proton)라 부른다. 실험으로부터 양성자의 질량은 $1.672621637 \times 10^{-24}$ g 이고 전자 질량의 약 1,800배 정도이다. 양성자의 전하는 $1.602176487 \times 10^{-19}$ C이며 전자 전하와 크기는 같고 부호가 반대이다. 양성자의 전하는 1+로 나타내며, 따라서 전자 2개를 잃어버린 원자의 전하는 2+이다.

질량이 커지면 주어진 전하량에 대하여 전하대 질량비는 증가한다. 일정한 전하량에 대하여 질량이 두 배가 되면 전하대 질량비도 두 배가 된다. 일정한 질량에 대하여 전하가 두 배가 되면 전하대 질량비는 반으로 줄어든다.

**양성자**
전하 = 1+
질량 = $1.6726 \times 10^{-24}$ g

## 2.2 원자핵

### 핵

아원자 입자들의 존재를 알고 난 후 다음 질문은 이 입자들이 원자 내에서 어떻게 배열할 것인가이다. 1910년과 1911년에 Ernest Rutherford는 원자의 구조를 더 잘 이해할 수 있는 실험을 발표했다(그림 2.3). 얇은 금박에 알파 입자(He 원자와 질량이 같고 2+ 전하를 갖는)를 쪼였더니 대부분의 알파입자들은 그대로 통과하였지만 약간의 알파 입자들은 크게 굴절되었고 또 일부는 반사되었다. Rutherford는 이런 예기치 않은

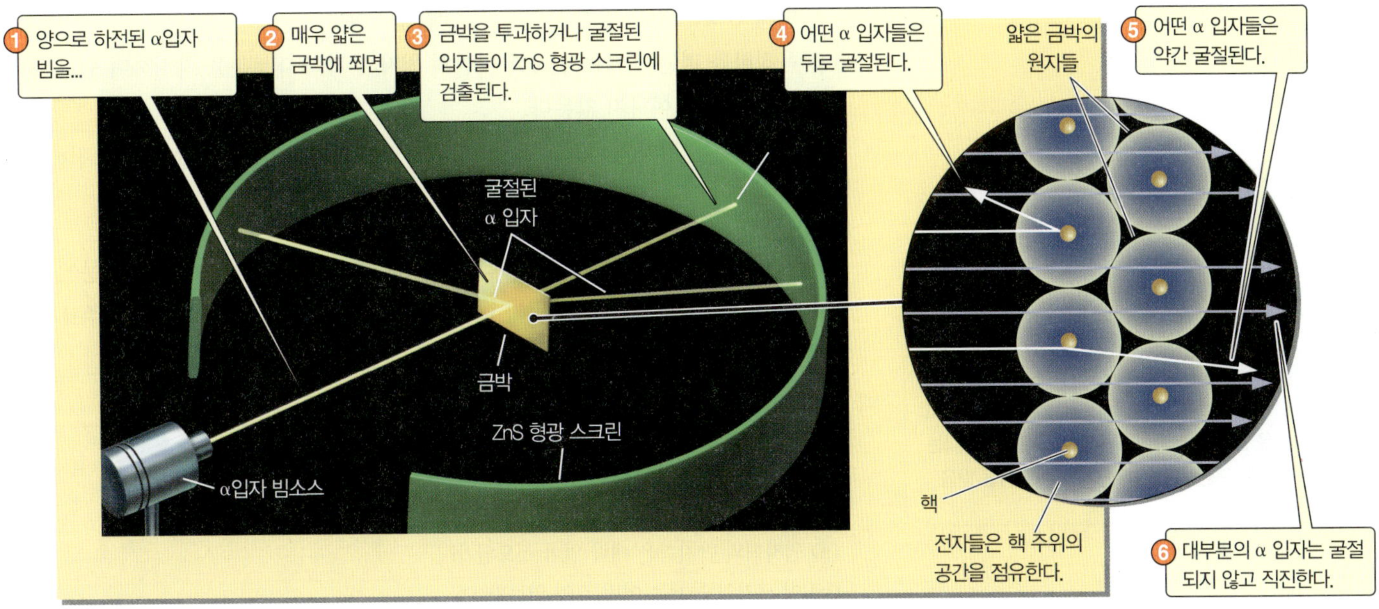


그림 2.3 Rutherford의 실험과 결과의 해석

결과를 마치 15인치 대포를 종이에 쏘았더니 되돌아 왔다고 기술하였다.

이러한 관찰을 설명할 수 있는 유일한 방법은 모든 양전하와 원자의 질량 대부분이 매우 작은 지역에 집중되어 있다고 보는 것이다(그림 2.3). Rutherford는 이 작은 원자의 중심을 **핵(nucleus)**이라고 불렀다. 그렇게 밀도가 크고 전하가 커야만 알파 입자가 반발할 수 있을 것이다. 이 결과로부터 Rutherford와 그의 동료들은 금 원자핵의 전하와 반경을 계산하였다. 현재 공인된 값은 전하가 79+이고 반경은 $1 \times 10^{-13}$ cm이다. 그러면 핵은 원자보다 $\frac{1}{10,000}$배 정도 작다. 원자의 부피 대부분을 전자가 차지한다. 핵의 바깥 공간을 음전하의 전자들이 차지한다는 것은 알지만 그 당시 Rutherford나 다른 과학자들은 전자들이 어떻게 배치되는지를 알지 못했다. 원자 내에서 전자들의 배치는 7장에서 다룰 것이다.

알파입자는 가장 가벼운 수소원자보다 4배나 무겁다.

1920년 Ernest Rutherford는 핵에 양성자와 질량이 비슷한 전하를 띠지 않는 또다른 입자가 있을 것이라고 제안하였다.

## 중성자

원자는 전기적으로 중성이어서 양성자와 전자를 같은 수만큼 가지고 있어야 한다. 그러나 대부분의 원자들은 양성자와 전자의 질량을 합한 것보다도 더 큰 질량을 갖는다. 이 추가적인 질량은 전하는 없지만 질량을 갖는 다른 입자의 존재를 암시한다. 이 입자는 전하를 갖고 있지 않기 때문에 검출하기가 쉽지 않다. 1932년 James Chadwick은 이 입자가 원자의 양성자를 때리게 하고 그 원자에서 떨어져 나온 양성자를 검출하는 영리한 실험을 고안하였다. 이 중성의 아원자 입자를 **중성자(neutron)**라 부르고 이 입자는 전기 전하가 없으며 질량은 양성자와 비슷한 $1.674927211 \times 10^{-24}$ g이다.

**중성자**
전하 = 0
질량 = $1.6749 \times 10^{-24}$ g

요약하면 세 가지의 주요한 아원자입자 즉 양성자, 중성자, 전자가 존재한다.

- 양성자와 중성자는 핵을 구성하며 원자 질량의 대부분을 차지하고, 양성자는 양의 전하를 제공한다.

- 핵의 반경은 원자 반경의 약 $\frac{1}{10,000}$배 정도 작다.
- 음전하를 띠는 전자는 원자핵 바깥의 원자 부피의 대부분을 차지하며 원자 질량에는 거의 기여하지 않는다.
- 중성원자는 전자의 수와 핵 안의 양성자의 수가 같기 때문에 알짜 전기 전하는 0이다.

**Ernest Rutherford** 1871–1937

뉴질랜드 태생, 1895년 캠브리지 대학에서 박사학위를 받음. 알파선과 베타선을 발견하였으며 반감기라는 용어를 만들어냄. 알파선은 헬륨핵, 베타선은 전자로 구성되어 있다는 것을 증명하여 1908년 노벨 화학상을 받음.

화학자들에게 전자는 원자가 다른 원자와 접촉할 때 처음 마주치기 때문에 가장 중요한 아원자 입자이다. 원소들이 어떻게 결합하여 화합물을 만드는지는 주로 원자 내의 전자가 결정한다.

CONCEPTUAL **개념학습** **2.2 원자의 비유**

만약 원자의 반지름이 100 m라면 축구장을 대략 채울 것이다.
(a) 원자핵의 반지름은 대략 얼마 정도인가?
(b) 이 크기의 물체는 어떤 것이 있는가?

## 2.3 원자의 크기와 크기를 나타내는 단위

원자는 지극히 작다. 티스푼 하나의 물은 대서양의 물을 티스푼으로 덜어내는 횟수의 3배나 많은 원자수를 포함한다. 화학에서 정량적 계산을 하기 위해서는 매우 큰 양과 매우 작은 양을 표현하는 단위들을 이해하는 것이 중요하다.

미국에서 마크로스케일의 물체 크기를 나타내기 위해서 파운드, 인치, 피트 등의 단위를 사용한다. 그러나 대부분의 국가에서는 측정에 있어서 **미터계(metric system)** 단위를 사용한다. 미터계는 십진법 체계로 기본 단위의 크기를 10을 곱하거나 10으로 나누어 사용한다.

국제단위계(SI 단위계)는 과학의 공인된 단위계이다. 미터계에서 유래하였으며 부록 B에 기술하였다.

**국제단위계(SI 단위)**는 과학에서 공인된 측정 체계이다. SI 단위는 미터계에서 유래하며 7개의 기본 단위로 구성된다. SI 단위계는 부록 B에 자세하게 기술하고 있다. 질량(킬로그램)과 길이(미터)의 단위가 부피(리터)의 단위와 함께 소개되었다. 다른 단위들은 나중에 필요할 때 소개될 것이다.

미터계에서 체중(실제는 질량)은 킬로그램 단위로 주어질 것이다. 물체의 질량은 기본적으로 그 물체에 들어 있는 물질의 양을 측정하는 것이다. 미터계에서 질량은 그램이나 그것의 배수 또는 부분으로 나타낸다. 표 2.1에 수록된 접두사는 모든 미터 단위에 사용된다. 예를 들어 킬로그램은 1,000 그램과 같고 체중을 나타낼 때 편리한 크기이다.

작은 물체에는 10의 음의 지수를 나타내는 접두사를 사용한다. 예를 들어 1 밀리그램은 $1 \times 10^{-3}$ g과 같다.

$$1\,\text{mg} = \frac{1}{1000} \times 1\,\text{g} = 0.001\,\text{g} = 1 \times 10^{-3}\,\text{g}$$

원자는 너무 작아 질량을 직접 잴 수 없고 간접적인 실험으로만 측정할 수 있다.

**표 2.1** SI와 미터계에서 사용하는 접두어

| 접두어 | 약어 | 의미 | 보기 |
|---|---|---|---|
| mega | M | $10^6$ | 1 megaton = $1 \times 10^6$ tons |
| kilo | k | $10^3$ | 1 kilometer (km) = $1 \times 10^3$ meter (m)<br>1 kilogram (kg) = $1 \times 10^3$ gram (g) |
| deci | d | $10^{-1}$ | 1 decimeter (dm) = $1 \times 10^{-1}$ m<br>1 deciliter (dL) = $1 \times 10^{-1}$ liter (L) |
| centi | c | $10^{-2}$ | 1 centimeter (cm) = $1 \times 10^{-2}$ m |
| milli | m | $10^{-3}$ | 1 milligram (mg) = $1 \times 10^{-3}$ g |
| micro | μ | $10^{-6}$ | 1 micrometer (μm) = $1 \times 10^{-6}$ m |
| nano | n | $10^{-9}$ | 1 nanometer (nm) = $1 \times 10^{-9}$ m<br>1 nanogram (ng) = $1 \times 10^{-9}$ g |
| pico | p | $10^{-12}$ | 1 picometer (pm) = $1 \times 10^{-12}$ m |
| femto | f | $10^{-15}$ | 1 femtogram (fg) = $1 \times 10^{-15}$ g |

원자의 질량은 $1 \times 10^{-22}$ g 정도이다. 1 나노그램(1 ng = $1 \times 10^{-9}$ g)의 구리 시료는 약 $9 \times 10^{12}$개의 구리원자를 포함한다. 실험실의 초정밀 저울은 약 0.0000001 g ($1 \times 10^{-7}$ g = 0.1 μg)까지 잴 수 있다.

키는 미터계에서 길이의 단위인 미터로 주어진다. 6 피트는 1.83 m에 해당한다. 원자의 크기는 피코미터(1 pm = $1 \times 10^{-12}$ m) 단위로 주어진다. 보통 원자의 반지름은 30 pm에서 300 pm 사이에 있다. 예를 들어 구리원자의 반지름은 126 pm ($126 \times 10^{-12}$ m) 이다.

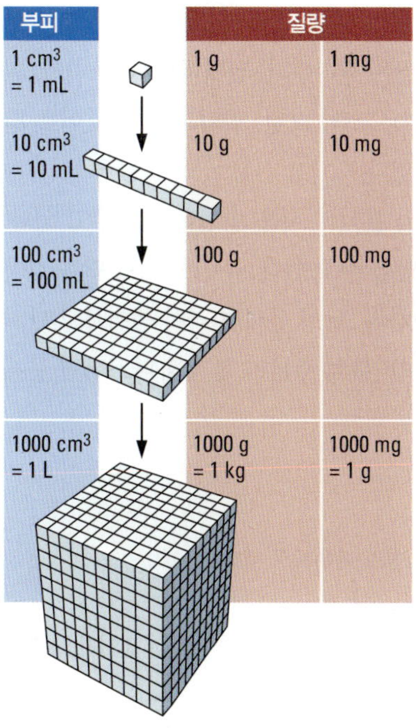


**질량과 부피 단위의 상대적 크기**

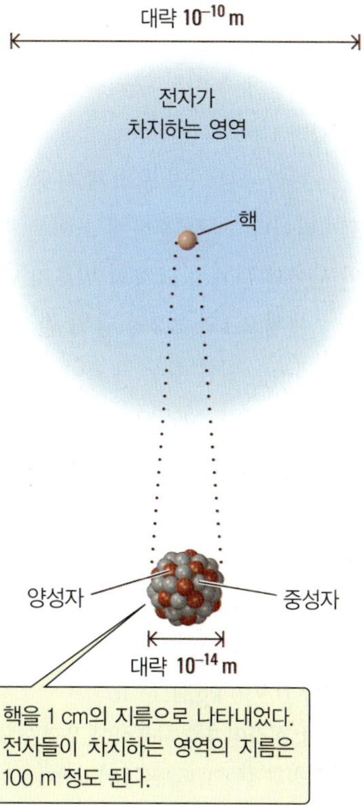


**원자핵과 원자의 상대적 크기**
(실제 비율이 아님)

이러한 크기를 지각하기 위하여 지름이 $1.90 \times 10^{-2}$ m 되는 동전에 구리원자를 한 줄로 세운다면 구리원자 몇 개가 들어가는지 생각해보자. 동전의 지름을 환산인자를 사용하여 pm로 바꾸면

환산인자는 문제풀이 방법으로 흔히 사용되는 차원분석의 기본이다.

$$1.90 \times 10^{-2}\ \cancel{m} \times \frac{1\ pm}{1 \times 10^{-12}\ \cancel{m}} = 1.90 \times 10^{10}\ pm$$

환산인자

동전의 지름은 $1.9 \times 10^{10}$ pm 이다.

모든 환산인자는 두 가지 방법으로 사용할 수 있다. 앞에서는 다음과 같은 환산인자를 사용하여 미터를 피코미터로 변환했다.

$$\frac{1\ pm}{1 \times 10^{-12}\ m}$$

이 환산인자의 역수를 사용하면 피코미터를 미터로 바꿀 수 있다.

$$8.70 \times 10^{10}\ \cancel{pm} \times \frac{1 \times 10^{-12}\ m}{1\ \cancel{pm}} = 8.70 \times 10^{-2}\ m = 0.0870\ m$$

피코미터로 나타낸 동전의 지름과 구리원자 1개의 지름을 환산인자로 연계하면 동전 지름을 가로지르는 구리원자의 수를 계산 할 수 있다. 구리원자의 지름은 반지름의 두 배 이므로 $2 \times 126$ pm $= 252$ pm이다. 따라서 252 pm 당 구리원자 1개이므로

$$1.90 \times 10^{10}\ \cancel{pm} \times \frac{1\ \text{Cu 원자}}{256\ \cancel{pm}} = 7.42 \times 10^{7}\ \text{Cu 원자 또는 } 74{,}200{,}000\ \text{Cu 원자}$$

동전 지름에 놓이는 구리원자의 수는 7천5백만 개이며 원자가 정말로 작다는 것을 알 수 있다.

화학에서 가장 흔하게 사용하는 길이의 단위는 센티미터, 밀리미터, 나노미터, 피코미터이다. 가장 흔하게 쓰이는 질량 단위는 킬로그램, 그램, 밀리그램이다. 이들 단위 사이의 관계를 교재의 뒤표지 안쪽에 나타내었다.

예제 2.1과 2.2의 단위 환산 문제에서 차원 분석의 사용 방법을 보여주고 있다. 예제에서는 답을 찾는 계획이나 설명 이전에 정답을 주고 있다. 우선 스스로 답을 찾아 보도록 권한다. 그리고 나서 답이 맞았는지 확인하라. 답이 틀리면 다시 풀어보고 마지막으로 풀이를 읽어 보기 바란다. 답은 맞지만 여러분의 추론이 설명과 다르다면 문제를 해결하는 다른 방법을 찾아냈을지도 모른다.

**예제 2.1 단위 환산**

질량이 530 g인 책이 있다. 이 책의 질량을 킬로그램과 파운드로 나타내시오.

**정답:** 0.530 kg, 1.17 lb

**풀이:** 환산인자를 사용하여 우리가 알고 있는 것을 구하려는 양과 연관시키는 것이다. g과 kg의 관계는 1 kg $= 10^3$ g이다.

$$530.\ \cancel{g} \times \frac{1\ kg}{10^3\ \cancel{g}} = 530 \times 10^{-3}\ kg = 0.530\ kg$$

1 파운드는 453.6 g이다. 그램을 파운드로 바꾸면

$$530.\ \cancel{g} \times \frac{1\ lb}{453.6\ \cancel{g}} = 1.17\ lb$$

**실전예제 2.1**

(a) 자동차의 연료탱크를 채우는데 10 gallon의 휘발유가 필요하다. 몇 리터인가?

(b) 미식축구 경기장은 길이가 100 yard이다. 몇 미터인가?

**예제 2.2 나노스케일의 길이**

STM 이미지 사진에 나타낸 문자의 크기가 높이는 4.0 nm이고 폭은 3.0 nm이다. 1.00 mm 의 길이에 몇 개의 문자가 들어갈 수 있는가?

**정답:** $3.3 \times 10^5$개의 문자가 들어갈 수 있다.

**풀이:** 1 nm는 $1 \times 10^{-9}$ m이고, 1 mm는 $1 \times 10^{-3}$ m 이다. 문자의 폭은

$$3.0\ \cancel{nm} \times \frac{1 \times 10^{-9}\ m}{1\ \cancel{nm}} = 3.0 \times 10^{-9}\ m$$

그러므로 1.00 mm의 길이에 들어갈 수 있는 문자의 수는

$$1.0 \times 10^{-3}\ \cancel{m} \times \frac{1\ letter}{3.0 \times 10^{-9}\ \cancel{m}} = 3.3 \times 10^5\ letters$$

**실전예제 2.2**

교재 뒤표지 안쪽에 있는 단위간의 상등 관계에 기초한 환산인자를 사용하여 다음 단위 환산을 하시오.

(a) 5 lb의 설탕은 몇 그램인가?

(b) 한 헌혈자가 3 pints 의 혈액을 헌혈하였다. 몇 mL에 해당하는가?

(c) 이 헌혈자의 몸무게는 160 lb이고 약 5 L의 혈액을 포함하고 있다. 1 L를 1 quart와 거의 같다고 보고 헌혈한 혈액의 부피 백분율을 구하시오.

리터(L)와 밀리리터(mL)는 화학에서 사용하는 가장 흔한 부피단위이다. 1 L는 1,000 mL이다. 1 L는 쿼트보다 약간 크다. 티스푼 하나의 물의 양은 약 5 mL이다. 화학자들은 종종 mL와 $cm^3$(또는 cc)가 서로 대등하므로 함께 사용한다(1 mL = 1 $cm^3$).

**예제 2.3 부피단위**

한 화학자가 분석을 위하여 시료 50. μL를 사용하였다. 이것을 mL, $cm^3$, L 단위로 각각 나타내시오.

**정답:** $5.0 \times 10^{-2}$ mL, $5.0 \times 10^{-2}$ $cm^3$, $5.0 \times 10^{-5}$ L

**풀이:** 표 2.1의 환산인자를 사용한다. 1 μL = $1 \times 10^{-6}$, 1 L = 1000 mL

$$50.\ \cancel{\mu L} \times \frac{1 \times 10^{-6}\ \cancel{L}}{1\ \cancel{\mu L}} \times \frac{10^3\ mL}{1\ \cancel{L}} = 5.0 \times 10^{-2}\ mL$$

1 mL와 1 $cm^3$는 같기 때문에 시료의 크기는 $5.0 \times 10^{-2}$ $cm^3$로도 나타낼 수 있다. 1 L는 1,000 mL 이므로 시료의 크기는 $5.0 \times 10^{-5}$ L로 나타낼 수 있다.

액체의 부피를 측정하는 유리기구

**실전예제 2.3**

어떤 환자의 혈중 콜레스테롤의 수치가 165 mg/dL 이었다. 이것을 g/L 단위로 나타내시오.

## 2.4 불확실성과 유효숫자

절대적으로 정확하게 측정을 하거나 어떤 양을 확실하게 알 수 없기 때문에 측정은 항상 다소의 불확실성을 포함한다. 과학자들은 측정 결과에서 불확실성을 나타내는 표준화된 방법을 채택하고 있다.

측정의 결과를 수치로 나타낼 때 마지막 자리 수는 불확실한 값이다. 측정값의 자리 수는 **유효숫자(significant figures)**라 부르는 정확한 자리수와 마지막 불확실한 자리수를 함께 표시한다. 예를 들어 5.025는 유효숫자가 4개이고 4.0은 유효숫자가 2개이다.

측정에서 유효숫자의 개수를 결정하기 위하여 *0*이 아닌 자리 수부터 시작하여 왼쪽에서 오른쪽으로 가면서 자리 수를 센다. 자리수를 나타내기 위하여 사용한 0을 제외한 모든 자리 수가 유효숫자이다.

| 보기 | 유효숫자의 개수 |
|---|---|
| 1.23 g | 3 |
| 0.00123 g | 3; 1의 왼편에 있는 0은 단지 소수점의 위치를 표시하는데 사용된다. 유효숫자의 개수는 값을 과학적 표기법으로 나타내면 더욱 명확하다. 즉 $0.00123 = 1.23 \times 10^{-3}$ |
| 2.0g 과 0.020 g | 2; 수가 1보다 클 때 소수점의 오른쪽에 있는 모든 0은 유효숫자이다. 1보다 작을 때는 첫 번째 유효숫자보다 오른쪽에 있는 0은 유효숫자이다. |
| 100 g | 1; 소수점을 포함하지 않는 수에서 유효숫자 뒤에 오는 0은 유효숫자일 수도 있고 아닐 수도 있다. 혼란을 피하기 위하여 0이 유효숫자이면 소수점을 포함하는 수로 나타낸다. 따라서 100은 1개의 유효숫자인 반면 100.은 3개의 유효숫자를 갖는다. 과학적 표기법으로 $1.00 \times 10^2$(3개의 유효숫자)이나 $1 \times 10^2$(1개의 유효숫자)로 나타낼 수 있다. 과학적 표기법으로 표시한 숫자는 모든 자리수가 유효숫자이다. |
| 100 cm/m | 무한개의 유효숫자이다. 왜냐하면 1 m는 정확하게 100 cm로 정의된 양이기 때문이다. |
| π = 3.14215926... | π 값은 어떤 수보다도 많은 유효숫자를 갖는 것으로 알려져 있다. |

**예제 2.4 유효숫자**

다음의 수들은 유효숫자를 몇 개 포함하고 있는가?

(a) 0.0001171 m (b) 26.94 mL (c) 207 cm

(d) 0.7011 g (e) 0.0010 L (f) 12,400. s

**정답:**

(a) 4 (b) 4 (c) 3

(d) 4 (e) 2 (f) 5

**풀이:** 유효숫자의 원칙을 적용한다.

(a) 앞에 나오는 0은 유효숫자가 아니다.

(b) 4자리 모두 유효숫자이다.

(c) 3자리 모두 유효숫자이다.

(d) 소수점 뒤에 오는 4자리 모두 유효숫자이다.

(e) 앞에 나오는 0은 유효숫자가 아니고 1의 뒤에 오는 0은 유효숫자이다.

(f) 끝에 소수점이 있으므로 다섯자리 모두 유효숫자이다.

**실전예제 2.4**

다음 수들에서 유효숫자의 개수를 정하시오.

(a) 0.00602 g (b) 22.871 mg (c) 344°C

(d) 100.0 mL (e) 0.00042 m (f) 0.002001 L

## 계산에서의 유효숫자

유효숫자를 조합하여 계산할 때 결과의 유효숫자 개수는 계산에 사용하는 수의 유효숫자 개수와 연산의 성질에 의해 결정된다.

**덧셈과 뺄셈:** 덧셈과 뺄셈의 결과에서 소수 자리의 수는 소수 자리의 수가 가장 작은 수에 맞춘다. 다음 3개의 수를 더한다면

| | | |
|---|---|---|
| 0.12 | 2개의 유효숫자 | 2개의 소수숫자 |
| 1.6 | 2개의 유효숫자 | 1개의 소수숫자 |
| 10.976 | 5개의 유효숫자 | 3개의 소수숫자 |
| 12.696 | 반올림하여 12.7 | |

합은 소수 자리의 수가 1개인 12.7로 나타내야한다. 왜냐하면 1.6이 1개의 소수 자리를 갖기 때문이다.

**곱셈과 나눗셈:** 곱셈과 나눗셈의 결과에서 유효숫자의 개수는 계산에 사용되는 수들 중에 유효숫자의 수가 가장 작은 수에 맞춘다.

$$\frac{0.7608}{0.0546} = 13.9 \qquad \text{또는} \qquad 1.39 \times 10^1$$

분자의 0.7608은 4개의 유효숫자를 갖지만 분모의 0.0546은 3개의 유효숫자를 갖는다. 따라서 결과는 3개의 유효숫자로 나타낸다.

## 반올림 규칙

계산 결과는 적절한 유효숫자를 갖도록 반올림하여 나타낸다. 자리수를 줄이기 위하여 반올림을 할 때는 다음의 규칙을 따른다.

- 마지막 자리 수는 그 다음 자리의 수가 5보다 작으면 그대로 유지된다.
- 마지막 자리 수는 그 다음 자리가 5보다 크거나 5 뒤에 0이 아닌 수가 따라올 때

반올림한다(4.573을 2개의 유효숫자로 나타내면 4.6이 된다).

- 마지막 자리 수는 그 다음 자리 수가 한 자리 수 5 이거나 5 뒤에 0이 따라올 때, 마지막 자리수가 홀수이면 반올림하고 짝수이면 그대로 유지된다(4.75는 반올림하여 유효숫자가 2개인 4.8이 되고 4.850을 유효숫자 2개로 나타내면 4.8이 된다).

| 수 | 유효숫자 3자리로 반올림한 수 |
|---|---|
| 12.696 | 12.7 |
| 16.249 | 16.2 |
| 18.35 | 18.4 |
| 18.45 | 18.4 |
| 24.752 | 24.7 |
| 18.351 | 18.4 |

계산기를 사용하여 숫자를 계산할 때는 계산기가 허용하는 모든 자리 수까지 계산하고 최종 값에서 반올림한다. 계산 도중에 반올림하면 다음 계산에 누적되는 작은 오류가 발생할 수 있다. 문제풀이의 결과가 정답과 맞지 않는 때는 이런 경우가 아닌지 확인하여 본다.

**예제 2.5 유효숫자 반올림**

다음 계산을 하고 적절한 유효숫자로 반올림하시오.

(a) $15.80 + 0.0060 - 2.0 + 0.081$  (b) $\dfrac{55.0}{12.34}$

(c) $\dfrac{12.7732 - 2.3317}{5.007}$  (d) $2.16 \times 10^3 + 4.01 \times 10^2$

**정답:**

(a) 13.9  (b) 4.46  (c) 2.085  (d) $2.56 \times 10^3$

**풀이:** 모든 경우 계산을 먼저 한후 반올림한다.

(a) 2.0이 소수자리 이하 한자리이므로 13.887은 13.9로 반올림한다.

(b) 55.0은 유효숫자가 3자리이므로 4.457은 4.46으로 반올림한다.

(c) 5.007의 유효숫자 개수에 맞춘다. 따라서 2.08538...은 2.085로 반올림한다.

(d) $4.01 \times 10^2$를 $0.401 \times 10^3$으로 바꾸고 $2.16 \times 10^3$과 합한 후 유효숫자 3자리로 반올림하면 $2.56 \times 10^3$ 이다.

**실전예제 2.5**

다음 계산을 하고 적절한 유효숫자로 반올림하시오.

(a) $244.2 + 0.1732$  (b) $6.19 \times 5.2222$  (c) $\dfrac{7.2234 - 11.3851}{4.22}$

## 2.5 원자번호와 질량수

각 원소는 고유한 원자번호를 갖는다. 주기율표의 원소는 원자번호에 의해 배열되어 있다.

20세기 초에 이루어진 실험으로 같은 원소의 모든 원자들은 핵 안에 같은 수의 양성자를 갖고 있다는 것을 알게 되었다. 이 수를 원소의 **원자번호(atomic number)**라고하고 기호 $Z$로 표시한다. 책 표지 안의 주기율표에 각 원소의 원자번호가 원소기호 위에 쓰여 있다. 구리원자는 29개의 양성자를 포함하는 핵을 갖고 있고 따라서 원자번호는 29이다($Z = 29$). 납원자는 82개의 양성자를 갖고 있고 원자번호는 82이다.

질량수는 6개의 양성자와 6개의 중성자를 갖는 탄소원자를 기준으로 상대적으로 결정된다. 모든 다른 원소들의 원자질량은 정확하게 12 원자질량단위를 갖는 탄소원자의 질량에 비교된다. 1 원자질량단위(amu)는 마크로스케일 질량 단위로 1.66054

$\times 10^{-24}$ g이다. 금 원자가 기준 탄소원자 보다 평균 16.4배 무겁다면 금 원자의 질량을 amu와 그램 단위로 나타낼 수 있다.

$$16.4 \times 12 \text{ amu} = 197 \text{ amu}$$

$$197 \cancel{\text{amu}} \times \frac{1.66054 \times 10^{-24} \text{ g}}{1 \cancel{\text{amu}}} = 3.27 \times 10^{-22} \text{ g}$$

원자질량단위로 표시된 아원자 입자의 질량은 실험적으로 결정된다. 양성자와 중성자의 질량은 1 amu에 매우 가깝다. 반면 전자의 질량은 양성자의 약 1/1800배 정도로 작다.

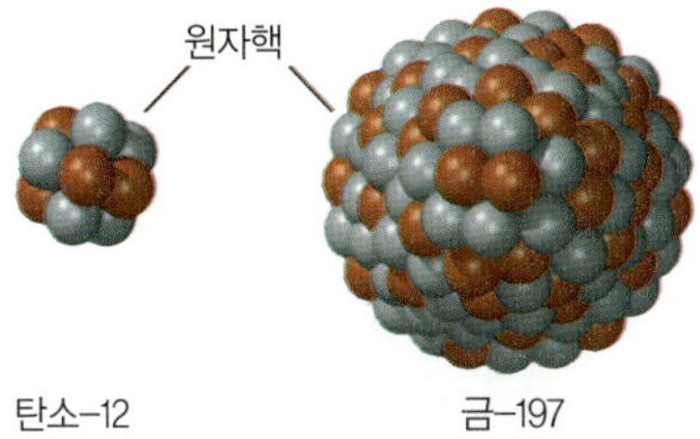


1원자질량단위(amu) = 6개의 양성자와 6개의 중성자를 갖는 탄소원자 질량의 $\frac{1}{12}$

| 입자 | 질량(g) | 질량(amu) | 전하 |
|---|---|---|---|
| 전자 | $9.10938215 \times 10^{-28}$ | 0.000548579 | 1− |
| 양성자 | $1.672621637 \times 10^{-24}$ | 1.00728 | 1+ |
| 중성자 | $1.674927211 \times 10^{-24}$ | 1.00866 | 0 |

질량수의 상대적 척도는 핵의 조성이 알려진 어떤 원자의 질량도 예측할 수 있게 해준다. 양성자와 중성자의 질량은 모두 1 amu로 계산에서 거의 무시할 수 있을 정도로 차이가 작다. 전자의 질량은 양성자나 중성자보다 훨씬 작다. 원자에서 전자의 수가 양성자의 수와 같지만 전자의 질량은 매우 작아서 원자질량의 0.1 % 이상으로 영향을 주지 않기 때문에 질량수에서 전자의 질량은 고려하지 않는다. 원자의 질량을 예측하기 위하여 양성자와 중성자의 수를 더한 값을 그 원자의 **질량수**(mass number)라고 하고 기호 $A$로 나타낸다. 구리 원자는 29개의 양성자와 34개의 중성자를 갖고 있으므로 질량수 $A$ = 63이다. 납 원자는 82개의 양성자와 126개의 중성자를 갖고 $A$ = 208이다.

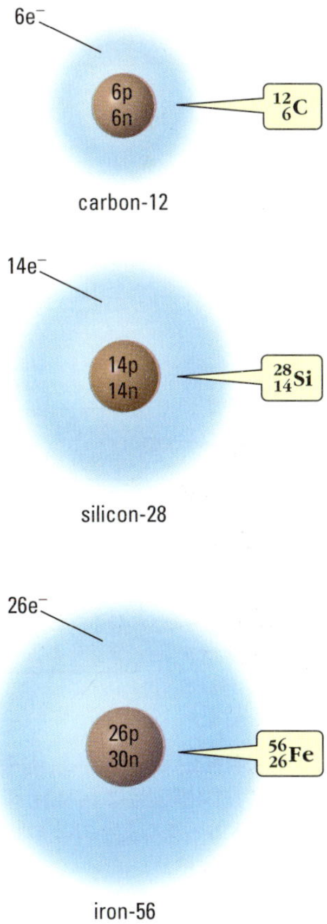


납 원자는 다음과 같이 나타낼 수 있다.

$${}^{A}_{Z}\text{X} \quad \begin{matrix} \text{질량수} \\ \text{원소기호} \\ \text{원자번호} \end{matrix} \quad {}^{208}_{82}\text{Pb}$$

원소는 1개 또는 2개의 문자 기호로 표기한다. 원소는 그것의 원자가 갖는 양성자의 수에 의해 정의된다. 어떤 원소를 다루는지 알고 있다는 것은 자동적으로 그 원자가 갖고 있는 양성자의 수를 알고 있음을 의미한다. 따라서 표기에 있어서 $Z$ 부분은 중복된다고 할 수 있다. 예를 들어 납 원자는 Pb로 표기된다. Pb는 원소가 납을 의미하고 납 원자는 항상 82개의 양성자를 포함한다. 원소를 나타내기 위하여 기호를 쓰거나 단지 납−208이라고 한다.

**예제 2.6 원자핵**

아이오딘−131은 갑상선 기능을 진단하는데 사용된다. 이 원자에는 몇 개의 양성자와 중성자가 존재하는가?

**정답:** 53개의 양성자와 78개의 중성자

**풀이:** 주기율표를 보면 아이오딘(I)의 원자번호는 53이다. 그러므로 원자는 53개의 양성자를 갖고 있다. 질량수는 양성자의 수와 중성자의 수를 합한것으로

$$\text{질량수} = \text{양성자수} + \text{중성자수}$$
$$131 = 53 + \text{중성자 수}$$
$$\text{중성자 수} = 131 - 53 = 78$$

**실전예제 2.6**

(a) 16개의 중성자를 갖는 인 원자의 질량수는 얼마인가?

(b) 네온-22 원자에는 몇 개의 양성자, 중성자, 전자가 존재하는가?

(c) 82개의 양성자와 125개의 중성자를 갖는 원자의 원소기호는?

원자의 실제 질량은 양성자, 중성자, 전자들의 질량을 합한 것보다 약간 작다. 질량 결손으로 알려진 이 차이는 핵의 입자들을 결합시키는 에너지와 관련이 있다. 19장에서 이 주제를 다룰것이다.

원자의 질량은 원자의 질량수와 대략적으로 같지만 실제 질량은 정수가 아니다. 금-196의 실제 질량은 195.96655 amu로 질량수 196보다 약간 작다. 원자의 질량은 질량분석기를 사용하여 실험적으로 결정된다.

두 원소의 원자번호는 같을 수 없다. 양성자의 수가 다른 원자들은 서로 다른 원소이다. 만약 중성자 수만 다르다면 네온-20, 네온-21, 네온-22처럼 동위원소들이다.

원소들의 질량분석을 통하여 많은 원소들에서 모든 원자들의 질량이 똑같지 않음을 밝혀냈다. 실리콘 원소의 원자들은 모두 14개의 양성자를 갖지만 중성자 수는 14, 15 또는 16일 수 있다. 따라서 자연에 존재하는 실리콘(원자번호 14)은 항상 실리콘-28, 실리콘-29, 실리콘-30 원자들의 혼합물이다. 같은 원소의 다른 원자들을 **동위원소(isotope)**라고 한다. 즉 동위원소는 원자번호(*Z*)가 같고 질량수(*A*)가 다르다. 실리콘에는 세 가지 동위원소가 있다.

특정한 동위원소를 지칭할 때 보통 질량수를 사용한다. $^{238}_{92}U$은 우라늄-238을 지칭한다. 몇몇 동위원소들은 특정한 이름과 기호를 갖고 있는데 수소의 동위원소들이 그

**예제 2.7 동위원소**

보론은 두 가지 동위원소를 갖고 있다. 하나는 5개의 중성자를 갖고 다른 하나는 6개의 중성자를 갖는다. 이 동위원소들의 질량수와 기호를 쓰시오.

**정답:** 질량수는 각각 10과 11이다. 원소기호는 $^{10}{}_{5}B$, $^{11}{}_{5}B$

**풀이:** 보론의 원자번호는 5이고 따라서 5개의 양성자를 갖는다. 두 동위원소의 질량수는 양성자수와 중성자수의 합이므로

$$\text{동위원소 1} : B = 5 \text{ 양성자} + 5 \text{ 중성자} = 10(\text{보론}-10)$$
$$\text{동위원소 1} : B = 5 \text{ 양성자} + 6 \text{ 중성자} = 11(\text{보론}-11)$$

기호로 표시하면 $^{10}_{5}B$와 $^{11}_{5}B$이다.

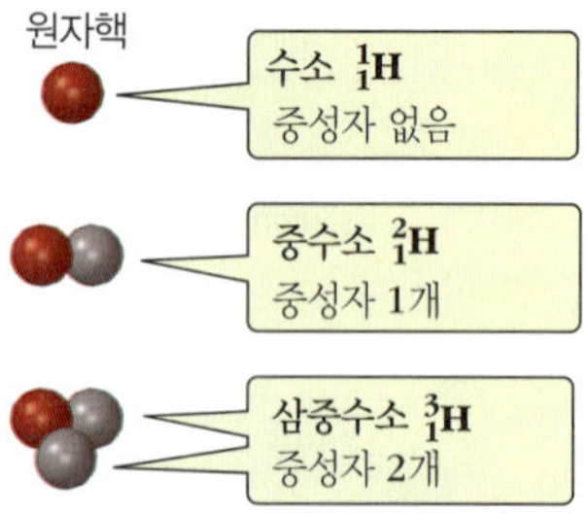


**수소 동위원소.** 수소, 중수소, 삼중수소 각각 1개의 양성자를 갖는다. 수소는 중성자가 없고 중수소와 삼중수소는 각각 1개와 2개의 중성자를 갖는다.

**실전예제 2.7**

자연계에 존재하는 마그네슘은 중성자의 수가 각각 12, 13, 14인 3개의 동위원소를 갖는다. 이 동위원소들의 질량수와 원소기호를 쓰시오.

렇다. 수소의 동위원소들은 1개의 양성자를 갖고 있다. 1개의 양성자만 갖고 있는 원소를 수소라고 부른다. 1개 양성자에 중성자가 1개 더 있으면 $^{2}_{1}H$이고 중수소(기호 D)라고 한다. 중성자가 2개 있으면 $^{3}_{1}H$이고 삼중수소(기호 T)라고 한다.

> CONCEPTUAL
> **개념학습** 2.3 동위원소
>
> 수업에서 한 학생이 질소-14와 질소-15는 양성자 수가 같기 때문에 동위원소가 아니라고 주장한다. 이 주장을 어떻게 반박하겠는가?

## 2.6 동위원소와 원자량

구리에는 중성자수가 2만큼 차이나는 두 가지 동위원소, 구리-63과 구리-65가 있다. 이들 동위원소의 원자 질량은 각각 62.9296과 64.9278이다. 자연에 존재하는 구리금속에서 원자들의 평균 질량은 63도 65도 아니다. 오히려 평균 원자 질량은 혼합물에서의 동위원소 분포비율에 따라 63과 65 사이에 놓일 것이다. 원소시료에서 각 동위원소의 분포비율을 **퍼센트 분포비**라고 한다.

퍼센트의 개념은 화학에서 많이 사용되므로 여기서 간략하게 설명하겠다. 예를 들어 지구 대기는 대략 78%의 질소, 21%의 산소, 1%의 아르곤으로 구성된다. 1982년 후에 발행된 1페니 동전은 2.4%의 구리와 97.6%의 아연으로 만들어져 있다.

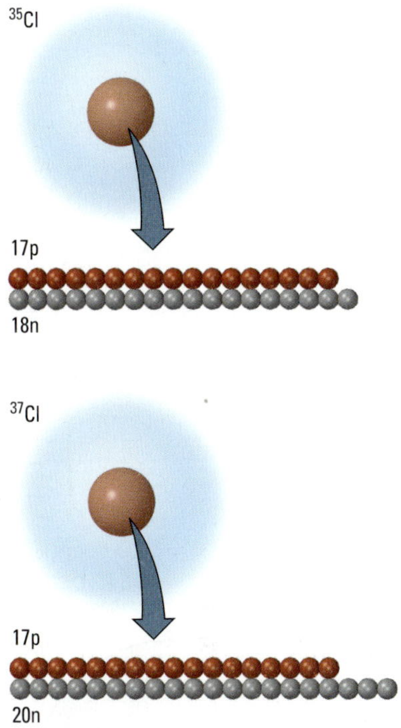


**클로린의 동위원소.** 클로린-35와 클로린-37은 둘다 17개의 양성자를 갖는다. 클로린-35 원자는 18개의 중성자를, 클로린-37 원자는 20개의 중성자를 갖는다.

**예제 2.8 퍼센트 적용하기**

미국에서는 1999~2008년 사이 10년 동안 각 주를 상징하는 쿼터 동전이 발행되었다. 이 동전의 질량은 5.670 g이고 성분은 8.33%의 니켈과 나머지 구리로 되어있다. 동전에 들어 있는 각 원소의 질량은 얼마인가?

**정답:** 0.472 g 니켈, 5.20 g 구리

**풀이:** 쿼터 동전에 들어있는 각각의 원소의 질량을 알아야 한다. 8.33%의 니켈은 100 g의 동전에 8.33 g의 니켈이 들어있음을 의미한다.

$$5.670\ \text{g}\ \cancel{\text{quarter}} \times \frac{8.33\ \text{g nickel}}{100.\ \text{g}\ \cancel{\text{quarter}}} = 0.472\ \text{g nickel}$$

구리의 질량도 같은 방법으로 계산하면

$$5.670\ \text{g}\ \cancel{\text{quarter}} \times \frac{91.67\ \text{g copper}}{100.\ \text{g}\ \cancel{\text{quarter}}} = 5.198\ \text{g copper}$$

니켈의 질량과 구리의 질량을 합하면 쿼터 동전의 질량이므로 다음과 같이 계산할 수 도 있다.

$$5.670\ \text{g quarter} = 0.472\ \text{g nickel} + x\ \text{g copper}$$

구리의 질량 $x$에 대하여 풀면

$$5.670\ \text{g} - 0.472\ \text{g} = 5.198\ \text{g copper}$$

시료의 조성에 대한 백분율의 합은 100이 되어야 한다.

**실전예제 2.8**

헤어드라이 같이 열을 내는 기구에는 80%의 니켈과 20%의 크롬 합금인 니크롬선이 들어 있고 전류를 통하면 뜨거워진다. 75g의 니크롬선을 포함하고 있는 전열기구에는 몇 그램의 니켈과 크롬이 들어 있는가?

원소 시료에서 각 동위원소의 퍼센트 분포비는 다음과 같이 주어진다.

$$\text{퍼센트 분포비} = \frac{\text{해당 동위원소의 원자수}}{\text{모든 동위원소의 전체 원자수}} \times 100\%$$

표 2.2에 자연에 존재하는 수소, 보론, 브로민 동위원소의 퍼센트분포비를 나타낸다. 각 동위원소의 질량과 퍼센트 분포비로부터 그 원소의 평균 원자 질량을 구할 수 있다. 이 평균 질량을 원소의 **원자량(atomic weight)**이라고 한다. 원소의 원자량은 원소를 대표하는 원자 시료의 평균 질량을 의미한다.

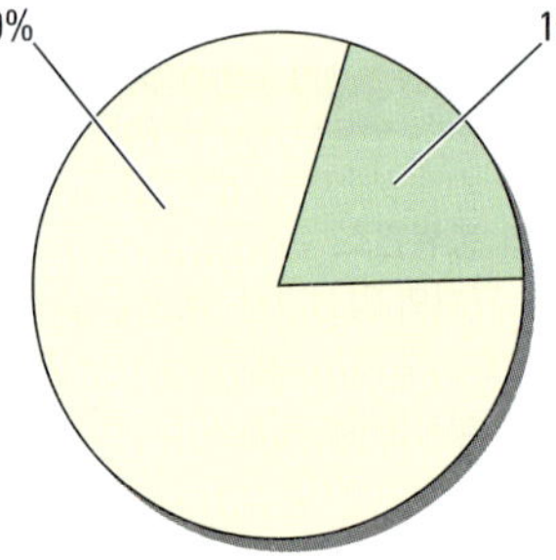


**보론-10과 보론-11의 퍼센트 분포비**

1 amu = 탄소-12 원자질량의 $\frac{1}{12}$

보론은 세제, 방부제, 파이렉스 그릇 등에 사용되는 화합물에 포함된 비교적 드문 원소이다. 보론은 원자질량이 10.0129 amu 이고 분포비가 19.91%인 보론-10과 11.0093 amu 이고 80.09%인 보론-11의 두 가지 동위원소가 있다. 분포비가 대략 20%와 80%이므로 보론의 원자량을 예측할 수 있다. 보론 원자 10개 중에 2개는 보론-10이다. 보론 원자 10개의 질량을 더하면 2개 원자는 10 amu이고 8개 원자는 11 amu의 질량을 갖는다. 따라서 합은 108 amu이고 평균하면 108 amu/10 = 10.8 amu가 된다. 따라서 원자량은 10.8이다.

일반적으로 원소의 원자량은 퍼센트 분포비로부터 구해진다. 보론에 대하여 좀 더 정확한 계산을 해보면

$$\begin{aligned}\text{원자량} &= [(^{10}\text{B의 분포분율}) \times (^{10}\text{B의 질량}) \\ &\quad + (^{11}\text{B의 분포분율}) \times (^{11}\text{B의 질량})] \\ &= 0.1991 \times 10.0129\ \text{amu} + 0.8009 \times 11.0093\ \text{amu} \\ &= 10.81\ \text{amu}\end{aligned}$$

앞에서의 대략적인 계산은 정확하게 계산한 결과와 매우 비슷하다. 보론 동위원소 질량의 산술적 평균은 (10.0129 + 11.093)/2 = 10.55 로 실제 원자량과 꽤 차이가 난다.

안정한(비방사능) 원소의 원자량이 결정되었고 이 책의 주기율표에 수록되었다. 대부분의 원소들에서 동위원소의 분포 비는 시료가 어디서 채취되었든지 모두 같다. 그러므로 주기율표의 원자량은 언제든지 사용해도 무방하다. 주기율표에서 각 원소 상자에는 원자번호, 원소기호, 평균원자량이 표시되어 있다. 아연에 대한 주기율표의 표시는

| | |
|---|---|
| 30 ← | 원자번호 |
| **Zn** ← | 원소기호 |
| 65.382 ← | 원자량 |

표 2.2 수소, 보론, 브로민의 안정한 동위원소의 질량

| 원소 | 기호 | 원자량(amu) | 질량수 | 동위원소질량(amu) | 퍼센트 분포율 |
|---|---|---|---|---|---|
| 수소 | H | 1.00794 | 1 | 1.007825 | 99.9855 |
|  | D |  | 2 | 2.0141022 | 0.0145 |
| 보론 | B | 10.811 | 10 | 10.012939 | 19.91 |
|  |  |  | 11 | 11.009305 | 80.09 |
| 브로민 | Br | 79.904 | 79 | 78.918336 | 50.69 |
|  |  |  | 81 | 80.916289 | 49.31 |

EXERCISE
**연습문제 2.4 원자량**

주어진 자료로부터 리튬의 원자량이 6.941 amu 임을 보이시오.

$^{6}_{3}Li$: 질량 = 6.015121 amu, 퍼센트 분포비 = 7.500%

$^{7}_{3}Li$: 질량 = 7.016003 amu, 퍼센트 분포비 = 92.50%

CONCEPTUAL
**개념학습 2.5 동위원소 분포비**

마그네슘의 동위원소는 다음 세 가지가 있다. $^{24}Mg$(78.70%), $^{25}Mg$(10.13%), $^{26}Mg$(11.17%). 마그네슘의 원자량을 계산하고 원자량의 단순 산술 평균값과 비교하시오.

CONCEPTUAL
**개념학습 2.6 퍼센트 분포비**

갈륨은 두 가지 동위원소가 있고 원자량은 69.72 amu이다. 동위원소의 퍼센트 분포비를 모를 때 각각의 동위원소의 퍼센트 분포비가 50%일 수 없다는 주장을 어떻게 할 수 있겠는가?

## 2.7 물질의 양: 몰

앞에서 본 것처럼 원자는 너무 작아서 바로 관찰하거나 질량을 직접 잴 수가 없다. 그러나 시약을 다룰 때는 원자나 분자가 몇 개 인지 또는 원소나 화합물의 나노스케일 단위를 아는 것이 중요하다. 화합물을 다루고 무게를 재는 마크로스케일 세계를 개개의 원자, 분자의 나노스케일 세계와 연결하기 위하여 화학자는 편리하게 입자의 수를 포함하는 물질의 단위를 정의하였다. 입자의 수를 세는 단위를 **몰(mol)**이라한다. 1몰은 정확히 12 g의 탄소-12에 들어있는 탄소원자 수만큼의 원자, 분자, 이온 또는 나노스케일 단위를 포함하는 물질의 양으로 정의된다.

탄소 1 mole의 질량은 12 g이 아니고 12.01 g이다. 왜냐하면 자연계의 탄소는 탄소-12(98.89%)와 탄소-13(1.11%)을 포함하기 때문이다. 정의에 의하여 1 mole의 탄소-12의 질량은 정확하게 12 g이다.

몰을 이해하는 요지는 물질이 무엇이건 어떤 입자이건 상관없이 **1몰은 항상 같은 수의 입자를 포함한다**는 것이다. 1몰의 입자 수는

숫자와 함께 사용될때 mole은 mol로 줄여쓴다. 예를 들면 0.5 mol처럼.

$$1\ \text{mol} = 6.02214179 \times 10^{23}\ \text{입자}$$

**몰은 마크로스케일 세계와 나노스케일 세계를, 보이는 것과 직접 볼 수 없는 것을 연결해 주는 다리이다.**

1 몰의 입자수를 이탈리아의 물리학자 Amadeo Avogadro(1776~1856)의 이름을 따서 **아보가드로수(Avogadro's number)**라고 한다. 그는 이러한 단위에 대한 기본적인 아이디어를 제시만 했고 나중에 실험적으로 그 수가 결정되었다. 아보가드로수의 정의는 12g의 탄소-12에 들어있는 원자수와 같다.

$$\text{아보가드로수} = 6.02214179 \times 10^{23} \frac{1}{\text{mol}} = 6.02214179 \times 10^{23}\ \text{mol}^{-1}$$

아보가드로수를 이해하는데 어려움은 그것의 크기에 있다. 아보가드로수를 풀어서 쓰면

$$6.02214179 \times 10^{23} = 602{,}214{,}179{,}000{,}000{,}000{,}000{,}000$$

© Cengage Learning/Charles D. Winters

그림 2.4 **6가지 원소 1몰의 양**
S, Mg, Cr(아래, 왼쪽에서 오른쪽으로); Cu, Al, Pb(위, 왼쪽에서 오른쪽으로)

또는 602,214.179 × 백만 × 백만 × 백만 이다. 비록 아보가드로수의 유효숫자 개수가 9개 까지 알려져 있지만 대부분의 경우 $6.022 \times 10^{23}$으로 반올림하여 사용할 것이다. 이 숫자의 크기에 대해 많은 비유들이 있다. 아보가드로수의 마시멜로를 미 대륙에 쌓으면 두께가 650 마일 정도 될 것이다. 1몰의 페니를 미국 국민 모두에게 똑같이 나누어준다면 한 사람 몫으로 국가채무(약 $ 11조, $\$11 \times 10^{12}$)를 두 번 갚을 수 있다.

도넛이나 베이글을 세는 다스, 신발을 세는 켤레, 종이 500장 묶음의 연 등 보통의 물건을 세는 단위와 유사하게 몰을 단순히 수를 세는 단위로 생각할 수 있다. 화학에서 원자, 분자, 다른 입자들의 수를 세는데 몰을 사용한다. 그림 2.5에서 원소의 질량은 모두 원자 1 몰을 포함한다. 그림에서 각각의 원소들에 대해 그램으로 표시한 질량(마크로스케일)은 amu 단위로 나타낸 원자량(나노스케일)과 같은 수이다. 물질의 몰 질량은 그 물질 1몰의 질량을 그램 단위로 나타낸 것이다. 몰 질량의 단위는 g/mol이다.

원자량은 교재의 속표지 원소의 주기율표에 주어졌다.

$$\begin{aligned}
\text{구리(Cu)의 몰 질량} &= \text{1몰 Cu 원자의 질량} \\
&= 6.022 \times 10^{23}\text{개의 Cu 원자의 질량} \\
&= 63.546\ \text{g/mol} \\
\text{알루미늄(Al)의 몰 질량} &= \text{1몰 Al 원자의 질량} \\
&= 6.022 \times 10^{23}\text{개의 Al 원자의 질량} \\
&= 26.9815\ \text{g/mol}
\end{aligned}$$

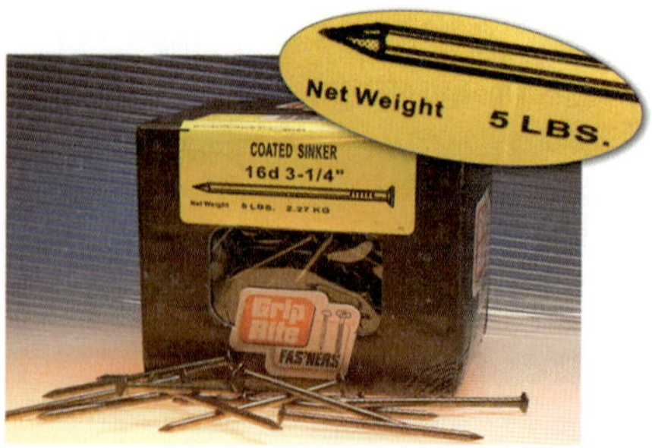


© Cengage Learning/Charles D. Winters

**무게를 달아서 물건의 갯수를 헤아릴 수 있다.** 못 1개의 질량을 알면, 5파운드 상자에 들어있는 못의 개수를 예측할 수 있다.

구리나 알루미늄 1몰은 아보가드로수의 원자를 포함한다. 서로 다른 원소의 원자질량이 다르기 때문에 서로 다른 원소의 몰질량은 다르다. 몰을 다스와 유사한 단위로 생각하라. 1다스의 골프공, 1다스의 야구공, 1다스의 볼링공은 모두 12개를 포함한다. 그러나 각 물품 1개의 질량이 다르기 때문에 1다스의 무게는 모두 다르다. 골프공의 질량은 45 g, 야구공은 134 g, 볼링공은 7200 g이다. 비슷하게 한 원소의 아보가드로수만큼의 원자 질량은 다른 원소의 아보가드로수만큼의 원자질량과 다르다.

## ESTIMATION The Size of Avogadro's Number

Chemists and other scientists often use estimates in place of exact calculations when they want to know the approximate value of a quantity. Analogies to help us understand the extremely large value of Avogadro's number are an example.

If 1 mol of green peas were spread evenly over the continental United States, how deep would the layer of peas be? The surface area of the continental United States is about $3.0 \times 10^6$ square miles ($mi^2$). There are 5280 feet per mile.

Let's start with an estimate of a green pea's size: −inch diameter. Then 4 peas would fit along a 1−inch line, and 48 would fit along a 1−foot line, and $48^3$ = 110,592 would fit into 1 cubic foot ($ft^3$). Since we are estimating, we will approximate by saying $1\times 10^5$ peas per cubic foot.

Now, let's estimate how many cubic feet of peas are in 1 mol of peas:

$$\frac{6.022 \times 10^{23}\ \text{peas}}{1\ \text{mol peas}} \times \frac{1\ \text{ft}^3}{1 \times 10^5\ \text{peas}} \cong \frac{6.0 \times 10^{18}\ \text{ft}^3}{1\ \text{mol peas}}$$

(The "approximately equal" sign, ≅, is an indicator of these approximations.) The surface area of the continental United States is $3.0 \times 10^6$ square miles ($mi^2$), which is about

$$3.0 \times 10^6\ \text{mi}^2 \times \left(\frac{5280\ \text{ft}}{1\ \text{mi}}\right)^2 \cong 8.4 \times 10^{13}\ \text{ft}^2$$

(The "approximately equal" sign, , is an indicator of these approximations.) The surface area of the continental United States is $3.0 \times 10^6$ square miles ($mi^2$), which is about

$$\frac{6.0 \times 10^{18}\ \text{ft}^3}{1\ \text{mol peas}} \times \frac{1}{8.4 \times 10^{13}\ \text{ft}^2} \cong \frac{7.1 \times 10^4\ \text{ft}}{1\ \text{mol peas}}$$

or

$$\frac{7.1 \times 10^4\ \text{ft}}{1\ \text{mol peas}} \times \frac{1\ \text{mi}}{5280\ \text{ft}} \cong \frac{14\ \text{mi}}{1\ \text{mol peas}}$$

Note that in many parts of the estimate, we rounded or used fewer significant figures than we could have used. Our purpose was to estimate the final answer, not to compute it exactly. The final answer, 14 miles, is not particularly accurate, but it is a valid estimate. The depth would be more than 10 miles but less than 20 miles. It would not be 6 inches or even 6 feet. Estimating served the overall purpose of developing the analogy for understanding the size of Avogadro's number

Visit this book's companion website at www.cengage.com/chemistry/moore to work an interactive module based on this material.

## 2.8 몰질량과 문제풀이

몰의 개념을 이해하고 적절하게 적용하는 것은 정량적인 화학에 필수적이다. 특히 몰에서 질량으로, 질량에서 몰로의 두 가지 기본 전환은 반드시 할 줄 알아야 한다. 화학에서의 여러 계산에 단위 변환에서 사용한 것과 같은 방식으로 차원분석을 하는 것은 매우 유용하다. 답을 구하는 계산 과정에서 모든 양의 단위를 함께 쓰고 약분하는 것이다. 문제 풀이가 맞는다면 답은 옳은 단위를 줄 것이다.

질량을 몰로 또는 몰을 질량으로 변환시키는데 이런 개념이 어떻게 적용되는지 살펴보자. 두 경우 모두, 환산인자는 물질의 몰질량과 몰당 그램수(g/mol) 이다.

**물질 A에 대하여 질량 ⇄ 몰 사이의 변환**

질량 A ⟶ 몰 A

$$\text{그램수 A} \times \frac{\text{1몰 A}}{\text{그램수 A}} = \text{몰수 A}$$

$\frac{1}{\text{몰질량}}$

몰 A ⟶ 질량 A

$$\text{몰수 A} \times \frac{\text{그램수 A}}{\text{1몰 A}} = \text{그램수 A}$$

몰질량

실험에 0.250몰의 Cu가 필요하다고 가정하자. 몇 그램을 사용하여야 하는가? Cu의 원자량은 63.546 amu 이므로 Cu의 몰질량은 63.546 g/mol 이다. 0.250 mol의 Cu의 질량을 구하려면 환산인자 63.546 g Cu/1mol Cu가 필요하다.

$$0.250\ \text{mol Cu} \times \frac{63.55\ \text{g Cu}}{1\ \text{mol Cu}} = 15.9\ \text{g Cu}$$

이 책에서 몰 질량을 나타내는데 다른 데이터보다 유효숫자를 하나 더 많이 사용할 것이다. 위의 계산에서 구리의 몰 질량을 4개의 유효숫자로 몰수는 3개의 유효숫자로 나타내었다. 몰 질량의 유효숫자를 하나 더 사용함으로서 다른 숫자들보다 정밀도가 커지고 계산 결과의 정밀도를 제한하지 않는다.

EXERCISE
**연습문제 2.7 그램수, 몰수, 아보가드로수**

10.00 g의 리튬 시료와 10.00 g의 이리듐 시료가 있다. 각각의 시료에 들어 있는 원자 수는 얼마인가? 리튬시료의 원자 수는 이리듐 시료의 원자 수보다 얼마나 많은가?

10.00 g 브로민의 몰수를 계산하는 것처럼 질량을 몰수로 바꿔야 하는 경우가 자주 있다. 브로민은 이원자 원소이며 $Br_2$ 분자로 구성된다. 그러므로 1몰 $Br_2$분자에는 2몰 Br 원자가 있다. $Br_2$의 몰 질량은 원자 질량의 두 배로 2 × 79.904 g/mol = 159.81 g/mol 이다. 10.00 g 브로민의 몰수를 계산하려면 환산인자로 $Br_2$의 몰 질량, 1 mol $Br_2$/159.81g $Br_2$를 사용한다.

$$10.00\ \text{g Br}_2 \times \frac{1\ \text{mol Br}_2}{159.81\ \text{g Br}_2} = 6.257 \times 10^{-2}\ \text{mol Br}_2$$

**예제 2.9 질량과 몰수**

(a) 티타늄(Ti)은 항공기 제작에 사용되는 금속이다. 100. g의 티타늄 금속에는 몇 몰의 티타늄이 들어 있는가?

(b) 알루미늄(Al) 또한 항공기 제작에 사용된다. 알루미늄 조각이 2.16 mol Al을 포함한다. 이 알루미늄의 질량은 (a)의 티타늄 질량보다 큰가?

**정답**: (a) 2.09 mol (b) 58.3 g Al, Ti의 질량보다 작다.

**풀이:**

(a) Ti의 몰질량을 사용하여 Ti의 질량을 몰 수로 환산하는 문제이다.

$$100.\ \cancel{g\ Ti} \times \frac{1\ mol\ Ti}{47.87\ \cancel{g\ Ti}} = 2.09\ mol\ Ti$$

(b) Al의 몰질량을 사용하여 Al의 몰수를 질량으로 환산하는 것이다.

$$2.16\ \cancel{mol\ Al} \times \frac{26.98\ g\ Al}{1\ \cancel{mol\ Al}} = 58.3\ g\ Al$$

100. g의 티타늄보다 작다.

**실전예제 2.9**

다음을 계산하시오.

(a) 1.00 mg 몰리브데늄(Mo)의 몰수 (b) $5.00 \times 10^{-3}$ mol 금(Au)의 그램수

Edgar Fahs Smith Collection University of Pennsylvania Library

**Dmitri Mendeleev** 1834–1907

시베리아에서 태어났으며 St. Petersburg에서 대부분의 생애를 보냈다. St. Petersburg 대학에서 가르쳤으며, 화학적 주기성에 대한 개념을 발표하며 무기화학을 체계화하는데 도움을 주었다. 생의 후반에는 러시아의 자연자원과 상업적 응용에 대한 연구에도 관심을 가졌다.

## 2.9 주기율표

여러분은 이미 주기율표에 있는 원소들의 원자번호와 원자량을 사용하였다. 그러나 주기율표는 이보다 훨씬 더 중요하다. 주기율표는 화학에서 매우 유용한 도구이다. 주기율표는 원소의 화학적 물리적 성질을 체계화하고 상호 연관시켜준다. 예를 들어 주기율표에서의 위치에 따라 원소를 금속, 비금속, 준금속으로 분류할 수 있게 해 준다. 주기율표의 주요 특징과 용어들을 잘 알아둘 필요가 있다.

Dmitri Mendeleev(1834~1907)는 St. Petersburg 대학 교수로 있는 동안 원소들을 원자량이 증가하는 순서대로 놓으면 주기적으로 반복된다는 것을 깨달았다. 그는 자신의 발견을 요약하여 표를 만들었는데 이것이 주기율표가 되었다. 원소들을 원자량이 증가하는 순으로 한 줄(가로줄)로 놓고 앞에 놓인 원소와 비슷한 성질의 원소가 나타나면 새로운 줄을 시작하였더니 비슷한 성질의 원소들을 포함하는 칼럼(세로줄)이 만들어졌다. Mendeleev는 표에서 몇 군데는 채울 수가 없었다. 그는 이 빈 곳을 채울 새로운 원소가 발견될 것을 예견하였으며, 발견되지 않은 원소들의 성질을 예측하였다. 갈륨(Ga)과 게르마늄(Ge)의 두 가지 원소가 발견되었고 Mendeleev가 예측한 성질과 매우 유사하였다.

전자, 양성자, 중성자가 알려지기 거의 반세기 전에 Mendeleev가 주기율표를 개발하였다는 사실은 대단한 통찰력이었다.

나중에 H.G.J.Moseley는 주기율표의 원소들이 원자량이 아니라 원자번호순으로 배열되어야 한다는 것을 실험적으로 증명하였다. **원자들을 원자번호 순으로 배열하는 것은 화학적 주기성의 법칙을 보여준다. 즉 원소의 성질은 원자번호(양성자의 수)의 주기적 함수이다.**

### 주기율표의 특징

**주기율표**의 원소들은 원자번호 순으로 나열되어 있고 비슷한 화학적 성질을 갖는 원소들은 그룹이라고 하는 세로줄에 놓인다. 미국에서 주로 사용되는 주기율표는 그룹 번호가 1~8이 쓰이고 각 그룹 번호마다 A그룹과 B그룹이 있다(그림 2.6). 주기율표의 A그룹(왼쪽 1A, 2A 그룹과 오른 쪽의 3A~8A 그룹)은 **주족 원소(main group elements)** 라고 알려져 있다. B그룹(주기율표의 가운데 위치) 원소들을 전이원소라고 부른다.

표의 가로줄을 **주기(periods)**라고 하고 H와 He를 포함하는 줄을 1 주기, Li은

웹에서는 여러가지 쌍방향 대화식의 주기율 표들이 올라와 있다.
다음 두 웹사이트를 참고하시오.
http://www.chemeddl.org/collections/ptl, http://periodictable.com.

2주기, Na는 3주기의 시작 원소이다.

그림 2.5의 주기율표는 대부분의 원소가 금속(회색과 푸른색)이고 훨씬 적은 수의 원소가 비금속(라벤더색)이며 그보다 더 적은 수의 원소가 준금속(오렌지색)임을 나타낸다. 원소들은 한 주기의 왼쪽에서 오른쪽으로 갈수록 금속의 성질이 약해지며 궁극적으로 매 주기에서 하나 이상의 비금속 원소가 발견된다. 6개의 준금속(B, Si, Ge, As, Sb, Te)이 금속과 비금속의 경계에 존재한다.

원소의 주기성은 원소들을 올바른 순으로 나열했을 때 일정한 간격으로 비슷한 성질이 반복되는 것을 의미한다. 주기율표에서 그룹의 번호를 붙이는 다른 방법은 문자를 포함하지 않고 1~18의 숫자를 사용한다.

## 주기율표의 중요한 부분

수소를 제외한 가장 왼쪽의 세로줄(1A 그룹)에 속한 원소들은 **알칼리 금속(alkali metals)**이라고 한다. 2A 그룹에 속한 원소들은 **알칼리 토금속(alkaline-earth metals)**이라 부른다. 알칼리금속과 알칼리토금속은 매우 반응성이 크고, 자연에서 다른 원소와 결합한 화합물 형태로 존재하며 원소 상태로는 발견되지 않는다. **할로젠(그룹 7A)**은 이원자분자들로 구성되며 반응성이 크다. 주기율표의 맨 오른쪽에 위치하는 그룹 8A는 **불활성 기체(noble gases)**들을 포함하고 반응성이 가장 작은 원소들이다.

**전이원소(transition elements)** 또는 **전이금속**은 주기율표의 4주기에서 7주기 사이의 가운데 부분을 채운다. **란타나이드(lanthanides)**와 **악티나이드(actinides)**는 주기율표의 바닥 부분에 따로 두 줄로 수록된 금속 원소들이다.

## CHEMISTRY IN THE NEWS

### Periodic Table Stamp

This striking 0.30–euro stamp was issued by the Spanish Post Office on February 2, 2007, to commemorate the 100th anniversary of the death of Mendeleev, who proposed the periodic table in 1869. The stamp shows an artistic representation in which the blue and yellow areas denote the main group elements, the red area denotes the transition elements, and the green area denotes the lanthanides and actinides. The sizes of the four colored areas are in the correct proportions regarding the number of periods and groups of elements in each region. The small white squares embedded in the red and yellow regions show the locations of four elements—gallium, germanium, scandium, and technetium—not yet discovered in 1869. Mendeleev used the periodicity of the table to correctly predict properties for gallium, germanium, and scandium, elements that were discovered in 1875, 1886, and 1878, respectively. Technetium, the first artificially synthesized element, was produced in 1937.

Photo courtesy of Gabriel Pinto. Stamp design by Dr. Javier Garcia Martinez

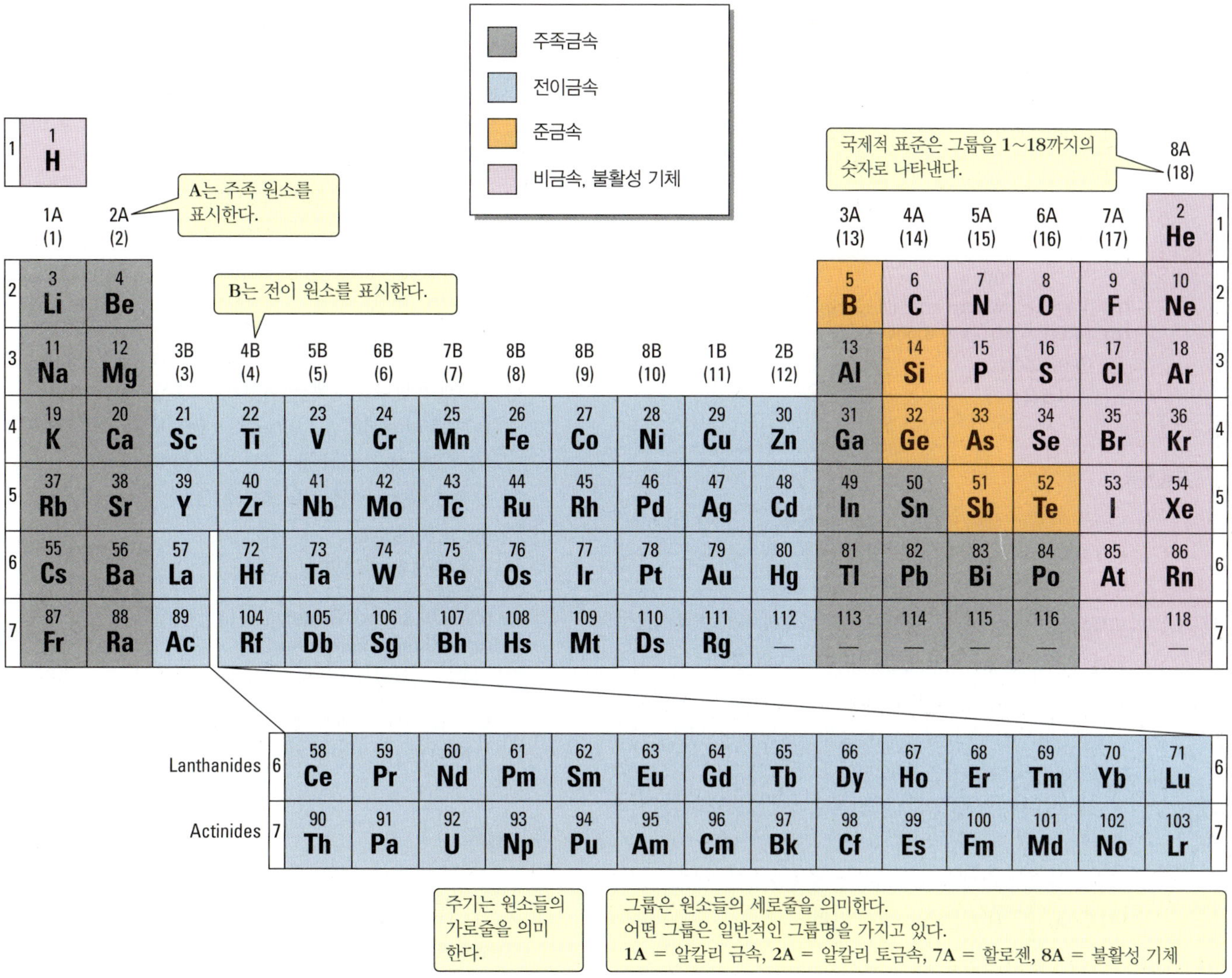


**그림 2.5 현대의 주기율표.** 원소들은 원자번호순으로 주기라고 부르는 가로줄을 따라 배열된다.

# 문제

## 단위와 단위환산

1. 원자핵의 크기가 골프공(지름 4 cm) 정도라면 원자의 직경은 얼마나 될까?
2. 자동차 엔진의 실린더 부피가 120 $in^3$ 일 때 $cm^3$와 L 단위로는 각각 얼마인가?
3. 1 $m^2$ 는 몇 $in^2$ 인지 계산하시오.
4. 1980년 5월 18일 워싱턴주의 세인트헬렌즈 화산이 폭발하였다. 이 화산 폭발로 9677 ft 의 산 정상이 1314 ft 만큼 낮아졌다. 약 0.67 세제곱 마일의 잔해가 대기로 방출되었는데 세제곱미터($m^3$) 단위로는 얼마인가?

## 유효숫자

5. 다음 측정량의 유효숫자는 몇 개인가?
   (a) 1374 kg
   (b) 0.00348 s
   (c) 5.619 mm
   (d) $2.475 \times 10^{-3}$ cm
   (e) 33.1 mL
6. 다음 숫자들에 대하여 유효숫자 3개로 반올림하고 과학적 표

기법으로 나타내시오.

(a) 0.0004332
(b) 44.7337
(c) 22.4555
(d) 0.0088418

7. 다음 계산을 수행하고 결과를 적절한 개수의 유효숫자로 나타내시오.

(a) $\dfrac{4.850\ \text{g} - 2.34\ \text{g}}{1.3\ \text{mL}}$

(b) $V = \pi r^3$, where $r = 4.112$ cm

(c) $(4.66 \times 10^{-3}) \times 4.666$

(d) $\dfrac{0.003400}{65.2}$

## 백분율

8. 은으로 만든 보석은 실제 은과 구리의 합금이다. 17.6 g의 팔찌가 14.1 g의 은을 포함하고 있다면 은과 구리의 비율은 각각 얼마인가?

9. 대부분의 자동차 배터리는 황산용액으로 채워져 있다. 용액의 밀도가 1.285 g/cm$^3$ 이고 질량비로 38.08%의 황산을 포함하고 있다면 500 mL의 용액에 들어있는 산의 질량은 몇 그램인가?

10. 코발트-60에서 전자, 양성자, 중성자의 수는 얼마인가?

11. 브로민의 평균 원자량은 79.904이다. $^{81}$Br의 자연 분포 비가 49.31% 일 때 브로민의 유일한 다른 동위원소의 원자량은 얼마인가?

12. 다음 원자에는 몇 개의 전자, 양성자, 중성자가 있는가?

(a) $^{40}_{20}$Ca, (b) $^{119}_{50}$Sn, (c) $^{244}_{94}$Pu

13. 표의 빈칸을 채우시오.

| *Z* | *A* | 중성자의 수 | 원소 |
|---|---|---|---|
| 35 | 81 | ________ | HI(g) |
| ________ | ________ | 62 | Pd |
| 77 | ________ | 115 | ________ |
| ________ | 151 | ________ | Eu |

14. $^{18}_{9}$X, $^{20}_{9}$X, $^{9}_{4}$X, $^{15}_{9}$X 중 원자번호가 9인 원소의 동위원소는?

## 원자량

15. 주어진 정보를 이용하여 리튬의 원자량이 6.941 amu 임을 보이시오.

$^6$Li의 정확한 질량 = 6.015121 amu (자연 존재비 7.500%)

$^7$Li 의 정확한 질량 = 7.016003 amu (자연 존재비: 92.50%)

16. 갈륨은 $^{69}$Ga (질량 = 68.9257 amu)와 $^{71}$Ga (질량 = 70.9249 amu)의 2가지 동위원소가 있다. 이 동위원소의 분포 비를 구하시오.

17. 리튬은 $^6$Li과 $^7$Li의 두 가지 안정한 동위원소를 갖는다. 리튬의 원자량이 6.941 amu 라는 사실로부터 어느 동위원소가 더 많이 존재하는가?

## 몰

18. 다음에 해당하는 그램 수를 계산하시오.

(a) 2.5 mol 보론 (b) 0.015 mol $O_2$
(c) 1.25x10$^{-3}$ mol 철 (d) 635 mol 헬륨

19. 다음에 해당하는 몰 수를 계산하시오.

(a) 127.08 g Cu
(b) 20.0 g calcium
(c) 16.75 g Al
(d) 0.012 g potassium
(e) 5.0 mg americium

20. 당신의 자동차가 36.67 g의 크롬 금속을 포함하고 있다면 이것은 크롬 원자 몇 개에 해당하는가?

21. 구리 원자 1개의 평균 질량은 몇 그램인가?

## 주기율표

22. 주기율표의 4A족에는 몇 개의 원소가 있는가? 이 원소들의 기호와 이름을 쓰고 금속, 비금속 또는 준금속으로 분류하시오.

23. 원소 이름이 문자 I로 시작하는 4개의 원소는 In, I, Ir과 Fe 이다. 각 원소들을 다음의 설명과 짝을 지으시오.

(a) 할로젠 (b) 주족 금속
(c) 6주기의 전이금속 (d) 4주기의 전이금속

24. 주기율표를 사용하여 다음 원소를 확인하시오.

(a) 2A족 원소들의 이름을 쓰시오.
(b) 3주기 원소들의 이름을 쓰시오.
(c) 4A족의 2주기 원소는 무엇인가?
(d) 6A족의 3주기 원소는 무엇인가?
(e) 5주기의 할로젠 원소는?
(f) 3주기의 알칼리토금속 원소는?
(g) 4주기의 불활성기체 원소는?
(h) 6A족과 2주기에 있는 비금속 원소는?
(i) 4주기의 준금속원소는?

3장

# 화합물

**3.1** 분자화합물

**3.2** 이성분 무기화합물의 명명

**3.3** 탄화수소

**3.4** 알케인과 그들의 이성질체

**3.5** 이온과 이온화합물

**3.6** 이온과 이온화합물의 명명

**3.7** 이온화합물의 결합과 성질

**3.8** 화합물의 몰수

**3.9** 퍼센트 조성

**3.10** 실험식과 분자식의 결정

**3.11** 생물학적 주기율표

지하 동굴의 천정에 매달려 있는 종유석은 석회암($CaCO_3$)과 물의 상호작용으로 생성된다. 이산화탄소가 녹아 있어서 약간 산성인 물은 $CaCO_3$를 녹인다. 용액이 공기중에 다시 노출되면 이산화탄소가 빠져나가고, 종유석이 퇴적된다. 오랜 시간 동안 퇴적되면서 환상적인 형태가 만들어진다.

화학자들이 하는 가장 중요한 일 중 하나는 원자들의 특별한 조합으로 구성된 새로운 화합물이나 물질을 합성하는 것이다. 이러한 화합물의 성질은 기존의 화합물과 비슷하거나 매우 다를 수 있다. 화학자들은 가끔 원하는 성질을 갖도록 새로운 화합물을 설계할 수 있다. 모든 화합물은 적어도 두 개 이상의 원소를 포함한다. 이 장에서는 두 가지 형태의 주요한 화합물을 다루고 있다. 하나는 개별 분자로 구성된 화합물이고 다른 하나는 양전하의 원자와 음전하의 원자, 즉 이온들로 구성된 화합물이다. 이 장에서는 화합물의 기호, 화학식, 이름을 어떻게 나타내고, 화학식으로부터 화합물의 질량과 조성을 어떻게 알 수 있는지 살펴 볼 것이다.

## 3.1 분자화합물

나노스케일의 분자화합물에서 두 가지 이상의 원소의 원자들은 결합하여 분자라는 독립된 개체가 된다. 우리는 매일 무수한 분자화합물을 호흡하고, 내쉬고, 대사시킨다. 물, 이산화탄소, 설탕, 카페인, 탄수화물, 단백질, 지방 등은 신체 내에 흔히 볼 수 있는 분자화합물이다.

### 분자식

공간 채움 모형　　공–막대 모형

분자화합물의 조성은 **분자식(molecular formula)**으로 나타낸다. 분자식은 원소 기호와 아래첨자를 사용하여 원자의 종류와 개수를 표시한다. 예를들어 물의 분자식 $H_2O$에는 분자 하나에 2개의 수소원자와 1개의 산소원자가 있다. 각 원소 기호의 아래첨자는 분자에 들어있는 원소의 원자수를 나타낸다. $H_2O$의 O처럼 아래첨자가 생략된 경우는 1을 의미한다. 모든 분자화합물에 같은 원칙이 적용된다.

대기 중의 오염 물질인 이산화황($SO_2$) 이나 물에 잘 녹고 세제에 사용되는 암모니아($NH_3$)처럼 탄소를 포함하지 않는 분자는 **무기화합물(inorganic compound)**로 분류된다. 많은 무기화합물들이 이온화합물이다. 대부분의 **유기화합물(organic compound)**은 분자로 구성된다. 유기화합물은 반드시 탄소를 포함하고 주로 수소와 산소, 질소, 황, 인, 할로젠을 포함한다. 유기화합물은 옷, 음식, 연료, 우리 주변의 유기체 등의 주성분이 되기 때문에 매우 큰 관심의 대상이다. 에탄올($C_2H_6O$)은 술의 성분으로서 우리에게 익숙한 유기화합물이고 메테인($CH_4$)은 천연가스의 주성분인 유기화합물이다.

분자화합물 특히 유기화합물의 분자식은 여러 가지 방법으로 나타낸다. 에탄올의 분자식 $C_2H_6O$의 예를 보자. 유기화합물에서 탄소이외의 원소들은 알파벳 순과 총 원자수를 나타내는 아래첨자로 쓴다. 유기화합물의 수가 너무 많기 때문에 이러한 식은 어떤 화합물을 나타내는지에 대한 충분한 정보를 주지 못한다. 더 많은 정보를 나타내기 위하여 원자들이 어떻게 연결되어 있는지를 보여 주는 **구조식(structural formula)**이 있다. 에탄올의 예를 보면 첫 번째 탄소는 3개의 수소원자와 연결되어 있고 두 번째 탄소는 2개의 수소원자와 −OH 기에 연결되어 있다.

구조식에서 선은 원자 사이의 화학결합을 나타낸다.

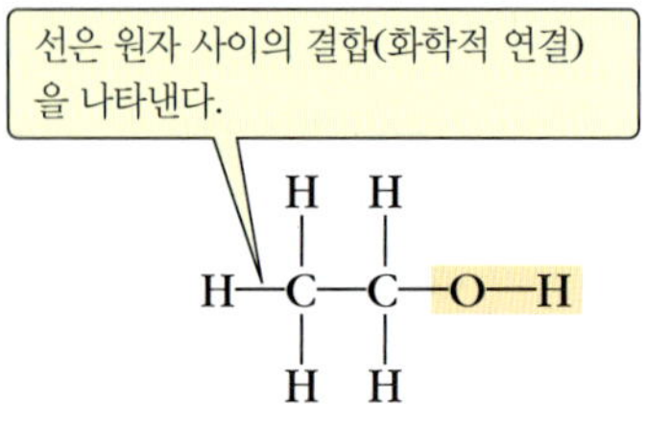


에탄올의 분자식을 $CH_3CH_2OH$처럼 원자들이 어떻게 그룹화 되어있는지를 알려주는 변형된 식으로도 표현할 수 있는데, 이러한 분자식을 **축약식(condensed**

**formula)**이라고 한다. 이 식을 구조식과 비교하면 서로 같은 구조라는 것을 쉽게 알 수 있다.

다음은 에탄올을 표시하는 서로 다른 세 가지 방법이다.

구조식

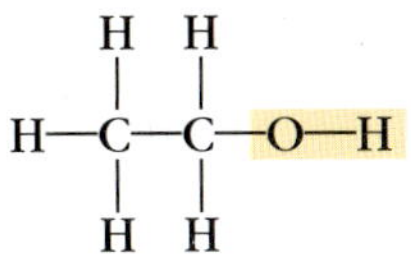

축약식

$CH_3CH_2OH$

분자식

$C_2H_6O$

탄소원자에 붙은 —OH는 이 유기화합물을 알코올로 구분하게 해주는 특징적인 그룹이다. 유기화합물을 서로 특징적으로 구분하게 해주는 이런 그룹을 **작용기 (functional group)**라고 한다.

분자 모형에서 원자들의 색상:
H: 옅은 회색, C: 진한 회색, N: 푸른색,
O: 붉은색, S: 노란색

분자원소들과 마찬가지로 분자화합물도 공-막대 모형이나 공간 채움 모형으로 나타낼 수 있다.

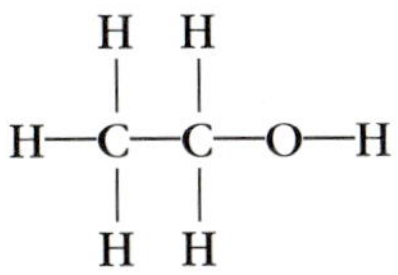

구조식

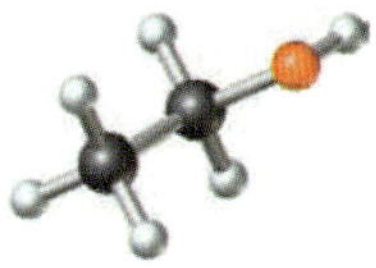

공-막대 모형

공간채움 모형

공-막대 분자모형의 예를 표 3.1에 추가로 더 표시하였다.

**표 3.1** 간단한 분자화합물의 예

| 이름 | 분자식 | 원자의 개수와 종류 | 분자 모형 |
|---|---|---|---|
| 이산화탄소 | $CO_2$ | 3개: 1 탄소, 2 산소 |  |
| 암모니아 | $NH_3$ | 4개: 1 질소, 3 수소 |  |
| 이산화질소 | $NO_2$ | 3개: 1 질소, 2 산소 |  |
| 사염화탄소 | $CCl_4$ | 5개: 1 탄소, 4 염소 | 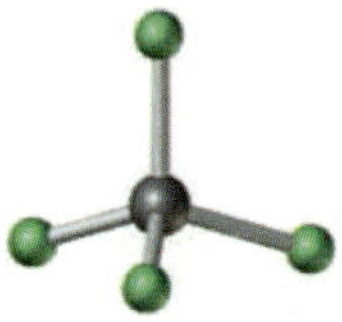 |
| 펜테인 | $C_5H_{12}$ | 17개: 5 탄소, 12 수소 | 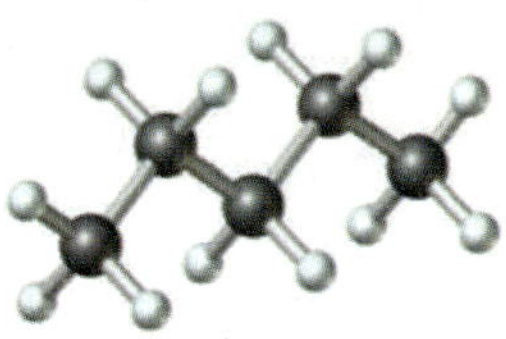 |

### 예제 3.1 축약식과 분자식

(a) 다음 분자들의 분자식을 쓰시오.

hydrazine

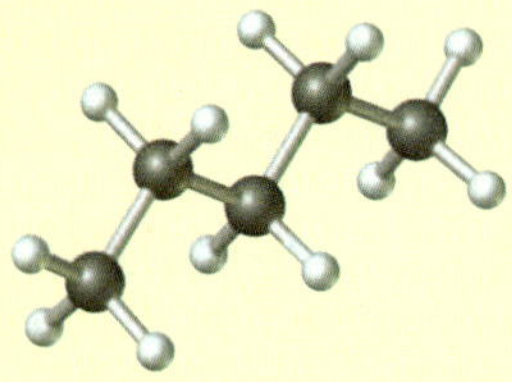

pentane

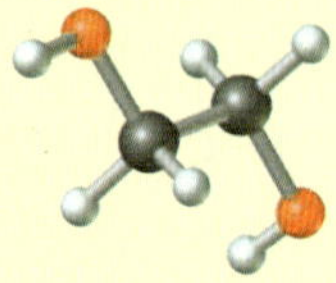

ethylene glycol

(b) 위 분자들의 축약식을 쓰시오.

(c) 다음 분자의 분자식을 쓰시오.

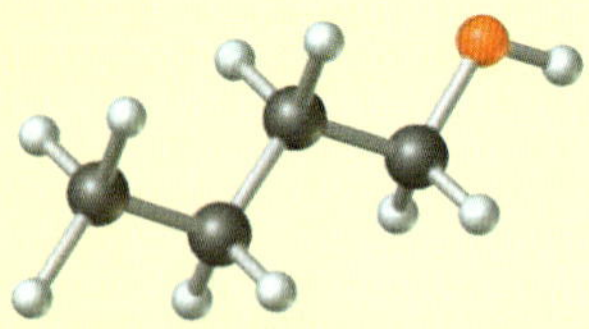

butanol

**정답:**

(a) **hydrazine, $N_2H_4$; pentane, $C_5H_{12}$; ethylene glycol, $C_2H_6O_2$**

(b)

| $H_2NNH_2$ | $CH_3CH_2CH_2CH_2CH_3$ | $HOCH_2CH_2OH$ |
|---|---|---|
| hydrazine | pentane | ethylene glycol |

(c) $C_4H_{10}O$

**풀이 및 설명:**

(a) 분자에 들어있는 각 원소의 원자를 센 후 알파벳 순으로 원소기호를 쓰고 원자의 수를 아래 첨자로 나타낸다.

(b) 축약식에서 각 탄소원자와 그들의 수소원자는 결합을 표시하지 않고 나타낸다($CH_3$, $CH_2$, 또는 CH). 축약식은 에틸렌글리콜의 —OH 그룹처럼 분자내 그룹을 강조하여 나타낸다.

(c) 각 원소의 원자수를 센다.

### 실전예제 3.1

다음 화합물의 분자식을 쓰시오.

(a) 생화학반응에서 에너지원인 ATP 분자는 10개의 탄소, 11개의 수소, 13개의 산소, 5개의 질소, 3개의 인 원자로 이루어져 있다.

(b) 칠리페퍼의 성분인 캡사이신 분자는 18개의 탄소, 27개의 수소, 3개의 산소, 1개의 질소로 이루어져 있다.

(c) 옥살산은 대황 식물에서 발견되며 축약식은 HOOCCOOH 이다.

EXERCISE
**연습문제** 3.1 구조식, 축약식 및 분자식

환경 친화적 부동액인 프로필렌글리콜의 분자 모형을 아래에 나타내었다.

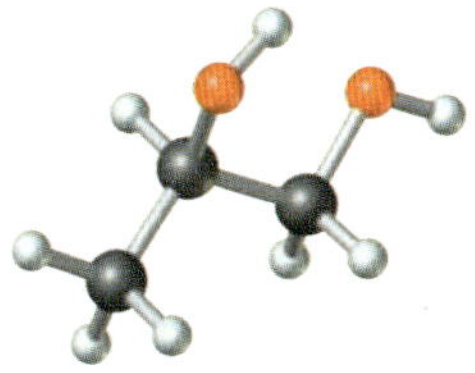

propylene glycol

이 분자의 분자식과 구조식을 쓰시오.

**프로필렌글리콜을 포함하는 자동차 부동액.**

## 3.2 이성분 무기화합물의 명명

각 화합물은 잘 확립된 체계적인 방법으로 정해진 고유한 이름을 갖고 있다. 여기에 몇 가지 명명법을 소개한다.

**이성분 분자화합물**은 두 가지 원소의 원자만을 포함한다. 수소는 비활성기체를 제외한 모든 비금속 원소와 이성분 화합물을 만든다. 대부분의 비금속 수소화합물, 특히 6A와 7A 족의 수소화합물에서 수소를 앞에 쓰고 먼저 부른다. 비금속 원소는 수소 뒤에 오고 어미를 *-ide*로 바꿔서 부른다. 예를 들어 HCl은 hydrogen chloride이다.

$H_2O$는 6A와 7A 그룹의 수소 화합물($H_2S$, $H_2Se$, Hf, HCl, HBr, HI)들 처럼 O 앞에 H를 쓴다. H를 포함하는 다른 화합물들에서는 보통 H 원자를 다른 원자 뒤에 쓴다.

| 화학식 | 명명 |
|---|---|
| HCl | Hydrogen chloride |
| HBr | Hydrogen bromide |
| HI | Hydrogen iodide |
| $H_2Se$ | Hydrogen selenide |

많은 이성분 분자화합물들이 주기율표의 4A, 5A, 6A,7A 족의 비금속 원소를 포함한다. 이 화합물에서 원소들은 그룹 번호순으로 이름을 붙이고 원자의 개수를 나타내기 위하여 표 3.2의 접두사를 사용한다. 접두사가 어떻게 사용되는지 표 3.3에 화합물의 예를 들었다.

많은 이분자 비금속 화합물들이 체계적인 명명법이 개발되기 전에 발견되었고 명명되었다. 그 이름이 오늘날도 사용되고 있기 때문에 알아둘 필요가 있다.

| 화학식 | 일반명 | 화학식 | 일반명 |
|---|---|---|---|
| $H_2O$ | Water | NO | Nitric oxide |
| $NH_3$ | Ammonia | $N_2O$ | Nitrous oxide ("웃음기체") |
| $N_2H_4$ | Hydrazine | $PH_3$ | Phosphine |

**표 3.2** 화합물 명명에 사용되는 접두사

| 접두사 | 의미 |
|---|---|
| Mono– | 1 |
| Di– | 2 |
| Tri– | 3 |
| Tetra– | 4 |
| Penta– | 5 |
| Hexa– | 6 |
| Hepta– | 7 |
| Octa– | 8 |
| Nona– | 9 |
| Deca– | 10 |

**표 3.3** 이성분 화합물의 예

| 분자식 | 영문명 | 용도 |
|---|---|---|
| $CO$ | Carbon monoxide | 철의 제조 |
| $NO_2$ | Nitrogen dioxide | 질산의 제조 |
| $N_2O$ | Dinitrogen oxide | 마취제, 스프레이캔 추진제 |
| $N_2O_5$ | Dinitrogen pentaoxide | 질산 생성 |
| $PBr_3$ | Phosphorus tribromide | 인산 생성 |
| $PBr_5$ | Phosphorus pentabromide | 인산 생성 |
| $SF_6$ | Sulfur hexafluoride | 절연체 |
| $P_4O_{10}$ | Tetraphosphorus decaoxide | 건조제 |

**예제 3.2 이성분 무기화합물의 명명**

다음 화합물을 명명하시오.

(a) $CO_2$ (b) $SiO_2$ (c) $SO_3$ (d) $N_2O_4$ (c) $PCl_5$

**정답:**

(a) carbon dioxide(이산화탄소)
(b) silicon dioxide(이산화 규소)
(c) sulfur trioxide(삼산화황)
(d) dinitrogen tetraoxide(사산화이질소)
(e) phophorus pentachloride(오염화인)

**풀이 및 설명:** 이 화합물들은 모두 비금속으로 이루어졌으며 분자화합물이다. 표 3.2의 접두사를 사용한다.

(a) *di-*를 사용하여 산소원자 2개를 나타낸다.
(b) *di-*를 사용하여 산소원자 2개를 나타낸다.
(c) *tri-*를 사용하여 산소원자 3개를 나타낸다.
(d) *di-*를 사용하여 질소원자 2개, *tetra-*를 사용하여 산소원자 4개를 나타낸다.
(e) *penta-*를 사용하여 5개의 클로린 원자를 나타낸다.

**실전예제 3.2**

다음 화합물들을 명명하시오.

(a) $SO_2$, (b) $BF_3$, (c) $CCl_4$.

**EXERCISE 연습문제 3.2 화합물의 이름과 화학식**

다음 이성분 비금속 화합물의 화학식을 쓰시오.

(a) carbon disulfide (b) phophorus trichloride (c) sulfur dibromide
(d) selenium dioxide (e) oxygen difluoride (f) xenon trioxide

## 3.3 탄화수소

**탄화수소(hydrocarbons)**를 포함하여 무수한 유기화합물들이 알려져 있다. 메테인과 같은 단순 분자에서 수백 수천 개의 원자를 포함하는 단백질과 같은 복잡한 생화학

**표 3.4** 알케인 계열의 처음 10개의 탄화수소, $C_nH_{2n+2}$

| 분자식 | 이름 | 끓는점(°C) | 상온에서 물리적 상태 |
|---|---|---|---|
| $CH_4$ | Methane | 161.6 | 기체 |
| $C_2H_6$ | Ethane | 88.6 | 기체 |
| $C_3H_8$ | Propane | 42.1 | 기체 |
| $C_4H_{10}$ | Butane | 0.5 | 기체 |
| $C_5H_{12}$ | Pentane | 36.1 | 액체 |
| $C_6H_{14}$ | Hexane | 68.7 | 액체 |
| $C_7H_{16}$ | Heptane | 98.4 | 액체 |
| $C_8H_{18}$ | Octane | 125.7 | 액체 |
| $C_9H_{20}$ | Nonane | 150.8 | 액체 |
| $C_{10}H_{22}$ | Decane | 174.0 | 액체 |

분자에 이르기까지 유기화합물은 구조와 기능에서 크게 다르다. 유기화합물은 생명체의 주요 구성 요소이다. 유기화합물에서 탄소원자는 거의 항상 다른 탄소원자 및 수소원자와 결합한다. 유기화합물의 다양성은 탄소원자가 다른 탄소원자들과 4개까지 강한 화학 결합을 형성하는 특성을 갖고 있기 때문이다. 화학결합은 두 원자사이의 끌어당기는 힘이다. 탄소-탄소 결합을 통하여 탄소원자들은 사슬, 가지 달린 사슬, 고리, 더 복잡한 구조들을 만들 수 있다. 유기화학을 다루기 쉽게 하기 위하여 수많은 유기화합물을 분류하는 것이 필요하다.

가장 단순한 유기화합물인 탄화수소(hydrocarbon)는 탄소와 수소로만 이루어져 있다. 탄화수소의 주요 부류는 연료나 윤활유와 같은 **알케인(alkane)** 화합물이다. 가장 간단한 알케인은 중심 탄소원자에 4개의 수소원자가 결합한 메테인($CH_4$)이다. 비고리 알케인의 일반식은 $C_nH_{2n+2}$ ($n$은 정수)이다. 표 3.4에 10개의 알케인을 수록하였다. 처음 4개의 알케인(메테인, 에테인, 프로페인, 뷰테인)은 속명을 가지고 있다. $n = 5$ 부터는 체계적인 이름을 갖는다. 접두사는 탄소원자의 수를 나타내고 어미가 *-ane*인 것은 분자가 알케인을 의미한다. 탄소원자가 5개인 경우 *pentane*이 된다.

가장 단순한 알케인인 메테인은 천연 가스의 85%를 차지한다. 메테인은 또한 지구 온난화를 불러오는 온실 가스로도 알려져 있다(10장 11절). 에테인, 프로페인, 뷰테인은 연료로 사용된다. 이러한 알케인에서는 탄소원자들은 곧은 사슬처럼 연결되어 있고 각 탄소 원자는 2개 또는 3개의 수소원자와 연결된다.

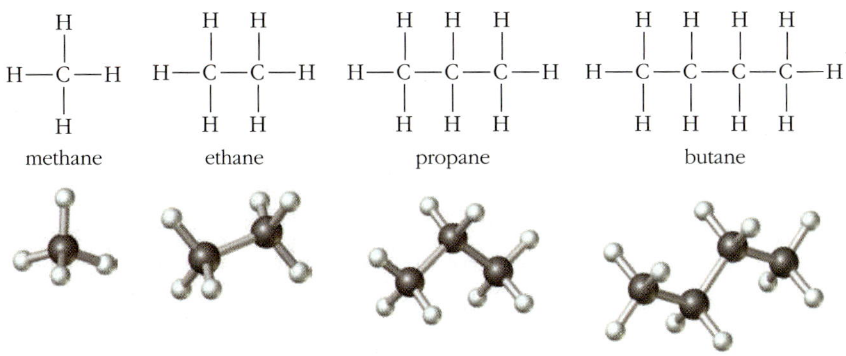

알케인이 더 커지면 탄소 사슬이 길어진다.

펜테인은 용매로 사용되는 알케인이다.

**EXERCISE 연습문제 3.3 알케인의 분자식**

(a) 비고리 알케인의 일반식 $C_nH_{2n+2}$를 이용하여 16개와 28개의 탄소원자를 포함하는 알케인의 분자식을 쓰시오.

(b) 14개의 탄소원자를 포함하고 있는 테트라데케인에는 수소원자가 몇 개 있는가?

(c) 이들의 화학식이 비고리 알케인의 일반식과 일치하는지 확인하시오.

탄화수소의 분자구조는 다른 모든 유기화합물의 구조를 논하는데 토대가 된다. 다른 원자나 원자 조합이 알케인의 수소를 대치하면, 다른 성질의 화합물이 된다. 알케인의 수소원자는 할로젠 원자로 대치될 수 있다. 이렇게 되면 에테인($C_2H_6$)은 클로로에테인($C_2H_5Cl$)이 된다. 에테인의 수소원자 하나가 −OH로 대치되면 에탄올($C_2H_5OH$)이 된다.

**예제 3.3 알케인**

알케인 탄화수소에서 처음 10개의 분자들에 대한 끓는점을 표 3.4에 나타내었다.

(a) 알케인들 사이의 끓는점의 변화는 일정한가?

(b) 알케인들 사이에서 끓는점이 변화하는 방식을 어떻게 설명할 수 있는가?

**정답:**

(a) 메테인과 에테인 사이에서 끓는점의 증가가 크게 나타나고 분자가 커질수록 그 차이가 점점 작아진다. 노네인과 데케인 사이의 차이는 단지 23°C이다.

(b) 분자들이 크면 상호작용이 더 강하고 이러한 분자들을 서로 멀리 떨어지게 하는데 더 높은 온도가 필요하다.

**풀이:**

(a) 알케인이 커질수록 인접한 알케인 사이의 끓는점의 차이는 줄어든다.

(b) 더 큰 분자는 서로의 인력을 극복하는데 더 높은 온도가 필요하다.

**실전예제 3.3**

알케인의 수소원자들을 염소원자로 치환한 일련의 분자들을 고려하자. 알케인 분자들과 마찬가지로 이 분자들에서도 끓는점의 변화가 비슷한 경향을 보일 것인가?

뷰테인, $CH_3CH_2CH_2CH_3$은 라이터의 연료로 사용된다. 라이터에들어 있는 뷰테인은 기체와 액체상태로 존재한다.

## 3.4 알케인과 그들의 이성질체

분자식은 같지만 원자들의 배열이 서로 다른 2개 이상의 화합물을 이성질체라고 한다. 분자내 원자들의 배열이 다르기 때문에 이성질체는 끓는점, 색상, 용해도 등의 물리적 성질이 서로 다르고 또한 반응성도 다르다. 특히 유기화합물에서 여러 가지 유형의 이성질체가 가능하다. **구조이성질체(structural isomer)**는 분자식은 같으면서 원자들이 결합한 순서가 다른 이성질체를 말한다.

## 알케인의 곧은 사슬 및 가지달린 사슬 이성질체

처음 3개의 알케인(메테인, 에테인, 프로페인)은 한 가지 구조만 가능하다. 탄소원자가 4개($C_4H_{10}$)가 되면 두 가지 배열이 가능하다. 다음 표에서 보는 것처럼 모든 탄소원자가 곧은 사슬로 연결되는 경우(뷰테인)와 네 번째 탄소가 가지 치는 경우(메틸프로페인)이다.

"곧은 사슬"은 탄소원자들에 다른 탄소원자 가지가 달리지 않는 것을 의미한다.

뷰테인과 메틸프로페인은 분자식이 같기 때문에 구조 이성질체이지만, 성질이 서로 다른 화합물이다. 마치 똑같은 레고 블록으로 만들어진 2개의 서로 다른 구조물처럼 2개의 구조 이성질체는 서로 다르다.

| 분자식 | 축약식 | 구조식 | 분자모형 |
|---|---|---|---|
| Butane<br>$C_4H_{10}$ | $CH_3CH_2CH_2CH_3$<br>녹는점: $-138°C$<br>끓는점: $-0.5°C$ | 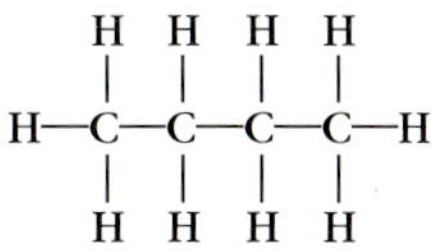 | 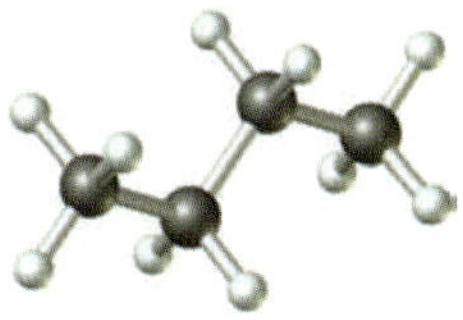 |
| Methylpropane<br>$C_4H_{10}$ | $CH_3$<br>\|<br>$CH_3—CH—CH_3$<br>녹는점: $-145°C$<br>끓는점: $-11.6°C$ | 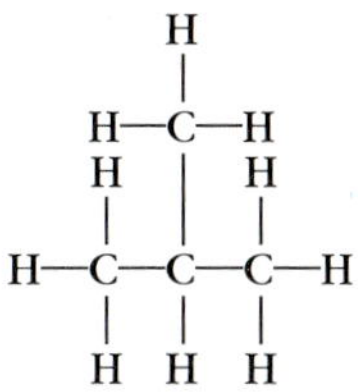 | 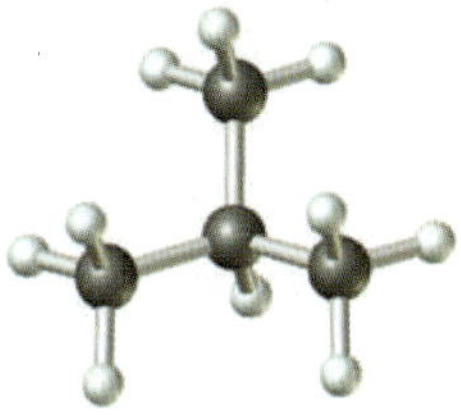 |

뷰테인의 이성질체인 메틸프로페인은 프로페인의 가운데 탄소원자에 메틸기($-CH_3$)가 붙어있다. 메틸기는 알킬(alkyl)기 중에 가장 간단한 그룹인데, 알킬기는 알케인에서 수소원자가 하나 떨어져 나가고 남는 조각이다. 메테인에서 수소원자 하나를 제거하면 메틸기가 된다.

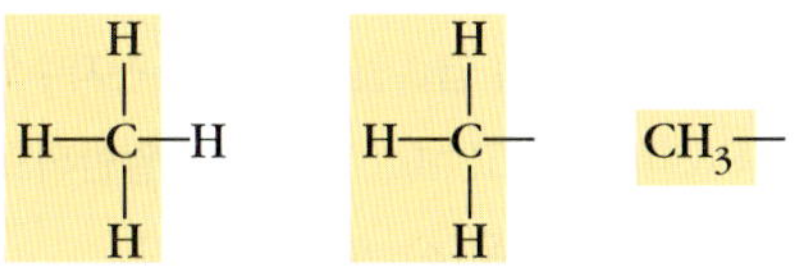

메틸기

에테인에서 수소를 하나 제거하면 에틸기가 된다.

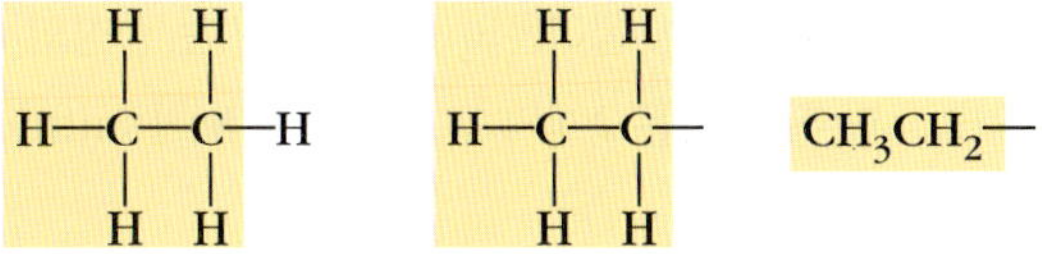

에틸기

알킬기의 이름은 알케인 어미분자에서 −ane를 −yl 로 바꿔 부른다. 탄소원자가 3개인 알킬기는 두 가지가 존재할 수 있다.

**표 3.5** 흔히 볼 수 있는 알킬기

| 이름 | 축약 구조식 표현 |
|---|---|
| 메틸(Methyl) | $CH_3—$ |
| 에틸(Ethyl) | CH3CH2— |
| 프로필 (Propyl) | $CH_3CH_2CH_2—$ |
| 아이소프로필 (Isopropyl) | $CH_3CH—$<br>\|<br>$CH_3$<br>또는 $(CH_3)_2CH—$ |

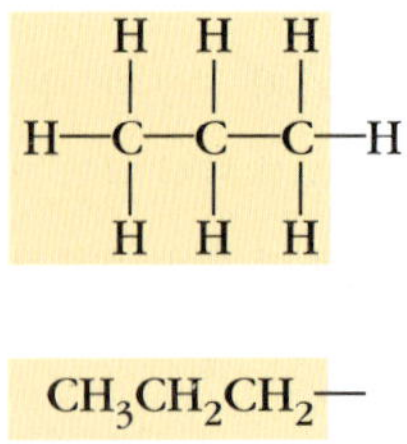

프로필기

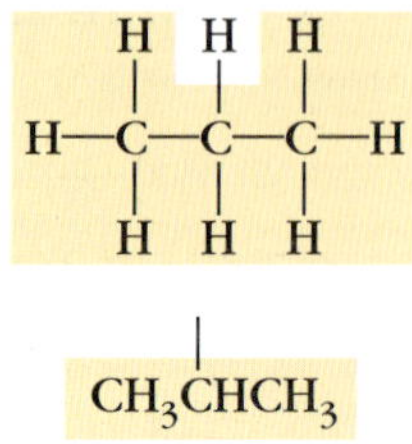

아이소프로필기

**표 3.6** 알케인의 이성질체

| 분자식 | 이성질체 수 |
|---|---|
| $C_4H_{10}$ | 2 |
| $C_5H_{12}$ | 3 |
| $C_6H_{14}$ | 5 |
| $C_7H_{16}$ | 9 |
| $C_8H_{18}$ | 18 |
| $C_9H_{20}$ | 35 |
| $C_{10}H_{22}$ | 75 |
| $C_{12}H_{26}$ | 355 |
| $C_{15}H_{32}$ | 4347 |
| $C_{20}H_{42}$ | 366,319 |

이론적으로 알킬기는 알케인에서 유래한다. 자주 나오는 알킬기의 예를 표 3.5에 나타내었다.

알케인의 구조 이성질체의 수는 탄소수가 증가함에 따라 가지치기의 가능성이 커지기 때문에 급격하게 증가한다. 표 3.6에 몇몇 알케인의 구조이성질체의 수를 비교하였다. 탄소원자의 가지치기는 유기화합물의 수가 방대한 또 다른 원인이기도 하다.

CONCEPTUAL
**개념학습** **3.4 곧은 사슬 및 가지 달린 사슬 이성질체**

펜테인은 3개의 구조 이성질체가 가능하다. 이 이성질체의 구조식과 축약식을 쓰시오.

## 3.5 이온과 이온화합물

모든 화합물이 분자화합물은 아니다. 조성이 양이온과 음이온으로 되어 있는 화합물을 이온화합물(ionic compound)이라고 한다. 소금(NaCl), 석회(CaO), 양잿물(NaOH), 베이킹소다($NaHCO_3$) 등은 주변에서 흔하게 볼 수 있는 이온성 화합물이다.

"cation"과 "anion"은 ion(움직이는), cat(아래로), an(위로)의 그리스어에서 유래한다.

금속이 비금속과 반응하면 금속원자는 보통 전자를 잃어 **양이온(cation)**이 된다. 양이온은 항상 양성자 수보다 작은 수의 전자를 갖는다. 그림 3.1에서 보는 것처럼 11개의 양성자와 11개의 전자를 갖는 중성의 Na 원자는 전자를 하나 잃어 소듐 양이온이 된다. 소듐 양이온은 11개의 양성자 10개의 전자를 가져 1+ 전하를 띠고 $Na^+$로 나타낸다. **양이온의 양전하 크기는 중성의 금속원자가 잃은 전자수와 같다.** 마그네슘 원자가 2개의 전자를 잃으면 2+ 전하를 띠고 $Mg^{2+}$가 된다. **일반적으로 비금속이 금속과 반응하면 비금속 원자는 전자를 얻어 음이온(*anion*)이 된다.**

이온화합물. 붉은색의 산화철(III), 검은색의 브롬화구리(II), $CaF_2$(앞의 결정), NaCl(뒤의 결정)

음이온은 양성자 수보다 많은 수의 전자를 갖는다. 그림 3.1에서처럼 중성의 Cl 원자(양성자 17개, 전자 17개)는 전자를 하나 얻어 $Cl^-$ 이 된다. 양성자는 17개, 전자는 18개이므로 $Cl^-$는 1−의 전하를 띤다. 음이온의 음전하 크기는 중성의 비금속원자가 얻은 전자수와 같다. 예를 들면 황 원자는 2개의 전자를 얻어 $S^{2-}$(sulfide)가 된다.

### 단원자 이온

단원자 이온은 단일 원자가 전자를 잃거나 얻은 것이다. 보통의 단원자 이온의 전하를 그림 3.2에 나타내었다. 1A, 2A, 3A 족의 금속은 그룹 번호에 해당하는 전하를 갖는 단원자 이온을 생성함에 주목하라.

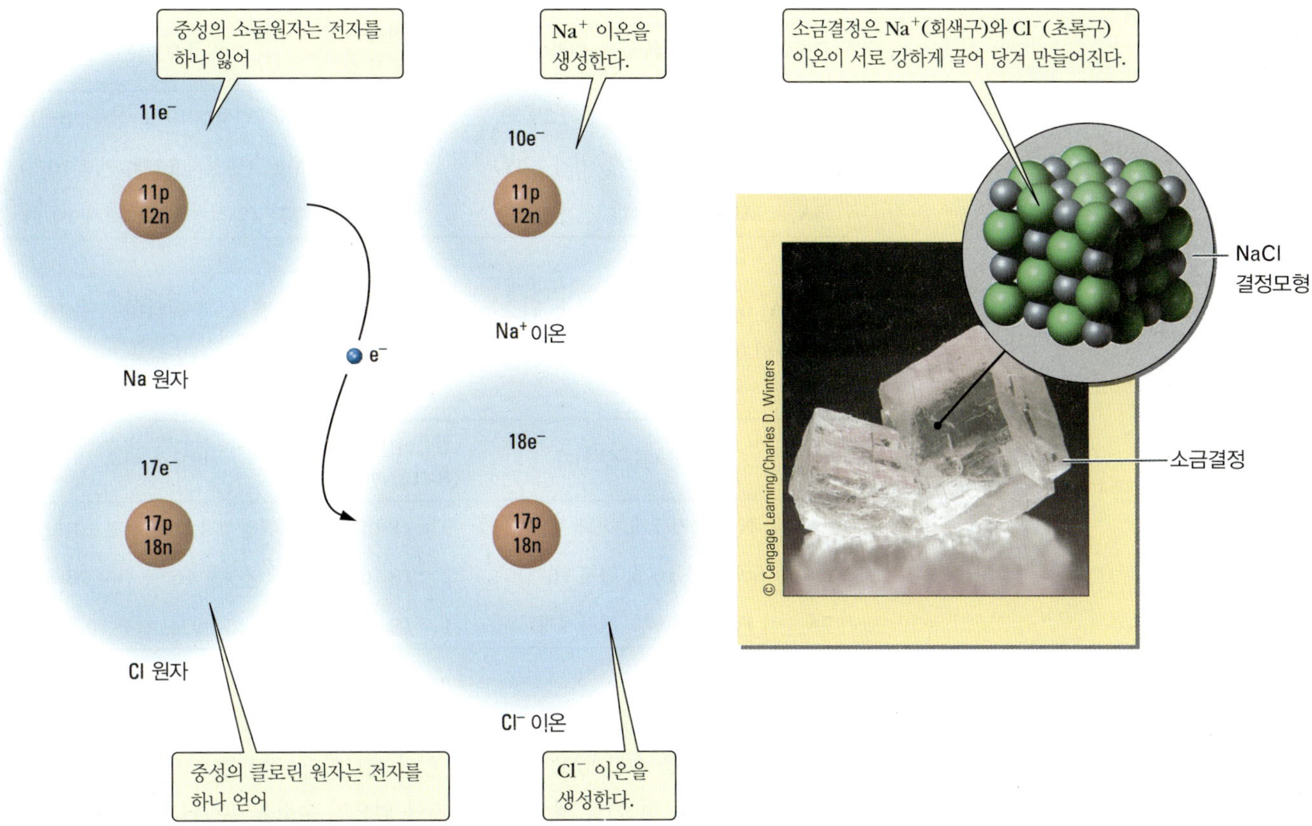


**그림 3.1 이온화합물 NaCl의 생성.** 이 그림의 개념 이해를 돕기 위하여 www.cengage.com/chemistry/moore 를 참고하시오.

원소들로부터 일반적으로 생성되는 이온을 알아두는 것은 매우 중요하다. 이것은 반응생성물로서 이온화합물을 확인하고 또 그들의 화학식을 알아내는 데 매우 유용하다.

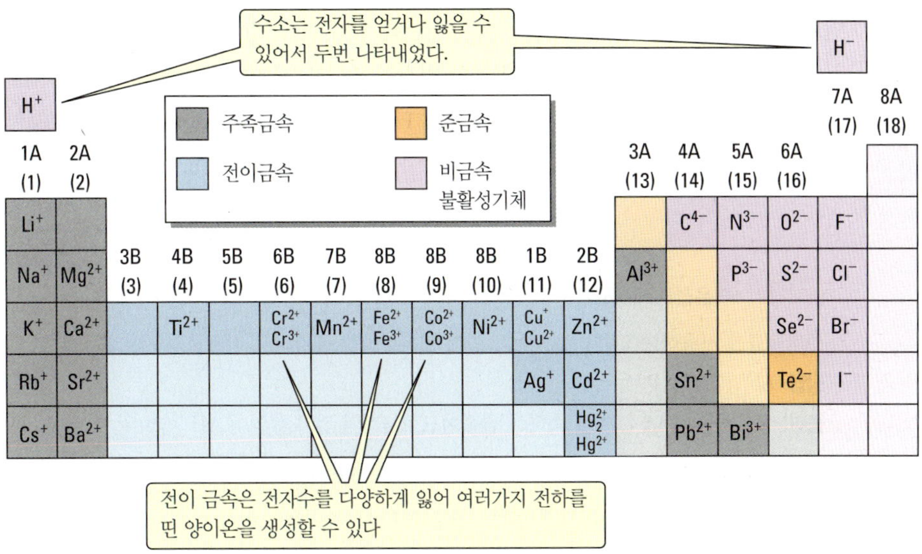


**그림 3.2 일반적인 몇 가지 단원자 양이온과 음이온의 전하.** 금속은 일반적으로 양이온을 형성하고 있다. 양이온의 전하는 1A, 2A, 3A의 주족원소인 경우(회색) 그룹의 번호와 같다. 전이금속(푸른색)의 경우 양전하의 크기가 다양하게 나타나며 여기에 표시되지 않은 다른 값도 가능하다. 비금속(라벤더색)은 음이온을 형성하며 이온전하는 8에서 그룹의 번호를 뺀 값과 같다.

| 그룹 | 중성의 금속 원자 | 잃은 전자수 = 그룹 번호 | 금속 이온 |
|---|---|---|---|
| 1A | K(양성자 19개, 전자 19개) | 1 | $K^+$(양성자 19개, 전자 18개) |
| 2A | Mg(양성자 12개, 전자 12개) | 2 | $Mg^{2+}$(양성자 12개, 전자 10개) |
| 3A | Al(양성자 13개, 전자 13개) | 3 | $Al^{3+}$(양성자 13개, 전자 10개) |

5A, 6A, 7A족의 비금속 원소는 8에서 그룹 번호를 뺀 값에 해당하는 음전하를 갖는 단원자 이온을 생성한다.

| 그룹 | 중성의 비금속 원자 | 얻은 전자수 = (8-그룹 번호) | 비금속 이온 |
|---|---|---|---|
| 5A | N(양성자 7개, 전자 7개) | 3 = (8−5) | $N^{3-}$(양성자 7개, 전자 10개) |
| 6A | S(양성자 16개, 전자 16개) | 2 = (8−6) | $S^{2-}$(양성자 16개, 전자 18개) |
| 7A | F(양성자 9개, 전자 9개) | 1 = (8−7) | $F^-$(양성자 9개, 전자 10개) |

그림 3.2에서 수소원자가 주기율표의 두 곳에 표시되어 있는데 그 이유는 수소원자는 전자를 잃을 수도 있고 얻을 수도 있기 때문이다. 전자를 잃으면 수소이온 $H^+$(양이온 1개, 전자 없음)를 생성한다. 전자를 얻으면 수소음이온 $H^-$(양성자 1개, 전자 2개)을 생성한다.

불활성 기체는 쉽게 전자를 잃거나 얻지 않기 때문에 그림 3.2에 이온을 나타내지 않았다.

전이금속은 양이온을 생성하지만 잃는 전자의 수가 일정하지 않다. 그러므로 그룹 번호는 정확한 안내가 되지 않는다. 이 전이금속들로부터 가장 쉽게 만들어지는 이온을 알아두는 것이 중요하다. 많은 전이금속 원소가 2+ 또는 3+ 이온을 생성한다. 예를 들면 철 원자는 전자를 2개 또는 3개를 잃어 $Fe^{2+}$ (양성자 26개, 전자 24개)또는 $Fe^{3+}$(양성자 26개, 전자 23개)가 된다.

**예제 3.4 이온전하 예측하기**

주기율표를 사용하여 알루미늄, 칼슘, 인의 이온전하를 예측하고 이온들의 기호를 쓰시오.

**정답:** $Al^{3+}$, $Ca^{2+}$, $P^{3-}$

**풀이:** 알루미늄은 3A 그룹에 속하는 금속이므로 3개의 전자를 잃어 $Al^{3+}$ 양이온이 된다.

$$Al \longrightarrow Al^{3+} + 3\,e^-$$

칼슘은 2A 그룹 금속이므로 2개의 전자를 잃고 $Ca^{2+}$ 양이온이 된다.

$$Ca \longrightarrow Ca^{2+} + 2\,e^-$$

인은 5A 그룹의 비금속이므로 3(=8−5)개의 전자를 얻어 $P^{3-}$ 음이온이 된다.

$$P + 3\,e^- \longrightarrow P^{3-}$$

**실전예제 3.4**

다음 이온들이 이온화합물에서 발견될 것 같은지 설명하시오.

(a) $Ca^{4+}$ (b) $Cr^{2+}$ (c) $Sr^{-}$

## 다원자 이온

**다원자 이온(polyatomic ion)**은 2개 이상의 원자가 하나의 단위로 전하를 띠는 경우를 말한다. 표 3.7에 일반적인 다원자 이온들을 나타내었다. 다원자 이온은 바다, 광물, 세포, 음식물 등 많은 곳에서 발견된다. 예를 들어 탄산수소 이온($HCO_3^-$)은 빗물, 바닷물, 혈액, 베이킹 소다에 들어 있다. 이 다원자 이온은 탄소원자 1개, 산소원자 3개, 수소원자 1개로 이루어져 있고 1−의 음전하가 5개의 원자들에 퍼져 있다. 다원자 이온 $SO_4^{2-}$은 황 원자 1개와 산소 원자 4개로 구성되고 2−의 전하를 갖는다. 암모늄 이온($NH_4^+$)은 가장 흔한 다원자 양이온이다. 이 이온은 4개의 수소원자가 질소원자에 결합하고 1+의 전하를 띤다.

대부분의 화학 반응에서 다원자 이온은 하나의 단위로 작용한다. 표 3.7에 나타낸 다원자 이온의 이름, 화학식, 전하를 기억하는 것은 중요하다.

## 이온화합물

이온화합물은 정전기적 힘으로 서로 끌어당기는 양이온과 음이온을 포함한다. 양전하

**표 3.7 일반적인 다원자 이온**

| 양이온 (1+) | | | |
|---|---|---|---|
| $NH_4^+$ | Ammonium | | |
| **음이온 (1−)** | | | |
| $OH^-$ | Hydroxide | $NO_2^-$ | Nitrite |
| $HSO_4^-$ | Hydrogen sulfate | $NO_3^-$ | Nitrate |
| $CH_3COO^-$ | Acetate | $MnO_4^-$ | Permanganate |
| $ClO^-$ | Hypochlorite | $H_2PO_4^-$ | Dihydrogen phosphate |
| $ClO_2^-$ | Chlorite | $CN^-$ | Cyanide |
| $ClO_3^-$ | Chlorate | $HCO_3^-$ | Hydrogen carbonate (bicarbonate) |
| $ClO_4^-$ | Perchlorate | | |
| **음이온 (2−)** | | | |
| $CO_3^{2-}$ | Carbonate | $SO_3^{2-}$ | Sulfite |
| $HPO_4^{2-}$ | Monohydrogen phosphate | $SO_4^{2-}$ | Sulfate |
| $Cr_2O_7^{2-}$ | Dichromate | $C_2O_4^{2-}$ | Oxalate |
| $S_2O_3^{2-}$ | Thiosulfate | | |
| **음이온 (3−)** | | | |
| $PO_4^{3-}$ | Phosphate | | |

와 음전하 사이의 인력을 **이온결합(ionic bonding)**이라고 부른다. 정전기적 힘의 크기는 이온화합물의 여러 성질을 결정한다.

**서로 반대 전하의 이온 사이에 작용하는 인력은 전하에 비례하고 이온간 거리의 제곱에 반비례한다.** 두 전하 사이의 힘은 쿨롱 법칙으로 주어진다.

$$F = k\frac{Q_1Q_2}{d^2}$$

여기서 $Q_1$, $Q_2$는 상호 작용하는 전하의 크기, $d$는 두 입자 사이의 거리, $k$는 상수이다. 같은 거리에서 2+ 이온과 2− 이온 사이의 인력은 1+ 이온과 1− 이온 사이의 인력의 4배가 된다. 인력은 또한 이온 중심 간의 거리가 가까워지면 증가한다. 따라서 작은 양이온과 음이온 사이의 인력은 큰 이온사이의 인력보다 더 강하다.

화합물을 이온화합물과 분자화합물로 분류하는 것은 이 두 종류의 화합물이 매우 다른 성질과 용도를 갖기 때문에 아주 유용하다. 화합물이 이온화합물인지를 예측하기 위하여 다음과 같이 일반화시킬 수 있다.

1. 화합물이 금속 양이온(그림 3.2의 회색과 청색의 원소)과 비금속 음이온(그림 3.2의 라벤더 색의 원소)으로 구성되면 이온화합물이다. 이런 화합물의 예로서 NaCl, $CaCl_2$, KI 등이 있다.
2. 화합물이 2개 이상의 비금속 원소로 구성되면 분자화합물일 가능성이 크다. 그 예로 $H_2O$, $NH_3$, $CCl_4$ 등이 있다. 탄소와 수소 및 산소, 질소, 할로젠을 포함하는 유기화합물은 분자화합물이다. 아세트산($CH_3COOH$), 요소($CH_4N_2O$) 등이 그 예이다.
3. 여러 개의 비금속 원자들이 결합하여 $SO_4^{2-}$와 같은 다원자 음이온을 만들고, 이 음이온이 $Ca^{2+}$와 같은 금속이온과 결합하면 이온화합물이 생성된다. $CaSO_4$, $NaNO_3$, KOH 등이 그런 예이다. 여러 개의 비금속 원자들이 결합하여 $NH_4^+$ 와 같은 다원자 양이온을 만들고, 이 양이온이 음이온과 결합하면 이온화합물이 생성된다. 그 예로서 $NH_4Cl$, $(NH_4)_2SO_4$ 등이 있다.
4. 금속 원자는 다원자 음이온($MnO_4^-$, $Cr_2O_7^{2-}$)의 일부가 될 수 있다. 이런 다원자 음이온이 금속과 결합하면 $K_2Cr_2O_7$처럼 이온화합물이 만들어진다.
5. 준금속(그림 3.2의 오렌지색 부분)은 이온화합물이나 분자화합물로 존재할 수 있다. 예를 들어 준금속 보론은 비금속 클로린과 결합하여 분자화합물 $BCl_3$를 생성한다. 준금속 비소는 이온화합물 $K_3AsO_4$의 비소산 이온에서 발견된다.

다원자 이온인 $NH_4^+$(암모니아 이온)과 분자화합물인 $NH_3$(암모니아)를 혼동하지 말라.

Potassium dichromate, $K_2Cr_2O_7$
이 오렌지-붉은색 화합물은 포타슘이온 $K^+$과 이크롬산 이온 $Cr_2O_7^{2-}$ 을 포함한다.

**예제 3.5 이온화합물과 분자화합물**

다음 화합물이 이온화합물인지 분자화합물인지 예측하시오.

(a) $Li_2CO_3$ (b)$C_3H_8$ (c) $Fe_2(SO_4)_3$
(d) $N_2H_4$ (e) $Na_2S$ (f) $CO_2$

**정답:**

(a) 이온 (b) 분자 (c) 이온
(d) 분자 (e) 이온 (f) 분자

**풀이:** 각 화합물에 포함된 원소들의 주기율표에서의 위치와 다원자 이온에 대한 정보를 이용하여 답한다.

(a) 리듐은 금속이고 따라서 $Li^+$와 $CO_3^{2-}$는 이온화합물을 생성한다.
(b) 모두 비금속원자들로 구성되어 있으며 분자화합물이다.
(c) 철은 금속이고 $Fe^{3+}$는 $SO_4^{2-}$와 이온화합물을 생성한다.
(d) 모두 비금속원소들이며 분자화합물이다.
(e) 소듐은 금속, 황은 비금속이고 이들은 이온화합물을 만든다.
(f) 모두 비금속원소들이며 분자화합물이다.

**실전예제 3.5**

다음 화합물이 이온화합물인지 분자화합물인지 예측하시오.

(a) $CH_4$ (b) $CaBr_2$ (c) $MgCl_2$ (d) $PCl_3$ (e) KCl

## 이온화합물의 화학식 쓰기

모든 화합물은 전기적으로 중성이다. 따라서 양이온과 음이온이 결합하여 이온화합물을 만들 때 알짜 전하는 0이어야 한다. 양이온의 총 전하와 음이온의 총 전하는 같아야 한다. 포타슘이 황과 반응하여 이온화합물을 생성한다고 가정해 보자. 포타슘은 1A 족의 원소이고 전자를 1개 잃어 $K^+$가 된다. 황은 6A 족의 비금속 원소이고 전자 2개를 얻어 $S^{2-}$이 된다. 화합물이 전기적으로 중성이 되기 위하여 1개의 $S^{2-}$에 대하여 2개의 $K^+$(총 전하 2+)이 필요하다. 결과적으로 화합물은 $K_2S$의 화학식을 갖는다. 이온화합물의 화학식에서 아래첨자는 가장 간단한 화학식 단위에 포함된 이온의 수를 나타낸다. 여기서 아래첨자 2는 $S^{2-}$ 하나에 대하여 2개의 $K^+$을 의미한다.

마찬가지로 $Al^{3+}$와 $O^{2-}$로 구성된 $Al_2O_3$(산화알루미늄)는 2개의 $Al^{3+}$가 6+의 전하를 띠고 3개의 $O^{2-}$가 6−의 전하를 띠어 알짜 전하는 0이다.

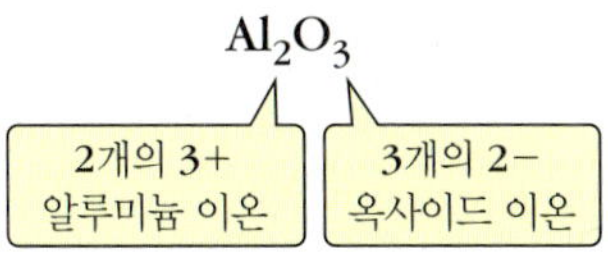


이온화합물의 화학식을 나타내는데 양이온 기호가 먼저 오고 음이온 기호를 뒤에 쓴다. 이온의 전하는 화학식에 나타내지 않는다.

2A 그룹의 금속인 마그네슘의 $Mg^{2+}$ 이온화합물을 보자.

| 이온 | 전체 전하 | 화학식 |
|---|---|---|
| $Mg^{2+}$와 $Br^-$ | $(2+) + 2(1-) = 0$ | $MgBr_2$ |
| $Mg^{2+}$와 $SO_4^{2-}$ | $(2+) + (2-) = 0$ | $MgSO_4$ |
| $Mg^{2+}$와 $OH^-$ | $(2+) + 2(1-) = 0$ | $Mg(OH)_2$ |
| $Mg^{2+}$와 $PO_4^{3-}$ | $3(2+) + 2(3-) = 0$ | $Mg_3(PO_4)_2$ |

마지막 두 화합물의 경우 화학식에 다원자 이온이 2개 포함되는데, 이 때는 다원자 이온식을 괄호 안에 넣고 개수를 첨자로 표시한다.

$$Mg_3(PO_4)_2$$

3개의 2+ 마그네슘 이온 / 2개의 3− 인산이온

**예제 3.6 이온화합물의 이온**

다음 각 화합물에 존재하는 이온들의 기호 또는 이온식을 쓰고 몇 개가 존재하는지 밝히시오.

(a) $Li_2S$ (b) $Na_2SO_3$ (c) $Ca(CH_3COO)_2$ (d) $Al_2(SO_4)_3$

**정답:**

(a) $Li^+$ 2개, $S^{2-}$ 1개 (b) $Na^+$ 2개, $SO_3{}^{2-}$ 1개

(c) $Ca^{2+}$ 1개, $CH_3COO^-$ 2개 (d) $Al^{3+}$ 2개, $SO_4{}^{2-}$ 3개

**풀이:**

(a) 리튬은 1A 그룹 원소이며 항상 1+ 이온을 생성한다. $S^{2-}$는 6A 그룹의 황이 전자 2개를 얻어 만들어진다.

(b) 소듐은 1A 그룹 원소이며 $Na^+$이 된다. $SO_3^{2-}$ 이온과 전기적 중성을 이루기 위해서는 2개의 $Na^+$가 필요하다.

(c) 칼슘은 2A 그룹 원소이고 항상 2+ 이온을 생성한다. 전기적 중성을 이루려면 1−전하의 아세테이트 이온 2개가 필요하다.

(d) 알루미늄은 3A 그룹 원소이고 $Al^{3+}$ 이온을 생성한다. 2− 전하의 황산 이온과 전기적 중성을 이루려면 2개의 $Al^{3+}$이온(2 × 3+ = 6+)에 대하여 3개의 $SO_4^{2-}$ 이온(3 × 2− = 6−)이 필요하다.

**실전예제 3.6**

다음 각 화학식에 존재하는 이온의 수와 원자의 수를 결정하시오.

(a) $In_2(SO_3)_3$ (b) $(NH_4)_3PO_4$

**예제 3.7 이온화합물의 화학식**

다음의 이온들로 구성된 이온화합물의 올바른 화학식을 쓰시오.

(a) 칼슘이온과 플루오르이온

(b) 바륨이온과 인산이온

(c) $Fe^{3+}$과 질산이온

(d) 소듐이온과 탄산이온

**정답:** (a) $CaF_2$ (b) $Ba_3(PO_4)_2$ (c) $Fe(NO_3)_3$ (d) $Na_2CO_3$

**풀이:** 주기율표의 원소의 위치 및 다원자 이온의 전하를 활용하여 질문에 답한다.

(a) 칼슘은 2A 그룹의 금속이고 플루오린은 7A 그룹의 비금속이다.

(b) 바륨은 2A 그룹의 금속으로 2+ 이온을 생성하고 인산이온은 3−의 다원자 이온이다. 2개 이상의 다원자 이온을 괄호로 사용하여 나타낸다.

(c) $Fe^{3+}$이온은 3+이고 질산이온($NO_3^-$)은 1−의 다원자 이온이므로 $Fe^{3+}$ 이온 당 3개의 질산이온이 필요하다.

(d) 탄산이온은 2−의 다원자 이온이고 2개의 소듐이온($Na^+$)과 결합한다. 이때 탄산이온은 1개만 있으므로 괄호는 사용할 필요가 없다.

**실전예제 3.7**

다음 각 화합물에서 존재하는 이온들을 열거하고 몇 개가 존재하는지 밝히시오.

(a) $MgBr_2$ (b) $Li_2CO_3$ (c) $NH_4Cl$ (d) $Fe_2(SO_4)_3$

(e) 구리는 전이금속 원소로 브롬과 $Cu^+$ 또는 $Cu^{2+}$를 포함하는 두 가지 화합물을 형성할 수 있다. 이 화합물의 화학식을 쓰시오.

## 3.6 이온과 이온화합물의 명명

이 절에서 다루고 있는 규칙을 잘 숙지하여 이온화합물의 명명을 명확하게 할 수 있도록 한다.

### 양이온의 명명

거의 모든 양이온은 금속이온으로 다음 규칙에 의해 명명된다. 암모늄($NH_4^+$) 이온은 예외로 비금속 원자들로 이루어져 있다.

**1a. 한 종류의 양이온을 생성하는 금속의 이온은 금속 이름에 단순히 이온을 붙인다.** 예를 들면, $Mg^{2+}$는 마그네슘 이온이다.

**1b. 두 가지 이상의 양이온을 생성하는 금속의 경우, 각 이온은 전하를 함께 표시한다.** 전하는 이온의 이름 뒤 괄호 안에 로마 숫자로 표기한다. $Cu^{2+}$는 구리(II) 이온, $Cu^+$는 구리(I) 이온으로 표시한다.

### 음이온의 명명

**2a. 단원자 음이온의 경우 그 이온이 유래한 비금속 원소 이름의 어간에 *-ide*를 붙인다.** 예를 들어 phophorus 원자는 phosphide 이온, chlorine 원자는 chloride 이온 등이다. 7A 족 원소 halogen의 음이온은 통칭해서 **halide 이온**이라고 부른다.

**2b. 가장 흔한 다원자 이온들을 표 3.7에 나타내었다.** 대부분은 이름을 암기해야 하지만 산소를 포함하는 **oxoanion**의 경우 몇 가지 지침이 도움이 된다.

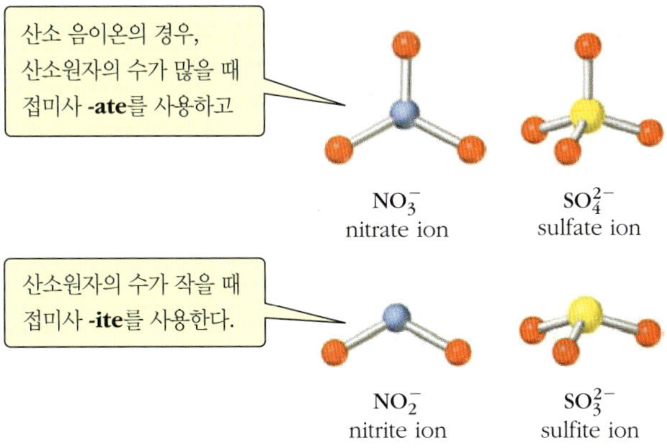

**산화구리(I) (왼쪽)과 산화구리(II) (오른쪽).** 서로 다른 구리이온 전하는 다른 색을 나타낸다.

*−ate*와 *−ite* 접미사는 이온의 전하와는 무관하고 산소원자의 수에 관계한다. *−ate* 이온은 *−ite* 이온보다 산소원자의 수가 1개 더 많다($NO_3^-$ vs. $NO_2^-$).

두 가지 이상의 비금속의 oxoanion이 존재하는 경우 더 확장된 명명 규칙이 사용된다. 네 가지 oxoanion이 존재하는 경우 중간에 위치한 2개의 oxoanion에 *-ate*와 *-ite*를 붙인다. 산소원자의 수가 가장 많은 oxoanion에 접두사 *per-*와 접미사 *-ate*를 붙이고 산소원자의 수가 가장 작은 oxoanion에는 접두사 *hypo-*와 접미사 *-ite*를 붙인다. 클로린의 oxoanion이 좋은 예이다.

**–ate** 이온보다 산소원자가 하나 더 있는 oxoanion은 접두사 **per–**를 붙인다.

$ClO_4^-$ *per*chlor*ate* ion | $ClO_3^-$ chlor*ate* ion | $ClO_2^-$ chlor*ite* ion | $ClO^-$ *hypo*chlor*ite* ion

**–ite** 이온보다 산소원자가 하나 적은 oxoanion은 접두사 **hypo–**를 붙인다.

브로민의 oxoanion에도 같은 규칙이 적용된다.

수소를 포함하는 oxoanion은 그 이름 앞에 hydrogen을 붙이면 된다. $HSO_4^-$는 hydrogen sulfate ion이다. 비금속 oxoanion이 여러 개의 수소원자와 결합할 때는 접두사를 사용하여 나타낸다. $H_2PO_4^-$는 dihydrogen phosphate이고 $HPO_4^{2-}$는 monohydrogen phosphate라고 한다. 수소를 포함하는 많은 oxoanion들은 속명을 가지고 있는데 hydrogen carbonate, $HCO_3^-$ 를 흔히 bicarbonate ion 이라고 부른다.

## 이온화합물의 명명

표 3.8에 몇 가지 유용한 이온화합물들의 속명과 체계적인 명칭을 나타내었다. 명명 규칙에 의하면 양이온의 이름이 음이온의 이름 앞에 나오고 이온이라는 단어는 양이온에는 붙이지 않는다.

표 3.8의 예를 살펴보자.

- CaO는 $Ca^{2+}$에 대하여 calcium이라 하고, $O^{2-}$에 대하여 oxide라고 하여 calcium oxide라고 명명한다. 마찬가지로 NaCl에 대해서는 sodium chloride 라고 부른다.

**소듐 클로라이드, NaCl.** 이온화합물은 소듐이온($Na^+$)과 클로라이드이온($Cl^-$)을 포함한다.

**표 3.8** 몇 가지 유용한 이온화합물의 이름

| 일반적인 명칭 | 체계적인 명칭 | 화학식 |
|---|---|---|
| 베이킹소다 | Sodium hydrogen carbonate | $NaHCO_3$ |
| 라임 | Calcium oxide | CaO |
| 마그네시아 유제 | Magnesium hydroxide | $Mg(OH)_2$ |
| 소금 | Sodium chloride | NaCl |
| 정신들게하는 약 | Ammonium carbonate | $(NH_4)_2CO_3$ |
| 양잿물 | Sodium hydroxide | NaOH |
| 황산구리 | Copper(II) sulfate pentahydrate | $CuSO_4 \cdot 5\ H_2O$ |

- Amonium carbonate, $(NH_4)_2CO_3$는 표 3.7에 있는 2개의 다원자 이온을 포함한다.
- Copper(II) sulfate에서 (II)는 $Cu^+$가 아니라 $Cu^{2+}$로 존재함을 나타낸다.

**예제 3.8 이온화합물을 명명하는 방식**

다음 이온화합물들을 명명하시오.

(a) KCl (b) $Ca(OH)_2$ (c) $Fe_3(PO_4)_2$

(d) $Al(NO_3)_3$ (e) $(NH_4)_2SO_4$

**정답:**

(a) Potassium chloride (b) Calcium hydroxide (c) Iron(II) phosphate

(d) Aluminum nitrate (e) Ammonium sulfate

**풀이:**

(a) 포타슘이온($K^+$)와 클로라이드이온($Cl^-$)은 결합하여 염화포타슘을 생성한다.

(b) 칼슘이온($Ca^{2+}$)과 수산화이온($OH^-$) 결합하여 수산화칼슘을 생성한다.

(c) 철(II)이온($Fe^{2+}$)과 인산이온 $PO_4^{3-}$은 결합하여 인산철(II)을 생성한다.

(d) 알루미늄이온, $Al^{3+}$은 질산이온, $NO_3^-$과 결합하여 질산알루미늄을 생성한다.

(e) 암모늄이온, $NH_4^+$은 황산이온, $SO_4^{2-}$과 결합하여 황산암모늄을 생성한다.

**실전예제 3.8**

다음 이온화합물들을 명명하시오.

(a) $KNO_2$ (b) $NaHSO_3$ (c) $Mn(OH)_2$

(d) $Mn_2(SO_4)_3$ (e) $Ba_3N_2$ (f) LiH

**예제 3.9 이온화합물의 이름으로부터 화학식 쓰기**

다음 이온화합물의 올바른 화학식을 쓰시오.

(a) Ammonium sulfate (b) Potassium sulfate

(c) Copper(II) nitrate (d) Iron(II) chloride

**정답:** (a) $(NH_4)_2S$ (b) $K_2SO_4$ (c) $Cu(NO_3)_2$ (d) $FeCl_2$

**풀이:**

(a) 양이온 $NH_4^+$이고, 음이온은 $S^{2-}$이므로 음이온 1개와 양이온 2개가 결합해야 중성화합물이 생성된다.

(b) 양이온은 $K^+$이고, 음이온은 $SO_4^{2-}$이다.

(c) 양이온은 $Cu^{2+}$이고, 음이온 $NO_3^-$이다.

(d) 양이온 $Fe^{2+}$이고, 음이온 $Cl^-$이다.

**실전예제 3.9**

다음 이온화합물의 올바른 화학식을 쓰시오.

(a) Potassium dihydrogen phosphate (b) Copper(I) hydroxide

(c) Sodium hypochlorite (d) Ammonium perchlorate

(e) Chromium(III) chloride (f) Iron(II) sulfite

## 3.7 이온화합물의 결합과 성질

이온화합물의 성질은 성분 원소들의 성질과 매우 다르다. 흔한 이온화합물인 소금(NaCl)은 $Na^+$와 $Cl^-$ 이온으로 구성되어 있다. 소금은 백색의 물에 잘 녹는 결정성 고체로서 성분 원소인 금속 소듐이나 클로린 기체와 매우 다르다. 소듐은 물과 격렬하게 반응하는 반응성이 매우 큰 금속이다. 클로린은 독성이 있고 물과 반응하는 이원자 기체이다. 소듐이온이나 클로라이드이온은 원소 상태에서 처럼 물과 반응하지 않고 물에 녹는다.

고체 이온화합물에서 양이온과 음이온은 **결정격자(crystal lattice)**라 불리는 질서 정연한 배열 안에서 이온결합으로 묶여 있다. 즉 각 양이온은 음이온으로 둘러싸이고 각 음이온은 양이온으로 둘러싸인다. 이런 배열은 양이온과 음이온 사이의 인력을 최대화하고 같은 전하를 갖는 이온사이의 반발을 최소화 한다. 그림 3.3의 NaCl에서 각 소듐 이온은 6개의 클로라이드 이온으로 둘러싸이고, 각 클로라이드 이온은 6개의 소듐 이온으로 둘러싸인다. 화학식에 나타낸 것처럼 하나의 소듐이온에 하나의 클로라이드 이온이 존재한다.

이온화합물의 화학식은 양이온과 음이온의 비를 가장 간단한 정수비로 나타낸다. NaCl에서 이 비는 1:1 이다. $Na^+Cl^-$ 쌍을 소듐클로라이드의 **화학식 단위**로 본다. 이온화합물의 화학식 단위는 $H_2O$와 같은 분자화합물의 개별 분자와 달리 독립된 존재가 아니다.

결정격자에서 양이온과 음이온의 규칙적인 배열과 이온들 사이의 강한 정전기적 인력의 존재는 이온화합물에 높은 녹는점과 특징적인 결정구조의 두 가지 특성을 부여한다.

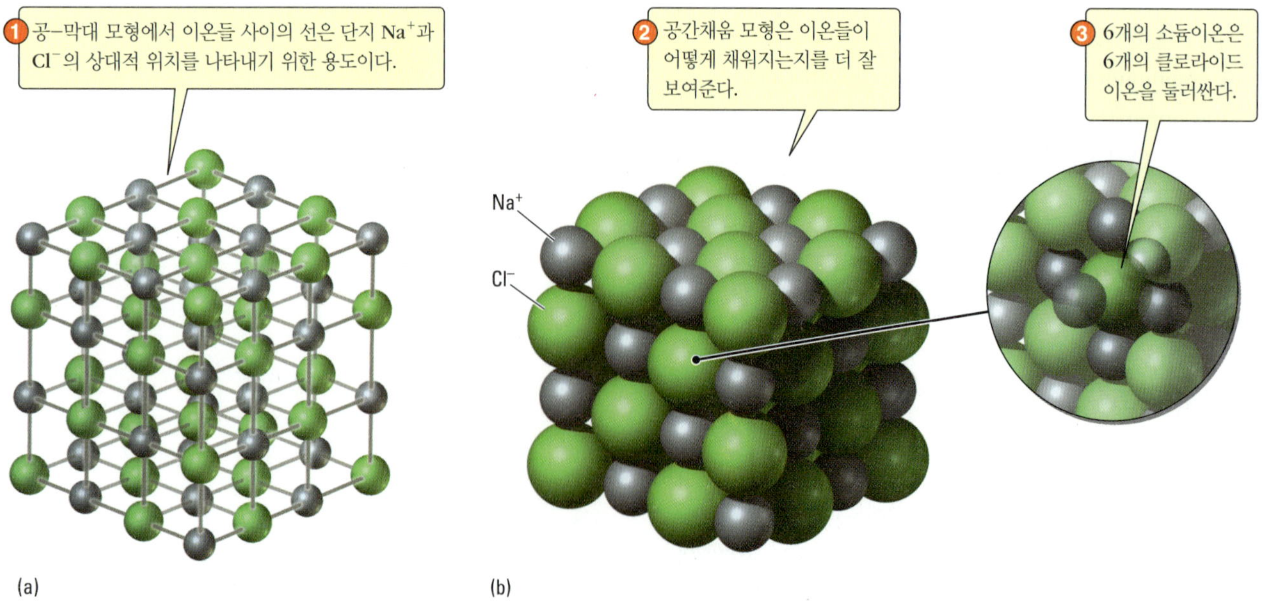


**그림 3.3 소금 결정격자의 두 가지 모형.** (a) 공–막대 모형은 이온들이 어떻게 배열되어 있는지를 잘 보여준다. (b) 공간채움 모형은 이온들이 어떻게 채워지는지를 잘 보여준다.

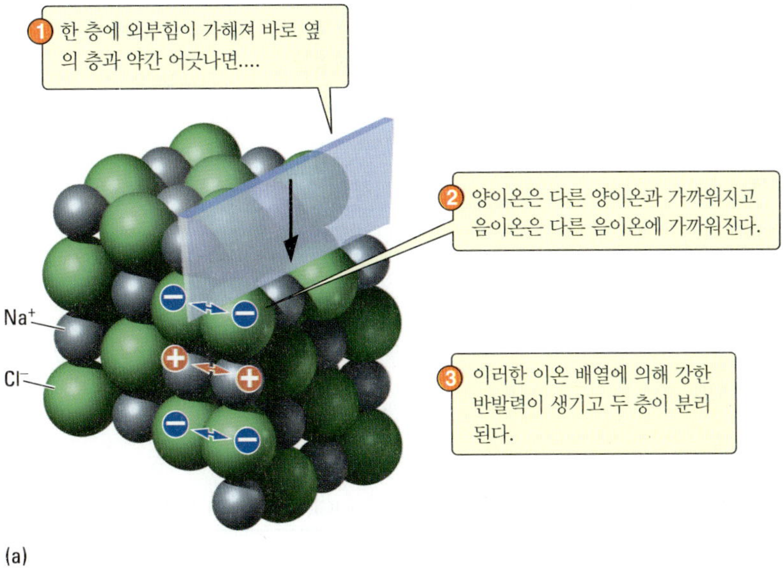

**그림 3.4 이온 결정의 쪼개짐.** (a) 이온 결정이 쪼개지는데 관여하는 힘. (b) 소금 결정의 평면을 따라 칼날로 힘을 가하면 결정이 쪼개진다.

녹는점은 이온의 전하 및 크기와 관련이 있다. $O^{2-}$와 $F^-$처럼 비슷한 크기의 이온에 대하여, 전하가 클수록 인력이 더 강하기 때문에 녹는점은 더 높다. 예를 들어 CaO (2가의 $Ca^{2+}$와 $O^{2-}$)의 녹는점은 2572°C 이지만 NaF (1가의 $Na^+$와 $F^-$)의 녹는점은 993°C이다.

결정은 양이온과 음이온이 단단하게 묶여 있기 때문에 독특한 구조를 갖는다. 그런 배열은 결정 내에서 이온들의 평면을 만든다. 이온 결정은 이온 평면과 나란하게 쪼개진다(그림 3.4). 외부의 힘으로 한 평면이 이웃한 평면과 약간 어긋나면 같은 전하의 이온끼리 가까워지고 강한 반발력이 존재한다. 이 반발력은 층을 서로 분리시키고 결정은 쪼개진다.

결정 내에서 이온은 고정된 위치에서 진동만 하기 때문에 결정 고체는 전기를 통하지 않는다. 그러나 결정 고체가 녹으면 그림 3.5처럼 액체 상태에서 전기를 통한다. 이것은 이온들이 상대적으로 자유롭게 움직일 수 있기 때문이다. 용융 상태에서 한 방향으로 움직이는 양이온과 반대 방향으로 움직이는 음이온은 구리선에서 전자가 움직이는 것처럼 전류를 운반한다.

분자화합물과 이온화합물의 일반적인 성질을 표 3.9에 요약하였다. 물리적 상태, 전기전도도, 녹는점, 용해도의 차이에 특히 주목하라.

**그림 3.5 이온화합물을 녹이면 전류가 통한다.** 이온화합물이 녹으면 이온들은 결정 격자로부터 자유로워지고 전극으로 이동한다. 전류가 흐르고 회로가 완성되어 전구가 켜진다.

전류는 전하를 띤 입자의 움직임이다.

CONCEPTUAL
**개념학습 3.5 분자화합물과 이온화합물의 성질**

상온에서 고체이고 용액에서 전기를 전도하는 물질은 분자화합물인가 또는 이온화합물인가? 그 이유는?

**표 3.9** 분자화합물과 이온화합물의 성질

| 분자화합물 | 이온화합물 |
|---|---|
| 대부분 비금속끼리의 결합으로 생성 | 보통 반응성이 큰 금속과 비금속의 결합으로 생성 |
| 기체, 액체, 고체 | 고체 결정 |
| 부서지기 쉽고, 부드러운 고체 | 단단하고 깨지기 쉬운 고체 |
| 낮은 녹는점 | 높은 녹는점 |
| 낮은 끓는점(−250~600°C) | 높은 끓는점(700~3000°C) |
| 낮은 전기전도도 | 고체일 때 낮은 전기전도도를 나타내지만 녹았을 때 높은 전기전도도 |
| 용해도는 분자구조에 의존, 유기 용매에 용해 | 물에 용해 |
| 예: 탄화수소, $H_2O$, $CO_2$, 설탕 | 예: NaCl, $CaF_2$, $NH_4NO_3$ |

**그림 3.6 이온화합물 용액의 전기전도도.** KCl과 같은 전해질이 물에 녹으면 이온이 생성되고 전기회로가 완성되어 전구에 불이 들어온다. KCl은 $K^+$와 $Cl^-$로 해리되고 $Cl^-$은 양극으로 $K^+$는 음극으로 이동하면서 용액내에 전하가 운반된다.

## 수용액에서의 이온화합물: 전해질

많은 이온화합물들이 물에 녹는다. 따라서 바다, 강, 호수, 심지어 수돗물에도 다양한 종류의 이온들이 들어 있다. 이온화합물의 용해도와 이온의 성질은 실용적인 측면에서 큰 관심거리이다.

물에 녹았을 때 이온화합물은 반대 전하의 이온들이 서로 분리되어 해리한다. NaCl이 물에 녹으면 $Na^+$와 $Cl^-$로 해리되어 물 분자와 균일하게 섞이고 용액 내에 분산된다.

이온화합물이 물에 녹아 성분이온들로 분리되는 것을 "dissociate(해리)" 된다고 한다. 분자화합물이 물과 반응하여 이온을 생성할 때 "ionize(이온화)" 된다고 한다.

이온화합물의 수용액은 이온들이 자유롭게 움직일 수 있기 때문에 전기를 전도한다(그림 3.6). **전해질(electrolyte)**은 물에 녹았을 때 전기를 전도하는 물질이다.

물에 녹는 대부분의 분자화합물은 용액 내에서 분자로 존재한다. 설탕(sucrose)이 한 예이다. 전기를 통하지 않는 설탕 용액과 같은 물질을 비전해질(nonelectrolyte)이라고 한다. 화합물의 이 두 가지 중요한 성질 – 용해도와 해리 능력 – 의 차이를 확실하게 이해하라. 5.1장에서 용해도와 이온의 해리에 대하여 더 자세하게 다룰 것이다.

# 3.8 화합물의 몰수

다루기에 편리한 화합물의 양에 대하여 이야기할 때 몰을 사용한다.

## 분자화합물의 몰질량

가장 잘 알려진 분자식 $H_2O$는 물 분자 하나에 대하여 산소원자 1개마다 수소원자 2개가 결합한다는 것을 보여준다. 그러므로 물 분자 2개는 4개의 수소원자와 2개의 산소원자가, 1다스의 물 분자에는 2다스의 수소원자와 1다스의 산소원자가 포함된다. 1몰(아보가드로수)의 물 분자로 확장하면 1몰의 물 분자는 2몰의 수소원자와 1몰의 산소원자를 갖는다. 또한 1.000몰의 물 분자에는 2.000 몰의 수소원자와 1.000몰의 산소원자가 들어있다.

분자화합물 1몰은 분자 1개가 아니고 $6.022 \times 10^{23}$개의 분자를 의미한다.

| $H_2O$ | H | O |
|---|---|---|
| $6.022 \times 10^{23}$ 물분자 | $2(6.022 \times 10^{23}$ H 원자) | $6.022 \times 10^{23}$ O 원자 |
| 1.000 mol $H_2O$ 분자 | 2.000 mol H 원자 | 1.000 mol O 원자 |
| 18.0153 g $H_2O$ | 2(1.0079 g H) = 2.0158 g H | 15.9994 g O |

물 분자 1몰의 질량(몰질량)은 수소원자 2몰의 질량과 산소원자 1몰의 질량을 합한 것이다. 즉 2.0158 g H + 15.9994 g O = 18.0152 g $H_2O$ 이다. 화합물에서 몰질량(g/mol)은 화학식에 표시된 모든 원자들의 원자량(amu)의 합으로 주어지는 분자량과 같은 값이다. 몇 가지 분자화합물의 몰질량을 다음 표에 나타내었다.

| 화합물 | 구조식 | 분자량 | 몰질량 |
|---|---|---|---|
| Ammonia<br>$NH_3$ | H—N—H<br>\|<br>H | 14.01 amu, N + 3(1.01 amu, H)<br>= 17.04 amu | 17.04 g/mol |
| Trifluoromethane<br>$CHF_3$ | F<br>\|<br>F—C—F<br>\|<br>H | 12.01 amu, C + 1.01 amu, H<br>+ 3(19.00 amu, F) = 70.02 amu | 70.02 g/mol |
| Sulfur dioxide<br>$SO_2$ | O═S—O | 32.07 amu, S + 2(16.00 amu, O)<br>= 64.07 amu | 64.07 g/mol |
| Glycerol<br>$C_3H_8O_3$ | $CH_2OH$<br>\|<br>CHOH<br>\|<br>$CH_2OH$ | 3(12.01 amu, C) + 8(1.01 amu, H)<br>+ 3(16.00 amu, O) = 92.11 amu | 92.11 g/mol |

## 이온화합물의 몰질량

이온화합물은 개별 분자를 포함하는 것이 아니기 때문에 분자량이라는 용어 대신 **화학식량(formular weight)**이라는 용어를 쓰기도 한다. 분자량처럼 이온화합물의 화학식량은 화학식에 표시된 모든 원자들의 원자량의 합이다. 이온화합물의 몰질량은 화학식량과 동일하다. 분자화합물이나 이온화합물 모두에 몰질량 이라는 용어를 사용한다.

| 화합물 | 화학식량 | 몰질량 |
|---|---|---|
| Sodium chloride<br>NaCl | 22.99 amu, Na + 35.45 amu, Cl<br>= 58.44 amu | 58.44 g/mol |
| Magnesium oxide<br>MgO | 24.31 amu, Mg + 16.00 amu, O<br>= 40.31 amu | 40.31 g/mol |
| Potassium sulfide<br>$K_2S$ | 2(39.10 amu, K) + 32.07 amu, S<br>= 110.27 amu | 110.27 g/mol |
| Calcium nitrate<br>$Ca(NO_3)_2$ | 40.08 amu, Ca + 2(14.01 amu, N)<br>+ 6(16.00 amu, O) = 164.10 amu | 164.10 g/mol |
| Magnesium phosphate<br>$Mg_3(PO_4)_2$ | 3(24.31 amu, Mg) + 2(30.97 amu, P)<br>+ 8(16.00 amu, O) = 262.87 amu | 262.87 g/mol |

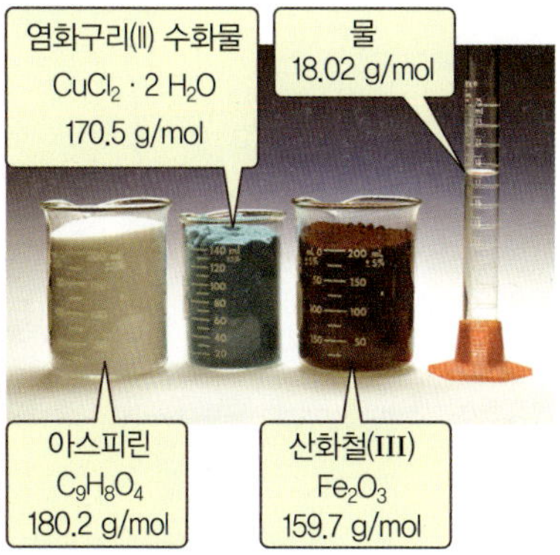


네 가지 화합물에 대한 1몰의 양.

EXERCISE
**연습문제** 3.6 몰질량

다음 화합물의 몰질량을 계산하시오.

(a) $K_2HPO_4$ (b) $C_{27}H_{46}O$(콜레스테롤)

(c) $Mn_2(SO_4)_3$ (d) $C_8H_{10}N_4O_2$(카페인)

## 그램–몰 변환

원소에 대해서 하였던 것처럼 화합물에 대해서도 그램–몰의 변환을 할 수 있어야 한다. 변환에 있어서 관건은 몰질량을 환산인자로 사용하는 것이다.

**예제 3.10 그램을 몰로**

Calcium phosphate, $Ca_3(PO_4)_2$는 뼈의 주요 성분인 이온화합물이다. 이 화합물 10.0 g은 몇 몰인가?

**정답:** $3.22 \times 10^{-2}$ mol $Ca_3(PO_4)_2$

**풀이:** 그램을 몰수로 바꾸기 위하여 우선 인산칼슘의 몰질량을 알아야 한다.

$$3\ \text{mol Ca}\ (40.08\ \text{g Ca/mol Ca}) + 2\ \text{mol P}\ (30.97\ \text{g P/mol P}) + 8\ \text{mol O}\ (16.00\ \text{g O/mol O}) = 310.18\ \text{g/mol}\ Ca_3(PO_4)_2$$

이 몰질량을 사용하여 질량을 몰수로 바꾼다.

$$10.0\ \text{g}\ Ca_3(PO_4)_2 \times \frac{1\ \text{mol}\ Ca_3(PO_4)_2}{310.18\ \text{g}\ Ca_3(PO_4)_2} = 3.22 \times 10^{-2}\ \text{mol}\ Ca_3(PO_4)_2$$

**실전예제 3.10**

다음 각 이온화합물 12.5 g의 몰수를 계산하시오.

(a) $K_2Cr_2O_7$ (b) $KMnO_4$ (c) $(NH_4)_2CO_3$

**예제 3.11 몰을 그램으로**

코티존, $C_{21}H_{28}O_5$ 은 소염제 스테로이드이다. 5. mmol 코티존은 몇 그램에 해당하는가?

**정답:** 1.8 g

**풀이:** 우선 코티존의 몰질량을 계산하고, 몰질량을 사용하여 몰수를 그램으로 바꾼다.

$$5.0 \times 10^{-3}\ \text{mol 코티존} \times \frac{360.46\ \text{g 코티존}}{1\ \text{mol 코티존}} = 1.8\ \text{g 코티존}$$

**실전예제 3.11**

(a) 수크로오스, $C_{12}H_{22}O_{11}$ 5 mmol은 몇 그램인가?

(b) 몰질량이 약 4600 g/mol인 ACTH 호르몬 3.0 μmol 은 몇 mg 인가?

**예제 3.12 그램과 몰**

수크로오스보다 단 맛이 200배나 강한 아스파탐은 널리 사용되는 인공감미료(Nutra Sweet)이다. 아스파탐($C_{14}H_{28}N_2O_5$) 1.80 g 과 0.220 mol 의 두 가지 시료 중 어느 것이 더 많은 양인지를 알아보기 위하여 다음 질문에 답하시오.

(a) 아스파탐의 몰질량은 얼마인가?

(b) 1.80 g 아스파탐 시료는 몇 mol 인가?

(c) 0.220 mol 아스파탐 시료는 몇 g 인가?

**정답:** (a) 294.3 g/mol (b) $6.12 \times 10^{-3}$ mol (c) 64.7 g

0.220 mol 아스파탐 시료가 더 많은 양이다.

**풀이:**

(a) 분자식으로부터 몰질량을 계산한다.

$$[14 \text{ mol C} \times (12.011 \text{ g C/mol C})] + [18 \text{ mol H} \times (1.008 \text{ g H/mol H})] + [2 \text{ mol N} \times (14.007 \text{ g N/mol N})] + [5 \text{ mol O} \times (15.999 \text{ g O/mol O})] = 294.3 \text{ g}$$

따라서, 아스파탐의 몰질량은 294.3 g/mol 이다.

(b) 몰질량을 사용하여 그램수를 몰수로 환산한다.

$$1.80 \text{ g aspartame} \times \frac{1 \text{ mol aspartame}}{294.3 \text{ g aspartame}} = 6.12 \times 10^{-3} \text{ mol 아스파탐}$$

(c) (b)와 반대로 몰수를 그램수로 바꾼다.

$$0.220 \text{ mol aspartame} \times \frac{294.3 \text{ g aspartame}}{1 \text{ mol aspartame}} = 64.7 \text{ g 아스파탐}$$

0.220 몰 아스파탐 시료가 더 크다.

**실전예제 3.12**

(a) 10.0 g의 $C_{27}H_{46}O$(콜레스테롤) 과 10.0 g의 $Mn_2(SO_4)_3$의 몰수를 각각 계산하시오.

(b) 0.25 mol의 $K_2HPO_4$와 0.25 mol의 $C_8H_{10}N_4O_2$(카페인)의 그램수를 각각 계산하시오.

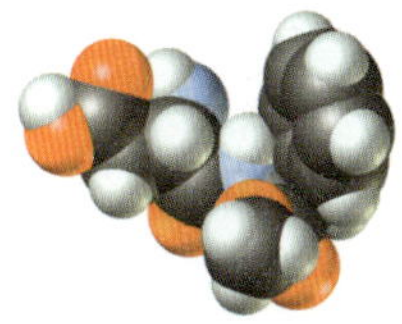

아스파탐

CONCEPTUAL **개념학습 3.7 몰과 화학식**

다음과 같은 진술은 옳은가? "2개의 서로 다른 화합물은 화학식이 같다. 그러므로 각 화합물 100 g의 몰수는 같다."

## 이온 수화물의 몰수

**이온 수화물(ionic hydrates)** 또는 수화물로 알려진 많은 이온화합물들은 결정격자 내에 물을 포함하고 있다. copper(II) sulfate pentahydrate 라는 이름의 $CuSO_4 \cdot 5\ H_2O$는 copper(II) sulfate 1몰당 5몰의 $H_2O$가 결합하고 있다는 것을 나타낸다. 수화물의 몰질량은 물의 질량도 포함한다. 따라서 $CuSO_4 \cdot 5\ H_2O$의 몰질량은 249.7 g(= 159.6g $CuSO_4$ + 90.1g 5 $H_2O$) 이다. 표 3.10에 나타낸 것처럼 여러 종류의 이온 수화물이 있다.

© Cengage Learning/Charles D. Winters

$CuSO_4 \cdot 5\ H_2O$

흔하게 사용되는 수화물 중 하나가 벽면에 사용되는 석고 보드인데 $CaSO_4 \cdot 2\ H_2O$ 이다. 석고보드는 자연 상태의 광물로서도 얻어지는데 $SO_2$를 석회(CaO) 슬러리와 반응시키면 생성된다.

석고보드를 180°C로 가열하면 수화되었던 물 분자 일부가 빠져나가고 회반죽이라고 하는 $CaSO_4 \cdot \frac{1}{2}\ H_2O$이 만들어 지는데 이 화합물은 골절 시 뼈를 고정시키는 용

**결정상태의 석고.**
석고는 수화된 황산칼슘 $CaSO_4 \cdot 2\ H_2O$이다.

표 3.10 몇 가지 이온 수화물

| 화학식 | 체계적인 이름 | 일반적인 이름 | 용도 |
|---|---|---|---|
| $Na_2CO_3 \cdot 10\ H_2O$ | Sodium carbonate decahydrate | 세탁용 소다 | 연수제 |
| $MgSO_4 \cdot 7\ H_2O$ | Magnesium sulfate heptahydrate | 하제용 염 | 염색이나 탠닝 |
| $CaSO_4 \cdot 2\ H_2O$ | Calcium sulfate dihydrate | 석고 | 벽재료 |
| $CaSO_4 \cdot \frac{1}{2}\ H_2O$ | Calcium sulfate hemihydrate | 구운 석고 | 금형 |
| $CuSO_4 \cdot 5\ H_2O$ | Copper(II) sulfate pentahydrate | 황산구리 | 살조제 |

도(깁스)로 사용된다. 이 물질에 물을 첨가하면 슬러리가 되어 틀에 붓거나 신체에 바를 수 있다. 슬러리가 굳으면서 물을 더 포획하고 부피가 늘어나면서 딱딱한 주형물이 된다.

EXERCISE
**연습문제 3.8 이온 수화물의 몰수**

사리염인 황산마그네슘(일명 Epsom salt) 20 g의 몰수를 계산하시오.

## 3.9 퍼센트 조성

앞의 단원에서 화합물의 조성은 다음의 하나로 나타낼 수 있음을 보았다. (1) 분자에 포함된 각 원자의 수 또는 화학식 단위 (2) 화합물 1몰 당 각 원소의 질량

**예제 3.13 질량의 백분율조성**

프로페인, $C_3H_8$은 가스그릴의 연료로 사용된다. 프로페인에서 탄소와 수소의 질량백분율을 계산하시오.

**정답:** 81.72% 탄소, 18.28% 수소

**풀이:** 우선 프로페인의 몰질량을 계산한다. 3(12.01 g C) + 8(1.0079 g H) = 44.09 g $C_3H_8$/mol. 그런 다음 각 원소들의 질량 백분율을 구하면

$$\%\ C = \frac{\text{mass of C in 1 mol } C_3H_8}{\text{mass of } C_3H_8 \text{ in 1 mol } C_3H_8} \times 100\%$$
$$= \frac{3 \times 12.01\ \text{g C}}{44.09\ \text{g } C_3H_8} \times 100\% = 81.72\%\ \text{C}$$

$$\%\ H = \frac{\text{mass of H in 1 mol } C_3H_8}{\text{mass of } C_3H_8 \text{ in 1 mol } C_3H_8} \times 100\%$$
$$= \frac{8 \times 1.0079\ \text{g H}}{44.09\ \text{g } C_3H_8} \times 100\% = 18.28\%\ \text{H}$$

**실전예제 3.13**

$SiO_2$ 에서 각 원소의 백분율을 계산하시오.

후자의 관계는 화합물의 질량 퍼센트 조성을 알아내는데 필요한 정보를 제공한다.

예제에서 계산한 백분율을 모두 합하면 100%가 되어야 한다. 그러므로 탄소의 백분율을 구했으면 수소의 백분율은 100에서 탄소의 백분율을 빼서 결정할 수 있다. 100%−81.72% C = 18.28% H. 모든 백분율을 계산하고 합산하여 100%가 되는지를 확인하는 것은 계산이 맞는지 확인하는 좋은 방법이다.

**예제 3.14 수화염의 백분율 조성**

$MgSO_4 \cdot 7\ H_2O$는 Epsom 염이다.

(a) 이 염에서 물의 질량 백분율은 얼마인가?

(b) 이 염에서 각 원소들의 질량 백분율은 얼마인가?

**정답:** 51.16 % 물 (b) 9.862 % Mg, 13.01% S, 71.40% O, 5.724% H

**풀이:**

(a) 우선 Epsom 염의 몰질량을 구한다.

$$1\ \text{mol Mg}\ (24.31\ \text{g/mol}) + 1\ \text{mol S}\ (32.07\ \text{g/mol}) + 4\ \text{mol O}\ (16.00\ \text{g/mol})$$
$$+ 14\ \text{mol H}(1.008\ \text{g/mol}) + 7\ \text{mol O}\ (16.00\ \text{g/mol}) = 246.49\ \text{g/mol Epsom salt}$$

1몰의 Epsom 염은 7몰의 $H_2O$를 포함하고 있다.

$$\%\ H_2O = \frac{126.11\ \text{g}\ H_2O}{246.49\ \text{g mol Epsom 염}} \times 100\ \% = 51.16\ \%\ H_2O$$

(b) 1몰의 Epsom 염에 들어있는 마그네슘의 질량 백분율을 계산하면

$$\%\ \text{Mg} = \frac{\text{Epsom 염 1 mol에 들어있는 Mg의 질량}}{\text{Epsom 염 1 mol의 질량}} = \frac{24.31\ \text{g Mg}}{246.49\ \text{g/mol Epsom 염}} \times 100\ \%$$
$$= 9.682\%\ \text{Mg}$$

같은 방법으로 다른 원소들의 질량 백분율을 계산한다.

$$\%\ \text{S} = \frac{32.07\ \text{g S}}{246.49\ \text{g/mol Epsom 염}} \times 100\% = 13.01\%\ \text{S}$$

$$\%\ \text{O} = \frac{(64.00 + 112.00)\ \text{g O}}{246.49\ \text{g/mol Epsom 염}} \times 100\% = 71.40\%\ \text{O}$$

$$\%\ \text{H} = \frac{14.11\ \text{g H}}{246.49\ \text{g/mol Epsom 염}} \times 100\% = 5.724\%\ \text{H}$$

**실전예제 3.14**

수화된 염화니켈(II), $NiCl_2 \cdot 6\ H_2O$에서 각 원소들의 질량 백분율을 구하시오.

EXERCISE
**연습문제 3.9 퍼센트 조성**

다음 화합물의 조성을 화합물 1몰 당 각 원소의 질량과 질량 백분율로 표시하시오.

(a) $SF_6$ (b) $C_{12}H_{22}O_{11}$

(c) $Al_2(SO_4)_3$ (d) $U(OTeF_5)_6$

## 3.10 실험식과 분자식의 결정

화학식을 이용하여 화합물의 퍼센트 조성을 알 수도 있고 거꾸로 질량 백분율로부터 화학식을 결정할 수도 있다. 여기서 화학식의 아래첨자는 화합물 1몰 당 각 원소의 상대적 몰수를 나타낸다는 것을 기억하라.

이러한 방법을 수소와 보론으로 구성된 diborane의 화학식을 찾는데 적용할 수 있다. 실험에 의하면 diborane은 78.13%의 B와 21.87%의 H이다. 따라서 100.0 g diborane 시료는 78.13 g의 B와 21.87g의 H를 포함한다. 이러한 정보로부터 시료에 들어 있는 각 원소의 몰수를 계산할 수 있다.

$$78.13\ \text{g B} \times \frac{1\ \text{mol B}}{10.811\ \text{g B}} = 7.227\ \text{mol B}$$

$$21.87\ \text{g H} \times \frac{1\ \text{mol H}}{1.0079\ \text{g H}} = 21.70\ \text{mol H}$$

이 자료로부터 화학식을 결정하기 위하여 각 원소의 상대적 몰수, 즉 보론의 몰수에 대한 수소의 몰수의 비를 알아야한다. H원자의 몰수는 B원자의 몰수의 3배 정도 된다는 것을 알 수 있다. 정확한 계산을 위하여 큰 몰수를 작은 몰수로 나누면

$$\frac{21.70\ \text{mol H}}{7.227\ \text{mol B}} = \frac{3.003\ \text{mol H}}{1.000\ \text{mol B}}$$

이 비는 B 원자 1몰 당 H 원자 3몰 또는 B원자 1개 당 H 원자 3개가 존재함을 의미한다. 이러한 정보로부터 시료의 화학식이 $BH_3$라고 할 수 있는데, 이것은 시료의 분자식일 수도 있고 아닐 수도 있다.

diborane과 같은 분자화합물에 대하여 분자식은 분자 하나에 포함된 전체 원자의 수를 정확하게 반영해야 한다. 우리가 한 계산은 분자 내 원자들의 가장 간단한 정수비를 주는 것이며 $BH_3$는 diborane의 가장 간단한 화학식이다. 분자 내 원자들의 가장 간단한 정수비로 나타낸 식을 **실험식(empirical formula)**이라고 부른다. 분자식은 $B_2H_6$, $B_3H_9$처럼 가장 간단한 식의 2배, 3배. . . 등이 가능하다.

분자식의 몰질량을 실험식의 몰질량으로 나누면 항상 작은 정수 값이 얻어진다. 정수 값이 1이면, 분자식과 실험식은 같다.

실제 분자식을 결정하기 위해서는 실험적으로 화합물의 몰질량을 구하고, 그 결과를 실험식의 몰질량과 비교하면 된다. 만약 두 몰질량이 같다면 실험식과 분자식은 같다. 그러나 실험적으로 결정한 몰질량이 실험식 몰질량의 어떤 정수배로 주어지면 분자식은 실험식의 어떤 정수배이다. 실험에서 diborane의 몰질량은 27.67 g/mol 이라고 주어진다. 이것을 $BH_3$의 몰질량 13.84 g/mol 과 비교하면, 분자식은 실험식의 어떤 정수 배가 되어야 하고 그 수는 27.67/12.84 = 2.00 임을 알 수 있다. 따라서 diborane의 분자식은 $BH_3$의 두 배인 $B_2H_6$이다.

**예제 3.15 질량데이터에 의한 백분율조성으로부터의 분자식**

산소가 인과 반응하면 두 가지 산화물이 생성될 수 있다. 한 산화물은 56.34%의 인과 43.66%의 산소를 포함하고, 몰질량은 219.90 g/mol 이다. 분자식을 결정하시오.

**정답:** $P_4O_6$

**풀이:** 질량 백분율로부터 분자식을 구하는 첫 단계는 각 원소들의 상대적인 몰수를 계산하

여 실험식을 결정하는 것이다. 100 g의 시료를 가정하면 56.35 g의 P와 43.66 g의 O를 포함하므로 각 원소의 몰수는

$$56.34\ \cancel{\text{g P}} \times \frac{1\ \text{mol P}}{30.97\ \cancel{\text{g P}}} = 1.819\ \text{mol P}$$

$$43.66\ \cancel{\text{g O}} \times \frac{1\ \text{mol O}}{16.00\ \cancel{\text{g O}}} = 2.729\ \text{mol O}$$

그러므로 몰 비는

$$\frac{2.729\ \text{mol O}}{1.819\ \text{mol P}} = \frac{1.500\ \text{mol O}}{1.000\ \text{mol P}}$$

원자의 수는 정수이어야 하므로 분자와 분모에 2를 곱하면 2몰의 인에 대하여 3몰의 산소가 존재한다. 실험식은 $P_2O_3$가 되고 몰질량은

$$\text{a}2\ \cancel{\text{mol P}} \times \frac{30.97\ \text{g P}}{1\ \cancel{\text{mol P}}}\text{b} + \text{a}3\ \cancel{\text{mol O}} \times \frac{16.00\ \text{g O}}{1\ \cancel{\text{mol O}}}\text{b}$$
$$= 109.95\ \text{g}\ P_2O_3\ \text{per mole}\ P_2O_3$$

따라서 주어진 몰질량은 실험식의 몰질량의 두 배이다$\left(\frac{219.90}{109.95} = 2\right)$. 분자식은 실험식의 두 배이다.

**실전예제 3.15**

다른 산화물은 43.64%의 인과 56.36%의 산소를 포함하고, 몰질량은 283.89 g/mol 이다. 실험식과 분자식을 결정하시오.

**예제 3.16 질량데이터에 의한 백분율조성으로부터의 분자식**

흔한 진통제의 하나인 아스피린은 몰질량이 180.15 g/mol 이고, 그것의 조성은 60.00%의 C, 4.4756 %의 H, 나머지 산소로 이루어졌다. 실험식과 분자식을 결정하시오.

**정답:** 실험식과 분자식 모두 $C_9H_8O_4$ 이다.

**풀이:** 우선 시료 100.0 g에 들어 있는 각 원소의 몰수를 구한다.

$$60.00\ \cancel{\text{g C}} \times \frac{1\ \text{mol C}}{12.01\ \cancel{\text{g C}}} = 4.996\ \text{mol C}$$

$$4.4756\ \cancel{\text{g H}} \times \frac{1\ \text{mol H}}{1.0079\ \cancel{\text{g H}}} = 4.441\ \text{mol H}$$

산소의 질량은

$$100.0\ \text{g sample} - 60.00\ \text{g C} - 4.4756\ \text{g H} = 35.52\ \text{g O}$$

이것을 산소의 몰수로 바꾸면

$$35.52\ \cancel{\text{g O}} \times \frac{1\ \text{mol O}}{15.9994\ \cancel{\text{g O}}} = 2.220\ \text{mol O}$$

가장 작은 산소의 몰수로 나누면

$$\frac{4.496\ \text{mol C}}{2.220\ \text{mol O}} = \frac{2.25\ \text{mol O}}{1.00\ \text{mol O}}$$

$$\frac{4.441\ \text{mol H}}{2.220\ \text{mol O}} = \frac{2.00\ \text{mol H}}{1.00\ \text{mol O}}$$

그러므로 실험식에서 원자수의 비는 1.00개의 O에 대하여 2.25 C, 2.00 H 이다. 가장 작은 정수비를 얻기 위하여 4를 곱하면 실험식은 $C_9H_8O_4$가 된다. 실험식의 몰질량은 180.15 g/mol이고 분자식의 몰질량과 같으므로 실험식은 분자식과 같다.

아스피린

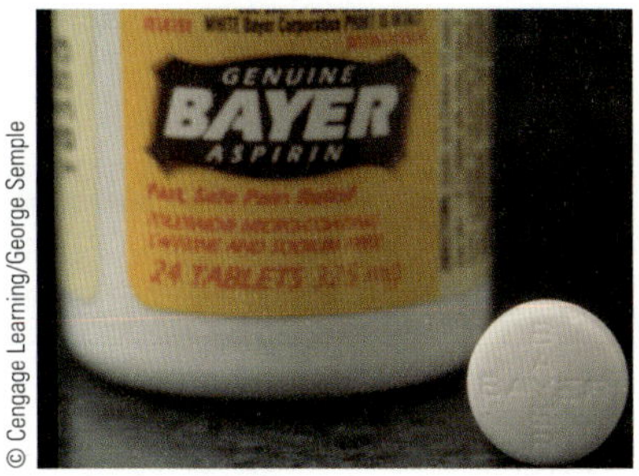

비타민 C

**실전예제 3.16**

비타민 C(아스코르브산)는 40.9% C, 4.58% H, 54.5% O를 포함하고 몰질량은 176.13 g/mol 이다. 실험식과 분자식을 결정하시오.

## 3.11 생물학적 주기율표

지금까지 알려진 100 여개 이상의 원소들 대부분은 우리 건강과 직접적으로 관련이 없지만 그림 3.7에 수록된 25개 정도는 사람에게 절대적으로 필수적인 원소들이다. 필수 원소들은 금속, 비금속, 준금속들로서 균형 잡힌 식이요법에 필요하다.

표 3.11에 우리 몸을 구성하는 주요 원소들과 무기물을 상대적 원자수가 많은 순으로 나열하였다. 가장 많이 존재하는 네 가지 원소는 수소, 산소, 탄소, 질소의 순이다. 이 네 가지 구성 원소는 모든 동식물을 구성하는 생화학적 화합물에 가장 많은 수의 원자들을 제공한다. 이 비금속원소들이 생성하는 생화학적 물질은 물을 포함한 몇 가지를 제외하고 유기화합물이다.

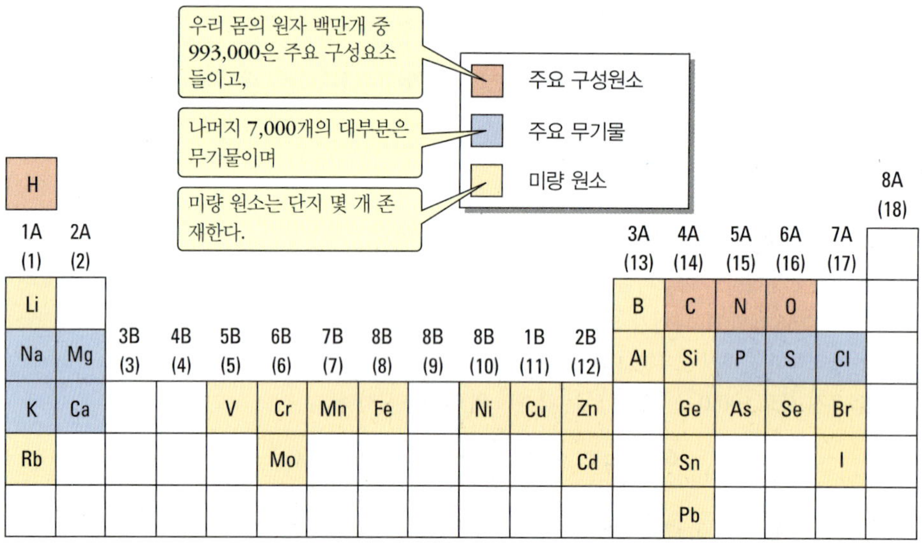


**그림 3.7 건강에 필수적인 원소.** C, H, N, O 의 네 가지 원소는 유기체를 구성하는 대부분의 유기화합물을 생성한다. 주요 무기물은 미량 원소보다 상대적으로 많은 양이 요구된다.

**표 3.11 인체의 주요 원소**

| 원소 | 기호 | 상대적 원자수 (인체의 원자 백만 개에 대한) | 원소 | 기호 | 상대적 원자수 (인체의 원자 백만 개에 대한) |
|---|---|---|---|---|---|
| Hydrogen | H | 630,000 | Chlorine | Cl | 570 |
| Oxygen | O | 255,000 | Sulfur | S | 490 |
| Carbon | C | 94,500 | Sodium | Na | 410 |
| Nitrogen | N | 13,500 | Potassium | K | 260 |
| Calcium | Ca | 3100 | Magnesium | Mg | 130 |
| Phosphorus | P | 2200 | | | |

비금속은 체액의 음이온에도 존재한다. 산소와 수소는 $PO_4^{3-}$, $HCO_3^-$처럼 산소를 포함하는 음이온에서 발견된다. 클로린은 $Cl^-$ 이온 상태로, 인은 $PO_4^{3-}$, $HPO_4^{2-}$, $H_2PO_4^-$의 세 가지 형태의 이온에, 탄소는 $CO_3^-$, $HCO_3^-$의 이온에도 존재한다. 금속은 몸 안에서 $Na^+$, $K^+$, $Ca^{2+}$ 등의 양이온 상태로 존재한다. 또한 헤모글로빈의 $Fe^{2+}$나 비타민 B−12의 $Co^{3+}$처럼 금속은 큰 생체분자에 포함되기도 한다.

EXERCISE
**연습문제** 3.10 **필수 원소**

그림 3.7에서 다음을 찾으시오.

(a) 필수 비금속 원소　　　(b) 필수 알칼리 토금속
(c) 필수 할로젠화 이온　　　(d) 네 가지 필수 전이금속

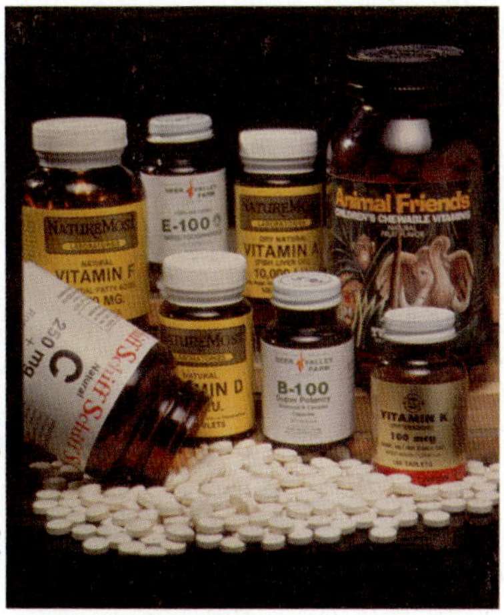


비타민과 미네랄 보충제

## 식이요법의 무기물

일반적으로 식이요법의 무기물이라 함은 탄소, 수소, 산소, 질소를 제외한 필수 원소들을 일컫는다. 이 원소들은 우리 체중의 단지 4% 정도 밖에 차지하지 않지만, 그 필요성과 효능은 훨씬 더 중요하다. "좋은 것은 작은 포장으로 만들어진다."라는 옛 말도 있다. 우리 몸은 여러 반응을 통하여 무기물을 효과적으로 재사용하기 때문에 그것들은 소량으로도 충분하지만, 식이요법에서 그것들이 빠지게 되면 건강에 심각한 영향을 미칠 수 있다.

그림 3.7에 나타낸 무기물은 상대적으로 풍부한 주요 무기물과 미량 원소로 분류된다. 주요 무기물은 체중의 0.01%(1 kg 당 100 mg) 이상 존재하는 물질로서 60 kg의 체중에 6 g 이상을 포함한다. 미량 원소는 매우 소량 존재하는 물질로서 하루에 필요한 아이오딘의 섭취량은 150 μg이다. 영양의 관점에서 주요 무기물과 미량 원소는 수용성 이온화합물의 이온들을 지칭한다.

# 문제

## 분자식과 구조식

1. 다음 비금속 화합물의 화학식을 쓰시오.
   (a) Bromine trifluoride
   (b) Xenon difluoride
   (c) Diphosphorus tetrafluoride
   (d) Pentadecane
   (e) Hydrazine

2. 다음 각 화합물의 분자식을 쓰시오.
   (a) 탄소원자 6개와 수소원자 6개로 구성된 벤젠(액체 탄화수소)
   (b) 탄소원자 6개, 수소원자 6개, 산소원자 6개로 구성된 비타민 C

3. 다음 화합물들에서 각 원소들의 원자수를 구하시오.
   (a) $CaC_2O_4$　　(b) $C_6H_5CHCH_2$
   (c) $(NH_4)_2SO_4$　　(d) $Pt(NH_3)_2Cl_2$
   (e) $K_4Fe(CN)_6$

## 구조이성질체

4. 서로 구조이성질체인 두 가지 분자가 있다.
   (a) 분자 수준에서 두 분자의 같은 점은 무엇인가?
   (b) 분자 수준에서 두 분자의 다른 점은 무엇인가?

## 이온전하의 예측

5. 다음 원소들의 이온 전하를 예측하시오.

(a) Magnesium (b) Zinc
(c) Iron (d) Gallium

6. 다음 화합물의 화학식이 올바른 것은? 틀렸을 경우 올바른 화학식을 제시하시오.

(a) AlCl (b) $NaF_2$
(c) $Ga_2O_3$ (d) MgS

## 다원자 이온

7. 다음 화합물들에서 어떤 이온들이 존재하는가? 또 한 화학식 단위에는 각 이온들은 몇 개가 있는가?

(a) $Pb(NO_3)_2$ (b) $NiCO_3$
(c) $(NH_4)_3PO_4$ (d) $K_2SO_4$

8. 다음 화합물의 화학식을 쓰시오.

(a) Nickel(II) nitrate (b) Sodium bicarbonate
(c) Lithium hypochlorite (d) Magnesium chlorate
(e) Calcium sulfite
Write the chemical formulas for these compounds.

## 이온화합물

9. 다음 중 이온성 화합물은?

(a) $CF_4$ (b) $SrBr_2$
(c) $Co(NO_3)_3$ (d) $SiO_2$
(e) KCN (f) $SCl_2$

10. 다음 이온화합물의 화학식을 쓰시오.

(a) Ammonium carbonate (b) Calcium iodide
(c) Copper(II) bromide (d) Aluminum phosphate

11. 다음 이온화합물들을 명명하시오.

(a) $K_2S$ (b) $NiSO_4$
(c) $(NH_4)_3PO_4$ (d) $Al(OH)_3$
(e) $Co_2(SO_4)_3$

## 전해질

12. 다음 전해질의 수용액에 존재하는 이온들은 무엇인가?

(a) KOH (b) $K_2SO_4$
(c) $NaNO_3$ (d) $NH_4Cl$

13. 다음 중 물에 녹았을 때 전기를 통하는 물질은?

(a) NaCl (b) $CH_3CH_2CH_3$ (propane)
(c) $CH_3OH$ (methanol) (d) $Ca(NO_3)_2$

## 화합물의 몰수

14. 1 mol 메탄올($CH_3OH$)에 대하여 다음 표를 채우시오.

| | $CH_3OH$ | Carbon | Hydrogen | Oxygen |
|---|---|---|---|---|
| 몰수 | ______ | ______ | ______ | ______ |
| 분자 또는 원자수 | ______ | ______ | ______ | ______ |
| 몰질량 | ______ | ______ | ______ | ______ |

15. 다음 화합물의 몰질량을 계산하시오.

(a) Iron(III) oxide
(b) Boron trifluoride
(c) Dinitrogen oxide (laughing gas)
(d) Manganese(II) chloride tetrahydrate
(e) $C_6H_8O_6$, ascorbic acid

16. 다음 화합물 1.00 g의 몰수는?

(a) $CH_3OH$, methanol
(b) $Cl_2CO$, phosgene, a poisonous gas
(c) Ammonium nitrate
(d) Magnesium sulfate heptahydrate (Epsom salt)
(e) $Ag(CH_3COO)$, silver acetate

17. 진통제인 아세트아미노펜의 분자식은 $C_8H_9O_2N$ 이다.
(a) 아세트아미노펜의 몰질량은?
(b) 아세트아미노펜 5.32 g 은 몇 mol인가?
(c) 아세트아미노펜 0.166 mol 은 몇 g인가?

18. CFC(chlorofluorocarbon)가 환경을 파괴한다는 강력한 증거로 인해 그것의 사용을 줄여왔다. 스프레이 한 통에 이 화합물($CCl_2F_2$) 250 g이 들어 있다면, 한 통을 다 비웠을 때 대기 중에 방출된 CFC의 분자 수는?

19. CFC는 성층권의 오존 농도를 감소시키는 문제와 관련이 있는데 $CF_3CH_2F$ 는 CFC의 대체물질이다.
(a) 이 물질 25.3 g은 몇 mol인가?
(b) 이 물질 25.3 g에 들어 있는 F 원자의 수는?

## 백분율 조성

20. 다음 화합물의 몰 질량과 각 원소의 질량 백분율을 계산하시오.
(a) PbS(방연광)
(b) $C_2H_6$(탄화수소연료)
(c) $CH_3COOH$(초산)
(d) $NH_4NO_3$(비료)

21. 구리를 포함하는 $Cu(NH_3)_4SO_4 \cdot H_2O$는 푸른색의 고체이다. 이 화합물의 몰질량과 각 원소들의 질량백분율을 구하시오.

22. 포유류의 호흡에 중요한 효소인 carbonic anhydrase는 몰질량이 $3.00 \times 10^4$ g/mol이고, 아연을 포함하는 큰 단백질 분자이다. 아연은 질량백분율로 단백질의 0.218%를 차지한다. 이 분자는 아연 원자를 몇 개 포함하고 있는가?

## 실험식과 분자식

23. 말레산의 실험식은 CHO이다. 몰질량이 116.1 g/mol이라면 분자식은?

24. 몰질량이 100.0 g/mol인 어떤 화합물의 원소 조성은 24.0% C, 3.0% H, 16.0% O, 57.0% F이다. 이 화합물의 분자식은 무엇인가?

25. 어떤 화합물의 질량백분율 성분은 38.67% K, 13.85% N, 47.47% O 이다. 이 화합물의 실험식은?

26. 고기나 생선에서 박테리아의 활동은 해롭고 고약한 냄새가 나는 카다베린을 생성한다. 이 화합물의 원소 백분율은 85.77% C, 13.81% H, 27.42% N이다. 카다베린의 몰질량이 102.2 g/mol 이라면 분자식은?

27. 황산마그네슘 $MgSO_4 \cdot xH_2O$를 250°C로 가열하면 물이 모두 빠져 나간다. 이 시료 1.687 g을 가열하면 0.824 g의 $MgSO_4$가 남는다. 이 황산마그네슘 수화물 분자식에 포함된 물 분자의 수는?

# 4장

# 반응물과 생성물의 양

NASA

NASA의 우주왕복선 발사. 우주왕복선의 엔진은 수소와 산소의 반응으로 동력을 얻는다. 엔진을 설계한 과학자와 기술자들은 필요한 각 반응물의 양이 얼마나 되는지 어떻게 알까? 균형 화학반응식을 사용하여 필요한 반응물의 양을 정확하게 계산할 수 있다.


4.1 화학반응식

4.2 화학반응의 유형

4.3 화학반응식의 균형 맞추기

4.4 몰과 화학반응: 마크로–나노의 연결

4.5 한 반응물의 양이 제한된 화학반응

4.6 반응의 완성도 평가: 퍼센트 수득률

4.7 백분율 조성과 실험식


화학에서 중요하게 강조되는 것 중의 하나는 화학반응에 대한 이해이다. 화학반응을 다루려면 반응에 포함된 모든 반응물과 생성물들의 정확한 화학식과 상대적인 몰수를 알아야 한다. 이러한 정보는 질량보존의 법칙을 따르는 균형 화학반응식에 잘 나타나 있다. 이 장은 화학 반응식의 성질에 대하여 논의하는 것으로 시작한다. 그리고는 화학반응의 일반적인 형태를 간략하게 소개할 것이다. 많은 종류의 알려진 화학 반응들은 몇 가지 반응 범주 — 결합, 분해, 치환, 교환 — 로 분류된다. 다음에는 균형 화학반응식을 어떻게 나타

양초의 성분인 탄화수소의 연소는 촛불을 생성한다.

내는가에 대하여 기술할 것이다. 균형 화학반응식은 반응물과 생성물이 무엇인지, 또 반응에 관여하는 각 물질의 양이 얼마인지를 알려준다. 마지막으로 화합물의 화학식을 찾는 방법을 소개할 것이다.

화학 반응의 기본은 원자나 분자단위의 나노스케일에서 이해되어야 한다. 반면 우리가 기술할 화학 반응은 우리 주변의 일상에서 거시적으로 관찰된다. 화학 반응에서 정량적 관계를 이해하고 적용하는 것은 필수적인 기술이다. 주어진 일정량의 반응물로부터 생성되는 생성물의 양을 계산할 수 있어야 한다. 이러한 정량적 계산을 할 수 있는 능력은 화학 반응의 나노스케일 세계를 실험실의 거시 세계 및 측정 가능한 양의 화합물을 다루는 산업적 공정과 연결시켜 준다.

## 4.1 화학반응식

촛불은 빛을 낼 뿐만 아니라 분위기도 만들어준다. 그것은 반응물이 생성물로 바뀌는 화학 반응의 결과이기도 하다. 반응물과 생성물은 원소이거나 화합물일 수 있다. 반응식은 다음과 같은 형태로 쓸 수 있다.

$$\text{반응물} \longrightarrow \text{생성물}$$

화살표는 "생성" 또는 "변화"를 의미한다.

양초가 타는 반응에서 양초의 탄화수소와 공기 중의 산소가 반응물이다. 원소나 화합물이 공기 중에서 타는 반응을 **연소반응(combustion reaction)**이라고 한다. 탄화수소의 완전 연소반응에서 생성물은 항상 이산화탄소와 물이다.

$$\underset{\text{양초의 탄화수소}}{C_{25}H_{52}(s)} + \underset{\text{산소}}{38\ O_2(g)} \longrightarrow \underset{\text{이산화탄소}}{25\ CO_2(g)} + \underset{\text{물}}{26\ H_2O(g)}$$

이 **균형 화학반응식**은 반응물에 들어 있는 각 원소의 원자수가 생성물의 각 원소의 원자수와 같도록, 반응물과 생성물의 상대적인 양을 나타낸다. 다음 단원에서 균형 반응식을 어떻게 쓸 것인지 논의할 것이다.

화학 반응식에서 반응물과 생성물의 상태를 나타내기 위하여 고체(s), 액체($\ell$), 기체(g)의 기호를 화학식의 끝에 붙여준다. 기호(aq)는 물에 녹아 있는 수용액 상태를 나타낸다. 아연 금속이 염산 수용액과 반응하는 경우에 볼 수 있다. 이 때 생성물은 수소 기체와 물에 녹는 이온화합물 염화아연이다.

$$\underbrace{Zn(s) + 2\ HCl(aq)}_{\text{반응물}} \longrightarrow \underbrace{H_2(g) + ZnCl_2(aq)}_{\text{생성물}}$$

18세기 유명한 프랑스의 과학자 Antoine Lavoisier는 나중에 Dalton의 원자론의 일부가 된 질량 보존의 법칙(law of conservation of mass)을 주장하였다. Lavoisier는 화학반응에서 질량은 더 생기지도 없어지지도 않는다는 것을 보였다. 그러므로 5 g의 반응물이 완전히 반응하면 5 g의 생성물이 만들어진다. 500 mg의 반응물이 반응한다면 500 mg의 생성물이 얻어진다는 것이다. Dalton의 원자론과 결합하면, 반응물에 어떤 특정 원소의 원자 1000개가 있다면 생성물에도 1000개의 원자가

**Antoine Lacosier** 1743–1794

정확한 과학적 측정과 잘 계획된 실험의 중요성을 처음으로 인식한 Lavoisier는 화학물질을 명명한 원칙을 도입하였다. 또한 Elements of chemisthy(1789)라는 저서에서 질량보존의 법칙을 화학에 처음으로 적용하였고 화학 반응식의 아이디어를 사용하였다.

존재해야 한다는 것을 의미한다.

수소 기체와 염소 기체가 반응하여 염화수소 기체를 생성하는 다음 반응을 보자.

$$H_2(g) + Cl_2(g) \longrightarrow 2\,HCl(g)$$

질량 보존의 법칙을 이 반응에 적용하면 $H_2$ 분자(2개의 H 원자) 하나와 $Cl_2$ 분자(2개의 Cl 원자) 하나가 반응하여 HCl 분자 2개를 생성해야 함을 의미한다. 균형 반응식에서 화학식 앞의 숫자(계수)는 물질이 어떻게 보존되는지를 나타낸다. 2HCl은 2개의 HCl 분자(각 분자는 1개의 H와 1개의 Cl을 포함)가 생성됨을 나타낸다. 원소 기호나 화합물의 화학식에 계수가 어떻게 곱해지는지를 주목하라. 반응물의 각 원소의 원자수와 생성물의 각 원소의 원자수가 같아지도록 만드는 것이 균형 반응식을 만드는 것이다.

반응식의 모든 계수에 같은 수를 곱하여 반응물과 생성물의 상대적인 양을 임의의 크기로 변화시킬 수 있다. 즉 $4H_2$ 분자가 $4Cl_2$ 분자와 반응하여 8HCl 분자를 생성할 수 있다(그림 4.1). 양을 아보가드로수만큼 늘리면 1몰의 $H_2$가 1몰의 $Cl_2$와 반응하여 2몰의 HCl 을 생성한다. 질량이 보존되어야함으로 반응물과 생성물에서 각 원소의 원자 수는 같다.

원자수의 균형이 맞으면 질량의 균형도 맞게 된다. 1.000몰의 $H_2$는 2.016 g 이고, 1몰 $Cl_2$는 70.90 g이다. 따라서 1몰의 $H_2$와 1몰의 $Cl_2$가 사용되었을 때 반응물의 총질량은 2.019 g + 70.90 g = 72.92 g이다. 질량보존의 법칙은 생성물도 반응물의 질량과 같은 72.92 g 만큼 얻어져야 한다.

$$2.000\text{ mol HCl} \times \frac{36.45\text{ g HCl}}{1\text{ mol HCl}} = 72.90\text{ g HCl}$$

반응물과 생성물의 질량 사이의 관계를 **화학량론(stoichiometry)**이라 하고, 균형 반응식의 계수를 **화학량론적 계수**라고 부른다.

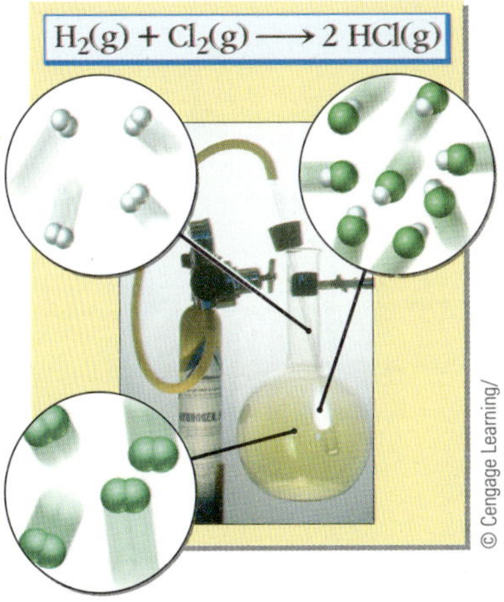


© Cengage Learning/ Charles D. Winters

**그림 4.1** 수소 $H_2$와 클로린 $Cl_2$가 반응하여 염화수소 HCl을 생성한다.

© Cengage Learning/Charles D. Winters

**그림 4.2** 철가루는 공기 중에서 연소하여 산화철, $Fe_2O_3$를 생성한다.

EXERCISE
**연습문제 4.1 화학반응식**

메테인이 연소하는 반응은 다음과 같다.

$$CH_4(g) + 2\,O_2(g) \longrightarrow CO_2(g) + 2\,H_2O(g)$$

이 화학반응식의 의미를 말로 설명하시오.

EXERCISE
**연습문제 4.2 화학량론적 계수**

철을 산소와 가열하면 산화철(III), $Fe_2O_3$을 생성한다(그림 4.2).

$$4\,Fe(s) + 3\,O_2(g) \longrightarrow 2\,Fe_2O_3(s)$$

(a) 이 반응에서 2.50 g의 $Fe_2O_3$가 생성되었다면 반응한 철과 산소의 총질량은 얼마인가?

(b) 이 반응식의 화학량론적 계수를 확인하시오.

(c) 만약 10,000개의 산소 원자가 반응한다면 Fe 원자는 몇 개가 반응하는가?

## 4.2 화학반응의 유형

많은 단순한 무기화학 반응들이 결합, 분해, 치환, 교환의 한 가지로 설명 될 수 있다. 이들 각 반응의 유형을 인식하는 것은 화합물들이 섞이거나 가열될 때 무슨 일이 일어날 지 예측할 수 있는 안내자로서 유용하다.

아래 반응을 살펴보자. 화학을 공부하고 있는 이 시점에서 여러분에게 어떤 의미가 있는가?

$$Cl_2(g) + 2\,KBr(aq) \longrightarrow 2\,KCl(aq) + Br_2(\ell)$$

반응식을 읽어보면 이원자 분자인 클로린 기체가 **KBr** 수용액과 반응하면 **KCl** 수용액과 액체 상태의 이원자 브롬이 생성된다. 반응의 형태를 인식하고 나면 이 반응은 치환 반응임을 알 수 있다. 즉 클로린이 **KBr**의 **Br**을 치환하여 **KCl** 수용액이 만들어진다.

앞에서 언급한 것처럼 여러분은 화학반응식을 읽고 해석할 수 있어야 한다. 반응물과 생성물의 물리적 상태도 주목하라. 다음 몇 단원에 기술된 것처럼 반응들을 분류하고 각각의 예에서 무엇을 배우게 되는지 살펴보라. 가장 중요한 것은 반응식을 암기해야 하는 것이라고 생각하면 안 된다. 그러기에는 너무나 많은 화학 반응들이 있다. 그 대신 반응의 형태나 종류를 알아보고 다른 상황에 적용할 수 있는 정보를 찾는다. 그렇게 함으로서 화학이 우리 일상에서 어떻게 다양하게 응용되고 있는지에 대한 통찰력을 갖게 될 것이다.

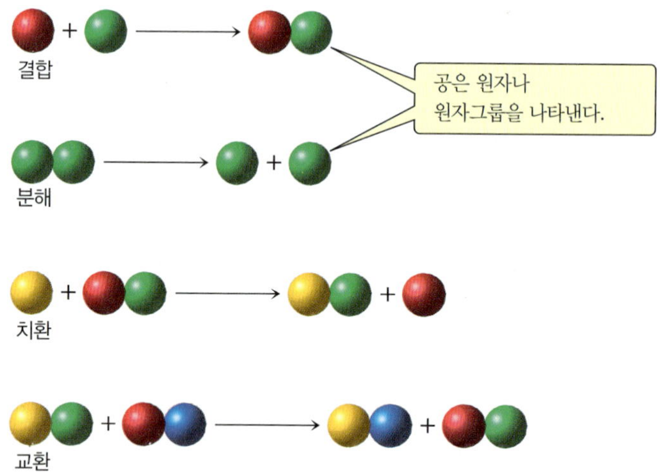


**그림 4.3 화학반응의 네 가지 일반적인 유형.** 반응의 이러한 분류는 주로 원소와 무기화합물에 적용된다.

### 결합 반응

**결합반응(combination reaction)**은 두 가지 이상의 물질이 반응하여 하나의 생성물을 생성하는 반응이다.

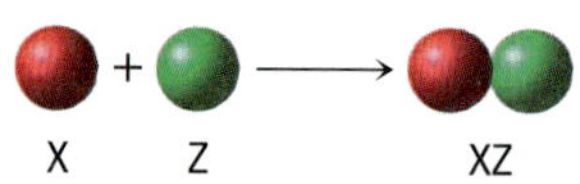

할로젠(그룹 7A 원소)이나 산소는 반응성이 높은 원소로서 다른 대부분의 원소들과 결합 반응을 한다. 그러므로 산소나 할로젠이 다른 원소와 반응한다면 결합 반응이 일어날 것으로 예측하는 것은 타당하다.

금속이 산소와 결합 반응을 하면 이온화합물인 금속 산화물을 생성한다. 이온화합물이 모두 그렇듯이 금속 산화물도 전기적으로 중성이어야 한다. 주기율표상의 금속의 위치를 알고 단원 3.5의 지침을 따르면 금속이온의 양전하를 예측할 수 있기 때문에 금속산화물의 화학식을 결정할 수 있다. 예를 들면 $Al^{3+}$를 생성하는 알루미늄(Al, 그룹 3A 원소)은 $O^{2-}$를 생성하는 $O_2$와 반응하여 산화알루미늄, $Al_2O_3$($2Al^{3+}$와 $3O^{2-}$ 이온)를 생성한다.

$$4\,Al(s) + 3\,O_2(g) \longrightarrow \underset{\text{산화알루미늄}}{2\,Al_2O_3(s)}$$

할로젠 원소도 금속과 반응하면 그들의 이온전하로부터 화학식의 예측이 가능한 이온화합물을 생성한다. 할로젠은 이온화합물에서 1− 이온을 생성한다. Na는 $Cl_2$와 반응하여 NaCl, Zn는 $I_2$와 반응하여 $ZnI_2$를 생성한다(그림 4.4).

$$2\,Na(s) + Cl_2(g) \longrightarrow 2\,NaCl(s)$$

$$Zn(s) + I_2(s) \longrightarrow ZnI_2(s)$$

비금속이 산소나 클로린과 결합하면 이온이 아니라 분자로 구성된 분자화합물이 생성된다. 예를 들어 그룹 6A의 원소인 황은 산소와 결합하여 산업적으로나 환경적으로 매우 중요한 $SO_2$와 $SO_3$ 두 가지 산화물을 생성한다.

$$S_8(s) + 8\,O_2(g) \longrightarrow \underset{\substack{\text{이산화황} \\ \text{(무색, 자극적인 냄새)}}}{8\,SO_2(g)}$$

$$2\,SO_2(g) + O_2(g) \longrightarrow \underset{\substack{\text{삼산화황} \\ \text{(무색, 더 자극적인 냄새)}}}{2\,SO_3(g)}$$

이산화황은 자연적으로 또는 인공적으로 대기 중에 방출된다. 대기 중 황산화물의 75% 정도가 발전소에서 석탄을 태우는 것과 같은 인간의 활동으로부터 유래한다. 석탄은 무게 백분율로 보통 1~4%의 황을 포함하고 있다.

결합 반응의 또 다른 예는 에틸렌과 같은 유기분자와 브롬이 반응하여 dibromoethane을 생성하는 것이다.

$$C_2H_4(g) + Br_2(\ell) \longrightarrow C_2H_4Br_2(g)$$

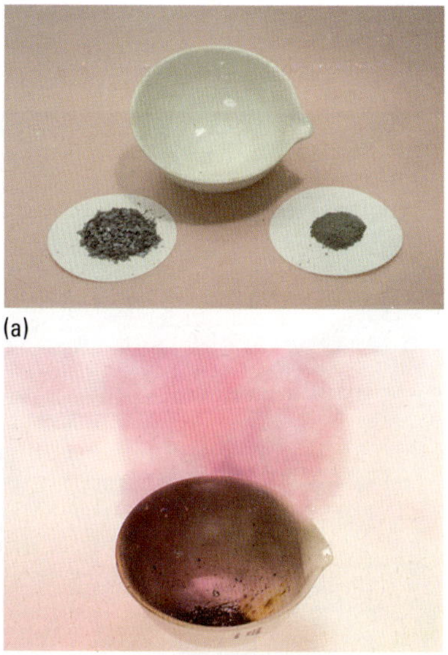

(a) (b)

Photos: © Cengage Learning/Charles D. Winters

**그림 4.4 아연과 아이오딘의 결합 반응.** (a) 반응물 (b) 이 결합 반응에서 아연 원자는 아이오딘 분자와 격렬하게 반응하여 요오드화아연 이온화합물을 생성하고 이 때 발생한 많은 열로 여분의 아이오딘 분자가 증기가 되어 올라온다.

상온에서 황은 밝은 노란색 고체이다. 나노스케일에서 황은 팔각형 고리분자, $S_8$이다.

EXERCISE
**연습문제 4.3 결합 반응**

다음의 결합 반응에 대하여 반응식의 균형이 맞는지 확인하시오.

(a) $Cu + O_2 \rightarrow CuO$  (b) $Cr + Br_2 \rightarrow CrBr_3$  (c) $S_8 + 3\,F_2 \rightarrow SF_6$

CONCEPTUAL
**개념학습** **4.4 결합 반응**

(a) 두 원소 사이의 결합 반응 생성물을 예측하기 위하여 어떤 정보가 필요한가?

(b) 칼슘과 플로린 사이의 결합 반응 생성물을 예측하기 위하여 어떤 구체적인 정보가 필요한가?

(c) 이 반응으로 생성되는 생성물은 무엇인가?

## 분해 반응

분해 반응은 결합 반응의 반대로 간주할 수 있다. **분해 반응(decomposition reaction)**에서는 한 가지 물질이 두 개 이상의 생성물로 분해된다. 일반적으로

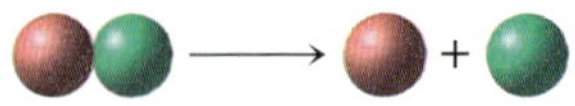

**HgO의 분해.** 붉은 산화수은(II)을 가열하면 액체수은과 산소기체로 분해된다.

정상 조건의 온도와 압력에서 안정하게 존재하는 많은 화합물들이 온도를 높이면 분해된다. 이러한 과정을 열분해(*thermal decomposition*)라고 하는데 몇 가지 금속 산화물은 열을 받으면 금속과 산소로 분해된다. 가장 잘 알려진 금속산화물의 분해 반응 중 하나는 1775년 Joseph Priestly가 산소를 발견하였던 반응이다.

$$2\,HgO(s) \xrightarrow{\text{가열}} 2\,Hg(\ell) + O_2(g)$$

매우 흔하고 상업적으로 중요한 분해반응의 유형은 탄산금속, 특히 탄산칼슘의 화학으로 설명된다. 많은 탄산 금속 화합물은 열을 가해주면 금속산화물과 이산화탄소로 분해된다.

$$\underset{\text{탄산칼슘}}{CaCO_3(s)} \xrightarrow{800\sim1000°C} \underset{\text{산화칼슘}}{CaO(s)} + CO_2(g)$$

**조개 껍질의 성분은 주로 탄산칼슘으로 구성되어 있다.**

칼슘은 지구에 다섯 번째로 많이 존재하는 원소이고 금속 중에는 Al과 Fe 다음 세 번째로 많다. 자연에 존재하는 칼슘은 대부분 초기 수중생물 화석의 탄산칼슘 형태로 존재한다. 탄산칼슘인 석회석은 기본 산업재료의 하나이다. 생석회(CaO)는 탄산칼슘의 분해반응으로 얻어지며 제지산업이나 물을 처리하는 화합물을 만드는데 원료 물질로 사용된다.

어떤 화합물은 불안정하여 분해 반응이 폭발적으로 일어난다. 니트로글리세린 ($C_3H_5(NO_3)_3$)은 충분히 불안정하여 분해 반응이 폭발적으로 일어난다. 니트로글리세린의 화학식에는 $NO_3$기가 3개 존재하며 화학반응의 균형을 맞추기 위해서는 모두 포함되어야 한다. 니트로글리센린은 진동이나 부딪침에 매우 민감하여 격렬하게 분해될 수 있다.

**다이나마이트는 니트로글리세린을 포함한다.**

$$4\,C_3H_5(NO_3)_3(\ell) \longrightarrow 12\,CO_2(g) + 10\,H_2O(g) + 6\,N_2(g) + O_2(g)$$

반면 물은 아주 안정하여 매우 높은 온도나, 전기분해라는 과정을 통해서 수소와

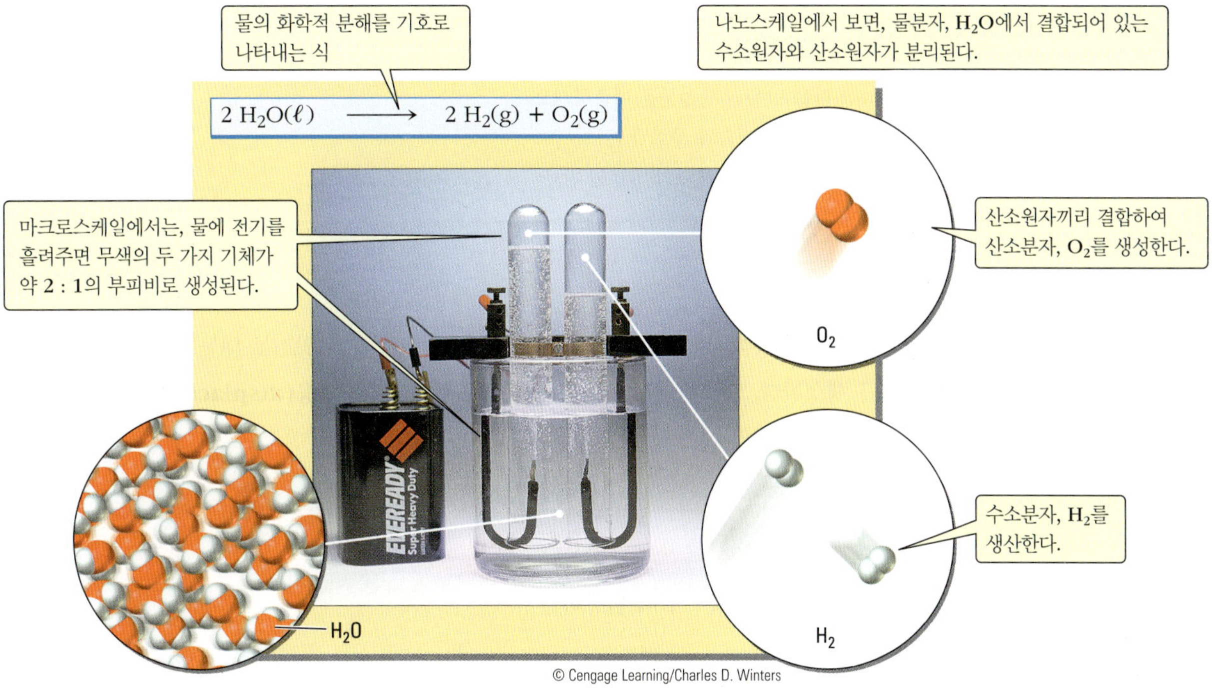


**그림 4.5 물의 분해.** 배터리의 직류 전류가 물을 수소 기체와 산소 기체로 분해한다.

산소로 분해된다(그림 4.5)

$$2\ H_2O(\ell) \xrightarrow{\text{전기분해}} 2\ H_2(g) + O_2(g)$$

**예제 4.1 결합반응과 분해반응**

다음 각 반응들에 대하여 반응의 유형과 생략된 화학종을 예측하시오.

(a) $2\ Fe(s) + 3$ ________ $(g) \longrightarrow 2\ FeCl_3(s)$
(b) $Cu(OH)_2(s) \longrightarrow CuO(s) +$ ________ $(\ell)$
(c) $P_4(s) + 5\ O_2(g) \longrightarrow$ ________ $(s)$
(d) $CaSO_3(s) \longrightarrow$ ________ $(s) + SO_2(g)$

**정답:**

(a) 결합, $Cl_2$ (b) 분해, $H_2O$
(c) 결합, $P_4O_{10}$ (d) 분해, CaO

**풀이:** 분해 반응에서는 반응물이 1개이고 결합반응에서는 생성물이 1개라는 사실을 이용한다.

(a) Fe(s)와 $Cl_2(g)$의 결합으로 $FeCl_3(s)$를 생성한다.
(b) $Cu(OH)_2(s)$의 분해는 CuO(s)와 $H_2O(s)$를 생성한다.
(c) $P_4(s)$와 $O_2(g)$의 결합으로 $P_4O_{10}(s)$가 생성된다.
(d) $CaSO_3(s)$의 분해는 CaO(s)와 $SO_2(g)$를 생성한다.

**실전예제 4.1**

다음 각 반응들에 대하여 반응의 유형과 생략된 화학종을 예측하시오.

(a) ________ $(g) + 2\ O_2(g) \longrightarrow 2\ NO_2(g)$
(b) $4\ Fe(s) + 3$ ________ $(g) \longrightarrow 2\ Fe_2O_3(s)$
(c) $2\ NaN_3(s) \longrightarrow 2\ Na(s) + 3$ ________ $(g)$

**Alfred Nobel** 1833–1896

스웨덴의 화학자이며 엔지니어 였던 Nobel은 니트로글리세린(빛과 열에 매우 민감한 폭발성 물질)을 규조토와 혼합하여 안전하게 다룰 수 있고 운반할 수 있는 다이나마이트를 발견하였다. Nobel의 기업가적인 재능과 많은 발명(그는 355개의 특허를 보유하고 있었다)으로 그는 커다란 부를 쌓을 수 있었다. 결혼한적이 없었으며 유산으로 노벨상을 만들어 매년 물리학, 화학, 생리학 및 의학, 문학, 평화 분야에서 인류에 크게 공헌한 사람들에게 수여하고 있다.

EXERCISE
**연습문제 4.5 결합 반응과 분해 반응**

다음 반응의 생성물을 예측하시오.
(a) 마그네슘과 클로린
(b) 탄산마그네슘의 열분해 반응

## 치환 반응

치환 반응에서는 한 원소가 화합물과 반응하여 다른 원소를 내놓고 새로운 화합물을 생성한다. 방출된 원소는 치환되었다고 한다. **치환 반응(displacement reaction)**의 일반적인 식은

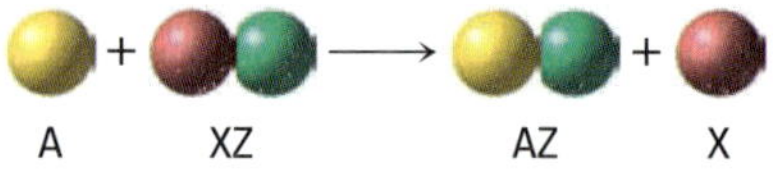


소듐금속이 물과 반응하면

$$2\ Na(s) + 2\ H_2O(\ell) \longrightarrow 2\ NaOH(aq) + H_2(g)$$

물, $H_2O$를 H—O—H로 생각하면 Na가 $H_2O$의 H를 치환한다는 것을 쉽게 알수 있다.

이 반응에서 소듐은 물의 수소를 치환한다(그림 4.6). 반응성이 매우 높은 알칼리 금속(1A 그룹)은 모두 물에 노출되었을 때 이와 같이 반응한다.

치환 반응의 다른 예는 구리금속과 질산은 수용액 사이에서 일어나는 다음과 같은 반응이다.

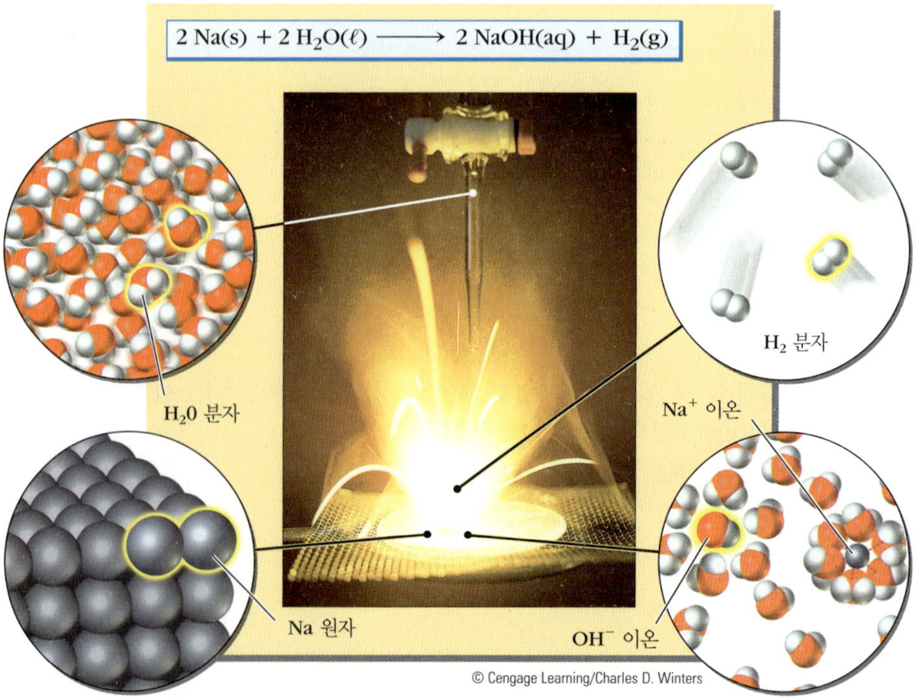




**그림 4.6 치환 반응.** 뷰렛을 사용하여 소듐 금속에 물방울을 떨어뜨리면 소듐은 물 분자의 수소를 치환하고 수산화소듐 용액을 생성한다. 사진에서는 수소 기체가 타서 불꽃이 일어나는 것을 보여준다. 나노스케일 삽화에서는 균형반응식에 나타나는 원자, 분자, 이온들의 수를 나타내었다.

$$Cu(s) + 2\,AgNO_3(aq) \longrightarrow Cu(NO_3)_2(aq) + 2\,Ag(s)$$

이 경우 구리금속은 질산은에서 은이온, $Ag^+$을 치환한다. 금속은 반응성이 가장 큰 것부터 작은 순으로 배열 할 수 있음을 보게 될 것이다(단원 5.5). 금속의 활성도 순서는 치환 반응의 결과를 예측하는데 사용할 수 있다.

## 교환 반응

**교환 반응(exchange reaction)**에서는 다음과 같이 두 화합물 사이에 일부가 교환된다.

교환 반응은 또한 자리전환 반응이나 복치환 반응이라고도 한다.

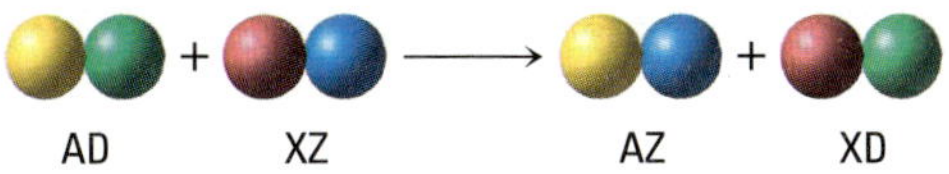


질산납(II)과 크롬산포타슘의 수용액을 혼합하면 불용성 생성물이 생성되는 교환 반응이 일어난다. 즉 $Pb^{2+}$이온과 $K^+$이온은 상대를 교환하여 불용성의 크롬산납과 수용성의 질산포타슘을 생성한다.

$$\underset{\text{lead(II) nitrate}}{Pb(NO_3)_2(aq)} + \underset{\text{potassium chromate}}{K_2CrO_4(aq)} \longrightarrow \underset{\text{lead(II) chromate}}{PbCrO_4(s)} + \underset{\text{potassium nitrate}}{2\,KNO_3(aq)}$$

교환 반응은 물에 녹는 이온화합물 사이에서 일어나는 여러 종류의 반응을 포함한다. 이러한 반응은 반응물 이온이 세 가지 유형의 생성물(불용성 고체, 분자화합물, 기체) 중 하나로 바뀌면서 용액에서 제거될 때 일어난다.

**$Pb(NO_3)_2(aq) + K_2CrO_4(aq) \longrightarrow PbCrO_4(s) + 2\,KNO_3(aq)$.**
질산 납(II)과 크롬산 포타슘 용액을 혼합하면 크롬산 납(II)의 밝은 노란색 침전이 생성된다.

**예제 6.6 유형별로 반응 분류하기**

다음 반응들을 본문에서 언급한 네 가지 일반적인 반응 유형으로 분류하시오.

(a) $2\,Al(s) + 3\,Br_2(\ell) \longrightarrow Al_2Br_6(s)$
(b) $2\,K(s) + 2\,H_2O(\ell) \longrightarrow 2\,KOH(aq) + H_2(g)$
(c) $AgNO_3(aq) + NaCl(aq) \longrightarrow AgCl(s) + NaNO_3(aq)$
(d) $NH_4NO_3(s) \longrightarrow N_2O(g) + 2\,H_2O(g)$

**정답:** (a) 결합 (b) 치환 (c) 교환 (d)분해

**풀이:** 치환 반응에서 반응물의 하나는 원소이고, 교환 반응에서는 두 반응물 모두 화합물이다.

(a) 2개의 반응물과 1개의 생성물
(b) 치환 반응의 일반적인 형태이다. $A + XZ \longrightarrow AZ + X$
(c) 교환 반응의 일반적인 형태이다. $AD + XZ \longrightarrow AZ + XD$
(d) 하나의 물질이 2개의 생성물로 분해된다.

**실전예제 4.2**

다음의 화학반응들을 본문에서 기술한 네 가지 일반적인 반응유형으로 분류하시오.

(a) $2\,Al(OH)_3(s) \longrightarrow Al_2O_3(s) + 3\,H_2O(g)$
(b) $Na_2O(s) + H_2O(\ell) \longrightarrow 2\,NaOH(aq)$
(c) $S_8(s) + 24\,F_2(g) \longrightarrow 8\,SF_6(g)$
(d) $3\,NaOH(aq) + H_3PO_4(aq) \longrightarrow Na_3PO_4(aq) + 3\,H_2O(\ell)$
(e) $3\,C(s) + Fe_2O_3(s) \longrightarrow 3\,CO(g) + 2\,Fe(\ell)$

## 4.3 화학반응식의 균형 맞추기

화학반응식의 균형을 맞추는 것은 계수를 사용하여 반응식의 양쪽에 각 원소의 원자 수가 같아지도록 만드는 것을 의미한다. 시행착오의 과정을 거쳐 화학 반응식의 균형을 맞추는 방법을 보여주기 위하여 일반적 반응 유형의 하나인 결합 반응의 예를 들어 보겠다.

질소와 수소로부터 암모니아가 생성되는 반응의 균형을 맞춰 보자. 이 반응은 공기에서 추출된 질소와 천연가스로부터 얻어진 수소를 사용하여 세계적으로 매년 수백만 톤의 암모니아를 생산한다.

**단계 1: 모든 반응물과 생성물의 정확한 화학식을 포함하는 균형을 맞추기 전의 화학반응식을 쓴다.**

$$\text{(불균형 화학반응식)} \qquad N_2 + H_2 \longrightarrow NH_3$$

현재 질소와 수소는 균형이 맞지 않는다. 질소원자는 왼쪽에 2개, 오른쪽에 1개가 있으며, 수소원자는 왼쪽에 2개 오른쪽에 3개가 있다.

반응의 균형을 맞추는 것은 계수를 변화시키는 것이며, 화학식의 첨자는 바꿀 수 없다. 첨자를 바꾸는 것은 반응에 포함된 화학종이 달라지는 것이다.

**단계 2: 한 가지 원소의 원자 수 균형을 맞춘다.** 질소원자의 균형을 맞추기 위하여 계수 2를 $NH_3$에 붙인다. $2NH_3$ 는 암모니아 분자 2개를 나타내며 각각의 분자는 질소원자 1개와 수소원자 3개를 포함한다. 따라서 오른쪽에는 질소원자 2개와 수소원자 6개가 있다.

$$\text{(불균형 화학반응식)} \qquad N_2 + H_2 \longrightarrow 2\,NH_3$$

**단계 3: 남아 있는 다른 원소의 원자 수 균형을 맞춘다.** 오른쪽에 수소원자 6개가 있으므로 수소원자의 균형을 맞추기 위하여 왼쪽의 $H_2$ 앞에 계수 3을 붙인다.

$$\text{(균형 화학반응식)} \qquad N_2 + 3\,H_2 \longrightarrow 2\,NH_3$$

**단계 4: 각 원소들의 균형이 맞는지 확인한다.** 질소원자와 수소원자가 각각 반응식의 양쪽에서 서로 같은 수만큼 존재하는지 확인한다.

| (균형 화학반응식) | $N_2$ | + | $3\,H_2$ | $\longrightarrow$ | $2\,NH_3$ |
|---|---|---|---|---|---|
| 원자수 | 2 N | + | (3 × 2) H | = | 2 N + (2 × 3) H |
| | 2 N | + | 6 H | = | 2 N + 6 H |

반응물과 생성물의 물리적 상태도 균형 반응식에 포함시킨다. 따라서 완결된 암모니아 생성의 최종 반응식은

$$N_2(g) + 3\,H_2(g) \longrightarrow 2\,NH_3(g)$$

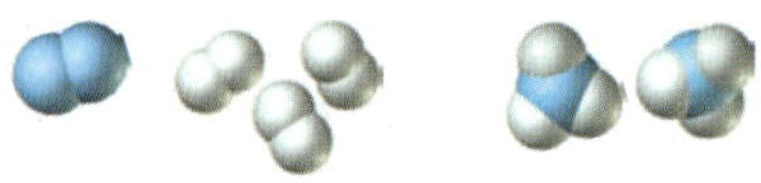

**예제 4.3 화학반응식의 균형 맞추기**

1000 °C에서 암모니아 기체는 산소기체와 반응하여 일산화질소와 수증기를 생성한다. 이 반응의 균형 화학반응식을 쓰시오.

**정답**: $4\ NH_3(g) + 5\ O_2(g) \longrightarrow 4\ NO(g) + 6\ H_2O(g)$

**풀이**: 균형 화학반응식에 단계적으로 접근한다. 산소가 생성물 모두에 존재하고 있다.

**단계 1**: 생성물과 반응물의 화학식을 포함하는 불균형 화학반응식을 쓴다.

(불균형 화학반응식) $NH_3(g) + O_2(g) \longrightarrow NO(g) + H_2O(g)$

**단계 2**: 원소의 원자균형을 맞춘다. 왼쪽에 수소원자 3개 오른쪽에 수소원자 2개가 있으므로 수소원자의 균형이 맞지 않는다. 왼쪽에 계수 2, 오른쪽에 계수 3을 사용하여 수소원자의 균형을 맞춘다.

(불균형 화학반응식) $2\ NH_3(g) + O_2(g) \longrightarrow NO(g) + 3\ H_2O(g)$

**단계 3**: 나머지 원소의 원자균형을 맞춘다. 왼쪽에 2개의 질소, 오른쪽에 1개의 질소가 있으므로 오른쪽에 계수 2를 사용한다.

(불균형 화학반응식) $2\ NH_3(g) + O_2(g) \longrightarrow 2\ NO(g) + 3\ H_2O(g)$

그러면 왼쪽에 2개의 산소원자, 오른쪽에 5개의 산소원자가 있다. $O_2$의 원자균형을 계수 $\frac{5}{2}$를 사용하여 맞춘다.

(균형 화학반응식) $2\ NH_3(g) + \frac{5}{2}O_2(g) \longrightarrow 2\ NO(g) + 3\ H_2O(g)$

이제 균형이 모두 맞지만 관습적으로 모든 계수는 정수로 표시한다. 모든 계수에 2를 곱해주면 완성된 균형 화학반응식을 얻을 수 있다.

(균형 화학반응식) $4\ NH_3(g) + 5\ O_2(g) \longrightarrow 4\ NO(g) + 6\ H_2O(g)$

**단계 4**: 각 원소의 원자수 균형이 맞는지 확인한다.

(균형 화학반응식) $4\ NH_3(g) + 5\ O_2(g) \longrightarrow 4\ NO(g) + 6\ H_2O(g)$

| $4\ NH_3(g)$ | $5\ O_2(g)$ | | $4\ NO(g)$ | $6\ H_2O(g)$ |
|---|---|---|---|---|
| 4 N | | = | 4 N | |
| 12 H | | = | | 12 H |
| | 10 O | = | 4 O | 6 O |

**실전예제 4.3**

다음 반응의 균형을 맞추시오.

(a) $Cr(s) + Cl_2(g) \longrightarrow CrCl_3(s)$ (b) $As_2O_3(s) + H_2(g) \longrightarrow As(s) + H_2O(\ell)$

프로판 $C_3H_8$의 연소 반응은 균형 맞추기가 약간 더 복잡하다. 프로판은 산소와 완전히 반응하여 이산화탄소와 물만 생성한다고 가정한다.

**예제 4.4 연소 반응의 균형 맞추기**

가스그릴 연료로 사용되는 프로판, $C_3H_8$의 완전 연소 반응에 대한 균형 화학반응식을 쓰시오.

**정답**: $C_3H_8(g) + 5\ O_2(g) \longrightarrow 3\ CO_2(g) + 4\ H_2O(\ell)$

**풀이**:

**단계 1**: 불균형 반응식을 쓴다.

(불균형 화학반응식) $C_3H_8 + O_2 \longrightarrow CO_2 + H_2O$

**단계 2**: 탄소원자의 균형을 제일 먼저 맞추는게 유리하다. 왜냐하면 반응물과 생성물 모두에서 한군데에만 존재하기 때문이다.

(불균형 화학반응식) $C_3H_8 + O_2 \longrightarrow 3\ CO_2 + H_2O$

**단계 3:** 나머지 원소들의 균형을 맞춘다. 수소원자의 균형을 맞추기 위하여 물분자의 계수를 4로 맞춘다.

(불균형 화학반응식) $C_3H_8 + O_2 \longrightarrow 3\ CO_2 + 4\ H_2O$

이제 산소원자의 균형을 맞추면 된다. 생성물의 산소원자의 수는 모두 10개 반응물의 산소원자 수는 2개이므로 $O_2$의 계수를 5로 맞춘다.

$$C_3H_8(g) + 5\ O_2(g) \longrightarrow 3\ CO_2(g) + 4\ H_2O(\ell)$$

**단계 4:** 각 원소들의 원자수 균형이 맞는지 확인한다.

$$C_3H_8(g) + 5\ O_2(g) \longrightarrow 3\ CO_2(g) + 4\ H_2O(\ell)$$

| | | | | | |
|---|---|---|---|---|---|
| 3 C | | = | 3 C | | |
| 8 H | | = | | | 8 H |
| | 10 O | = | 6 O | + | 4 O |

**실전예제 4.4**

에틸알코올을 가솔린에 첨가하여 더 깨끗이 연소하는 연료를 만들 수 있다. 다음의 균형 화학반응식을 쓰시오.

(a) 에틸알코올이 완전 연소하여 이산화탄소와 물을 생성하는 연소반응

(b) 에틸알코올이 불완전 연소하여 일산화탄소와 물을 생성하는 연소반응

다원자 이온이 화학반응식의 양쪽에 존재하면 균형을 맞추는 동안 다원자 이온을 한 묶음으로 간주한다. 화학식 내에서 다원자 이온을 여러 개 표시하려면 이온을 괄호로 묶고 아래첨자를 사용하여 개수를 나타낸다. 예를 들어 인산소듐과 질산바륨이 반응하여 인산바륨과 질산소듐을 생성하는 다음과 같은 반응식에서

$$2\ Na_3PO_4(aq) + 3\ Ba(NO_3)_2(aq) \longrightarrow Ba_3(PO_4)_2(s) + 6\ NaNO_3(aq)$$

질산이온($NO_3^-$)과 인산이온($PO_4^{3-}$)은 여러 개가 존재하는 경우 괄호로 묶어 하나의 단위로 표시한다.

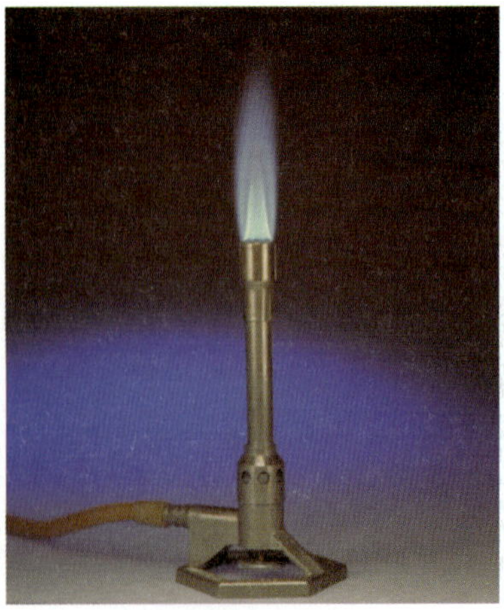



**그림 4.7 메테인의 연소.** 메테인은 천연가스의 주성분이고, 산업체의 주요 연료이며 실험실에서 분젠 버너에 흔히 사용된다.

## 4.4 몰과 화학반응: 마크로–나노의 연결

몰질량은 원자나 분자의 수를 원자나 분자의 질량과 연결하고, 화학식 단위를 이온화합물과 연관시켜준다. 몰질량을 균형화학반응식과 결합시키면 반응물과 생성물의 질량을 계산할 수 있다. 이러한 방법으로 나노스케일의 화학반응이 마크로스케일과 연결되어 반응물과 생성물의 질량을 측정할 수 있도록 해준다.

이러한 관계를 메탄($CH_4$)과 산소($O_2$)사이의 연소반응을 예로 들어 살펴볼 것이다(그림 4.7). 아래의 균형 화학반응식은 반응물($CH_4$와 $O_2$)과 생성물($CO_2$와 $H_2O$)의 분자 수를 보여준다. 화학식 앞의 계수는 각 화합물의 몰수로 해석할 수도 있다. 각 화합물의 몰질량을 이용하여 균형 반응식에 나타난 생성물과 반응물의 질량을 계산할 수 있다.

$$CH_4\,(g) \quad + \quad 2\,O_2\,(g) \longrightarrow CO_2\,(g) \quad + \quad 2\,H_2O\,(g)$$

| 1 $CH_4$ molecule | 2 $O_2$ molecules | 1 $CO_2$ molecule | 2 $H_2O$ molecules |
|---|---|---|---|
| 1 mol $CH_4$ | 2 mol $O_2$ | 1 mol $CO_2$ | 2 mol $H_2O$ |
| 16.0 g $CH_4$ | 64.0 g $O_2$ | 44.0 g $CO_2$ | 36.0 g $H_2O$ |
| 총 80.0 g | | 총 80.0 g | |

균형 화학반응식에서는 반응물의 총 질량(16.0 g $CH_4$ + $O_2$ 64.0 g) = 80.0 g 반응물)과 생성물의 총 질량(44.0 g $CO_2$ + 36.0 g $H_2O$ = 80.0 g 생성물)이 같음을 주목하라.

균형 화학반응식에서 화학량론적 계수는 반응물과 생성물 사이의 반응하는 몰수의 비를 알려준다. 이 몰비는 화학 반응의 모든 정량적 계산에 이용된다. 이 반응에 대해서 다음의 여러 가지 몰비가 존재한다.

$$\frac{2\text{ mol } O_2}{1\text{ mol } CH_4} \quad \text{또는} \quad \frac{1\text{ mol } CO_2}{1\text{ mol } CH_4} \quad \text{또는} \quad \frac{2\text{ mol } H_2O}{2\text{ mol } O_2}$$

2몰의 $O_2$는 1몰의 $CH_4$와 반응하고, 1몰의 $CH_4$가 반응하면 1몰의 $CO_2$가 생기고, 2몰의 $O_2$가 반응하면 2몰의 $H_2O$가 생성됨을 알려준다.

**균형 화학반응식의 몰비를 사용하면 한 반응물 또는 생성물의 몰수로부터 다른 반응물 또는 생성물의 몰수를 계산할 수 있다.** 예를 들어 0.40 몰의 $CH_4$가 산소와 완전히 반응할 때 생성되는 $H_2O$의 몰수를 계산할 수 있다.

$CH_4$의 몰수 → $H_2O$의 몰수

$$0.40\text{ mol } CH_4 \times \frac{2\text{ mol } H_2O}{1\text{ mol } CH_4} = 0.80\text{ mol } H_2O$$

EXERCISE
**연습문제 4.6 몰 비**

$Al$과 $Br_2$가 반응하여 $Al_2Br_6$가 생성되는 균형 화학반응식에서 얻을 수 있는 가능한 몰비를 모두 쓰시오.

그림 4.8에 나타낸 것처럼 몰질량과 몰비는 반응물 및 생성물의 몰과 질량을 연결시켜준다. 반응물의 양이 그램 수로 주어졌을 때, 몰질량을 사용하여 몰수로 바꿀 수 있다. 그러면 균형 화학반응식을 이용하여 반응물의 몰수를 생성물의 몰수로 바꿀 수 있다. 마지막으로 필요하다면 생성물의 몰질량을 사용하여 생성물의 그램 수를 구할 수 있다. 그림 4.8에 계산 과정을 보여준다.

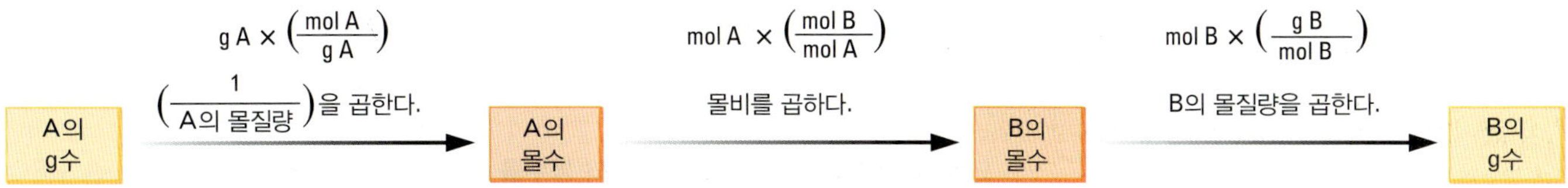


**그림 4.8 화학 반응에서 화학량론 관계.** 한 반응물이나 생성물(A)의 질량(또는 몰)은 다른 반응물이나 생성물(B)의 질량(또는 몰)과 일련의 계산 과정으로 연관된다.

**예제 4.5 화학반응에서 몰과 그램**

적철광, $Fe_2O_3$를 일산화탄소와 반응시키면 이산화탄소와 철이 생성된다. 45.0 g의 적철광이 충분한 양의 일산화탄소와 반응하면 철은 몇 몰이 생성되는가? 또 몇 그램이 생성되는가?

**정답:** 0.564 mol, 31.5 g Fe

**풀이:** 우선 균형 화학반응식을 적는다.

$$Fe_2O_3(s) + 3\,CO(g) \longrightarrow 2\,Fe(s) + 3\,CO_2(g)$$

그림 4.8에 명시된 질량과 몰수의 관계를 사용한다. 적철광의 질량을 알고 있으므로 몰수를 구할 수 있다.

$$\text{적철광의 그램수} \longrightarrow \text{적철광의 몰수}$$

반응한 적철광의 양: $45.0\text{ g 적철광} \times \dfrac{1\text{몰 적철광}}{159.69\text{ g 적철광}} = 0.282\text{ 몰 적철광}$

균형 화학반응식의 몰비를 사용하여 반응한 적철광의 몰수를 생성된 철의 몰수로 전환한다.

$$\text{적철광의 몰수} \longrightarrow \text{철의 몰수}$$

생성된 철의 양: $0.282\text{ 몰 적철광} \times \dfrac{2\text{ 몰 철}}{1\text{ 몰 적철광}} = 0.564\text{ 몰 Fe}$

생성된 철의 몰수에 철의 몰질량을 곱하면 철의 질량이 얻어진다.

$$0.564\text{ mol Fe} \times \frac{55.845\text{ g Fe}}{1\text{ mol Fe}} = 31.5\text{ g Fe}$$

**실전예제 4.5**

0.433 mol의 적철광과 완전히 반응하는데 필요한 일산화탄소는 몇 그램인가?

화학반응에서 질량 관계에 대한 문제를 푸는 단계적 방법에 대한 화학량론적 관계를 그림 4.8에 나타내었다. 5.0 g의 $CH_4$를 완전 연소시키려면 몇 그램의 $O_2$가 필요한가? 라는 질문에 답하기 위하여

**단계 1: 반응물과 생성물의 정확한 화학식과 균형 화학반응식을 쓴다.**

$$CH_4(g) + 2\,O_2(g) \longrightarrow CO_2(g) + 2\,H_2O(g)$$

**단계 2: 질문에서 무엇을 알고 있고 무엇을 모르는지 결정한다.** 이 예제에서 $CH_4$의 질량을 알고 있고 $O_2$의 질량을 구하려고 한다. $CH_4$의 몰질량을 사용하여 $CH_4$의 질량을 몰수로 바꾼다. 그런 후 균형 화학 반응식의 몰비(2 mol $O_2$/1 mol $CH_4$)를 이용하여 필요한 $O_2$의 몰수를 계산할 수 있다. 마지막으로 $O_2$의 몰질량을 이용하여 $O_2$의 몰수를 그램 수로 바꾼다.

$CH_4$의 g수 ⟶ $CH_4$의 몰수 ⟶ $O_2$의 몰수 ⟶ $O_2$의 g수

**단계 3: (필요한 경우)그램 수로부터 몰수를 계산한다.** $CH_4$의 질량을 몰수로 변환해야 한다.

$$5.0\ g\ CH_4 \times \frac{1\ mol\ CH_4}{16.0\ g\ CH_4} = 0.313\ mol\ CH_4$$

여러 단계의 계산을 거치는 경우 계산 과정에서 유효숫자를 하나 더 포함하여 계산하고 최종 결과에서 반올림하는 것을 명심하라.

**단계 4: 몰 비를 사용하여 미지의 몰 수를 계산하고 필요하다면 몰수를 그램 수로 변환한다.** 산소의 몰수와 그램 수를 계산하면

$$0.313\ mol\ CH_4 \times \frac{2\ mol\ O_2}{1\ mol\ CH_4} = 0.626\ mol\ O_2$$

$$0.626\ mol\ O_2 \times \frac{32.0\ g\ O_2}{1\ mol\ O_2} = 20.\ g\ O_2$$

**단계 5: 답이 타당한지 확인한다.** 출발 물질 $CH_4$ 5.0g은 1/3몰 정도이다. 반응 몰비가 1:2 이므로 1/3몰 $CH_4$는 2/3몰의 $O_2$와 반응해야 한다. $O_2$의 몰 질량은 32.0 g/mol 이고 이것의 2/3는 약 20g 정도이다. 따라서 답은 타당하다.

EXERCISE
**연습문제 4.7 화학반응에서 몰과 그램**

0.300몰의 $CH_4$가 충분한 양의 산소와 반응하면 10.8 g의 물이 생성됨을 보이시오.

**예제 4.6 화학반응에서 몰과 그램**

고온에서 $SiO_2$가 탄소와 반응하면 산업적으로 중요한 연마제인 카보렌덤, SiC와 일산화탄소가 생성된다. 0.400 mol의 $SiO_2$가 충분한 양의 탄소와 완전히 반응할 때 생성되는 SiC는 몇 그램 생성되는가?

**정답:** 16.0 g

**풀이:**

**단계 1:** 반응물은 $SiO_2$와 C이고, 생성물은 SiC와 CO이다.

$$SiO_2(s) + 3\ C(s) \longrightarrow SiC(s) + 2\ CO(g)$$

**단계 2:** 알려져 있는 정보와 모르는 것이 무엇인지 결정한다. $SiO_2$의 몰수를 알고 있고 C는 충분히 존재한다. $SiO_2$가 모두 반응하면 SiC 몇 몰이 생성되는지 계산할 수 있다. 따라서 SiC의 질량이 계산된다.

(불균형 화학반응식) $2\ NH_3(g) + O_2(g) \longrightarrow NO(g) + 3\ H_2O(g)$

**단계 3:** 그램수로 부터 몰수를 계산한다. 0.400 몰의 $SiO_2$가 존재한다는 것을 알고 있다.

**단계 4:** 화학반응식의 몰비를 사용한다. 생성된 SiC의 몰수를 구하고 몰수를 그램수로 전환한다. 한번에 계산하면

$$0.400\ mol\ SiO_2 \times \frac{1\ mol\ SiC}{1\ mol\ SiO_2} \times \frac{40.10\ g\ SiC}{1\ mol\ SiC} = 16.0\ g\ SiC$$

**단계 5:** 타당한지 정답을 확인한다. 0.400 몰의 $SiO_2$는 0.400 몰의 SiC를 생성하므로 16.0 g SiC는 타당하다.

**실리콘 카바이드, SiC.** SiC로 코팅한 연마기구(왼쪽), 자연에 존재하는 실리콘카바이드(오른쪽), 실리콘카바이드는 가장 강한 물질의 하나로 알려져 있으며 연마용구의 제작에 사용된다

**실전예제 4.6**

주석은 $SnO_2$ 광석을 탄소와 반응시켜 추출한다.

$$SnO_2(s) + 2\,C(s) \rightarrow Sn(\ell) + 2\,CO(g)$$

(a) 3.00 mol의 $SnO_2$로부터 몇 그램의 주석을 생성할 수 있는가?

(b) 이 만큼의 주석을 생성하기 위하여 탄소는 몇 그램 필요한가?

**예제 4.7 그램과 몰**

캔디 바는 21.1 g의 설탕($C_{12}H_{22}O_{11}$)을 포함하고 있다. 이 캔디 바를 먹으면 설탕이 섭취된다. 설탕의 물질대사는 산소와 반응하여 이산화탄소와 물을 생성하는 것이다.

$$\text{(불균형 화학반응식)}\quad C_{12}H_{22}O_{11}(s) + O_2(g) \longrightarrow CO_2(g) + H_2O(\ell)$$

(a) 이 화학반응의 균형을 맞추시오.

(b) 소비된 $O_2$의 질량과, 생성된 $CO_2$ 및 $H_2O$의 질량을 구하시오.

**정답:**

(a) $C_{12}H_{22}O_{11}(s) + 12\,O_2(g) \rightarrow 12\,CO_2(g) + 11\,H_2O(\ell)$

(b) 23.7 g의 $O_2$가 소비가 소비되고, 32.6 g의 $CO_2$와 12.2 g의 $H_2O$가 생성된다.

**풀이:** 우선 균형 화학반응식을 적는다. $CO_2$의 계수는 12, $H_2O$의 계수는 11을 사용하여 C, H의 균형을 맞추면 생성물의 산소원자수는 35가 된다. 산소원자의 균형을 맞추기 위하여 $O_2$의 계수를 12로 하면 균형 화학반응식이 완성된다.

$$C_{12}H_{22}O_{11}(s) + 12\,O_2(g) \longrightarrow 12\,CO_2(g) + 11\,H_2O(\ell)$$

설탕의 몰질량(342.3 g/mol)을 사용하여 그램수를 몰수로 바꾼다.

$$21.1\text{ g sucrose} \times \frac{1\text{ mol sucrose}}{342.3\text{ g sucrose}} = 0.06164\text{ mol sucrose}$$

다음은 몰비와 몰질량을 사용하여 $O_2$, $CO_2$, $H_2O$의 질량을 계산한다.

$$0.06164\text{ mol sucrose} \times \frac{12\text{ mol } O_2}{1\text{ mol sucrose}} \times \frac{31.99\text{ g } O_2}{1\text{ mol } O_2} = 23.7\text{ g } O_2$$

$$0.06164\text{ mol sucrose} \times \frac{12\text{ mol } CO_2}{1\text{ mol sucrose}} \times \frac{44.01\text{ g } CO_2}{1\text{ mol } CO_2} = 32.6\text{ g } CO_2$$

$$0.06164\text{ mol sucrose} \times \frac{11\text{ mol } H_2O}{1\text{ mol sucrose}} \times \frac{18.02\text{ g } H_2O}{1\text{ mol } H_2O} = 12.2\text{ g } H_2O$$

물의 질량은 질량보존으로부터 구해진다.

반응물의 총질량 = 생성물의 총질량

반응물의 총질량 = 21.1 g sucrose + 23.7 g $O_2$ = 44.8 g

생성물의 질량 = 32.6 g $CO_2$ + ? g $H_2O$ = 44.8 g

$H_2O$의 질량 = 44.8 g − 32.6 g = 12.2 g $H_2O$

**실전예제 4.7**

57 g의 코크스(탄소)가 있다.

(a) 이 코크스를 일산화탄소로 연소시킬 때 필요한 산소는 몇 g 인가?

(b) 몇 g의 CO가 생성되는가?

지금까지는 화학량론의 방법을 이용하여 주어진 양의 반응물로부터 생성물의 양을 계산하였다. 반면 역으로 생성물의 양이 주어졌을 때 반응물에 대한 어떤 정량적인 정보를 유추할 수 있을까? 이러한 질문은 분석화학에서 자주 접하게 되는데, 이 분야의 화학자들은 독창적으로 순수한 물질을 확인하고 혼합물에서 성분의 양을 측정한다. 현재 분석화학은 거의 기기에 의존하지만 아직도 고전적인 화학반응이나 화학량론은 중요한 역할을 하고 있다. 혼합물의 분석은 종종 도전해볼만한 일이다. 공기나 물의 오염물질을 포함하는 환경 시료 물질 등에 무엇이 얼마나 들어있는지 결정하기 위하여 화학을 이용하는 것은 많은 상상력을 필요로 한다.

**예제 4.8 광석 분석하기**

광석의 $TiO_2$ 함량은 광석을 $BrF_3$와 반응시켜 발생하는 산소의 양을 측정하여 예측할 수 있다.

$$3\ TiO_2(s) + 4\ BrF_3(\ell) \longrightarrow 3\ TiF_4(s) + 2\ Br_2(\ell) + 3\ O_2(g)$$

$TiO_2$를 포함하는 광석 시료 2.376 g으로부터 0.143 g의 $O_2$가 발생하였다. 광석 시료의 $TiO_2$ 질량 백분율을 구하시오.

**정답:** 15.0 % $TiO_2$

**풀이:** $TiO_2$의 질량백분율은

$$TiO_2\text{의 질량백분율} = \frac{TiO_2\text{의 질량}}{\text{광석시료의 질량}} \times 100\%$$

시료의 질량을 알고 있고, $TiO_2$의 질량은 산소의 질량과 균형 반응식으로부터 결정할 수 있다.

$$0.143\ g\ O_2 \times \frac{1\ mol\ O_2}{32.00\ g\ O_2} \times \frac{3\ mol\ TiO_2}{3\ mol\ O_2} \times \frac{79.88\ g\ TiO_2}{1\ mol\ TiO_2} = 0.3569\ g\ TiO_2$$

$TiO_2$ 의 질량백분율은

$$\frac{0.3569\ g\ TiO_2}{2.376\ g\ \text{시료}} \times 100\% = 15.0\%$$

**실전예제 4.8**

마그네슘의 순도는 마그네슘 금속을 충분한 양의 염산과 반응시켜 $MgCl_2$를 생성한 후, 용액으로부터 물을 증발시켜 고체 $MgCl_2$의 질량을 측정하여 결정할 수 있다.

$$Mg(s) + 2\ HCl(aq) \longrightarrow MgCl_2(aq) + H_2(g)$$

1.72 g의 시료를 충분한 양의 염산과 반응시켰을 때 6.46 g의 $MgCl_2$가 생성된다. 시료의 마그네슘의 백분율을 계산하시오.

## 4.5 한 반응물의 양이 제한된 화학반응

앞 단원에서 모든 반응물의 양은 화학량론적으로 정확하게 존재한다고 가정하였다. 즉, 반응이 일어나면 각각의 반응물은 모두 생성물로 바뀐다. 그러나 화학자들이 실험실에서 소량으로 반응을 시킬 때나 산업적 공정에서 대량으로 물질을 합성할 때 이런 경우는 실제로 매우 드문 일이다. 보통은 반응물 중 하나는 다른 것보다 더 비싸거나, 쉽게 구할 수 있는 것이 아닐 수 있다. 더 비싼 반응물을 모두 완전히 생성물로 바뀔 수 있도록 하기위하여 더 싸거나 쉽게 구할 수 있는 반응물을 과량으로 사용하게 된다.

화학 산업에서 중요한 메탄올($CH_3OH$)의 생성이 그런 경우이다. 메탄올은 일산화탄소와 수소의 반응으로 제조된다.

$$CO(g) + 2\,H_2(g) \longrightarrow CH_3OH(\ell)$$

일산화탄소는 불완전 연소가 일어나도록 공기의 공급을 제한하면서 주성분이 탄소인 코크스를 태우면 값싸게 제조된다. 수소는 제조하는데 더 많은 비용이 든다. 그러므로 메탄올의 합성은 과량의 일산화탄소를 사용하고, 합성된 메탄올의 양은 반응에 사용된 수소의 양에 의해 결정된다. 이 경우 수소는 한계반응물로 작용한다.

**한계반응물(limiting reactant)**은 반응에서 완전히 생성물로 바뀌는 반응물

## ESTIMATION How Much $CO_2$ Is Produced by Your Car?

Your car burns gasoline in a combustion reaction and produces water and carbon dioxide, $CO_2$, one of the major greenhouse gases, which is involved in global warming (discussed in detail in Section 10.9). For each gallon of gasoline that you burn in your car, how much $CO_2$ is produced? How much $CO_2$ is produced by your car per year?

To proceed with the estimation, we need to write a balanced chemical equation with the stoichiometric relationship between the reactant, gasoline, and the product of interest, $CO_2$. To write the chemical equation we need to make an assumption about the composition of gasoline. We will assume that the gasoline is octane, $C_8H_{18}$, so the reaction of interest is

$$2\,C_8H_{18} + 25\,O_2 \longrightarrow 16\,CO_2 + 18\,H_2O$$

One gallon equals 4 quarts, which equals

$$4\text{ qt} \times \frac{1\text{ L}}{1.057\text{ qt}} = 3.78\text{ L}$$

Gasoline floats on water, so its density must be less than that of water. Assume it is 0.80 g/mL, so

$$3.78\text{ L} \times 0.80\text{ g/mL} \times 10^3\text{ mL/L} = 3.02 \times 10^3\text{ g}$$

We now convert the grams of octane to moles using the molar mass of octane.

$$3020\text{ g octane} \times \frac{1\text{ mol}}{114.2\text{ g}} = 26.4\text{ mol octane}$$

To convert to moles of $CO_2$ we use the balanced equation, which shows that for every mole of octane consumed, eight moles of $CO_2$ are produced; thus, we have $26.4 \times 8 = 211$ mol $CO_2$. The molar mass of $CO_2$ is 44 g/mol, so 211 mol × 44 g/mol = 9280 g $CO_2$. Thus, for every gallon of gasoline burned, 9.3 kg (20.5 lb) $CO_2$ is produced.

If you drive your car 10,000 miles per year and get an average of 25 miles per gallon, you use about 400 gallons of gasoline per year. Burning this quantity of gasoline produces 400 × 9.3 kg = 3720 kg $CO_2$. That's 3720 kg × 2.2 lb/kg = 8200 lb, or more than 4 tons $CO_2$.

How much $CO_2$ is that? The 3720 kg $CO_2$ is about 85,000 mol $CO_2$. At room temperature and atmospheric pressure, that's about 2,080,000 L $CO_2$ or 2080 m3 $CO_2$— enough to fill about 4000 1-m diameter balloons, or 11 such balloons each day of the year. In Section 10.9 we will discuss the effect that $CO_2$ is having on the earth's atmosphere and its link to global warming.

Visit this book's companion website at www.cengage.com/chemistry/moore to work an interactive module based on this material.

이다. 한계반응물이 모두 소비되면 생성물은 더 이상 생성되지 않는다. 생성물의 가능한 최대량을 계산하는데 한계반응물의 정보를 사용하여야 한다. 왜냐하면 한계반응물이 생성물의 양을 제한하기 때문이다. **생성물의 몰수는 항상 한계반응물의 처음 몰수에 의해 결정된다.**

화학의 한계 반응물은 치즈 샌드위치를 만드는 것에 비유할 수 있다. 샌드위치는 빵 두 조각과 치즈 한 장, 상추 1잎으로 구성된다. 빵 40조각, 치즈 25장, 상추 30잎이 있다고 가정할 때 몇 개의 치즈 샌드위치를 만들 수 있을까?

각 샌드위치는 빵 : 치즈 : 상추의 비가 2 : 1 : 1(균형 화학반응식의 계수의 비와 유사)이다.

$$2\text{ 빵조각} + 1\text{ 치즈} + 1\text{ 상추} = 1\text{ 치즈샌드위치}$$

40개의 빵조각으로는 20개의 샌드위치, 25장의 치즈로는 25개의 샌드위치, 30개의 상추로는 30개의 샌드위치를 만들 수 있다. 따라서 가지고 있는 재료와 치즈 샌드위치를 만드는데 필요한 빵과 치즈의 정량적인 비(2 : 1)로부터는 20개의 치즈 샌드위치가 가능하다. 이 시점에서 치즈는 5장, 상추는 10개가 남지만 빵은 모두 사용되었다. 즉 치즈와 상추는 과량으로 존재하고, 빵은 만들 수 있는 치즈 샌드위치의 수를 제한하므로 한계반응물이다. 즉 샌드위치의 수는 빵조각의 개수에 의해 제한된다.

만들 수 있는 치즈 샌드위치의 최대 수를 결정함에 있어서 한계반응물은 빵 조각이다. 치즈나 상추를 다 사용하기 전에 빵이 먼저 떨어진다. 마찬가지로 한계반응물이 모두 생성물로 바뀌는 화학반응에서 생성물이 얼마나 생성되는지를 알기 위해서는 한계반응물이 무엇인지 확인해야한다.

반응물들 중에 어느 것이 한계반응물인지를 알면 그 정보를 이용하여 정량적인 문제를 바로 해결할 수 있다.

**예제 4.9 반응물의 양을 제한할 때 생성물의 몰수**

요소, $(NH_2)_2CO$는 암모니아와 이산화탄소를 반응시켜서 만든다.

$$2\,NH_3(g) + CO_2(g) \longrightarrow (NH_2)_2CO(aq) + H_2O(\ell)$$

2.0 mol의 암모니아와 2.0 mol의 이산화탄소를 혼합하면 몇 mol의 요소가 생성되는가? 암모니아는 한계반응물이다.

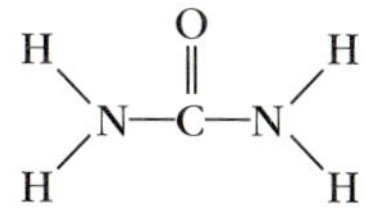
urea

**정답:** 1.0 mol

**풀이:** 균형 화학반응식으로부터 화학량론적 계수를 고려한다. 암모니아는 한계 반응물이고 2몰의 $NH_3$가 반응하면 1몰의 $(NH_2)_2CO$가 생성될 것이다. 이 정보를 이용하여 문제를 풀면

$$2.0\text{ mol } NH_3 \times \frac{1\text{ mol }(NH_2)_2\,CO}{2\text{ mol } NH_3} = 1.0\text{ mol }(NH_2)_2\,CO$$

**실전예제 4.9**

2.0 mol의 암모니아와 0.75 mol의 이산화탄소를 반응시키면 몇 mol의 요소가 생성되는가? 이 경우는 이산화탄소가 한계반응물이다.

반응물의 양을 알고 있지만 한계반응물이 확인되지 않은 경우를 생각해보자. 한계반응물을 확인하는 방법에는 몰비로 접근하는 방법과 질량으로 접근하는 방법이 있다. 어느 방법이든 편리한 대로 사용하면 된다.

## 몰비의 방법

각 반응물의 몰 수를 계산하고 그들의 실제 몰비를 구한다. 실제 몰비를 균형 화학반응식의 화학량론적 계수로부터 얻어지는 몰비와 비교한다. 만약 실제 몰비가 이론적인 몰 비보다 작다면 그 물질이 한계반응물이다.

## 질량의 방법

다른 반응물의 양은 충분하다고 가정하고 각 반응물의 주어진 양으로부터 만들어질 수 있는 생성물의 질량을 계산한다. 한계반응물은 생성물을 더 적게 생성하는 물질이다.

### 예제 4.10 한계반응물

시스플라틴은 종양치료에 사용되는 항암제이다. 이 물질은 암모니아와 $K_2PtCl_4$ (potassium tetrachloroplatinate)를 반응시켜 합성할 수 있다.

$$\underset{\text{potassium tetrachloroplatinate}}{K_2PtCl_4(s)} + \underset{\text{ammonia}}{2\,NH_3(aq)} \longrightarrow \underset{\text{cisplatin}}{Pt(NH_3)_2Cl_2(s)} + 2\,KCl(aq)$$

5.00 g 암모니아와 50.0 g $K_2PtCl_4$(ktcp)를 반응시키면

(a) 어느 것이 한계 반응물인가?

(b) 시스플라틴 몇 g이 생성되는가? 한계반응물이 모두 시스플라틴으로 바뀐다고 가정한다.

**정답:** (a) $K_2PtCl_4$ (b) 36.0 g

**풀이:**

**방법1(몰비의 방법)** 각 반응물의 몰수를 구한다. 먼저 ktcp의 몰질량을 계산하면 415.09 g/mol 이다.

$$50.0\text{ g ktcp} \times \frac{1\text{ mol ktcp}}{415.09\text{ g ktcp}} = 0.120\text{ mol ktcp}$$

$$5.00\text{ g NH}_3 \times \frac{1\text{ mol NH}_3}{17.0\text{ g NH}_3} = 0.294\text{ mol NH}_3$$

이 정보로부터 어느 반응물이 한계반응물인지 유추할 수 있다. 균형 화학반응식의 화학량론적 계수를 보면 1몰의 ktcp는 2몰의 암모니아와 반응한다.

$$\text{몰비} = \frac{2\text{ mol 암모니아}}{1\text{ mol ktcp}}$$

두 가지 가능성을 고려할 수 있다. (a) 암모니아가 한계반응물이면 0.294 mol의 암모니아는 0.147 mol의 ktcp가 필요하다. ktcp가 충분하지 않으므로 ktcp는 한계반응물이다. (b) ktcp가 한계반응물이면 0.120 mol의 ktcp는 0.240 mol의 암모니아가 필요하다. 암모니아는 0.294 mol이 있으므로 필요 이상으로 존재한다. 그러므로 ktcp가 한계반응물이다. 반응으로 생성되는 시스플라틴의 양은 한계반응물(0.120 mol ktcp)의 양에 기초하여 계산된다. 시스플라틴의 몰질량은 300.04 g/mol이고, 몰비를 사용하여 생성되는 시스플라틴의 질량을 결정한다.

$$0.120 \text{ mol ktcp} \times \frac{1 \text{ mol cisplatin}}{1 \text{ mol ktcp}} \times \frac{300.04 \text{ g cisplatin}}{1 \text{ mol cisplatin}} = 36.0 \text{ g cisplatin}$$

방법2(질량의 방법) 우선 0.120 mol ktcp와 충분한 양의 암모니아로부터 생성되는 시스플라틴의 질량을 계산한다.

$$0.120 \text{ mol ktcp} \times \frac{1 \text{ mol cisplatin}}{1 \text{ mol ktcp}} \times \frac{300.04 \text{ g cisplatin}}{1 \text{ mol cisplatin}} = 36.0 \text{ g cisplatin}$$

또한 0.294 mol 암모니아와 충분한 양의 ktcp로부터 생성되는 시스플라틴의 양을 계산한다.

$$0.294 \text{ mol } NH_3 \times \frac{1 \text{ mol cisplatin}}{2 \text{ mol } NH_3} \times \frac{300.04 \text{ g cisplatin}}{1 \text{ mol cisplatin}} = 44.1 \text{ g cisplatin}$$

이러한 비교는 주어진 ktcp 양으로부터 생성되는 시스플라틴의 양은 주어진 암모니아양으로부터 생성되는 시스플라틴의 양보다 작다. 따라서 ktcp가 한계반응물이 된다. 시스플라틴을 생산할 때 암모니아는 ktcp 보다 훨씬 싸기 때문에 항상 과량으로 공급된다.

**실전예제 4.10**

이황화탄소는 산소와 반응하여 이산화탄소와 이산화황을 생성한다.

$$CS_2(\ell) + O_2(g) \longrightarrow CO_2(g) + SO_2(g)$$

3.5 g의 $CS_2$와 17.5 g의 $O_2$가 반응하면

(a) 반응의 균형을 맞추시오.

(b) 한계반응물은 무엇인가?

(c) 이산화황은 최대 얼마가 생성되는가?

**예제 4.11 한계반응물**

테르밋 반응에서 알루미늄 가루는 산화철(III)과 반응하여 용융 철과 산화알루미늄을 생성한다.

$$2\,Al(s) + Fe_2O_3(s) \longrightarrow 2\,Fe(\ell) + Al_2O_3(s)$$

용융 철이 생성되는데 막대한 에너지가 방출되어 철을 녹이기 때문이다. 이 용융 철은 철로를 용접하는데 사용된다.

(a) 100.0 g의 Al과 100.0 g의 $Fe_2O_3$가 반응할 때 한계반응물은?

(b) 용융 철은 몇 그램 생성되는가?

(c) 반응이 끝났을 때 남아 있는 반응물은 몇 그램인가?

**정답**: (a) $Fe_2O_3$ (b) 69.9 g Fe (c) 66.4 g Al

**풀이:**

(a) 각 반응물의 몰수를 계산한다.

$$100.\text{ g Al} \times \frac{1 \text{ mol Al}}{26.98 \text{ g Al}} = 3.71 \text{ mol Al}$$

$$100.\text{ g } Fe_2O_3 \times \frac{1 \text{ mol } Fe_2O_3}{159.69 \text{ g } Fe_2O_3} = 0.626 \text{ mol } Fe_2O_3$$

그 다음 각 반응물의 질량에 기초하여 생성할 수 있는 철의 질량을 구한다.

**알루미늄 분말은 산화철(III)과 매우 격렬하게 반응하여 용융철과 산화알루미늄을 생성한다.**

$$3.71 \text{ mol Al} \times \frac{2 \text{ mol Fe}}{2 \text{ mol Al}} \times \frac{55.845 \text{ g Fe}}{1 \text{ mol Fe}} = 207. \text{ g Fe}$$

$$0.626 \text{ mol } Fe_2O_3 \times \frac{2 \text{ mol Fe}}{1 \text{ mol } Fe_2O_3} \times \frac{55.845 \text{ g Fe}}{1 \text{ mol Fe}} = 69.9 \text{ g Fe}$$

주어진 알루미늄과 산화철(III)을 반응시킬 때 생성할 수 있는 철의 질량은 산화철(III)의 양에 의해 결정된다. 산화철(III)이 한계반응물이고 Al은 과량으로 존재한다.

(b) 생성된 철의 질량은 69.9 g이다.

(c) 사용된 $Fe_2O_3$의 몰수와 반응의 몰비로부터 Al의 몰수를 구할 수 있다.

$$0.626 \text{ mol } Fe_2O_3 \times \frac{2 \text{ mol Al}}{1 \text{ mol } Fe_2O_3} = 1.25 \text{ mol Al}$$

알루미늄의 처음 몰수에서 1.25 mol을 빼면 반응하지 않고 남은 Al의 몰수는 2.46 mol 이다. 그러므로 반응하지 않은 Al의 질량은

$$2.46 \text{ mol Al} \times \frac{26.98 \text{ g Al}}{1 \text{ mol Al}} = 66.4 \text{ g Al}$$

**실전예제 4.11**

실리콘 칩에 사용되는 순수한 실리콘은 정제된 $SiCl_4$를 마그네슘과 반응시켜 얻는다.

$$SiCl_4(\ell) + 2\,Mg(s) \longrightarrow Si(s) + 2\,MgCl_2(s)$$

$SiCl_4$와 Mg 각각 100 g을 반응시키면 어느 것이 한계반응물이고, 몇 그램의 실리콘이 생성되는가?

## CHEMISTRY IN THE NEWS

### Smothering Fire—Water That Isn't Wet

Fire is a combustion reaction in which fuel and oxygen, $O_2$, combine, usually at high temperatures, to form water and carbon dioxide. Three factors are necessary for a fire: combustible fuel, oxygen, and a temperature above the ignition temperature of the fuel. Once the fire has started, it is self-supporting because it supplies the heat necessary to keep the temperature high (if sufficient fuel and oxygen are available). Quenching a fire requires removing the fuel, lowering the oxygen level, cooling the reaction mixture below the ignition temperature, or some combination of these.

An effective way to quench a fire is smothering, which reduces the amount of available oxygen below the level needed to support combustion. In other words, smothering decreases the amount of the limiting reactant. Foams, inert gas, and $CO_2$ are effective substances for smothering.

Developed by 3M, Novec 1230 is a new compound with very desirable firesuppression properties. An organic compound with many carbon−fluorine bonds, it is a colorless liquid at room temperature (B.P. 49.2°C) that feels like water. When placed on a fire, Novec vaporizes and smothers the fire. Novec 230 is not an electrical conductor, so it can be used for electrical fires. In fact, in a demonstration on television, a laptop computer was immersed in Novec 1230 and continued to work.

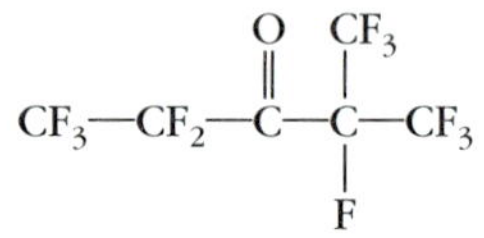


Structural formula for Novec 1230.

Source: New York Times, December 12, 2004; p. 103. http://solutions.3m.com/wps/portal/3M/en_US/Novec/Home/Product_Information/Fire_Protection/?WT.mc_id=www.3m.com/novec1230 http://en.wikipedia.org/wiki/Novec_1230

The compound is used in situations where water cannot be used, for example, clean rooms, hospitals, or museums. The new compound also does not affect the stratospheric ozone layer because its lifetime in the lower atmosphere is short, making it environmentally friendly.

EXERCISE
**연습문제** 4.8 한계반응물

요소는 물과 반응하여 암모니아를 생성하고 식물에 질소를 공급하기 때문에 비료로 사용된다.

$$(NH_2)_2CO(s) + H_2O(\ell) \longrightarrow 2\,NH_3(aq) + CO_2(g)$$

(a) 300g 요소와 100g의 물이 반응할 때 한계반응물은?

(b) 생성되는 암모니아와 이산화탄소의 그램 수는?

(c) 반응 후 남는 반응물의 질량은?

## 4.6 반응의 완성도 평가: 퍼센트 수득률

한계반응물이 모두 사용되어 생성물의 가능한 최대량이 얻어지면 그 반응의 수득률은 100%이다. 반응에서 생성되는 생성물의 가능한 최대량을 **이론적 수득률(theoretical yield)**이라고 한다. 종종 **실제 수득률(actual yield)**은 이론적 수득률보다 작다.

특정한 합성 반응의 효율은 다음과 같이 정의되는 퍼센트 수득률을 계산하여 추정할 수 있다.

$$\text{퍼센트 수득률} = \frac{\text{실제 수득률}}{\text{이론적 수득률}} \times 100\%$$

**퍼센트 수득률**은 아스피린의 합성에 적용할 수 있다. 한 학생이 아스피린을 합성하여 2.2g을 얻었다고 가정하자. 이론적 수득률이 2.6g이었다면 이 반응의 퍼센트 수득률은 얼마인가?

$$\text{퍼센트 수득률} = \frac{\text{실제 수득률}}{\text{이론적 수득률}} \times 100\% = \frac{2.2\text{ g}}{2.6\text{ g}} \times 100\% = 85\%$$

반응을 시킬 때 가능하다면 이론적 수득률에 가까운 값을 기대하지만, 아무리 신중하게 실험 조작을 하여도 100% 효율을 보이는 반응은 거의 없다. 원하는 물질이외의 다른 생성물이 만들어지는 부차적인 반응이 일어날 수도 있고, 원하는 물질의 분리와 정제 과정에서도 약간의 손실이 발생할 수 있다. 화학자들은 새로운 화합물의 합성이나 새로운 합성법의 개발을 보고할 때 반응의 퍼센트 수득률도 함께 발표한다. 그러면 같은 합성을 되풀이하려는 다른 화학자들은 사용한 반응물의 양으로부터 얼마의 생성물을 얻을 수 있을지 예측할 수 있다.

팝콘의 수득률. 20개의 옥수수중 16개만이 팝콘으로 되었다. 팝콘의 퍼센트 수득률은 (16/20) × 100% = 80%

**예제 4.12 퍼센트 수득률 계산**

메탄올은 매우 좋은 연료이며 일산화탄소와 수소의 반응으로 생성할 수 있다.

$$CO(g) + 2\,H_2(g) \longrightarrow CH_3OH(\ell)$$

5.00 g의 CO가 충분한 양의 $H_2$와 반응하여 485 g $CH_3OH$가 생성되었다. 이 반응의 퍼센트 수득률은 얼마인가?

**정답**: 85.0%

**풀이:** $CH_3OH$의 이론적 수득률을 구한다. 한계반응물 CO의 몰수를 계산하면

$$500.\text{ g CO} \times \frac{1\text{ mol CO}}{28.0\text{ g CO}} = 17.86\text{ mol CO}$$

균형 화학반응식의 계수는 1 mol의 CO가 반응하면 1 mol의 $CH_3OH$가 생성됨을 보여준다. 그러므로 생성되는 $CH_3OH$의 몰수는 이론적으로 17.86 mol이다. 몰수를 질량으로 바꾸면

$$17.86\ \text{mol}\ CH_3OH \times \frac{32.0\ \text{g}\ CH_3OH}{1\ \text{mol}\ CH_3OH} = 571.\ \text{g}\ CH_3OH$$

따라서 이론적 수득률은 571.0 g 이다. 실제로는 485.0 g이 생성되었으므로 퍼센트 수득률은

$$\frac{485.\ \text{g}\ CH_3OH\ (\text{실제 수득률})}{571.\ \text{g}\ CH_3OH\ (\text{이론적 수득률})} \times 100\% = 85.0\%$$

**실전예제 4.12**

메탄올 합성 반응이 85%의 수득률로 일어나고, 1.0 kg의 메탄올을 만들려고 한다. CO의 양은 충분하다면 몇 그램의 $H_2$가 필요한가?

**예제 4.13 퍼센트 수득률**

산화칼슘과 같은 금속 산화물과 염화암모늄을 반응시켜면 암모니아를 생성할 수 있다.

$$CaO(s) + 2\,NH_4Cl(s) \rightarrow 2\,NH_3(g) + H_2O(g) + CaCl_2(s)$$

이 반응의 퍼센트 수득률은 25%로 예상된다. 1.00 g의 암모니아를 생성하기 위하여 과량의 염화암모늄과 반응하는데 필요한 산화칼슘은 몇 그램인가?

**정답:** 6.6 g

**풀이:** 예상되는 퍼센트 수득률은 0.25이므로 이론적 수득률은

$$\text{이론적 수득률} = \frac{\text{실제 수득률}}{\text{퍼센트 수득률}} = \frac{1.00\ \text{g}\ NH_3}{0.25} = 4.00\ \text{g}\ NH_3$$

염화암모늄이 과량으로 존재하고, CaO는 한계반응물이므로 생성되는 암모니아의 양을 결정한다. 암모니아의 이론적 수득률과 균형 화학반응식에서 CaO와 $NH_3$의 반응 몰비로부터 필요한 CaO의 질량을 계산하면

$$4.00\ \text{g}\ NH_3 \times \frac{1\ \text{mol}\ NH_3}{17.03\ \text{g}\ NH_3} \times \frac{1\ \text{mol CaO}}{2\ \text{mol}\ NH_3} \times \frac{56.077\ \text{g CaO}}{1\ \text{mol CaO}} = 6.6\ \text{g CaO}$$

**실전예제 6.6**

한 학생이 2.50 g의 구리를 과량의 황과 함께 가열하여 2.53 g의 황화구리(I), $Cu_2S$ 를 합성하였다.

$$16\,Cu(s) + S_8(s) \longrightarrow 8\,Cu_2S(s)$$

이 반응에 대하여 실험조교는 적어도 60% 이상의 수득률을 학생에게 기대하고 있다. 학생은 이 기준을 충족할 것인가?

CONCEPTUAL
**개념학습 4.9 퍼센트 수득률**

퍼센트 수득률은 원하지 않는 생성물을 만드는 부차적인 반응, 원하는 생성물의 분리나 정제 과정의 부주의 등으로 감소할 수 있다. 퍼센트 수득률을 줄이는 두 가지 다른 요인을 대시오.

### 원자 효율—출발 물질을 추적하는 또 다른 방법

원자 효율의 개념은 단지 퍼센트 수득률에 집중하기보다 원하는 생성물에 포함된 출발 물질의 양에 초점을 맞추는 것이다. 원하는 생성물에 포함된 출발 물질 원자의 분율이 크면 클수록 부산물로서의 폐기물은 적어진다. 물론 목표는 가장 효율적인 합성법을 고안하는 것이다.

퍼센트 수득률을 높인는 것이 합성 반응의 주요 목표인 반면, 다음과 같이 정의되는 원자 효율의 개념은 점점 더 중요해지고 있다.

$$\text{퍼센트 원자 효율} = \frac{\text{목표 생성물에 포함된 원자들의 원자량 합}}{\text{반응물에 포함된 모든 원자들의 원자량 합}} \times 100\%$$

반응물에 포함된 모든 원자들이 원하는 생성물에 모두 포함된다면 그 반응의 원자 효율은 100%이다. 예로써 다음의 결합 반응을 보자.

$$CO(g) + 2\,H_2(g) \longrightarrow CH_3OH(\ell)$$

반응물에 포함된 모든 원자들의 원자량 합은 12.011 + 15.9994 + {2 × (2 × 1.0079)} = 32.042 amu 이다. 생성물에 포함된 원자들의 원자량 합은 12.011 + {3 × (1.0079)} + 15.9994 + 1.0079 = 32.042 amu 이다. 이 반응의 원자 효율은 100%이다.

그러나 많은 유기 합성 반응에서 원하는 생성물외에 다른 부가적인 생성물들이 만들어 진다. 그런 경우 퍼센트 원자 효율은 100%보다 훨씬 작다. 폐기물을 가정 적게 생성하는 합성 전략을 고안하는 것은 "녹색 화학(green chemistry)"이 지향하는 주요 목표이다.

녹색 화학은 건강이나 환경을 해치지 않는 물질을 만들어냄으로써 오염을 제거하는 것을 추구한다. 그것은 해로운 물질을 줄이거나 제거하는 생산 공정의 개발을 장려한다. 녹색 화학은 오염물이 발생한 후 그것을 처리하기보다 원천적으로 그 오염이 생성되는 것을 막는 데 목표를 둔다. 1996년 후부터 미국 환경 보호국은 매년마다 주목할 만한 녹색 화학 발전에 대통령 녹색 화학상을 수여하고 있다.

## 4.7 백분율 조성과 실험식

3장 10절에서는 실험식과 분자식을 유도하기 위하여 퍼센트 조성 데이터를 사용하였다. 그러나 그런 데이터를 어떻게 얻는지에 대해서는 아무런 언급이 없었다. 그런 데이터를 얻는 방법은 대부분 탄소와 수소로 구성된 유기화합물에 사용되는 연소생성물의 분석이다. 연소 분석법에서 화합물을 과량의 산소와 태우면 탄소는 이산화탄소로 수소는 물로 바뀌게 된다. 이 연소 생성물을 수집하고, 무게를 재고, 균형 화학반응식을 이용하여 원래 시료에 들어 있는 탄소와 수소의 양을 계산한다. 그림 4.9에 기기의 개략도를 나타내었다. 많은 유기화합물이 또한 산소를 포함한다. 이러한 경우 시료내의 산소의 질량은 단순하게 차이를 이용하여 결정할 수 있다.

비타민 C

$$\text{산소의 질량} = \text{시료의 질량} - (\text{탄소의 질량} + \text{수소의 질량})$$

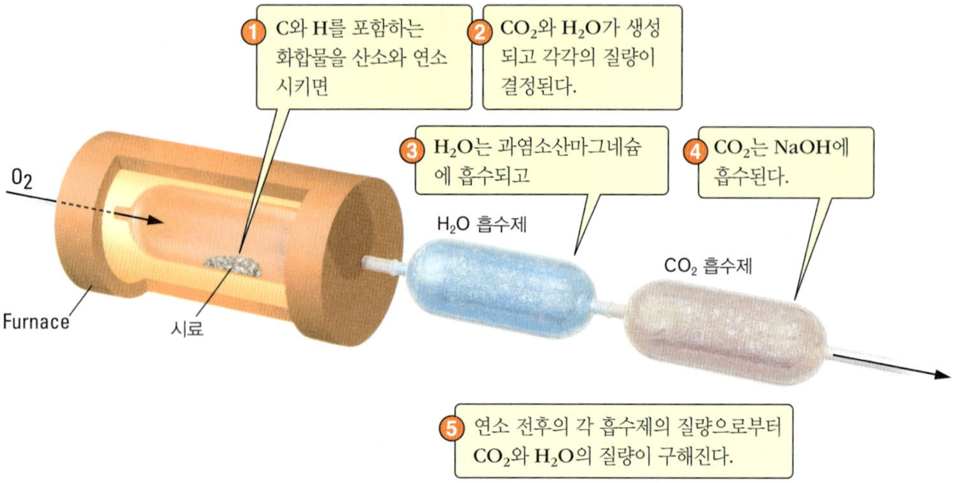


그림 4.9 **연소 분석.** 유기화합물의 실험식을 결정하기 위하여 사용하는 기기의 개략도. 분석을 위해서는 단지 수 밀리그램의 시료면 충분하다.

예로써 한 화학자가 탄소, 수소, 산소로만 이루어진 유기화합물인 비타민 C의 실험식을 결정하기 위하여 연소생성물 분석을 하였다. 1.0000 g의 순수한 비타민 C가 연소되면 1.502 g $CO_2$와 0.409 g $H_2O$가 생성된다. 별도의 다른 실험으로부터 비타민 C의 몰 질량은 176.12g/mol 이라고 알고 있다.

비타민 C의 실험식에서 C, H, O의 아래첨자가 무엇인지를 결정하는 것이 목적이다. 아래첨자는 화합물 1몰에 들어있는 각 원소의 원자의 몰수를 의미한다. $CO_2$의 산소와 $H_2O$의 수소는 모두 연소된 비타민 C로부터 유래되었다. 따라서 이 과정을 거꾸로 추적하면 비타민 C의 조성을 구할 수 있다.

우선 원래 시료에 포함된 탄소와 수소의 질량을 결정한다.

$$1.502 \text{ g } CO_2 \times \frac{1 \text{ mol } CO_2}{44.009 \text{ g } CO_2} \times \frac{1 \text{ mol C}}{1 \text{ mol } CO_2} \times \frac{12.011 \text{ g C}}{1 \text{ mol C}} = 0.4100 \text{ g C}$$

$$0.409 \text{ g } H_2O \times \frac{1 \text{ mol } H_2O}{18.015 \text{ g } H_2O} \times \frac{2 \text{ mol H}}{1 \text{ mol } H_2O} \times \frac{1.0079 \text{ g H}}{1 \text{ mol H}} = 0.04577 \text{ g H}$$

시료에 들어 있는 산소의 질량은 다음과 같이 차이로부터 구할 수 있다.

$$1.0000 \text{ g 시료} - (0.4100\text{g C} + 0.04577 \text{ g H}) = 0.5442 \text{ g O}$$

질량 데이터로부터 시료에 포함된 각 원소의 몰수를 계산할 수 있다.

$$0.4100 \text{ g C} \times \frac{1 \text{ mol C}}{12.011 \text{ g C}} = 0.03414 \text{ mol C}$$

$$0.04577 \text{ g H} \times \frac{1 \text{ mol H}}{1.0079 \text{ g H}} = 0.04541 \text{ mol H}$$

$$0.5442 \text{ g O} \times \frac{1 \text{ mol O}}{15.999 \text{ g O}} = 0.03401 \text{ mol O}$$

그 다음 가장 작은 몰수로 나누면 화합물에 들어 있는 각 원소의 몰비를 알 수 있다.

$$\frac{0.04541 \text{ mol H}}{0.03401 \text{ mol O}} = \frac{1.335 \text{ mol H}}{1.000 \text{ mol O}}$$

$$\frac{0.03414 \text{ mol C}}{0.03401 \text{ mol O}} = \frac{1.004 \text{ mol C}}{1.000 \text{ mol O}}$$

몰비를 보면 1몰 O에 대하여 1.33몰 H이고, C와 O는 거의 1:1이다. 정수 비를 얻기 위하여 3을 곱하여 주면 비타민 C의 실험식은 $C_3H_4O_3$이다. 실험식의 질량은 88.06 g이다. 몰 질량은 실험식 질량의 두 배가 되므로 비타민 C의 분자식은 실험식의 두 배인 $C_6H_8O_6$이 된다.

가장 작은 몰수로 나누었을 때 그 비가 정수가 아니면 적당한 수를 곱하여 정수로 만들어 준다. 예를 들어 $NO_{2.5}$라면 2를 곱하여 $N_2O_5$로 만들어준다.

많은 유기화합물에서 실험식과 분자식은 같다. 또한 서로 다른 유기화합물이 동일한 실험식과 분자식으로 주어지는 이성질체가 될 수도 있다. 이 경우 화합물을 구별하기위하여 구조식을 알아야 한다. 에탄올($CH_3CH_2OH$)과 디메틸에테르($CH_3OCH_3$)는 실험식도 같고 분자식도 같지만 성질이 서로 다른 화합물이다.

**예제 4.14 연소 분석에 의한 실험식**

부티르산은 매우 불쾌한 냄새가 나는 유기화합물로서 탄소, 수소, 산소로만 이루어져 있다. 1.20 g의 부티르산이 연소하면 2.41 g의 $CO_2$와 0.982 g의 $H_2O$가 생성된다. 부티르산의 실험식을 결정하시오. 다른 실험으로부터 부티르산의 몰질량이 88.1 g/mol이라는 것을 알았다. 부티르산의 분자식은 무엇인가?

**정답:** 실험식은 $C_2H_4O$이고 분자식은 $C_4H_8O_2$이다.

**풀이:** 부티르산의 모든 탄소와 수소는 각각 $CO_2$와 $H_2O$로 전환된다. 그러므로 $CO_2$와 $H_2O$의 질량을 사용하여 원래 시료에 들어 있는 C와 H의 질량을 계산한다.

$$2.41 \text{ g CO}_2 \times \frac{1 \text{ mol CO}_2}{44.01 \text{ g CO}_2} \times \frac{1 \text{ mol C}}{1 \text{ mol CO}_2} \times \frac{12.01 \text{ g C}}{\text{mol C}} = 0.658 \text{ g C}$$

$$0.982 \text{ g H}_2\text{O} \times \frac{1 \text{ mol H}_2\text{O}}{18.02 \text{ g H}_2\text{O}} \times \frac{2 \text{ mol H}}{1 \text{ mol H}_2\text{O}} \times \frac{1.008 \text{ g H}}{1 \text{ mol H}} = 0.110 \text{ g H}$$

나머지는 산소의 질량이어야 한다.

$$0.658 \text{ g C} + 0.110 \text{ g H} + 0.432 \text{ g O} = 1.20 \text{ g sample}$$

시료에 들어있는 각 원소의 몰수를 구하면

$$0.658 \text{ g C} \times \frac{1 \text{ mol C}}{12.01 \text{ g C}} = 0.0548 \text{ mol C}$$

$$0.110 \text{ g H} \times \frac{1 \text{ mol H}}{1.008 \text{ g H}} = 0.109 \text{ mol H}$$

$$0.432 \text{ g O} \times \frac{1 \text{ mol O}}{16.00 \text{ g O}} = 0.0270 \text{ mol O}$$

원소들의 몰비를 구하기 위하여 각 원소들의 몰수를 가장 작은 몰수로 나눠주면

$$\frac{0.0548 \text{ mol C}}{0.0270 \text{ mol O}} = \frac{2.03 \text{ mol C}}{1.00 \text{ mol O}} \quad \text{and} \quad \frac{0.109 \text{ mol H}}{0.0270 \text{ mol O}} = \frac{4.03 \text{ mol H}}{1.00 \text{ mol O}}$$

몰비로 부터 산소원자 1개당 탄소원자 2개와 수소원자 4개가 존재함을 알 수 있다. 그러므로 부티르산의 실험식은 $C_2H_4O$ 이다.

**실전예제 4.14**

페놀은 소독제로도 사용되며 탄소, 수소, 산소의 화합물이다. 175.0 mg의 페놀시료를 연소시켰더니 491.0 mg $CO_2$와 100.0 mg $H_2O$가 생성되었다.

(a) 페놀의 실험식을 결정하시오.

(b) 실험식이 분자식인지 아닌지를 결정하려면 어떤 다른 정보가 필요한가?

CONCEPTUAL
**개념학습 4.10 연소 생성물 분석에 의한 실험식**

담배에서 발견되는 니코틴은 C, H, N을 포함하는 화합물이다. 연소반응의 결과를 이용하여 니코틴의 실험식을 결정하는 방법을 기술하시오.

## 실험 데이터로부터 화학식의 결정

두 가지 원소의 결합으로 생성되는 이성분화합물의 화학식을 결정하는 한 가지 방법은 생성물로 전환되는 반응물의 질량을 측정하는 것이다.

**예제 4.15 실험 자료로부터의 실험식**

붉은 색 고체 인은 액체 브롬과 반응하여 브롬화인을 생성한다.

$$P_4(s) + Br_2(\ell) \longrightarrow P_xBr_y(\ell)$$

0.347 g $P_4$가 0.860 mL $Br_2$와 완전히 반응한다면 생성물의 실험식은 무엇인가? 브롬의 밀도는 3.12 g/mL이다.

**정답:** $PBr_3$

**풀이:** $P_4$의 몰수를 계산하면

$$0.347\text{ g P}_4 \times \frac{1\text{ mol P}_4}{123.90\text{ g P}_4} = 2.801 \times 10^{-3}\text{ mol P}_4$$

$Br_2$의 몰수를 구하려면 밀도를 사용하여 부피를 질량으로 바꾼다.

$$0.860\text{ mL Br}_2 \times \frac{3.12\text{ g Br}_2}{1\text{ mL Br}_2} = 2.68\text{ g Br}_2$$

질량을 몰수로 바꾸면

$$2.68\text{ g Br}_2 \times \frac{1\text{ mol Br}_2}{159.8\text{ g Br}_2} = 1.677 \times 10^{-2}\text{ mol Br}_2$$

생성물 분자에서 브롬원자와 인원자의 몰비는 각 원소들의 원자의 몰수로부터 계산된다.

$$1.677 \times 10^{-2}\text{ mol Br}_2\text{ molecules} \times \frac{2\text{ mol Br atoms}}{1\text{ mol Br}_2\text{ molecules}} = 3.35 \times 10^{-2}\text{ mol Br atoms}$$

$$2.801 \times 10^{-3}\text{ mol P}_4\text{ molecules} \times \frac{4\text{ mol P atoms}}{1\text{ mol P}_4\text{ molecules}} = 1.12 \times 10^{-2}\text{ mol P atoms}$$

$$\frac{3.35 \times 10^{-2}\text{ mol Br atoms}}{1.12 \times 10^{-2}\text{ mol P atoms}} = \frac{2.99\text{ mol Br atoms}}{1.00\text{ mol P atoms}}$$

인원자 1 mol에 대하여 브롬원자 3 mol이 존재하므로 실험식은 $PBr_3$ 이다. 다른 실험으로부터 이 화합물의 분자량은 실험식의 몰질량과 같다는 것이 알려졌다. 따라서 분자식 또한 $PBr_3$ 이다.

**실전예제 4.15**

0.569 g 주석은 2.434 g 요오드와 완전히 반응하여 $Sn_xI_y$ 를 생성한다. 생성물 요오드화 주석의 실험식은 무엇인가?

# 문제

## 화학량론

1. 아래 반응에 대하여 표의 주어진 칸을 채우시오.

$$4\ NH_3(g) + 5\ O_2(g) \longrightarrow 4\ NO(g) + 6\ H_2O(g)$$

| | $NH_3$ | $O_2$ | NO | $H_2O$ |
|---|---|---|---|---|
| 분자수 | | | | |
| 원자수 | | | | |
| 분자의 몰수 | | | | |
| 질량 | | | | |
| 반응물의 총질량 | | | | |
| 생성물의 총질량 | | | | |

2. 아래 다이어그램은 A(푸른색 공)와 B(갈색 공)가 반응하는 모형을 나타낸 것이다. 이 다이어그램이 나타내는 반응의 화학량론을 가장 잘 기술한 것은?

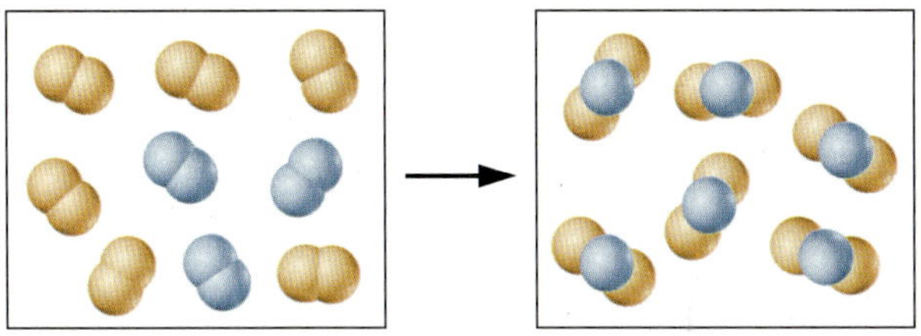

(a) $3\ A_2 + 6\ B \rightarrow 6\ AB$  (b) $A_2 + 2\ B \rightarrow 2\ AB$
(c) $2\ A + B \rightarrow AB$  (d) $3\ A + 6\ B \rightarrow 6\ AB$

## 화학반응의 분류

3. 다음 반응이 결합반응, 분해반응, 치환반응 또는 교환반응 중 어떤 반응인지 구분하시오.

(a) $Cu(s) + O_2(g) \longrightarrow 2\ CuO(s)$
(b) $NH_4NO_3(s) \longrightarrow N_2O(g) + 2\ H_2O(\ell)$
(c) $AgNO_3(aq) + KCl(aq) \longrightarrow AgCl(s) + KNO_3(aq)$
(d) $Mg(s) + 2\ HCl(aq) \longrightarrow MgCl_2(aq) + H_2(g)$

4. 다음 반응이 결합반응, 분해반응, 치환반응 또는 교환반응 중 어떤 반응인지 구분하시오.

(a) $PbCO_3(s) \longrightarrow PbO(s) + CO_2(g)$
(b) $Cu(s) + 4\ HNO_3(aq) \longrightarrow Cu(NO_3)_2(aq) + 2\ H_2O(\ell) + 2\ NO_2(g)$
(c) $2\ Zn(s) + O_2(g) \longrightarrow 2\ ZnO(s)$
(d) $Pb(NO_3)_2(aq) + 2\ KI(aq) \longrightarrow PbI_2(s) + 2\ KNO_3(aq)$

## 화학반응식의 균형 맞추기

5. 산소가 원소와 반응하는 다음 반응들을 완성하여 균형을 맞추고 각 생성물의 이름을 쓰시오.

(a) $Mg(s) + O_2(g) \longrightarrow$
(b) $Ca(s) + O_2(g) \longrightarrow$
(c) $In(s) + O_2(g) \longrightarrow$

6. 반응의 균형을 맞추시오.

(a) $UO_2(s) + HF(\ell) \longrightarrow UF_4(s) + H_2O(\ell)$
(b) $B_2O_3(s) + HF(\ell) \longrightarrow BF_3(g) + H_2O(\ell)$
(c) $BF_3(g) + H_2O(\ell) \longrightarrow HF(\ell) + H_3BO_3(s)$

7. 반응의 균형을 맞추시오.

(a) 히드라진, $N_2H_4$ 를 합성하는 반응

$$H_2NCl(aq) + NH_3(g) \longrightarrow NH_4Cl(aq) + N_2H_4(aq)$$

(b) 달 착륙과 우주왕복선 사용했던 연료의 반응

$$(CH_3)_2N_2H_2(\ell) + N_2O_4(g) \longrightarrow N_2(g) + H_2O(g) + CO_2(g)$$

(c)칼슘카바이드가 물과 반응하여 아세틸렌을 생성하는 반응

$$CaC_2(s) + H_2O(\ell) \longrightarrow Ca(OH)_2(s) + C_2H_2(g)$$

8. 연소 반응의 균형을 맞추시오.

(a) $C_6H_{12}O_6 + O_2 \longrightarrow CO_2 + H_2O$
(b) $C_5H_{12} + O_2 \longrightarrow CO_2 + H_2O$
(c) $C_7H_{14}O_2 + O_2 \longrightarrow CO_2 + H_2O$
(d) $C_2H_4O_2 + O_2 \longrightarrow CO_2 + H_2O$

## 몰과 화학반응

9. 실험실에서 염산을 과량의 이산화망간(IV)과 반응시켜 염소를 생성할 수 있다.

$$4\ HCl(aq) + MnO_2(s) \longrightarrow Cl_2(g) + 2\ H_2O(\ell) + MnCl_2(aq)$$

12.5 mol의 $Cl_2$를 생성하기 위하여 몇 mol 의 HCl이 필요한가?

10. 일산화질소는 공기 중에서 산화되어 이산화질소가 된다.

$$2\ NO(g) + O_2(g) \longrightarrow 2\ NO_2(g)$$

2.2 mol의 NO 와 완전히 반응하는 $O_2$는 몇 mol 인가? 몇 g인가? 또 생성되는 $NO_2$는 몇 g 인가?

11. 금속들은 할로젠과 반응하여 할로젠화금속이 된다. 예들 들어 철은 염소와 반응하여 염화철(II)을 생성한다.

$$Fe(s) + Cl_2(g) \longrightarrow FeCl_2(s)$$

(a) 10.0 g 철과 완전히 반응하는 염소는 몇 g 인가?

(b) 이 때 생성된 $FeCl_2$의 양은 몇 mol 인가? 몇 g 인가?

12. 자동차의 촉매변환기에 사용되는 백금을 만드는 최종 단계는 다음과 같은 반응이다.

$$3\ (NH_4)_2PtCl_6(s) \longrightarrow 3\ Pt(s) + 2\ NH_4Cl(s) + 2\ N_2(g) + 16\ HCl(g)$$

12.35 g의 $(NH_4)_2PtCl_6$이 반응하는 경우에 대하여 다음 표를 완성하시오.

| $(NH_4)_2PtCl_6$ | Pt | HCl |
|---|---|---|
| 12.35 g | ________ g | ________ g |
| ________ mol | ________ mol | ________ mol |

13. 2.5 mol의 $O_2$가 프로페인, $C_3H_8$과 반응할 때 몇 mol의 물이 생성되는가? 몇 g의 물이 생성되는가?

14. 반도체 재료인 GaAs 1.45 g 을 합성하려면 Ga 과 As 는 몇 g 필요한가?

15. 철광석으로부터 철을 만드는 반응은

$$Fe_2O_3(s) + 3\ CO(g) \longrightarrow 2\ Fe(s) + 3\ CO_2(g)$$

(a) 1.00 kg의 산화철(III)로 부터 얻을 수 있는 철은 몇 g 인가?

(b) 이 반응에 필요한 CO는 몇 g 인가?

## 한계반응물

16. $Na_2SO_4$와 $BaCl_2$ 의 반응은

$$Na_2SO_4(aq) + BaCl_2(aq) \longrightarrow BaSO_4(s) + 2\ NaCl(aq)$$

각각의 반응물 1.0 g을 포함하는 용액을 혼합하면 어느 반응물이 한계반응물인가? $BaSO_4$는 몇 g 생성되는가?

17. 염화알루미늄은 여러가지 산업공정에 사용되는 시약이다. 다음과 같이 알루미늄을 염소와 반응시켜 만든다.

$$2\ Al(s) + 3\ Cl_2(g) \longrightarrow Al_2Cl_6(s)$$

(a) 2.70 g Al과 4.05 g $Cl_2$를 섞으면 어느 물질이 한계반응물인가?

(b) $Al_2Cl_6$는 몇 g 생성되는가?

(c) 반응이 완결되면 과잉 반응물은 얼마나 남아있는가?

18. 메탄올은 깨끗이 연소되고, 취급하기 쉬운 연료이다. 일산화탄소와 수소의 반응으로 생성할 수 있다.

$$CO(g) + 2\ H_2(g) \longrightarrow CH_3OH(\ell)$$

(a) 12.0 g $H_2$와 74.5 g CO를 반응시키면 어느 것이 한계반응물인가?

(b) 반응이 완결된 후 남아 있는 과잉 반응물은 몇 g 인가?

(c) 이론적으로 생성되는 메탄올의 양은 얼마인가?

19. 암모니아 기체는 다음과 같은 반응으로 만들어진다.

$$CaO(s) + 2\ NH_4Cl(s) \longrightarrow 2\ NH_3(g) + H_2O(g) + CaCl_2(s)$$

112 g CaO와 224 g $NH_4Cl$이 반응하고 나면 반응물과 생성물들은 각각 몇 mol 이 존재하는가?

20. 수산화칼슘을 가열하면 CaO 가 생성된다.

$$Ca(OH)_2(s) \longrightarrow CaO(s) + H_2O(\ell)$$

이론적으로는 65.5 g이 생성되어야 하지만, 실제로 36.7 g의 CaO가 생성된다면 퍼센트 수득률은 얼마인가?

21. 메탄올은 깨끗이 연소되어 경주용차에 이용되며 다음과 같은 반응으로 만들 수 있다.

$$CO(g) + 2\ H_2(g) \longrightarrow CH_3OH(\ell)$$

$5.0 \times 10^3$ g $H_2$를 과량의 CO와 반응시켜 $3.5 \times 10^3$ g $CH_3OH$를 생성하였을 때 퍼센트수득률은 얼마인가?

## 실험식

22. 질량비로 60%의 산소와 40%의 황을 포함하는 화합물의 실험식은?

23. 폴리스티렌의 단위체인 스티렌은 탄화수소이다. 이 화합물 0.438 g이 연소하면 1.481 g의 $CO_2$와 0.303 g의 $H_2O$가 생성된다. 이 화합물의 실험식은?

24. 프로피온산은 C, H, O 만으로 이루어져 있다. 0.236 g 프로피온산이 완전히 연소하면 0.421 g의 $CO_2$와 0.172 g의 $H_2O$가 생성된다. 이 산의 실험식은?

# 5장

# 화학 반응

© Cengage Learning/Charles D. Winters


**5.1** 교환 반응: 침전과 알짜 이온 반응식

**5.2** 산, 염기 및 산–염기 교환 반응

**5.3** 산화–환원 반응

**5.4** 산화수와 산화–환원 반응

**5.5** 치환 반응, 산화–환원 반응 및 활성도

**5.6** 용액의 농도

**5.7** 몰농도와 수용액에서의 반응

**5.8** 수용액의 적정


수용액에서 납이온, $Pb^{2+}$과 크롬산이온, $CrO_4^{2-}$이 결합하면 밝은 노란색 침전물인 크롬산납, $PbCrO_4$이 생성된다. 크롬산납(II)은 물에 녹지 않기 때문에 침전 반응이 일어난다. 크롬산납(II)의 색은 매우 아름다워 페인트의 염료로 사용되지만 독성이 있어 조심스럽게 다뤄야 한다.

화학은 물질이 어떻게 반응하고, 어떤 생성물이 만들어지는지에 관심이 있다. 화합물은 분자나 서로 반대 전하의 이온들로 구성되고, 이런 분자나 이온들의 행동으로부터 화합물의 성질을 유추할 수 있다. 화합물의 화학적 성질은 물질이 반응할 때 분자나 이온이 받는 변화이다. 화학의 주된 관심은 이런 문제들에 답하는 것이다. 두 물질이 섞이면 화학 반응은 일어날 것인가? 화학 반응이 일어난다면 생성물은 무엇인가? 4장에서 본 것처럼 이온이나 분자화합물의 반응은 대부분 결합, 분해, 치환, 교환 반응의 하나에 속한다. 이 장에서는 산화–환원 반응을 포함하여 화학 반응을 더 자세하게 논의할 것이다. 특정 반응물의 조합에 대하여 어떤 유형의 반응이 일어날 것인지를 알 수 있다면 생성물을 예측할 수 있다.

우선 이온 교환에 의해 침전이 생성되는 화학 반응을 다루고, 그런 반응에서 적극적으로 반응에 참여하는 이온들의 알짜 이온반응식을 다룰 것이다. 그리고 산–염기 반응, 중화 반응, 기체를 생성하는 반응을 살펴 볼 것이다. 그 다음 산화–환원(redox) 반응, 산화–환원 반응을 이해하는 수단으로서 산화수, 금속의 활성도 순위를 논하게 될 것이다.

아마 대부분의 화학 반응은 용액에서 일어난다. 용액에서 용질의 농도를 정량적으로 기술하는 방법을 소개할 것이다. 용액의 화학량론을 살펴보고 수용액의 적정과 용액의 농도를 측정하는 분석 기술을 논하게 될 것이다.

## 5.1 교환 반응: 침전과 알짜 이온 반응식

### 이온화합물의 물에 대한 용해도

주위에서 쉽게 접하는 소금, 베이킹소다, 화분의 비료와 같은 많은 이온화합물들은 물에 잘 녹는다. 그러므로 이온화합물은 모두 물에 잘 녹는다고 결론내릴 수도 있지만 항상 그렇지만은 않다. 비록 많은 이온화합물들이 수용성이지만 어떤 것들은 약간만 녹을 뿐이고, 또 거의 녹지 않는 것들도 있다.

이온화합물이 물에 녹으면 그림 5.1a처럼 이온들은 서로 분리되어 물 분자들로 둘러싸인다. 이온이 분리되는 과정을 해리(dissociation)라고 한다. 가용성 이온화합물은 강전해질의 한 형태이다. 전해질은 수용액 상태에서 이온을 포함하고 전기를 통하는 물질을 말한다. 강전해질은 수용액이 되면 이온으로 완전히 해리된다. 반면 대부분의 수용성 분자화합물은 그림 5.1b에서처럼 물에 녹았을 때 이온화되지 않는다.

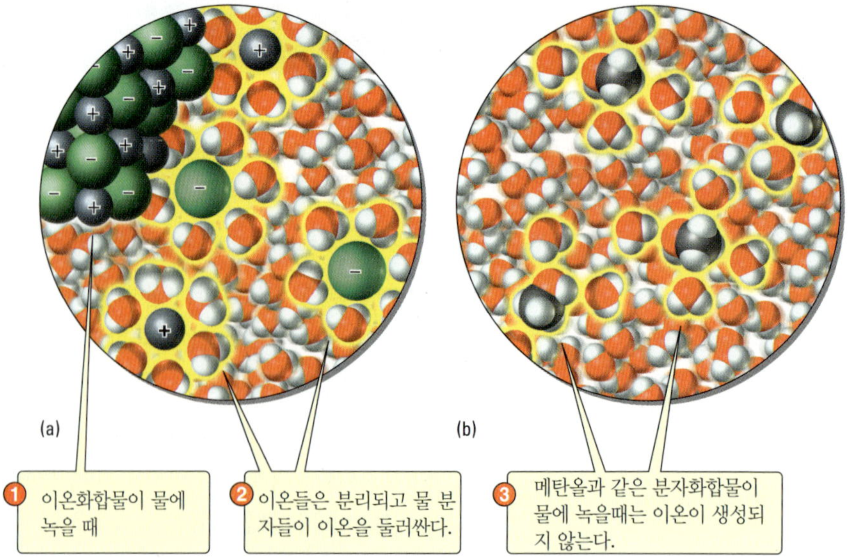


그림 5.1 (a) 이온화합물(NaCl)의 용해 (b) 분자화합물($CH_3OH$)의 용해

표 5.1 이온화합물의 용해도 규칙

| 가용성 이온 | |
|---|---|
| 그룹 1A 이온 | $Li^+$, $Na^+$, $K^+$, $Rb^+$,$Cs^+$ |
| 암모늄이온 | $NH_4^+$ |
| 질산이온 | $NO_3^-$ |
| 염화, 브롬화, 요오드화이온 | $Cl^-$, $Br^-$, $I^-$ (예외:AgCl, $Hg_2Cl_2$, $PbCl_2$, AgBrl, $Hg_2Br_2$, $PbBr_2$, AgI, $Hg_2I_2$, $PbI_2$) |
| 황산이온 | $SO_4^{2-}$ (예외: $CaSO_4$, $SrSO_4$, $BaSO_4$, $PbSO_4$) |
| 염소산이온 | $ClO_3^-$ |
| 과염소산이온 | $ClO_4^-$ |
| 아세테이트이온 | $CH_3COO^-$ |
| **불용성 이온** | |
| 인산이온 | $PO_4^{3-}$(예외: $NH_4^+$, 그룹 1A 양이온) |
| 탄산이온 | $CO_3^{2-}$(예외: $NH_4^+$, 그룹 1A 양이온) |
| 수산이온 | $OH^-$(예외: $NH_4^+$, 그룹 1A 양이온), $Sr(OH)_2$, $Ba(OH)_2$, $Ca(OH)_2$는 약간 녹음. |
| 옥살산이온 | $C_2O_4^{2-}$(예외: $NH_4^+$ ,그룹 1A 양이온) |
| 황화이온 | $S^{2-}$(예외: $NH_4^+$ ,그룹 1A와 그룹 2A 양이온), MgS, CaS, BaS는 아주 미량 녹음 |

표 5.1의 용해도 규칙은 이온화합물이 포함하고 있는 이온들에 기초하여 용해도를 예측하는 일반적인 안내이다. 표 5.1에서 가용성 이온을 적어도 1개 이상 포함하는 이온화합물은 적어도 어느 정도는 녹는다.

$NiSO_4$가 물에 녹는지 알고 싶다면 $NiSO_4$는 $Ni^{2+}$와 $SO_4^{2-}$를 포함하고 있다. $Ni^{2+}$는 표 5.1에 언급이 없지만 $SO_4^{2-}$를 포함하는 화합물은 $SrSO_4$, $BaSO_4$, $PbSO_4$를 제외하고 물에 녹는 것으로 나타난다. $NiSO_4$는 $SO_4^{2-}$를 포함하며 표에서 언급하는 예외적인 화합물이 아니기 때문에 물에 녹는다. 그림 5.2에 질산이온, 수산이온, 황화물 이온들에 대한 용해도 규칙을 기술하고 있다.

**예제 5.1 용해도 규칙 사용하기**

다음 각 화합물에는 무슨 이온들이 존재하는지 확인하고, 표 5.1을 사용하여 화합물이 수용성인지 예측하시오.

(a) $CaCl_2$ (b) $Fe(OH)_3$ (c) $NH_4NO_3$
(d) $CuCO_3$ (e) $Ni(ClO_3)_2$

**정답:** (a) $Ca^{2+}$와 $Cl^-$, 수용성 (b) $Fe^{3+}$와 $OH^-$, 불용성 (c) $NH_4^+$와 $NO_3^-$, 수용성
(d) $Cu^+$와 $CO_3^{2-}$, 불용성 (e) $Ni^{2+}$와 $ClO_3^-$, 수용성

**풀이:** 표 5.1의 용해도 규칙을 확인한다.

(a) $Ca^{2+}$와 $Cl^-$를 포함한다. 몇몇 전이금속을 제외한 모든 염화물은 가용성이다.

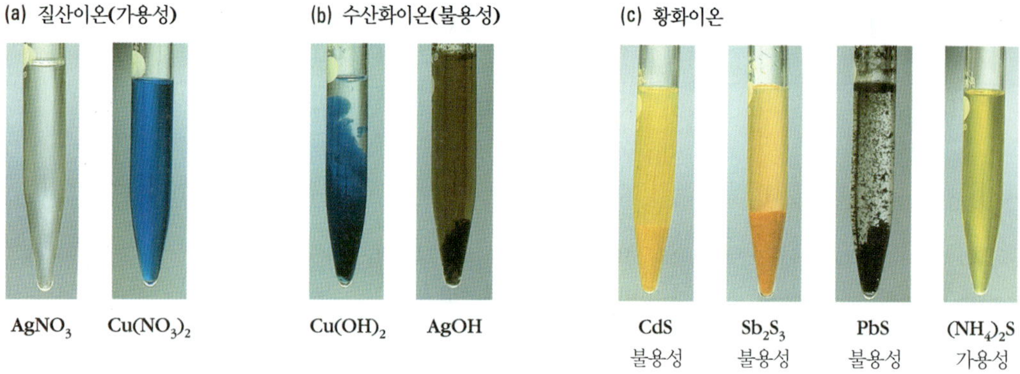




**그림 5.2 표 5.1의 용해도 가이드라인에 대한 실례.** 모든 질산염처럼 $AgNO_3$, $Cu(NO_3)_2$는 가용성이다. 대부분의 수산화물처럼 $Cu(OH)_2$와 AgOH는 불용성이다. 거의 모든 황화물처럼 CdS, $Sb_2S_3$, PbS는 불용성이지만 $(NH_4)_2S$는 예외로 가용성이다.

(b) $Fe^{3+}$와 $OH^-$를 포함한다. 알칼리 금속이온을 제외한 모든 수산화 이온화합물은 불용성이다.

(c) $NH_4^+$와 $NO_3^-$을 포함한다. 모든 암모늄염과 질산염화합물은 가용성이다.

(d) $Cu^{2+}$와 $CO_3^{2-}$이온을 포함한다. 암모늄과 알칼리 금속을 제외한 모든 탄산염화합물은 불용성이다.

(e) $Ni^{2+}$와 $ClO_3^-$를 포함한다. 모든 염소산화합물은 가용성이다.

**실전예제 5.1**

다음 화합물들은 물에 녹는지 예측하시오.

(a) NaF (b) $Ca(CH_3COO)_2$ (c) $SrCl_2$

(d) MgO (e) $PbCl_2$

교환 반응은 다음과 같은 반응 양상을 보인다.

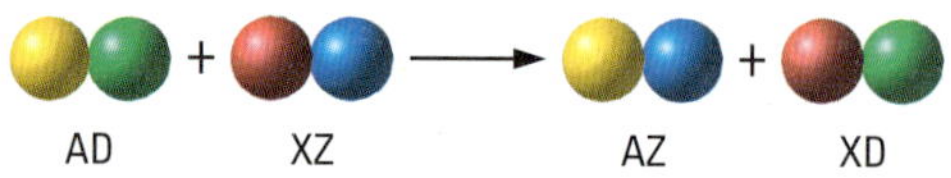


교환 반응에서 반응물과 생성물이 모두 수용성 이온화합물이라면 전체 반응은 일어나지 않는다. 이 경우 AD와 XZ를 혼합하면 A, D, X 및 Z 이온을 포함하는 수용액이 된다.

$Ca(NO_3)_2$를 녹인 수용액과 NaCl을 녹인 수용액을 혼합하면 어떤 일이 일어날까? 표 5.1에 의하면 두 화합물 모두 가용성 이온화합물이므로 용액은 $Ca^{2+}$, $NO^{3-}$, $Na^+$, $Cl^-$를 포함한다. 반응이 일어날 것인지를 결정하기 위해서는 이 이온들이 서로 반응하여 새로운 화합물을 생성하는지를 확인해야 한다. 교환 반응이 일어나기 위해서는 $Ca^{2+}$와 $Cl^-$가 반응하여 $CaCl_2$를 생성하고, $Na^+$와 $NO_3^-$가 반응하여 $NaNO_3$를 생성해야 할 것이다. 어느 생성물이라도 불용성이면 반응은 일어날 것이다. 용해도 규칙을 보면 두 화합물 모두 물에 녹는다. 이온들을 용액으로부터 제거하는 것이 가능하

지 않다. 그러므로 이 두 수용액을 혼합해도 반응은 일어나지 않는다.

그러나 반응 생성물이 용액으로부터 이온들을 제거한다면 반응은 일어날 것이다. 세 가지 서로 다른 유형의 생성물은 수용액에서 교환 반응이 일어나도록 한다.

1. 불용성 이온화합물의 생성

$$AgNO_3(aq) + KCl(aq) \longrightarrow KNO_3(aq) + AgCl(s)$$

2. 용액 속에 남아 있는 분자화합물의 생성. 가장 흔한 경우가 산-염기 중화 반응에서 물이 생성될 때이다.

$$H_2SO_4(aq) + 2\ NaOH(aq) \longrightarrow Na_2SO_4(aq) + 2\ H_2O(\ell)$$

3. 용액으로부터 빠져 나오는 기체 상태의 분자화합물 생성

$$2\ HCl(aq) + Na_2S(aq) \longrightarrow 2\ NaCl(aq) + H_2S(g)$$

© Cengage Learning/Charles D. Winters

**그림 5.3 황산 바륨의 침전.** $BaCl_2$와 $Na_2SO_4$의 수용액을 혼합하면 $BaSO_4$ 침전이 생성된다. 이 교환 반응의 또 다른 생성물인 NaCl은 물에 녹아 용액에 남아 있다.

## 침전 반응

$BaCl_2$와 $Na_2SO_4$의 수용액을 혼합할 때 교환 반응의 가능성을 생각해 보자.

$$BaCl_2(aq) + Na_2SO_4(aq) \longrightarrow ? + ?$$

바륨이온과 소듐이온이 짝을 교환하여 $BaSO_4$와 NaCl을 생성한다면 반응식은

$$\underset{\text{barium chloride}}{BaCl_2(aq)} + \underset{\text{sodium sulfate}}{Na_2SO_4(aq)} \longrightarrow \underset{\text{barium sulfate}}{BaSO_4} + \underset{\text{sodium chloride}}{2\ NaCl}$$

이 반응은 일어날 것인가? 불용성 고체 생성물-침전-이 만들어진다면 그렇다. 표 5.1에 보면 NaCl은 물에 녹고 $BaSO_4$는 녹지 않는다. 그러므로 교환 반응은 일어나고 황산바륨은 용액으로부터 침전된다(그림 5.3). 반응식에서 침전의 생성은 생성물의 화학식 뒤에 (s)로 표시한다. NaCl은 물에 녹기 때문에 용액 속에 남아 있게 되고 NaCl 뒤에(aq)라고 붙인다.

$$BaCl_2(aq) + Na_2SO_4(aq) \longrightarrow BaSO_4(s) + 2\ NaCl(aq)$$

**예제 5.2 교환 반응**

다음 이온화합물 쌍에 대하여 그들 수용액이 혼합되었을 때 교환 반응이 일어날 것인지 예측하고, 그 반응에 대하여 균형 화학 반응식을 쓰시오.

(a) $(NH_4)_2S$와 $Cu(NO_3)_2$

(b) $ZnCl_2$와 $Na_2CO_3$

(c) $CaCl_2$와 $KNO_3$

**정답:**

(a) CuS 침전, $(NH_4)_2S(aq) + Cu(NO_3)_2(aq) \rightarrow CuS(s) + 2\ NH_4NO_3(aq)$

(b) $ZnCO_3$ 침전, $ZnCl_2(aq) + Na_2CO_3(aq) \rightarrow ZnCO_3(s) + 2\ NaCl(aq)$

(c) 반응 일어나지 않음, 가능한 생성물, $Ca(NO_3)_2$와 KCl은 모두 물에 녹음

**풀이:** 각각의 경우에 어떤 양이온-음이온 조합이 일어날 수 있는지 또 침전이 가능한지 생각해본다. 다원자 이온은 하나의 이온 단위로 간주한다.
(a) $CuS(s)$와 $NH_4NO_3$를 생성한다. $NH_4NO_3$는 용액에 남고 $CuS$는 침전된다.
(b) $Zn(CO_3)(s)$ 침전이 생성되고, $NaCl$은 가용성으로 용액에 남는다.
(c) 가능한 생성물 $Ca(NO_3)_2$와 $KCl$은 모두 가용성으로 교환 반응이 일어나지 않는다.

**실전예제 5.2**

다음 이온화합물 쌍의 수용액에서 교환 반응이 일어날 때 생성물을 예측하고 균형 화학 반응식을 쓰시오. 표 5.1을 사용하여 용해도를 확인하고 침전물이 생기는지 반응식에 나타내시오.
(a) $NiCl_2$와 $NaOH$ (b) $K_2CO_3$와 $CaBr_2$

## 알짜 이온 반응식

앞 단원에서 교환 반응식을 쓸 때, 전체 반응식을 나타내었는데 다른 방법으로 나타낼 수도 있다. 침전 반응이 일어날 때 침전되지 않는 생성물은 용액에 남아 있다. 그러므로 반응물로서 용액에 존재하는 이온들은 반응 후에도 그대로 남아 있다. 그런 이온을 **구경꾼 이온**이라 한다. 마치 경기에서 관중처럼 거기에 있지만 반응에 직접적으로 관여하지는 않는다. 결과적으로 구경꾼 이온들은 반응식에서 제외할 수 있다. 용액이나 화합물에서 실제 반응에 참여하는 이온들만 포함하는 반응식을 알짜 이온 반응식이라고 부른다. 알짜 이온 반응식을 쓰는 일반적인 단계를 설명하기 위하여 $NaCl$과 $AgNO_3$ 수용액이 반응하여 $AgCl$과 $NaNO_3$를 생성하는 반응의 예를 들었다(그림 5.4).

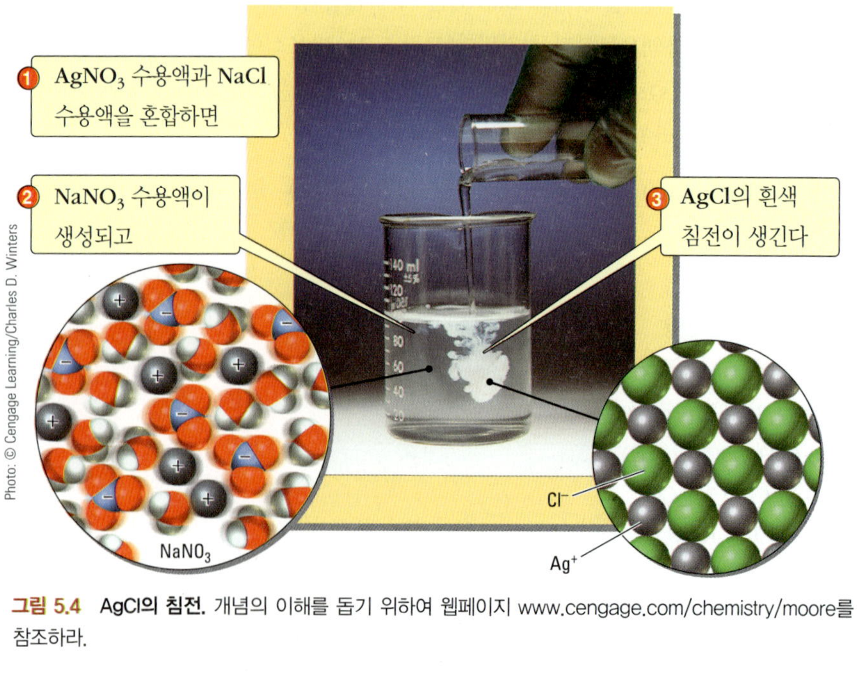


**그림 5.4 AgCl의 침전.** 개념의 이해를 돕기 위하여 웹페이지 www.cengage.com/chemistry/moore를 참조하라.

**단계 1: 반응물과 생성물의 화학식을 사용하여 전체 반응의 균형 화학 반응식을 쓴다.**

$$\underset{\text{silver nitrate}}{AgNO_3} + \underset{\text{sodium chloride}}{NaCl} \longrightarrow \underset{\text{silver chloride}}{AgCl} + \underset{\text{sodium nitrate}}{NaNO_3}$$

단계 1은 실제 두 부분으로 구성된다. 우선 균형이 맞지 않은 채로 반응식을 쓴 후 균형을 맞춘다.

**단계 2: 표 5.1의 안내를 참조하여 반응물과 생성물의 용해도를 확인한다.** 표에 의하면 질산염은 가용성이고 따라서 $AgNO_3$와 $NaNO_3$는 물에 녹는다. 염화이온이 가용성이므로 NaCl은 물에 녹는다. 그러나 AgCl은 예외적으로 녹지 않는다. 이 정보로부터 반응식을 쓰면

$$AgNO_3(aq) + NaCl(aq) \longrightarrow AgCl(s) + NaNO_3(aq)$$

**단계 3: 모든 가용성 이온화합물은 수용액에서 성분 이온들로 해리된다.**

$AgNO_3(aq)$는 $Ag^+(aq) + NO_3^-(aq)$로 구성된다.

$NaCl(aq)$는 $Na^+(aq) + Cl^-(aq)$로 구성된다.

$NaNO_3(aq)$는 $Na^+(aq) + NO_3^-(aq)$로 구성된다.

**단계 4: 단계 3의 이온들을 모두 사용하여 전체 이온 반응식을 쓴다.**

$$Ag^+(aq) + NO_3^-(aq) + Na^+(aq) + Cl^-(aq) \longrightarrow AgCl(s) + Na^+(aq) + NO_3^-(aq)$$

침전물은 완전한 화학식으로 나타내었다.

**단계 5: 알짜 이온 반응식을 얻기 위하여 전체 이온 반응식의 양쪽으로부터 구경꾼 이온들을 상쇄한다.** 이 예에서 소듐이온과 질산이온은 구경꾼 이온이고 반응식의 양쪽에서 서로 상쇄되면 알짜 이온 반응식을 얻는다.

전체 이온 반응식:

$$Ag^+(aq) + \cancel{NO_3^-(aq)} + \cancel{Na^+(aq)} + Cl^-(aq) \longrightarrow AgCl(s) + \cancel{Na^+(aq)} + \cancel{NO_3^-(aq)}$$

알짜 이온 반응식:

$$Ag^+(aq) + Cl^-(aq) \longrightarrow AgCl(s)$$

**단계 6: 전하의 합이 알짜 이온 반응식의 양쪽에서 서로 같은지 확인한다.** 단계 5에서 왼쪽에서는 전하의 합이(1+) + (1−) = 0이고 오른쪽에서 이온화합물 AgCl의 전하도 0이다.

전자는 생성되거나 소멸되지 않기 때문에 균형 화학 반응식의 양쪽 전하는 서로 같아야 한다.

### 예제 5.3 알짜 이온 반응식

$Pb(NO_3)_2$와 KI의 수용액을 혼합하였을 때 일어나는 알짜 이온 반응식을 쓰시오.

**정답:** $Pb^{2+}(aq) + 2\,I^-(aq) \longrightarrow PbI_2(s)$

**풀이:** 단계별 과정을 따른다.

**단계 1: 전체 균형 화학 반응식을 쓴다. 이 반응은 교환 반응이다.**

$$Pb(NO_3)_2 + 2\,KI \longrightarrow PbI_2 + 2\,KNO_3$$

**단계 2: 반응물과 생성물의 용해도를 결정한다. 표 5.1에 의하면 $PbI_2$를 제외하고 모두 가용성이다.**

$$Pb(NO_3)_2(aq) + 2\,KI(aq) \longrightarrow PbI_2(s) + 2\,KNO_3(aq)$$

1몰 $Pb(NO_3)_2$는 2몰의 $NO_3^-$ 이온과 1몰의 $Pb^{2+}$ 이온을 포함한다.

**단계 3: 화합물들이 용액에 해리되었을 때 존재하는 이온들을 확인한다.**

$Pb(NO_3)_2(aq)$는 $Pb^{2+}(aq)$와 $2\,NO_3^-(aq)$로 구성된다.

$KI(aq)$는 $K^+(aq)$와 $I^-(aq)$로 구성된다.

$KNO_3(aq)$는 $K^+(aq)$와 $NO_3^-(aq)$로 구성된다.

**단계 4: 전체 이온 반응식을 쓴다.**

$$Pb^{2+}(aq) + 2\,NO_3^-(aq) + 2\,K^+(aq) + 2\,I^-(aq) \longrightarrow PbI_2(s) + 2\,K^+(aq) + 2\,NO_3^-(aq)$$

**단계 5와 6: 알짜 이온 반응식을 얻기 위하여 구경꾼 이온($K^+$와 $NO_3^-$)들을 상쇄시키고 전하의 균형을 확인한다.**

알짜 이온 반응식 : $Pb^{2+}(aq) + 2\,I^-(aq) \longrightarrow PbI_2(s)$

알짜 전하 $= (2+) + 2 \times (1-) = 0$

### 실전예제 5.3

다음 이온화합물 쌍의 수용액 반응에 대하여 반응이 일어난다면 균형 화학 반응식을 쓰시오. 전체 이온 반응식으로부터 균형 알짜 이온 반응식을 쓰시오.

(a) $BaCl_2$와 $Na_2SO_4$ (b) $(NH_4)_2S$와 $FeCl_2$

CONCEPTUAL
### 개념학습 5.1 알짜 이온 반응식

생성물이 모두 물에 녹지 않아 수용액으로부터 침전이 생성되는 교환 반응이 있다. 표 5.1을 사용하여 그와 같은 반응의 예를 찾아보고 균형 알짜 이온 반응식을 쓰시오.

경수 지역에서는 물을 끓일 때 주전자나 그릇 안쪽에 하얗게 스케일이 생기는 것을 볼 수 있다. 센물은 대부분 $Ca^{2+}$, $Mg^{2+}$, $Fe^{2+}$ 또는 $Fe^{3+}$의 존재 때문이다. 물이 중탄산이온, $HCO_3^-$을 포함하고 있으면 물을 가열할 때 다음과 같은 반응이 일어난다.

$$2\,HCO_3^-(aq) \longrightarrow H_2O(\ell) + CO_2(g) + CO_3^{2-}(aq)$$

온수관의 내부에 스케일(물 때)이 형성된다.

이산화탄소가 방출되면서 중탄산이온이 천천히 탄산이온으로 바뀐다. 탄산이온은 칼슘, 마그네슘, 철이온 등과 금속 표면에 들러붙는 고체 침전물을 생성할 수 있다. 칼슘이온 농도가 높은 온수관은 스케일이 쌓여 관이 막힐 수 있다.

$$Ca^{2+}(aq) + 2\,HCO_3^-(aq) \longrightarrow CaCO_3(s) + H_2O(\ell) + CO_2(g)$$

## 5.2 산, 염기 및 산-염기 교환 반응

산과 염기는 매우 중요한 부류의 화합물이다. 매우 중요해서 이 교재에서는 두 장(16장, 17장)에서 다루고 있다. 여기서는 몇 가지 일반적인 성질에 초점을 맞추고 서로 어떻게 반응하는지를 살펴 볼 것이다. 산은 여러 가지 공통된 성질을 갖고 있으며 염기도 마찬가지이다. 산의 몇 가지 성질은 염기의 성질과 연관된다. 산 용액은 리트머스의 색을 푸른색에서 붉은색으로 바꾼다. 반면 염기 용액은 붉은 리트머스를 푸른색으로 바꾸고 페놀프탈레인 색소를 핑크색으로 만든다. 산이 리트머스를 붉게 만들었다면, 염기를 더하면 리트머스가 푸르게 된다. 염기는 산을 중화시키고 산은 염기를 중화시키는 효과를 보인다. 산과 염기는 화학적으로 서로 반대의 성질을 갖는다.

리트머스는 이끼식물로 부터 유래한 염료이고, 페놀프탈레인은 합성 염료이다.

산은 다른 특징도 보인다. 신 맛을 내고, 석회와 반응하면 기체가 발생되고, 금속과 반응하여 인화성 기체를 발생시킨다. 실험실의 화학 물질에 대해 절대 맛을 봐서는 안 되지만 아세트산의 묽은 수용액인 식초의 맛은 아마 본적이 있을 것이다. 반면 염기는 쓴 맛을 낸다. 비누에는 염기가 포함되어 있다. 염기는 금속을 녹이기보다 금속수산화물로서 침전되는 이온화합물을 생성한다. 그런 용액에 산을 첨가하면 침전이 녹는데, 산과 염기가 서로 반대로 작용하는 또 다른 경우이다.

### 산

산은 물에 녹았을 때 수소이온, $H^+$의 농도를 증가시키는 물질로 정의하면, 수용액에서 산의 성질이 설명된다. 산성 용액의 공통적인 성질은 $H^+(aq)$의 성질이다. 수소이온, $H^+$은 수소원자가 전자를 하나 잃은 상태, 즉 수소이온, $H^+$은 수소원자의 핵인 양성자이다. 양성자, $H^+$는 수소원자보다 훨씬 작고, 양으로 하전된 입자여서 물 분자의 산소원자와 강하게 상호작용한다. 따라서 $H^+$는 $H_2O$와 결합하여 하이드로늄 이온이라는 $H_3O^+$를 생성한다. 15장에서는 산-염기 화학에서 **하이드로늄 이온**의 중요성을 조사할 것이며, 하이드로늄 이온을 $H^+(aq)$로 나타낸다. 산의 공통적인 성질은 물에 녹은 수소이온에 기인한다.

$$H^+ + H_2O \longrightarrow H_3O^+$$

물에 녹았을 때 완전히 이온화되는 산은 강전해질로서 **강산(strong acids)**이라 부른다. 가장 흔한 강산의 하나는 염산이다. 염산은 수용액에서 $H^+(aq)$와 염화이온을 생성한다(그림 5.5a).

$$HCl(aq) \longrightarrow H^+(aq) + Cl^-(aq)$$

HCl과 같은 강산과 물의 반응식을 더 정확하게 쓰면 다음과 같이 하이드로늄 이온을 구체적으로 나타내는 것이다.

$$HCl(aq) + H_2O(\ell) \longrightarrow H_3O^+(aq) + Cl^-(aq)$$

표 5.2에 일반적인 산들을 수록하였다.

수용액에서 부분적으로 약간 이온화하는 산을 **약산(weak acids)**이라고 한다(표 5.2). 아세트산($CH_3COOH$)이 물에 녹으면 이온화되는 정도는 보통 5%보다도 작고 나머지 대부분의 분자는 이온화되지 않은 분자로 존재한다. 아세트산은 수용액에서 약간만 이온화하므로 약 전해질이고 약산으로 분류된다(그림 5.5b).

$$CH_3COOH(aq) \rightleftharpoons H^+(aq) + CH_3COO^-(aq)$$

작용기—COOH는 모든 카르복시산에 존재한다.

acetic acid　　　　acetate ion

아세트산의 이온화 식에서 양쪽 화살표는 약전해질의 특성을 나타낸다. 분자 형태의 $CH_3COOH$가 이온화되는 속도와 $H^+(aq)$와 $CH_3COO^-(aq)$이 반응하여 $CH_3COOH$ 분자를 생성하는 속도가 같아지는 동적 평형이 존재한다. 동적 평형에 대해서는 14장에서 더 자세하게 다룰 것이다.

황산 1몰은 1몰 이상의 $H^+$ 이온 농도를 제공한다.

$$\underset{\text{sulfuric acid}}{H_2SO_4(aq)} \longrightarrow H^+(aq) + \underset{\text{hydrogen sulfate ion}}{HSO_4^-(aq)}$$

$$\underset{\text{hydrogen sulfate ion}}{HSO_4^-(aq)} \rightleftharpoons H^+(aq) + \underset{\text{sulfate ion}}{SO_4^{2-}(aq)}$$

첫 번째 이온화 반응은 완전히 진행되고 황산은 강전해질로 간주된다. 그러나 두 번째 반응의 황산수소이온은 아세트산처럼 단지 부분적으로만 해리되고 약전해질이다.

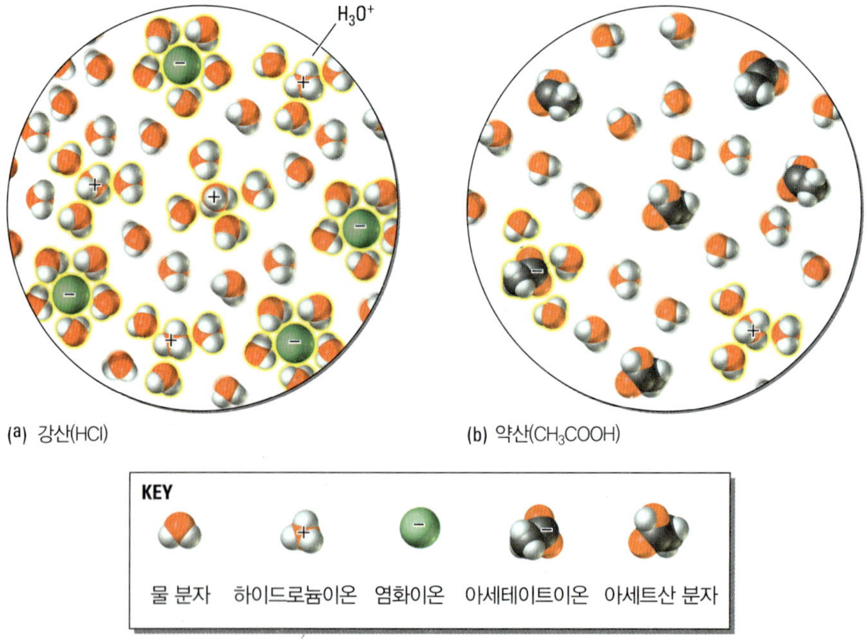


**그림 5.5 물에서 산의 이온화.** (a) 염산(HCl)과 같은 강산은 물에서 완전히 이온화한다. 모든 염산 분자는 이온화하여 $H_3O^+(aq)$와 $Cl^-(aq)$를 생성한다. (b) 아세트산($CH_3COOH$)과 같은 약산은 물에서 약간만 이온화한다. 이온화하지 않은 아세트산 분자의 수는 이온화하여 생성된 $H_3O^+(aq)$와 $CH_3COO^-(aq)$의 수보다 훨씬 많다.

CONCEPTUAL
**개념학습 5.2 산의 해리**

인산($H_3PO_4$)은 이온화할 수 있는 3개의 양성자를 갖고 있다. 3개의 이온화 반응식을 쓰고 어느 반응이 동적 평형인지 밝히시오.

**표 5.2** 일반적인 산과 염기

| 강산(강전해질) | | 강염기(강전해질) | |
|---|---|---|---|
| HCl | Hydrochloric acid | LiOH | Lithium hydroxide |
| $HNO_3$ | Nitric acid | NaOH | Sodium hydroxide |
| $H_2SO_4$ | Sulfuric acid | KOH | Potassium hydroxide |
| $HClO_4$ | Perchloric acid | $Ca(OH)_2$ | Calcium hydroxide‡ |
| HBr | Hydrobromic acid | $Ba(OH)_2$ | Barium hydroxide‡ |
| HI | Hydroiodic acid | $Sr(OH)_2$ | Strontium hydroxide‡ |
| **약산*(약전해질)** | | **약염기(약전해질)** | |
| $H_3PO_4$ | Phosphoric acid | $NH_3$ | Ammonia |
| $CH_3COOH$ | Acetic acid | $CH_3NH_2$ | Methylamine |
| $H_2CO_3$ | Carbonic acid | | |
| HCN | Hydrocyanic acid | | |
| HCOOH | Formic acid | | |
| $C_6H_5COOH$ | Benzoic acid | | |

*많은 유기산들이 약산이다.
† 많은 유기 아민들은 약염기이다.
‡ 칼슘, 바륨, 스트론튬의 수산화물은 약간만 녹지만, 녹으면 이온으로 해리된다.

## 염기

염기는 물에 녹았을 때 수산이온($OH^-$)의 농도를 증가시키는 물질이다. 염기 용액의 공통된 성질은 $OH^-(aq)$의 성질에 기인한다. 수산화소듐이나 수산화포타슘처럼 수산이온을 포함하는 화합물은 분명히 염기이고 강전해질로서 강염기이다(표 5.2).

$$NaOH(s) \xrightarrow{H_2O} Na^+(aq) + OH^-(aq)$$

$Ca(OH)_2$처럼 물에 약간 녹는 염기도 물에 녹은 양이 완전히 이온으로 해리하면 강전해질이다.

강전해질의 산과 염기는 강산과 강염기이다. 약전해질의 산과 염기는 약산과 약염기이다.

암모니아($NH_3$)는 또 다른 일반적인 염기이다. 암모니아는 비록 $OH^-$이온을 포함하고 있지 않지만 물과 반응하여 수산이온을 생성한다.

$$NH_3(aq) + H_2O(\ell) \rightleftharpoons NH_4^+(aq) + OH^-(aq)$$

$NH_3$와 $NH_4^+$, $OH^-$ 사이의 평형에서 이온의 농도는 매우 작아 암모니아는 약전해질이고 약염기이다.

요약하면

- 강전해질은 수용액에서 완전히 이온으로 존재하는 화합물이다. 그들은 이온화합물(염이나 강염기)이거나 강산의 분자화합물이다.
- 약전해질은 약산이나 약염기의 분자화합물이다.
- 비전해질은 수용액에서 이온화하지 않는 분자화합물이다.

(a)

(b)

(c)



**산과 염기.**

(a) 일상적인 식품과 가정용 제품들은 산성이거나 염기성이다. 귤은 시트르산을 포함하고 암모니아 세제는 염기성이다.

(b) 레몬주스의 산은 푸른색 리트머스 종이를 붉게 변화시키고

(c) 암모니아 세제는 붉은 리트머스 종이를 푸르게 변화시킨다.

EXERCISE
**연습문제 5.3 산과 염기**

(a) 과염소산 $HClO_4$이 물에 녹으면 어떤 이온이 생성되는가?

(b) 수산화칼슘은 물에 약간 녹으나 녹는 것은 모두 해리된다. 무슨 이온이 생성되는가? 수산화칼슘의 해리 반응식을 쓰시오.

**예제 5.4 강전해질, 약전해질 및 비전해질**

다음 각 물질의 수용액은 강전해질, 약전해질 또는 비전해질 중 어느 것인지 확인하시오.

| (a) HBr | (b) LiOH | (c) HCOOH | (d) $CH_3CH_2OH$ |
|---|---|---|---|
| **정답:** (a) 강전해질 | (b) 강전해질 | (c) 약전해질 | (d) 비전해질 |

**풀이:**

(a) HBr은 강산이며 강전해질이다.

(b) LiOH는 강염기이며 수용액에서 완전히 해리되며 강전해질이다.

(c) HCOOH는 약산이며 수용에서 부분해리되어 약전해질이다.

(d) $CH_3CH_2OH$는 분자화합물이며 이온으로 해리되지 않는다. 비전해질이다.

**실전예제 5.4**

전해질에 대한 설명과 표 5.2를 참고하여 위의 예제에서와 다른 강전해질, 약전해질, 비전해질을 각각 적어도 하나 이상 제시하시오.

## 중화 반응

HCl과 같은 강산과 NaOH와 같은 강염기의 수용액을 혼합하면 용액 속의 이온들은 $H^+(aq)$, 강산으로부터 생성된 음이온, 금속 양이온 및 $OH^-(aq)$이다.

염산으로부터 : $H^+(aq)$, $Cl^-(aq)$

수산화소듐으로부터: $Na^+(aq)$, $OH^-(aq)$

침전 반응에서처럼 두 이온이 서로 반응하여 용액으로부터 분리되어 나오는 어떤 화합물을 생성할 때는 항상 교환 반응이 일어난다. 산-염기 반응에서 그 화합물은 $H^+(aq)$와 $OH^-(aq)$의 결합으로 생성되는 물이다.

강산과 강염기가 반응하면 서로 상대를 중화시킨다. 이것은 산으로부터의 수소이온과 염기로부터의 수산이온이 반응하여 분자화합물인 물을 생성하기 때문이다. 다른 이온들은 이온화합물인 **염(salt)**을 생성하는데, 이 때 양이온은 염기로부터 음이온은 산으로부터 나온다. 용액으로부터 물이 증발하면 고체 염만 남는다. HCl과 NaOH가 반응하면 NaCl 염이 생성된다.

$$\underset{\text{acid}}{HCl(aq)} + \underset{\text{base}}{NaOH(aq)} \longrightarrow \underset{\text{water}}{H\,OH(\ell)} + \underset{\text{salt}}{Na\,Cl(aq)}$$

중화 반응의 일반적인 반응식은 다음과 같이 쓸 수 있다.

$$\text{HX(aq)} + \text{MOH(aq)} \longrightarrow \text{H OH}(\ell) + \text{M X(aq)}$$

acid base water salt

이 반응은 산에서 유래한 $H^+$(aq)와 금속수산화물에서 유래한 $M^+$(aq)사이의 교환 반응으로 인식할 수 있다.

생성되는 염은 반응하는 산과 염기에 달려있다. 위 속의 염산을 중화시키기 위하여 시판 중인 수산화마그네슘이 들어 있는 제산제를 삼키면 염화마그네슘염이 만들어진다.

$$2\,\text{HCl(aq)} + \text{Mg(OH)}_2\text{(s)} \longrightarrow 2\,\text{H}_2\text{O}(\ell) + \text{MgCl}_2\text{(aq)}$$

hydrochloric acid; magnesium hydroxide; magnesium chloride

마그네시아 우유는 $Mg(OH)_2$ (s)의 미세입자를 포함하는 서스펜션 용액이다.

산 작용기(-COOH)를 포함하는 아세트산이나 프로판산과 같은 유기산도 염기를 중화하여 염을 생성한다. -COOH의 H는 산성의 양성자이다. 그것이 떨어져 나가면 $-COO^-$ 음이온이 만들어진다. 프로판산($CH_3CH_2COOH$)과 수산화소듐(NaOH)이 반응하면 $Na^+$와 $CH_3CH_2COO^-$을 포함하는 프로판산소듐염, $NaCH_3CH_2COO$을 생성한다. 프로판산소듐염은 식품의 방부제로 흔히 사용된다.

$$\text{CH}_3\text{CH}_2\text{COOH(aq)} + \text{NaOH(aq)} \longrightarrow \text{H}_2\text{O}(\ell) + \text{NaCH}_3\text{CH}_2\text{COO(aq)}$$

propionic acid; sodium propionate

프로판산 분자는 6개의 H 원자를 갖고 있지만 산 작용기(-COOH)의 H 원자만이 유일하게 중화 반응에 관여한다.

**예제 5.5 중화 반응의 균형 맞추기**

수용액에서 질산, $HNO_3$ 과 수산화칼슘, $Ca(OH)_2$ 사이의 균형 화학 반응식을 쓰시오.

**정답:** $2\,HNO_3(aq) + Ca(OH)_2(aq) \longrightarrow Ca(NO_3)_2(aq) + 2\,H_2O\,(\ell)$

**풀이:** 이 반응은 산과 염기사이의 중화 반응으로 생성물은 염과 물이다. 균형이 맞지 않은 화학 반응식을 쓰면

(균형이 맞지 않은 반응식)

$$HNO_3(aq) + Ca(OH)_2(aq) \longrightarrow Ca(NO_3)_2(aq) + H_2O\,(\ell)$$

일반적으로 이온의 균형을 먼저 맞추고 나중에 수소와 산소원자 수의 균형을 맞추는 것이 좋은 방법이다. 칼슘이온의 균형은 맞지만 질산이온의 균형을 맞추기 위하여 질산의 계수는 2가 되어야 한다.

(균형이 맞지 않은 반응식)

$$2\,HNO_3(aq) + Ca(OH)_2(aq) \longrightarrow Ca(NO_3)_2(aq) + H_2O\,(\ell)$$

물을 제외한 다른 화합물들의 계수는 균형이 맞다. 반응물에는 4개의 수소원자가 있으므로 균형을 맞추기 위하여 물의 계수는 2가 되어야 한다.

(균형 화학 반응식)

$$2\,HNO_3(aq) + Ca(OH)_2(aq) \longrightarrow Ca(NO_3)_2(aq) + 2\,H_2O\,(\ell)$$

**실전예제 5.5**

수용액에서 인산, $H_3PO_4$과 수산화나트륨, NaOH 사이의 균형 화학 반응식을 쓰시오.

**예제 5.6 산, 염기 및 염**

다음 각 염을 생성하는데 사용된 산과 염기를 확인하고, 염을 생성하는 균형 화학 반응식을 쓰시오.

(a) $CaSO_4$ (b) $Mg(ClO_4)_2$

**정답:** (a) $Ca(OH)_2$와 $H_2SO_4$ (b) $Mg(OH)_2$와 $HClO_4$

**풀이:** 염기의 양이온과 산의 음이온으로부터 염이 생성된다. (a) $CaSO_4$는 칼슘이온과 황산이온을 포함하고 있다. $Ca^{2+}$이온은 $Ca(OH)_2$로 부터 오고 $SO_4^{2-}$ 이온은 $H_2SO_4$로 부터 온다. $Ca(OH)_2$와 $H_2SO_4$의 중화 반응은 $CaSO_4$와 $H_2O$를 생성한다.

$$Ca(OH)_2(aq) + H_2SO_4(aq) \longrightarrow CaSO_4(s) + 2\,H_2O\,(\ell)$$

(b) 과염소산 마그네슘은 $Mg^{2+}$와 $ClO_4^-$을 포함하고 있다. $Mg^{2+}$ 이온은 $Mg(OH)_2$, $ClO_4^-$ 이온은 $HClO_4$로부터 온다. $Mg(OH)_2$와 $HClO_4$ 사이의 중화 반응은 $Mg(ClO_4)_2$와 물을 생성한다.

$$Mg(OH)_2(aq) + 2\,HClO_4(aq) \longrightarrow Mg(ClO_4)_2(aq) + 2\,H_2O\,(\ell)$$

**실전예제 5.6**

다음을 생성하기 위한 산과 염기를 확인하시오.

(a) $MgSO_4$ (b) $SrCO_3$

## 산－염기 반응의 알짜 이온 반응식

침전 반응뿐만 아니라 산－염기 반응에 대해서도 알짜 이온 반응식을 쓸 수 있다. 침전 반응과 산－염기 중화 반응이 모두 교환 반응이기 때문에 뜻밖의 일도 아니다.

산(HCl)을 중화하는 수산화마그네슘 반응의 예를 고려해 보자. 전체 균형 반응식은

$$2\,HCl(aq) + Mg(OH)_2(s) \longrightarrow 2\,H_2O(\ell) + MgCl_2(aq)$$

산과 염기는 각각 수소이온과 수산이온을 제공한다.

수산화마그네슘은 잘 녹지 않지만, 녹은 것은 완전히 해리된다.

$$2\,HCl(aq) \longrightarrow 2\,H^+(aq) + 2\,Cl^-(aq)$$
$$Mg(OH)_2(s) \rightleftharpoons Mg^{2+}(aq) + 2\,OH^-(aq)$$

균형 반응식의 계수를 그대로 유지하고 있다.

이제 이 정보를 이용하여 완전한 이온 반응식을 쓴다. 표 5.1에서 $MgCl_2$ 염의 용해도를 확인한다. 염화마그네슘은 물에 녹기 때문에 $Mg^{2+}$와 $Cl^-$이온은 용액 속에 남는다. 완전한 이온 반응식은

$$\cancel{Mg^{2+}(aq)} + 2\,OH^-(aq) + 2\,H^+(aq) + \cancel{2\,Cl^-(aq)} \longrightarrow \cancel{Mg^{2+}(aq)} + \cancel{2\,Cl^-(aq)} + 2\,H_2O(\ell)$$

전체 이온 반응식의 양쪽으로부터 구경꾼 이온들을 서로 상쇄하면 알짜 이온 반응식이 얻어진다. 이 경우 마그네슘 이온과 염화이온은 구경꾼 이온이다. 이 이온들을 상쇄하면 알짜 이온 반응식은

$$2\,H^+(aq) + 2\,OH^-(aq) \longrightarrow 2\,H_2O(\ell)$$

더 간단히 하면

$$H^+(aq) + OH^-(aq) \longrightarrow H_2O(\ell)$$

이 반응식은 물에 녹는염을 생성하는 강산과 강염기 사이의 중화 반응에 대한 알짜 이온 반응식이다. 알짜 이온 반응식에서 전하량은 항상 보존된다는 것에 주의하라. 왼쪽의 전하량은 (1+) + (1−) = 0이고 오른쪽의 물은 알짜 전하가 없다.

다음에 약산 HCN과 강염기 KOH의 중화 반응을 고려해 보자.

$$HCN(aq) + KOH(aq) \longrightarrow KCN(aq) + H_2O(\ell)$$

약산 HCN은 완전히 이온화하지 않으므로 분자 형태로 남겨 두고 KOH와 KCN은 강전해질이므로 이온형태로 표시한다. 완전한 이온 반응식은

$$HCN(aq) + K^+(aq) + OH^-(aq) \longrightarrow K^+(aq) + CN^-(aq) + H_2O(\ell)$$

구경꾼 이온들을 상쇄하면

$$HCN(aq) + OH^-(aq) \longrightarrow CN^-(aq) + H_2O(\ell)$$

약산을 강염기로 중화시킬 때 알짜 이온 반응식은 분자 형태의 산과 염의 음이온을 포함한다. 알짜 이온 반응식의 전하는 보존되고 있다.

**예제 5.7 약산을 사용한 중화 반응**

아세트산, $CH_3COOH$ 와 수산화칼슘, $Ca(OH)_2$의 균형 화학 반응식을 쓰시오. 이 중화 반응의 알짜 이온 반응식을 쓰시오.

**정답**

(균형 화학 반응식)

$$2\ CH_3COOH(aq) + Ca(OH)_2(aq) \longrightarrow Ca(CH_3COO)_2(aq) + 2\ H_2O(\ell)$$

(알짜 이온 반응식)

$$CH_3COOH(aq) + OH^-(aq) \longrightarrow CH_3COO^-(aq) + H_2O(\ell)$$

**풀이:** 중화 반응 두 가지 생성물은 물과 아세트산칼슘이다. 표 5.1에서 아세트산칼슘, $Ca(CH_3COO)_2$은 가용성이다. 반응에 포함된 네 가지 화학종을 반응식으로 나타내면

(균형이 맞지 않은 반응식)

$$CH_3COOH(aq) + Ca(OH)_2(aq) \longrightarrow Ca(CH_3COO)_2(aq) + H_2O(\ell)$$

아세트산으로 부터 생성되는 2개의 $H^+$이온은 수산화칼슘으로 부터 생성되는 2개의 $OH^-$ 이온과 반응하여 2개의 물 분자가 생성된다. 반응의 균형을 맞추기 위하여 아세트산과 물의 계수는 2가 되어야 한다.

(균형 화학 반응식)

$$2\ CH_3COOH(aq) + Ca(OH)_2(aq) \longrightarrow Ca(CH_3COO)_2(aq) + 2\ H_2O(\ell)$$

알짜 이온 반응식을 쓰기 위하여 반응에 포함된 네 가지 물질이 강전해질인지 또는 약전해질인지 알아야 한다. 아세트산은 약전해질(약산)이다. 수산화칼슘은 강전해질(강염기)이고 아세트산칼슘도 강전해질이다. 물은 분자화합물이며 비전해질이다. 완성된 이온 반응식을 쓰면

$$2\ CH_3COOH(aq) + Ca^{2+}(aq) + 2\ OH^-(aq) \longrightarrow Ca^{2+}(aq) + 2\ CH_3COO^-(aq) + 2\ H_2O(\ell)$$

칼슘이온은 구경꾼이온이다. 따라서 알짜 이온 반응식은

$$CH_3COOH(aq) + OH^-(aq) \longrightarrow CH_3COO^-(aq) + H_2O(\ell)$$

**실전예제 5.7**

시안산, HCN과 수산화칼슘, $Ca(OH)_2$의 균형 화학 반응식을 쓰시오. 이 중화 반응의 전체 이온 반응식과 알짜 이온 반응식을 쓰시오.

**그림 5.6 산호(탄산칼슘)와 산의 반응.** 대부분 탄산칼슘으로 만들어진 산호 조각은 염산과 반응하여 $CO_2$ 기체와 염화칼슘 수용액을 생성한다.

EXERCISE
**연습문제 5.4 중화와 알짜 이온 반응식**

(a) HCl과 KOH

(b) $H_2SO_4$와 $Ba(OH)_2$ (황산 1몰은 2몰의 $H^+(aq)$를 제공한다.)

(c) $CH_3COOH$와 NaOH

EXERCISE
**연습문제 5.5 알짜 이온 반응식과 제산제**

시판중인 제산제들은 위산(HCl)과 작용하는 수산화알루미늄이나 수산화마그네슘을 포함한다. 속 쓰림을 완화시키는 HCl과 수산화알루미늄간의 중화 반응에 대하여 전체 균형 반응식과 알짜 이온 반응식을 쓰시오. 용해된 수산화알루미늄은 완전히 해리한다고 가정한다.

## 기체를 생성하는 교환 반응

교환 반응이 일어나는 세 번째 방법은 기체의 생성이다. 기체가 생성되면 용액으로부터 분자화합물이 제거된다. 용액으로부터 기체가 빠져나가면 이온이 제거된다. 기체를 생성하는 많은 반응들에 산이 관여한다.

탄산금속 화합물과 산의 반응은 기체를 생성하는 교환 반응의 아주 좋은 예이다. 그림 5.6은 탄산칼슘이 주성분인 산호가 산과 반응하는 것을 보여준다. 산업공해와 이산화탄소의 증가로 바다가 점점 더 산성화함에 따라 산호가 녹는 것이 중요한 환경 문제가 되고 있다.

$$CaCO_3(s) + 2\,HCl(aq) \longrightarrow CaCl_2(aq) + H_2CO_3(aq)$$

$$H_2CO_3(aq) \longrightarrow H_2O(\ell) + CO_2(g)$$

전체 균형 반응식 : $CaCO_3(s) + 2\,HCl(aq) \longrightarrow CaCl_2(aq) + H_2O(\ell) + CO_2(g)$

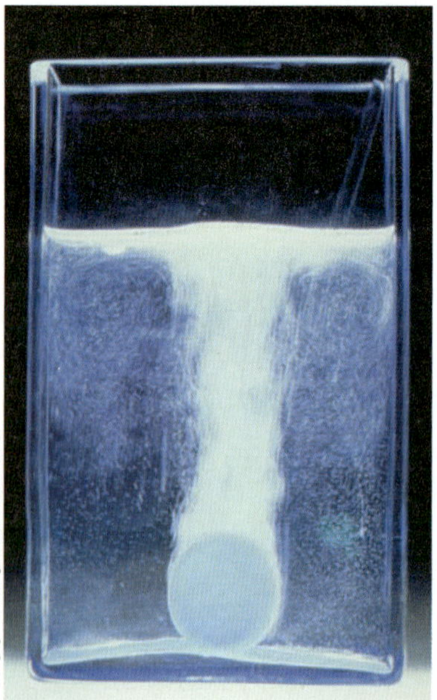



HCl과 반응하는 제산제.

산과 탄산금속이 반응하면 항상 염과 탄산($H_2CO_3$)이 생성되며 이 반응은 교환 반응의 예를 보여준다. 탄산은 불안정하여 대부분은 빠르게 이산화탄소와 물로 전환되며 반응이 열려 있는 용기에서 일어나면 이산화탄소 기체가 밖으로 방출된다.

산이 탄산금속이나 탄산수소금속과 반응하면 항상 이산화탄소가 방출된다. 위산과다의 경우 위속에 존재하는 염산은 알카셀저($NaHCO_3$), 텀즈($CaCO_3$), 다이젤 액

$(MgCO_3)$과 같은 시판 중인 제산제를 섭취하여 중화시킬 수 있다. 이러한 제산제를 섭취하였을 때 일어나는 반응은

$$\text{알카셀저: } NaHCO_3(aq) + HCl(aq) \longrightarrow NaCl(aq) + H_2O(\ell) + CO_2(g)$$
$$\text{텀즈: } CaCO_3(aq) + 2\,HCl(aq) \longrightarrow CaCl_2(aq) + H_2O(\ell) + CO_2(g)$$

두 반응의 알짜 이온 반응식은

$$HCO_3^-(aq) + H^+(aq) \longrightarrow H_2O(\ell) + CO_2(g)$$
$$CO_3^{2-}(aq) + 2\,H^+(aq) \longrightarrow H_2O(\ell) + CO_2(g)$$

산은 아황산금속이나 황화물과 교환 반응을 하여 냄새나는 $SO_2$나 $H_2S$ 기체를 각각 생성한다. 아황산염과의 반응에서 초기 생성물은 탄산처럼 쉽게 분해되는 아황산이다.

$$CaSO_3(aq) + 2\,HCl(aq) \longrightarrow CaCl_2(aq) + \cancel{H_2SO_3(aq)}$$
$$\cancel{H_2SO_3(aq)} \longrightarrow H_2O(\ell) + SO_2(g)$$
$$\text{전체 균형 반응식: } CaSO_3(aq) + 2\,HCl(aq) \longrightarrow CaCl_2(aq) + H_2O(\ell) + SO_2(g)$$

황화물과의 반응에서는 $H_2S$가 바로 생성된다.

$$Na_2S(aq) + 2\,HCl(aq) \longrightarrow 2\,NaCl(aq) + H_2S(g)$$

EXERCISE

**연습문제 5.6 기체 생성 반응**

다음의 기체 생성 반응들에 대하여 생성물을 예측하고, 전체 균형반응식과 알짜 이온 반응식을 쓰시오.

(a) $Na_2CO_3(aq) + H_2SO_4(aq) \longrightarrow$
(b) $FeS(s) + HCl(aq) \longrightarrow$
(c) $K_2SO_3(aq) + HCl(aq) \longrightarrow$

CONCEPTUAL

**개념학습 5.7 교환 반응의 분류**

다음 각 반응을 침전 반응, 산−염기 반응, 기체생성 반응으로 분류하시오. 각 반응의 생성물을 예측하고, 전체 균형반응식과 알짜 이온 반응식을 쓰시오.

(a) $NiCO_3(s) + H_2SO_4(aq) \longrightarrow$
(b) $Sr(OH)_2(s) + HNO_3(aq) \longrightarrow$
(c) $BaCl_2(aq) + Na_2C_2O_4(aq) \longrightarrow$
(d) $PbCO_3(s) + H_2SO_4(aq) \longrightarrow$

## 5.3 산화−환원 반응

반응의 결과로 나노스케일 단위에서 전자 수의 변화에 따라 반응이 분류되는 산화−환원 반응을 살펴보기로 하자.

산화와 환원이라는 용어는 수세기 동안 알려진 반응으로부터 유래하였다. 고대인

**그림 5.7 은이온에 의한 구리 금속의 산화.** (a) 스프링 모양의 구리선을 질산은 수용액에 담근다. (b) 구리 금속은 $Ag^+$ 이온을 은 금속으로 환원시키고, 구리 금속은 $Cu^{2+}$이온으로 산화된다. 용액의 푸른색은 이 산화 반응에 의해서 생성된 구리(II)이온 수용액에 기인한다.

들은 금속산화물이나 황화물을 금속으로 변환하는 방법, 즉 광석을 금속으로 환원시키는 방법을 알고 있었다. 예를 들어 산화주석($SnO_2$)은 수세기 전에 영국에서 발견된 주석 광석이다. 그것은 탄소와 함께 가열하면 쉽게 주석으로 환원된다. 이 반응에서 주석 광석의 주석(IV)은 산소를 잃고 주석 금속으로 환원된다.

$SnO_2$는 산소를 잃고 환원된다.

$$SnO_2(s) + 2\,C(s) \longrightarrow Sn(s) + 2\,CO(g)$$

$SnO_2$의 산소는 탄소에 의해 제거되면서 환원되고, 제거된 산소는 탄소에 붙으면서 탄소는 산화된다. 실제로 산소가 어떤 물질에 첨가되는 모든 과정은 산화이다.

마그네슘이 공기중에서 탈 때, 마그네슘은 산화마그네슘(MgO)으로 산화된다.

Mg는 산소와 결합하여 산화된다.

$$2\,Mg(s) + O_2(g) \longrightarrow 2\,MgO(s)$$

앞에서 요약한 실험적인 관찰은 몇 가지 근본적인 결론에 이르게 한다.

- 한 반응물이 산화되면 동시에 그 반응에서 다른 반응물은 환원되어야 한다. 이러한 이유로 그런 반응을 산화–환원 반응 또는 줄여서 **redox** 반응이라고 한다.
- 산화는 환원의 역이다.

바로 앞의 반응에서 산소의 첨가는 산화이고 산소의 제거는 환원이다. 그러나 다음 단원에서 보듯이 산화와 환원은 그 이상이다.

산화는 전자를 잃는 것이다.

$$X \rightarrow X^+ + e^-$$

X는 1개 이상의 전자를 잃어 산화된다.

환원은 전자를 얻는 것이다.

$$Y + e^- \rightarrow Y^-$$

Y는 1개 이상의 전자를 얻어 환원된다.

## Redox 반응과 전자 이동

산화 반응과 환원 반응은 한 반응물(원자, 분자, 이온)에서 다른 반응물로 전자의 이동을 포함한다. 전자를 받아들일 때 그 화학종은 환원된다. 환원에서 원자, 분자, 이온들의 실제 또는 명목상 전기 전하는 감소(**reduction**)하기 때문에 환원이라는 용어가 사용된다. 예를 들어 다음의 알짜 이온 반응식에서 $Ag^+$ 이온은 구리원자로부터 전자를 받아 은원자로 환원된다(그림 5.7).

$Ag^+$는 전자를 받아들여 Ag로 환원된다. ($+2e^-$)

$$2\,Ag^+(aq) + Cu(s) \longrightarrow 2\,Ag(s) + Cu^{2+}(aq)$$

($-2e^-$) Cu는 2개의 전자를 내 놓고 $Cu^{2+}$로 산화된다.

전자를 잃을 때 그 화학종은 산화된다. 산화에서 실제 또는 명목상의 원자, 분자 또는 이온의 전기 전하는 전자를 잃을 때 증가한다. 위의 예에서 구리 금속원자는 2개의 전자를 방출하고 $Cu^{2+}$이온을 생성한다. 전기 전하는 0에서 2+로 증가하였고 구리원자는 산화하였다. 이렇게 되기 위하여 구리원자가 제공하는 전자를 받아들이는 다른 물질이 존재하여야 한다. 이 경우 $Ag^+$는 전자 받게이다. 모든 **redox** 반응에서 산화와 환원은 동시에 일어난다.

마그네슘과 산소의 반응(그림 5.8)에서 산소원자는 전자를 얻어서 산화 이온으로 바뀐다. 산소원자의 전하는 환원되면서 0에서 2−로 바뀐다.

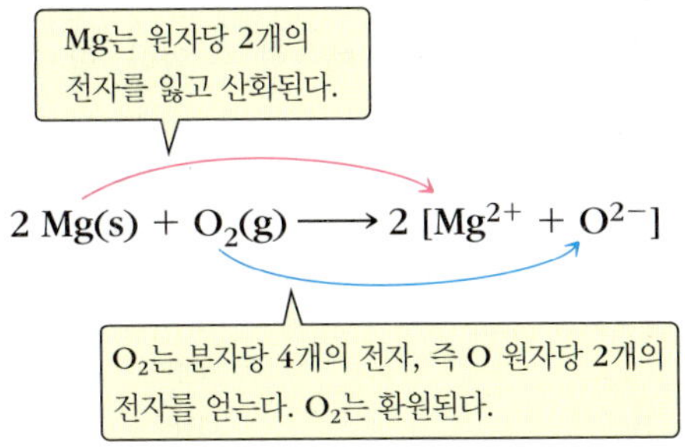


마그네슘 원자의 전하는 산화되면서 0에서 2+로 바뀐다. 모든 산화–환원 반응을 비슷한 방법으로 분석할 수 있다.

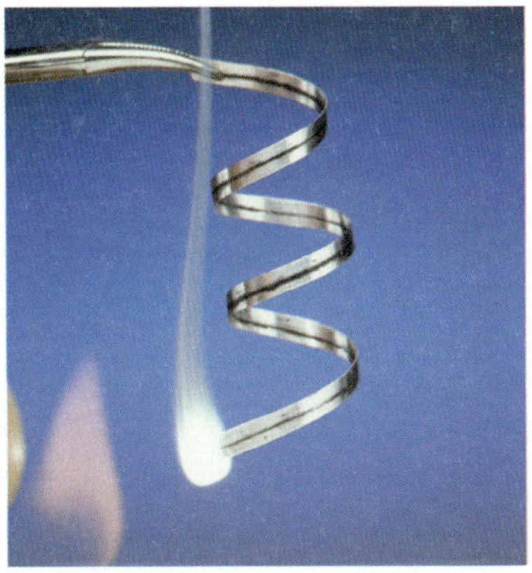


**그림 5.8** **$Mg(s) + O_2(g)$.** 마그네슘 리본이 공기 중에서 타면 마그네슘은 산화되어 흰색 고체의 산화마그네슘(MgO)이 된다.

## 일반적인 산화제와 환원제

앞에서 언급하였던 것처럼 모든 산화–환원 반응에서는 산화되는 반응물과 환원되는 반응물이 있다. 산화(전자 잃음)를 유발하는 물질을 **산화제(oxidizing agent)**, 환원(전자 얻음)을 유발하는 물질을 **환원제(reducing agent)**라고 한다. 산화–환원 반응이 진행됨에 따라 산화제는 환원되고 환원제는 산화된다. Mg와 O 사이의 반응에서 Mg는 산화되고 따라서 환원제이며, $O_2$는 환원되고 산화제이다. 산화제와 환원제는 항상 생성물이 아니라 반응물이다. 그림 5.9는 산화–환원 반응에서 어느 반응물이 산화제인지 환원제인지를 결정하기 위한 지침을 제공한다.

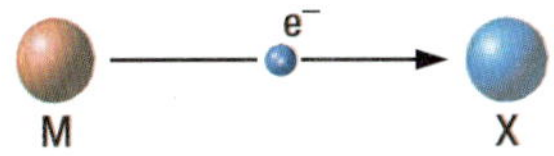


M은 전자를 잃는다. X는 전자를 얻는다.
M은 **산화**된다. X는 **환원**된다.
M은 환원제이다. X는 산화제이다.

**그림 5.9** **산화–환원 관계와 전자 이동.**

할로젠($F_2$, $Cl_2$, $Br_2$, $I_2$)은 산소처럼 금속이나 비금속과 반응할 때 항상 산화제로 작용한다. 소듐 금속이 클로린과 결합하는 반응을 보자.

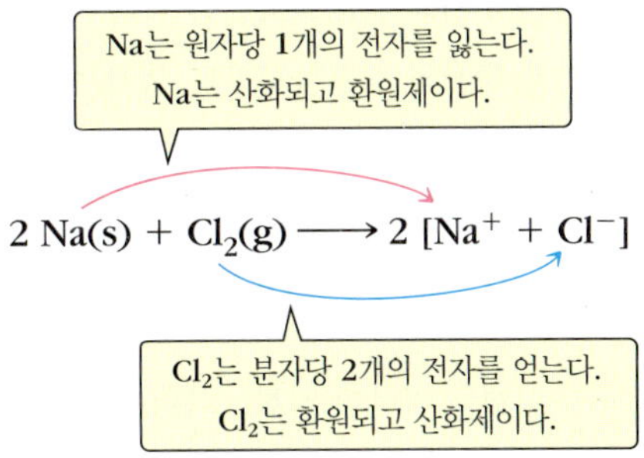


산화와 환원의 정의를 기억하는 유용한 방법의 하나는 OIL RIG (Oxidation Is Loss; Reduction Is Gain).

여기서 소듐은 금속원소의 원자상태에서 출발하여 클로린과 결합 후 NaCl의 $Na^+$ 이온으로 바뀌었다. 따라서 소듐 금속은 산화되었고(전자를 잃고) 환원제로 작용하였다. 클로린은 $Cl^-$로 바뀌었으므로 $Cl_2$는 환원되고(전자를 얻고) 산화제로 작용하였다.

산화제는 환원되고, 환원제는 산화되는 것을 주목하라.

할로젠 $X_2$의 일반적인 환원 반응은

$$\text{환원 반응:}\quad \underset{\text{산화제}}{X_2} + 2e^- \longrightarrow 2\,X^-$$

즉 할로젠은 항상 금속을 산화시켜 할로젠화금속을 만든다. 생성물의 화학식은 금속이온과 할로젠화 이온의 전하로부터 예측할 수 있다. 할로젠을 산화력이 감소하는 순으로 나타내면

| 산화제 | 환원 생성물 |
|---|---|
| $F_2$(가장 강함) | $F^-$ |
| $Cl_2$ | $Cl^-$ |
| $Br_2$ | $Br^-$ |
| $I_2$(가장 약함) | $I^-$ |

EXERCISE
**연습문제 5.8 산화제와 환원제**

다음 반응에서 전자를 잃는 것과 얻는 것, 산화되는 것과 환원되는 것, 산화제와 환원제를 확인하시오.

$$2\,Ca(s) + O_2(g) \longrightarrow 2\,CaO(s)$$

CONCEPTUAL
**개념학습 5.9 산화-환원 반응**

칼슘 금속과 클로린 기체 사이의 산화-환원 반응에 대하여 균형 화학 반응식을 쓰시오. 이 반응에서 산화제는 무엇인가?

상수나 하수 처리에 있어서 산화제로 클로린이 널리 사용된다. 물의 주요 오염물은 유기물이 부패하거나 지하 광물의 침전물로부터 생기는 불쾌한 썩은 달걀 냄새의 황화수소, $H_2S$이다. 클로린은 $H_2S$를 산화시켜 황원소를 만들고, 황은 물에 녹지 않아 쉽게 제거할 수 있다.

$$8\,Cl_2(g) + 8\,H_2S(aq) \longrightarrow S_8(s) + 16\,HCl(aq)$$

강한 산화제가 강한 환원제를 만나면 산화-환원 반응이 쉽게 일어난다. 산화제와 환원제를 쉽게 인식할 수 있으면 반응이 일어날 것인지, 반응 생성물이 무엇이 될지 예측할 수 있다. 표 5.3과 다음의 요점을 활용할 수 있다.

- 산소와 결합하는 원소는 산화된다. 이 과정에서 산소분자의 각각의 산소원자는 다른 원소로부터 2개의 전자를 얻어 금속산화물에서처럼 산화이온, $O^{2-}$이 된다. 연소 반응에서처럼 산소분자는 $CO_2$나 $H_2O$로 결합되어 나타나기도 한다. 이 경우 산소는 전자를 받아들여 환원되고 산화제로 작용한다.
- 할로젠과 결합하는 원소는 산화된다. 이 과정에서 할로젠($X_2$)의 각 원자는 전자

를 하나 받아들여 할로젠화 이온($X^-$)으로 바뀐다. 할로젠 원자는 할로젠화 이온으로 환원되고 할로젠은 산화제로 작용한다. 할로젠은 또한 HCl 과 같은 화합물로 결합한다. 할로젠 중에 플루오린과 클로린은 특히 강한 산화제이다.

- 금속원소가 다른 물질과 결합하여 이온화합물을 생성할 때 금속은 산화된다. 이 과정에서 금속원자는 전자를 잃고 양이온이 된다.

$$\text{산화 반응:}\ \underset{\text{환원제}}{M} \longrightarrow M^{n+} + ne^-$$

그러므로 금속(전자 주게)은 산화되고 환원제로 작용한다. 대부분의 금속은 일반적으로 좋은 환원제인데 특히 소듐, 마그네슘, 알루미늄과 같은 그룹 1A, 2A, 3A의 원소들이 그렇다.

- 다른 일반적인 산화제와 환원제를 표 5.3에 수록하였다. 이러한 물질 중의 하나가 반응에 참여하면 그 반응은 산화-환원 반응으로 간주해도 무방하다(질산은 예외이다. 질산은 좋은 산화제이기도 하지만 탄산금속의 분해 반응처럼 산화-환원 반응이 아닌 반응에서 산으로만 작용한다).

그림 5.10은 산화제로서의 진한 질산의 성질을 나타낸다. 질산은 구리 금속을 산화시켜 질산구리(II)를 생성하고, 구리 금속은 질산을 환원시켜 갈색의 $NO_2$ 기체를 발생시킨다. 알짜 이온 반응식은

$$\underset{\text{환원제}}{Cu(s)} + 4\,H^+(aq) + \underset{\text{산화제}}{2\,NO_3^-(aq)} \longrightarrow Cu^{2+}(aq) + 2\,NO_2(g) + 2\,H_2O(\ell)$$

금속은 산화되는 물질이므로 환원제이다. 실제로 금속은 가장 흔한 환원제이다. $Fe^{2+}$와 같은 금속이온도 더 높은 전하 상태로 산화될 수 있기 때문에 환원제이다. $Fe^{2+}$이온 수용액은 강산화제인 과망간산 이온, $MnO_4^-$와 쉽게 반응한다. $Fe^{2+}$는 $Fe^{3+}$으로 산화되고 $MnO_4^-$ 이온은 $Mn^{2+}$이온으로 환원된다.

**그림 5.10** Cu(s) + $HNO_3$(aq). 구리는 진한 질산과 격렬하게 반응하여 갈색의 $NO_2$ 기체를 발생한다.

표 5.3 일반적인 산화제와 환원제

| 산화제 | 반응 생성물 | 환원제 | 반응 생성물 |
|---|---|---|---|
| $O_2$ | $O^{2-}$ 또는 산소를 포함하는 분자화합물 | $H_2$ 또는 수소를 포함하는 분자화합물 | $H^+$ 또는 H가 결합한 $H_2O$ |
| $H_2O_2$ (과산화수소) | $H_2O(\ell)$ | C는 금속산화물의 환원에 사용 | CO와 $CO_2$ |
| $F_2$, $Cl_2$, $Br_2$, or $I_2$ (할로젠) | $F^-$, $Cl^-$, $Br^-$, or $I^-$ (할로젠화 이온) | Na, K, Fe, Al과 같은 금속 M | $Na^+$, $K^+$, $Fe^{3+}$, $Al^{3+}$과 같은 금속 이온 $M^{n+}$ |
| $HNO_3$(질산) | NO와 $NO_2$ 같은 산화질소 | | |
| $Cr_2O_7^{2-}$ (이크롬산 이온) | 산성용액에서 $Cr^{3+}$ | | |
| $MnO_4^-$ (과망간산 이온) | 산성용액에서 $Mn^{2+}$ | | |

$$5\ Fe^{2+}(aq) + MnO_4^-(aq) + 8\ H^+(aq) \longrightarrow 5\ Fe^{3+}(aq) + Mn^{2+}(aq) + 4\ H_2O(\ell)$$

강산화제를 강환원제와 혼합하는 것은 위험하다는 것을 알아야한다. 격렬한 반응이나 폭발이 일어날 수 있다. 시약을 실험실 선반에 알파벳순으로 저장해서는 안 된다. 왜냐하면 그렇게 하는 경우 강산화제와 강환원제가 서로 바로 옆에 놓일 수 있기 때문이다. 특히 차고나 연장을 두는 곳에 수영장 소독에 사용되는 강산화제인 클로린이 들어있는 물질을 암모니아처럼 쉽게 산화되는 물질과 함께 보관해서는 안 된다.

EXERCISE
**연습문제** 5.10 산화-환원 반응

다음 각 반응이 산화-환원 반응인지 조사하고, 산화-환원 반응의 경우 산화제와 환원제를 확인하시오.

(a) $NaOH(aq) + HNO_3(aq) \longrightarrow NaNO_3(aq) + H_2O(\ell)$
(b) $4\ Cr(s) + 3\ O_2(g) \longrightarrow 2\ Cr_2O_3(s)$
(c) $NiCO_3(s) + 2\ HCl(aq) \longrightarrow NiCl_2(aq) + H_2O(\ell) + CO_2(g)$
(d) $Cu(s) + Cl_2(g) \longrightarrow CuCl_2(s)$

## 5.4 산화수와 산화-환원 반응

redox 반응에서 전자를 추적하는 체계적인 방안이 고안되었다. 중성 원자가 이온이 되는 명백한 산화-환원 반응에서부터 확실하지 않은 반응에까지 적용되는데, redox 반응에서 산화수는 항상 변한다. 결과적으로 산화와 환원은 표 5.4에 나타낸 방법으로 결정할 수 있다.

**산화수(oxidation number)**는 결합하지 않은 원자의 전하를 화합물에서 그 원자의 실제 전하나 상대적 전하와 비교하는 것이다. 모든 중성 원자는 같은 수의 양성자와 전자를 갖고 있기 때문에 알짜 전하는 없다.

분자화합물에서 원자의 산화수는 이온을 생성하는데 전자가 완전히 이동한 것처럼 가정하여 결정한다. 삼염화인($PCl_3$)에서 클로린 원자는 인에 직접 결합되어 $Cl^-$ 이온은 아니지만 클로린의 산화수는 $-1$로 지정된다. $PCl_3$의 클로린 원자는 $Cl_2$에서 보

표 5.4 산화-환원 반응의 구별

| | 산화 | 환원 |
|---|---|---|
| 산소를 기준으로 | 산소를 얻음 | 산소를 잃음 |
| 할로젠을 기준으로 | 할로젠을 얻음 | 할로젠을 잃음 |
| 수소를 기준으로 | 수소를 잃음 | 수소를 얻음 |
| 전자를 기준으로 | 전자를 잃음 | 전자를 얻음 |
| 산화수를 기준으로 | 산화수의 증가 | 산화수의 감소 |

다 더 많은 전자를 갖고 있는 것처럼 간주된다. 이것은 $Cl^-$ 이온은 Cl 원자보다 전자를 하나 더 갖고 있다는 사실과 유사하다.

산화수는 산화상태라고도 한다.

산화수를 결정하기 위하여 다음의 규칙들을 사용한다.

**규칙 1: 순수한 원소의 원자의 산화수는 0이다.** 원자가 다른 원소의 원자들과 결합하지 않으면($O_2$의 산소, $S_8$의 황, 금속철의 Fe, $Cl_2$의 클로린 원자처럼) 산화수는 0이다.

교재에서, 산화수는 +1, +2, 등으로 쓰이고, 이온의 전하는 1+, 2+ 등으로 쓰인다.

**규칙 2: 단원자 이온의 산화수는 이온의 전하와 같다.** 따라서 $Cu^{2+}$의 산화수는 +2이고 $S^{2-}$의 산화수는 −2이다.

**규칙 3: 몇몇 원소의 원자의 산화수는 대부분의 모든 화합물에서 같은 값을 갖기 때문에 다른 원소의 원자의 산화수를 결정하는 기준으로 사용될 수 있다.**

(a) 수소의 산화수는 금속에 결합되어 있는 경우는 −1이지만, 그렇지 않은 경우는 +1이다.

(b) 플루오린의 산화수는 모든 화합물에서 −1이다. 플루오린 이외의 할로젠은 주기율표에서 자신보다 뒤에 나오는 할로젠이나 산소와 결합하는 경우를 제외하고 −1이다.

(c) 산소의 산화수는 과산화수소($H_2O_2$)와 같은 과산화물을 제외한 화합물에서 −2의 산화수를 갖는다. 과산화수소에서 산소의 산화수는 −1이다 (수소의 산화수는 +1).

(d) 이성분 화합물에서 그룹 6A 원소의 원자(O, S, Se, Te)는 산소나 할로젠과 결합하는 경우를 제외하고 항상 −2의 산화수를 갖는다. 산소나 할로젠과 결합하는 경우는 양의 산화수를 갖는다.

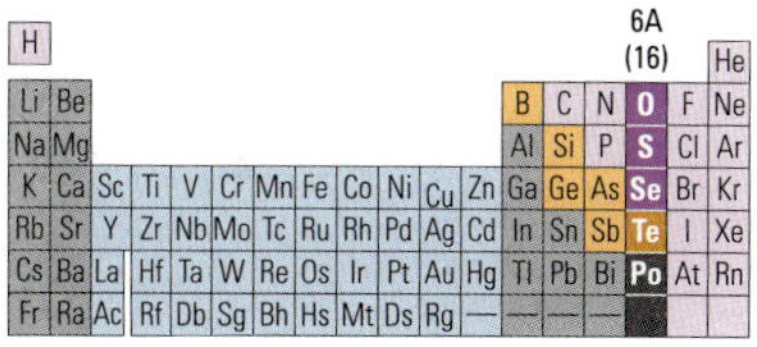

**규칙 4: 전하를 갖지 않는 화합물에서 원자들의 산화수의 합은 0이다. 다원자 이온에서 원자들의 산화수의 합은 이온의 전하와 같다.** 예를 들어 $SO_2$에서 산소원자의 산화수는 −2이고 산소원자가 2개이므로 산소의 총 산화수는 −4이다. 화합물의 총 산화수는 0이기 때문에 황의 산화수는 +4가 되어야 한다. 아황산 이온($SO_3^{2-}$)에서 알짜 전하는 2−이다. 산소원자의 산화수는 −2이기 때문에 황의 산화수는 +4가 되어야 한다. 즉 (+4) + 3(−2) = 2−.

$$\overset{+4}{S}\overset{-2}{O}{}_3^{2-}$$

이제 이 규칙들을 황과 산소를 포함하는 간단한 결합 반응과 치환 반응들에 적용하여 보자.

결합: $$\overset{0}{S_8}(s) + 8\,\overset{0}{O_2}(g) \longrightarrow 8\,\overset{+4}{S}\overset{-2}{O_2}(g)$$

결합: $$\overset{+2}{Zn}\overset{-2}{S}(s) + 2\,\overset{0}{O_2}(aq) \longrightarrow \overset{+2}{Zn}\overset{+6}{S}\overset{-2}{O_4}(aq)$$

치환: $$\overset{+1}{Cu_2}\overset{-2}{S}(s) + \overset{0}{O_2}(g) \longrightarrow 2\,\overset{0}{Cu}(s) + \overset{+4}{S}\overset{-2}{O_2}(g)$$

반응물에서 생성물로 바뀌면서 원자의 산화수가 변한다는 사실로 알 수 있듯이 이 반응들은 모두 산화−환원 반응이다.

원소로부터 화합물이 만들어지는 반응은 모두 **redox** 반응이다. 원소의 산화수는 0으로부터 증가하거나 감소하여야 한다. 결합 반응이나 한 원소가 다른 원소를 치환하는 치환 반응은 모두 **redox** 반응이다.

원소 기체가 생성되는 분해 반응도 역시 **redox** 반응이다. 농작물에 질소를 공급하시 위하여 수백만 톤의 질산암모늄($NH_4NO_3$)이 비료로 사용된다. 질산암모늄은 또한 가열하면 분해되는 폭약으로 사용되기도 한다.

$$2\ NH_4NO_3(s) \longrightarrow 2\ N_2(g) + 4\ H_2O(g) + O_2(g)$$

다른 폭약들처럼 질산암모늄은 한 화합물에 서로 다른 산화수를 갖는 원자를 포함한다. 실질적으로 한 화합물이 산화제이면서 동시에 환원제가 되는 것이다.

$$\overset{-3\ +1}{NH_4^+} \qquad \overset{+5\ -2}{NO_3^-}$$

질소의 산화수는 암모늄이온에서 −3이고 질산이온에서는 +5이다. 그러므로 질산암모늄이 분해되어 $N_2$가 생성될 때 암모늄이온의 질소원자는 −3에서 0으로 산화되고 암모늄 이온은 환원제이다. 질산이온의 질소원자는 +5에서 0으로 환원되고 질산이온은 산화제이다.

**예제 5.8 산화수 적용하기**

구리와 묽은 질산은 다음의 산화−환원 반응에 따라 반응한다.

$$3\ Cu(s) + 8\ HNO_3(aq) \longrightarrow 3\ Cu(NO_3)_2(aq) + 2\ NO(g) + 4\ H_2O(\ell)$$

반응식에 있는 각 원자들의 산화수를 지정하고 어떤 원소가 산화되고, 어떤 원소가 환원되었는지 확인하시오.

**정답**

$$\overset{0}{3\ Cu(s)} + \overset{+1+5-2}{8\ HNO_3(aq)} \longrightarrow \overset{+2+5-2}{3\ Cu(NO_3)_2(aq)} + \overset{+2-2}{2\ NO(g)} + \overset{+1-2}{4\ H_2O(\ell)}$$

구리 금속은 산화되고 질산의 질소는 환원된다.

**풀이:** 구리는 원소상태이고 따라서 산화수는 0이다(규칙1). 질산은 알짜전하가 없는 화합물이다. 산소의 산화수는 −2이고, 수소의 산화수는 +1이므로 질소의 산화수는 +5이다. (0 = 3(−2) + (+1) + (+5)

구리와 질산이온의 결합 생성물에 대하여, 구리의 산화수는 2개의 질산이온의 전하와 균형을 맞추기 위하여 +2로 지정한다.

NO 분자에 대하여, 산소에 −2의 산화수를 지정하면 질소의 산화수는 +2가 되어야 한다(규칙2). 물에서 산소의 산화수는 −2이고 수소의 산화수는 +1이다.

구리의 산화수는 0에서 +2로 변하였으므로 산화되었다. 질소의 산화수는 +5에서 +2로 변하였으므로 환원되었다.

**실전예제 5.8**

다음 반응식의 각 원자들의 산화수를 결정하시오.

$$Sb_2S_3(s) + 3\,Fe(s) \longrightarrow 3\,FeS(s) + 2\,Sb(s)$$

답을 얻는데 사용한 산화수 규칙을 설명하시오.

**예제 5.9 산화-환원 반응**

우리가 사용하는 대부분의 금속은 자연에서 광석의 양이온 상태로 발견된다. 금속이온은 적절한 산화-환원 반응에 의해서 원소형태로 환원되어야 한다. 구리광석인 휘동광, $Cu_2S$은 산소와 반응하여 구리를 생성한다.

$$Cu_2S(s) + O_2(g) \longrightarrow 2\,Cu(s) + SO_2(g)$$

산화된 원자와 환원된 원자 및 산화제와 환원제를 확인하시오.

**정답:** $Cu^+$ 이온과 $O_2$는 환원된다. 따라서 산화제이다. $S^{2-}$ 이온은 산화된다. 따라서 환원제이다.

**풀이:** 규칙1~규칙4에 따라 모든 원자들의 산화수를 지정한다.

$$\overset{+1\,-2}{Cu_2S}(s) + \overset{0}{O_2}(g) \longrightarrow 2\,\overset{0}{Cu}(s) + \overset{+4\,-2}{SO_2}(g)$$

$Cu^+$의 산화수는 +1에서 0으로 감소한다. 따라서 $Cu^+$는 환원된다. S의 산화수는 −2에서 +4로 증가하고 따라서 $S^{2-}$는 산화된다. 산소의 산화수는 0에서 −2로 감소하고 따라서 산소는 환원된다. $Cu^+$와 $O_2$는 전자를 받고 산화제이다. $Cu_2S$의 $S^{2-}$는 전자를 주고 환원제이다.

**실전예제 5.9**

다음 반응에서 산화된 원자와 환원된 원자 및 산화제와 환원제를 확인하시오.

$$PbO(s) + CO(g) \longrightarrow Pb(s) + CO_2(g)$$

수용액에서 이온화합물의 교환 반응은 산화수의 변화가 없기 때문에 redox 반응이 아니다. 염화바륨 수용액과 황산을 섞을 때 황산바륨이 침전되는 반응의 예를 보자.

$$Ba^{2+}(aq) + 2\,Cl^-(aq) + 2\,H^+(aq) + SO_4^{2-}(aq) \longrightarrow BaSO_4(s) + 2\,H^+(aq) + 2\,Cl^-(aq)$$

알짜 이온 반응식 : $Ba^{2+}(aq) + SO_4^{2-}(aq) \longrightarrow BaSO_4(s)$

반응물에서 생성물로 바뀌는 동안 모든 원자들의 산화수는 변하지 않고 따라서 이 반응은 redox 반응이 아니다.

CONCEPTUAL
**개념학습 5.11 CFC를 폐기하는 redox 반응**

CFC(chlorofluorocarbon)를 옥살산소듐($Na_2C_2O_4$)과 반응시키는 redox 반응은 CFC의 폐기에 사용된다.

$$CF_2Cl_2(g) + 2\ Na_2C_2O_4(s) \longrightarrow 2\ NaF(s) + 2\ NaCl(s) + C(s) + 4\ CO_2(g)$$

(a) 이 반응에서 산화되는 것은?

(b) 환원되는 것은?

**표 5.5 금속의 활성도 시리즈**

| | 금속 |
|---|---|
| $H_2O(\ell)$, 수증기, 산으로 부터 $H_2$를 치환한다. | Li<br>K<br>Ba<br>Sr<br>Ca<br>Na |
| 수증기, 산으로부터 $H_2$를 치환한다. | Mg<br>Al<br>Mn<br>Zn<br>Cr |
| 산으로 부터 $H_2$를 치환한다. | Fe<br>Ni<br>Sn<br>Pb |
| | $H_2$ |
| $H_2O(\ell)$, 수증기, 산 모두에서 $H_2$를 치환하지 못한다. | Sb<br>Cu<br>Hg<br>Ag<br>Pd<br>Pt<br>Au |

(↑ 산화되는 것이 용이함)

## 5.5 치환 반응, 산화–환원 반응 및 활성도

치환 반응은 다음과 같은 반응 양식을 보인다고 알 고 있다.

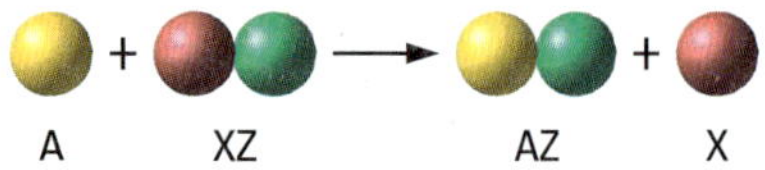


치환 반응은 결합 반응과 마찬가지로 산화–환원 반응이다. 염산과 철의 반응에서

$$Fe(s) + 2\ HCl(aq) \longrightarrow FeCl_2(aq) + H_2(g)$$

금속 철은 환원제이다. 철의 산화수는 Fe(s)의 0에서 $FeCl_2$의 +2로 변한다. 염산의 $H^+$는 산화수가 0인 수소 기체($H_2$)로 환원된다.

여러 금속들에 대한 광범위한 연구로부터 치환 반응이나 다른 반응들에서 금속의 상대적 반응성의 순서를 나타내는 금속의 활성도 시리즈(metal activity series)를 개발하게 되었다(표 5.5). 반응성이 가장 큰 금속이 시리즈의 맨 위에 오고 아래로 내려감에 따라 반응성이 줄어든다. 위에 있는 금속일수록 강력한 환원제로서 전자를 쉽게 잃어 양이온을 생성한다. 아래쪽에 있는 금속일수록 안 좋은 환원제이다. 그러나 그들의 양이온($Au^+$, $Ag^+$)은 강력한 산화제로서 전자를 얻어 금속원자가 되기 쉽다. 화합물에서 표 5.5의 활성도 시리즈 위쪽에 있는 원소는 자신보다 아래쪽에 위치하는 원소를 치환한다. 예를 들어 아연은 황산구리(II)의 구리이온을 치환하고, 구리는 질산은 용액의 은이온을 치환한다(그림 5.11).

$$Zn(s) + CuSO_4(aq) \longrightarrow ZnSO_4(aq) + Cu(s)$$
$$Cu(s) + 2\ AgNO_3(aq) \longrightarrow Cu(NO_3)_2(aq) + 2\ Ag(s)$$

이 경우 금속원소(Zn, Cu)는 환원제이고 자신은 산화된다. $Cu^{2+}$와 $Ag^+$는 산화제이고 각각 Cu(s)와 Ag(s)로 환원된다.

활성도 시리즈에서 수소보다 위에 있는 금속은 산과 반응하여 수소($H_2$), 금속 양이온과 산의 음이온을 포함하는 금속염을 생성한다. 여기서 산의 음이온은 산화제가 아니다. HCl과 HBr이 그런 산이다. HCl은 철과 반응하여 $FeCl_2$를 생성하고, HBr은 아연과 반응하여 $ZnBr_2$를 생성한다.

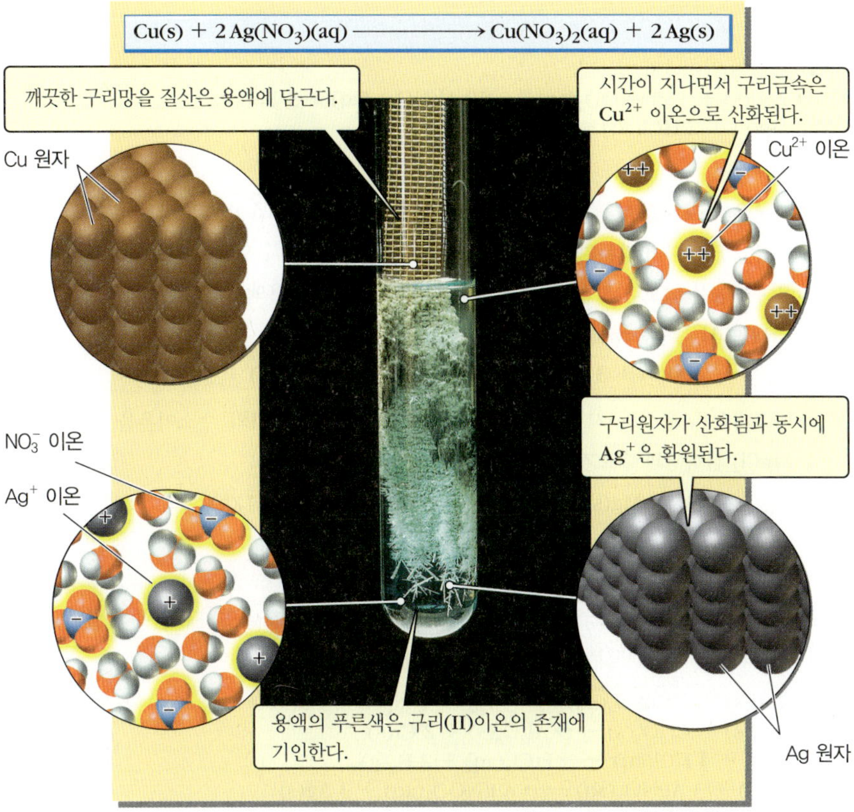




**그림 5.11 금속 + 금속염의 수용액에서의 치환 반응.** 은이온에 의한 구리금속의 산화. 그림의 개념을 이해하는데 도움을 주기위하여 웹사이트 www.cengage.com/chemistry/moore를 참고하시오.

$$Zn(s) + 2\,HBr(aq) \longrightarrow ZnBr_2(aq) + H_2(g)$$

활성도 시리즈에서 수소보다 아래에 있는 금속은 산의 수소를 치환하지 않는다.

반응성이 매우 큰 금속은 물의 수소원자를 치환한다. 이러한 금속은 활성도 시리즈 위쪽의 **Li**부터 **Na** 까지며 어떤 금속은 매우 격렬하게 반응한다(그림 5.12). 중간 정도의 반응성을 갖는 금속은 상온에서 물의 수소를 치환하지 못하지만 뜨거운 수증기와는 치환 반응을 한다. 이러한 금속은 **Mg**부터 **Cr**까지이다.

활성도 시리즈의 아래쪽에 위치한 금속들은 반응성이 없다. 때로 귀금속이라고도 불리고 **Au, Ag, Pt, Pd** 들이다. 금이나 은이 고대시대 이래 동전에 많이 사용되었던 것은 우연이 아니다. 이들 금속은 공기나 물, 심지어 일반적인 산과도 반응하지 않으며 광택을 수년 동안 유지한다. 그들의 낮은 반응성은 자연에서 유리된 채 금속원소로 존재하는 이유를 설명해 준다.

**그림 5.12 반응성이 큰 금속 포타슘.** 포타슘 금속 시료에 물방울이 떨어지면 격렬한 반응이 일어나면서 수소기체와 수산화포타슘 용액이 생성된다.

**예제 5.10 금속의 활성도 시리즈**

표 5.5의 활성도 시리즈를 이용하여 다음 반응이 일어날 것인지 확인하고, 반응이 일어난다면 균형 화학 반응식을 완성하시오.

(a) $Cr(s) + MgCl_2(aq) \longrightarrow$
(b) $Al(s) + Pb(NO_3)_2(aq) \longrightarrow$
(c) $Mg(s) +$ 염산 $\longrightarrow$

**정답:**

(a) 반응이 일어나지 않는다.
(b) $2\,Al(s) + 3\,Pb(NO_3)_2(aq) \longrightarrow 2\,Al(NO_3)_3(aq) + 3\,Pb(s)$
(c) $Mg(s) + 2\,HCl(aq) \longrightarrow MgCl_2(aq) + H_2(g)$

**풀이:**

(a) 크롬은 마그네슘보다 활성이 작아 염화마그네슘의 마그네슘이온을 치환하지 못한다. 반응은 일어나지 않는다.

(b) 알루미늄은 납보다 활성이 크다. 알루미늄은 질산납(II) 용액의 납이온을 치환하여 금속납과 $Al^{3+}$ 이온을 생성한다.

$$2\,Al(s) + 3\,Pb(NO_3)_2(aq) \longrightarrow 2\,Al(NO_3)_3(aq) + 3\,Pb(s)$$

(c) 마그네슘은 활성도 시리즈에서 수소보다 위에 있다. HCl의 수소이온을 치환하여 $MgCl_2$ 금속염과 수소기체를 생성한다.

$$Mg(s) + 2\,HCl(aq) \longrightarrow MgCl_2(aq) + H_2(g)$$

**실전예제 5.10**

표 5.5의 활성도 시리즈를 이용하여 다음 반응이 일어날 것인지 확인하고 반응이 일어난다면 산화되는 것과 환원되는 것, 산화제와 환원제를 확인하시오.

(a) $2\,Al(s) + 3\,CuSO_4(aq) \longrightarrow Al_2(SO_4)_3(aq) + 3\,Cu(s)$
(b) $2\,Al(s) + Cr_2O_3(s) \longrightarrow Al_2O_3(s) + 2\,Cr(s)$
(c) $Pt(s) + 4\,HCl(aq) \longrightarrow PtCl_4(aq) + 2\,H_2(g)$
(d) $Au(s) + 3\,AgNO_3(aq) \longrightarrow Au(NO_3)_3(aq) + 3\,Ag(s)$

CONCEPTUAL
**개념학습 5.12 반응 생성물의 예측**

다음 각 반응의 반응물 쌍으로부터 어떤 반응이 일어날 것인지, 생성물은 무엇인지 예측하시오. 어느 반응이 redox 반응인가?

(a) $CH_3CH_2OH(\ell) + O_2(g) \longrightarrow ?$
(b) $Fe(s) + HNO_3(aq) \longrightarrow ?$
(c) $AgNO_3(aq) + KBr(aq) \longrightarrow ?$

## 5.6 용액의 농도

우리 몸이나 다른 생물계에서 많은 물질들은 물에 녹아 있다. 즉 물질들은 수용액 상태이다. 생물계의 화학 반응처럼 화학 실험실에서의 많은 반응들도 용액 상태에서 수행된다. 이러한 반응은 종종 정량적이어야 한다. 예를 들어 환자에 투여되는 정맥 주사액은 여러 가지 물질(염, 영양제, 약 등)을 포함하고 있으며 각 물질의 농도를 정확하게 알고 있어야 한다. 그렇게 하기 위해서는 균형 화학 반응식과 몰을 사용하고, 보통 질량보다는 용액의 부피를 측정한다.

용액은 녹는 물질인 **용질(solute)**과 그 용질을 녹이는 물질인 **용매(solvent)**의 균일혼합물이다. 액체 용액에 들어있는 용질의 양을 알려면 용질과 용매의 상대적인 양인 용액의 농도를 알아야 한다. 화학 반응에서 용액의 농도를 나타내는데 가장 유용한 방법이 몰농도이다. 몰농도는 몰(mol)로 표시되는 용질의 양과 리터(L)로 표시되는 용액의 부피를 연관시켜 준다.

## 몰농도

용액의 **몰농도(molarity)**는 리터로 표시된 용액의 단위 부피당 용질의 몰수로 정의된다(mol/L).

$$\text{물농도} = \frac{\text{용질의 몰수}}{\text{용액의 부피}}$$

분모에는 용매의 부피가 아니라 용액의 부피를 사용하는 것에 주의하라.

40.0 g(1.00 mol)의 NaOH를 물에 녹여 1.00 L의 용액을 만들었다면, 그 용액은 1.00 mol NaOH/1.00 L의 농도를 나타내며 1.00 몰 용액이다. 이 용액의 몰농도는 1.00 M이라 표시하고 대문자 M은 mol/L를 의미한다. 몰농도는 [NaOH]나 $[OH^-]$처럼 대괄호로 나타내기도 한다. 대괄호의 의미는 용액의 단위부피(L)당 물질의 양(몰수)을 나타낸다.

NaOH 용액의 물농도 ▷ [NaOH] = 2 M ◁ 1리터 당 2몰

일정한 몰농도의 용액은 다음과 같이 만들 수 있다. 그림 5.13처럼 필요한 양의 용질을 부피 플라스크에 넣은 후, 용질을 녹이기 위한 용매를 조금씩 가하여 잘 섞으면서 플라스크의 부피 표지선까지 용매를 채운다. 부피 표지선은 플라스크의 부피 용량을 나타낸다.

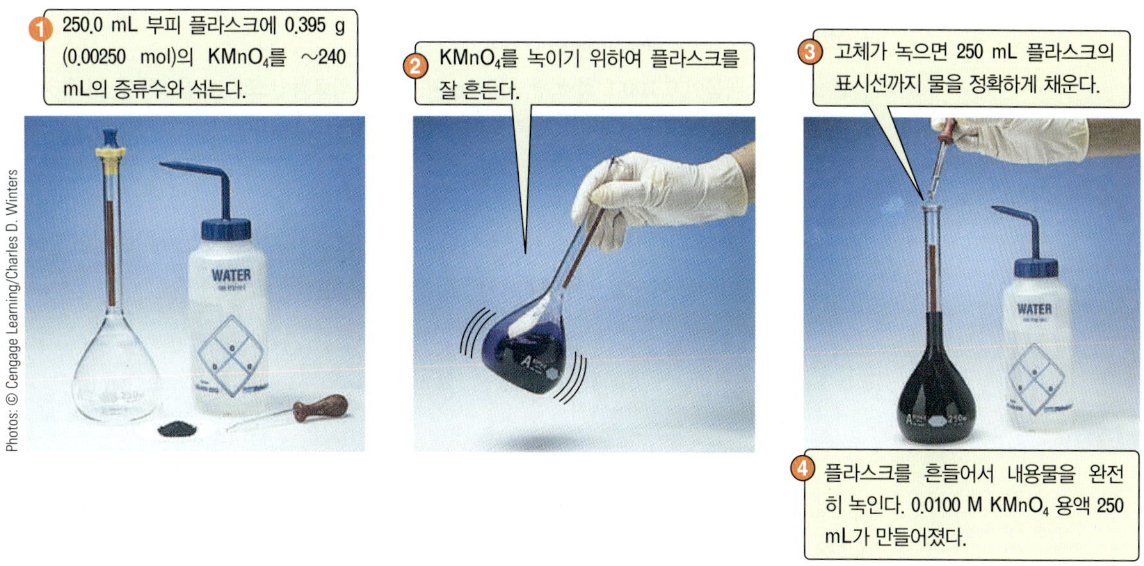


그림 5.13 **고체 용질로부터 용액 만들기.** 0.0100 M의 $KMnO_4$ 수용액 250.0 mL 만들기.

가끔 용액속의 특정 이온의 몰농도가 필요한 경우가 있다. 크롬산포타슘($K_2CrO_4$)

**예제 5.11 몰농도**

$KMnO_4$ 용액은 실험실에서 종종 사용되는 강산화제이다.

(a) $KMnO_4$ 0.433 g을 500.0 mL 부피 플라스크에 넣고 물을 가하여 정확하게 500.0 mL 용액을 만들었다. 이 용액의 몰농도는 얼마인가?

(b) 0.0250 M의 $KMnO_4$용액을 준비하려고 한다. 1.00 L 부피 플라스크에 물을 가하여 원하는 용액을 만들려면 $KMnO_4$ 몇 g이 필요한가?

**정답:** (a) 0.00548 M (b) 3.95 g

**풀이:**

(a) 용액의 몰농도를 계산하기 위하여 용질의 몰수와 용액의 부피(리터 단위)를 계산할 필요가 있다. 용액의 부피 500.0 mL는 0.5000 L이다. $KMnO_4$의 몰질량(158.03 g/mol)을 이용하여 용질의 몰수를 구하면

$$0.433 \text{ g KMnO}_4 \times \frac{1 \text{ mol KMnO}_4}{158.03 \text{ g KMnO}_4} = 2.74 \times 10^{-3} \text{ mol KMnO}_4$$

몰농도를 계산하면

$$\text{KMnO}_4\text{의 몰농도} = \frac{2.74 \times 10^{-3} \text{ mol KMnO}_4}{0.500 \text{ L solution}} = 5.48 \times 10^{-3} \text{ mol/L}$$

용액의 몰농도는 0.00548 M로 표시한다.

(b) 1.00 L 부피 플라스크에 0.0250 M 용액을 만들기 위하여 0.0250 mol $KMnO_4$가 필요하다. 이것을 그램수로 바꾸면

$$0.0250 \text{ mol KMnO}_4 \times \frac{158.03 \text{ g KMnO}_4}{1 \text{ mol KMnO}_4} = 3.95 \text{ g KMnO}_4$$

**실전예제 5.11**

36.0 g의 $Na_2SO_4$를 포함하는 750 mL 용액의 몰농도를 계산하시오.

**EXERCISE 연습문제 5.13 콜레스테롤의 몰농도**

혈청 콜레스테롤이 0.100 L 혈액 당 240 mg 이상이면 의료적인 조치가 필요하다. 이 혈청 콜레스테롤의 몰농도를 구하시오. 콜레스테롤의 분자식은 $C_{27}H_{46}O$이다.

은 물에 녹는 이온화합물이고 강전해질이다. 1몰의 크롬산포타슘은 물에 녹아 완전히 해리되어 2몰의 $K^+$이온과 1몰의 $CrO_4^{2-}$ 이온을 생성한다.

$$\underset{\substack{1 \text{ mol} \\ 100\% \text{ 해리}}}{K_2CrO_4(aq)} \longrightarrow \underset{2 \text{ mol}}{2\,K^+(aq)} + \underset{1 \text{ mol}}{CrO_4^{2-}(aq)}$$

1몰의 $K_2CrO_4$는 2몰의 $K^+$를 포함하고 있으므로 $K^+$의 농도는 $K_2CrO_4$ 농도의 두 배이다. 그러므로 0.00283 M $K_2CrO_4$ 용액은 2 × 0.00283 M = 0.00566 M의 $K^+$와 0.00283 M의 $CrO_4^{2-}$를 포함한다.

EXERCISE
**연습문제 5.14 몰농도**

한 학생이 6.37g의 질산알루미늄을 물에 녹여 250 mL의 용액을 만들었다. (a) 이 용액의 몰농도를 구하시오. (b) 용액내의 알루미늄이온과 질산이온의 몰농도를 구하시오.

CONCEPTUAL
**개념학습 5.15 몰농도**

용액을 만들 때 용액의 최종 부피는 섞는 과정에서 팽창이나 수축이 일어나기 때문에 용질의 부피와 용매의 부피를 합한 것과 다를 수 있다. 용액을 만들 때는 왜 항상 충분한 용매를 가하여 일정 부피의 용액을 만들어야 하는 것이 옳은 방법인가?

## 진한 용액으로 부터 묽은 농도의 용액 만들기

여러 가지 몰농도의 용액이 필요할 때가 종종 있다. 예를 들어 6.0 M, 1.0 M, 0.05 M의 염산이 필요한 경우 화학자는 몰농도를 알고 있는 진한 용액을 물로 묽혀 덜 진한 용액을 만들 수 있다. 묽히는 과정에서 시료안의 용질의 몰수는 일정하게 유지된다. 그러므로 묽은 용액의 용질의 몰수는 묽히기 전의 진한 용액의 용질의 몰수와 같다. 용액을 묽히면 용질의 몰수는 변하지 않지만 용액의 부피가 증가하고 따라서 용액의 몰농도는 낮아진다.

두 가지 경우를 생각해 보자. 설탕 한 숟갈을 물 한잔에 녹인 경우와, 수영장의 물에 녹인 경우, 모두 같은 몰수의 설탕을 포함하고 있다. 그러나 수영장 물의 설탕농도가 훨씬 작다. 왜냐하면 수영장의 부피는 유리잔의 부피보다 훨씬 크기 때문이다.

묽히기 전과 후의 용질의 몰수는 같으므로 다음과 같은 간단한 관계가 성립한다.

$$\mathrm{M(conc)} \times V(\mathrm{conc}) = \mathrm{M(dil)} \times V(\mathrm{dil})$$

M(conc)과 $V$(conc)는 진한 용액의 몰농도와 부피를 나타내고, M(dil)과 $V$(dil)는 묽은 용액의 몰농도와 부피를 나타낸다. 몰농도(moles/L)에 부피(L)를 곱하면 용질의 몰수가 얻어진다.

6.0M HCl 25.0mL를 500. mL로 묽혔을 때 염산의 농도를 계산하여 보자. 이 경우 M(conc)=6.0 M, $V$(conc)=0.0250L, $V$(dil)=0.500L 일 때 M(dil)을 결정하는 것이다. 묽힌 HCl 용액의 농도를 구하기 위하여 관계식을 정리하면

$$\begin{aligned} Molarity(\mathrm{dil}) &= \frac{Molarity(\mathrm{conc}) \times V(\mathrm{conc})}{V(\mathrm{dil})} \\ &= \frac{6.0\ \mathrm{mol/L} \times 0.0250\ \mathrm{L}}{0.500\ \mathrm{L}} = 0.30\ \mathrm{mol/L} \end{aligned}$$

묽힌 용액의 몰농도는 진한 용액의 몰농도 보다 항상 작다(그림 5.14). 진한 산을 묽힐 때는 조심하여야 한다. 진한 산을 천천히 용매(물)에 가하여 묽히는데 그렇게 하는 것이 묽히는 과정에서 발생하는 많은 열을 큰 부피의 물로 빨리 분산시킬 수 있기 때문이다. 만약 산에 물을 첨가하게 되면 발생하는 열로 인해 용액이 끓고 주위로 넘칠 수 있다.

EXERCISE
**연습문제** 5.16 **용액에서 용질의 몰수**

6.0M HCl 용액 100. mL를 묽혀 1.20M HCl 용액 500. mL를 만들었다. 진한 용액 100. mL에 들어 있는 HCl의 몰수는 묽은 용액 500. mL에 들어 있는 용질의 몰수와 같음을 보이시오.

**예제 5.12 용액의 농도와 희석**

18.0 M의 진한 황산으로부터 1.00 M 황산 용액 500.0 mL를 어떻게 만드는지 기술하시오.

**정답:** 500.0 mL의 부피 플라스크를 사용하여 27.8 mL의 진한 황산을 약 450 mL의 물에 조심스럽게 천천히 가한다. 진한 황산과 물이 완전히 섞이면 용액의 부피가 정확히 500.0 mL가 되도록 물을 첨가한다.

**풀이:** 진한 용액(18.0 M)과 묽은 용액(1.00 M)의 농도와 묽은 용액의 부피(500. mL)가 주어졌다. 진한 용액의 부피를 계산하면

$$Molarity(\text{conc.}) \times V(\text{conc.}) = Molarity(\text{dil}) \times V(\text{dil})$$

$$V(\text{conc.}) = \frac{Molarity(\text{dil}) \times V(\text{dil})}{Molarity(\text{conc.})}$$

$$= \frac{1.00 \text{ mol/L} \times 0.500 \text{ L}}{18.0 \text{ mol/L}} = 0.0278 \text{ L} = 27.8 \text{ mL}$$

그러므로 27.8 mL의 진한 황산을 350 mL의 증류수에 휘저으면서 천천히 가해준다. 용액의 온도가 상온으로 내려가면 최종 부피가 500.0 mL가 되도록 물을 첨가해 준다. 1.00 M 황산 용액이 만들어진다.

**실전예제 5.12**

실험에서 0.150 M NaOH 용액 50.0 mL가 필요하다. 0.500 M NaOH 용액 100 mL로부터 원하는 용액을 만들려면 필요한 진한 용액의 부피는 얼마인가?

Photos: © Cengage Learning/Charles D. Winters

**그림 5.14 희석에 의한 묽은 용액의 제조**

CONCEPTUAL
**개념학습 5.17 용액의 농도**

용액을 묽히면 용액의 몰농도는 감소한다. 용질을 더 가하지 않고 용액의 몰농도를 어떻게 높일 수 있는가?

## 순수한 용질로부터 일정 농도의 용액 만들기

고체나 액체(심지어 기체)상태의 용질을 사용하여 일정한 몰농도의 용액을 만들어야 할 때가 많다. 이 경우 용질의 몰수를 결정하기 위하여 용질의 질량을 계산하여야 한다.

실험에서 0.750 M $NH_4Cl$ 용액 2.00 L가 필요한 경우를 생각해 보자. 2.00 L의 용액을 만들기 위하여 몇 그램의 $NH_4Cl$을 물에 녹여야 할 것인가? 필요한 $NH_4Cl$의 몰수는 몰농도로부터 계산할 수 있다.

$\text{M} \times \text{L} = \text{mol/L} \times \text{L} = \text{mol}$

$$0.750\ \text{mol/L}\ NH_4Cl\ \text{solution} \times 2.00\ \text{L solution} = 1.500\ \text{mol}\ NH_4Cl$$

그 다음 몰질량을 이용하여 필요한 $NH_4Cl$의 그램수를 계산할 수 있다.

$$1.500\ \text{mol}\ NH_4Cl \times 53.49\ \text{g/mol}\ NH_4Cl = 80.2\ \text{g}\ NH_4Cl$$

80.2 g의 $NH_4Cl$을 비커에 넣고 물로 녹인 후 부피 플라스크에 옮겨 용액의 부피가 2.00 L가 될 때까지 물을 가해 주면 0.750 M HCl 용액 2.00 L가 만들어 진다.

**예제 5.13 용질의 질량과 몰농도**

고체 $K_2Cr_2O_7$으로부터 0.0250 M $K_2Cr_2O_7$ 용액 500.0 mL를 만드는 방법을 기술하시오.

**정답:** 3.68 g의 $K_2Cr_2O_7$을 물에 녹여 용액의 부피를 500.0 mL가 되도록 한다.

**풀이:** 우선 0.0250 M $K_2Cr_2O_7$ 용액 500.0 mL에 들어 있는 용질의 몰수를 알아야 한다. 용액의 부피에 몰농도를 곱하면

$$0.500\ \text{L solution} \times \frac{0.0250\ \text{mol}\ K_2Cr_2O_7}{1\ \text{L solution}} = 1.25 \times 10^{-2}\ \text{mol}\ K_2Cr_2O_7$$

몰수로부터 그램수를 계산하면

$$1.25 \times 10^{-2}\ \text{mol}\ K_2Cr_2O_7 \times \frac{294.2\ \text{g}\ K_2Cr_2O_7}{1\ \text{mol}\ K_2Cr_2O_7} = 3.68\ \text{g}\ K_2Cr_2O_7$$

500.0 mL 부피 플라스크에 3.68 g $K_2Cr_2O_7$을 넣고 증류수를 가하여 녹인다. 부피 플라스크의 표시선까지 증류수를 채워주면 0.0250 M $K_2Cr_2O_7$ 용액 500.0 mL가 만들어진다.

**실전예제 5.13**

다음 용액을 만드는 방법을 기술하시오.

(a) 고체 $Na_2CO_3$로부터 0.125 M $Na_2CO_3$ 용액 1.00L

(b) 0.125 M $Na_2CO_3$ 용액으로부터 0.0500 M $Na_2CO_3$ 용액 100. mL

(c) 고체 $KMnO_4$로부터 0.0215 M $KMnO_4$ 용액 500. mL

(d) 0.0215 M $KMnO_4$ 용액으로부터 0.00450 M $KMnO_4$ 용액 250. mL

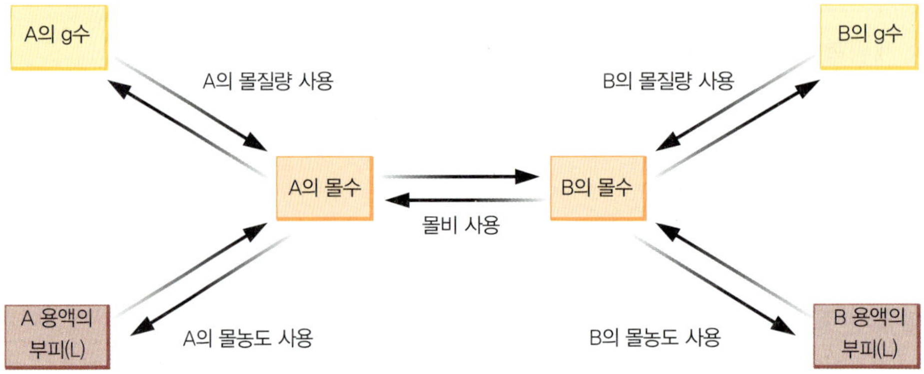


**그림 5.15 수용액에서 화학반응의 화학량론적 관계.** 몰 비는 반응물 및 생성물의 몰수를 다른 반응물 및 다른 생성물의 몰수와 연결시켜 준다.

## 5.7 몰농도와 수용액에서의 반응

산-염기 중화 반응, 침전 반응, 산화-환원 반응과 같은 많은 반응들이 수용액에서 일어난다. 그런 반응들에서 몰농도는 편리한 단위이다. 왜냐하면 용액의 부피와 반응물 및 생성물의 몰수 사이의 변환이 화학량론적 계수로 주어지기 때문이다. 몰농도는 질량, 몰수, 용액의 부피를 서로 연결시켜 준다(그림 5.15).

**예제 5.14 용액반응의 화학량론**

염산의 주요한 산업적 용도는 철로부터 녹을 제거하는 것이다. 산은 $Fe_2O_3$인 녹과 교환 반응을 하여 철의 표면을 깨끗하게 해 준다.

$$Fe_2O_3(s) + 6\,HCl(aq) \longrightarrow 2\,FeCl_3(aq) + 3\,H_2O(\ell)$$

녹이 제거되면 철을 산에서 꺼내어 산과 더 이상 반응하지 않도록 산을 씻어낸다. 녹슨 철을 12.0 M HCl 용액 800. L 와 반응시키면 몇 kg의 녹이 제거되는가?

**정답:** 255 kg

**풀이:** 그림 5.15의 화학량론적 관계를 이용한다. HCl의 몰수를 계산하고, $Fe_2O_3$의 몰수를 구한 다음 마지막으로 질량으로 바꿔준다.

$$800.\ \text{L HCl} \times \frac{12.0\ \text{mol HCl}}{1\ \text{L solution}} = 9.600 \times 10^3\ \text{mol HCl}$$

$Fe_2O_3$의 질량을 계산하면

$$(9.600 \times 10^3\ \text{mol HCl}) \times \frac{1\ \text{mol}\ Fe_2O_3}{6\ \text{mol HCl}} = 1.600 \times 10^3\ \text{mol}\ Fe_2O_3$$

$$(1.600 \times 10^3\ \text{mol}\ Fe_2O_3) \times \frac{159.7\ \text{g}\ Fe_2O_3}{1\ \text{mol}\ Fe_2O_3} = 2.555 \times 10^5\ \text{g}\ Fe_2O_3$$
$$= 255.5\ \text{kg}\ Fe_2O_3$$

**실전예제 5.14**

소금물(NaCl 수용액)에 전류를 통하여 $1.2 \times 10^{10}$ kg의 NaOH를 생산하였다.

$$2\,NaCl(aq) + 2\,H_2O(\ell) \longrightarrow 2\,NaOH(aq) + Cl_2(g) + H_2(g)$$

사용된 소금물의 부피는 얼마인가? (1.0 L의 소금물에는 360 g의 NaCl이 녹아 있다.)

EXERCISE
**연습문제** 5.18 몰농도

염화소듐(NaCl)은 정맥 주사의 용액으로 사용되며 이 경우 농도를 정확히 알아야 한다. 농도가 알려진 일정 부피의 $AgNO_3$ 용액과 반응시켜서 NaCl의 정확한 농도를 결정할 수 있다. 이 반응의 알짜 이온 반응식은

$$Ag^{+}(aq) + Cl^{-}(aq) \longrightarrow AgCl(s)$$

정맥 주사 용액 25.0 mL 시료속의 NaCl을 모두 AgCl로 바꾸는데 0.200M $AgNO_3$ 용액 19.3 mL가 사용되었다. 이 주사 용액의 NaCl 몰농도를 계산하시오.

## 5.8 수용액의 적정

수용액 반응의 한 가지 중요한 정량적 사용은 HCl 용액의 HCl 농도처럼 한 용액에서 반응물의 미지 농도를 결정할 수 있다는 것이다. 이것은 농도가 정확하게 알려진 표준 용액을 사용하여 적정하는 것이다. 적정에서 표준 용액의 물질은 이미 알려진 화학량론에 따라 농도를 결정하려는 물질과 반응한다. 화학량론적으로 동등한 양의 표준 용액이 더해졌을 때 **당량점(equivalence point)**에 도달한다. 그 점에서 표준 용액으로부터 가해준 반응물의 양은 농도를 모르는 물질과 완전하게 반응하는데 필요한 양이다. 반응의 진행 정도는 당량점에서 색이 변하는 색소 물질인 지시약이나, 다른 적절한 기구를 사용하여 확인할 수 있다. 페놀프탈레인은 강산과 강염기의 적정에 일반적으로 사용되는 지시약인데 산성 용액에서는 무색이고 염기성 용액에서는 분홍색을 나타낸다. 지시약의 색이 변하는 점을 종말점이라고 부른다.

적정의 일반적인 예는 표준 염기 용액으로 산을 적정하여 산의 몰농도를 결정하는 것이다. 0.100 M KOH 용액을 사용하여 HCl 용액의 농도를 결정할 수 있다. 적정

그림 5.16 수용액에서 표준 염기 용액을 이용한 산의 적정.

을 위하여 HCl 용액의 부피를 정확하게 재고 이 용액에 KOH 표준 용액을 당량점에 도달할 때 까지 천천히 가한다(그림 5.16). 그 점에서 HCl 용액에 가해 준 $OH^-$의 몰수는 산 용액에 들어 있던 $H^+$의 몰수와 정확하게 일치한다.

**예제 5.15 산-염기 적정**

한 학생이 약 0.10 M의 수산화칼슘 수용액을 적정하려고 한다. 이 용액 50.0 mL를 0.300 M 질산 표준 용액으로 적정하였다. 종말점에 도달하는데 41.4 mL의 질산 용액이 사용되었다. 수산화칼슘 용액의 몰농도는 얼마인가?

**정답:** 0.124 M $Ca(OH)_2$

**풀이:** 산-염기 반응의 균형 화학 반응식을 쓰면

$$2\ HNO_3(aq) + Ca(OH)_2(aq) \longrightarrow Ca(NO_3)_2(aq) + 2\ H_2O\ (\ell)$$

알짜 이온 반응식은

$$H^+(aq) + OH^-(aq) \longrightarrow H_2O(\ell)$$

사용된 $HNO_3$의 몰수를 계산하면

$$0.0414\ \text{L}\ HNO_3\ \text{solution} \times \frac{0.300\ \text{mol}\ HNO_3}{1.00\ \text{L}\ HNO_3\ \text{solution}} = 0.0124\ \text{mol}\ HNO_3$$

균형 화학 반응식에 의하면 $HNO_3$ 2몰 당 $Ca(OH)_2$ 1몰이 소모된다. 그러므로 $1.24 \times 10^{-2}$몰의 $HNO_3$가 반응하면 $6.21 \times 10^{-3}$ 몰의 $Ca(OH)_2$가 소모된다. $Ca(OH)_2$의 몰수와 용액의 부피로부터 $Ca(OH)_2$ 용액의 몰농도를 계산하면

$$\frac{6.21 \times 10^{-3}\ \text{mol}\ Ca(OH)_2}{0.0500\ \text{L}\ Ca(OH)_2\ \text{solution}} = 0.124\ \text{M}\ Ca(OH)_2$$

**실전예제 5.15**

20.0 mL의 용액 시료를 종말점까지 적정하는데 0.100 M NaOH 용액 41.3 mL가 사용되었다. $H_2SO_4$ 용액의 몰농도는?

## 문제

### 용해도

1. 다음 화합물이 물에 녹는지를 예측하고, 물에 녹는 화합물의 경우 존재하는 이온을 나타내시오.

(a) $Fe(ClO_4)_2$ (b) $Na_2SO_4$
(c) KBr (d) $Na_2CO_3$

2. 다음 화합물이 물에 녹는지를 예측하고, 물에 녹는 화합물의 경우 존재하는 이온을 나타내시오.

(a) Potassium monohydrogen phosphate
(b) Sodium hypochlorite
(c) Magnesium chloride
(d) Calcium hydroxide
(e) Aluminum bromide

### 교환반응

3. 다음 각 이온화합물 쌍의 수용액 반응에서 침전이 생기는지에 대한 균형 화학 반응식을 쓰시오. 침전이 생기지 않는

반응에 대해서는 "NP(no precipitation)"라고 쓰시오.

(a) $MnCl_2 + Na_2S$ (b) $HNO_3 + CuSO_4$
(c) $NaOH + HClO_4$ (d) $Hg(NO_3)_2 + Na_2S$
(e) $Pb(NO_3)_2 + HCl$ (f) $BaCl_2 + H_2SO_4$

4. 다음 반응에서 물에 녹지 않는 생성물을 확인하시오. 알짜 이온 반응식을 쓰고 구경꾼이온을 확인하시오.

(a) $CuCl_2(aq) + H_2S(aq) \longrightarrow CuS + 2\ HCl$
(b) $CaCl_2(aq) + K_2CO_3(aq) \longrightarrow 2\ KCl + CaCO_3$
(c) $AgNO_3(aq) + NaI(aq) \longrightarrow AgI + NaNO_3$

5. 다음 반응식의 균형을 맞추고, 전체 이온 반응식과 알짜 이온 반응식을 쓰시오.

(a) $Zn(s) + HCl(aq) \longrightarrow H_2(g) + ZnCl_2(aq)$
(b) $Mg(OH)_2(s) + HCl(aq) \longrightarrow MgCl_2(aq) + H_2O(\ell)$
(c) $HNO_3(aq) + CaCO_3(s) \longrightarrow Ca(NO_3)_2(aq) + H_2O(\ell) + CO_2(g)$
(d) $HCl(aq) + MnO_2(s) \longrightarrow MnCl_2(aq) + Cl_2(g) + H_2O(\ell)$

6. 다음 반응식의 균형을 맞추고, 전체 이온 반응식과 알짜 이온 반응식을 쓰시오. 용해도, 산, 염기에 대한 정보는 표 5.1 과 표 5.2를 참조하고 모든 반응물과 생성물에 대하여 상태 표시(s, l, g, aq)를 하시오.

(a) $Ca(OH)_2 + HNO_3 \longrightarrow Ca(NO_3)_2 + H_2O$
(b) $BaCl_2 + Na_2CO_3 \longrightarrow BaCO_3 + NaCl$
(c) $Na_3PO_4 + Ni(NO_3)_2 \longrightarrow Ni_3(PO_4)_2 + NaNO_3$

7. 다음 침전 반응의 균형을 맞추고, 전체 이온 반응식과 알짜 이온 반응식을 쓰시오.

$$CdCl_2 + NaOH \longrightarrow Cd(OH)_2 + NaCl$$

8. 산인지 염기인지(강약도 함께) 구분하시오. 물에 녹았을 때 무슨 이온이 생성되는지 밝히시오.

(a) KOH (b) $Mg(OH)_2$
(c) HClO (d) HBr
(e) LiOH (f) $H_2SO_3$

9. 다음의 염을 생성하는데 사용된 산과 염기를 확인하고, 전체 중화 반응을 쓰시오.

(a) $NaNO_2$ (b) $CaSO_4$
(c) NaI (d) $Mg_3(PO_4)_2$

10. 다음 각각의 교환 반응을 산–염기 반응, 침전 반응, 기체 생성 반응으로 구분하시오. 반응의 생성물을 예측하고 균형 반응식을 완성하시오.

(a) $MnCl_2(aq) + Na_2S(aq) \longrightarrow$
(b) $Na_2CO_3(aq) + ZnCl_2(aq) \longrightarrow$
(c) $K_2CO_3(aq) + HClO_4(aq) \longrightarrow$

## 산화–환원 반응

11. 다음 화합물에서 각 원자들의 산화수를 결정하시오.

(a) $SO_3$ (b) $HNO_3$
(c) $KMnO_4$ (d) $H_2O$
(e) LiOH (f) $CH_2Cl_2$

12. 다음 이온들에서 각 원자들의 산화수를 결정하시오.

(a) $SO_4^{2-}$ (b) $NO_3^-$
(c) $MnO_4^-$ (d) $Cr(OH)_4^-$
(e) $H_2PO_4^-$ (f) $S_2O_3^{2-}$

13. 다음 반응에서 산화–환원 반응은? 그 이유를 간략하게 설명하고, 나머지 반응들에 대해서 반응의 종류를 설명하시오.

(a) $CdCl_2(aq) + Na_2S(aq) \longrightarrow CdS(s) + 2\ NaCl(aq)$
(b) $2\ Ca(s) + O_2(g) \longrightarrow 2\ CaO(s)$
(c) $Ca(OH)_2(s) + 2\ HCl(aq) \longrightarrow CaCl_2(aq) + 2\ H_2O(\ell)$

14. 다음 중 산화제는?

(a) Zn (b) $O_2$
(c) $HNO_3$ (d) $MnO_4^-$
(e) $H_2$ (f) $H^+$

15. 다음 산화–환원 반응의 생성물을 확인하시오.

(a) $C(s) + O_2(g) \longrightarrow$
(b) $P_4(s) + Cl_2(g) \longrightarrow$
(c) $Ti(s) + Cl_2(g) \longrightarrow$
(d) $Mg(s) + N_2(g) \longrightarrow$
(e) $FeO(s) + O_2(g) \longrightarrow$
(f) $NO(g) + O_2(g) \longrightarrow$

## 활성도 시리즈

16. 치환 반응이면서 또한 산화–환원 반응의 예를 들고 반응에서 (a) 산화되는 것 (b) 환원되는 것 (c) 환원제 (d) 산화제를 확인하시오.

17. 금속의 활성도 시리즈(표 5.5)를 이용하여 다음 각 반응의 결과를 예측하시오. 반응이 일어나지 않으면 "NR"이라고 쓰시오.

(a) $Na^+(aq) + Zn(s) \longrightarrow$
(b) $HCl(aq) + Pt(s) \longrightarrow$
(c) $Ag^+(aq) + Au(s) \longrightarrow$
(d) $Au^{3+}(aq) + Ag(s) \longrightarrow$

## 용액의 농도

18. 6.73 g $Na_2CO_3$를 물에 모두 녹여 250 mL의 용액을 만들었다.

(a) 탄산소듐의 몰농도를 구하시오.

(b) $Na^+$와 $CO_3^{2-}$의 농도는 얼마인가?

19. 0.0125 M $KMnO_4$의 용액 250 mL에 들어 있는 용질의 질량을 그램으로 나타내시오.

20. 25.0 g의 NaOH를 포함하는 0.123 M NaOH 용액의 부피는 얼마인가?

21. 0.0250 M CuSO4 용액 6.00 mL를 10.0 mL로 희석하면 황산구리(II) 용액의 농도는 얼마인가?

## 용액 반응의 계산

22. 다음 반응에서 0.155 M $HNO_3$ 25.0 mL와 완전히 반응하는데 필요한 $Na_2CO_3$의 질량은?

$$Na_2CO_3(aq) + 2\,HNO_3(aq) \longrightarrow 2\,NaNO_3(aq) + CO_2(g) + H_2O(\ell)$$

23. 다음 반응에서 1.30 g $Ba(OH)_2$와 완전히 반응하는데 필요한 0.125 M $HNO_3$의 부피는 몇 mL인가?

$$2\,HNO_3(aq) + Ba(OH)_2(s) \longrightarrow Ba(NO_3)_2(aq) + 2\,H_2O(\ell)$$

24. 0.025 M $AgNO_3$ 용액 50.0 mL를 0.025 M NaCl 용액 100.0 mL와 혼합할 때 침전되는 AgCl의 최대량은 몇 그램인가? 어느 반응물이 과량으로 존재하는가? AgCl이 침전된 후 과량으로 존재하는 반응물의 용액 중 농도는 얼마인가?

25. 다음 반응에 따라 2.050 g $Na_2CO_3$를 완전히 중화시키는데 32.45 mL의 HCl 용액이 필요하다. HCl의 몰농도는?

$$Na_2CO_3(aq) + 2\,HCl(aq) \longrightarrow 2\,NaCl(aq) + CO_2(g) + H_2O(\ell)$$

## 종합문제

26. $(NH_4)_2S$와 $Hg(NO_3)_2$는 반응하여 HgS와 $NH_4NO_3$를 생성한다.
   (a) 전체 균형 반응식을 쓰고 각 화합물의 상태(s 또는 aq)를 나타내시오.
   (b) 화합물의 이름을 쓰시오.
   (c) 알짜 이온 반응식을 쓰시오.
   (d) 이 반응은 어떤 유형의 반응인가?

27. 다음 반응을 분류하고 생성물을 예측하시오.
   (a) $SO_3(g) + H_2O(\ell) \longrightarrow$
   (b) $Sr(s) + H_2(g) \longrightarrow$
   (c) $Mg(s) + H_2SO_4(aq, dilute) \longrightarrow$
   (d) $Na_3PO_4(aq) + AgNO_3(aq) \longrightarrow$
   (e) $Ca(HCO_3)_2(s) \xrightarrow{heat}$
   (f) $Fe^{3+}(aq) + Sn^{2+}(aq) \longrightarrow$

28. 다음 화합물의 수용액에는 어떤 화학종(원자, 분자, 이온)이 존재하는가?
   (a) $NH_3$ (b) $CH_3COOH$
   (c) NaOH (d) HBr

29. 다음 반응에 대하여 산화-환원 반응인지 결정하고 산화제와 환원제를 확인하시오.
   (a) $NaOH(aq) + H_3PO_4(aq) \rightarrow NaH_2PO_4(aq) + H_2O(\ell)$
   (b) $NH_3(g) + CO_2(g) + H_2O(\ell) \rightarrow NH_4HCO_3(aq)$
   (c) $TiCl_4(g) + 2\,Mg(\ell) \longrightarrow Ti(s) + 2\,MgCl_2(\ell)$
   (d) $NaCl(s) + NaHSO_4(aq) \longrightarrow HCl(g) + Na_2SO_4(aq)$

## 개념응용

30. 다음 반응물 쌍이 비커에서 반응할 때 (a) 반응이 일어나기 전과 후의 비커 내용물이 어떻게 보이는지 말로 설명하시오. (b) 원자, 분자, 이온들의 나노스케일을 표시함에 있어 서로 다른 원을 사용하여 내용물을 나타내보시오. (c) 내용물들을 화학 반응식으로 나타내보시오.

   LiCl(aq)와 $AgNO_3$(aq)

   NaOH(aq)와 HCl(aq)

31. 황산바륨을 다음과 같은 반응으로 어떻게 제조하는지 설명하시오. 출발 물질로 $BaCO_3$, $Ba(OH)_2$, $Na_2SO_4$, $H_2SO_4$ 등을 사용한다.
   (a) 산-염기 반응 (b) 침전 반응
   (c) 기체 생성 반응

32. 58.44 g의 NaCl을 1 L 부피 플라스크에 넣고 물을 가하여 NaCl 용액을 만들려고 한다. 용액의 최종 부피가 그림과 같을 때 이 용액의 농도는

(a) 필요한 양보다 많은 양의 용매를 넣었기 때문에 1 M 보다 크다.

(b) 필요한 양보다 적은 양의 용매를 넣었기 때문에 1 M 보다 작다.

(c) 필요한 양보다 적은 양의 용매를 넣었기 때문에 1 M 보다 크다.

(d) 필요한 양보다 많은 양의 용매를 넣었기 때문에 1 M 보다 작다.

(e) 농도를 결정하는 것은 용매의 양이 아니라 용질의 양이기 때문에 1 M 이다.

33. 10 mL의 산 용액을 10 mL의 염기 용액과 섞었다. 이 혼합 용액을 리트머스 종이로 시험하였더니 푸른 리트머스는 붉게 변하고, 붉은 리트머스는 그대로였다. 다음의 설명 중 옳은 것은?

(a) 혼합 용액은 수산이온보다 수소이온을 더 많이 포함한다.

(b) 혼합 용액은 수소이온보다 수산이온을 더 많이 포함한다.

(c) 산과 염기가 반응할 때 물이 만들어지므로 혼합 용액은 산성도 염기성도 아니다.

(d) 산이 HCl이고 염기가 NaOH라면 처음 산 용액의 농도는 염기 용액의 농도보다 컸을 것이다.

(e) 산이 $H_2SO_4$이고 염기가 NaOH라면 처음 산 용액의 농도는 염기 용액의 농도보다 컸을 것이다.

34. 네 그룹의 학생들이 염(알칼리 금속 할로젠) 용액과 질산은($AgNO_3$) 수용액의 반응을 조사하였다. 각 그룹이 사용한 염은 다음과 같다.

그룹 A: NaCl

그룹 B: KCl

그룹 C: NaBr

그룹 D: KBr

각 그룹은 0.004 mol의 염을 약간의 물에 녹이고 이 용액에 $AgNO_3$의 양을 달리하면서 첨가하였다. 침전된 할로젠화은의 무게를 첨가된 $AgNO_3$의 질량에 대하여 그래프로 나타내면 다음과 같다.

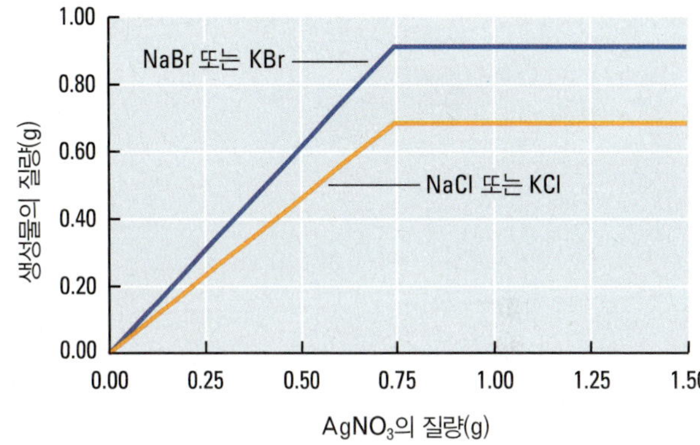


(a) 각 그룹이 수행한 반응에 대하여 균형 알짜 이온 반응식을 쓰시오.

(b) A 그룹과 B 그룹의 데이터가 겹쳐지고, C 그룹과 D 그룹의 데이터가 겹쳐지는 이유를 설명하시오.

(c) 각 그룹의 그래프 모양을 설명하시오. 왜 같은 양의 $AgNO_3$ (0.75 g)에서 생성물의 양이 일정하게 유지되며, 또 생성물의 양이 다르게 얻어지는 이유를 설명하시오.

# 6장

# 에너지와 화학반응

연료의 연소. 프로판이 연소되면 반응계와 접촉하고 있는 모든 것(이 경우 유리, 물, 달걀)들에 많은 양의 에너지가 전달된다. 연료가 연소될 때 발생하는 에너지는 기술집약적 사회에 유용하게 사용되기 위하여 변형될 수 있다.


6.1 에너지의 본질

6.2 에너지의 보존

6.3 열용량

6.4 에너지와 엔탈피

6.5 열화학적 표현

6.6 화학반응의 엔탈피 변화

6.7 에너지는 어디로부터 오는가?

6.8 엔탈피 변화의 측정: 열계량법

6.9 헤스의 법칙

6.10 표준 몰 생성엔탈피


산업화된 기술 주도의 하이테크 사회에서 오늘날 일인당 에너지의 평균 사용량은 역사적으로 가장 높은 지점에 있다. 미국의 인구는 세계 인구의 약 5%이지만 세계 에너지 자원의 약 30%를 소비하고 있다. 1958년 이후 매년 미국은 자국에서 생산하는 에너지 자원보다 더 많은 양을 소비하고 있다. 우리가 사용하는 대부분의 에너지는 화석 연료인 석탄, 석유, 천연가스등의 연소와 같은 화학반응에서 유래한다. 일부는 수력 발전, 핵 발전, 태양에너지, 풍력 등으로부터 얻는다. 에너지의 소비는 세계적으로 급격히 증가하고 있다.

화학반응은 에너지의 이동을 포함한다. 연료가 탈 때 생성물의 에너지는 반응물의 에너지보다 작다. 나머지 에너지는 반응물 및 생성물과 접촉하는 어떤 형태로 나타난다. 예를 들어 프로판이 공기 중에서 타면 반응물 $C_3H_8$과 $O_2$의 탄소, 수소, 산소 원자는 재배열하여 생성물인 $CO_2$와 $H_2O$를 생성한다.

$$C_3H_8(g) + 5\,O_2(g) \longrightarrow 3\,CO_2(g) + 4\,H_2O(g)$$

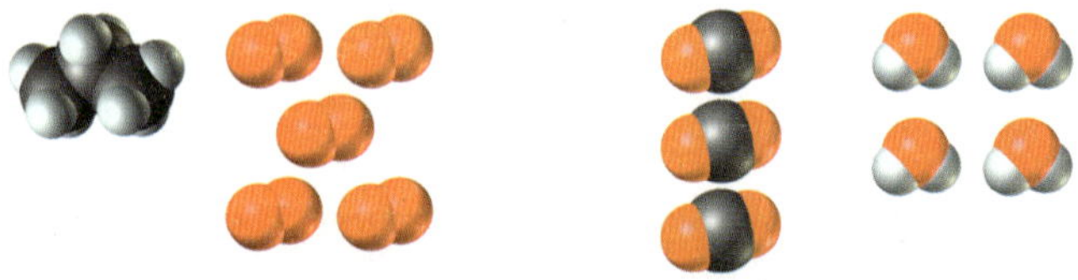

원자들이 연결된 방식 때문에 $CO_2$와 $H_2O$ 분자의 총에너지는 $C_3H_8$과 $O_2$가 갖고 있는 에너지보다 작다. 반응 후 반응물의 일부 에너지는 생성물 분자에 포함되지 않는다. 그 에너지는 반응이 일어나는 곳에 가까이 있는 모든 것들을 가열한다. 반응은 에너지를 주위에 전달한다.

지난 수백 년 동안 우리 사회가 사용하는 에너지의 대부분은 화석 연료의 연소로부터 나왔고 미래에도 상당 기간 그럴 것이다. 결과적으로 에너지와 화학반응이 어떻게 연관되어 있고, 화석 연료에 대한 의존도를 바꾸기 위하여 화학을 어떻게 이용할지 이해하는 것은 매우 중요하다. 이것은 열과 일, 그들 사이의 전환을 다루는 과학인 열역학에 대한 지식이 필요하다. 21세기의 급속하게 발전하는 새로운 산업은 아마도 이러한 지식과 새로운 화학 및 그것이 야기하는 화학 산업을 잘 활용하는데 있을 것이다.

## 6.1 에너지의 본질

에너지란 무엇인가? 우리가 사용하는 에너지는 어디서 오는 것일까? 화학반응은 어떻게 에너지를 주위에 전달하거나 주위로부터 받는 것 일까? *E*로 표시되는 에너지는 일을 할 수 있는 능력이라고 정의된다. 위쪽으로 이동하면 중력은 증가하기 때문에, 계단이나 산을 오르는 것은 중력에 대하여 일을 하는 것이다. 이 일을 하기 위하여 사용하는 에너지는 섭취한 음식물이 몸 안에서 소화되면서 방출된다. 음식물의 에너지는 산을 오를 때 중력에 대하여 일을 할 수 있도록 하고 또한 몸을 따뜻하게 한다(산을 오르면 몸의 위치가 높아지기도 하지만 덥기도 하다). 그러므로 에너지와 화학 사이의 관계를 탐구하는 것은 일을 하는 과정과 열을 발생하는 과정을 모두 고려하여야 한다.

에너지는 운동에너지와 위치에너지로 분류된다. **운동에너지(kinetic energy)**는 물체가 움직이기 때문에 갖는 에너지이다(그림 6.1). 운동에너지의 예는

- 움직이는 야구공이나 자동차처럼 거시적 물체의 움직임에 의한 에너지. 이것을 역학적 에너지(mechanical energy)라고 부르기도 한다.
- 원자, 분자, 이온들처럼 나노스케일 물체의 움직임으로 인한 에너지. 이것을 열에너지(thermal energy)라고도 부른다.
- 전기 전도체를 흐르는 전자의 움직임에 의한 에너지. 이것을 전기에너지라고도 부른다.

**그림 6.1 운동에너지.** 테니스공이 선수에 다가갈 때 공은 자신의 질량과 속도에 따른 운동에너지를 갖는다.

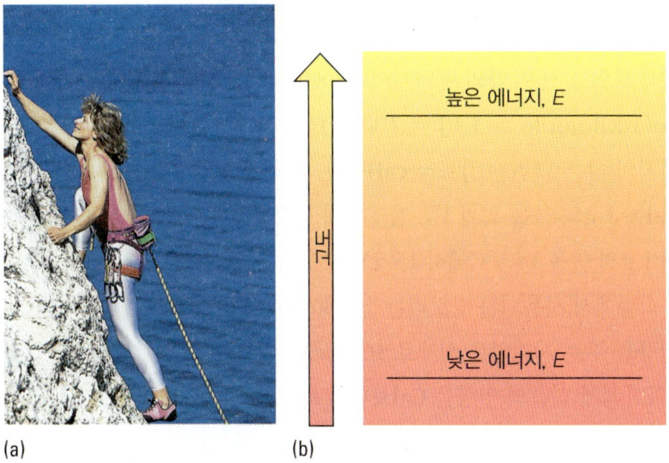



**암벽등반.** (a) 암벽을 오르는데 에너지가 필요하다. (b) 높이 오를수록 중력에너지는 더 커진다.

- 음파가 공기를 통과할 때처럼 거시적 시료가 번갈아 압축과 팽창을 할 때 나노스케일 입자의 주기적 움직임에 의한 에너지.

운동에너지, $E_k$는 $E_k = \frac{1}{2}mv^2$으로 부터 계산할 수 있다. 여기서 $m$은 질량이고 $v$는 물체가 움직이는 속도를 나타낸다.

**위치에너지**(potential energy)는 위치의 결과나 그 위치를 변화시킬 수 있는 힘에 의해서 생기는 에너지이다. 예를 들면

- 중력이 공을 바닥으로 끌어당기기 때문에 손에 쥐고 있는 공이 갖는 에너지. 이것을 중력 에너지라고도 한다.
- 서로 끌어당기거나 반발하기 때문에 전하를 띠고 있는 입자가 갖는 에너지. 이것을 정전기적 에너지라고도 한다. 서로 가까이 있는 양이온과 음이온의 에너지가 한 예이다.
- 분자 내에서 전자들과 핵 사이의 인력과 반발력으로부터 유래하는 에너지. 이것을 화학적 퍼텐셜 에너지라고도 하며 식품과 연료에 저장되어 있는 에너지이다.

위치에너지는 관여하는 힘의 형태에 따라 여러 가지 방법으로 계산할 수 있다. 예를 들어, 지구 표면에서 중력 위치에너지($E_p$)는 $E_p = mgh$로 계산할 수 있다. 여기서 $m$은 질량, $g$는 중력 상수($g = 9.8\ m/s^2$), $h$는 표면 위의 높이이다.

위치에너지는 운동에너지로 바뀔 수 있고, 그 역도 가능하다. 폭포에서 물방울이 떨어질 때(그림 6.2) 물방울이 갖고 있던 위치에너지는 운동에너지로 바뀐다. 물방울은 아래로 내려가면서 점점 더 빨리 움직인다. 역으로 떨어지는 물방울의 운동에너지는 수차를 돌려서 물을 더 높은 곳으로 펌프질하여 위치에너지를 높일 수 있다.

그림 6.2 **중력 위치에너지.** 폭포의 물은 바닥과의 상대적 위치 때문에 위치에너지(일을 할 수 있는 저장된 에너지)를 갖는다. 그 에너지는 수력발전소에서처럼 전기에너지를 만드는데 사용될 수 있다.

## 에너지 단위

에너지의 SI 단위는 **joule**이고 J로 나타낸다. Joule은 더 기본적인 단위들의 조합으로 표현되는 파생 단위이며 $1\ J = 1\ kg\ m^2/s^2$ 이다. 만약 2.0 kg의 물체가 1 m/s의 속도로 움직인다면, 그 물체의 운동에너지는

**James P. Joule** 1818–1889

에너지 단위인 joule은 James P.Joule의 이름에서 유래한다. Joule은 일과 열이 모두 에너지가 전이되는 과정이라는 개념을 확립하였다.

Joule 은 국제단위계(SI units)에서 정한 에너지 단위이다. 부록 B에 SI units들을 기술하였다. 1 J은 대략 사람의 심장이 한 번 박동하는데 필요한 에너지이다.

1 cal= 4.184 J

1 Cal = 1 kcal = 1000 cal = 4.184 kJ

식품의 칼로리는 일정량의 식품이 산소와 연소반응 할 때 발생하는 에너지의 양을 측정하는 것이다.

**그림 6.3 식품의 에너지.** 오스트레일리아에서 사용되는 인공감미료 봉지. 1 봉지당 16 kJ의 열량을 제공한다고 표시되어 있다.

$$E_k = \frac{1}{2}mv^2 = \frac{1}{2} \times (2.0\ \text{kg})(1.0\ \text{m/s})^2 = 1.0\ \text{kg m}^2/\text{s}^2 = 1.0\ \text{J}$$

이것은 상대적으로 작은 양의 에너지이다. 에너지의 단위로 joule이 작기 때문에 종종 kilojoule(1 kilojoule = 1 kJ = 1000 J)을 사용하기도 한다.

에너지의 다른 단위는 칼로리(cal)이다. 정의에 의해서 1 cal는 정확하게 4.184 J이다. 1 cal는 1 g의 물을 섭씨 1°C 올리는데 필요한 에너지의 양과 매우 비슷하다(칼로리는 원래 1 g의 물을 14.5°C에서 15.5°C로 올리는데 필요한 에너지로 정의되었다). 영양학이나 식품에서 사용되는 칼로리는 실제 kcal이고 보통 Cal로 나타낸다. 따라서 100 Cal 의 열량을 주는 시리얼은 실제로 100 kcal = 100 × $10^3$ cal 의 에너지를 공급한다. 많은 국가에서 식품의 열량을 Cal보다는 kJ로 표시하기도 한다.

**예제 6.1 에너지 단위**

스낵 칩 한 조각의 열량이 5.0 Cal이다. J 단위로는 얼마인가?

**정답:** 2.1 × $10^4$ J

**풀이:** 에너지를 J로 나타내기 위하여 1 Cal = 1 kcal, 1cal = 4.184J의 관계를 사용한다.

$$E = 5.0\ \text{Cal} \times \frac{1\ \text{kcal}}{1\ \text{Cal}} \times \frac{1000\ \text{cal}}{1\ \text{kcal}} \times \frac{4.184\ \text{J}}{1\ \text{cal}} = 2.1 \times 10^4\ \text{J}$$

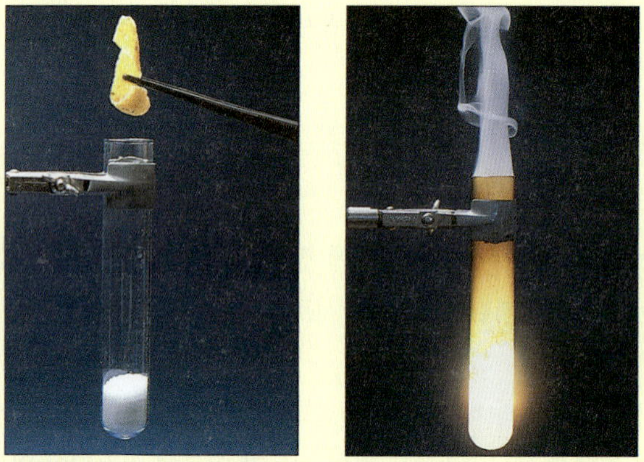



(a) (b)

**식품에너지.** 스낵 칩 조각의 염소산포타슘열분해로 생성된 산소와의 연소반응

**실전예제 6.1**

(a) 핫도그 한 개는 160 칼로리의 열량을 제공한다. J 단위로 나타내시오.

(b) 와트(W)는 초 당 1 J의 에너지 전이에 해당하는 전력(힘)의 단위이다. $x$ 와트의 전구가 $y$ 초 동안 작동하는데 사용된 에너지는 $x \times y$ J 이다. 75 W의 전구를 3시간 동안 켜 놓으면 몇 J의 전기에너지가 빛과 열로 전환되는가?

(c) 그림 6.3의 인공감미료는 1봉지 당 16 kJ의 열량을 제공한다. 이 에너지를 kcal 단위로 나타내시오.

## ESTIMATION Earth's Kinetic Energy

Estimate the earth's kinetic energy as it moves through space in orbit around the sun.

From an encyclopedia, a dictionary, or the Internet, you can obtain the facts that the earth's mass is about $3 \times 10^{24}$ kg and its distance from the sun is about 150,000,000 km. Assume earth's orbit is a circle and calculate the distance traveled in a year as the circumference of this circle, $\pi d = 2\pi r = 2 \times 3.14 \times 1.5 \times 10^8$ km. Since $2 \times 3 = 6$, $1.5 \times 6 = 9$, and 3.14 is a bit more than 3, estimate the distance as $10 \times 10^8$ km. Earth's speed, then, is a bit less than $10 \times 108$ km/yr. Because 1 J = 1 kg $m^2/s^2$, convert the time unit from years to seconds. Estimate the number of seconds in 1 yr as 60 s/min $\times$ 60 min/h $\times$ 24 h/d $\times$ 365 d/yr 60 $\times$ 60 $\times$ 24 $\times$ 365 s/yr. To make the arithmetic easy, round 24 to 20 and 365 to 400, giving $60 \times 60 \times 20 \times 400$ s/yr $= 6 \times 6 \times 2 \times 4 \times 10^5$ s/yr. This gives $288 \times 10^5$ s/yr, or $3 \times 10^7$ s/yr rounded to one significant figure. Therefore earth's speed is about $10/3 \times 10^8/10^7 \cong 30$ km/s or $3 \times 10^4$ m/s.

Now the equation for kinetic energy can be used.

$$E_k = \frac{1}{2}mv^2$$

$$= \frac{1}{2} \times (3 \times 10^{24}\ \text{kg}) \times (3 \times 10^4\ \text{m/s})^2 \simeq 1 \times 10^{33}\ \text{J}$$

Although the earth's speed is not high, its mass is very large. This results in an extraordinarily large kinetic energy— far more energy than has been involved in all of the hurricanes and typhoons that earth has ever experienced.

Visit this book's companion website at **www.cengage.com/chemistry/moore** to work an interactive module based on this material.

## 6.2 에너지의 보존

다이빙 보드에서 물로 뛰어들 때 에너지의 몇 가지 전환이 일어난다(그림 6.4). 최종적으로는 물 표면에 뜨고 물은 잠잠해진다. 그러나 충격을 가한 지점 주위에서 평균적으로 물 분자는 더 빨리 움직인다. 즉 물의 온도는 조금 더 높다. 에너지는 위치에너지에서 운동에너지로 또 거시적 운동에너지에서 나노스케일 운동에너지(열)로 전환되었다. 그럼에도 불구하고 운동에너지와 위치에너지의 합인 에너지 총량은 다이빙 전과 후에 모두 같다. 수많은 실험에서 총 에너지는 어떤 사건이 일어나기 전과 후에 항상 같다는 것을 발견하였다. 이 실험의 결과는 **에너지 보존 법칙(law of conservation of energy)**으로 요약할 수 있다. 에너지 보존 법칙은 에너지는 생성되지도 없어지지도 않는다는 것이다. 즉 우주의 에너지는 일정하다. 이것을 또한 **열역학 제1 법칙(first law of thermodynamics)**이라고 부른다.

CONCEPTUAL
**개념학습** 6.1 에너지 전환

고무공을 공중에 던져 올리면 바닥으로 떨어졌다 다시 튀어 오르기를 반복하다 마침내는 멈춘다. 관련된 여러 가지 에너지 전이와 그것이 야기하는 변화에 대하여 기술하시오.

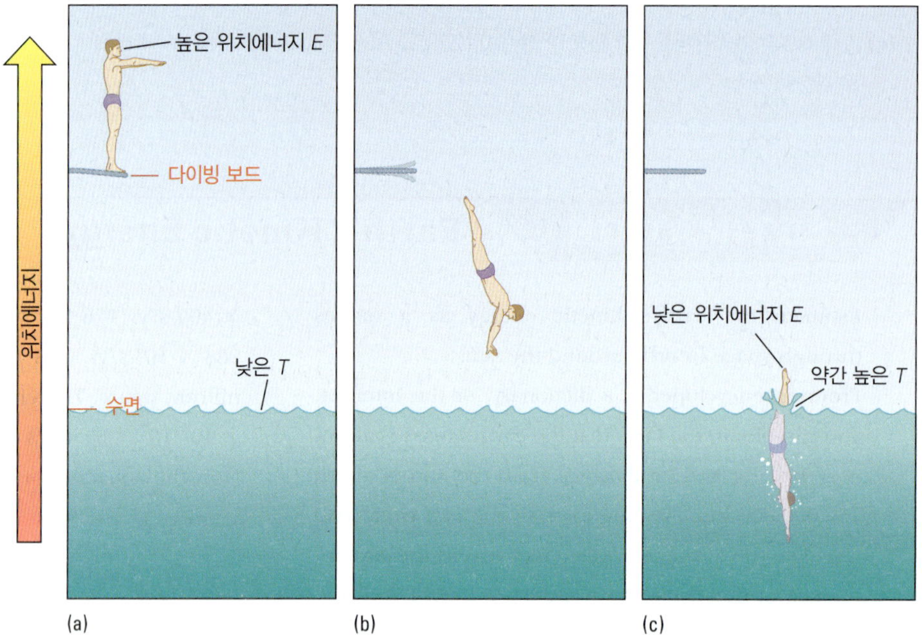


**그림 6.4 에너지의 전환.** 위치에너지와 운동에너지는 에너지 보존 법칙에 의해서 서로 전환된다. (a) 다이빙 선수는 물 표면에서보다 다이빙 보드에서 더 큰 중력 위치에너지를 갖는다. (b) 다이빙 선수의 고도가 낮아짐에 따라 속도는 증가하고 위치에너지의 일부는 운동에너지로 전환된다. 물과 접촉하기 바로 전 최대 운동에너지에 도달한다. (c) 물에 접촉하면 다이빙 선수는 물을 튀기면서 물에 잠수 하게 되고, 궁극적으로는 위치에너지의 차이가 나노스케일의 운동으로 전환되고 물의 온도는 조금 높아진다.

## 에너지와 일

일과 열은 일을 하거나 가열할 때 한 물체에서 다른 물체로 전달되는 에너지의 양이다. 그러나 일과 열은 마치 에너지의 형태인 것처럼 말하기도 한다.

힘을 가하여 물체를 움직일 때, 물체의 운동에너지는 물체에 가해준 일과 같다. 예를 들어 정지상태의 차를 100 km/hr 의 속도로 가속하거나 야구공을 치기 위해서는 일을 해줘야 한다. 물체의 위치에너지를 높이기 위해서도 일을 해줘야 한다. 따라서 중력에 거슬러 물체를 들어 올리거나, $Cl^-$이온으로부터 $Na^+$이온을 분리하거나, 원자핵으로부터 전자를 떼어 놓기 위하여 일을 해줘야 한다. 물체에 가해준 일은 물체에 전달된 에너지의 양과 같다. 즉 물체에 일을 하는 것은 물체에 에너지를 전달하는 과정이다. 역으로 한 물체가 다른 것에 **일**을 하면 그 물체의 에너지는 그만큼 감소한다. 이 장에서는 일을 함으로서 에너지가 이동하는 것을 "일 전이"라고 부를 것이다.

## 에너지, 온도 및 가열

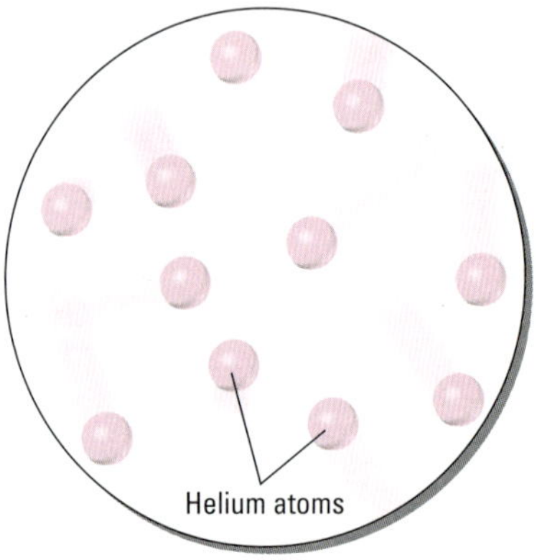


**그림 6.5 열에너지.** 분자운동론에 따르면 나노스케일 입자(원자, 분자, 이온)들은 끊임없이 운동한다. 그림은 기체 헬륨원자가 질량에 따른 운동에너지를 갖고 빠르게 움직이는 상황을 그린 것이다.(그림자는 단위시간에 움직이는 거리를 표시하기 위한 것이다.) 시료의 열에너지는 모든 헬륨 원자들의 운동에너지를 합한 것이다. 헬륨의 온도가 높을수록 입자들의 평균 속력은 빨라지고 따라서 열에너지는 더 커진다.

분자 운동론에 따르면 나노스케일 입자들로 구성된 모든 물질은 끊임없이 운동한다 (그림 6.5). 그러므로 모든 물질은 열에너지를 갖는다. 일정 시료에 대하여 열에너지는 온도가 높을수록 더 크다. 시료에 에너지를 전이하면 보통 온도 증가를 가져온다. 예를 들어 수은 온도계를 따뜻한 물에 넣으면(그림 6.6) 물로부터 온도계로 에너지가 이동한다(물이 온도계를 가열한다). 수은 원자의 에너지가 증가한다는 것은 원자들이 더 빨리 움직이고 원자들 사이의 공간을 늘려 부피가 증가한다. 결과적으로 수은은 팽창하고 온도계의 수은관 높이는 올라간다.

열은 온도가 다른 두 물체가 서로 접촉하였을 때 발생하는 에너지 전이 과정을 언

**그림 6.6 온도 측정.** 끓는 물이 수은에 에너지를 전달하면 수은 원자들은 더 빠르게 움직이기 때문에 온도계의 수은은 팽창한다. 수은의 온도와 부피는 모두 증가한다.

급하는 것이다. 열에너지는 항상 두 시료의 온도가 같아질 때까지 뜨거운 물체에서 차가운 물체로 전이한다. 분젠 버너로 가열한 뜨거운 금속 조각과 찬 물이 들어 있는 비이커는 서로 다른 온도의 시료이다. 뜨거운 금속 조각을 찬 물에 담그면 두 시료의 온도가 같아질 때까지 금속에서 물로 에너지가 전이된다(그림 6.7). 두 시료의 온도가 같아지면 **열적 평형**(thermal equilibrium)에 있다고 한다. 열적 평형에 도달하였을 때 금속은 물을 가열하였고 물은 금속을 냉각시켰다. 이 장에서 가열이나 냉각에 의한 에너지의 이동을 "열 전이"라고 부를 것이다.

같은 방에 있는 물체들의 온도는 거의 비슷하다. 즉 열적 평형에 놓여 있다. 방 온도보다 뜨거운 커피 한잔은 커피가 식을 때까지 방을 가열하면서 에너지를 전달한다. 주위보다 차가운 음료수 캔은 주위로부터 에너지를 받아 따뜻해지고 주위는 약간 차가워진다. 방에 있는 물질의 총량은 커피 한잔이나 음료수 캔보다 훨씬 크기 때문에 열적 평형에 이를 때까지 방의 온도는 매우 미세하게 변하지만 커피나 음료수의 온도 변화는 크다.

**그림 6.7 가열에 의한 에너지 전이.** 디지털 온도 센서가 장착된 물이 들어 있는 비이커에 뜨거운 쇠막대기를 담그면 물이 가열된다. 뜨거운 금속막대기로부터 차가운 물로 에너지가 전달된다. 궁극적으로는 금속막대기와 물이 같은 온도가 되는 열평형이 이루어진다.

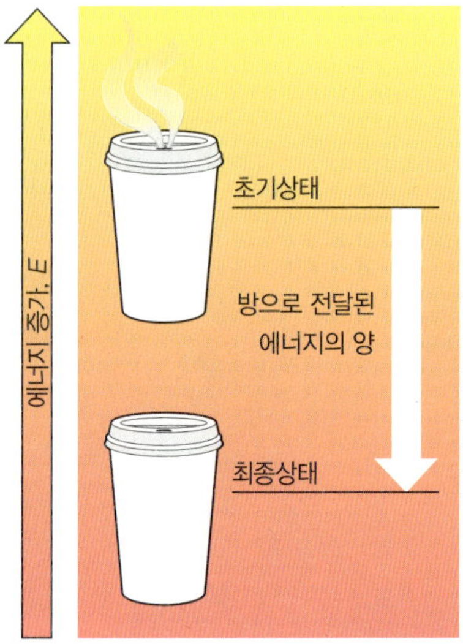


**그림 6.8 뜨거운 커피 컵의 에너지 다이어그램.** 뜨거운 커피 컵의 에너지를 주변 온도로 식은 커피 컵의 에너지와 비교하고 있다. 도표에서 더 위에 있을수록 더 많은 에너지를 포함한다. 뜨거운 커피 컵이 주변 온도로 내려가면서 에너지가 주위로 전달된다. 에너지 보존 법칙에 따라 커피의 에너지는 처음 보다 낮아진다. 전달된 에너지의 양을 초기상태와 최종상태 사이 화살표로 표시하였다.

그림 6.8과 같은 다이어그램을 사용하여 커피로부터 방으로 에너지 전이를 설명할 수 있다. 위의 수평선은 뜨거운 커피의 에너지를 아래쪽 수평선은 방의 에너지를 나타낸다. 커피는 높은 온도(높은 에너지)에서 시작하므로 위의 선을 초기 상태, 아래 선을 최종 상태라고 한다. 초기 상태에서 최종 상태까지 변하는 동안 에너지는 커피로부터 방으로 전이한다. 그러므로 커피의 에너지는 처음 상태보다 최종 상태에서 낮아진다.

EXERCISE
**연습문제** 6.2 **에너지 다이어그램**

(a) 차가운 음료수 캔을 실온으로 가열하는 과정에 대하여 그림 6.8과 같은 에너지 다이어그램을 그리시오. 처음 상태와 최종 상태를 표시하고 화살표를 사용하여 음료수 캔의 에너지 변화를 나타내시오.

(b) 방의 에너지 변화를 나타내는 에너지 다이어그램을 위의 다이어그램에 같은 척도로 나타내시오.

## 계, 주위 및 내부에너지

열역학에서는 주요 관심의 대상이 되는 구역을 **계**(system)로 정의한다. 그렇게 하면 계로 들어가거나 나오는 에너지 이전을 결정할 수 있고 각각의 방향으로 이동하는 에너지의 양을 산출할 수 있다. 계와 에너지를 교환하는 모든 것을 **주위**(surroundings)라고 정의한다. 계는 플라스크 내부의 표면이나 세포막처럼 실제 물리적 경계로 묘사할 수도 있고, 은하의 태양계처럼 경계가 불분명할 수도 있다. 방안의 뜨거운 커피 잔처럼 커피와 잔이 계이고 방이 주위일 수 있다. 화학반응에서 보통 계는 반응물을 구성하는 모든 원자들로 정의된다. 이 원자들은 반응 후의 생성물에서 다른 방식으로 서로 결합할 것이고 우리가 관심을 갖는 것은 반응 전과 후의 그들의 에너지이다.

계의 **내부에너지**(internal energy)는 그 계에 들어 있는 모든 나노스케일 입자(원자, 분자 또는 이온)들의 위치에너지와 운동에너지의 합이다. 온도를 높이면 나노스케일 입자들의 평균 운동 속도를 증가시키기 때문에 내부에너지가 증가한다. 시료의 내부에너지는 온도, 입자의 형태 및 시료에 들어 있는 입자 수에 의존한다. 주어진 물질에 대하여 내부에너지는 온도와 시료의 크기에 의존한다. 따라서 끓는 물 한 컵의 온도는 욕조를 가득 채운 따뜻한 물의 온도보다 높지만 그것의 에너지는 작다.

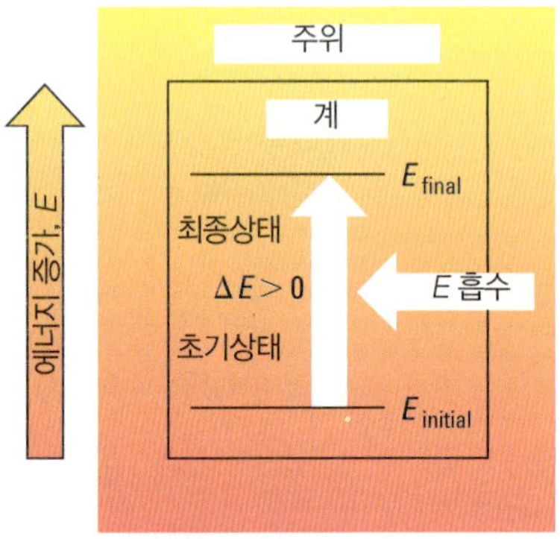


**ΔE는 양: 내부에너지 증가**

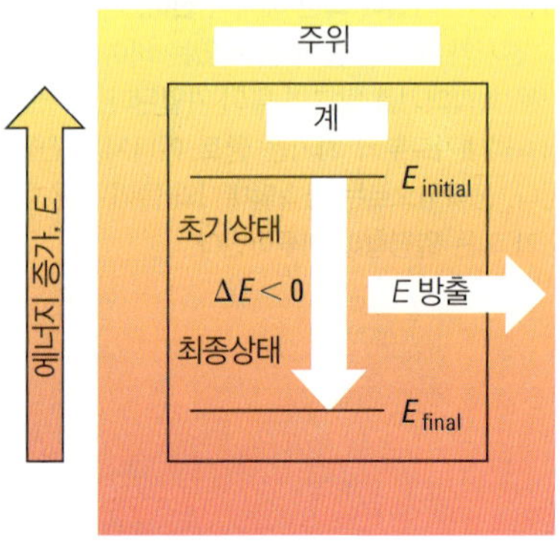


**ΔE는 음: 내부에너지 감소**

## 열역학적 변화의 계산

계의 내부에너지를 $E$로 나타내면 어떤 과정의 내부에너지 변화는 $E_{final} - E_{initial}$로 계산된다. 즉 과정이 종료된 후의 내부에너지($E_{final}$)에서 시작하기 전의 내부에너지($E_{initial}$)를 뺀 것이다. 이런 계산은 변화하는 양 앞에 그리스 문자, Δ를 사용하여 나타낸다. 따라서 $E_{final} - E_{initial} = \Delta E$. 변화를 Δ로 표시할 때 양의 값은 증가를 음의 값은 감소를 나타낸다. 그러므로 내부에너지가 증가하면 $\Delta E$는 양의 값을($\Delta E > 0$), 감소하면 $\Delta E$는 음의 값($\Delta E < 0$)을 갖는다.

열역학적 계산은 은행 계좌의 계산과 유사하다. 은행 계좌(계)에 잔고($B$)가 \$260 ($B_{initial}$)이었다고 가정하고 \$60을 찾아 썼다면 이제 잔고는 \$200($B_{final}$) 이다.

잔고의 변화는

$$\text{잔고 변화} = \Delta B = B_{final} - B_{initial} = \$200 - \$260 = -\$60$$

−\$60의 음의 부호는 계좌(계)로부터 당신(주위)으로 돈이 이전되었다는 것을 나타낸다. 현금 자체는 음수가 아니지만 돈을 찾는 과정 동안 은행 잔고는 내려가고 $\Delta B$는 음이다. 마찬가지로 열역학적인 양의 변화의 크기는 부호가 없다. 변화의 방향을 나타내기 위하여 음의 부호(계로부터 빠져 나감)나 양의 부호(계로 들어감)를 붙인다.

CONCEPTUAL
**개념학습** **6.3 에너지 전이의 방향**

음료수 캔의 온도를 25.0°C에서 26.0°C으로 올리는데 약 1.5kJ이 필요하다. 25°C의 음료수 캔을 1°C로 냉각하기 위하여 냉장고에 넣었다.

(a) 얼마의 열량 이전이 필요한가? kJ로 나타내시오.
(b) 이 상황에서 계는 무엇인가?
(c) 주위는 무엇인가?
(d) 이 상황에서 $\Delta E$의 부호는 무엇인가? $\Delta E$의 값은 얼마인가?
(e) 계, 주위, 계의 에너지 변화, 계와 주위사이의 에너지 전이를 나타내는 에너지 다이어그램을 그리시오.

## 에너지 보존과 화학반응

많은 화학반응들에서 유일한 에너지 이전 과정은 가열이나 일을 하는 것이다. 다른 에너지 전이(빛의 방출과 같은)가 일어나지 않는다면 에너지 보존 법칙은 다음과 같이 쓸 수 있다.

$$\Delta E = q + w$$

여기서 $q$는 계를 가열할 때 전이된 에너지의 양이고, $w$는 계에 일을 할 때 전이된 에너지의 양이다. 주위로부터 계에 열이 가해져서 에너지가 전이되면 $q$는 양이고, 주위가 계에 일을 하여 에너지가 전이되면 $w$는 양이다. 계가 주위를 가열하여 주위로 에너지

**예제 6.2 내부에너지, 열, 일**

수소와 산소의 반응에 기초한 연료전지는 전기모터를 구동하여 소형차를 움직인다. 모터는 75.0 kW (75.0 kJ/s)의 전력을 2분20초 간 사용하는 동안 과열을 방지하기 위하여 $5.0 \times 10^3$ kJ의 에너지를 연료전지로부터 제거해 주어야 한다. 계가 수소와 산소의 반응으로 정의된다면 계의 내부에너지 변화는 얼마인가?

**정답:** $-1.55 \times 10^4$ kJ

**풀이:** 계는 반응물과 생성물로 정의되므로, 연료전지의 나머지 부분은 주위에 해당한다. 모터가 차를 움직인다는 것은 계가 일을 한다는 것을 의미한다. 그러므로 계가 주위에 일을하

며 w의 부호는 음이다. 일은

$$w = -75.0\,\frac{\text{kJ}}{\text{s}} \times 140.\ \text{s} = -10.5 \times 10^3\ \text{kJ}$$

계가 주위를 가열하면 에너지는 계에서 주위로 이동하고 $q$의 부호는 또한 음이다. $q = -5.0 \times 10^3$ kJ이다. 식 6.1을 사용하면

$$\Delta E = q + w = (-5.0 \times 10^3\ \text{kJ}) + (-10.5 \times 10^3\ \text{kJ}) = -1.55 \times 10^4\ \text{kJ}$$

따라서 생성물(물)의 내부에너지는 반응물(수소와 산소)의 내부에너지보다 $15.5 \times 10^3$ kJ 만큼 낮다.

**실전예제 6.2**

천연가스(메탄)와 산소의 혼합물이 연소될 때 2400 J의 내부에너지가 감소한다. 이 때 주위가 1.89 kJ로 가열된다면 계가 주위에 한 일은 얼마인가?

가 전이되면 $q$는 음이고, 계가 주위에 일을 하여 주위로 에너지가 전이되면 $w$는 음이다. $q$와 $w$의 크기는 전이된 에너지의 양을 나타내고 부호는 에너지가 전이되는 방향을 나타낸다. 계에 대한 $\Delta E$, $q$, $w$의 관계를 그림 6.9에 나타내었다.

지금까지 내용을 정리하면

- 에너지 전이는 열이나 일에 의해서 일어날 수 있다.
- 에너지 전이를 설명하기 위하여 계를 정의하는 것이 편리하다(계로 에너지가 들어가면 +, 계에서 에너지가 빠져 나오면 −).
- 계의 내부에너지는 계에 가해준 열이나 일의 결과로 변할 수 있다.

이 단원의 주요 관심사는 열 전이이다. 열 전이는 온도가 다른 두 물체사이에 일어날 수 있다. 열 전이는 물리적, 화학적 변화를 수반한다. 다음 세 단원에서 온도 차이에 의한 열 전이와 물리적 변화를 수반하는 열 전이를 정량적으로 어떻게 측정하는지 볼 것이다.

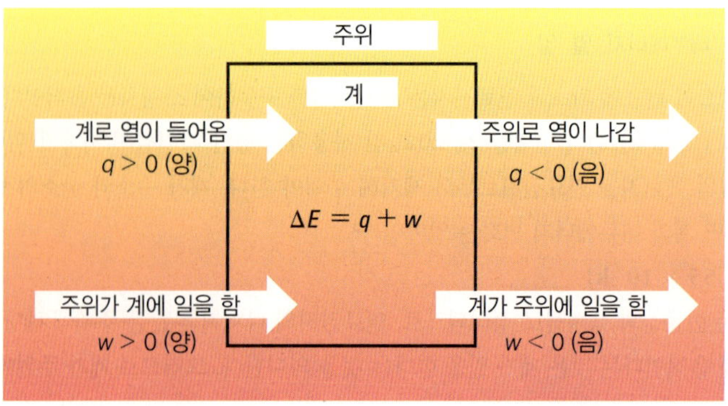


**그림 6.9 내부에너지, 열, 일.** 열역학적인 계와 주위 사이의 에너지 전이를 나타내는 개략도.

## 6.3 열용량

물질의 열용량은 그 물질의 온도를 1도 올리는데 필요한 에너지의 양이다. 열용량은 질량과 물질에 따라 다르다. 가열할 때 전이된 에너지의 양을 결정하기 위하여 일반적으로 열용량이 알려진 물질의 온도 변화를 측정하는데 종종 물이 사용된다.

### 비열

질량이 다른 두 물질간의 비교를 쉽게 하기 위하여 가끔 **비열(specific heat capacity)**이 사용된다. 비열은 물질 1 g을 1°C올리는데 필요한 에너지의 양으로 정의된다. 15°C 물에 대하여 비열은 1.00 cal $g^{-1}$°$C^{-1}$ 또는 4.184 J $g^{-1}$°$C^{-1}$이고 보통 유리의 비열은 0.8 J $g^{-1}$°$C^{-1}$ 이다. 따라서 물 1 g을 1°C 올리는 것은 유리 1 g을 1°C 올리는 것보다 약 5배의 열에너지가 더 든다. 비열은 밀도처럼 물질을 서로 구별하는데 사용될 수 있는 특성이다. 또한 혼합물의 비열은 혼합물의 성분 비율에 따라 달라지기 때문에, 순수한 물질을 용액 또는 혼합물과 구별하는데 사용될 수 있다.

J $g^{-1}$°$C^{-1}$의 표시는 J을 g과 °C로 나눈다는 것을 의미한다. 즉 $\frac{J}{g\ °C}$이다. 분모가 2개 이상의 단위를 포함하는 경우 보다 명확히 하기 위하여 음의 지수를 사용하여 단위표시를 할 것이다.

물질의 비열(c)은 일정량의 시료에 또는 그 시료로부터 전이된 에너지의 양을 온도 변화를 측정하여 실험적으로 결정할 수 있다. 시료에 또는 시료로부터 일에 의한 에너지 전이는 없다고 가정하고 시료를 열역학적 계로서 간주한다. 즉 $\Delta E = q$.

$$\text{비열} = \frac{\text{전이된 열에너지의 양}}{\text{질량} \times \text{온도 변화}}$$

또는

$$c = \frac{q}{m \times \Delta T} \qquad [6.2]$$

에틸렌글리콜(자동차의 엔진 냉각수에 사용) 25.0 g의 온도를 22.4°C에서 23.9°C로 변화시키는데 필요한 에너지가 90.7 J이라고 가정하였을 때 에틸렌글리콜의 비열은

$$\Delta T = (23.9\ °C - 22.4\ °C) = 1.5\ °C$$

식 6.2로부터

$$c = \frac{q}{m \times \Delta T} = \frac{90.7\ J}{25.0\ g \times 1.5\ °C} = 2.4\ J\ g^{-1}\ °C^{-1}$$

다양한 물질들의 비열이 측정되었고 몇 가지 물질들에 대하여 표 6.1에 나타내었다. 물은 비열이 큰 물질임에 주목하라. 비열이 크다는 것은 많은 양의 물의 온도를 1도 올리는데 큰 에너지가 필요하다는 것을 의미한다. 역으로 물의 온도가 1도 낮아지면 많은 양의 에너지가 물로부터 빠져 나온다. 따라서 호수나 바다는 엄청난 양의 에너지를 저장할 수 있고 주변의 온도를 조절할 수 있다. 이것은 호수나 바다 주변의 기후에 지대한 영향을 미친다.

물질의 비열이 알려지면 일정량의 시료에 또는 시료로부터 일정량의 에너지가 전달될 때 온도 변화를 계산할 수 있다. 더 중요한 것은 온도 변화와 시료의 질량을 측정함으로서 전달된 에너지의 양 $q$를 계산할 수 있다. 이러한 계산을 위해서 식 6.2를 다음과 같이 나타내는 것이 편리하다.

$$\Delta T = \frac{q}{c \times m} \quad \text{또는} \quad q = c \times m \times \Delta T \qquad [6.2']$$

**표 6.1 몇 가지 원소, 화합물, 고체물질의 비열**

| 물질 | 비열 ($Jg^{-1}°C^{-1}$) |
|---|---|
| **원소** | |
| Aluminum, Al | 0.902 |
| Carbon (graphite), C | 0.720 |
| Iron, Fe | 0.451 |
| Copper, Cu | 0.385 |
| Gold, Au | 0.128 |
| **화합물** | |
| Ammonia, $NH_3(\ell)$ | 4.70 |
| Water (liquid), $H_2O(\ell)$ | 4.184 |
| Ethanol, $C_2H_5OH(\ell)$ | 2.46 |
| Ethylene glycol (antifreeze), $HOCH_2CH_2OH(\ell)$ | 2.42 |
| Water (ice), $H_2O(s)$ | 2.06 |
| Carbon tetrachloride, $CCl_4(\ell)$ | 0.861 |
| A chlorofluorocarbon (CFC), $CCl_2F_2(\ell)$ | 0.598 |
| **일반적인 고체물질** | |
| 나무 | 1.76 |
| 콘크리트 | 0.88 |
| 유리 | 0.84 |
| 화강암 | 0.79 |

**표 6.1에 수록된 물질들의 시료: 유리, 물, 구리, 알루미늄, 흑연, 철**

**예제 6.3 에너지 단위**

100.0 g의 물을 25.3°C에서 16.9°C로 낮출 때 얼마의 에너지가 물로부터 빠져나오는가?

**정답:** 3.5 kJ

**풀이:** 물을 계로 간주한다. 에너지의 양은 물의 비열, 물의 질량, 온도 변화에 비례한다. 식 6.2′을 사용하면

$$\Delta E = q = c \times m \times \Delta T$$
$$= 4.184\ J\ g^{-1}°C^{-1} \times 100.0\ g \times (16.9°C - 25.3°C) = -3.5 \times 10^3\ J$$
$$= -3.5\ kJ$$

**실전예제 6.3**

250 g 알루미늄 조각의 온도는 50°C이다. 이 알루미늄 조각에 24.1 kJ을 공급하면 온도는 몇 도가 되는가? 알루미늄 비열은 표 6.1에 주어졌다.

CONCEPTUAL **개념학습 6.4 비열과 온도 변화**

50 mL 비커 2개를 냉장고에 넣고 일정한 속도로 비커로부터 열이 빠져나간다고 가정한다. 비커 하나에는 10.0 g의 유리가루가 들어 있고, 다른 하나에는 10.0 g의 탄소(흑연)가 들어 있다면 3분 후 어느 비커의 온도가 더 낮을 것인가?

## 몰열용량

시료의 열용량을 질량에 대하여 비교하는 대신 입자 수에 대하여 비교하는 것이 유용할 때가 있다. 이러한 목적으로 **몰열용량($C_m$)**을 사용한다. 이것은 물질 1 몰의 온도를 1°C 올리는데 필요한 열량이다. 몰열용량은 물질의 몰질량을 사용하여 비열로부터 쉽게 계산할 수 있다. 예를 들어 표 6.1에서 액체 상태 에탄올의 비열은 2.46 J $g^{-1}°C^{-1}$이다. 에탄올의 분자식이 $CH_3CH_2OH$ 이므로 몰질량은 46.07 g/mol이다. 에탄올의 몰열용량은

$$c_m = \frac{2.46\ J}{g\ °C} \times \frac{46.07\ g}{mol} = 113\ J\ mol^{-1}\ °C^{-1}$$

CONCEPTUAL **개념학습 6.5 몰열용량**

표 6.1에 수록된 모든 금속원자들의 몰열용량을 계산하시오. 그 값들을 에탄올의 몰열용량과 비교하시오. 이 결과로부터 금속의 몰열용량을 예측할 수 있는 방법을 제시하시오. 똑같은 규칙이 다른 물질들에도 적용될 수 있는가?

위의 연습문제에서 보는 것처럼 금속의 몰열용량은 매우 비슷하다. 이것은 금속을 가열할 때 나노스케일에서 어떤 일이 일어나는지를 생각해 보면 설명할 수 있다. 고체를 가열할 때 전이된 에너지는 결정격자 내의 원자들을 평균 위치를 중심으로 강하게 진동시킨다. 각각의 금속은 같은 종류의 원자들이 조밀하게 쌓여 있고 그 구조들이

매우 비슷하다. 결과적으로, 금속 원자들이 진동하는 방식(원자들의 에너지가 증가하는 방식)은 매우 비슷하다. 즉 금속의 종류에 상관없이 금속 원자의 온도를 1도 증가시키는데 필요한 에너지의 양은 비슷하다. 그러므로 모든 금속들에 대해서 1몰 당 에너지의 양은 비슷하다.

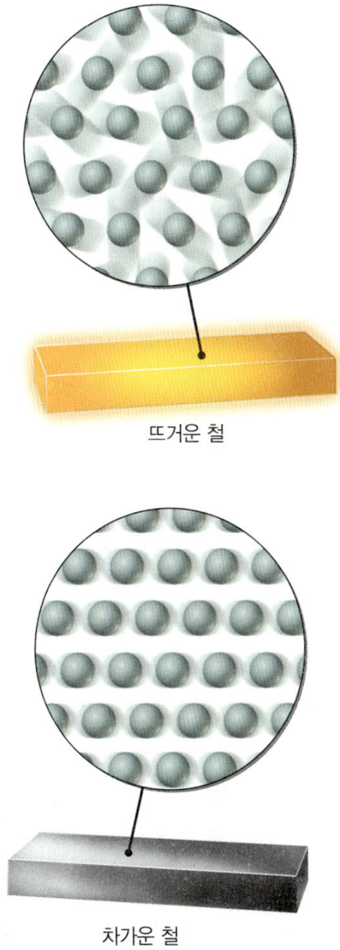


**뜨거운 철과 차가운 철.** 나노스케일 관점에서 뜨거운 철 시료의 원자들은 차가운 철의 원자들보다 훨씬 더 크게 진동한다. 뜨거운 철 원자들은 물 분자와 더 세게 충돌하고 물분자에 에너지를 전달하여 물의 온도를 높인다.

### 예제 6.4 가열에 의한 시료간의 에너지 이동

20.0°C 의 $H_2O$ 100 mL가 있다. 이 물에 425°C의 철 펠릿을 넣어 열평형에 도달하였을 때 물의 온도는 얼마인가? (물이외의 공기나 비커 등으로의 에너지 이동은 없고 또한 어떤 일도 없으며 물은 증발하지 않는다고 가정한다. 물의 밀도는 1.00 g/mL 이다.)

**정답:** $T_{final}$ = 42.7°C

**풀이:** 물과 철은 열평형에 도달하고 온도가 같아진다. 철을 계로 물을 주위로 가정하자. 철이 잃은 에너지는 물이 얻은 에너지와 같다. 그러므로

$\Delta E_{water} = -\Delta E_{iron}$, $q_{water} = q_{iron}$이다. 에너지는 철에서 나와서 물로 전달되기 때문에 부호가 서로 반대이며, 철이 온도는 낮아지고 물의 온도는 높아진다. 철과 물의 비열은 표 6.1에 수록되었다. 물의 질량은 100. mL × 1.00 g/mL = 100. g이다. 철의 초기온도 $T_{initial}$ = 425°C이고 물의 초기온도는 $T_{initial}$ = 20.0°C이다.

$$q_{water} = -q_{iron}$$

$$c_{water} \times m_{water} \times \Delta T_{water} = c_{iron} \times m_{iron} \times \Delta T_{iron}$$

$$(4.184\ \mathrm{J\ g^{-1}\ ^\circ C^{-1}})(100.\ \mathrm{g})(T_{final} - 20.0\ ^\circ\mathrm{C}) = -(0.451\ \mathrm{J\ g^{-1}\ ^\circ C^{-1}})(55.0\ \mathrm{g})(T_{final} - 425\ ^\circ\mathrm{C})$$

$$(418.4\ \mathrm{J\ ^\circ C^{-1}})T_{final} - (8.368 \times 10^3\ \mathrm{J}) = -(24.80\ \mathrm{J\ ^\circ C^{-1}})T_{final} + (1.054 \times 10^4\ \mathrm{J})$$

$$(443.2\ \mathrm{J\ ^\circ C^{-1}})T_{final} = 1.891 \times 10^4\ \mathrm{J}$$

$T_{final}$ = 42.7°C이다. 철은 많이 차가워졌고($\Delta T_{iron}$ = −382°C), 물은 조금 따뜻해졌다($\Delta T_{water}$ = 22.7°C).

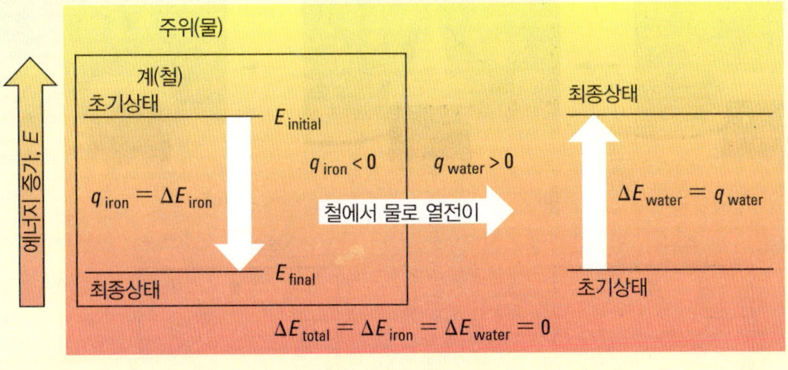


#### 실전예제 6.4

400 g의 쇠막대기를 불꽃으로 뜨겁게 가열하고 비커에 들어있는 1000 g의 물에 넣었더니 물의 온도가 20.0°C에서 32.8°C로 올라갔다. 뜨거운 쇠막대기의 처음 온도는 얼마인가? 물과 쇠막대기 사이에서만 에너지 이동이 일어난다고 가정한다.

## 6.4 에너지와 엔탈피

물질의 열용량을 사용하면 온도 차이로 인한 물질 사이의 에너지 이동을 설명할 수 있다. 그러나 에너지 전이는 비록 온도 변화가 없는 경우에도 물리적, 화학적 변화를 수반한다. 우선 물리적 변화의 단순한 경우를 살펴보고 똑같은 아이디어를 화학적 변화에도 적용할 것이다.

### 에너지 보존과 상태의 변화

풍선이 부착된 용기 안에서 물이 끓고 있는 계를 고려해보자(그림 6.10). 계는 일정한 대기 압력에 놓여 있다. 물을 가열하여 끓이면 온도는 100°C를 유지하고 생성된 수증기는 풍선을 부풀게 할 것이다(그림 6.10b). 가열을 멈추면 물은 더 이상 끓지 않고 수증기는 물로 응축되면서 부피가 줄어들 것이다(그림 6.10c). 주위로 열에너지가 전달될 것이다. 그러나 수증기가 물로 응축되는 동안은 온도는 100°C로 유지될 것이다. 요약하면 계에 에너지를 공급하면 더 많은 수증기가 만들어지고 계로부터 에너지가 빠져나오면 수증기의 양은 줄어들 것이다. 끓음과 응축이 같은 온도(끓는점)에서 일어난다.

물의 끓음은 다음과 같은 식으로 나타낼 수 있다.

$$H_2O(\ell) \longrightarrow H_2O(g) \qquad \text{흡열과정}$$

이 과정 동안 일정한 온도를 유지하기 위하여 에너지가 계에 공급되어야 하기 때문에

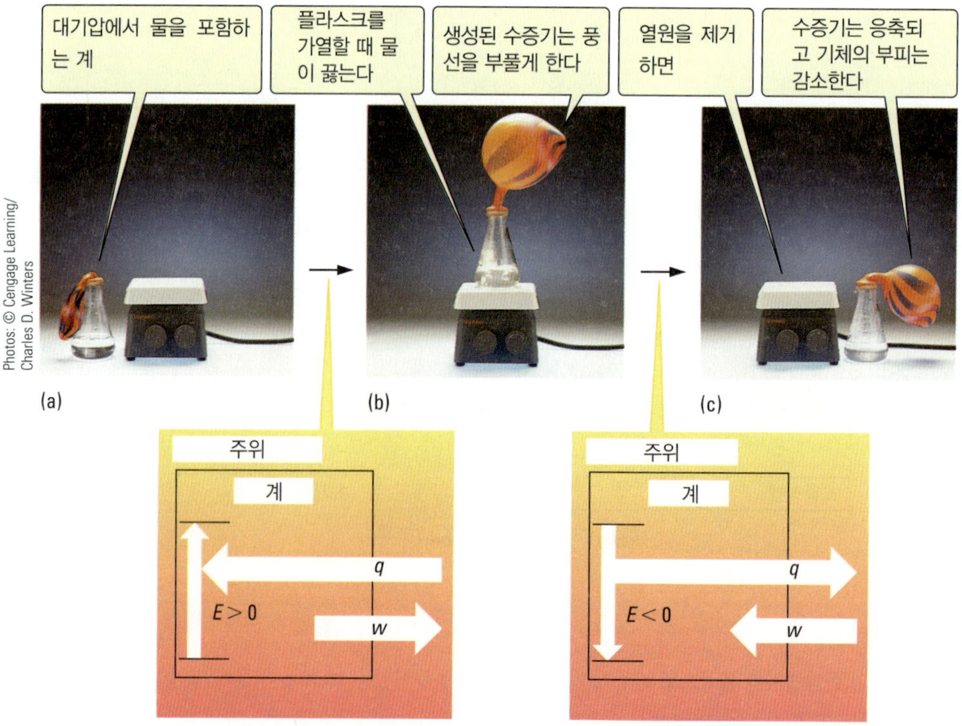


**그림 6.10 일정한 압력에서 물의 끓음.** 물이 끓을 때 수증기는 대기를 밀어내면서 주위의 일부인 대기에 일을 한다. 풍선은 수증기가 팽창하는 것을 볼 수 있도록 해준다. 일반적으로 일정한 압력에서 일어나는 과정에 대하여 부피변화가 일어나면 주위나 계가 일정량의 일을 한다. 그림의 개념을 이해하는데 웹페이지 www.cengage.com/chemistry를 참조하라.

이 과정을 **흡열과정(endothermic)**이라고 한다. 에너지 공급이 없다면 물은 더 차가워 질 것이다. 끓는점보다 낮은 온도에서 일어나는 피부로부터의 물의 증발(땀을 흘림)은 흡열 과정이다. 피부로부터 증발하는 물로의 에너지 전이가 일어나고, 이 에너지 전이는 피부를 차갑게 한다.

thermic 또는 thermo는 그리스어 therme에서 유래하며 "열"을 의미한다. endo는 그리스어 endon에서 유래하고 "내부"를 의미한다. 그러므로 endothermic은 흡열임을 나타낸다. 반면 exo는 "외부"를 의미하며 exothermic은 발열임을 나타낸다.

끓음의 반대는 응축이다. 앞의 반응식과 반대로 나타낼 수 있다.

$$H_2O(g) \longrightarrow H_2O(\ell) \qquad \text{발열과정}$$

일정한 온도를 유지하기 위하여 계로부터 에너지가 빠져 나와야 하기 때문에 이 과정은 **발열과정(exothermic)**이다. 수증기의 응축은 발열 과정이기 때문에 100°C 수증기에 의한 화상은 100°C 물에 의한 화상보다 더 나쁘다. 왜냐하면 피부와 물의 온도차뿐만 아니라 응축에 의한 열전이가 있기 때문이다.

| 상 변화 | 에너지 전이 방향 | $q$의 부호 | 변화 유형 |
|---|---|---|---|
| $H_2O(\ell) \rightarrow H_2O(g)$ | 주위 → 계 | $+ (q > 0)$ | 흡열 |
| $H_2O(g) \rightarrow H_2O(\ell)$ | 계 → 주위 | $- (q < 0)$ | 발열 |

그림 6.10의 계는 에너지 보존 법칙, $\Delta E = q + w$를 이용하여 분석할 수 있다. 1.0 g의 물을 증발시키기 위해서는 2260 J의 열량이 필요하고 $q = 2260$ J이다(주위로부터 계로 에너지가 이동하기 때문에 부호가 양이다). 동시에 수증기의 팽창은 대기를 밀어내는 일을 한다. 일의 양을 계산하는 것은 더 어렵지만 $w$가 음이 되어야 하는 것은 명백하다. 왜냐하면 계가 주위에 일을 하기 때문이다. 그러므로 계의 내부에너지는 계에 공급된 열량만큼 증가하고 계가 한 일만큼 감소한다.

가열하는 것을 멈추고 열의 이동 방향을 바꾼다고 가정해 보자. 물이 끓는 것을 멈추고 수증기의 일부가 응축된다. 풍선이 쪼그라들고 대기가 수증기를 밀어낸다. 1.0 g의 수증기가 응축하면 $q = -2260$ J이다. 주위 대기가 계에 일을 하기 때문에 $w$는 양의 값이다. 수증기가 응축되는 동안은 온도는 100°C가 유지된다. 계의 내부에너지는 계가 받은 일만큼 증가하고 계가 주위에 전달한 열만큼 감소한다.

## 엔탈피: 일정한 압력에서의 열전이

앞에서 풍선의 부피가 증가할 때 풍선은 주변의 공기를 밀어내어 일을 한다. 물체에 힘이 작용하여 물체가 이동하면 일이 발생한다. 만약 끓는 물이 들어 있는 플라스크를 마개로 막는다면 아무 것도 움직이지 않고 아무 일도 발생하지 않을 것이다. 그러므로 계의 부피가 일정한 밀폐된 용기에서 $w = 0$이고

$$\Delta E = q + w = q + 0 = q_V$$

아래 첨자 $V$는 일정한 부피를 나타낸다. 즉 $q_V$는 일정한 부피 계에서 일어나는 열전이이다. 이것은 어떤 과정이 밀폐된 용기에서 일어나고 그 때의 열전이를 측정하면 $\Delta E$가 된다는 것을 의미한다.

동물이나 식물, 실험실, 주변에서 물리적 과정이나 화학반응은 밀폐된 용기에서 일어나는 경우가 별로 없다. 대신에 일정한 압력에 노출되어 있다. 예를 들어 그림

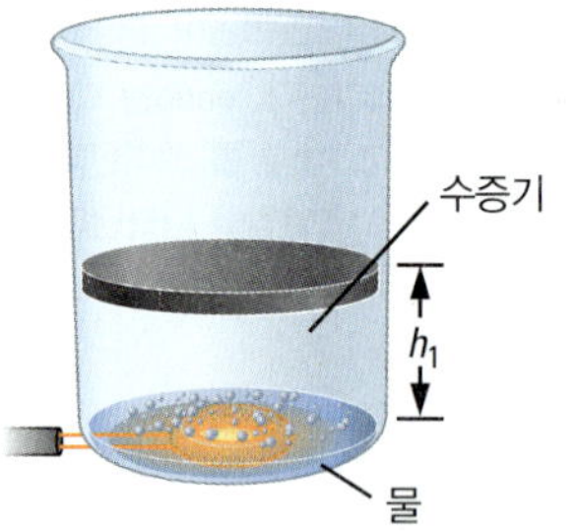


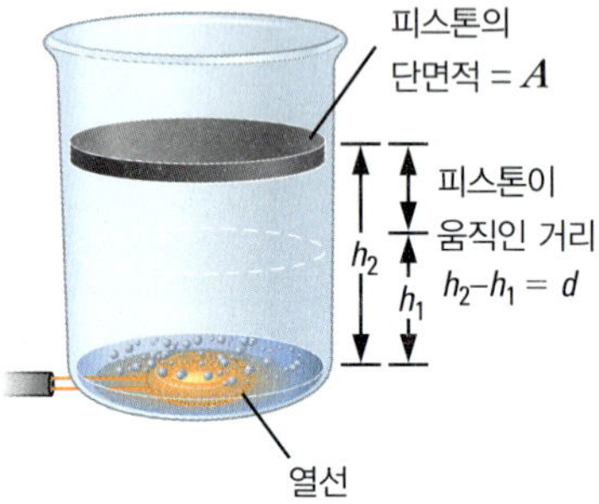


**물의 증발.** 물이 일정한 압력에서 끓을 때 수증기가 대기압에 대하여 팽창하기 위해서는 에너지가 공급되어야 한다.

6.10의 물의 증발은 일정한 대기압 조건에서 일어나고 팽창하는 수증기는 대기를 밀어낸다. 그러한 경우

$$\Delta E = q_P + w_{atm}$$

즉, $\Delta E$는 일정한 압력에서의 열전이 $q_P$와는 대기를 밀어내는데 수행한 일 $w_{atm}$만큼 차이가 난다.

얼마의 일이 요구되는지 알아보기 위하여 옆에 나타낸 이상적인 계의 다이어그램을 고려해 보자. 피스톤의 무게는 없다고 가정한다(피스톤의 목적은 물을 주위의 공기와 구분하기 위해서이다). 실린더 바닥의 물의 일부가 증발하면 계의 부피는 증가하고 피스톤과 대기는 위로 들린다. 계(물과 수증기)는 주위의 공기를 들어 올리는 일을 한다. 일 = −(힘 × 거리) = $-(F \times d)$ 이다. (음의 부호는 계가 주위에 일을 함을 의미한다.) 피스톤이 움직인 거리는 $h_2 - h_1$이다. 힘($F$)은 단위 면적($A$) 당 힘으로 정의되는 압력($P$)으로부터 계산된다. $P = F/A$ 이므로 $F = P \times A$ 이고 $w_{atm} = -(F \times d) = -P \times A \times d = -P\Delta V$ 이다. 여기서 계의 부피 변화, $\Delta V$는 피스톤이 움직인 실린더의 부피이다. 이것은 피스톤의 단면적에 이동한 거리 $d$를 곱한 값이다. 즉 $\Delta V = \Delta A \times d$ 이다. 대기를 밀어내는 일은 항상 대기의 압력에 계의 부피 변화를 곱한 값으로 주어진다.

일정한 압력에서 일어나는 과정의 에너지 보존 법칙은 다음과 같이 쓸 수 있다.

$$\Delta E = q_P + w_{atm} \quad \text{또는} \quad q_P = \Delta E - w_{atm} = \Delta E + P\Delta V$$

이 식에 의하면 대기 중에 노출된 비커나 용기에서 반응이 일어날 때 열전이는 에너지 변화와 $P\Delta V$ 만큼 차이가 난다. 그러므로 일반적인 화학적 물리적 변화에서 $q_P$를 사용하여 에너지 전이를 설명하는 것이 편리하다. 일정한 압력에서 계에 전달된 열에너지의 양, $q_P$를 계의 **엔탈피 변화(enthalpy change)**라고 하고 $\Delta H$의 기호로 나타낸다. 따라서 $\Delta H = q_P$이고

엔탈피 변화는 일정한 압력에서 전달되는 에너지의 양과 같고, 대부분의 변화가 일정한 대기압에서 진행되므로 종종 엔탈피 변화를 열이라고 부른다. 예를 들면 녹는 과정(용융)의 엔탈피 변화를 용융열이라고 한다.

$$\Delta H = \Delta E + P\Delta V$$

$\Delta H$는 대기를 밀어내는데 사용한 일 에너지를 제외한 모든 전이된 에너지를 포함한다. 기체가 관여하지 않는 과정에서 $w_{atm}$은 매우 작다. 기체가 포함되더라도 $w_{atm}$은 $q_P$ 보다 훨씬 작다. 즉 $\Delta H$는 계의 내부 에너지 변화와 밀접하게 연관되어 있지만 크기에 있어서 약간 다르다. 일정한 압력 조건에서 열전이가 일어나면 그것은 엔탈피 변화이다.

**예제 6.5 상태변화, $\Delta H$ 와 $\Delta E$**

메탄올, $CH_3OH$ 는 65.0°C에서 끓는다. 5.0 g의 메탄올이 1 atm에서 끓으면 $CH_3OH(g)$의 부피는 4.32 L이고 액체 상태의 부피보다 훨씬 크다. 열의 이동은 5865 J이고 흡열과정이다. $\Delta H$와 $\Delta E$를 계산하시오. (1 L × 1 atm = 101.3 J)

**정답:** $\Delta H$ = 5865 J, $\Delta E$ = 5427 J

**풀이:** 이 과정은 일정한 압력에서 진행된다. $\Delta H = q_P$이다. 계로 에너지가 전달되기 때문에 $\Delta H$의 부호는 양이다. 따라서 $\Delta H = 5865$ J. 계가 팽창하기 때문에, $\Delta V$는 양이다. 따라서 $w_{atm}$의 부호는 음이다.

$$w_{atm} = -P\Delta V = 1 \text{ atm} \times 4.32 \text{ L} = -4.32 \text{ L atm} = -4.32 \times 101.3 \text{ J} = -438 \text{ J}$$

$\Delta E$를 계산하기 위하여 엔탈피 변화에 일을 더하면.

$$\Delta E = q_P + w_{atm} = \Delta H + w_{atm} = 5865 \text{ J} - 438 \text{ J} = 5427 \text{ J}$$

**실전예제 6.5**

대기압에서 포타슘이 녹을 때 열의 이동은 14.6 cal/g이다. 녹는점에서 액체 포타슘의 밀도는 0.82 g/mL이고, 고체 포타슘의 밀도는 0.86 g/mL이다. 대기압에서 1.00 mL의 부피변화는 0.10 J에 해당한다. 1.00 g의 포타슘이 녹는데 대하여 $\Delta H$와 $\Delta E$를 계산하시오.

## 얼음과 녹음(용융)

$-50°C$의 얼음을 천천히 일정한 속도로 $+50°C$까지 가열할 때 어떤 일이 일어나는지 생각해보자. 전이된 에너지의 양에 대한 온도의 그래프를 그림 6.11에 나타내었다. 온도가 0°C에 도달하면 에너지가 시료에 전달됨에도 불구하고 온도는 일정하게 유지된다. 얼음이 녹는 동안은 규칙적으로 배열된 물 분자들 사이의 힘을 극복하기 위하여 지속적으로 열에너지를 공급해 주어야 한다. 이 힘을 극복하는 것은 물 분자의 퍼텐셜에너지를 높이고 계로의 에너지 이동을 요구한다.

고체가 녹는 것은 물질의 한 가지 상태가 다른 상태로 바뀌는 물리적 과정으로 상

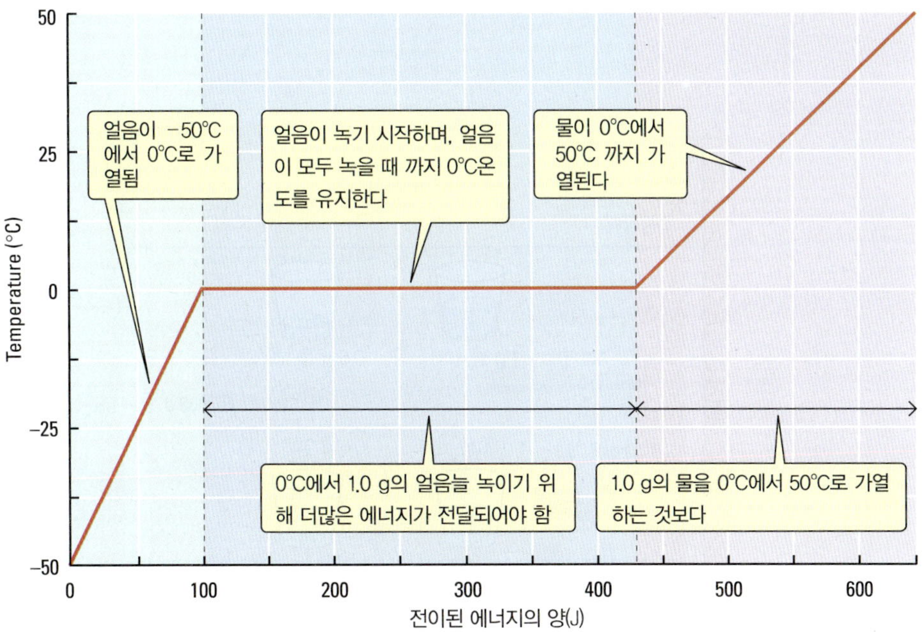


**그림 6.11** **가열 곡선.** 1.0 g의 얼음을 일정한 속도로 가열할 때 온도는 일정한 속도로 증가하지 않는다.

**결빙으로부터 농작물의 보호.**
물이 얼면서 주위로 열이 전달되기 때문에 식물을 결빙으로부터 보호하는 방법의 하나가 기온이 영하로 내려갈 때 물을 뿌려주는 것이다. 물이 얼면서 잎, 줄기, 과실로 열이 전달되어 식물이 결빙되는 것을 막는다. 땀을 흘린 후 피부로부터 땀의 증발로 인해 시원하게 느껴진다. 추운 날씨에 운동하는 사람들은 여벌의 옷을 준비해야한다. 운동을 멈추면 열의 방출이 줄어들고 흘린 땀이 증발하면서 몸은 추위를 느끼게 된다.

태 변화 또는 상변화의 한 예이다. 상변화 동안 온도는 일정하게 유지되지만 에너지는 계속해서 계로 흘러 들어가거나(녹음, 끓음), 계로부터 빠져 나와야(응축, 얼음) 한다. 왜냐하면 상변화 후 나노스케일 입자들은 상변화 전보다 더 높거나 낮은 퍼텐셜에너지를 갖기 때문이다. 그림 6.11에서처럼 상변화 동안 전이된 에너지의 양은 상당하다.

일정한 압력 조건에서 고체가 녹는 동안 계에 공급된 에너지의 양을 **용융엔탈피 (enthalpy of fusion)**, $\Delta H_{fusion}$라고 부른다. 얼음의 용융엔탈피는 0°C에서 333 J/g 이다. 같은 양의 에너지로 1.00 g 철의 온도를 0°C에서 738°C 까지 올리거나, 0.50 g의 얼음을 녹이고 그 물을 0°C에서 80°C까지 가열할 수 있다. 이것을 그림 6.12에 도식적으로 설명하였다.

녹음의 반대는 얼음이다. 물이 얼 때 전이된 에너지의 양은 같은 질량의 얼음이 녹을 때 전이된 에너지의 양과 같지만, 에너지 전이의 방향은 계에서 주위로 진행되고 이것은 물이 얼 때와 반대이다. 따라서 온도와 압력이 같은 조건에서 $\Delta H_{fusion} = \Delta H_{freezing}$이다.

## 증발과 응축

일정한 압력 조건에서 액체를 증기(기체)로 바꾸는데 필요한 에너지의 양을 **증발엔탈피(enthalpy of vaporization)**, $\Delta H_{vap}$이라고 한다. 물의 증발엔탈피는 100°C에서 2260 J/g이다. 이것은 용융엔탈피보다 훨씬 크다. 왜냐하면 물 분자는 액체에서 기체로 바뀌면서 서로 완전히 떨어지기 때문이다. 서로 분리되면서 물 분자들 사이의 인력을 극복하기 위하여 많은 양의 에너지가 필요하다. 그러므로 증기의 퍼텐셜에너지는 액체의 퍼텐셜에너지에 비해 훨씬 높다. 333 J의 에너지는 0°C의 얼음 1.00 g을 녹일 수 있지만, 100°C의 물 0.147 g만을 증발시킬 수 있다.

$$333\text{ J} \times \frac{1.00\text{ g 물의 증발}}{2260\text{ J}} = 0.147\text{ g 물의 증발}$$

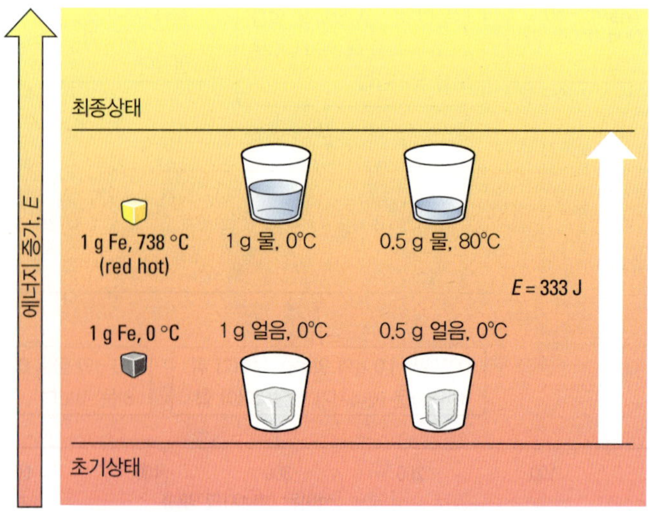


그림 6.12 **가열, 온도 변화, 상변화.** 물질을 가열하면 온도 변화와 상변화를 유발한다. 여기서는 333 J의 에너지가 3가지 시료, 0°C의 1 g 철, 0°C의 1 g 얼음, 0°C의 0.5 g 얼음에 전달되었다. 철은 뜨거워지고 738°C 까지 온도가 올라간다. 1 g의 얼음은 녹아서 0°C, 1 g의 물의 된다. 0.5 g의 얼음은 녹고 남는 에너지는 그 물의 온도를 80°C까지 올린다.

CONCEPTUAL
**개념학습 6.6 가열 곡선과 냉각 곡선**

(a) −5°C의 얼음 1.0 g을 105°C가 될 때까지 일정한 속도로 가열한다고 가정한다. 그림 6.11과 같이 전이된 에너지의 양에 따라 온도가 어떻게 변화하는지를 그래프로 나타내시오.

(b) 0.50 g의 물을 (a)에서와 같은 일정한 속도로 105°C에서 −5°C까지 온도를 낮출 때 냉각 곡선을 구하시오. (a)의 그래프와 같은 스케일로 그리시오.

EXERCISE
**연습문제 6.7 상태의 변화**

0°C의 얼음 1컵(237g)이 있다. 이 얼음을 녹이고, 그 물을 100°C까지 가열하고, 100°C에서 전부 수증기로 증발시키려면 얼마의 열이 필요한가?(3개의 과정에 대하여 각각 계산하고 결과를 합산하여 구한다.)

## 상태함수와 경로의 무관함

에너지와 엔탈피는 계가 같은 상태에 있기만 하면 같은 값을 갖는 **상태함수**이다. 계의 상태는 온도, 압력, 부피, 질량, 조성에 의해 결정된다. 처음 상태와 마지막 상태가 정해지면 상태 함수의 변화는 두 상태 사이의 경로에 무관하다(그림 6.13). 은행 계좌에 비유하면, 계좌 잔고는 그것이 어떻게 바뀌는지는 상관하지 않는다. 계좌에 \$1000이 있었고(초기 상태) \$100을 찾는다면 잔고는 \$900이 되고(최종 상태) $\Delta B = -\$100$이다. 반면 \$500을 입금하고 \$600을 찾는다면 이 과정에서도 잔고의 변화는 $\Delta B = -\$100$이고 최종 잔고는 여전히 \$900이다.

상태 함수의 변화가 그 변화가 일어나는 일련의 과정과 무관하다는 사실은 중요하다. 왜냐하면 실험실에서의 측정을 실제 상황에 적용할 수 있게 해 주기 때문이다.

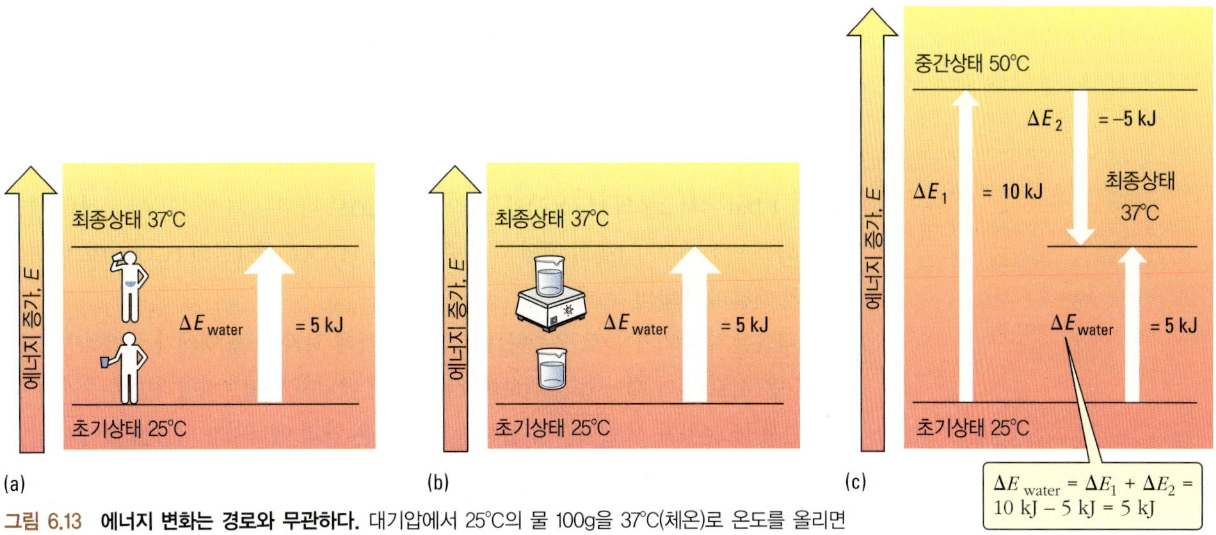


**그림 6.13 에너지 변화는 경로와 무관하다.** 대기압에서 25°C의 물 100g을 37°C(체온)로 온도를 올리면 물의 에너지 변화는 (a) 물을 마시고 체온이 그 물의 온도를 37°C로 만드는 것이나 (b) 물을 비이커에 넣고 37°C까지 가열하는 것이나 (c) 물을 50°C로 가열한 후 37°C로 냉각시키는 것이나 모두 같다.

예를 들어 실험실에서 1.0 g의 글루코오스(포도당)가 완전히 연소하여 물과 이산화탄소가 만들어질 때의 열전이를 측정하면 $\Delta H = -15.5$ kJ이 된다. 여러분이 1.0 g의 글루코오스를 포함하는 식품을 섭취하면 여러분의 신체는 글루코오스를 대사시켜 같은 온도와 압력에서 같은 생성물을 만들고 같은 엔탈피 변화를 준다. 따라서 실험실에서의 측정은 식품 용기의 라벨에 표기된 일정량의 식품으로부터 얻을 수 있는 에너지의 양을 결정하는데 이용된다.

## 6.5 열화학적 표현

물리적 또는 화학적 변화에 대한 열 전이를 표시하기 위한 열화학적 표현은 균형 화학반응식을 엔탈피 변화와 함께 쓰는 것이다. 대기압, 상온에서 물의 증발에 대한 열화학적 표현은 다음과 같이 쓸 수 있다.

1982년 국제순수 · 응용화학연합(IUPAC)은 열역학적 정보를 표현하는데 있어서 표준 압력으로 1 bar를 사용하기로 결정하였다. 1 bar는 1 atm과 거의 유사하다: 1 bar = 0.98692 atm = $1 \times 10^5$ kg m$^{-1}$ s$^{-2}$이다.

$$H_2O(\ell) \longrightarrow H_2O(g) \qquad \Delta H^\circ = +44.0 \text{ kJ} \qquad (25\ ^\circ\text{C}, 1 \text{ bar})$$

기호 $\Delta H^\circ$는 **표준 압력(1 bar)**에서의 엔탈피 변화, 즉 **표준 엔탈피 변화(standard enthalpy change)**를 나타낸다. 엔탈피 변화는 변화가 일어나는 동안의 압력에 의존하기 때문에 모든 엔탈피 변화는 표준 압력, 1 bar에서 보고된다(bar는 압력의 단위로서 1 bar는 해수면에서의 1 기압과 매우 비슷하다). 엔탈피 변화는 온도에 따라서도 약간 달라진다. 이 교재에서 열화학적 표현은 온도가 특별히 명시되어 있지 않은 경우 25°C를 가정한다.

위에 주어진 열화학적 표현은 1몰의 액체 물(25°C, 1 bar에서)이 증발하여 1몰의 수증기(25°C, 1 bar에서)를 생성할 때, 44.0 kJ의 에너지가 주위에서 계로 흘러 들어가야 계의 온도가 25°C로 유지된다는 것을 나타낸다. 엔탈피 변화의 크기는 얼마나 많은 과정(이 경우 증발)이 일어나는지에 달려 있다. 물이 더 많이 증발할수록 주위의 온도는 더 내려간다. 만약 2몰의 $H_2O(\ell)$가 2몰의 $H_2O(g)$로 바뀌면 88.0 kJ의 에너지가 전이되고, 0.5몰의 $H_2O(\ell)$가 0.5몰의 $H_2O(g)$로 바뀌면 22.0 kJ의 에너지가 전이된다. $\Delta H^\circ$의 값은 반응에 나타낸 대로 그 반응에 해당하는 값이다. 다음의 열화학적 표현은

$$2\,H_2O(\ell) \longrightarrow 2\,H_2O(g) \qquad \Delta H^\circ = +88.0 \text{ kJ}$$

25°C, 1 bar에서 2몰의 $H_2O(\ell)$가 2몰의 $H_2O(g)$로 바뀌는 과정이고 이 과정의 엔탈피 변화는 반응계수가 1몰일 때의 과정 즉, 1몰의 $H_2O(\ell)$가 1몰의 $H_2O(g)$로 바뀌는 과정의 엔탈피 변화의 두 배이다.

다음은 수증기가 물로 응축하는 과정을 생각해 보자. 1몰 액체가 증발하면서 물 분자들을 서로 멀리 떼어 놓기 위하여 44.0 kJ의 에너지가 필요하였다면 수증기가 응축하면서 물 분자가 서로 가까이 접하게 되면 같은 양의 에너지가 방출될 것이다.

$$H_2O(g) \longrightarrow H_2O(\ell) \qquad \Delta H^\circ = -44.0 \text{ kJ}$$

이 열화학적 표현은 25°C, 1 bar에서 1몰의 수증기가 1몰의 물로 응축할 때는 계

로부터 주위로 44.0 kJ의 에너지가 이동해야함을 나타낸다.

CONCEPTUAL
**개념학습 6.8 열화학적 표현의 해석**

물의 증발에 대한 열화학적 표현에서 증발이 일어날 때 주위로부터 계로 에너지가 전이되는 것을 나타내는 부분은?

CONCEPTUAL
**개념학습 6.9 상태 변화와 $\Delta H°$**

열화학적 표현에서 각각의 반응물과 생성물의 상태(s, ℓ 또는 g)를 명시하는 것이 왜 반드시 필요한가?

**예제 6.6 상태 변화와 $\Delta H°$**

25°C에서 공기 중의 수증기가 응축되어 비가 될 때 주위로 이동한 에너지를 계산하시오. 1제곱 마일의 면적에 1 인치의 강우량($6.6 \times 10^{10}$ mL)을 가정하고, 물의 밀도는 1.0 g/mL 이다.

**정답:** $1.6 \times 10^{11}$ kJ

**풀이:** 25°C에서 물 1몰의 응축에 대한 열화학식은

$$H_2O(g) \longrightarrow H_2O(\ell) \qquad \Delta H° = -44.0\ kJ$$

응축된 물의 양을 몰수로 나타내면

$$\text{응축된 물의 양} = 6.6 \times 10^{10}\ g\ \text{물} \times \frac{1\ mol}{18.0\ g} = 3.66 \times 10^{9}\ mol\ \text{물}$$

물 1몰이 응축하면 44.0 kJ의 에너지 전이가 일어난다는 사실로부터 전이된 에너지의 양을 계산하면

$$\text{에너지의 양} = 3.66 \times 10^{9}\ mol\ \text{물} \times \frac{44.0\ kJ}{1\ mol} = 1.6 \times 10^{11}\ kJ$$

열화학식에서 $\Delta H°$의 부호가 음인것은 $1.6 \times 10^{11}$의 에너지가 물(계)에서 주위로 이동하는 것을 의미한다.

**실전예제 6.6**

25°C, 1 bar에서 1 몰 고체 요오드의 승화엔탈피는 62.4 kJ 이다(승화는 고체에서 직접 기체로 변화하는 과정이다).

$$I_2(s) \longrightarrow I_2(g) \qquad \Delta H° = +62.4\ kJ$$

(a) 10.0 g의 고체 요오드를 승화시키기 위하여 이동한 에너지의 양은?
(b) 3.42 g의 요오드 증기가 고체 요오드로 변하면 얼마의 에너지가 이동하였는가?
(c) 과정(b)는 발열인가 흡열인가?

## 6.6 화학반응의 엔탈피 변화

온도 차이와 상변화 결과로 인한 에너지 전이를 정량적으로 다루는 방법을 개발하였으므로, 이제 화학반응을 수반하는 열 전이에 이러한 아이디어를 적용할 준비가 되어 있다. 상변화처럼 화학반응은 발열이거나 흡열일 수 있다. 그러나 화학반응은 상변화보다 일반적으로 훨씬 많은 에너지 전이를 포함한다. 실제 상당량의 온도 변화는 화학반응이 일어났다는 하나의 증거이다. 화학반응 동안 발생하는 많은 양의 에너지 전이는 반응물이 생성물로 바뀌면서 화학결합이 끊어지고 생성되는 결과이다. 이러한 에너지 전이는 생체 계, 산업 공정, 가정의 냉난방 등 다양한 분야에서 중요하게 응용된다. 수소는 아주 좋은 연료이다. 공기 중에서 탈 때 오염물질을 거의 만들지 않는다. 수소가 산소와 반응하면 물을 생성하고 또한 매우 많은 열을 발생한다. 우주선의 연료로 쓰이고 있다. 수소와 산소로부터 1몰의 수증기를 생성하는 반응의 열화학적 표현은

$$H_2(g) + \frac{1}{2}O_2(g) \longrightarrow H_2O(g) \qquad \Delta H^\circ = -241.8\ \text{kJ} \quad [6.3]$$

반응의 열전이와 엔탈피 변화의 관계:

반응물 → 생성물로 반응이 일어나고 계에서 주위로 열전이가 일어난다. $\Delta H$는 음의 값이고 발열반응이다.

반응물 → 생성물로 반응이 일어나고 동시에 주위에서 계로 열전이가 일어난다. $\Delta H$는 양의 값이고 흡열반응이다.

다른 모든 열화학적 표현처럼 이 식은 네 가지 중요한 특징을 가지고 있다.

- $\Delta H^\circ$의 부호는 에너지의 전이 방향을 나타낸다.
- $\Delta H^\circ$의 크기는 반응물과 생성물의 상태에 의존한다.
- 균형 반응식은 반응물과 생성물의 반응 몰 비를 나타낸다.
- 전이된 에너지의 양은 진행된 반응의 양에 비례한다.

**$\Delta H^\circ$의 부호.** 열화학적 표현식 6.3은 $\Delta H^\circ$가 음의 부호이기 때문에 과정이 발열임을 말해준다. 1몰 수증기의 생성은 반응 화합물로부터 주위로 241.8 kJ의 에너지를 전달한다. 만약 1몰의 수증기가 수소와 산소로 분해되면(역 과정), $\Delta H^\circ$의 크기는 같고 부호는 반대이며 주위로부터 계로 에너지 전이가 일어난다.

$$H_2O(g) \longrightarrow H_2(g) + \frac{1}{2}O_2(g) \qquad \Delta H^\circ = +241.8\ \text{kJ} \quad [6.4]$$

발열과정의 역방향은 흡열과정이다. 에너지 전이의 크기는 같고 방향만 반대이다.

**물질의 상태.** 수증기가 아니고 액체상태의 물이 포함되면 $\Delta H^\circ$의 크기는 열화학적 표현식 6.3에서와 다르다.

$$H_2(g) + \frac{1}{2}O_2(g) \longrightarrow H_2O(\ell) \qquad \Delta H^\circ = -285.8\ \text{kJ} \quad [6.5]$$

상변화를 논하면서 물질의 상태가 변하면 엔탈피 변화가 일어난다는 것을 보았다. 1몰의 $H_2O(\ell)$를 증발시키려면 44.0 kJ이 필요하다. $H_2(g)$와 $O_2(g)$로부터 1몰 $H_2O(\ell)$를 생성하는 것은 1몰 $H_2O(g)$를 생성하는 것보다 285.8 kJ − 241.8 kJ = 44.0

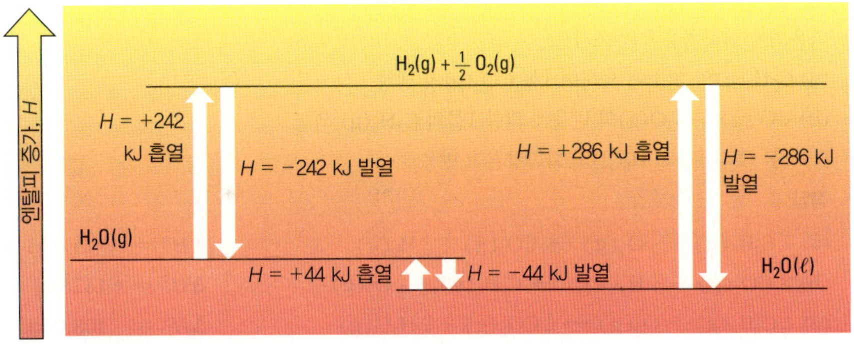


**그림 6.14 엔탈피 도표.** 수증기[$H_2O(g)$], 액체 상태의 물[$H_2O(\ell)$], 수소와 산소기체의 화학량론적 혼합물[1몰 $H_2(g)$와 $\frac{1}{2}$몰 $O_2(g)$]들은 모두 서로 다른 엔탈피 값을 갖는다. 이 그림은 이들이 어떻게 연관되어 있는지를 보여준다.

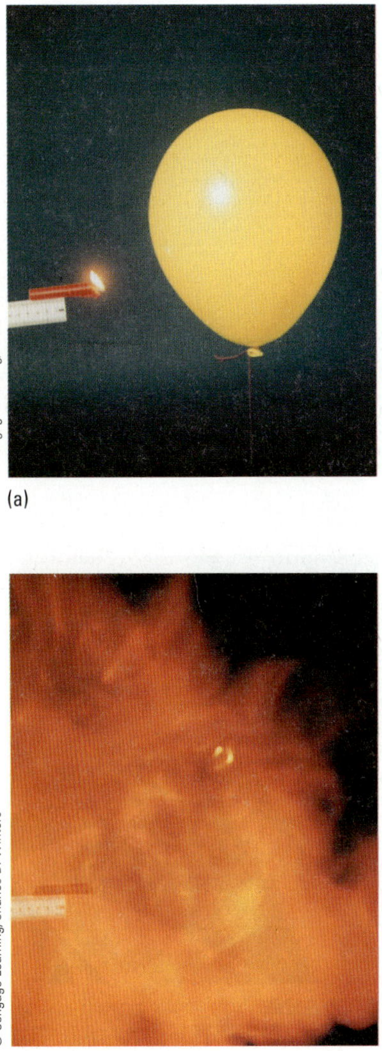



(a)



(b)

**수소기체의 연소.** 수소와 산소의 결합 반응은 수증기와 함께 많은 열을 발생한다.

kJ 만큼의 에너지를 더 발생시킨다. 그림 6.14에 이러한 양들 사이의 관계를 나타내었다. 반응물[$H_2(g) + \frac{1}{2} O_2(g)$]의 엔탈피는 생성물[$H_2O(g)$]의 엔탈피보다 크다. 반응이 일어난 후 계의 에너지가 더 작아졌으므로, 에너지 보존법칙은 반응이 일어나면 241.8 kJ의 에너지가 주위로 전이되어야 함을 요구한다. $H_2O(\ell)$의 엔탈피는 $H_2O(g)$의 엔탈피보다도 더 작아서 $H_2O(\ell)$가 생성되려면 더 많은 에너지가 주위로 전이되어야만 한다.

**균형 반응식은 몰수를 나타낸다.** 1몰 $H_2O$가 생성되는 반응식을 쓰려면 산소의 계수가 분수이어야 한다. 열화학적 표현에서 계수는 분자가 아니라 몰수를 의미하기 때문에 $\frac{1}{2}$몰 $O_2$의 분수 표현은 얼마든지 가능하다.

**에너지의 양은 반응의 양에 비례한다.** 열화학적 표현은 화학량론의 규칙을 따른다. 반응의 양이 많을수록 더 많은 에너지가 전이된다. 균형반응식은 몰수를 나타내기 때문에 소비된 반응물의 몰수나 생성된 생성물의 몰수로부터 열전이가 얼마나 일어났는지를 계산할 수 있다. 수소와 산소의 반응에 대한 열화학적 표현식에 분수 계수를 사용하지 않고 2몰의 $H_2O(g)$를 생성한다면 열전이는 두 배가 된다.
즉 2(−241.8 kJ) = −483.6 kJ이다.

$$2\,H_2(g) + O_2(g) \longrightarrow 2\,H_2O(g) \qquad \Delta H^\circ = -483.6\text{ kJ} \qquad [6.6]$$

EXERCISE
**연습문제 6.10 엔탈피 변화와 화학량론**

25°C에서 0.5000몰 $H_2(g)$가 과량의 $O_2(g)$와 반응하여 수증기를 생성할 때 엔탈피 변화를 계산하시오.

**예제 6.7 열화학반응식의 표현**

주어진 열화학반응식을 이용하여

$$2\,C_2H_6(g) + 7\,O_2(g) \longrightarrow 4\,CO_2(g) + 6\,H_2O(g) \qquad \Delta H^\circ = -2857\text{ kJ}$$

다음의 열화학반응식을 쓰시오.

(a) $C_2H_6(g)$의 연소에 의하여 1몰 $CO_2(g)$의 생성

(b) $CO_2(g)$와 $H_2O(g)$의 반응에 의한 1몰의 $C_2H_6(g)$ 생성

(c) 1몰 $O_2(g)$와 $C_2H_6(g)$의 화학량론적 반응

**정답:**

(a) $\frac{1}{2}\ C_2H_6(g) + \frac{7}{4}\ O_2(g) \rightarrow CO_2(g) + \frac{3}{2}\ H_2(g)$ $\Delta H° = -714.0$ kJ

(b) $2\ CO_2(g) + 3\ H_2O(g) \rightarrow C_2H_6(g) + \frac{7}{2}\ O_2(g)$ $\Delta H° = +1428$ kJ

(c) $\frac{2}{7}\ C_2H_6(g) + O_2(g) \rightarrow \frac{4}{7}\ CO_2(g) + \frac{6}{7}\ H_2O(g)$ $\Delta H° = -408.0$ kJ

**풀이:**

(a) 1몰 $CO_2(g)$를 생성하려면 반응의 크기를 $\frac{1}{4}$로 줄여야 하며, $\Delta H°$ 값 또한 같은 비율로 줄어든다.

(b) $C_2H_6(g)$를 생성하려면 반응이 역으로 일어나야 하며 $\Delta H°$의 부호가 바뀐다. 1몰 $C_2H_6(g)$를 생성하려면 반응의 크기가 반으로 줄어야 하고 $\Delta H°$의 값도 마찬가지이다.

(c) 1몰 $O_2(g)$와 반응하는 $C_2H_6(g)$의 양은 $\frac{2}{7}$몰이 된다. $\Delta H°$의 값은 원래 값의 $\frac{1}{7}$이 된다.

**실전예제 6.7**

주어진 열화학반응식을 이용하여

$$BaO(s) + CO_2(g) \rightarrow BaCO_3(s) \qquad \Delta H° = -662.8\ \text{kJ}$$

고체 탄산바륨의 분해로 4몰 $CO_2$가 생성되는 반응의 열화학반응식을 쓰시오.

휴대용 손난로.

단원 4.4에서 우리는 균형 화학반응식으로부터 반응의 몰 비를 유추하였다. 전이된 에너지의 양을 소비된 반응물의 양이나 생성된 생성물의 양과 연계시키는 화학량론적 인자는 열화학적 표현식으로부터 유추할 수 있다.

$$2\ H_2(g) + O_2(g) \longrightarrow 2\ H_2O(g) \qquad \Delta H° = -483.6\ \text{kJ}$$

이러한 인자들은 다음과 같다.

$$\frac{-483.6\ \text{kJ}}{2\ \text{mol}\ H_2} \qquad \frac{-483.6\ \text{kJ}}{1\ \text{mol}\ O_2} \qquad \frac{-483.6\ \text{kJ}}{2\ \text{mol}\ H_2O\ \text{생성}}$$

첫 번째 인자는 2몰의 $H_2$가 소비되면 483.6 kJ의 에너지가 계로부터 주위로 이동한다는 것을 말한다. 두 번째 인자의 역수는 반응이 일어나서 483.6 kJ의 에너지가 주위로 전이되면 1몰의 $O_2$가 소비되었음을 의미한다. 열화학적 정보를 포함하는 화학량론적 인자들을 열화학량론 인자라고 부를 것이다.

EXERCISE **연습문제** **6.11 열화학적 표현으로부터의 열화학량론 인자**

다음 반응으로부터 유도할 수 있는 모든 열화학량론 인자들을 쓰시오.

$$N_2(g) + 3\ H_2(g) \longrightarrow 2\ NH_3(g) \qquad \Delta H° = -92.22\ \text{kJ}$$

CONCEPTUAL
**개념학습 6.12 핫 팩**

휴대용 핫 팩은 잘 밀폐된 봉지를 개봉하면 주위로 열을 방출하도록 만들어졌는데, 추운 날씨에 손이나 발을 따뜻하게 해준다. 핫 팩을 어떻게 디자인하면 좋은지 방법을 제시하시오. 어떤 물질이 사용되는가? 왜 잘 밀폐된 용기가 필요한가?

반응의 엔탈피 변화는 실제 많이 응용되고 있다. 예를 들어 연소 반응의 엔탈피를 알면 일정량의 연료를 연소할 때 발생하는 열전이의 양을 계산할 수 있다. 난방기를 설계한다고 가정하면 1 파운드(454 g)의 프로판을 태울 때 발생하는 열에너지가 얼마나 되는지를 알아야 할 것이다. 이 반응은 다음과 같은 발열 반응이다.

$$C_3H_8(g) + 5\,O_2(g) \longrightarrow 3\,CO_2(g) + 4\,H_2O(\ell) \qquad \Delta H° = -2220\text{ kJ}$$

이 열화학적 표현식에 따르면 1몰 $C_3H_8(g)$이 탈 때마다, 5몰 $O_2(g)$가 소비될 때 마다, 3몰 $CO_2(g)$가 생성될 때 마다, 4몰 $H_2O(\ell)$이 생성될 때 마다 2220 kJ의 에너지가 주위로 전달된다. 454 g의 $C_3H_8(g)$가 연소되었을 때 이것의 몰수를 계산하면

$$\text{프로판의 양} = 454\text{ g} \times \frac{1\text{ mol }C_3H_8}{44.10\text{ g}} = 10.29\text{ mol }C_3H_8$$

발생한 열전이의 총량을 구하기 위하여 적절한 열화학량론 인자를 곱하면

$$\text{전이된 에너지} = 10.29\text{ mol }C_3H_8 \times \frac{-2220\text{ kJ}}{1\text{ mol }C_3H_8} = -22{,}900\text{ kJ}$$

프로판 1 파운드를 연소시키면 상당량의 에너지가 방출된다.

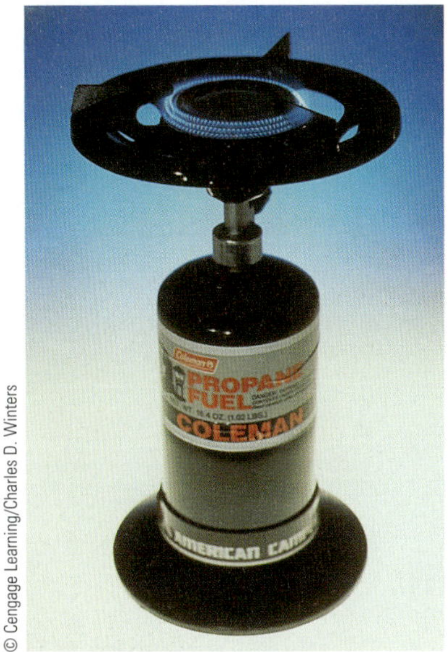



**프로판의 연소.** 프로판은 액화 석유 가스(LPG)의 주요 성분이다.

**예제 6.8 이동한 에너지의 계산**

철과 공기 중 산소의 반응은 연습문제 6.11의 손난로에서처럼 에너지를 제공한다. 이때 철은 산화철(III)로 변하는데 0.100 파운드의 철을 포함하는 핫 팩은 얼마의 열을 제공하는가? 열화학반응식은 다음과 같다.

$$2\,Fe(s) + \tfrac{3}{2}\,O_2(g) \longrightarrow Fe_2O_3(s) \qquad \Delta H° = -824.2\text{ kJ}$$

**정답:** −335 kJ

**풀이:** 들어있는 철의 양을 몰수로 나타내면

$$\text{철의 몰수} = 0.100\text{ lb} \times \frac{454\text{ g}}{1\text{ lb}} \times \frac{1\text{ mol Fe}}{55.84\text{ g}} = 0.8130\text{ mol Fe}$$

열화학식으로 부터 2몰의 Fe은 824.2 kJ의 에너지를 주위로 방출한다. 따라서,

$$\text{전이된 에너지} = 0.8130\text{ mol Fe} \times \frac{-824.2\text{ kJ}}{2\text{ mol Fe}} = -335\text{ kJ}$$

반응에 의해서 335 kJ의 에너지가 손으로 전달된다.

**실전예제 6.8**

25°C에서 12.6 g의 물이 수소와 산소로 분해되는 동안 일정한 온도를 유지하려면 얼마의 열에너지 전이가 일어나야 하는가? 열에너지는 어느 방향으로 이동하는가?

$$H_2O(\ell) \longrightarrow H_2(g) + \tfrac{1}{2}O_2(g) \qquad \Delta H^\circ = 285.8 \text{ kJ}$$

## 6.7 에너지는 어디로부터 오는가?

물질이 녹거나 끓는 동안 나노스케일의 입자(원자, 분자, 이온)들은 서로 분리되고 이것은 그들의 퍼텐셜에너지를 증가시킨다. 이것은 입자들 사이의 상호 인력에 맞서기 위하여 주위로부터 에너지의 유입을 필요로 한다. 화학반응 동안 화합물은 새로 생기거나 쪼개진다. 즉 반응물 분자들은 생성물 분자들로 바뀐다. 분자 내 원자들은 화학결합으로 연결되어 있다. 기존의 화학결합이 끊어지고 새로운 화학결합이 생성되면 핵과 전자들은 서로 더 멀어지거나 더 가까워지면서 에너지가 증가할 수도 있고 감소할 수도 있다. 이러한 에너지 차이는 일반적으로 상변화에 대한 에너지 차이보다 훨씬 더 크다.

수소기체와 염소기체가 반응하여 염화수소기체를 생성하는 반응을 보자.

$$H_2(g) + Cl_2(g) \longrightarrow 2\,HCl(g) \qquad [6.7]$$

이 반응이 일어날 때 $H_2$ 분자의 H 원자는 서로 분리된다. 마찬가지로 $Cl_2$ 분자의 Cl 원자들도 서로 분리된다. 생성물에서 원자들은 HCl 분자들로 결합한다. 이러한 변화를 두 단계로 생각할 수 있다.

$$H_2(g) + Cl_2(g) \longrightarrow 2\,H(g) + 2\,Cl(g) \longrightarrow 2\,HCl(g)$$

첫 단계에서는 반응물 $H_2$와 $Cl_2$ 분자의 모든 결합이 끊어진다. 두 번째 단계에서는 생성물 HCl 분자의 결합이 생성된다. 이 두 단계의 알짜 변화는 식 6.7과 같다. 수소분자 1개와 염소분자 1개는 염화수소분자 2개로 바뀐다. 이 과정에 대한 엔탈피 변화를 그림 6.15에 나타내었다.

실제로 수소 기체와 염소 기체의 반응은 복잡한 일련의 단계로 일어난다. 그러나

CONCEPTUAL **개념학습** **6.13 반응 경로와 엔탈피 변화**

엔탈피 변화가 반응물과 생성물 사이의 경로에 따라 달라진다고 가정하자. 예를 들어 1몰의 수소기체와 1몰의 염소기체가 결합하여 2몰의 염화수소 기체를 생성할 때(식 6.7) 190 kJ의 에너지가 발생하지만, 같은 반응물 분자가 원자로 쪼개지고 그 원자들이 다시 결합하여 염화수소 분자를 생성할 때는 단지 185 kJ이 발생한다고 하자. 이것은 열역학 제1 법칙을 위반하는 것인가? 그 이유를 설명하시오.

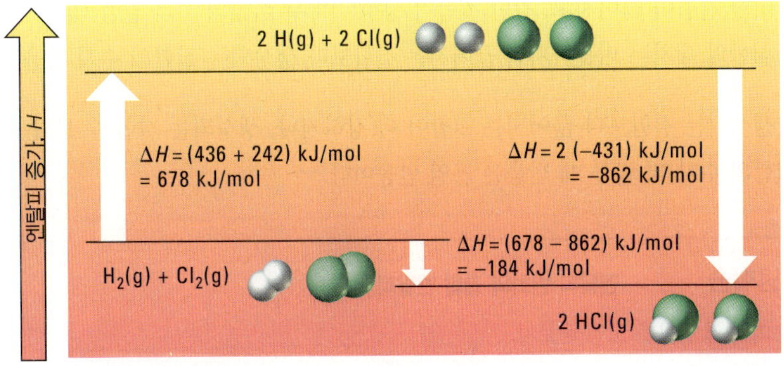


**그림 6.15** 반응의 단계별 에너지 변화. 1몰의 $H_2$ 분자를 H 원자로 쪼개는 것은 436 kJ이 필요하고 1몰의 $Cl_2$ 분자를 Cl 원자로 쪼개는 것은 242 kJ이 필요하다. 2몰의 HCl 분자를 생성하기 위하여 2몰의 H 원자를 2몰의 Cl 원자와 결합시키면 $2 \times (-431\text{ kJ}) = -862\text{ kJ}$ 의 에너지를 수반하는 발열 반응이다. $\Delta H^\circ = 436\text{ kJ} + 242\text{ kJ} - 862\text{ kJ} = -184\text{ kJ}$. 반응물 $Cl_2$의 상대적으로 약한 Cl—Cl 결합은 이 반응이 발열 반응이라는 사실을 설명해 준다.

엔탈피는 상태함수이기 때문에 원자들이 어떻게 재배열되는지 자세히 알아야 할 필요는 없다. 이것은 반응물과 생성물에만 관심을 가지면 되고, 중간에 무슨 일이 일어나는지는 고려할 필요가 없다는 것을 의미한다.

## 결합 엔탈피

서로 결합된 두 원자를 분리시키는 것은 에너지를 필요로 한다. 왜냐하면 두 원자를 결합하는 힘에 맞서 일을 해야 하기 때문이다. 기체 상태의 분자에서 결합된 두 원자를 일정한 압력에서 완전히 분리할 때 발생하는 엔탈피 변화를 **결합 엔탈피**(또는 결합에너지)라고 부른다. 결합엔탈피는 일반적으로 1몰에 대한 값으로 나타낸다. 예를 들어 $Cl_2$ 분자의 결합엔탈피는 242 kJ/mol이며 다음과 같이 나타낼 수 있다.

$$Cl_2(g) \longrightarrow 2\,Cl(g) \qquad \Delta H^\circ = 242\text{ kJ} \quad [6.8]$$

결합엔탈피는 항상 양의 값이며, 크기는 대략 150 kJ/mol에서 1000 kJ/mol 범위에 있다. 결합된 분자를 분리하기 위하여 결합을 끊는 것은 항상 계(이 경우 1몰의 $Cl_2$분자)로 에너지가 이동하기 때문에 흡열이다. 역으로 원자들이 서로 접근하여 결합을 생성할 때는 원자들의 위치에너지가 낮아지기 때문에 반드시 주위로 에너지가 전이된다. 에너지 보존 법칙은 계의 에너지가 낮아지면 주위의 에너지는 높아져야함을 요구한다. 따라서 분리된 원자들로부터 결합의 생성은 항상 발열이다. 이러한 일반화가 수소와 염소 기체가 반응하여 염화수소를 생성하는 반응에 어떻게 적용되는지 그림 6.15에 나타내었다.

결합이 끊어지는 것은 **흡열과정**이다.

결합이 생성되는 것은 **발열과정**이다.

결합엔탈피는 어떤 과정에 대해 발열인지 또는 흡열인지를 무엇이 결정하는지 알 수 있게 해준다. 그림 6.15에서처럼 결합이 생성될 때 계로부터 주위에 전이된 총에너지가 반응물의 결합을 끊기 위하여 계에 전이된 총에너지보다 크다면 반응은 발열이다. 결합엔탈피의 관점에서 발열 반응이 일어나는 두 가지 방법이 있다.

- 약한 결합이 끊어지고, 강한 결합이 생성되며 두 결합의 수가 같을 때
- 결합의 세기는 비슷하지만 끊어지는 결합보다 생성되는 결합의 수가 많을 때

생성되는 결합보다 끊어지는 결합이 더 강하거나, 생성되는 결합 수 보다 끊어지는 결합의 수가 더 많을 때 반응은 흡열 반응이다.

CONCEPTUAL
**개념학습 6.14 엔탈피 변화와 결합 엔탈피**

다음의 흡열 반응을 고려해 보자.

(a) $2\ HF(g) \longrightarrow H_2(g) + F_2(g)$ (b) $2\ H_2O(g) \longrightarrow 2\ H_2(g) + O_2(g)$

약한 결합의 생성으로 인해 반응이 흡열 반응이 되는 경우는 어느 것 인가? 생성되는 결합의 수가 적어서 흡열 반응이 되는 경우는 어느 것인가?

## 6.8 엔탈피 변화의 측정: 열계량법

열화화적 표현은 반응이 진행되면서 에너지가 얼마나 전이되는지를 알려준다. 이러한 정보는 연료를 태울 때 발생하는 열량을 계산할 수 있게 해 준다. 또한 황산을 제조하는 화학 공장에서처럼 대규모로 화학반응이 일어날 때 발열 반응으로 인해 과열되거나 통제할 수 없을 정도로 반응이 빠르게 일어나 시설이 파괴되는 것을 방지하기 위하여 반응계 주변에 충분한 냉각 설비를 갖추어야 한다. 이외에도 다른 많은 이유들로 인해 가능한 많은 반응들의 $\Delta H°$를 알고 있으면 유용하다.

많은 종류의 반응들에 대해 열 전이를 측정하는 기구인 **열량계(calorimeter)**를 사용하여 반응의 엔탈피 변화를 직접 측정할 수 있다. 열량의 측정은 일정한 부피 또는 일정한 압력 조건에서 수행된다. 가끔 식품의 연소열이나 칼로리를 구하기 위하여 **봄베 열량계(bomb calorimeter**, 그림 6.16)를 사용하는데, 이 경우 일정한 부피 조건에서 측정이 이루어지고 반응물 중 적어도 하나가 기체 상태이다. "봄베(bomb)"는 약간 큰 음료수 캔 크기 정도이고, 고압의 기체를 채울 수 있도록 스테인리스 스틸 재질의 단단하고 두꺼운 벽으로 된 실린더이다. 연소시키려는 고체 또는 액체 시료의 질량을 재고 봄베안의 시료 접시에 넣는다. 그런 다음 봄베에 $O_2(g)$를 채우고 단열이 잘 유지된 수조 용기에 담근다. 시료는 보통 전기 스파크로 점화시킨다. 시료가 타면서 봄베와 주위의 물은 같은 온도로 데워진다.

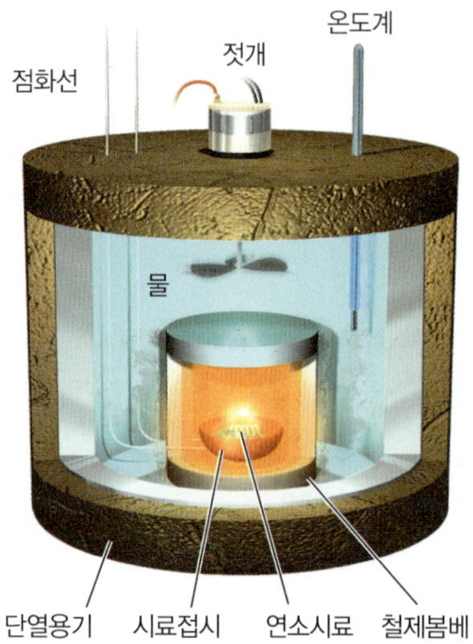


**그림 6.16 연소(봄베) 열량계.** 산소가 채워진 봄베 안의 시료는 전기적으로 점화된다. 시료의 연소로 발생한 열은 봄베와 주위 물의 온도를 높인다.

이러한 구성에서 산소와 연소화합물은 계를 봄베와 물은 주위를 나타낸다. 계에 대하여 $\Delta E = q + w$이다. 밀폐된 봄베의 부피는 일정하기 때문에 $w = 0$이다. 그러므로 $\Delta E = q_V$이다. $q_V$ 와 $\Delta E$를 계산하기 위하여 반응계로부터 봄베와 물로 전이된 에너지를 모두 더한다. 계로부터 에너지가 빠져 나갔으므로 열량의 부호는 음이다. 물을 데우기 위한 에너지 전이는 $c_{water} \times m_{water} \times T_{water}$로부터 계산할 수 있다. 여기

서 $c_{water}$는 물의 비열이고, $m_{water}$은 물의 질량, $\Delta T_{water}$는 물의 온도 변화이다. 계로부터 에너지가 빠져 나오기 때문에 계로부터 물로의 에너지 전이는 음의 값이고 $-(c_{water} \times m_{water} \times \Delta T_{water})$ 이다.

**예제 6.9 봄베 열량계를 사용한 에너지변화 측정하기**

글루코오스($C_6H_{12}O_6$) 3.30 g을 봄베 열량계에 넣고 연소시키면 이산화탄소와 물이 생성된다. 열량계의 온도가 22.4°C에서 34.1°C로 변화하였다. 열량계는 850 g의 물을 포함하고 열용량이 847 J/°C라면, 1 mol 글루코오스의 연소에 대한 에너지 변화($\Delta E$)는 얼마인가? (열량계의 열용량은 열량계의 온도를 1°C 올리는데 필요한 에너지이다.)

**정답:** −2810 kJ

**풀이:** 글루코오스가 타면서 열량계와 물을 데운다. 온도변화와 열량계의 열용량으로 부터 전이된 에너지를 계산한다.

$$\Delta T = (34.1 - 22.4)°\text{C} = 11.7\ °\text{C}$$

계로부터 봄베로 전이된 에너지

$$= -\text{봄베의 열용량} \times \Delta T$$

$$= -\frac{847\ \text{J}}{°\text{C}} \times 11.7\ °\text{C} = -9910\ \text{J} = -9.910\ \text{kJ}$$

계로부터 물로 전이된 에너지

$$= -(c \times m \times \Delta T)$$

$$= -\left(\frac{4.184\ \text{J}}{\text{g}\ °\text{C}} \times 850.\ \text{g} \times 11.7\ °\text{C}\right) = -41{,}610\ \text{J} = -41.61\ \text{kJ}$$

$$\Delta E = q_V = -9.910\ \text{kJ} - 41.61\ \text{kJ} = -51.52\ \text{kJ}$$

이 에너지는 3.30 g의 글루코오스 연소에 해당하는 양이다. 글루코오스의 양을 몰수로 계산하여 비례식을 세우면

$$3.30\ \text{g}\ C_6H_{12}O_6 \times \frac{1\ \text{mol}}{180.16\ \text{g}} = 1.832 \times 10^{-2}\ \text{mol}\ C_6H_{12}O_6$$

$$\frac{-51.52\ \text{kJ}}{1.832 \times 10^{-2}\ \text{mol}} = \frac{\Delta E}{1\ \text{mol}}$$

$$\Delta E = 1\ \text{mol} \times \frac{-51.52\ \text{kJ}}{1.832 \times 10^{-2}\ \text{mol}} = -2.81 \times 10^3\ \text{kJ}$$

**실전예제 6.9**

예제 6.1에서 스낵 칩 한 조각의 열량은 5 Cal 이다. 1.0 g의 스낵 칩을 열용량이 877 J/°C 이고, 832 g의 물을 포함하는 봄베 열량계에 넣고 충분한 산소와 연소시켰을 때 열량계의 온도가 20.64°C에서 25.43°C로 올라갔다. 이 자료를 이용하여 칩 한 조각이 대사되었을 때 5 Cal 의 열량을 제공한다는 것을 보이시오.

CONCEPTUAL
**개념학습 6.15 엔탈피 변화와 에너지 변화**

글루코오스가 연소하여 $CO_2(g)$와 $H_2O(\ell)$를 생성하는 반응의 균형 반응식을 쓰시오. 주어진 온도와 압력에서 생성된 기체의 몰부피에 대한 정보를 이용하여 $\Delta H$가 $\Delta E$와 얼마나 다른지 예측하시오.

반응이 용액상태에서 진행될 때 대기압에 노출된 열량계를 사용하는 것이 훨씬 간편하다. 예를 들면 커피컵 열량계를 사용하는 것이다. 폴리스티렌으로 만들어진 커피컵을 이중으로 포개면 좋은 단열 용기의 역할을 한다. 용액을 컵에 부어 혼합하면 반응이 시작된다. 커피컵 열량계는 일정 압력 조건에 놓이므로 측정된 열 전이는 $q_p$ 이고, 이것은 바로 $\Delta H$를 계산하는데 사용된다.

**예제 6.10 커피컵 열량계를 사용하여 엔탈피 변화 측정하기**

다음 반응의 $\Delta H$를 측정하기 위하여 커피컵 열량계를 사용한다.

$$NaOH(aq) + HCl(aq) \longrightarrow H_2O(\ell) + NaCl(aq) \qquad \Delta H = ?$$

1 bar에서 1.00 M의 HCl 250. mL에 1.00 M의 NaOH 250. mL를 첨가했을 때 용액의 온도는 23.4°C에서 30.4°C로 높아졌다. 이 정보를 이용하여 $\Delta H$를 결정하고 열화학식을 완성하시오. 커피컵, 온도계, 젓개의 열용량은 무시한다. 용액의 밀도와 비열은 물의 값과 같고 혼합하는 과정에서 용액의 부피 변화는 없다고 가정한다.

**정답:** $\Delta H = -59$ kJ

**풀이:** 용액의 밀도는 물의 밀도와 같다고 가정하면 500. mL 용액의 질량은 500. g이다. 반응계는 용액의 온도를 높이므로 $q_p$의 부호는 음이다.

$$\begin{aligned} q_P &= -c \times m \times \Delta T \\ &= -(4.184\ \mathrm{J\ g^{-1}\ ^\circ C^{-1}})(500.\ \mathrm{g})(30.4\ ^\circ\mathrm{C} - 23.4\ ^\circ\mathrm{C}) = -1.46 \times 10^4\ \mathrm{J} = -14.6\ \mathrm{kJ} \end{aligned}$$

이 에너지에 해당하는 소비된 반응물의 양은

$$250.\ \mathrm{mL} \times \frac{1.00\ \mathrm{mol}}{1000\ \mathrm{mL}} = 0.250\ \mathrm{mol\ HCl},$$

$$250.\ \mathrm{mL} \times \frac{1.00\ \mathrm{mol}}{1000\ \mathrm{mL}} = 0.250\ \mathrm{mol\ NaOH}$$

균형 반응식으로 부터 1몰 NaOH는 1몰 HCl과 반응한다. 그러므로 반응물들은 화학량론적 비로 존재하며 어느 쪽도 한계반응물이 아니다. 따라서 1몰 HCl의 반응에 대한 $q_p$를 구하면

$$\frac{\Delta H}{1 \text{ mol HCl}} = \frac{-14.6 \text{ kJ}}{0.250 \text{ mol HCl}}$$

$$\Delta H = 1 \text{ mol HCl} \times \frac{-14.6 \text{ kJ}}{0.250 \text{ mol HCl}} = -59 \text{ kJ}$$

(반응물은 화학량론 비로 존재하기 때문에 HCl 대신 NaOH를 사용하여 계산해도 마찬가지이다.)

폴리스티렌 커피컵을 열량계로 사용할 때, 물을 제외한 다른 물질의 질량은 매우 작아서 그들의 열용량은 무시된다. 반응의 열에너지는 모두 물로 전달되었다고 가정할 수 있다.

**실전예제 6.10**

20.4°C에서 1.00 M의 HCl 100. mL와 0.50 M의 NaOH 100. mL를 커피컵 열량계에서 섞는다고 가정하자. 예제 6.10의 결과를 사용하여 용액을 혼합한 후의 열량계가 나타내는 최대 온도가 무엇인지 예측하시오. 위의 예제에서와 비슷한 가정을 하시오.

CONCEPTUAL
**개념학습 6.16 열량 측정법**

1.00M HCl 용액 250mL와 1.00M NaOH 용액 250mL를 커피컵 열량계에서 혼합할 때 $\Delta T$는 7.0°C이다. 다음 반응의 $\Delta T$를 구하시오.

(a) 1.0M HCl 용액 200mL와 1.0M NaOH 용액 200mL를 혼합할 때

(b) 1.0M $H_2SO_4$ 용액 100mL와 1.0M NaOH 용액 100mL를 혼합할 때

## 6.9 헤스의 법칙

열량측정법은 어떤 반응에서는 잘 적용되나 다른 반응들에 대해서는 적용하기 어렵다. 게다가 가능한 모든 반응들에 대해서 측정을 하는 것은 시간도 많이 걸리고 또 그렇게 많은 측정값들을 모두 수록하는 것은 공간도 많이 차지할 것이다. 다행히 더 좋은 방법이 있는데 헤스의 법칙에 기초한 것이다. 즉 어떤 반응식이 두 개 이상의 다른 여러 반응식들의 합으로 주어진다면 그 반응의 $\Delta H°$는 각 반응의 $\Delta H°$의 합과 같다. 헤스의 법칙은 에너지 보존 법칙의 당연한 결과이다. 전체 반응이 실제 여러 반응들의 합으로 일어나지 않아도 성립한다.

예를 들어, 그림 6.14에서 $H_2(g)$와 $O_2(g)$로부터 $H_2O(\ell)$의 생성은 두 단계로 일어난다고 생각할 수 있다. (a) 성분 원소들로부터 수증기의 생성과 (b) 수증기가 물로 응축. 물의 생성 반응식은 이 두 단계의 반응식을 산술적으로 더하여 얻을 수 있다. 그러므로 헤스의 법칙에 따라서 전체 과정의 $\Delta H°$는 두 단계의 값을 더하여 얻는다.

헤스의 법칙은 '계가 어떻게 만들어지는지와 무관하게 계의 엔탈피는 같다'는 사실에 기초한다. 그러므로 25 °C, 1 bar에서 초기의 계, $H_2(g) + \frac{1}{2}O_2(g)$와 최종계, $H_2O(\ell)$은 각각 특정한 서로 다른 엔탈피 값을 갖는다. 초기계로부터 최종계에 도달하는데 바로 가든지 몇 단계를 거치든지 엔탈피 변화는 같다.

$$\begin{array}{ll} \text{(a)} & H_2(g) + \frac{1}{2}O_2(g) \longrightarrow \cancel{H_2O(g)} \quad \Delta H_1^\circ = -241.8 \text{ kJ} \\ \text{(b)} & \cancel{H_2O(g)} \longrightarrow H_2O(\ell) \quad \Delta H_2^\circ = -44.0 \text{ kJ} \\ \hline \text{(a) + (b)} & H_2(g) + \frac{1}{2}O_2(g) \longrightarrow H_2O(\ell) \quad \Delta H^\circ = \Delta H_1^\circ + \Delta H_2^\circ = -285.8 \text{ kJ} \end{array}$$

여기서 1몰 $H_2O(g)$는 첫 번째 반응의 생성물이며 두 번째 반응의 반응물이어서 서로 상쇄된다. 이것은 두 개의 대수식을 더하는 것과 비슷하다. 똑 같은 항이 식의 양변에 있으면 서로 상쇄된다. 알짜 결과는 전체 반응식과 그 반응의 엔탈피 변화와 연관된다.

## CHEMISTRY IN THE NEWS

### How Small Can a Calorimeter Be?

With the development of nanotechnology, it has become important to make calorimetric measurements at the nanoscale. For example, when studying how reactions occur in an automobile catalytic converter, it is useful to be able to measure the heat transfer during catalytic dissociation of carbon monoxide molecules on a metal surface. Because the reaction occurs on a twodimensional surface, a much smaller number of atoms and molecules are involved than would be present in a three-dimensional sample, and so the heat transfer is also much smaller. This calls for a small and highly sensitive calorimeter.

The ultimate in sensitivity and small size is a nanoscale calorimeter reported by W. Chung Fon, Keith C. Schwab, John M. Worlock, and Michael L. Roukes. A scanning electron micrograph of their calorimeter is shown in the photograph. The calorimeter was patterned from a 120-nm-thick layer of silicon nitride (SiN) on an area about 25 μm on a side. Four 8-μm-long and 600-nm-wide "beams" of SiN (the X shape in the photograph) suspend a thermometer and heater. The heater is made of gold and the thermometer is AuGe. Four thin films of niobium metal serve as electrical leads to the heater and thermometer. The device was prepared using special nanofabrication techniques.

The tiny volume of the metallic heater and thermometer ensure that their contribution to the heat capacity of the calorimeter is very small. This makes possible measurements of very small energy transfers. (The smaller the heat capacity is, the larger the temperature change is for a given energy transfer.) When a pulse of electric current was applied to the gold heater, delivering 0.125 nW ($0.125 \times 10^{-9}$ J/s) at an initial temperature of 4.5 K, the calorimeter responded as shown in the graph. Unlike experiments involving coffee cup calorimeters that you may have performed, this experiment is over in about 75 μs ($75 \times 10^{-6}$ s)—a very short time. The graph shows an increase in temperature that levels off, which is similar to what would be observed in a coffee cup calorimeter. The 75-μs timescale, however, requires special electronics to measure the temperature change of less than 0.1 K (100 mK).

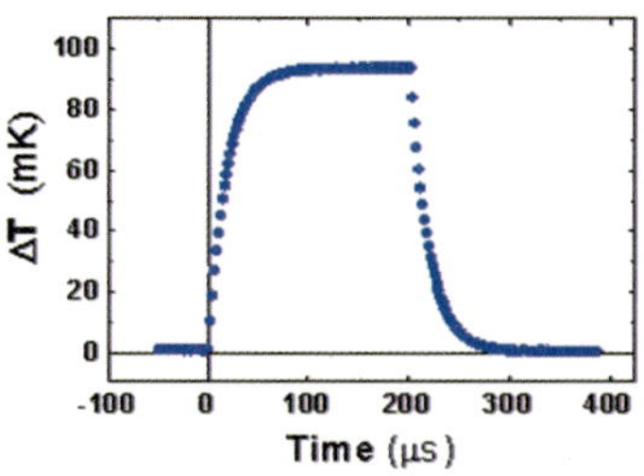


To check that the calorimeter could measure the heat capacity of a real substance, a thin layer of helium atoms was condensed on its surface—about 2 He atoms per square nanometer of surface. The heat capacity of this film was measured to be about 3 fJ/K ($3 \times 10^{-15}$ J/K). This result is similar to observations for thin layers of helium on other surfaces. Based on their experiments, the four scientists conclude that their nanocalorimeter could measure energy transfers as small as about 0.5 aJ/K ($5 \times 10^{-19}$ J/K)— very tiny energy transfers indeed!

*Source: Nano Letters*, Vol. 5, 2005; pp. 1968–1971.

이 전체 엔탈피 변화는 물이 수소와 산소로부터 바로 생성될 때도 적용된다.

헤스의 법칙에 대한 유용한 접근은 어떤 반응의 $\Delta H°$를 계산하려고 하는지 분석하는 것이다. 어떤 반응물과 생성물들이 각각 얼마의 양으로 존재해야 하는지 확인한다. 그리고서 적절한 반응물과 생성물의 양을 얻기 위하여 각각의 알려진 열화학 표현식을 어떻게 변경해야할지를 결정한다. 예를 들어, 다음의 열화학 표현식을 원하고

$$\tfrac{1}{2}\,CH_4(g) + O_2(g) \longrightarrow \tfrac{1}{2}\,CO_2(g) + H_2O(\ell) \qquad \Delta H^\circ = ?$$

다음 두 개의 열화학 표현식을 알고 있는 경우를 가정하자.

$$\text{(a)}\ CH_4(g) + 2\,O_2(g) \longrightarrow CO_2(g) + 2\,H_2O(g) \qquad \Delta H^\circ_a = -802.34\ kJ$$

그리고

$$\text{(b)}\ H_2O(\ell) \longrightarrow H_2O(g) \qquad \Delta H^\circ_b = 44.01\ kJ$$

목표 식에는 반응물로 1/2 몰 $CH_4(g)$와 생성물로 1/2몰 $CO_2(g)$ 및 1몰 $H_2O(\ell)$이 있다. 식(a)는 반응물과 생성물이 목표식과 같지만 몰수가 두 배이다. 또한 물이 기체상태로 표현되어 있다. 식(a)의 계수들과 $\Delta H^\circ$ 값을 1/2로 줄이면 다음과 같은 열화학 표현식을 얻는다.

$$\text{(a}'\text{)}\ \tfrac{1}{2}\,CH_4(g) + O_2(g) \longrightarrow \tfrac{1}{2}\,CO_2(g) + H_2O(g) \qquad \Delta H^\circ_{a'} = -401.17\ kJ$$

이 식은 물의 상태에 대해서만 목표식과 다르다. 식(b)에서 물의 상태는 왼쪽이 액체이고 오른쪽이 기체이다. 반면 목표 식은 액체상이 오른쪽에 있다. 식(b)의 반응식을 거꾸로 하면(이 때 $\Delta H^\circ$의 부호가 바뀜) 열화학 표현식은 다음과 같다.

$$\text{(b}'\text{)}\ H_2O(g) \longrightarrow H_2O(\ell) \qquad \Delta H^\circ_{b'} = -44.01\ kJ$$

식(a')와 식(b')를 더하면 $H_2O(g)$가 상쇄되면서 목표 식을 얻는다.

$$\text{(a}'+\text{b}'\text{)}\ \tfrac{1}{2}\,CH_4(g) + O_2(g) \longrightarrow \tfrac{1}{2}\,CO_2(g) + H_2O(\ell) \qquad \Delta H^\circ = \Delta H^\circ_{a'} + \Delta H^\circ_{b'}$$

$$\Delta H^\circ = (-401.17\ kJ) + (-44.01\ kJ) = -445.18\ kJ$$

**예제 6.11 헤스의 법칙 사용**

폴리에틸렌을 제조하는 화학플랜트를 설계하는데 있어서, $C_2H_6$(에탄)에서 $C_2H_4$(에틸렌)을 생성하기 위하여 $H_2$를 제거하는 다음과 같은 반응의 엔탈피 변화를 알아야할 필요가 있다.

$$C_2H_6(g) \longrightarrow C_2H_4(g) + H_2(g) \qquad \Delta H^\circ = ?$$

실험으로부터 알고 있는 다음의 열화학반응식을 이용하여 위 반응의 $\Delta H^\circ$ 를 구하시오.

$$\text{(a)}\ 2\,C_2H_6(g) + 7\,O_2(g) \longrightarrow 4\,CO_2(g) + 6\,H_2O(\ell) \qquad \Delta H^\circ_a = -3119.4\ kJ$$

$$\text{(b)}\ C_2H_4(g) + 3\,O_2(g) \longrightarrow 2\,CO_2(g) + 2\,H_2O(\ell) \qquad \Delta H^\circ_b = -1410.9\ kJ$$

$$\text{(c)}\ 2\,H_2(g) + O_2(g) \longrightarrow 2\,H_2O(\ell) \qquad \Delta H^\circ_c = -571.66\ kJ$$

**정답:** $\Delta H^\circ = 137.0\ kJ$

**풀이:** 반응 (a)는 2몰의 에탄이 반응물에 포함되어있음을 나타낸다.

반응 (b)에서는 에틸렌이 반응물에 포함되어 있고 반응 (c)에서는 2몰의 수소가 반응물에 포함되어 있다.

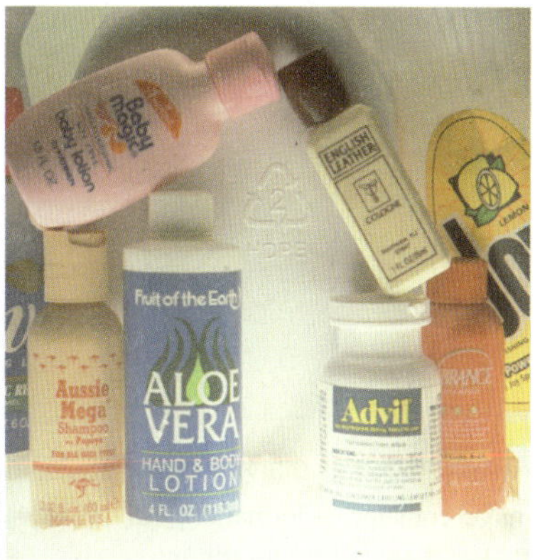




**폴리에틸렌은 일반적인 플라스틱이다.** 많은 제품들이 폴리에틸렌병에 포장된다.

엔탈피 변화를 구하려는 반응식에서는 1몰의 에탄이 반응하므로 반응식 (a)에 $\frac{1}{2}$ 을 곱하여 반응식 (a′)을 얻는다. 반응식의 계수가 반으로 줄어들면 엔탈피 변화도 반으로 줄어든다.

$$(a') = \tfrac{1}{2}(a) \quad C_2H_6(g) + \tfrac{7}{2}\,O_2(g) \longrightarrow 2\,CO_2(g) + 3\,H_2O(\ell) \quad \Delta H^\circ_{a'} = -1559.7\text{ kJ}$$

그 다음, 반응식 (b)의 방향을 반대로 하여 $C_2H_4$ 가 생성물 쪽에 놓이도록 한다. 이때 엔탈피의 부호가 바뀐다.

$$(b') = -(b) \qquad 2\,CO_2(g) + 2\,H_2O(\ell) \longrightarrow C_2H_4(g) + 3\,O_2(g)$$
$$\Delta H^\circ_{b'} = -\Delta H^\circ_b = +1410.9\text{ kJ}$$

1몰의 $H_2(g)$가 생성물 쪽에 놓이려면 반응식 (c)의 방향을 반대로 하여 모든 계수에 $\frac{1}{2}$ 을 곱해준다. 이때 엔탈피의 부호가 바뀌며 크기는 반으로 줄어든다.

$$(c') = -\tfrac{1}{2}(c) \quad H_2O(\ell) \longrightarrow H_2(g) + \tfrac{1}{2}\,O_2(g) \quad \Delta H^\circ_{c'} = -\tfrac{1}{2}\Delta H^\circ_c = +285.83\text{ kJ}$$

이제 반응식 (a), (b), (c)을 더해주면 원하는 반응식이 얻어진다.

$$\begin{array}{llll}
(a') & C_2H_6(g) + \cancel{\tfrac{7}{2}O_2(g)} \longrightarrow \cancel{2\,CO_2(g)} + \cancel{3\,H_2O(\ell)} & \Delta H^\circ_{a'} = -1559.7\text{ kJ} \\
(b') & \cancel{2\,CO_2(g)} + \cancel{2\,H_2O(\ell)} \longrightarrow C_2H_4(g) + \cancel{3\,O_2(g)} & \Delta H^\circ_{b'} = +1410.9\text{ kJ} \\
(c') & \cancel{H_2O(\ell)} \longrightarrow H_2(g) + \cancel{\tfrac{1}{2}O_2(g)} & \Delta H^\circ_{c'} = +285.83\text{ kJ} \\
\hline
\text{알짜 반응식:} & C_2H_6(g) \longrightarrow C_2H_4(g) + H_2(g) & \Delta H^\circ_{net} = 137.0\text{ kJ}
\end{array}$$

반응식을 모두 더하면 $O_2(g)$, $CO_2(g)$, $H_2O(\ell)$는 반응식의 양쪽에서 각각 상쇄되고 에탄이 에틸렌과 수소로 바뀌는 화학반응식이 얻어진다.

**실전예제 6.11**

철광석으로부터 철을 얻을 때 중요한 반응은 $Fe_3O_4(s)$를 $FeO(s)$로 변환하는 것이다. 이 반응의 균형화학반응식을 쓰고 다음의 열화학 표현식을 사용하여 반응의 $\Delta H^\circ$ 를 구하시오.

$$3Fe(s) + 2\,O_2(g) \rightarrow Fe_3O_4(s) \qquad \Delta H_1^0 = -1118.4\text{ kJ}$$
$$Fe(s) + \tfrac{1}{2}\,O_2(g) \rightarrow FeO(s) \qquad \Delta H_2^0 = -272.0\text{ kJ}$$

## 6.10 표준 몰 생성엔탈피

molar는 "1몰의"를 의미한다. 따라서 standard molar enthalpy of formation은 화합물 1몰에 대한 표준 생성엔탈피를 나타낸다.

헤스의 법칙은 비교적 적은 수의 반응들에 대한 $\Delta H^\circ$ 값을 표에 수록하고 그 반응들의 적절한 조합에 의해서 다른 수많은 반응들의 $\Delta H^\circ$ 값을 계산할 수 있게 해준다. 표에서는 표준 몰 생성엔탈피를 사용한다. 표준 몰 생성엔탈피, $\Delta H_f^\circ$는 표준 상태의 원소들로부터 1몰의 화합물을 생성하는 경우의 표준 엔탈피 변화이다. 아래 첨자 $f$ 는 화합물의 생성을 표시한다. 원소나 화합물의 표준 상태는 1 bar, 주어진 온도에서 그 원소나 화합물이 존재하는 물리적 상태이다. 25°C에서 수소의 표준 상태는 $H_2(g)$이고 염화소듐의 표준 상태는 NaCl(s)이다. 1 bar, 25°C에서 여러 가지 동소체가 존재하는 원소는 가장 안정한 형태가 표준 상태가 된다. 예를 들어 탄소의 경우 다이아몬드나 풀러렌이 아니라 흑연이 표준 상태이고, 산소의 경우 $O_3(g)$가 아니라 $O_2(g)$가 표준 상태이다.

표준 몰 생성엔탈피를 포함하는 열화학 표현식의 몇 가지 예를 보면

$$H_2(g) + \tfrac{1}{2} O_2(g) \longrightarrow H_2O(\ell) \qquad \Delta H^\circ = \Delta H_f^\circ\{H_2O(\ell)\} = -285.8 \text{ kJ/mol}$$

$$2\ C(\text{graphite}) + 2\ H_2(g) \longrightarrow C_2H_4(g)$$
$$\Delta H^\circ = \Delta H_f^\circ\{C_2H_4(g)\} = 52.26 \text{ kJ/mol}$$

$$2\ C(\text{graphite}) + 3\ H_2(g) + \tfrac{1}{2} O_2 \longrightarrow C_2H_5OH(\ell)$$
$$\Delta H^\circ = \Delta H_f^\circ\{C_2H_5OH(\ell)\} = -277.69 \text{ kJ/mol}$$

각각의 경우 표준 상태의 원소들로부터 표준 상태의 화합물 1몰이 직접 생성되고 있음에 유의하라.

1 bar, 25°C에서 $\Delta H^\circ$가 표준 몰 생성엔탈피가 아닌 열화학 표현식의 예는 다음과 같다.

$$MgO(s) + SO_3(g) \longrightarrow MgSO_4(s) \qquad \Delta H^\circ = -287.5 \text{ kJ} \quad [6.9]$$
(반응물은 원소상태가 아니다)

와

$$P_4(s) + 6\ Cl_2(g) \longrightarrow 4\ PCl_3(\ell) \qquad \Delta H^\circ = -1278.8 \text{ kJ} \quad [6.10]$$
(생성물은 1몰이 아니라 4몰이 만들어진다)

생성열이라는 용어는 흔히 생성엔탈피와 같이 사용되기도 한다. 엔탈피 변화에 상응하는 것은 일정한 압력에서의 반응열이다. 반응열이 일정 압력이 아닌 다른 조건에서 측정된다면 엔탈피 변화와 다를 수 있다. 예를 들어 봄베열량계와 같이 일정한 부피에서 반응열을 측정할 때 그것은 엔탈피 변화가 아니라 내부에너지 변화이다.

**예제 6.12 표준 몰 생성엔탈피에 대한 열화학 표현식**

생성물에 대해서 표준 몰 생성엔탈피를 나타내도록 열화학 표현식 6.9 와 6.10을 다시 쓰시오(25°C에서 $MgSO_4(s)$의 표준 몰 생성엔탈피는 −1284.9 kJ/mol 이다.)

**정답:**

$$Mg(s) + \tfrac{1}{8} S_8(s) + 2\ O_2(g) \longrightarrow MgSO_4(s)$$
$$\Delta H_f^\circ\{MgSO_4(s)\} = -1284.9 \text{ kJ/mol}$$

와

$$\tfrac{1}{4} P_4(s) + \tfrac{3}{2} Cl_2(g) \longrightarrow PCl_3(\ell) \qquad \Delta H_f^\circ\{PCl_3(\ell)\} = -319.7 \text{ kJ/mol}$$

**풀이:** 반응식 6.9의 오른편에는 1몰의 $MgSO_4(s)$ 가 있다. 그러나 반응물은 원소상태가 아니다. 반응식의 왼편에 Mg(s), $S_8(s)$, $O_2(g)$의 원소들을 포함하도록 새로운 반응식을 쓴다. 이 반응식의 표준 몰 생성엔탈피는 −1284.9 kJ/mol이다.

반응식 6.10의 왼편에는 원소 상태의 반응물들이 포함되어 있지만 생성물의 양은 1몰이 아니다. 생성물을 1몰이 되게 하려면 반응식의 계수들을 4로 나누어 주어야한다. $\Delta H^\circ$ 또한 $\tfrac{1}{4}$로 줄어들어야 한다.

**불타고 있는 숯.** 숯의 주성분은 탄소이고 숯이 타면 주로 이산화탄소가 생성된다. 숯불에서 나오는 에너지는 숯의 질량과 $CO_2(g)$의 표준 몰 생성 엔탈피로 부터 계산된다.

**실전예제 6.12**

다음 각 경우에 대하여 적절한 열화학 표현식을 쓰시오.(계수가 분수가 될 수도 있다.)

(a) 25°C에서 $NH_3(g)$의 표준 몰 생성엔탈피는 −46.11 kJ/mol이다.

(b) 25°C에서 CO(g)의 표준 몰 생성엔탈피는 −110.525 kJ/mol이다.

CONCEPTUAL
**개념학습 6.17 원소의 표준 몰 생성엔탈피**

$N_2(g)$의 표준 몰 생성엔탈피에 해당하는 열화학 표현식을 쓰시오.

(a) 이 반응식에서 만약 어떤 과정이 일어나고 있다면 그것은 무엇인가?

(b) 이것은 엔탈피 변화에 대하여 무엇을 함축하고 있는가?

표 6.2와 부록 J는 많은 화합물들에 대하여 미국립표준원(NIST)이 제공하는 $\Delta H_f^\circ$의 값을 수록하고 있다. 이 표에는 C(흑연)나 $O_2(g)$처럼 가장 안정한 형태로 존재하는 원소들의 값은 수록되지 않았다. 연습문제 6.17에서 살펴본 것처럼, 표준 상태에 있는 원소들의 표준 생성 엔탈피는 0이다. 왜냐하면 표준 상태의 똑 같은 원소들로부터 표준 상태의 원소 생성은 어떠한 화학적 물리적 변화도 포함하지 않는다.

헤스의 법칙을 이용하면 어떤 한 세트의 반응들이 더해져서 원하는 반응이 만들어지고 각 반응들의 표준 엔탈피를 알고 있다면, 원하는 반응의 표준 엔탈피 변화를 알

표 6.2 25°C에서 여러 가지 물질의 표준 몰 생성엔탈피

| 화학식 | 물질명 | 표준 몰 생성엔탈피 (kJ/mol) | 화학식 | 물질명 | 표준 몰 생성엔탈피 (kJ/mol) |
|---|---|---|---|---|---|
| $Al_2O_3(s)$ | Aluminum oxide | −1675.7 | HI(g) | Hydrogen iodide | 26.48 |
| $BaCO_3(s)$ | Barium carbonate | −1216.3 | KF(s) | Potassium fluoride | −567.27 |
| $CaCO_3(s)$ | Calcium carbonate | −1206.92 | KCl(s) | Potassium chloride | −436.747 |
| CaO(s) | Calcium oxide | −635.09 | KBr(s) | Potassium bromide | −393.8 |
| C(s, diamond) | Diamond | 1.895 | MgO(s) | Magnesium oxide | −601.70 |
| $CCl_4(\ell)$ | Carbon tetrachloride | −135.44 | $MgSO_4(s)$ | Magnesium sulfate | −1284.9 |
| $CH_4(g)$ | Methane | −74.81 | $Mg(OH)_2(s)$ | Magnesium hydroxide | −924.54 |
| $C_2H_5OH(\ell)$ | Ethyl alcohol | −277.69 | NaF(s) | Sodium fluoride | −573.647 |
| CO(g) | Carbon monoxide | −110.525 | NaCl(s) | Sodium chloride | −411.153 |
| $CO_2(g)$ | Carbon dioxide | −393.509 | NaBr(s) | Sodium bromide | −361.062 |
| $C_2H_2(g)$ | Acetylene (ethyne) | 226.73 | NaI(s) | Sodium iodide | −287.78 |
| $C_2H_4(g)$ | Ethylene (ethene) | 52.26 | $NH_3(g)$ | Ammonia | −46.11 |
| $C_2H_6(g)$ | Ethane | −84.68 | NO(g) | Nitrogen monoxide | 90.25 |

| 화학식 | 물질명 | 표준 몰 생성엔탈피 (kJ/mol) | 화학식 | 물질명 | 표준 몰 생성엔탈피 (kJ/mol) |
|---|---|---|---|---|---|
| $C_3H_8(g)$ | Propane | −103.8 | $NO_2(g)$ | Nitrogen dioxide | 33.18 |
| $C_4H_{10}(g)$ | Butane | −126.148 | $O_3(g)$ | Ozone | 142.7 |
| $C_6H_{12}O_6(s)$ | α−D−Glucose | −1274.4 | $PCl_3(\ell)$ | Phosphorus trichloride | −319.7 |
| $CuSO_4(s)$ | Copper(II) sulfate | −771.36 | $PCl_5(s)$ | Phosphorus pentachloride | −443.5 |
| $H_2O(g)$ | Water vapor | −241.818 | $SiO_2(s)$ | Silicon dioxide (quartz) | −910.94 |
| $H_2O(\ell)$ | Liquid water | −285.830 | $SnCl_2(s)$ | Tin(II) chloride | −325.1 |
| $HF(g)$ | Hydrogen fluoride | −271.1 | $SnCl_4(\ell)$ | Tin(IV) chloride | −511.3 |
| $HCl(g)$ | Hydrogen chloride | −92.307 | $SO_2(g)$ | Sulfur dioxide | −296.830 |
| $HBr(g)$ | Hydrogen bromide | −36.40 | $SO_3(g)$ | Sulfur trioxide | 395.72 |

*출처: Wagman, D. D., Evans, W. H., Parker, V. B., Schuman, R. H., Halow, I., Bailey, S. M., Churney, K. L., and Nuttall, R. The NBS Tables of Chemical Thermodynamic Properties. Journal of Physical and Chemical Reference Data, Vol. 11, Suppl. 2, 1982. (NBS, the National Bureau of Standards는 현재 NIST, the National Institute for Standards and Technology로 바뀌었다.)

아낼 수 있다. 예를 들어 어느 화학 엔지니어가 석회석(탄산칼슘)을 가열하여 생석회(산화칼슘)와 이산화탄소로 분해할 때 얼마의 열이 필요한지를 알고 싶다면

$$CaCO_3(s) \longrightarrow CaO(s) + CO_2(g) \qquad \Delta H^\circ = ?$$

먼저 모든 물질은 25°C에서 표준 상태에 있다고 가정하고, 표 6.2나 부록 J의 표에서 각 물질의 표준 몰 생성엔탈피를 찾으면 다음과 같은 열화학 표현식을 얻는다.

$$\text{(a)}\quad Ca(s) + C(\text{graphite}) + \tfrac{3}{2}O_2(g) \longrightarrow CaCO_3(s) \qquad \Delta H_a^\circ = -1206.9\text{ kJ}$$

$$\text{(b)}\quad Ca(s) + \tfrac{1}{2}O_2(g) \longrightarrow CaO(s) \qquad \Delta H_b^\circ = -635.1\text{ kJ}$$

$$\text{(c)}\quad C(\text{graphite}) + O_2(g) \longrightarrow CO_2(g) \qquad \Delta H_c^\circ = -393.5\text{ kJ}$$

석회석의 분해 반응을 얻을 수 있도록 3개의 화학반응식을 정리하여 더한다. 식(a)에서 $CaCO_3(s)$는 생성물이지만 우리가 바라는 반응에서는 반응물이 되어야 하다. 그러므로 식(a)의 방향을 바꿔주고 $\Delta H_a$°의 부호도 따라서 바꿔준다. 반면 우리가 바라는 반응식에서 $CaO(s)$와 $CO_2(g)$는 생성물이므로 식(b)와 (c)는 그대로 더해준다.

$$(a') = -(a)\quad CaCO_3(s) \longrightarrow \cancel{Ca(s)} + \cancel{C(\text{graphite})} + \cancel{\tfrac{3}{2}O_2(g)} \qquad \Delta H_{a'}^\circ = +1206.9\text{ kJ}$$

$$\text{(b)}\quad \cancel{Ca(s)} + \cancel{\tfrac{1}{2}O_2(g)} \longrightarrow CaO(s) \qquad \Delta H_b^\circ = -635.1\text{ kJ}$$

$$\text{(c)}\quad \cancel{C(\text{graphite})} + \cancel{O_2(g)} \longrightarrow CO_2(g) \qquad \Delta H_c^\circ = -393.5\text{ kJ}$$

$$CaCO_3(s) \longrightarrow CaO(s) + CO_2(g) \qquad \Delta H^\circ = +178.3\text{ kJ}$$

이러한 방법으로 식을 더할 때 각각 1몰의 C(흑연)와 Ca(s), $\frac{3}{2}$ 몰의 $O_2(g)$가 반응식의 양쪽에 나타나고 서로 상쇄된다. 따라서 이 반응식들의 합은 우리가 원하는 탄산칼슘의 분해반응이 되고, 엔탈피 변화의 합은 탄산칼슘의 분해 반응에 대한 엔탈피 변

화가 된다.

이 예로부터 또 다른 매우 유용한 결론을 내릴 수 있다. 계산은 수학적으로 다음과 같이 쓸 수 있다.

$$\begin{aligned}\Delta H^\circ &= \Delta H_f^\circ\{\mathrm{CaO(s)}\} + \Delta H_f^\circ\{\mathrm{CO_2(g)}\} - \Delta H_f^\circ\{\mathrm{CaCO_3(s)}\} \\ &= (-635.1\ \mathrm{kJ}) + (-393.5\ \mathrm{kJ}) - (-1206.9\ \mathrm{kJ}) = 178.3\ \mathrm{kJ}\end{aligned}$$

이 식은 생성물 CaO(s)와 $CO_2$(g)의 $\Delta H_f^\circ$ 를 더한 값에서 반응물 $CaCO_3$(s)의 $\Delta H_f^\circ$ 값을 빼고 있다. 수학적 계산은 다음과 같은 식으로 요약할 수 있다.

$$\begin{aligned}\Delta H^\circ = &\sum\{(\text{생성물의 몰수}) \times \Delta H_f^\circ(\text{생성물})\} \\ &-\sum\{(\text{반응물의 몰수}) \times \Delta H_f^\circ(\text{반응물})\} \qquad [6.11]\end{aligned}$$

이 식에 의하면 표준 반응엔탈피를 계산하기 위하여 다음과 같은 과정을 거친다. (1) 각 생성물의 표준 몰 생성엔탈피에 해당 생성물의 몰수를 곱하고 모두 더한다. (2) 각 반응물의 표준 몰 생성엔탈피에 해당 반응물의 몰수를 곱하고 모두 더한다. (3) 생성물의 합에서 반응물의 합을 뺀다. 이것은 모든 생성 반응에서 열화학적 표현식을 쓰고 헤스의 법칙을 적용하는데 유용한 지름길이다.

**예제 6.13 표준 몰 생성엔탈피의 사용**

가솔린에 들어있는 벤젠($C_6H_6$)은 가솔린의 옥탄가를 향상시키며 상업적으로 중요한 탄화수소이다. 1몰 당 연소엔탈피를 계산하시오. 즉 다음 반응의 $\Delta H^\circ$를 구하시오.

$$C_6H_6(\ell) + \tfrac{15}{2}\,O_2(g) \longrightarrow 6\,CO_2(g) + 3\,H_2O(\ell)$$

벤젠의 $\Delta H_f^\circ$ $\{C_6H_6(\ell)\}$= 49.0 kJ/mol 이고, 필요한 자료는 표 6.2를 참조하라.

**정답:** $\Delta H_f^\circ = -3267.5$ kJ

**풀이:** $\Delta H^\circ$를 계산하려면 반응에 포함된 모든 화합물들의 표준 몰 생성엔탈피 값이 필요하다($O_2$(g)는 표준 상태에 있으므로 포함시킬 필요가 없다). 표 6.2로 부터,

$$C(\mathrm{graphite}) + O_2(g) \longrightarrow CO_2(g) \qquad \Delta H_f^\circ = -393.509\ \mathrm{kJ/mol}$$

$$H_2(g) + \tfrac{1}{2}\,O_2(g) \longrightarrow H_2O(\ell) \qquad \Delta H_f^\circ = -285.830\ \mathrm{kJ/mol}$$

식 6.11을 사용하면,

$$\begin{aligned}\Delta H^\circ = &[6\ \mathrm{mol} \times \Delta H_f^\circ\{CO_2(g)\} + 3\ \mathrm{mol} \times \Delta H_f^\circ\{H_2O(\ell)\}] \\ &- [1\ \mathrm{mol}\ C_6H_6(\ell) \times \Delta H_f^\circ\{C_6H_6(\ell)\}] \\ = &[6\ \mathrm{mol} \times (-393.509\ \mathrm{kJ/mol}) + 3\ \mathrm{mol} \times (-285.830\ \mathrm{kJ/mol})] \\ &- [1\ \mathrm{mol} \times (49.0\ \mathrm{kJ/mol})] = -3267.5\ \mathrm{kJ}\end{aligned}$$

**실전예제 6.13**

니트로글리세린은 발열반응으로 분해되면서 네 가지 기체가 생성되기 때문에 폭발성이 매우 큰 물질이다. 10.0 g의 니트로글리세린이 폭발할 때 에너지 전이를 계산하시오.

$$2\,C_3H_5(NO_3)_3(\ell) \longrightarrow 3\,N_2(g) + \tfrac{1}{2}\,O_2(g) + 6\,CO_2(g) + 5\,H_2O(g)$$

니트로글리세린의 $\Delta H_f^\circ$ $\{C_3H_5(NO_3)_3(\ell)\}$= −364 kJ/mol 이고, 필요한 자료는 표 6.2를 참조하시오.

어떤 반응의 엔탈피 변화가 주어지고, 반응에서 어느 한 물질의 $\Delta H_f^\circ$만 모르고 다른 물질들의 $\Delta H_f^\circ$를 모두 알고 있다면, 모르는 물질의 $\Delta H_f^\circ$를 계산할 수 있다.

**예제 6.14 연소엔탈피로부터 표준 몰 생성엔탈피 구하기**

옥탄, $C_8H_{18}$은 가솔린에 들어 있는 탄화수소이다. 25°C에서 옥탄의 연소엔탈피는 −5116.0 kJ/mol이다. 표 6.2의 자료를 이용하여 옥탄의 표준 몰 생성 엔탈피를 계산하시오(연소 반응으로 수증기가 생성된다고 가정한다).

**정답:** $\Delta H_f^\circ = -208.4$ kJ

**풀이:** $\Delta H^\circ$ 를 계산하려는 목표 반응의 균형화학반응식을 세운다. 옥탄의 연소에 대한 균형화학반응식도 적는다.

두 반응식을 조사하여 옥탄의 표준몰생성엔탈피를 얻기 위해 필요한 추가 정보가 무엇인지 알아낸다.

(목표 반응식) $8\,C(s) + 9\,H_2(g) \longrightarrow C_8H_{18}(\ell)$ $\quad\Delta H_f^\circ = ??$ kJ/mol

(a) $C_8H_{18}(\ell) + \frac{25}{2}\,O_2(g) \longrightarrow 8\,CO_2(g) + 9\,H_2O(g)$ $\quad\Delta H^\circ_{combustion} = -5116.0$ kJ

연소반응식에는 1몰 $C_8H_{18}(\ell)$이 반응물로 포함되어 있고, 목표 반응식에는 1몰 $C_8H_{18}(\ell)$이 생성물로 포함되어 있다. 그러므로 연소반응의 방향을 바꾸면

(a′) $8\,CO_2(g) + 9\,H_2O(g) \longrightarrow C_8H_{18}(\ell) + \frac{25}{2}\,O_2(g)$ $\quad\Delta H^\circ = +5116.0$ kJ

목표 반응식의 반응물에는 8 C(s)와 9 $H_2(g)$가 있다. 이 원소들이 $O_2(g)$와 결합하면 이산화탄소와 물이되고 반응식(a′)의 왼편에 포함된다. 표 6.2로부터 $CO_2(g)$와 $H_2O(g)$의 표준몰생성엔탈피는

(b) $C(s) + O_2(g) \longrightarrow CO_2(g)$ $\quad\Delta H_f^\circ = -393.509$ kJ/mol

(c) $H_2(g) + \frac{1}{2}\,O_2(g) \longrightarrow H_2O(g)$ $\quad\Delta H_f^\circ = -241.818$ kJ/mol

반응식(b)에 8을 곱하고, 반응식(c)에는 9를 곱하면 목표 반응식의 반응물 계수와 같아진다.

(a′) $8\,CO_2(g) + 9\,H_2O(g) \longrightarrow C_8H_{18}(\ell) + \frac{25}{2}\,O_2(g)$ $\quad\Delta H^\circ = +5116.0$ kJ

(b′) $8\,C(s) + 8\,O_2(g) \longrightarrow 8\,CO_2(g)$ $\quad\Delta H^\circ = -3148.072$ kJ

(c′) $9\,H_2(g) + \frac{9}{2}\,O_2(g) \longrightarrow 9\,H_2O(g)$ $\quad\Delta H^\circ = -2176.362$ kJ/mol

---

$8\,C(s) + 9\,H_2(g) \longrightarrow C_8H_{18}(\ell)$

$$\Delta H_f^\circ = \Delta H_{a'}^\circ + \Delta H_{b'}^\circ + \Delta H_{c'}^\circ = -208.4 \text{ kJ/mol}$$

**실전예제 6.14**

표 6.2의 자료를 이용하여, 이산화황($SO_2(g)$)이 삼산화황($SO_3(g)$)으로 연소되는 반응의 몰 연소열을 계산하시오.

# 문제

## 에너지의 본질

**1.** (a) 초콜릿 케이크가 1670 kJ의 에너지를 제공한다. Cal 단위로는 얼마인가?
(b) 하루 1200 cal의 열량 이상 섭취하지 않는 다이어트 중이라면 하루 몇 J을 소비하는가?

**2.** 어느 맑은 날 태양에너지가 4.0 $min^{-1}$ $cm^{-2}$의 비율로 지구에 도달한다. 어느 주택의 편편한 사각형 모양의 지붕이 12 m × 12 m 라면 1시간 동안 지붕에 도달하는 태양에너지는 얼마인가?

## 에너지의 보존

**3.** 다음 과정에서 에너지가 어떻게 한 형태에서 다른 형태로 바뀌는지 기술하시오.
(a) 독립기념일에 폭죽의 퓨즈 선을 점화시켜 발사하면 1000피트 고도에서 폭발한다.
(b) 1갤런의 가솔린을 지하 연료 탱크로부터 자동차의 연료탱크에 채우고 25마일을 운전하는데 모두 사용한다.

**4.** 고체 염화암모늄을 물이 들어 있는 비커에 첨가하여 녹이면 비커가 차가워진다.
(a) 계와 주위를 적절히 선택하고 그것들을 명확하게 기술하시오.
(b) 왜 그런 계와 주위를 선택했는지 설명하시오.
(c) 에너지와 물질이 계로 흘러 들어가는지 계로부터 빠져 나오는지 확인하시오.
(d) 염화암모늄이 물에 녹는 과정은 발열인가 흡열인가?

**5.** 계가 주위로 75.4 J의 일을 하고, 동시에 주위에서 계로 25.7 cal의 열이 이동하였다면 계의 $\Delta E$는 얼마인가?

## 열용량

**6.** 다음중 어느 쪽이 더 큰 에너지 이동에 해당하는가? (a) 10.0 g의 물을 50°C에서 20°C 로 냉각 (b) 60.0 g의 알루미늄을 25°C에서 37°C로 가열

**7.** 한 손에는 1 g 구리를 다른 손에는 1 g 알루미늄을 쥐고 있고 각 금속은 0°C에 있다고 하자. 두 금속에 열에너지가 같은 속도로 전달될 때 어느 금속이 체온에 먼저 도달하는가?

**8.** 자동차의 냉각시스템에 5.00 quart의 액체가 들어 있다. 이 액체의 온도가 25°C에서 100°C 로 올라갈 때 이동한 열에너지의 양은 얼마인가? 액체가 물일 때와 에틸렌글리콜일 때를 서로 비교하시오. 물과 에틸렌글리콜의 밀도는 각각 1.00 g/$cm^3$ 와 1.113 g/$cm^3$ 이고 1 quart = 0.946 L 이다.

**9.** 미지의 금속 시료 23.4 g을 17.3°C에서 28.9°C로 올리는데 34.7 J이 필요하다. 표 6.1에서 이 시료에 해당하는 금속은?

**10.** 화학반응이 일어나서 20.7 J의 에너지가 계에서 주위로 이동하였다. 일은 없다고 가정하면
(a) $\Delta T$(주위)의 부호는 무엇인가?
(b) $\Delta E$(계)의 부호는 무엇인가?

## 에너지와 엔탈피

**11.** 0°C의 얼음 1.00 g을 녹이는데 필요한 에너지는 333 J이다. 접시에 한 개의 질량이 62.0 g인 얼음 조각 16개가 있다. 접시의 얼음 조각 모두를 0°C의 물로 녹이는데 필요한 에너지는 얼마인가?

**12.** 벤젠의 끓는점은 80.1°C이다. 20°C의 벤젠 1 kg을 끓는점까지 가열해서 모두 증기로 바꾸는데 얼마의 에너지가 필요한가? 벤젠의 비열은 1.74 J $g^{-1}$ $°C^{-1}$ 이고 증발엔탈피는 395 J/g이다.

**13.** 수증기－물－얼음에 대한 냉각 곡선을 그리시오.

## 열화학적 표현

**14.** 신체에서 에너지는 ATP(adenosine triphosphate)에 저장되는데 ATP는 ADP(adenosine diphosphate)와 이수소인산 이온($H_2PO_4^{2-}$)의 반응으로 생성된다.

$$ADP^{3-}(aq) + H_2PO_4^{2-}(aq) \longrightarrow ATP^{4-}(aq) + H_2O(\ell) \qquad \Delta H° = 38\ kJ$$

반응은 발열인가 흡열인가?

**15.** 주어진 열화학 표현식에서 다음 각 경우에 대하여 얼마의 에너지가 주위로 이동하는가?

$$H_2O(s) \longrightarrow H_2O(\ell) \qquad \Delta H° = 6.0 \text{ kJ}$$

(a) 34.2 mol 물이 얼 때

(b) 100.0 g 물이 얼 때

## 화학반응의 엔탈피 변화

**16.** 가솔린의 한 성분인 아이소옥탄의 연소에 대한 열화학반응은

$$2\,C_8H_{18}(\ell) + 25\,O_2(g) \longrightarrow 16\,CO_2(g) + 18\,H_2O(\ell) \qquad \Delta H° = -10.992 \text{ kJ}$$

다음에 대하여 열화학 표현식을 쓰시오.

(a) 4.00 mol $CO_2(g)$의 생성

(b) 100. mol 아이소옥탄의 연소

(c) 1.00 mol 아이소옥탄과 화학량론으로 반응하는 산소의 결합

**17.** 열화학 표현식으로부터 유도할 수 있는 모든 화학량론 인자들을 쓰시오.

$$CaO(s) + 3\,C(s) \longrightarrow CaC_2(s) + CO(g) \qquad \Delta H° = 464.8 \text{ kJ}$$

**18.** 가솔린과 에탄올의 혼합물인 "gasohol"은 자동차의 연료로 사용된다. 알코올은 산소와의 연소반응에서 에너지를 발생한다.

$$C_2H_5OH(\ell) + 3\,O_2(g) \longrightarrow 2\,CO_2(g) + 3\,H_2O(\ell) \qquad \Delta H° = -10922 \text{ kJ}$$

0.115 g 에탄올이 일정압력에서 연소할 때 3.62 kJ의 에너지를 발생한다. 에탄올의 몰 연소엔탈피는 얼마인가?

**19.** 목재가 타는 반응은 셀룰로오스(실험식, $CH_2O$)의 연소반응이다.

$$CH_2O(s) + O_2(g) \longrightarrow CO_2(g) + H_2O(g) \qquad \Delta H° = -425 \text{ kJ}$$

4.50 kg의 목재가 완전히 연소될 때 방출되는 에너지는 얼마인가? 목재는 완전히 건조되었고 위의 반응식으로 연소된다고 가정한다.

## 에너지는 어디서 오는 것일까?

**20.** HF, HCl, HBr, HI 중에서 가장 강한 화학결합을 하는 분자는?

**21.** 수소분자가 불소 분자 및 염소 분자와의 반응에 대하여

(a) 반응물의 모든 결합이 끊어지는 과정의 엔탈피 변화는?

(b) 생성물의 모든 결합이 생성되는 과정의 엔탈피 변화는?

(c) (a)와 (b)의 결과로부터 반응의 엔탈피 변화를 계산하시오.

(d) 어느 반응이 더 발열인가?

## 엔탈피 변화의 측정: 열계량법

**22.** 커피컵 열량계에 25°C의 물 200. mL 가 들어 있다. 여기에 0°C의 얼음 조각 15.0g을 넣었을 때 최종 온도는 얼마인가?

**23.** 봄베 열량계에서 반응으로 봄베와 물의 온도가 19.50°C에서 22.83°C로 상승하였다면 얼마의 에너지가 방출되었는가? 봄베의 열용량은 650 J/°C이고, 열량계는 320. g의 물을 포함한다.

## 헤스의 법칙

**24.** 주어진 자료를 이용하여 다음의 탄산스트론튬(불꽃놀이에서 붉은 빛을 내는 물질) 1몰 생성에 대한 표준엔탈피 변화를 계산하시오.

$$Sr(s) + C(\text{흑연}) + \tfrac{3}{2}\,O_2(g) \longrightarrow SrCO_3(s)$$

$$Sr(s) + \tfrac{1}{2}\,O_2(g) \longrightarrow SrO(s) \qquad \Delta H° = -592 \text{ kJ}$$

$$SrO(s) + CO_2(g) \longrightarrow SrCO_3(s) \qquad \Delta H° = -234 \text{ kJ}$$

$$C(\text{흑연}) + O_2(g) \longrightarrow CO_2(g) \qquad \Delta H° = -394 \text{ kJ}$$

## 표준 몰 생성엔탈피

**25.** 다음 각 화합물 1몰의 생성에 대한 균형 열화학식을 쓰시오. 표준 몰 생성엔탈피는 부록 J에서 찾을 수 있다.

(a) $Al_2O_3(s)$ (b) $TiCl_4(\ell)$

(c) $NH_4NO_3(s)$

**26.** 철은 산소와 반응하여 산화철(III)을 생성한다. 5.58 g의 Fe를 $O_2$와 가열하여 $Fe_2O_3(s)$를 생성할 때 일정한 압력에서 얼마의 열에너지가 계로부터 방출되는가?

# 7장

# 전자배치와 주기율표

© Getty Images Bank

불꽃놀이의 웅장한 색깔은 다양한 금속이온들에서 서로 다른 에너지준위 사이의 전자 전이에 기인한다. $Sr^{2+}$이온에서 전자 전이는 밝은 붉은색, $Ca^{2+}$이온에서는 오렌지색, $Ba^{2+}$이온에서는 초록색, $Cu^{2+}$이온에서는 푸른색, $Sr^{2+}$이온과 $Cu^{2+}$이온의 혼합물에서는 자주색을 나타낸다. 이 장에서는 가시광선을 방출하는 전자 전이에 대한 설명이 포함되어 있다.


7.1 전자기 복사와 물질

7.2 플랑크의 양자이론

7.3 수소원자에 대한 Bohr모델

7.4 Bohr모델을 넘어서: 원자의 양자역학적 모델

7.5 양자수, 에너지준위 및 원자오비탈

7.6 원자오비탈의 모양

7.7 원자의 전자배치

7.8 이온의 전자배치

7.9 주기적 경향: 원자반지름

7.10 주기적 경향: 이온반지름

7.11 주기적 경향: 이온화 에너지

7.12 주기적 경향: 전자친화도

7.13 이온화합물 생성에서의 에너지의 고찰


Dmitri Mendeleev는 실험 관찰들을 요약하여 주기율표를 고안해냈다. 그는 알칼리토금속이 산소와 1:1의 원자비로 결합하는 것은 알았으나 왜 그런지를 설명할 수 있는 이론이나 모델을 제시하지는 못 했다. 그러나 20세기 초 원자는 전자를 갖고 있다는 것이 명백해졌다. 이러한 발견으로 물리적, 화학적 성질의 주기적 경향에 대한 설명은 원자내의 전자의 배열, 즉 전자 배치를 이해하는 것에 근거를 두기 시작하였다. 원자나 분자가 빛과 어떻게 상호작용하는지에 대한 연구로부터 원자 내의 전자들은 에너지 준위 또는 껍질에 배열한다는 것을 알게 되었다. 어떤 껍질에 전자가 들어가는지는 전자의 에너지에 의해 결정된다. 가장 바깥 껍질의 전자는 원자가전자이다. 원자가전자의 수와 그 껍질은 원자의 화학적 반응성을 결정하는 중요한 요인이다. 이 장에서는 원자의 전자배치와 원자의 성질간의 관계를 설명하고, 원자나 이온들의 전자배치를 알아내는데 주기율표의 사용을 강조할 것이다.

## 7.1 전자기 복사와 물질

원자에서 전자의 에너지와 전자 배열에 관한 이론은 물질과 전자기 복사간의 상호작용에 대한 실험적 연구에 기초한다. 가시광선과 물질의 상호작용은 좋은 예의 하나이다. 물질의 색상은 우리 눈이 볼 수 있는 빛의 색과 항상 연관되어 있다. 네온사인의 붉은 색은 네온원자에 전기를 흘렸을 때 얻은 에너지를 네온 원자가 다시 잃으면서 발생하는 것이다. 폭죽에서 나오는 빛은 폭죽이 폭발하면서 가열된 금속원자의 여분의 에너지가 방출되는 것이다. 이러한 다양한 색의 빛은 어떻게 만들어지는 것일까?

물질을 통과하는 빛의 속도는 물질(공기, 유리, 물 등)의 화학적 조성과 빛의 파장에 의존한다. 이것은 유리프리즘을 사용하여 빛을 분산시키고, 무지개를 설명할 수 있는 근거이다.

원자내의 전자가 전기나 열 또는 다른 방법으로 에너지를 얻으면 원자는 '**여기**(excited)'되었다고 한다. 여분의 에너지는 때때로 가시광선이라는 전자기 복사의 형태로 방출된다. 원자가 여기될 때 원자가 얻은 에너지나 다시 방출되는 에너지를 조사하면 원자내의 전자 배치를 이해하는데 도움이 된다. 전자기 복사와 그 응용은 우리들에게 익숙하다. 햇빛, 자동차의 전조등, 치과의 X-ray, 전자레인지, 휴대전화 등이 전자기 복사의 몇 가지 응용들이다(그림 7.1) 이러한 복사선들은 서로 다른 것처럼 보이지만 실제는 매우 유사하다. 모든 전자기 복사는 서로 수직 방향으로 진동하는 전기장과

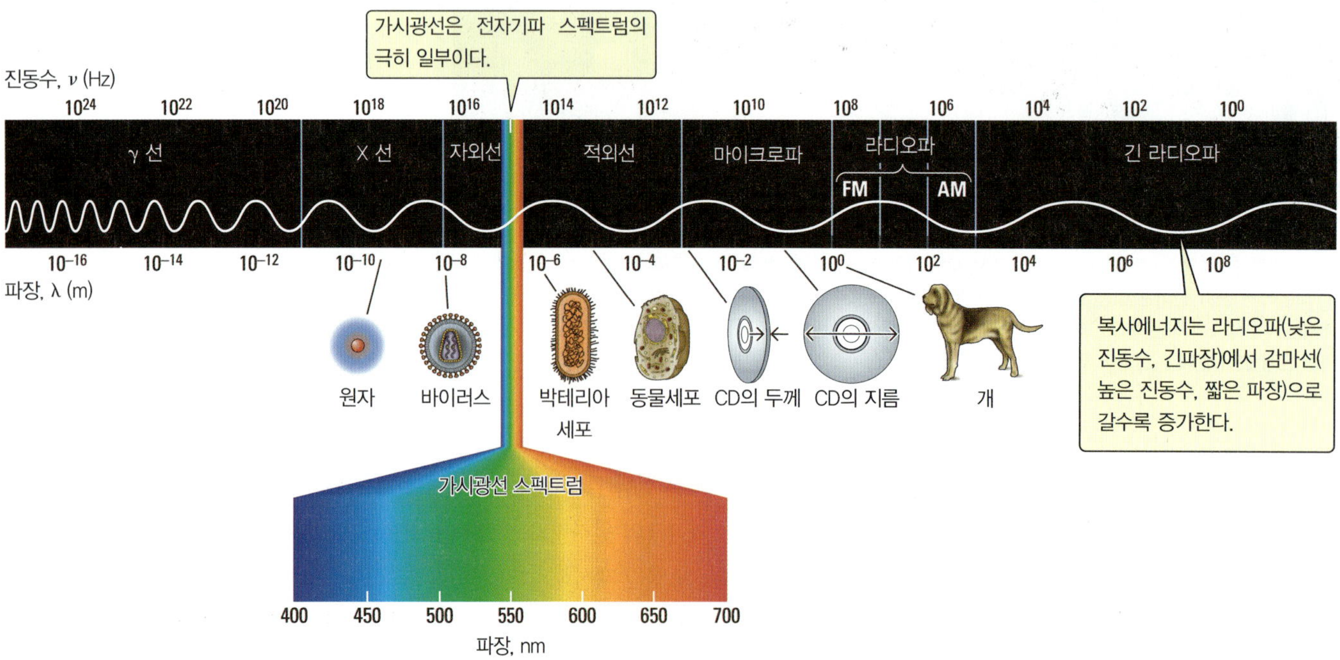


**그림 7.1 전자기 스펙트럼.** 전자기 스펙트럼의 파장을 물체의 크기와 비교하였다. 가시광선(확대한 부분)은 전체 스펙트럼의 작은 부분일 뿐이다.

**표 7.1** 전자기 스펙트럼의 여러 영역에서 사용되는 파장의 단위

| 파장단위 | 단위 길이(m) | 복사형태 |
|---|---|---|
| Picometer, pm | $10^{-12}$ | 감마선 |
| Ångström, Å | $10^{-10}$ | X-선 |
| Nanometer, nm | $10^{-9}$ | 자외선, 가시광선 |
| Micrometer, m | $10^{-6}$ | 적외선 |
| Millimeter, mm | $10^{-3}$ | 적외선 |
| Centimeter, cm | $10^{-2}$ | 마이크로파 |
| Meter, m | 1 | TV, 라디오파 |

자기장이 빛의 속도로 공간을 진행하는 것이다(진공에서의 빛의 속도 = $2.998 \times 10^8$ m/s). 모든 종류의 전자기 복사는 진동수($\nu$)와 파장($\lambda$)으로 기술할 수 있다. 스펙트럼은 물체가 흡수하거나 방출하는 전자기파의 파장이나 진동수의 세기 분포를 나타낸 것이다. 스펙트럼의 몇 가지 영역에서 파장과 진동수의 값을 그림 7.1에 나타내었다.

그림 7.2에 나타낸 것처럼, 파장은 파동에서 이웃하는 마루(또는 골)와 마루(골) 사이의 거리이고 진동수는 1초 동안 한 지점을 지나가는 파동의 수(파동/s 또는 간단히 1/s) 이다. 1/s 와 같은 역수의 단위는 종종 음의 지수 형태로 표시하기도하고 '매초당'의 의미를 갖는다. $4.80 \times 10^{14}\ s^{-1}$의 진동수는 매초당 어느 한 지점을 통과하는 파동이 $4.80 \times 10^{14}$개를 의미한다. $s^{-1}$의 단위는 헤르츠(Hz)라고도 한다.

헤르쯔 단위($s^{-1}$)는 독일의 물리학자 Heinrich Hertz를 기념하여 사용되고 있다.

소리와 같은 파동 현상에서 세기(음의 세기)는 진폭(파동 마루의 높이)과 관련이 있다(그림 7.2). 진폭이 클수록 소리가 세다. 예를 들어 피아노의 중앙 C음은 항상 같은 진동수와 파장을 갖지만 소리의 세기는 크거나(높은 진폭) 약할(낮은 진폭) 수 있다.

진공에서 빛의 속도, c는 일정하기 때문에 진동수와 파장은 반비례 관계임을 주목하라. 즉 하나가 감소하면 다른 하나는 증가한다.

전자기 복사의 진동수와 파장은 다음과 같이 서로 연관되어 있다.

$$\nu\lambda = c$$

여기서 c는 빛의 속도($2.998 \times 10^8$ m/s) 이다.

그림 7.1에 나타낸 것처럼 가시광선은 전자기 스펙트럼의 작은 부분이다. 짧은 파

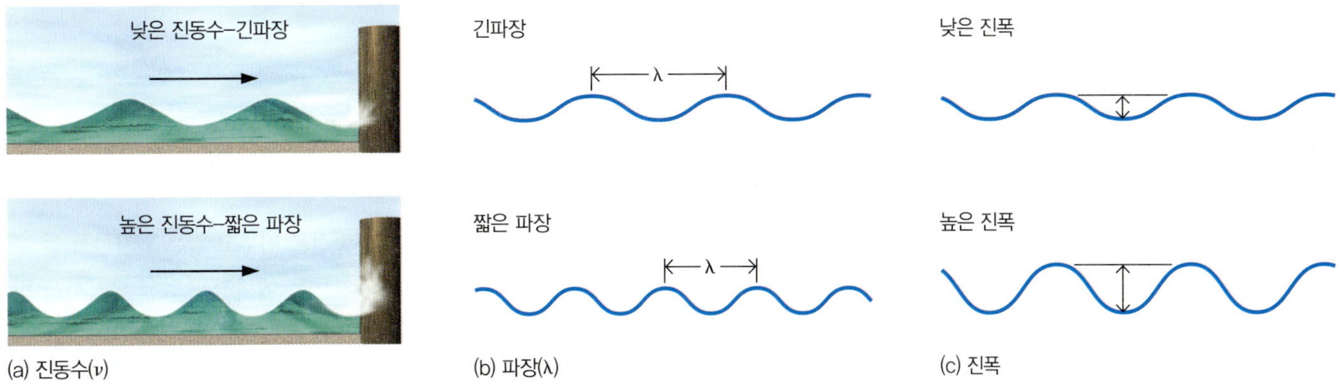


**그림 7.2 물결의 파장, 진동수 및 진폭.** (a) 파동은 왼쪽에서 오른쪽으로 기둥을 향하여 일정한 속도로 진행한다. 위의 파동은 긴 파장(큰)과 낮은 진동수(매초 당 파동의 마루가 기둥에 부딪히는 횟수)를 갖는다. 아래의 파동은 짧은 파장과 높은 진동수를 갖는다. (b) 파장의 변화 (c) 진폭의 변화

장의 복사선은 자외선, X선, 감마선(원자가 쪼개질 때 방출되는 방사선)을 포함한다. 열로서 감지되는 적외선은 파장이 가시광선보다 길다. 전자레인지나 텔레비젼, 라디오, 휴대전화 등에 사용되는 전자기파의 파장은 적외선보다도 더 길다.

**예제 7.1 파장과 진동수**

가정에서 음식을 데우는데 사용하는 전자레인지는 $2.45 \times 10^9\ s^{-1}$의 진동수를 사용한다. 이 복사선의 파장을 nm로 나타내시오.

**정답:** $1.22 \times 10^8$ nm

**풀이:** 복사선의 파장을 계산하기 위하여 진동수, 빛의 속도, 파장의 관계식을 적용하면

$$\lambda = \frac{c}{\nu} = \frac{2.998 \times 10^8\ \text{m/s}}{2.45 \times 10^9\ s^{-1}} = 0.122\ \text{m}$$

미터를 나노미터로 바꾸면

$$0.122\ \text{m} \times \frac{1 \times 10^9\ \text{nm}}{1\ \text{m}} = 1.22 \times 10^8\ \text{nm}$$

**실전예제 7.1**

DVD 플레이어에 사용되는 레이저의 파장이 405 nm일 때 이 복사선의 진동수는 몇 Hz인가?

**CONCEPTUAL 개념학습 7.1 진동수와 파장**

낮은 진동수의 복사선이 단파장 복사선이라고 한 학생이 주장하는데 동의하지 않는다. 그 학생이 틀린 이유를 설명하시오.

**CONCEPTUAL 개념학습 7.2 대기 중 복사선**

라디오 안테나의 길이는 복사선의 파장에 비례한다. 휴대전화기의 안테나는 보통 0.076 m 보다 짧은 반면 잠수함의 안테나는 2000 m 정도로 길다. 어느 쪽이 더 높은 진동수의 라디오파를 사용하는가?

## 7.2 플랑크의 양자이론

토스터기의 열선이 가열되는 것을 본적이 있는가? 열선을 이루고 있는 원자들을 볼 수는 없지만 전기에너지가 열선을 따라서 흐르면 원자들은 에너지를 얻고 복사선을 방출한다. 가열되었을 때 처음에는 열선으로부터 약간의 열(적외선)이 방출되는 것을 느낄 수 있다. 열선이 뜨거워지면서 빛을 내기 시작하는데 처음에는 붉은 색의 빛에서 오렌지색으로 변한다.(그림 7.3a) 열선이 더 뜨거워지면 거의 백색의 빛을 발한다. 그림 7.3b에 일반적으로 가열된 물체의 스펙트럼을 나타내었다.

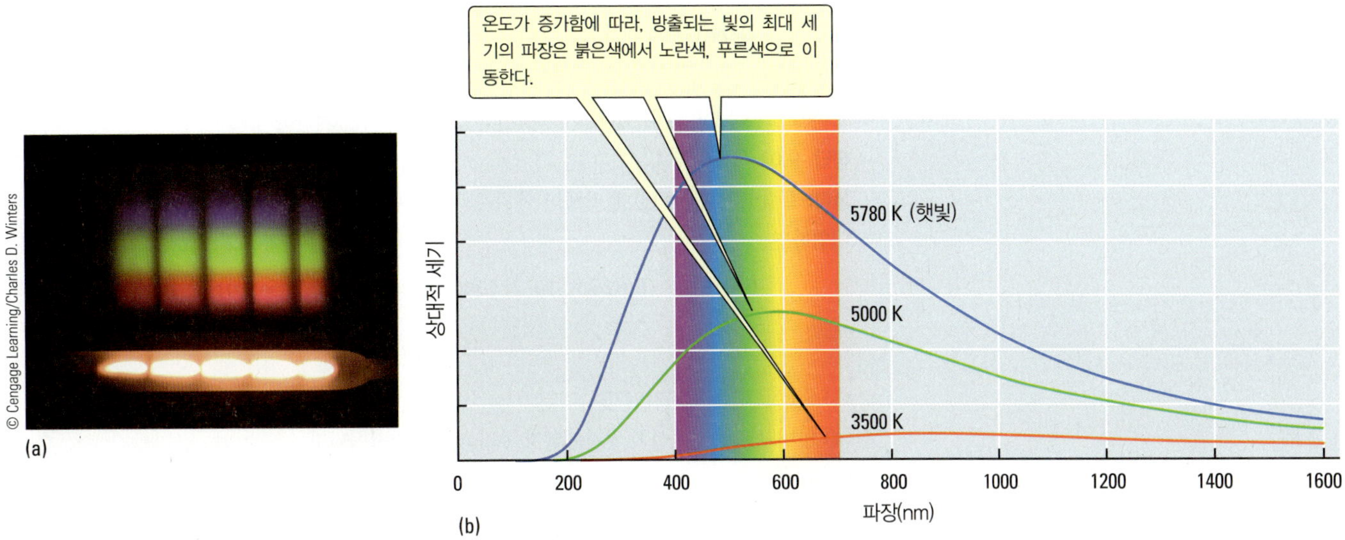


그림 7.3 **가열된 물체와 온도** (a) 토스터기의 가열된 열선. 뜨거운 열선의 색상과 온도 증가에 따른 스펙트럼의 연속적인 변화. (b) 가열된 물체로부터 방출되는 복사선의 스펙트럼. 매우 높은 온도로 가열된 물체는 가시광선의 전 영역에서 비슷한 세기로 복사선을 방출하기 때문에 백색으로 보인다.

뜨거운 물체로부터 방출되는 복사선의 성질을 설명하기 위하여 19세기 말의 과학자들은 뜨거운 물체내의 진동하는 원자가 전자기 진동 방출(빛)을 일으킨다고 가정하였다. 고전 물리학의 법칙에 따른다면 빛의 진동수는 연속적으로 어떤 값도 가능하다. 그러나 과학자들은 그런 법칙으로부터는 실험적으로 관측된 스펙트럼을 예측할 수 없었다.

1990년에 Max Planck(1858-1947)는 가열된 물체의 스펙트럼에 대한 설명을 제안하였다. 그의 아이디어는 과학적 사고에서 혁명의 씨앗을 내포하고 있었다. 플랑크는 그 당시로서는 고전물리학의 법칙으로부터 크게 벗어난 믿기 어려운 주장을 하였다. 그의 주장은 뜨거운 물체의 원자가 복사선을 방출할 때는 에너지의 최소량을 갖는 한 다발로만 방출한다는 것이었다. 즉 원자가 원소의 최소 단위인 것처럼 에너지의 최소 다발이 존재하고 그보다 더 작은 양으로는 방출되지 않는다. Planck는 이 에너지의 최소 다발을 양자(quantum)라고 불렀다. 그는 더 나아가 양자에너지는 다음과 같은 식에 따라 복사선의 진동수에 비례한다고 주장하였다.

양자는 주어진 진동수의 전자기 복사에너지의 최소단위를 의미한다.

$$E_{\text{quantum}} = h\nu_{\text{radiation}}$$

비례상수 $h$는 그를 기려 플랑크상수라고 부른다. 상수의 값은 $6.626 \times 10^{-34}$ J s이고 복사선의 진동수를 양자 당 에너지와 연관시켜준다.

진동수가 $4.80 \times 10^{14}\ \text{s}^{-1}$인 오렌지색의 빛이 있을 때 이 빛의 양자 하나의 에너지는

$$E = h\nu = (6.626 \times 10^{-34}\ \text{J}\cdot\text{s})(4.80 \times 10^{14}\ \text{s}^{-1}) = 3.18 \times 10^{-19}\ \text{J}$$

플랑크의 연구에 기초한 이론을 양자이론(quantum theory)이라고 한다. 이 이론으로 Planck는 고전 물리학으로는 설명할 수 없었던 가열된 물체에서 방출되는 복사 스펙트럼과 매우 잘 일치하는 계산 결과를 얻을 수 있었다.

1918년 Max Planck는 양자이론으로 노벨물리학상을 수상하였다.

**예제 7.2 양자에너지의 계산**

성층권에서 진동수가 $1.36 \times 10^{15}\ s^{-1}$인 자외선은 CFCs의 C—Cl 결합을 끊어 성층권의 오존 고갈을 불러 올 수 있다. 이 복사선의 양자 에너지를 계산하시오.

**정답:** $9.01 \times 10^{-19}$ J

**풀이:** 플랑크의 양자이론에 따르면 에너지와 진동수의 관계는 $E = h\nu$ 이다. $h$와 $\nu$ 값을 대입하면,

$$E = h\nu = (6.626 \times 10^{-34}\ \text{J·s})(1.36 \times 10^{15}\ \text{s}^{-1}) = 9.01 \times 10^{-19}\ \text{J}$$

**실전예제 7.2**

어느 것이 더 큰 에너지인가?

(a) 마이크로파 복사선의 양자에너지와 자외선의 양자에너지

(b) 푸른색 빛의 양자에너지와 녹색 빛의 양자에너지

$E = h\nu$와 $\nu = c/\lambda$로부터 복사선의 양자에너지와 파장 사이에 다음과 같은 매우 중요한 관계식이 얻어진다.

$$E = \frac{hc}{\lambda}$$

여기서 $h$는 플랑크상수, $c$는 빛의 속도, $\lambda$는 복사선의 파장이다. 에너지와 파장은 서로 반비례한다는 것을 주목하라. 복사선의 양자에너지는 파장이 짧아질수록 증가한다. 예를 들어 붉은색 빛과 푸른색 빛의 파장은 각각 656.3 nm와 434.1 nm이다. 푸른색 빛의 파장이 더 짧기 때문에 양자에너지는 더 크다. 앞의 식을 적용하여 양

## ESTIMATION Turning on the Light Bulb

You turn the switch and a living room lamp comes on. Assume that the lamp emits only yellow light (585 nm), producing 20 J of energy in one second. Approximately how many quanta of yellow light are given off by the lamp in that time?

To find out, we first determine the energy of each 585-nm quantum by using the relationship $E = \frac{hc}{\lambda}$. We approximate by rounding the value of Planck's constant to $7 \times 10^{-34}$ J·s and that of $c$, the speed of light, to $3 \times 10^{8}$ m/s. The wavelength of the quanta we round to approximately $600 \times 10^{-9}$ m; remember we have to convert nanometers to meters: 1 nm = $1 \times 10^{-9}$ m. Therefore, the energy, $E$, of each quantum is

$$\frac{(7 \times 10^{-34}\ \text{J·s})(3 \times 10^{8}\ \text{m/s})}{600 \times 10^{-9}\ \text{m}}$$

which is about $4 \times 10^{-19}$ J per quantum. Using this value and the total energy generated in one second, we can calculate the number of quanta of yellow light emitted in that time.

$$\text{Number of quanta} = \frac{\text{total energy}}{\text{energy of each quantum}} = \frac{20\ \text{J}}{4 \times 10^{-19}\ \text{J/quantum}} = 5 \times 10^{19}\ \text{quanta}$$

a considerable number, just slightly less than the number of milliliters of water ($6 \times 10^{18}$ mL) in the Atlantic Ocean.

Visit this book's companion website at **www.cengage.com/chemistry/moore** to work an interactive module based on this material.

자에너지를 계산할 수 있다.

$$E_{red} = \frac{(6.626 \times 10^{-34} \text{ J}\cdot\text{s})(2.998 \times 10^{8} \text{ m/s})}{(656.3 \text{ nm})(1 \text{ m}/10^{9} \text{ nm})} = 3.027 \times 10^{-19} \text{ J}$$

$$E_{blue} = \frac{(6.626 \times 10^{-34} \text{ J}\cdot\text{s})(2.998 \times 10^{8} \text{ m/s})}{(434.1 \text{ nm})(1 \text{ m}/10^{9} \text{ nm})} = 4.576 \times 10^{-19} \text{ J}$$

EXERCISE
**연습문제** 7.3 **에너지, 파장, 드릴링**

구멍을 뚫는 한 가지 방법으로 기계 드릴보다 마이크로파 드릴을 사용할 수 있다. 이 장비는 2.45 GHz의 강력한 마이크로파를 사용한다. 이 마이크로파의 파장과 에너지를 계산하시오.

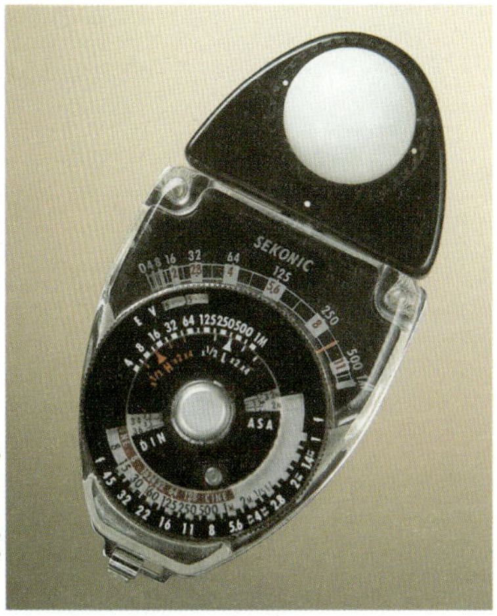




**광전 효과의 응용.** 사진 필름의 노출을 결정하기 위하여 광량측정기의 센서로 사용된다.

## 광전 효과

어떤 이론이 실험 결과를 정확하게 예측할 때 그 이론은 매우 유용하다. 플랑크의 양자이론은 에너지가 양자화 되어 있다는 급진적인 주장 때문에 처음에는 널리 받아들여지지 않았다. 전자기 에너지의 양자이론은 아인슈타인이 플랑크의 이론을 적용하여 광전 효과를 설명한 후에야 비로소 확고하게 받아들여졌다.

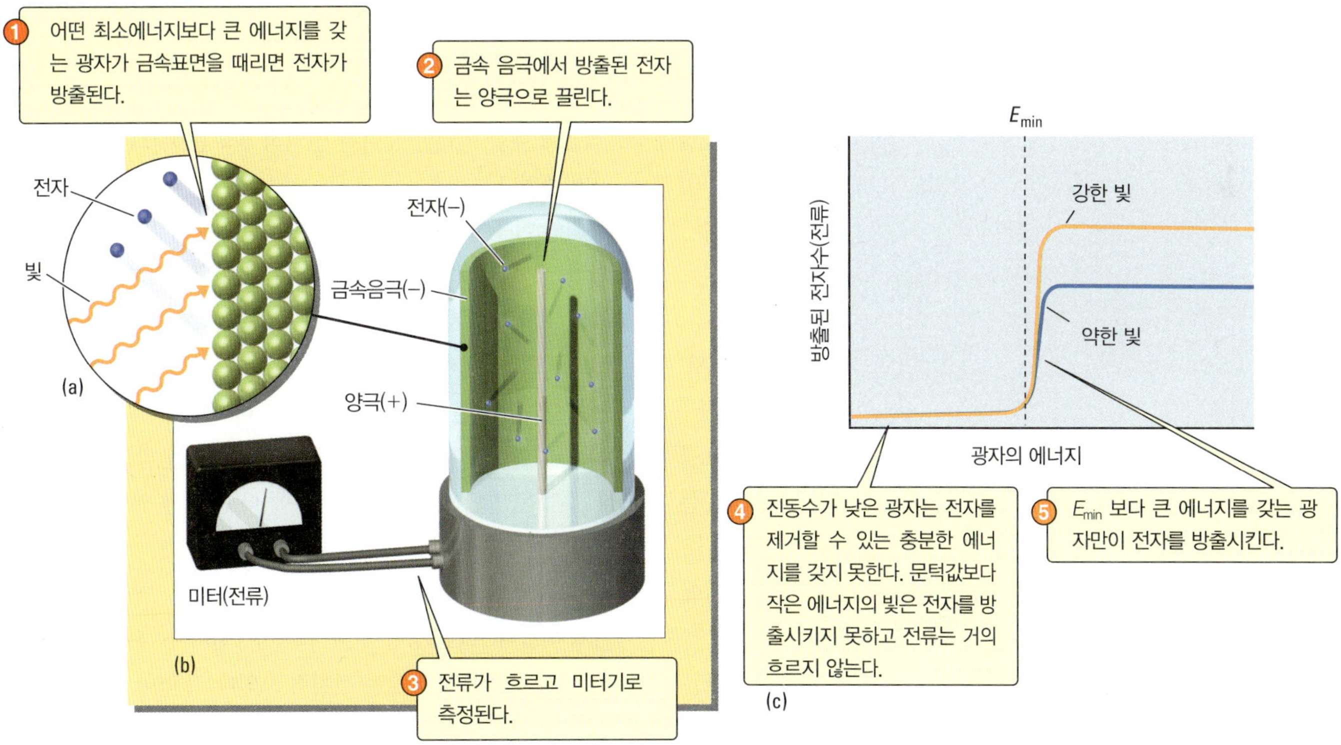


**그림 7.4 광전 효과.** (a)광전자 표면 (b)광전지. 문턱에너지보다 큰 에너지를 갖는 광자만이 금속표면으로부터 전자를 방출시킬 수 있다. (c) 방출된 전자와 에너지. 낮은 에너지의 광자(그림의 왼쪽 부분)는 전자를 방출시킬 수 있는 충분한 에너지를 갖고 있지 않다. 방출되는 전자 수(전류)는 빛의 에너지가 아니라 빛의 세기에 의존한다. 웹사이트 www.cengage.com/chemistry/moore 를 방문하면 이 그림의 개념들을 더 잘 이해할 수 있을 것이다.

1900년대 초반 어떤 금속들은 **광전 효과**(photoelectric effect)를 보인다는 것이 알려졌다. 금속들에 일정 파장의 빛을 쪼여주면 전자가 방출된다(그림 7.4a). 각 금속들에서 일정 파장아래에서는 광전효과가 나타나지 않는 문턱 파장이 존재한다. 예를 들어 세슘금속(Cs)에 붉은 색의 빛을 쪼이면 전자가 방출된다. 반면에 다른 금속들은 전자를 방출하기 위해서 노란색 빛이나 자외선이 요구된다. 이 차이는 각각의 빛이 서로 다른 파장과 양자에너지를 갖기 때문이다. 붉은 색의 빛은 노란색 빛이나 자외선보다 파장은 길고 에너지는 작다. 금속으로부터 전자를 방출할 수 있는 문턱에너지보다 작은 에너지의 빛은 아무리 밝아도 전자를 방출시킬 수 없다. 그림 7.4b는 광전지에서 음극으로 부터 방출된 전자가 어떻게 양극으로 이동하여 전기가 흐르는 지를 보여준다. 그림 7.4c는 금속에 충분한 양자에너지의 빛이 쪼여졌을 때 전류가 갑자기 증가하는 것을 보여준다.

아인슈타인은 이러한 실험적 관찰을 플랑크의 양자가 질량이 없는 빛 입자라고 가정하여 설명하였다. 아인슈타인을 이것을 양자라는 용어 대신에 **광자**(photon)라고 불렀다. 즉 빛을 파동성뿐만 아니라 입자성도 갖는 광자의 흐름으로 기술하였다. 금속으로부터 전자를 하나 떼어내기 위해서 어떤 최소량의 에너지($E_{min}$)가 필요하다. 각각의 광자에너지는 $E = h\nu$ 이므로 이 보다 큰 에너지를 갖는 광자만이 전자를 떼어내는데 필요한 에너지를 제공한다. 따라서 충분히 높은 진동수의 광자가 금속에 조사될 때까지 전자는 방출되지 않는다. 낮은 진동수의 광자(그림 7.4c의 왼쪽)는 전자를 떼어낼 수 있는 충분한 에너지를 갖고 있지 않다. 이것은 어떤 금속으로부터 전자를 방출시키는데 녹색 빛이 요구된다면 노란색, 붉은색, 또는 더 낮은 진동수의 빛으로는 광전효과를 일으킬만한 충분한 에너지를 제공할 수 없다는 것을 의미한다. 빛의 양자화된 성질과 빛과 물질의 상호작용에 대한 이러한 빛나는 연역적 사고는 1921년 아인슈타인에게 노벨물리학상을 안겨 주었다.

광자의 에너지는 실용적인 이유에서 중요하다. 자외선 광자는 피부에 유해하지만 가시광선 광자는 그렇지 않다. 우리는 태양으로부터 피부를 보호하기 위하여 자외선을 선택적으로 흡수하는 분자를 포함하는 자외선차단제를 사용한다. X선 광자는 자외선 광자보다 에너지가 더 크고 세포단위에서 분자를 파괴하여 유전자 변형을 초래할 수도 있다. 이러한 이유 때문에 자외선 노출보다도 X선 노출을 더 제한하도록 해야 한다.

양자이론에서 복사선의 세기는 광자수에 비례한다. 총 에너지는 광자의 에너지에 광자수를 곱한 값이다.

그림 7.4c를 다시 보면 세기가 더 강한 광원이 더 많은 광전류를 발생시킨다. 더 강한 자외선(또는 더 오래 노출)은 약한 자외선보다 피부에 더 큰 해를 입힌다. X선과 같은 더 큰 에너지 형태의 전자기파도 마찬가지이다.

빛의 굴절은 한 매질에서 다른 매질로 빛이 진행할때(예를 들어 공기에서 물로) 경로가 꺾이는 것이다. 회절은 회절격자의 슬릿처럼 물체의 가장자리 주변에서 빛이 휘어지는 것이다.

광전 효과에 대한 아인슈타인의 설명과 같은 진전은 궁극적으로 '빛의 이중성'을 수용하는 방향으로 나아가게 되었다. 실험 상황에 따라 가시광선이나 다른 모든 형태의 전자기 복사는 '파동' 혹은 '입자'의 특성을 갖는 것처럼 보인다. 그러나 빛의 행동을 완전하게 설명하기 위해서는 두 가지 성질 모두 필요하다. 고전적인 파동 이론은 광전효과를 설명하는데 실패하였지만 프리즘에 의한 빛의 굴절이나 격자에 의한 빛의 회절은 잘 설명할 수 있다. 빛이 인접한 좁은 틈새를 지날 때 파동은 분산되어 퍼지게 되는데 이러한 현상을 회절이라고 한다. 좁은 틈새를 통해서 나오는 반원형의 파동들은 서로 증폭되거나 상쇄된다. 이런 행동은 그림 7.5에서 보는 것처럼 밝고 어두운 부분

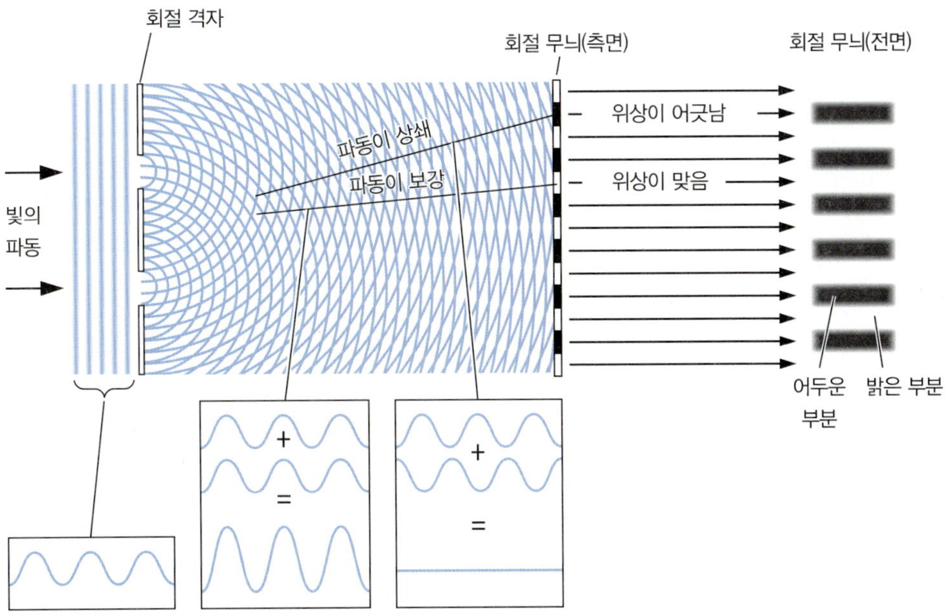


**그림 7.5 회절 무늬.** 회절격자의 슬릿을 통과하는 빛은 흩어진다. 이웃하는 파동의 위상이 일치하면 서로 보강되어 밝은 영역이 나타나고, 어긋나면 서로 상쇄되어 어두운 영역이 나타난다.

들의 회절 무늬를 만든다.

그러나 이러한 이중성의 묘사는 현상을 설명하는데 부적절한 모델을 사용하기 때문이라는 것을 알아야 한다. 빛은 파동이었다가 입자로 입자이었다가 파동으로 변하는 그런 것이 아니고 현대의 양자이론으로 기술되는 하나의 유일한 성질을 갖는다. 이중성이라는 기술은 빛을 우리에게 친숙한 파동성 또는 입자성에 대한 고전적인 모델로 설명하려고 할 때 야기되는 것이다.

광전 효과에 대한 아인슈타인의 설명이 있기전에는, 빛은 파동이라고 보았다.

## 7.3 수소원자에 대한 Bohr모델

약 10년(1900−1911)에 걸쳐서 원자와 전자기 복사에 대한 세 가지 주요한 발견이 이루어졌다. 처음 두 가지는 지난 단원에서 언급하였던 에너지가 양자화되어 있다는 Max Planck의 제안과 그로부터 5년 후 광전 효과를 설명하기 위한 Einstein의 양자 개념의 응용이다. 세 번째는 1911년 Rutherford가 원자는 매우 무거운 핵과 그 주위의 전자들을 포함한다는 사실을 실험적으로 입증한 것이다. 1913년 Niels Bohr는 이 세 가지 개념을 연결하여 수소원자에서의 전자의 행동을 설명하는데 양자이론을 사용하였다. Bohr는 수소원자가 어떻게 특정한 파장의 빛만 방출하거나 흡수하는지를 설명하는 수학적 모델을 개발하였다. 이 현상은 거의 반세기 동안 설명되지 못하고 있었다. Bohr의 설명을 이해하기 위하여 가시광선 스펙트럼을 들여다보자.

태양이나 백열등으로부터 나오는 백색광의 스펙트럼은 그림 7.6에 보이는 것처럼 무지개 색들로 구성되어 있다. 이 연속적인 스펙트럼은 가시광선 영역의 모든 파장의 빛을 포함한다.

**네온사인의 다양한 색상의 빛은 여러가지 기체들로부터 방출된다.**

**그림 7.6 백색광의 연속스펙트럼.** 백색광을 슬릿을 통과시켜 가늘게 만들고 프리즘에 굴절시키면 다양한 색상의 빛이 서로 섞여 있는 것을 알 수 있다.

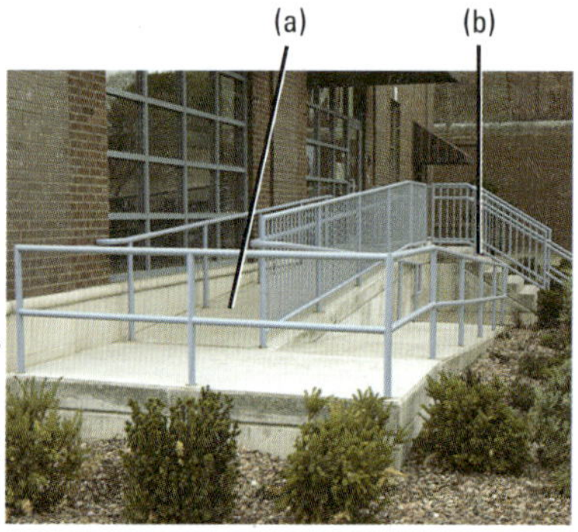



(a) 경사로(양자화되어 있지 않음)
(b) 계단(양자화되어 있음)

낮은 압력의 기체 원소에 고전압을 걸어주면 원자는 에너지를 흡수하여 들뜨게 된다. 들뜬 원자는 흡수하였던 에너지를 전자기 복사로 다시 방출한다. 네온 광고판에서는 들뜬 네온 원자로부터 붉은 오렌지색의 빛이 방출된다. 이러한 빛을 프리즘을 통과시켜 스크린에 비춰보면 원소의 특징적인 몇 가지 색의 선만 보인다. 수소, 수은, 네온의 들뜬 원자로부터 방출되는 가시광선 영역의 선스펙트럼을 그림 7.7에 나타내었다.

1880년대 처음으로 연구된 수소의 선스펙트럼은 매우 단순한 구조를 가졌다. 그 당시 가시광선 영역의 스펙트럼선들은 정확하게 측정되었다(그림 7.7). 이어서 자외선($\lambda < 400$nm)과 적외선영역($\lambda > 700$nm)의 일련의 스펙트럼선들이 발견되었다.

Bohr는 수소원자의 전자는 핵 주변의 원형 궤도에서 움직인다는 과감한 가정으로 수소원자의 방출선 스펙트럼을 처음으로 설명할 수 있었다. 그리고 고전물리학의 법칙을 사용하지 않고 전자의 에너지를 궤도의 반지름과 관련지었다. 전자에 넓은 에너지 범위를 허용하지 않고 자신의 원자모델에 에너지가 양자화 된다는 Planck의 아이디어를 접목한 양자이론을 도입하였다. Bohr모델에서 전자는 특정한 반지름의 궤도 상에서만 핵 주위를 선회하고 이것은 특정한 에너지에 해당한다. 따라서 전자의 에너지는 양자화 되어 있고 전자는 일정량의 에너지를 얻거나 잃지 않는다면 특정 에너지 준위에 한정된다는 것이다. Bohr는 이러한 에너지 준위를 궤도(orbit)라 부르고 인접한 두 궤도 사이의 에너지 차이를 특정양의 에너지로 나타내었다. 허용된 궤도를 각각 주 양자수(principal quantum number)라고 알려진 양의 정수 $n$으로 표기하였다.

Bohr모델에서 가능한 궤도의 $n$ 값은 1과 무한대 사이의 어떤 정수도 가능하다. 전자의 에너지와 궤도의 크기는 $n$이 증가하면 따라서 증가한다. 가장 낮은 에너지 궤도 ($n = 1$)는 핵에 가장 가까이 있고 전자는 보통 이 에너지 준위에 놓인다. 전자들의 배열이 총에너지가 최소 값을 나타낼 때 원자는 바닥상태(ground state)에 있다고 한다. 양전하의 핵은 음전하의 전자를 끌어당기기 때문에 낮은 에너지 상태(작은 $n$)에서 높은 에너지 상태(큰 $n$)로 들뜨기 위해서 전자는 에너지를 흡수해야 한다. 반대로 전자가 높은 에너지 상태에서 낮은 에너지 상태로 떨어질 때는 에너지를 방출하게 된다(그림 7.8). 그림 7.8에서 보는 것처럼 수소원자의 방출 스펙트럼선들 중 자외선 영역은 $n > 1$에서 $n = 1$로의 전이, 가시광선 영역은 $n > 2$에서 $n = 2$로의 전이, 적외

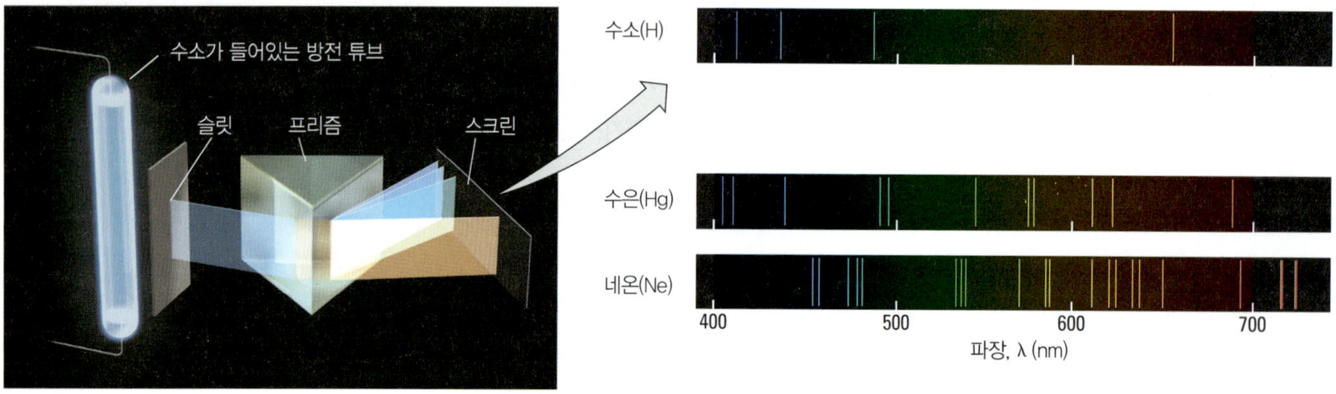


**그림 7.7 수소, 수은, 네온원자의 방출스펙트럼선.** 들뜬 기체 원소는 원소를 확인하거나 정량하는데 사용할 수 있는 특정한 선스펙트럼을 준다.

선 영역은 $n > 3$ (또는 $n > 4$)에서 $n = 3$(또는 $n = 4$)으로의 전이이다. 수소원자에서 전자가 가질 수 있는 가장 높은 퍼텐셜에너지는 양성자로부터 전자를 분리할 때에 가해지는 에너지이다. Bohr는 이 상황을 $n = \infty$의 상태로 나타내고 에너지를 0으로 잡았다. 따라서 그림 7.8에 나타낸 것처럼 $n < \infty$ 전자의 퍼텐셜에너지는 음이다.

수소원자에서 전자의 가장 높은 에너지를 임의로 0으로 정한 것의 비유를 살펴보자. 테이블 위에 놓여 있는 책은 임의로 0의 퍼텐셜에너지를 갖는다고 할 수 있다. 책이 테이블에서 의자로 또 바닥으로 떨어질 때 에너지를 잃는다. 바닥에서의 퍼텐셜에너지는 테이블이나 의자에서의 그것과 비교하여 음의 값이다. 높은 에너지 준위에서 낮은 에너지 준위로 떨어지는 전자의 경우도 마찬가지이다. 전자는 에너지를 잃어야 한다. 따라서 원자내의 허용된 에너지 상태에서 전자의 에너지는 0보다 작아야하고 즉 음의 값을 갖게 된다.

수소원자에서 전자가 양자 에너지를 흡수하여 $n > 1$인 궤도로 전이되면 원자는 바닥상태보다 더 큰 에너지를 갖는 들뜬상태(excited state)에 있다고 한다. 원자의 들뜬상태는 불안정하다. 전자가 들뜬상태로부터 바닥상태로 되돌아 올 때 전자는 들뜰 때 얻었던 에너지를 방출한다. 이 에너지는 $hc/\lambda$ 의 에너지를 갖는 광자로 방출된다.

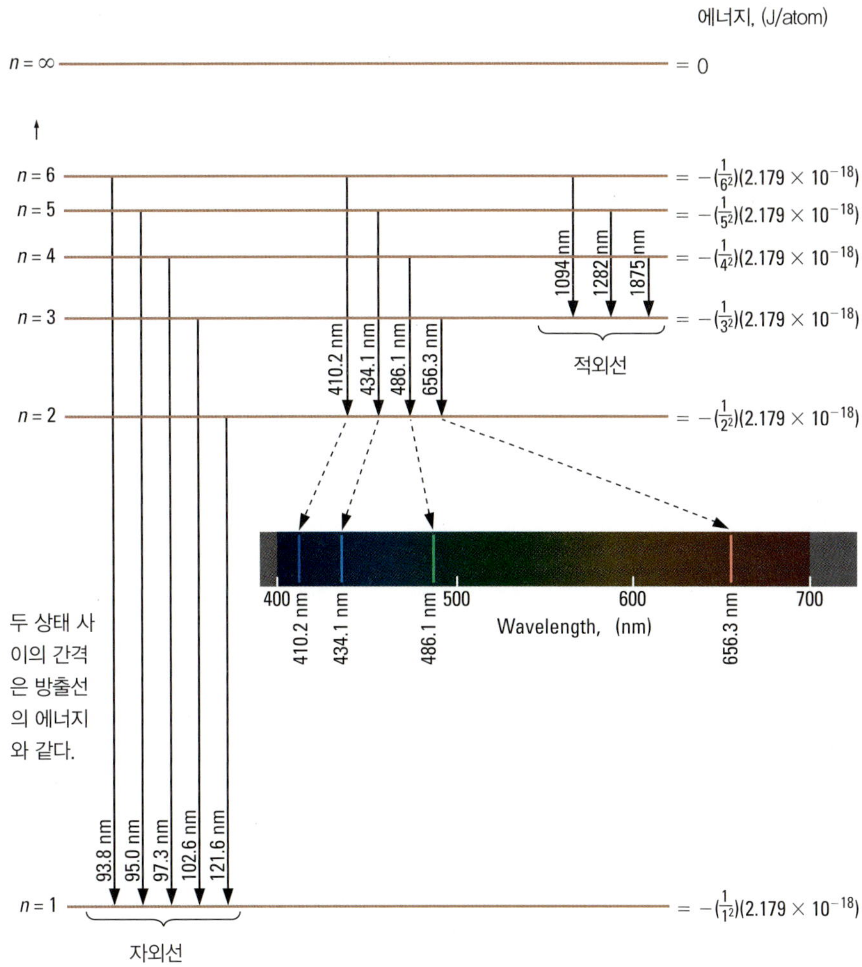


**그림 7.8 들뜬 H 원자에서의 전자전이.** 자외선 영역의 선들은 모두 $n = 1$ 로의 전이 결과이다. $n > 2$에서 $n = 2$ 로의 전이는 가시광선 영역에서 나타난다. 적외선 영역의 선들은 $n > 3$ 또는 4에서 $n = 3$ 또는 4 로의 전이 결과이다. (여기서는 $n = 3$으로의 전이만 나타내었다.)

© Getty Images Bank

불꽃놀이의 화려한 빛은 가시광선 영역에서의 전자전이 때문이다.

광자의 에너지는 원자의 두 에너지 준위 사이의 차이에 해당한다(그림 7.8). Bohr에 의하면 수소의 방출 스펙트럼선을 구성하는 빛은 높은 에너지준위에서 핵 가까이의 낮은 에너지준위로 떨어지는 전자로부터 나오는 것이다.

**예제 7.3 전자전이**

수소원자에서 네 가지 가능한 전자 전이는 다음과 같다.

| | $n_{처음}$ | $n_{마지막}$ |
|---|---|---|
| (1) | 2 | 5 |
| (2) | 5 | 3 |
| (3) | 7 | 2 |
| (4) | 4 | 6 |

(a) 에너지를 잃는 전이는?

(b) 가장 큰 에너지를 얻는 전이는?

(c) 가장 큰 에너지를 방출하는 전이는?

**정답:**

(a) (2)와 (3) (b) (1) (c) (3)

**풀이:** 우선, 처음과 마지막 에너지 준위를 서로 비교해 본다.

(a) 높은 $n$에서 낮은 $n$으로 전자가 떨어지면 에너지가 방출된다.

(b) 낮은 $n$에서 높은 $n$으로 전자가 올라가면 에너지를 얻는다.

(c) $n = 7 \rightarrow n = 2$ 전이가 가장 큰 에너지 차이를 나타낸다.

**실전예제 7.3**

수소원자에서 예제 7.3의 전이들보다 더 큰 에너지의 전이를 두 가지 들어라.

CONCEPTUAL
**개념학습 7.4 한 원자의 여러 개의 스펙트럼 선**

수소원자에는 전자가 1개뿐이지만 방출 스펙트럼 선은 여러 개가 있다. 보어 이론은 이것을 어떻게 설명하는가?

EXERCISE
**연습문제 7.5 전자전이**

수소원자에서 다음 전이들은 에너지를 방출 하는가 또는 흡수하는가?

(a) $n = 3 \rightarrow n = 2$ (b) $n = 1 \rightarrow n = 4$

(c) $n = 5 \rightarrow n = 3$ (d) $n = 6 \rightarrow n = 2$

Bohr의 계산에 의하면 수소원자에서 허용된 전자의 에너지는 주양자수 $n$에 의해서 제한을 받는다. 식에 의하면

$$E = -\left(\frac{1}{n^2}\right)2.179 \times 10^{-18}\,\mathrm{J} \qquad (n = 1, 2, 3, \ldots)$$

여기서 Rydberg 상수라고 부르는 $2.179 \times 10^{-18}$J 은 이론적으로 계산된다. 음의 부호는 전자와 양성자가 완전히 분리되었을 때($n = \infty$)의 에너지를 영으로 정했기 때문에 발생한다. 이러한 기준으로 원자 내 전자의 모든 에너지는 음이다(그림 7.8).

$n = \infty$ 일때 E는 0이 된다.

바닥상태 수소원자($n = 1$)에서 전자의 에너지는

$$E = -\left(\frac{1}{n^2}\right)2.179 \times 10^{-18}\,\mathrm{J} = -\left(\frac{1}{1^2}\right)2.179 \times 10^{-18}\,\mathrm{J} = -2.179 \times 10^{-18}\,\mathrm{J}$$

전자가 처음 상태, $E_i$ 에서 최종 상태, $E_f$ 로 전이할 때 에너지 차이, $\Delta E$는 $\Delta E = E_f - E_i$ 로부터 계산된다. 전자가 높은 에너지 상태에서 낮은 에너지 상태로 전이하면 에너지가 방출되고 $\Delta E$는 음이다. 반대로 전자가 낮은 에너지 상태에서 높은 에너지 상태로 전이되려면 에너지를 흡수해야 하고 $\Delta E$는 양이 된다. 이러한 에너지 차이는 주양자수로 나타내지는 에너지준위의 변화로 나타낼 수 있다.

$$\Delta E = E_f - E_i = -2.179 \times 10^{-18}\,\mathrm{J}\left(\frac{1}{n_f^2} - \frac{1}{n_i^2}\right)$$

여기서 $n_i$와 $n_f$는 각각 원자의 처음과 최종 에너지 상태를 나타내는 주양자수이다. 만약 $n_i < n_f$ 이면 에너지는 흡수되고 $n_i > n_f$ 면 에너지는 방출된다.

원자는 특정한 진동수의 빛만 흡수하거나 방출할 수 있다고 Bohr모델은 주장한다. 이것은 흡수되거나 방출되는 광자의 에너지는 전이와 연관된 두 에너지 준위사이의 에너지 차이, $\Delta E$와 같아야 하기 때문이다. 만약 $\Delta E$가 양이면 광자의 에너지를 원자에 주어야 하고(즉 광자가 흡수되어야 하고), $\Delta E$가 음이면 원자로부터 광자의 에너지를 방출해야 한다. 플랑크의 양자이론에 따르면 광자의 에너지는 플랑크상수에 진동수를 곱한 것과 같다.

$$E = h\nu = \frac{hc}{\lambda}$$

이 식을 이용하면 흡수하거나 방출된 광자의 진동수와 파장을 계산할 수 있다. 광자의 에너지는 항상 양의 값이므로 원자 에너지 변화의 부호는 광자가 흡수되는지($\Delta E$는 양) 또는 방출되는지($\Delta E$는 음)를 나타낸다.

예를 들어 수소원자의 전자에 대하여 $n = 2 \rightarrow n = 3$의 전이에서 흡수된 빛의 진동수는 원자의 에너지 변화를 계산하여 결정할 수 있다.

$$\begin{aligned}\Delta E = E_f - E_i &= -2.179 \times 10^{-18}\,\mathrm{J}\left(\frac{1}{n_f^2} - \frac{1}{n_i^2}\right)\\ &= -2.179 \times 10^{-18}\,\mathrm{J}\left(\frac{1}{3^2} - \frac{1}{2^2}\right) = -2.179 \times 10^{-18}\,\mathrm{J}\left(\frac{1}{9} - \frac{1}{4}\right)\\ &= -2.179 \times 10^{-18}\,\mathrm{J}(0.1111 - 0.2500) = 3.026 \times 10^{-19}\,\mathrm{J}\end{aligned}$$

양의 에너지 변화는 원자가 $3.026 \times 10^{-19}$ J의 광자를 흡수함을 나타낸다. 그러므로 진동수를 계산하면

$$\nu = \frac{E_{\text{photon}}}{h} = \frac{3.026 \times 10^{-19}\ \text{J}}{6.626 \times 10^{-34}\ \text{J s}} = 4.567 \times 10^{14}\ \text{s}^{-1}$$

흡수된 빛의 파장은 진동수와 $\lambda = c/\nu$ 의 관계식을 사용하여 구할 수 있다.

$n = 2 \rightarrow n = 3$의 전이에 대하여,

$$\lambda = \frac{2.998 \times 10^{8}\ \text{m/s}}{4.567 \times 10^{14}\ \text{s}^{-1}} = 6.565 \times 10^{-7}\ \text{m} = 656.5\ \text{nm}$$

이 흡수는 가시광선의 붉은색 영역에 있다.

분광학은 스펙트럼을 측정하는 과학이다. 간단한 선스펙트럼에 대한 연구 이래로 다양한 분광학이 등장하였다.
스펙트럼의 측정은 정량분석을 하거나 분자구조를 결정하기 위해서 이루어진다.

표 7.2에 나타낸 것처럼, 실험에서 측정한 파장과 Bohr이론으로 계산한 값 사이에 놀라운 일치를 보여준다. 따라서 Bohr는 보이지 않는 것(원자)을 보이는 것(수소원자의 방출 스펙트럼선)과 연결시키는 놀라운 성취를 이루어 냈다.

**표 7.2** Bohr의 이론과 수소 방출스펙트럼선과의 일치

| 에너지 준위의 변화 | 보어이론으로 예측한 파장(nm) | 실험으로부터 측정된 파장(nm) | 스펙트럼 영역 |
|---|---|---|---|
| $2 \rightarrow 1$ | 121.6 | 121.7 | 자외선 |
| $3 \rightarrow 2$ | 656.5 | 656.3 | 붉은 빛 |
| $5 \rightarrow 2$ | 434.3 | 434.1 | 푸른 빛 |
| $4 \rightarrow 3$ | 1876 | 1876 | 적외선 |

*파장의 단위는 나노미터(nm)이다. $1\ \text{nm} = 1 \times 10^{-9}\ \text{m}$.

**Niels Bohr** 1885–1962

덴마크의 코펜하겐에서 태어났다. 보어는 영국에서 J.J.Thompson, E.Rutherford와 함께 연구하였는데, 이때 원자스펙트럼에 대한 연구논문의 개념을 세우기 시작하였다. 이러한 연구로 그는 1922년 노벨물리학상을 수상하였다. 그는 코펜하겐에 있는 이론물리학 연구소 소장으로서 젊은 물리학자들의 조언자였고 이들중 Werner Heisenberg, Wolfgang Pauli, Linus Pauling을 포함하여 7명이 노벨물리학상과 화학상을 수상하게된다.

**예제 7.4 전자전이**

(a) 수소원자에서 $n = 2 \rightarrow n = 5$의 전이에 해당하는 진동수와 파장을 구하시오.

(b) 이 전이는 전자기스펙트럼의 어떤 영역에 있는가?

**정답:** (a) $6.907 \times 10^{14}\ \text{s}^{-1}$, 434.1 nm (b) 가시광선

**풀이:**

(a) $n = 2 \rightarrow n = 5$ 전이에 대한 에너지를 계산한다.

$$\begin{aligned}\Delta E = E_{\text{f}} - E_{\text{i}} &= -2.179 \times 10^{-18}\ \text{J}\left(\frac{1}{n_{\text{f}}^2} - \frac{1}{n_{\text{i}}^2}\right) \\ &= -2.179 \times 10^{-18}\ \text{J}\left(\frac{1}{5^2} - \frac{1}{2^2}\right) = -2.179 \times 10^{-18}\ \text{J}\left(\frac{1}{25} - \frac{1}{4}\right) \\ &= -2.179 \times 10^{-18}\ \text{J}\,(0.04000 - 0.02500) = 4.576 \times 10^{-19}\ \text{J}\end{aligned}$$

진동수를 계산하면

$$\nu = \frac{E_{\text{photon}}}{h} = \frac{4.576 \times 10^{-19}\ \text{J}}{6.626 \times 10^{-34}\ \text{J s}} = 6.906 \times 10^{14}\ \text{s}^{-1}$$

진동수를 파장으로 바꾸면

$$\lambda = \frac{c}{\nu} = \frac{2.998 \times 10^8\ \text{m/s}}{6.906 \times 10^{14}\ \text{s}^{-1}} = 4.341 \times 10^{-7}\ \text{m} = 434.1\ \text{nm}$$

(b) 그림 7.8을 보면 $n > 2$인 준위에서 $n = 2$ 준위로의 전자전이는 가시광선 영역의 복사선을 방출한다.

**실전예제 7.4**

(a) 수소원자에서 $n = 6 \rightarrow n = 4$의 전이에 해당하는 진동수와 파장을 구하시오.

(b) 이 전이 파장은 $n = 6 \rightarrow n = 4$의 전이 파장보다 짧은가 또는 긴가?

**CONCEPTUAL 개념학습 7.6 환산**

광자 하나의 흡수 또는 방출에 관련되는 리드버그 상수 $2.179 \times 10^{-18}$ J은 1312 kJ/mol에 해당함을 보이시오.

**CHEMISTRY IN THE NEWS**

### Light Up Your Money

Technological advances in digital printing and graphic arts have led to an increase in counterfeiting of U.S. paper currency, particularly bills worth $20 or more. The U.S. Treasury Department's Bureau of Engraving and Printing, which produces the banknotes, recently introduced new features to the banknotes to stymie would-be counterfeiters. Among the new features on the authentic bills are inks that shift color when a bill is tilted and the insertion of a narrow plastic security strip that glows when exposed to ultraviolet light. The ultraviolet light is absorbed by molecules in the bills, exciting the molecules to higher energy after which they emit orange ($10 bills) or green ($50 bills) light.

## 7.4 Bohr모델을 넘어서: 원자의 양자역학적 모델

Bohr의 원자모델은 즉시 수용되었다. 수소원자에 대한 Bohr의 성공은 이 모델을 더 복잡한 원자들에 확장하여 적용하려는 시도로 이어졌다. 그러나 얼마 가지 않아 수소 이외의 다른 원소들에 대한 선스펙트럼 연구는 단순한 Bohr모델로 설명할 수 있는 것보다 더 많은 선들이 존재한다는 것을 알아냈다. 1개보다 많은 전자를 갖는 원자들에서 전자의 행동을 설명하기 위해서는 전혀 다른 접근 방식이 필요했다. 새로운 접근 방식은 다시 한 번 고전 물리학으로부터 근본적인 이탈을 의미하였다.

1924년 젊은 물리학자 Louis de Broglie는 다음과 같은 의문을 제기하였다. 빛이 파동과 입자의 성질 모두를 갖는 것으로 간주된다면, 전자와 같은 입자도 왜 같은 방식으로 다룰 수 없는 것일까? 그래서 de Broglie는 전자도 파동의 성질을 가질 수 있다는 혁신적인 아이디어를 제안하였다. de Broglie는 전자(또는 어떤 다른 입자도)의 파장($\lambda$)은 그것의 질량($m$)과 속도($v$)에 의존한다는 다음과 같은 관계식을 제시하였다.

$$\lambda = \frac{h}{mv}$$

여기서 $h$는 플라크상수이다. 어떤 물체의 '질량 × 속도' 는 그 물체의 운동량이다. 전자와 같은 매우 작은 질량($m = 9.11 \times 10^{-31}$ kg)의 입자는 측정 가능한 파장을 갖는다. 반면 테니스공($m = 56.7$ g)과 같은 일반적인 물체의 파장은 너무 짧아 측정이 불가능하다.

**예제 7.5 테니스공과 전자**

US 오픈 테니스 경기에서 서브는 종종 시속 100 mile에 이른다. $5.0 \times 10^6$ m/s 의 속도로 움직이는 전자와 56.0 m/s의 속도로 움직이는 테니스공의 드브로이 파장을 비교하시오.

전자의 질량 = $9.11 \times 10^{-31}$ kg, 테니스공의 질량 = 56.7 g

**정답:** 전자의 파장은 테니스 공의 파장보다 훨씬 길다:

전자 = 0.15 nm; 테니스공 = 2.09 = $10^{-25}$ nm.

**풀이:** 파장을 계산하기 위하여 질량과 속도를 드브로이식에 대입한다. 플랑크상수 $h$는

$6.626 \times 10^{-34}$ J·s, 그리고 $1\text{ J} = \dfrac{1\text{ kg}\cdot\text{m}^2}{\text{s}^2}$ 이므로 $h = 6.626 \times 10^{-34}\text{ kg}\cdot\text{m}^2\text{ s}^{-1}$.

전자에 대하여

$$\lambda = \frac{6.626 \times 10^{-34}\text{ kg}\cdot\text{m}^2\text{ s}^{-1}}{(9.11 \times 10^{-31}\text{ kg})(5.0 \times 10^6\text{ m/s})} = 1.5 \times 10^{-10}\text{ m} \times \frac{1\text{ nm}}{10^{-9}\text{ m}} = 0.15\text{ nm}$$

테니스공에 대하여

$$\lambda = \frac{6.626 \times 10^{-34}\text{ kg}\cdot\text{m}^2\text{ s}^{-1}}{(0.0567\text{ kg})(56.0\text{ m/s})} = 2.09 \times 10^{-34}\text{ m} \times \frac{1\text{ nm}}{10^{-9}\text{ m}} = 2.09 \times 10^{-25}\text{ nm}$$

전자의 파장은 X선 영역에 있다. 테니스공의 파장은 너무 작아 관측할 수가 없다.

**실전예제 7.5**

빛의 속도의 10%로 움직이는 중성자의 드브로이 파장을 구하시오. 중성자의 질량은 $1.67 \times 10^{-24}$ g이다.

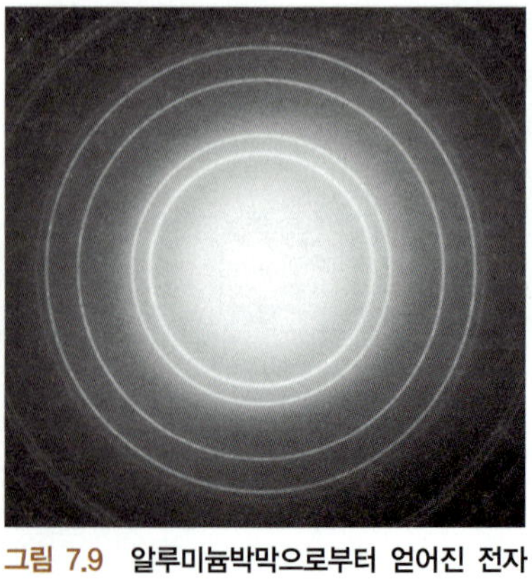

Courtesy Hagley Museum and Library

**그림 7.9 알루미늄박막으로부터 얻어진 전자 회절 무늬**

많은 과학자들에게 de Broglie의 개념은 수용되기 어려웠지만 그의 가설에 대한 실험적인 증거가 바로 얻어졌다. 빛이 회절격자에 의해서 회절되는 것과 같은 방식으로 1927년 벨연구소의 C. Davisson과 L. H. Germer는 얇은 금속 막의 원자 평면으로부터 전자빔의 회절이 일어난다는 사실을 발견하였다(그림 7.9). 회절은 빛의 파동 성질로 바로 설명되므로 전자도 어떤 상황에서는 파동 방정식으로 기술할 수 있다는 것이 인정되었다. 전자의 파동성에 대한 de Broglie의 가설이 제안된 지 몇 년 후 Werner Heisenberg(1901–1976)는 **불확정성의 원리**(uncertainty principle)를

발표하였다. 불확정성의 원리란 전자의 위치와 운동량을 정확하게 동시에 결정하는 것이 불가능하다는 것이다. 이러한 제한은 거시적인 물체에 대해서는 측정에 사용하는 광자의 에너지가 그 물체의 위치나 운동량에 관측할 수 있을 정도의 어떤 변화도 야기하지 않기 때문에 문제가 되지 않는다. 그러나 전자는 질량과 크기가 매우 작기 때문에 측정하는 행위 자체가 전자의 위치와 운동량에 영향을 미칠 수 있다. 전자와 같은 매우 작은 입자의 위치를 확인하려면 파장이 짧은 고에너지 광자가 필요하다. 그런 광자가 전자와 충돌하면 전자의 운동량은 변할 것이다. 이러한 문제를 피하기 위하여 저에너지 광자를 사용한다면 전자의 위치에 대한 정보는 거의 얻지 못할 것이다. 사진을 찍을 때에 비유하여 생각해보자. 빠른 셔터속도로 자동차 경주를 찍는다면 자동차의 뚜렷한 윤곽을 얻을 수 있지만 자동차가 얼마나 빨리 움직이는지 또는 심지어 자동차가 움직이고 있는지 분간을 할 수가 없다. 느린 셔터속도를 사용하면 자동차의 흐릿한 이미지로부터 속도나 방향에 대한 정보를 얻을 수 있지만 차의 정확한 위치에 대해서는 정보가 부족해진다.

**경주용 자동차** (위) 빠른 셔터스피트도 찍은사진 (아래) 느린 셔터스피드로 찍은 사진

Heisenberg의 불확정성의 원리는 Bohr모델에서 수소원자의 전자 위치를 잘 정의된 궤도로 나타내는 것이 부적절함을 지적한다. 실제로 우리가 할 수 있는 최선은 주어진 공간에서 일정한 에너지와 운동량을 갖는 전자를 발견할 수 있는 확률을 나타내는 것이다. 원자들에 대하여 이러한 확률에 기초한 모델을 오늘날 화학자들이 사용하고 있다. 1926년 Erwin Schrödinger(1877−1961)는 de Broglie의 가정을 파동운동의 고전적인 식에 결합시켜 원자내의 전자의 운동을 기술하는 새로운 파동 방정식을 유도하였다. 파동방정식의 해를 파동함수라 하고 그리스 문자 ψ로 나타내었다. 파동함수는 전자의 허용된 에너지 상태와 공간상의 일정 영역에서 전자를 발견할 확률을 예측한다. 원자 내의 전자에 대하여 특정한 파동함수만 가능하다.

전자밀도를 확률밀도로 부르기도 한다.

파동함수는 복잡한 수학식으로 주어지며 바로 물리적 의미를 갖는 것은 아니다. 그러나 파동함수의 제곱, $\psi^2$은 원자의 3차원 구조에서 일정한 에너지 상태의 전자가 발견될 확률을 나타낸다. **전자밀도**(electron density)로 알려진 이 확률은 점으로 표시하여 시각화 할 수 있다. 각 점은 핵에 대하여 주어진 에너지를 갖는 전자의 위치를 나타낸다. 그림 7.10a는 바닥상태 수소원자의 전자밀도 분포를 나타낸다. 이러한 그림에서 점의 밀도는 전자가 거기에 존재할 확률을 나타낸다. 점들은 핵으로부터 먼 곳보다 가까운 곳에 더 몰려 있는데 전자를 발견할 확률이 핵 근처에서 더 높다는 것이다. 전자밀도는 핵으로부터 멀어질수록 감소하는데 전자를 발견할 확률도 마찬가지이다.

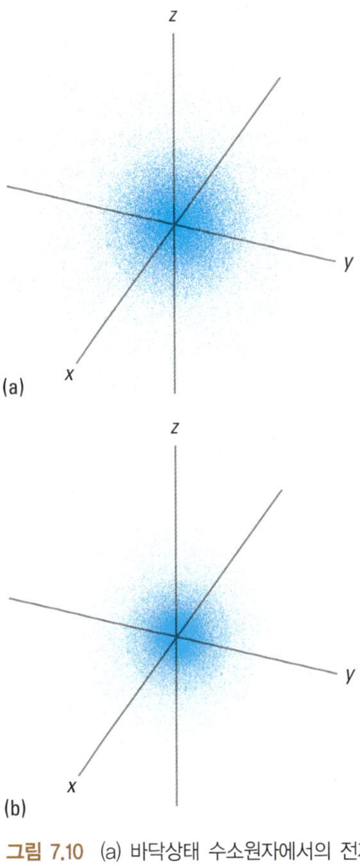


**그림 7.10** (a) 바닥상태 수소원자에서의 전자밀도 분포 (b) 경계면

슈레딩거 파동방정식을 풀면 **원자오비탈**(atomic orbital)이라고 불리는 한 세트의 파동함수가 얻어진다. 각 원자오비탈은 $\psi^2$ 이 전자 확률밀도를 나타내기 때문에 주어진 에너지의 전자가 위치하는 공간 영역의 정보를 준다. 전자의 분포를 나타내는 또 다른 방법은 전자를 발견할 확률이 90%가 되는 경계면을 그리는 것이다. 즉 10회 중에 9회는 전자가 경계면 안쪽 어디에서 발견되고 열에서 한번은 바깥쪽에서 발견된다는 것이다(그림 7.10b). 100% 확률을 취하지 않은 것은 그런 확률의 명확한 경계는 없기 때문이다. 다트 게임의 보드는 일정한 크기를 갖고 일반적인 플레이어는 90%이상의 확률로 보드를 맞춘다고 하자. 그러나 모든 플레이어들이 거리에 상관없이 100%

의 확률로 보드를 맞추고자 한다면 보드의 크기는 엄청나게 커야할 것이다. 마찬가지 이유로 전자를 발견할 확률이 100%가 되는 경계면은 무한히 커야 할 것이다. 그림 7.11에 주어진 것과 같은 원자오비탈과 경계면 다이어그램은 7.5와 7.6 단원에서 자세하게 다룰 것이다.

원자오비탈(양자역학적 모델)은 보어모델의 궤도와 같지 않다는 것을 주목하라. 양자역학적 모델에서 주양자수 $n$은 잘 정의된 궤도의 반지름이 아니라 핵으로부터 전자들이 가장 큰 확률로 분포하는 거리를 반영하는 것이다.

다음 단원에서는 원자의 전자에 허용된 오비탈과 에너지를 정의하는 양자수를 기술하고, 양자수를 원자오비탈의 형태와 연관시켜 볼 것이다.

## 7.5 양자수, 에너지준위 및 원자오비탈

양자역학적 계산에서, 슈레딩거는 수소원자의 원자오비탈에서 전자 운동의 3차원 좌표를 기술하기 위하여 **양자수**(quantum numbers)라는 3개의 정수($n$, $\ell$, $m_\ell$)가 필요하다는 것을 발견하였다. 4번째 양자수($m_s$)의 필요성은 뒤에 다른 사람들에 의해서 확인되었다. 따라서 각 전자들의 에너지와 전자구름의 형태를 나타내기 위하여 4개의 양자수 조합($n$, $\ell$, $m_\ell$, $m_s$)이 사용된다.

수소원자뿐만 아니라 다른 원자의 전자들에도 양자수를 적용할 수 있다. 아래에서 양자수와 그들의 의미, 원자오비탈에 사용되는 양자수의 표기에 대하여 설명할 것이다.

### 첫 번째 양자수, $n$ : 주 에너지 준위

첫 번째 양자수인 주양자수 $n$은 전자의 에너지를 결정하는 가장 중요한 양자수이다. 양자수 $n$은 1부터 시작하는 정수이다.

$$n = 1, 2, 3, 4, \ldots$$

$n$ 값은 주 에너지 준위에 해당하며 $n = 1$은 첫 번째 주 에너지 준위, $n = 2$는 두 번째 주 에너지 준위를 나타낸다. $n$이 증가하면 전자의 에너지도 따라서 증가하며 전자는 평균적으로 핵으로부터 더 멀리 떨어져 있고 핵의 구속을 덜 받는다.

### 두 번째 양자수, $\ell$ : 원자오비탈의 형태

각각의 주 에너지준위는 전자껍질(electron shell) 즉, 같은 주양자수 값을 갖는 원자오비탈들의 집합으로도 알려져 있다. $n = 1$일 때는 하나의 원자오비탈만이 가능하다. $n = 2$이면 두 종류의 원자오비탈이 가능하고, $n = 3$이면 세 종류, $n = 4$이면 네 종류의 원자오비탈이 가능하며 같은 방식으로 계속된다.

주 에너지준위(껍질)내에는 **부껍질**(subshell)이 존재한다. $n = 1$인 주 에너지 준위에는 하나의 부껍질만 존재한다. 다른 모든 에너지 준위($n > 1$)에는 하나보다 많은 부껍질이 존재한다.

부껍질은 두 번째 양자수 $\ell$로 표시된다(때로 $\ell$을 방위양자수라 부르기도 한다). 특정 원자오비탈에 해당하는 전자구름의 모양은 $\ell$ 값에 의해 결정된다.

부껍질은 같은 값의 $n$과 $\ell$ 양자수를 갖는 원자오비탈들이다. 따라서 $\ell$값은 $n$ 값과 연관되어 있다. $\ell$ 값은 0에서 최대 $n-1$ 사이의 정수이다.

$$\ell = 0, 1, 2, 3, \dots, (n-1)$$

이러한 관계에 따르면 $n = 1$이면 $\ell = 0$ 이어야 한다. 즉 첫 번째 주 에너지준위($n = 1$)에는 $\ell = 0$인 1개의 부껍질이 있다. 두 번째 주 에너지준위($n = 2$)에는 $\ell = 0$과 $\ell = 1$인 2개의 부껍질이 존재한다. 이러한 방식으로

$n = 3;\quad \ell = 0, 1, 2$ (3개의 부껍질)
$n = 4;\quad \ell = 0, 1, 2, 3$ (4개의 부껍질)

앞에서 언급한 것처럼, 원자오비탈의 경계면은 그 안에서 90%의 확률로 전자를 발견할 수 있는 영역을 나타낸다. $n$이 증가하면 두 가지 상황이 벌어진다. (1) 오비탈은 더 커지고 (2) 주어진 준위에서 존재할 수 있는 오비탈 형태의 수가 증가한다. 주 에너지준위 내에서 존재할 수 있는 원자오비탈 유형의 수는 $n$과 같다. 따라서 $n = 3$이면 세 가지 형태의 서로 다른 부껍질($s$, $p$, $d$ 오비탈)이 존재한다. 같은 $n$과 같은 $\ell$의 원자오비탈은 같은 부껍질에 놓인다.

부껍질은 일반적으로 $\ell$ 값으로 표시하기보다는 $s$, $p$, $d$, $f$ 등의 기호로 표시한다. 처음 4개의 부껍질은 $s$ 부껍질, $p$ 부껍질, $d$ 부껍질, $f$ 부껍질로 알려져 있다.

| $\ell$값 | 0 | 1 | 2 | 3 |
|---|---|---|---|---|
| **부껍질** | $s$ | $p$ | $d$ | $f$ |

특정 부껍질을 나타내기 위하여 $n$ 값과 함께 기호($s$, $p$, $d$, $f$)를 사용한다.

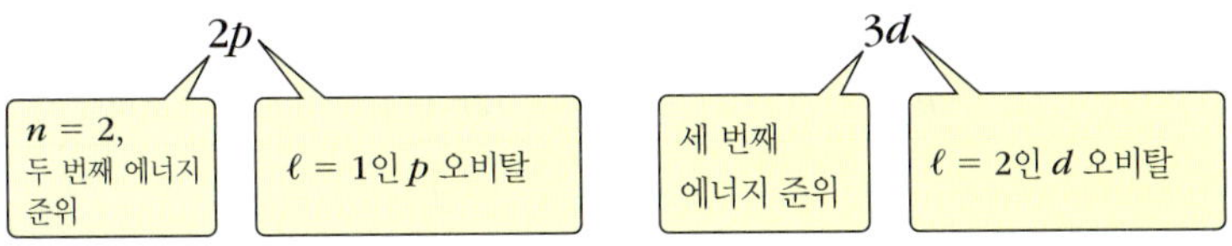


처음 4개의 주 에너지준위에 대한 표기는 다음과 같다.

| $n$ | 1 | 2 | | 3 | | | 4 | | | |
|---|---|---|---|---|---|---|---|---|---|---|
| $\ell$ | 0 | 0 | 1 | 0 | 1 | 2 | 0 | 1 | 2 | 3 |
| 준위 | $1s$ | $2s$ | $2p$ | $3s$ | $3p$ | $3d$ | $4s$ | $4p$ | $4d$ | $4f$ |

2개 이상의 전자를 갖는 원자들에 대하여, $n$ 값이 같은 서로 다른 부껍질의 원자오비탈은 다른 에너지를 갖는다. 주어진 주 에너지준위 내의 부껍질 에너지는 $ns < np < nd < nf$ 순으로 증가한다. 즉 $3p$ 부껍질의 에너지는 $3s$ 보다는 높고 $3d$ 보다는 낮다. 다전자원자에 대한 원자오비탈의 상대적 에너지를 $4p$ 오비탈까지 그림 7.11에 나타내었다.

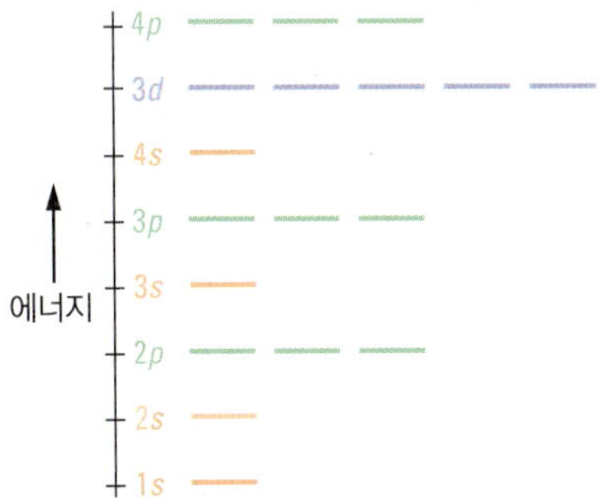


**그림 7.11 다전자원자에 대한 원자오비탈 에너지준위의 상대적 순서를 1*s*에서 4*p*까지 나타내었다.** 같은 주 에너지준위내의 서로 다른 부껍질의 원자오비탈 에너지는 다르다. 부껍질 준위 사이의 간격은 일률적으로 변하지 않고 $n$ 이 증가하면 감소한다.

EXERCISE
연습문제 7.7 부껍질의 표기

다음 양자수를 갖는 전자의 부껍질을 표기하시오.

(a) $n = 5, \ell = 2$ (b) $n = 4, \ell = 3$ (c) $n = 6, \ell = 1$

EXERCISE
연습문제 7.8 부껍질의 표기

다음은 잘못된 표기이다. 그 이유를 설명하시오.

(a) $3f$ (b) $n = 2, \ell = 2$

## 세 번째 양자수, $m_\ell$ : 원자오비탈의 배향

자기양자수, $m_\ell$ 은 $\ell$과 $-\ell$ 사이의 0을 포함한 정수 값을 갖는다. 즉

$$m_\ell = \ell, (\ell-1), \ldots, +1, 0, -1, \ldots -(\ell-1), -\ell$$

$\ell = 0$인 $s$ 부껍질은 $m_\ell = 0$의 값만 갖는다. 그러므로 $s$ 부껍질은 $n$ 값에 상관없이 1개의 오비탈을 포함하고 $m_\ell$ 값은 0이다. $p$ 부껍질은 $m_\ell = +1, 0, -1$의 세 가지 값을 갖고 서로 다른 3개의 오비탈을 포함한다. 일반적으로 양자수 $\ell$의 부껍질에는 총 $2\ell + 1$ 개의 원자오비탈이 존재한다. 같은 부껍질 내의 원자오비탈들의 에너지는 모두 같다.

표 7.3에 $n$, $\ell$, $m_\ell$ 사이의 관계를 요약하였다. **한 껍질에 들어 있는 원자오비탈의 총 수는 $n^2$ 과 같다.** 예를 들어 $n = 3$인 껍질은 총 9개의 원자오비탈(1개의 $3s$, 3개의 $3p$, 5개의 $3d$)을 포함한다.

표 7.3 처음 4개의 주 에너지준위에 대하여 $n$, $\ell$, $m_\ell$ 사이의 관계

| $n$ 값 | $\ell$ 값 | 부껍질의 표기 | $m_\ell$ 값 | 부껍질의 오비탈 수, $2\ell + 1$ | 껍질의 전체 오비탈 수, $n^2$ |
|---|---|---|---|---|---|
| 1 | 0 | $1s$ | 0 | 1 | 1 |
| 2 | 0 | $2s$ | 0 | 1 | |
| 2 | 1 | $2p$ | 1, 0, −1 | 3 | 4 |
| 3 | 0 | $3s$ | 0 | 1 | |
| 3 | 1 | $3p$ | 1, 0, −1 | 3 | |
| 3 | 2 | $3d$ | 2, 1, 0, −1, −2 | 5 | 9 |
| 4 | 0 | $4s$ | 0 | 1 | |
| 4 | 1 | $4p$ | 1, 0, −1 | 3 | |
| 4 | 2 | $4d$ | 2, 1, 0, −1, −2 | 5 | |
| 4 | 3 | $4f$ | 3, 2, 1, 0, −1, −2, −3 | 7 | 16 |

요약하면 원자오비탈과 3개의 양자수들과의 관계는

- $n$ 은 원자오비탈의 크기와 관련이 있다.
- $\ell$ 은 원자오비탈의 형태와 관련이 있다.
- $m_\ell$ 은 원자오비탈의 배향과 관련이 있다.

$m_\ell$ 값은 $\ell$ 과 연관되어 원자오비탈의 형태와 배향을 결정한다. $s$ 원자오비탈은 구형이고 그 크기는 $n$에 따라 증가한다.

두 번째 주 에너지준위($n = 2$)부터 시작하여 각 에너지 준위는 3개의 $p$ 원자오비탈을 갖는다. 이 3개의 $p$ 원자오비탈은 아령 모양으로 서로 수직하게 놓이며 그림 7.14에 나타낸 것처럼 최대 전자밀도는 $x$, $y$, $z$ 축을 따라 분포한다. 종종 $p_x$, $p_y$, $p_z$ 오비탈로 표시하기도 한다.

**예제 7.6 양자수, 부껍질, 원자오비탈**

$n = 4$인 에너지 준위에 대하여

(a) 이 에너지 준위의 부껍질은 몇 개인가?

(b) 부껍질의 양자수를 확인하여 문자(1$s$ 처럼)로 표기하고 $\ell$ 값을 쓰시오.

(c) 각 부껍질은 몇 개의 원자오비탈을 포함하는지 밝히고 각 원자오비탈의 $m_\ell$ 값을 쓰시오.

(d) 이 에너지 준위에는 모두 몇 개의 원자오비탈이 존재하는가?

**정답:**

(a) 4개

(b) 4$s$, 4$p$, 4$d$, 4$f$ : $\ell$ 값은 각각 0, 1, 2, 3

(c) 1개의 4$s$ 원자오비탈, 3개의 4$p$ 원자오비탈, 5 개의 4$d$ 원자오비탈, 7 개의 4$f$ 원자오비탈

(d) 16개

**풀이:**

(a) n번째 준위에는 n개의 부껍질이 있다.

(b) 숫자는 주양자수를 의미하고, 문자는 $\ell$ 양자수와 관련이 있다.

| 부껍질 | 4$s$ | 4$p$ | 4$d$ | 4$f$ |
|---|---|---|---|---|
| $\ell$ 값 | 0 | 1 | 2 | 3 |

(c) 부껍질에는 $2\ell + 1$ 개의 오비탈이 있다. 4$s$ 오비탈은 1개만 가능하고($m_\ell = 0$). 4$p$ 오비탈은 3개가 가능하고($m_\ell = 1, 0, -1$), 4$d$ 오비탈은 5개가 가능하고($m_\ell = -2, -1, 0, 1, 2$), 4$f$ 오비탈은 7개가 가능하다($m_\ell = -3, -2, -1, 0, 1, 2, 3$).

(d) 껍질에 존재하는 오비탈의 총 수는 $n^2$이다. $n = 4$이면 16개의 오비탈이 존재한다.

**실전예제 7.6**

(a) $n = 6$ 과 $\ell=2$ 인 부껍질은 무엇인가?

(b) 부껍질에는 몇 개의 원자오비탈이 있는가?

(c) 각 원자오비탈의 $m_\ell$ 값은 얼마인가?

## 네 번째 양자수 $m_s$ : 전자스핀

분광학자들이 수소와 소듐 원자의 방출스펙트럼을 더 자세히 연구하였더니 단일 선으로 생각했던 스펙트럼선이 실제는 2개의 선으로 매우 좁게 갈라져 있다는 것을 발견하였다. 1925년 네덜란드의 물리학자 George Uhlenbeck과 Samuel Goudsmit는 전자의 두 가지 가능한 스핀상태를 가정하면 2개의 선으로 갈라짐을 설명할 수 있다고 제안하였다. 이 스핀 상태를 시각화하기 위하여 전자를 중심축을 기준으로 회전하는 전하를 띤 구로 간주한다(그림 7.12). 회전하는 전하는 자기장을 발생시키고 각 전자는 N극과 S극을 갖는 미세한 자석처럼 행동한다. 이러한 자석은 외부 자기장의 방향에 대하여 두 가지 방향의 스핀(시계방향 또는 반시계방향)만이 가능하다. 서로 반대 방향의 스핀은 서로 상반된 방향의 자기장을 생성하고 결과적으로 약간의 서로 다른 에너지 상태를 초래한다. 이 약간의 에너지 차이가 스펙트럼선을 미세하게 갈라지게 한다.

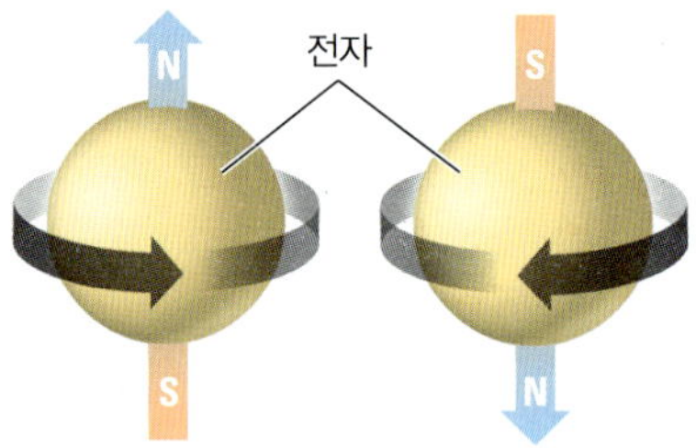


**그림 7.12 스핀 방향.** 전자는 자신의 중심축에 대하여 회전하는 전하를 띤 구모양의 입자로 묘사된다. 전자는 두 가지 스핀 방향만 가능하다. 그러므로 전자의 스핀은 양자화 되어있다고 할 수 있다.

따라서 원자 내의 전자를 완전하게 기술하기 위해서는 3개의 양자수 외에 스핀양자수, $m_s$ 라는 네 번째 양자수가 필요하다. 스핀양자수는 $+\frac{1}{2}$ 이나 $-\frac{1}{2}$ 의 값 중 하나를 갖는다. 전자들이 같은 스핀양자수를 가지면 서로 평행한 스핀을 갖는다고 한다. 2개의 전자가 같은 원자오비탈에 있고 서로 반대의 스핀양자수(하나가 $+\frac{1}{2}$ 이고 다른 하나는 $-\frac{1}{2}$ 일 때)를 가질 때 전자는 짝을 이룬다고 말한다.

양자이론이 실험결과와 일치하도록 하기 위하여, Wolfgang Pauli는 1925년 **파울리의 배타원리(exclusion principle)**를 발표하였다. 이 원리에 의하면 하나의 원자오비탈에는 2개 보다 더 많은 수의 전자가 들어갈 수 없고 2개의 전자는 서로 반대 스핀을 갖는다. 이것은 한 원자의 어떤 2개의 전자도 똑 같은 4개의 양자수($n$, $\ell$, $m_\ell$, $m_s$) 조합을 가질 수 없다는 것이다. 예를 들어 $3p$ 원자오비탈을 점유하는 2개의 전자는 그들의 스핀이 짝을 이룰 때($+\frac{1}{2}$과 $-\frac{1}{2}$)만 가능하다. 이 경우 두 전자의 처음 세 가지의 양자수는 $n = 3$, $\ell = 1$, $m_\ell = +1$로 모두 같고 $m_s$ 만 서로 다르다.

하나의 원자오비탈에는 전자가 2개까지만 점유할 수 있다는 제한은 표 7.4에 요약한 것처럼 주 에너지준위에 놓이는 전자의 최대 수를 결정짓는다. 각각의 원자오비

EXERCISE
**연습문제** 7.9 양자수

소듐 원자의 3s 원자오비탈에 있는 전자에 대하여 4개 양자수 조합을 쓰시오.

CONCEPTUAL
**개념학습** 7.10 오비탈과 양자수

다음 전자들에 대하여 4개 양자수의 조합을 쓰시오.

(a) 에너지 준위와 부껍질은 같지만 다른 원자오비탈의 전자

(b) 에너지 준위는 같지만 부껍질과 원자오비탈은 같은 전자

EXERCISE
**연습문제** 7.11 **양자수의 비교**

한 원자의 두 전자에 대하여 전자(a)의 양자수는 3, 1, 0, $+\frac{1}{2}$ 이고 전자(b)의 양자수는 3, 1, −1, $+\frac{1}{2}$ 이다. 두 전자는 같은 원자오비탈에 있지 않음을 보이시오. 어떤 부껍질에 들어 있는가?

**표 7.4** 전자껍질과 부껍질에 수용 가능한 전자 수

| 전자껍질 ($n$) | 부껍질의 수 ($= n$) | 오비탈의 수 ($= 2\ell + 1$) | 부껍질에 가능한 전자수 | $n$번째 껍질이 수용 가능한 최대 전자수 ($= 2n^2$) |
|---|---|---|---|---|
| 1 | *s* | 1 | 2 | 2 |
| 2 | *s* | 1 | 2 | |
| | *p* | 3 | 6 | 8 |
| 3 | *s* | 1 | 2 | |
| | *p* | 3 | 6 | |
| | *d* | 5 | 10 | 18 |
| 4 | *s* | 1 | 2 | |
| | *p* | 3 | 6 | |
| | *d* | 5 | 10 | |
| | *f* | 7 | 14 | 32 |
| 5 | *s* | 1 | 2 | |
| | *p* | 3 | 6 | |
| | *d* | 5 | 10 | |
| | *f* | 7 | 14 | |
| | *g** | 9 | 18 | 50 |
| 6 | *s* | 1 | 2 | |
| | *p* | 3 | 6 | |
| | *d* | 5 | 10 | |
| | *f** | 7 | 14 | |
| | *g** | 9 | 18 | |
| | *h** | 11 | 22 | 72 |
| 7 | *s* | 1 | 2 | |

*이 오비탈들은 바닥상태의 원자들에 사용된 적이 없다.

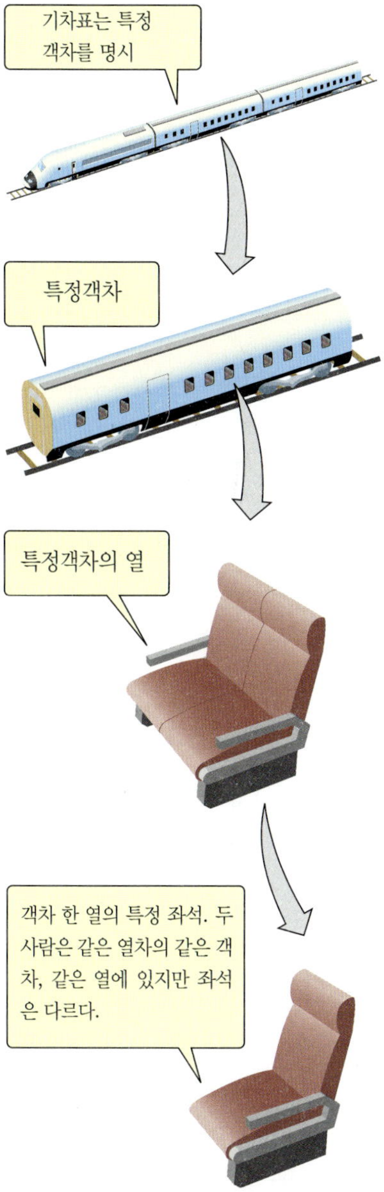


**양자수의 비유.** 기차표는 4개의 양자수 $n$, $\ell$, $m_\ell$, $m_s$에 비유된다. 표는 기차의 특정 객차, 특정 객차의 한 열, 그 열의 특정 좌석을 명시한다. 열은 원자오비탈과 유사하다. 한 열의 승객은 같은 오비탈의 두 개의 전자와 같다. 즉 같은 열에 있으면서 서로 다른 좌석(서로 반대의 스핀)을 점유한다.

탈은 최대 2개의 전자를 수용하므로 일반적인 규칙은 각각의 주 에너지준위는 최대 $2n^2$개의 전자를 수용한다. 예를 들어 $n = 2$ 에너지 준위는 1개의 *s*와 3개의 *p* 원자오비탈을 포함하고 각 원자오비탈은 2개의 전자를 수용할 수 있으므로 총 8개의 전자를 가질 수 있다.

요약하면

- **주 에너지준위(껍질)의 양자수는 $n = 1, 2, 3, \ldots$ 이다.**
- **각각의 주 에너지준위에는 $n$개에 해당하는 부껍질이 존재하고 그 부껍질들을 *s*, *p*,**

**$d$, $f$ 등으로 표기한다.**

- **각각의 부껍질에는 $(2\ell + 1)$개의 원자오비탈이 있다: 1개의 $s$ 오비탈 $(\ell = 0)$, 3개의 $p$ 오비탈 $(\ell = 1)$, 5개의 d 오비탈 $(\ell = 2)$, 7개의 $f$ 오비탈 $(\ell = 3)$**
- **주 에너지준위 $n$ 에는 $n^2$개의 원자오비탈이 존재한다.**
- **주 에너지준위 $n$ 에는 최대 $2n^2$개의 전자가 채워진다.**

EXERCISE
**연습문제** 7.12 **최대 전자 수**

(a) $n = 3$ 준위에 놓일 수 있는 최대 전자 수는? 각 전자의 원자오비탈을 확인하시오.
(b) $n = 5$ 준위에 놓일 수 있는 최대 전자 수는? 각 전자의 원자오비탈을 확인하시오.
($f$ 원자오비탈 다음에는 $g$ 원자오비탈이 나타난다.)

CONCEPTUAL
**개념학습** 7.13 ***g* 원자오비탈**

$g$ 원자오비탈이 처음 포함되는 껍질의 $n$ 값은 무엇인가? 이 껍질의 $g$ 원자오비탈의 개수는?

## 7.6 원자오비탈의 모양

앞 단원에서 기술한 것처럼, $\ell$과 $m_\ell$ 양자수는 원자오비탈의 모양 및 배향과 관련이 있다. 이것에 대하여 더 자세하게 살펴보기로 하자.

### $s$ 원자오비탈$(\ell = 0)$

그림 7.10에 나타낸 것과 같은 전자밀도 그림은 원자오비탈을 묘사하는 한 방식이다. 그림 7.13a는 수소원자의 1$s$ 오비탈 점밀도 다이어그램을 나타낸 것으로서 핵으로부터 멀어짐에 따라 전자밀도가 급격히 감소하는 것을 보여준다. 그림에서 $r_{90}$ 값은 전자가 90%의 확률로 발견될 구의 반지름을 나타낸다. 그림에서 1$s$ 전자를 발견할 확률은 핵으로부터 같은 거리에서 모든 방향으로 똑 같다. 따라서 1$s$ 원자오비탈은 구 모양이다.

그림 7.13a에서 전자밀도는 공간에서 수소원자의 1$s$ 전자를 발견할 확률이 변화하는 것을 보여준다. 이 확률은 그림 7.13b에 나타낸 방사분포그림이라는 다른 방식으로 나타낼 수도 있다. 이 경우 $y$축은 핵으로부터의 거리 $r$($x$축)에서 전자를 발견할 확률을 나타낸다. $r$이 0에 접근하면 확률도 0에 접근한다. 즉 핵에서 전자를 발견할 확률은 매우 작다. 바닥상태의 수소원자에서 1$s$ 전자를 발견할 확률이 가장 큰 거리는 핵으로부터 0.0529 nm (52.9 pm)이다. 그림에서 보면 더 먼 거리에서 확률은 0에 가깝게 떨어지지만 0이 되지는 않는다. 이것은 핵으로부터 아주 먼 거리에서도 전자를 발견할 확률이 매우 작지만 존재한다는 것을 보여준다.

$n$이 증가하면 $s$원자오비탈의 모양은 그대로이다. 그러나 크기는 그림 7.13c에서

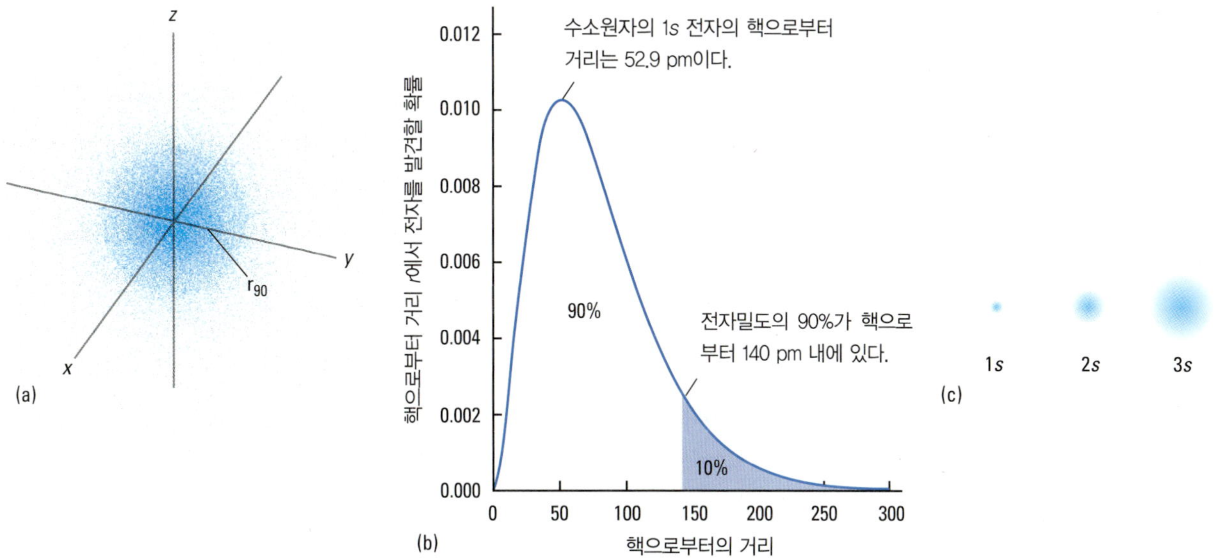


**그림 7.13** (a) 1*s* 오비탈의 전자밀도 삽화. 점 밀도는 다이어그램의 어떤 영역에서 전자를 발견할 확률을 나타낸다. (b) 수소원자의 1*s* 오비탈에서 핵으로부터의 거리에 대한 전자밀도의 방사분포그림. y축의 확률값은 $4\pi r^2\psi^2$과 같다. (c) *s* 원자오비탈의 상대적 크기. 경계면 안의 전자밀도만 보여주고 있다.

처럼 증가한다. **3*s*** 오비탈의 경계면은 **2*s*** 오비탈보다 더 크고, **2*s*** 오비탈은 **1*s*** 오비탈보다 더 큰 부피를 포함한다.

## *p* 원자오비탈($\ell = 1$)

구형인 *s* 오비탈과 달리 *p* 원자오비탈은 모두 아령 모양이다(그림 7.14). *p* 오비탈은 핵의 양쪽으로 전자밀도가 분포하는 형태의 로브를 갖는다. 주어진 부껍질(같은 $n$, 같은 $\ell$ 값)에서 *p* 오비탈들은 공간상의 배향이 서로 다르다. 같은 부껍질내의 3개의 *p* 오비탈들은 서로 수직으로 $x$, $y$, $z$축을 따라 놓인다. 이 배향은 각각 $m_\ell$ 값이 $+1$, $0$, $-1$ 에 해당한다.

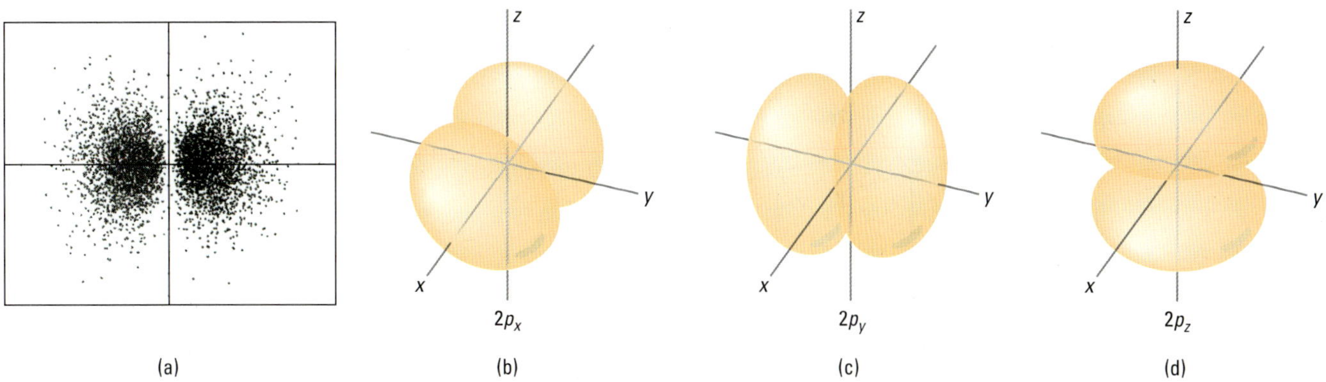


**그림 7.14 *p* 원자오비탈의 묘사.** (a) 2*p* 원자오비탈의 전자밀도 분포 (b),(c),(d) 3개 *p* 오비탈의 경계면 다이어그램. (From Zumdahl and Zumdahl, *Chemistry*, 6th ed., Fig. 7.14, p. 310. Copyright © 2002 South-Western, a part of Cengage Learning, Inc. Reproduced by permission. www.cengage.com/permissions.)

### $d$ 원자오비탈($\ell = 2$)

$n$ 이 3 이상인 에너지 준위는 $\ell = 2$인 부껍질을 포함하고 $m_\ell = +2, +1, 0, -1, -2$에 해당하는 5개의 $d$ 원자오비탈로 구성된다. $d$ 오비탈은 두 가지의 서로 다른 유형의 모양과 배향을 갖는다. 5개 중 3개의 오비탈($d_{xz}$, $d_{yz}$, $d_{xy}$)은 첨자로 정의된 평면에 4개의 전자밀도 로브가 축 사이에 놓이도록 배향된다. 나머지 2개의 오비탈($d_{x^2-y^2}$, $d_{z^2}$)은 표시된 축을 따라 전자밀도가 분포한다. $s$, $p$ 오비탈과 함께 5개 $d$ 오비탈의 모양을 그림 7.15에 나타내었다.

## 7.7 원자의 전자배치

원자나 이온에서 모든 전자들에 의해 점유된 원자오비탈의 완전한 기술을 **전자배치**(electron configuration)라고 부른다. 주기율표는 원자의 전자배치를 결정하는 안내자가 될 것이다. 주기율표의 같은 그룹에 있는 원소들의 화학적 유사성은 유사한 전자배치에 기인하는 것으로 설명할 수 있다.

### 주족원소의 전자배치

원소들의 원자번호는 주기율표에서 순차적으로 증가한다. 결과적으로 어느 한 원소의 원자는 바로 앞의 원소의 원자보다 전자(양성자)가 하나 더 많다. 전자들이 어느 껍질과 원자오비탈을 점유하는지 어떻게 알 수 있을까? 이 질문에 답하는 중요한 원칙은 바로 바닥상태의 원자에 대해서 전자들은 가장 낮은 에너지 상태가 되도록 껍질, 부껍질, 원자오비탈을 점유한다. 다시 말하면 전자들은 1$s$ 오비탈을 시작으로 그림 7.11에 표시한 부껍질의 에너지 순서에 따라서 원자오비탈을 채운다.

원자오비탈을 채우는 원리를 이해하기 위해서 처음 10개 원소들의 실험적으로 결

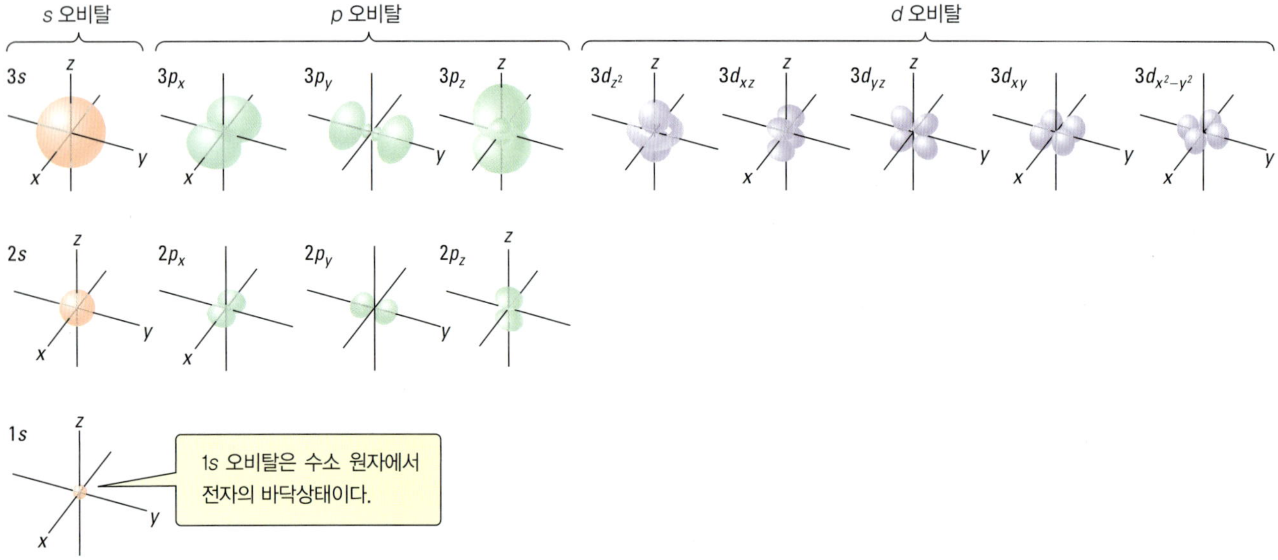


**그림 7.15 원자오비탈의 묘사.** 1$s$, 2$s$, 2$p$, 3$s$, 3$p$, 3$d$ 원자오비탈의 경계면 다이어그램.

정된 전자배치를 살펴보자. 이 전자배치는 표 7.5에 축약, 확장, 오비탈상자 그림의 세 가지 방법으로 표시되어 있다. $n = 1$껍질에 배정된 전자는 핵에 가장 가까이 있으므로 에너지가 가장 낮고 전자는 우선적으로 $n = 1$ 껍질에 배정된다(H와 He). 표 7.5의 왼편에 점유된 원자오비탈과 전자수를 다음과 같은 표기법으로 나타내었다.

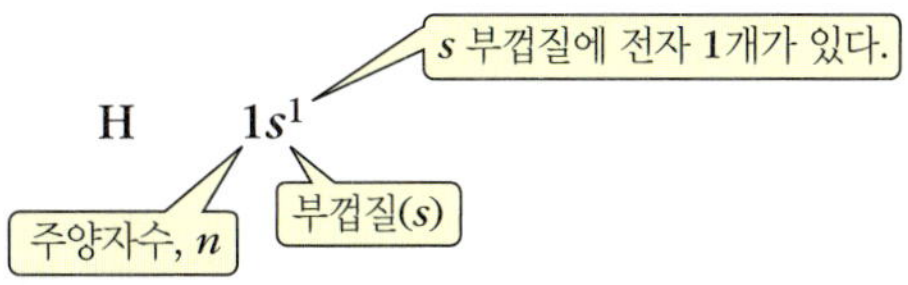


표의 오른편에 각각의 점유된 원자오비탈을 상자로, 전자를 화살표로 표시하였다. ↑는 오비탈에 1개의 전자가 점유할 때이고 ⇅는 한 쌍의 전자가 점유할 때이다.

헬륨에서 2개의 전자는 짝을 이루어 1*s* 원자오비탈에 들어가며 가장 낮은 에너지 준위($n = 1$)를 채운다. $n = 1$ 껍질이 다 채워지면 리튬에서처럼 전자는 그 다음 에너지 껍질($n = 2$)을 채우기 시작한다. 두 번째 껍질은 최대 8개의 전자($2n^2$)를 수용할 수 있고, 리튬에서 네온에 이르는 8개의 원소들에서 전자들은 순차적으로 원자오비탈을 점유한다. 주기율표에서 보면 이들은 2주기의 8개 원소들이다.

각각의 주 에너지준위(주기)에서 처음 2개의 전자는 *s* 오비탈을 채운다. 2번째 주기에서 Li은 $1s^2\ 2s^1$ 이고 Be은 $1s^2\ 2s^2$가 된다. 다음 원소는 B($1s^2\ 2s^2\ 2p^1$) 인데 5번째 전자는 2*p* 오비탈을 점유한다. 3개의 2*p* 원자오비탈의 에너지는 모두 같으므로 어느 오비탈이 먼저 채워지든 상관없다. 다음 원소인 C( $1s^2\ 2s^2\ 2p^2$)에서 두 번째 2*p* 전자는 어느 오비탈을 채울지 선택해야 한다. 즉 두 번째 2*p* 전자는 기존의 2*p* 오비탈 전자와 짝을 이룰 것인지 아니면 비어있는 다른 2*p* 오비탈로 들어갈 것인지를 선택해야 한다. 실험 결과에 의하면 2개의 2*p* 전자들은 같은 스핀(나란한 스핀)을 갖는다는 것이 알려져 있다. 따라서 그들은 서로 다른 2*p* 오비탈을 점유해야만 한다. 그렇지 않으면 파울리의 배타원리를 위반하게 될 것이다. 표 7.5의 중간 부분의 확장된 전자배치는 보론, 탄소, 질소원자들의 2*p* 오비탈에서 각각의 *p* 전자들의 위치를 보여준다.

전자는 음으로 하전된 입자이기 때문에 스핀이 나란하게 되는 전자배치는 전자-전자 반발을 최소화하여 전자들의 총에너지를 가능한 낮게 만든다. Hund의 규칙은 부껍질이 어떻게 채워지는지를 설명한다. 부껍질에서 가장 안정한 전자배치는 짝을 이루지 않은 같은 스핀의 전자 수가 최대가 될 때이다. **부껍질의 원자오비탈에 전자가 하나씩 채워진 후에야 전자들은 비로소 짝을 이룬다.** Hund 규칙의 일반적인 결과는 *p, d, f* 부껍질들에서 원자오비탈에 전자가 하나씩 채워질 때까지 전자들은 비어있는 원자오비탈을 차지하며, 부껍질의 모든 원자오비탈이 반씩 채워진 후에야 전자들은 짝을 이루게 된다. 이 결과를 표 7.5의 탄소, 질소, 산소, 플루오린, 네온 원소에 대해서 볼 수 있다.

주기율표를 사용하여 바닥상태 인(*P*)원자의 전자배치를 예측하여 보자. 그림 7.16의 확장된 주기율표가 그 방법을 보여줄 것이다. 우선 주기율표에서 인 원자의 위치를 파악하면 3주기($n = 3$) 5A족에 위치하고 있다. 그런 다음 H원자에서 시작하여 P원자에 이를 때까지 전자배치를 기록한다. 첫 번째 주기에서는 1*s* 오비탈이 채워지고 $1s^2$라고 기록한다. 두 번째 주기에서는 2*s*와 2*p* 오비탈이 채워지고 모두 채워졌을 때

**표 7.5** 처음 10개 원소의 전자배치

| | 전자 배치 | | 오비탈 상자 다이어그램 | | | | |
|---|---|---|---|---|---|---|---|
| | 축약형 | 확장형 | **1s** | **2s** | **2p** | | |
| H | $1s^1$ | | ↑ | | | | |
| He | $1s^2$ | | ↑↓ | | | | |
| Li | $1s^2\ 2s^1$ | | ↑↓ | ↑ | | | |
| Be | $1s^2\ 2s^2$ | | ↑↓ | ↑↓ | | | |
| B | $1s^2\ 2s^2\ 2p^1$ | | ↑↓ | ↑↓ | ↑ | | |
| C | $1s^2\ 2s^2\ 2p^2$ | $1s^2\ 2s^2\ 2p^1\ 2p^1$ | ↑↓ | ↑↓ | ↑ | ↑ | |
| N | $1s^2\ 2s^2\ 2p^3$ | $1s^2\ 2s^2\ 2p^1\ 2p^1\ 2p^1$ | ↑↓ | ↑↓ | ↑ | ↑ | ↑ |
| O | $1s^2\ 2s^2\ 2p^4$ | $1s^2\ 2s^2\ 2p^2\ 2p^1\ 2p^1$ | ↑↓ | ↑↓ | ↑↓ | ↑ | ↑ |
| F | $1s^2\ 2s^2\ 2p^5$ | $1s^2\ 2s^2\ 2p^2\ 2p^2\ 2p^1$ | ↑↓ | ↑↓ | ↑↓ | ↑↓ | ↑ |
| Ne | $1s^2\ 2s^2\ 2p^6$ | $1s^2\ 2s^2\ 2p^2\ 2p^2\ 2p^2$ | ↑↓ | ↑↓ | ↑↓ | ↑↓ | ↑↓ |

의 전자배치는 $1s^2\ 2s^2\ 2p^6$ 가 된다. 3주기에서는 $3s$ 오비탈이 차고 $3p$ 오비탈은 5A 족의 인 원자에 이를 때까지 부분적으로 찬다. 따라서 완성된 전자배치는

$$\text{P} \qquad 1s^2 2s^2 2p^6 3s^2 3p^3$$

P의 원자번호는 15이고, 따라서 15개의 전자를 갖는다는 것을 확인하면 된다. 전자배치에 나타낸 첨자들의 수를 모두 더하면 2+2+6+2+3=15 이다. 부록 D에 모든 원소들의 전자배치를 나타내었다. 여기서는 불활성기체의 표기법을 사용하였는데 원소가 속한 주기의 바로 앞 주기 마지막 원소까지의 전자배치를 불활성기체의 원소기호로 표시하는 것이다. 이 방법으로 P의 전자배치를 표시하면 [Ne] $3s^2 3p^3$ 이다.

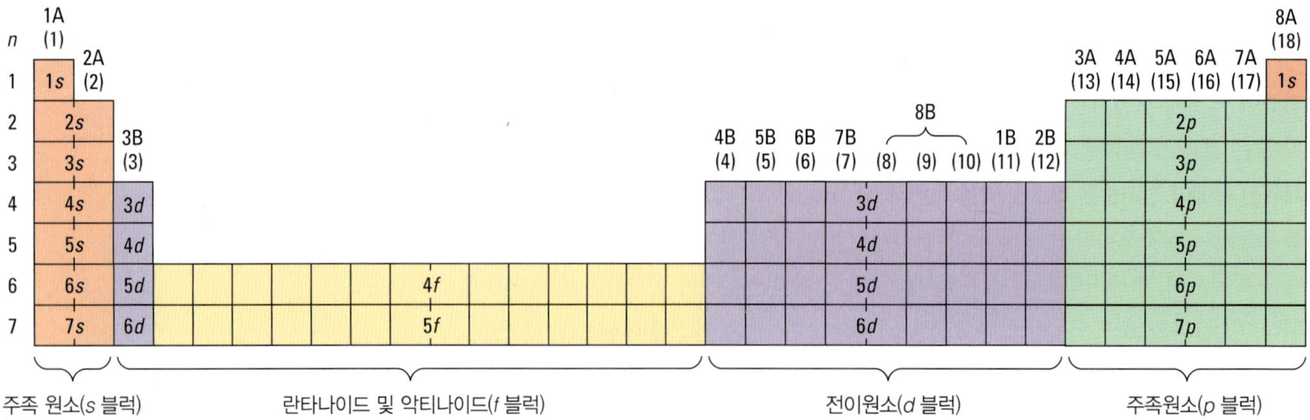


**그림 7.16 전자배치와 주기율표.** 수소원자에서 시작하여 원자번호가 증가하는 순서에 따라 부껍질에 전자를 채워나가면 전자배치가 만들어진다. 부록 D에 원자번호 순으로 전자배치를 나타내었다.

Hund의 규칙에 의하면 인 원자의 $3p$ 오비탈에 채워지는 3개의 전자들은 짝을 짓지 않는다. 이것을 확장 전자배치를 사용하여 나타내거나

$$\mathrm{P} \qquad 1s^2 2s^2 2p^6 3s^2 3p^1 3p^1 3p^1$$

또는 다음과 같이 오비탈상자 다이어그램을 사용하여 나타낼 수 있다.

| P | $1s$ | $2s$ | $2p$ | $3s$ | $3p$ |
|---|---|---|---|---|---|
| | ↑↓ | ↑↓ | ↑↓ ↑↓ ↑↓ | ↑↓ | ↑ ↑ ↑ |

따라서 $3p$ 오비탈의 3개의 전자를 제외하고 모든 전자들이 짝을 이루고 있다. $3p$ 오비탈의 3개의 전자는 각각 서로 다른 $3p$ 오비탈을 점유하고 나란한 스핀을 갖는다. 3주기 원소들에 대한 오비탈상자 다이어그램의 일부를 그림 7.17에 나타내었다.

이 시점에서 여러분은 주기율표를 활용하여 원자번호 20인 Ca 원자까지의 전자배치를 쓸 수 있어야 한다.

| 원자번호/원소 | 오비탈 상자 다이어그램의 일부(3s와 3p만) 3s / 3p | 전자배치 | 불활성기체를 사용한 표기 |
|---|---|---|---|
| $_{11}$Na | [↑] / [ ][ ][ ] | $[1s^2 2s^2 2p^6]\ 3s^1$ | $[\mathrm{Ne}]\ 3s^1$ |
| $_{12}$Mg | [↑↓] / [ ][ ][ ] | $[1s^2 2s^2 2p^6]\ 3s^2$ | $[\mathrm{Ne}]\ 3s^2$ |
| $_{13}$Al | [↑↓] / [↑][ ][ ] | $[1s^2 2s^2 2p^6]\ 3s^2 3p^1$ | $[\mathrm{Ne}]\ 3s^2 3p^1$ |
| $_{14}$Si | [↑↓] / [↑][↑][ ] | $[1s^2 2s^2 2p^6]\ 3s^2 3p^2$ | $[\mathrm{Ne}]\ 3s^2 3p^2$ |
| $_{15}$P | [↑↓] / [↑][↑][↑] | $[1s^2 2s^2 2p^6]\ 3s^2 3p^3$ | $[\mathrm{Ne}]\ 3s^2 3p^3$ |
| $_{16}$S | [↑↓] / [↑↓][↑][↑] | $[1s^2 2s^2 2p^6]\ 3s^2 3p^4$ | $[\mathrm{Ne}]\ 3s^2 3p^4$ |
| $_{17}$Cl | [↑↓] / [↑↓][↑↓][↑] | $[1s^2 2s^2 2p^6]\ 3s^2 3p^5$ | $[\mathrm{Ne}]\ 3s^2 3p^5$ |
| $_{18}$Ar | [↑↓] / [↑↓][↑↓][↑↓] | $[1s^2 2s^2 2p^6]\ 3s^2 3p^6$ | $[\mathrm{Ne}]\ 3s^2 3p^6$ |

**그림 7.17** **3주기 원소들에 대한 오비탈 다이어그램의 일부**

**예제 7.7 전자 배치**

주기율표만 사용하여 바나듐 V의 완전한 전자 배치, 원자오비탈 상자 다이어그램, 불활성 기체를 포함하는 전자 배치를 표시하시오.

**정답:** $1s^2 2s^2 2p^6 3s^2 3p^6 3d^3 4s^2$

| $1s$ | $2s$ | $2p$ | $3s$ | $3p$ | $3d$ | $4s$ |
|---|---|---|---|---|---|---|
| ↑↓ | ↑↓ | ↑↓ ↑↓ ↑↓ | ↑↓ | ↑↓ ↑↓ ↑↓ | ↑ ↑ ↑ [ ] [ ] | ↑↓ |

$[\mathrm{Ar}]\ 3d^3 4s^2$

**풀이:** V는 원자번호 23이며, 네번째 주기에 포함된다. 그림 7.16을 적용하면 처음 18개의 전자는 아르곤의 전자배치 $1s^22s^22p^63s^23p^6$로 나타낼 수 있다. 나머지 5개 전자는 $3d^34s^2$의 전자배치를 한다.

**실전예제 7.7**

(a) 실리콘에 대하여 불활성기체를 포함하는 전자 배치를 쓰시오.

(b) 원자 오비탈 상자 다이어그램을 사용하여 실리콘 원자의 짝짓지 않은 전자 수를 결정하시오.

EXERCISE
**연습문제 7.14 바닥상태 원자에서 가장 높은 에너지를 갖는 전자**

바닥상태 염소원자에서 가장 높은 주 에너지준위(가장 큰 $n$ 값)의 전자배치를 쓰시오. 셀레늄 원자에 대해서도 똑같이 하시오.

이제부터는 원자 내의 모든 전자들의 전자배치를 고려하기보다, 원소의 화학적 성질을 결정하는데 우선적으로 중요한 가장 바깥의 원자오비탈에 놓이는 원자가전자들에 주목할 것이다.

## 원자가전자

주기율표의 같은 족에 있는 원소들은 유사한 화학적 성질을 갖는다. 예를 들어 산화물의 화학식은 비슷한데 4A족에서 $CO_2$, $SiO_2$, $GeO_2$, $SnO_2$, $PbO_2$가 그렇다. 서로 다른 족의 원소들은 다른 화학적 성질을 보인다. 이것은 같은 족의 원소들은 원자들의 가장 바깥 껍질의 전자수 및 전자배치가 같다고 가정하면 설명할 수 있다. 이들 전자는 다른 원자의 전자들과 가장 쉽게 상호작용할 수 있는 전자들이다. 이러한 생각은 Gilbert N. Lewis(1875−1946)로부터 유래하였고 1902년 원자의 전자들은 핵 근처에서 시작하여 바깥쪽으로 껍질을 채워나간다고 제안하였다. 원자의 가장 바깥 껍질의 전자가 원소의 화학적 성질을 결정하고 그 전자를 **원자가전자**(valence electron)라고 부른다. 내부 껍질에 있는 전자를 **핵심부전자**(core electron)라고 한다. 주족원소(문자 A로 나타내는 족의 원소)들에 대하여 원자가전자는 가장 큰 주양자수(n)의 껍질에 위치한다. 다른 모든 전자들은 핵심부전자들이다. 주족원소들에서 원자가전자의 수는 원자가 속한 족의 번호로 주어진다. 주족원소의 핵심부전자와 원자가전자의 전자배치를 보자.

전이원소(d 블록)와 f 블록 원소들에 있어서, 내부껍질의 d와 f 전자들 또한 원자가전자가 될 수 있다.

| 원소 | 핵심부전자 | 전자배치 | 원자가전자 | 그룹 |
|---|---|---|---|---|
| Na | $1s^22s^22p^6$, ([Ne]) | [Ne] $3s^1$ | $3s^1$ | 1A |
| Si | $1s^22s^22p^6$, ([Ne]) | [Ne] $3s^23p^2$ | $3s^23p^2$ | 4A |
| As | $1s^22s^22p^63s^23p^6$, ([Ar]) | [Ar] $3d^{10}4s^24p^3$ | $4s^24p^3$ | 5A |

루이스는 학생들에게 원자구조를 가르치면서 원자핵과 핵심부전자를 원소기호에 포함시키고 원자가전자를 점으로 표시하는 방법을 도입하였다. 원자가전자 수에

해당하는 점들을 차례로 하나씩 원소기호 주위의 네 방향에 배치하였다. 점이 하나씩 채워지고 나면 다음 점들은 짝을 이루도록 배치한다. 이것을 **루이스의 점 기호**(dot symbol)라고 한다. 표 7.6에 2주기와 3주기 원자들의 루이스 점 기호를 나타내었다.

1A족과 2A족의 주족원소들은 s−블록 원소로 알려져 있고, 그들의 원자가전자는 *s* 전자들이다(1A족은 $ns^1$, 2A족은 $ns^2$). 주기율표 오른쪽의 3A족에서 8A족 사이의 주족원소들은 *p*−블록 원소로 알려져 있다. 그들의 원자가전자는 *s*전자와 *p*전자를 포함한다. 표 7.6에서 주족원소들의 루이스의 점 기호를 살펴보면 원자가전자의 수와 족의 번호가 같다는 것을 알 수 있다.

주족 원소들은 주기율표에서 A라는 문자를 사용하여 표시한다.

**예제 7.8 원자가전자**

(a) 브롬의 전자배치를 불활성기체 표기를 포함하여 나타내시오. 내부전자와 원자가전자를 확인하시오.

(b) 브롬의 루이스 점 기호를 쓰시오.

**정답:**

(a) $[Ar]4d^{10}4s^24p^5$, 내부전자는 $[Ar]4d^{10}$, 원자가전자는 $4s^24p^5$

(b) :B̈r·

**풀이:** (a) 브롬은 원자번호 35인 7A족 원소이다. 처음 18개의 전자는 [Ar]의 전자배치로 표시되고 10개의 3d 전자와 함께 핵심부전자를 구성한다. 7A족에 속하므로 7개의 원자가전자를 가지며 $4s^24p^5$로 표시된다.

(b) 표 7.6의 루이스 점 기호를 참고하시오.

**실전예제 7.8**

Se와 Te에 대하여 불활성기체 표기를 포함하는 전자배치와 루이스 점 기호를 쓰시오. 전자배치는 두 원소가 같은 그룹에 속하는 것을 어떻게 설명하는가?

**표 7.6 원자들의 루이스 점 기호**

| | 1A $ns^1$ | 2A $ns^2$ | 3A $ns^2\,np^1$ | 4A $ns^2\,np^2$ | 5A $ns^2\,np^3$ | 6A $ns^2\,np^4$ | 7A $ns^2\,np^5$ | 8A $ns^2\,np^6$ |
|---|---|---|---|---|---|---|---|---|
| 2주기 | Li· | ·Be· | ·Ḃ· | ·Ċ· | ·N̈· | :Ö· | :F̈· | :N̈e: |
| 3주기 | Na· | ·Mg· | ·Al· | ·Si· | ·P̈· | :S̈· | :C̈l· | :Är: |

## 전자배치와 전이원소의 원자가전자

전이원소는 주기율표 중간의 4주기에서 7주기 사이의 B그룹 원소들이다. 이들 원소는 마지막 전자가 *d* 부껍질을 채우는 전자배치를 갖는다. 예를 들어 첫 번째 전이원소인 스칸듐(Sc)의 전자배치는 $[Ar]4s^2\,3d^1$ 이다. 각 주기의 첫번째 전이원소 앞에는 2개의 s−구역 원소들이 놓이는 것을 주목하라. (Sc의 경우 바로 앞에 K와 Ca가 놓인다.) 보통 $n = 3(3d)$ 에너지준위가 $n = 4(4s)$ 에너지준위보다 낮다고 알고 있으므

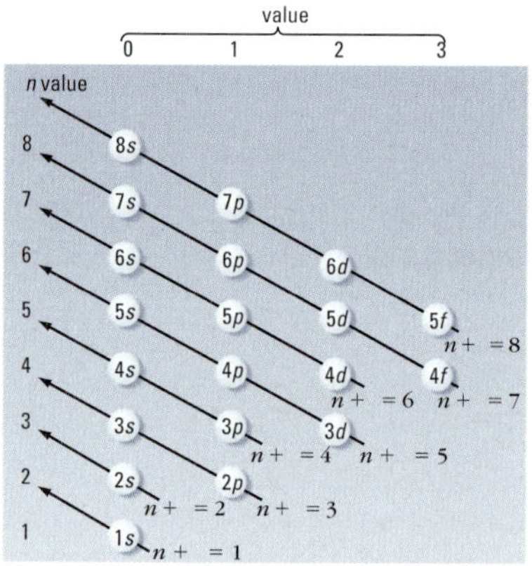

그림 7.18 **부껍질에 전자를 채우는 순서.** $n$이 증가하면 전자껍질의 에너지도 증가한다. 껍질 내의 부껍질의 에너지는 $\ell$에 따라 증가한다. 부껍질은 $(n+\ell)$ 값이 증가하는 순으로 채워진다. $(n+\ell)$ 값이 같은 경우에는 $n$ 값이 작은 부껍질이 먼저 채워진다.

로 이상하게 들릴지 모른다. 그러나 그림 7.16과 주기율표를 보면 Sc의 전자배치는 1개의 $d$ 전자를 갖는다고 예측되며, 부록 D의 실험 자료로부터도 이 예측을 확인할 수 있다. **일반적으로 $ns$ 원자오비탈을 채우고 난 후, $np$ 원자오비탈을 채우기 전에 $(n-1)$ $d$ 원자오비탈을 먼저 채운다.**

수소를 제외한 모든 원자들에서 부껍질의 에너지는 $n$ 뿐만 아니라 $\ell$에도 의존한다. 부껍질은 $(n+\ell)$이 증가하는 순으로 차례로 채워진다. 서로 다른 부껍질의 $(n+\ell)$ 값이 같을 때 전자는 낮은 $n$ 값의 부껍질을 먼저 채운다(그림 7.18). 예를 들어 3d, $4s$, $4p$ 부껍질에 전자가 채워지는 순서를 보면 $4s$ 부껍질$(n+\ell=4)$이 $3d$ 부껍질$(n+\ell=5)$보다 먼저 채워진다. $3d$와 $4p$의 $(n+\ell)$값은 서로 같지만 $3d$의 $n$값이 작기 때문에 $4p$에 앞서 $3d$를 먼저 채운다. Ca([Ar]$4s^2$), Mn([Ar]$3d^5\,4s^2$), Ge([Ar]$3d^{10}$ $4s^2\,4p^2$)의 전자배치를 비교해보면 $4s$ 오비탈이 $3d$ 오비탈보다 먼저 채워지고, $3d$ 오비탈은 $4p$ 오비탈보다 먼저 채워진다.

$n=3$ 준위부터 $d$ 원자오비탈이 채워지기 시작하며 첫 번째 전이원소인 스칸듐의 전자배치는 [Ar]$3d^14s^2$이다. 스칸듐 다음에 티타늄([Ar]$3d^24s^2$), 바나듐([Ar]$3d^34s^2$)이 나타난다. 다음 원소인 크롬의 전자배치는 [Ar]$3d^44s^2$ 로 예상되지만 분광학적, 자기적 측정 결과에 의하면 크롬의 올바른 전자배치는 [Ar]$3d^54s^1$ 이다. 이론적 예측과 실험 결과가 맞지 않는 경우의 하나이다. $s$ 오비탈을 다 채우지 않고 $d$ 오비탈의 반이 채워지거나 완전히 채워지는 경우가 있다(Hund의 규칙에 의하면 반만 채워진 부껍질은 전자 반발을 최소화한다). 결과적으로 $s$ 부껍질이 반 채워지고 d 부껍질이 반(또는 완전히)채워지는 전이원소들은 상대적으로 안정한 전자배치를 갖는다. 크롬([Ar]$3d^54s^1$)과 구리([Ar]$3d^{10}4s^1$)가 그 예이다.

대부분의 전이원소들에 대하여 Hund의 규칙에 따라 원자가전자들을 원자오비탈 다이어그램에 채워보면 짝짓지 않은 전자의 수를 예측할 수 있다. 예를 들어 Co($Z=27$)의 전자배치는 [Ar]$3d^74s^2$ 이고 짝짓지 않은 전자의 수는 3개이다.

| | | $3d$ | | | | | $4s$ |
|---|---|---|---|---|---|---|---|
| Co | [Ar] | ⇅ | ⇅ | ↑ | ↑ | ↑ | ⇅ |

EXERCISE
**연습문제** 7.15 **짝짓지 않은 전자**

원자오비탈 상자 다이어그램을 사용하여 Cr의 전자 배치, [Ar] $3d^44s^2$ 와 [Ar] $3d^54s^1$ 중에서 짝짓지 않은 전자가 많은 전자 배치를 결정하시오.

## 부분적으로 채워진 $f$ 오비탈의 원소

6주기와 7주기에서 $f$ 원자오비탈이 존재한다(그림 7.16). $f$ 부껍질이 채워지는 원소(모두 금속)를 가끔 내부전이원소라고도 하고 더 일반적으로 란타나이드(란타늄: $4f$ 부껍질을 채우기 바로 전 원소)와 악티나이드(악티늄: $5f$ 부껍질을 채우기 바로 전 원소)로 부른다. 란타나이드는 전자배치가 [Xe]$5d^16s^2$인 란타늄(La)에서 시작한다. 다음 원소인 세륨(Ce)은 주기율표 바닥의 독립된 줄에서 시작하고 $f$ 오비탈이 채워지기 시작한다(부록 D). Ce([Xe]$4f^15d^16s^2$)에서 Lu([Xe]$4f^{14}5d^16s^2$)까지 란타나이드 원소들은 7개의 $4f$ 오비탈에 14개의 전자가 하나씩 차례로 채워진다. $4f$ 오비탈을 채우기 시작하기 전에 $n = 5$와 $n = 6$ 준위는 부분적으로 채워져 있음을 주목하라.

전자배치를 알려주는 도구로서 주기율표가 얼마나 유용한지 아무리 강조해도 지나치지 않는다. 또 다른 예로 그림 7.16을 사용하여 텔루륨(Te)의 전자배치를 알 수 있다. Te는 6A족의 원소이기 때문에 6개의 원자가전자와 $ns^2\ np^4$의 전자배치를 한다는 것을 바로 알 수 있을 것이다. 그리고 Te는 5주기 원소이기 때문에 $n = 5$ 이다. 따라서 완전한 전자배치는 4주기의 마지막 원소인 크립톤의 전자배치($1s^22s^22p^63s^23p^63d^{10}4s^24p^6$)에 $4d^{10}$ 부껍질 전자와 6개의 원자가전자 $5s^25p^4$를 붙여 완성된다. Te의 완전한 전자배치는 $1s^22s^22p^63s^23p^63d^{10}4s^24p^64d^{10}5s^25p^4$ 또는 [Kr]$4d^{10}5s^25p^4$ 이다. 짝짓지 않은 전자의 수를 알려면 내부 껍질([Kr]로 표시됨)은 짝지은 전자들로 완전히 채워져 있기 때문에 가장 바깥 부껍질의 전자배치를 살펴본다. Te에는 2개의 $p$오비탈에 짝짓지 않은 전자가 2개 존재한다.

## 7.8 이온의 전자배치

이온화합물을 조사해보면 1A족에서 3A족의 원자들은 족의 번호와 같은 전하를 띤 양이온(cation)을 생성함을 알 수 있다. $Li^+$, $Mg^{2+}$, $Al^{3+}$ 등이 그 예이다. 5A족에서 7A족 사이의 비금속 원자들은 전자를 받아 들여 8에서 족의 번호를 뺀 만큼의 음전하를 띤 음이온(anion)을 생성한다. 이런 음이온의 예는 $N^{3-}$, $O^{2-}$, $F^-$ 등이다. 이에 대한 설명은 $s$-블록과 $p$-블록 원자들이 이온을 생성할 때, 원자가껍질에 전자들이 더해지거나 제거되어 비활성기체의 전자배치를 갖는다는 것이다. 1A족, 2A족, 3A족의 원자들은 각각 전자를 1개, 2개, 3개를 잃어 1+, 2+, 3+의 전하를 갖는 이온들을 생성한다. 이 양이온들의 전자배치는 주기율표에서 자신 바로 앞의 불활성기체의 전자배치와 같다. 7A족, 6A족, 5A족의 몇몇 원자들은 각각 전자를 1개, 2개, 3개를 얻어 1−, 2−, 3−의 전하를 갖는 이온들을 생성한다. 이 음이온들의 전자배치는 바로 뒤에 오는 불활성기체의 전자배치와 같다. 금속원자는 전자를 잃고 족의 번호와 같은 양전하를

불활성기체

| 5A (15) | 6A (16) | 7A (17) | 8A (18) | 1A (1) | 2A (2) | 3A (3) |
|---|---|---|---|---|---|---|
| | | $H^-$ | He | $Li^+$ | $Be^{2+}$ | |
| $N^{3-}$ | $O^{2-}$ | $F^-$ | Ne | $Na^+$ | $Mg^{2+}$ | $Al^{3+}$ |
| | $S^{2-}$ | $Cl^-$ | Ar | $K^+$ | $Ca^{2+}$ | $Sc^{3+}$ |
| | $Se^{2-}$ | $Br^-$ | Kr | $Rb^+$ | $Sr^{2+}$ | $Y^{3+}$ |
| | $Te^{2-}$ | $I^-$ | Xe | $Cs^+$ | $Ba^{2+}$ | $La^{3+}$ |

**바닥상태 불활성기체의 전자배치를 하는 양이온, 음이온, 원자.** 같은 색으로 표시된 원자와 이온들은 같은 전자 배치를 하는 등전자 화학종들이다.

**예제 7.9 원자와 그들의 이온**

다음 표를 완성하시오.

| 중성 원자 | 중성 원자의 전자배치 | 이온 | 이온의 전자배치 |
|---|---|---|---|
| Se | ______ | ______ | [Kr] |
| Ba | ______ | $Ba^{2+}$ | ______ |
| Br | ______ | $Br^-$ | ______ |
| ______ | [Kr] $5s^1$ | $Rb^+$ | ______ |
| ______ | [Ne] $3s^23p^3$ | ______ | [Ar] |

**정답:**

| 중성 원자 | 중성 원자의 전자배치 | 이온 | 이온의 전자배치 |
|---|---|---|---|
| Se | [Ar] $3d^{10}4s^24p^4$ | $Se^{2-}$ | [Kr] |
| Ba | [Xe] $6s^2$ | $Ba^{2+}$ | [Xe] |
| Br | [Ar] $3d^{10}4s^24p^5$ | $Br^-$ | [Kr] |
| Rb | [Kr] $5s^1$ | $Rb^+$ | [Kr] |
| P | [Ne] $3s^23p^3$ | $P^{3-}$ | [Ar] |

**풀이:** Se 원자의 전자배치는 [Ar] $3d^{10}4s^24p^4$이다. 6A족에 속하며 $4p$ 부껍질에 2개의 전자를 받아 $Se^{2-}$를 생성하며 Kr (36개 전자)의 전자배치를 갖는다. Ba는 2A족 원소이며 2개의 $6s$ 전자를 잃고 Xe(54개 전자)의 전자배치를 갖는다. 그러므로 Ba는 [Xe] $6s^2$이고 $Ba^{2+}$는 [Xe]의 전자배치이다. Br은 7A족 원소이고 전자 1개를 받아 $Br^-$이 되며 Kr의 전자배치를 한다. [Kr] $5s^1$의 전자배치는 37개의 전자를 나타내며, 따라서 Rb원자에 해당한다. Rb원자는 $5s^1$ 전자를 하나 잃고 $Rb^+$가 되며 [Kr]의 전자배치와 같아진다. [Ne] $3s^23p^3$의 전자배치는 15개의 전자를 나타내며, P원자에 해당한다. P원자는 3개의 전자를 받아 $P^{3-}$가 되며 [Ar]의 전자배치를 한다.

**실전예제 7.9**

(a) [Ar]의 전자배치를 갖는 3주기의 3가 음이온은 무엇인가?

(b) [Ar]의 전자배치를 갖는 4주기의 2가 양이온은 무엇인가?

띠는 양이온을 생성한다. 비금속원자는 전자를 얻어 8에서 족의 번호를 뺀 수만큼의 음전하를 갖는 음이온을 생성한다. 이러한 관계는 1A−3A족, 5A−7A족에 적용된다. 원자나 이온들이 같은 전자배치를 가질 때 등전자(isoelectronic) 관계에 있다고 한다.

표 7.7에 등전자 이온과 그들과 같은 전자배치를 갖는 불활성기체를 나타내었다. 금속이온은 그 금속 바로 앞에 오는 불활성기체와 등전자 관계이고, 비금속이온은 바로 뒤에 오는 불활성기체와 등전자 관계에 있다.

## 전이금속 이온

앞에서 전이금속 원자의 전자배치와 함께 $4s$와 $3d$ 부껍질의 에너지 준위는 서로 매우 가깝게 놓인다고 언급하였다. $5s$와 $4d$ 부껍질의 에너지 준위도 서로 매우 가까이 인

**표 7.7 불활성기체 원자들과 그들의 등전자 이온**

| | |
|---|---|
| (모두 $1s^2$) | He, $Li^+$, $Be^{2+}$, $H^-$ |
| (모두 $1s^22s^22p^6$) | Ne, $Na^+$, $Mg^{2+}$, $Al^{3+}$, $F^-$, $O^{2-}$ |
| (모두 $1s^22s^22p^63s^23p^6$) | Ar, $K^+$, $Ca^{2+}$, $Cl^-$, $S^{2-}$ |
| (모두 $1s^22s^22p^63s^23p^63d^{10}4s^24p^6$) | Kr, $Rb^+$, $Sr^{2+}$, $Br^-$, $Se^{2-}$ |
| (모두 $1s^22s^22p^63s^23p^63d^{10}4s^24p^64d^{10}5s^25p^6$) | Xe, $Cs^+$, $Ba^{2+}$, $I^-$, $Te^{2-}$ |

접해 있다. $6s$, $4f$, $5d$ 부껍질 사이도 그렇고 $7s$, $5f$, $6d$ 부껍질 사이도 마찬가지이다. $ns$와 $(n-1)d$ 부껍질의 에너지준위는 매우 인접하여 $d$전자가 일단 채워지면 $(n-1)d$ 부껍질의 에너지는 $ns$ 부껍질의 에너지보다 낮아진다. 결과적으로 $ns$ 전자의 에너지가 더 높고 전이금속이 양이온을 생성할 때 $(n-1)d$ 전자보다 항상 $ns$의 전자가 먼저 제거된다. 이것을 기억하는 간단한 방법은 전이금속원자가 전자를 잃어 이온을 생성할 때는 항상 최외각($n$이 가장 큰 값)의 전자를 먼저 잃는다.

예를 들어 Ni원자($[Ar]3d^84s^2$)는 2개의 4*s* 전자를 잃고 $Ni^{2+}$ 이온을 생성한다.

$$Ni \rightarrow Ni^{2+} + 2e^-$$

$3d$ 부껍질이 아니라 $4s$ 부껍질에 있는 2개의 전자를 잃는다는 사실은 $Ni^{2+}$가 2개의 짝짓지 않은 전자를 갖고 있다는 실험 증거로부터 확인된다. 이것을 아래의 원자오비탈 다이어그램이 보여준다.

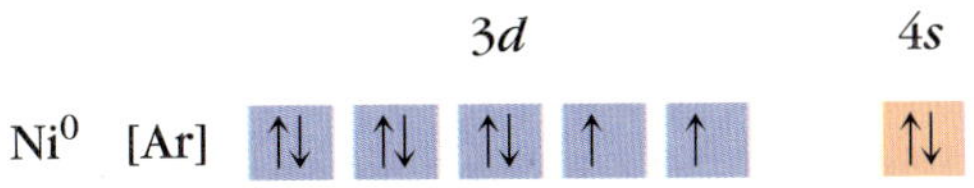


Ni 원자: $[Ar]\ 3d^84s^2$

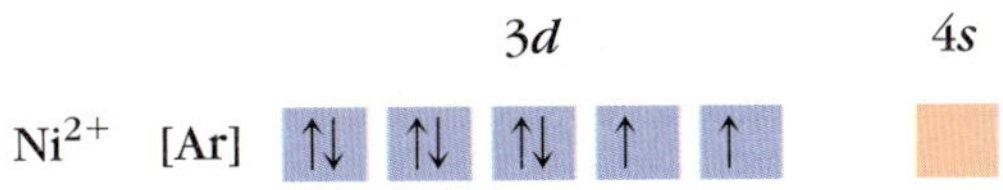


$Ni^{2+}$ 이온: $[Ar]\ 3d^8$ (맞음)

만약 $4s$ 부껍질이 아니라 $3d$ 부껍질에 있는 전자를 잃는다고 하면 $Ni^{2+}$는 4개의 짝짓지 않은 전자를 갖게 되며 이것은 실험 결과와 일치하지 않는다.

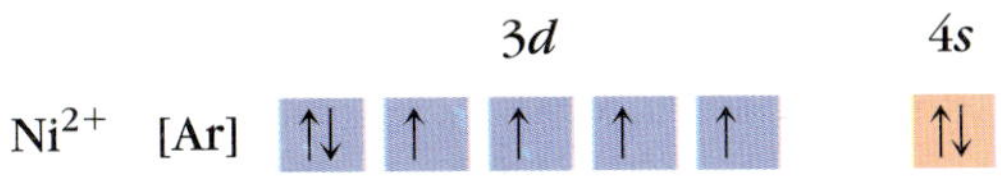


$Ni^{2+}$ 이온: $[Ar]\ 3d^64s^2$ (틀림)

내부전이원소(란타나이드와 악티나이드)의 원자나 이온들은 $Eu^{2+}$와 $Gd^{3+}$에서처럼 $f$ 부껍질에 최대 7개의 짝짓지 않은 전자를 가질 수 있다.

**예제 7.10 전이원소와 이온의 전자배치**

(a) Co 원자의 전자배치를 쓰고 불활성기체의 전자배치 다음에 오는 전자들에 대하여 원자오비탈 상자 다이어그램을 그리시오.

(b) Co는 보통 2+ 와 3+ 이온으로 존재한다. 이온에 대해 위의 오비탈 상자 다이어그램을 다시 그리시오.

(c) Co, $Co^{2+}$, $Co^{3+}$에는 짝짓지 않은 전자가 각각 몇 개인가?

**정답:**

(a)

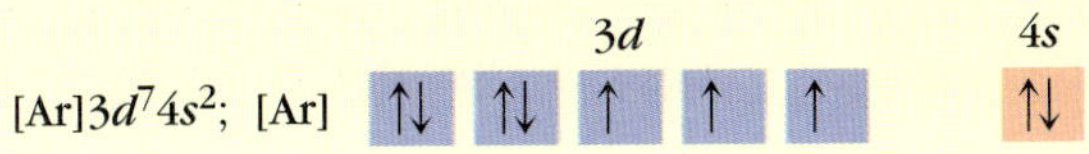

(b) Co에서 2개의 4*s* 전자를 제거하면 $Co^{2+}$가 된다.

| | | 3*d* | | | | |
|---|---|---|---|---|---|---|
| $Co^{2+}$ | [Ar] | ↑↓ | ↑↓ | ↑ | ↑ | ↑ |

Co에서 2개의 4*s* 전자와 짝진 3*d* 전자 중 하나를 제거하면 $Co^{3+}$가 된다.

| | | 3*d* | | | | |
|---|---|---|---|---|---|---|
| $Co^{3+}$ | [Ar] | ↑↓ | ↑ | ↑ | ↑ | ↑ |

(c) Co는 3개, $Co^{2+}$는 3개, $Co^{3+}$는 4개의 짝짓지 않은 전자를 갖고 있다.

**풀이:**

(a) 원자번호 27인 Co는 4주기에 속한다. Co는 Ar 보다 전자를 9개 더 많이 갖고 있는데, 2개는 4*s* 부껍질에 7개는 3*d* 부껍질에 있으며 전자배치는 [Ar] $3d^7 4s^2$이다. 오비탈 상자 다이어그램에서, 전자들은 모든 *d* 오비탈에 1개씩 채워진 후 짝을 짓는다(Hund의 규칙).

(b) $Co^{2+}$를 생성하기 위해서 가장 바깥 껍질로부터 2개의 전자를 제거한다. $Co^{2+}$로 부터 $Co^{3+}$을 생성하려면 3*d* 오비탈의 짝진 전자를 하나 제거하면 된다.

(c) 오비탈 상자 다이어그램을 그려보면 짝 짓지 않은 전자의 수를 알 수 있다.

**실전예제 7.10**

바닥상태 구리원자의 전자배치를 이용하여 구리가 $Cu^+$ 이온을 쉽게 생성함을 설명하시오.

상자성: 자기모멘트를 갖는 원자 또는 이온들이 배열되어 있지 않은 상태로 있다가 자기장에 놓이면 자기모멘트는 자기장의 방향으로 배열되고 자기적 성질을 보인다.

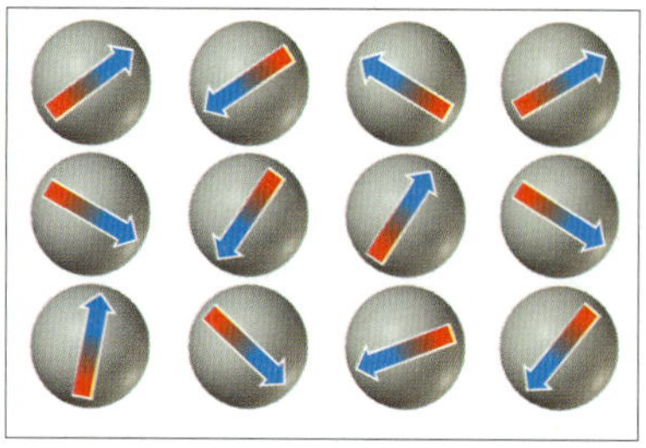

강자성: 원자나 이온 클러스터에서 짝짓지 않은 전자의 스핀은 같은 방향으로 배열된다. 자기장에서 이러한 도메인은 모두 한 방향으로 배열되고 자기장을 제거해도 그대로 유지된다.

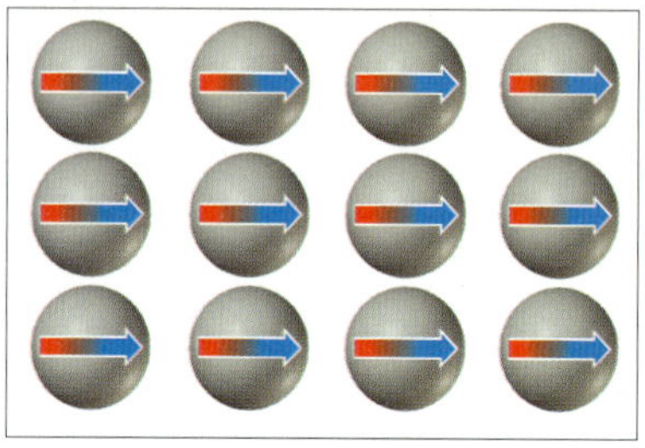

**그림 7.19 자기적 성질의 유형**

## 상자성과 짝짓지 않은 전자

스핀을 갖는 전자의 자기적 성질은 7.5 단원에서 설명하였다. 부껍질이 완전히 채워진 원자나 이온들에서 모든 전자들은 짝(서로 반대 스핀)을 이루고 그들의 자기장은 서로 상쇄된다. 그런 물질은 자기장에 매우 약하게 반발하고 반자성(diamagnetic)이라고 한다. 짝짓지 않은 전자를 갖는 원자나 이온은 자기장에 끌린다. 짝짓지 않은 전자의 수가 많을수록 인력은 더 세다. 그런 물질을 상자성(paramagnetic)이라고 한다. $Fe^{3+}$의 커다란 상자성은 [Ar]$3d^3\ 4s^2$의 전자배치보다 [Ar]$3d^5$의 전자배치를 하여 짝짓지 않은 전자가 3개가 아니라 5개라는 것을 뒷받침한다.

냉장고에 메모를 붙이는데 쓰이는 것과 같은 영구자석은 강자성체(ferromagnetic) 물질로 만들어진다. 강자성체의 자기효과는 상자성 물질에서보다 훨씬 더 크다. 강자성은 고체의 원자 뭉치(도메인)들에서 짝짓지 않은 전자들이 모두 같은 방향으로 배열되는 경우에 발생한다(그림7.19). 주기율표에서 철, 코발트, 니켈족의 금속만이 이러한 성질을 나타낸다. 또한 특이하게 이 금속들의 도메인은 자기장에서 일단 배열되면 영구적으로 자화된다. 이런 경우 가열하거나 스핀 도메인이 재배열하도록 금속을 변형시켜야만 자성이 사라진다. 알니코(알루미늄, 니켈, 코발트의 합금)와 같은 여러 합금들은 순수한 금속보다 더 큰 강자성을 나타낸다. $CrO_2$나 $Fe_3O_4$와 같은 금속산화물 또한 자성을 띠며 마그네틱테이프에 사용된다. 컴퓨터의 하드디스크도 데이터를 저장하기 위하여 강자성체 물질을 사용한다. 매우 작은 자기도메인은 자화된 영역을 1,

비자화된 영역을 0으로 표시하는 것처럼 2진 코드의 비트를 저장한다.

> CONCEPTUAL
> **개념학습 7.16 짝짓지 않은 전자**
>
> 아세틸아세토네이트 이온, $acac^-$ 에는 짝짓지 않은 전자가 없고 $Fe^{2+}$, $Fe^{3+}$이온들과 화합물을 형성한다. 그들의 화학식은 각각 $Fe(acac)_2$, $Fe(acac)_3$ 이다. 어느 것이 자기장에 더 강하게 끌리는지 설명하시오.

## 7.9 주기적 경향: 원자반지름

전자배치에 대한 지식을 활용하면 주기율표의 원소들의 성질에 대한 경향성을 설명할 수 있을 뿐만 아니라, 주기율표의 원소들이 왜 그 위치에 있는지와 같은 근본적은 질문에 답할 수 있다.

$Cl_2$처럼 간단한 이원자분자를 생성하는 원자들에 대하여, 원자반지름은 분자에서 두 원자핵 사이의 거리를 알아내어 실험적으로 정의할 수 있다. 원자를 공처럼 간주하면 이 거리의 반을 원자반지름으로 볼 수 있다. $Cl_2$ 분자에서 핵간 거리(한 원자의 중심에서 다른 원자의 중심까지의 거리)는 198 pm이다. Cl의 반지름은 이것을 2로 나누어 99 pm가 된다. 마찬가지로 다이아몬드에서 C—C 거리는 154 pm이고 따라서 C의 반지름은 77 pm이다. 이러한 예측을 시험하기 위하여 $CCl_4$에서 C—Cl의 거리는 C와 Cl의 반지름을 더하여 구할 수 있다. 예측한 거리, 176 pm (99 pm + 77 pm)는 실험에서 측정한 거리와 잘 일치한다.

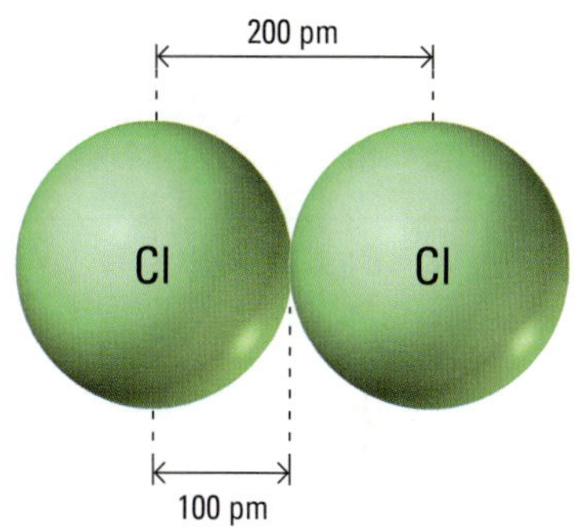


**Cl의 원자 반지름.** 원자 반지름은 $Cl_2$ 분자의 핵간거리의 반으로 간주한다.

이러한 방법은 다른 원자들의 반지름 예측에도 확장할 수 있다. O, C, S 원자의 반지름은 $H_2O$, $CCl_4$, $H_2S$에서 O—H, C—Cl, H—S의 거리를 측정하고 그 값에서 $H_2$와 $Cl_2$에서 구한 H와 Cl의 원자반지름을 빼면 예측할 수 있다. 이러한 방법을 조합하면 주족 원소들의 원자반지름이 얻어진다(그림 7.20).

### 주족원소의 원자반지름

주족원소에 대하여, 원자반지름은 주기율표에서 족의 아래로 갈수록 증가하고 주기의 오른쪽으로 갈수록 감소한다(그림7.20). 이러한 경향은 세 가지 중요한 효과를 반영한다.

주족원소는 주기율표의 A 그룹에 속하는 원소들이다(그림 7.16).

- 주기율표에서 같은 족의 위에서 아래로 가면 원자반지름은 증가한다. 왜냐하면 주양자수 $n$이 증가함에 따라 전자는 계속하여 더 큰 원자오비탈을 채운다.
- 같은 주기의 왼쪽에서 오른쪽으로 가면서 원자반지름은 감소한다. 최외각 원자오비탈의 $n$ 값은 그대로이므로 점유된 원자오비탈의 반지름은 거의 일정하게 유지된다. 그러나 주기를 가로지르면서 전자가 하나씩 추가되고 양성자도 하나씩 늘어 핵전하가 증가한다. 그 결과는 전자사이의 반발력 증가보다 핵과 전자사이의 인력이 더 크게 증가하는 것으로 나타나 원자반지름은 감소하게 된다.
- 불활성기체에서 바로 다음에 오는 1A족 원자로 갈 때 원자반지름이 크게 증가한

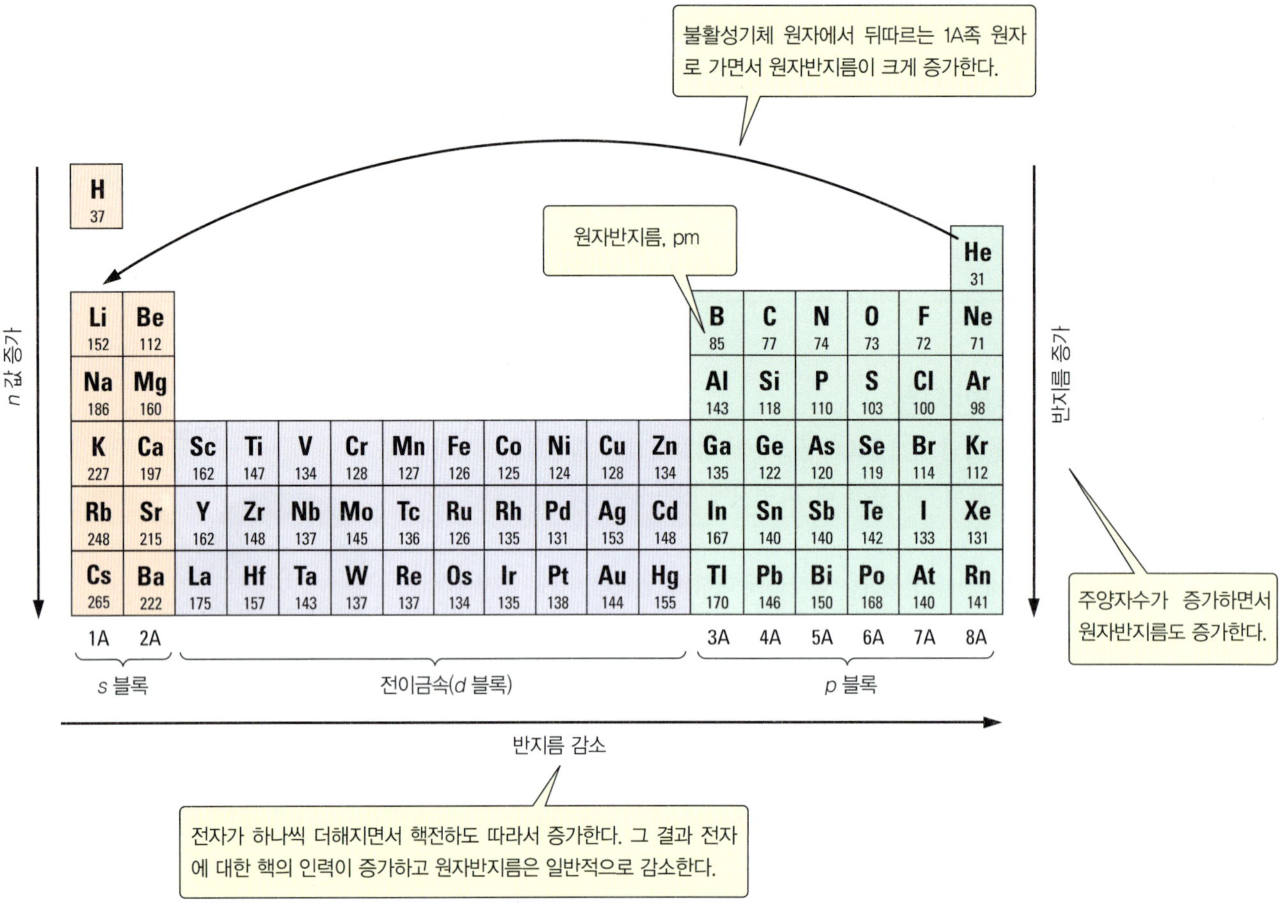


**그림 7.20 *s*–블록, *p*–블록, *d*–블록 원소들의 원자반지름(pm).** 주기를 가로질러 전이원소(*d*–블록)들의 원자반지름이 조금 변하는 것을 주목하라.

다. 이것은 최외각 전자가 더 높은 주 에너지준위 껍질(더 큰 *n*값)로 들어가기 때문이다. Ne(71 pm)와 Na(186 pm) 또는 Ar(98 pm)과 K(227 pm)의 원자반지름을 비교해보면 그렇다.

### 예제 7.11 원자 반지름과 주기적 경향

주기율표를 참고하여 Br, Cl, Ge, K, S 원자들을 크기가 작아지는 순으로 나열하시오.

**정답:** K > Ge > Br > S > Cl

**풀이:** 원자크기의 주기적 경향성에 기초하면, Cl의 반지름은 Br보다 작을 것이다. 3주기의 S는 4주기의 Br보다 작다. 주기를 가로지르면서 크기가 작아지기 때문에 Cl은 S보다 작다. 4주기 원소들에서 K가 제일 먼저나오고 Ge, Br 순으로 주어진다. 반지름의 상대적 크기는 K > Ge > Br > S > Cl이다.

### 실전예제 7.11

주기율표를 참고하여 B, Mg, K, Na 원자들을 크기가 커지는 순으로 나열하시오.

### 전이금속의 원자반지름

주족원소와 전이금속원소에 대한 원자반지름의 주기적 경향을 그림 7.20에 나타내었다. 전이금속원자의 크기는 주기를 가로질러 거의 변하지 않는다. 특히 5B족(V, Nb, 또는 Ta)에서 시작되는 주기들에서 그러한데 원자의 크기는 전자가 채워진 *ns* 원자오비탈($n$ = 4, 5 또는 6)의 반지름에 의해서 결정되기 때문이다. $(n - 1)d$ 원자오비탈에서의 전자의 수는 달라지는데 $(n - 1)d$ 원자오비탈의 전자의 수가 증가함에 따라 *ns* 전자와의 반발은 더 커지고 원자반지름은 증가한다. 반발력의 증가는 주기를 가로질러 핵전하가 증가하는 것을 부분적으로 상쇄시킨다. 결과적으로 *ns* 오비탈의 전자는 약간 증가된 핵의 인력을 느낄 뿐이고 반지름은 거의 변하지 않는다. 구리나 아연이 속하는 족에 이르면 반지름은 약간 증가하는데 이것은 *d* 부껍질이 더 채워지면서 전자간의 반발이 계속해서 증가하기 때문이다.

전이금속원자들의 반지름 및 그들 이온들의 크기도 서로 비슷한 것은 그들의 화학에 중요한 영향을 준다. 이웃한 족의 전이원소가 같은 족의 다른 전이원소들보다도 성질이 더 유사한 경향이 있다. 5번째와 6번째 주기 전이원소들의 반지름이 거의 비슷한 것은 그들을 서로 분리하는 것을 매우 어렵게 만든다. Ru, Os, Rh, Ir, Pd, 및 Pt을 백금족 금속이라고 부르는데 이것은 자연계에 함께 존재하기 때문이다. 이들 원자들의 크기와 화학은 매우 비슷하여, 그들의 광석도 유사하고 같은 지질학적 지대에서 발견된다.

### 유효핵전하

주기를 가로질러 원소의 양성자와 전자의 수가 증가함에 따라 주족원소의 원자반지름은 감소한다는 것을 보았다. P($Z$ = 15)와 같은 다전자원자에서 최외각전자는 핵의 15개 양성자에 끌리지만 또한 다른 14개의 전자들과는 반발한다. 첫 번째와 두 번째 껍질($n$ = 1과 $n$ = 2)의 전자들은 원자가전자들보다 핵에 더 근접해 있고 이러한 핵심부전자들은 원자가전자들을 핵으로부터 멀어지게 한다. 이러한 반발을 가리움 효과(screening effect)로 기술한다. 내부전자들은 핵의 15개 양성자에 기인하는 15+ 전하로부터 원자가전자를 가린다. 이러한 정성적인 기술은 각 전자들에 대하여 **가리움** 상수($\sigma$)를 정의함으로서 정량화 할 수 있다. 가리움 상수는 어느 한 전자가 다른 전자들에 의해 핵전하로부터 얼마나 가려지는지를 측정한다. 유효핵전하(effective nuclear charge), $Z^*$는 $Z^* = Z - \sigma$ 로 계산된다. 유효핵전하는 어느 한 전자에 대한 핵의 양전하($Z$)를 다른 모든 전자들에 의한 반발($\sigma$)을 고려하여 보정한 것이다. 같은 주기에서 전자들이 하나씩 추가되어도 같은 껍질에 들어가기 때문에 핵전하를 가리는데 내부전자들만큼 효과적이지 못하다. 그러므로 유효핵전하는 주기를 가로질러 증가한다. 이러한 유효핵전하의 변화로 주기를 가로질러 원자반지름은 감소하고, 이온화 에너지는 증가할 것이라고 예측된다.

## 7.10 주기적 경향: 이온반지름

인접한 양이온과 음이온 사이의 거리에 대한 자료로부터 이온반지름을 결정할 수 있다.

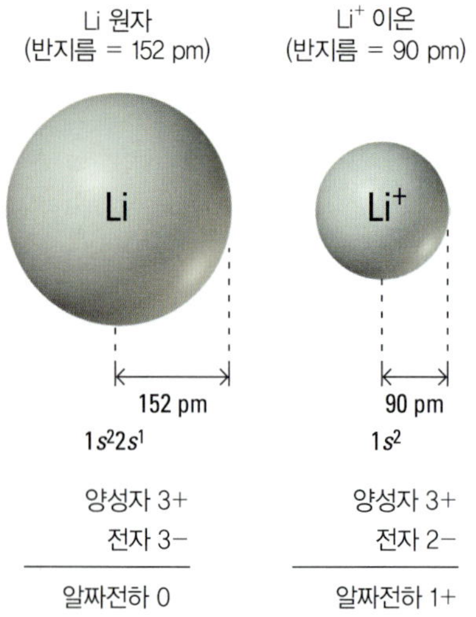


예를 들어 NaCl 결정에서 $Na^+$이온과 $Cl^-$이온 중심 간의 거리를 측정하고, $Na^+$이온과 다른 음이온사이의 거리와 비교하여 $Na^+$이온의 반지름을 구할 수 있다. 이온반지름은 결정에서 이온들 사이의 거리를 예측할 수 있도록 해준다. 그림 7.21에 몇 가지 족에서 원자반지름과 이온반지름을 비교하였다. 양이온에 대한 중요한 경향성은 같은 족에서 아래로 갈수록 양이온의 크기는 증가한다. 양이온의 반지름은 그 양이온이 유래한 중성원자의 반지름보다 항상 작다.

$Rb^+$이온은 $Na^+$나 $Li^+$이온보다 크다. 양이온 생성을 위하여 원자로부터 전자가 제거되면 크기가 현저하게 줄어든다. Li 원자의 반지름은 157 pm인 반면 $Li^+$이온의 반지름은 90 pm이다. 이것은 Li 원자로부터 전자가 제거될 때 핵전하는 3+로 변함이 없지만 서로 반발하는 전자의 수가 줄어들기 때문이다. 결과적으로 양전하의 핵은 남아 있는 2개의 전자를 더 강하게 끌어당겨 전자들이 핵 쪽으로 수축하게 된다. 이온 크기의 감소는 더 높은 에너지준위의 전자가 제거될 때 더 크게 나타난다. Li으로 부터는 2s 원자오비탈의 전자가 제거되고, $Li^+$의 최외각전자는 1s 오비탈에 놓여있다.

2개 이상의 전자가 제거될 때 크기 감소는 더 크다. $Mg^{2+}$와 $Al^{3+}$의 예를 보자.

| | |
|---|---|
| Mg 원자(반지름 = 160 pm)<br>$1s^2\,2s^2\,2p^6\,3s^2$ | $Mg^{2+}$이온(반지름 = 86pm)<br>$1s^2\,2s^2\,2p^6$ |
| Al 원자(반지름 = 143 pm)<br>$1s^2\,2s^2\,2p^6\,3s^2\,3p^1$ | $Al^{3+}$이온(반지름 = 68pm)<br>$1s^2\,2s^2\,2p^6$ |

그림 7.21로부터 음이온의 반지름은 그 음이온이 유래한 중성원자의 반지름보다 항상 크다. 양이온은 음이온의 경우와 반대이다. 음이온이 되어도 핵전하는 변하지 않지만 첨가된 전자는 새로운 반발을 유도하고 전자구름은 부풀게 된다. F 원자는 9개의

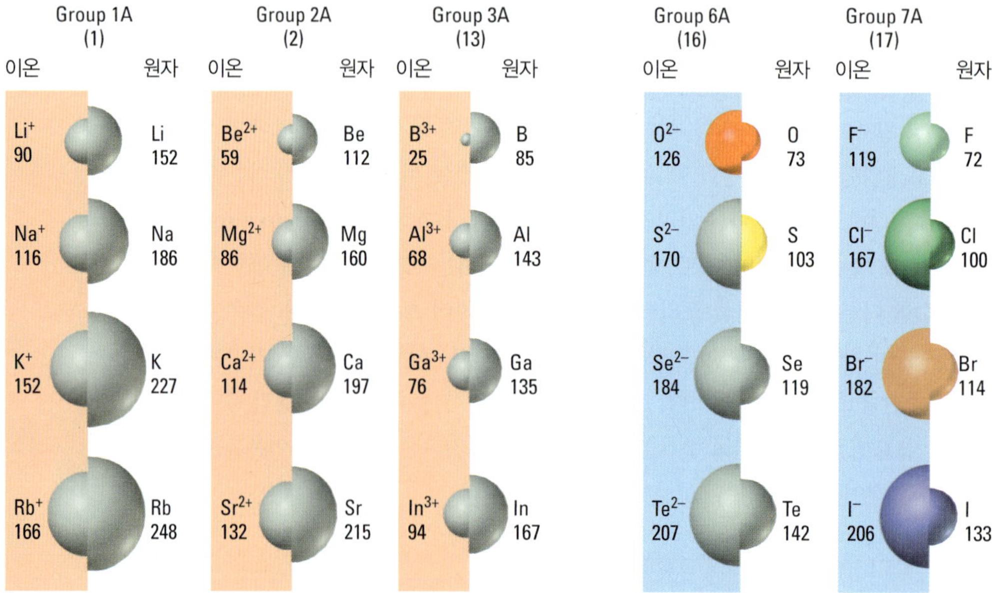


**그림 7.21 이온과 그들의 중성원자의 크기.** 단위는 pm이다 (1 pm=$10^{-12}$ m).

양성자와 9개의 전자를 가지고 있다. $F^-$ 음이온을 형성하면 핵전하는 그대로이지만 전자는 10개가 된다. 전자사이의 반발력의 증가로 $F^-$ 이온의 반지름(119 pm)은 F 원자의 반지름(72 pm)보다 훨씬 크다.

주기율표를 가로질러 등전자 이온들의 크기를 비교할 때 핵전하의 효과는 명백하다. 등전자 이온인 $O^{2-}$, $F^-$, $Na^+$, $Mg^{2+}$를 고려해보자.

| 등전자 이온 | $O^{2-}$ | $F^-$ | $Na^+$ | $Mg^{2+}$ |
|---|---|---|---|---|
| 이온반지름(pm) | 126 | 119 | 116 | 86 |
| 양성자의 수 | 8 | 9 | 11 | 12 |
| 전자의 수 | 10 | 10 | 10 | 10 |

이온들은 모두 10개의 전자를 갖는다. 그러나 $O^{2-}$ 이온은 8개의 양성자, $F^-$ 이온은 9개의 양성자, $Na^+$ 이온은 11개의 양성자, $Mg^{2+}$ 이온은 12개의 양성자를 갖는다. 따라서 10개의 전자를 끌어당기는 양성자의 수는 증가한다. 등전자 이온에서 전자 대 양성자의 비가 증가함에 따라 전반적으로 전자구름은 핵에 더 끌리고 이온의 크기는 줄어들게 된다.

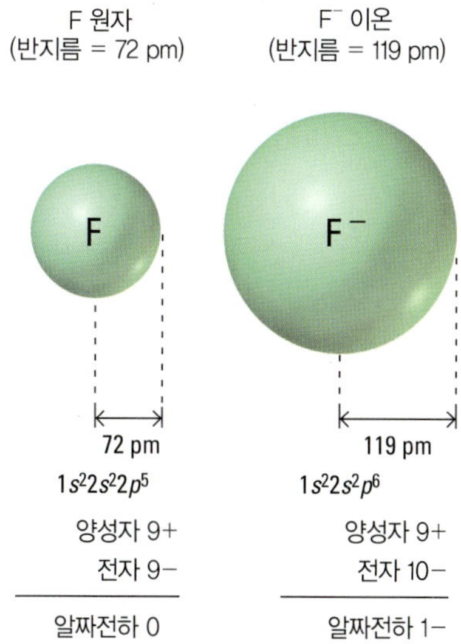


**예제 7.12 이온 크기의 경향성**

주기율표를 참고하여 다음 각 쌍에서 크기가 작은 원자나 이온을 고르시오.

(a) Cu 또는 $Cu^{2+}$

(b) Se 또는 $Se^{2-}$

(c) $Cu^+$ 또는 $Cu^{2+}$

**정답:** (a) $Cu^{2+}$ (b) Se (c) $Cu^{2+}$

**풀이:** 전자를 얻었는지 또는 잃었는지에 기초하여 원자와 그들 이온의 크기를 비교한다.

(a) 양이온은 그것이 유래한 원자보다 작다.

(b) 음이온은 그것이 유래한 원자보다 크다.

(c) $Cu^{2+}$는 $Cu^+$보다 전자를 하나 덜 갖는다. 따라서 $Cu^{2+}$의 반지름은 $Cu^+$의 반지름보다 작다.

**실전예제 7.12**

$Ba^{2+}$, $Cs^+$, $La^{3+}$의 등전자 이온들 중에서 (a) 어느 것이 가장 큰가? (b) 어느 것이 가장 작은가?

## 7.11 주기적 경향: 이온화 에너지

원소의 화학적 성질은 원자로부터 원자가전자를 얼마나 쉽게 제거할 수 있는가에 의해 부분적으로 결정되는데 이 과정은 에너지를 필요로 한다. 원자의 이온화 에너지(IE)는 기체상태의 원자로부터 전자를 하나 제거하는데 필요한 에너지이다. 기체상태의 소듐 원자의 이온화 과정은

$$Na(g) \longrightarrow Na^+(g) + e^- \qquad \Delta E = \text{이온화 에너지(IE)}$$

전자를 제거하기 위해서는 항상 에너지가 필요하므로 이 과정은 흡열과정이고 이온화 에너지의 부호는 항상 양이다. 전자를 제거하기가 어려울수록 이온화 에너지는 크다. ***1*차 이온화 에너지(중성원자로부터 전자를 하나 제거하는데 필요한 에너지)는 *s*−블록과 *p*−블록 원소들에 대하여 일반적으로 족의 아래로 갈수록 감소하고 주기를 가로질러 증가한다**(그림 7.22). 족의 아래로 가면서 감소하는 이유는 원자반지름의 증가를 반영한 것이다. 전자와 핵사이의 인력은 거리가 멀어질수록 작아지기 때문에 큰 원자로부터 전자를 제거하기가 더 쉽다. 예를 들어 Rb의 이온화 에너지(403 kJ/mol)는 K의 이온화 에너지(419 kJ/mol)나 Na의 이온화 에너지(496 kJ/mol)보다 작다. 주기를 가로질러 원자의 반지름이 작아지는 이유로 이온화 에너지는 증가한다. 증가된 핵전하는 같은 껍질의 전자를 더 강하게 끌어당긴다. 그러나 그림 7.22에서처럼 한 주기에서의 이온화 에너지 경향은 항상 매끄럽게 변하지는 않는다. 3A족 원소의 *np* 전자는 2A족 원소의 *ns* 전자들보다 더 쉽게 제거된다. 또 다른 이탈은 같은 주기에서 6A족 원소($ns^2\,np^4$)의 이온화 에너지가 5A족 원소의 이온화 에너지보다 작다는 것이다. 6A족 부터는 한 *p* 원자오비탈에 2개의 전자가 들어가게 된다. 따라서 4번째 *p*전자는 더 큰 반발력을 느끼고 더 쉽게 제거된다.

주족원소들에 비하여 전이원소와 내부전이원소들의 이온화 에너지는 주기를 가로질러 훨씬 더 점진적으로 증가한다(그림 7.22). 전이원소의 원자반지름이 주기를 가로질러 거의 변화가 없는 것처럼, *ns* 전자의 이온화 에너지 또한 *d* 오비탈이 채워질 때까지(Zn, Cd, Hg) 아주 작게 변한다.

수소원자를 제외한 모든 원자들은 2개 이상의 전자를 갖고 있기 때문에 일련의 이온화 에너지를 갖는다. 예를 들어 Mg 원자의 처음 세 가지의 이온화 에너지는

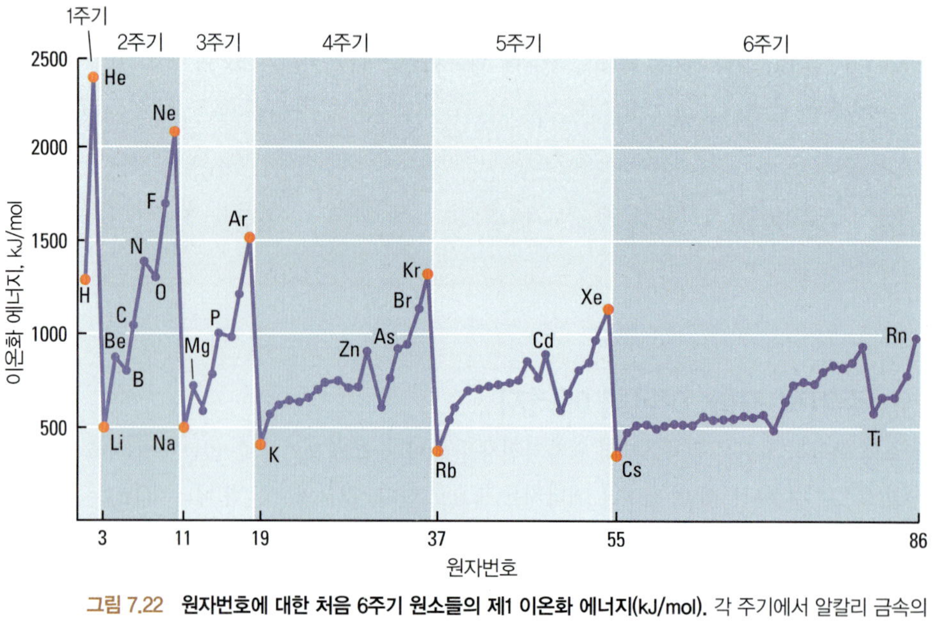


**그림 7.22 원자번호에 대한 처음 6주기 원소들의 제1 이온화 에너지(kJ/mol).** 각 주기에서 알칼리 금속의 이온화 에너지가 가장 작고 불활성기체 원소의 이온화 에너지가 가장 크다.

$$\underset{1s^2 2s^2 2p^6 3s^2}{Mg(g)} \longrightarrow \underset{1s^2 2s^2 2p^6 3s^1}{Mg^+(g)} + e^- \qquad IE_1 = 738 \text{ kJ/mol}$$

$$\underset{1s^2 2s^2 2p^6 3s^1}{Mg^+(g)} \longrightarrow \underset{1s^2 2s^2 2p^6}{Mg^{2+}(g)} + e^- \qquad IE_2 = 1450 \text{ kJ/mol}$$

$$\underset{1s^2 2s^2 2p^6}{Mg^{2+}(g)} \longrightarrow \underset{1s^2 2s^2 2p^5}{Mg^{3+}(g)} + e^- \qquad IE_3 = 7734 \text{ kJ/mol}$$

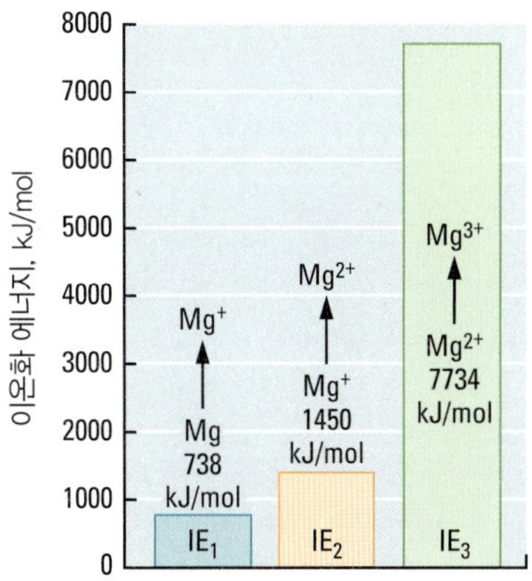


**Mg의 처음 세 가지 이온화 에너지.**

순차적으로 전자를 제거하는데 더 많은 에너지가 필요하고, 특히 제2 이온화 에너지($IE_2$)와 제3 이온화 에너지($IE_3$) 사이에 큰 변화를 주목하라. Mg 원자로부터 처음 제거되는 전자는 3s 원자오비탈에서 나온다. 제2 이온화 에너지는 $Mg^+$ 이온의 3*s* 전자를 제거하는 에너지에 해당한다. 제2 이온화 에너지는 양이온에서 전자를 떼어내기 때문에 기대했던 대로 제1 이온화 에너지보다 크다. 제3 이온화는 $Mg^{2+}$ 이온의 핵심부 전자인 2*p* 전자를 제거하는 것에 해당한다. Mg의 제2 이온화 에너지와 제3 이온화 에너지 사이의 큰 차이는 원자에서 전자껍질의 존재를 뒷받침하는 아주 훌륭한 실험 증거이다. 핵심부전자의 제거는 원자가전자의 제거보다 훨씬 많은 에너지를 필요로 한다. 원소들의 이온화 에너지 표를 부록 E에 나타내었다.

**예제 7.13 이온화 에너지**

주기율표를 참고하여 다음 원자들의 제1 이온화 에너지가 증가하는 순으로 나열하시오:
Al, Ar, Cl, Na, K, Si

**정답**: K < Na < Al < Si < Cl < Ar

**풀이**: 이온화 에너지는 주기를 가로질러 증가하기 때문에 같은 3주기 원소 Ar, Al, Cl, Na, Si의 이온화 에너지는 Na < Al < Si < Cl < Ar의 순으로 증가한다. K는 Na 바로 아래에 놓이므로 K의 이온화 에너지는 Na보다 작다.

**실전예제 7.13**

주기율표를 참고하여 다음 원자들의 제1 이온화 에너지가 감소하는 순으로 나열하시오:
Na, F, N, P

## 7.12 주기적 경향: 전자친화도

원소의 전자친화도(electron affinity)는 1−의 음이온을 생성하기 위하여 기체상태의 원자에 전자를 하나 붙일 때의 에너지 변화이다. 용어에 내포되어 있듯이 전자친화도(EA)는 한 원자가 추가되는 전자에 대한 인력을 측정하는 것이다. 한 예로 플루오린의 전자친화도는 −328 kJ/mol 이다.

$$\underset{[He]\ 2s^2 2p^5}{F(g)} + e^- \longrightarrow \underset{[He]\ 2s^2 2p^6}{F^-(g)} \qquad \Delta E = EA = -328 \text{ kJ/mol}$$

전자친화도를 나타내는데 교재에서와 반대로 + 부호를 사용하기도 한다. 즉 플루오린의 전자친화도를 +328 kJ/mol로 정의하기도 한다.

이처럼 큰 음의 값은 플루오린 원자가 전자를 기꺼이 수용할 수 있음을 나타낸다. 예상되는 것처럼 플루오린과 나머지 할로젠 원소들은 큰 음의 전자친화도를 갖는다. 왜냐하면 전자를 하나 수용함으로서 할로젠 원자들의 최외각 전자는 안정한 옥테트(8전자) 구조($ns^2\ np^6$)를 이룬다. 표 7.8에서 전자친화도는 일반적으로 한 주기에서 할로젠 쪽으로 갈수록 더 큰 음의 값을 갖는 것을 알 수 있다. 할로젠은 불활성 기체의 전자배치에서 전자 한 개가 부족한 경우이다.

어떤 원소들은 양이 전자친화도를 갖는데, 이것은 음이온이 중성원자보다 덜 안정함을 의미한다. 이런 경우 전자친화도 값을 실험적으로 구하는 것이 어렵고 Ne에서처럼 전자친화도를 단순히 영보다 크게(> 0) 나타낸다.

$$\underset{[\text{He}]\ 2s^2 2p^6}{\text{Ne}} + e^- \longrightarrow \underset{[\text{He}]\ 2s^2 2p^6 3s^1}{\text{Ne}^-} \qquad \text{EA} > 0\ \text{kJ/mol}$$

$Ne^-$은 중성원자와 전자로 되돌아 갈 것이다. $Ne^-$ 이온이 왜 중성 원자보다 덜 안정한지를 전자배치로부터 이해할 수 있다. $Ne^-$ 음이온은 Ne 원자에서의 안정한 옥테트 구조를 벗어난다.

## 7.13 이온화합물 생성에서의 에너지의 고찰

알칼리금속과 비금속이 반응하여 염을 생성할 때 에너지가 방출된다. 예를 들어 소듐 금속과 염소기체는 격렬하게 반응하여 염화소듐(NaCl)을 생성하고 주위에 에너지를 방출한다(그림 7.23).

$$\text{Na(s)} + \tfrac{1}{2}\text{Cl}_2\text{(g)} \longrightarrow \text{NaCl(s)} \qquad \Delta H_f^\circ = -410.9\ \text{kJ}$$

**그림 7.23 소듐과 클로린의 반응.** 반응은 $Na^+$와 $Cl^-$ 이온을 생성하면서 빛과 열을 방출한다.

그림 7.23에서처럼, NaCl과 같은 이온화합물을 생성하는 동안 에너지 변화가 일어난다. 반응성이 매우 큰 포타슘과 플루오르가 반응하여 플루오르화포타슘(KF)을 생성할 때의 에너지 변화를 고려해보자. KF는 결정격자 내에서 $K^+$이온과 $F^-$이온을 포함하고 양이온과 음이온이 번갈아 나타난다(그림 7.24). 포타슘 원자의 이온화 에너지

**표 7.8 전자친화도(kJ/mol)**

| 1A (1) | 2A (2) | 3A (13) | 4A (14) | 5A (15) | 6A (16) | 7A (17) | 8A (18) |
|---|---|---|---|---|---|---|---|
| H 73 | | | | | | | He 0 |
| Li 60 | Be 0 | B 27 | C 122 | N 0 | O 141 | F 328 | Ne 0 |
| Na 53 | Mg 0 | Al 43 | Si 134 | P 72 | S 200 | Cl 349 | Ar 0 |
| K 48 | Ca 2 | Ga 30 | Ge 119 | As 78 | Se 195 | Br 325 | Kr 0 |
| Rb 47 | Sr 5 | In 30 | Sn 107 | Sb 103 | Te 190 | I 295 | Xe 0 |

는 작아서 $4s^1$ 원자가전자를 쉽게 내주고, 플루오르 원자는 높은 전자친화도를 갖고 쉽게 전자를 $2p$ 오비탈에 수용한다. 따라서 KF가 생성되는 동안 포타슘 원자로부터 플루오르 원자로 전자 이동이 일어난다.

$$\text{K}\ 1s^22s^22p^63s^23p^64s^1 \longrightarrow \text{K}^+\ 1s^22s^22p^63s^23p^6 \quad \text{이온화에너지} = 419\ \text{kJ}$$
$$\text{F}\ 1s^22s^22p^5 + e^- \longrightarrow \text{F}^-\ 1s^22s^22p^6 \quad \text{전자친화도} = -328\ \text{kJ}$$

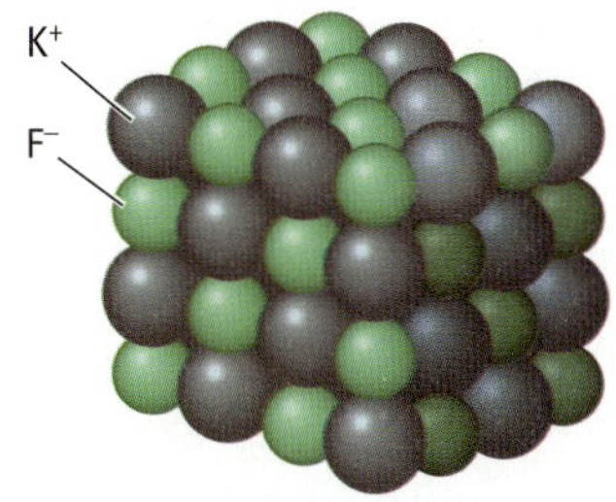

**그림 7.24** KF 결정에서 $K^+$와 $F^-$ 이온들의 격자 배열.

전자의 이동으로 포타슘과 플루오르 원자는 각각 $K^+$와 $F^-$이온으로 변환된다. 이온들의 최외각 전자배치는 안정한 불활성기체의 옥테트 구조를 한다.

전자배치: K([Ar] $4s^1$), F([He]$2s^2\ 2p^5$), $K^+$([Ar]), $F^-$([Ne])

KF의 표준 몰 생성엔탈피, $\Delta H_f^\circ$는 $-567.27$ kJ/mol이다.

$$\text{K(s)} + \tfrac{1}{2}\text{F}_2\text{(g)} \longrightarrow \text{KF(s)} \qquad \Delta H_f^\circ = -567.27\ \text{kJ}$$

그림 7.25에 나타낸 것처럼 Born-Haber 순환으로 알려진 5단계의 과정에 Hess의 법칙을 적용하여 이온과 고체화합물을 생성하는데 필요한 에너지를 계산할 수 있다. 이 방법을 표준 몰 생성 엔탈피에 대한 열화학식과 결합하면 결정의 격자에너지(lattice energy)를 계산할 수 있도록 해 준다. 격자에너지는 서로 떨어져 있는 기체 상태의 이온들로부터 고체이온화합물 1몰이 만들어질 때의 생성엔탈피이다.

**단계 1:** 고체 포타슘을 기체 포타슘 원자로 변환한다. 이것은 승화엔탈피($\Delta H_1$)로서 89 kJ/mol 이다.

$$\text{K(s)} \longrightarrow \text{K(g)} \qquad \Delta H_1 = +89\ \text{kJ/mol}$$

**단계 2:** $F_2$ 분자를 $F$ 원자로 해리시킨다. 1몰의 KF는 1몰의 $F^-$ 이온을 포함하므로 $\frac{1}{2}$몰의 $F_2$가 필요하다. 플루오르 분자의 결합을 끊는 것은 에너지가 필요하고 이 에너지($\Delta H_2$)는 $F_2$의 결합에너지의 반이다. 즉 $\frac{1}{2}$(158 kJ/mol)$=+79$ kJ이다.

$$\tfrac{1}{2}\text{F}_2\text{(g)} \longrightarrow \text{F(g)}$$
$$\Delta H_2 = \tfrac{1}{2}\,\text{F}_2\text{의 결합에너지} = \tfrac{1}{2}\,\text{mol}(+158\ \text{kJ/mol}) = +79\ \text{kJ}$$

**단계 3:** 기체 상태의 포타슘 원자를 기체상태의 포타슘 이온으로 변환시킨다. 이 과정의 에너지, $\Delta H_3$ 는 포타슘의 $4s^1$ 전자를 제거하는데 필요한 에너지로서 포타슘의 1차 이온화 에너지($IE_1$), $+419$ kJ/mol와 같다.

$$\text{K(g)} \longrightarrow \text{K}^+\text{(g)} + e^- \qquad \Delta H_3 = \text{IE}_1 = +419\ \text{kJ/mol}$$

**단계 4:** $F$ 원자로부터 $F^-$ 이온을 생성한다. F 원자의 $2p$ 오비탈에 전자를 하나 첨가하여 $F^-$가 만들어지면 부껍질의 옥테트 구조가 완성된다. $F^-$ 이온을 생성하는데 필요한 에너지($\Delta H_4$)는 F의 전자친화도, $-328$ kJ/mol이다.

$$\text{F(g)} + e^- \longrightarrow \text{F}^-\text{(g)} \qquad \Delta H_4 = \text{EA} = -328\ \text{kJ}$$

**단계 5:** 기체상태의 $K^+$ 이온과 $F^-$ 이온을 결정으로 결합시킨다. 양이온과 음이온은 결

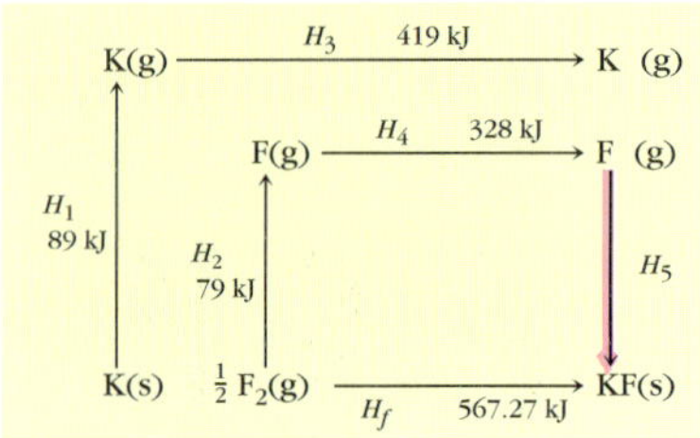


**그림 7.25 KF의 Born–Haber 순환**

정으로 결합되면서 정전기적 인력에 기인한 상당한 양의 에너지를 방출한다. 이 에너지는 서로 떨어져 있는 기체상태의 이온들로부터 고체이온화합물 1몰이 만들어질 때의 생성엔탈피 즉 격자에너지이다.

$$K^+(g) + F^-(g) \longrightarrow KF(s) \quad \Delta H_5 = \text{KF의 격자에너지}$$

순환과정의 5단계의 엔탈피 변화를 모두 합한 에너지는 고체 포타슘 금속과 기체 플루오르가 반응하여 고체 플루오르화포타슘을 생성하는 전체 반응의 에너지 변화를 나타낸다(그림 7.25). Hess의 법칙에 따르면, 이 엔탈피 변화의 합은 KF의 표준 몰 생성엔탈피($\Delta H_f^\circ$)와 같아야 한다. 실험으로부터 구한 값은 −567.27 kJ이다.

$$\Delta H_f^\circ = -567.72 \text{ kJ} = \Delta H_1 + \Delta H_2 + \Delta H_3 + \Delta H_4 + \Delta H_5$$

단계1−4의 데이터는 실험적으로 결정할 수 있지만 격자에너지는 바로 측정할 수 없다. 그렇지만 Born–Haber 순환에 Hess의 법칙을 적용하고, KF의 생성엔탈피를 사용하여 KF의 격자에너지를 계산할 수 있다.

$$-567.27 \text{ kJ} = 89 \text{ kJ} + 79 \text{ kJ} + 419 \text{ kJ} + (-328 \text{ kJ}) + \Delta H_5$$

$$\Delta H_5 = \text{KF의 격자에너지} = (-567.27 \text{ kJ}) + (-89 \text{ kJ}) + (-79 \text{ kJ}) + (-419 \text{ kJ}) + (328 \text{ kJ}) = -826 \text{ kJ}$$

각각의 원자로부터 기체상태의 양이온과 음이온을 생성하는 것(단계1에서 4까지)은 에너지측면에서 유리하지 않다는 것을 주목하라. 이 네 단계에 대한 알짜 엔탈피 변화는 +259 kJ이다. 기체 상태의 양이온과 음이온이 결합하면서 매우 큰 격자에너지가 방출되기 때문에 고체화합물이 생성된다. 고체화합물 KF를 생성하는 원동력은 $K^+$와 $F^-$ 이온의 생성이 아니고 격자에너지이다.

결정격자에서 이온결합의 힘(격자에너지)은 양이온과 음이온 사이의 정전기적 상호작용의 힘에 의존한다. 즉 반대 전하를 띤 이온사이의 인력과, 같은 전하를 띤 이온들 사이의 반발력이 결정격자 내에 존재한다. 이러한 힘들은 쿨롱의 법칙을 따른다. 인력과 반발력에 대하여 다음 두 가지 요인이 같은 비율로 영향을 미친다.

- 양이온과 음이온의 전하의 크기. 전하가 커지면 [1+에서 2+로 (또는 1−에서 2−로)] 이온들 사이의 인력과 반발력은 증가한다.
- 이온들 사이의 거리. 거리가 감소하면 이온들 사이에 작용하는 힘은 증가한다. 가장 짧은 거리는 $(r_+ + r_-)$로서 $r_+$는 양이온의 반지름이고 $r_-$는 음이온의 반지름이다. 같은 전하를 갖는 이온 사이의 거리는 이 거리에 비례하여 증가하거나 감소

**표 7.9 격자에너지와 녹는점에 대한 이온의 크기와 전하의 영향**

| 화합물 | 이온의 전하 | $r_+ + r_-$ | 격자에너지(kJ/mol) | 녹는 점(K) |
|---|---|---|---|---|
| NaCl | 1 +, 1− | 116 pm + 167 pm = 283 pm | −786 | 1073 |
| BaO | 2 +, 2− | 149 pm + 126 pm = 275 pm | −3054 | 2193 |
| MgO | 2 +, 2− | 86 pm + 126 pm = 212 pm | −3791 | 3073 |

한다. 이온반지름이 작을수록 이온들 사이의 거리는 짧다.

결정 내에서 이온들은 반발력보다 인력이 우세하도록 배열된다. 이것은 이온들이 서로 완전히 분리되어 있을 때 보다 결정으로 있을 때 더 낮은 에너지를 갖게 한다. 결정격자의 에너지는 분리된 이온들의 에너지보다 낮기 때문에 격자에너지는 음의 값을 갖는다. 이온 간의 알짜 인력이 강할수록 격자에너지는 더 큰 음의 값을 갖고 결정격자는 더 안정해진다. 따라서 결정격자는 큰 전하를 갖는 작은 크기의 이온들에 대하여 더 안정하다.

격자에너지가 큰 화합물이 녹는점도 높다는 사실이 이것을 잘 반영한다. 표 7.9에서 이러한 추세를 알 수 있다. 표에서 NaCl과 BaO를 살펴보면, 두 화합물 모두 양이온과 음이온의 이온반지름 합은 비슷하다. NaCl에 대해서는 283 pm 이고 BaO에 대해서는 275 pm이다. 그러나 음이온과 양이온 전하의 곱은 4배 만큼 차이가 난다. NaCl은 $[(1+) \times (1-)]$ 이고 BaO는 $[(2+) \times (2-)]$ 이다. 이 4배의 전하 차이는 BaO의 격자에너지(−3054 kJ/mol)와 녹는점(1920 °C)이 NaCl의 격자에너지(−786 kJ/mol)와 녹는점(800 °C)보다 훨씬 크게 나타난다는 것이다.

표 7.9에서 양이온 크기의 영향은 MgO와 BaO를 비교하면 알 수 있다. $Mg^{2+}$($r+ = 86$ pm)는 $Ba^{2+}$($r+ = 149$ pm)보다 훨씬 작기 때문에 마그네슘이온의 2+ 전하는 바륨이온의 2+ 전하보다 전하밀도가 더 높다. 결과적으로 $Mg^{2+}$와 $O^{2-}$ 사이의 알짜 인력은 $Ba^{2+}$와 $O^{2-}$ 사이의 알짜 인력보다 크고 MgO의 격자에너지는 더 큰 음의 값을 갖는다. 이것은 MgO의 녹는점(2800°C)이 BaO의 녹는점(1920°C)보다 더 높은 결과를 준다.

## 문제

### 전자기 복사

1. 그림 7.1의 전자기 스펙트럼의 영역을 참고하여 질문에 답하시오.
   (a) 라디오파와 적외선 중 에너지가 작은 것은?
   (b) 라디오파와 적외선 중 진동수가 큰 것은?
2. 전자레인지가 $1.00 \times 10^{11}\ s^{-1}$의 진동수에서 작동한다고 가정하자.
   (a) 이 복사선의 파장을 미터 단위로 나타내시오.
   (b) 이 광자의 에너지는 몇 J인가?
   (c) 1몰 광자의 에너지는 몇 J인가?
3. 495 nm 빛의 진동수는?
4. 성층권의 오존은 태양으로부터의 해로운 UV-C 복사선을 흡수하여 지구 표면에 도달하는 것을 막는다. 270 nm 파장의 UV-C 복사선의 진동수와 에너지를 계산하시오.
5. 파장이 2.36 nm 인 X-선 광자의 에너지를 계산하고 주황색 빛의 에너지 ($3.18 \times 10^{-19}$ J)와 비교하시오.

### 광전 효과

6. 파장이 매우 긴 빛을 금속 표면에 조사했더니 전자가 방출되지 않았다. 이 빛의 세기를 증가시켜도 왜 광전 효과가 일어나지 않는지 설명하시오.
7. 포타슘 금속 표면으로부터 전자를 발생시키려면 최소 $3.69 \times 10^{-19}$ J의 에너지가 필요하다. 600 nm 파장의 빛을 포타슘 표면에 쪼이면 광전 효과가 나타날 것인지 설명하시오.

## 원자스펙트럼과 보어원자

**8.** 다음의 수소원자 전이는 에너지를 흡수하는가 또는 방출하는가?

(a) $n = 1$에서 $n = 3$으로 (b) $n = 5$에서 $n = 1$로

(c) $n = 2$에서 $n = 4$로 (d) $n = 5$에서 $n = 4$로

**9.** 바닥상태의 수소원자가 에너지를 흡수하면 더 높은 에너지 상태로 들뜨게 된다. 예를 들면 $n = 1$에서 $n = 4$인 에너지 준위로 전자를 들뜨게 하려면 97.3 nm의 복사선이 필요하다. 다음 중 이것보다 더 긴 파장의 복사선을 필요로 하는 전이는?

(a) $n = 2$에서 $n = 4$로 (a) $n = 1$에서 $n = 3$으로

(a) $n = 1$에서 $n = 5$로 (d) $n = 3$에서 $n = 5$로

**10.** 수소원자의 $n = 2$로부터 $n = 5$로의 전자 전이에 대한 에너지와 파장을 계산하시오.

## 드브로이 파장

**11.** 빛의 속도의 5%로 운동하는 전자의 드브로이 파장을 계산하시오.

## 양자수

**12.** 다음의 어떤 양자수 조합 $(n, l, m_l, m_s)$은 존재할 수 없다. 그 이유를 설명하시오.

(a) $2, 1, 2, +\frac{1}{2}$ (b) $3, 2, 0, -\frac{1}{2}$ (c) $1, 0, 0, 1$

(d) $3, 3, 2, -\frac{1}{2}$ (e) $2, 0, 0, +\frac{1}{2}$

## 양자역학

**13.** 주양자수 $n = 4$인 껍질에는 몇 개의 부껍질이 존재하는가?

**14.** 행성이 태양 주위를 궤도 운동하는 것처럼 보어는 원자의 전자들도 핵 주위의 일정한 궤도를 움직인다고 주장하였다. 양자역학의 관점에서 보어의 수소원자 모델을 평가하시오.

**15.** 하이젠베르그의 불확정성 원리는 보어의 원자 모델의 문제점을 어떻게 기술하는가?

**16.** $n = 3$인 껍질에는 어떤 원자오비탈들이 발견되는가? 이 껍질에 존재하는 원자오비탈은 모두 몇 개인가?

## 전자배치

**17.** 멘델레예브가 화학적 주기성의 개념을 정립하였을 때 게르마늄은 발견되지 않았다. 그러나 그것의 존재를 예측하였고 1886년 Winkler에 의해서 발견되었다. 게르마늄의 전자배치를 쓰시오.

**18.** 다음의 바닥상태 원자오비탈 다이어그램은 맞지 않다. 왜 틀린지 설명하고 바로 잡으시오.

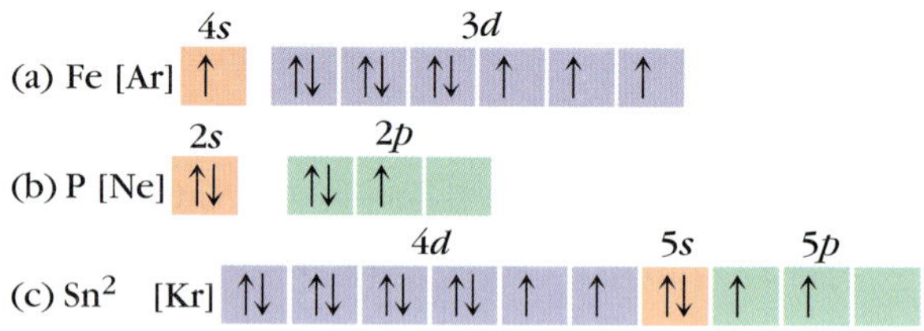


**19.** 주기율표의 4주기에는 몇 개의 원소가 있는가? 이 주기에는 왜 더 이상의 원소가 들어갈 수 없는가?

**20.** Mn, $Mn^{2+}$, $Mn^{3+}$의 전자배치를 쓰시오. 원자오비탈 상자 다이어그램을 사용하여 각각의 짝짓지 않은 전자의 수를 결정하시오.

**21.** 란타나이드 또는 희토류 원소들은 흔하지 않고 가격도 싸지 않다. 다음 란타나이드 원자들의 전자배치를 쓰시오.

(a) 유로피움(Eu), 매우 비싼 희토류 원소이다.

(b) 이터비움(Yb), 원소명은 이것을 포함하는 광석이 발견된 스웨덴의 Ytterby 마을 이름에서 유래한다.

## 원자가전자

**22.** 주기율표에서 다음 원소들의 위치를 확인하고 원자가전자의 수를 나타내는 루이스 점 기호를 그리시오.

(a) Sr (b) Br

(c) Ga (c) Sb

**23.** 다음 이온들의 전자배치를 쓰고 어느 것이 등전자 이온인지 확인하시오.

(a) $Ca^{2+}$ (b) $K^{+}$

(c) $O^{2-}$

**24.** (a) 주석 원자의 전자배치는 무엇인가?

(b) $Sn^{2+}$와 $Sn^{4+}$의 전자배치는 무엇인가?

## 상자성과 짝짓지 않은 전자

**25.** 상자성과 강자성 물질 사이의 짝짓지 않은 전자의 스핀은 자기장하에서 어떻게 서로 다르게 행동하는가?

## 주기적 경향성

**26.** 원자 크기가 증가하는 순으로 다음 원소들을 배열하시오.

Ca, Rb, P, Ge, Sr

**27.** 다음 각 쌍에서 반지름이 작은 것을 고르시오.

(a) Cs또는 Rb (b) $O^{2-}$ 또는 O

(c) Br 또는 As (d) Ba 또는 $Ba^{2+}$

(e) $Cl^-$ 또는 $Ca^{2+}$

**28.** 다음 중 이온화 에너지가 증가하는 순으로 맞게 배열된 것은?

(a) C, Si, Li, Ne (b) Ne, Si, C, Li

(c) Li, Si, C, Ne (d) Ne, C, Si, Li

**29.** 다음 중 제1 이온화 에너지와 제2 이온화 에너지의 차이가 가장 큰 것은 무엇이고 그 이유를 설명하시오.

Si, Na, P, Mg

## Born–Haber 순환

**30.** 산소의 제1 전자친화도는 음이고 제2 전자친화도는 양이다. 이러한 부호의 변화가 왜 일어나는지 설명하시오.

**31.** 다음의 자료를 이용하여 LiCl(s)의 격자에너지를 결정하시오.

Li의 승화 엔탈피: 161 kJ/mol,

Li의 $IE_1$ :520 kJ/mol,

$Cl_2$(g)의 결합에너지: 242 kJ/mol,

Cl의 전자 친화도: −349 kJ/mol,

LiCl(s)의 생성엔탈피: −408.7 kJ/mol

# 8장

# 공유결합


8.1 공유결합

8.2 단일 공유결합과 루이스구조

8.3 다중 공유결합

8.4 탄화수소에서의 다중결합

8.5 결합의 성질: 결합길이와 결합에너지

8.6 결합의 성질: 결합의 극성과 전기음성도

8.7 형식전하

8.8 루이스구조와 공명

8.9 옥테트 규칙의 예외

8.10 분자오비탈 이론

우리 몸의 세포는 수천 가지 이상의 화합물로 구성되어 있으며, 이들 대부분의 화합물에서 원자들은 전자쌍을 서로 공유하여 공유결합을 이루고 있다. 이 장에서는 이러한 결합의 특성(결합 길이, 세기, 극성)을 설명하고, 몇 가지 분자화합물과 그들의 공유결합을 기술하고 있다.

자연계에서 원소의 원자들은 거의 모두 다른 원자와 결합한 상태로 발견된다. 불활성 기체만이 결합하지 않은 원자로 구성되어 있다. 대부분의 비금속원소는 분자로 구성되고, 금속원소에서 원자는 8개 또는 12개의 이웃하는 원자들에 둘러싸여 있다. 원자들을 서로 결합하게 하는 것은 무엇인가? 결합하는 원자 사이의 원자가전자들의 상호작용이 원자들을 결합시킨다. 그런데 어떻게 해서 결합하게 되는가? 이온화합물에서는 금속원자의 1개 이상의 원자가전자가 비금속원자의 원자가껍질로 이동하여 이온을 생성하고, 반대

전하를 갖는 이온들끼리 끌어당겨 결정격자를 이룬다. 이온화합물은 상온에서 고체이고 녹았을 때 이온들의 이동으로 전기를 통한다. 그러나 많은 다른 분자화합물들은 전기를 통하지 않으며 이온들로 구성되어 있지 않다. 예로 일산화탄소(CO), 물($H_2O$), 메테인($CH_4$), 및 수 많은 유기화합물들이 있다.

이러한 분자화합물에서 원자들은 그들 사이에 1개 이상의 전자쌍을 공유하여 결합을 만들고 서로 붙들려 있게 된다. 원자 사이에 놓인 전자는 핵을 끌어당긴다. 이러한 단순한 생각은 거의 모든 분자화합물에서 결합을 설명할 수 있게 하고, 물질의 구조와 물리화학적 성질을 연관시켜준다. 이 단원에서는 단순한 이원자 기체부터 탄화수소 화합물과 더 복잡한 분자들에 걸쳐 결합을 기술할 것이다.

## 8.1 공유결합

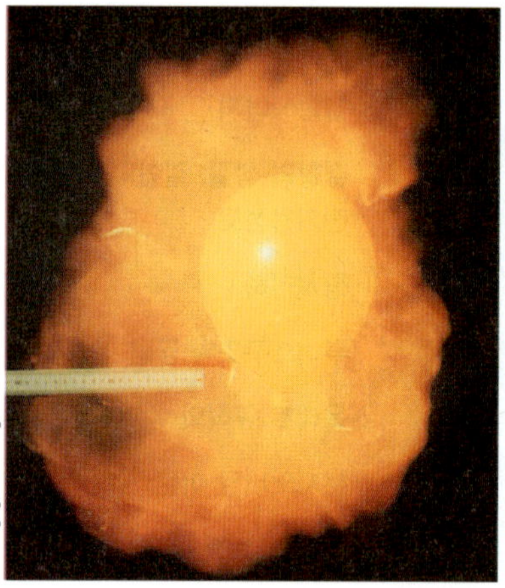



**수소.** 수소 풍선이 공기 중에서 타면 물을 생성한다.

앞에서 우리는 양이온과 음이온은 NaCl ($Na^+$와 $Cl^-$)이나 CaO ($Ca^{2+}$와 $O^{2-}$)와 같은 특성의 물질을 생성한다는 것을 보았다. 이러한 이온화합물은 보통 상온에서 고체이고 녹았을 때 전기를 통한다. 그러나 대부분의 흔한 물질들은 이온이 아니라 분자로 구성된다. 예로 이산화탄소($CO_2$), 물($H_2O$), 메테인($CH_4$), 글루코오스($C_6H_{12}O_6$) 등이 있다. 분자화합물은 이온화합물과는 매우 다른 성질을 갖는다. 분자화합물의 녹는점은 낮고, 녹았을 때 이온을 포함하지 않기 때문에 전기를 통하지 않는다. 분자화합물에서 원자들은 화학결합이라는 특별한 양식으로 결합하여 분자를 생성한다.

1916년 G. **N. Lewis**는 가장 간단한 분자인 $H_2$의 결합을 설명하면서 원자들이 화학적으로 결합할 때 원자가전자들은 불활성기체의 전자배치를 하기 위하여 재배열한다고 제안하였다. 루이스는 불활성기체의 반응성이 결여된 것은 그들의 안정한 전자배치(최외각 껍질이 채워짐)에 기인한다고 보았다. 루이스는 결합하는 원자들 사이에 1개 이상의 전자쌍을 공유할 때 **공유결합(covalent bond)**이라는 인력이 작용한다고 제안하였다. **전자쌍들을 공유한 공유결합은 분자화합물에서 원자들을 결합시킨다.** 예를 들면 $H_2$에서 2개의 수소원자, HCl에서 H 원자와 Cl 원자는 공유결합에 의하여 서로 붙어 있다.

전자를 공유하면 원자들 사이에 왜 인력이 존재하는가? $H_2$의 생성을 보자(그림 8.1). 2개의 수소원자가 멀리 떨어져 있다면 그들 사이의 인력은 거의 없다. 그러나 두 원자가 충분히 가까워지면 1*s* 전자구름이 겹쳐진다. 이러한 겹침은 한 원자의 전자가 다른 원자의 핵에 끌리게 만들어 두 원자 사이에 알짜 인력이 생긴다. 실험데이터와 계산으로부터 $H_2$ 분자는 핵간 거리가 74 pm일 때 가장 낮은 퍼텐셜에너지를 갖고 가

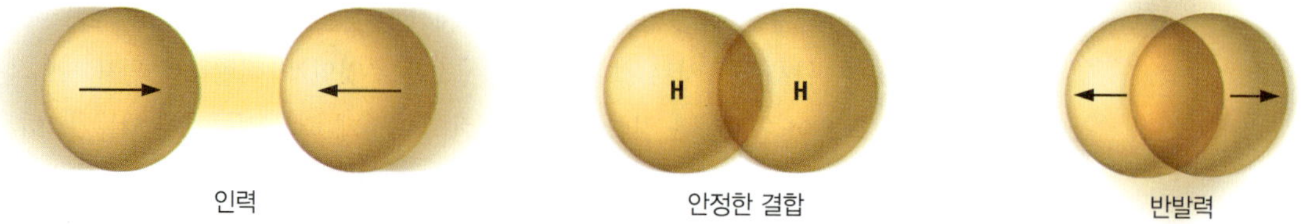

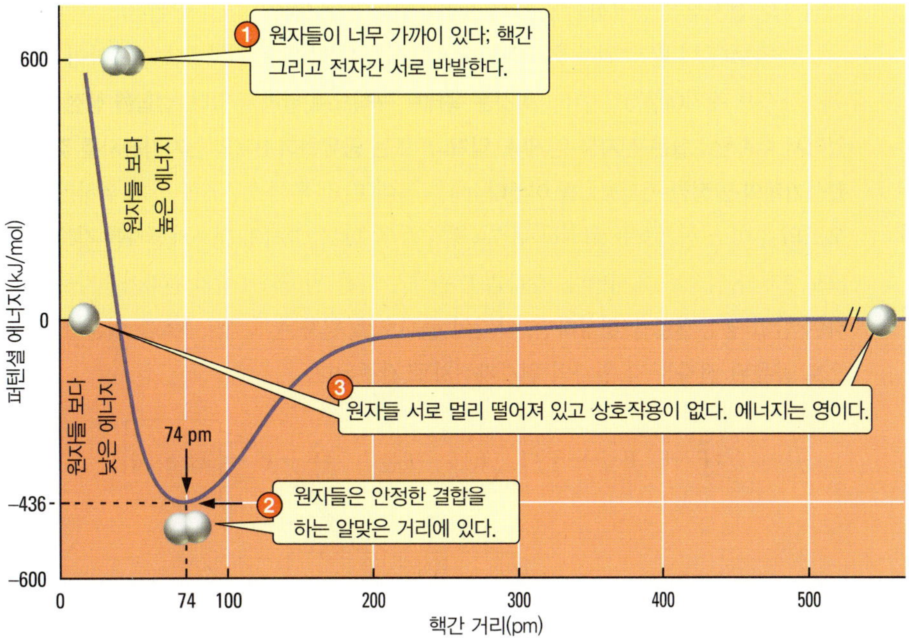


**그림 8.1** **H 원자들로부터 H−H 결합의 생성.** 핵간 거리가 74 pm 일 때 인력과 반발력이 균형을 유지하고 에너지는 최소가 된다.

퍼텐셜에너지가 낮아지는 것은 결합생성에 유리하다.

장 안정하게 된다고 나타난다. 이 거리(결합길이)에서 정전기적 인력과 반발력은 서로 균형이 맞는다. 74 pm 보다 가까워지면 핵 사이의 반발로 퍼텐셜에너지가 높아진다. H의 핵간 거리가 74 pm일 때, 이 공유결합을 끊어 $H_2$ 분자를 고립된 H 원자로 만들기 위하여 436 kJ/mol 의 에너지가 필요하다. 이 에너지를 $H_2$의 **결합에너지(bond energy)**라고 한다.

## 8.2 단일 공유결합과 루이스구조

공유결합의 공유전자쌍은 원자들의 원자가전자와 같은 껍질을 차지한다. 주족원소들에 대하여 전자는 각 원자들이 불활성기체의 전자배치를 갖는데 기여한다. 루이스는 더 나아가 원자가전자의 수를 세면 원자가 몇 개의 결합을 생성할 수 있을지 예측 가능하다고 제안하였다. **원자가 생성할 수 있는 공유결합의 수는 원자가 불활성기체의 전자배치를 하기 위하여 공유해야하는 전자의 수에 의해 결정된다.**

단일 공유결합은 두 원자가 한 쌍의 전자를 공유할 때 만들어진다. 단순한 예는 $H_2$, $F_2$, $Cl_2$와 같은 이원자분자에서의 결합이다. 분자의 루이스구조에서는 공유결합을 표시하기 위하여 모든 원자가전자를 점이나 선으로 나타낸다.

루이스구조는 원자에 대한 루이스 점기호로 시작해서 원자가 불활성기체의 전자배치를 가질 때 까지 원자가전자를 배열한다. 예를 들어 $H_2$의 루이스구조는 2개의 수소원자 사이에 공유된 2개의 결합 전자를 보여준다.

H:H 또는 H—H

단일 공유결합의 공유전자쌍을 한 쌍의 점 대신에 선으로 나타내기도 한다. 각각의 수

**Gilbert Newton Lewis**
1875–1946

1916년 G. N. Lewis는 'Journal of the American Chemical Society'에 발표한 논문에서 공유전자쌍 화학결합론을 소개한다. 그의 이론은 화학 발전에 커다란 영향을 미쳤고 이러한 공로로 전자점 구조를 루이스구조라 부른다. 또한 그의 결합 이론은 산-염기 이론으로 확장되었다.

소원자는 전자쌍을 공유하여 불활성기체인 헬륨의 전자배치와 같게 된다.

2개 보다 더 많은 원자가전자를 갖는 원자들은 더 많은 전자들을 공유하여 8개의 원자가전자 배치($s^2p^6$)를 한다. **이것은 옥테트 규칙으로 알려져 있다. 결합을 생성하는데 있어서 주족원소들은 전자를 얻거나, 잃거나, 또는 공유하여 8개의 원자가전자를 갖는 불활성기체의 안정한 전자배치를 이룬다.** 예를 들어 $F_2$의 루이스구조를 얻기 위하여 플루오르의 루이스 점기호를 고려하자. 7A족의 플루오르는 7개의 원자가전자를 갖고 있으므로 7개의 점으로 표시한다. 각각의 F 원자가 다른 원자와 1개의 원자가전자를 공유하여 단일 공유결합을 형성하면, 각각의 플루오르 원자는 옥테트구조를 이룬다. 결합으로 공유된 전자는 각 원자의 원자가전자로 간주된다.

불활성기체의 전자배치를 이루는 것은 헬륨을 제외한 모든 불활성 기체가 8개의 원자가전자를 갖기 때문에 옥테트 규칙을 따른다고 한다.

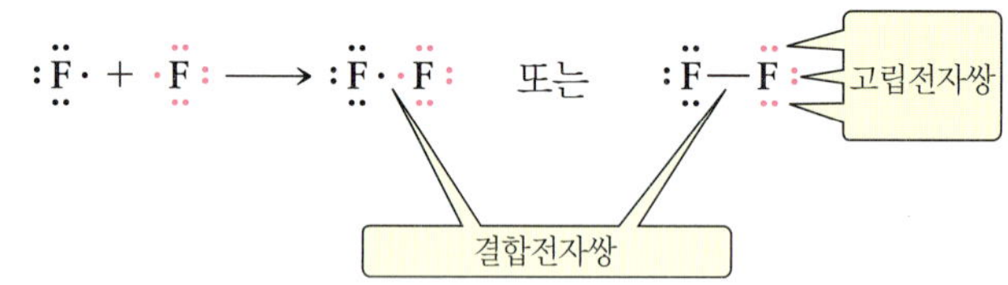


$F_2$의 루이스구조를 보면 분자 내 원자가전자는 결합전자(공유전자쌍)와 고립전자(비공유 전자쌍)로 구분된다. 루이스구조에서 F의 원자기호는 핵과 핵심부전자를 나타낸다. 두 F 원자 사이의 공유전자쌍은 **결합전자쌍(bonding electron pair)**이고 각각의 F원자 주변의 다른 3개의 전자쌍은 **고립전자쌍(lone pair electrons)**이다. 루이스구조를 그릴 때 결합전자쌍은 보통 두 원자를 연결하는 선으로 나타내고, 고립전자쌍은 한 쌍의 점으로 나타낸다.

공유되지 않은 전자쌍을 언급할 때 고립전자쌍이라는 용어를 사용하고 있다.

$H_2O$나 $NH_3$와 같은 분자의 루이스구조는 어떻게 나타낼까? 산소(6A족)는 6개의 원자가전자를 갖고 있고 옥테트 규칙을 만족하려면 2개의 전자를 공유하여야 하고 그러려면 2개의 수소원자와 공유결합을 형성하면 된다.

$NH_3$의 질소원자(5A족)는 불활성기체의 전자배치를 하기위하여 3개의 전자를 공유해야하고 3개의 수소원자와 공유결합을 형성하면 된다.

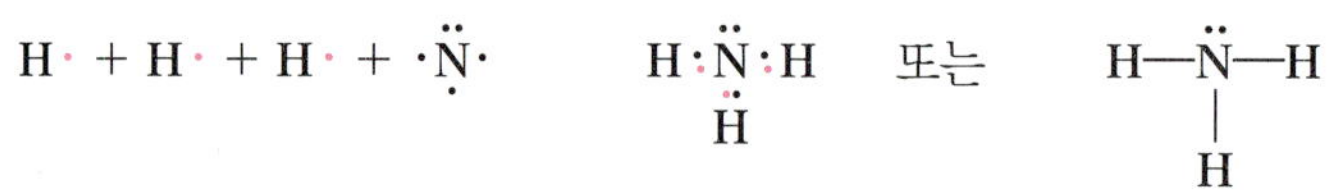


$F_2$, $H_2O$, $NH_3$의 루이스구조로부터 중요한 사실을 알게 된다. **주족원소의 원자들은 옥테트구조를 이루기 위해서는 8에서 족의 번호를 뺀 수만큼의 전자를 공유해야 한다.** 예를 들어 4A족의 탄소는 옥테트구조를 이루기 위해 4개의 전자를 공유할 필요가 있다.

| 족의 번호 | 원자가전자의 수 | 옥테트(8-족의 번호)를 완성하기 위하여 공유된 전자수 | 예 |
|---|---|---|---|
| 4A | 4 | 4 | $CH_4$의 C 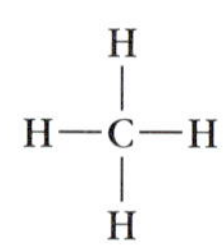 |

| 5A | 5 | 3 | $NF_3$의 N | 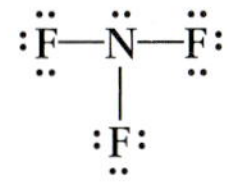 |
|---|---|---|---|---|
| 6A | 6 | 2 | $H_2O$의 O | 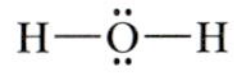 |
| 7A | 7 | 1 | HF의 F | 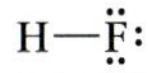 |

많은 생화학 분자들이 탄소, 수소, 산소, 질소 원자를 포함한다. 이 분자들의 구조는 앞의 표에서처럼 C, O, N 원자가 옥테트구조를 완성하는데 필요한 결합수에 의해 결정된다. 예를 들어 지방의 생성과 대사에 중요한 글리세롤($C_3H_8O_3$)의 루이스구조는 다음과 같다.

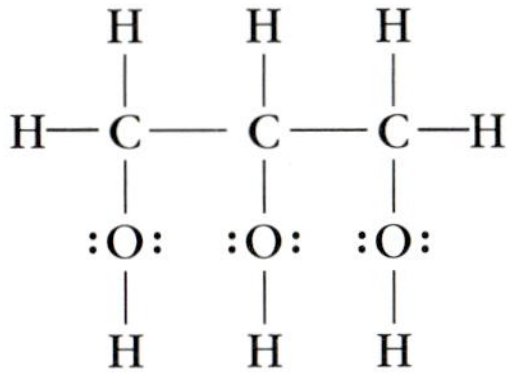

글리세롤

글리세롤에서 각각의 탄소원자는 옥테트구조를 완성하기 위해서 4개의 전자쌍을 갖는다. 산소원자는 2개의 공유전자쌍과 2개의 고립전자쌍에 의해 옥테트를 완성하고, 수소원자는 한 쌍의 전자를 공유하여 $1s^2$의 전자배치를 한다. DNA의 필수성분인 디옥시리보오스($C_5H_{10}O_4$)에서도 같은 유형의 전자공유가 일어난다. 산소원자와 함께 4개의 탄소원자들이 서로 연결되어 고리 구조를 형성한다.

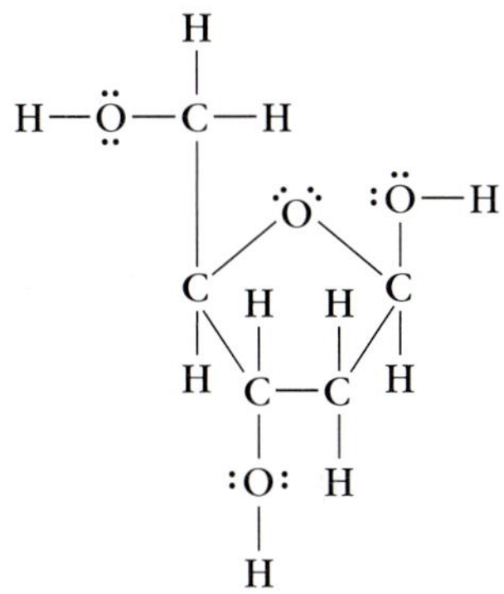

deoxyribose

## 루이스구조를 그리는 가이드라인

루이스구조를 정확하게 그리는 가이드라인이 개발되었고, 이 가이드라인을 사용하여 $PCl_3$의 루이스구조를 그려보겠다.

1. **분자나 이온의 원자가전자의 수를 센다.** 주기율표의 A족의 번호는 각 원자의 원자가전자의 수를 나타낸다. 중성 분자에서 A족 번호의 총합은 원자들의 원자가전자의 총합과 같다. 음이온에서는 이온의 전하에 해당하는 전자수를 더하고, 양이온에서는 이온전하에 해당하는 전자 수만큼 뺀다. 예를 들어 $OH^-$의 음전하에 대하여는 전자를 하나 더한다(총 8개의 원자가전자). $NH_4^+$의 양전하에 대하여는 전자를 하나 빼 준다(총 8개의 원자가전자).

   $PCl_3$는 중성 분자이며 P(5A족)의 원자가전자는 5개이고, Cl(7A족)의 원자가전자는 7개이다. 따라서 원자가전자의 총수는 $5 + (3 \times 7) = 26$이다.

2. **원자들을 원자기호로 표시하고 공유전자쌍을 갖는 원자들을 연결하여(각 공유전자쌍을 선으로) 골격구조를 그린다.** 골격구조는 중심원자에 말단원자들을 붙여서 나타낸다. 중심원자는 $SiCl_4$ 의 Si나 $PO_4^{3-}$의 P처럼 보통 분자식의 맨 앞에 오는 원자이고 가장 많은 수의 결합을 형성한다. 수소, 산소, 할로젠 원자는 종종 말단 원자들이다.

   $PCl_3$에서 중심원자는 P이므로, P를 중심에 놓고 그 주위에 3개의 Cl 원자를 배

$H_2O$와 $H_2O_2$의 화학식에서는 H가 맨 처음 나오지만 중심원자가 아니다. H는 유일하게 한개의 공유결합만 생성하기 때문에 분자나 이온에서 중심원자가 될 수 없다.

열하여 골격구조를 그린다. 총 26개의 원자가전자 중에서 결합 전자쌍은 3개이다.

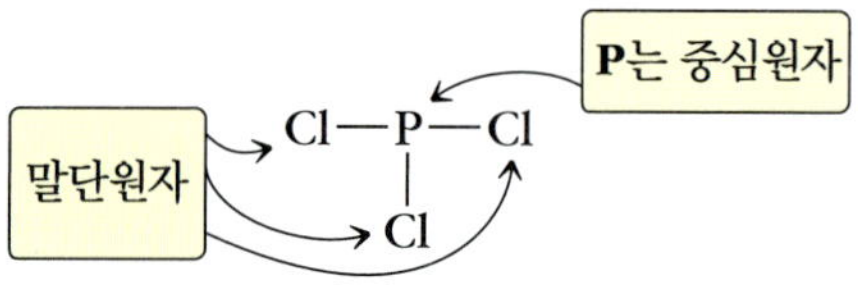


3. **말단원자를 시작으로 옥테트 규칙을 만족하도록 각 원자(수소원자는 제외)들 주위에 고립전자쌍을 놓는다.** 이렇게 하면 Cl 주위의 고립전자쌍의 전자는 18개가 되고, P원자에는 1개의 고립전자쌍이 남는다. 옥테트구조를 확인할 때 공유전자는 결합된 원자들 각각에 속하는 것으로 간주된다. 따라서 P—Cl 결합의 공유전자는 P 와 Cl 원자 모두에 속하게 된다.

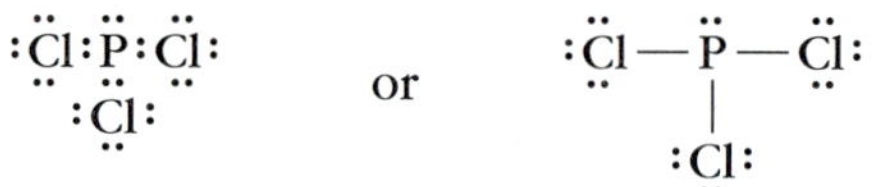


위의 루이스구조에서 점과 선을 세보면 총 26개의 원자가전자와 일치하고 $PCl_3$의 올바른 루이스구조이다.

다음의 두 단계는 앞의 단계1−단계3에서 원자가전자를 모두 사용하지 않거나, 원자들이 옥테트구조를 하지 않을 때 적용된다.

4. **중심원자가 옥테트구조를 벗어나더라도 남는 전자들을 중심원자에 위치시킨다.** 중심원자가 3주기 이상의 원자이면 8개(옥테트구조) 보다 많은 전자를 수용할 수 있을 만큼 충분히 크다. $SF_4$가 그런 분자이다. 이 분자는 총 34개의 원자가전자(S에 6개, 각각의 F에 7개)를 갖고 있다. 루이스구조에서 F원자들은 옥테트구조를 하고 모두 32개의 전자를 수용한다. 남는 2개의 전자는 중심원자 S에 놓인다. S는 3주기 원소로서 8개 보다 많은 수의 전자를 수용할 수 있다.

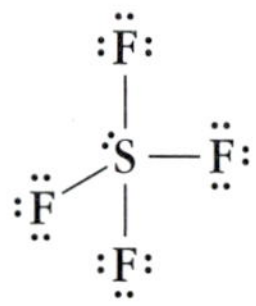

이중결합: C=C에서 처럼 2개의 공유 전자쌍.

삼중결합: C≡N에서 처럼 3개의 공유 전자쌍.

5. **중심원자 주위의 전자수가 8개보다 작으면 중심원자의 결합을 단일결합에서 다중결합으로 바꾼다.** 어떤 원자들은 1개 이상의 전자쌍을 공유하여 이중결합(2개의 공유전자쌍)이나 삼중결합(3개의 공유전자쌍)을 한다. 말단원자의 고립전자쌍을 사용하여 중심원자와 말단원자들이 모두 옥테트구조를 할 때까지 이중 또는 삼중결합을 형성한다. 이러한 가이드라인은 $PCl_3$에는 적용되지 않지만 단원 8.3에서 설명할 것이다.

이 가이드라인을 인산염이온, $PO_4^{3-}$ 의 루이스구조에도 적용하여 보자. 이 이온은 32개의 원자가전자를 갖고 있다(P로부터 5개, 각각의 O로부터 6개, 3−전하로부터 3개). P는 중심원자이고 O는 말단원자이다. 골격구조는

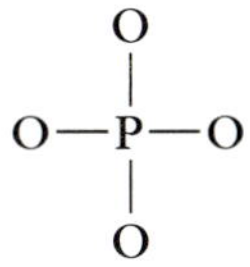

4개의 P—O 결합은 P의 옥테트구조를 설명한다. 나머지 24개의 원자가전자는 각각의 산소원자에 3개의 고립전자쌍으로 분배되어 옥테트구조를 완성한다.

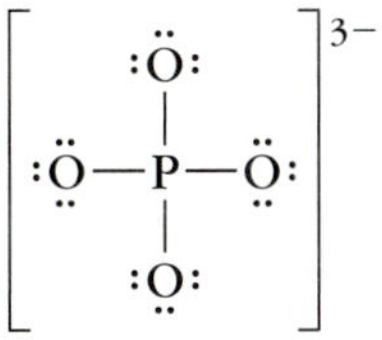

**예제 8.1 루이스구조**

다음 분자 및 이온들의 루이스구조를 그리시오.

(a) HOCl (b) $ClO_3^-$

(c) $SF_6$ (d) $ClF_4^+$

**정답:**

(a) 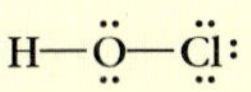

(b) 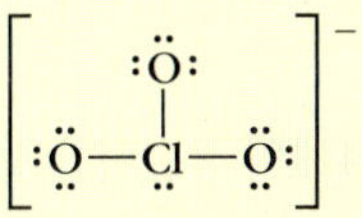

(c) 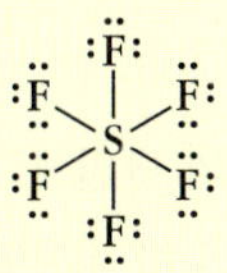

(d) 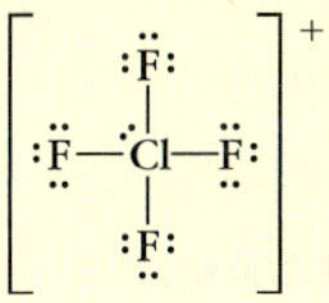

**풀이:** 원자가전자수를 세어보고 수소를 제외한 모든 원자들이 각각 8개의 전자를 갖도록 원자가전자를 분배한다.

(a) 수소로부터 1개, 산소로부터 6개, 염소원자로부터 7개, 총 14개의 원자가전자가 있다. 중심원자는 산소이고, 골격구조는 H−O−Cl이다. 이 배열에 4개의 원자가전자를 사용한다. 나머지 10개의 원자가전자는 염소원자에 3개의 고립전자쌍, 산소원자에 2개의 고립전자쌍으로 사용되고 염소와 산소원자의 옥테트 규칙이 만족된다.

(b) 26개의 원자가전자가 있다(염소원자로부터 7개, 각각의 산소원자로부터 6개, 1−의 이온전하로부터 1개). 염소원자는 중심원자로서 3개의 산소원자가 결합된다. 이 결합은 6개의 원자가전자를 사용한다. 산소원자에 3개의 고립전자쌍을, 염소원자에는 1개의 고립전자쌍을 놓으면 나머지 20개의 원자가전자가 모두 배치되고 옥테트 규칙이 만족된다.

(c) S는 F보다 더 많은 결합을 생성하므로 S가 중심원자이다. 48개의 원자가전자가 있다(S로부터 6개, 각각의 F로부터 7개씩). S는 3주기 비금속원소이므로 확장 옥테트구조를 가질 수 있고 6개의 F 원자를 수용할 수 있다. S−F 결합에 6개의 결합전자쌍이 배치되고 각각의 F 원자에 3개의 고립전자쌍이 배치되면 48개의 원자가전자가 모두 사용된다.

(d) Cl은 3주기 원소이고 확장 옥테트구조를 가질 수 있다. 총 34개의 원자가전자(Cl로부터 7개, 각각의 F 원자로부터 7개, 1+ 이온전하로부터 전자 1개 줄이듬)가 있다. Cl−F 결합에 4개의 전자쌍이 분포되고, 각 F 원자에 3개의 고립전자쌍, Cl 원자에 1개의 고립전자쌍이 놓인다.

**실전예제 8.1**

다음에 대해 루이스구조를 그리시오.

(a) $NF_3$ (b) $N_2H_4$ (c) $ClO_4^-$

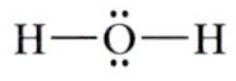

루이스구조는 원자의 공유결합 수를 예측하는데 유용하지만, 분자 내 전자의 위치를 정확하게 나타내지는 못한다. 결합전자는 루이스의 점이 의미하는 것처럼 핵사이의 고정된 위치에 머무르는 것은 아니다. 양자역학은 핵 사이에서 결합 전자를 발견할 확률이 높다는 것을 말해준다. 루이스구조는 분자의 형태를 알려주지도 않는다. 물 분자에서 2개의 O—H 결합 사이의 각도는 180도가 아니다. 그러나 루이스구조는 원자가 껍질 전자쌍 사이의 반발에 기초하여 분자의 구조를 예측하는데 사용된다(단원 9.1).

탄소는 수소, 산소, 질소, 황, 할로젠 원자들뿐만 아니라 다른 탄소원자들과도 강한 결합을 형성하는 능력을 갖고 있는 매우 독특한 원소이다. 탄소사이의 강한 결합은 긴 사슬 분자를 생성한다.

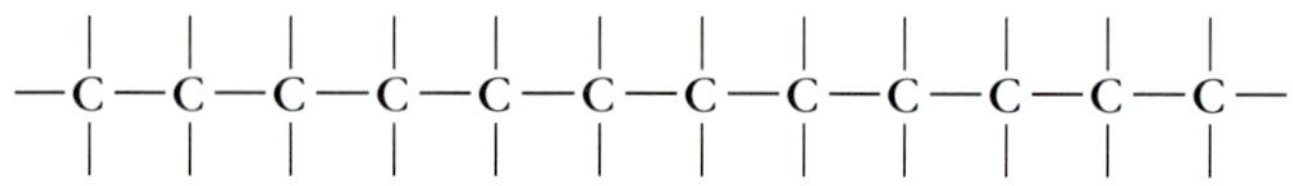

각각의 탄소원자는 4개의 공유결합을 형성하므로 사슬 구조는 다른 원자(탄소를 포함하여) 들이 결합할 수 있는 위치를 많이 갖고 있다. 그 결과로 다양한 이성질체 구조와 탄소화합물이 만들어진다.

탄화수소는 탄소원자와 수소원자만 포함한다. C—H 와 C—C의 단일 공유결합만 포함하는 **알케인(alkane)**은 탄소에 결합할 수 있는 수소원자의 수가 최대이기 때문에 **포화탄화수소(saturated hydrocarbon)**라고도 한다. 4개 이상의 탄소원자를 포함하는 알케인에서 탄소원자들은 곧은 사슬이나 가지 사슬 형태로 배열될 수 있다.

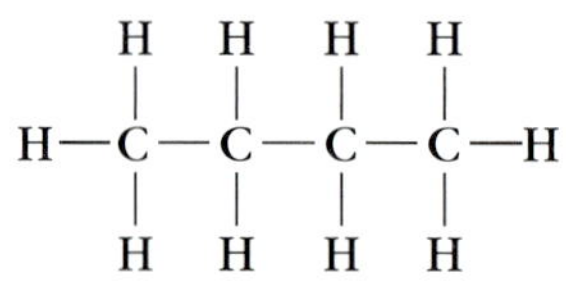

곧은 사슬

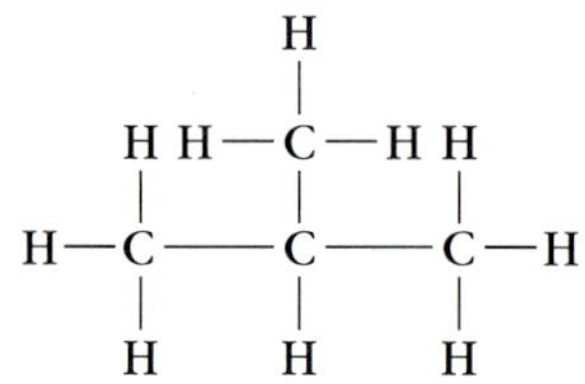

2-methylpropane
(가지 사슬)

메테인에서의 결합은 루이스구조나 전자밀도 모델로 나타낼 수 있다. 전자밀도 모델은 공−막대 모형에 분자표면의 전자밀도 분포를 표시하는 공간채움 모형을 더한 형태이다. **붉은색은 전자밀도가 높은 영역을 푸른색은 전자밀도가 낮은 영역을 나타낸다.**

곧은 사슬이나 가지 사슬 알케인 외에 고리알케인(cycloalkane)도 있다. 고리알케인은 $-CH_2-$ 단위의 탄소원자들이 고리모양으로 연결된 포화탄화수소화합물이다. 아래의 고리알케인들을 탄소사이의 결합만 표시하는 일반적인 관례에 따라 나타내었다. 즉 고리알케인을 나타내는 각 선들은 C—C 결합을 의미한다. 2개의 선이 교차하는 지점에 탄소원자가 있고 각각의 탄소원자는 4개의 결합을 형성한다고 이해하면 된

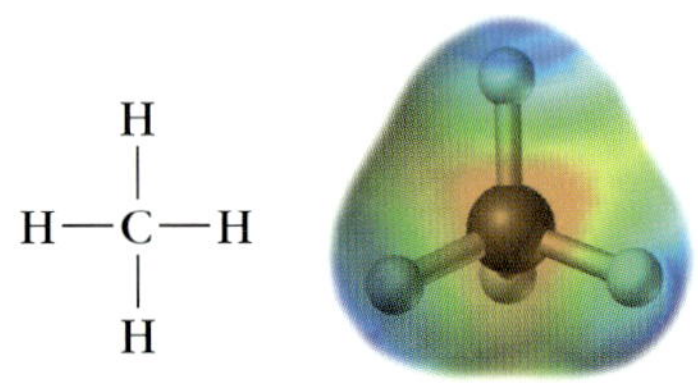

**메테인의 전자밀도 모델**

다. 수소원자나 수소원자와 탄소원자 간의 결합은 표시하지 않았다. 사이클로프로페인에 대해서 모든 원자와 결합을 표시한 구조와, C—C 결합만 나타낸 구조를 함께 그렸다. 가장 간단한 고리알케인은 사이클로프로페인이다. 이외에 사이클로뷰테인, 사이클로펜테인, 사이클로헥세인 등이 있다.

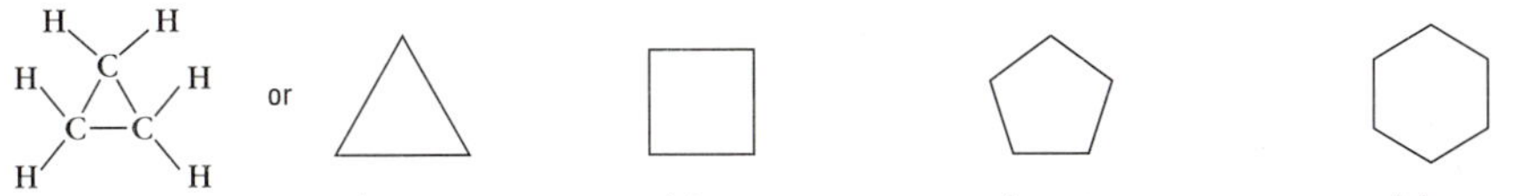

cyclopropane $C_3H_6$ | cyclobutane $C_4H_8$ | cyclopentane $C_5H_{10}$ | cyclohexane $C_6H_{12}$

> EXERCISE **연습문제** 8.1 **고리 탄화수소**
>
> 사이클로옥테인을 나타내는 다각형과 루이스구조를 그리시오. 이 화합물의 분자식을 쓰시오.

## 8.3 다중 공유결합

원자가전자를 7개보다 적게 갖는 비금속원자는 두 가지 이상의 방법으로 공유결합을 형성할 수 있다. 결합하는 원자들은 공유전자를 하나씩 제공하여 단일 공유결합을 형성한다. 그러나 어떤 원자들은 2개 또는 3개의 전자쌍을 공유하여 각각 **이중결합(double bond)**, **삼중결합(triple bond)**을 형성하기도 한다. 이러한 결합을 **다중 공유결합(multiple covalent bonds)**이라고 한다. 아질산($HNO_2$)은 N$=$O 이중결합을 포함하고 시안화수소(HCN)는 C$\equiv$N 삼중결합을 포함한다.

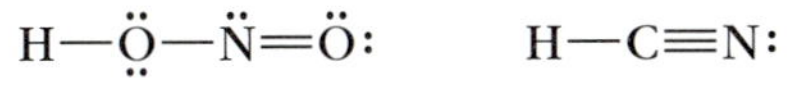

nitrous acid　　hydrogen cyanide

단일결합만을 사용하여 옥테트를 완성하는데 필요한 전자의 수가 충분하지 않은 분자에서, 말단원자는 중심원자에 1개 이상의 전자쌍을 제공하여 이중결합 또는 삼중결합을 형성하고 모든 원자들은 옥테트구조를 한다. 이러한 가이드라인을 포름알데히드($H_2CO$)에 적용해보자. 수소원자(1A족)로부터 2개, 탄소원자(4A족)로부터 4개, 산소원자(6A족)로부터 6개를 합하면 모두 12개의 원자가전자가 있다. 불활성기체의 전자배치를 가지려면, H는 1개의 결합, C는 4개의 결합, O는 2개의 결합을 형성해야 한다. C가 가장 많은 수의 결합을 형성하므로 중심원자이다. 두 번째 가이드라인에 따라 골격 구조를 그리면

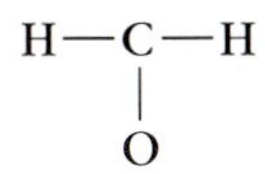

골격 구조에 12개의 원자가전자를 사용하여 결합전자쌍과 고립전자쌍을 그려보면, 산소원자는 옥테트구조를 하지만 탄소는 그렇지 않다.

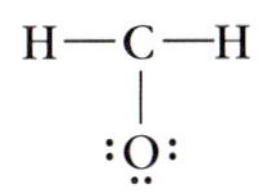

산소원자의 고립전자쌍 1개를 탄소원자와 공유시켜 C — O 단일결합을 C═O 이중결합으로 바꾼다.

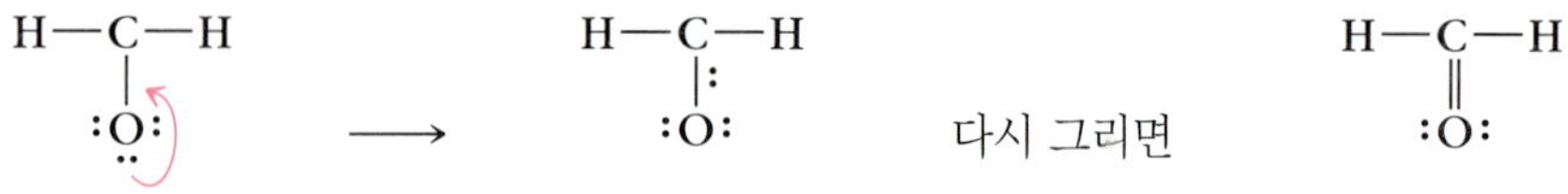

이렇게 하면 탄소와 산소는 옥테트구조되고 각각의 수소는 탄소와 1개의 전자쌍을 공유하여 12개의 원자가전자가 모두 설명된다.

C═O 조합을 카보닐기라고 부르고 유기나 생화학분자에서 매우 중요한 여러 작용기 중의 하나이다. 포름알데히드에서처럼 카보닐기를 포함하는 — CHO기는 알데히드 작용기로 알려져 있다.

다중결합의 또 다른 예는 질소분자에 대한 루이스구조에서 볼 수 있다. 질소분자($N_2$)는 각 원자에 5개의 원자가전자가 있고 모두 10개의 원자가전자를 갖는다. 각 원자로부터 한 쌍의 고립전자쌍을 공유시키면 삼중결합이 만들어지고 옥테트가 만족된다. $N_2$의 루이스구조는

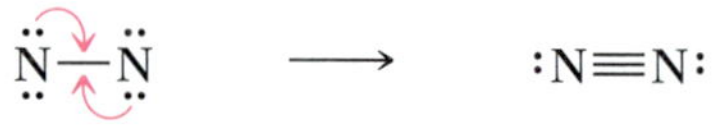

CONCEPTUAL
**개념학습** **8.2 루이스구조**

$N_2$의 루이스구조를 :N̈—N̈: 로 그리면 틀린 이유는?

이산화탄소($CO_2$)에서처럼 분자는 1개 이상의 다중결합을 포함할 수 있다. $CO_2$는 16개의 원자가전자를 갖고 이 중에서 4개(2개의 전자쌍)를 사용하여 골격구조를 그리면

O — C — O

남아 있는 원자가전자를 모두 사용하여 각각의 산소원자가 옥테트구조를 갖도록 고립전자쌍을 표시한다. 이렇게 하였을 때 탄소원자는 옥테트구조를 완성하려면 4개의 원자가전자가 더 필요하다.

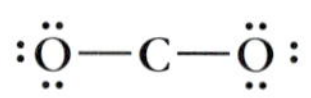

원자가전자가 더 이상 없으므로 탄소원자가 4개의 원자가전자를 더 가질 수 있는 방법은 각각의 산소원자에 있는 고립전자쌍 1개를 사용하여 산소원자와 공유결합을 형성하는 것이다. 이러한 방법으로 16개의 원자가전자가 모두 설명되고, 각각의 원자들은 옥테트구조를 갖는다.

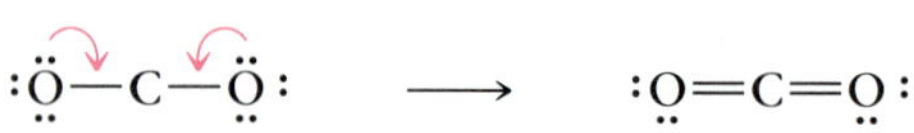

**예제 8.2 루이스구조**

다음에 대하여 루이스구조를 쓰시오.

(a) CO (b) ClNO (c) $N_3^-$ (d) HCN

**정답:**

(a) :C≡O: (b) :C̤̈l—N̈=Ö:

(c) $[\ddot{N}=N=\ddot{N}]^-$ (d) H—C≡N:

**풀이:**

(a) CO분자는 10개의 원자가전자를 갖고 있다(C로 부터 4개, O로 부터 6개). 골격구조로서 C — O 단일결합으로 출발하자.

C — O

원자 주위에 고립전자쌍을 놓으면 두 원자 중 하나만 옥테트 규칙을 만족한다. 그러므로 이러한 결점을 보완하고 적절한 루이스구조를 이루기 위해 고립전자쌍은 결합전자쌍이 되어야 한다.

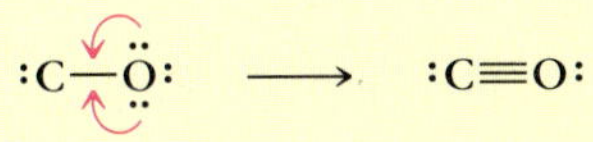

(b) ClNO에서, 질소는 중심원자이다(질소는 산소나 염소원자보다 더 많은 결합을 생성할 수 있다). 18개의 원자가전자(N의 5개, O의 6개, Cl의 7개)가 있으며 골격구조는

Cl — N — O

말단원자들에 고립전자쌍을 놓으면 N원자에는 고립전자쌍이 하나 놓이며 옥테트 규칙을 만족하지 못한다.

:C̤̈l—N̈—Ö̤:

산소원자의 고립전자쌍을 결합전자쌍으로 바꾸면 모든 원자들이 옥테트 규칙을 만족하는 루이스구조가 된다.

:C̤̈l—N̈=Ö:

(c) $N_3^-$에는 16개의 원자가전자가 있다(N원자들로 부터 15개, 이온전하로 부터 1개). 질소원자들에 고립전자쌍을 놓고 루이스구조를 그리면

$[\ddot{N}=N=\ddot{N}]^-$

(d) HCN은 모두 10개의 원자가전자를 갖고 있다(C의 4개, N의 5개, H의 1개).

H—C≡N:

**실전예제 8.2**

다음에 대하여 루이스구조를 그리시오.

(a) $NO^+$ (b) $COCl_2$

CONCEPTUAL
**개념학습 8.3 루이스구조**

다음 중 루이스구조가 적절한 것은? 그렇지 않은 것에 대해서는 그 이유를 설명하시오.

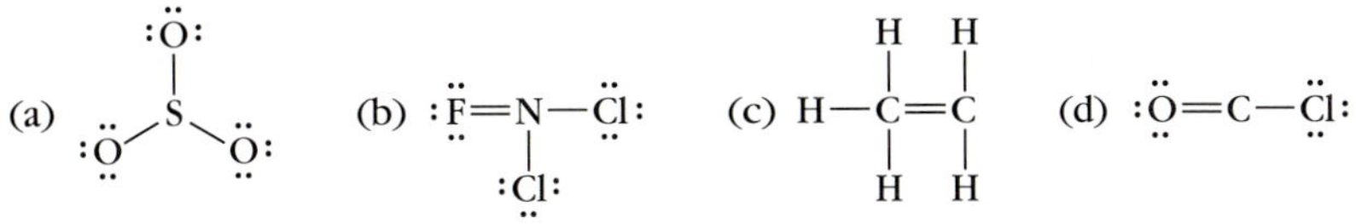

## 8.4 탄화수소에서의 다중결합

탄소원자는 화합물에서 단일결합뿐만 아니라 이중결합이나 삼중결합으로 연결되어 있다. **알켄(alkenes)**은 1개 이상의 C=C 이중결합을 갖는 탄화수소이다. 1개의 이중결합을 갖는 알켄의 일반식은 $C_nH_{2n}$ ($n$ = 2,3,4,...)이다. 알켄 시리즈의 처음 두 가지 화합물은 에텐($CH_2{=}CH_2$)과 프로펜($CH_3CH_2{=}CH_2$)이다. 이들은 고분자 폴리에틸렌이나 폴리프로필렌을 언급할 때처럼 흔히 에틸렌과 프로필렌으로 불린다.

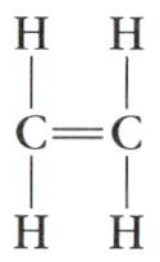

ethylene

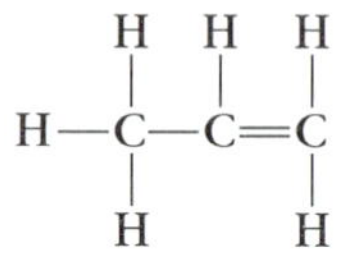

propylene

알켄은 불포화탄화수소라고 부른다. 이중결합으로 연결된 탄소원자들은 불포화 상태에 있고 탄소수가 같은 알케인(alkane)보다 수소를 적게 포함한다. 알켄은 탄소의 개수와 이중결합의 수를 나타내기 위한 접미사(*-ene*)를 사용하여 알칸과 유사한 방법으로 명명된다. 에텐(에틸렌)은 유기화학 산업에서 매우 중요한 원료 물질로서, 폴리에틸렌, 에틸렌글리콜, 에탄올, 및 다른 화합물들을 만드는데 사용된다.

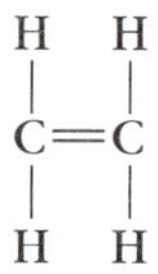

불포화

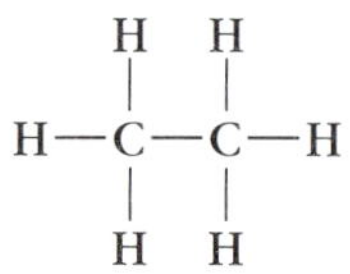

포화

> CONCEPTUAL
> **개념학습** 8.4 알켄
>
> (a) 5개의 탄소원자와 1개의 C=C 이중결합을 갖는 알켄의 분자식과 구조식을 쓰시오.
>
> (b) 이와 같은 알켄은 몇 개가 존재하는가?

1개 이상의 삼중결합을 갖는 탄화수소를 **알킨(alkynes)**이라고 한다. 삼중결합을 1개 포함하는 알킨의 일반식은 $C_nH_{2n-2}$($n$ = 2, 3, 4...)이다. 가장 간단한 알킨은 흔히 아세틸렌이라고 불리는 에틴($C_2H_2$)이다.

$$H-C\equiv C-H$$

acetylene

### 이중결합과 이성질현상

C=C 이중결합은 알케인과 알켄 사이의 중요한 차이(분자에서 탄소–탄소 결합의 유연성 정도)를 준다. 알케인에서 C—C 단일결합은 결합 축 주위를 자유롭게 회전한다. 그러나 알켄에서 C=C 이중결합은 자유로운 회전을 방해한다. 이러한 제한으로 인해 알켄의 *cis-trans* 이성질현상이 나타난다.

2개 이상의 화합물이 분자식은 모두 같지만 원자들의 배열이 서로 다른 경우 이들을 **이성질체(isomer)**라고 한다. ***cis-trans* 이성질현상**은 C=C 이중결합 양쪽의 원자배열이 서로 다를 때 나타난다(그림 8.2). 2개의 원자나 원자단이 C=C 결합의 같은 편에 붙어 있을 때 두 원자나 원자단은 서로 cis 관계에 있고 이 화합물을 cis이성질체라고 한다. 반면 2개의 원자나 원자단이 C=C 결합의 반대편에 붙어 있을 때 두 원자나 원자단은 서로 *trans* 관계에 있고 이 화합물을 ***trans* 이성질체**라고 한다. 한 예로 1,2–디클로로에텐(ClHC=CHCl)의 *cis* 와 *trans* 이성질체이다. 두 이성질체는 서로 다른 기하구조로 인해 녹는점, 끓는점, 밀도 등의 물리적 성질이 서로 다르다.

**아세틸렌 토치를 사용한 철판의 절단.** 아세틸렌과 산소의 혼합기체가 연소하면 철을 절단하기에 충분한 온도(3000 °C)의 불꽃을 낸다.

알켄에서 *cis-trans* 이성질현상은 이중결합으로 연결된 탄소원자에 서로 다른 원자(또는 원자단)가 붙어 있을 때만 가능하다. 예를 들어 탄소원자에 2개의 Cl원자가 결합된 1,1-디클로로에텐의 경우는 이성질체가 없다. 왜냐하면 각각의 탄소원자에 붙어 있는 2개의 원자가 똑같기 때문이다(하나에는 2개의 Cl 원자, 다른 하나에는 2개의 H 원자).

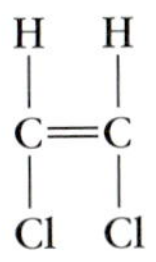

*cis*-1,2-dichloroethene

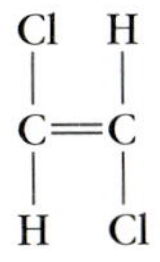

*trans*-1,2-dichloroethene

*Cis*–trans 이성질체를 기하이성질체라고도 한다.

1, 2는 2개의 염소원자가 각각 첫 번째와 두 번째 탄소원자에 결합되어 있음을 나타낸다.

*cis* 이성질체는 2개의 염소원자가 이중결합의 같은 쪽에, *trans* 이성질체는 이중결합의 서로 반대쪽에 놓인다.

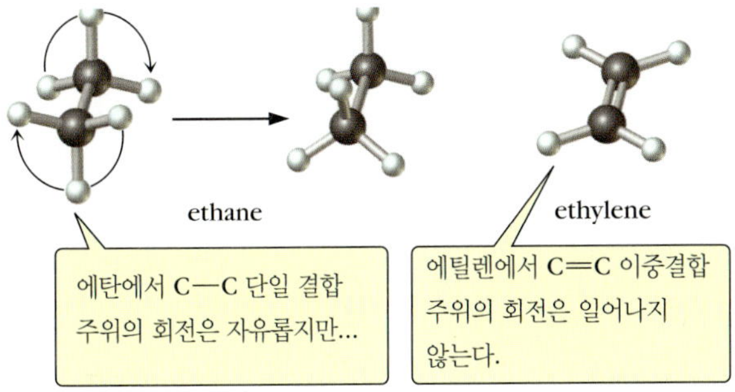


**그림 8.2 C=C 이중결합 주위의 회전은 불가능.** 상온에서 에탄의 C—C 결합은 자유롭게 회전한다. 그러나 에틸렌에서 C=C 이중결합 주위의 회전은 일어나지 않는다.

| 물리적 성질 | ***cis*-1,2-dichloroethene** | ***trans*-1,2-dichloroethene** |
|---|---|---|
| 녹는점 | −80.0 °C | −49.8 °C |
| 끓는점(1기압에서) | 60.1 °C | 48.7 °C |
| 밀도(20 °C) | 1.284 g/mL | 1.265 g/mL |

CONCEPTUAL
## 개념학습 8.5 *cis-trans* 이성질체와 생분자

말레산과 푸마르산은 *cis-trans* 이성질체이며, 서로 다른 대사 반응을 하는 매우 중요한 생분자이다.

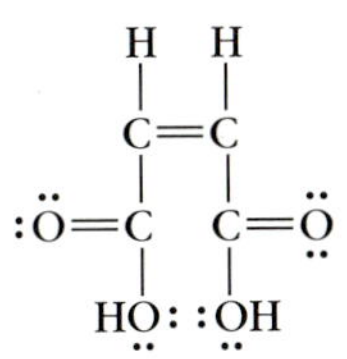

maleic acid

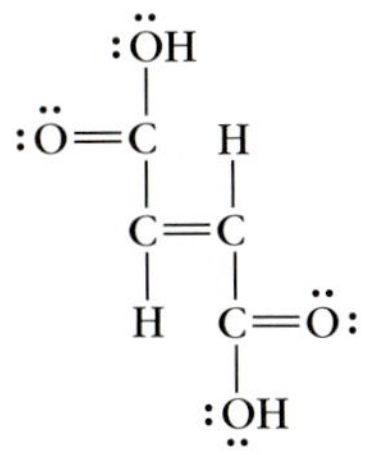

fumaric acid

*cis* 이성질체와 *trans* 이성질체를 구분하시오.

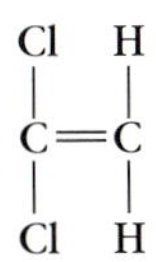

1,1-dichloroethene

4개 이상의 탄소원자를 갖는 알켄에서는 탄소와 수소원자로만 구성되더라도 *cis-trans* 이성질체가 존재할 수 있다. 즉 2-butene은 *cis*와 *trans* 이성질체를 갖는다(여기서 2-는 곧은 탄소사슬에서 두 번째 탄소에 이중결합이 위치하고 있음을 나타낸다). 두 화합물의 구조적 차이에 기인한 녹는점과 끓는점의 차이에 주목하라.

| 물리적 성질 | ***cis*-2-butene** | ***trans*-2-butene** |
|---|---|---|
| 녹는점 | −138.9 °C | −105.5 °C |
| 끓는점(1기압에서) | 3.7 °C | 0.88 °C |

### 예제 8.3 *cis* 와 *trans* 이성질체

다음 중 *cis* 와 *trans* 이성질체를 가질 수 있는 분자는? 이성질체가 존재하면 두 이성질체의 구조식을 쓰고 *cis*인지 *trans*인지 확인하시오.

(a) $(CH_3)_2C{=}CCl_2$ (b) $CH_3ClC{=}CClCH_3$

(c) $CH_3BrC{=}CClCH_3$ (d) $(CH_3)_2C{=}CBrCl$

**정답**: (b)와 (c)

(b) 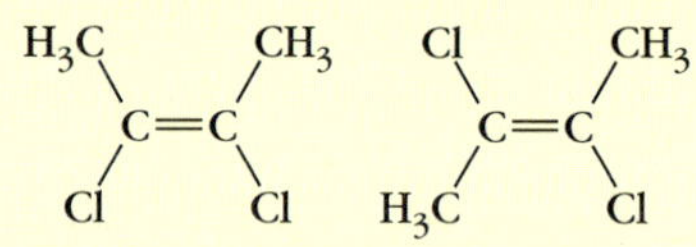

*cis* *trans*

(c) 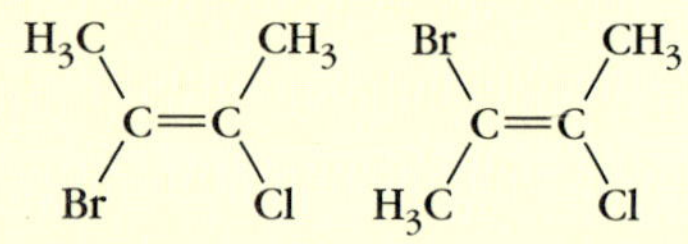

*cis* *trans*

**풀이**:

(a) 이중결합의 각 탄소원자에 결합된 2개의 그룹이 같기 때문에 이성질체를 가질 수 없다.

(b) 2개의 — $CH_3$와 2개의 Cl 원자는 C ═ C 결합의 같은 쪽에 있을 수도 있고(*cis* 이성질체), 반대쪽에 있을 수도 있다(*trans* 이성질체).

(c) (b)와 같은 경우이다.

(d) 같은 탄소에 2개의 — $CH_3$가 있으므로 이성질체가 존재할 수 없다.

### 실전예제 8.3

다음 중 *cis*와 *trans* 이성질체를 가질 수 있는 분자는? 이성질체가 존재하면 두 이성질체의 구조식을 쓰고 *cis*인지 *trans*인지 확인하시오.

(a) 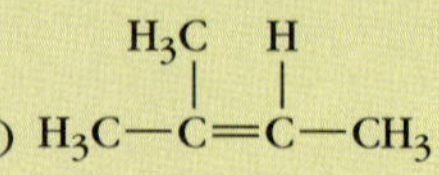 (b) 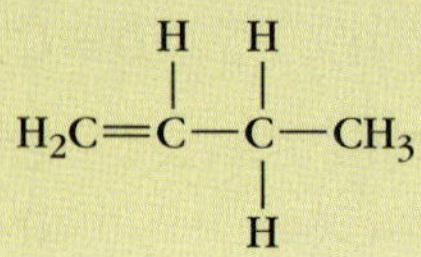 (c) 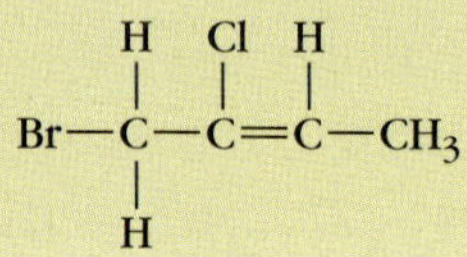

## 8.5 결합의 성질: 결합길이와 결합에너지

### 결합길이

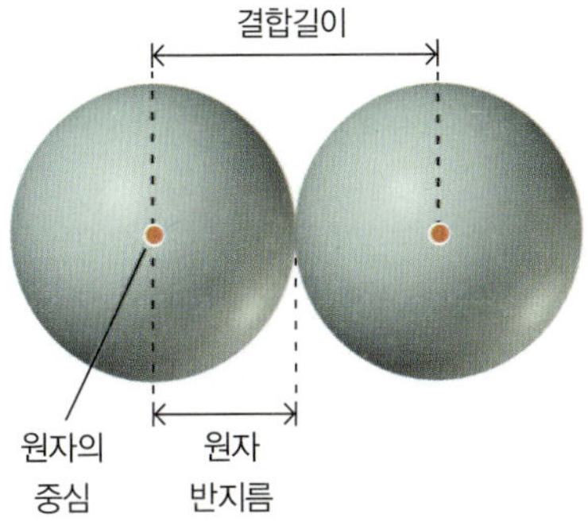


결합된 두 원자핵 사이의 거리인 결합길이는 주로 원자 자체의 크기에 의해 결정된다. 결합길이는 두 원자의 원자반지름의 합으로 간주된다. 표 8.1에 결합길이를 나타내었다. 예상대로 큰 원자들의 결합길이가 더 크다. 그림 8.3에 4A−6A족의 2−3주기 원자의 크기 변화를 나타내었다. 따라서 탄소원자와의 단일결합 길이는 주기를 따라 증가한다.

$$\text{C—N} < \text{C—C} < \text{C—P}$$

결합길이 증가 ⟶

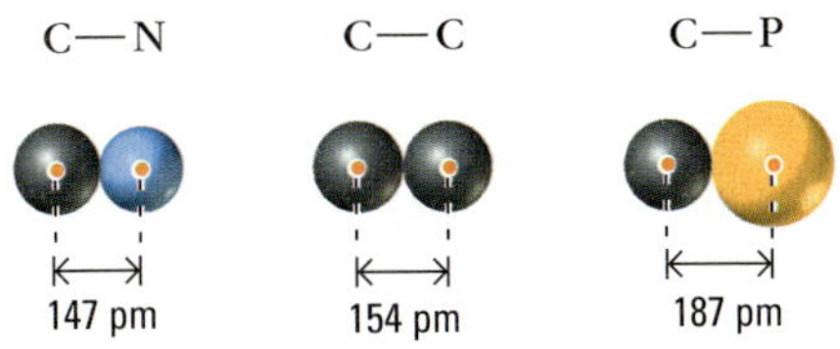


다중결합의 경우 C═O 결합은 C═S 결합보다 짧다. 왜냐하면 O는 S보다 작기 때문이다. 마찬가지로 N은 C보다 작기 때문에 C≡N 결합은 C≡C결합보다 짧다(그림 8.3). 이러한 경향은 그림 8.3에 나타낸 원자의 상대적 크기로부터 예측이 되고, 표 8.1의 평균 결합길이에서 확인된다.

결합 유형(단일, 이중, 삼중결합)에 의한 효과는 똑 같은 원자들 사이의 결합을 비교해보면 명백해진다. 구조와 관련한 데이터로부터 결합길이는 C—O > C═O > C≡O 이다. 원자 사이의 전자밀도가 증가하면(결합수가 증가하면) 원자들이 더 강하게 끌려서 결합길이는 감소한다.

표 8.1의 결합길이는 평균값이다. 왜냐하면 분자에서 한 결합에 이웃한 부분이 그 결합길이에 영향을 줄 수 있기 때문이다. 예를 들어 아세틸렌에서 C—H의 결합길이는 105.9 pm 이지만 메테인에서 C—H의 결합길이는 109.3 pm이다. 비록 표 8.1의 값에서 10% 정도 변동이 있을 수 있지만, 평균 결합길이는 결합길이를 예측하고 분자모델을 만드는데 유용하다.

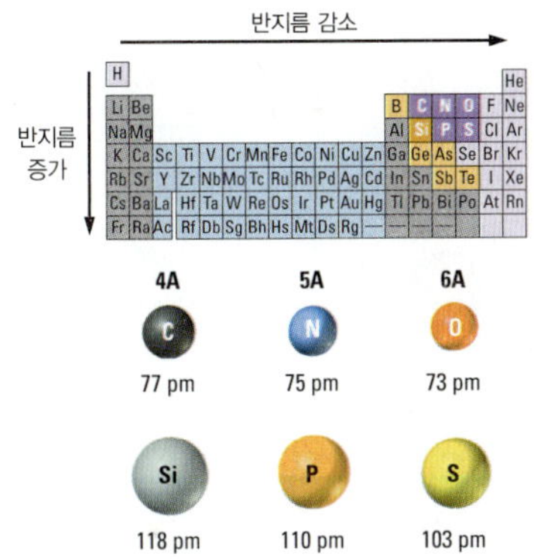


**그림 8.3** 4A−6A족의 2−3주기 원자의 상대적 크기.

**표 8.1 단일결합과 다중결합의 평균 길이(pm) (계속)**

단일결합

| | I | Br | Cl | S | P | Si | F | O | N | C | H |
|---|---|---|---|---|---|---|---|---|---|---|---|
| **H** | 161 | 142 | 127 | 132 | 138 | 145 | 92 | 94 | 98 | 110 | 74 |
| **C** | 210 | 191 | 176 | 181 | 187 | 194 | 141 | 143 | 147 | 154 | |
| **N** | 203 | 184 | 169 | 174 | 180 | 187 | 134 | 136 | 140 | | |
| **O** | 199 | 180 | 165 | 170 | 176 | 183 | 130 | 132 | | | |
| **F** | 197 | 178 | 163 | 168 | 174 | 181 | 128 | | | | |
| **Si** | 250 | 231 | 216 | 221 | 227 | 234 | | | | | |
| **P** | 243 | 224 | 209 | 214 | 220 | | | | | | |
| **S** | 237 | 218 | 203 | 208 | | | | | | | |
| **Cl** | 232 | 213 | 200 | | | | | | | | |
| **Br** | 247 | 228 | | | | | | | | | |
| **I** | 266 | | | | | | | | | | |

**표 8.1 단일결합과 다중결합의 평균 길이(pm)**

| 다중결합 | | | |
|---|---|---|---|
| N ═ N | 120 | C ═ C | 134 |
| N ═ N | 110 | C ≡ C | 121 |
| C ═ N | 127 | C ═ O | 122 |
| C ≡ N | 115 | C ≡ O | 113 |
| O ═ O (in $O_2$) | 112 | N ≡ O | 108 |
| N ═ O | 115 | | |

*1 pm = $10^{-12}$ m.

표 8.1에서 결합길이를 피코미터(pm)로 나타내었다. 그러나 많은 과학자들이 나노미터(1 nm = $10^3$ pm)나 옹스트롬(Å) 단위를 사용한다. 1 Å은 100 pm와 같다. C—C 단일결합의 길이는 0.154 nm, 1.54 Å, 또는 154 pm이다.

| 결합 | 결합길이 (pm) |
|---|---|
| C—O 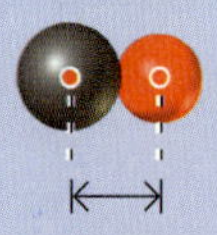 | 143 pm |
| C═O 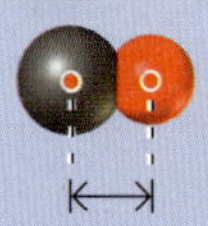 | 122 pm |
| C≡O 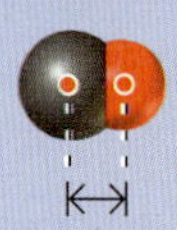 | 113 pm |

결합엔탈피와 결합에너지는 정확히 같지는 않지만, 서로 바꿔 사용되기도 한다.

특정결합 1몰이 생성될 때 방출하는 에너지는 그 결합을 끊는데 필요한 에너지와 같다. 예를 들어 H—Cl의 결합에너지가 431 kJ/mol이라는 것은 1몰의 H—Cl 결합을 끊는데 431kJ의 에너지를 필요로 한다($H^\circ$ = +431 kJ). 반면에 1몰의 H—Cl 결합이 생성되면 431 kJ이 방출된다($H^\circ$ = −431 kJ).

**예제 8.4 결합길이**

다음 각 쌍의 결합 중 결합길이가 더 짧은 것은?

(a) P — O 와 S — O (b) C ≡ C 와 C ═ C (c) C ═ O 와 C ═ N

**정답:** (a) S — O (b) C ≡ C (c) C ═ O

**풀이:** 원자의 상대적 크기와 결합길이를 결정하기 위하여 원자 반지름의 주기적 경향성을 적용한다.

(a) p 원자는 S 원자보다 크기 때문에 S — O는 P — O 보다 짧다.

(b) 더 많은 전자를 공유 할 수록 원자들은 더 가까이 끌리기 때문에 C ≡ C가 C ═ C 보다 짧다.

(c) O 원자는 N 원자보다 작기 때문에 C ═ O는 C ═ N 보다 짧다.

**실전예제 8.4**

다음 각 쌍의 결합길이를 비교한 것에 대해 설명하시오.

(a) C — S 는 C — Si 보다 짧다.

(b) C — Cl 은 C — Br 보다 짧다.

(c) N ≡ O 는 N ═ O 보다 짧다.

## 결합엔탈피

모든 화학 반응에서 결합은 끊어지고 새로운 결합이 만들어진다. 결합을 끊는데 필요한 에너지(흡열반응)와 결합이 생성될 때 방출하는 에너지(발열 반응)는 전체 반응의 엔탈피변화에 기여한다. 결합엔탈피(결합에너지)는 일정한 압력에서 기체상태 분자의 원자결합이 끊어지고 완전히 분리될 때의 엔탈피 변화이다.

원자 사이의 결합전자수가 늘어나면(단일결합에서 이중결합, 이중결합에서 삼중결합) 결합길이는 짧아진다. 그러므로 다중결합이 단일결합보다 강할 것이라고 기대할 수 있다. **두 원자 사이의 전자밀도가 증가하면 결합은 더 짧아지고 더 강해진다.** $CO_2$에서 C ═ O의 결합에너지는 803 kJ/mol이고 C ≡ O의 결합에너지는 1073 kJ/mol이다. 실제 일산화탄소에서 C ≡ O 삼중결합은 가장 강한 공유결합으로 알려져 있다.

표 8.2의 자료를 보면 산소와 다양한 화합물을 생성할 수 있고 대기 중에 다량의 $O_2$가 존재함에도 불구하고 질소 원소는 왜 산소와 반응하지 않은 채 $N_2$로 남아 있는

지를 이해할 수 있다. $N_2$가 다른 원소와 결합하는 반응은 매우 강한 N≡N결합(946 kJ/mol)을 끊어야 하기 때문에 잘 일어나지 않는다. $N_2$를 들이마셔도 화학적 변화가 일어나지 않는다. 그렇지 않고 $N_2$가 체온에서 반응하여 산화물이나 다른 화합물을 생성한다면 심각한 결과를 초래할 것이다. 실제로 그런 일은 일어나지 않는다.

표 8.2의 자료를 이용하여 수소기체와 염소기체의 반응에 대한 $\Delta H°$를 예측할 수도 있다. $H_2$의 공유결합을 끊으려면 436 kJ/mol 의 에너지가 계로 들어가야 한다. $Cl_2$의 공유결합을 끊으려면 242 kJ/mol 의 에너지가 계로 들어가야 한다. 두 경우 모두 엔탈피 변화의 부호는 양이다. H—Cl의 공유결합을 생성하면 431 kJ/mol 의 에너지가 계로부터 나온다. 2몰의 HCl이 생성되므로 2 × 431 = 862 kJ이 발생하고 엔탈피 변화의 부호는 음이다.

표 8.2의 결합엔탈피는 기체상에 대한 값이다. 액체나 고체가 포함되어 있으면 상변화에 필요한 추가적인 에너지가 존재한다. 이러한 이유로 결합엔탈피의 사용을 기체상의 반응으로 제한할 것이다.

**표 8.2 평균 결합엔탈피(kJ/mol)**

단일결합

| | I | Br | Cl | S | P | Si | F | O | N | C | H |
|---|---|---|---|---|---|---|---|---|---|---|---|
| **H** | 299 | 366 | 431 | 347 | 322 | 323 | 566 | 467 | 391 | 416 | 436 |
| **C** | 213 | 285 | 327 | 272 | 264 | 301 | 486 | 336 | 285 | 356 | |
| **N** | – | – | 193 | – | ~200 | 335 | 272 | 201 | 160 | | |
| **O** | 201 | – | 205 | – | ~304 | 368 | 190 | 146 | | | |
| **F** | – | – | 255 | 326 | 490 | 582 | 158 | | | | |
| **Si** | 234 | 310 | 391 | 226 | – | 226 | | | | | |
| **P** | 184 | 264 | 319 | – | 226 | | | | | | |
| **S** | – | 213 | 255 | 226 | | | | | | | |
| **Cl** | 209 | 217 | 242 | | | | | | | | |
| **Br** | 180 | 193 | | | | | | | | | |
| **I** | 151 | | | | | | | | | | |

다중결합

| | | | |
|---|---|---|---|
| N=N | 418 | C=C | 598 |
| N≡N | 946 | C≡C | 813 |
| C=N | 616 | C=O (as in $CO_2$, O=C=O) | 803 |
| C≡N | 866 | C=O (as in $H_2C$=O) | 695 |
| O=O (in $O_2$) | 498 | C≡O | 1073 |

*출처: Cotton, F. A., Wilkinson, G., and Gaus, P. L. *Basic Inorganic Chemistry*, 3rd ed. New York: Wiley, 1995, p. 12. Copyright © 1995 by John Wiley & Sons, Inc.

결합엔탈피를 $D$, 결합 종류를 첨자로 나타내면, $H_2(g) + Cl_2(g) \rightarrow 2HCl(g)$ 반응의 알짜 에너지 전이는

$$\begin{aligned}\Delta H° &= \{[(1\text{ mol H—H}) \times D_{\text{H—H}}] + [(1\text{ mol Cl—Cl}) \times D_{\text{Cl—Cl}}]\} \\ &\quad - [(2\text{ mol H—Cl}) \times D_{\text{H—Cl}}] \\ &= [(1\text{ mol H—H})(436\text{ kJ/mol})] + [(1\text{ mol Cl—Cl})(242\text{ kJ/mol})] \\ &\quad - (2\text{ mol H—Cl})(431\text{ kJ/mol}) \\ &= -184\text{ kJ}\end{aligned}$$

이 값은 실험으로부터 구한 −184.614 kJ과 거의 같다.

그림 8.4에 나타낸 것처럼 이 계산 과정은 반응물 분자들의 모든 결합을 끊고, 생성물 분자들의 모든 결합을 만드는 것으로 생각할 수 있다. 각각의 결합엔탈피는 끊어지거나 생성되는 결합의 몰수로 곱해준다. 결합이 끊어지는 것은 흡열과정이므로 반응물 분자의 결합엔탈피는 더해주고, 결합이 만들어지는 것은 발열과정이므로 생성물의 결합엔탈피는 빼준다. 이것을 다음 식으로 요약할 수 있다.

Σ(시그마) 기호는 합을 나타낸다. 끊어지는 모든 결합의 결합엔탈피의 합에서 생성되는 모든 결합의 합을 뺀다. 이 식과 표 8.2의 값을 이용하면 많은 기체 반응의 엔탈피 변화를 계산할 수 있다.

$$\Delta H^\circ = \Sigma[(\text{결합의 몰수}) \times D(\text{끊어지는 결합})] - \Sigma[(\text{결합의 몰수}) \times D(\text{생성되는 결합})] \quad [8.1]$$

표 8.2의 결합엔탈피에 대하여 몇 가지 중요한 점이 있다.

- 엔탈피의 값은 평균 결합엔탈피로서 분자 구조에 따라 약간의 차이가 있을 수 있다. 예를 들어 C—H의 결합엔탈피는 413 kJ/mol로 주어졌지만 C—H의 결합세기는 분자내 다른 원자들이나 결합의 영향을 받는다. 분자 구조에 따라 1몰의 C—H 결합을 끊는데 필요한 에너지는 30~40 kJ/mol 의 차이가 있을 수 있다. 따라서 표 8.2의 결합엔탈피는 엔탈피 변화를 정확하게 계산하는 것이 아니라 예측하는 정도로 사용할 수 있다.
- 표 8.2의 엔탈피는 기체 상태의 분자들에 대한 값이다. 반응물(또는 생성물)이 액체나 고체 상태에 있으면 기체 상태로 전환하는데 필요한 에너지를 고려하여야 한다.
- 다중결합(이중결합과 삼중결합)에 대해서 표의 아래 부분에 따로 나타내었다. $O_2(g)$나 $CO_2(g)$와 같은 특정 분자의 다중결합은 다른 값을 갖기도 한다.

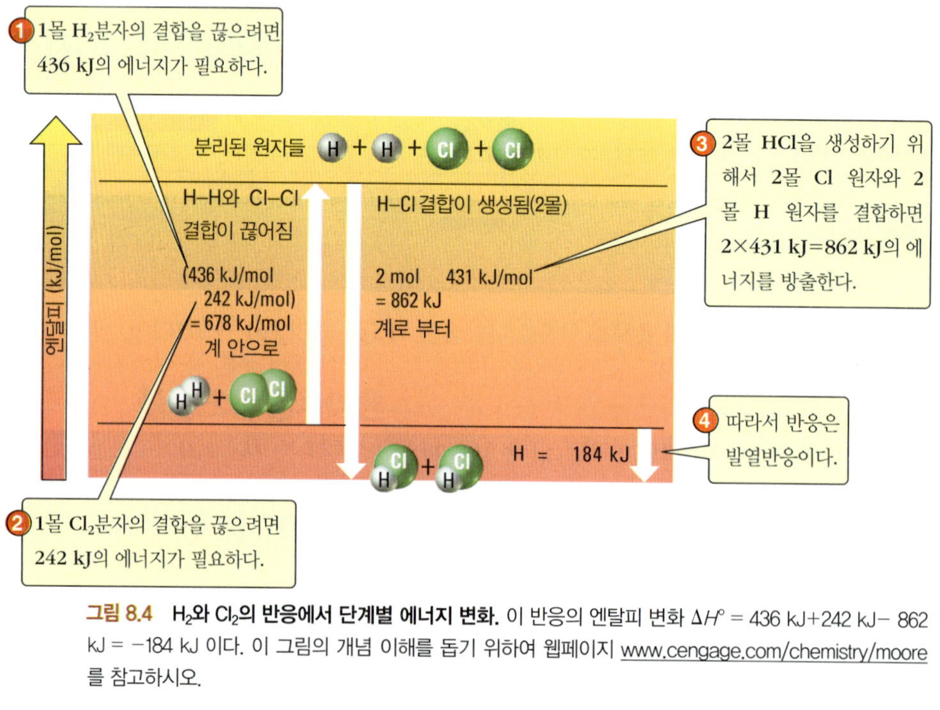


**그림 8.4 $H_2$와 $Cl_2$의 반응에서 단계별 에너지 변화.** 이 반응의 엔탈피 변화 $\Delta H^\circ$ = 436 kJ+242 kJ− 862 kJ = −184 kJ 이다. 이 그림의 개념 이해를 돕기 위하여 웹페이지 www.cengage.com/chemistry/moore 를 참고하시오.

**예제 8.5 결합엔탈피로부터 $\Delta H°$ 예측하기**

다이아조메탄이 에텐과 질소로 변환되는 반응은

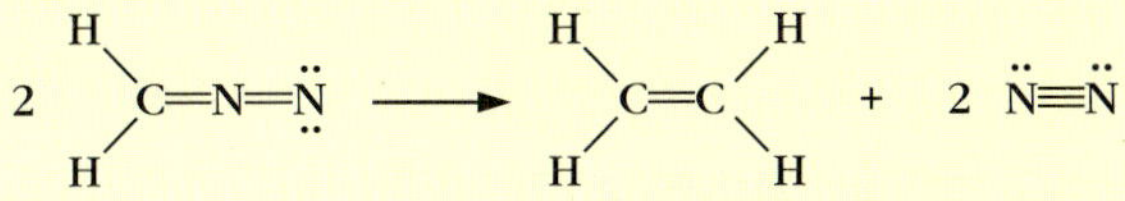

diazomethane ethene

표 8.2의 결합엔탈피를 사용하여 이 반응의 $\Delta H°$를 계산하시오.

**정답:** $\Delta H° = -422$ kJ

**풀이:** 루이스구조를 보면 다이아조메탄 분자는 2개의 C — H 결합, 2개의 C ═ N 결합, 1개의 N ═ N 결합을 갖고 있다. 표 8.2의 자료와 균형화학 반응식으로 부터 엔탈피 변화를 계산하면

$$\Delta H° = \Sigma[(\text{결합의 몰수}) \times D(\text{끊어지는 결합})] - \Sigma[(\text{결합의 몰수}) \times D(\text{생성되는 결합})]$$

$$= \{[(4\text{ mol C—H}) \times D_{C—H}] + [(2\text{ mol C═N}) \times D_{C═N}] + [(2\text{ mol N═N}) \times D_{N═N}]\} - \{[(4\text{ mol C—H}) \times D_{C—H}] + [(1\text{ mol C═C}) \times D_{C═C}] + [(2\text{ mol N≡N}) \times D_{N≡N}]\}$$

$$= \{[(4\text{ mol C—H}) \times (416\text{ kJ/mol})] + [(2\text{ mol C═N}) \times (616\text{ kJ/mol})] + [(2\text{ mol N═N}) \times (418\text{ kJ/mol})]\} - \{[(4\text{ mol C—H}) \times (416\text{ kJ/mol}) + [(1\text{ mol C═C}) \times (598\text{ kJ/mol})] + [(2\text{ mol N≡N}) \times (946\text{ kJ/mol})]\}$$

$$= (3732\text{ kJ} - 4154\text{ kJ}) = -422\text{ kJ}$$

**실전예제 8.5**

식 8.1과 표 8.2의 값을 사용하여 다음과 같은 메테인과 산소의 반응에 대한 엔탈피 변화를 예측하시오.

$$CH_4(g) + 2\,O_2(g) \longrightarrow CO_2(g) + 2H_2O(g)$$

**분젠버너에서 메테인의 연소.**
메테인의 연소는 매우 많은 열을 발생하며, 1몰이 연소하면 802kJ의 에너지를 주위에 방출한다.

CONCEPTUAL
**개념학습 8.6 결합길이**

C ═ N, C ≡ N, C — N을 결합길이가 감소하는 순으로 배열하시오. 결합에너지가 감소하는 순서도 같은지 설명하시오.

## 8.6 결합의 성질: 결합의 극성과 전기음성도

$H_2$나 $F_2$ 분자처럼 같은 원자들이 결합한 경우 결합전자쌍은 똑같이 공유되고 결합은 **무극성 공유결합**이다. 그러나 서로 다른 원자들이 결합하면 결합전자쌍의 공유는 공평하게 공유되지 않고 결합전자쌍은 어느 한 원자 쪽으로 치우친다. 완전히 치우치면 전자전이가 일어나고 결합은 이온결합이 된다. 부분적으로 치우쳐 전자쌍의 공유가 불공평하게 되면 결합은 극성 공유결합이 된다(그림 8.5). 9장과 12장에서 보겠지만, 분자의 성질은 결합의 극성에 크게 영향을 받는다.

1932년 Linus Pauling은 결합에너지의 분석에 기초하여 전기음성도의 개념을 처음으로 제안하였다. **전기음성도(electronegativity)**란 공유결합에서 원자가 공유

**Linus Pauling** 1901–1994

화학으로 박사학위를 받은 후 유럽으로 건너가 Erwin Schrödinger, Niels Bohr와 잠시 일을 하였다. Pauling은 결합이론과 단백질의 구조에 대한 연구로 1954년 노벨화학상을 수상하였다. 제2차 세계대전 뒤에는 반핵운동에 앞장 섰으며 이러한 공로로 1963년 노벨평화상을 수상하게 된다. Pauling은 단독으로 2개의 노벨상을 받은 첫 번째 인물이다. 그는 위대한 과학적 업적과 과학기술의 오용에 대한 사회적 의식을 유산으로 남기고 1994년 사망하였다.

**그림 8.5 비극성 공유결합, 극성 공유결합 및 이온결합**

전자를 끌어당기는 능력으로서 전기음성도가 더 큰 원자 쪽으로 공유전자가 치우치는 것을 나타낸다.

Pauling의 전기음성도는 전기음성도가 가장 큰 원소인 플루오르(F)에 4.0의 임의의 값을 지정하고 상대적인 수치로 나타낸다. 최근의 실험과 이론적인 계산으로 그의 최초 값들이 다수 수정되었다. 그림 8.6에 최신 값들을 수록하였다. F 다음으로 전기음성도가 큰 원소는 O(3.4)이고 그 다음이 N(3.0), Cl(2.7) 등이다. 전기음성도가 2.5 이상인 원소들은 모두 주기율표의 오른쪽 상단에 있는 비금속원소들이다. 반면 전기음성도가 1.1 이하인 원소들은 모두 주기율표의 왼쪽에 있는 금속원소들이다. 이 원소들은 종종 양전기원소로 간주되고 항상 이온화합물을 생성하는 금속들이다. 이 두 극단의 원소들 사이에 1.1−1.7의 전기음성도를 갖는 나머지 금속(대부분 전이금속), 1.6−2.1의 전기음성도를 갖는 준금속, 2.0−2.4의 전기음성도를 갖는 비금속(P, Se)이 위치한다.

전기음성도는 주기적 경향을 보인다(그림 8.6). 전기음성도는 주기를 가로질러 증가하고 족의 아래로 가면서 감소한다. **일반적으로 전기음성도는 주기율표에서 오른편 위쪽 대각선 방향으로 증가한다.** 금속은 보통 전자를 잃기 때문에 전기음성도가 작은 원소들이다. 비금속은 전자를 받아들이는 경향이 있고 전기음성도가 크다.

$\delta+$ $\delta-$
H—Cl

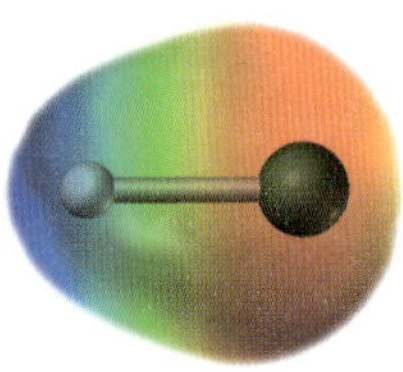

염화수소에서 극성의 H—Cl 결합. 붉은색은 전자밀도가 높고, 푸른색은 전자밀도가 낮은 영역을 나타낸다.

전기음성도는 근사 값이고 주로 공유결합의 극성을 예측하는데 사용된다. 결합의 극성은 전기음성도가 더 작은 원자에 $\delta+$, 전기음성도가 더 큰 원자에 $\delta-$를 표시하여 나타내는데 여기서 $\delta$는 부분전하를 의미한다. H—Cl 결합의 극성을 옆의 그림처럼 나타낼 수 있다.

같은 종류의 원자사이의 결합을 제외하고, 모든 결합은 어느 정도 극성을 갖고 있으며 전기음성도의 차이로 결합의 극성 정도를 정성적으로 비교할 수 있다. **두 원자사이의 전기음성도 차이가 클수록 결합의 극성은 더 커진다.** 비극성 공유결합에서 약간의 극성결합, 매우 큰 극성결합, 이온 결합으로의 변화는 연속적인 것으로 간주된다(그림 8.7). $F_2$(비극성), HBr(약간 극성), HF(매우 극성), $Na^+F^-$(이온 결합)에서 결합의 극성 변화를 볼 수 있다.

3주기의 원소, Na부터 S까지 전기음성도의 변화는 이 원소들의 염소화합물의 성질에 커다란 차이를 초래한다. 3주기는 이온화합물 NaCl과 $MgCl_2$로 시작하는데 두 물질 모두 상온에서 고체결정이다. 금속과 Cl 원자 사이의 전기음성도 차이는 각각 1.8 과 1.6이다. Al과 Cl의 전기음성도 차이는 1.3으로 $AlCl_3$의 결합은 이온결합 성격이 약하고 극성 공유결합을 한다. 전기음성도는 주기율표를 가로질러 증가하고 결과적으로 Cl과의 전기음성도 차이가 작아지므로 3주기의 다른 염소화합물($SiCl_4$, $PCl_3$,

대기압에서 $AlCl_3$는 180 °C에서 승화한다. 대략 이 온도에서 $Al^{3+}$와 $Cl^-$ 이온의 격자는 $Al_2Cl_6$ 분자로 바뀐다.

$SCl_2$)들은 분자화합물이다. Si — Cl, P — Cl, S — Cl로 갈수록 결합의 극성은 감소하고 Cl — Cl 결합에서는 전기음성도의 차이가 없어진다.

| 화합물 | $SiCl_4$ | $PCl_3$ | $SCl_2$ | $Cl_2$ |
|---|---|---|---|---|
| 결합 | Si—Cl | P—Cl | S—Cl | Cl—Cl |
| 전기음성도 차이 | 1.2 | 0.9 | 0.5 | 0.0 |

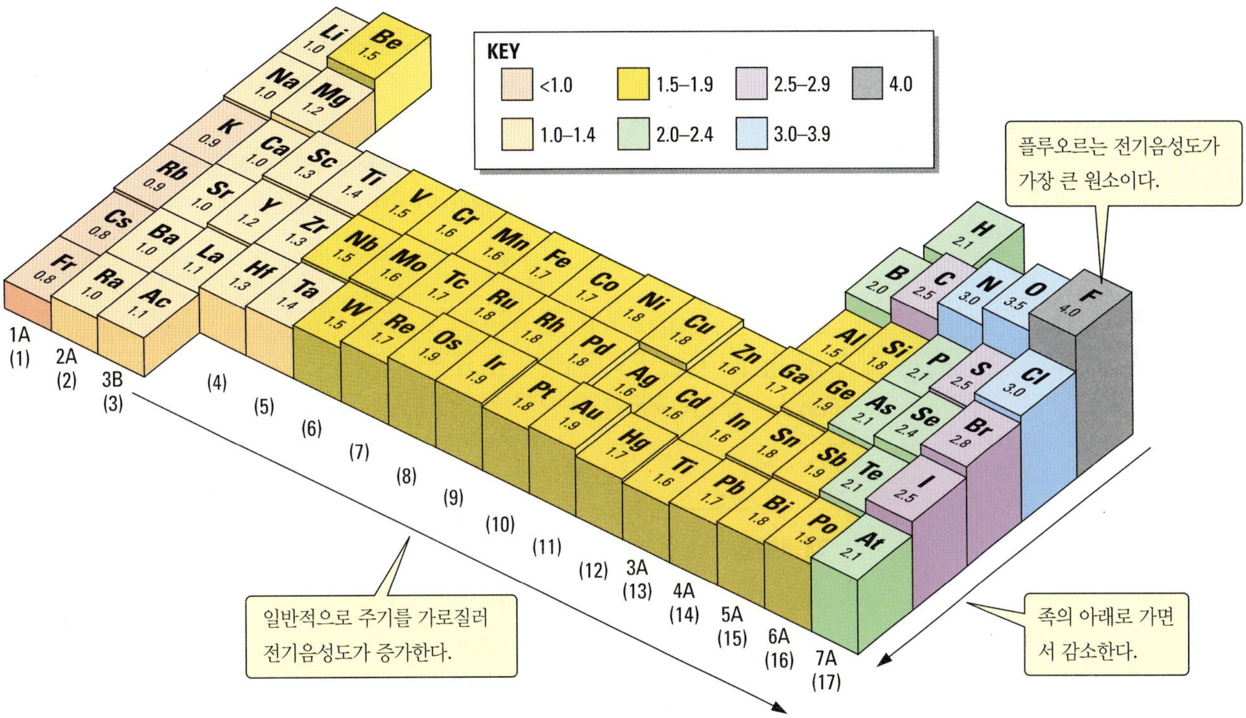


**그림 8.6 전기음성도의 주기적 경향.**

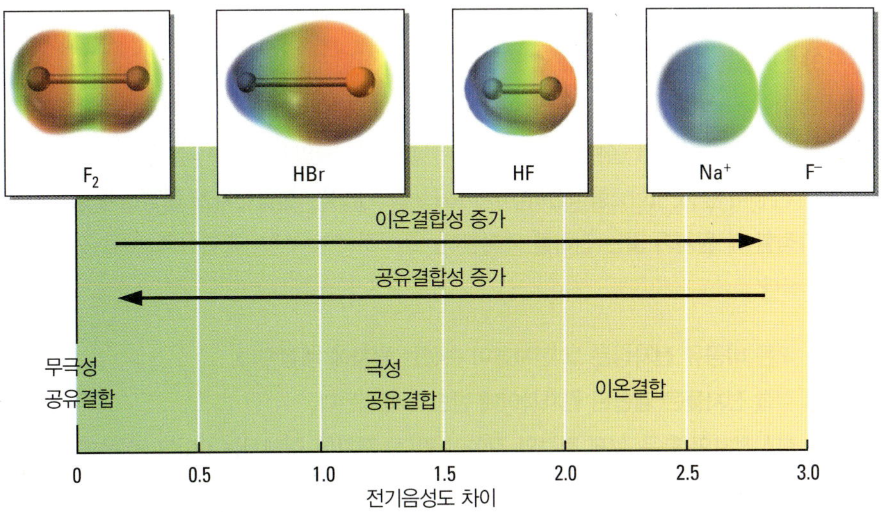


**그림 8.7 결합 특성과 전기음성도의 차이.** 그래프는 전기음성도 차이와 결합의 이온 특성간의 관계를 보여준다.

**예제 8.6 결합의 극성**

다음 각 쌍의 결합에서 부분음전하와 부분양전하를 갖는 원자를 표시하고 어느 결합의 극성이 더 큰지 확인하시오.

(a) Cl—F와 Br—F (b) N—Cl과 P—Cl

**정답:**

(a) $\overset{\delta+}{\text{Br}}—\overset{\delta-}{\text{F}}$의 극성이 더 크다 (b) $\overset{\delta+}{\text{P}}—\overset{\delta-}{\text{Cl}}$의 극성이 더 크다

**풀이:** 그림 8.6을 이용하여 결합된 두 원자의 전기음성도를 비교한다. 전기음성도가 작은 원자는 부분 양전하를 전기음성도가 높은 원자는 부분음전하를 갖는다.

(a) Br—F의 전기음성도 차이(1.2)는 Cl—F의 전기음성도(1.0) 차이보다 더 크기 때문에 Br—F 결합의 극성이 더 크다.

(b) P의 전기음성도가 N의 전기음성도 보다 작기 때문에 P—Cl의 극성이 N—Cl 보다 더 크다. P—Cl의 전기 음성도 차이(0.9)는 N—Cl의 전기음성도 차이(0)보다 크다.

**실전예제 8.6**

다음 각 쌍의 결합에서 극성이 더 큰 결합을 확인하고, 부분음전하와 부분양전하를 갖는 원자를 표시하시오.

(a) B—C와 B—Cl (b) N—H와 O—H

CONCEPTUAL
**개념학습 8.7 결합 유형**

그림 8.6과 그림 8.7을 이용하여 다음의 이유를 설명하시오.

(a) NaCl은 극성 공유결합 화합물이 아니라 이온결합 화합물이다.

(b) BrF는 이온결합 화합물이 아니라 극성 공유결합 화합물이다.

## 8.7 형식전하

루이스구조는 분자나 이온에서 원자가전자가 어떻게 분포하는지를 기술한다. 어떤 분자나 이온들에 대해서는 옥테트구조를 만족하는 루이스구조가 1개 이상 존재할 수도 있다. 어떤 구조가 올바른 구조인지 어떻게 알 수 있을까? 한 가지 방법은 형식전하를 사용하는 것이다. **형식전하(*formal charge*)는 결합전자가 공평하게 공유된다고 가정할 때 원자가 갖는 전하를 의미한다.** 형식전하를 구할 때 다음과 같이 전자들을 배정한다.

- **모든 비공유 전자쌍은 그 전자들이 속하는 원자에 배정된다.**
- **결합 전자들은 결합된 원자사이에 반반씩 배정된다.**
- **형식전하의 합은 실제 전하와 같아야 한다. 분자에 대해서는 0이고, 이온에 대해서는 이온전하와 같다.**

전기 음성도: Si = 1.8; P = 2.1; S = 2.5; Cl = 3.0.

따라서 루이스구조에서 원자들의 형식전하는

형식전하 = [원자의 원자가전자의 수] − [(비공유 전자의 수) + ($\frac{1}{2}$ 결합전자의 수)]

이 규칙을 [:N≡C—Ö:]⁻ 이온의 원자들의 형식전하를 구하는데 적용하여 보자.

| | N | C | O |
|---|---|---|---|
| 원자가전자 수 | 5 | 4 | 6 |
| 비공유 전자 수 | 2 | 0 | 6 |
| $\frac{1}{2}$ 공유 전자 수 | 3 | 4 | 1 |
| 형식전하 | 0 | 0 | −1 |

형식전하의 합은 이온전하와 같은 −1임을 주목하라. −1의 형식전하는 전기음성도가 가장 큰 산소원자에 위치한다.

형식전하가 원자의 실제전하를 나타내는 것은 아니다. 형식전하는 여러 개의 루이스구조로부터 가장 그럴듯한 구조를 결정하는 유용한 방법이다. 형식전하의 분포가 다른 경우 가능성이 큰 구조를 결정하는데 있어서 다음의 원칙들이 적용된다.

- **형식전하가 작은 경우가 큰 경우보다 유리하다.**
- **음의 형식전하는 전기음성도가 큰 원자에 위치하고, 양의 형식전하는 전기음성도가 작은 원자에 위치한다.**
- **같은 유형의 전하가 이웃 원자에 위치하지 않는다.**

**예제 8.7 형식전하**

(a) $N_2O$에 대한 두 가지 가능한 루이스구조는 :Ö=N=N̈: 와 :Ö—N≡N: 이다. 각 원자의 형식전하와 더 안정한 구조를 결정하시오.

(b) $Cl_2O$ 의 두 가지 루이스구조에 대하여 각 원자의 형식전하를 구하고 어느 구조가 더 선호되는지 결정하시오.

(구조 1) :Ö—C̈l—C̈l:　　　(구조 2) :C̈l—Ö—C̈l:

**정답:**

(a) :Ö=N=N̈: (0, +1, −1)　　:Ö—N≡N: (−1, +1, 0) (선호되는 루이스구조)

(b) :Ö—C̈l—C̈l: (−1, +1, 0)　　:C̈l—Ö—C̈l: (0, 0, 0) (선호되는 루이스구조)

**풀이:** 원자가전자의 수와 비공유 전자의 수를 파악한다. 결합한 각 원자에 공유전자의 반을 할당한다. $N_2O$와 $Cl_2O$는 모두 중성분자이므로 형식전하의 합은 영이다.

(a) :Ö=N=N̈: 에서 원자들의 형식전하는 차례로 0, +1, −1이다. 형식전하의 합은 영이다. :Ö—N≡N: 구조에서 원자들의 형식전하는 차례로 −1, +1, 0이며 합은 역시 영이다.

| | 구조 1 | | | 구조 2 | | |
|---|---|---|---|---|---|---|
| | **O** | **N** | **N** | **O** | **N** | **N** |
| 원자가전자 수 | 6 | 5 | 5 | 6 | 5 | 5 |
| 비공유 전자 수 | 4 | 0 | 4 | 6 | 0 | 2 |
| $\frac{1}{2}$공유 전자 수 | 2 | 4 | 2 | 1 | 4 | 3 |
| 형식전하 | 0 | +1 | −1 | −1 | +1 | 0 |

전기음성도가 더 큰 산소원자가 부분음전하를 갖고 있으므로 구조2가 구조1보다 선호되는 구조이다.

(b)

| | 구조 1 | | | 구조 2 | | |
|---|---|---|---|---|---|---|
| | **O** | **Cl** | **Cl** | **Cl** | **O** | **Cl** |
| 원자가전자 수 | 6 | 7 | 7 | 7 | 6 | 7 |
| 비공유 전자 수 | 6 | 4 | 6 | 6 | 4 | 6 |
| $\frac{1}{2}$공유 전자 수 | 1 | 2 | 1 | 1 | 2 | 1 |
| 형식전하 | −1 | +1 | 0 | 0 | 0 | 0 |

두 경우 모두 형식전하의 합은 0이지만 구조 2의 각 원자들의 형식전하가 0이기 때문에 구조 1 보다 선호된다.

**실전예제 8.7**

$N_2O$ 에 대하여 팔전자 규칙을 만족하는 세 번째 루이스구조를 그릴 수 있다. 이 구조를 그리고 각 원자의 형식전하를 결정하시오.

**CONCEPTUAL 개념학습 8.8 형식전하**

히드라진 $H_2NNH_2$에서 각 원자의 형식전하를 결정하시오.

## 8.8 루이스구조와 공명

산소의 동소체인 오존($O_3$)은 불안정하고, 옅은 푸른색을 띠며, 반자기성이고 자극성의 냄새가 나는 기체이다. 오존은 어디에 존재하느냐에 따라 이로울 수도 있고 해로울 수도 있다. 성층권의 오존층은 태양의 강한 자외선으로부터 지구와 거기에 서식하는 모든 생물들을 보호하지만, 낮은 대기권(대류권)의 오존공해는 호흡기 문제를 유발한다.

앞에서 본 것처럼, 두 원자 사이의 결합전자쌍의 수는 결합 길이와 세기를 결정하는데 중요하다. 실험에서 오존의 2개의 산소−산소 결합 길이는 똑같이 127.8 pm로 측정되며 이것은 두 결합 모두 같은 수의 결합 전자를 갖고 있음을 암시한다. 그러나 루이스구조를 그려보면 다른 결론에 도달할지 모른다. 가능한 2개의 루이스구조는

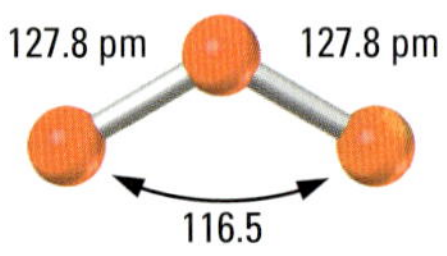

오존

$$:\ddot{O}=\ddot{O}-\underset{..}{\ddot{O}}: \quad 와 \quad :\underset{..}{\ddot{O}}-\ddot{O}=\ddot{O}:$$

각 구조는 중심 O원자의 한쪽으로는 이중결합, 다른 쪽으로는 단일결합을 나타낸다. 둘 중 어느 한 구조가 $O_3$의 실제 구조라면 O=O 결합이 O—O 결합보다 짧아야하지만 사실은 그렇지 않다. 오존에서 산소−산소 결합은 127.8 pm 로서, 이것은 O=O의

결합길이 (112 pm)보다는 길고 O—O의 결합길이(132 pm)보다는 짧다는 사실로부터 이중결합도 단일결합도 아니다. 그러므로 모든 실험데이터와 일치하는 유일한 하나의 루이스구조를 그릴 수는 없다. 이러한 상황에서는 한 분자에 대한 2개 이상의 루이스구조와 실험 결과를 일치시키기 위하여 **공명(resonance)**의 개념을 도입한다. 각각의 루이스구조를 공명구조라 부르고, 한 가지 구조로 정확히 나타낼 수 없는 실제 구조에 기여하는 것으로 간주된다. $O_3$의 실제 구조는 위의 루이스구조 중 어느 것도 아니고 **공명혼성(resonance hybrid)**이라 부르는 혼합구조이다. 혼성구조를 이러한 루이스구조들의 혼성임을 강조하기 위하여 보통 양쪽 화살표(↔)로 연결하여 나타낸다.

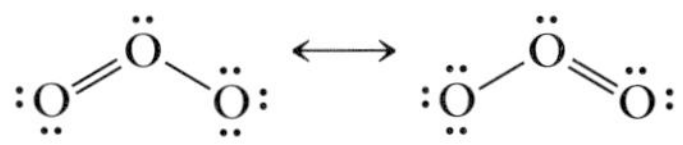

오존의 공명구조

중심원자가 다중결합에 의하여 옥테트구조를 이룰 때, 어느 원자의 비공유전자쌍이 기여하는지 결정함에 있어서 공명의 개념은 유용하다. 공명의 개념을 적용할 때 다음의 몇 가지 중요한 사항을 명심한다.

'공명'이 서로 다른 구조 사이의 변환을 의미하지는 않는다. 오존은 한 가지 분자로만 존재할 뿐이다.

- 공명혼성 구조에 기여하는 루이스구조들은 전자쌍의 위치 배열만 다르고 원자의 위치는 변하지 않는다.
- 루이스구조들은 하나 이상의 특정 원자 쌍 사이의 결합전자수가 다르다.
- 공명혼성 구조는 여러 구조 사이를 계속해서 옮겨 다니는 것이 아니라 한 가지 혼성구조를 나타내는 것이다.

공명의 용도를 더 설명하기 위하여 24개의 원자가전자(탄소로부터 4개, 산소로부터 18개, 2−의 이온전하로부터 2개)를 갖는 $CO_3^{2-}$ 이온의 루이스구조를 그려 보자. 골격구조를 그리고 24개의 원자가전자를 사용하여 O 원자에 옥테트구조가 되도록 고립전자쌍들을 표시하면 탄소원자 주위에는 옥테트구조가 만들어지지 않는다.

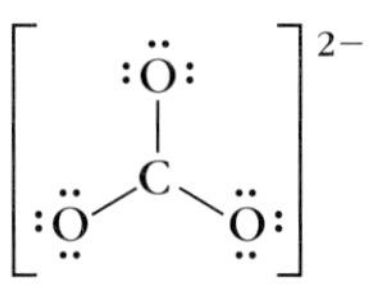

탄소가 옥테트구조를 이루려면 단일결합을 이중결합으로 바꿔 주면 되는데, 여기에는 세 가지 동등한 방법이 있다.

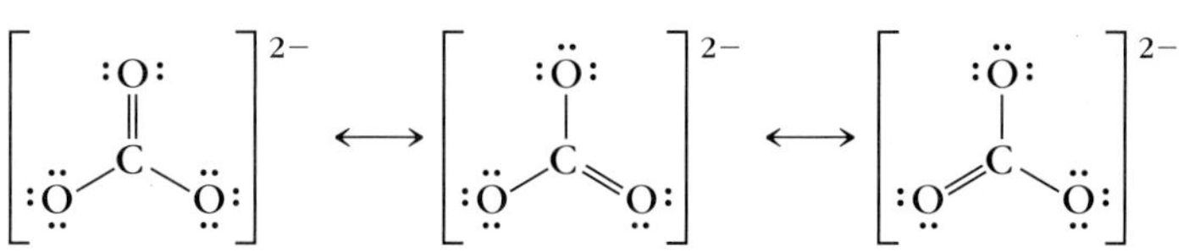

산소를 포함하는 음이온의 루이스구조를 나타내는데 종종 공명구조가 요구된다.

3개의 공명구조가 공명혼성에 기여한다. 오존처럼 탄산이온에도 단일결합도 이중결합도 아닌 결합이 존재한다는 것이 실험으로 확인된다. 3개의 탄소−산소 결합 길이는 모두 129 pm이며 이것은 C—O 단일결합(143 pm)과 C=O 이중결합(122 pm) 사이에 있다.

CONCEPTUAL
**개념학습** **8.9 공명구조**

$[:\ddot{N}-O\equiv C:]^-$은 왜 시안산 이온의 공명구조가 아닌가?

19세기 화학자들에게, 벤젠의 분자식 $C_6H_6$에서 탄소 대 수소의 비는 포화 탄화수소($C_nH_{2n+2}$)와 다르기 때문에 불포화 탄화수소화합물을 의미하였다. 이중결합이 교대로 나타나는 벤젠의 육각 고리구조는 원자가전자를 모두 사용하여 탄소의 옥테트구조를 만족시킨다. 1872년 Friedrich A. Kekule는 벤젠이 두 가지 구조의 조합으로 나타낼 수 있다고 제안하였다. 이 두 구조를 공명구조라고 부르고 양쪽 화살표로 표시한다.

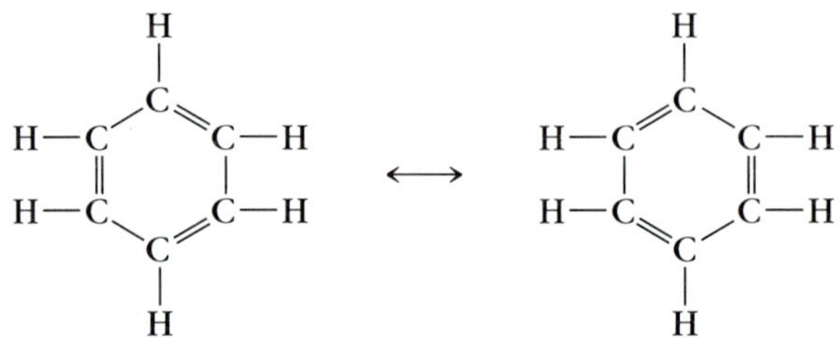

그러나 공명구조의 어느 하나도 벤젠의 구조를 정확하게 기술하지 못한다. 벤젠 구조에 대한 실험 자료는 6개의 탄소−탄소 결합이 모두 동등한 평면 대칭분자임을 나타낸다. 탄소−탄소 결합은 모두 C — C 단일결합(154 pm)과 C═C 이중결합(134 pm) 사이의 값으로 139 pm이다. 벤젠은 위 두 가지 공명구조의 공명혼성으로서 이중결합의 6개의 전자가 고리 전체에 균일하게 퍼져있다. 6개의 비편재된(delocalized) 전자는 6개의 탄소원자에 의해서 공평하게 공유된다. 벤젠 고리는 수소원자와 탄소원자를 표시하지 않고 육각형과 함께 그 안쪽에 원을 그려 나타내기도 한다. 원은 6개의 비편재된 전자가 모든 탄소에 골고루 퍼져 있음을 의미한다. 6각형의 각 꼭지점에 탄소원자 하나와 수소원자 하나가 있고 각각의 선은 C — C 단일결합을 나타낸다.

벤젠의 결합은 분자오비탈 이론으로 더 잘 기술할 수 있다(단원 8.10).

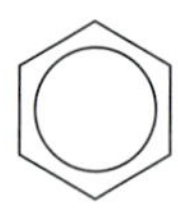

가끔 비편재된 전자를 나타내는데 원을 실선이 아니라 점선으로 표시하기도 한다.

## 8.9 옥테트 규칙의 예외

옥테트 규칙에 맞지 않는 구조를 하는 분자나 다원자이온들도 많다. 세 가지 유형의 다음과 같은 예외가 있다. (1) 중심원자가 8개보다 적은 수의 전자를 갖는 분자나 이온 (2) 홀수의 원자가전자를 갖는 분자나 이온 (3) 중심원자가 8개보다 많은 수의 전자를 갖는 분자나 이온

### 8개보다 적은 수의 원자가전자

$BF_3$는 중심의 보론원자 주위에 8개보다 적은 수의 원자가전자를 갖고 있다. 3A족 원

소인 B는 3개의 원자가전자, 7A족 원소인 F는 7개의 원자가전자를 갖고 있으므로 총 24개의 원자가전자가 있다. 루이스구조를 그리면 F원자 주위는 8개의 전자가 있지만 B원자 주위는 6개가 있어 옥테트 규칙을 따르지 않는다.

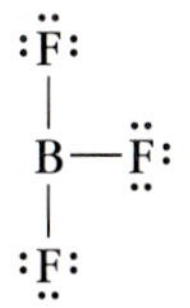

이 구조에서 맨 위쪽 F 원자의 형식전하는 +1이고 B의 형식전하는 −1이 된다. 따라서 왼쪽의 $BF_3$ 구조보다 가능성이 작다.

B원자의 옥테트구조가 만족되지 않기 때문에 $BF_3$는 반응성이 매우 높다. 예를 들어 $BF_3$는 $NH_3$와 바로 반응하여 $H_3NBF_3$ 화합물을 생성한다. $BF_3$와 $NH_3$사이의 결합은 N원자의 고립전자쌍을 사용하여 B원자와 공유결합을 형성하는 것으로 설명할 수 있다. 이 경우 질소원자의 고립전자쌍은 공유되어 B와 N원자 모두에게 옥테트구조를 준다.

한 원자가 공유결합의 전자를 모두 제공하는 경우 배위공유결합이라고 하며 단원15.9에서 더 설명할 것이다.

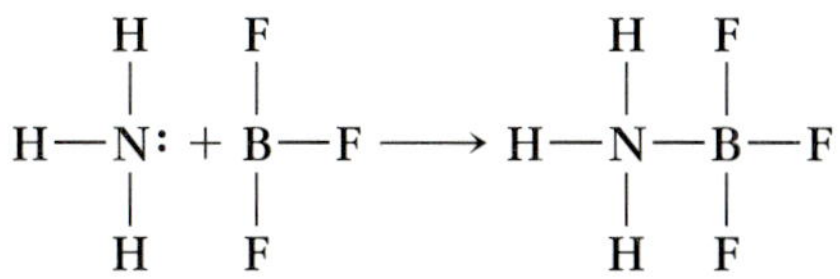

## 홀수의 원자가전자

지금까지 살펴보았던 분자들은 모두 원자가전자를 쌍으로 가지고 있었다. 그러나 몇몇 분자들은 안정하면서도 원자가전자를 홀수로 가지고 있다. 예를 들어 NO는 원자가전자가 11개 이고, $NO_2$는 17개이다. 이 분자들의 그럴듯한 루이스구조는 다음과 같다.

$NO_2$ 는 자유라디칼이지만 $N_2O_4$는 짝짓지 않은 원자가전자가 없으므로 자유라디칼이 아니다.

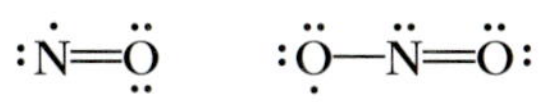

짝짓지 않은 전자를 갖는 원자나 분자들은 **자유라디칼(free radical)**로 알려져 있다. 짝짓지 않은 전자들은 어떻게 반응성에 영향을 주는가? H· 원자나 Cl· 원자와 같은 단순한 자유라디칼들은 매우 반응성이 크고 다른 원자들과 바로 반응하여 $H_2$, $Cl_2$, HCl 등의 분자를 만든다. 그러므로 자유라디칼분자는 모든 전자가 짝을 지어 있는 분자들보다 반응성이 클 것으로 예상된다. 자유라디칼은 다른 자유라디칼과 반응하여 모든 전자가 짝을 이루는 안정한 분자를 생성하거나, 다른 분자와 반응하여 새로운 자유라디칼을 생성한다. 이러한 유형의 반응은 중합고분자나 대기오염물 생성에 주로 나타난다. 기체상태의 NO와 $NO_2$가 자동차의 배기가스로 방출될 때 무색의 NO 기체는 공기 중의 $O_2$와 반응하여 갈색의 $NO_2$를 생성한다. $NO_2$는 햇빛을 받아 NO와 O로 분해되는데 이들은 모두 자유라디칼이다.

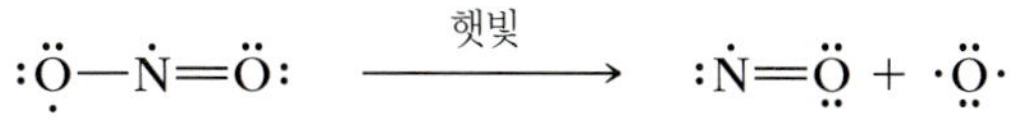

자유라디칼 O는 대기 중의 $O_2$와 반응하여 호흡장애를 일으키는 오염물질 오존($O_3$)을 생성한다. 자유라디칼은 자기들끼리 반응하여 이합체(dimer)를 생성하기도 한다. 한 예로 $NO_2$를 냉각시키면 $N_2O_4$ 이합체가 된다. NO와 $NO_2$는 홀수의 전자를 갖고 있으므로 예상대로 상자기성이다.

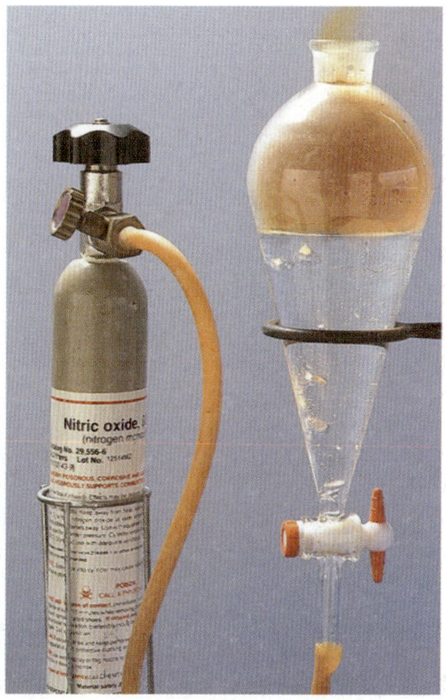



이산화 질소의 생성. 무색의 일산화질소(또는 산화질소)가 산소와 반응하면 적갈색의 $NO_2$가 생성된다.

PF$_3$에서 처럼 3주기 원소들 또한 3s와 3*p* 오비탈만을 사용하여 옥테트 규칙을 만족시킬 수 있다.

## 8개 보다 많은 수의 원자가전자

원자가껍질에 8개보다 많은 수의 전자를 포함하는 확장된 옥테트구조를 갖는 분자나 이온들에서 옥테트 규칙의 예외는 흔히 나타난다. 예를 들어 황과 인은 안정한 분자나 이온을 형성하는데 루이스구조를 보면 주위에 8개보다 많은 수의 원자가전자로 둘러싸여 있다. 확장 옥테트구조는 1주기와 2주기 원소들에는 발견되지 않는다. 옥테트 규칙은 H, C, N, O, F 만을 포함하는 안정한 분자들의 예측에 잘 맞는다.

확장 옥테트구조를 갖는 화합물은 3주기 이상의 원소들에서 발견된다. 3주기 원소인 P와 S는 $PF_5$와 $SF_4$를 생성하지만 이에 상응하는 2주기 원소들에서 $NF_5$나 $OF_4$는 존재하지 않는다. 중심원자로서 P는 옥테트 규칙을 벗어나서 $PF_5$와 $PF_6^-$를 생성한다.

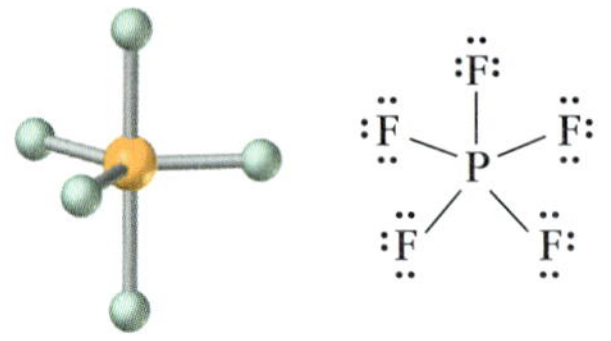

phosphorus pentafluoride

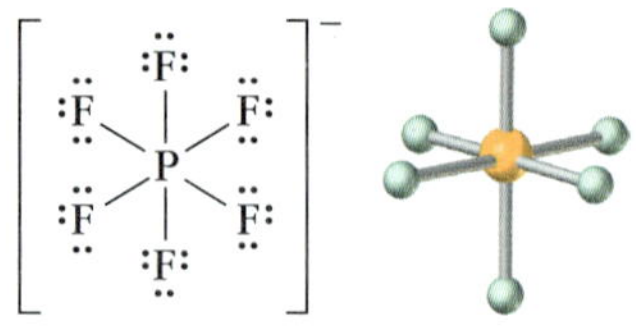

phosphorus hexafluoride ion

**예제 8.8 옥테트 규칙의 예외**

다음의 루이스구조를 쓰시오.

(a) $TeBr_4$ (b) $I_3^-$ (c) $B(OH)_3$

**정답:**

(a)

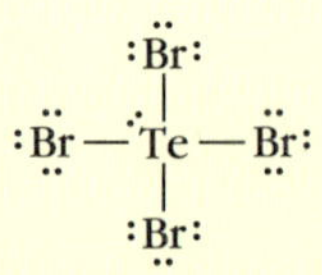

(b)

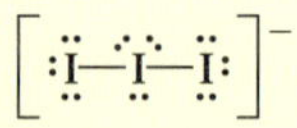

(c)

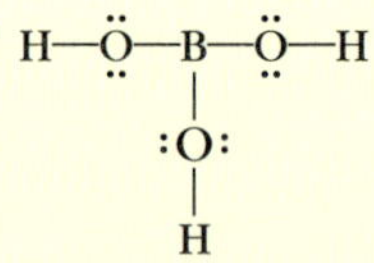

**풀이:**

(a) $TeBr_4$는 34개의 원자가전자를 갖고 있다. 8개는 Te — Br 결합에 사용되고, 24개는 Br 원자의 옥테트를 완성하는데 쓰이고, 나머지 2개는 Te의 고립전자쌍으로 남는다. Te는 모두 10개의 전자를 갖게 된다.

(b) 총 22개의 원자가전자가 있다(아이오딘 원자로 부터 7개, 1− 전하로 부터 1개). I원를 중심으로 2개의 I — I 단일결합 생성하고, 말단 I 원자에 각각 3개의 고립전자쌍을 놓아 옥테트 규칙을 만족시킨다. 나머지 3개의 전자쌍을 중심 I 원자에 놓으면 중심원자는 8개보다 많은 수의 전자를 수용하게 된다.

(c) $B(OH)_3$의 24개의 원자가전자 중 6개는 B — O 결합에 사용되고, 또 다른 6개는 O — H 결합에 사용된다. 산소원자들의 옥테트를 완성하기 위하여 각각의 산소원자에 2개의 고립전자쌍을 배치하면 12개의 전자가 사용된다. 이렇게 되면 보론 원자는 3개의 전자쌍만 포함하게 된다.

**실전예제 8.8**

다음의 루이스구조를 쓰시오. 옥테트 규칙에서 벗어나는 것과 그 이유는?

(a) $BeF_2$ (b) $ClO_2$ (c) $PCl_5$ (d) $BH_2^+$ (e) $IF_7$

표 8.3에 옥테트 규칙에서 벗어나는 중심원자의 분자와 이온들을 나타내고 있다.

**표 8.3** 중심원자 주위에 8개 보다 많은 수의 전자를 갖는 루이스구조의 예

| | 4A 족 | 5A 족 | 6A 족 | 7A 족 | G8A 족 |
|---|---|---|---|---|---|
| 5개의 원자가전자쌍을 갖는 중심원자 | | 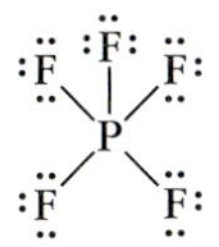 | 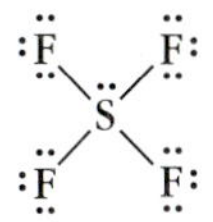 | 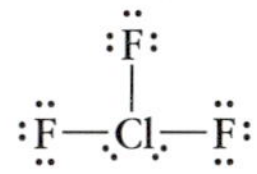 | 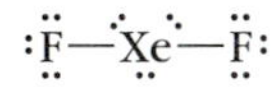 |
| | – | $PF_5$ | $SF_4$ | $ClF_3$ | $XeF_2$ |
| 결합전자쌍 | – | 5 | 4 | 3 | 2 |
| 고립전자쌍 | – | 0 | 1 | 2 | 3 |
| 6개의 원자가전자쌍을 갖는 중심원자 | 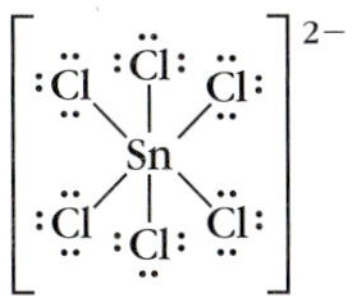 | 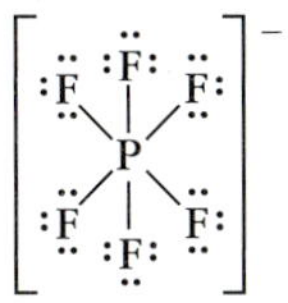 | 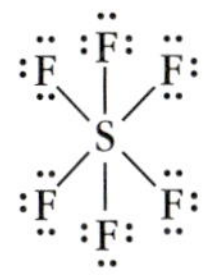 | 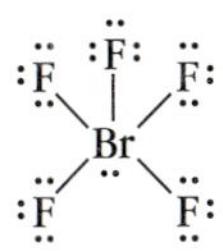 | 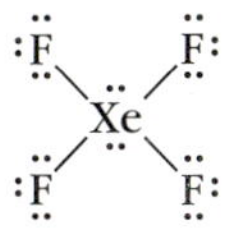 |
| | $SnCl_6^{2-}$ | $PF_6^-$ | $SF_6$ | $BrF_5$ | $XeF_4$ |
| 결합전자쌍 | 6 | 6 | 6 | 5 | 4 |
| 고립전자쌍 | 0 | 0 | 0 | 1 | 2 |

## 8.10 분자오비탈 이론

이 단원의 초반부에서 전자쌍 결합(원자가 이론)을 사용하여 분자의 결합을 설명하였고, 원자오비탈의 겹침으로 공유결합의 안정성을 정성적으로 설명할 수 있었다. $SO_2$에서 처럼 똑 같은 원자배열에 대하여 하나 이상의 루이스구조를 그릴 수 있을 때, 분자의 성질을 설명하기 위하여 공명 개념을 사용하였다.

앞에서 제시되었던 원자가결합 이론의 주요한 약점은 물질의 자기적 성질을 정확하게 예측할 수 없다는 것이다. 중요한 예가 상자기 성질을 갖는 $O_2$이다. $O_2$ 분자가 짝짓지 않은 전자를 가져야 한다는 것이다. $O_2$는 짝수의 원자가전자(12개)를 갖고 있고 옥테트 규칙은 모든 전자들이 짝을 이룬다고 예상한다. 원자가결합 이론에 따르면 $O_2$는 반자성일 것 같으나 실험 결과는 그렇지 않다.

**그림 8.8 액체 산소의 상자기성.** $O_2$의 상자기성 때문에 액체 산소가 자석의 양극 사이에 달라붙는다. 상자기성 물질은 자기장으로 끌린다.

### 분자오비탈

$O_2$나 다른 분자들에 대한 실험과 이론의 차이는 공유결합에 대한 대안 모델로서 분자오비탈(molecular orbital)의 접근 방식으로 해결할 수 있다. 분자오비탈 이론은 결합을 분자 전체에 확장할 수 있는 분자오비탈로 취급하는 것이다. 따라서 분자오비탈은 두 원자에 국한되지 않는다. 분자오비탈(MO)의 접근 방식은 세 가지 기본적인 단계로 이루어진들다.

**단계 1:** 분자 내 모든 원자들의 원자가전자 오비탈을 조합하여 한 분자의 특징적인 새로운 분자오비탈(MO) 세트를 만든다. 생성된 MO의 수는 조합한 원자오비탈의

수와 같다. 예를 들어 2개의 H 원자가 결합하여 $H_2$를 생성할 때, 각각의 수소원자에서 유래한 2개의 s 오비탈은 2개의 분자오비탈을 생성한다. $O_2$에 대해서는 각 산소원자의 원자가껍질에 1개의 s 오비탈과 3개의 *p* 오비탈이 있다. 모두 8개의 원자오비탈은 조합하여 8개의 MO를 만든다.

**단계 2:** MO를 에너지가 증가하는 순으로 정렬한다. 이 단원의 뒷부분에서 2주기 원소에 대한 예를 보게 될 것이다. MOs의 상대적 에너지는 스펙트럼과 자기적 성질을 포함하는 실험으로부터 보통 추론된다.

**단계 3:** 분자의 원자가전자들을 유용한 MO들에 분포시킨다. 원자의 전자배치가 만들어지는 것과 같은 방식으로 가장 낮은 에너지의 분자오비탈을 제일 먼저 채우고 순서대로 다른 오비탈들을 채워나간다. 전자가 채워지면서

(a) 각각의 MO는 2개의 전자를 수용할 수 있다. 분자오비탈의 2개의 전자는 Pauli의 배타원리에 따라 서로 반대의 스핀을 갖는다.

(b) 전자는 유용한 가장 낮은 에너지의 MO에 먼저 채워진다. 전자는 에너지가 낮은 MO가 모두 채워지고 난 후 더 높은 에너지의 MO에 채워진다.

(c) Hund의 규칙을 따른다. 에너지가 같은 2개의 분자오비탈이 존재할 때 2개의 전자는 각 오비탈에 하나씩 들어간다.

## 이원자분자의 분자오비탈

분자오비탈 이론을 설명하기 위하여 주기율표의 처음 2개의 주기에 있는 원소들의 이원자분자에 대하여 이론을 적용해 보자.

**수소와 헬륨(2개의 1s 오비탈의 조합).** 2개의 수소원자(또는 2개의 헬륨원자)가 가까이 접근할 때, 2개의 1*s* 오비탈은 겹쳐지고 결합되어 2개의 MO를 만든다. 한 MO의 에너지는 원자오비탈의 에너지보다 낮고 다른 MO는 높다(그림 8.9). 낮은 에너지 MO에 2개의 전자가 들어가는 분자는 원자들보다 더 낮은 에너지(더 안정한) 상태이다. 에너지가 낮아지는 것은 결합에너지에 해당한다. 이러한 이유로 그림 8.9a의 낮은 에너지 MO를 **결합분자오비탈(bonding molecular orbital)**이라 부른다. 높은 에너지 MO에 전자가 들어가면 분자의 에너지는 원자의 에너지보다 높아진다. 이러한 불안정한 상태는 결합과 반대 상황이고, 높은 에너지 MO를 **반결합분자오비탈(antibonding molecular orbital)**이라 부른다.

같은 에너지를 갖는 두 원자오비탈을 결합하여 만드는 MO에는 원자 오비탈의 에너지보다 높은 MO와 낮은MO가 있다.

MO의 전자밀도를 그림 8.9b에 나타내었다. 결합분자오비탈의 핵사이의 전자밀도는 각 원자오비탈을 합한 것보다 크다. 이것은 핵을 끌어당겨 결합을 생성한다. 반결합오비탈의 핵사이의 전자밀도는 각 원자오비탈의 전자밀도보다도 작다. 핵을 서로 끌어당길 전자가 부족하여 핵은 반발하고 결합은 생성되지 않는다.

전자밀도는 두 MO 모두에서 핵을 연결하는 선을 따라 대칭적이고 이것은 시그마(σ)오비탈을 의미한다. MO 표기에 있어서 1*s* 결합오비탈을 $\sigma_{1s}$로 표시하고 반결합오비탈을 $\sigma^*_{1s}$로 표시한다. 별표는 반결합분자오비탈을 나타낸다.

$H_2$분자에는 2개의 1*s* 전자가 있다. 이 전자들은 $\sigma_{1s}$ 오비탈을 채우고 단일결합

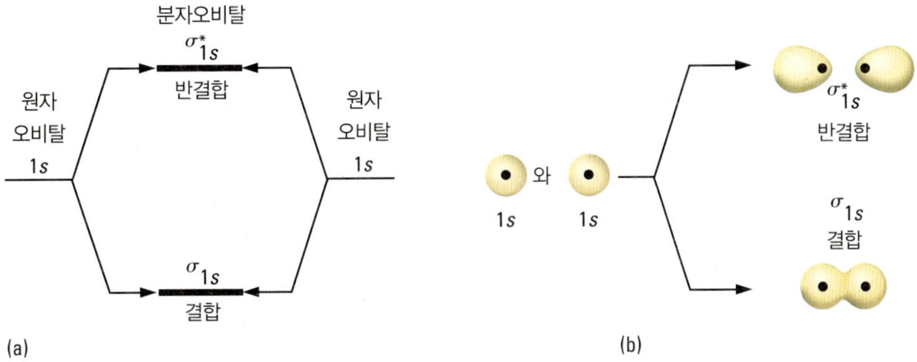


**그림 8.9** **분자오비탈의 생성.** 2개의 1*s* 원자오비탈을 조합하여 2개의 MO를 생성한다. (a) 에너지준위 다이어그램 (b) 오비탈 겹침 다이어그램(검은 점은 원자핵을 나타낸다)

을 형성한다. 만약 $He_2$ 분자가 만들어진다면 4개의 전자가 존재할 것이고 결합오비탈과 반결합오비탈을 모두 채울 것이다. $He_2$에서 1개의 결합과 1개의 반결합은 결합차수(결합의 수)가 0인 결과를 준다. **결합차수(bond order)**는 다음과 같이 계산된다.

$$\text{결합차수} = \text{결합의 수} = \frac{n_B - n_A}{2}$$

여기서 $n_B$는 결합 분자오비탈의 전자의 수이고 $n_A$는 반결합 분자오비탈의 전자의 수이다. 2로 나누는 것은 1개의 결합에 2개의 전자가 필요함을 의미한다. $H_2$에서 $n_B = 2$, $n_A = 0$ 이므로 1개의 결합이 만들어진다. $He_2$에서 $n_B = n_A = 2$ 이므로 결합의 수는 0이다. MO 이론은 $He_2$ 분자가 존재하지 않는다고 예측하며 실제로 그러하다.

**2주기 원소(2*s*와 2*p* 오비탈의 조합)** 2주기 원소로부터 잘 알려진 $N_2$, $O_2$, $F_2$의 이원자 분자들이 생성된다. 덜 알려졌지만 기체 상태로 관측된 $Li_2$, $B_2$, $C_2$ 분자가 있다. $Be_2$와 $Ne_2$ 분자는 매우 불안정하거나 존재하지 않는다. MO 이론이 2주기 이원자분자들의 안정성에 대하여 어떻게 예측하는지를 보기위하여 2*s*와 2*p* 원자가전자 오비탈을 고려해보자.

각 원자에서 유래한 2개의 2s 오비탈을 조합하면 2개의 분자오비탈을 생성한다. 이들은 그림 8.9에 보인 것과 매우 유사하고 $\sigma_{2s}$ (결합)와 $\sigma^*_{2s}$ (반결합)로 표시한다.

원자에서는 3개의 2*p* 오비탈이 서로 직각으로 놓여 있다. 이 원자오비탈을 $p_x$, $p_y$, $p_z$ 로 부른다(그림 8.10a). 두 원자가 *x*축을 따라 접근한다고 가정하자. 두 $p_x$ 오비탈은 머리끼리 서로 겹쳐지고 두 핵을 연결하는 선 주위에 대칭인 2개의 오비탈을 생성한다(그림 8.10b). 즉 결합오비탈 $\sigma_{2p}$ 와 반결합오비탈 $\sigma^*_{2s}$ 를 생성한다.

핵간 축을 따라 바라보면, π 분자오비탈은 *p* 원자오비탈 처럼 보인다.

$p_z$ 오비탈이 겹쳐질 때는 사정이 다르다. 왜냐하면 서로 나란히 놓여 있기 때문에 $p_z$ 오비탈끼리는 옆면으로 겹쳐진다(그림 8.10c). 이 경우 생성되는 2개의 MO는 파이(π)오비탈이다. 하나는 결합 MO, $\pi_{2p}$ 이고 다른 하나는 반결합 MO, $\pi^*{}_p$ 이다. 마찬가지로 그림에는 나타내지 않았지만 $p_y$ 오비탈들도 또 다른 한 쌍의 MO($\pi_{2p}$와 $\pi^*_{2p}$)를 생성한다.

2주기 원자들로부터 만들어지는 이원자분자의 원자가전자가 점유하는 MO의 상대적 에너지를 그림 8.11에 나타내었다. 이원자분자의 MO 구조를 얻기 위하여 MOs 들의 에너지가 증가하는 순서대로 전자를 채운다. 이러한 에너지 순서는 $Li_2$에서 $N_2$까지 적용되나 $O_2$와 $F_2$에서는 $\sigma_{2p}$의 에너지가 $\pi_{2p}$의 에너지 보다 낮아진다. 그러나 $\sigma_{2p}$와 $\pi_{2p}$가 모두 채워지기 때문에 오비탈 에너지 순서는 $O_2$와 $F_2$의 MO 구조에 영향을 주지는 않는다. 그 결과를 표 8.4에 나타내었다. MO 이론은 각 분자들에서 짝짓지 않은 전자의 수와 결합을 정확하게 예측하고 있음을 주목하라.

예측된 결합차수와 실험적인 결합에너지 사이의 일반적인 상관관계가 존재한다. $C_2$와 $O_2$의 결합차수가 2(이중결합)인 것은 결합차수가 1인 $Li_2$, $B_2$, $F_2$의 단일결합보다 강함을 의미한다. $N_2$의 결합차수가 3(삼중결합)인 것은 더 강한 결합을 의미한다. MO이론의 주요한 성공은 $O_2$의 성질을 설명할 수 있다는 것이다. 2의 결합차수와 $\pi^*_{2p}$ 오비탈에 2개의 짝짓지 않은 전자의 존재는, 이 분자가 어떻게 이중결합을 하고 동시에 상자기성을 보이는지를 잘 설명해준다.

분자오비탈 이론은 NO와 같은 서로 다른 원자를 포함하는 이원자분자에도 역시 적용될 수 있다. 이 분자는 11개의 원자가전자를 갖는다(N의 5개, O의 6개). 이 11개의 원자가전자는 분자오비탈 다이어그램의 에너지 순서에 따라 오비탈을 채운다.

|  | $\sigma_{2s}$ | $\sigma^*_{2s}$ | $\pi_{2p}$ | $\pi_{2p}$ | $\sigma_{2p}$ | $\pi^*_{2p}$ | $\pi^*_{2p}$ | $\sigma^*_{2p}$ |
|---|---|---|---|---|---|---|---|---|
| NO | (↑↓) | (↑↓) | (↑↓) | (↑↓) | (↑↓) | (↑) | ( ) | ( ) |

결합오비탈에 8개의 전자가 있고 반결합오비탈에 3개의 전자가 있으며 짝짓지 않은 전자가 $\pi^*_{2p}$ 오비탈에 1개 채워진다. 결합차수는 $\dfrac{8-3}{2} = \dfrac{5}{2} = 2.5$ 이다.

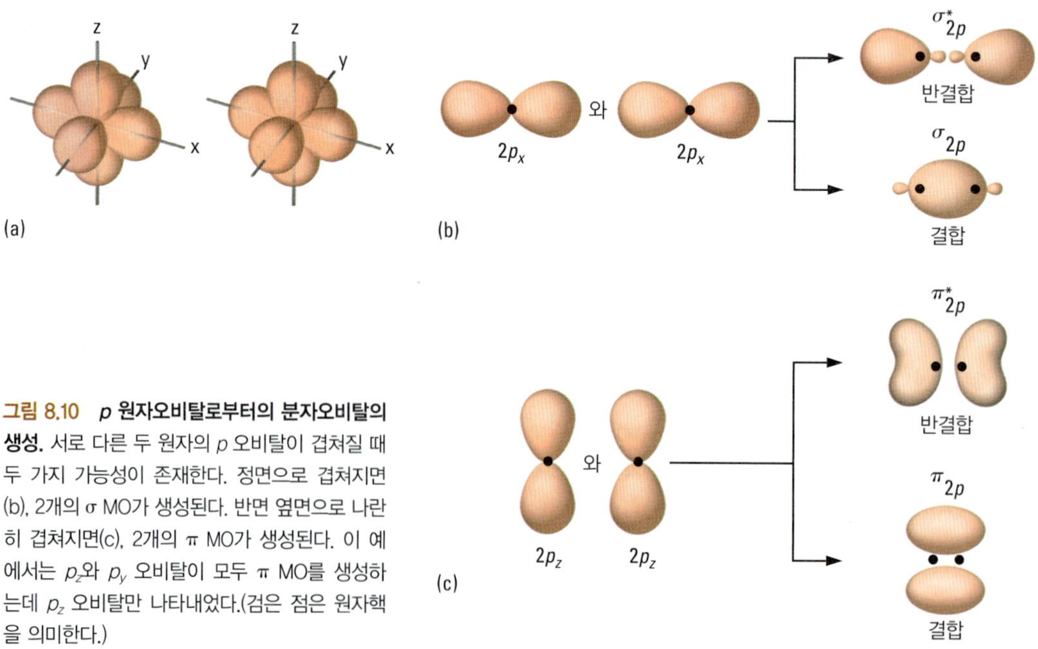


**그림 8.10 *p* 원자오비탈로부터의 분자오비탈의 생성.** 서로 다른 두 원자의 *p* 오비탈이 겹쳐질 때 두 가지 가능성이 존재한다. 정면으로 겹쳐지면(b), 2개의 σ MO가 생성된다. 반면 옆면으로 나란히 겹쳐지면(c), 2개의 π MO가 생성된다. 이 예에서는 $p_z$와 $p_y$ 오비탈이 모두 π MO를 생성하는데 $p_z$ 오비탈만 나타내었다.(검은 점은 원자핵을 의미한다.)

**표 8.4** 2주기 원소의 이원자분자들에 대한 이론으로 예측되는 성질과 실제 관측된 성질

| | 오비탈의 전자점유 | | | | | | | |
|---|---|---|---|---|---|---|---|---|
| | $\sigma_{2s}$ | $\sigma^*_{2p}$ | $\pi_{2p}$ | $\pi_{2p}$ | $\sigma_{2p}$ | $\pi^*_{2p}$ | $\pi^*_{2p}$ | $\sigma^*_{2p}$ |
| $Li_2$ | (↑↓) | (  ) | (  ) | (  ) | (  ) | (  ) | (  ) | (  ) |
| $Be_2$ | (↑↓) | (↑↓) | (  ) | (  ) | (  ) | (  ) | (  ) | (  ) |
| $B_2$ | (↑↓) | (↑↓) | (↑↓) | (  ) | (  ) | (  ) | (  ) | (  ) |
| $C_2$ | (↑↓) | (↑↓) | (↑↓) | (↑↓) | (  ) | (  ) | (  ) | (  ) |
| $N_2$ | (↑↓) | (↑↓) | (↑↓) | (↑↓) | (↑↓) | (  ) | (  ) | (  ) |
| $O_2$ | (↑↓) | (↑↓) | (↑↓) | (↑↓) | (↑↓) | (↑ ) | (↑ ) | (  ) |
| $F_2$ | (↑↓) | (↑↓) | (↑↓) | (↑↓) | (↑↓) | (↑↓) | (↑↓) | (  ) |
| $Ne_2$ | (↑↓) | (↑↓) | (↑↓) | (↑↓) | (↑↓) | (↑↓) | (↑↓) | (↑↓) |

| | 예측된 성질 | | 관측된 성질 | |
|---|---|---|---|---|
| | 짝짓지 않은 전자 수 | 결합차수 | 짝짓지 않은 전자 수 | 결합에너지 (kJ/mol) |
| $Li_2$ | 0 | 1 | 0 | 105 |
| $Be_2$ | 0 | 0 | 0 | 불안정 |
| $B_2$ | 2 | 1 | 2 | 289 |
| $C_2$ | 0 | 2 | 0 | 598 |
| $N_2$ | 0 | 3 | 0 | 946 |
| $O_2$ | 2 | 2 | 2 | 498 |
| $F_2$ | 0 | 1 | 0 | 158 |
| $Ne_2$ | 0 | 0 | 0 | 존재하지 않음 |

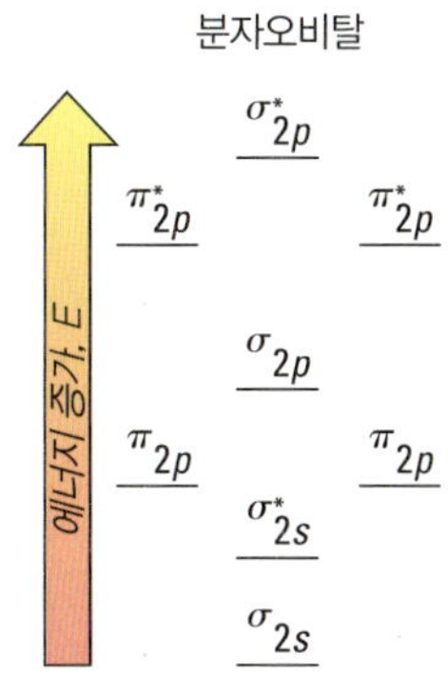


**그림 8.11 분자오비탈을 채우는 상대적 순서.** 2*s*와 2*p* 원자오비탈의 조합에 의해서 만들어지는 분자오비탈의 에너지는 다이어그램의 밑에서 위로 갈수록 증가한다.

**예제 8.9 과산화이온의 전자구조**

MO 이론을 사용하여 과산화이온 $O_2^{2-}$에서 결합차수와 짝짓지 않은 전자수를 예측하시오.

**정답:** 결합차수 = 1, 짝짓지 않은 전자는 없다.

**풀이:** 우선 원자가전자의 수를 알아낸다. 그 다음 오비탈 다이어그램을 구성하고 에너지가 증가하는 순으로 MO를 채운다(그림 8.11).

산소원자는 주기율표의 6A 족에 속하므로 6개의 원자가전자를 갖는다. 따라서 과산화이온의 원자가전자의 총 수는 2 × 6 + 2 = 14이다. 분자오비탈 다이어그램은

| | $\sigma_{2s}$ | $\sigma^*_{2s}$ | $\pi_{2p}$ | $\pi_{2p}$ | $\sigma_{2p}$ | $\pi^*_{2p}$ | $\pi^*_{2p}$ | $\sigma^*_{2p}$ |
|---|---|---|---|---|---|---|---|---|
| $O_2^{2-}$ | (↑↓) | (↑↓) | (↑↓) | (↑↓) | (↑↓) | (↑↓) | (↑↓) | (  ) |

결합차수는 (8 − 6)/2 = 1이다. 짝짓지 않은 전자는 없다. 이러한 결과는 과산화이온의 루이스구조와도 일치한다.

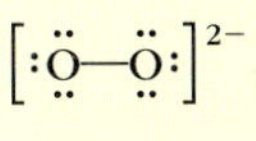

**실전예제 8.9**

MO 이론을 사용하여 초과산화이온 $O_2^-$에서 결합차수와 짝짓지 않은 전자수를 예측하시오.

### 다원자분자: 비편재 π 전자

2개보다 많은 원자를 포함하는 분자에서의 결합도 MO로 설명할 수 있다. 이러한 분자의 에너지 준위 구조는 이원자분자보다 훨씬 더 복잡하여 여기서는 다루지 않을 것이다. 그러나 한 가지는 언급할 필요가 있다. 다원자분자에서 MO는 두 결합원자 사이에 국한되는 것이 아니라 전체 분자에 퍼져있다.

질산이온($NO_3^-$)은 실험으로부터 3개의 동일한 N—O결합을 갖는 평면삼각형임이 알려져 있다. 그러나 하나의 루이스구조만으로는 3개의 동등한 N−O결합을 예측하지 못한다.

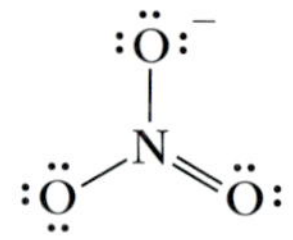

루이스구조는 3개의 N—O결합이 동일함을 설명하기 위하여 3개의 공명 구조를 제시한다. 각 구조에서 N과 O사이에 이중결합이 하나 있다. 반면에 MO 이론은 분자오비탈에 있는 pi 전자쌍은 비편재되어 이온의 모든 원자들에 의해 공유된다. 즉 이 전자쌍은 3개의 산소원자들 사이에 똑같이 공유된다. MO 이론에 따르면 이 장에서 다루는 모든 공명 혼성에 비슷한 해석이 적용된다.

## 문제

### 루이스구조

1. 다음 분자 또는 이온들의 루이스구조를 쓰시오.
   (a) ClF (b) $H_2Se$
   (c) $BF_4^-$ (d) $PO_4^{3-}$
2. 다음 분자 또는 이온들의 루이스구조를 쓰시오.
   (a) $CH_3Cl$ (b) $SiO_4^{4-}$
   (c) $ClF_4^+$ (d) $C_2H_6$
3. 다음 분자들의 루이스구조를 쓰시오.
   (a) 테플론의 원료인 테트라플루오로에틸렌, $C_2F_4$
   (b) 올론의 원료인 아크릴로니트릴, $CH_2CHCN$
4. 다음 중 루이스구조를 바르게 나타낸 것은? 틀린 구조에 대해서는 무엇이 잘못되었는지 설명하시오.
   (a) F:Ö:F  $OF_2$
   (b) :O≡O:  $O_2$
   (c) H:C̤̈:H:C̤̈l:  $CH_3Cl$
   (d) 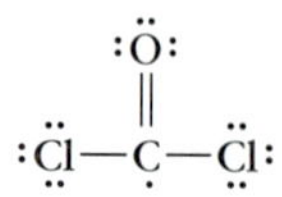 $CCl_2O$
   (e) [:Ö—N=Ö:]⁻  $NO_2^-$
5. 분자식이 $C_6H_{14}$로 주어지는 화합물에서 가지 사슬 화합물의 구조식을 모두 쓰시오.
6. 분자식으로부터 다음의 곧은 사슬 탄화수소를 알칸, 알켄 및 알킨으로 분류하시오.
   (a) $C_5H_8$ (b) $C_{24}H_{50}$ (c) $C_7H_{14}$
7. 다음 분자들에서 *cis* 와 *trans* 이성질체가 존재하는지, 존재한다면 두 이성질체의 구조식을 쓰고 *cis* 또는 *trans*인지를 확인하시오.
   (a) $Br_2CH_2$
   (b) $CH_3CH_2CH{=}CHCH_2CH_3$
   (c) $CH_3CH{=}CHCH_3$
   (d) $CH_2{=}CHCH_2CH_3$
8. 옥살산의 구조식은 다음과 같다. 이 분자의 *cis*−*trans* 이성질화가 가능한지 설명하시오.

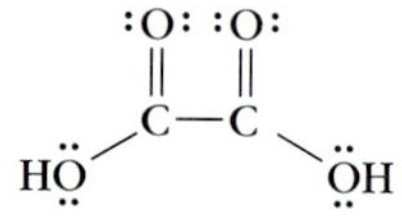

### 결합의 성질

9. 다음 각 쌍의 결합 중 어느 결합이 더 짧은가?
   (a) B—Cl과 Ga—Cl

(b) C—O와 Sn—O

(c) P—S와 P—O

(d) 아크롤레인($CH_2=CH—CHO$)에서
C=C와 C=O

**10.** 포름알데히드($H_2CO$)와 일산화탄소(CO)의 C—O 결합에 대하여 어느 쪽이 더 짧은가?

**11.** 포름산염이온($HCO_2^-$)과 탄산이온($CO_3^{2-}$)의 C—O 결합을 비교하시오. 어느 쪽이 더 긴지 간략하게 설명하시오.

## 결합에너지와 엔탈피 변화

**12.** 질소분자와 수소분자로부터 2mol 의 암모니아를 생성하는 반응의 $\Delta H°$를 계산하시오. 이 반응은 흡열인가 발열인가?

## 전기음성도와 결합의 극성

**13.** C—N, C—H, C—Br 및 S—O 결합에 대하여

(a) 각 결합에서 전기음성도가 더 큰 원자는?

(b) 극성이 가장 강한 결합은?

## 형식전하

**14.** 올바른 루이스구조를 예측하고 각 원자에 형식전하를 부여하시오.

(a) $SO_3$

(b) $C_2N_2$ (NC—CN)

(c) $NO_2^-$

**15.** 올바른 루이스구조를 예측하고 각 원자에 형식전하를 부여하시오.

(a) $CH_3CHO$ (b) $N_3^-$

(c) $SO_2Cl_2$

## 공명

**16.** 다음은 2개 이상의 공명구조를 갖는다. 공명구조를 모두 그리시오.

(a) 질산

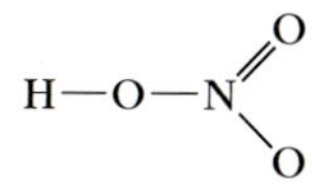


(b) 질산이온, $NO_3^-$

**17.** 과브롬산 이온, $BrO_4^-$에 대하여 여러 개의 루이스구조를 쓸 수 있다. 이들 가능한 공명 형태의 루이스구조를 그리고 형식전하를 사용하여 가장 안정한 공명구조를 예측하시오.

## 옥테트 규칙의 예외

**18.** 다음의 분자 또는 이온에 대하여 루이스구조를 쓰시오.

(a) $BrF_5$ (b) $IF_5$ (c) $IBr_2^-$

# 9장

# 분자 구조

9.1 분자 모델의 사용
9.2 분자 모양의 예측: VSEPR
9.3 분자 모양과 일치하는 오비탈: 혼성화
9.4 다중결합을 갖는 분자들의 혼성화
9.5 분자 극성
9.6 분자간 비공유 상호작용과 힘

주목나무 껍질에는 아주 효과적 항암제인 paclitaxel 성분이 들어 있다. 공-막대 모형을 사용하여 이 분자의 일부 구조를 보여주고 있다. 분자 구조에 대한 구체적인 연구로부터 과학자들은 이 물질의 항암효과에 대한 메커니즘을 규명할 수 있었다. 이 장에서는 원자껍질 전자쌍 반발(VSEPR)모델을 사용하여 분자의 구조에 대하여 설명하고 있다.

비록 물질의 조성, 실험식, 분자식, 루이스구조 등은 중요한 정보를 제공하지만, 대부분의 분자화합물의 성질을 예측하거나 설명하는데 충분하지 않다. 원자의 배열이나 3차원 구조 등 분자의 형태도 또한 중요하다. 같은 종류의 원자를 같은 수만큼 갖고 있는 분자라고 해도 원자들이 결합된 순서가 다르면 분자는 서로 다른 성질을 갖는다. 예를 들어 에탄올과 디메틸에테르(냉각제)의 분자식은 $C_2H_6O$로 서로 같다. 그러나 두 화합물의 C,

상온(약 21 °C)에서 디메틸에테르는 기체이고 에탄올은 액체이다.

| | 에탄올 | 디메틸 에테르 |
|---|---|---|
| 녹는점 °C | −114.1 | −141.5 |
| 끓는점 °C | 78.3 | −24.8 |

H, O 원자들은 서로 다르게 배열되어 있어서 녹는점은 서로 27°C 차이가 나고 끓는점은 103°C나 차이가 난다.

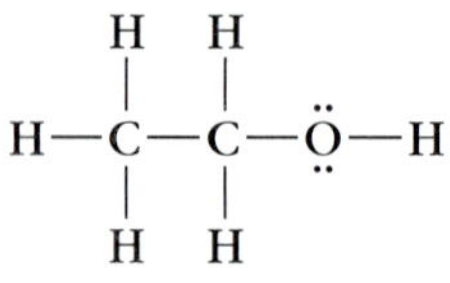

ethanol

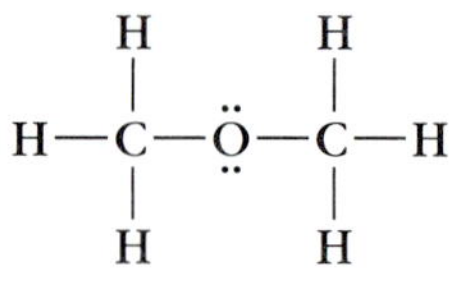

dimethyl ether

이 장에서 제시된 분자 모양에 관한 아이디어는 분자의 구조와 분자의 성질 사이의 관계, 생체 내에서 분자의 행동과 관련된 성질, 효과적인 신약의 설계 및 현대 화학의 많은 분야들을 이해하는데 필수적이다.

## 9.1 분자 모델의 사용

**Francis H. C. Crick과 James Watson은** 영국 캠브리지 Cavendish 연구소에서 X−선 자료에 기초하여 DNA의 이중나선구조를 밝혀내었다. 그들은 원자들 사이의 거리와 각도로부터 마치 3차원 퍼즐을 풀듯이 DNA 구조를 알아내었고 그 공로로 1962년 Maurice Wilkins와 함께 노벨상을 수상하였다.

분자는 원자들의 3차원 집합체로서 눈으로 확인하기에는 너무 작다. 3차원 분자구조를 이해할 수 있는 방법은 분자 모델을 사용하는 것이다. 이러한 모델 사용이 과학 발전에 큰 영향을 미친 가장 훌륭한 예는 아마 Watson과 Crick이 사용했던 DNA 이중나선 모델이다. 이것은 인간 유전과 유전병을 이해하는데 대변혁을 가져왔다.

Watson과 Crick의 DNA 모델은 아래 그림의 물 분자와 마찬가지로 원자들을 조합한 실제 분자 모델이었다. 공−막대(ball−and−stick) 모델은 원자를 공, 결합을 짧은 막대를 사용하여 나타낸다. 아래 그림에 있는 물 분자의 예를 보면 산소를 나타내는 붉은 공과 수소를 나타내는 2개의 흰 공이 막대로 연결되어 있다. 공간채움(space−filling) 모델에서는 원자의 실제 크기에 따라 원자모델을 만들어 연결하는데, 원자를 조합하면 원자들 사이의 공간은 눈에 보이지 않는다. 이 모델은 원자가 차지하는 실제 공간을 더 잘 나타낸다.

이 책에서는 분자 모델에 대하여 컴퓨터로 생성한 그림들을 많이 사용할 것이다. 이러한 그림을 생성하는 컴퓨터 프로그램들은 원자반지름, 결합길이, 결합각에 대한 정확한 실험 자료들에 의존한다.

종이 평면에 분자의 3차원 구조를 전달하기 위하여 투시화법을 사용한다. 종이 평면 위로 튀어나온 결합은 진한 쐐기(▶), 종이 평면 뒤로 들어간 결합은 점선 쐐기(┅), 종이 평면상에 있는 결합은 실선(—)을 사용하여 나타낼 수 있다. 정사면체 분자인 메테인을 투시화법으로 나타내면

그림 9.1에서 에테인을 예로 든 것처럼 컴퓨터를 이용하면 분자의 구조를 그리

Photos: © Cengage Learning/ Charles D. Winters

공−막대모형

공간채움모형

실제 분자 모델

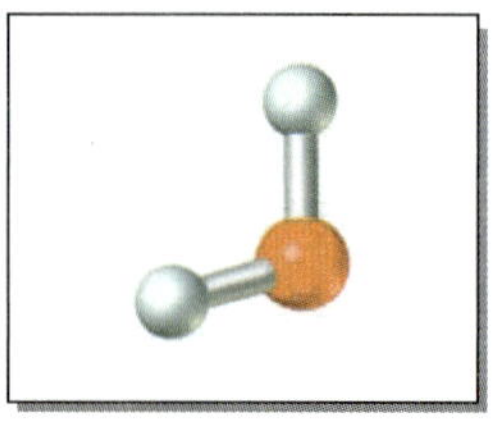

공−막대모형

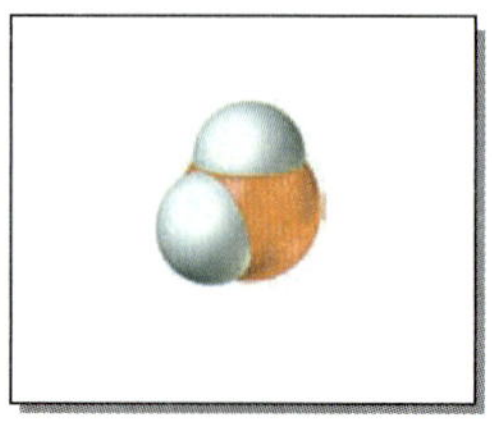

공간채움모형

컴퓨터 크래픽으로 생성한 분자 모델

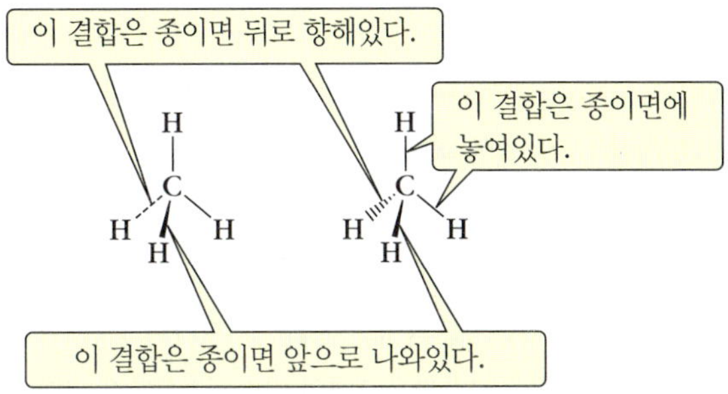


고, 어떤 각도에서도 볼 수 있도록 회전시킬 수 있다. 컴퓨터 그래픽의 발전으로 매우 복잡한 분자도 과학적으로 정확하게 그려낼 수 있고 분자간 상호작용도 연구할 수 있다. 그림 9.2는 혈액 내에서 산소를 운반하는 중요한 단백질인 헤모글로빈을 컴퓨터로 생성한 모델이다. 이 중요한 단백질은 붉은 리본 형태로 나타낸 것처럼 두 겹의 원자 사슬 쌍으로 구성된다. 헤모글로빈 분자에서 산소는 $Fe^{2+}$(노란색으로 나타낸) 이온과 녹색의 4군데에서 결합한다. 컴퓨터 그래픽은 생성된 분자 모델을 회전시켜 다른 방향에서 볼 수 있게 해준다.

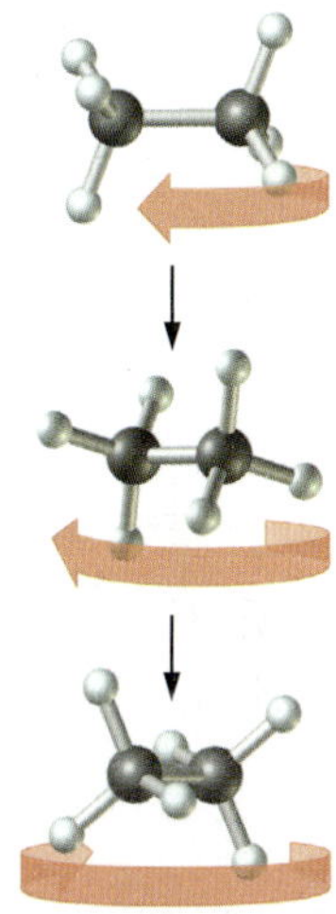

**그림 9.1 C—C 결합에 수직한 축을 중심으로 한 에테인 분자의 회전.**

## 9.2 분자 모양의 예측: VSEPR

분자의 모양은 분자의 반응성이나 기능에 매우 중요하기 때문에, 분자나 다원자 이온의 구조를 예측하는 간단하고 신뢰할만한 방법을 아는 것이 필수적이다. **원자가껍질 전자쌍 반발(VSEPR) 모델**이 그러한 방법이다. VSEPR 모델은 결합전자쌍과 고립전자쌍 사이의 반발처럼 전자밀도 영역 사이에 반발이 일어난다는 아이디어에 기초한다. 이러한 반발은 중심원자와 주위원자들 사이의 결합각을 결정한다.

전자쌍 사이의 반발이 어떻게 분자모양에 영향을 주는가? 같은 공간을 차지하지 못하게 하는 전자쌍의 반발력을 풍선으로 표시할 수 있다고 가정하자. 2개 이상의 풍선을 한 점에 묶는다면 풍선 다발은 그림 9.3의 형태를 만들 것이다. 가운데 점은 중심원자의 핵과 핵심부 전자를 표시한 것이고 각각의 풍선은 전자쌍을 나타낸다. 풍선의 배열은 그들 사이의 상호작용, 즉 전자쌍 사이의 반발이 최소가 되는 배열이다.

반발을 최소화하기 위하여 전자쌍들은 가능한 서로 멀리 떨어지는 배열을 한다. 전자들은 핵의 인력으로 핵 근처로 끌리며 전자쌍 반발이 최소가 되는 모양은 바로 풍선의 예처럼 **VSEPR** 모델이 예측하는 모양과 같다(그림 9.3).

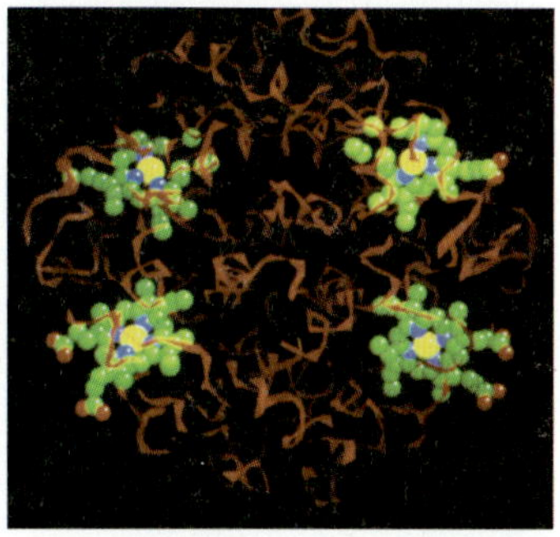

© Chemical Design/Photo Researchers, Inc.

**그림 9.2 헤모글로빈, 사람에 필수적인 단백질.** 노란색으로 표시한 $Fe^{2+}$ 이온은 녹색으로 표시한 헴(헤모글로빈의 색소성분) 중심에 있다.

Photos: © Cengage Learning/ Charles D. Winters

선형 | 삼각 평면 | 정사면체 | 삼각이중 피라미드 | 정팔면체

**그림 9.3 VSEPR 모델로 예측되는 풍선 배열의 기하구조.** 풍선들은 가능한 서로 멀리 떨어져 위치한다.

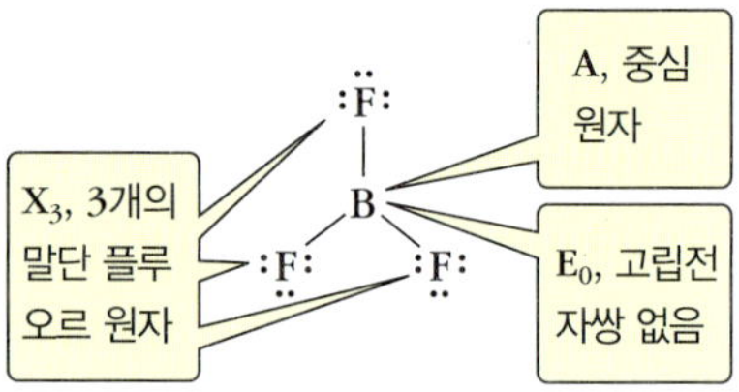


$BF_3$에 대한 $AX_3E_0$ 표기 방식의 사용.

## 결합 전자쌍만 갖는 중심원자

VSEPR의 가장 간단한 적용은 중심원자가 공유 전자쌍만 갖고 있으며 말단원자들과 단일 결합을 하는 분자나 다원자이온들에 적용하는 것이다. 이 경우 중심원자는 고립전자쌍을 갖고 있지 않다. 이것을 AXE 의 표기방식을 사용하여 요약할 수 있다. A(중심원자)는 $X_n$(말단원자)과 결합한다. $E_m$은 중심원자에 있는 고립전자쌍의 수를 나타낸다. 고립전자쌍이 없을 때는 $E_0$이 된다. 예를 들어 $AX_3E_0$ 의 표기는 $BF_3$에서처럼 중심원자(A)에는 고립전자쌍이 없으며($E_0$) 중심원자의 공유전자쌍은 3개의 말단원자($X_3$)와 결합되어 있다. $AX_2E_0$ ~ $AX_6E_0$ 형태의 분자에 대하여 VSEPR 모델이 예측하는 구조를 그림 9.4에 예시하였다.

그림에는 전자쌍 기하구조와 분자 기하구조의 두 종류의 구조를 제시하였다. 분자나 다원자이온에서 **전자쌍구조**는 중심원자 주위의 전자쌍 개수에 의해 결정된다. 반면 **분자구조**는 중심원자 주위의 원자(핵과 내부전자) 배열을 나타낸다. 중심원자가 고립전자쌍을 갖지 않는 분자나 다원자이온의 경우 전자쌍구조와 분자구조는 서로 같다. 중심원자가 고립전자쌍을 갖고 있으면, 전자쌍구조와 분자구조는 서로 같지 않다. 그림 9.4에서처럼 **결합각(bond angle)**은 한 원자에 결합된 다른 두 원자 사이의 각이다. 예를 들면 메테인($CH_4$)분자에서 모든 H−C−H 결합각은 109.5°이다.

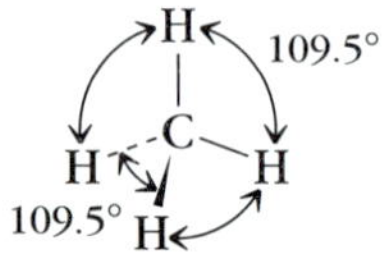


methane ($CH_4$)

주기율표의 2주기에 속하는 중심원자는 너무 작아 4개 보다 많은 원자와 결합하지 않는다.

선형이나 평면 삼각형 구조에서는 각각 중심원자에 8개보다 적은 2개, 3개의 결합전자쌍이 있다. 사면체 분자는 4개의 결합 전자쌍으로 인해 중심원자는 옥테트 구조를 충족시킨다. 삼각이중피라미드나 정팔면체 구조에서는 각각 중심원자에 8개보다 많은 5개, 6개의 결합전자쌍이 있다. 삼각이중피라미드나 정팔면체 구조는 중심원자가 3주기 이상의 원소일 때만 예상된다. 그림 9.4에 나타낸 구조들은 중심원자에 고립전자쌍이 없는 분자나 다원자이온들에서 일반적으로 볼 수 있는 구조이다.

$SiCl_4$의 모양을 예측하기 위하여 VSEPR 모델을 적용해보자. 우선 Si를 중심원자로 하여 루이스구조를 그린다. 루이스구조로부터 말단원자 Cl에서 중심원자로 4개의 결합전자쌍이 있고 4개의 단일결합이 만들어진다. Si에는 고립전자쌍이 없다. 이 경우 A는 Si, X는 Cl, $X_4$는 A에 결합하는 4개의 Cl 원자를 의미한다. $E_0$는 중심원자 A(Si)에 고립전자쌍이 없음을 의미한다. 정사면체의 전자쌍 구조와 정사면체의 분자구조를 예측할

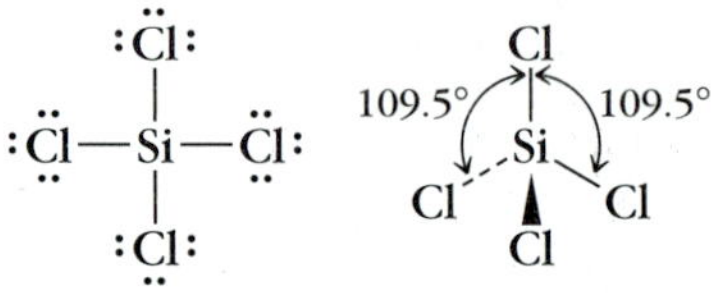


| 분자 모델 | 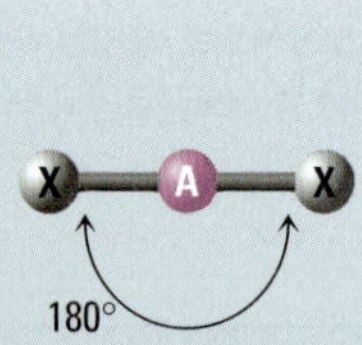  | 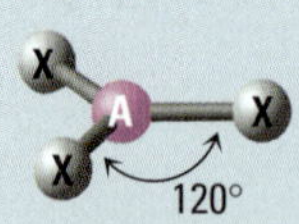  | 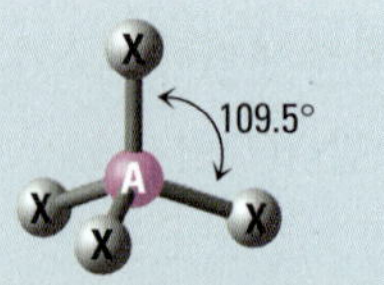  | 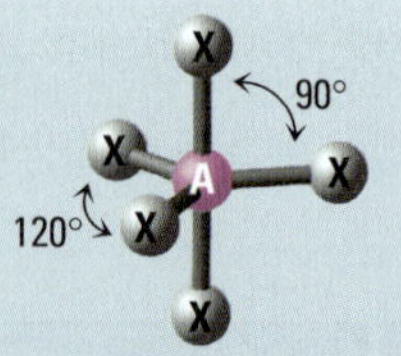  | 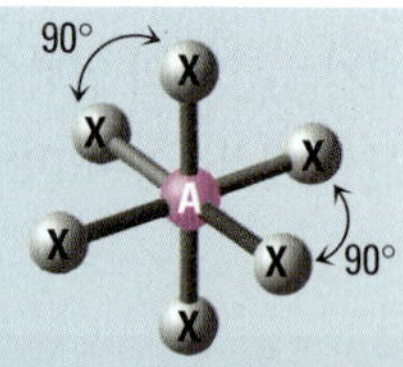  |
|---|---|---|---|---|---|
| 유형 | $AX_2E_0$ | $AX_3E_0$ | $AX_4E_0$ | $AX_5E_0$ | $AX_6E_0$ |
| 전자쌍 기하구조 | 선형 | 삼각평면 | 정사면체 | 삼각 이중피라미드 | 정팔면체 |
| 분자 기하구조 | 선형 | 삼각평면 | 정사면체 | 삼각 이중피라미드 | 정팔면체 |
| 예 | $BeF_2$ | $BF_3$ | $CH_4$ | $PCl_5$ | $SF_6$ |

**그림 9.4** 중심원자에 고립전자쌍이 없으며 단일결합만 포함하는 $AX_3E_0$ ~ $AX_6E_0$ 형태의 분자들에 대한 VSEPR 모델이 예측하는 구조

표 9.1 VSEPR 모델로 예측한 전자쌍 기하구조와 분자구조의 예

| 유형(X = 중심원자 A에 결합된 원자들; E = 중심원자의 고립 전자쌍) | X원자의 수 | 중심원자의 고립전자쌍수 | 전자쌍 기하구조 | 분자 기하구조 | 예 |
|---|---|---|---|---|---|
| $AX_2E_0$ | 2 | 0 | 선형 | 선형 | $CO_2$, $BeCl_2$ |
| $AX_2E_1$ | 2 | 1 | 삼각평면 | 굽은형 | $SnCl_2$ |
| $AX_2E_2$ | 2 | 2 | 정사면체 | 굽은형 | $H_2O$, $OCl_2$ |
| $AX_2E_3$ | 2 | 3 | 삼각이중피라미드 | 선형 | $XeF_2$ |
| $AX_3E_0$ | 3 | 0 | 삼각평면 | 삼각평면 | $BCl_3$, $CO_3^{2-}$ |
| $AX_3E_1$ | 3 | 1 | 정사면체 | 삼각피라미드 | $NCl_3$ |
| $AX_3E_2$ | 3 | 2 | 삼각이중피라미드 | T-형 | $ClF_3$ |
| $AX_4E_0$ | 4 | 0 | 정사면체 | 정사면체 | $CH_4$, $SiCl_4$ |
| $AX_4E_1$ | 4 | 1 | 삼각이중피라미드 | 시소 | $SF_4$ |
| $AX_4E_2$ | 4 | 2 | 정팔면체 | 사각평면 | $XeF_4$ |
| $AX_5E_0$ | 5 | 0 | 삼각이중피라미드 | 삼각이중피라미드 | $PF_5$ |
| $AX_5E_1$ | 5 | 1 | 정팔면체 | 사각피라미드 | $BrF_5$ |
| $AX_6E_0$ | 6 | 0 | 정팔면체 | 정팔면체 | $SF_6$ |

수 있다. 이것은 $SiCl_4$의 실제 구조와 일치하고 모든 Cl−C−Cl 결합각은 109.5° 이다.

**예제 9.1 분자의 기하구조**

VSEPR 모델을 사용하여 전자쌍 기하구조, 분자 기하구조, 결합각을 예측하시오.

(a) $BF_3$ (b) $CBr_4$

**정답**

(a) 전자쌍 기하구조와 분자 기하구조는 모두 평면삼각형, 결합각(F—B—F)은 120°

(b) 전자쌍 기하구조와 분자 기하구조는 모두 정사면체, 결합각(Br—C—Br)은 109.5°

**풀이 :** VSEPR을 적용하기 위한 첫 단계는 정확한 루이스구조를 그리고 중심원자의 결합전자쌍과 고립전자쌍의 수에 따라 분자를 분류하는 것이다.

(a) $BF_3$의 루이스구조는

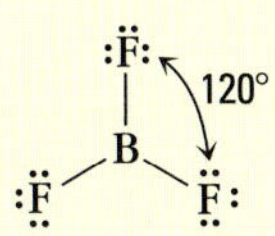


$BF_3$는 $AX_3E_0$ 유형의 분자이다(그림 9.4). B 중심원자 주위에 3개의 B−F 단일결합이 서로 120° 로 배열되어있는 분자이다. 그러므로 $BF_3$는 모든 원자들이 같은 평면에 놓이는 삼각평면 분자 구조를 갖는다.

(b) $CBr_4$는 $AX_4E_0$ 유형의 분자이므로 정사면체 분자일 것이다. Br−C−Br의 결합각은 109.5°이고 전자쌍 기하구조와 분자 기하구조가 서로 같다.

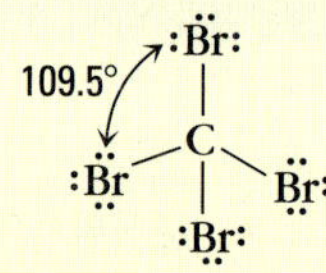


**실전예제 9.1**

$BeF_2$의 전자쌍 기하구조, 분자 기하구조, 결합각을 예측하시오.

## 다중결합과 분자구조

이중결합과 삼중결합은 단일결합보다 짧고 강하지만, 결합각에 대해서는 사소한 영향을 미친다. 왜 그럴까? 다중결합에 관여하는 전자쌍들은 모두 두 핵 사이에서 공유되고 공간상의 같은 영역을 점유한다. 이러한 이유로 이중결합의 2개의 전자쌍이나 삼중결합의 3개의 전자쌍은 2개 혹은 3개의 풍선이 아니라 약간 더 큰 하나의 풍선으로 간주된다. 따라서 분자 구조를 결정하는 목적으로 다중결합의 전자쌍들은 단일 결합에서처럼 단일구역의 전자밀도를 형성한다. $BeF_2$(그림 9.4)와 $CO_2$를 비교해 보자. $BeF_2$는 직선형 분자로서 2개의 Be—F 단일결합을 갖고 있으며 결합은 서로 180° 떨어져 있다. $CO_2$에서 각각의 C═O 이중결합은 Be—F 단일결합처럼 단일구역의 전자밀도를 형성하며 따라서 $CO_2$도 직선형 분자이다.

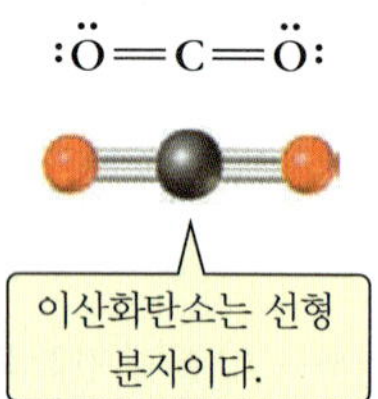


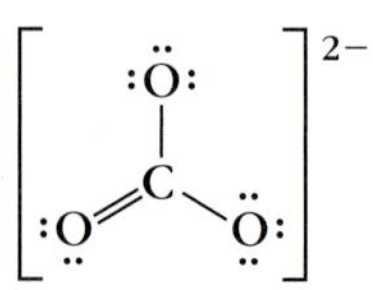


이 구조는 탄산이온의 세 가지 공명구조 중 하나이다.

공명구조가 가능할 때, 분자나 다원자이온의 모양은 루이스 공명구조나 공명 혼성으로부터 예측할 수 있다. $CO_3^{2-}$에서 탄소원자는 3개의 동등한 결합을 갖고 있고, 고립전자쌍이 없으므로 $CO_3^{2-}$의 모양은 평면삼각형으로 예측된다. 3개의 결합은 C—O 단일결합과 C═O 이중결합의 중간적인 특성을 나타내며 루이스의 공명구조로부터 예측된다.

CONCEPTUAL
**개념학습 9.1 기하구조**

전자쌍 기하구조와 분자 기하구조가 같은 모든 상황에 대하여 공통적인 특징을 확인하시오.

## 결합전자쌍과 고립전자쌍을 모두 갖는 중심원자

중심원자의 고립전자쌍이 분자나 다원자이온의 구조에 어떻게 영향을 미치는가? 이 상황을 시각적으로 설명하는 가장 쉬운 방법은 풍선모델로 돌아가고, 중심원자의 전자쌍이 모두 결합전자쌍일 필요가 없다는 사실을 주목하는 것이다. 우리는 중심원자의 원자가전자쌍(결합전자쌍과 고립전자쌍 모두)의 총 개수에 VSEPR 모델을 적용하여 전자쌍 구조, 분자구조 및 결합각을 예측할 수 있다. $NH_3$의 예를 들어 그 과정을 설명해보자.

**1. 루이스구조를 그린다.** 암모니아의 루이스구조는

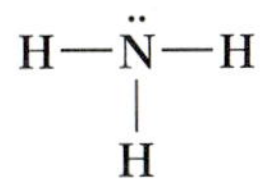

**2. 각 원자들의 결합수와 고립전자쌍의 수를 결정한다.** $NH_3$의 경우 3개의 결합전자쌍과 1개의 고립전자쌍을 갖고 있으며, $AX_3E_1$ 형태의 분자이다. 다중결합의 전자쌍은 단일결합의 전자쌍과 유사하게 분자구조에 기여한다. $NH_3$에서 중심원자 N은 다중결합을 하지 않으며 3개의 N－H 단일결합만 갖고 있다.

암모니아에서 A는 N, X는 H이고, $X_3$는 3개의 H 원자가 중심원자 A에 결합되어 있는 것을 나타낸다. $E_1$은 A에 놓인 1개의 고립전자쌍을 표시한다.

**3. 중심원자 주위의 적절한 전자쌍구조를 고르고, 전자쌍의 수와 맞는 분자구조를 선택한다.** 중심원자 주위의 전자쌍 구조는 모든 결합전자쌍과 고립전자쌍의 공간 분포를 포함한다. $NH_3$는 4개의 전자쌍(3개의 결합전자쌍과 1개의 고립전자쌍)을 갖고 있으므로, 전자쌍 구조는 사면체이다. 이 구조를 나타내기 위하여 N을 중심원자로 하고, 3개의 단일 결합을 실선, 쐐기, 점선으로 하는 사면체를 그린다. 고립전자쌍은 사면체의 공간 배치에서 풍선모양으로 그려준다.

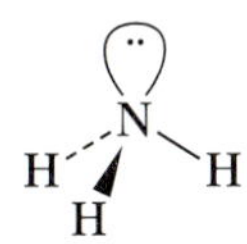

분자구조를 기술할 때 고립전자쌍의 위치는 명시되지 않는다. 암모니아의 분자구조는 삼각피라미드로 기술되는데, 3개의 수소원자가 삼각형의 밑면을 만들고 질소원자가 피라미드의 꼭지점에 놓인다(이것은 고립전자쌍은 보지 않고 3개의 수소원자와 1개의 질소원자의 위치로 분자구조를 보는 것이다).

**4. 고립전자쌍이 결합전자쌍보다 더 큰 공간을 점유한다는 것을 기억하고 결합각을 예측한다.** 결합전자쌍의 영역은 두 핵으로부터의 강한 인력으로 인해 두 원자 사이의 결합 구역으로 밀집되어 촘촘해지고 크기가 줄어든다. 고립전자쌍의 경우는 하나의 핵으로부터만 인력을 받기 때문에 덜 촘촘하다. 풍선의 비유를 사용하면 고립전자쌍은 더 부풀려지고 공간을 더 많이 차지하게 된다. 전자쌍 반발의 상대적 크기는

고립전자쌍－고립전자쌍 〉 고립전자쌍－결합전자쌍 〉 결합전자쌍－결합전자쌍

이 순서로부터 고립전자쌍은 결합전자쌍들을 더 가깝게 밀어 붙이고 그들 사이의 결합각을 줄어들게 할 것으로 예측된다. 그렇게 하면 고립전자쌍에 이웃한 결합각은 고립전자쌍이 없는 완전한 기하구조에서 보다 작아질 것이다. $NH_3$의 전자쌍구조와 분자구조는 다음의 과정으로 요약된다.

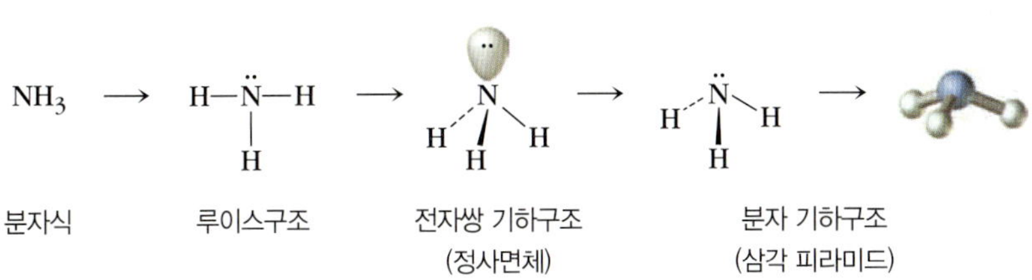


분자의 모양을 예측하는데 있어서 VSEPR 모델의 성공은 이 모델이 고립전자쌍의 영향을 설명하는데 적절함을 의미한다.

전자쌍구조는 사면체이므로 H—N—H의 결합각은 109.5°일 것이라고 예측된다. 그러나 실험에서 측정된 결합각은 107.5°이다. 이것은 고립전자쌍이 더 커서 결합전자쌍을 밀어붙이고 결과적으로 결합각을 109.5°에서 107.5°로 감소시킨다. 표 9.1에 중심원자 주위의 고립전자쌍이 0, 1, 2, 3개일 때의 전자쌍구조와 분자구조를 요약하였다.

아래 그림은 중심원자에 있는 고립전자쌍 수의 증가가 결합각에 미치는 영향을 $CH_4$, $NH_3$, $H_2O$에 대하여 보여주고 있다. 이 분자들의 예로부터 중심원자의 고립전자쌍 수가 증가하면 결합각은 감소한다는 것을 알 수 있다. 세 분자는 모두 중심원자에 4개의 전자쌍이 있으므로 사면체 전자쌍구조를 한다. 그러나 고립전자쌍의 효과로 결합각이 조금씩 다르다. 세 분자 모두에서 결합전자쌍－결합전자쌍 반발이 존재한다. 또한 $NH_3$에는 고립전자쌍－결합전자쌍, $H_2O$에는 고립전자쌍－고립전자쌍간의 반발이 존재한다. 그 결과로 $CH_4$는 정사면체 분자구조(109.5°), $NH_3$는 삼각피라미드 분자구조(107.5°), $H_2O$는 굽은형 분자구조(104.5°)를 한다.

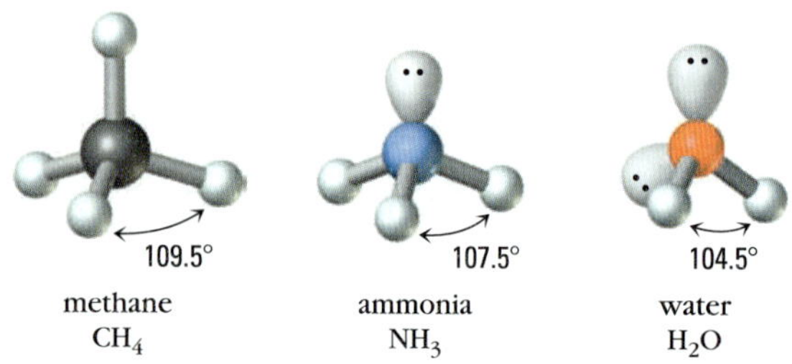


사면체 모양의 메테인은 알칸이라는 포화탄화수소 중에서 가장 작은 분자이다. 알칸에서 모든 탄소원자들은 4개의 결합을 갖고 있으며 사면체 환경에 놓인다는 것을 명심해야 한다. 예를 들어 프로판의 탄소원자들이나 헥사데칸의 탄소사슬 원자들은 탄소원자 주위가 사면체 구조를 하기 때문에 직선상에 곧게 놓이지 않는다. 탄소의 화학 또는 탄소가 만드는 무수한 생분자들의 골격에서 사면체 구조는 가장 중요한 구조라 할 수 있다.

그림 9.5에서는 중심원자 주위에 3~4개의 전자쌍이 있고, 이중 고립전자쌍이 적어도 1개 이상인 경우 분자의 전자쌍구조 및 분자구조를 보여준다. 그림 9.5에 나타낸 전자쌍구조, 분자구조, 결합각을 설명하면서 VSEPR 모델의 이해를 확인할 수 있다.

| | 3개의 전자쌍 | | 4개의 전자쌍 | | |
|---|---|---|---|---|---|
| 분자 모델 | 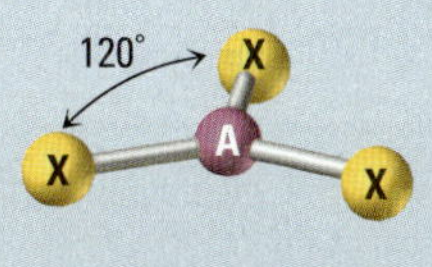 고립전자쌍 없음 | 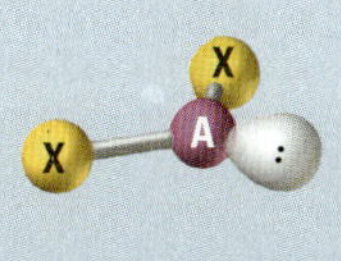 1개의 고립전자쌍 | 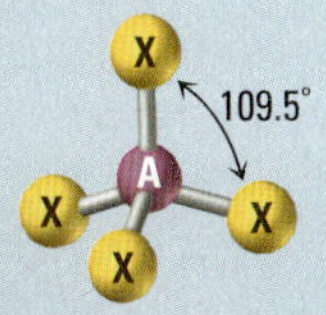 고립전자쌍 없음 | 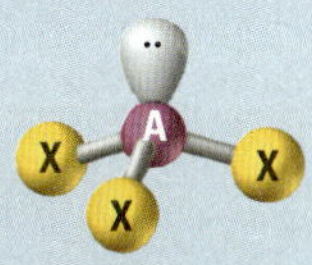 1개의 고립전자쌍 | 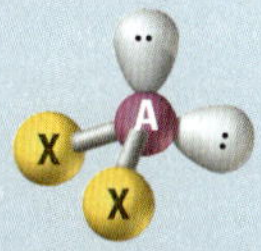 2개의 고립전자쌍 |
| 유형 | $AX_3E_0$ | $AX_2E_1$ | $AX_4E_0$ | $AX_3E_1$ | $AX_2E_2$ |
| 전자쌍 기하구조 | 삼각평면 | 삼각평면 | 정사면체 | 정사면체 | 정사면체 |
| 분자 기하구조 | 삼각평면 | 굽은형 | 정사면체 | 삼각피라미드 | 굽은형 |
| 예 | $BCl_3$ | $GeCl_2$ | $CCl_4$ | $NCl_3$ | $OF_2$ |



**그림 9.5 중심원자 주위의 3~4개의 전자쌍이 존재할 때.** 중심원자는 적어도 1개 이상의 고립전자쌍을 갖고 있다.

**예제 9.2 분자구조**

VSEPR 모델을 사용하여 전자쌍 기하구조와 분자 기하구조를 예측하시오.

(a) $ClF_2^+$ (b) $SnCl_3^-$ (c) $SeO_3$ (d) $CS_2$

**정답**

| 전자쌍 기하구조 | 분자 기하구조 |
|---|---|
| (a) 정사면체 | 굽은형 |
| (b) 정사면체 | 삼각피라미드 |
| (c) 삼각평면 | 삼각평면 |
| (d) 선형 | 선형 |

**풀이:** 정확한 루이스구조를 그리고 중심원자를 확인한다.

(a) 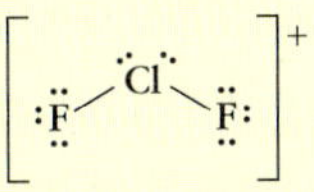 (b) 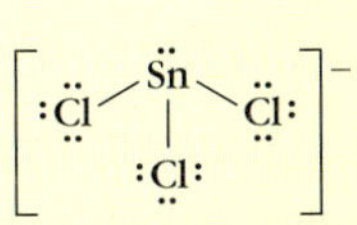 (c) 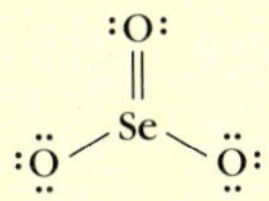 (d) 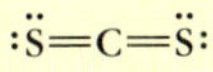

(a) 루이스구조로 부터 중심원자 Cl은 4개의 전자쌍을 갖는다(2개의 결합전자쌍과 2개의 고립전자쌍). 따라서 이온은 $AX_2E_2$ 유형에 속하고 정사면체의 전자쌍 기하구조와 굽은형 분자 기하구조를 한다.

(b) 중심원자 Sn은 3개의 결합전자쌍과 1개의 고립전자쌍으로 둘러쌓여 있다($AX_3E_1$ 유형) 4개의 전자쌍은 정사면체 기하구조를 하며 분자는 삼각피라미드 구조를 한다.

(c) Se 주위에 동등한 3개의 공명구조가 존재한다($AX_3E_0$ 유형) Se에는 고립전자쌍이 없기 때문에 전자쌍 기하구조와 분자구조는 평면 삼각형으로 서로 같다.

(d) C=S 이중결합의 전자밀도 영역은 하나로 간주된다. 중심원자 C에는 고립전자쌍이 없고 $AX_2E_0$ 유형에 속하므로 전자쌍 기하구조와 분자구조는 모두 직선형이다.

실전예제 9.2

루이스구조와 **VSEPR** 모델을 사용하여 전자쌍 기하구조와 분자 기하구조를 결정하시오.
(a) $BrO_3^-$ (b) $SeF_2$ (c) $NO_2^-$

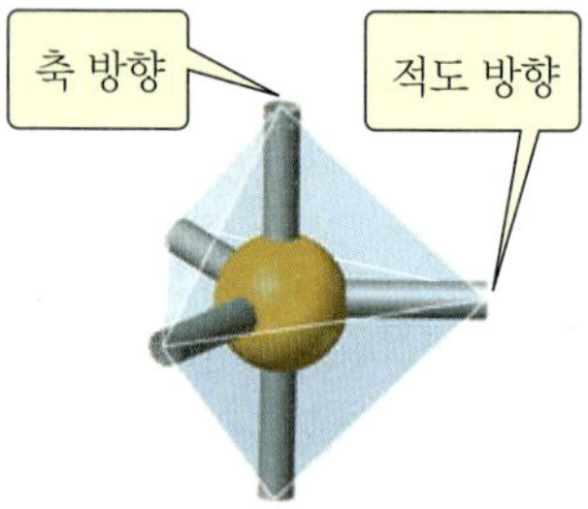

삼각 이중 피라미드구조

## 확장된 옥테트: 5개 또는 6개의 전자쌍을 갖는 중심원자

중심원자의 전자쌍 개수가 5개 또는 6개이고, 이들 중 일부가 고립전자쌍인 경우 전자쌍구조나 분자구조를 분석하는 것은 더 복잡해진다. 우선 그림 9.6에서 전자쌍이 5개인 경우를 살펴보자. 삼각평면에서 3개의 각은 120°이다. 삼각평면에 있는 전자쌍과 평면 위 또는 아래에 있는 전자쌍 사이의 각은 90°이다. 그러므로 삼각이중피라미드 구조는 서로 다른 두 가지 위치를 내포한다. 삼각평면상의 전자쌍은 중심원자 주위의 가상 구의 적도에 놓이고 그 위치를 **적도 방향(equatorial position)**이라 한다. 적도 방향과 수직인 남북방향을 **축 방향(axial position)**이라 한다. 적도 위치는 90°로 있는 축 방향의 2개 전자쌍과 접한다. 반면 축 방향의 전자쌍은 3개의 적도 방향 전자쌍과 인접하게 된다. 고립전자쌍이 결합전자쌍보다 더 크기 때문에(반발을 최소화하기 위해서는) 고립전자쌍은 축 방향 보다는 적도 방향을 선호할 것이다. 예를 들어 $ClF_3$ 분자를 보자. 이 분자는 그림 9.6에서처럼 3개의 결합전자쌍과 2개의 고립전자쌍을 갖고 있다. 2개의 고립전자쌍은 적도 방향으로 놓이고 2개의 결합전자쌍은 축 방향으로, 나머지 결합전자쌍은 적도 방향으로 놓여 분자는 T 형 구조를 한다(그림 9.6).

중심원자 주위에 90°로 6개의 전자쌍이 이루는 구조는 팔면체이다. 팔면체에서 중심원자 주위의 6개 전자쌍의 위치는 모두 동등하다. 삼각이중피라미드와 달리 팔면체는 적도 방향과 축 방향의 구분이 없다. 팔면체에서 중심원자에 결합된 6개의 말단원자는 서로 수직한 3개의 축(x, y, z 축)을 점유한다(그림 9.6). 6개의 말단원자는 모두 중심원자로부터 같은 거리에 있다. 따라서 팔면체 전자쌍구조를 하는 분자의 중심원자가 고립전자쌍을 1개 갖고 있다면, 고립전자쌍이 어느 꼭지점에 놓이든 차이가 없다. 사각피라미드 분자구조를 갖는 $BrF_5$가 한 예이다(그림 9.6). 중심원자와 그것에 결합된 4개의 원자를 포함하는 사각평면이 있고 나머지 원자 하나가 중심원자 바로 위 같은 거리에 놓인다. $ICl_4^-$처럼 중심원자가 2개의 고립전자쌍을 갖고 있으면, 각각의 고립전자쌍은 더 큰 공간을 점유하려 할 것이다. 이것은 고립전자쌍을 중심원자와 4개의 Cl 원자를 포함하는 사각평면의 위아래로 180°되게 위치시키면 가장 잘 충족된다. 따라서 $ICl_4^-$의 구조는 사각평면이 된다(그림 9.6).

VSEPR 모델을 사용하면 $XeF_4$의 분자형태도 정확하게 예측할 수 있다. 한동안 불활성기체는 원자가전자의 안정한 옥테트구조를 가져 화합물을 생성하지 않는다고 여겨졌다. $XeF_4$의 합성은 화학자들에게 놀랄만한 일이었지만 VSEPR 모델은 이 분자의 구조를 정확하게 예측한다. 이 분자는 36개의 원자가전자(Xe로부터 8개, 각각의 F

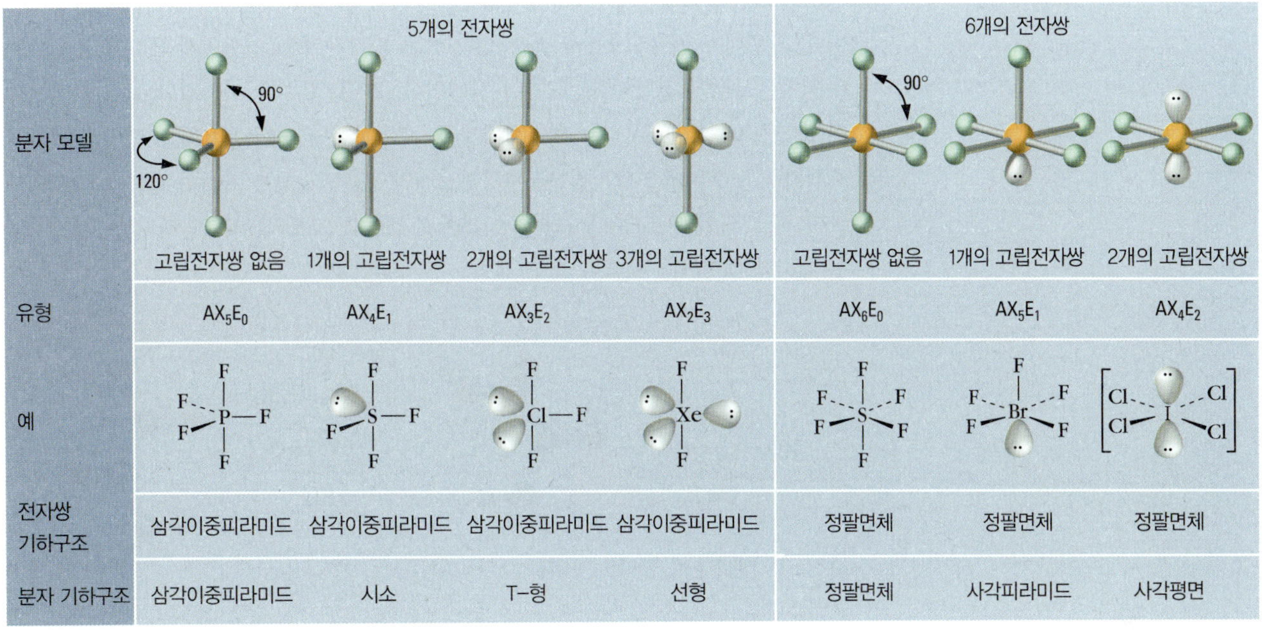


**그림 9.6 중심원자 주위에 5~6개의 전자쌍이 존재할 때.** 중심원자 주위에 5개와 6개의 전자쌍을 갖는 경우의 전자쌍 기하구조 및 분자 기하구조

로부터 7개 씩)를 포함한다. Xe 주위에 8개의 결합전자가 있고 4개의 F 원자에 24개의 고립전자들이 있다. 나머지 4개의 전자는 Xe 원자에 2개의 고립전자쌍으로 남는다.

Xe은 5주기 원소이므로 8개보다 많은 전자를 수용할 수 있다. Xe 원자 주위의 총 6개 전자쌍은 이 분자가 팔면체 전자쌍구조를 갖도록 할 것이다($AX_4F_2$). 그러면 고립전자쌍을 어디에 위치시킬 것인가? 앞에서 설명하였던 $ICl_4^-$ 에서처럼, 고립전자쌍은 반발을 최소화하기 위하여 가능한 멀리 떨어져 팔면체의 서로 반대편 꼭지점에 놓일 것이다. 그 결과 $XeF_4$의 분자구조는 사각평면형이며 실험결과와 일치한다. 많은 Xe 화합물이 만들어졌으며 그들의 구조를 예측하는데 VSEPR 모델은 유용하다.

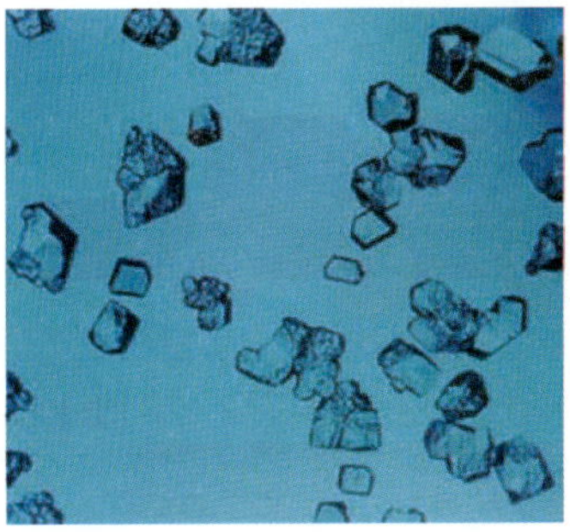

Argonne National Laboratory, managed and operated by UChicago Argonne, LLC, for the U.S. Department of Energyunder contract No. DE-AC02-06CH11357

$XeF_4$ 결정

CONCEPTUAL
**개념학습 9.2 두 가지 다른 모양**

중심원자 주변에 모두 5개의 말단 원자가 붙어있지만, 삼각이중피라미드와 사각피라미드 분자구조는 다르다. 이 두 가지 모양이 왜 그리고 어떻게 다른지 설명하시오.

표 9.1은 VSEPR을 사용하여 예측할 수 있는 분자나 이온의 또 다른 예를 보여준다. 중심원자가 여러 개일 때에도 VSEPR 모델을 사용하여 분자구조를 예측할 수 있다. 탄화수소의 대사에서 중요한 화합물인 젖산(lactic acid)의 예를 보자. 젖산의 분자구조는

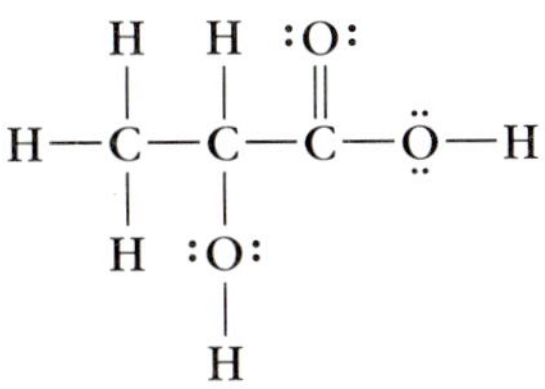

$-CH_3$ 그룹의 C주위에는 4개의 결합전자쌍이 있으므로 사면체 구조(결합각 109.5°)이다. 가운데 C 원자도 4개의 결합전자쌍으로 둘러싸여 있고 사면체 구조이다. 나머지 C 원자는 4개의 결합전자쌍(2개는 단일결합, 2개는 C═O 이중결합)을 갖지만 3개의 결합전자 영역으로 나뉘어져 삼각평면 구조를 한다(결합각 120°). 단일결합의 산소원자들은 주위에 2개의 결합전자쌍과 2개의 고립전자쌍을 가지며 결합각은 109.5°보다 작고 꺾인 구조를 나타낸다. 이러한 구조들을 모두 묶어 다음과 같은 분자모델을 제시할 수 있다.

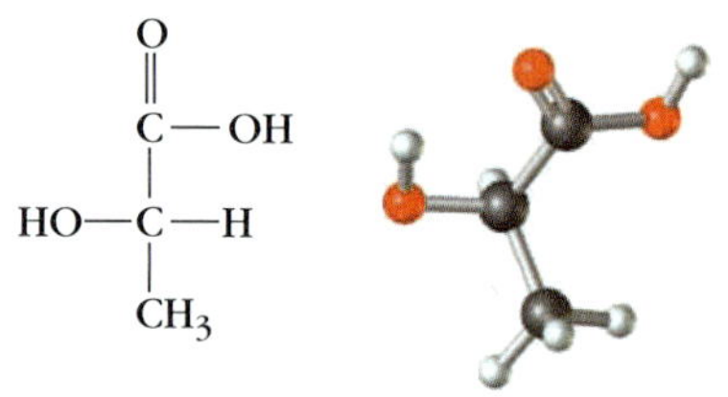

젖산

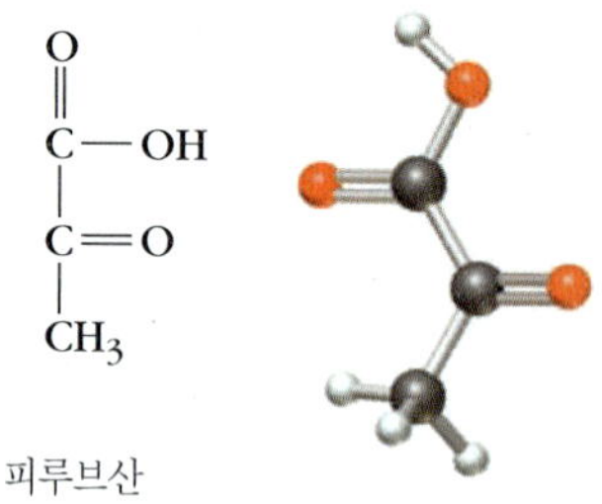

피루브산

글루코오스 대사의 산물인 젖산은 달리기나 수영 등의 운동을 하는 동안 근육에 빠르게 축적된다. 축적된 젖산은 근육조직을 자극하여 피로와 통증을 느끼게 한다. 운동을 멈추면 젖산은 피루브산으로 바뀌고 근육으로부터 제거되어 피로와 통증이 사라진다.

**예제 9.3 VSEPR과 분자 모양**

다음의 전자쌍 기하구조와 분자 기하구조는?

(a) $SeF_6$ (b) $IF_3$ (c) $TeF_4$ (d) $XeF_5^+$

**정답:**

(a) 팔면체 전자쌍 기하구조와 분자구조

(b) 삼각이중피라미드 전자쌍 기하구조와 T-형 분자구조

(c) 삼각이중피라미드 전자쌍 기하구조와 시소형 분자구조

(d) 팔면체 전자쌍 기하구조와 사각피라미드 분자구조

**풀이:** 우선, 루이스구조를 그린다.

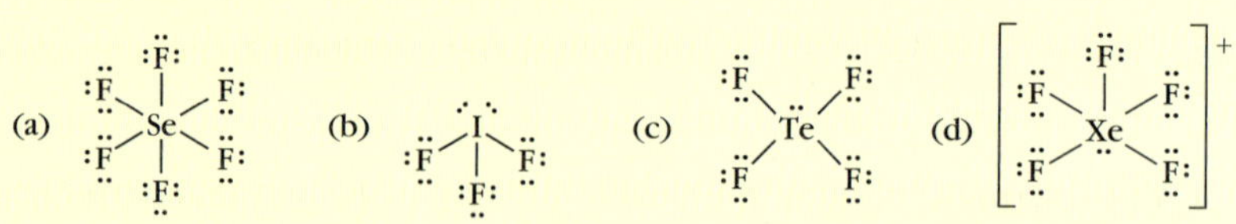

(a) 원자가전자는 모두 48개이다. Se–F 단일결합이 6개 있고, F 원자 3개의 고립전자쌍을 갖는다. $SeF_6$는 $AX_6E_0$ 유형에 속하며 Se는 고립전자쌍을 갖지 않는다.

(b) $IF_3$는 $AX_3E_2$ 유형의 분자이다. I 주위에 5개의 전자쌍이 있으며 삼각이중피라미드 구조를 할 것이다. 그림 9.6에 표시한 것처럼 2개의 고립전자쌍은 적도 방향으로 놓일 것이다. 1개의 결합전자쌍은 적도 방향으로 나머지 2개의 결합전자쌍은 축 방향으로 놓여 분자구조는 T-형이 된다.

(c) $TeF_4$는 $AX_4E_1$ 유형의 분자이다. Te주위의 5개 전자쌍은 삼각이중피라미드 기하구조를 한다. 고립전자쌍은 적도 방향에 놓이고 시소형 분자구조를 한다(그림 9.6)
(d) $XeF_5^+$는 $AX_5E_1$유형의 다원자이온이다. 중심원자는 Xe은 1개의 고립전자쌍과 5개의 결합전자쌍을 갖는다. 팔면체 전자쌍 기하구조와 사각피라미드 이온구조를 한다(그림 9.6)

실전예제 9.3

전자쌍 기하구조 및 분자 기하구조는 무엇인가? (a) $ClF_2^-$ (b) $XeO_3$?

EXERCISE
**연습문제 9.3 전자쌍과 분자모양**

다음을 $AX_nE_m$ 유형으로 분류하고 분자의 기하구조를 밝히시오.

(a) $XeF_2$ (b) $NI_3$ (c) $I_3^-$

## 9.3 분자 모양과 일치하는 오비탈: 혼성화

루이스구조가 분자의 모양을 결정하는데 도움이 되지만, 그것은 결합전자쌍과 고립전자쌍이 점유하는 오비탈을 나타낼 뿐이다. **원자가결합모델(valence bond model)**이라고 하는 공유결합의 이론적 모델은 결합된 원자들의 오비탈 겹침에 의한 공유결합을 기술하는 것이다. $H_2$의 결합은 겹쳐지는 s 오비탈에 위치한 공유 전자쌍을 나타낸다.

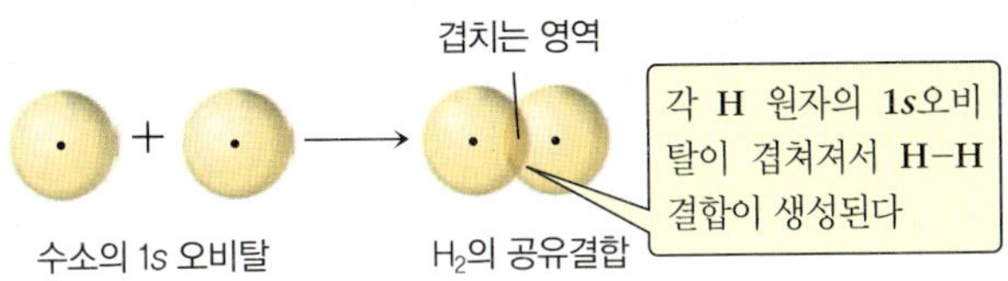


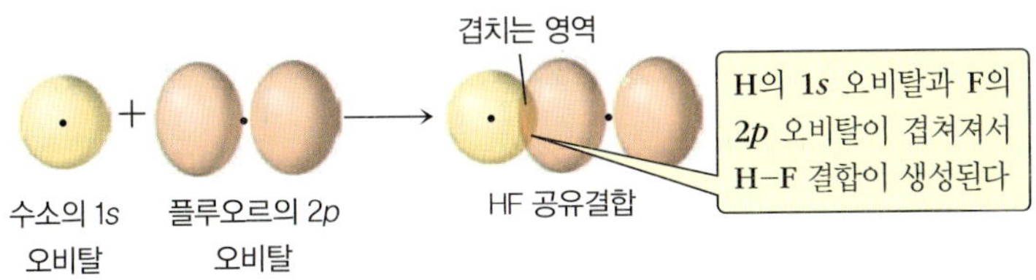


HF에서는 플루오르 원자의 2*p* 전자 오비탈과 수소원자의 1*s* 전자 오비탈간의 겹침이 일어난다.

그러나 중심원자가 Be, B, C인 분자들의 결합을 설명하기 위해서는 *s*와 *p* 오비탈 겹침에 대한 단순한 원자가결합모델은 수정되어야 한다. Be, B, C 원자들의 바닥상태 전자배치를 살펴보자.

| | | | 1s | 2s | 2p | | |
|---|---|---|---|---|---|---|---|
| Be | $1s^22s^2$ | | ↑↓ | ↑↓ | | | |
| B | $1s^22s^22p^1$ | | ↑↓ | ↑↓ | ↑ | | |
| C | $1s^22s^22p^2$ | $1s^22s^22p_x^12p_y^1$ | ↑↓ | ↑↓ | ↑ | ↑ | |

단순한 원자가결합모델에 의하면 $s^2$ 전자배치를 하는 Be는 He처럼 공유결합을 형성하지 않을 것으로 예상된다. 1개의 짝짓지 않은 전자를 갖는 B($2p^1$)은 1개의 결합을, 2개의 짝짓지 않은 전자를 갖는 C($2p^2$)는 2개의 결합을 형성해야 한다. 그러나 $BeF_2$, $BF_3$, $CF_4$는 물론 결합수가 각각 2개, 3개, 4개인 Be, B, C의 다른 화합물들이 존재한다. $CH_4$처럼 실제 분자구조가 *s*와 *p* 오비탈의 단순한 겹침과 일치하지 않는 것을 설명하기 위하여 원자에서 적절한 에너지와 배향을 갖는 원자오비탈들이 혼성된다고 본다. 즉 원자오비탈들이 합쳐져 혼성오비탈을 생성한다. 생성된 혼성오비탈은 모두 같은 모양을 하며 결과적으로 다른 원자의 결합오비탈과 더 잘 겹쳐질 수 있다. 혼성오비탈은 혼성되지 않은 원자오비탈에 비하여 더 많은 결합이나 더 강한 결합을 하게 된다. 지금부터 여러 형태의 혼성오비탈에 대하여 살펴보겠다. **생성되는 혼성오비탈의 수는 항상 혼성에 사용되는 원자오비탈의 수와 같다.**

혼성화는 혼성오비탈의 형태를 예측하는 새로운 함수를 얻기 위하여 *s*, *p*, *d* 오비탈들의 수학적 함수들을 조합하는 것이다.

분자들의 자기적 성질 뿐만 아니라 화학결합을 기술하는데 있어서 또 다른 이론인 분자오비탈 이론이 사용된다. 분자오비탈 이론은 단원 8.10에서 다루고 있다.

## *sp* 혼성오비탈

가장 간단한 혼성오비탈은 *sp* 혼성오비탈인데 *s* 오비탈 1개와 *p* 오비탈 1개가 조합하여 만들어진다. 이 2개의 원자오비탈은 2개의 혼성오비탈을 만든다.(그림 9.7)

1개의 *s* 오비탈 + 1개의 *p* 오비탈 → 2개의 *sp* 혼성오비탈

$BeF_2$에서, Be의 2*s* 오비탈과 2*p* 오비탈은 혼성되어 서로 180°떨어져 있는 2개의 *sp* 혼성오비탈을 만든다. 즉 혼성오비탈은 2개의 전자밀도 영역이 배열되는 것과 똑같은 식으로 배열된다.

2*s* 전자가 2*p* 오비탈로 들뜨고 2*s*와 그 2*p* 오비탈이 혼성되면 2개의 *sp* 혼성오비탈이 만들어진다.

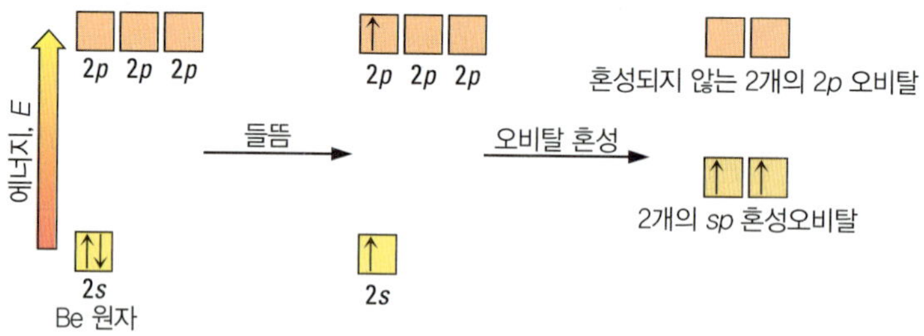


각각의 *sp* 혼성오비탈은 전자를 하나 갖고, 플루오르 원자의 전자 하나와 짝을 지어 2개의 동등한 Be−F 결합을 생성한다. Be에 있는 나머지 2개의 *p* 오비탈은 혼성되지 않은 채 그대로 있으며 혼성오비탈과 90°로 놓여 있다.

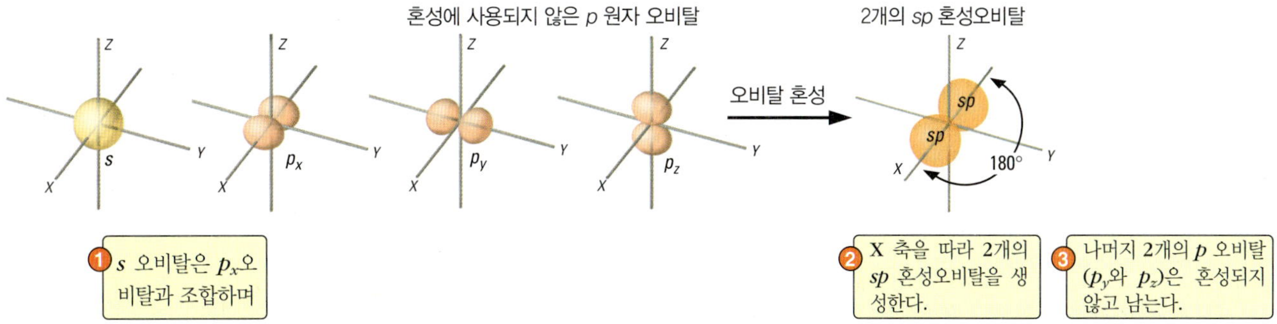


**그림 9.7** 2개의 $sp$ 혼성오비탈의 생성.

## $sp^2$ 혼성오비탈

$BF_3$에서는 중심원자 B에 있는 3개의 원자오비탈(2$s$ 오비탈 1개, 2$p$ 오비탈 2개)이 혼성되어 3개의 $sp^2$ 혼성오비탈을 생성한다(그림 9.8). 혼성오비탈의 위첨자는 혼성되는 원자오비탈의 수를 나타낸다. 이 경우 1개의 $s$와 2개의 $p$를 의미한다.

1개의 $s$ 오비탈 + 2개의 $p$ 오비탈 → 3개의 $sp^2$ 혼성오비탈

B원자의 3개의 $sp^2$ 혼성오비탈은 같은 평면에 놓이고 서로 120° 떨어져 있으며, 각각의 혼성오비탈은 플루오르 원자의 전자 하나와 짝을지어 3개의 동등한 B−F 결합을 생성한다.

B원자의 $p$ 오비탈 1개는 혼성되지 않은 채로 남아 있다.

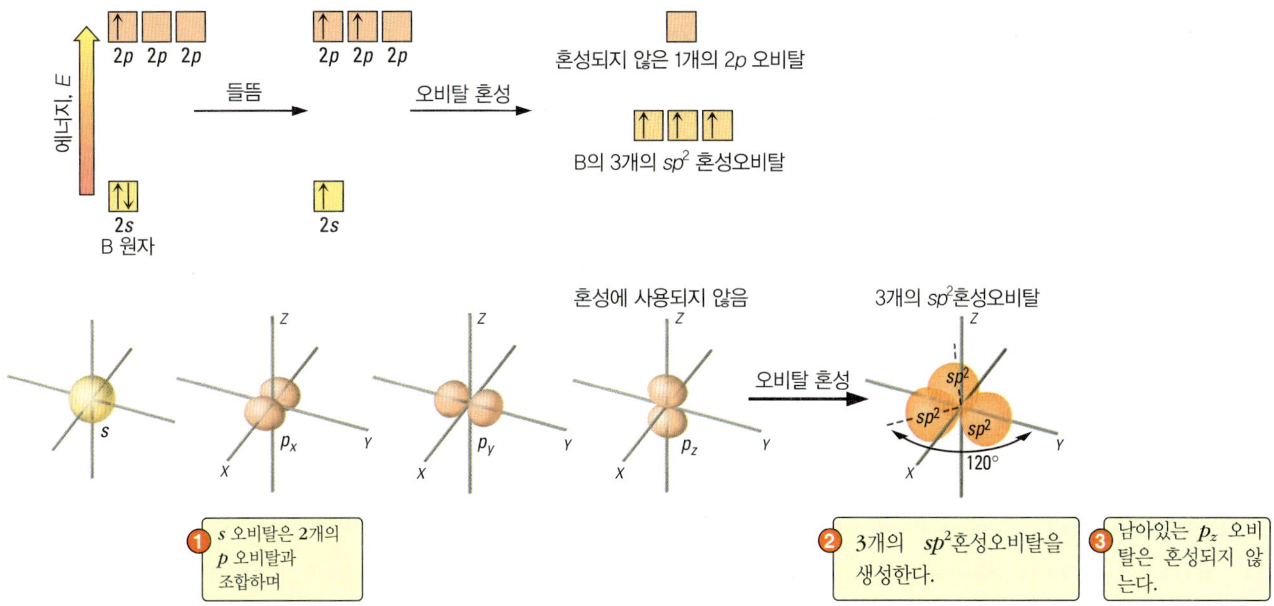


**그림 9.8** 3개의 $sp^2$ 혼성오비탈의 생성.

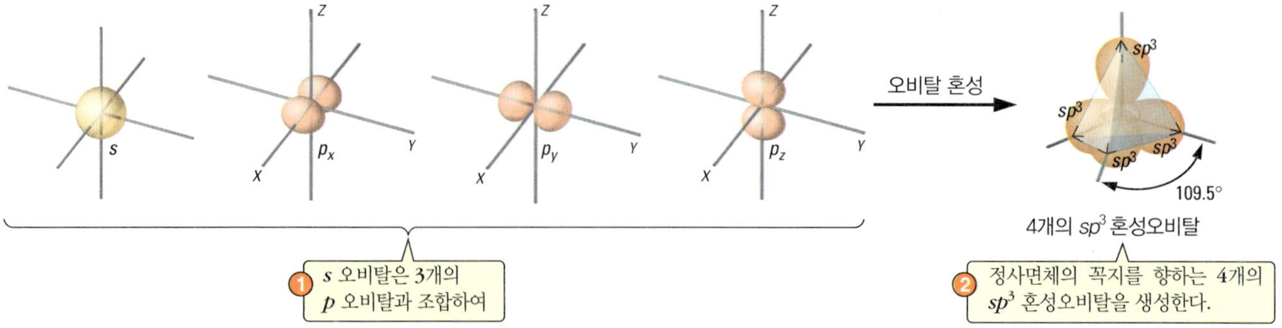


**그림 9.9 4개의 $sp^3$ 혼성오비탈의 생성.** 1개의 s 오비탈과 3개의 p 오비탈이 혼성되어 4개의 $sp^3$ 혼성오비탈이 만들어지고 각각의 혼성오비탈은 사면체의 꼭지를 향한다. 혼성오비탈 사이의 결합각은 109.5°이다.

## $sp^3$ 혼성오비탈

중심원자에 있는 1개의 *s* 오비탈과 3개의 *p* 오비탈이 혼성되면 4개의 $sp^3$ 혼성오비탈이 생성된다(그림 9.9).

$$1\text{개의 } s \text{ 오비탈} + 3\text{개의 } p \text{ 오비탈} \rightarrow 4\text{개의 } sp^3 \text{ 혼성오비탈}$$

4개의 $sp^3$ 혼성오비탈은 모두 동등하고 사면체의 각 꼭지를 향한다.

$sp^3$ 혼성오비탈을 생성할 때는 모든 2*p* 오비탈이 혼성에 참여한다.

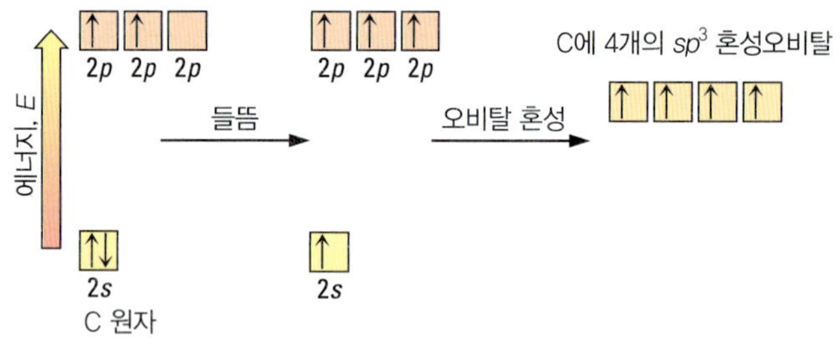


| 기하구조 | 혼성오비탈 |
|---|---|
| 선형 | 2개의 *sp* |
| 삼각평면 | 3개의 $sp^2$ |
| 정사면체 | 4개의 $sp^3$ |

$sp^3$ 혼성화는 탄소원자가 $CH_4$나 모든 단일결합의 탄소화합물에서 4개의 사면체 결합을 생성한다는 사실과도 잘 일치한다. 탄소원자의 $sp^3$ 혼성오비탈들은 각각 4개의 수소원자 오비탈들과 겹쳐 4개의 동등한 C—H 결합을 생성한다. 옥테트 규칙을 만족하는 2주기와 3주기 중심원자들은 보통 $sp^3$ 혼성을 한다.

$NH_3$와 $H_2O$에서 결합각은 $CH_4$나 $CF_4$의 결합각과 비슷하다. 이것은 일반적으로 결합전자쌍뿐만 아니라 고립전자쌍도 혼성오비탈을 점유하고 있음을 암시한다. 원자가결합 모델에 따르면 암모니아의 질소원자 주위나 물의 산소원자 주위의 4개의 전자쌍은 $sp^3$ 혼성오비탈을 점유한다. $NH_3$에서는 3개의 공유전자쌍과 1개의 고립전자쌍이 4개의 혼성오비탈을 채우고, $H_2O$에서는 2개의 공유전자쌍과 2개의 고립전자쌍이 4개의 혼성오비탈을 채운다.(그림 9.10)

혼성오비탈은 VSEPR 이론이 예측하는 분자구조와 일치하고 있음을 보여준다. 표 9.2는 *s*와 *p* 오비탈로부터 생성되는 혼성오비탈에 대한 정보를 요약하였다.

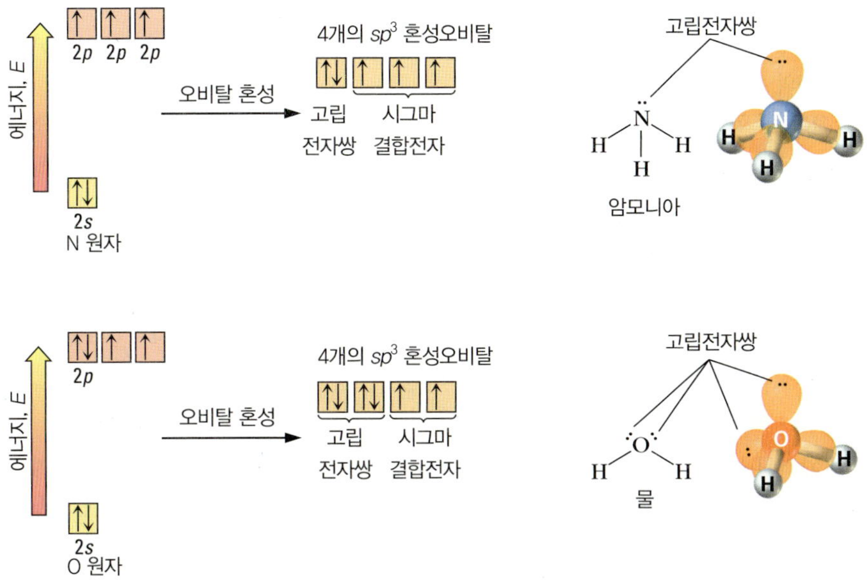


N의 5개 원자가전자만 나타내었다.

O의 6개의 원자가전자만 나타내었다.

**그림 9.10 암모니아의 질소원자 오비탈의 혼성화와 물의 산소원자 오비탈의 혼성화.** 질소원자와 산소원자는 모두 $sp^3$ 혼성을 한다. 고립전자쌍은 $sp^3$ 혼성오비탈에 있다.

오비탈의 머리 부분끼리 서로 겹쳐지면 결합 축을 따라 전자밀도가 분포하고 이러한 결합을 **시그마결합(σ bonds)**이라 한다. $H_2$, $Cl_2$ 등의 이원자분자의 단일결합이나 $BeF_2$, $BF_3$, $CH_4$등의 단일결합은 모두 시그마결합이다. 암모니아의 N—H 결합이나 물의 O−H결합도 또한 시그마결합이다.

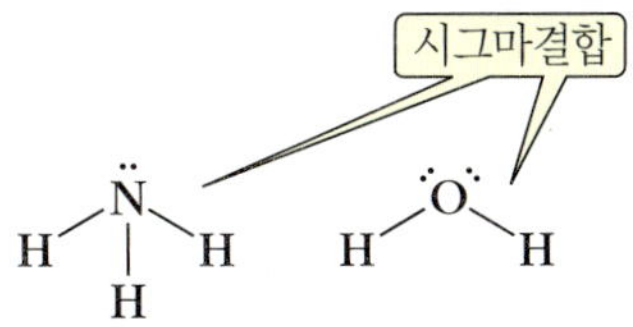


**표 9.2** 혼성오비탈과 그들의 기하구조

| | 선형 | 평면삼각형 | 사면체 |
|---|---|---|---|
| 사용된 원자오비탈 | 1개의 *s*, 1개의 *p* | 1개의 *s*, 2개의 *p* | 1개의 *s*, 3개의 *p* |
| 생성된 혼성오비탈 | 2개의 *sp* | 3개의 $sp^2$ | 4개의 $sp^3$ |
| 혼성되지 않고 남는 오비탈 | 2개의 *p* | 1개의 *p* | 없음 |

**예제 9.4 원자오비탈의 혼성화**

중심원자의 혼성화와 분자들의 결합을 설명하시오.

(a) $NCl_3$ (b) $BCl_3$ (c) $CH_3OH$(C와 O의 혼성화) (d) $AlCl_4^-$

**정답:** (a) $sp^3$, 3개의 N—Cl 시그마결합 (b) $sp^2$, 3개의 B−Cl 시그마결합 (c) C와 O 모두

$sp^3$, 3개의 C—H 시그마결합, 1개의 C—O 시그마결합, 1개의 O—H 시그마결합 (d) $sp^3$, 4개의 Al—Cl 시그마결합

**풀이:** 각 화합물이나 이온의 정확한 루이스구조를 그린다. 루이스구조는 중심원자 주위의 결합전자쌍과 고립전자쌍의 수를 결정하는 방법을 제공하며, 이 수는 몇 개의 혼성오비탈이 필요한지를 나타낸다.

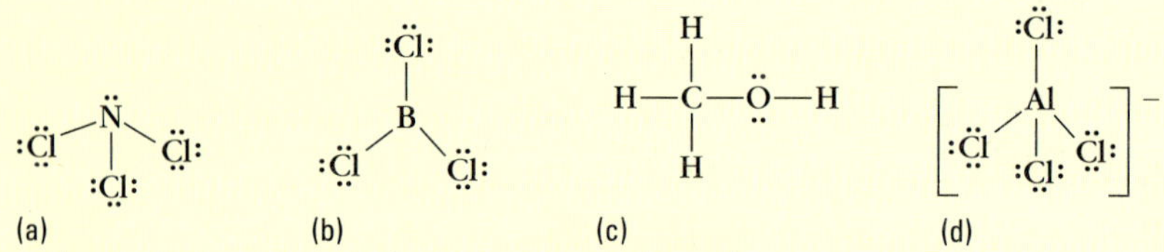

(a) $NCl_3$는 $NH_3$와 유사하게 질소원자 주위에 4개의 전자쌍이 존재한다. 3개는 결합전자쌍이고 1개는 고립전자쌍이다. 각 전자쌍은 $sp^3$ 혼성오비탈에 놓인다. N−Cl 결합은 질소원자의 $sp^3$ 혼성오비탈과 염소원자의 오비탈이 겹쳐져서 생성되는 시그마결합이다.

(b) $BCl_3$는 $BF_3$와 유사하다. 보론은 $sp^2$ 혼성오비탈을 사용하여 염소원자와 시그마결합을 한다.

(c) 탄소는 4개의 시그마결합을 생성한다(3개는 수소원자와 1개는 산소원자와). 4개의 결합전자쌍이 $sp^3$ 혼성오비탈에 놓인다. 산소원자는 $sp^3$ 혼성오비탈을 이용하여 탄소원자 및 수소원자와 결합한다. 산소원자의 고립전자쌍 2개는 $sp^3$ 혼성오비탈에 놓인다.

(d) Al의 $sp^3$ 혼성오비탈은 Cl 원자의 오비탈과 겹쳐져서 4개의 시그마결합을 생성한다.

**실전예제 9.4**

중심원자의 혼성화와 분자들의 결합을 설명하시오.

(a) $BeCl_2$ (b) $NH_4^+$

(c) $CH_3OCH_3$(C와 O의 혼성화) (d) $BF_4^-$

## 9.4 다중결합을 하는 분자들의 혼성화

혼성오비탈을 사용하여 분자 모양을 설명할 때, 다중결합의 공유전자쌍이 모두 혼성오비탈을 점유하는 것은 아니다. 다중결합을 갖는 중심원자에서 혼성오비탈은 다음을 포함한다.

- 단일결합의 전자쌍
- 모든 고립전자쌍
- 이중결합이나 삼중결합에서 1개의 공유전자쌍

*d* 오비탈 또한 π 결합을 형성하는 것이 가능하다.

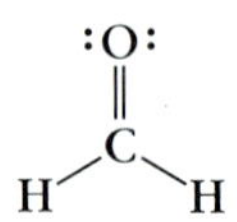

formaldehyde

혼성되지 않은 원자오비탈의 전자는 다중결합에서 두 번째 또는 세 번째 결합을 형성하는데 사용된다. 그런 결합을 **파이결합(π bonds)**이라 하고, 그림 9.11에 나타낸 것처럼 나란하게 놓인 *p* 오비탈이 옆으로 겹쳐져서 생성된다. 결합축을 따라 생성되는 시그마결합과 달리 파이결합은 결합축의 위와 아래에 만들어진다.

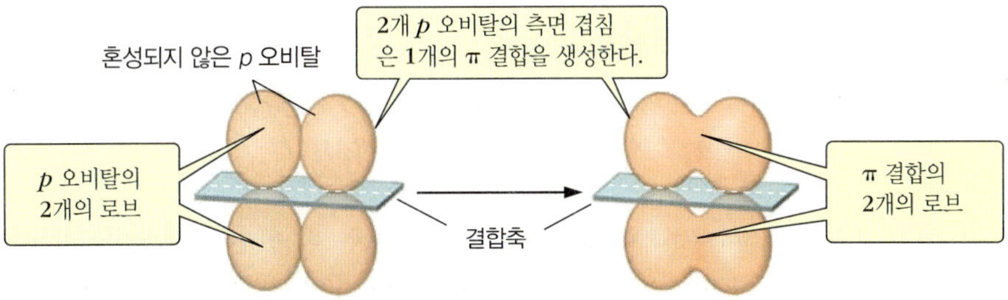


그림 9.11 **파이결합.** 서로 인접한 2개의 p 오비탈이 옆으로 겹쳐져서 파이결합이 생성된다.

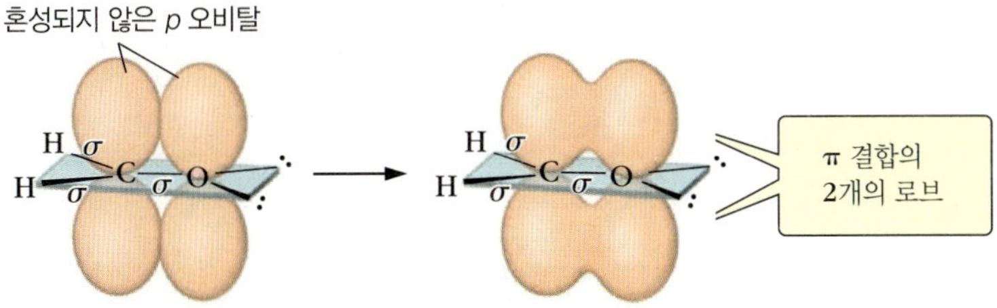


그림 9.12 **포름알데히드의 시그마결합과 파이결합**

포름알데히드($H_2CO$)의 결합은 시그마와 파이결합의 예를 보여준다. 포름알데히드는 2개의 C—H 단일결합과 1개의 C═O 이중결합을 갖고 있다. 삼각평면의 전자쌍 구조는 3개의 시그마결합을 위하여 탄소원자의 $sp^2$ 혼성을 제시한다. 그림 9.12에서 보는 것처럼 탄소원자에 있는 2개의 반 채워진 $sp^2$ 혼성오비탈은 수소원자의 반 채워진 1s 오비탈과 2개의 C—H 시그마결합을 형성한다. 탄소원자의 세 번째 $sp^2$ 혼성오비탈은 산소원자의 $sp^2$ 혼성오비탈과 정면으로 겹쳐져 C—O 시그마결합을 형성한다. 탄소원자의 혼성되지 않은 2*p* 오비탈은 산소원자의 혼성되지 않은 2*p* 오비탈과 측면으로 겹쳐져 파이결합을 형성하며, 따라서 탄소와 산소 사이의 이중결합을 완성한다.

파이결합은 시그마결합보다 덜 겹쳐지기 때문에 일반적으로 시그마결합보다 약하다. 따라서 C═C 이중결합은 C—C 단일결합보다 강하지만 두 배 만큼 강하지는 않다. 마찬가지로 C≡C 삼중결합은 C═C 이중결합보다 강하지만 C—C 단일결합의 세 배 만큼 강한 것은 아니다.

파이결합의 한 쪽 끝이 시그마결합 축 주위를 회전한다고 생각해보자. *p* 오비탈은 겹쳐지기 위하여 나란히 놓여 있었는데 회전을 하면서 파이결합은 끊어질 것이고, 분자는 파이결합의 세기에 해당하는 에너지만큼 더 불안정해진다. 불안정하게 되는 것은 파이결합 주위를 회전하기 위해서는 얼마간의 에너지가 필요하다는 것을 의미한다. 이러한 이유로 상온에서 이중결합 주위의 회전은 일어나지 않는다. 이런 회전에 대한 저항은 시스-트랜스 이성질화 반응으로 나타난다.

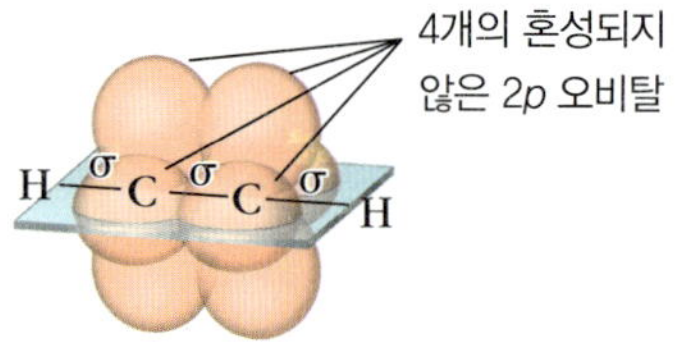


(a) 아세틸렌의 시그마결합

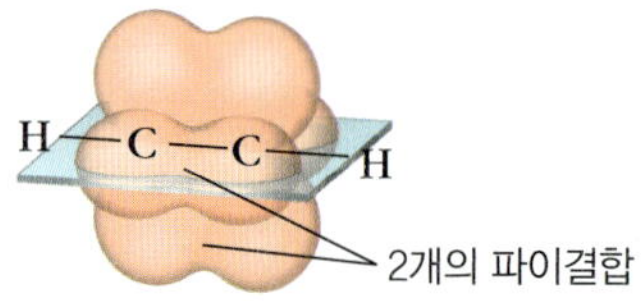


(b) 아세틸렌의 파이결합

**그림 9.13 아세틸렌의 시그마결합과 파이결합.** (a) 탄소원자는 *sp* 혼성을 한다. (b) 따라서 각 탄소원자는 2개의 혼성되지 않은 2*p* 오비탈을 갖는다. 이 오비탈은 측면으로 겹쳐져서 2개의 파이결합을 형성한다. 또한 2개의 *sp* 혼성 오비탈이 정면으로 겹쳐져서 C–C 시그마결합을 형성한다.

**염소 기체.**

### 예제 9.5 혼성오비탈; 시그마결합과 파이결합

혼성오비탈, 시그마결합, 파이결합을 사용하여 다음 분자의 결합을 설명하시오.

(a) 에테인, $C_2H_6$ (b) 에틸렌, $C_2H_4$ (c) 아세틸렌, $C_2H_2$

**정답**

(a) 각 탄소원자의 $sp^3$ 혼성오비탈은 3개의 H 원자 및 다른 탄소원자와 시그마결합 형성

(b) 각 탄소원자의 $sp^2$ 혼성오비탈은 2개의 H 원자 및 다른 탄소원자와 시그마결합 형성, 혼성되지 않은 2*p* 원자오비탈은 탄소원자간 1개의 파이결합을 형성

(c) 각 탄소원자의 *sp* 혼성오비탈은 1개의 H 원자 및 다른 탄소원자와 시그마결합 형성, 혼성되지 않은 2개의 2*p* 원자오비탈은 탄소원자간 2개의 파이결합을 형성

**풀이:** 세 화합물의 루이스구조는

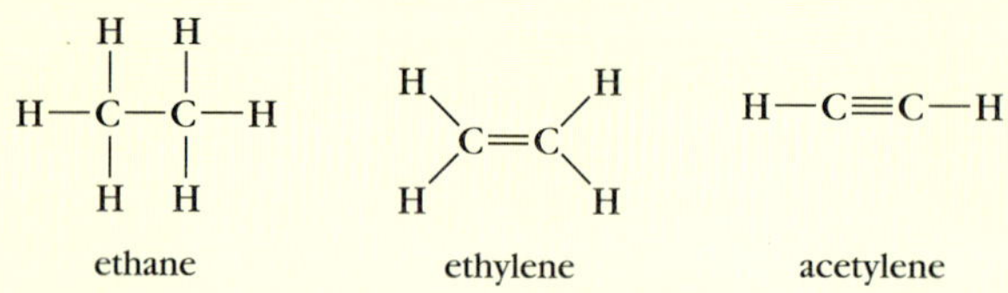


(a) 에테인의 각 탄소원자는 $sp^3$ 혼성을 하고, 모든 결합은 시그마결합이다.

(b) 에틸렌의 C═C 이중결합은 $sp^2$ 혼성이 요구된다. 각 탄소원자의 $sp^2$ 혼성오비탈 3개 중 2개는 수소원자와 시그마결합을 형성하고 1개는 다른 탄소원자의 $sp^2$ 혼성오비탈과 정면으로 겹쳐져서 C—C 시그마결합을 형성한다. 탄소원자 사이의 이중결합은 혼성되지 않은 *p* 오비탈들이 측면으로 겹쳐져서 파이결합이 만들어지기 때문이다. 따라서 C═C 이중결합은 1개의 시그마결합과 1개의 파이결합으로 이루어진다.

(c) 아세틸렌의 선형분자구조는 탄소원자의 sp혼성을 암시한다. 각 탄소원자의 sp혼성오비탈 2개중 1개는 H와 시그마결합을 형성하고 1개는 다른 탄소원자와 시그마결합으로 연결된다. 탄소원자의 혼성되지 않은 2개의 *p* 오비탈은 2개의 파이결합을 형성하여 삼중결합을 완성한다. 그러므로 삼중결합은 1개의 시그마결합과 2개의 파이결합으로 구성되고 파이결합은 서로 직각이다(그림 9.13).

### 실전예제 9.5

혼성오비탈, 시그마결합, 파이결합을 사용하여 다음 분자의 결합을 설명하시오. (a) HCN (b) $H_2CNH$

CONCEPTUAL
### 개념학습 9.4 파이결합

$sp^3$ 혼성을 하는 탄소원자에서 파이결합이 가능하지 않은 이유를 설명하시오.

## 9.5 분자 극성

극성결합을 갖는 분자는 극성일수도 있고 아닐 수도 있다. $CO_2$처럼 만약 극성결합이 서로 상쇄되는 방향으로 놓이게 되면 **무극성분자(nonpolar molecular)**이다. HCl 처럼 전자밀도가 분자의 한 쪽 끝으로 치우치면 **극성분자(polar molecule)**이다. 극성분자는 그림 9.14에서처럼 전자밀도가 집중된 부분음전하(δ−)와 그 반대편에 부분 양전하(δ+)를 갖는 영구쌍극자(permanent dipole)이다.

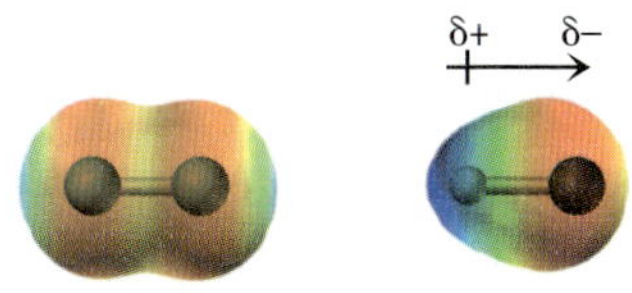


그림 9.14 **무극성분자($Cl_2$)와 극성분자(HCl).** 붉은색은 전자밀도가 크고 푸른색은 전자밀도가 작은 것을 나타낸다.

분자의 극성 또는 무극성을 결정하는 요인들을 조사하기 전에 분자의 극성을 측정하는 실험에 대하여 알아보자. 극성 분자는 전기장 내에서 전기장을 따라 배열하려는 경향이 있다(그림 9.15). 서로 반대로 하전된 한 쌍의 판에 의해서 생성된 전기장 내에서, 극성분자의 부분양전하 끝은(−)판 쪽으로 향하고 부분음전하 끝은(+)판 쪽으로 향하여 끌린다. 분자들이 전기장을 따라 정렬하는 정도는 **쌍극자모멘트(dipole moment)**, μ에 의존하며 이것은 부분전하의 크기와 그들 사이의 거리의 곱으로 정의된다. 쌍극자모멘트의 유도 단위는 C · m이다. 더 흔하게 사용되는 단위로는 Debye(D)로 $1\ D = 3.34 \times 10^{-30}$ C · m로 정의된다. 몇 가지 일반적인 실험값들을 표 9.3에 실었다. 무극성분자의 쌍극자모멘트는 0이다. **극성분자의 쌍극자모멘트는 항상 0보다 크고 분자극성이 커지면 증가한다.**

분자가 극성인지 예측하려면 다음의 두 가지 요인을 고려할 필요가 있다: (1) 분자가 극성결합을 갖고 있는지 (2) 이러한 결합들이 상대적으로 어떻게 위치하고 있는지, 즉 분자의 기하구조이다. 분자의 알짜 쌍극자모멘트는 결합 쌍극자모멘트의 합이다. 이원자분자는 당연히 선형이다. 원자들의 전기음성도가 다르면 전기음성도가 큰 원자에 부분음전하가 놓이고 결합과 분자는 극성이다. 다원자분자에서 개별 결합은 극성일 수 있지만 분자의 모양에 따라 알짜 쌍극자모멘트가 0일 수도 있다. 이 경우 분자는 무극성이다. 결합의 극성과 분자 모양이 합쳐져 쌍극자 모멘트($\mu > 0$)가 생기면 분자는 극성이다. $AX_n$(A는 중심원자, X는 말단원자 또는 원자그룹, $n$은 X의 개수)이라

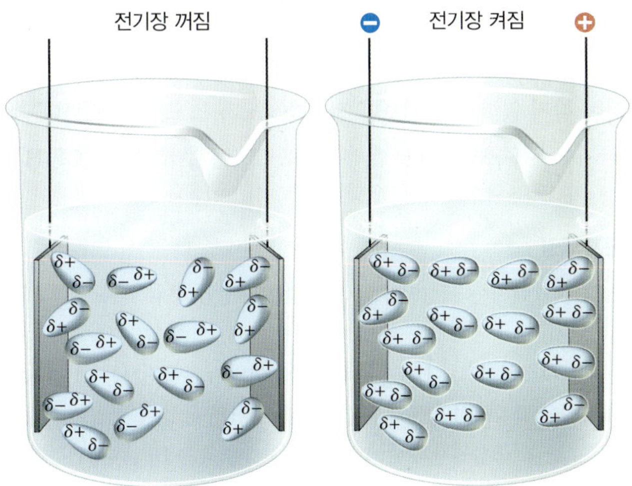


그림 9.15 **전기장에서의 극성분자.** 극성 분자들은 전기장 내에서 서로 반대로 하전된 부분이 가까워 지도록 배열되려는 경향이 있다.

**Peter Debye 1884–1966**

Peter Debye는 20세기 초중반 물리화학의 연구를 선도한 인물이었다. 그는 무질서한 마이크로결정의 X 선 회절 연구, 용액에서 이온 용질간의 상호작용에 관한 이론적인 연구, 분자의 극성에 대한 연구 등 많은 기여를 하였다. 1936년 노벨화학상을 수상한 후 그는 나찌의 압박을 피해 독일을 떠나 코넬대학의 화학교수로 재직하였다.

는 분자에 일반적인 규칙을 적용하여 분자의 기하구조와 쌍극자모멘트를 서로 연관시킬 수 있다. 그런 분자가 다음의 두 조건을 모두 충족시키면 극성이 아니다.

- 말단 원자들이 모두 같다.
- 중심원자 주위의 모든 말단 원자들이 대칭적으로 배열되어 있다.

이러한 조건은 그림 9.4와 그림 9.6에 주어진 분자구조를 갖는 $AX_nE_0$ 분자의 말단 원자들이 모두 같다면 극성이 아님을 의미한다. 개별 결합의 쌍극자는 분자구조의 대칭으로 인해 상쇄될 것이다.

선형 삼원자분자인 $CO_2$의 예를 보자. O 원자의 전기음성도는 C 원자보다 크기 때문에 각각의 C═O 결합은 극성이고, O 원자에 결합쌍극자의 부분음전하가 위치한다. 쌍극자모멘트에 대한 각 결합의 기여를 화살표(⟷)기호로 나타내면 분자가 극성인지를 예측하는데 도움이 된다. $CO_2$에서 O 원자들은 모두 C 원자로부터 서로 반대 방향으로 같은 거리에 있고, 똑 같은 부분음전하(δ−)를 갖는다. 그러므로 결합 쌍극자는 서로 상쇄되고 분자의 쌍극자모멘트는 0이 된다. C═O 결합이 극성이지만, 좌우 대칭인 $CO_2$는 무극성 분자이다.

구부러진 삼원자분자인 물의 경우는 다르다. 여기서 O—H 결합은 극성이고 H 원자들은 δ+의 부분양전하를 갖는다 (그림 9.16). 그러나 두 결합쌍극자는 $CO_2$에서처럼 상쇄되지 않고 서로 더해져서 1.85 D의 쌍극자 모멘트를 준다(표 9.3). 따라서 물은 극성분자이다.

전자레인지(microwave oven)를 사용하여 팝콘이나 요리를 하는 것은 물이 극성분자라는 사실을 응용한 것이다. 대부분의 식품은 수분을 포함한다. 식품에 포함되어 있는 물 분자들이 마이크로파를 흡수하면 분자들은 진동하는 마이크로파를 따라 정렬하기 시작하면서 회전한다. 전자레인지의 마이크로파 발생장치(마그네트론)는 물 분자를 회전시키는데 적절한 진동수인 2.45 GHz($2.45 \times 10^9\ s^{-1}$)의 복사선을 방출한다. 그렇게 하여 먹다 남은 피자를 빨리 데울 수 있는 것이다.

다음은 $CF_4$(μ = 0 D)와 $CF_3H$(μ = 1.60 D)의 서로 다른 쌍극자모멘트를 생각해보자. 중심 탄소원자 주위에 다른 원자들이 사면체로 배열되는 구조로 두 분자의 구조는 같다(그림 9.16). $CF_4$에서 말단원자는 모두 같고, 같은 크기의 부분전하를 갖지만 $CF_3H$에서는 같지 않다. F는 C보다 전기음성도가 크고, H는 C보다 작아서, $CF_3H$에서 결합쌍극자는 서로 보강된다. 결과적으로 $CF_4$는 무극성이고 $CF_3H$는 극성이다.

**표 9.3** 분자들의 쌍극자 모멘트

| 분자 | 쌍극자 모멘트, μ (D) |
|---|---|
| $H_2$ | 0 |
| HF | 1.78 |
| HCl | 1.07 |
| HBr | 0.79 |
| HI | 0.38 |
| ClF | 0.88 |
| BrF | 1.29 |
| BrCl | 0.52 |
| $H_2O$ | 1.85 |
| $H_2S$ | 0.95 |
| $CO_2$ | 0 |
| $NH_3$ | 1.47 |
| $NF_3$ | 0.23 |
| $NCl_3$ | 0.39 |
| $CH_4$ | 0 |
| $CH_3Cl$ | 1.92 |
| $CH_2Cl_2$ | 1.60 |
| $CHCl_3$ | 1.04 |
| $CCl_4$ | 0 |

**예제 9.6 분자 극성**

$BF_3$ 분자와 $CH_2Cl_2$ 분자는 극성인가 무극성인가? 극성의 경우 알짜 쌍극자의 방향을 표시하시오.

**정답:** $BF_3$ 분자는 무극성이고, $CH_2Cl_2$ 분자는 극성이며 부분음전하는 Cl 원자에 위치한다.

**풀이:** 분자의 극성을 결정하려면 분자의 기하구조, 결합의 극성, 결합들이 어떻게 배열되어 있는지를 알아야 한다. 중심원자 주위에 3개의 전자쌍을 갖는 $BF_3$는 평면삼각형 구조이다.

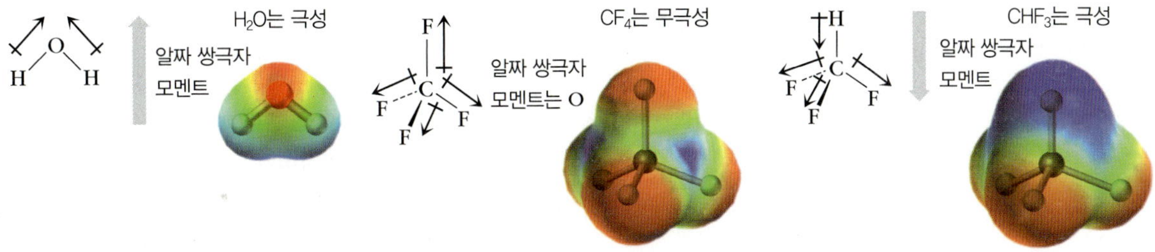


**그림 9.16** 물($\mu$ = 1.85)과 $CHF_3$ ($\mu$ = 1.65)는 극성 분자이다; $CF_4$ ($\mu$ = 0) 는 무극성 분자이다.

무극성 분자의 쌍극자 모멘트는 0이다.

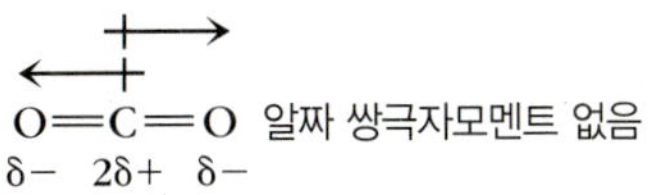


분자의 쌍극자 모멘트는 결합쌍극자들의 벡터 합으로 주어진다.

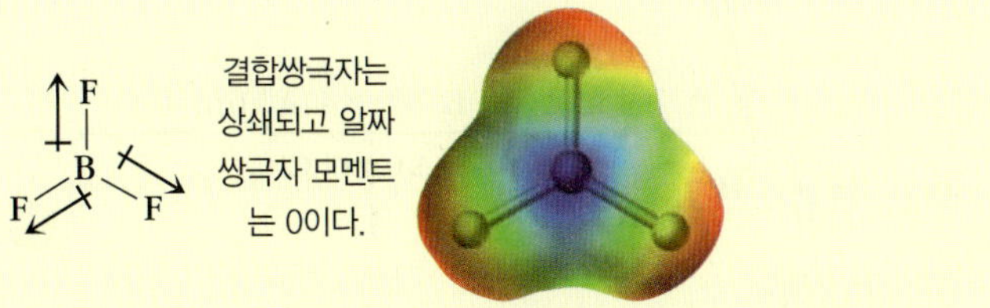


F의 전기음성도는 B보다 크기 때문에 B—F 결합은 극성이다. 그렇지만 말단원자들이 모두 같고, 같은 크기의 부분음전하를 가지며 B 원자 주위에 대칭적으로 배열되어 있기 때문에 분자는 무극성이다. 각각의 B—F 결합쌍극자는 나머지 2개의 B—F 결합쌍극자에 의해 상쇄된다.

오른쪽의 $CH_2Cl_2$ 루이스구조로 부터 이 분자는 무극성이라고 생각할 수도 있다. 그러나 $CH_2Cl_2$는 정사면체 구조를 하고 수소원자도 염소원자도 정확히 서로 반대편에 놓이지 않는다.

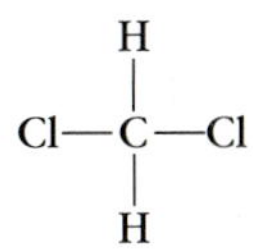

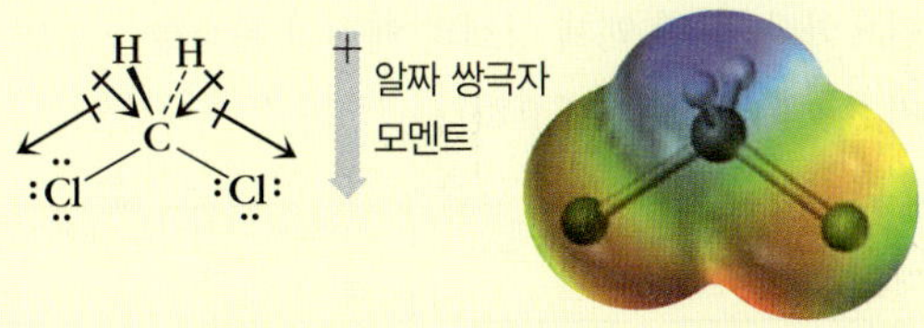


Cl의 전기음성도가 C보다 크고, C는 H보다 크기 때문에, 전하는 H에서 Cl쪽으로 쏠린다. 그 결과 $CH_2Cl_2$는 알짜 쌍극자모멘트($\mu$ = 1.60D)를 갖는다.

**실전예제 9.6**

다음 분자들에 대해서 분자의 극성을 결정하고 극성의 경우 부분 음전하와 부분 양전하의 위치를 표시하시오.

(a) $BFCl_2$　　(b) $NH_2Cl$　　(c) $SCl_2$

EXERCISE
**연습문제** **9.5 쌍극자 모멘트**

쌍극자모멘트의 차이를 설명하시오.

(a) HI (0.38 D)와 HBr (0.79 D)

(b) $CH_3Cl$ (1.92 D), $CH_3Br$ (1.81 D), $CH_3I$ (1.62 D)

## 9.6 분자간 비공유 상호작용과 힘

분자들은 서로에게 끌린다. 이런 인력이 없다면 기체만 존재하고 액체나 고체 화합물은 존재하지 않았을 것이다. 분자사이의 정전기적 인력은 전하들이 영구적이든 일시적이든 상관없이 항상 반대 전하들 사이의 상호작용 결과이다. 극성분자들은 영구쌍극자로 인해 서로 끌어당긴다. 심지어 영구쌍극자를 갖지 않는 무극성분자들끼리도 인력이 작용한다.

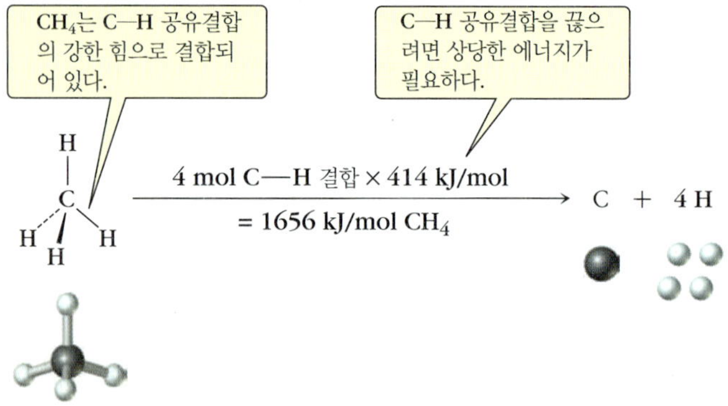


한 분자내의 원자들은 150~1000 kJ/mol에 해당하는 공유결합 힘으로 서로 붙들려있다. 예를 들어 1몰의 메테인 분자(4몰의 C—H 공유결합)에서 모든 결합을 끊어 원자들을 분리시키려면 1656 kJ의 에너지가 필요하다.

분자들끼리는 약한 힘으로 끌어당긴다. 1몰의 메테인 분자를 원자화시키는데 1656 kJ/mol이 필요하다. 반면 액체 상태의 메테인 분자들을 증발시켜 서로 멀리 떨어뜨리는 데는 단지 8.9 kJ/mol이 필요하다.

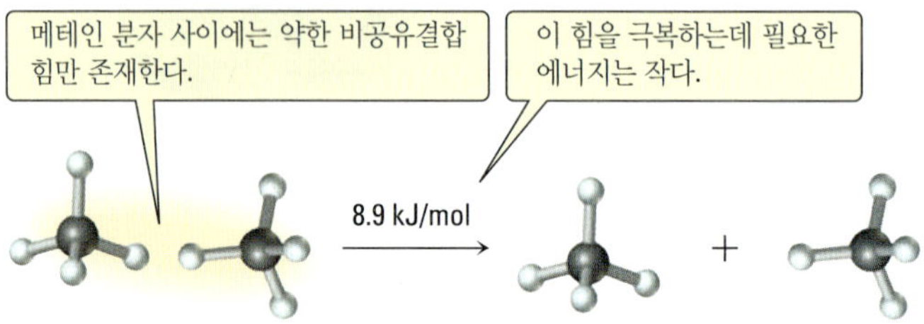


**비공유 상호작용(noncovalent interactions)**이라는 용어는 공유결합, 이온결합, 금속결합을 제외한 모든 종류의 인력을 의미하는데 사용된다. 분자사이에 비공유 상호작용이 존재할 때 그것을 **분자간 힘(intermolecular forces)**이라고 부른다. 분자간 힘은 원자들 사이에 전자쌍을 공유하여 생기는 것이 아니기 때문에 공유결합보다 약하다. 분자들 사이의 비공유 상호작용의 세기(분자간 힘)는 분자 물질의 녹는점, 끓는점 및 다른 물리적 성질들을 설명한다. 큰 분자들에서 비공유 상호작용은 분자 안의 서로 다른 부분들 사이에서 일어날 수 있다(intramolecular forces). 이러한 분자간 및 분자내 비공유 상호작용은 생물학적 분자들이 그 기능을 수행하는데 요구되는 정확한 구조를 유지하게 해준다. 분자량이 22,000 g/mol 이상인 키모트립신 효소는 특별히 배열된 원자들 사이의 비공유 상호작용의 도움으로 생화학적 활성 구조를 갖는다. 그림 9.17은 키모트립신의 리본 모델을 보여준다. 분자내 비공유 상호작용은 우

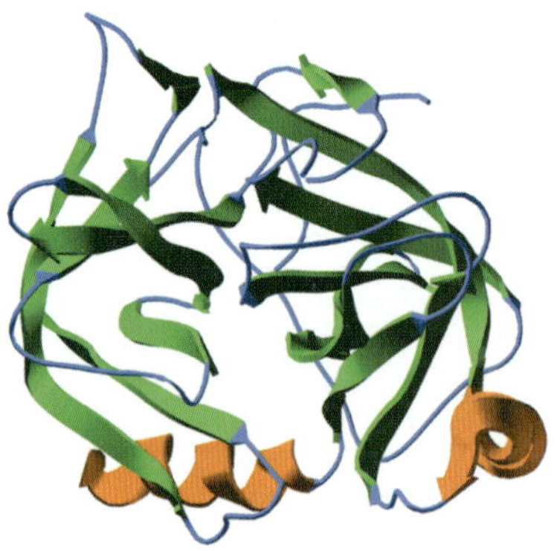

그림 9.17 **키모트립신 분자의 리본 모델.** 비공유 상호작용은 생화학적 활성구조를 가질 수 있게 분자가 접혀지는 것을 돕는다. 붉은색과 초록색 리본은 각각 단백질 사슬이 나선구조와 판구조로 접혀지는 부분을 나타낸다. 보라색의 좁은 리본은 접히지 않은 단순한 영역을 보여준다.

리 신체의 수천 개 단백질들의 형태를 유지시켜준다. 다음 몇 단원에서 세 가지 유형의 비공유 상호작용–런던 힘, 쌍극자–쌍극자 인력, 수소결합–을 조사해 볼 것이다.

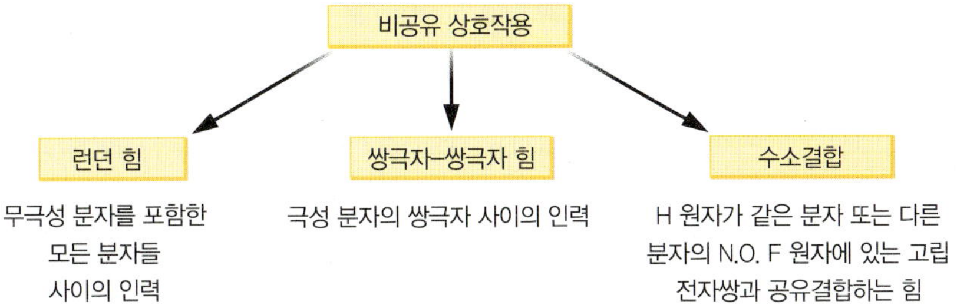


런던 힘은 그런 힘의 유래와 특성을 광범위하게 연구한 Friz London의 업적을 기려 명명되었다. 런던 힘은 또한 분산력이라고도 부른다.

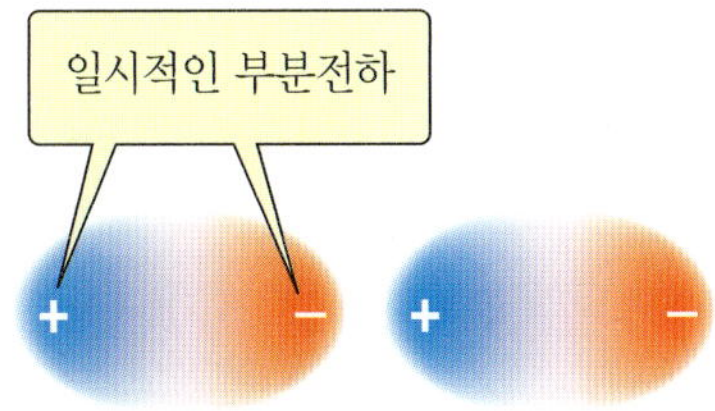


**그림 9.18 런던 힘의 근원.** 분자내 전자들이 일시적으로 고르게 분포하지 않아 유래하는 인력이다. 오른쪽 분자는 왼쪽 분자에 접한 부분에 순간적으로 양의 전하를 갖는다. 이 양전하는 왼쪽분자의 전자들을 끌어당겨 이 분자에 순간적으로 유도쌍극자를 만든다. 두 순간 쌍극자는 서로 끌어당긴다.

## 런던(분산) 힘

런던 힘(또는 분산 힘으로 알려짐)은 모든 분자 물질에 존재한다. 이 힘은 인접한 분자들에서 유도쌍극자의 음전하와 양전하간 인력의 결과이다. **유도쌍극자(induced dipole)**는 이웃한 분자에서 전자들이 순간적으로 고르게 분포하지 않아 바로 옆의 분자에 일시적으로 쌍극자를 유도하는 것이다. 그림 9.18은 순간적으로 전자의 분포가 고르지 않은 $H_2$ 분자가 이웃한 다른 분자에 어떻게 쌍극자를 유도하는지를 보여준다. 분자 내에서 전자 분포의 이동을 **편극(polarization)**이라고 한다. 편극으로 인해 불활성 원자, 산소나 질소와 같은 이원자분자, $CH_4$와 같은 무극성분자들도 순간적인 쌍극자를 갖는다. 런던 힘은 이러한 무극성 분자들 사이의 유일한 비공유 상호작용이다.

런던 힘은 대략 0.05~40 kJ/mol 의 에너지에 해당한다. 그 세기는 분자 내 전자들이 얼마나 잘 편극되는지에 달려 있다. 이것은 분자 내 전자의 개수와 전자들이 핵에 얼마나 세게 끌리는지에 의존한다. 일반적으로 분자 내 전자 수가 많을수록, 핵에 약하게 끌릴수록 편극이 쉽게 일어난다. 런던 힘은 분자 내 전자수가 증가할수록 커진다. 따라서 $Br_2$나 $I_2$처럼 전자를 많이 갖고 있는 큰 분자들은 상대적으로 잘 편극된다. 반면 작은 분자들($F_2$, $N_2$, $O_2$ 등)은 덜 편극된다.

무극성 분자 그룹의 끓는점을 보면 전자 개수의 영향이 명백해진다(표 9.4). 끓는점은 분자 내 전자의 개수가 증가하면 높아진다(이 효과는 분자량과도 연관된다. 무거운 원자나 분자일수록 더 많은 전자를 갖고 있다). 액체가 끓기 위해서 분자들은 분자간 인력을 극복하기 위한 충분한 에너지를 가져야 한다. 따라서 액체의 끓는점은 분자간 힘의 성질과 세기에 의존한다. 액체 A의 분자 간 인력을 극복하기 위한 에너지가 액체 B의 분자 간 인력을 극복하기위한 에너지보다 더 크다면, A의 끓는점은 B의 끓는점보다 높다. 표 9.4에 표시한 것처럼, $Cl_2$와 $F_2$(bp = −188°C)의 끓는점을 비교해보

**라바 램프는 램프내의 붉은 액체 및 노란 액체 내의 분자간 힘의 차이, 그리고 그들 사이의 분자간 힘의 차이를 이용한 것이다.**

표 9.4 무극성 분자 물질의 끓는점에 대한 전자수의 영향

| 불활성 기체 | | | 할로겐 | | | 탄화수소 | | |
|---|---|---|---|---|---|---|---|---|
| | 전자수 | 끓는점(°C) | | 전자수 | 끓는점(°C) | | 전자수 | 끓는점(°C) |
| He | 2 | −269 | $F_2$ | 18 | −188 | $CH_4$ | 10 | −161 |
| Ne | 10 | −246 | $Cl_2$ | 34 | −34 | $C_2H_6$ | 18 | −88 |
| Ar | 18 | −186 | $Br_2$ | 70 | 59 | $C_3H_8$ | 26 | −42 |
| Kr | 36 | −152 | $I_2$ | 106 | 184 | $C_4H_{10}$* | 34 | 0 |

**구조와 끓는점.** pentane과 2,2-dimethylpropane은 비록 같은 수의 전자를 갖고 있지만, 분자 구조가 서로 다르기 때문에 끓는 점이 차이가 난다.

pentane, bp = 36.0 °C　　2,2-dimethylpropane, bp = 9.5 °C

면 $F_2$ 분자 사이의 런던 힘은 $Cl_2$ 분자 사이의 런던 힘보다 약하다. 약한 분자 간 인력은 낮은 끓는점으로 이어진다. $Br_2$의 끓는점(bp = 59°C)은 $Cl_2$의 끓는점보다 높은데 이것은 $Br_2$ 분자 사이의 런던 힘이 $Cl_2$ 분자 사이의 런던 힘보다 세다는 것을 의미한다.

흥미롭게도 분자구조 또한 런던 힘에 기여할 수 있다. 펜테인($C_5H_{12}$)의 두 가지 이성질체(곧은 사슬 펜테인과 2,2-디메틸프로페인)의 끓는점은 27°C나 차이가 난다. 펜테인 분자의 곧은 사슬 구조는 인접한 분자와 분자 전체에 걸쳐 밀접한 접촉을 허용하고 결과적으로 런던 힘이 더 세진다. 반면 2,2-디메틸프로페인 분자는 곧은 펜테인 분자만큼 접촉을 허락하지 않는다.

## 쌍극자-쌍극자 인력

극성분자는 영구쌍극자를 갖고 있기 때문에, 극성분자들 사이에서는 **쌍극자-쌍극자 인력(dipole-dipole attraction)**이라 부르는 비공유 상호작용이 일어난다. 영구쌍극자를 갖는 분자들은 한 분자의 부분 양전하가 다른 분자의 부분 음전하와 가까이 있을 때 서로 끌린다(그림 9.19).

비슷한 수의 전자(비슷한 세기의 런던 힘)를 갖는 몇 가지 극성 물질과 무극성 물질의 끓는점을 표 9.5에 나타내었다. 일반적으로 런던 힘이 비슷하다면(전자의 수가 비슷하다면), 분자의 극성이 클수록 그 물질의 끓는점은 더 높다. 표 9.5에서 극성 물질에 비해 무극성 물질의 끓는점이 낮은 것은 이러한 관계를 반영한다. 쌍극자-쌍극자 힘은 5~25 kJ/mol 이지만 런던 힘(0.05~40 kJ/mol)은 더 강할 수 있다. 예를 들어 HCl의 극성이 HI 보다 강하지만, HI 에서의 더 강한 런던 힘은 HI의 끓는점(−36°C)을 HCl의 끓는점(−85°C)보다 더 높게 만든다. 그러나 런던 힘이 비슷할 때, 더 극성인 물질은 덜 극성인 물질에 비해 더 강한 분자 간 인력을 갖는다. 두 분자 모두 비슷한 전자수로 인해 거의 비슷한 크기의 런던 힘을 갖지만, 극성인 ICl (bp = 97°C)과 무극성인 $Br_2$ (bp = 59°C)의 끓는점에 차이가 있다(표 9.5).

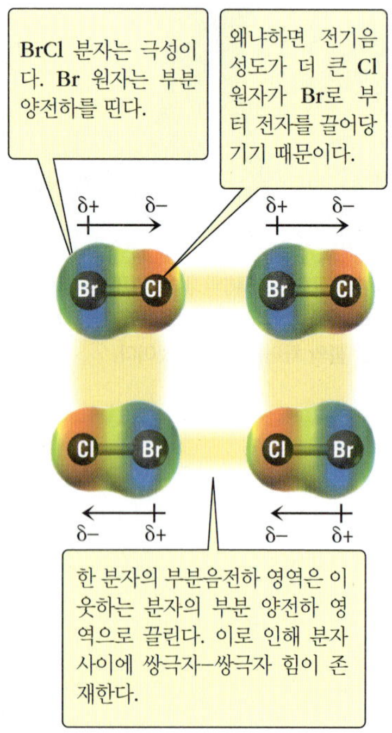


**그림 9.19** 극성인 BrCl 분자사이의 쌍극자-쌍극자 인력

**표 9.5** 극성과 무극성 물질의 전자 수 및 끓는점

| 무극성분자 | | | 극성분자 | | |
|---|---|---|---|---|---|
| | 전자수 | 끓는점(°C) | | 전자수 | 끓는점(°C) |
| $SiH_4$ | 18 | −112 | $PH_3$ | 18 | −88 |
| $GeH_4$ | 36 | −90 | $AsH_3$ | 36 | −62 |
| $Br_2$ | 70 | 59 | ICl | 70 | 97 |

CONCEPTUAL
**개념학습** 9.6 쌍극자–쌍극자 힘

그림 9.19에서처럼, 4개의 CO 분자를 사용하여 CO 분자들 사이의 쌍극자–쌍극자 힘을 나타내시오.

**브롬 증기와 액체상태의 브롬.**

**예제 9.7 분자간 힘**

다음의 변화가 일어나려면 어떤 힘이 극복되어야 하는가?

(a) 가솔린(탄화수소의 혼합물)의 증발

(b) 고체 이산화탄소(드라이아이스)의 증기로 전환

(c) 질산암묘늄($NH_4NO_3$)의 $N_2$와 $H_2O$로의 분해

(d) ClF의 끓음 (e) $P_4$를 $P_2$로 변환

**정답**

(a) 런던 힘 (b) 런던 힘

(c) N–H, O–N 사이의 공유결합, $NH_4^+$와 $NO_3^-$ 이온 간의 인력

(d) 런던 힘과 쌍극자–쌍극자 힘

(e) P 원자 사이의 공유결합

**풀이**

분자 물질의 물리적 상태를 변화시키기 위해서는 분자 사이의 비공유 상호작용을 끊어야 한다. 극성분자 사이에는 쌍극자–쌍극자 힘이 관여하고, 런던 힘은 모든 분자들에서 어느 정도 작용한다. 큰 분자들 사이에서 런던 힘은 크게 작용할 수도 있다. 분자 물질의 분해는 분자내의 공유결합을 끊는 커다란 변화이다.

(a) 가솔린은 탄화수소의 혼합물이다. 비극성인 탄화수소 분자들을 증발시키기 위해서는 그들 사이의 런던 힘을 극복해야 한다.

(b) 비극성 $CO_2$ 분자들 사이의 비공유 인력(런던 힘)을 상쇄시키는 열에너지를 가하면 고체 이산화탄소는 기체로 바뀐다. 비공유 힘은 기체분자들 사이에서도 여전히 존재한다.

(c) 질산암모늄을 $N_2$와 $H_2O$로 분해하는 것은 N—O와 N—H 공유결합들을 끊고 원자들을 재배열해야 한다. 이처럼 결합을 끊는 것은 화합물을 녹이는데 필요한 에너지보다 훨씬 큰 에너지를 필요로한다.

(d) 극성분자들 사이의 쌍극자—쌍극자 힘은 액체 상태의 ClF 분자들을 서로 끌어 당긴다. 런던 힘 또한 존재하며 ClF가 증발하려면 이러한 집합적인 힘들을 극복해야 한다.

(e) P 원자 사이의 공유결합이 끊어져야 한다.

**실전예제 9.7**

다음의 변화가 일어나려면 어떤 힘이 극복되어야 하는지 설명하시오.

(a) Kr이 녹음

(b) 프로페인이 C와 $H_2$를 방출

## 수소결합

수소결합은 특별한 유형의 쌍극자−쌍극자 힘에 기인하는 비공유 상호작용의 한 형태이다. 수소결합은 F, O, N에 공유결합된 수소원자의 부분 양전하와, 전기음성도가 큰 원자(보통 F, O, N)의 고립 전자쌍 사이의 인력이다. 수소원자와 고립전자쌍은 서로 다른 분자에 있거나 아니면 같은 분자 내 서로 다른 부분에 있을 수 있다. 분자 내의 전자밀도는 전기음성도의 크기 때문에 F, O, N쪽으로 쏠리고 이 원자들은 부분음전하를 띠게 된다. 결과적으로 N, O, F에 결합된 수소원자는 부분양전하를 띠게 된다. 수소결합에서, 전기음성도가 큰 원자(X)에 결합된 수소원자의 부분양전하는 다른 원자(Z)에 있는 고립전자쌍의 음전하에 정전기적으로 끌린다. 원자 사이의 수소결합은 보통 점선으로 표시한다.

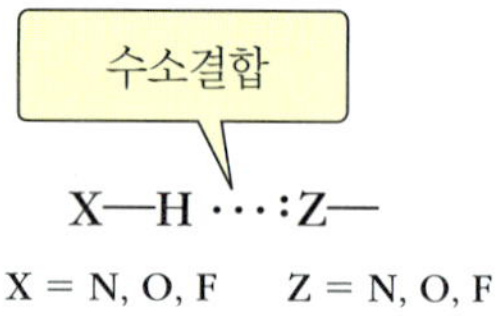


수소결합은 2개의 서로 다른 분자사이 또는 같은 분자의 서로 다른 부분 사이에서 생성된다. 이것은 각각 분자간 수소결합 또는 분자내 수소결합으로 알려져 있다.

수소결합은 수소원자와 전기음성도가 큰 원자사이에 브리지를 만든다. 수소원자와 질소 또는 산소원자에 있는 고립전자쌍간의 이러한 형태의 브리지는 커다란 단백질 분자의 3차원 구조(겹침)를 결정하는데 중요한 역할을 한다.

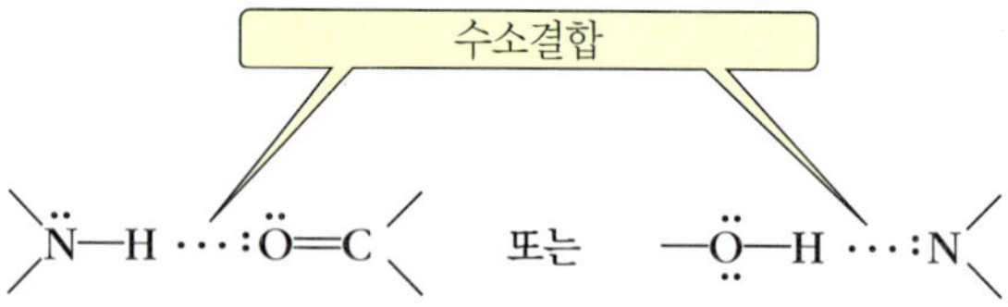


**ethanol과 dimethyl ether에 있어서 비공유 상호작용.** 두 분자는 같은 수의 전자를 갖고 있고 따라서 런던 힘은 대략 비슷하다. ethanol 분자는 −OH기를 갖고 있으므로 분자간 쌍극자 힘과 수소결합 힘이 존재한다. dimethyl ether 분자는 극성이지만 수소결합은 하지 못한다. 따라서 분자간 비공유 힘은 ethanol에서 보다 약하다.

| | ethanol | dimethyl ether |
|---|---|---|
| 분자 모델 | 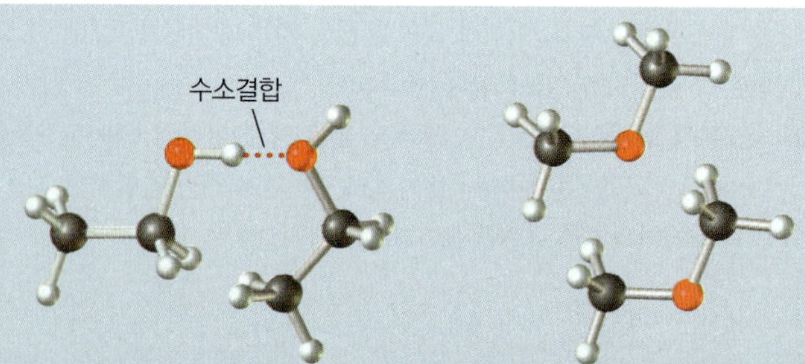  ethanol $CH_3CH_2OH$ | dimethyl ether $CH_3OCH_3$ |
| 쌍극자모멘트, D | 1.69 | 1.30 |
| 녹는점, °C | −114.1 | −141.5 |
| 끓는점, °C | 78.29 | −24.8 |

H에 결합한 원자의 전기음성도가 클수록, H의 부분양전하는 더 커지고 수소결합은 더 강해진다.

H 원자는 매우 작고 그것의 부분양전하는 매우 작은 부피에 한정되어 있어서, 고립 전자쌍에 매우 가깝게 갈 수 있고 수소결합을 통한 강한 쌍극자−쌍극자 힘이 생긴다. 수소결합의 세기는 공유결합보다 작은 10~40 kJ/mol 에 해당한다. 그러나 물질들에서 무수한 수소결합이 종종 일어나고 그 효과는 매우 극적일 수 있다. 한 예로 에탄올의 녹는점과 끓는점을 들 수 있다. 이 단원의 시작 부분에서 에탄올과 디메틸에테르는 분자식($C_2H_6O$)이 같고, 따라서 전자 수가 같으며 비슷한 크기의 런던 힘을 갖지만, 그들의 녹는점 및 끓는점은 큰 차이가 있음을 보았다. 두 분자 모두 극성이고 쌍극자−쌍극자 힘을 갖고 있다. 녹는점과 끓는점에서의 두 분자의 차이는 에탄올의 수소결합 때문이다. 에탄올의 O−H 결합은 분자 내 수소결합을 가능하게 하지만 디메틸에테르는 O−H 결합이 없기 때문에 수소결합을 할 수 없다.

할로젠화수소 화합물도 수소결합의 중요한 효과를 보여준다(그림 9.20). 가장 작은 할로젠화수소인 HF의 끓는점은 예상되는 것보다 훨씬 높다. 이것은 다른 할로젠화수소 화합물에서는 거의 존재하지 않는 수소결합에 기인하기 때문이다.

| 힘의 유형 | 힘의 크기(kJ/mol) |
|---|---|
| 공유결합 | 150−1000 |
| 런던 힘 | 0.05−40 |
| 쌍극자−쌍극자 | 5−25 |
| 수소결합 | 10−40 |

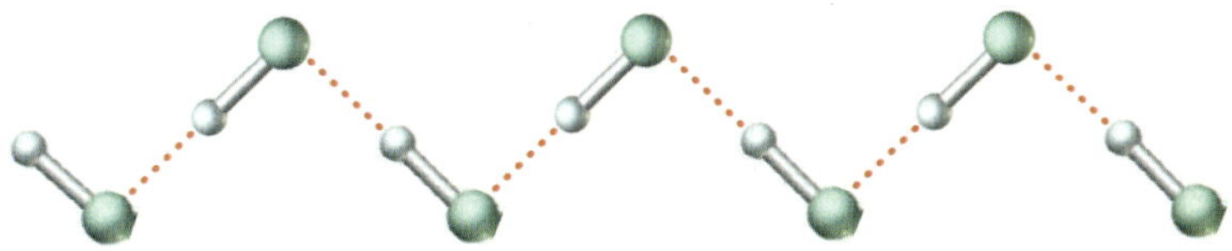

고체 HF에서의 수소결합

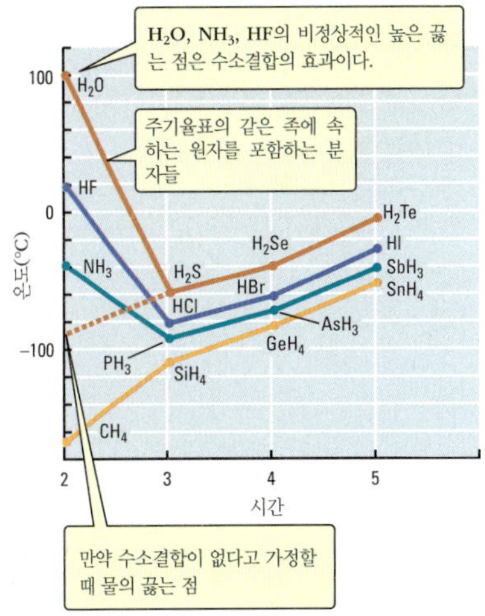


**그림 9.20 수소를 포함하는 간단한 이성분 화합물의 끓는점**

수소결합은 특히 물 분자에서 강하게 일어나고 물의 여러 독특한 성질을 결정한다. 주기율표에서 산소와 이웃하거나 같은 족에 있는 원소들의 수소화합물들은 상온에서 기체이다.($CH_4$, $NH_3$, $H_2S$, $H_2Se$, $H_2Te$, $PH_3$, HF, HCl 등) 그러나 $H_2O$는 상온에서 액체이며 이것은 분자 간 강한 인력이 존재함을 의미한다. 그림 9.20은 $H_2O$의 끓는점이 수소결합이 없다고 예상할 때의 끓는점보다 대략 200℃정도 높다는 것을 보여준다.

분자들이 상호작용하기에 충분히 가까운 액체나 고체상태에서, 물 분자의 수소원자는 이웃한 물 분자의 산소원자에 있는 고립전자쌍에 끌린다. 수소원자는 다른 물 분자의 산소원자와 수소결합을 형성할 수 있고, 각 산소원자들은 2개의 고립전자쌍을 갖고 있기 때문에, 물 한 분자는 4개의 다른 물 분자와 수소결합을 할 수 있다(그림 9.21). 그 결과로 중심 물 분자 주위에 사면체 물 분자 클러스터가 형성된다.

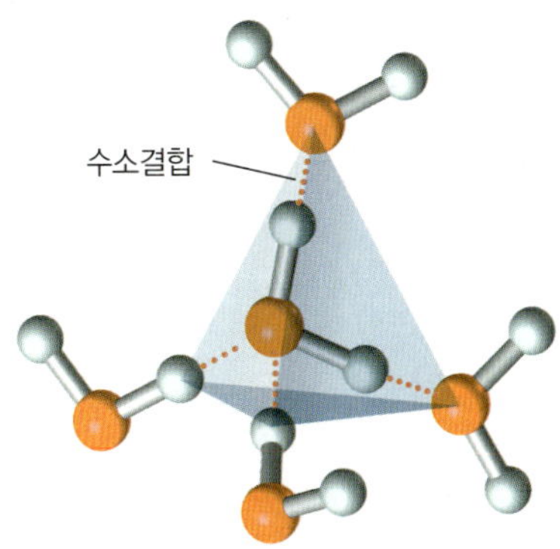


**그림 9.21 물 분자와 주위의 물 분자 사이의 수소결합.** 각각의 물분자는 4개의 수소결합에 참여할 수 있다. 즉 수소원자 하나에 1개의 수소결합, 산소원자의 고립전자쌍 1개에 1개의 수소결합이 형성된다. 각각의 수소결합은 두 개의 물분자에 의해 공유되기 때문에 물분자 하나당 2개의 수소결합이 존재한다.

CONCEPTUAL
**개념학습 9.7 수소결합의 세기**

F−H······F−H, O−H······N−C, N−H······O−C 3개의 수소결합 중 가장 강한 결합은? 그 이유를 설명하시오.

**예제 9.8 분자간 힘**

다음과 같은 변화가 일어나기 위하여 런던 힘 외에 극복해야할 힘은? 주요한 힘의 유형을 기술하시오.

(a) 에탄올($CH_3CH_2OH$)의 증발

(b) 암모니아($NH_3$)의 수소($H_2$)와 질소($N_2$)로의 분해

(c) 요오드($I_2$)의 승화

(d) 액체 암모니아의 끓음

**정답**

(a) 수소결합과 쌍극자 힘

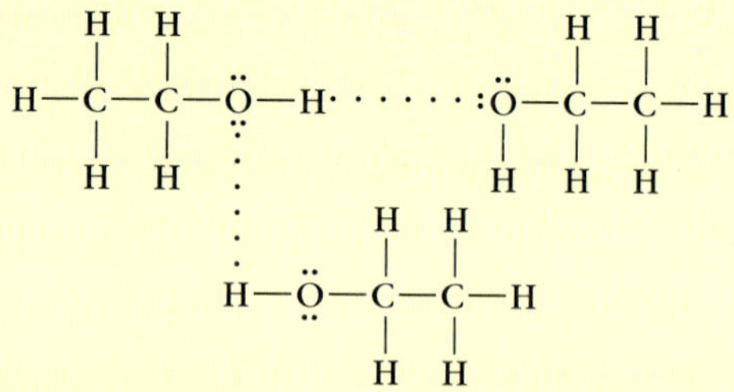

(b) N−H의 공유결합

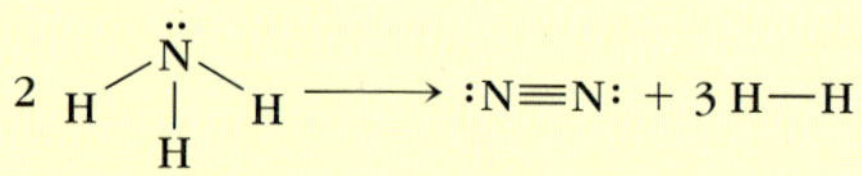

(c) $I_2$ 분자 사이의 런던 힘

(d) 수소결합과 쌍극자 힘

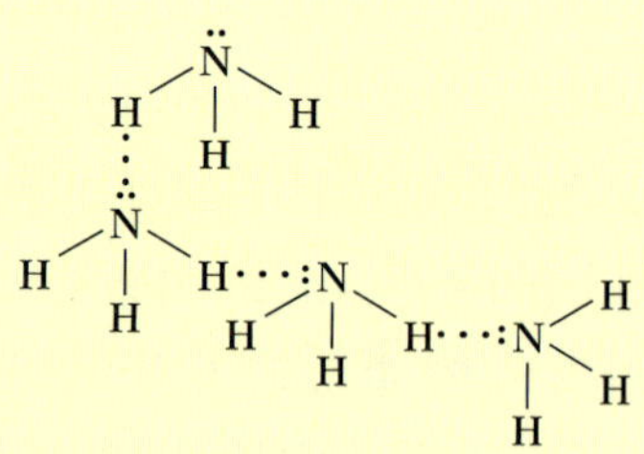

**풀이:** 각각의 경우에 극복해야할 힘을 확인한다.

(a) 에탄올 분자들은 수소결합을 하고 있다,

(b) 암모니아의 분해는 분자간 힘을 극복하는 것이 아니라 분자내 N−H 공유결합을 끊는 것이다.

(c) 아이오딘은 런던 힘으로 뭉쳐진 비극성 $I_2$ 분자이다. 그러므로 고체 아이오딘이 기체로 바뀌려면 런던 힘을 극복해야 한다.

(d) 액체상태의 암모니아 분자들은 수소결합을 하고 있다. 증발하려면 이 힘을 끊어야 한다. $NH_3$는 극성 분자이므로 쌍극자−쌍극자 힘도 존재한다.

**실전예제 9.8**

다음 분자들 사이의 인력에 관여하는 분자간 힘의 유형을 결정하시오.

(a) $N_2$와 $N_2$

(b) $CO_2$와 $H_2O$

(c) $CH_3OH$와 $NH_3$

# 문제

## 분자의 모양

1. 다음 분자들에서는 중심원자가 결합전자쌍들만 포함하고 있다. 루이스구조를 그리고 각 분자들의 모양을 확인하시오.

   (a) $BeH_2$ (b) $CH_2Cl_2$

   (c) $BH_3$ (d) $SeCl_6$

   (e) $PF_5$

2. VSEPR 모델을 사용하여 전자쌍기하구조와 분자기하구조를 예측하시오.

   (a) $PH_4^+$ (b) $OCl_2$

   (c) $SO_3$ (d) $H_2CO$

3. 다음 각 이온의 중심원자에는 3개의 산소원자가 결합되어 있다. 각 이온의 루이스구조를 그린 후, 전자쌍기하구조와 분자기하구조를 기술하고 유사점과 차이점을 설명하시오.

   (a) $BO_3^{3-}$ (b) $CO_3^{2-}$

   (c) $SO_3^{2-}$ (d) $ClO_3^-$

4. 다음은 옥테트 규칙을 따르지 않는 분자와 이온들의 예이다. 루이스구조를 그린 후, 전자쌍기하구조와 분자기하구조를 기술하시오.

   (a) $SiF_6^{2-}$ (b) $SF_4$

   (c) $PF_5$ (d)$XeF_4$

5. 다음 결합각의 대략적인 값을 예측하시오. 그림은 실제 분자구조가 아니라 주어진 결합을 나타내기 위한 것이다.

   (a) O—S—O 각도($SO_2$에서) (b) F—B—F 각도($BF_3$에서)

   (c) 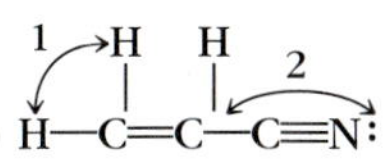

   (d) 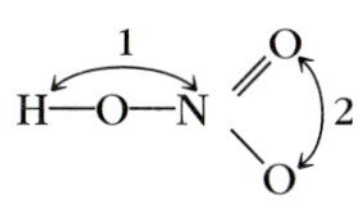

6. 주어진 결합각의 대략적인 값을 예측하시오.

   (a) $SeF_4$에서 F−Se−F 결합각

   (b) $SOF_4$에서 O−S−F 결합각(O 원자는 적도 방향 위치)

   (c) $BrF_5$에서 F−Br−F 결합각

7. $NO_2$와 $NO_2^+$의 O−N−O 결합각을 비교할 때 어느 쪽이 더 큰가?

## 혼성화

8. 주어진 원자오비탈을 결합하여 생성되는 혼성오비탈을 나타내는데 사용하는 기호는?

   (a) 1개의 *s*오비탈과 3개의 *p* 오비탈

   (b) 1개의 *s*오비탈과 2개의 *p* 오비탈

9. 클로로포름, $CHCl_3$에서 탄소의 혼성과 기하구조를 기술하시오.

10. 아미노산 알라닌의 루이스구조는 다음과 같다. N, C, O 원자의 혼성과 주위의 결합각은?

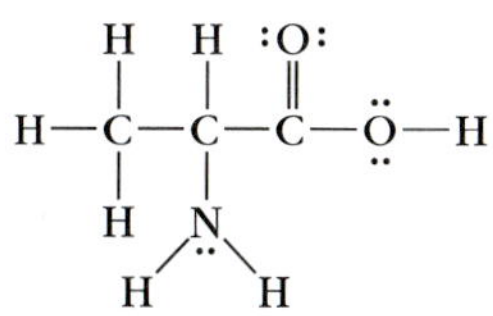

11. (a) $CH_3CH_2CCH$에서 각각의 탄소원자들의 혼성 형태와 대략적인 결합각을 확인하시오.

    (b) 이 분자에서 탄소−탄소 결합의 길이가 가장 짧은 결합은?

    (c) 이 분자에서 탄소−탄소 결합의 세기가 가장 강한 결합은?

12. 다음 분자들의 루이스구조를 그리고 각 결합이 파이결합인지 시그마결합인지 확인하시오.

    (a) OCS (b) $NH_2OH$

    (c) $CH_2CHCHO$ (d) $CH_3CH(OH)COOH$

13. 아크릴로니트릴은 축합 반응을 통하여 카펫이나 가발을 만드는데 사용된다. 루이스구조는 다음과 같다.

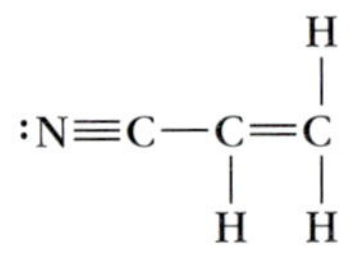

(a) 분자에서 시그마결합을 찾고 몇 개 인지 확인하시오.

(b) 분자에서 파이결합을 찾고 몇 개 인지 확인하시오.

(c) 질소원자에 결합한 탄소원자의 혼성은 무엇인가?

(d) 질소원자의 혼성은 무엇인가?

(e) 수소원자가 결합되어 있는 탄소원자들의 혼성은 무엇인가?

## 분자의 극성

14. $H_2O$, $NH_3$, $CO_2$, ClF, $CCl_4$에 대하여

(a) 극성이 가장 큰 결합을 갖는 분자는?

(b) 극성이 아닌 분자는?

(c) ClF에서 어느 원자가 부분 음전하를 갖는가?

15. 다음 분자들 중 극성인 것은? 각 극성분자에서 극성의 방향, 즉 분자의 어느 쪽이 부분음전하이고 어느 쪽이 부분양전하인지 나타내시오.

(a) $CO_2$ (b) $HBF_2$
(c) $CH_3Cl$ (d) $SO_3$

16. 분자들 사이의 쌍극자 모멘트의 차이를 설명하시오.

(a) BrF(1.29 D)와 BrCl(0.52 D)

(b) $H_2O$(1.86 D)와 $H_2S$(0.95 D)

17. 다음 중 어느 것이 극성분자이고, 극성 분자에서 쌍극자의 방향을 나타내시오.

(a) $NH_2OH$

(b) $SCl_2$

## 비공유 상호작용

18. 모든 유형의 비공유 상호작용을 포함하는 표를 만들고, 각 상호작용에서 거리의존도를 설명하시오.(일반적으로 분자간 힘이 약할수록 주변 분자들의 인력을 느끼기 위하여 분자 사이의 거리가 더 가까워져야 한다) 표에는 각각의 상호작용을 보이는 물질의 예를 포함시키시오.

19. 깨끗이 왁스칠을 한 차의 표면에는 물방울이 맺히지만, 그렇지 않은 차의 표면에서는 물방울이 잘 맺히지 않는다. 그 이유를 설명하시오.

20. 다음 분자들 중 수소결합을 형성하는 것은?

(a) $CH_2Br_2$ (b) $CH_3OCH_2CH_3$
(c) $H_2NCH_2COOH$ (d) $H_2SO_3$
(e) $CH_3CH_2OH$

21. 다음은 비타민 C의 구조식이다.

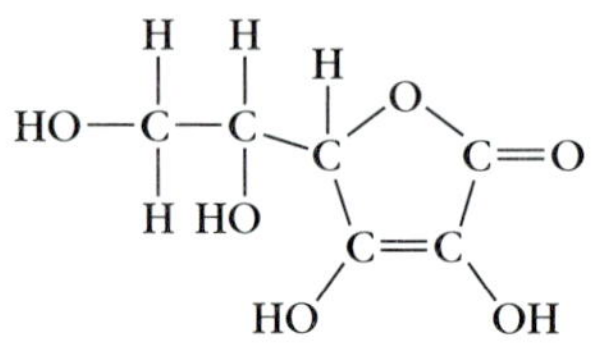

비타민 C가 왜 지용성이 아니라 수용성인지를 분자 수준에서 설명하시오.

22. 다음의 변화들에서 극복해야할 힘의 형태는 무엇인가?

(a) 고체 $C_{10}H_8$의 승화

(b) 프로판, $C_3H_8$의 용융

(c) 물의 $H_2$와 $O_2$로의 분해

(d) 액체 $PCl_3$의 증발

# 10장

# 기체와 대기

**10.1** 대기
**10.2** 기체의 압력
**10.3** 분자운동론
**10.4** 이상기체의 성질
**10.5** 화학반응에서 기체의 양
**10.6** 기체의 밀도와 몰질량
**10.7** 기체혼합물과 분압
**10.8** 실제기체의 성질
**10.9** 대기의 이산화탄소, 온실효과와 지구온난화

1999년 3월 Breitling Orbiter3 열기구는 최초로 무착륙 세계 일주에 성공하였다. 20일간 28,431 마일을 비행하였다. 비행 도중 기구는 고도 36,000 피트에 도달하여 제트기류를 탔다. 열기구는 외부의 뜨거운 공기 방과 내부의 헬륨 방으로 구성되어 있다. 온도와 압력이 변하면 공기와 헬륨이 차지하는 부피가 변하면서 열기구는 고도가 높아지거나 낮아진다. 기구 아래 매달려 있는 검은 물체는 통신과 운항장비에 전원을 공급하는 태양전지 패널이다.

초기의 화학자들은 기체와 그것들의 화학을 광범위하게 연구하였다. 기체를 발생시키는 반응을 수행하였고, 기체를 물에 통과시켜 유리용기에 수집하고, 동물의 방광에 저장해 보기도 하였다. 기체들이 반응하는지 알아보기 위하여 서로 혼합해보고, 반응하면 얼마의 기체가 없어지고 생성되는지 조사해 보았다. 기체들은 액체나 고체에 비하여 공통된 성질을 훨씬 더 많이 갖는다는 사실을 발견하였다. 몇 가지 기체들은 색깔을 띠지만($F_2$는 약한 노란색, $Cl_2$

는 녹색을 띄는 노란색, $I_2$는 자주색) 대부분의 기체들은 투명하다. 기체는 유동성이 있는데 팽창하여 가능한 모든 공간을 채우고, 임의의 비율로 다른 기체와 서로 섞인다. 기체 시료의 부피는 온도나 압력 또는 두 가지 모두에 의해서 변할 수 있다. 따라서 기체의 밀도는 조건에 따라 달라진다. 이런 것들이 처음에는 기체에 대한 연구를 복잡하게 할 것 같지만 실제는 그렇지 않다. 기체 부피가 온도와 압력에 의존하는 방식은 근본적으로 모든 기체들에 대하여 똑 같아서 쉽게 수학적인 식으로 공식화 할 수 있다.

지구는 대기라 불리는 기체혼합물로 둘러싸여 있다. 기체혼합물 사이에서 수많은 화학반응들이 일어나고 있고 그 중 많은 반응들이 태양의 빛에너지에 의해서 일어난다. 많은 반응들이 지구에 서식하는 동물들에게 이롭지만 어떤 반응들은 바람직하지 않은 생성물을 만들어낸다. 이 단원은 기체에 대한 근본적인 사실들과 개념들을 포함한다. 압력, 온도, 기체의 양과 부피사이의 관계를 이상기체법칙으로 표현한다. 화학반응에서 기체를 정량적으로 다루는 방법을 설명하고, 실제기체를 기술하기 위한 이상기체법칙의 보정에 대하여 살펴볼 것이다. 단원의 끝에서는 대기의 이산화탄소와 그것의 온실효과 및 지구온난화와의 관계에 대해 논할 것이다.

지구의 크기와 비교할 때 대기의 두께는 사과의 크기에 대한 사과 껍질의 두께와 비슷하다.

NASA

**지구**

1톤은 1000 kg이다. 5.3x10[15] 톤의 대기 무게는 한 변이 100 km인 정육면체의 물의 무게와 같다.

## 10.1 대기

지구는 대기를 구성하는 원자와 분자들의 수 킬로미터 층으로 둘러싸여 있다. 이 기체층은 기체 연구를 시작하기에 안성맞춤이다. 지구 표면의 모든 것들은 대기의 압력을 받는다. 대기의 전체 질량은 약 $5.3 \times 10^{15}$ 톤 정도로 엄청나지만 지구의 백만분의 일 정도이다. 대기 중의 두 가지 주요 화합물은 비교적 반응성이 없는 질소와, 반응성이 큰 산소이다. 해수면의 건조한 공기 중에는 부피비로 질소가 가장 많고, 그 다음으로 산소가 많으며, 나머지는 각각 1% 보다도 적은 양으로 13종류의 다른 기체들이 존재한다(표 10.1). 공기의 100 단위 부피마다 21단위가 산소이다. 순수한 산소는 연소를 돕는다(그림 10.1). 그러나 대기처럼 산소가 적당한 온도에서 질소로 희석되어 있을 때, 산소의 산화 능력은 어느 정도 조절된다. 대기는 대부분의 불활성 기체(아르곤, 네온, 크립톤, 제논)의 유일한 공급원이다.

© Cengage Learning/Charles D. Winters

**그림 10.1 순수한 산소 대기에서의 연소.** 타고 있는 나무 막대를 순수한 산소가 채워져 있는 용기 안에 넣으면, 나무 막대는 훨씬 빨리 탄다.

**표 10.1 해수면에서 건조한 공기의 조성***

| 기체 | 부피 백분율(%) | 기체 | 부피 백분율(%) |
|---|---|---|---|
| Nitrogen | 78.084 | Krypton | 0.0001 |
| Oxygen | 20.948 | Carbon monoxide† | 0.00001 |
| Argon | 0.934 | Xenon | 0.000008 |
| Carbon dioxide† | 0.033 | Ozone‡ | 0.000002 |
| Neon | 0.00182 | Ammonia | 0.000001 |
| Hydrogen | 0.0010 | Nitrogen dioxide‡ | 0.0000001 |
| Helium | 0.00052 | Sulfur dioxide‡ | 0.00000002 |
| Methane† | 0.0002 | | |

* 물은 대기의 중요한 성분이지만 공기의 물 조성은 상황에 따라 변하기 때문에 생략하였다.
† 온실 가스
‡ 대기환경에 영향을 주는 미량 기체

중력 때문에 대기를 구성하는 분자들은 지표면 가까이에 집중된다. 대기 성분의 농도를 기술하기 위하여 표 10.1에 사용된 부피 백분율 외에 부피 ppm(parts per million)이나 ppb(parts per billion) 단위가 사용된다. 부피는 분자 수에 비례하기 때문에 ppm과 ppb 단위는 다른 분자들에 대한 어느 한 가지 분자의 비율을 나타낸다. 예를 들어 "10 ppm $SO_2$"는 백만 개 분자마다 10개의 $SO_2$ 분자가 있음을 의미한다. 이것은 그렇게 많은 것처럼 들리지 않지만, 1cm$^3$의 공기 중에는 $2.7 \times 10^{13}$의 백만 배에 해당하는 분자들이 있고, 10 ppm $SO_2$를 포함하는 1cm$^3$ 공기 중에는 $2.7 \times 10^8$의 백만 배에 해당하는 $SO_2$ 분자가 들어 있는 것이다.

퍼센트를 ppm 으로 바꾸려면 10,000을 곱하고, ppm을 퍼센트로 바꾸려면 10,000으로 나눠준다.

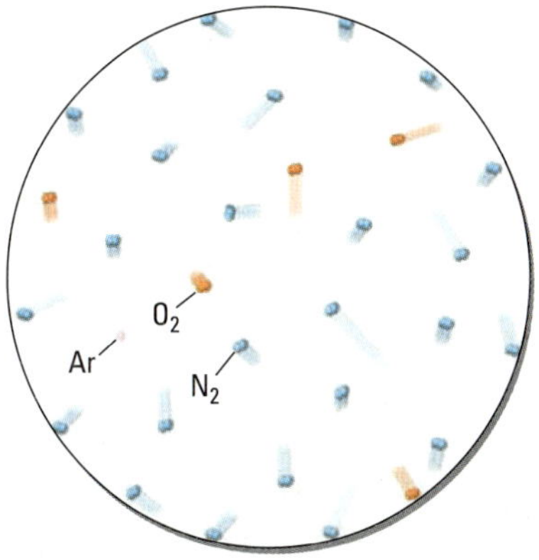


**공기에 대한 나노스케일 관점.** 그림은 어느 한 순간 공기시료의 질소, 산소, 아르곤 등의 입자들이 빠르고 무질서하게 운동하는것을 나타낸다.

CONCEPTUAL
**개념학습** 10.1 **기체의 질량 계산하기**

$SO_2$를 10 ppm 포함하는 공기 1 cm$^3$ 의 부피에 들어있는 $SO_2$의 질량은 얼마인가?

## 대류권과 성층권

지구의 대기는 몇 개의 층으로 나누어진다. 지표면에서 고도 10 km정도에 이르는 층을 **대류권(troposphere)**이라고 하며 고도가 높아지면서 온도는 낮아진다. 이 영역에서는 공기가 격렬하게 섞이고, 수분의 함량과 온도 변화가 매우 크게 일어난다. 바람, 구름, 폭풍, 강수 등 기상 현상들이 나타난다. 대류권은 우리들이 살고 있는 곳이다. 상업용 제트 비행기는 고도 10 km 정도의 대류권 경계에서 비행하지만 여전히 대류권 안에 있다. 대류권의 조성은 해수면의 건조 공기의 조성과 비슷하나(표 10.1) 수증기의 농도는 평균 10 ppm 정도로 크게 변한다.

대류권 바로 위의 지표면으로부터 12~50 km 영역은 **성층권(stratosphere)**이다. 성층권의 압력은 매우 낮고, 대류권과 성층권은 거의 섞이지 않는다. 성층권 하

### ESTIMATION Thickness of Earth's Atmosphere

In the photograph of earth on page 342, the earth's diameter is about 5 cm. About 99.9% of the atmosphere is contained within 50 km of the earth's surface. To draw a circle around the photo properly relating the diameter of the earth with the thickness of the atmosphere, how thick should the line be drawn? The diameter of earth is about 7900 miles, which is 12,700 km. Set up an equation that equates the ratio of the diameter of the photo to the diameter of earth with the ratio of the sought line width (x) to the thickness of the atmosphere.

$$\frac{5\text{ cm}}{12{,}700\text{ km}} = \frac{x}{50\text{ km}}$$

$$x = 0.020\text{ cm} = 0.2\text{ mm}$$

If the circle representing the earth is 5 cm in diameter, then the line width that properly shows the relative thickness of the atmosphere would be only 0.2 mm, less than the width of the period at the end of this sentence. The proportions are about the same as the skin on an apple in relation to the apple. The atmosphere of earth is really quite thin.

Visit this book's companion website at **www.cengage.com/chemistry/moore** to work an interactive module based on this material.

단의 높이는 밤과 낮에 따라 변하는데, 극지방에서는 지표면으로부터 8~9 km까지 낮아진다. 대기 질량의 약 75%는 대류권에 있고, 99.9%는 지표면으로부터 50 km 아래의 대류권과 성층권에 있다.

## 10.2 기체의 압력

보통의 온도와 압력 조건에서 많은 분자화합물들이 기체로 있다. 우리가 호흡하는 공기는 대부분 질소와 산소분자로 구성되어 있다. 정상적인 온도와 압력에서 기체로 존재하는 다른 원소 물질들에는 $H_2$, $Cl_2$, $F_2$, 불활성기체들이 있다. 기체 화합물에는 메테인($CH_4$), 아세틸렌($C_2H_2$), 산화질소($N_2O$), 암모니아($NH_3$), 이산화탄소($CO_2$), 이산화황($SO_2$) 등이 있다. 액체나 고체화합물도 충분히 높은 온도에서는 기체로 된다.

기체의 중요한 성질 중 하나가 압력이다. 공기를 채운 풍선이 부풀어 오른 것은 안에 들어 있는 기체가 압력을 가하고 있음을 나타낸다. 이 압력은 기체분자가 풍선 내부의 표면에 충돌하여 힘을 발휘하고 있기 때문이다. 단위 면적당의 힘이 기체의 압력이다. 기체는 접촉 방향에 상관없이 접촉하는 모든 표면에 압력을 작용한다.

$$\text{압력} = \frac{\text{힘}}{\text{넓이}}$$

힘은 물체를 가속할 수 있고, 힘은 물체의 질량에 가속도를 곱한 것과 같다.

$$\text{힘} = \text{질량} \times \text{가속도}$$

1 kPa = $10^3$ Pa

질량과 가속도의 SI 단위는 각각 kg과 m/$s^2$이다. SI 단위계에서 **1 kg m/$s^2$**의 힘은 **1 뉴턴(N)**으로 정의된다. **1 N/$m^2$**의 압력은 **1 파스칼(Pa)**로 정의된다. 표 10.2에 압력의 여러 단위와 단위들 사이의 환산인자를 나타내었다.

지구 대기가 가하는 압력을 기압계로 측정할 수 있는데, 한쪽 끝이 막힌 유리관에 액체를 채우고 같은 액체가 들어 있는 용기에 거꾸로 세워서 기압계를 만들 수 있다. 그림 10.2는 수은을 채운 유리관을 수은용기에 거꾸로 세워서 만든 수은 기압계를 나타낸다. 해수면에서 수은용기 표면 위의 수은기둥의 높이는 760 mm이다. 760 mm 수은기둥의 밑면에 미치는 압력은 수은용기 위를 덮는 대기권 상단까지 이어진 공기기둥이 가하는 압력과 균형을 이룬다. 수은 기압계로 측정한 압력은 보통 **mm Hg** 로 나

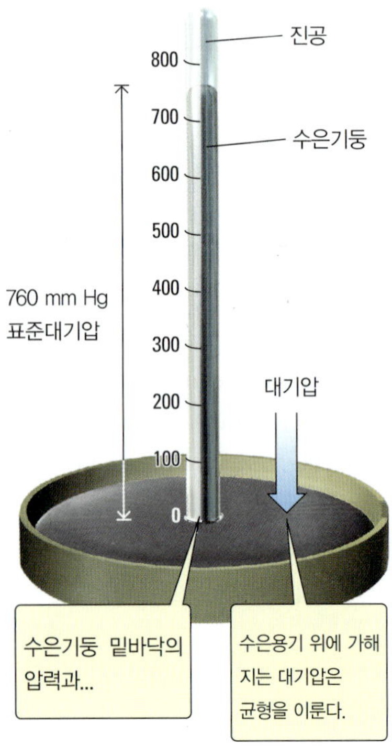


그림 10.2 **토리첼리의 기압계**

표 10.2 압력 단위

| **SI Unit: Pascal (Pa)** |
|---|
| 1 Pa = 1 kg $m^{-1}$ $s^{-2}$ = 1 N/$m^2$; 1 kPa = $10^3$ Pa |
| 일반적인 단위 |
| 1 bar = $10^5$ Pa = 100 kPa; 1 millibar (mbar) = $10^2$ Pa |
| 1 atm = 1.01325 × $10^5$ Pa = 101.325 kPa |
| 1 atm = 760 torr = 760 mm Hg |
| 1 atm = 14.7 lb/$inch^2$ (psi) = 1.01325 bar |

**예제 10.1 압력 단위 변환하기**

0.988 atm의 압력을 다음 단위로 변환하시오.

(a) mm Hg (b) kPa (c) bar (d) torr (e) psi

**정답:** (a) 751. mm Hg (b) 100. kPa (c) 1.00 bar (d) 751 torr (e) 14.5 psi

**풀이 및 설명:**

(a) mm Hg: $0.988 \text{ atm} \times \dfrac{760. \text{ mm Hg}}{1 \text{ atm}} = 751. \text{ mm Hg}$

(b) kPa: $0.988 \text{ atm} \times \dfrac{101.31 \text{ kPa}}{1 \text{ atm}} = 100. \text{ kPa}$

(c) bar: $0.988 \text{ atm} \times \dfrac{1.013 \text{ bar}}{1 \text{ atm}} = 1.00 \text{ bar}$

(d) torr: $0.988 \text{ atm} \times \dfrac{760. \text{ torr}}{1 \text{ atm}} = 751. \text{ torr}$

(e) psi: $0.988 \text{ atm} \times \dfrac{14.7 \text{ psi}}{1 \text{ atm}} = 14.5 \text{ psi}$

**실전예제 10.1**

TV의 기상 캐스터가 기압이 29.5 inch Hg라고 할 때 이 압력을 다음 단위로 나타내시오.

(a) atm (b) mm Hg (c) bar (d) kPa

타내고, 이 단위는 1643년 수은 기압계를 발명한 Torricelli의 이름을 따서 **torr** 라고도 한다. 표준 대기압은 다음과 같이 정의된다.

$$1 \text{ 표준 대기압} = 1 \text{ atm} = 760 \text{ mm Hg} = 760 \text{ torr} = 101.325 \text{ kPa}$$

해수면에서 대기압은 약 101,300 Pa(101.3 kPa)이다. 종종 bar 단위를 사용하여 대기압을 나타내기도 하는데 1 bar=100,000 Pa이다. 표준 열역학적 성질들은 1 bar의 압력에 대해서 주어진다.

아무 액체나 기압계에 사용할 수 있지만, 액체 기둥의 높이는 액체의 밀도에 의존한다. 대기압은 760 mm의 수은기둥을 지탱할 수 있고, 이것은 거의 10 m의 물기둥에 해당한다. 왜냐하면 물의 밀도(1.0 g/cm$^3$)는 수은의 밀도(13.55 g/cm$^3$)보다 훨씬 작기 때문이다. 물 기압계는 관의 높이가 990~1020 cm로 너무 높아 실용적이지 않다.

## 10.3 분자운동론

모든 기체들은 여러 가지 공통적인 성질을 갖는다.

- **기체는 압축할 수 있다.** 우리는 종종 자동차나 자전거의 타이어에 공기를 압축하여 불어 넣는다. 압축 공기는 압축되지 않은 공기에 비하여 부피를 덜 차지한다.(그림 10.3)
- **기체는 자신을 둘러싸고 있는 모든 것들에 압력을 가한다.** 풍선이나 용기 안의

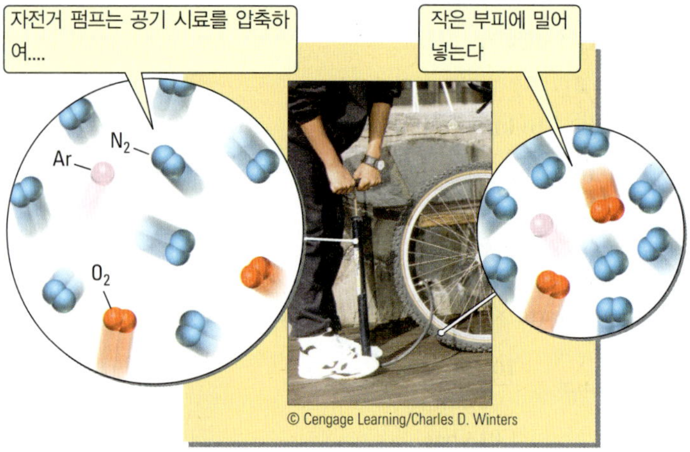


**그림 10.3 기체의 압축**

기체는 주위에 압력을 가한다. 용기가 압력을 견디지 못하면 용기가 터지면서 기체가 빠져나간다.

- **기체는 주어진 부피 전체로 팽창한다.** 용기가 열리면 기체는 빠져나간다.
- **기체들은 서로 완전히 섞인다.** 기체가 일단 섞이면 자발적으로 분리되지 않는다. 대기 중의 기체가 한 예이다.
- **기체는 온도, 압력, 그것이 차지하는 부피 그리고 존재하는 양(분자수 또는 몰수)에 의해서 기술된다.** 예를 들어, 일정한 부피내의 뜨거운 기체는 차가울 때보다 더 큰 압력을 나타낸다.

기체분자운동론에서 "분자"라는 용어는 불활성 기체인 He, Ne, Ar, Kr, Xe 원자들을 포함한다.

기체가 이와 같이 행동하는 이유를 설명하기 위하여 기체 분자의 나노스케일 행동을 주목해보자. 모든 기체들이 비슷한 방식으로 행동한다는 사실은 분자운동론으로 해석할 수 있는데 이 이론은 기체뿐만 아니라 액체나 고체에도 적용된다. 분자운동론에 따르면 기체는 끊임없이 무질서하고 빠르게 운동하는 분자들로 구성된다. 기체가 용기 벽에 작용하는 압력은 빠르게 움직이는 기체 분자들에 의한 지속적인 충격의 결과이다(그림 10.4).

다음의 네 가지 기본적인 가정이 분자운동론의 근거를 제공하고 다섯 번째는 그것과 밀접하게 관련되어 있다. 각각은 기체에 대한 실험적 연구 결과와 잘 일치한다.

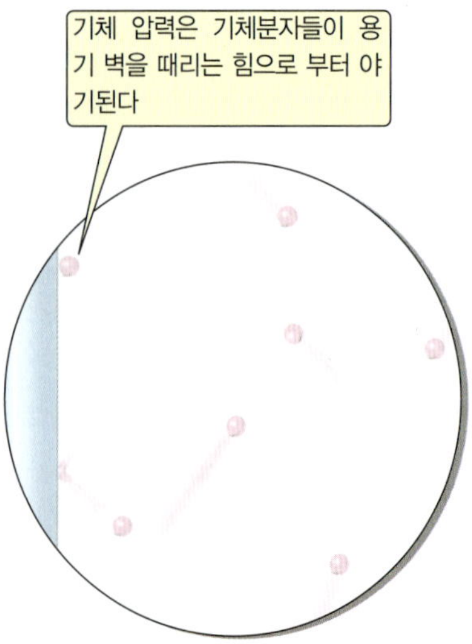


**그림 10.4 분자운동론과 압력**

1. **기체는 분자 사이의 거리보다 훨씬 작은 크기의 분자들로 구성된다.** 이 개념은 기체가 쉽게 압축되는 것과, 보통의 온도와 압력에서 기체들이 서로 완전히 섞인다는 사실을 설명한다. 이 사실은 기체에는 다른 기체분자들을 위한 빈 공간이 많다는 것을 의미한다.
2. **기체 분자들은 다양한 속도로 모든 방향으로 무질서하게 움직인다.** 이 개념은 기체를 어떤 용기도 넣어도 빠르게 완전히 그 용기를 채운다는 사실과 일치한다.
3. **기체 분자들이 충돌할 때를 제외하면, 그들 사이의 인력과 반발력은 무시된다.** 이 개념은 기체들은 그들 사이의 비공유 상호작용의 형태와 무관하게 모두 같은 방식으로 행동한다는 사실과 일치한다.

4. **분자들 사이의 충돌은 탄성적이다.** 탄성충돌에서 분자들이 충돌하면 분자들의 속도는 변하지만 충돌하는 두 분자의 운동에너지의 합은 충돌 전과 후에 서로 같다. 이 개념은 일정한 온도에서 기체시료는 결코 용기의 바닥으로 모두 떨어지지 않는다는 사실과 일치한다.
5. **기체분자의 평균 운동에너지는 절대 온도에 비례한다.** 분자운동론의 일부는 아니지만 이 개념은 기체분자가 작은 구멍을 빠져나가는 속도는 온도가 증가하면 더 빨라지고, 더 높은 온도에서 화학반응의 속도는 더 빨라진다는 사실과 일치한다.

모든 움직이는 물체와 마찬가지로 기체 분자도 운동에너지를 갖는다. 물체의 운동에너지, $E_k$는 물체의 질량($m$)과 속도 또는 속력($v$)에 의존하며 다음과 같은 식으로 주어진다.

$$E_\mathrm{k} = \frac{1}{2}(\text{질량})(\text{속도})^2 = \frac{1}{2}mv^2$$

기체 분자들은 모두 움직이지만 같은 속력으로 움직이지 않고, 따라서 모두 똑같은 운동에너지를 갖지 않는다. 어느 순간 일부 분자들은 매우 빠르게 움직이고, 대부분의 분자들은 평균 속력에 가깝게 움직인다. 일부는 용기 벽과 충돌하여 순간 속력이 영이 되기도 한다. 개별 분자들은 다른 분자들과 충돌하여 속력이 변하고, 에너지를 교환한다.

주어진 속력을 갖는 기체 분자들의 상대적인 수는 실험적으로 측정할 수 있다. 그림 10.5는 분자의 수를 속력에 대하여 나타낸 그래프이다. 커브의 값이 클수록 그 속

## CHEMISTRY IN THE NEWS

### Nitrogen in Tires

Usually, we fill our automobile tires with compressed air because it is cheap. But race cars, jet aircraft, and some heavy trucks use nitrogen. For the ordinary motorist, many tire shops now offer to fill car's tires with nitrogen for about $5.00 each. Is it worth it? What advantages might nitrogen have over air? Many bogus claims are being made about such fillings. For example, some claim that nitrogen will leak out of your tires more slowly than air because the molecules are bigger, which is false.

Some good reasons for using nitrogen also exist. For example, nitrogen is relatively inert and will not support combustion in case of a fire around the tires. Pure nitrogen contains no oxygen, whereas air does, so corrosion of rims and the insides of tires is said to be decreased. The generation units used to provide the nitrogen produce very dry nitrogen, whereas the air going through a typical gas station compressor contains substantial amounts of moisture, which could aid in corrosion.

From 2006 to 2007, Consumer Reports performed a yearlong study of nitrogen in automobile tires, and they concluded that there was little benefit to consumers. Overall, it seems that most professionals recommend using compressed air to fill automobile tires except in specialized applications.

**Landing gear on a Boeing 747.** Jet aircraft use nitrogen in the tires.

*Source: Chemical & Engineering News*, October 25,2004; p. 88; **http://blogs.consumerreports.org/cars/2007/10/tires–nitrogen–.html;** T. Moran, Deflated Hope for Nitrogen, New York Times, March 3, 2008.

분자속력(에너지)에 대한 분자수의 분포 그래프를 Ludwig Boltzmann(1844–1906)의 이름을 따서 볼츠만분포 커브라고 부른다. 오스트리아 출신의 물리학자인 Boltzmann은 기체분자운동론을 발전시켰다.

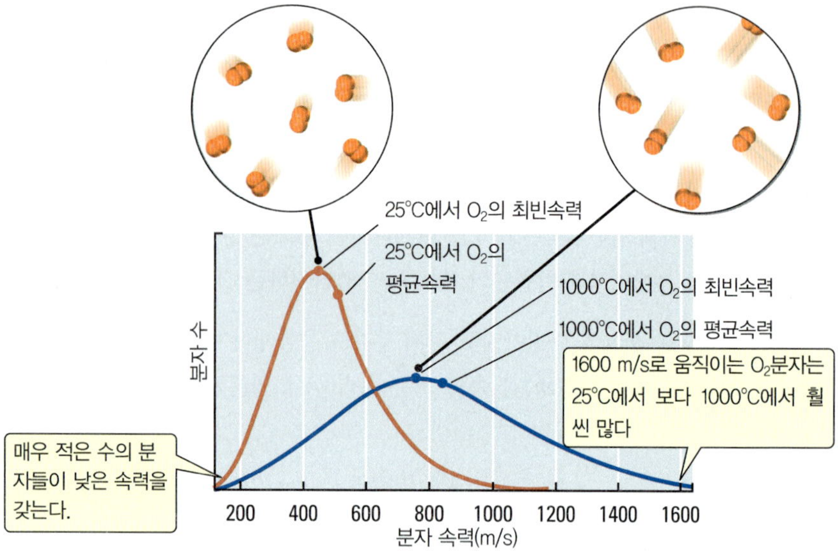


**그림 10.5 분자의 속력분포.** 산소 분자의 상대적 개수를 그 분자가 갖는 속도에 대하여 나타낸 그림.

력으로 움직이는 분자 수가 많은 것이다. 그림에서 어떤 분자들은 매우 빠르게(큰 운동에너지) 또 어떤 분자들은 매우 느리게(작은 운동에너지) 움직인다는 것을 주목하라. 분포 커브의 최대값을 주는 속력을 최빈 속력(most probable speed)이라고 한다. 25°C의 산소기체에 대하여 커브의 최대값은 400 m/s의 속력에서 나타나고, 대부분 분자들의 속력은 200 m/s에서 700 m/s의 범위에 있다. 커브가 대칭이 아닌 것을 주목하라. 이러한 커브의 비대칭은 평균속력(그림 10.5에 나타낸)이 최빈 속력보다 약간 더 큰 결과를 준다. 최빈 속력보다 더 높은 속력을 갖는 분자 수는 더 낮은 속력을 갖는 분자 수보다 많아 평균 속력이 올라간다.

그림 10.5에서는 또 온도가 증가하면 최빈 속력도 증가하고 분자 수도 매우 빠르게 증가한다는 것을 주목하라. 서로 다른 온도에서의 산소분자의 속도분포를 나타내는 두 커브 아래의 면적은 산소분자의 총 수가 일정하기 때문에 같다.

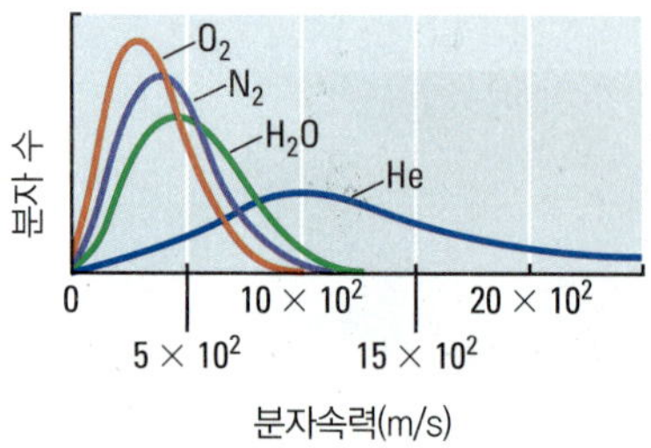


**그림 10.6 주어진 온도에서 몰질량이 분자의 속력 분포에 미치는 영향.** 평균적으로 무거운 분자는 가벼운 분자보다 느리게 움직인다.

$E_k = \frac{1}{2}mv^2$이고, 온도가 정해지면 기체 분자의 평균 운동에너지는 모두 같으므로, $m$이 클수록 $v$는 작아진다. 즉 같은 온도에서는 분자가 무거울수록 평균 속력이 느려진다. 그림 10.6은 이러한 관계를 보여준다. $O_2$와 $N_2$ 분자에 대한 커브의 봉우리는 더 가벼운 He의 봉우리보다 훨씬 낮은 속력에서 나타난다. 또한 그래프로부터 분자의 평균속력은 수백에서 수천 m/s에 걸쳐 있음을 알 수 있다.

**예제 10.2 기체 분자운동론**

25°C의 단단한 용기 안의 $O_2$ 기체 시료에 대하여 기체분자운동론을 사용하여 질문에 답하시오.

(a) 온도를 40°C로 높이면 기체의 압력은 어떻게 변하는가?

(b) 온도를 일정하게 유지하면서 산소 기체의 일부를 용기로부터 제거하면 압력은 어떻게 변하는가?

**정답:** (a) 증가할 것이다. (b) 감소할 것이다.

**풀이:** 분자운동론의 기본개념을 사용하여 질문에 답한다.

(a) $O_2$ 분자의 온도를 높이면 평균속력과 평균운동에너지는 더 커진다. 더 높은 온도에서 분자들은 용기 벽을 더 세게, 더 자주 때리게 되고 그렇게 되면 압력이 높아진다.

(b) 온도는 일정하고 분자 수 만 감소하면 여전히 분자의 평균속력과 평균에너지는 변함이 없다. 따라서 용기 벽을 때리는 힘은 같다. 그러나 분자 수가 감소하였으므로 충돌 빈도수는 줄어들고 압력은 내려갈 것이다.

**실전예제 10.2**

(a) 기체분자운동론은 온도는 일정하게 유지하면서 기체 시료의 부피가 감소할 경우 압력 변화를 어떻게 설명하는가?

(b) 기체분자운동론은 온도는 일정하게 유지하면서 일정한 부피의 용기에 기체 시료를 추가할 때 압력변화를 어떻게 설명하는가?

EXERCISE
**연습문제 10.2 분자의 운동에너지**

25°C에서 $Cl_2$, $H_2$, $NH_3$, $SF_6$ 기체들을 분자의 평균 운동에너지가 증가하는 순으로 나열하시오.

CONCEPTUAL
**개념학습 10.3 분자의 운동에너지**

그림 10.6을 이용하여 25°C의 He 시료에 대하여 속도에 대한 분자 수의 분포를 그리시오. 25°C에서 같은 수의 Ar을 He에 추가한다고 가정할 때 이 기체 혼합물에 대한 속도분포 커브는 어떻게 될 것인가?

CONCEPTUAL
**개념학습 10.4 분자의 운동**

크기가 같은 2개의 헬륨 풍선이 있다. 하나는 냉장고의 냉동실에 넣고 다른 하나는 방에 두었다. 몇 시간 후 냉동실의 풍선을 꺼내어 방에 놓아둔 풍선과 비교하였다. 어떤 차이가 있을 것으로 예상하는가? (a) 냉동실에서 꺼낸 직 후 (b) 풍선을 방의 온도로 데운 후

분자 질량에 대한 분자 속력의 의존도는 몇 가지 흥미로운 현상을 설명하는데 사용될 수 있다. 그 중 하나가 용기의 작은 구멍을 통하여 기체분자가 진공으로 빠져나가는 **분출(effusion)**이다. 기체의 분출속도는 몰질량의 제곱근에 반비례한다(즉 분출속도 $\propto 1/\sqrt{\mathscr{M}}$). 그러므로 He은 $N_2$보다 더 빨리 분출되고, He을 채운 풍선은 공기를 채운 풍선보다 더 빨리 쭈그러든다. 또 다른 현상은 냄새가 방안에 퍼지는 것처럼 한 종류의 기체가 다른 종류의 기체 속으로 퍼지는 **확산(diffusion)**이다. 기체분자가 다른 기체 속으로 퍼지면서 서로 충돌하기 때문에 확산은 분출보다 더 복잡하다. 그럼에도 불구하고 확산은 속도와 몰질량 간의 같은 관계식을 따른다. 2차 세계대전 당시 맨해튼 프로젝트에서 원자폭탄을 제조하기 위한 우라늄을 정제하는데 확산 원리를 적

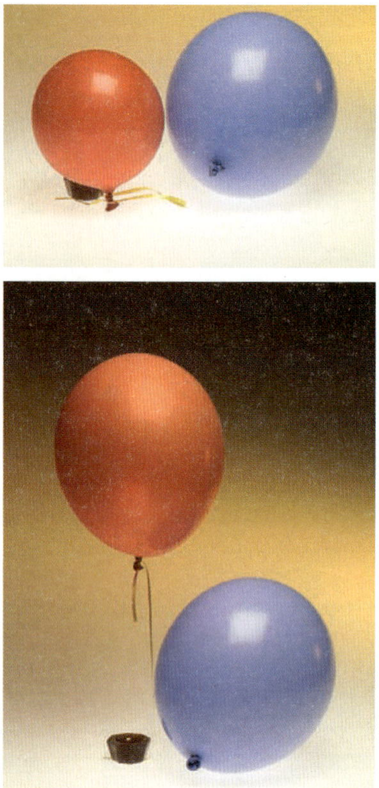

Photos: © Cengage Learning/Charles D. Winters

**He(빨간풍선)은 질소(파란풍선)보다 분자량이 작아서 풍선표면의 작은 구멍을 통하여 더 빠르게 분출한다.** 아래 사진은 기체를 처음 채웠을 때의 모습이고, 위의 사진은 몇 시간 후의 풍선의 모습이다.

보일의 법칙은 사람의 폐가 팽창하거나 수축할 때의 압력 변화로 어떻게 공기를 들어마시고 내뿜는지 설명해준다.

용하였다. 두 가지 우라늄 동위원소 $^{235}U$와 $^{238}U$의 질량 차이로 $UF_6$ 분자는 약간 다른 속도로 확산되기 때문이다.

## 10.4 이상기체의 성질

분자운동론은 기체의 행동을 나노스케일에서 설명한다. 기체는 수백 년 동안 마크로(거시적)스케일에서 연구되었고, 모든 기체들이 나타내는 성질은 발견자의 이름을 딴 기체법칙으로 요약되었다. 압력, 부피, 온도, 양(몰수)의 변수들을 사용하여 기체가 어떻게 행동하는지를 설명하는 식을 세울 수 있다. 이 식으로 정확히 기술되는 기체를 **이상기체(ideal gas)**라고 한다. 상온과 대기압에서 대부분의 기체는 이상적으로 행동한다. 그러나 1기압보다 훨씬 높은 압력이나, 끓는점 근처의 온도에서 기체는 이상적인 행동으로부터 크게 벗어난다. 각각의 기체법칙은 분자운동론으로 설명할 수 있다.

### 압력-부피의 관계: Boyle의 법칙

**Boyle의 법칙**은 온도($T$)와 기체의 몰수($n$)가 일정할 때 이상기체의 부피($V$)는 압력($P$)에 반비례한다는 것이다.

$$V \propto \frac{1}{P} \qquad V = \text{상수} \times \frac{1}{P} \qquad PV = \text{상수} \qquad (T\text{와 } n\text{은 일정})$$

상수 값은 온도와 기체의 양에 의존한다. $V$와 $P$ 사이의 반비례 관계를 그림 10.7a에 나타내었다. $V$를 $1/P$에 대해서 그리면 그림 10.7b처럼 직선으로 나타난다. 두 가지 압력과 부피 조건에서 Boyle의 법칙은 $P_1V_1 = P_2V_2$로 쓸 수 있다.

분자운동론에 의하면, 기체의 부피가 감소하면 기체 분자가 용기 벽과 충돌하기 전에 움직일 수 있는 공간이 작아지기 때문에 압력이 증가한다. 즉 용기 벽과의 충돌이 더 빈번해진다. 이 충돌은 용기 벽에 압력을 가하고 더 빈번한 충돌은 더 높은 압력을 의미한다. 자전거 타이어에 공기를 주입할 때, 펌프의 공기는 압력을 받아 작은 부피로 압축된다. 이러한 성질을 압축성(compressibility)이라고 한다. 기체에 비하여 액체나 고체는 매우 조금 압축된다.

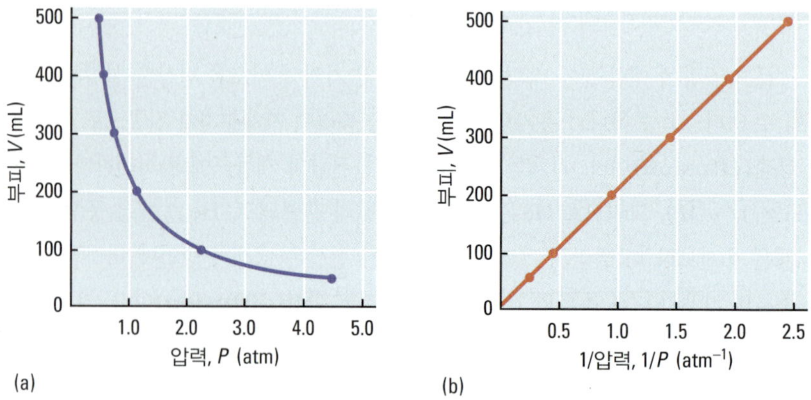


**그림 10.7 Boyle의 법칙을 그래프로 나타낸 그림.** (a) 압력($P$) 대 부피($V$). 부피와 압력사이의 반비례 관계를 보여준다. 압력이 증가하면 부피는 감소한다. (b) $1/P$에 대한 $V$의 그래프는 직선을 나타낸다.

1661년 Boyle은 기체 시료가 들어 있는 J－모양의 관에 수은을 첨가하면서 기체의 압축성을 연구하였다. 일정한 온도에서, 수은을 조금씩 넣을 때마다 기체의 부피가 감소하였다(그림 10.8). 수은의 첨가로 기체에 가해지는 압력이 증가하고, 기체의 부피는 예측하였던 대로 변하였다.

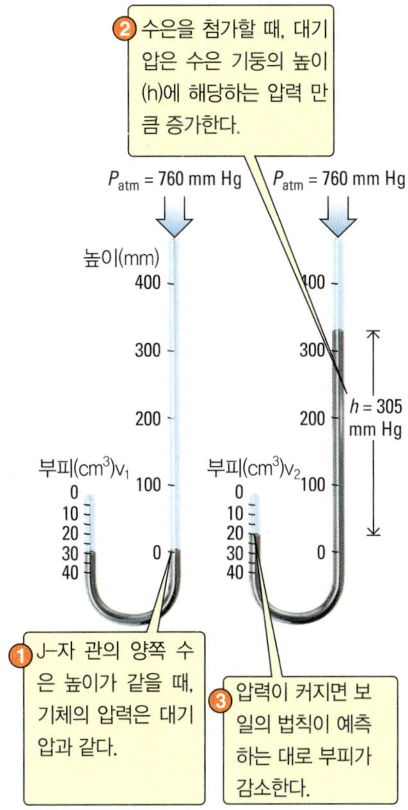


그림 10.8 **Boyle의 법칙.** 기체의 압축성을 보여주는 Boyle 의 실험

CONCEPTUAL
**개념학습 10.5 보일의 법칙 그려보기**

많은 차들은 도로의 충격을 완화시키고 부드러운 승차감을 위하여 기체가 채워진 충격흡수장치를 장착하고 있다. 승객이 없는 경우와 비교하여 승용차에 4명의 건장한 운동선수가 타 있는 경우 충격흡수장치 내부의 기체에 대하여 기술하시오.

## 온도－부피의 관계: Charles's 법칙

**Charles의 법칙**은 압력($P$)과 기체의 몰수($n$)가 일정할 때 이상기체의 부피($V$)는 절대온도($T$)에 비례한다는 것이다.

$$V \propto T \qquad V = 상수 \times T \qquad \frac{V}{T} = 상수 \qquad (P와\ n은\ 일정)$$

상수 값은 압력과 기체의 양에 의존한다. 기체의 부피($V_1$)와 온도($T_1$)를 알면 압력이 일정할 때 다른 온도($T_2$)에서의 부피($V_2$)는 다음과 같이 주어진다.

$$\frac{V_1}{T_1} = \frac{V_2}{T_2} \qquad (P와\ n은\ 일정)$$

분자운동론에 의하면 더 높은 온도는 더 빠른 분자의 운동과 더 큰 평균운동에너지를 의미한다. 더 빠르게 운동하는 분자는 용기 벽에 더 자주 충돌하고 더 큰 힘을 가한다. 압력을 일정하게 유지하려면 용기의 부피는 더 커져야 한다.

기체 법칙의 관계식을 사용할 때, 온도는 절대온도 단위로 나타내야 한다. 이 단위에서 가장 낮은 온도는 0이다. 절대온도의 SI 단위는 캘빈이고 기호는 K이다(° 표시가 없다). 절대온도 단위와 섭씨온도 단위의 관계를 그림 10.9에 나타내었다. 단위의 크기는 서로 같으므로 온도차이($\Delta T$)는 한 온도에서 다른 온도를 빼면 된다. 절대 영도라고 알려진 가장 낮은 온도 0 K는 －273.15°C이다. 섭씨온도단위 $T$(°C)와 절대온도 단위, $T$(K)는 다음과 같이 연관되어 있다.

절대온도 단위를 **캘빈온도 단위**라고 부르기도 한다. 캘빈은 온도의 SI 단위이다.

$$T(\text{K}) = T(°\text{C}) + 273.15$$

따라서 25.00°C(상온)는 298.15 K와 같다.

1787년 Jacques Charles는 일정한 압력에서 주어진 기체의 부피는 온도가 올라가면 증가한다는 사실을 발견하였다. 그림 10.10은 1.0 mol $H_2$와 0.55 mol $O_2$의 부피가 온도에 따라 어떻게 변화하는지(압력과 기체의 양은 일정) 보여준다. 서로 다른 기체들에 대하여 부피 vs. 온도의 그림을 더 낮은 온도 쪽으로 연장하면 부피가 모

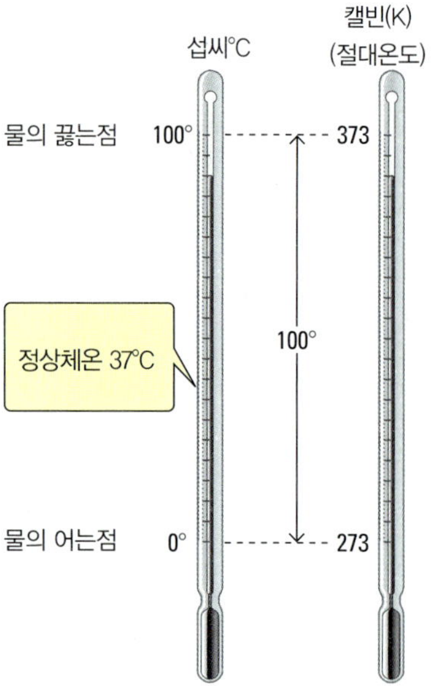


**그림 10.9 온도 단위.** 절대온도 단위에서 0은 가장 낮은 온도이다.(0 K 또는 −273.15°C)

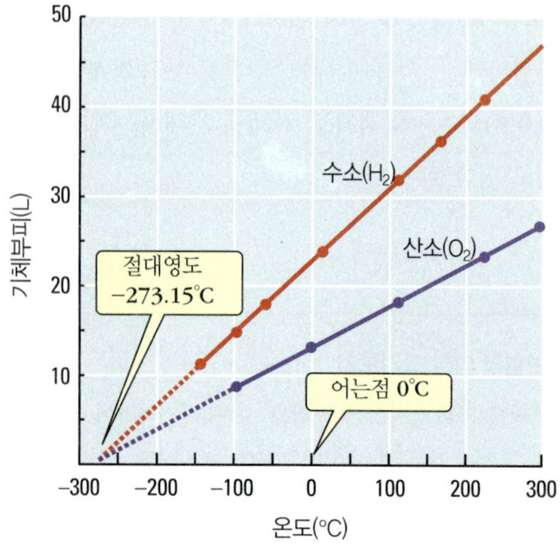


**그림 10.10 Charles의 법칙.** 서로 다른 두 기체 시료의 부피는 온도가 내려가면서 감소한다.(압력과 기체의 양이 일정할 때) 두 그래프는 약 −273°C에서 만난다.(다른 기체의 경우도 마찬가지)

모든 기체의 부피는 −273.15°C에서 0이 될 것이다. 그러나 충분히 높은 압력에서 모든 기체들은 이 온도에 도달하기 전에 액화할 것이다.

두 0이 되는 같은 온도(−273.15°C)에 도달하는데 이 온도가 0 K이다.

일정한 압력에서 부피가 450.0 mL인 기체를 60.0°C에서 20.0°C로 냉각시켰을 때 새로운 부피를 계산한다고 가정하자. 우선 섭씨온도에 273.15를 더하여 절대온도를 구하면, 60.0°C는 333.2 K가 되고 20.0°C는 293.2 K가 된다. 일정한 압력의 두 조건에 대하여 Charles의 법칙을 적용하면

$$V_2 = \frac{V_1 T_2}{T_1} = \frac{450.0\text{ mL} \times 293.2\text{ K}}{333.2\text{ K}} = 396.0\text{ mL}$$

> CONCEPTUAL
> **개념학습 10.6 샤를의 법칙 그려보기**
>
> 온도 $T_1$의 기체 시료가 있다. 온도를 $T_2$로 높일 때 압력을 일정하게 유지하려면 부피가 왜 커져야 하는지를 기체분자운동론을 이용하여 설명하시오. 온도가 높아질 때 부피가 일정하게 유지되려면 어떻게 해야 하는가?

## 기체의 양−부피의 관계: 아보가드로의 법칙

**Avogadro**의 법칙은 온도($T$)와 압력($P$)이 일정할 때 이상기체의 부피($V$)는 기체의 양(몰수, $n$)에 비례한다는 것이다.

$$V \propto n \qquad V = \text{상수} \times n \qquad \frac{V}{n} = \text{상수} \qquad (T\text{와 } P\text{는 일정})$$

상수 값은 온도와 압력에 의존한다. Avogadro의 법칙은 일정한 온도와 압력에서 기체의 몰수가 2배가 되면 부피도 2배가 된다는 것을 의미한다. 또한 온도와 압력이 같을 때, 서로 다른 양의 두 기체의 부피는 다음과 같다.

$$\frac{V_1}{n_1} = \frac{V_2}{n_2} \quad (T\text{와 } P\text{는 일정})$$

| | | |
|---|---|---|
| $V$ = 22.4 L | $V$ = 22.4 L | $V$ = 22.4 L |
| $P$ = 1 atm | $P$ = 1 atm | $P$ = 1 atm |
| 온도 = 0 °C | 온도 = 0 °C | 온도 = 0 °C |
| 기체질량 = 4.00 g | 기체질량 = 32.00 g | 기체질량 = 16.04 g |
| 기체분자의 수 = $6.02 \times 10^{23}$ | 기체분자의 수 = $6.02 \times 10^{23}$ | 기체분자의 수 = $6.02 \times 10^{23}$ |
| 기체의 양 = 1 mol | 기체의 양 = 1 mol | 기체의 양 = 1 mol |

**그림 10.11 Avogadro의 가설을 설명하는 기체의 양과 부피의 비교.** 기체들은 부피, 온도, 압력이 서로 같고, 따라서 각 용기에 들어 있는 분자 수도 같다. 3가지 기체들의 몰질량은 서로 다르기 때문에 각 용기의 기체의 질량은 다르다.

분자운동론에 따르면 일정한 온도에서 기체 분자의 수가 증가했을 때 더해진 분자들의 평균운동에너지는 기존의 분자들의 평균운동에너지와 같다. 결과적으로 용기 벽과의 충돌 횟수는 분자 수에 비례하여 증가할 것이다. 이것은 부피가 일정할 때 압력의 증가를 의미한다. 압력을 일정하게 유지하기 위해서는 부피가 증가해야 한다.

기체의 양과 부피사이의 관계를 설명하는 또 다른 방법은 Avogadro의 가설이다. 즉 같은 온도와 압력에서 같은 부피의 기체는 같은 수의 분자를 포함한다. 실험에 의하면 0°C, 1기압에서, 22.4 L의 기체는 모두 1 mol의 기체($6.02 \times 10^{23}$개의 기체 분자)에 해당한다. 이것을 그림 10.11에 나타내었다.

> **Jacques Alexandre Cesar Charles 1746–1823**
>
> 프랑스의 과학자 샤를은 기구를 이용한 실험으로 유명하였다. 첫 번째 기구실험은 1783년 6월 Montgolfier 형제가 천과 종이로 만들어진 기구에 뜨거운 공기를 채우는 실험이었다. 그 해 8월에 샤를은 비단으로 만들어진 기구에 수소기체를 채웠다. 기구를 채우는데 며칠이 걸렸으며 수소기체를 발생시키기 위하여 거의 500 파운드의 산과 1000 파운드의 철이 사용되었다. 많은 사람들이 기구가 떠오르는 것을 관람하였으며 기구는 45분 정도 떠 있었고 약 15마일을 비행하였다.

## 부피결합의 법칙

1809년 프랑스의 과학자 Gay–Lussac은 기체 반응물들을 반응시켜 기체를 생성하는 실험에서 부피를 측정하는 실험을 수행하였다. 그는 일정한 온도와 압력에서 반응하는 기체들의 부피는 항상 정수비로 주어진다는 것을 발견하였다. 이것은 부피결합의 법칙(law of combining volumes)으로 알려져 있다. 예로서 2 L의 $H_2$는 1 L의 $O_2$와 반응하여 2 L의 수증기를 생성한다. 마찬가지로 4 L의 $H_2$는 2 L의 $O_2$와 반응하여 4 L의 수증기를 생성한다.

| | $2\,H_2(g)$ | + | $O_2(g)$ | → | $2\,H_2O(g)$ |
|---|---|---|---|---|---|
| 실험 1 | 2 L | | 1 L | | 2 L |
| 실험 2 | 4 L | | 2 L | | 4 L |

1811년 Avogadro는 Gay–Lussac의 발견이 실제로 같은 온도와 압력에서 모든 기체들의 같은 부피에는 같은 수의 분자가 들어있다는 것이라고 제안하였다. 분자 스케일에서 볼 때 기체 분자 1개를 포함하는 부피가 있을 때, 그 부피를 두 배로 하면 2개의 분자를 포함한다(그림 10.12).

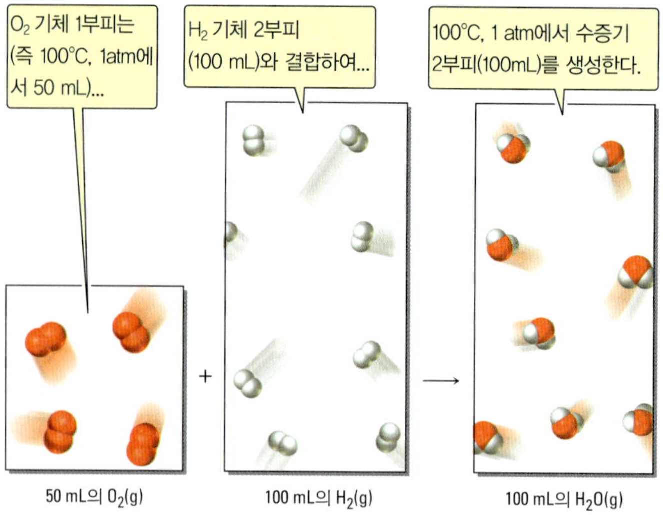


| $O_2(g)$ | + | $2\ H_2(g)$ | ⟶ | $2\ H_2O(g)$ |
|---|---|---|---|---|
| 1 부피 | + | 2 부피 | ⟶ | 2 부피 |

**그림 10.12 부피결합의 법칙.** 같은 온도와 부피의 기체들이 서로 결합할 때, 그들의 부피는 정수비로 주어진다.

John Dalton(원자론을 고안한)은 아보가드로의 아이디어를 강하게 반대하여 수용하지 않았다. 게이뤼삭의 실험에 대한 아보가드로의 설명이 일반적으로 받아들여지기까지는 아보가드로와 돌턴이 사망한 후 약 50년이 걸렸다.

### 예제 10.3 아보가드로 법칙과 부피결합의 법칙 사용하기

질소와 수소는 반응하여 암모니아를 생성한다.

$$N_2(g) + 3\ H_2(g) \longrightarrow 2\ NH_3(g)$$

1 atm, 25°C의 $N_2$ 500 mL가 있을 때 같은 온도와 압력에서 반응에 필요한 수소의 부피는?

**정답**: 1.50 L

**풀이:** $N_2$의 부피가 주어졌고, $H_2$의 부피를 구하려고 한다. 부피 결합의 법칙과 $H_2$와 $N_2$가 3:1의 부피 비로 반응한다는 사실을 이용하여 문제를 풀 수 있다.

$$H_2\text{의 부피} = 500.\ \text{mL}\ N_2 \times \frac{3\ \text{mL}\ H_2}{1\ \text{mL}\ N_2} = 1.50\ \text{L}\ H_2$$

#### 실전예제 10.3

NO는 산소와 반응하여 $NO_2$를 생성한다.

$$2\ NO(g) + O_2(g) \longrightarrow 2\ NO_2(g)$$

30.25°C, 0.975 atm에서 1.0 L의 산소가 과량의 NO와 반응하였다. $NO_2$로 변환된 NO의 부피는 얼마인가?

### CONCEPTUAL 개념학습 10.7 풍선 채우기

23°C, 748 mmHg에서 26.8 g의 헬륨을 같은 부피의 100개의 풍선에 채웠다. 이 풍선의 총 부피는 168 L이다. 같은 온도와 압력에서 41.8 g의 헬륨으로 같은 부피의 풍선 150개를 채울 수 있는지 계산해 보시오.

## 이상기체법칙

앞에서 살펴본 3개의 기체법칙은 기체 부피에 대한 $P$, $T$, $n$의 영향에 대하여 설명하고 있다.

- **보일의 법칙과 압력** $(V \propto 1/P)$; $V_1P_1 = V_2P_2$
- **샤를의 법칙과 온도** $(V \propto T)$; $\dfrac{V_1}{T_1} = \dfrac{V_2}{T_2}$
- **아보가드르 법칙과 양(몰)** $(V \propto n)$; $\dfrac{V_1}{n_1} = \dfrac{V_2}{n_2}$

이 3개의 기체법칙을 결합하면 부피, 압력, 온도, 몰수 사이의 관계를 설명하는 이상기체법칙이 얻어진다.

$$V \propto \frac{nT}{P} \qquad \text{또는} \qquad PV \propto nT$$

비례관계를 식으로 나타내기 위하여 이상기체상수($R$)라고 하는 비례상수를 사용한다.

$$V = R\frac{nT}{P}$$

이 식을 다시 정리하면 **이상기체법칙(ideal gas law)**이라는 다음과 같은 식이 얻어진다.

$$PV = nRT$$

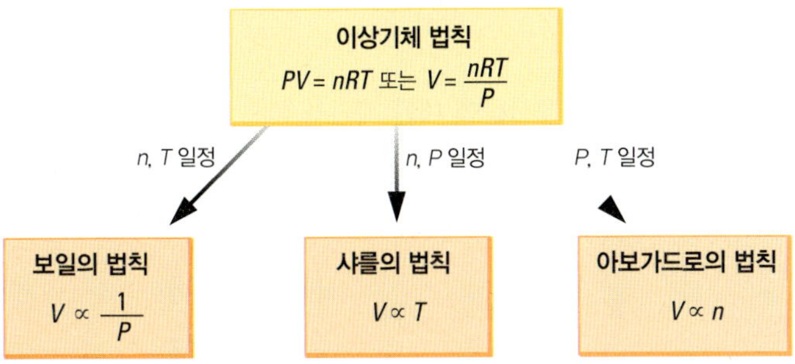


이상기체법칙은 끓는점보다 높은 온도와 수 기압보다 낮은 압력에서 대부분 기체들의 압력, 온도, 부피, 몰수간의 관계를 잘 예측한다. 상수 R은 0°C, 1 atm에서 1 mol 기체의 부피가 22.414 L라는 실험적 사실로부터 계산할 수 있다. 이 **온도와 압력을 표준온도와 표준압력**(STP), 부피를 표준몰부피라고 부른다. 이상기체식을 R에 대하여 쓰면

$$R = \frac{PV}{nT} = \frac{(22.414\ \text{L})(1\ \text{atm})}{(1\ \text{mol})(273.15\ \text{K})} = 0.082057\ \text{L atm mol}^{-1}\ \text{K}^{-1}$$

보통 반올림하여 0.0821 L atm $\text{mol}^{-1}$ $\text{K}^{-1}$로 나타낸다. 이상기체상수는 표 10.3에 나타낸 것처럼 단위가 달라지면 다른 값을 갖는다.

이상기체법칙은 온도와 압력의 극단적인 조건이 아닐 때 P, V, n, T의 4개의 변수 중 3개가 알려지면 나머지 변수를 계산하는데 사용될 수 있다.

**표 10.3** 서로 다른 단위의 R 값

$$R = 0.08206\ \frac{\text{L atm}}{\text{mol K}}$$

$$R = 62.36\ \frac{\text{mm Hg L}}{\text{mol K}}$$

$$R = 8.314\ \frac{\text{kPa dm}^3}{\text{mol K}}$$

$$R = 8.314\ \frac{\text{J}}{\text{mol K}}$$

**예제 10.4 이상기체 법칙의 사용**

25°C, 1.0 atm에서 0.40 g $CH_4$ 기체가 차지하는 부피를 계산하시오.

**정답:** 0.61 L

**풀이:** $CH_4$의 질량, 온도($T$), 압력($P$)이 주어졌다. $CH_4$의 질량을 몰수($n$)로 바꾸고 이상기체식을 사용하여 부피($V$)를 구한다. $PV = nRT$를 사용할 때, 모든 변수들은 기체상수, R = 0.0821 L atm $mol^{-1}$ $K^{-1}$에 나타난 단위와 같은 단위를 사용해야 한다. 즉 온도는 K, 압력은 atm, 부피는 L, 기체의 양은 몰수로 표시되어야 한다. $CH_4$의 질량을 몰수로 바꾸면

$$(0.40\text{ g CH}_4) \times \frac{1\text{ mol CH}_4}{16.04\text{ g CH}_4} = 0.0249\text{ mol CH}_4$$

그 다음 온도를 캘빈온도로 바꾸고

$$(25 + 273.15)\text{ K} = 298\text{ K}$$

이상기체식을 $V$에 대하여 풀면

$$V = \frac{nRT}{P} = \frac{(0.0249\text{ mol})(0.0821\text{ L atm mol}^{-1}\text{ K}^{-1})(298\text{ K})}{1.0\text{ atm}}$$
$$= 0.61\text{ L} = 6.1 \times 10^2\text{ mL CH}_4$$

단위가 어떻게 상쇄되는지 주목하라. 또한 답을 유효숫자 2자리로 나타내었는데 $CH_4$의 질량과 압력이 유효숫자 2자리로 주어졌기 때문이다.

**실전예제 10.4**

0.640 atm, 31°C에서 2.64 mol $N_2$가 차지하는 부피는?

두 가지 다른 조건의 기체시료에 대한 계산을 하는 경우, 이상기체법칙을 다음과 같은 방식으로 사용하면 편리하다. 두 가지 조건($n_1$, $P_1$, $V_1$, $T_1$과 $n_2$, $P_2$, $V_2$, $T_2$)에서 이상기체법칙을 다음과 같이 나타낼 수 있다.

$$R = \frac{P_1V_1}{n_1T_1} \quad \text{와} \quad R = \frac{P_2V_2}{n_2T_2}$$

두 식의 기체상수 $R$은 서로 같으므로

$$\frac{P_1V_1}{n_1T_1} = \frac{P_2V_2}{n_2T_2}$$

기체의 양($n$)이 일정하면 $n_1 = n_2$이므로, 이 식은 다음과 같은 통합기체법칙으로 간단하게 나타낼 수 있다.

$$\frac{P_1V_1}{T_1} = \frac{P_2V_2}{T_2}$$

**예제 10.5 압력과 부피**

0.500 atm에서 부피가 1.00 L인 기체시료가 있다. 압력이 2.00 atm으로 증가할 때 이 기체시료가 차지하는 부피는 얼마인가? 온도는 일정하게 유지되고 기체는 이상기체법칙을 따른다고 가정한다.

**정답**: 0.250 L

**풀이:** 온도($T$)와 기체의 양($n$)은 일정하다. 주어진 정보는 $P_1$ = 0.500 atm, $P_2$ = 2.00 atm, $V_1$ = 1.00 L이고 $V_2$를 구해야 한다. 통합기체법칙을 사용하여 $T$를 상쇄하고 $V_2$에 대하여 정리하면

$$\frac{P_1V_1}{\cancel{T_1}} = \frac{P_2V_2}{\cancel{T_2}}$$

$$V_2 = \frac{P_1V_1}{P_2} = \frac{(0.500\text{ atm})(1.00\text{ L})}{2.00\text{ atm}} = 0.250\text{ L} = 250.\text{ mL}$$

**실전예제 10.5**

정확히 1 atm에서 어떤 온도의 기체시료의 부피가 400. mL이다. 0.750 atm으로 압력이 낮아지면 이 온도에서 기체의 부피는 얼마인가?

**예제 10.6 통합기체법칙**

헬륨 기구는 과학실험 장비를 대기 중으로 운반하는데 사용된다. 지상 온도가 22.5℃이고 기압계의 압력이 754 mmHg 인 어느 여름 날 헬륨기구를 발사하였다. 발사 시점의 헬륨 기구의 부피는 $1.00 \times 10^6$L이었다. 압력이 76.0 mmHg, 온도가 240. K인 37 km 고도에서 이 헬륨기구의 부피는 얼마나 되는가? (헬륨은 기구로부터 빠져나가지 않는다고 가정한다.)

**정답**: $8.05 \times 10^6$ L

**풀이:** 발사 시점의 초기상태와 높은 고도의 최종상태를 각각 첨자 1과 2로 나타내자.

초기상태 = 754 mm Hg $T_1 = (22.5 + 273.15)\text{ K} = 295.6\text{ K}$ $V_1 = 1.00 \times 10^6\text{ L}$
최종상태 = 76.0 mm Hg $T_2 = 240.\text{ K}$

통합기체법칙을 $V_2$에 대하여 풀면

$$V_2 = \frac{P_1V_1T_2}{P_2T_1} = \frac{(754\text{ mm Hg})(1.00 \times 10^6\text{ L})(240.\text{ K})}{(76.0\text{ mm Hg})(295.6\text{ K})} = 8.05 \times 10^6\text{ L}$$

따라서 최종 부피는 약 8배 정도 더 커진다. 압력이 낮아지기 때문에 부피가 증가한다. 이러한 이유로 기상관측 기구는 기체를 완전히 채우지 않은 상태로 발사된다.

**실전예제 10.6**

22.3℃, 710 mmHg의 조건에서 21 mL의 부피를 차지하는 어떤 기체시료를 실험실에서 준비하였다. 다음 날 아침 실험실 온도는 26.5℃, 압력은 740. mmHg로 변해 있었다. 용기의 기체는 새어 나가지 않았다.

(a) 기체의 부피는 어떻게 변하였는가?
(b) 압력은 변하지 않았다고 가정하면, 새로운 온도에서 기체의 부피는 얼마인가?

Boyle의 법칙, Charles의 법칙, Avogadro의 법칙은 기체의 종류에 무관하다는 것을 기억하라. 이 법칙들은 모든 기체들의 성질을 반영하며 그러므로 어떤 기체라도 설명이 가능하다.

기체 문제를 다루는 데 있어서 다음의 두 가지 유용한 식으로 요약할 수 있다.

- ***P, V, n, T*의 변수 중 3개가 주어지고 나머지 1개의 변수를 구하려면 이상기체 법칙을 사용한다.**

$$PV = nRT$$

- **어떤 기체 시료에 대하여 상태 조건이 주어지고, 새로운 상태 조건에서 어느 한 가지 변수를 구하려면, 다음과 같은 통합기체법칙을 사용하고 일정하게 유지되는 변수들을 상쇄하면 된다.**

$$\frac{P_1V_1}{T_1} = \frac{P_2V_2}{T_2} \qquad (n\text{은 일정})$$

CONCEPTUAL
**개념학습** 10.8 **기체 성질 예측하기**

기체가 차지하는 부피를 줄일 수 있는 방법 세 가지를 제시하시오.

## 10.5 화학반응에서 기체의 양

부피결합의 법칙과 이상기체법칙은 반응의 화학량론에 기초한 계산에서 질량(또는 몰수)뿐만 아니라 부피를 사용할 수도 있게 해준다. 고체탄소와 산소의 반응으로 이산화탄소기체가 생성되는 연소반응에 대한 균형 반응식을 고려해보자.

$$C(s) + O_2(g) \longrightarrow CO_2(g)$$

이 반응에 대하여 가능한 몇 가지 질문들을 살펴보자. 각 질문에 대하여 어떤 정보가 주어졌고 무엇이 필요한지를 파악하고, 둘을 연결시켜주는 관계식이 무엇인지 결정해 보자.

1. 0.5 L의 $O_2$와 과량의 탄소로부터 생성되는 $CO_2$는 몇 L인가? 알려진 정보와 필요한 정보는 기체의 부피들이다. 균형화학반응식의 계수는 기체의 부피를 나타내고 부피결합의 법칙을 사용하면 답을 구할 수 있다.

   답: 0.5 L $CO_2$. 왜냐하면 균형반응식은 1 mol의 $O_2$가 소모될 때마다 1 mol의 $CO_2$가 생성되기 때문이다.(1:1)

$$0.5 \text{ L O}_2 \times \frac{1 \text{ vol CO}_2}{1 \text{ vol O}_2} = 0.5 \text{ L CO}_2$$

2. 4.00 g의 C와 완전히 반응하는데 필요한 $O_2$의 몰수는? 알려진 정보는 고체 반응물의 질량이고, 필요한 정보는 기체 반응물의 양이다. 관계식은 균형반응식의 화학량론 인자로 주어지고 기체법칙 식은 필요하지 않다.

   답; 0.333 mol $O_2$. 왜냐하면 C 4.00 g은 0.333 mol이고, C 1 mol마다 1 mol의 $O_2$가 필요하다.

$$4.00 \text{ g C} \times \frac{1 \text{ mol C}}{12.011 \text{ g C}} \times \frac{1 \text{ mol O}_2}{1 \text{ mol C}} = 0.333 \text{ mol O}_2$$

3. 21.011 g의 C와 반응하는데 필요한 $O_2$의 부피는 STP에서 몇 L인가? 필요한 정보가 반응물 $O_2$의 부피이기 때문에 부피결합의 법칙을 사용하여 답을 구할 수 있지만 우선 탄소의 몰수를 알아야한다. STP에서 모든 기체들의 표준 몰 부피는 22.4 L이다.

   답: 22.4 L $O_2$. 12.011 g의 C는 1 mol C이고 이것은 1 mol $O_2$를 필요로 한다.

$$12.011 \text{ g C} \times \frac{1 \text{ mol C}}{12.011 \text{ g C}} \times \frac{1 \text{ mol O}_2}{1 \text{ mol C}} \times \frac{22.4 \text{ L O}_2}{1 \text{ mol O}_2} = 22.4 \text{ L O}_2$$

4. 12.011 g의 C와 반응하는데 필요한 $O_2$의 부피는 747 mmHg, 21.0°C에서 몇 L인가? 12.011 g의 C는 1 mol C이고 1 mol $O_2$가 필요하다는 것을 알고 있다. 이상기체법칙을 이용하여 주어진 온도와 압력에서 1 mol $O_2$가 차지하는 부피를 계산하면 된다.

   답: 24.5 L $O_2$. 단위는 $R$의 단위와 일치해야 하고 이 경우 L atm $mol^{-1}$ $K^{-1}$이다. 섭씨온도를 절대온도로 바꾸면 294 K이고, 압력을 atm 단위로 바꾸면 0.983 atm이다. 이상기체법칙을 사용하여 필요한 $O_2$의 부피를 계산하면

$$V_{O_2} = \frac{nRT}{P} = \frac{(1 \text{ mol})(0.0821 \text{ L atm mol}^{-1} \text{ K}^{-1})(294 \text{ K})}{0.983 \text{ atm}} = 24.5 \text{ L}$$

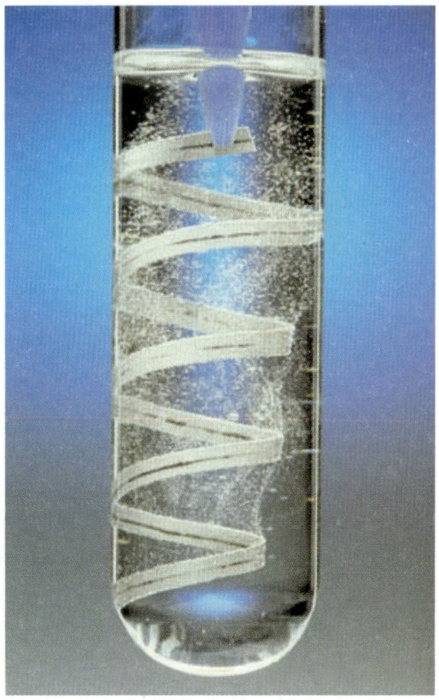

© Cengage Learning/Charles D. Winters

염산과 반응 하는 마그네슘

**예제 10.7 기체와 화학량론**

13.8 g의 Mg이 과량의 HCl과 반응할 때 28.0°C, 675 torr 에서 생성되는 $H_2$ 기체의 부피는 몇 L 인가?

$$\text{Mg(s)} + 2 \text{ HCl(aq)} \longrightarrow \text{MgCl}_2\text{(aq)} + \text{H}_2\text{(g)}$$

**정답:** 15.8 L

**풀이:** 균형화학 반응식의 계수와 마그네슘의 몰 질량을 사용하여 생성된 $H_2$의 몰수를 구할 수 있다.

$$13.8 \text{ g Mg} \times \frac{1 \text{ mol Mg}}{24.305 \text{ g Mg}} \times \frac{1 \text{ mol H}_2}{1 \text{ mol Mg}} = 0.568 \text{ mol H}_2$$

생성된 $H_2$의 몰수를 알면 이상기체법칙, $PV = nRT$로 부터 $H_2$의 부피를 구할 수 있다. 이상기체법칙을 $V$에 대하여 나타내고 $P$, $T$, $n$의 값을 대입한다. 이 때 $V$, $P$, $T$의 단위는 기체상수 $R$의 단위와 일치시켜야 한다.

즉 압력은 atm, 온도는 캘빈(28.0 + 273.15 = 301.2 K)단위를 사용한다.

$$P = (675 \text{ mm Hg}) \times \frac{1 \text{ atm}}{760 \text{ mm Hg}} = 0.888 \text{ atm}$$

$$V = \frac{nRT}{P} = \frac{(0.568 \text{ mol H}_2)(0.0821 \text{ L atm mol}^{-1} \text{ K}^{-1})(301.2 \text{ K})}{0.888 \text{ atm}} = 15.8 \text{ L H}_2$$

**실전예제 10.7**

질산암모늄, $NH_4NO_3$은 다음과 같이 분해반응을 하는 폭발 물질이다. 10.0 g의 $NH_4NO_3$가 폭발하면 25°C, 1 atm에서 몇 리터의 기체가 생성되는가?

$$2 \text{ NH}_4\text{NO}_3(s) \longrightarrow 4 \text{ H}_2\text{O}(g) + \text{O}_2(g) + 2 \text{ N}_2(g)$$

**예제 10.8 에어백의 화학량론**

자동차의 에어백이 작동하면 $NaN_3$가 분해되면서 $N_2$가 발생한다.

$$2 \text{ NaN}_3(s) \longrightarrow 2 \text{ Na}(s) + 3 \text{ N}_2(g)$$

1 atm, 26.0°C에서 60.0 L의 $N_2$를 생성하려면 $NaN_3$ 몇 그램이 필요한가?

**정답:** 106 g $NaN_3$

**풀이:** 우선 60.0 L $N_2$의 몰수를 계산한다.

$$n = \frac{PV}{RT} = \frac{(1 \text{ atm})(60.0 \text{ L})}{(0.0821 \text{ L atm mol}^{-1} \text{ K}^{-1})(299.15 \text{ K})} = 2.44 \text{ mol N}_2$$

그 다음 균형화학반응식을 이용하여 $NaN_3$의 몰수를 계산한다.

$$2.44 \text{ mol N}_2 \times \frac{2 \text{ mol NaN}_3}{3 \text{ mol N}_2} = 1.63 \text{ mol NaN}_3$$

$NaN_3$의 몰수를 질량으로 환산하면

$$1.63 \text{ mol NaN}_3 \times \frac{65.01 \text{ g NaN}_3}{1 \text{ mol NaN}_3} = 106 \text{ g NaN}_3$$

이 예제의 반응은 위험한 원소상태의 소듐을 생성하기 때문에 실제 에어백에는 추가로 다른 반응물이 포함된다. 그렇지만 $N_2$에 대한 $NaN_3$의 화학학량론적인 비는 이 예제의 반응과 같다.

**실전예제 10.8**

우주선에서는 우주인이 배출한 이산화탄소를 흡수하기 위하여 수산화리튬이 사용된다.

$$2 \text{ LiOH}(s) + \text{CO}_2(g) \longrightarrow \text{Li}_2\text{CO}_3(s) + \text{H}_2\text{O}(\ell)$$

22°C, 1 atm에서 LiOH 1 g 당 흡수되는 이산화탄소의 부피는 얼마인가?

## 10.6 기체의 밀도와 몰질량

이상기체법칙을 사용하여 기체밀도를 몰질량과 연관시킬 수 있다. 밀도의 정의는 단위 부피당 질량이다. 기체의 밀도는 매우 크게 변화하는데 그 이유는 기체 시료의 부피가 온도와 압력에 따라 변하기 때문이다. 그러나 $T$와 $P$가 명시되면 기체의 밀도는 이상기체법칙으로부터 계산할 수 있다. 또한 같은 온도와 압력에서 같은 부피의 기체는 같은 수의 분자를 포함하므로 서로 다른 기체의 밀도는 몰질량에 바로 비례한다. 결과적으로 실험에서 구한 기체의 밀도는 몰질량을 결정하는데 사용할 수 있다.

기체의 밀도와 몰질량 사이의 관계를 유도하기 위하여, 이상기체식($PV = nRT$)으로부터 출발한다. 물질의 몰수($n$)는 질량($m$)을 몰질량($M$)으로 나눈 값이다. 따라서 이상기체식의 $n$을 $m/M$으로 치환하면

$$PV = \frac{m}{M}RT$$

밀도($d$)는 질량을 부피로 나눈 값($m/V$)이고, 식을 $m/V$에 대하여 정리하면

$$d = \frac{m}{V} = \frac{PM}{RT}$$

따라서 기체의 밀도는 몰질량(M)에 직접 비례한다.

He, $O_2$, $SF_6$ 세 가지 기체의 밀도를 알아보자. 25°C, 0.750 atm에서 이들 기체 1mol에 대하여 아래 표를 보면 밀도는 몰질량에 따라 증가한다.

| 기체 | 몰질량(g/mol) | 밀도(25°C) |
|---|---|---|
| He | 4.003 | 0.123 g/L |
| $O_2$ | 31.999 | 0.981 g/L |
| $SF_6$ | 146.06 | 4.48 g/L |

기체의 밀도 식을 사용하여 STP에서 공기의 밀도를 예측해보자. STP에서 질소($N_2$)의 밀도는

$$d = \frac{PM}{RT} = \frac{(1\ \text{atm})(28.01\ \text{g/mol})}{(0.0821\ \text{L atm mol}^{-1}\ \text{K}^{-1})(273.15\ \text{K})} = 1.249\ \text{g/L}$$

STP에서 산소($O_2$)의 밀도는

$$d = \frac{PM}{RT} = \frac{(1\ \text{atm})(31.999\ \text{g/mol})}{(0.0821\ \text{L atm mol}^{-1}\ \text{K}^{-1})(273.15\ \text{K})} = 1.427\ \text{g/L}$$

공기의 밀도는 질소와 산소의 가중 평균으로 계산된다.

$$\begin{aligned} d &= (0.80)(N_2\text{의 밀도}) + (0.20)(O_2\text{의 밀도}) \\ &= (0.80)(1.249\ \text{g/L}) + (0.20)(1.427\ \text{g/L}) = 1.28\ \text{g/L} \end{aligned}$$

공기의 밀도는 STP에서 대략 1.28 g/L이다.

EXERCISE
**연습문제 10.9 기체 밀도 계산하기**

25°C, 0.750 atm에서 $Cl_2$와 $SO_2$의 밀도를 계산하시오. 그런 다음 35°C, 0.750 atm에서 $Cl_2$의 밀도와 25°C, 2.60 atm에서 $SO_2$의 밀도를 계산하시오.

CONCEPTUAL
**개념학습 10.10 밀도 비교**

He의 밀도(0.166 g/L)를 g/mL 단위로 나타내고 리튬금속의 밀도(0.53 g/mL)와 비교하시오. Li 원자의 질량(7 amu)은 He 원자질량(4 amu)의 두 배보다 약간 작다. 밀도는 각 원소들이 표준상태에 있을 때 얼마나 더 촘촘하게 쌓이는가에 대하여 무엇을 말해 주는가? 이 비교는 기체분자운동론의 어떤 개념에 적용되는가?

NASA
**헬륨을 채운 기상 관측용 기구.** 기구가 대기 중으로 올라가면 부피는 증가하는가? 또는 감소하는가?

**예제 10.9 이상기체법칙을 사용한 몰질량 계산**

C, H, F 원자를 포함하는 1.02 g 기체시료가 있는데, 아마 $C_2H_2F_4$로 의심된다. 이 기체는 25°C, 250 mL 용기에서 750 mmHg의 압력을 나타낸다. 추측한 분자식이 맞는지 알아보기 위하여 이 화합물의 몰질량을 계산하시오.

**정답**: 101 g/mol, 분자식은 맞다.

**풀이:** 주어진 데이터를 정리하면

$$V = 0.250\ \text{L} \quad P = 750.\ \text{mm Hg} \times \frac{1\ \text{atm}}{760\ \text{mm Hg}} = 0.987\ \text{atm} \quad T = 298.1\ \text{K}$$

이상기체식을 사용하여 $n$을 구한다.

$$n = \frac{PV}{RT} = \frac{(0.987\ \text{atm})(0.250\ \text{L})}{(0.0821\ \text{L atm mol}^{-1}\ \text{K}^{-1})(298.1\ \text{K})} = 0.0101\ \text{mol}$$

시료의 질량이 1.02 g이므로 몰질량은

$$\frac{1.02\ \text{g}}{0.0101\ \text{mol}} = 101.\ \text{g/mol}$$

$C_2H_2F_4$의 분자식으로부터 몰질량을 계산하면 102.0 g/mol이고 이것은 이상기체법칙을 사용하여 구한 값과 비슷하다.

**실전예제 10.9**

0.850 atm, 20.°C에서 1.00 L 플라스크에 순수한 기체가 들어 있다. 기체의 질량은 1.13 g이다. 이 기체의 몰질량은 얼마이고 무슨 기체인가?

## 10.7 기체혼합물과 분압

우리의 대기는 질소, 산소, 아르곤, 이산화탄소, 수증기 및 소량의 다른 여러 가지 기체들의 혼합물이다. 대기압은 이러한 모든 기체들이 가하는 압력의 합으로 주어진다. 이

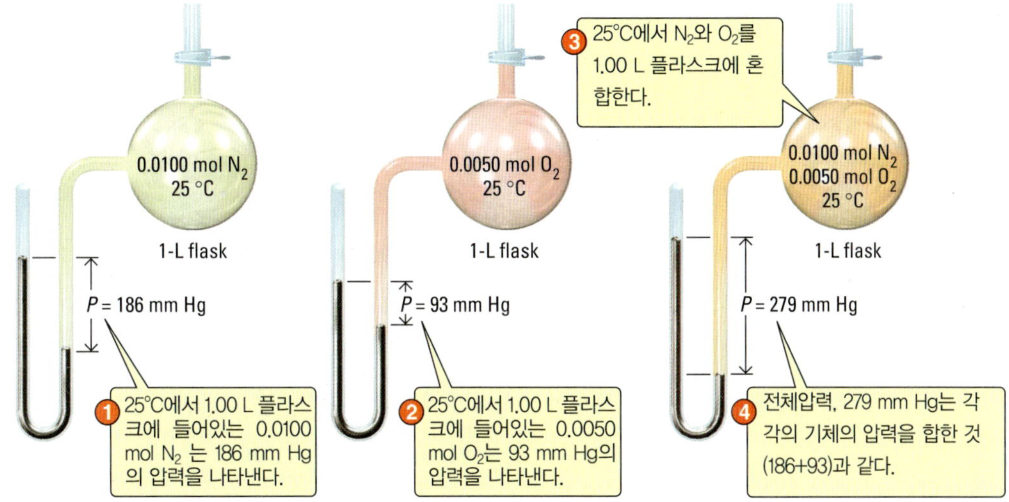


**그림 10.13** Dalton의 분압법칙

것은 모든 기체혼합물에 대해서 사실이다. 그림 10.13에 나타낸 질소와 산소의 혼합물에 대하여 생각해보자. 혼합물에 의한 압력은 같은 온도와 압력에서 같은 부피 안에 질소만 있을 때의 압력과 산소만 있을 때의 압력을 합한 것과 같다. 기체혼합물에서 한 기체의 압력을 그 기체의 **분압(partial pressure)**이라고 한다.

John Dalton은 기체혼합물의 압력이 혼합물 내의 각 기체들의 분압의 합과 같다는 것을 관찰하였다. Dalton의 분압법칙으로 알려진 이러한 사실은 기체분자들의 서로 독립적인 행동으로 나타나는 결과이다. Dalton의 법칙을 예를 들어 설명하기 위하여 우리 대기의 주성분을 생각해보자. 대기의 대략적인 총 몰수는

$$n_{\text{total}} = n_{\text{N}_2} + n_{\text{O}_2} + n_{\text{Ar}}$$

이상기체법칙의 $n$을 각 기체들의 몰수의 합인 $n_{\text{total}}$로 치환하면

$$P_{\text{total}}V = n_{\text{total}}RT$$

$$P_{\text{total}} = \frac{n_{\text{total}}RT}{V} = \frac{(n_{\text{N}_2} + n_{\text{O}_2} + n_{\text{Ar}})RT}{V}$$

이 식의 오른쪽 항을 풀어 쓰면

$$P_{\text{total}} = \frac{n_{\text{N}_2}RT}{V} + \frac{n_{\text{O}_2}RT}{V} + \frac{n_{\text{Ar}}RT}{V} = P_{\text{N}_2} + P_{\text{O}_2} + P_{\text{Ar}}$$

$P_{N_2}$, $P_{O_2}$, $P_{\text{Ar}}$은 대기의 세 가지 주요 성분 기체들의 분압이다. Dalton의 법칙에 의하면 대기가 가하는 압력은 질소, 산소, 아르곤 및 그 외의 다른 모든 성분들에 의한 분압의 합으로 주어진다. 기체혼합물에서 전체 압력에 대한 어느 한 성분 기체 A의 분압의 비는 다음과 같다.

$$\frac{P_{\text{A}}}{P_{\text{total}}} = \frac{n_{\text{A}}(RT/V)}{n_{\text{total}}(RT/V)}$$

오른쪽 항을 약분하여 더 간단히 나타내면

$$\frac{P_{\text{A}}}{P_{\text{total}}} = \frac{n_{\text{A}}}{n_{\text{total}}}$$

압력의 비는 총 몰수에 대한 기체 A의 몰수의 비와 같다. 이 비($n_A/n_{total}$)를 A의 **몰분율(mole fraction)**이라고 하고 기호 $X_A$로 나타낸다. 재배열하여 식을 다시 쓰면

$$P_A = X_A P_{total}$$

그림 10.13의 기체혼합물에서 질소와 산소의 몰분율은

$$X_{N_2} = \frac{0.010 \text{ mol } N_2}{0.010 \text{ mol } N_2 + 0.0050 \text{ mol } O_2} = 0.67$$

$$X_{O_2} = \frac{0.0050 \text{ mol } O_2}{0.010 \text{ mol } N_2 + 0.0050 \text{ mol } O_2} = 0.33$$

이 혼합물은 두 가지 기체로만 구성되기 때문에 두 몰분율을 더하면 1이 되어야 한다.

$$X_{N_2} + X_{O_2} = 0.67 + 0.33 = 1.00$$

분압의 흥미로운 응용은 깊은 바다 속에서 호흡하는 대기의 조성에 관한 것이다. 산소의 몰분율이 0.21인 1 atm의 정상 대기가 2 atm으로 압축되면 산소의 분압은 약 0.42 atm이 된다. 이러한 높은 산소 분압은 해롭기 때문에 정상 분압으로 낮추기 위하여 희석용 기체를 첨가해야 한다. 질소 기체가 좋은 선택인 것처럼 보이지만 질소는 혈액에 꽤 잘 녹는다는 것이 문제이고, 높은 농도에서는 알코올에 취하는 것처럼 질소 마취 상태를 일으킬 수 있다.

헬륨은 혈액에 훨씬 덜 녹고 깊은 바다 속 잠수부들에게 질소 기체의 좋은 대안이 될 수 있으나 부작용을 일으킬 수 있다. 헬륨 원자는 질소원자보다 가벼워 같은 온도에서 평균적으로 더 빨리 움직이기 때문에(그림 10.6), 헬륨 원자는 질소원자보다 잠수부의 피부에 더 자주 충돌하고 더 효과적으로 에너지를 뺏어 간다. 이러한 효과는 헬륨/산소 혼합물을 호흡하는 동안 잠수부로 하여금 더 춥게 느낀다는 것이다.

**예제 10.10 분압 계산하기**

Haloethane, $CF_3-CHBrCl$은 수술에서 흡입하는 마취제로 흔히 사용된다. 15.0 g의 haloethane 기체와 22.6 g의 산소기체를 섞어 전체 압력이 863 mm Hg인 혼합기체가 있을 때 각 기체의 분압은 얼마인가?

**정답:** $P_{haloethane} = 83.8$ mm Hg $P_{O_2} = 778$ mm Hg

**풀이:** 분압을 구하기 위하여 각 기체의 몰분율을 알아야 한다. 우선 각 기체의 몰수를 계산하고 몰분율을 계산한다.

$$15.0 \text{ g} \times \left(\frac{1 \text{ mol halothane}}{197.4 \text{ g}}\right) = 0.07600 \text{ mol halothane}$$

$$22.6 \text{ g} \times \left(\frac{1 \text{ mol } O_2}{32.00 \text{ g}}\right) = 0.7062 \text{ mol } O_2$$

$$X_{halothane} = \frac{0.07600 \text{ mol(halothane)}}{0.7822 \text{ moles}} = 0.0972$$

두 몰분율을 합하면 1.000이 되어야 하므로 $O_2$의 몰분율은 0.903이다.

$$X_{\text{halothane}} + X_{O_2} = 1.000 = 0.0972 + X_{O_2}$$
$$X_{O_2} = 1.000 - 0.0972 = 0.903$$

마지막으로 각 기체의 분압을 계산하면

$$P_{\text{halothane}} = 0.0972 \times P_{\text{total}} = 0.0972 \times (862 \text{ mm Hg}) = 83.8 \text{ mm Hg}$$
$$P_{O_2} = 0.903 \times P_{\text{total}} = 0.903 \times (862 \text{ mm Hg}) = 778 \text{ mm Hg}$$

**실전예제 10.10**

500.°C에서 5.0 L 용기에 7.0 g 의 $N_2$와 6.0 g의 $H_2$ 혼합물이 들어 있다. 반응은 일어나지 않는다고 가정하고 전체 압력을 계산하시오. 각 기체의 몰분율과 분압을 계산하시오.

CONCEPTUAL
**개념학습 10.11 분압 예측하기**

혼합물의 부피가 다음과 같이 줄어들 때 각 기체의 분압을 어떻게 되는가?

(a) 온도를 낮출 때 (b) 전체 압력을 증가시킬 때

EXERCISE
**연습문제 10.12 분압**

355 mL 플라스크에 0.146 g의 네온 기체와 양을 모르는 아르곤 기체가 들어 있고 35°C에서 전체 압력은 626 mmHg를 나타낸다. 플라스크에는 몇 그램의 아르곤이 들어있는가?

## 물위에서의 기체 포집

기체를 생성하는 화학반응을 연구할 때 종종 기체 생성물의 몰수를 결정해야 할 필요가 있다. 물에 녹지 않는 기체의 경우 편리한 한 가지 방법은 물위에서 기체를 포집하는 것이다(그림 10.14). 물을 채워 넣어 거꾸로 세운 용기를 통과한 기체 버블은 물을 치환하면서 물위에 포집된다. 포집 용기 내의 기체의 압력이 실험실의 외부 압력과 같아지도록 용기 내외부의 수위가 같아지면 포집을 멈추고, 포집된 기체의 부피를 결정한다. 물도 약간 증발하여 수증기가 만들어지기 때문에, 용기 내의 기체 혼합물의 전체 압력은 생성된 기체의 분압과 수증기의 분압을 합한 값이다. 기체혼합물에서 물의 분압은 물의 증기압이며 이것은 물의 온도에 의존한다(표 10.4).

기체의 생성량을 계산하기 위하여, 기체의 전체 압력(대기의 압력과 같음)에서 물의 증기압을 빼면 기체 생성물의 분압을 얻는다. 이 분압과 부피, 온도를 이상기체 법칙에 대입하면 기체생성물의 몰수를 구할 수 있다.

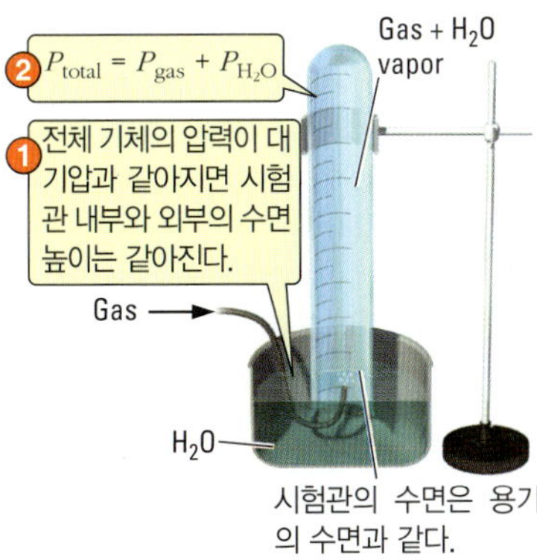


**그림 10.14 물 위에서의 기체 포집**

**표 10.4 온도에 따른 물의 증기압**

| $T$ (°C) | $P_{\text{water}}$ (mm Hg) |
|---|---|
| 0 | 4.6 |
| 10 | 9.2 |
| 20 | 17.5 |
| 21 | 18.6 |
| 22 | 19.8 |
| 23 | 21.1 |
| 24 | 22.4 |
| 25 | 23.8 |
| 30 | 31.8 |
| 35 | 42.2 |
| 40 | 55.3 |
| 50 | 92.5 |
| 60 | 149.4 |
| 70 | 233.7 |
| 80 | 355.1 |
| 90 | 525.8 |
| 100 | 760.0 |

**예제 10.11 물 위에서의 기체 포집**

전기램프가 사용되기 전에는 밝은 불꽃을 만들기 위하여 $CaC_2$와 물의 반응으로 아세틸렌을 생성하였다.

$$CaC_2(s) + 2\,H_2O(\ell) \longrightarrow C_2H_2(g) + Ca(OH)_2(aq)$$

이 반응으로 745 mmHg의 기압과 24.0°C의 온도에서 625 mL의 기체가 물 위에서 포집되었다. 생성된 아세틸렌은 몇 그램인가? 24.0°C에서 물의 증기압은 22.4 mmHg이다.

**정답:** 635 mg

**풀이:** 아세틸렌의 분압을 구하고 몰수를 계산한 후 밀리그램 단위로 환산한다. 전체압력은 745 mm Hg이고, 24.0°C에서 물의 증기압은 22.4 mm Hg이므로 아세틸렌의 분압은

$$P_{\text{acetylene}} = P_{\text{total}} - P_{\text{water}} = 745 \text{ mm Hg} - 22.4 \text{ mm Hg} = 723 \text{ mm Hg}$$

아세틸렌의 몰수와 질량은

$$n = \frac{PV}{RT} = \frac{(723/760 \text{ atm})(0.625 \text{ L})}{(0.0821 \text{ L atm mol}^{-1}\text{ K}^{-1})(273.15 + 24.0)\text{ K}} = 0.0244 \text{ mol}$$

$$0.0244 \text{ mol} \times 26.04 \text{ g/mol} = 0.635 \text{ g} = 635 \text{ mg}$$

H—C≡C—H

acetylene

**실전예제 10.11**

아연은 염산과 반응하여 $H_2$ 기체를 발생한다.

$$2\,HCl(aq) + Zn(s) \longrightarrow ZnCl_2(aq) + H_2(g)$$

23°C, 740 mmHg에서 $H_2$ 기체를 물 위에서 포집하여 260 mL를 얻었다. 몇 g의 $H_2$를 포집하였는가?

## 10.8 실제기체의 성질

이상기체법칙은 끓는점보다 높은 온도에서 압력, 부피, 온도, 몰수에 대한 정확한 예측을 할 수 있게 해준다. STP(0°C, 1 atm)에서 대부분의 기체는 이상적인 행동에서 약간 벗어난다. 그러나 훨씬 높은 압력이나, 훨씬 낮은 온도에서 이상기체 법칙은 그렇게 잘 맞지 않는다. 이상적인 행동에서 벗어나는 정도는 $PV/nRT$를 압력의 함수로 그려서 설명할 수 있다(그림 10.15). 이상기체 법칙($PV = nRT$)을 따르는 기체는 $PV/nRT$의 비가 1이어야 한다. 그러나 그림 10.15에서 보면 실제 기체에 대하여 이 비는 1에서 벗어나는데, 처음에는 1보다 작아지다가 압력이 증가하면서 1보다 커진다. 따라서 실제기체의 부피 측정값은 중간 정도의 압력에서는 예상보다 작고, 높은 압력에서는 예상보다 크게 얻어진다. 이러한 편차가 무엇 때문에 생기는지 알아보기 위하여, 분자운동론의 근본적인 2가지 개념을 다시 고려해 보자. 이 이론은 기체 분자 자체가 차지하는 부피는 없고, 분자 사이의 인력도 없다고 가정한다.

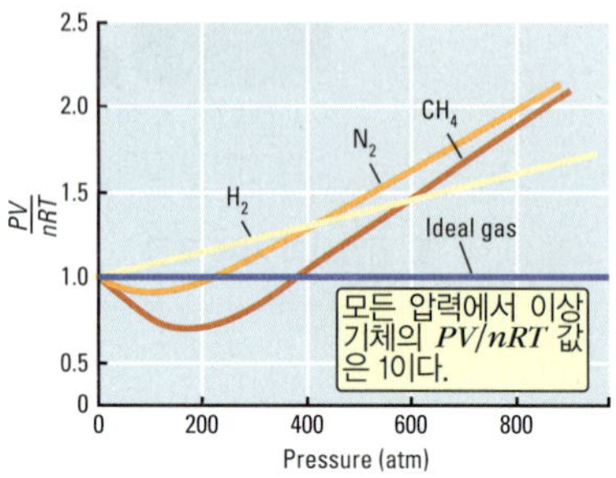


**그림 10.15 이상기체와 비교하였을 때 실제기체의 비이상적 행동**

STP에서 분자 하나가 차지하는 부피는 전체 기체 부피에 비하여 매우 작다. 1 몰의 기체에는 $6.02 \times 10^{23}$개의 분자가 있고, 이것은 STP에서 22.4 L($22.4 \times 10^{-3}$

$m^3$)의 부피를 차지한다는 것을 기억하라. 각각의 분자가 움직일 수 있는 부피, $V$는

$$V = \frac{22.4 \times 10^{-3}\,\text{m}^3}{6.02 \times 10^{23}\,\text{molecules}} = 3.72 \times 10^{-26}\,\text{m}^3/\text{molecule}$$

이 부피를 구형이라고 가정하면 구의 반지름 $r$은 2000 pm 정도이다. 가장 작은 기체 분자인 헬륨원자의 경우 반지름은 31 pm이고, 헬륨원자는 바구니 안에 놓인 완두콩과 비슷한 정도의 움직일 수 있는 공간을 갖는다. 그런데 압력을 1000 atm 정도로 크게 높였다고 가정해 보자. 이제 분자가 움직일 수 있는 공간은 반지름이 200 pm 정도인 구이고, 완두콩이 탁구공보다 약간 큰 부피의 공간에 놓인 상황과 비슷하다. 기체 부피에 비하여 기체 분자 자체가 차지하는 부피를 더 이상 무시할 수가 없다. 이것은 분자운동론의 첫 번 개념에 위배된다. 분자운동론과 이상기체법칙은 부피를 분자 자체의 부피가 아니라 분자가 움직일 수 있는 공간으로 다룬다. 그러나 측정된 부피는 두 가지를 모두 포함한다. 그러므로 높은 압력에서 측정된 부피는 이상기체법칙으로 예상한 부피보다 크며, $PV/nRT$는 1보다 클 것이다.

구의 부피는 $\frac{4}{3}\pi r^3$ 이다. $r$에 대하여 풀면

$$r = \sqrt[3]{\frac{3V}{4\pi}}$$

$$= \sqrt[3]{\frac{3(3.72 \times 10^{-26}\,\text{m}^3)}{4(3.14)}}$$

$$r = 2.07 \times 10^{-9}\,\text{m} = 2070\,\text{pm}$$

중간 정도의 압력에서 실제 기체의 PV 값은 이상기체의 예상되는 $nRT$ 값보다 작다(그림 10.15). 일정한 부피의 기체가 용기 벽에 작용하는 압력은 예상보다 작다. 그림 10.16에서처럼 용기 벽을 때리려는 기체분자를 고려해보자. 분자운동론에서 다른 분자들은 이 분자에 아무 힘도 작용하지 않는다고 가정하지만 실제로는 그런 힘이 존재하고 압력이 증가하여 분자들이 서로 가까워지면 그 영향이 더 커진다. 이것은 분자가 용기 벽을 때리려고 할 때, 다른 분자들은 그 분자를 끌어당기기 때문에 결과적으로 그 분자는 벽에 충격을 덜 가하게 된다. 충돌은 분자사이의 인력이 없을 때 보다 더 약하게 일어난다. 모든 충돌이 더 약하게 일어나고 내부 압력은 이상기체법칙의 예측보다 작다. 즉 $PV/nRT$는 1보다 작다. 외부 압력이 증가하면 기체 부피는 감소하고, 분자들은 서로 가까이 압착되고, 분자사이의 인력은 더 커지며 결과적으로 이상적 행동에서 더 크게 벗어난다. 궁극적으로 압력이 매우 높아지면 빈 공간이 없어진 것이 주된 요인이 되어 $PV/nRT$는 1보다 커지게 된다(그림 10.15).

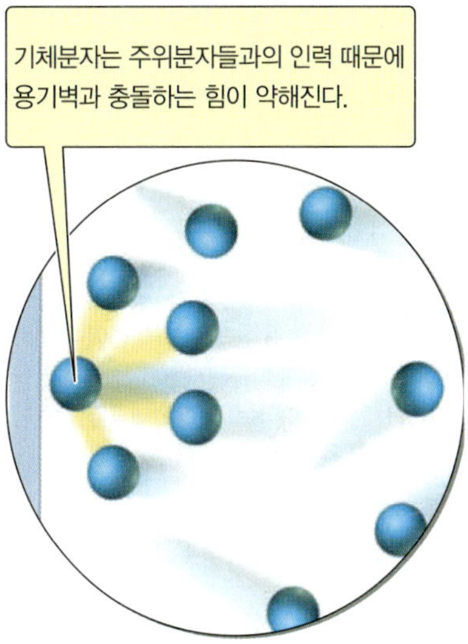


그림 10.16 **비이상적 기체의 행동**

이러한 것들을 고려한 결과는 실제 기체에 대하여 측정된 압력은 분자간 인력으로 인해 이상기체의 압력보다 작고, 실제 기체에 대하여 측정된 부피는 분자 자체의 부피로 인해 이상기체의 부피보다 크다.

**반데르발스(van der Waals)**식은 이러한 두 가지 효과를 고려하여 실제 기체의 행동을 예측한다. 이 식은 $P_{\text{ideal}}V_{\text{ideal}} = nRT$을 가정하지만, 왼쪽 항을 측정된 압력($P_{\text{measured}}$)과 부피($V_{\text{measured}}$)로 나타낸다.

$$\left(P_{\text{measured}} + \frac{n^2a}{V^2_{\text{measured}}}\right)(V_{\text{measured}} - nb) = nRT$$

분자간 인력에 대한 보정 (측정값보다 크게 보정한다)

분자 자체의 부피에 대한 보정(측청값 보다 작게 보정한다)

측정된 부피는 $n$ 몰의 기체분자 자체의 부피에 기인하는 $nb$ 만큼 감소한다. 반데르발스 상수 $b$는 L/mol의 단위를 갖고, 분자가 커지면 $b$ 값도 커진다. 측정된 압력은

표 10.5 일반적인 기체들에 대한 반데르발스 상수

| 기체 | $a\left(\frac{\text{L}^2\,\text{atm}}{\text{mol}^2}\right)$ | $b\left(\frac{\text{L}}{\text{mol}}\right)$ |
|---|---|---|
| He | 0.034 | 0.0237 |
| Ne | 0.211 | 0.0171 |
| Ar | 1.35 | 0.0322 |
| $H_2$ | 0.244 | 0.0266 |
| $N_2$ | 1.39 | 0.0391 |
| $O_2$ | 1.36 | 0.0318 |
| $Cl_2$ | 6.49 | 0.0562 |
| $CO_2$ | 3.59 | 0.0427 |
| $CH_4$ | 2.25 | 0.0428 |
| $NH_3$ | 4.17 | 0.0371 |
| $H_2O$ | 5.46 | 0.0305 |

$n^2a/V^2$ 만큼 증가하는데 이것은 분자사이의 인력에 기인한 것이다. 반데르발스 상수 $a$의 단위는 $L^2atm/mol^2$이다. 압력보정 항이 이러한 형태를 갖는 이유는 인력이 분자쌍 사이의 상호작용에 의존하기 때문이다. $a$는 단위부피당 분자 수의 제곱, $(n/V)^2$ 에 비례한다. $a$의 값은 기체분자들이 서로 얼마나 강하게 끌어당기는지를 나타낸다. 분자간 상호작용이 강할수록 $a$의 값은 커진다. 상수 $a$와 $b$의 값은 기체에 따라 다르고(표 10.5) 실험에 의해서 결정된다. 일반적으로 $a$와 $b$의 값은 기체분자의 크기가 증가할수록 분자가 복잡해질수록 커진다.

기체분자 운동론이 유효한 이상기체에서는 분자 간 인력은 무시되고 $a \approx 0$, $P_{measured} = P_{ideal}$ 이다. 또한 분자 자체의 부피는 용기 부피에 비하여 무시되고 $b \approx 0$, $V_{measured} = V_{ideal}$이다. 그러므로 보통의 $P$와 $T$의 조건에서 반데르발스식은 이상기체식으로 단순화된다.

온실효과는 식물의 온실에서 그 이름이 유래하였다. 그러나 온실이 따듯해지는 것은 유리가 빠져나가는 적외선을 막는 것보다 대류를 감소시키는 것에 더 큰 영향을 받는다.

## 10.9 대기의 이산화탄소, 온실효과와 지구온난화

대기의 중요한 기능 중 하나는 지구 표면의 온도를 조절해 주는 것이다. 지구에 도달하는 에너지는 전자기 복사의 형태로 태양으로부터 온다. 전자기 복사의 일부는 대기에 의해 우주 공간으로 반사되고, 일부는 흡수된다. 나머지는 지구 표면에 도달하여 땅과 바다를 데운다. 따뜻해진 표면은 대류권으로 적외선을 방출한다. 이산화탄소, 수증기, 메테인, 대류권 오존들은 모두 적외선의 다양한 영역을 흡수한다. 이 방출된 적외선을 흡수함으로서 대기를 데우고, 소위 **온실효과(greenhouse effect)**를 만들어낸다(그림 10.17). 이 네 가지 기체를 온실가스라고 한다. 이런 기체들은 우주 공간으로 방출

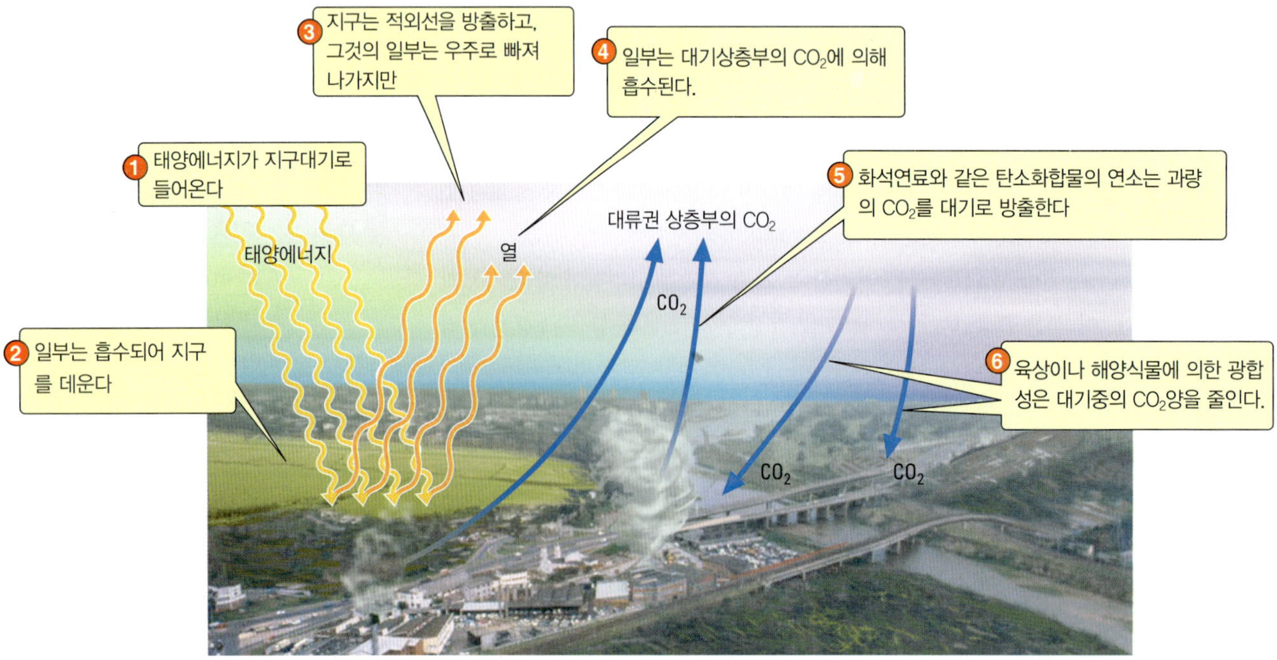


그림 10.17 **온실효과.** 온실가스는 지구표면으로부터 열이 빠져나가지 못하도록 효과적인 장벽을 형성한다. 온실효과가 없다면 지구의 평균온도는 훨씬 낮아질 것이다.

되는 에너지의 양을 줄이는 담요와 같은 역할을 한다. 온실효과 덕분에 지구의 평균온도는 15°C 정도로 유지된다. 반면 대기가 희박한 달은 표면의 평균 온도가 태양에 노출되었을 때 대략 107°C 이다가 태양이 사라지면 −153°C 정도가 된다.

지구는 바다와 같은 방대한 저수지를 가지고 있어서, 인간 활동은 대기의 수증기 농도에 별 영향을 주지 않는다. 게다가 메테인도 자연적으로 대량 방출된다. 대류권 오존의 양도 미미하여 온실효과에 별 영향을 주지 못한다. 따라서 4가지 온실가스 중에서 이산화탄소에 가장 많은 관심이 집중되었다.

이산화탄소는 적외선을 흡수하면서 분자내 C═O 결합이 마치 스프링에 연결된 공처럼 늘어나고 구부러지는 운동을 하기 때문에 온실가스이다. C═O 결합의 신축은 구부러지는 것보다 더 많은 에너지(더 짧은 파장)를 필요로 한다. C═O의 신축은 4.257 μm의 적외선을 흡수할 때 일어난다. 반면 구부러지는 진동은 15.0 μm 되는 더 낮은 에너지의 적외선을 흡수할 때 일어난다.

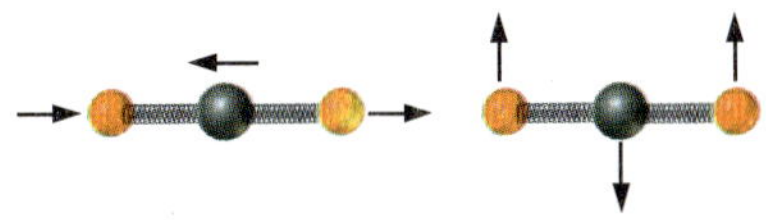

C═O 신축진동　　O═C═O 구부림 진동

매년 세계적으로 화석연료(석탄, 석유, 천연가스)의 연소로 엄청난 양의 탄소가 이산화탄소의 형태로 대기 중에 방출된다. 이것의 45% 정도는 자연적으로 식물의 광합성과 빗물에 녹아 탄산수소 및 탄산의 형태로 대기로부터 제거된다.

$1\ \mu m = 1 \times 10^{-6}\ m = 1 \times 10^{3}\ nm$

단원 7.1에서 에너지와 파장은 반비례 관계에 있다는 것을 기억하라.

$$CO_2(g) + 2\,H_2O(\ell) \longrightarrow H_3O^+(aq) + HCO_3^-(aq)$$
$$HCO_3^-(aq) + H_2O(\ell) \longrightarrow H_3O^+(aq) + CO_3^{2-}(aq)$$

나머지 55% 정도는 대기 중에 남아 $CO_2$의 농도를 증가시킨다.

전 세계적으로 대기 중 $CO_2$의 삼분의 일이 화석연료를 사용하는 발전소로부터 방출되는 부산물이다.

CONCEPTUAL **개념학습** 10.13 $CO_2$의 발생 근원

자연발생적 $CO_2$ 근원을 나열하시오. 인간 활동에 의한 $CO_2$ 근원을 나열하시오.

인간 활동의 영향이 없다면, 대기, 동식물, 바다 사이의 이산화탄소의 흐름은 대략 균형을 이룬다. 1750년 산업혁명 이전 시기에 대기 중의 이산화탄소의 농도는 277 ppm 이었다. 그 후 130년 동안 산업혁명이 진행되면서 이산화탄소의 농도가 291 ppm으로 5% 증가하였다. 그러나 1900년 이후 $CO_2$의 증가속도는 특히 교통수단을 위한 자동차의 사용 등으로 화석연료 소비의 급격한 증가를 반영하였다. 1959년과 2007년 사이 대기의 이산화탄소 농도는 316 ppm에서 384 ppm으로 20%가 증가하였다(그림 10.18). 인구 증가도 $CO_2$ 농도의 증가에 크게 기여하였다. 브라질의 아마존 지역에서는 산림이 파괴되고 농경지로 바뀌었다. 이러한 활동은 광합성으로 $CO_2$를 소비하는 나무가 줄어들고 동시에 산림이 타면서 대기 중으로 이산화탄소를 더 배출하여 자연적인 $CO_2$의 순환에 이중으로 악영향을 미쳤다.

ppm은 낮은 농도를 표시하는 편리한 방법이다. 1 ppm은 어떤 양의 백만분의 일을 의미한다. 360 ppm의 $CO_2$농도는 공기분자 백만 개 중 $CO_2$분자가 360개 있음을 의미한다.

대기 중의 $CO_2$의 농도는 주로 산업화, 농작물 생산, 인구 증가 등의 요인으로 해마다 1.5 ppm의 속도로 계속해서 증가할 것으로 예상된다. 결과적으로 기후 변화에 대한 복잡한 컴퓨터 모델링에 따르면 $CO_2$ 의 농도는 2030~2050년 사이에 산업화 이전 수치의 두 배인 550 ppm에 도달할 것으로 전망된다. 화석 연료의 공급이 감소하여 연료비용이 많이 상승한다면 아마 그렇게 크게 증가하지 않을지도 모른다.

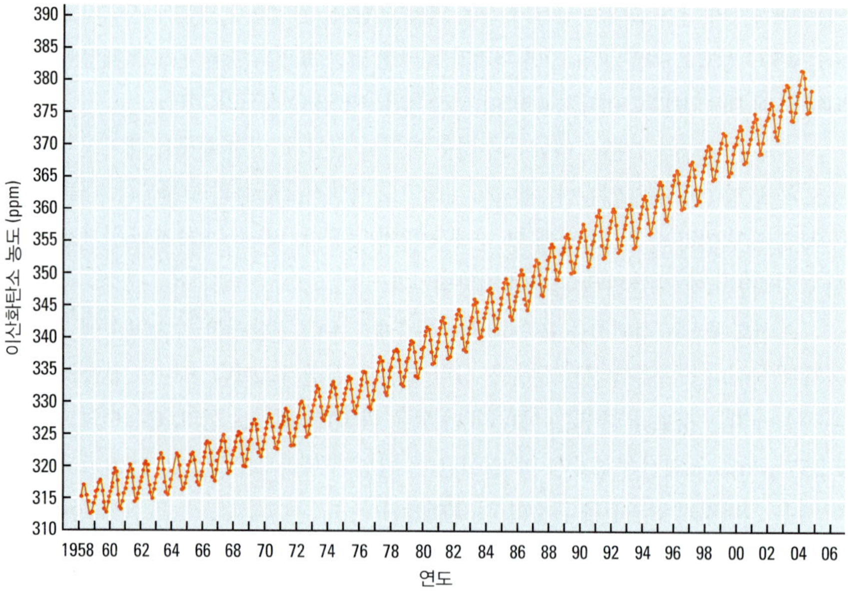


**그림 10.18 하와이 마우나로아에서 측정된 대기 중의 이산화탄소의 농도.** 이 데이터는 표준화된 방법으로 50년 이상 주의 깊게 수집되었고, 이산화탄소의 농도에 대하여 가장 오랫동안 지속적으로 측정된 자료이다. 이 기록은 1959년에서 2007년 기간에 걸쳐 $CO_2$의 농도가 316 ppm에서 384 ppm으로 증가하였음을 보여주고 있다. (출처: http://cdiac.esd.ornl.gov/trends/co2/sio-mlo.htm.)

기후변화에 대한 국제기구(IPCC)는 유엔에 의해서 조직된 기후 과학자들의 다국적 그룹이다. 이 기구의 2007년 보고서에서 "2006년 $CO_2$의 대기 농도는 지난 650,000년 동안의 자연적인 범위를 훨씬 넘고 있다"고 지적하고 있다. 또한 지난 20년 동안 인간 활동으로부터 방출되는 $CO_2$의 75% 정도가 화석연료의 연소에 있다고 보고 있다.

인간 활동이 대기 중으로 방출되는 $CO_2$의 양에 얼마나 쉽게 영향을 미치는지 알아보기 위하여 뉴욕과 로스앤젤레스 간 비행기 여행을 생각해보자. 각 승객은 무게가 1400파운드에 달하는 약 200갤런의 제트 연료를 사용한다. 제트 연료 1파운드가 연소되었을 때 3.14파운드의 이산화탄소를 방출한다. 따라서 이 여행 동안 승객 한 명 당 4400파운드 또는 2톤의 이산화탄소가 배출된다.

CONCEPTUAL
**개념학습 10.14 연간 $CO_2$ 양의 변화**

일 년 동안에 대기 중의 $CO_2$ 농도는 올라갔다 내려가고 다시 올라가는 양상을 보인다.(그림10.18) 무엇 때문에 이런 변화가 나타나는지 설명하고, 북반구에서 일 년 중 언제가 높고 언제가 낮은가?

**지구온난화(global warming)**는 지구 표면의 평균온도가 증가하는 것을 의미한다. 대다수의 과학자들은 이러한 증가를 대기 중의 $CO_2$ 및 다른 온실가스의 농도 증가에 의한 온실효과에 기인하는 것으로 보고 있다. 그림 10.19는 지난 160년 동안 지구 표면 온도의 변화를 보여주는데 이 기간 동안 0.6−0.8°C가 상승하였다. 지구 표면

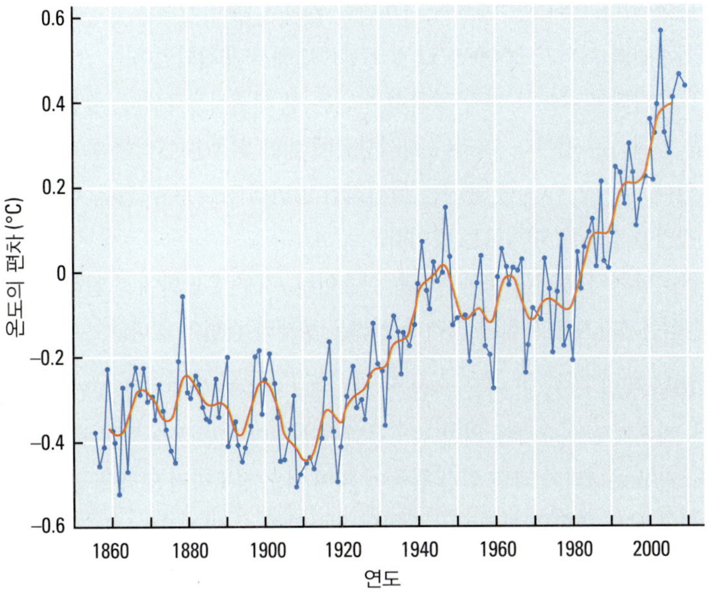


**그림 10.19 지난 160년 동안의 지구의 온도 변화.** 파란색 점은 연평균 온도를 나타내고 붉은 선은 5년 평균온도를 나타낸다. 온도의 편차(temperature anomaly)는 연평균온도에서 1961–1990년 기간의 평균온도를 뺀 값을 의미한다. 지구의 평균온도는 지난 160년 동안 대략 0.6–0.8°C 증가하였다. (출처: National Aeronautics and Space Administration, United States of America)

지구 온도의 1.5°C 상승은 매우 큰 에너지 유입을 필요로 하는 심각한 변화이다.

온도의 변화와 대기의 농도 변화 사이에 유사한 관계가 있다. **대기의 $CO_2$ 수준이 증가함에 따라 지구의 평균온도도 증가하였다.**

많은 컴퓨터 모델은 대기의 $CO_2$ 농도가 600 ppm으로 증가하면 지구의 평균온도를 증가시킬 것으로 예측하며, 지구 온난화를 연구하는 대부분의 기후 전문가들이 동의하고 있다. 불확실한 것은 온도 증가가 어느 정도일지 이며, 대략 1.5~4.5°C를 예상하고 있다. IPCC는 2100년까지 1.0~3.5°C 증가를 예상하고 있다. 최소 1.5°C의 온난화도 지난 6000년 동안 가장 따뜻한 지구 온도를 나타낼 것이며, 4.5°C의 증가는 공룡시대인 중생대 이래 가장 높은 온도를 나타낼 것이다.

많은 과학자들은 온도 증가로 인해 그린란드나 남극의 빙하가 녹아 해수면의 수위가 높아지는 것을 염려하고 있다. 이것과 연계하여, 대기의 흐름이 바뀌고 심각한 기후 변화와 농업 생산성의 변화를 가져오고 있다. 1940년대 이후, 남극의 평균 여름 온도가 2.5°C가 증가하여 영상의 온도를 보이고 있다.

미래의 지구 온도 변화를 예측하는 컴퓨터 모델은 지난 10년 동안 더 복잡해지고 정교해졌다. 온실가스 외에 에어로졸의 존재나 태양 복사조도의 변화와 같은 요인을 고려할 때, 컴퓨터 모델은 1860년 이후의 온도 변화를 잘 예측하고 있다. 이러한 작업은 지구온난화로 1.5~4.5°C의 온도가 증가할 것이라는 예측에 신뢰성을 주고 있다.

지구온난화는 전 세계가 인식하고 있는 문제가 되었다. 지구 온난화에 대한 우려로 159개 국가의 대표자들이 1997년 교토에 모여 교토의정서(Kyoto Protocol)를 채택하게 되었다. 온실가스의 배출을 1990년 수준 이하로 줄이기로 설정하였고 2005년 2월부터 정식으로 시행 되도록 많은 국가들이 비준하였다. 미국만 유일하게 선진국들 중에서 비준하지 않았는데 교토의정서는 2012년에 만료가 되고 그 뒤를 이을 협정이 준비 중에 있다. 2012년 이후의 기후변화 완화에 대한 체제를 제공하는 것을 목표로 유엔 기후변화 회의가 2009년 12월 코펜하겐에서 개최되었다.

지구 온난화를 줄이는 가장 명확한 수단은 전 세계적으로 인간 활동에 의한 $CO_2$의 배출을 통제하는 것이다. 그러나 화석연료에 대한 의존은 이러한 통제를 매우 어렵게 하고 있다. 대기의 $CO_2$를 줄이는 직접적인 방법의 하나는 더 많은 나무를 심고 산림 벌채 지역을 숲으로 대체하는 것이다.

지구 온난화의 과제는 고통스러운 이슈이다. 지구 온난화에 기인하는 온도 변화의 불확실성은 3가지 기본적인 그러나 어려운 문제와 관련이 있다.

1. 다음 10년 동안 $CO_2$ 및 다른 온실가스가 어느 수준까지 증가할 것인가?
2. 지구의 기후가 온실효과에 의한 지구온난화에 얼마나 반응을 보일 것인가?
3. 현재의 지구 온난화가 과연 인간 활동에 의해 어느 정도까지 영향을 받고 있으며, 아니면 지구 온도 변화의 자연적인 순환의 일부분일 수 있는가?

대부분의 기후 과학자들은 이미 지구 온난화가 일어났으며 인간 활동이 온난화에 기여하고 있다고 생각한다. 2006년 미국 국가과학아카데미의 Surface Temperature Reconstruction 위원회가 주재한 전문가 패널의 보고서에서 다음과 같이 기술하고 있다. "20세기의 지난 몇 십 년 동안 지구의 평균 표면온도는 그 이전의 4세기 동안의 어느 기간보다 높다"

## 문제

### 대기

1. 표 10.1의 부피백분율 값을 (a) ppm (b) ppb로 전환하시오. 1 ppb 보다 작은 농도로 존재하는 기체는? 1 ppb와 1 ppm 사이의 농도로 존재하는 기체는? 1 ppm보다 큰 농도로 존재하는 기체는?
2. 석탄은 질량백분율로 약 2.5%의 황을 포함하며 석탄이 타면 황은 모두 $SO_2$로 변환된다. 전 세계적으로 1년에 $3.1 \times 10^9$ 톤의 석탄이 사용된다. 대기에 더해지는 $SO_2$는 몇 톤인가? 현재 대기 중에 존재하는 $SO_2$의 양은 몇 톤인가?(참고: 공기 중 $SO_2$의 농도는 0.4 ppb이다.)

### 기체의 성질

3. 기체의 압력은 mmHg, atm, torr, kPa 단위로 표현된다. 다음 압력을 환산하시오.
   (a) 720 mmHg를 atm으로
   (b) 1.25 atm 을 mmHg로
   (c) 542 mmHg를 torr로
   (d) 740 mmHg를 kPa로
   (e) 700 kPa 을 atm으로
4. 수은의 밀도는 13.96 g/cm$^3$이다. 밀도가 0.75 g/cm$^3$인 오일을 사용하여 압력계를 구성하였다. 대기압이 1 atm 일 때, 압력계 오일 칼럼의 높이는 몇 미터인가?

### 기체 분자운동론

5. 기체 분자운동론의 다섯 가지 기본 가정은 무엇인가? 매우 높은 압력에서 틀린 가정은? 낮은 온도에서 틀린 가정은? 거의 대부분의 경우 맞는 가정은?
6. 25°C에서 다음 기체들의 평균 분자속력이 증가하는 순으로 나열하시오: Kr, $CH_4$, $N_2$, $CH_2Cl_2$
7. 같은 양의 4가지 불활성기체 Ar, Ne, Kr, Xe을 관의 한쪽 끝에서 방출하였을 때 반대편 끝에 가장 먼저 도달하는 기체는?

### 기체의 행동과 이상기체 법칙

8. 표준상태(STP)에서 부피 비로 950 ppm 의 CO를 포

함하는 1.0 L 공기 중에는 몇 몰의 CO가 존재하는가?

9. 125 mL 용기에 들어 있는 어떤 기체 시료의 압력이 100 mmHg이다. 이 기체를 200 mL의 다른 용기로 옮기면 압력은 얼마가 되는가? 온도는 일정하다고 가정한다.

10. 이산화탄소 시료가 피스톤이 장착된 밀폐된 주사기 안에 들어있고 그것의 부피는 20°C에서 25.0 mL이다. 주사기를 손으로 잡고 온도를 37°C로 올리면 기체의 부피는 얼마가 되는가?

11. 어떤 기체시료의 부피는 2.50 L이고, 압력은 670 mmHg, 온도는 80°C이다. 압력은 일정하지만 온도가 낮아져서 기체의 부피가 1.25 L가 되었다. 온도는 얼마인가?

12. 22℃에서 부피가 754 mL 인 기체의 압력이 165 mmHg 이다. 온도와 압력을 각각 42°C, 265 mmHg로 높이면 부피는 얼마가 되는가?

13. 20°C에서 560 mL 용기에 들어있는 1.55 g Xe 기체의 압력은 얼마인가?

14. 다음의 기체 시료 중 가장 많은 수의 분자를 포함하는 것은? 가장 작은 수의 분자를 포함하는 것은?

    (a) STP에서 1.0 L 의 $H_2$

    (b) STP에서 1.0 L 의 $N_2$

    (c) 27°C, 760 mmHg에서 1.0 L의 $H_2$

    (d) 0°C, 800 mmHg에서 1.0 L의 $CO_2$

## 화학 반응에서 기체의 양

15. 배수구를 청소하는데 사용되는 용제는 수산화소듐과 알루미늄 조각을 포함하고 있다. 이 용제를 물과 함께 막힌 배수구에 부으면 다음과 같은 반응이 일어난다.

$$2\,Al(s) + 2\,NaOH(aq) + 6\,H_2O(\ell) \rightarrow 2\,NaAl(OH)_4(aq) + 2\,H_2(g)$$

6.5 g의 Al 금속을 과량의 NaOH와 반응시킬 때 22°C, 742 mmHg에서 발생하는 수소기체의 부피는?

16. 빵을 만드는데 사용하는 효모는 설탕(수크로즈, $C_{12}H_{22}O_{11}$)을 1:1 의 몰 비로 $CO_2$와 에탄올($C_2H_5OH$)로 바꾼다. 즉 1 몰의 설탕은 4 몰의 $CO_2$와 4몰의 $C_2H_5OH$를 생성한다. 빵 두 덩어리를 만드는데 효모 1 봉지와 1/4 티스푼(약 2.4 g)의 설탕이 필요하다. 효모에 의해서 설탕이 완전히 $CO_2$로 전환된다면 STP에서 $CO_2$의 부피는 얼마인가? 이 부피를 식빵 두 덩어리의 부피와 비교해보시오.

17. 실레인($SiH_4$) 기체는 다음과 같이 공기 중에서 자발적으로 반응한다.

$$SiH_4(g) + 2\,O_2(g) \longrightarrow SiO_2(s) + 2\,H_2O(g)$$

5.2 L 의 $SiH_4$기체가 완전히 반응하는데 필요한 $O_2$의 부피는 얼마인가? 이 때 생성된 수증기의 부피는? 기체들은 같은 온도와 같은 압력에서 측정된다고 가정한다.

18. 수소화보론($B_4H_{10}$)은 산소와 반응하여 $B_2O_3$와 $H_2O$를 생성한다.

$$2\,B_4H_{10}(s) + 11\,O_2(g) \longrightarrow 4\,B_2O_3(s) + 10\,H_2O(g)$$

0.050 g의 $B_4H_{10}$가 산소와 완전히 반응하면 30°C, 4.25 L 플라스크에서 수증기의 압력은 얼마인가?

19. $Ni(CO)_4$는 상온에서 Ni 금속과 CO 기체의 반응으로 만들어진다. 이것은 산업적으로 Ni 금속을 정제하는 방법이다. 25.0°C에서 1.50 L 플라스크에 418 mmHg의 압력으로 CO가 들어있을 때 생성되는 $Ni(CO)_4$의 최대 양은?

## 기체의 밀도와 몰질량

20. STP에서 밀도가 5.75 g/L인 기체의 몰질량은?

21. 플라스크의 부피를 알아내기 위하여 플라스크를 진공으로 비우고 4.4 g의 $CO_2$를 채웠다. 27°C에서 기체의 압력이 730 mmHg이었다. 플라스크의 부피는 몇 mL 인가?

22. 25°C에서 기체가 채워진 2개의 5.0L 용기가 있다. 한 용기에는 헬륨이 다른 용기에는 질소기체가 채워져 있고 두 용기의 기체 밀도는 같다. 두 용기의 기체의 압력 간에는 어떤 관계가 있는가?

23. 지구 표면에서 40 마일 상공의 온도와 압력은 각각 −23°C, 0.20 mmHg 이다. 이 고도에서 공기의 밀도는 얼마인가? 공기의 몰질량은 29.0 g/mol 이다.

## 기체의 분압

24. 25°C, 5.00L 용기에 1.50 g의 $H_2$와 5.00 g의 $N_2$ 혼합 기체가 들어 있을 때 용기내의 압력은 얼마인가?

25. 740 mmHg의 압력을 나타내는 대기 시료를 분석하여 다음과 같은 분압을 얻었다. $P(N_2)$ = 575 mmHg, P(Ar) = 6.9 mmHg, $P(CO_2)$ = 0.2 mmHg, $P(H_2O)$ = 4.0 mmHg. 산소이외의 다른 기체는 없다고 가정하고

    (a) $O_2$의 분압을 구하시오.

    (b) 각 기체의 몰분율을 구하시오.

(c) 이 시료의 조성을 부피 백분율로 나타내시오. 결과를 표 10.1과 비교하시오.

26. 3개의 플라스크가 그림처럼 연결되어 있다. 코크가 닫힌 상태에서 처음 조건이 표시되어 있고 온도는 일정하다고 가정한다.

(a) 코크를 모두 열었을 때 시스템 내부의 압력은 얼마인가?

(b) 각 기체의 분압은 얼마인가? 연결관의 부피는 무시한다.

## 실제기체의 행동

27. 액체 물의 밀도와 몰 질량으로부터 액체 물 1몰이 차지하는 부피를 계산하시오. STP에서 물이 이상기체라고 가정한다면 1몰의 수증기가 차지하는 부피는 얼마인가? 수증기에 대하여 STP 조건을 만들 수 있는가? 그 이유를 설명하시오.

28. 낮은 온도와 매우 낮은 압력에서 기체는 이상적으로 행동하지만, 압력이 증가하면 PV는 nRT 보다 작아진다. 이러한 사실을 분자 수준에서 설명하시오.

## 온실가스와 지구온난화

29. 온실효과와 지구온난화 사이의 차이는 무엇인가? 어떻게 연관되어 있는가?

30. 이산화탄소는 지구온난화에 기여하는 주요 물질로 알려져 있다. 이산화탄소의 주요 생성원과 그것을 제거하는 과정을 설명하시오. 현재 $CO_2$의 생성과 제거 중 어느 쪽이 더 우세한가?

# 11장

# 액체, 고체 및 재료


11.1 액체 상태

11.2 증기압

11.3 상변화: 고체, 액체 및 기체

11.4 물: 특이한 성질을 갖는 중요한 액체

11.5 고체의 형태

11.6 결정성 고체

11.7 그물구조 고체

11.8 금속, 반도체 및 절연체

빙산은 질량의 약 10% 정도가 물위에 떠 있다. 물 분자들의 수소결합으로 얼음의 밀도가 물의 밀도보다 작아지는데, 고체상태의 밀도가 액체상태의 밀도보다 작은 것은 특이한 경우이다. 물의 이러한 성질은 지구상의 생명에 결정적인 영향을 준다.

기체의 성질과 같이 액체와 고체의 성질도 분자 단위에서 이해할 수 있다. 흔한 고체나 액체—물, 소금, 금속—에서 분자, 이온, 혹은 원자들 사이는 충분히 가까워서 서로 강한 상호작용을 하고 있다. 이 상호작용의 세기는 액체와 고체의 물리적 성질을 결정한다. 예를 들어 액체나 고체에서 분자, 이온, 또는 원자들이 서로 매우 가까워질 때 강한 반발력은 고체와 액체가 기체와 달리 압축이 거의 되지 않는다는 사실을 설명한다. 액체는 분자, 이온, 또는 원자들이 자유롭게 움직일 수 있다는 점에서 기체와 비슷하다. 그러므로 액체는 유동적이고 어느 정도 용기를 채울 수 있다. 반면 고체는 상대적으로 고정되어 있는 분자, 이온,

승화는 고체 상태에서 액체 상태를 거치지 않고 바로 기체 상태로 바뀌는 과정이다.

**유압식 승강기는 실린더 내의 유체의 압력변화에 의해서 작동된다.** 유체의 압축률이 작아서 이러한 응용이 가능하다.

원자들로 구성되고 일정한 형태를 갖는다. 고체를 구성하는 분자, 이온, 원자들이 그들 사이의 인력보다 큰 충분한 에너지를 갖게 되면 고체는 녹거나 승화한다.

분자성 액체나 고체에서 충분한 에너지를 갖는 분자들은 액체나 고체 표면을 떠나 기체 상태로 바뀐다. 온도가 낮아지면 역과정이 일어나 기체가 액체로 응축되거나 액체가 고체로 바뀐다. 이러한 액체나 고체의 성질들은 실용적인 면에서 매우 중요하다.

## 11.1 액체 상태

충분히 낮은 온도에서 기체는 액체로 응축된다. 대부분의 분자들이 그들 사이의 인력을 이겨낼 만한 충분한 운동에너지를 갖지 못하면 응축이 일어난다. 물, 알코올, 가솔린과 같은 대부분의 액체 물질은 응축 온도가 상온보다 높다. 용융염과 액체폴리머 같은 물질은 증기상을 갖고 있지 않으며 따라서 증기상의 응축은 의미가 없다.

액체에서 분자들은 기체에서 보다 서로 훨씬 더 가까이 있다. 그럼에도 액체가 흐를 수 있을 만큼 분자들은 유동적이다. 나노스케일에서 보면 액체는 아주 작은 영역에서 일정 구조를 유지하고 대부분의 분자들은 임의로 계속해서 움직인다. 액체는 압축하기가 어렵고 분자들은 모든 방향으로 움직이기 때문에 가해준 압력을 모든 방향으로 똑같이 전달한다. 이러한 성질을 적용하여 자동차를 들어 올리는데 사용되는 유압 승강기와 같은 장비를 작동시키는 유압 액으로 사용할 수 있다.

액체의 흐름에 대한 저항을 **점성도(viscosity)**라고 한다. 물(점성도가 낮은)은 부드럽고 빠르게 흐르는 반면 모터오일이나 꿀(점성도가 높은)은 천천히 흐른다(그림 11.1). 액체의 점성도는 한 분자가 다른 분자를 얼마나 쉽게 스쳐 지나갈 수 있는지를 결정하는 분자간 힘과 또 분자들이 서로 얽히는 정도와 관련이 있다. 점성도는 온도가 높아지면 감소한다. 왜냐하면 높은 온도에서 분자들은 더 큰 운동에너지를 갖고 분자 간 인력을 더 쉽게 이겨낼 수 있기 때문이다. 흔히 접하는 모터오일, 식용유, 꿀 등은 온도가 올라가면 점성도가 낮아지는 재료들의 예이다.

기체와 달리 액체는 표면 성질을 갖는다. 액체 표면의 아래에 있는 분자들은 다른 액체 분자들에 의해서 완전히 둘러싸이고 모든 방향으로 분자 간 상호작용을 겪는

그림 11.1 **점성도.** 꿀은 물보다 점성이 커서 물만큼 주위로 잘 퍼지지 않는다.

그림 11.2 **표면장력.** 표면장력은 액체의 표면적을 증가시키는데 필요한 에너지이다.

계면활성제(비누나 세제 등)로 알려진 화합물은 물에 녹아 물의 표면장력을 크게 낮춘다. 결과적으로 물은 더 잘 적시고 세척을 잘하게 된다. 왁스칠한 자동차 표면에 물을 뿌렸을 때 물방울이 맺히는 것과 비누용액을 뿌렸을 때 물방울이 잘 맺히지 않는 것을 비교하면 계면활성제의 효과를 알 수 있다.

**표 11.1** 몇 가지 액체들의 표면장력

| 물질 | 화학식 | 표면장력 (J/m², 20 °C) |
|---|---|---|
| Octane | $C_8H_{18}$ | $2.16 \times 10^{-2}$ |
| Ethanol | $CH_3CH_2OH$ | $2.23 \times 10^{-2}$ |
| Chloroform | $CHCl_3$ | $2.68 \times 10^{-2}$ |
| Benzene | $C_6H_6$ | $2.85 \times 10^{-2}$ |
| Water | $H_2O$ | $7.29 \times 10^{-2}$ |
| Mercury | Hg | $46 \times 10^{-2}$ |

다. 반면 표면에 있는 분자들은 그 아래나 옆에 있는 분자들 하고만 상호작용을 하고 위로는 상호작용이 없다(그림 11.2). 이러한 액체 표면에서의 균일하지 않은 인력은 표면을 수축하게 한다. 이러한 액체 표면을 팽창시키는데 필요한 에너지를 **표면장력(surface tension)**이라고 한다. 분자 간 인력이 강한 액체의 표면장력이 더 크다. 예를 들어 물은 수소결합으로 인해 분자들이 더 강하게 결합하기 때문에 물의 표면장력은 대부분의 다른 액체들보다 더 높다(표 11.1). 20°C에서 물의 표면장력은 $7.29 \times 10^{-2}$ J/m²이며 이것은 물의 표면적을 1 m²만큼 늘리는데 필요한 에너지와 같다. 수은의 높은 표면 장력(물의 6배)은 액체 상태에서 수은 원자들을 붙잡아 주는 더 강한 금속결합(단원 11.9 )에 기인한다.

수생곤충은 그들의 밀도가 물의 밀도보다 높아도 수면 위를 걸어 다닐 수 있으며, 작은 금속 조각이 물위에 뜨기도 한다. 표면장력은 물체가 물의 표면을 깨고 가라앉는 것을 방해한다. 표면장력으로 인해 빗방울이나 나뭇잎의 이슬방울이 둥근 모양을 하게 된다. 동그란 구모양은 다른 어떤 형태보다 단위부피당 표면적이 작고, 그래서 둥근 빗방울은 표면의 물 분자 수가 더 작아지고 표면의 에너지를 최소화한다.

CONCEPTUAL
**개념학습 11.1 표면장력의 차이**

20°C에서 클로로포름($CHCl_3$)의 표면장력은 $2.68 \text{x} 10^{-2}$ J/m²이고, 브로모포름($CHBr_3$)의 표면장력은 $4.11 \times 10^{-2}$ J/m²이다. 이 차이를 분자간 힘으로 설명하시오.

CONCEPTUAL
**개념학습 11.2 표면장력의 예측**

표 11.1의 물질 중 다음 물질과 표면장력이 가장 유사한 것을 예측하고 간략하게 설명하시오.

(a) 3개의 –OH 기를 갖는 글리세롤($C_3H_8O_3$)

(b) 데케인($C_{10}H_{22}$)

직경이 작은 유리관을 물에 넣으면 **모세관 작용(capillary action)**으로 물이 관을 따라 올라간다. 유리관의 벽은 보통 $SiO_2$이며 물 분자는 유리의 산소원자와 수소결합을 한다. 이러한 인력은 물분자사이의 수소결합보다 더 강하여 물은 관의 벽을 따라

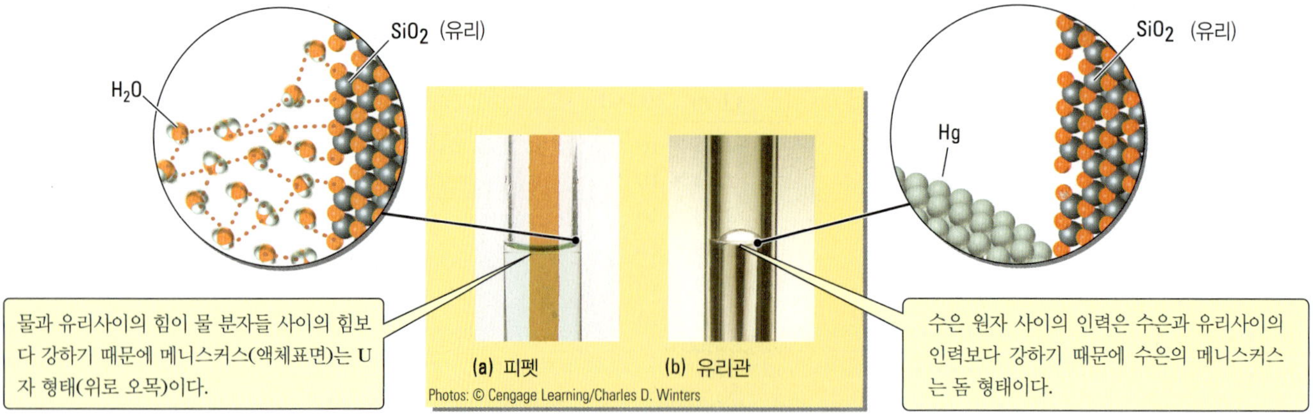


**그림 11.3 표면에서 비공유결합의 힘.** (a) 피펫의 물의 메니스커스는 위로 오목하다. (b) 유리관의 수은의 메니스커스는 위로 볼록하다.

이동한다. 동시에 물의 표면장력은 물의 표면적을 작게 유지하려고 한다. 이 힘의 조합으로 유리관 내부의 수면이 올라가게 된다. 액체 표면(물의 경우 위로 오목)을 메니스커스라고 부른다(그림 11.3a). 유리관의 물은 물과 벽 사이의 수소결합 힘이 중력과 균형을 이룰 때까지 올라간다. 모세관 작용은 중력에 대항하여 물을 빨아 들여 식물 조직에 공급하기 때문에 식물의 생육에 결정적인 역할을 한다.

수은의 메니스커스는 물과 반대로 나타난다. 직경이 작은 유리관의 수은은 수은원자들 사이의 인력이 수은원자와 유리벽 사이의 인력보다 더 강하기 때문에 메니스커스의 모양이 위로 볼록하다(그림 11.3b).

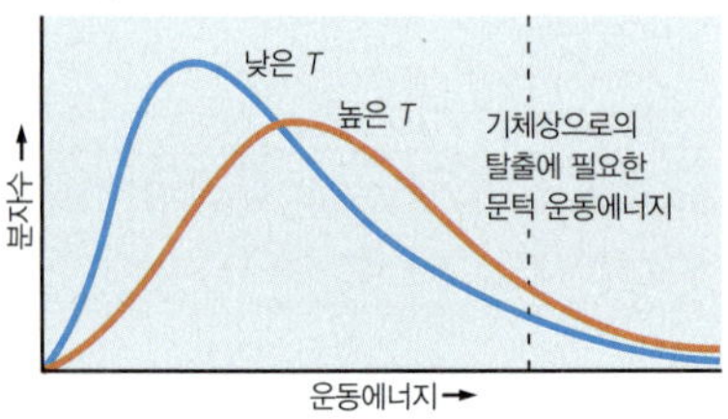


**그림 11.4 운동에너지와 증발.** 한 온도에서 액체표면에는 기체 상태로 빠져나가는데 필요한 충분한 에너지를 갖는 일정량의 분자가 존재한다. 온도가 올라가면 충분한 에너지를 갖는 분자들의 수가 증가하고 따라서 증기압이 커진다.

## 11.2 증기압

액체가 증발하려는 경향인 **휘발성(volatility)**은 온도가 높아지면 증가한다. 물의 가열이나 도로 위의 빗물의 증발은 이러한 현상을 잘 보여준다. 역으로 액체의 휘발성은 낮은 온도에서는 줄어든다.

온도에 따른 휘발성의 변화는 나노스케일에서 어떤 일이 일어나는지를 고려하면 설명할 수 있다. 액체에서 분자들은 다양한 운동에너지와 속력을 갖는다(그림 11.4). 어느 순간 일정량의 분자들이 액체 상태에서 기체 상태로 달아날 수 있는 충분한 에너지를 갖는다. 액체의 온도가 올라가면 이 문턱 운동에너지보다 큰 에너지를 갖는 분자들의 수가 더 많아지고, 더 빨리 증발이 일어난다. 따라서 뜨거운 물이 찬 물보다 더 빨리 증발한다.

열린 용기의 액체는 기류와 확산으로 인해 기화된 분자들이 다시 액체 상태로 되돌아가기 전에 대부분 멀리 날아가 버리기 때문에 궁극적으로는 전부 증발된다. 그러나 닫힌 용기에서는 분자들이 빠져 나갈 수 없다. 액체를 밀폐된 진공용기에 주입하면 처음에는 증발 속도가 응축 속도보다 훨씬 크다. 시간이 흐르면 액체 위의 기체의 압력은 기체상의 분자 수가 증가함에 따라 증가할 것이다. 궁극적으로 계는 동적 평형(dynamic equilibrium) 상태에 도달하고 액체 상태에서 빠져나가는 속도와 액체 상태로 되돌아오는 속도가 같아지게 된다. 이 시점에서 기체의 압력은 더 이상 증가하지

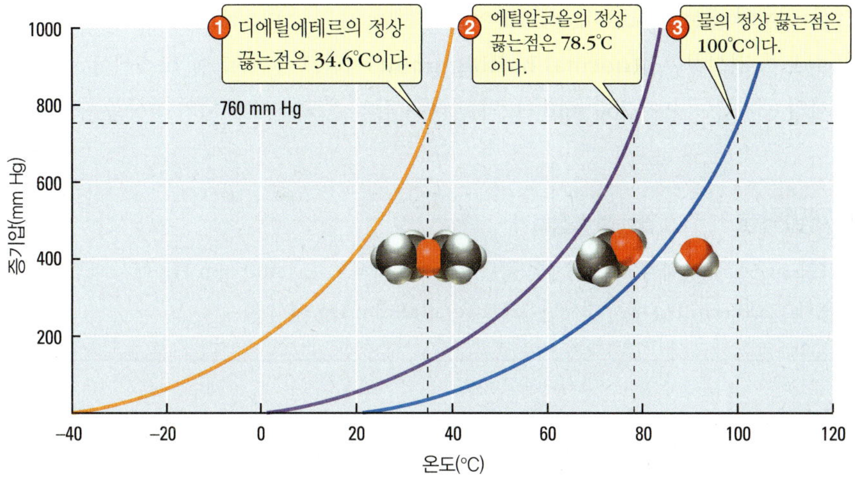


**그림 11.5** **$C_2H_5OC_2H_5$, $C_2H_5OH$, $H_2O$의 증기압 곡선.** 각 곡선은 두 상(순수한 액체와 증기)이 평형을 이루는 *T*와 *P*의 조건을 나타낸다.

않고, 이 압력을 **액체의 평형 증기압(또는 증기압)**이라고 한다.

그림 11.5에 나타낸 것처럼 액체의 증기압은 온도가 올라가면 증가한다. 같은 온도에서 세 가지 액체의 증기압이 서로 다른 것은 액체 상태에서 분자들 사이의 상호작용의 세기에 차이가 있기 때문이다. 60°C에서 에틸알코올과 물의 증기압을 살펴보자 (그림 11.5). 이 온도에서 에틸알코올의 증기압이 더 높은 것은 물에서 보다 에틸알코올에서 분자 간 상호작용이 약하기 때문이다. 물의 강한 분자 간 상호작용(수소결합에 기인)은 물 분자를 증발시키는데 더 높은 온도가 요구된다. 어느 특정 온도에서, 액체의 증기압이 높을수록 분자간 힘은 더 약하고, 끓는점은 더 낮아진다.

액체를 열린 용기에 넣고 가열하면, 마침내는 액체의 증기압이 대기압과 같아지는 온도에 도달한다. 이 온도 아래에서는 액체 표면의 분자들만 기체 상태로 갈 수 있다. 그러나 액체의 증기압이 대기압과 같을 때는 액체는 모든 곳에서 증발하기 시작한다. 액체 내부에서도 기체 방울이 형성되고 낮은 밀도로 인해 즉시 표면으로 떠오른다. 이 때 액체는 끓는다고 말한다(그림 11.6). 액체의 평형증기압이 대기압과 같아지는 온

조리 시간을 단축시키기 위하여 수증기 압력이 외부압력보다 높아지는 밀폐된 압력 용기(안전 밸브가 부착된)를 사용할 수 있다. 높은 압력에서 물의 끓는점은 높아지고 음식이 더 빨리 조리된다.

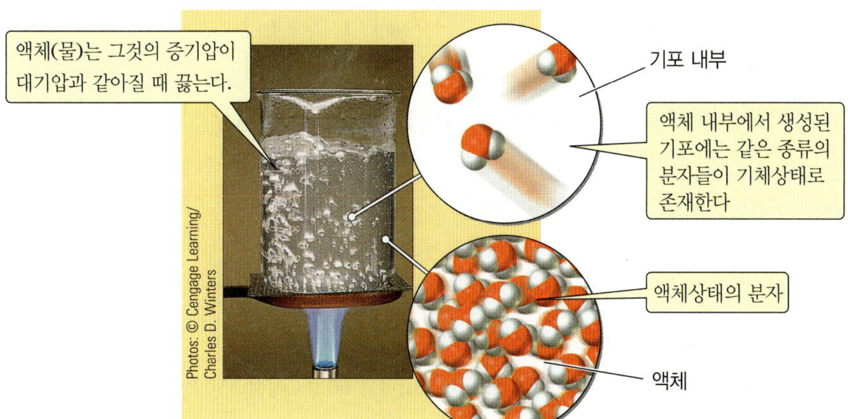


**그림 11.6** **끓는 액체.** 액체 전체에서 기포가 생성되고 표면으로 올라오면서 액체는 끓는다. 기포에는 액체 분자와 똑 같은 분자들이 들어 있다. 그러나 분자들은 액체에서보다 서로 훨씬 멀리 떨어져 있다.

도를 액체의 **끓는점(boiling point)**이라고 한다. 대기압이 1 atm (760 mm Hg)일 때 온도를 **정상끓는점(normal boiling point)**이라고 한다. 그림 11.5에서 세 가지 액체의 증기압 곡선이 760 mm Hg와 만나는 점의 온도가 각 액체의 정상끓는점이다.

CONCEPTUAL
**개념학습 11.3 끓는점 측정하기**

그림 11.5를 이용하여 다음 액체의 끓는점을 예측하시오. (a) 400 mm Hg 에서 에틸알코올 (b) 200 mm Hg 에서 디에틸에테르 (c) 400 mm Hg 에서 물

CONCEPTUAL
**개념학습 11.4 기포의 설명**

한 학생이 끓는 액체에서 생성되는 기포를 공기 방울로 믿고 있다. 그 학생에게 그러한 생각이 잘못되었고 기포가 실제로 무엇인지를 설명해보시오. 기포가 공기 방울이 아니라는 것을 보여줄 실험을 제안하시오.

## Clausius–Clapeyron 식

물질의 증기압을 온도에 대해서 그리면 그림 11.5처럼 곡선으로 나타내어진다. 증기압과 온도사이의 관계는 Clausius–Clapeyron 식으로 주어진다.

$$\ln P = \frac{-\Delta H_{vap}}{RT} + C$$

이 식에서 증기압 $P$의 자연로그 값은 절대온도 $T$, 기체상수 $R$ (8.314 J mol$^{-1}$ K$^{-1}$), 몰증발열 $\Delta H_{vap}$ (J/mol),액체의 특성인 상수 $C$와 연관되어 있다. $lnP$를 $1/T$에 대해서 그리면 직선을 나타내고 직선의 기울기는 $-\Delta H_{vap}/R$, $y$축과의 절편은 $C$이다. 즉 $T$가 매우 커지면($1/T$이 0에 가까워지면) $lnP$는 $C$와 같아진다. 그림 11.7은 에탄올에 대하여 $lnP$ 대 $1/T$의 그림이다. 에탄올에 대한 그림 11.5와 그림 11.7의 비교는 $T$와 $P$ 사이의 관계를 서로 다른 방식으로 보여준다.

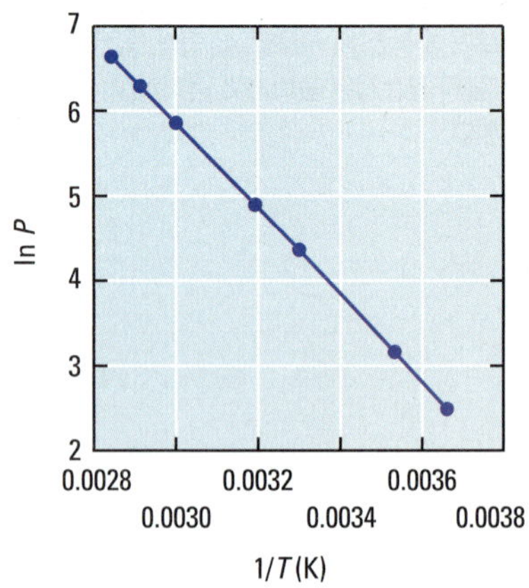


**그림 11.7 에탄올에 대한 Clausius–Clapeyron 식의 그림**

액체에 대한 Clausius–Clapeyron 식을 두 세트의 온도와 압력에 대하여 다음과 같이 쓸 수 있다.

$$\ln\left(\frac{P_2}{P_1}\right) = \frac{-\Delta H_{vap}}{R}\left[\frac{1}{T_2} - \frac{1}{T_1}\right]$$

이 식을 이용하면 두 세트의 데이터($T_1$, $P_1$과 $T_2$, $P_2$)로부터 $\Delta H_{vap}$를 계산할 수 있다. 만약 $\Delta H_{vap}$를 알고 있고 한 온도에서 증기압이 주어지면 다른 온도에서 액체의 증기압을 구할 수 있다.

**예제 11.1 Clausius–Clapeyron 식**

20.0℃에서 에탄올의 증기압은 44.22 mm Hg이고 60.0℃에서 350.8 mm Hg이다. 에탄올의 $\Delta H_{vap}$ 를 결정하시오.

**정답:** 42.04 kJ/mol

**풀이:** $T_1$, $T_2$, $P_1$, $P_2$의 네 가지 양을 포함하는 Clausius–Clapeyron 식을 사용한다. 온도는 캘빈온도로 바꿔야 한다. $\Delta H_{vap}$에 대하여 식을 풀면,

$$\ln\left(\frac{350.8\text{ mm Hg}}{44.22\text{ mm Hg}}\right) = \frac{-\Delta H_{vap}}{8.314\text{ J mol}^{-1}\text{ K}^{-1}}\left[\frac{1}{333.15\text{ K}} - \frac{1}{293.15\text{ K}}\right]$$

$$\ln(7.933) = \frac{-\Delta H_{vap}}{8.314\text{ J mol}^{-1}\text{ K}^{-1}}(-4.096 \times 10^{-4}\text{ K}^{-1})$$

$$\Delta H_{vap} = \frac{\ln(7.933) \times 8.314\text{ J mol}^{-1}\text{ K}^{-1}}{4.096 \times 10^{-4}\text{ K}^{-1}} = 42037\text{ J/mol} = 42.04\text{ kJ/mol}$$

**실전예제 11.1**

30°C에서 사염화탄소의 증기압은 143.0 mm Hg이다. 60.0°C에서의 증기압을 결정하시오. 사염화탄소의 $\Delta H_{vap}$는 32.1 kJ/mol이다.

## 물의 증기압과 상대습도

물은 보통의 실외 온도인 10~25°C의 범위에서 증기압을 어느 정도 갖는다. 그러므로 대기에는 항상 수증기가 존재한다. 평형증기압은 표 10.4에 나타낸 것처럼 온도에 의존한다. 대기 중의 물의 증기압은 상대습도(relative humidity)로 나타낼 수 있는데, 이것은 기준 온도에서 수증기의 평형 부분압 에 대한 대기 중의 수증기의 실제 부분압의 비이다. 상대습도를 백분율로 나타내면

$$\text{상대습도} = \frac{P_{H_2O}}{P^\circ_{H_2O}} \times 100\%$$

예로서 25°C에서 평형 수증기압이 23.8 mm Hg이다(표 10.4). 같은 온도에서 수증기의 실제 부분압이 17.8 mm Hg일 때 상대습도는

$$\text{상대습도} = \frac{17.8\text{ mm Hg}}{23.8\text{ mm Hg}} \times 100\% = 75\%$$

만약 온도가 내려가고(물의 평형 증기압도 내려감) 수증기의 부분압은 그대로면 상대습도는 올라갈 것이다. 궁극적으로 100%에 도달할 것이다. 수증기의 실제 부분압이 평형증기압과 같아지는 온도를 이슬점이라고 한다. 이 온도에서 수증기는 안개나 이슬과 같이 물방울로 응축된다. 이슬점이 20°C보다 높아지면 후텁지근한 날씨이고 25°C 이상 되면 매우 불쾌하게 느껴진다. 사막에서는 상대습도가 10% 아래로 내려갈 수 있고 이것 또한 어떤 사람에게는 불편하게 느껴진다.

## 11.3 상변화: 고체, 액체 및 기체

물질은 한가지 상태(고체, 액체, 기체)에서 다른 상태로 변화할 수 있다. 비가 온 후 길거리의 물은 증발한다. 찬 음료수 안의 얼음 조각은 녹는다. 공기 중의 수증기는 응축되어 유리창에 물방울로 맺힌다. 세 가지 물질의 상태는 6가지 중요한 과정을 통하여 서로 전환된다(그림 11.8).

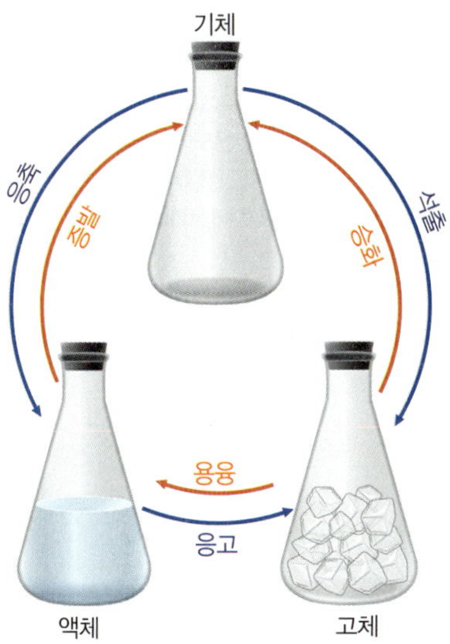


**그림 11.8 물질의 3가지 상태와 그들 사이의 6가지 상호변환.** 붉은색 화살표는 에너지를 필요로 하는 흡열과정이고 푸른색 화살표는 주위로 열을 방출하는 발열과정이다.

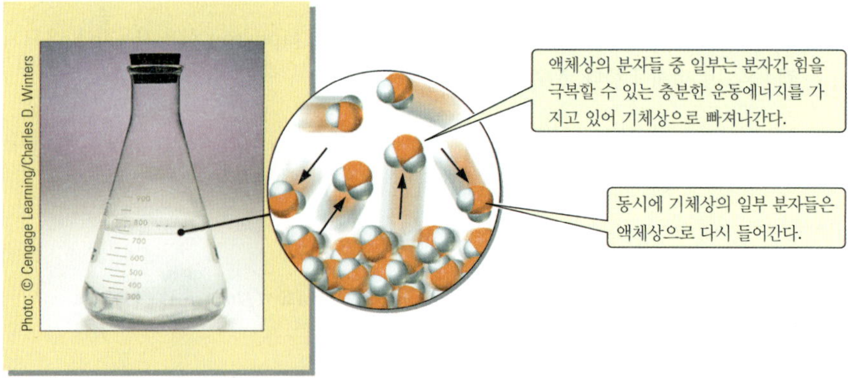


**그림 11.9 액체상과 기체상에서의 분자들.** 두 상에서 분자들은 모두 움직이는데, 액체상에서의 분자 간 충돌과 충돌사이의 이동거리는 기체상에서 보다 훨씬 작다.

## 증발과 응축

기체 상태의 분자들처럼 액체 상태의 분자들도 끊임없이 움직이며 그림 11.4에서와 같이 어느 정도 운동에너지를 갖고 있다. 액체 상태의 일부 분자들은 분자 간 인력을 이길 수 있는 충분한 운동에너지를 갖는다. 그런 분자들이 액체의 표면에 있고 바른 방향으로 움직이면 액체상을 떠나 기체상으로 들어간다(그림 11.9) 이러한 과정을 **증발(vaporization 또는 evaporation)**이라고 한다. 분자들이 액체상을 떠나면서 에너지를 갖고 간다. 그러므로 증발은 흡열이고 엔탈피 변화를 증발엔탈피라고 부른다. 증발 속도는 온도가 증가하면 충분한 에너지를 갖는 분자의 분율이 커지기 때문에 온도에 따라 증가한다.

증발엔탈피를 또한 증발열이라 부르기도 한다.

> CONCEPTUAL
> **개념학습** 11.5 **증발 냉각**
>
> 전기로 냉장을 할 수 없는 지역에서는, 음료수를 다공성의 항아리에 보관하여 냉각시킨다. 물이 항아리의 기공을 통과하여 표면에 도달하면 증발한다. 이 과정이 항아리 안의 물을 어떻게 냉각시키는지 설명하시오.

증발과정에서 흡수된 열에너지는 증발 잠열이라고도 부른다. 이 열은 온도에 따라 조금씩 달라진다. 100°C에서 $\Delta H^\circ_{vap}$ ($H_2O$) = 40.7 kJ/mol이지만 25°C에서는 44.0 kJ/mol이다.

기체상의 분자가 액체의 표면에 부딪히면 일부 에너지를 액체상 입자에 전달하고 액체상으로 들어가는데 이 과정을 **응축(condensation)**이라고 한다. 분자들이 액체상으로 들어가는 전반적인 효과는 열에너지의 방출이며 응축이 발열과정이 되는 것이다. 응축이 일어나면서 에너지가 계에서 빠져나가는 것은 증발이 일어나면서 계로 에너지가 들어오는 것과 같다.

$$\text{액체} \underset{\text{응축열}}{\overset{\text{증발열}}{\rightleftharpoons}} \text{기체} \qquad \Delta H_{\text{증발}} = -\Delta H_{\text{응축}}$$

즉 100°C, 1 bar에서 1몰의 물을 완전히 증발시키는데 필요한 엔탈피 변화(몰 증발엔탈피)와 100°C, 1 bar의 1몰 수증기를 물로 응축시키는데 필요한 엔탈피 변화(몰 응축엔탈피)의 크기는 같고 부호는 반대이다.

$$H_2O(\ell) \rightarrow H_2O(g) \qquad \Delta H^\circ = \Delta H_{vap} = +40.7 \text{ kJ/mol}$$

$$H_2O(g) \rightarrow H_2O(\ell) \qquad \Delta H^\circ = \Delta H_{cond} = -40.7 \text{ kJ/mol}$$

**표 11.2** 몇 가지 일반적인 물질의 몰 증발 엔탈피와 끓는점

| 물질 | 전자수 | $\Delta H°_{vap}$ (kJ/mol)* | 끓는점(°C)† |
|---|---|---|---|
| **불활성기체** | | | |
| He | 2 | 0.08 | −269.0 |
| Ne | 10 | 1.8 | −246.0 |
| Ar | 18 | 6.5 | −185.9 |
| Xe | 54 | 12.6 | −107.1 |
| **무극성분자** | | | |
| $H_2$ | 2 | 0.90 | −252.8 |
| $O_2$ | 16 | 6.8 | −183.0 |
| $F_2$ | 18 | 6.54 | −188.1 |
| $Cl_2$ | 34 | 20.39 | −34.6 |
| $Br_2$ | 70 | 29.54 | 59.6 |
| $CH_4$ (methane) | 10 | 8.9 | −161.5 |
| $CH_3—CH_3$ (ethane) | 18 | 15.7 | −88.6 |
| $CH_3—CH_2—CH_3$ (propane) | 26 | 19.0 | −42.1 |
| $CH_3—CH_2—CH_2—CH_3$ (butane) | 34 | 24.3 | −0.5 |
| **극성분자** | | | |
| HF | 10 | 25.2 | 19.7 |
| HCl | 18 | 17.5 | −84.8 |
| HBr | 36 | 19.3 | −66.5 |
| HI | 54 | 21.2 | −35.1 |
| $NH_3$ | 10 | 25.1 | −33.4 |
| $H_2O$ | 10 | 40.7 | 100.0 |
| $SO_2$ | 32 | 26.8 | −10.0 |

* $\Delta H°_{vap}$는 액체의 정상끓는점에서 주어진다.

† 끓는점은 증기압이 760 mm Hg가 되는 온도이다.

표 11.2는 증발엔탈피와 끓는점에 대한 비공유결합 힘의 영향을 보여준다. 일련의 무극성 분자와 불활성기체에서 분자 크기와 전자수의 증가에 따른 비공유결합 힘의 증가는 $\Delta H_{vap}$와 끓는점의 증가를 보여준다. 모두 같은 수의 전자를 갖는 HF와 $H_2O$를 $CH_4$와 비교하면 수소결합뿐만 아니라 분자의 극성 효과를 알 수 있다.

**예제 11.2 증발 엔탈피**

50.0 g의 $CCl_4$를 정상 끓는점인 76.7°C, 1 bar에서 증발시키는데 9.69 kJ이 필요하다. 이 조건에서 $CCl_4$의 몰 증발엔탈피를 계산하시오.

**정답:** $\Delta H_{vap} = 29.8\ \text{kJ/mol}$

**풀이:** $CCl_4$의 몰질량은 153.8 g/mol 이므로

$$50.0\ \text{g CCl}_4 \times \frac{1\ \text{mol CCl}_4}{153.8\ \text{g CCl}_4} = 0.325\ \text{mol CCl}_4$$

$CCl_4$ 1몰 당 엔탈피 변화는

$$\frac{9.69\ \text{kJ}}{0.325\ \text{mol}} = 29.8\ \text{kJ/mol}$$

**실전예제 11.2**

표 11.2의 자료를 이용하여 0.500 mol의 $Br_2$를 정상 끓는점에서 증발시키는데 필요한 열에너지를 계산하면?

**예제 11.3 증발 엔탈피**

1.0 L의 물을 100°C 냄비에 부어 모두 증발시켰다. 100°C, 1 bar에서 이 물을 증발시키는데 필요한 열에너지는 얼마인가? 100°C에서 물의 밀도는 0.958 g/mL 이다.

**정답:** $2.16 \times 10^3$ kJ

**풀이:** 이 문제를 풀기위하여 세 가지 정보가 필요하다.

(a) 물의 $\Delta H^{\circ}_{vap}$는 100 °C에서 40.7 kJ/mol이다(표 11.2).

(b) 물의 밀도를 사용하여 물의 질량과 몰 수를 알아낸다.

(c) 물의 몰질량(18.02g/mol)을 사용하여 그램을 몰 수로 바꾼다. 물의 밀도로 부터 1.00 L의 물은 958. g에 해당한다. 그러므로

$$\text{증발에 필요한 열} = 958.\ \text{g}\ H_2O \times \frac{1\ \text{mol}\ H_2O}{18.02\ \text{g}\ H_2O} \times \frac{40.7\ \text{kJ}}{1\ \text{mol}} = 2160\ \text{kJ}$$

**실전예제 11.3**

폭풍우로 $2.5 \times 10^{10}$ kg의 비가 내렸다. 25°C에서 물의 증발엔탈피, 44.0 kJ/mol을 사용하여 이 비가 생성될 때 이동한 열에너지가 몇 J인지 계산하시오, 이 과정은 발열인가 흡열인가?

CONCEPTUAL **개념학습 11.6 끓는점의 이해**

(a) 염소와 브롬은 모두 이원자 분자이다. 끓는점의 차이를 설명하시오.

(b) 메테인과 암모니아는 같은 수의 전자를 갖고 있다. 끓는점의 차이를 설명하시오.

## 용융과 응고

가끔 고체의 녹는점이나 액체의 끓는점이 측정되지 않는다. 왜냐하면 온도를 올리면 녹거나 끓기 전에 분해되기 때문이다. 한 예로 땅콩캔디를 만들 때 나타난다. 녹은 설탕은 끓기 전에 타서 캔디가 된다.

고체를 가열하면 녹기 시작할 때 까지 온도가 올라간다. 고체가 먼저 분해되지 않는다면, 고체 입자들을 단단히 고정시키는 분자 간 상호작용 힘보다 입자들의 운동에너지가 충분히 높아지는 온도에 도달할 것이다. 고체의 나노스케일 구조는 붕괴되고, 고체는 녹는다(그림 11.10). 이 온도를 고체의 **녹는점(melting point)**이라고 한다. 용융은 용융엔탈피(enthalpy of fusion)라는 에너지가 주위에서 계로 전이되는 것을 필요로 하고 따라서 항상 흡열과정이다. 몰 용융엔탈피는 1몰의 순수한 고체를 녹이는데 필요한 엔탈피 변화이다. 고체의 용융엔탈피가 크면 보통 높은 온도에서 녹고, 작으면 낮

**표 11.3** 몇몇 고체들의 녹는점과 용융 엔탈피

| 고체 | 녹는점 (°C) | 용융 엔탈피 (kJ/mol) | 분자간 힘의 형태 |
|---|---|---|---|
| **분자고체 : 무극성 분자** | | | |
| $O_2$ | −248 | 0.445 | 이 분자들에는 런던 힘만 존재한다(전자 수에 따라 증가). |
| $F_2$ | −220 | 1.020 | |
| $Cl_2$ | −103 | 6.406 | |
| $Br_2$ | −7.2 | 10.794 | |
| **분자고체 : 극성 분자** | | | |
| HCl | −114 | 1.990 | 이 분자들에는 런던힘과 함께 쌍극자–쌍극자 힘이 존재한다. $H_2O$는 또한 수소결합을 한다. |
| HBr | −87 | 2.406 | |
| HI | −51 | 2.870 | |
| $H_2O$ | 0 | 6.020 | |
| $H_2S$ | −86 | 2.395 | |
| **이온고체** | | | |
| NaCl | 800 | 30.21 | 모든 이온고체에서는 반대전하를 띠는 이온들 사이의 강한 인력이 존재한다. |
| NaBr | 747 | 25.69 | |
| NaI | 662 | 21.95 | |

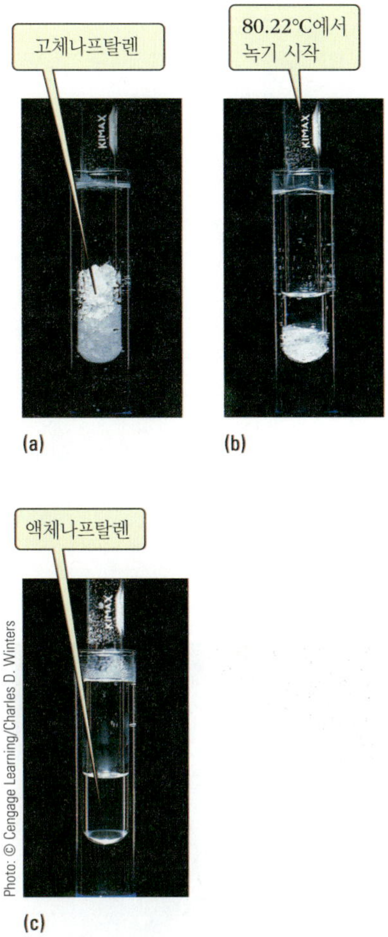


Photo: © Cengage Learning/Charles D. Winters

**그림 11.10** 80.22°C에서의 나프탈렌($C_{10}H_8$)의 용융

은 온도에서 녹는다. 용융의 역과정을 고체화, 응고, 또는 결정화라고 부르며 이것은 항상 발열과정이다. 몰 응고엔탈피는 몰 용융엔탈피와 크기는 같지만 부호는 반대이다.

$$\text{고체} \underset{\text{응고열}}{\overset{\text{용융열}}{\rightleftharpoons}} \text{액체} \qquad \Delta H_{\text{용융}} = -\Delta H_{\text{응고}}$$

표 11.3에 3가지 유형의 화합물들(무극성 분자고체, 극성 분자고체, 이온고체)에 대하여 녹는점과 용융엔탈피를 수록하였다. 분자량이 작은 무극성 분자로 구성된 고체의 녹는점이 가장 낮은데 분자 간 인력이 가장 약하기 때문이다. 이러한 분자들에는 런던 힘만 작용하기 때문에 녹는점이 매우 낮아 정상온도에서 고체 상태로 존재하는 것을 거의 찾아 볼 수 없다. 무극성 분자고체의 녹는점과 용융엔탈피는 전자수의 증가(분자량의 증가)에 따라 런던 힘이 더 강해지기 때문에 증가한다. 표 11.3의 이온화합물은 고체 내에서 이온들 사이의 강한 이온결합 때문에 녹는점과 용융엔탈피가 가장 높다. 극성 분자고체의 녹는점은 이들 고체 사이에 놓인다.

**예제 11.4 용융 엔탈피**

NaCl의 용융엔탈피는 그것의 녹는점에서 30.21 kJ/mol이다. 10.00 g의 NaCl이 녹을 때 얼마의 열에너지가 계에 공급되어야 하는가?

**정답:** 5.169 kJ

**풀이:** NaCl의 몰 질량은 58.443 g/mol 이므로

$$10.00\ \text{g NaCl} \times \frac{1\ \text{mol NaCl}}{58.443\ \text{g NaCl}} = 0.1711\ \text{mol NaCl}$$

몰 용융엔탈피를 사용하여 NaCl 시료를 녹이는데 필요한 열에너지를 계산할 수 있다.

$$0.1711 \text{ mol NaCl} \times \frac{30.21 \text{ kJ}}{\text{mol NaCl}} = 5.169 \text{ kJ}$$

**실전예제 11.4**

정상 녹는점에서 0.500 mol NaI를 녹이기 위해 필요한 열에너지를 계산하시오.

CONCEPTUAL
**개념학습 11.7 결정화에 의한 방출열**

2몰 액체 $Br_2$의 결정화와 1몰 액체 물의 결정화 중 어느 것이 더 많은 에너지를 주위로 방출하는가?

**그림 11.11 드라이아이스.** 드라이아이스의 차가운 증기는 수분을 응축시켜 마치 흰 구름이 덮여 있는 것처럼 보인다. $CO_2$ 증기의 밀도는 공기의 밀도보다 높아 물방울 구름을 아래로 내려가게 한다.

## 승화와 석출

원자나 분자들은 고체상을 벗어나서 바로 기체상으로 변할 수 있는데, 이 과정을 승화(sublimation)라 하고 이 때 엔탈피 변화를 승화 엔탈피(enthalpy of sublimation)라고 한다. 기체가 고체로 바뀌는 역 과정을 석출(deposition)이라 한다. 석출과정의 엔탈피 변화는 발열과정이며 승화엔탈피와 크기가 같고 부호는 반대이다.

$$\text{고체} \underset{\text{석출엔탈피}}{\overset{\text{승화엔탈피}}{\rightleftharpoons}} \text{기체} \qquad \Delta H_{\text{승화}} = -\Delta H_{\text{석출}}$$

정상 대기압에서 승화하는 물질의 하나는 고체 이산화탄소(드라이아이스)이며 −78°C에서 1 atm의 증기압을 갖는다(그림 11.11). 녹는점 아래에서의 높은 증기압으로 고체 이산화탄소는 녹기보다는 승화된다. 고체의 높은 증기압 때문에 액체 이산화탄소는 1 atm 보다 훨씬 높은 압력에서만 존재할 수 있다.

녹는점보다 온도가 올라간 적이 없는데도 야외의 눈이나 서리 없는 냉장고의 얼음 조각이 천천히 사라지는 것을 본적이 있는가? 얼음의 승화엔탈피는 51 kJ/mol, 0°C에서의 증기압은 4.60 mm Hg이다. 그러므로 얼음은 건조한 대기의 수증기 부분압이 4.60 mm Hg보다 낮으면 기꺼이 승화한다(그림 11.12). 얼음 주변을 충분한 공기가 통과하면서 얼음은 완전히 승화하여 아무런 흔적도 남기지 않는다. 서리 없는 냉장고에서는 건조한 공기를 냉동실에 주기적으로 불어 넣어 식품을 해동함이 없이 수증기(얼음)를 제거한다.

"동결 변질"은 냉동고에 보관된 식품으로 부터 물이 승화하여 빠져나가는 것이다.

승화의 역 과정에서 기체상태의 원자나 분자는 고체 표면에 바로 석출(고체화)될 수 있다. 석출은 표면에 금속원자를 얇게 코팅하는데 사용된다. 예를 들어 음악 CD나 CD−ROM등은 표면에 알루미늄이나 금 원자들이 코팅되어 반짝거린다. 이러한 디스크를 만들기 위해 금속필라멘트를 진공 중에서 승화하기 시작하는 온도까지 가열한다. 플라스틱 CD의 표면은 필라멘트보다 온도가 낮고 기체상의 금속원자는 차가운 CD 표면에 빠르게 석출된다. 금속 코팅의 목적은 레이저 빔이 잘 반사되어 디지털 데이터를 포함하는 표면의 요철을 쉽게 읽을 수 있도록 하는 것이다.

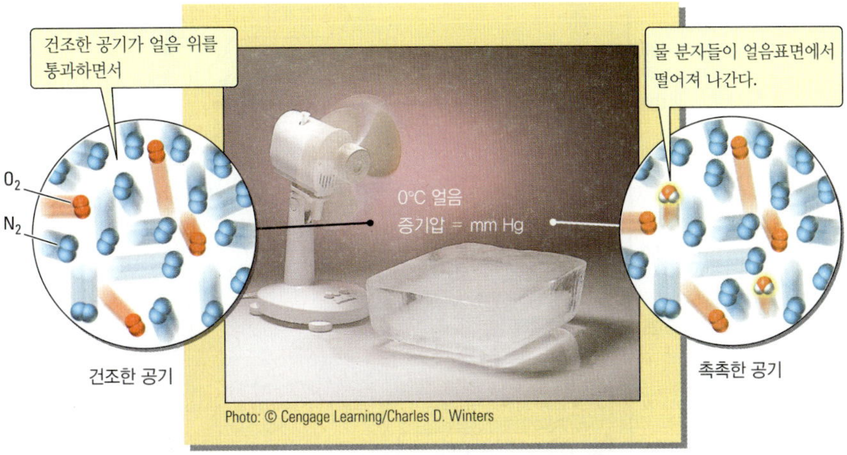


**그림 11.12 얼음의 승화.**

CONCEPTUAL
**개념학습 11.8 서리 없는 냉장고**

가끔 습도가 높을 때 서리 없는 냉장고가 효과적으로 작동하지 않는 경우가 있다. 왜 그런지 설명하시오.

CONCEPTUAL
**개념학습 11.9 승화에 의한 정제**

쉽게 승화되는 물질을 정제하는데 승화는 매우 좋은 방법이다. 나노스케일에서 승화에 의한 정제가 어떻게 작용하는지 설명하시오.

## 가열 곡선

고체나 액체를 가열하면 상이 바뀌거나 분해되지 않는 한 온도가 올라간다. 온도가 증가하는 정도는 가해진 열에너지의 양(J), 물질의 질량(g)과 비열(J $g^{-1}$°$C^{-1}$)에 의해 결정된다. 상전이 온도에 도달할 때까지 온도는 올라간다. 이 온도에 도달하면 온도는 더 이상 올라가지 않고, 가해진 에너지는 물질의 상을 바꾸는데 쓰인다. 물질의 상이 완전히 바뀌고 계속해서 열을 가해주면 물질의 온도는 다시 올라간다. 물질의 온도를 가해준 에너지의 양에 대하여 나타낸 그림을 **가열곡선(heating curve)**이라고 한다(그림 11.13).

그림 11.13에 나타낸 것처럼 100 g의 물을 −25°C에서 120°C까지 가열하는데 필요한 열에너지를 생각해보자. 가열곡선을 얻기 위하여 다음과 같은 상수가 사용된다. 물(액체)의 비열=4.184 J $g^{-1}$°$C^{-1}$, 얼음(고체)의 비열=2.06 J $g^{-1}$°$C^{-1}$, 수증기(기체)의 비열=1.84 J $g^{-1}$°$C^{-1}$, $\Delta H°_{융용}$=6.020 kJ/mol, $\Delta H°_{증발}$=40.7 kJ/mol

물의 가열곡선은 다섯 영역으로 구분된다. 세 영역은 한 가지 상에서 물의 가열과 관련이 있고(붉은색 선), 두 영역은 상변화와 관련이 있다(푸른색 선).

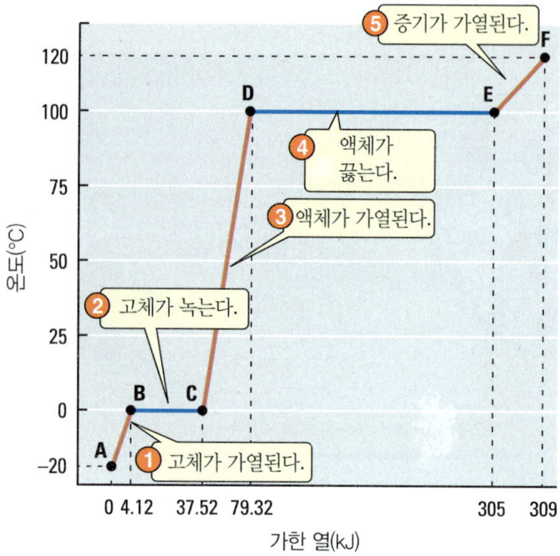


상변화 동안에는 온도 변화가 없음을 주목하라.

**그림 11.13 물의 가열곡선.**

1. −20°C에서 0°C로의 얼음의 가열(*A* → *B*).

$$-20\ ^\circ\text{C}\ \text{H}_2\text{O(s)} \rightarrow 0\ ^\circ\text{C}\ \text{H}_2\text{O(s)}$$
$$\Delta H^\circ = (100.\ \text{g})(2.06\ \text{J g}^{-1}\ ^\circ\text{C}^{-1})(20\ ^\circ\text{C}) = 4120\ \text{J} = 4.12\ \text{kJ}$$

2. 0°C에서의 얼음의 용융(*B* → *C*).

$$0\ ^\circ\text{C}\ \text{H}_2\text{O(s)} \rightarrow 0\ ^\circ\text{C}\ \text{H}_2\text{O}(\ell)$$
$$\Delta H^\circ = 100.\ \text{g} \times \frac{1\ \text{mol}}{18.015\ \text{g}} \times \frac{6.020\ \text{kJ}}{1\ \text{mol}} = 33.4\ \text{kJ}$$

3. 0°C에서 100°C로의 물의 가열(*C* → *D*).

$$0\ ^\circ\text{C}\ \text{H}_2\text{O}(\ell) \rightarrow 100\ ^\circ\text{C}\ \text{H}_2\text{O}(\ell)$$
$$\Delta H^\circ = (100.\ \text{g})(4.184\ \text{J g}^{-1}\ ^\circ\text{C}^{-1})(100\ ^\circ\text{C}) = 41800\ \text{J} = 41.8\ \text{kJ}$$

4. 100°C에서의 물의 끓음(*D* → *E*).

$$100\ ^\circ\text{C}\ \text{H}_2\text{O}(\ell) \rightarrow 100\ ^\circ\text{C}\ \text{H}_2\text{O(g)}$$
$$\Delta H^\circ = 100.\ \text{g} \times \frac{1\ \text{mol}}{18.015\ \text{g}} \times \frac{40.7\ \text{kJ}}{1\ \text{mol}} = 226.\ \text{kJ}$$

5. 100°C에서 120°C로의 수증기의 가열(*E* → *F*).

$$100\ ^\circ\text{C}\ \text{H}_2\text{O(g)} \rightarrow 120\ ^\circ\text{C}\ \text{H}_2\text{O(g)}$$
$$\Delta H^\circ = (100.\ \text{g})(1.84\ \text{J g}^{-1}\ ^\circ\text{C}^{-1})(20\ ^\circ\text{C}) = 3680\ \text{J} = 3.68\ \text{kJ}$$

변환에 필요한 다섯 단계의 에너지 총합은 309 kJ이다. 가장 많은 226 kJ(73%)의 에너지가 100°C의 물을 100°C의 수증기로 바꾸는데 들어간다.

## 상평형 그림

세 가지 상(물질의 상태)과 그들 사이의 여섯 가지 상호 전환을 **상평형 그림(phase diagram)**으로 나타낼 수 있다(그림 11.14). 상 그림에는 각 상이 존재하는 온도−압력 값을 보여준다. 각각의 상(기체, 액체, 고체)은 상평형 그림에서 영역으로 표시된다.

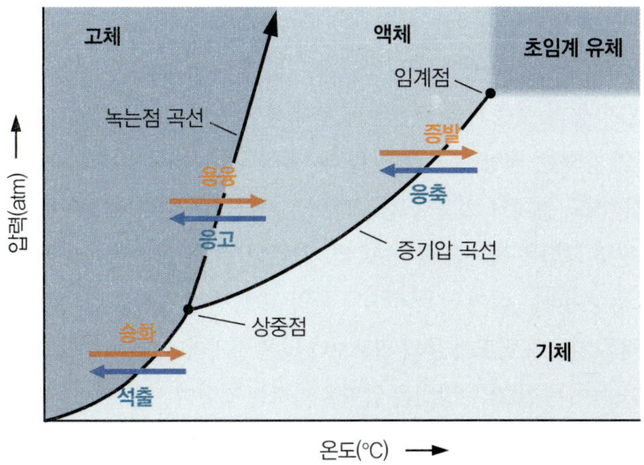


**그림 11.14 일반적인 상평형 그림.** 상평형 그림은 물질이 고체, 액체, 기체로 존재하는 온도–압력 구간을 보여준다. 또한 녹는점 곡선, 증기압 곡선, 세 가지 상간의 여섯 가지 상호변환을 보여준다.

상평형 그림의 영역을 구분하는 실선은 두 상이 평형을 이루는 온도와 압력의 조건을 나타낸다. **삼중점(triple point)**은 3개의 상이 평형을 이루는 온도–압력 값이다. 세 가지 상에서 존재하는 모든 순수한 물질은 고유한 상평형 그림을 갖는다.

물의 상평형 그림을 그림 **11.15**에 나타내었다. 물의 특징을 더 잘 나타내기 위하여 온도 범위를 과장하여 표시하였다. 증기압 곡선(AD)은 그림 **11.5**에 나타낸 것과 같다. AC(녹는점 곡선)는 고체/액체 평형을 나타내고, BA는 고체/기체 평형을 나타낸다. 물의 삼중점은 $P$ = 4.58 mm Hg, $T$ = 0.01°C에서 나타난다.

아이스박스에 음식을 보관할 때처럼 얼음과 물이 평형을 이룬 상황은 매우 익숙하다. 아이스박스에 얼음을 채우면 얼음의 일부가 녹는다.(아무리 열을 잘 차단해도 아이스박스 안으로 열에너지가 들어간다.) 얼음과 물의 혼합물은 모든 얼음이 녹을 때 까지 대략 0°C를 유지한다. 얼음과 물 사이의 이러한 평형은 상평형 그림에서 점 C로 나타내어지고 이 때 $P$ = 760 mm Hg, $T$ = 0°C이다.

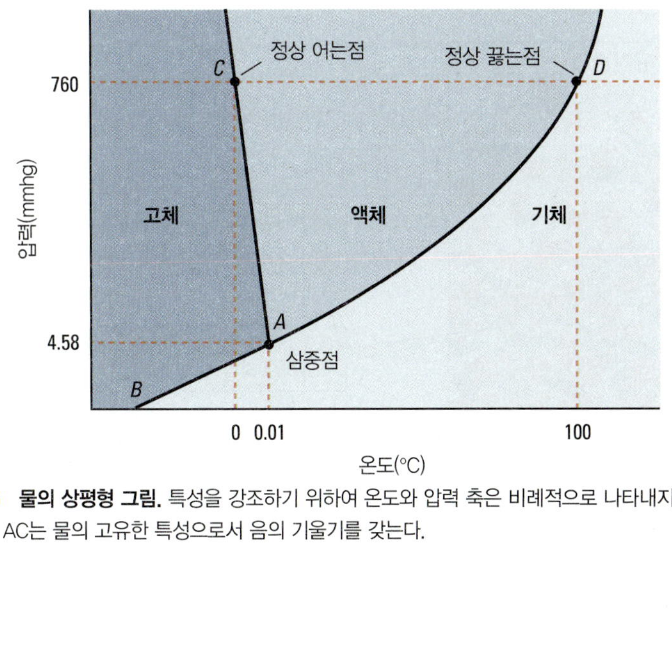


**그림 11.15 물의 상평형 그림.** 특성을 강조하기 위하여 온도와 압력 축은 비례적으로 나타내지 않았다. 녹는점 곡선 AC는 물의 고유한 특성으로서 음의 기울기를 갖는다.

매우 추운 날 얼음의 온도는 0°C 보다 훨씬 낮다. 물의 상평형 그림에서 온도 축을 따라가면 0°C, 1기압 아래에서는 얼음과 수증기 사이의 평형만 가능함을 알 수 있다. 따라서 공기 중의 수증기의 부분압이 충분히 낮으면 추운 날 얼음은 승화할 것이다. 흡열과정인 승화는 태양 복사가 있을 때 더 잘 일어난다. 얼음의 승화는 온도가 어는점 아래 머물러도 눈이나 얼음을 점진적으로 사라지게 한다.

물의 상평형 그림은 녹는점 곡선 AC의 기울기가 거의 대부분의 다른 물질들과 비교했을 때 반대 방향이라는 점에서 특이하다. 물의 고체/액체 평형을 나타내는 선의 기울기가 음이라는 것은 얼음의 밀도가 물의 밀도보다 낮은 결과이다. 따라서 얼음과 물이 평형에 있을 때 얼음을 녹이는 한 가지 방법은 압력을 가하는 것이며 그림 **11.15**로부터 분명하다. 정상 어는점(0°C, 1 atm)에서 시작하여 압력을 높이면 액체 영역으로 이동하게 될 것이다.

스케이트 날의 좁은 면적에 체중을 실으면 충분한 압력이 가해져서 얼음이 녹아 스케이트 날이 쉽게 미끄러진다고 오랫동안 여겨졌다. 그러나 최근의 연구에 의하면 얼음 표면의 물 분자는 내부의 분자들보다 훨씬 많이 움직이며 거의 액체 상태의 물과 같다는 것이다. 이것은 표면의 물 분자들은 내부의 분자들에 비하여 주위 분자들과의 상호작용이 작아 표면 용융(surface melting)을 일으키기 때문인 것으로 설명한다(그림 11.16). 표면에 가까워질수록 얼음 격자는 수소결합의 정도가 작아지면서 질서도가 낮아진다. 얼음은 표면에 얇은 액체막이 존재할 때 훨씬 더 미끄럽게 된다. 물의 얇은 막은 스케이트가 얼음 위를 쉽게 미끄러지도록 윤활유 역할을 한다. 비록 얼음에 압력을 가하면 얼음이 더 잘 녹지만 아이스 스케이팅의 경우 그 효과는 너무 작다.

$CO_2$의 상평형 그림(그림 11.17)은 고체/액체 평형을 나타내는 선의 기울기가 $H_2O$ 의 경우와 달리 양이라는 점을 제외하면 물과 비슷하다. 고체 상태의 이산화탄소는 액체 상태보다 밀도가 크다. 이산화탄소의 상평형 그림에서 온도와 압력 범위는 물의 경우와 매우 다르다는 것을 주목하라. 약 5 atm 아래에서는 고체와 기체상 간의 평형만 존재한다. 이것은 대기압에서 고체 이산화탄소를 가열하면 승화되는 것을 의미한다. 액체상의 이산화탄소는 5 atm 이상에서만 생성된다. 액체상의 이산화탄소가 존재하는 온도범위는 물보다 좁다.

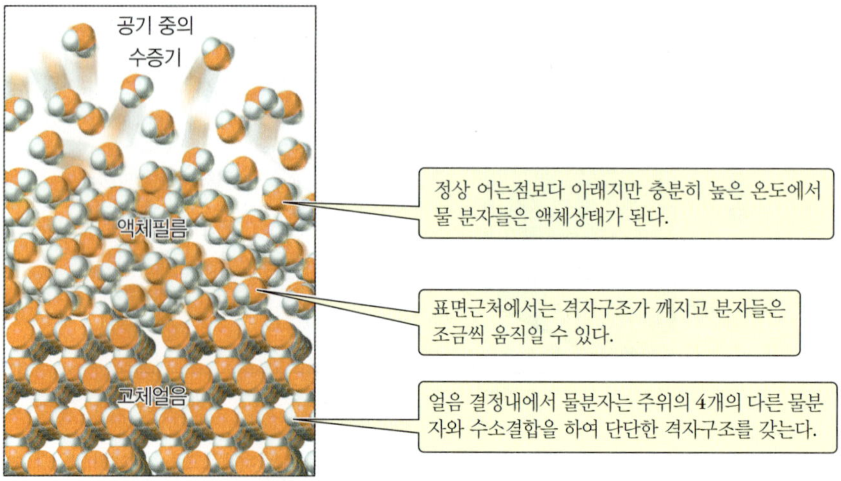


**그림 11.16 얼음의 표면은 물의 얇은 막으로 인해 미끄럽다.**

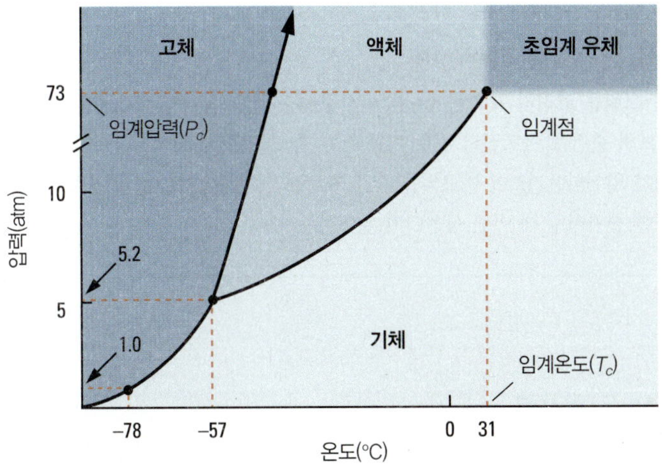


**그림 11.17 이산화탄소의 상평형 그림.** 온도와 압력 축은 비례적으로 나타내지 않았다. 압력이 5.2 atm 아래에서 이산화탄소는 액체 상태로 존재할 수 없다.

### 예제 11.5 상평형 그림

$CO_2$의 상 그림(그림 11.17)을 사용하여 질문에 답하시오.

(a) 삼중점의 온도와 압력은 무엇인가?

(b) 삼중점에서 시작하여 압력을 일정하게 유지하면서 온도를 65°C로 높이면 어떤 상이 존재하는가?

(c) $T = -70$°C, $P = 4$ atm에서 시작하여 압력을 일정하게 유지하면서 온도를 −30°C로 높이면 어떤 상변화가 일어나는가?

(d) $T = -30$°C, $P = 4$ atm에서 시작하여 온도를 일정하게 유지하면서 압력을 10 atm으로 높이면 어떤 상변화가 일어나는가?

**정답:** (a) $T = -57$°C, $P = 5.2$ atm (b) 기체 (c) 고체에서 기체(승화) (d) 기체에서 액체(응축)

**풀이:** 각각의 경우에서, 주어진 온도와 압력조건에 해당하는 위치를 상평형 그림에서 찾는다.

(a) 삼중점의 위치를 확인한다.

(b) 삼중점에서 압력을 일정하게 유지하고 온도를 높이면 오른쪽으로 이동하고 상평형 그림의 기체영역이 된다.

(c) 출발점에서 $CO_2$는 고체상태이다. 압력을 일정하게 하고 온도를 높이면 고체는 승화하며 바로 기체상으로 바뀐다.

(d) 출발점에서 $CO_2$는 기체상태이다. 온도를 일정하게 하고 압력을 높이면 기체는 액체상으로 응축된다.

### 실전예제 11.5

$CO_2$ 상 그림(그림 11.17)에서 −13°C, 7.5 atm에 해당하는 점은 액체상과 기체상이 평형을 이루는 증기압 곡선 상에 있다. 압력을 일정하게 유지하고 온도를 약간 올리면 어떤 상이 존재하는가?

EXERCISE
**연습문제** 11.10 **상 그림의 사용**

$CO_2$의 상 그림을 고려하자(그림 11.17). 삼중점과 임계점을 잇는 커브를 무엇이라고 하는가? 이 커브의 중간을 가로질러 위로 이동할 때 즉, 일정한 온도에서 압력을 증가시킬 때 어떤 상전이가 일어나는가? 이 커브의 중간을 가로질러 왼쪽에서 오른쪽으로 즉, 일정한 압력에서 온도를 증가시킬 때 어떤 상전이가 일어나는가?

### 임계온도와 임계압력

이산화탄소의 상평형 그림에서 액체/기체 평형을 나타내는 선이 끝나는 점에 주목하라. 이산화탄소에서 이 임계점의 조건은 73 atm, 31°C이고 물에서는 217.7 atm, 374°C이다. 이 임계점의 조건을 임계압력($P_c$)과 임계온도($T_c$)라고 부른다. $T_c$ 보다 높은 온도에서 분자들은 인력을 이기는 충분한 운동에너지를 갖고 있어, 아무리 압력을 가해도 액체처럼 행동하지 않는다. $P_c$와 $T_c$ 이상에서 물질은 초임계유체(supercritical fluid)가 되며, 액체의 밀도를 갖지만 기체처럼 행동하여 다른 물질 속으로 쉽게 확산된다.

"유체"라는 용어는 유동성을 나타내는 물질을 의미하고 액체나 기체에 모두 사용된다.

특정 조건하에서 이산화탄소 소화기내에는 초임계 $CO_2$가 존재한다. 상평형 그림에서 보는 것처럼 31°C 아래에서는 압축된 $CO_2$(보통 73 atm)는 용기 안에서 액체처럼 흐른다. 그러나 더운 날에는 초임계유체가 되어 액체가 흐르는 소리를 느끼지 못한다. 이러한 조건에서 소화기를 분사하지 않고 소화기내에 이산화탄소가 들어있는지를 확인하려면 소화기의 무게를 달아 소화기 겉에 표시되어 있는 빈 소화기의 무게와 비교하는 것이다.

초임계유체는 매우 훌륭한 용매이다. 초임계 $CO_2$는 비극성이고 비극성 물질에 좋은 용매이기 때문에 드라이클리닝에 사용된다. 초임계 $CO_2$는 커피콩으로부터 카페인을 추출하는데 사용되기도 하고, 해로운 산업폐기물로부터 유독 성분을 추출하는데 이용되기도 한다.

**커피콩.**

CONCEPTUAL
**개념학습** 11.11 **$CO_2$의 행동**

액체 $CO_2$가 실린더에서 천천히 대기 중으로 방출될 때 $CO_2$는 어떤 상태에 있는가? $CO_2$ 소화기를 작동할 때처럼 액체가 갑자기 방출되면 왜 고체 $CO_2$가 만들어지는가? 이러한 현상을 상 그림만에 기초하여 설명할 수 있는가? 아니면 다른 요인을 고려할 필요가 있는가?

## 11.4 물: 특이한 성질을 갖는 중요한 액체

지구는 우주 밖에서 보면 표면에 분포하는 다량의 물로 인해 푸르스름하게 보이며 이러한 이유로 지구를 종종 푸른 행성이라고 부른다. 지구 표면의 4분의 3정도가 바다로 덮여 있고 극지방은 방대한 얼음 층으로 덮여 있다. 많은 양의 물이 흙이나 암석에도 존재한다. 물은 거의 모든 생명체에 필수적이며, 인류 역사에 중요한 역할을 했고,

**표 11.4** 물의 특이한 성질

| 성질 | 다른 물질과의 비교 | 물리적 생물학적 환경에서의 중요성 |
|---|---|---|
| 비열 ($4.18\ J\ g^{-1}℃^{-1}$) | $NH_3$를 제외한 모든 액체와 고체 중에서 가장 크다. | 생명체나 주변의 온도를 조절한다. 물의 이동으로 기후가 영향을 받는다. (예 멕시코 만류) |
| 융해열 (333 J/g) | $NH_3$를 제외한 모든 액체와 고체 중에서 가장 크다. | 물이 얼면 많은 양의 에너지를 방출. 곡식이 어는 것을 방지하기 위하여 물을 뿌려 줌. |
| 증발열 (2250 J/g) | 모든 분자성 물질 중에서 가장 크다. | 구름 속 수증기의 응축은 다량의 열에너지를 방출. 태풍의 형성 |
| 표면장력 ($7.3 \times 10^{-2}\ J/m^2$) | 모든 분자성 액체 중에서 가장 크다. | 식물의 모세관 작용에 기여. 동그란 물방울을 형성. 물 위를 걸어 다니는 곤충 |
| 열전도도 ($0.6\ J\ s^{-1}m^{-1}℃^{-1}$) | 모든 분자성 액체 중에서 가장 크다. | 생명체 내에서 열에너지의 전달. 찬물에 잠긴 생명체의 급격한 체온 저하. |

날씨나 기후에 중요한 요소이다. 물의 중요성은 그것의 독특한 성질과 관련이 있다(표 11.4). 얼음은 물 위에 뜬다. 반면 대부분의 물질은 얼어서 고체가 되면 액체에 가라앉는다. 같은 양의 거의 모든 다른 물질들과 비교할 때 얼음을 녹이고, 물을 데우거나 증발시키기 위해서 더 많은 열에너지가 필요하다. 물은 다른 어떤 액체보다 큰 열전도성과 표면장력을 갖고 있다. 즉 물은 가장 흔한 일상의 물질들 중에서 매우 특이한 성질을 갖는다. 이러한 성질은 우리 행성과 생물종의 보존에 결정적이다. 물의 특이성질은 대부분 물 분자의 수소결합 능력에 기인한다. 그림 9.21에서처럼, 물 한 분자는 다른 물 분자들과 4개의 수소결합을 할 수 있다. 물이 얼면 수소결합을 최대로 수용할 수 있도록 하는 물 분자들의 3차원 그물구조를 형성한다. 얼음 격자에서 산소원자들은 구부러진 육각형의 모서리에 놓인다. 고리 안에 상당한 빈 공간이 생기고 전체 격자 구조를 통하여 빈 통로가 만들어져서 고체의 밀도는 액체보다 작아진다.

얼음이 녹아 물로 되면, 약 15%정도의 수소결합이 끊어지고 단단한 격자 구조는 붕괴된다. 이것은 녹는점에서 물의 밀도가 얼음의 밀도보다 크게 한다. 0℃에서 얼음의 밀도는 0.917 g/cm$^3$이고 물의 밀도는 0.998 g/cm$^3$이다. 밀도 차이가 크지는 않지만 얼음이 물에 뜨기에 충분하다. 이것은 빙산의 약 90%는 물에 잠겨있지만 10% 정도는 수면 위에 떠 있는 이유를 설명한다.

물이 더 가열되면 더 많은 수소결합이 깨지고 빈 공간이 물 분자로 채워진다. 밀도는 계속해서 증가하다가 3.98℃에 이르면 1.000 g/cm$^3$가 된다. 온도가 더 올라가면 분자들의 운동이 더 활발해지면서 이웃한 분자들을 밀어내어 빈 공간이 약간 증가하고 밀도는 1℃ 증가할 때 마다 약 0.0001 g/cm$^3$정도씩 감소한다(그림 11.18).

온도에 따른 이러한 특이한 밀도 변화 때문에 호수의 물이 3.98℃가 되면 밀도가 가장 높고 바닥으로 내려간다. 온도가 더 내려가면 밀도는 작아지고 표면으로 올라가 냉각된다. 결과적으로 호수 바닥의 물은 3.98℃로 유지되는 반면 표면의 물은 얼게 된다. 표면의 얼음은 차가운 공기로부터 물을 격리시켜 얕은 호수가 아니라면 호수의 물이 모두 얼지 않는다. 이것은 물고기나 다른 생물체가 겨울에 얼어 죽지 않도록 하는

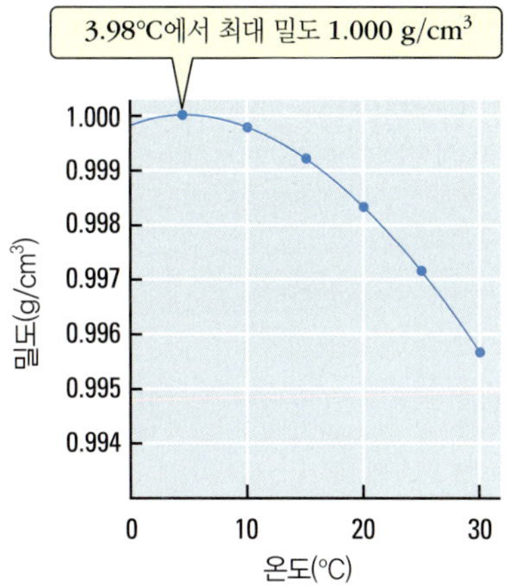


**그림 11.18 0℃–30℃에서의 물의 밀도.** 0℃, 1 bar 에서 얼음의 밀도는 0.917 g/cm$^3$이지만, 같은 조건에서 물의 밀도는 0.998 g/cm$^3$이다. 0℃에서 얼음의 밀도는 물의 밀도보다 10% 정도 작다.

얼음의 열린 새장 구조

것이다. 가을에 3.98℃의 물이 가라 앉으면서 용해된 산소를 운반하게 되고 바닥의 영양소가 표면으로 올라온다. 이것을 호수의 턴 오버라고 한다. 봄에 얼음이 녹아 물의 온도가 3.98℃ 될 때도 똑 같은 일이 벌어진다. 봄과 가을의 이러한 턴 오버는 물고기나 호수에 서식하는 생명체가 필요로 하는 영양분과 산소를 유지하는데 필수적이다.

물이 가열되면 분자 운동이 증가하여 더 많은 수소결합이 끊어진다. 분자간 힘의 세기는 1 g 물을 1℃올리는데 상당한 양의 에너지를 필요로 한다. 즉 물의 비열은 꽤 크다. 물이 증발 할 때 분자들은 완전히 분리되기 때문에 많은 수소결합들이 끊어진다. 따라서 물의 증발엔탈피는 매우 크며, 이것은 사람들이 땀을 흘려 신체의 온도를 조절할 수 있는 요인이 된다. 얼음이 녹을 때 수소결합이 끊어지고 큰 용융엔탈피가 수반된다. 다른 액체에 비하여 물의 비열이 큰 것은 증발이나 용융 과정에서의 비정상적으로 큰 엔탈피 변화와 함께 기후를 조절하거나 날씨에 훨씬 더 큰 영향을 미치는 요인이다. 물이 많은 지역은 물이 적은 지역에 비하여 온도 변화가 작다. 즉 물이 많은 지역의 여름철 온도는 물이 적은 지역보다 높지 않고 겨울철 온도는 낮지 않다.

## 11.5 고체의 형태

거시적인 성질과 나노스케일 구조의 관계는 이 책의 중심 주제이다. 원자, 분자, 이온들의 나노스케일 배열이 물질의 성질에 미치는 영향에 대해서는 고체의 연구에서 명백해진다. 화학자는 물리학자, 공학자 및 다른 과학자들과의 공동연구로 재료과학의 분야에서 그러한 연관성을 조사해 왔다. 고체 물질의 성질은 나노스케일 입자들을 함께 붙잡아 주는 힘의 유형에 의해 결정된다. 소금(NaCl)과 같은 이온성 고체(**ionic solids**)는 양이온과 음이온 사이의 정전기적 상호작용으로 유지된다. 얼음과 같은 분자성 고체(**molecular solids**)는 런던 힘, 쌍극자간 힘 및 수소결합 힘과 같은 분자간 상호작용으로 유지된다. 다이아몬드와 같은 그물구조 고체(**network solids**)는 원자들 사이의 공유결합으로 분자들이 끝없이 연결되어 있다. 표 11.5에 고체 물질의 주요

**표 11.5** 고체 물질의 다양한 형태에 대한 구조와 성질

| 형태 | 보기 | 단위구조 | 유지하는 힘 | 일반적 성질 |
|---|---|---|---|---|
| 이온성 | NaCl, $K_2SO_4$, $CaCl_2$, | 양이온과 음이온 | 이온결합 | 단단하고 깨지기 쉽다. 높은 녹는점, 고체 상태는 전기전도도가 나쁘지만 액체 상태는 좋다. |
| 금속성 | 철, 은, 구리 | 원자 | 금속결합 | 연성과 전성, 좋은 전기 및 열 전도체, 경도와 녹는점의 범위가 넓다. |
| 분자성 | $H_2$, $O_2$, $I_2$, $H_2O$, $CO_2$, $CH_3OH$ | 공유결합을 갖는 분자 | 런던 힘, 쌍극자 간 힘, 수소결합 | 녹는점과 끓는점이 비교적 낮다. 무르고 전기전도도가 나쁘다. |
| 그물구조 | 흑연, 다이아몬드, 석영, 운모 | 원자들은 1차원, 2차원 또는 3차원 그물 구조로 붙들려 있다. | 공유결합 | 경도와 녹는점의 범위가 넓다. (3차원결합〉2차원 결합〉1차원결합). 약간의 예외가 있지만 나쁜 전기전도체 |
| 무정형 | 유리, 폴리에틸렌, 나일론 | 짧은 거리의 질서만 존재하는, 공유결합으로 이루어진 원자나 분자의 그물 구조 | 공유결합 | 비결정형, 넓은 온도범위에서 녹는다. 약간의 예외가 있지만 나쁜 전기전도체 |

유형들에 대한 특징과 물리적 성질들을 요약해 놓았다. 물질을 이들 고체 유형의 하나로 분류함으로서 이전에 접한 경험이 없는 물질에 대해서도 일반적인 물리적 성질을 유추해 낼 수 있을 것이다.

고체는 딱딱하며, 액체처럼 용기의 모양을 따르는 것이 아니라 자기의 고유한 형태를 갖는다. 고체는 그것을 구성하는 입자의 종류와 입자들을 붙잡아 주는 힘의 종류에 따라 경도가 달라진다. 예를 들면 윤활제나 화장품의 활석분으로 사용되는 운모(그림 11.19a)는 가장 무른 고체의 하나로 알려져 있다. 원자 수준에서 운모는 실리콘, 마그네슘 및 산소원자를 포함하는 얇은 층으로 이루어져 있다. 이 층들 사이의 인력은 매우 약하고, 층들은 서로 미끄러져 쉽게 분리된다. 반면 다이아몬드(그림 11.19b)는 가장 단단한 고체의 하나로 알려져 있는데, 다이아몬드에서 탄소원자는 4개의 이웃하는 다른 탄소원자와 공유 결합하여 사면체 배열을 한다. 이웃한 탄소원자들은 다시 4개의 또 다른 탄소원자들과 강하게 결합하고 이러한 구조가 계속해서 반복되면서 고체 전체를 통틀어 그물구조가 형성된다. 탄소원자들을 묶는 결합수와 결합의 세기로 인해 다이아몬드는 거의 대부분의 다른 고체들을 자르거나 흠을 낼 수 있다. 다이아몬드는 보석으로 사용되는 것 이외에 상업적으로 더 중요한 절삭이나 연마 공구에 사용된다.

모든 고체들에서 원자, 분자 또는 이온들이 상대적 위치가 고정되어 있지만, 어떤 고체들은 다른 고체들에 비해서 내부 질서가 훨씬 크다. 결정형 고체(**crystalline solids**)는 개별 입자들이 길게 잘 정돈된 배열을 하고 있으며, 결정면이 편편하고 각이 잘 만들어진다. 소금 결정, 미네랄, 보석, 얼음 결정 등이 결정형 고체의 예이다. 무정형 고체(**amorphous solids**)는 길게 유지되는 질서는 거의 없지만 단단하고 일정한 모양을 갖는다. 그 예로서 보통 유리, 폴리에틸렌이나 폴리스티렌과 같은 유기 고분자등이 있다. 이 장의 나머지 부분에서 표 11.5에 요약된 고체 성질의 근원이 되는 나노스케일 구조를 설명할 것이다.

(a)

(b)

**그림 11.19** **(a) 운모.** 무르지 않을 것처럼 보이지만 운모결정은 매우 부드러워 손가락으로도 부스러진다. **(b) 다이아몬드.** 가장 단단한 물질의 하나로 알려져 있다.

**예제 11.6 고체의 유형**

다음 물질들은 어떤 유형의 고체인가?

(a) 수크로오스, $C_{12}H_{22}O_{11}$의 녹는점은 185°C이고, 고체나 액체 상태 모두 전기 전도도가 나쁘다.

(b) $Na_2SO_4$의 녹는점은 884°C이고 고체일 때는 전기 전도도가 안 좋지만 녹았을 때는 전기 전도도가 크게 증가한다.

**정답:** (a) 분자성 고체 (b) 이온성 고체

**풀이**

(a) 수크로오스 분자는 원자들의 공유결합으로 이루어진다. 수크로오스의 성질은 고체나 액체상태 모두 전기 전도도가 나쁘기 때문에 분자성 고체의 성질과 같다.

(b) 황산나트륨은 $Na^+$와 $SO_4^{2-}$ 이온으로 구성된다. 주어진 성질은 이온성고체의 성질과 일치한다. 이온성 고체의 녹는점은 높고, 전기전도도느 액체 상태에서 좋다.

**실전예제 11.6**

다음 물질들은 어떤 유형의 고체인가?

(a) 데케인, $C_{10}H_{22}$의 녹는점은 −31°C이고 전기 전도도가 안 좋다.

(b) $MgCl_2$의 녹는점은 780°C이고 녹아 있을 때만 전기를 통한다.

CONCEPTUAL
**개념학습 11.12 납이 금 안으로**

표면이 매끄럽고 광택이 나는 금 시료와 납 시료를 고려하자. 두 시료의 표면을 서로 접촉시키고 1년 정도 압력을 가한 후 두 표면을 분석하였다. 금 표면은 납의 존재를 조사해 보고, 납 표면은 금의 존재를 조사해 본다. 조사 결과가 어떻게 나올 것이지 예측하고 무슨 일이 일어났는지 설명하시오.

## 11.6 결정성 고체

얼음결정, 소금결정, 보석 원석 등이 갖는 규칙성은 내부 질서가 존재함을 암시한다. 18세기 말경 과학자들은 결정의 모양으로 광물을 구분할 수 있음을 알았다. 결정면이 만나는 각도는 결정 조성의 특징이다. 결정형 고체의 형태는 3차원 공간에서 규칙적으로 반복되는 점들의 배열인 **결정격자(crystal lattice)**의 모양을 반영한다. 격자점들에 대한 원자, 분자, 또는 이온들의 배열은 개별 입자들의 위치를 정의한다. 따라서 각 격자점에서 원자, 분자, 또는 이온들은 똑같은 배열을 하는 이웃 입자들로 둘러 싸여 있다. 금속이나 염의 구조에서 원자나 이온들은 보통 격자점을 차지하지만 몇몇 구조에서는 격자점에 입자가 놓이지 않는다. 결정은 3차원 공간에서 똑 같은 패턴이 반복되는 구조로 결정 전체를 통하여 규칙성이 길게 이어진다.

### 단위세포

결정에서 원자, 분자 또는 이온의 반복되는 패턴을 기술하고 분류하는 편리한 방법은 단위세포(unit cell)라고 하는 결정격자의 작은 단편을 정의하는 것이다. 단위세포가 결정의 모서리에 의해서 정의되는 방향을 따라 반복되면 전체 결정 구조가 만들어진다. 단위세포의 개념을 이해하기 위하여 그림 11.20에 나타낸 단순한 원의 2차원 배열을 살펴보자. 각 원의 중심은 격자점에 놓여 있다. 같은 크기의 원이 계속해서 반복되지만 다른 원들과의 어떤 관련성도 나타내지 못하기 때문에 원은 적절한 단위세포가 아니다. 더 좋은 선택은 서로 인접하고 있는 네 개의 원의 중심에 놓여 있는 격자점들로 만들어지는 정사각형에 주목하는 것이다. 그림 11.20의 정사각형 단위세포가 만들어진다. 그림에 표시된 단위세포를 보면 4개의 원은 각각 단위세포의 1/4 만큼 기여하고, 단위세포에는 1개의 원이 들어 있다. 이러한 2차원 단위세포가 모서리들에 평행하게 상하좌우로 반복되면 2차원 격자가 생성된다. 단위세포의 코너(격자점)들은 모두 동등하고 집합적으로 결정격자를 정의한다.

**그림 11.20 단위세포.** 원의 2차원 배열에서 적절한 격자는 이웃한 4개의 원의 중심을 잇는 정사각형이다. 이 배열을 수직한 모서리의 두 방향을 따라 반복하게 되면 전체 격자 구조가 만들어진다.

알려진 모든 결정격자들의 3차원 단위세포는 7가지 범주로 나누어진다. 이들 7가지 단위세포는 격자점을 연결하는 모서리들이 이루는 각이 다르고, 그들의 상대적 길이가 모두 다르다. 우리는 이들 중 원자나 단원자 이온들로 구성된 입방 단위세포(cubic unit cell)만을 다룰 것이다. 이 단위세포는 자연계에 매우 흔하고, 또 다른 단위세포들보다 쉽게 형상화할 수 있다. 그러나 여기서 기술하는 원리들은 다른 모든 단위세포와 결정구조들에도 적용된다. 조금 더 복잡한 경우 원자, 분자 또는 이온들이 격자점에 놓이지 않을 수도 있다.

**입방 단위세포**(그림 11.21)에서는 모서리의 길이가 모두 같고 서로 90°로 만나며 3개의 유형−정 입방체(primitive simple cubic, psc), 체심 입방체(body−centered cubic, bcc), 면심 입방체 (face−centered cubic, fcc)−이 존재한다.

금속의 3가지 입방 단위세포들은 모두 입방체의 꼭지인 격자점에 동일한 원자들이 놓인다. 입방체가 3차원 공간에 쌓일 때 각 꼭지의 원자는 8개의 입방체에 의해 공유된다. 따라서 실제로 한 원자의 $\frac{1}{8}$ 이 단위세포에 포함된다. 정입방체(psc) 단위세포의 경우 입방체의 꼭지에만 격자점이 있고 입방체는 8개의 꼭지를 갖고 있으므로

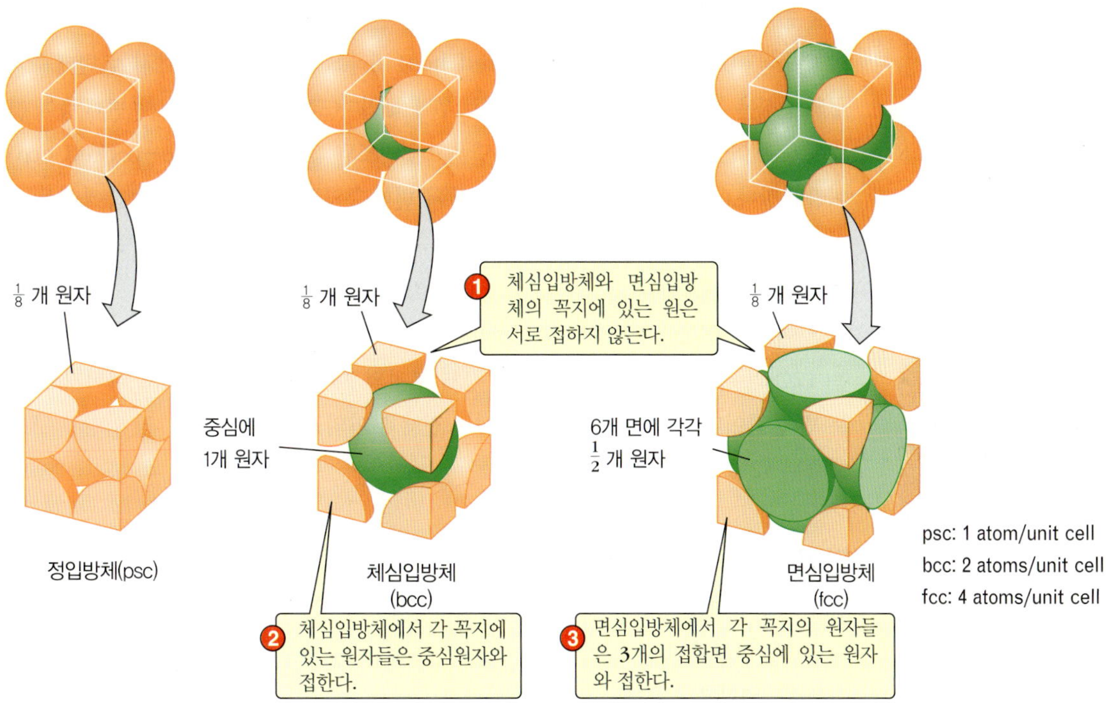


**그림 11.21 입방 단위세포의 3가지 유형.** 위: 유형별로 원자모형과 격자점을 표시한다. 아래: 단위세포에 포함되는 원자들의 일부를 보여준다.

입방단위세포를 갖는 금속의 예

정(단순)입방: Po

체심입방: 알칼리 금속, V, Cr, Mo, W, Fe

면심입방: Ni, Cu, Ag, Au, Al, Pb

$8 \times \frac{1}{8} = 1$ 이 되어 입방 단위세포마다 1개의 원자가 들어 있는 꼴이 된다.

체심 입방 단위세포의 경우에는 입방체의 중심에 원자가 하나 더 추가된다. 체심 입방 단위세포는 입방체 안에 놓이는 원자와 꼭지에 놓인 원자들을 더하여 단위세포 당 2개의 원자를 포함하게 된다.

면심 입방 단위세포에서는 입방체의 6 면의 중심에 모두 6개의 원자가 놓이고, 각 원자의 $\frac{1}{2}$이 단위세포에 포함된다(그림 11.21). 이 경우 $6 \times \frac{1}{2} = 3$ 개의 원자가 꼭지의 원자(1개)에 더해져서 단위세포에는 4개의 원자가 포함된다. 단위세포 당 원자의 수는 고체의 밀도를 결정한다.

EXERCISE **연습문제** 11.13 **금속의 단위세포안의 원자 수 알아내기**

Po 결정은 정 입방체이며, Li은 체심 입방체, Ca은 면심 입방체이다. 각 단위세포 내에는 Po 원자, Li 원자, Ca 원자가 몇 개 들어 있는가? 각 단위세포의 구조를 그리고 각 원자들의 단위세포 내 원자 분율을 그림에 나타내시오.

## 구의 조밀 쌓임

결정고체에서 원자, 분자, 또는 이온들은 상호작용을 극대화하기 위하여 가능한 조밀하게 배열되면서 안정한 구조를 이룬다. 이러한 배열은 금속에서 쉽게 볼 수 있는데 개별 입자들은 동일한 원자들로서 동그란 구로 표시할 수 있다. **최조밀 쌓임(closest packing)**은 일련의 원자 층으로 구성된다. 그림 11.22에서처럼 한 층에서 각각의 원자들은 6개의 원자들과 이웃하고 있다. 첫 번째 층의 오목한 부분으로 두 번째 층이 놓인다(그림 11.22, 2번). 세 번째 층이 더해질 때는 2가지 방법이 존재하고 그림 11.22의 3번과 4번처럼 서로 다른 구조를 준다. 세 번째 층이 첫 번째 층 바로 위에 오는 경우 ababab... 배열이 만들어지고 육방조밀 쌓임(hexagonal close−packed, hcp) 이라고 부른다. 이 구조에서 세 번째 층의 구의 중심은 첫 번째 층의 구의 중심 바로 위에 놓인다(그림 11.22, 3번). 세 번째 층이 첫 번째 층과 어긋나면 abcabc... 배열을 만들고 입방조밀 쌓임(cubic close−packed, ccp) 이라고 한다.(그림 11.22 4번) 이 구조에서 세 번째 층의 구의 중심은 첫 번째 층에 구들 사이에 형성된 구멍 위에 놓이고, 네 번째 층의 구의 중심은 첫 번째 층의 구의 중심 바로 위에 놓인다. 입방조밀 쌓임 구조의 단위세포는 면심입방체(fcc)가 된다.

*ababab* 쌓임에서 세 번째 층은 첫 번째 층을 반복한다. *abcabc* 쌓임에서는 네 번째 층이 첫 번째 층을 반복한다.

이러한 두 가지 조밀 쌓임 구조(hcp 와 ccp)에서, 각각의 구는 같은 거리에 있는 12개의 다른 구들로 둘러싸인다. 전체 부피의 74%를 구가 차지하고 나머지 26%는 빈 공간이다. 체심 입방체 구조에서는 전체 부피의 68%가 차 있고, 정 입방체 구조에서는 52%가 차 있다.

공을 쌓을때 최대 충진율은 74%를 넘을 수 없다는 것이 수학적으로 증명되었다.

**시장의 진열대에 놓인 과일들이 효율적으로 조밀 쌓임 배열을 하고 있다.**

## 단위세포와 밀도

단위세포에 대한 정보는 제시된 단위세포가 타당한지를 확인할 수 있도록 해준다. 단위세포를 반복하면 전체 결정격자가 생성되므로, 단위세포는 결정과 같은 밀도를 가져야 한다. 백금을 예로 들어 살펴보자.

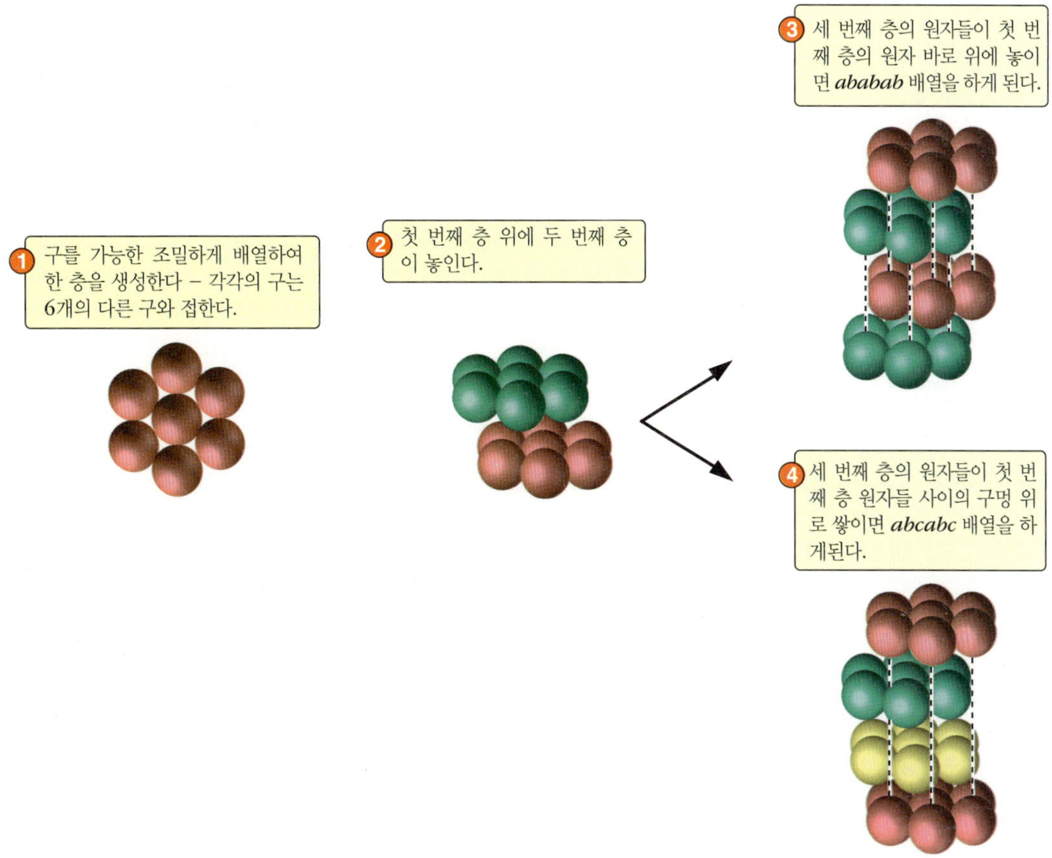


**그림 11.22 구의 최조밀 쌓임.** 육방조밀 쌓임 구조(3번)와 입방조밀 쌓임 구조(4번)

**예제 11.7 단위세포의 크기, 유형, 밀도**

백금 결정은 fcc 구조이며 밀도는 21.45 g/cm$^3$이다. 백금의 몰질량은 195.08 g/mol 이고 원자 반지름은 139 pm이다. 단위세포 한 변의 길이는 얼마인가? 백금이 fcc 구조와 일치하는가?

**정답:** 392 pm, fcc 구조와 일치한다.

**풀이:** Pt 원자의 반지름으로 부터 단위세포의 대각선 길이 모서리 길이, 부피를 계산할 수 있다. 단위세포당 Pt 원자의 질량과 단위세포의 부피로 부터 밀도를 계산하고 알려진 밀도와 비교해 본다.

Pt 원자의 질량은

$$\frac{195.08 \text{ g Pt}}{1 \text{ mol Pt}} \times \frac{1 \text{ mol Pt}}{6.022 \times 10^{23} \text{ atoms Pt}} = 3.239 \times 10^{-22} \text{ g}$$

fcc 단위세포에는 4개의 원자가 들어가고, 따라서 단위세포당 Pt의 질량은

$$4 \times 3.239 \times 10^{-22} \text{ g} = 1.296 \times 10^{-21} \text{ g Pt per unit cell}$$

이제 단위세포의 부피를 계산한다. (옆의 그림 참고)

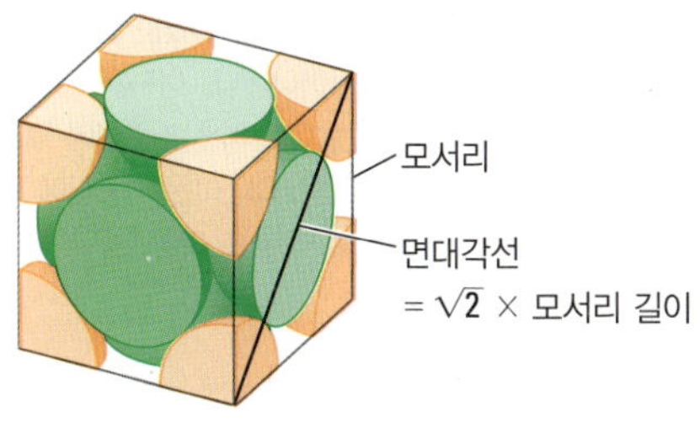


**면심입방체의 단위 세포.**

$$\text{면 대각선 길이} = 4 \times \text{Pt 원자 반지름} = 4 \times 139\ \text{pm} = 556\ \text{pm}$$

fcc 단위세포에서 단위세포의 모서리 길이와 면 대각선 길이의 관계는

$$(\text{대각선 길이})^2 = \text{모서리}^2 + \text{모서리}^2 = 2(\text{모서리})^2$$

$$\text{모서리} = \frac{\text{대각선 길이}}{\sqrt{2}} = \frac{556\ \text{pm}}{1.414} = 393\ \text{pm}$$

단위세포의 부피는

$$V = \ell^3 = (393\ \text{pm})^3 = 6.07 \times 10^{-23}\ \text{cm}^3$$
$$(1\ \text{pm} = 10^{-12}\ \text{m} = 10^{-10}\ \text{cm})$$

밀도는 단위세포당 Pt 원자의 질량을 단위세포의 부피로 나눈 값이다.

$$d = \frac{m}{V} = \frac{1.296 \times 10^{-21}\ \text{g Pt}}{6.07 \times 10^{-23}\ \text{cm}^3} = 21.4\ \text{g/cm}^3$$

밀도는 주어진 값과 잘 일치하며, Pt 결정구조는 fcc 구조이다.

**실전예제 11.7**

금 결정은 bcc 구조이다. 금 원자의 반지름은 144 pm이고 원자량은 196.97 amu이다. 금의 밀도를 계산하시오.

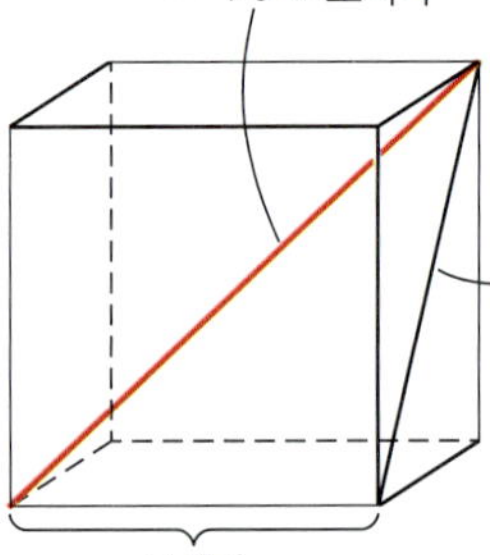


**입방 단위세포의 크기.**

일반적으로 음이온이 양이온보다 크다는 것을 기억하라. 그러므로 이온결정을 생성하는 것은 큰 음이온들 사이의 공간에 작은 양이온들을 놓는 것과 유사하다.

각각의 입방 단위세포에 대하여 단위세포를 형성하는 원자의 반지름과 단위세포의 크기 사이에는 밀접한 관계가 있다. 정입방 단위세포의 경우 2개의 원자 반지름이 단위세포의 모서리를 형성한다. 면심입방 단위세포에서는 1개의 원자 지름과 2개의 원자 반지름이 한 면의 대각선에 놓인다. 체심입방 단위세포에서는 1개의 원자 지름과 2개의 원자 반지름이 입방체의 대각선에 놓인다. 요약하면

정입방체: 2 × (원자 반지름) = 모서리
체심입방체: 4 × (원자 반지름) = 모서리 × $\sqrt{2}$ = 면 대각선
면심입방체: 4 × (원자 반지름) = 모서리 × $\sqrt{3}$ = 입방체의 대각선

## 이온결정의 구조

많은 이온화합물들의 결정 구조는 음이온이 정입방체 또는 면심입방체의 격자에 위치하고 크기가 작은 양이온이 음이온들 사이의 빈 공간(구멍)을 채우는 것으로 기술된다.

CsCl 구조를 bcc로 기술하는 것은 맞지 않다. bcc 격자에서 단위세포 중심에 있는 입자는 코너에 있는 입자와 같아야한다. 여기서 기술한 CsCl 단위세포에서는 $Cs^+$ 이온이 중심에 있고 $Cl^-$ 이온이 코너에 있다. $Cl^-$ 이온이 중심에 있고 $Cs^+$ 이온이 코너에 있는 또 다른 단위세포도 똑같이 유효하다.

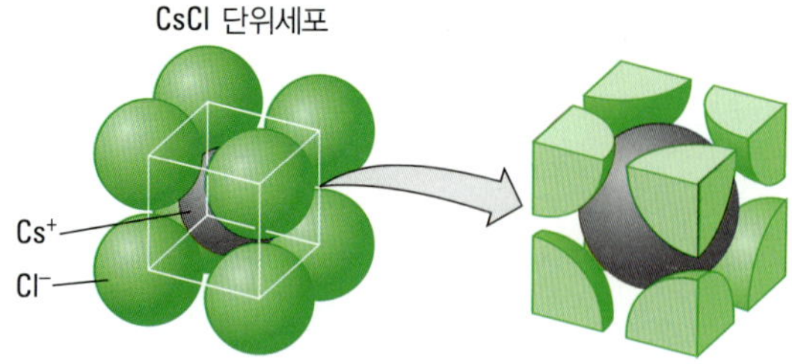


**그림 11.23** CsCl 결정 격자의 단위 세포.

채워진 구멍의 수와 위치는 격자 구조와 이온화합물의 화학식 사이의 관계를 이해하는 열쇠이다. 가장 단순한 예가 정입방 단위세포의 중심에 생긴 구멍을 채우는 이온화합물이다. CsI가 그런 구조를 갖는데, 입방체 중심에 $Cs^+$가 채워진다(그림 11.23). $Cs^+$가 채우는 공간을 입방체 구멍이라 하고 각 $Cs^+$는 8개의 $I^-$와 이웃한다. CsI의 단위세포는 1개의 $Cs^+$와 $8 \times \frac{1}{8} = 1$개의 $I^-$를 포함하고, 화학식은 CsI가 된다.

NaCl의 구조는 매우 흔한 이온결정 격자이다(그림 11.24와 11.25). 그림 11.24을 자세히 보면 단위세포 내의 $Na^+$와 $Cl^-$의 개수를 결정할 수 있다. 단위세포의 꼭지에 $\frac{1}{8}$의 $Cl^-$이 있고 단위세포의 각 면에 $\frac{1}{2}$의 $Na^+$이 있다.

단위세포 내의 $Cl^-$의 수:
꼭지 당 $\frac{1}{8}\,Cl^- \times 8$개 꼭지 $= 1\ Cl^-$
면 당 $\frac{1}{2}\,Cl^- \times 6$개 면 $= 3\ Cl^-$
단위세포에는 모두 4개의 $Cl^-$ 이 있다.

각 모서리의 중간에 $\frac{1}{4}$의 $Na^+$가 있고, 단위세포의 중심에 1개의 $Na^+$가 있다.

단위세포 내의 $Na^+$ 의 수:
모서리 당 $\frac{1}{4}\,Na^+ \times 12$개 모서리 $= 3\ Na^+$
중심에 1개의 $Na^+ = 1\ Na^+$
단위세포에는 모두 4개의 $Na^+$이 있다.

따라서 단위세포는 4개의 $Na^+$과 4개의 $Cl^-$을 1:1의 비율로 포함하고 있다. 이것은 소금의 화학식 NaCl과 일치한다.

그림 11.25에 나타낸 것처럼, NaCl 결정격자는 면심입방체로서 $Na^+$이 팔면체 꼭지의 $Cl^-$ 6개로 둘러싸이면서 팔면체 구멍을 채운다. 똑같은 방식으로 $Cl^-$은 6개의 $Na^+$으로 둘러싸인다. 그림 11.25는 NaCl 격자를 이온 반지름에 비례하여 공간 채움 모형으로 나타내었다.

입방격자에서 입방체의 모서리는 4개의 입방체로 둘러 쌓이므로 모서리 중심에 있는 이온은 입방체 하나당 $\frac{1}{4}$ 개의 이온에 해당한다.

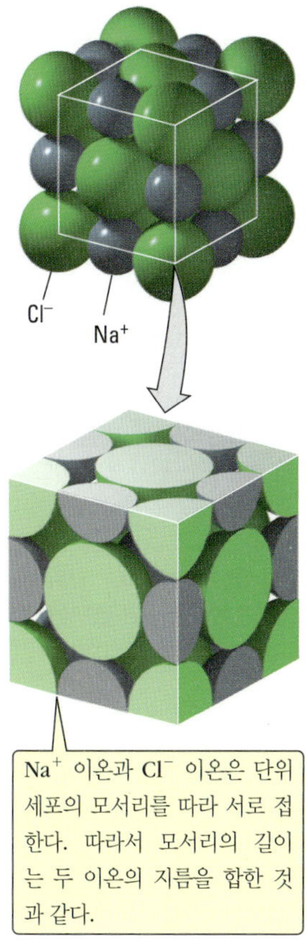


**그림 11.24** **NaCl 의 단위세포.**

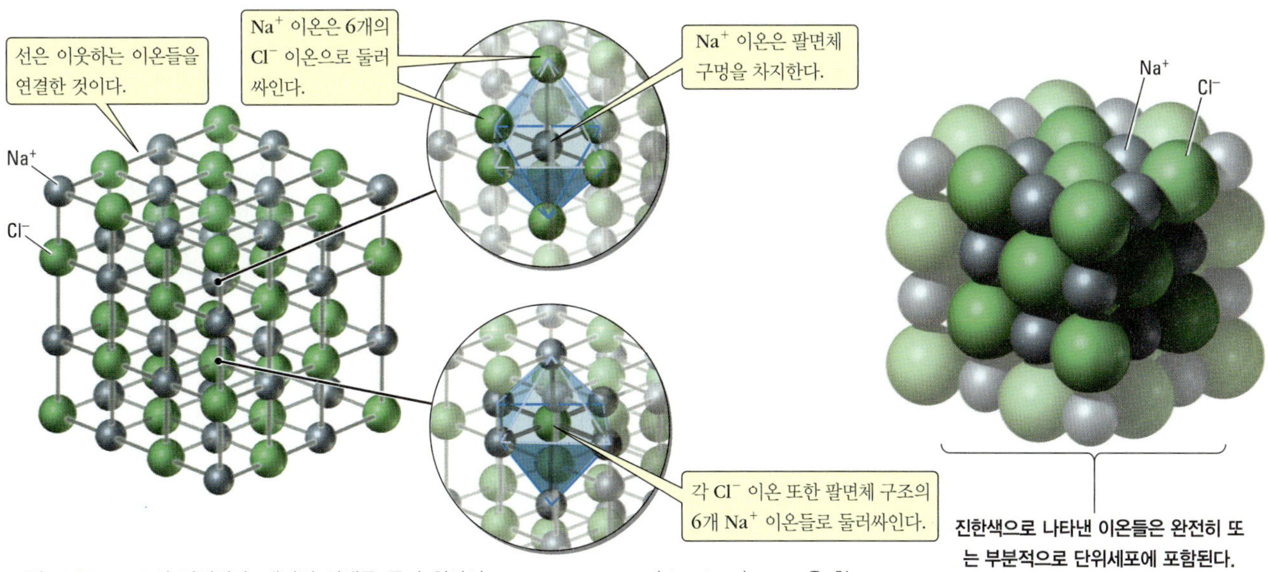


**그림 11.25** **NaCl의 결정격자.** 개념의 이해를 돕기 위하여 www.cengage.com/chemistry/moore 을 참조하시오.

CONCEPTUAL
**개념학습** 11.14 화학식과 단위세포

염화세슘은 그림 11.23에서처럼 입방 단위세포를 갖는다. 이 화합물의 화학식이 CsCl임을 보이시오.

**예제 11.8 단위세포의 부피와 밀도 계산**

NaCl의 fcc 단위세포를 그림 11.24에 나타내었다. $Na^+$와 $Cl^-$의 이온반지름은 각각 116 pm, 167 pm 이다. NaCl의 밀도를 계산하시오.

**정답:** 2.14 g/cm$^3$

**풀이:** 밀도는 계산하기위하여 단위세포의 질량과 부피를 결정해야 한다. 질량은 단위세포의 화학식 단위와 NaCl의 몰질량으로 부터 알 수 있다. 부피는 단위세포의 모서리 길이로 부터 구할 수 있다. 그림 11.24에서처럼, 모서리 길이는 $Cl^-$ 반지름의 두 배에 $Na^+$ 반지름의 두 배를 합한 것과 같다.

대부분의 금속 또는 이온성 고체들에 대한 단위세포 형태, 이온 또는 원자 크기, 밀도 사이의 일반적인 관계는 다음과 같다.

화학식단위의 질량(예, NaCl) × 단위세포 내의 화학식단위의 개수(4) = 단위세포의 질량,
단위세포의 질량 ÷ 단위세포의 부피 = 밀도

$$\text{모서리} = 167\ \text{pm} + (2 \times 116\ \text{pm}) + 167\ \text{pm} = 566\ \text{pm}$$

단위세포의 부피는

$$\text{단위세포의 부피} = (\text{모서리})^3 = (566\ \text{pm})^3 = 1.81 \times 10^8\ \text{pm}^3$$

cm$^3$ 단위로 환산하면

$$1.81 \times 10^8\ \text{pm}^3 \times \left(\frac{10^{-10}\ \text{cm}}{\text{pm}}\right)^3 = 1.81 \times 10^{-22}\ \text{cm}^3$$

단위세포당 4개의 NaCl 화학식 단위가 포함되므로 단위세포의 질량은

$$4\ \text{NaCl 화학식 단위} \times \frac{58.44\ \text{g}}{\text{mol NaCl}} \times \frac{1\ \text{mol}}{6.022 \times 10^{23}} = 3.88 \times 10^{-22}\ \text{g}$$

NaCl 단위세포의 밀도는

$$\frac{3.88 \times 10^{-22}\ \text{g}}{1.81 \times 10^{-22}\ \text{cm}^3} = 2.14\ \text{g/cm}^3$$

**실전예제 11.8**

KCl은 NaCl과 같은 결정 구조를 갖는다. $K^+$과 $Cl^-$의 이온반지름이 각각 152 pm, 167 pm 일 때 KCl의 단위세포 부피를 구하시오. KCl의 밀도를 계산하시오. NaCl과 KCl 어느 쪽의 단위세포가 더 큰가?

## 11.7 그물구조 고체

많은 수의 고체들이 그물처럼 공유결합으로 연결된 비금속 원자들로 구성된다. 이런 그물구조 고체에서는 모든 원자들이 그물처럼 연결된 거대 분자가 만들어지며 분자들이 떨어져 존재하지 않는다. 가장 중요한 그물구조 고체의 하나로서 실리케이트가 있고 실리케이트들 사이에는 다양한 결합 양상이 존재한다. 석영($SiO_2$)에서처럼 실리콘과 산소원자 간의 공유결합이 확장되어 있는 배열은 흔하게 볼 수 있는 구조이다.

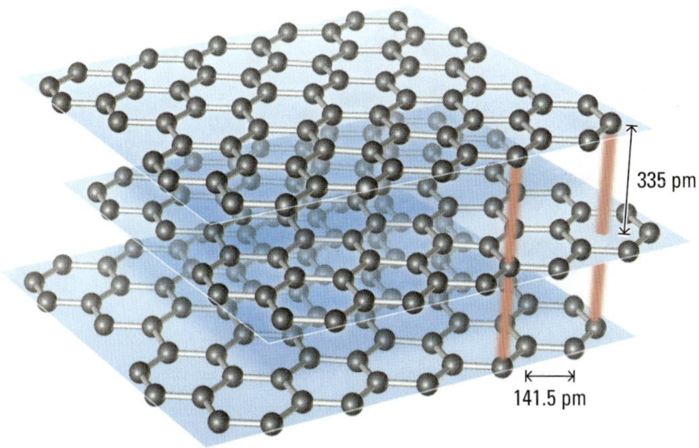


그림 11.26 **흑연의 구조.** 탄소원자의 6각형 고리들로 구성된 3개의 층을 보여준다. 이 층은 서로 쉽게 미끄러질 수 있어 흑연은 좋은 윤활제이다. 또한 탄소의 원자가전자들은 한 층에 비편재 되어 흑연은 좋은 전기전도체이다.

흑연 평면 사이의 거리는 같은 평면의 탄소원자 사이의 거리의 두 배 이상이다.

## 흑연, 다이아몬드, 풀러렌

흑연, 다이아몬드, 풀러렌은 탄소의 동소체이다. graphite(흑연)의 명칭은 "글을 쓰다"를 의미하는 그리스어 graphein 에서 유래하였다. 오늘날에도 예술가들은 흑연의 순수하지 않은 한 형태인 숯으로 목탄화를 그리고 흑연을 포함하는 연필로 글을 쓴다. 흑연은 평면의 그물구조 고체의 한 예이다(그림 11.26). 각 탄소원자는 3개의 다른 탄소원자들과 결합되어 있다. 평면은 6개의 탄소원자 고리(벤젠에서처럼)들로 구성된다. 6각형의 각 모서리는 또 다른 6각형과 모서리를 공유하면서 닭장용 철망처럼 2차원 그물망을 형성한다. 결합전자들은 그물구조를 통하여 자유롭게 움직일 수 있어 흑연은 전기를 잘 통한다. 평면 내에서는 탄소원자들 사이에 강한 공유결합이 존재하지만 평면들 사이에는 런던 힘에 기인한 약한 인력만이 존재한다. 이러한 이유로 평면이 서로 쉽게 미끄러지기 때문에 흑연은 그리스나 오일을 사용하기에 불편한 자물쇠 등에 훌륭한 고체윤활유가 된다.

다이아몬드는 탄소원자들이 정사면체 구조로 결합되어 있다. 각각의 탄소원자는 4개의 다른 탄소원자들과 공유결합을 하고 있는데 이 구조는 3차원 그물구조이다.(그림 11.27) 각 탄소원자 주위의 결합이 사면체 배열을 하기 때문에 구부러진 육각형 고리 모양이 확장된 구조이다. 흑연의 탄소 층 간 거리는 탄소원자사이의 결합길이 보다 2배 이상 떨어져 있기 때문에 다이아몬드의 밀도(3.51 g/cm$^3$)는 흑연의 밀도(2.22 g/cm$^3$)보다 훨씬 크다. 또한 다이아몬드의 원자가전자들은 탄소원자사이의 공유결합에 국한되기 때문에 전기를 통하지 않는다. 다이아몬드는 가장 단단하며 열전도도가 가장 좋은 물질의 하나이다. 다이아몬드는 가시광선, 적외선 및 자외선 영역 모두에서 투명하다.

그림 11.27 **다이아몬드의 구조.** 각각의 탄소원자는 4개의 다른 탄소원자들과 결합하여 사면체 배열의 확장된 구조를 한다.

인조다이아몬드는 1950년대에 처음으로 합성되었다.

탄소의 세 번째 동소체의 원형인 버키볼은 1980년대에 발견되었다. 그 후 다양한 탄소구조체가 만들어졌고 풀러렌(fullerene)이라는 이름으로 분류되었다. 원형 물질의 구조식은 $C_{60}$ 이었는데 탄소원자들의 5각형 고리와 6각형 고리로 구성된 축구공과 비슷한 구조를 하고 있다. 더 큰 새장 구조의 물질이 합성되기도 하였다. 풀러렌에서 각각의 탄소원자는 3개의 이웃탄소원자와 결합하는 $sp^2$ 혼성 구조를 하고 혼성에

**버키볼이라고 알려진 $C_{60}$ 풀러렌 분자.**

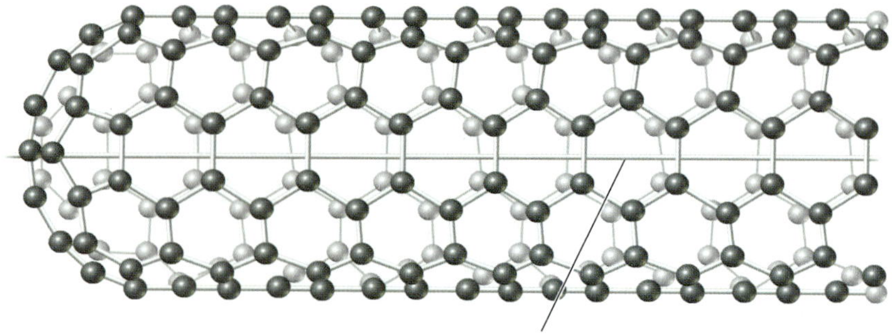


그림 11.28 **탄소원자의 6각형 고리들로 구성된 단일 벽 탄소나노튜브.**

참여하지 않는 한 개의 $p$ 오비탈을 갖는다. 전자들은 이 $p$ 오비탈을 통하여 흑연에서처럼 분자 전체에 비편재화 된다. 흑연과 달리 각 탄소원자와 3개의 결합은 평면에 놓이지 않고 휘어져 있다. 또 다른 풀러렌의 구조는 나노튜브라고 불리는 길게 늘어진 튜브 모양이 있다. 나노튜브는 철망을 마는 것처럼 흑연의 한 층이 튜브 모양으로 말려 형성된다. 나노튜브의 끝은 한 쪽 면이 잘린 버키볼 모양을 한다(그림 11.28). 나노튜브와 같은 나노물질은 물리화학적 성질이 벌크상태의 물질과 다르다. 현재 과학자들은 나노튜브 및 유사한 물질들의 유용한 성질을 연구하고 있다.

## 11.8 금속, 반도체 및 절연체

모든 금속은 수은(m.p. −38.8℃)을 제외하고 상온에서 고체이며, 금속이라는 공통적인 성질을 갖는다.

- 높은 전기전도도: 금속의 전자들은 유동성이 커 전기를 잘 통한다.
- 높은 열전도도: 금속은 열을 매우 빨리 잘 전달한다.
- 연성과 전성: 금속을 가는 선이나(연성), 넓게 펴서 얇은 막(전성)으로 만들기 쉽다.
- 광택: 깨끗한 금속 표면은 빛을 잘 반사하며, 대부분의 금속은 모든 파장의 빛을 골고루 반사하여 은백색의 광택을 낸다.
- 물이나 다른 일반 용매에 녹지 않음: 1A와 2A족의 몇몇 금속을 제외하면 물에 녹지 않는다.

이러한 성질들은 나중에 다루겠지만 금속에서 원자들을 묶는 결합의 유형으로 설명된다. 금속들은 용융엔탈피와 녹는점에서 큰 차이를 보인다. 낮은 녹는점은 낮은 용융엔탈피와 연관되는데, 금속원자들을 결속하는 힘이 약함을 의미한다. 상온에서 액체인 수은의 용융엔탈피는 2.3 kJ/mol이다. 알칼리 금속과 갈륨의 용융엔탈피와 녹는점 또한 매우 낮다(표 11.6). 이 값들을 비금속에 대한 표 11.3의 값들과 비교해 보라.

그림 11.29는 주기율표에서의 금속원소의 위치와 연관하여 금속의 상대적 용융엔탈피를 나타낸다. 전이금속, 특히 6 주기의 전이금속의 녹는점과 용융엔탈피는 매우 높다. 모든 금속 중에서 텅스텐(W)의 녹는점(3410℃)이 가장 높고, 모든 원소들 중에서는 흑연(녹는점 3550℃) 다음으로 높다. 텅스텐은 백열전구의 필라멘트로 사용되는데, 1908년 토마스 에디슨이 전구를 발명한 이래로 더 좋은 재료는 발견되지 않았다.

표 11.6 몇 가지 금속의 용융엔탈피와 녹는점

| 금속 | $\Delta H^\circ_{fusion}$ (kJ/mol) | 녹는점(°C) |
|---|---|---|
| Hg | 2.3 | −38.8 |
| Ga | 7.5 | 29.78* |
| Na | 2.59 | 97.9 |
| Li | 3.0 | 180.5 |
| Al | 10.7 | 660.4 |
| U | 12.6 | 1132.1 |
| Fe | 13.8 | 1535.0 |
| Ti | 20.9 | 1660.1 |
| Cr | 16.9 | 1857.0 |
| W | 35.2 | 3410.1 |

*갈륨 금속은 손바닥의 체온으로도 녹을 것이다. 갈륨은 금속중 가장 넓은 온도구간에서 액체로 존재한다. 갈륨의 끓는점은 약 2250°C이다.

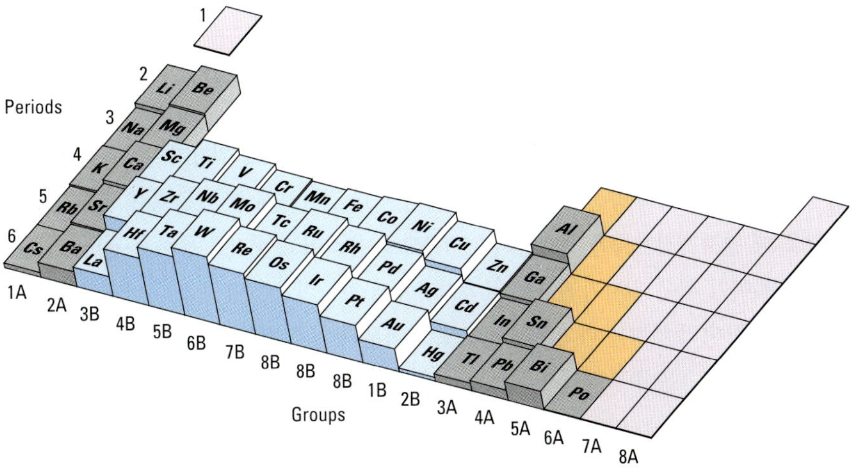


**그림 11.29 주기율표에서의 금속의 상대적 용융엔탈피.** 표 11.6의 용융엔탈피 값을 참조하시오.

**예제 11.9 용융엔탈피의 계산**

표 11.6의 자료를 사용하여 10.0 g의 크롬이 녹을 때 녹는점에서의 열에너지 이동을 계산하시오.

**정답:** 3.25 kJ

**풀이:** 우선 크롬의 몰수를 구하고 표 11.6의 $\Delta H^{\circ}_{\text{fusion}}$ 값으로 부터 에너지를 계산한다.

$$10.0 \text{ g Cr} \times \frac{1 \text{ mol Cr}}{52.00 \text{ g Cr}} = 0.192 \text{ mol Cr}$$

$$0.192 \text{ mol Cr} \times \frac{16.9 \text{ kJ}}{1 \text{ mol Cr}} = 3.25 \text{ kJ}$$

**실전예제 11.9**

표 11.6의 자료를 사용하여 1.45 g의 알루미늄이 녹을 때 녹는점에서의 열에너지 이동을 계산하시오.

CONCEPTUAL
**개념학습 11.15 액체 상태의 금속을 고체로 냉각**

액체 상태의 금속이 고체화하는 온도까지 일정하게 냉각되고 그 고체가 더 낮은 온도로 냉각될 때 냉각 곡선(시간에 대한 온도 변화)은 그림과 같다. 그래프의 모양에 대하여 설명하시오. 모든 물질이 비슷한 형태를 나타내는가?

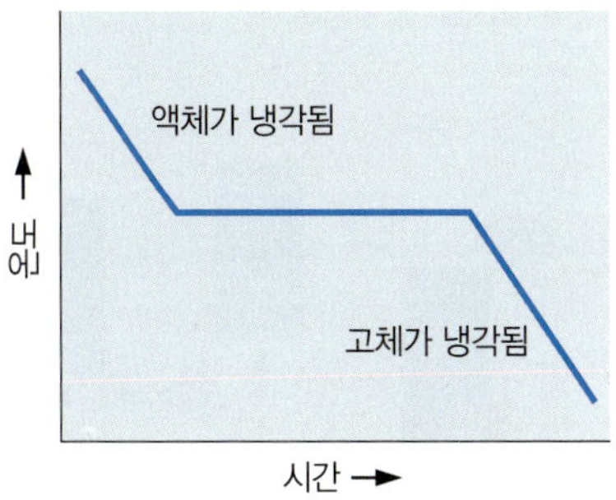


CONCEPTUAL
**개념학습 11.16 용융열과 전자배치**

부록 D의 전자배치와 표 11.6에 나타낸 금속의 용융열을 비교하시오. 용융열과 전자배치 간의 어떤 상관관계가 있는가? 금속원자 사이의 인력의 세기는 원자가전자의 숫자와 관계가 있는지 설명하시오.

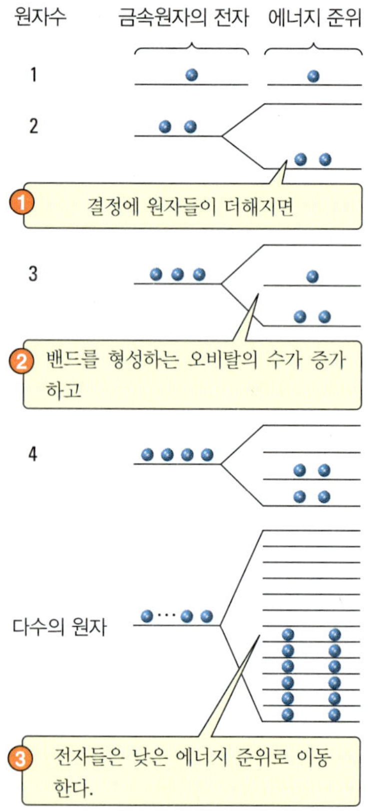


**그림 11.30 금속결정에서 오비탈들에 의한 밴드의 생성**

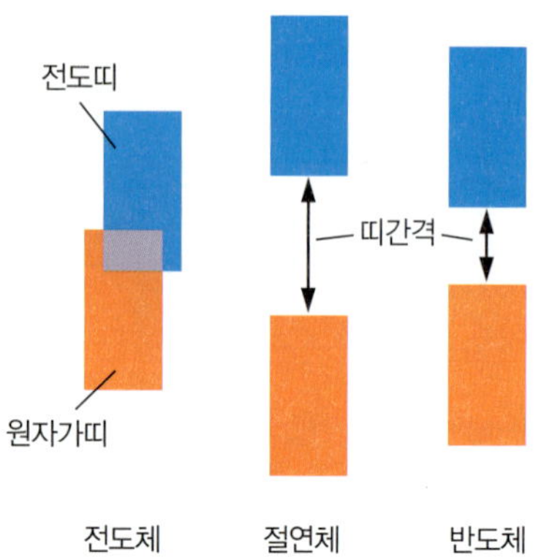


**그림 11.31 전도체, 절연체, 반도체에서 에너지 밴드의 차이**

## 금속, 반도체, 절연체에서의 전자

금속에서는 마치 금속 양이온이 유동적인 원자가전자들의 바다에 존재하는 것처럼 행동한다. **금속결합(metallic bonding)**은 양전하의 금속이온과 주위의 음전하들 사이의 인력이다. 금속이온 주위에는 많은 전자들이 존재하고, 원자가전자들은 금속의 결정격자 전체에 퍼져 양전하의 금속이온들을 서로 결합하게 한다. 금속에 전기장이 가해졌을 때 원자가전자들은 전기장의 (+)쪽으로 움직이고 전기를 통하게 된다.

움직이기 쉬운 원자가전자는 금속격자에서 균등한 전하분포를 나타내므로 양이온과 전자 사이의 인력을 파괴하지 않고도 양이온의 위치 변화가 일어날 수 있다. 따라서 대부분의 금속은 구부러지거나 가는 선으로 만들어 질 수 있다. 반면 양이온과 음이온의 격자구조를 갖는 이온고체를 변형시키려고 하면, 양이온과 음이온 사이의 균형이 깨지기 때문에 보통 산산이 부서진다.

금속에서 결합전자가 어떻게 행동하는지 알아보기 위하여 우선 결합하지 않은 개별 원자의 전자배열을 고려해 보자. 원자에서 전자들은 일정한 에너지 준위의 오비탈을 점유한다. 모든 동일한 개별 원자들에서 에너지 준위는 동일하다. 그러나 원자들이 서로 가까워지면 서로에게 영향을 미치기 시작하며 동일한 에너지 준위들은 올라가거나 내려가면서 금속의 특징인 에너지밴드가 만들어진다(그림 11.30). **에너지 밴드(energy band)**는 에너지 간격이 촘촘하고 밴드의 평균에너지는 상응하는 개별 원자의 오비탈 에너지와 같다. 어떤 경우 서로 다른 오비탈(*s*, *p*, *d* 등)의 에너지 밴드가 겹쳐질 수도 있고, 서로 다른 에너지 밴드 사이에 간격이 존재하기도 한다.

원자나 분자에서와 마찬가지로 한 밴드 내에서 전자는 가장 낮은 에너지 오비탈을 먼저 채운다. 주어진 에너지 밴드의 전자 수는 결정 내의 금속원자 수에 달려 있다. 전도도나 다른 금속 성질을 고려할 때 보통 원자가전자들만 고려하면 되는데, 원자가전자 이외의 다른 전자들은 오비탈을 꽉 채우고 이러한 오비탈로 이루어진 밴드에서 전자들은 움직일 수 없기 때문이다.

원자가전자를 포함하는 밴드를 원자가띠(valence band)라고 한다. 원자가띠가 부분적으로 차 있으면 전자를 들뜨게 하는데 매우 적은 에너지를 필요로 하는데 이런 에너지는 전기장을 걸어 공급할 수 있다. 전자가 움직여 갈 수 있는 비어있는 낮은 에너지의 오비탈이 존재하면 전기를 통하게 된다(그림 11.31).

원자가띠보다 더 높은 에너지의 오비탈을 포함하는 밴드를 **전도띠(conduction band)**라고 한다. 금속에서 원자가띠와 전도띠는 겹쳐져서 전자들은 원자가띠에서 전도띠로 자유롭게 움직일 수 있고, 이것은 금속의 전기전도도를 잘 설명한다. 이렇게 원자가띠와 전도띠가 겹쳐지는 금속을 **전도체(conductor)**라고 한다.

전도띠와 원자가띠의 에너지가 서로 비슷하면 전자는 가시광선 스펙트럼의 넓은 영역을 흡수할 수 있다. 들뜬 전자들이 낮은 에너지 상태로 떨어지면서 여분의 에너지를 빛으로 방출하게 되고 이것이 금속의 광택 성질을 나타낸다.

에너지 밴드 이론은 어떤 고체가 왜 전기 **절연체(insulator)**인지를 설명해 준다. 절연체에서 원자가띠와 전도띠는 겹쳐지지 않고 오히려 그들 사이에 큰 간격이 존재한다.(그림 11.31) 전기장을 걸어 주어도 전자는 낮은 에너지 밴드에서 비어 있는 높은 에너지 밴드로 거의 이동하지 못하고 따라서 전류를 통하지 않는다.

**반도체(semiconductor)**에서는 원자가띠와 전도띠 간격이 매우 좁다(그림 11.31). 낮은 온도에서 전자들은 낮은 에너지의 원자가 띠를 채우는데 반도체는 좋은 전도체가 아니다. 온도를 높이거나, 전기장을 걸어주면 전자들이 에너지를 얻어 전도띠로 올라가게 되고 전기가 흐르게 된다. 전기장에 의해서 절연체가 도체로 바뀌는 반도체의 이러한 성질은 트랜지스터를 작동하게 하고 현대 전자공학의 기초가 되었다.

세라믹 절연체는 고전압 송전선에 사용된다.

## 문제

### 액체상태

1. 액체 시료를 온도를 변화시키지 않고 어떻게 증기로 바꿀 수 있는가?
2. 암모니아 1 톤을 증발시키기 위하여 열에너지가 얼마나 이동해야 하는가? 암모니아의 증발 엔탈피는 25.1 kJ/mol 이다.
3. 25°C에서 메탄올의 몰 증발 엔탈피는 38.0 kJ/mol 이다. 250 mL의 메탄올을 액체에서 증기로 바꾸는데 얼마의 열에너지가 이동해야하는가? 메탄올의 밀도는 25°C에서 0.787 g/mL 이다.
4. 수은은 독성이 매우 크다. 상온에서 액체이지만 증기압이 높고 증발엔탈피(294 J/g)는 작다. 수은의 정상 끓는점인 357°C에서 0.500 mL의 수은을 증발시키는데 필요한 열에너지는 얼마인가? Hg(ℓ)의 밀도는 13.6 g/mL 이다. 이 열에너지를 물 0.500 mL를 증발시키는데 필요한 열에너지와 비교하시오. 물의 몰 증발 엔탈피는 표 11.2에 주어졌다.
5. 표의 끓는점의 변화를 간략하게 설명하시오. 설명에서는 관련된 분자간 힘의 유형에 대해서 언급하시오.

| 화합물 | 끓는점(°C) |
|---|---|
| $NH_3$ | −33.4 |
| $PH_3$ | −87.5 |
| $AsH_3$ | −62.4 |
| $SbH_3$ | −18.4 |

### 증기압

6. 메탄올의 정상 끓는점은 64.7°C이고, 증기압은 21.2°C에서 100 mmHg 이다. 포름알데히드($H_2CO$)의 정상 끓는점은 −19.5°C이고, 증기압은 −57.3°C에서 100 mmHg이다. 이 두 화합물은 끓는점이 왜 서로 다르고, 서로 다른 온도에서 똑 같은 증기압을 나타내는지 설명하시오.
7. 남반구에서 가장 높은 산은 아르헨티나의 중앙 안데스에 위치한 아콩카구아 산이다(22934 ft). 대기압이 100ft 당 3.5 mbar 씩 감소할 때 이 산 정상에서의 대기압을 구하고, 그림 11.5로부터 산 정상에서 물의 끓는 온도를 예측하시오.
8. 어떤 액체의 증발엔탈피가 44.0 kJ/mol이고, 90°C에서의 증기압은 370 mmHg이다. 130°C에서 이 액체의 증기압을 계산하시오.
9. 온도를 70.0°C에서 80.0°C로 올리면 증기압이 두 배가 되는 물질의 $\Delta H^\circ_{fusion}$를 계산하시오.

### 상변화: 고체, 액체, 기체

10. 어떤 고체의 높은 녹는점과 큰 용융엔탈피는 그 고체(결합이나 형태)에 대하여 무엇을 말해 주는가?
11. $H_2O$의 용융엔탈피는 $H_2S$의 용융엔탈피의 약 2.5 배이다. 이 사실은 두 고체에서 분자간 힘의 상대적 세기에 대하여 무엇을 말해 주는가?
12. −5°C의 얼음 0.5 mol을 100°C의 증기 0.5 mol로 변화시키는데 필요한 열에너지는 얼마인가?
13. $CCl_2F_2$는 한 때 냉매로 사용되었다. 20°C의 물 2 mol을 얼리기 위해서 이 물질 몇 g이 증발해야하는가? $CCl_2F_2$의 증발엔탈피는 289 J/g이다. 고체 얼음의 용융엔탈피

는 6.02 kJ/mol이고 액체 물의 비열은 4.184 J $g^{-1}$℃$^{-1}$이다.

14. LiF와 CsI 중에서 어느 것이 더 높은 녹는점을 가질 것으로 예상하는가? 그 이유를 설명하시오.

15. 다음 중 녹는점이 가장 높은 물질과 가장 낮은 물질은 각각 무엇인가? 그 이유를 설명하시오.
(a) SiC (b) $I_2$
(c) Rb (d) $CH_3CH_2CH_2CH_3$

16. 그림 11.17의 이산화탄소 상평형 그림을 참고하여 다음 조건에서 존재하는 상이 무엇인지 답하시오.
(a) T = −70℃와 P = 1.0 atm
(b) T = −40℃와 P = 15.5 atm
(c) T = −80℃와 P = 4.7 atm

## 고체의 유형

17. 다음 고체들을 이온, 금속, 분자, 그물구조, 또는 비정형 화합물로 분류하시오.
(a) $P_4O_{10}$ (b) 청동
(c) 흑연 (d) 인산암모늄

18. 주어진 설명에 기초하여 각 고체들을 이온, 금속, 분자, 그물구조, 또는 비정형 화합물로 분류하고 그 이유를 기술하시오.
(a) 녹는점이 일정하지 않고 부드럽고 매끄러우며 250℃ 이상에서 분해된다. 이 고체는 전기를 통하지 않는다.
(b) 114℃에서 녹는 자주색 결정이며 증기는 자극적인 냄새가 난다. 고체와 액체 모두 전기를 통하지 않는다.
(c) 단단한 무색의 결정이며 2800℃에서 녹는다. 액체는 전기를 통하지만 고체는 전기를 통하지 않는다.
(d) 3410℃에서 녹는 단단한 고체이다. 고체와 액체 모두 전기를 통한다.

19. 다음과 같은 성질을 나타내는 고체는 어떤 유형인가?
(a) 100℃아래에서 녹고 물에 용해되지 않는다.
(b) 녹았을 때만 전기를 통한다.
(c) 물에 녹지 않고 전기를 통한다.
(d) 비결정성이며 넓은 온도 범위에서 녹는다.

## 결정형 고체

20. 3가지 입방 단위세포의 이름과 구조를 나타내고 그들의 유사점과 차이점을 기술하시오.

21. 고체 Xe은 모서리가 620 pm인 면심입방 단위세포 구조를 갖는다. Xe의 원자 반지름을 계산하시오.

22. $Cs^+$와 $Cl^-$의 이온 반지름은 각각 181 pm와 167 pm이다. CsCl 단위세포 입방체의 대각선 길이는 얼마인가? 이 단위세포의 한 변의 길이는 얼마인가? (CsCl단위세포는 그림 11.23의 CsI의 단위세포와 같다.)

23. 금속 리튬은 면심 입방 구조이고 단위세포의 모서리 길이는 351 pm이다. LiI는 NaCl과 똑 같은 결정격자 구조를 하고 입방 단위세포의 모서리 길이는 600 pm이다.
(a) 리튬 금속 원자들이 면심입방 단위세포의 대각선을 따라 접하여 있다고 가정하고 리튬 원자의 반지름을 예측하시오.
(b) LiI에서 $I^-$ 이온들은 단위세포 한 면의 대각선을 따라 접하여 있고 $Li^+$와 $I^-$는 입방체의 모서리를 따라 접하여 있다고 가정하고 $I^-$와 $Li^+$ 이온의 반지름을 계산하시오.
(c) 리튬 원자와 리튬이온의 반지름에 대하여 (a)와 (b)의 결과가 타당한지 비교하시오. 타당하지 않다면 그 결과를 어떻게 설명할 것인가? 적용한 가정이 잘 못 될 수 있는지 설명하시오.

## 그물망 고체

24. 다이아몬드는 흑연보다 왜 더 조밀한가?

25. 왜 다이아몬드는 전기 절연체이고 흑연은 전기 전도체인지 설명하시오.

## 금속, 반도체, 절연체

26. 띠 이론에 의하면 전도체와 절연체의 차이, 전도체와 반도체의 차이는 무엇인가?

27. 다음 물질 중 전기 전도도가 가장 큰 것은? 가장 작은 것은? 그 이유를 설명하시오.
(a) Si (b) Ge (c) Ag (d) $P_4$

# 12장 화학반응속도론: 반응속도

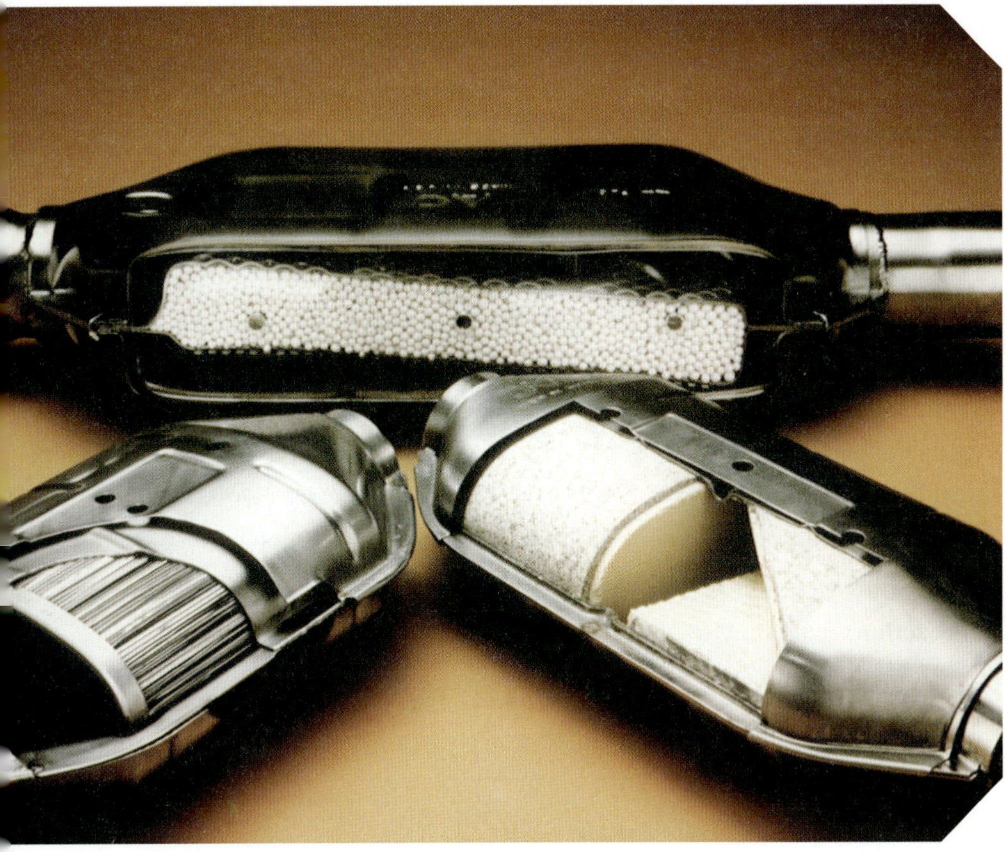

© Getty Images / 게티이미지코리아


12.1 반응속도

12.2 반응속도에 대한 농도의 효과

12.3 속도법칙과 반응차수

12.4 나노스케일의 관점: 단일단계반응

12.5 온도와 반응속도: 아레니우스 식

12.6 단일단계반응의 속도법칙

12.7 반응 메커니즘

12.8 촉매와 반응속도

12.9 효소: 생물 촉매

12.10 공업에서 촉매작용


촉매반응은 우리의 일상생활에 영향을 주는 재미있고 유익한 화학의 한 분야이다. 화학산업에 있어서, 촉매는 암모니아 비료의 제조와 같은 반응을 빠르게 한다. 제약산업에서 촉매는 의약품을 생산하는 반응을 가능하게 한다. 위 사진에서 보여주는 촉매변환기는 자동차의 배기가스로부터 유해한 기체를 제거하여 대기오염을 감소시킨다. 우리의 몸 속에서는 효소촉매들이 반응을 시작하고 멈춤으로서, 많은 물질들의 농도를 적절히 유지하여 신경자극을 전달한다.

실험실에 있는 번젠 버너의 밸브을 열고 나서 성냥불을 갖다 대면, 휙하는 소리를 내면서 빠른 연소반응이 시작된다.

$$CH_4(g) + 2\,O_2(g) \longrightarrow CO_2(g) + 2\,H_2O(g) \qquad \Delta H^\circ = -802.34\ \text{kJ}$$

만일 메테인 기체에 성냥불을 갖다 대지 않는다면 어떻게 될까? 물론 아무런 일도 일어나지 않는다. 실온에서 메테인과 산소의 반응은 매우 느려서 두 개의 반응물은 밀폐된 용기에 함께 수

백 년간 보관할 수 있다. 메테인 연소에 대한 이러한 사실은 화학반응속도론 – 반응물의 원자 및 분자들이 생성물로 재배열되거나 나노크기의 반응 경로와 반응의 속도를 연구하는 – 범위에 포함된다.

화학반응속도론을 이해하는 것은 연소반응 이외의 많은 다른 종류의 반응을 통제할 수 있기 때문에 대단히 중요하다. 제약화학에 있어서 중요한 문제는 우리 몸의 필요한 곳에 전달하기 위하여 상당 기간 활성을 유지하는 약을 고안하는 것이다. 따라서 몸속에서 약이 다른 물질과 반응을 하는지 안하는지 그리고 얼마나 시간이 걸리는지를 아는 것은 매우 중요하다. 환경화학에서는 성층권의 오존이 염화불화탄소에 의해서 고갈이 되는지에 대한 논쟁이 백 년이 넘었다. 이러한 논쟁의 대부분은 성층권의 오존이 생성되고 소멸되는 일련의 단계와 반응속도를 증명하는 것에 달려있었다. 이러한 반응들에 관한 주의 깊은 연구로 Sherwood Rowland, Mario Molina와 Paul Crutzen은 노벨상을 수상하였다.

이 장에서는 반응속도에 영향을 주는 요인들, 이들 요인을 이해하기 위한 나노크기의 기준과 산업시설에서부터 자동차와 우리 몸의 세포에 이르기까지 이들의 중요성에 집중할 것이다.

## 12.1 반응속도

화학반응이 일어나기 위해서는 반응분자들이 원자를 교환 재배열하기 위해서 함께 있어야만 한다. 원자와 분자들은 고체상태보다는 기체상태 또는 액체상태에서 더 유동적이며, 따라서 반응은 흔히 기체 혼합물이나 용액의 용질들에서 일어난다. 반응물과 생성물이 모두 동일한 상태(예, 기체 또는 액체)에 있는 **균일반응(homogeneous reaction)**에 있어서, 반응속도에 영향을 주는 네 가지 요인이 있다:

- 반응물과 생성물의 특성 – 특히, 분자구조와 결합
- 반응물 및 때로는 생성물의 농도
- 반응이 일어나는 온도
- 촉매의 유무, 1개의 촉매라면 촉매의 농도

촉매(12.8절에서 설명)는 반응을 빠르게 하지만 자체의 화학변화는 없다. 자동차의 촉매변환기는 배기가스로부터 오염물질을 제거하는 반응을 가속시킨다.

자동차의 배기가스로부터 오염물질을 제거하는 촉매변환기에서 일어나는 것을 포함해서, 많은 중요한 반응은 **불균일반응(heterogeneous reaction)**이다. 이들 반응은 표면에서 즉, 2개의 다른 상들 사이의 경계(예, 고체와 기체)에서 일어난다. 불균일반응의 속도는 반응이 일어나는 표면의 면적과 성질뿐만 아니라 위에 열거한 네 가지 요인에 의존한다. 예를 들면 아주 잘게 분쇄한 금속가루는 매우 쉽게 탈 수 있지만, 가루더미는 공기 중의 산소와 훨씬 덜 접촉되어 연소하기가 어렵다(그림 12.1). 더 많은 표면이 노출되었을 때 훨씬 더 빠른 반응은 공기 중에 아주 미세한 연소 가능한 고체들이 불똥이나 불꽃에 노출되어있는 대형 곡물창고 및 설탕 제분소 폭발의 원인이 된다. 어떤 과정의 빠르기는 **속도(rate)**로 나타내고, 이것은 단위 시간당 측정된 양의 변화이다. 예를 들면 여행하는 차의 속도는 주어진 시간동안, $\Delta t$, 위치의 변화, $\Delta x$로 알 수 있다. 고속도로에서 운전한다고 가정하고, 오후 2시에 거리표시계가 43킬로

그리스 문자 Δ(델타)가 측정된 어떤 양의 차이를 의미하는 것을 상기하시오. 일반적으로 Δ는 나중 값에서 처음 값을 뺀 것을 의미한다. (반응물 전체량의 변화라기보다는)농도의 변화가 사용된다.

**그림 12.1 철가루의 연소.** (a) 아주 잘게 분쇄한 금속가루는 단지 작은 표면이 공기에 노출된 더미에서는 느리게 연소한다. (b) 동일한 가루는 공기 중에 뿌리면 노출면이 급격히 증가한다. 가루에 불길이 닿으면 연소가 급속히 진행되고 폭발까지도 일어난다.

미터이고 오후 4시에 173킬로미터라고 하면, $\Delta x = (173 - 43)$ km $= 130$ km와 $\Delta t = 2.00$ h. 따라서 $\Delta x/\Delta t = 65$ km/h의 평균속도로 운전을 한 것이다. 화학변화에서 **반응속도(reaction rate)**는 단위 시간당 반응물 또는 생성물의 농도변화로 정의한다(시간단위는 초, 시, 일 또는 어느 것이든 반응의 빠르기를 측정하는데 편리한 단위를 사용한다).

반응물 전체 양의 변화보다는 오히려 농도의 변화를 사용하는 것은 속도를 반응혼합물의 부피와 무관하게 만들기 때문이다.

화학속도론에서 얻은 측정의 한 예로, 자주색 염료인 크리스탈 바이올렛과 수용성 수산화나트륨의 반응에서 무색의 생성물을 형성하는 반응을 보여주는 그림 **12.2**를 보자. 염료의 자주색은 시간이 가면서 사라지고, 색깔의 진한 정도는 염료의 농도를 결정하는데 사용할 수 있다. 크리스탈 바이올렛은 $Cv^+$로서 표시되는 다원자 양이온과 염화이온 $Cl^-$로 구성된다. 그러므로 이것의 화학식은 CvCl로 나타낸다. $Cv^+$이온이 아름다운 자주색의 원인이다. 수용액에서 이 양이온은 수산이온과 결합하여 CvOH로 나타내는 무색의 중성 물질을 형성한다. 반응의 알짜이온반응식은 다음과 같다.

$$Cv^+(aq) + OH^-(aq) \longrightarrow CvOH(aq) \qquad [12.1]$$

리터당 몰수의 농도는 물질의 화학식을 대괄호 속에 나타낸다. 예로서, 크리스탈 바이올렛 양이온은 $[Cv^+]$로 표시한다.

이 반응이 일어나는 속도는 크리스탈 바이올렛 양이온의 농도변화, $\Delta[Cv^+]$를 경과한 시간, $\Delta t$로 나누면 계산할 수 있다. 예를 들면 임의의 시간 $t_1$에서 크리스탈 바이

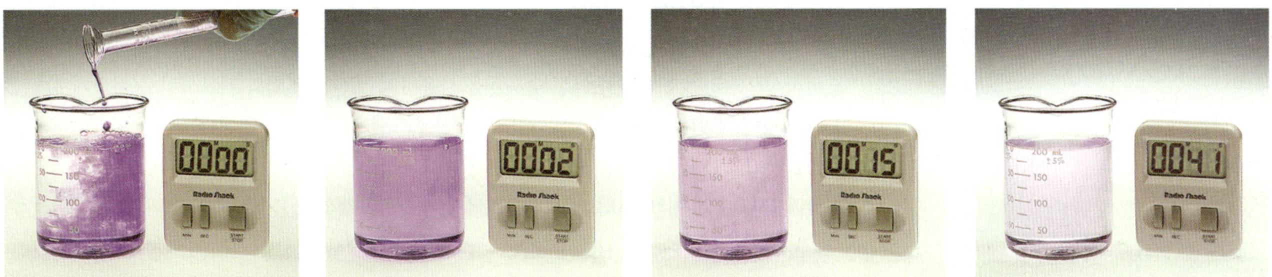



**그림 12.2 염료의 탈색.** 수용액에 있는 자주색의 크리스탈 바이올렛 염료는 수용성 가성소다와 반응하여 무색의 생성물로 변환된다. 용액의 색의 세기는 옅어지고 마침내 색이 사라진다. 반응의 속도는 색의 세기와 시간을 반복적이고 연속적인 측정으로 결정할 수 있다. 색의 세기로부터 염료의 농도를 계산할 수 있고, 그 농도는 시간의 함수로 결정된다.

표 12.1 25°C에서 크리스탈 바이올렛과 0.10 M NaOH(aq) 반응의 농도 – 시간 자료

| 시간, $t$ (s) | 크리스탈 바이올렛 양이온$[Cv^+]$의 농도(mol/L) | 평균속도 ($mol\ L^{-1}\ s^{-1}$) |
|---|---|---|
| 0.0 | $5.000 \times 10^{-5}$ | $13.2 \times 10^{-7}$ |
| 10.0 | $3.680 \times 10^{-5}$ | $9.70 \times 10^{-7}$ |
| 20.0 | $2.710 \times 10^{-5}$ | $7.20 \times 10^{-7}$ |
| 30.0 | $1.990 \times 10^{-5}$ | $5.30 \times 10^{-7}$ |
| 40.0 | $1.460 \times 10^{-5}$ | $3.82 \times 10^{-7}$ |
| 50.0 | $1.078 \times 10^{-5}$ | $2.85 \times 10^{-7}$ |
| 60.0 | $0.793 \times 10^{-5}$ | $1.82 \times 10^{-7}$ |
| 80.0 | $0.429 \times 10^{-5}$ | $0.985 \times 10^{-7}$ |
| 100.0 | $0.232 \times 10^{-5}$ | |

올렛의 농도가 $[Cv^+]_1$으로 측정되고, 이어서 연이은 시간, $t_2$에서 크리스탈 바이올렛의 농도가 $[Cv^+]_2$로 측정된다면, 반응의 속도는 다음과 같다.

$$Cv^+\text{의 농도변화 속도} = \frac{Cv^+\text{의 농도변화}}{\text{경과된 시간}} = \frac{\Delta[Cv^+]}{\Delta t} = \frac{[Cv^+]_2 - [Cv^+]_1}{t_2 - t_1}$$

시간의 함수실험으로 측정된 크리스탈 바이올렛의 농도를 표 12.1에 나타내었다. 크리스탈 바이올렛의 농도는 시간이 지남에 따라 감소하기 때문에 $[Cv^+]_2$는 $[Cv^+]_1$보다 작다. 그러므로 $\Delta[Cv^+]/\Delta t$는 음수이다. 규약에 따라서, 반응속도는 양의 값으로 정한다. 따라서 크리스탈 바이올렛의 반응속도는 다음과 같이 정의한다.

$$\text{반응속도} = -\frac{\Delta[Cv^+]}{\Delta t}$$

마이너스 표시는 음의 $\Delta[Cv^+]/\Delta t$ 값을 양의 값으로 변환한다. 표 12.1은 매 시간 간격마다 계산된 반응속도를 함께 보여준다. 속도를 계산하는 것은 농도의 차이를 시간의 차이로 나누는 것이기 때문에 반응속도의 단위는 농도의 단위를 시간의 단위로 나누는 것이므로, 이 경우에는 mol/L를 s로 나누어서 $mol\ L^{-1}s^{-1}$이다.

**예제 12.1 평균반응속도 계산**

표 12.1의 처음 두 칼럼의 자료를 이용하여 $\Delta t$와 주어진 매 시간 간격의 평균반응속도를 계산하시오. 세 번째 열의 주어진 숫자들을 사용하여 계산된 결과와 비교하시오(이렇게 하는 가장 좋은 방법은 컴퓨터용 스프레드시트 프로그램을 이용하는 것이다).

**정답:** 표12.1에 있는 세 번째 칼럼을 보시오.

**풀이:** 80.0초에서 100.0초의 시간간격에서 계산한 1개의 예를 제공한다.

$$\Delta[Cv^+] = 0.232 \times 10^{-5}\ mol/L - 0.429 \times 10^{-5}\ mol/L = -0.197 \times 10^{-5}\ mol/L$$

$$\Delta t = 100.0\ s - 80.0\ s = 20.0\ s$$

$$\text{Rate} = -\frac{\Delta[Cv^+]}{\Delta t} = -\frac{(-0.197 \times 10^{-5}\ mol/L)}{20.0\ s} = 0.985 \times 10^{-7}\ mol\ L^{-1}\ s^{-1}$$

다른 계산도 이와 동일하게 한다.

**실전예제 12.1**

크리스탈 바이올렛과 NaOH(aq)의 반응에서, 크리스탈 바이올렛 양이온의 농도가 4.13 $\times 10^{-5}$ mol/L 일 때, 측정된 반응속도는 1.27 $\times 10^{-6}$ mol $L^{-1}s^{-1}$이다.

(a) 크리스탈 바이올렛의 농도가 4.30 $\times 10^{-5}$ mol/L에서 3.96 $\times 10^{-5}$ mol/L까지 감소하는데 걸리는 시간을 예측하시오.

(b) 크리스탈 바이올렛의 농도가 4.30 $\times 10^{-5}$ mol/L에서 0.43 $\times 10^{-5}$ mol/L까지 감소하는데 시간이 얼마나 걸릴지 정확히 예측하는데 동일한 방법을 사용할 수 있는가? 왜 그런지 또는 왜 아닌지를 설명하시오.

EXERCISE

**연습문제 12.1 반응속도**

(a) 표12.1의 자료를 이용하여 다음 각 시간 동안 반응속도를 계산하시오.

(i) 40.0초에서 60.0초 (ii) 20.0초에서 80.0초 (iii) 0.0초에서 100.0초

(b) 수평($x$)축에 시간과 수직($y$)축에 농도를 갖는 그래프를 그리는데 표12,1의 처음 두 컬럼의 자료를 모두 이용하시오. 자료를 이용하여 완만한 곡선을 그리시오. 그래프에서, 각 시간 간격에 일치하는 $\Delta[Cv^+]/\Delta t$의 직선을 그리시오.

(c) 평균시간이 모두 50.0초 임에도 불구하고(시간간격 (i)에서, 평균시간은 (40.0초 + 60.0초)/2 = 50.0초), (a)의 서로 다른 시간 간격에서 계산한 속도가 왜 다른가? 이 강의를 듣는 다른 학생에게 이유를 설명하고, 그 학생에게 이유에 대한 평가를 부탁하시오.

## 반응속도와 화학양론

크리스탈 바이올렛 반응의 화학양론으로부터(반응 12.1), $Cv^+$(aq), $OH^-$(aq), 및 CvOH(aq)의 계수가 모두 같기 때문에 크리스탈 바이올렛 1몰 당 1몰의 CvOH가 생성되는 것이 분명하다. 그러므로 CvOH(aq)의 생성속도는 $Cv^+$(aq)의 감소속도와 같다. 그러나 많은 화학반응에서 반응의 계수가 모두 같지는 않다. 예를 들어, 아래의 반응에서

$$2\,NO_2(g) \longrightarrow 2\,NO(g) + O_2(g) \qquad [12.2]$$

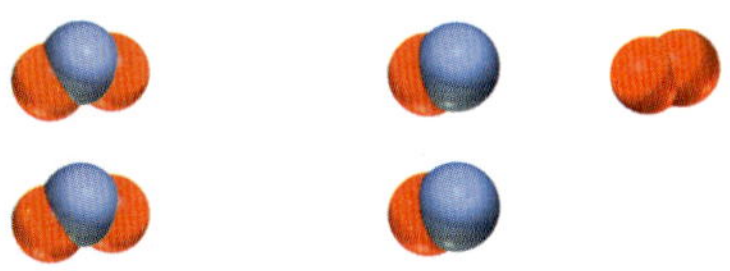

2몰의 $NO_2$가 반응하면 매 1몰의 $O_2$가 생성된다. 그러므로 $NO_2$의 감소속도는 $O_2$ 생성속도의 두 배가 된다. 우리는 반응식에서 어느 물질의 농도 변화를 선택하든 무관하게 반응속도를 정의하고자 한다. 만약 정의된 속도식에서 $-\Delta[NO_2]/\Delta t$에 1/2을 곱하면, 반응속도는 $[O_2]$ 또는 $[NO_2]$의 어느 것으로 나타내던지 동일하다. 1/2은 반응식 12.1에서 $NO_2$의 양론적 계수의 역수임을 주지하시오. A, B, C, 및 D는 물질의 화학식이고 $a$, $b$, $c$, 및 $d$는 계수인 일반적인 화학반응식에서

$$a\,A + b\,B \longrightarrow c\,C + d\,D$$

반응속도는 다음처럼 각 물질에 관하여 일정하게 정의할 수 있다.

$$\text{반응속도} = -\frac{1}{a}\frac{\Delta[A]}{\Delta t} = -\frac{1}{b}\frac{\Delta[B]}{\Delta t} = \frac{1}{c}\frac{\Delta[C]}{\Delta t} = \frac{1}{d}\frac{\Delta[D]}{\Delta t} \qquad [12.3]$$

반응속도는 식 12.3에 보여준 것처럼 Δ농도/Δt와 관련되기 때문에, 보고되는 반응속도의 올바른 화학반응식을 아는 것이 중요하다. 화학반응식의 계수가 변한다면, 예를 들면 전체가 두 배로, 그러면 반응속도의 정의 역시 변하게 된다.

즉, 반응물 또는 생성물 어느 하나의 농도 변화속도에 그것의 화학양론 계수의 역수를 곱하면 반응속도를 구할 수 있다. 반응물의 농도는 시간이 지남에 따라서 감소하기 때문에, 변화속도는 음의 기호로 주어진다.

**예제 12.2 속도와 화학양론**

반응식 12.2는 $NO_2(g)$가 분해하여 $NO(g)$와 $O_2(g)$가 생성되는 반응이다..

(a) 반응물과 생성물 각각의 농도변화 속도에 의해서 반응속도를 정의하시오.

(b) $O_2(g)$의 생성속도가 0.023 mol $L^{-1}s^{-1}$이라면, $NO_2(g)$의 감소속도는 무엇인가?

**정답**: (a) 반응속도 $= \frac{1}{2}\frac{\Delta[NO]}{\Delta t} = \frac{\Delta[O_2]}{\Delta t} = -\frac{1}{2}\frac{\Delta[NO_2]}{\Delta t}$

(b) 0.046 mol $L^{-1}s^{-1}$

**풀이**: (a) 반응속도를 경과된 시간($\Delta t$)에 대한 농도변화로 정의한다. 각 물질의 속도에 화학양론적 계수의 역수를 곱한 다음, 각 반응물의 속도 앞에 음의 부호를 붙이시오.

(b) 계수들로부터, 1 mol의 $O_2$마다 2 mol의 NO가 생성된다. 그러므로, NO의 생성속도는 $O_2$의 생성속도의 두 배가 되고, 이것은 반응속도와 일치한다.

대수적으로

$$\frac{1}{2}\frac{\Delta[NO]}{\Delta t} = \frac{1}{1}\frac{\Delta[O_2]}{\Delta t}$$

$$\frac{\Delta[NO]}{\Delta t} = 2 \times \frac{\Delta[O_2]}{\Delta t} = 2 \times 0.023 \text{ mol L}^{-1}\text{ s}^{-1} = 0.046 \text{ mol L}^{-1}\text{ s}^{-1}$$

**실전예제 12.2**

다음 반응에서

$$4\,NO_2(g) + O_2(g) \longrightarrow 2\,N_2O_5(g)$$

(a) $O_2(g)$의 감소속도에 의한 $N_2O_5(g)$의 생성속도를 표시하시오.

(b) $O_2(g)$의 감소속도가 0.0037 mol $L^{-1}s^{-1}$이면, $NO_2(g)$의 감소속도는 무엇인가?

## 평균속도와 순간속도

농도의 변화를 시간의 변화로 나누어서 계산된 반응속도를 **평균반응속도(average reaction rate)**라고 한다. 예를 들면 0.0초에서 10.0초 사이에 크리스탈 바이올렛의 평균반응속도가 23°C에서 $13.2 \times 10^{-7}$ mol $L^{-1}s^{-1}$이다. 표 12.1의 자료는 $Cv^+$의 농도가 감소하면 평균속도 역시 감소한다는 것을 나타낸다. 대부분의 반응도 이와 같다. 한 두 개의 반응물 농도가 감소하면, 평균속도는 작아진다. 예제 12.1의 결과들은 매 시간간격에서 달라야만 한다. 평균반응속도는 전체 시간의 변화이기 때문에 계산하는 속도는 언제 그리고 어느 범위에서 계산하는지에 따라서 다르다. 만일 특정 $Cv^+$의 농도에 (그리고 반응이 시작되고 특정 시간에) 대응하는 속도를 알고 싶다면, 전체 시간에 의존하는 평균반응속도는 적당하지가 않다.

**순간반응속도(instantaneous reaction rate)**는 반응이 시작되고 특정한 시간의 속도이다. 이 순간반응속도를 얻기 위해서는 원하는 속도를 위한 매우 좁은 구간의

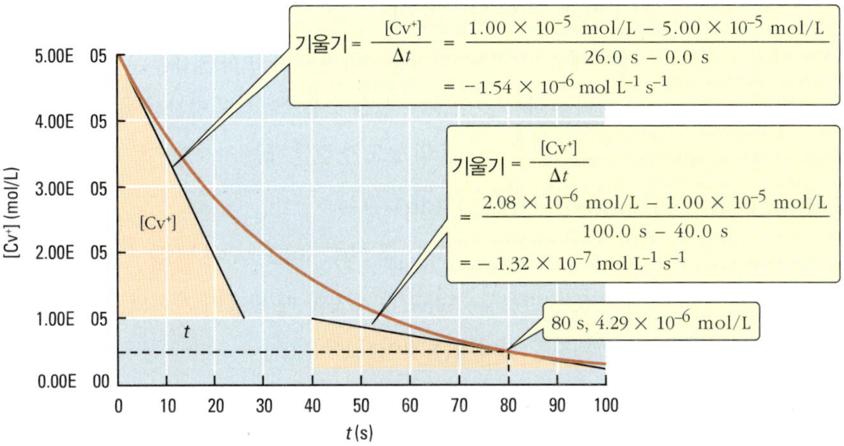


**그림 12.3 순간반응속도.** $Cv^+$가 수산이온 수용액에서 반응하는 동안, 실험적으로 측정된 $Cv^+$의 농도를 시간의 함수로서 도시하였다. 0초와 80초에서의 기울기를 그래프에 나타내었다. 이 기울기로부터 $1.54 \times 10^{-6}$ mol $L^{-1}s^{-1}$과 $1.32 \times 10^{-7}$ mol $L^{-1}s^{-1}$의 순간속도를 얻을 수 있다.

농도 또는 시간에서 계산되어야 한다. 예를 들어 $Cv^+$의 농도가 $4.29 \times 10^{-6}$ mol/L일 때, $Cv^+$의 소멸되는 속도를 계산한다면, 반응이 시작되고 정확히 80초에서 $\Delta[Cv^+]/\Delta t$을 계산할 필요가 있다. 이것을 하는 좋은 방법을 그림 12.3에서 보여준다. **순간속도는 농도 – 시간 곡선에서 어느 한 점에서 접선의 기울기이다.** 다른 물질의 농도와 온도가 동일할 때, 같은 반응물의 특정 농도에서 순간속도는 특정 값을 갖는다. 예제 12.1c에서 보았듯이, 평균속도 값은 평균속도를 계산하는데 사용한 $\Delta t$의 크기에 의존한다.

미적분에 익숙하다면, 매우 작은 시간 간격의 한계에서 A가 물질을 나타낼 때, Δ[A]/Δt 는 시간에 대한 농도의 도함수와 같아진다는 것을 알 수 있을 것이다. 즉,

$$\lim_{\Delta t \to 0} \frac{\Delta[A]}{\Delta t} = \frac{d[A]}{dt}$$

이것 또한 주어진 시간에 반응속도가 그림 12.3의 곡선과 같은 시간–농도 곡선에서 접선의 기울기로부터 얻을 수 있다는 것을 의미한다. 부록 A.8에는 그래프의 기울기와 절편을 어떻게 결정하는지에 대하여 논의하였다. 그래프의 주어진 점에서 접선의 기울기는 그 점에서 그래프의 도함수이고, 과학적 그래프 프로그램을 사용하여 얻을 수 있다.

CONCEPTUAL
**개념학습 12.2 순간속도**

$Cv^+$와 수산이온 반응의 순간속도는 다양한 농도에서 그림 12.3에 있는 곡선의 기울기로부터 결정할 수 있다. 순간속도와 농도는 다음과 같다.

(1) $4.0 \times 10^{-5}$ mol/L에서, 속도 = $12.3 \times 10^{-7}$ mol $L^{-1}s^{-1}$

(2) $3.0 \times 10^{-5}$ mol/L에서, 속도 = $9.25 \times 10^{-7}$ mol $L^{-1}s^{-1}$

(3) $2.0 \times 10^{-5}$ mol/L에서, 속도 = $6.16 \times 10^{-7}$ mol $L^{-1}s^{-1}$

(4) $1.5 \times 10^{-5}$ mol/L에서, 속도 = $4.60 \times 10^{-7}$ mol $L^{-1}s^{-1}$

(5) $1.0 \times 10^{-5}$ mol/L에서, 속도 = $3.09 \times 10^{-7}$ mol $L^{-1}s^{-1}$

(a) (1)과 (3), (2)와 (4), (3)과 (5)는 각각 무슨 관계인가?

(b) 각각의 경우에서 농도 간의 관계는 무엇인가?

(c) 반응속도는 $Cv^+$의 농도에 비례하는가?

CONCEPTUAL
**개념학습 12.3 농도 대 시간의 그래프 그리기**

$N_2O_5(g)$의 분해반응을 보자.

$$2\,N_2O_5(g) \longrightarrow 4\,NO_2(g) + O_2(g)$$

$N_2O_5(g)$의 초기농도가 0.0200 mol/L 이고 다른 생성물이 없다고 가정할 때, 시간의 함수로서 $N_2O_5(g)$, $NO_2(g)$, 및 $O_2(g)$의 농도를 보여주는 그래프를 동일한 축과 대강의 눈금을 이용하여 만들어라.

(a)

(b)

**그림 12.4 과산화수소 수용액과 과망간산 칼륨 수용액의 반응.** 과산화수소와 과망간산 칼륨의 반응속도는 과망간산 염의 농도에 의존한다. 묽은 농도의 $KMnO_4$에서는 반응이 느리다 (a); 진한 농도의 $KMnO_4$에서는 반응이 더 빠르다 (b); (두 경우 모두에서, 온도는 동일하다. 그러므로 반응속도의 차이는 과망간산 염의 농도에 기인한 것임에 틀림없다.)

## 12.2 반응속도에 대한 농도의 효과

크리스탈 바이올렛의 경우에서 본 것처럼, 반응물의 농도가 변하면 대부분 반응의 속도는 변한다. 그림 12.4에는 다른 예를 보여준다. 산성 수용액에서 과망간산 음이온에 의한 과산화수소의 산화반응은 과망간산 음이온의 농도가 진할 때는 가시적으로 매우 빠르다.

$$2\,MnO_4^-(aq) + 5\,H_2O_2(aq) + 6\,H_3O^+(aq) \longrightarrow 2\,Mn^{2+}(aq) + 5\,O_2(g) + 14\,H_2O(\ell)$$

화학속도론의 한 가지 목표는 반응물의 농도가 증가할 때 반응이 가속되는지 아닌지? 만일 빠르다면, 얼마나 빠른지를 찾아내는 것이다.

### 속도법칙

반응물의 농도가 어떻게 속도에 영향을 미치는지는 반응물의 농도를 단계적으로 변화시키는(온도는 일정하게 유지) 일련의 실험을 통하여 결정할 수 있다. 다른 방법으로는 시간의 함수로서 연속적으로 정해진 농도의 단일실험을 수행할 수 있다. 나중 방법은 실전예제 12.1과 개념학습 12.2에서 사용한 표 12.1과 그림 12.3에 보여준 크리스탈 바이올렛의 자료를 제공한다. 크리스탈 바이올렛의 농도가 절반이 되면 반응속도 역시 절반이 되는 것을 알았을 것이다. 크리스탈 바이올렛의 농도가 두 배가 되면, 역시 반응속도도 두 배가 된다. 이것은 다음 식으로 표현된다.

$$\text{속도} \propto [Cv^+]$$

이것은 속도가 반응물, 크리스탈 바이올렛의 농도에 정비례($\propto$ 기호)한다는 것을 의미한다.

이 비례식은 비례상수, $k$를 포함하는 수학식으로 바꿀 수 있다. 반응물의 농도와 반응속도의 관계를 요약한 수학식을 속도법칙(또는 속도식)(*rate law*)이라고 한다. 크리스탈 바이올렛 반응의 속도법칙은 다음과 같다.

$$\text{속도} = k \times [Cv^+]$$

비례상수 $k$를 **속도상수(rate constant)**라고 한다. 속도상수는 농도와는 무관하지만 다른 온도에서는 다른 값을 가지며, 대개는 온도가 올라가면 그 값도 커진다. 속도상수는 오직 대상이 되는 특정 반응과 온도에서만 적용이 된다. 따라서 화학반응식과 온도는 속도상수와 함께 주어져야 한다. 이 경우에서는 다음과 같이 쓴다.

$$Cv^+(aq) + OH^-(aq) \longrightarrow CvOH(aq) \quad k = 3.07 \times 10^{-2}\ s^{-1}\ (25°C\ \text{에서})$$

### 초기농도로부터 속도법칙의 결정

**속도와 농도의 관계(속도법칙)는 실험에 의해서만 결정된다.** 이렇게 하는 방법 중 한 가지를 예제 12.3에 나타내었다. 하지만 그림 12.3에서처럼 곡선의 접선으로부터 속도를 결정하는 것은 어렵다. 반응의 **초기속도(initial rate)**는 반응의 초기 순간에 결정되는 순간속도이다. 초기속도의 좋은 근사법은 한계반응물의 감소가 2% 정도에서 $-\Delta[\text{반응물}]/\Delta t$을 계산하는 것이다.

초기속도를 측정하는 이점은 반응의 초기에는 생성물의 농도가 낮은 것이다. 반응이 진행됨에 따라서 더 많은 생성물이 생성된다. 어떤 경우에는 생성물이 속도를 변화시킬 수도 있다; 생성물이 존재할 때의 속도와 초기속도를 비교하면 그와 같은 연관성을 확인할 수 있다.

많은 반응은 2개의 다른 용액이나 또는 다른 기체시료를 혼합함으로 시작될 수 있다. 대개는 혼합하기 전에 반응물의 농도를 알고 있어서, 초기속도는 이미 알고 있는 반응물의 농도 값에 대응한다. 초기농도를 변화하면서 몇 개의 실험을 진행할 수 있다. 그리고 반응속도의 변화를 각 반응물 농도의 변화와 서로 상관지을 수 있다. 예를 들면, 아세테이트 음이온과 메탄올이 생성되는 아세트산 메틸, $CH_3COOCH_3$와 염기의 반응을 고찰하면,

$$CH_3\overset{\displaystyle O}{\overset{\|}{C}}-O-CH_3 \; + \; OH^- \longrightarrow CH_3\overset{\displaystyle O}{\overset{\|}{C}}-O^- \; + \; CH_3OH \qquad [12.4]$$

methyl acetate　　hydroxide ion　　acetate ion　　methanol

속도에 대한 온도의 효과를 조절하기 위해서, 동일한 온도에서 몇 개의 실험을 수행하였다.

| 실험 | 초기농도(mol/L) [$CH_3COOCH_3$] | 초기농도(mol/L) [$OH^-$] | 초기속도 (mol $L^{-1}$ $s^{-1}$) |
|---|---|---|---|
| 1 | 0.040 | 0.040 | 0.00022 |
| | ↓ 변화없음 | ↓ × 2 | ↓ × 2 |
| 2 | 0.040 | 0.080 | 0.00045 |
| | ↓ × 2 | ↓ 변화없음 | ↓ × 2 |
| 3 | 0.080 | 0.080 | 0.00090 |

실험 1과 실험 2에서 아세트산 메틸의 초기농도가 일정한 것에 주의하시오. 실험 2와 실험 3에서는 수산이온의 초기농도가 동일하다.

속도법칙을 결정하기 위해서, 단지 반응물 1개의 농도만 변화한 두 실험을 비교하시오. 실험 1과 2에서, [$CH_3COOCH_3$]는 일정하고 [$OH^-$]는 두 배가 되었다. 속도 역시 두 배로 증가하였으며 이것은 속도가 [$OH^-$]에 정비례한다는 것을 의미한다. 실험 2와 3에서는 [$OH^-$]가 일정하고 [$CH_3COOCH_3$]는 두 배, 속도는 두 배가 되었으며, 이것은 속도가 [$CH_3COOCH_3$]에 정비례함을 나타낸다. 그러므로 실험자료는 속도가 두 농도의 곱에 비례하는 것을 보여주며, 속도법칙은 다음과 같다.

$$\text{속도} = k\,[CH_3COOCH_3]\,[OH^-]$$

또한 이 식은 두 초기농도를 동시에 두 배로 하면, 네 배의 속도증가가 일어난다는 것을 알려주며, 이것은 실험 1과 실험 3에 의해서 알 수 있다.

이 문제를 접근하는 다른 방법은 비례관계를 포함하는 것이다. 전과 같이, 1개의 반응물 농도가 일정한 다른 두 실험을 선택한다. 다음에 농도를 달리하는 반응물 농도의 비와 속도의 비를 계산한다. 아세트산 메틸의 경우에, [$CH_3COOCH_3$]가 일정한 실험 1과 2를 선택한다.

$$\frac{[OH^-]_2}{[OH^-]_1} = \frac{0.080\text{ M}}{0.040\text{ M}} = 2.0 \text{ 과 } \frac{\text{속도}_2}{\text{속도}_1} = \frac{0.00045\text{ mol L}^{-1}\text{ s}^{-1}}{0.00022\text{ mol L}^{-1}\text{ s}^{-1}} = 2.0$$

농도와 속도 모두 동일한 비율로 변한 것이 분명하다. 같은 방법을 초기 [$OH^-$]가 일정하고, 초기 [$CH_3COOCH_3$]가 변화된 실험 2와 3을 분석하는데 적용할 수 있다.

속도법칙을 알고 나면, 속도상수 $k$ 값은 어떤 실험이던지 그 초기농도 자료와 속

도를 속도법칙에 대입하여 얻을 수 있다.

예로서 아세트산 메틸과 수산이온 반응의 $k$ 값은 처음 두 실험으로 얻을 수 있다.

속도 $[CH_3COOCH_3]$ $[OH^-]$

$$0.00022\ \text{mol L}^{-1}\ \text{s}^{-1} = k(0.040\ \text{mol/L})(0.040\ \text{mol/L})$$

$$k = \frac{0.00022\ \text{mol L}^{-1}\ \text{s}^{-1}}{(0.040\ \text{mol/L})(0.040\ \text{mol/L})} = 0.14\ \text{L mol}^{-1}\ \text{s}^{-1}$$

더 자세한 $k$ 값은 이용 가능한 모두 자료를 사용하여 얻을 수 있다. 즉 각 실험의 $k$ 값을 계산한 다음, 평균하여 종합결과를 얻는다.

예제 12.3에 쓰여진 반응에서

$$\text{속도} = -\frac{1}{2}\frac{\Delta[NO]}{\Delta t} = -\frac{\Delta[Cl_2]}{\Delta t} = +\frac{1}{2}\frac{\Delta[NOCl]}{\Delta t}$$

EXERCISE
**연습문제 12.4 반응속도와 농도**

$[OH^-]$와 아세트산 메틸 반응의 속도법칙을 이용하여, 아세트산 메틸의 농도가 두 배 그리고 수산이온의 농도가 절반인 경우에 반응속도의 영향을 예측하시오.

### 예제 12.3 초기 반응속도로부터 속도법칙

일산화질소와 염소반응의 초기속도 $\left(-\frac{\Delta[Cl_2]}{\Delta t}\right)$를 27℃에서 NO(g)와 $Cl_2$(g)의

$$2\ NO(g) + Cl_2(g) \longrightarrow 2\ NOCl(g)$$

다양한 농도에서 측정하였다.

| 실험 | 초기농도(mol/L) | | 초기속도 |
|---|---|---|---|
| | [NO] | $[Cl^-]$ | ($\text{mol L}^{-1}\text{s}^{-1}$) |
| 1 | 0.020 | 0.010 | $8.27 \times 10^{-5}$ |
| 2 | 0.020 | 0.020 | $1.65 \times 10^{-4}$ |
| 3 | 0.020 | 0.040 | $3.31 \times 10^{-4}$ |
| 4 | 0.040 | 0.020 | $6.60 \times 10^{-4}$ |
| 5 | 0.010 | 0.020 | $4.10 \times 10^{-5}$ |

(a) 속도법칙은 무엇인가?

(b) 속도상수 $k$ 의 값은 무엇인가?

**정답:**

(a) 속도 = $k\,[Cl_2][NO]^2$

(b) $k = 2.1 \times 10^1\ \text{L}^2\,\text{mol}^{-2}\,\text{s}^{-1}$

**풀이:** (a) 1개의 농도가 일정하게 유지된 실험들의 자료를 검토하시오. 실험 1, 2, 및 3에서 NO의 농도는 일정한 반면에 $Cl_2$의 농도는 0.010에서 0.020 및 0.040으로 증가한다. $[Cl_2]$가 두 배로 증가할 때마다 속도 역시 두 배로 증가한다. 예로, $[Cl_2]$가 0.020에서 0.040 mol/L로 두 배 증가하는 실험 2와 3에서 초기속도는 $1.65 \times 10^{-4}$에서 $3.31 \times 1.0^{-4}\ \text{mol L}^{-1}\,\text{s}^{-1}$로 두 배 증가하였다. 그러므로 초기속도는 $[Cl_2]$에 정비례한다.

실험 2, 4 및 5에서 $[Cl_2]$는 일정한 반면 [NO]가 변한다. 실험 2와 4에서, [NO]가 두 배가 되었으나, 초기속도는 네 배 또는 $2^2$로 증가하였다.

$$\frac{\text{실험 4의 속도}}{\text{실험 2의 속도}} = \frac{6.60 \times 10^{-4}\ \text{mol L}^{-1}\,\text{s}^{-1}}{1.65 \times 10^{-4}\ \text{mol L}^{-1}\,\text{s}^{-1}} = \frac{4}{1} = \frac{2^2}{1}$$

동일한 결과가 실험 2와 5에서도 발견된다. 그러므로 초기속도는 [NO]의 제곱에 정비례한다. 따라서 속도법칙은 다음과 같다.

$$속도 = k[Cl_2][NO]^2$$

(b) 속도법칙을 알고 나면 속도상수 $k$를 계산할 수 있다. 실험 1을 예로 들어서,

$$8.27 \times 10^{-5}\ mol\ L^{-1}\ s^{-1} = k(0.010\ mol/L)(0.020\ mol/L)^2$$

$$k = \frac{8.27 \times 10^{-5}\ mol\ L^{-1}\ s^{-1}}{(0.010\ mol/L)(0.020\ mol/L)^2} = 2.1 \times 10^1\ mol^{-2}\ L^2\ s^{-1}$$

실험 2, 3, 4 및 5에서, 속도상수는 각각 $2.1 \times 10^1$, $2.1 \times 10^1$, $2.1 \times 10^1$, $2.0 \times 10^1$ $L^2\ mol^{-2}\ s^{-2}$이다. 이들 일련의 실험들로부터 얻은 속도상수들의 평균 값은 $2.1 \times 10^1\ L^2\ mol^{-2}\ s^{-2}$이다. 이것으로 27°C에서 어떤 농도의 NO와 $Cl_2$에서도 속도를 계산할 수 있다.

이 반응의 속도는 1개의 농도에 정비례하고 다른 농도의 제곱에 정비례한다. 속도상수는 속도($mol\ L^{-1}s^{-1}$의 단위)를 3개의 농도 항을 곱한 것($mol^3\ L^{-3}$)으로 나누어 준 것과 같다.
그러므로, 속도상수는 다음의 단위를 갖는다.

$$\frac{mol\ L^{-1}\ s^{-1}}{mol^3\ L^{-3}} = L^2\ mol^{-2}\ s^{-1}.$$

**실전예제 12.3**

23°C에서 크리스탈 바이올렛의 반응에 대한 다음 자료를 얻었다.

$$Cv^+(aq) + OH^-(aq) \longrightarrow CvOH(aq)$$

| 실험 | 초기농도(mol/L) | | 초기속도 |
|---|---|---|---|
| | $[Cv^+]$ | $[OH^-]$ | ($mol\ L^{-1}s^{-1}$) |
| 1 | $4.3 \times 1.0^{-5}$ | 0.010 | $1.3 \times 1.0^{-6}$ |
| 2 | $2.2 \times 1.0^{-5}$ | 0.010 | $6.7 \times 1.0^{-7}$ |
| 3 | $1.1 \times 1.0^{-5}$ | 0.010 | $3.3 \times 1.0^{-7}$ |

(a) 주어진 자료로부터 완전한 속도법칙의 결정이 가능한가? 왜 가능한가? 또는 왜 가능하지 않은가?

(b) 속도가 수산이온 농도에 의존하지 않는다고 가정한다. 속도법칙은 무엇인가?

(c) 수산이온 농도는 속도와 무관하다고 다시 가정하고, 속도상수를 계산하시오?

(d) 크리스탈 바이올렛의 농도가 0.00045 M이고 수산이온의 농도가 0.10 M일 때, 반응의 초기속도를 계산하시오. 답은 $mol\ L^{-1}s^{-1}$으로 나타내시오.

(e) $Cv^+$의 농도가 초기 값, 0.00045 M의 절반이 될 때 속도를 계산하시오.

EXERCISE
**연습문제 12.5 대수를 이용한 속도법칙의 결정**

예제 12.3의 반응에서, 속도법칙이 속도 = $k\ [NO]^x[Cl_2]^y$라고 가정한다. 속도법칙의 양변에 대수를 취하고 염소의 농도가 동일한 실험 2와 4를 비교할 때, $x$가 다음과 같이 주어지는 것을 수학적으로 보이시오.

$$x = \log\left(\frac{속도_4}{속도_2}\right) \Big/ \log\left(\frac{[NO]_4}{[NO]_2}\right)$$

## 12.3 속도법칙과 반응차수

많은 균일반응에서 속도법칙은 다음의 일반식을 갖는다.

$$속도 = k[A]^m[B]^n\ldots$$

이 식에서 [A], [B],...는 물질의 농도, $m$, $n$, ...은 멱수, A, B, ....는 반응물, 생성물, 또는 촉매일 수 있다. 멱수는 대개 자연수이나 음수거나 분수일 수도 있다. 이러한 지수를 각 반응물에 관한 **반응차수(order of the reaction)**라고 한다. 예를 들어 만일 $n$=1이면 반응은 B에 관해서는 1차이고, $m$=2이면, 반응은 A에 관하여 2차가 된다. $m$과

$n$의 합(속도식에 있는 어떤 농도항에 있는 지수의 합)은 **전체 반응차수(overall reaction order)**가 된다(예제 12.3의 반응은 $Cl_2$에 대해서는 1차이고 NO에 대해서는 2차이므로 전체 3차가 된다). 기억해야할 중요한 요점은 속도법칙과 반응차수는 실험적으로만 결정해야 한다. 완결된 전체 화학반응식의 화학양론적 계수로는 예측할 수 없다.

예제 12.4에 있는 반응 어느 것도 화학양론적으로 완결된 반응식으로부터 올바르게 속도법칙을 끌어낼 수 없다. 예를 들어 $[H_2]$는 반응 (a)에서 2의 반응계수를 가지고 있지만, 속도법칙에서는 $[H_2]$의 1차이다.

**예제 12.4 반응차수와 속도법칙**

반응식과 실험적으로 결정된 각각의 속도법칙을 아래에 나타내었다. 각각의 반응물에 대한 차수와 전체 차수를 결정하시오.

(a) $2\ NO(g) + 2\ H_2(g) \longrightarrow N_2(g) + 2\ H_2O(g)$ 속도 $= k\,[NO]^2[H_2]$

(b) $14\ H_3O^+(aq) + 2\ HCrO_4^-(aq) + 6\ I^-(aq) \longrightarrow 2\ Cr^{3+}(aq) + 3\ I_2(aq) + 22\ H_2O(l)$

속도 $= k\,[HCrO_4^-][I^-]^2[H_3O^+]^2$

(c) *cis*−2−butene(g) ⟶ *trans*−2−butene(g) (촉매농도의 $I_2$가 존재함)

속도 $= k\,[cis\text{−}2\text{−}butene][I_2]^{1/2}$

**정답:**

(a) $H_2$에 대하여 1차, NO에는 2차, 전체적으로 3차

(b) $HCrO_4^-$에 대하여 1차, $I^-$에는 2차, $H_3O^+$에는 2차, 전체적으로 5차

(c) *cis*−2−butene에 대하여 1차, $I_2$에는 0.5차, 전체적으로 1.5차

**풀이:** 차수를 결정하는데 속도법칙의 지수—화학양론계수가 아님—를 사용하시오.

(a) 속도법칙은 1차의 단일 항과 2차의 다른 항을 가지고 있다. 따라서 반응은 $H_2$에 대하여 1차, NO에 대해서는 2차, 전체적으로 3차이다.

(b) 속도법칙은 3개의 항을 가지고 있다. $HCrO_4^-$항은 지수가 1이므로 ,반응은 $HCrO_4^-$대 하여 1차이다. 다른 2개의 항은 지수가 제곱이므로, 반응은 $I^-$에는 2차, $H_3O^+$에는 2차가 된다. 지수의 합은 5이므로 반응은 전체적으로 5차이다.

(c) 이 경우에는 반응속도가 반응물의 농도에 의존하고, 촉매인 $I_2$ 농도의 제곱근($\frac{1}{2}$ 승)에도 역시 의존한다. 그러므로 반응은 *cis*−2−butene에 대하여 1차, $I_2$에는 0.5차, 전체적 으로 1.5차이다.

**실전예제 12.4**

예제 12.3에서 NO와 $Cl_2$반응의 속도법칙은 다음과 같다.

$2\ NO(g) + Cl_2(g) \longrightarrow 2\ NOCl(g)$ 속도 $= k[NO]^2[Cl_2]$

(a) NO에 대한 반응의 차수는 무엇인가? $Cl_2$에 대해서는 무엇인가?

(b) NO의 농도는 세 배가 증가하고 동시에 $Cl_2$의 농도는 8배로 감소한다고 가정하면 새로운 조건에서는 반응속도가 더 빨라질까 또는 더 느려질까? 얼마나 더 빨라질까 또는 얼마나 더 느려질까?(두 조건에서 온도는 일정하다고 가정한다.)

## 적분 속도법칙

속도법칙으로 반응물(그리고 혹은 다른 물질)의 농도로부터 반응속도를 계산할 수 있다는 것을 알았다. 속도법칙을 적분하면 시간의 함수로서 반응물(또는 아마도 다른 물질)의 농도를 계산할 수 있다.

반응의 속도법칙과 속도상수를 실험적으로 결정하는 다른 방법으로 적분 속도법칙이라고 하는 것을 유도하기 위하여 미분학을 이용하는 것이다. 적분 속도법칙의 예로서, 단일 물질 A가 생성물을 형성하는 가상 반응을 가정한다.

$$A \longrightarrow 생성물$$

**1차 반응** 만약 속도법칙이 1차이면, 이것은

$$\text{속도} = -\frac{\Delta[\text{A}]}{\Delta t} = k[\text{A}]$$

이식은 미분을 이용하여 적분 1차 속도법칙으로 변환할 수 있다.

$$\ln[\text{A}]_t = -kt + \ln[\text{A}]_0 \qquad [12.5]$$

이 식에서 $[\text{A}]_t$는 시간 $t$에서 [A]의 농도, $[\text{A}]_0$는 A의 초기농도 ($t = 0$), 그리고 ln는 자연대수를 나타낸다(대수는 부록 A.6에서 논의하였다).

식 12.5는 직선 $y = mx + b$의 일반적인 형태이다.

y축 변수 / 기울기 / x축 변수 / y축 절편

$$\ln[\text{A}]_t = -kt + \ln[\text{A}]_0$$

$$y \quad = mx + \quad b \qquad [12.5]$$

반응이 실제로 1차이면, 수평($x$)축 $t$에 대한 수직($y$)축 ln[A]의 그래프는 당연히 직선이다. 그림 12.5a와 같은 직선의 그래프는 반응이 1차임을 증명한다.

적분 속도법칙법을 구성하는 결과를 위해서 대수학을 알 필요는 없다. 그러나 만약 대수학을 알고 있다면, 스스로 결과를 유도할 수 있을 것이다.

미분을 사용해서,

$$-\frac{d[\text{A}]}{dt} = k[\text{A}] \quad \text{and} \quad \frac{d[\text{A}]}{[\text{A}]} = -k\,dt$$

$$\int_{[\text{A}]_0}^{[\text{A}]_t} \frac{d[\text{A}]}{[\text{A}]} = -k\int_0^t dt$$

$$\ln[\text{A}]_t - \ln[\text{A}]_0 = -k(t_t - t_0)$$

만약, 반응이 $t_0$에 시작했다면, 경과된 시간은 $t_t - t_0 = t$ 이고, 식 12.5는 직선의 일반식, $y = mx + b$, $m$은 기울기 및 $b$는 $y$축 절편과 같은 형식을 갖는다.

**2차 반응** 같은 반응에서,

$$\text{A} \longrightarrow \text{생성물}$$

속도가 반응물 농도의 제곱에 의존한다고 가정한다. 즉, 속도법칙이 2차라고 가정한다.

$$\text{속도} = k[\text{A}]^2$$

미분을 이용해서 유도된 적분 속도법칙은 다음과 같다.

$$\frac{1}{[\text{A}]_t} = kt + \frac{1}{[\text{A}]_0}$$

이 식도 역시 $y = mx + b$의 형태이다. 반응이 2차이고, $t$에 대한 $1/[\text{A}]_t$의 그래프는 기울기 $= k$와 $y$축 절편 $= 1/[\text{A}]_0$인 직선이 될 것이다. 이러한 직선은 반응이 2차임을 증명한다. 그림 12.5b는 그 예를 보여준다.

미분을 사용해서,

$$-\frac{d[\text{A}]}{dt} = k[\text{A}]^2 \quad \text{and} \quad \frac{d[\text{A}]}{[\text{A}]^2} = -k\,dt$$

$$\int_{[\text{A}]_0}^{[\text{A}]_t} \frac{d[\text{A}]}{[\text{A}]^2} = -k\int_0^t dt$$

$$-\frac{1}{[\text{A}]_t} - \left(-\frac{1}{[\text{A}]_0}\right) = -k(t_t - t_0)$$

만약, 반응이 $t_0$에 시작했다면, 경과된 시간은 $t_t - t_0 = t$ 이고,

$$\frac{1}{[\text{A}]_t} = kt + \frac{1}{[\text{A}]_0}$$

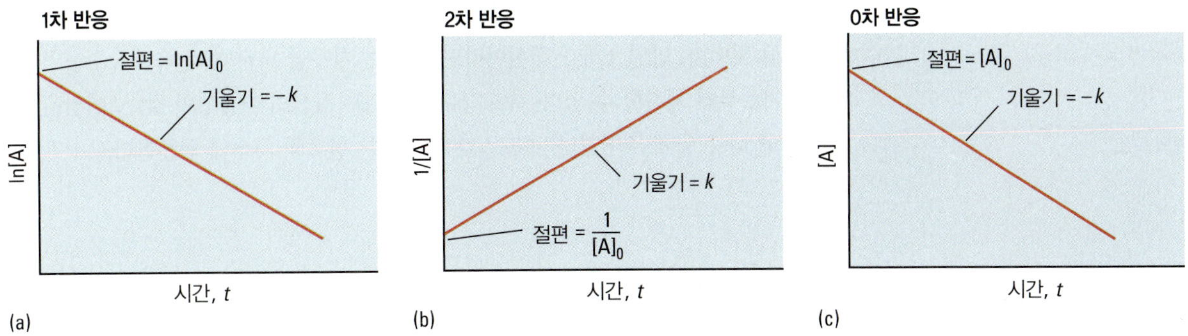


**그림 12.5 1차, 2차, 및 0차 그래프.** (a) 반응이 반응물 A에 1차라면, $t$에 대한 $\ln[\text{A}]_t$의 그래프는 직선이다. (b) 반응이 반응물 A에 2차라면, $t$에 대한 $1/[\text{A}]_t$의 그래프는 직선이 된다. (c) 반응이 반응물 A에 0차라면, $t$에 대한 $[\text{A}]_t$의 그래프는 직선이다.

**표 12.2 적분 속도법칙**

| 반응 차수 | 속도 | 적분 속도법칙 | 직선 그래프의 도시 | 기울기 | $k$의 단위 |
|---|---|---|---|---|---|
| 0 | $k[A]^0 = k$ | $[A]_t = -kt + [A]_0$ | $[A]_t$ 대 $t$ | $-k$ | 농도 시간$^{-1}$ |
| 1 | $k[A]$ | $\ln[A]_t = -kt + \ln[A]_0$ | $\ln[A]_t$ 대 $t$ | $-k$ | 시간$^{-1}$ |
| 2 | $k[A]^2$ | $\frac{1}{[A]_t} = kt + \frac{1}{[A]_0}$ | $\frac{1}{[A]_t}$ 대 $t$ | $k$ | 농도$^{-1}$ 시간$^{-1}$ |

*이 표에서 $[A]_0$는 물질 A의 초기농도를 의미한다. 즉, 반응이 시작되는 시간인 t = 0에서 A의 농도이다.

**0차 반응** 반응속도가 반응물의 농도에 전혀 영향을 받지 않는 반응들이 있다. 이런 반응을 0차 반응이라고 한다. 이유는 속도법칙을 0승의 농도와 속도상수의 곱으로 표시할 수 있기 때문이다. (어떤 값의 0승도 1이 되는 것을 상기하시오.)

$$\text{속도} = -\frac{\Delta[A]}{\Delta t} = k[A]^0 = k$$

이 속도법칙은 반응물의 어떤 농도에도 속도가 항상 일정한 0차 반응에 대한 것이다. 속도는 속도상수와 같다. 미분을 하지 않고도 0차 반응의 적분 형태식을 끌어낼 수 있다. 단순히 주어진 속도법칙을 재조정하기 위해 대수학을 이용한다.

$$\Delta[A] = -k\Delta t$$
$$[A]_t - [A]_0 = -k(t_t - t_0) = -kt$$
$$[A]_t = -kt + [A]_0$$

이 식도 역시 $y = mx + b$의 형태이다. 만약 반응이 0차이면, $[A]_t$대 $t$의 그래프는 기울기가 $-k$이고 $y$축 절편이 $[A]_0$인 직선으로, 그림 12.5c에 보여준다.

이러한 세 가지 경우를 요약하면, 반응물 농도의 승수를 포함하는 속도법칙은 다음과 같이 나타낼 수 있다.

$$\text{속도} = -\frac{\Delta[A]}{\Delta t} = k[A]^m$$

이 식에서 $m$은 앞에서 정의한 반응의 차수이다. 적분 속도법칙은 $m$의 값에 의존하고, $m$이 0, 1, 및 2인 결과를 표 12.2에 주었다.

반응의 차수를 결정하기 위해서는 농도-시간의 자료를 구하고, 다음에 그림 12.5와 표 12.2에 나열된 세 가지 그래프를 만든다. 어느 1개(또는 없는)의 그래프는 직선이 될 것이다. 만일 1개가 직선이라면, 이것은 차수를 나타내고, 속도상수는 직선의 기울기로부터 계산할 수 있다. 속도상수의 단위는 직선의 기울기와 같다. 이것은 표 12.2의 맨 나중 열에 주어졌다. 속도상수의 단위는 반응의 차수에 의존한다.

사이클로펜텐의 구조.

**예제 12.5 적분 속도법칙으로부터 반응차수 및 속도상수**

다음 자료는 825 K에서 사이클로펜텐의 분해반응에서 얻어졌다.

$$C_5H_8(g) \longrightarrow C_5H_6(g) + H_2(g)$$

반응의 차수와 속도상수를 구하시오.

| 시간(초) | $[C_5H_8]$(mol/L) | 시간(초) | $[C_5H_8]$(mol/L) |
|---|---|---|---|
| 0 | 0.0200 | 300 | 0.0084 |
| 20 | 0.0189 | 400 | 0.0063 |
| 50 | 0.0173 | 500 | 0.0047 |
| 100 | 0.0149 | 700 | 0.0027 |
| 200 | 0.0112 | 1000 | 0.0011 |

**정답:** 반응은 $C_5H_8$에 1차이고, $k = 2.88 \times 10^{-3}\ s^{-1}$이다.

**풀이:** 적분 속도법칙을 사용하여 0차,1차 및 2차를 결정하기 위하여 그래프를 그린다. 그림 12.6에 그래프들을 나타내었다. 0차와 2차의 그래프는 곡선이지만, 1차 그래프는 직선이다. 따라서 이 반응은 1차임이 확실하다. 1차 그래프로부터 열린 점으로 표시된 그래프의 점들을 이용하여 기울기를 계산하시오.

$$\text{기울기} = \frac{\{-6.56 - (-4.15)\}}{\{910 - 74\}\ s} = -2.88 \times 10^{-3}\ s^{-1}$$

$-2.88 \times 10^{-3}\ s^{-1}$의 기울기는 속도상수의 음수 값이고 (표 12.2를 보시오), 이것은 $k = 2.88 \times 10^{-3}\ s^{-1}$임을 의미한다.

기울기를 계산할 때, 실험자료의 두 값이 아니라, 자료들로부터 얻은 직선상의 두 점(그림 12.6b에 있는 열린 점들)을 사용하는 것은 중요하다. 그래프를 그리는 것은 평균을 내는 것과 비슷하다. 왜냐하면, 직선과 기울기는 자료 표에 있는 단지 2개의 점이 아니라, 10개의 점 모두에 기초하기 때문이다.

**실전예제 12.5**

표 12.1에 있는 농도-시간의 자료를 이용하여, $Cv^+$와 $OH^-$의 반응에서 $Cv^+$에 관한 반응차수를 추론하고 속도상수를 결정하시오. ($[OH^-]$는 반응 동안 일정하다고 가정하자.)

## 속도법칙으로부터 농도 또는 시간의 계산

실험적으로 속도법칙이 결정되고 나면, 반응이 시작된 후 임의의 시간에 반응물 또는 생성물의 농도를 계산하는 방식이 제공된다. 필요한 것은 단지 적분 속도법칙(표 12.2로부터), 속도상수 값, 반응물 또는 생성물의 초기농도이다. 이것들은 표 12.2에 주어진 식들과 관련이 있다.

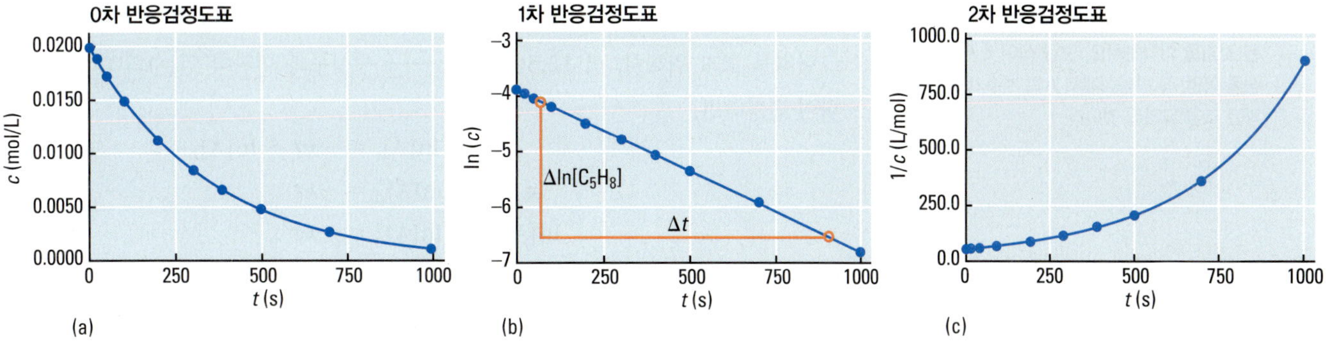


**그림 12.6 사이클로펜텐 분해반응의 적분 속도법칙의 그래프.** 825 K 에서 수용액에 있는 사이클로펜텐 분해반응의 (a) 0차 반응, (b) 1차 반응, 및 (c) 2차 반응 도표.

**예제 12.6 농도계산**

37°C에서 항암치료제인 시스플라틴과 물의 반응은 1차 속도상수가 $1.87 \times 10^{-3}$이다. 이 반응은 다음과 같다.

$$\text{시스플라틴} + \text{물} \longrightarrow \text{시스플라틴 } OH_2^{+} + Cl^{-}$$

암환자의 혈액에 있는 시스플라틴의 농도는 $4.73 \times 10^{-4}$ mol/L 이다. 정확히 24시간 후의 농도는 얼마인가?

**정답:** $3.20 \times 10^{-5}$ mol/L

**풀이:** 혈액에서 반응속도는 물에서와 동일하다고 가정한다. [시스플라틴]이 임의의 시간에서 시스플라틴의 농도를 나타내고, $[\text{시스플라틴}]_0$은 초기농도를 나타낸다고 하자. 반응은 1차이고, 표 12.2로부터,

$$\ln[\text{시스플라틴}] = -kt + \ln[\text{시스플라틴}]_0$$

로그와 지수를 포함하는 수학연산은 부록 A.6에 수록하였다.

이다. 대수적으로 식을 정리하면 다음과 같다.

$$\ln[\text{시스플라틴}] - \ln[\text{시스플라틴}]_0 = -kt$$

$$\ln\left\{\frac{[\text{시스플라틴}]}{[\text{시스플라틴}]_0}\right\} = -kt$$

$$\frac{[\text{시스플라틴}]}{[\text{시스플라틴}]_0} = \text{anti ln}(-kt) = e^{-kt}$$

$$[\text{시스플라틴}] = [\text{시스플라틴}]_0 e^{-kt}$$

$$[\text{시스플라틴}] = (4.73 \times 10^{-4}\ \text{mol/L})e^{-(1.87\times10^{-3}\ \text{min}^{-1}\times 24\ \text{h})}$$

$$[\text{시스플라틴}] = (4.73 \times 10^{-4}\ \text{mol/L})\,e^{-(1.87\times10^{-3}\ \text{min}^{-1}\times 24\ \text{h}\times 60\ \text{min h}^{-1})}$$

$$[\text{시스플라틴}] = (4.73 \times 10^{-4}\ \text{mol/L})(6.77 \times 10^{-2})$$

$$= 3.20 \times 10^{-5}\ \text{mol/L}$$

**실전예제 12.6**

대기에 있는 살충제의 분해반응은 1차 속도상수가 $3.43 \times 10^{-2}\text{d}^{-1}$이다. 살충제의 농도가 초기농도의 1/10로 감소하는데 걸리는 시간은 얼마인가?

## 반감기

반응의 반감기 $t_{1/2}$는 반응물 A의 농도가 처음 값의 절반으로 되는데 걸리는 시간이다. 즉, $[A]_{t_{1/2}} = \frac{1}{2}[A]_0$. 1차 반응에서 반감기는 초기농도에 무관하게 같은 값이다. 다른 차수의 반응에서는 그렇지 않다. 반감기는 1차 속도상수와 관련이 있다. 어떻게해서 그런지를 보기 위해서, 식 12.5(반응 A ⟶ 생성물과 연관이 있는)의 대수를 이용하여 변형하면,

식 12.5는 A ⟶ 생성물 형태의 반응에서 유도된 것임을 기억하시오. 만일 식이 2 A ⟶ 생성물 이면, 즉 반응식에서 A의 계수가 2이면, 결과는 조금 달라질 것이다.

$$\ln[A]_t = -kt + \ln[A]_0 \qquad [12.5]$$

$$\ln[A]_t - \ln[A]_0 = -kt$$

$$\ln[A]_{t_{1/2}} - \ln[A]_0 = -kt_{1/2} \qquad [12.6]$$

왜냐하면, $[A]_{t_{1/2}} = \frac{1}{2}[A]_0$이기 때문에 식 12.6은 다음과 같이 쓸 수 있다.

$$\ln([A]_0/2) - \ln[A]_0 = -kt_{1/2}$$

그래서,

$$-kt_{1/2} = \ln[A]_0 - \ln(2) - \ln[A]_0 = -\ln 2$$

$$t_{1/2} = \frac{-\ln 2}{-k} = \frac{0.693}{k} \qquad [12.7]$$

이것은 1차 반응의 반감기를 측정하면 속도상수를 결정할 수 있고 그 반대도 가능하다. 방사성 붕괴(19.4절)는 1차 과정이고, 반감기는 방사능 핵의 붕괴속도를 보고하는데 특징적으로 사용된다.

**예제 12.7 반감기와 속도상수**

예제 12.5에서, 사이클로펜텐 분해반응의 속도상수는 825 K에서 $2.88 \times 10^{-3}\ s^{-1}$이었다. 이 반응은 1차 속도 그래프를 보여준다. 이 반응의 반감기는 몇 초인가?

**정답:** 241초

**풀이:** 반응이 1차이고 A ⟶ 생성물의 형태를 가지므로, 식 12.7을 이용할 수 있다.

$$t_{1/2} = \frac{0.693}{k} = \frac{0.693}{2.88 \times 10^{-3}\ s^{-1}} = 2.41 \times 10^2\ s = 241\ s$$

**실전예제 12.7**

그림 12.3으로부터, $Cv^+$의 초기농도가 절반으로 감소하는데 소요되는 시간을 결정하시오. 초기농도의 절반에서 1/4로 감소할 때도 같은 시간이 요구된다는 것을 증명하시오. 이 반감기로부터 속도상수를 계산하시오.

## ESTIMATION Pesticide Decay

There are usually several different ways that a pesticide can decompose in an ecosystem. For this reason, it is difficult to define an accurate rate of decomposition and even more difficult to define a rate law. Often it is assumed that decomposition is first-order, and an approximate half-life is reported. Organochlorine pesticides such as DDT, lindane, and dieldrin may have half-lives as long as 10 years in the environment. The maximum contaminant level (MCL) for lindane is 0.2 ppb (parts per billion). Suppose that an ecosystem has been contaminated with lindane at a concentration of 200 ppb. How long would you have to wait before it would be safe to enter the ecosystem without protection from the pesticide?

The level of contamination is 200 ppb/0.2 ppb = 1000 times the MCL. Presumably it would be safe to wait until the level had dropped to 1/1000 of its initial value.You can estimate how long this would be by using powers of 2, because the number of half-lives required is n, where $(1/2)^n = 1/1000$. That is, as soon as 2n exceeds 1000, you have waited long enough. Computer scientists, who deal with binary arithmetic, can easily tell you that $2^{10} = 1024$, so n = 10. You can verify this using your calculator's $y^x$-key, or you could simply raise 2 to a power until a value greater than 1000 was calculated. If you did not have a calculator, you could multiply 2 × 2 × 2 . . . in your head until you had enough factors to multiply out to a number bigger than 1000. Ten half-lives means 10 × 10 years, or 100 years, so after 100 years the ecosystem would be free of significant lindane contamination.

Visit this book's companion website at **www.cengage.com/chemistry/moore** to work an interactive module based on this material.

## 12.4 나노스케일의 관점: 단일단계반응

거시적인 실험관찰은 반응물의 농도, 온도 및 촉매가 반응속도에 영향을 미칠 수 있다는 것은 보여준다. 그러나 나노계 모형으로 어떻게 그와 같은 관찰을 해석할 수 있을까? 우리는 8장과 9장에서 다룬 분자구조에 대한 개념과 함께, 1.8절에서 처음 소개하였으며, 10.3절에서는 더 자세하게 논의한 물질의 분자운동론을 이용할 것이다. 이러한 개념들은 반응물 분자가 생성물 분자로 변환되는 아주 짧은 시간동안에 어떻게 원자와 분자들이 움직이고, 그리고 화학결합이 만들어지고 깨어지는지를 이해하는 훌륭한 기초를 제공한다.

분자운동론에 의하면, 분자들을 일정한 운동을 하고 있다. 기체나 액체 상태에서 이들은 서로 부딪히고, 고체 상태에서는 특정 위치에서 진동한다. 또한 분자들은 함께 결합된 원자들의 결합을 따라서 또는 결합 주위에서 회전하고, 구부러지거나 또는 진동한다. 이러한 운동은 화학반응 동안에 발생하는 분자의 변환을 만들어낸다. 여기에는 단지 두 가지 중요한 형태의 분자변환이 알려져 있다. **일분자 반응(unimolecular reaction)**에 있어서, 단일 입자(분자 또는 이온)의 구조는 다른 입자 또는 입자들을 생성하기 위해서 재정열한다. 일분자 반응은 결합이 깨어져서 2개의 새로운 분자 형성을 포함하거나 또는 1개의 이성질체 구조에서 다른 구조로의 재배열을 포함한다. **이분자 반응(bimolecular reaction)**에 있어서는, 두 입자들(원자, 분자 또는 이온)이 충돌하고 생성물로 재배열한다. 이분자 반응에서 새로운 결합이 반응 입자들 사이에서 형성되고, 기존의 결합은 깨어지게 된다. 때로는 두 입자가 새로운 더 큰 입자를 형성하기 위해서 합쳐진다. 때로는 처음 2개의 분자들로부터 2개 이상의 새로운 분자들이 형성된다.

모든 화학반응은 방금 언급한 간단한 반응들에 의해서 이해될 수 있다. 복잡한 화합물이 화학원소들로 만들어질 수 있는 것처럼, 아주 복잡한 반응은 일분자 반응과 이분자 반응의 혼합으로 이루어졌을 수 있다. 예를 들어 Los Angels시의 스모그가 어떻게 발생되는지를 이해하기 위해서는 수백 개의 이러한 반응이 필요하다. 화학원소들처럼, 가장 단순한 나노계의 반응들은 기초적 요소들이어서, 이들을 **단일단계반응(elementary reaction)**이라고 한다. 다음 두 절에서는 단일단계반응의 중요한 2개의 형태에 관하여 더욱 자세하게 설명할 것이다.

원자의 색상기호를 기억하시오:
탄소(검은색), 질소(푸른색)
수소(흰색), 염소(녹색),
산소(붉은색), 아이오딘(보라색)

EXERCISE **연습문제** 12.6 일분자 및 이분자 반응

다음의 나노계 분자 그림 각각에 대하여, 화학식을 이용하여 완결된 화학반응식을 쓰시오. 어느 반응이 일분자 반응인가? 이분자 반응은 어느 것인가?

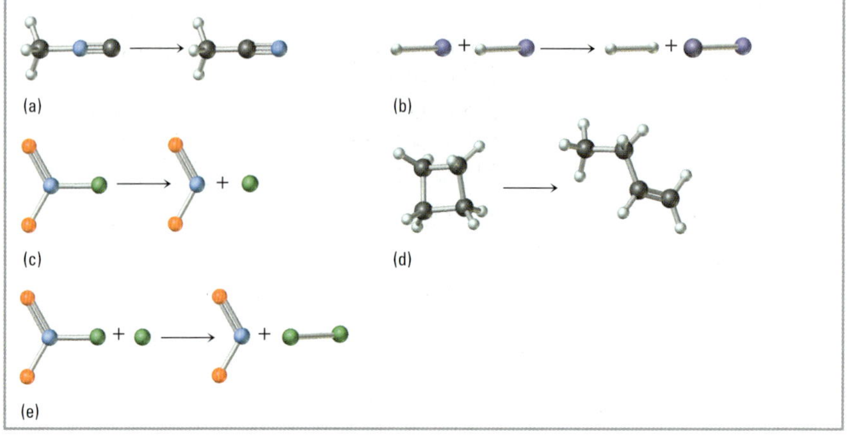

## 일분자 반응

일분자 반응의 예는 시스-2-뷰텐이 트랜스-2-뷰텐으로 전환이다.

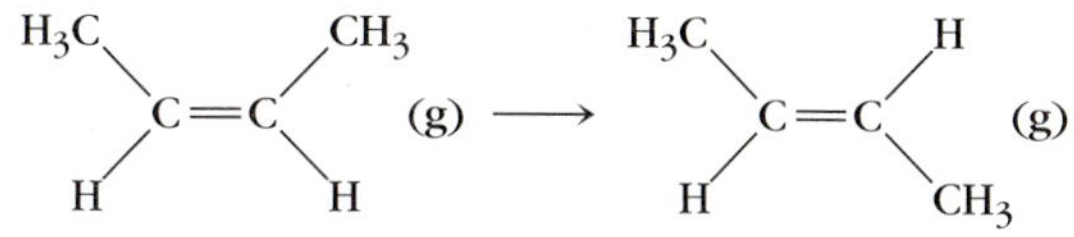

*cis*-2-butene *trans*-2-butene

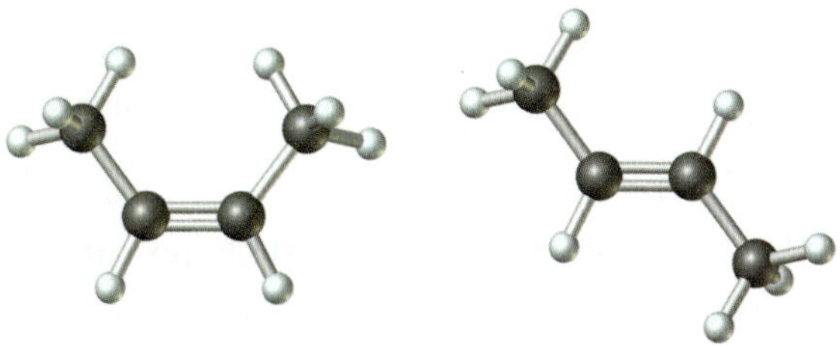

시스-2-뷰텐과 트랜스-2-뷰텐은 시스-트랜스 이성질체이다. 두 분자들 간의 차이는 메탈기의 방향으로, 시스구조에서는 이중결합의 같은 쪽에 메틸기가 있으며 트랜스에서는 서로 반대쪽에 있다. 분자의 한 끝을 잡고, 이중결합의 축에 대하여 180° 회전한다면, 아마도 다른 한 쪽 분자를 얻을 수도 있다. 따라서 분자의 이중결합을 비틀어줌으로서 시스-2-뷰텐이 트랜스-2-뷰텐으로 변환하는 분자 경로는 타당한 가정이다. 이중결합 축의 비틀림 각은 나노수준에서 진행되는 반응의 척도이다. 각이 크면 클수록, 분자는 시스-2-뷰텐에서 멀어지고 트랜스-2-뷰텐에 더 가깝게 된다. 그리고 각이 180°에 도달하면, 트랜스-2-뷰텐이 된다.

이와 같은 비틀림은 반응 분자가 충분한 에너지를 갖도록 요구한다. 화학결합은 용수철과 같다. 이것은 늘어나거나 비틀리며, 그리고 굽혀질 수 있지만 이러한 변화는 위치에너지를 높인다. 결과적으로 용수철이 비틀릴 때 그러는 것처럼, 시스-2-뷰텐 분자의 한 쪽 끝이 트랜스-2-뷰텐이 되도록 비틀릴 때는 일부의 운동에너지가 위치에너지로 전환되어야만 한다. 상온에서 대부분의 분자는 시스-2-뷰텐에서 트랜스-2-뷰텐으로 변환하는데 필요한 충분한 에너지를 가지고 있지 않다. 그러므로 시스-2-뷰텐은 상당량의 트랜스-2-뷰텐이 생성되지 않고 밀폐된 플라스크에서 오랫동안 상온에서 보관할 수 있다. 그러나 온도가 상승하면 더욱 더 많은 분자들이 반응에 충분한 에너지를 갖게 되고, 반응은 더욱 더 빨라지게 된다.

그림 12.7은 시스-와 트랜스-2-뷰텐의 비틀림 각에 대한 위치에너지 그래프를 보여준다. 시스-2-뷰텐 분자의 한 끝을 비틀어서 처음 평면 분자의 90°가 될 때, 위치에너지는 $435 \times 10^{-21}$ J이 높다. 이것은 자동차와 같은 물체를 평지에 있을 때의 에너지와 비교하여 언덕 꼭대기에 있을 때가 증가된 위치에너지를 갖는 것과 비슷한 것이다. 충분한 에너지가 없다면 자동차가 언덕 꼭대기에 도달할 수 없는 것처럼, 충분한 에너지가 없으면 분자도 반응에 필요한 언덕의 꼭대기에 도달할 수가 없다. 언덕의 꼭대기는 어느 쪽에서도 도달할 수 있고, 언덕 꼭대기의 비틀린 분자는 에너지의 관점에서 시스와 트랜스형태의 어느 쪽으로든 내려갈 수 있다는 것에 유의 하시오. 이와 같은 에너지 도표의 꼭대기에 있는 구조를 **전이상태(transition state)** 또는 **활성착물(activated complex)**이라고 한다. 이 경우에는 메틸기가 서로 90°가 되도록 비틀린 분자이다.

분자는 매우 작기 때문에 시스-2-뷰텐 한 분자를 비트는데 필요한 에너지는 매우 작다. 그러나 1 몰의 분자를 동시에 비튼다고 하면 많은 에너지가 필요할 것이다. "언덕"의 꼭대기에 도달하는데 요구되는 에너지는 보통 1몰 분자에 대하여 표시한다. 즉, $(435 \times 10^{-21}$ J/molecule$) \times (1$ kJ/$10^3$J$) \times (6.022 \times 10^{23}$ molecules/mol$)$ = 262 kJ/mol

CONCEPTUAL
**개념학습 12.7 전이상태**

메틸 아이소나이트릴은 일단계 단일단계반응으로 아세토나이트릴을 형성한다.

$$CH_3NC(g) \longrightarrow CH_3CN(g)$$

반응동안 질소원자 1개와 탄소원자 1개가 그 위치를 바꾸지만, 분자의 나머지는 그대로이다. 이 반응의 전이상태 구조를 제안하시오. 이 구조를 루이스구조와 공-막대 모형으로 그리시오.

반응들이 비슷하다면, 더 높은 활성화 에너지는 더 느린 반응으로 나타난다는 일반화가 아주 잘 적용이 된다. 예를 들어 이중결합이 비틀리는 일단의 반응 모두에 적용된다. 또한 한 분자가 일단의 유사한 각각의 분자들과 충돌하는 반응에도 적용된다. 만약에 한 반응에서는 두 분자들이 충돌을 하고 다른 반응에서는 비틀림을 포함하는 반응을 서로 비교하는 것이라면 적절하지 않다.

실제 관계는 $\Delta E^\circ = E_a$(정반응) $- E_a$(역반응)이다. 반응계의 부피변화(일정한 압력에서)가 있는 경우에만 $\Delta E^\circ$가 $\Delta H^\circ$와 다르기 때문에, 활성화 에너지의 차이는 보통 엔탈피 변화와 같다.

거의 모든 화학반응은 반응물 분자가 생성물 분자로 변할 때, 반드시 넘어야 하는 에너지 장벽을 갖는다. 이 장벽의 높이는 거의 영에서부터 분자당 수백 kJ 까지 매우 다양하다. 주어진 온도에서, 에너지 장벽이 높으면 높을수록 반응은 더 느려진다. 장벽을 넘는데 요구되는 최소 에너지를 반응의 **활성화 에너지(activation energy)** $E_a$라고 한다. 시스-2-뷰텐에서 트랜스-2-뷰텐 반응의 활성화 에너지는 $435 \times 10^{-21}$ J 또는 262 kJ/mol이다(그림 12.7을 보시오).

그림 12.7에서 보여주는 다른 흥미로운 관계는 속도론과 열역학이다. 생성물 트랜스-2-뷰텐 1몰의 에너지는 반응물 시스-2-뷰텐 1몰의 에너지보다 $7 \times 10^{-21}$ J 낮다. 이것은 시스 ⟶ 트랜스 반응이 $7 \times 10^{-21}$ J/molecule 만큼 발열이고, 변환하면 4 kJ/mol 이다. 또한 시스-2-뷰텐의 에너지는 $7 \times 10^{-21}$ J/molecule 만큼 높으며, 그래서 역반응은 주위로부터 4 kJ/mol 의 에너지 흡수가 요구되는데, 이것은 흡열이다. 역반응이 일어날 때 올라가야만 하는 에너지 언덕의 높이는 $(435 + 7) \times 10^{-21}$ J/molecule, 또는 $442 \times 10^{-21}$ J/molecule (266 kJ/mol)이다. 따라서 정반응의 활성

그림 12.7은 $H_2$와 $Cl_2$가 HCl로 변하면서, 형성되고 깨어지는 결합에너지의 변화를 보여주는 그림 6.15와 비슷하다.

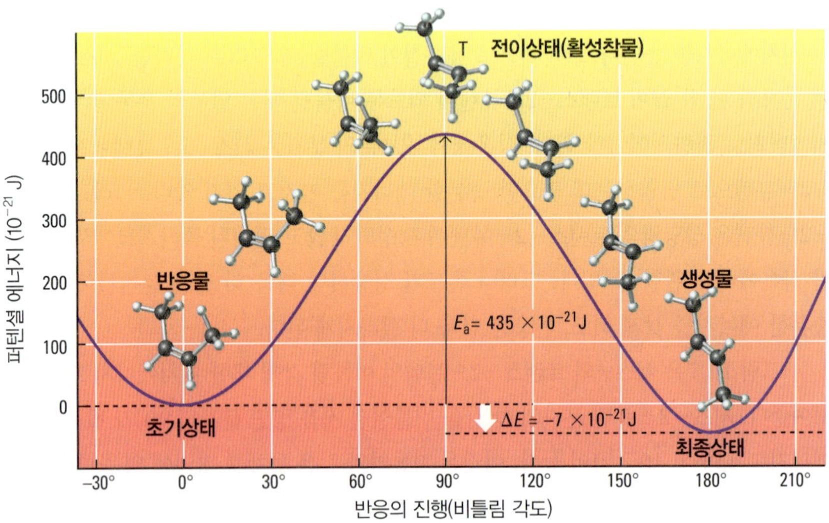


**그림 12.7 시스-2-뷰텐에서 트랜스-2-뷰텐으로 변환에 대한 에너지 도표.** 분자의 한 쪽 끝을 다른 끝에 대하여 비틀어주는 것은 두 중심 C 원자들 사이의 이중결합이 용수철과 같고 비틀림에 저항을 하기 때문에 위치 에너지의 증가가 요구된다. 어느 쪽으로 비틀어도 같은 위치에너지가 요구되고, 그래서 130°의 에너지는 230°의 에너지와 동일하다. 분자의 끝단들 사이의 각이 90°일 때, 위치에너지는 $435 \times 10^{-21}$ J로 상승한다. 시스-2-뷰텐 분자는 트랜스-2-뷰텐으로 변환되는, 90°를 지나서 180°로 비틀림 전에 적어도 이 정도의 에너지를 가져야만 한다. 도표의 꼭대기에 있는 90°로 비틀린 구조는 전이상태 또는 활성착물이라고 한다. 반응의 진행 (이 단일 분자구조의 변화)은 비틀림 각으로 측정한다. 이 그림의 이해정도를 확인하려면 본 교재의 지침서 웹사이트인, www.cengage.com/chemisty/moore를 방문하시오.

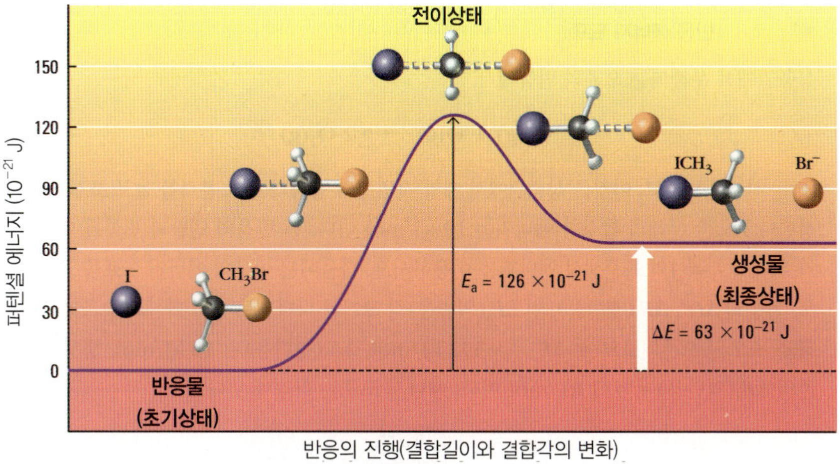


**그림 12.8 아이오딘화 이온과 브로민화 메틸 반응의 에너지 도표.** 아이오딘화 이온과 브로민화 메틸 분자의 충돌 중에, 새로운 아이오딘-탄소의 결합이 생김과 동시에 탄소-브로민의 결합이 깨어진다. 새로운 결합의 형성은 위치에너지를 낮추고, 탄소-브로민 결합이 끊어지면서는 상당히 올라갈 것이다. 이것은 반대로 일어나는 것보다 활성화 에너지를 낮추고, 빠른 반응으로 나타난다. 이 경우에 반응의 진행은 탄소-브로민 결합의 신축과 아이오딘-탄소 결합의 형성으로 측정한다.

화 에너지는 역반응의 것보다 4 kJ/mol 적다. 거의 모든 반응에 있어서 정반응의 활성화 에너지는 역반응의 활성화 에너지와는 다르다. 그리고 이 차이를 반응의 $\Delta E°$ 라고 한다.

## 이분자 반응

이분자 과정의 예는, 수용액에서 아이오딘화 이온, $I^-$와 브로민화 메틸, $CH_3Br$의 반응이다.

여기의 단일단계 반응식은 반응이 일어나기 위해서는 아이오딘화 이온이 브로민

$$I^-(aq) + CH_3Br(aq) \longrightarrow ICH_3(aq) + Br^-(aq)$$

화 메틸과 반드시 충돌한다는 것을 보여준다. 아이오딘-탄소 결합의 생성이 시작되기 전에는 탄소-브로민 결합은 끊어지지 않는다. 이것은 매우 타당하며, 그 이유는 탄소-브로민 결합의 단순 끊어짐은 위치에너지의 상당한 증가가 요구되기 때문이다. 부분적으로 탄소-아이오딘 결합이 형성되는 동안 끊어지는 다른 결합의 위치에너지를 낮춘다. 이것은 활성화 에너지가 낮아지도록 도와준다. 그림 12.8은 이 반응의 에너지에 대한 반응진행 도표를 보여준다.

브로민화 메틸분자는 Br 원자가 H 원자보다 크기 때문에 찌그러진 사면체 모양을 갖는다. $I^-$이온이 브로민원자의 사면체 반대쪽으로부터 브로민화 메틸에 접근할 때, 반응이 가장 빠르게 일어난다고 수많은 실험에서 제안하고 있다. 즉, $CH_3Br$ 4 면의 오직 1개만이 유효하고, 이것은 전체 충돌에서 기껏해야 4분의 1로 반응을 제한한다. 4분의 1인 요소를 **입체인자(steric factor)**라고 하는데, 이것은 반응하는 분자의 3차원 모양에 기인하기 때문이다. 아이오딘화 메틸보다 훨씬 더 복잡한 분자들에서 그와 같은 기하구조적인 제약은 전체 충돌에서 매우 적은 분량만이 반응으로 이어질 수 있음을 의미한다. 일부 반응들이 느린 것은 놀랄 일도 아니다.

성공적이지 못한 충돌

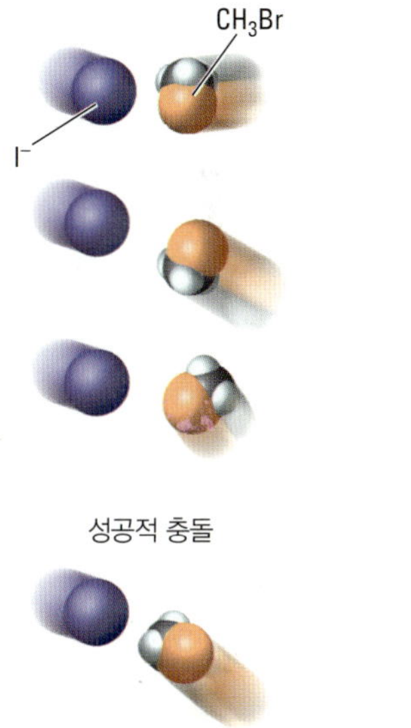


**성공적이지 못한 충돌.** 위에서 보여준 처음 3개의 충돌에서, 아이오딘화 이온은 브로민원자의 반대쪽으로부터 브로민화 메틸분자에 접근하지 못한다. 이러한 충돌의 어느 것도 맨 아래에 보여준 충돌과 같은 반응의 결과를 주지 못한다.

*steric*이란 말은 접두사 *stereo*-와 같은 어근을 갖는데, 이것은 3차원을 의미한다.

기체상태의 반응물과 생성물의 몰수가 동일하기 때문에, 같은 온도에서는 부피변화가 없으며 이 반응에서 $\Delta E^\circ = \Delta H^\circ$ 이다.

**예제 12.8 반응 에너지 도표**

성층권에서 분해되는 오존의 반응에서,

$$O_3(g) + O(g) \longrightarrow 2\ O_2(g)$$

(O는 산소원자이고, 이것은 성층권에서 태양 자외선의 광자가 산소 분자를 둘로 쪼갤 때 형성된다.) 오존 분해의 활성화 에너지는 19 kJ/mol 이다. 이 반응의 엔탈피 변화를 계산하기 위해서 부록 J의 표준생성 엔탈피를 이용하시오. 다음에는 반응의 에너지 도표를 그리시오. 반응의 $\Delta H^\circ$, $\Delta E_a$(정반응), 및 $\Delta E_a$(역반응)의 크기를 나타내는 수직 화살표를 그리시오.

**정답:** 소모된 오존의 $\Delta H^\circ = \Delta E^\circ = -392$ kJ/mol, $\Delta E_a$(정반응) = 19 kJ/mol, 생성된 오존의 $\Delta E_a$(역반응) = 411 kL/mol 이다. 에너지 도표는 아래에 있다.

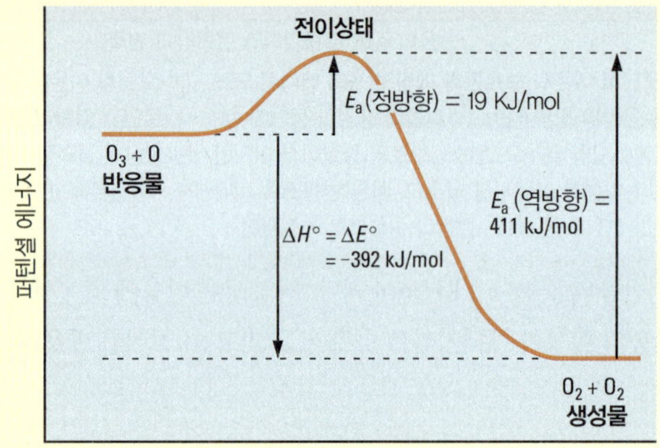


**풀이:** 오존의 표준 생성엔탈피는 249.2 kJ/mol, 이원자 산소는 0 kJ/mol, 원자성 산소는 142.7 kJ/mol이다. 이들 엔탈피 값을 이용하여, 소모된 오존의 $\Delta H^\circ = 0 - (249.2 + 142.7)$kJ/mol = −391.9 kJ/mol이 된다. $O_3$의 음의 부호는 반응이 발열임을 나타내고, 그래서 생성물은 반응물보다 391.9 kJ/mol 만큼 낮아야만 한다. $\Delta E_a$(정반응) = 19 kJ/mol이므로, 전이상태는 반응물보다 그 만큼 높아야만 한다. 따라서 도표 왼편의 처음 두 화살표를 그릴 수 있다. 다음 세 번째 화살표(생성물로부터 전이상태)를 그릴 수 있다. 이것은 다음과 같다.

$$E_a(\text{역반응}) = -\Delta H^\circ + E_a(\text{정반응}) = (391.9 + 19)\ \text{kJ/mol} = 411\ \text{kJ/mol}$$

**실전예제 12.8**

다음 반응에서

$$Cl_2(g) + 2\ NO(g) \longrightarrow 2\ NOCl(g)$$

활성화 에너지는 18.8 kJ/mol 이다. 다음 반응의 활성화 에너지는 18.9 kJ/mol이다.

$$2\ NOCl(g) \longrightarrow 2\ NO(g) + Cl_2(g)$$

NOCl이 생성되는 NO와 $Cl_2$반응의 도표를 그림 12.7처럼 그리시오. 이 반응은 발열인가 아니면 흡열인가? 설명하시오.

**Ahmed H. Zewail 1946~**

펨도초 분광학을 이용한 화학반응의 전이상태 연구로 California Institute of Technology의 Ahmed H. Zewail은 1999년 노벨 화학상을 수상하였다. 이집트와 미국의 이중 국적을 갖고 있는 Zewail은 화학 속도론을 연구하는데 매우 짧은 레이저 펄스 − 펨토초 ($10^{-15}$초) 상태 − 사용의 선구자이다. 그의 기술을 세계에서 가장 빠른 사진기라고 부르고, 그의 연구는 로돕신과 시각의 관계같은 빠른 반응들에 대한 이해를 증진시켰다.

CONCEPTUAL
**개념학습 12.8 성공적인 충돌과 성공적이지 못한 충돌**

다음 반응은 단일단계 이분자 반응으로 일어난다.

$$2\ NOCl(g) \longrightarrow 2\ NO(g) + Cl_2(g)$$

2개의 NOCl 분자가 충돌할 수 있는 적어도 네 가지의 가능한 방법과, 생성물을 형성하기에 가장 성공적인 충돌 순으로 차례를 정하시오.

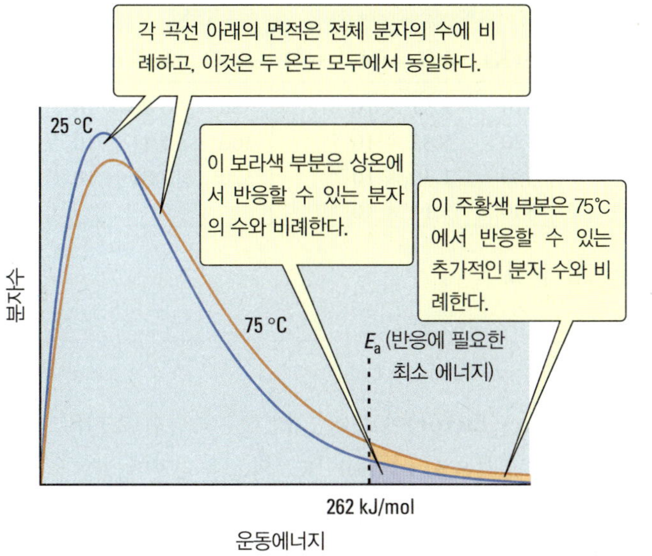


그림 12.9 **에너지 분포곡선.** 수직축은 수평축에서 보여주는 에너지를 갖는 분자 수를 보여준다. 활성화 에너지보다 많은 에너지를 갖는 분자가 반응한다고 가정한다. 반응하는 분자의 수는 활성화 에너지 (262 kJ/mol) 오른쪽에 있는 각 곡선의 면적으로 주어진다. 두 곡선은 25℃ 보다 75℃에서 더 많은 분자들이 262 kJ/mol 또는 더 높은 에너지를 갖는 것을 보여준다(이 곡선은 눈금을 메기지 않았다. 사실 262 kJ/mol은 그래프의 훨씬 더 오른쪽에 있어야 한다).

## 12.5 온도와 반응속도: 아레니우스 식

대충 어림잡아서, 온도가 10K 증가할 때마다 2내지 4배로 속도가 증가한다.

반응을 가속시키는 가장 일반적인 방법은 온도를 높이는 것이다. 메테인과 공기 혼합물을 성냥 불로 점화시킬 수 있고, 이것은 반응 혼합물의 온도를 높이는 것이다. 이것은 반응속도를 증가시키고, 방출된 열에너지는 높은 온도를 유지하고, 반응은 빠르게 진행된다.

반응은 온도가 올라가면 빨라지고, 온도가 내려가면 느려져야만 한다. 부패를 일으키는 미생물의 세포 내 반응은 낮은 온도에서 더 느리게 일어나기 때문에 음식물을 냉장고나 냉동고에 보관한다.

높은 온도에서는 활성화 에너지를 능가하는 충분한 에너지를 갖는 반응물 분자의 분율이 더 많기 때문에, 반응속도는 온도에 따라서 증가한다. 시스-에서 트랜스-2-뷰텐의 변환을 다시 고찰하자(그림 12.7). 10.3절에서 기체분자는 끊임없이 운동하고 속도와 에너지의 분포가 넓다는 것을 배웠다. 실온에서는 아주 적은 수의 시스-2-뷰텐 분자가 에너지 장벽을 극복하기에 충분한 에너지를 갖고 있다. 그러나 온도가 올라가면, 충분한 에너지를 갖는 분자의 수는 빠르게 증가해서 반응속도가 신속히 증가한다.

주어진 온도에서 시스-2-뷰텐 분자의 수는 그림 12.9의 곡선으로 알 수 있다. 하나는 25℃이고, 다른 것은 75℃이다. 두 곡선을 따라 값이 커질수록 그 점에 상응하는 에너지를 갖는 분자의 수는 더 많다. 온도가 50℃ 올라가면, 활성화 에너지를 능가하는 에너지를 갖는 분자의 수는 훨씬 더 많고 분자의 속도도 빨라진다.

높은 온도에서는 속도상수가 크기 때문에 반응이 더욱 빠르다. 즉, 속도상수는 주어진 온도에서 주어진 반응에만 오직 상수가 된다. 예를 들어 아이오딘화 이온과 브로민화 메틸의 반응에서, 표 12.3에 주어진 자료는 여러 온도에서 속도상수를 보여준다.

표 12.3의 자료를 도시하면(그림 12.10), 속도상수는 온도가 증가함에 따라서 매우 빠르게 증가하는 것이 확실하다. 이와 같은 모양의 그래프를 지수곡선이라고 한다.

지수곡선 역시 시간에 대한 개체수 (인구수와 같은)를 나타내며, 많은 다른 과학분야에서 중요하다. 로그와 지수는 부록 A.6에서 논의하였다.

표 12.3 아이오딘화 이온과 브로민화 메틸의 반응에 대한 속도상수의 온도 의존

| $T$(K) | $k$(L mol$^{-1}$ s$^{-1}$) | $T$(K) | $k$(L mol$^{-1}$ s$^{-1}$) | $T$(K) | $k$(L mol$^{-1}$ s$^{-1}$) |
|---|---|---|---|---|---|
| 273 | $4.18 \times 10^{-5}$ | 310 | $2.31 \times 10^{-3}$ | 350 | $6.80 \times 10^{-2}$ |
| 280 | $9.68 \times 10^{-5}$ | 320 | $5.82 \times 10^{-3}$ | 360 | $1.41 \times 10^{-1}$ |
| 290 | $2.00 \times 10^{-4}$ | 330 | $1.39 \times 10^{-2}$ | 370 | $2.81 \times 10^{-1}$ |
| 300 | $8.60 \times 10^{-4}$ | 340 | $3.14 \times 10^{-2}$ | | |

이것은 다음 식으로 표시할 수 있다.

$R$ 은 이상기체 식 $PV = nRT$에서 보이는 상수이다. 여기에서 이 상수는 L atm mol$^{-1}$ K$^{-1}$대신에 J mol$^{-1}$ K$^{-1}$의 단위로 표시되는데, 그 이유는 수치가 0.0821 L atm mol$^{-1}$K$^{-1}$이 아니기 때문이다.

$$k = Ae^{-E_a/RT} \qquad \text{[아레니우스 식]}$$

여기서, $A$는 **빈도인자(fequency factor)**이고, $e$는 자연대수의 밑수 (2.718 ....), $E_a$는 활성화 에너지 $R$은 기체상수로서 8.314 J mol$^{-1}$K$^{-1}$의 값을 가지며, $T$는 절대( 캘빈)온도이다. 이식은 발견자인 스웨덴의 화학자 Svante Arrhenius 의 이름을 따서 **아레니우스 식(Arrhenius equation)**이라고 한다.

아레니우스 식은 다음과 같이 해석할 수 있다. 빈도수 $A$는 분자들이 충돌할 때, 적절히 배열이 되거나 또는 되지 않거나 그리고 농도가 모두 1 mol/L에서 분자들이 얼마나 자주 충돌하는지에 의존한다. 예로서, 아이오딘화 – 브로민화 메틸의 경우에 $A$는 $CH_3Br$분자의 4면 중 오직 한 곳만이 아이오딘화의 접근이 적절하기 때문에 발생하는 1/4의 입체인자를 포함한다. 이 식의 나머지 $e^{-E_a/RT}$는 활성화 에너지를 극복하는 충분한 에너지를 갖는 반응물 분자들 모두의 분율을 나타낸다.

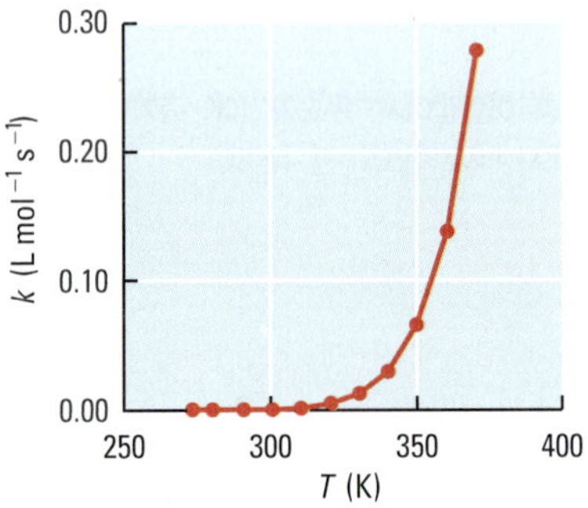


**그림 12.10 속도상수에 대한 온도의 효과.** 수용액에서 아이오딘화 이온과 브로민화 메틸반응의 속도상수를 온도의 함수로 도시하였다. 속도상수는 온도에 따라서 아주 빠르게 증가하고, 곡선의 모양은 특징적인 지수증가 곡선이다.

## 활성화 에너지 결정

활성화 에너지와 빈도인자는 온도의 함수로서 속도상수의 실험자료(표 12.3과 같은)에서 얻을 수 있다. 많은 수의 실험자료 세트들이 주어질 때, 주어진 자료로부터 정보를 얻는 좋은 방법은 대개 그래프이다. 그래프가 직선이면 더욱 쉽다. 활성화 에너지 식의 양변에 자연 대수를 취하여 변형하면, 그래프는 직선이 된다.

$$k = Ae^{-E_a/RT}$$
$$\ln(k) = \ln(A) + \ln(e^{-E_a/RT}) = \ln(A) + (-E_a/RT)$$

이식을 이항하면, 직선의 식을 얻게 된다.

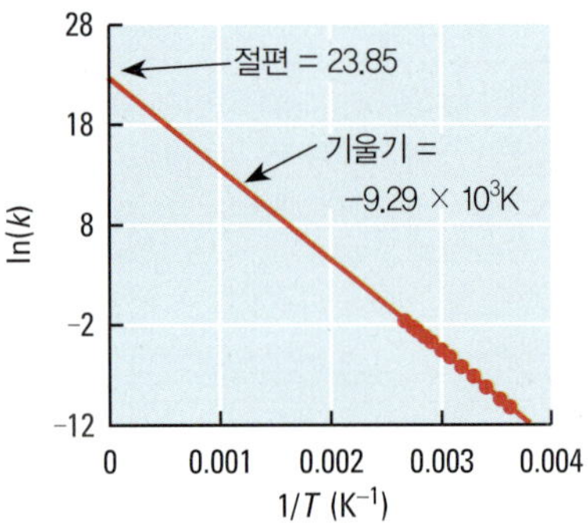


**그림 12.11 그래프에서 활성화 에너지 결정.** 아이오딘화–브로민화 메틸 반응의 1/T에 대한 ln(k)의 그래프는 직선이다. 활성화 에너지는 직선의 기울기로부터 그리고 y축 절편에서 빈도인자를 얻을 수 있다. 실험 자료로 부터 얻은 직선을 y축에 이를 때까지 외연장해야 하기 때문에, 정확히 A 를결정하려면 넓은 온도범위에서 k를 결정하는 것이 필요하다.

$$\ln(k) = -\left(\frac{E_a}{R} \times \frac{1}{T}\right) + \ln(A)$$
$$y = (m \times x) + b$$

즉 수직 ($y$)축에 ln($k$)와 수평 ($x$)축에 1/T을 도시하면, 기울기가 $E_a/R$이고 $y$–축 절편이 ln($A$)인 직선이 나온다. 표 12.3의 자료는 그림 12.11과 같은 그래프로 그려진다. 이 그래프는 직선으로 기울기가 $-9.29 \times 10^3$ K이고 $y$–축 절편이 23.85이다. 기울기가 $-E_a/R$이므로 활성화 에너지는 다음과 같이 계산할 수 있다.

$$E_a = -(\text{기울기}) \times R = -(-9.29 \times 10^3\ \text{K})\left(\frac{8.314\ \text{J}}{\text{K mol}}\right)\left(\frac{1\ \text{kJ}}{1000\ \text{J}}\right) = 77.2\ \text{kJ/mol}$$

수직축은 $\ln(k)$를 도시하고, $k$는 L $mol^{-1}s^{-1}$의 단위를 갖는다. $y$−축 절편에서 $\ln(A)$는 $\ln(k)$ 동일하므로, $A$는 $k$와 같은 단위를 가져야 한다. $\ln(A) = 23.85$이므로 빈도인자 $A$는 다음과 같다.

$$e^{23.85}\ \text{L mol}^{-1}\ \text{s}^{-1} = 2.28 \times 10^{10}\ \text{L mol}^{-1}\ \text{s}^{-1}$$

아레니우스 식은 임이의 온도에서 속도상수를 계산하는데 사용할 수 있다. 예로서 아이오딘화 이온−브로민화 메틸반응의 속도상수는 온도(캘빈 단위로), 빈도인자, 활성화 에너지 및 상수 $R$을 식에 대입하면 계산할 수 있다.

$$\begin{aligned} k = Ae^{-E_a/RT} &= (2.28 \times 10^{10}\ \text{L mol}^{-1}\ \text{s}^{-1})e^{(-77{,}200\ \text{J/mol})/(8.314\ \text{J K}^{-1}\ \text{mol}^{-1})(273.15+50.)\ \text{K}} \\ &= (2.28 \times 10^{10}\ \text{L mol}^{-1}\ \text{s}^{-1})e^{-28.7} = 7.56 \times 10^{-3}\ \text{L mol}^{-1}\ \text{s}^{-1} \end{aligned}$$

속도상수를 계산한 방법처럼, 아레니우스 식은 속도상수와 빈도인자가 결정된 온도의 범위에서는 매우 잘 맞는다(아이오딘화 이온−브로민화 메틸반응에서 온도는

**예제 12.9 속도상수의 온도의존**

아이오딘화 이온−브로민화 메틸반응의 실험적 속도상수는 50℃에서 $7.70 \times 10^{-3}$ L $mol^{-1}s^{-1}$이고, 0℃에서는 $4.25 \times 10^{-5}$ L $mol^{-1}s^{-1}$이다. 빈도인자와 활성화 에너지를 계산하시오.

**정답:** $A = 1.66 \times 10^{10}$ L $mol^{-1}s^{-1}$ ; $E_a = 7.63 \times 10^4$ J $mol^{-1}$

**풀이:** 이 문제는 $\ln(k)$를 $1/T$에 대하여 도시하면 풀 수 있지만, 단지 두 쌍의 자료를 가지고는 그래프를 이용한 방법은 좋지 않다. 대신, 각 자료 쌍의 두 식을 쓰시오.

$$k_1 = Ae^{-E_a/RT_1}$$
$$k_2 = Ae^{-E_a/RT_2}$$

$A$를 소거하기 위해서 처음 식을 두 번째 식으로 나누어 준다.

$$\frac{k_1}{k_2} = \frac{Ae^{-E_a/RT_1}}{Ae^{-E_a/RT_2}} = e^{-E_a/RT_1} \times e^{+E_a/RT_2}$$
$$\frac{k_1}{k_2} = e^{\frac{E_a}{R}\left(\frac{1}{T_2} - \frac{1}{T_1}\right)}$$

양변에 자연대수를 취한다.

$$\ln\left(\frac{k_1}{k_2}\right) = \frac{E_a}{R}\left(\frac{1}{T_2} - \frac{1}{T_1}\right)$$

이 식을 $E_a$에 대하여 풀면,

$$E_a = \frac{R\ln\left(\frac{k_1}{k_2}\right)}{\frac{1}{T_2} - \frac{1}{T_1}} = \frac{(8.314\ \text{J mol}^{-1}\ \text{K}^{-1})\ln\left(\frac{7.70 \times 10^{-3}}{4.25 \times 10^{-5}}\right)}{\frac{1}{273.15\ \text{K}} - \frac{1}{323.15\ \text{K}}}$$
$$= \frac{43.23\ \text{J mol}^{-1}\ \text{K}^{-1}}{5.66 \times 10^{-4}\ \text{K}^{-1}} = 7.63 \times 10^4\ \text{J mol}^{-1}$$

끝으로, 계산된 $E_a$ 값을 이용해서 $A$를 포함하는 속도상수 식 하나를 풀어준다.

$$k_1 = Ae^{-E_a/RT_1}$$

$$A = \frac{k_1}{e^{-E_a/RT_1}} = k_1 e^{E_a/RT_1}$$

$$= (7.70 \times 10^{-3}\ \text{L mol}^{-1}\ \text{s}^{-1})e^{\left(\frac{7.63\times10^4\ \text{J mol}^{-1}}{(8.314\ \text{J mol}^{-1}\ \text{K}^{-1})(323.15\ \text{K})}\right)}$$

$$= (7.70 \times 10^{-3}\ \text{L mol}^{-1}\ \text{s}^{-1})(2.156 \times 10^{12}) = 1.66 \times 10^{10}\ \text{L mol}^{-1}\ \text{s}^{-1}$$

**실전예제 12.9**

75°C에서 아이오딘화 이온과 브로민화 메틸반응의 속도상수를 계산하시오.

273에서 370 K 이었다).

아레니우스 식은 온도의 함수로서 속도상수를 계산할 수 있고, 그리고 속도법칙은 어떻게 속도가 농도에 의존하는지를 보여준다. 온도와 농도 두 가지 모두의 효과를 요약하는 단일 식을 얻기 위해서, 아레니우스 식의 $k$를 아이오딘화 – 브로민화 메틸 반응의 속도법칙에 대입하면, 다음과 같다.

$$\text{속도} = k \times [\text{I}^-] \times [\text{CH}_3\text{Br}]$$
$$\text{속도} = A \times e^{-E_a/RT} \times [\text{I}^-] \times [\text{CH}_3\text{Br}] \qquad [12.8]$$

충돌빈도 × 입체인자

충분한 에너지를 갖는 분율

충돌하는 분자들의 농도

빈도인자에서 충돌 빈도 분포는 1M 농도인 것을 상기하시오. 이 식은 반응속도에 대한 온도 및 농도 모두의 효과를 요약하였다. 온도효과는 온도가 증가할 때, 충분한 에너지를 갖는 충돌 수의 큰 증가에 주로 의존하는데, 이것은 높은 온도에서 큰 k 값으로 보여준다. 농도의 효과는 속도법칙의 농도 항으로 분명히 나타난다. 어떤 반응의 속도법칙 그리고 $A$ 와 $E_a$ 값을 모두 알고 있다면, 넓은 조건에 걸친 속도를 계산할 수 있다.

EXERCISE **연습문제** **12.9 활성화 에너지 및 실험자료**

빈도인자 $A$가 $6.31 \times 10^8\ \text{L mol}^{-1}\ \text{s}^{-1}$이고, 활성화 에너지가 10. kJ/mol인 다음 기체반응은 성층권 오존 감소의 화학에 있어서 중요하다.

$$\text{NO(g)} + \text{O}_3\text{(g)} \longrightarrow \text{NO}_2\text{(g)} + \text{O}_2\text{(g)}$$

(a) 370. K에서 이 반응의 속도상수를 계산하시오.

(b) 이 반응을 단일단계반응으로 가정하고, 370. K에서 반응의 속도를 계산하시오.
단, [NO] = 0.0010 M이고, $[\text{O}_3]$ = 0.00050 M이다..

## 12.6 단일단계반응의 속도법칙

단일단계반응은 나노크기의 입자들이 반응이 일어나도록 떨어져 나가거나, 위치를 재조정하거나, 또는 충돌하는 것을 묘사하는 반응식으로 일단계 과정이다. 그러므로 단일단계반응에서는 실험을 수행하지 않고서도 속도법칙과 반응차수가 무엇인지 아는 것이 가능하다. 반대로, 반응식이 나노수준에서 이해되지 않은 반응을 나타낼 때는, 속도법칙과 반응차수는 반드시 실험적으로 결정되어야 한다. 거시 속도법칙은 특정 반응이 나노수준에서 어떻게 일어나는지에 대한 가설의 개발을 돕는데 사용될 수 있다.

## 일분자 반응의 속도법칙

12.4절에서 1개의 반응물 분자가 생성물 분자 또는 분자들로 변환되는 반응의 예로서 시스–2–뷰텐의 이성질화를 사용하였다 – 단일단계반응.

$$시스–2–뷰텐 \longrightarrow 트랜스–2–뷰텐$$

상온에서 플라스크에 시스–2–뷰텐 증기 0.0050 mol/L가 있다고 가정하자. 분자들은 넓은 범위의 에너지를 가지고 있지만, 단지 일부의 분자들만이 이 온도에서 활성화 장벽을 넘는 충분한 에너지를 가지고 있다. 따라서 주어진 시간 동안, 단지 약간의 분자들만이 트랜스–2–뷰텐으로 비틀린다. 온도는 동일하게 유지하면서, 플라스크의 시스–2–뷰텐 농도를 0.0100 mol/L로 두 배 증가시켰다고 가정하자. 장벽을 넘는 충분한 에너지를 갖는 분자의 분율은 동일하다. 그러나 두 배의 분자가 있고, 주어진 시간에 두 배의 분자가 장벽을 넘어야만 한다. 그러므로, 시스 ⟶ 트랜스 반응의 속도는 두 배가 커진다. 즉 반응속도는 시스–2–뷰텐 농도에 정비례하고, 속도법칙은 다음과 같다.

$$속도 = k\,[시스–2–뷰텐]$$

임의의 일분자 단일단계반응의 일반적인 경우에 있어서,

$$A \longrightarrow 생성물 \qquad 속도법칙은 \qquad 속도 = k[A]이다.$$

**임의의 일분자 반응에 있어서, 나노수준의 반응경로는 거시적 실험에서 1차 속도식이 관찰될 것으로 예상된다.**

## 이분자 반응의 속도법칙

두 분자가 충돌하는 반응[이분자 반응]의 좋은 예는 예제 12.9에서 설명한 일산화질소와 오존의 기체상태 반응이다.

$$NO(g) + O_3(g) \longrightarrow NO_2(g) + O_2(g)$$

[12.9]

이 반응식은 1개의 NO 분자와 1개의 $O_3$ 분자가 충돌하는 것을 나타내는 단일단계반응을 보여준다. 원자를 교환하기 위해서는 분자들이 충돌을 해야 하기 때문에 속도는 단위시간당 충돌 수에 의존한다.

그림 12.12a는 반응 12.9가 일어나는 플라스크 안의 작은 공간에 있는 1개의 NO 분자(초록색 공)과 여러 개의 $O_3$ 분자(보라색 공)를 표시한다. 주어진 시간에 NO분자는 5개의 $O_3$ 분자와 충돌한다. 만일 플라스크의 동일한 공간(그림 12.12b)에 NO분자의 농도가 두 배인 2개라고 한다면, 각 NO 분자는 5개의 $O_3$ 분자와 충돌한다. NO분자의 농도를 두 배로 하면 충돌의 수가 두 배로 된다. 이것은 속도를 두 배로 하는데, 그 이유는 속도가 충돌수에 비례하기 때문이다(식 12.8). $O_3$의 농도가 두 배가 되면, 충돌의 수 역시 두 배가 된다(그림 12.12c). 따라서 이 반응의 속도법칙은

반응하는데 충분한 에너지를 갖는 분자의 분율을 0.1%, 또는 0.001이라고 가정한다. 만일 주어진 부피에 10,000개의 분자가 있다면, 0.001 x 10,000은 단지 10개의 분자만이 반응에 충분한 에너지를 갖는다. 같은 부피에 두 배의 분자를 갖는다면 – 즉 20,000 분자 – 그러면 0.001 x 20,000 = 20으로 반응하는데 충분한 에너지를 갖는 분자 수는 20개가 되고, 단위 부피당 반응하는 분자는 두 배로 많아진다.

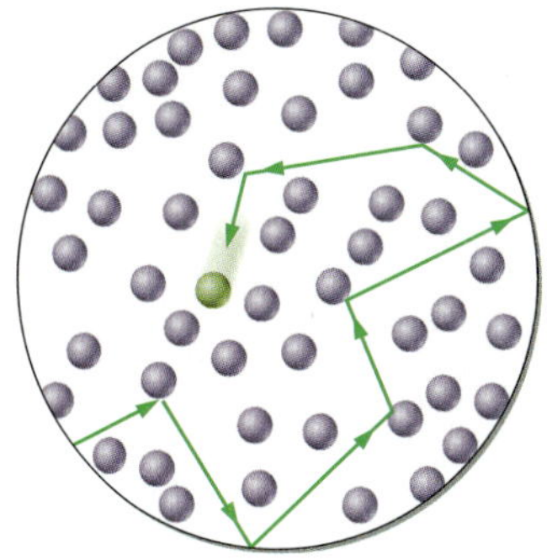

(a)

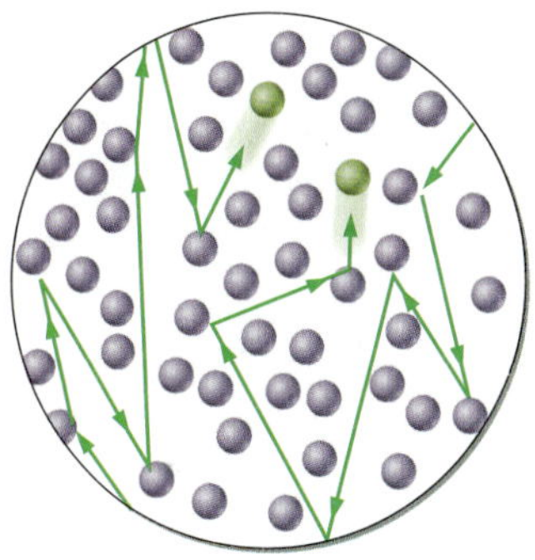

(b)

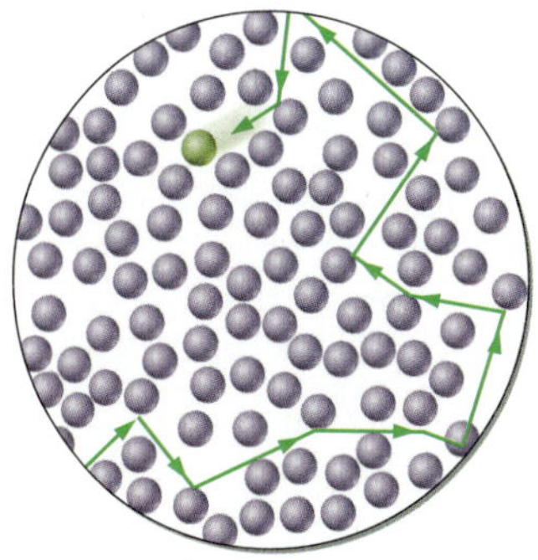

(c)

**그림 12.12 이분자 충돌 빈도에 있어서 농도의 효과.** (a) 초록색 분자 1개는 50개의 보라색 분자들 사이를 움직이면서, 1초당 5개의 분자들과 충돌을 한다. (b) 초록색 분자 2개는 50개의 보라색 분자들 사이를 움직이면서, 1초당 10개의 보라색 분자들과 충돌을 한다. (c) 만약, 보라색 분자가 두 배인 100개로 증가하면, 초록색과 보라색의 충돌 빈도는 초당 10이 된다. 충돌 수는 초록색 분자와 보라색 분자의 농도 모두에 비례한다. (실제 경우에는 초록색과 보라색 모두 움직이지만, 이 그림에서는 보라색 분자의 움직임은 보이지 않았다.)

다음과 같아야만 한다.

$$속도 = k[NO][O_3]$$

충돌하는 두 분자가 같은 종류라 할지라도, $NO + O_3$ 반응을 이렇게 묘사하는 것은 이분자 단일단계반응에 일반적으로 적용이 된다. 즉 단일단계반응에서,

$$A + B \longrightarrow 생성물, \qquad 속도법칙은 \qquad 속도 = k\,[A][B]$$

단일단계반응에서,

$$A + A \longrightarrow 생성물, \qquad 속도법칙은 \qquad 속도 = k\,[A]^2$$

$NO + O_3$ 반응에 있어서, 실험적으로 결정된 속도법칙은 반응이 일단계로 일어난다고 가정하고 유도한 것과 동일하다. 다음과 같은 반응식이 있다.

$$NO(g) + O_3(g) \longrightarrow NO_2(g) + O_2(g)$$

실험 속도법칙은 아래와 같다.

$$속도 = k\,[NO][O_3]$$

이 실험결과는 증명은 아니지만, 반응이 단일단계로 일어난다고 제안한다. 다른 실험 증거 역시 이 반응은 이분자 반응이라고 제안한다.

반대로, 과산화수소 분해의 화학반응식은

$$2\,H_2O_2(aq) \longrightarrow 2\,H_2O(\ell) + O_2(g)$$

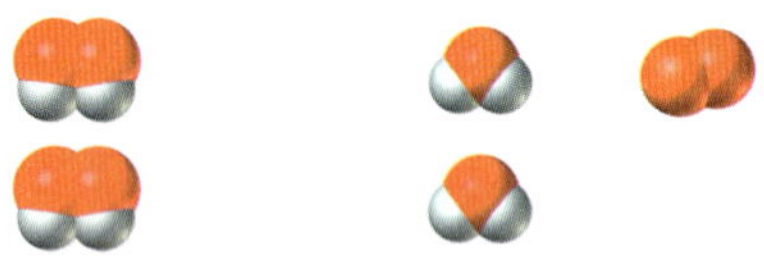

실험 속도법칙은 속도 = $k\,[H_2O_2]$ 이다. 이 속도법칙은 이 반응이 두 $H_2O_2$ 분자의 충돌을 포함하는 단일단계로 일어날 수 없다는 것을 증명한다. 단일단계 이분자반응은 2차 속도법칙이어야 하지만, 관찰된 속도법칙은 1차이다. 이것은 과산화수소가 분해반응을 할 때는 1개 이상의 단일단계가 필요하다는 것을 의미한다.

CONCEPTUAL **개념학습** **12.10 속도법칙과 단일단계반응**

다음 반응에서

$$NO_2(g) + CO(g) \longrightarrow NO(g) + CO_2(g)$$

실험으로 결정된 속도법칙은

속도 = $k\,[NO_2]^2$ 이다.

이 반응은 단일단계로 일어나는가? 그런지 또는 그렇지 않은지 그 이유를 설명하시오.

## 12.7 반응 메커니즘

대부분의 화학반응은 단일단계로 일어나지 않는다. 대신 일련의 일분자 또는 이분자

단일단계반응을 포함한다. 일련의 매 단일단계반응에 대하여 우리는 화학식을 쓸 수 있다. 한 단위의 이러한 반응식을 **반응 메커니즘(reaction mechanism)** 또는 간단히 메커니즘(mehanism)이라고 한다. 예를 들면 아래의 전체반응식에 의거하여 과산화수소는 산성 수용액에서 아이오딘화 이온을 산화하여 아이오딘과 물을 형성한다:

$$2\,I^-(aq) + H_2O_2(aq) + 2\,H_3O^+(aq) \longrightarrow I_2(aq) + 4\,H_2O(\ell) \qquad [12.10]$$

산의 농도가 $10^{-3}$ M 에서 $10^{-5}$ M 에 있을 때, 실험은 속도법칙이

$$\text{속도} = k\,[I^-][H_2O_2]$$

임을 보여준다. 이 반응은 $I^-$과 $H_2O_2$의 농도에 대하여 1차이고, 전체적으로는 2차이다.

과산화수소에 의한 아이오딘화 이온의 산화반응인 반응식 12.10을 보면, 여러분은 2개의 아이오딘화 이온, 1개의 과산화수소 분자, 그리고 2개의 하이드로늄 이온이 동시에 함께 모이는 것으로 생각할 것이다. 그러나 속도법칙은 $I^-$와 $H_2O_2$의 이분자 충돌과 같다. 5개의 이온 또는 분자가 반응하기에 충분한 에너지를 가지고, 같은 위치에 모두 적절하게 동시에 놓인다는 것은 전혀 그럴 듯 하지 않다. 대신, 이 반응을 연구한 화학자들은 초기에 1개의 $H_2O_2$(HOOH) 분자가 1개의 $I^-$와 만난다고 제안한다:

**단계 1:** $HOOH + I^- \xrightarrow{\text{느림}} OH^- + HOI$

이 초기 단계는 알고 있는 두 물질인 하이포아이오딘산, HOI와 수산이온을 형성 한다. 그 다음에 HOI는 다른 $I^-$와 반응하여 $I_2$를 형성한다:

**단계 2:** $HOI + I^- \xrightarrow{\text{빠름}} OH^- + I_2$

각 단계 1과 2에서 수산이온이 생성된다. 용액이 산성이기 때문에 이들 $OH^-$은 즉시 $H_3O^-$와 반응하여 물을 형성한다.

**단계 3:** $2\,OH^- + 2\,H_3O^+ \xrightarrow{\text{빠름}} 4\,H_2O$

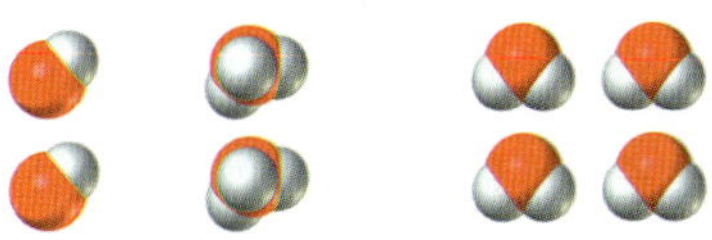

이 반응경로의 세 단계 각각은 단일단계반응이다. 각각은 자신의 활성화 에너지 $E_a$와 속도상수 $k$를 가지고 있다. 세 단계를 합치면(왼쪽에 모든 반응물을 놓고, 오른쪽에 생성물 모두를 놓은 다음 반응물과 생성물에 모두 나타나는 것을 지우면), 전체 양론적 화학반응식(반응식 12.10)이 얻어진다. 어떤 타당한

메커니즘도 전체 반응식으로 요약되는 일련의 일분자 또는 이분자 단일단계반응 단계로 구성되어야만 한다.

단계 1: $HOOH + I^- \xrightarrow{\text{느림}} HOI + OH^-$

단계 2: $HOI + I^- \xrightarrow{\text{빠름}} I_2 + OH^-$

단계 3: $2\,OH^- + 2\,H_3O^+ \xrightarrow{\text{빠름}} 4\,H_2O$

전체 $2\,I^- + HOOH + 2\,H_3O^+ \longrightarrow I_2 + 4\,H_2O$ [12.10]

메커니즘의 1단계는 느리지만, 한편으로 2와 3단계는 빠르다. 1단계를 **속도결정 단계(rate-limiting step)**라고 부르는데 이유는 순서들 중에서 가장 느리기 때문이고, 이것이 $I_2(aq) + 4\,H_2O(l)$를 생성할 수 있는 속도를 제한한다. 2와 3단계는 빠르기 때문에 속도결정 단계가 아니다. 1단계에서 약간의 HOI와 $OH^-$가 생성되자마자, 곧 바로 2와 3단계에 의해서 $I_2$와 $H_2O$로 변환된다. **전체반응의 속도는 메커니즘에 있는 가장 느린 단계의 속도에 제약을 받고, 그것과 동일하다.**

속도제한 또는 속도결정 단계와 유사한 상황은 상점에서 아무리 빠르게 장을 보아도 상점 밖으로 나가는 시간은 계산대를 빠져나가는 속도에 의존하는 것과 같다.

1단계는 이분자 단일단계반응이다. 그러므로 그 속도는 HOOH에 1차이고 $I^-$에 1차이다. 메커니즘은 속도법칙을 다음과 같이 예측할 수 있으며, 이것은 실험적으로 관찰된 속도

$$\text{반응속도} = k\,[HOOH][I^-]$$

법칙과 일치한다. 타당한 메커니즘은 실험적으로 관찰된 속도법칙을 정확히 예측해야만 한다.

EXERCISE
**연습문제** 12.11 **단일단계반응의 속도법칙**

과산화수소와 아이오딘화 이온의 반응에서 메커니즘의 2단계 반응에 대한 속도법칙은 무엇인가?

반응이 일어나는 동안, 만일 상당한 농도의 반응 중간체가 축적된다면, 생성물이 생성되는 것보다 빠르게 반응물이 소모될 것이다(중간체의 축적은 이것이 최종 생성물로 변환되기 전에 사용된 반응물의 일부를 저장하기 때문이다). 그와 같은 경우에 있어서, 식 12.3에서 주어진 속도법칙의 정의는 옳지 않다. 반응 중간체의 형성을 검사하는 한 가지 방법은 반응물이 소모되는 것만큼 빠르게 생성물이 형성되지 않는 것을 알아차리는 것이다.

HOI와 $OH^-$는 1단계에서 생성되고, 2와 3단계에서 소모된다. 메커니즘에 있어서, 한 단계에서 생성되고 나중 단계(또는 나중 단계들)에서 소모되는 원자, 분자, 및 이온들을 **반응 중간체(reaction intermediates)** 또는 간단히 중간체(intermediates)라고 한다. 반응이 진행되는 동안, 매우 적은 농도의 HOI와 $OH^-$가 생성된다. 일단 HOOH, $I^-$ 또는 둘다 모두 사용되면, 중간체 HOI와 $OH^-$가 2와 3단계에서 소모되어 사라진다. HOI 와 $OH^-$는 반응 메커니즘에서는 대단히 중요하지만, 전체 반응식에는 이들 중 어느 것도 나타나지 않는다. 만일 실험자가 특정 중간체가 있었다는 것을 보여줄 만큼 충분히 숙련되어 있다면, 이것은 중간체를 포함하는 메커니즘이 올바른 것이라는 추가적인 증거를 제공한다.

요약하면, 타당한 반응 메커니즘이 되기 위해서는

- 일련의 일분자 또는 이분자 단일단계반응으로 이루어지고,
- 전체 반응으로 요약될 수 있는 반응의 단계로 구성되며,
- 실험에서 관찰된 속도법칙을 정확하게 예측할 수 있어야 한다.

## 반응속도론과 메커니즘

화학반응의 속도론을 연구하는 것은 시간의 함수로서 반응물의 농도에 대한 자료를 수집하는 것을 포함한다. 그와 같은 자료로부터, 반응의 속도법칙과 속도상수를 얻을 수 있다. 반응은 또한 활성화 에너지를 구하기 위하여 몇 개의 서로 다른 온도에 대하여 연구할 수 있다. 이것은 다양한 실험조건에서 거시적인 반응이 얼마나 빠른지 예측할 수 있도록 하기는 하지만, 반응이 일어나는 나노수준의 메커니즘에 대한 결정적인 정보는 제공하지는 못한다. 반응 메커니즘은 반응이 일어나는 경로에 대한 가설과 경험에서 나오는 추측이다. 만약 메커니즘이 반응의 전반적인 화학양론과 실험적으로 결정된 속도법칙을 올바르게 예측한다면, 이것은 이치에 맞는 가설이다. 그러나 메커니즘이 맞는다는 것을 확실하게 증명하는 것은 불가능하다. 때때로 몇 개의 메커니즘이 일단의 동일한 실험과 일치할 수 있다. 이것이 속도론의 연구를 화학의 가장 흥미롭고 가치있는 분야들 중의 하나로 만드는 것이지만, 동일한 반응의 다른 가능한 메커니즘을 선호하는 과학자들 사이의 논쟁을 불러일으킬 수 있다.

**예제 12.10 속도법칙과 반응 메커니즘**

아래의 이산화질소와 플루오린의 기체상 반응은

$$2\ NO_2(g) + F_2(g) \longrightarrow 2\ NO_2F(g)$$

실험적으로 다음의 속도법칙을 따른다.

$$\text{속도} = k\,[NO_2][F_2]$$

다음 메커니즘들 중에서 어느 것이 속도법칙에 타당한지 결정하시오.

(a) $NO_2 + NO_2 \longrightarrow N_2O_4$ 느림
$N_2O_4 + F_2 \longrightarrow 2\ NO_2F$ 빠름

(b) $NO_2 + F_2 \longrightarrow NO_2F_2$ 느림
$NO_2F_2 + F_2 \longrightarrow NO_2F_4$ 빠름

(c) $NO_2 + F_2 \longrightarrow NO_2F + F$ 느림
$NO_2 + F \longrightarrow NO_2F$ 빠름

(d) $2\ NO_2 + F_2 \longrightarrow 2\ NO_2F$

**정답:** 메커니즘 (c)가 속도법칙과 화학양론적으로 타당하다.

**풀이:** (1) 오직 일분자와 이분자 단계만 구성되었는지 (2)전체 화학양론과 일치하는지, 그리고 (3)실험적 속도법칙을 예측하는지를 보기 위해서 각 메커니즘을 검토하시오. 일치하지 않는 것은 제외하시오. 나머지 메커니즘은 맞을 수도 있다.

메커니즘 (a)는 느린 이분자 첫 단계를 갖는다. 이것은 속도법칙, 속도 = $k\,[NO_2]^2$를 의미하는데, 이것은 관찰된 속도법칙과 일치하지 않으므로 고려대상에서 제외시킨다.

메커니즘 (b)는 전체 화학양론적으로 요약되지 않으므로 제외시킬 수 있다.

메커니즘 (d)는 동시에 세 분자의 충돌을 포함한다: 2개의 $NO_2$와 1개의 $F_2$. 이것은 일분자 또는 이분자 단계로 구성되지 않으므로 제외할 수 있다.

메커니즘 (c)는 세 가지 조건 모두를 만족한다. 플루오린 원자 F는 중간체이다.

**실전예제 12.10**

Raschig 반응은 염기성 수용액에서 암모니아, $NH_3$와 하이포염소산 이온, $OCl^-$로부터, 공업적으로 중요한 환원제인 히드라진, $N_2H_4$을 생성한다. 제안된 메커니즘은 아래와 같다.

**단계 1:** $NH_3(aq) + OCl^-(aq) \xrightarrow{\text{느림}} NH_2Cl(aq) + OH^-(aq)$

**단계 2:** $NH_2Cl(aq) + NH_3(aq) \xrightarrow{\text{빠름}} N_2H_5^+(aq) + Cl^-(aq)$

**단계 3:** $N_2H_5^+(aq) + OH^-(aq) \xrightarrow{\text{빠름}} N_2H_4(aq) + H_2O(\ell)$

(a) 전체 화학양론적 반응식은 무엇인가?
(b) 속도결정단계는 무엇인가?
(c) 어떤 반응 중간체가 포함되었는가?
(d) 이 메커니즘으로 예측되는 속도법칙은 무엇인가?

## 12.8 촉매와 반응속도

온도를 올리면 반응속도가 증가하는데, 이것은 활성화 에너지 장벽을 넘을 수 있는 충분한 에너지를 갖는 분자의 분율이 증가하기 때문이다. 반응물의 농도가 증가하는 것 역시 반응속도를 증가시키는데, 이것은 단위 부피당 분자의 수가 증가하기 때문이다. 반응속도를 증가시키는 세 번째 방법은 촉매를 더하는 것이다.

예를 들어 과산화수소 수용액은 물과 산소로 분해될 수 있다.

$$2\,H_2O_2(aq) \longrightarrow O_2(g) + 2\,H_2O(\ell)$$

실온에서 분해반응의 속도는 매우 느리다. 만약 과산화수소 수용액을 깨끗한 플라스틱 용기에 서늘하고 어두운 곳에 저장하면, 이것은 수 개월 동안 보관할 수 있다. 그러나 망가니즈 염, 아이오딘화를 갖는 염이 있으면 생물촉매 분해반응은 매우 빠르게 일어날 것이다(그림 12.13a).

질산암모늄은 비료로 사용되고 상온에서 안정하다. 그러나 높은 온도와 촉매로서 염화이온이 있으면, 질산암모늄은 엄청난 힘으로 폭발할 수 있다(그림 12.13b). 1947년 Texas주에 있는 Texas City에서 작업 인부들이 Grandcamp 선박에 붙은 불을 끄려고 염수(~0.5 M $Cl^-$을 포함하는)를 사용하였는데, 이때 배에 실려있는 질산암모늄 화물이 폭발해서, 대략 600여명의 목숨을 잃었다.

어떻게 촉매 또는 효소가 반응이 빨리 일어나도록 돕는가? 이것은 반응 메커니즘에 참여함으로써 그렇게 된다. 즉, 촉매화 반응의 메커니즘은 촉매가 없는 동일한 반응의 메커니즘과는 다르다. 촉매화 반응의 속도결정 단계는 낮은 활성화 에너지를 갖는다. 그러므로 비촉매 반응의 느린 단계보다 빠르다. 어떻게 이것이 작용하는지 보기 위해서, 기체상태에서 시스-와 트랜스-2-뷰텐의 변환을 다시 고찰해 보자.

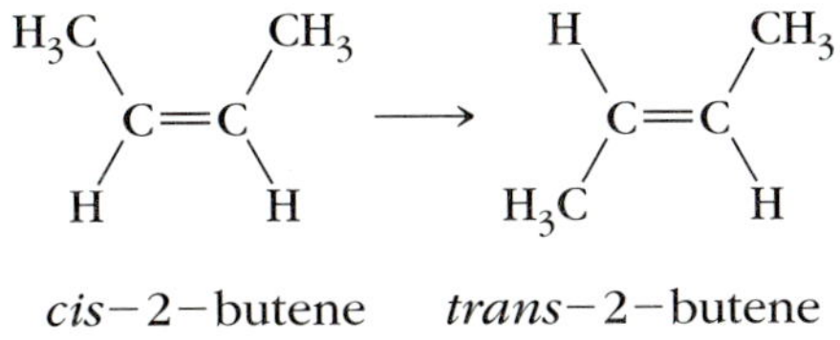


속도 = $k$ [*cis*−2−butene]

소량의 기체성 아이오딘 분자, $I_2$,가 시스−2−뷰텐의 시료에 첨가되면, 아이오딘은 트랜스−2−뷰텐으로의 변환을 가속화 한다. 아이오딘은 전체 반응에서 소모되거나 생성되지 않으므로, 따라서 완결된 균형잡힌 반응식에는 나타나지 않는다. 그러나 반응속도는 $I_2$의 농도에 의존하기 때문에, 촉매화 반응의 속도법칙에는 $I_2$ 농도를 포함하는 항이 있다.

$$\text{속도} = k\,[cis\text{−2−butene}][I_2]^{1/2}$$

속도법칙에 있는 $I_2$ 농도의 $\frac{1}{2}$ 지수는 농도의 제곱근을 의미한다. 제곱근 의존도는 대개 분자의 절반—이 경우에는 단일 아이오딘 원자—이 메커니즘에 포함된다는 것을 의미한다.

시스−에서 트랜스−2−뷰텐의 변환 속도는 변하는데 이것은 $I_2$의 존재가 어떻게든 반응 메커니즘을 변화하기 때문이다. 최선의 가설은 아이오딘 분자가 처음에 아이오딘 원자를 형성하기 위해서 해리하는 것이다.

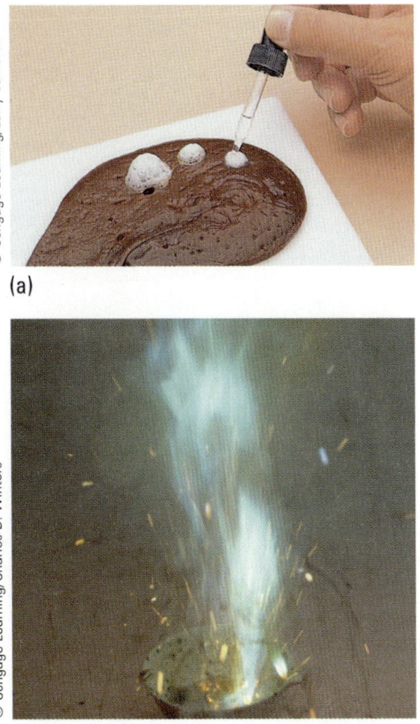



**그림 12.13 촉매 작용.** (a) $H_2O_2$ 30% 수용액을 간에 떨어뜨린다. $H_2O_2$가 $O_2$와 $H_2O$로 빠르게 분해할 때, 이 액체는 기포를 형성한다. 간은 $H_2O_2$의 분해를 촉매화하는 효소를 가지고 있다. (b) 실험실 수준에서의 질산 암모늄의 폭발: $NH_4NO_3$ 시료는 염화 이온으로 촉매화된다.

### 단계 1: $I_2$ 해리

$$\tfrac{1}{2}\,[\,I_2(g) \longrightarrow 2\,I(g)\,]$$

(이 반응식은 $\frac{1}{2}$로 곱하였다. 이유는 $I_2$로부터 두 I 원자들 중에서 단지 1개만이 메커니즘의 다음 단계에서 필요하기 때문이다.) 그 다음에 아이오딘 원자는 시스−2−뷰텐 분자를 공격해서, 두 중심 탄소원자들 사이의 이중결합을 절반으로 깨서 분자의 양 끝단이 서로 자유로이 비틀리도록 한다.

### 단계 2: 시스−2−뷰텐에 I 원자의 결합

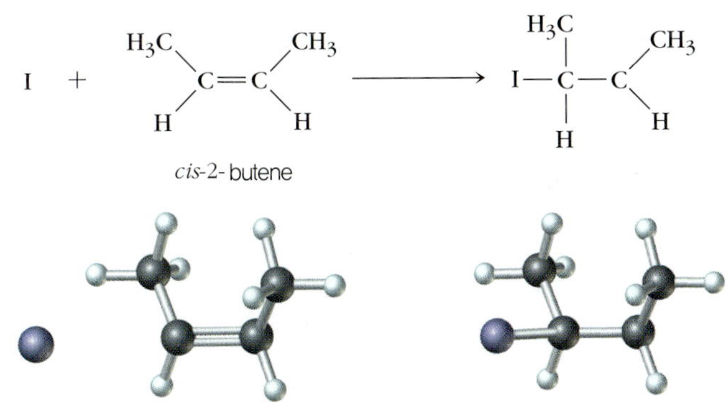

**단계 3: C －C 결합의 회전**

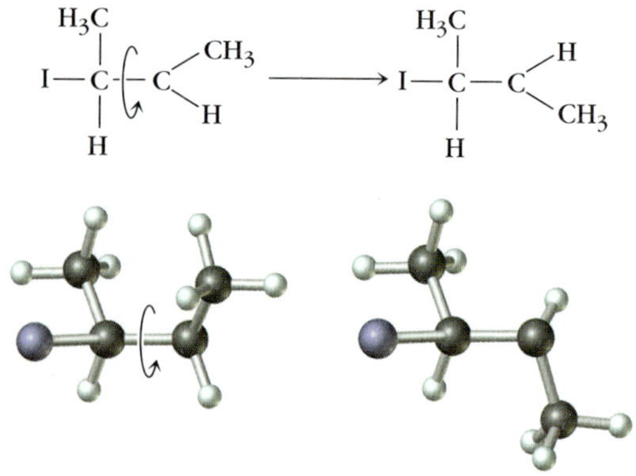

**단계 4: I 원자의 이탈 및 C －C 이중결합의 재형성**

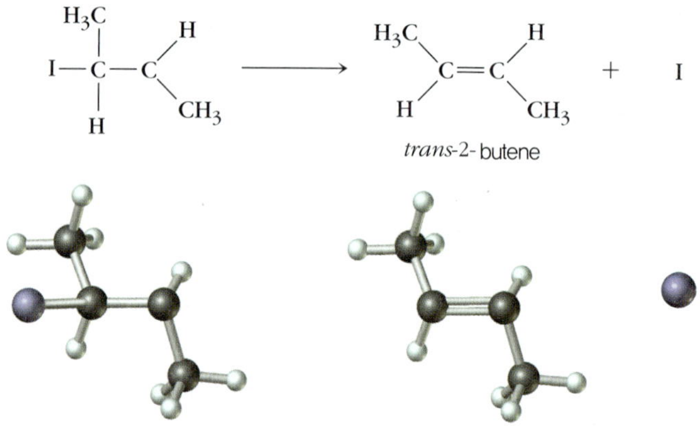


새로운 결합이 형성되어 트랜스－2－뷰텐이 되고 아이오딘 원자가 떨어져나 간 다음에 2개의 아이오딘 원자는 분자 아이오딘을 형성하기 위해서 모인다.

**단계 5: $I_2$의 재생**

$$\frac{1}{2}[\ 2\ I(g) \longrightarrow I_2(g)\ ]$$

이 메커니즘에는 중요한 다섯 가지 고려할 점이 있다.

- $I_2$는 원자로 해리되고, 다음에 재형성된다. 외부의 관찰자들에게는 $I_2$의 농도는 변하지 않는다. $I_2$는 메커니즘에 나타나기는 하지만 균형잡힌 완결된 반응식에서 포함 되지 않는다. 촉매들에 있에서는 이것은 일반적으로 사실이다.
- 그림 12.14는 활성화 에너지 장벽이 촉매화 반응에서 상당히 낮다는 것을 보여준다 (메커니즘이 다르기 때문이다). 결론적으로 반응속도는 매우 빠르다. 비촉매화 반응의 262 kJ/mol에서 촉매화 과정의 115 kJ/mol 로 활성화 에너지를 낮추면 500. K에서 촉매화 반응은 $10^{15}$배 빨라진다.

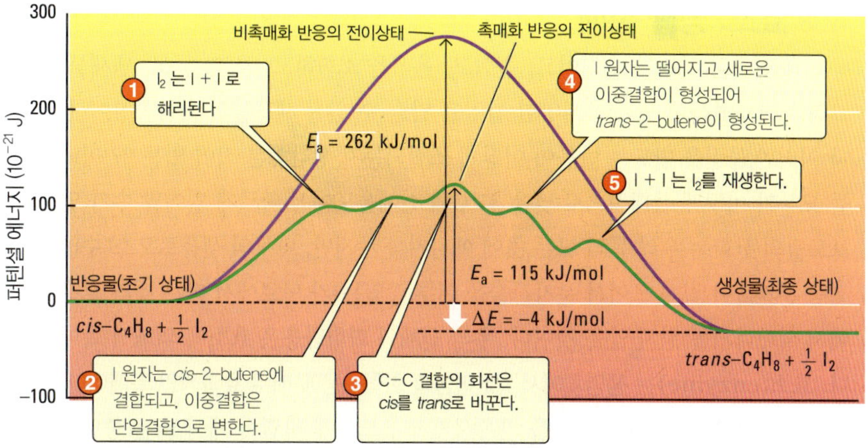


**그림 12.14 촉매화 및 비촉매화 반응의 에너지 도표.** 촉매는 활성화 에너지를 낮추기 위해서 메커니즘을 변화하여 반응을 가속화한다. 극복해야 할 장벽이 낮으므로, 더 많은 분자들이 장벽을 넘기에 충분한 에너지를 가지고 있어서, 반응이 쉽게 일어난다. (포함된 단계들은 본문에 설명하였다.) 메커니즘이 변하기 때문에 장벽의 모양이 변하는 것에 주의하시오. 이것은 반응의 활성화 에너지를 변화시키지만 ΔE는 변화시키지 않는다.

- 촉매화 반응은 다섯 단계를 가지고 있고, 반응진행 대 에너지 도표(그림 12.14)는 5개의 에너지 장벽을 가지고 있다(곡선에는 다섯 개의 언덕이 있다).
- 촉매 $I_2$ 와 반응물 시스−2−뷰텐 모두는 반응이 진행되는 동안 기체상태이다. 촉매가 반응하는 물질 또는 물질들 처럼 동일한 상태로 존재한다면, 이것을 **균일 촉매(homogeneous catalyst)**라고 한다.
- 메커니즘이 다르기는 하지만, 촉매화된 반응의 처음과 나중의 에너지는 비촉매화 반응과 같다. 이것은 Δ$E$와 Δ$H$가 비촉매화 반응에서처럼 촉매화 반응에서도 일정하다는 것을 의미한다.

$k = Ae^{-E_a/RT}$ 이므로

$$\frac{k_2}{k_1} = \frac{Ae^{-E_{a_2}/RT}}{Ae^{-E_{a_1}/RT}} = e^{-(E_{a_2}-E_{a_1})/RT}$$

$$= e^{\left(\frac{(262{,}000-115{,}000)\ \mathrm{J\ mol^{-1}}}{8.314\ \mathrm{J\ K^{-1}\ mol^{-1}} \times 500.\ \mathrm{K}}\right)}$$

$$= e^{3.536\times10^{1}} = 2.28 \times 10^{15}$$

EXERCISE
## 연습문제 12.12 촉매

수용액에서 세륨(IV) 이온에 의한 탈륨(I) 이온의 산화는 다음과 같다.

$$2\,Ce^{4+}(aq) + Tl^{+}(aq) \longrightarrow 2\,Ce^{3+}(aq) + Tl^{3+}(aq)$$

다음은 이 반응의 타당한 메커니즘이다.

**단계 1:** $Ce^{4+}(aq) + Mn^{2+}(aq) \longrightarrow Ce^{3+}(aq) + Mn^{3+}(aq)$

**단계 2:** $Ce^{4+}(aq) + Mn^{2+}(aq) \longrightarrow Ce^{3+}(aq) + Mn^{3+}(aq)$

**단계 3:** $Mn^{4+}(aq) + Tl^{+}(aq) \longrightarrow Mn^{2+}(aq) + Tl^{3+}(aq)$

(a) 이 메커니즘이 전체 반응을 예측한다는 것을 증명하시오.
(b) 이 반응의 모든 중간체를 밝히시오.
(c) 이 반응의 촉매를 밝히시오.
(d) 이 메커니즘의 첫 단계가 속도결정 단계라고 가정하고, 속도법칙은 어떻게 되겠는가?

## 12.9 효소: 생물 촉매

© MedioImages/Corbis

우리의 신체는 우리가 움직이고, 숨쉬고, 음식을 소화하고, 보고, 듣고, 냄새를 맡고, 그리고 생각하는데 필요한 다양한 물질을 만들 수 있는 세포들의 화학공장이다. 그러나 이러한 물질을 만드는 반응이 어떻게 조절되는지 생각해본 적이 있는가? 이러한 것들 모두가 어떻게 상대적으로 낮은 37°C의 신체온도에서 빠르게 일어날 수가 있을까? 포도당의 산화는 우리 몸의 모든 곳에 에너지를 주지만, 나무의 셀룰로오스(수많은 포도당 분자들이 길게 모여서 분자사슬을 이루고 있는)가 난로에서 타는 것과 같은 온도에서 일어나기를 원치 않을 것이다. 우리 신체의 화학반응은 효소에 의해서 촉매화 된다. **효소(enzyme)는 생명체에서 1개 이상의 화학반응에 매우 효과적인 촉매이다.** 적절한 촉매의 유무는 이러한 반응을 가속시키거나 느리게 하면서 개시 또는 중단시킨다. 이것은 우리가 활동하는데 절대적으로 필요한 다양한 분자와 이온의 농도 및 온도를 거의 일정하게 유지하도록 한다.

일부 구상 단백질에 있는 약한 공유결합은 이황화 결합이다. 이것은 아미노산 시스테인의 곁가지에 있는 황원자들 사이에서 일어난다. 단백질의 한 점에 있는 시스테인 1개의 곁가지는 단백질 골격을 따라서 멀리 떨어진 시스테인 곁가지와 결합할 수 있다.

효소는 대개 아미노산이라는 개별 단위들이 많이 모여서 이루어진 거대 분자인 단백질이다. 아미노산은 마룻바닥에 쌓여서 서로 엉키게 되는 금속 사슬처럼 자체적으로 말릴 수 있는 긴 분자 사슬로 이어진다. 대부분의 효소는 구상 단백질이고, 1개 이상의 긴 아미노산 사슬이 거의 공처럼 말려져 있다. 구상 단백질의 모양은 아미노산 성분들 사이의 비공유결합성 인력(수소결합, 반대 이온들 사이의 인력, 쌍극자-쌍극자 및 이온-쌍극자), 몇 개의 약한 공유결합 및 비극성(소수성) 아미노산 곁가지는 분자의 중앙에 뭉쳐져서 수용액의 접근이 어려운 요인들로 결정이 된다.

효소는 알려진 가장 효과적인 촉매이다. 이것은 반응속도를 $10^9$에서 $10^{10}$으로 증가시킬 수 있다. 예를 들자면, 무수 탄산효소와 탄산분자의 본질적으로 모든 충돌은 분해를 일으키고, 효소는 매 분마다 3천 6백만 개의 탄산분자를 분해할 수 있다.

$$H_2CO_3(aq) \xrightarrow{\text{탄산 탈수효소}} CO_2(g) + H_2O(\ell)$$

모든 효소는 매우 특이성 촉매이다. 일부는 살아있는 세포에서 발견되는 수 백 개의 서로 다른 물질들 중에서 단지 한 두 개에만 작용한다. 예를 들면 탄산 탈수효소는 오직 탄산 분해만 촉매화한다. 다른 효소는 몇 가지 반응을 촉매화 할 수 있지만, 이러한 반응의 대부분은 동일한 형태이다.

### 효소의 활성도 및 특이성

**기질(substrate)**은 효소에 의해서 촉매화되는 반응의 분자이다. 효소가 한 분자에서 다른 분자로 원자단을 전달할 때, 기질이 1개 이상인 경우도 있다. 효소의 구조는 활성화 에너지를 최소화하도록 정교하게 조절된 구조를 갖고 있기 때문에, 효소의 촉매 작용은 매우 효과적이고 특징적이다. **활성자리(active site)**라고 하는 효소분자 대개의 한 부분은 구상 구조인 효소를 유지하는 일종의 비공유결합에 의해서 기질과 상호작용을 한다. 효소 활성 자리에 대한 나노수준의 구조는 기질분자에 끌리어 결합하고 기질의 반응을 도와주기에 특별히 적합하다. 기질이 효소와 결합할 때, 두 분자의 구조는 모두 변한다. 각 구조는 서로에서 잘 적합하도록 조정되어 보완적이 된다. 효소와 기질이 결합할 때, 효소 또는 기질의 각각 또는 두 분자 모두의 구조적 변화를 **유도적합(induced fit)**이라고 한다. 모든 분자의 구조는 유도 적합이 일어나도록 충분히 근접되지 않기 때문에, 효소는 특정 분자의 반응만 촉매화 한다. 효소에 대한 기질의 유도 적합 역시 반응의 활성화 에너지를 낮출 수 있다. 예를 들면 기질을 뒤틀어서 원하는 반응에서 끊어지는 결합을 신축할 것이다. 이것이 어떻게 일어나는지를 그림 12.15에 도식적으로 나타내었다.

요약하면, 효소는 몇 가지 이유들 때문에 생물 촉매로서 매우 효과적이다;

- 반응이 일어나는 동안, 효소는 기질에 가깝게 접근하여 기질을 잡는다.
- 효소는 반응에 가장 효과적인 모양으로 기질을 잡는다.
- 효소는 기질로부터 수소이온을 빠르고 쉽게 주거나 받아서, 반응 동안 산 및 염기로 작용한다.
- 효소에 대한 기질의 유도 적합으로 뒤틀린 결합의 포텐샬 에너지는 반응이 일어날 때 극복해야만 하는 활성화 에너지 장벽의 중간까지 이미 올라가 있다.
- 효소는 때때로 산화-환원 반응의 촉매화를 도와주는 금속이온을 포함한다.

## 효소 속도론

모든 촉매가 하는 것처럼, 효소는 반응의 메커니즘을 변화시킨다. 어떤 효소-촉매화 반응 메커니즘의 처음 단계는 기질과 효소의 결합이고, 이것을 **효소-기질 착물(enzyme-substrate complex)**의 형성이라고 한다. 효소를 E, 기질을 S, 생성물을 P라고 하면, 단일단계 비촉매화 반응과 두 단계 촉매화 반응을 다음과 같이 쓸 수 있다.

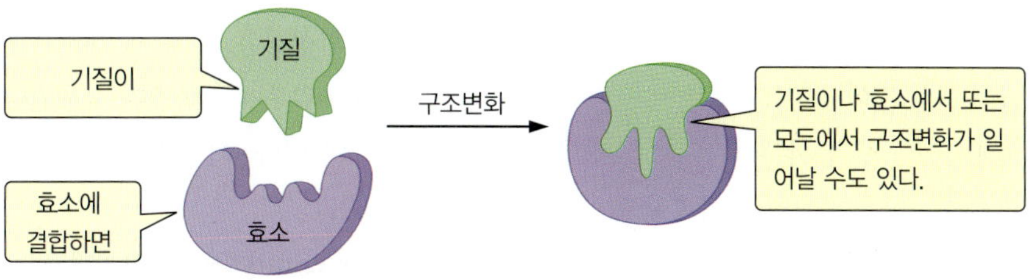


그림 12.15 **효소에 대한 기질의 유도 적합.** 효소에 기질의 결합은 각각 또는 분자 모두의 모양 변화를 포함할 수도 있으며, 그로 인해서 서로가 적합하도록 유도된다. 일부 경우에 있어서, 결합이 끊어지고 반응이 일어나도록 돕는 기질분자의 신축운동이 있을 수 있다.

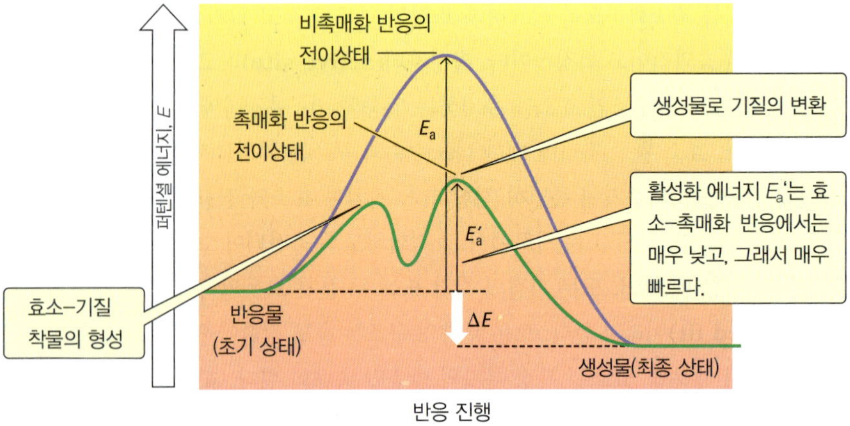


**그림 12.16** **효소-촉매화 반응의 에너지 도표.** 붉은 곡선은 효소가 없는 생명계의 전형적인 에너지 변화도이다. 초록색의 에너지 변화도는 효소 촉매에 의한 동일한 반응을 동일한 스케일로 도시하였다.

비촉매화 메커니즘; S $\longrightarrow$ P

효소-촉매화 메커니즘:

1 단계(빠름): S + E $\rightleftharpoons$ ES (효소-촉매 착물형성)

2 단계(느림): ES $\longrightarrow$ P + E (생성물의 형성과 효소의 재생성)

효소가 촉매인 것이 첫 단계에서는 반응물이고 두 번째 단계에서는 재생성 된다는 사실로 증명된다. 이 메커니즘은 거의 모든 효소-촉매화 반응에 적용이 된다. 두 번째 단계가 느리기 때문에, 효소-촉매 착물은 생성물을 형성하기 전에 종종 분리되어 E + S를 재생성한다. 이러한 가능성은 처음 단계의 양쪽 화살표로 표시된다.

효소와 기질사이의 비공유성 인력 때문에, 효소-촉매화 반응에서는 비촉매화 반응 보다 활성화 에너지가 상당히 낮아진다. 그림 12.16은 이 상태를 보여준다. 실온보다 조금 높은 온도에서도 상당한 수의 분자가 이 낮은 장벽을 극복하는데 충분한 에너지를 갖는다. 따라서, 효소-촉매화 반응은 체온에서 적당히 빠르게 일어날 수 있다.

## 12.10 공업에서 촉매작용

공업화학분야의 전문가는 매년 1조 달러 가치 이상의 물질들이 인간이 만든 촉매에 의해서 제조된다고 말한다. 촉매가 없으면, 비료, 약, 연료, 합성섬유, 용매, 및 세제는 공급이 딸릴 것이다. 사실 모든 생산품의 90%가 생산과정의 일부에서 촉매가 사용된다. 촉매사용의 주 분야는 석유정제, 화학제품생산과 환경제어이다. 이 절에서는 촉매에 의존하는 많은 중요한 공업적 반응의 몇 가지를 소개한다.

많은 공업적 반응은 **불균일 촉매(heterogeneous catalysts)**를 사용한다. 이러한 촉매는 촉매화되는 반응물과는 다른 상으로 존재한다. 대개의 촉매는 고체이고 반응물은 기체이거나 또는 액체이다. 공업적으로는 불균일 촉매를 사용하는데, 이유는 균일 촉매보다 생성물과 남아있는 반응물로부터 쉽게 분리되기 때문이다. 화학공정에서 촉매는 일반적으로 금속을 기반으로 하며, 백금 및 팔라듐과 같은 귀금속을 포함한다. 미국에서는 매년 6억 달러 이상의 촉매가 화학공정에서 사용되고, 그 중의 절반은 고분자 제조에 사용된다.

## 아세트산의 제조

유기화학산업에서 아세트산, $CH_3COOH$의 중요성은 무기화학산업에서 황산의 그것에 필적하는데, 미국에서 아세트산의 생산량은 매년 50억 파운드를 넘는다. 아세트산은 플라스틱, 합성섬유, 곰팡이제 및 많은 식이 보조제를 만드는 출발물질로서 공업적으로 광범위하게 사용된다. 이 산을 합성하는 방법 중 한 가지 훌륭한 예는 균일 촉매이다. 아이오딘화 로듐(III)은 아세트을 만드는 저렴한 물질인 일산화탄소와 메탄올의 화합을 가속화시키는데 사용된다.

$$\underset{\text{methyl alcohol}}{CH_3OH} + \underset{\text{carbon monoxide}}{CO} \xrightarrow{RhI_3\ \text{촉매}} \underset{\text{acetic acid}}{CH_3\overset{\overset{\displaystyle O}{\|}}{C}-OH}$$

이 반응에서 아이오딘화 로듐(III) 촉매의 역할은 반응물을 합쳐서 이들이 생성물을 형성하도록 재배열하는 것이다. 일산화탄소와 알코올의 메틸기는 로듐원자에 결합되는데, 이것이 메틸기를 CO에 전달하도록 도와준다. 이 재배열 후에 중간체는 용매인 물과 반응하여 아세트산을 형성하고 촉매를 재생성한다.

## 자동차의 배기가스 제어

촉매의 주 사용은 자동차와 발전소의 배기가스 제어이다. 이 시장은 매우 많은 양의 백금 족 금속: 백금, 팔라듐, 로듐과 이리듐을 사용한다. 2006년에는 전세계적으로 13,000 kg 이상의 백금과 128,000 kg 이상의 팔라듐이 자동차용으로 팔렸다. 이러한 목적으로 로듐에 대한 수요 또한 높다(약 26,000 kg). 이들 세 금속은 모두 화학공정에서 촉매로 사용되고, 석유산업에서는 백금과 로듐이 정제과정에서 촉매로 사용된다.

**자동차 촉매 변환기.** 촉매 변환기는 모든 새로운 자동차 배기기관의 기본 장치이다. 이것은 2개의 촉매를 가지고 있다. 1개는 일산화질소를 질소로 변환하고 다른 하나는 일산화탄소와 탄화수소를 이산화탄소와 물로 변환한다.

자동차의 배기기관에서 촉매의 목적은 일산화탄소와 탄화수소의 완전 연소를 확실하게 하고, 산화질소를 환경적으로 덜 유해한 분자로 변환시키는 것이다.

$$2\,CO(g) + O_2(g) \xrightarrow{\text{Pt-NiO 촉매}} 2\,CO_2(g)$$

$$\underset{\substack{\text{2,2,4-trimethylpentane,}\\ \text{가솔린의 성분}}}{2\,C_8H_{18}(g)} + 25\,O_2(g) \xrightarrow{\text{Pt-NiO 촉매}} 16\,CO_2(g) + 18\,H_2O(g)$$

고온 연소에서는 공기에 포함된 $N_2$의 일부가 산소와 반응하여 심각한 공기 오염물인 일산화질소를 생성한다. 열역학 자료는 일산화질소는 불안정하고, $N_2$와 $O_2$로 되돌아간다는 것을 보여준다. 그러나 열역학은 속도와는 무관하다는 것을 기억하라. 불행하게도 NO가 $N_2$와 $O_2$로 되돌아가는 속도는 느리다. 다행히 이 반응의 속도를 빠르게 하는 촉매가 개발되었다.

$$2\,NO(g) \xrightarrow{\text{촉매}} N_2(g) + O_2(g)$$

앞의 반응들에서 불균일 촉매의 역할은 아마도 반응물의 결합을 약화시켜서, 생성물의 형성을 돕는 것이다. 예를 들면 그림 12.17은 백금 금속 촉매 표면에서 NO 분자가 어떻게 N과 O 원자들로 분해될 수 있는지 보여준다.

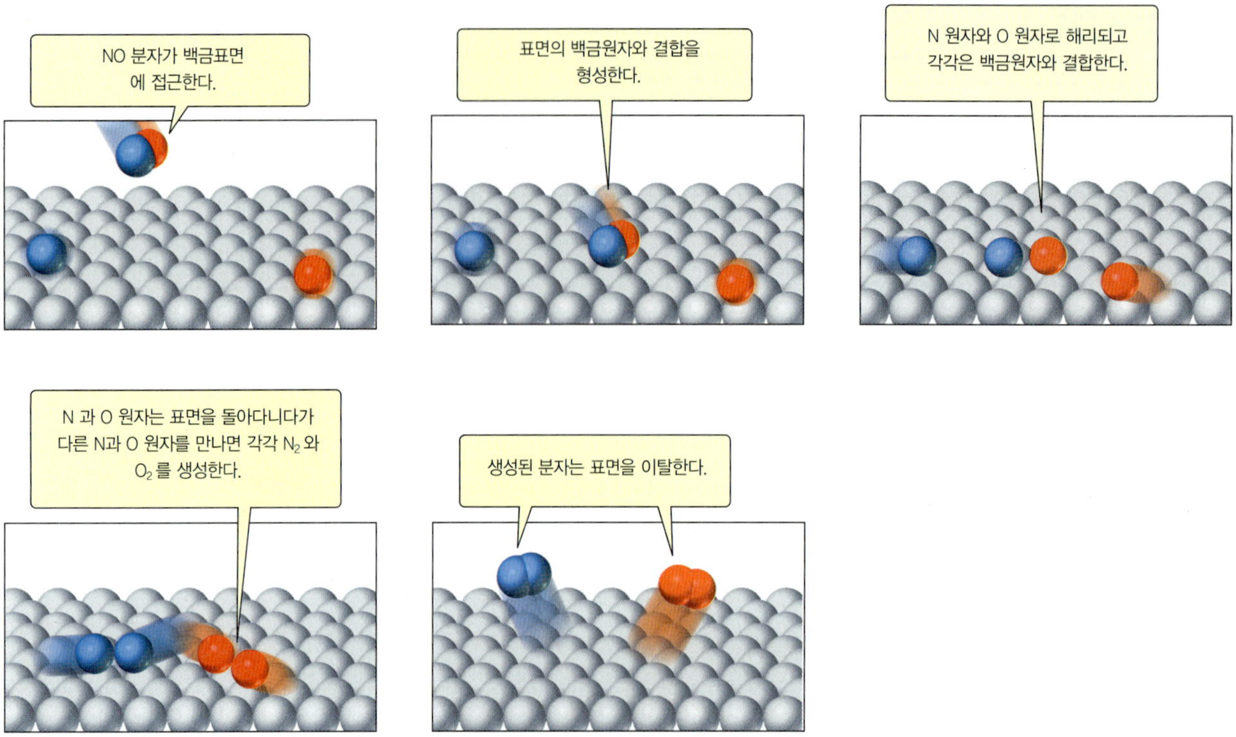


**그림 12.17 NO 에서 $N_2$ 와 $O_2$ 로 촉매 변환.** 백금표면은 NO 분자의 해리를 도와, NO가 $N_2$와 $O_2$로 변환 되는 것을 가속시킬 수 있다. 표면과의 상호작용 및 해리의 전 과정은 대략 $1.7 \times 10^{-12}$ s가 걸린다.

CONCEPTUAL **개념학습 12.18 촉매작용**

다음 설명 중에서 옳은 것은? 틀린 것이 있다면, 바로 잡으시오.

(a) 균일 촉매의 농도는 속도법칙에 포함될 수도 있다.

(b) 촉매는 항상 전 반응에서 소모된다.

(c) 촉매는 항상 반응물과 같은 상태이어야만 한다.

# 문제

## 반응속도

1. 속도론이 중요한 단순 과정으로써 설탕의 용해를 생각하여 보자. 아래 열거한 각 설탕의 동일한 양을 녹인다고 가정하시오. 어느 것이 가장 빨리 녹을까? 어느 것이 가장 늦게 녹을까? 그 이유를 불균일 반응의 속도로 설명하시오(만일 어느 것이 가장 빠른지 또는 느린지 확실하지 않다면, 실제로 녹여 보시오).

(a) 굵은 사탕용 설탕(커다란 설탕 결정)

(b) 육면체 설탕

(c) 알갱이 설탕

(d) 가루 설탕

2. 다음 반응의 주어진 표의 자료를 이용하여,

$$N_2O_5 \longrightarrow 2\,NO_2 + \tfrac{1}{2}\,O_2$$

아래 각 기간 동안에 반응의 평균 속도를 계산하시오.

(a) 0.00에서 0.50h (b) 0.50에서 1.0h

(c) 1.0에서 1.5h (d) 2.0에서 3.0h

(e) 3.0에서 4.0h (f) 4.0에서 5.0h

| 시간(h) | $[N_2O_5]$(mol/L) | 시간(h) | $[N_2O_5]$(mol/L) |
|---|---|---|---|
| 0.00 | 0.849 | 3.00 | 0.352 |
| 0.50 | 0.733 | 4.00 | 0.262 |
| 1.00 | 0.633 | 5.00 | 0.196 |
| 2.00 | 0.472 | | |

3. 문제 2로부터 여러분의 계산된 자료를 이용하여,

$$\text{속도} = -\frac{\Delta[N_2O_2]}{\Delta t} = k[N_2O_5]$$

(a) 반응이 위의 속도법칙을 따른다는 것을 보이시오.

(b) 6개의 시간 간격으로 얻어진 값의 평균으로 속도 상수 $k$를 평가하시오.

4. 다음 반응에서

$$2\,NO_2(g) \longrightarrow 2\,NO(g) + O_2(g)$$

시간에 대한 $NO_2(g)$, $NO(g)$, 및 $O_2(g)$ 농도의 정성적으로 올바른 상관 도표를 만드시오. 1.0 mol/L의 농도에서 $NO_2(g)$을 가지고 시작하고 반응은 1차라고 가정하면서, 동일한 축에 3개 모두의 그래프를 그리시오. 이들 그래프로부터 어떻게 다음을 결정하였는지 설명하시오.

(a) 반응의 초기 속도

(b) 최종 속도(i.e. 시간이 무한대로 갈 때의 속도)

## 반응속도에 대한 농도의 효과

5. $CO(g) + NO_2(g)$의 반응은 500 K 이하의 온도에서 $NO_2$에 대해서는 2차이고 CO에 대해서는 0차이다.

(a) 이 반응의 속도 법칙을 쓰시오.

(b) $NO_2$의 농도가 절반이 된다면, 반응속도는 어떻게 변하겠는가?

(c) CO의 농도가 두 배가 된다면, 반응속도는 어떻게 변하겠는가?

6. 물과 $Pt(NH_3)_2Cl_2$의 반응에서,

$$Pt(NH_3)_2Cl_2 + H_2O \longrightarrow Pt(NH_3)_2(H_2O)Cl^+ + Cl^-$$

$k = 0.090\text{h}^{-1}$이고, 속도 = $k[Pt(NH_3)_2Cl_2]$이다.

(a) $Pt(NH_3)_2Cl_2$의 농도가 아래와 같을 때, 반응의 초기 속도를 계산하시오.

(i) 0.010 M (ii) 0.020 M (iii) 0.040 M

(b) 이들의 초기 농도를 갖는 $Pt(NH_3)_2Cl_2$의 분해 속도는 어떻게 변하는가?

(c) 이것이 속도법칙과 어떻게 관련이 되는가?

(d) 용액에서 $Pt(NH_3)_2Cl_2$의 초기 농도는 $Cl^-$의 생성 속도에 어떻게 영향을 주는가?

7. 40℃ 1,2-다이클로로에테인 용액의 두 화합물, 트라이페닐메틸 헥사클로로안티모네이트, **I**과 비스-(9-에틸-3-카바졸릴)메테인, **II**의 반응 초기속도 측정으로 다음 자료를 얻었다:

| 초기농도 × $10^5$ (mol/L) | | 초기속도 × $10^9$ |
|---|---|---|
| [I] | [II] | (mol $L^{-1}$ $s^{-1}$) |
| 1.65 | 10.6 | 1.50 |
| 14.9 | 10.6 | 17.7 |
| 14.9 | 7.10 | 11.2 |
| 14.9 | 3.52 | 6.30 |
| 14.9 | 1.76 | 3.10 |
| 4.97 | 10.6 | 4.52 |
| 2 48 | 10 6 | 2.70 |

(a) 이 반응의 속도법칙을 유도하시오.

(b) 속도상수 $k$를 계산하고 적절한 단위로 표시하시오.

8. 다음 반응에서,

$$2\,NO(g) + 2\,H_2(g) \longrightarrow N_2(g) + 2\,H_2O(g)$$

아래의 자료를 1100 K에서 얻었다:

| [NO] (mol/L) | $[H_2]$ (mol/L) | 초기속도 (mol $L^{-1}$ $s^{-1}$) |
|---|---|---|
| $5.00 \times 10^{-3}$ | $2.50 \times 10^{-3}$ | $3.0 \times 10^{-3}$ |
| $15.0 \times 10^{-3}$ | $2.50 \times 10^{-3}$ | $9.0 \times 10^{-3}$ |
| $15.0 \times 10^{-3}$ | $10.0 \times 10^{-3}$ | $3.6 \times 10^{-2}$ |

(a) NO에 대한 차수는 무엇인가? $H_2$에 대한 차수는 무엇인가?

(b) 전체 차수는 무엇인가?

(c) 속도법칙을 쓰시오.

(d) 속도상수를 계산하시오

(e) 1100 K에서 $[NO] = [H_2] = 8.0 = 10^{-3}$ mol $L^{-1}$일 때 이 반응의 초기속도를 계산하시오.

## 속도법칙과 반응 차수

9. 다음 속도법칙에서, 가상 물질 A와 B에 대한 반응 차수와 전체 차수를 쓰시오.

(a) 속도 = $k$[A][B]$^3$ (b) 속도 = $k$[A][B]

(c) 속도 = $k$[A] (d) 속도 = $k$[A]$^3$[B]

10. 아세톤의 브로민화는 산으로 촉매화된다.

$$CH_3COCH_3(aq) + Br_2(aq) + H_2O(\ell) \xrightarrow{\text{산촉매}} CH_3COCH_2Br(aq) + H_3O^+(aq) + Br^-(aq)$$

브로민의 감소 속도를 아세톤, 브로민과 하이드로늄 이온의 몇 가지 다른 초기 농도에서 측정하였다.

| 초기농도 (mol/L) | | | $[Br_2]$ 변화의 초기속도 (mol $L^{-1}$ $s^{-1}$) |
|---|---|---|---|
| $[CH_3COCH_3]$ | $[Br_2]$ | $[H_3O^+]$ | |
| 0.30 | 0.05 | 0.05 | $5.7 \times 10^{-5}$ |
| 0.30 | 0.10 | 0.05 | $5.7 \times 10^{-5}$ |
| 0.30 | 0.05 | 0.10 | $12.0 \times 10^{-5}$ |
| 0.40 | 0.05 | 0.20 | $31.0 \times 10^{-5}$ |
| 0.40 | 0.05 | 0.05 | $7.6 \times 10^{-5}$ |

(a) 반응의 속도법칙을 유도하고, 각 반응물에 대한 차수를 쓰시오.

(b) 속도상수, $k$의 값은 무엇인가?

(c) 만일 $[H_3O^+]$가 0.050 M로 유지되는 한편, $[CH_3COCH_3]$와 $[Br_2]$는 모두 0.10 M이라면, 이 반응의 속도는 무엇인가?

11. 1차 반응 A $\longrightarrow$ 생성물에서 반응물의 초기 농도는 0.64 mol/L 이고 반감기가 30. s 이면,

(a) 반응이 시작되고 60 s 후의 반응물 농도를 계산하시오.

(b) 반응물의 농도가 초기 값의 1/8이 되는데 얼마나 걸리는가?

(c) 반응물의 농도가 0.040 mol $L^{-1}$로 되는데 얼마나 걸리는가?

12. 화합물 $SO_2Cl_2$는 600 K에서 $1.47\times10^4$ s의 반감기를 갖고 1차 반응으로 분해된다.

$$SO_2Cl_2(g) \longrightarrow SO_2(g) + Cl_2(g)$$

2.0-L 플라스크에서 $1.6\times10^{-3}$ mol의 순수한 $SO_2Cl_2$를 가지고 시작한다면, 언제 $SO_2Cl_2$의 양이 $1.2\times10^{-4}$ mol이 되겠는가?

## 나노수준의 관점: 단일단계반응

13. 다음 반응 중에서 어느 것이 일분자, 단일단계반응인가? 어느 것이 이분자 단일단계반응인가? 어느 것이 단일단계반응이 아닌가?

(a) $CH_4(g) + 2O_2(g) \longrightarrow CO_2(g) + 2H_2O(g)$

(b) $O_3(g) + O(g) \longrightarrow 2O_2(g)$

(c) $Mg(s) + 2H_2O(l) \longrightarrow H_2(g) + Mg(OH)_2(s)$

(d) $O_3(g) \longrightarrow O(g) + O(g)$

14. 각각의 기체상 반응이 단일 이분자 단계로 일어난다고 가정한다. 어떤 반응의 입체 인자가 더 중요하다고 생각하는가? 왜 그런가?

$$Cl + O_3 \longrightarrow ClO + O_2 \quad \text{or} \quad NO + O_3 \longrightarrow NO_2 + O_2$$

## 온도와 반응속도

15. 예제 12.8의 오존과 산소원자의 반응에서 유도된 에너지 프로파일로부터, 활성화 에너지를 계산하시오. 다음에 50℃에서 이 반응의 속도와 실온 (25 °C)에서 반응속도의 비를 결정하시오. 초기 농도는 두 온도 모두에서 동일하다고 가정하시오.

16. 기체상태에서 아이오딘 원자와 수소분자의 반응에서 실험적으로 속도상수를 얻었다.

$$2\,I(g) + H_2(g) \longrightarrow 2\,HI(g)$$

| T (K) | $10^{-5}$ k ($L^2$ $mol^{-2}$ $s^{-1}$) |
|---|---|
| 417.9 | 1.12 |
| 480.7 | 2.60 |
| 520.1 | 3.96 |
| 633.2 | 9.38 |
| 666.8 | 11.50 |
| 710.3 | 16.10 |
| 737.9 | 18.54 |

(a) 이 반응의 활성화 에너지 및 빈도인자를 계산하시오.

(b) 400.0 K에서 이 반응의 속도상수를 예측하시오.

17. 다음 기체상 반응에서

$$CH_3CH_2I(g) \longrightarrow CH_2CH_2(g) + HI(g)$$

활성화 에너지, $E_a$ = 221 kJ/mol 이고 빈도인자, $A$는 $1.2\times10^{14}$ $s^{-1}$ 이다. 만일 $CH_3CH_2I$의 농도가 0.012 mol/L 이면, 다음 온도에서 반응속도는 무엇인가?

(a) 400. °C (b) 800. °C

18. 다음 반응에서,

$$N_2O_5(g) \longrightarrow 2\,NO_2(g) + \tfrac{1}{2}\,O_2(g)$$

속도상수 $k$가 25℃에서 $3.46\times10^{-5}\ s^{-1}$ 이고, 55℃에서 $1.5\times10^{-3}\ s^{-1}$ 이다. 활성화 에너지, $E_a$를 계산하시오.

## 단일단계반응의 속도법칙

19. 가상 반응 A + B ⟶ C + D에서, 활성화 에너지가 32 kJ/mol이다. 역반응(C + D ⟶ A + B)의 활성화 에너지는 58 kJ/mol이다. 이 반응 A + B ⟶ C + D는 발열인가 또는 흡열인가?

20. 아래 주어진 각 반응의 활성화 에너지 및 엔탈피 변화에 대한 반응 좌표대 에너지 도표를 그리시오.
(a) $\Delta H^0 = -145\ kJmol^{-1}$; $E_a = 75\ kJmol^{-1}$
(b) $\Delta H^0 = -70\ kJmol^{-1}$; $E_a = 65\ kJmol^{-1}$
(c) $\Delta H^0 = 70\ kJmol^{-1}$; $E_a = 85\ kJmol^{-1}$

21. 아래 주어진 각 반응의 활성화 에너지 및 엔탈피 변화에 대한 반응 좌표대 에너지 도표를 그리시오.
(a) $\Delta H^0 = 105\ kJmol^{-1}$; $E_a = 175\ kJmol^{-1}$
(b) $\Delta H^0 = -43\ kJmol^{-1}$; $E_a = 95\ kJmol^{-1}$
(c) $\Delta H^0 = 15\ kJmol^{-1}$; $E_a = 55\ kJmol^{-1}$

22. 문제 20의 반응 중에서 어느 것이 (a) 가장 빠르게, (b) 가장 느리겠는가? (모든 반응은 동일한 온도, 동일한 농도, 동일한 빈도 인자 및 동일한 속도법칙을 갖는다고 가정한다.)

23. 다음 반응을 단일 단계반응으로 가정하고, 속도법칙을 예상하시오.
(a) $NO(g) + NO_3(g) \longrightarrow 2NO_2(g)$
(b) $O(g) + O_3(g) \longrightarrow 2O_2(g)$
(c) $(CH_3)_3CBr(aq) \longrightarrow (CH_3)_3C^+(aq) + Br^-(aq)$
(d) $2HI(g) \longrightarrow H_2(g) + I_2(g)$

## 반응 메커니즘

24. 이산화 질소와 플루오린의 반응을 보여주는 실험이다.
**전체 반응식**: $2\,NO_2(g) + F_2(g) \longrightarrow 2\,FNO_2(g)$
다음의 속도법칙을 갖는다.

**초기 반응속도** = $k[NO_2][F_2]$

이고, 반응은 이단계로 일어난다고 생각된다.

**단계1**: $NO_2(g) + F_2(g) \longrightarrow FNO_2(g) + F(g)$
**단계2**: $NO_2(g) + F(g) \longrightarrow FNO_2(g)$

(a) 이 단계반응의 합이 전체 반응의 완결된 반응식이 되는 것을 보이시오.
(b) 어느 단계가 속도-결정단계인가?

25. 다음 반응 메커니즘에 대하여,

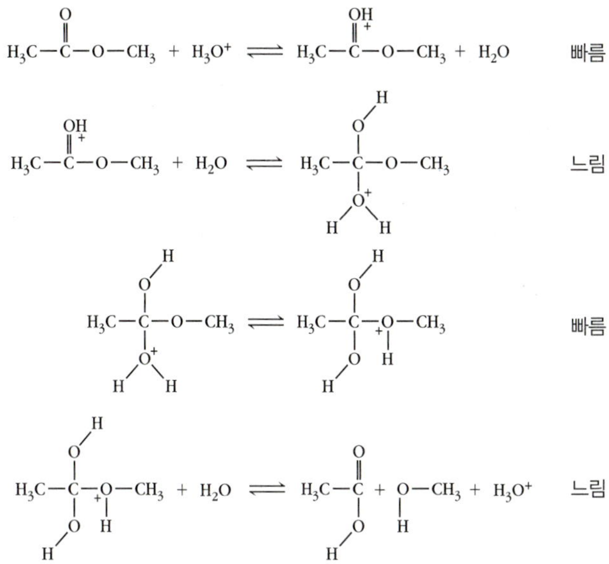


(a) 전체 반응의 화학 반응식을 쓰시오.
(b) 이 반응에 촉매가 포함되어 있는가? 있다면, 촉매는 무엇인가?
(c) 이 반응의 모든 반응중간체를 확인하시오.

26. 다음 반응에서,

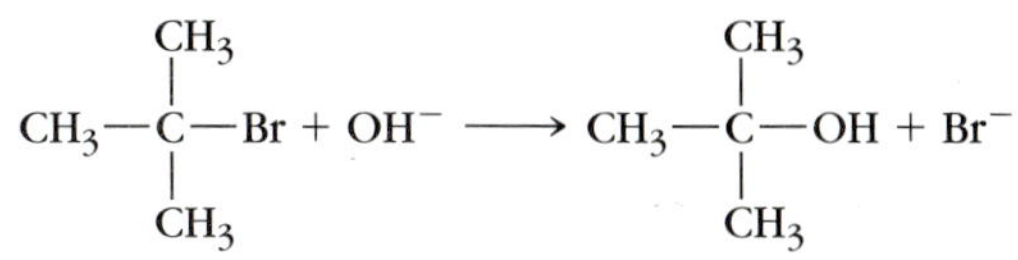

속도법칙은 다음과 같다.

속도 = $k[(CH_3)_3CBr]$

각 메커니즘이 속도법칙과 일치하는지 구별하시오.
(a) $(CH_3)_3CBr \longrightarrow (CH_3)_3C^+ + Br^-$ 느림
$(CH_3)_3C^+ + H^- \longrightarrow (CH_3)_3COH$ 빠름
(b) $(CH_3)_3CBr + OH^- \longrightarrow (CH_3)_3COH + Br^-$

## 촉매와 반응속도

27. 다음 어느 것이 진실인가?
(a) 균일 촉매의 농도는 속도법칙에 포함된다.
(b) 촉매는 항상 반응에서 소모된다.

(c) 촉매는 항상 반응물과 같은 상태이어야만 한다.

(d) 촉매는 반응의 과정을 변화시킬 수 있으며 다른 생성물을 생성한다.

28. 촉매가 포함된 것은 다음 반응 중 어느 것인가? 촉매가 포함된 것들 중에서, 균일한지 아니면 불균일한지를 쓰시오.

(a) $CH_3CO_2CH_3(aq) + H_2O(l)$
$\longrightarrow CH_3COOH(aq) + CH_3OH(aq)$
속도 = $k[CH_3CO_2CH_3][H_3O^+]$

(b) $H_2(g) + I_2(g) \longrightarrow 2HI(g)$
속도 = $k[H_2][I_2]$

(c) $2H_2(g) + O_2(g) \longrightarrow 2H_2O(g)$
속도 = $k[H_2][O_2]$ (Pt 표면의 넓이)

(d) $H_2(g) + CO(g)\ k\ H_2CO(g)$
속도 = $k[H_2]^{1/2}[CO]$

## 효소: 생물 촉매

29. 다음 각 용어에 대한 한 두 문장으로 자신의 정의를 쓰시오.

| | |
|---|---|
| 활성 자리 | 유도 적합 |
| 효소 | 단백질 |
| 효소–기질 착물 | 기질 |
| 구상 단백질 | |

30. 매우 낮은 농도의 효소가 존재할 때, 반응속도에 대한 이것의 효과는 일차 속도론으로 설명할 수 있다. 효소의 농도가 $1.5 \times 10^{-7}$에서 $4.5 \times 10^{-6}$ M로 변할 때, 어떤 요인에 의해서 효소–촉매화 반응의 속도가 변하는가?

## 공업에 있어서 촉매

31. 자동차의 촉매 변환기에서, 촉매화는 백금과 다른 귀금속으로 구성된 표면에서 일어난다. 금속은 벌집과 같은 모양의 세리믹 지지체에 얇은 막으로 입혀진다(그림을 보시오).

© Getty Images / 게티이미지코리아

(a) 세라믹 지지체는 왜 벌집의 구조로 조성되는가?

(b) 금속을 띠 또는 막대 형태로 사용하는 대신 세리믹의 표면에 침적시키는 이유는 무엇인가?

## 일반 문제

32. 발열과정의 반응 에너지 도표를 그리시오. 반응물, 생성물과 활성 착물의 위치를 표시하시오. 정반응, 역반응의 활성화 에너지를 나타내고, 이 반응의 $\Delta E$를 어떻게 도표로부터 계산할 수 있는지 설명하시오.

33. 다음 각 설명 중에 어느 것이 맞는지 또는 틀리는지 확인하시오. 각각의 틀린 곳을 맞도록 바꾸시오.

(a) 온도는 변화시키면 반응의 속도상수를 바꿀 수 있다.

(b) 일정한 온도에서 일차 반응이 진행될 때, 반응속도는 상수가 된다.

(c) 반응의 속도상수는 반응 농도에 무관하다.

(d) 일정한 온도에서 이차 반응이 진행될 때, 속도상수는 변한다.

34. 일산화 질소는 수소로 환원된다.

$$2\ H_2(g) + 2\ NO(g) \longrightarrow 2\ H_2O(g) + N_2(g)$$

$H_2$의 농도가 절반이 되면, 반응속도가 절반이 되는 것이 실험으로 보여준다. 게다가 NO의 농도가 3배 증가하면, 반응속도는 9배가 증가한다. 이 반응의 속도식을 쓰시오.

35. 660 K에서 NO와 $O_2$의 반응에서,

$$2\ NO(g) + O_2(g) \longrightarrow 2\ NO_2(g)$$

| 농도 (mol/L) | | NO의 감소 속도 |
|---|---|---|
| [NO] | $[O_2]$ | $(mol\ L^{-1}\ s^{-1})$ |
| 0.010 | 0.010 | $2.5 \times 10^{-5}$ |
| 0.020 | 0.010 | $1.0 \times 10^{-4}$ |
| 0.010 | 0.020 | $5.0 \times 10^{-5}$ |

(a) 각 반응물의 반응 차수를 결정하시오.

(b) 반응의 속도식을 쓰시오.

(c) 속도상수를 계산하시오.

(d) $[NO] = 0.025$ mol/L이고 $[O_2] = 0.050$ mol/L일 때, 속도를 계산하시오.

(e) $O_2$가 $1.0 \times 10^{-4}\ molL^{-1}\ s^{-1}$의 속도로 감소한다면, NO의 감소 속도는 무엇인가? $NO_2$의 형성 속도는 무엇인가?

## 개념 적용

36. 그래프는 다음 반응의 시간의 함수로서 농도의 변화를 보여준다.

$$2\,H_2O_2(g) \longrightarrow 2\,H_2O(g) + O_2(g)$$

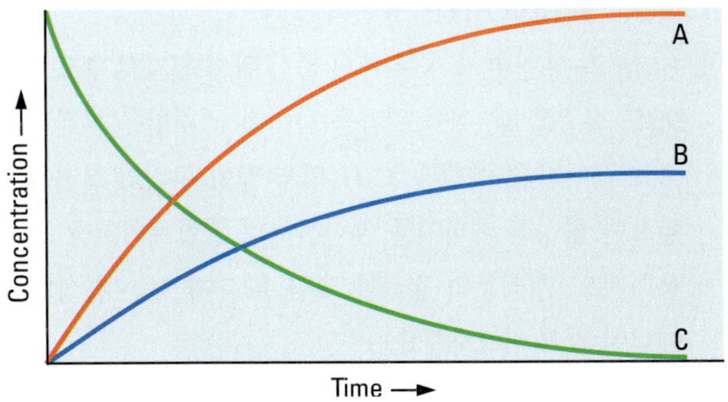


각 곡선 A, B 및 C는 무엇을 나타내는가?

37. 아래의 그림은 반응 개시전 다음 반응의 순간 촬영한 그림이다.

$$H_2(g) + I_2(g) \longrightarrow 2\,HI(g)$$

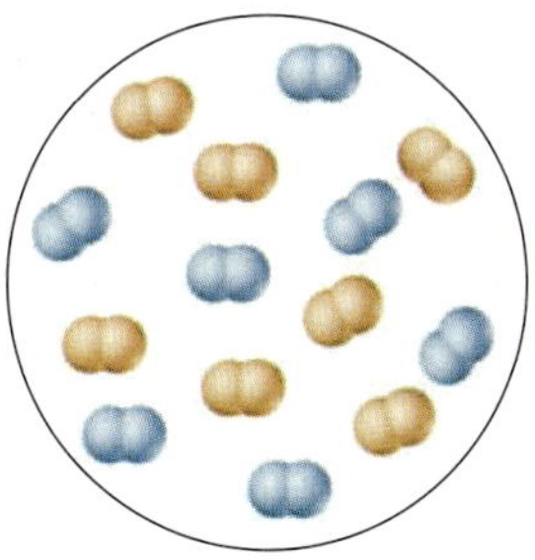

반응은 2개의 다른 온도에서 진행되고, 일정 시간이 지난 다음에 다시 순간 촬영을 하였다고 가정한다.

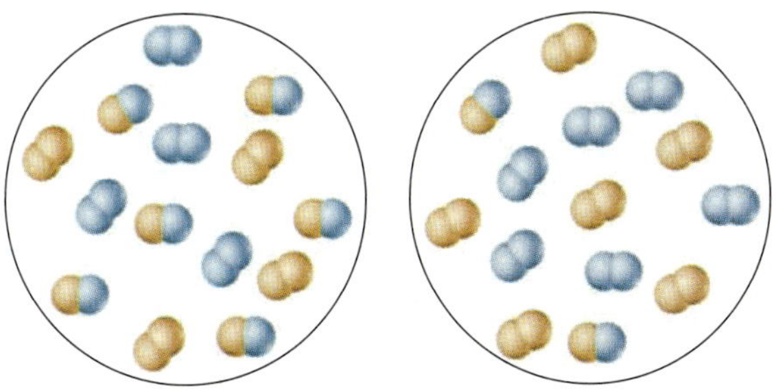


이들 두 순간 촬영 중 어느 것이 낮은 온도의 반응 조건에 일치하는가?

38. A, B 및 C의 다양한 농도에서 측정한 반응 A + B + C ⟶ D + E의 초기 속도를 아래의 그림으로 표현하였다. 이들 자료를 근거로 하여, 속도법칙은 무엇인가?

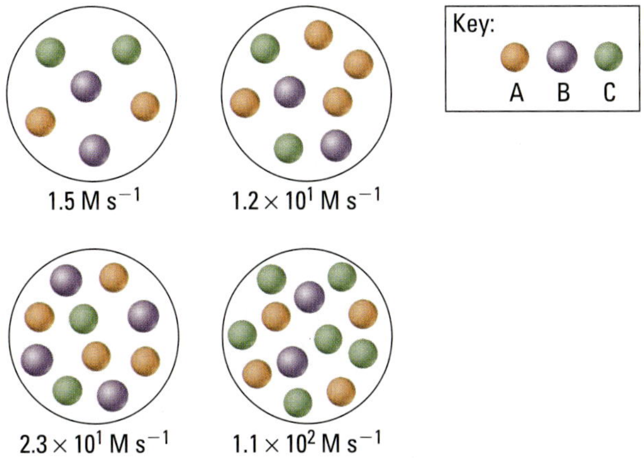


39. 방사성 고체의 붕괴 속도는 그 고체의 온도–적어도 실험실에서 간단히 얻을 수 있는 온도에 무관하다. 이 관찰은 이 과정의 활성화 에너지에 대하여 무엇을 의미하는가?

## 고급문제

40. 플루오라이드 이온 존재 하에서 15°C 수용액에서 염화 벤젠설포닐의 가수분해 초기 속도 측정은 염화 벤젠설포닐의 농도가 $2\times10^{-4}$ M로 고정된 조건에서 아래 표에 주어졌다. 반응속도는 염화 벤젠설포닐의 농도에 비례하는 것으로 알려진다.

| $[F^-] \times 10^2$ (mol/L) | 초기 속도 $\times 10^7$ (mol $L^{-1}$ $s^{-1}$) |
|---|---|
| 0 | 2.4 |
| 0.5 | 5.4 |
| 1.0 | 7.9 |
| 2.0 | 13.9 |
| 3.0 | 20.2 |
| 4.0 | 25.2 |
| 5.0 | 32.0 |

플루오라이드의 농도가 영일 때, 속도가 영이 아니기 때문에, 플루오라이드가 없는 경우에도 일부 반응은 일어나야만 한다는 것에 주의하시오. 이 잔류 속도를 매 관찰된 속도에서 차감해야 관찰하는 반응의 속도를 알 수 있다.

(a) 이 반응의 완전한 속도법칙을 유도하시오.

(b) 속도상수 $k$을 계산하고 그리고 적정한 단위를 부여하시오.

41. 사이클로프로페인은 가열하면 프로펜으로 이성질화 한다.

사이클로프로페인 → 프로펜

이 반응의 속도상수는 470.°C에서 $1.10\times10^{-4}\ s^{-1}$이고, 510.°C에서 $1.02\times10^{-3}\ s^{-1}$이다.

(a) 이 반응의 활성화 에너지, $E_a$는 무엇인가?

(b) 500.°C에서 [사이클로프로페인] = 0.10 M이다. 농도가 0.023 M로 감소하는데 얼마나 걸리겠는가?

42. 속도법칙이 표시된 다음 반응들에서, 타당한 메커니즘을 제시하시오.

(a) $CH_3CO_2CH_3(aq) + H_2O(l) \longrightarrow CH_3COOH(aq) + CH_3OH(aq)$

속도 = $k[CH_3CO_2CH_3][H_3O+]$

(b) $H_2(g) + I_2(g) \longrightarrow 2HI(g)$

속도 = $k[H_2][I_2]$

(c) $2H_2(g) + O_2(g) \longrightarrow 2H_2O(g)$

속도 = $k[H_2][O_2]$ (Pt 표면의 넓이)

43. *시스*-2-뷰텐 분자가 두 개의 중심 탄소 원자의 축으로 90도 회전할 때, 이들 원자들 사이의 π 결합은 본질적으로 끊어진다. 에틸렌, $C_2H_4$의 π 결합 주위의 회전에 필요한 활성화 에너지를 계산하는데 결합에너지를 사용하시오. 여러분의 결과를 그림 12.7에 있는 활성화 에너지 값과 비교하시오.

# 13장

# 화학평형


13.1 화학평형의 특징

13.2 평형상수

13.3 평형상수의 결정

13.4 평형상수의 의미

13.5 평형상수의 이용

13.6 화학평형의 이동: 르 사틀리에의 원리

13.7 나노수준의 평형

13.8 화학반응의 조절: Haber-Bosch 공정

© Ken Lucas/Visuals Unlimited

이 솔방울 어류(pinecone fish), Monocentris gloriamaris는 아래턱에 생체발광 부위를 가지고 있다. 이 생체발광 부위는 낮에는 오렌지색, 밤에는 청록색으로 발광한다. 이것은 분명히 솔방울 어류가 먹이로 하는 동물성 플랑크톤을 유인하는데 도움이 된다. 낮에 촬영한 이 사진에서 눈과 입사이 아래에 있는 오렌지 부위가 선명하다. 이 생체발광 부위는 전 세계 해양 생태계에서 흔히 볼 수 있는 막대 모양의 박테리아, Vibrio fischerie의 군집으로 구성된다. Vibrio fischerie의 군집은 최소 개체수에 도달했을 때 발광하게 되고 군집 내의 박테리아는 충분히 많은 개체수에 다다랐음을 감지한다. 이 생체적 감식은 아실호모세린 락톤을 포함하는 화학평형에 의존하는데, 이 락톤은 한 박테리아에게 근처의 다른 박테리아의 존재를 알려주는 신호물질이다.

순수한 고체 또는 액체만을 포함하는 화학반응은 기체 상태 또는 용액에서 일어나는 반응보다 간단하다. 고체 또는 액체 반응물에서는 반응이 일어나지 않거나, 또는 적어도 1개의 반응물이 완전히 생성물로 전환되는 반응이 일어난다[1개 이상의 반응물이 과량으로 존재한다면, 그런 반응물은 남게 되지만, 한계 반응물은 완전히 반응할 것이다].

이것은 온도가 일정하다면, 순수한 고체 또는 순수한 액체의 농도가 반응 동안에 변하지 않기 때문이다. 반응물의 초기농도가 반응을 일으킬 정도로 충분하다면, 동일한 농도가 반응 동안 유지될 것이고, 한계 반응물이 소모되어야 반응이 멈출 것이다.

반응이 기체 상태 또는 용액에서 일어날 때, 반응이 일어나면 반응물의 농도는 감소한다. 결국에는 반응물에서 생성물의 변환이 더 이상 용이하지 않을 때까지 농도는 감소한다. 그런 다음에는 반응물과 생성물의 농도가 변화를 멈추지만, 어느 것의 농도도 영이 되지 않는다. 최소한 적은 양(가끔은 많은 양)의 각 반응물과 각 생성물이 반응 혼합물에 존재한다. 농도들의 변화가 멈추었기 때문에, 이들의 농도를 측정하는 것은 상대적으로 간단하다. 따라서 반응으로부터 얼마만큼의 생성물이 얻어질 수 있는지에 관한 정량적인 정보가 주어진다. 또한 온도, 압력 및 농도의 변화가 어떻게 생성물의 양에 영향을 주는지 예측하는 것이 가능하다. 화학반응의 속도에 영향을 주는 요인들에 대한 12장에서 배운 것들을 종합한 이런 종류의 정보는 우리 생활의 질을 높이는 다양한 물질들을 만드는 이로운 반응이 어느 것인지를 예측할 수 있게 한다.

그러한 정보의 중요성의 한 예로서, 암모니아를 생각해 보자. 미국에서는 연간 대략 360억 파운드의 액화 암모니아를 사용하는데, 이것은 다양한 농작물의 생장에 필요한 질소를 제공하는 비료의 원료로 사용된다. 그러므로 암모니아는 사람에게 식품을 제공하는 매우 중요한 인자이다. 암모니아는 *Haber−Bosch* 공정에 의해서 질소와 수소로부터 직접 합성할 수 있다(13.8절).

$$N_2(g) + 3\,H_2(g) \rightleftharpoons 2\,NH_3(g) \qquad \Delta H = -92.2\ kJ$$

암모니아 공장 시설을 관리하는 화학자 및 화공 기술자는 최소의 반응물과 최소의 에너지를 소모하여 최대의 암모니아를 얻기 위해서 최선을 다하고 있다. 독일의 화학자 Fritz Haber는 이 반응을 수행하는데 어떻게 최적의 조건을 결정하는가를 보여준 연구의 결과로 1918년 노벨상을 수상하였다. 대량의 암모니아를 성공적으로 합성할 수 있는 선구적인 화학공정의 업적으로 독일 기술자 Carl Bosch는 (Friedrich Bergius와 함께) 1931년 노벨상을 수상하였다.

이 장에서는 Haber가 사용했던 동일한 원리를 배우게 될 것이다. 이 원리들을 가지고 여러분도 일단의 주어진 반응 조건들에서 얼마만큼의 생성물이 형성되는가에 대한 정성적이고 정량적인 예측을 할 수 있을 것이다.

## 13.1 화학평형의 특징

반응물의 농도 감소와 생성물의 농도 증가가 멈추면, 우리는 화학반응이 평형에 도달했다고 말한다. **화학평형(chemical equilibrium)**에 있어서, 반응물과 생성물의 농도는 한정되어 있고, 이들 농도는 일정하게 유지된다. 평형반응은 이론적으로 예측한 수득율 보다 항상 생성물의 양이 작다. 그리고 때로는 어떤 생성물도 생성되지 않는다. 평형에서 반응물과 생성물의 농도는 얼마나 성공적으로 반응이 일어났는지를 결정하는 정량적인 방법을 제공한다. 생성물이 반응물보다 우세하면, 이 반응은 **생성물 선호반응(product−favored)**이다. 평형 혼합물이 아주 소량의 생성물과 함께 대부분의 반응물로 구성될 때, 이 반응은 **반응물 선호반응(reactant−favored)**이다.

EXERCISE
**연습문제** 13.1 **순수한 고체와 액체의 농도**

이 장을 시작하면서 주어진 온도에서 순수한 고체 또는 액체의 농도는 물질의 양에 의존하지 않는다고 기술하였다. 20°C에서 다음 고체와 액체의 농도(mol/L)를 계산하여 이 주장을 증명하시오. 밀도는 표 1.1에 있다.

(a) 알루미늄 (b) 벤젠 (c) 물 (d) 금

## 평형은 동적이다

평형에 도달해서 반응물과 생성물의 농도가 일정할 때, 화학반응은 멈춘 것처럼 보인다. 그러나 이것은 단지 전체 거시적 반응에서만 사실이다. 나노수준에서는 정반응과 역반응 모두 계속되지만, 정반응의 속도는 역반응의 속도와 정확하게 같다. 화학평형이 반대 반응들 간에 균형을 이루고 있다는 것을 강조하기 위해서, 이것을 **동적 평형 (dynamic equilibrium)**이라고 하고, 평형반응은 대개 반응물과 생성물 사이에 양쪽 화살표($\rightleftharpoons$)를 사용하여 나타낸다.

화학평형의 좋은 예는 약산으로, 이것은 물에서 단지 부분적으로 해리한다.

$$\underset{\text{acetic acid}}{CH_3COOH(aq)} + \underset{\text{water}}{H_2O(\ell)} \rightleftharpoons \underset{\text{acetate ion}}{CH_3COO^-(aq)} + \underset{\text{hydronium ion}}{H_3O^+(aq)}$$

실온에서 평형에 도달하면, 아세트산(초산)의 90% 이상이 분자($CH_3COOH$)형태로 남아 있으며, 아세트산 이온과 하이드로늄 이온의 평형농도는 아세트산 농도의 1/10보다 작다. 그럼에도 불구하고, 정반응과 역반응은 계속된다. 이와 같은 생각을 지지하는 증거는 탄소를 방사성 동위원소인 탄소-14로 치환한 $^{14}CH_3COO^-$를 포함하는 소량의 아세트산 나트륨을 더하여 줌으로써 확인할 수 있다. 바로 아세트산 분자에서 방사능이 발견된다. 반응이 멈추었다면 이것은 일어날 수 없지만, 역반응이 여전히 일어나기 때문에 가능하다.

$$^{14}CH_3COO^-(aq) + H_3O^+(aq) \longrightarrow {}^{14}CH_3COOH(aq) + H_2O(\ell)$$

역반응과 정반응이 같은 속도로 일어나고 반응물 또는 생성물의 농도 변화가 없기 때문에 거시적인 관찰자에게는 아무것도 일어나지 않는 것처럼 보인다.

평형(equilibrium)의 eqiu 는 "동등함(equal)"을 의미한다. 이것은 정반응과 역반응의 속도가 같다는 것이지, 포함된 물질들의 양이나 농도가 같다는 것이 아니다. 이 말의 뒤 부분인 libium의 어원은 libra이며 "균형(balance)"을 의미한다. 화학평형은 두 반응속도가 동등하게 균형잡힌 것이다.

반응식에서 양쪽 화살표, $\rightleftharpoons$는 정반응과 역반응이 같은 속도로 일어나는 동적 평형을 나타낸다. 이것 역시 반응을 화학평형의 개념으로 생각해야 한다는 것을 나타낸다.

## 평형은 접근 방향에 무관하다

화학평형의 또 다른 특징 한 가지는, 특정 온도의 특정 반응에서, 평형에 접근하는 방향에 상관없이 평형 상태는 일정할 것이다. 예를 들면 $N_2$와 $H_2$로부터 암모니아 합성을 다시 보자.

$$N_2(g) + 3\,H_2(g) \rightleftharpoons 2\,NH_3(g)$$

472°C에서 1.0몰의 $N_2$와 3.0몰의 $H_2$를 비어있는 (진공상태), 1.00리터 용기에 주입하였다고 가정하자. $N_2$의 일부 (전체가 아닌)가 $NH_3$를 형성하기 위하여 $H_2$와 반응한다. 평형에 도달한 후, $H_2$ 농도가 3.0 mol/L의 초기농도에서 평형 값 0.89 mol/L로 감소한 것을 발견하게 될 것이다. 그리고 $N_2$의 평형농도 0.30 mol/L, $NH_3$의 평형농도 1.4 mol/L 역시 발견하게 될 것이다.

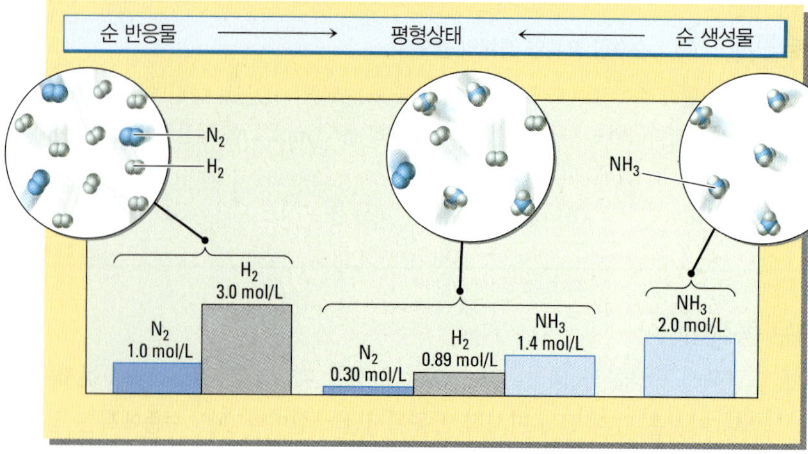


**그림 13.1** **반응물, 생성물 및 평형.** 다른 평형에서처럼, 암모니아 합성반응에서, 반응물 또는 생성물로 출발해서 평형에 도달하는 것이 가능하다. 1.00리터 용기에서 1.0몰의 $N_2$는, 2.0몰 $NH_3$가 같은 온도(472℃), 같은 용기에 들어있을 때와 동일한 평형농도에 도달하기 위하여 3.0몰의 $H_2$와 반응한다.

다음은 472℃에서 비어있는 1.00리터 용기에 2.0몰의 $NH_3$가 들어있는 두 번째 실험을 보자. 2.0몰 $NH_3$는 2.0몰의 N 원자와 6.0몰의 수소원자로 구성된다. 동일한 수의 N 원자 및 H 원자가 처음실험에서 사용한 1.0몰의 $N_2$와 3.0몰의 $H_2$에 들어 있다. 처음에는 오직 $NH_3$만 존재하기 때문에, 역반응이 일어나서 일부의 $N_2$와 $H_2$를 생성한다. 평형에서 농도를 측정하면 $NH_3$의 농도가 초기 2.0 mol/L에서 1.4 mol/L로 떨어졌고, $N_2$와 $H_2$의 농도는 0.30 mol/L와 0.89 mol/L로 증가했음을 발견한다. 이러한 평형농도는 처음 실험에서 얻은 것과 동일하다. 따라서 각 원자의 수, 용기의 부피 및 온도를 동일하게 유지하면 반응물 또는 생성물 중 어디에서 출발해도 같은 평형상태에 도달한다. 이것을 개략적으로 그림 13.1에 보였다.

### 촉매는 평형농도에 영향을 주지 않는다

화학평형의 또 다른 중요한 특징은 만일 촉매가 존재하면 동일한 평형상태에 도달하지만, 더 빨리 도달한다. 촉매는 정반응을 가속화하며, 역반응도 역시 가속화한다. 촉매가 반응 혼합물에 존재하거나 존재하지 않거나, 전체 효과는 평형에서 정확하게 동일한 농도를 생성하는 것이다. 촉매는 공정에서 생성물의 생산을 가속하는데 사용할 수 있지만, 생성물의 평형상수를 더 크게 증가시키거나 계가 평형에 도달할 때 생성물의 농도를 줄일 수 없다.

CONCEPTUAL
**개념학습** 13.2 **평형상태 인식**

수소기체와 산소기체 혼합물을 25°C에서 1년간 보관하였다. 매달 첫 째날에 혼합물 시료를 채취하여 수소와 산소의 농도를 측정하였다. 모든 경우에서 0.50 mol/L $H_2$와 0.50 mol/L $O_2$가 관찰되었다. 즉 오랜 기간 동안 농도는 변하지 않았다. 이 혼합물은 평형인가? 아니라고 생각한다면, 증명하기 위해서 어떻게 실험을 하겠는가?

## 13.2 평형상수

이전에 속도를 논의했던, 시스-2-뷰텐에서 트렌스-2-뷰텐의 이성질화 반응을 다시 보자.

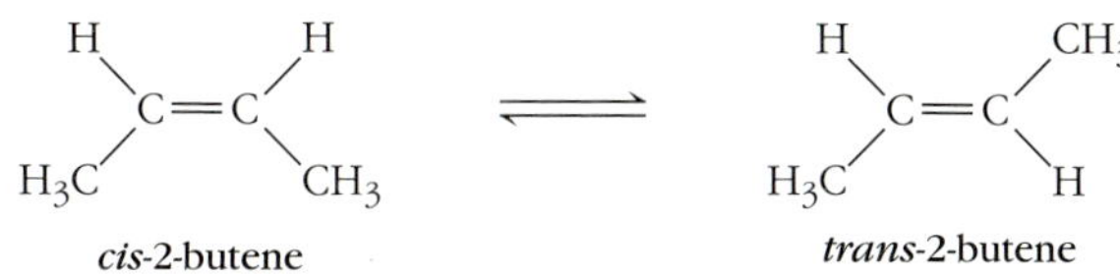

500 K에서 이 반응은 트랜스-2-뷰텐의 농도가 시스-2-뷰텐의 1.65배인 평형에 도달한다. 이 반응은 단일 단계과정이다. 이 계의 정반응과 역반응 모두 오직 1개의 분자만 포함하므로, 일분자 반응이며 1차이다. 따라서 정반응과 역반응의 속도식은 반응식으로부터 유도할 수 있다.

$$\text{속도}_{\text{정}} = k_f[\text{시스-2-뷰텐}] \qquad \text{속도}_{\text{역}} = k_r[\text{트랜스-2-뷰텐}]$$

500 K에서 5리터 용기에 들어 있는 0.100몰의 시스-2-뷰텐으로 시작한다고 가정하자. 시스-2-뷰텐은 정반응 속도식으로 주어진 속도로 반응을 시작한다. 초기에는 트랜스-2-뷰텐이 존재하지 않는다. 그래서 역반응의 초기속도는 0이다. 정반응이 진행하면, 시스-2-뷰텐은 트랜스-2-뷰텐으로 변한다. 트랜스-2-뷰텐이 생성되면 바로 역반응이 시작된다. 트랜스-2-뷰텐의 농도가 커지면, 역반응의 속도는 빨라진다. 두 속도가 같아질 때까지, 정반응의 속도는 느려진다(역반응의 속도는 빨라진다). 바로 이때 평형에 도달한다, 그리고 거시적으로는 더 이상의 농도변화가 관찰되지 않는다(그림 13.2).

나노수준에서는, 평형에 도달해도 두 반응은 여전히 일어난다. 그러나 정반응과 역반응의 속도는 같고, 다음과 같이 등식화 할 수 있다.

$$\text{속도}_{\text{정}} = \text{속도}_{\text{역}}$$

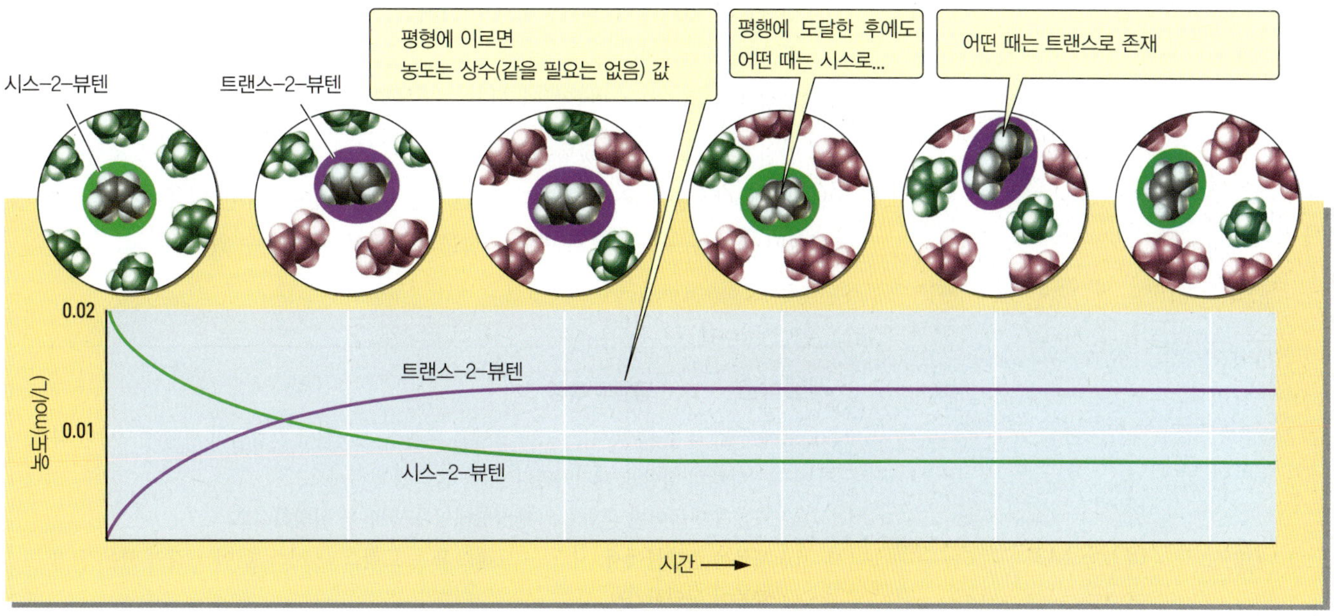


**그림 13.2 평형에 접근.** 그래프는 500 K에서 시스 화합물이 트랜스 화합물을 형성하려고 반응할 때 시스-2-뷰텐과 트렌스-2-뷰텐의 농도를 보여준다. 그래프 위에 있는 나노 단위의 그림은 반응 혼합물의 작은 부분의 조성에 대한 스냅사진을 보여준다. 각각의 원 안에 표시한 분자는 같은 분자이다.

그리고 이전의 두 속도식으로 치환하면,

$$k_f[\text{시스}-2-\text{뷰텐}] = k_r[\text{트랜스}-2-\text{뷰텐}]$$

대괄호는 **평형농도**를 나타낸다. 식은 정리하여 속도상수 모두를 한 쪽에 그리고 평형농도 모두를 다른 쪽에 놓는다.

$$\frac{k_f}{k_r} = \frac{[\text{트랜스}-2-\text{뷰텐}]}{[\text{시스}-2-\text{뷰텐}]}$$

이 식은 평형농도의 비는 속도상수의 비와 같다는 것을 보여준다. 두 상수의 비 역시 상수이기 때문에, 평형농도의 비 역시 상수이여야만 한다. 이 상수를 $K_c$라고 하는데, 이것은 속도상수, $k_f$ , $k_r$와 구별하고 그리고 **평형농도**의 비인 것을 표시하기 위해서 첨자 c를 사용한다. 500 K에서 시스 ⟹ 트랜스 뷰텐 반응의 실험 값은 1.65이다.

$$K_c = \frac{k_f}{k_r} = \frac{[\text{트랜스}-2-\text{뷰텐}]}{[\text{시스}-2-\text{뷰텐}]} = 1.65 \qquad (500\text{ K에서})$$

평형상수 값은 온도에 따라서 달라지기 때문에 $K_c$의 값은 온도에 따라서 변한다. 뷰텐 이성질화 반응에서, 600 K에서는 $K_c$ 값이 1.47이고 700 K에서는 1.36이다.

시간이 지나도 변하지 않는 평형농도와 평형에 도달하기 전에 변하는 반응물과 생성물의 농도를 구별하는 것이 중요하다. 이 장의 뒷 부분에서, 평형이 아닌 계에서 X의 농도를 나타내는 "conc. X"의 표시를 사용할 것이다. 이 구별은 평형농도가 오직 평형상수에 의해서만 계산될 수 있기 때문에 중요하다.

전체 화학반응의 속도법칙은 균형 반응식으로부터 유도할 수가 없고, 속도 연구에 의한 실험으로만 구할 수 있다는 것을 12장에서 언급하였다. 이것은 평형상수 표시에서는 아니다. 일련의 여러 단계로 구성된 메카니즘에 의해서 반응이 일어날 때, 평형상수 표시는 모든 단계의 정반응 속도상수를 곱한 다음, 모든 단계의 역반응 속도상수들로 나누어서 얻어질 수 있다. 이 과정은 균형 화학반응식의 계수들로부터 얻어지는 평형상수식과 동일한 평형상수식을 제공한다.

농도가 충분히 높다면, 농도의 항으로 표시된 평형 "상수" 값은 동일한 온도라도 상수가 아니다. 이것은 분자, 특히 이온들의 농도가 커지면 이들의 비공유성 인력이 다르게 행동하기 때문이다. 이러한 성질을 다루기 위하여, 정확한 평형상수는 활동도라고 하는 보정된 농도의 항으로 나타내야만 한다.

**평형상수(equilibrium constant)**는 주어진 온도에서 주어진 반응에 대하여 일정한 값을 갖는 생성물과 반응물의 평형농도 비이고, 이것은 기호 $K_c$로 주어진다. 다음 페이지에서는 임의의 평형과정의 화학반응식으로부터 곧바로 평형상수의 수학 식을 유도하는 방법을 보여줄 것이다. 이 수학적인 식을 **평형상수 식(equilibrium constant expression)**이라고 한다.

평형상수는 반응에 대하여 세 가지 중요한 질문에 답하는데 사용된다.

- 평형에 이르렀을 때, 생성물이 반응물보다 우세한가?
- 반응물과 생성물의 초기농도가 주어지면, 평형에 도달하기 위하여 반응은 어느 쪽으로 진행할까?
- 평형에서 존재하는 반응물과 생성물의 농도는 무엇인가?

만일 반응이 빠르게 평형에 이른다면, 반응물이 혼합되자마자 바로 조성을 결정하는데 평형상수를 이용할 수 있다. 느린 반응에서는 평형상수는 덜 유용하다. 평형에 도달할때 까지는, 속도론으로 반응 혼합물의 조성을 예측할 수 있다.

CONCEPTUAL
**개념학습 13.3 평형의 특성**

600 K에서 $K_c$ = 1.47인, 시스−2−뷰텐과 트랜스−2−뷰텐 혼합물이 평형에 도달한 다음, 시스−2−뷰텐의 절반을 제거하였다. 다음 물음에 답하시오.

(a) 새롭게 만들어진 혼합물은 평형상태인가? 이유를 설명하시오.

(b) 새로운 혼합물에서, 시스 → 트랜스 또는 트랜스 → 시스 중 어느 것이 빠른가? 또는 양쪽이 동일한가?

(c) 평형 혼합물에서, 시스−2−뷰텐과 트랜스−2−뷰텐 중 어느 것의 농도가 더 높은가?

(d) 평형에서 시스−2−뷰텐의 농도가 0.10 mol/L이다. 트랜스−2−뷰텐의 농도는 무엇인가?

## 평형상수 식 쓰기

반응의 평형상수 식은 분자에는 생성물의 농도, 분모에는 반응물의 농도를 갖는다. 각 농도는 균형반응식의 화학양론적 계수의 멱승이 된다. **평형상수 식에 나타나는 농도는 오직 기체나 묽은 용액의 용질농도이다.** 이것은 반응이 일어날 때 변할 수 있는 유일한 농도이기 때문이다. 순수한 고체, 순수한 액체 및 묽은 용액의 용매는 평형상수 식에 나타나지 않는다.

이것이 어떻게 작용하는지 설명하기 위해서 일반적인 평형 반응을 보자.

$$a\,\mathrm{A} + b\,\mathrm{B} \rightleftharpoons c\,\mathrm{C} + d\,\mathrm{D} \qquad [13.1]$$

규약에 따라서 우리는 이 반응의 평형상수 식을 다음과 같이 쓸 수 있다.

평형상수

계수의 멱승을 한 생성물 농도

$$K_c = \frac{[\mathrm{C}]^c[\mathrm{D}]^d}{[\mathrm{A}]^a[\mathrm{B}]^b} \qquad [13.2]$$

계수의 멱승을 한 반응물 농도

이러한 개념을 질소와 산소기체의 혼합으로 일산화질소를 생성하는데 적용해 보기로 하자.

$$N_2(g) + O_2(g) \rightleftharpoons 2\,NO(g)$$

질소와 산소의 반응은 자동차 엔진이나 공기가 존재하는 고온 연소과정에서 일어난다.

반응에 참여하는 모든 물질이 기체이기 때문에, 모든 농도가 평형상수 식에 나타난다. 생성물 $NO(g)$의 농도는 분자에 제곱으로 나타나는데, 이것은 균형반응식의 계수가 2이기 때문이다. 반응물 $N_2(g)$와 $O_2(g)$의 농도는 분모에 있으며 각각은 계수가 1이기 때문에 1의 멱승이다.

$$\text{평형상수} = K_c = \frac{[NO]^2}{[N_2][O_2]}$$

## 순수한 액체와 고체가 포함된 평형

다른 예 한 가지는 $S_8$ 분자로 이루어진 노란색 고체 황의 연소를 보자. 연소반응은 이산화 황 기체를 생성한다.

$$\tfrac{1}{8}\,S_8(s) + O_2(g) \rightleftharpoons SO_2(g)$$

이 반응은 황을 포함하는 물질이 공기 중에서 연소할 때마다 일어나고, 공기 중에 많은 이산화황의 원인이 된다. 또한 이 반응은 황이 공업적으로 중요한 화합물인 황산으로 변하는 일련의 과정의 첫 반응이다.

황은 고체이기 때문에 단위 부피 당 분자의 수는 주어진 온도에서 황의 밀도로 확정된다(예제 13.1을 보시오). 그러므로 황의 농도는 반응에 의해서나 또는 고체 황을 더하거나 제거하거나 변하지 않는다. 고체 황의 일부가 존재하는 한, $O_2(g)$ 및 $SO_2(g)$의 평형농도는 황의 양에 영향을 받지 않는다. 그러므로 이 반응의 타당한 평형상수 식은 다음과 같이 쓴다.

순수한 고체, 순수한 액체 및 묽은 용액의 용매는 평형상수 식에 나타나지 않는다는 것을 기억하는 것은 매우 중요하다. 평형 식에 있는 (s) 또는 ($\ell$)로 표시되는 어떤 물질도 평형상수 식에는 나타나지 않는다.

$$K_c = \frac{[SO_2(g)]}{[O_2(g)]} \qquad 25\ ^\circ\mathrm{C}\text{에서 } K_c = 4.2 \times 10^{52}$$

## 묽은 용액에서 평형

암모니아가 물과 반응하기 때문에 소량의 암모늄 이온과 수산 이온을 포함하는 약 염기인 암모니아 수용액을 보자.

$$NH_3(aq) + H_2O(\ell) \rightleftharpoons NH_4^+(aq) + OH^-(aq)$$

암모니아 분자의 농도(결과적으로는 암모늄과 수산 이온)가 작으면, 단위 부피 당 물 분자의 수는 실제로는 순수한 물에서와 같다. 물의 몰농도는 묽은 농도의 반응에서 사실상 상수이기 때문에 물의 농도는 평형상수 식에 포함되지 않는다. 따라서 이 반응을 다음과 같이 쓰고,

$$K_c = \frac{[NH_4^+][OH^-]}{[NH_3]}$$

물의 농도는 분모에 포함되지 않는다. 암모니아와 물의 반응은 25°C에서 $K_c = 1.8 \times 10^{-5}$이다.

암모니아 이온화 반응의 평형상수에는 단위가 포함되지 않는 것에 주의하라. 분자에는 2개의 농도가 있고 분모에는 1개의 농도가 있으므로, 당연히 mol/L의 단위를 가져야 한다. 그러나 만일 평형농도를 항상 mol/L로 표시한다면, 평형상수의 단위는 평형상수 식으로부터 알아낼 수 있다. 그러므로 평형상수가 단위를 가지고 있을지라도, 평형상수 값에서 단위를 빼는 것이 관례이다.

**예제 13.1 평형상수 식 쓰기**

다음 각 화학반응식의 평형상수 식을 쓰시오.

(a) $4\,NO_2(g) + O_2(g) + 2\,H_2O(g) \rightleftharpoons 4\,HNO_3(g)$
(b) $BaSO_4(s) \rightleftharpoons Ba^{2+}(aq) + SO_4^{2-}(aq)$
(c) $6\,NH_3(aq) + Ni^{2+}(aq) \rightleftharpoons Ni(NH_3)_6^{2+}(aq)$
(d) $2\,BaO_2(s) \rightleftharpoons 2\,BaO(s) + O_2(g)$
(e) $NH_3(g) \rightleftharpoons NH_3(\ell)$

**정답:**

(a) $K_c = \dfrac{[HNO_3]^4}{[NO_2]^4[O_2][H_2O]^2}$  (b) $K_c = [Ba^{2+}][SO_4^{2-}]$

(c) $K_c = \dfrac{[Ni(NH_3)_6^{2+}]}{[NH_3]^6[Ni^{2+}]}$  (d) $K_c = [O_2]$

(e) $K_c = \dfrac{1}{[NH_3]}$

**풀이:** 생성물의 농도는 분수의 분자로 가고, 반응물의 농도는 분모로 간다. 각 농도는 물질의 화학양론적 계수의 멱승이다. 문제 (b)에서, $BaSO_4(s)$는 순수한 고체이므로 식에는 나타내지 않는다. 문제 (d)에서, $BaO_2(s)$와 $BaO(s)$는 고체이므로 나타내지 않는다. 문제 (e)에서, $NH_3(\ell)$는 순수한 액체이므로 나타내지 않는다.

**실전예제 13.1**

다음 반응식의 평형상수 식을 쓰시오.

(a) $CaCO_3(s) \rightleftharpoons CaO(s) + CO_2(g)$
(b) $HCl(g) + LiH(s) \rightleftharpoons H_2(g) + LiCl(s)$
(c) $CH_4(g) + H_2O(g) \rightleftharpoons CO(g) + 3\,H_2(g)$
(d) $CN^-(aq) + H_2O(\ell) \rightleftharpoons HCN(aq) + OH^-(aq)$

## 관련 반응들의 평형상수 식

질소, 수소 및 암모니아를 포함하는 평형을 보자.

$$N_2(g) + 3\,H_2(g) \rightleftharpoons 2\,NH_3(g) \qquad K_{c_1} = 3.5 \times 10^8 \quad (25\ °C)$$

1몰의 $NH_3$를 생성하기 위해서 아래의 식으로 쓸 수도 있다.

$$\tfrac{1}{2}\,N_2(g) + \tfrac{3}{2}\,H_2(g) \rightleftharpoons NH_3(g) \qquad K_{c_2} = ?$$

계수를 반으로 줄인다

두 번째 반응식의 평형상수, $K_{c_2}$의 값은 처음 반응식의 평형상수, $K_{c_1}$의 값과 동일한가? $K_{c_1}$과 $K_{c_2}$ 사이의 관계를 보기 위해서 균형 반응식의 각각의 평형상수 식을 쓴다.

크기를 반으로 줄인 계수의

$$K_{c_1} = \frac{[NH_3]^2}{[N_2][H_2]^3} = 3.5 \times 10^8 \text{ 과 } \quad K_{c_2} = \frac{[NH_3]}{[N_2]^{1/2}[H_2]^{3/2}} = ?$$

이것은 $K_{c_1}$이 $K_{c_2}$의 제곱임이 확실하다. 즉, $K_{c_1} = (K_{c_2})^2$. 그러므로 질문에 대한 답은 다음과 같다.

$$K_{c_2} = (K_{c_1})^{1/2} = (3.5 \times 10^8)^{1/2} = 1.9 \times 10^4$$

**균형반응식의 화학양론적인 계수가 특정 인수로 곱하여지면, 새로운 반응식의 평형상수(이 경우 $K_{c_2}$)는 이전 평형상수($K_{c_1}$)에 배수인자의 멱승으로 주어진다.**

암모니아가 처음 반응의 역반응인 원소로 분해될 때 평형상수 $K_{c_3}$의 값은 무엇인가?

$$2\,NH_3(g) \rightleftharpoons N_2(g) + 3\,H_2(g) \qquad K_{c_3} = ? = \frac{[N_2][H_2]^3}{[NH_3]^2}$$

$NH_3$의 농도는 분모에 있다

$K_{c_3}$는 $K_{c_1}$의 역수이다. 즉, $K_{c_3} = 1/\,K_{c_1} = 1/(3.5 \times 10^8) = 2.9 \times 10^{-9}$. **어떤 반응의 평형상수와 그 역반응의 평형상수는 서로 역수의 관계이다.** 반응의 평형상수가 매우 크다면, 역반응에서는 매우 작다. 즉 만약 반응이 강력한 생성물−선호반응이면, 그 역반응은 강력한 반응물−선호반응이다. 실온에서 원소들로부터 암모니아를 생성하는 경우에 있어서, 정반응은 큰 평형상수($3.5 \times 10^8$)를 갖는다. 예상했던 것처럼 암모니아가 원소로 분해되는 역반응은 작은 평형상수($2.9 \times 10^{-9}$) 값을 갖는다.

EXERCISE

### 연습문제 13.4 평형상수 처리

산소가 오존으로 변환되는 균형반응식은 아주 작은 $K_c$ 값을 갖는다.

$$3\,O_2(g) \rightleftharpoons 2\,O_3(g) \qquad K_c = 6.25 \times 10^{-58}$$

(a) 반응식이 다음과 같이 쓰인다면 $K_c$ 값은 무엇인가?

$$\tfrac{3}{2}\,O_2(g) \rightleftharpoons O_3(g)$$

(b) 오존이 산소로 변환되는 반응의 $K_c$ 값은 무엇인가?

$$2\,O_3(g) \rightleftharpoons 3\,O_2(g)$$

## 두 개 이상의 반응식이 조합된 반응의 평형상수

만약 2개의 반응을 합쳐서 세 번째 반응식이 되면, 합쳐진 반응식의 평형상수는 원래 2개의 평형상수들로부터 얻을 수 있다. 예를 들어 질소와 산소로부터 일산화질소가 형성되고, 다음에 여분의 산소와 결합하여 이산화질소가 형성되는 반응이다.

$$(1)\quad N_2(g) + O_2(g) \rightleftharpoons 2\,NO(g) \qquad K_{c_1} = \frac{[NO]^2}{[N_2][O_2]}$$

$$(2)\quad 2\,NO(g) + O_2(g) \rightleftharpoons 2\,NO_2(g) \qquad K_{c_2} = \frac{[NO_2]^2}{[NO]^2[O_2]}$$

두 반응식을 합한다.

반응식 1과 2의 합

$$(3)\quad N_2(g) + 2\,O_2(g) \rightleftharpoons 2\,NO_2(g)$$

$K_{c_1}$과 $K_{c_2}$의 곱

$$K_{c_3} = \frac{[NO_2]^2}{[N_2][O_2]^2} = \frac{[NO]^2}{[N_2][O_2]} \times \frac{[NO_2]^2}{[NO]^2[O_2]} = K_{c_1} \times K_{c_2}$$

즉, 2개의 화학 반응식을 합쳐서 세 번째 식을 만들 수 있다면 전체 반응식의 평형상수는 합쳐진 반응식의 두 평형상수의 곱과 같다. 이것은 각 개별적인 반응의 평형상수를 실험으로 측정하지 않고서도 평형상수를 얻을 수 있는 훌륭한 도구이다.

실험으로 $K_{c_1}$과 $K_{c_2}$를 알고 있으며, $K_{c_3}$를 계산할 수 있기 때문에, 실험으로 $K_{c_3}$를 측정할 필요가 없다.

**예제 13.2 평형상수 처리**

평형반응과 상수가 아래와 같이 주어졌다.

$$(1)\quad \tfrac{1}{4}\,S_8(s) + 2\,O_2(g) \rightleftharpoons 2\,SO_2(g) \qquad K_{c_1} = 1.86 \times 10^{105}$$

$$(2)\quad \tfrac{1}{8}\,S_8(s) + \tfrac{3}{2}\,O_2(g) \rightleftharpoons SO_3(g) \qquad K_{c_2} = 1.77 \times 10^{53}$$

다음 반응의 평형상수를 계산하시오. 이 물질은 산성비 대기오염과 관련이 있다.

$$2\,SO_2(g) + O_2(g) \rightleftharpoons 2\,SO_3(g) \qquad K_{c_3} = \frac{[SO_3]^2}{[SO_2]^2[O_2]}$$

**정답:** 16.8

**풀이:** 주어진 반응식을 어떻게 처리할지 보기 위해서 주어진 반응식을 목표 반응식과 비교하시오. 목표 식은 왼편에 $SO_2$를 가지고 있고, 그래서 식 1은 이항할 필요가 있다. 목표 식은 오른편에 $SO_3$를 가지고 있다. 식 2는 이항할 필요는 없지만, 각 계수를 두 배로 곱해야만 하는데, 이것은 $K_{c_2}$의 제곱근을 의미한다. 일단 정리가 되면, 2개의 새로운 식을 합해서 목표 식을 만들고, 평형상수를 곱할 수 있다.

$$(1)'\quad 2\,SO_2(g) \rightleftharpoons \tfrac{1}{4}\,S_8(s) + 2\,O_2(g) \qquad K'_{c_1} = \frac{1}{1.86 \times 10^{105}} = 5.38 \times 10^{-106}$$

$$(2)'\quad \tfrac{1}{4}\,S_8(s) + 3\,O_2(g) \rightleftharpoons 2\,SO_3(g) \qquad K'_{c_2} = (1.77 \times 10^{53})^2 = 3.13 \times 10^{106}$$

$$2\,SO_2(g) + O_2(g) \rightleftharpoons 2\,SO_3(g) \qquad K_{c_3} = K'_{c_1} \times K'_{c_2} = 16.8$$

**실전예제 13.2**

이산화탄소가 물에 녹으면 탄산, $H_2CO_3(aq)$을 생성한다. 이 탄산은 두 단계로 이온화 한다.

$$H_2CO_3(aq) + H_2O(aq) \rightleftharpoons HCO_3^-(aq) + H_3O^+(aq) \qquad K_{c_1} = 4.2 \times 10^{-7}$$

$$HCO_3^-(aq) + H_2O(aq) \rightleftharpoons CO_3^{2-}(aq) + H_3O^+(aq) \qquad K_{c_2} = 4.8 \times 10^{-11}$$

다음 반응의 평형상수를 계산하시오.

$$H_2CO_3(aq) + 2\,H_2O(aq) \rightleftharpoons CO_3^{2-}(aq) + 2\,H_3O^+(aq)$$

## 압력으로 나타낸 평형상수

일정한 부피에서 기체의 농도가 변할 때 기체의 부분압력 역시 변한다. 이것은 이상기체 방정식을 따른다.

$$PV = nRT$$

기체 물질 A의 부분압 $P_A$를 얻기 위해서는

$[A] = n_A/V$, 단위 부피당 A의 몰수

$$P_A = \frac{n_A}{V}RT = [A]RT \qquad [13.3]$$

식 13.3은 식 13.1에 있는 일반 반응식의 평형상수를 식 13.2와 비슷하지만, 다음과 같은 부분압력의 항으로 나타낼 수 있게 해준다.

$$K_P = \frac{P_C^c \times P_D^d}{P_A^a \times P_B^b} \qquad [13.4]$$

(분자: 계수의 멱승인 생성물의 압력, 분모: 계수의 멱승인 반응물의 압력)

$K_p$에 있는 첨자는 평형상수가 부분압력으로 표현되었다는 것을 나타낸다. 일부의 기체 상태 평형에서는 $K_C = K_P$; 대부분의 다른 반응에서는 그렇지 않다. 그러므로 한 형태의 평형상수를 다른 형태의 평형상수와 관련짓는 것은 유용하다. 이것은 식 13.2, 13.3 및 13.4를 종합하면 다음과 같다.

$K_C$는 같은 기체 반응의 $K_P$와 관련이 있기 때문에 둘 다 평형 혼합물의 성분을 계산하는데 사용할 수 있다. 이 장에서 대부분의 예는 $K_C$를 포함하지만, 동일한 방법으로 $K_P$의 문제를 푸는데 적용할 수 있다.

$\Delta n = c + d - a - b$은 기체 생성물의 몰수에서 기체 반응물의 몰수를 빼준다.

$$K_P = \frac{P_C^c \times P_D^d}{P_A^a \times P_B^b} = \frac{\{[C]RT\}^c\{[D]RT\}^d}{\{[A]RT\}^a\{[B]RT\}^b} = \frac{[C]^c[D]^d}{[A]^a[B]^b}(RT)^{c+d-a-b} = K_c(RT)^{\Delta n} \qquad [13.5]$$

이 관계의 한 예로서, 다음 평형을 보자.

$$2\,NOCl(g) \rightleftharpoons 2\,NO(g) + Cl_2(g) \qquad K_c = 4.02 \times 10^{-2}\ mol/L,\ 298\ K$$

이 반응에는 3몰의 기체상 생성물이 있고 단지 2몰의 기체상 반응물이 있기 때문에, $\Delta n = 2 + 1 - 2 = 3 - 2 = 1$이다. 그러므로 이 반응에서

$$K_P = K_c \times (RT)^1$$
$$= (4.02 \times 10^{-2}\ mol/L) \times (0.0821\ L\ atm\ K^{-1}\ mol^{-1}) \times (298\ K) = 0.984\ atm$$

> EXERCISE
> **연습문제** 13.5 $K_C$와 $K_P$의 관계
>
> 다음 반응에서 $K_c$로부터 $K_p$를 계산하시오.
>
> (a) $N_2(g) + 3\,H_2(g) \rightleftharpoons 2\,NH_3(g)$  $K_c = 3.5 \times 10^8$, 25 °C 에서
> (b) $2\,H_2(g) + O_2(g) \rightleftharpoons 2\,H_2O(g)$  $K_c = 3.2 \times 10^{81}$, 25 °C 에서
> (c) $N_2(g) + O_2(g) \rightleftharpoons 2\,NO(g)$  $K_c = 1.7 \times 10^{-3}$, 2300 K 에서
> (d) $2\,NO_2(g) \rightleftharpoons N_2O_4(g)$  $K_c = 1.7 \times 10^2$, 25 °C 에서

(a)

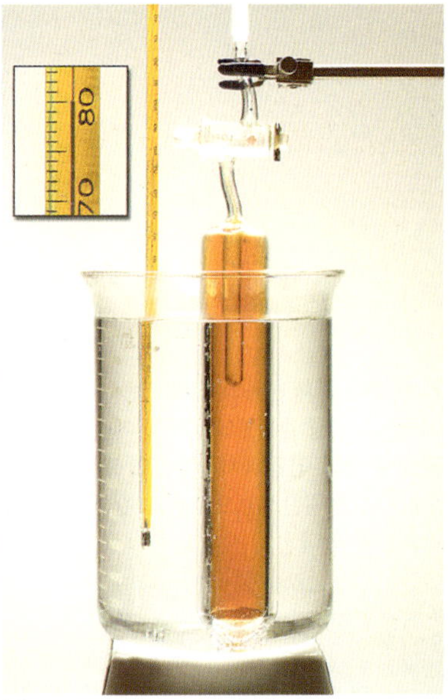


(b)



**그림 13.3 $N_2O_4$에서 $NO_2$의 형성.** 사산화이질소(무색)과 이산화질소(적갈색)의 평형 혼합물을 포함하는 밀폐된 유리관을 상온 (a)와 80°C (b)에서 물에 담근 것을 보여준다. 높은 온도에서 사산화이질소의 일부가 이산화질소를 형성하는 것을 나타내는 아주 짙은 색에 주목하라. 색의 세기는 이산화질소의 농도를 측정하는데 사용할 수 있다.

## 13.3 평형상수의 결정

평형상수를 결정하기 위해서는 평형상수 식에 나타나는 모든 평형농도를 알 필요가 있다. 이것은 반응계를 평형에 도달하도록 하고, 그 다음에 1개 이상의 반응물 또는 생성물의 **평형농도(equilibrium concentration)**를 측정하는 것이 가장 일반적인 것이다. 대수와 화학양론을 사용해서 $K_c$를 구한다.

### 반응표, 화학 양론 및 평형농도

반응상수 계산의 단계적인 접근은 초기조건, 반응이 일어날 때 발생된 변화와 최종(평형) 조건을 보여주는 표를 만드는 것이다. 예를 들면 무색의 기체 사산화이질소 $N_2O_4(g)$를 보자. 가열하면 이 기체는 다음 반응식에 따라서 분해되어 적갈색의 $NO_2(g)$를 형성한다.

$$N_2O_4(g) \rightleftharpoons 2\,NO_2(g)$$

2.00몰의 $N_2O_4(g)$를 비어있는 5.00 L 플라스크에 넣고 407 K로 가열한다고 가정하자. 대부분은 즉시 암적갈색이 나타나는데 이것은 대부분의 기체가 $NO_2(g)$로 변환되었음을 알려준다(그림 13.3). 색의 세기를 측정하여, 평형에서 $NO_2(g)$의 농도가 0.525 mol/L임을 결정할 수 있다. 평형상수를 계산하는데 이 자료를 이용하기 위해 다음 단계들을 따라가 보자:

1. 평형반응의 균형반응식을 쓰시오. 이 식으로부터 평형상수 식을 유도한다. 균형 화학 반응식과 평형상수 식은 다음과 같다.

$$N_2O_4(g) \rightleftharpoons 2\,NO_2(g) \qquad K_c = \frac{[NO_2]^2}{[N_2O_4]}$$

2. 평형상수 식에 포함되는 각 물질의 초기농도, 농도의 변화 및 평형농도가 들어 있는 표를 만든다. 이 반응표에 알고 있는 모든 자료를 입력한다. 이 경우에는 $N_2O_4(g)$ 분자의 몰수와 플라스크의 부피가 주어졌고, 따라서 $N_2O_4(g)$의 초기 농도 (conc. $N_2O_4$) = 2.00 mol / 5.00 L = 0.400 mol/L를 우선적으로 계산할 수 있다. 플라스크에는 초기에 $NO_2$가 없었기 때문에 $NO_2$의 초기농도는 0이다. 반응이 시작되고 평형에 도달하면 $NO_2$의 평형농도는 0.525 mol/L로 측정된다. 반응표는 다음과 같다:

| | $N_2O_4(g)$ | $\rightleftharpoons$ | $2\ NO_2(g)$ |
|---|---|---|---|
| 초기농도(mol/L) | 0.400 | | 0 |
| 반응이 일어날 때의 변화(mol/L) | ______ | | ______ |
| 평형농도(mol/L) | ______ | | 0.525 |

기체 또는 용액이 빛을 받으면 색을 띤다. 착색된 물질의 농도가 높을수록, 더 많은 빛이 흡수된다. 분광광도계라고 하는 기기는 빛의 흡수를 측정할 수 있고, 그러므로 농도를 결정한다.

매 1몰의 $N_2O_4$가 분해하면, 2몰의 $NO_2$가 형성된다. 그러므로 $N_2O_4 : NO_2$의 몰 비는 $\frac{1}{2}$ : 1이다.

**3.** 한 물질의 농도변화를 나타내기 위해서 $x$를 사용한다. $x$에 따른 다른 변화를 계산하기 위해 균형평형식에 화학양론계수를 사용하시오. 반응이 왼쪽에서 오른쪽으로 진행할 때, 반응물의 농도는 감소한다. 그러므로 반응물의 농도변화는 음수이다. 생성물의 농도는 증가한다. 따라서 생성물의 농도변화는 양수이다. 대개는 더 많은 자료가 포함된 반응물 또는 생성물에서 시작하는 것이 최선이다. 이 경우에는 초기와 평형의 농도 모두를 알고있는 $NO_2$ 컬럼이다. 그러므로 $x$로 미지의 $NO_2$ 농도를 대신한다.

| | $N_2O_4(g)$ | $\rightleftharpoons$ | $2\ NO_2(g)$ |
|---|---|---|---|
| 초기농도(mol/L) | 0.400 | | 0 |
| 반응이 일어날 때의 변화(mol/L) | ______ | | $x$ |
| 평형농도(mol/L) | ______ | | 0.525 |

다음은 $x$에 따른 $N_2O_4$의 농도변화를 구하기 위하여 균형식의 몰비를 이용한다.

$$\Delta(N_2O_4\text{의 농도}) = \frac{\text{생성된 } x \text{ 몰의 } NO_2}{L} \times \frac{\text{반응한 1몰의 } N_2O_4}{\text{생성된 2몰의 } NO_2}$$

$$= \frac{1}{2}x \text{ 몰의 반응한 } N_2O_4/L$$

$N_2O_4$ 농도는 감소하기 때문에 $N_2O_4$의 농도변화 부호는 음수이다. 표는 다음과 같다.

| | $N_2O_4(g)$ | $\rightleftharpoons$ | $2\ NO_2(g)$ |
|---|---|---|---|
| 초기농도(mol/L) | 0.400 | | 0 |
| 반응이 일어날 때의 변화(mol/L) | $-\frac{1}{2}x$ | | $x$ |
| 평형농도(mol/L) | ______ | | 0.525 |

**4.** 초기농도와 농도변화로부터, $x$에 관한 평형농도를 계산하고 표에 입력한다. 평형에서 $N_2O_4$ 농도 $[N_2O_4]$는 초기농도 0.40 mol/L와 반응의 변화 $-1/2\ x$ mol/L의 합이다. 즉, $[N_2O_4] = (0.40 - 1/2x)$ mol/L이다. 비슷하게 $NO_2$의 평형농도(이미 알고 있는 0.525 mol/L )는 $0 + x$이다.

| | $N_2O_4(g)$ | $\rightleftharpoons$ | $2\ NO_2(g)$ |
|---|---|---|---|
| 초기농도(mol/L) | 0.400 | | 0 |
| 반응이 일어날 때의 변화(mol/L) | $-\frac{1}{2}x$ | | $x$ |
| 평형농도(mol/L) | $0.400 - \frac{1}{2}x$ | | $0.525 = 0 + x$ |

이런 표를 가끔 ICE 표라고 하는데, 이것은 각 항목의 첫 글자로부터 왔다: Initial(초기), Change(변화) 및 Equilibrium(평형).

**5.** $x$를 구하기 위해서 제일 간단한 가능한 식을 이용하시오. 다음에는 찾고자 하는 값을 계산하기 위하여 $x$를 이용하시오. (대개는 미지수가 $K_c$이거나 또는 농도이

다). 이 경우에 가장 간단한 식은 표에 있는 최종 자료들, $0.525 = 0 + x$로 $x = 0.525$로 간단히 알수 있다. $[N_2O_4]$를 계산하면, $[N_2O_4] = (0.400 - 1/2\ x)$ mol/L = $(0.400 - 1/2 \times 0.525)$ mol/L = 0.138 mol/L이다. $[NO_2] = 0.525$ mol/L이고, 따라서 $K_c$는 다음과 같이 주어진다.

$$K_c = \frac{[NO_2]^2}{[N_2O_4]} = \frac{(0.525\ \text{mol/L})^2}{(0.138\ \text{mol/L})} = 2.00 \qquad (407\ \text{K에서})$$

6. 답이 타당한지 확인하기 위하여 점검하시오. 이 경우에 생성물의 평형농도는 반응물의 농도보다 높다. 생성물이 평형상수 식의 분자에 있기 때문에 값이 1보다 커야하고 실제로 답도 그렇다.

**예제 13.3 평형상수 값의 결정**

다음의 기체상 반응을 보자.

$$H_2(g) + I_2(g) \rightleftharpoons 2\ HI(g)$$

$H_2$와 $I_2$가 들어있는 플라스크를 425°C로 가열했으며, $H_2$와 $I_2$의 초기농도는 각각 0.0175 mol/L이라고 가정하시오. 시간이 지남에 따라 $H_2$와 $I_2$의 농도는 감소하고 HI의 농도는 증가한다. 평형에서 [HI] = 0.0276 mol/L이다. 이 실험자료를 이용하여 평형상수를 계산하시오.

**정답:** $K_c = 56$

**풀이:** 주어진 자료를 이용하여 여섯 단계를 따르시오. 아래의 표에서, 단계별로 서로 다른 색을 사용하여 나타내었다.

**1.** 균형 반응식과 평형상수 식을 쓰시오.

$$H_2(g) + I_2(g) \rightleftharpoons 2\ HI(g) \qquad K_c = \frac{[HI]^2}{[H_2][I_2]}$$

**2.** 반응(*ICE*)표(아래를 보시오)를 만들고 알고 있는 자료를 입력하시오.

**3.** $x$로 농도변화를 대신하시오.

세 번째 열에 $x$를 입력하는 것이 최선인데, 이것은 HI의 처음과 평형의 농도를 알고 있기 때문이다. 그리고 이것이 $x$를 구하는 가장 간단한 방법이다. 다음은 $x$에 관련된 농도변화의 나머지를 유도한다. 만일 HI의 농도가 주어진 양으로 증가하면, 몰비는 $H_2$와 $I_2$의 농도가 절반만큼 감소해야 한다는 것을 알려 준다:

$$\frac{\text{생성된 } x \text{ mol의 HI}}{\text{L}} \times \frac{\text{소비된 1 mol의 } H_2}{\text{생성된 2 mol의 HI}} = \frac{1}{2}x \text{ mol/L 소비된 } H_2$$

$H_2$와 $I_2$의 계수가 동일하기 때문에 이들의 농도 각각은 $\frac{1}{2}x$ mol/L만큼 감소한다. $H_2$와 $I_2$의 농도가 감소했기 때문에 표에 있는 이들의 농도변화는 음수이다.

**4.** 평형농도를 계산하고 표에 입력하시오.

| | $H_2(g)$ | + | $I_2(g)$ | $\rightleftharpoons$ | $2\ HI(g)$ |
|---|---|---|---|---|---|
| 초기농도(mol/L) | 0.0175 | | 0.0175 | | 0 |
| 반응이 일어날 때의 변화(mol/L) | $-\frac{1}{2}x$ | | $-\frac{1}{2}x$ | | $x$ |
| 평형농도(mol/L) | $0.0175 - \frac{1}{2}x$ | | $0.0175 - \frac{1}{2}x$ | | $0.0276 = 0 + x$ |

**5.** 가장 간단한 $x$의 방정식을 푸시오. 표의 최종 행과 열에는 $0.0276 = 0 + x$에서 $x = 0.0276$이다. 이 값을 표의 다른 두 식에 대입하여 평형농도를 구한 다음 평형상수 식에 이들을 대입한다:

$$K_c = \frac{[HI]^2}{[H_2][I_2]} = \frac{(0.0276)^2}{(0.0175 - [\frac{1}{2} \times 0.0276])(0.0175 - [\frac{1}{2} \times 0.0276])}$$

$$= \frac{(0.0276)^2}{(0.0037)(0.0037)} = 56 \qquad (424\ °C)$$

**실전예제 13.3**

0.0200몰의 $CH_3COOH$ 1.00리터 수용액의 전도도 측정은 아세트산 분자의 2.96%가 이온화하여 $CH_3COO^-$이온과 $H_3O^+$이온이 된다는 것을 보여준다. 아세트산의 이온화에 대한 평형상수를 계산하고 표 13.1에서 주어진 값과 비교하시오.

아세트산 분자의 2.96%가 이온화 한다는 것은 평형에서 아세트산 이온의 농도가 아세트산 분자 초기농도의 2.96/100 = 0.0296 배라는 것을 의미한다.

몇 가지 반응들에 대한 실험으로 결정된 평형상수가 표 13.1에 있다. 이 반응들은 넓은 범위의 $K_c$ 값이 보여주는 것처럼 반응정도가 매우 다르다.

**표 13.1** 25℃에서 수집된 평형상수

| 반응 | $K_c$ | $K_P$ |
|---|---|---|
| **기체상태 반응** | | |
| $\frac{1}{8}S_8(s) + O_2(g) \rightleftharpoons SO_2(g)$ | $4.2 \times 10^{52}$ | $4.2 \times 10^{52}$ |
| $2\,H_2(g) + O_2(g) \rightleftharpoons 2\,H_2O(g)$ | $3.2 \times 10^{81}$ | $1.3 \times 10^{80}$ |
| $N_2(g) + 3\,H_2(g) \rightleftharpoons 2\,NH_3(g)$ | $3.5 \times 10^{8}$ | $5.8 \times 10^{5}$ |
| $N_2(g) + O_2(g) \rightleftharpoons 2\,NO(g)$ | $4.5 \times 10^{-31}$ | $4.5 \times 10^{-31}$ |
| | $1.7 \times 10^{-3}$ (at 2300 K) | |
| $H_2(g) + I_2(g) \rightleftharpoons 2\,HI(g)$ | $2.5 \times 10^{1}$ | $2.5 \times 10^{1}$ |
| $2\,NO_2(g) \rightleftharpoons N_2O_4(g)$ | $1.7 \times 10^{2}$ | 7.0 |
| $CH_4(g) + H_2O(g) \rightleftharpoons CO(g) + 3\,H_2(g)$ | $2.0 \times 10^{-28}$ | $1.25 \times 10^{-25}$ |
| *cis*-2-butene(g) $\rightleftharpoons$ *trans*-2-butene(g) | 3.2 | 3.2 |
| **약산 및 약염기** | | |
| Formic acid | | |
| $HCOOH(aq) + H_2O(\ell) \rightleftharpoons H_3O^+(aq) + HCOO^-(aq)$ | $1.8 \times 10^{-4}$ | — |
| Acetic acid | | |
| $CH_3COOH(aq) + H_2O(\ell) \rightleftharpoons H_3O^+(aq) + CH_3COO^-(aq)$ | $1.8 \times 10^{-5}$ | — |
| Carbonic acid | | |
| $H_2CO_3(aq) + H_2O(\ell) \rightleftharpoons H_3O^+(aq) + HCO_3^-(aq)$ | $4.2 \times 10^{-7}$ | — |
| Ammonia (약염기) | | |
| $NH_3(aq) + H_2O(\ell) \rightleftharpoons NH_4^+(aq) + OH^-(aq)$ | $1.8 \times 10^{-5}$ | — |
| **아주 소량 녹는 고체** | | |
| $CaCO_3(s) \rightleftharpoons Ca^{2+}(aq) + CO_3^{2-}(aq)$ | $3.8 \times 10^{-9}$ | — |
| $AgCl(s) \rightleftharpoons Ag^+(aq) + Cl^-(aq)$ | $1.8 \times 10^{-10}$ | — |
| $AgI(s) \rightleftharpoons Ag^+(aq) + I^-(aq)$ | $1.5 \times 10^{-16}$ | — |

## 13.4 평형상수의 의미

평형상수 값의 크기는 평형에 도달했을 때 반응이 얼마나 많이 진행되었는지를 알려준다. 게다가 평형에서 생성물이 얼마나 있는지 계산하는데 사용할 수 있다. 다음 세 가지 중요한 경우를 고찰해 보자.

부호 ≫는 "보다 매우 크다"는 것을 의미한다.

**경우 1. $K_C \gg 1$: 반응이 생성물–선호 경향이 크면; 생성물의 평형농도는 반응물의 평형농도보다 대단히 크다.**

큰 $K_c$ 값은 평형에 도달했을 때, 반응물이 거의 모두 생성물로 변환되었음을 의미한다. 즉, 생성물이 반응물보다 훨씬 우세하다. 예로는 성층권에서 오존이 분해되는 한 방법인 $NO(g)$와 $O_3(g)$의 반응이다.

$$NO(g) + O_3(g) \rightleftharpoons NO_2(g) + O_2(g) \quad K_c = \frac{[NO_2][O_2]}{[NO][O_3]} = 6 \times 10^{34} \quad (25\ °C)$$

평형에 도달하면 반응은 본질적으로 완결된다. 만일 반응이 느리다면 이것은 매우 오래 걸릴 것이다.

매우 큰 $K_c$ 값은 만일 1몰의 NO와 $O_3$를 25°C에서 플라스크에서 혼합하면, $[NO_2][O_2] \gg [NO][O_3]$인 평형에 도달한다는 것을 말해준다. 사실상 어떤 반응물도 남지 않을 것이고 플라스크에는 오직 $NO_2$와 $O_2$만이 발견될 것이다. 실제로 이 반응은 완결되어 얻어진 생성물의 양을 계산하기 위해서 평형상수를 이용할 필요가 없을 것이다. 4장에서 배운 간단한 방법이 이 경우에는 잘 적용이 된다.

부호 ≪는 "보다 매우 작다"는 것을 의미한다.

**경우 2. $K_C \ll 1$: 반응이 반응물–선호 경향이 크면; 반응물의 평형농도는 생성물의 평형농도보다 대단히 크다.**

역으로, 평형에 도달할 때 대단히 작은 $K_C$는 아주 소량의 반응물만이 생성물로 변환된 것을 의미한다. 평형에서 반응물이 생성물보다 유리하다. 예를 들면,

$$3\ O_2(g) \rightleftharpoons 2\ O_3(g) \qquad K_c = \frac{[O_3]^2}{[O_2]^3} = 6.25 \times 10^{-58} \qquad (25\ °C)$$

이것은 $[O_3]^2 \ll [O_2]^3$을 의미하고, 만약 25°C에서 플라스크에 $O_2$가 들어 있다면, 평형에 이르렀을 때 아주 소량의 $O_3$만을 발견할 것이다. 실제로 $O_2$의 농도는 그대로 남아있을 것이다. 5장의 용어 중에서, "N.R."이라고 쓰고 반응이 일어나지 않는다고 말한다.

부호 ≅는 "와 거의 같다"는 것을 의미한다.

**경우 3. $K_C \cong 1$: 평형 혼합물이 상당한 농도의 반응물과 생성물을 포함한다; 평형농도를 결정하기 위하여 계산이 필요하다.**

만약 $K_C$가 아주 크지도 작지도 않다면, 반응이 생성물 쪽으로 얼마나 진행하는지를 계산하기 위해서는 평형상수를 이용해야만 한다. 경우 1과 경우 2의 반응과는 반대로, 사산화이질소의 분해는 아주 크지도 작지도 않은 평형상수를 갖는다. 391 K에서 이 값은 1.00이며, 이것은 평형에서 상당한 농도의 $N_2O_4$와 $NO_2$가 존재한다는 것을 의미한다.

사산화이질소 분해는 $N_2O_4(g) \rightleftharpoons 2\ NO_2(g)$ 임을 상기하시오.

$$K_c = 1.00 = \frac{[NO_2]^2}{[N_2O_4]}, \quad \text{따라서} \quad [NO_2]^2 = [N_2O_4] \qquad (391\ K) \qquad [13.6]$$

이 중간 정도를 나타내는 평형상수 범위라는 것은 상당한 양의 농도가 얼마나 작은지와 평형상수의 형태에 의존한다. 만약 평형에서 $N_2O_4$와 $NO_2$ 의 농도가 모두 1.0

mol/L 이면, $[NO_2]^2/[N_2O_4]$의 비는 391 K에서 $K_c$ 값인 1.00과 같다. 그러나 만일 농도가 매우 작다면 어떻게 될까? 그래도 여전히 같을까? 이것은 식 13.6을 이용하여 검증할 수 있다. $[NO_2]$의 평형농도 수치가 0.01이라면, $[N_2O_4]$의 농도는 $(0.01)^2$인 0.0001임에 틀림없다. 따라서 $K_c = 1.00$일지라도, 한 물질의 농도는 다른 물질의 농도보다 훨씬 더 클 수 있다. 이것은 평형상수 식에서 분자의 제곱 항과는 다른 분모의 멱승(1차)이 있기 때문에 발생한다. 분자에 있는 멱승 합과 분모의 합이 다를 때는 언제나, 생성물의 농도가 반응물의 농도보다 클지 어떨지를 계산하지 않고 말하는 것이 매우 어렵게 된다.

반대로, 멱승의 합이 같고 만약 $K_c > 1$이면, 생성물은 반응물보다 우세하다. 그리고 만약 $K_c < 1$이면, 반응물이 생성물보다 우세하다. 이것이 사실인 예들이 있다.

$$cis\text{-2-butene(g)} \rightleftharpoons trans\text{-2-butene(g)} \quad K_c = \frac{[trans]}{[cis]} = 3.2 \quad (25\ °C)$$

및

$$2\,HI(g) \rightleftharpoons H_2(g) + I_2(g) \quad K_c = \frac{[H_2][I_2]}{[HI]^2} = 0.040 \quad (25\ °C)$$

그림 13.4는 기체 상태에서 시스-2-뷰텐의 이성질화 반응에 대한 $K_c$의 함수로서 반응물과 생성물의 농도를 그림으로 표시하였다.

여러분은 아마도 소량의 생성물이 형성된 반응물-선호 계가 중요한지 아닌지 의아해 할 것이다. 대부분이 중요하다. 예로서 표 13.1에 수록된 산과 염기가 있다. 식초의 산 성분인 아세트산의 반응은 다음과 같다.

$$CH_3COOH(aq) + H_2O(\ell) \rightleftharpoons H_3O^+(aq) + CH_3COO^-(aq)$$

$$K_c = \frac{[H_3O^+][CH_3COO^-]}{[CH_3COOH]} = 1.8 \times 10^{-5} \quad (25\ °C)$$

아세트산의 $K_c$는 아주 작으며, 평형에서 생성물(아세트산 이온과 하이드로늄 이온)의 농도는 반응물 (아세트산 분자)에 비하여 작다. 이것은 아세트산이 약산임을 증명한다. 약산임에도 불구하고, 아세트산은 아세트산 분자의 일부가 물과 반응하여 $H_3O^+(aq)$을 생성하기 때문에 신맛을 낸다.

2개 이상의 다른 반응들에서 평형상수의 모양이 동일하다면, 이들 각 반응의 생성물-선호 정도는 아주 직접적인 방법에 의하여 정량적으로 비교할 수 있다. 예를 들면 폼산, 아세트산 및 탄산은 평형반응이 비슷하고 모두 같은 형태의 평형상수 식을 갖는다:

$$K_c = \frac{[H_3O^+][\text{음이온}^-]}{[\text{산}]}$$

이 식에서 음이온은 $HCOO^-$, $CH_3COO^-$, 또는 $HCO_3^-$이고, 산은 HCOOH, $CH_3COOH$ 또는 $H_2CO_3$이다. 표 13.1의 자료로부터, 폼산($K_c$ 값이 크다)은 아세트산과 탄산보다 강산이라고 말할 수 있고, 셋 중에서 탄산이 가장 약산이다.

반응이 한 방향으로 일어나는 강한 경향을 가지고 있다면, 역반응은 잘 일어나지 않는 경향을 갖는다. 이것은 강력한 생성물-선호반응의 역반응의 평형상수는 극히 작을 것이라는 의미이다. 표 13.1에는 수소가 수증기를 형성하는 엄청난 평형상수(3.2 ×

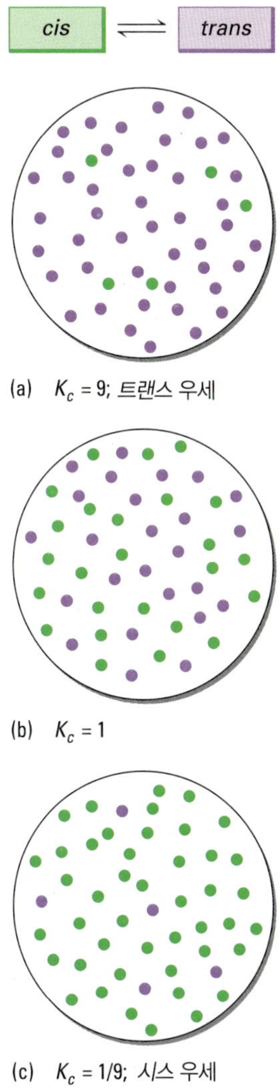


**그림 13.4 평형상수와 반응물 및 생성물의 농도.** 시스-2-뷰틴(g) ⇌ 트랜스-2-뷰틴(g) 계에서, 평형상수는 온도가 증가함에 따라서 감소한다. (a) $K_c$ = 9일 때, 낮은 온도에서 [트랜스]/[시스]의 비는 9/1 또는 45/5이다. (b) $K_c$ = 1일 때, 1000 K에서 이 비는 1/1 또는 25/25이다. (c) $K_c$ = 0.111 = 1/9일 때, 매우 높은 온도에서 이 비는 1/9 또는 5/45이다.

$10^{81}$)를 갖는 연소 반응을 보여준다. 이 반응은 강력한 생성물-선호반응이고, 반응이 완결되었다고 말한다.

물이 그 원소로 분해되는 역반응,

$$2\,H_2O(g) \rightleftharpoons 2\,H_2(g) + O_2(g) \quad K_c = \frac{[H_2]^2[O_2]}{[H_2O]^2} = 3.1 \times 10^{-82} \quad (25\ ^\circ C)$$

은 매우 작은 $K_c$ 값에서 나타난 것처럼 강력한 반응물-선호반응이다.

**예제 13.4 평형상수의 이용**

평형상수(표 13.1)를 이용하여, 아래의 반응 어느 것이 25°C에서 생성물-선호인지 예측하시오. 반응을 반응물-선호 정도가 큰 것에서 작은 순서로 나열하시오.

(a) $NH_3(aq) + H_2O(\ell) \rightleftharpoons NH_4^+(aq) + OH^-(aq)$
(b) $HCOOH(aq) + H_2O(\ell) \rightleftharpoons H_3O^+ + HCOO^-(aq)$
(c) $N_2O_4(g) \rightleftharpoons 2\,NO_2(g)$

**정답:** 모든 반응이 반응물-선호이다. 반응물-선호 정도가 큰 것에서 작은 것으로의 순서는 (a), (b), (c).

**풀이:** 모든 반응의 평형상수 모양이 같은 형태인지 확인하시오. 만일 모두 같다면, 평형상수가 작은 반응일수록, 덜 생성물-선호(더 반응물-선호) 반응이다. 모든 반응의 평형상수 식은 아래와 같다.

$$K_c = \frac{[\text{생성물 1}][\text{생성물 2}]}{[\text{반응물}]}$$

$H_2O(\ell)$은 (a)와 (b)의 평형상수 식에 나타나지 않기 때문이다. 반응 (a)와 (b)의 평형상수는 각각 $1.8 \times 10^{-5}$와 $1.8 \times 10^{-4}$이다. 반응 (c)의 평형상수는 표 13.1에 주어지지는 않았지만, 역반응의 $K_c$는 $1.7 \times 10^2$로 주어진다. 가역반응이면 역수를 취할 수 있기 때문에, 반응 (c)의 평형상수는 $5.8 \times 10^{-3}$이다. 그러므로 반응물-선호 정도가 가장 큰 반응(최소 $K_c$)은 (a), 그 다음은 반응 (b)이고, 마지막 반응 (c)이다. 반응(c)의 $K_c$가 가장 크다.

**실전예제 13.4**

고체 AgCl과 AgI를 1리터의 서로 다른 비이커에 넣는다고 가정하시오.
(a) 어떤 비이커에 있는 은 이온의 농도, $[Ag^+]$가 더 큰가?
(b) 각 화합물이 녹아 있는 물의 부피는 평형상수에 영향을 주는가?

CONCEPTUAL
**개념학습 13.6 평형상수의 조작**

암모니아와 물의 반응은 평형상수가 $1.8 \times 10^{-5}$이다.

$$NH_3(aq) + H_2O(\ell) \rightleftharpoons NH_4^+(aq) + OH^-(aq)$$

(a) 역반응, 암모늄 이온과 수산 음이온 반응으로 암모니아와 물이 생성되는 반응의 평형상수는 클까 작을까?
(b) 암모늄 이온과 수산 음이온 반응의 $K_c$는 무엇인가?
(c) 이 평형상수 값은 암모늄 이온과 수산 음이온 사이에 일어날 수 있는 반응의 정도에 대하여 무엇을 말하는가?
(d) 염화 암모늄 1.0 M용액을 수산화 나트륨 1.0 M용액에 더한다면 어떻게 될지 예측하시오. 실험실에서 여러분의 예측을 검증하기 위하여 요구되는 관찰은 무엇인가?

## 13.5 평형상수의 이용

평형상수는 수치이기 때문에, 반응이 일어날 방향과 얼마나 많이 진행하는지 정량적으로 예측하는 데 사용될 수 있다.

### 반응의 방향 예측

25°C에서 10 L 부피의 용기에 50 mmol $NO_2(g)$와 100 mmol $N_2O_4(g)$의 혼합물을 가지고 있다고 가정하자. 이 계는 평형에 있는가? 만약 아니라면, 평형에 도달하기 위해서 일어날 반응의 방향은? 이러한 질문에 접근하는 유용한 방법은 **반응지수(reaction quotient)**를 이용하는 것이다. 이것은 평형상수 식과 같은 수학적 모양을 갖지만, 평형농도 대신 혼합물에 있는 실제 농도의 비이다. 다음 반응에서,

미터법 접두사 "m"은 $\frac{1}{1000}$ = $10^{-3}$을 의미한다는 것을 상기하시오. 그러므로 1mmol = 1 × $10^{-3}$ mol

$$2\,NO_2(g) \rightleftharpoons N_2O_4(g) \qquad K_c = \frac{[N_2O_4]}{[NO_2]^2} = 1.7 \times 10^2 \quad (25\ ^\circ C)$$

$$Q = \frac{(N_2O_4\text{의 농도})}{(NO_2\text{의 농도})^2} = \frac{(100.\times 10^{-3}\ mol/10.\ L)}{(50.\times 10^{-3}\ mol/10.\ L)^2} = \frac{1.0\times 10^{-2}}{(5.0\times 10^{-3})^2} = 4.0\times 10^2$$

- 만일 $Q = K_c$이면, 반응은 평형이다. 농도는 변하지 않을 것이다.
- 만일 $Q$가 $K_c$보다 작으면, 생성물의 농도는 평형에서의 생성물의 농도보다 작다. 반응은 왼쪽에서 오른쪽으로 진행하여 생성물의 평형 값에 도달할 때까지 생성물의 농도가 증가할 것이다.
- 만일 $Q$가 $K_c$보다 크면, 생성물의 농도는 평형에서의 생성물의 농도보다 크다. 반응은 오른쪽에서 왼쪽으로 진행하여, 평형에 도달할 때까지 반응물의 농도가 증가한다.

$Q$로 표시하는데 있어서, 주어진 시간에서 실제 농도를 나타내기 위해서 ($N_2O_4$의 농도)를 사용하였다. $N_2O_4$의 평형농도는 $[N_2O_4]$를 사용하여 나타낸다. 반응이 평형에 이르면 ($N_2O_4$의 농도) = $[N_2O_4]$이다.

그림 13.5에 도식적으로 이러한 관계가 보인다. 위에서 언급한 $NO_2/N_2O_4$ 혼합물의 경우에 $Q$가 $K_c$보다 크면, 그래서 평형에 도달하려면, $N_2O_4$의 일부가 $NO_2$를

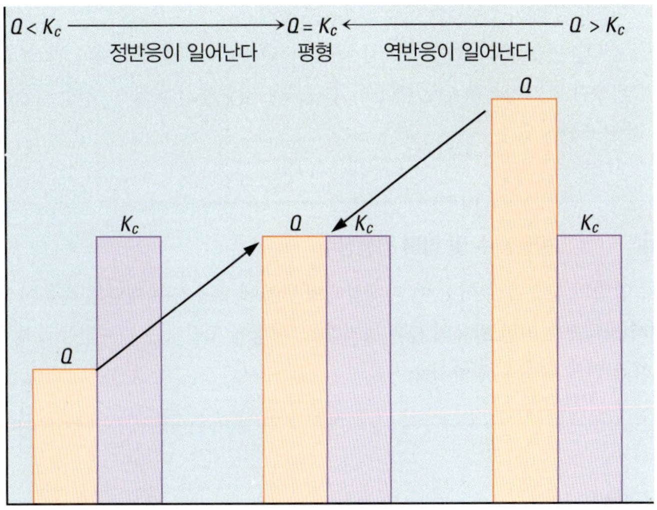


**그림 13.5** **반응방향의 예측.** 반응지수, $Q$와 평형상수, $K_c$의 상대 크기는 혼합물이 평형을 이루기 위해서 일어날 반응의 방향을 결정한다. 규칙은 다음과 같다.

$Q < K_c$, 반응은 정방향 (→)으로 간다.
$Q = K_c$, 반응은 평형이다.
$Q > K_c$, 반응은 역방향 (←)으로 간다.

반응은 $Q = K_c$가 될 때까지 진행될 것이다.

형성하기 위해 반응할 것이다. 역반응이 일어날 때, $Q$는 더 작아지고 마침내 $K_c$와 같게 된다.

**예제 13.5 반응방향의 예측**

수소기체를 만들기 위해 공업적으로 사용되는 아래 반응을 보자.

$$CH_4(g) + H_2O(g) \rightleftharpoons CO(g) + 3\,H_2(g) \qquad K_c = 0.94,\ 25\ ^\circ C$$

1.0몰의 $CH_4$, 1몰의 $H_2O$, 2.0몰의 $H_2$ 및 0.50몰의 CO를 25°C에서 10.0−L 용기에 혼합한다면, 평형에 도달했을 때 $H_2O$의 농도는 0.10 mol/L 보다 클까 작을까?

**정답:** 0.10 mol/L 보다 작다.

**풀이:** 각 기체의 초기농도를 계산하고 난 다음, $Q$를 평가하시오. 그런 다음 $Q$와 $K_c$를 비교하시오.

$$(CH_4\text{의 농도}) = \frac{1.0\text{ mol}}{10.0\text{ L}} = 0.10\text{ mol/L} \qquad (H_2\text{의 농도}) = \frac{2.0\text{ mol}}{10.0\text{ L}} = 0.20\text{ mol/L}$$

$$(H_2O\text{의 농도}) = \frac{1.0\text{ mol}}{10.0\text{ L}} = 0.10\text{ mol/L} \qquad (CO\text{의 농도}) = \frac{0.50\text{ mol}}{10.0\text{ L}} = 0.050\text{ mol/L}$$

단위는 평형상수 식에 의해서 정의되기 때문에 무시한다.

$$Q = \frac{(CO\text{의 농도})(H_2\text{의 농도})^3}{(CH_4\text{의 농도})(H_2O\text{의 농도})} = \frac{(0.050)(0.20)^3}{(0.10)(0.10)} = 0.040$$

이것은 $K_c$ 값 0.94보다 훨씬 더 작다. $Q < K_c$ , 정반응—$CH_4$와 $H_2O$의 반응으로 CO와 $H_2$가 생성되는—이 평형농도에 이를 때가지 진행할 것이다. $H_2O$의 초기농도는 0.10 mol/L; $H_2O$가 $CH_4$와 반응하면서 $H_2O$ 농도가 감소한다.

**실전예제 13.5**

다음 평형에서,

$$2\,SO_2(g) + O_2(g) \rightleftharpoons 2\,SO_3(g) \qquad K_c = 245 \qquad (1000\text{ K})$$

평형농도는 $[SO_2]$= 0.102, $[O_2]$= 0.0132 및 $[SO_3]$= 0.184이다. $SO_2$의 농도가 갑자기 두 배가 되었다고 가정하여 Q를 계산하고 새로운 평형에 도달하기 위하여 정반응이 일어난다는 것을 보이시오.

CONCEPTUAL
**개념학습 13.7 반응지수 및 압력 평형상수**

평형상수가 압력의 항으로 주어질 때 기체상태의 반응에 반응지수 개념의 적용이 가능한가(식 13.4에서 보임)? 이러한 반응의 $Q$를 정의하고, 평형에 도달하는 기체반응의 방향을 예측하는 적절한 일련의 규칙을 정하시오.

## 평형농도 계산

표 13.1(또는 부록이나 참고문헌)의 평형상수는 계가 일단 평형에 도달하면, 얼마만큼의 생성물이 형성되고 그리고 반응물이 얼마나 남아 있는지를 계산하는데 사용할 수 있다. 평형상수가 매우 크다면, 실제로 반응물 모두가 생성물로 변환된다는 처음의 결론을 증명하기 위해서, 다음 반응을 생각해 보자.

$$\tfrac{1}{8}\,S_8(s) + O_2(g) \rightleftharpoons SO_2(g) \qquad K_c = 4.2 \times 10^{52} \qquad (25\ ^\circ C)$$

4.0몰의 $O_2$와 과량의 황을 비어있는 1.00리터 플라스크에 넣고, 평형에 이르게 하였다고 가정하자. 표에 있는 요약 정보에 의해서 남아있는 $O_2$양과 형성된 $SO_2$의 양을 계산할 수 있다($S_8$은 고체이기 때문에 평형상수 식에 나타나지 않는다. 표에서 $S_8$에 대해서는 어떤 것도 필요하지 않다).

| | $\frac{1}{8}S_8(s)$ + $O_2(g)$ | $\rightleftharpoons$ $SO_2(g)$ |
|---|---|---|
| 초기농도 (mol/L) | 4.0 | 0.0 |
| 반응이 일어날 때의 변화 (mol/L) | $-x$ | $+x$ |
| 평형농도 (mol/L) | $4.0 - x$ | $0.0 + x$ |

반응 전의 반응물과 생성물의 농도는 알지만, 반응 중에 $O_2$가 얼마의 몰이 소모되었는지는 모른다. 그래서 이것을 $x$ mol/L로 나타낸다(표에는 $O_2$가 소모되기 때문에 음의 부호를 갖는다). 몰비는 (1mol $SO_2$) / (1mol $O_2$)이므로, $x$ mol/L $O_2$가 소모될 때 $x$ mol/L $SO_2$가 형성된다는 것을 알고 있다. 사용한 $O_2$의 농도를 계산하기 위하여, 초기에 있던 것(4.0 mol/L)에서 반응에서 소비된 것($x$ mol/L)을 빼준다. $SO_2$의 평형농도는 초기농도(0 mol/L)에 반응에서 생성된 것($x$ mol/L)를 더해주어야 한다. 이 값들을 평형상수 식에 대입하면 다음과 같다.

$$K_c = \frac{[SO_2]}{[O_2]} = \frac{x}{4.0 - x} = 4.2 \times 10^{52}$$

$x$를 풀면(유효숫자의 규칙을 따라서), 다음과 같다.

$$x = (4.2 \times 10^{52})(4.0 - x)$$
$$x = (16.8 \times 10^{52}) - (4.2 \times 10^{52})x$$
$$x + (4.2 \times 10^{52})x = 16.8 \times 10^{52}$$

$x + (4.2 \times 10^{52})x = (1 + 4.2 \times 10^{52})x$ 이고, 이것은 거의$(4.2 \times 10^{52})x$ 인 것에 유의하시오. 따라서

$$x = \frac{16.8 \times 10^{52}}{4.2 \times 10^{52}} = 4.0$$

$4.2 \times 10^{52}$는 1보다 엄청나게 크기 때문에, 1을 더하는 것은 이 큰 값에 별다른 변화를 주지 못한다.

$SO_2$의 평형농도 $x$ = 4.0 mol/L이고 $O_2$의 평형농도는 $(4.0 - x)$ mol/L 이다. 즉, 이 계산의 신뢰도내에서, 모든 $O_2$는 $SO_2$로 변환되었다. 처음에 언급했던 것처럼, 매우 큰 $K_c$(이 경우에는 $4.2 \times 10^{52}$)는 본질적으로 모든 반응물이 생성물로 변환된다. 반응이 강하게 생성물−선호이면 이 반응은 완결되고, 그래서 계산은 4.4절의 방법을 사용할 수 있다.

25℃에서 황은 공기 중 산소에 오랫동안 노출이 되어도 이산화황으로 변환되지 않는다는 사실은 화학속도론의 중요성을 보여준다. 이 반응은 실온에서 매우 느리다. 그래서 고체 황의 근처에서 이산화황의 희미한 냄새만 알아차릴 수 있을 뿐이다.

**예제 13.6 평형농도 계산**

무색의 아이오딘화 수소기체를 745 K로 가열할 때, 아름다운 보라색이 나타난다. 이것은 일부의 아이오딘 기체가 형성된 것을 보여주는데, 이것은 아이오딘화수소의 일부가 그 원소들로 분해된 것을 보여준다.

$$2\,HI(g) \rightleftharpoons H_2(g) + I_2(g) \qquad K_c = 0.0200 \qquad (745\ K)$$

**아이오딘 증기는 아름다운 보라색이다.**

이 문제를 풀 때 HI의 농도 변화를 나타내기 위하여 $-x$를 취해도 된다. 이 경우에는 $H_2$와 $I_2$의 농도변화가 $+\frac{1}{2}x$가 된다.

일부 경우에서 이번처럼 $K_c$의 식이 완전 제곱인 $x$를 포함하는 식을 가질 수 있다. 이런 경우에는 방정식의 양쪽 모두에 제곱근을 적용하여 풀 수 있다.

1.00몰의 HI(g)와 1.00몰의의 $H_2(g)$를 10.0−L 플라스크에서 밀폐시키고 745 K로 가열하였다고 가정하자. 평형에 도달했을 때, 이 세 가지 물질 각각의 농도는 무엇일까?

**정답:** [HI] = 0.096 M, $[I_2]$ = 0.0018 M, $[H_2]$ = 0.102 M

**풀이:** 기존의 단계를 따르시오. 균형반응식과, 평형상수 식을 적는다. 농도대신 양이 주어졌기 때문에, 각 몰수를 플라스크의 부피로 나누어서 (HI의 농도) = ($H_2$의 농도) = 1.00 mol/10.0 L = 0.100 mol/L 를 얻는다. 초기에는 $I_2$가 없기 때문에, Q = 0이다. 이것은 $K_c$보다도 훨씬 더 작다. 그러므로 반응은 왼쪽에서 오른쪽으로 가야만 한다. 그래서 평형에 도달할 때, $I_2$의 농도를 $x$ mol/L라고 한 것은 타당하다. $H_2$와 $I_2$의 계수가 같으므로, 만일 $x$ mol/L의 $I_2$가 생성된다면 $x$ mol/L의 $H_2$가 역시 생성되어야만 한다. 그러므로 $H_2$와 $I_2$ 모두의 농도변화는 $+x$ mol/L이다. HI의 계수는 $I_2$의 두 배이기 때문에, $I_2$가 반응할 때 두 배의 HI 몰수가 반응해야 한다. HI 농도의 변화는 $-2x$ mol/L이다. 그러면 반응표는 아래와 같다.

| | 2 HI(g) | $\rightleftharpoons$ | $H_2(g)$ | + | $I_2(g)$ |
|---|---|---|---|---|---|
| 초기농도(mol/L) | 0.100 | | 0.100 | | 0.000 |
| 반응이 일어날 때의 변화(mol/L) | $-2x$ | | $+x$ | | $+x$ |
| 평형농도(mol/L) | $(0.100 - 2x)$ | | $(0.100 + x)$ | | $x$ |

표의 세 번째 행에 계산된 평형농도에 의한 평형상수 식을 쓰시오.

$$K_c = \frac{[H_2][I_2]}{[HI]^2} = \frac{(0.100 + x)x}{(0.100 - 2x)^2} = 0.0200$$

이 방정식을 풀기 위해서 분자와 분모를 전개하면 다음과 같이 된다.

$$\frac{0.100x + x^2}{0.0100 - 0.400x + 4x^2} = 0.0200$$

분모로 양변을 곱한 다음 전개하면 다음과 같다.

$$0.100x + x^2 = 0.0200 \times (0.0100 - 0.400x + 4x^2)$$
$$0.100x + x^2 = 0.000200 - 0.00800x + 0.0800x^2$$

$x^2$과 $x$에 의한 항으로 정리하면,

$$0.9200x^2 + 0.10800x - 0.000200 = 0$$

이것은 $ax^2 + bx + c = 0$ 형식의 2차 방정식이고, 여기에서 $a = 0.9200$, $b = 0.10800$ 및 $c = 0.000200$이다. 이 방정식은 근의 공식으로 풀 수 있다(부록 A. 7).

$$x = \frac{-b \pm \sqrt{b^2 - 4ac}}{2a} = \frac{-0.10800 \pm \sqrt{0.10800^2 - 4 \times 0.9200 \times (-0.000200)}}{2 \times 0.9200}$$

$$x = \frac{-0.10800 + 0.11135}{1.840} = 1.83 \times 10^{-3}$$

또 다른 근, $x = -0.119$는 평형에서 $I_2$의 농도가 음의 결과인 불가능한 값을 주게 되므로 제외된다. 표의 평형농도 행으로부터,

$$[HI] = (0.100 - 2x)\text{mol/L} = 0.100 - (2 \times 1.83 \times 10^{-3}) = 0.0963 \text{ mol/L}$$
$$[H_2] = (0.100 + x)\text{mol/L} = 0.100 + (1.83 \times 10^{-3}) = 0.102 \text{ mol/L}$$
$$[I_2] = x \text{ mol/L} = 0.00183 \text{ mol/L}$$

**실전예제 13.6**

표 13.1로부터 사산화이질소가 이산화질소를 형성하는 분해 반응의 평형상수를 구하시오. 만약 초기에 $N_2O_4$ 1.00 mol과 $NO_2$ 0.500 mol을 4.00 L 부피의 용기에 넣었다면, 25°C에서 평형에 도달할 때, $N_2O_4(g)$와 $NO_2(g)$의 평형농도를 계산하시오.

## 13.6 화학평형의 이동: 르 샤틀리에의 원리

여러분이 환경 공학자, 생물학자 또는 지질학자라고 가정하고 방금 호수에서 하이드로늄 이온 $H_3O^+$의 농도를 측정하였다고 하자. 여러분은 호수에서 일어나는 많은 다른 반응의 평형에 $H_3O^+$가 관련되어 있다는 것을 알고 있다. 변화하는 조건의 영향을 어떻게 예측할 수 있을까? 예를 들면 호수의 하이드로늄 이온과는 다른 농도를 갖는 많은 양의 산성비가 온다면 어떻게 될까? 혹은 강한 염기인 석회(산화 칼슘)를 호수에 더하면 어떻게 될까? 이런 유사한 질문들에 대하여 정성적으로 답할 수 있는 유용한 지침으로 알려진 것이 **르 샤틀리에의 원리(Le Chatelier's principle)이다: 계가 평형에 있고 그리고 조건을 변화시켜서 더 이상 계의 평형이 유지 되지 않는다면, 계는 부분적으로 그 변화를 상쇄하는 방법으로 새로운 평형에 도달하기 위하여 반응할 것이다.** 변화를 조절하기 위하여, 계는 평형에 도달할 때까지 정방향 (더 많은 생성물 형성) 또는 역방향 (더 많은 반응물 생성)의 어느 쪽으로든 반응할 것이다. 르 샤틀리에의 원리는 평형상수 식에 나타나는 반응물 또는 생성물의 농도, 기체상태 평형의 압력 또는 부피 그리고 온도 변화에 적용할 수 있다. 반응물과 생성물의 평형농도가 변하게 되는 조건들을 바꾸는 것을 **평형이동(shifting an equilibrium)**이라고 한다. 만약 반응이 정방향으로 일어난다면, 평형반응은 오른쪽으로 이동했다고 말한다. 만약 반응이 역방향으로 일어난다면, 평형반응은 왼쪽으로 이동했다고 말한다.

프랑스 화학자인 Henri Le Chatelier (1850~1936)는 시멘트 화학연구의 결과로써 조건의 변화가 어떻게 계의 평형에 영향을 주는지에 대한 생각을 발전시켰다.

### 반응물 또는 생성물 농도의 변화

평형상수 식에 나타나는 반응물 또는 생성물의 농도가 변한다면, $Q$가 $K_c$와 다른 값을 갖기 때문에 계는 더 이상 평형이 아니다. 평형은 더해진 물질을 소모하거나 또는 제거된 물질을 채우기 위하여 이동할 것이다. 이동은 어느 쪽으로든 $Q$가 $K_c$의 값에 접근하는 방향으로 일어날 것이다.

- 반응물의 농도가 증가한다면, 계는 정방향으로 반응할 것이다.
- 반응물의 농도가 감소한다면, 계는 역방향으로 반응할 것이다.
- 생성물의 농도가 증가한다면, 계는 역방향으로 반응할 것이다.
- 생성물의 농도가 감소한다면, 계는 정방향으로 반응할 것이다.

온도가 일정하게 유지되는 한, 평형상수 값도 일정하게 유지된다. 반응물 또는 생성물을 더하거나 제거하는 것은 평형상수 값을 변화시키지 않는다. 그러나 만약 첨가되거나 제거된 물질의 농도가 평형상수 식에 나타난다면, Q값은 변한다. Q가 더 이상 $K_c$와는 다르기 때문에, 계는 더 이상 평형이 아니고, 새로운 평형에 도달하기 위하여 반응해야만 한다.

왜 이렇게 일어나는지를 보기 위해서 13.2절에서 다루었던 간단한 평형을 보자.

$$\textit{cis}\text{-2-butene(g)} \rightleftharpoons \textit{trans}\text{-2-butene(g)} \qquad K_c = \frac{[\text{트랜스}]}{[\text{시스}]} = 1.5 \qquad (600\ \text{K})$$

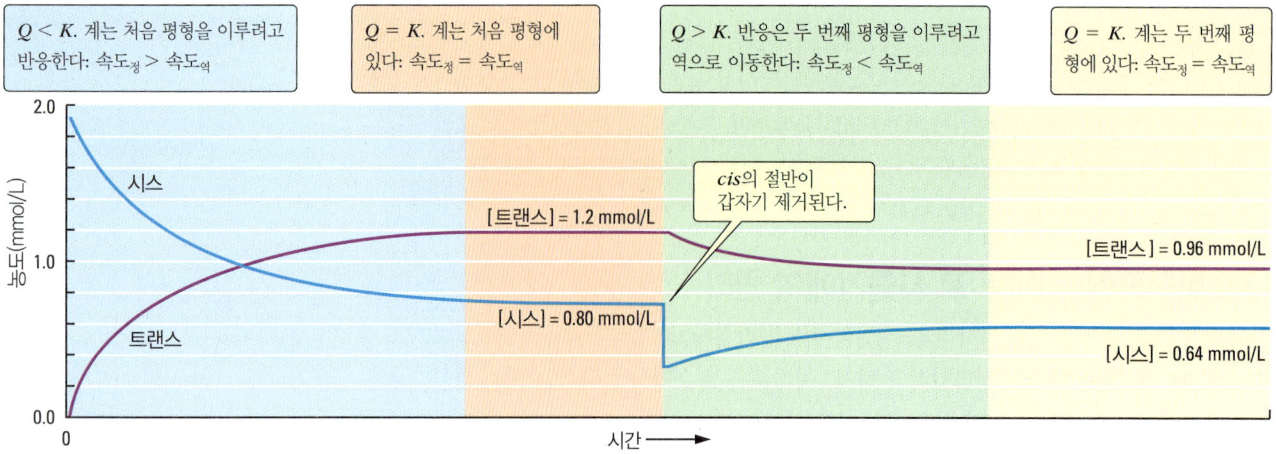


**그림 13.6 조건이 변한 다음 새로운 평형에 접근.**

1000 K에서 2mmol의 시스-2-뷰텐이 1.0-L의 용기에 들어 있다고 가정하자. 트랜스-2-뷰텐의 농도가 시스-2-뷰텐 농도의 1.5배가 될 때까지 정반응의 속도가 역반응의 속도보다 더 빠를 것이다. 그 다음 평형에 도달한다. 시스-2-뷰텐의 절반이 즉시 용기에서 제거되었다고 가정하자(예제 13.3). 시스-2-뷰텐의 농도가 처음의 절반으로 갑자기 감소했기 때문에, 정반응 역시 처음 값의 절반으로 느려질 것이다. 트랜스-2-뷰텐의 농도는 변하지 않았기 때문에, 역반응의 속도는 영향이 없을 것이다. 이것은 역반응이 정반응보다 두 배가 빠르다는 것을 의미한다. 시스-2-뷰텐 분자는 반응으로 없어지는 것보다 두 배 빠르게 생성될 것이다. 그러므로 정방향과 역방향의 속도가 다시 같아질 때까지 시스-2-뷰텐의 농도는 증가하고 그리고 트랜스-2-뷰텐의 농도는 감소할 것이다. 그림 13.6의 그래프는 이 상황을 보여준다.

농도변화의 효과는 많은 중요한 결과를 초래한다. 예를 들면 우리 몸에서 필요한 물질의 농도가 약간 떨어진다면, 몇 가지 효소-촉매화 화학평형이 이동해서 필요한 물질의 농도를 증가시킨다. 공정에서는 자주 반응 생성물들이 끊임없이 제거된다. 이것은 1개 이상의 평형을 이동하여 더 많은 생성물을 생성하고 그리고 반응의 효율을 극대화한다.

경수는 $CO_2$와 $Ca^{2+}$와 $Mg^{2+}$와 같은 금속이온들을 포함한다.

자연에서는 조건의 민감한 변화가 동굴의 석회 종유석과 석순의 형성 및 경수를 끓이면 차 주전자에 서서히 쌓이는 석회 찌꺼기 같은 결과의 원인이 된다.

이들 예 모두는 탄산칼슘을 포함한다. 탄산칼슘, $CaCO_3$의 한 종류인 석회석은 오래전에 퇴적되어 고대 바다의 찌꺼기인 퇴적물로 땅속에 존재한다. 석회석은 $CO_2$의 수용액과 반응할 때 녹는다.

$$CaCO_3(s) + CO_2(aq) + H_2O(\ell) \rightleftharpoons Ca^{2+}(aq) + 2\,HCO_3^-(aq) \qquad [13.7]$$

만약 $CO_2$로 포화된 지하수가 지표 아래에서 석회석 층을 흐르게 되면, 평형에 도달할 때까지 정반응이 진행되고, 물은 부수적으로 용해된 $CO_2$외에 상당한 양의 $Ca^{2+}$와 $HCO_3^-$ 을 포함하게 된다. 종종 $Mg^{2+}(aq)$를 동반하는 이러한 이온들이 경수를 구성한다.

**그림 13.7** $CaCl_2(aq)$와 $NaHCO_3(aq)$의 반응

모든 평형에서처럼 역반응은 정반응과 함께 일어난다. 이 역반응을 열린 비이커에서 수용액의 $CaCl_2$와 $NaHCO_3$ ($Ca^{2+}$와 $HCO_3^-$이온을 포함하는 염)를 혼합하여 시연할 수 있다(그림 13.7). 여러분은 마침내 $CO_2$ 기체 방울과 고체 $CaCO_3$를 보게 될 것이다. 비이커는 공기에 노출되어 있기 때문에, 이 용액을 벗어나는 $CO_2$ 기체는 날아갈 것이다. 이것은 $CO_2(aq)$의 농도를 감소시켜 평형을 왼쪽으로 이동하고 더 많은 $CO_2$를 생성한다. 마침내 용해된 모든 $Ca^{2+}$와 $HCO_3^-$이온, 기체 $CO_2$, 고체 $CaCO_3$ 및 물로 변환된다.

$CO_2$, $Ca^{2+}$와 $HCO_3^-$이 용해된 물이 동굴에서 공기(또는 경수가 주전자에서 공기) 에 접촉한다고 가정하자. 이산화탄소는 용액에서 기포로 발생되고, 반응식 13.7의 반응물 쪽에 있는 $CO_2$의 농도는 감소하며, 평형은 반응물 쪽으로 이동한다. 역반응은 감소한 $CO_2(aq)$의 농도를 부분적으로 보상하기 위해서 $CO_2(aq)$를 형성한다. 칼슘이온과 탄산 수소이온의 일부는 결합하고, 그리고 약간의 $CaCO_3(s)$가 동굴의 아름다운 모양(또는 주전자의 물때)로 침전된다(그림 13.8).

**그림 13.8 석회 동굴의 종유석.** 동굴 천장에 걸려있는 종유석. 석순은 동굴의 바닥으로부터 위로 자란다. 두 가지 모두 석회석, $CaCO_3$이다. 이러한 아름다운 형상을 만드는 과정은 화학평형의 놀라운 예이다.

CONCEPTUAL
**개념학습** **13.8 물질첨가의 효과**

고체 오염화 인은 가열하면 기체 삼염화 인과 염소기체를 형성하면서 분해된다. 고체 오염화 인을 진공용기에 담고 밀봉 후, 가열할 때 이루어지는 평형의 반응식을 쓰시오. 주어진 온도에서 계가 평형에 도달한 후, 다음의 각 변화가 평형에 미치는 효과는 무엇인가?

(a) 용기에 염소를 첨가

(b) 용기에 삼염화 인을 첨가

(c) 용기에 소량의 오염화 인을 첨가

### 기체 평형에서 부피 또는 압력의 변화

기체 평형 혼합물의 압력을 변화시키는 한 가지 방법은 부피를 일정하게 하고 평형상수 식에 나타나는 물질의 1개 이상을 더하거나 또는 제거하는 것이다. 물질을 더하거나 또는 제거할 때의 효과를 방금 논의하였다. 이제는 압력 또는 부피를 변화시키는 다른 방법을 생각해 보자.

기체 평형에서 모든 물질의 압력은 용기의 부피를 조절하여 변화시킬 수 있다. 용기의

$$N_2O_4(g) \rightleftharpoons 2\ NO_2(g) \qquad K_c = \frac{[NO_2]^2}{[N_2O_4]}$$

부피를 처음의 3분의 1로 감소시켜서 평형에서 세 배가 된 압력의 영향을 보자 (일정한 온도). 이러한 상황을 그림 13.9에서 보여준다. 부피의 감소는 $N_2O_4$와 $NO_2$의 압력을 평형 값의 세 배로 증가시키고, 또한 $N_2O_4$와 $NO_2$의 농도를 평형 값의 세 배로 역시 증가시킨다. $[NO_2]$는 평형상수 식에서 제곱이지만 $[N_2O_4]$는 아니기 때문에, 세 배

## CHEMISTRY IN THE NEWS

### Bacteria Communicate Chemically

Stories about fish fingers that glowed in the dark after being stored too long in a dorm–room fridge sound like urban legends, but they may well be true. Certain bacteria, such as *Vibrio fischeri*, are bioluminescent when a colony gets big enough, and these bacteria are present in many fish. As a fish decomposes, the bacteria grow rapidly and may produce a green glow.

Rapid growth of many forms of bacteria involves communication among individual bacterial cells. Only after a colony reaches a certain size and the bacteria in the colony realize it has reached that size is there really rapid growth. In this group state, pathogenic bacteria initiate the majority of infections in plants and animals. How do bacteria sense when they have reached an adequate group size? And could bacterial infections be treated by preventing bacteria from realizing they actually are in a group? Answers to these questions could be very beneficial to humankind, and scientists are working to find them.

Gram–negative bacteria communicate by secreting so–called signal molecules that can diffuse out of one bacterial cell and into another. In the case of *V. fischeri*, the signal molecule is an acyl–homoserine lactone (AHL) and it is produced by a protein designated LuxI. The AHL molecules diffuse out of the cell in which they were produced and can enter other *V. fischeri* cells, if any are nearby. When the signal molecule enters a cell, it can bind with another protein, LuxR, in an equilibrium process:

$$\text{LuxR} + \text{AHL} \rightleftharpoons \text{LuxR—AHL}$$

If only a few *V. fischeri* cells are close together, most of the AHL diffuses away, and its concentration remains small. But once a bacterial colony reaches a certain size, most of the cells are surrounded by other cells, all of which are secreting AHL. The increased concentration of AHL shifts the equilibrium to the right. This forms sizable concentrations of the LuxR–AHL combination, which binds to DNA and switches on genes that encode the enzyme luciferase. In the presence of $O_2$, luciferase produces luminescence like that of a firefly. The LuxR–AHL combination also switches on genes that code for formation of LuxI, which produces more AHL. Therefore, AHL is said to *autocatalyze* its own synthesis, and this explains why the colony of bacteria suddenly grows very rapidly (and produces the green glow) after an initial period of slow growth.

This process is referred to as *quorum sensing*, because it requires a significant number of bacteria (a quorum) to initiate the autocatalysis of formation of AHL. Many bacteria display quorum-sensing behavior, and often their rapid growth has much worse consequences than a green-glowing fish stick. Quorum-sensing behavior is thought to account for more than 50% of all crop diseases and as much as 80% of all human bacterial infections. Therefore scientists are Cartoon by Greg Dahlmann. (Photo Micrograph: Courtesy of CDC) Bacterial communication. 6.0 L 2.0 L Figure 13.9 looking for a way to prevent quorumsensing equilibria from shifting right and forming the enzyme–signal molecule combination. Substances that could do this are called quorum-sensing antagonists. They have great potential to alleviate problems of bac-

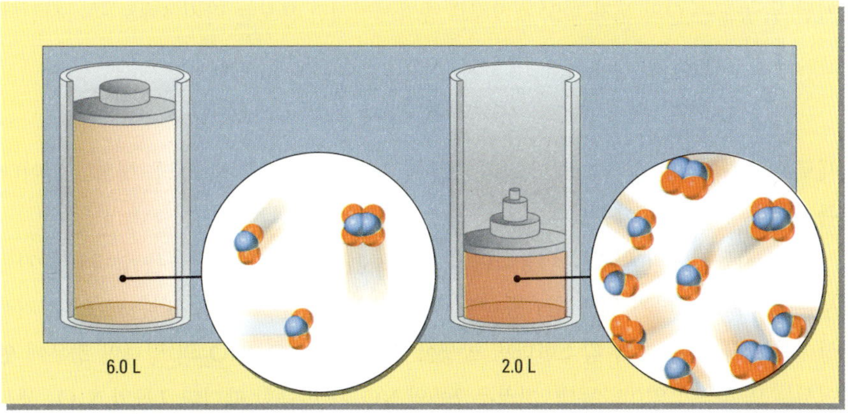


**그림 13.9 압력과 부피를 변화시켜서 평형이동.** 만약 $NO_2$와 $N_2O_4$의 평형 혼합물 부피를 6.0에서 2.0 L로 줄인다면, 평형은 증가된 압력을 부분적으로 상쇄하기 위해서 기체상태에서 더 작은 수의 분자 쪽($N_2O_4$쪽)으로 이동한다. 새로운 평형에 도달할 때, $NO_2$와 $N_2O_4$의 농도 모두가 증가하지만, $NO_2$의 농도는 최대 세 배보다 작고, 한편 $N_2O_4$의 농도는 최대 세 배보다 크다. 전체 압력은 1.00 atm 에서 2.62 atm(평형이 이동하기 전 새로운 기압인 3 atm이라기 보다는) 이 된다.

Photo by Jason Varney Photography, Courtesy of Helen Blackwell

**Helen Blackwell**

terial resistance to antibiotics and could bring great benefit to humankind. One way to find quorum-sensing antagonists is being explored by the research group of Professor Helen Blackwell of the University of Wisconsin-Madison. Blackwell and her co-workers make many different compounds whose molecular structures are closely related and test those compounds for their ability to inhibit quorum-sensing behavior in bacteria. To help make the compounds Blackwell uses a laboratory version of a microwave oven such as those found in kitchens to heat food. Microwave irradiation heats reactant chemicals quickly and results in greater yields of higher-purity products. In a single day Blackwell's research group can prepare as many as 100–500 related compounds. These can subsequently be tested for activity, and the rate at which new biologically active compounds can be discovered is greatly accelerated. Recently Blackwell and her students have identified quorum-sensing antagonists that are among the most potent discovered to date. Knowledge of quorum sensing also allows chemists to enhance the growth of bacteria, and in some cases that may be a good thing. For example, changing the concentrations of autocatalyst substances might be a way of controlling the differentiation of stem cells into different type of tissues. Or, a system can be imagined in which bacterial populations could be maintained at a desired level. A quorum-sensing signal molecule could turn on a suicide gene if the colony got too large, but when the population decreased the signal concentration would become smaller, thus turning off the gene and not completely wiping out the colony. Exploring the

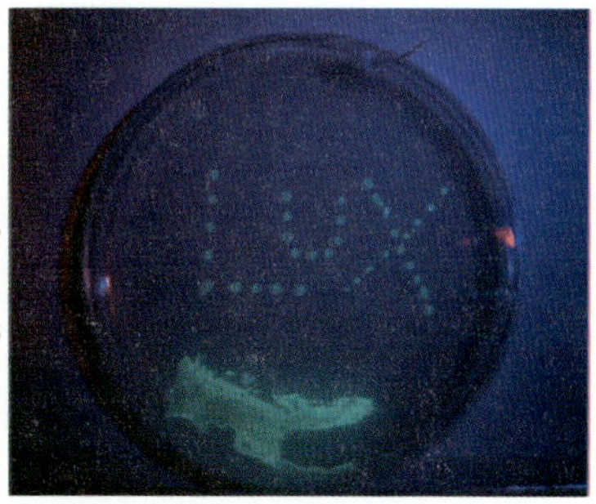

Courtesy of Dr. Patrick Hickey, LUX Biotechnology, Edinburgh, UK

**Glowing *Vibrio fischerie***

reasons for that green glow in the refrigerator might have incredibly beneficial consequences.

*Sources*: Based on information from *New York Times*, January 17, 2006; *Wisconsin State Journal*, November 4, 2007, The *Health Show*, April 21, 2005, **http://www.healthshow.org/archive/week_2005_04_17.shtml**; Blackwell laboratory, **http://www.chem.wisc.edu/blackwell/index.htm**; and *New York Times*, February 27, 2001.

가된 두 농도는 $Q$의 분자를 $3^2 = 9$배로 증가시키지만 분모는 단지 3배로 증가시킨다.

$$Q = \frac{(NO_2\text{의 농도})^2}{(N_2O_4\text{의 농도})} = \frac{(3 \times [NO_2])^2}{(3 \times [N_2O_4])} = \frac{9}{3} \times \frac{[NO_2]^2}{[N_2O_4]} = 3 \times K_c$$

새로운 조건에서는 $Q$가 $K_c$보다 크기 때문에, 반응은 더 많은 반응물을 생성할 것이다. 즉 평형은 왼쪽으로 이동한다.

르 샤틀리에의 원리를 이용하여 같은 예측을 할 수 있다. 반응은 압력의 증가를 부분적으로 보상하기 위하여 이동한다. 이것은 압력의 감소를 의미하는 것으로, 기체 상태의 전체 분자 수가 감소한다면 발생할 수 있다. $N_2O_4/NO_2$의 평형인 경우에 있어서는 역반응이 일어나는데, 이것은 2몰의 $NO_2$가 반응할 때마다 1몰의 $N_2O_4$ 생성되기 때문이다. 왼쪽으로 평형의 이동은 기체 상 분자의 수를 감소시키고 따라서 압력이 감소된다.

이상기체의 압력은 기체의 몰수, 그러므로 기체 분자의 수에 비례하는 것을 기억하시오.

그러나 우리가 이미 예제 13.3에서 언급한 다른 평형에 관한 상황을 생각해 보자. 425°C에서 모든 물질은 기체상태에 있다.

$$2\,HI(g) \rightleftharpoons H_2(g) + I_2(g)$$

원래의 부피를 3분의 1로 줄여서 이 계의 압력이 세 배가 되었다고 가정하자. 평형에 무엇이 일어날 까? 이 경우에는 모든 농도가 세 배이지만, 반응식 양쪽에 나타나는 기체 물질의 몰수가 같기 때문에 여전히 $Q$는 $K_c$값과 같은 값을 갖는다. 즉, 여전히 계는 평형에 있고 이동은 일어나지 않는다. 따라서 **기체상태의 반응물 계수의 합이 기체 상태의 생성물의 합과 다를 경우에만, 부피 변화로 인한 압력의 변화는 평형을 이동시킨다.**

끝으로 만약 정확히 같은 부피를 유지하면서 질소와 같은 비활성 기체를 더한다면 $N_2O_4/NO_2$ 평형 계의 압력이 어떻게 될지 생각해 보자. 계의 전체 압력은 증가하지만,

$N_2O_4$ 및 $NO_2$의 양 또는 부피 어느 것도 변하지 않았으므로, $N_2O_4$ 및 $NO_2$의 농도는 같게 유지될 것이다. $Q$는 여전히 $K_c$값과 동일하다. 계는 평형에 있으며, 평형이동은 일어나지 않는다(또는 일어날 필요가 없다). 따라서 만약 평형에 이동이 일어나기 위해서는 평형계의 압력 변화로 평형상수 식에 있는 농도가 적어도 하나 이상 변해야만 한다.

CONCEPTUAL
**개념학습** **13.9 부피변화가 항상 평형을 이동하는 것은 아니다.**

예제 13.6에서 아래 반응을 보았다.

$$2\,HI(g) \rightleftharpoons H_2(g) + I_2(g) \qquad K_c = 0.0200 \qquad (745\text{ K})$$

평형농도는 [HI]= 0.0963 mol/L, $[H_2]$= 0.102 mol/L, $[I_2]$= 0.00183 mol/L이었다. 평형계의 부피를 처음의 3분의 1로 줄여서 이들 농도 각각이 세 배가 되어도, 계는 여전히 평형을 유지하고 따라서 압력변화가 평형을 이동시키지 않는다는 것을 보이시오.

EXERCISE
**연습문제** **13.10 부피변화 효과**

$N_2O_4/NO_2$의 평형계에서 부피를 처음의 3분의 1로 줄이면, $NO_2$의 평형농도는 세 배보다 적게 증가하는 반면, $N_2O_4$의 평형농도는 세 배 이상 증가한다는 교재의 내용을 증명하시오. 실전예제 13.6에서 계산된 평형조건으로 시작하시오. 그런 다음 계의 부피를 4.00 L에서 1.33 L로 줄이고, 그리고 평형이동이 아직 일어나지 않았다고 가정하여 새로운 $N_2O_4$ 및 $NO_2$의 농도를 계산하시오. 초기농도, 변화 및 평형농도의 표를 만들고, 새로운 평형의 농도를 계산하시오.

## 온도 변화

온도가 변할 때, 대부분의 평형상수 값도 변하고, 그리고 계는 새로운 $K_c$ 값에 일치되는 새로운 평형을 이루기 위해서 반응할 것이다. 반응이 발열인지 또는 흡열인지 알고 있다면, 평형에서 온도의 영향에 대한 정성적인 예측을 할 수 있다. 예를 들면, $N_2$와 $O_2$의 기체상 반응으로 NO가 형성되는 흡열반응을 생각해 보자.

$$N_2(g) + O_2(g) \rightleftharpoons 2\,NO(g) \qquad \Delta H^\circ = 180.5\ \text{kJ}$$

$$K_c = \frac{[NO]^2}{[N_2][O_2]} \qquad \begin{aligned} K_c &= 4.5 \times 10^{-31},\ 298\ \text{K} \\ K_c &= 6.7 \times 10^{-10},\ 900\ \text{K} \\ K_c &= 1.7 \times 10^{-3},\ 2300\ \text{K} \end{aligned}$$

이 경우에 평형상수는 온도가 상승함에 따라서 매우 크게 증가한다. 298 K에서 평형상수는 매우 작아서 본질적으로 어떤 반응도 일어나지 않는다. 실온의 평형 혼합물을 갑자기 2300 K로 가열한다고 가정하자. 어떻게 될까? 온도 증가를 부분적으로 보상하기 위해서 평형이 이동한다. 이것은 반응이 흡열방향으로 이동하면 일어난다. 왜냐하면 주위를 냉각시키는 이 변화는 에너지를 반응계에 전달하기 때문이다. $N_2 + O_2$ 반응에서 정방향은 흡열($\Delta H^\circ > 0$)이므로, 고온에서 $N_2 + O_2$는 더 많은 NO를 생성하는 방향으로 반응이 일어난다. 새로운 평형에서 NO의 농도는 더 크고 $N_2$와 $O_2$의 농도는 더 작다. 이것은 평형상수 식의 분자를 더 크게, 분모를 더 작게 하므로 $K_c$는 고온에서 더 크다. 이 현상은 실험결과와 일치한다.

$N_2 + O_2$ 반응의 온도 증가에 대한 $K_c$의 효과는 일반적인 결론에 도달하게 한다: **흡열반응에서 온도의 증가는 항상 $K_c$의 증가를 의미한다; 고온에서 반응은 더욱 생성물-선호반응이 된다.** 고온에서 평형에 이르면, 생성물의 농도는 더 커지고 반응물의 농도는 더 작아진다. 마찬가지로, 예제 13.7에서 보여준 것처럼, 발열반응에서는 반대가 사실이다: **발열반응에서 온도 증가는 항상 $K_c$가 감소한다; 고온에서 반응은 덜 생성물-선호반응이 된다.**

$N_2$와 $O_2$ 반응의 온도 효과는 중요한 결과를 갖는다. 이 반응은 번개가 그 경로에 있는 공기의 온도를 갑자기 상승시키면 대기 중에 NO가 생성된다. 실온에서 역반응은 느

고온에서 $N_2 + O_2$ 반응의 생성물 쪽 이동에 대한 또다른 예는 자동차 엔진에서 소량의 NO를 방출하는 것이다. NO는 빠르게 산화되어 도시 공기 중의 갈색 $NO_2$가 된다. $NO_2$는 공기 오염 문제를 일으키는 더 많은 반응을 한다. 자동차의 촉매 변환기의 역할은 이러한 산화질소를 질소 원소로 환원시키는 것이다.

## ESTIMATION Generating Gaseous Fuel

The reaction of coke (mainly carbon) with steam is called the water–gas reaction. It was used for many years to generate gaseous fuel from coal. The thermochemical expression is

$$C(s) + H_2O(g) \rightleftharpoons CO(g) + H_2(g) \quad \Delta H° = 131.293 \text{ kJ}$$

The equilibrium constant $K_p$ has the value $9.5 \times 10^{-17}$ at 298 K, $1.9 \times 10^{-7}$ at 500 K, $2.60 \times 10^{-2}$ at 800 K, 18.8 at 1200 K, and 500. at 1600 K. Suppose that you have an equilibrium mixture in which the partial pressure of steam is 1.00 atm. Estimate the temperature at which the partial pressures of CO and $H_2$ would also equal 1 atm. (The reaction would need to be carried out at temperatures roughly this high to produce appreciable quantities of products.)

Graph A

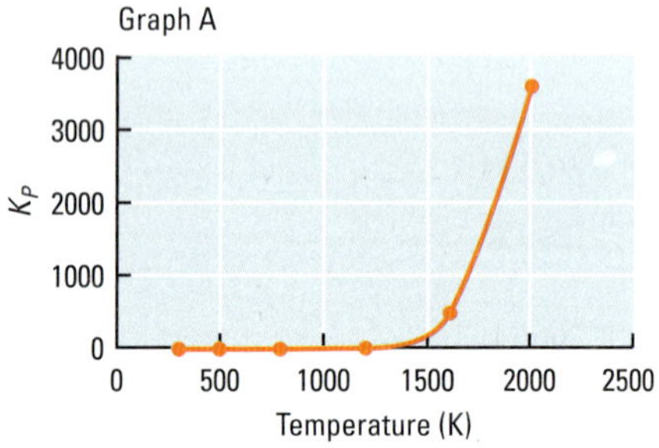


A good way to make this estimation is to use a spreadsheet program to plot the data and see which temperature corresponds to $K_p = 1$. This has been done in Graph A. It is clear that the range of values for the equilibrium constant is so wide that an accurate temperature cannot be read corresponding to $K_p = 1$. An estimate would be easier to make if the graph were a straight line. Because the values of $K_p$ rise very rapidly, it is possible that taking the logarithm of each $K_p$ value would generate a linear graph. This has been done in Graph B, where the natural logarithm of the equilibrium constant, $\ln(K_p)$, has been plotted on the vertical axis. Since $\ln(K_p) = 0$ when $K_p = 1$, we are looking for the temperature at which the graph crosses zero on the vertical axis. Although the graph is not linear, the appropriate temperature can be read from the graph and is slightly less than 1000 K.

Graph B

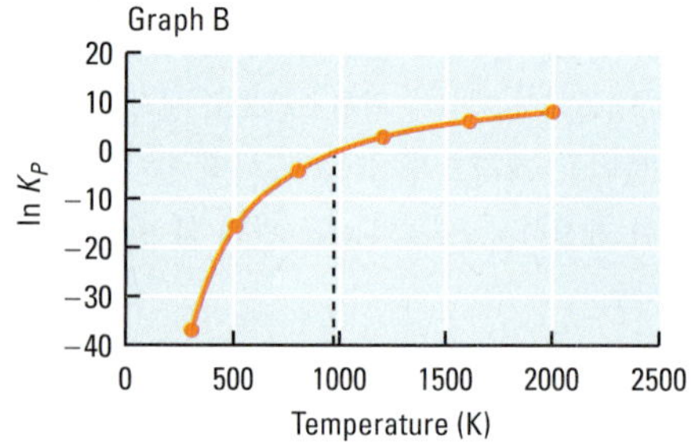


Experimenting with different functions of $K_p$ on the vertical axis and different functions of T on the horizontal axis reveals that a linear graph is obtained when $\ln(K_p)$ is plotted against $1/T$, as in Graph C. (Note that the spreadsheet graph displays too many significant figures.) From this graph the equation of the straight line is found to be

$$\ln(K_P) = (-1.58 \times 10^4 \text{ K})\left(\frac{1}{T}\right) + 16.1$$

Substituting $K_P = 1$, that is, $\ln(K_P) = 0$, we find that

$$T = \frac{1.58 \times 10^4 \text{ K}}{16.1} = 980 \text{ K}$$

Graph C

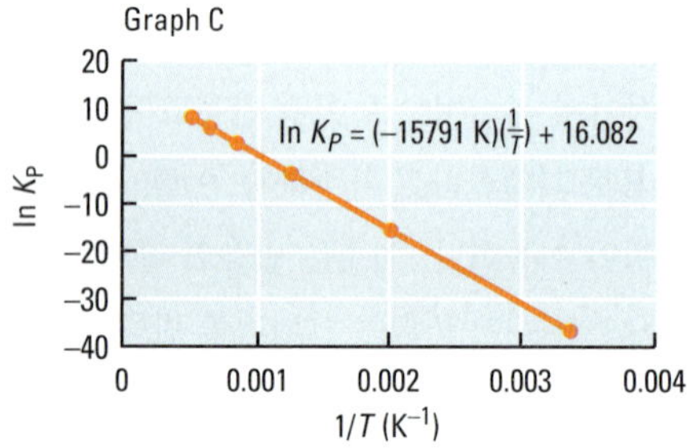


Visit this book's companion website at **www.cengage.com/chemistry/moore** to work an interactive module based on this material.

리고, 번개가 지나간 후이기 때문에 공기는 빠르게 실온으로 냉각되고, 생성된 많은 NO는 그 평형에서처럼 다시 $N_2$와 $O_2$를 재생하는 반응을 하지 않는다. 이 상황은 식물이 이용할 수 있는 형태로 변환될 수 있는 공기 중의 질소에 의한 자연 경로를 제공한다. (질소를 유용한 형태로 변화하는 것을 질소고정이라고 한다.) 인류는 비료를 생산하는데 사용하는 $HNO_3$ 제조에 필요한 NO를 얻기 위해서 같은 종류의 과정을 시도 하였다.

거의 100년 전에 과학자 및 많은 일반인들은 지구의 경작지가 증가하는 인구를 먹여 살릴 수 있는 충분한 식량을 생산할 수 없다고 걱정하였다. 당연히 상당한 양의 NO를 얻을 수 있는 $N_2 + O_2$ 반응 조건을 조절하려는 활발한 노력이 이루어졌다. 19세기 말에 뉴욕 주 나이아가라 폴즈지역 (전력이 풍부한)에 있는 화학공장은 질소고정을 위해서 수년간 전기 방전 공법을 시도했었다. 과도하게 경작된 토양에서 질소의 결핍으로 야기된 식물 성장의 한계를 다루는 처음 시도였기 때문에 이 전기 방전 공장은 중요하였다.

### 예제 13.7 르 사틀리에의 원리

다음과 같은 반응식에서 질소, 수소 및 암모니아 평형 혼합물을 생각해 보자.

$$N_2(g) + 3\,H_2(g) \rightleftharpoons 2\,NH_3(g) \qquad \Delta H° = -92.2\text{ kJ} \qquad 25\text{ °C}$$

아래에 기술된 변화 각각에 대하여, $K_c$ 값이 증가한는지 아니면 감소하는지 말하시오. 그리고 변화 다음에 이루어진 새로운 평형에서 $NH_3$가 더 많은지 또는 더 적은지 말하시오.

(a) $H_2$를 더해주면(25°C의 일정한 온도와 부피)

(b) 온도가 증가하면

(c) 용기의 부피를 두 배로 하면 (일정한 온도)

**정답**

(a) $K_c$는 같고; $NH_3$가 더 많이 존재한다.

(b) $K_c$는 감소하고; $NH_3$가 덜 존재한다.

(c) $K_c$는 같고; $NH_3$가 덜 존재한다.

**풀이**

(a) 온도가 변하지 않았기 때문에 $K_c$ 값은 변하지 않는다. 평형 혼합물에 반응물을 더하면 평형은 더 많은 $NH_3$가 존재하는 생성물 쪽으로 이동한다. 이것은 반응지수를 고려하는 다른 방법으로 알 수 있다.

$$Q = \frac{(NH_3\text{의 농도})^2}{(N_2\text{의 농도})(H_2\text{의 농도})^3}$$

$H_2$를 더 가하면 분모는 커진다. 이것은 Q를 $K_c$ 보다 더 작게 만들고, 이것은 반응이 더 많은 생성물을 생산하는 것을 예측하게 한다; 즉, 가해준 $H_2$의 일부는 $N_2$와 반응해서 더 많은 $NH_3$를 만든다. $N_2$의 일부가 $H_2$와 반응하기 때문에 $N_2$의 농도는 감소하지만, 새로운 평형에 있는 $H_2$의 농도는 여전히 전보다는 크다는 것에 역시 주의 하시오.

(b) 반응은 발열이다. 온도의 증가는 평형을 흡열 방향으로 이동한다. 즉 왼쪽이다(반응물 쪽으로). 이 이동은 $NH_3$ 농도를 감소시키고, $H_2$와 $N_2$의 농도를 증가시키며, $K_c$ 값을 감소시킨다.

(c) 온도가 일정하기 때문에 $K_c$ 값도 일정해야만 한다. 부피를 두 배하면 기체분자의 몰수가 더 큰 쪽−즉, 왼쪽으로 반응이 이동하는 원인이 된다. 부피를 두 배하면 보통 압력은 절반이 되지만, 평형의 이동은 부분적으로 이 효과를 상쇄한다. 그리고 최종 평형은 초기 평형 압력의 절반보다 약간 큰 압력일 것이다.

### 실전예제 13.7

밀폐된 계에서 $N_2O_4$와 $NO_2$ 사이의 평형을 생각해 보자

$$N_2O_4(g) \rightleftharpoons 2\,NO_2(g)$$

이 평형에 포함된 분자들의 루이스구조를 그리시오. 분자의 결합에 근거하여, 이 반응이 발열인지 또는 흡열인지 예측하시오; 다음에 $N_2O_4$의 농도가 25°C 평형에서 큰지 또는 80℃ 평형에서 큰지 예측하시오. 그림 13.3을 보면서 여러분의 예측을 증명하시오.

CONCEPTUAL
**개념학습** **13.11 르 사틀리에의 원리 요약**

르 사틀리에의 원리를 이해한 요약표를 만드시오. 다음 조건의 변화를 고찰하시오.

(a) 반응물 부가 (b) 반응물 제거
(c) 생성물 부가 (d) 생성물 제거
(e)부피를 줄여서 압력 증가 (f) 부피를 늘려서 압력 감소
(g) 온도 증가 (h) 온도 감소

이러한 조건 변화에서 (1) 새로운 평형을 이루기 위해서 어떻게 반응계가 변하는지 (2) 평형 반응이 어느 쪽으로 이동하는지 (3) $K_c$의 값이 변하는지 아닌지 그리고 만일 변한다면, 어느 쪽 방향인지 나타내시오. 위의 몇몇 변화들에는 조건이 있다. 예를 들면, 부피 감소로 인한 압력의 증가는 평형을 이동시키지 않는다. 이러한 조건들을 가능한 많이 열거하시오.

## 13.7 나노수준의 평형

13.2 절에서 평형계의 가역반응이 동시적이라는 것을 보여주기 위해서 시스-2-뷰텐의 이성질화를 사용하였다.

$$cis\text{-2-butene(g)} \rightleftharpoons trans\text{-2-butene(g)} \qquad K_c = \frac{[\text{트랜스}]}{[\text{시스}]} = 2.0 \quad (415\ \text{K})$$

평형상수는 2.0이기 때문에, 415 K의 평형 혼합물에는 시스 분자보다 트랜스 분자가 두 배 더 많다. 즉 분자들의 3분의 2는 트랜스 구조이고 분자들의 3분의 1은 시스 구조이다. 분자들은 정방향과 역방향 모두로 끊임없이 반응하기 때문에, 이 상황을 생각하는 다른 방법은 각 분자가 시간의 3분의 2는 트랜스이고 시간의 3분의 1은 시스라고 생각하는 것이다.

분자구조에 근거할 때 2-뷰텐 분자는 트랜스나 시스나 똑 같이 존재할 것으로 생각할 수 있다. 그런데 왜 트랜스 이성체가 425 K에서 더 유리할까? 그림 12.7에서 트랜스 이성체 한 분자는 시스 이성체 한 분자보다 $7 \times 10^{-21}$ J 만큼 에너지가 낮고, 그리고 이러한 차이는 매우 중요하다고 하였다. 분자 1몰의 에너지 차이는 $(7 \times 10^{-21}\ \text{J})(6.022 \times 10^{23}\ \text{mol}^{-1}) = -4 \times 10^{3}\ \text{J/mol} = -4\ \text{kJ/mol}$으로 열화학 반응식은 다음과 같다.

$$cis\text{-2-butene(g)} \rightleftharpoons trans\text{-2-butene(g)} \qquad \Delta H^{\circ} = -4\ \text{kJ}$$

2-뷰텐의 이성질화 반응에서 정반응과 역반응의 속도상수를 생각해 보자. 그림 12.7에 의거하여 $E_a$(정반응) = 262 kJ/mol이고 $E_a$(역반응) =266 kJ/mol이다. 이것은 역반응의 속도상수가 정반응의 속도상수보다 작다는 것을 의미한다. 평형에서 정반응과 역반응의 속도는 같다. 따라서,

큰 $k$ 값과 작은 농도 작은 $k$ 값과 큰 농도

$$k_{\text{정반응}} \times [\text{시스}] = k_{\text{역반응}} \times [\text{트랜스}]$$

만약 $k_{역반응}$가 $k_{정반응}$보다 작다면, 트랜스의 농도는 시스의 농도보다 커야만 한다, 그렇지 않으면 속도는 같지 않을 것이다. 시스-2-뷰텐은 트랜스-2-뷰텐보다 4 kJ/mol 만큼 에너지가 높기 때문에, 415 K에서 트랜스-2-뷰텐의 단지 절반 정도로 존재한다. 우리는 **평형 계에서 더 높은 에너지의 분자는 덜 자주 만들어 진다고** 일반화 할 수 있다. 평형 위치에 대한 이 경향을 에너지 효과라고 언급할 것이다.

두 번째 에너지 요인 또한 평형상수의 크기에 영향을 준다. 이것은 반응물의 전체 에너지와 비교하여 생성물의 전체 에너지가 얼마나 넓게 분포되는가에 의존하며, 이것은 사산화이질소의 분해 반응으로 설명할 수 있다.

$$N_2O_4(g) \rightleftharpoons 2\ NO_2(g) \qquad \Delta H^\circ = 57.2\ kJ$$

일정한 압력계에서 (대기압에서의 반응처럼), 생성물 분자 2몰은 1몰의 반응물 분자보다 부피를 두 배 더 차지한다. 이것은 $NO_2$ 분자의 에너지가 $N_2O_4$ 분자에 의해서 차지하는 부피의 두 배로 퍼져 있다는 것을 의미한다. **엔트로피(entropy)**라고 하는 열역학적 양은 어떤 일이 발생할 때, 얼마나 많은 에너지가 퍼져 있는가에 대한 정량적인 크기를 제공한다. 엔트로피는 단원 17.3에서 더 정확하게 정의하고 있다. 지금은 **만약 반응물 분자보다 더 많은 생성물 분자가 있다면 평형계에서 엔트로피는 생성물에 유리하다**라고 하는 것으로 충분하다. 비록 이것이 에너지가 퍼지는 것에 의존하기는 하지만, 우리는 이 경향을 평형 위치에 대한 엔트로피 효과라고 할 것이다.

엔트로피 인자가 $N_2O_4$의 분해 반응에서 $NO_2$에 유리한 것이 사실이기는 하지만, 표 13.1의 자료를 25°C(298 K)에서 $K_c$를 계산하는데 사용할 때, 그 결과는 $1/(1.7 \times 10^2) = 5.9 \times 10^{-3}$이다. 이것은 $N_2O_4$의 분해 반응이 흡열반응($\Delta H^\circ = 57.2$ kJ)이기 때문이다. $NO_2$ 2몰의 엔탈피는 $N_2O_4$ 1몰의 엔탈피보다 57.2 kJ 높다. 더 많은 에너지를 갖는 분자가 덜 흔하다는 초기의 일반화로부터, 우리는 에너지 효과 때문에 $2NO_2$가 $N_2O_4$보다 덜 바람직하다고 예상할 수 있다. 그러므로 평형상수는 엔트로피에 의한 예측보다 당연히 더 작아야 한다. **에너지 효과 및 엔트로피 효과 모두는 평형상수 값을 예측하는데 반드시 고려해야 한다.**

이러한 생각은 우리가 평형상수의 온도 의존도를 이해하도록 도와줄 수 있다. $N_2O_4$ 분해반응의 $K_c$값은 옆의 표에 있다. 온도가 올라감에 따라서, $K_c$는 훨씬 더 커진다. 고온에서 분자는 많은 에너지를 갖는다, 그리고 부피가 두 배가 될 때, 더 많은 에너지가 분산된다. 반응물과 생성물 사이의 에너지 차($\Delta H$)는 분자당 평균에너지에 비하여 상대적으로 더 작다. **온도가 높으면 높을수록 에너지 효과($\Delta H$)는 더욱 덜 중요하다. 그리고 엔트로피 효과(에너지 분산)는 더욱 더 평형의 위치를 결정하는데 중요해진다.**

$N_2O_4(g) \rightleftharpoons 2\ NO_2(g)$

| $T$ (K) | $K_c$ |
|---|---|
| 298 | $5.9 \times 10^{-3}$ |
| 350 | $1.3 \times 10^{-1}$ |
| 400 | $1.5 \times 10^{0}$ |
| 500 | $4.6 \times 10^{1}$ |
| 600 | $4.6 \times 10^{2}$ |

만약 반응이 일어날 때 기체 상태의 분자 수가 증가하면, 생성물은 엔트로피에 의해서 유리해 질 것이라는 것을 보였다. 이것이 생성물이 반응물보다 더 큰 엔트로피를 갖는 유일한 방법은 아니지만, 가장 중요한 것 중의 하나이다. 17장에서 어떻게 엔트로피를 측정하고 도표화 하는지 소개할 것이다. 이것은 온도가 변함에 따라서 그 평형상수를 계산하는데 반응의 엔탈피 변화와 엔트로피 변화를 사용할 수 있게 해줄 것이다.

**예제 13.8 평형에서 에너지 및 엔트로피 효과**

다음 평형에서

$$CH_4(g) + H_2O(g) \rightleftharpoons CO(g) + 3\,H_2(g)$$

(a) 생성물이 형성될 때, 엔트로피가 증가하는지, 감소하는지 또는 그대로 유지되는지 평가 하시오.

(b) 엔트로피 효과는 반응물이 유리한가 또는 생성물이 유리한가?

(c) 부록 J의 자료를 이용하여 $\Delta H°$를 계산하시오.

(d) 에너지 효과는 반응물이 유리한가 또는 생성물이 유리한가?

(e) 고온에서 이 반응은 생성물–선호반응인가? 그렇다면 그 이유는?

**정답**

(a) 엔트로피 증가　　(b) 엔트로피는 생성물을 선호한다

(c) $\Delta H° = 206.10$ kJ　　(d) 반응물

(e) 그렇다. 엔트로피는 생성물을 선호하고 그리고 에너지 효과는 고온에서 덜 중요하다.

**풀이**

얼마나 많은 기체 상태 반응물과 생성물이 있는지 고려하고 그리고 앞에서 언급한 엔트로피에 대한 생각을 적용하시오.

(a) 4몰의 기체 상태 생성물과 단지 2몰의 기체 상태 반응물이 있기 때문에, 생성물이 더 높은 엔트로피를 갖는다.

(b) 생성물이 높은 엔트로피를 갖고 더 유리하다.

(c) $\Delta H° = \Sigma\{(\text{생성물 몰수})\ \Delta H_f°(\text{생성물})\} - \Sigma\{(\text{반응물 몰수})\ \Delta H_f°(\text{반응물})\}$

$$= \{(1\text{ mol})(-110.525\text{ kJ/mol})\}$$
$$- \{(1\text{ mol})(-74.81\text{ kJ/mol}) + (1\text{ mol})(-241.818\text{ kJ/mol})\}$$
$$= -110.525\text{ kJ} - (-316.628\text{ kJ})$$
$$= 206.10\text{ kJ}$$

(d) 반응물의 에너지가 낮기 때문에 에너지 효과는 반응물에 유리하다.

(e) 반응물을 선호하는 에너지 효과가 덜 중요하기 때문에 고온에서는 생성물이 유리하고, 상대적으로 큰 엔트로피 효과가 있다(기체 상태에서 반응물 두 분자마다 생성물 네 분자가 있다).

**실전예제 13.8**

다음 반응에서

$$2\,SOCl_2(g) + O_2(g) \rightleftharpoons 2\,SO_2(g) + 2\,Cl_2(g)$$

(a) 엔트로피 효과는 생성물 선호인가?

(b) 에너지 효과는 생성물 선호인가?

(c) $SO_2(g)$의 농도는 고온에서 더 클까 아니면 저온에서 더 클까? 설명하시오.

## 13.8 화학반응의 조절: Haber–Bosch 공정

이 원리는 평형계와 화학반응 속도에 대한 우리의 이해에 근거해서 반응을 조절하도록

한다. 평형계에 대한 몇 가지 일반성은 다음과 같다.

- 생성물–선호 반응은 1 보다 큰 평형상수를 갖는다.
- 반응이 발열이면, 이 에너지 인자는 생성물을 선호한다.
- 반응이 일어날 때 엔트로피가 증가하면, 이 엔트로피 인자는 생성물을 선호한다.
- 저온에서 생성물–선호 반응은 대개 발열이다.
- 고온에서 생성물–선호 반응은 대개 엔트로피가 증가하는 반응이다(에너지가 더욱 분산된다).

평형에 대한 이러한 일반 규칙을 이용하여, 우리는 종종 반응이 생성물을 형성할 수 있는지 없는지 예측할 수 있다. 그러나 생성물이 빨리 생성되는 것도 역시 중요하다. 12장에서 반응속도에 대한 이러한 유용한 일반화를 기억하라.

- 한 반응물의 분자가 다른 반응물의 분자와 완전히 혼합된 기체 상태 또는 용액의 반응은 서로 잘 녹지 않는 순수한 액체 또는 고체간 반응보다 더 빠르게 일어난다.
- 반응은 저온에서 보다 고온에서 더욱 빨리 일어난다.
- 반응물의 농도가 낮을 때보다 높을 때 반응은 더 빠르다.
- 고체와 기체 또는 고체와 용액 사이의 반응은 고체 입자의 크기가 작을 수록 훨씬 빠르게 일어난다.
- 촉매가 있으면 반응은 더 빠르다. 적절한 촉매는 종종 공업화학에서 성공과 실패의 차이를 만든다.

기체에서 높은 농도는 높은 부분압과 일치한다.

곱게 분쇄된 고체는 매우 빠르게 반응하기 때문에, 전력 생산을 위해 태우기 전에 석탄은 가루로 만들어야 한다.

생물 기술에 대한 현재의 관심사는 주로 자연적으로 발생한 효소들이 가장 효과적인 촉매라는 사실이다.

보통 성인의 몸에 있는 40%에서 60%의 질소는 Haber–Bosch 공정으로 제조된 암모니아에서 오고, 이 공정의 결과로 증산된 농산물이 지구 전체 인구의 약 40%에게 제공되는 것으로 추정된다.

화학 반응성 원리를 적용한 최상의 예 하나는 원소들로부터 암모니아를 합성하는데 사용된 화학반응이다. 지구를 둘러싼 대기의 약 80%가 $N_2$ 기체이기는 하지만, 질소가 생물적으로 유용한 형태로 되기 전까지는 대부분의 식물에 사용될 수 없다. 비록 질소 고정은 사이아노박테리아 같은 유기물 및 알팔파와 두부콩과 같은 밭작물에 의해서 자연적으로 일어나기는 하지만, 대부분의 식물은 질소를 고정할 수 없다. 대신 이들은 사이아노박테리아, 일부 다른 유기체 또는 비료로부터 질소를 얻는다. 적당한 비료화는 매우 향상된 식품 생산의 결과로서 최근에 개발된 다양한 밀, 옥수수 및 쌀에 매우 중요하다.

질소와 산소의 직접 조합은 비료를 생산하는 20세기 초에 사용되었지만, 이 과정은 아주 효율적이지 않았다. 암모니아를 제조하는 훨씬 나은 공정은 **원소로부터 암모니아의 직접 합성**을 선택한 Fritz Haber와 Carl Bosch에 의해서 개발되었다.

CONCEPTUAL
**개념학습 13.12 암모니아 합성**

암모니아 합성반응에서, 다음을 예측하시오

(a) 반응은 발열인가 또는 흡열인가?
(b) 반응 생성물은 엔트로피 선호인가 아닌가?
(c) 반응 생성물은 저온에서 더 많이 생산되는가 또는 고온에서 더 많이 생산되는가?
(d) 온도를 높여서 반응속도를 증가시키려고 한다면 어떻게 될까?

$$N_2(g) + 3\,H_2(g) \rightleftharpoons 2\,NH_3(g)$$

일견해서 이 반응은 유리한 선택인 것처럼 보이지 않는다. 수소는 오직 천연적으로 결합된 형태–예를 들면, 물 또는 탄화수소–로 이용할 수 있으며 이것은 막대한 에너지와 돈을 사용하여 화합물로부터 수소를 추출해야만 한다는 것을 의미한다. 실전예제 13.8에서 보았듯이, 암모니아 합성반응은 고온에서 생성물–선호반응이 아니다. 그러나 효율적이고 경제성을 위해 암모니아를 빨리 생산하려면 고온이 필요하다. 그럼에도 불구하고, Haber–Bosch 공정(그림 13.10에 개략적으로 보임)은 너무나 잘 개발되어서 암모니아의 값이 저렴하다(톤당 600달러 이하). 이러한 이유로 인해서 암모니아는 비료로 많이 이용되고 미국에서 생산되는 화합물의 상위 5번째에 종종 들어간다. Haber–Bosch 공정으로 미국에서 연간 생산되는 $NH_3$의 양은 180억 파운드이고 매년 120억 파운드를 수입한다.

**Fritz Haber** 1968–1934

암모니아를 제조하는 화학공정은 화학자, Fritz haber와 공학자, Carl Bosch에 의해서 개발되었다. 1900년대 초기 Haber의 연구로 암모니아의 직접 합성이 가능하다는 것이 알려졌고, 1914년 기술적인 문제를 Bosch가 해결하였다. 암모니아 제조업자가 그에게 암모니아 1 kg당 1pfennig (1 페니에 상당하는 독일 마르크의 100분의 1)를 제안하였으며, 곧 그는 유명해졌을 뿐만 아니라 부자가 되었다. 1918년 암모니아 합성으로 노벨상을 받았으나, 1차 세계대전 중 독일의 독가스 개발에 참여한 그의 역할로 인해서 노벨상 선정에 논란이 있었다.

암모니아 직접 합성의 열역학과 속도론은 자세하게 연구되었고 합성공정이 최적화되어 적정 시간에 적정 비용과 에너지를 사용하여 최대 수율로 얻어진다.

- 반응은 발열이고 반응이 일어날 때 엔트로피가 감소한다. 그러므로 이 반응은 저온에서 생성물–선호로 예측되고, 고온에서는 반응물–선호이다(실전예제 13.8에서 이 예측을 했을 것이고, 이것은 발열과정의 르 샤틀리에의 원리와 일치한다).
- $NH_3$의 평형농도를 높이기 위해서 고압에서 반응을 진행한다(200 atm). 이것은 $K_c$ 또는 $K_P$를 변화시키지는 않지만, 압력의 증가는 $N_2$와 $H_2$를 $NH_3$로 변환시켜서 보상 할 수 있다; 동일한 용기에서 2몰의 $NH_3$는 전체 4몰의 기체 반응물[$N_2$ + $H_2$]보다 압력을 덜 가한다.
- 암모니아는 계속해서 액화되고 반응 용기로부터 제거되는데, 이것은 반응 생성물의 농도를 감소시켜 평형을 오른쪽으로 이동하게 한다.
- 실온에서 반응은 매우 느리다. 그래서 속도를 증가시키려면 반드시 온도를 높여야만 한다. 비록 속도는 온도가 증가하면 빨라지지만, 평형상수는 감소한다. 따라서 반응이 빠를수록 수득율은 더 적어진다.
- 속도를 증가시키기 위해서 너무 많이 온도를 올릴 수는 없지만, 속도증가는 촉매를 이용하여 얻을 수 있다. Haber–Bosch 공정의 효과적인 촉매는 KOH, $SiO_2$ 및 $Al_2O_3$와 혼합된 $Fe_2O_3$이다. 400°C 이하에서는 촉매가 효율적이기 않기 때문에 반응을 조절하는 모든 인자를 고려할때, 최적의 온도는 약 450°C이다.

화학 반응성에 대한 예측을 하는 것은 일종의 도전이고 모험이며, 화학의 예술성이다. 많은 화학자들이 새로운 물질을 만드는 도전을 즐기는데, 이것은 적정 속도와 생성물–선호라고 믿는 반응으로 새로운 물질을 만드는 선택을 의미한다. 이러한 예측은 이 장과 12장에 요약된 내용들에 기초한다.

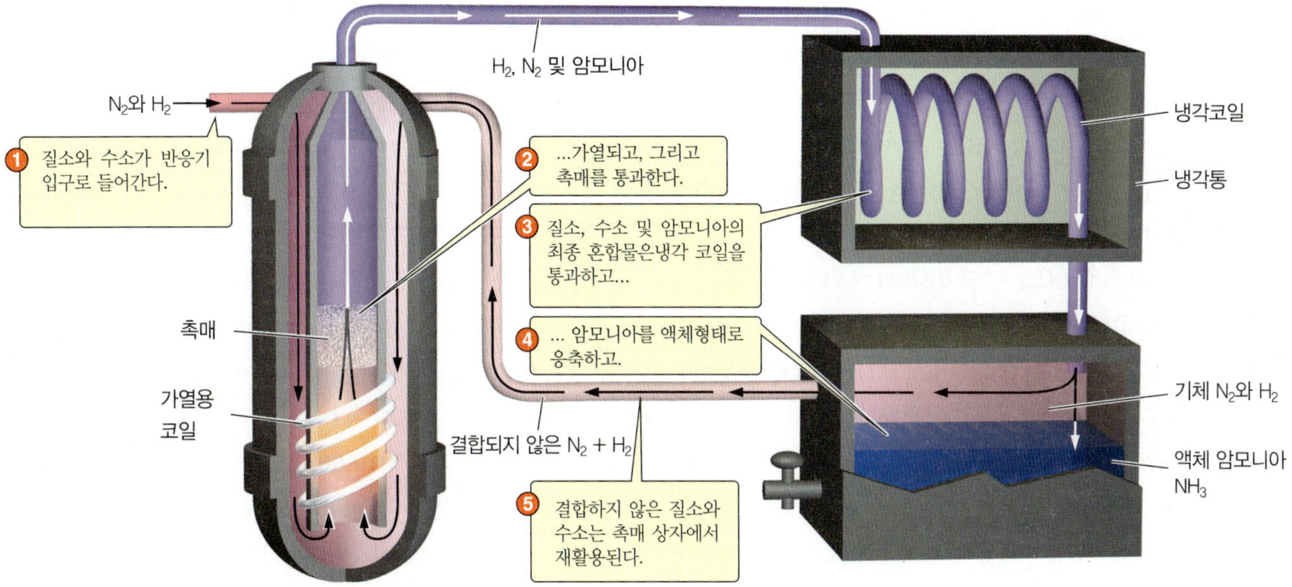


**그림 13.10** **암모니아 합성의 Haber–Bosch 공정**

## 문제

### 평형상수의 성질

1. 평형이 정반응과 역반응이 끊임없이 일어나는 동적 과정이라는 것을 시연할 수 있는 실험을 생각해보자.

$$2\,NO_2(g) \rightleftharpoons N_2O_4(g)$$

그와 같은 실험을 어떻게 진행할지 설명하시오.

### 평형상수

2. 13.2절에서 논의했던 2NO를 생성하는 $N_2 + O_2$의 기체상 반응과 $N_2$와 $O_2$를 생성하는 2NO의 역반응을 생각해 보자. 5000 K에서 NO, $N_2$ 및 $O_2$의 평형 혼합물은 같은 양의 $N_2$ 및 $O_2$의 농도를 갖고 이것은 NO의 절반 농도이다. 이들 두 과정에 대한 초기 상태와 동적 평형상태를 보여주는 시간에 대한 반응물과 생성물의 농도를 정성적으로 나타내는 올바른 그래프를 그리시오. 온도는 5000 K로 가정하고, 어떤 계산도 하지 마시오–단순히 어떻게 보일지 생각하는대로 개략적으로 그리시오.

3. 각 반응의 평형상수 식을 쓰시오.

(a) $2H_2O_2(g) \rightleftharpoons 2H_2O(g) + O_2(g)$

(b) $PbCl_3(g) + Cl_2(g) \rightleftharpoons PbCl_5(g)$

(c) $SiO_2(s) + 3C(s) \rightleftharpoons SiC(s) + 2CO(g)$

(d) $H_2(g) + \frac{1}{8}S_8(s) \rightleftharpoons H_2S(g)$

4. $SO_2$와 상응하는 평형상수를 갖는 다음 두 평형을 보자.

$$SO_2(g) + \tfrac{1}{2}\,O_2(g) \rightleftharpoons SO_3(g) \qquad K_{c_1}$$
$$2\,SO_3(g) \rightleftharpoons 2\,SO_2(g) + O_2(g) \qquad K_{c_2}$$

다음 중 어느 것이 올바르게 $K_{c_1}$과 $K_{c_2}$의 관계를 나타내는가?

(a) $K_{c_2} = K_{c_1}^2$ (b) $K_{c_2}^2 = K_{c_1}$

(c) $K_{c_2} = 1/K_{c_1}$ (d) $K_{c_2} = K_{c_1}$

(e) $K_{c_2} = 1/K_{c_1}^2$

5. 문제 3의 각 반응에서, $K_P$ 의 평형상수 식을 쓰시오.

### 평형상수의 결정

6. 이성질체 A는 이성질체 B와 평형에 있으며, 반응은 다음과 같다.

$$A(g) \rightleftharpoons B(g)$$

세 가지 실험을 수행하였으며, 각각은 같은 온도에서 평형 농도를 측정하였다. 각 실험에 대한 평형상수, $K_c$

를 계산하시오.

(a) [A] = 0.74 mol/L, [B] = 0.74 mol/L

(b) [A] = 2.0 mol/L, [B] = 2.0 mol/L

(c) [A] = 0.01 mol/L, [B] = 0.01 mol/L

7. 고온에서, 수소와 이산화탄소가 반응하여 물과 일산화탄소가 된다.

$$H_2(g) + CO_2(g) \rightleftharpoons H_2O(g) + CO(g)$$

986°C에서 1.0 L 용기에 평형에서 각각 0.11 mol의 CO와 수증기 그리고 0.087 mol의 $H_2$와 $CO_2$가 있었다. 986℃에서 이 반응의 $K_p$를 계산하시오.

8. 800. K에서 50.-L 플라스크에 3.00 mol의 CO, 2.00 mol의 $Cl_2$ 및 9.00 mol의 $COCl_2$가 포함된 평형 혼합물이 있다. 이 온도에서 반응의 평형상수, $K_c$의 값을 계산하시오.

$$CO(g) + Cl_2(g) \rightleftharpoons COCl_2(g)$$

## 평형상수의 의미

9. 표 13.1의 자료를 이용하여, 25°C에서 다음 반응들 중 어느 것이 생성물–선호인지 예측하시오. 그런 다음 가장 큰 반응물–선호에서 생성물–선호의 순서로 나열하시오.

(a) $2NH_3(g) \rightleftharpoons N_2(g) + 3H_2(g)$

(b) $NH_4^+(aq) + OH^-(aq) \rightleftharpoons NH_3(aq) + H_2O(l)$

(c) $2NO(g) \rightleftharpoons N_2(g) + O_2(g)$

## 평형상수의 이용

10. 탄화수소, $C_4H_{10}$은 뷰테인과 2–메틸프로페인 두 가지 형태로 존재할 수 있다. 뷰테인과 2–메틸프로페인 사이의 $K_c$값은 25°C에서 2.5이다.

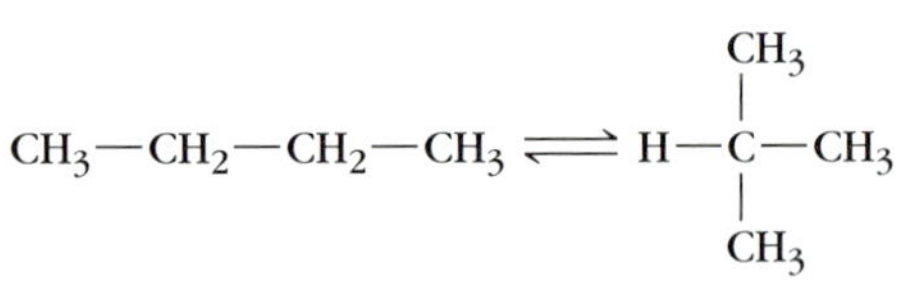

뷰테인 2–메틸프로페인

(a) 뷰테인과 2–메틸프로페인 모두 초기농도가 0.100 mol/L라고 가정한다. 이 반응의 초기농도, 농도의 변화 및 평형농도표를 만드시오.

(b) 뷰테인 농도의 변화, $x$에 관한 평형상수 식을 쓰고, $x$를 계산하시오.

(c) 25°C에서 0.50-L 플라스크에 0.017 mol의 뷰테인을 넣는다면, 두 이성질체의 평형농도는 무엇인가?

11. 수소 기체와 아이오딘 기체는 다음 반응식에 의하여 반응한다.

$$H_2(g) + I_2(g) \rightleftharpoons 2\,HI(g) \qquad K_c = 76 \quad (600.\ K)\text{ 에서}$$

만약 0.050 mol의 HI를 600. K에서 1.0-L 플라스크에 채운다면, HI, $I_2$ 및 $H_2$의 평형농도는 무엇인가?

12. 다음 반응의 평형상수 $K_c$는 745 K에서 50.0이다.

$$H_2(g) + I_2(g) \rightleftharpoons 2\,HI(g)$$

(a) 745 K에서 10.00 L 부피의 플리스크에서 1.00 mol의 $I_2$와 3.00 mol의 $H_2$를 평형에 이르도록 할 때, 얼마만큼 (mol 단위)의 HI가 생성되겠는가?

(b) 5.00-L 플라스크에서 생성되는 HI는 얼마인가?

(c) 10.00-L 플라스크에 여분의 3.00 mol $H_2$를 첨가하였다면, 평형에서 존재하는 HI의 양은 얼마인가?

13. 25°C에서 다음 평형을 보자.

$$2\,SO_3(g) \rightleftharpoons 2\,SO_2(g) + O_2(g) \quad K_c = 3.58 \times 10^{-3}$$

$SO_3$는 0.15 mol이고 $SO_2$는 0.015 mol 그리고 $O_2$는 0.0075 mol을 25℃에서 10.0-L에 넣었다고 가정하자.

(a) 이 계는 평형상태에 있는가?

(b) 계가 평형이 아니라면, 평형에 도달하기 위해서 어느 방향으로 이동해야만 하는가? 여러분의 답을 설명하시오.

14. 다음 평형을 보자.

$$N_2(g) + O_2(g) \rightleftharpoons 2\,NO(g)$$

2300 K에서 평형상수 $K_c = 1.7 \times 10^{-3}$ 이다.

NO(g) 0.015 mol, $N_2$(g)는 0.25 mol, 그리고 $O_2$(g) 0.25 mol을 10.0-L플라스크에 넣고 2300 K로 가열한다고 가정하자.

(a) 이 계는 평형상태에 있는가?

(b) 평형이 아니라면, 평형에 도달하기 위해서 어느 방향으로 이동해야만 하는가?

(c) 세 가지 물질의 평형농도를 각각 계산하시오.

## 화학평형의 이동: 르 샤틀리에 원리

15 .25°C 2.0-L 플라스크에서 평형인 다음 반응을 보자:

$$N_2O_4(g) \rightleftharpoons 2\,NO_2(g) \qquad \Delta H^\circ = +57.2\ kJ$$

만약 온도를 올리면 $N_2O_4$의 농도는 어떻게 되겠는가? 자신의 선택을 설명하시오.

(a) 증가할 것이다.

(b) 감소할 것이다.

(c) 변하지 않을 것이다.

(d) 주어진 자료를 가지고는 결정할 수가 없다.

16. 기체 상태에서 수소, 브로민 및 HBr이 일정한 부피의 용기에서 평형에 놓여있다.

$$H_2(g) + Br_2(g) \rightleftharpoons 2\,HBr(g) \qquad \Delta H^\circ = -103.7\ kJ$$

아래 변화 각각이 표시된 양에 어떤 영향을 주겠는가? "증가," 또는 "감소," 또는 "변화 없음."으로 쓰시오.

| 변화 | $[Br_2]$ | [HBr] | $K_c$ | $K_P$ |
|---|---|---|---|---|
| 용기에 $H_2$ 첨가 | ____ | ____ | ____ | ____ |
| 용기내 기체의 온도 증가 | ____ | ____ | ____ | ____ |
| HBr의 압력 증가 | ____ | ____ | ____ | ____ |

17. 25°C에서 반응의 평형상수 $K_c$는 0.16이고, 표준 엔탈피 변화는 16.1 kJ이다.

$$2\,NOBr(g) \rightleftharpoons 2\,NO(g) + Br_2(\ell)$$

평형의 위치에 대한 다음 각 변화의 영향을 예측하시오; 즉 평형이 어느 방향(왼쪽, 오른쪽, 또는 변화 없음)으로 이동하는지 쓰시오.

(a) $Br_2$를 더 첨가 (b) NOBr 일부를 제거

(c) 온도를 낮춤

18. 다음 평형을 보자.

$$PbCl_2(s) \rightleftharpoons Pb^{2+}(aq) + 2\,Cl^-(aq)$$

(a) 약간의 고체 NaCl을 플라스크에 첨가하면, 수용성 납(II)이온의 평형농도는 증가할까, 감소할까, 또는 변화가 없을까?

(b) NaCl을 첨가한 다음 어떤 변화가 일어나는지를 보이는 그림 13.6과 같은 그래프를 만드시오.

## 나노수준의 평형

19. 25°C에서 다음 각 반응에 대하여, 반응에 유리한 것이 엔트로피 효과인지, 에너지 효과인지, 둘 다 아닌지를 나타내시오.

(a) $N_2(g) + 3F_2(g) \rightleftharpoons 2NF_3(g) \qquad \Delta H^0 = -249\ kJ$

(b) $N_2F_4(g) \rightleftharpoons 2NF_2(g) \qquad \Delta H^0 = 93.3\ kJ$

(c) $N_2(g) + 3Cl_2(g) \rightleftharpoons 2NCl_3(g) \qquad \Delta H^0 = 460\ kJ$

## 화학반응의 조절: Haber–Bosch 공정

20. Haber–Bosch 공정에 의해서 엄청난 양의 암모니아가 만들어지지만, 황산은 접촉 공정에 의해서 훨씬 더 많은 양이 생산된다. 이 공정의 간단한 변형을 다음 세 반응으로 나타낼 수 있다.

$$S(s) + O_2(g) \rightleftharpoons SO_2(g)$$
$$2\,SO_2(g) + O_2(g) \rightleftharpoons 2\,SO_3(g)$$
$$SO_3(g) + H_2O(\ell) \rightleftharpoons H_2SO_4(\ell)$$

(a) 부록 J의 자료를 사용하여, 각 반응의 $\Delta H^0$를 계산하시오.

(b) 어느 반응이 발열이고 어느 반응이 흡열인가?

(c) 어느 반응의 엔트로피가 증가하는가? 어느 것이 감소하는가? 변화가 없는 것은 어느 것인가?

(d) 어느 반응이 낮은 온도에서 생성물 형성에 유리한가?

## 일반 문제

21. 많은 일반적인 비금속 원소들은 실온에서 이원자 분자로 존재한다. 이 원소들을 1500. K에서 가열할 때, 분자는 원자로 나뉘어진다. 이러한 반응의 일반식은 다음과 같다.

$$E_2(g) \rightleftharpoons 2\,E(g)$$

여기서 E는 각 원소를 나타낸다. 1500. K에서 이 분자들의 해리 평형상수는 아래와 같다.

| 화학종 | $K_c$ | 화학종 | $K_c$ |
|---|---|---|---|
| $Br_2$ | $8.9 \times 10^{-2}$ | $H_2$ | $3.1 \times 10^{-10}$ |
| $Cl_2$ | $3.4 \times 10^{-3}$ | $N_2$ | $1 \times 10^{-27}$ |
| $F_2$ | 7.4 | $O_2$ | $1.6 \times 10^{-11}$ |

(a) 각 분자 1 mol을 1L 용기에 따로 넣고 1500K로 가열할 때 각 원소들의 원자 형태의 평형 농도는 얼마인가?

(b) 이 결과로 부터 어느 분자의 결합 해리 에너지가 가장 작은지 예측하고, 열화학적 계산 결과 및 루이스구조와 비교하시오.

22. 한 탄소에 방사성 동위원소 $^{14}C$가 포함된 시스–다이클로로에텐의 소량을 어떤 온도에서 시스 및 트랜스 이성질체

의 평형 혼합물에 첨가하였다. 마침내, 방사성 분자의 40%가 주어진 시간에서 트랜스 구조를 갖는 것이 발견되었다.

(a) *cis* $\rightleftharpoons$ *trans* 평형에 대한 $K_c$ 값은?

(b) 시스 이성질체 대신에 소량의 방사성 트랜스 이성질체를 첨가했다면 어떻게 되었을까?

23. HI, $H_2$ 및 $I_2$의 아래의 양을 10.00-L 반응 용기에 넣고, 745 K로 가열하였다.

| | $n_{HI}$ (mol) | $n_{H_2}$ (mol) | $n_{I_2}$ (mol) |
|---|---|---|---|
| 경우 a | 1.0 | 0.10 | 0.10 |
| 경우 b | 10. | 1.0 | 1.0 |
| 경우 c | 10. | 10. | 1.0 |
| 경우 d | 5.62 | 0 381 | 1.75 |

이 반응의 평형상수는 745 K에서 0.0200이다.

$$2\,HI(g) \rightleftharpoons H_2(g) + I_2(g)$$

어떤 경우에 HI의 농도가 평형에 도달할 때 증가하고, 어떤 경우에 HI의 농도가 감소할까?

## 개념 적용

24. *시스*– 및 *트랜스*–2–펜텐의 혼합물은 600. K로 가열한다고 가정하자. 한 시간 후에 조성은 시스가 40%가 되었다. 네 시간 후의 조성은 시스가 42%가 되었으며, 여덟 시간 후에는 시스가 42%가 되었다. 다음은 혼합물을 800. K로 가열하니 시스가 45%가 되었다. 혼합물을 600. K로 냉각하고, 여덟 시간을 방치하였더니 조성은 시스가 42%가 되었다. 이 계는 600. K에서 평형인가? 또는 이것이 평형이었다는 결론을 내리기 전에 더 많은 실험이 필요한가? 만일 그렇다면, 어떤 것이 필요한가?

25. 표의 자료와 다음 반응식을 기초로 하여,

| **Temperature (*K*)** | **R is F** | **R is Cℓ** | **R is $CH_3$** |
|---|---|---|---|
| 500. | 0.420 | 0.608 | 1.65 |
| 600. | 0.491 | 0.678 | 1.47 |
| 700. | 0.549 | 0.732 | 1.36 |

(i) *cis*–(R 은 F) $\rightleftharpoons$ *trans*–(R 은 F)

(ii) *trans*–(R 은 Cl) $\rightleftharpoons$ *cis*–(R 은 Cl)

(iii) *cis*–(R 은 $CH_3$) $\rightleftharpoons$ *trans*–(R 은 $CH_3$)

(a) 어느 반응이 가장 발열인가?

(b) 어느 반응이 가장 흡열인가?

26. 그림 13.3은 두 개의 다른 온도에서 $N_2O_4$와 $NO_2$의 평형 혼합물을 보여준다. 두 개의 유리관 안에서 여러분이 분자의 크기만큼 줄어들어서, 짧은 시간 동안 그들의 행동을 관찰한다고 상상하자. 각 플라스크에서 자신이 관찰한 것을 간단하게 서술하시오.

27. 다음 평형 반응에 대하여 평형상수가 $10^2 > K_c > 0.1$인 온도에서의 평형 혼합물을 나타내는 그림은?

$$A_2(g) + B_2(g) \rightleftharpoons 2\,AB(g)$$

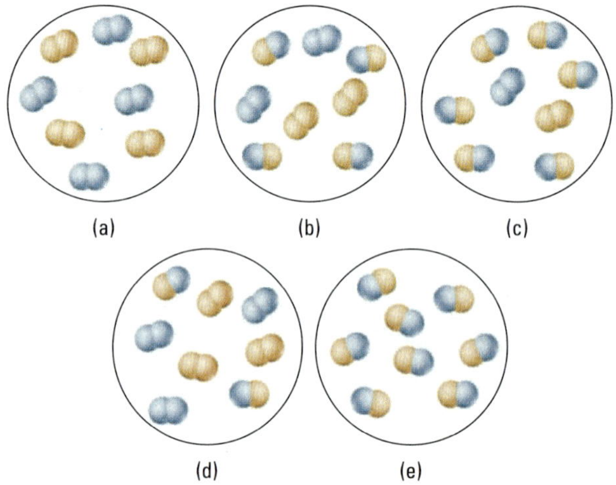

28. 다음 반응의 평형 혼합물을 나노수준(입자화) 도형으로 그리시오.

$$CO(g) + H_2O(g) \rightleftharpoons CO_2(g) + H_2(g) \qquad K_c = 4.00$$

29. 카복실산인 고체 벤조산 시료가 벤조산 수용액과 평형에 있다. 중수소, $^2H$를포함하는 소량의 $D_2O$를 용액에 첨가하였다. 몇 시간동안 반응을 상온에서 방치한 다음, 고체 벤조산의 일부를 제거하여 분석하였다. 벤조산의 아주 소량이 중수소, D를 포함하는 것이 발견되었으며, 중수소–포함 분자식은 $C_6H_5COOD$이었다. 어떻게 이것이 생성되었는지 설명하시오.

## 고급문제

30. 브로민화 나이트로실의 시료를 10.00-L 용기에서 100. °C로 가열하여 다음 반응식에 따라서 일부 분해하였다.

$$2\,NOBr(g) \rightleftharpoons 2\,NO(g) + Br_2(g)$$

평형에서 6.44 g의 NOBr, 3.15 g의 NO, 그리고 8.38 g $Br_2$가 존재한다.

(a) 100. °C에서 $K_c$ 값을 구하시오.

(b) 기체 혼합물에 가해지는 전체 압력을 구하시오.

(c) 100. °C에서 이 반응의 $K_P$ 값을 구하시오.

31. 오염화인의 분해는 760. K에서 평형상수 $K_c$ 값이 3.30이다.

$$PCl_5(g) \rightleftharpoons PCl_3(g) + Cl_2(g)$$

(a) 5.00-L 용기에 있는 0.75 mol $PCl_5$의 분해로 발생되는 세 가지 모두의 평형농도를 계산하시오.

(b) 5.00-L 용기에 있는 0.75 mol $PCl_5$ 및 0.75 mol $PCl_3$의 초기 혼합물로부터 발생하는 세 가지 모두의 평형농도를 계산하시오.

32. 다음의 변화가 발생할 때, 아래 나열된 평형이 왼쪽으로 이동하는지 또는 오른쪽으로 이동하는지 예측하시오: (i) 온도가 증가한다. (ii) 압력이 감소한다. (iii) 상자로 표시된 물질이 첨가된다.

(a) $C(s) + H_2O(g) \rightleftharpoons CO(g) + H_2(g)$

$\Delta H^0$ (298 K)= +131.3 kJmol−1

(b) $3Fe(s) + 4H_2O(g) \rightleftharpoons Fe_3O_4(s) + 4H_2(g)$

$\Delta H^0$ (298 K)= −149.9 kJmol−1

(c) $C(s) + CO_2(g) \rightleftharpoons 2CO(g)$

$\Delta H^0$ (298 K)= +172,9 kJmol−1

(d) $N_2O_4(g) \rightleftharpoons 2NO_2(g)$

$\Delta H^0$ (298 K)= +54.8 kJmol−1

33. 정상 기압으로 유지하면서 수소와 브로민의 혼합물을 200. °C이하에서 가열할 때, 수소와 브로민의 반응은 브로민화 수소를 생성하고 기체상 평형에 도달한다.

(a) 평형반응의 완결된 화학 반응식을 쓰시오.

(b) 표 8.2의 결합 엔탈피를 사용하여, 이 반응의 엔탈피 변화를 계산하시오.

(c) 질문 (a)와 (b)의 답을 근거로, 이 평형의 위치를 결정하는데, 엔트로피 효과 또는 에너지 효과중 어느 것이 더 중요한가?

(d) 온도가 200. °C이상으로 상승하면, 평형은 어느 쪽으로 이동하는가? 설명하시오.

(e) 압력이 초기 값이 세 배로 증가한다고 가정하면, 평형은 어느 쪽으로 이동하는가?

(f) 상온에서는 왜 평형에 도달하지 않는가?

# 14장

# 용질 및 용액화학

**14.1** 용해도와 분자간 인력

**14.2** 엔탈피, 엔트로피 및 용질의 용해

**14.3** 용해도와 평형

**14.4** 온도와 용해도

**14.5** 압력과 액체에 대한 기체의 용해: 헨리의 법칙 (Henry's Law)

**14.6** 용액의 농도: 농도의 단위

**14.7** 용액의 증기압, 끓는점, 어는점 및 삼투압


바다는 $Na^+$, $Mg^{2+}$, $Cl^-$ 이온 및 다른 용질들을 포함하는 거대한 수용액으로 바닷물은 특징적인 염분, 증기압 및 어는점을 나타낸다. 이 장에서는 용질이 용매에 어떻게 녹고, 용액의 농도를 어떻게 표현하며, 농도가 용액의 어는점과 끓는점에 어떤 영향을 미치는지를 결정하는 마크로스케일과 나노스케일 사이의 연결고리를 살펴볼 것이다.

매일 우리는 탄산음료, 주스, 커피 및 가솔린과 같은 수많은 용액을 접한다. 용액은 두 종류 이상의 물질이 고르게 섞여 있는 균일 혼합물이다. 용액 내에서 가장 많이 존재하는 성분을 보통 **용매**라 하고, 다른 성분을 **용질**이라 한다. 예를 들면 달콤한 아이스티에서 물은 용매이고, 설탕과 차는 용질이다.

대부분의 용액은 액체에 고체가 녹아 있거나 액체가 녹아 있는 형태이지만, 물질의 세 가지 물리적 상태를 포함하는 다른 형태의 용액도 가능하다(표 14.1). 화학에서는 액체 용액에 주

**표 14.1 용액의 형태**

| 용액의 형태 | 예 |
|---|---|
| 기체-기체 | 공기-주로 $N_2$와 $O_2$의 혼합물이지만 다른 기체도 약간 포함 |
| 기체-액체 | 탄산음료(물에 $CO_2$가 녹아있음) |
| 기체-고체 | Pd 금속에 있는 수소 기체 |
| 액체-액체 | 모터오일-액체 탄화수소의 혼합물; 물에 녹아있는 에탄올 |
| 고체-액체 | 바다($Na^+$, $Cl^-$ 및 다른 이온이 녹아 있음) |
| 고체-고체 | 청동(구리와 주석); 땜납(주석, 안티몬 및 납) |

로 초점이 맞추어져 있고, 특히 물이 용매(수용액)인 경우를 주로 다룬다. 물은 지구상에서 가장 중요한 용매이기 때문에 이 장의 많은 부분에서 수용액을 논의하였다. 이 장에서는 다음과 같은 질문을 통하여 용질과 용매 사이의 관계를 거대 크기부터 나노 크기 수준까지 상세하게 논의 하고자 한다.

- 왜 특정 용매가 같은 종류의 용질을 쉽게 녹이지만, 다른 종류의 용질은 쉽게 녹이지 못하는가? 예를 들면, NaCl은 물에 녹지만, 가솔린은 물에 녹지 않는다.
- 녹아있는 용질의 농도는 어떤 방법으로 표현하는가?
- 용질이 용해될 때 왜 열에너지를 방출 또는 흡수하는가?
- 온도 또는 압력 변화는 주어진 용매에 대한 용질의 용해도에 어떠한 영향을 주는가? 예를 들면 차가운 탄산음료의 병마개를 열거나 상온으로 데우면 왜 "김이 빠지게" 되는가?

이러한 질문의 답을 위해서, 9장에서 배운 비공유결합 분자들 간의 힘인 런던 힘, 극성-극성 인력 및 수소결합과 같은 분자들 간의 상호작용을 적용하고자 한다. 또한 6장과 13장에서 설명한 열역학과 평형법칙을 이용하고자 한다. 이들 법칙은 용액의 증기압, 녹는점, 끓는점에 미치는 영향을 이해하는데 중요하다.

## 14.1 용해도와 분자간 인력

용액에서 용질과 용매 입자 사이의 상호작용은 용질이 특정 용매에 녹을 것인지 또 얼마나 녹을 것인지를 결정한다.

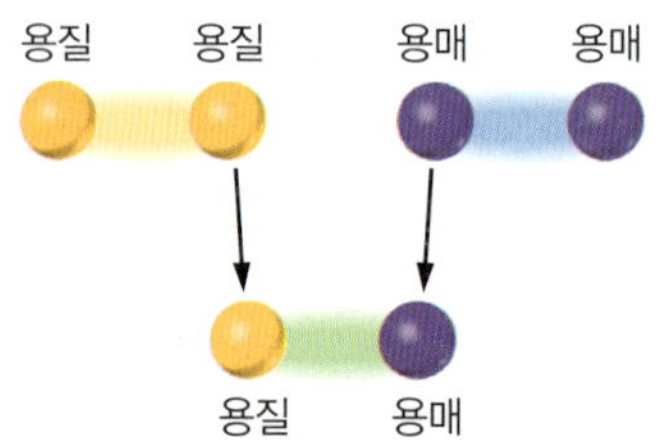


### 용질-용매 상호작용

옛말에 "기름과 물은 섞이지 않는다고" 하였다. 화학자들은 용해도에서도 비슷한 말을 사용한다. "같은 것은 같은 것을 녹인다(like dissolves like)" 여기서 "같은 것"은 용질과 용매가 서로 비슷한 형태의 비공유결합 분자들 사이의 인력을 의미한다. 그러한 힘은 용질 분자간에 존재하는데, 마찬가지로 용매 분자간에도 존재한다. 용질-용매 분자간의 인력이 용질-용질 또는 용매-용매 분자간의 인력보다 훨씬 클 때 용질이 용매에 녹는다.

예를들어 탄화수소인 옥테인($C_8H_{18}$)을 사염화탄소($CCl_4$)에 녹이는 것을 생각해보자(그림 14.1a). 두 물질은 비극성 액체이고 각 화합물에서 분자들 사이에 비슷한 런던 인력을 가지므로 서로를 녹인다. 서로 적당한 비율로 녹아있는 이러한 액체를 **섞인(miscible)**다고 말한다. 반대로 비극성 탄화수소의 혼합물인 가솔린은 극성 물질인 물과 섞이지 않는다(그림 14.1b). 비극성 탄화수소는 물 분자와 수소결합을 할 수 없지만 런던 힘(용질-용질 인력)에 의해 서로 간에 인력이 유지되고 물 분자는 서로 간에 수소결합을 유지하고 있다(용매-용매 인력). 가솔린과 물은 그들 분자 사이에 매우 다른 비공유결합 인력을 가지기 때문에 서로 용해되지 않는데, 이를 **섞이지 않는(immiscible)**다고 말한다.

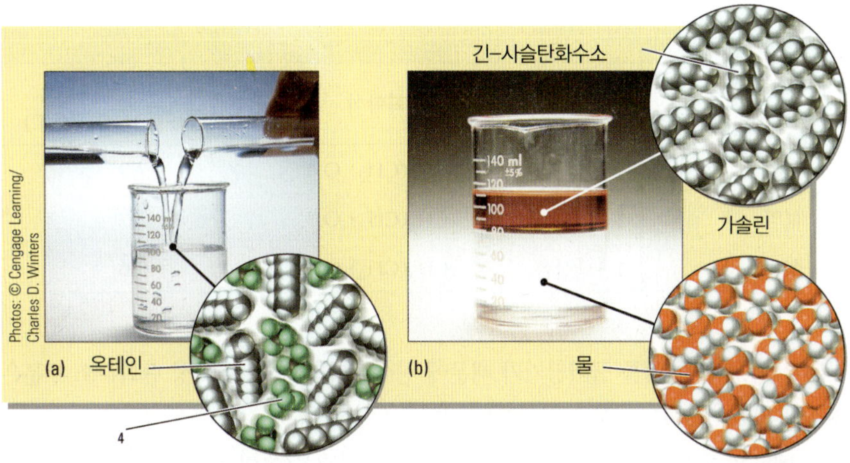


가솔린의 색을 다르게 나타내기 위하여 염료를 첨가하였다.

**그림 14.1** **(a) 섞임 (b) 섞이지 않음.** 색깔이 없고 투명한 액체인 carbon tetrachloride와 octane을 서로 혼합하면(a), 두 액체 사이에 접촉면 또는 경계면이 보이지 않고 서로 완벽하게 섞인다. (b) 가솔린과 물을 함께 섞으면, 그 혼합물은 2개의 분명한 층이 생긴다. 이 책의 웹사이트인 www.cengage.com/chemistry/moore에 접속하여 이 그림의 개념을 이해하도록 하시오.

물에서의 여러 가지 알코올의 다른 용해도는 “같은 것은 같은 것을 녹인다”라는 원리와 비공유결합 분자 간 인력으로 설명할 수 있다. 단순하게 분자량이 작은 알코올은 물 분자와 알코올 분자의 —OH기와의 수소결합에 기인하여 서로 잘 섞인다. 용액에서 수소결합의 세기는 순수한 물이나 순수한 에탄올에서와 같다. 에탄올과 물의 수소결합은 그림 14.2c에서 설명하였다.

알코올 분자들은 —OH기라고 하는 극성 부분과, 탄화수소인 비극성 부분을 포함하고 있다. 극성 부분은 **친수성**(***hydrophilic***, 물을 좋아하는)이다. 한 분자의 극성

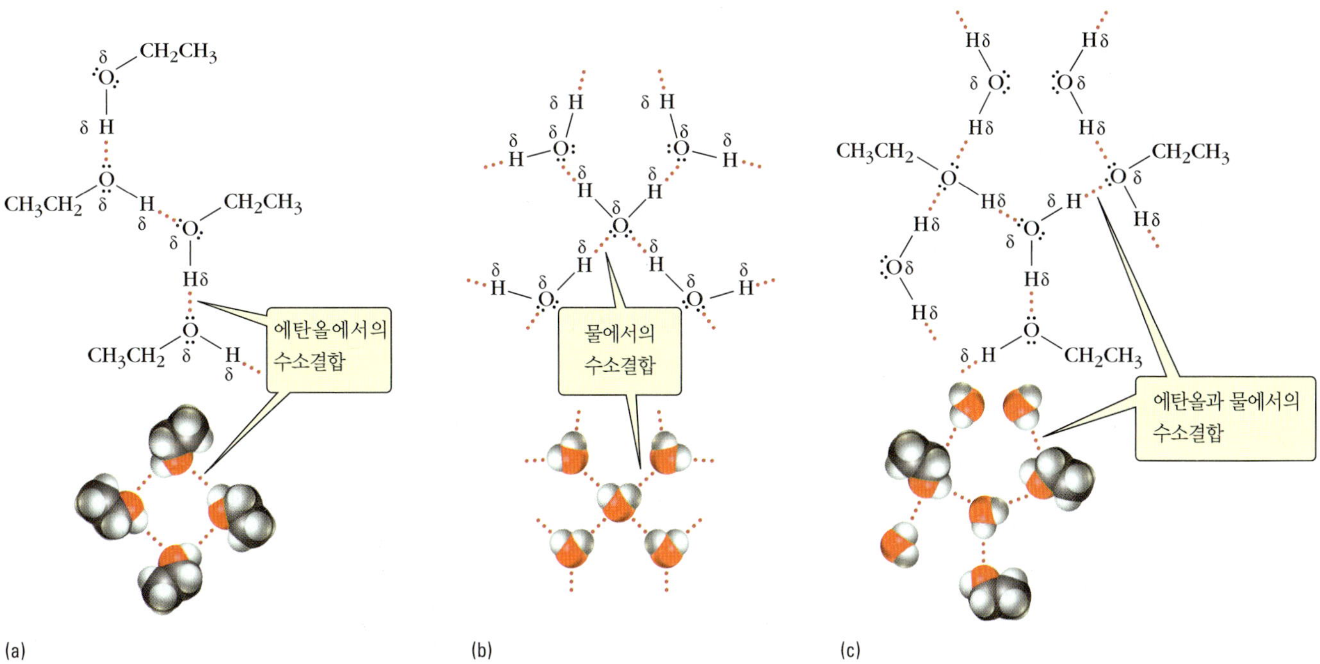


**그림 14.2** **수소 결합.** (a) 에탄올 분자 사이의 수소 결합(용질–용질 인력) (b) 물 분자간의 수소결합(용매–용매 인력) (c) 에탄올과 물 분자간의 수소결합(용질–용매 인력).

**표 14.2** 몇 가지 알코올의 물에 대한 용해도

| 이름 | 화학식 | 물에서의 용해도 (g/100 g $H_2O$, 20°C) | 이름 | 화학식 | 물에서의 용해도 (g/100 g $H_2O$, 20°C) |
|---|---|---|---|---|---|
| Methanol | $CH_3OH$ | 섞임 | 1−Butanol | $CH_3(CH_2)_3OH$ | 7.9 |
| Ethanol | $CH_3CH_2OH$ | 섞임 | 1−Pentanol | $CH_3(CH_2)_4OH$ | 2.7 |
| 1−Propanol | $CH_3(CH_2)_2OH$ | 섞임 | 1−헥산올 | $CH_3(CH_2)_5OH$ | 0.6 |

부분은 극성 물 분자를 끌어당기기 때문에 친수성이라 한다. 비극성 탄화수소 부분은 소수성(*hydrophobic*, 물을 싫어하는)이다.

메탄올 또는 에탄올과 같은 분자량이 낮은 알코올(그림 14.2)에서, —OH기와 물 분자간의 수소결합은 알코올 분자의 비극성 탄화수소 부분의 런던 힘보다는 훨씬 크다. 알코올 분자의 소수성 탄화수소 사슬의 길이가 길어짐에 따라 물 분자와의 수소결합의 세기는 점점 약해지고 탄화수소간의 런던 힘은 점점 커지게 된다.

1−헥산올과 에탄올(표 14.2)의 용해도의 비교에서 보는 것처럼 물에 대한 알코올의 용해도가 작아지면 알코올 분자의 비극성 탄화수소 부분 사이의 런던 힘(용질−용질 인력)이 점점 더 강해진다. 메탄올에서 1−헥산올로 갈수록 −OH기와 비교하여 탄화수소 부분이 상대적으로 커지게 된다. 그러므로 각각 1개와 2개의 탄소원자를 가지고 있는 메탄올과 에탄올은 물에 무한대로 녹는 반면 6개 이상의 탄소원자를 가지는 알코올은 거의 물에 녹지 않는다.

"같은 것은 같은 것을 녹인다"는 원리를 다음과 같이 요약할 수 있다.

- **비슷한 비공유결합 인력을 가진 물질들은 서로 잘 녹인다.**
- **용질은 비공유결합 인력이 자신과 크게 다른 용매에는 잘 녹지 않는다.**
- **강한 용매−용질 상호작용은 용해도를 높인다. 강한 용질−용질 또는 용매−용매 상호작용은 용해도를 감소시킨다.**

(a)

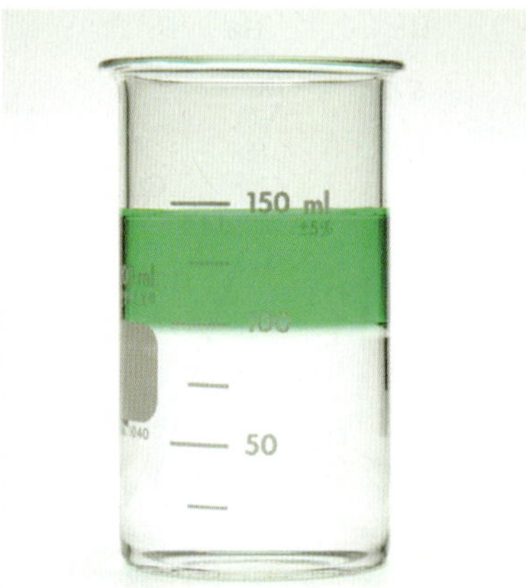


(b)



**그림 14.3 액체들의 혼합.** (a) 이 혼합물은 세 액체의 밀도가 다르다는 점을 이용하여 조심스럽게 제조된다: 무색의 바닥 층이 사염화탄소, 초록색 염화니켈 수용액이 중간층이고, 무색의 헵탄이 최상층이다. (b) 각 성분을 섞은 후의 혼합물이다.

CONCEPTUAL
**개념학습 14.1 물에 대한 용해도의 예측**

표 14.2에 있는 자료를 이용하여 1−옥테인올($CH_3(CH_2)_7OH$)과 1−데케인올($CH_3(CH_2)_9OH$)의 물에 대한 용해도를 어떻게 예측할 수 있는가?

**예제 14.1 용해도 예측**

비이커에 세 층의 액체가 들어 있다(그림 14.3). 그림 (a)에서 꼭대기 층은 색깔이 없는 헵테인 $C_7H_{16}$(밀도 = 0.684 g/mL)이고, 중간층은 물에 녹아있는 초록색의 $NiCl_2$용액이다. 맨 아래 층은 무색의 사염화탄소(밀도 = 1.59 g/mL)이다. 이 액체를 혼합하면 두 층으로 되는데, 무색의 아래층과 위쪽의 초록색 층으로 변화된다. "같은 것은 같은 것을 녹인다"는 원리를 이용하면 세 층을 혼합했을 때의 결과를 설명할 수 있다.

**정답:** 비극성 액체인 사염화탄소와 헵탄은 서로 잘 섞이지만, 염화니켈과 물은 비극성 액체에 녹지 않는다.

**풀이:** "같은 것은 같은 것을 녹인다"는 원리를 적용하기 위해서는 비이커 내에 있는 물질들의 극성과 분자간의 힘을 확인하는 것이 필요하다. 헥산은 탄화수소이고 비극성이므로 헥산 분자 사이에는 런던 힘을 가진다. 마찬가지로 사염화탄소(각 C—Cl 결합은 극성이지만 실제 분자의 극성은 나타나지 않는다)도 정사면체 모양을 가진 대칭구조 때문에 비극성이다. 염화니켈은 이온성 고체로 이 화합물에 있는 $Ni^{2+}$ 양이온과 $Cl^-$ 음이온에 대한 극성 물 분자의 인력 때문에 잘 녹는다. 따라서 수용액 층은 위쪽의 비극성 액체나 아래쪽의 비극성 액체 어느 것과도 인력이 거의 없어 섞이지 않는다. 각 성분을 혼합하기 위해서 저어주면 $NiCl_2$이 녹아있는 위쪽의 수용액 층에 비해서 비극성 액체가 서로 섞이면 밀도가 커지므로 바닥 층에 놓이게 된다.

**실전예제 14.1**

"같은 것은 같은 것을 녹인다"는 원리를 이용하여 다음을 예측하시오.

(a) 에틸렌글리콜, $HOCH_2CH_2OH$를 가솔린에 녹인다.

(b) 분자 요오드($I_2$)를 사염화탄소에 녹인다.

(c) 모터 기름을 사염화탄소에 녹인다.

여러분들이 예측한 것을 설명하라.

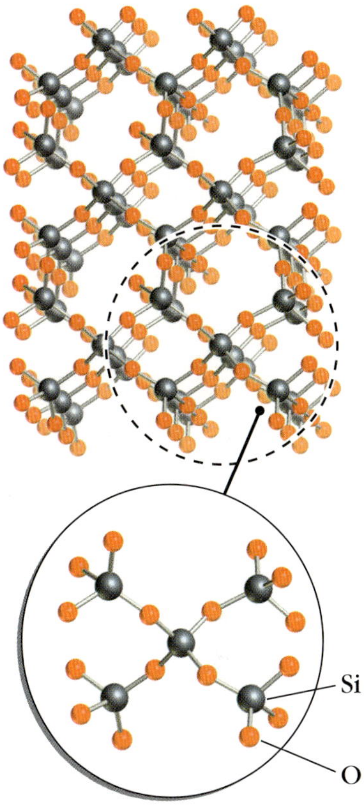


**석영, $SiO_2$ 구조의 일부분.** 그 구조는 산소원자와의 공유를 통한 $SiO_4$ 사면체로 연결되어 있다.

공유결합의 강한 그물구조에 의해 결합되어 있는 석영($SiO_2$)과 같은 고체는 일반적으로 극성 또는 비극성 용매에 녹지 않는다. 석영에서 실리콘과 산소원자는 공유결합을 통해서 사면체 $SiO_4$ 형태로 연결되어 있다. 이와 같은 강한 공유결합은 용매 분자에 작용하는 약한 인력으로는 깨질 수 없다. 그러므로 석영(석영으로부터 유도된 모래)은 상온에서 물 또는 어떤 다른 용매에도 녹지 않는다. 해변의 많은 모래는 바닷물에 녹지 않는다.

물에서의 물질의 용해도 또는 신체에 존재하는 비극성 지방 혹은 기름과 같은 트리글리세라이드에서의 물질의 용해도는 인간의 신체 화학에서 중요한 역할을 한다. 예를 들어 비타민은 물에도 녹고 지방에도 녹는다. 비타민 A, D, E 및 K는 트리글리세라이드에 녹기 때문에 지용성 비타민으로 알려져 있다. 다른 모든 비타민은 물에 녹는다. 이러한 중요한 차이 때문에 지방에 녹은 비타민은 지방 조직에 축적되어 해로운 수준에 이를 수 있으므로 과량 섭취하면 위험하다. 반대로 물에 녹는 비타민은 몸에 저장되지 않고 오줌으로 배설되기 때문에 과량 섭취해도 아무 문제가 되지 않는다.

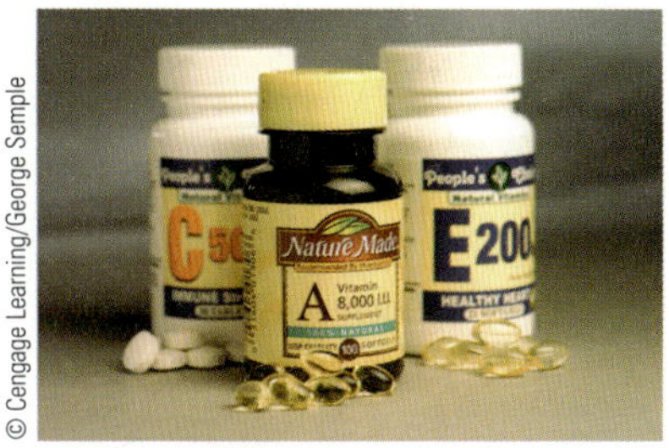




**비타민은 지용성(A, D, E, K) 또는 수용성(나머지)이다.**

**예제 14.2 용해도와 비공유결합 힘**

니아신 (니코틴산)의 구조식과 비타민 A를 이용하여 어느 비타민이 물에 잘 녹는지 또는 지방에 잘 녹는지를 결정하라.

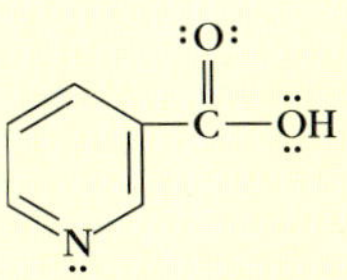

니아신
(니코틴 산)

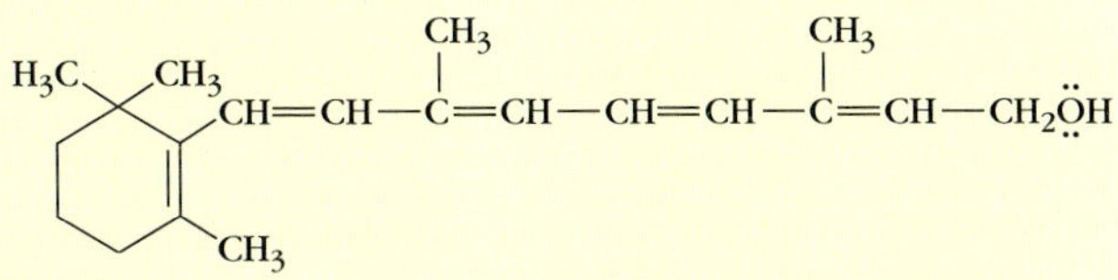

비타민 A

**정답:** 니아신은 물에 잘 녹고 비타민 **A**는 기름에 잘 녹는다.

**풀이:** 구조식을 이용하면 분자에 있는 물에 녹거나 또는 기름에 녹는 부분을 결정할 수 있다. 니아신은 —**COOH**기와 질소원자가 존재함으로 물 분자와의 수소결합을 할 수 있기 때문에 물에 녹는다.

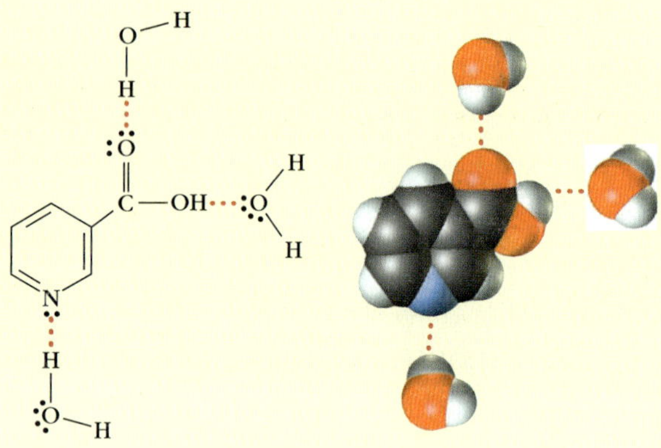

니아신
(니코틴 산)

물 분자들 간의 수소결합 또는 니아신 분자들 간의 극성–극성 인력보다 훨씬 강한 니아신과 물과의 용질–용매 상호작용 때문에 물에 녹는다.

비타민 **A**는 물과 수소결합을 할 수 있는 —**OH**기를 가지고 있다. 그렇지만 이 경우는 다른 긴사슬 알코올이라서 분자의 탄화수소 부분이 너무 커서 친유성 분자가 되기에 충분하다. 이 경우는 탄화수소 부분 사이의 런던 힘이 수소결합보다 더 중요하므로 비타민 **A**는 물에 녹지 않는다. 다른 한편으로 탄화수소 부분이 확장된 분자는 긴사슬 탄화수소 부분을 가진 지방에 녹는다.

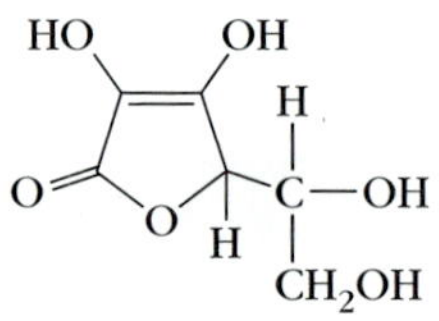

비타민 C

**실전예제 14.2**

비타민 **C**는 물에 녹는지 설명하시오.

## 14.2 엔탈피, 엔트로피 및 용질의 용해

용액이 형성될 때, 한 종류의 원자, 이온 분자들은 다른 종류의 원자, 이온 또는 분자들과 섞인다. 용액이 형성되기 위해서는 용매 분자들의 분자간 인력을 극복해야 하고, 용질 입자들간에 끌어당기는 힘도 극복해야 한다(그림 14.4의 단계 (*a*)와 (*b*)). 단계 (*a*)에서 용매 분자가 분리되기 때문에 용매 분자의 엔탈피는 증가되고, 그 결과 흡열과정이 되므로 $\Delta H$는 양이다($\Delta H > 0$). 마찬가지로, 단계 (*b*)에서는 용질 이온 또는 분자들이 분리되어야만 한다. 용질과 용매 입자들을 서로 혼합하면(단계 (*c*)), 그들은 서로 끌어당기므로 엔탈피는 감소한다. $\Delta H$는 음($\Delta H < 0$)이고 에너지가 방출되어 발열단계가 된다. 그림 14.4의 왼쪽에서 보여준 것처럼, 만약 마지막 단계의 엔탈피가 처음 용질과 용매의 엔탈피보다 낮으면 주위로 에너지를 방출하게 되므로 용액을 만드는 과정은 **발열**(*exothermic*)이다. 마지막 단계의 엔탈피가 처음 용질과 용매의 엔탈피보다 더 크게 되는(그림 14.4의 오른쪽) 과정은 **흡열**(*endothermic*)과정으로 주위로부

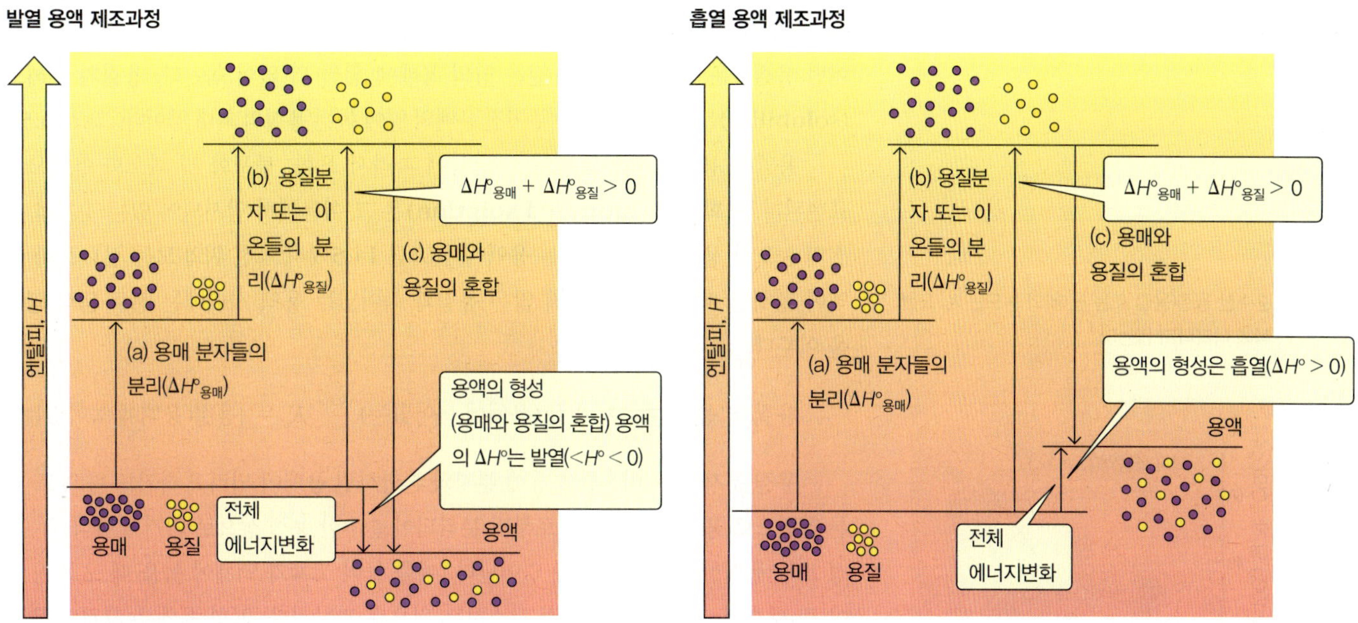


**그림14.4 용액이 만들어지는 과정**

터 계로 에너지가 전달된다.

발열이건 흡열이건 알짜 에너지 변화를 용액 **엔탈피**, $\Delta H_{용액}$라 부른다.

$$용액\ 엔탈피 = \Delta H_{용액} = \Delta H_{단계\ a} + \Delta H_{단계\ b} + \Delta H_{단계\ c}$$

용액 엔탈피는 또한 용해열로도 알려져 있다.

용질과 용매를 혼합한 후 용매-용질 인력($\Delta H_{단계\ c}$의 크기로 표시됨)은 용질-용질 및 용매-용매간의 인력($\Delta H_{단계\ a} + \Delta H_{단계\ b}$)을 극복할 만큼 충분히 강하지 않을 수도 있다. 이러한 조건 하에서, 용해는 엔탈피 효과에 의해 진행되지 않는다.

용질과 용매를 혼합할 때 용액이 형성되는데, 용질과 용매 분자는 보통 큰 부피로 퍼지게 된다. 이러한 현상은 그들의 에너지가 더 큰 부피로 퍼지게 되는 것을 뜻한다. 그 결과 엔트로피는 커지게 된다. 13.7절에서 설명한바와 같이, 엔트로피(S로 표기)는 계의 에너지 확산으로 측정된다. 엔트로피의 증가($\Delta S > 0$)는 에너지가 점점 더 퍼지는 과정을 의미하고, 에너지 확산은 물질의 확산과 일치한다. **계의 엔트로피가 증가하는 과정이 선호되는 경향이 있다.** 그러므로 용질을 녹이는 많은 경우 즉 용매와 용질 분자를 혼합할 때 큰 엔트로피의 증가가 일어난다. 옥테인과 사염화탄소를 혼합시켜 용액이 형성되는 경우와 같이 용액의 엔탈피가 비교적 적을 때에는 엔트로피가 배후에서 가장 중요한 요인이 된다. 다른 경우에서, 용액의 엔탈피가 양의 값이며 상당히 큰 경우($\Delta H_{soln} > 0$) 일지라도 용액이 형성되기 위해서는 엔트로피 증가가 충분이 커야만 한다. 질산암모늄, $NH_4NO_3$ (14.3절)과 같은 몇 가지 이온성 용질에 대해서 이것은 사실이다. 기체 상태의 분자들은 항상 액체상보다 더 멀리 분산되기 때문에 기체 용질 분자가 용매 분자 사이에서 서로 가깝게 접근함에 따라서 엔트로피는 상당히 감소한다($\Delta S < 0$).

## 14.3 용해도와 평형

어떤 용질들은 다른 용질보다 같은 양의 용매에 훨씬 더 많이 녹는다. 용질의 **용해도 (solubility)**는 특정 온도에서 주어진 용매의 양에 녹는 용질의 최대 양이다(그림 14.5).

용액은 용매에 녹아있는 용질의 양에 따라서 포화, 불포화 및 과포화 용액으로 표현된다. **포화 용액(saturated solution)**은 그 이름에서 암시되어 있는 것처럼 용질의 농도가 용해도와 같아지는 용액이다(그림 14.5에서 곡선 위의 모든 점). 포화 용액이 형성될 때에는 녹아 있지 않은 용질과 녹아있는 용액 사이에는 서로 **동적 평형**을 이룬다.

순수한 물질(용질 또는 용매)의 농도는 $K_c$ 표현식에 나타나지 않는다.

$$\text{용질} + \text{용매} \rightleftharpoons \text{용질 (용액에 녹아있는)} \qquad K_c = [\text{용질(용액에 녹아있는)}]$$

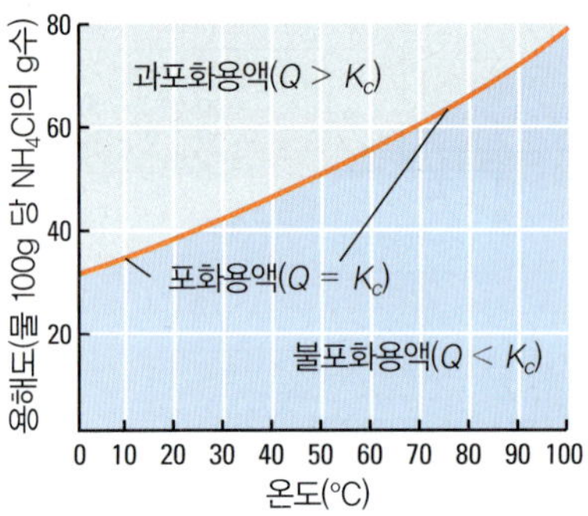


**그림 14.5 용액의 형태.** 고체 염화암모늄의 용해도와 세 가지 형태의 염화암모늄 용액, 포화용액 (곡선), 불포화 용액(곡선 아래쪽) 및 과포화 용액(곡선 위쪽).

용질 분자 또는 이온들을 용매 분자와 혼합하면 용액이 되려고 하기도 하고 또 다른 한편으로 용질이 용매 분자로부터 분리되어 순수한 용질 상으로 되기도 한다. 두 과정 모두 동일한 속도로 동시에 일어난다. 예를 들어 고체가 액체에 녹을 때 포화 용액이 될 때까지 고체의 양은 점점 감소하는 것으로 관찰된다. 포화 용액은 그것의 용질 및 용매와 서로 평형에 있고, 이 경우 $Q = K_c$이다. 일단 평형에 이르면 고체 용질의 양(녹은 용질의 양)은 변하지 않는다.

**불포화 용액(unsaturated solution)**은 용질의 농도가 용해도에 덜 도달한 상태인데, 다시 말해서 불포화 용액은 주어진 온도에서 용질을 더 수용할 수 있다(그림 14.5에서 곡선 보다 아래쪽 부분). 그러므로 불포화 용액은 $Q < K_c$이고 용질을 더 녹일 수 있다. 만일 주어진 온도에서 불포화 용액에 용질을 계속적으로 가하면 불포화 용액의 어느 한 점은 포화 용액에 도달하게 되어, $Q = K_c$가 되는 점이 된다.

불포화 용액: $Q < K_c$
포화용액: $Q = K_c$
과포화용액: $Q > K_c$

어떤 용질에 대해서는, 세 번째와 같은 경우도 있다. 주어진 온도에서 평형 용질의 농도보다 더 많은 용질을 포함하는 용액을 만드는 것이 가능한데, 그러한 용액을 **과포화(supersaturated)** 되었다고 한다(그림 14.5의 곡선 보다 위쪽 부분). 예를 들면 염화암모늄의 과포화 용액은 90°C에서 몇 시간 동안 저어주어 먼저 포화용액을 만든 다음 이 포화용액으로부터 제조할 수 있다. 100 g의 물에 $NH_4Cl$ 고체 72 g을 가한 다음 90°C로 가열한다. 이 시점에서 용액은 포화된다. 과포화 용액을 만들기 위해서, 포화 용액의 온도를 매우 천천히 25°C로 낮춰준다. 만약 이 과정을 조심스럽게 수행하면, $NH_4Cl$은 용액으로부터 결정화되지 않고 용액은 과포화되어 주어진 온도에서 포화 용액보다 $NH_4Cl$이 더 녹아있다. 25°C에서 용액에는 용질이 최대 40 g 까지 녹을 수 있지만(그림 14.5), 실제는 72 g이 녹아 있다. $Q > K_c$이며 과량으로 녹아있는 용질은 결정화 되어야 하지만, 결정화는 아주 느리게 일어난다. 꿀과 같은 과포화 용액은 수일 혹은 수개월 동안 과포화 상태를 유지한다. 결정이 만들어지려면 이온 혹은 분자들은 적절한 격자자리에 배치 되도록 이동해야 하는데, 우연히 그러한 배열이 되기 위해서는 오랜 시간이 걸릴 수 있다. 그렇지만 만일 아주 작은 결정을 이 용액에 가하면 과포화 용액으로부터 고체의 침전은 빠르게 일어난다(그림 14.6). 첨가해준 결정의 격자들은 보다 많은 이온이나 분자들이 더해질 수 있는 틀로 작용한다.

과포화 용액을 저어 주거나 용기 내벽을 긁어주는 것과 같은 행위도 용질이 빨리 침전되게 하는 원인이 될 수 있다.

**EXERCISE**
**연습문제 14.2 용액의 결정화**

그림 14.5를 이용하여, 25°C에서 앞에서 기술한 $NH_4Cl$ 과포화 용액으로부터 결정화되는 $NH_4Cl$은 몇 g이나 되는가?

**EXERCISE**
**연습문제 14.3 용해도**

그림 14.5를 참고하여 $H_2O$ 100g에 $NH_4Cl$이 다음과 같이 녹아 있는 경우, 용액이 불포화, 포화 또는 과포화 용액인지 결정하시오.

(a) 70°C에서 30 g $NH_4Cl$　　(b) 60°C에서 60 g $NH_4Cl$

(c) 50°C에서 50 g $NH_4Cl$

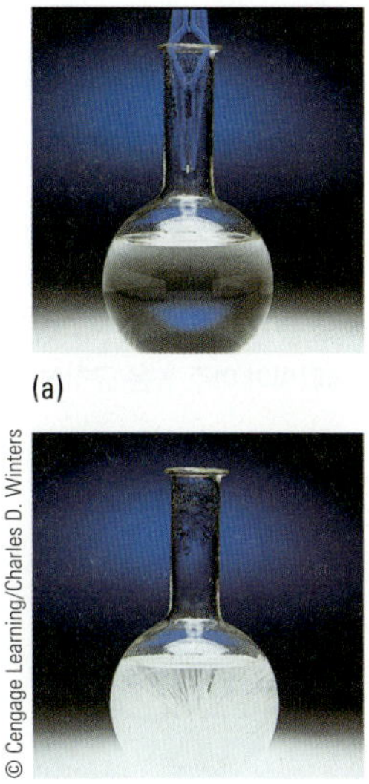


**그림 14.6 과포화 용액으로부터의 결정화.** 아세트산나트륨($NaCH_3COO$)은 물에서 쉽게 과포화 용액을 형성한다. (a) 이 용액은 정상적으로 보이지만, 이 용액은 과포화 용액이다. 이 용액은 주어진 온도에서 포화 용액보다 더 많은 양의 아세트산나트륨을 포함하고 있다. (b) 작은 아세트산나트륨 결정을 과포화 용액에 가하면 과량으로 녹아 있던 아세트산나트륨이 즉시 결정화되기 시작한다. 잠시 후 무수히 많은 아세트산나트륨 고체를 볼 수 있다.

## 액체에 녹는 이온성 고체

염화나트륨은 결정격자가 입방 배열을 한 $Na^+$이온과 $Cl^-$이온으로 구성되어 있는 이온성 화합물이다. 반대의 전하를 가진 이온들 간의 강한 정전기적 인력에 의해 격자 내에서 강하게 붙잡혀 있다. 1 mol의 $Na^+$이온과 $Cl^-$이온이 결정격자로부터 완전히 분리될 때 엔탈피 변화를 이온성 화합물의 격자 에너지라 한다. 염화나트륨의 높은 녹는점 (800°C)은 NaCl의 큰 격자 에너지(788 kJ/mol)에 기인한다. 용매 분자는 $Na^+$를 잡아 당겨 $Cl^-$이온으로부터 분리시킬 수 있지만, 그렇게 하기에 적합한 용매 분자이어야 한다. NaCl(또는 다른 이온화합물)을 사염화탄소 혹은 헥산(둘 다 비극성)에 녹이려고 시도할 때 이온에 대한 비극성 분자의 인력이 매우 작기 때문에 쉽게 녹지 않는다. 반면에 물은 NaCl을 잘 녹인다.

물 분자는 작고 극성이 크기 때문에, 이온화합물에 대해서 매우 좋은 용매이다. 그림 14.7에서 보는 것처럼 물 분자에서 부분적인 음전하를 띤 산소원자가 결정격자

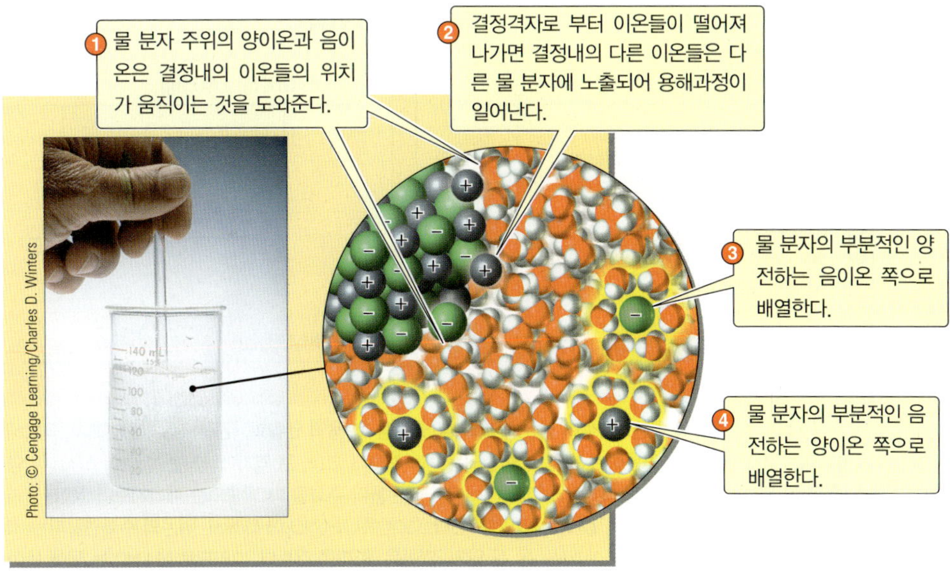


**그림 14.7 이온성 고체의 용해.** 물 분자는 양이온(재색)과 음이온(초록색)을 둘러싸서 결정격자로부터 이들 이온들이 떨어져 나가는 것을 도와준다.

| 선택된 몇 가지 이온들의 수화 엔탈피 (kJ/mol) | |
|---|---|
| **양이온** | |
| $H^+$ | −1130 |
| $Li^+$ | −558 |
| $Na^+$ | −444 |
| $Mg^{2+}$ | −2003 |
| $Ca^{2+}$ | −1557 |
| $Al^{3+}$ | −2537 |
| **음이온** | |
| $F^-$ | −483 |
| $Cl^-$ | −340 |
| $Br^-$ | −309 |

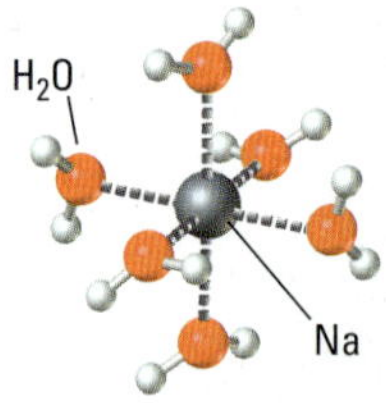


그림 14.8 **소듐 이온의 수화.** $Na^+$이온 주위에 물 분자가 둘러싸여 아주 높은 규칙성을 보인다.

내의 양이온을 끌어 당겨 결정격자로부터 양이온을 떼어낸다. 반면에 다른 물 분자에서 부분적으로 양전하를 띤 수소원자는 결정격자내의 음이온을 끌어 당겨 결정격자로부터 음이온이 떨어져 나가는 것을 돕는다. 물 분자가 양이온과 음이온을 둘러싸는 이러한 과정을 **수화(hydration)**라 한다(그림 14.8). 이온과 물 분자를 서로 섞거나 충분히 근접 시키면 이온들과 물 분자 사이에 이러한 새로운 인력이 형성되는데 이때 수화 엔탈피(*enthalpy of hydration*)로 알려진 에너지가 방출된다. 그들의 인력을 극복하여 이온들을 떨어뜨리는 데에는 항상 에너지 필요하며, 이온이 수화될 때에는 비공유 상호작용이 형성되기 때문에 항상 에너지를 방출한다.

특정 이온성 화합물을 녹이는 과정이 발열(exothermic, $\Delta H_{soln}$은 음)인지 혹은 흡열(endothermic, $\Delta H_{soln}$은 양)인지의 여부는 이온 화합물의 격자 에너지와 양이온 또는 음이온의 수화 엔탈피의 상대적인 크기에 따라 결정된다. 용액 엔탈피, 이온화합물의 격자에너지, 그리고 이온들의 수화 엔탈피의 관계는 다음과 같다.

$$\Delta H_{용액} = -격자\ 에너지 + \Delta H_{수화}(양이온) + \Delta H_{수화}(음이온)$$

서로 잡아당겨서 입자들이 가까워질 때는 에너지가 방출되므로 격자 에너지는 음이 된다. 인력에 의해 잡혀있는 입자를 분리시키기 위해서는 항상 에너지가 필요하다.

그림 14.9에 격자 에너지와 수화 엔탈피가 어떻게 결합하여 용액 엔탈피를 주는지를 보여준다.

흡열 또는 발열 용해에 대한 실제적 응용으로 운동선수들의 부상처리에 쓰이는 냉습포($NH_4NO_3$ 함유)와 음식물을 데우는데 사용되는 온 습포($CaCl_2$ 함유) 등이 있다.

일반적으로 Le Chatelier의 원리가 유용하지만, 온도에 따른 이온성 고체의 용해도가 어떻게 변화하는지를 항상 정확하게 예측하는 것은 아니다.

이온화합물의 물에 대한 용해도 규칙은 물 분자와 이온 사이에 강한 인력에도 불구하고 모든 이온성 화합물이 물에 녹는 것은 아니라는 사실을 상기시켜준다. 몇몇 이온화합물의 경우, 격자 에너지가 너무 커서 물 분자가 효과적으로 격자로부터 많은 수의 이온을 떼어내지 못하게 된다. 이 경우 화합물은 물에 거의 녹지 않거나 소량만 녹는다.

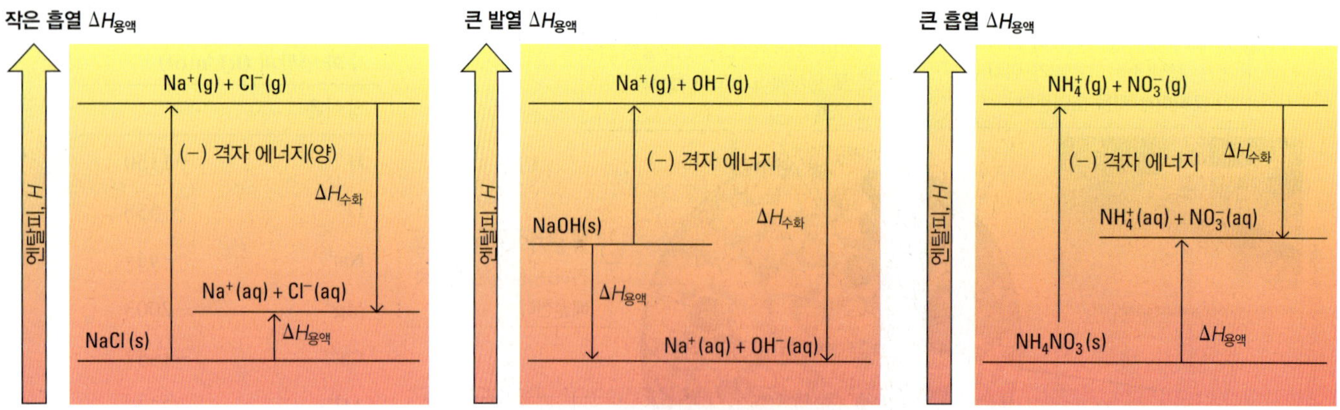


그림 14.9 **세 종류의 이온화합물이 같은 부피의 물에 녹을 때 용액 엔탈피.** (왼쪽) NaCl에 대해서, 극복해야 되는 격자 에너지가 이온이 수화될 때 방출되는 에너지보다 크다. 큰 격자에너지는 NaCl의 $\Delta H_{용액}$이 양(흡열)이 되도록 한다. (중앙) NaOH의 격자 에너지가 이온들이 수화될 때 방출되는 에너지보다 작다. 결과적으로 NaOH의 $\Delta H_{용액}$은 음의 값(높은 발열)이 된다. (오른쪽) $NH_4NO_3$에 대해서, 이온의 수화엔탈피는 격자에너지보다 훨씬 작다. 그 결과 $\Delta H_{용액}$은 큰 양의 값(높은 흡열)을 갖는다. 그러므로 $NH_4NO_3$는 물에 녹아서 냉습포가 될 수 있다.

## 물에 이온화합물을 녹이는 것과 엔트로피

결정격자가 깨어질 때 야기되는 에너지의 분산과, 이온과 용매 분자를 섞음으로 인해 생기는 에너지의 분산은 모두 용해 과정을 유리하게 한다($\Delta S > 0$). 이러한 엔트로피 증가는 이온 주위에 용매 분자들이 질서 있게 정렬 됨으로써 서로 상쇄된다($\Delta S < 0$, 그림 14.8). 1+와 1−의 전하를 띤 이온들에 대해서, 총 엔트로피 변화는 양의 값이고, 용해 과정은 유리해진다. 2+ 혹은 3+ 이온을 포함하는 몇 가지 염의 경우에는 이온들의 전하는 대단히 크고 이온들의 크기는 아주 작기 때문에 물 분자들은 이온들 주변에 매우 단단하게 배열된다. 많은 수의 물 분자들은 이러한 강한 수화에 의해 고정되기 때문에 용액의 엔트로피 값은 음일 수 있고, 용해가 잘 일어나지 않을 수 있다. 산화칼슘(10°C에서 100 mL의 물에 단지 0.131 g의 CaO가 녹음)과 산화알루미늄($Al_2O_3$는 물에 녹지 않음)이 이러한 효과의 예이다.

© Cengage Learning/Charles D. Winters

© Cengage Learning/Charles D. Winters

**상업적인 냉 습포 및 온 습포.**
(위쪽) 냉 습포의 격리된 내부 용기 안에 질산암모늄을 함유하고 있으며, 냉각효과가 필요하면 이 내부 용기를 파괴하여 외부용기에 물과 접촉시킨다. (아래쪽) 온 습포의 내부 용기에 들어 있는 $CaCl_2$ 또는 $MgSO_4$ 주머니에 구멍을 내면 외부 용기의 물에 녹아서 열을 방출한다.

## 14.4 온도와 용해도

### 기체의 용해도

기체의 용해도에 대한 온도의 영향을 이해하기 위해서, 순수한 용질 기체, 용매, 기체의 포화 용액 사이의 평형에 Le Chatelier의 원리를 적용할 수 있다.

$$\text{기체} + \text{용매} \rightleftharpoons \text{포화 용액} \qquad \text{일반적으로, } \Delta H_{soln} < 0 \text{ (발열)}$$

기체가 녹아서 포화된 액체 용액이 형성되는 과정은 거의 항상 발열과정이다. 비교적 멀리 떨어져 있는 기체 분자는 용액상태에서 그들을 끌어당기고 있는 다른 분자에 훨씬 더 가까이 있기 때문에 계의 위치 에너지를 낮추고 주위로 약간의 에너지를 방출한다.

만일 액체에 기체가 녹아있는 용액의 온도가 상승하면, 평형은 부분적으로 온도 상승을 방해하는 방향으로 이동한다. 즉 위의 반응식에서 평형이 왼쪽으로 이동한다. 따라서 온도가 상승함에 따라서 기체의 용해도는 감소한다. 역으로, 기체와 평형을 이루고 있는 용액을 식히면 평형은 오른쪽으로 이동하며 열을 방출하고, 더 많은 기체가 녹아 들어간다. 물에 대한 산소의 용해도 자료와 함께 그림 14.10에서 용해도에 대한 온도의 영향을 보여주고 있다. 높은 온도의 물보다 차가운 물이 용존산소를 더 많이 포함하고 있다. 이러한 이유 때문에 물고기는 여름에 차가운 물을 찾아서 더 깊은 곳으로 간다. 물속에서 산소의 농도가 높을 때 물고기는 더 쉽게 산소를 얻을 수 있다. 온도의 상승에 따른 기체 용해도의 감소는 강과 냇가에 사는 수중 생물에 있어서 **열 공해**(*thermal pollution*)를 일으킨다. 햇빛이나 더운 공기에 의한 자연적인 수온 상승은 일반으로 문제가 되지 않지만, 오랜 기간 산업시설과 발전소로부터 나오는 과다한 열은 일부의 물고기가 폐사될 정도까지 용존산소의 농도를 낮출 수 있다.

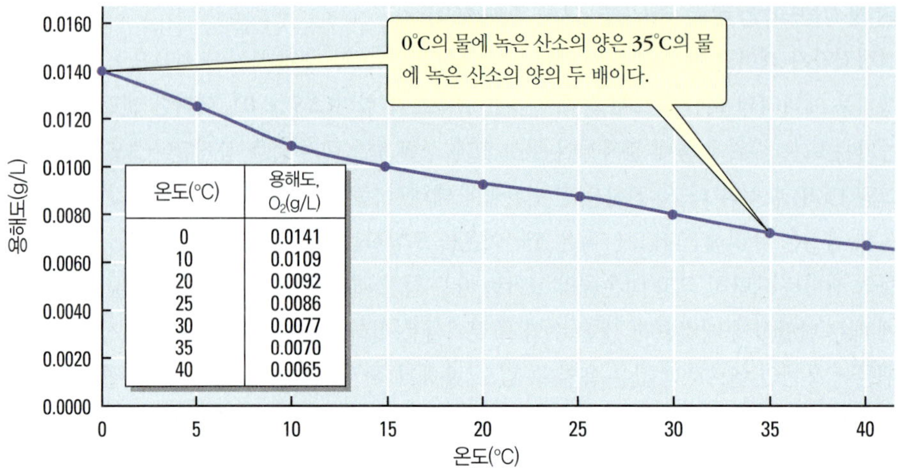


| 온도(°C) | 용해도, $O_2$(g/L) |
|---|---|
| 0 | 0.0141 |
| 10 | 0.0109 |
| 20 | 0.0092 |
| 25 | 0.0086 |
| 30 | 0.0077 |
| 35 | 0.0070 |
| 40 | 0.0065 |

**그림 14.10 여러 온도에서 물에 대한 산소의 용해도.** 산소의 용해도는 다른 기체의 용해도와 같이 온도가 증가하면 감소한다.

CONCEPTUAL
**개념학습 14.4 탄산음료**

왜 탄산음료의 병마개를 열면 "거품"이 발생하는지를 분자수준에서 설명하시오.

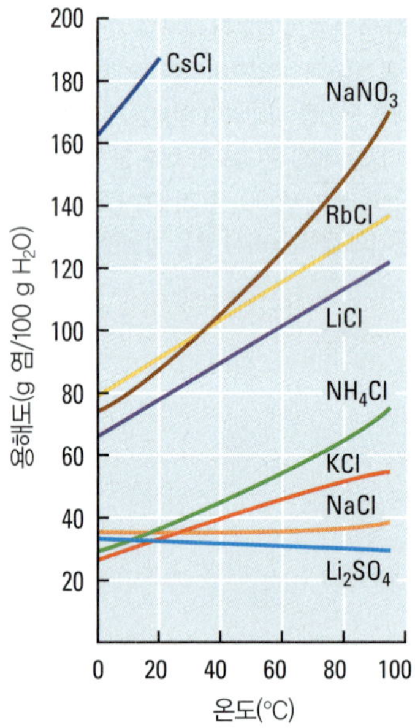


**그림 14.11 이온성 화합물의 용해도와 온도.** 물에 대한 대부분의 이온성 화합물의 용해도는 온도에 의존한다.

기체 혼합물에서 어느 한 기체의 부분 압력은 그 기체가 혼합물과 같은 부피를 차지했을 때 나타나는 압력이다. 부분 압력은 기체의 몰분율에 비례한다.

### 고체의 용해도

일반적인 경험으로부터 설탕은 차가운 커피나 차보다 뜨거운 커피나 차에 더 많이 녹는다는 것을 알 수 있다. 이것은 이온화합물을 포함한 대부분의 고체 용질이 온도가 증가함에 따라 물에 대한 용해도가 증가한다는 것을 보여주는 예이다(그림 14.11). 용액 엔탈피에 기초한 용해도의 예측이 일반적으로 유효하지만, $Li_2SO_4$와 같은 주목할 만한 예외도 있다.

CONCEPTUAL
**개념학습 14.5 온도와 용해도**

만일 어떤 물질이 양의 용액 엔탈피를 가진다면, 뜨거운 용매와 차가운 용매 중 어떤 용매에 더 많이 녹는지 설명하시오.

## 14.5 압력과 액체에 대한 기체의 용해: 헨리의 법칙(Henry's Law)

압력은 액체 용매에 대한 고체나 액체의 용해도에는 거의 영향이 없지만, 모든 기체의 용해도는 기체의 부분 압력이 증가함에 따라 증가한다. 기체가 액체와 접촉하게 될 때 동적 평형이 이루어지게 되는데, 이때 기체 분자가 액체로 들어가는 속도와 기체분자가 액체로부터 나오는 속도가 같아진다. 만일 압력이 증가하면, 기체 분자가 액체 표면에 더 자주 부딪치게 되어 용해 속도가 증가한다. 탈출 속도가 용해 속도와 같아질 때 새로운 평형이 이루어진다. 탈출 속도는 용질의 농도에 비례하므로 용질 기체 분자의 농도가 높을수록 즉 기체의 용해도가 커질수록 기체의 탈출 속도가 빨라진다.

기체 압력과 용해도 사이의 관계는 **헨리의 법칙(Henry's Law)**으로 알려져 있다.

$$S_g = k_H P_g$$

여기서 $S_g$는 액체에 대한 기체의 용해도이고 $P_g$는 용액 윗부분의 기체압력(만약 용액이 기체 혼합물과 접해 있으면 기체의 부분압력)이다. $k_H$는 헨리 법칙의 상수이고, 용매와 용질의 종류, 온도에 따라 다르다(표 14.3). 헨리 법칙의 상수 단위는 mol $L^{-1}$ mm $Hg^{-1}$이다. 탄산음료수의 병마개를 열 때 탄산음료수에서 일어나는 일은 압력이 변화함에 따라 기체의 용해도가 어떻게 변화하는지를 보여주는 예이다. 뚜껑이 열리면 용액위의 $CO_2$의 부분 압력이 감소하기 때문에 탄산음료는 병마개가 열리면 쉬잇 소리를 내며 기포를 발생한다. 기체의 용해도가 감소되어 용존 기체가 용액으로부터 빠져나간다.

**표 14.3** 25°C에서 물이 용매인 경우 헨리 법칙의 상수

| 기체 | $k_H$ mol $L^{-1}$ mm $Hg^{-1}$ |
|---|---|
| $N_2$ | $8.42 \times 10^{-7}$ |
| $O_2$ | $1.66 \times 10^{-6}$ |
| $CO_2$ | $4.4 \times 10^{-5}$ |
| He | $4.6 \times 10^{-7}$ |
| Air | $8.6 \times 10^{-4}$ |

**헨리 법칙.** $CO_2$가 아주 큰 농도로 녹아있는 탄산음료수병 내부의 $CO_2$의 부분 압력은 대단히 크다. 병마개를 열면 $CO_2$의 부분 압력이 떨어지고 용액으로부터 기포가 발생한다.

### 예제 14.3 헨리 법칙의 이용

잠수병은 잠수부들의 혈액내의 $N_2$의 용해도에 기인하여 나타난다. 25°C 물에서의 $N_2$ 기체에 대한 헨리 법칙 상수는 $8.42 \times 10^{-7}$ mol $L^{-1}$ mmHg$^{-1}$이다. 혈액 내에서 $N_2$의 용해도가 물에서의 $N_2$의 용해도와 거의 같다고 가정하자. 대기 중에서 $N_2$의 부분 압력은 0.78 atm이다. 다음 (a)와 (b)를 계산하시오.

(a) 25°C에서 1L의 혈액에 녹아있는 $N_2$의 질량(g)

(b) 25°C에서 1L의 혈액에 녹아있는 $N_2$의 부피(mL)

**정답:** (a) $1.40 \times 10^{-2}$ g (b) 16 mL

**풀이:** 혈액의 $N_2$의 용해도(g/L)는 계산될 수 있지만, 용해도를 계산하기 위해서는 먼저 헨리법칙을 이용하여 몰농도(mol/L)를 계산한 다음 그 결과를 몰질량을 이용하여 g으로 변환해야 한다. 1L 혈액의 $N_2$의 부피(mL)는 이상기체법칙으로 계산할 수 있다.

(a) 녹아 있는 $N_2$와 공기 중의 $N_2$와 평형을 이루고 있다고 가정하자. 다음과 같이 atm을 mm Hg로 변환할 수 있다.

$$0.78 \text{ atm} \times \frac{760 \text{ mm Hg}}{1 \text{ atm}} = 593 \text{ mm Hg}$$

헨리 법칙을 이용하여 $N_2$의 용해도를 계산하면, $S_{N_2} = k_H P_{N_2}$ (mol/L)

$$S_{N_2} = k_H P_{N_2} = (8.42 \times 10^{-7} \text{ mol L}^{-1} \text{ mm Hg}^{-1})(593 \text{ mm Hg})$$
$$= 4.99 \times 10^{-4} \text{ mol/L}$$

$$N_2\text{의 질량} = (4.99 \times 10^{-4} \text{ mol/L})\left(\frac{28.02 \text{ g}}{1 \text{ mol}}\right) = 1.40 \times 10^{-2} \text{ g}_{N_2}/\text{L}$$

(b) 이상기체법칙을 이용하여 1L 혈액에 녹아있는 $4.99 \times 10^{-4}$ mol의 $N_2$의 부피(mL)를 계산할 수 있다. 온도는 절대온도(K)임을 기억하라.

$$V = \frac{nRT}{P} = \frac{(4.99 \times 10^{-4}\,\text{mol})(0.0821\ \text{L atm mol}^{-1}\ \text{K}^{-1})(298\ \text{K})}{0.78\ \text{atm}}$$

$$= 0.0157\ \text{L} = 16\ \text{mL}$$

상당한 양의 질소기체가 1L의 혈액에 녹아있는데, 잠수부가 빠른 속도로 수면으로 올라오면 압력이 급격히 떨어지고 용존 $N_2$가 혈액으로부터 빠져 나가면서 심각한 통증의 원인이 된다.

**실전예제 14.3**

25°C 물에 대한 산소의 헨리 법칙 상수는 $1.66 \times 10^{-6}\ \text{mol L}^{-1}\ \text{mm Hg}^{-1}$이다. 송어가 사는 시냇물이 정상 대기압에서 공기와 평형을 이루고 있다고 가정하자. 시냇물의 $O_2$ 농도는 얼마인가? 결과를 (mg/L)로 표시하시오. 공기 중에서 산소의 몰분율은 0.21이다.

## 14.6 용액의 농도: 농도의 단위

**불포화**, **포화** 및 **과포화**라는 용어는 주어진 온도에서 주어진 양의 용매에 녹아 있는 용질의 양에 대한 용액을 기술한다. 가끔 농축이나 묽은이라는 용어 또한 용액을 기술하는데 사용된다. 이러한 표현들이 유용하지만 용액의 농도에 대한 정성적 표현이며, 용액에 녹아 있는 용질의 양을 좀 더 정확하게 명시하는 것이 중요하다. 농도 단위로 질량 분율을 포함하여, 무게 퍼센트, 몰농도, 몰랄농도 등을 사용한다. 이들은 아주 큰 농도에서부터 아주 작은 농도에 이르기까지 넓은 범위의 용질의 양을 정량적으로 표현하는데 유용하다. 예를 들면 식수에 포함된 납, 수은, 셀레니움, 질산이온 및 유기화합물과 같은 잠재적으로 해로운 이온성 용질의 묽은 용액의 농도를 표현하는데 이용한다. 이들 단위는 또한 혈액 또는 오줌에 들어 있는 농도를 논의하는데 임상적으로 유용하다.

### 질량 분율 및 무게 퍼센트

용질의 **질량 분율(mass fraction)**은 용질이 기여하는 용액의 총 질량의 분율이다. 다시 말해서, 단일 용질의 질량을 용질과 용매의 총 질량으로 나눈 값이다. 질량 분율은 보통 퍼센트나 **무게 퍼센트(weight percent)**로 나타내는데, 이 값은 질량 분율에 100%를 곱한 값이다. 이것은 용액 100 g에 들에 있는 용질의 질량과 정확하게 같다. 예를 들면, 300 g의 물에 25.0 g의 설탕과 10.0 g의 프락토오스가 포함된 용액에서 설탕의 질량 분율은 다음과 같이 계산된다.

기호 %의 의미는 "1/100" 즉 100으로 나눈다는 뜻이다. 그러므로 100%는 100/100 = 1이다.

$$\text{설탕의 질량분율} = \frac{\text{설탕의 질량}}{\text{설탕의 질량} + \text{프락토오스의 질량} + \text{물의 질량}}$$

$$= \frac{25.0\ \text{g}}{25.0\ \text{g} + 10.0\ \text{g} + 300.\ \text{g}} = 0.0746$$

이 용액에 들어 있는 설탕의 무게 퍼센트 = (0.0746) × 100% = 7.46%

**예제 14.4 질량 분율 및 무게 퍼센트**

물에 NaCl이 포함된 살균된 염분 용액은 흔히 의약품으로 이용된다. 순수한 물 500 g에 NaCl 4.6 g을 녹여서 만든 용액의 NaCl의 무게 %는 얼마인가?

**정답:** 0.91%

**풀이:** 용질과 용액에 대하여 질량 분율과 무게 퍼센트를 적용하므로써 문제를 풀 수 있다.

$$\text{NaCl의 질량분율} = \frac{4.6\text{ g NaCl}}{4.6\text{ g NaCl} + 500.\text{ g } H_2O} = 0.0091$$

$$\text{NaCl의 무게 퍼센트} = \text{NaCl의 질량분율} \times 100\%$$
$$= 0.0091 \times 100\% = 0.91\%$$

**실전예제 14.4**

순수한 물 750. g에 21.5 g의 글루코오스가 포함된 용액에서 글루코오스의 무게 퍼센트는 얼마인가?

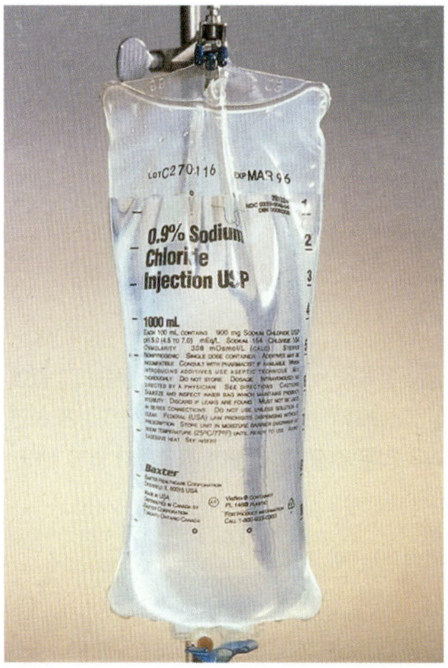




**살균한 염분 용액.** 이와 같은 염분 용액은 체액이 탈수된 환자들에게 통상적으로 제공되는 용액이다.

**EXERCISE 연습문제 14.6 질량 분율 및 무게 퍼센트**

링거 용액은 생리학 실험에 이용된다. 용액 1 L에 6.5 g NaCl, 0.20 g $NaHCO_3$, 0.10 g $CaCl_2$ 및 0.10 g KCl이 들어 있다. 이 용액을 제조하는데 물 1 L가 이용되고 물의 밀도는 1.00 g/mL로 가정하라.

(a) 이 용액의 $NaHCO_3$의 질량 분율과 무게 퍼센트를 계산하시오.

(b) 이 용액에서 가장 낮은 무게 퍼센트를 가진 용질은 어느 것인가?

액체 물의 밀도는 기본적으로 1g/mL, $10^3$g/L 또는 1 kg/L이다.

## 백만분의 일(ppm), 십억분의 일(ppb) 및 일조분의 일(ppt)

매우 묽은 용액에서의 용질은 아주 낮은 질량 분율을 가진다. 결과적으로, 그러한 용액의 질량 분율은 흔히 **백만분의 1**(약자로 ppm)로 나타낸다. 백만분의 1은 용액 백만 g당 용질 1g에 해당한다. 같은 비율로 용액 천 g당 용질 1 mg에 해당한다(1 mg/kg). 그러므로 66 ppm 칼슘 이온 농도를 가진 판매용 생수 1 L에는 1000 g당 66 mg의 $Ca^{2+}$가 포함되어 있다. 더 작은 질량 분율은 **십억 분의 1** (1 ppb = 용액 1000 g당 용질 1 μg에 해당)과 **일조분의 1** (1 ppt = 용액 1000 g당 용질 1 ng에 해당)도 가끔 사용된다. 이름에서 뜻하는 것처럼 십억 ppb ($10^9$ ppb)를 곱해주어 질량 분율을 ppb로 바꾸고, 일조 ppt ($10^{12}$ ppt)를 곱해줌으로서 ppt로 변환시킬 수 있다.

1 ppm은 $10,000중의 1 페니에 해당하고 1 ppb는 $10,000,000중의 1 페니에 해당한다.

1 μg(microgram) = $10^{-6}$g이고
1 ng(nanogram)은 = $10^{-9}$g이다.

**예제 14.5 ppm, ppb 및 질량 분율**

방글라데시에서는 대부분의 우물들이 WHO의 권고 기준치인 0.010 mg/L보다 훨씬 높은 양의 비소로 오염되어 있다. WHO는 28~35백만의 방글라데시 국민들이 비소농도가 적어도 0.050 mg/L 되는 우물의 식수를 마심으로서 높은 농도의 비소중독에 노출되어 있을 것으로 추정한다.

(a) 0.050 mg/L 용액의 용액 1L당 비소의 질량을 계산하시오. 용액은 거의 물이고, 용액의 밀도는 1.0 g/mL라고 가정한다.

(b) 비소의 농도를 ppb로 계산하시오.

**정답:** (a) $5.0 \times 10^{-5}$ g 비소/L 용액 (b) 50. ppb

**풀이:**

(a) 용액은 거의 전부 물이고, 용액 1 L는 $1.0 \times 10^3$ g의 질량을 가진다고 가정하라. 물 1 L의 시료에 있는 비소의 질량은 질량 분율로부터 계산되는데, 용액 $10^6$ g당 비소의 g수의 비로 표현된다.

$$\left(\frac{0.050\text{ g 비소}}{1 \times 10^6\text{ g 용액}}\right)\left(\frac{1.0 \times 10^3\text{ g 용액}}{\text{L 용액}}\right) = 5.0 \times 10^{-5}\text{ g 비소/용액 L}$$

(b) L 당 비소의 양을 μg 단위로 바꿔줌으로써 ppb로 변환된다.

$$\left(\frac{5.0 \times 10^{-5}\text{ g 비소}}{1\text{ L}}\right)\left(\frac{1\ \mu\text{g}}{1 \times 10^{-6}\text{ g}}\right) = 50.\ \mu\text{g 비소/용액 L}$$

그러므로 용액 $10^6$ g 당 $5.0 \times 10^{-2}$ g 비소의 질량 분율(0.050 ppm)은 50 μg 비소/L의 농도에 해당되는데, 이 농도는 50 ppb와 동등하다.

질량 분율을 ppb로 표현하기 위해서는 그 값에 십억 ppb($10^9$ ppb)를 곱해야 한다. 이렇게 하면 매우 적은 수를 크게 하여 취급하기 쉽게 한다.

**실전예제 14.5**

식수에는 종종 셀레늄(Se)이 포함되어 있다. 만일 시료 식수에 30 ppb의 Se가 포함되어 있다면, 이 식수 100. mL에 존재하는 Se은 몇 g인가?

CONCEPTUAL
**개념학습 14.7 식수에 들어 있는 납**

1개의 식수 시료에는 20 ppb 농도의 납이 있고 다른 식수 시료에는 0.003 ppm 농도의 납이 들어있다.

(a) 어느 시료의 납 농도가 더 큰가?

(b) 식수에 존재하는 납의 EPA 허용 기준은 0.015 mg/L 이다. 각 시료의 납 농도를 비교했을 때 어느 것이 EPA 허용 한계에 들어있는가?

로마제국의 절정기에 전 세계적으로 납 생산은 연간 약 80,000톤 정도였다. 오늘날에는 연간 약 300백만 톤이다. 납은 고대 로마에서 수도관으로 처음 사용하였다. 라틴어로는 납을 *plumbum*이라하고 그것에서부터 plumber라는 단어가 유래하였다.

EXERCISE
**연습문제 14.8 바다에서도 금을 캘 수 있는가?**

바닷물에 있는 금의 농도는 약 $1 \times 10^{-3}$ppm이다. 지구의 바닷물은 $3.5 \times 10^{20}$ gal정도이다. 바다에는 대략 몇 파운드의 금이 존재하는가?

1 gal = 3.785L; 1 Ib = 454 g

## 몰농도

몰농도(*molarity*)는 용액의 리터당 용질의 몰수로 정의한다.

$$\text{몰농도} = \frac{\text{용질의 몰수}}{\text{용액의 L 수}}$$

용액에 들어 있는 용질의 몰수는 몰농도에 용액의 부피를 곱해줌으로써 얻어진다. 예를 들면 0.0200 M $KNO_3$ 250.mL에 들어 있는 $KNO_3$의 몰수는 다음과 같다.

$$0.250\text{ L} \times \left(\frac{0.0200\text{ mol KNO}_3}{1\text{ L}}\right) = 5.00 \times 10^{-3}\text{ mol KNO}_3$$

위 결과로부터 KNO3의 질량(g)은 분자량을 이용하여 얻을 수 있다.

$$5.00 \times 10^{-3}\,\text{mol KNO}_3 \times \frac{101.1\text{ g KNO}_3}{1\text{ mol KNO}_3} = 0.506\text{ g KNO}_3$$

그러므로 0.0200 M $KNO_3$ 용액 250 mL를 만들려면 250 mL 용량 플라스크에 0.506 g $KNO_3$를 넣은 다음 용액의 부피가 250 mL가 되도록 물을 가해야 한다.

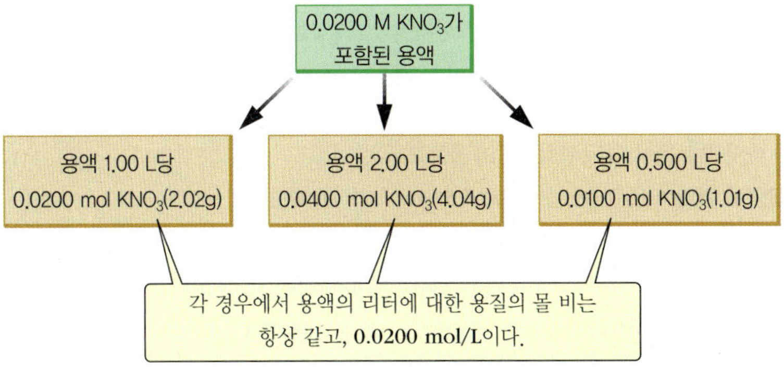


**예제 14.6 몰농도**

(a) 0.125 M $NiCl_2$ 500 mL를 만드는데 필요한 $NiCl_2$의 g 질량을 계산하시오.

(b) 0.0300 M $NiCl_2$ 250 mL 를 만드는데 (a)의 용액 몇 mL가 필요한가?

**정답:** (a) 8.10 g $NiCl_2$ (b) 60.0 mL

**풀이:** 이 문제를 풀기 위해서 (a)는 몰농도의 개념을 적용해야 하고 (b)는 묽힘의 관계를 이용해야 한다.

(a) $NiCl_2$의 g 수를 알기 위해서 먼저 $NiCl_2$의 몰(mol)수를 계산해야 한다. 이 과정은 부피 (L)에 몰농도를 곱해 주어 계산한다.

$$0.500\text{ L} \times \frac{0.125\text{ mol NiCl}_2}{1\text{ L}} = 0.0625\text{ mol NiCl}_2$$

$NiCl_2$의 g 수는 $NiCl_2$의 몰질량 129.6 g/mol을 이용하여 몰수로부터 계산한다.

$$0.0625\text{ mol NiCl}_2 \times \frac{129.6\text{ g NiCl}_2}{1\text{ mol NiCl}_2} = 8.10\text{ g NiCl}_2$$

(b) 진한 용액은 더 묽은 용액으로 묽힐 수 있다. 묽히는 과정에서 $NiCl_2$의 몰수는 변하지 않고 용액의 부피만 변한다. 더 진한 용액(묽히지 않은 용액)의 부피를 계산하기 위해서 다음의 관계식이 이용된다.

$$\text{몰농도}_{\text{진한}} \times V_{\text{진한}} = \text{몰농도}_{\text{묽음}} \times V_{\text{묽음}}$$

이 식에서 몰농도$_{\text{진한}}$와 $V_{\text{진한}}$은 처음 용액(묽히기 전)의 몰농도와 부피 이고 몰농도$_{\text{묽음}}$와 $V_{\text{묽음}}$은 나중 용액(묽힌 후)의 몰농도와 부피 이다. 이 경우에서는,

$$\text{몰농도}_{\text{진한}} = 0.125\text{ M} \qquad V_{\text{진한}} = \text{계산해야 할 부피}$$

$$\text{몰농도}_{\text{묽음}} = 0.0300\text{ M} \qquad V_{\text{묽음}} = 250\text{ mL} = 0.250\text{ L}$$

$V_{\text{진한}}$에 대해서 풀면

$$V_{\text{진한}} = \frac{\text{몰농도}_{\text{묽음}} \times V_{\text{묽음}}}{\text{몰농도}_{\text{진한}}} = \frac{(0.0300\text{ M})(0.250\text{ L})}{0.125\text{ M}} = 0.0600\text{ L} = 60.0\text{ mL}$$

**실전예제 14.6**

(a) 0.0750 M NaBr 250. mL를 만드는데 필요한 NaBr의 g 질량을 계산하시오.

(b) 0.00150 M NaBr 500. mL를 만드는데 (a)의 용액 몇 mL가 필요한가?

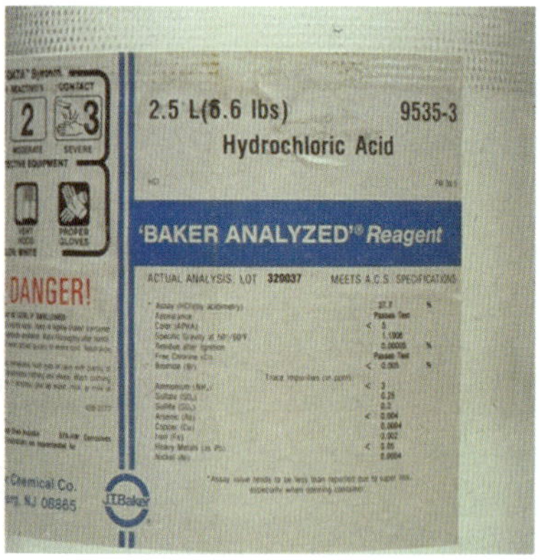




진한 염산의 병 표지

**예제 14.7 몰농도와 ppm**

바닷물에는 19,000 ppm의 $Cl^-$이 포함되어 있다. 염화이온은 바닷물에서 가장 풍부한 음이온이다. 바닷물의 밀도는 1.03 g/mL로 가정하라. 이 때 다음을 계산하시오.

(a) 바닷물 리터당 염화이온의 g 질량

(b) 바닷물에 들어 있는 염화이온의 몰농도

**정답:** (a) 20 g $Cl^-$/L 바닷물 (b) 0.56 mol $Cl^-$/L 바닷물

**풀이:**

(a) ppm의 정의와 바닷물의 밀도를 이용하여 리터당 $Cl^-$의 질량을 계산한다.

$$\frac{(1.9 \times 10^4 \text{ g Cl}^-)}{(1 \times 10^6 \text{ g 바닷물})} \times \frac{(1.03 \times 10^3 \text{ g 바닷물})}{(1 \text{ L 바닷물})} = 20 \text{ g Cl}^-/\text{L 바닷물}$$

(b) 염화 이온의 몰농도는 g을 mol로 바꾸어 계산한다.

$$\frac{(20.\text{ g Cl}^-)}{(1 \text{ L seawater})} \times \frac{(1 \text{ mol Cl}^-)}{(35.5 \text{ g Cl}^-)} = 0.56 \text{ mol Cl}^-/\text{L 바닷물}$$

**실전예제 14.7**

바닷물속의 마그네슘 이온의 농도는 0.0556 M으로 마그네슘은 바닷물에서 두 번째로 가장 풍부한 이온이다. $Mg^{2+}$의 농도를 (a) 몰분율 (b) ppm으로 나타내시오. 바닷물의 밀도는 1.03 g/mL로 가정하라.

**몰농도와 몰랄농도.** 사진에서 크롬산칼륨 0.10 몰랄농도(0.10 mol/kg)의 용액(오른쪽 플라스크)과 크롬산칼륨 0.10 몰농도(0.10 mol/L)의 용액(왼쪽 플라스크)을 볼 수 있다. 각각의 용액은 접시에 있는 $K_2CrO_4$ 0.1 mol(19.4 g)을 포함하고 있다. 왼쪽의 0.10 몰농도(0.10 mol/L)의 용액은 고체 크롬산칼륨을 플라스크에 넣고 물을 첨가하여 1 L의 용액을 만들었다. 오른쪽의 0.10 몰랄농도(0.10 mol/kg)의 용액은 플라스크에 고체 크롬산칼륨을 넣고 1000 g(1 kg)의 물을 첨가해서 만들었다. 1 kg의 물을 가해서 만든 용액은 1 L보다 더 많은 부피를 차지한다(C.D. Winters).

**예제 14.8 무게 퍼센트와 몰농도**

염산은 밀도가 1.18 g/mL인 진한 수용액으로 판매된다. 이 용액에는 질량으로 38%의 HCl이 포함되어 있다. 이 용액에서의 염산의 몰농도를 계산하시오.

**정답:** 12.4 M

**풀이:** 몰농도를 계산하기 위해서는 HCl의 몰수와 L당 용액의 부피를 결정해야 한다. 38.0% 염산 용액은 용액 100 g에 38.0 g HCl이 들어 있음을 뜻한다.

$$\text{HCl의 양(mol)} = 38.0 \text{ g HCl} \times \frac{1 \text{ mol HCl}}{36.5 \text{ g HCl}} = 1.04 \text{ mol HCl}$$

용액의 몰농도는 HCl의 몰수와 용액의 밀도를 사용하여 계산한다.

$$\text{몰농도} = \frac{1.04 \text{ mol}}{100.\text{ g 용액}} \times \frac{1.18 \text{ g 용액}}{1 \text{ mL 용액}} \times \frac{1000 \text{ mL 용액}}{1 \text{ L 용액}}$$

$$= 12.4 \frac{\text{mol}}{\text{L}} = 12.4 \text{ M}$$

**실전예제 14.8**

시판용 30.0% 과산화수소, $H_2O_2$ 용액의 밀도는 25°C에서 1.11 g/mol이다. 이 용액에서 과산화수소의 몰농도를 계산하시오.

## 몰랄농도

용질의 농도는 또한 용매의 질량과 연계하여 용질의 몰수로도 표현할 수 있다. 몰랄농도(Molality, 약자로 $m$)는 용매(용액이 아님) kg당 용질의 양(mole)으로 정의된다.

$$\text{용질 A의 몰랄농도} = m_A = \frac{\text{용질 A의 몰수}}{\text{용매의 kg 수}}$$

예를 들면, $1.50 \times 10^3$ g의 물에 메탄올, $CH_3OH$ 0.413 g을 녹여 만든 용액의 몰랄농도는 용매인 물 1 kg에 녹아 있는 용질의 몰수를 결정함으로써 계산할 수 있다.

$$0.413\text{ g 메탄올} \times \frac{1\text{ mol 메탄올}}{32.042\text{ g 메탄올}} = 0.0129\text{ mol 메탄올}$$

물의 질량은 $1.50 \times 10^3$ g, 즉 1.50 kg이다. 이 값을 몰랄농도 식에 대입하면 다음과 같다.

$$\text{몰랄농도} = m = \frac{0.0129\text{ mol 메탄올}}{1.50\text{ kg 물}} = 0.00860\text{ mol/kg}$$

몰랄농도는 용액의 어는점 내림 및 끓는점 오름에 대한 용질의 농도 효과를 다루는 14.7절에서 이용 될 것이다.

**예제 14.9 몰농도 와 몰랄농도**

자동차 납축전지에는 황산 수용액이 들어있다. 그 용액은 25°C에서 밀도가 1.230 g/mL이고 L당 368.g의 $H_2SO_4$가 들어 있다. 이 용액에 들어있는 황산의 (a) 몰농도 (b) 몰랄농도를 계산하시오.

**정답**: (a) 몰농도 = 3.75 mol $H_2SO_4$/L (b) 몰랄농도 = 4.35 mol $H_2SO_4$/kg 용매

**풀이:**

(a) 용액 1 L에 들어 있는 용질의 몰수를 결정하고 몰농도를 계산한다.

$$368.\text{ g } H_2SO_4 \times \frac{1\text{ mol } H_2SO_4}{98.1\text{ g } H_2SO_4} = 3.75\text{ mol } H_2SO_4$$

이 값이 1 L 용액에 있는 용질의 양이다. 그러므로 몰농도는 3.75 mol/L, 3.75 M

(b) 몰랄농도를 계산하기 위해서는 먼저 용액의 질량을 용매의 질량과 용질의 질량으로 구분해야 한다. 용액의 밀도가 1.230 g/mL인데 이것은 $1.230 \times 10^3$ g 용액/L와 같다. 용액 1 L는 $1.230 \times 10^3$ g의 물과 황산의 혼합물인데, 그 중 368.g이 황산이다. 그러므로 물의 질량을 계산할 수 있다.

$$1230\text{ g 용액} - 368\text{ g } H_2SO_4 = 862\text{ g 물} = 0.862\text{ kg 물}$$

용액에 들어있는 황산의 몰랄농도를 계산할 수 있다.

$$\text{황산의 몰랄농도} = \frac{H_2SO_4\text{의 몰수}}{\text{kg 용매}} = \frac{3.75\text{ mol } H_2SO_4}{0.862\text{ kg 용매}} = 4.35\text{ mol } H_2SO_4\text{/kg 용매}$$

**실전예제 14.9**

20% NaCl 수용액에서 NaCl의 몰농도와 몰랄농도를 계산하시오. 이 용액의 밀도는 25°C에서 1.148 g/mL이다.

0.01 mol/L보다 작은 묽은 용액에서 그 차이는 무시할 정도로 작지만, 몰랄농도와 몰농도는 서로 같지 않다.

**표 14.4 농도 표현의 비교**

| 농도 표현 | 농도 단위 |
|---|---|
| 질량 분율 | 없음 |
| 무게 퍼센트 | % |
| 백만분의 일 | ppm |
| 십억분의 일 | ppb |
| 일조분의 일 | ppt |
| 몰농도 | $\frac{\text{용질의 몰수}}{\text{용액 L}}$ |
| 몰랄농도 | $\frac{\text{용질의 몰수}}{\text{용매 kg}}$ |

표 14.4에 우리가 지금까지 사용하는 여러 가지 형태의 농도 단위를 서로 비교여 요약하였다.

> CONCEPTUAL
> **개념학습** 14.9 몰랄농도와 몰농도
>
> (a) 용액의 몰랄농도를 계산하기 위해서 필요한 정보는 무엇인가?
>
> (b) 용액의 조성이 무게 퍼센트로 주어질 때 용액의 몰농도를 계산하기 위해서 필요한 정보는 무엇인가?

## 14.7 용액의 증기압, 끓는점, 어는점 및 삼투압

지금까지는 용액을 용질과 용매의 성질로 논의하였다. 용액의 어떤 성질은 용질 또는 용매의 성질과는 무관하고 녹아 있는 입자(단위 부피당 녹아있는 이온 또는 분자의 수)의 수에만 의존된다.

액체 용액에서 용질 분자 또는 이온들은 용매−용매 간의 비공유 인력을 방해하여, 이러한 인력에 의존하는 용매의 성질을 변하게 한다. 예를 들면, 순수한 용매보다 용액의 어는점은 더 낮고 끓는점은 더 높다. 용액의 이러한 성질이 순수한 용매와 얼마나 다른가 하는 것은 오직 용질 입자의 농도에만 의존한다. **용액의 총괄성(colligative properties)**은 용액에 녹아있는 입자(이온 또는 분자)의 농도에만 의존하는 성질로 입자의 종류와는 무관하다. 증기압, 끓는점, 어는점 및 삼투압과 같은 네 가지 총괄성에 대해서 살펴보고자 한다. 이러한 현상은 우리 주위에 흔히 볼 수 있고 매우 중요하다.

### 증기압 내림

밀폐된 용기 내에서 순수한 액체와 그 액체에서 발생하는 증기 간에는 동적 평형이 이루어지는데 이것은 액체로부터 분자들이 탈출하는 속도와 증기 분자가 액체로 되돌아가는 속도가 같은 상태이다. 이러한 평형으로 증기압을 야기하고 증기압은 온도에 의존한다. 순수한 액체의 증기압은 용매에 용질이 녹아 있는 액체의 증기압과 다르다. 그림 14.12의 분자 수준에서 보여주는 것과 같이 순수한 물에서의 액체와 기체 사이의 경계면과 바닷물(주로 염화나트륨의 수용액)에서 액체와 기체사이의 경계면을 비교해 보자. 나트륨 이온과 염화 이온(그리고 다른 종류의 이온들 및 분자)이 존재하는 바닷물의 증기압은 순수한 물의 증기압보다 낮다.

$$P_1 = X_1 P_1^0$$

Raoult의 법칙은 묽은 용액에 잘 적용된다. 용매−용매 및 용질−용질 간의 분자 간 인력보다 용질−용매간의 분자 간 인력이 아주 약하거나 또는 아주 강할 때 Raoult의 법칙에서 벗어난다.

순수한 용매의 증기압은 용매에 비휘발성 용질을 가하면 낮아진다. 녹아 있는 용질에 의해 용매의 증기압이 얼마만큼 낮아지는가는 용질의 농도에 의존하는데, 이 현상은 **라울의 법칙(Raoult's law)**으로 표현된다.

이 식에서 $P_1$은 용액에서 용매의 증기압이고, $P_1^0$은 같은 온도에서의 순수한 용매

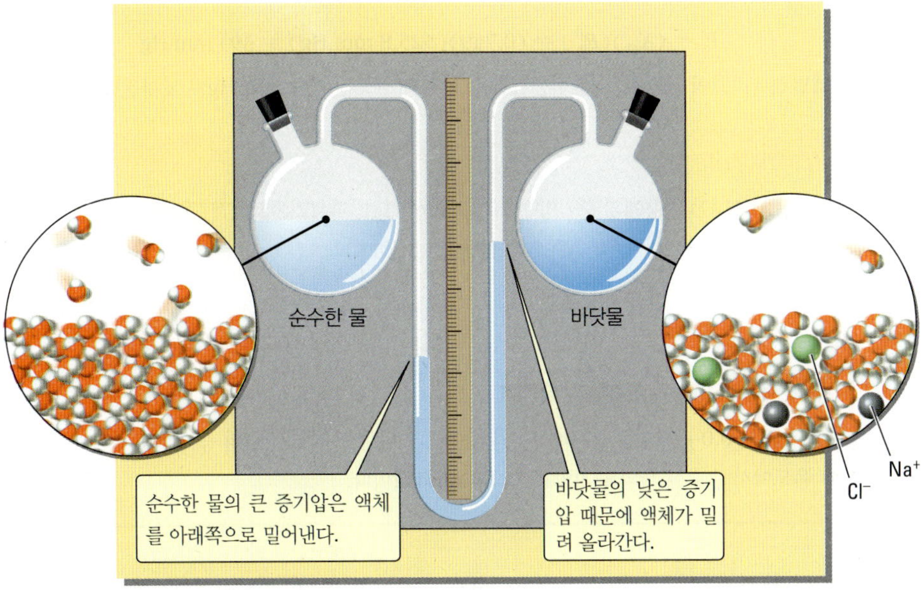


**그림 14.12 순수한 물과 바닷물의 증기압.** 바닷물은 NaCl 및 다른 여러가지 염의 수용액이다. 같은 온도에서 수용액의 증기압은 순수한 물보다 작다.

의 증기압, $X_1$은 용액에서의 용매의 몰분율이다. 예를 들어, 25°C에서 물의 몰분율이 0.986인 설탕 용액의 증기압을 계산해보자. 25°C에서 순수한 물의 증기압은 23.76 mm Hg이다. 이 자료로부터 용액에서 물의 증기압은 Raoult의 법칙을 이용하여 계산할 수 있다.

$$P_{물} = (X_{물})(P^0_{물}) = (0.986)(23.76 \text{ mm Hg}) = 23.42 \text{ mm Hg}$$

증기압은(23.76 = 23.42) mmHg = 0.34 mmHg 만큼 낮아진다. 그러므로 이 용액에서 물의 증기압은 25°C에서 순수한 물의 증기압의 98.6%가 된다.

Raoult의 법칙은 또한 용매와 용질 모두 휘발성인 용액에서도 적용 될 수 있다. 이 경우 용액 위에는 두 성분의 증기가 모두 존재할 수 있다. 여기서 그러한 경우는 고려하지 않는다.

**예제 14.10 Raoult의 법칙**

에틸렌글리콜($HOCH_2CH_2OH$)은 부동액으로 이용된다. 90°C에서 100.0 mL의 에틸렌글리콜과 100 mL의 물이 섞여있는 용액의 증기압은 얼마인가? 밀도: 에틸렌글리콜 = 1.15 g/mL; 물 = 1.00 g/mL, 90°C에서 순수한 물의 증기압은 525.8 mmHg이다.

**정답:** 394 mm Hg

**풀이:** 용액위의 물의 증기압을 계산하기 위해서는 Raoult의 법칙을 사용해야 하는데, 먼저 용액내의 물의 몰분율을 계산해야 한다. 몰분율을 계산하기 위해서 에틸렌글리콜과 물의 mL를 g으로 바꾼 다음 mol로 바꾸어야 한다.

$$100.0 \text{ mL 에틸렌 글리콜} \times \frac{1.15 \text{ g 에틸렌 글리콜}}{1.00 \text{ mL 에틸렌 글리콜}} \times \frac{1 \text{ mol 에틸렌 글리콜}}{62.0 \text{ g 에틸렌 글리콜}} = 1.86 \text{ mol 에틸렌 글리콜}$$

$$100.0 \text{ mL 물} \times \frac{1.00 \text{ g 물}}{1.00 \text{ mL 물}} \times \frac{1 \text{ mol 물}}{18.0 \text{ g 물}} = 5.56 \text{ mol 물}$$

$$X_{물} = \frac{5.56}{5.56 + 1.86} = \frac{5.56}{7.42} = 0.749$$

Raoult의 법칙을 적용하면

에틸렌 글리콜
$HOCH_2CH_2OH$

A의 몰분율, $X_A$

$$= \frac{\text{A의 몰수}}{\text{총 몰수}} = \frac{\text{몰 A}}{\text{몰 A + 몰 B} + \cdots}$$

$$P_{물} = (X_{물})(P^0_{물}) = (0.749)(525.8\ \text{mm Hg}) = 394\ \text{mm Hg}$$

에틸렌글리콜이 녹아있는 물의 증기압은 25%가 감소된 394 mm Hg로 낮아진다.

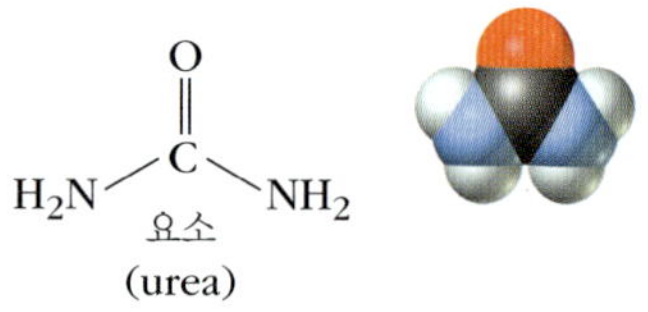


**실전예제 14.10**

요소($CH_4N_2O$) 수용액의 증기압은 291.2 mm Hg이다. 그 온도에서 순수한 물의 증기압은 355.1 mm Hg이다. 각 성분의 몰분율을 계산하시오.

**CONCEPTUAL 개념학습 14.10 혼합물의 증기압**

45°C에서 50.0 g의 설탕과 100.0 g의 물이 섞여있는 용액에서 물의 증기압을 계산하시오. 이 온도에서 순수한 물의 증기압은 71.88 mmHg이다.

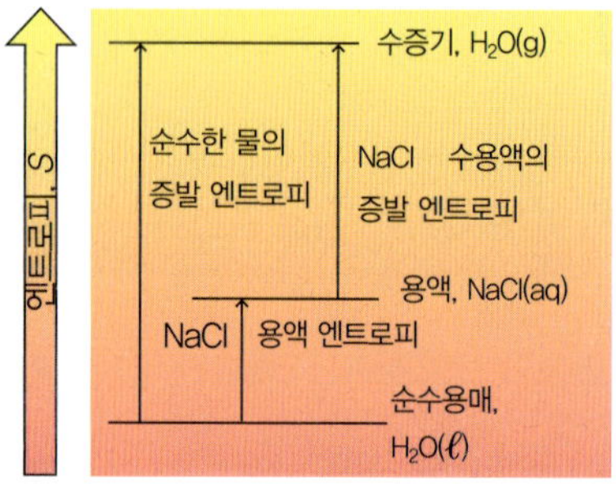


**그림 14.13 증기압 내림과 용액 및 증발 엔트로피.** 순수한 물의 증발 엔트로피는 용액 엔트로피보다 크다.

엔트로피도 증기압이 낮아지게 하는데 역할을 한다. 순수한 물이 증발하면서 생기는 엔트로피 변화와 염화나트륨 용액으로부터 같은 양의 물이 증발하면서 생기는 엔트로피 변화를 고려해 보기로 하자(그림 14.13). 나트륨 이온과 염화 이온은 용액으로부터 거의 증발하지 않으므로 소금물과 평형인 증기는 거의 모두 물 분자로 구성된다. 그러므로 일정량 증기의 엔트로피는 두 경우 거의 같다(순수한 물과 소금물). 그렇지만, 용액내의 엔트로피는 순수한 물에서의 엔트로피보다 크다.

이제 순수한 물과 소금물 용액으로부터 물이 증발될 때 어떤 일이 일어나는지 생각해 보자. 액체가 기체로 변화됨에 따라서 순수한 용매와 소금물 용액 둘 다 큰 엔트로피 증가를 나타낸다. 그러나 증발엔트로피는 두 경우 같지 않다. 순수한 물의 엔트로피는 소금물 용액의 엔트로피보다 작기 때문에, 증발엔트로피는 순수한 물이 소금물 용액보다 훨씬 크다는 것을 그림 14.13이 설명해 준다. 중요한 점은 보다 큰 엔트로피 증가는 생성물 쪽을 더 선호하게 만든다는 것이다. 결과적으로 순수한 물로 부터의 증기압이 염 용액으로 부터의 증기압 보다 더 높다(증기압이 높다는 것은 단위 부피당 더 많은 분자수를 의미).

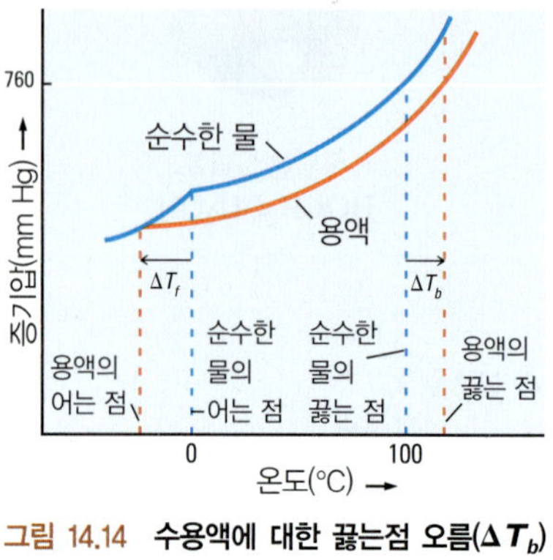


**그림 14.14 수용액에 대한 끓는점 오름($\Delta T_b$) 및 어는점 내림($\Delta T_f$).** 순수한 용매에 용질을 가하면 끓는점은 높아지고 어는점은 낮아진다.

## 끓는점 오름

증기압이 낮아짐에 따라서 100°C에서 비휘발성 용질의 수용액의 증기압은 760 mm Hg(1 atm)보다 낮다. 용액을 끓이기 위해서는 100°C보다 더 높은 온도로 가열하여야 한다. **끓는점 오름(boiling point elevation)**, $\Delta T_b$는 물의 정상 끓는점과 비휘발성 수용액의 끓는점과의 차이가 된다(그림 14.14).

끓는점의 증가는 몰랄농도로 표현되는 용질의 농도에 비례하는데, 다음 식을 이용하여 계산할 수 있다.

$$\Delta T_b = T_b\,(용액) - T_b\,(용매) = K_b m_{용질}$$

이식에서 $\Delta T_b$는 용액의 끓는점에서 용매의 끓는점을 뺀 값이다. $K_b$ 값은 용매의 몰랄 끓는점 오름 상수이고, 이 값은 용매에만 의존하는 상수이다. 예를 들어 물의 $K_b$ 값은

0.52 °C kg mol$^{-1}$이고 벤젠은 2.53°C kg mol$^{-1}$이다.

용액의 몰랄농도는 온도에 따라 변하지 않지만 용액의 몰농도는 온도에 따라 변하기 때문에 끓는점 오름의 계산에서 몰농도보다는 몰랄농도를 이용한다. 몰랄농도는 용질과 용매의 질량에 기초하기 때문에 온도변화에 무관하다. 몰농도에서 사용하는 용액의 부피는 용액을 가열하거나 냉각시킬 때 팽창 또는 수축된다.

몰랄 끓는점 오름 상수의 단위는 °C kg mol$^{-1}$이다.

EXERCISE
**연습문제 14.11 용액의 끓는점 계산**

벤젠의 끓는점 오름 상수 값은 2.53°C kg mol$^{-1}$이다. 순수한 벤젠의 끓는점은 80.10°C이다. 만일 벤젠에 녹아있는 용질의 농도가 0.10 mol/kg이라면, 이 용액의 끓는점은 무엇인가?

## 어는점 내림

순수한 액체는 그 물질의 어는점 아래로 온도를 낮추면 얼기 시작하여 처음 몇 개의 분자가 결정격자로 뭉치면서 작은 고체를 형성한다. 고체상과 액체상 둘 다 존재하고 온도가 어는점에 있는 한 결정화 속도와 녹는 속도가 같아져 동적 평형을 이룬다. 용액이 얼 때는 용매 분자 몇 개가 뭉쳐서 순수한 고체 용매를 형성하고(그림 14.15), 용액과 고체 용매 사이에 동적 평형이 이루어진다.

고체 용매와 접촉하고 있는 용액내의 분자 또는 이온들은 모두 용매 분자인 것은 아니다. 이것은 용액에서 고체 용매로 가는 분자의 속도가 순수한 물에서 보다 용액에서 더 느리게 하는 원인이 된다. 동적 평형을 이루기 위해 고체 결정에서 떨어져 나오는 분자의 속도가 더 느려야 한다. 분자운동론에 의하면 보다 느린 속도는 낮은 온도에서 일어나고, 그 결과 용액의 어는점은 순수한 물의 어는점보다 낮다(그림 14.14).

**어는점 내림(freezing point lowering), $\Delta T_f$**는 끓는점 오름에서와 마찬가지

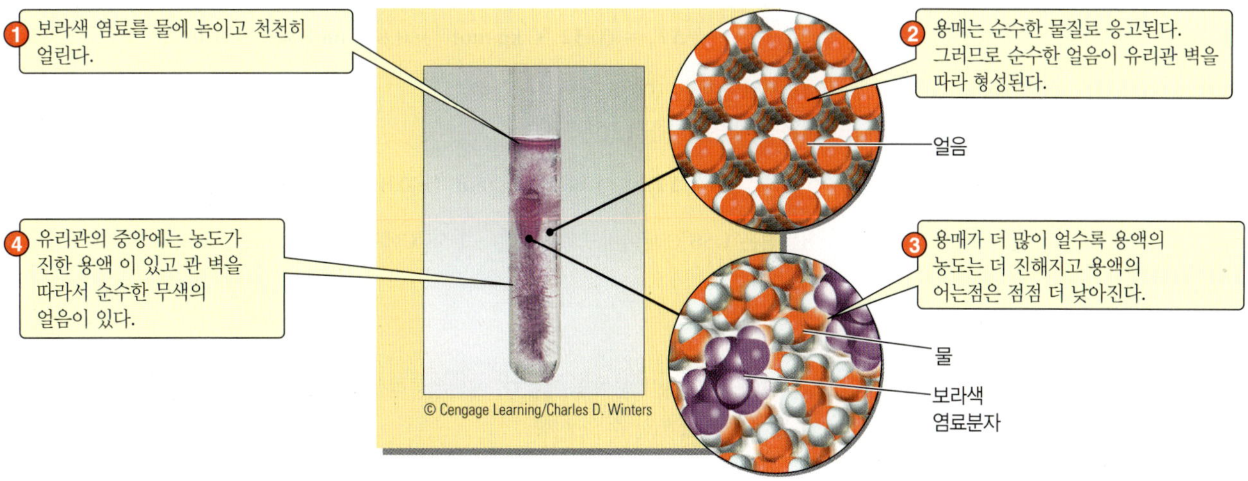


**그림 14.15 용매의 응고**

로 용질의 몰랄농도에 비례한다.

$$\Delta T_f = K_f m_{\text{용질}}$$

추운 겨울에 도로에 뿌리는 염(주로 염화칼슘)은 얼음과 눈의 어는점을 낮추어 도로의 눈 또는 얼음을 쉽게 제거할 수 있다.

어는점 내림의 또 다른 실제적인 적용은 얼음에 소금, NaCl을 가하는 것인데, 집에서 아이스크림을 만들 때 이용된다. 얼음-소금물 혼합물의 어는 온도를 낮추면 아이스크림이 더 빨리 언다.

$K_b$와 같이 $K_f$는 용매의 몰랄 어는점 상수이고 이 값은 용질의 형태와는 상관없고 용매에만 의존한다. 물의 어는점 상수는 1.86°C kg mol$^{-1}$이다. 벤젠과 사이클로헥세인의 어는점 상수는 각각 5.1°C kg mol$^{-1}$ 및 20.2°C kg mol$^{-1}$이다.

자동차의 냉각기에서 끓는점을 올리고 어는점을 내리기 위해 비휘활성 알코올인 에틸렌글리콜(ethylene glycol, $HOCH_2CH_2OH$)을 사용한다. 에틸렌글리콜과 물의 혼합물인 냉각수의 끓는점을 높여 더운 날씨에 엔진이 과열되는 것을 막아준다. 에틸렌글리콜은 또한 냉각수의 어는점을 내려 겨울에 냉각수 용액이 어는 것을 방지한다.

**예제 14.11 끓는점 오름 및 어는점 내림**

750. mL의 물에 39.5 g의 에틸렌글리콜($HOCH_2CH_2OH$)을 녹인 수용액의 끓는점과 어는점을 계산하시오. 물의 밀도는 1.00g/mL, $K_b$는 0.5°C kg mol$^{-1}$ $K_f$는 1.86°C kg mol$^{-1}$이다.

**정답:** 끓는점 = 100.44°C; 어는점 = −1.58°C

**풀이:** 어는점 및 끓는점 변화에 대한 식을 사용하기 위해서는 용액의 몰랄 농도를 결정해야 한다. 에틸렌글리콜의 몰질량이 62.07 g/mol이므로 에틸렌글리콜의 몰수는 다음과 같다.

$$39.5 \text{ g} \times \frac{1 \text{ mol}}{62.07 \text{ g}} = 0.636 \text{ mol}$$

또한 용매의 질량은 다음과 같다.

$$750. \text{ mL} \times \frac{1.00 \text{ g}}{\text{mL}} \times \frac{1 \text{ kg}}{10^3 \text{ g}} = 0.750 \text{ kg}$$

용액의 몰랄농도는 다음과 같다.

$$\frac{0.636 \text{ mol}}{0.750 \text{ kg}} = 0.848 \text{ mol/kg}$$

끓는점 오름은 다음과 같다.

$$\Delta T_b = (0.52\ °\text{C kg mol}^{-1})(0.848 \text{ mol/kg}) = 0.44\ °\text{C}$$

그러므로 용액은 100.44°C에서 끓는다.
어는점 내림은 다음과 같다.

$$\Delta T_f = (1.86\ °\text{C kg mol}^{-1})(0.848 \text{ mol/kg}) = 1.58\ °\text{C}$$

어는점은 1.58°C 낮아지므로 용액은 −1.58°C에서 언다.

**실전예제 14.11**

물탱크에 6.50 kg의 물이 들어 있다. 에틸렌글리콜 1.20 kg을 더하여 −25°C에서도 탱크의 물이 얼지 않게 할 수 있을까?

EXERCISE
**연습문제** 14.12 결빙을 막음

겨울동안 오두막을 폐쇄하고, 화장실 물탱크의 물이 어는 것을 방지하려고 한다. 온도가 −30°C 정도로 내려갔을 때도 물탱크의 4.0 L의 물이 얼지 않게 하려면 4.0 L의 물에 에틸렌글리콜(밀도 = 1.113 g/mL; 몰질량 = 62.1 g/mol)을 얼마나 가해야 하는가?

에틸렌글리콜은 독성 물질이고 식수에 들어가지 않도록 해야 한다.

**예제 14.12 어는점 내림으로부터 몰질량**

연구자들은 새로운 화합물을 합성한 후 어는점 내림 측정을 이용하여 화합물의 몰질량을 결정한다. 연구자가 1.50 g의 화합물을 어는점이 6.50°C 이고, 어는점 내림 상수가 20.2°C kg mol$^{-1}$인 사이클로헥세인 75.0 g에 녹였다. 이 용액의 어는점이 2.70°C로 측정 되었다. 이 자료를 이용하여 새로운 화합물의 몰질량을 계산하시오.

**정답:** 106 g/mol

**풀이:** 몰질량을 계산하기 위해서 어는점 변화 및 용액의 몰질량을 계산해야 한다. 어는점의 변화는 6.50°C − 2.70°C = 3.80°C이다. 어는점 내림 식을 재배열하면 용액의 몰랄농도를 계산할 수 있다.

$$\text{몰랄농도} = \frac{\Delta T_f}{K_f} = \frac{3.80\ ^\circ\text{C}}{20.2\ ^\circ\text{C kg mol}^{-1}} = 0.188\ \text{mol/kg}$$

몰랄농도로부터 화합물의 몰질량을 계산할 수 있다.

$$\text{몰랄농도},\ m = \frac{\text{용질의 몰수}}{\text{용매 kg 수}} = \frac{\text{용질 g수/몰질량}}{\text{용매 kg 수}}$$

이 식으로부터 몰질량을 계산할 수 있다.

$$\text{몰질량} = \frac{\text{용질 g 수}}{(\text{몰랄농도})(\text{용매 kg 수})} = \frac{1.50\ \text{g}}{(0.188)(0.0750)\ \text{mol}} = 106\ \text{g/mol}$$

**실전예제 14.12**

50.0 g의 벤젠에 비전해질 0.180 g을 녹여 만든 용액의 녹는점은 5.15°C이었다. 용액의 몰질량을 계산하시오. 벤젠의 어는점 상수는 5.10°C kg mol$^{-1}$이고 녹는점은 5.50°C이다.

## 전해질의 총괄성

실험적으로 설탕, NaCl, $CaCl_2$ 1 M 수용액의 증기압은 모두 같은 온도에서 물의 증기압보다 낮다. 이것은 용질이 순수한 용매의 증기압을 낮추기 때문이라는 것을 예상할 수 있다. 그렇지만 설탕, NaCl, $CaCl_2$ 1 M 수용액의 증기압 크기는 다음과 같다.

순수한 물의 증기압 > 1 M 설탕의 증기압 > 1 M NaCl의 증기압 > 1 M $CaCl_2$의 증기압

묽은 용액의 총괄성은 용질 입자의 농도에 비례하기 때문에 이러한 증기압 순서는 놀랄만한 일이 아니다. NaCl과 $CaCl_2$ 같은 전해질은 해리되기 때문에 설탕이나 에탄올과 같은 비전해질 보다 몰 당 더 많은 입자를 생성한다. 1 mol의 설탕은 1 mol의 입

**Jacobus Henricus van't Hoff**
**1852~1911**

van't Hoff는 물리화학의 창시자 중의 한사람이다. 대학원생이었을 때 그는 탄소원자의 사면체 성질을 이용하여 광학 이성질체에 대한 설명을 하였다. 물리화학은 화학적 현상을 이해시키는 물리학적 법칙을 적용하는 화학의 한 갈래이다. van't Hoff는 화학 반응속도론, 화학 평형, 삼투압 및 화학적 친화도 등과 같은 중대한 실험 연구를 수행하였다. Van't Hoff는 용액의 총괄성에 관한 연구를 포함하여 물리화학에서의 핵심적인 발견으로 노벨 화학상을(1901) 수상하였다.

자만큼 기여하는 반면 1 mol NaCl은 2 mol의 입자(1 mol $Na^+$ 및 1 mol $Cl^-$), 1 mol $CaCl_2$는 3 mol의 입자(1 mol $Ca^{2+}$ 및 2 mol $Cl^-$)를 생성한다. 그러므로 전해질은 비전해질에 비해서 증기압과 끓는점에 더 큰 영향을 준다.

전해질 용액에 대해서 끓는점 오름과 어는점 내림은 다음과 같은 식을 쓸 수 있다.

$$\Delta T_b = K_b\, m_{\text{solute}}\, i_{\text{solute}} \qquad \Delta T_f = K_f\, m_{\text{solute}}\, i_{\text{solute}}$$

이 식에서 $i_{\text{용질}}$인자는 **용질의 단위 화학식 당 입자의 수**를 나타낸다. 이 값은 J.H. van't Hoff(1852~1911)의 이름에서 유래하여 **van't Hoff 인자**로 불려진다. 에탄올, 설탕, 벤젠 및 사염화탄소처럼 용액에서 해리되지 않는 비전해질의 $i$ 값은 1이다. 이온성 용질(강 전해질)에 대한 $i$ 값은 이온성 화합물의 단위 화학식당 이온의 수와 일치한다. 아주 묽은 용액에 대해서 NaCl의 $i_{\text{용질}} = 2$이고 염화칼슘의 $i_{\text{용질}} = 3$이다. 실제 값은 실험적으로 결정해야만 한다. 이론적인 값은 용액에서 이온들이 독립적으로 행동하는 것으로 가정한 값이고, 이 값들은 양이온과 음이온들 간의 상호작용이 최소화되는 극히 묽은 용액에서만 가능하다. 더 진한 용액에서 양이온과 음이온은 서로 상호작용을 하고 $i_{\text{실험}} < i_{\text{이론}}$ 이다. 예를 들어, $MgSO_4$ 수용액의 $i_{\text{이론}} = 2$이지만 0.5 M $MgSO_4$의 $i_{\text{실험}} = 1.07$이고, 0.005 M $MgSO_4$의 $i_{\text{실험}} = 1.72$이다.

어는점 내림의 또 다른 실용적인 적용은 겨울에 많은 눈이 내리는 지역에서 볼 수 있다. 눈 또는 얼음을 제거하기 위해서 도로에 염을 뿌려준다. 보통 염화나트륨이 이용되지만 염화칼슘이 더 좋다. 염화칼슘은 화학식당 3개의 이온을 생성하고 녹을 때 발열하기 때문이다. 이것은 물의 어는점을 낮추어 줄 뿐만 아니라 용액 엔탈피는 얼음이 녹는 것을 도와준다.

CONCEPTUAL
**개념학습** 14.13 **어는점 내림**

2.0 mol/kg $CaCl_2$ 용액의 어는점은 −4.78°C로 측정되었다. 이 용액에서 $CaCl_2$의 대략적인 해리도를 이용하여 $i$ 인자를 계산하시오.

## 용액의 삼투압

막은 분자나 이온이 통과할 수 있는 얇은 층의 물질이다. **반투막(semipermeable membrane)**은 어떤 이온이나 분자들은 통과하지 못하는 반면에 어떤 것 들은 통과할 수 있도록 하는 막을 말한다(그림 14.16). 반투막에는, 동물의 방광, 식물이나 동물의 세포벽, 셀룰로오스로부터 만들어진 중합체인 셀로판 등이 있다. 용매 분자만을 통과시킬 수 있는 막으로 두 용액이 분리되어 있을 때 삼투 현상이 생긴다.

NaCl이나 $CaCl_2$가 도로에 축적되면 과량의 $Cl^-$ 이온 농도로 인해 도로변의 식물에 해를 끼칠 수 있다.

**삼투현상(Osmosis)**은 반투막을 통해서 낮은 용질의 농도에서 높은 용질의 농도로 용매가 이동하는 현상을 말한다. **용액의 삼투압(osmotic pressure)**은 순수한 용매 시료에서 일어나는 삼투현상을 정지시키기 위해서 용액에 가해져야만 하는 압력이다.

그림 14.17의 삼투 현상의 예를 생각해 보자. 5%의 설탕 수용액이 유리관이 연결된 주머니 안에 놓여 있다. 주머니를 순수한 물 안에 넣었을 때, 물은 삼투현상에 의해 주머니 안으로 들어가고 유리관의 수위는 올라간다. 주머니가 처음 물에 잠기면 순

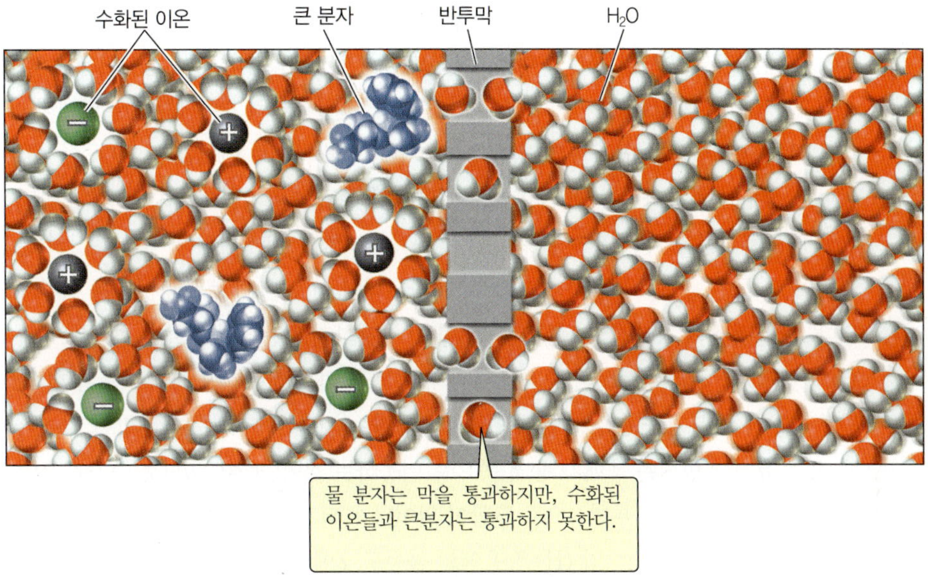


**그림 14.16 반투막을 통해서 용액 쪽으로 흐르는 용매의 삼투 흐름.** 반투막은 물질을 걸러내는 채의 역할을 한다. 다른 막은 다른 방법으로 작용하지만, 궁극적인 효과는 동일하다.

수한 물 쪽에서 막의  단위 면적 당 용매 분자들의 충돌이 용액 쪽에서 용매 분자들의 충돌 보다 더 많다(용액 쪽에는 단위 부피당 용매 분자 수가 더 적다). 그러므로 물은 비이커로부터 막을 통해서 이동하는데, 이때 물은 진한 농도인 주머니 안의 용액으로 이동하여 주머니 안의 농도를 묽힌다. 이것이 연속적으로 진행되면 용액내의 물 분자의 수가 증가되어 용액내의 물 분자들 간의 충돌 빈도가 높아지고 주머니 안의 압력이 증가하게 되어 유리관의 수위가 높아진다. 주머니 안의 압력과 삼투압이 같아져 물의 통과 속도가 양쪽 방향 모두 같아지게 되면 동적 평형에 도달한다. 물기둥의 높이가 변하지 않을 때 삼투압이 측정된다.

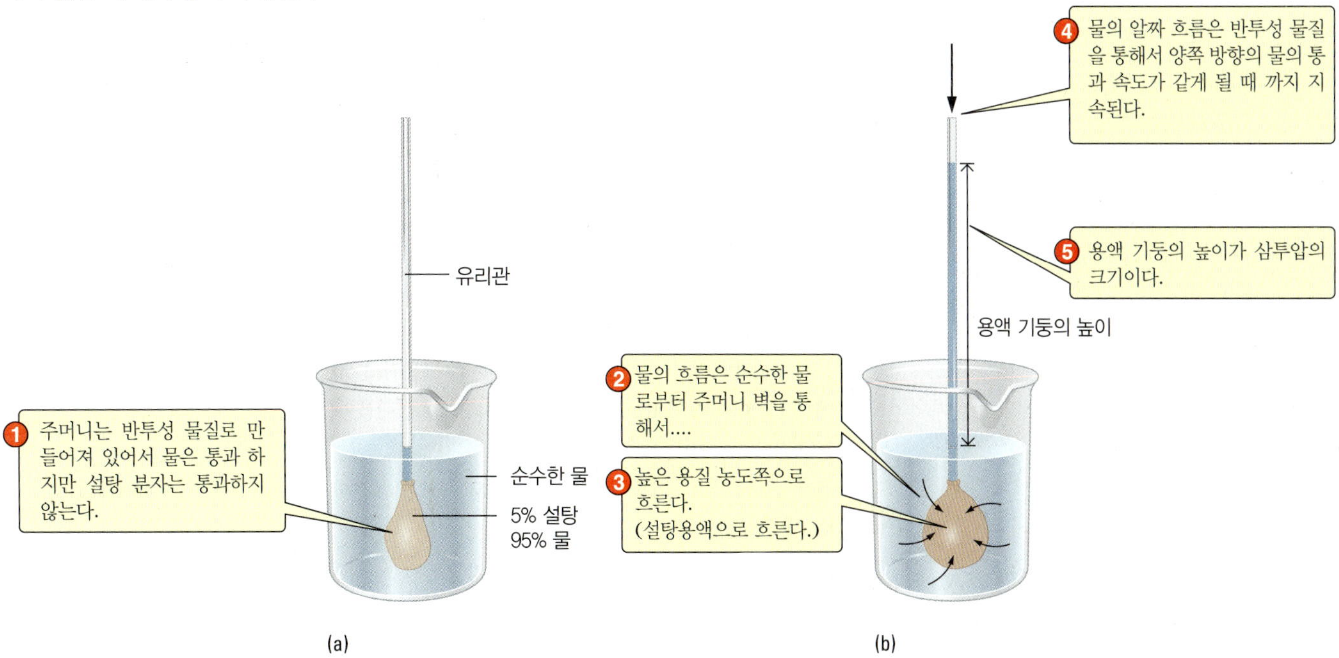


**그림 14.17 삼투압의 예**

증기압 내림, 끓는점 오름, 어는점 내림에서와 같이 삼투압은 경계면을 통해서 이동하는 물 분자의 속도의 차이에 의해 발생한다. 증발이나 끓음의 경우 경계면은 용액/증기 면이고, 어는 경우에는 용액/고체 면이다. 또한 삼투압의 경우에는 반투막이다.

모든 총괄성은 순수 용매와 용액 사이의 엔트로피 차이로 이해할 수 있다. 이것은 아마도 삼투압에서 가장 쉽게 볼 수 있다. 용매와 용질의 분자들이 섞였을 때 일반적으로 엔트로피는 증가한다. 만일 순수한 용매가 용액에 가해졌다면 용매와 용질의 분자들이 더 묽은 용액을 형성하기 위해 서로 확산되어 더 높은 엔트로피 상태를 이루게 된다. 만일 용질과 용매간의 강한 비공유 힘이 존재하지 않는다면 엔탈피 변화는 무시할 수 있고, 그 결과 엔트로피 증가는 용매와 용액을 섞는 것이 자발적이 되도록 한다. 반투막은 용질 분자가 순수한 용매쪽으로 이동하는 것을 막기 때문에 혼합이 일어나게 하는 유일한 방법은 용매가 용액 쪽으로 이동하는 것이다(엔트로피는 증가). 용액의 농도가 높을 수록 삼투현상으로 혼합이 일어나게 되고 이 과정을 막는데 필요한 압력은 더 커지게 된다. 삼투압 (Π)은 용액의 몰농도, $c$에 비례한다.

$$\Pi = cRTi$$

삼투압 식은 이상기체 방정식, $PV = nRT$과 비슷하다. 이 방정식을 다시 정리하면 $P = (n/V)RT$로 되고, 여기서 $n/V$는 기체의 몰농도이다.

여기서 $R$은 기체 상수이고, $T$는 절대온도, $i$는 용질의 단위 화학식당 입자의 개수이다.

용액의 농도가 낮을지라도 삼투압은 아주 클 수 있다. 예를 들어 25°C에서 $i = 1$인 분자 용질 0.020 M의 삼투압은 다음과 같다.

$$\Pi = cRTi = \left(\frac{0.020 \text{ mol}}{\text{L}}\right)(0.0821 \text{ L atm mol}^{-1} \text{ K}^{-1})(298 \text{ K})(1)$$
$$= 0.49 \text{ atm}$$

이 압력은 높이 15 ft 이상의 물기둥을 유지시킬 수 있다. 삼투압을 측정하는 한 가지 방법은 그림 14.17에 나타낸 것처럼 관 안의 용액 기둥의 높이를 측정하는 것이다. 수 cm의 물기둥 높이도 정확히 측정할 수 있기 때문에 매우 작은 농도도 삼투압 실험으로 측정할 수 있다. 만약 용액의 부피와 그 용액에 용해된 용질의 질량을 안다면 몰농도의 정의, $c = n/V =$ 몰수(mol)/부피(L) 에 의해 용질의 몰질량을 계산할 수 있다. 다른 방법으로는 측정하기 어려운 큰 분자의 몰질량에 대한 연구에서 삼투압은 특히 유용하다.

**예제 14.13 삼투압으로부터 몰질량**

150 mL 용액에 긴-사슬 분자인 비전해질 고분자 2.50 g을 녹인 용액의 삼투압은 25°C에서 $1.25 \times 10^{-2}$ atm이었다. 이 고분자의 몰질량을 계산하시오.

**정답:** $3.26 \times 10^{4}$ g/mol

**풀이:** 삼투압 식을 이용하여 용액의 몰(M)농도를 계산할 수 있다. 고분자는 비전해질이므로 $i = 1$이다.

$$c = \frac{\Pi}{RTi} = \frac{1.25 \times 10^{-2}\ \text{atm}}{(0.0821\ \text{L atm mol}^{-1}\ \text{K}^{-1})\ (298\ \text{K})(1)} = 5.11 \times 10^{-4}\ \text{mol/L}$$

용액의 부피가 0.150 L이므로 고분자의 몰수는 다음과 같이 계산된다.

$$\text{고분자의 몰수} = (0.150\ \text{L})(5.11 \times 10^{-4}\ \text{mol/L}) = 7.67 \times 10^{-5}\ \text{mol}$$

이 몰(mol)수는 고분자 2.50 g에 해당되므로 고분자의 평균 몰질량은 다음과 같다.

$$\text{고분자의 평균 몰질량} = \frac{2.50\ \text{g}\ \ \text{고분자}}{7.67 \times 10^{-5}\ \text{mol}\ \ \text{고분자}} = 3.26 \times 10^{4}\ \text{g/mol}$$

**실전예제 14.13**

25°C에서 1.0 L 물에 5.0 g의 말 헤모글로빈(단백질)이 녹아있는 용액의 삼투압은 $1.8 \times 10^{-3}$ atm이다. 헤모글로빈의 몰질량은 얼마인가?

어는점 내림과 끓는점 오름의 측정도, 예제 14.13에서 보여준 삼투압 측정과 같은 방법으로 몰질량을 구하는데 이용된다.

생체 세포내에 있는 혈액과 그 밖의 액체들은 많은 용질을 포함하고 있고, 이들 용액의 삼투압은 체내의 용질 분포에 중요한 역할을 한다. 탈수증 환자에게 종종 물과 영양소를 정맥 주사한다. 그러나 순수한 물을 환자의 정맥에 주사하지 않는다. 삼투압에 의해서 적혈구 세포 안으로 물이 흘러 들어가 세포를 파열시키기 때문이다 (그림 14.18c). 이런 원인을 일으키는 용액을 **저장성 용액(hypotonic solution)**이라 한다. 세포가 파열되는 것을 막기 위해서 정맥 주사액은 **등장성(isotonic)** 용액을 사용한다. 등장성 용액은 환자의 혈액과 같은 농도로 만들어 지고, 삼투압도 같게 된다 (그림 14.18a). 0.9%의 염화나트륨 용액은 인체 세포 안에 있는 용액과 등장성이다.

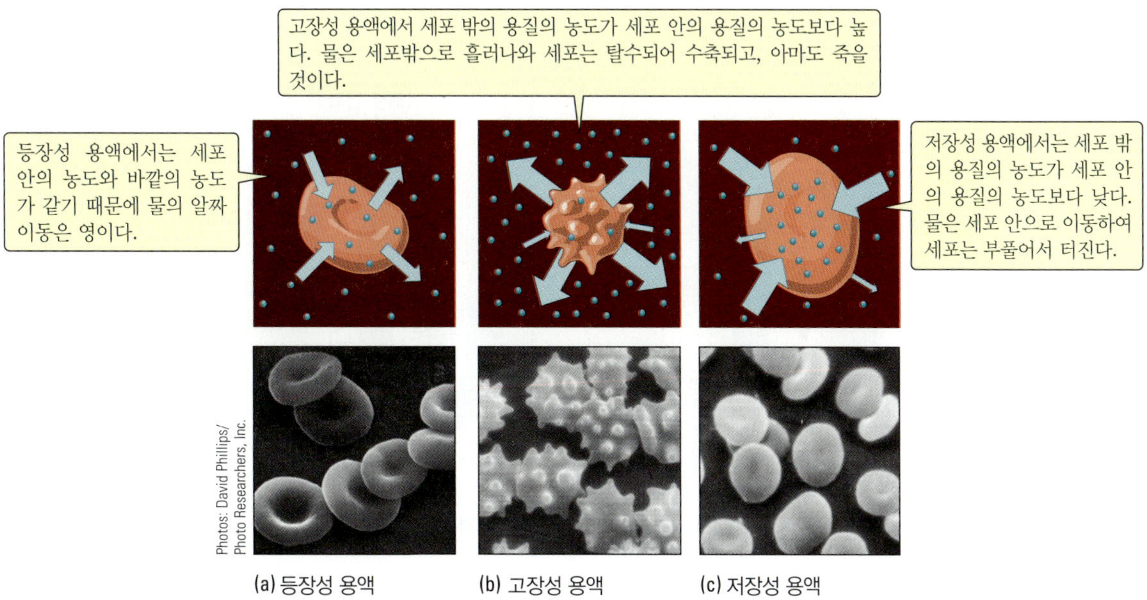


**그림 14.18 삼투와 생체 세포**

만약 적혈구 세포안의 용액보다 높은 농도의 주사액을 혈액에 투여하면 세포에서 물이 빠져나가 수축된다. 이런 상태를 일으키는 용액을 **고장성 용액(hypertonic solution)**이라 한다(그림 14.18b). 야채나 육류가 농도가 높은 NaCl 용액에 절여지면 삼투에 의해 세포가 수축된다. 만약 신선한 오이나 홍당무를 소금물에 넣는다면 물은 세포 밖으로 빠져나와 소금물 속으로 들어가고 야채는 수축될 것이다. 적절한 양념을 소금물에 첨가하면 오이는 맛좋은 피클이 된다.

작은 규모의 역삼투 장치는 "자국없는" 세차장에서 초순도 물을 만드는데 이용된다.

염수는 염분이 들어 있는 물과 신선한 물의 혼합물이다.

**표 14.5** 100 ppm 또는 그 이상 바닷물에 존재하는 이온

| | 질량분율 | |
|---|---|---|
| 이온 | g/kg | ppm |
| $Cl^-$ | 19.35 | 19,350 |
| $Na^+$ | 10.76 | 10,760 |
| $SO_4^{2-}$ | 2.710 | 2710 |
| $Mg^{2+}$ | 1.290 | 1290 |
| $Ca^{2+}$ | 0.410 | 410 |
| $K^+$ | 0.400 | 400 |
| $HCO_3^-$, $CO_3^{2-}$ | 0.106 | 106 |
| Total | 35.026 | 35,026 |

## 역삼투

삼투압보다 더 큰 압력을 가하면 용매가 반투막을 통해 농도가 높은 용액에서 농도가 낮은 용액으로 이동하는 **역삼투(reverse osmosis)** 현상이 일어난다. 반투막은 용매만 통과할 수 있는 작은 구멍을 가진 필터와 같은 역할을 한다. 역삼투는 작은 분자 또는 이온들을 제거하여 고순도의 물을 얻는데 이용될 수 있다. 바닷물은 높은 농도의 용해된 염을 포함하고 있고, 바닷물의 삼투압은 24.8 atm이다. 바닷물이 들어 있는 용기에 24.8 atm보다 더 큰 압력을 가하면 물 분자는 반투막을 통해서 더 순수한 물쪽으로 빠져 나간다(그림 14.19). 적당한 속도로 물을 정제하기 위해서 100 atm까지의 압력이 이용된다.

염이 35,000 ppm 이상 용해된 바닷물(표 14.5)을 역삼투 방식으로 세계 보건기구의 기준 이하인 400~500 ppm까지 정제할 수 있다. 페르시아 걸프 만과 플로리다에 있는 대규모의 역삼투 공장은 하루에 1억 겔런 이상의 물을 정제한다. 사우디아라비아의 신선한 물의 거의 50%가 두바이에 있는 세계 최대의 증류 공장에서 공급된다. 플로리다 케이프코랄 시에서는 매일 약 1,500만 갤런의 염분이 섞인 지하수(염수)를 역삼투로 정제한다.

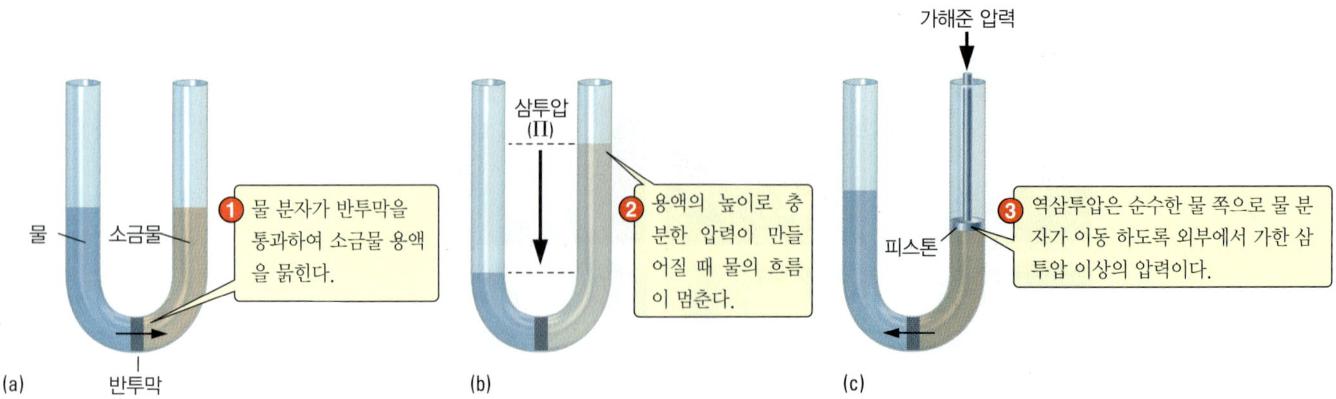


**그림 14.19 삼투현상과 역삼투.** 삼투현상은 (a)와 (b)에 나타내었다. 역삼투 현상은 (c)에 나타내었다.

# 문제

## 어떻게 물질이 녹는가?

1. 같은 고체가 어떤 액체에는 녹고, 다른 액체에는 왜 녹지 않는가? 이러한 작용의 예를 들어라.
2. 고체 $NH_4Cl$을 더 이상 녹지 않을 때까지 물에 가해 포화 $NH_4Cl$ 용액을 만들었다. 얻어진 혼합물은 실온보다 낮았으며 녹지 않은 $NH_4Cl$ 층이 바닥에 깔려 있었다. 혼합물이 실온에 이르렀을 때 고체 $NH_4Cl$은 남아 있지 않다. 무슨 일이 일어났는지 설명하시오. 그 용액은 아직 포화용액인가?
3. 포름산(HCOOH)과 아세트산($CH_3COOH$)과 같은 간단한 산은 물에 매우 잘 녹는다. 그러나 스테아린산($CH_3(CH_2)_{16}COOH$)과 팔미틴산($CH_3(CH_2)_{14}COOH$)같은 지방산은 물에 녹지 않는다. 알코올의 용해도에 관해 여러분이 알고 있는 것을 기초로 하여 유기산들의 용해도를 설명하시오.
4. 이온결합 고체가 물에 녹을 때 어떤 일이 발생하는지 설명하시오. 최소한 3개의 양이온, 3개의 음이온 및 이온 주변에 있는 10여개의 물 분자를 포함하는 그림을 그리시오.
5. 혈액 혈청에서 질소에 대한 헨리의 법칙 상수는 $8 \times 10^{-7}$M/mmHg이다. 총 압력이 2.5기압인 깊이에서 잠수부의 혈액에 들어있는 $N_2$의 농도는 얼마인가? 잠수부가 호흡하는 공기는 부피비로 $N_2$가 78%이다.

## 농도 단위

6. 750 mL의 12% 에탄올 용액에 몇 g의 에탄올이 들어 있나? 밀도는 물과 같다고 생각하라.
7. 200 ppm의 납이 들어있는 페인트가 있다. 1 gal의 페인트를 500 $ft^2$의 벽에 칠했을 때 이 페인트 1.0 $cm^2$에는 대강 몇 g의 납이 들어 있는가? 밀도는 8.0 lb/gal이다.
8. 다음 각 용액을 제조하는데 필요한 용질의 g 수를 계산하시오.
   (a) 4.00 M $NH_4Cl$ 750 mL
   (b) 0.750 M KCl 1.50 L
   (c) 0.350 M $Na_2SO_4$ 150 mL
9. 다음 용액의 몰농도(M)를 계산하시오.
   (a) 250 mL 용액에 14.2 g의 KCl이 녹아 있다.
   (b) 150 mL 용액에 5.08 g의 $K_2CrO_4$가 녹아 있다.
   (c) 400 mL 용액에 0.799 g의 $KMnO_4$가 녹아 있다.
   (d) 500 mL 용액에 15.0 g의 $C_6H_{12}O_6$가 녹아 있다.
10. 다음 용액의 몰농도(M)를 계산하시오.
   (a) 250 mL 용액에 6.18 g의 $MgNH_4PO_4$가 녹아 있다.
   (b) 300 mL 용액에 16.8 g의 $NaCH_3COO$가 녹아 있다.
   (c) 750 mL 용액에 2.50 g의 $CaC_2O_4$가 녹아 있다.
   (d) 400 mL 용액에 2.20 g의 $(NH_4)_2SO_4$가 녹아 있다.
11. 진한 황산은 밀도가 1.84 g/$cm^3$이고 18 M이다. 이용액에서 $H_2SO_4$의 무게 %는 얼마인가?
12. 1.0 mol/kg (m) 에틸렌 글리콜 $C_2H_4(OH)_2$ 수용액을 만들고자 한다. 950 g의 물에 몇 g의 에틸렌 글리콜을 첨가해야 하나?

## 총괄성

13. 다음 수용액의 어는점이 감소하는 순서로 나열하시오.
   (a) 0.10 mol 메탄올/kg
   (b) 0.10 mol KCl/kg
   (c) 0.080 mol $BaCl_2$/kg
   (d) 0.040 mol $Na_2SO_4$/kg (모든 염은 용액에 녹아 모두 이온으로 된다고 간주하라).
14. 75.0 g의 물에 4.00 g의 요소 [$CO(NH_2)_2$]가 녹아 있는 용액의 어는점 및 끓는점(760 mmHg에서)을 계산하시오.
15. 60°C에서 순수한 물의 증기압은 149.44 mm Hg이고 설탕($C1_2H_{22}O_{12}$)의 수용액의 증기압은 119.55 mm Hg이다. 만일 물의 질량이 150 g이라고 할 때 이 용액에서 설탕의 g질량과 물의 몰분율을 계산하시오.
16. 벤젠의 끓는점은 100 g의 벤젠에 미지의 유기화합물(비전해질) 5.0 g을 녹였을 때 0.65°C 상승하였다. 이 유기화합물의 대략적인 몰질량을 계산하시오. 단 벤젠의 $K_b$값은 2.53°C kg $mol^{-1}$이다.
17. 11.12 g의 벤젠에 실험식이 $C_{10}H_8Fe$이고 오랜지색 결정인 화합물 0.255 g을 첨가한다. 이 용액의 끓는점은 80.26°C이다. 벤젠의 정상 끓는점은 80.10°C이고, $K_b$ = 2.53°C kg $mol^{-1}$이다. 이 화합물의 몰질량과 분자식은 무엇인가?
18. 자동차의 냉각장치에 들어 있는 5.0 kg의 물에 약간의 에틸렌글리콜($HOCH_2CH_2OH$)을 넣었다.
   (a) 만약 이 용액의 어는점이 −15.0°C이 되게 하기 위해서 몇 g의 에틸렌글리콜을 가 해야 하는가?
   (b) 이 냉각 혼합물의 끓는점은 얼마인가?

## 일반문제

19. Samuel Taylor Coleridge의 늙은 수부의 노래라는 시에서 "물, 물, 도처에/그리고 모든 나무판은 수축되었다"라고 표현하였다. 이러한 효과를 삼투 용어를 써서 설명하시오.
20. 진한 암모니아 수용액은 14.8 M이고 밀도는 0.90 g/$cm^3$이다.

이 용액에서 $NH_3$의 무게 퍼센트를 계산하시오.

## 응용개념

21. 아래의 기호를 이용하여

⬭ 설탕
● 물
□ 사염화탄소

다음 (a)와 (b)와 같은 비이커의 내용물에 대하여 나노스케일의 도표를 그리시오.

(a) 물과 설탕

(b) 사염화탄소와 설탕

22. 그림 14.11을 참고하여 아래의 상황들이 불포화 용액인지, 포화 용액인, 또는 과포화 용액인지 결정하시오.

(a) 80°C에서 100 g의 물에 40 g의 $NH_4Cl$을 첨가한다.

(b) 30°C에서 100 g의 물에 100 g의 LiCl을 첨가한다.

(c) 40°C에서 100 g의 물에 120 g의 $NaNO_3$을 첨가한다.

(d) 50°C에서 200 g의 물에 50 g의 $Li_2SO_4$을 첨가한다.

23. 다음 표를 완성하시오.

24. 다음 (a)와 (b) 현상이 왜 그런지 설명하시오.

(a) 바닷물은 순수한 물보다 낮은 어는점을 가진다.

| 화합물 | 화합물의 질량 | 물의 질량 | 용질의 질량분율 | 용질의 무게 퍼센트 | ppm |
|---|---|---|---|---|---|
| 알칼리액 | ____ | 125 g | 0.375 | ____ | ____ |
| 글리세롤 | 33 g | 200 g | ____ | ____ | ____ |
| 아세틸렌 | 0.0015 g | ____ | ____ | 0.0009% | ____ |

(b) 아이스크림 만들 때 얼음에 소금을 가하면 얼게 하여 아스크림이 빨리 만들어진다.

## 도전문제

25. 화학적 연구를 수행할 때, 종종 새로 합성된 화합물들의 분석을 위해 전문 실험실에 의뢰한다. 이 실험실은 이 화합물을 연소시켜 이때 발생하는 $CO_2$와 $H_2O$를 모아서 C와 H의 무게 퍼센트를 결정한다. 또 이들은 화합물을 녹여 만든 용액의 삼투압을 측정하여 분자량을 결정한다. 다음과 같은 정보를 이용하여 화합물 $C_xH_yCr_z$의 실험식과 분자식을 구하시오.

(a) 화합물은 73.94%의 C와 8.27%의 H로 이루어졌고 나머지는 모두 크롬이다.

(b) 25°C에서 100.mL의 클로로포름에 5.00 mg의 미지 시료를 녹인 용액의 삼투압은 3.17 mmHg이다.

26. 알코올을 포함하는 주류의 "도"수는 에탄올($C_2H_5OH$, 밀도 = 0.789 g/mL) 부피 퍼센트의 두 배와 같다. −15°C에서 100-도 보드카 한 병을 밖에 내 놓았다.

(a) 이 보드카는 얼 것인가?

(b) 이 보드카의 끓는점은 얼마인가?

27. 삼투는 나무의 수액이 올라가게 하는 역할을 한다. 외부 용액의 농도가 0.020 M이고, 설탕 수액의 농도가 0.13 M이라면 수액은 얼마만큼의 높이로 상승하는가? 힌트: 컬럼의 액체가 가한 압력은 액체의 밀도에 직접 비례한다.

28. 37°C에서 인간 혈액의 삼투압은 7.7 atm이다. 만일 안전하게 정맥주사를 투여할 수 있는 글루코오스 용액의 몰농도(M)는 무엇인가?

29. 무게 퍼센트가 0.63%인 플루오르화 주석(II), $SnF_2$ 수용액은 치과에서 치석을 감소시키게 하는 구강 세척제로 이용된다.

(a) ppm 및 ppb 단위로 $SnF_2$의 농도를 계산하시오.

(b) 이 용액에서 $SnF_2$의 몰농도(M)를 계산하시오.

(c) 많은 양의 주석(Sn)은 중요한 주석 광석인 산화주석($SnO_2$)에 탄소를 가하여 환원시켜 상업적으로 얻는다.

$$SnO_2(s) + 2C(s) \longrightarrow Sn(s) + 2CO(g)$$

정제된 주석을 HF 증기와 반응시키면 $SnF_2$가 생성된다. 1톤의 주석 광석이 충분한 양의 탄소에 의해 환원되어 80% 주석 금속을 얻을 수 있다고 생각하자. 정제된 주석이 충분한 양의 HF와 반응하여 94%의 $SnF_2$가 얻어졌다. 이러한 일련의 과정에 의해 1톤으로 부터 0.63% $SnF_2$ 250 mL 용액 몇 병을 얻을 수 있는가?

# 15장

# 산과 염기


15.1 Brønsted–Lowry의 산–염기 개념
15.2 카복실산과 아민
15.3 물의 자동 이온화
15.4 pH 값
15.5 산과 염기의 이온화 상수
15.6 분자구조와 산의 세기
15.7 $K_a$와 $K_b$를 이용한 문제풀이
15.8 염의 산–염기 반응
15.9 Lewis 산과 염기

토마토 주스는 pH 측정 기기에서 4.0의 pH 값을 가지는 것으로 나타났다. 물질이 알칼리성인지 산성인지는 상품, 의약품, 환경 연구와 관련하여 중요하며, pH 값으로 나타낸다. 이 장에서는 산, 염기, pH의 측정과 이용 등을 다룰 것이다.

산과 염기의 중요성을 더 이상 강조할 필요는 없다. 우리들의 주변에 산재해 있거나 또는 살아있는 유기체 내의 수용액은 거의 대부분이 산성 또는 염기성을 어느 정도 지닌다. 지구상의 가장 중요한 두 가지 생물학적 과정인 광합성과 호흡은 산–염기 반응에 의존한다. 이산화탄소 즉 $CO_2$는 자연에서 산을 생성하는 가장 중요한 물질이다. 빗물은 $CO_2$가 녹아있기 때문에 일반적으로 약간의 산성을 나타내며, 산성비는 수증기와 기체 상태의 오염물인 $SO_2$, $NO_2$와의 반응으로 만들어진다. 해수는 대부분의 지표와 표층수처럼 약간의 염기성을 나타낸다. 자연적인 물은 산성일 수 있으며, 물의 산성이 강하면 강할수록 납땜 부분이나 수도관으로부터 더 많은 납이 녹을 수 있다.

산과 염기의 성질은 화학과 생화학에서 대단히 중요하기 때문에 많은 연구가 수행되었다. 1677년 Antoine Lavoisier는 모든 산은 산소를 포함하고 있으며 산성화한다고 제안하였다. 심지어 그는 산소라는 이름을 그리이스어의 "산을 만드는 것"이라는 어원인 *oxygen*(산소)이라는 것으로부터 작명하였다. 그러나 1808년 수소와 염소만을 포함하며, 물에 녹아서 염산을 만드는 기체 상태의 HCl이 발견되었다. 그 후 수용액의 모든 산에서 공통적으로 산소가 아니라 수소가 들어 있다는 것이 밝혀졌다. 또한 산과 염기의 수용액은 모두 전해질이므로 전류를 흐르게 한다는 것도 알려졌다. 산과 염기는 수용액 속으로 이온을 방출한다. 1887년 스웨덴 화학자 Svante Arrhenius는 산은 수용액 속에서 수소 이온(양성자)을 생성한다고 주장하였다.

수소 이온(양성자)은 크기가 작고 전하 밀도가 높기 때문에 수용액 속에서 항상 물 분자와 회합하며 이것을 하이드로늄 이온, $H_3O^+$로 나타낸다.

$$H^+ + H_2O \longrightarrow H_3O^+$$

**오늘날 좀 더 일반적인 산–염기 개념을 정의하면 다음과 같다: 산성의 수용액은 하이드로늄 이온($H_3O^+$)을 생성하며 염기성의 수용액은 하이드록사이드 이온($OH^-$)을 생성한다.**

## 15.1 Brønsted–Lowry의 산–염기 개념

Arrhenius는 산– 염기 개념의 주요 문제점은 암모니아($NH_3$)와 같은 특정 물질은 염기성 용액을 만들며 산과 반응함에도 불구하고 하이드록사이드 이온을 가지고 있지 않다는 것이다. 1923년 덴마크 화학자 J. N. Brønsted와 영국 화학자 Lowry는 독립적으로 수용액 중에서 산과 염기를 정의하는 방법을 주장하였다:

- **Brønsted-Lowry 산**은 수소 이온 주게이다.
- **Brønsted-Lowry 염기**는 수소 이온 받게이다.

Brønsted–Lowry 개념에 따르면 산은 수소 이온인 $H^+$를 다른 물질에게 줄 수 있는 반면 염기는 수소 이온 $H^+$를 받을 수 있다. **산–염기 반응(acid-base reaction)**에서 산은 $H^+$를 주고 염기는 $H^+$를 받는다. 분자가 $H^+$를 받아들이고 Brønsted–Lowry 염기로 작용하기 위해서는 반드시 **비공유 전자쌍**을 가져야 한다. 예를 들면 수용액 중에서 질산($HNO_3$)과 같은 산으로부터 $H^+$ 이온을 내놓으면 물 분자는 양성자를 받아들여 하이드로늄 이온($H_3O^+$)을 생성한다.

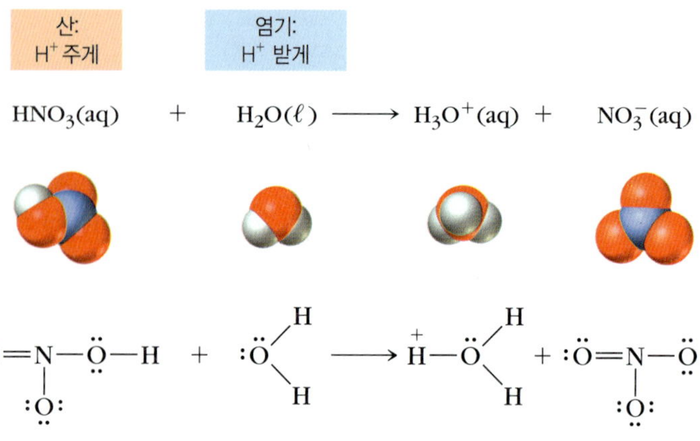


물에 녹는 이온성 물질은 강한 전해질이다. 강산은 완전히 이온화되어 강 전해질이 된다.

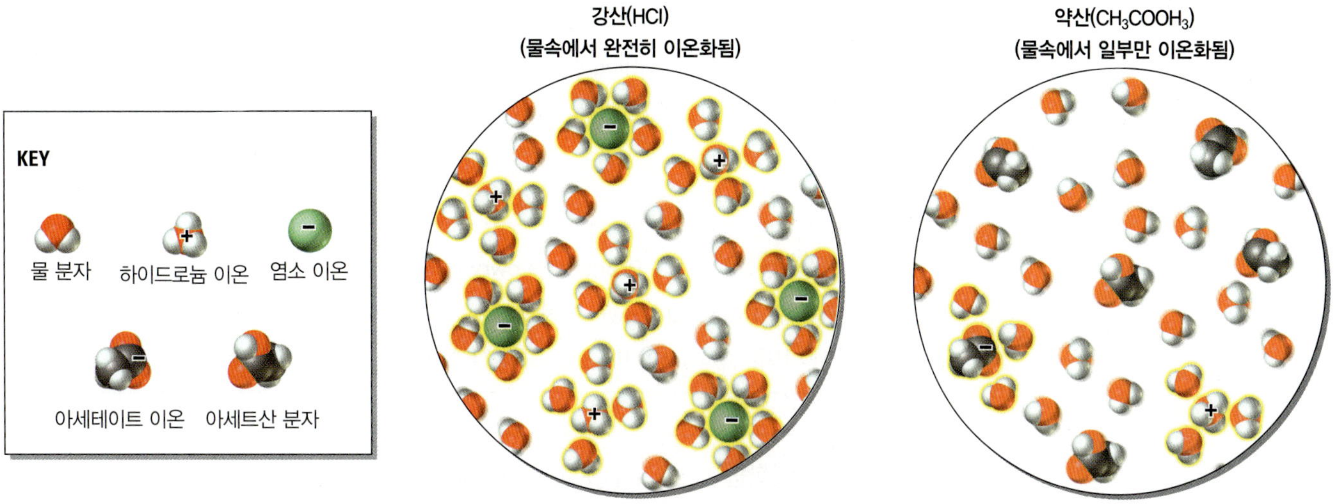


**물속의 산의 이온화.** 염산, HCl과 같은 강산은 물 속에서 완전하게 이온화되며 아세트 산, $CH_3COOH$와 같은 약산은 단지 부분적으로만 이온화된다.

산과 반응 중 물은 비공유 전자쌍이 $H^+$를 받기 위한 Brønsted–Lowry 염기로 작용한다. 질산은 강산이므로 수용액 중에서 100% 이온화되며 위의 반응식은 생성물 방향으로 기울어진다.

반대로 약산은 완전하게 이온화되지 않으므로 약전해질이 된다. 평형에서 대부분 이온화되지 않은 산 분자의 형태로 존재한다.

물에 녹아 있는 이온물질은 강한 전해질이다. 강산은 완전히 이온화하며 강한 전해질이다.

$$HF(aq) + H_2O(\ell) \rightleftharpoons H_3O^+(aq) + F^-(aq)$$

불화수소 산
약산

양쪽 화살표는 반응물과 생성물 사이의 평형을 나타낸다. HF의 이온화는 100%에 훨씬 미달하기 때문에 평형에서 대부분의 HF 분자는 그 상태로서 이온화되지 않으므로 용액 중에 하이드로늄 이온과 플루오라이드 이온은 소량 존재한다. 따라서 약산의 이온화는 반응물 선호 과정이다.

암모니아 $NH_3$는 물로부터 $H^+$를 받아서 암모늄 이온 $NH_4^+$를 생성하므로 염기이다. 물은 $H^+$를 주고 하이드록사이드 이온 $OH^-$로 된다.

암모니아 $NH_3$는 전기적으로 중성인 분자이며 암모늄 이온 $NH_4^+$는 다원자 이온이다.

염기: $H^+$ 받게 산: $H^+$ 주게

$$NH_3(g) + H_2O(\ell) \rightleftharpoons NH_4^+(aq) + OH^-(aq)$$

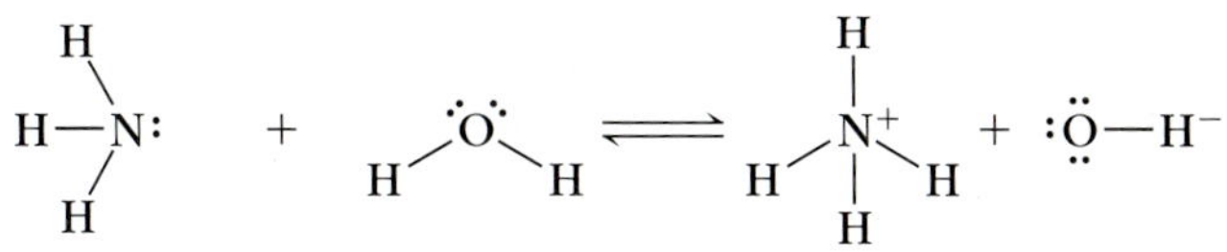

암모니아는 물, 암모늄 이온 그리고 하이드록사이드 이온과 평형을 이루며 약 염기이다. 평형에서 암모니아 분자가 암모늄 이온이나 하이드록사이드 이온보다 많다. 그러므로 암모니아 용액을 암모늄 하이드록사이드라고 부르는 것은 적당하지 못한 표현이다.

CONCEPTUAL
**개념학습 15.1 Brønsted–Lowry 산과 염기**

다음을 Brønsted–Lowry의 산과 염기로 구분하시오.

(a) HCl (b) $Br^-$ (c) $HNO_2$ (d) $CH_3NH_2$

CONCEPTUAL
**개념학습 15.2 Le Chatellier의 원리를 이용하라.**

Le Chatellier의 원리를 이용하여 왜 더 많은 암모니아가 희석이 덜된 용액보다는 아주 희석된 용액 속에서 물과 반응하는지 이유를 설명하시오.

## 산 혹은 염기로서 물의 역할

수용액 중에서 모든 Brønsted–Lowry 산과 염기는 물 분자와 반응한다. 앞에서 살펴본 것처럼 물 분자는 질산과 같은 산으로부터 $H^+$를 받는 반면 암모니아 분자와 같은 염기에게는 $H^+$를 준다.

Brønsted–Lowry 정의에 따르면 물은 산이 존재하면 염기($H^+$ 받게)로 작용하며 염기가 존재하면 산($H^+$ 주게)으로 작용한다. 따라서 물은 염기와 산의 성질을 모두 가지며–$H^+$를 주거나 받는다–주위의 환경에 의존한다. 물과 산(HA), 물과 염기(B)와의 일반적인 반응식은 다음과 같다.

**염기로서 작용할 때**

$$\underset{\text{산}}{HA} + \underset{\text{염기}}{H_2O} \rightleftharpoons H_3O^+ + A^-$$

**산으로 작용할 때**

음이온 $B^+$를 염기라고 하면 물로부터 $H^+$를 받아서 BH가 된다.

$$\underset{\text{염기}}{B} + \underset{\text{산}}{H_2O} \rightleftharpoons BH^+ + OH^-$$

물처럼 $H^+$주게도 될 수 있고 $H^+$받게도 될 수 있는 물질을 **양쪽성(amphiprotic)**이라고 한다.

CONCEPTUAL
**개념학습 15.3 산과 염기**

다음 반응식을 완성하시오(힌트: $CH_3NH_2$와 $(CH_3)_2NH$ 는 아민이며 따라서 암모니아와 유사한 염기이다).

(a) $HCN + H_2O \longrightarrow$ (b) $HBr + H_2O \longrightarrow$

(c) $CH_3NH_2 + H_2O \longrightarrow$ (d) $(CH_3)_2NH + H_2O \longrightarrow$

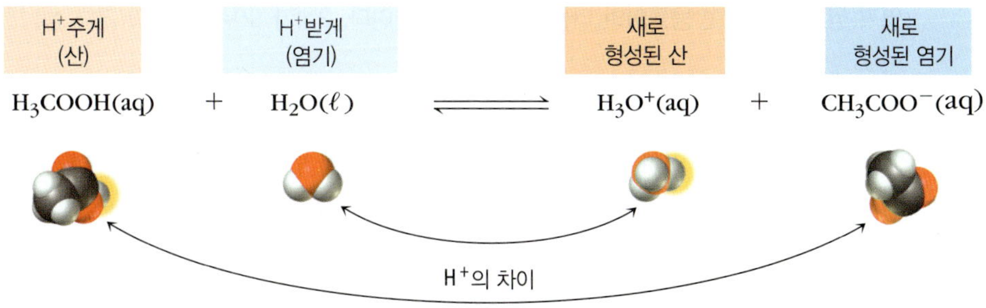


**짝산–짝염기 쌍.** $H^+$의 이동은 짝산을 짝염기로 전환시킨다. 이 책의 웹사이트 www.cengage.com/chemistry/moore에 방문하여 이 그림을 여러분이 이해하고 있는지를 확인해 보라.

## 짝산–짝염기 쌍

산이 $H^+$를 염기에게 주면 항상 새로운 산과 염기가 형성된다. $CH_3COOH$와 물의 반응에서 이미 이러한 예를 살펴보았다(위의 그림). 이 반응에서 아세트산은 $H^+$ 주게이며(산) 물은 $H^+$받게(염기)이다. 반응에서 생성된 $H_3O^+$는 새로운 산이며 $CH_3COO^-$는 새로운 염기이다. 역반응에서 $H_3O^+$는 산으로 작용하며($H^+$주게), 아세테이트 이온은 염기($H^+$받게)로서 작용한다. 염산(HCl)과 같은 강산은 물 속에서 완전하게 이온화하며 아세트산($CH_3COOH$)과 같은 약산은 부분적으로 이온화한다. $CH_3COOH$와 $CH_3COO^-$의 구조에서 차이는 단지 1개의 $H^+$만 다르며, $H_2O$와 $H_3O^+$사이도 1개의 $H^+$만 다르다.

–COOH기의 수소만이 산성이며 아세트산의 다른 수소원자들은 산성이 아니다.

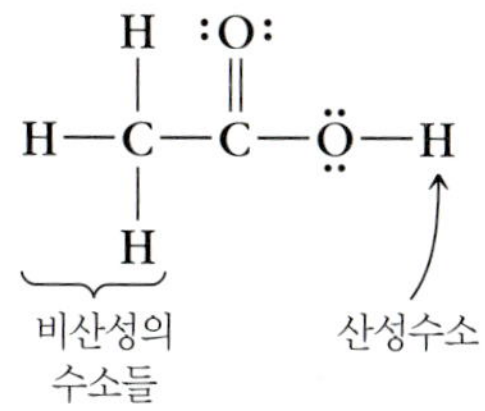


단지 하나의 *H*⁺를 잃거나 받아들임으로써 형성되는 분자나 이온의 쌍을 짝산–짝염기라고 한다. 모든 Brønsted–Lowry의 산은 짝염기를 가지며, Brønsted–Lowry의 염기 또한 짝산을 가진다.

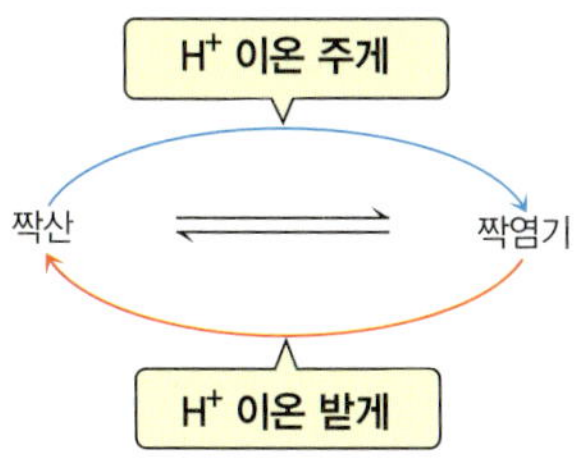


산에서 $H^+$ 이온을 제거하여 산의 남아있는 부분에 더 큰 음전하를 만들면 짝염기가 형성된다. 예를 들면 불화수소인 HF는 그것의 짝염기로서 $F^-$(플로라이드) 이온을 만들며, HF와 $F^-$는 짝산–짝염기 쌍이 된다.

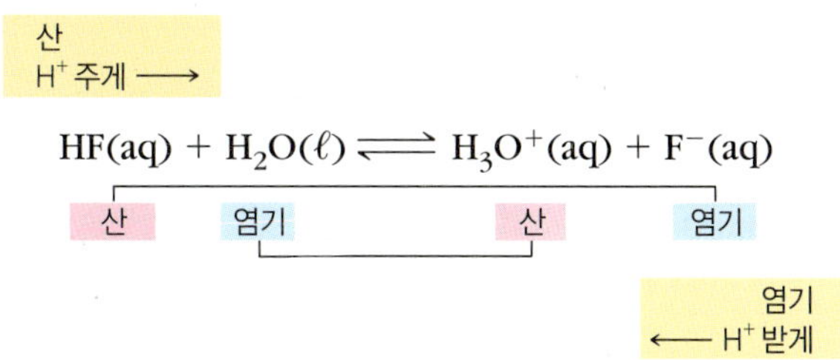


정반응에서 HF는 Brønsted–Lowry의 산으로 물에 $H^+$를 주며 물은 $H^+$를 받음으로서 Brønsted–Lowry의 염기가 된다. 역반응에서는 플로라이드 이온은 산인 $H_3O^+$로부터 $H^+$를 받아들여 Brønsted–Lowry의 염기가 된다. 반응식에 있는 것처럼 두 가지 짝산–짝염기 쌍, 즉 (1) HF와 $F^-$ (2) $H_2O$와 $H_3O^+$가 있다. 항상 짝산–짝염기 쌍의 한쪽은 반응물이며 다른 한쪽은 생성물이다. 2개가 모두 반응물이거나 생성물일 수 없다.

짝산의 화학식은 짝염기에 $H^+$이온을 더한 짝염기의 화학식으로부터 유도되며, 그 결과 짝염기보다 전하가 +1 단위 더 증가한 짝산이 만들어진다. 따라서 $Cl^-$의 짝산은 HCl이 되며, $NH_3$의 짝산은 $NH_4^+$가 된다.

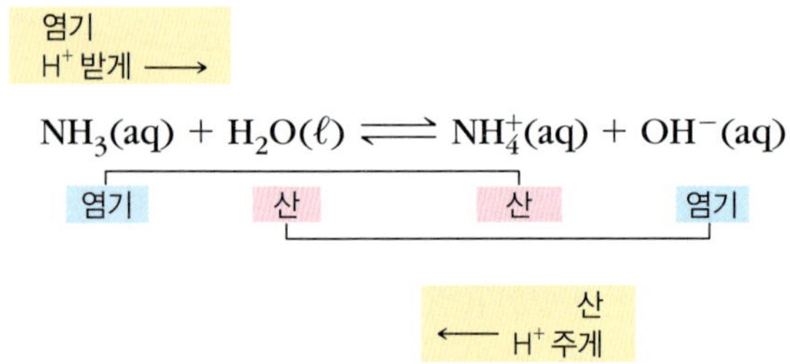


예로 든 아세트 산과 아세테이트 이온은 짝산–짝염기 쌍이다.

**예제 15.1 짝산–짝염기 쌍**

다음의 표를 알맞은 짝산 또는 짝염기로 완성하시오.

| 산 | 짝염기 | 염기 | 짝산 |
|---|---|---|---|
| HCOOH | ______ | $CN^-$ | ______ |
| $H_2S$ | ______ | ______ | $H_2SO_4^-$ |
| $PH_4^+$ | ______ | ______ | $H_2SO_4^-$ |
| ______ | $ClO^-$ | $S^{2-}$ | ______ |

**정답**

| 산 | 짝염기 | 염기 | 짝산 |
|---|---|---|---|
| HCOOH | $HCOO^-$ | $CN^-$ | HCN |
| $H_2S$ | $HS^-$ | $SO_4^{2-}$ | $HSO_4^-$ |
| $PH_4^+$ | $PH_3$ | $HSO_3^-$ | $H_2SO_3$ |
| HClO | $ClO^-$ | $S^{2-}$ | $HS^-$ |

**풀이:** 각각의 경우 다음 관계를 응용하라.

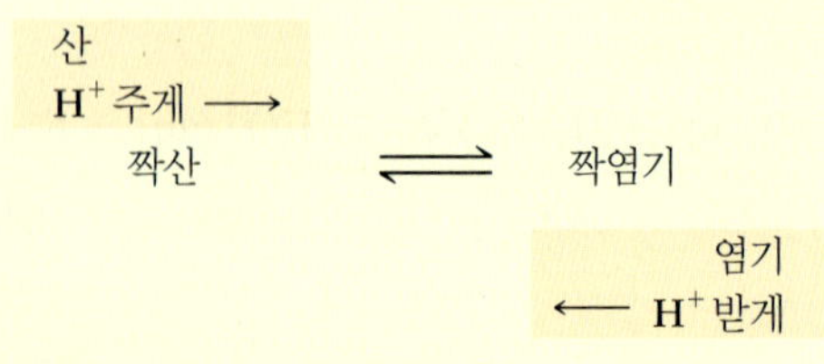


짝산은 짝염기에 $H^+$를 더하여 만들 수 있으며 짝산으로부터 $H^+$를 잃으면 짝염기가 된다. 예를 들면 $CN^-$는 줄 수 있는 $H^+$를 가지고 있지 않으며 따라서 그것의 짝산인 HCN의 짝염기이다. 마찬가지로 $HSO_3^-$는 짝염기가 되며, 짝산으로 $H_2SO_3$를 가진다. 다른 짝산–짝염기쌍도 비슷한 방법으로 해결하면 된다.

**실전예제 15.1**

다음 표를 완성하시오.

| 산 | 짝염기 | 염기 | 짝산 |
|---|---|---|---|
| $H_2PO_4^-$ | ________ | ________ | $HPO_4^{2-}$ |
| ________ | $H^-$ | $NH_2^-$ | ________ |
| $HSO_3^-$ | ________ | $ClO_4^-$ | ________ |
| HF | ________ | ________ | HBr |

EXERCISE
**연습문제** 15.4 염기로서의 $HSO_4^-$

(a) 물 속에 있는 $HSO_4^-$가 염기로서 어떻게 반응하는지 반응식을 적으시오.

(b) 짝산과 짝염기 쌍을 적으시오.

(c) $HSO_4^-$는 양쪽성인가? 설명하시오.

## 산과 염기의 상대적 세기

강산은 약산보다 더 좋은 $H^+$이온 주게이며 해당하는 강염기는 약산보다 더 좋은 $H^+$ 이온 받게이다. 강산은 약한 짝염기를 가지며 약산은 강한 짝염기를 가진다. 예를 들면 HCl은 강산이며, HF는 약산이다.

$$HCl(aq) + H_2O(\ell) \longrightarrow H_3O^+(aq) + Cl^-(aq)$$
$$HF(aq) + H_2O(\ell) \rightleftharpoons H_3O^+(aq) + F^-(aq)$$

HCl의 묽은 용액(<1.0 M) 중의 이온화는 실제 100%이며, 모든 HCl 분자들이 물과 반응하여 $H_3O^+$와 $Cl^-$를 만든다. 실제로 $Cl^-$ 이온은 $H_3O^+$로부터 $H^+$를 받을 수 있는 성질을 갖지 못한다. 한편, HF의 이온화 가역반응은 활발하며 $F^-$는 $H_3O^+$로부터 $H^+$를 쉽게 받는다. HF는 약산으로서 거의 이온화되지 않은 형태로 존재한다.

다양한 산들 중에서 어느 것이 물에 $H^+$를 잘 주는지 그 정도를 측정하여 산과 그 산의 짝염기의 상대적인 세기를 표로 만들었다. 그 결과를 그림 15.1에 요약하여 나타냈다. 표에서 왼쪽 위에 있는 화합물들이 강산이며, 오른쪽 위에 있는 화합물들이 약염기이다. 왼쪽 아래에 있는 화합물들이 가장 약산들이며, 오른쪽 아래에 있는 화합물들이 강염기들이다. 그림 15.1로부터 짝산과 짝염기에 대한 두 가지 중요한 일반적인 사실을 알 수 있다.

- **산의 세기가 감소하면 짝염기의 세기는 증가한다. 산이 약할수록 짝염기는 더 강염기가 된다.**
- **염기의 세기가 감소하면 짝산의 세기는 증가한다. 염기가 약할수록 짝산은 더 강산이 된다.**

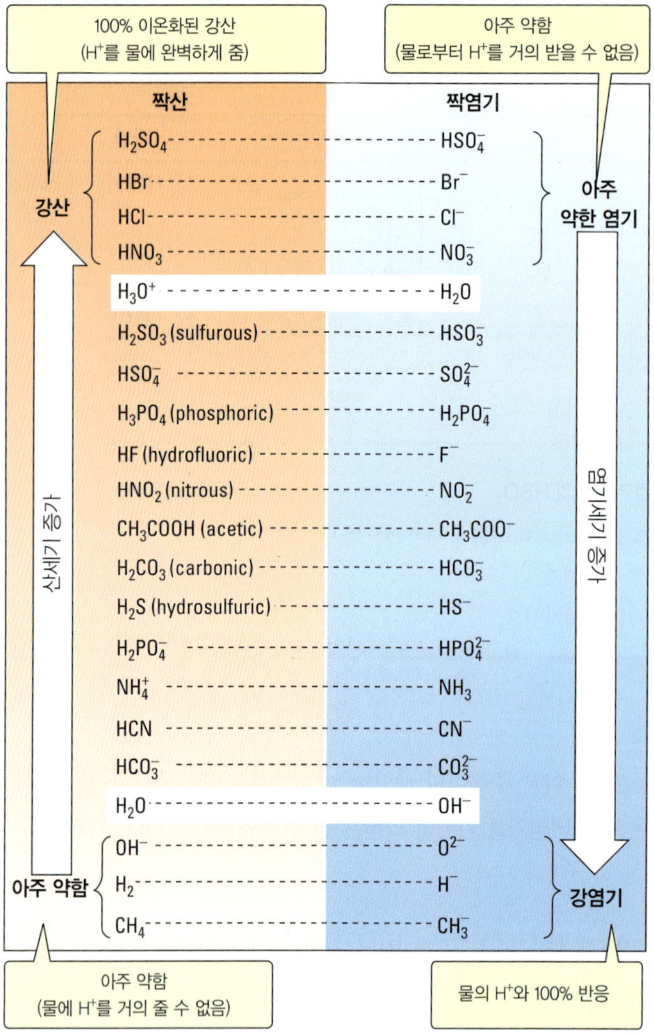


그림 15.1 물 속에서의 짝산과 짝염기의 상대적인 세기

**반응물의 산과 염기의 세기를 알고 있으면 산–염기 반응의 진행방향을 예측할 수 있다. 강산과 강염기가 반응하면 항상 약한 짝산과 짝염기가 생성된다.**

강한 Brønsted–Lowry 염기인 하이드라이드 이온 $H^-$, 설파이드 이온 $S^{2-}$, 옥사이드 이온 $O^{2-}$, 아마이드 이온 $NH_2^-$, 하이드록사이드 이온 $OH^-$ 등은 쉽게 $H^+$ 이온을 받는 반면, 약한 Brønsted–Lowry 염기들은 쉽게 $H^+$ 이온을 받지 못한다. 예를 들면, 칼슘 하이드라이드 $CaH_2$가 물과 반응하면 높은 발열반응을 하는데, 그 이유는 하이드라이드 이온 $H^-$의 강한 염기성이 물로부터 $H^+$ 이온을 받아서 하이드라이드 이온의 아주 약한 짝산인 $H_2$를 생성하기 때문이다. 이 반응에서 하이드라이드 이온은 $OH^-$ 보다 더 강한 염기이며 물은 $H_2$보다 더 강한 산이며 따라서 반응은 정반응으로 진행된다.

$$H^-(aq) + H_2O(\ell) \longrightarrow H_2(g) + OH^-(aq)$$

하이드라이드 이온의 강 염기성 성질. 칼슘 하이드라이드와 물과의 반응은 강염기성인 하이드라이드 이온 때문에 큰 발열반응이다.

$CN^-$, $F^-$, $CH_3COO^-$와 같은 음이온들은 대부분 약 염기들이다. 그림 15.1의 정보를 활용하여 평형에서 반응이 정반응으로 진행하는 것이 유리한지 역반응으로 진행하는

것이 유리한지를 알 수 있다.

$$HSO_4^-(aq) + CO_3^{2-}(aq) \rightleftharpoons HCO_3^-(aq) + SO_4^{2-}(aq)$$

그림 15.1로부터 $HSO_4^-$가 $HCO_3^-$나 $CO_3^{2-}$보다 더 강산이며, $CO_3^{2-}$는 $HSO_4^-$보다 더 강염기임을 알 수 있다. 산-염기 반응은 보다 강한 산-염기가 반응하여 약한 짝산-짝염기 쌍으로 되는 것이 정반응이며, 유리한 방향이다. 이때 $H^+$ 이온은 $HSO_4^-$로부터 $CO_3^{2-}$로 이동하고, $HCO_3^-$와 $SO_4^{2-}$가 생성된다.

CONCEPTUAL
**개념학습 15.5 짝산–짝염기의 세기**

그림 15.1을 보고 다음의 평형 반응이 정반응과 역반응 중에서 어느 방향으로 진행하는 것이 유리한지 예측해 보시오.

$$CH_3COOH(aq) + SO_4^{2-}(aq) \rightleftharpoons HSO_4^-(aq) + CH_3COO^-(aq)$$

## 15.2 카복실산과 아민

아세트산, 락트산, 피루브산과 같은 많은 약산들은 유기산 들이다.

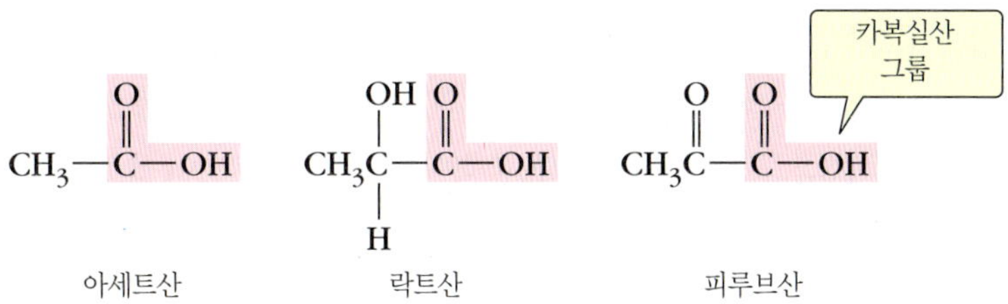


카복실산기는 —COOH로 나타내며, 산소원자끼리는 결합되지 않고 탄소에 결합된다.

이들 산들은 모두 작용기로서 —COOH인 카복실산을 포함하고 있다. 비록 카복실산 분자들은 많은 다른 수소원자들을 가지고 있지만 카복실산기의 산소원자에 결합된 수소원자만이 수용액 속에서 $H^+$ 이온을 줄 수 있는 양성자로서의 능력이 있다. 카복실산 기의 전기적 음성인 2개의 산소원자는 수소원자로부터 전자밀도를 끌어당긴다. 그 결과 산의 —O—H 결합은 더욱 극성이 되며 수소는 더 산성이 된다. 유기 산에서 C—H 결합은 비극성이며 결합력이 크며 이들 수소들은 butanoic acid에서 보는 것처럼 산성이 아니다.

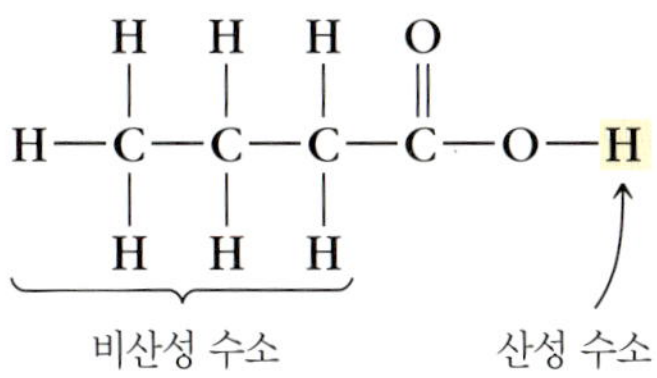


butanoic acid

아세트산인 $CH_3COOH$로부터 $H^+$ 이온을 잃고 형성된 아세테이트 이온 $CH_3COO^-$ 처럼 카복실산기의 —COOH 작용기로부터 $H^+$ 이온을 잃고 형성된 음이온은 공명으로 안정화 된다.

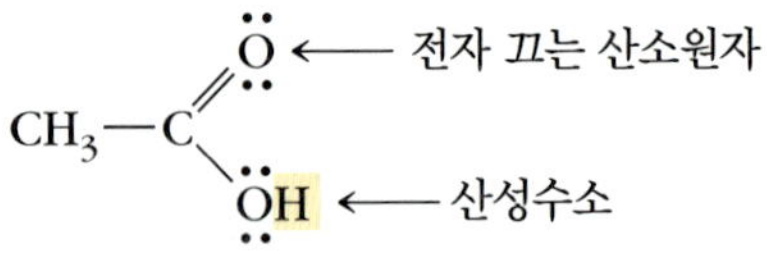


아세트산

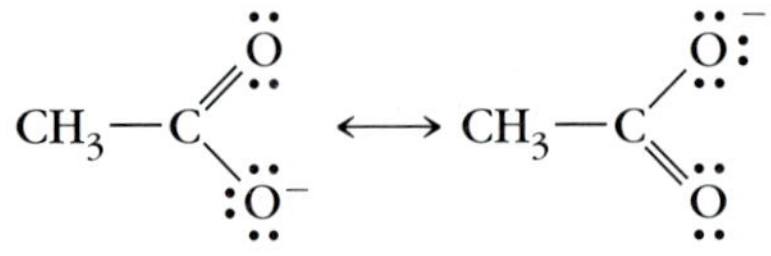

아세테이트 이온

$CH_3-\ddot{N}H_2$

메틸아민

**메틸아민**, $CH_3NH_2$와 같은 아민은 암모니아와 같으며 질소원자는 3개의 원자가 전자를 이용해서 공유결합을 하며 질소원자에 비공유 전자 한 쌍을 가지고 있다. 메틸아민은 약염기로서 물과 반응하여 물로부터 $H^+$ 이온을 받을 수 있다.

$$CH_3-\ddot{N}H_2(aq) + H_2O(\ell) \rightleftharpoons CH_3-NH_3^+(aq) + OH^-(aq)$$

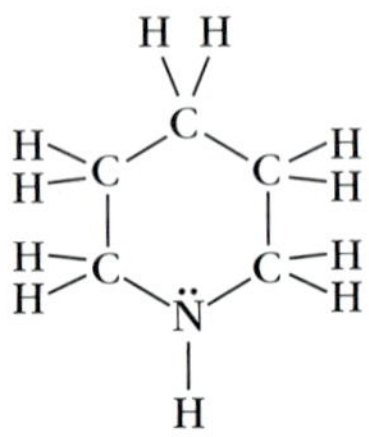

piperidine

EXERCISE
**연습문제** 15.6 암모니아 유사 화합물인 piperidine

후추의 성분 물질 중의 하나인 piperidine과 다음 물질과의 반응식을 적으시오.
(a) 물 (b) 염산

## 15.3 물의 자동 이온화

아주 잘 정제된 순수한 물이라도 작은 전류의 흐름은 있는데 이것은 순수한 물속에 낮은 농도로 이온이 있음을 의미한다. 이들 이온들은 물 분자끼리 반응하여 소위 자동 이온화라고 불리는 과정으로 하이드로늄 이온과 하이드록사이드 이온이 생성된 것이다.

$$H_2O(\ell) + H_2O(\ell) \rightleftharpoons H_3O^+(aq) + OH^-(aq)$$

염기 산 산 염기

이 반응에서 한 분자의 물은 $H^+$ 받게(염기)로서 작용하고 다른 하나의 물 분자는 $H^+$ 주게(산)로서 작용한다. 물 분자와 하이드로늄 이온과 하이드록사이드 이온 사이의 평형은 반응물 쪽으로 많이 기울어진다. 따라서 순수한 물 속의 이들 이온들의 농도는 아주 낮다. 그러나 물의 자동 이온화는 수용액 중에서 어떻게 산과 염기가 작용하는지를 이해하는데 아주 중요하다. 일반적인 평형 반응의 경우와 마찬가지로 물의 자동 이온화에서 평형 상수는 다음과 같이 표현된다.

모든 평형상수의 표현처럼 $K_w$는 용매의 농도가 아니라 용질의 농도를 포함하는 것으로 이 경우에 용질은 물이 된다.

$$2\,H_2O(\ell) \rightleftharpoons H_3O^+(aq) + OH^-(aq) \qquad K_w = [H_3O^+][OH^-]$$

평형상수 $K_w$는 물에 대한 **이온화 상수**를 의미한다. 순수한 물에 대한 전류 측정으로부터 25°C 에서 $[H_3O^+] = [OH^-] = 1.0 \times 10^{-7}$M이 된다. 따라서

$$K_w = [H_3O^+][OH^-] = (1.0 \times 10^{-7})(1.0 \times 10^{-7}) = 1.0 \times 10^{-14}\,(25°C에서)$$

평형식 $K_w = [H_3O^+][OH^-]$ **는 순수한 물과 모든 수용액에 적용된다**. 다른 평형상수와 마찬가지로 $K_w$값은 온도에 의존한다(표 15.1).

$K_w$의 표현에 따라서 하이드로늄 이온 농도와 하이드록사이드 이온 농도의 곱은 주

어진 온도에서 항상 일정하다. 만약 하이드로늄 이온의 농도가 증가하면(예를들어 산을 물에 가하게 되면) 하이드록사이드 이온 농도는 감소하게 되며 그 반대도 마찬가지이다.

$H_3O^+$와 $OH^-$의 상대적 농도는 곧 용액의 산성, 중성, 염기성을 나타낸다. 어떠한 용액이라도 다음의 세 가지 가능성이 있다.

| | | |
|---|---|---|
| **중성 용액:** | $[H_3O^+] = [OH^-]$ | 두 이온의 농도는 동일한 $1.0 \times 10^{-7}$M(25°C에서) |
| **산성 용액:** | $[H_3O^+] > 1.0 \times 10^{-7}$M | $[OH^-] < 1.0$ X $10^{-7}$M |
| **염기성 용액:** | $[H_3O^+] < 1.0 \times 10^{-7}$M | $[OH^-] > 1.0$ X $10^{-7}$M |

**표 15.1** 물의 $K_w$ 온도 의존성

| $T$(°C) | $K_w$ |
|---|---|
| 10 | $0.29 \times 10^{-14}$ |
| 15 | $0.45 \times 10^{-14}$ |
| 20 | $0.68 \times 10^{-14}$ |
| 25 | $1.01 \times 10^{-14}$ |
| 30 | $1.47 \times 10^{-14}$ |
| 50 | $5.48 \times 10^{-14}$ |

수용액 중에서 $H_3O^+$와 $OH^-$ 농도는 반비례 관계이다. 25°C에서 두 농도의 곱은 항상 $1.0 \times 10^{-14}$ 을 가진다.

용액이 $[H_3O^+]$의 농도와 $[OH^-]$의 농도가 같다고 할 경우 중성이라고 한다. 산 또는 염기를 중성 용액에 가하면 자동 이온화로 형성된 $H_3O^+$와 $OH^-$이온 사이의 평형은 깨어진다. Le Chatelier의 원리에 따라서 방해물의 효과를 떨어뜨리는 방향으로 평형은 이동한다. 산이 가해지면 $H_3O^+$이온의 농도는 증가한다. 이러한 증가를 방해하기 위하여 가해진 $H_3O^+$은 물속에 있는 $OH^-$이온과 반응하여 $H_2O$를 생성하며 따라서 $OH^-$이온은 감소한다. 평형이 다시 형성되어 $[H_3O^+] > [OH^-]$ 가 되면 용액은 **산성**이 된다. 하지만 수학적으로 $[H_3O^+][OH^-]$의 값은 항상 25°C에서 $1.0 \times 10^{-14}$가 된다. 유사하게 물에 염기가 가해지면 가해진 $OH^-$이온은 물 속에 있는 $H_3O^+$과 반응하여 $H_2O$를 생성하며 따라서 $H_3O^+$이온은 감소한다. 평형이 다시 형성되어 $[H_3O^+] < [OH^-]$ 가 되면 용액은 **염기성**이 되며, 수학적으로 $[H_3O^+][OH^-]$의 값은 항상 25°C에서 $1.0 \times 10^{-14}$가 된다.

알칼리성 용액이라는 용어는 염기성 용액으로도 사용된다.

**예제 15.2 하이드로늄과 하이드록사이드 농도**

계산 :
(a) 25°C에서 0.10 M HCl의 하이드록사이드 이온의 농도.
(b) 25°C에서 0.010 M KOH의 하이드로늄 이온의 농도.

0.10 M인 HCl이 강산인 점과 0.010 M인 KOH가 강염기라는 것을 계산으로 설명하시오.
**정답:** (a) $[OH^-] = 1.0 \times 10^{-13}$ M (b) $[H_3O^+] = 1.0 \times 10^{-12}$ M
0.10 M인 HCl 용액은 하이드로늄의 농도가 하이드록사이드 농도보다 크므로, 즉 $[H_3O^+] > [OH^-]$ 가 되어 산이다. 반면, 0.010 M인 KOH 용액은 $[H_3O^+] < [OH^-]$ 가 되어 염기이다.

**풀이:**
각각의 경우 $[H_3O^+][OH^-] = 1.0 \times 10^{-14}$을 적용한다.
(a) 강산인 염산은 100% 이온화 되며, 그 결과 $[H_3O^+] = 1.0 \times 10^{-1}$ M이 되며 $[OH^-]$는 다음과 같이 계산된다.

$$[H_3O^+][OH^-] = 1.0 \times 10^{-14} = (1.0 \times 10^{-1}\,M)\,[OH^-]$$

$$[OH^-] = \frac{1.0 \times 10^{-14}}{1.0 \times 10^{-1}} = 1.0 \times 10^{-13}\,M$$

(b) 강염기인 KOH는 100% 이온화 되며, 그 결과 $[OH^-] = 1.0 \times 10^{-2}$ M이 되며 하이드로늄 이온은 다음과 같이 계산된다.

$$[H_3O]^+ = \frac{1.0 \times 10^{-14}}{[OH^-]} = \frac{1.0 \times 10^{-14}}{1.0 \times 10^{-2}} = 1.0 \times 10^{-12}\ M$$

**실전예제 15.2**

$[H_3O^+]$의 농도가 $5.0 \times 10^{-4}$ M의 용액과 $[OH^-]$의 농도가 $3.0 \times 10^{-8}$ M인 용액 중 어느 것이 더 산성인가?

**예제 15.3 $[H_3O^+]$와 $[OH^-]$ 농도**

25°C에서 6.0 M인 $HNO_3$의 하이드록사이드 이온의 농도와 25°C에서 6.0 M인 NaOH의 하이드로늄 이온의 농도를 계산하시오.

**정답:** (a) 6.0 M인 $HNO_3$의 $[OH^-] = 1.7 \times 10^{-15}$ M이며, (b) 6.0 M인 NaOH의 $[H_3O^+] = 1.7 \times 10^{-15}$ M이다.

**풀이:** 질산과 수산화나트륨 모두 강한 전해질로 100% 이온화 한다고 가정하자(그림 15.1 참조). 그러므로 6.0 M 질산 용액은 $[H_3O^+] = 6.0$ M이며 이때 $[OH^-]$를 계산할 수 있다.

$$[H_3O^+][OH^-] = (6.0)[OH^-] = 1.0 \times 10^{-14}$$

$$[OH^-] = \frac{1.0 \times 10^{-14}}{6.0} = 1.7 \times 10^{-15}\ M$$

NaOH는 강염기이므로 6.0 M의 경우 $[OH^-] = 6.0$ M

$$[H_3O^+][OH^-] = [H_3O^+](6.0) = 1.0 \times 10^{-14}$$

$$[H_3O^+] = \frac{1.0 \times 10^{-14}}{6.0} = 1.7 \times 10^{-15}\ M$$

**실전예제 15.3**

$H_3O^+$의 농도가 $2.0 \times 10^{-5}$ M인 용액과 $OH^-$의 농도가 $5.0 \times 10^{-9}$ M인 용액 중에서 어느 것이 더 염기성인가?

pH의 정의, $pH = -\log[H_3O^+]$는 단지 하이드로늄 이온의 작은 농도에 대하여 정확하다. 더 정확한 정의는 $pH = -\log a_{H_3O^+}$이며, 여기서 $a_{H_3O^+}$는 하이드로늄 이온의 활동도를 나타낸다. 활동도는 유효 농도를 나타내는 것으로 용액 내에서 이온이나 분자들 사이의 비공유적인 상호작용을 보정한 값이다. 참고 : McCarty, C. G.; Vitz, E. *Journal of Chemical Education*, Voi. 83, 2006; pp. 752-757. pH의 완전한 정의는 조금 복잡하다. (참고 http://www.iupa.org/goldbook/P04524.pdf 그리고 Gaister, H *pH Measurement; Fundmantals, Methods, Ap-plications, Instrumentation*. New York:VCH, 1991).

## 15.4 pH 값

수용액 중에서 $[H_3O^+]$와 $[OH^-]$는 용액의 산 또는 염기의 존재량에 따라 대단히 넓게 분포한다. 일반적으로 수용액 중의 $[H_3O^+]$와 $[OH^-]$의 분포는 10 mol/L에서부터 $10^{-15}$mol/L 까지 이다.

이들의 농도는 아주 작을 수 있기 때문에 아주 큰 음의 지수값을 가질 수 있다. 따라서 이들을 효과적으로 나타내는 것으로 로그 함수로 표현한다. 용액의 ***pH*는 하이드로늄 이온 농도(*mol/L*)의 상용로그(*log*)의 음의 값으로 정의하며 다음과 같다.**

$$pH = -\log[H_3O^+]$$

작은 농도의 로그함수 음의 값은 양의 pH 값을 나타내기 때문에 사용된다. 25°C에서 순수한 물의 pH 값은 다음과 같다.

$$\text{pH} = -\log[1.0 \times 10^{-7}] = -[\log(1.0) + \log(10^{-7})]$$
$$= -[0 + (-7.00)] = 7.00$$

25°C에서 수용액에 대한 pH의 용어는 다음과 같이 정리된다.

| | |
|---|---|
| **중성 용액** | pH = 7,00 |
| **산성 용액** | pH < 7.00 |
| **염기성 용액** | pH > 7.00 |

pH의 p는 프랑스어 "puissance" 로부터 온 것으로 "power"의 의미이다. 따라서 pH는 "power of hydrogen"이라는 뜻이다.

그림 15.2는 일반적인 용액의 $[H_3O^+]$와 $[OH^-]$의 농도에 해당하는 pH 값을 나타낸 것이다. 그림 15.2의 예에서 본 것처럼 $-\log(1 \times 10^{-x}) = x$라는 사실을 기억하라.

레몬주스: $[H_3O^+] = 1 \times 10^{-2}$ M; $\quad$ pH $= -\log(1 \times 10^{-2}) = 2$

커피: $[H_3O^+] = 1 \times 10^{-5}$ M; $\quad$ pH $= -\log(1 \times 10^{-5}) = 5$

pH 단위의 1의 변화는 $H_3O^+$ 농도의 10배의 변화가 있으며, 2의 차이는 100배의 변화가 있음을 기억하라. 따라서 그림 15.2에 따르면 레몬주스(pH = 2)의 $[H_3O^+]$는 커피(pH = 5)보다 1000배가 크다.

$[H_3O^+]$ 또는 $[OH^-]$의 값이 정확하게 10의 지수$(1, 1 \times 10^{-1}, 1 \times 10^{-2}, \ldots)$가 아닌 값을 가지는 용액은 계산기로 pH의 값을 측정하는 것이 편리하다. 예를 들면 1리터에 강산인 $HNO_3$를 0.0045 몰을 포함하는 용액의 pH가 2.35인 경우에 다음과 같다.

$$\text{pH} = -\log(4.5 \times 10^{-3}) = 2.35$$

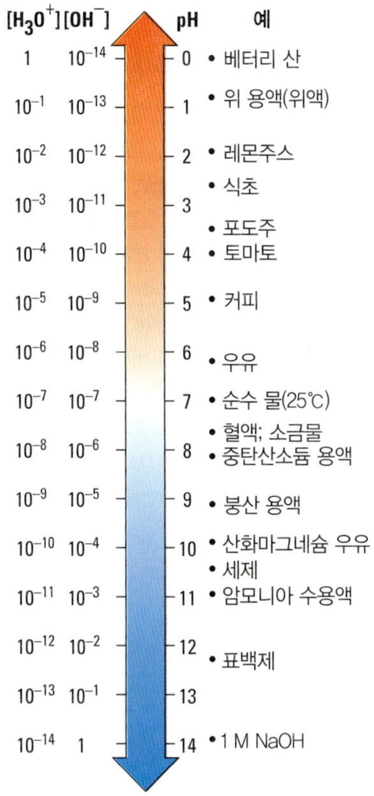


**그림 15.2 수용액의 pH 값.** $H_3O^+$와 $OH^-$ (25°C, mole/L)의 농도와 pH의 관계식을 나타냈다. 일반적인 물질들의 pH 값이 그림에 나타나 있다.

**예제 15.4 $[H_3O^+]$ 로부터 pH의 계산**

부피 250 mL에 0.4649 g의 $HNO_3$를 포함하고 있는 수용액의 pH를 계산하시오.

**정답:** 1.530 (주의 : 이 pH는 소수 3째 자리까지 계산되었다. 실제의 측정에서 가끔씩 pH의 값을 이 정도 정확도로 측정할 수 있다.)

**풀이:** 질산은 강산이므로 모든 질산은 물에 녹아서 $H_3O^+$와 $NO_3^-$로 된다. 먼저 $HNO_3$의 몰수를 계산하고 그 다음 $H_3O^+$의 농도를 계산한다.

$$0.465 \text{ g HNO}_3 \times \frac{1 \text{ mol HNO}_3}{63.012 \text{ g HNO}_3} = 0.007380 \text{ mol HNO}_3$$

$$[H_3O^+] = \frac{0.007380 \text{ mol HNO}_3}{0.250 \text{ L}} = 0.0295 \text{ M}$$

그 다음 pH로서 농도를 나타낸다.

$$\text{pH} = -\log(2.95 \times 10^{-2}) = 1.530$$

**실전예제 15.4**

NaOH 0.040 M의 pH를 계산하시오.

pH에서 소수점 왼쪽의 아라비아 숫자는 10의 지수를 나타낸다. 소숫점의 오른쪽의 아라비아 숫자는 단지 유효숫자를 의미한다. 예제 15.4에서 pH = $-\log(2.95 \times 10^{-2}) = -\log(2.95) + (-\log 10^{-2}) = -0.470 + 2.000 = 1.530$이 된다. 숫자 2.95에는 3개의 유효숫자가 있으므로 1.530에도 유효 숫자가 3개가 된다.

평형상수의 경우처럼 mol/L의 농도 단위는 로그함수로 취할 경우 무시된다. 단위를 로그로 취할 수 없기 때문이다.

예제 15.4에서 수행한 계산은 역으로도 가능하다. 용액의 하이드로늄 이온 농도는 예제 15.5에서와 같이 그것의 pH 값으로부터 계산될 수 있다.

**Arnold Beckman 1900~2004**

1934년 처음으로 전자 pH 미터를 개발하였을 때 Arnold Beckman은 pH 측정에 혁명을 가져왔다. Beckman이 캘리포니아 공과대학에서 교수로 근무하고 있을 때 캘리포니아 과일 성장 협회로부터 레몬의 산성도를 빠르고 정확하게 측정할 수 있는 방법을 의뢰 받아 pH 미터를 개발하였다. 그는 적외선 분광기, 자외선 분광기를 비롯하여 다른 여러 실험 기기들을 개발한 Beckman Instrument Company를 설립하였다. Arnold와 Mabel Beckman 재단은 선진화된 화학 연구와 교육의 범세계적인 발전을 위해서 수백만 달러를 기부하였다.

**예제 15.5 pH로부터 $[H_3O^+]$의 계산**

병원에 있는 환자의 혈액 시료가 pH 7.40이다. 체온이 37°C일 때 $K_W = 2.4 \times 10^{-14}$이다.

(a) 혈액 시료의 $H_3O^+$의 농도를 계산하시오.

(b) 혈액 시료의 $OH^-$의 농도를 계산하시오.

(c) 시료는 산성, 염기성, 중성 중 어느 것인가?

**정답:** (a) $4.0 \times 10^{-8}$ M (b) $6.0 \times 10^{-7}$ M (c) 염기성

**풀이:** 하이드로늄 이온의 농도를 구하기 위해서는 pH값을 이용한다.

시료의 농도로부터 $[H_3O^+][OH^-] = 1.0 \times 10^{-14}$의 식을 이용하여 $OH^-$의 농도를 계산한다.

(a) pH의 정의에 대입하면

$$-\log[H_3O^+] = 7.40, \qquad \log[H_3O^+] = -7.40$$

로그함수의 규정에 따라서 $10^{\log(x)} = x$이며 따라서 $10^{\log[H_3O^+]} = 10^{-pH} = [H_3O^+]$ $[H_3O^+]$를 구하고자 하면 −7.40의 안티 로그 함수를 구해야 한다(부록 A.6).

$$[H_3O^+] = 10^{-7.40} = 4.0 \times 10^{-8}\ M$$

(b) $[OH^-]$를 구하기 위해서는 $[H_3O^+][OH^-] = K_W = 2.4 \times 10^{-14}$의 식을 정리한다.

$$[OH^-] = \frac{2.4 \times 10^{-14}}{[H_3O^+]} = \frac{2.4 \times 10^{-14}}{4.0 \times 10^{-8}} = 6.0 \times 10^{-7}\ M$$

(c) pH의 값이 7.0 보다 크므로 시료는 염기성이다.

**실전예제 15.5**

병원 실험실에서 쓸개즙 시료의 pH가 7.90으로 측정되었다.

(a) $H_3O^+$의 농도를 계산하시오. (b) 시료는 산성 또는 염기성 중 어느 것인가?

CONCEPTUAL
**개념학습 15.7 다른 산 용액의 pH**

강산인 $HNO_3$ 0.1M 용액의 pH와 강산인 HCl의 0.1M 용액의 pH는 같은가? 설명하시오.

$OH^-$ 농도는 pOH의 지수 항으로 나타낼 수 있다.

$$pOH = -\log[OH^-]$$

25°C의 순수한 물의 $[OH^-]$는 $1.0 \times 10^{-7}$이므로 pOH는 다음과 같다.

$$pOH = -\log(1 \times 10^{-7}) = -(-7.00) = 7.00$$

$[H_3O^+]$ 와 $[OH^-]$의 값은 $K_W$식에 의해 나타나므로 25°C의 모든 수용액은 다음과 같이 나타낸다.

$-\log K_w = pK_w$
$-\log[H_3O^+] = pH$
$-\log[OH^-] = pOH$

$$K_w = [H_3O^+][OH^-] = 1.0 \times 10^{-14}$$

좌우의 항에 −log를 취하여 다시 쓰면

$$-\log K_w = -\log[H_3O^+] + (-\log[OH^-]) = -\log(1.0 \times 10^{-14})$$

또는

$$pK_w = pH + pOH = 14.00$$

pH와 pOH는 두 값 중에서 하나의 값을 알고 다른 하나의 값을 구하고자 할때 사용할 수 있다. 예를 들면, 강염기인 NaOH 0.0010 M 용액은 0.0010 M의 $OH^-$를 가지고 있으며, 그 때 pOH는 다음과 같다.

$$pOH = -\log(1.0 \times 10^{-3}) = 3.00$$

따라서

$$pH = 14.00 - pOH = 14.0 - 3.00 = 11.00$$

pH를 알고 난 다음 pOH는 14.00 − pH로부터 구한다. pOH를 알고 있다면 pH는 14.00 − pOH로부터 구한다.

EXERCISE
**연습문제 15.8 pOH와 pH**

5.5의 pH를 가진 용액과 8.5의 pOH 를 가진 용액 중에서 어느 것이 더 염기성 용액인가? 각 용액의 $H_3O^+$ 농도를 구하시오.

## pH 측정

용액의 pH 측정은 pH 미터(그림 15.3)를 이용하여 쉽게 측정된다. 이 기구는 시험 용액의 $H_3O^+$농도를 인지하는 한 쌍의 전극으로 구성되어 있으며, $H_3O^+$ 농도는 곧 전기적 신호로 전환되어 pH 값으로 직접 나타난다. pH 미터는 우선 알려진 pH 표준용액을 이용하여 눈금이 조정된다. pH 미터를 이용하여 생체 용액, 흙, 환경과 공장의 시료를 비롯한 다양한 시료들의 pH를 쉽고 정확하게 측정할 수 있다.

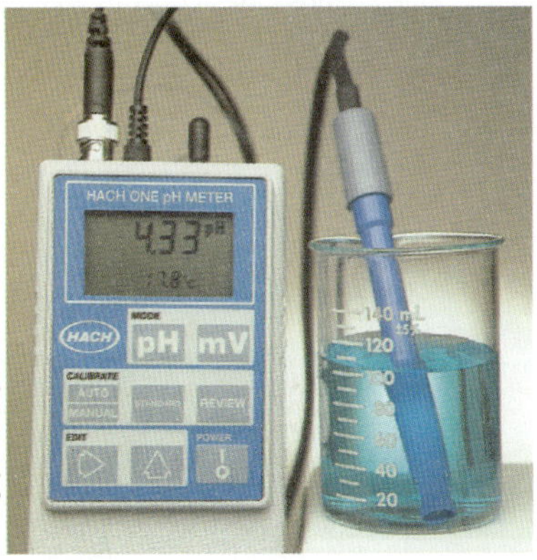


© Cengage Learning/Charles D. Winters

**그림 15.3 pH 미터.** pH 미터는 빠르고 쉽게 시료의 pH를 측정할 수 있다.

pH 측정시 산−염기 적정시약을 사용하기도 하는데 이것은 아주 오래 되고 덜 정확한(편리성은 있음) 방법이다. 지시약은 $H^+$ 이온을 잃거나 얻음으로서 1~2정도의 pH 변화가 색변화로 나타나는 물질로써 지시약의 구조가 변화되며 이것으로 인해 가시광선 영역의 빛의 흡수가 달라지게 된다. 지시약은 낮은 pH에서 하나의 색을 보이며(지시약의 산성 구조) 높은 pH가 되면 다른 색이 된다(염기성 구조). 지시약 bromthymol blue(그림 15.4)를 생각해 보자. pH 6 또는 그 이하에서 노란색(산성 구조)을 보이지만 pH 8 또는 그 이상에서 푸른색(염기성 구조)이 된다. pH가 6~7 사이에는 순수 노란색에서 노란색과 푸른색이 함께한 색으로 된다. pH 7에서는 50%의 노란색, 50%의 푸른색의 혼합색이 되며 따라서 녹색으로 된다. pH가 7에서 8로 변화되면 색상은 순수한 푸른색이 된다. 따라서 bromthymol blue가 녹색으로 변하는 그 시료의 pH는 7정도가 된다. 그리고 시료 용액이 푸른색으로 되면 pH가 적어도 8 정도가 되며 그 이상도 될 수 있다.

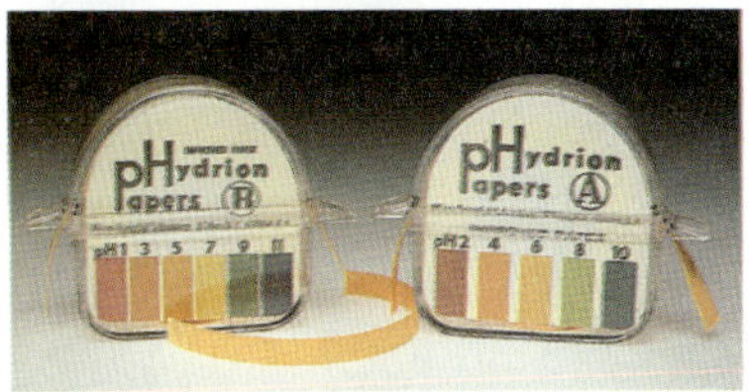


© Cengage Learning/Charles D. Winters

종이 띠 지시약. 지시약이 포함된 종이 띠 지시약은 대략적인 pH를 측정할 때 사용된다.

산−염기 지시약이 포함된 종이 띠는 여러 가지 물질의 pH 측정시 사용된다. 용액에 그 지시약 종이를 담그면 색상이 변화되며 알려진 pH의 종이 색상과 비교하여 용액의 pH를 알 수 있다.

## ESTIMATION Using an Antacid

Estimate how many Rolaids antacid tablets it would take to neutralize the acidity in one glass (250 mL) of a regular cola drink. Assume the pH of the cola is 3.0. One Rolaids tablet contains 334 mg $NaAl(OH)_2CO_3$.

With a pH of 3.0, the cola has $1 \times 10^{-3}$ mol acid per liter of cola, so 0.250 L cola has one fourth that much acid, or about $3 \times 10^{-4}$ mol acid. To neutralize this amount of acid requires $3 \times 10^{-4}$ mol base (1 mol base for every 1 mol acid). There are two bases in Rolaids—hydroxide ions and carbonate ions. Each mole of hydroxide neutralizes 1 mol acid, and each mole of carbonate neutralizes 2 mol acid.

$$H^+(aq) + OH^-(aq) \longrightarrow H_2O(\ell)$$

$$2\,H^+(aq) + CO_3^{2-}(aq) \longrightarrow H_2O(\ell) + CO_2(g)$$

Because each mole of $NaAl(OH)_2CO_3$ contains 2 mol $OH^-$ ions and 1 mol $CO_3^{2-}$ ions, 1 mol $NaAl(OH)_2CO_3$ neutralizes 4 mol acid. The molar mass of $NaAl(OH)_2CO_3$ is 144 g/mol, so one Rolaids tablet contains about 0.002 mol of the antacid.

$$\frac{0.334 \text{ g antacid}}{1 \text{ antacid tablet}} \times \frac{1 \text{ mol antacid}}{144 \text{ g antacid}} = 0.00232 \text{ mol antacid/tablet}$$

This tablet can neutralize four times that many moles of acid, or about 0.01 mol acid. To neutralize the $3 \times 10^{-4}$ mol acid in the cola requires about 0.03 tablet.

$$3 \times 10^{-4} \text{ mol antacid} \times \frac{1 \text{ tablet}}{0.01 \text{ mol acid}} \approx 0.03 \text{ tablet}$$

It would take only a small portion of a tablet to do the job.

Visit this book's companion website at **www.cengage.com/chemistry/moore** to work an interactive module based on this material.

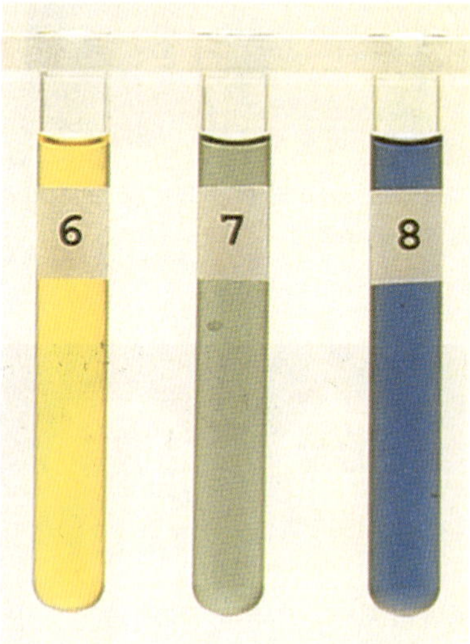




**그림 15.4 Bromthymol Blue 지시약.** pH 6이나 그 이하에서 지시약은 노란색이다. pH 7에서는 연한 녹색이며, pH 8이나 그 이상에서는 푸른색을 띤다.

## 15.5 산과 염기의 이온화 상수

앞서 반응이 생성물 선호 반응일수록 더 큰 값의 평형 상수를 가진다는 것을 배웠다. 산-염기 반응에서는 더 강산과 더 강한 염기가 반응하면 더 많은 생성물이 얻어지는 방향으로 반응이 진행된다. 결론적으로 평형 상수의 크기는 무엇이 약산이며 무엇이 약염기 인가를 알 수 있게 한다. 예를 들면 산의 이온화에서 평형 상수가 클수록 더 강한 산이 된다.

### 산의 이온화 상수

일반적인 화학식으로 나타내는 산인 HA로부터 물로 $H^+$가 이동하여 이온화되는 식은 다음과 같다.

$$\underset{\text{짝산}}{HA(aq)} + H_2O(\ell) \rightleftharpoons H_3O^+(aq) + \underset{\text{짝염기}}{A^-(aq)}$$

이때 산의 **이온화 상수**는 다음과 같이 표현된다.

$$K_a = \frac{[H_3O^+][\text{짝염기}]}{[\text{이온화 되지 않은 짝산}]} = \frac{[H_3O^+][A^-]}{[HA]}$$

산의 이온화 상수 표현에서 짝염기와 하이드로늄 이온의 평형 농도는 분자에 나타내며 이온화되지 않은 **짝산의 평형 농도는 분모에 표시한다**. 다른 평형 상수 표현과 마찬가지로 순수한 고체와 물과 같은 액체는 나타내지 않는다.

산의 이온화 상수는 해리 상수라고도 한다.

산의 이온화 상수가 크면 클수록 강산이다.

평형 상수 $K_a$는 **산의 이온화 상수(acid ionization constant)**라고 부른다. 산이 더 많이 이온화 될수록 산의 이온화 상수 식에서 [HA]인 분모는 더 작아지고 분자 항은 커진다. 결과적으로 비율은 커지게 된다. 염산과 같은 강산인 경우 평형은 생성물이 선호되며 산의 이온화 상수는 1보다 훨씬 크다. 강산과는 반대로 약산인 아세트 산은 아주 적은 양만 이온화되며 이온화 되지 않은 약산 분자가 여전히 용액 내에 남아 있는 상태로 평형이 된다. 약산의 이온화는 반응물 선호반응으로 진행되므로 약산의 $K_a$ 값은 1보다 작으며 약산은 약한 전해질이다.

일반적으로 염산(HCl), 질산($HNO_3$), 황산($H_2SO_4$), 아염소산($HClO_4$), 브롬산(HBr), 요오드산(HI)은 강산이다.

**예제 15.6 산의 이온화 상수 표현**

다음의 약산들에 대한 이온화 식과 이온화 상수를 적으시오.

(a) HF (b) HBrO (c) $H_2PO_4^-$

**정답**

(a) $HF(aq) + H_2O(\ell) \rightleftharpoons H_3O^+(aq) + F^-(aq) \qquad K_a = \dfrac{[H_3O^+][F^-]}{[HF]}$

(b) $HBrO(aq) + H_2O(\ell) \rightleftharpoons H_3O^+(aq) + BrO^-(aq) \qquad K_a = \dfrac{[H_3O^+][BrO^-]}{[HBrO]}$

(c) $H_2PO_4^-(aq) + H_2O(\ell) \rightleftharpoons H_3O^+(aq) + HPO_4^{2-}(aq) \qquad K_a = \dfrac{[H_3O^+][HPO_4^{2-}]}{[H_2PO_4^-]}$

**풀이:** 각각의 경우, 이온화 식은 산으로부터 물로 $H^+$ 이온을 전달하여 나타내며 하이드로늄 이온과 산의 짝염기가 생성된다. $K_a$식은 평형에서의 생성물의 농도를 평형에서의 반응물의 농도로 나누어서 나타내며 물의 농도는 포함시키지 않는다. 예를 들면 HF의 경우 :

$$HF(aq) + H_2O(\ell) \rightleftharpoons H_3O^+(aq) + F^-(aq) \qquad K_a = \frac{[H_3O^+][F^-]}{[HF]}$$

용매(이 경우 물)는 액체이며 순수한 물질이므로 평형 상수 표현에서 나타내지 않음을 명심하시오.

**실전예제 15.6**

다음의 약산들에 대한 이온화 식과 이온화 상수를 적으시오.

(a) Hydrazoic acid, $HN_3$ (b) Formic acid, HCOOH

(c) Chlorous acid, $HClO_2$

약산은 소량만 이온화 됨을 그들의 수용액의 pH를 측정함으로서 알 수 있다. 0.10 M의 아세트 산 용액의 pH는 2.88이며 이에 해당하는 $H_3O^+$의 농도는 $1.3 \times 10^{-3}$이다. 이 값과 pH 1인, 강산 0.10 M HCl 용액 속에 있는 $H_3O^+$이온의 농도 0.10 M을 비교해 보자. 0.10 M의 아세트산 용액은 원래 아세트 산의 농도 중 1.3% 만이 이온화 되었다:

CH₃COOH 보다 강산 / H₂O 보다 강염기

$$CH_3COOH(aq) + H_2O(\ell) \rightleftharpoons H_3O^+(aq) + CH_3COO^-(aq)$$

(말풍선: $H_3O^+$ — $CH_3COOH$ 보다 강산; $CH_3COO^-$ — $H_2O$ 보다 강염기)

$$\text{이온화 \%} = \frac{\text{평형에서의 } [H_3O^+]}{\text{최초 이온화되지 않은 산의 농도}} \times 100\% = \frac{1.3 \times 10^{-3}}{1.0 \times 10^{-1}} \times 100\% = 1.3\%$$

따라서 거의 99%의 아세트산은 이온화 되지 않고 $CH_3COOH$로 남아 있다. 이것이 바로 약산(약염기)이 왜 약전해질인가를 잘 표현하고 있다.

아세트산 용액이나 대부분의 약산의 수용액 속에서는 2개의 다른 산들로부터 주어질 수 있는 $H^+$이온에 대하여 2개의 다른 염기가 경쟁한다. 위의 식에서 2개의 염기는 물과 아세테이트 이온이며, 2개의 산은 아세트 산과 하이드로늄 이온이다. 아세트산은 약산이므로 $K_a$값은 1 보다 매우 작으며 평형은 반응물 쪽으로 기울어진다. 아세테이트 이온은 물보다 더 강한 $H^+$ 받게이다. 같은 반응을 바라보는 다른 관점은 하이드로늄 이온이 아세트 산 분자보다 더 강한 $H^+$ 주게라는 것이다. 이 두가지 진술은 모두 옳다. 15.1절에서 배운 것에 의하면 산−염기 반응은 강산−강염기가 반응하여 그것의 약한 짝산−짝염기가 생성되는 방향으로 진행한다. 따라서 아세트산의 평형은 반응물이 선호되어 이온화되지 않은 많은 양의 아세트 산 분자가 평형 용액 중에 남아 있다.

## 염기의 이온화 상수

산의 경우 물에 $H^+$를 주는 것을 일반적인 식으로 표현한 것처럼 분자 염기는 물로부터 $H^+$를 받는 형태로 적을 수 있다.

$$\underset{\text{짝염기}}{B(aq)} + H_2O(\ell) \rightleftharpoons \underset{\text{짝산}}{BH^+(aq)} + OH^-(aq)$$

만약 염기가 $NH_3$ 이라면, $BH^+$는 $NH_4^+$가 될 것이다.

해당하는 평형 상수는 다음과 같다.

$$K_b = \frac{[\text{짝산}][OH^-]}{[\text{짝염기}]} = \frac{[BH^+][OH^-]}{[B]}$$

평형 상수 $K_b$를 **염기의 이온화 상수(base ionization constant)**라고 하며, 이 용어를 잘못 이해하는 수가 있다. 위의 화학식에서는 염기가 이온화되지 못한다는 것을 주지하라. 여기서 $K_b$와 그것의 평형 상수라 함은 염기가 물로부터 $H^+$이온을 제거하여, 그것의 짝산을 생성하는 것을 말한다.

염기인 음이온 $A^-$(약산의 음이온과 같은)이 있을 때 일반식은 다음과 같다.

$$\underset{\text{짝염기}}{A^-(aq)} + H_2O(\ell) \rightleftharpoons \underset{\text{짝산}}{HA(aq)} + OH^-(aq)$$

만약 염기인 $A^-$가 $CH_3COO^-$라면 HA는 $CH_3COOH$가 된다. 해당하는 **염기의 이온화 상수** 표현**(base ionizatant constant expression)**식은 다음과 같다.

$$K_b = \frac{[\text{짝산}][OH^-]}{[\text{짝염기}]} = \frac{[HA][OH^-]}{[A^-]}$$

$K_b$ 값의 크기는 염기가 물로부터 $H^+$를 제거하여 $OH^-$ 이온을 생성시키는 정도를 나타낸다. 염기의 이온화 상수 $K_b$가 크면 클수록 더 강한 염기가 되며 물로부터 $H^+$ 전달 반응이 생성물이 우세한 방향으로 진행하여 $OH^-$의 농도가 더 높아지게 된다. 강염기는 염기 이온화 상수가 1 보다 더 크다. 약염기는 평형에서 반응하지 않은 약염기의 농도가 높으며 용액 속에 염기의 짝산과 $OH^-$ 이온의 농도가 낮아서 염기 이온화 상수가 1보다 훨씬 작다.

**예제 15.7 염기 이온화**

다음의 약염기에 대하여 염기와 물의 반응식과 $K_b$를 적으시오.

(a) $C_5H_5N$ (b) $NH_2OH$ (c) $F^-$

**정답**

(a) $C_5H_5N(aq) + H_2O(\ell) \rightleftharpoons C_5H_5NH^+(aq) + OH^-(aq)$ $K_b = \dfrac{[C_5H_5NH^+][OH^-]}{[C_5H_5N]}$

(b) $NH_2OH(aq) + H_2O(\ell) \rightleftharpoons NH_3OH^+(aq) + OH^-(aq)$ $K_b = \dfrac{[NH_3OH^+][OH^-]}{[NH_2OH]}$

(c) $F^-(aq) + H_2O(\ell) \rightleftharpoons HF(aq) + OH^-(aq)$ $K_b = \dfrac{[HF][OH^-]}{[F^-]}$

**풀이:** 일반적인 반응은 각 염기가 동일하다. 염기는 물로부터 $H^+$를 받아들여 상응하는 짝산을 생성한다. 첫 두 문제는 염기가 중성 분자이며 여기에 $H^+$가 첨가되어 양전하를 띤 짝산이 생성된다. 세 번째 문제 (c)는 음으로 하전된 $F^-$에 $H^+$가 첨가되어 전하가 없는 짝산인 HF를 생성한다.

**실전예제 15.7**

다음의 약염기에 대하여 이온화 식과 $K_b$를 적으시오.

(a) $CH_3NH_2$ (b) Phosphine, $PH_3$ (c) $NO_2^-$

## 산과 염기의 이온화 상수 값

표 15.2에 여러 가지 산과 그들의 짝염기에 대한 이온화 상수를 나타냈다. 강산의 이온화 상수(표 15.2의 $H_3O^+$ 위의 부분)와 강염기(표 15.2의 $OH^-$ 아래 부분)의 이온화 상수는 너무 커서 측정하기가 어렵다. 다행히 이들의 이온화 반응은 아주 완벽하며 $K_a$ 값과 $K_b$ 값은 거의 필요하지 않다. 약산의 $K_a$ 값의 세기는 정량적으로 나타나며 약염기의 $K_b$ 값도 마찬가지다.

아세트산과 붕소산을 생각해 보자. 붕소산은 표 15.2에서 아세트산보다 아래에 있다. 따라서 붕소산은 아세트산보다 약산이다. $K_a$ 값으로부터 얼마나 약산인지 알수 있다. 붕소산의 $K_a$ 값은 $7.3 \times 10^{-10}$이며 아세트산은 $1.8 \times 10^{-5}$이므로 붕소산은 아세트산에 비교하여 약 $10^4$배정도 약산이다. 실제로 붕소산은 묽은 용액의 경우 눈의 세척제로 사용할 수 있을 정도로 약산이다. 아세트 산으로 눈을 씻는 것은 절대 삼가야 한다.

$K_a$ 값이 작을수록 더 약산이며, $K_b$ 값이 작을수록 더 약염기이다.

**표 15.2** 25°C의 여러 가지 산과 그들의 짝염기에 대한 이온화 상수

| 산의 이름 | 산 | $K_a = \frac{[H_3O^+][\text{짝염기}]}{[\text{짝산}]}$ | 염기 이름 | 염기 | $K_b = \frac{[\text{짝산}][OH^-]}{[\text{짝염기}]}$ |
|---|---|---|---|---|---|
| Perchloric acid | $HClO_4$ | Large | Perchlorate ion | $ClO_4^-$ | Very small |
| Sulfuric acid | $H_2SO_4$ | Large | Hydrogen sulfate ion | $HSO_4^-$ | Very small |
| Hydrochloric acid | $HCl$ | Large | Chloride ion | $Cl^-$ | Very small |
| Nitric acid | $HNO_3$ | ≈20 | Nitrate ion | $NO_3^-$ | $\approx 5 \times 10^{-16}$ |
| Hydronium ion | $H_3O^+$ | 1.0 | Water | $H_2O$ | $1.0 \times 10^{-14}$ |
| Sulfurous acid | $H_2SO_3$ | $1.2 \times 10^{-2}$ | Hydrogen sulfite ion | $HSO_3^-$ | $8.3 \times 10^{-13}$ |
| Hydrogen sulfate ion | $HSO_4^-$ | $1.2 \times 10^{-2}$ | Sulfate ion | $SO_4^{2-}$ | $8.3 \times 10^{-13}$ |
| Phosphoric acid | $H_3PO_4$ | $7.5 \times 10^{-3}$ | Dihydrogen phosphate ion | $H_2PO_4^-$ | $1.3 \times 10^{-12}$ |
| Hydrofluoric acid | $HF$ | $7.2 \times 10^{-4}$ | Fluoride ion | $F^-$ | $1.4 \times 10^{-11}$ |
| Nitrous acid | $HNO_2$ | $4.5 \times 10^{-4}$ | Nitrite ion | $NO_2^-$ | $2.2 \times 10^{-11}$ |
| Formic acid | $HCOOH$ | $1.8 \times 10^{-4}$ | Formate ion | $HCOO^-$ | $5.6 \times 10^{-11}$ |
| Benzoic acid | $C_6H_5COOH$ | $6.3 \times 10^{-5}$ | Benzoate ion | $C_6H_5COO^-$ | $1.6 \times 10^{-10}$ |
| Acetic acid | $CH_3COOH$ | $1.8 \times 10^{-5}$ | Acetate ion | $CH_3COO^-$ | $5.6 \times 10^{-10}$ |
| Propanoic acid | $CH_3CH_2COOH$ | $1.4 \times 10^{-5}$ | Propanoate ion | $CH_3CH_2COO^-$ | $7.1 \times 10^{-10}$ |
| Carbonic acid | $H_2CO_3$ | $4.2 \times 10^{-7}$ | Hydrogen carbonate ion | $HCO_3^-$ | $2.4 \times 10^{-8}$ |
| Hydrogen sulfide | $H_2S$ | $1 \times 10^{-7}$ | Hydrogen sulfide ion | $HS^-$ | $1 \times 10^{-7}$ |
| Dihydrogen phosphate ion | $H_2PO_4^-$ | $6.2 \times 10^{-8}$ | Hydrogen phosphate ion | $HPO_4^{2-}$ | $1.6 \times 10^{-7}$ |
| Hydrogen sulfite ion | $HSO_3^-$ | $6.2 \times 10^{-8}$ | Sulfite ion | $SO_3^{2-}$ | $1.6 \times 10^{-7}$ |
| Hypochlorous acid | $HClO$ | $3.5 \times 10^{-8}$ | Hypochlorite ion | $ClO^-$ | $2.9 \times 10^{-7}$ |
| Boric acid | $B(OH)_3(H_2O)$ | $7.3 \times 10^{-10}$ | Tetrahydroxoborate ion | $B(OH)_4^-$ | $1.4 \times 10^{-5}$ |
| Ammonium ion | $NH_4^+$ | $5.6 \times 10^{-10}$ | Ammonia | $NH_3$ | $1.8 \times 10^{-5}$ |
| Hydrocyanic acid | $HCN$ | $4.0 \times 10^{-10}$ | Cyanide ion | $CN^-$ | $2.5 \times 10^{-5}$ |
| Hydrogen carbonate ion | $HCO_3^-$ | $4.8 \times 10^{-11}$ | Carbonate ion | $CO_3^{2-}$ | $2.1 \times 10^{-4}$ |
| Hydrogen phosphate | $HPO_4^{2-}$ | $3.6 \times 10^{-13}$ | Phosphate ion | $PO_4^{3-}$ | $2.8 \times 10^{-2}$ |
| Water | $H_2O$ | $1.0 \times 10^{-14}$ | Hydroxide ion | $OH^-$ | 1.0 |
| Hydrogen sulfide ion | $HS^-$ | $1 \times 10^{-19}$ | Sulfide ion | $S^{2-}$ | $1 \times 10^5$ |
| Ethanol | $C_2H_5OH$ | Very small | Ethoxide ion | $C_2H_5O^-$ | Large |
| Ammonia | $NH_3$ | Very small | Amide ion | $NH_2^-$ | Large |
| Hydrogen | $H_2$ | Very small | Hydride ion | $H^-$ | Large |
| Methane | $CH_4$ | Very small | Methide ion | $CH_3^-$ | Large |

산 세기의 증가 (↑)

염기 세기의 증가 (↓)

EXERCISE
**연습문제 15.9 산의 세기**

젖산의 $K_a$ 값은 $1.5 \times 10^{-4}$이며 피루브산의 $K_a$ 값은 $3.2 \times 10^{-3}$이다.

(a) 어느 산이 강산인가?

(b) 어느 산의 이온화 반응이 더 반응물 선호인가?

## 다가 양성자산의 $K_a$ 값

지금까지 일가 **양성자산** 즉 1분자가 1개의 $H^+$를 줄 수 있는 산, 예를 들면 불화수소 HF, 염산 HCl, 질산 $HNO_3$와 같은 산에 대하여 논의해 왔다.

몇 가지 산들은 1분자가 1개보다 많은 $H^+$를 줄 수 있으며 이들을 다가 양성자산이라고 한다. 이러한 산에는 황산 $H_2SO_4$, 탄산 $H_2CO_3$, 인산 $H_3PO_4$, 옥살산 $H_2C_2O_4$ 혹은 HOOC—COOH 및 기타 2개 또는 그 이상의 카복실산(—COOH)을 가진 산

들이 포함된다.

수용액 중에서 다가 양성자 산은 물쪽으로 $H^+$를 단계적으로 제공한다. 황산의 경우 첫 단계에서 황산수소 이온인 $HSO_4^-$가 생성된다. 황산은 강산이므로 첫 단계 이온화는 완벽하게 일어난다.

$$\underset{\text{산}}{H_2SO_4(aq)} + \underset{\text{염기}}{H_2O(\ell)} \longrightarrow \underset{\text{산}}{H_3O^+(aq)} + \underset{\text{염기}}{HSO_4^-(aq)}$$

황산수소 이온은 황산의 짝염기이다.

다음 단계의 이온화 과정에서 황산수소 이온은 다른 물 분자에게 $H^+$를 제공하는 역할을 한다. 이 경우 황산수소 이온은 약산($K_a < 1$)으로서 다른 약산과 마찬가지로 평형에 도달한다. $HSO_4^-$의 짝염기는 $SO_4^{2-}$이며, $SO_4^{2-}$의 짝 산은 $HSO_4^-$가 된다.

$$\underset{\text{산}}{HSO_4^-(aq)} + \underset{\text{염기}}{H_2O(\ell)} \rightleftharpoons \underset{\text{산}}{H_3O^+(aq)} + \underset{\text{염기}}{SO_4^{2-}(aq)}$$

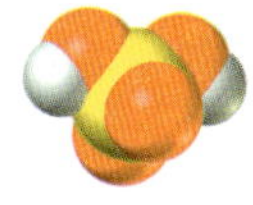
sulfuric acid

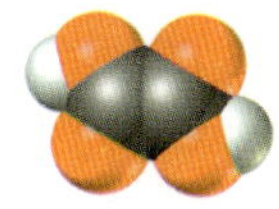
oxalic acid

phosphoric acid

많은 화학반응은 단계적으로 일어나며 각각의 반응들로 나타낼 수 있다. 때로는 전체 반응식만 쓰기도 한다.

EXERCISE
**연습문제 15.10 산의 세기의 설명**

황산 수소 이온의 전하에 대하여 알아보자. 이 이온이 황산보다 약산이라는 사실을 무엇으로 알 수 있는지 설명하시오.

다가 양성자 산의 이온화에서 일련의 $K_a$값이 $10^4$~$10^5$배 정도로 감소한다는 사실은 첫 단계의 이온화보다 두 번째 단계의 이온화가 잘 일어나지 않음을 나타낸다. $H_2PO_4^-$ 이온($K_a = 6.2 \times 10^{-8}$)은 인산($K_a = 7.5 \times 10^{-3}$)보다 약산이며, $HPO_4^{2-}$ 이온($K_a = 3.6 \times 10^{-13}$)은 $H_2PO_4^-$ 이온보다 더 약산이다. $K_a$값은 중성의 $H_3PO_4$로부터 $H^+$를 제거하는 것보다 음으로 하전된 $H_2PO_4^-$로부터 $H^+$를 제거하는 것이 어려우며, 2가 음이온인 $HPO_4^{2-}$로부터 $H^+$를 제거하는 것은 더욱 어렵다는 것을 나타낸다.

CONCEPTUAL
**개념학습 15.11 다가 양성자 산**

다음 물질들의 단계별 이온화 반응을 적으시오.

(a) 옥살 산 (b) 시트르 산 (이들 산의 분자식은 표 15.3에 있다)

**표 15.3 다가 양성자 산**

| 산 형태 | 짝염기 형태 |
|---|---|
| $H_2S$ (황화수소 산) | $HS^-$ (황화수소 음이온) |
| $H_3PO_4$ (인산) | $H_2PO_4^{2-}$ (인산 이수소 음이온) |
| $H_2PO_4^-$ (인산 이수소 음이온) | $HPO_4^{2-}$ (인산 일수소 음이온) |
| $H_2CO_3$ (탄산) | $HCO_3^-$ (탄산 일수소 음이온) |
| $H_2C_2O_4$ (옥살산) | $HC_2O_4^-$ (옥살레이트 음이온) |
| $C_3H_5(COOH)_3$ (시트르산) | $C_3H_5(COOH)_2COO^-$ (일시트르산 이온) |

$CO_3^{2-}$와 같은 다가 양성자 염기는 1개 이상의 $H^+$를 받아들일 수 있다. 다가 양성자 염기에 대하여는 여기에서는 다루지 않는다.

## 15.6 분자구조와 산의 세기

만약 모든 산이 $H^+$ 이온을 줄 수 있다면 어떤 산은 강산이며 다른 산은 약산이 되는가? 왜 $K_a$ 값은 넓은 범위를 가지는가? 이 질문에 대답하기 위하여 산의 세기와 분자구조와의 관계를 알아보자. 이러한 것을 알기 위하여 단지 2개의 원자로 구성된 HBr과 같은 물질로부터 산소, 탄소 및 다른 원자를 포함하고 있는 구조적으로 조금 더 복잡한 화합물을 생각해 보자.

### 산의 세기에 영향을 주는 인자

모든 산들은 다른 원자, 즉 A에 결합된 산성 수소를 가지며 이때 A는 다른 원자에도 결합이 된다. H−A의 결합은 물에게 산성인 $H^+$를 주기 위하여 깨어져야만 하며 이것은 H−A 결합이 충분히 극성인 경우에만 일어난다.

$$\overset{\delta^+\ \ \delta^-}{\longleftrightarrow}$$
$$\text{H—A}$$

메테인 $CH_4$에 있는 C−H 결합에 있는 것과 같은 H−A의 결합은 아주 작은 극성을 가지며 산성 수소를 가지지 않고 따라서 메테인은 물에 $H^+$를 분명히 주지 않는다.

가장 간단한 산은 HBr과 같은 이원자 산으로 수소와 다른 1개의 원자로 구성된다. 이 경우 A는 브로민이다.

푸른색은 부분적으로 높은 양전하를 나타내며 붉은색은 부분적으로 높은 음전하를 나타낸다.

HBr

$$\overset{\delta^+\ \ \delta^-}{\longleftrightarrow}$$
$$\text{H—Br}$$

H−Br 결합은 극성이며 HBr은 강산($K_a \approx 10^8$)이다. 주기율 표의 같은 족에서 A 원자를 가진 산들은 HF, HCl, HBr, HI이 있으며 H−A의 결합 에너지는 이원자 산의 상대적인 산성 세기를 결정한다. 같은 족에서 H−A 결합에너지는 아래로 내려갈수록 감소하며 결합은 약해지고 이원자 산의 세기는 증가한다.

### 옥소산의 세기

수소가 산소에 직접 결합한 H−O−와 같은 산성 수소의 산을 **옥소산(oxoacid)**이라고 부른다. Nitric acid HO−$NO_2$, perchloric acid HO−$ClO_3$ 및 sulfuric $(HO)_2-SO_2-$의 세가지 산은 옥소산이다. 다른 옥소산들과 마찬가지로 이들은 적어도 하나의 수소원자가 산소에 결합되어 있으며 다음의 일반식을 가진다.

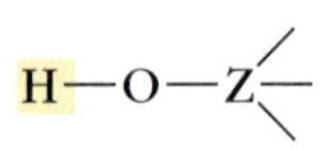

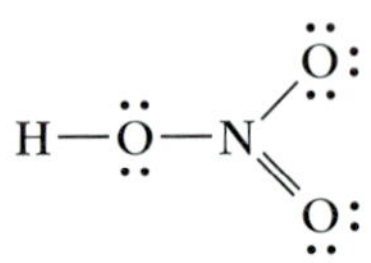

Nitric acid: Z는 질소이다.

Z와 Z에 결합되는 다른 원자들의 성질은 H−O 결합의 세기를 결정하는데 중요하며, 따라서 옥소산의 세기를 결정한다. 일반적으로 Z의 전기음성도가 감소하면 산의 세기는 감소한다. 이것이 할로젠의 전기음성도가 Cl(3.0), Br(2.8), I(2.5)로 감소하면서 영향을 주어 HOCl, HOBr, HOI 사이의 $K_a$ 값을 차이가 나게 만든다.

| 산: | HOCl | HOBr | HOI |
|---|---|---|---|
| $K_a$: | $3.5 \times 10^{-8}$ | $2.5 \times 10^{-9}$ | $2.3 \times 10^{-11}$ |

Z에 결합된 산소원자의 수도 역시 H−O 결합과 산소산의 세기에 큰 영향을 준다. Z에 결합된 산소수가 많을수록 산의 세기는 증가한다. 말단 산소원자(H−O 결합의 산소가 아닌)는 Z와 함께 H−O 결합으로부터 전자밀도를 당길 만큼 충분한 전기음성도를 가진다. 이것은 결합을 약화시키고 물에 $H^+$를 전이시키는 일을 촉진한다.

더 많은 산소가 존재할수록 전자 밀도의 이동은 더 커지고 산의 세기는 더욱 커진다. 이러한 경향성을 특별히 잘 보여주는 예는 가장 약한 클로로의 산소산인 hypochlorous 산인 HOCl이 산소 증가에 따라서 가장 강한 산인 perchloroic 산 $HOClO_3$로 되는 과정에서 알 수 있다.

| HOCl | HOClO | $HOClO_2$ | $HOClO_3$ |
|---|---|---|---|
| hypochlorous acid | chlorous acid | chloric acid | perchloric acid |
| $K_a$: $3.5 \times 10^{-8}$ | $1.1 \times 10^{-2}$ | $\approx 10^3$ | $\approx 10^8$ |

무기산인 산소산이 강산이 되기 위해서는 분자 내에 산성 수소원자 보다 적어도 2개 이상의 산소원자를 가지고 있어야 한다. 따라서 황산은 강산이다. 반대로 무기 산소산인 phosphoric 산 $H_3PO_4$는 3개의 수소를 가지면서 단지 4개의 산소원자를 가지고 있으므로 약산이다.

## 15.7 $K_a$와 $K_b$를 이용한 문제풀이

$K_a$와 $K_b$를 이용한 계산은 앞서 예를 든 다른 평형의 계산의 방법과 동일한 방법을 따르면 된다. 이러한 계산에는 유사한 중요 관계식이 활용된다.

- 단지 반응물만으로 시작한다. 만약 일부의 반응물만이 생성물로 전환될 수 있는 평형이 일어나면 생성물은 반응물의 소모로부터 형성된다.
- 산의 이온화 또는 염기와 물의 반응에 대한 화학 평형식은 각각 산의 이온화나 염기 이온화 상수 표현에 대한 기본식이다.
- 산의 이온화 또는 염기 이온화 표현에서 농도는 이들의 평형에서의 몰 농도(mol/L)로서 나타낸다.
- $K_a$와 $K_b$ 값의 크기는 평형에서 정반응이 어떻게 잘 진행되는가를 나타내는 지표이다($K_a$: 산으로부터 물로 $H^+$를 주는 정도, $K_b$; 염기가 물로부터 $H^+$를 받는 정도)

산 또는 염기의 이온화 상수를 측정하는 여러 가지 방법이 있다. 가장 간단한 방법은 알려진 농도에 대한 산의 pH를 측정하는 것을 근거로 한다. 만약 pH와 농도 모두를 알고 있다면 산에 대한 $K_a$는 예제 15.8에 예를 든 것처럼 계산할 수 있다.

**예제 15.8 pH로부터 $K_a$ 측정**

25°C에서 뷰테인 산 $CH_3CH_2CH_2COOH$ 용액의 pH가 3.21이며, 0.025 M이다. 뷰테인 산의 $K_a$를 구하시오.

**정답:** $1.6 \times 10^{-5}$

**풀이:** pH로부터 하이드로늄 이온의 농도를 결정할 수 있다. 산의 이온화는 균형 반응식에

따라서 일어나므로 하이드로늄 이온 농도는 뷰테노에이트 이온 $CH_3CH_2CH_2COO^-$ 농도와 동일하다.

$$CH_3CH_2CH_2COOH(aq) + H_2O(\ell) \rightleftharpoons H_3O^+(aq) + CH_3CH_2CH_2COO^-(aq)$$

pH의 정의를 이용하여 $H_3O^+$의 평형 농도는 0.00062 M로 계산 된다; $[H_3O^+] = 10^{-pH} = 10^{-3.21} = 0.00062$ M

뷰테인 산은 해리되어 동일한 농도의 하이드로늄 이온과 뷰테노에이트 이온으로 해리되며 이 경우 0.00062 M이다. 평형에서 이온화되지 않은 뷰테인 산의 농도는 처음의 농도에서 해리된 양 만큼 뺀 값이 된다. 화학종의 평형 농도는 반응(ICE) 표를 이용하여 나타낼 수 있다.

| | $CH_3CH_2CH_2COOH$ | $H_3O^+$ | $CH_3CH_2COO^-$ |
|---|---|---|---|
| 최초농도 (mol/L) | 0.025 | $1.0 \times 10^{-7}$ (물로부터)* | 0 |
| 반응에 의한 변화(mol/L) | −0.00062 | +0.00062 | +0.00062 |
| 평형농도 (mol/L) | 0.025 − 0.00062 | 0.00062 | 0.00062 |

* 농도는 너무 작아서 무시할 수 있다.

측정된 pH로부터 계산된 $H_3O^+$는 $6.2 \times 10^{-4}$이 되며 생성된 이온은 뷰테인 산의 이온화와 같은 양이 되므로 평형에서의 농도는 $CH_3CH_2CH_2COO^-$과 같다. 평형에서 이온화되지 않은 농도는 0.025−0.00062 = 0.0244 M이다. 이들 값을 이용하여 뷰테인 산의 $K_a$를 계산할 수 있다.

$$K_a = \frac{[H_3O^+][CH_3CH_2CH_2COO^-]}{[CH_3CH_2CH_2COOH]} = \frac{[0.00062][0.00062]}{0.0244} = 1.6 \times 10^{-5}$$

**실전예제 15.8**

젖산은 1가 양성자 산이며 모유에서 자연적으로 만들어지고, 인체 내에서 대사에 의해서 생성된다. 젖산 $CH_3CH(OH)COOH$의 0.10 M 수용액은 pH가 2.43이다. 젖산의 $K_a$ 값을 구하시오. 젖산과 프로페인 산 중 어느 것이 더 약산인가?

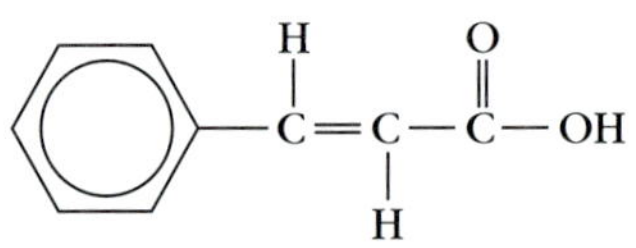

*trans*-cinnamic acid

표 15.2에 있는 화합물들처럼 산−염기 이온화 상수는 이들의 농도로부터 약산 또는 약염기의 pH 계산에 사용할 수 있다.

**예제 15.9 $K_a$로부터 pH의 계산**

(a) 0.020 M의 *trans*-cinnamic 산의 $K_a$ 값이 25°C에서 $3.6 \times 10^{-5}$ 일때 pH를 계산하시오. 편리하게 사용하기 위해 *trans*-cinnamic 산은 HtCA로 나타낸다.

(b) 이 용액은 산의 몇 %가 이온화되는가?

**정답:** (a) pH = 3.07 (b) 4.3 % 이온화된다.

**풀이:** (a) 먼저 하이드로늄 이온과 *trans*-cinnamic 산의 음이온 ($tCA^-$)으로 이온화 되는 과정을 알아야 한다. *Trans*-cinnamic 산에 대한 평형 식과 평형 상수 표현은 다음과 같다.

$$\mathrm{HtCA(aq) + H_2O(\ell) \rightleftharpoons H_3O^+(aq) + tCA^-(aq)} \qquad K_a = \frac{[\mathrm{H_3O^+}][\mathrm{tCA^-}]}{[\mathrm{HtCA}]}$$

그 다음 평형 농도를 구하고 일반적인 ICE 표에서 알려진 정보를 종합한다. 이 경우 평형에서의 $H_3O^+$ 농도를 $x$로 놓는다. 평형에서 반응 생성물인 $H_3O^+$와 $tCA^-$는 같은 양이 생성되므로 $tCA^-$ 이온 농도는 $x$와 동일하다.

| | **HtCA** | **$H_3O^+$** | **$tCA^-$** |
|---|---|---|---|
| 최초농도 (mol/L) | 0.020 | $1.0 \times 10^{-7}$ (물로부터)* | 0 |
| 반응에 의한 변화(mol/L) | $-x$ | $+x$ | $+x$ |
| 평형농도 (mol/L) | $0.020 - x$ | $x$ | $x$ |

* 농도는 너무 작아서 무시할 수 있다.

평형 상수는 표에 있는 모든 평형 농도를 단순히 미지수 $x$라는 항으로 놓음으로서 다시 나타낼 수 있다.

$$K_a = 3.6 \times 10^{-5} = \frac{[\mathrm{H_3O^+}][\mathrm{tCA^-}]}{[\mathrm{HtCA}]} = \frac{[x][x]}{0.020 - x}$$

$K_a$가 아주 작기 때문에 반응물 선호반응으로 진행되며 아주 적은 생성물이 생성된다. 결론적으로 평형에서 $H_3O^+$와 $tCA^-$는 아주 작을 것이다. 따라서 $x$는 0.020과 비교해서 아주 작아야 한다. 0.020에서 $x$를 빼면 0.020에 가까운 값이 될 것이며, 따라서 $0.020 - x$는 0.020으로 나타낸다.

$$\frac{x^2}{0.020} = 3.6 \times 10^{-5}$$

$x$에 대하여 풀면 다음과 같다.

$$x = \sqrt{(3.6 \times 10^{-5})(0.020)} = \sqrt{7.2 \times 10^{-7}} = 8.5 \times 10^{-4} = [\mathrm{H_3O^+}]$$

$$\mathrm{pH} = -\log[\mathrm{H_3O^+}] = -\log(8.5 \times 10^{-4}) = 3.07$$

용액은 산성이다.

(b) 산의 이온화에서 주 생성물은 $H_3O^+$ 이온이다(물로부터 얻어지는 농도는 낮다). 따라서 % 이온화는 평형에서 $H_3O^+$의 농도와 이온화되지 않은 최초 농도를 비교하여 계산된다.

$$\%\ \text{이온화} = \frac{[\mathrm{H_3O^+}]}{(\mathrm{HtCA})_{\text{최초}}} \times 100\% = \frac{8.5 \times 10^{-4}}{0.020} \times 100\% = 4.3\%$$

**실전예제 15.9**

(a) Hydrazoic 산 $HN_3$ ($K_a = 1.9 \times 10^{-5}$) 0.015 M 용액의 25℃에서의 pH를 계산하시오.

(b) 이 산 용액의 이온화는 몇 % 인지 계산하시오.

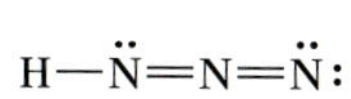

hydrazoic acid

Piperidine이나 고추의 성분물질과 같은 약산의 용액에 대한 pH 계산에서도 유사한 방법이 사용될 수 있다.

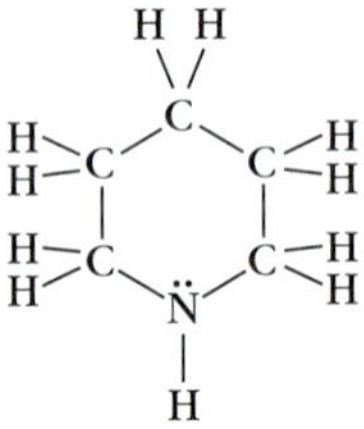

piperidine, $C_5H_{11}N$

Piperidinium 이온 $C_5H_{11}NH^+$은 암모늄 이온 $NH_4^+$와 유사하다.

$\dfrac{x}{\text{최초 농도}} \times 100\% > 5\%$의 경우, $x$항을 분모항으로부터 무시할 수 없다.

**예제 15.10 $K_b$로부터 약염기의 pH 계산**

질소를 포함하는 염기인 piperidine $C_5H_{11}N$은 암모니아와 유사하며 $K_b = 1.3 \times 10^{-3}$을 가진다. 0.025 M piperidine 용액의 $OH^-$ 농도와 pH를 계산해 보자.

**정답:** $[OH^-] = 5.1 \times 10^{-3}$ M; pH = 11.71

**풀이:** 균형평형식을 사용하여 $K_b$를 나타낸다. $K_b$ 값을 사용하여 $[OH^-]$를 계산할 수 있으며, 그리고 $OH^-$ 농도와의 관계로부터 pOH를 구할 수 있다. pOH를 알고나면 pH + pOH = 14로부터 pH를 구한다.

Piperidine이 물과 반응하여 물로부터 $H^+$ 이온을 떼어내어 하이드록사이드 이온을 생성하고 piperidinium 이온 $C_5H_{11}NH^+$를 만드는 식은 다음과 같다.

$$C_5H_{11}N(aq) + H_2O(\ell) \rightleftharpoons C_5H_{11}NH^+(aq) + OH^-(aq)$$

$$K_b = \frac{[C_5H_{11}NH^+][OH^-]}{[C_5H_{11}N]} = 1.3 \times 10^{-3}$$

예제 15.9에서와 같이 표를 만들어 보자. 정방향으로 진행되는 반응의 평형에서 생성물인 $OH^-$와 piperidinium 이온의 농도가 $x$가 된다. 반응하지 않은 piperidine의 평형에서의 농도는 최초 농도 0.025 mol/L에서 $x$ (물과 반응한 농도)를 뺀 값이다.

| | $C_5H_{11}N$ | $C_5H_{11}NH^+$ | $OH^-$ |
|---|---|---|---|
| 최초농도 (mol/L) | 0.025 | 0 | $1.0 \times 10^{-7}$* |
| 반응에 의한 변화(mol/L) | $-x$ | $+x$ | $+x$ |
| 평형농도 (mol/L) | $(0.025 - x)$ | $x$ | $x$ |

*$K_a$ 의 계산과 마찬가지로 너무 작은 농도는 무시한다.

염기 이온화 상수의 표현으로 바꾸면 다음과 같다.

$$K_b = \frac{[C_5H_{11}NH^+][OH^-]}{[C_5H_{11}N]} = \frac{x^2}{0.025 - x} = 1.3 \times 10^{-3}$$

일반적인 $K_a$와 $K_b$ 계산에서, 만약 $\dfrac{x}{\text{최초 농도}} \times 100\% > 5\%$이면, 평형상수 표현식의 분모에서 $x$ 항을 버릴 수 없으며 이차 방정식이 사용된다. 아래에 나타낸 것처럼 piperidine은 물과 충분하게 반응하기 때문에 이 경우 $x$는 0.025와 비교할 때 무시할 수 없으며, $OH^-$의 농도 $x$는 이차방정식에 의해서 얻어야 한다.

모든 항은 식 A로 나타난다.

$$x^2 = (0.025 - x)(1.3 \times 10^{-3}) = 3.3 \times 10^{-5} - (1.3 \times 10^{-3}x) \qquad \text{(A)}$$

식 A를 정리하여 이차방정식의 $ax^2 + bx + C = 0$ 형태로 나타내면 식 B가 된다.

$$x^2 + (1.3 \times 10^{-3}x) - (3.3 \times 10^{-5}) = 0 \qquad \text{(B)}$$

이차방정식을 풀이하면

$$x = \frac{-(1.3 \times 10^{-3}) \pm \sqrt{(1.3 \times 10^{-3})^2 - (4 \times 1)(-3.3 \times 10^{-5})}}{2(1)}$$

$$= \frac{-(1.3 \times 10^{-3}) \pm \sqrt{1.34 \times 10^{-4}}}{2}$$

$$= \frac{-(1.3 \times 10^{-3}) \pm (1.16 \times 10^{-2})}{2} = \frac{1.03 \times 10^{-2}}{2} = 5.1 \times 10^{-3}$$

따라서 $OH^-$ 농도인 $x$는 $5.1 \times 10^{-3}$이 된다(농도는 음의 값을 가질 수 없으므로 – 물질에서 0보다 작은 mol/L은 없음– 이차방정식의 해에서 음의 값의 근은 버린다).

$\frac{5.1 \times 10^{-3}}{0.025} \times 100\% = 20\%$는 5 % 보다 훨씬 큰 값으로서 이차방정식이 필요하다.

다음과 같이 근사식으로 나타내면 정확한 답이 얻어지지 않는다.

$$\frac{x^2}{0.025 - x} \approx \frac{x^2}{0.025}$$

pOH는 $OH^-$농도로부터 구할 수 있다.

$$pOH = -\log(5.1 \times 10^{-3}) = 2.29$$
$$pH = 14.00 - pOH = 14.00 - 2.29 = 11.71$$

따라서 piperidine은 물과 충분히 반응하여 상당한 염기 용액을 생성한다.

실전예제 15.10

0.015 M 용액의 cyclohexylamine의 $OH^-$ 농도와 pH를 계산하시오.
$C_6H_{11}NH_2$의 $K_b = 4.6 \times 10^{-4}$ 이다.

## $K_a$와 $K_b$ 값 사이의 관계

표 15.2의 오른쪽에 각 산들의 짝염기에 대한 $K_b$ 값이 나타나 있다. 이들 값을 이용하여 조사해 보자. 몇 개의 $K_a$ 값과 그들의 짝염기에 해당하는 $K_b$ 값을 곱해 보자. 무엇이 얻어지는가? $K_a \times K_b = 1.0 \times 10^{-14}$에 근접한 값이 얻어질 것이다. 이들 값은 물의 자동 이온화 상수 $K_w$와 같다. $K_a$와 $K_b$ 값의 평형상수 표현을 곱해보면 다음과 같다.

$$K_a \times K_b = \left(\frac{[H_3O^+][A^-]}{[HA]}\right)\left(\frac{[HA][OH^-]}{[A^-]}\right)$$

이 식의 분자와 분모 항을 정리하면 다음과 같다.

$$K_a \times K_b = \left(\frac{[H_3O^+]\cancel{[A^-]}}{\cancel{[HA]}}\right)\left(\frac{\cancel{[HA]}[OH^-]}{\cancel{[A^-]}}\right) = [H_3O^+][OH^-] = K_w$$

위의 식은 만약 산의 $K_a$를 알면 $K_w$를 이용하여 짝 염기의 $K_b$ 값을 알 수 있다는 것을 나타낸다. 더 나아가 $K_a$ 값이 크면 클수록 $K_b$ 값은 작아지고 그 반대도 성립함을 알 수 있다(이들의 값을 곱하면 항상 동일한 $K_w$를 얻기 때문이다). 예를 들면 HCN에 대한 $K_a$ 값이 $4.0 \times 10^{-10}$이라면 짝 염기인 $CN^-$에 대한 $K_b$ 값은 다음과 같다.

$$K_b(CN^-\text{ 에 대한}) = \frac{K_w}{K_a(HCN\text{ 에 대한})} = \frac{1.0 \times 10^{-14}}{4.0 \times 10^{-10}} = 2.5 \times 10^{-5}$$

HCN은 상대적으로 작은 $K_a$를 가지며 표 15.2에서 상당히 아래에 놓여 있다. 이것은 아주 약산임을 의미한다. 하지만 $CN^-$에 대한 $K_b$ 값은 $2.5 \times 10^{-5}$으로서 약염기 중에서 강한 쪽에 해당하며 암모니아의 $K_b$ 값($1.8 \times 10^{-5}$)과 거의 비슷하며, $CN^-$가 암모니아보다 조금 더 강염기이다. 일반적으로 만약 $K_a > K_b$이면 산은 그것의 짝염기보다 더 세다. 역으로 $K_b > K_a$이면 짝염기는 그것의 짝산보다 더 강하다. 예를 들면 hypochlorite 이온 $OCl^-$ ($K_b = 2.9 \times 10^{-7}$)는 그것의 짝산인 HOCl ($K_a = 3.5 \times 10^{-8}$)이 산인 것보다 더 강염기이다.

EXERCISE
**연습문제** 15.12 $K_a$로부터 $K_b$의 계산

페놀, $C_6H_5OH$는 약산이며 $K_a = 1.3 \times 10^{-10}$이다. Phenolate 이온 $C_6H_5O^-$의 $K_b$ 값을 구하시오. 표 15.2에 있는 염기 중에서 phenolate 이온과 가장 비슷한 염기는 어느 것인가? 그러한 결정을 하게 되는 이유를 적으시오.

## 15.8 염의 산–염기 반응

산과 염기 사이의 교환반응에서는 염과 물을 생성한다. 염의 양이온은 염기로부터 오며 음이온은 산으로부터 온다. 염기로서의 금속 하이드록사이드의 경우, 염의 생성에 관한 일반적인 반응은 다음과 같다.

$$\underset{\text{산}}{HX(aq)} + \underset{\text{염기}}{MOH(aq)} \longrightarrow \underset{\text{염}}{MX(aq)} + HOH(\ell)$$

Brønsted–Lowry의 산–염기 개념과 산과 염기의 세기에 대하여 더 이해하기 위해서 산–염기 반응과 염의 형성 반응을 좀 더 자세하게 알아야 한다.

### 강산과 강염기의 염

강산과 강염기는 반응하여 중성의 염을 생성한다. 강산인 HCl과 강염기 NaOH가 반응하면 NaCl이 생성된다. 만약 HCl과 NaOH가 정확하게 정량적(1몰의 HCl과 1몰의 NaOH)으로 반응하면 산성인 HCl과 염기성인 NaOH는 완벽하게 중성으로 된다. 이 반응은 처음에는 전체적인 반응식을 적고 두 번째는 완전한 이온식으로 그리고 마지막에는 알짜 이온식으로 기술된다. 이들 식들은 중요한 정보를 포함하고 있다.

전체 반응식 $$HCl(aq) + NaOH(aq) \longrightarrow NaCl(aq) + H_2O(\ell)$$

완전 이온식 $$H_3O^+(aq) + Cl^-(aq) + Na^+(aq) + OH^-(aq) \longrightarrow Na^+(aq) + Cl^-(aq) + 2\,H_2O(\ell)$$

알짜 이온식 $$\underset{\text{산}}{H_3O^+(aq)} + \underset{\text{염기}}{OH^-(aq)} \longrightarrow \underset{\text{염기}}{H_2O(\ell)} + \underset{\text{산}}{H_2O(\ell)}$$

전체 반응식은 녹아 있는 반응물이나 반응 후에 얻어지는 물질들을 나타낸다. 완전 이온식은 반응 전과 반응 후에 존재하는 모든 이온들을 나타낸다. 알짜 이온식은 Brønsted–Lowry의 산($H_3O^+$)은 Brønsted–Lowry 염기($OH^-$)와 반응한다는 것을 강조한다. 구경꾼 이온 $Na^+$와 $Cl^-$는 생략되었다. 이 반응에서 $H_3O^+$는 강산이며 $OH^-$는 강염기이며 물은 약염기이면서 약산이기 때문에 완전하게 진행한다.

반응 용액의 결과물 속에는 $Na^+$와 $Cl^-$ 그리고 반응 전보다 조금 더 많은 물을 포함하고 있다. 그 성질은 물에 약간의 고체 NaCl을 녹여서 만든 것과 동일하다. 그 용액은 어떠한 산과 염기도 포함하지 않으므로 중성의 pH를 가진다. 강산의 짝염기인 $Cl^-$ 이온은 약염기이므로 물과 반응하지 않는다. 그리고 $Na^+$ 이온 역시 산이나 염기로서 물과는 반응하지 않는다. 이러한 형태의 다른 염들이 표 15.4에 있다. 이러한 염들도 모두 중성 용액이 된다.

표 15.4 강산과 강염기와의 반응으로 생성된 중성염

| 산 | 염기 NaOH | KOH | $Ba(OH)_2$ |
|---|---|---|---|
| | 염 | 염 | 염 |
| HCl | NaCl | KCl | $BaCl_2$ |
| $HNO_3$ | $NaNO_3$ | $KNO_3$ | $Ba(NO_3)_2$ |
| $H_2SO_4$ | $Na_2SO_4$ | $K_2SO_4$ | $BaSO_4$ |
| $HClO_4$ | $NaClO_4$ | $KClO_4$ | $Ba(ClO_4)_2$ |

## 강염기와 약산의 염

강염기와 약산이 반응하면 염기성 염을 생성한다. 예를 들면 0.010몰의 NaOH를 1 L 용액의 0.010몰의 아세트 산에 가하면 반응식은 다음과 같다.

$$CH_3COOH(aq) + NaOH(aq) \longrightarrow NaCH_3COO(aq) + H_2O(\ell) \quad \text{전체 반응식}$$

$$CH_3COOH(aq) + Na^+(aq) + OH^-(aq) \longrightarrow Na^+(aq) + CH_3COO^-(aq) + H_2O(\ell) \quad \text{완전 이온식}$$

$$\underset{\text{약산}}{CH_3COOH(aq)} + \underset{\text{강염기}}{OH^-(aq)} \longrightarrow \underset{\text{염기}}{CH_3COO^-(aq)} + \underset{\text{산}}{H_2O(\ell)} \quad \text{알짜 이온식}$$

이 경우 반응에서 생성된 acetate 이온은 $OH^-$보다 약염기이다. 따라서 비록 정확한 당량의 아세트 산을 NaOH 용액에 가하였더라도 어느 정도 약염기성(pH>7)이 된다. 용액이 염기성으로 만들어지는 것은 물과 약한 Brønsted–Lowry 염기인 acetate 이온의 반응이다.

$$CH_3COO^-(aq) + H_2O(\ell) \rightleftharpoons CH_3COOH(aq) + OH^-(aq)$$

이 경우 한 분자의 물이 $H^+$ 이온과 $OH^-$ 이온으로 분리되는데 이러한 반응을 **가수분해(hydrolysis)** 반응이라고 한다. $H^+$ 이온은 acetate 이온에 주어져 아세트 산이 생성된다. 가수분해가 일어나는 정도는 acetate 이온의 $K_b$ 값에 의해서 결정된다.

"Hydrolysis"라는 용어는 물의 의미를 가진 "hydro"와 분해하다라는 의미의 "lysis"로부터 유래되었다.

표 15.2의 염기로서의 물보다 위에 있는 아주 약한 염기($NO_3^-$, $Cl^-$, $HSO_4^-$, $ClO_4^-$)를 제외한 모든 염기는 수용액 속에서 가수분해 반응을 한다. 염기의 $K_b$ 값이 크면 클수록 더 강한 염기 용액을 만든다. 강염기와 약산의 염의 pH 용액은 $K_b$ 값으로 계산할 수 있으며 예제 15.11에 나타냈다.

염기의 $K_b$가 증가하면 용액의 pH도 증가한다.

**예제 15.11 염 용액의 pH**

Sodium benzoate, $NaC_7H_5O_2$는 음식의 방부제로 사용한다. $NaC_7H_5O_2$ ($K_b = 1.6 \times 10^{-10}$) 0.025 M 용액의 pH를 계산하시오.

**정답:** 8.30

**풀이:** pH를 계산하기 위해서 먼저 용액의 하이드록사이드 이온의 농도를 계산해야 한다. Sodium benzoate는 강염기인 NaOH와 약산인 벤조 산, $HC_7H_5O_2$ 로부터 합성된 염기성 염기이다. $Na^+$이온은 물과 반응하지 않지만 약산인 $HC_7H_5O_2$의 짝염기인 benzoate

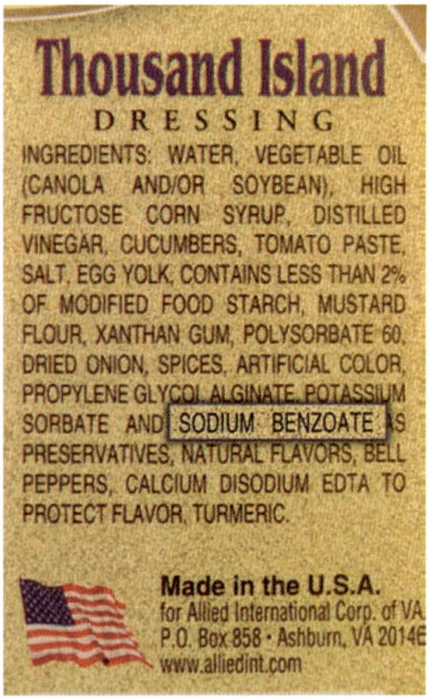




$C_7H_5O_2^-$는 물과 반응하여 염기성 용액을 만든다.

$$C_7H_5O_2^-(aq) + H_2O(\ell) \rightleftharpoons HC_7H_5O_2(aq) + OH^-(aq)$$

$$K_b = 1.6 \times 10^{-10} = \frac{[\text{짝산}][OH^-]}{[\text{짝염기}]} = \frac{[HC_7H_5O_2][OH^-]}{[C_7H_5O_2^-]}$$

Benzoate와 벤조산, 하이드록사이드 이온의 최초 농도 및 평형에서의 농도를 아래의 표에 요약해 놓았다. 반응에서 $OH^-$와 $C_7H_5O_2^-$는 동일한 양이 생성되므로 두 이온의 평형 농도를 $x$라고 놓는다.

| | $C_7H_5O_2^-$ | $HC_7H_5O_2$ | $OH^-$ |
|---|---|---|---|
| 최초 농도 (mol/L) | 0.025 | 0 | $1.0 \times 10^{-7}$ (물로부터) |
| 반응에 의한 변화(mol/L) | $-x$ | $+x$ | $+x$ |
| 평형 농도 (mol/L) | $0.025 - x$ | $x$ | $x$ |

Benzoate 이온은 아주 작은 $K_b$ $(1.6 \times 10^{-10})$를 가지므로 아주 약한 염기이며 따라서 $x$는 0.025몰과 비교해 볼 때 무시할 만큼 작기 때문에 $0.025 - x \approx 0.025$라고 해도 무난하다.

$$K_b = 1.6 \times 10^{-10} \approx \frac{x^2}{0.025}$$

$x$에 대하여 풀이하면 $x = 2.0 \times 10^{-6}$이 되며, 하이드록사이드 이온및 benzoate 이온 농도와 같다. $0.025 - 2.0 \times 10^{-6} = 0.025$(유효숫자 규칙을 이용한다.)이므로 앞서 가정한 $x$는 0.025와 비교하여 무시하기로 한다. 따라서 평형은 다음과 같다.

$$OH^- = [HC_7H_5O_2] = 2.0 \times 10^{-6}\ \text{mol/L};\ [C_7H_5O_2^-] = 0.025\ \text{mol/L}$$

마지막으로 용액의 pH를 계산할 수 있다.

$$K_w = [H_3O^+][OH^-] = [H_3O^+](2.0 \times 10^{-6}) = 1.0 \times 10^{-14}$$

$$[H_3O^+] = \frac{1.0 \times 10^{-14}}{2.0 \times 10^{-6}} = 5.0 \times 10^{-9}$$

$$pH = -\log(5.0 \times 10^{-9}) = 8.30$$

예상한 대로 용액은 염기성이다.

**실전예제 15.11**

Sodium carbonate는 환경에 좋은 페인트 제거제이다. 물에 녹을 수 있으며 carbonate 이온은 페인트를 느슨하게 만들 수 있을 만큼 충분히 염기성이다. 1.0 M $Na_2CO_3$ 용액의 pH를 계산하시오.

EXERCISE
**연습문제** **15.13 비누 용액의 pH**

보통의 비누는 약한 유기 산으로 만든 지방 산의 나트륨염이다. 비누 용액의 pH가 7보다 더 클 것으로 예측할 수 있을까? 설명하시오.

## 약염기와 강산의 염

약염기와 강산이 반응하면 그 염은 산성이 된다. 약염기의 짝산이 용액의 pH를 결정한다. 예를 들면 0.1 M $NH_3$와 0.01 M HCl을 섞었다고 가정하자.

전체 반응식, 완전 이온식, 알짜 이온식을 아래에 나타냈다.

$$NH_3(aq) + HCl(aq) \longrightarrow NH_4Cl(aq)$$

$$NH_3(aq) + H_3O^+(aq) + Cl^-(aq) \longrightarrow NH_4^+(aq) + Cl^-(aq) + H_2O(\ell)$$

$$NH_3(aq) + H_3O^+(aq) \longrightarrow NH_4^+ + H_2O(\ell)$$

약염기 강산 산 염기

강산+강염기는 중성염(용액 pH = 7)을 만든다.
강염기+약산은 염기성 염(용액 pH > 7)을 만든다.
강산+약염기는 산성염(용액 pH < 7)을 만든다.

반응은 순간적으로 일어나며 약산인 $NH_4^+$는 물과 반응하여 평형에 도달한다. 반응에서 하이드로늄 이온이 생성되므로 용액은 약간의 산성을 나타낸다.

$$NH_4^+(aq) + H_2O(\ell) \rightleftharpoons NH_3(aq) + H_3O^+(aq)$$

**예제 15.12 다른 염 용액의 pH**

Ammonium nitrate, $NH_4NO_3$는 비료로 이용되며 화약의 원료로도 사용된다. Ammonium nitrate는 암모니아, $NH_3$와 질산, $HNO_3$의 반응으로 생성된다. 0.15 M ammonium nitrate($K_a$ ($NH_4^+$) = $5.6 \times 10^{-10}$)의 pH를 계산하시오.

**정답:** 5.04

**풀이:** Ammonium nitrate는 약염기와 강산의 반응으로 만들어진 염이며 따라서 그 용액은 pH가 7.0 이하인 산성이다. Ammonium 이온은 약산이므로 ammonium nitrate은 물과 반응하여 암모니아와 하이드로늄 이온을 생성하며 산성 용액을 만든다.

$$NH_4^+(aq) + H_2O(\ell) \rightleftharpoons NH_3(aq) + H_3O^+(aq)$$

다음의 표에 최초와 평형에서의 ammonium 이온, 암모니아, 하이드로늄 이온의 농도를 요약해 놓았다. $H_3O^+$와 $NH_3$는 같은 양이 생성되므로 $H_3O^+$와 $NH_3$의 농도는 모두 $x$로 놓는다.

| | $NH_4^+$ | $NH_3$ | $H_3O^+$ |
|---|---|---|---|
| 최초 농도 (mol/L) | 0.15 | 0 | $1.0 \times 10^{-7}$ (물로부터) |
| 반응에 의한 변화(mol/L) | $-x$ | $+x$ | $+x$ |
| 평형 농도 (mol/L) | $0.15 - x$ | $x$ | $x$ |

앞서 풀이한 문제처럼 평형 값을 $K_a$로 나타내면 다음과 같다.

$$K_a = \frac{[NH_3][H_3O^+]}{[NH_4^+]} = \frac{(x)(x)}{(0.15 - x)} = 5.6 \times 10^{-10}$$

암모니아 이온은 약산이므로 낮은 $K_a$를 나타내며 다음과 같이 간단하게 나타낼 수 있다.

$$K_a = \frac{(x)(x)}{(0.15)} \approx 5.6 \times 10^{-10}$$

$x$를 풀어서 $H_3O^+$ 농도를 구하면 다음과 같다.

$$x^2 = (0.15)(5.6 \times 10^{-10});\ x = 9.2 \times 10^{-6} = [H_3O^+]$$

하이드로늄 이온 농도로부터 pH를 계산할 수 있다.

$$pH = -\log[H_3O^+] = -\log(9.2 \times 10^{-6}) = 5.04$$

**실전예제 15.12**

0.10 M ammonium chloride, $NH_4Cl$ 용액의 pH를 계산하시오.

## 약염기와 약산의 염

산성의 양이온과 염기성의 음이온을 포함하고 있는 $NH_4F$와 같은 염 용액의 pH는 얼마일까? 이러한 염은 약 염기와 약산의 반응으로 생성될 수 있다. $NH_4F$ 용액의 pH를 결정할 수 있는 두 가지 가능한 반응이 있다. 양이온으로부터 $H^+$를 전달받아 $H_3O^+$를 생성하는 방법과 음이온의 가수분해에 의한 $OH^-$를 생성하는 반응이 그것이다.

$$NH_4^+(aq) + H_2O(\ell) \rightleftharpoons H_3O^+(aq) + NH_3(aq) \quad K_a(NH_4^+) = 5.6 \times 10^{-10}$$

$$F^-(aq) + H_2O(\ell) \rightleftharpoons HF(aq) + OH^-(aq) \quad K_b(F^-) = 1.4 \times 10^{-11}$$

$K_a(NH_4^+) > K_b(F^-)$이므로 암모늄 이온과 물의 반응으로부터 생성물은 하이드로늄 이온이 생성되는 반응이 더 우세하며 따라서 반응 생성물의 용액은 약한 산성이 된다.

일반적으로 약산의 $K_a$와 약염기의 $K_b$는 약산과 약염기가 반응 후 생성된 염의 용액이 산성인지 염기성인지를 결정하는데 고려할 필요가 있다.

**CONCEPTUAL 개념학습 15.13 약산과 약염기 염의 가수분해**

$K_a = K_b$인 경우 약산과 약염기의 염의 이름을 적으시오. 이 염의 용액의 pH는 얼마인가?

표 15.5에 수용액 속의 여러 가지 많은 이온들의 산-염기 거동을 요약해 두었다. 이러한 분류는 수용액 속의 산-염기 중화반응을 이해하는데 유익하며 형성된 염 용액의 pH를 결정하는데도 도움이 된다.

- 강산의 용액 + 강염기 용액 ⟶ pH = 7(중성)의 염 용액
- 강산의 용액 + 약염기 용액 ⟶ pH 〈 7(산성)의 염 용액
- 약산의 용액 + 강염기 용액 ⟶ pH > 7(염기성)의 염 용액
- 약산의 용액 + 약염기 용액 ⟶ 염 용액의 pH는 생성된 짝산과 짝 염기의 상대적인 세기에 따라서 결정된다.

**표 15.5** 몇 가지 전형적인 이온들의 수용액 속의 산-염기 성질

| | 중성 | | 염기성 | | | 산성 |
|---|---|---|---|---|---|---|
| 음이온 | $Cl^-$ | $NO_3^-$ | $CH_3COO^-$ | $CN^-$ | $SO_4^{2-}$ | $HSO_4^-$ |
| | $Br^-$ | $ClO_4^-$ | $HCOO^-$ | $PO_4^{3-}$ | $HPO_4^{2-}$ | $H_2PO_4^-$ |
| | $I^-$ | | $CO_3^{2-}$ | $HCO_3^-$ | $SO_3^{2-}$ | $HSO_3^-$ |
| | | | $S^{2-}$ | $HS^-$ | $ClO^-$ | |
| | | | $F^-$ | $NO_2^-$ | | |
| 양이온 | $Li^+$ | $Mg^{2+}$ | 없음 | | | $Al^{3+}$ |
| | $Na^+$ | $Ca^{2+}$ | | | | $NH_4^+$ |
| | $K^+$ | $Ba^{2+}$ | | | | |

## 15.9 Lewis 산과 염기

1923년 Brønsted와 Lowry는 각각 산−염기에 대한 개념을 제안했으며, Gilbert N. Lewis도 새로운 산−염기에 대한 개념을 제안했다. 1930년 초에 Lewis가 제안한 산−염기 개념은 기존에 Brønsted와 Lowry가 제안한 개념보다 더 일반적인 것으로 $H^+$ 이온의 전이에 의한 것이 아닌 전자쌍의 공유에 대한 것이 주된 개념이다. Lewis 산은 한 쌍의 전자를 받아서 새로운 결합을 하는 물질을 의미하며 Lewis 염기는 한 쌍의 전자를 주어 새로운 결합을 하는 물질을 의미한다. Lewis가 생각하는 산−염기의 정의에서 산−염기 반응은 한 쌍의 전자를 가진 분자(또는 이온)−Lewis 염기−가 한 쌍의 전자를 받을 수 있는 분자(또는 이온)−Lewis 산−에게 전자쌍을 줄 때 일어난다. 일반적으로 Lewis 산은 양이온이나 비어있는 궤도함수를 가지고 있어서 이들을 활용할 가능성이 있는 중성분자들이며, Lewis 염기는 음이온이나 비공유 전자쌍을 가진 중성분자이다. 결합 전자쌍의 두 전자 모두 결합하는 원자의 어느 한쪽 원자(Lewis 염기)에서만 유래한 경우 이 결합은 배위 공유결합이라고 한다.

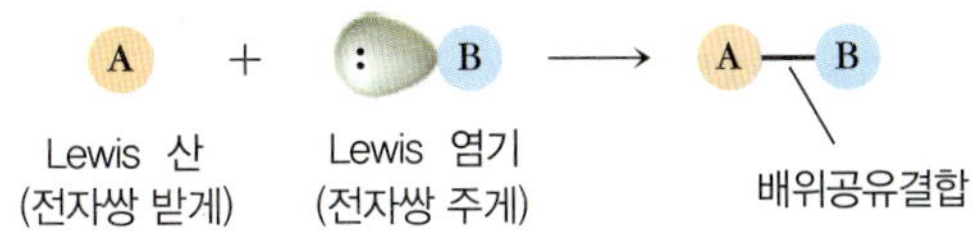


Lewis 산−염기 반응의 가장 간단한 예로서 $H^+$이온과 물과의 반응으로 하이드로늄 이온을 생성하는 반응이다. $H^+$이온은 전자를 가지고 있지 않으며 물 분자는 산소에 한 쌍의 전자를 가지고 있다. 한 쌍의 전자는 $H^+$와 산소 사이에 공유할 수 있으며 O—H 사이의 결합이 생성된다.

$$H^+ + H_2O \longrightarrow H_3O^+$$

hydronium ion

Brønsted−Lowry 염기($H^+$ 이온 받게)는 $H^+$에 전자쌍을 제공하여 결합하므로 Lewis 염기이어야 한다.

물 분자의 비공유 전자쌍은 금속 이온과 배위공유결합을 형성한다.

### Lewis 산으로서 금속 양이온

모든 금속 양이온들은 Lewis 산의 성질이 있다. 양전하를 가진 금속 양이온들은 전자를 좋아할 뿐만 아니라 적어도 1개 이상의 비어 있는 궤도함수를 가지고 있다. 비어있는 궤도함수는 염기에 의해서 제공되는 전자쌍을 수용할 수 있으며 따라서 배위공유결합을 형성한다. 결론적으로 금속 이온들은 쉽게 배위착화합물을 생성할 수 있으며 수용액 속에서는 물을 포함(수화)한다. 금속 이온들이 수화될 때 물 분자에 있는 산소원자의 비공유 전자쌍은 금속 이온에 배위공유결합을 형성한다. 이 경우 금속이온은 Lewis 산이 되며 물은 Lewis 염기로 작용한다. 금속이온과 Lewis 염기의 조합으로 착화합물이온이 생성된다. 예를 들면, $[Ag(NH_3)_2]^+$는 은 이온(Lewis 산)이 두 분자의 암모니아로부터 전자쌍을 하나씩 제공(Lewis 염기) 받아 결합이 형성된 물질이다.

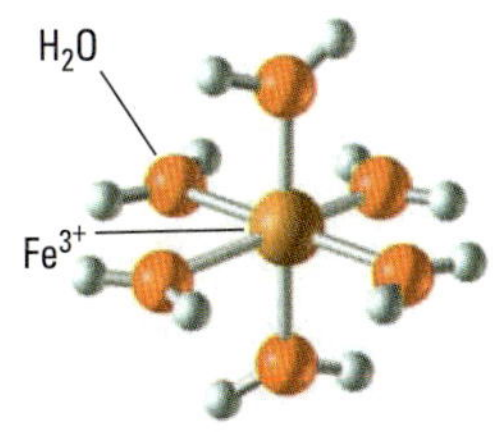


**$[Fe(H_2O)_6]^{3+}$에서 $Fe^{3+}$에 결합된 물 분자들.** 화학식에서 대괄호는 대괄호안의 이온이나 분자들이 금속이온과 결합하고 있음을 나타낸다.

$$Ag^+(aq) + 2\ {:}NH_3(aq) \longrightarrow [H_3N{:}Ag{:}NH_3]^+(aq)$$

실제 이 착화합물은 물에 잘 녹지 않는 화합물인 AgCl이 암모니아 수용액 속에 녹아서 형성된 안정한 착화합물이다.

$$AgCl(s) + 2\ {:}NH_3(aq) \longrightarrow [H_3N{:}Ag{:}NH_3]^+(aq) + Cl^-(aq)$$

하이드록사이드 이온($OH^-$)은 좋은 Lewis 염기이며 따라서 금속 양이온과 쉽게 결합하여 금속 수산화물을 생성한다. 많은 금속 수산화물 화합물들의 화학적 성질에서 중요한 점은 양쪽성이라는 것이다. 양쪽성이란 염기와 산 모두와 반응(표 15.6)할 수 있는 물질을 말한다. 예를 들면 양쪽성인 알루미늄 수산화물은 염기용액 속에 녹으면 Lewis 산으로 작용하여 Lewis 염기인 $OH^-$ 이온이 하나 더 첨가된 착화합물 이온을 생성한다.

$$Al(OH)_3(s) + OH^-(aq) \rightleftharpoons [Al(OH)_4]^-(aq)$$

이 반응을 그림 15.5 (b)에 나타냈다. 동일한 화합물이 그림 15.5 (c)에 나타낸 것처럼 Brønsted–Lowry 산과 반응하면 Brønsted–Lowry 염기로서 행동한다.

$$Al(OH)_3(s) + 3\ H_3O^+(aq) \rightleftharpoons Al^{3+}(aq) + 6\ H_2O(\ell)$$

## Lewis 산으로서의 중성분자

산과 염기에 대한 Lewis의 아이디어는 산으로 작용하는 비금속인 산소 산화물을 설명하는데 매우 적당하다. 이들 화합물에 대한 두 가지 중요한 화합물을 예로 든다면 이산화탄소와 이산화황이 있으며 Lewis 구조는 다음과 같다.

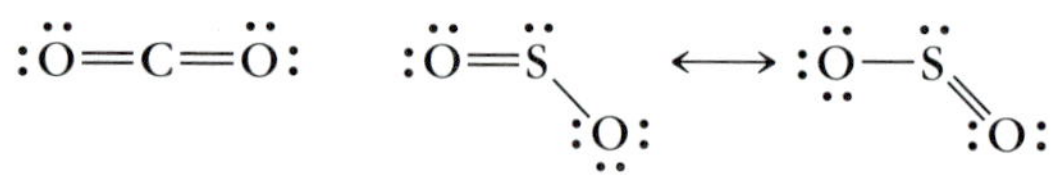

이산화탄소 이산화황

**표 15.6** 몇 가지 일반적인 양쪽성 금속 수산화물

| 수산화물 | Brønsted–Lowry 염기로서 반응 | Lewis 산으로 반응 |
|---|---|---|
| $Al(OH)_3$ | $Al(OH)_3(s) + 3\ H_3O^+(aq) \longrightarrow Al^{3+}(aq) + 6\ H_2O(\ell)$ | $Al(OH)_3(s) + OH^-(aq) \longrightarrow [Al(OH)_4]^-(aq)$ |
| $Zn(OH)_2$ | $Zn(OH)_2(s) + 2\ H_3O^+(aq) \longrightarrow Zn^{2+}(aq) + 4\ H_2O(\ell)$ | $Zn(OH)_2(s) + 2\ OH^-(aq) \longrightarrow [Zn(OH)_4]^{2-}(aq)$ |
| $Sn(OH)_4$ | $Sn(OH)_4(s) + 4\ H_3O^+(aq) \longrightarrow Sn^{4+}(aq) + 8\ H_2O(\ell)$ | $Sn(OH)_4(s) + 2\ OH^-(aq) \longrightarrow [Sn(OH)_6]^{2-}(aq)$ |
| $Cr(OH)_3$ | $Cr(OH)_3(s) + 3\ H_3O^+(aq) \longrightarrow Cr^{3+}(aq) + 6\ H_2O(\ell)$ | $Cr(OH)_3(s) + OH^-(aq) \longrightarrow [Cr(OH)_4]^-(aq)$ |

Photos: © Cengage Learning/Charles D. Winters

(a) (b) (c)

**그림 15.5 $Al(OH)_3$의 양쪽성 성질.** (a) $Al^{3+}$의 용액(왼쪽 시험관)에 암모니아 수용액을 가하면 $Al(OH)_3$ (오른쪽 시험관)의 침전이 생성된다. (b) 강염기인 NaOH를 $Al(OH)_3$에 가하면 침전이 녹는다. 이때 $Al(OH)_3$는 Lewis 염기인 $OH^-$에 대하여 Lewis 산으로 작용하며 착화합물 이온 $[Al(OH)_4]^-$을 생성한다. (c) 깨끗하게 침전된 $Al(OH)_3$로 다시 시작하여 강산인 HCl을 가하면 침전은 녹는다. 이 경우 $Al(OH)_3$는 Brønsted–Lowry 염기로서 작용하며 가용성 알루미늄 염과 물을 생성한다.

각각의 구조식에 이중결합이 있다. 여분의 전자쌍은 산소와 중심원자 사이에서 나누어 가진다. 산소는 전기음성도가 크기 때문에 이들 결합 내의 전자들은 전기음성도가 비교적 낮은 중심원자로부터 멀리 떨어져 있게 되며 중심원자는 약간의 전기 양성을 띠게 된다. 이와 같은 경우 중심원자는 전자 쌍을 끄는 위치가 된다. $OH^-$와 같은 Lewis 염기는 $CO_2$에 있는 탄소원자에 결합할 수 있으며 탄산수소 음이온 $HCO_3^-$를 생성한다. 이 결합으로 하나의 이중결합에 있는 전자쌍은 이동하여 산소원자 쪽으로 간다.

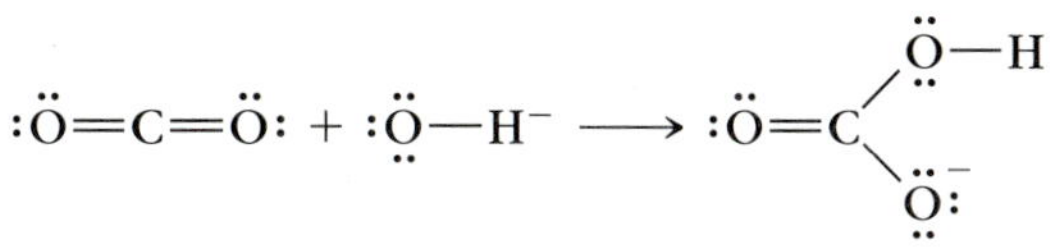

bicarbonate ion

공기 중의 이산화탄소가 NaOH가 들어 있는 병 입구에서 반응하여 탄산수소 나트륨을 생성한다. 이산화황도 $OH^-$와 유사하게 반응하여 $HSO_3^-$ 이온을 생성한다.

**공기중의 이산화탄소는 NaOH와 같은 염기와 반응하여 $Na_2CO_3$를 생성한다.** 만약 그림처럼 유리마개로 사용하는 NaOH 용액병의 입구를 주기적으로 청소해 주지 않으면 생성된 $Na_2CO_3$는 굳어져서 병의 마개를 열기 어렵게 만든다.

CONCEPTUAL
**개념학습** 15.14 Lewis 산과 염기

다음 화합물들을 Lewis 산인지 염기인지 예측하시오(힌트: 이러한 예측을 할 경우 Lewis 구조를 그려보면 도움이 된다).

(a) $PH_3$ (b) $BCl_3$ (c) $H_2S$ (d) $NO_2$ (e) $Ni^{2+}$ (f) CO

# 문제

## Brønsted–Lowry 산 염기 개념의 이용

1. 다음의 산을 물에 가하였을 때 일어나는 양성자 이동을 화학식으로 나타내시오.
   (a) $HCO_3^-$ (b) HCl
   (c) $CH_3COOH$ (d) HCN
2. 다음의 산을 물에 가하였을 때 일어나는 양성자 이동을 화학식으로 나타내시오.
   (a) HIO (b) $CH_3(CH_2)_4COOH$
   (c) HOOCCOOH (d) $CH_3NH_3^+$
3. 다음의 산을 물에 가하였을 때 일어나는 양성자 이동을 화학식으로 나타내시오.
   (a) $HSO_4^-$ (b) $CH_3NH_2$
   (c) $I^-$ (d) $H_2PO_4^-$
4. 다음의 각 산이나 염기의 짝산과 짝염기에 대한 분자식과 이름을 적으시오.
   (a) HI (b) $NO_3^-$
   (b) $CO_3^{2-}$ (d) $H_2CO_3$
   (e) $HSO_4^-$ (f) $SO_3^{2-}$
5. 다음 중에서 짝산–짝염기의 쌍에 해당하는 것은 어느 것인가?
   (a) $NH_2^-$와 $NH_4^+$ (b) $NH_3$와 $NH_2^-$
   (c) $H_2O$와 $H_3O^+$ (d) $OH^+$와 $O^{2-}$
   (e) $H_3O^+$와 $OH^-$
6. 다음의 반응식에서 반응물의 산과 염기를 구별하고 생성물에서 짝산과 짝염기를 구별하시오.
   (a) $HS^-(aq) + H_2O(\ell) \longrightarrow H_2S(aq) + OH^-(aq)$
   (b) $S^{2-}(aq) + NH_4^+(aq) \longrightarrow NH_3(g) + HS^-(aq)$
   (c) $HCO_3^-(aq) + HSO_4^-(aq) \longrightarrow H_2CO_3(aq) + SO_4^{2-}(aq)$
   (d) $NH_3(aq) + NH_2^-(aq) \longrightarrow NH_2^-(aq) + NH_3(aq)$
7. 물 속에 들어 있는 다음의 다가 양성자산과 염기의 양성자화 반응과 양성자 이탈 반응을 차례대로 적어시오.
   (a) $CO_3^{2-}$ (b) $H_3AsO_4$
   (c) $NH_2NH_2COO^-$(glycinate 이온, 이가양성자성 염기)

## pH 계산

8. $Mg(OH)_2$의 pH는 10.5 이다. 용액 중의 하이드로늄 이온의 농도를 계산하시오. 이 용액은 산성인가 염기성인가?
9. 0.025 M의 NaOH 용액의 pH를 계산하시오. 이 용액의 pOH는 얼마인가?
10. pH가 1.3인 1000. ml의 염산 용액이 있다. 용액 속에 녹아 있는 HCl의 양은 몇 그램인지 계산하시오.
11. 다음의 빈 칸을 채우고 용액이 산성인지 염기성인지 밝히시오.

| | pH | $[H_3O^+]$ (M) | $[OH^-]$ (M) |
|---|---|---|---|
| (a) | ______ | $6.1 \times 10^{-7}$ | ______ |
| (b) | ______ | ______ | $2.2 \times 10^{-9}$ |
| (c) | 4.67 | ______ | ______ |
| (d) | ______ | $2.5 \times 10^{-2}$ | ______ |
| (e) | 9.12 | ______ | ______ |

## 산-염기 세기

12. 다음의 산과 염기들에 대한 이온화 식과 이온화 상수 표현식을 적으시오.
(a) $F^-$ (b) $NH_3$
(c) $H_2CO_3$ (d) $H_3PO_4$
(e) $CH_3COO^-$ (f) $S^{2-}$

13. 다음에서 어느 것이 더 염기성인지 밝히시오.
(a) 0.10 M $NH_3$와 0.10 M NaF
(b) 0.10 M $K_2S$와 0.10 M $K_3PO_4$
(c) 0.10 M $NaNO_3$와 0.10 M $NaCH_3COO$
(d) 0.10 M $NH_3$와 0.10 M KCN

14. 0.025 M의 butyric acid의 pH가 3.21 인 경우 butyric acid의 $K_a$를 계산하시오.

15. 아주 약산인 화합물의 이온화 상수가 $4.0 \times 10^{-9}$이다. 0.040 M 산 용액 중의 $H_3O^+$, HA, 그리고 $A^-$의 평형에서의 농도를 계산하시오.

16. 유기 산인 propanoic acid, $CH_3CH_2COOH$ 0.10 M 용액의 pH를 25℃에서 측정했더니 2.93이었다. Propanoic acid의 $K_a$를 계산하시오.

17. 수용액의 농도가 0.12 M인 aniline 염기, $C_6H_5NH_2$의 pH를 계산하시오. 이 때 $K_b = 4.2 \times 10^{-10}$이다.

18. Amantadine, $C_{10}H_{15}NH_2$는 Parkinson 병 치료에 사용된다. Amantadine의 $K_a$는 $7.9 \times 10^{-11}$이다.
(a) 물과 amantadine의 반응식을 적어보시오.
(b) 25℃에서 amantadine의 농도가 0.0010 M인 수용액의 pH를 계산하시오.

19. Lactic acid, $C_3H_6O_3$는 우유가 특정 박테리아의 대사과정을 통하여 만들어진 것으로 시큼한 맛이 있다. 250 ml의 물 속에 56 mg의 lactic acid가 들어 있는 수용액의 pH를 계산하시오. Lactic acid의 $K_a$는 $1.4 \times 10^{-4}$이다.

## 산-염기 반응

20. 다음의 반응에서 빈칸을 채워서 각각 완성하시오.
각각의 반응에서 반응물 선호반응인지 생성물 선호반응인지를 예측하고 그 이유를 설명하시오.
(a) ______$(aq) + HSO_4^-(aq) \rightleftharpoons HCN(aq) + SO_4^{2-}(aq)$
(b) $H_2S(aq) + H_2O(\ell) \rightleftharpoons H_3O^+(aq) +$ ______$(aq)$
(c) $H^-(aq) + H_2O(\ell) \rightleftharpoons OH^-(aq) +$ ______$(g)$

21. 다음의 각 염이 수용액이 되었을 때 pH가 7보다 클 것인지, 동일한지, 또는 작을 것인지 예측하고 그 이유를 설명하시오.
(a) $AlCl_3$ (b) $Na_2S$ (c) $NaNO_3$

22. 다음의 각 염이 수용액이 되었을 때 pH가 7보다 클 것인지, 동일한지, 또는 작을 것인지 예측하고 그 이유를 설명하시오.
(a) $Na_2HPO_4$ (b) $(NH_4)_2S$ (c) $KCH_3COO$

## Lewis 산과 염기

23. 다음의 물질들을 Lewis 산과 염기로 구별하시오.
(a) $O^{2-}$ (b) $CO_2$ (c) $H^-$

24. 다음의 반응에서 Lewis 산과 염기를 구별하시오.
(a) $I_2(s) + I^-(aq) \longrightarrow I_3^-(aq)$
(b) $SO_2(g) + BF_3(g) \longrightarrow O_2SBF_3(s)$
(c) $Au^+(aq) + 2\ CN^-(aq) \longrightarrow [Au(CN)_2]^-(aq)$
(d) $CO_2(g) + H_2O(\ell) \longrightarrow H_2CO_3(aq)$

## 일반문제

25. 다음의 각 화합물들을 강산, 약산, 강염기, 약염기, 양쪽성 산으로 또는 산도 염기도 아닌 것인지를 구분하시오.
(a) $CH_3COOH$ (b) $Na_2O$ (c) $H_2SO_4$
(d) $NH_3$ (e) $Ba(OH)_2$ (f) $H_2PO_4^-$

26. 다음의 두 물질이 같은 몰 만큼 반응할 경우 pH가 7과 같은 값을 가지는지?, 작은 값인지? 큰 값을 가지는지? 를 밝히시오.
(a) 약 염기와 강산이 반응할 경우.
(b) 강산과 강염기가 반응할 경우.
(c) 강염기와 약산이 반응할 경우.

27. Ascorbic 산 (비타민 C, $C_6H_8O_6$)은 2가 양성자 산($K_{a_1} = 1.2 \times 10^{-2}$, $K_{a_2} = 6.2 \times 10^{-8}$)이다. 1 ml 당 5.0 mg의 산을 포함하고 있는 수용액의 pH는 얼마인가?(pH를 결정하는 경우 처음의 이온화가 중요하다는 것을 가정하라.)

28. Sodium hypochlorite, NaOCl은 세탁소의 얼룩제거제, 수영장의 소독제, 정수장의 소독제의 염소원으로서 사용된다. 0.010 M 용액의 NaOCl ($K_b = 2.9 \times 10^{-7}$)의 pH를 계산하시오.

## 개념응용

29. 다음의 반응에 대하여 짝산-짝염기의 짝을 찾으라고 학생들에게 질문했다.
$HCO_3^-(aq) + HSO_4^-(aq) \rightleftharpoons H_2CO_3(aq) + SO_4^{2-}(aq)$
학생들은 $HCO_3^-$는 염기이며 그 짝산은 $HSO_4^-$, 그리고 $H_2CO_3$가 산이고 그것의 짝염기는 $SO_4^{2-}$라는 틀린 답을 하였다. 학생들의 답이 왜 틀렸는지를 간단하게 설명하시오.

30. Arrhenius 산–염기 이론과 Brønsted–Lowry 산–염기 이론은 Lewis 산–염기 이론으로 설명된다. 어떻게 설명되는지 밝혀보시오.

31. Trichloroacetic 산, $CCl_3COOH$는 25°C에서 산 이온화 상수로서 $3.0 \times 10^{-1}$을 가진다.
   (a) 0.0100 M의 $CCl_3COOH$의 pH를 계산하시오.
   (b) 이 용액의 $H_3O^+$ 농도는 0.0100 M 아세트 산 용액 속의 $H_3O^+$ 농도의 몇 배가 되는지 계산하시오.

32. 어떤 사람이 식사를 많이 한 다음 가슴통증이 있어서 한 스푼의 베이킹 소다(1/2 차스푼 = 2.5 g $NaHCO_3$)를 물 한잔과 함께 마셨는데 위장이 손상되었다고 한다. 위산의 pH를 1이라고 하고 위의 용량을 1 L 이라고 하자. 체온은 37°C이다. 베이킹 소다와 위산의 반응으로 생성된 이산화탄소의 부피는 얼마인가? 이 사람의 위장은 생성된 이산화탄소로 인해서 손상 되었을까?

33. 차가운 탄산 음료용기를 열고 온도를 실온까지 올렸다. pH는 변할까? 만약 그렇다면 어떻게 변했을까?

34. $BrNH_2$가 암모니아 $NH_3$ 보다 약염기인 이유를 설명하시오. 어느 것이 더 작은 $K_b$ 값을 가지는가? $ClNH_2$는 $BrNH_2$ 보다 강염기인가 약염기인가? 설명하시오.

35. 나트륨 염인 NaM, NaQ, NaZ 0.1 M 용액의 pH를 측정해 보니 각각 7.0, 8.0, 9.0 이었다. HM, HQ 및 HZ 산의 세기를 감소하는 순서로 적어보시오. 이들 산들의 $K_a$ 값을 알수 있는 방법은 무엇인가? 설명하시오.

36. Hydrogen peroxide, HOOH는 강력한 산화제이며 묽혀서 소독제로 사용된다. HOOH의 $K_a = 2.5 \times 10^{-12}$, $K_b = 4.0 \times 10^{-3}$이다.
   (a) Hydrogen peroxide는 강산인가 약산인가?
   (b) $OOH^-$는 강염기인가 약염기인가?
   (c) HOOH와 $OOH^-$는 어떠한 관계에 있는지 설명 하시오.
   (d) 0.100 M의 HOOH 수용액의 pH를 계산하시오.

37. 25°C에서 아디프산, $C_5H_9O_2COOH$ 0.1% 수용액의 pH는 3.2 이다. 100 mL 용액에 1.44 g 아디프산을 포함하는 포화용액의 pH는 2.7이다. 각 용액에서 아디프산의 퍼센트 해리도를 계산하시오.

# 16장

# 수용액 평형

16.1 완충용액

16.2 산-염기 적정

16.3 용해도 평형과 용해도 곱 상수, $K_{sp}$

16.4 용해도에 영향을 주는 요인

16.5 침전: 침전이 일어날 것인가?

침전은 실험실에서 뿐만 아니라 미국 Yellowstone National Park의 Mammoth Hot Spring에서 볼 수 있는 광물 travertine (탄산 칼슘)의 퇴적처럼 자연에서도 대규모로 일어난다. 뜨거운 용천수에 용해된 칼슘 이온과 탄산수소 이온은 탄산 칼슘(travertine)을 형성하기 위하여 반응하고 용액으로부터 침전된다. 이 장에서 완충용액과 산-염기 적정에서의 산-염기 반응, 이온 결합 화합물의 용해도의 정량적 관점 뿐만아니라 이온 결합 화합물의 용해도에 영향을 주는 요인들을 고찰할 것이다.

적혈구의 내부, 바다 속 산호, 그리고 지구의 높은 곳에 있는 구름만큼이나 다른 환경에서 수용액의 용질 사이에 중요한 상호작용이 일어난다. 이 장에서는 14장과 15장에서 시작된 수용액 논의(짝산-짝염기 거동, 산-염기 중화, 용해와 침전사이의 연계)를 다음과 같은 내용들에 대하여 정량적 관점으로 확장한다: (1) 약한 산과 그 산의 짝염기 또는 약한 염기와 그 염기의 짝산의 조합인 완충용액 (2) 산과 염기의 중화반응인 산-염기 적정 (3) 난용성 염의 용액과 관련된 평형.

## 16.1 완충용액

소량의 산이나 염기를 순수한 물에 가하면 pH가 급격히 변한다. 1 L의 순수한 물에 0.010 몰 HCl이 가해진다면 어떤 일이 일어나는지 생각해 보자. $[H_3O^+]$가 $1.0 \times 10^{-7}$ M에서 $1.0 \times 10^{-2}$ M로 변하기 때문에 pH는 7.00에서 2.00로 변한다. 이 pH 변화는 $H_3O^+$ 농도가 십만 배 증가한 것을 나타낸다. 유사하게, 1 L의 순수한 물에 0.010 몰 NaOH가 가해진다면 pH는 7.00에서 12.00로 변하고 $[H_3O^+]$가 십만 배 감소하고 $[OH^-]$가 십만 배 증가한다. 대부분의 수생 생물체는 이러한 극적인 pH 변화에 살아남을 수 없다. 예를 들면 산성비가 호수나 하천의 pH를 충분히 낮춘다면, 송어와 같은 물고기는 죽을 수 있다.

순수한 물이나 NaOH 또는 HCl의 수용액과는 달리, 제한된 양의 산이나 염기가 가해질 때 상대적으로 일정한 pH가 유지되는 수용액이 있다. 이러한 용액은 완충제—pH의 변화에 저항하는 화학적 계—를 포함하고 완충용액으로 불린다. 예를 들면 1 L의 용액 속에 0.50몰 아세트산 ($CH_3COOH$)과 0.50 몰 아세트산 소듐($NaCH_3COO$)이 포함된 용액은 pH 4.74인 완충용액이다. 센 산 0.010 몰이 이 완충용액 1 L에 가해져도 pH는 4.74에서 4.72까지 변하고, 단지 0.02 pH 단위에 불과하다. 센 염기 0.010 몰이 이 완충용액 1 L에 가해져도 pH는 4.74에서 4.76까지 변한다(그림 16.1). 이는 단지 약간의 pH 변화이고 분명히 위에 설명된 순수한 물에 같은 양의 HCl이나 NaOH가 가해졌을 때 일어나는 변화보다는 훨씬 작다. 어떻게 아세트산 소듐−아세트산 완충제나 다른 완충제들은 pH의 큰 변화없이 산이나 염기의 첨가를 상쇄하는가?

### 완충 작용

상대적으로 일정한 pH를 유지하기 위하여, 완충용액은 가해지는 염기와 반응할 수 있는 약한 산을 포함하고, 또한 가해지는 산과 반응할 수 있는 약한 염기를 포함하고 있

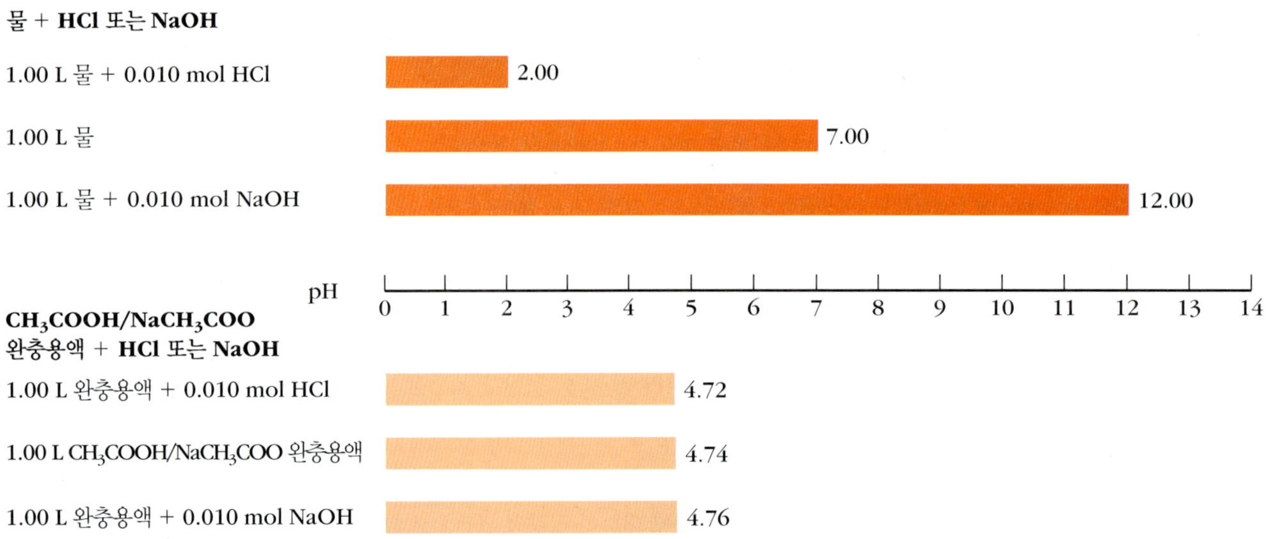


**그림 16.1** **pH 변화.** 물에 0.010 몰의 산 (HCl) 또는 염기 (NaOH)가 가해질 때 물의 pH가 극적으로 변한다. 대조적으로 0.010 몰의 산 (HCl) 또는 염기 (NaOH)가 가해질 때 0.50 몰 아세트산과 0.50 몰 아세트산 소듐을 포함하는 아세트산 소듐—아세트산 완충용액의 pH는 상대적으로 거의 일정하게 유지된다.

어야 한다. 게다가 완충용액의 산과 염기 성분은 서로 반응을 하지 않아야 한다. 아세트산과 아세트산 소듐으로부터 온 아세트산 이온 같은 짝 산-염기 쌍은 이러한 조건을 만족한다. 짝 쌍에서, 산과 염기가 서로 반응한다면 그들은 바로 짝 염기와 짝 산을 만든다—눈에 띄는 변화가 일어나지 않는다. 예를 들면 아세트산과 아세트산 이온을 만들기 위하여 아세트산은 아세트산 이온과 반응한다.

$$\underset{\text{짝 산}}{CH_3COOH(aq)} + \underset{\text{짝 염기}}{CH_3COO^-(aq)} \rightleftharpoons \underset{\text{짝 염기}}{CH_3COO^-(aq)} + \underset{\text{짝 산}}{CH_3COOH(aq)}$$

**보통 완충용액은 거의 같은 양의 약한 산과 그것의 짝 염기, 또는 약한 염기와 그것의 짝 산으로 구성된다.**

포유류의 혈액은 pH가 일정하게 유지되는 수용액이다. 어떻게 완충용액이 작용하는지 알기 위해 정상 pH가 7.40 ± 0.05인 사람의 혈액을 생각해보자. pH가 7.35 아래로 감소한다면 산혈증이 나타나고 7.47 이상으로 증가하면 알칼리혈증이 일어난다. 두 조건 모두 생명을 위협하는 조건이다. 예를 들면 산혈증은 헤모글로빈에 의한 산소 운반을 감소시키고 중추신경계를 저하시켜 극단적인 경우에는 약하고 불규칙한 심장수축—심장마비의 증상을 초래하여서 혼수상태와 죽음에 이르게 한다. 이러한 문제를 예방하기위해서 신체는 거의 일정한 혈액의 pH가 유지되어야만 한다.

이 같은 상황에서는 pH가 7.0보다 작지 않다 할지라도 용어 "산혈증"이 사용된다.

이산화탄소는 가장 중요한 혈액 완충제(그러나 유일한 것은 아님) 역할을 한다. 용액에서 $CO_2$는 물과 반응하여 $H_2CO_3$를 생성하고, $H_2CO_3$는 $H_3O^+$와 $HCO_3^-$로 이온화한다. 평형반응은

$$CO_2(aq) + H_2O(\ell) \rightleftharpoons H_2CO_3(aq)$$
$$H_2CO_3(aq) + H_2O(\ell) \rightleftharpoons H_3O^+(aq) + HCO_3^-(aq)$$

$H_2CO_3$는 약한 산이고 $HCO_3^-$는 그것의 약한 짝 염기이기 때문에 그들은 완충용액을 구성한다. 혈액에서 $H_2CO_3$와 $HCO_3^-$의 정상 농도는 각각 0.0025 M과 0.025 M—1:10 비율이다. $H_2CO_3$에 대한 $HCO_3^-$의 비가 유지되는 한 혈액의 pH는 7.4 근처로 유지된다(예제 16.1에 이 pH를 계산하게 된다).

이 완충용액에 NaOH와 같은 센 염기가 가해진다면, 탄산은 가해지는 $OH^-$와 반응하게 될 것이다.

$$H_2CO_3(aq) + OH^-(aq) \longrightarrow HCO_3^-(aq) + H_2O(\ell)$$
$$K = \frac{1}{K_b(HCO_3^-)} = \frac{1}{2.4 \times 10^{-8}} = 4.2 \times 10^7$$

여기서 평형상수 $K$는 탄산수소 이온과 물의 반응의 역반응이므로 탄산수소 이온의 $1/K_b$과 같다. $OH^-$가 물에 존재할 수 있는 가장 센 염기이기 때문에 수산화이온과 탄산의 반응은 매우 큰 $K$ 값 $4.2 \times 10^7$으로 나타낸 것처럼 본질적으로 완결된다.

이 완충용액에 HCl과 같은 센 산이 가해진다면 $HCO_3^-$ 이온—완충용액에서 짝 염기—은 HCl로부터의 하이드로늄 이온과 반응할 것이다.

$$HCO_3^-(aq) + H_3O^+(aq) \longrightarrow H_2CO_3(aq) + H_2O(\ell)$$

$$K = \frac{1}{K_a(H_2CO_3)} = \frac{1}{4.2 \times 10^{-7}} = 2.4 \times 10^6$$

이 경우에 평형상수 $K$는 탄산의 이온화의 역반응이므로 탄산의 $\frac{1}{K_a}$과 같다. $H_3O^+$이온은 센 산이기 때문에 $HCO_3^-$ 이온과 $H_3O^+$사이의 반응은 본질적으로 완결되고 $K$는 $2.4 \times 10^6$이다.

많은 완충용액에서 짝산 : 짝염기 농도의 비는 약 1:1이다. 그러나 혈액에서 충분한 이유로 $[HCO_3^-] / [H_2CO_3]$ 비는 약 10/1이다. 혈액에는 염기성 대사 부산물보다는 중화되어야 하는 더 많은 산성의 대사 부산물이 있다.

CONCEPTUAL
**개념학습** **16.1 가능한 완충용액?**

같은 몰수의 HCl과 NaCl 용액이 완충용액이 될 수 있는가? 같은 몰수의 KOH와 KCl 용액은 어떤가? 각 답에 대하여 설명하시오.

## 완충용액의 pH

완충용액의 pH는 두 가지 방법으로 계산될 수 있다: (1) 짝산과 짝염기의 농도와 $K_a$가 알려진다면 $K_a$ 표현에서 $[H_3O^+]$를 사용(예제 16.1), 그리고 (2) Henderson-Hasselbalch 식을 사용(예제 16.2).

**예제 16.1 $K_a$로부터 완충용액의 pH**

혈액 완충용액을 모방하여 0.0025 몰 탄산과 0.025 몰 탄산수소 이온을 포함하는 완충용액 1L를 만들었다. 완충용액의 pH를 계산하시오. 탄산의 $K_a = 4.2 \times 10^{-7}$이다.

**정답:** 7.38

**풀이:** 탄산(짝산)과 탄산수소 이온(짝염기)은 짝산−짝염기 쌍이다. pH를 계산하기위하여 탄산의 이온화 상수 반응식과 탄산의 $K_a$을 사용하여 $[H_3O^+]$를 구하고 그리고 나서 pH를 구한다.

$$H_2CO_3(aq) + H_2O(\ell) \rightleftharpoons H_3O^+(aq) + HCO_3^-(aq)$$

$$K_a = 4.2 \times 10^{-7} = \frac{[H_3O^+][\text{짝염기}]}{[\text{짝산}]} = \frac{[H_3O^+][HCO_3^-]}{[H_2CO_3]}$$

다른 평형 상수 계산에서 했던 것처럼 ICE 표를 만들 수 있다.

| | $H_2CO_3$ | + | $H_2O$ | $\rightleftharpoons$ | $H_3O^+$ | + | $HCO_3^-$ |
|---|---|---|---|---|---|---|---|
| 초기 농도(mol/L) | 0.0025 | | | | ≈0 | | 0.025 |
| 반응에 의한 변화(mol/L) | $-x$ | | | | $+x$ | | $+x$ |
| 평형 농도(mol/L) | $0.0025 - x$ | | | | $+x$ | | $0.025 + x$ |

$K_a$가 작은 값이라면, $x \ll 0.0025$, 그러므로 $0.0025 - x \approx 0.0025$와 $0.025 + x \approx 0.025$라 할 수 있다. 이 값들을 $K_a$ 표현에 대입하여 $[H_3O^+]$를 계산한 후 pH를 계산할 수 있다.

$$K_a = 4.2 \times 10^{-7} = \frac{x(0.025 + x)}{(0.0025 - x)} \approx \frac{x(0.025)}{(0.0025)}$$

$$x = [H_3O^+] = \frac{(4.2 \times 10^{-7})(0.0025)}{0.025} = 4.2 \times 10^{-8}$$

$$pH = -\log(4.2 \times 10^{-8}) = 7.38$$

$X = H_3O^+ = 4.2 \times 10^{-8}$ M, $X \ll 0.0025$를 주목하라. 그러므로 $X \ll 0.0025$의 가정은 타당하다.

**실전예제 16.1**

0.0020 M 탄산과 0.025 M 탄산수소 이온을 포함하는 혈액의 pH를 계산하시오.

Henderson-Hasselbalch 식은 알려진 농도의 짝염기와 짝산을 포함하는 완충용액의 pH를 계산하기 위하여 편리하게 사용될 수 있다. 그 식은 또 주어진 pH의 완충용액을 만들기 위하여 요구되는 짝염기와 짝산의 비를 결정하는데 적용할 수 있다. 이 식은 약한 산, HA에 대한 산 이온화 상수 표현을 쓰고 $[H_3O^+]$에 대하여 풀어서 유도된다. $A^-$는 HA의 짝염기이다.

$$HA(aq) + H_2O(\ell) \rightleftharpoons H_3O^+(aq) + A^-(aq)$$

$$K_a = \frac{[H_3O^+][\text{짝염기}]}{[\text{짝산}]} = \frac{[H_3O^+][A^-]}{[HA]}$$

$$[H_3O^+] = \frac{K_a[\text{짝산}]}{[\text{짝염기}]} = \frac{K_a[HA]}{[A^-]}$$

다음 단계는 $[H_3O^+]$를 pH로 바꾸는 것이다. 이 식의 양변에 대하여 상용로그를 취하면

$$\log[H_3O^+] = \log K_a + \log\frac{[\text{짝산}]}{[\text{짝염기}]} = \log K_a + \log\frac{[HA]}{[A^-]}$$

양변에 $-1$을 곱하고 $-\log(x) = \log(1/x)$의 관계를 이용하면

$$-\log[H_3O^+] = -\log K_a + \log\frac{[\text{짝염기}]}{[\text{짝산}]} = -\log K_a + \log\frac{[A^-]}{[HA]}$$

pH의 정의를 사용하고 $pK_a$로써 $-\log K_a$(pH의 정의와 유사하게)를 정의하면 식은 Henderson-Hasselbalch 식이 된다.

$$pH = pK_a + \log\frac{[\text{짝염기}]}{[\text{짝산}]} = pK_a + \log\frac{[A^-]}{[HA]}$$

$-\log(x) = \log\left(\frac{1}{x}\right)$이기 때문에

$$-\log\frac{[\text{짝산}]}{[\text{짝염기}]} = \log\frac{[\text{짝염기}]}{[\text{짝산}]}$$

그리고 $-\log\frac{[HA]}{[A^-]} = \log\frac{[A^-]}{[HA]}$.

예제 16.1에서 계산된 혈액의 pH를 구하기 위해 Henderson-Hasselbalch 식을 사용하는 것도 같은 결과를 준다.

$$pH = pK_a + \log\frac{[\text{짝염기}]}{[\text{짝산}]} = -\log K_a + \log\frac{[HCO_3^-]}{[H_2CO_3]}$$

$$= -\log(4.2 \times 10^{-7}) + \log\left(\frac{0.0250}{0.00250}\right)$$

$$= 6.38 + \log(10) = 6.38 + 1.00 = 7.38$$

짝염기의 농도가 짝산의 농도에 비해 열 배이기 때문에 pH가 p$K_a$ 보다 1 pH 단위 만큼 더 크다는 것을 주목하라.

Henderson–Hasselbalch 식은 완충용액에 적용될 때 두 가지 중요한 한계를 가진다는 것에 주목하는 것이 중요하다:

1. $\frac{[\text{짝염기}]}{[\text{짝산}]}$의 비가 0.1과 10 사이의 값이다.
2. [짝염기]와 [짝산]은 각각 $K_a$의 100배 이상 커야 한다.

EXERCISE
**연습문제** 16.2 **혈액 pH**

0.0025 M $HPO_4^{2-}$(aq)와 0.0015 M $H_2PO_4^-$(aq)를 포함하는 혈액의 pH를 계산하시오. $H_2PO_4^-$의 $K_a = 6.2 \times 10^{-8}$(이것이 유일한 혈액 완충용액이라 가정하라).

**예제 16.2 완충용액과 pH**

0.050 M pyruvic acid ($CH_3COCOOH$)와 0.060 M sodium pyruvate ($Na^+CH_3COCOO^-$)를 포함하는 혈액의 pH를 계산하시오. pyruvic acid의 $K_a = 3.2 \times 10^{-3}$.

**정답:** 2.57

**풀이:** 두 방법으로 pH에 대하여 풀게 된다. 첫째, $[H_3O^+]$를 구하기 위해 $K_a$ 식을 이용한다. 둘째, pH를 결정하기 위하여 Henderson–Hasselbalch 식을 이용한다.

먼저 $K_a$ 식을 이용하려면 pyruvate 이온을 가지는 pyruvic acid의 평형에 대한 화학 반응식과 대응하는 $K_a$ 식을 쓴다.

$$CH_3COCOOH(aq) + H_2O(\ell) \rightleftharpoons H_3O^+(aq) + CH_3COCOO^-(aq)$$

$$K_a = 3.2 \times 10^{-3} = \frac{[H_3O^+][CH_3COCOO^-]}{[CH_3COCOOH]} = \frac{[H_3O^+](0.060)}{(0.050)}$$

$[H_3O^+]$를 구하기 위해 식을 재배열하면 pH는 다음과 같이 주어진다.

$$[H_3O^+] = \frac{3.2 \times 10^{-3}(0.050)}{0.060} = 2.67 \times 10^{-3}$$

$$pH = -\log(2.67 \times 10^{-3}) = 2.57$$

Henderson–Hasselbalch 식을 적용하면:

$$pH = pK_a + \log\frac{[\text{짝염기}]}{[\text{짝산}]} = -\log(3.2 \times 10^{-3}) + \log\frac{[CH_3COCOO^-]}{[CH_3COCOOH]}$$

$$pH = 2.49 + \log\left(\frac{0.060}{0.050}\right) = 2.49 + \log(1.2) = 2.49 + 0.079 = 2.57$$

짝염기와 짝산의 농도가 같다면 농도 비는 1이 되고 그것의 log 값은 0이 될 것이다. 그러한 경우에 pH = p$K_a$, 그런데 이것은 여기 경우가 아니다.

**실전예제 16.2**

정상 pH 7.4의 혈액에서 $H_2PO_4^-$에 대한 $HPO_4^{2-}$의 비를 계산하시오. 이것이 유일하게 완충계에 존재하는 것이라고 가정하시오.

Henderson–Hasselbalch 식으로부터 짝염기와 짝산의 농도가 같을 때

$$\frac{[\text{짝염기}]}{[\text{짝산}]} = \frac{[A^-]}{[HA]} = 1 \qquad \log\frac{[\text{짝염기}]}{[\text{짝산}]} = \log\frac{[A^-]}{[HA]} = \log(1) = 0$$

이고 pH = p$K_a$임을 주목하라. 그러므로 완충용액에서 산과 그것의 짝염기의 농도가 같을 때 완충용액의 pH는 약한 산의 p$K_a$와 같다.

그러므로 원하는 pH를 유지하기 위한 완충용액은 p$K_a$값을 조사하여 쉽게 선택될 수 있다. 그런데 흔히 $K_a$값이 표로 나열되어 있다. 원하는 pH에 가까운 p$K_a$값을 가지는 짝산–짝염기의 쌍을 선택하라. 표 16.1에 산의 짝염기와 함께 pH 범위 4 ~10의 완충용액을 제조할 수 있는 몇몇 일반적인 산의 p$K_a$값이 열거되어 있다.

완충용액에서 산과 짝염기가 서로 비교할만한 양을 갖도록 하기위해서는 짝산에 대한 짝염기의 비가 1:10보다 더 작거나 10:1보다 더 큰 값을 가질 수는 없다. 완충용액의 pH 범위는 짝산의 p$K_a$값 위나 아래 대략 pH 1 단위 이내로 제한된다. 예를 들면 탄산/탄산수소 이온의 경우에 p$K_a$ = $-\log K_a$ = $-\log(4.2 \times 10^{-7})$ = 6.38이기 때문에 pH가 5.38에서 7.38사이에 있을 것이다. 표 16.1에서 처럼 다른 pH 범위를 갖는 완충용액을 조제하기 위하여 여러가지 짝산–짝염기 쌍이 사용될 수 있다.

**표 16.1 다양한 pH 값에서 유용한 완충계**

| 원하는 pH | 약한 짝산 | 약한 짝염기 | 약한 짝산의 $K_a$ | p$K_a$ |
|---|---|---|---|---|
| 4 | 락트산<br>$CH_3CHO$-<br>HOOH | 락트산 이온<br>$CH_3CHOHOO^-$ | $1.4 \times 10^{-4}$ | 3.85 |
| 5 | 아세트산<br>$CH_3COOH$ | 아세트산 이온<br>$CH_3COO^-$ | $1.8 \times 10^{-5}$ | 4.74 |
| 6 | 탄산<br>$H_2CO_3$ | 탄산수소 이온<br>$HCO_3^-$ | $4.2 \times 10^{-7}$ | 6.38 |
| 7 | 인산이수소 이온<br>$H_2PO_4^-$ | 인산수소 이온<br>$HPO_4^{2-}$ | $6.2 \times 10^{-8}$ | 7.21 |
| 8 | 하이포아염소산<br>HClO | 하이포아염소산 이온<br>$ClO^-$ | $3.5 \times 10^{-8}$ | 7.46 |
| 9 | 암모늄 이온<br>$NH_4^+$ | 암모니아<br>$NH_3$ | $5.63 \times 10^{-10}$ | 9.25 |
| 10 | 탄산수소 이온<br>$HCO_3^-$ | 탄산 이온<br>$CO_3^{2-}$ | $4.8 \times 10^{-11}$ | 10.32 |

$K_a$가 감소하면 p$K_a$ 값은 증가한다. 즉, 약한 산들은 더 큰 p$K_a$ 값을 가진다.

**예제 16.3 알려진 pH의 완충용액에 대한 산–염기 짝 선택하기**

pH = 4를 갖는 완충용액이 요구된다. 완충용액을 만들기 위하여 사용 가능한 산–염기 짝들이 다음과 같다: $CH_3COOH/CH_3COO^-$; $H_2CO_3/HCO_3^-$; 그리고 $CH_3CHOHOOH/CH_3CHOHOO^-$. pH = 4를 갖는 완충용액을 만들기 위하여 어느 산–염기 짝을 사용해야 하고 그 화합물들의 몰 비는 얼마를 사용해야 하느냐? 표 16.1의 $K_a$와 p$K_a$ 값을 사용하시오.

**정답:** 0.14 몰/L 락트산 이온에 대하여 0.10 몰/L 락트산의 비를 갖는 $CH_3CHOHOOH/CH_3CHOHOO^-$ 짝 산–염기 쌍이 적합할 것이다.

**풀이:** pH = 4를 갖는 완충용액을 원하기 때문에 짝산이 원하는 pH = 4 근처의 $pK_a$ 값을 갖는 짝 산–염기 쌍이 필요하다. $pK_a$가 pH = 4에 가장 가까운 짝 산–염기 쌍을 선택하기 위하여 표 16.1을 사용할 수 있다. 산–염기 쌍이 선택되면 필요한 짝산과 짝염기 농도를 계산하기 위하여 Henderson–Hasselbalch 식을 사용할 수 있다.

목표 pH에 가장 가까운 $pK_a$ (3.85)를 갖는 산이 락트산, $CH_3CHOHOOH$; 다른 산들의 $pK_a$ 값은 4.00에 충분히 가깝지 않다.

이 $pK_a$ 값과 락트산–락트산 이온 농도를 Henderson–Hasselbalch 식에 대입하면

$$pH = 4.00 = 3.85 + \log \frac{[CH_3CHOHCOO^-]}{[CH_3CHOHCOOH]}$$

$$\log \frac{[CH_3CHOHCOO^-]}{[CH_3CHOHCOOH]} = 4.00 - 3.85 = 0.15; \frac{[CH_3CHOHCOO^-]}{[CH_3CHOHCOOH]} = 10^{0.15} = 1.41$$

락트산 이온 ($CH_3CHOHOO^-$)의 농도가 락트산 ($CH_3CHOHOOH$)의 농도의 약 1.41배가 될 것임을 의미한다. 이 완충용액은 락트산과 락트산 소듐 ($Na^+CH_3CHOHOO^-$)과 같은 용해성 락트산 염을 사용하여 만들 수 있다. 락트산의 농도가 0.10 몰/L이라면 요구되는 락트산 소듐의 농도는 1.41(0.10 몰/L) = 0.14 몰/L이다.

**실전예제 16.3**

표 16.1을 이용하여 다음 각 수소 이온의 농도를 갖는 완충용액을 만들기 위하여 사용할 수 있는 짝 산–염기의 쌍을 선택하시오.

(a) $3.2 \times 10^{-4}$ M (b) $5.0 \times 10^{-5}$ M

(c) $7.0 \times 10^{-8}$ M (d) $6.0 \times 10^{-11}$ M

**EXERCISE 연습문제 16.3 완충용액 만들기**

표 16.1을 이용하여 pH 4.68의 완충용액을 만들기 위하여 요구되는 아세트산 소듐과 아세트산의 몰 비를 계산하시오.

**EXERCISE 연습문제 16.4 완충용액과 pH**

표 16.1을 이용하여 다음 완충용액의 pH를 계산하시오

(a) $H_2CO_3$ (0.10 M)/$HCO_3^-$ (0.25 M) (b) $H_2PO_4^-$ (0.10 M)/$HPO_4^{2-}$ (0.25 M)

## 완충용액에 산 또는 염기의 첨가

산($H_3O^+$)이 완충용액에 가해질 때 산은 완충용액의 짝산을 만들기 위해 완충용액의 짝염기와 반응한다.

$$\text{완충용액 속의 짝염기} + \text{가해진 } H_3O^+ \longrightarrow \text{완충 염기의 짝산} + \text{물}$$

염기($OH^-$)가 완충용액에 가해질 때 염기는 완충용액의 짝산과 반응하는데 짝산은 완충

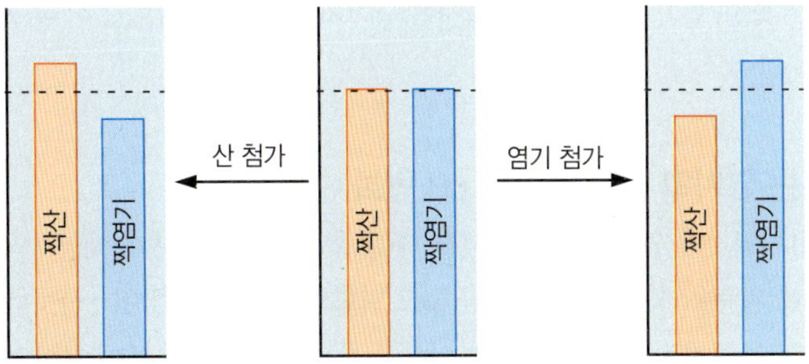


**그림 16.2 완충용액에 산이나 염기 첨가의 영향.** $H_3O^+$ 또는 $OH^-$가 완충용액에 가해질 때 완충용액에서 짝산과 짝염기의 양이 변한다.

용액의 짝 염기로 전환된다.

$$\text{완충용액 속의 짝산} + \text{가해진 } OH^- \longrightarrow \text{완충 산의 짝염기} + \text{물}$$

그림 16.2는 이들 관계를 요약하고 있다. 아세트산과 아세트산 소듐으로 만들어진 완충용액에 대하여 변화는

$$\underset{\text{완충용액의 짝염기}}{CH_3COO^-(aq)} + \underset{\text{가해진 산}}{H_3O^+(aq)} \longrightarrow \underset{\text{완충용액의 짝산}}{CH_3COOH(aq)} + H_2O(\ell)$$

$$\underset{\text{완충용액의 짝산}}{CH_3COOH(aq)} + \underset{\text{가해진 염기}}{OH^-(aq)} \longrightarrow \underset{\text{완충용액의 짝염기}}{CH_3COO^-(aq)} + H_2O(\ell)$$

짝염기와 함께 짝산의 존재는 완충용액을 형성할 수 있지만 모든 경우에 그런 것은 아니다. 짝산과 짝염기의 양에 의존한다. 다음 세 가지 예를 고려하라.

(a) 1 L 용액에 0.01몰 $NaHCO_3$와 0.01몰 $Na_2CO_3$의 조합의 경우, 짝산 탄산수소 이온($HCO_3^-$)과 짝염기 탄산 이온($CO_3^{2-}$)은 같은 농도이고 따라서 이 용액은 완충용액이다.

(b) 1 L 용액에 0.045몰 $NH_3$와 0.025몰 HCl의 조합

$$NH_3(aq) + HCl(q) \longrightarrow NH_4Cl(aq)$$

이 경우, 0.045 몰의 약한 염기 암모니아($NH_3$)가 있다; 이 중 0.025 몰은 0.025 몰 HCl과 반응하여 0.025 몰 $NH_4Cl$을 만들고 원래의 0.045 몰 중 0.020 몰 $NH_3$를 남긴다. 반응은 0.025 몰 $NH_4Cl$을 생성하고 그것은 짝산인 암모늄 이온($NH_4^+$) 0.025 몰을 제공한다. 그러므로 이 용액은 0.020 몰 짝염기($NH_3$)와 0.025 몰 짝산($NH_4^+$)을 포함한다; 이 용액은 완충용액이다.

(c) 1 L 용액에 0.010 몰 아세트산($CH_3COOH$, 짝산)과 0.010 몰 NaOH의 조합

$$CH_3COOH(aq) + NaOH(aq) \longrightarrow NaCH_3COO(aq) + HOH(\ell)$$

여기서 0.010 몰 아세트산은 0.010 몰 소듐아세트산($NaCH_3COO$)을 형성하기 위하여 0.010 몰 NaOH와 반응한다. 필수적으로 모든 아세트산은 반응하고 아세

트산 이온을 갖는 짝산/염기 쌍에 대하여 짝산을 남기지 않는다. 그러므로 이 용액은 완충용액이 아니다.

(c) 경우에 소량의 아세트산이 아세트산 소듐의 가수분해에 의해 형성되지만 아세트산 이온과 완충 짝으로 의미있게 작용하기에는 그 양은 충분하지 않다.

## 완충용액에 산 또는 염기의 첨가에 따른 pH 변화

논의된 것처럼 산이나 염기가 완충용액에 가해질 때 완충용액에서 짝산과 짝염기의 농도가 바뀌기 때문에 완충용액의 pH가 변한다. pH 변화의 정도는 가해지는 산이나 염기의 양에 의존하고 가해지는 산이나 염기에 의하여 상쇄된 후 완충용액에 남아있는 짝산 또는 짝염기의 양에 의존한다. 예제 16.4에 나타낸 것처럼, 완충용액에 산이나 염기가 가해질 때 완충용액의 pH 변화는 두 가지 방법: (1) $K_a$ 값과 연계하여 $K_a$ 표현을 사용하므로써, 또는 (2) Henderson–Hasselbalch 식을 사용하므로써 계산할 수 있다.

**예제 16.4 완충용액에서 pH 변화**

완충용액 1 L를 만들기 위해 0.15 몰 락트산 ($CH_3CHOHOOH$)과 0.20몰 락트산 소듐 ($Na^+CH_3CHOHOO^-$)을 충분한 물에 가한다. 락트산의 $K_a = 1.4 \times 10^{-4}$이다.

(a) 완충용액의 pH를 계산하시오.

(b) 0.050 몰 HCl이 가해진 후 완충용액의 pH를 계산하시오(부피 변화를 무시하시오).

(c) 원래의 완충용액에 0.10몰 NaOH가 가해진 후 완충용액의 pH를 계산하시오(부피 변화를 무시하시오).

**정답:** (a)3.97 (b) 3.73 (c) 4.63

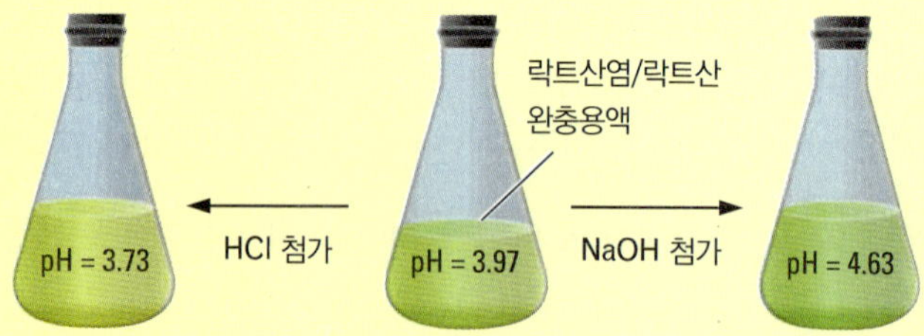


**풀이:** 하이드로늄 이온 농도를 계산하기 위하여 $K_a$ 표현을 사용하고 하이드로늄 이온 농도로부터 pH가 얻어질 수 있다. 또 Henderson–Hasselbalch 식을 사용하여 계산될 수 있다.

(a) 평형에 대한 화학 반응식과 평형상수 식은

$$CH_3CHOHCOOH(aq) + H_2O(\ell) \rightleftharpoons H_3O^+(aq) + CH_3CHOHCOO^-(aq)$$

$$K_a = 1.4 \times 10^{-4} = \frac{[H_3O^+][CH_3CHOHCOO^-]}{[CH_3CHOHCOOH]}$$

$[H_3O^+]$에 관하여 풀어 $1.1\times10^{-4}$의 값과 대응하는 3.97의 pH를 얻는다.

$$[H_3O^+] = 1.4 \times 10^{-4} \frac{[CH_3CHOHCOOH]}{[CH_3CHOHCOO^-]} = 1.4 \times 10^{-4} \frac{(0.15\ M)}{(0.20\ M)} = 1.1 \times 10^{-4}\ M$$

$$pH = -\log(1.1 \times 10^{-4}) = 3.97$$

pH를 계산하기 위하여 Henderson–Hasselbalch 식을 사용하는 것은 $pK_a$를 구하는 것으로 시작된다.

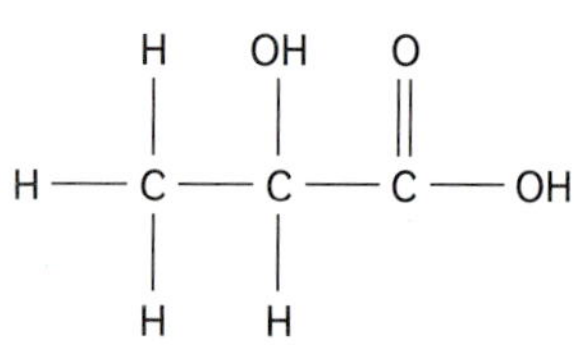

lactic acid

$$pK_a = -\log K_a = -\log(1.4 \times 10^{-4}) = 3.85$$

그리고나서 pH를 계산한다.

$$pH = 3.85 + \log \frac{(0.20 \text{ mol/L 락트산 이온})}{(0.15 \text{ mol/L 락트산})} = 3.85 + \log(1.33) = 3.85 + 0.12 = 3.97$$

이 경우 1 L의 완충용액이어서 몰수가 리터 당 몰수, 몰 농도와 같다.

(b) 가해진 0.050 몰 HCl은 0.050 몰 락트산과 물을 생성하기 위하여 0.050 몰 락트산 이온과 반응한다. 이 양은 원래 완충용액 속의 0.15몰 락트산에 더해진다.

$$CH_3CHOHCOO^-(aq) + H_3O^+(aq) \longrightarrow CH_3CHOHCOOH(aq) + H_2O(\ell)$$

| 완충용액으로부터 | 가해진 | 완충용액 속에 생긴 |
|---|---|---|
| 0.050 몰 | 0.050 몰 | 0.050 몰 |

이것은 락트산 이온/락트산 비를 변화시키고 따라서 가해진 HCl 때문에 pH가 변한다:

| | 락트산의 몰수 | 락트산 이온의 몰수 |
|---|---|---|
| 반응 전 | 0.15 | 0.20 |
| 반응 후 | 0.15 + 0.050 | 0.20 − 0.050 |

$$1.4. \times 10^{-4} = \frac{[H_3O^+][CH_3CHOHCOO^-]}{[CH_3CHOHCOOH]}$$

$$= [H_3O^+]\frac{(0.20 - 0.050 \text{ mol/L})}{(0.15 + 0.050 \text{ mol/L})}$$

$$= [H_3O^+](0.75 \text{ M})$$

$$[H_3O^+] = \frac{1.4 \times 10^{-4}}{0.75} = 1.9 \times 10^{-4}$$

$$pH = -\log(1.9 \times 10^{-4}) = 3.73$$

pH는 3.97로부터 3.73까지 떨어진다. 0.15 몰 락트산 이온이 추가로 가해질 산과 반응하기 위하여 남아 있다는 것을 주목하라.

또 Henderson–Hasselbalch 식이 직접 pH를 계산하기 위하여 사용될 수 있다.

$$pH = 3.85 + \log \frac{[\text{락트산 이온}]}{[\text{락트산}]} = 3.85 + \log \frac{(0.20 - 0.050 \text{ mol/L})}{(0.15 + 0.050 \text{ mol/L})}$$

$$= 3.85 + \log\left(\frac{0.15}{0.20}\right) = 3.85 + \log(0.75) = 3.85 + (-0.12) = 3.73$$

(c) 0.1 몰의 NaOH를 상쇄시키기 위하여 0.10 몰 락트산이 요구된다.

$$CH_3CHOHCOOH(aq) + OH^-(aq) \longrightarrow CH_3CHOHCOO^-(aq) + H_2O(\ell)$$

| 완충용액으로부터 | 가해진 | 완충용액 속에 생긴 |
|---|---|---|
| 0.10 몰 | 0.10 몰 | 0.10 몰 |

| | 락트산의 몰수 | 락트산 이온의 몰수 |
|---|---|---|
| 반응 전 | 0.15 | 0.20 |
| 반응 후 | 0.15 − 0.10 = 0.05 | 0.20 + 0.10 = 0.30 |

NaOH의 첨가는 락트산 이온/락트산 비를 $\frac{0.20}{0.15} = 1.33$으로부터 $\frac{0.30}{0.05} = 6.0$까지 변화시키고 따라서 pH가 변한다. 0.10 몰 염기 첨가에 기인하여 락트산 이온/락트산 농도의 변화를 고려한다. 하이드로늄 이온 농도를 계산하기 위하여 $K_a$ 식을 사용하고 pH가 얻어진다.

$$K_a = 1.4 \times 10^{-4} = \frac{[H_3O^+][CH_3CHOHCOO^-]}{[CH_3CHOHCOOH]}$$
$$= \frac{[H_3O^+](0.20 + 0.10 \text{ mol/L})}{(0.15 - 0.10 \text{ mol/L})}$$
$$= [H_3O^+](6.0)$$
$$[H_3O^+] = \frac{1.4 \times 10^{-4}}{6.0} = 2.33 \times 10^{-5}; \text{pH} = -\log(2.33 \times 10^{-5}) = 4.63$$

pH는 3.97로부터 4.63까지 올라간다. 또 이 변화는 Henderson-Hasselbalch 식을 사용하여 결정될 수 있다.

$$\text{pH} = 3.85 + \log\frac{[\text{락트산 이온}]}{[\text{락트산}]} = 3.85 + \log\frac{(0.20 + 0.10 \text{ mol/L})}{(0.15 - 0.10 \text{ mol/L})}$$
$$= 3.85 + \log\left(\frac{0.30}{0.05}\right) = 3.85 + \log(6) = 3.85 + 0.78 = 4.63$$

**실전예제 16.4**

위에 주어진 최초 락트산 이온/락트산 완충용액에 다음 시료가 가해질 때 pH를 계산하시오. 부피 변화는 없다고 가정하시오.

(a) 0.075 몰 HCl (b) 0.025 몰 NaOH

CONCEPTUAL
**개념학습 16.5 혈액 완충반응**

비정상적으로 높은 농도의 $CO_2$가 혈액에 존재한다면($H_2PO_4^-$ 또는 $HPO_4^{2-}$)중 어느것이 과량의 $CO_2$ 존재를 중화시킬 수 있는가? 설명하시오.

## 완충용량

짝염기: 짝산의 비가 1:10까지 변할 때 pH는 1 단위 만큼 감소한다. 그 비가 10:1로 변하면 pH는 1 단위 만큼 증가한다.

완충용액에서 짝산과 짝염기의 양은 완충용량—의미있는(1 pH 단위보다 큰) pH 변화없이 완충용액에 가해질 수 있는 산 또는 염기의 양—을 결정한다. 완충용액 속의 짝산의 거의 대부분이 반응했을 때 약간 더 염기를 가하면 완충용액에 가해지는 염기를 중화시킬 짝산이 거의 남아 있지 않기 때문에 pH가 크게 변한다. 유사하게, 완충용액의 짝염기의 전부와 반응할 만큼 충분한 산을 가한다면 그리고 약간의 산이 남는다면 pH는 크게 감소될 것이다. 예를 들면 $CH_3COOH$ 0.25 M과 $CH_3COO^-$ 0.25 M인 용액 1 L는 0.25몰 $CH_3COOH$과 0.25몰 $CH_3COO^-$를 포함한다. 이 완충용액은 그것의 완충용량을 모두 사용하는 점인 0.25몰까지만 $H_3O^+$ 또는 $OH^-$를 수용할 수 있다. 원래의 완충용액은 pH의 큰 변화없이는 0.30몰의 센 산 또는 센 염기의 첨가를 수용할 수 없다. 그러한 첨가는 각각 완충용액의 짝산이나 짝염기의 전부를 소모하게 되고 완충용량을 초과한다. pH는 그에 대응하여 떨어지거나 올라가게 된다.

**예제 16.5 완충용량**

0.25 몰 $H_2PO_4^-$와 0.15 몰 $HPO_4^{2-}$을 사용하여 500. mL 완충용액이 제조된다.

(a) 6.2 g KOH가 이 완충용액에 가해진다면 완충용량을 초과할 것인가? 새 용액의 pH는 얼마인가?

(b) 원래의 완충용액에 6.0 M HCl 23.0 mL가 가해진다면 완충용량을 초과할 것인가? pH는 얼마인가?

**정답:** (a) 아니오, 완충용량을 초과하지 않을 것이다; pH = 7.48. (b) 예, 완충용량을 초과할 것이다; pH = 5.61.

**풀이:** 완충용액의 초기 pH는 Henderson–Hasselbalch 식을 사용하여 계산될 수 있다. 표 16.1로부터 $H_2PO_4^-$의 $pK_a$는 7.21이다.

$$pH = 7.21 + \log\frac{[HPO_4^{2-}]}{[H_2PO_4^-]} = 7.21 + \log\frac{(0.15/0.500)}{(0.25/0.500)}$$
$$= 7.21 + \log(0.60) = 7.21 - 0.22 = 6.99$$

(a) 6.2 g KOH는 0.11몰 KOH이다. 0.11 몰 $OH^-$가 완충용액에 의하여 중화된다.

$$6.2\text{ g KOH}\left(\frac{1\text{ mol KOH}}{56.1\text{ g KOH}}\right) = 0.11\text{ mol KOH}$$

완충용액에 가해진 0.11 몰 KOH는 0.11 몰 $HPO_4^{2-}$를 만들기 위해 완충용액의 짝산인 0.11몰 $H_2PO_4^-$와 반응하여 중화된다.

$$H_2PO_4^-(aq) + OH^- \longrightarrow HPO_4^{2-}(aq) + H_2O(\ell)$$

| 완충용액으로부터 | KOH로부터 | 생성된 |
|---|---|---|
| 0.11 몰 | 0.11 몰 | 0.11 몰 |

반응은 완충용액에 남아있는 $HPO_4^{2-}$와 $H_2PO_4^-$의 양을 변화시킨다.

| | 반응 전 | 반응 후 |
|---|---|---|
| $HPO_4^{2-}$ 몰수 | 0.15 | 0.15 + 0.11 = 0.26 |
| $H_2PO_4^-$ 몰수 | 0.25 | 0.25 − 0.11 = 0.14 |

아직 약간의 $H_2PO_4^-$ (0.14 몰)가 남아있기 때문에 6.2 g의 KOH 첨가에 의하여 완충용량은 초과하지 않는다. KOH 첨가 후에 pH는

$$pH = 7.21 + \log\frac{[HPO_4^{2-}]}{[H_2PO_4^-]} = 7.21 + \log\frac{(0.26/0.500)}{(0.14/0.500)}$$
$$= 7.21 + \log(1.9) = 7.21 + 0.27 = 7.48$$

(b) 6.0 M HCl 0.0230 L를 가하는 것은 $1.4 \times 10^{-1}$몰 $H_2PO_4^-$를 만들기 위해 $1.4 \times 10^{-1}$ 몰 $HPO_4^{2-}$와 반응하는 $(0.0230\text{ L})\dfrac{6.0\text{ mol }H_3O^+}{\text{L}} = 1.4 \times 10^{-1}$몰 $H_3O^+$를 제공한다.

$$HPO_4^{2-}(aq) + H_3O^+(aq) \longrightarrow H_2PO_4^-(aq) + H_2O(\ell)$$

| 완충용액으로부터 | HCl로부터 | 생성된 |
|---|---|---|
| 0.14 몰 | 0.14 몰 | 0.14 몰 |

| | 반응 전 | 반응 후 |
|---|---|---|
| $HPO_4^{2-}$ 몰수 | 0.15 | 0.15 − 0.14 = 0.01 |
| $H_2PO_4^-$ 몰수 | 0.25 | 0.25 + 0.14 = 0.39 |

그러므로 완충용액의 조성이 변한다. $HPO_4^{2-}$의 몰수는 0.01 몰까지 감소한다; $H_2PO_4^-$ 몰수는 0.25로부터 0.39까지 증가한다. 용액의 부피는 6.0 M HCl 0.0230 L의 첨가에 기인하여 0.523 L이다. HCl의 첨가 후 pH는

$$pH = 7.21 + \log\frac{[HPO_4^{2-}]}{[H_2PO_4^-]} = 7.21 + \log\frac{(0.01/0.523)}{(0.39/0.523)}$$
$$= 7.21 + \log(0.026) = 7.21 - 1.6 = 5.6$$

1.3 단위(6.99로부터 5.6까지)만큼 변화된 pH는 HCl의 첨가에 의하여 완충용량이 초과되었음을 보여준다. 최종 짝염기:짝산의 비는 1:10보다 작은 0.026이다.

**실전예제 16.5**

완충용량을 초과하기 위해서 예제 16.5a에서 최초의 완충용액에 가해져야 하는 KOH의 최소량(그램)을 계산하시오.

## 16.2 산-염기 적정

5.8절에서 산-염기 적정을 산이나 염기의 농도를 결정하는 방법으로 설명하였다. 이런 형태의 적정에 통상적으로 사용되는 기구를 그림 16.3에 나타내었다. 산-염기 적정은 농도를 결정하려는 일정한 부피의 산이나 염기에 농도를 알고 있는 염기나 산의 수용액을 측정 가능한 양으로 천천히 가하여 수행된다. 예를 들면 그림 16.3에서처럼 농도를 모르는 일정한, 부피의 산에 뷰렛으로부터 표준화된 염기가 가해질 수 있다. 농

(a) (b) (c)

**그림 16.3 NaOH에 의한 산 시료를 적정하는 산-염기 적정 장치.** (a) 0.1 mL 눈금의 뷰렛은 알려진 농도의 NaOH 용액을 포함하고 있다. (b) 적정을 시작하기 전에 산 용액에 지시약이 가해진다. 뷰렛으로부터 NaOH 용액이 적정하려는 산 용액 속으로 천천히 가해진다. (c) 종말점에 도달되면 지시약의 색이 변한다.

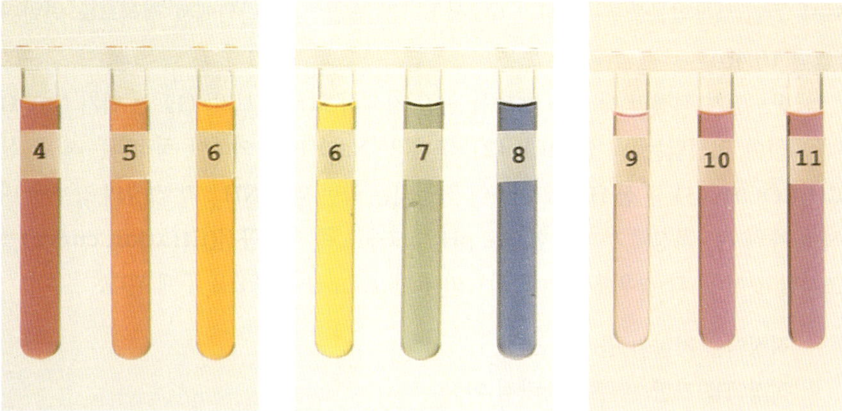


(a) (b) (c)

**그림 16.4** **산-염기 지시약.** 산-염기 지시약은 특별한 pH 범위에서 색이 변하는 화합물이다. (a) 메틸레드는 pH 4 또는 그 이하에서 적색, pH 5에서 오렌지 색, pH 6.3에서 노란색이다. (b) 브롬티몰블루는 pH가 6에서 8로 변함에 따라 노란색에서 청색으로 변한다. (c) 페놀프탈레인은 pH 8.3 이하에서는 무색이고 8.3과 11 사이에서는 적색으로 변한다.

도가 정확하게 알려진 표준 용액을 뷰렛을 통하여 가한다. 뷰렛 속의 용액은 **적정액(titrant)**이다. 적정액이 화학양론적 양만큼 가해질 때 적정되는 산이나 염기가 정확하게 중화되는 양인 당량점에 도달된다.

## 당량점의 확인

적정에서 당량점을 알아내기 위하여 어떤 방법이 요구된다. 이것은 적정이 진행됨에 따라 용액의 pH를 전기적으로 측정하는 pH 미터를 사용하므로써 가능하다. 다른 방법으로는 충분한 양의 적정액이 가해질 때 산-염기 지시약의 색 변화가 사용될 수 있다(그림 16.4). 지시약의 색 변화가 일어날 때 적정의 **종말점(end poiunt)**에 도달된다. 당량점에 매우 가까운 종말점을 알려주는 지시약을 사용하는 것이다.

15.4절에 설명된 산-염기 지시약들은 그들의 짝염기($In^-$)와는 색이 다른 전형적인 약한 유기 산(HIn)들이다.

$$\underset{\text{색 1}}{HIn(aq)} + H_2O(\ell) \rightleftharpoons H_3O^+(aq) + \underset{\text{색2}}{In^-(aq)}$$

지시약 분자로부터 $H^+$의 제거는 지시약 분자의 구조를 바꾸고 그 결과로 가시 스펙트럼에서 다른 영역의 빛을 흡수하고 색을 변화시킨다.

산-염기 적정 동안 관찰되는 색은 $\frac{[HIn]}{[In^-]}$의 비에 의존하는데 세 가지 경우가 적용된다:

- $\frac{[HIn]}{[In^-]} \geq 10$일 때, 지시약 용액은 산성색 (HIn)이다.
- $\frac{[HIn]}{[In^-]} \leq 0.1$일 때, 지시약 용액은 염기성색 ($In^-$)이다.
- $\frac{[HIn]}{[In^-]} \approx 1$일 때, 지시약 용액은 산성과 염기성색 사이의 중간이다.

붉은 양배추 주스는 자연이 주는 산-염기 지시약이다. 왼쪽에서 오른쪽으로 용액의 pH는 1, 4, 7, 10, 그리고 13이다.

예를 들면 브롬티몰블루는 pH가 6에서 8까지 변할 때 노란색에서 청색으로 변한다 (그림 16.4b).

산-염기 적정의 세 가지 형태를 약간 자세히 고려해 보자: (1) 센 염기 NaOH 에 의하여 적정되는 센 산 HCl; (2) 센 염기 NaOH 에 의하여 적정되는 약한 산 $CH_3COOH$; (3) 센 산 HCl에 의하여 적정되는 약한 염기 $NH_3$. 각 적정의 경우에 대하여 가해지는 적정액 부피의 함수로 pH의 그래프 즉 **적정곡선(titration curve)**을 조사할 것이다. 각 경우에 특별히 적정의 4 단계로 pH에 관심을 두게 된다.

- 적정액을 가하기 전
- 적정액을 가한 후 부터 당량점 이전
- 당량점에서
- 당량점 이후

## 센 염기에 의한 센 산의 적정

적정액 0.100 M NaOH에 의한 0.100 M HCl 50 mL의 적정에 대한 적정곡선을 그림 16.5에 나타내었다. 센 염기에 의한 센 산의 적정은 당량점에서 pH = 7.0을 갖는 염을 생성한다.

일반적으로 센 산- 센 염기 적정에서 당량점 이전에 $[H_3O^+]$는 다음 관계에 의하여 가해지는 염기의 부피에 따라 계산될 수 있다.

이 식은 더해진 부피가 혼합된 용액의 정확한 부피와 같다는 것을 가정한다.

$$[H_3O^+] = \frac{\text{초기 산의 몰수} - \text{가해진 염기의 총 몰수}}{\text{산의 부피 (L)} + \text{가해진 염기의 부피 (L)}}$$

예제 16.6은 적정곡선에 표시된 네 점에 대한 계산을 설명해 준다.

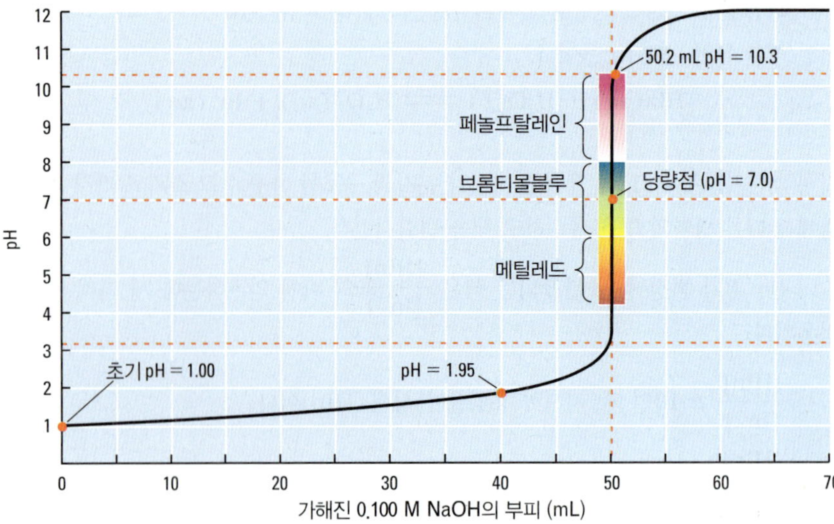


**그림 16.5 0.100 M NaOH에 의한 0.100 M HCl의 적정곡선.** 센 산은 센 염기와 반응하여 당량점에서 pH 7의 용액을 만든다.

**예제 16.6 NaOH로 HCl의 적정**

0.100 M NaOH 용액이 0.100 M HCl 50 mL를 적정하기 위하여 사용된다. 이들 네 점에서 용액의 pH를 계산하시오.

(a) 적정액이 가해지기 전

(b) 적정액 40 mL가 가해진 후

(c) NaOH 50 mL가 가해진 후. 어떤 지시약—메틸레드, 브롬티몰블루, 또는 페놀프탈레인—이 당량점을 검출하기 위하여 사용될 수 있는가?

(d) NaOH 50.2 mL가 가해진 후

**정답**

(a) 1.00 (b) 1.954

(c) 7.00; 메틸레드, 브롬티몰블루, 또는 페놀프탈레인

(d) 10.3

**풀이:** 최초에는 단지 염산 만 존재한다. 그래서 pH는 용액의 하이드로늄 이온에 의하여 결정된다. (a). 적정이 진행됨에 따라 NaOH가 가해진 것만큼 $H_3O^+$의 농도가 감소된다. 센 산- 센 염기 적정에서 가해진 염기의 부피에 대하여 당량점 이전에 $[H_3O^+]$는 앞에서 주어진 식에 의하여 계산될 수 있다. 그 식을 (b)에 적용할 수 있다.

(a) HCl은 센 산이기 때문에 최초 $H_3O^+$의 농도는 0.100 M이고 pH는 $-\log(0.100) = 1.00$이다. (pH는 유효숫자 2개까지 반올림할 것이다.

(b) 산의 초기 50.0 mL 용액은

$$(0.0500\ \text{L})(0.100\ \text{mol/L}) = 5.00 \times 10^{-3}\ \text{mol}\ H_3O^+$$

을 포함한다.

NaOH가 가해짐에 따라서 산의 $H_3O^+$ 이온과 가해진 $OH^-$ 이온의 반응으로 인하여 $H_3O^+$의 몰수는 감소된다.

$$\underset{\text{HCl로부터}}{H_3O^+(aq)} + \underset{\text{NaOH로부터}}{OH^-(aq)} \longrightarrow H_2O(\ell)$$

0.100 M NaOH 40 mL가 최초의 0.100 M HCl 50 mL에 가해진 후 $[H_3O^+]$는

$$[H_3O^+] = \frac{(5.00 \times 10^{-3}) - (4.00 \times 10^{-3})}{0.0500\ \text{L} + 0.0400\ \text{L}} = 1.11 \times 10^{-2}\ \text{M}; \qquad \text{pH} = 1.954$$

(c) 당량점에서 0.100 M NaOH 50.0 mL가 가해진다. 이것은 용액 속의 초기 $5.00 \times 10^{-3}$몰 $H_3O^+$를 정확하게 중화시키는 $(0.0500\ \text{L})(0.100\ \text{mol OH}^-/\text{L}) = 5.00 \times 10^{-3}$몰 $OH^-$가 된다. 남은 산이나 여분의 NaOH가 없다. 생성된 NaCl은 중성 염이고 그래서 pH는 당량점에서 7.00이다. pH는 당량점 근처에서 너무 급격하게 증가하기 때문에 메틸레드, 브롬티몰블루, 또는 페놀프탈레인이 센 산-센 염기 적정에 지시약으로 사용될 수 있다(그림 16.5).

(d) 용액에 0.100 M NaOH 50.2 mL를 가하는 것은 용액 속에 $(0.0502\ \text{L})(0.100\ \text{mol OH}^-/\text{L}) = 5.02 \times 10^{-3}$몰 $OH^-$를 넣는 것이다. (c)에서 본 것처럼 $5.00 \times 10^{-3}$몰 $OH^-$는 원 시료 속의 모든 HCl을 중화시킨다. 그러므로 지금 용액 100.2 mL에 있는 부가적인 $0.02 \times 10^{-3}$몰 $OH^-$는 중화되지 않는다. 용액의 pH는

$$[OH^-] = \frac{0.02 \times 10^{-3}\ \text{mol OH}^-}{0.1002\ \text{L}} = 2.0 \times 10^{-4}\ \text{M}$$

$$\text{pOH} = -\log(2.0 \times 10^{-4}) = 3.70; \qquad \text{pH} = 14.00 - \text{pOH} = 14.00 - 3.70 = 10.3$$

적정곡선에서 보는 것처럼(그림 16.5) 지금 완충되지 않은 용액 (c)에 초과된 NaOH 0.2 mL의 첨가는 pH를 극적으로 상승시킨다는 것을 주목하시오.

부피 0.2 mL는 대략 4방울이다.

**실전예제 16.6**

위에 설명된 HCl−NaOH 적정에 대하여 다음과 같이 NaOH가 가해질 때 pH를 계산하시오.

(a) 10.0 mL (b) 25.0 mL (c) 45.0 mL (d) 50.5 mL

CONCEPTUAL
**개념학습** 16.6 적정곡선

적정액으로 0.100 M HCl을 사용하여 0.100 M NaOH 50 mL를 적정하는데 대한 적정곡선을 그리시오.

## 센 염기에 의한 약한 산의 적정

15.8절에 쓰여진 것처럼 NaOH와 같은 센 염기와 아세트산 같은 약한 산의 반응은 염기성 음이온을 갖는 염—이 경우에 아세트산 소듐—을 생성한다. 다른 염기성 음이온같이 아세트산 이온은 물과 반응하여 가수분해반응에 기인한 수산화 이온을 생성한다:

$$CH_3COO^-(aq) + H_2O(\ell) \rightleftharpoons CH_3COOH(aq) + OH^-(aq)$$

결과적으로 약한 산이 센 염기에 의해 적정될 때 당량점에서의 pH는 적정 반응에 의해 생성된 염기성 음이온의 가수분해에 기인하여 7보다 크게 될 것이다. 0.100 M 아세트산 50 mL를 0.100 M NaOH로 적정하는데 대한 그림 16.6의 적정곡선이 이러한 형태의 적정을 나타내고 예제 16.5는 적정곡선과 관련된 계산을 보여준다.

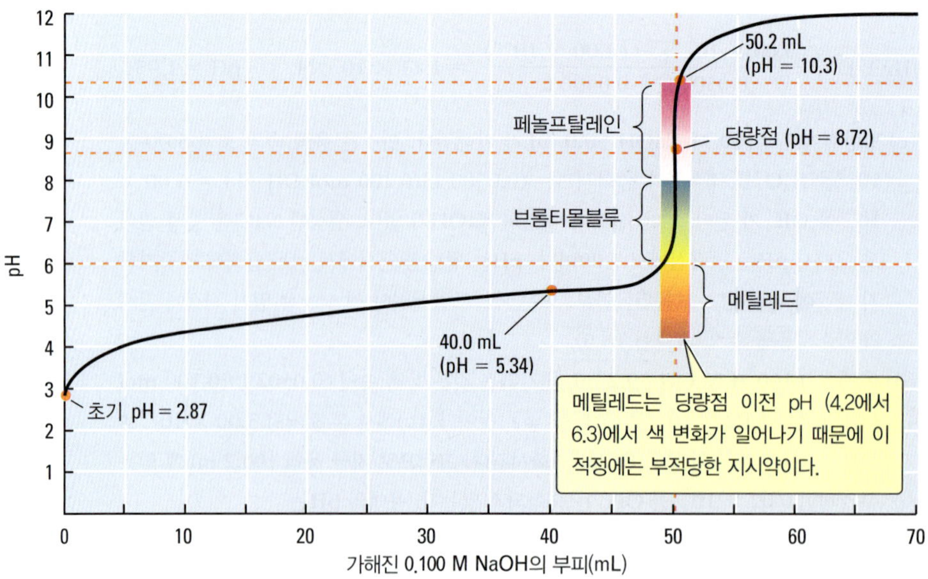


그림 16.6 0.100 M NaOH에 의한 50 mL 0.100 M 아세트산의 적정곡선.

그림 16.6에서 초기 0.100 M 아세트산의 pH (2.87)는 그림 16.5에서 0.100 M HCl의 pH(1.00)보다 높음을 주목하시오. 이것은 아세트산이 HCl보다 더 약한 산이기 때문에 예상되는 것이다. 아세트산은 단지 약간만 이온화되고 ($K_a$ = 1.8 × $10^{-5}$) 0.100 M 아세트산의 pH는 $-\log(10^{-1})$ = 1보다 큰 2.78이다. 또 그림 16.6으로부터 당량점 근처에서 적정곡선의 급격히 상승하는 부분이 NaOH−HCl 적정에 대한 것(그림 16.5)보다 짧다는 것을 주목하시오. 그림 16.6에서 당량점은 pH = 8.72에서 일어난다. 메틸레드는 당량점에 도달되기 전에 색 변화(pH 4에서 6.3)가 일어나기 때문에 부적절한 지시약이다. 브롬티몰블루 또는 페놀프탈레인이 사용될 수 있다.

**예제 16.7 NaOH로 $CH_3COOH$의 적정**

0.100 M NaOH가 50mL 0.100 M 아세트산을 적정하기 위하여 사용된다. 다음 세 점에서 용액의 pH를 계산하시오:

(a) 적정액 40.0 mL가 가해진 후

(b) NaOH 50.0 mL가 가해진 후

(c) NaOH 50.2 mL가 가해진 후

**정답:** (a) 5.34 (b) 8.72 (c) 10.30

**풀이:** (a) 아세트산 시료는 (0.0500 L)(0.100 mol 아세트산/L) = 5.00 × $10^{-3}$ 몰 아세트산을 포함한다. 40.0 mL 0.100 M NaOH를 가하는 것은 용액 속에 4.00 × $10^{-3}$ 몰 $OH^-$를 넣는 것이고 그것은 4.00 × $10^{-3}$ 몰 아세트산과 중화하여 4.00 × $10^{-3}$ 몰 아세트산 이온을 생성한다; 1.00 × $10^{-3}$ 몰 아세트산이 중화되지 않고 남아있다.

$$\underset{\substack{\text{산 용액에} \\ 5.00 \times 10^{-3}\text{ 몰}}}{CH_3COOH(aq)} + \underset{\substack{\text{가해진} \\ 4.00 \times 10^{-3}\text{ 몰}}}{OH^-(aq)} \longrightarrow \underset{\substack{\text{형성된} \\ 4.00 \times 10^{-3}\text{ 몰}}}{CH_3COO^-(aq)} + H_2O(\ell)$$

이제 용액의 총 부피는 90.0 mL이고 농도는

$$\text{아세트산} = \frac{1.00 \times 10^{-3}\text{ mol}}{0.0900\text{ L}} = 0.0111\text{ M}$$

$$\text{아세트산 이온} = \frac{4.00 \times 10^{-3}\text{ mol}}{0.0900\text{ L}} = 0.0444\text{ M}$$

$[H_3O^+]$ 그리고 pH에 대하여 풀기 위하여 아세트산에 대한 $K_a$ 값과 식을 사용한다.

pH는 역시 Henderson–Hasselbalch 식을 사용하여 계산될 수 있다.

$$K_a = \frac{[H_3O^+][CH_3COO^-]}{[CH_3COOH]} = 1.8 \times 10^{-5}$$

$$= \frac{[H_3O^+][0.00400\text{ mol}/0.0900\text{ L}]}{[0.00100\text{ mol}/0.0900\text{ L}]}$$

$$= [H_3O^+](4.00)$$

$$[H_3O^+] = \frac{1.8 \times 10^{-5}}{4.00} = 4.5 \times 10^{-6}; \qquad pH = -\log(4.5 \times 10^{-6}) = 5.34$$

(b) 이 점에서 5.00 × $10^{-3}$몰 $OH^-$가 초기에 존재하는 5.00 × $10^{-3}$몰 아세트산에 가해져서 염기의 화학양론적 양이 시료 속의 산을 정확하게 중화하도록 가해졌다. 이 점이 당량점이다. 반응은 농도가 0.0500 M인 5.00 × $10^{-3}$몰 아세트산 이온을 생성한다.

$$\frac{5.00 \times 10^{-3}\text{ 몰 아세트산 이온}}{0.100\text{ L}} = 0.0500\text{ M}$$

당량점에서 pH는 아세트산 이온의 가수분해에 의하여 지배된다.

$$CH_3COO^-(aq) + H_2O(\ell) \rightleftharpoons CH_3COOH(aq) + OH^-(aq)$$

$[OH^-]$를 계산하기 위하여 $K_b$ 표현을 사용할 수 있고 그것으로부터 pH가 계산된다. 아세트산 이온에 대한 $K_b$는 $K_w$와 $K_a$로부터 계산될 수 있다.

$$K_b = \frac{K_w}{K_a} = \frac{1.0 \times 10^{-14}}{1.8 \times 10^{-5}} = 5.6 \times 10^{-10}$$

$x = [OH^-] = [CH_3COOH]$로 두고 $K_b$ 식에 대입하여

$$K_b = 5.6 \times 10^{-10} = \frac{[CH_3COOH][OH^-]}{[CH_3COO^-]} = \frac{x^2}{0.0500 - x}$$

$K_b$가 아주 작기 때문에 $0.0500 - x$는 0.0500로 근사할 수 있다. $x$에 대하여 풀면

$$K_b = 5.6 \times 10^{-10} = \frac{x^2}{0.0500}; \qquad x = 5.3 \times 10^{-6} = [OH^-]$$

$[OH^-]$는 pOH 5.28과 pH 8.72로 전환된다. 당량점에서 이 pH는 중성인 NaCl이 중화 생성물인 NaOH−HCl 적정의 당량점에서 pH 7인 것과는 대조적이다.

(c) 당량점을 지나서 pH는 아세트산 음이온의 가수분해에 의하여 생기는 $OH^-$ 보다 초과된 NaOH로부터 생기는 더 큰 $OH^-$에 의하여 결정된다. 그러므로 당량점을 지난 용액의 pH 계산은 NaOH가 초과된 NaOH−HCl 적정에 대한 계산과 유사하다.

$$\text{최종 } OH^- \text{ 농도} = \frac{0.02 \times 10^{-3} \text{ 몰 } OH^-}{0.1002 \text{ L}} = 2.00 \times 10^{-4} \text{ M}$$

$$pOH = -\log(2.00 \times 10^{-4}) = 3.70; \; pH = 14.00 - 3.70 = 10.30$$

**실전예제 16.7**

0.100 M 아세트산이 다음과 같이 0.100 M NaOH로 적정될 때 pH를 계산하시오.

(a) 10.0 mL (b) 25.00 mL (c) 45.0 mL (d) 51.0 mL

그림 16.5와 16.6과 관련 예제에서 보는 것처럼 같은 농도의 센 산이나 약한 산을 센 염기로 적정하는데 대한 적정곡선의 차이가 있다. 그림 16.5와 16.6을 비교하면 특별히 다음과 같은 점을 알 수 있다.

- 적정 전 용액의 최초 pH는 약한 산 적정에서 더 높다.
- 당량점 근처에서 곡선의 급격한 상승 폭은 약한 산 적정에서 더 작다.
- 당량점에서 pH는 약한 산 적정에서 더 높다.

pH의 소폭 상승은 적절한 지시약을 선택하는데 주의가 요구된다는 것을 의미한다.

다양성자성 산—이온화할 수 있는 수소가 하나보다 더 많은 산은 염기와 반응할 때, 각 이온화 가능 수소에 대하여 단계적으로 반응한다. 각 단계의 $K_a$ 값이 충분히 다르다면, 각 이온화 가능 수소에 대하여 하나의 당량점을 갖는다.

EXERCISE
**연습문제 16.7 NaOH로 아세트산의 적정**

아세트산에 대한 $K_a$ 값과 표현을 사용하여 0.100 M NaOH 30.0 mL가 0.100 M 아세트산 50.0 mL에 가해진 후 용액의 pH를 계산하시오.

CONCEPTUAL
**개념학습 16.8 적정곡선의 모양**

그림 16.6의 NaOH−아세트산 적정곡선에서 NaOH의 부피가 대략 10.0~40.0 mL 사이에서 상대적으로 평평한 이유를 설명하시오.

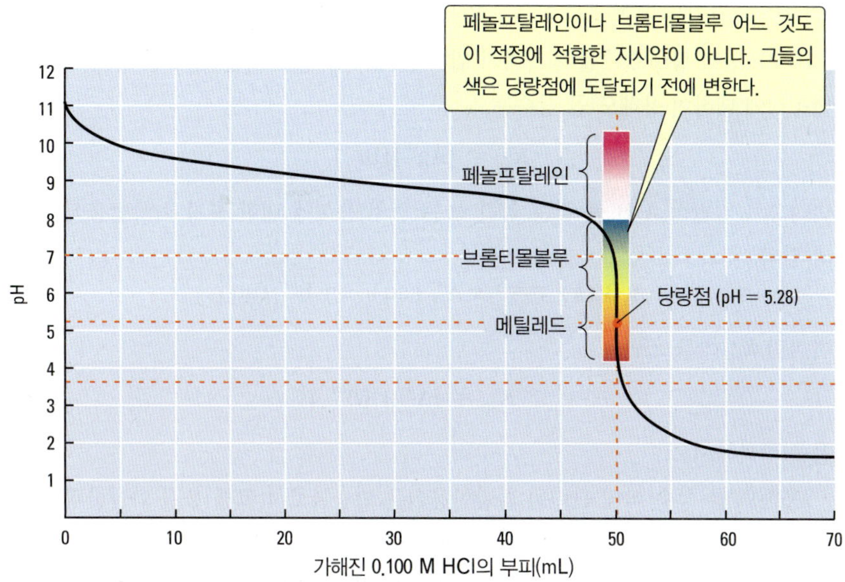


**그림 16.7 산 HCl에 의한 약한 염기 $NH_3$의 적정.** 이 적정 곡선은 0.100 M HCl에 의한 0.100 M $NH_3$ 50 mL의 적정에 대한 것이다. 이것은 센 염기에 의한 약한 산의 적정 곡선, 그림 16.6의 반대이다.

## 센 산에 의한 약한 염기의 적정

센 산 HCl에 의한 약한 염기 $NH_3$의 적정곡선을 그림 16.7에 나타내었다. 반응은 염화암모늄 $NH_4Cl$을 생성한다. $NH_3$가 약한 염기이기 때문에 시작 pH는 7.0보다는 크지만 0.100 M NaOH (13.00)에 대한 것보다는 작다. 또 염화암모늄은 산성 염이기 때문에 당량점에서 pH는 7.0보다 작은 5.28인 것을 주목하시오.

0.100 M NaOH의

$$pH = -\log\left(\frac{10^{-14}}{10^{-1}}\right) = 13$$

$$NH_4^+(aq) + H_2O(\ell) \rightleftharpoons NH_3(aq) + H_3O^+(aq)$$

당량점을 지나 초과된 산이 가해짐에 따라 pH는 연속적으로 떨어진다. 메틸레드는 이 적정에 대하여 적절한 지시약인 반면 페놀프탈레인이나 브롬티몰블루는 당량점 훨씬 전에 색이 변하기 때문에 적절하지 않다.

# 16.3 용해도 평형과 용해도 곱 상수, $K_{sp}$

$NH_4Cl$과 $NaNO_3$와 같은 많은 이온 결합 화합물들은 물에 매우 잘 녹는다. 그러나 많은 다른 이온 결합 화합물들은 물에 적당히 녹거나 또는 약간 녹는다. 그들은 0.001 M 또는 보다 낮은 농도, 몇몇 경우에는 아주 낮은 농도의 포화 용액을 만든다. 사진 필름에 사용되는 빛에 민감한 이온 결합 화합물 브로민화은, AgBr의 포화 수용액의 경우를 고려하자. 충분한 양의 AgBr이 물에 가해질 때 그것의 약간은 포화용액을 만들기 위해 녹으며 얼마의 녹지 않은 AgBr도 존재한다. 용해된 AgBr은 $Ag^+$와 $Br^-$ 이온을 형성하고 용액 속에서 녹지 않은 AgBr과 평형을 이룬다.

$$AgBr(s) \rightleftharpoons Ag^+(aq) + Br^-(aq)$$

이 균형 화학반응식은 용해도 평형을 나타낸다. 다른 평형에서처럼, 화학반응으로부터 평형 상수를 유도할 수 있다. 이 경우에 평형 상수는 **용해도 곱 상수, $K_{sp}$**라 불

용해도 곱 상수는 일반적으로 용해도 곱으로 불린다.

린다. $K_{sp}$의 크기는 용액에서 이온을 만들기 위해 고체 용질이 녹는 정도를 알려준다 (표 16.2). 먼저 평형 상수를 평가하기 위해 용해도 곱 상수 식을 써야 한다. 주어진 화학반응식에 대하여 **용해도 곱 상수**는

$$K_{sp} = [Ag^+][Br^-]$$

일반적으로 일반식 $A_xB_y$를 갖는 약간 녹는 염의 용해에 대한 균형 화학반응식은 다음과 같다.

$$A_xB_y(s) \rightleftharpoons x\,A^{n+}(aq) + y\,B^{m-}(aq)$$

일반적인 $K_{sp}$ 식을 쓰면,

$$K_{sp} = [A^{n+}]^x[B^{m-}]^y$$

용해도 곱 표현은 언제나 반응물이 고체이기 때문에 $K_{sp}$ 식에서 분모가 없는 것을 제외하고 다른 평형상수 표현과 일반적으로 같은 형태를 갖는다.

다음을 주목하시오.

- 용해도 곱 상수 식에 관련된 화학반응식은 반응물로서 고체 용질 화합물과 생성물로 그것의 수용액 이온들로 나타낸다.
- 순수한 고체 용질 반응물의 농도는 반응이 일어남에 따라 변화되지 않고 그대로 유지되므로 $K_{sp}$ 식으로부터 생략된다.
- $K_{sp}$ 값은 양이온과 음이온의 평형 몰 농도의 곱과 같고 용해도 평형을 나타내는 균형 화학반응식에서의 계수가 각 농도 항의 지수로 된다.

**예제 16.8 $K_{sp}$ 식 쓰기**

약간 녹는 다음 염들에 대하여 $K_{sp}$ 식을 쓰시오.

(a) $Fe(OH)_2$ (b) $MgC_2O_4$ (c) $Ag_3PO_4$

**정답**

(a) $K_{sp} = [Fe^{2+}][OH^-]^2$ (b) $K_{sp} = [Mg^{2+}][C_2O_4{}^{2-}]$ (c) $K_{sp} = [Ag^+]^3[PO_4{}^{3-}]$

**풀이:** 바른 $K_{sp}$ 식을 쓰기 위하여 먼저 용질의 해리에 대한 균형 반응식을 써야 한다. 그리고 나서 생성물들을 $K_{sp}$ 식 속으로 적절하게 치환해야 한다.

(a) 물에서 $Fe(OH)_2$의 용해도에 대한 평형 반응은

$$Fe(OH)_2(s) \rightleftharpoons Fe^{2+}(aq) + 2\,OH^-(aq)$$

이 예에서 양이온:음이온 관계는 1:2이다; 하나의 $Fe^{2+}$ 이온에 대하여 2개의 $OH^-$ 이온이 생겨서 수산화 이온의 농도는 $K_{sp}$ 식에서 2의 지수를 갖는다: $K_{sp} = [Fe^{2+}][OH^-]^2$.

(b) 물에서 $MgC_2O_4$의 용해도에 대한 평형 반응은

$$MgC_2O_4(s) \rightleftharpoons Mg^{2+}(aq) + C_2O_4^{2-}(aq)$$

평형 화학반응식은 1 대 1의 양이온과 음이온 관계를 보여주기 때문에 평형 상수 식은 $K_{sp} = [Mg^{2+}][C_2O_4{}^{2-}]$.

(c) 물에서 $Ag_3PO_4$의 용해도에 대한 평형 반응은

$$Ag_3PO_4(s) \rightleftharpoons 3\,Ag^+(aq) + PO_4^{3-}(aq)$$

하나의 $PO_4{}^{3-}$ 이온에 대하여 3개의 $Ag^+$ 이온이 생기기 때문에 $K_{sp}$ 식은 $K_{sp} = [Ag^+]^3[PO_4{}^{3-}]$로 쓴다.

**실전예제 16.8**

약간 녹는 다음 염들에 대하여 $K_{sp}$ 식을 쓰시오.

(a) CuBr (b) $HgI_2$ (c) $SrSO_4$

## 용해도와 $K_{sp}$

난용성 용질의 용해도와 그것의 용해도 곱 상수, $K_{sp}$는 같은 것이 아니다. 용해도는 포화 용액을 만들기 위해 용해되는 용액의 단위 부피 당 용질의 양 (mol/L)이다. 반면에 용해도 곱 상수는 포화용액에서 고체 이온 용질과 그것의 이온들 사이에 존재하는 화학 평형에 대한 평형 상수이다. 이온들의 농도가 알려진다면 용질에 대한 $K_{sp}$ 값을 계산하기 위하여 그것들을 사용할 수 있다. 예를 들면 실험적으로 10°C의 포화 AgCl 용액 속의 $Ag^+$와 $Cl^-$의 몰 농도는 각각 $6.3 \times 10^{-6}$ M로 결정된다. 이것은 10°C에서 $K_{sp}$가

$$K_{sp} = [Ag^+][Cl^-] = [6.3 \times 10^{-6}][6.3 \times 10^{-6}] = 4.0 \times 10^{-11}$$

이라는 것을 의미한다. 25°C에서 선택된 이온 결합 화합물에 대한 $K_{sp}$ 값을 표 16.2에 수록하였다. 부록 H에 더 많은 화합물의 $K_{sp}$가 포함되어 있다. 일반적으로 매우 낮은 용해도를 갖는 용질은 매우 작은 $K_{sp}$ 값을 갖는다.

여기서 유의할 점을 지적할 수 있다. $K_{sp}$로부터 이온 결합 화합물의 용해도 계산이나 용해도로부터 $K_{sp}$를 계산하는 것은 아주 간단해 보인다. 그러나 그렇게 하는 것은 가끔 틀린 답으로 유도한다. 이런 접근은 너무 단순화되어 있고 몇몇 복잡한 요인들을 간과하게 된다. 하나는 단계적으로 해리하는 $PbCl_2$와 같은 이온성 고체가 있다는 것이고 $PbCl_2$ 용액에는 $Pb^{2+}$와 $Cl^-$ 이온뿐만 아니라 $PbCl^+$ 이온도 존재한다. 또 회합되지 않은 $Pb^{2+}$와 $Cl^-$의 농도를 감소시키는 $PbCl^+Cl^-$ 같은 이온 쌍들도 존재할

**표 16.2 난용성 염에 대한 $K_{sp}$ 값**

| 화합물 | $K_{sp}$ (25°C에서) |
|---|---|
| AgBr | $3.3 \times 10^{-13}$ |
| AuBr | $5.0 \times 10^{-17}$ |
| $AuBr_3$ | $4.0 \times 10^{-36}$ |
| CuBr | $5.3 \times 10^{-9}$ |
| $Hg_2Br_2$* | $1.3 \times 10^{-22}$ |
| $PbBr_2$ | $6.3 \times 10^{-6}$ |
| AgCl | $1.8 \times 10^{-10}$ |
| AuCl | $2.0 \times 10^{-13}$ |
| $AuCl_3$ | $3.2 \times 10^{-25}$ |
| CuCl | $1.9 \times 10^{-7}$ |
| $Hg_2Cl_2$* | $1.1 \times 10^{-18}$ |
| $PbCl_2$ | $1.7 \times 10^{-5}$ |
| AgI | $1.5 \times 10^{-13}$ |
| AuI | $1.6 \times 10^{-13}$ |
| $AuI_3$ | $1.0 \times 10^{-46}$ |
| CuI | $5.1 \times 10^{-12}$ |
| $Hg_2I_2$* | $4.5 \times 10^{-29}$ |
| $HgI_2$ | $4.0 \times 10^{-29}$ |
| $PbI_2$ | $8.7 \times 10^{-9}$ |
| $Ag_2SO_4$ | $1.7 \times 10^{-5}$ |
| $BaSO_4$ | $1.1 \times 10^{-10}$ |
| $PbSO_4$ | $1.8 \times 10^{-8}$ |
| $Hg_2SO_4$* | $6.8 \times 10^{-7}$ |
| $SrSO_4$ | $2.8 \times 10^{-7}$ |

*이 화합물들은 이원자이온 $Hg_2^{2+}$를 포함한다.

**예제 16.9 용해도와 $K_{sp}$**

$BaSO_4$의 $K_{sp}$는 25 °C에서 $1.1 \times 10^{-10}$이다. $BaSO_4$의 용해도를 몰 농도로 계산하시오.

**정답:** $1.0 \times 10^{-5}$ M

**풀이:** 황산 바륨에 대한 용해도 곱 상수 식은 화학반응식으로부터 유도된다.

$$BaSO_4(s) \rightleftharpoons Ba^{2+}(aq) + SO_4^{2-}(aq) \quad K_{sp} = [Ba^{2+}][SO_4^{2-}] = 1.1 \times 10^{-10}$$

고체 $BaSO_4$의 이온화는 $Ba^{2+}$ 이온과 $SO_4{}^{2-}$ 이온을 형성한다. 그러므로 $BaSO_4$의 용해도를 S라 하면 평형에서 $Ba^{2+}$와 $SO_4{}^{2-}$ 이온의 농도는 각각 S가 될 것이다.

$$1.1 \times 10^{-10} = (S)(S) = S^2$$

$$S = \sqrt{1.1 \times 10^{-10}} = 1.0 \times 10^{-5}\ M$$

결론적으로 25°C 물에서 $BaSO_4$의 용해도는 $1.0 \times 10^{-5}$ M이다.

**실전예제 16.9**

100°C에서 AgBr의 $K_{sp}$는 $5 \times 10^{-10}$이다. 이 온도에서 리터 당 몰수로 AgBr의 용해도를 계산하시오.

수 있다. 게다가 금속 수산화물과 같은 몇몇 용질들의 용해도는 용액의 산도나 염기도에 의존한다. 또 물과 반응하는 $CO_3^{2-}$와 $PO_4^{3-}$ 같은 음이온을 포함하는 용질들은 그들의 $K_{sp}$값에 의하여 예측되는 것보다 더 녹는다. $K_{sp}$로부터 계산되는 용해도와 용해도로부터 계산되는 $K_{sp}$는 1+와 1−의 전하를 띠는 이온과 물과 반응하지 않는 이온을 갖는 화합물의 실험적으로 측정된 용해도와 가장 잘 일치한다.

**예제 16.10 용해도와 $K_{sp}$**

요오드산 납(II) $Pb(IO_3)_2$의 포화 수용액은 25°C에서 $3.1 \times 10^{-5}$ M $Pb^{2+}$을 포함한다. 이온들이 물과 반응하지 않는다고 가정하면서 이 온도에서 요오드산 납(II)의 $K_{sp}$를 계산하시오.

**정답:** $K_{sp} = 1.2 \times 10^{-13}$

**풀이:** 용질의 해리에 대한 화학 반응식을 쓰고 그것으로부터 $K_{sp}$에 대한 표현을 유도하고 $Pb^{2+}$와 $IO_3^-$의 농도를 $K_{sp}$ 식으로 치환하여 $K_{sp}$를 얻는다. 포화 용액에서 화학평형은

$$Pb(IO_3)_2(s) \rightleftharpoons Pb^{2+}(aq) + 2\,IO_3^-(aq)$$

용해도 곱 식은 $K_{sp} = [Pb^{2+}][IO_3^-]^2$이다.

다음은 $Pb^{2+}$와 $IO_3^-$의 몰 농도를 계산하는 것이다. 균형 화학반응식으로부터 고체 요오드산 납(II)의 해리가 일어날 때 2몰의 요오드산 이온에 대해 1몰의 납 이온이 생성된다. $Pb^{2+}$의 농도가 $3.1 \times 10^{-5}$ M로 주어지기 때문에 요오드산의 농도는 납 이온 농도의 두 배인 $6.2 \times 10^{-5}$ M이다. 이들 평형 농도와 용해도 곱 평형 상수 식으로부터 $K_{sp}$가 바로 계산될 수 있다.

$$K_{sp} = [Pb^{2+}][IO_3^-]^2 = (3.1 \times 10^{-5})(6.2 \times 10^{-5})^2 = 1.2 \times 10^{-13}$$

**실전예제 16.10**

옥살산은, $Ag_2C_2O_4$,의 포화용액은 25°C에서 $6.9 \times 10^{-5}$ M $C_2O_4^{2-}$를 포함한다. 이온들은 물과 반응하지 않는다고 가정하고 이 온도에서 옥살산은의 $K_{sp}$를 계산하시오.

CONCEPTUAL
**개념학습 16.9 용해도와 Le Chatelier의 원리**

25°C에서 탄산 칼슘 0.014 g이 100 mL의 물에 녹는다. 이 용액에는 두 평형이 존재한다.

(a) $CaCO_3(s) \rightleftharpoons Ca^{2+}(aq) + CO_3^{2-}(aq)$
(b) $CO_3^{2-}(aq) + H_2O(\ell) \rightleftharpoons HCO_3^-(aq) + OH^-(aq)$

반응 (b)가 상당한 정도 일어난다고 가정하라. Le Chatelier의 원리를 사용하여 (b)의 반응 정도가 $CaCO_3$의 용해도에 어떻게 영향을 미치는지 예측하시오.

## 16.4 용해도에 영향을 주는 요인

수용액에서 이온 결합 화합물들의 용해도는 여러 가지 요인에 의해 영향을 받는다. 그 중 몇 가지—온도, 이온쌍의 형성, 그리고 경쟁 평형은 이미 언급되었다. 이 절에서 이온 결합 화합물의 물에 대한 용해도에 영향을 주는 네 가지 요인을 살펴볼 것이다:

- 산과 pH의 영향
- 공통이온의 존재
- 착물의 형성
- 양쪽성

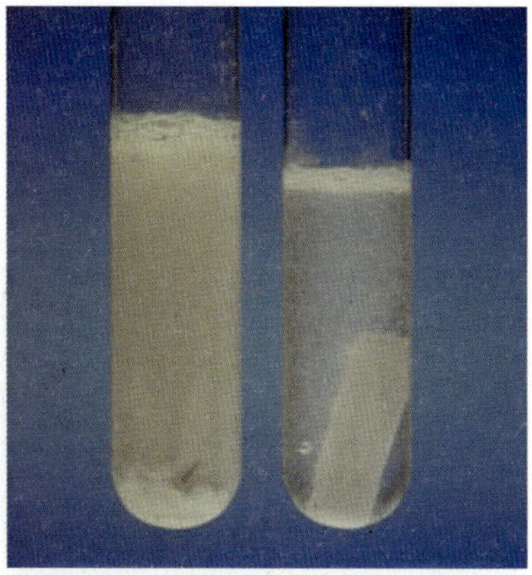


**산과 탄산 칼슘의 반응.** 한 조각의 분필(탄산 칼슘)은 염산과 반응하여 용해된다. 반응에 의해 생기는 $CO_2$ 기포가 보인다.

## pH와 산을 사용한 약간 녹는 염의 용해

용해도 규칙에서 일찍이 언급했던 것처럼 많은 염들은 물에 아주 약간 녹는다. 산은 적당하게 염기성인 이온을 포함하는 난용성 염을 녹일 수 있다. 예를 들면 석회석과 대리석 같은 광물로 발견되는 탄산 칼슘 $CaCO_3$를 고려하자. $CaCO_3$는 순수한 물에 잘 녹지 않는다.

$$\text{(a) } CaCO_3(s) \rightleftharpoons Ca^{2+}(aq) + CO_3^{2-}(aq) \qquad K_{sp} = 8.7 \times 10^{-9}$$

탄산 칼슘의 용해도는 아주 낮기 때문에 $Ca^{2+}$와 $CO_3{}^{2-}$의 평형 농도 역시 매우 작다. 그러나 용액에 산이 가해진다면 탄산 칼슘이 녹고 $CO_2$가 용액으로부터 방출된다. 산의 첨가는 탄산 이온 및 탄산수소 이온과 반응하는 하이드로늄 이온을 가하는 것이다.

$$\text{(b) } CO_3^{2-}(aq) + H_3O^+(aq) \rightleftharpoons HCO_3^-(aq) + H_2O(\ell)$$

$$\text{(c) } HCO_3^-(aq) + H_3O^+(aq) \rightleftharpoons H_2CO_3(aq) + H_2O(\ell)$$

$$\text{(d) } H_2CO_3(aq) \rightleftharpoons CO_2(g) + H_2O(\ell) \qquad K \approx 10^5$$

반응 (b)는 매우 약한 염기 $CO_3{}^{2-}$와 센 산의 반응이어서 거의 대부분의 탄산 이온은 탄산수소 이온으로 바뀐다. 반응 (c)는 불안정하여 $CO_2$ 기체와 물로 분해되는 탄산을 생성한다. 반응 (d)는 큰 값의 K에 의하여 알 수 있는 것처럼 생성물이 매우 선호되는 반응이다.

반응 (a)에서 (d)는 탄산 이온, 탄산수소 이온,그리고 탄산을 통하여 연계되어 있다. 용액으로부터 $CO_2$ 기체가 탈출함에 따라 $H_2CO_3$의 농도는 감소된다. 이것은 반응 (c)를 오른쪽으로 이동시키고 $HCO_3{}^-$의 농도를 감소시킨다. 이것은 순차적으로 반응 (b)를 오른쪽으로 이동시키고 $CO_3{}^{2-}$의 농도를 더 낮은 값까지 감소시킨다. 탄산 이온 농도의 이러한 감소에 맞서기 위하여 반응 (a)가 오른쪽으로 이동되고 $CaCO_3(s)$가 더 녹게 된다. 용액의 산도가 평형 (b)와 (c)의 위치를 결정하기 때문에 pH의 작은 변화가 석회석과 대리석을 녹게 하거나 석출시킬 수 있다. 산성비는 대리석상을 부식시킬 수 있다; 또 그것은 지하 석회석 침전물을 녹여 거대한 동굴을 형성할 수 있다. 동굴에서 인상적인 종유석과 석순의 형성은 그러한 변화로부터 생긴다. 게다가 석회석은 약간의 pH 증가가 일어나는 해저 바닥에 암석의 층으로 침전된다.

일반적으로 Brønsted−Lowry 염기인 음이온을 포함하는 난용성 염은 산성 용액 (낮은 pH)에서 녹는다. 이 규칙은 표 15.5에 염기로 열거된 탄산염, ($H_2S(g)$를 생성하는) 황화물, 인산염, 그리고 다른 음이온들을 망라한다. 이 규칙에 대한 주요한 예외는 극히 낮은 용해도를 갖고 그래서 pH가 아주 낮아도 녹지 않는 HgS, CuS, 그리고 CdS 같은 몇몇 황화물이다.

대조적으로 센 산의 짝염기를 포함하는 AgCl 같은 불용성 염은 $Cl^-$가 매우 약한 염기이고 그래서 $H_3O^+$와 반응하지 않기 때문에 센 산성 용액에서도 녹지 않는다.

## 용해도와 공통이온 효과

가끔 불용성 화합물 중 하나의 침전을 만들어 용액으로부터 특정 이온의 제거를 원할 때도 있다. 예를 들면 바륨 이온은 X선을 잘 흡수하므로 X선 사진을 촬영할 때 장관을 보이게 하는데 아주 효과적이다. 그러나 바륨 이온은 독성이 있고 체액에서 녹는 것이 허용되어서는 안 된다. 불용성 화합물 황산 바륨을 섭취하여 X선 흡수제로 사용할 수 있다. 그러나 의사와 환자 모두는 용액에 바륨 이온이 해로운 정도의 양, 이상으로는 없기를 확실히 원한다.

$$BaSO_4(s) \rightleftharpoons Ba^{2+}(aq) + SO_4^{2-}(aq)$$

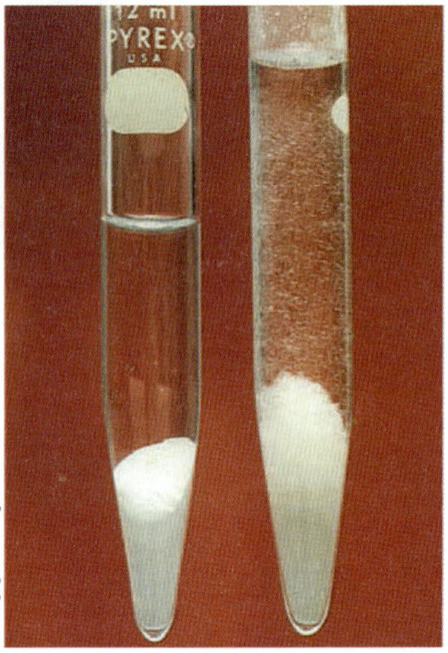



**공통이온 효과.** 왼쪽 시험관은 아세트산은 Ag–$CH_3COO$의 포화용액을 포함한다. 시험관에 1M $AgNO_3$를 가하면 $Ag^+$ 이온의 첨가에 기인하여 더 많은 고체 아세트산은이 생성된 오른쪽 시험관처럼 평형은 왼쪽으로 이동한다.

$$AgCH_3COO(s) \rightleftharpoons Ag^+(aq) + CH_3COO^-(aq)$$

수용액에서 $Ba^{2+}$의 농도는 $Na_2SO_4$같은 수용성 황산염을 첨가하므로써 감소될 수 있다. $Na_2SO_4$ 로부터 증가된 $SO_4^{2-}$이온의 농도때문에 $BaSO_4$의 용해도는 감소된다. 황산 이온은 용액 속에 용해된 두 물질—황산 바륨과 황산 소듐에 공통으로 존재하기 때문에 "공통 이온"이라 불린다. 공통 이온을 제공하는 둘째 용질의 존재는 이온 결합 화합물의 용해도를 낮춘다.

$$Na_2SO_4(s) \longrightarrow 2\,Na^+(aq) + SO_4^{2-}(aq)$$

$Na_2SO_4(s)$에서 유래

$$BaSO_4(s) \rightleftharpoons Ba^{2+}(aq) + SO_4^{2-}(aq)$$

$BaSO_4(s)$에서 유래

← $BaSO_4$의 용해도는 감소한다: 고체 $BaSO_4$가 더 생성된다.

공통이온효과는 Le Chatelier의 원리를 사용하여 설명할 수 있다. 황산 바륨용액에 황산 소듐의 첨가는 가해진 황산 이온을 상쇄시키도록 평형을 이동시킨다. 황산 이온을 소모하기 위해, 용액에서 같은 양의 $Ba^{2+}$ 이온을 제거하면서 고체 $BaSO_4$를 형성하도록 평형을 왼쪽으로 이동시킨다. 결과는 황산 이온, 공통 이온의 존재로 용해도를 낮추어 $BaSO_4$가 적게 녹는다.

CONCEPTUAL
**개념학습** 16.10 공통 이온 효과

평형에서 그들의 이온과 평형에 있는 난용성 염의 0.0010 M 용액을 고려하라.

$$BaSO_4(s) \rightleftharpoons Ba^{2+}(aq) + SO_4^{2-}(aq)$$
$$AgI(s) \rightleftharpoons Ag^+(aq) + I^-(aq)$$
$$PbI_2(s) \rightleftharpoons Pb^{2+}(aq) + 2\,I^-(aq)$$

(a) Le Chatelier의 원리를 사용하여 아이오딘화 소듐의 포화용액을 두 번째와 세 번째 반응 용액에 가하면 어떤 일이 일어날 것인지 설명하시오.

(b) 황산 칼륨 포화 용액을 $BaSO_4$ 용액에 가한다면 어떤 일이 일어날 것 같은가?

**예제 16.11 pH와 공통 이온 효과**

수산화 망간(II), $Mn(OH)_2$는 물에 난용성이다: 25℃에서 $Mn(OH)_2$의 $K_{sp}$ = $4.6 \times 10^{-14}$. 25°C에서 (a) 순수한 물과 (b) pH 11에서 수산화 망간(II)의 용해도를 계산하시오.

**정답:** (a) $2.3 \times 10^{-5}$ M (b) $4.6 \times 10^{-8}$ M

**풀이:** (a)에서 공통이온이 존재하지 않는 경우에 용액 속의 용질과 그것의 이온 사이의 평형에 대한 용해도 평형 개념을 적용할 수 있다. 최초 용액이 pH 11을 갖는 (b)에서는 약간의 고체 $Mn(OH)_2$가 용액에 가해지기 전에 수산화 이온의 농도가 상당히 있다. 가해진 후 공통이온인 수산화 이온의 두 가지 가능한 공급원은 (1) 최초 용액과 (2) 고체 수산화 망간(II)의 용해로부터 유래하는 것.

(a) 화학 평형은

$$Mn(OH)_2(s) \rightleftharpoons Mn^{2+}(aq) + 2\,OH^-(aq)$$

이고 평형 상수 식은 $K_{sp} = [Mn^{2+}][OH^-]^2 = 4.6 \times 10^{-14}$이다. $Mn(OH)_2$의 용해도를 S라 하자. 용해도 반응식으로부터 녹는 $Mn(OH)_2$의 리터 당 몰수 S에 대하여 $Mn^{2+}$의 농도는 S이다. 수산화 이온의 농도는 2S이다($Mn^{2+}$와 $OH^-$는 1:2의 비율이다). 표로 평형 농도를 요약할 수 있다.

| | $Mn(OH)_2(s) \rightleftharpoons$ | $Mn^{2+}(aq)$ | + | $2\,OH^-(aq)$ |
|---|---|---|---|---|
| 최초 농도 (mol/L) | | 0 | | 0* |
| 반응에 의한 변화 (mol/L) | | $+S$ | | $+2S$ |
| 평형 농도 (mol/L) | | $+S$ | | $+2S$ |

*물의 이온화에 의한 $OH^-$의 기여는 무시할 수 있다고 가정한다.

$K_{sp}$ 식에 치환하고

$$K_{sp} = [Mn^{2+}][OH^-]^2 = (S)(2S)^2 = 4.6 \times 10^{-14}$$

S에 대하여 풀면 $Mn(OH)_2$의 용해도는

$$(S)(2S)^2 = 4S^3 = 4.6 \times 10^{-14}$$

$$S = [Mn^{2+}] = \sqrt[3]{4.6 \times 10^{-14}/4} = 2.3 \times 10^{-5}\text{ M}$$

그러므로 $Mn(OH)_2$의 용해도는 $2.3 \times 10^{-5}$ M, $Mn^{2+}$의 농도와 같다; $OH^-$의 농도는 2S인 $4.6 \times 10^{-5}$ M이다.

(b) $Mn(OH)_2$가 용액에 가해지기 전 pH는 11.00이다. 그러므로 최초 $[H_3O^+] = 1.0 \times 10^{-11}$ M 그리고 $[OH^-] = \dfrac{1.0 \times 10^{-14}}{1.0 \times 10^{-11}} = 1.0 \times 10^{-3}$ M. $Mn(OH)_2(s)$가 가해질 때 녹는 $Mn(OH)_2$의 농도를 x라 하면 $Mn^{2+}$는 x mol/L, $OH^-$는 $2x$ mol/L 생성된다. 평형에서 $OH^-$의 농도는 $1.0 \times 10^{-3} + 2x$가 될 것이다.

| | $Mn(OH)_2(s) \rightleftharpoons$ | $Mn^{2+}(aq)$ | $+\ 2\,OH^-(aq)$ |
|---|---|---|---|
| 최초 농도 (mol/L) | | 0 | $1.0 \times 10^{-3}$ |
| 반응에 의한 변화 (mol/L) | | $+x$ | $+2x$ |
| 평형 농도 (mol/L) | | $+x$ | $1.0 \times 10^{-3} + 2x$ |

$Mn(OH)_2$의 용해도를 계산하기 위해서 이들을 $K_{sp}$ 식에 치환한다.

$$K_{sp} = [Mn^{2+}][OH^-]^2 = (x)(1.0 \times 10^{-3} + 2x)^2 = 4.6 \times 10^{-14}$$

(a)에서 계산된 것처럼 물에서 $Mn(OH)_2$의 용해도는 매우 낮다. 게다가 pH 11.00의 용액에서 수산화 이온(공통이온)의 존재에 의하여 억제된다. $2x \ll 1.0 \times 10^{-3}$라고 할 수 있고 식은 다음과 같이 단순화된다.

$$(x)(1.0 \times 10^{-3})^2 \approx 4.6 \times 10^{-14}$$

$$x \approx \frac{4.6 \times 10^{-14}}{1.0 \times 10^{-6}} = 4.6 \times 10^{-8}\ \text{M}$$

그러므로 공통이온으로 수산화 이온의 존재는 순수한 물에서 $2.3 \times 10^{-5}$ M인 $Mn(OH)_2$의 용해도를 pH 11.00인 용액에서는 $4.6 \times 10^{-8}$ M까지 감소시킨다.

**실전예제 16.11**

(a) 순수한 물에서 (b) 0.20 M NaCl에서 $PbCl_2$의 용해도를 계산하시오. $PbCl_2$의 $K_{sp} = 1.7 \times 10^{-5}$.

수용성 $Cu^{2+}$에 암모니아 수를 가하면 강하고 짙은 청/보라 색 $[Cu(NH_3)_4]^{2+}$ 착이온이 생긴다.

## 착이온 형성

15.9 절에서 지적된 것처럼 모든 금속 양이온은 착물을 형성하기 위하여 Lewis 염기에 의하여 제공되는 전자쌍을 받을 수 있기 때문에 잠재적 Lewis 산이다. $NH_3$와 $Cu^{2+}$ 이온의 반응은 대표적이다.

$$\underset{\text{루이스 산}}{Cu^{2+}(aq)} + \underset{\text{루이스 염기}}{4\,NH_3(aq)} \rightleftharpoons \underset{\text{착이온}}{[Cu(NH_3)_4]^{2+}(aq)}$$

물에 녹지 않는 많은 금속 염은 $S_2O_3{}^{2-}$, $NH_3$, $OH^-$, 그리고 $CN^-$ 같은 Lewis 염기와 착이온 형성에 의하여 용액 속에 녹는다. 예를 들면 물에서 AgBr의 용해도는 매우 낮은 $1.35 \times 10^{-4}$ g/L로 $7.19 \times 10^{-4}$ M에 해당하지만 싸이오황산 소듐($Na_2S_2O_3$) 용액에서는 착이온 $[Ag(S_2O_3)_2]^{3-}$의 형성에 기인하여 AgBr이 쉽게 녹는다(그림 16.8).

$$AgBr(s) + 2\,S_2O_3^{2-}(aq) \rightleftharpoons [Ag(S_2O_3)_2]^{3-}(aq) + Br^-(aq)$$

이러한 방법으로 AgBr을 녹이는 것은 두 반응의 합으로 생각될 수 있다—수용성 AgBr의 용해 평형과 착이온의 형성.

$$AgBr(s) \rightleftharpoons Ag^+(aq) + Br^-(aq)$$
$$Ag^+(aq) + 2\,S_2O_3^{2-}(aq) \rightleftharpoons [Ag(S_2O_3)_2]^{3-}(aq)$$
$$\text{알짜 반응: } AgBr(s) + 2\,S_2O_3^{2-}(aq) \longrightarrow [Ag(S_2O_3)_2]^{3-}(aq) + Br^-(aq)$$

이 반응은 사진 필름에서 반응하지 않은 AgBr을 제거하여 영상을 고정시키는데 상업적으로 중요하다.

착이온 형성이 일어나는 정도는 생성상수라 불리는 착이온의 형성에 대한 평형상수 $K_f$의 크기로부터 평가될 수 있다. 예를 들면 $[Ag(S_2O_3)_2]^{3-}$에 대한 생성상수는 $2.0 \times 10^{13}$이다.

**그림 16.8 싸이오황산소듐은 브로민화은을 용해시킨다.** (a) 브로민화은 (흰 고체)은 물에 녹지 않는다. (b) 싸이오황산소듐이 가해질 때 AgBr은 녹는다. 확대 보기에서 물 분자는 단순함을 위해 생략되었다. 이 그림의 개념의 이해를 확인하기 위해 교재의 지침서 웹사이트 **www.cengage.com/chemistry/moore**를 방문하시오.

$$Ag^+(aq) + 2\,S_2O_3^{2-}(aq) \rightleftharpoons [Ag(S_2O_3)_2]^{3-}(aq)$$

$$K_f = \frac{[[Ag(S_2O_3)_2]^{3-}]}{[Ag^+][S_2O_3^{2-}]^2} = 2.0 \times 10^{13}$$

몇 가지 착이온에 대한 생성상수가 표 16.3에 수록되어 있다.

**표 16.3 수용액에서 착이온 형성에 대한 생성상수**

| 생성평형 | $K_f$ |
|---|---|
| $Ag^+ + 2\,CN^- \rightleftharpoons [Ag(CN)_2]^-$ | $5.6 \times 10^{18}$ |
| $Ag^+ + 2\,S_2O_3^{2-} \rightleftharpoons [Ag(S_2O_3)_2]^{3-}$ | $2.0 \times 10^{13}$ |
| $Ag^+ + 2\,NH_3 \rightleftharpoons [Ag(NH_3)_2]^+$ | $1.6 \times 10^{7}$ |
| $Al^{3+} + 4\,OH^- \rightleftharpoons [Al(OH)_4]^-$ | $7.7 \times 10^{33}$ |
| $Au^+ + 2\,CN^- \rightleftharpoons [Au(CN)_2]^-$ | $2.0 \times 10^{38}$ |
| $Cd^{2+} + 4\,CN^- \rightleftharpoons [Cd(CN)_4]^{2-}$ | $1.3 \times 10^{17}$ |
| $Cd^{2+} + 4\,NH_3 \rightleftharpoons [Cd(NH_3)_4]^{2+}$ | $1.0 \times 10^{7}$ |
| $Co^{2+} + 6\,NH_3 \rightleftharpoons [Co(NH_3)_6]^{2+}$ | $7.7 \times 10^{4}$ |
| $Cu^{2+} + 4\,NH_3 \rightleftharpoons [Cu(NH_3)_4]^{2+}$ | $6.8 \times 10^{12}$ |
| $Fe^{2+} + 6\,CN^- \rightleftharpoons [Fe(CN)_6]^{4-}$ | $7.7 \times 10^{36}$ |
| $Hg^{2+} + 4\,Cl^- \rightleftharpoons [HgCl_4]^{2-}$ | $1.2 \times 10^{15}$ |
| $Ni^{2+} + 6\,NH_3 \rightleftharpoons [Ni(NH_3)_6]^{2+}$ | $5.6 \times 10^{8}$ |
| $Zn^{2+} + 4\,OH^- \rightleftharpoons [Zn(OH)_4]^{2-}$ | $2.9 \times 10^{15}$ |
| $Zn^{2+} + 4\,NH_3 \rightleftharpoons [Zn(NH_3)_4]^{2+}$ | $2.9 \times 10^{9}$ |

### 예제 16.12 용해도와 착이온 형성

AgCl의 $K_{sp}$는 $1.8 \times 10^{-10}$이다. $[Ag(CN)_2]^-$의 $K_f$는 $5.6 \times 10^{18}$이다. 이 자료를 사용하여 AgCl이 NaCN 수용액에서 녹을 것이라는 것을 보여라.

**정답:** 알짜 평형상수는 $1.0 \times 10^9$이고 이것은 착이온 형성에 의한 AgCl의 용해가 아주 선호된다는 것을 알려주고 AgCl은 NaCN 용액에서 녹을 것이다.

**풀이:** AgCl과 $CN^-$의 반응에 대한 전체 평형상수를 결정하기 위하여 AgCl의 용해도 곱 상수와 $[Ag(CN)_2]^-$의 생성상수를 사용한다. 평형상수의 크기는 반응이 생성물-선호인지 아닌지를 알려준다. $K \gg 1$은 매우 생성물 선호 반응임을 알려준다.

착이온 $[Ag(CN)_2]^-$의 형성에 의한 AgCl 용해에 대한 알짜 반응식은 $K_{sp}$와 $K_f$ 반응의 합이다.

$$AgCl(s) \rightleftharpoons Ag^+(aq) + Cl^-(aq) \qquad K_{sp} = 1.8 \times 10^{-10}$$

$$Ag^+(aq) + 2\,CN^-(aq) \rightleftharpoons [Ag(CN)_2]^-(aq) \qquad K_f = 5.6 \times 10^{18}$$

알짜 반응 : $AgCl(s) + 2\,CN^-(aq) \rightleftharpoons [Ag(CN)_2]^-(aq) + Cl^-(aq)$

그러므로 알짜 반응에 대한 평형상수는 $K_{sp}$와 $K_f$의 곱이다: $K_{알짜} = K_{sp} \times K_f = (1.8 \times 10^{-10})(5.6 \times 10^{18}) = 1.0 \times 10^9$. $K_{알짜}$가 1보다 아주 크기 때문에 반응은 생성물 선호이고 AgCl은 물에서보다 NaCN 용액에서 훨씬 더 많이 녹는다.

### 실전예제 16.12

(a) AgCl의 $K_{sp}$는 $1.8 \times 10^{-10}$이다. $[Ag(S_2O_3)_2]^{3-}$의 $K_f$는 $2.0 \times 10^{13}$이다. 이 자료를 사용하여 착이온 $[Ag(S_2O_3)_2]^{3-}$의 형성으로 AgCl을 녹이는 것이 생성물 선호 과정이라는 것을 보이시오.

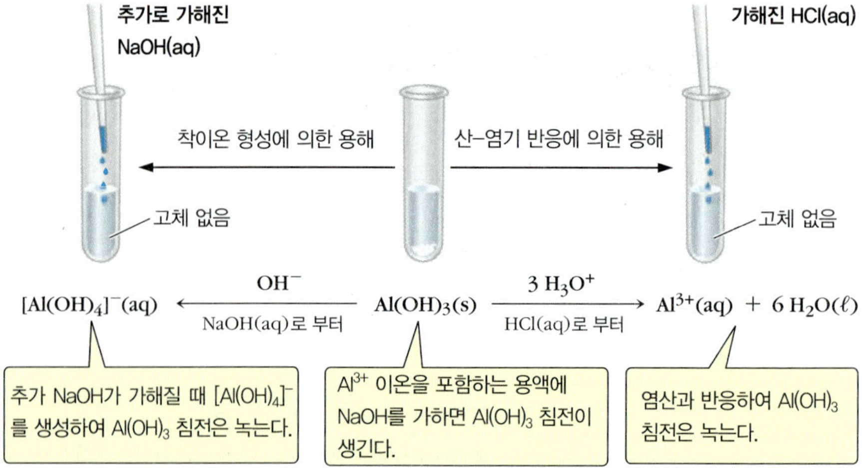


**그림 16.9** $Al(OH)_3$의 양쪽성 성질.

### 양쪽성

금속 수산화물의 대부분은 물에 녹지 않지만 다수는 높은 산성이나 염기성 용액에 녹는다. 이것은 이들 수산화물이 *양쪽성*이기 때문이다. 즉 그들은 $H_3O^+$ 이온과 $OH^-$ 이온 모두와 반응할 수 있다. 수산화 알루미늄, $Al(OH)_3$,은 양쪽성 수산화물의 예이다 (그림 16.9). 그것이 산과 반응할 때 수산화 알루미늄은 산의 하이드로늄 이온과 반응하여 물을 생성하며 $OH^-$ 이온을 내어놓는 염기로 작용한다.

$$Al(OH)_3(s) + 3\ H_3O^+(aq) \longrightarrow Al^{3+}(aq) + 6\ H_2O(\ell)$$

염기성이 강한 용액에서 $Al(OH)_3$는 착이온 형성을 통하여 용해된다. 이 경우에 $Al^{3+}$ 이온은 $Al(OH)_4^-$를 생성하기 위해 Lewis 염기인 $OH^-$로부터 전자쌍을 받음으로써 Lewis 산으로 작용한다.

$$Al(OH)_3(s) + OH^-(aq) \longrightarrow [Al(OH)_4]^-(aq)$$

## 16.5 침전: 침전이 일어날 것인가?

앞에서 알짜 이온 반응식을 쓸 때, 두 용액의 이온들이 섞일 때 침전이 생성되는지 어떤지를 예측하기 위하여 용해도 규칙을 사용했다. 관련된 이온들이 0.10 M 또는 그 이상의 농도인 경우에 그런 규칙들을 적용한다. 이온 농도가 0.1 M보다 상당히 낮다면 침전이 일어날 수도 일어나지 않을 수도 있다. 그 결과는 용액의 이온 농도와 생성되는 침전의 $K_{sp}$ 값에 의존한다.

예를 들면 $AgNO_3$와 같은 수용성 은 염이 KBr 같은 브로민화 염의 수용액에 가해질 때 AgBr이 침전될 것이다. 반응에 대한 알짜 이온 반응식은

$$Ag^+(aq) + Br^-(aq) \rightleftharpoons AgBr(s)$$

이것은 AgBr의 $K_{sp}$에 대한 반응의 역반응이다.

$$AgBr(s) \rightleftharpoons Ag^+(aq) + Br^-(aq)$$

침전이 생성될 것인지 결정하기 위하여 **이온 곱 $Q$**의 크기를 용해도 곱 상수 $K_{sp}$의 크기와 비교한다. $Q$ 표현은 $K_{sp}$의 표현과 같은 형태를 갖는다. 그러나 $K_{sp}$에서처럼 평형에서의 농도가 아니라 $Q$에 대해서는 원래 농도가 사용된다. AgBr에 대하여 두 표현은

$$Q = (Ag^+\text{의 농도})(Br^-\text{의 농도}) \qquad K_{sp} = [Ag^+][Br^-]$$

$Q$의 값이 $K_{sp}$의 값과 비교할 때 세가지 경우가 가능하다(그림 16.10).

1. **$Q < K_{sp}$ 용액은 불포화이고 침전은 생기지 않는다.** 이 경우에 용액은 고체와 함께 평형을 이루기 위해 요구되는 것보다 낮은 농도의 이온을 포함한다. 고체 용질이 존재하지 않기 때문에 고체와 그것의 이온들 사이에 평형이 이루어지지 않는다; 침전이 일어나기 전까지 용액에 더 많은 용질이 가해질 수 있다. 고체가 존재한다면 더 많은 고체가 녹을 것이다.
2. **$Q > K_{sp}$ 용액은 평형에서 유지할 수 있는 것보다 높은 농도의 이온을 포함한다. 즉, 용액은 과포화이다.** 평형에 도달하기 위하여 이온 곱이 $K_{sp}$와 같아질 때까지 이온들의 농도가 감소되고, 침전이 생성된다.
3. **$Q = K_{sp}$ 용액은 이온들로 포화되어 평형에 있고 침전이 시작되는 점에 있다.**

**아이오딘화 납의 침전.** 질산납(II) 수용액에 아이오딘화 포타슘 수용액 한 방울을 가하면 노란 아이오딘화 납이 침전된다. 용해성 염 질산 포타슘은 용액 속에 녹아 있다.

각각 $Pb(NO_3)_2$와 $Na_2SO_4$ 용액을 섞음으로서 만들어지는 두 용액의 경우를 생각하자. $Pb^{2+}$와 $SO_4^{2-}$의 최초 농도가 각각 $1.0 \times 10^{-4}$인 용액이 섞이는 경우(용액 1). 이온들의 농도가 첫 용액의 두 배인 $2.0 \times 10^{-4}$인 경우(용액 2). 각각의 두 용액에서 생성물은 $NaNO_3$와 $PbSO_4$이다. 용해도 규칙은 $NaNO_3$ 는 물에 녹아 용액 속에 $Na^+$와 $NO_3^-$ 이온으로 남아있고 반면에 $PbSO_4$는 불용성이라는 것을 알려준다. 이 용액들에서 $PbSO_4$의 침전이 생성될 것인가? $PbSO_4$에 대한 $Q$와 $K_{sp}$를 사용하여 이것을 결정할 수 있다; $PbSO_4$의 $K_{sp} = 1.8 \times 10^{-8}$.

$Q$는 13장에서 도입된 반응지수이다.
괄호 표기 [ ]는 평형에서의 몰 농도를 나타낸다.

$$\text{용액 1의 } Q = (Pb^{2+}\text{의 농도})(SO_4^{2-}\text{의 농도})$$
$$= (1.0 \times 10^{-4})(1.0 \times 10^{-4}) = 1.0 \times 10^{-8} < K_{sp} = 1.8 \times 10^{-8}$$
$$\text{용액 2의 } Q = (Pb^{2+}\text{의 농도})(SO_4^{2-}\text{의 농도})$$
$$= (2.0 \times 10^{-4})(2.0 \times 10^{-4}) = 4.0 \times 10^{-8} > K_{sp} = 1.8 \times 10^{-8}$$

용액 1의 $Q$는 $K_{sp}$보다 작기 때문에 침전은 만들어지지 않는다. 대조적으로 용액 2의 $Q$는 $K_{sp}$를 초과하고 침전이 일어날 것이다.

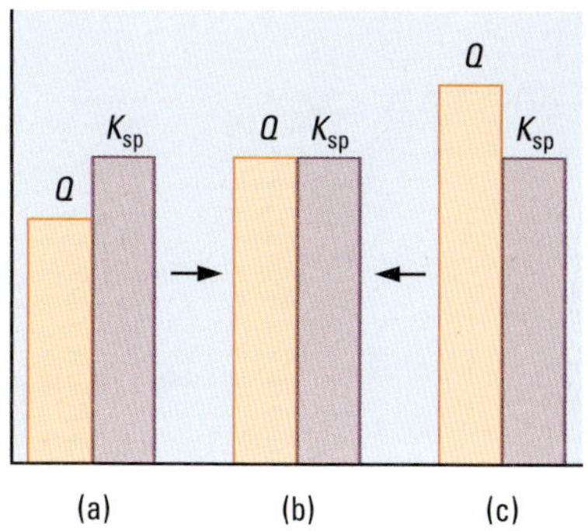


그림 16.10 **침전 예측.** (a) $Q < K_{sp}$일 때 용액은 불포화이고 침전은 생기지 않는다. (b) $Q = K_{sp}$; 용액은 포화되고 막 침전이 생기는 점에 있다. (c) $Q > K_{sp}$; 용액은 과포화되고 침전은 $Q = K_{sp}$가 될 때까지 일어난다.

그들의 용해도가 충분히 다르다면 이온 결합 화합물은 용액으로부터 선택적으로 침전될 수 있다. 용해도가 큰 화합물은 용액 속에 남아 있는 반면 용해도가 작은 화합물은 침전하기 시작할 것이다. 예를 들면 염화은 AgCl과 크롬산은 $Ag_2CrO_4$는 물에 단지 약간 녹는다. 그러나 이들 두 용질의 용해도는 그들이 둘 다 용액에 있을 때, 하나는 용액으로부터 침전되고 다른 하나는 용액 속에 남아 있을 정도로 충분히 다르다.

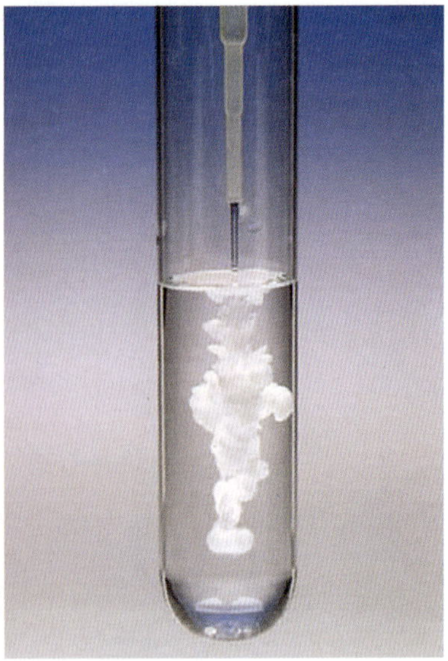



**황산납의 침전.** 충분한 양의 $Pb^{2+}$와 $SO_4^{2-}$를 가하면 $Q 〉 K_{sp}$되고 황산납 ($PbSO_4$)이 침전된다.

**예제 16.13 분별 침전**

$Ag^+$ 이온이 0.020 M $Cl^-$와 0.010 M $CrO_4^{2-}$이온을 포함하는 용액에 천천히 가해질 때의 용액을 생각하라. AgCl 또는 $Ag_2CrO_4$ 중 어느 것이 먼저 침전될 것인가? $K_{sp}$ (AgCl) $= 1.8 \times 10^{-10}$; $K_{sp}(Ag_2CrO_4) = 9 \times 10^{-12}$.

**정답:** AgCl이 먼저 침전된다.

**풀이:** 각 화합물을 침전시키기 위하여 요구되는 $Ag^+$ 이온의 최소 농도를 구해야 한다. 그 농도는 이온의 몰 농도의 곱이 겨우 $K_{sp}$를 초과하는 농도이다. AgCl을 침전시키기 위하여

$$K_{sp}(AgCl) = [Ag^+][Cl^-] = 1.8 \times 10^{-10}$$

$$[Ag^+] = \frac{1.8 \times 10^{-10}}{[Cl^-]} = \frac{1.8 \times 10^{-10}}{2.0 \times 10^{-2}} = 9.0 \times 10^{-9}\ M$$

용액으로부터 $9.0 \times 10^{-9}$ M보다 약간 높은 농도의 $Ag^+$는 약간의 AgCl로 침전될 것이다. $Ag_2CrO_4$를 침전시키기 위하여

$$K_{sp}(Ag_2CrO_4) = [Ag^+]^2[CrO_4^{-}] = 9 \times 10^{-12}$$

$$[Ag^+]^2 = \frac{9 \times 10^{-12}}{[CrO_4^{2-}]} = \frac{9 \times 10^{-12}}{1.0 \times 10^{-2}} = 9 \times 10^{-10}\ M; \qquad [Ag^+] = 3 \times 10^{-5}\ M$$

$Ag^+$ 농도가 $3 \times 10^{-5}$ M보다 약간 초과하면 크롬산은 침전될 것이다. AgCl을 침전시키기 위하여 $Ag^+$ 이온 농도 $9 \times 10^{-9}$ M이 요구되기 때문에 $Ag_2CrO_4$ 이전에 AgCl이 침전될 것이다.

$Ag^+$ 이온 농도가 $3 \times 10^{-5}$ M을 초과할 때 $Q =$ ($Ag^+$의 농도)($CrO_4^{2-}$ 의 농도) $> K_{sp}(Ag_2CrO_4)$, $Ag_2CrO_4$가 침전될 것이다.

**실전예제 16.13**

0.10 M $Pb^{2+}$와 0.01M $Ag^+$를 포함하는 용액에 염산이 천천히 가해진다. AgCl 또는 $PbCl_2$ 중 어느 침전이 먼저 생성되는가?

## 신장 결석—공통 이온 효과와 Le Chatelier의 원리

콩팥을 통과하여 지나가는 어떤 이온들의 조합은 아주 고통스럽거나 생명을 위협하기에 충분히 큰 신장 결석으로 침전될 수 있다. 신장 결석은 보통 불용성 칼슘 또는 마그네슘 화합물 또는 그들의 혼합물로 침전된다. 예를 들면 옥살산 칼슘에 대한 평형은 $CaC_2O_4(s) \rightleftharpoons Ca^{2+}(aq) + C_2O_4^{2-}(aq)$이다. 칼슘이나 옥살산 이온이 풍부한 음식을 섭취하는 것은 오줌에서 $Q > K_{sp}$ 만들기에 충분한 어느 한쪽 이온(또는 모두)의 농도를 증가시킬 수 있다. 그 결과로 평형은 왼쪽으로 이동되고 신장 결석으로 옥살산 칼슘을 침전시킨다. 그러므로 낙농 제품과 같은 칼슘이 풍부한 음식 또는 초콜렛이나 시금치 같은 $C_2O_4^{2-}$가 풍부한 음식은 공통 이온 효과를 통하여 신장 결석 형성을 촉발시킬 수 있다.

## 문제

### 완충용액

1. 다음 어느 조합이 약 pH 9에서 pH를 완충시키기에 가장 좋은가?
   (a) $CH_3COOH/NaCH_3COO$
   (b) $HCl/NaCl$
   (c) $NH_3/NH_4Cl$
2. 계산하지 않고 다음 산-염기 짝의 같은 양으로부터 제조되는 완충용액의 pH를 결정하시오.
   (a) 인산과 인산이수소소듐
   (b) 인산수소소듐과 인산이수소소듐
   (c) 인산소듐과 인산수소소듐
3. 표 16.1로부터 다음 pH를 갖는 완충용액을 제조하기에 적절한 짝산-염기 쌍을 선택하시오.
   (a) 3.45 (b) 5.48
   (c) 8.32 (d) 10.15
4. 500 mL 0.500 M 암모니아 수용액에 0.125 몰 염화암모늄을 가하여 완충용액이 제조된다. 완충용액의 pH는 얼마인가? 0.0100 몰 HCl 기체를 그 완충용액 500. mL에 통과시키면 그 용액의 pH는 얼마인가?
5. 다음 산 또는 염기가 0.20 M NaOH 1L에 가해진다면 어느 것이 완충용액을 형성하는가?
   (a) 0.10 몰 아세트산(b) 0.30 몰 아세트산
   (c) 0.20 몰 HCl (d) 0.10 몰 아세트산 소듐
6. 1.0 M NaOH 1.0 mL가 다음 용액의 0.100 L에 가해질 때 pH 변화를 계산하시오.
   (a) 0.10 M 아세트산과 0.10 M 아세트산 소듐
   (b) 0.010 M 아세트산과 0.010 M 아세트산 소듐
   (c) 0.0010 M 아세트산과 0.0010 M 아세트산 소듐
7. 완충용액이 0.20 M 프로판산 ($K_a = 1.4 \times 10^{-5}$)과 0.30 M 프로판산 소듐으로 구성된다.
   (a) 이 완충용액의 pH를 계산하시오.
   (b) 이 완충용액 0.010 L에 0.10 M HCl 1.0 mL를 가한 후의 pH를 계산하시오.
   (c) 이 완충용액 0.010 L에 0.10 M HCl 3.0 mL를 가한 후의 pH를 계산하시오.

### 적정과 적정 곡선

8. 이 장에서 논의된 모든 산-염기 지시약을 고려하라. 이들 지시약 중 어느 것이 다음 각각의 적정에 적합한가?
   (a) $HClO_4$에 의한 NaOH 적정
   (b) NaOH에 의한 아세트산 적정
   (c) HBr에 의한 $NH_3$ 용액의 적정
   (d) $HNO_3$에 의한 NaOH 적정
   선택 이유를 설명하시오.
9. 당량점까지 시료 HCl 25.0 mL를 적정하기 위하여 0.0140 M $Ba(OH)_2$ 용액 22.6 mL가 요구되었다. HCl 용액의 몰 농도를 계산하시오.
10. 비타민 C는 일양성자 산이다. 적정에 의하여 무게가 0.505 g인 캡슐을 분석하는데 0.110 M NaOH 24.4 mL가 소요되었다. 캡슐 속 비타민 C $C_6H_8O_6$의 % 함량을 계산하시오. 캡슐 속의 물질 중에서 비타민 C만 적정액과 반응한다고 가정하라.
11. 다음 각 시료를 당량점까지 적정하는데 요구되는 0.150 M HCl의 부피는 얼마인가?
   (a) 0.175 M KOH 25.0 mL
   (b) 6.00 M $NH_3$ 15.0 mL
   (c) 밀도 0.712 g/mL인 프로필아민 $CH_3CH_2CH_2NH_2$ 15.0 mL
   (d) 0.0050 M $Ba(OH)_2$ 40.0 mL
12. 0.150 M NaOH에 의한 0.150 M HCl 50.00 mL의 적정이 화학 실험실에서 수행된다. 적정액의 다음 부피가 가해진 후 용액의 pH를 계산하시오.
   (a) 0.00 mL (b) 25.00 mL (c) 49.9 mL
   (d) 50.00 mL (e) 50.1 mL (f) 75.00 mL

   이 적정에 대한 적정곡선을 그리기 위하여 계산의 결과를 사용하시오. 곡선에서 당량점의 위치를 표시하시오.

### 용해도 곱

13. 물에 다음 각각의 용질이 가해질 때 일어나는 평형에 대하여 균형 반응식을 쓰고 각 용질에 대하여 $K_{sp}$ 식을 쓰시오.

(a) 탄산철(II) (b) 황산은
(c) 인산칼슘 (d) 수산화망간(II)

14. 물에서 크롬산은 $Ag_2CrO_4$의 용해도는 $2.7 \times 10^{-3}$ g/100. mL이다. 크롬산은의 $K_{sp}$를 계산하시오.
15. 물에서 $PbCl_2$의 용해도는 $1.62 \times 10^{-2}$ M이다. $PbCl_2$의 $K_{sp}$를 계산하시오. $K_{sp}$ 반응을 제외하고 다른 반응은 일어나지 않는다고 가정하라.

## 공통 이온 효과

16. 0.010 M $Na_2SO_4$에서 $SrSO_4$ ($K_{sp} = 3.1 \times 10^{-7}$)의 용해도(mol/L)를 계산하시오.
17. 주어진 온도의 물에서 $Mg(OH)_2$의 용해도는 대략 9 mg/L이다.
    (a) 수산화마그네슘의 $K_{sp}$를 계산하시오.
    (b) 용액에 5.0 μg/L보다 많지 않은 $Mg^{2+}$을 침전시키기 위하여 필요로 하는 수산화 이온의 농도를 계산하시오.

## 난용성 염의 용해도에 영향을 주는 요인

18. pH 10.00 용액에서 $Zn^{2+}$의 최대 농도는 얼마인가?
19. 물 1L에 5.00 g $Mg(OH)_2$를 녹이기 위해 염산이 가해진다. 그렇게 하기 위해 pH가 얼마로 조정되어야 하는가?

## 착이온 형성

20. 다음 착물에 대하여 착이온 형성에 대한 화학 반응식을 쓰고 생성상수 표현식을 쓰시오.
    (a) $[Ag(CN)_2]^-$ (b) $[Cd(NH_3)_4]^{2+}$
21. 물 1.0 L에 0.020 몰 AgBr을 녹이기 위해 가해져야 하는 $Na_2S_2O_3$의 몰수가 얼마인지 계산하시오.
22. 양쪽성 행동을 설명하기 위하여 화학 반응식을 쓰시오.
    (a)$Zn(OH)_2$ (b) $Sb(OH)_3$

## 일반 문제

23. 4.95 g 아세트산 소듐 $NaCH_3COO$를 0.150 M 아세트산 $CH_3COOH$ 250 mL에 가하여 완충용액을 제조한다.
    (a) 용액 속에 어떤 이온이나 분자가 존재하는가?
    (b) 완충용액의 pH는 얼마인가?
    (c) 100. mL의 완충용액에 80.0 mg의 NaOH를 가하면 pH는 얼마인가? (부피 변화를 무시하라)
    (d) pH를 변화시키기 위해 일어나는 반응에 대한 알짜 이온 반응식을 쓰시오.
24. pH 4인 완충용액을 제조하기 위해 필요한 o−에틸벤조산 ($pK_a = 3.79$)과 o−에틸벤조산 포타슘의 상대적 농도를 계산하시오.
25. 약한 일양성자성 산 40.0 mL가 0.100 M NaOH로 적정되고 35.00 mL의 염기가 가해졌을 때 당량점에 도달된다. 20.00 mL의 NaOH 용액이 가해진 후 적정 혼합물은 5.75의 pH를 갖는다. 산의 이온화 상수를 계산하시오.
26. 아세트산 수용액은 아세트산과 아세트산 이온을 포함함에도 불구하고 완충용액이 될 수 없는 이유를 설명하시오.
27. 알 수 없는 산이 염기로 적정된다. 최초 시료에서 정확하게 산의 절반이 중화되는 점의 pH가 3.64이다. 그 산의 이온화 상수의 값은 얼마인가?
28. 숨을 멈출 때 몸 속에 이산화탄소가 갇힌다. 이것은 혈액의 pH를 증가시키는가 아니면 감소시키는가? 그것은 산혈증과 알칼리혈증 어느 것에 이르게 하는가? 설명하시오.
29. 인회석 $Ca_5(PO_4)_3OH$ 은 치아 속의 물질이다.

$$Ca_5(PO_4)_3OH(s) \rightleftharpoons 5\,Ca^{2+}(aq) + 3\,PO_4^{3-}(aq) + OH^-(aq)$$

    (a) 우유를 마시는 것은 어린이들의 이빨을 튼튼하게 한다는 것을 화학적 근거로 설명하시오.
    (b) 신 우유는 젖산을 포함한다. 어린이들로부터 신 우유를 제거하지 않으면 이빨의 부식에 이르게 된다. 왜 그런지 화학적 근거로 설명하시오.
30. 네 가지 수용액이 제공되고 각각은 NaOH, $Na_2CO_3$, $NaHCO_3$, 또는 이들의 혼합물이라고 한다. 몇 가지 실험으로 시료에 관한 자료를 수집한다.
    시료 A: 용액에서 페놀프탈레인이 무색이다.
    시료 B: 페놀프탈레인의 분홍색이 사라지면 용액에 메틸오렌지를 가한다. 용액은 분홍색이 된다. 메틸오렌지는 pH 3 (빨강)에서 pH 4.4 (오렌지)로 색이 변화된다.
    시료 C: 시료의 같은 부피가 표준화된 산으로 적정된다. 지시약으로 페놀프탈레인을 사용하면 페놀프탈레인의 색이 변화하는데 요구되는 표준화된 산이 15.26 mL가 소요된다.
    시료 D: 같은 부피의 두 시료가 표준화된 HCl로 적정된다. 지시약으로 페놀프탈레인을 사용하면 당량점에 도달하기에 위해 산이 15.00 mL 소요된다. 지시약으로 메틸오렌지를 사용하면 중화하기 위해 산이 30.00 mL 소요된다. 각 용액에서 용질을 확인하시오.

31. 대기 중의 이산화탄소와 평형을 이루고 있기 때문에 증류수 1 리터 (1.0 L)의 초기 pH는 5.6이다. 진한 염산 12M HCl 한 방울이 증류수에 가해진다. 이 결과로 생긴 용액의 pH를 계산하시오. 20 방울 = 1.0 mL

32. 아세트산 소듐과 빙초산 (아세트산)을 사용하여 pH 4.5의 완충용액을 제조하고자 한다. 아세트산 소듐 0.100 M 용액 300 mL가 있다. 이 완충용액을 제조하기 위하여 몇 g의 빙초산 (d = 1.05 g/mL)이 사용되어야 하는가?

# 17장

# 열역학: 화학반응의 방향성

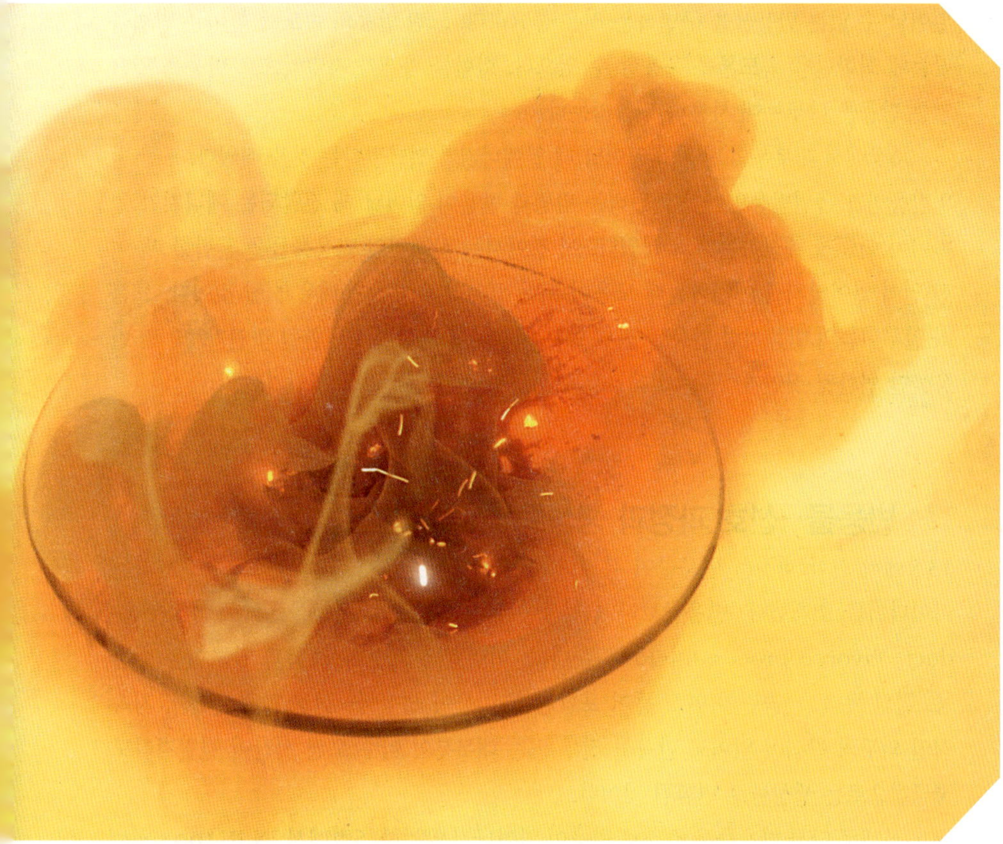

© Cengage Learning/Charles D. Winters


17.1 반응물-선호 과정과 생성물-선호 과정

17.2 화학반응과 에너지 분산

17.3 에너지 분산의 측정: 엔트로피

17.4 엔트로피 변화의 계산

17.5 엔트로피와 열역학 제2법칙

17.6 Gibbs 자유에너지

17.7 Gibbs 자유에너지 변화와 평형 상수

17.8 Gibbs 자유에너지와 최대 일

17.9 Gibbs 자유에너지의 보존

17.10 열역학적 안정도와 속도론적 안정도


액체 브롬을 작은 알루미늄 조각에 부으면 처음에는 아무 일도 안 일어나지만, 나중에는 혼합물이 뜨거워지며 격렬한 발열 반응을 하고, 스파크가 일어나고 불꽃을 볼 수 있다. 반응이 천천히 시작되지만 곧 브롬이 알루미늄과 접촉하게 되고 온도가 올라간다. 반응은 브롬이나 알루미늄이 모두 소모될 때까지 진행된다. 화학 열역학은 생성물이 생성되는 데 유리한 방법이 무엇인가를 예측하는 방법을 제공한다.

많은 반응들은 브롬과 알루미늄이 반응하는 것처럼 반응한다(다음 페이지의 여백에 있는 그림을 보라). 반응은 반응물들이 접촉하면서 시작되고 반응물중 양이 가장 적은 어떤 반응물(한계 반응물)이 완전히 생성물로 변환 될 때 까지 계속된다. 철 한 조각을 공기 중에 노출시키면 녹이 슬어 수년 후면 수화된 산화 철(III)(녹)이 된다. 다른 반응들은 실온에서 더 느리다. 가솔린은 장시간 보관 할 수 있을 정도로 실온에서 공기와 느리게 반응한다. 그러나 만일 온도를 올리면 스파크나 불꽃을 내며 가솔린 기체가 빠르게 연소해서 공기는 탄화수소를 알켄으로 천천히 산화시켜 녹지 않는 검(gum) 형태로 중합시킬 수 있으므로, 잔디 깍는 기계나 자동차에 가솔린을 여러 달 동안 저장해야 할 때는 산화방지제(N-nitrosodiethylamine 같은) 를 첨가한다.

$CO_2$와 $H_2O$로 완전히 변환된다.

브롬과 알루미늄의 반응에 비해 많은 화학반응들은 그 자체로 반응이 일어나지 않는다. 예를 들어 식용 소금 NaCl은 그 자체로 Na와 Cl로 분해되지 않는다. 물도 또한 스스로 수소와 산소로 변하지 않는다. 이들 반응은 다른 과정이 자발적으로 일어나거나 반응물에 에너지가 전달되어야만 일어난다.(세계 에너지 자원의 상당 부분이 저렴하고 쉽게 얻을 수 있는 물질을 플라스틱이나 의약품 같이 보다 더 유용한 성질을 가지는 물질로 변환하는 반응을 일으키는데 사용된다). 가솔린의 공기 중 산화반응처럼 반응이 아주 느리거나 반응이 전혀 일어나지 않는 반응 또는 NaCl의 분해처럼 스스로 일어날 수 없는 반응들을 구별하는 것은 중요하다. 느린 반응의 속도를 높이는 방법을 찾는데 화학반응 속도론을 응용할 수 있으나, 화합물 자체가 자발적으로 반응을 일으키는 반응을 다루는데 사용하지는 않는다.

6장에서 대부분의 반응이 일어날 때 열에너지가 전달된다는 것을 배웠다. 또한 발열반응인가 흡열반응인가를 예견하는 방법과 반응이 일어날 때 전달되는 에너지가 얼마이며 어떻게 계산하는지도 배웠다. 이 장에서는 잠재적인 반응물들을 혼합할 때 어떤 일이 일어날지를 예견하는데 도움이 되는 열역학적 방법을 배우게 될 것이다. 브롬과 알루미늄의 반응처럼 반응물 전부 또는 대부분이 생성물로 변환될 것인가? 몇 몇 반응물만 변환될 것인가? 또는 실제로는 아무것도 변환되지 않을 것인가?

Photos: © Cengage Learning/Charles D. Winters

**브롬과 알루미늄의 생성물-선호 반응.**

## 17.1 반응물-선호 과정과 생성물-선호 과정

13장에서 화학 과정을 반응물이 유리한 과정과 생성물이 유리한 과정으로 설명하는 아이디어를 소개했다. 반응물보다 생성물이 유리한 반응을 생성물-선호 과정(product-favored process)이라고 구분한다. 이런 과정의 예로 브롬과 알루미늄의 반응, 철의 녹슴, 가솔린의 연소 등이 포함된다. 반응이 생성물-선호 과정이라면, 지속적인 외부의 간섭이 없어도 반응물 전부 또는 대부분이 아주 오랜 시간이 걸릴지라도 궁극적으로는 생성물로 변환될 것이다.

실제로 다른 반응들은 스스로 반응이 일어나지 않는다. 5장에서 "N.R."(no reaction)이라고 쓴 반응들이 그런 예이다. 예를 들어 질소와 산소는 의미 있는 정도의 농도로 $N_2O$, NO, 또는 $NO_2$ 같은 질소 산화물(nitrogen oxide)을 생성하지 않는 채로 최소한 10억 년 동안이나 지구 공기 중에 공존하고 있다. 유사하게 소금, NaCl은 수백만 년 동안 원소 상태인 Na(s) 와 $Cl_2(g)$를 형성하지 않고 지구에 그대로 존재한다. 만일 반응이 평형 상태에 도달했을 때 반응물이 생성물보다 우세하면 그런 화학반응을 **반응물-선호 과정**(*reactant - favored process*)라고 한다.

어떤 반응물-선호-과정은 항상 생성물-선호 과정과 **정확히 정** 반대이다. 예를 들어, 다음 반응은 Na(s) 금속과 염소 기체가 쉽게 반응하여 소금을 생성하므로 생성물-선호 과정이라고 한다.

$$2\,Na(s) + Cl_2(g) \longrightarrow 2\,NaCl(s)$$

생성물-선호라는 용어를 많은 과학자들은 "자발적인(spontaneous)" 반응이라고 부른다; 많은 사람들이 두 용어를 구별하지 않고 사용한다. 몇몇 반응은 평형에 도달했을 때 생성물이 조금 생성되지만 자발적으로 일어나므로, 이 책에서는 "생성물-선호"라는 표현을 사용할 것이다. 생성물-선호라는 표현은 생성물이 반응물 보다 분명히 더 우세한 반응을 표현한다. 또한 "자발적"이라는 비과학적인 용어는 빠른 변화를 뜻하기도 한다; 만일 생성물-선호반응의 반응 속도가 아주 느리면 그런 반응은 자발적으로 일어나지 않는 것처럼 보인다.

그러나, 이 반응이 아래 반응식처럼 반대 방향으로 진행된다면 그 반응은 반응물-선호 과정이다. 이 반응식은 소금이 나트륨(Na)과 염소(Cl)로 분해되는 것으로 표기하지만 이 반응은 일어나지 않는다.

$$2\ NaCl(s) \longrightarrow 2\ Na(s) + Cl_2(g)$$

"생성물-선호" 및 "반응물-선호"라는 표현은 주어진 반응식에서 반응이 정방향(오른쪽)으로 진행되는가 아니면 역 방향(왼쪽)으로 일어나는가를 제시한다.

어느 정도의 연속적인 외부 간섭이 없으면 "반응물-선호 반응"은 다량의 생성물을 생성하지 못한다. 연속적인 외부 간섭이란 무엇을 의미하는가? 연속적인 외부 간섭이란 통상적으로 에너지의 흐름이다. 예를 들어 만일 아주 높은 온도에서 공기 시료에 충분한 에너지를 제공하면 $N_2$와 $O_2$는 상당 양의 NO를 생성한다. 그런 높은 온도는 번갯불이나 공장에서 생산하는 전력이나 자동차 엔진 등의 연소에서 관찰된다. 파워플랜트나 자동차에서 공기 오염을 유발하기에 충분한 NO나 다른 질소 산화물이 생성될 수 있다. 소금은 연속적으로 가열하여 녹여서 전류를 통과시켜 이온으로 분리하고 산화와 환원을 하면 원소를 생성시킬 수 있다.

$$2\ NaCl(\ell) \xrightarrow{\text{전기}} 2\ Na(\ell) + Cl_2(g)$$

각각의 경우에, 충분한 전기 에너지를 계속해서 공급하여 반응물-선호 과정에서 생성물을 생성하도록 할 수 있다. 이 과정은 반응을 일으키기 위해 순간적인 스파크만 요구되는 가솔린 연소 같은 생성물-선호 과정의 경우와 반대이다. 한 번의 시작으로 가솔린 연소는 외부의 다른 에너지 공급 없이 계속된다.

지구 공기의 78%가 질소이고 21%가 산소이지만, 공기 중에 가장 많은 질소 산화물인 $N_2O$는, 질소 농도 보다 이백만 배 더 적다. 번갯불 가까이에 있는 질소와 작은 양의 산소가 반응하여 NO를 만들기에 충분한 만큼 가열될 수 있다. 그러나 이 반응은 불꽃이 있는 동안에만 일어날 수 있다. 유사한 반응이 자동차의 엔진 속에서도 일어날 수 있지만 높은 온도로 머물 때 만 적은 양의 공기가 질소 산화물로 변환된다.

EXERCISE
**연습문제** **17.1 반응물-선호 및 생성물-선호 과정**

아래에 기술한 각 과정에 대하여 화학반응식을 쓰시오. 그리고 반응물-선호 또는 생성물-선호 과정으로 구분하시오.

(a) 여름에 물웅덩이의 물이 증발 된다.
(b) 모래(silicon dioxide)가 규소(Si)와 산소($O_2$)로 분해된다.
(c) 주로 셀루로오스 [cellulose, $(C_6H_{10}O_5)_n$]로된 종이를 451°F에서 태운다.
(d) 소량의 설탕을 실온에서 물에 녹인다.

## 17.2 화학반응과 에너지 분산

생성물-선호 과정을 지배하는 기본 규칙은 아무런 방해 없이 에너지가 분산되는 것이다. 간단한 예로 더 뜨거운 시료가 더 차가운 시료로 한 쪽 방향으로만 에너지가 전달되는 것을 들 수 있다. 난로 위에 있는 프라이팬을 실온으로 냉각시키려면, 프라이팬에 있는 에너지가 난로, 또는 주변의 공기에 있는 원자, 분자 또는 이온으로 분산되어야 한다. 열적 평형에 도달하면 방안은 서서히 따뜻해진다. 즉 에너지가 분산되는 생성물-선호 과정이다.

화학반응 계는 반응물을 구성하는 원자들의 모임이다. 같은 원자들이 또한 생성물을 구성하지만, 다른 방식으로 결합한다. 그 밖의 다른 모든 것은 주위로 정의한다.

대부분의 발열반응은 실온에서 비슷한 이유로 생성물-선호 반응이다. 발열반응이 일어날 때, 에너지는 계로부터 주위로 이동한다(예로 이 장을 시작하는 페이지 사진에서 브롬과 알루미늄의 반응을 보라). 원자, 이온 또는 분자간의 결합(반응물)에 저장된 화학적인 위치에너지는 더 많은 수의 원자, 이온 또는 분자(생성물)로 분산되고, 주위(surrounding)를 따뜻하게 한다. 따라서 발열반응 후 에너지는 반응 전보다 더 많이 분산된다.

## 확률과 에너지의 분산

에너지 분산이 일어나는 이유는 에너지가 몇 개의 입자에 몰려있기 보다 많은 입자들에 분산되려는 확률이 훨씬 더 크기 때문이다. 에너지의 분산과 확률을 더 잘 이해하기 위해 A, B 2개 원자로 구성된 물질 소량의 경우를 가정해 보자. 이 시료가 (*)로 표시한 2개 단위의 에너지를 포함하고 있다고 생각하자. 이 경우에 에너지는 두 원자에 세 가지 방식으로 분산되어 있을 것이다. 원자 A는 두 에너지 단위를 가질 수도 있고, 원자 A와 원자 B가 각각 하나씩의 단위를 가질 수도 있고, 또는 원자 B가 두 단위를 가질 수도 있다. 이 세 경우를 아래와 같이 표시할 수 있다.

$$A^{**} \quad A^{*}B^{*} \quad B^{**}$$

원자 A와 B가 에너지를 갖지 않는 2개의 다른 원자 C와 D로 변한다고 가정해보자. 4개 원자에 걸쳐 에너지가 분산될 수 있는 가능성은 열 가지 이다.

단지 몇 개의 입자만의 결합되어 많은 화학적 포텐셜 에너지를 가지는 물질을 생성할 확률은 낮다. 사람들은 석탄, 기름 및 천연가스 같은 물질을 "에너지 원"이라고 부른다. 때로 이들 농축 에너지 때문에 전쟁이 일어나기도 한다.

$$A^{**} \quad A^{*}B^{*} \quad A^{*}C^{*} \quad A^{*}D^{*} \quad B^{**} \quad B^{*}C^{*} \quad B^{*}D^{*} \quad C^{**} \quad C^{*}D^{*} \quad D^{**}$$

이 중 세 가지($A^{**}$, $A^{*}B^{*}$, 및 $B^{**}$)만이 처음의 A와 B 원자에만 모든 에너지를 가지고 있다. 네 원자 모두가 접촉하면 A와 B로부터 C와 D로 얼마간의 에너지가 전달되는 경우는 일곱 가지가 된다. 따라서 에너지가 두 원자 A와 B보다도 더 많은 입자에 분산될 확률은 $\frac{7}{10} = 0.7$ 이다.

CONCEPTUAL
**개념학습 17.2 에너지 분산 확률**

두 원자 A와 B에 3개 단위의 에너지가 분산된다고 가정하라. 각 가능한 배열을 나타내시오. 원자 A와 B가 3개의 다른 원자 C, D, E와 접촉한다고 가정하라. 5개 원자에 에너지가 분산되는 가능한 배열로부터 원자 A와 B에 남을 확률을 계산하시오.

동일한 양의 입자나 물질의 경우에, 열에너지가 높으면 높을수록 온도도 따라서 높아진다. 따라서 더 높은 온도에 있는 물질은 평균적으로 입자마다 더 큰 에너지를 가진다. 많은 수의 입자에 걸쳐 에너지가 분산되면 높은 온도에 있는 물질로 부터 낮은 온도에 있는 물질로 에너지가 전달된다.

어떤 계에 포함된 원자나 분자의 수가 아주 많으면 에너지가 분산될 확률은 매우 높다. 예를 들어 원자 A와 B가 다른 원자 1몰과 접촉했다고 상상해보자. 다른 원자들과 관련된 모든 에너지의 배열은 매우 많겠지만($10^{47}$ 이상), 그러나 원자 A, B와 관련된 모든 에너지의 배열은 단지 세 가지 뿐이다. 그런 경우에 에너지가 반드시 전달된다는 것은 확실하다. 만일 에너지가 아주 많은 수의 입자에 분산될 수 있다면, 그것은 필연적으로 그렇게 될 것이다.

## 에너지 분산은 물질의 분산을 수반 한다

**원자 또는 분자로 구성된 어떤 계가 더 큰 부피로 팽창하면 에너지는 더 많이 분산된다.** 이런 종류의 에너지 분산은 기체의 특성과 관련이 있다. 기체는 용기를 채울 때까지 팽창된다. 기체상의 분자는 기본적으로 다른 분자와 무관하고, 그들 분자 간의 작용하는 힘은 약하다. 실온에 있는 브롬 기체 시료 용기가 진공의 동일한 크기의 용기와 밸브가 달린 관으로 연결되었다고 상상해보자(그림 17.1). 만일 밸브를 열면 어떻게 될까? 갇혀 있던 브롬은 진공 상태인 두 번째 용기를 채우면서 팽창할 것이다. 또한 원자와 분자의 분산에는 에너지가 수반되므로 원자와 분자의 분산에는 분명히 에너지 분산이 포함된다. 그러나 에너지의 분산을 원자나 분자의 수많은 다른 에너지 준위(양자 준위)로의 에너지 퍼짐이라고도 한다. 기체상 계의 부피가 증가하면, 에너지 준위는 서로 가까이 있는 원자나 분자의 운동과 관련이 있다. 즉 동일한 에너지 범위 내에 더 많은 다른 에너지 준위가 있게 된다. 따라서 어떤 주어진 온도에서는 작은 부피에서보다 큰 부피에서 더 많은 다른 에너지 준위가 가능하게 된다.

이 페이지의 브롬 분자의 분산으로부터 얻어지는 결론은 일반적으로 원자나 분자로된 기체 입자에 적용된다.

물질이 분산될 때, 그 물질과 연관되어 에너지가 분배되는 방식도 많아진다. 따라서 에너지가 더 많이 분산되면 물질의 분산도 생성물-선호 과정으로 된다. 이런 기본적인 발상은 기체의 팽창뿐만아니라, 서로 다른 기체의 혼합이나 한 액체를 다른 액체에 녹이는 것에 적용된다. 우리는 이미 고체의 용해에서 그것을 언급하였고 또한 총괄성을 이해하는데 유용하였다.

기체의 팽창은 생성물-선호 과정이고, 반대 과정은 기체의 압축이며 반응물-선호 과정이다. 만일 더 작은 부피로 모든 입자를 압축하는 팽창의 반대 과정을 원한다면, 펌프 같은 연속적인 외부 힘이 요구된다. 펌프는 에너지 분산이 작아지도록 기체에 일을 한다. 펌프가 하는 일은 기체에 저장되고 그 에너지는 뒤에 다른 목적으로 사용될 수 있다.

요약하면, 초기 상태에서 에너지가 소수의 에너지 준위에 집중되고 최종상태에서 많은 에너지 준위로 분산되는 물리적 또는 화학적 과정은 생성물-선호 과정이다. 이 사실에 맞는 중요한 두 가지 경우가 있다.

- 발열반응은 화학결합의 포텐셜 에너지를 훨씬 많은 수의 원자나 분자의 열에너지로 분산시킨다.
- 물질이 분산되는 과정은 물질뿐만아니라 에너지도 함께 분산시킨다.

만일 이들 두 경우 모두가 반응에 적용된다면 에너지 분산이 더 잘 일어날 것이므로 확실하게 생성물-선호 과정이다. 한편 에너지나 물질의 분산이 없는 과정은 반응물-선호 과정이고 아무리 오래 기다려도 초기반응물은 남을 것이다. 만일 이러한 상황 중 한 가지만 적용되고 어느 효과가 더 큰지를 결정하려면 정량적인 정보가 필요할 것이다.

(a) (b)

**그림 17.1 기체의 팽창.** 기체는 용기를 채우기 위해 팽창한다. (a) 브롬 증기는 아래쪽 플라스크를 채우고 있고 위에 있는 플라스크는 진공 상태이다. (b) 두 플라스크 사이의 막을 제거하면 브롬 분자는 빠르게 위의 플라스크로 B로 이동하여 실질적으로 브롬은 두 플라스크로 분산된다.

실온에서 고체인 물질의 원자 또는 분자(유리 플라스크에서처럼)는 그들 간의 강한 인력 때문에 분산되지 않는다. 고체 물질의 원자 또는 분자가 기체로 될 수 있을 만큼 온도를 올리면 이들의 분산 경향성은 분명해 진다.

## 17.3 에너지 분산의 측정: 엔트로피

어떤 시료 물질에서 기호 *S*로 표시하는 엔트로피(entropy)라는 열역학적 양으로 에너지의 나노스케일 분산을 측정할 수 있다. 엔트로피 변화는 반응이 일어날 때 엔탈피를 측정하는 데 사용하는 동일한 열량계로 측정할 수 있다. 일정한 온도와 압력에서 일어나는 과정의 경우, 엔트로피 변화는 에너지 전달 양 $q_{rev}$를 절대 온도 $T$로 나누어 계산할 수 있다.

$$\Delta S = S_{최종} - S_{초기} = \frac{q_{rev}}{T} \qquad [17.1]$$

절대 온도는 Kelvin 온도라고도 한다. 이에 대해서는 10.4절에서 정의하였다. Kelvin 척도는 온도를 포함하는 모든 열역학적 계산에서 사용된다.

$q$에 있는 아래 첨자 **"rev"**는 아주 작은 조건의 변화에 의해 가역적일 수 있는 과정에서만 적용된다는 것을 나타낸다. 예를 들어 정상 기압 0°C에서 얼음이 녹는 것과 같은 과정을 들 수 있다. 만일 온도가 아주 조금 0°C 이하로 된다면 에너지는 물로부터 주위로 이동하고 물은 얼게 될 것이다. 만일 온도가 0°C 이상으로 조금 상승하면 얼음이 녹을 것이다. 반응 조건이 아주 조금씩 변화는 과정은 가역적으로 될 수 있다. 이런 과정을 **가역과정(reversible process)**이라고 한다.

**Ludiwig Boltzmann 1844–1906**

오스트리아 물리학자인 Ludiwig Boltzmann은 엔트로피의 해석을 확률로 제시하였다. Vienna에 있는 그의 묘비에는

$$S = k \log W$$

라는 식이 새겨져있다. 이는 엔트로피 $S$와 열역학적 확률, $W$와의 관계식이다. $W$는 주어진 거대 규모 계에 상응하는 에너지의 수많은 나노스케일 배열이다. 비례상수 $k$는 Boltzmann 상수라고 하고, log는 자연대수 기호이다(현재는 ln으로 나타낸다).

식 17.1을 이용할 수 있는 다른 경우는 일정한 온도와 압력에서 열 저장소로 에너지가 들어가거나 또는 나오는 경우이다. 여기서 열 저장소는 화학반응을 할 때의 주변이나 기숙사 방에 있는 물건처럼 아주 큰 시료들이다. 예를 들어 뜨거운 커피 한잔이 실온으로 냉각될 때 전달되는 에너지양은 열 저장소(방)의 온도를 거의 변화시키지 않을 정도의 작은 양이다. 이 작은 양의 에너지가 방으로 또는 방으로 부터 가역적으로 전달된다. 따라서 방의 엔트로피 변화를 계산하기 위해서는 방의 온도(kelvin, 단위로)를 측정하고, 커피 잔으로부터 방으로 전달된 에너지양을 온도로 나누어 준다. 커피가 식는 동안 온도가 변하므로 커피의 엔트로피 변화를 측정하기 위해 똑같은 계산을 할 수는 없다.

**예제 17.1 엔트로피 변화의 계산**

빙초산(glacial acetic acid, 순수한 acetic acid)의 녹는 점은 1 bar에서 16.6°C이다. 이 반응의 $\Delta S°$를 계산하시오.

$$CH_3COOH(s) \longrightarrow CH_3COOH(\ell)$$

아세트산(acetic acid)의 용융에 대한 몰 엔탈피는 11.53 kJ/mol이다. J/K 단위로 답하시오.

**정답:** 39.79 J/K

**풀이:** 16.6°C에서 아세트산이 녹는 것은 가역적이고, 따라서 식 $\Delta S = q_{rev}/T$를 이용한다. 압력 1 bar는 표준 상태 압력이다, 따라서 $\Delta S° = \Delta S$이다. 일정한 압력에서 전달되는 에너지 양 $q_{rev}$는 엔탈피 변화량 $\Delta H°$와 같다. 따라서 엔트로피 변화는 용융 엔탈피와 온도로부터 계산할 수 있다.

$$\Delta S° \text{ (녹는 아세트산)} = \frac{q_{rev}}{T} = \frac{\Delta H° \text{ (녹는 아세트산)}}{T} = \frac{\Delta H_{fusion}}{T}$$

$$= \frac{11.53 \text{ kJ}}{(16.6 + 273.15) \text{ K}} = 3.979 \times 10^{-2} \text{ kJ/K} = 39.79 \text{ J/K}$$

엔트로피 변화는 통상 joule/kelvin (J/K)으로 기록하며, 엔탈피는 kJ로 나타낸다. 따라서 실수를 하지 않으려면 단위에 주의를 기울여야 한다.

**실전예제 17.1**

어떤 화학반응이 열 저장소로 30.8 kJ 의 에너지를 전달하였다. 이 열 저장소의 온도는 에너지 전달 전후로 45.3°C 였다. 열 저장소의 엔트로피 변화를 계산하시오.

CONCEPTUAL
**개념학습** 17.3 절대온도의 중요성

$\Delta S = q_{rev}/T$로 엔트로피 변화를 계산할 때 섭씨온도 단위를 사용하였다고 하자. 어떤 일이 생길까 생각해보라. 예를 들어 얼음이 녹는 온도보다 10℃ 낮은 온도의 물로 에너지를 가역적으로 전달한 경우의 엔트로피 변화를 계산한다고 상상해보라. 섭씨온도로 계산한 값은 열에너지가 시료로 전달될 때 엔트로피는 항상 증가할 것이라는 사실에 부합하는가?

## 절대 엔트로피 값

6장에서 어떤 시료 물질 전체 에너지 함량을 측정하는 방법은 없다고 설명하였다. 따라서 표 6.2에 여러 물질의 엔탈피 변화를 열량계로 측정하여 표준생성 몰 엔탈피로 나타내었다. 표준 생성 엔탈피는 물질을 구성하는 원소들의 표준상태에서의 엔탈피와 표준상태에서 그 물질의 엔탈피 간의 차이이다. 원소가 엔탈피 값을 가지지만 얼마나 갖고 있는지는 모른다. 따라서 원소들의 표준 생성 엔탈피는 "0"으로 정의한다.

어떤 방법으로든 절대 영도로 냉각하는 것은 불가능하지만, 아주 가까이 까지 냉각하는 것은 가능하다. Bose-Einstein 응축수-과학적으로 알려진 것 중에서 가장 찬 용액-에서 몇 나노겔빈(nanokelvin) 온도에 도달할 수 있다.(http://www.nobel.se/physics/laureate/2001/index.html 을 보라).

어떤 물질이 가능한 한 가장 낮은 값의-즉 "0(zero)"- 엔트로피를 가지는 경우를 생각하는 것이 가능하기 때문에 엔트로피 경우는 더 간단하다. 물질의 0(zero)-엔트로피 조건으로부터 $\Delta S$의 변화를 측정한 것을 새로운 조건 하에서 그 물질에 대한 절대 엔트로피 값이라고 한다. 만일 $S_{초기} = 0$이면 $\Delta S = S_{최종}$이므로, 절대 엔트로피 값은 $\Delta S = S_{최종} - S_{초기}$로 정의한다. 온도가 내려가면 분자 운동도 따라서 감소하므로, 온도가 가능한 한 최소가 되면 분자 운동도 최소가 될 것이고 따라서 에너지 분산도 최소가 된다.

0 K에서 어떤 물질의 완벽한 결정이 최소 엔트로피를 가진다는 발상을 열역학 제3법칙(third law of thermodynamics)이라고 한다. 비록 절대 0도에 도달할 수 없더라도 0 K 근처에서 얼마만큼의 에너지가 물질에 분산되는 가를 어림잡을 수 있는 방법이다. 따라서 많은 물질에 대해 정확한 엔트로피 값을 얻을 수 있다.

따라서 0 K에 있는 어떤 물질의 완벽한 결정의 엔트로피 값이 "0"(zero)라는 가정은 논리적이다.[완전한 결정에서 각각의 나노 크기 입자는 결정격자에서 정확히 바른 위치에 있어 빈 공간이나 단절된 곳이 없다. 엔트로피 변화를 계산하려면, 가능한 한 절대 영도에서부터 시작하여 작은 양의 에너지를 연속적으로 가하고, 각각의 온도에서 에너지 증가에 대하여 $\Delta S = q_{rev}/T$ 식으로부터 $\Delta S$를 계산한다. 그런 다음 이 엔트로피 변화를 합산하면 임의의 온도에서 물질의 전체(또는 절대) 엔트로피를 얻는다.

소량의 에너지를 주는 과정에서 에너지는 증가되고 이 소량의 에너지의 합은 온도의 함수인 물질의 열용량을 측정하여 0 K와 요구 온도 간의 함수 $q_{rev}/T$를 적분하여 계산한다.

온도 298.15 K에서 여러 가지 물질에 대해 이와 같은 방식으로 측정한 결과를 표 17.1에 나타냈다. 이 값들은 표준 몰 엔트로피 값이고, 따라서 표준 압력 1 bar와 25℃ 온도에서 각 물질 1 몰에 대한 것이다. 단위는 $JK^{-1}mol^{-1}$이다. 엔트로피 스케일에는 실제 0(zero)이 존재하므로 표 17.1에 있는 값은 표준 조건에서 가장 안정한 형태의 원소에 대하여 상대적으로 측정한 것이 아니다. 따라서 절대 엔트로피는 화합물에서처럼 원소에 대해 측정할 수 있다. 온도 T에서 어떤 물질의 표준 몰 엔트로피는 그 물질의 온도를 연속적으로 T까지 올릴 때 분산되어야 하는 에너지의 합이다. 즉, *0 K*에서 T까지의 $\Delta S$이다.

## 엔트로피에 대한 정성적인 지침

몇 몇 유용한 지침을 표 17.1에 나타낸 자료로부터 유도할 수 있다.

- 기체의 엔트로피는 항상 액체의 엔트로피 보다 훨씬 더 크고, 액체의 엔트로피는 고체의 엔트로피 보다 더 크다. 고체에서 입자들은 그들의 격자 위치 안에서만 진동

더 자세한 대략의 엔트로피 변화량은 Craig, N. C. Journal of Chemical Education, vol. 80, 2003,; pp 1432-1436 에 있다.

**표 17.1 몇 가지 물질의 298.15K에서 표준 몰 엔트로피**

| 화합물 또는 원소 | 엔트로피, $S°$ ($JK^{-1}mol^{-1}$) | 화합물 또는 원소 | 엔트로피, $S°$ ($JK^{-1}mol^{-1}$) | 화합물 또는 원소 | 엔트로피, $S°$ ($JK^{-1}mol^{-1}$) |
|---|---|---|---|---|---|
| C(graphite) | 5.740 | $Br_2(\ell)$ | 152.231 | Ca(s) | 41.42 |
| C(g) | 158.096 | $I_2(s)$ | 116.135 | NaF(s) | 51.5 |
| $CH_4(g)$ | 186.264 | Ar(g) | 154.7 | MgO(s) | 26.94 |
| $CH_3CH_3(g)$ | 229.60 | $H_2(g)$ | 130.684 | NaCl(s) | 72.13 |
| $CH_3CH_2CH_3(g)$ | 269.9 | $N_2(g)$ | 191.61 | KOH(s) | 78.9 |
| $CH_3OH(\ell)$ | 126.8 | $O_2(g)$ | 205.138 | $MgCO_3(s)$ | 65.7 |
| CO(g) | 197.674 | $NH_3(g)$ | 192.45 | $NH_4NO_3(s)$ | 151.08 |
| $CO_2(g)$ | 213.74 | HCl(g) | 186.908 | NaCl(aq) | 115.5 |
| $F_2(g)$ | 202.78 | $H_2O(g)$ | 188.825 | $NH_4NO_3(aq)$ | 259.8 |
| $Cl_2(g)$ | 223.066 | $H_2O(\ell)$ | 69.91 | KOH(aq) | 91.6 |

*출처: Wagman, D. D., Evans, W. H., Parker, V. B., Schumm, R. H., Halow, I., Bailey, S. M., Churney, K. L., and Nuttall, R. "The NBS Tables of Chemical Thermodynamic Properties." *Journal of Physical and Chemical Reference Data*, Vol. 11, Suppl. 2, 1982.

할 수 있다. 고체가 녹으면 입자들은 더 자유롭게 주위로 이동할 수 있고, 몰 엔트로피는 증가한다. 액체가 증발하면 근처에 있는 입자들의 위치 제한이 사라져 엔트로피는 액체보다 더 커진다(그림17.2). 예를 들어 할로젠 $I_2(s)$, $Br_2(\ell)$, $Cl_2(g)$의 엔트로피($J\ K^{-1}mol^{-1}$)는 각각 116.1, 152.2, 223.1이다. 유사하게 C(s, graphite)와 C(g)의 엔트로피는 5.7과 158.1이다.

- 단순한 분자 보다 더 복잡한 분자의 엔트로피가 더 크다. 특히 밀접한 관계가 있는 계열에서 그렇다. 삼차원 공간에서 원자들의 더 많은 방식으로 움직일 수 있는 복잡한 분자의 엔트로피가 더 크다. 예를 들어 메테인(methane, $CH_4$), 에테인(ethane, $CH_3CH_3$), 프로페인(propane, $CH_3CH_2CH_3$)기체의 엔트로피($J\ K^{-1}mol^{-1}$)는 각각 186.26, 229.6, 269.9이다. 유사한 몰 질량을 가지는 기체 Ar, $CO_2$, $CH_3CH_2CH_3$를 비교하면 각각 154.7, 213.74, 269.9이다(그림 17.3).
- 유사한 화학식을 가지는 이온성 고체의 이온 간의 인력이 더 약할수록 엔트로피는 더 높다. 이온간 인력이 약할 수록 격자 내에서 이온의 진동이 더 용이하고 따라서 엔트로피는 더 높아진다. NaF(s)의 엔트로피는 51.5 $JK^{-1}mol^{-1}$이고, MgO(s)의 엔트로피는 26.94 $JK^{-1}mol^{-1}$이다. 하나씩의 양전하와 음전하를 가지는 $Na^+$

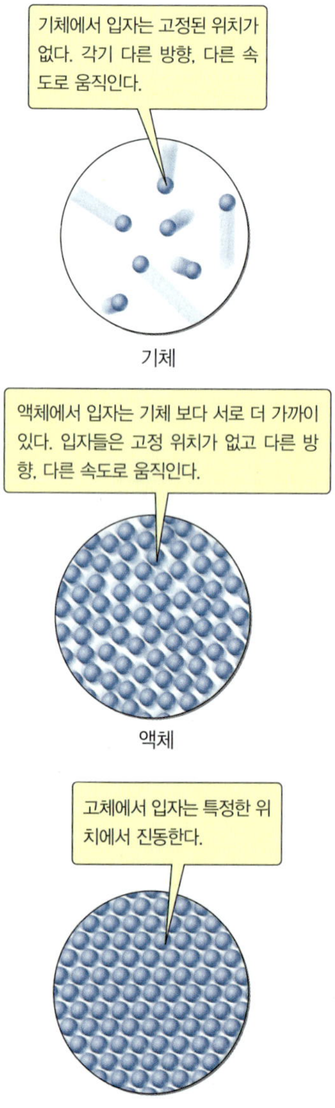


**그림 17.2 고체, 액체 및 기체상의 엔트로피.** 각 상에서의 엔트로피는 입자 운동의 자유도와 관련이 있다.(그림은 스케일대로 나타내지 않았다)

| 이름 | 프로페인 | 이산화탄소 | 아르곤 |
|---|---|---|---|
| 분자모형 | 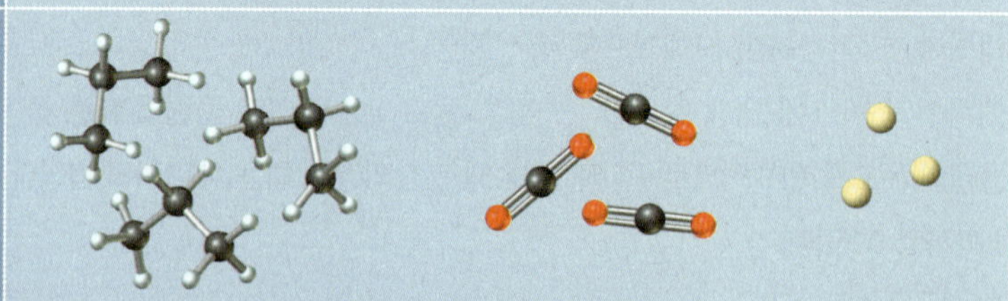 | | |
| 엔트로피 ($J\ K^{-1}\ mol^{-1}$) | 269.9 | 213.74 | 154.7 |
| 몰질량 (g/mol) | 44.1 | 44.0 | 39.9 |

**그림 17.3 엔트로피와 분자구조.** 유사한 몰 질량을 가지는 세 그룹을 나타내었다. 프로페인(propane, $CH_3CH_2CH_3$)에서는 여러가지 구조와 신축 및 굽힘 진동이 가능하다. $CO_2$에서는 하나의 구조와 몇 가지 진동이 가능하다. Ar 원자는 움직일 수 있지만 가능한 다른 구조나 진동이 없다.

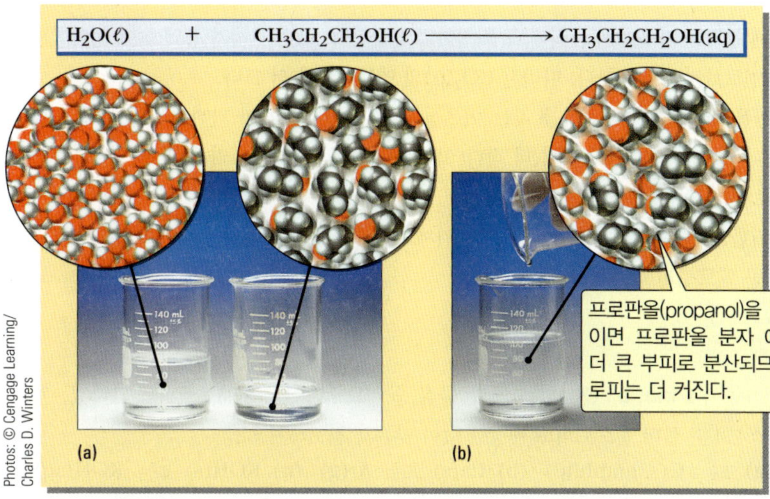



**그림 17.4 엔트로피와 용해.** 고체나 액체가 어떤 액체 용매에 녹으면 용질 입자가 액체 용매 입자 사이에 분산되므로 통상 엔트로피는 증가하고, 입자의 운동에너지는 더 큰 부피에 분산된다. 이 그림의 개념 이해도를 평가하려면 이 책의 웹사이트인 www.cengage.com/chemistry/moore 를 방문하여 시도해보라.

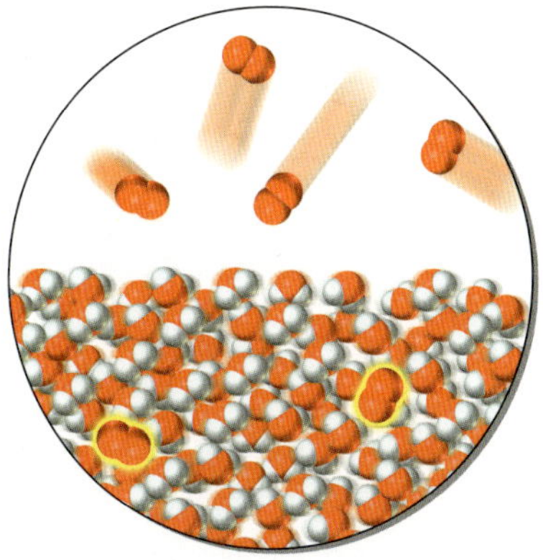

**그림 17.5 기체 용액의 엔트로피.** 기체의 아주 큰 엔트로피는 용액의 엔트로피 보다 더 크다. 기체 분자가 액체 용액 속에 분산된다고 해도 기체 입자는 훨씬 더 넓게 퍼지며 훨씬 더 큰 엔트로피를 가진다.

와 $F^-$는 2의 전하를 가지는 $Mg^{2+}$와 $O^{2-}$에 비해 더 약하게 잡아당긴다. 따라서 NaF(s)가 더 높은 엔트로피를 가진다. NaF(s)와 NaCl(s) 는 51.5와 72.13 $JK^{-1}mol^{-1}$의 엔트로피를 가진다. $Cl^-$이온은 $F^-$이온보다 더 크고, 인력은 더 작아서 이온이 서로 더 멀리 떨어져 있다.

- **순수한 액체나 고체가 용매에 녹으면 엔트로피는 항상 증가한다.** 서로 다른 분자가 혼합되면 더 큰 부피를 점유하게 되고 에너지는 통상 더 많이 분산된다(그림 17.4) 한 가지 예로, $NH_4NO_3(s)$와 $NH_4NO_3(aq)$는 각각 151.08 $JK^{-1}mol^{-1}$과 259.8 $JK^{-1}mol^{-1}$의 표준 몰 엔트로피를 갖는다. 물에 녹는 몇 몇 이온성 화합물 중 이온이 강하게 수화되는 화합물들은 이러한 일반화에서 제외된다.
- **기체가 액체에 녹으면 엔트로피는 감소한다.** 기체 분자가 녹으면 용액의 용매 분자 사이로 분산되지만, 넓게 분리되었던 기체 입자들이 액체 용액에서 용매 분자와 서로 가까이 있게되어 기체 상태의 아주 큰 엔트로피를 상실한다(그림 17.5).

아주 작은 이온($Li^+$ 같은)이나 2 또는 그 이상의 전하를 운반하는 이온($Mg^{2+}$나 $Al^{3+}$ 같은) 들로 구성된 이온성 고체가 물에 녹으면 종종 엔트로피는 감소한다. 이것은 아주 작은 이온과 큰 전하를 가지는 이온들이 강하게 물의 쌍극자에 의해 끌리기 때문이다. 그런 이온들 주위에 있는 물 분자는 비교적 단단한 구조로 되어 있고 순수한 물에서처럼 더 이상 자유롭게 회전하거나 진동하거나 움직일 수 없다. 비록 이온들이 물 분자들 사이에 분산되어도 결과적으로 전체 엔트로피는 감소한다.

### 예제 17.2 상대적인 엔트로피 값

아래 각 물질 쌍에 대해 엔트로피가 더 큰 것을 예상하고 그 이유를 설명하시오(1 bar 25°C에서 1몰 시료로 간주하라).

(a) $H_2C{=}CH_2(g)$ 또는 $CH_3CH_2CH_2CH_3(g)$ (b) $CO_2(aq)$ 또는 $CO_2(g)$
(c) LiF(s) 또는 RbBr(s) (d) $N_2(\ell)$ 또는 $N_2(s)$

**정답:**

(a) $CH_3CH_2CH_2CH_3(g)$ (b) $CO_2(g)$
(c) RbBr(s) (d) $N_2(\ell)$

**풀이:**

(a) 더 크고 복잡한 분자가 유사한 작은 분자보다 더 큰 엔트로피를 가진다. 따라서 $CH_3CH_2CH_2CH_3(g)$의 엔트로피가 더 크다.

(b) 기체 분자는 자유롭게 움직이고, 회전하고 진동한다. 그런 기체가 용액 속에 녹아 있으면 엔트로피가 감소한다. 따라서 $CO_2(g)$의 엔트로피가 더 크다.

(c) 이들은 1+과 1−의 전하를 갖는 이온성 고체이다. 이온들이 가까이 있을 수록 인력은 더 크고, 이온은 LiF에서 더 작다(이온 반경 표를 보라). 따라서 RbBr이 더 큰 엔트로피를 갖는다.

(d) 동일한 물질은 고체에서 액체 그리고 기체로 갈수록 엔트로피가 높다. 그래서 $N_2(\ell)$이 더 큰 엔트로피를 갖는다.

**실전예제 17.2**

각 시료 1몰이 1 bar, 25°C에 있을 때 두 물질 중 어느 것이 더 큰 엔트로피를 가지겠는가? 표 17.1의 표준 절대 엔트로피로 예상한 값이 맞는지 검토하시오.

(a) C(g) 또는 C(s, graphite) (b) Ca(s) 또는 Ar(g) (c) KOH(s) 또는 KOH(aq)

## 엔트로피 변화의 예측

엔트로피에 대한 일반적인 기준을 반응물이 생성물로 변환될 때 일어나는 엔트로피의 증감을 예측하는데 이용할 수가 있다. 아래 두 반응과정의 경우에 엔트로피 증가가 예상된다.

$$H_2O(s) \longrightarrow H_2O(\ell), \qquad H_2O(\ell) \longrightarrow H_2O(g)$$

고체상에서 물 분자는 더 구속되고, 분자의 에너지는 액체에서 보다 더 편재되어 있다. 액체 속에서 물 분자는 기체상에서 처럼 자유롭게 회전하거나 진동할 수 없다. 이는 표 17.1의 자료에서 $S^\circ(H_2O(g) > S^\circ(H_2O(\ell))$로 확인할 수 있다.

화학반응에 대한 엔트로피의 예측은 엔탈피 변화량을 예측하는 것보다 더 쉽다. 기체 상태의 반응에서 엔탈피 변화의 기준은 생성물에서 더 많은 결합을 갖거나 또는 더 강한 결합을 가지면(또는 둘 다) 그런 반응의 $\Delta H^\circ$ 는 음의 값을 가진다. 그러나 어느 결합이 더 강한지를 말하려면 결합 엔탈피 표가 필요하다.

산화 철(III)이 아래와 같이 원소로 분해되는 경우

$$2\ Fe_2O_3(s) \longrightarrow 4\ Fe(s) + 3\ O_2(g)$$

3몰의 산소가 반응물에서는 고체였으나 생성물에서는 기체상으로 존재하므로 엔트로피 증가가 예상된다. 이는 실험값 $\Delta S^\circ$가 551.7 J/K인 것으로 확인된다. 기체는 액체나 고체보다 훨씬 더 큰 엔트로피를 가지므로 기체 물질은 엔트로피 변화를 결정하는데 가장 중요하다.

엔트로피 감소를 예측할 수 있는 예로는 아래 반응이 있다.

$$2\ CO(g) + O_2(g) \longrightarrow 2\ CO_2(g)$$

여기서 3몰의 기체 물질(2몰 CO와 1몰 $O_2$)로 시작하였지만 반응이 끝날 때는 2몰의 기체 물질만을 얻었다. 기체 2몰은 거의 항상 3몰의 기체보다 적은 엔트로피를 가진다. 그래서 $\Delta S$는 음의 값이다(실험적으로, $\Delta S^\circ = -173.0$ J/K). 또 다른 예로 아래 반응과정도 엔트로피가 감소한다.

수용액으로부터 이온이 침전될 때 엔트로피가 감소하는 것으로 예측되지만 항상 그런 것은 아니다. 특히 일가 양이온이나 음이온보다 더 큰 전하를 가질 때 ($Mg^{2+}$ 또는 $SO_4^{2-}$ 같은 이온) 그렇다. 이온의 전하가 클수록 이온은 물 분자 쌍극자에 더 단단히 잡혀있게 되고, 그렇게 되면 이온 주위의 물 분자가 이온을 더 단단히 잡게 되어 이온의 운동이 제한되고 엔트로피는 감소한다.

$$Ag^+(aq) + Cl^-(aq) \longrightarrow AgCl(s)$$

여기서 반응물 이온은 수용액의 물 분자 사이에서 자유롭게 운동하지만 고체의 결정격자에서는 이 같은 이온들이 잡혀 있다. 공간상의 제약으로 에너지는 덜 분산된다.

CONCEPTUAL
**개념학습 17.4 엔탈피 변화의 예측**

다음의 각 반응에 대해 엔트로피가 증가하는지 또는 감소하는지를 말하시오. 어떻게 그렇게 예측하였는지 방법을 설명하시오.

(a) $2\ CO_2(g) \longrightarrow 2\ CO(g) + O_2(g)$ (b) $NaCl(s) \longrightarrow NaCl(aq)$

(c) $MgCO_3(s) \xrightarrow{\text{가열}} MgO(s) + CO_2(g)$

## 17.4 엔트로피 변화의 계산

표 17.1에 있는 표준 몰 엔트로피 값을 물리적 화학적 과정의 엔트로피 변화 계산에 이용할 수 있다. 각 반응물과 생성물이 1기압 표준압력과 온도(298.15 K)에 있다고 가정한다. 각 물질의 몰수는 반응 과정에 대한 반응식의 화학양론적 계수가 된다. 각 생성물의 엔트로피에 그 생성물의 몰수를 곱하여 모든 생성물의 엔트로피를 합한다. 같은 방법으로 반응물의 전체 엔트로피를 계산하고, 생성물의 총 엔트로피 값에서 이 값을 뺀다. 이것을 식으로 나타내면 아래와 같다.

어떤 반응에서 $\Delta S°$를 계산하는 식은 $\Delta H°$를 계산하는 식과 같은 형태임에 유의하라.

$$\Delta S° = \Sigma\{(\text{생성물 몰수}) \times S°(\text{생성물})\} - \Sigma\{(\text{반응물 몰수}) \times S°(\text{반응물})\}$$

이 계산으로는 반응계의 엔트로피 변화량만을 얻는다는 것에 주의하라. 이 계산 식은 계를 구성하는 원자의 에너지가 반응 후에 더 많이 분산되거나 또는 더 적게 분산된다는 것을 말하며, 주위의 엔트로피의 변화를 설명하지는 못한다.

**예제 17.3 표의 값으로 엔트로피 변화량 계산**

다음 반응으로 자동차 연료로 사용할 수 있는 액체 메탄올($CH_3OH(\ell)$)을 생산하는 것이 가능한지 여부를 평가하시오. 반응에 대한 $\Delta S°$를 계산하시오.

$$CO(g) + 2\ H_2(g) \longrightarrow CH_3OH(\ell)$$

**정답:** $\Delta S° = -332.3\ J/K$

**풀이:** 표 17.1의 정보를 이용하여, 생성물의 엔트로피에서 반응물의 엔트로피를 뺀다. 원소를 포함한 모든 물질이 영이 아닌 절대 엔트로피 값을 가진다. 화합물 뿐만 아니라 원소도 포함되어야 한다.

$$\begin{aligned}\Delta S° &= \Sigma\{(\text{생성물 몰수}) \times S°(\text{생성물})\} - \Sigma\{(\text{반응물 몰수}) \times S°(\text{반응물})\}\\ &= (1\ mol) \times S°[CH_3OH(\ell)] - \{(1\ mol) \times S°[CO(g)] + (2\ mol) \times S°[H_2(g)]\}\\ &= (1\ mol) \times (126.8\ J\ K^{-1}\ mol^{-1})\\ &\quad - \{(1\ mol) \times (197.7\ J\ K^{-1}\ mol^{-1}) + (2\ mol) \times (130.7\ J\ K^{-1}\ mol^{-1})\}\\ &= -332.3\ J/K\end{aligned}$$

**실전예제 17.3**

표 17.1의 절대 엔트로피 값을 이용하여 아래 각 반응의 엔트로피 변화량을 계산하시오. 개념학습 17.4에서 예측한 결과를 확인하시오.

(a) $2\ CO_2(g) \longrightarrow 2\ CO(g) + O_2(g)$ (b) $NaCl(s) \longrightarrow NaCl(aq)$

(c) $MgCO_3(s) \xrightarrow{\text{가열}} MgO(s) + CO_2(g)$

## 17.5 엔트로피와 열역학 제2법칙

많은 화학반응과 여러 과정에 따르면, 생성물-선호 화학 과정 또는 물리적 과정이 일어날 때 에너지는 반응 전보다 더 분산되거나 무질서하게 된다는 결론에 맞게 에너지가 전달된다. 이것은 열역학 제**2**법칙(*second law of thermodynamics*)-우주(계와 주위)의 전체 엔트로피는 계속해서 증가한다-으로 요약된다. 화학반응이 일어나는 동안 엔트로피가 증가하는지의 여부에 대한 평가는 반응물이 일정 양의 생성물을 형성하는지 예측할 수 있게 해준다. 반응이 생성물-선호 반응인지 아닌지는 다음의 3단계로 예측할 수 있다.

단계 1, 2는 1 bar의 표준조건과 주어진 온도에서 반응물이 같은 표준 조건의 생성물로 변환되는 것으로 가상하여 수행할 수 있다.

1. 계와 주위($\Delta S_{주위}$)사이의 에너지 전달 결과에 대해 엔트로피 변화가 얼마인지를 계산한다.
2. 계($\Delta S_{계}$)에서 에너지 분산의 결과에 대한 엔트로피 변화가 얼마인지를 계산한다.
3. 두 결과를 합한다. $\Delta S_{우주} = \Delta S_{계} + \Delta S_{주위}$

이 단계 들을 예제 17.3에서 엔트로피 변화량의 계산에 주어진 다음 반응에 대해 응용해 보자.

$$CO(g) + 2\,H_2(g) \longrightarrow CH_3OH(\ell)$$

이 장의 마지막에 온도 변화 효과를 생각해 볼 것이다. 다른 조건을 변화시키는 효과는 종종 Le Chatelier 원리를 이용하여 정성적으로 예측할 수 있다.

만일 반응이 생성물-선호 반응이라면 자동차 연료로 사용할 수 있는 메탄올을 생산하는 좋은 방법이 된다. 반응물은 풍부한 자원인 물과 석탄으로부터 얻을 수 있다. 우리의 이러한 예측은 모든 물질이 1 bar, 298.15 K(25°C)에 있는 반응물 1몰의 CO(g)와 2몰 $H_2(g)$가 1몰의 액체 메탄올을 생성한다는 것을 기초로 한 것이다. 표 6.2와 표 17.1(또는 부록)로부터 얻는 자료를 응용한다. 만일 우주의 엔트로피가 생성물이 생성된 후 더 높을 것으로 예측되면, 반응은 주어진 조건에서 생성물-선호 반응이고 유용한 반응이다. 만일 그렇지 않으면 아마도 얼마간 다른 조건을 이용하거나 또는 다른 반응을 함께 고려해 보아야 할 것이다.

**단계 1: 계산된 $\Delta H°$를 이용하여 전달되는 열에너지의 양은 가역적이라고 가정하고, 반응의 에너지가 주위로부터 들어오거나 또는 주위로 에너지가 분산되는 양을 계산하시오.** 주위에 대한 엔트로피 변화는 다음과 같이 계산한다.

$$\Delta S°_{주위} = \frac{q_{rev}}{T} = \frac{\Delta H_{주위}}{T} = \frac{-\Delta H°_{계}}{T} = \frac{-\Delta H°}{T}$$

이 식에서 마이너스(-) 부호는 주위로 전달되는 에너지 방향이 계로 전달되는 방향과는 반대라는 것을 의미한다. 발열반응 (음의 $\Delta H°$)의 경우 주위의 엔트로피는 이미 언급한 것처럼 증가할 것이다. 제시된 메탄올 생성반응의 경우 $\Delta H°$(부록 J의 자료로 계산한 값)은 -128.1 kJ이다. 따라서 엔트로피 변화는 다음과 같다.

$$\Delta S^\circ_{주위} = \frac{-(-128.1\ \text{kJ})}{298\ \text{K}} \times \frac{1000\ \text{J}}{\text{kJ}} = 430.\ \text{J/K}$$

**단계 2: 계 내에서 에너지가 분산되는 경우의 엔트로피 변화량을 계산하시오**(즉, 메탄올 생성 반응에 포함되는 원자들에 대해). 이 엔트로피 변화는 앞절에서 설명하고 예제 17.3에서 계산한 것처럼 생성물과 반응물의 절대 엔트로피로부터 평가할 수 있고, 다음과 같다.

$$\Delta S^\circ_{계} = \Delta S^\circ = -332.3\ \text{J/K}$$

**단계 3: 계와 주위에 대해 전체 엔트로피 변화, $\Delta S^\circ_{우주}$를 계산하시오.** 우주는 계와 주위를 모두 포함하므로 $\Delta S^\circ_{우주}$는 계의 엔트로피 변화와 주위의 엔트로피 변화의 합이다(이 반응 외에 다른 일이 일어나지 않고 다른 엔트로피 변화도 없다고 가정한다). 이 전체 엔트로피 변화량은 다음과 같다.

$$\Delta S^\circ_{우주} = \Delta S^\circ_{주위} + \Delta S^\circ_{계} = \frac{-\Delta H^\circ_{계}}{T} + \Delta S^\circ_{계} \qquad [17.2]$$

$$= (430. - 332.3)\ \text{J/K} = 98\ \text{J/K}$$

일산화탄소와 수소가 반응하여 메탄올을 형성하는 반응은 우주의 엔트로피를 증가시킨다. 이 반응 과정이 생성물-선호 과정이므로 메탄올 생산에 유용할 수 있다.

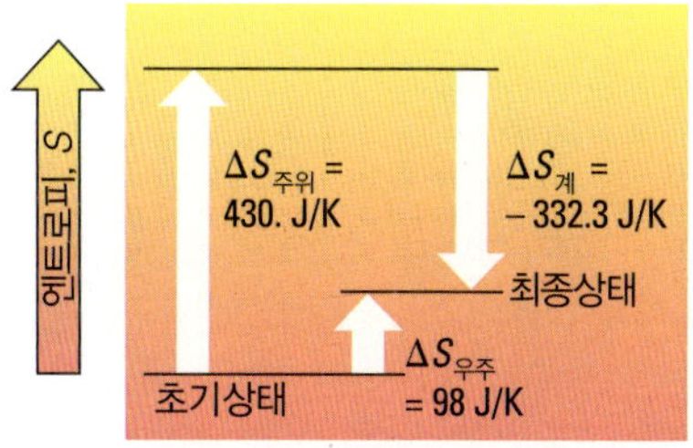


**일산화탄소와 수소가 결합하여 메탄올을 생성하는 반응의 엔트로피 도표.**

CONCEPTUAL
**개념학습 17.5 엔트로피 변화에서 온도의 영향**

메탄올을 형성하는 일산화탄소와 수소의 반응은 실온에서는 매우 느리다. 일반적인 규칙처럼, 반응은 높은 온도에서 더 빨리 진행한다. 온도를 올려서 이 반응을 더 빠르게 한다고 상상해보자.

(a) $\Delta H^\circ$가 온도 변화에 따라 크게 변하지 않는다고 가정하고, 온도를 올리면 $\Delta S^\circ_{주위}$에는 어떤 효과가 있겠는가?

(b) 반응계에 대해 $\Delta S^\circ$가 온도에 따라 크게 변하지 않는다고 가정하고, 온도를 올리면 $\Delta S^\circ_{우주}$에는 어떤 효과가 있겠는가?

**예제 17.4 $\Delta S^\circ_{우주}$의 계산**

가솔린이 공기 중에서 탈 때 옥테인(octane)의 연소반응이 일어난다.

$$2\ C_8H_{18}(g) + 25\ O_2(g) \longrightarrow 16\ CO_2(g) + 18\ H_2O(\ell)$$

이 반응에 대한 $\Delta S^\circ_{우주}$를 계산하고, 반응이 생성물-선호 반응인지 확인하시오(반응물과 생성물이 298.15K와 1 bar의 조건에 있다고 가정하고 부록 J의 자료를 이용하라).

**정답:** 35,591 J/K

**풀이:** 이 반응에 대한 균형 화학반응식을 써라. 생성물 값의 합에서부터 반응물 값의 합을 빼서 $\Delta H^\circ$와 $\Delta S^\circ$를 계산하시오.

$$\Delta H^\circ = \Sigma\{(\text{생성물 몰수}) \times \Delta H_f^\circ\,(\text{생성물})\} - \Sigma\{(\text{반응물 몰수}) \times \Delta H_f^\circ\,(\text{반응물})\}$$
$$= \{16 \times (-393.509\text{ kJ}) + 18 \times (-285.830\text{ kJ})\} - \{2 \times (-208.447\text{ kJ}) + 25 \times 0\text{ kJ}\}$$
$$= -11{,}024.2\text{ kJ}$$

$$\Delta S^\circ = \Sigma\{(\text{생성물 몰수}) \times S^\circ\,(\text{생성물})\} - \Sigma\{(\text{반응물 몰수}) \times S^\circ\,(\text{반응물})\}$$
$$= \{16 \times (213.74\text{ J/K}) + 18 \times (69.91\text{ J/K}\} - \{2 \times (466.835\text{ J/K}) + 25 \times (205.138\text{ J/K})\}$$
$$= -1383.9\text{ J/K}$$

식 17.2 를 이용하여 $\Delta S^\circ_{우주}$ 를 계산한다.

$$\Delta S^\circ_{우주} = \Delta S_{주위} + \Delta S_{계} = \frac{-\Delta H^\circ}{T} + \Delta S^\circ$$
$$= \frac{-(-11{,}024.2\text{ kJ})}{298.15\text{ K}} + (-1383.9\text{ J/K})$$
$$= 36.975\text{ kJ/K} - 1383.9\text{ J/K}$$
$$= 36{,}975\text{ J/K} - 1383.9\text{ J/K} = 35{,}591\text{ J/K}$$

$-\Delta H^\circ/T$에서 단위는 kJ/K이고 $\Delta S^\circ$의 단위는 J/K이다. 따라서 kJ를 J로 변환하여야 한다.

$\Delta S^\circ_{우주}$값이 양의 값이므로 이 반응은 생성물-선호 반응이다.

가솔린이 공기 중에서 연소되므로 이 반응은 생성물-선호 반응임을 뜻하므로 해답은 타당하다. 계에 대한 엔트로피 변화가 유리하지 않지만 반응은 강한 발열반응이므로 생성물-선호 반응이다.

**실전예제 17.4**

부록 J의 자료를 이용하여, 298.15 K와 1 bar에서 질소와 수소로부터 암모니아를 합성하는 반응이 생성물-선호 반응인지 결정하시오.

CONCEPTUAL
**개념학습 17.6 온도에 따른 $\Delta H^\circ$와 $\Delta S^\circ$의 변화**

기체 상태의 옥테인이 150°C에서 연소한다고 가정하자.

(a) 이것은 반응 화학식에 어떻게 영향을 미치겠는가?

(b) 이 변화는 반응에 대한 $\Delta H^\circ$와 $\Delta S^\circ$에 어떤 영향을 주겠는가?

(c) 반응에 대한 $\Delta H^\circ$와 $\Delta S^\circ$가 넓은 온도 범위에 걸쳐서 일정한 값을 갖는다고 가정하는 것이 안전하지 않을 때는 언제인가?

**표 17.2 생성물-선호 반응 여부의 예측(일정한 T와 P에서)**

| $\Delta H^\circ_{계}$ 부호 | $\Delta S^\circ_{계}$ 부호 | 생성물-선호 여부 |
|---|---|---|
| 음(−)(발열) | 양(+) | 유리 |
| 음(−)(발열) | 음(−) | 낮은 온도에서 유리, 높은 온도에서 불리 |
| 양(+)(흡열) | 양(+) | 낮은 온도에서 불리, 높은 온도에서 유리 |
| 양(+)(흡열) | 음(−) | 불리 |

만일 반응이 발열반응이거나 또는 반응이 일어날 때 계 내에서 에너지가 분산되는 것을 예측할 수 있다면, 계산된 $\Delta S^\circ_{우주}$값을 이용하여 계산 없이 생성물-선호 반응인지를 정성적으로 예측할 수 있다. 만일 반응물 엔트로피 보다 생성물 원자, 분자 및 이온들

의 엔트로피가 더 크고 발열반응이면 **($\Delta S_{계} > 0$),** 그 반응은 생성물-선호 반응임이 확실하다. 또한 만일 흡열반응이고 계의 엔트로피가 감소하면 분명히 생성물-선호 반응이 아니다. 표 17.2에 나타낸 것처럼 두 가지 다른 경우가 더 있으며, 이때는 정량적인 정보 없이 예견하는 것은 어렵다.

예로서, 산과 탄산염(carbonate)의 반응을 생각해보자. 이 반응은 발열반응이고 기체를 생산하므로 생성물-선호 반응이다. 석회석(limestone)을 염산(HCl)과 반응시키는 반응이 전형적이다.

$$CaCO_3(s) + 2\,HCl(aq) \longrightarrow CaCl_2(aq) + H_2O(\ell) + CO_2(g) \qquad (발열)$$

© Cengage Learning/Charles D. Winters

**생성물-선호 반응.** 탄산은 산과 빠르게 반응하여 이산화탄소와 물을 생성한다.

유사하게, 뷰테인($CH_3CH_2CH_2CH_2CH_3$) 같은 탄화수소의 연소반응은 발열반응이고 반응물에서보다 더 많은 기체상 생성물 분자를 생성하므로 생성물-선호 반응이다.

$$2\,CH_3CH_2CH_2CH_3(g) + 13\,O_2(g) \longrightarrow 8\,CO_2(g) + 10\,H_2O(g) \qquad (발열)$$

그러면 에테인($CH_3CH_3$)으로부터 에틸렌($CH_2 = CH_2$)를 생성하는 반응과 같은 경우는 어떤가? 비록 엔트로피가 증가될 것으로 예상되지만(하나의 기체분자가 두 개의 분자를 형성한다), 반응은 강한 흡열반응이다. 이 흡열반응은 반응물 분자의 7개 결합이 생성물에서 6개 결합(단일결합 5개와 이중결합 1개)으로 감소하는 것을 토대로 예견할 수 있다.

$$CH_3CH_3(g) \longrightarrow H_2(g) + CH_2{=}CH_2(g) \quad \Delta H^\circ = +137\ kJ; \quad \Delta S^\circ = +121\ J/K$$

엔탈피 변화로 보면 이 반응 과정은 반응물-선호 과정으로 예견된다, 반면에 엔트로피 변화로는 이와 반대로 예견된다. 둘 중 어느 것이 더 중요한가? 이것은 온도에 의존한다. $\Delta S^\circ_{주위}(= -\Delta H^\circ/T)$의 계산은 엔탈피 변화를 온도로 나누어 얻는다. $\Delta H^\circ$는 온도 변화에 거의 일정하므로 온도가 올라가면 $\Delta S^\circ_{주위} = -\Delta H^\circ/T$의 절대 값은 더 작아진다. 실온에서 $\Delta S^\circ_{주위}$는 통상 $\Delta S^\circ_{계}$ 보다 절대 값이 크므로 발열 반응은 생성물-선호 과정으로 그리고 흡열반응은 반응물-선호 과정으로 예측된다. 에틸렌 생성반응은 $\Delta S^\circ_{우주} = -339\ J/K$ 이므로 25 °C에서 반응물-선호 과정이다. 성공적인 공정 과정을 만들려면

At 25 °C:

$$\Delta S^\circ_{주위} = \frac{-137\ kJ}{298\ K} = -460\ J/K$$

$$\Delta S^\circ_{계} = 121\ J/K$$

$$\Delta S^\circ_{우주} = (-460 + 121)\ J/K = -339\ J/K$$

At 1000 °C:

$$\Delta S^\circ_{주위} = \frac{-137\ kJ}{(1000 + 273)\ K} = -108\ J/K$$

$$\Delta S^\circ_{계} = 121\ J/K$$

$$\Delta S^\circ_{우주} = 13\ J/K$$

EXERCISE
**연습문제 17.7 반응 방향의 예측**

부록 J의 자료를 이용하여 아래 표를 완성하고 표 17.2의 네 가지 유형의 반응으로 각각을 구분하시오. 또, 각 반응이 상온에서 생성물-선호 과정인지 반응물-선호 과정인지 예측하시오.

| 반응 | **$\Delta H^\circ$, 298 K (kJ)** | **$\Delta S^\circ$, 298 K (J/K)** |
|---|---|---|
| (a) $C_2H_4(g) + 3\,O_2(g) \longrightarrow 2\,H_2O(\ell) + 2\,CO_2(g)$ | ______ | ______ |
| (b) $2\,Fe_2O_3(s) + 3\,C(graphite) \longrightarrow 4\,Fe(s) + 3\,CO_2(g)$ | ______ | ______ |
| (c) $C(graphite) + O_2(g) \longrightarrow CO_2(g)$ | ______ | ______ |
| (d) $2\,Ag(s) + 3\,N_2(g) \longrightarrow 2\,AgN_3(s)$ | ______ | ______ |

13장에서 반응이 발열반응이거나 또는 계의 엔트로피 증가가 포함되면 생성물에 유리한 과정이라고 설명하였다. 엔트로피 효과는 온도가 높을수록 더 중요하다.

엔지니어는 이 반응을 대략 1000 °C에서 수행하도록 공장을 설계해야 한다. 이런 높은 온도에서 $\Delta S°_{주위}$는 $\Delta S°_{계}$보다 절대값의 크기가 작다. 따라서 $\Delta S°_{우주}$ = 13 J/K이고, 생성물이 반응물보다 우세하게 된다.

**Josiah Willard Gibbs 1838–1903**

Gibbs는 Yale 대학에서 수학하였고, 1863년에 Ph. D.를 받았다. 수학과 공학 두 분야에 대한 Gibbs의 관심이 "On the Form of the Teeth of Wheels in Spur Gearing"이라는 박사학위 제목에 반영되었다. Gibbs는 Yale 대학 수리물리학 교수가 되기 전에 3년 동안 유럽에서 지내면서 Paris, Berlin, Heidelberg에서 연구하였다. Gibbs 연구 내용은 그의 논문이 매우 간략하고 추상적이어서 발간된 후에도 오래 동안 알려지지 않았다. 이들 연구 업적은 심오하고 중요하여 화학 열역학에 기초가 되었다.(더 자세한 것은 http://www.aip.org/history/gap/Gibbs.html 을 보라).

**EXERCISE 연습문제** 17.8 **생성물–선호인가 또는 반응물–선호인가?**

(a) 수소기체와 염소기체의 결합 반응으로 HCl(hydrogen chloride, 1bar)기체를 생성한다. 이 반응은 298 K에서 생성물–선호 과정인가 아니면 반응물–선호 과정인가?

(b) 위 (a)의 반응에 대한 $\Delta S°_{우주}$ 값은 얼마인가?

## 17.6 Gibbs 자유에너지

만일 주위의 엔트로피 변화와 계의 엔트로피 변화를 따로 분리하여 계산하지 않는다면 앞 절에서의 계산을 더 간단하게 할 수 있다. 계산을 단순하게 하기 위해서 J. Willard Gibbs(1838–1903)에 의해 새로운 열역학 함수가 정의되었다. 이 함수를 **Gibbs 자유에너지(Gibbs free energy)**라고 하며, 기호 $G$로 나타낸다. Gibbs는 자유에너지를 $\Delta G_{계} = -T\Delta S_{우주}$ 로 정의하였다. 음의 부호이므로 만일 우주의 엔트로피가 증가하면 계의 Gibbs 자유에너지는 감소해야 한다. 즉 **일정한 온도와 압력에서 계의 *Gibbs* 자유에너지가 감소하는 것은 생성물–선호 과정의 특징이다.**

앞 절에서 일정한 온도와 압력에서 수행한 화학반응의 전체 엔트로피 변화량은 아래와 같음을 보였다.

$$\Delta S_{우주} = \Delta S_{주위} + \Delta S_{계} = \frac{-\Delta H_{계}}{T} + \Delta S_{계}$$

이 Gibbs 자유 에너지 정의를 대수적으로 합치면 아래 식과 같다.

$$\Delta G_{계} = -T\Delta S_{우주} = -T\left[\frac{-\Delta H_{계}}{T} + \Delta S_{계}\right] = \Delta H_{계} - T\Delta S_{계}$$

표준 조건에서는 다음과 같다.

$$\Delta G° = \Delta H° - T\Delta S° \qquad [17.3]$$

이 식은 13장에서 개발된 화학 평형에 대한 발상을 요약한 것이다. $\Delta G$의 음의 부호는 반응이 생성물–선호 과정이라는 것을 말하며, 이 식은 두 가지 조건이 $\Delta G°$를 더 큰 음의 값을 가지게 한다는 것을 말해주고 있다: (1) 만일 발열반응이면, $\Delta H°$가 음의 값을 가지고 따라서 생성물이 더 유리하게 된다. (2) 만일 반응물 보다 생성물이 더 큰 엔트로피를 가지면 $\Delta S°$는 양의 값을 가지며 $-T\Delta S°$는 음의 값이 되고 생성물이 유리하게 된다. $\Delta S°$와 $T$를 곱하므로 계의 엔트로피는 높은 온도에서 더 중요하다.

$\Delta H°$, $\Delta S°$ 및 $\Delta G°$의 경우(첨자가 없는경우), 이 값들은 계에 대한 값 즉, $\Delta G° = \Delta G°_{계}$로 가정한다.

CONCEPTUAL
**개념학습 17.9 반응 과정이 생성물-선호 과정인지의 여부 예측**

$\Delta G^o$의 부호에 대한 칸을 추가로 만들고 표 17.2와 유사한 표를 만드시오. $\Delta G^o$의 값을 토대로 반응이 생성물-선호 과정인지의 여부를 예측하시오. 만일 정보가 불충분하면 생성물이 높은 온도에서 유리한지 아니면 낮은 온도에서 유리한지를 제시하시오. 결과를 표17.2에 대해 확인하시오.

Gibbs 자유에너지 변화는 계에만 의존하는 생성물-선호 과정인지 즉, 화학 물질이 반응을 일으키는지를 예측할 수 있는 방법이다. 따라서 다양한 물질에 대해 표준 생성 Gibbs 자유에너지, $\Delta G_f^\circ$ 표를 만들 수 있고 이 값들로부터 $\Delta G^\circ$를 계산할 수 있다.

$$\Delta G^\circ = \Sigma\{(\text{생성물 몰수}) \times \Delta G_f^\circ(\text{생성물})\} - \Sigma\{(\text{반응물 몰수}) \times \Delta G_f^\circ(\text{반응물})\} \quad [17.4]$$

$\Delta G^\circ$는 온도 변화에 따라 크게 변한다($-T\Delta S^\circ$ 항 때문에). 따라서, 식 17.4로부터 계산된 $\Delta G^\circ$ 값은 $\Delta G_f^\circ$가 정의된 특정온도에만 적용된다. 부록 J는 25°C의 값이다.

계산은 표 6.2 또는 부록 J의 $\Delta H_f^\circ$ 값을 이용하여 반응의 $\Delta H^\circ$를 계산하는 것처럼 유사하게 계산한다. $\Delta H_f^\circ$ 처럼 그 자체가 어떤 변화도 없으므로, 표준상태에서 원소의 $\Delta G_f^\circ$ 값은 영이다. 부록 J에는 많은 화합물에 대한 $\Delta G_f^\circ$ 값을 포함하고 있다.

**예제 17.5 표준 생성 Gibbs 자유에너지의 이용**

부록 J의 $\Delta G_f^\circ$ 값을 이용하여 옥테인(octane)의 연소반응에 대한 표준 Gibbs 자유에너지 변화를 계산하시오. 식 17.4를 적용하기 위하여 동일한 온도와 압력에서의 초기상태와 최종상태를 가정하시오.

**정답:** $-10{,}611$ kJ

**풀이:** 연소 반응에 대한 균형 반응식을 쓰고 부록 J에서 $\Delta G_f^\circ$ 값을 찾는다.

| | $2\,C_8H_{18}(g)$ | $+\ 25\,O_2(g)$ | $\longrightarrow 18\,H_2O(\ell)$ | $+\ 16\,CO_2(g)$ |
|---|---|---|---|---|
| $\Delta G_f^\circ$(kJ/mol): | 16.72 | 0 | −237.1 | −394.4 |

(표준 상태에서 원소의 $\Delta H_f^\circ = 0$인 것처럼 $\Delta G_f^\circ = 0$임을 주의하라)

$$\begin{aligned}\Delta G^\circ &= \Sigma\{(\text{생성물 몰수}) \times \Delta G_f^\circ\ (\text{생성물})\} \\ &\quad - \Sigma\{(\text{반응물 몰수}) \times \Delta G_f^\circ\ (\text{반응물})\} \\ &= \{(18\text{ mol} \times \Delta G_f^\circ\ [H_2O(g)]\} + \{16\text{ mol} \times \Delta G_f^\circ[CO_2(g)]\} \\ &\quad - \{2\text{ mol} \times \Delta G_f^\circ[C_8H_{18}(g)]\} - \{25\text{ mol} \times \Delta G_f^\circ[O_2(g)]\} \\ &= \{18\text{ mol} \times (-237.1\text{ kJ/mol})\} + \{16\text{ mol} \times (-394.4\text{ kJ/mol})\} \\ &\quad - \{2\text{ mol} \times (16.72\text{ kJ/mol})\} - \{25\text{ mol} \times (0\text{ kJ/mol})\} \\ &= -10{,}611\text{ kJ}\end{aligned}$$

Gibbs 자유에너지 변화 $\Delta G^\circ$는 큰 음의 값이며, 이는 이 반응이 표준 상태에서 생성물-선호 반응이라는 것을 예상한다.

**실전예제 17.5**

CO와 $H_2$로부터 메탄올을 생성하는 반응은 생성물–선호 반응이다.

$$CO(g) + 2\,H_2(g) \longrightarrow CH_3OH(\ell)$$

(a) $\Delta H°$와 $\Delta S°$로부터 이 계에 대한 $\Delta G°$를 계산하여 이 반응이 생성물–선호 과정이라는 것을 증명하시오.

(b) 부록 J의 $\Delta G_f°$로부터 $\Delta G°$를 계산하여 문제 (a)의 결과와 비교하시오.

(c) $\Delta G°$의 부호는 (+)인가 (−)인가? 이 반응은 생성물–선호 반응인가? 모든 온도에서 그런가?

## 반응 방향에 대한 온도의 영향

많은 반응들이 어떤 온도에서는 생성물–선호 반응이고, 또 다른 어떤 온도에서는 반응물–선호 반응이다. 따라서 그런 반응의 온도를 올리거나 내려서 생성물이 생성되도록 할 수 있다. 간단하고 개략적인 방법은 반응물–선호 과정이 생성물–선호 과정으로 되는 온도를 어림잡는 것이다.

반응 방향에 대한 온도의 영향은 식 17.2로 알 수 있다. $\Delta S°_{주위} = -\Delta H_{계}/T$ 이고, $\Delta H$는 넓은 온도 범위에 걸쳐 거의 일정하므로 $T$가 커지면 따라서 계의 엔트로피 변화 보다 주위의 엔트로피 변화가 더 작아진다(따라서 덜 중요하다). 높은 온도에서 $\Delta S_{계}$는 반응의 방향을 결정한다.

예제 17.5와 17.6에서 화학반응에 포함되는 각 물질이 같은 상태(기체, 액체, 고체)로 남는다면 $\Delta H°$와 $\Delta S°$ 값이 넓은 온도 범위에 걸쳐 거의 일정한 값을 갖는다고 볼 수 있다. $\Delta H°$와 $\Delta S°$가 거의 일정하므로, $\Delta G° = \Delta H° - T\Delta S°$ 로부터 $T$에 따라 $\Delta G°$가 변한다는 것을 암시한다. 또한 만일 어떤 온도에서의 $\Delta H°$와 $\Delta S°$를 알면 어떤 온도 범위에 걸쳐 $\Delta G°$를 어림잡을 수 있다는 것도 암시한다. 예를 들어 아래 반응이 350°C, 1 bar에서 생성물을 생성할 것인지를 생각해 보자.

$$2\,HgO(s) \longrightarrow 2\,Hg(\ell) + O_2(g)$$

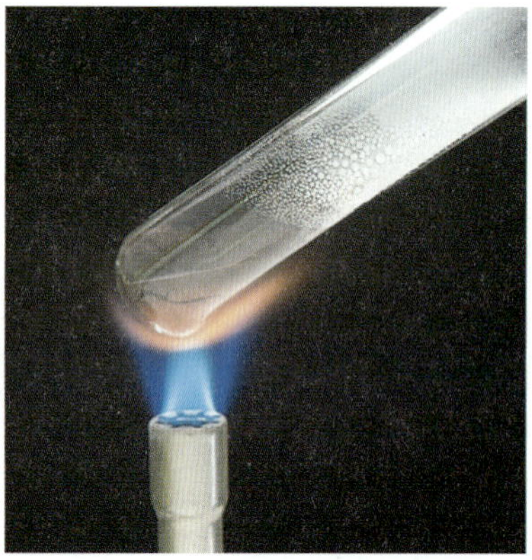

그림 17.6 **HgO의 분해.** 가열하면 적색 HgO가 분해되어 액체상의 수은과 산소로 된다. 시험관의 냉각되는 부분에서 반짝이는 수은을 볼 수 있다.



298 K에서 $\Delta H°$와 $\Delta S°$를 계산하고, $\Delta H°$와 $\Delta S°$ 값이 298 K에서와 350°C(623 K)에서 비슷하다고 가정하여 $\Delta G°$를 구한다. 수은의 끓는점은 356°C이고 HgO(mercury (II) oxide)는 500°C 이상에서도 잘 녹지 않는다. 따라서 350°C에서 모든 물질은 25°C에서와 동일한 상태로 있다.

$$\begin{aligned}
\Delta S°(298.15\text{ K}) &= \{2\text{ mol} \times S°[Hg(\ell)] + (1\text{ mol}) \times S°[O_2(g)]\} \\
&\quad - \{2\text{ mol} \times S°[HgO(s)]\} \\
&= 2 \times 76.02\text{ J/K} + 205.138\text{ J/K} - 2 \times 70.29\text{ J/K} = 216.60\text{ J/K} \\
\Delta H°(298.15\text{ K}) &= \{2\text{ mol} \times \Delta H_f°[Hg(\ell)] + 1\text{ mol} \times \Delta H_f°[O_2(g)]\} \\
&\quad - \{2\text{ mol} \times \Delta H_f°[HgO(s)]\} \\
&= 0\text{ kJ} + 0\text{ kJ} - 2 \times (-90.83)\text{ kJ} = 181.66\text{ kJ} \\
\Delta G°(623\text{ K}) &= \Delta H°(298.15\text{ K}) - T \times \Delta S°(298.15\text{ K}) \\
&= 181.66\text{ kJ} - 623\text{ K} \times 216.60\text{ J/K} \\
&= 181.66\text{ kJ} - 134{,}942\text{ J} = 181.66\text{ kJ} - 134.9\text{ kJ} = 47\text{ kJ}
\end{aligned}$$

$\Delta G°$가 양의 값을 가지므로 반응은 623 K에서 생성물–선호 반응이 아니다. 그러나 623 K에서 $\Delta G°$는 298 K에서 보다 더 작은 양의 값을 가지므로 이 반응은 상온에서 보다 623 K에서 더 생성물–선호 과정이 된다. 623 K 보다 온도를 더 올리면 HgO가 분해된다(그림 17.6).

Joseph Priestly는 1774년에 HgO를 가열 분해시켜 산소를 발견하였다.

HgO(s)의 분해와 같은 반응은 낮은 온도에서는 반응물–선호 과정이고 높은 온

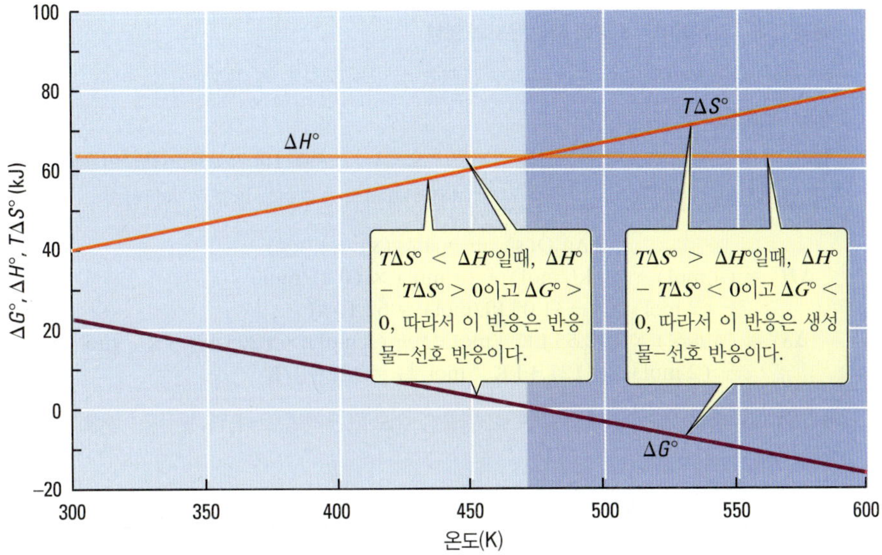


**그림 17.7 반응의 자발성에 대한 온도의 영향.** $Ag_2O(s)$ 가 반응하여 금속 은과 산소 기체로 되는 반응에 대해 Gibbs 자유에너지에 기여하는 두 가지 항 $\Delta H°$와 $\Delta S°$를 온도의 함수로 그린 것이다.

CONCEPTUAL
**개념학습 17.10 고온 분해**

HgO(s) 시료를 수은의 끓는점(356°C)이상으로 가열한다고 상상해보자.

(a) 앞절에서 사용한 Gibbs 자유에너지 변화를 어림잡는데 같은 방법을 사용할 수 있을까? 그렇다면 왜 그런가? 아니면 왜 그런가?(힌트: 온도가 400°C일때 일어날 수 있는 반응의 반응식을 써라)

(b) 반응이 350°C에서보다 400°C에서 더 생성물−선호 과정이겠는가? 아니면 덜 생성물−선호 과정이겠는가? 이유를 제시하시오.

도에서는 생성물−선호 과정이다. 이런 반응에 대해 열을 가하여 생성물−선호 과정으로 될 수 있는 최저 온도를 계산하는 것이 가능하다. 그 온도 아래에서는 $\Delta G°$는 양(−)의 값을 가지며, 그 온도 이상에서는 $\Delta G°$가 음의 값을 가진다. 따라서 $\Delta G°$는 어떤 온도에서 "0"(zero)이어야 한다. $\Delta G° = \Delta H° - T\Delta S°$ (식 17.3) 이므로 $\Delta H° - T\Delta S° = 0$ 이라고 할 수 있다. 이 식을 $T$에 대해 풀면 아래와 같다.

$$T(\Delta G°\text{의 부호가 변하는 온도}) = \frac{\Delta H°}{\Delta S°} \qquad [17.5]$$

하나의 예로, $Ag_2O$의 분해에 대해 $\Delta H°$와 $-T\Delta S°$의 $\Delta G°$에 대한 기여도를 그림 17.7에 그래프로 나타냈다. 식 17.5는 또한 낮은 온도에서의 생성물−선호 반응과 높은 온도에서의 반응물−선호 반응에 적용할 수 있다. 그런 반응들의 경우에 식 17.5는 생성물−선호 반응이 되는 최고 온도를 제시한다. 이 온도 이상으로 가열하면 아마도 생성물이 충분하게 생성되지 못할 것이다.

**예제 17.6 자유에너지 변화에 대한 온도의 영향**

은 광석, $Ag_2O(s)$가 금속 은과 산소로 분해될 수 있는 온도를 계산하시오.

**정답:** 468 K(195°C)

**풀이:** 이 반응에 대한 균형 반응식을 먼저 쓰시오. 그리고 부록 J의 자료를 이용하여 25°C에서 $\Delta H°$와 $\Delta S°$를 계산한다. 그리고 식 17.5를 이용하여 요구되는 온도를 계산한다.

$$2\,Ag_2O(s) \longrightarrow 4\,Ag(s) + O_2(g)$$

$$\Delta H° = (4\text{ mol}) \times (0\text{ kJ/mol}) + (1\text{ mol}) \times (0\text{ kJ/mol}) - (2\text{ mol}) \times (-31.05\text{ kJ/mol}) = 62.10\text{ kJ}$$

$$\Delta S° = (4\text{ mol}) \times (42.55\text{ J K}^{-1}\text{ mol}^{-1}) + (1\text{ mol}) \times (205.138\text{ J K}^{-1}\text{ mol}^{-1}) - (2\text{ mol}) \times (121.3\text{ J K}^{-1}\text{ mol}^{-1}) = 132.7\text{ J/K}$$

$\Delta H°$와 $\Delta S°$ 둘 다 양의 값을 가지므로, 반응은 온도를 올리면 보다 더 생성물-선호 반응으로 될 것이다.

$\Delta H°$는 kJ 단위를 가지며 반면에 $\Delta S°$는 J/K 단위를 가진다. 에너지 단위를 삭제 할 수 있으므로 단위 변환이 필요하다.

$$T = \frac{62.1\text{ kJ}}{132.7\text{ J/K}} \times \frac{1000\text{ J}}{1\text{ kJ}} = \frac{62.1\text{ kJ}}{0.1327\text{ kJ/K}} = 467.9\text{ K} = 468\text{ K}$$

**실전예제 17.6**

아래 반응에 대해 답하시오.

$$2\,CO(g) + O_2(g) \longrightarrow 2\,CO_2(g)$$

(a) 생성물-선호 과정이 반응물-선호 과정으로 바뀌는 온도를 예상하시오.

(b) 만일 이 반응으로 $CO_2(g)$를 생산하려면 어떤 온도 조건을 선택해야 하는가?

## 17.7 Gibbs 자유에너지 변화와 평형 상수

만일 어떤 화학반응의 평형 상수가 1보다 크면 그 반응은 생성물-선호 반응이라는 것을 13장에서 배웠다. 만일 평형 상수가 1보다 작으면 그 반응은 반응물-선호 반응이다. 앞 절에서 만일 어떤 과정의 Gibbs 자유에너지 변화가 음(−)의 값을 가지면 그 과정은 생성물-선호 과정이고, 양(+)의 값을 가지면 그 과정은 반응물-선호 과정이라는 것을 배웠다. Gibbs 자유에너지와 평형 상수는 둘 다 반응이 생성물-선호 반응인지를 말해주며, 달라 보이는 이들 두 가지 양이 서로 연관되어 있다고 생각하는 것은 타당하다. 이들의 관계는 다음과 같다.

$$\Delta G° = -RT \ln K° \qquad [17.6]$$

여기서 $\Delta G°$는 그 반응에 대한 표준 Gibbs 자유에너지 변화이고, $R$은 이상기체 상수, $T$는 절대 온도, 그리고 $K°$는 **표준 평형 상수(standard equilibrium constant)**이다. $K°$의 표현은 각 농도를 1mol/L의 표준상태 농도로 나누거나 각 압력을 1 bar의 표준상태 압력으로 나눈 것을 제외하고는 13장에서 정의한 평형 상수와 같다. 즉 아래 반응에 대해 압력의 항으로 표준 평형 상수를 나타내면 다음과 같다.

$$a\,A + b\,B \rightleftharpoons c\,C + d\,D$$

$$K^\circ = \frac{\left(\frac{P_C}{P^\circ}\right)^c \left(\frac{P_D}{P^\circ}\right)^d}{\left(\frac{P_A}{P^\circ}\right)^a \left(\frac{P_B}{P^\circ}\right)^b}$$

여기서 $P^\circ$는 1 bar의 표준 상태 압력이다. 비록 평형 상수가 단위를 가진다고 해도 $K^\circ$는 단위가 없다. 만일 반응이 용액에서 일어나면, $K^\circ$는 농도로 표시한 평형 상수와 같은 형태(그리고 같은 값)를 가진다. 기체의 경우 $K^\circ$는 농도가 아니라 압력과 관련이 있고 $K_p$와 같은 값을 가진다.

표준 상태의 선택과 상관없이 식 17.6은 어떤 반응에 대한 Gibbs 자유에너지 변화는 평형 상수의 자연대수에 온도를 곱한 것의 음(−)의 값을 의미한다. 만일 $K^\circ$가 1보다 크면 $\ln K^\circ$는 양의 값을 가지고 $\Delta G^\circ$는 마이너스(−)부호 때문에 음(−)의 값이 된다. 이 두 조건, $-\Delta G^\circ$와 $K^\circ > 1$ 이라는 것은 이 반응이 생성물−선호 반응이라는 것을 나타낸다. 만일 $K^\circ < 1$ 이면 $\ln K^\circ$는 음(−)의 값을 갖고, $\Delta G^\circ$는 양(+)의 값을 가지므로 이 반응은 반응물−선호 반응이다.

$\Delta G^\circ$는 이들의 표준 조건에서 생성물과 반응물 간의 Gibbs 자유에너지 차이이다. 예를 들어 물속에서 포름산(formic acid)의 이온화는 아래와 같다.

$$\underset{1\ \text{mol/L}}{\text{HCOOH(aq)}} \rightleftharpoons \underset{1\ \text{mol/L}}{\text{HCOO}^-\text{(aq)}} + \underset{1\ \text{mol/L}}{\text{H}^+\text{(aq)}} \qquad \Delta G^\circ = 21.3\ \text{kJ}$$

1몰의 HCOOH(aq)가 1 mol/L 농도에서 각각 1몰의 $HCOO^-$(aq)와 1몰 $H^+$(aq)로 변할 때 Gibbs 자유에너지 변화는 21.3 kJ이다. $\Delta G^\circ$가 양(+)의 값을 가지므로 이 과정은 반응물−선호 과정임을 예측할 수 있다. 이는 포름산이 약산이어서 단지 소량만 이온화되고 따라서 평형 상수는 1보다 훨씬 작다.

**25°C에서 $\Delta G^\circ$와 $K^\circ$의 관계.**

| $\Delta G^\circ$ (kJ/mol) | $K^\circ$ |
|---|---|
| 200 | $9 \times 10^{-36}$ |
| 100 | $3 \times 10^{-18}$ |
| 10 | $2 \times 10^{-2}$ |
| 1 | $7 \times 10^{-1}$ |
| 0 | 1 |
| −1 | 1.5 |
| −10 | $6 \times 10^{1}$ |
| −100 | $3 \times 10^{17}$ |
| −200 | $1 \times 10^{35}$ |

| $K^\circ$ | $\Delta G^\circ$ ($-RT \ln K^\circ$) | 생성물−선호 과정인가? |
|---|---|---|
| <1 | 양 | 아니다 |
| >1 | 음 | 그렇다 |
| =1 | 0 | 둘다 아니다 |

물에서 포름산의 경우 평형 상수 $K_a$는 농도의 비이다.

**예제 17.7 Gibbs 자유에너지와 평형 상수**

25°C에서 아래 반응의 $\Delta G^\circ = 21.3$ kJ임을 알았다.

$$\text{HCOOH(aq)} \rightleftharpoons \text{HCOO}^-\text{(aq)} + \text{H}^+\text{(aq)}$$

이 정보를 이용하여 25°C 수용액에서 포름산의 아온화에 대한 평형 상수 $K_a$ 계산 하시오.

**정답:** $K_a = K_c = K^\circ = 1.8 \times 10^{-4}$

**풀이:** Gibbs 자유에너지와 $K^\circ$ 간의 관계는 식 17.6으로 주어진다.

$$\Delta G^\circ = -RT \ln K^\circ$$

$\Delta G^\circ$로부터 $K^\circ$를 얻으려면 먼저 양쪽을 $-RT$로 나누어야 한다.

$$-\Delta G^\circ/RT = \ln K^\circ$$

그 다음으로 대수의 성질을 이용한다. 밑수 $e$로 대수를 표현하므로 $e$의 지수로 식의 양편 각각을 취하여 로그 함수를 제거할 수 있다.

$$e^{-\Delta G^\circ/RT} = e^{\ln K^\circ} = K^\circ$$

이 식에다 알고 있는 값들을 치환시킬 수 있다.

$$K^\circ = e^{-\Delta G^\circ/RT} = e^{-(21.3\ \text{kJ/mol})(1000\ \text{J/kJ})/(8.314\ \text{J K}^{-1}\ \text{mol}^{-1})(298\ \text{K})} = 1.8 \times 10^{-4}$$

따라서, $\Delta G^\circ$의 양(+) 값은 $K^\circ$가 1보다 작고, 반응물−선호 계라는 것을 암시한다. 이 반응은 수용액에서 일어나므로 반응물과 생성물을 표준상태 농도로 나타낸다. 따라서 $K^\circ = K_c = K_a$로 표현할 수 있다.

**실전예제 17.7**

다음 각 반응에 대하여 298 K에서 표준 자유에너지 변화로부터 $K°$ 값을 예상하시오. 필요하다면 부록 J 로부터 $\Delta G°$의 계산에 필요한 자료를 찾고, 얻어진 값을 표 13.1에 있는 $K_c$와 $K_p$ 값과 비교하시오. 이 반응에서 $K_c = K°$ 인가?

(a) $CaCO_3(s) \rightleftharpoons Ca^{2+}(aq) + CO_3^{2-}(aq)$
(b) $H_2CO_3(aq) \rightleftharpoons HCO_3^-(aq) + H^+(aq)$
(c) $2\ NO_2(g) \rightleftharpoons N_2O_4(g)$

$\Delta G°$는 아래 식으로부터 계산할 수 있다는 것을 상기하자.

$$\Delta G° = \Delta H° - T\Delta S°$$

어떤 반응에 대해 엔탈피와 엔트로피를 알고 있거나 추측할 수 있다면 표준 Gibbs 자유에너지 변화 또는 평형 상수를 계산하거나 추측할 수 있다. 그리고 $\Delta H°$와 $\Delta S°$는 넓은 온도 범위에서 거의 일정하므로 단지 25°C에만 아니라 여러 온도에서 평형 상수를 예측할 수 있다. 예제 17.8에 어떻게 예측하는 지를 보였다.

넓은 온도 범위에서 $\Delta H°$와 $\Delta S°$ 값이 일정하다고 가정하는 것은 예제17.7의 문제 (a)와 (b) 처럼 수용액에서 이온을 포함하는 반응에 대해서는 잘 맞지 않는다. 왜냐하면 온도에 따라 이온의 수화 정도가 달라지기 때문이다.

**예제 17.8 다른 온도에서 $K°$의 계산**

아래 반응의 $\Delta H°$와 $\Delta S°$ 값을 얻으려면 부록 J의 자료를 이용하시오.

$$N_2(g) + O_2(g) \rightleftharpoons 2\ NO(g)$$

이들 자료로부터 $\Delta G°$ 값을 어림잡고 (a) 298 K, (b) 1000 K, (c) 2300 K에서의 $K°$ 값을 계산하시오.

이 반응은 고온 연소 과정에서 상당한 정도로 일어날 수 있으므로 아주 중요하다. 만일 온도가 충분히 높으면 질소와 산소가 공기 오염물질인 NO를 생성한다.

**정답**

(a) $\Delta G° = 173.1$ kJ; $K° = 4.5 \times 10^{-31}$ (b) $\Delta G° = 155.7$ kJ; $K° = 7.3 \times 10^{-9}$
(c) $\Delta G° = 123.5$ kJ; $K° = 1.57 \times 10^{-3}$

**풀이:** 각각의 온도에서 계산을 위해 Gibbs 식 $\Delta G° = \Delta H° - T\Delta S°$를 이용하시오. 그리고 예제 17.7에서 했던 것처럼 $K°$를 계산하시오. 문제 (c)에 대하여 아래처럼 계산한다.

$$\Delta G° = \Delta H° - T\Delta S° = 180{,}500\ \text{J} - (2300.\ \text{K})(24.772\ \text{J/K})$$
$$= 1.235 \times 10^5\ \text{J} = 123.5\ \text{kJ}$$
$$K° = e^{-\Delta G°/RT} = e^{-(1.235\times10^5\ \text{J})/(8.314\ \text{J/K})(2300.\ \text{K})} = 1.57 \times 10^{-3}$$

**실전예제 17.8**

다음은 암모니아 합성 반응이다.

$$N_2(g) + 3\ H_2(g) \rightleftharpoons 2\ NH_3(g)$$

(a) 298 K, (b) 450 K, (c) 800 K에서 평형 상수를 계산하시오.

## 17.8 Gibbs 자유에너지와 최대 일

**Gibbs 자유에너지의 중요한 해석은 $\Delta G$가 일정한 온도와 압력에서 생성물-선호 계가 주위에 할 수 있는 최대 일을 나타낸다. 또한 $\Delta G$는 반응물-선호 과정으로 일어나게 하려면 필요한 최소 일을 나타낸다.** 표준 조건에서 수소와 산소가 액체 물을 형성하

$\Delta G$로 나타내는 일은 대기를 밀어내는 계의 팽창에 의해 수행된 일을 포함하지 않는다.

는 반응은 생성물–선호 반응이라고 생각하자.

$$2\,H_2(g) + O_2(g) \rightleftharpoons 2\,H_2O(\ell) \qquad \Delta G^\circ = -474.258\ kJ$$

이 열화학적 표현은 반응에서 2몰의 $H_2O(\ell)$을 생성하는 경우에 474.258 kJ 만큼의 일을 하게 된다. $\Delta G^\circ$의 음(−) 의 값은 주위로 일을 한다는 것을 말해준다(계가 반응 전 보다 반응 후에 더 작은 Gibbs 자유에너지를 가지므로 그렇다). 비록 반응물과 생성물이 표준 상태에 있지 않는다고 해도 $\Delta G$는 $w_{최대}$(계가 주위에 할 수 있는 최대 일)와 같다.

$$\Delta G = -\,w_{최대}(\text{주위에 대해 하는 일}) \qquad [17.7]$$

$w_{최대}$는 계가 주위에 할 수 있는 최대 일임을 기억하는 것이 중요하다. 따라서 $w_{최대}$의 부호는 $\Delta G$의 부호와 반대이다.

물이 분해되어 수소와 산소로 되는 정 반대의 반응을 생각해 보자.

$$2\,H_2O(\ell) \rightleftharpoons 2\,H_2(g) + O_2(g) \qquad \Delta G^\circ = 474.258\ kJ$$

에너지가 한 가지 형태에서 다른 형태로 바뀌는 것은 100% 효율로 일어나지 않기 때문에 $\Delta G^\circ$로 주어지는 최대 일을 관측하는 경우는 거의 없다.

$\Delta G^\circ$의 양(+)의 값은 이 과정이 반응물–선호 과정이라는 것을 나타낸다. 생성물의 Gibbs 자유에너지가 반응물의 Gibbs 자유에너지 보다 더 크므로 $H_2O(\ell)$ 2몰을 분해시키려면 최소한 474.258 kJ의 에너지가 공급되어야 한다. 474.258 kJ은 2몰의 액체 상태 물이 수소 기체와 산소 기체로 변화될 때 해야 되는 일이다. 이 일을 공급하는 한 가지 방법은 직류 전기를 이용하여 전기분해 시키는 것이다. 일반적으로 액체 물의 분해와 같은 반응물–선호 반응이 지속되기 위해서는 연속적인 에너지 공급이 필요하다.

### 예제 17.9 Gibbs 자유에너지 변화와 최대 일

부록 J의 자료를 이용하여 다음 반응이 25°C, 1 bar에서 생성물–선호 반응인지 또는 반응물–선호 반응 인지를 예측하시오. 생성물–선호 반응이 할 수 있는 최대 일을 계산하시오. 반응물–선호 반응의 경우 반응을 일으킬 수 있는 최소 일을 계산하시오

(a) $2\,Al_2O_3(s) \longrightarrow 4\,Al(s) + 3\,O_2(g)$ (b) $Cl_2(g) + Mg(s) \longrightarrow MgCl_2(s)$

**정답**

(a) 반응물–선호 반응, 최소한 3164 kJ의 에너지를 공급해야 한다.

(b) 생성물–선호 반응, 591.79 kJ의 유용한 일을 할 수 있다.

**풀이:** $\Delta G^\circ$를 계산하기 위해 부록 J의 자료를 이용한다. 만일 $\Delta G^\circ$가 음(−)의 값을 가지면, 그 과정은 생성물–선호 과정이고 $\Delta G^\circ$ 값은 할 수 있는 최대 일을 나타낸다. 만일 $\Delta G^\circ$가 양(+)의 값을 가지면 그 반응은 반응물–선호 반응이고, 그 값은 반응이 일어나기 위해 해주어야 할 최소 일이라고 말할 수 있다.

(a) $\Delta G^\circ = 0 + 0 - 2(-1582.3)$ kJ = 최소 3164.6 kJ이 요구된다.
(b) $\Delta G^\circ = -591.79$ kJ $- 0 - 0 = -591.79$ kJ의 유용한 일을 할 수 있다.

### 실전예제 17.9

다음 각 반응이 298 K, 1 bar에서 반응물–선호 반응 또는 생성물–선호 반응인지를 예측하시오. 반응이 일어나게 하기 위한 최소 일이나 반응에 의해 할 수 있는 최대 일을 계산하시오.

(a) $2\,CO_2(g) \longrightarrow 2\,CO(g) + O_2(g)$ (b) $4\,Fe(s) + 3\,O_2(g) \longrightarrow 2\,Fe_2O_3(s)$

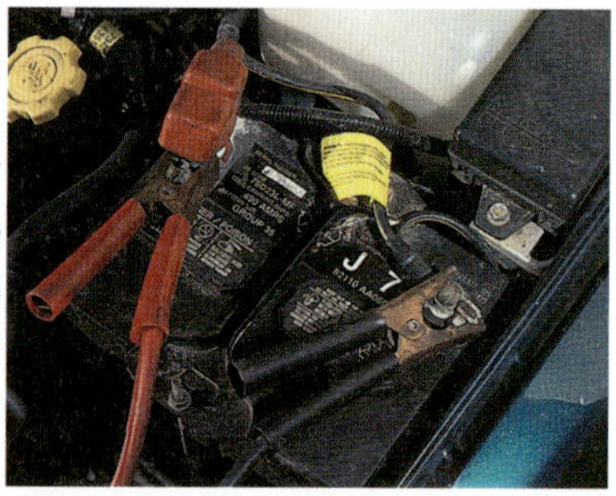



**수명이 다된 배터리의 충전.** 수명이 다된 배터리는 동력 장치를 이용해 충전할 수 있다. 이 과정은 반응물-선호 과정으로 일어난다. 배터리 충전 후에는 충전의 반대 과정인 생성물-선호 과정으로 전기를 생산하여 자동차 시동을 걸 수 있다.

## 반응물-선호 과정과 생성물-선호 과정의 연결

수명이 다된 자동차 배터리는 그 자체로 충전되지 않는다. 배터리를 충전할 때 일어나는 반응은 반응물-선호 과정이다. 그러나 만일 배터리를 충전기에 연결하면 충전할 수 있다. 충전기는 석탄을 태워 전기를 생산하는 발전소의 전원에 연결되어 있다. 주로 탄소인 석탄은 다음 반응에 따라 공기 중에서 연소 한다.

$$C(s) + O_2(g) \longrightarrow CO_2(g) \qquad \Delta G° = -394.4 \text{ kJ}$$

만일 충분한 석탄을 연소시키면 배터리 충전 과정에 요구되는 양의 값을 가지는 Gibbs 자유에너지를 차감하고도 남는 음(−)의 값을 가지는 Gibbs 자유에너지 변화를 생성한다. 비록 배터리 충전 부분에서 Gibbs 자유에너지는 증가하지만 전체적으로는 감소한다. 배터리가 충전되면 충전의 반대과정(생성물-선호 과정)은 자동차 엔진의 시동을 걸거나 라디오를 작동하기 위하여 전기를 공급할 수 있다. 석탄을 연소시키면서 잃은 Gibbs 자유에너지의 일정량은 나중에 사용하기 위하여 자동차의 배터리에 저장된다.

배터리 충전은 생성물-선호 반응과 나중에 일어나는 반응물-선호 과정이 연결되는 한 예이다. 생성물-선호 과정에 의해 발생하는 Gibbs 자유에너지가 반응물-선호 과정에 의해 이용되는 방식이다. 다른 예로 광석으로부터 알루미늄 또는 철을 얻는 것을 들 수 있다. 간단한 분자로부터 의약품, 플라스틱 그리고 다른 유용한 물질들처럼 크고 복잡한 분자를 합성하는 것, 날씨가 더울 때 집을 시원하게 하는 것 등이 이 예에

**테르밋 반응.** 알루미늄과 철(Ⅲ) 산화물의 반응은 매우 생성물-선호 반응이고 많은 양의 Gibbs 자유에너지를 방출한다.

CONCEPTUAL
**개념학습** 17.11 **연결 반응**

철 금속을 생산하는 한 가지 방법은 철(III) 산화물(iron(III) oxide)을 알루미늄으로 환원시키는 것이다. 이 반응을 테르밋 반응(thermite reaction)이라고 한다. 반응이 두 단계로 일어난다고 생각할 수 있다. 첫 단계는 철(III)산화물이 산소를 잃는 것이다.

(i) $Fe_2O_3(s) \longrightarrow 2\,Fe(s) + \frac{3}{2}\,O_2(g)$

두 번째 단계는 알루미늄과 산소가 결합하는 것이다.

(ii) $2\,Al(s) + \frac{3}{2}\,O_2(g) \longrightarrow Al_2O_3(s)$

(a) 각 단계에 대한 엔탈피, 엔트로피 및 Gibbs 자유에너지 변화를 계산하시오. 각 단계가 생성물-선호 과정인지 또는 반응물-선호 과정인지 결정하시오. 각 단계의 $\Delta H°$, $\Delta S°$ 및 $\Delta G°$의 부호를 설명하시오.

(b) 알루미늄이 철(III) 산화물과 반응할 때 일어나는 전체 알짜 반응은 어떤 반응인가? 이 전체 반응에 대한 엔탈피, 엔트로피 및 Gibbs 자유에너지 변화는 얼마인가? 이 반응은 생성물-선호 반응인가 반응물-선호 반응 인가? 전체 반응의 $\Delta H°$, $\Delta S°$ 및 $\Delta G°$의 부호를 설명하시오.

(c) 철(III) 산화물과 알루미늄을 반응시켜 철 금속을 얻는 반응에 대해 (i) 반응들이 어떻게 연결되는지 (ii) 철을 얻는 데 어떻게 영향을 미치는지 간략하게 설명하시오.

(d) 철(III) 산화물로 부터 철을 얻는데 이용하는 반응으로 알루미늄 산화반응외 다른 반응을 추천해보시오. 제시한 반응에 대해 Gibbs 자유에너지변화를 계산하여 확인해 보시오.

포함된다. 이러한 것들은 모두 엔트로피가 감소하는 과정이지만, 발전소나 다른 곳에서 엔트로피가 크게 증가한다면 일어날 수 있다.

Gibbs 자유에너지 변화는 반응물-선호 계에서 생성물이 생성되도록 하는 화학반응의 추진력을 나타낸다. 이름에서"자유(free)"라는 용어는 "제로 비용(Zero cost)"이 아니라 "사용가능(available)"을 나타낸다. ***Gibbs* 자유에너지는 저절로는 일어나지 않는 유용한 일을 하는데 사용될 수 있다.** 다르게 말하면 Gibbs 자유에너지는 화학반응계에 포함된 에너지의 질을 측정하는 것이다. 만일 큰 Gibbs 자유에너지를 포함하고 있다면 그 화학계는 잠재적으로 유용한 고품질의 에너지로 우리에게 유용한 많은 일을 할 수 있다. 만일 반응계가 연결되어 있다면 한 반응계의 이용가능한 자유에너지는 다른 반응계에 유용한 일을 할 수 있다. 만일 반응계가 다른 반응과 연결되어 있지 않으면 반응에 의해 방출되는 자유에너지는 열에너지로 소모될 것이다. 모든 살아 있는 생명체는 생명체가 필요로 하는 에너지를 공급하는데 서로 연결된 화학반응들에 의존한다.

**다이아몬드.** 에너지 자원은 다른 자원들처럼 고밀도의 에너지를 갖는다. 한 탄소 주위에 다른 탄소 4개가 정사면체로 결합한 순수한 탄소 물질인 다이아몬드 같은 재료를 유추해보자. 다이아몬드는 원자가 특정한 방법으로 배열된 하나의 결정이므로 가치가 있다. 만일 다이아몬드가 탄소 가루로 되어 주위에 퍼져 있다면 가치가 없어진다. 왜냐하면 탄소를 다시 모아서 다이아몬드를 만들려면 엄청난 비용이 들기 때문이다. 마찬가지로 에너지원도 에너지를 포함하고 있어서가 아니라 에너지를 고밀도로 집적하고 있기 때문에 가치가 있는 것이다.

## 17.9 Gibbs 자유에너지의 보존

석탄 1톤을 태울 때 그 에너지가 완전히 사용되지 못한다. 에너지 보존 법칙은 많은 실험 결과로 에너지가 소멸되지 않는다는 것을 요약한 것이다. 발전소에서 석탄을 태울 때 화학 에너지는 다른 형태의 동일한 양의 에너지로 변환된다. 이들은 아주 유용한 전기 에너지와 발전소 주위로 즉시 사라지는 훨씬 덜 유용한 열에너지이다. 그러나 에너지 자원은 소모된다. 석탄에 저장된 에너지는 일을 하기 위해 방출된다. 공기 중에서 석탄을 태우면 석탄의 Gibbs 자유에너지 일부와 산소가 소모된다. 이러한 사실은 석탄이 연소할 때 $\Delta G^\circ$가 음(−)의 값을 가진다는 것을 나타낸다. 이는 다른 생성물-선호 반응과 같다.

보통 **에너지 보존(energy conservation)**이라고 하는 것은 ***Gibbs* 자유에너지 같은 유용한 에너지의 실질적인 보존**이다. 에너지 보존이 단지 에너지를 보존하는 것을 의미하지 않는다.-에너지는 저절로 보존된다. 그러나 자동적으로 Gibbs 자유에너지가 보존되는 것은 아니다. 큰 Gibbs 자유에너지를 가지는 물질들은 에너지 자원이고, 이 유용한 에너지는 수고스럽지만 보존해야 한다. 음(−) 의 $\Delta G^\circ$ 값을 가지는 생성물-선호 반응이 일어나면 다른 생성물-선호 반응과 조합하지 않고서는 그 반응을 되돌릴 수 없다. 일단 에너지원을 사용하고 나면 또 다른 에너지원을 사용하지 않고서는 복원할 수 없다. Gibbs 자유에너지로 화학계를 분석하는 것은 에너지원이 어떻게 효과적으로 보존되는지를 통찰할 수 있게 해준다.

이 장에서 제시하는 식으로 계산한 Gibbs 자유에너지 변화를 공정 과정에서 실제 손실되는 Gibbs 자유에너지 변화와 비교하면, 환경론자와 산업자본가 모두 Gibbs 자유에너지의 손실을 최소화 할 수 있는 방법을 제시할 수 있다. 예를 들어 알루미늄 금속과 산소기체에 저장된 Gibbs 자유에너지는 알루미늄 광석, $Al_2O_3$와 비교하면 매우 많은 양이다. 4몰 Al(s)와 3몰 $O_2$(g)의 Gibbs 자유에너지가 2몰의 $Al_2O_3$(s)의

## ESTIMATION Gibbs Free Energy and Automobile Travel

Given that $\Delta G° = -5295.74$ kJ per mole of octane burned, estimate the quantity of Gibbs free energy consumed when a typical car makes a 1000-mile round trip on interstate highways. Assume that the typical car averages 20 miles per gallon and that combustion of gasoline can be approximated by combustion of octane. Because the trip is a round trip, the car ends up exactly where it started out, which means that it has done no useful thermodynamic work. Therefore all of the Gibbs free energy released by combustion of the fuel is lost. The combustion reaction is

$$C_8H_{18}(\ell) + \frac{25}{2}O_2(g) \longrightarrow 8\,CO_2(g) + 9\,H_2O(\ell) \qquad \Delta G° = -5295.74 \text{ kJ}$$

Fuel economy of 20 miles per gallon means that five gallons of fuel will be used in 100 miles and 50 gallons in 1000 miles. One gallon is four quarts and a quart is about a liter, so the volume of octane is about 4 × 50 = 200 L. The density of gasoline must be less than that of water, because gasoline floats on water. Assume that it is about 80% as big. Then the density is 0.8 g/mL or 800 g/L. The 200 L of fuel weighs about 200 × 800 = 160,000 g. The molar mass of octane, C8H18, is about 8 × 12 + 18 = 114 g/mol. To make the arithmetic easier, round this value to 100 g/mol. Then 160,000 g of octane corresponds to 1600 mol of octane. The Gibbs free energy released by combustion is about 5000 kJ for every mole of octane burned. Since 1600 × 5000 = 8,000,000 kJ, about 8 million kJ of useful energy is consumed for every 1000 miles a car is driven. Most of us drive ten times that far every year, and there are a lot of cars in the United States, so the energy resources consumed by automobile travel are huge.

Visit this book's companion website at **www.cengage.com/chemistry/moore** to work an interactive module based on this material.

Gibbs 자유에너지 보다 3164.6 kJ 더 크다는 것을 다음과 같은 열화학적 표현식으로부터 알 수 있다.

$$2\,Al_2O_3(s) \longrightarrow 4\,Al(s) + 3\,O_2(g) \qquad \Delta G° = 3164.6 \text{ kJ}$$

만일 4 몰의 Al(s)가 산화 알루미늄(aluminum oxide)으로 산화된다면 3164.6 kJ의 Gibbs 자유에너지를 상실한다. 만일 알루미늄이 산화된다면 알루미늄을 제조하는데 필요한 이 에너지가 낭비되는 것이다. 미국 전역에서 알루미늄 재활용 프로그램을 운영하는 것은 놀라운 일이 아니다. 다른 금속들에도 유사한 주장을 할 수 있다. 금속 광석을 환원시키면 금속은 Gibbs 자유에너지를 저장한다. 즉, 금속 산화물에서 산소와의 화학결합으로부터 금속을 분리하는데 필요한 Gibbs 자유에너지가 다시 소비되는 것을 피하기 위해 금속은 환원 형태로 유지되어야 한다.

Gibbs 자유에너지를 조금도 소비하지 않는 다는 것은 불가능하다는 것을 인식해야 한다. 언제나 화학반응이나 물리적인 과정이 일어나면 마지막 상태의 Gibbs 자유에너지는 처음에 사용 가능한 Gibbs 자유에너지보다 작아야 한다. 이것은 우주의 엔트로피는 증가하였다는 것과 같다. 이것은 한 물질이 다른 새로운 물질로 변하는 어떤 계에 대해서도 사실이다. 따라서 Gibbs 자유에너지의 손실은 피할 수 없다. 에너지 보존의 목적은 Gibbs 자유에너지의 손실을 없애는 것이 아니라 최소화하는 것이다. 이것은 Gibbs 자유에너지를 방출하는 반응과 우리가 원하는 반응을 효과적으로 조합시킴으로서 가능하다. 높은 생활수준을 유지하면서도 에너지를 보존할 수 있는 가장 좋은 방법이 무엇인지를 깨닫는데 도움을 준다.

## 17.10 열역학적 안정도와 속도론적 안정도

화학자들은 종종 물질이 "안정"하다고 말한다. 그렇다면 그것은 정확히 무엇을 의미하는가? 보통, 질문에서 안정하다는 것은 물질이 분해되거나 접촉하는 다른 물질과 반응하지 않는 것을 의미한다. 예를 들어 대부분의 화학자들은 알루미늄 캔은 우리가 마시는 소다수에 대해 안정하다고 말한다. 그것은 아주 오래 동안 우리 주위에서 그럴 거다. 알루미늄 캔이 빠르게 분해되지 않는다는 사실이 알루미늄 캔을 버리는 대신 재활용하자는 이유 중 하나이다. 알루미늄 캔은 40년 또는 50년 후에도 거의 변하지 않고 매립지에서 발견될 수 있다.

엄밀하게 말하면, 안정도는 두 가지가 있다. 그 중 하나는 이 장의 앞에서 이미 언급하였다. 만일 어떤 물질이 생성물-선호 반응으로 진행하지 않는다면, 그 물질은 **열역학적으로 안정(*thermodynamically stable*)**하다. 그런 반응은 에너지를 분산시키고 그 주위의 엔트로피를 증가시킨다. 비록 안정하다고 말했을 지라도, 알루미늄과 산소의 반응은 Gibbs 자유에너지 변화가 음(−)의 값을 가지므로 소다 캔의 알루미늄은 알루미늄 산화물 보다 열역학적으로 불안정하다.

$$4\,Al(s) + 3\,O_2(g) \longrightarrow 2\,Al_2O_3(s) \qquad \Delta G^\circ = -3164.6\ kJ$$

알루미늄은 다른 종류의 안정도를 보인다. 그것은 속도론적 안정도(**kinetically stable**)이다. 비록 알루미늄이 생성물-선호 반응으로 산화할 수 있다고 하더라도 알루미늄은 오랜 시간 근본적으로 변하지 않고 남을 수 있을 정도로 반응이 천천히 진행된다. 이는 알루미늄 표면에 알루미늄 산화물이 형성되어 코팅되고 표면 내부로 산소가 도달하는 것을 방지하기 때문이다. 만일 알루미늄을 가루로 만들어 불꽃에 던지면 가루가 연소되고, 방출되는 열은 연소되는 금속 주변의 엔트로피를 증가시킨다. 알루미늄 캔이 안정할 수 있는 것(산화되지 않는 것)은 산화물 생성이 자발적으로 일어나지 않기 때문이 아니라(열역학적), 산화가 느리게 일어나기 때문이다(속도론적).

**열역학적으로 불안정** 하지만 **속도론적으로 안정한 또 다른** 물질은 다이아몬드이다. 부록 J의 자료를 보면, 다이아몬드가 흑연으로 변환되는 반응의 Gibbs 자유에너지 변화는 음(−)의 값을 가진다. 그러나 다이아몬드는 흑연으로 변화되지 않는다. 다이아몬드는 오랫동안 지속될 것이라고 기대하여 약혼반지에 다이아몬드를 사용한다. 다이아몬드 구조가 흑연 구조로 변화되는 데는 아주 높은 활성화 에너지 장벽을 가지기 때문에 그렇다. 화학자들이 어떤 것에 대해 안정하다고 말할 때는 보통 속도론적으로 안정하다는 것을 말한다. 활성화 에너지 장벽이 우리로 하여금 변화를 볼 수 있을 만큼 충분히 빠르게 반응하지 못하도록 할 뿐이다.

마지막으로 당신 스스로가 안정(열역학적으로 또는 속도론적으로) 한지 어떤지를 생각해 보자. 열역학적 관점에서, 당신을 구성하고 있는 물질 대부분은 이산화탄소, 물 그리고 다른 물질로 산화되는 산화반응에 대해 불안정하다. 즉 Gibbs 자유에너지 변화를 바탕으로 하면 당신을 구성하고 있는 대부분의 물질이 완전히 파괴되는 반응은 생성물-선호 반응으로 일어난다. 단백질, 지방 탄소화물 그리고 DNA 조차도 자발적으로 더 작은 간단한 분자로 변한다. 다행히도 이런 반응은 실온과 체온에서 매우 느리게 일어난다. 이런 반응들은 촉매가 촉진하면 적당한 속도로 진행된다. 이것은 몸속

**예제 17.10 열역학적 안정도와 속도론적 안정도**

공기가 매우 높은 온도로 가열되면 질소와 산소가 반응하여 NO를 생성한다. 이 물질은 자동차 엔진 실린더에서 생길 수 있는 질소를 포함하는 오염물질의 중요한 공급원이다.

(a) $N_2$와 $O_2$가 반응하여 NO를 형성하는 평형 반응에 대해 전체 계수가 최소가 되는 균형반응식을 쓰시오.

(b) 이 반응은 실온에서 생성물-선호 반응인가? 즉, $N_2$와 $O_2$에 비해 NO가 열역학적으로 안정한가?

(c) 이 반응의 표준 평형 상수가 1이 되는 온도를 예상하시오.

(d) 만일 자동차 엔진속의 높은 온도에서 NO가 생성된다면, 기체 혼합물을 배기장치로 보내서 온도가 떨어지면, 왜 NO가 모두 $N_2$와 $O_2$로 변하지 않는가?

(e) 자동차 배기 장치에서 NO의 농도는 어떻게 감소되나?

**정답**

(a) $N_2(g) + O_2(g) \rightleftharpoons 2\ NO(g)$ (b) 불안정하다. (c) 7301 K

(d) 역반응은 너무 느리다 (e) 적당한 촉매를 사용하면 된다.

**풀이**

(a) 정답을 보시오.

(b) 부록 J로부터 25°C에서 $\Delta G°$를 계산하시오.

$\Delta G° = 2\{\Delta G_f°[NO(g)]\} = 2(86.55\ kJ) = 173.10\ kJ$. $\Delta G° > 0$ 이므로 이 반응은 생성물-선호 반응이 아니다.

(C) 만일 $K° = 1$이면 $\Delta G° = -RT \ln K° = -RT \ln(1) = 0$ 이다.

$\Delta G° = \Delta H° - T\Delta S° = 0$, $\Delta H° = T\Delta S°$ 또는 $T = \Delta H° / \Delta S°$ 이므로 부록 J의 자료를 이용하면 $\Delta H° = 2\{(\Delta H_f°[NO(g)]\} = 2(90.25\ kJ) = 180.50\ kJ$이며,

$$\begin{aligned}\Delta S° &= 2\{S°[NO(g)]\} - \{S°[N_2(g)] + S°[O_2(g)]\} \\ &= 2(210.76\ J/K) - 191.66\ J/K - 205.138\ J/K = 24.722\ J/K\end{aligned}$$

따라서, $T = 180.50\ kJ/24.722\ J/K = 180{,}500\ J/24.722\ J/K = 7301\ K$ 이다.

(d) 자동차 실린더에 남은 것이 NO와 $N_2$ 및 $O_2$의 혼합물 기체이고 이 혼합물이 배기관으로 들어가면 빠른 속도로 500 K 이하로 냉각된다. 열역학에 따라 가역 반응이 일어날 것 같지만 그러나 일어나지 않는다. NO는 이중결합을 포함하고 두 원자를 분리하는데 매우 어렵기 때문에 NO의 분해에 필요한 활성화 에너지가 아주 높다. 따라서 반응 속도는 온도에 의해 크게 영향을 받는다. 낮은 온도에서 가역 반응은 아주 느리다. 그래서 자동차 배출기 내에는 상당량의 NO가 존재한다.

(e) 적당한 촉매를 이용하면, NO는 비교적 낮은 온도에서 적당한 속도로 각각의 원소로 분해시켜 NO의 농도를 낮출 수 있다. $N_2$와 $O_2$가 열역학적으로 더 안정하므로 촉매를 이용하면 분해 속도를 빠르게 할수 있고 그것은 타당하다.

**실전예제 17.10**

아래 모든 물질들은 25°C에서 원소로 분해되는 반응에 대해 안정하다. 어느 것이 속도론적으로 안정하며, 어느 것이 열역학적으로 안정한가?

(a) $MgO(s)$ (b) $N_2H_4(\ell)$ (c) $C_2H_6(g)$ (d) $N_2O(g)$

에서나 생명체내에서 효소가 반응을 조절할 수 있도록 열역학적인 불안정성과 속도론적인 안정성이 조합된 결과이다. 다양한 물질들이 속도론적으로 안정하지 않다면 모든

것들이 열역학적으로 안정한 몇 개의 작은 물질들로 빠르게 바뀔 것이다. 그러면 현재 우리가 알고 있는 생명체나 환경은 불가능할 것이다.

화학반응성을 결정하는데 열역학과 속도론의 역할에 대해 다음과 같이 말할 수 있다. **열역학은 반응이 표준 조건에서 생성물이 우세하게 진행될 수 있는지, 만일 그렇다면 다른 과정과의 연결에 의해 얼마나 유용한 일을 수행할 수 있는지를 말해준다.** 만일 어떤 반응이 기체 상태나 용액에서 물질의 희석을 포함한다면, **열역학은 표준 평형 상수 값을 말해주고 생성물이 얼마나 생성되는지를 정량적으로 예견하게 한다. 화학반응 속도론은 주어진 반응이 얼마나 빠르게 진행하는지 우리가 그 반응 속도를 어떻게 조절할 수 있는지를 알려준다.** 열역학과 반응속도론은 근대 화학공업의 기초가 되는 기반지식과 생리학과 의학의 기본적인 이해를 위한 원리들을 제공한다.

## 문제

### 반응물-선호 과정과 생성물-선호 과정

1. 다음 각 과정에 대해 화학반응식을 쓰고 그 과정이 반응물-선호 과정인지 생성물-선호 과정인지 구별하시오.
   (a) 물이 수소와 산소로 분해된다.
   (b) 땅에 쏟아진 가솔린이 증발한다(가솔린 대표 성분으로 옥테인, $C_8H_{18}$을 이용하라)
   (c) 설탕을 실온에서 물에 녹인다.

### 화학반응과 에너지 분산

2. 동전 뒤집기를 상상하자.
   (a) 동전 앞면이 나올 확률은 얼마인가?
   (b) 동전의 뒷면이 나올 확률은 얼마인가?
   (c) 만일 100번 반복한다면, 앞면과 뒷면이 나올 가장 그럴듯한 빈도수는?
3. 2개 동일한 플라스크가 아래 그림처럼 연결되어 있다고 생각하자.

   (a) 내부에 있는 1개 분자를 상상하자. 분자가 플라스크 A에 있을 확률은 얼마인가? 분자가 플라스크 B에 있을 확률은 얼마인가?
   (b) 만일 두 플라스크에 100개 분자를 두었다면 가능성이 가장 높은 분자의 배열은 어떤 것인가? 어떤 배열이 가장 높은 엔트로피를 가지겠는가?

### 에너지 분산의 측정: 엔트로피

4. 다음 각 과정에 대해 엔트로피 변화가 양(+)의 값을 가질지 아니면 음(−)의 값을 가질지를 말하시오.
   (a) 수증기(계)가 찬 유리창에 얼음 결정으로 쌓인다.
   (b) 탄산 음료 캔의 김이 빠졌다(캔은 계가 아니며 음료수만 계이다. 녹아 있던 기체의 엔트로피는 어떤가?)
   (c) 유리 세공자가 유리(계)가 부드러워지는 온도로 가열한다.
5. 아래 각 쌍에 대해 어느 것이 엔트로피가 더 높겠는가? 왜 그런지 설명하시오.
   (a) −78°C에서 고체 $CO_2$의 시료 또는 0°C에서 $CO_2$ 기체
   (b) 고체 설탕 또는 차 한 컵에 녹아 있는 설탕
   (c) 순수한 물 100 mL와 순수한 알코올 100 mL, 또는 같은 양의 물과 알코올을 섞어 흔들어 만든 시료.
6. 아래 물질들 각 쌍에 대해 상태 또는 화학식을 비교하시오. 동일한 온도에서 어느 것이 1몰당 더 높은 엔트로피를 가지겠는가? 또 왜 그런지도 설명하시오.

(a) $NaCl(s)$ 또는 $CaO(s)$
(b) $Cl_2(g)$ 또는 $P_4(g)$
(c) $NH_4NO_3(s)$ 또는 $NH_4NO_3(aq)$

7. 표준 몰 엔트로피 표 도움 없이 아래 각 반응에 대해 $\Delta S^\circ_{계}$의 값이 양(+) 값인지 또는 음(−)의 값 인지를 예상하시오.
(a) $2\ CO(g) + O_2(g) \longrightarrow 2\ CO_2(g)$
(b) $2\ H_2(g) + O_2(g) \longrightarrow 2\ H_2O(\ell)$
(c) $2\ O_3(g) \longrightarrow 3\ O_2(g)$

## 엔트로피 변화의 계산

8. 에탄올, $C_2H_5OH$의 끓는 온도 78.3°C에서 에탄올의 증발에 대한 엔트로피 변화를 계산하시오. 알코올의 증발열은 39.3 kJ/mol 이다.

$$C_2H_5OH(\ell) \longrightarrow C_2H_5OH(g) \qquad \Delta S^\circ = ?$$

9. 메탄올 증기, $CH_3OH(g)$의 표준 몰 엔트로피는 239.8 $kJ^{-1}mol^{-1}$이다.
(a) 1 몰 메탄올의 증발 표준 몰 엔트로피를 계산하시오. (부록 J나 표 17−1을 이용하시오)
(b) 메탄올의 증발 엔탈피를 구하시오. (단, $\Delta S^\circ$ 는 온도에 영향을 받지 않으며 끓는점은 64.6°C 이다)

10. 문제 7의 각 반응에 대해 예견한 답을 각 반응의 엔트로피를 계산하여 확인하시오. 표 17.1에 없는 표준 몰 엔트로피는 부록 J에서 찾으시오.

## 엔트로피와 열역학 제2법칙

11. 25°C에서 아래 반응의 $\Delta S^\circ_{계}$를 계산하시오.

$$C_2H_4(g) + H_2O(g) \longrightarrow C_2H_5OH(\ell)$$

이 계산 결과로부터 이 반응이 생성물−선호 반응인지 아닌지 말할 수 있겠는가? 만일 말할 수 없다면 어떤 추가 자료가 필요한가? 얻어진 정보로 생성물−선호 반응인지를 결정하시오.

12. 아래 반응이 높은 온도 또는 낮은 온도에서 아니면 두 온도 모두에서 생성물이 유리한지 예견할 수 있는가? 자신의 해답에 대해 간단히 설명하시오.

$$Mg(s) + \tfrac{1}{2}O_2(g) \longrightarrow MgO(s) \qquad \Delta H^\circ = -601.70\ kJ$$

13. 아래 반응식처럼 물과 소듐(Na)은 격렬하게 반응한다.

$$Na(s) + H_2O(\ell) \longrightarrow NaOH(aq) + \tfrac{1}{2}H_2(g)$$

(a) 이 반응의 $\Delta H^\circ$와 $\Delta S^\circ$의 부호를 예상하시오.
(b) $\Delta H^\circ$와 $\Delta S^\circ$를 계산하여 예측을 확인하시오.

14. 수소는 공기 중에서 주위로 열을 상당량 방출하면서 연소한다. 물이 수소와 산소로 분해되는 반응에 대해 계산하지 않고 엔탈피 변화와 엔트로피 변화만으로 이 반응이 25°C에서 생성물−선호 반응인지 말하시오. 해답에 대해 간단히 설명하시오.

15. 아래 각 반응에 대해 $\Delta H^\circ$와 $\Delta S^\circ$를 계산하고, 이 반응이 항상 생성물−선호 반응인지 아니면 낮은 온도에서만 그런지, 높은 온도에서만 그런지 또는 두 온도 모두에서 생성물−선호 반응이 아닌지를 예견하시오.
(a) $Fe_2O_3(s) + 2\ Al(s) \longrightarrow 2\ Fe(s) + Al_2O_3(s)$
(b) $N_2(g) + 2\ O_2(g) \longrightarrow 2\ NO_2(g)$

## Gibbs 자유에너지

16. 에테인(ethane, $C_2H_6$)의 25°C에서의 연소반응이 생성물−선호 반응인지를 결정하시오.

$$C_2H_6(g) + \tfrac{7}{2}O_2(g) \longrightarrow 2\ CO_2(g) + 3\ H_2O(\ell)$$

(a) $\Delta S^\circ_{우주}$ 값을 계산하시오. 요구되는 $\Delta H^\circ_f$와 $S^\circ$는 부록 J에 있다.
(b) $\Delta G^\circ$의 계산을 통해 결과를 증명하시오.
(c) 앞의 (a)와 (b)에서 계산한 답들이 지문의 결정과 일치하는가?

17. 표 17.2에 Gibbs 자유에너지의 부호에 대한 칸을 추가하시오. 표의 첫째와 마지막 줄에 $\Delta G$가 양(+)인지 음(−)인지 표시하시오.

18. 만일 반응이 발열반응이고(음의 $\Delta H$) 계의 엔트로피는 증가(양의 $\Delta S$)하면, $\Delta G$는 음(−)의 값을 가져야 하고 반응은 생성물−선호 반응이어야 한다. 앞의 논리를 수학적 식을 이용해 보이시오.

19. 아래 반응에 대해 25°C에서 $\Delta G^\circ$를 엔트로피와 엔탈피 변화로부터 계산하여 이 반응이 생성물−선호 반응인지 아니면 반응물−선호 반응인지를 예견하시오.

$$H_2(g) + CO_2(g) \longrightarrow H_2O(g) + CO(g)$$
$$\Delta H^\circ = 41.17\ kJ \qquad \Delta S^\circ = 42.08\ J/K$$

20. 아래 각 반응에 대해 25°C에서 $\Delta G^\circ$를 계산하시오. 부록 J를 이용하시오. 어떤 반응이 생성물−선호 반응인가?
(a) $C_2H_2(g) + H_2(g) \longrightarrow C_2H_4(g)$
(b) $2\ SO_3(g) \longrightarrow 2\ SO_2(g) + O_2(g)$
(c) $4\ NH_3(g) + 5\ O_2(g) \longrightarrow 4\ NO(g) + 6\ H_2O(g)$

21. 만일 어떤 계가 표 17.2의 두 번째 또는 세 번째 경우에 해당한다면, 반응물–선호 반응에서 생성물–선호 반응으로 바뀌는 어떤 온도가 존재한다. 각 반응에 대해 부록 J 를 이용하여 그 온도를 계산하시오.

(a) $CO(g) + 2\,H_2(g) \rightleftharpoons CH_3OH(\ell)$
(b) $2\,Fe_2O_3(s) + 3\,C(graphite) \rightleftharpoons 4\,Fe(s) + 3\,CO_2(g)$

22. 많은 금속 탄산염은 가열하면 금속 산화물과 이산화탄소로 분해될 수 있다.

$$CaCO_3(s) \longrightarrow CaO(s) + CO_2(g)$$

(a) 25°C에서 반응의 엔탈피, 엔트로피 및 Gibbs 자유에너지 변화량은 얼마인가?
(b) 반응은 생성물–선호 반응인가 아니면 반응물–선호 반응인가?
(c) $\Delta H°$와 $\Delta S°$의 부호를 토대로 이 반응이 모든 온도에서 생성물–선호 반응일지를 예견하시오.
(d) 감지할 수 있는 정도로 생성물이 생길 수 있는 최저 온도를 예견하시오.

23. 아래 열화학적 표현과 부록 J의 자료로부터 25°C에서 $Ca(OH)_2(aq)$에 대한 $\Delta G°_f$를 계산하시오.

$$CaC_2(s) + 2\,H_2O(\ell) \longrightarrow C_2H_2(g) + Ca(OH)_2(aq) \qquad \Delta G° = -119.282\ \text{kJ}$$

## Gibbs 자유에너지 변화와 평형 상수

24. 부록 J의 자료로부터 다음 각 반응의 298.15 K에서의 평형 상수 $K_p$를 계산하시오.

(a) $2\,HCl(g) \rightleftharpoons H_2(g) + Cl_2(g)$
(b) $N_2(g) + O_2(g) \rightleftharpoons 2\,NO(g)$

25. 에틸렌(ethylene)은 수소와 반응하여 에테인(ethane)을 생성한다.

$$H_2C{=}CH_2(g) + H_2(g) \rightleftharpoons H_3C{-}CH_3(g)$$

(a) 부록 J의 자료를 이용하여 25°C에서 이반응의 $\Delta G°$를 계산하시오. 이 반응이 표준 조건에서 생성물–선호 반응이겠는가?
(b) $\Delta G°$로부터 $K_p$를 계산하시오. $K_p$의 크기와 $\Delta G°$의 부호 간의 관계를 설명하시오.

26. 아래 각 반응에 대해 298 K에서 평형 상수를 제시하였다. 각 반응의 $\Delta G°$를 계산하시오.

(a) $Br_2(\ell) + H_2(g) \rightleftharpoons 2\,HBr(g) \qquad K_P = 4.4 \times 10^{18}$
(b) $H_2O(\ell) \rightleftharpoons H_2O(g) \qquad K_P = 3.17 \times 10^{-2}$
(c) $N_2(g) + 3\,H_2(g) \rightleftharpoons 2\,NH_3(g) \qquad K_c = 3.5 \times 10^{8}$

## Gibbs 자유에너지와 최대 일

27. 아래 반응 중 어느 반응이 298 K, 1 bar에서 유용한 일을 하기위한 동력이 될 수 있겠는가? 그렇게 하려면 무엇이 요구되는가?

(a) $2\,C_6H_6(\ell) + 15\,O_2(g) \longrightarrow 12\,CO_2(g) + 6\,H_2O(g)$
(b) $2\,NF_3(g) \longrightarrow N_2(g) + 3\,F_2(g)$
(c) $TiO_2(s) \longrightarrow Ti(s) + O_2(g)$

28. 문제 27에서 각 반응에 필요한 일을 하기위해 흑연을 $CO_2$로 산화시킨다. 이때 필요한 흑연의 최소량을 계산하시오.

29. 타이타늄(titanium) 은 $TiO_2(s)$ 광석을 염소 기체와 코크(탄소) 존재하에 가열하여 기체 상의 $TiCl_4$ 와 CO를 생산하는 반응으로 부터 얻는다.

(a) 이 반응의 균형반응식을 쓰시오.
(b) 이 반응의 $\Delta H°$, $\Delta S°$ 및 $\Delta G°$를 계산하시오.
(c) 이 반응은 25°C에서 생성물–선호 반응인가 아니면 반응물–선호 반응인가?
(d) 이 반응의 온도를 올리면 생성물–선호 반응이 더 유리한가 아니면 반응물–선호 반응이 더 유리한가?

## Gibbs 자유에너지 보존

30. 인류 사회가 Gibbs 자유에너지를 공급하기 위해 사용하는 자원은 무엇인가?

## 열역학적 안정도와 속도론적 안정도

31. 메탄올과 CO를 반응시켜 매년 수억 파운드의 아세트산이 생산된다.

$$CH_3OH(\ell) + CO(g) \longrightarrow CH_3COOH(\ell)$$

(a) 이 반응의 표준 Gibbs 자유에너지 변화 $\Delta G°$를 계산하여 이 반응이 생성물–선호 반응인지 확인하시오.
(b) 아세트산과 산소가 반응하여 기체인 $CO_2$와 액체인 물을 생성하는 반응의 표준 Gibbs 자유에너지 변화를 결정하시오.
(c) 위의 결과를 토대로 아세트 산은 $CO_2(g)$와 $H_2O(\ell)$와 비교하여 열역학적으로 안정한가?
(d) 아세트산은 $CO_2(g)$와 $H_2O(\ell)$에 비해 속도론적으로 안정한가?

## 일반 문제

32. 표에 있는 5개 반응에 대해 다음에 답하시오.

| Reaction | Chemical Equation | $K_c$ | $\Delta H°$ (kJ) |
|---|---|---|---|
| 1 | $CH_3OH(g) + H_2(g) \rightleftharpoons CH_4(g) + H_2O(g)$ | $3.6 \times 10^{20}$ | −115.4 |
| 2 | $Mg(OH)_2(s) \rightleftharpoons MgO(s) + H_2O(g)$ | $1.24 \times 10^{-5}$ | 81.1 |
| 3 | $2\ CH_4(g) \rightleftharpoons C_2H_6(g) + H_2(g)$ | $9.5 \times 10^{-13}$ | 64.9 |
| 4 | $2\ H_2(g) + CO(g) \rightleftharpoons CH_3OH(g)$ | 3.76 | −90.7 |
| 5 | $H_2(g) + Br_2(g) \rightleftharpoons 2\ HBr(g)$ | $1.9 \times 10^{24}$ | −103.7 |

(a) $K_c$ 보다 $K_p$가 큰 반응은?

(b) 생성물-선호 반응은?

(c) $K_c$ 표현에서 하나의 농도 항만 있는 반응은?

(d) 온도를 올리면 생성물의 농도가 증가하는 반응은?

(e) 만일 물이 기체 대신 액체라면 $\Delta G°$의 부호는 어떻게 변하겠는가?

33. $SO_3$(sulfur trioxide)가 $SO_2$(sulfur dioxide)와 산소($O_2$)로 기체상에서 분해된다고 생각하고 다음에 답하시오.

(a) 25°C에서 이 반응의 $\Delta G°$를 계산하시오.

(b) 25°C 표준조건에서 이 반응은 생성물-선호 반응인가?

(c) 만일 이 반응이 25°C에서 생성물-선호 반응이 아니라면 어떤 온도에서 이 반응이 생성물-선호 반응이되겠는가?

(d) 1500°C에서 이 반응의 $K_p$ 값을 어림잡으시오.

(e) 1500°C에서 이 반응의 $K_c$ 값을 어림잡으시오.

34. 수은은 독성물질이고, 수은 증기는 폐를 통해 쉽게 흡수된다. 따라서 수은에 노출될 수 있는 어떤 지역(치과 같은)에서 수은의 부분압을 가능한 한 낮게 하는 것이 중요하다. 이 평형 반응은 아래와 같다.

$$Hg(\ell) \rightleftharpoons Hg(g)$$

Hg(g) 의 $\Delta H°_f = 61.4$ kJ/mol이고 $S° = 175$ $Jk^{-1}mol^{-1}$이며, $\Delta G°_f = 31.8$ kJ/mol이다. 이 값들과 부록 J의 자료를 이용하여 다른 온도에서 수은의 증기압을 예상하시오. (순수한 액체나 고체의 농도는 평형 상수의 표현에서 나타내지 않으며, 기체의 $K°$는 압력이 bar 단위로 되어 있다는 점을 기억하라).

(a) 25°C에서 수은의 증발에 대한 $\Delta G°$를 계산하시오.

(b) 수은 증발에 대한 평형 상수 식을 쓰시오.

(c) 25°C에서 이 반응의 $K°$를 계산하시오.

(d) 25°C에서 수은의 증기압은 얼마인가?

(e) 수은 증기압이 10 mmHg에 도달하는 온도를 예상하시오.

35. 열역학 제2법칙을 이용하여, 풀어진 달걀을 다시 모으는 것이 어렵다는 것을 설명하시오. 험프티-덤프티(Mother Goose 동화책에 나오는 큰 계란 모양의 사람을 말함)는 누구인가? 왜 그가 바로서는 순간을 열역학 제2법칙으로 설명할 수 있나?

36. 부록 J는 표준 몰 엔트로피 $S°$를 나열한 것이고 표준 생성 엔트로피 $\Delta S°_f$는 아니다. 이것이 왜 엔트로피에서만 가능하고 내부 에너지, 엔탈피 또는 Gibbs 자유 에너지에서는 가능하지 않은가?

37. 고체 NaCl을 물에 녹일 때 왜 계의 엔트로피가 증가하는지 설명하시오.

38. 어떤 온도 $T$에서 화학반응이 표준 평형 상수 $K° = 1.0$ 인 것을 알았다. 아래의 각 논증이 사실인지 아닌지를 표시하고 왜 그런지를 설명하시오.

(a) 이 반응의 엔탈피 변화 $\Delta H°$는 0(zero)이다.

(b) 이 반응의 엔트로피 변화 $\Delta S°$는 0(zero)이다.

(c) 이 반응의 Gibbs 자유에너지 변화는 $\Delta G°$는 0(zero)이다.

(d) $\Delta H°$와 $\Delta S°$는 동일한 부호를 가진다.

(e) 온도 $T$에서 $\Delta H°/T = \Delta S°$이다.

39. 다음의 주장을 비판하시오: 반응이 적당한 속도로 진행된다면, $\Delta G < 0$인 모든 화학 반응물이 모두 생성물로 변환될 때까지 진행할 것이다.

40. 표준 조건에서 수소와 탄소(흑연)로 부터 기체상의 아래 탄화수소를 정확히 각각 1몰씩 만들 때의 엔트로피 변화를 계산하시오. 이들 값에서 어떤 경향성이 보이는가? H 원자를 추가하면 $\Delta S°$가 증가하겠는가 아니면 감소하겠는가?

(a) acetylene, $C_2H_2(g)$ (b) ethylene, $C_2H_4(g)$
(c) ethane, $C_2H_6(g)$

41. 옥테인(octane)은 옥텐(octene)에 수소를 첨가하여 얻은 생성물이다.

$$\underset{\text{1-octene}}{C_8H_{16}(g)} + H_2(g) \longrightarrow \underset{\text{octane}}{C_8H_{18}(g)}$$

각 화합물의 생성 엔탈피는 다음과 같다

$$\Delta H_f°[C_8H_{16}(g)] = -82.93 \text{ kJ/mol}$$
$$\Delta H_f°[C_8H_{18}(g)] = -208.45 \text{ kJ/mol}$$

이 반응이 25°C에서 반응물-선호 반응인지 아니면 생성물-선호 반응인지 예상하고 그 이유를 설명하시오.

42. NO(nitric oxide)와 염소를 25°C에서 반응시키면 NOCl (nitrosyl chloride)이 생성된다.

$$2\ NO(g) + Cl_2(g) \longrightarrow 2\ NOCl(g)$$

(a) 이 반응의 평형 상수 $K_p$를 계산하시오.

(b) 이 반응은 생성물-선호 반응인가 아니면 반응물-선호 반응인가?

(c) 이 반응의 평형 상수 $K_c$를 계산하시오.

43. 만일 값이 싼 석탄의 탄소로 기체나 액체 연료 같은 더 복잡한 유기 분자를 만들 수 있다면 매우 유용하다. 석탄과 물로부터 메테인(methane)을 만드는 반응은 반응물-선호 반응이며 외부로부터 에너지 공급이 없이는 반응을 일으킬 수 없다. 이 문제는 석탄과 물을 이용하여 다른 반응을 실행 할 수 있는 지를 시험하는 것이다.

(a) 석탄(탄소)과 스팀으로부터 에테인(ethane, $C_2H_6$) 기체, 프로페인(propane, $C_3H_8$) 기체, 액체 메탄올(methanol, $CH_3OH$)을 생성하는 반응의 균형반응식을 쓰시오. 이때 이산화탄소가 부산물로 함께 생성된다.

(b) 부록 J의 자료를 이용하여 각 반응에 대해 $\Delta H^\circ$. $\Delta S^\circ$ 및 $\Delta G^\circ$를 계산하고, 어떤 반응이 명시된 생성물을 만들 수 있는 반응인가를 말하시오.

44. $\Delta H_f^\circ$, $S^\circ$ 또는 $\Delta G_f^\circ$의 자료 없이 제시된 반응 (a)-(c)중 어느 것이 아래에 해당하겠는가?

(i) 항상 생성물-선호 반응이다

(ii) 저온에서 생성물-선호 반응이지만 고온에서는 아니다.

(iii) 저온에서 생성물-선호 반응이 아니지만 고온에서는 생성물-선호 반응이다.

(iv) 결코 생성물-선호 반응이 아니다.

(a) $2\ NO_2(g) \longrightarrow N_2O_4(g)$
(b) $C_5H_{12}(g) + 8\ O_2(g) \longrightarrow 5\ CO_2(g) + 6\ H_2O(g)$
(c) $P_4(g) + 10\ F_2(g) \longrightarrow 4\ PF_5(g)$

(결합 엔탈피의 정성적인 규칙을 이용하라)

# 18장

# 전기화학과 응용

Enigma/Alamy


**18.1** 산화환원 반응

**18.2** 반쪽 반응을 이용한 산화환원 반응의 이해

**18.3** 전기화학 전지

**18.4** 전기화학 전지와 전압

**18.5** 표준 환원 포텐셜의 이용

**18.6** $E°$와 Gibbs 자유에너지

**18.7** 전지 포텐셜에 대한 농도의 영향

**18.8** 일반 전지

**18.9** 연료 전지

**18.10** 전기분해: 반응물-선호 산화환원 반응의 강제적 수행

**18.11** 전자수의 계산

**18.12** 부식: 생성물-선호 산화환원 반응


아이폰 같은 개인 전자기기는 필요한 전력을 공급하는 고급 형 배터리에 의존한다(아이폰은 리튬-이온 전지 동력을 사용). 수명이 긴 가벼운 전지는 개인 전화기, 계산기, 회중 전등, 컴퓨터, CD 및 MP3 플레이어, 무선 기기, 하이브리드 자동차 등 많은 현대의 편의기기에서 중요하다. 이 장에서는 전기화학적 반응과 응용에 대해 논의한다.

많은 현대 기기들은 생성물-선호 산화환원 반응에 의해 생산되는 전기화학적 에너지를 휴대용 저장 장치인 배터리에 의해 전력이 공급된다. 이러한 전기화학 반응들로부터 유용한 일을 만드는 것은 화학에서 중요한 연구 목표이다. 배터리 내부에서는 어떤 화학반응이 일어날까? 배터리 속에서 일어나는 화학반응은 우리가 공부한 다른 종류의 반응과 다른가 아니면 동일한가?

배터리 속에서의 반응과 같은 산화-환원(oxidation-reduction; redox)반응은 중요한 유형의 화학반응이다. 산화환원 반응은 하나의 원자, 분자 또는 이온 으로부터 다른 원자, 분자 또는 이온으로 전자를 전달하는 것이 포함된다. **전기화학(electrochemistry)**은 전자의 흐름과 산화환원 반응과의 관계를 연구하는 것이다. 즉 전기와 화학 변화 간의 관계이다. 전기화학의 응용은 방대하고 중요하다(전기화학 전지에서 통상 배터리라고 한다). 전자는 생성물-선호 산화환원 반응에서 전자가 방출되어 외부 회로를 통해 전류로 흐른다. 전류는 반응물이 얼마나 빨리 그리고 얼마나 많이 생성물로 변하는 가에 의존한다. 우리는 MP3 플레이어, 휴대전화, 계산기, 회중전등, 노트북 컴퓨터, 심장 맥박 조절기 및 무선장치 등과 같은 많은 유용한 장치의 전원을 배터리에 의존한다.

전기화학 반응에서 생성되는 전압은 반응물로 사용되는 산화제와 환원제에 의존한다. 산화제나 환원제의 세기에 대한 지식은 더 좋은 배터리 설계에 이용된다. 그러나 생성물-선호 전기화학 반응은 항상 유용하지는 않다. 예를 들어 철의 부식은 생성물-선호 산화환원 반응이다. 부식은 경제적으로 큰 손해다. 따라서 부식 방지는 중요한 목표다. 반대로, 전기도금과 전기분해는 반응물-선호 산화환원 반응을 이용한다. 어떤 전기분해 전지에서는 외부 에너지원이 반응물-선호 반응을 일으킬 수 있는 전류를 만든다. 전기분해는 알루미늄 금속이나 수원지에서 물 오염 방지에 이용하는 염소 같은 많은 물질들의 생산에 중요하다.

## 18.1 산화환원 반응

많은 화학반응들이 반응물로서 원자, 분자 또는 이온들을 포함하는 산화환원 반응이다. 산화-환원 반응인지 어떻게 알 수 있는가?

결합하지 않은 원소의 산화수는 항상 "0(zero)"이다.

산화 환원의 정의는 제5.3절에서 산화수 배당은 제5.4절에서 다시 볼 수 있다.

- **반응물로써 강한 산화제 또는 환원제가 포함되는지의 확인에 의해 알 수 있다(표 5.3)**
- **산화수 변화를 인식하여 알 수 있다.** 반응물이나 생성물에 있는 원소들의 산화수를 결정할 수 있다.
- **반응물과 생성물로써 결합하지 않은 원소가 존재하는지로 알 수 있다.** 자유 원소로 생성되거나 또는 화합물로 결합되어 산화수가 변화되는지로 알 수 있다.

산화 환원의 정의를 간단히 복습하기 위해 비교적 반응성이 좋은 금속인 마그네슘(magnesium)과 염산(hydrochloric acid)의 반응을 생각해보자. 각 원소의 산화수를 원소 기호 위에 표시하였다.

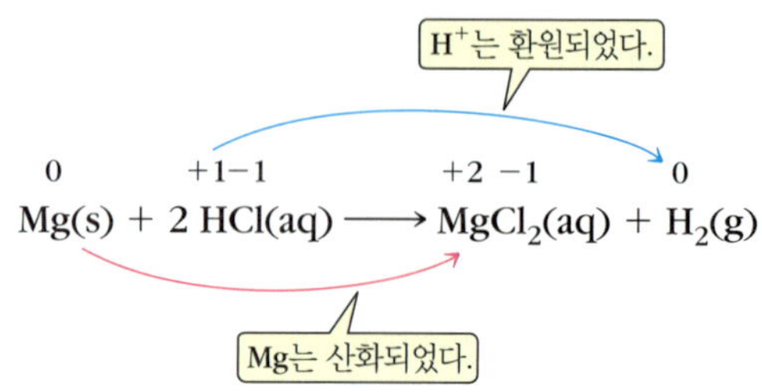

결합하지 않은 원소 Mg와 $H_2$가 존재하는 것은 이 반응이 하나의 산화환원 반응임을 암시한다. 즉, 산화수의 변화로 Mg(s)은 산화되었고, 산화수가 증가(0에서 +2로) 한 것으로 나타냈다. HCl로부터 생성된 수소 이온은 $H_2$로 환원되었고 산화수가 감소(+1에서 0로)되었다. 마그네슘 금속은 HCl에서 생성된 수소 이온을 환원(전자를 얻음)시켰으므로 환원제이다. HCl로 전자를 주는 과정에서 금속인 Mg는 $Mg^{2+}$이온으로 산화되었다. 염산은 마그네슘 금속을 산화(전자를 잃음)시켰으므로 산화제이다. 모든 산화환원 반응에서 **산화제는 환원되고 환원제는 산화된다**. 산화와 환원은 항상 함께 일어나며 한 반응물이 산화제로 작용하면 다른 하나는 환원제로 작용한다. 산화제와 환원제는 항상 반응물이고 결코 생성물이 아니다.

산화: 전자를 잃고 산화수가 증가

환원: 전자를 얻고 산화수가 감소

Mg와 HCl 같은 산화환원 반응은 반응하는 화학종—전기화학에서 이용하는 반응 형태—에 의해 전자를 얻거나 잃는 것이 포함된다. 반응계를 통하여 전자가 이동하는 것은 반응이 진행되기 위해 필요하다.

예제 18.1 **산화환원 반응에서 산화제와 환원제의 구분**

산화 철(III)(iron oxide)과 알루미늄 금속이 반응하여 철 금속과 산화 알루미늄(aluminum oxide)을 주는 테르밋 반응은 다음과 같다

$$Fe_2O_3(s) + 2\,Al(s) \longrightarrow 2\,Fe(s) + Al_2O_3(s)$$

이 반응은 산화환원 반응인가? 산화수가 변한 모든 원자의 산화수를 확인하시오. 전자를 몇 개 얻어 환원이 되었는가? 전자를 몇 개 잃어 산화가 되었는가? 어느 것이 산화제인가? 어느 것이 환원제 인가?

**정답:** 산화환원 반응이다. 산화수 변화가 Fe, +3에서 0으로; Al 0에서 +3으로 변함.
산화 철(III)에서 철 금속으로 되었으므로 환원되었다. 알루미늄 금속은 $Al^{3+}$로 산화되었다. 산화제는 산화 철(III)의 $Fe^{3+}$이고, 환원제는 Al 금속이다.

**풀이:** 먼저 반응식의 반응물 편에 있는 모든 원소들의 산화수를 계산한다. 화합물의 산소는 정상적으로 −2이다. 식에서 모든 원자의 산화수를 합하면 화학식의 전하 수와 같으므로 $Fe_2O_3$의 Fe는 +3이고 O는 −2이다. 금속 Al의 산화수는 결합하지 않은 모든 원소들처럼 0이다.
생성물 편에서는 $Al_2O_3$의 Al의 산화수는 +3이다. 철은 결합하지 않았음으로 산화수가 0이다. 따라서, 산화수가 변한 원소는 다음과 같다.

$$\overset{+3}{Fe_2}O_3(s) + 2\,\overset{0}{Al}(s) \longrightarrow 2\,\overset{0}{Fe}(s) + \overset{+3}{Al_2}O_3(s)$$

철 원자의 산화 상태는 감소하였고, 알루미늄의 산화상태는 증가하였다. 따라서 $Fe_2O_3$의 철은 환원되었고(+3에서 0으로), 알루미늄은 산화 되었다(0에서 +3으로). 결론적으로 $Fe_2O_3$의 $Fe^{3+}$는 산화제이고 Al 금속은 환원제이다. 산소는 산화수가 변하지 않았으므로 산화제도 환원제도 아니다.

실전예제 18.1

아래 반응식에서 각 원자들의 산화수를 결정하고 산화제인지 환원제 인지를 구별하시오.

진행되는 테르밋 반응

(a) $2\ Fe(s) + 3\ Cl_2(g) \longrightarrow 2\ FeCl_3(s)$
(b) $2\ H_2(g) + O_2(g) \longrightarrow 2\ H_2O(\ell)$
(c) $Cu(s) + 2\ NO_3^-(aq) + 4\ H_3O^+(aq) \longrightarrow Cu^{2+}(aq) + 2\ NO_2(g) + 6\ H_2O(\ell)$
(d) $C(s) + O_2(g) \longrightarrow CO_2(g)$
(e) $6\ Fe^{2+}(aq) + Cr_2O_7^{2-}(aq) + 14\ H_3O^+(aq) \longrightarrow 6\ Fe^{3+}(aq) + 2\ Cr^{3+}(aq) + 21\ H_2O(\ell)$

## 18.2 반쪽 반응을 이용한 산화환원 반응의 이해

그림 18.1에 나타낸 아연(Zn) 금속과 $Cu^{2+}$이온의 산화환원 반응에 대해 생각해보자. 알짜 이온 반응식은 다음과 같다.

$$Zn(s) + Cu^{2+}(aq) \longrightarrow Zn^{2+}(aq) + Cu(s)$$

아연 금속은 $Zn^{2+}$로 산화되고 $Cu^{2+}$이온은 구리 금속으로 환원되었다.

전자가 어떻게 전달되는지를 정확히 알기 위해 이 전체 반응을 2개의 유사한 반쪽 반응(half-reaction)의 결과로 생각해보자. 하나의 반쪽 반응은 Zn의 산화에 대한 것이고 다른 하나는 $Cu^{2+}$의 환원에 대한 것이다. 산화 반쪽 반응에서 아연은 2개의 전자를 잃고 $Zn^{2+}$로 산화된다.

$$Zn(s) \longrightarrow Zn^{2+}(aq) + 2\ e^-$$

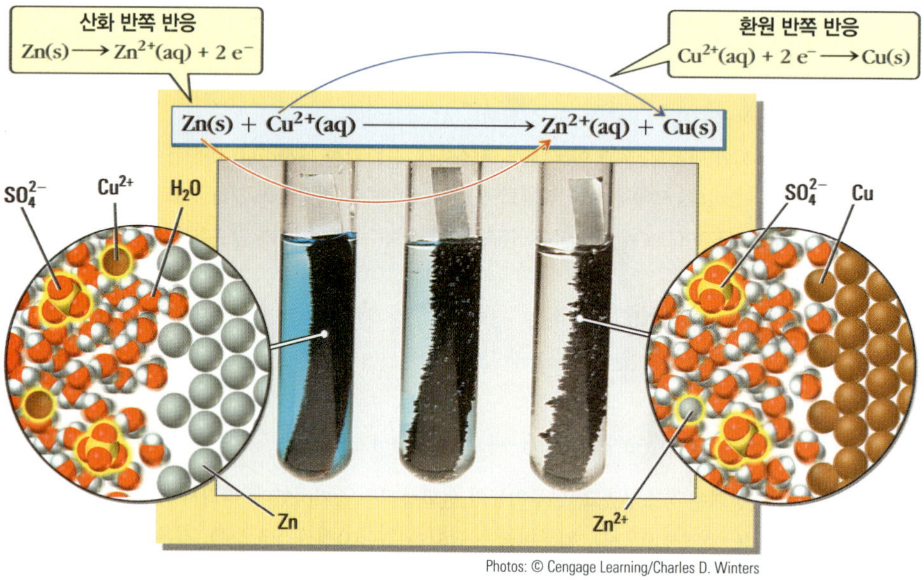


**그림18.1 산화-환원 반응.** 아연 조각을 $CuSO_4$용액에 넣는다(*왼편*). 아연은 $Cu^{2+}$와 반응하여 Cu 금속을 생성하고(아연 조각에 갈색으로 쌓인다) 아연 이온은 용액 속에 있다

$$Zn(s) + Cu^{2+}(aq) \longrightarrow Zn^{2+}(aq) + Cu(s)$$

구리 금속은 아연 조각에 축적되고, $Cu^{2+}$ 이온이 환원되어 Cu 금속으로 될 때 수용액 속의 구리 이온에 의한 푸른색이 점차 흐려진다(*중앙과 오른편*). 수용액 속의 아연 이온은 무색이다. 웹 사이트 **www.cengage.com/chemistry/moore**를 방문하여 이 그림의 이해도를 평가해보라.

생성된 2개의 전자는 다른 반쪽 반응에서 $Cu^{2+}$에 의해 수용된다.

$$Cu^{2+}(aq) + 2\,e^- \longrightarrow Cu(s)$$

이 반쪽 반응에서 $Cu^{2+}$가 Cu(s)로 변환될 때 용액의 푸른색이 다소 흐려지고 아연 표면에 구리 금속이 형성된다.

이에 대한 알짜 반응은 산화와 환원 반쪽 반응의 합에 해당한다.

$$\begin{array}{lr} Zn(s) \longrightarrow Zn^{2+}(aq) + 2\,e^- & \text{(산화 반쪽 반응)} \\ Cu^{2+}(aq) + 2\,e^- \longrightarrow Cu(s) & \text{(환원 반쪽 반응)} \\ \hline Zn(s) + Cu^{2+}(aq) \longrightarrow Zn^{2+}(aq) + Cu(s) & \text{(알짜 반응)} \end{array}$$

산화 반쪽 반응에서 생성되는 전자의 수와 환원 반쪽 반응에서 얻는 전자의 수가 동일해야 하므로 알짜 반응식에서 전자가 나타나지 않음에 유의하라. 알짜 반응식에서는 항상 그래야 한다. 전하보존법칙은 질량보존의 법칙과 같이 생성된 전자수와 소멸된 전자수는 동일하다.

그림 18.2에 나타낸 것과 같은 또 다른 예를 생각해보자. 금속 구리 조각을 $AgNO_3$(silver nitrate) 용액 속에 담그면 반응이 진행되면서 용액의 색이 은색에서 청색으로 변하면서 머리카락 같은 은 결정이 구리 조각위에 생긴다. 수용액에서 $Cu^{2+}$가 푸른색을 띤다는 것을 알기 때문에 구리 금속이 $Cu^{2+}$로 산화된다는 결론을 내릴 수 있다. 또한 환원도 일어난다. 그래서 $Ag^+$ 이온이 환원되어 머리카락 같은 금속 은 결정이 생긴다는 결론은 타당하다. 두 반쪽 반응은 아래와 같다.

$$\begin{array}{lr} Cu(s) \longrightarrow Cu^{2+}(aq) + 2\,e^- & \text{(산화 반쪽 반응)} \\ Ag^+(aq) + e^- \longrightarrow Ag(s) & \text{(환원 반쪽 반응)} \end{array}$$

이 경우에, 2개의 전자가 산화 반쪽 반응에서 생기지만 하나만이 환원 반쪽 반응에 필요하다. 1개 구리 원자는 2개의 $Ag^+$이온을 환원시키는데 충분한 전자를 생산한다. 따라서 산화 반쪽 반응이 한번 일어날 때 마다 환원 반쪽 반응은 두 번씩 일어나야 한다. 이 관계를 나타내려고 환원 반쪽 반응에 2를 곱했다.

$$2\,Ag^+(aq) + 2\,e^- \longrightarrow 2\,Ag(s) \qquad \text{(환원 반쪽 반응)} \times 2$$

산화 반쪽 반응과 환원 반쪽 반응을 합하면 아래와 같은 알짜 반응식이 된다.

$$\begin{array}{r} 2\,Ag^+(aq) + 2\,e^- \longrightarrow 2\,Ag(s) \\ Cu(s) \longrightarrow Cu^{2+}(aq) + 2\,e^- \\ \hline Cu(s) + 2\,Ag^+(aq) \longrightarrow Cu^{2+}(aq) + 2\,Ag(s) \end{array}$$

여기에 나타낸 방법은 일반적인 방법이다. 항상 알짜 반응식은 산화에 의해 방출되는 전자의 수와 환원에 의해 수용되는 전자의 수가 동일해야하므로 반쪽 반응을 조정하는 계수를 이용하여 두 반쪽 반응을 합하면 알짜 반응에 대한 반응식으로 일반화 시킬 수 있다.

**그림18.2 $AgNO_3$ 용액 속에 있는 구리 금속망.** 푸른색이 진해질 수록 더 많은 구리가 산화되어 수용액에 $Cu^{2+}$로 된다. $Ag^+$ 이온은 금속 은으로 환원된다.

**예제 18.2 알짜 산화환원 반응로부터 반쪽 반응의 결정**

알루미늄은 HCl 같은 산과 산화환원 반응을 하여 $Al^{3+}(aq)$와 $H_2(g)$를 생성한다.

(균형이 맞지 않는 반응식) $Al(s) + H^+(aq) \longrightarrow Al^{3+}(aq) + H_2(g)$

산화 반쪽 반응과 환원 반쪽 반응의 반응식을 쓰시오. 그리고 두 반응식을 합하여 알짜 반응에 대한 균형 반응식을 쓰시오 .

**정답:**

산화 반쪽 반응: $Al(s) \longrightarrow Al^{3+}(aq) + 3\,e^-$

환원 반쪽 반응: $2\,H^+(aq) + 2\,e^- \longrightarrow H_2(g)$

알짜 반응: $2\,Al(s) + 6\,H^+(aq) \longrightarrow 2\,Al^{3+}(aq) + 3\,H_2(g)$

**풀이:** 반쪽 반응을 확인하기 위해 먼저 산화수가 증가한 화학종과 산화수가 감소한 화학종을 확인하여야 한다. 알루미늄의 산화수는"0"에서 "+3"으로 증가하였으므로 산화되었다.

$$Al(s) \longrightarrow Al^{3+}(aq) + 3\,e^-$$

이 반쪽 반응은 $Al^{3+}$의 3+ 전하의 균형 맞추기 위해 오른편에 3개의 전자를 표기하여 오른편과 왼편의 전하를 동일하게 해야 한다. 수소의 산화수는 "+1"에서 "0"로 감소하였으므로 환원 된 것이다.

$$2\,H^+(aq) + 2\,e^- \longrightarrow H_2(g)$$

2개의 수소 이온 전하의 균형을 맞추기 위해 반응식 왼편에 2개의 전자를 표기해야 한다.

이들 두 반쪽 반응에서 전자 수가 다르다는 점에 유의하라. 두 반쪽 반응에 각각 2와 3을 곱하고, 각 반쪽 반응에 6개의 $e^-$가 나타나도록 한다.

$$2\,[Al(s) \longrightarrow Al^{3+}(aq) + 3\,e^-] \quad 즉, \quad 2\,Al(s) \longrightarrow 2\,Al^{3+}(aq) + 6\,e^-$$
$$3\,[2\,H^+(aq) + 2\,e^- \longrightarrow H_2(g)] \quad 즉, \quad 6\,H^+(aq) + 6\,e^- \longrightarrow 3\,H_2(g)$$

알짜 반응 $2\,Al(s) + 6\,H^+(aq) \longrightarrow 2\,Al^{3+}(aq) + 3\,H_2(g)$

이들 두 반쪽 반응에 산환 반쪽 반응에서 생산되는 전자 수와 환원 반쪽 반응에서 수용되는 전자 수를 동일하게 하기 위해 적당한 수를 곱하고 합하면 알짜 반응이 된다.

**실전예제 18.2**

아래 각 산화환원 반응에 대한 산화 반쪽 반응과 환원 반쪽 반응을 쓰시오. 이들 식을 합쳐서 알짜 반응식을 만드시오.

(a) $Cd(s) + Cu^{2+}(aq) \longrightarrow Cu(s) + Cd^{2+}(aq)$
(b) $Zn(s) + 2\,H^+(aq) \longrightarrow Zn^{2+}(aq) + H_2(g)$
(c) $2\,Al(s) + 3\,Zn^{2+}(aq) \longrightarrow 2\,Al^{3+}(aq) + 3\,Zn(s)$

## 반쪽 반응을 이용한 산화환원 반응식 균형 맞추기

예제 18.2에서 모든 반응식은 균형이 맞는다. 이들 특별한 산화환원 반응식들은 쉽게 균형을 맞출 수 있지만, 항상 그렇지는 않다. 산화환원 반응식에서 종종 물, 하이드로늄 이온(hydronium ion) 또는 하이드록사이드 이온(hydroxide ion)이 반응물이나 생성물로 포함된다. 균형이 맞지 않는 식으로는 이런 반응에서 얼마나 많은 $H_2O$, $H_3O^+$ 및 $OH^-$가 포함되는지 또는 그것들이 반응물인지 생성물인지, 또는 그것들이 존재하는지 판단하기가 어렵다. 다행히도 이것을 말할 수 있는 체계적인 방법이 있다.

**산 용액에서 산화환원 반응식 균형 맞추기** 산 용액에서 옥살산(oxalic acid)과 과망간산 이온(permanganate ion)의 반응을 생각하자. 생성물은 $Mn^{2+}$ [manganese(II) ion]과 이산화탄소이며 불균형 반응식은 아래와 같다.

옥살산(oxalic acid, HOOC-COOH)은 두 개의 카복실기를 포함하는 가장 간단한 유기산이다.

(불균형 반응식) $\underset{\text{oxalic acid}}{H_2C_2O_4(aq)} + \underset{\text{permanganate ion}}{MnO_4^-(aq)} \longrightarrow Mn^{2+}(aq) + CO_2(g)$

이 불균형 반응식의 균형을 맞추려고 시도하면 수소와 산소의 수를 맞추기 위해 많은 시간을 소비해야 한다. 불균형 반응식의 생성물 쪽에 수소를 포함하지 않은 화학종이 있음을 이미 확인할 수 있다. 산 수용액에서 반응이 일어나기 때문에 물과 하이드로늄 이온이 포함된다. 이런 반응의 균형 반응식을 만드는 것은 일련의 단계들을 체계적으로 접근하는 것이 최상이다. 각 단계에서 산화 및 환원 반쪽 반응에 대해 전하의 보존이나 물질의 보존 등 아는 것을 이용해야 한다. 예제 18.3에서 산 용액에서 일어나는 산화환원 반응의 균형 반응식을 만드는  단계를 설명하고 있다.

**예제 18.3 산 용액에서 산화환원 반응식 균형 맞추기**

산성 과망간산 용액에서 옥살산의 산화반응에 대한 위의 반응식의 균형을 맞추시오.

**정답:** $5\ H_2C_2O_4(aq) + 6\ H_3O^+(aq) + 2\ MnO_4^-(aq) \longrightarrow$
$10\ CO_2(g) + 2\ Mn^{2+}(aq) + 14\ H_2O(\ell)$

**풀이:** 단계적으로 나타낸 체계적인 접근에 따라 반응식의 균형을 맞춘다.

**단계 1:** 이 반응이 산화–환원 반응인지를 파악하시오. 만일 그렇다면 환원되는 것과 산화되는 것이 무엇인지 결정하시오. $MnO_4^-$에서 Mn의 산화수는 +7에서 "0"으로 변하였으므로 Mn은 $MnO_4^-$에서 Mn 으로 환원되었다. 각 탄소의 산화수는 $H_2C_2O_4$에서는 +3에서 $CO_2$의 +4로 변했으므로 $H_2C_2O_4$에서 C는 산화되었고 이 반응은 산화환원 반응이다. H(+1)와 O(−2)의 산화수는 변하지 않았다.

**단계 2:** 전체 불균형 반응식을 반쪽 반응식으로 분리하시오.

$$H_2C_2O_4(aq) \longrightarrow CO_2(g) \qquad \text{(산화 반쪽 반응)}$$
$$MnO_4^-(aq) \longrightarrow Mn^{2+}(aq) \qquad \text{(환원 반쪽 반응)}$$

**단계 3:** 각 반쪽 반응식의 균형을 맞추라. 먼저 O와 H를 제외한 모든 원자의 균형을 맞추라. 그리고 $H_2O$를 더하여 O의 균형을, $H^+$를 추가하여 H의 균형을 맞추라($OH^-$ 이온은 산 용액에서 반응하고 농도가 아주 낮으므로 여기서는 사용하지 않는다).

옥살산 반쪽 반응: 먼저, 반쪽 반응에서 탄소의 균형을 맞추시오.

$$H_2C_2O_4(aq) \longrightarrow 2\ CO_2(g)$$

이 단계에서 O 원자 수는 균형이 맞지만($H_2O$가 필요하지 않음), H 원자는 균형을 맞추어야 한다. 생성물 쪽에 2개의 수소가 부족하므로 2 $H^+$를 넣는다.

$$H_2C_2O_4(aq) \longrightarrow 2\ CO_2(g) + 2\ H^+(aq) \qquad \text{(옥살산 반쪽 반응)}$$

엄밀히 말해서 반응식 양편에 물 분자를 첨가한 결과이므로 $H^+$ 대신에 $H_3O^+$를 사용해야 하지만 지금 $H^+$를 가하고 마지막에 물 분자를 가하는 것이 더 간단하다.

과망간산 반쪽 반응: Mn 원자는 이미 균형이 맞는다. 그러나 산소원자는 물을 첨가하기 전까지는 맞지 않는다. 생성물 편에 4 $H_2O$를 추가하면 요구되는 산소원자만큼을 충족할 수 있다.

$$MnO_4^-(aq) \longrightarrow Mn^{2+}(aq) + 4\,H_2O(\ell)$$

오른편에 8 H가 있고, 왼편에는 수소가 하나도 없다. 수소원자 균형을 맞추기위해 8 $H^+$를 반쪽 반응의 왼편에 둔다.

$$8\,H^+(aq) + MnO_4^-(aq) \longrightarrow Mn^{2+}(aq) + 4\,H_2O(\ell) \text{ (과망간산 반쪽 반응)}$$

**단계 4**: 반쪽 반응에서 전자 전하($e^-$) 균형 맞추기. 옥살산 반쪽 반응의 알짜 전하는 왼편은 "0"이고 오른편은 2+ 이다. 반응물은 2개 전자를 잃고, 이 사실을 나타내기 위해 2 $e^-$를 오른편에 나타내야 한다.

$$H_2C_2O_4(aq) \longrightarrow 2\,CO_2(g) + 2\,H^+(aq) + 2\,e^-$$

이로부터 $H_2C_2O_4$가 환원제(전자를 잃고 산화된다) 임을 확인할 수 있다. 또한 2개 전자를 잃는 것은 2개 탄소의 산화수가 1 만큼, +3에서 +4 로, 증가한 것이다. 또, 2 $e^-$는 반응식의 생성물 쪽의 전하 균형을 맞추는 것이다.

$MnO_4^-$ 반쪽 반응은 왼편에 전하 7+을 오른편에 전하 2+를 갖는다. 따라서 각 편에 알짜 전하 2+가 되도록 하려면 왼편에 5 $e^-$를 나타내어야 한다. 전자를 얻는다는 것은 $MnO_4^-$가 산화제이고 그 자체는 환원이 된다는 것을 나타낸다.

$$5\,e^- + 8\,H^+(aq) + MnO_4^-(aq) \longrightarrow Mn^{2+}(aq) + 4\,H_2O(\ell)$$

**단계 5**: 반쪽 반응에 적당한 수를 곱하여 환원 반쪽 반응에서 받는 수만큼의 전자를 산화 반쪽 반응에서 생산하도록 나타내는 것이다. 이 경우에, 하나의 반쪽 반응은 2개 전자를 포함하고 다른 반쪽 반응은 5개의 전자를 포함한다. 각 반응에 10개의 전자가 되도록 옥살산 반쪽 반응은 5를 곱해주고 망간산 반쪽 반응은 2를 곱해 준다.

$$5\,[H_2C_2O_4(aq) \longrightarrow 2\,CO_2(g) + 2\,H^+(aq) + 2\,e^-]$$
$$2\,[5\,e^- + 8\,H^+(aq) + MnO_4^-(aq) \longrightarrow Mn^{2+}(aq) + 4\,H_2O(\ell)]$$

**단계 6**: 알짜 반응을 나타내기 위해 반쪽 반응들을 합하고, 화살표의 양쪽 편에 모두 나타나는 각 반응물과 생성물의 같은 양만큼 상쇄한다.

$$5\,H_2C_2O_4(aq) \longrightarrow 10\,CO_2(g) + 10\,H^+(aq) + 10\,e^-$$
$$10\,e^- + 16\,H^+(aq) + 2\,MnO_4^-(aq) \longrightarrow 2\,Mn^{2+}(aq) + 8\,H_2O(\ell)$$
$$\overline{5\,H_2C_2O_4(aq) + 16\,H^+(aq) + 2\,MnO_4^-(aq) \longrightarrow 10\,CO_2(g) + 10\,H^+(aq) + 2\,Mn^{2+}(aq) + 8\,H_2O(\ell)}$$

왼편에 16 $H^+$가 오른편에 10 $H^+$가 나타나야하므로, 10 $H^+$를 양편에서 제하고 왼편에 6 $H^+$만 남겨둔다.

$$5\,H_2C_2O_4(aq) + 6\,H^+(aq) + 2\,MnO_4^-(aq) \longrightarrow 10\,CO_2(g) + 2\,Mn^{2+}(aq) + 8\,H_2O(\ell)$$

**단계 7**: 양편에 원자와 전하가 균형이 맞는지 알짜 균형 반응식을 확인하시오.

원자 균형: 반응식의 각 편에 2 Mn, 28 O, 10 C, 및 16 H 원자가 있다.

전하 균형: 각 편에 알짜 전하 4+가 있다.

왼편, $(6 \times 1+) + (2 \times 1-) = 4+$

오른편, $2(2+) = 4+$

**단계 8:** 모든 $H^+$가 $H_3O^+$로 되도록 충분한 물 분자를 양쪽 편에 추가한다. 이 경우에 6개의 물 분자가 요구된다($6\ H_2O + 6\ H^+ \rightarrow 6\ H_3O^+$). 여섯 개 물 분자를 반응식 각 편에 추가하면 생성물 편에 총 14의 물 분자가 된다.

$$5\ H_2C_2O_4(aq) + 6\ H_3O^+(aq) + 2\ MnO_4^-(aq) \longrightarrow 10\ CO_2(g) + 2\ Mn^{2+}(aq) + 14\ H_2O(\ell)$$

**단계 9:** 원자 수와 전하수가 균형이 맞는지 최종 결과를 확인하라. 알짜 전하는 반응 양편에서 동일하고, 양편의 각 원자 수 역시 동일하다.

**실전예제 18.3**

산 수용액에서 Zn 과 $Cr_2O_7^{2-}$의 반응식의 균형을 맞추시오.

$$Zn(s) + Cr_2O_7^{2-}(aq) \longrightarrow Cr^{3+}(aq) + Zn^{2+}(aq)$$

CONCEPTUAL
**개념학습** **18.1 잃는 전자와 얻는 전자 수는 동일하다.**

산화환원 반응에서 왜 잃는 전자 수와 얻는 전자 수가 동일해야 하나?

**염기용액에서 산화환원 반응 균형 맞추기** 염기 용액에서 일어나는 산화환원 반응의 경우, 최종 전기화학 반응은 산성 용액에서 사용하는 물과 $H_3O^+$가 아니라 물과 $OH^-$로 완결지어야 한다. 균형을 맞추는 동안 반응이 마치 산성 용액에서 일어난 것처럼 반쪽 반응의 균형을 맞출 수 있다. 그런 경우 마지막 단계에서 $H^+$ 수와 동일한 수의 $OH^-$를 전기화학 반응식의 양편에 첨가하여 $H^+$를 중화하고, 만일 필요하다면 반응물과 생성물 양편에 나타나는 물 분자를 상쇄한다. 예제 18.4에서는 염기 용액에서 산화환원 반응의 균형을 어떻게 맞추는지를 설명한다.

**예제 18.4 염기 용액에서 산화환원 반응식 균형 맞추기**

니켈-카드뮴(nicad) 전지에서, 염기 용액에서 카드뮴 금속은 $Cd(OH)_2$를 형성하고 $Ni_2O_3$는 $Ni(OH)_2$를 형성한다. 이 반응에 대한 알짜 균형 반응식을 쓰시오.

**정답:** $Cd(s) + Ni_2O_3(s) + 3\ H_2O(\ell) \longrightarrow Cd(OH)_2(s) + 2\ Ni(OH)_2(s)$

**풀이:** 아래에 주어진 체계적인 접근 방법을 이용하시오.

**단계 1:** 이 반응이 산화환원 반응인지를 확인하시오. 그런 후에 어떤 물질이 환원되고 어떤 물질이 산화되는 지를 결정하시오. 이 반응에서 산화수가 "0"인 Cd 금속에서 산화수가 +2 인 $Cd(OH)_2$로 변하였으므로 Cd 는 산화된 것이고 이 반응은 산화환원 반응이다. $Ni_2O_3$의 각 니켈의 산화수는 +3에서 $Ni(OH)_2$의 −2로 변했으므로 Ni는 환원되었다.

**단계 2:** 균형이 맞지 않는 전체 반응식을 반쪽 반응으로 분리한다.

$$Cd(s) \longrightarrow Cd(OH)_2(s) \qquad \text{(산화 반쪽 반응)}$$
$$Ni_2O_3(s) \longrightarrow Ni(OH)_2(s) \qquad \text{(환원 반쪽 반응)}$$

**단계 3:** 각 반쪽 반응에서 원자의 균형을 맞추시오. 먼저 마지막에 조정할 O와 H 원자를 제외한 모든 원자의 균형을 맞추라. 마치 산 용액에서 일어난 반응처럼 균형을 맞추라. O는 $H_2O$를 첨가하고 H는 $H^+$를 첨가하여 균형을 맞춘다. 나중에 염기 용액의 특성인 $OH^-$를 이용하여 바꿀 것이다.

Cd 반쪽 반응에서 Cd 원자는 균형이 맞는다. 왼편에 두 분자의 물을 첨가하여 오른편의 2개 산소원자와 균형을 맞춘다. 그러나 4개의 H 원자가 왼편에 있으므로 오른편에는 2개만 첨가한다. 오른편에 2개의 $H^+$를 첨가하여 이 반쪽 반응에서 H의 균형을 맞춘다.

$$2\,H_2O(\ell) + Cd(s) \longrightarrow Cd(OH)_2(s) + 2\,H^+(aq)$$

$Ni_2O_3$ 반쪽 반응의 경우, 2개의 Ni 원자가 왼편에 있으므로 $Ni(OH)_2$를 위해서는 계수 2가 필요하다. 오른편에 있는 4개의 O 원자와 4개의 H 원자의 균형을 맞추려면 왼편에 3개의 O 원자가 있으므로, 물 분자 1개와 2개의 $H^+$가 필요하다.

$$2\,H^+(aq) + H_2O(\ell) + Ni_2O_3(s) \longrightarrow 2\,Ni(OH)_2(s)$$

**단계 4:** 전자를 이용하여 반쪽 반응의 전하 균형을 맞춘다. Cd 반쪽 반응에서 생성물로 2 $e^-$가 생성된다.

$$2\,H_2O(\ell) + Cd(s) \longrightarrow Cd(OH)_2(s) + 2\,H^+(aq) + 2\,e^- \qquad \text{(균형 맞음)}$$

$Ni_2O_3$ 반쪽 반응은 반응물로 2 $e^-$가 필요하다.

$$2\,H^+(aq) + H_2O(\ell) + Ni_2O_3(s) + 2\,e^- \longrightarrow 2\,Ni(OH)_2(s) \ \text{(균형 맞음)}$$

**단계 5:** 환원제는 산화제가 받아들일 수 있는 만큼의 전자를 생산하므로 적당한 수를 반쪽 반응에 곱해준다. Cd 반쪽 반응은 2개 전자를 생산하고 $Ni_2O_3$ 반쪽 반응은 2개의 전자를 받는다. 그렇게 해서 균형이 맞는다.

**단계 6:** 염기 용액에서는 $H^+$가 존재하지 않으므로 반응식 양편에 적당한 양의 $OH^-$를 첨가하면 $H^+$가 제거된다. $H^+$와 $OH^-$가 반응하여 $H_2O$로 된다. Cd 반쪽 반응에서 2개 $OH^-$ 이온을 양 편에 첨가하면 다음과 같다.

$$2\,OH^-(aq) + 2\,H_2O(\ell) + Cd(s) \longrightarrow Cd(OH)_2(s) + 2\,H_2O(\ell) + 2\,e^-$$

생성물 편에 2개 $OH^-$와 2개 $H^+$가 합쳐져 2개 $H_2O$ 분자가 형성된다. $Ni_2O_3$ 반쪽 반응의 경우, 2개 $OH^-$를 양편에 첨가하면 다음과 같다.

$$3\,H_2O(\ell) + Ni_2O_3(s) + 2\,e^- \longrightarrow 2\,Ni(OH)_2(s) + 2\,OH^-(aq)$$

**단계 7:** 반쪽 반응 들을 합쳐서 알짜 반응식을 만들고 반응 화살표의 양편에 나타난 반응물과 생성물은 상쇄한다.

$$\cancel{2\,OH^-(aq)} + \cancel{2\,H_2O(\ell)} + Cd(s) \longrightarrow Cd(OH)_2(s) + \cancel{2\,H_2O(\ell)} + 2\,e^-$$
$$3\,H_2O(\ell) + Ni_2O_3(s) + 2\,e^- \longrightarrow 2\,Ni(OH)_2(s) + \cancel{2\,OH^-(aq)}$$
$$\overline{Cd(s) + Ni_2O_3(s) + 3\,H_2O(\ell) \longrightarrow Cd(OH)_2(s) + 2\,Ni(OH)_2(s)}$$

**단계 8:** 마지막으로 원자와 전하의 균형이 맞는지 확인하시오. 알짜 반응식은 균형이 맞추어져 있다. 최종 반응식에서 반응 화살표의 어느 쪽에도 전하는 없고 각 원자의 수도 양편이 동일하다.

**실전예제 18.4**

염기 용액에서 알루미늄 금속은 $Al(OH)_4^-$ 이온을 형성하면서 금속은 $NO_3^-$ 이온을 $NH_3$로 환원시킨다. 예제 18.4의 단계를 이용하여 이 반응의 알짜 균형반응식을 쓰시오

## 18.3 전기화학 전지

산화환원 반응에서 전자들은 한 종류의 원자, 분자 또는 이온으로부터 다른 원자, 분자 또는 이온으로 전달된다. 이런 현상은 반응물을 혼합하면 즉시 생성물을 형성하는 그림 18.1과 18.2에 나타낸 두 반응에서 색깔의 변화로 쉽게 알 수 있다. 모든 생성물-선호 반응은 Gibbs 자유에너지를 방출하고 이 에너지로 유용한 일을 할 수 있다. 전기화학 전지는 유용한 일로 일종의 전기적인 일을 하도록 하는 방식이다.

**전기화학 전지(electrochemical cell)**에서 산화제와 환원제 쌍은 전자가 외부 도체로 흐를 때만 반응할 수 있도록 배열한 것이다. 그런 전기화학 전지는 **볼타 전지(voltaic cell)** 또는 **배터리(battery)**로 알려져 있다. 그림 18.3은 앞의 그림 18.1에 보여준 $Zn/Cu^{2+}$ 반응으로부터 볼타 전지를 어떻게 만들 수 있는 지를 나타낸 그림이다. 두 반쪽 반응이 분리된 비이커에서 일어나고 각 비이커는 **반쪽 전지(half-cell)**라고 한다. Zn 원자가 산화될 때 전자는 아연 금속을 지나 전선을 거쳐 구리 금속으로 가면서 불을 밝힌다. 이 전자들은 용액속의 $Cu^{2+}$를 환원시키는데 이용된다. 금속 아연과

엄격히 말해 우리가 배터리라고 말하는 많은 장치는 여러 개의 볼타 전지를 서로 연결시켜 구성하지만, "battery"는 "voltaic cell"과 같은 의미로 쓰인다.

볼타 전지는 때로는 소금물에 개구리 다리를 놓고 서로 다른 금속을 이용해 개구리 다리를 자동적으로 씰룩거리게 할 수 있다는 것을 발견한 Luigi Galvani를 기념하여 갈바니 전지(galvanic cell) 라고도 부른다.

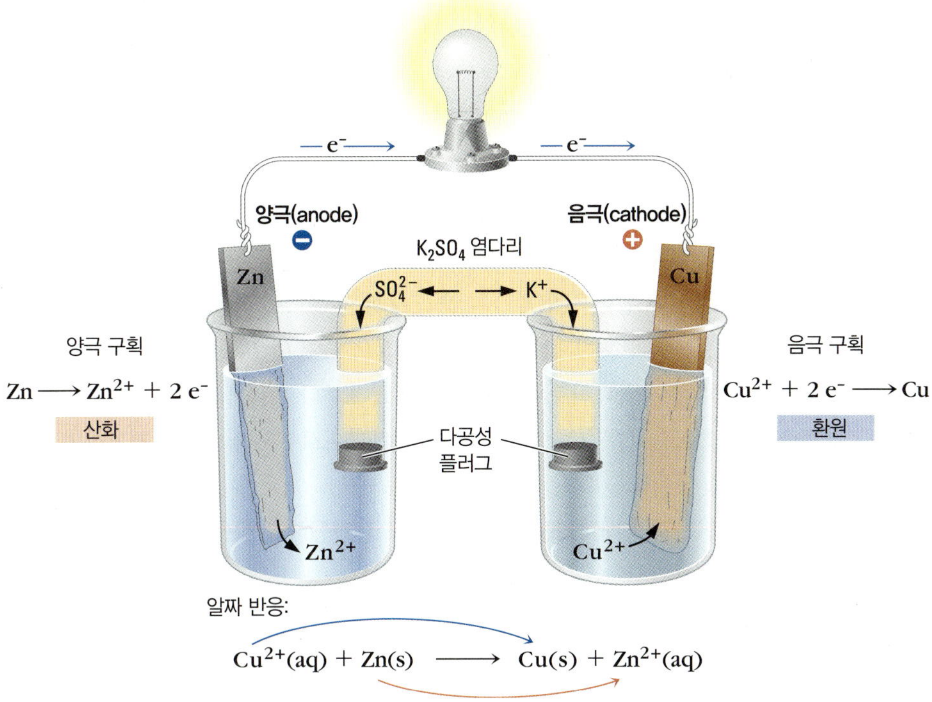


**그림 18.3 간단한 전기화학 전지.** 전지는 $Zn^{2+}$ 이온을 포함하는 용액에 있는 아연 전극과(왼편), $Cu^{2+}$ 이온을 포함하는 용액에 있는 구리 전극 (오른편) 그리고 두 용액의 내·외부로 이온을 흐르게 하는 염다리로 구성되어 있다. 두 금속 전극이 전류 회로에 연결되면 전자는 아연 전극으로부터 전선을 타고 흘러 불을 밝히고 아연은 산화되며, 용액에 있는 구리 이온은 이 전자에 의해 환원된다.

양극과 음극을 확인하려면 양극에서는 산화가 일어나고 음극에서는 환원이 일어난다는 것을 기억해야 한다.

손전등용 배터리에서 양극은 산화반응으로 전자를 생성하며 전극을 음으로 만드므로 "−"로 표시한다. 반대로 음극은 환원반응으로 전자를 소모하여 전극을 양으로 만드므로 "+"로 표시한다.

구리 조각을 전극이라고 부른다. **전극(electrode)**은 전류(전자)를 어떤 물질, 이 경우는 용액의 내부나 외부로 흐르게 한다. 전극은 보통 금속 조각이나 전선 이지만 또는 흑연이나 다른 전도체를 이용할 수도 있다. 산화가 일어나는 전극을 **양극(anode)**; 환원이 일어나는 전극을 **음극(cathode)**이라고 한다.

이탈리아 과학자 Alessandro Volta는 대략 1800년 경에 처음으로 전기화학 전지—아연과 은 디스크를 교대로 쌓고 소금물(전해질)에 적신 종이로 분리한 전지—를 만들었다. 그 뒤에 Volta는 2개의 다른 금속과 전해질을 이용하여 전지를 만들 수 있었다.

그림 18.4에 아연 조각과 구리 조각을 자몽에 삽입해 만든 전지를 나타냈다. 이 경우에 자몽 주스는 산성 용액의 전해질이다.

그림 18.4 **자몽 전지.** 자몽에 아연과 구리 전극을 삽입해서 볼타 전지를 만들 수 있다. 이 전지로 0.95 V의 포텐셜을 얻는다(과일의 물과 시트르산이 전극 간의 이온 전도를 가능하게 한다). 이 전지는 그림 18.3에 있는 전지 보다 더 완벽하다. 자몽 전지가 어떻게 작동하는지를 알려면 Goodisman, *J. Chem. Edu.* vol 78, 2001; p516 을 보라)

그림 18.3에 나타낸 전기화학전지에서 산화 반쪽 반응에 의해 전자는 양극에서 방출된다.

$$Zn(s) \longrightarrow Zn^{2+}(aq) + 2\,e^- \qquad \text{(양극 반응)}$$

이 전자들은 양극으로부터 전구의 필라멘트로 흘러 전구를 밝히고 궁극적으로는 음극으로 이동하여 환원 반쪽 반응에서 구리(II) 이온과 반응한다.

$$Cu^{2+}(aq) + 2\,e^- \longrightarrow Cu(s) \qquad \text{(음극 반응)}$$

전자의 흐름만 일어난다면, 용액에서 Zn 금속이 산화되어 양전하를 띠므로 양극 구획에서 $Zn^{2+}$의 농도는 증가한다. 음극 구획에서 $Cu^{2+}$의 농도는 $Cu^{2+}$가 Cu 금속으로 환원되므로 감소한다. $Cu^{2+}$가 환원되어 양전하가 감소하므로 용액의 양전하도 적어진다. 전하의 균형이 맞지 않으므로 전자의 흐름은 바로 멈춘다. 전지를 작동하기 위해서는 양극 구획의 양전하 증가에 대하여 음이온을 첨가하든지 또는 양이온을 제거하여 전하균형을 맞춰야 한다. 음극 구획에서도 비슷한 상황이다. 전하 축적은 두 구획을 염다리로 연결하면 피할 수 있다. **염다리(salt bridge)**는 용액이 전지 용액 속으로 흐르지는 않지만 이온들($K^+$와 $SO_4^{2-}$)은 자유롭게 통과하도록 만들어진 염(그림 18.3에서 $K_2SO_4$)의 용액이다. 전자들이 아연 전극으로부터 전선을 통해 구리 전극으로 흐를 때 음이온($SO_4^{2-}$)은 양극 구획 용액으로 이동하고, 양이온($K^+$)은 반대 방향인 음극 구획 용액으로 흐른다. 일반적으로, 음이온은 염다리로부터 양극으로 흐르고 양이온은 염 다리로부터 음극 쪽으로 흐른다. 이온들의 이러한 흐름은 전기 회로를 완성하고 전류를 흐르게 한다. 만일 배터리로부터 염다리를 제거하면 전류의 흐름은 멈출 것이다.

모든 볼타 전지와 배터리는 유사한 방식으로 작동하고 이들은 아래와 같은 특성을 보인다.

상업용 배터리에서는 염다리로 다공성 막을 사용한다.

- 산화−환원 반응은 생성물 형성이 유리한 반응들이어야 한다.
- 전자가 흐를 외부 회로가 있어야 한다.
- 염다리, 다공성 막 또는 전하 축적이 상쇄되도록 염다리를 통해 이온들이 이동할 수 있는 수단이 있어야 한다.

전기화학 전지의 구성 부분을 그림 18.5에 요약하였다.

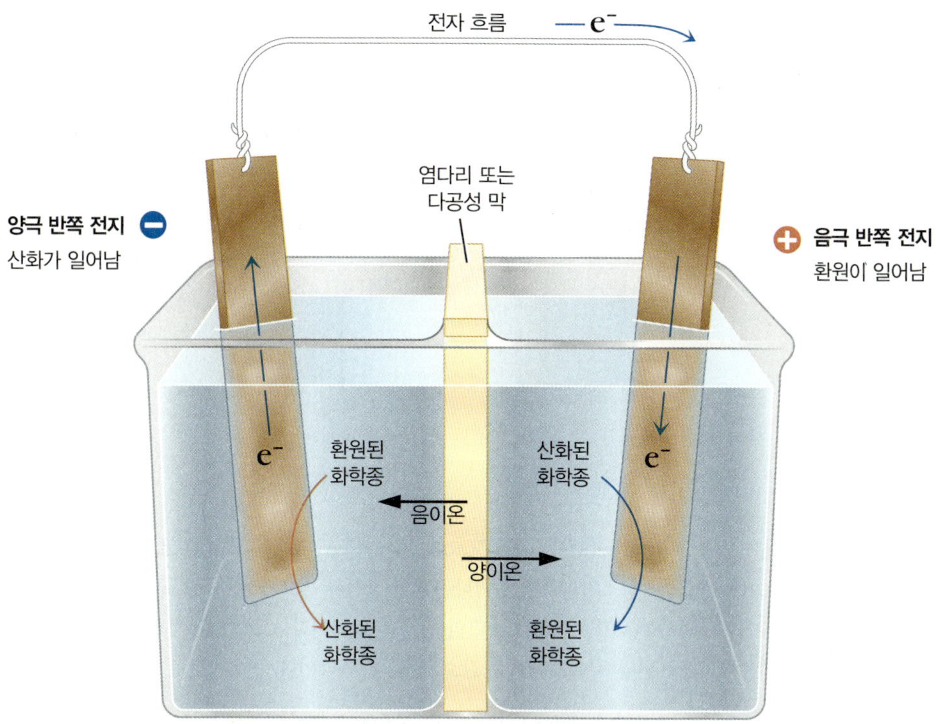


**그림 18.5 볼타 전지에서 사용하는 용어 요약.** 산화는 양극에서 일어나고 환원은 음극에서 일어난다. 전자는 "−"전극(양극)에서 전선을 통해 "+"전극(음극)으로 흐른다. 음이온은 염다리로부터 양극 구획으로 흐르고 양이온은 음극 구획으로 흘러 전기 회로가 완성된다. 반쪽 전지는 염다리나 또는 다공성 막으로 분리시킬 수 있다.

**예제 18.5 전기화학 전지**

한 쪽에 Fe(s)와 $Fe(NO_3)_2(aq)$를 넣고 다른 한 쪽에 Cu(s)와 $Cu(NO_3)_2(aq)$를 넣어 간단한 볼타 전지를 만들 수 있다. 두 전극을 전선으로 연결하고 $NaNO_3$를 포함하는 염다리로 두 용액을 연결하였다. 알짜 반응식은 다음과 같다.

$$Fe(s) + Cu^{2+}(aq) \longrightarrow Cu(s) + Fe^{2+}(aq)$$

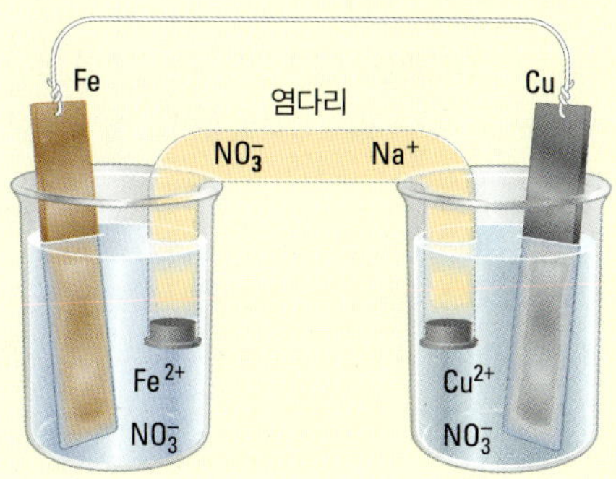


양극에서 일어나는 반응은 무엇인가? 음극에서 일어나는 반응은 무엇인가? 외부전선에 전자가 흐르는 방향은 어느 방향인가? 염다리에서 이온이 흐르는 방향은 어떤 방향인가? 전지 그림을 그리고 양극, 음극 그리고 전자와 이온의 흐르는 방향을 그리시오.

**정답:**

양극: $Fe(s) \longrightarrow Fe^{2+}(aq) + 2\ e^-$

음극: $Cu^{2+}(aq) + 2\ e^- \longrightarrow Cu(s)$

전자는 전선을 통해 양극에서 음극으로 흐른다. $NO_3^-$ 이온은 염다리를 통해 양극 구획으로 이동한다. 소듐 이온은 염다리를 통해 음극 구획으로 이동한다. 완성된 전지 도형은 아래와 같다:

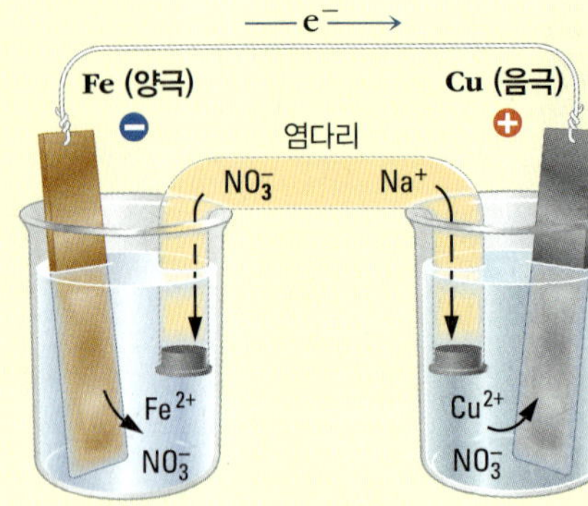


**풀이:** 알짜 반응은 철이 Fe(s)에서 $Fe^{2+}(aq)$로 산화되고 $Cu^{2+}$는 Cu(s) 로 환원 됨을 나타낸다. 이들 반응이 어느 전극에서 일어나는지를 결정할 필요가 있다. Fe 금속은 산화(산화수 증가)되므로, $Fe(s)/Fe^{2+}(aq)$ 구획의 전극은 양극이다. $Cu(s)/Cu^{2+}(aq)$ 구획에서 $Cu^{2+}$ 이온이 Cu로 환원되므로(산화수 감소) 전극은 음극이다. 반쪽 반응은 다음과 같다.

$$Fe(s) \longrightarrow Fe^{2+}(aq) + 2\ e^- \qquad \text{(산화−양극)}$$

$$Cu^{2+}(aq) + 2\ e^- \longrightarrow Cu(s) \qquad \text{(환원−음극)}$$

양극 —전자흐름→ 음극
⊖ ⊕
산화 (e⁻ 상실) $Fe \rightarrow Fe^{2+}$
환원 (e⁻ 획득) $Cu^{2+} \rightarrow Cu$

전자는 전자의 출처(양극인 철 전극에서 Fe가 산화되면서 방출)로부터 전선을 통해 $Cu^{2+}$가 Cu로 환원되는 전극(Cu 전극은 음극이다)으로 흐른다. 양전하의 $Fe^{2+}$는 양극 구획에서 생성되고 염다리에 있는 음전하인 $NO_3^-$ 이온은 전체적인 전하 균형을 맞추기 위해 양극 구획으로 이동한다. $Cu^{2+}$ 이온은 음극 구획에서 제거되므로 $Na^+$ 이온은 염다리로부터 음극 구획으로 이동하고 $Cu^{2+}$가 Cu 금속으로 환원되면서 감소된 전하를 보충한다. 전기 회로의 외부를 여백에 나타냈다.

**실전예제 18.5**

어떤 볼타 전지가 아래 알짜 반응으로 되어있다.

$$Ni(s) + 2\ Ag^+(aq) \longrightarrow Ni^{2+}(aq) + 2\ Ag(s)$$

(a) 이 전지의 반쪽 반응을 쓰고, 어느 것이 산화반응이고 어느 것이 환원 반응인지를 쓰시오.

(b) 이들 반응이 일어나는 전극의 이름을 쓰시오.

(c) 전극 사이에 연결된 전선에서 전자는 어떤 방향으로 흐르는가?

(d) 두 전극 구획을 연결하는 염다리가 $KNO_3$를 포함한다면 $K^+$ 이온과 $NO_3^-$ 이온은 어떤 방향으로 흐르겠는가?

전기화학 전지의 속기 표기법이 개발되었다. 그림 18.3에 나타낸 아래 산화환원 반응 전지의 경우,

$$Zn(s) + Cu^{2+}(aq) \longrightarrow Zn^{2+}(aq) + Cu(s)$$

다음과 같이 표현한다.

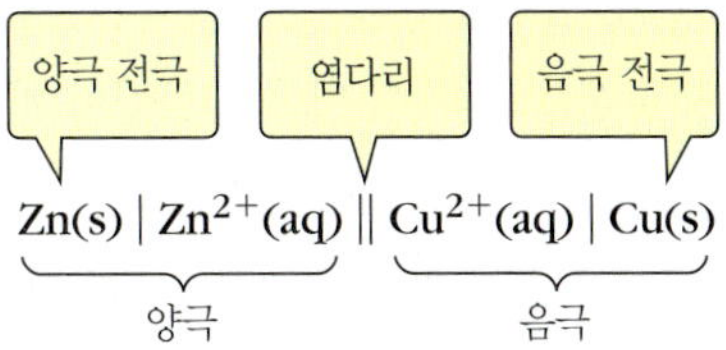


양극 반쪽전지는 왼편에 나타내고 음극 반쪽전지는 오른편에 나타낸다. 전극은 가장 왼쪽 끝(양극, Zn)과 가장 오른쪽 끝(음극, Cu)에 표기 한다. 단일 수직선은 상(phase) 간의 경계를 나타내고 이중 수직선으로 염다리를 나타내고 반쪽전지 사이를 분리한다. 각 반쪽전지 내에서 반응물을 먼저 표기하고 그 다음에 생성물을 표기한다. 전자는 왼편에서 오른편으로 흐른다(양극에서 음극으로).

CONCEPTUAL
**개념학습** **18.2 배터리 설계**

배터리에 대하여 전자 흐름의 일부가 아닌, 내부 온-오프 스위치를 설계하시오.

## 18.4 전기화학 전지와 전압

전기화학 전지에서 전자가 양극에서 음극으로 흐르기 때문에 전자들은 **기전력(electromotive force, emf)**에 의해 움직이거나 밀려간다고 생각할 수 있다. 기전력은 두 전극 간의 전기 포텐셜 에너지의 차이에 의해 생긴다. 곧 물이 중력 포텐셜 에너지 차이에 의해 아래로 흐르는 것처럼 전자도 더 높은 전기 포텐셜 에너지의 전극으로부터 더 낮은 포텐셜 에너지 전극으로 흐른다. 움직이는 물이 일을 할 수 있는 것처럼 움직이는 전자도 일을 할 수 있는데, 예를 들어 모터를 움직일 수 있다.

이것은 몇 방울의 물이 100 m 깊이로 떨어질 때와 몇 톤의 물이 같은 길이로 떨어질 때의 일을 비교하는 것과 유사하다.

전기적으로 하는 일의 양은 포텐셜 에너지가 높은 곳에서 낮은 곳으로 흐르는 전자수와 비례한다.

$$\text{전기적 일} = \text{전하} \times \text{포텐셜 에너지 차이}$$

또는

$$\text{전기적 일} = \text{전자 수} \times \text{포텐셜 에너지 차이}$$

전하는 **쿨롱(coulomb)**으로 측정한다. 전자 1개의 전하는 아주 작다($1.6022 \times 10^{-19}$ C). $6.24 \times 10^{18}$개의 전자는 전하 1쿨롱을 생산한다. **쿨롱(coulomb, C)**은 전기 회로의 어떤 고정된 점에서 1초 동안 1암페어 전류가 흐를때의 전하의 양이다. **암페어(ampere, A)**는 전류의 단위이다.

$$\frac{1.6022 \times 10^{-19}\ \text{C}}{1\ e^-} \times 6.24 \times 10^{18}\ e^- = 1\ \text{C}$$

$$1\text{쿨롱} = 1\text{암페어} \times 1\text{초}$$

전기 포텐셜 에너지 차이는 볼트로 측정한다. **볼트(volt, V)**는 전하 1쿨롱이 1볼트의 포텐셜 차이를 이동할 때 하게 되는 1 주울(J)의 일로 정의한다.

전자가 1 V의 전위차로 이동할 때 하는 일은 1 전자-볼트( one electron-volt), 줄여서 eV 이다.

$$1\text{볼트} = \frac{1\text{주울}}{1\text{쿨롱}} \quad \text{또는} \quad 1\text{주울} = 1\text{볼트} \times 1\text{쿨롱}$$

**그림 18.6 건전지.** 더 큰 배터리는 더 많은 산화제와 환원제를 포함하고 있어 더 많은 일을 할 수 있다.

전기화학 전지의 기전력, 보통 전지 전압(cell voltage)은 어떤 전지가 화학 반응에서 생산되는 전하 일 쿨롱 당 얼마나 많은 일을 할 수 있는 가를 나타낸다.

전기화학 전지의 전압은 온도, 전지를 만드는 물질이 기체이면 압력 또는 용액이면 용질의 농도 등에 의존한다. 전하 양(쿨롱)은 각 물질이 얼마나 많이 반응하는 가에 의존한다. 그림 18.6에 나타낸 1.5 V 배터리를 보라. 이 배터리 들은 동일한 포텐셜 에너지 차이를 갖는 전극들이므로 동일한 전압을 나타낸다. 보다 큰 배터리는 산화 및 환원제를 더 많이 포함하고 있어 더 작은 배터리보다 더 많은 일을 할 수 있다. 이 절과 다음 절에서, 전지 전압이 전지를 만드는 물질에 어떻게 의존하는 지를 생각해보자. 18.5절에서, 어떤 전지가 할 수 있는 전기적 일은 얼마나 되는 지에 대한 질문으로 돌아갈 것이다.

볼트미터는 아주 큰 전기 저항을 가지며 화학반응이 거의 일어나지 않는다.

CONCEPTUAL
**개념학습 18.3 전기 전하**

1C의 전하와 Avogadro 수만큼의 전자 중 어느 것이 더 큰 전하를 갖는가?

## 전지 전압

전지 전압은 회로에 볼트미터를 삽입하여 쉽게 측정할 수 있다. 전압은 농도에 따라 변하므로, **표준 조건(standard condition)**을 전압 측정을 위해 정의 한다. 이 조건은 $\Delta H^\circ$에서 사용한 조건들과 동일하다. 모든 반응물과 생성물은 순수한 고체, 액체, 기체는 1 bar 압력 또는 1 M 농도에서의 용질로 존재해야 한다. 이런 조건하에서 측정되는 전압을 표준 전압(standard voltage)이라 하고, $E^\circ$로 나타낸다. 별도로 명시하지 않는 한 모든 $E^\circ$의 값은 25°C(298 K)에 대한 값이다. 정의에 의하면, 생성물-선호 전기화학 반응에 대한 전지 전압은 양(+)의 값을 가진다. 예를 들어 앞에서 이미 논의한 생성물-선호 반응인 $Zn/Cu^{2+}$ 전지의 표준 전지 전압은 25°C에서 +1.10 V이다.

각 산화환원 반응은 두 반쪽 반응의 합으로 생각할 수 있으므로, 각각의 가능한 반쪽 반응의 전압을 할당하는 것은 편리하다. 어떤 알짜 반응에 대한 전지 전압은 음극과 양극에서 일어나는 반쪽 반응들의 표준 전압을 이용하여 얻을 수 있다.

$$E^\circ_{cell} = E^\circ_{cathode} - E^\circ_{anode}$$

위식의 오른편의 두 양 $E^\circ_{cathode}$와 $E^\circ_{anode}$은 환원 반쪽 반응으로 쓰여진 반쪽 반응에 대한 값이다. **만일 $E^\circ_{cell}$이 양(+)의 값이면 반응은 생성물-선호 반응이고, $E^\circ_{cell}$의 값이 음(−)의 값이면 반응은 반응물-선호 반응이다.** 그러나 포텐셜 에너지 차이만을 측정할 수 있으므로 하나의 반쪽 반응에 대하여 전압을 측정할 수는 없다. 대신, 하나의 반쪽 반응을 표준 반쪽 반응으로 선택하고 다른 모든 반응을 이것과 비교한다. 기준으로 선택한 반쪽 반응은 표준 수소 전극에서 일어나는 반응이다. 이 **표준 수소 전극**(standard hydrogen electrode)에서는 25°C에서 1 M 수용액 산에 백금 전극을 담그고 1 bar 기압의 수소 기체를 통과시켜 반응을 하게 한다(그림 18.7).

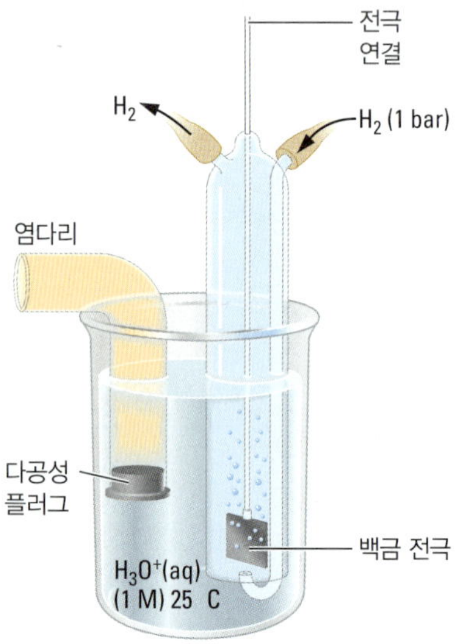


**그림 18.7 표준 수소 전극.** 25°C에서 정확히 1 M $H_3O^+$ 이온이 포함된 용액에 백금 전극을 담구고 1 bar 압력의 수소 기체를 통과시킨다. 이 전극의 포텐셜을 정확히 '0' V 로 정의한다.

$$2\,H_3O^+(aq, 1\,M) + 2\,e^- \longrightarrow H_2(g, 1\,bar) + 2\,H_2O(\ell)$$

이 반쪽 전지의 전압을 정확히 0 V 로 정한다. 이 표준 수소전극과 연결된 다른 반쪽 반응 전지에서 전체 전지 전압을 전위차로 측정한다. 수소 전극의 포텐셜이 '0' 이므로 전체 전지의 전압은 다른 전극의 전압과 같다.

표준 수소 전극을 $H_2$보다 더 좋은 환원제를 포함하는 반쪽 전지와 짝을 지우면, $H_3O^+$(aq)가 $H_2$로 환원된다.

$H_3O^+$의 환원 : $2\,H_3O^+(aq) + 2\,e^- \longrightarrow H_2(g,\ 1\ bar) + 2\,H_2O(\ell)\quad E° = 0.0\ V$

표준 수소 전극을 $H_3O^+$ 보다 더 좋은 산화제를 포함하는 반쪽 전지와 짝을 지우면, $H_2$는 $H_3O^+$로 산화된다.

$H_2$의 산화 : $H_2(g, 1\ bar) + 2\,H_2O(\ell) \longrightarrow 2\,H_3O^+(aq,\ 1\ M) + 2\,e^-\quad E° = 0.0\ V$

표준 수소 전극에서 일어나는 반응은 어느 방향으로도 일어나게 할 수 있다. 두 경우에, 표준 수소 전극의 전압은 정의에 따라 '0' V이다.

그림 18.8은 한 쪽에는 표준 수소 전극 구획이고 다른 편은 아연 금속 전극을 1M $Zn^{2+}$ 용액에 담군 것이다. 두 전극 사이를 연결한 볼트미터로 전기 포텐셜 에너지를 측정한다. 이 전지의 전압은 +0.76 V 이다. 한때 전류를 생성하고 나면 Zn 전극에서 아연 금속이 $Zn^{2+}$로 산화되므로 질량이 감소한다. 따라서 Zn 전극은 양극이 되어야 하고 즉, 이 전극에서 산화가 일어나야 한다. 수소 전극은 음극이 되어 환원이 일어나야 한다. 전지 반응은 반쪽 반응 들 간의 차이이다.

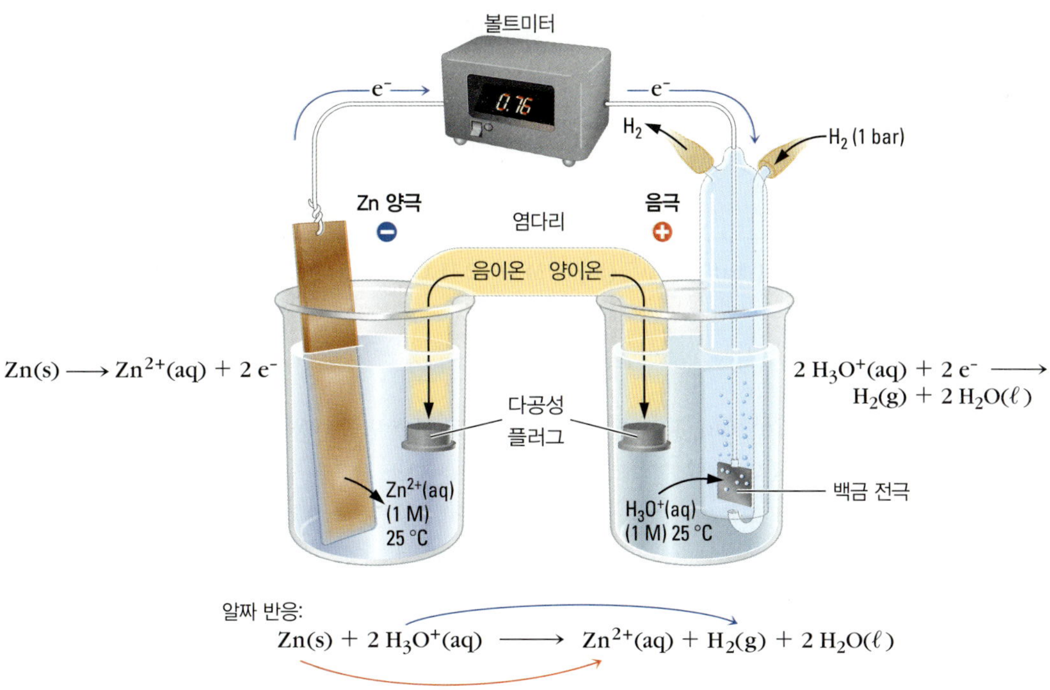


**그림18.8** **$Zn^{2+}$/Zn(s) 반쪽 전지와 표준 수소 전극을 이용한 전기화학 전지.** 이 전지에서 아연 전극은 양극이고 표준 수소 전극은 음극이다. 전지 전압은 +0.76 V이다. 아연은 환원제이고 산화되어 $Zn^{2+}$로 되고 $H_3O^+$는 산화제로 환원되어 $H_2$로 된다. 표준 수소 전극에서 반응은 세 가지 상-기체, 용액, 고체 전극-이 접촉하여야만 일어난다. 백금 전극은 어떤 화학 변화도 일어나지 않으며 음극에서 일어나는 반쪽 전지 반응은 $2\,H_3O^+(aq) + 2\,e^- \rightarrow H_2(g) + 2\,H_2O(\ell)$ 이다(표준 수소 전극이 양극이면 반쪽전지 반응은 $H_2(g) + 2\,H_2O(\ell) \rightarrow 2\,H_3O^+(aq) + 2\,e^-$ 이다).

$$\begin{array}{lll} Zn(s) \longrightarrow Zn^{2+}(aq, 1\ M) + 2\ e^- & & E^\circ_{anode} = ? \\ 2\ H_3O^+(aq, 1\ M) + 2\ e^- \longrightarrow H_2(g, 1\ bar) + 2\ H_2O(\ell) & & E^\circ_{cathode} = 0\ V \\ \hline Zn(s) + 2\ H_3O^+(aq, 1\ M) \longrightarrow Zn^{2+}(aq, 1\ M) + H_2(g, 1\ bar) + 2\ H_2O(\ell) & & \\ & & E^\circ_{cell} = +0.76\ V\ (\text{전지 반응}) \end{array}$$

볼트미터는 이 반응의 전위차가 +0.76 V 라고 말해준다. 아래 식을 이용하면,

$$E^\circ_{cell} = E^\circ_{cathode} - E^\circ_{anode}$$

다음과 같다.

$$0.76\ V = 0\ V - E^\circ_{anode}$$
$$E^\circ_{anode} = E^\circ_{Zn(s)/Zn^{2+}(aq,\ 1\ M)} = -0.76\ V$$

따라서 표준 수소 전극을 사용하면 $Zn(s)/Zn^{2+}(aq, 1M)$의 전극에 대한 표준 환원 포텐셜 $E^\circ$는 − 0.76 V가 된다.

> CONCEPTUAL
> **개념학습 18.4 전지 내부에서 어떤 일이 일어나는가?**
>
> 그림 18.8에 나타낸 전기화학 전지에서 Zn가 산화되는 것을 볼 수 있는 실험을 도안하시오.

반쪽 반응의 전압을 편리하게 얻는 방법은 표준 생성 엔탈피를 표로 얻는 것과 유사하게 할 수 있다. 두 경우에 비교적 적은 표의 자료로 상당히 많은 다른 반응의 정보를 얻을 수 있다.

다른 많은 반쪽 반응의 반쪽 전지 포텐셜을 표준 수소 전극의 포텐셜과 비교하여 측정할 수 있다. 예를 들어 표준 수소 전극과 $Cu^{2+}/Cu$ 전극을 연결하여 만든 전지에서는 구리의 질량은 증가하고 볼트미터 눈금은 +0.34 이다(그림 18.9). 이것은 다음과 같은 반응이 일어난다는 것을 의미 한다.

$$\begin{array}{ll} H_2(g, 1\ bar) + 2\ H_2O(\ell) \longrightarrow 2\ H_3O^+(aq, 1\ M) + 2\ e^- & \\ & E^\circ_{anode} = 0\ V \\ Cu^{2+}(aq, 1\ M) + 2\ e^- \longrightarrow Cu(s) & E^\circ_{cathode} = ? \\ \hline H_2(g, 1\ bar) + Cu^{2+}(aq, 1\ M) + 2\ H_2O(\ell) \longrightarrow 2\ H_3O^+(aq, 1\ M) + Cu(s) & \\ & E^\circ_{cell} = +0.34\ V \end{array}$$
$$E^\circ_{cell} = E^\circ_{cathode} - E^\circ_{anode} = E^\circ_{Cu(s)/Cu^{2+}(aq,\ 1\ M)} - 0\ V = +0.34\ V$$

$Cu^{2+}(aq, 1M) + 2\ e \longrightarrow Cu(s)$ 환원 반쪽 반응에 대한 반쪽 전지의 포텐셜은 +0.34 V 이어야 한다. 이 전지에서 표준 수소 전극은 양극임을 주의 하라.

지금 우리가 처음 살펴보았던 Zn이 $Cu^{2+}$ 이온을 Cu로 환원시켰던 전기화학 전지로 돌아가 보자. 반쪽 반응에 대한 포텐셜을 이용하면 다음과 같이 쓸 수 있다.

$$\begin{array}{ll} Zn(s) \longrightarrow Zn^{2+}(aq, 1\ M) + 2\ e^- & E^\circ_{anode} = -0.76\ V \\ Cu^{2+}(aq, 1\ M) + 2\ e^- \longrightarrow Cu(s) & E^\circ_{cathode} = +0.34\ V \\ \hline Zn(s) + Cu^{2+}(aq, 1\ M) \longrightarrow Zn^{2+}(aq, 1\ M) + Cu(s) & E^\circ_{cell} = ? \end{array}$$

두 반쪽 반응의 **표준 환원 포텐셜**을 조합하면 전지 반응에 대해 측정한 포텐셜이 된다.

$$E^\circ_{cell} = E^\circ_{cathode} - E^\circ_{anode} = (+0.34\ V) - (-0.76\ V) = +1.10\ V$$

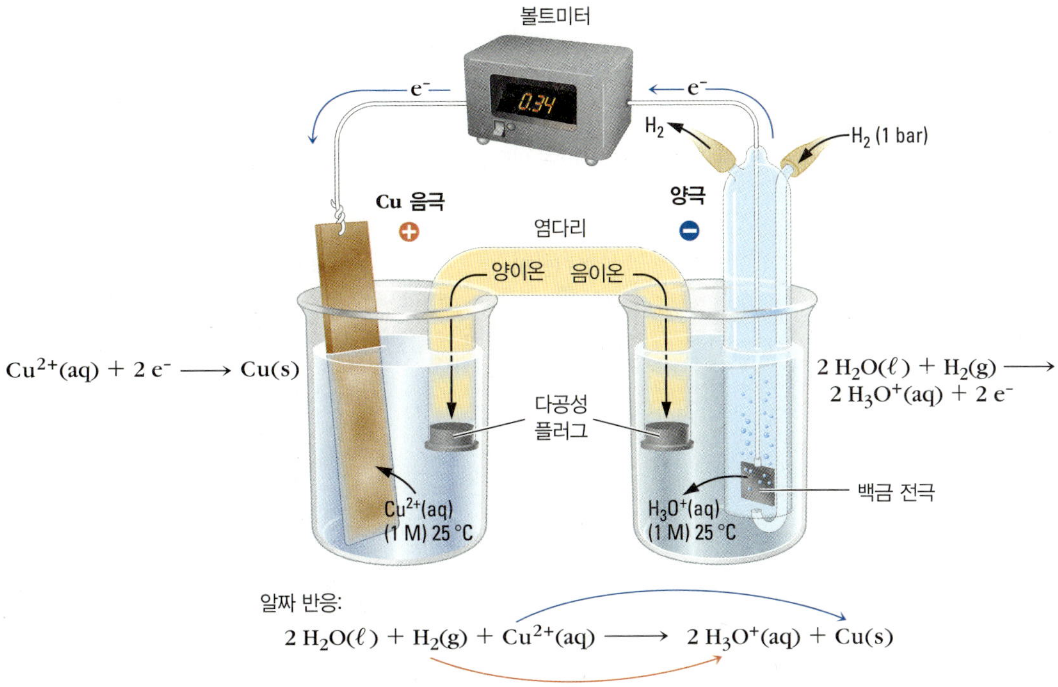


**그림 18.9** **$Cu^{2+}$/Cu 반쪽 전지와 표준 수소 전극을 이용한 전기화학 전지.** +0.34 V의 전압을 생산한다. 이 전지에서, $Cu^{2+}$ 이온은 환원되어 Cu 금속을 만들고, 표준 수소 전극에서 $H_2$가 산화된다. 표준 수소 전극에서 반응은 그림 18.8에 나타낸 것과는 반대이다.

이 전지의 실험적으로 측정한 포텐셜 값은 1.10 V이고, 표준 수소 전극을 이용해 측정한 반쪽 전지 포텐셜 값을 빼면 전체 전지 포텐셜이 얻어짐을 확인 할 수 있다.

**예제 18.6 반쪽 전지 포텐셜 측정**

아래에 그림으로 나타낸 볼타 전지는 25°C 표준조건에서 포텐셜 $E° = 0.36$ V를 생산한다. 알짜 전지 반응은 아래와 같다.

$$Zn(s) + Cd^{2+}(aq, 1\ M) \longrightarrow Zn^{2+}(aq, 1\ M) + Cd(s)$$

$Zn(s)/Zn^{2+}(aq, 1\ M)$에 대한 표준 반쪽 전지의 포텐셜은 −0.76 V이다.

(a) 어느 전극이 양극이고 어느 전극이 음극인지 결정하시오.

(b) 전지 외부의 회로를 통하여 전자가 흐르는 방향을 나타내시오. 완전한 전지 도식도를 나타내시오.

(c) $Cd^{2+}(aq) + 2\ e^- \longrightarrow Cd(s)$ 반쪽 전지에 대한 표준 포텐셜을 계산하시오.

이 볼타 전지는 외부 회로의 전기장치 없이 간결하게 나타냈다. 표준 전압을 측정하려면 회로의 저항이 높아야 한다.

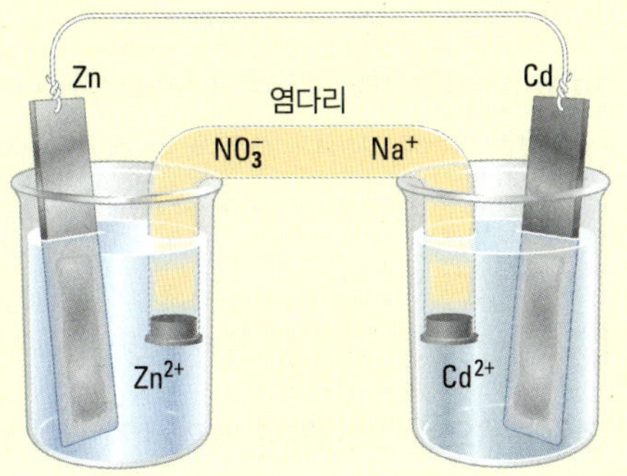

**정답:**

(a) 아연은 양극이고 카드뮴은 음극이다

(b) 완전한 전지 도식을 아래에 나타냈다.

(c) 표준전지 포텐셜은 −0.40 V 이다.

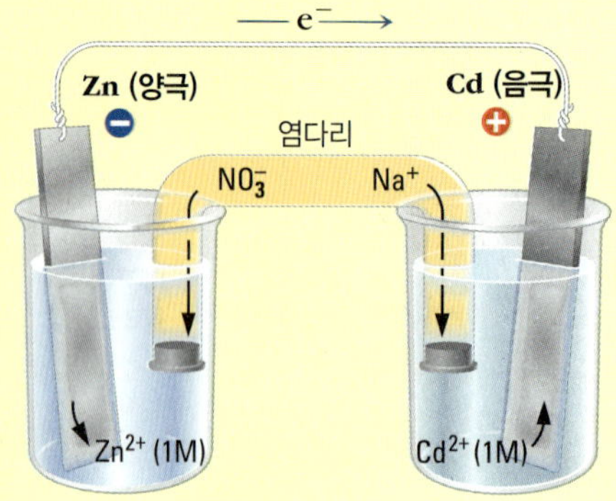


**풀이:** 산화가 일어나는 전극은 양극이다. Zn(s)가 $Zn^{2+}$(aq)로 산화되므로 Zn 전극은 양극이다. 카드뮴(II) 이온이 Cd 전극에서 환원 되므로 Cd 전극은 음극이다.

알짜 전지 포텐셜과 Zn(s)/$Zn^{2+}$(aq, 1M) 반쪽 전지에 대한 포텐셜은 알려져 있고 $Cd^{2+}$(aq, 1 M) + 2 $e^-$ ⟶ Cd(s)에 대한 $E°$값은 계산할 수 있다.

$$\begin{array}{llr} \mathrm{Zn(s)} \longrightarrow \mathrm{Zn^{2+}(aq,\,1\,M)} + 2\,e^- & E^\circ_{anode} = -0.76\ \mathrm{V\ (anode)} \\ \mathrm{Cd^{2+}(aq,\,1\,M)} + 2\,e^- \longrightarrow \mathrm{Cd(s)} & E^\circ_{cathode} = ?\ \mathrm{V\ (cathode)} \\ \hline \mathrm{Zn(s)} + \mathrm{Cd^{2+}(aq,\,1\,M)} \longrightarrow \mathrm{Zn^{2+}(aq,\,1\,M)} + \mathrm{Cd(s)} & E^\circ_{cell} = +0.36\ \mathrm{V} \end{array}$$

$E^\circ_{cell} = E^\circ_{cathode} - E^\circ_{anode}$, 로 부터

$$E^\circ_{cathode} = E^\circ_{cell} + E^\circ_{anode} = 0.36\ \mathrm{V} + (-0.76\ \mathrm{V}) = -0.40\ \mathrm{V}$$

25°C에서 $Cd^{2+}$(aq) + 2 $e^-$ ⟶ Cd(s) 반쪽 반응에 대한 $E°$값은 −0.40 V 이다.

**실전예제 18.6**

구리(II) 이온 수용액과 철 금속의 반응의 $E°_{cell}$ = +0.78 V 이다. Fe(s) → $Fe^{2+}$(aq) + 2 $e^-$ 반쪽 전지의 $E°$는 얼마인가?

$$\mathrm{Fe(s)} + \mathrm{Cu^{2+}(aq,\,1\,M)} \longrightarrow \mathrm{Fe^{2+}(aq,\,1\,M)} + \mathrm{Cu(s)} \qquad E^\circ_{cell} = +0.78\ \mathrm{V}$$

## 18.5 표준 환원 포텐셜의 이용

표 18.1에 설명한 것과 같은 아주 많은 전지 포텐셜의 측정값을 **표준 환원 포텐셜 (standard reduction potential)**를 요약하여 나타냈다. 더 완전한 표준 환원 포텐셜 목록을 부록 I에 나타냈다. 표에 나타낸 값들은 표준 수소 전극과 연결한 반쪽 전지에서 환원이 일어나는 반쪽 반응에 대한 전압을 기록한 값이므로 표준 환원 포텐셜이라고 한다.

표 18.1에 대하여 주목할 중요한 점이 몇 가지가 있다.

1. **각 반쪽 반응은 환원 반응으로 나타내었다.** 따라서 각 반쪽 반응의 왼편에 있는 화

표 18.1 25°C 수용액에서 표준 환원 포텐셜*

| 환원 반쪽 반응 | | $E°$ (V) |
|---|---|---|
| $F_2(g) + 2\ e^-$ | $\longrightarrow 2\ F^-(aq)$ | +2.87 |
| $H_2O_2(aq) + 2\ H_3O^+(aq) + 2\ e^-$ | $\longrightarrow 4\ H_2O(\ell)$ | +1.77 |
| $PbO_2(s) + SO_4^{2-}(aq) + 4\ H_3O^+(aq) + 2\ e^-$ | $\longrightarrow PbSO_4(s) + 6\ H_2O(\ell)$ | +1.685 |
| $MnO_4^-(aq) + 8\ H_3O^+(aq) + 5\ e^-$ | $\longrightarrow Mn^{2+}(aq) + 12\ H_2O(\ell)$ | +1.51 |
| $Au^{3+}(aq) + 3\ e^-$ | $\longrightarrow Au(s)$ | +1.50 |
| $Cl_2(g) + 2\ e^-$ | $\longrightarrow 2\ Cl^-(aq)$ | +1.358 |
| $Cr_2O_7^{2-}(aq) + 14\ H_3O^+(aq) + 6\ e^-$ | $\longrightarrow 2\ Cr^{3+}(aq) + 21\ H_2O(\ell)$ | +1.33 |
| $O_2(g) + 4\ H_3O^+(aq) + 4\ e^-$ | $\longrightarrow 6\ H_2O(\ell)$ | +1.229 |
| $Br_2(\ell) + 2\ e^-$ | $\longrightarrow 2\ Br^-(aq)$ | +1.066 |
| $NO_3^-(aq) + 4\ H_3O^+(aq) + 3\ e^-$ | $\longrightarrow NO(g) + 6\ H_2O(\ell)$ | +0.96 |
| $OCl^-(aq) + H_2O(\ell) + 2\ e^-$ | $\longrightarrow Cl^-(aq) + 2\ OH^-(aq)$ | +0.89 |
| $Hg^{2+}(aq) + 2\ e^-$ | $\longrightarrow Hg(\ell)$ | +0.855 |
| $Ag^+(aq) + e^-$ | $\longrightarrow Ag(s)$ | +0.7994 |
| $Hg_2^{2+}(aq) + 2\ e^-$ | $\longrightarrow 2\ Hg(\ell)$ | +0.789 |
| $Fe^{3+}(aq) + e^-$ | $\longrightarrow Fe^{2+}(aq)$ | +0.771 |
| $I_2(s) + 2\ e^-$ | $\longrightarrow 2\ I^-(aq)$ | +0.535 |
| $O_2(g) + 2\ H_2O(\ell) + 4\ e^-$ | $\longrightarrow 4\ OH^-(aq)$ | +0.403 |
| $Cu^{2+}(aq) + 2\ e^-$ | $\longrightarrow Cu(s)$ | +0.337 |
| $Sn^{4+}(aq) + 2\ e^-$ | $\longrightarrow Sn^{2+}(aq)$ | +0.15 |
| $2\ H_3O^+(aq) + 2\ e^-$ | $\longrightarrow H_2(g) + 2\ H_2O(\ell)$ | 0.00 |
| $Sn^{2+}(aq) + 2\ e^-$ | $\longrightarrow Sn(s)$ | −0.14 |
| $Ni^{2+}(aq) + 2\ e^-$ | $\longrightarrow Ni(s)$ | −0.25 |
| $PbSO_4(s) + 2\ e^-$ | $\longrightarrow Pb(s) + SO_4^{2-}(aq)$ | −0.356 |
| $Cd^{2+}(aq) + 2\ e^-$ | $\longrightarrow Cd(s)$ | −0.403 |
| $Fe^{2+}(aq) + 2\ e^-$ | $\longrightarrow Fe(s)$ | −0.44 |
| $Zn^{2+}(aq) + 2\ e^-$ | $\longrightarrow Zn(s)$ | −0.763 |
| $2\ H_2O(\ell) + 2\ e^-$ | $\longrightarrow H_2(g) + 2\ OH^-(aq)$ | −0.8277 |
| $Al^{3+}(aq) + 3\ e^-$ | $\longrightarrow Al(s)$ | −1.66 |
| $Mg^{2+}(aq) + 2\ e^-$ | $\longrightarrow Mg(s)$ | −2.37 |
| $Na^+(aq) + e^-$ | $\longrightarrow Na(s)$ | −2.714 |
| $K^+(aq) + e^-$ | $\longrightarrow K(s)$ | −2.925 |
| $Li^+(aq) + e^-$ | $\longrightarrow Li(s)$ | −3.045 |

* 표준 수소 전극에 대한 볼트(V)

만일 반쪽 반응을 산화 반응으로 쓰면, 산화 반쪽 반응의 전압은 표준 환원 포텐셜과 부호만 다르고 절대 값이 동일하다.

표준 환원 포텐셜:

$$Cu^{2+}(aq) + 2\ e^- \longrightarrow Cu(s) \qquad E° = +0.337\ V$$

역 반응:

$$Cu(s) \longrightarrow Cu^{2+}(aq) + 2\ e^- \qquad E° = -0.337\ V$$

학종은 더 높은 산화 상태이고, 오른편에 있는 화학종은 더 낮은 산화상태로 있다.

2. **각 반쪽 반응은 양쪽 방향으로 일어날 수 있다.** 주어진 물질은 조건에 따라 양극 또는 음극에서 반응할 수 있다. 예를 들어 이미 알고 있는 경우로 다른 반응물에 의해 $H_2$가 $H_3O^+$로 산화되기도 하고, $H_3O^+$가 $H_2$로 환원되기도 한다.
3. **표준 환원 포텐셜 값 $E°$이 더 큰 양(+)의 값을 가지면, 반쪽 반응의 왼쪽에 있는 물질이 더 쉽게 환원된다.** 어떤 물질이 쉽게 환원될 때 그 물질은 강한 산화제이다(산화제는 다른 물질을 산화시킬 때 자신은 환원된다는 점을 상기하라). 따라서, 표에서 $F_2(g)$는 가장 좋은 산화제이고, $Li^+$은 가장 나쁜 산화제이다. 다른 강한 산화제들이 표의 왼편 위에 있다.

$F_2$는 항상 환원되고 Li(s)는 항상 산화된다.

$$H_2O_2(aq),\ PbO_2(s),\ Au^{3+}(aq),\ Cl_2(g),\ O_2(g)$$

4. **표준 환원 포텐셜 $E°$가 작은 양(+)의 값을 가질수록 환원반응은 잘 안일어나고 산화반응(역 반응)이 더 잘 일어날 것이다.** 표에서 더 아래로 갈수록 반응식의 오른편에 있는 원자, 이온 또는 분자들의 환원 능력은 더 좋아진다. 따라서 Li(s)는 표에서 가장 강한 환원제이고 $F^-$는 가장 약한 환원제이다. 다른 강한 환원제는 표의 아래쪽에 있는 알칼리금속과 알칼리토금속 그리고 수소 등이다.
5. **표준 조건에서 반쪽 반응의 왼쪽에 있는 화학종은 자신보다 아래에 있는 반쪽 반응의 오른쪽 화학종을 모두 산화 시킬것이다.** 예를 들어 이 규칙은 $Fe^{3+}$(aq)가 Al(s)를 $Br_2(\ell)$가 Mg(s)를, $Na^+$(aq)가 Li(s)를 산화시킬 것이라는 것을 예측할 수 있다. 알짜 반응은 반쪽 반응들을 합쳐서 만들고 전지 전압은 아래에 설명한 것처럼 $E°_{cell} = E°_{cathode} - E°_{anode}$ 식으로부터 계산 할 수 있다.
   양(+)의 전지 포텐셜은 생성물-선호 반응을 나타낸다.

$$Br_2(\ell) + 2\,e^- \longrightarrow 2\,Br^-(aq) \qquad E°_{cathode} = +1.07\ V$$
$$Mg(s) \longrightarrow Mg^{2+}(aq) + 2\,e^- \qquad E°_{anode} = -2.37\ V$$
$$Br_2(\ell) + Mg(s) \longrightarrow Mg^{2+}(aq) + 2\,Br^-(aq) \qquad E°_{cell} = +3.45\ V$$
$$E°_{cell} = E°_{cathode} - E°_{anode} = 1.07\ V - (-2.37\ V) = +3.44\ V$$

6. **전극 포텐셜은 반응물과 생성물의 성질과 농도에 의존하지만 반응하는 각 물질의 양에는 의존하지 않는다.** 어떤 반쪽 반응에 대한 화학양론적인 계수를 변화시켜도 $E°$의 값은 변하지 않는다. 예를 들어 $Fe^{3+}$의 반응의 $E°$는 +0.77 V이며 아래와 같이 쓸 수 있다.

$$Fe^{3+}(aq,\ 1\ M) + e^- \longrightarrow Fe^{2+}(aq,\ 1\ M) \qquad E° = +0.771\ V$$

   또는

$$2\,Fe^{3+}(aq,\ 1\ M) + 2\,e^- \longrightarrow 2\,Fe^{2+}(aq,\ 1\ M) \qquad E° = +0.771\ V$$

   반쪽 전지에 대한 이런 사실은 처음에는 비정상적인 것처럼 보이지만, 반쪽 전지의 전압은 전하 당 에너지임을(1 volt = 1 joule/1 coloumb) 고려하라. 어떤 한 반쪽 반응에 숫자를 곱하면 에너지와 전하에도 그 수를 곱한 것이 된다. 따라서 전하에 대한 에너지의 비(전압)는 변하지 않는다.

이런 관점에서 $E°$는 열역학적 식에서 계수에 의존하는 $\Delta H°$와 $\Delta G°$ 값과는 다르다.

표준 환원 포텐셜과 표를 이용하여 반응이 일어날 건지 아닌지를 예측할 수 있고, 이것은 $E°_{cell}$의 계산으로 확인할 수 있다.

**예제 18.7 산화환원 반응의 예측**

(a) 아연 금속은 1M $Ag^+$(aq) 용액과 반응하겠는가? 만일 반응한다면,이 반응의 $E°$값은 얼마인가?

(b) 1M $Fe^{2+}$(aq) 용액은 금속성 주석(tin)과 반응하겠는가? 만일 반응한다면 이 반응의 $E°$값은 얼마인가?

**정답:**

(a) 반응한다. $E^\circ_{cell} = +1.56\ V$

(b) 반응하지 않음. $E^\circ_{cell}$은 음(−)의 값을 가진다.

**풀이:** 표 18.1에서 반응물의 위치를 비교해보면 답할 수 있다.

(a) $Ag^+(aq)$는 표 18.1에서 아연 금속의 위에 있다. 따라서 더 좋은 산화제이고 아연을 $Zn^{2+}(aq)$로 산화시킬 수 있을 것으로 예상할 수 있다. 확실하게는 반쪽 전지 반응들을 합하면 알짜 반응식을 얻는다. 반쪽 전지 포텐셜로부터 양(+)의 값을 갖는 $E^\circ_{cell}$을 얻으며, 이 반응은 표 18.1로부터 예측할 수 있는 것처럼 생성물–선호 반응이다.

$$\begin{array}{ll} Zn(s) \longrightarrow Zn^{2+}(aq,\ 1\ M) + 2\ e^- & E^\circ_{anode} = -0.763\ V \\ 2\ [Ag^+(aq,\ 1\ M) + e^- \longrightarrow Ag(s)] & E^\circ_{cathode} = +0.80\ V \\ \hline Zn(s) + 2\ Ag^+(aq,\ 1\ M) \longrightarrow Zn^{2+}(aq,\ 1\ M) + 2\ Ag(s) & E^\circ_{cell} = ? \end{array}$$

$$E^\circ_{cell} = E^\circ_{cathode} - E^\circ_{anode} = +0.80\ V - (-0.763\ V) = +1.56\ V$$

반쪽 반응 전압에는 균형식의 계수가 곱해지지 않음에 유의하라.

$E^\circ_{cell}$의 양(+)의 값은 해당 반응이 생성물–선호 반응이라는 것을 나타낸다.

(b) $Fe^{2+}(aq)$와 금속 Sn 의 반응도 같은 방식으로 평가할 수 있다. $Fe^{2+}(aq)$는 표 18.1의 Sn 아래에 있다. 따라서 $Fe^{2+}(aq)$는 Sn(s) 를 산화시킬 만큼 충분히 강한 산화제가 아니고, 이 반응은 일어나지 않을 것이라고 예측된다. 두 반쪽 반응을 합치면 아래와 같다.

$$\begin{array}{ll} Sn(s) \longrightarrow Sn^{2+}(aq) + 2e^- & E^\circ_{anode} = -0.14\ V \\ Fe^{2+}(aq) + 2\ e^- \longrightarrow Fe(s) & E^\circ_{cathode} = -0.44\ V \\ \hline Sn(s) + Fe^{2+}(aq) \longrightarrow Sn^{2+}(aq) + Fe(s) & E^\circ_{cell} = ? \end{array}$$

$$E^\circ_{cell} = E^\circ_{cathode} - E^\circ_{anode} = -0.44\ V - (-0.14\ V) = -0.30\ V$$

$E^\circ_{cell}$ 값이 음(−)의 값을 가지면 이 반응이 반응물–선호 반응이라는 것을 나타낸다. 실제 철 금속은 $Sn^{2+}$($E^\circ_{cell} = +0.30\ V$)를 환원시킬 것이고 위 반응의 역반응이 일어날 것이다.

**실전예제 18.7**

표 18.1에서 $E^\circ_{cell}$ 값이 가장 크게 되는 2개 반쪽 반응의 조합이 어느 것인지 찾으시오. 두 반쪽 반응과 알짜 전지 반응을 쓰고 그 반응에 대해 $E^\circ_{cell}$ 값을 제시하시오.

CONCEPTUAL
**개념학습 18.5 $E^\circ$ 값의 이용**

화합물 운송은 경제적으로 중요하다.1 M $HgCl_2$ 용액을 대량으로 운송해야 할 필요가 있다. 운전자가 알루미늄으로 만든 탱크 트럭으로 운송하려고 할 때, 그 트럭으로 운반 가능한가? 답에 대해 충분히 설명하시오.

CONCEPTUAL
**개념학습 18.6 $E°$ 값을 이용한 산화환원 반응의 예측**

아래 환원 반쪽 반응들을 고려하여 답하시오.

| 반쪽 반응 | $E°$ (V) |
|---|---|
| $Cl_2(g) + 2\ e^- \longrightarrow 2\ Cl^-(aq)$ | +1.36 |
| $I_2(s) + 2\ e^- \longrightarrow 2\ I^-(aq)$ | +0.535 |
| $Pb^{2+}(aq) + 2\ e^- \longrightarrow Pb(s)$ | −0.126 |
| $V^{2+}(aq) + 2\ e^- \longrightarrow V(s)$ | −1.18 |

(a) 가장 약한 산화제는 어느 것인가?
(b) 가장 강한 산화제는 어느 것인가?
(c) 가장 강한 환원제는 어느 것인가?
(d) 가장 약한 환원제는 어느 것인가?
(e) Pb(s)는 $V^{2+}$를 V(s)로 환원시킬 수 있나?
(f) $I_2(s)$는 $Cl^-$를 $Cl_2(g)$로 산화시킬 수 있나?
(g) Pb(s)에 의해서 환원될 수 있는 분자 또는 이온은?

## 18.6 $E°$와 Gibbs 자유에너지

$E°_{cell}$의 부호는 산화환원 반응이 생성물-선호 반응(양의 $E°$)인지 또는 반응물-선호 반응(음의 $E°$)인지를 나타낸다. 앞에서 반응이 생성물-선호 반응인지를 결정하는 다른 방법을 배웠다. 즉 생성물-선호 반응의 표준 Gibbs 자유에너지 변화 $\Delta G°$는 음의 값을 가져야 한다. $E°_{cell}$와 $\Delta G°$ 둘 다 반응이 일어날 것인지 아닌지를 말해주므로 두 양이 관련이 있다는 것은 놀라운 일이 아니다.

Gibb 자유에너지에서 "자유, free"는 에너지가 일을 하는데 이용할 수 있다는 것을 나타낸다. 전기 화학적 전지로부터 전기적 일을 할 수 있는 에너지는 전지 전압, $E°$, 에 전달되는 전하의 양을 곱하여 계산할 수 있다. 전하의 양은 전체 반응에서 전달되는 전자의 몰수, n와, 전자 1몰 당 쿨롱 수를 곱한 값으로 주어진다.

$$\text{전하 양} = \text{전자 몰수} \times \text{전자 1몰 당 쿨롱}$$

전자 1몰의 전하는 전자 하나의 전하와 Avogadro 수로부터 계산할 수 있다.

$$1\ \text{몰}\ e^-\text{의 전하} = \left(\frac{1.60218 \times 10^{-19}\ C}{e^-}\right)\left(\frac{6.02214 \times 10^{23}\ e^-}{1\ mol\ e^-}\right)$$
$$= 9.6485 \times 10^4\ C/mol\ e^-$$

$9.6485 \times 10^4$ C/mol(보통 96,500 C/mol로 반올림한다)은 **Faraday 상수(Faraday constant, F)**로 알려졌으며, 이는 전기화학을 처음으로 정량적 관점에서 다룬 Michael Faraday를 기념하여 부른 것이다.

전지가 할 수 있는 전기적인 일은 전달되는 전자의 몰수($n$), 전지 전압($E°$ cell), Faraday 상수($F$)를 모두 곱한 것과 같다.

**Michael Faraday** 1791-1867

London의 책 제본사의 도제였던 Michael Faraday는 소년시절에 과학에 매료되었다. 22 세에 왕립연구소 실험 조수가 되었고 12년 후 원장이 되었다. 유능한 화학 및 물리 실험가였던 그는 많은 중요한 발견을 하였다. 가장 의미 있는 것은 전자기 유도와 근대 전자기 기술의 기초를 세운 것이다. Faraday는 최초의 전기 모터와 전기 발생기 및 트랜스포머를 만들었다. 그는 연설가, 교육자였고 화학, 전기화학 실험을 수행했고 벤젠을 처음으로 분리하였다.

$$\text{전기적 일} = nFE°_{cell}$$

전지 전압과는 달리, 전기적 일은 전지 반응에서 반응물의 양에 의존한다. 더 많은 반응물은 더 많은 전자가 전달된다는 것을 의미하며 그 많큼 더 많은 일을 하게 된다. 표준 조건에서 전지가 하는 전기적 일을 $\Delta G°$와 연관시키면.

$$\Delta G° = -nFE°_{cell}$$

식의 오른편에 있는 음(−)의 부호는 생성물-선호 반응에 대하여 $\Delta G°$가 항상 음의 값을 가지고 $E°_{cell}$은 항상 양(+)의 값을 갖는다는 사실을 설명한다. 따라서 이들 값은 서로 반대 부호를 가져야 한다.

이 식을 이용하여 $Cu^{2+}$/Zn 전지에 대해 $\Delta G°$를 계산 할 수 있다. 이 값은 전지가 할 수 있는 최대 일을 나타낸다. 이 반응은 다음과 같으므로 환원되는 구리 이온 1몰당 2몰의 전자가 전달된다.

$$Cu^{2+}(aq) + Zn(s) \longrightarrow Cu(s) + Zn^{2+}(aq) \qquad E°_{cell} = +1.10\ V$$

이런 양의 반응물이 변환될 때의 Gibbs 자유 에너지 변화는 아래와 같다.

$$\begin{aligned}\Delta G° &= -\left(\frac{2\ \text{mol e}^-}{\text{전달된}}\right)\left(\frac{9.65 \times 10^4\ \text{C}}{\text{mol e}^-}\right)\left(\frac{1\ \text{J}}{1\ \text{V} \times 1\ \text{C}}\right)\left(\frac{1\ \text{kJ}}{10^3\ \text{J}}\right)(+1.10\ \text{V}) \\ &= -212\ \text{kJ}\end{aligned}$$

양(+)의 $E°_{cel}$과 음(−)의 Gibbs 자유에너지 변화 값은 이 반응이 생성물-선호 반응임을 나타낸다.

**예제 18.8 $E°_{cell}$과 $\Delta G°$의 결정**

아래 산화환원 반응을 생각해보자.

$$Zn^{2+}(aq) + H_2(g) + 2\ H_2O(\ell) \longrightarrow Zn(s) + 2\ H_3O^+(aq)$$

표 18.1에 있는 표준 환원 포텐셜을 이용하여 $E°_{cell}$과 $\Delta G°$를 계산하고 표시한대로 반응이 진행될 것인지 여부를 결정하시오.

**정답:** $E°_{cell} = -\ 0763\ V$; $\Delta G° = 147\ kJ$. 이 반응은 진행되지 않는다.

**풀이:** 첫 단계로 표 18.1로부터 얻을 수 있는 표준 환원 포텐셜 값을 이용하여 일어날 수 있는 산화와 환원 반쪽 반응들을 쓴다.

환원: $Zn^{2+}(aq) + 2\ e^- \longrightarrow Zn(s) \qquad E°_{cathode} = -0.763\ V$

산화: $H_2(g) + 2\ H_2O(\ell) \longrightarrow 2\ H_3O^+(aq) + 2\ e^- \qquad E°_{anode} = 0\ V$

두 반쪽 반응에 대한 표준 환원 포텐셜로부터 이 반응의 $E°_{cell}$를 얻는다.

$$E°_{cell} = E°_{cathode} - E°_{anode} = -0.763\ V - 0\ V = -0.763\ V$$

$E°_{cell}$가 음(−)의 값을 가지므로 이 반응은 쓰여 진 방향으로 진행되는 생성물-선호 반응이 아니다. $Zn^{2+}$는 $H_2O$를 산화시키지 못한다. 역반응은 생성물-선호 반응이다 즉 Zn 금속은 산과 반응한다.

계산된 $E^\circ_{cell}$ 로부터 $\Delta G^\circ$를 계산 할 수 있다. 즉,

$$\begin{aligned}\Delta G^\circ &= -nFE^\circ_{cell}\\ &= -(2\text{ mol e}^-)\times\left(\frac{9.65\times10^4\text{ C}}{1\text{ mol e}^-}\right)\left(\frac{1\text{ J}}{1\text{ V}\times1\text{ C}}\right)(-0.763\text{ V})\\ &= 1.47\times10^5\text{ J} = 147\text{ kJ}\end{aligned}$$

또한 $\Delta G^\circ$가 양(+)의 값이므로 이 반응은 생성물–선호 반응이 아니다.

**실전예제 18.8**

표준 환원 포텐셜을 이용하여 아래 반응이 생성물–선호 반응인지를 결정하시오.

$$Hg^{2+}(aq) + 2\,I^-(aq) \longrightarrow Hg(\ell) + I_2(s)$$

## $\Delta G^\circ$, $E^\circ_{cell}$ 및 $K^\circ$

표준 조건에서 전기화학 전지의 $E^\circ_{cell}$과 표준 Gibbs 자유에너지는 비례 한다는 것을 배웠다.

$$\Delta G^\circ = -nFE^\circ_{cell}$$

표준 Gibbs 자유에너지가 반응의 평형 상수 로그 값에 직접 비례한다는 것을 제17장에서 배웠다.

$$\Delta G^\circ = -RT\ln K^\circ$$

이 식을 $E^\circ_{cell}$에 대해 풀면 아래와 같다.

$$E^\circ_{cell} = \frac{RT}{nF}\ln K^\circ$$

따라서, 측정한 $E^\circ_{cell}$의 값으로 $\Delta G^\circ$와 $K^\circ$ 값을 계산할 수 있다. $E^\circ_{cell}$, $\Delta G^\circ$ 및 $K^\circ$의 관계를 그림 18.10에 나타냈다.

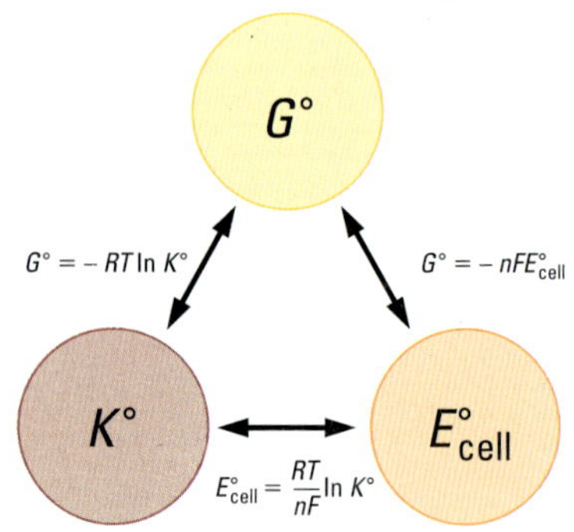


**그림 18.10 $E^\circ_{cell}$, $\Delta G^\circ$ 및 $K^\circ$의 관계.** 어느 하나의 값을 주면 다른 2개의 값을 계산 할 수 있다.

표준 상태 온도(298 K)라고 가정하고 $R$ (8.314 $Jmol^{-1}$)과 $F$(96,485 $JV^{-1}mol^{-1}$)의 값을 대입하면 $E^\circ_{cell}$에 대한 표현을 간단히 할 수 있다. $n$이 전달되는 전자 수라고 하면 다음과 같다.

$$E^\circ_{cell} = \frac{RT}{nF}\ln K^\circ = \frac{(8.314\text{ J mol}^{-1}\text{ K}^{-1})(298\text{ K})}{n\,(96{,}485\text{ J V}^{-1}\text{mol}^{-1})} = \frac{0.0257\text{ V}}{n}\ln K^\circ$$

자연로그를 상용로그로 변환하면(2.303을 곱한다) 아래와 같다.

$2.303\log(x) = \ln(x)$

$$E^\circ_{cell} = \frac{0.0592\text{ V}}{n}\log K^\circ \quad\text{and}\quad \log K^\circ = \frac{nE^\circ_{cell}}{0.0592\text{ V}} \quad (298\text{ K에서})$$

이 식은 모든 반응물과 생성물이 표준상태일 때에 해당한다.

**예제 18.9 산화환원 반응에 대한 평형 상수**

아래 반응에 대한 평형상수 $K_c$를 표 18.1의 표준 환원 포텐셜 값을 이용하여 계산하시오.

$$Fe(s) + Cd^{2+}(aq) \rightleftharpoons Fe^{2+}(aq) + Cd(s)$$

**정답:** $K_c = K° = 22$

**풀이:** 먼저 $E°_{cell}$를 계산해야 한다. 그러기위해 반응을 두 반쪽 반응으로 분리해야 한다.

$$Fe(s) \longrightarrow Fe^{2+}(aq) + 2\,e^- \qquad E°_{anode} = -0.44\ V$$

$$Cd^{2+}(aq) + 2\,e^- \longrightarrow Cd(s) \qquad E°_{cathode} = -0.40\ V$$

$$Fe(s) + Cd^{2+}(aq) \longrightarrow Fe^{2+}(aq) + Cd(s) \qquad E°_{cell} = +0.04\ V$$

2 몰의 전자가 이동한다면 아래와 같다.

$$\log K° = \frac{nE°_{cell}}{0.0592\ V} = \frac{(2)(0.04\ V)}{0.0592\ V} = 1.35 \quad \text{and} \quad K = 10^{1.35} = 22$$

$K°$값이 1 보다 크면, 반응이 생성물-선호 반응이라는 것을 나타낸다. 반응이 수용액에서 일어나기 때문에 $K_c = K° = 22$이다.

**실전예제 18.9**

표18.1의 표준 환원 포텐셜 값을 이용하여 아래 반응의 평형 상수를 계산하시오.

$$I_2(s) + Sn^{2+}(aq) \longrightarrow 2\,I^-(aq) + Sn^{4+}(aq)$$

## 18.7 전지 포텐셜에 대한 농도의 영향

앞에서 논한 전기화학 전지는 모두 볼타 전지이고 생성물-선호 화학 반응을 토대로 한 것이다. 그런 전기화학 전지에서 반응이 진행될 때, 반응물은 생성물로 변환되므로 화학종의 농도가 계속해서 변한다. 반응물 농도가 감소하면 전지에서 생산되는 전압은 낮아지고. 최종적으로 전압이 '0'에 이르면 반응물과 생성물이 평형을 이룬다.

이런 볼타 전지의 반응에서 반응물과 생성물의 농도와 전지의 전압을 아래와 같이 연관지을 수 있다.

$E°_{cell}$는 표준상태에서의 전압이다. $E_{cell}$은 비표준상태의 전압이다.

여기서 $Q$는 반응 지수이다.

$$E_{cell} = E°_{cell} - \frac{RT}{nF}\ln Q$$

$Q$는 평형 상수와 같은 형식을 갖지만 어느 순간에서의 혼합물에 대한 것이다. 즉 이 반응 혼합물은 평형을 이룰 필요가 없다. 이 식을 **Nernst 방정식(Nernst equation)**이라고 한다. 자연로그를 상용로그로 변환 하면(ln $Q$를 2.303 log $Q$로 치환)아래와 같다.

$$E_{cell} = E°_{cell} - \frac{2.303\,RT}{nF}\log Q$$

이 식을 25°C로 가정하고 R(8.314 J $mol^{-1}K^{-1}$)과 F(96,485 J $V^{-1}$ $mol^{-1}$)를 대입하면 아래와 같이 간단하게 할 수 있다.

$$E_{cell} = E°_{cell} - \frac{(2.303)(8.314\ J\ mol^{-1}\ K^{-1})(298\ K)}{n(96{,}485\ J\ V^{-1}\ mol^{-1})}\log Q$$

$$E_{cell} = E°_{cell} - \frac{0.0592\ V}{n}\log Q \qquad (T = 298\ K)$$

만일 $Q$에서 모든 농도가 1이라면(표준 상태) $Q = 1$이고 $\log(1) = 0$ 이다. 따라서 Nernst 식은 $E_{cell} = E^{\circ}_{cell}$로 된다.

Nernst 식은 비표준 조건에서 전기화학 전지에 의해 생산되는 전압을 계산하는 데 이용할 수 있다. 또한 생성된 전압의 측정값으로부터 전기화학 반응의 생성물과 반응물의 농도 계산에도 이용할 수 있다.

**예제 18.10 Nernst 식의 이용**

아래 전기화학 반응에 대해 생각해보자.

$$Zn(s) + Ni^{2+}(aq) \longrightarrow Zn^{2+}(aq) + Ni(s)$$

표준전지 포텐셜 $E^{\circ}_{cell} = 0.51$ V이다. 만일 $Ni^{2+}$의 농도는 5.0 M이고 $Zn^{2+}$의 농도는 0.050 M 이라고 할 때 전압을 계산하시오.

**정답:** 0.57 V

**풀이:** Nernst 식을 이용하여 문제를 푼다. 2몰의 전자가 1몰의 Zn으로부터 1몰의 $Ni^{2+}$로 전달된다면 $n = 2$이고 온도는 298 K이다.

$$E^{\circ}_{cell} = 0.51\text{ V} - \frac{0.0592\text{ V}}{2}\log\frac{(\text{conc. }Zn^{2+})}{(\text{conc. }Ni^{2+})}$$

$$E^{\circ}_{cell} = 0.51\text{ V} - \frac{0.0592\text{ V}}{2}\log\left(\frac{0.050}{5.0}\right) = 0.51\text{ V} - \frac{0.0592\text{ V}}{2}\log(10^{-2})$$

$$= 0.51\text{ V} - \frac{0.0592\text{ V}}{2}(-2.00) = 0.57\text{ V}$$

**실전예제 18.10**

만일 위 반응에서 $Zn^{2+}$ 농도 = 3.0 M 이고 $Ni^{2+}$ 농도= 0.010 M 이라면 이 전기화학 반응계의 전압은 얼마인가?

## 18.8 일반 전지

볼타 전지는 **배터리**라고 부르는 편리한 휴대용 에너지원이다. 보통 손전등용 배터리 같은 몇몇 배터리는 하나의 전지로 구성되어 있지만 자동차 배터리 같은 것은 여러 개의 전지로 구성되어 있다. 배터리는 양극과 음극에서 반응을 쉽게 전환할 수 있는 가에 따라 일차 또는 이차로 구별한다. **일차 전지(primary battery)**에서는 전기화학 반응이 쉽게 전환되지 않으므로 반응물이 모두 소모되고 나면 버려야 한다. 반대로 **이차 전지(secandary battery**; 또는 저장 배터리 또는 충전 배터리라고도 한다)에서는 반응을 전환 할 수 있고 그래서 이런 배터리는 재충전하여 다시 사용한다.

### 일차 전지

알칼리 전지(alkaline battery)는 중요한 일차 전지이며, 1.54 V를 생산한다. 양극 반응은 알칼리 (pH > 7) 조건에서 아연이 산화되는 것이다.

$$Zn(s) + 2\,OH^-(aq) \longrightarrow ZnO(aq) + H_2O(\ell) + 2\,e^- \qquad (\text{양극, 산화})$$

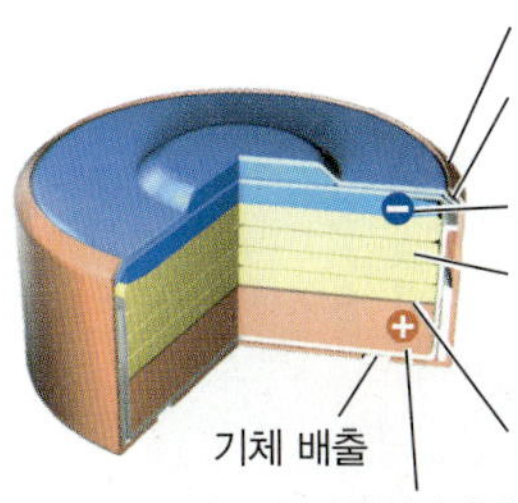


**그림 18.11** 수은 전지. 환원제는 Zn 이고 산화제는 HgO 이다.

수은 전지는 수은이 새지 않게 밀봉하고 절대로 가열하지 말아야 한다. 가열하면 수은 증기 압력이 증가하여 결국에는 전지가 폭발하게 된다.

외부 회로를 통해 흐르는 전자는 음극에서 $MnO_2$를 환원시키며 소모된다.

$$MnO_2(s) + H_2O(\ell) + e^- \longrightarrow MnO(OH)(s) + OH^-(aq) \quad (\text{음극, 환원})$$

수은 전지(*mercurry battery*, 그림 18.11)에서는 아연의 산화가 양극에서 일어나고 음극 반응은 HgO가 환원되는 것이다.

$$HgO(s) + H_2O(\ell) + 2\,e^- \longrightarrow Hg(\ell) + 2\,OH^-(aq)$$

이 전지의 전압은 약 1.35 V 이다. 수은 전지는 계산기, 시계, 보청기, 사진기등 작은 전지가 유리한 장비에 이용된다. 그러나 수은과 수은 화합물들은 유독하므로 적절한 처리가 필요하다.

## 이차 전지

이차 전지는 방전될 때 산화 생성물은 양극에 환원 생성물은 음극에 남게 되므로 재충전할 수 있다. 결과적으로 만일 전자를 거꾸로 흐르게 하면 양극과 음극 반응은 반대로 일어나 반응물이 재충전된다. 우호적인 조건에서 이차 전지는 수백 번 또는 수천 번씩 방전되기도 하고 충전되기도 한다. 자동차 배터리, 니카드(nickel−cadium) 전지나 리튬−이온 전지가 이차 전지의 예들이다.

**납축전지** 익숙한 자동차 배터리인 납축전지(lead−acid storage battery)도 6개의 전지, (각 전지는 황산 수용액에 담근 $PbO_2$ 전극과 다공성 납 전극으로 만들어짐) 로 구성된 이차 전지이다(그림 18.12). 이 배터리가 전류를 생산할 때 금속성 납은 양극에서 $PbSO_4$로 산화되고 $PbO_2$는 음극에서 $PbSO_4$로 환원된다.

$$Pb(s) + HSO_4^-(aq) + H_2O(\ell) \longrightarrow PbSO_4(s) + H_3O^+(aq) + 2\,e^- \qquad E^\circ_{anode} = -0.356\text{ V}$$

$$PbO_2(s) + 3\,H_3O^+(aq) + HSO_4^-(aq) + 2\,e^- \longrightarrow PbSO_4(s) + 5\,H_2O(\ell) \qquad E^\circ_{cathode} = 1.685\text{ V}$$

$$Pb(s) + PbO_2(s) + 2\,H_3O^+(aq) + 2\,HSO_4^-(aq) \longrightarrow 2\,PbSO_4(s) + 4\,H_2O(\ell) \qquad E^\circ_{cell} = +2.041\text{ V}$$

전형적인 자동자 배터리에서는 6개의 전지를 직렬로 연결해서 총 12 V의 전압을 얻는다.

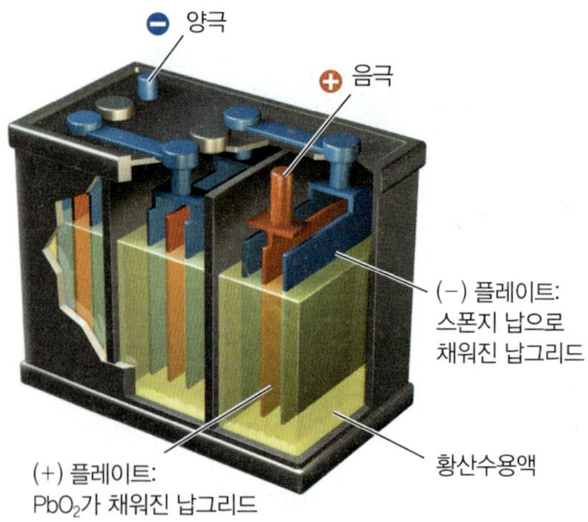


**그림 18.12** **납축전지.** 양극은 납 스폰지로 채워진 납그리드이고, 음극은 $PbO_2$로 채워진 납그리드이다. 각 전지는 약 2 V의 전압을 생산하고 6개 전지를 연결시켜 필요한 전압을 생산한다.

왜 납축전지가 재충전 가능한지를 이해하기 위해 두 개의 전극에서 생성되는 불용성 $PbSO_4$를 생각해보자. 이 $PbSO_4$는 대부분 전극의 표면에 남는다. 이차 전지를 재충전하려면, 직류 전원을 공급해서 전지가 방전할 때와는 반대 방향으로 전자를 흐르게 해야 한다. 그렇게 하면 전체 전지 반응이 거꾸로 일어나고, 전류와 전압을 생성하는 본래의 반응물이 재생된다. 납축전지의 경우 전체 산화환원 반응은 다음과 같다.

납축전지는 프랑스 과학아카데미에서 1860년 Gaston Plante에 의해 처음 설명되었다.

방전되는 배터리가 전기를 생산한다.

$$Pb(s) + PbO_2(s) + 2\ HSO_4^-(aq) + 2\ H_3O^+(aq) \rightleftharpoons 2\ PbSO_4(s) + 4\ H_2O(\ell)$$

충전 되려면 외부로부터 전기 공급이 필요하다.

자동차 납축전지의 정상적인 충전은 운전 중에 일어난다. 아울러, 전체 전지 반응이 거꾸로 일어나면 충전될 때 음극에서 $H_3O^+$ 이온이 환원되고, 양극에서는 물이 산화된다.

자동차의 방전된 배터리를 점퍼-스타트 할 때 배터리에 있는 $H_2$에 의한 발화를 피하기 위해 마지막 점퍼 선은 자동차 프레임—배터리에서 멀리 있는—에 연결되어 있어야 한다.

하이드로늄 이온의 환원: $4\ H_3O^+(aq) + 4\ e^- \longrightarrow 2\ H_2(g) + 4\ H_2O(\ell)$

물의 산화: $6\ H_2O(\ell) \longrightarrow O_2(g) + 4\ H_3O^+(aq) + 4\ e^-$

이들 반응은 배터리 내부에서 수소–산소 혼합물을 생성한다. 즉 순간적으로 점화되면 폭발할 수도 있다. 따라서 납축전지 근처에서 스파크가 일어나지 않게 해야 하고 불꽃에도 노출되지 않도록 해야 한다.

배터리가 작동하면 황산이 양극과 음극 모두에서 소모되고 황산 전해질의 농도가 감소한다.

현재 사용되고 있는 밀폐형 자동차 배터리가 등장하기 전에는, 충전 정도를 나타내는 배터리 산의 밀도를 주기적으로 측정하였다. 배터리가 방전되면 산의 밀도가 감소한다. 결국 밀도가 낮을수록 배터리의 전하가 더 낮다. 현재의 밀폐형 배터리에서는 산의 밀도를 측정하기가 어렵다.

납축전지는 비교적 가격이 저렴하고, 신뢰할 수 있고 간단하고 적당한 수명을 가지고 있다. 무게가 무겁다는 것이 큰 단점이다. 특히 추운 아침 자동차 엔진의 시동을 걸기위해서는 많은 수의 전자가 요구되는데 일반적인 자동차의 배터리는 15~20 kg의 납을 포함하고 있다. 납축전지의 또 다른 문제점은 납의 제조와 배터리의 폐기가 지표수와 공기를 오염시킬 수 있다. 자동차 배터리는 적절한 안전장비를 갖춘 회사에 의해 수거되어야 한다.

양극으로부터 음극으로 이동할 수 있는 전지의 전자수는 전지를 만드는데 사용한 반응물의 농도에 비례한다.

**니켈–카드뮴 및 니켈–금속 수소화물 배터리** 니켈–카드뮴(nicad) 이차 전지는 무게가 가벼워서 작게 만들 수 있고, 방전이 종료될 때까지 일정한 전압을 생산할 수 있어 무선기기, 비디오 캠코더, 휴대용 라디오 및 다른 응용에 이용할 수 있다(그림 18.13).

니카드 전지는 전극 표면에 남는 반응 생성물이 불용성 물질인 수산화물이어서 재충전할 수 있다. 방전 사이클 동안 양극 반응은 카드뮴이 산화되는 것이고, 음극 반응은 NiO(OH)(nikcel oxyhydroxide)가 환원되는 것이다.

$$\mathrm{Cd(s) + 2\,OH^-(aq) \longrightarrow Cd(OH)_2(s) + 2\,e^-} \qquad E^\circ_{\mathrm{anode}} = -0.809\ \mathrm{V}$$

$$\mathrm{2[NiO(OH)(s) + H_2O(\ell) + e^- \longrightarrow Ni(OH)_2(s) + OH^-(aq)]} \qquad E^\circ_{\mathrm{cathode}} = 0.490\ \mathrm{V}$$

$$\mathrm{Cd(s) + 2\,NiO(OH)(s) + 2\,H_2O(\ell) \longrightarrow Cd(OH)_2(s) + 2\,Ni(OH)_2(s)} \qquad E^\circ_{\mathrm{cell}} = 1.299\ \mathrm{V}$$

© Cengage Learning/Charles D. Winters

그림 18.13 **배터리 충전기에 있는 니켈–카드뮴(nicad) 전지.**

수은 전지처럼, 니카드 전지는 카드뮴과 그들 화합물의 독성 때문에 적절하게 폐기되어야 한다.

양극 반응은 다르지만 동일한 음극 반응을 이용하는 또 다른 니켈 전지는 니켈–금속 수소화물(*nickel-metal hydride, NiMH*) 전지이다. 이 전지는 카드뮴을 사용하지 않는 것이다. 이 전지는 휴대용 전동 공구, 무선 면도기, 그리고 포토 플래쉬에 사용된다. 여기서 양극은 염기 전해질(KOH)속에 금속(M) 합금이나 종종 니켈 또는 희토류 원소 등을 담그어 사용한다. 양극 반응은 금속 합금에 흡착된 수소를 산화시켜 물이 생성되는 반응이다.

$$\mathrm{MH(s) + OH^-(aq) \longrightarrow M(s) + H_2O(\ell) + e^-} \qquad (\text{양극 반응})$$

전체 반응은 다음과 같다.

$$\mathrm{MH(s) + NiO(OH)(s) \longrightarrow M(s) + Ni(OH)_2(s)} \qquad E_{\mathrm{cell}} = 1.4\ \mathrm{V}$$

EXERCISE **연습문제 18.7 니카드 전지 재충전**

니카드 전지를 재충전 할 때 전극 반응을 쓰시오. 양극과 음극 반응을 쓰시오.

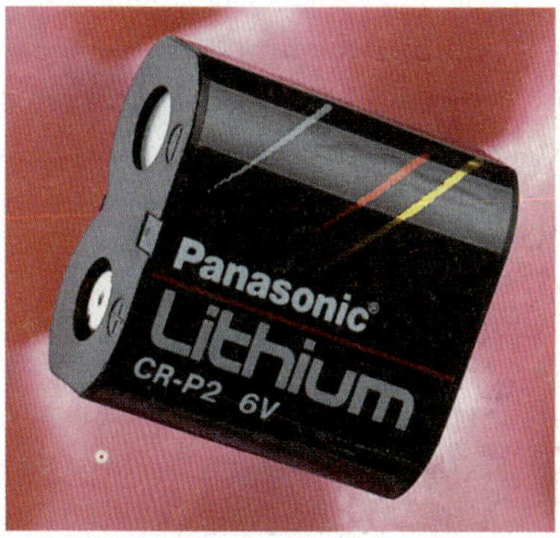


© Cengage Learning/Charles D. Winters

그림 18.14 **리튬 이온 전지.** 높은 전자 밀도와 작은 무게를 요구하는 경우에 많이 이용된다.

**리튬 이온 전지** 리튬–이온 전지(그림 18.14)는 리튬 금속이 밀도가 낮고 강한 환원력을 가지는 잇점이 있다(표 18.1). 리튬 전지에서 양극은 전도성 탄소 중합체를 리튬

금속과 혼합하여 만든다. 중합체는 산화반응에서 생성되는 리튬 이온뿐만 아니라 리튬 원자도 잡을 수 있는 좁은 공간 구조를 가지고 있다.

$$\text{Li(s) (고분자 내)} \longrightarrow \text{Li}^+ \text{ (고분자 내)} + e^- \qquad \text{(양극 반응)}$$

또한 음극은 리튬 이온을 포함하고 있지만 $CoO_2$ 같은 금속 산화물의 격자 속에도 있다. 탄소-중합체 전극 같은 이런 금속 산화물 격자는 $Li^+$ 이온을 수용할 수 있는 구멍을 갖고 있다. 환원 반응은 다음과 같다.

$$\text{Li}^+(\text{CoO}_2 \text{ 격자 내}) + e^- + \text{CoO}_2 \longrightarrow \text{LiCoO}_2 \qquad \text{(음극 반응)}$$

따라서, 리튬-이온 전지의 전체 반응은 다음과 같다.

$$\text{Li(s)} + \text{CoO}_2\text{(s)} \longrightarrow \text{LiCoO}_2\text{(s)} \qquad E_{\text{cell}} = 3.4 \text{ V}$$

리튬-이온 전지는 큰 전압(전지 당 3.4 V)을 가지며 질량 대비 매우 높은 에너지 출력을 낸다. 이들은 수 백 번씩 재충전할 수 있다. 바람직한 특성 때문에, 리튬-이온 전지는 휴대폰, 노트북 컴퓨터 및 디지털 카메라에 사용된다.

## CHEMISTRY IN THE NEWS

### Hybrid Cars

A number of hybrid cars are now for sale in the United States and Japan, and more are to be offered soon. Hybrid cars have wo propulsion systems: an electric motor and a gasoline engine. The energy to power such a car comes from gasoline. The electricity comes ultimately from its gasoline engine, which charges he battery that is used to run the electric motor. However, the gasoline engine in a hybrid car is smaller than that in a normal car, and the gasoline engine switches off when the hybrid car is stopped or cruising at low speed. Therefore, fuel efficiency is high and hybrid cars get up to 60 mpg in city driving, twice as much as the gasoline mileage of non-hybrid, conventional cars.

Overall, the hybrid car is much more energy efficient than a conventional car. When the Toyota Prius starts up, the electric motor is used, but when the car is accelerating, and the demand for power is high, both the electric motor and the gasoline engine are used. At speeds of less than about 20 mph, the electric motor alone provides the ropulsion, so hybrid cars get their best gasoline mileage in city traffic. The Prius cruises using both propulsion systems, although some of the energy rom the engine is used to charge the batteries using the motor-generator. When going downhill, the Prius turns ff the gasoline engine. Furthermore, when the brakes are applied, the motorgenerator converts some of the kinetic energy of the car into electricity, charging the batteries, and saving energy wasted in a conventional car.

The batteries that power the motor are nickel–metal hydride (NiMH) batteries that are charged by the gasoline engine uring normal driving or as the car goes downhill, so the car never needs to be plugged in to be recharged. Eventually, the batteries need to be replaced. Because a hybrid car does not use the gasoline engine all of the time, it produces much less exhaust, both polluting gases and carbon dioxide, than a conventional car. For example, the Toyota Prius has such low tailpipe emissions that it qualifies for the California Air Resources Board's stringent Super-Ultra-Low-Emission Vehicle class. Due to their excellent gas mileage, demand for hybrid cars is projected to rise as emission standards row ever stricter and gasoline prices rise.

Sources: Reisch, M. "Thirst for Power." Chemical & Engineering News, July 9, 2007; Maynard, M. "Getting to Green." New York Times, October 24,

CONCEPTUAL
**개념학습** 18.8 비상용 배터리

당신이 섬에 좌초되어 도움을 받기 위해 위치를 알려야 할 필요가 생겼다. 배터리로 작동하는 전원 라디오 트랜스미터를 가지고 있으나 납전지가 방전되어 버렸다. 근처 수영장에서 염소 기체 탱크와 염소에 의한 산화에 견딜 수 있는 플라스틱 튜브를 발견하였다. 이들로부터 라디오에 전기를 공급할 수 있는 배터리를 고안하시오.

## 18.9 연료 전지

연료 전지(fuel cell)는 연료의 화학 에너지를 직접 전기로 변환하는 전기화학 전지이다. 연료 전지도 배터리처럼 작동하지만, 배터리와는 달리 연료 전지의 반응물은 외부 저장고로부터 공급된다. 가장 잘 알려진 연료 전지는 우주선에서 사용되었던 알칼리 연료 전지이다. 알칼리 연료 전지는 NASA에서 우주선의 전기 공급을 위하여 1960년대부터 사용되었지만 가격이 매우 비싸서 상업화가 어려웠다. 이 연료 전지를 작동하려면 매우 순수한 산소와 수소가 요구되며 오염에 민감하다. 따라서 대체 연료 전지가 개발되었다.

### 양성자-교환 막 연료 전지

수소-산소 연료 전지는 전기화학 전지에서 수소가 산화되어 전력을 생산한다. 두 반쪽 반응은 다음과 같다.

$$H_2 \longrightarrow 2\,H^+ + 2\,e^- \qquad \text{(양극, 산화)}$$

$$\tfrac{1}{2}O_2 + 2\,H^+ + 2\,e^- \longrightarrow H_2O \qquad \text{(음극, 환원)}$$

수소기체는 양극으로 불어 넣고, 산소기체나 공기는 음극으로 불어 넣는다(그림 18.15). 흑연 전극을 백금이 포함된 촉매로 둘러싼다. 두 전극을 반투막-양성자 교환

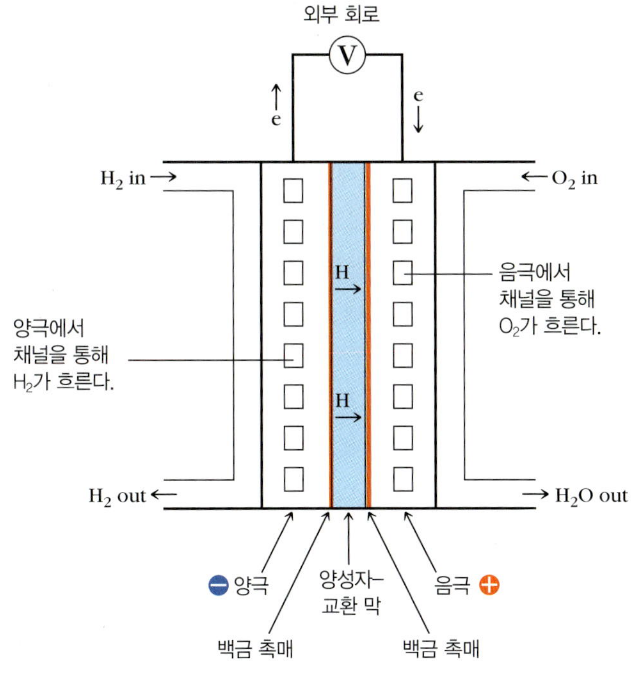


**그림 18.15 양성자-교환 막 $H_2/O_2$ 연료 전지.** $H_2$는 양극 용기에서 산화되고 $O_2$는 음극용기에서 환원된다.

막(proton−exchange membrane, PEM)인 얇은 플라스틱 막으로 분리한다. 이 막은 $H^+$는 통과하지만 전자는 통과하지 않는다. 대신에 전자는 외부 회로를 통해 흐르고 일을 하는데 이용될 수 있다. 전기화학 반응은 양극 및 음극과 연결된 PEM 막 양쪽에 있는 백금 촉매에 의해 촉진된다. 양극에서 생성된 $H^+$ 이온은 PEM 을 통해 음극으로 간다. 음극에서는 $O_2$의 환원에 의해 생성된 수산화 이온과 양성자가 반응하여 물을 생성한다. 이 연료 전지의 전체 반응은 다음과 같고 약 0.7 V를 생산한다.

$$H_2(g) + \frac{1}{2}O_2(g) \longrightarrow H_2O(\ell)$$

수소는 천연에서 $H_2$로 생기지 않는다. 따라서 $H_2$ 연료는 제조해야 한다. 현재는 대부분의 $H_2$를 원유의 정제 과정에서 또는 수증기와 메테인을 반응시켜 만든다.

PEM 연료 전지에서 요구되는 순수한 수소는 일반적으로 사용하기에는 문제가 있다. 순수한 수소는 가연성이 있고, 저장과 배달이 어렵다. 다른 수소 공급원에 더 주목한다. 개질기(reformer)라고 부르는 장치를 이용하여 탄화수소(천연 가스)나 알코올(메탄올 같은) 연료를 연료 전지에 공급할 수 있는 수소로 변환할 수 있다. 그러나 개질기를 장착한 연료 전지는 전체적으로 효율이 낮고 물 이외의 다른 생성물을 생성한다.

## 18.10 전기분해: 반응물-선호 산화환원 반응의 강제적 수행

'Lysis'는 "splitting" 을 의미한다. 따라서 'electrolysis'는 'splitting with electricity'- 전기에 의한 분해-라는 의미이다. 전기분해 반응은 직류전류의 흐름에 의해 생기는 화학반응이다.

반응물-선호 산화환원 계($\Delta G°$가 양(+)의 값을 가지는 반응)도 배터리 같은 외부 전원으로부터 전기화학 반응계로 전자를 흐르게 하면 생성물을 생성할 수 있다. **전기분해(electrolysis)**라고 하는 이 과정은 자발적으로 일어나지 않는 반응물-선호 전기화학 반응을 수행하는 한 가지 방법이다. 전기분해반응은 구리나 알루미늄 같은 금속을 포함한 금속의 정제와 생산에, 그리고 금속에 다른 종류의 금속을 입히는 전기도금 등에 이용되어 경제적으로 중요하다.

볼타 전지처럼, 전기분해 전지는 전도성 매질과 외부 회로에 연결된 전극들을 포함하고 있다. 볼타 전지에서처럼 전기분해 전지에서 환원이 일어나는 전극을 음극이라고 부르고, 산화가 일어나는 전극을 양극이라고 한다. 전기분해 전지에서 전극은 때로는 불활성이고, 이들의 기능은 전자가 들어오고 나가는 통로를 제공한다. 그러나 볼타 전지와 반대로 전기분해 전지에 연결된 외부회로는 전자의 직류 공급원을 포함하고 있어야 한다. 소규모로 전기분해를 수행한다면 배터리를 전류 공급원으로 쓸 수 있다. 배터리는 한 전극으로 높은 전압의 전자를 보내고(−극), 그리고 다른 전극으로부터는 전자를 제거할 수 있다(+극). 두 전극 반응을 물리적으로 분리할 필요는 없으므로 염다리가 필요 없다. 전극과 접촉하는 전도성 매질은 종종 두 전극에 동일하고, 용융소금이나 수용액이 될 수 있다.

전기분해의 한 가지 예로 용융소금의 분해를 들 수 있다. 이 반응에서, 전극 쌍을 순수한 소금에 담구고 녹는 온도 이상으로 가열한다(그림 18.16). 용융 액체에서 $Na^+$와 $Cl^-$ 이온이 자유롭게 움직인다. $Na^+$ 이온은 음의 전극으로 끌리고, $Cl^-$ 이온은 양의 전극으로 끌린다. 음극(− 전극)에서 $Na^+$ 이온이 Na로 환원되고, 양극(+ 전극)에서 $Cl^-$ 이온이 산화되어 염소 분자로 된다.

$$2\,Na^+(용융) + 2\,e^- \longrightarrow 2\,Na(\ell) \qquad (음극, 환원)$$
$$2\,Cl^-(용융) \longrightarrow Cl_2(g) + 2\,e^- \qquad (양극, 산화)$$
$$2\,Na^+(용융) + 2\,Cl^-(용융) \longrightarrow 2\,Na(\ell) + Cl_2(g) \;(알짜\ 전지\ 반응)$$

용융 소금을 이용하는 전기분해는 양극과 음극에서 반응이 일어나도록 소금을 녹이는데 에너지가 필요하므로 에너지–집약적인 과정이다.

만일 용융소금 보다 KI 같은 염의 수용액을 통해 전류를 보내면 어떻게 될까? 전기분해의 결과를 예견하려면, 먼저 용액에서 무엇이 산화되고 환원되는지를 결정해야 한다. KI(aq)의 경우, 용액에서 $K^+$ 이온, $I^-$ 이온 그리고 물 분자가 포함된다. 포타슘은 이미 가장 높은 산화 상태인 $K^+$로 되어 있다. 그래서 산화될 수 없다.
그러나, $I^-$이온과 물 분자는 산화될 수 있다. 가능한 양극의 산화 반쪽 반응과 이 반응의 표준 환원 포텐셜은 다음과 같다.

$$2\,I^-(aq) \longrightarrow I_2(s) + 2\,e^- \qquad E^\circ_{anode} = 0.535\ V$$
$$6\,H_2O(\ell) \longrightarrow O_2(g) + 4\,H_3O^+(aq) + 4\,e^- \qquad E^\circ_{anode} = 1.229\ V$$

동일한 전극에서 2개 또는 그 이상의 전기화학 반응이 가능하다면 표준상태에서 더 잘 일어 날 반응을 결정하는데 표 18.1를 이용할 수 있다.

두 가능한 양극 반응을 고려해보자. 표 18.1의 논의 내용을 보면, 표준 환원 포텐셜이 덜 양(+)의 값을 가질수록 산화 반쪽 반응이 더 잘 일어난다는 것을 나타내고 있다. 즉, 표 18.1에서 바닥 쪽으로 갈수록 반쪽 반응은 산화반응이 더 잘 일어난다. $I^-$가 $I_2$로 산화되는 반응은 표준환원 포텐셜이 물($E^\circ$ = +1.229)보다 덜 양(+)의 값($E^\circ$ = + 0.535)을 가진다. 따라서 $I^-$ 이온은 양극 반응에서 쉽게 요오드로 산화된다. $I^-$는 요오드의 가장 낮은 산화상태이므로 두 화학종 만이 음극에서 환원될 수 있다: $K^+$ 이온과 물 분자이다. 가능한 음극의 환원 반쪽 반응과 이들의 표준 환원 포텐셜은 다음과 같다.

$$K^+(aq) + e^- \longrightarrow K(s) \qquad E^\circ_{cathode} = -2.925\ V$$
$$2\,H_2O(\ell) + 2\,e^- \longrightarrow H_2(g) + 2\,OH^-(aq) \qquad E^\circ_{cathode} = -0.8277\ V$$

표 18.1의 논의에서 표준 환원 포텐셜이 더 큰 양(+) 의 값을 가질수록 반쪽 반응의 왼편에 있는 물질이 더 쉽게 환원될 수 있다. 물의 $E^\circ$가 $K^+$의 $E^\circ$ 보다 더 큰 양(+) 의 값(작은 음의 값)을 가지므로 물은 더 쉽게 환원될 수 있다. 따라서 KI 수용액에서 전체 반응과 전지 포텐셜은 다음과 같다.

$$2\,I^-(aq) + 2\,H_2O(\ell) \longrightarrow I_2(s) + H_2(g) + 2\,OH^-(aq) \qquad E^\circ_{cell} = -1.363\ V$$

KI 수용액을 통해 직류 전류를 통과시키는 실험(그림18.17)이 이런 예측이 옳다는 것을 보여준다. 양극(그림18.17a의 오른쪽)의 오른쪽에서, $I^-$ 이온이 $I_2$로 산화되고, $I_2$가 생성되어 용액이 노란 갈색으로 된다. 음극에서는 물이 기체상의 수소와 $OH^-$ 수용

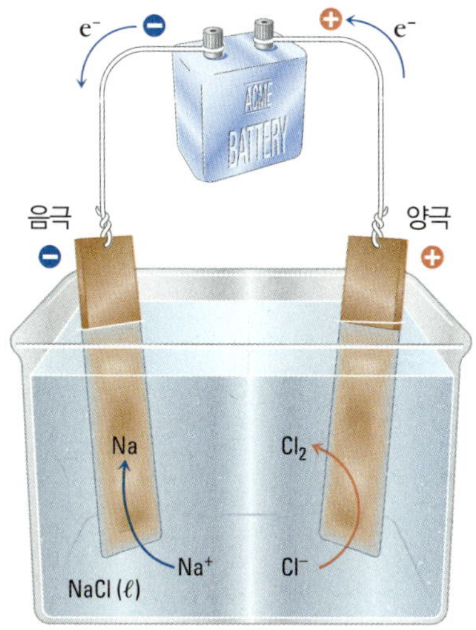

그림 18.16 용융 소금의 전기 분해.

$$E^\circ_{cell} = E^\circ_{cathode} - E^\circ_{anode} = -0.8277\ V - (0.535\ V) = -1.363\ V$$

$E^\circ_{cell}$의 음(−)의 값은 이 반응이 생성물–선호 반응이 아니라는 것을 나타내며 반응을 일어나게 하려면 외부 에너지가 필요하다.

액으로 환원된다. 과량의 $OH^-$가 형성되는 것은 용액에 페놀프탈린 지시약을 첨가하여 핑크색이 나타나는 것으로 알 수 있다.

수용액에 직류 전류를 통과시켜 전기분해를 시킬 때, 가장 작은 전압을 필요로 하는 전극 반응들이 더 잘 일어날 것이다. 즉 이 반쪽 반응들의 조합으로 전체 전지 전압은 가장 작은 음(−)의 값을 가진다. 이것은 수용액에서 다음 조건이 적용됨을 의미한다.

1. **환원 포텐셜이 물의 환원 포텐셜인 −0.8 V 보다 더 큰 양(−)의 값을 갖는 금속 이온 또는 다른 화학종은 환원될 수 있다.** 만일 어떤 화학종이 −0.8 V 보다 더 큰 음(−)의 환원 포텐셜을 가지면 물이 우선적으로 $H_2(g)$와 $OH^-$ 이온으로 환원될 것이다. 표 18.1은 이런 범주의 많은 금속들을 보여준다. 여기에는 $Na^+$, $K^+$, $Mg^{2+}$, 및 $Al^{3+}$ 등이 포함된다. 따라서 금속 이온으로부터 이런 금속을 생산하려면 물이 없는 용융염을 전기분해 해야 한다.
2. **어떤 화학종의 환원 포텐셜이 $O_2$가 물로 환원될 때의 포텐셜 1.2 V 보다 덜 양(+)의 포텐셜 값을 가지면, 그 화학종은 수용액에서 산화될 수 있다.** 만일 환원 포텐셜이 물의 환원 포텐셜보다 덜 양(+) 의 값을 가지면 반쪽 반응의 오른편에 있는 화학종이 물보다 더 쉽게 산화된다. 표 18.1에 있는 반쪽 반응의 대부분은 이 범주에 들어 간다. 만일 어떤 화학종이 1.2 V 보다 더 양(+)의 환원 포텐셜 값을 가지면(즉, 만일 그 반쪽 반응이 표 18.1에서 물−산소 반쪽 반응 보다 위에 있으면), 물이 우선적으로 산화된다. 예로서 $F^-(aq)$는 전기분해에 의해 $F_2$로 산화될 수 없다. 왜냐하면 물이 $O_2$로 대신 산화하기 때문이다.

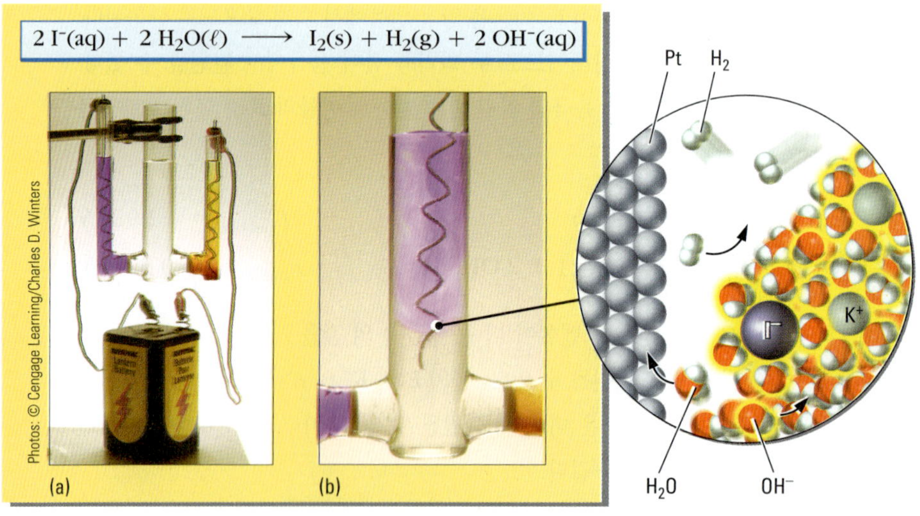


**그림18.17 KI 수용액의 전기분해.** (a) KI 수용액은 전지의 세 구획에 모두 들어 있고, 두 전극은 모두 백금이다. (+) 전극, 또는 양극(오른편)에서는, $I^-$ 이온이 $I_2$로 산화되어 용액이 노란 갈색으로 된다.

$$2\,I^-(aq) \longrightarrow I_2(aq) + 2\,e^-$$

(−) 전극, 또는 음극(왼편)에서는, 물이 환원되며 $OH^-$가 존재하고 페놀프탈린 지시약이 핑크색으로 나타난다.

$$2\,H_2O(\ell) + 2\,e^- \longrightarrow H_2(g) + 2\,OH^-(aq)$$

(b) 동일한 반응이 일어나는 다른 전지의 음극을 상세히 그린 그림. 전극에서 $H_2$의 기포와 $OH^-$가 생성되는 것을 쉽게 볼 수 있다.

전기분해를 시키려면 표준 환원 포텐셜로부터 계산한 값보다 항상 얼마간 더 많은 전압을 적용해야 한다. 전극과 용액 간의 인터페이스에서 전자가 전달되는 속도의 제한을 극복하기위해서는 추가 전압 즉, 과전압(overvoltage)이 요구된다. $O_2$ 또는 $H_2$가 형성되는 산화환원 반응은 특별히 큰 과전압을 필요로 하는 경향이 있다. 과전압은 정확히 예측할 수 없으므로, 유사한 표준 환원 포텐셜을 갖는 2개의 반응중 어떤 반쪽 반응이 일어날지를 알 수 있는 유일한 방법은 실험을 해보는 것이다.

추가적으로 중요한 요인은 농도나 압력이 흔히 표준상태 값이 아니라는 것이다.

**예제 18.11 NaOH 수용액의 전기분해**

직류 전류를 NaOH 수용액에 통과시켰을 때 결과를 예견하시오. 전지 포텐셜을 계산하시오.

**정답:** 알짜 전지 반응은 $2\,H_2O(\ell) \rightarrow 2\,H_2(g) + O_2(g)$이다. 음극에서 수소가 생성되고 양극에서 산소가 생성된다. 전지 포텐셜은 $-1.23$ V 이다.

**풀이:** 먼저 용액에 있는 모든 화학종의 목록을 적는다: $Na^+$, $OH^-$, 그리고 $H_2O$. 다음으로 표 18.1을 이용하여 산화되는 화학종과 환원되는 화학종을 결정하고 가능한 각 반쪽 반응의 표준 환원 포텐셜을 기록한다.

환원:

$$Na^+(aq) + e^- \longrightarrow Na(s) \qquad E^\circ_{cathode} = -2.71\ V$$

$$2\,H_2O(\ell) + 2\,e^- \longrightarrow H_2(g) + 2\,OH^-(aq) \qquad E^\circ_{cathode} = -0.83\ V$$

산화:

$$4\,OH^-(aq) \longrightarrow O_2(g) + 2\,H_2O(\ell) + 4\,e^- \qquad E^\circ_{anode} = +0.40\ V$$

$$6\,H_2O(\ell) \longrightarrow O_2(g) + 4\,H_3O^+(aq) + 4\,e^- \qquad E^\circ_{anode} = +1.229\ V$$

위의 반쪽 반응으로 부터 물의 표준 환원 포텐셜이 상대적으로 더 큰 양(+)의 값을 가지므로, 음극에서는 물이 $H_2$로 환원될 것이다. 양극에서는 $OH^-$의 표준 환원 포텐셜이 물보다 더 작으므로 $OH^-$가 산화될 것이다. 알짜 전지 반응은 다음과 같다.

$$2\,H_2O(\ell) \longrightarrow 2\,H_2(g) + O_2(g)$$

그리고 표준 조건에서 전지 포텐셜은 아래와 같다.

$$E^\circ_{cell} = E^\circ_{cathode} - E^\circ_{anode} = (-0.83\ V) - (+0.40\ V) = -1.23\ V$$

**실전예제 18.11**

다음 각각을 통해 직류 전류를 통과시켰을 때의 결과를 예견하시오.

(a) 용융 NaBr (b) NaBr 수용액 (c) $SnCl_2$ 수용액

## 소금물 전기분해: 클로르-알칼리 공정

염소는 클로르-알칼리 공정(chlor-alkali process; 이 공정에서 생성되는 알칼리는 NaOH이다)에서 소금물을 전기 분해시켜 생산한다. 미국에서는 연간 1,200만 톤 이상의 염소가 생산되고, NaOH도 8.8백만 톤이 생산된다. 이런 물질의 대량 생산은 이 물질들이 유용하다는 증거이다. 염소의 산화와 표백 능력은 산업의 여러 분야에서 매일 같이 이용되며 염소는 염소를 포함하는 화합물들의 원료 물질이다. NaOH는 가

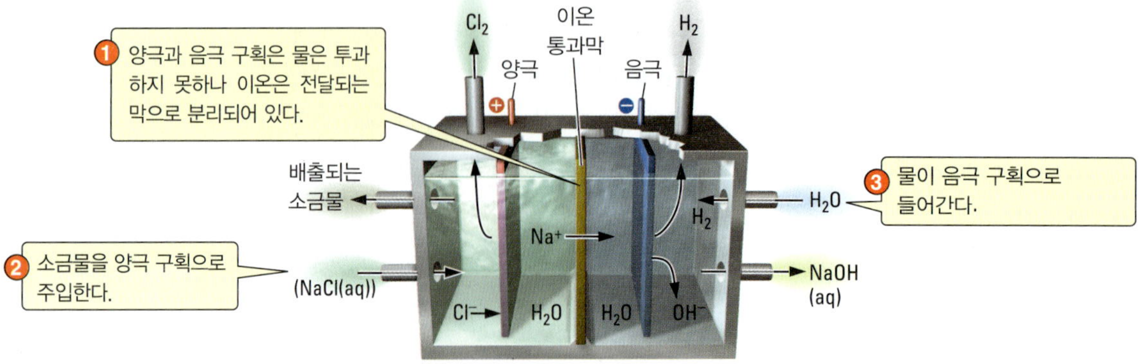


**그림 18.18 클로르-알칼리 공정에서 이용되는 막 전지.**

격이 저렴하기 때문에 여러 공업화학 분야에서 많이 이용되는 염기이다. 비누, 세제 그리고 다른 화합물의 생산에 널리 사용된다.

클로르-알칼리 공정에서는 그림 18.8에 설명한 것처럼 소금물(NaCl 포화 수용액)을 전기분해한다. 염소 이온은 양극에서 산화되고 물은 음극에서 환원된다. 양극과 음극 구획은 양이온만 통과할 수 있는 특수 고분자 막으로 분리시킨다. 소금물 용액은 양극구획으로 가해주고 $Na^+$ 이온은 막을 통해 음극 구획으로 이동한다. 이 반쪽 반응은 다음과 같다.

$Na^+$의 환원 포텐셜은 물 보다 더 큰 음(−)의 값을 가지며 그래서 소듐이 아니라 물이 환원된다.

$$2\,Cl^-(aq) \longrightarrow Cl_2(g) + 2\,e^- \qquad \text{(양극, 산화)}$$

$$2\,H_2O(\ell) + 2\,e^- \longrightarrow 2\,OH^-(aq) + H_2(g) \qquad \text{(음극, 환원)}$$

$$2\,Cl^-(aq) + 2\,H_2O(\ell) \longrightarrow Cl_2(g) + 2\,OH^-(aq) + H_2(g) \qquad \text{(알짜 반응식)}$$

양극은 특별히 티타늄으로 처리하고 음극은 스테인리스 스틸 또는 니켈이다. 막은 물은 통과시키지 못하고 염다리로 작용한다. 따라서 양극 구획에서 염소 이온이 산화될 때 소듐 이온은 음극 구획으로 이동하여 전하의 균형을 이루어야 한다. 반응 결과로 얻어진 음극 구획에서의 NaOH 용액의 농도는 무게비로 21~30% 정도이다.

CONCEPTUAL
**개념학습 18.9 전기분해로 $F_2$ 만들기**

1886년에 Moissan이 $F^-$ 이온을 전기 분해시켜 처음 $F_2$를 만들었다. 그는 순수한 HF에 녹은 KF를 전기 분해하였다. 물이 없기 때문에 양극에서는 $F^-$ 이온만 존재한다. 음극에서는 무엇이 생성되는가? 산화와 환원에 대한 반쪽 반응을 쓰시오. 그리고 알짜 전지 반응도 쓰시오.

## 18.11 전자수의 계산

$AgNO_3$가 녹아 있는 수용액으로 직류전류를 통과시키면, 음극에서 금속 은이 생긴다. $Ag^+$ 1몰을 환원시키려면 전자 1몰이 필요하다.

$$Ag^+(aq) + e^- \longrightarrow Ag(s)$$

만일 Cu(II) 염 수용액을 환원시키려면, 1몰의 Cu(II) 이온으로부터 구리 금속 1몰을 생산하기 위해 전자 2몰이 필요하다.

$$Cu^{2+}(aq) + 2\,e^- \longrightarrow Cu(s)$$

이들 균형 반쪽 반응은 다른 균형 화학반응식과 같다. 즉, 각각은 화학 반응에서 질량과 전하가 보존된다는 것을 설명하고 있다. 따라서 만일 전기 분해 전지를 통해서 흐르는 전자의 몰수를 측정할 수 있으면 생산되는 은이나 구리의 양을 알 수 있다. 바꾸어 말하면, 생산되는 은이나 구리의 양을 알면 회로를 통해서 흐르는 전자의 몰수를 계산 할 수 있다.

산화환원 반응 중에 전달되는 전자의 몰수는 통상 주어진 시간 동안에 전기 회로에 흐르는 전류를 측정하여 실험적으로 결정한다. 전류(암페어, A)와 시간 간격(초, s)을 곱하면 회로를 통해 흐르는 전하량과 같다.

$$\text{전하} = \text{전류} \times \text{시간}$$
$$1\text{쿨롱} = 1\text{암페어} \times 1\text{초}$$

헤어 드라이어나 냉장고 처럼 가동하는데 많은 전류를 필요로하는 것들은 암페어(C/s)로 측정한다. 전기분해 실험실에서의 작은 전류는 보통 mA 단위를 주로 사용한다. 1 mA = $10^{-3}$ A.

Faraday 상수(96,500 C/mol 전자수)를 사용하면 전하의 쿨롱수로 부터 전자 몰수를 구할 수 있다. 이러한 정보는 합성과 화학 분석에서 실제로 중요하다.

그림 18.19에 사용되는 전하의 양과 전기 분해되는 동안 산화 또는 환원을 일으키는 물질의 양과의 관계를 나타냈다.

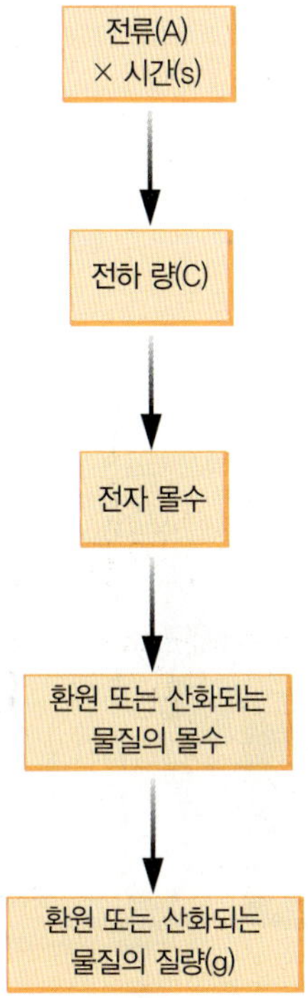


**그림 18.19 전기분해에서의 계산 단계.** 이들 단계는 전기분해에 사용하는 전하량과 환원 또는 산화되는 물질의 양과의 관계이다.

**예제 18.12 Faraday 상수의 이용**

과량의 $Cu^{2+}$ 이온이 포함된 수용액에 1시간 동안 15 mA의 전류를 통과시켰다면 전기 분해 전지의 음극에 얼마나 많은 구리 금속이 쌓였겠는가?

**정답:** 0.018 g Cu

**풀이:** 그림 18.19에 나타낸 힌트를 사용하라. 먼저 음극에서 일어나는 반응의 균형 반응식을 써라.

$$Cu^{2+}(aq) + 2\,e^- \rightarrow Cu(s)$$

그리고 전달되는 전하의 양을 계산하시오.

$$\text{전하} = 15 \times 10^{-3}\,A \times 3600\,s = 15 \times 10^{-3}\,C/s \times 3600.\,s = 54\,C$$

마지막으로 쌓인 구리의 양을 측정하시오.

$$(54\,C)\left(\frac{1\,mol\,e^-}{9.65 \times 10^4\,C}\right)\left(\frac{1\,mol\,Cu}{2\,mol\,e^-}\right)\left(\frac{63.5\,g\,Cu}{1\,mol\,Cu}\right) = 0.018\,g\,Cu$$

**실전예제 18.12**

전기 분해에 의한 소듐 금속의 상업적인 생산에서 전지는 7.0 V, $25 \times 10^3$ A에서 작동한다. 1시간 동안 생산할 수 있는 소듐 질량은 얼마인가?

CONCEPTUAL
**개념학습 18.10 몇 Faraday가 필요한가?**

다음의 경우에 각각 몇 Faraday 전기가 필요한가?

(a) $Al^{3+}$로부터 1몰의 Al을 생산할 때 (b) $Na^{+}$로부터 2몰의 Na를 생산할 때

(c) $Cu^{2+}$ 로부터 2몰의 Cu를 생산할 때

EXERCISE
**연습문제 18.11 NaOH의 생산**

클로르-알칼리 막 전지를 $2.0 \times 10^4$ A에서 100시간 동안 작동시켰다면, NaOH 몇 톤을 생산할 수 있나?

## 전기분해에 의한 수소의 생산

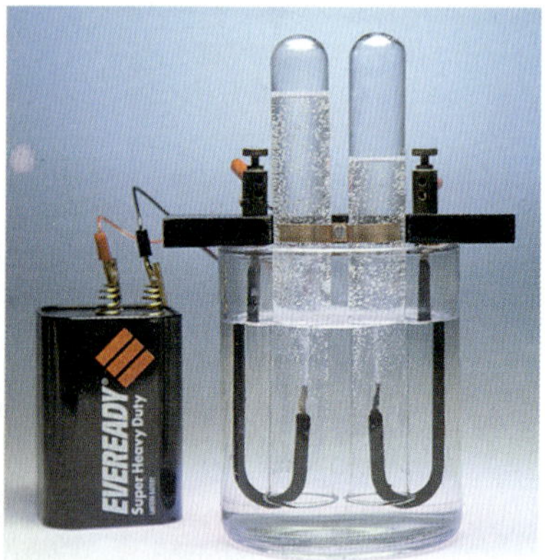


© Cengage Learning/Charles D. Winters

**물의 전기분해.** 아주 묽은 황산 용액을 전기분해하여 음극(*왼편*)에서 $H_2$, 양극(*오른편*)에서 $O_2$를 생산한다.

수소는 전도성 용액이 되도록 한 두 방울의 황산을 첨가한 물의 전기 분해로 생산할 수 있다. 전체 전기 화학반응은 다음과 같다.

$$2\,H_2O(\ell) \longrightarrow 2\,H_2(g) + O_2(g) \qquad E^\circ_{cell} = -1.24\ V$$

양극에서 산소가 발생하고, 음극에서는 수소가 발생한다. 이 반응이 일어나도록 하는데 필요한 최소 전압은 1.24 V(J/C)이지만, 그러나 실제로는 약 2 V 정도의 과전압이 필요하다.

기체상의 수소 1.00 kg(약 11,200 L, STP 조건에서)을 생산하는데 어느 정도의 전기와 원가가 요구되는지 생각해보자. 먼저, Faraday 상수를 이용하여 요구되는 전하를 쿨롱으로 계산한다. 그런 다음 1 J = 1볼트 × 1쿨롱이라는 사실을 이용한다.

환원 반쪽 반응을 보면 2몰의 전자가 1몰(2.02 g)의 $H_2(g)$를 생산한다.

$$2\,H_3O^+(aq) + 2\,e^- \longrightarrow H_2(g) + 2\,H_2O(\ell)$$

1 kg의 $H_2$를 생산하는데 요구되는 전자의 양(몰수)은 다음과 같이 계산된다.

$$1.00\ kg\ H_2 \times \left(\frac{1 \times 10^3\ g}{kg}\right)\left(\frac{1\ mol\ H_2}{2.016\ g\ H_2}\right)\left(\frac{2\ mol\ e^-}{1\ mol\ H_2}\right) = 9.92 \times 10^2\ mol\ e^-$$

Faraday 상수를 이용하여 전하를 계산할 수 있다.

$$(9.92 \times 10^2\ mol\ e^-) \times \left(\frac{9.65 \times 10^4\ C}{1\ mol\ e^-}\right) = 9.57 \times 10^7\ C$$

에너지 (J 단위)는 전하와 전지 전압으로부터 계산할 수 있다.

$$\text{에너지} = \text{전하} \times \text{전압} = (9.57 \times 10^7\ C)(1.24\ J/C) = 1.19 \times 10^8\ J$$

킬로와트-시간(kilowatt-hour; kWh)에너지 단위이다: 1 kWh = $3.60 \times 10^6$ J 이다.

J은 전기료 청구서에서 보는 kWh(kilowatt-hour)로 변환할 수 있다.

$$1.19 \times 10^8\ J \times \frac{1\ kWh}{3.60 \times 10^6\ J} = 33.1\ kWh$$

1 kWh 당 10 센트의 비용으로 계산하면 1 kg 수소의 생산에 \$3.31을 지불해야 한다.

수소는 파이프라인으로 운송할 수 있는 기체이고, 연소될 때 오염물이 생기지 않고, 필요에 따라 연료 전지로 사용할 수도 있으므로 경제적으로 크게 기대되는 연료이다. 물과 황산은 풍부하다. 에너지 수요에 적합한 많은 양의 수소를 생산하는데 있어서 주요 문제는 충분히 저렴한 가격의 전력을 공급해야 하는 것이다. 또 다른 문제는 경제적이고, 신뢰할 수 있는 안전한 수소 저장 방법이다.

EXERCISE
**연습문제 18.12 전기 분해를 기초로 한 계산**

알루미늄 금속의 생산에서, $Al^{3+}$을 4.0 V의 낮은 전압과 약 50,000 A 의 전류를 이용하여 Al로 환원시킨다. 알루미늄 금속 2000 톤을 생산하려면 에너지(hWh로)가 얼마나 요구되는가?

CONCEPTUAL
**개념학습 18.13 몇 주울(J) 이 필요한가?**

몇 주울(J)의 에너지를 전달 할 수 있는 에너지 공급원으로 상점에서 구입한 배터리를 생각해보자. 이 배터리의 주울(J) 수를 계산하는데 필요한 정보 두 가지를 쓰시오. 이 중 배터리 라벨을 보고 알 수 있는 것은 무엇인가? 필요한 다른 정보를 얻을 수 있는 방안을 고안하시오.

## 전기도금

금속이나 또는 다른 전기 전도체를 전기분해 전지의 음극으로 사용하면 값이 싼 금속 위에 다른 금속을 도금하여 장식하거나 또는 부식 방지를 위해 입힐 수 있다. 예를 들어 어떤 금속에 구리를 도금하려면 도금하려는 물질을 $Cu^{2+}$ 이온 공급원인 구리 염 용액을 포함하는 전기분해 전지의 음극으로 사용한다. 도금 물질에 금속 구리가 얇게 코팅이 되고, 계속하면 더 많은 $Cu^{2+}$가 Cu 원자로 환원된다. 만일 코팅하려는 물질이 금속이면 그 자체로 전기가 전달될 것이다. 도금할 물질이 비금속이면 전기가 통하도록 표면을 흑연 가루로 얇게 처리한다.

금 같은 귀금속은 종종 보석으로 만들기 위해 구리 같이 싼 금속위에 도금을 한다. 만일 도금 시간과 전류를 안다면 음극 표면에 환원될 금의 질량을 계산할 수 있다. 예를 들어, 어떤 물질을 $AuCl_3$ 수용액속에서 도금하려면, 배터리의 (−)에 연결하여 음극을 만든다. 전지회로는 도금 용액에 불활성전극을 넣고 배터리 (+)극에 연결하여 완성한다. 그리고 금을 60분간 0.25 A 전류로 음극에서 환원시킨다. 이 환원 반쪽 반응은 다음과 같다.

$$Au^{3+}(aq) + 3\,e^- \longrightarrow Au(s)$$

환원되는 금의 질량은 다음과 같이 계산 된다.

$$(0.25\ C/s)(60.\ min)\left(\frac{60\ s}{1\ min}\right)\left(\frac{1\ mol\ e^-}{9.65\times10^4\ C}\right)\left(\frac{1\ mol\ Au}{3\ mol\ e^-}\right)\left(\frac{197.\ g\ Au}{1\ mol\ Au}\right) = 0.61\ g\ Au$$

금이 온스당 $900에 판매된다고 가정하면 약 $19.35의 금이다.

## ESTIMATION The Cost of Aluminum in a Beverage Can

How much does it cost to generate the mass of aluminum (14 g) in one beverage can? The aluminum in these cans is produced by reducing $Al^{3+}$ to Al(s). The reaction is run commercially at 50,000 A and 4 V (4 J/C), 1 kWh of electricity costs about 10 cents, and 1 kWh $3.60 \times 10^6$ J.

The charge needed to generate 14 g Al is

$$(14\text{ g Al})\left(\frac{1\text{ mol Al}}{26.98\text{ g Al}}\right)\left(\frac{3\text{ mol e}^-}{1\text{ mol Al}}\right)\left(\frac{96{,}500\text{ C}}{1\text{ mol e}^-}\right) = 1.5 \times 10^5\text{ C}$$

The quantity of energy used is

$$(1.5 \times 10^5\text{ C})(4\text{ J/C})\left(\frac{1\text{ kWh}}{3.60 \times 10^6\text{ J}}\right) = 0.17\text{ kWh}$$

The cost of 0.17 kWh at 10 cents per kWh is 1.7 cents. Thus, the mass of Al in one beverage can could be generated by electrolysis for less than 2 cents.

It is estimated that recycling of aluminum for cans requires overall less than 1% of the cost of mining and processing aluminum ore into aluminum metal, an energy–intensive and costly process.

Visit this book's companion website at www.cengage.com/chemistry/moore to work an interactive module based on this material.

EXERCISE
**연습문제** 18.14 은 전기도금

0.50 A로 20분간 전기도금 할 수 있는 은의 질량을 계산하시오. 음극 반응은 $Ag^+(aq) + e^- \rightarrow Ag(s)$ 이다.

## 18.12 부식: 생성물–선호 산화환원 반응

© George B. Diebold/Corbis

그림 18.20 **녹.** 녹이 슬면 철 또는 철로 만든 물질의 구조 보존이 어렵다. 이런 쇠사슬은 완전히 녹슬어 버릴 것이다.

부식(corrosion)은 환경에 노출된 금속이 산화되는 것이다. 예를 들어 다리의 철 지지체에서 볼 수 있는 부식은 구조적 실패를 의미한다. 부식 반응은 항상 일정한 생성물–선호 반응으로 이 반응은 $E°$가 양(+) 의 값을 가지고 $\Delta G°$가 음(−)의 값을 가진다는 것을 의미한다. 예를 들어 철의 부식은 아주 쉽게 일어나며 방지하기 어렵다. 철이 부식하면 녹이라고 하는 수화산화철(III), $Fe_2O_3 \cdot xH_2O$(hydrated iron(III) oxide, 여기서 $x$는 2~4까지이다)이 생긴다. 철이 부식할 때 생기는 녹은 표면에 부착되지 않으며 쉽게 떨어져 나가므로 새로운 표면이 부식에 노출되게 된다(그림 18.20). 철보다 더 반응성이 좋은 금속이지만 알루미늄의 부식도 또한 매우 생성물–선호 반응이다. 부식으로 생기는 알루미늄 산화물은 금속의 표면에 얇게 코팅되어 강하게 부착되어 있어 표면이 더 이상 부식되는 것을 방지한다.

금속 부식이 일어나는 경우, 금속은 산화가 일어나는 양극 영역에 있다. 일반적인 반응식은 다음과 같다.

산화전극 반응: $$M(s) \longrightarrow M^{n+} + n\,e^-$$

또한 음극 영역은 전자가 소모되는 영역이 되어야 한다. 종종 음극 반응은 산소 또는 물의 환원반응이다.

환원전극 반응: $O_2(g) + 2\,H_2O(\ell) + 4\,e^- \longrightarrow 4\,OH^-(aq)$

$$2\,H_2O(\ell) + 2\,e^- \longrightarrow 2\,OH^-(aq) + H_2(g)$$

양극 영역은 금속표면을 보호하는 산화물 코팅의 균열지점에서 생긴다. 음극 영역은 코팅한 금속 산화물, 반응성이 적은 금속 불순물 자리 또는 표면에 부착된 황화물이나 탄화물 같은 주위의 다른 금속 화합물에서 생긴다.

부식을 위한 다른 요구 조건은 양극과 음극이 전기적으로 연결되거나 양극과 음극이 전해질로 연결되는 경우이다. 이런 두 요구 조건은 금속 자체가 전도체이거나 습기에 녹아 있는 이온 등으로 쉽게 충족이 된다.

부식은 미국에서 생산되는 철강의 25%가 부식으로 교체될 정도로 일상적이다.

철의 부식에서 양극 반응은 금속 철이 산화(그림 18.21)되는 것이다. 만일 물과 산소 기체가 존재하면 음극 반응은 산소가 환원되는 것이다. 알짜 반응은 다음과 같다.

$$2\,[Fe(s) \longrightarrow Fe^{2+}(aq) + 2\,e^-] \qquad \text{산화전극 반응}$$
$$O_2(g) + 2\,H_2O(\ell) + 4\,e^- \longrightarrow 4\,OH^-(aq) \qquad \text{환원전극 반응}$$
$$\overline{2\,Fe(s) + O_2(g) + 2\,H_2O(\ell) \longrightarrow 2\,Fe(OH)_2(s)}$$

iron(II) hydroxide

공기나 흐르는 물에 노출되는 것처럼 산소와 물이 충분히 존재하면 $Fe(OH)_2$ (iron(II) hydroxide)는 수화된 적갈색 $Fe_2O_3$(iron(III)oxide)로 산화된다(그림 18.20). 이 수화된 철 산화물은 녹슨 철이나 산에서 흐르는 붉은 물, 가정집의 녹물 등에서 볼 수 있는 녹이다. 녹은 흔들거나 긁거나 비가 오거나 얼고 녹는 과정에 의해 쉽게 떨어져 나간다. 따라서 표면이 지속적으로 노출되어 결국은 완전히 부식된다.

공기나 물에 노출된 물질들은 빠르게 부식될 수 있다. 바다 바람이나 또는 겨울에 도로에 뿌려진 소금과 염화칼슘 같은 금속염은 양극과 음극 사이에 염다리 역할을 하여 부식 반응이 빨라지게 한다.

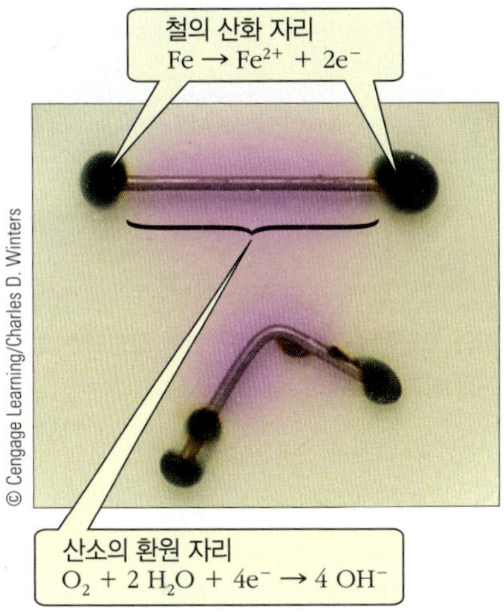


**그림 18.21 쇠못의 부식.** 못 2개를 페놀프탈레인과 $[Fe(CN)_6]^{3-}$가 들어 있는 아가젤 속에 두었다. 못이 부식되기 시작하면 못 끝과 구부러진 곳에서 $Fe^{2+}$ 이온이 생긴다(스트레스를 준 곳에서 빠르게 일어난다). 프로시안 블루, $Fe_3[Fe(CN)_6]^2$ 라는 푸른색 화합물이 생기는 것으로 이 점들이 양극이 된다. 못의 나머지 부분은 음극이 된다. 물 속의 산소는 환원되어 $OH^-$를 생성하고, $OH^-$ 생성은 페놀프탈레인을 핑크색으로 변하게 한다.

EXERCISE
**연습문제 18.15 모든 금속이 부식되나?**

철이나 알루미늄이 부식되는 것처럼 모든 금속이 부식되는가? 철이나 알루미늄 같이 쉽게 부식되는 금속 3개의 이름을 쓰시오. 그리고 쉽게 부식 되지 않는 금속도 3개 쓰시오. 부식되지 않는 3개 금속의 용도를 쓰시오. 이들 두 그룹의 차이를 설명하시오.

## 부식 방지

어떻게 부식을 방지할 수 있나? 일반적인 접근은 (1) 양극 반응을 방지하거나, (2) 음극 반응을 방지하거나, 또는 (3) 이 두 반응 모두를 방지하는 것이다. 가장 보편적인 방법은 양극화 억제(anodic inhibition) 방법이다. 즉 직접 억제하거나 또는 금속 표면을 페인팅하거나, 그리스나 기름으로 코팅하거나 또는 얇은 금속 산화물 필름을 형성시키거나 하여 산화 반쪽 반응을 방지하는 것이다. 가장 최근에 개발된 양극 보호 방법으로 표면을 $Na_2CrO_4$(sodium chromate) 용액으로 처리하여 보호하는 방법이 있다.

$$2\,Fe(s) + 2\,Na_2CrO_4(aq) + 2\,H_2O(\ell) \longrightarrow Fe_2O_3(s) + Cr_2O_3(s) + 4\,NaOH(aq)$$

철 표면은 크롬산 염에 의해 산화되어 철(III)산화물과 크롬(III) 산화물로 된다. 이 산화물들은 산소와 물을 통과하지 못하게 하므로 더 산화되는 것을 방지한다.

**음극화 보호(cathodic protection)**는 금속을 양극이 아니라 음극으로 만들어 보호한다. 이것은 보호하려는 금속보다 더 쉽게 산화되는 금속을 접촉시켜 만들 수 있다. 가장 좋은 예로 아연의 얇은 막으로 둘러싸인 아연도금 철(그림 18.22)을 들 수 있다. 아연의 표준 환원 포텐셜은 철보다 더 큰 음(−)의 값을 가지며(표 18.1에서 Zn은 Fe 보다 더 아래에 있다) 그래서 아연이 더 쉽게 산화된다. 따라서, 철이 산화되기 전에 아연 금속 막이 먼저 산화되고 코팅한 아연이 희생 양극(*sacrificial anode*)이 된다. 아울러 아연이 부식될 때 표면에 불용성인 $Zn(OH)_2$ 막이 형성되어($Zn(OH)_2$의 $K_{sp} = 4.5 \times 10^{-17}$) 그 후로는 산화가 느려진다.

**아연 코팅한 물질들.** 아연을 얇게 코팅하면 철 산화 방지에 도움이 된다.

> EXERCISE
> **연습문제 18.16 부식 속도**
>
> 아래 환경들에 대하여 철이 부식될 수 있는 상대적인 속도의 순서를 매기시오. 가장 먼저 산화되는 환경은 어느 것인가? 설명하시오.
>
> (a) 젖은 점토 (b) 해변의 모래 (c) 달 표면 (d) Arizona 사막

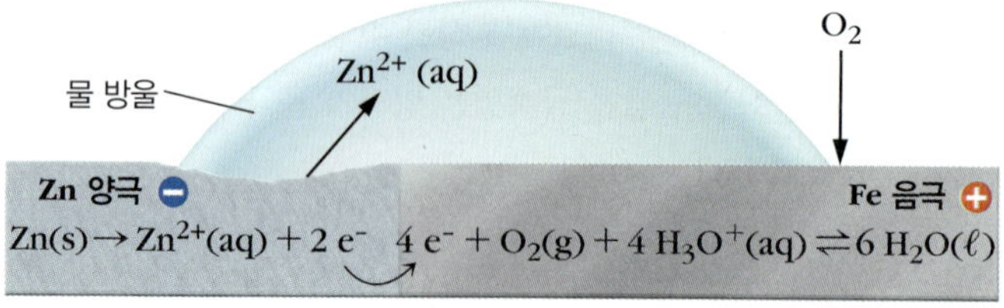



그림18.22 **철의 양극화 보호.** 철보다 먼저 산화되는 아연 필름으로 철을 코팅하였다. 아연은 음극으로 작용하여 철이 양극이 되게 한다. 그러면 철의 부식이 방지된다.

## 문제

### 산화환원 반응의 이해를 위한 반쪽 반응의 이용

1. 아래 각 변화에 대한 반쪽 반응을 쓰시오.
   (a) Zn이 $Zn^{2+}$로 산화
   (b) $H_3O^+$가 수소 기체로 환원
   (c) $Sn^{4+}$가 $Sn^{2+}$로 환원
   (d) 염소가 $Cl^-$로 환원
   (e) 산 용액 속에서 이산화황이 sulfate 이온으로 산화
2. 염기 용액에서 아래 산화환원 반응의 균형을 맞추시오.

$$Zn(s) + NO_3^-(aq) \longrightarrow Zn(OH)_4^{2-}(aq) + NH_3(aq)$$

3. 아래 각 반응의 균형을 맞추고 산화되는 물질과 환원되는 물질을 구별하시오.
   (a) $CO(g) + O_3(g) \longrightarrow CO_2(g)$
   (b) $H_2(g) + Cl_2(g) \longrightarrow HCl(g)$
   (c) $H_2O_2(aq) + Ti^{2+}(aq) \longrightarrow H_2O(\ell) + Ti^{4+}(aq)$ 산성 용액에서
   (d) $Cl^-(aq) + MnO_4^-(aq) \longrightarrow Cl_2(g) + MnO_2(s)$ 산성 용액에서
   (e) $FeS_2(s) + O_2(g) \longrightarrow Fe_2O_3(s) + SO_2(g)$
   (f) $O_3(g) + NO(g) \longrightarrow O_2(g) + NO_2(g)$
   (g) $Zn(Hg)\ (amalgam) + HgO(s) \longrightarrow ZnO(s) + Hg(\ell)$ 염기 용액에서(이 반응은 수은전지 반응이다.)

## 전기화학 전지

4. 다음 산화환원 반응의 경우 $CuCl_2(aq)$와 $ZnCl_2(aq)$가 포함된 용액에 Zn 금속 조각과 Cu 금속 조각을 넣어도 전류가 생기지 않는다. 왜 그런가?

$$Cu^{2+}(aq) + Zn(s) \longrightarrow Cu(s) + Zn^{2+}(aq)$$

5. 한 구획에 Pb(s)와 $Pb(NO_3)_2(aq)$를 넣고 다른 구획에 Zn(s)와 $ZnCl_2(aq)$ 넣어 만든 볼타 전지가 있다. 두 전극에 외부 전선을 연결하고 $KNO_3$를 포함한 염다리로 두 전극을 연결하였다. 다음에 답하시오.
   (a) 생성물-선호 반응에서 Zn 금속은 $Zn^{2+}$로 산화된다. 이 반응에 대한 알짜 이온 반응식을 쓰시오.
   (b) 각 전극에는 어떤 반쪽 반응이 일어나는가? 어느 것이 양극이고 어느 것이 음극인가?
   (c) 전지 내부에서 이온이 흐르고 전지 외부로 전자가 흐르도록 전지의 도식을 그리시오.

## 전기화학 전지와 전압

6. 12-V 납축전지로 25-W의 전등을 켰다. 1시간 뒤에 얼마의 에너지가 소모되었는가? 몇 쿨롱이 통과되었나? 단 100% 효율로 간주하시오(1와트는 1초 동안에 1 J의 에너지가 전달되는 것이다.)
7. 아래 반응의 배터리를 이용하면, 원리적으로 구리는 은 이온을 금속 은으로 환원시킬 수 있다. 다음에 답하시오.

$$Cu(s) + 2\ Ag^{+}(aq) \longrightarrow Cu^{2+}(aq) + 2\ Ag(s)$$

   (a) 반쪽 반응식을 쓰시오.
   (b) 어떤 반쪽 반응이 산화 반응이고 어떤 반쪽 반응이 환원 반응인가? 어떤 반응이 양극 구획에서 일어나고 어떤 반응이 음극 구획에서 일어나겠는가? 설명하시오.

## 표준 환원 포텐셜의 이용

8. 표 18.1에서 가장 강한 산화제는 어떤 것인가? 가장 약한 산화제는? 또 가장 약한 환원제는 어떤 것인가?
9.. 표 18.1의 표준 환원 포텐셜을 이용하여 다음을 산화제로서의 기능이 증가하는 순서대로 나열하시오.

   (a) $O_2$ (b) $H_2O_2$
   (c) $PbSO_4$ (d) $H_2O$

10. 아래 각 반응의 $E°_{cell}$을 계산하시오. 각 반응이 생성물-선호 반응인지도 결정하시오.

   (a) $I_2(s) + Mg(s) \longrightarrow Mg^{2+}(aq) + 2\ I^{-}(aq)$
   (b) $Ag(s) + Fe^{3+}(aq) \longrightarrow Ag^{+}(aq) + Fe^{2+}(aq)$
   (c) $Sn^{2+}(aq) + 2\ Ag^{+}(aq) \longrightarrow Sn^{4+}(aq) + 2\ Ag(s)$
   (d) $2\ Zn(s) + O_2(g) + 2\ H_2O(\ell) \longrightarrow 2\ Zn^{2+}(aq) + 4\ OH^{-}(aq)$

11.. 아래 반쪽 반응을 고려하여 질문에 답하시오.

| 반쪽 반응 | $E°$ (V) |
|---|---|
| $Au^{3+}(aq) + 3\ e^{-} \longrightarrow Au(s)$ | 1.50 |
| $Pt^{2+}(aq) + 2\ e^{-} \longrightarrow Pt(s)$ | 1.2 |
| $Co^{2+}(aq) + 2\ e^{-} \longrightarrow Co(s)$ | −0.28 |
| $Mn^{2+}(aq) + 2\ e^{-} \longrightarrow Mn(s)$ | −1.18 |

   (a) 가장 약한 산화제는 어느 것인가?
   (b) 가장 강한 산화제는 어느 것인가?
   (c) 가장 강한 환원제는 어느 것인가?
   (d) 가장 약한 환원제는 어느 것인가?
   (e) Sn(s) 는 $Ag^{+}$를 Ag(s) 로 환원 시킬 수 있나?
   (f) Hg(l)은 $Sn^{2+}$를 Sn(s)로 환원시킬 수 있나?
   (g) Sn(s) 에 의해 환원될 수 있는 이온의 이름을 쓰시오.
   (h) 어떤 금속이 $Ag^{+}(aq)$에 의해 산화될 수 있나?

## $E°$와 Gibbs 자유에너지

12.. Hydrazine, $NH_2NH_2$는 연료 전지에서 환원제로 이용할 수 있다. 다음에 답하시오.

$$N_2H_4(aq) + O_2(aq) \longrightarrow H_2(g) + 2\ H_2O(\ell)$$

   (a) 이 반응의 $\Delta G°$가 −598 kJ 이라면 반응의 예상되는 $E°$를 계산하시오.
   (b) 모든 계수를 2배로 한 식을 제시하시오. 이 새로운 반응에 대해 $\Delta G°$와 $E°$를 결정하시오.

13. Zn(s)와 $Cl_2(g)$ 의 반응에 대한 표준 전지 포텐셜, $E°$는 2.12 V이다.1몰 Zn에 대한 화학반응식을 쓰시오. 이 반응에 대한 Gibbs 자유에너지 변화 $\Delta G°$는 얼마인가?
14. $I_2(s)$와 $Br^{-}(aq)$ 간의 반응에 대한 평형 상수 $K_c$와 $\Delta G°$는 얼마인가?
15. 아래 반응에 대한 평형 상수 $K_c$를 어림잡으시오.

$$Ni(s) + Co^{2+}(aq) \rightleftharpoons Ni^{2+}(aq) + Co(s) \qquad E°_{cell} = +0.046\ V$$

## 전지 포텐셜에 대한 농도의 영향

16. 298 K에서 작동하는 아래 볼타 전지에 대해 답하시오.

$$2\ Ag^{+}(aq) + Cd(s) \longrightarrow 2\ Ag(s) + Cd^{2+}(aq)$$

   (a) 이 전지의 $E°_{cell}$은 얼마인가?
   (b) 만일 $Cd^{2+}$ 농도 = 2.0 M이고 $Ag^{+}$ 농도 = 0.25 M이라면 $E_{cell}$은 얼마인가?

17. 아래 반응의 볼타 전지에 대해 납과 주석 이온의 농도가 얼마 일 때 $E_{cell}$ = 0이 되겠는가?

$$Pb(s) + Sn^{2+}(aq) \longrightarrow Pb^{2+}(aq) + Sn(s)$$

## 일반 전지(배터리)

18. 나카드 전지는 재충전이 가능하여 무선 기기에 쓰인다. 비록 이런 전지가 실제 염기 조건에서 작동하지만 아래 그림의 전지를 상상하여 문제에 답하시오.

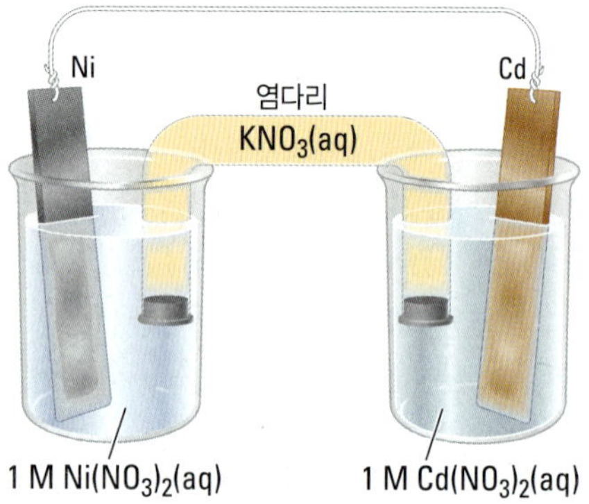


(a) 전지에서 일어나는 알짜 이온 균형 반응식을 쓰시오.
(b) 무엇이 산화되는가? 무엇이 환원되는가? 환원되는 물질은 어느 것인가? 산화되는 물질은 어느 것인가?
(c) 양극은 어느쪽이고 음극은 어느쪽인가?
(d) 이 전지의 $E°$는 얼마인가?
(e) 외부 전선에서 전자는 어느 방향으로 흐르겠는가?
(f) 만일 염다리에 $KNO_3$가 포함되어 있다면 $NO_3^-$ 이온은 어느 구획으로 이동하겠는가?

## 연료전지

19. 연료전지와 배터리의 차이는 무엇인가?
20. Hydrazine, $NH_2NH_2$는 산소가 산화제인 연료전지의 연료로 제안되었다. 아래 반응에 대해 답하시오

$$N_2H_4(aq) + 4\,OH^-(aq) \longrightarrow N_2(g) + 4\,H_2O(\ell) + 4\,e^-$$
$$O_2(g) + 2\,H_2O(\ell) + 4\,e^- \longrightarrow 4\,OH^-(aq)$$

(a) 양극에서는 어떤 반응이 일어나는가? 음극에서는 어떤 반응이 일어나는가?
(b) 알짜 전지 반응은 무엇인가?
(c) 만일 전지가 50시간 동안 0.50 A의 전류를 생산한다면 hydrazine 몇 그램 있어야 하나?
(d) 문제 (c)에서 결정한 hydrazine 양이 반응하려면 몇 그램의 산소가 필요한가?

## 전기분해: 반응물-선호 산화환원 반응

21. 매우 묽은 황산 존재 하에서 물의 전기분해를 생각해보자. 양극에서는 어떤 물질이 생성되는가? 또, 음극에서는? 두 전극에서 생성되는 물질의 상대적인 양은 얼마나 되나?
22. 표 18.1로부터 전기분해에 의해 수용액에 있는 금속 이온이 해당 금속으로 환원 될 수 있는 것을 모두 쓰시오.
23. NaBr 1 M 수용액의 전기분해 생성물은 무엇인가? 용액에는 어떤 화학종이 존재하는가? 음극과 양극에서는 무엇이 생성되나?

## 전자수의 계산

24. 전류 0.015 A를 $AgNO_3$ 용액에 155분 동안 흘렸다. 음극에 쌓이는 은의 질량은 얼마인가?
25. 전류 2.50 A를 $Cu(NO_3)_2$ 용액에 2 시간 동안 흘렸다. 음극에 쌓이는 구리의 질량은 얼마인가?
26. 납-산 축전지에서 일어나는 반응을 18.8절에 나타냈다. 전형적인 배터리의 용량은 50 A-h 이다. 이것은 배터리가 시간당 50 A 또는 50 시간 동안 1 A의 전류가 흐른다는 것을 의미한다. 만일 50시간 동안 1 A가 흐른다면 소모되는 납의 질량은 얼마인가?
27. 다음 반응은 리튬 전지의 양극 반응이라고 가정하자.

$$Li(s) \longrightarrow Li^+(aq) + e^-$$

그리고 아래 반응은 납-산 축전지 양극 반응이라고 하자.

$$Pb(s) + HSO_4^-(aq) + H_2O(\ell) \longrightarrow PbSO_4(s) + 2\,e^- + H_3O^+(aq)$$

이들 각 전지에서 10분간 1.0 A의 전류를 공급할 때 소모되는 금속의 질량은 각각 얼마인가?
28. $Ni^{2+}$ 용액 으로부터 4.00 A를 흘려 0.500 g의 니켈을 어떤 금속 표면에 전기도금하려면 시간이 얼마나 걸리겠는가?

## 부식: 생성물-선호 산화환원 반응

29. 왜 철이 순수한 물보다 소금 물에서 더 빨리 산화되는가?
30. 왜 철 제품에 크롬을 코팅하면 철의 부식이 방지되는가?

## 일반 문제

31. A, B, C 3개의 전기 분해 전지를 연결하여 20분 동안 세 개 전지 모두에 같은 전류를 흘렸더니, A 전지에서는 $AgNO_3$(q) 용액으로부터 0.0234 g의 Ag를 얻었고; B전지는 $Cu(NO_3)_2(aq)$를 포함하고, C 전지는 $Al(NO_3)_3(aq)$를 포함한다. B 전지에서 Cu는 얼마나 도금되는가? C 전지에서 Al은 얼마나 도금되는가?

## 개념응용

32. 금속 A, B, C, 및 D가 아래와 같은 성질을 나타낸다.
(a) A와 C 만이 1.0 M HCl과 반응하여 $H_2$를 생성한다.
(b) C를 철과 다른 금속 용액에 가했더니 금속 A, B 및 D가 형성되었다.
(C) 금속 D가 $B^{n+}$를 환원시켜 금속 B와 $D^{n+}$ 이온을 형성했다.
이 정보를 토대로 네 가지 금속의 환원능력이 증가하는 순서로 나열하시오.
33. 아래 그림의 전기화학전지를 여러 시간 작동시켰을 때, 녹색용액

은 더 연해지고 노란색 용액은 더 진해졌다.

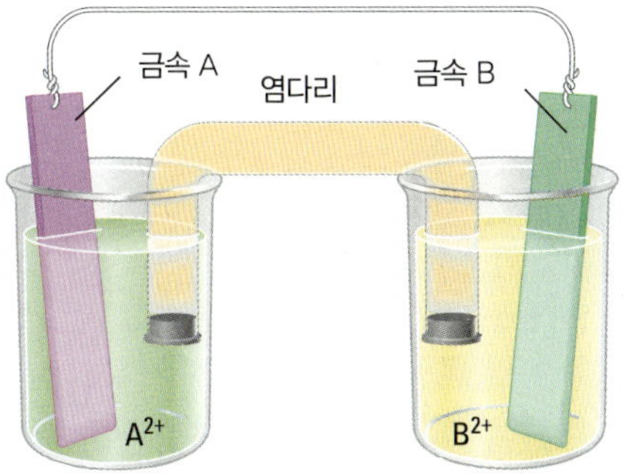


(a) 무엇이 산화되고 무엇이 환원되었는가?

(b) 산화제는 무엇이고 환원제는 무엇인가?

(c) 무엇이 양극이고 무엇이 음극인가?

(d) 반쪽 반응식들을 쓰시오.

(e) 어느 금속의 질량이 더 커지는가?

(f) 외부 전선을 통해 전자는 어떤 방향으로 흐르나?

(g) 염다리가 $KNO_3(aq)$를 포함하고 있으면 $K^+$ 이온은 어떤 용액으로 흐르겠는가?

## 추가 도전 문제

34. 플루오린(fluorine, $F_2$)는 무수 HF의 전기분해로 만들어진다.

$$2\ HF(\ell) \longrightarrow H_2(g) + F_2(g)$$

전형적인 전기분해 전지는 4000~6000 A 및 8~12 V에서 작동한다. 공장에서 하루에 $F_2$ 기체 9.0 톤을 생산할 수 있다.

(a) 소모되는 HF 질량은 몇 g 인가?

(b) 변환인자 $3.60 \times 10^6$ J/kWh를 이용하여, 전지를 12 V로 24 시간 동안 $6.0 \times 10^3$ A로 작동했을 때 얼마만큼의 에너지(kWh)를 소모하겠는가?

35. $Cl^-$와 $Br^-$를 포함하고 있는 수용액에 $Cl_2$와 $Br_2$를 첨가하면 어떤 생성물–선호 반응이 일어나겠는가?

36. 2.00 A의 전류를 백금 염 용액에 3시간 동안 흘렸더니, 음극에 10.9 g 의 백금이 형성되었다. 용액 속에 있는 백금 이온의 전하는 얼마인가?

37. $Ag(CN)^{2-}$ 이온 용액으로부터 어떤 구리 표면에 1.0 μm 두께로 1200 $mm^2$의 면적에 은을 전기 도금을 하려고 한다. 만일 150.0 mA의 전류를 사용하면 시간이 얼마나 걸리겠는가? 은의 밀도는 10.5 $g/cm^3$ 이다.

38. 학생이 수용액 속의 구리(II) 농도를 측정하려고 했다. 음극 반쪽 전지를 위해 $AgNO_3$ 1.00 M 용액과 은 전극을 사용했다. 양극 반쪽 전지로는 시료 수용액에 구리 전극을 넣어 사용했다. 만일 전지가 25°C에서 $E_{cell}$ = 0.62 V 를 준다면 용액 속의 구리 (II) 농도는 얼마인가?

# 19장

# 핵 화학


**19.1** 방사능의 특성

**19.2** 핵 반응

**19.3** 원자핵의 안정도

**19.4** 붕괴 반응속도

**19.5** 핵 분열

**19.6** 핵 융합

**19.7** 핵 방사선: 영향과 단위


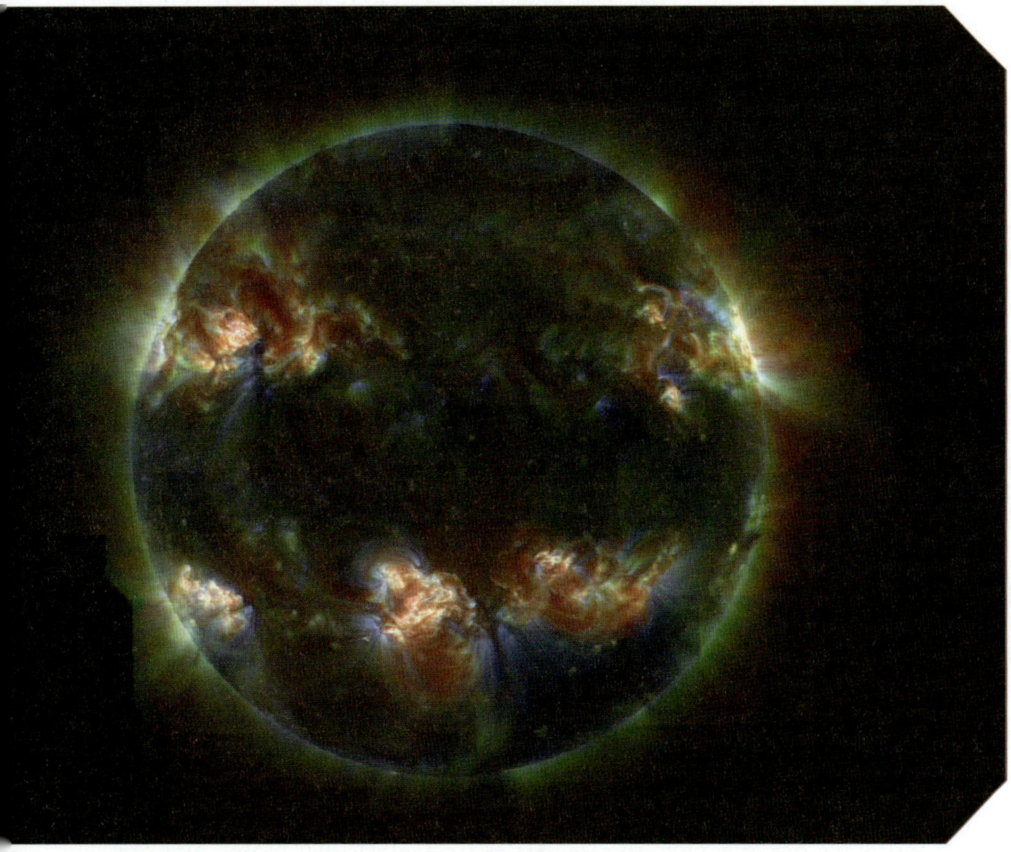

TRACE Project, Stanford-Lockheed Institute for Space Research, NASA

핵 융합 반응은 태양 에너지의 근원이다. 태양에서 일어나는 반응은 지구에서 사용되는 거의 모든 에너지의 궁극적인 근원이다. 융합되는 동안 ${}^{1}_{1}H$ 같은 가벼운 핵이 ${}^{4}_{2}He$ 같은 더 무거운 핵을 형성하고 엄청난 에너지를 방출한다. 이런 융합 반응을 일으키려면 $10^6$에서 $10^7$ K의 온도가 요구된다.

화학과 물리를 연결하는 핵화학은 우리 사회에 큰 영향을 미치고 있다. 과학의 한 분야에 종사하기 위해서나 아니면 단순히 관심 있는 시민으로서 지식을 얻기 위해서라도 핵화학에 대해 알 필요가 있다. 방사성 동위원소는 의학에서 광범위하게 사용된다. 우리 방은 방사성 원소를 사용하는 스모그 센서에 의해 보호받고 있고, 과학의 모든 분야에서 방사성 원소나 화합물을 연구에 응용하고 있다. 30개 이상의 국가에서 전기 생산을 위해 상업적인 원자로를 사용하고 있다. 이 장에서는 핵화학의 여러 가지 관점: 즉, 원자핵의 변화와 그들의 영향, 핵의 분열과 융합, 그런 변화로부터 생기는 에너지, 그리고 방사능 측정을 위해 사용하는 단위 등을 다룰 것이다.

## 19.1 방사능의 특성

프랑스 물리학자 Antoine Henri Becquerel은 1896년 방사능을 발견하게 되는 우연한 관찰을 했다. 어두운 상자 속에서 우라늄 염과 함께 검은 종이로 사진 건판을 싸서 보관하였다. 건판에 우라늄 염의 이미지가 나타나자, 햇빛에 노출시키지 않아도 우라늄 염에서 나온 방사선이 건판을 검게 했다는 것을 알았다. 후에 우라늄 금속이 같은 효과를 나타낸다는 것을 발견하였다. 이 효과에 대한 이유를 찾는 데는 실패했으나, 그 과제를 그의 대학원생인 Marie Curie에게 주었다. Curie는 물리학자였던 그의 남편 Pierre와 함께 그 현상을 집중적으로 연구하였고 그것을 방사능(*radioactivity*)이라고 불렀다.

Becquerel과 Curies는 더 많은 실험을 했다. Wlton, H.F의 *J. Chem. Edu*. vol. 69,1992; p10 을 보라.

Marie Curie가 처음 발견한 것 중 하나는 우라늄 자체가 방사능 물질이라는 것과 우라늄을 포함하는 시료의 방사능은 존재하는 우라늄의 백분율에 의존하다는 Becquerel의 관찰을 확인한 것이었다. 우라늄과 다른 금속(납, 비스무스, 구리 같은)을 포함하고 있는 보통의 광석인 역청 우라늄 광석으로 시험했을 때 순수한 우라늄 보다 더 많은 방사선을 낸다는 것을 알고 놀랐다. 이것은 단 한가지 설명만이 가능했다. 즉, 역청 우라늄 광석은 우라늄 보다 더 강한 방사성 원소를 포함하고 있다는 것이다. 실제로, Curie는 모국인 폴란드의 이름을 따라서 명명된 폴로늄(*polonium*)이라는 원소를 발견한 것이었다. 그들은 또한 방사성이 큰 또 다른 원소인 라듐(radium)도 발견하였다.

Curies에 의해 용기를 얻어 Becquerel도 방사선 실험에 복귀했다. 우라늄의 방사선이 자기장에 의해 영향을 받으며 알파와 베타 두 종류의 방사선이 있다는 것을 발견하였다.

거의 같은 시기에 영국에서 J. J. Thomson과 그의 대학원생 Ernest Rutherford 가 우라늄과 토륨(torium)의 방사선에 대해 연구하고 있었다. Rutherford는 "방사선에는 최소한 2개의 다른 방사선이 존재 한다" 하나는 쉽게 흡수되는 방사선(편의상 알파(α)방사선)과 다른 하나는 보다 침투성이 큰 방사선(베타(β) 방사선)을 발견하였다. 그가 발견한 **α–방사선(alpha-radiation)**은 전기장에 통과시키면 음극 쪽으로 끌리는 입자로 구성되어 있다. 사실, 그 후에 **알파 입자(α particle)**는 방사성 원소로부터 고속으로 분출 되(표 19.1)는 헬륨 핵 ${}_{2}^{4}He^{2+}$이라는 것을 알았다. 알파 입자는 침투력이 제한적이지만, 피부, 옷 또는 여러 장의 종이에 흡수될 수 있다.

전기장과 동일한 실험에서 베타 입자가 전기적으로 양극 쪽으로 끌리므로, Rutherford는 베타 방사선이 음전하를 띤 입자로 구성되어야 한다는 것을 발견하였다.

Becquerel의 연구로 이 입자가 전하와 질량이 전자와 동일하다는 것을 알았다. 따라서, **베타 입자(β particle)**는 방사성 핵으로부터 빠르게 방출되는 전자이다. 베타 입자는 알파 입자 보다 침투력이 더 커서(표 19.1), 1/8 인치 두께의 알루미늄 조각이라야 침투되지 않는다. 베타 입자는 1~2 cm 정도의 깊이로 생체의 뼈나 조직에 침투될 수 있다.

세 번째 형태의 방사선은 P. Villard에 의해 발견되었고 Rutherford의 용어를 따라서 그리스어의 세 번째 글자 감마(γ)를 써서 **γ–방사선(gamma radiation)**이

표 19.1 α, β, γ 방출의 특성

| 이름 | 기호 | 전하 | 질량 | 침투력* |
|---|---|---|---|---|
| 알파 | ${}^{4}_{2}He^{2+}$, ${}^{4}_{2}\alpha$, ${}^{4}_{2}He$ | 2+ | $6.65 \times 10^{-24}$ | 0.03 mm |
| 베타 | ${}^{0}_{-1}e$, ${}^{0}_{-1}\beta$ | 1− | $9.11 \times 10^{-28}$ | 2 mm |
| 감마 | ${}^{0}_{0}\gamma$, $\gamma$ | 0 | 0 | 10 cm |

* 물에서 방사선의 세기가 반으로 줄어드는 거리

라고 불렀다.

자연에 있는 알파와 베타 입자와는 달리, 감마선은 전자기 방사선의 한 가지 형태이고 전기장에는 영향을 받지 않는다. 감마 방사선은 침투력이 가장 좋고 인체를 완전히 통과할 수 있다. 감마선을 막으려면 두꺼운 여러 층의 납이나 콘크리트가 필요하다.

## 19.2 핵 반응

### 핵 반응식

Ernest Rutherford는 라듐은 붕괴 과정에서 알파 입자 뿐만 아니라, 기체 방사성 라돈도 생산함을 알았다. 그런 관찰로 Ruthetford와 Frederick Soddy는 1902년 혁명적인 이론을 제안하게 되었다. 즉, "방사능은 하나의 동위원소가 다른 동위원소로 변하는 자연적인 결과이다". 그런 변화를 불안정한 핵(어미 핵)이 자연적으로 방사선을 방출하면서 보다 더 안정한 다른 원소(딸 원소)로 변환하는 **핵반응(nuclear reaction)** 또는 **변환(*transmutation*)**이라고 한다. 따라서, 핵반응은 원자 번호가 변하고 어떤 경우에는 질량수도 변한다. 예를 들어, Ruthrtford가 연구한 라듐의 반응은 아래와 같이 쓸 수 있다.

$$ {}^{226}_{88}Ra \longrightarrow {}^{4}_{2}He + {}^{222}_{86}Rn $$

이 표현에서 아래 첨자는 원자 번호(양성자 수)이고 위 첨자는 질량수(양성자와 중성자의 합)이다.

방사성 원자가 붕괴될 때 전하를 띤 입자가 방출되고 전하를 띤 원자가 남는다. 따라서, 라듐-226이 붕괴되면 헬륨 양이온(${}^{4}_{2}He^{2+}$)과 라돈-222 음이온(${}^{222}_{86}Rn^{2-}$)이 생긴다. 이온 전하는 핵 균형 반응식에서는 나타내지 않는다.

화학 변환에서, 분자 내 원자와 이온은 재배열할 뿐, 원자가 소멸되거나 창조되지 않는다. 즉 같은 수의 원자들이 남는다. 유사하게 핵반응에서, 전체 핵입자 수 또는 **핵자(nucleon**: 양성자와 중성자) 는 같은 수로 남는다. 그러나 핵반응의 기본은 하나의 핵자가 에너지를 방출하면서 또 다른 핵자로 변화하는 것이다. 즉 양성자는 중성자로 또는 중성자는 양성자로 변할 수 있지만, 전체 핵자의 수는 동일하다. 따라서, **반응하는 핵의 질량수 합은 생성되는 핵의 질량수의 합과 동일하다.** 더욱이, 전하는 소멸되거나 창조되지 않으므로, **생성물들의 원자 번호의 합은 반응물들의 원자 번호의 합과 동일해야 한다.** 이러한 원칙은 다음의 핵반응에서도 증명할 수 있다.

원자 번호는 원자핵에 있는 양성자의 수(즉, 핵의 전체 양전하)이고, 질량수는 핵의 양성자와 중성자수의 합이라는 것을 상기하라.

### 알파 입자와 베타 입자 방출

방사성 동위원소를 붕괴시키는 방법 중 하나는 핵으로부터 알파 입자를 방출시키는 것이다. 이것을 위에 있는 라듐-226 반응과 우라늄-234에서 알파 입자를 방출시켜 토륨-230으로 붕괴시키는 반응으로 설명된다.

| | $^{234}_{92}U$ | $\longrightarrow$ | $^{4}_{2}He$ | + | $^{230}_{90}Th$ |
|---|---|---|---|---|---|
| | uranium-234 (어미 핵종) | | 알파 입자 | | thorium-230 (딸 원소) |
| 질량수 | 234 | $\longrightarrow$ | 4 | + | 230 |
| 원자 번호 | 92 | $\longrightarrow$ | 2 | + | 90 |

알파 방출에서, 어미핵과 딸핵의 원자 번호는 방출되는 각 알파 입자에 의해 원자 번호에서 2단위 그리고 질량수에서 4단위가 다르다.

베타 붕괴에서 질량수는 변하지 않고 원자 번호는 하나씩 증가한다.

방사성 동위원소를 붕괴시키는 또 다른 방법은 베타 입자를 방출시키는 것이다. 예를 들어 우라늄-239(어미 핵)에서 베타 입자를 상실하면 넵튜늄-239(딸 원소)를 형성한다.

| | $^{239}_{92}U$ | $\longrightarrow$ | $^{0}_{-1}e$ | + | $^{239}_{93}Np$ |
|---|---|---|---|---|---|
| | uranium-239 | | 베타 입자 | | neptunium-239 |
| 질량수 | 239 | $\longrightarrow$ | 0 | + | 239 |
| 원자 번호 | 92 | $\longrightarrow$ | −1 | + | 93 |

양성자와 중성자로만 구성된 어떤 핵이 베타 방출 동안에 전자가 방출되면서 어떻게 양성자 수가 증가하는가? 그것은 일반적으로 일련의 반응들이 관여된다고 보고있지만 알짜 과정은 다음과 같다.

$$\underset{\text{중성자}}{^{1}_{0}n} \longrightarrow \underset{\text{전자}}{^{0}_{-1}e} + \underset{\text{양성자}}{^{1}_{1}p}$$

만일 하나의 중성자가 하나의 양성자로 변하면, 전하가 보존되기 위해 음 전하가(베타 입자) 생긴다.

위 반응식에서 기호 p는 양성자, n은 중성자를 나타낸다. 이 과정에서 중성자는 양성자로 변하면서 베타 입자를 방출한다. 따라서, 항상 베타 입자가 방출된다는 것은 중성자가 양성자로 변하여 다른 원소를 형성한다는 것을 의미한다. 새로운 원소(딸 생성물)는 붕괴되는 핵(어미 핵) 보다 원자 번호가 하나 더 커진다. 그러나 질량수는 변하지 않는다.

알파 또는 베타 방출의 결과로 생기는 핵은 종종 들뜬 상태이다. 따라서 감마 선을 방출한다.

많은 경우에, 알파 또는 베타 입자가 방출되면 불안정한 방사성의 생성물이 생성된다. 새로운 방사성 생성물은 비방사성물질로 안정하게 될 때까지 연속적으로 변환이 일어난다. 그런 일련의 반응을 **방사성 계열(radioactive series)**이라고 한다. 그림 19.1에 우라늄-238로 시작하여 납-206 으로 끝나는 계열을 나타내었다.

$$^{238}_{92}U \longrightarrow {}^{4}_{2}He + {}^{234}_{90}Th$$

최종 단계는 폴로늄-210이 납-206으로 되는 과정이다.

$$^{210}_{84}Po \longrightarrow {}^{4}_{2}He + {}^{206}_{82}Pb$$

**예제 19.1 방사성 계열**

그림 19.1에 나타낸 우라늄-238 붕괴 계열에서 어떤 중간 화학종이 폴로늄-218이다. 이 물질이 알파 입자를 방출하고 이어서 하나의 베타 입자를 방출하고 또 이어서 베타 입자를 방출하였다. 이 세 번의 핵반응에 대한 핵 반응식을 쓰시오.

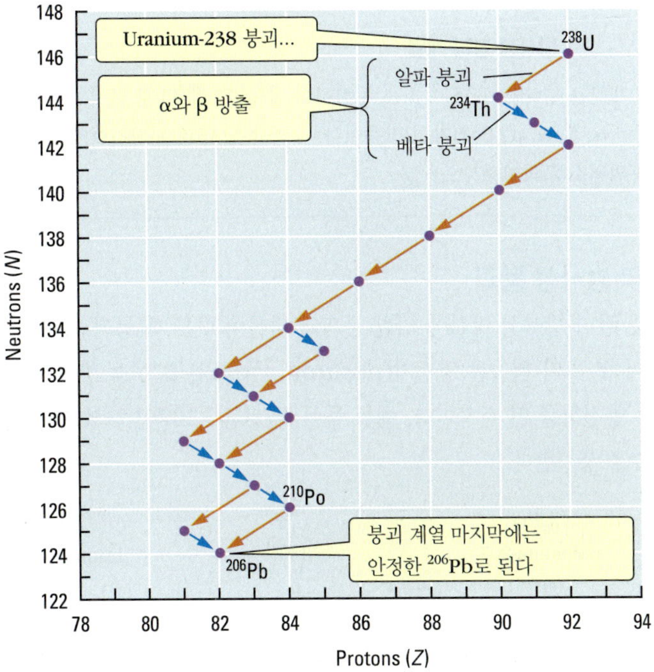


**그림 19.1** $^{238}$U 의 붕괴 계열

**정답:** $^{218}_{84}Po \longrightarrow {}^{4}_{2}He + {}^{214}_{82}Pb$

$^{214}_{82}Pb \longrightarrow {}^{0}_{-1}e + {}^{214}_{83}Bi$

$^{214}_{83}Bi \longrightarrow {}^{0}_{-1}e + {}^{214}_{84}Po$

**풀이:** 반응의 시작은 폴로늄−218이다. 알파 입자를 방출하면 원자 번호는 2가 감소하고 질량수는 4가 감소하며 납−214를 생성한다.

$$\underset{\text{polonium-218}}{^{218}_{84}Po} \longrightarrow {}^{4}_{2}He + \underset{\text{lead-214}}{^{214}_{82}Pb}$$

납−214가 베타 입자를 방출하면, 원자 번호는 하나 증가하고 질량수는 일정하고 비스무스−214를 생성한다.

$$\underset{\text{lead-214}}{^{214}_{82}Pb} \longrightarrow {}^{0}_{-1}e + \underset{\text{bismuth-214}}{^{214}_{83}Bi}$$

비스무스−214 가 하나의 베타 입자를 방출하면 원자 번호는 하나 증가하고 질량수는 일정하여 폴로늄−214를 생성한다.

$$\underset{\text{bismuth-214}}{^{214}_{83}Bi} \longrightarrow {}^{0}_{-1}e + \underset{\text{polonium-214}}{^{214}_{84}Po}$$

**실전예제 19.1**

(a) 넵튜늄 동위원소, $^{237}_{93}Np$가 알파 입자를 방출하고 프로탁티늄(protactinium) 동위원소를 생성하는 반응의 반응식을 쓰시오.

(b) 황−35 ($^{35}_{16}S$)가 베타 입자를 방출 하고 염소의 동위원소를 생성하는 반응의 반응식을 쓰시오.

> EXERCISE
> **연습문제** 19.1 **방사성 붕괴 계열**
>
> 악티늄 붕괴 계열은 우라늄-235, $^{235}_{92}U$로 시작하여 납-207, $^{207}_{82}Pb$로 끝이 난다. 처음 5개 단계는 연속적인 α, β, α, α, β 입자의 방출이다. 우라늄-235로 시작하여 이들 각 단계에서의 방사성 동위원소를 확인하시오.

## 다른 형태의 방사성 붕괴

양전자는 Carl Anderson 에 의해 1932년에 발견되었다. 이는 때때로 "antimatter" 로 알려진 입자 중의 하나로"반전자: antielectron" 라고 부른다. 전자와 양전자 간의 접촉은 2개의 높은 에너지 광자(감마 선)를 생산하고 두 입자의 상호 종말을 가져온다. 이 과정은 양전자 방출 토모그래피 (positron emission tomography; PET)의 기초가 된다.

알파, 베타 및 감마 방사선 방출에 의한 붕괴와 더불어 다른 핵 붕괴 과정도 알려져 있다. 예를 들어 몇 가지 핵들은 양전자(positron, $^{0}_{+1}e$ 또는 $\beta^{+}$) 를 방출하면서 붕괴된다. 양전자는 양전하를 띤 전자이다. 예를 들어, 폴로늄-207이 양전자를 방출하면 비스무스-207을 생성한다.

| | $^{207}_{84}Po$ polonium-207 | $\longrightarrow$ | $^{0}_{+1}e$ 양전자 | + | $^{207}_{83}Bi$ bismuth-207 |
|---|---|---|---|---|---|
| 질량수 | 207 | $\longrightarrow$ | 0 | + | 207 |
| 원자 번호 | 84 | $\longrightarrow$ | +1 | + | 83 |

전자 포획은 전자와 양성자가 결합하여 중성자를 형성하는 것이다. 양성자도 중성자도 방출되지 않으므로 핵의 질량수는 변하지 않는다.

양전자 방출 과정은 원자 번호가 감소하므로 베타 붕괴의 반대 과정임에 주의하라. 베타 붕괴처럼, 양전자 붕괴는 양성자나 중성자를 방출하지 않으므로 질량수는 변하지 않는다.

또 다른 핵반응은 **전자 포획(electron capture)** 과정이다. 이 과정에서는 원자 번호는 하나 줄지만 질량수는 변하지 않는다. 이 반응에서 내부 껍질 전자(예로 1*s* 전자)가 핵에 의해 포획 될 수 있다.

| | $^{7}_{4}Be$ beryllium-7 | + | $^{0}_{-1}e$ 전자 | $\longrightarrow$ | $^{7}_{3}Li$ lithium-7 |
|---|---|---|---|---|---|
| 질량수 | 7 | + | 0 | $\longrightarrow$ | 7 |
| 원자 번호 | 4 | + | −1 | $\longrightarrow$ | 3 |

원자 물리학의 오래된 명명법에서는 가장 내부에 있는 껍질을 ($n$ = 1 주양자수) *K*-껍질이라고 한다. 따라서 이 전자 포획 메커니즘을 때로는 *K*-포획(*K-capture*)이라고도 한다.

요약하면, 방사성 핵은 오른편에 있는 그림에 요약한 것처럼 네 가지 방식으로 붕괴된다.

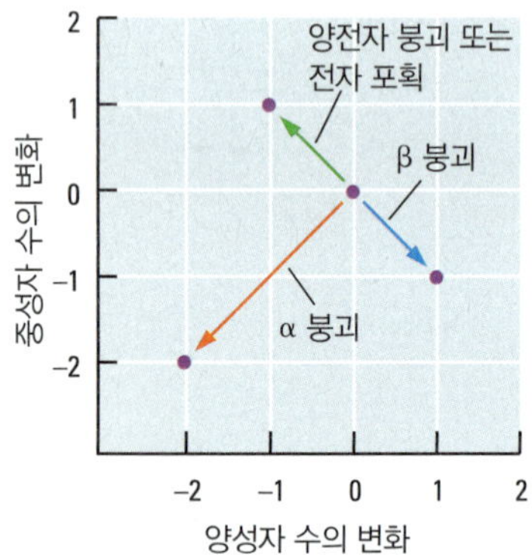


**네 가지 방사성 붕괴 과정의 영향.** 이 그림은 알파 붕괴, 베타 붕괴, 양전자 방출, 전자 포획 동안에 양성자와 중성자수의 변화를 나타낸다.

> **예제 19.2 핵 반응식**
>
> 다음 식에서 생성물 화학종의 기호, 질량수 및 원자 번호를 채워 완성하시오.
>
> (a) $^{18}_{9}F \longrightarrow {}^{18}_{8}O$ + ____ (b) $^{26}_{13}Al + {}^{0}_{-1}e \longrightarrow$ ____
>
> (c) $^{208}_{79}Au \longrightarrow {}^{208}_{80}Hg$ + ____ (d) $^{218}_{84}Po \longrightarrow {}^{4}_{2}He$ + ____
>
> **정답:**
>
> (a) $^{0}_{+1}e$ (b) $^{26}_{12}Mg$ (c) $^{0}_{-1}e$ (d) $^{214}_{82}Pb$
>
> **풀이:** 각각의 경우에 반응 전 후의 원자 번호와 질량수를 비교하여 추론할 수 있다.
>
> (a) 누락된 입자는 질량 수 '0'그리고 전하 +1 따라서 양전자 $^{0}_{+1}e$ 이어야 한다. 반응식에 양

전자를 삽입하면 양쪽의 질량수가 18이 되고 양쪽의 질량수 합은 9가 된다.

(b) 누락된 핵은 질량수가 26 + 0 = 26 이어야 하고 원자 번호는 13 − 1 = 12 이어야 하며 따라서 $^{26}_{12}Mg$ 이다.

(c) 누락된 입자는 질량수 '0'이고 전하는 −1 이므로 베타 입자 $^{0}_{-1}e$ 이어야 한다.

(d) 누락된 핵은 질량수 218 − 4 = 214 이어야 하고, 원자 번호는 84 − 2 = 82 이어야 하며 따라서, $^{214}_{82}Pb$ 가 되어야 한다.

**실전예제 19.2**

아래 핵 반응식에서 생성물의 기호, 질량수, 원자 번호를 채워 완결하시오.

(a) $^{11}_{6}C \longrightarrow ^{11}_{5}B + ?$　　(b) $^{35}_{16}S \longrightarrow ^{35}_{17}Cl + ?$

(c) $^{30}_{15}P \longrightarrow ^{0}_{+1}e + ?$　　(d) $^{22}_{11}Na \longrightarrow ^{0}_{-1}e + ?$

EXERCISE
**연습문제 19.2 핵 반응**

알루미늄−26은 양전자 방출과 전자 포획을 일으킬 수 있다. 각 반응의 균형 핵 반응식을 쓰시오.

## 19.3 원자핵의 안정도

수소에서부터 비스무스까지 자연에서 생기는 동위원소들을 그림 19.2에 나타냈다. 여기서 방사성 동위원소는 오렌지색 원으로, 안정한(비방사성) 물질은 보라색과 녹색 원으로 나타냈다. 안정한 동위원소가 매우 적게 존재하는것에 놀랄 것이다. 왜 몇 백 개 이상이 되지 않는 걸까? 이 의문을 고찰하기위해서, 수소부터 출발해서 원소들을 체계적으로 고찰해보자.

가장 간단하고 가장 풍부한 형태인 수소는 단지 하나의 핵입자, 하나의 양성자만을 가지고 있다. 아울러, 2개의 잘 알려진 동위원소는 하나의 양성자와 하나의 중성자를 가지고 있는 $^{2}_{1}H$ = D인 비방사성 중수소와, 하나의 양성자와 2개의 중성자를 가지고 있는 $^{3}_{1}H$ = T인 방사성 삼중수소이다. 다음 원소는 헬륨으로 2개의 양성자와 2개의 중성자를 가지는 가장 안정한 동위원소이다.

안정도의 좁은 띠가 나타나고, 몇 가지 안정한 핵의 N/Z 값을 나타냈다.

악티늄 족 계열의 말단에 있는 원소−103번은 중성자 154와 질량수 257를 가지는 로렌슘(lawrencium)이다. $^{1}_{1}H$와 $^{3}_{2}He$을 제외한 수소부터 로렌슘까지에서 **안정한 동위원소의 질량수는 항상 적어도 원자 번호의 두 배이다.** 다른 말로, $^{1}_{1}H$와 $^{3}_{2}He$을 제외하고는 각 원소의 동위원소는 최소 1개의 양성자 마다 하나의 중성자를 포함하는 핵을 가진다. 분명히 핵의 양성자 사이에서 생기는 매우 강력한 반발력이 전하를 갖지 않는 중성자가 존재함으로서 완화된다. 그림 19.2에 여러 원칙들을 설명하였다.

1. Ca ($Z$ = 20)까지 가벼운 원소들은 보통 안정한 동위원소를 가지며 양성자와 중성자의 수가 동일하거나 또는 양성자 보다 중성자가 더 많다. 예로 $^{7}_{3}Li$, $^{12}_{6}C$, $^{16}_{8}O$, $^{32}_{16}S$ 등이 있다.
2. 칼슘 이상은 중성자/양성자 비가 점진적으로 1보다 커진다. 안정한 동위원소

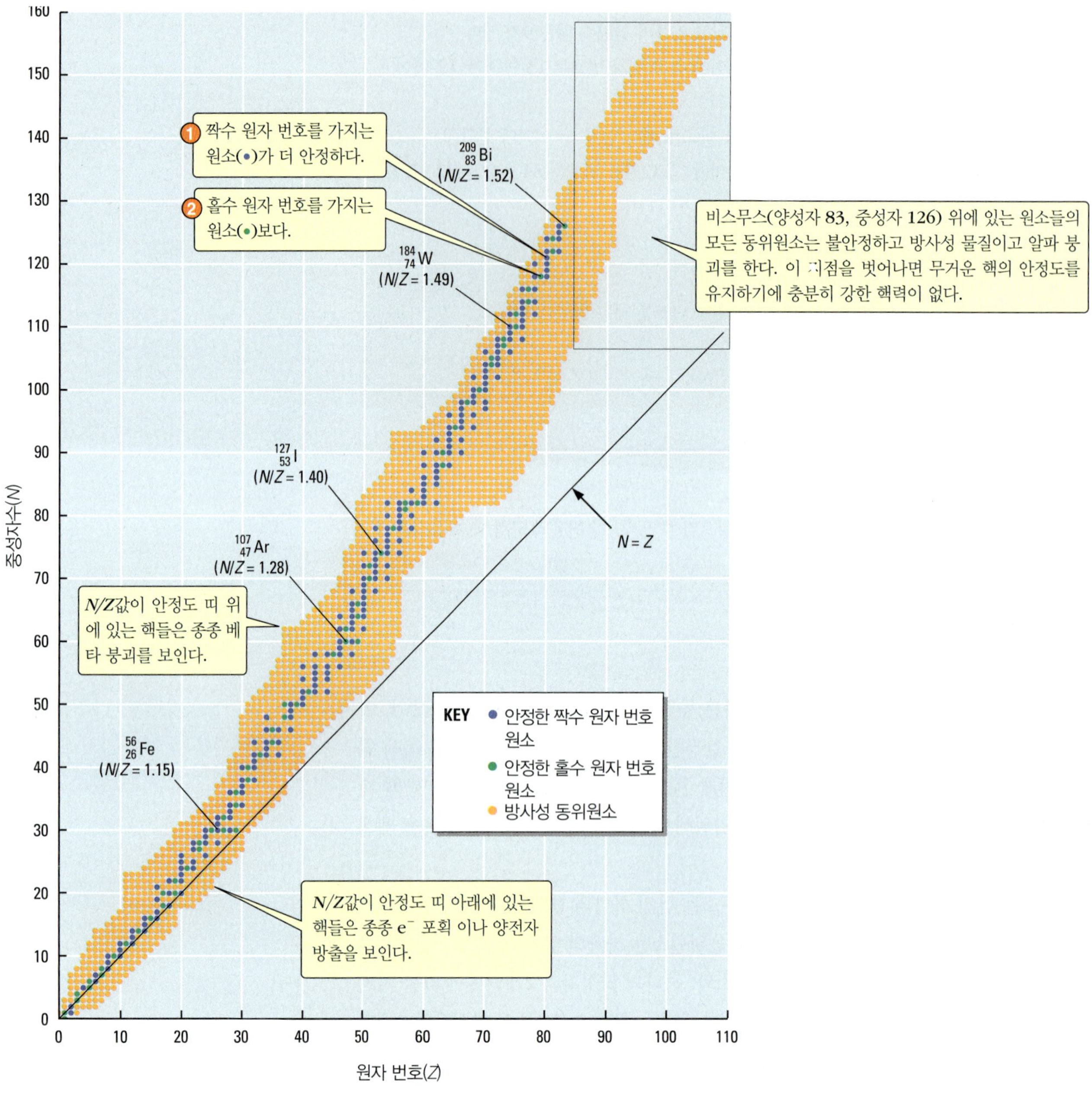


**그림 19.2** 수소(Z = 1)부터 비스무스(Z = 83)까지 핵의 중성자 수대 양성자 수의 그림

띠는 $N = Z$ 선(중성자 수 = 양성자 수)으로부터 점점 더 멀어진다. 이것은 무거운 원소의 핵이 안정화 되려면 더 많은 중성자가 요구된다는 증거이다. 예로 Fe의 안정한 동위원소는 26개 양성자와 30개의 중성자($N/Z$ = 1.15)를 가지는 반면에, 백금의 안정한 동위원소는 78개의 양성자와 117개의 중성자($N/Z$ = 1.50)를 가진다.

3. 비스무스−209 (양성자 83, 중성자 126) 이상의 원소들의 경우에 모든 핵은 불안정하고 방사성 물질이다. 더욱이 핵이 무거울수록 분해속도는 더 크다. 예를 들어, $^{238}_{92}U$시료의 절반이 분해되는데 4.5억년이 걸리는 반면 $^{256}_{103}Lr$은 불과

28초가 걸린다.

4. 그림 19.2를 주의해서 분석해보면, 추가적으로 흥미로운 점을 볼 수 있다. 먼저, 짝수 원자 번호를 가지는 원소들은 홀수 원자 번호를 가지는 원소들 보다 더 많은 안정한 동위원소들을 가지고 있다. 두 번째로, 보통 안정한 동위원소들은 짝수의 중성자를 가지고 있다. 홀수 원자 번호의 원소들의 경우 가장 안정한 동위원소가 짝수의 중성자를 가진다. 실제로, 그림 19.2에 거의 300개의 안정한 동위원소 중 대략 200개가 짝수 중성자와 짝수의 양성자를 가진다. 단지 120개만이 홀수 양성자 또는 중성자를 가진다. 단지 4개 동위원소($^{2}_{1}H$, $^{6}_{3}Li$, $^{10}_{5}B$, 및 $^{14}_{7}N$)가 홀수의 양성자와 홀수의 중성자를 가진다.

## 안정도 띠와 방사성 붕괴 유형

그림 19.2에서 안정한 동위원소의 좁은 띠(보라색과 녹색 원)를 때로 '불안정한 바다'의 '안정한 반도'(*peninsular of stability*)라고 하기도 한다. 이 안정한 반도에 있지 않는 핵(오랜지 색 원)들은 반도의 경계 쪽으로 가면서 붕괴될 것이다. 이 그림은 핵이 어떤 형태로 붕괴될 것인지 예측하는데 도움이 된다.

Bi ($Z$ = 83)이상에 있는 모든 원소들의 핵은 불안정하다. 즉, 방사성이 있고 대부분이 **알파 입자를 방출**하면서 붕괴 될 것이다. 예를 들어, 아메리슘(americium)은 스모그 경보기에 사용하는 방사성 물질이며 아래와 같이 붕괴한다.

$$^{243}_{95}\mathrm{Am} \longrightarrow {}^{4}_{2}\mathrm{He} + {}^{239}_{93}\mathrm{Np}$$

**베타선 방출**은 아주 많은 중성자를 가진 핵이 안정화되기 위해 일어난다. 즉, 그림 19.2의 안정한 반도 위에 있는 동위원소들이다. 베타 붕괴가 일어나면 중성자가 하나의 양성자와 하나의 전자(베타 입자)로 변환된다. 이때 원자 번호는 하나 증가하고 질량수는 일정하게 유지된다.

$$^{60}_{27}\mathrm{Co} \longrightarrow {}^{0}_{-1}\mathrm{e} + {}^{60}_{28}\mathrm{Ni}$$

바꾸어 말하면, 중성자를 적게 가지고 있어 핵이 더 가벼울수록 — 안정한 반도 아래에 있는 원소들 — 양전자 방출이나 또는 전자 포획에 의해 안정화된다. 왜냐하면 이런 과정에서 양성자가 중성자로 변환되기 때문이다.

$$^{13}_{7}\mathrm{N} \longrightarrow {}^{0}_{+1}\mathrm{e} + {}^{13}_{6}\mathrm{C}$$

$$^{41}_{20}\mathrm{Ca} + {}^{0}_{-1}\mathrm{e} \longrightarrow {}^{41}_{19}\mathrm{K}$$

이들 두 경로로 일어나는 붕괴는 원자 번호 4부터 100보다 더 큰 원소들까지 관찰된다. $Z$가 증가하면, 전자 포획이 양전자 방출 보다 더 유리하다.

**예제 19.3 핵의 안정도**

다음 불안정한 동위원소들에 대해 가능한 붕괴 방식의 핵 반응식을 쓰시오.

(a) Silicon-32, $^{32}_{14}Si$
(b) Titanium-43, $^{43}_{22}Ti$
(c) Plutonium-239, $^{239}_{94}Pu$
(d) Manganese-56, $^{56}_{25}Mn$

**정답:**

(a) $^{32}_{14}Si \longrightarrow {}^{0}_{-1}e + {}^{32}_{15}P$ (b) $^{43}_{22}Ti \longrightarrow {}^{0}_{+1}e + {}^{43}_{21}Sc$ or $^{43}_{22}Ti + {}^{0}_{-1}e \longrightarrow {}^{43}_{21}Sc$

(c) $^{239}_{94}Pu \longrightarrow {}^{4}_{2}He + {}^{235}_{92}U$ (d) $^{56}_{25}Mn \longrightarrow {}^{0}_{-1}e + {}^{56}_{26}Fe$

**풀이:** 양성자대 중성자 비에 유의하라. 만일 중성자가 과량이면 베타 방출이 가능하다. 만일 원자 번호가 83보다 크면 알파 방출이 가능하다

(a) Silicon−32는 과량의 중성자를 가지고 있어 베타 붕괴가 예상된다.

(b) Titanium−43은 과량의 양성자를 가지고 있어 양전자 방출 또는 전자 포획이 가능하다.

(c) Plutonium−239 는 83보다 큰 원자 번호를 가진다. 따라서 알파 붕괴가 가능하다.

(d) Manganese−56은 과량의 중성자를 가지고 있어 베타 붕괴가 예견된다.

실전예제 19.3

아래 각 불안정한 원소에 대해 가능한 붕괴 방식에 맞는 핵 반응식을 쓰시오.

(a) $^{42}_{19}K$ (b) $^{234}_{92}U$ (c) $^{20}_{9}F$

## 결합 에너지

Ernest Rutherford의 알파 입자 산란 실험에서 증명한 것처럼 원자의 핵은 아주 작다. 핵이 불안정해 지기 전에 83개의 양성자를 포함할 수 있었다하더라도, 좁은 부피에서 많은 양성자들의 강한 정전기적 반발력을 극복 할 수 있는 짧은 범위에서 아주 강한 결합력이 있어야 한다고 추측할 수 있다. 핵이 서로 잡고 있는 힘의 측정 값이 핵의 **결합 에너지(binding energy)** 이다. 이 에너지($E_b$)는 핵이 구성 성분인 양성자와 중성자로부터 직접 형성될 때 발생하는 에너지 변화 ($\Delta E$)로 정의 한다. 예를 들어, 만일 양성자 1몰과 중성자 1몰이 직접 중수소 핵 1 몰을 형성한다면, 이 때 에너지 변화는 2억 kJ 보다 더 크고, 이는 TNT 73 톤을 폭발시킬 때 발생하는 에너지와 동일한 양이다.

핵결합 에너지는 화학결합의 결합 에너지와 유사하다. 이 에너지는 모든 입자(양성자와 중성자)를 분리하여 원자핵으로 만드는데 공급되어야 하는 에너지이다. 원자의 결합 에너지는 결합하고 있는 두 원자 1 몰을 분리시키는데 공급해야 하는 에너지이다. 이들 두 경우에 에너지 변화는 입자를 분리하기 위해 일을 해야 하므로 양(+)의 값을 가진다.

$$^{1}_{1}H + {}^{1}_{0}n \longrightarrow {}^{2}_{1}H \qquad \Delta E = -2.15 \times 10^{8}\ kJ$$

$$\text{결합 에너지} = E_b = -\Delta E = 2.15 \times 10^{8}\ kJ$$

이런 핵 합성 반응은 심한 발열 반응이고(따라서 $E_b$는 아주 큰 양(+)의 값이다) 이는 핵들이 서로 강한 인력으로 잡혀 있다는 것을 나타내는 증거이다. 중수소핵은 고립되어 있는 양성자나 중성자들 보다 더 안정하다.

핵의 질량이 핵을 구성하는 양성자와 중성자 질량의 합보다 조금 더 작으므로 원자핵이 형성되는 동안에 방대한 양의 에너지가 방출된다.

$$\underset{1.007825\ g/mol}{^{1}_{1}H} + \underset{1.008665\ g/mol}{^{1}_{0}n} \longrightarrow \underset{2.01410\ g/mol}{^{2}_{1}H}$$

$$\text{질량의 변화} = \Delta m = \text{생성물 질량} - \text{반응물 질량의 합}$$

$$\Delta m = 2.01410\ g/mol - 1.008665\ g/mol - 1.007825\ g/mol$$

$$\Delta m = 2.01410\ g/mol - 2.016490\ g/mol$$

$$\Delta m = -0.00239\ g/mol = -2.39 \times 10^{-6}\ kg/mol$$

질량의 차이 $\Delta m$은 결합 에너지로 방출된다,

질량과 에너지 간의 관계는 Albert Einstein이 1905년에 발표한, 질량과 에너

지는 동일한 양을 단지 다르게 명시한 것이라고 주장한 특수 상대성 이론에 포함되어 있다. Einstein은 어떤 물질의 에너지는 질량과 빛의 속도의 제곱을 곱한 것과 같다고 $\Delta E = mc^2$, 설명하였다.

질량이 변하는 어떤 반응에서의 에너지 변화는 $\Delta E = (\Delta m)c^2$,이다. 1몰의 양성자와 1몰의 중성자로부터 1몰의 중수소핵이 형성될 때 에너지 변화는 다음과 같다.

$$\begin{aligned}\Delta E &= (-2.39 \times 10^{-6}\,\text{kg})(3.00 \times 10^{8}\,\text{m/s})^2 \\ &= -2.15 \times 10^{11}\,\text{J} = -2.15 \times 10^{8}\,\text{kJ}\end{aligned}$$

이것은 앞에 주어진 $\Delta E$ 값이고 1몰의 양성자와 1몰의 중성자가가 1몰의 중수소핵을 형성할 때의 에너지 변화이다.

다른 예를 생각해보자. 헬륨-4 핵이 2개의 양성자와 2개의 중성자로부터 형성될 때는 다음과 같다.

$$2\,{}^{1}_{1}\text{H} + 2\,{}^{1}_{0}\text{n} \longrightarrow {}^{4}_{2}\text{He} \qquad E_b = +2.73 \times 10^{9}\,\text{kJ/mol}\ {}^{4}_{2}\text{He 핵}$$

이때의 결합 에너지는 아주 크고, 중수소에 대한 것 보다 더 크다. 보다 직접적으로 핵의 안정도를 비교하기 위해 핵 과학자들은 **핵자당 결합 에너지(binding energy per nucleon)**를 계산한다. ${}^{4}_{2}$He핵은 4개의 핵자 (2개의 양성자와 2개의 중성자)를 포함하고 있다.

$$\begin{aligned}\text{핵자당 } E_b &= \frac{2.73 \times 10^{9}\,\text{kJ}}{\text{mol }{}^{4}_{2}\text{He 핵}} \times \frac{1\,\text{mol }{}^{4}_{2}\text{He 핵}}{4\,\text{mol 핵자}} \\ &= 6.83 \times 10^{8}\,\text{kJ/mol 핵자}\end{aligned}$$

핵자당 결합 에너지가 클수록 핵의 안정도도 따라서 높아진다. 핵자 당 결합 에너지는 많은 핵에 대해 알려져 있고, 그림 19.3에 질량의 함수로 나타냈다. 최대 안정도 점이 철-56, ${}^{56}_{26}$Fe 근처에서 나타나는 것은 매우 흥미롭고도 중요하다. 이것은 모든 핵

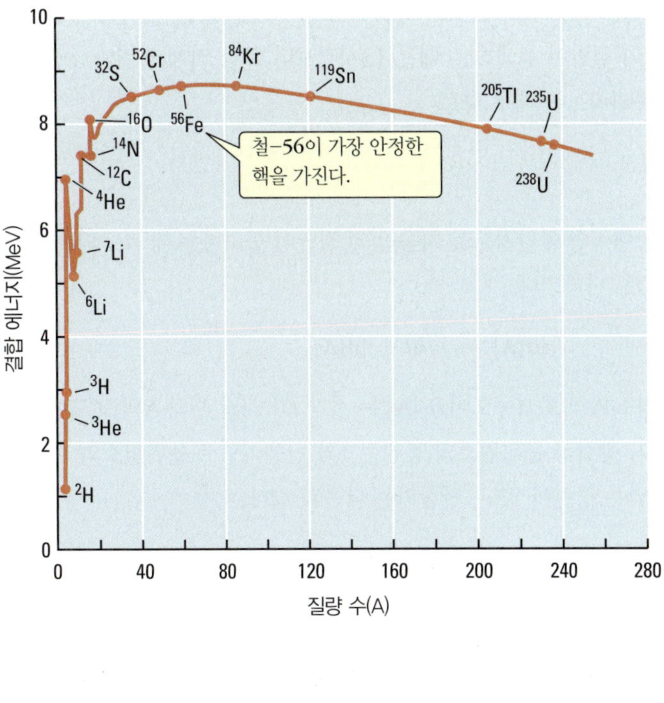


**그림 19.3 핵자당 결합 에너지.** 수소부터 우라늄 까지 각 원소 중에서 가장 풍부한 동위원소에 대해 Million electron volts(MeV)로 핵자당 결합 에너지를 계산하여 값을 얻었다($1\,\text{MeV} = 1.602 \times 10^{-13}\,\text{J}$). 곡선의 맨 위에서 핵은 가장 안정하다.

이 철-56에 비해 열역학적으로 불안정하다는 것을 의미한다. 즉, 아주 무거운 핵은 자발적으로 분리되거나 또는 분열하여 보다 방대한 양의 에너지를 방출하면서, 더 작고 더 안정하고 철의 원자 번호와 가까운 핵으로 될 수 있다는 것이다(19.5절). 반대로 2개의 매우 가벼운 핵은 서로 가까워지면 더 무거운 핵을 형성하며 발열하면서 핵 융합(nuclear fusion)을 일으킨다(19.6절). 철의 높은 핵 안정도 때문에 철은 우주에서 가장 풍부한 무거운 원소 중 하나이다.

EXERCISE
**연습문제** 19.3 결합 에너지

리튬-6를 형성하기위한 결합 에너지(kJ/mol)를 계산하시오.

$$3\,{}^{1}_{1}\text{H} + 3\,{}^{1}_{0}\text{n} \longrightarrow {}^{6}_{3}\text{Li}$$

필요한 질량은 ${}^{1}_{1}\text{H}$ = 1.00783 g/mol, ${}^{1}_{0}\text{n}$ = 1.00867 g/mol, ${}^{6}_{3}\text{Li}$ = 6.015125 g/mol 이다. 헬륨-4보다 결합 에너지가 큰가 아니면 작은가? 리튬-6와 헬륨-4의 핵자 당 결합 에너지를 비교하시오. 어떤 핵이 더 안정한가?

CONCEPTUAL
**개념학습** 19.4 결합 에너지

그림 19.3에서 곡선의 모양을 해석하여 분열 또는 융합 중 어느 것이 그램 당 발열을 더 많이 하는가? 설명하시오.

## 19.4 붕괴 반응속도

표 19.2 몇 가지 일반적인 방사성 동위원소의 반감기

| 붕괴 과정 | 반감기 |
|---|---|
| ${}^{238}_{92}\text{U} \longrightarrow {}^{234}_{90}\text{Th} + {}^{4}_{2}\text{He}$ | $4.15 \times 10^{9}$ yr |
| ${}^{3}_{1}\text{H} \longrightarrow {}^{3}_{2}\text{He} + {}^{0}_{-1}\text{e}$ | 12.3 yr |
| ${}^{14}_{6}\text{C} \longrightarrow {}^{14}_{7}\text{N} + {}^{0}_{-1}\text{e}$ | 5730 yr |
| ${}^{131}_{53}\text{I} \longrightarrow {}^{131}_{54}\text{Xe} + {}^{0}_{-1}\text{e}$ | 8.04 d |
| ${}^{123}_{53}\text{I} + {}^{0}_{-1}\text{e} \longrightarrow {}^{123}_{52}\text{Te}$ | 13.2 h |
| ${}^{57}_{24}\text{Cr} \longrightarrow {}^{57}_{25}\text{Mn} + {}^{0}_{-1}\text{e}$ | 21 s |
| ${}^{28}_{15}\text{P} \longrightarrow {}^{28}_{14}\text{Si} + {}^{0}_{+1}\text{e}$ | 0.270 s |
| ${}^{90}_{38}\text{Sr} \longrightarrow {}^{90}_{39}\text{Y} + {}^{0}_{-1}\text{e}$ | 28.8 yr |
| ${}^{60}_{27}\text{Co} \longrightarrow {}^{60}_{28}\text{Ni} + {}^{0}_{-1}\text{e}$ | 5.26 yr |

$t_{1/2} = \frac{0.693}{k}$의 관계는 1차 반응 속도론에서 소개했다.

코발트-60은 방사성 물질이고 베타 입자 공급원으로, 인체의 악성 종양 치료를 위한 감마선의 공급원으로 이용한다. 코발트-60 시료의 절반이 베타 붕괴를 통해 니켈-60으로 변하는 데 걸리는 시간은 5년보다 조금 길다(표 19.2). 한편, 뇌종양 검출을 위해 사용하는 아세트산 구리(copper acetate)의 구리-64는 훨씬 더 빠르게 붕괴하며 방사성 구리 시료의 절반이 붕괴하는 데는 13시간보다 조금 적게 걸린다. 이들 두 방사성 동위원소의 붕괴속도는 매우 다르다.

### 반감기

방사성 동위원소의 상대적인 불안정도를 처음 양의 절반이 붕괴하는 데 요구되는 시간인 **반감기(half-life)**로 나타낸다.

$$\ln[\text{A}]_t = -kt + \ln[\text{A}]_0$$

여기서 $[\text{A}]_0$는 동위원소 A의 초기농도이고 $[\text{A}]_t$는 시간 $t$가 지난 후의 A의 농도이고 $k$는 1차 속도 상수이다. 방사성 동위원소의 붕괴는 1차 반응이므로 동위원소의 반감기는($t_{1/2}$)는 초기 농도와는 상관이 없고, 반감기는 다음과 같다.

$$t_{1/2} = \frac{\ln 2}{k} = \frac{0.693}{k}$$

표 19.2에 나타낸 것처럼, 방사성 동위원소는 매우 넓은 범위의 다양한 반감기를 가진다. 몇몇 원소들의 시료 반이 붕괴되는 데는 수 십 년 심지어는 천 년이($^{238}U$, $^{14}C$) 걸리기도 하지만, 어떤 것($^{28}P$)은 불과 1초도 안 걸려 붕괴된다. 반감기의 단위는 수 년에서 수 초까지 적당한 시간 단위로 표기한다.

반감기 개념의 한 예로 원자로에서 알파 방출을 하는 동위원소 플루토늄-239의 붕괴를 생각해보자.

$$^{239}_{94}Pu \longrightarrow ^{4}_{2}He + ^{235}_{92}U$$

플루토늄-239의 반감기는 24,400년이다. 따라서, 어느 시점에 존재하는 $^{239}_{94}Pu$ 양의 절반이 붕괴되는데 걸리는 시간은 24,400년이다. 예를 들어, 만일 1.00 g의 $^{239}_{94}Pu$로 시작하면, 24,400년 후에 0.5 g의 동위원소가 남아 있게 된다. 48,800년(반감기 2배) 후에는 0.500 g의 절반인 0.250 g이 남을 것이고, 73,200년 후(반감기 3배)에는 0.250 g의 절반인 0.125 g 만 남게 된다. 시간 변화에 따른 $^{239}_{94}Pu$의 양을 그림 19.4에 나타냈다. 모든 방사성 동위원소는 이런 형태의 붕괴 곡선을 따른다.

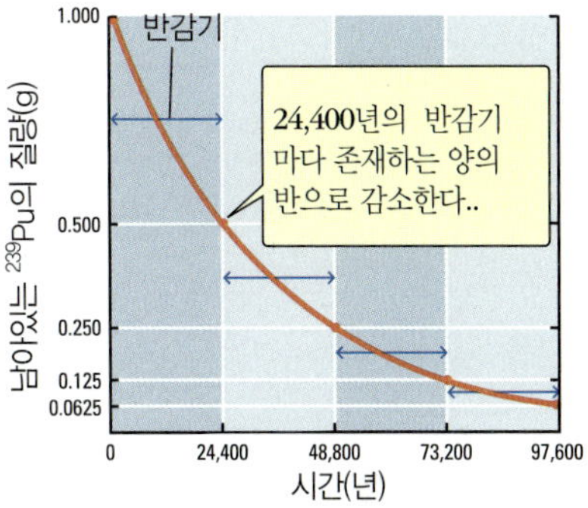


**그림 19.4 플루토늄-239 1.00 g의 붕괴**

**예제 19.4 반감기**

갑상선 항진증 진단에 사용하는 요오드-131의 반감기는 8.04 일이다.

$$^{131}_{53}I \longrightarrow ^{131}_{54}Xe + ^{0}_{-1}e \qquad t_{1/2} = 8.04 \text{ 일}$$

만일 10.0 μg의 요오드-131을 가지고 있다면 32.2일 후의 이 동위원소의 남은 질량은 얼마나 되겠는가?

**정답:** 0.0625 μg

**풀이:** 먼저, 32.2 일로부터 반감기 수를 알아야 한다. 반감기가 8.04일이므로 반감기 수는 다음과 같다.

$$32.2 \text{ days} \times \frac{1 \text{ half-life}}{8.04 \text{ days}} = 4.00 \text{ 반감기}$$

이식은 10.0 μg의 초기 시료가 4번에 걸쳐 반씩 감소했다는 것을 의미한다.

$$10.0 \ \mu g \times 1/2 \times 1/2 \times 1/2 \times 1/2 = 10.0 \ \mu g \times 1/16 = 0.0625 \ \mu g$$

32.2일 후에는 초기 시료의 1/16 만 남아있다.

**실전예제 19.4**

스트론튬-90은 원자폭탄 폭발 시에 생기는 방사성 동위원소($t_{1/2}$ = 29년)이다. 이 물질은 긴 반감기와 사람과 동물에서 칼슘과 치환되어 뼈의 골수에 농축되는 경향이 있다.

(a) 이 원소는 베타 입자를 상실하며 붕괴된다. 다른 붕괴 생성물도 함께 나타내는 반응식을 쓰시오.

(b) 이 시료가 분당 2000베타 입자를 방출한다. 분당 125베타 입자를 방출하려면 몇 년이 걸리며 몇 번의 반감기가 필요하겠는가?

EXERCISE
**연습문제** 19.5 반감기

형식적으로 방사성 동위원소의 높은 방사능도 10번의 반감기가 지난 후에는 원칙적으로 무시한다. 동위원소가 10번의 반감기를 지나면 처음의 몇 퍼센트나 남겠는가?

## 방사성 붕괴속도

방사성 원소의 반감기를 측정하려면, 그 물질의 **붕괴속도(*rate of decay*)** 즉, 주어진 시간 동안 붕괴되는 원자의 수–초당, 시간당 또는 년당 — 를 측정해야 한다. 방사성 붕괴는 일차 속도 과정이고, 속도는 존재하는 방사성 원자의 수(N)에 직접 비례한다. 이 비례식은 시료의 **활성도(activity)A**–단위 시간당 관찰되는 붕괴 수와, 일차 속도 상수 또는 해당 방사성 동위원소의 특성인 **붕괴상수(*decay constant*)*k***를 사용하여 다음과 같은 식으로 나타낸다.

$$A = kN \qquad [19.1]$$

시료의 활성도가 어떤 주어진 시간 $t_0$에서 측정되었다고 가정하고, 다시 몇 분 , 몇 시간, 또는 몇 일 후에 활성도를 측정한다. 만일 시간 $t_0$에서 측정한 초기 활성도가 $A_0$이라면 두 번째로 측정한 $t$ 시간 후의 활성도 A는 더 작은 값을 갖게 될 것이다. 식 19.1을 이용하여 어떤 시간 $t$에서 활성도 A와 실험을 시작할 때의 활성도 $A_0$비는, 실험을 시작할 때에 존재하는 방사성 동위원소 원자 수($N_0$)와 어떤 시간 $t$ 후에 존재하는 원자의 수($N$)의 비와 같아야 한다.

$$\frac{A}{A_0} = \frac{kN}{kN_0} \quad \text{또는} \quad \frac{A}{A_0} = \frac{N}{N_0}$$

따라서, $A/A_0$ 또는 $N/N_0$는 얼마간의 시간이 지난 후에 남아 있는 시료속의 방사성 원자의 분율로 나타낸다.

시료의 활성도는 Geiger 계측기라는 기기를 이용하여 측정할 수 있다(그림 19.5). 이 기기는 방사성 물질이 어떤 기체를 이온화시켜 생성되는 전자와 양이온을 전극 쌍으로 끌리도록 하여 방사성 방출량을 검출한다. Geiger 계측기에서 금속관을 낮은 압력의 아르곤 기체로 채운다. 관의 내부가 음극으로 작용하고 관 중앙을 지나는 가는 전선이 양극으로 작용한다. 방사선은 방출되면 관 끝의 얇은 창을 통해 관으로 들어오고 그들이 아르곤 원자와 충돌하게 된다. 이 충돌에 의해 자유 전자와 아르곤 양이온이 생성된다. 자유 전자는 가속되어 양극으로 흐르고 이들은 다른 아르곤 원자와 충돌하여 더 많은 자유 전자를 만든다. 모든 자유 전자는 양극으로 향하고 이들은 전류 펄스를 만든다. 이 전류 펄스를 계측하여 시간당 펄스의 비를 Geiger 계측기가 읽어낸다.

'*curie*'는 Pierre Curie 가 그의 부인 Marie를 위해 명명하였고 '*becquerel*'은 Henri Becquerel를 기념하여 사용하는 것이다.

큐리와 베크렐 단위는 초 당 붕괴되는 원자 수 이므로 $s^{-1}$ 이다.

**큐리(Curi, Ci)**는 활성도를 나타내는데 흔히 사용하는 단위이다. 1 큐리는 초당($s^{-1}$) $3.7 \times 10^{10}$ 붕괴를 나타낸다. 이것은 1 g 라듐의 붕괴 속도이다. 1mCi= $10^{-3}$ Ci = $3.7 \times 10^{7}\ s^{-1}$ 이다. 방사능의 다른 단위로 **Bq (becquerel; 베크렐)** 이 있다. 1 베크렐 은 초당 하나의 핵이 붕괴되는 것과 동일하다(1 Bq = 1 $s^{-1}$). 어떤 시간에 걸쳐 방사성 시료의 활성도 변화나 또는 얼마간 시간이 지난 후에 아직 남아있는 시료속의 방사성 원자의 분율은 1차 반응 속도 식을 이용하여 계산 할 수 있다.

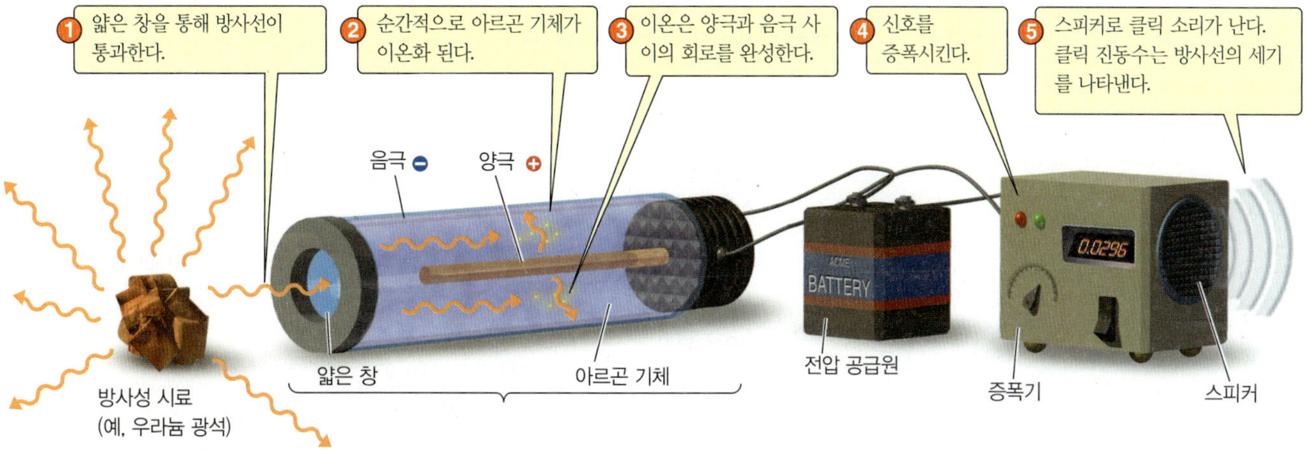


**그림 19.5** **Geiger 계측기.** 이 그림의 개념을 이해하려면 웹사이트 www.cengage.com/chemistry/moore를 방문하라.

$$\ln A = -kt + \ln A_0$$

위식을 다시 정리하면 아래와 같다.

$$\ln \frac{A}{A_0} = -kt \qquad [19.2]$$

여기서 $A/A_0$는 어떤 시간 $t$에서의 활성도 비이다. 또한 식 19.2로 시간 $t$가 지난 후에 시료 속에 존재하는 방사성 원자의 분율도 설명할 수 있다.

$$\ln \frac{N}{N_0} = -kt \qquad [19.3]$$

식 19.3을 말로 표현하면 다음과 같다.

자연 대수 (어떤 시간 $t$에서 방사성 원자의 수 / 시작 시점의 방사성 원자의 수)
= 자연대수(어떤 시간 $t$에서 남아있는 방사성 원자의 분율)
= −(붕괴상수)(시간)

식 19.3에서 음(−)의 부호에 유의하라. $N/N_0$의 비는 $N$이 항상 $N_0$보다 적으므로 1 보다 적다. 이것은 $N/N_0$의 대수값이 음의 값을 가진다는 것을 의미하며, 그리고 식의 다른 편은 $k$와 $t$가 항상 양(+)의 값이므로 음(−)의 부호가 붙어있다.

동위원소의 반감기는 1차 속도상수 $k$에 반비례한다.

$$t_{1/2} = \frac{0.693}{k}$$

따라서, 예제 19.5에 설명한 것처럼 주어진 시간 $t$를 지나서 실험실에서 측정한 $N$과 $N_0$를 이용하여 식 19.3으로부터 반감기를 계산할 수 있다.

**예제 19.5 반감기**

어떤 $^{24}$Na 시료가 초기에는 초당 $3.50 \times 10^4$ 속도로 붕괴되었다. 24시간 후에는 붕괴 속도가 $1.16 \times 10^4\ s^{-1}$로 떨어졌다. $^{24}$Na 의 반감기는 얼마인가?

**정답**: 15.0 시간

**풀이**: 초기 시간 '0'에서 시간 $t$ 동안 붕괴 상수 $k$인 활성도의 관련식 19.2를 이용한다. $A$, $A_0$ 그리고 시간은 실험에서 결정된다.

$$\ln\left(\frac{1.16 \times 10^4\ s^{-1}}{3.50 \times 10^4\ s^{-1}}\right) = \ln(0.331) = -k(24.0\ h)$$

$$k = -\frac{\ln(0.331)}{24\ h} = -\left(\frac{-1.104}{24.0\ h}\right) = 0.0460\ h^{-1}$$

$k$로부터 $t_{1/2}$를 측정할 수 있다.

$$t_{1/2} = \frac{0.693}{k} = \frac{0.693}{0.0460\ h^{-1}} = 15.0\ h$$

**실전예제 19.5**

이리듐−192의 붕괴는 암 방사선 치료에서 사용하며, 붕괴 속도는 $9.3 \times 10^{-3} d^{-1}$이다.

(a) $^{192}Ir$의 반감기는 얼마인가?

(b) 100 일 후에 남아 있는 $^{192}Ir$의 분율은 얼마인가?

## 탄소−14 연대측정

Willard Libby는 방사성 동위원소 연대 측정에 관한 연구로 1960년 노벨 화학상을 받았다.

1946년 Willard Libby는 탄소−14를 이용하여 고고학적인 물체들의 나이를 측정하는 방법을 개발하였다. 탄소는 모든 생명계의 중요한 골격 구조를 이루는 원소이고, 모든 유기체는 3개의 탄소 동위원소; $^{12}C$, $^{13}C$, $^{14}C$를 포함하고 있다. 처음 2개의 동위원소는 안정하고(비방사성) 그리고 수십억 년 간 존재할 수 있다. 그러나, $^{14}C$는 방사성 원소이고 베타 방출을 통해 질소−14로 붕괴한다.

$$^{14}_{6}C \longrightarrow {}^{0}_{-1}e + {}^{14}_{7}N$$

$^{14}C$의 반감기는 실험적으로 5.73 x $10^3$년 이라고 알려졌다. 탄소를 포함하는 시료 속의 탄소−14 원자 수(N)는 시료의 활성도(A)로부터 측정할 수 있다. 만일 본래의 시료 속에 들어 있는 탄소−14 원자의 수를 측정할 수 있거나 또는 만일 초기 활성도 ($A_o$)를 측정할 수 있으면, 식 19.2 또는 식 19.3으로부터 시료의 연대를 찾을 수 있다.

연대를 결정하는 이 방법은 분명히 초기 시료에 $^{14}C$이 얼마나 존재하는가에 의존한다. 1929년 대기권에서 $^{14}C$이 연속적으로 생성된다는 것을 발견한 물리학자 Serge Koff의 연구로 이 질문에 대한 답이 얻어졌다. 고에너지 우주선이 대기권에 있는 기체 분자와 충돌하고 그들은 중성자를 방출한다. 이들 자유 중성자는 질소원자와 충돌하여 탄소−14를 생성한다.

$$^{14}_{7}N + {}^{1}_{0}n \longrightarrow {}^{14}_{6}C + {}^{1}_{1}H$$

전체 대기권을 통해 일 년에 단지 약 7.5 kg $^{14}C$만이 생성된다. 그러나, 이러한 비교적 적은 양의 방사성 탄소는 $CO_2$나 다른 탄소 화합물과 혼합되어 탄소 순환을 통해 주위로 분산된다. $^{14}C$의 연속적인 생성, 그리고 동위원소의 해양, 대기권 그리고 생물권으로의 분산, 그리고 생체 붕괴 등으로 $^{14}C$이 일정하게 공급되어 유지된다.

식물은 대기권으로부터 이산화탄소를 흡수한다. 그리고 광합성을 통해 식품으로 변환된다. 이런 방식으로, $^{14}C$는 살아 있는 조직으로 흡수된다. $CO_2$에서 방사성인 $^{14}C$와 비방사성인 $^{12}C$가 같은 방식으로 화학적으로 반응한다. 살아있는 식물과 공기 중에서 탄소-14의 베타 붕괴 활성도는 15.3 $min^{-1}g^{-1}$로 일정하다. 그러나 식물이 죽으면 탄소-14는 치환되지 않고 계속 붕괴된다. 식물 내에서의 탄소-14의 활동도가 더 작을수록 식물의 죽은 시간과 살아 있는 시간 간의 기간이 더 길다. 살아있는 식물에서 $^{14}C$의 활성도가 지금이나 수 천 년 전이나 같다고 가정하면, 어떤 유물의 $^{14}C$ 베타 활성도를 측정하여 탄소를 포함하는 유물의 연대 측정에 이용할 수 있다. 지난 수 천 년 동안 살아 있는 식물에서의 $^{14}C$ 활성도의 작은 변화는 오랫동안 살아 있던 나무의 나이테로 측정되었다. 이에따라 탄소-14 연대측정을 정확하게 보정할 수 있다.

탄소-14에서 가능한 시간 척도는 $^{14}C$의 반감기로 결정한다. 따라서, 유물의 연대 측정을 위한 이 방법은 대략 50,000년 과거도 측정할 수 있다. 이 시간의 간격은 대략 아홉 번의 반감기이고, 이 기간은 탄소 1 그램 당, 분 당 붕괴되는 수가 $(\frac{1}{2})^9 = 1.95 \times 10^{-3}$ 이 되는 동안이다. 즉, 15.3 $min^{-1}g^{-1}$로부터 붕괴 속도가 너무 느려서 정확하게 측정하기 어려운 대략 0.030 $min^{-1}g^{-1}$로 떨어진 때이다.

### 예제 19.6 탄소-14 연대 측정

프랑스 Lascau 선사시대 동굴에서 흑연 조각을 발견했다. 붕괴 속도가 2.40 $min^{-1}g^{-1}$ 탄소였다. 이 흑연 조각의 대략의 연대를 계산하시오.

**정답:** 15,300년

**풀이:** 문제를 풀기위해 식 19.2를 이용하자.

$$\ln\left(\frac{A}{A_0}\right) = -kt$$

여기서 $A$는 흑연에 대해 알려진 활성도(2.40 $min^{-1}g^{-1}$)에 비례하고, $A_0$는 살아 있는 물질의 탄소-14의 활성도(15.3 $min^{-1}g^{-1}$)에 비례한다. 먼저 속도 상수 $k$를 탄소 반감기 ($5.73 \times 10^3$년)을 이용하여 계산한다.

$$k = \frac{0.693}{t_{1/2}} = \frac{0.693}{5.73 \times 10^3 \text{ yr}} = 1.21 \times 10^{-4} \text{ yr}^{-1}$$

시간 $t$를 계산해보자

$$\ln\left(\frac{2.40 \text{ min}^{-1} \text{ g}^{-1}}{15.3 \text{ min}^{-1} \text{ g}^{-1}}\right) = -kt$$

$$\ln(0.1569) = -(1.21 \times 10^{-4} \text{ yr}^{-1})t$$

$$t = \frac{1.852}{1.21 \times 10^{-4} \text{ yr}^{-1}} = 1.53 \times 10^4 \text{ yr}$$

따라서, 흑연은 약 15,300년 되었다.

### 실전예제 19.6

삼중수소(tritium), $^3H$($t_{1/2}$ = 12.3년)는 대기에서 생성되고 $^{14}C$와 같은 방식으로 살아있는 식물에 흡수된다. 어떤 봉인된 스카치위스키의 연대를 측정하려고 한다. 위스키 생산 지역의 물에 들어있는 삼중수소의 0.60배에 해당하는 양이 봉인된 위스키에 들어 있다면 이 위스키의 연대는 얼마나 되는가?

EXERCISE
**연습문제** 19.6 방사화학적 연대 측정

우라늄-238의 납-206으로의 방사성 붕괴로 시료 중의 $^{206}Pb$와 $^{238}U$의 비를 이용하여 고대 바위의 방사화학적 연대 측정을 할 수 있다. 이 방법을 이용하여 어떤 달 암석이 $^{206}Pb/^{238}U$의 비가 100/109임을 알았다. 즉 109 $^{238}U$ 원자마다 100 $^{206}Pb$를 포함한다. 이 암석에 다른 납 동위원소가 존재하지 않는다고 하면 $^{238}U$ 의 붕괴는 모두 $^{206}Pb$의 생성으로 나타난다. 달 암석의 연대를 어림잡으시오. $^{238}U$의 반감기는 $4.51 \times 10^9$년이다.

CONCEPTUAL
**개념학습** 19.7 방사화학적 연대 측정

에탄올(ethanol, $C_2H_5OH$)은 곡물의 발효 또는 석유로부터 얻어진 ethylene을 물과 반응시켜 만든다. 포도주 속의 알코올 함량은 ethylene으로부터 만든 알코올을 첨가하여 보통 발효하였을때 얻어지는 12% 이상이 되게 만들기도 한다. 포도주 속에 다른 알코올이 섞여 있는지 탄소 연대 측정 기술로 어떻게 알 수 있는지 설명하시오.

## 19.5 핵 분열

1938년 핵화학자 Otto Hahn과 Fritz Strassman은 중성자를 충돌시킨 우라늄 분자로부터 바륨을 분리했을 때 놀랐다. Lise Meitner, Otto Frisch, Niels Bohr 그리고 Leo Szilard의 추가 연구로 중성자와 충돌한 우라늄-235가 중성자를 포획하여 **핵 분열(nuclear fission)**을 일으켜 바륨을 형성하는 것이 확인되었다. 핵 분열이란 충돌한 핵이 더 가벼운 작은 핵으로 갈라지는 핵반응이다(그림 19.6).

$$^{235}_{92}U + ^{1}_{0}n \longrightarrow ^{236}_{92}U \longrightarrow ^{141}_{56}Ba + ^{92}_{36}Kr + 3\,^{1}_{0}n \qquad \Delta E = -2 \times 10^{10}\ kJ$$

이 핵 반응식은 하나의 중성자가 충돌하여 생성물들 사이에서 3개의 중성자를 생성한다는 것을 보여준다. 분열반응은 반응이 시작되면 전 보다 더 많은 중성자를 생성한다는 것이 중요하다. 생성된 각 중성자는 또 다른 분열반응을 일으킬 수 있고, 3개의 중성자는 세 번의 분열을 일으켜 9개의 중성자를 생성하며, 이것은 9개의 분열반응을 유도하여 27개의 중성자를 얻게 된다.

우라늄-235의 중성자-유발 핵 분열은 극히 빠르고, 이 반응 사슬은 그림 19.7에 나타낸 것처럼 폭발적인 연쇄반응으로 나타난다.

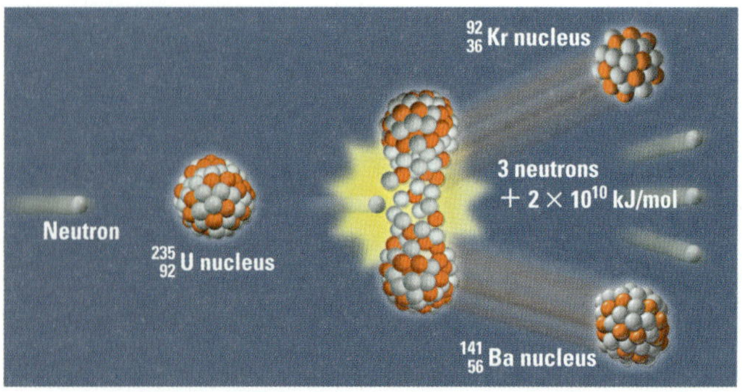


그림 19.6 1개 중성자와 충돌하여 일으키는 $^{235}_{92}U$의 핵 분열

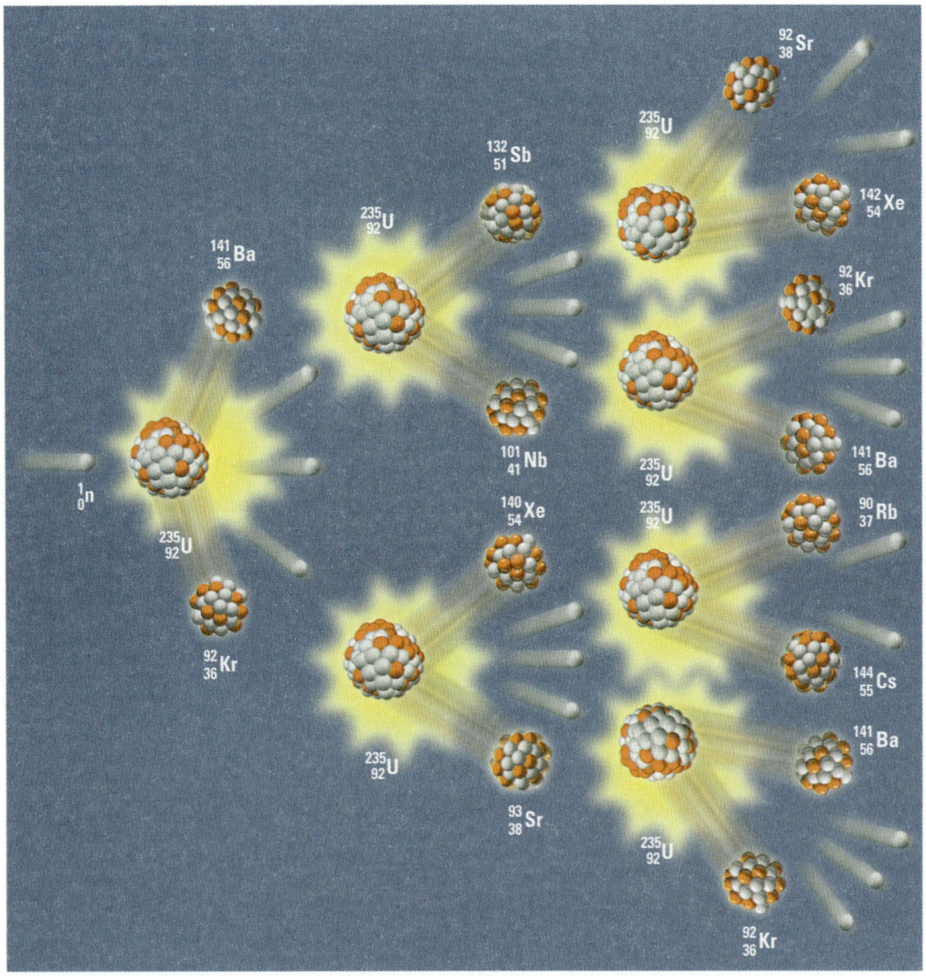


그림 19.7 **중성자 포획으로부터 개시되는 자체적인 핵 연쇄반응.** 우라늄-235 핵 분열은 다양한 생성물을 생성한다. 분열 생성물 중에는 여기에 나타낸 것을 포함하여 34개의 원소가 검출된다. 각 분열이 일어날 때마다 2개 또는 3개의 중성자와 2개의 더 가벼운 핵이 생성된다.

우라늄-235 의 핵 분열로 그림 19.7에 나타낸 것과 같은 다양한 생성물들이 생성된다.

만일 우라늄-235 양이 적으면, 대부분의 중성자가 핵과 충돌하지 않고 달아난다. 그러면 중성자는 $^{235}U$ 핵에 거의 포획되지 않고 연쇄 반응은 유지되지 않는다. 원자폭탄에서는 연쇄반응이 유지될 수 없는 2개의 작은 질량의 우라늄-235를 연쇄반응이 일어날 수 있는 하나의 질량으로 빠르게 만들어주면 폭발이 일어난다. 자체적인 연쇄반응이 유지되기 위하여 요구되는 최소 질량을 **임계 질량(critical mass)**이라고 한다.

## 원자로

핵 분열반응은 핵 발전소의 에너지 공급원이다. 원자로의 연료는 분열을 일으키는 물질이다. 예를 들어, 우라늄-235가 그것이다. 원자로에서의 분열 속도는 사용 가능한 중성자의 수와 에너지를 제한하여 조절한다. 그렇게 하면 분열에 의해 생기는 에너지를 핵 발전소의 열 공급원으로 안전하게 사용할 수 있다(그림19.8). 원자로에서 분열

속도는 카드뮴 막대 또는 다른 중성자 흡수제를 반응기 내에 삽입하여 조절한다. 막대가 분열 반응을 전파시키는 중성자를 흡수한다. 핵 분열반응 속도는 조절 막대를 넣으면 감소하고, 빼내면 증가한다. 중성자의 수(중성자를 흡수하여)를 조절하거나 또는 그들의 핵 분열 에너지(그들 에너지의 얼마간을 흡수)를 조절하는 것을 **감속제**(*moderator*)라고 한다.

원자로 중심에 있는 우라늄 연료는 작은 펠릿 모양의 $UO_2$(uranium dioxide)이다. 이들은 각각 연필 지우개 크기정도이다. 우라늄 펠릿을 금속 합금 관의 양끝에 둔다. 이 합금은 스테인리스 스틸-클래드 번들로 된 묶음이다. 초기에 지적한 것처럼, 한번 핵 분열 반응이 시작되면, 연쇄반응으로 계속된다. 그러나, 연쇄반응이 일어나려면 중성자 공급원이 필요하다. 이런 초기 중성자의 생성 방법은 베릴륨-9와 플루토늄이나 아메리슘(americium) 같은 알파 방출 원소들의 핵 반응을 이용하는 것이다. 무거운 이들 원소는 알파 입자를 방출하고, 베닐륨-9와 충돌하면 탄소-12 핵을 형성하고 하나의 중성자를 방출한다.

$$^{238}_{94}Pu \longrightarrow ^{4}_{2}He + ^{234}_{92}U$$
$$^{4}_{2}He + ^{9}_{4}Be \longrightarrow ^{12}_{6}C + ^{1}_{0}n$$

그러면 이 중성자는 반응기 중심에 있는 우라늄-235의 핵 분열을 개시한다.

기존 발전소(비 핵 발전소)는 화석연료를 태워 열을 발생하고 이열로 수증기를 발생시켜 터빈을 돌린다.

냉각탑은 또한 화석연료를 태우는 발전소에서도 사용한다.

핵 분열에 의해 생기는 엄청난 열은 일차 냉각제, 열용량이 아주 큰 물질—보통 물—을 가열한다. 일차 냉각제는 150 기압 이상의 압력으로 유지되며 정상 끓는점 보다 높은 온도에서도 끓지 않는다. 뜨거워진 일차 냉각제는 반응 용기로부터 열 교환기로 보내지고 다시 반응 용기로 되돌아 온다. 열은 열 교환기에서 물로 전달되어서 수증기를 생성하고 일차 냉각제는 온도가 낮아지고 반응기로 되돌아가 다시 가열된다. 이 폐쇄 관로는 원자로와 발전소의 다른 부분과 연결되어 있다.

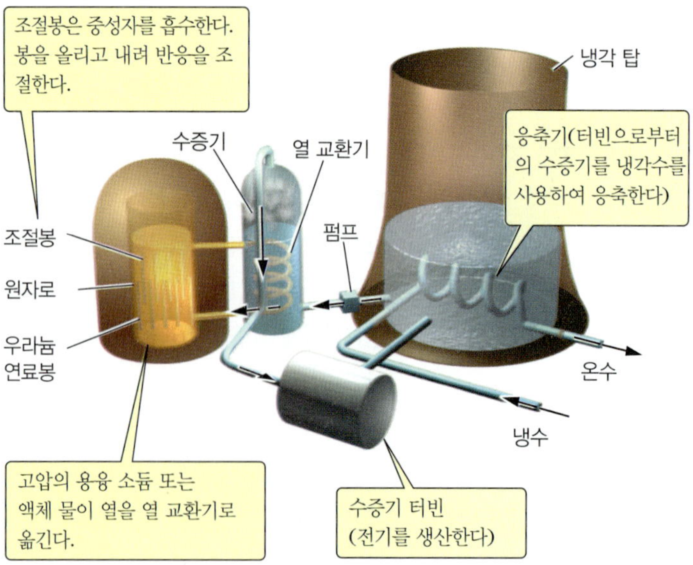


**그림 19.8 핵 발전소를 도식화한 그림**

열 교환기에 있는 물은 때때로 이차 냉각제라고 부른다. 물이 열교환기에서 수증기로 증기화 되는 것처럼, 수증기는 큰 터빈을 돌린다. 터빈 샤프트는 자기장으로 둘러싸인 발전기의 큰 금속 봉에 연결되어 있다. 자기장속에서 터빈 샤프트가 빠르게 회전하면 전기가 생산된다.

터빈 날개를 때리고 난 후에는 수증기는 응축되어야하고 그렇게 되면 가열/냉각 순환이 반복되어 추가로 전기를 계속 생산할 수 있다. 그러기 위해 냉각수를 이웃한 강이나 호수로부터 이차 냉각제 관로로 퍼 올린다. 발전소에서 생산되는 방대한 양의 수증기를 응축시키려면 거대한 양의 외부 냉각수가 필요하다. 예로, **Entergy Arkansas Unit 1** 핵 발전기에서 분당 **750,000 gal**의 물이 사용된다. 이차 냉각제로부터 열을 빼내려면, 이차 냉각제가 되돌려지기 전에 냉각수 자체가 냉각되어야 한다. 그렇게하기 위해 많은 핵 발전소에서는 오목하게 생긴 거대한 증발용 탑을 통해 물을 통과시킨다.

우라늄−238도 핵 분열할 수 있지만 원자로의 우라늄−235와 달리 빠르게 충돌하는 중성자에 의해서만 분열할 수 있다. 따라서, 우라늄−238은 비핵분열 물질로 간주된다.

모든 핵을 중성자 충돌로 분열시킬 수는 없지만, 그러나 $^{235}$U와 $^{239}$Pu는 둘 다 분열 될 수 있는 동위원소들이다. 평균적으로 천연 우라늄의 불과 0.72%가 분열 가능한 $^{235}$U 동위원소이다. 99% 이상이 비방사성 물질인 $^{238}$U 이다. 천연 $^{235}$U의 백분율이 연쇄반응을 유지하기에는 너무 낮으므로 핵 발전용 연료 우라늄은 약 3%의 우라늄−235이 되도록 해야 한다. 이렇게 하려면, 시료 속에 있는 $^{238}$U 동위원소 얼마간을 효과적으로 버려서 $^{235}$U의 농도를 올려야 한다. 만일 분열할 수 있는 충분한 양의 $^{235}$U가 존재하면(임계 질량), 충분한 중성자를 포획하고 연쇄반응이 유지된다. 분열 부산물이 중성자를 흡수하여 분열반응 효율이 감소하므로 대략 연료봉의 1/3이 매년 원자로에서 교체된다.

U−235가 고갈된 핵 연료봉은 폐 연료로 알려져 있다.

$^{235}$U가 90% 이상 포함되어야 핵 무기급 시료이다. 그런 시료를 이용하는 반응기에서 조차, $^{235}$U는 조절할 수 없는 핵 분열을 일으키기에는 너무 분산되어 있다.

핵 발전소의 연료봉에서 우라늄 235의 질량이 폭발에 필요한 임계질량 보다 낮으므로, 원자폭탄처럼 조절할 수 없는 연쇄반응은 일어나지는 않는다.

핵 분열 연료는 아주 큰 에너지 밀도를 가진다. 예를 들어, 1.0 kg (2.2 lb) 우라늄−235가 분열하면 $9.0 \times 10^{13}$ J의 에너지를 낸다. 이 양은 TNT 33,000 톤이 폭발할 때 발생하는 에너지와 동일하다. 원자로에서 사용되는 $UO_2$ 펠릿(pellet)하나 당 방출되는 에너지는 136 갤런의 기름, 2.5 톤의 나무 또는 1 톤의 석탄이 탈 때 내는 에너지와 같다.

EXERCISE
**연습문제 19.8 핵 분열 에너지**

1.0 kg의 높은 등급의 석탄을 태우면 $2.8 \times 10^4$ kJ을 생성한다. 반면에 1.0 몰 우라늄−235를 핵 분열 시키면 $2.1 \times 10^{10}$ kJ의 에너지를 생산한다. 우라늄−235 1 kg의 분열에 의해 생기는 에너지와 같은 양을 얻으려면 몇 톤의 석탄을 태워야 하는가?(반응은 동일한 효율로 간주하라).

Courtesy of Department of Energy

스테인리스 스틸 용기(2 피트 반경, 10 피트 높이)에 고농도 방사능 폐기물이 유리 같은 고체로 만들어 담겨 있다.

물론, 미국에서는 아니지만 핵 발전소를 둘러싼 상당한 논쟁이 있다. 옹호자들은 사람의 생활수준과 건전한 경제는 저렴하고, 믿을 수 있고 안전한 에너지 공급에 의존

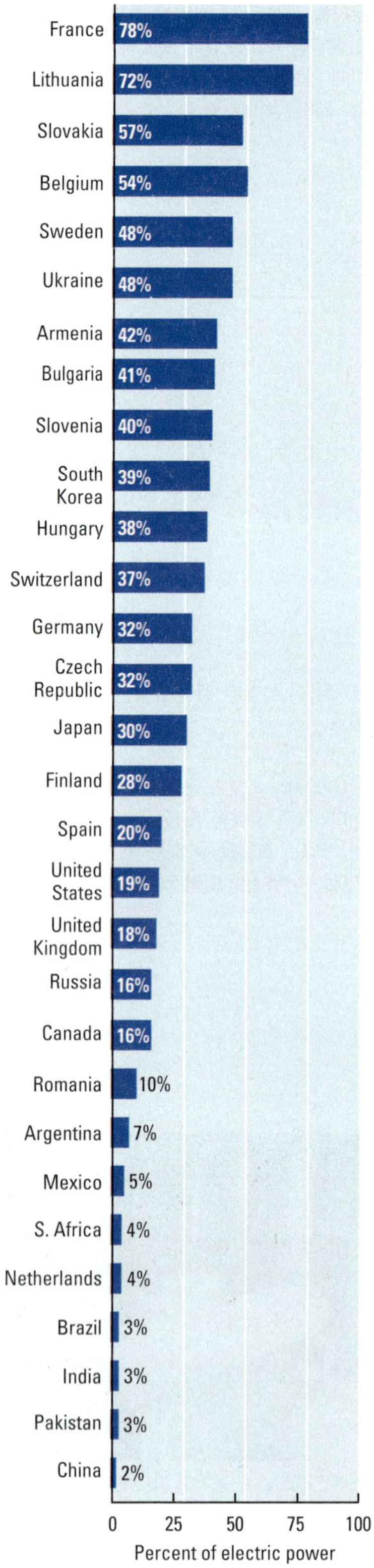


**19.9 여러 국가에서 핵 발전으로 생산하는 전기의 대략적인 비율.** 미국에서는 전력의 약 19%를 핵 발전소에서 생산한다.

한다고 주장한다. 지난 몇 년 동안에 미국에서 전력 수요가 공급을 초과했다. 그러자 많은 사람들은 핵 발전소를 더 건설할 것을 요구했다. 핵 발전소는 석탄을 때는 발전소처럼 재, 스모그, 황, 질소 및 탄소 산화물로 주변을 오염시키지 않으므로 청정에너지 공급원이 될 수 있다. 아울러, 핵 발전소는 가까운 장래에 빠르게 소멸되는 화석연료를 대체할 수 있고 다른 나라로부터 구매해야하는 의존도도 줄일 수 있다. 현재는 104 개 핵 발전소가 미국 내에 있다. 31개국에 대략 440개의 핵 발전소가 있고 이는 세계 전기 생산량의 17%를 차지한다. 미국을 제외한 다른 국가들에서 현재 32개의 핵 발전소가 건설 중이다. 미국 내 핵 발전소는 미국 에너지의 19%를 공급하고 있다(그림 19.9). 1979년 Pensnsylvenia Harrisberg 근처에 있는 Three Mile Island 핵 발전소 사고 이후 미국에서는 핵 발전소가 건설되지 않고 있다. 핵 발전소와 관련된 한 가지 문제는 폐 연료에 남아 있는 방사성이 높은 분열 생성물이다. 미국 내에 수천 톤의 폐 연료가 쌓여 있고 이 양은 점차 증가하고 있다. 비록 생성물 일부가 다른 용도로 사용되지만, 많은 양이 연료나 또는 다른 목적으로 부적합하다. 이런 생성물은 방사성이 매우 높고, 어떤 것은 반감기가 길어(플루토늄−239, $t_{1/2}$ = 24,000 년), 적절한 폐기에 많은 문제가 있다. 한 가지 방법은 방사능 수치가 높은 폐기물을 매년 약 2 $m^3$의 부피를 가지는 유리 소재 캡슐로 만드는 것이다. 1996년에 Georgia, Augusta의 Savannah 강 근처 에너지 청에서 방사능 폐기물의 유리 소재 캡슐을 만들기 시작하였다. 이 과정은 유리화(vitrification)라고 하며 유리 입자와 방사능 폐기물을 1200°C로 가열한다. 용융 혼합물을 스테인리스 스틸 용기에 부어 냉각시켜 보관한다. 실제로, 그런 방사능 핵 폐기물은 지질학적으로 수 백 만년 동안 안전하다고 알려진 지하 지질층에 보관된다. Nevada Yucca 산에 방사능 핵 폐기물 지하 저장소가 있는데 아직까지 실제 그 장소에 보관되지는 않았다.

EXERCISE
**연습문제 19.9 분열 생성물의 방사능 붕괴**

Three Mile Island에서 1979년 일어난 사고와는 달리, 1986년 구 Soviet 연방의 Chernobyl 핵 발전소 사고는 엄청난 양의 방사성 동위원소를 대기권으로 방출했다. 그 방사성 동위원소들 중 하나가 스트론튬−90($t_{1/2}$ = 29.1년)이다. 그 당시 방출된 스트론튬−90의 남은 양은 얼마인가?

EXERCISE
**연습문제 19.10 핵 폐기물**

세슘−137($t_{1/2}$ = 30.2년)이 $^{235}U$ 분열로 생긴다. 만일 $^{137}Cs$이 지하 깊숙이 핵폐기물로 저장되었을 때 초기 $^{137}Cs$의 활성도의 (a) 60% (b) 90%로 떨어지려면 얼마나 걸리겠는가?

## 19.6 핵 융합

2개의 가벼운 핵이 **핵 융합(nuclear fusion)**이라는 반응으로 하나의 무거운 핵을 생성하면 막대한 양의 에너지를 생산한다. 가장 적합한 예 중의 하나는 수소 핵(양성자)이 융합하여 헬륨 핵을 만드는 것이다.

$$4\,{}^{1}_{1}\text{H} \longrightarrow {}^{4}_{2}\text{He} + 2\,{}^{0}_{+1}\text{e} \qquad \Delta E = -2.5 \times 10^{9}\ \text{kJ}$$

이 반응에서 생성된 헬륨 핵은 그림 19.3에 나타낸 것처럼 반응물 수소 보다 더 안정하다(핵자 당 더 높은 결합에너지).

이런 융합반응은 태양과 다른 별들로부터 오는 주요 에너지 공급원이고, 이로부터 우주에서 원소들의 합성이 시작된다. 태양의 중심부와 방사능 지대의 온도는 $10^6$~$10^7$ K이고, 이것은 양전하를 띤 ${}^{1}_{1}$H 핵들이 핵 간의 반발을 이기고 반응하기에 충분한 운동에너지를 제공한다.

핵들이 서로 아주 가까이 접근할 때 두 양전하 핵 간의 매우 강한 반발력 때문에–Coulomb, 법칙–핵 융합을 위한 활성화 에너지는 아주 크다. 따라서 융합이 일어나려면 매우 높은 온도가 필요하다.

또한 중수소가 융합하여 헬륨–3를 만들 수 있다.

$${}^{2}_{1}\text{H} + {}^{2}_{1}\text{H} \longrightarrow {}^{3}_{2}\text{He} + {}^{1}_{0}\text{n} \qquad \Delta E = -3.2 \times 10^{8}\ \text{kJ}$$

하나의 양성자와 반응이 더 일어나 헬륨–4를 만들 수도 있다.

$${}^{1}_{1}\text{H} + {}^{3}_{2}\text{He} \longrightarrow {}^{4}_{2}\text{He} + {}^{0}_{+1}\text{e} \qquad \Delta E = -1.9 \times 10^{9}\ \text{kJ}$$

이들 각 반응에서는 방대한 양의 에너지가 방출되는데 이러한 반응들을 이용하여 사람들에게 에너지를 공급하려는 것은 많은 핵 물리학자들의 꿈이다. 수소 동위원소를 이용할 수 있고(물로부터), 융합 생성물이 보통 방사성 물질이 아니거나 또는 짧은 반감기를 가지므로, 핵 분열에서 발생하는 방사성 생성물 처리 문제 등이 없어 상업적인 에너지 공급원으로 핵 융합이 흥미를 끌게 되었다. 그러나, 평화적인 상업적 이용을 위해서는 매우 어려운 핵 융합반응을 조절할 수 있어야 한다. 세 가지 결정적인 요구조건에 맞게 융합 반응이 조절되어야 한다. 첫째, 융합이 일어나려면 온도가 충분히 높아야 한다. 예를 들어 중수소와 삼중수소가 융합하려면 최소한 1억 K의 온도가 필요하다. 둘째, 알짜 에너지가 출력되기에 충분히 긴 시간 동안 플라스마가 가두어져야 한다. 셋째, 에너지가 몇 가지 유용한 형태로 회수되어야 한다.

자석 용기(자기장에 의해 둘러싸인 공간으로 된) 에 플라즈마를 가둘 수 있으면 융합을 조절할 수 있다. 그러나 융합에 의해 생성된 에너지는 자석 용기를 만들거나 핵 융합 조절에 필요한 에너지 보다 더 작다. 작은 에너지를 생산하는 데 더 많은 에너지를 사용한다는 것은 상업적으로 매력적인 투자는 아니다. 따라서, 융합 기술의 극적인 변화가 없는 한 가까운 장래에 상업적인 융합 반응기는 만들지 못할 것이다.

에너지를 가두어 놓는 일이 핵 융합 반응을 조절하는 방법을 개발하는데 있어서 가장 큰 문제이다.

EXERCISE
**연습문제 19.11 핵 융합**

아래 핵 융합에 대한 반응식을 완결하시오.

(a) ${}^{7}_{3}\text{Li} + {}^{1}_{1}\text{H} \longrightarrow {}^{1}_{0}\text{n} +$ ____

(b) ${}^{2}_{1}\text{H} +$ ____ $\longrightarrow {}^{4}_{2}\text{He} + {}^{1}_{1}\text{H}$

수소 폭탄은 핵 융합을 바탕으로 한 것이다. 빠르게 융합반응을 일으킬 수 있는 아주 높은 온도에서 원자는 일반적으로 원자로 존재하지 않는다. 실제로는 결합하지 않은 핵과 전자들로 구성된 **플라즈마(plasma)**로 존재한다. 수소 폭탄의 융합반응을 위해 필요한 온도로 올리려면, 핵 분열 폭탄(원자 폭탄)을 먼저 만들어야 한다. 한 형태의 수소 폭탄에서 리튬−6 듀터라이드(lithium deuteride, LiD)를 $^{235}U$ 또는 $^{239}Pu$ 분열 폭탄 주위에 배치하고, 핵 분열 폭탄을 터뜨려 핵 융합반응을 개시한다. 리튬−6 핵이 분열반응에서 생성된 중성자를 흡수하여 삼중수소와 헬륨으로 분리된다.

$$^{1}_{0}n + ^{6}_{3}Li \longrightarrow ^{3}_{1}H + ^{4}_{2}He$$

우라늄 또는 플루토늄의 분열에 의해 도달한 온도는 삼중수소와 중수소가 융합하기에 충분히 높은 온도이고, $^{3}H$ 1 몰 당 $1.7 \times 10^{9}$ kJ의 에너지를 방출한다. 보통 20메가톤 수소폭탄은 플루토늄과 우라늄의 상당한 질량뿐만 아니라 300 lb의 LiD 를 포함하고 있다.

## 19.7 핵 방사선: 영향과 단위

모든 기술은 이익만큼 위험 요소를 가지고 있다. 1800년대에 철로는 새로운 것이었다. 시인 William Wordsworth는 이에 대한 위험과 이익을 다음과 같이 표현하였다. “Weighing the mischief with the promised gain...”

핵에너지와 방사선은 혜택과 위험을 동시에 갖고있는 양날의 칼과 같다. 이것은 위험(핵무기)하게 이용할 수도 있고, 치료(의학에서 방사선동위원소)에 이용할 수도 있다.

알파, 베타 및 감마 방사선은 중요한 생체분자와 상호작용하여 공유결합을 끊거나, 그리고 더 나아가서 파괴적이며 에너지가 높은 자유라디칼이나 이온을 생산하여 살아있는 유기체의 정상적인 세포작용 과정을 붕괴시킨다. 사람에 대한 방사선의 잠재적 위험은 잘 알려져 있다. 2차 대전 말인 1945년 일본의 Hiroshima와 Nagasaki에 투하된 원자폭탄의 생물학적 영향은 잘 증명되었다. 그러나, 핵 방사선을 조절하여 노출시키면 방사선으로 암을 치료하는 것처럼 악성 조직을 괴사시키는데 유용하게 사용할 수 있다.

### 방사선 단위

방사능의 SI 단위는 **베크렐(becquerel)**이다; $1\ Bq = 1\ s^{-1}$. 또 다른 일반적인 방사능 단위는 **큐리(curie)**이다; $1\ Ci = 3.70 \times 10^{10}\ s^{-1}$. 그러나, 조직에서의 방사선의 효과를 측정하려면 조직에 방사선을 쪼였을 때 흡수되는 에너지 량으로 방사선 조사량을 나타내는 단위가 필요하다.

방사선과 그 효과를 정량화하기 위해, 특히 사람에 대해, 여러 가지 단위가 개발되었다. 흡수된 방사선 조사량의 SI 단위는 **그레이(gray; Gy)** 이다. 이 양은 물질 1 kg당 1 J의 흡수량과 같다; 1 Gy = 1 J/kg. 또한 **라드(rad; radiation absorbed dose)**는 흡수된 방사선 양을 측정하는 것이다; 1 rad는 물질 1 kg 당 흡수된 조사량 $1.00 \times 10^{-2}$ J으로 나타낸다. 따라서 1 Gy = 100 rad 이다. 또 다른 단위로 **렌트겐(roentgen, R)**이 있다. 이것은 조직 1 그램당 $93.3 \times 10^{-7}$ J이 축적되는 것을 나타낸다.

렌트겐은 X−선을 발견한 독일 물리학자 Wilhelm Röntgen을 기념하여 부른 이름이다.

1 라드 또는 그레이 당 방사선의 생물학적 효과는 방사선의 형태에 따라 다르며,

오히려 **렘(rem; roentgen equivalent in man)**을 이용해 보다 일반적으로 정량화 할 수 있다.

$$\text{유효 조사량(rem 단위)} = \text{품질 계수} \times \text{조사량 (rad 단위)}$$

품질 계수(quality factor)는 방사선의 형태와 다른 요인들에 의존한다. 이것은 베타와 감마에 대해 임의로 1로 정한다. 알파 입자의 경우 이 값은 10과 20 사이에 있고 전체 조사량, 조사 속도, 그리고 조직의 형태에 의존한다. 1 rem은 방사선으로는 큰 양이므로 보통 mrem(milirem; 1 mrem = $10^{-3}$ rem)을 사용한다. 유효 조사량의 SI 단위는 **시버트(sievert; Sv)**이고, 이는 흡수량을 rad 단위 대신 gray 단위로 하는 것을 제외하고는 rem 의 정의와 유사하다. 결과적으로, 1 Sv = 100 rem 이다.

## 배경 방사선

인간은 자연과 인공적인 배경 방사선에 일정하게 노출된다. 대략 연간 360 mrem으로 연방정부의 기준인 500 mrem 이하이다. 그림 19.10에서 배경 방사선은 연간 약 300 mrem (82%)이고, 이것은 배경 방사선 공급원, 우주 방사선, 방사선 동위원소, 땅, 공기에서 자연적으로 발견되는 물질 그리고 우리의 내부와 주변 물질로부터 오는 것이다. 나머지 18%는 인공적인 공급원으로부터 오는 것이다.

태양과 다른 별들로부터 방출되는 우주 방사선은 지구와 연속적으로 충돌하고 배경 방사선의 약 8%에 해당한다. 나머지는 $^{40}K$ 같은 방사성 동위원소로부터 생긴 것이다. 포타슘은 토양 kg 당 약 0.3 g 정도로 존재하고 모든 살아있는 유기체에 필수적인 원소이다. 우리 모두는 섭취하는 식품으로부터 얼마간의 방사성 포타슘을 얻게 된다. 예를 들어, 햄버거 하나에는 $^{40}K$ 960 mg 이 들어 있고, 초당 29씩 붕괴를 한다. 핫도그 하나에는 200 mg의 $^{40}K$가 포함되어 있고 6 $s^{-1}$씩 분출하고, 프렌치 후라이 한봉지에는 $^{40}K$가 650 mg 포함되고 20 $s^{-1}$씩 방출된다.

25 rem (25 × $10^3$ mrem) 이하의 방사선을 한번 조사하여 나타나는 생리적 영향은 없는 것으로 관찰되었다.

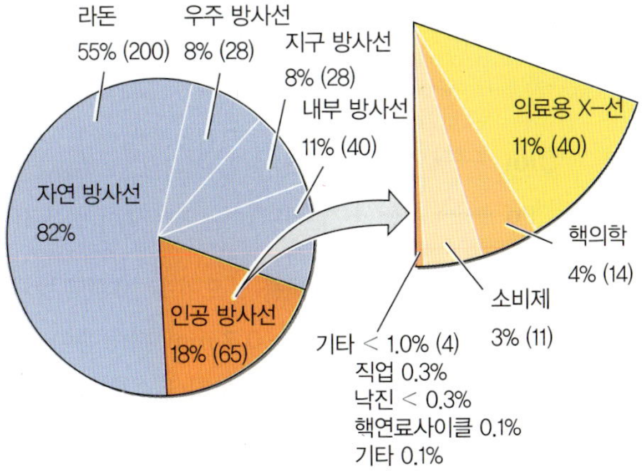


**그림 19.10 미국 내에서 노출되는 평균 배경 방사선의 공급원.** 공급원 별 백분율로 나타냈다. 괄호 안에 일년 당 양을 mrem 으로 나타냈다. 그림에서 알 수 있는 것처럼, 자연으로부터 오는 배경 방사선 양이 인공적인 공급원으로부터 오는 것 보다 훨씬 많다.

지구에서 풍부하게 발견되는 다른 동위원소 중에는 토륨−232와 우라늄−238이 포함된다. 자연 배경 방사선의 약 8%가 토양과 암석에 있는 Th−232와 U−238로부터 방출된다. 예를 들어 토륨은 토양 1000 kg 당 12 g 이 존재한다. 대부분의 자연 배경 방사선은 라듐 붕괴 시 생기는 부산물인 라돈으로부터 나온다. 이는 다음 절에서 논의한다.

평균적으로 연간 노출 양의 대략 15%는 진단용 X−선과 몸의 기능을 추적하기 위해 사용하는 방사성동위원소 같은 의학적 과정에서 발생한다. 소비제에서 연간 노출 양의 3%가 발생한다. 흔히 생각하는 것과는 달리, 1% 미만이 대기 중의 핵 폭발실험, 핵 발전소, 핵폐기물, 핵무기 제조 그리고 핵연료 처리 과정 등에서 생긴다. 최근 National Research Council에서 발표된 보고서에 인간에게 안전한 수준의 방사선은 없다고 결론을 내렸다. 이들 연구자들은 위에서 언급한 연간 자연 배경 방사선 수준 보다 훨씬 더 높은 양인 0.1 Sv(10,000 mrem) 이하의 방사선 조사에 대하여 연구하였다. 핵 작업자 또는 높은 방사선 수준에 노출된 사람들을 위한 규정이 이런 형태의 연구 결과의 영향을 받을 것이다.

## 라돈

그림 19.10에서 보는 것처럼, 라돈은 자연 배경 방사선의 55%에 해당한다. 라돈은 같은 주기에 있는 헬륨, 네온, 아르곤 그리고 크립톤처럼 화학적으로는 반응성이 없는 기체이다. 라돈−222는 우라늄−238 붕괴 계열에서 생성된다. 라돈의 다른 동위원소 들은 다른 붕괴 계열 생성물이다. 비록 화학적으로는 반응성이 없지만, 흡입할 수 있는 방사성 기체이므로 문제가 된다.

라돈은 우리 주변 환경에서 자연적으로 생긴다는 것을 염두에 두어야 한다. 라돈은 천연 우라늄 퇴적물에서도 생기고, 라돈의 양은 주어진 장소의 토양과 암석의 성질에 의존한다. 더욱이, 이 기체는 화학적으로는 반응성이 없으므로 토양이나 물에서 화학적 공정으로는 포집할 수 없다. 따라서, 라돈은 지상이나 지하 광산, 지하 바닥의 틈새나 콘크리트 벽의 구멍, 관 주변을 통해 집으로 들어올 수도 있다. 라돈−222는 붕괴하여 방사선을 내고 기체가 아닌 중금속으로서, 화학적으로도 반응성이 있는 폴로늄−218을 생성한다.

화석연료(석탄, 석유)을 태우면 화석연료에 본래부터 존재하던 상당량의 방사성 동위원소를 대기권으로 방출할 것이다. 따라서, 화석연료 발전소도 배경 방사선에 상당한 방사선을 추가 하게 된다. 화석연료를 태우면 핵 발전소에서 보다 훨씬 많은 토륨과 우라늄을 대기권으로 방출하게 된다. 핵 발전소로부터 방출되는 양은 실제로 거의 영(zero)이다.

만일 라돈을 흡입하면, 흡입된 라돈의 일부가 폐에서 폴로늄으로 붕괴되어 $^{218}Po$를 생성할 것이다.

$$^{222}_{86}Rn \longrightarrow {}^{4}_{2}He + {}^{218}_{84}Po \qquad t_{1/2} = 3.82 \text{ days}$$

$$^{218}_{84}Po \longrightarrow {}^{4}_{2}He + {}^{214}_{82}Pb \qquad t_{1/2} = 3.10 \text{ minutes}$$

방사선 온라인 계산기는 다음에서 가능하다: **http://www.epa.gov/radiation/understand/calculate.html.**

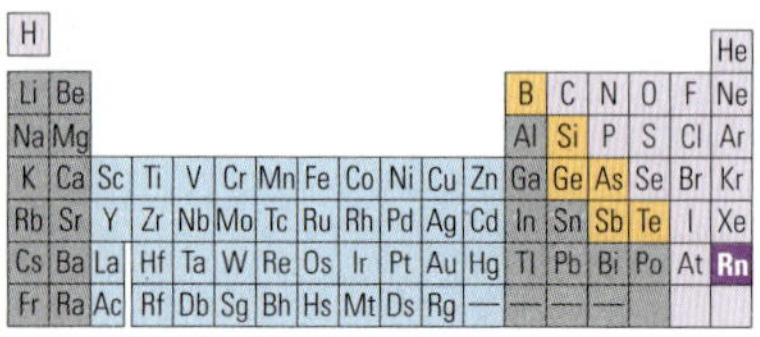

폴로늄−218은 폐 조직에 박힐 수 있고, 알파 붕괴를 일으켜 그 자체로 방사성 동위원소인 납−214를 생성한다. 알파 입자의 투과 범위는 0.7 mm(대략 종이 한장의 두께) 정도로 작지만 이것은 폐의 상피조직 두께이며 따라서 조직에 손상을 입힐 수 있고 폐암을 유발 할 수 있다.

미국 내 대부분의 가정에서는 어느 정도 수준의 라돈 기체가 있다고 믿는다. 현재 가정에서 안전한 수준의 라돈양에 대해 논쟁이 일고 있다. 미국 가정의 약 6% 만이

## ESTIMATION Counting Millirems: Your Radiation Exposure

In 1987 the Committee on Biological Effects of Ionizing Radiation of the National Academy of Sciences issued a report that ontained a survey for an individual to evaluate his or her xposure to ionizing radiation. The table below is adapted from this report and updated. By adding up your exposure, you can compare your annual dose to the U.S. annual average of 360 mrem.

*Source*: Based on the BEIR Report III. National Academy of Sciences, Committee on Biological Effects of Ionizing Radiation. *The Effects on Populations of Exposure to Low Levels of Ionizing Radiation*. Washington, DC: National Academy of Sciences, 1987.

| Common Sources of Radiation | | Your Annual Dose (mrem) |
|---|---|---|
| **Where you live** | **Location:** Cosmic radiation at sea leve | 7 |
| | For your elevation (in feet), add this number of mrem | |

| *Elevation* | *mrem* | *Elevation* | *mrem* | *Elevation* | *mrem* |
|---|---|---|---|---|---|
| 1000 | 2 | 4000 | 15 | 7000 | 40 |
| 2000 | 5 | 5000 | 21 | 8000 | 53 |
| 3000 | 9 | 6000 | 29 | 9000 | 70 |

| Common Sources of Radiation | | Your Annual Dose (mrem) |
|---|---|---|
| **Where you live** | Ground: U.S. average | 26 |
| | Radon: U.S. average | 200 |
| | House construction: For stone, concrete, or masonry building, add 7; for wood, add 30 | |
| **What you eat, drink, and breathe** | **Radioisotopes** in the body from | |
| | **Food, air, water:** U.S. average | 40 |
| | **Weapons** test fallout | 4 |
| **How you live** | **X-ray and radiopharmaceutical diagnosis** | |
| | Number of chest X-rays × 10 | |
| | Number of lower gastrointestinal tract X-rays × 500 | |
| | Number of radiopharmaceutical examinations × 300 | |
| | (Average dose to total U.S. population = 53 mrem) | |
| | **Jet plane travel:** For each 2500 miles add 1 mrem | |
| | **TV viewing:** Number of hours per day × 0.15 | |
| **How close you live to a nuclear plant** | **At site boundary:** Average number of hours per day × 0.2 | |
| | **One mile away:** Average number of hours per day × 0.02 | |
| | **Five miles away:** Average number of hours per day × 0.002 | |
| | **Over five miles away:** None | |
| | *Note:* Maximum allowable dose determined by "as low as reasonably achievable" (ALARA) criteria estab-lished by the U.S. Nuclear Regulatory Commission. Experience shows that your actual dose is substantially less than these limits. | |
| | Your total annual dose in mrem: | |

Compare your annual dose with the U.S. annual average of 360 mrem.

Visit this book's companion website at **www.cengage.com/chemistry/moore** to work an interactive module based on this material.

**집에서 라돈기체를 검사할 수 있는 상업용 키트.**

U.S Environmental Protection Agency에 의해 정해진 허용기준인 공기 리터 당 4 피코큐리에 해당한다고 보고 있다. 평균적으로 1.5 pCi/L 라고 믿고 있으며, 약 2% 만이 8 pCi/L 이상 포함하고 있다고 본다. 라돈 존재 여부를 시험하려면, 여러 종류의 시험 키트를 구입해야 한다. 만일 4 pCi/L 보다 더 많은 수준의 라돈이 있으면, 자세히 측정을 해보야 한다. 아마도 기초 바닥재나 지하실 틈새를 보강하는 조치가 필요할 지도 모르지만 상대적인 위험이 내재되어 있다. 라돈이 1.5 pCi/L 수준이면 폐암을 유발할 위험이 있고 이는 집에서 사고로 죽을 확률과 같다.

EXERCISE
**연습문제 19.12 라돈 수준**

라돈−222 시료 ($t_{1/2}$ = 3.82 days)의 활성도가 초기 8 pCi에서 다음과 같이 떨어질 때 얼마나 긴 시간이 걸리겠는가?

(a) EPA 활동 수준인 4 pCi 까지

(b) 대략 미국의 평균치인 1.5 pCi 까지

## 문제

### 핵 반응

1. 아래 반응은 어떤 과정으로 변환이 일어나겠는가?
   (a) Thorium-230 to radium-226
   (b) Cesium-137 to barium-137
   (c) Potassium-38 to argon-38
   (d) Zirconium-97 to niobium-97

2. 다음 각 핵 반응식의 질량수, 원자번호 및 원소기호를 채우시오.
   (a) $^{242}_{94}\text{Pu} \longrightarrow {}^{4}_{2}\text{He} + \_\_\_\_$
   (b) $\_\_\_\_ \longrightarrow {}^{32}_{16}\text{S} + {}^{0}_{-1}\text{e}$
   (c) $^{252}_{98}\text{Cf} + \_\_\_\_ \longrightarrow 3\,{}^{1}_{0}\text{n} + {}^{259}_{103}\text{Lr}$
   (d) $^{55}_{26}\text{Fe} + \_\_\_\_ \longrightarrow {}^{55}_{25}\text{Mn}$
   (e) $^{15}_{8}\text{O} \longrightarrow \_\_\_\_ + {}^{0}_{+1}\text{e}$

3. 다음 각각에 맞는 핵 균형 반응식을 쓰시오.
   (a) 마그네슘−28이 베타 방출을 했다.
   (b) 우라늄−238이 탄소−12와 충돌하여 4개의 중성자가 방출되고 하나의 새로운 원소가 생성되었다.
   (c) 수소−2와 헬륨−3가 반응하여 헬륨−4와 다른 입자를 생성했다.
   (d) 양전자 방출에 의해 아르곤−38이 생성되었다.
   (e) Platinium−175가 자발적인 방사성 붕괴를 일으켜 오스뮴−171 을 형성하였다.

4. 우라늄−235에서 시작하여 납−207로 끝나는 방사선 계열이 α, β, α, α, α, α, β, β, α와 같은 연속 방출을 하였다. 처음 다섯 단계에서 생성된 각 방사성 동위원소를 확인하시오.

5. 라돈−222는 불안정하고 건강에 위협을 줄 정도로 가정에 존재하기도 한다. 라돈−222는 α, α, β, β, α, β, β, α의 순서로 붕괴한다. 안정한 최종 생성물이 생기는 핵 반응식을 쓰시오.

### 핵 안정도

6. 아래의 불안정한 동위원소들이 붕괴되는 일반적인 핵 반응식을 쓰시오.
   (a) Neon-19 (b) Thorium-230
   (c) Bromine-82 (d) Polonium-212

7. 보론은 두 가지 안정한 동위원소를 가진다. $^{10}$B(존재비 = 19.78%)와 $^{11}$B(존재비 = 80.22%). 이들 두 핵의 핵자 당 결합 에너지를 계산하시오. 그리고 안정도를 비교하시오.

$$5\,{}^{1}_{1}\text{H} + 5\,{}^{1}_{0}\text{n} \longrightarrow {}^{10}_{5}\text{B}$$
$$5\,{}^{1}_{1}\text{H} + 6\,{}^{1}_{0}\text{n} \longrightarrow {}^{11}_{5}\text{B}$$

   계산에 필요한 질량(g/mol)은 $^{1}_{1}$H = 1.00783; $^{1}_{0}$n = 1.00867; $^{10}_{5}$B = 10.01294; $^{11}_{5}$B = 11.00931.

8. 우라늄의 가장 풍부한 동위원소는 U−238이다. 이 동위원소 질량은 238.0508 g/mol 이다. 핵 결합에너지는 몇 kJ/mol 이며 핵자 당 결합에너지는 얼마인가?

## 붕괴 반응속도

9. 소듐-24는 혈액 순환시간을 측정하는데 사용하는 진단용 방사성 동위원소이다. 20 mg의 시료가 하루하고 6시간이 지난 후의 남는 양은 얼마인가? 반감기는 15시간이다.

10. 요오드-131은 갑상선 암 치료에 NaI 형태로 사용된다. 다음에 답하시오.
   (a) 동위원소는 베타 입자를 방출하며 붕괴한다. 이 과정의 균형 반응식을 쓰시오.
   (b) 이 동위원소 반감기는 8.05 days이다. 만일 25.0 mg의 $Na^{131}I$로 시작했다면 32.2일 후에는 얼마나 남겠는가?

11. 방사능 물질이 12년에 12.5%로 붕괴되었다면 이 동위원소의 반감기는 얼마인가?

12. 요오드의 방사성 동위원소는 의학적으로 널리 사용된다. 예를 들어, $^{131}I$ (반감기 = 8.05 days)는 갑상선 암에 이용된다. 만일 $Na^{131}I$를 섭취하였다면, 처음 활성도의 5%까지 활성도가 감소하는데 얼마나 걸리나?

13. 불가리아에서 발굴한 Thracian 전차로부터 얻은 나무 시료에 있는 $^{14}C$가 그램 당 분당 11.2씩 붕괴하는 활성도를 가진다. 전차가 만들어진 년대와 나이를 예상하시오. $^{14}C$ 의 반감기는 $5.73 \times 10^3$년 이고 살아있는 물질에서의 활성도는 그램 당 분당 15.3씩 붕괴한다.

14. 반감기가 $2.4 \times 10^4$년 인 플루토늄-239 시료의 활성도가 처음 활성도의 1%로 되는데 걸리는 시간은 얼마인가?

## 핵 분열과 핵 융합

15. 핵 분열 발전기의 중요 부분의 이름과 기능을 설명하시오.

16. 다음 각 분열 반응에서 누락된 생성물은 무엇인가?
   (a) $^{235}_{92}U + ^{1}_{0}n \longrightarrow$ ____ $+ ^{93}_{38}Sr + 3\,^{1}_{0}n$
   (b) $^{235}_{92}U + ^{1}_{0}n \longrightarrow$ ____ $+ ^{132}_{51}Sb + 3\,^{1}_{0}n$
   (c) $^{235}_{92}U + ^{1}_{0}n \longrightarrow$ ____ $+ ^{141}_{56}Ba + 3\,^{1}_{0}n$

17. 기름 1 배럴의 평균 에너지 출력은 $5.9 \times 10^6$ kJ/barrel 이다. 1 몰 $^{235}U$의 분열로 $2.1 \times 10^{10}$ kJ의 에너지가 방출된다. $^{235}U$ 1.0 lb 로부터 얻을 수 있는 양과 동일한 에너지를 얻기 위해 필요한 기름은 몇 배럴인가?

## 핵 방사선의 영향

18. 신문, 잡지 등에서 통상적으로 사용하는 방사능의 단위는 라드(rad)와 렘(rem)이다. 이들 각각은 무엇을 측정하는가? 원자 폭탄이 인류에 가한 손상정도를 설명하려면 어떤 단위를 사용해야 하나? 이들 단위와 그레이(gray)와는 어떤 관련이 있나?

19. 우리 자신의 신체가 핵 방사선 공급원이라는 것을 어떻게 설명할 것인가?

## 일반 문제

20. 아래 핵 반응식을 완결하시오.
   (a) $^{214}Bi \longrightarrow$ ____ $+ ^{214}Po$
   (b) $4\,^{1}_{1}H \longrightarrow$ ____ + 2 positrons
   (c) $^{249}Es$ + neutron $\longrightarrow$ 2 neutrons + ____ $+ ^{161}Gd$
   (d) $^{220}Rn \longrightarrow$ ____ + alpha particle
   (e) $^{68}Ge$ + electron $\longrightarrow$ ____

21. 방사성 물질인 질소-13은 반감기가 10분이다. 초기 시료 96 mg 이 한 시간 후에는 얼마나 남겠는가?

22. 남아프리카에서 가장 오래된 것으로 알려진 화석 세포가 발견되었다. 다음 반응으로 화석의 연대를 측정했다.

$$^{87}Rb \longrightarrow ^{87}Sr + ^{0}_{-1}e \qquad t_{1/2} = 4.9 \times 10^{10}\ \text{years}$$

$^{87}Rb$의 존재 비가 초기 양의 0.951 이라고 하고 화석 세포의 연대를 계산하시오.

## 개념 응용

23. 동위원소 $^{17}Ne$, $^{20}Ne$, $^{23}Ne$을 안정한지 불안정한지 구별하시오. 불안정한 동위원소는 어떤 형태로 붕괴하겠는가?

24. 반감기가 2시간인 어떤 방사성 동위원소 24 g 시료가 8시간 후에 1.5 g 만 남았다는 것을 이해하는데 대부분의 학생은 문제가 없다. 이해하지 못하는 것은 나머지 22.5 g이 무엇이며 어디로 갔는가 하는 것이다. 다른 학생에게 이 사라진 부분을 어떻게 설명하겠는가?

## 도전 문제

25. 모든 방사성 물질의 붕괴는 1차 반응이다. 왜 그런가?

26. 만일 지구가 태양으로부터 $7.0 \times 10^{14}$ kJ/s의 에너지를 받았다고 하면, 이 에너지를 공급하기 위해 사라진 태양 물질의 질량은 시간 당 얼마나 되나?

27. 포도주 병에서 삼중수소($^3H$, 반감기 = 12.3 years)함량을 분석하였더니 포도주가 생산될 때에 존재하던 삼중수소 존재량의 1.45%만 존재한다는 것을 알았다. 이 포도주는 얼마나 오래되었는가?

28. 고고학적인 장소에서 발견한 흑연의 연대를 측정하기위해서는 다음 실험을 연속적으로 해야 한다. 흑연 시료를 산소 속에서 태워 얻어진 $CO_2$를 석회수[$Ca(OH)_2$] 속으로 통과시켜 $CaCO_3$ 침전물로 형성 시킨다. 이 침전물을 여과하여 건조하고 무게를 측정한다. $CaCO_3$ 1.14 g 시료의 탄소-14로부터 $2.17 \times 10^{-2}$ Bq의 방사능을 생성했다. 오늘날의 탄소는 탄소 그램 당 분당 15.3씩 붕괴한다. 흑연의 연령은 얼마인가? 탄소-14의 반감기는 5730 years 이다.

# 해답편—실전예제

APPENDIX

A

## Chapter 1

1.1 (1) *Define the problem*: You are asked to find the volume of the sample, and you know the mass.

(2) *Develop a plan*: Density relates mass and volume and is the appropriate conversion factor, so look up the density in a table. Volume is proportional to mass, so the mass has to be either multiplied by the density or multiplied by the reciprocal of the density. Use the units to decide which.

(3) *Execute the plan*: According to Table 1.1, the density of benzene is 0.880 g/mL. Setting up the calculation so that the unit (grams) cancels gives

$$4.33\ \text{g} \times \frac{1\ \text{mL}}{0.880\ \text{g}} = 4.92\ \text{mL}$$

Notice that the result is expressed to three significant figures, because both the mass and the density had three significant figures.

(4) *Check your answer*: Because the density is a little less than 1.00 g/mL, the volume in milliliters should be a little larger than the mass in grams. The calculated answer, 4.92 mL, is a little larger than the mass, 4.33 g.

1.2 Substance A must be a mixture since some of it dissolves and some, substance B, does not.

Substance C is the soluble portion of substance A. Since all of substance C dissolves in water there is no way to determine how many components it has. Additionally, it is not possible to determine whether the one or more components themselves are elements or compounds. Therefore it is not possible to say whether C is an element, a compound, or a mixture.

The only thing we know about substance B is that it is insoluble in water. We do not know whether it is one insoluble substance, or more than one insoluble substance. Additionally, we do not know whether the substance or substances of B are elements or compounds. Therefore it is not possible to say whether B is an element, a compound, or a mixture.

1.3 Oxygen is $O_2$; ozone is $O_3$. Oxygen is a colorless, odorless gas; ozone is a pale blue gas with a pungent odor.

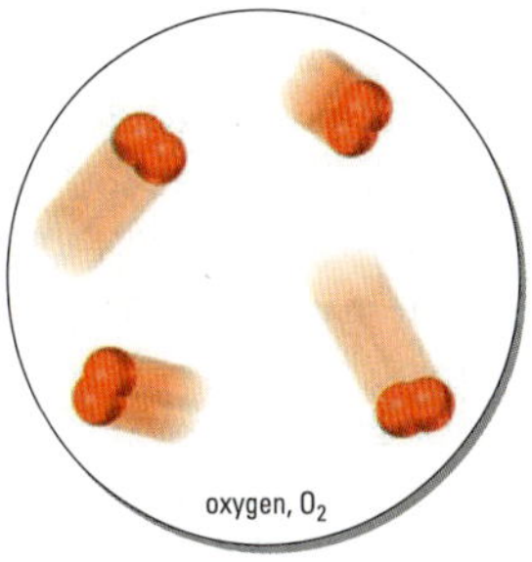


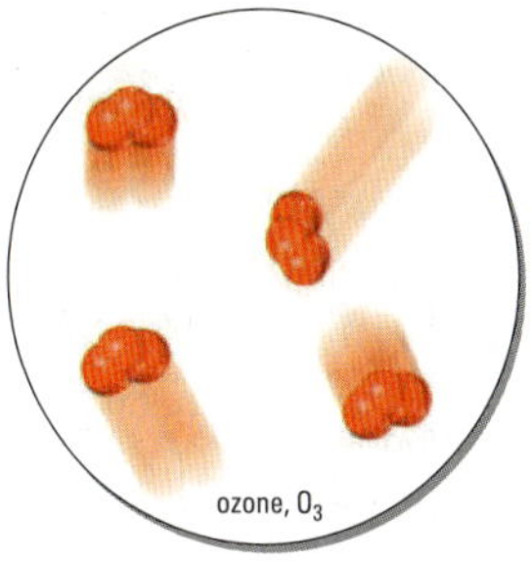


## Chapter 2

2.1 (a) 10 gal = 40 qt. There are 1.0567 quarts per liter, so

$$40\ \text{qt} \times \frac{1\ \text{L}}{1.0567\ \text{qt}} = 37.9\ \text{L or } 38\ \text{L}$$

(b) $100\ \text{yds} \times \frac{3\ \text{ft}}{\text{yd}} \times \frac{12\ \text{in}}{\text{ft}} \times \frac{2.54\ \text{cm}}{\text{in}} \times \frac{1\ \text{m}}{100\ \text{cm}} = 91.5\ \text{m}$

2.2 (a) 1 lb = 453.59 g, so 5 lb = 2268. g

(b) $3\ \text{pt} \times \frac{1\ \text{qt}}{2\ \text{pt}} \times \frac{1\ \text{L}}{1.057\ \text{qt}} \times \frac{1000\ \text{ml}}{1\ \text{L}} = 1420\ \text{ml}$

(c) $\frac{1.420\ \text{L}}{5\ \text{L}} \times 100\% = 28\%$

2.3 Work with the numerator first: 165 mg is 0.165 g. Work with the denominator next: 1 dL = 0.1 L. Therefore, the concentration is

$$\frac{0.165\ \text{g}}{0.1\ \text{L}} = 1.65\ \text{g/L}.$$

2.4 (a) 0.00602 g 3 sf
(b) 22.871 mg 5 sf
(c) 344. °C 3 sf
(d) 100.0 mL 4 sf
(e) 0.00042 m 2 sf
(f) 0.002001 L 4 sf

2.5 (a) $244.2 + 0.1732 = 244.4$
(b) $6.19 \times 5.2222 = 32.3$
(c) $\frac{7.2234 - 11.3851}{4.22} = -0.986$

2.6 (a) A phosphorus atom (Z = 15) with 16 neutrons has A = 31.
(b) A neon–22 atom has A = 22 and Z = 10, so the number of electrons must be 10 and the number of neutrons must be A − Z = 22 − 10 = 12 neutrons.
(c) The periodic table shows us that the element with $^{207}_{82}$ protons is lead. The atomic weight of this isotope of lead is 82 + 125 = 207, so the correct symbol is

2.7 The magnesium isotope with 12 neutrons has 12 protons, so Z = 12 and the notation is $^{24}_{12}$mg; the isotope with 13 neutrons has Z = 12 and $^{24}_{12}$mg; and the isotope with 14 neutrons has Z = 12 and $^{24}_{12}$mg;

2.8 75 g wire × (fraction Ni) = g Ni, so 75 g Ni × 0.80 = 60 g Ni. For Cr we have 75 g Cr × 0.20 = 15 g Cr. Or, we could have solved for the mass of Cr from 75 g wire − 60 g Ni = 15 g Cr.

2.9 (a) 1.00 mg Mo = $1.00 - 10^{-3}$ g Mo

$$1.00 \times 10^{-3}\text{ g Mo} \times \frac{1\text{ mol Mo}}{95.94\text{ g Mo}} = 1.04 \times 10^{-5}\text{ mol Mo}$$

(b) $5.00 \times 10^{-3}\text{ mol Au} \times \frac{196.97\text{ g Au}}{1\text{ mol Au}} = 0.985\text{ g Au}$

## Chapter 3

3.1 (a) $C_{10}H_{11}O_{13}N_5P_3$ (b) $C_{18}H_{27}O_3N$ (c) $C_2H_2O_4$

3.2 (a) Sulfur dioxide
(b) Boron trifluoride
(c) Carbon tetrachloride

3.3 Yes, a similar trend would be expected. The absolute values of the boiling points of the chlorine–containing compounds would be different from their alkane parents, but the differences between successive chlorine–containing compounds should follow a similar trend as for the alkanes themselves.

3.4 (a) A $Ca^{4+}$ charge is unlikely because calcium is in Group 2A, the elements of which lose two electrons to form 2+ ions.
(b) $Cr^{2+}$ is possible because chromium is a transition metal ion that forms 2+ and 3+ ions.
(c) Strontium is a Group 2A metal and forms 2+ ions; thus, a $Sr^-$ ion is highly unlikely.

3.5 (a) $CH_4$ is formed from two nonmetals and is molecular.
(b) $CaBr_2$ is formed from a metal and a nonmetal, so it is ionic.
(c) $MgCl_2$ is formed from a metal and a nonmetal, so it is ionic.
(d) $PCl_3$ is formed from two nonmetals and is molecular.
(e) KCl is formed from a metal and a nonmetal and is ionic.

3.6 (a) $In_2(SO_3)_3$ contains two $In^{3+}$ and three $SO_3^{2-}$ ions. There are 14 atoms in this formula unit.
(b) $(NH_4)_3PO_4$ contains three ammonium ions, $NH_4^+$ and one phosphate ion, $PO_4^{3-}$ collectively containing 20 atoms.

3.7 (a) One $Mg^{2+}$ ion and two $Br^-$ ions
(b) Two $Li^+$ ions and one $CO_3^{2-}$ ion
(c) One $NH_4^+$ ion and one $Cl^-$ ion
(d) Two $Fe^{3+}$ ions and three $SO_4^{2-}$ ions
(e) CuCl and $CuCl_2$

3.8 (a) $KNO_2$ is potassium nitrite.
(b) $NaHSO_3$ is sodium hydrogen sulfite or sodium bisulfite.
(c) $Mn(OH)_2$ is manganese(II) hydroxide.
(d) $Mn_2(SO_4)_3$ is manganese(III) sulfate.
(e) $Ba_3N_2$ is barium nitride.
(f) LiH is lithium hydride.

3.9 (a) $KH_2PO_4$ (b) CuOH (c) NaClO
(d) $NH_4ClO_4$ (e) $CrCl_3$ (f) $FeSO_3$

3.10 (a) The molar mass of $K_2Cr_2O_7$ is 294.2 g/mol.

$$\frac{12.5\text{ g}}{294.2\text{ g/mol}} = 4.25 \times 10^{-2}\text{ mol}$$

(b) The molar mass of $KMnO_4$ is 158.0 g/mol.

$$\frac{12.5\text{ g}}{158.0\text{ g/mol}} = 7.91 \times 10^{-2}\text{ mol}$$

(c) The molar mass of $(NH_4)_2CO_3$ is 96.1 g/mol.

$$\frac{12.5\text{ g}}{96.1\text{ g/mol}} = 1.30 \times 10^{-1}\text{ mol}$$

3.11 (a) The molar mass of sucrose, $C_{12}H_{22}O_{11}$, is 342.3 g/mol.

$$5.0 \times 10^{-3}\text{ mol sucrose} \times \frac{342.3\text{ g sucrose}}{1\text{ mol sucrose}} = 1.7\text{ g sucrose}$$

(b) $3.0 \times 10^{-6}\text{ mol ACTH} \times \frac{4600\text{ g ACTH}}{1\text{ mol ACTH}}$
$= 1.4 \times 10^{-2}\text{ g ACTH}$

$$1.4 \times 10^{-2}\text{ g} \times \frac{10^3\text{ mg}}{1\text{ g}} = 14.\text{ mg ACTH}$$

3.12 (a) The molar mass of cholesterol is 386.7 g/mol.

$$\frac{10.0\text{ g}}{386.7\text{ g/mol}} = 2.59 \times 10^{-2}\text{ mol}$$

The molar mass of $Mn_2(SO_4)_3$ is 398.1 g/mol.

$$\frac{10.0\text{ g}}{398.1\text{ g/mol}} = 2.51 \times 10^{-2}\text{ mol}$$

(b) The molar mass of $K_2HPO_4$ is 174.2 g/mol.

$$0.25\text{ mol} \times \frac{174.2\text{ g}}{1\text{ mol}} = 44.\text{ g}$$

The molar mass of caffeine is 194.2 g/mol.

$$0.25\text{ mol} \times \frac{194.2\text{ g}}{1\text{ mol}} = 49.\text{ g}$$

3.13 The mass of Si in 1 mol $SiO_2$ is 28.0855 g. The mass of O in 1 mol $SiO_2$ is 31.9988 g.

$$\%\text{ Si in SiO}_2 = \frac{28.0855\text{ g}}{60.08\text{ g}} \times 100\% = 46.74\%\text{ Si}$$

$$\%\text{ O in SiO}_2 = \frac{31.9988\text{ g}}{60.08\text{ g}} \times 100\% = 53.26\%\text{ O}$$

3.14 The molar mass of hydrated nickel chloride is

$$58.69\ \text{g/mol} + 2(35.45\ \text{g/mol}) + 12(1.008\ \text{g/mol}) + 6(16.00\ \text{g/mol}) = 237.69\ \text{g/mol}.$$

The percentages by weight for each element are found from the ratios of the mass of each element in 1 mole of hydrated nickel chloride to the molar mass of hydrated nickel chloride:

$$\frac{58.69\ \text{g Ni}}{237.69\ \text{g hydrated nickel chloride}} \times 100\% = 24.69\%\ \text{Ni}$$

$$\frac{70.90\ \text{g Cl}}{237.69\ \text{g hydrated nickel chloride}} \times 100\% = 29.83\%\ \text{Cl}$$

$$\frac{12.096\ \text{g H}}{237.69\ \text{g hydrated nickel chloride}} \times 100\% = 5.089\%\ \text{H}$$

$$\frac{96.00\ \text{g O}}{237.69\ \text{g hydrated nickel chloride}} \times 100\% = 40.39\%\ \text{O}$$

3.15 A 100–g sample of the phosphorus oxide contains 43.64 g P and 56.36 g O.

$$43.64\ \text{g P} \times \frac{1\ \text{mol P}}{30.9738\ \text{g P}} = 1.409\ \text{mol P}$$

$$56.36\ \text{g O} \times \frac{1\ \text{mol O}}{15.9994\ \text{g O}} = 3.523\ \text{mol O}$$

The mole ratio is

$$\frac{3.523\ \text{mol O}}{1.409\ \text{mol P}} = \frac{2.500\ \text{mol O}}{1.000\ \text{mol P}}$$

There are 2.500 oxygen atoms for every phosphorus atom. Thus, the empirical formula is $P_2O_5$. The molar mass corresponding to this empirical formula is

$$\left(2\ \text{mol P} \times \frac{30.9738\ \text{g P}}{1\ \text{mol P}}\right) + \left(5\ \text{mol O} \times \frac{15.994\ \text{g O}}{1\ \text{mol O}}\right) = 141.9\ \text{g/mol}$$

The known molar mass is 283.89 g/mol. The molar mass is twice as large as the empirical formula mass, so the molecular formula of the oxide is $P_4O_{10}$.

3.16 Find the number of moles of each element in 100.0 g of vitamin C.

$$40.9\ \text{g C} \times \frac{1\ \text{mol C}}{12.011\ \text{g C}} = 3.405\ \text{mol C}$$

$$4.58\ \text{g H} \times \frac{1\ \text{mol H}}{1.0079\ \text{g H}} = 4.544\ \text{mol H}$$

$$54.5\ \text{g O} \times \frac{1\ \text{mol O}}{15.9994\ \text{g O}} = 3.406\ \text{mol O}$$

Find the mole ratios.

$$\frac{4.544\ \text{mol H}}{3.406\ \text{mol O}} = \frac{1.334\ \text{mol H}}{1.000\ \text{mol O}}$$

The same ratio holds for H to C. Using whole numbers, we have$C_3H_4O_3$ for the empirical formula. The empirical formula weight is (3)(12.011) + (4)(1.0079) + (3)(15.9994) = 88.06 g. The molar mass, however, is 176.13 g/mol, so the molecular formula must be twice the empirical formula: $C_6H_8O_6$.

## Chapter 4

4.1 (a) $N_2$; combination (b) $O_2$; combination
(c) $N_2$; decomposition

4.2 (a) Decomposition reaction:

$$2\ \text{Al(OH)}_3(s) \longrightarrow \text{Al}_2\text{O}_3(s) + 3\ \text{H}_2\text{O}(g)$$

(b) Combination reaction:

$$\text{Na}_2\text{O}(s) + \text{H}_2\text{O}(\ell) \longrightarrow 2\ \text{NaOH}(aq)$$

(c) Combination reaction: $S_8(s) + 24\ F_2(g) \rightarrow 8\ SF_6(g)$

(d) Exchange reaction:

$$3\ \text{NaOH}(aq) + \text{H}_3\text{PO}_4(aq) \longrightarrow \text{Na}_3\text{PO}_4(aq) + 3\ \text{H}_2\text{O}(\ell)$$

(e) Displacement:

$$3\ \text{C}(s) + \text{Fe}_2\text{O}_3(s) \longrightarrow 3\ \text{CO}(g) + 2\ \text{Fe}(\ell)$$

4.3 (a) $2\ \text{Cr}(s) + 3\ \text{Cl}_2 \rightarrow 2\ \text{CrCl}_3(s)$
(b) $\text{As}_2\text{O}_3(s) + 3\ \text{H}_2(g) \rightarrow 2\ \text{As}(s) + 3\ \text{H}_2\text{O}(\ell)$

4.4 (a) $C_2H_5OH + 3\ O_2 \rightarrow 2\ CO_2 + 3\ H_2O$
(b) $C_2H_5OH + 2\ O_2 \rightarrow 2\ CO + 3\ H_2O$

4.5 0.433 mol hematite needs 0.433 × 3 = 1.30 mol CO. Molar mass of CO is 28.01, so 1.30 mol × 28.01 g/mol = 36.4 g CO.

4.6 (a) $$0.300\ \text{mol cassiterite} \times \frac{1\ \text{mol Sn}}{1\ \text{mol cassiterite}} \times \frac{118.7\ \text{g Sn}}{1\ \text{mol Sn}} = 35.6\ \text{g Sn}$$

(b) $$35.6\ \text{g Sn} \times \frac{1\ \text{mol Sn}}{118.7\ \text{g Sn}} \times \frac{2\ \text{mol C}}{1\ \text{mol Sn}} \times \frac{12.01\ \text{g C}}{1\ \text{mol C}} = 7.20\ \text{g C}$$

4.7 (a) $$57.\ \text{g C} \times \frac{1\ \text{mol C}}{12.01\ \text{g C}} \times \frac{1\ \text{mol O}_2}{2\ \text{mol C}} \times \frac{32.0\ \text{g O}_2}{1\ \text{mol O}_2} = 76.\ \text{g O}_2$$

(b) $$57.\ \text{g C} \times \frac{1\ \text{mol C}}{12.01\ \text{g C}} \times \frac{2\ \text{mol CO}}{2\ \text{mol C}} \times \frac{28.0\ \text{g CO}}{1\ \text{mol CO}} = 1.3 \times 10^2\ \text{g CO}$$

4.8 $$6.46\ \text{g MgCl}_2 \times \frac{1\ \text{mol MgCl}_2}{95.2104\ \text{g MgCl}_2} = 6.78 \times 10^{-2}\ \text{mol MgCl}_2$$

The same number of moles of Mg as $MgCl_2$ are involved, so

$$6.78 \times 10^{-2}\ \text{mol Mg} \times \frac{24.3050\ \text{g Mg}}{1\ \text{mol Mg}} = 1.65\ \text{g Mg}$$

$$\frac{1.65\ \text{g Mg}}{1.72\text{-g sample}} \times 100\% = 95.9\%\ \text{Mg in sample}$$

4.9 $$0.75\ \text{mol CO}_2 \times \frac{1\ \text{mol (NH}_2)_2\text{CO}}{1\ \text{mol CO}_2} = 0.75\ \text{mol (NH}_2)_2\text{CO}$$

4.10 (a) $CS_2(\ell) + 3\ O_2(g) \rightarrow CO_2(g) + 2\ SO_2(g)$

(b) Determine the quantity of $CO_2$ produced by each reactant; the limiting reactant produces the lesser quantity.

$$3.5\ \text{g CS}_2 \times \frac{1\ \text{mol CS}_2}{76.0\ \text{g CS}_2} \times \frac{1\ \text{mol CO}_2}{1\ \text{mol CS}_2} \times \frac{44.01\ \text{g CO}_2}{1\ \text{mol CO}_2} = 2.0\ \text{g CO}_2$$

$$17.5\ \text{g O}_2 \times \frac{1\ \text{mol O}_2}{31.998\ \text{g O}_2} \times \frac{1\ \text{mol CO}_2}{3\ \text{mol O}_2} \times \frac{44.01\ \text{g CO}_2}{1\ \text{mol CO}_2} = 8.02\ \text{g CO}_2$$

Therefore, $CS_2$ is the limiting reagent.

(c) The yield of $SO_2$ must be calculated using the limiting reagent, $CS_2$.

$$3.5\ g\ CS_2 \times \frac{1\ mol\ CS_2}{76.0\ g\ CS_2} \times \frac{2\ mol\ SO_2}{1\ mol\ CS_2} \times \frac{64.1\ g\ SO_2}{1\ mol\ SO_2} = 5.9\ g\ SO_2$$

4.11 Find the number of moles of each reactant.

$$100.\ g\ SiCl_4 \times \frac{1\ mol\ SiCl_4}{169.90\ g\ SiCl_4} = 0.589\ mol\ SiCl_4$$

$$100.\ g\ Mg \times \frac{1\ mol\ Mg}{24.3050\ g\ Mg} = 4.11\ mol\ Mg$$

Find the mass of Si produced, based on the mass available of each reactant.

$$0.589\ mol\ SiCl_4 \times \frac{1\ mol\ Si}{1\ mol\ SiCl_4} \times \frac{28.0855\ g\ Si}{1\ mol\ Si} = 16.5\ g\ Si$$

$$4.11\ mol\ Mg \times \frac{1\ mol\ Si}{2\ mol\ Mg} \times \frac{28.0855\ g\ Si}{1\ mol\ Si} = 57.7\ g\ Si$$

Thus, $SiCl_4$ is the limiting reactant, and the mass of Si produced is 16.5 g.

4.12 To make 1.0 kg $CH_3OH$ with 85% yield will require using enough reactant to produce 1000/0.85, or 1.2 × 103 g $CH_3OH$.

$$1.2 \times 10^3\ g\ CH_3OH \times \frac{1\ mol}{32.042\ g} = 37.5\ mol\ CH_3OH$$

$$37.5\ mol\ CH_3OH \times \frac{2\ mol\ H_2}{1\ mol\ CH_3OH} = 75.0\ mol\ H_2$$

$$75.0\ mol\ H_2 \times \frac{2.0158\ g\ H_2}{1\ mol\ H_2} = 1.5 \times 10^2\ g\ H_2$$

4.13 Calculate the mass of $Cu_2S$ you should have produced and compare it with the amount actually produced.

$$2.50\ g\ Cu \times \frac{1\ mol\ Cu}{63.546\ g\ Cu} = 3.93 \times 10^{-2}\ mol\ Cu$$

$$3.93 \times 10^{-2}\ mol\ Cu \times \frac{8\ mol\ Cu_2S}{16\ mol\ Cu} = 1.97 \times 10^{-2}\ mol\ Cu_2S$$

$$1.97 \times 10^{-2}\ mol\ Cu_2S \times \frac{159.16\ g\ Cu_2S}{1\ mol\ Cu_2S} = 3.14\ g\ Cu_2S$$

$$\frac{2.53\ g}{3.14\ g} \times 100\% = 80.6\%\ \text{yield was obtained}$$

Your synthesis met the standard.

4.14 (a) $491\ mg\ CO_2 \times \frac{1\ g\ CO_2}{10^3\ mg\ CO_2} \times \frac{1\ mol\ CO_2}{44.01\ g\ CO_2}$

$$\times \frac{1\ mol\ C}{1\ mol\ CO_2} = 1.116 \times 10^{-2}\ mol\ C$$

$$1.116 \times 10^{-2}\ mol\ C \times \frac{12.01\ g\ C}{1\ mol\ C}$$

$$= 0.1340\ g\ C = 134.0\ mg\ C$$

$$100\ mg\ H_2O \times \frac{1\ g\ H_2O}{10^3\ mg\ H_2O} \times \frac{1\ mol\ H_2O}{18.02\ g\ H_2O}$$

$$\times \frac{2\ mol\ H}{1\ mol\ H_2O} = 1.110 \times 10^{-2}\ mol\ H$$

$$1.110 \times 10^{-2}\ mol\ H \times \frac{1.008\ g\ H}{1\ mol\ H}$$

$$= 1.119 \times 10^{-2}\ g\ H = 11.2\ mg\ H$$

The mass of oxygen in the compound

$$= \text{total mass} - (\text{mass C} + \text{mass H})$$

$$= 175\ mg - (134.0\ mg\ C + 11.2\ mg\ H) = 29.8\ mg\ O$$

The moles of oxygen are

$$29.8\ mg\ O \times \frac{1\ g\ O}{10^3\ mg\ O} \times \frac{1\ mol\ O}{16.00\ g\ O}$$

$$= 1.862 \times 10^{-3}\ mol\ O$$

The empirical formula can be derived from the mole ratios of the elements.

$$\frac{1.116 \times 10^{-2}\ mol\ C}{1.862 \times 10^{-3}\ mol\ O} = 5.993\ mol\ C/mol\ O$$

$$\frac{1.110 \times 10^{-2}\ mol\ H}{1.862 \times 10^{-3}\ mol\ O} = 5.961\ mol\ H/mol\ O$$

$$\frac{1.862 \times 10^{-3}\ mol\ O}{1.862 \times 10^{-3}\ mol\ O} = 1.000\ mol\ O$$

The empirical formula of phenol is $C_6H_6O$.

(b) The molar mass is needed to determine the molecular formula.

4.15 $0.569\ g\ Sn \times \frac{1\ mol\ Sn}{118.7\ g\ Sn} = 4.794 \times 10^{-3}\ mol\ Sn$

$$2.434\ g\ I_2 \times \frac{1\ mol\ I_2}{253.81\ g\ I_2} \times \frac{2\ mol\ I}{1\ mol\ I_2}$$

$$= 1.918 \times 10^{-2}\ mol\ I$$

$$\frac{1.918 \times 10^{-2}\ mol\ I}{4.794 \times 10^{-3}\ mol\ Sn} = \frac{4.001\ mol\ I}{1.000\ mol\ Sn}$$

Therefore, the empirical formula is $SnI_4$.

## Chapter 5

5.1 (a) NaF is soluble.

(b) $Ca(CH_3COO)_2$ is soluble.

(c) $SrCl_2$ is soluble.

(d) MgO is not soluble.

(e) $PbCl_2$ is not soluble.

(f) HgS is not soluble.

5.2 (a) This exchange reaction forms insoluble nickel hydroxide and aqueous sodium chloride.

$$NiCl_2(aq) + 2\ NaOH(aq) \longrightarrow Ni(OH)_2(s) + 2\ NaCl(aq)$$

(b) This is an exchange reaction that forms aqueous potassium bromide and a precipitate of calcium carbonate.

$$K_2CO_3(aq) + CaBr_2(aq) \longrightarrow CaCO_3(s) + 2\ KBr(aq)$$

5.3 (a) $BaCl_2(aq) + Na_2SO_4(aq) \rightarrow BaSO_4(s) + 2\ NaCl(aq)$

$$Ba^{2+}(aq) + SO_4^{2-}(aq) \longrightarrow BaSO_4(s)$$

(b) $(NH_4)_2S(aq) + FeCl_2(aq) \rightarrow FeS(s) + 2\ NH_4Cl(aq)$

$$Fe^{2+}(aq) + S^{2-}(aq) \rightarrow FeS(s)$$

5.4 Any of the strong acids in Table 5.2 would also be strong electrolytes. Any of the weak acids or bases in Table 5.2 would be weak electrolytes. Any organic compound that yields no ions on dissolution would be a nonelectrolyte.

5.5 $H_3PO_4(aq) + 3\ NaOH(aq) \rightarrow Na_3PO_4(aq) + 3\ H_2O(\ell)$

5.6 (a) Sulfuric acid and magnesium hydroxide

(b) Carbonic acid and strontium hydroxide

5.7

$$2\ HCN(aq) + Ca(OH)_2(aq) \longrightarrow Ca(CN)_2(aq) + 2\ H_2O(\ell)$$

$$2\ HCN(aq) + Ca^{2+}(aq) + 2\ OH^-(aq) \longrightarrow Ca^{2+}(aq) + 2\ CN^-(aq) + 2\ H_2O(\ell)$$

$$HCN(aq) + OH^-(aq) \longrightarrow CN^-(aq) + H_2O(\ell)$$

5.8 The oxidation numbers of Fe and Sb are 0 (Rule 1). The oxidation numbers in $Sb_2S_3$ are +3 for $Sb^{3+}$ and −2 for $S^{2-}$ (Rules 2 and 4). The oxidation numbers in FeS are +2 for $S^{2+}$ and −2 for $S^{2-}$ (Rules 2 and 4).

5.9 In the reaction is $PbO(s) + CO(g) \rightarrow Pb(s) + CO_2(g)$, $Pb^{2+}$ reduced to Pb; $Pb^{2+}$ is the oxidizing agent. $C^{+2}$ is oxidized to $C^{+4}$; $C^{2+}$ is the reducing agent.

5.10 Reactions (a) and (b) will occur. Aluminum is above copper and chromium in Table 5.5; therefore, aluminum will be oxidized and acts as the reducing agent in reactions (a) and (b). In reaction (a), $Cu^{2+}$ is reduced, and $Cu^{2+}$ is the oxidizing agent. $Cr^{3+}$ is the oxidizing agent in reaction (b) and is reduced to Cr metal. Reactions (c) and (d) do not occur because Pt cannot reduce $H^+$, and Au cannot reduce $Ag^+$.

5.11 $$36.0\ g\ Na_2SO_4 \times \frac{1\ mol\ Na_2SO_4}{142.0\ g\ Na_2SO_4} = 0.254\ mol\ Na_2SO_4$$

$$Molarity = \frac{0.254\ mol}{0.750\ L} = 0.339\ molar$$

5.12 $$V(conc) = \frac{0.150\ molar \times 0.050\ L}{0.500\ molar} = 0.015\ L = 15\ mL$$

5.13 (a) 1.00 L of 0.125 M $Na_2CO_3$ contains 0.125 mol $Na_2CO_3$.

$$0.125\ mol \times \frac{105.99\ g}{1\ mol} = 13.2\ g\ Na_2CO_3$$

Prepare the solution by adding 13.2 g $Na_2CO_3$ to a volumetric flask, dissolving it and mixing thoroughly, and adding sufficient water until the solution volume is 1.0 L.

(b) Use water to dilute a specific volume of the 0.125 M solution to 100 mL.

$$V(conc) = \frac{0.0500\ M \times 0.100\ L}{0.125\ M} = 0.0400\ L = 40.0\ mL\ of\ 0.125\ M\ solution$$

Therefore, put 40.0 mL of the more concentrated solution into a container and add water until the solution volume equals 100 mL.

(c) 500 mL of 0.215 M $KMnO_4$ contains 1.70 g $KMnO_4$.

$$0.500\ L \times \frac{0.0215\ mol\ KMnO_4}{1\ L} = 0.01075\ mol\ KMnO_4$$

$$0.01075\ mol\ KMnO_4 \times \frac{158.0\ g\ KMnO_4}{1\ mol\ KMnO_4} = 1.70\ g\ KMnO_4$$

Put 1.70 g $KMnO_4$ into a container and add water until the solution volume is 500 mL.

(d) Dilute the more concentrated solution by adding sufficient water to 52.3 mL of 0.0215 M $KMnO_4$ until the solution volume is 250 mL.

$$V(conc) = \frac{0.00450\ M \times 0.250\ L}{0.0215\ M} = 0.0523\ L = 52.3\ mL$$

5.14 $$1.2 \times 10^{10}\ kg\ NaOH \times \frac{1\ mol\ NaOH}{0.040\ kg\ NaOH} \times \frac{2\ mol\ NaCl}{2\ mol\ NaOH} \times \frac{58.5\ g\ NaCl}{1\ mol\ NaCl} \times \frac{1\ L\ brine}{360\ g\ NaCl} = 4.9 \times 10^{10}\ L$$

5.15 $$H_2SO_4(aq) + 2\ NaOH(aq) \rightarrow Na_2SO_4(aq) + 2\ H_2O(\ell)$$

$$Moles\ NaOH = (0.0413\ L)(0.100\ M) = 0.00413\ mol\ NaOH$$

$$Moles\ H_2SO_4 = \tfrac{1}{2} \times 0.00413 = 0.002065\ mol\ H_2SO_4$$

$$Molarity = \frac{0.002065\ mol}{0.0200\ L} = 0.103\ M\ H_2SO_4$$

## Chapter 6

6.1 (a) $$160\ Cal \times \frac{1000\ cal}{Cal} \times \frac{4.184\ J}{cal} = 6.69 \times 10^5\ J$$

(b) 75 W = 75 J/s;
75 J/s × 3.0 h × 60 min/h × 60 s/min = $8.1 \times 10^5$ J

(c) $$16\ kJ \times \frac{1\ kcal}{4.184\ kJ} = 3.8\ kcal$$

6.2 $$\Delta E = -2400\ J = q + w = -1.89\ kJ + w$$
$$w = -2400\ J + 1.89\ kJ = -2.4\ kJ + 1.89\ kJ = -0.5\ kJ$$

6.3 $$q = c \times m \times \Delta T = c \times m \times (T_{final} - T_{initial})$$

$$T_{final} = T_{initial} + \frac{q}{c \times m} = 5\ °C + \frac{24{,}100\ J}{(0.902\ J\ g^{-1}\ °C^{-1})(250.\ g)} = 5\ °C + 106.8\ °C = 112\ °C$$

6.4 $$q_{water} = -q_{iron}$$
$$(4.184\ J/g\ °C)(1000.\ g)(32.8\ °C - 20.0\ °C) = -(0.451\ J/g\ °C)(400.\ g)(32.8\ °C - T_i)$$
$$T_i = (297 + 32.8)\ °C = 330.\ °C$$

6.5 $$1.00\ g\ K(s) \times \frac{1\ mL}{0.86\ g} = 1.16\ mL;$$
$$1.00\ g\ K(\ell) \times \frac{1\ mL}{0.82\ g} = 1.22\ mL$$

The change in volume is (1.22 − 1.16) mL = 0.06 mL.

$$w = 0.06\ mL \times \frac{0.10\ J}{1\ mL} = 6 \times 10^{-3}\ J$$

$$\Delta H = \frac{14.6\ cal}{1\ g} \times 1.00\ g \times \frac{4.184\ J}{1\ cal} = 61.1\ J$$
$$\Delta E = \Delta H + w = 61.1\ J + (6 \times 10^{-3}\ J) = 61.1\ J$$

6.6 (a) $$10.0\ g\ I_2 \times \frac{1\ mol\ I_2}{253.8\ g\ I_2} \times \frac{62.4\ kJ}{1\ mol\ I_2} = 2.46\ kJ$$

(b) $$3.42\ g\ I_2 \times \frac{1\ mol\ I_2}{253.8\ g\ I_2} \times \frac{-62.4\ kJ}{1\ mol\ I_2} = -0.841\ kJ = -841\ J$$

(c) This process is the reverse of the one in part (a), so 'H° is negative. Thus the process is exothermic. The quantity of energy transferred is 841 J.

6.7 The equation as written involves $CO_2$ as a reactant, but the question asks for $CO_2$ as a product. Therefore we will have to change the sign of 'H°. In addition, since the question asks about production of 4 mol $CO_2$, we must multiply 'H° for the endothermic decomposition by 4. So for the production of 4 mol $CO_2$,

$$\Delta H° = (4) \times (662.8\ kJ) = 2651\ kJ$$

6.8 According to the thermochemical expression, the reaction is endothermic, so 285.8 kJ of energy is transferred into the system per mole of H2O(ℓ) decomposed. Thus,

$$12.6 \text{ g } H_2O \times \frac{1 \text{ mol } H_2O}{18.02 \text{ g } H_2O} \times \frac{285.8 \text{ kJ}}{1 \text{ mol } H_2O} = 200. \text{ kJ}$$

6.9 $\Delta T = (25.43 - 20.64)\ °C = 4.79\ °C$

$$\Delta E_{calorimeter} = \frac{877 \text{ J}}{°C} \times 4.79\ °C = 4.200 \times 10^3 \text{ J} = 4.200 \text{ kJ}$$

$$\Delta E_{water} = 832 \text{ g} \times \frac{4.184 \text{ J}}{\text{g } °C} \times 4.79\ °C = 16.67 \text{ kJ}$$

$$\Delta E_{reaction} = -(q_{calorimeter} + q_{water}) = -(4.200 + 16.67) \text{ kJ} = -20.87 \text{ kJ}$$

$$20.87 \text{ kJ} \times \frac{1 \text{ kcal}}{4.184 \text{ kJ}} \times \frac{1 \text{ Cal}}{1 \text{ kcal}} = 4.99 \text{ Cal}$$

Since metabolizing the Fritos chip corresponds to oxidizing it, the result of 4.99 Cal verifies the statement that one chip provides 5 Cal.

6.10 The total volume of the initial solutions is 200. mL, which corresponds to 200. g of solution. The quantities of reactants are 0.10 mol $H^+(aq)$ and 0.050 mol $OH^+(aq)$, so 0.050 mol $H_2O$ is formed.

$$0.050 \text{ mol } H_2O \times \frac{-58.6 \text{ kJ}}{1 \text{ mol } H_2O} = -2.9 \text{ kJ}$$

Since $'H^{\circ}$ is negative, energy is transferred to the water, and its temperature will rise.

$$\Delta T = \frac{q}{c \times m} = \frac{2.93 \times 10^3 \text{ J}}{(4.184 \text{ J g}^{-1}\ °C^{-1})(200. \text{ g})} = 3.5\ °C$$

The final temperature will be (20.4 + 3.5) °C = 23.9 °C.

6.11 The balanced chemical equation is

$$2\,Fe_3O_4(s) \rightarrow 6\,FeO(s) + O_2(g)$$

The equations given in the problem can be arranged so that when added they give this balanced equation:

$2 \times [Fe_3O_4(s) \rightarrow 3\,Fe(s) + 2\,O_2(g)]$ $\Delta H° = 2(1118.4 \text{ kJ})$

$6 \times [Fe(s) + \frac{1}{2}O_2(g) \rightarrow FeO(s)]$ $\Delta H° = 6(-272.0 \text{ kJ})$

So

$$\Delta H° = 2236.8 \text{ kJ} - 1632.0 \text{ kJ} = 604.8 \text{ kJ}$$

6.12 (a) $\frac{1}{2}N_2(g) + \frac{3}{2}H_2(g) \rightarrow NH_3(g)$

$\Delta H_f^\circ = -46.11 \text{ kJ/mol}$

(b) C(graphite) + $\frac{1}{2}O_2(g) \rightarrow CO(g)$

$\Delta H_f^\circ = -110.525 \text{ kJ/mol}$

6.13 For the reaction given,

$$\begin{aligned}\Delta H° &= \{6 \text{ mol } CO_2(g)\} \times \Delta H_f^\circ\{CO_2(g)\} \\ &\quad + \{5 \text{ mol } H_2O(g)\} \times \Delta H_f^\circ\{H_2O(g)\} \\ &\quad - (2 \text{ mol } \{C_3H_5(NO_3)_3(\ell)\} \times \Delta H_f^\circ\{C_3H_5(NO_3)_3(\ell)\} \\ &= \{6(-393.509) + 5(-241.818) - 2(-364)\} \text{ kJ} \\ &= -2.84 \times 10^3 \text{ kJ}\end{aligned}$$

For 10.0 g nitroglycerin (nitro),

$$q = 10.0 \text{ g} \times \frac{1 \text{ mol nitro}}{227.09 \text{ g}} \times \frac{-2.84 \times 10^3 \text{ kJ}}{2 \text{ mol nitro}} = -62.5 \text{ kJ}$$

(The 2 mol nitro in the last factor comes from the coefficient of 2 associated with nitroglycerin in the chemical equation.)

6.14 $SO_2(g) + \frac{1}{2}O_2(g) \rightarrow SO_3(g)$ $\Delta H° = ?$

$$\begin{aligned}\Delta H° &= \Delta H_f^\circ\{SO_3(g)\} - [\Delta H_f^\circ\{SO_2(g)\} + \tfrac{1}{2}\Delta H_f^\circ\{O_2(g)\}] \\ &= -395.72 \text{ kJ} - (-296.830 + O) \text{ kJ} = -98.89 \text{ kJ}\end{aligned}$$

## Chapter 7

7.1 $$\nu = \frac{c}{\lambda} = \frac{2.998 \times 10^8 \text{ m/s}}{4.05 \times 10^{-7} \text{ m}} = 7.40 \times 10^{14} \text{ s}^{-1} \text{ or } 7.40 \times 10^{14} \text{ Hz}$$

7.2 (a) One photon of ultraviolet radiation has more energy because is larger in the UV spectral region than in the microwave region.

(b) One photon of blue light has more energy because the blue portion of the visible spectrum has a higher frequency than the green portion of the visible spectrum.

7.3 Any from $n_{hi} > 8$ to $n_{lo} = 2$

7.4 (a) $$\begin{aligned}\Delta E = E_f - E_i &= -2.179 \times 10^{-18} \text{ J}\left(\frac{1}{n_f^2} - \frac{1}{n_i^2}\right) \\ &= -2.179 \times 10^{-18} \text{ J}\left(\frac{1}{4^2} - \frac{1}{6^2}\right) \\ &= -2.179 \times 10^{-18} \text{ J}\left(\frac{1}{16} - \frac{1}{36}\right) \\ &= -2.179 \times 10^{-18} \text{ J}\,(0.6250 - 0.02778) \\ &= -7.565 \times 10^{-20} \text{ J}\end{aligned}$$

The negative value of the energy change indicates that energy is emitted.

$$\nu = \frac{E_{photon}}{h} = \frac{7.565 \times 10^{-19} \text{ J}}{6.626 \times 10^{-34} \text{ J s}} = 1.141 \times 10^{14} \text{ s}^{-1}$$

$$\lambda = \frac{c}{\nu} = \frac{2.998 \times 10^8 \text{ m/s}}{1.141 \times 10^{14} \text{ s}^{-1}} = 2.628 \times 10^{-6} \text{ m} = 2.628 \times 10^3 \text{ nm}$$

(b) Longer than the $n = 7$ to $n = 4$ transition.

7.5 $$\lambda = \frac{h}{mv} = \frac{6.626 \times 10^{-34} \text{ J}\cdot\text{s}}{1.67 \times 10^{-27} \text{ kg} \times 2.998 \times 10^7 \text{ m/s}} = 1.32 \times 10^{-14} \text{ m}$$

7.6 (a) 6d (b) 5 (c) 2, 1, 0, −1, −2

7.7 (a) [Ne] $3s^2 3p^2$ (b) [Ne] [↑↓] (3s) [↑] [↑] (3p)

7.8 The electron configurations for :Se: and :Te: are [Ar] $4s^2 3d^{10} 4p^4$ and [Kr] $5s^2 4d^{10} 5p^4$, respectively. Elements in the same main group have similar electron configurations.

7.9 (a) $P^{3-}$ (b) $Ca^{2+}$

7.10 The ground state Cu atom has a configuration [Ar] $4s^1 3d^{10}$. When it loses one electron, it becomes the $Cu^+$ ion with configuration [Ar] $3d^{10}$. There is an added stability for the completely filled set of 3d orbitals.

7.11 B < Mg < Na < K

7.12 (a) $Cs^+$ (b) $La^{3+}$

7.13 F > N > P > Na

## Chapter 8

8.1 (a) 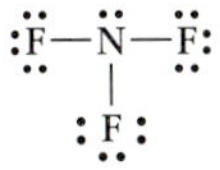 (b) 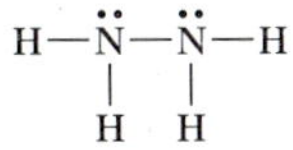

(c) 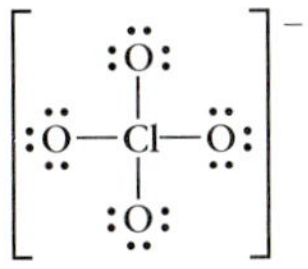

8.2 (a) $[:N{\equiv}O:]^+$ (b) 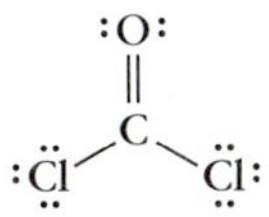

8.3 Only (c) can have geometric isomers. Molecules in (a) and (b) each have the same two groups on one of the double–bonded carbons.

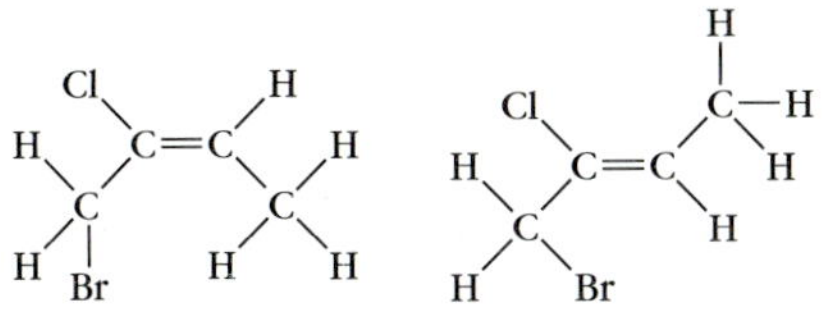

*cis* *trans*

8.4 (a) Si is a larger atom than S. (b) Br is a larger atom than Cl. (c) The greater electron density in the triple bond brings the N≡O atoms closer together than the smaller electron density in the N=O double bond does.

8.5

$$\begin{aligned}\Delta H &= [(4\text{ mol C—H})(416\text{ kJ/mol}) \\ &\qquad + (2\text{ mol O=O})(498\text{ kJ/mol})] \\ &\quad - [(4\text{ mol O—H})(467\text{ kJ/mol}) \\ &\qquad + (2\text{ mol C=O})(803\text{ kJ/mol})] \\ &= (2660\text{ kJ}) - (3474\text{ kJ}) = -814\text{ kJ}\end{aligned}$$

8.6 (a) B—Cl is more polar; $\overset{\delta+}{B}$—$\overset{\delta-}{Cl}$; O—H is more polar; $\overset{\delta-}{O}$—$\overset{\delta+}{H}$.

8.7 The other Lewis structure is $:O{\equiv}N{-}\ddot{\underset{..}{N}}:$

| | O | N | N |
|---|---|---|---|
| Valence electrons | 6 | 5 | 5 |
| Lone pair electrons | 2 | 0 | 6 |
| $\frac{1}{2}$ shared electrons | 3 | 4 | 1 |
| *Formal charge* | +1 | +1 | −2 |

8.8 (a) $:\ddot{\underset{..}{F}}{-}Be{-}\ddot{\underset{..}{F}}:$ (b) $:\ddot{\underset{..}{O}}{-}\dot{\underset{..}{Cl}}{-}\ddot{\underset{..}{O}}:$

(c) 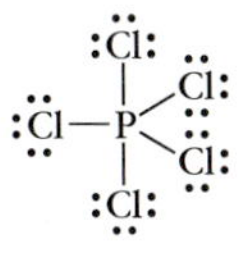 (d) $[H{-}B{-}H]^+$

(e) 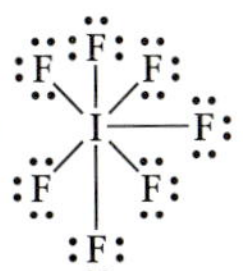

$BeF_2$—not an octet around the central Be atom; $ClO_2$—an odd number of electrons around Cl; $PCl_5$—more than four electron pairs around the central phosphorus atom; $BH_2^+$—only two electron pairs around the central B atom; $IF_7$—iodine has seven shared electron pairs.

8.9 Bond order = (8 − 5)/2 = 1.5. There is one unpaired electron.

## Chapter 9

9.1 There are two Be—F bonds in $BeF_2$ and no lone pairs on beryllium. Therefore, the electron–pair and the molecular geometry are the same, linear, with 180° Be—F bond angles.

9.2

| Central Atom (underlined) | Bond Pairs | Lone Pairs | Electron-Pair Geometry | Molecular Shape |
|---|---|---|---|---|
| $\underline{Br}O_3^-$ | 3 | 1 | Tetrahedral | Triangular pyramid |
| $\underline{Se}F_2$ | 2 | 2 | Tetrahedral | Angular |
| $\underline{N}O_2^-$ | 3 | 1 | Triangular planar | Angular |

9.3 (a) $ClF_2^-$: triangular bipyramidal electron–pair geometry and linear molecular geometry

(b) $XeO_3$: tetrahedral electron–pair geometry and triangular pyramidal molecular geometry

9.4 (a) BeCl2: *sp* hybridization (two bonding electron pairs around the central Be atom), linear geometry

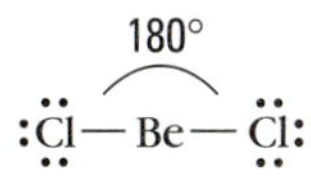


(b) The central N atom has four bonding pairs and no lone pairs in $sp^3$ hybridized orbitals on N giving tetrahedral electron–pair and molecular geometries.

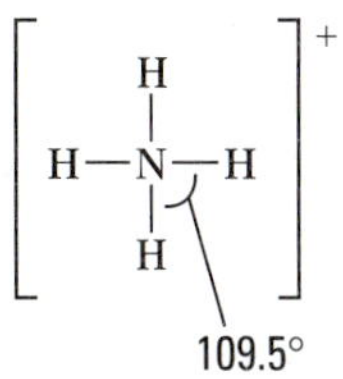


(c) Each carbon is $sp^3$ hybridized with no lone pairs, so the electronpair and molecular geometries are both tetrahedral. The $sp^3$ hybridized oxygen atom has two bonding pairs, each in single bonds to carbon atom plus two lone pairs giving it a tetrahedral electronpair geometry and an angular molecular geometry.

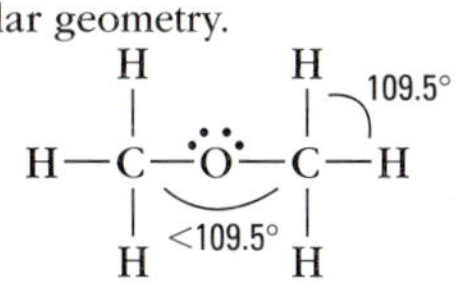


(d) The central boron atom has four single bonds, one to each fluorine atom, and no lone pairs resulting in tetrahedral electron–pair and molecular geometries. The boron is $sp^3$ hybridized to accommodate the four bonding pairs.

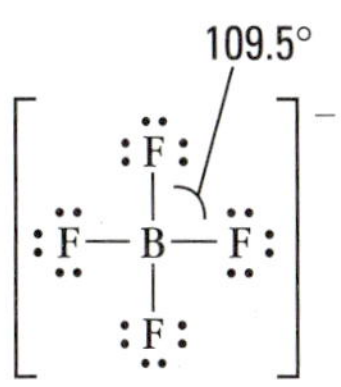

9.5 (a) In HCN, the *sp* hybridized carbon atom is sigma bonded to H and to N, as well as having two pi bonds to N. The sigma and two pi bonds form the C≡N triple bond. The nitrogen is *sp* hybridized with a sigma and two pi bonds to carbon; a lone pair is in the nonbonding *sp* hybrid orbital on N.

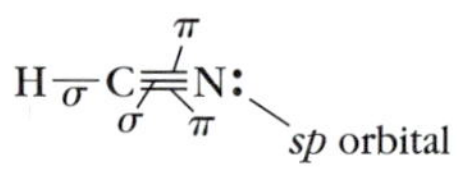

(b) The double–bonded carbon and nitrogen are both $sp^2$ hybridized. The $sp^2$ hybrid orbitals on C form sigma bonds to H and to N; the unhybridized *p* orbital on C forms a pi bond with the unhybridized *p* orbital on N. The $sp^2$ hybrid orbitals on N form sigma bonds to carbon and to H; the N lone pair is in the nonbonding $sp^2$ hybrid orbital.

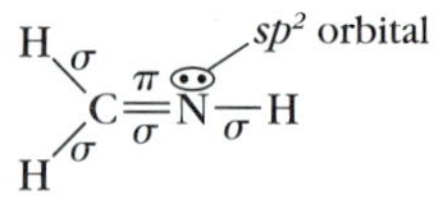

9.6 (a) $BFCl_2$ is a triangular planar molecule with polar B—F and B—Cl bonds. The molecule is polar because the B—F bond is more polar than the B—Cl bonds, resulting in a net dipole.
(b) $NH_2Cl$ is a triangular pyramidal molecule with polar N—H bonds. (N—Cl is a nonpolar bond; N and Cl have the same electronegativity.) It is a polar molecule because the N—H dipoles do not cancel and produce a net dipole.
(c) $SCl_2$ is an angular polar molecule. The polar S—Cl bond dipoles do not cancel each other because they are not symmetrically arranged due to the two lone pairs on S.

9.7 (a) London forces between Kr atoms must be overcome for krypton to melt.
(b) The C—H covalent bonds in propane must be broken to form C and H atoms; the H atoms covalently bond to form $H_2$.

9.8 (a) London forces occur between $N_2$ molecules.
(b) $CO_2$ is nonpolar, and London forces occur between it and polar water molecules.
(c) London forces occur between the two molecules, but the principal intermolecular forces are the hydrogen bonds between the H on $NH_3$ with the lone pairs on the OH oxygen, and the hydrogen bonds between the H on the oxygen in $CH_3OH$ and lone pair on nitrogen in $NH_3$.

## Chapter 10

10.1 (a) Pressure in atm =

$$29.5 \text{ in Hg} \times \frac{1 \text{ atm}}{76.0 \text{ cm Hg}} \times \frac{2.54 \text{ cm}}{1 \text{ in}} = 0.986 \text{ atm}$$

(b) Pressure in mm Hg =

$$29.5 \text{ in Hg} \times \frac{25.4 \text{ mm}}{1 \text{ in}} = 749 \text{ mm Hg}$$

(c) Pressure in bar =

$$29.5 \text{ in Hg} \times \frac{1.013 \text{ bar}}{760 \text{ mm Hg}} \times \frac{25.4 \text{ mm}}{1 \text{ in}} = 0.999 \text{ bar}$$

(d) Pressure in kPa =

$$29.5 \text{ in Hg} \times \frac{101.3 \text{ kPa}}{760 \text{ mm Hg}} \times \frac{25.4 \text{ mm}}{1 \text{ in}} = 99.9 \text{ kPa}$$

10.2 (a) The temperature remains constant, so the average energy of the gas molecules remains constant. If the volume is decreased, then the gas molecules must hit the walls more frequently, and the pressure is increased.
(b) The temperature remains constant, so the average energy of the gas molecules remains constant. The addition of more molecules within a fixed volume must mean that the molecules hit walls more frequently, so the pressure is increased.

10.3 Volume of NO gas $= 1.0 \text{ L } O_2 \times \dfrac{2 \text{ L NO}}{1 \text{ L } O_2} = 2.0 \text{ L NO}$

10.4 $V = \dfrac{nRT}{P}$

$$= \frac{(2.64 \text{ mol})(0.0821 \text{ L atm mol}^{-1} \text{ K}^{-1})(304 \text{ K})}{0.640 \text{ atm}} = 103 \text{ L}$$

10.5 $V_2 = \dfrac{P_1V_1}{P_2} = \dfrac{(1.00 \text{ atm})(400. \text{ mL})}{0.750 \text{ atm}} = 533 \text{ mL}$

10.6 (a) $V_2 = \dfrac{P_1V_1T_2}{P_2T_1}$

$$= \frac{(710 \text{ mm Hg})(21. \text{ mL})(299.6 \text{ K})}{(740 \text{ mm Hg})(295.4 \text{ K})} = 20. \text{ mL}$$

(b) $V_2 = \dfrac{(21. \text{ mL})(299.6 \text{ K})}{(295.4 \text{ K})} = 21. \text{ mL}$

10.7 $\dfrac{10.0 \text{ g } NH_4NO_3}{80.043 \text{ g/mol}} = 0.1249 \text{ mol } NH_4NO_3$

$$0.1249 \text{ mol } NH_4NO_3 \times \frac{7 \text{ mol product gases}}{2 \text{ mol } NH_4NO_3} = 0.437 \text{ mol produced}$$

$$V = \frac{(0.437 \text{ mol})(0.0821 \text{ L atm mol}^{-1} \text{ K}^{-1})(298 \text{ K})}{1 \text{ atm}} = 10.7 \text{ L}$$

10.8 $\dfrac{1.0 \text{ g LiOH}}{23.94 \text{ g/mol}} = 0.0418 \text{ mol LiOH}$

$$0.0418 \text{ mol LiOH} \times \frac{1 \text{ mol } CO_2}{2 \text{ mol LiOH}} = 0.0209 \text{ mol } CO_2$$

$$V = \frac{(0.0209 \text{ mol})(0.0821 \text{ L atm mol}^{-1} \text{ K}^{-1})(295 \text{ K})}{1 \text{ atm}} = 0.51 \text{ L } CO_2$$

10.9 Amount of gas, $n = \dfrac{PV}{RT}$

$$= \frac{(0.850 \text{ atm})(1.00 \text{ L})}{(0.0821 \text{ L atm mol}^{-1} \text{ K}^{-1})(293 \text{ K})} = 0.0353 \text{ mol}$$

Molar mass $= \dfrac{1.13 \text{ g}}{0.0353 \text{ mol}} = 32.0 \text{ g/mol}$

The gas is probably oxygen.

10.10 Amount of $N_2 = 7.0 \text{ g } N_2 \times \dfrac{1 \text{ mol } N_2}{28.10 \text{ g } N_2} = 0.25 \text{ mol } N_2$

Amount of $H_2 = 6.0 \text{ g } H_2 \times \dfrac{1 \text{ mol } H_2}{2.02 \text{ g } H_2} = 3.0 \text{ mol } H_2$

Total number of moles = 3.0 + 0.25 = 3.25 mol

$X_{N_2} = \dfrac{0.25 \text{ mol}}{3.25 \text{ mol}} = 0.077 \qquad X_{H_2} = \dfrac{3.0 \text{ mol}}{3.25 \text{ mol}} = 0.92$

$$P_{N_2} = \frac{(0.25 \text{ mol})(0.0821 \text{ L atm mol}^{-1} \text{ K}^{-1})(773 \text{ K})}{5.0 \text{ L}} = 3.2 \text{ atm}$$

$$P_{H_2} = \frac{(3.0\ \text{mol})(0.0821\ \text{L atm mol}^{-1}\ \text{K}^{-1})(773\ \text{K})}{5.0\ \text{L}}$$
$$= 38\ \text{atm}$$

10.11 $P_{HCl} = P_{total} - P_{water} = 740\ \text{mm Hg} - 21\ \text{mm Hg}$
$$= 719\ \text{mm Hg}$$
$$n = \frac{PV}{RT} = \frac{(719/760\ \text{atm})(0.260\ \text{L})}{(0.0821\ \text{L atm mol}^{-1}\ \text{K}^{-1})(296\ \text{K})}$$
$$= 0.0101\ \text{mol H}_2$$
$$0.0101\ \text{mol} \times 2.0158\ \text{g/mol} = 0.0204\ \text{g}$$
$$= 20.4\ \text{mg H}_2$$

## Chapter 11

11.1 $$\ln\left(\frac{P_2}{143.0\ \text{torr}}\right) = \frac{3.21 \times 10^4\ \text{J/mol}}{8.31\ \text{J mol}^{-1}\ \text{K}^{-1}}\left[\frac{1}{303.15\ \text{K}} - \frac{1}{333.15\ \text{K}}\right]$$
$$\ln\left(\frac{P_2}{143.0\ \text{torr}}\right) = 1.1473$$
$$\ln P_2 = -1.1473 - \ln(143.0)$$
$$P_2 = 450.\ \text{torr}$$

11.2 From Table 11.2, $'H_{vap}(Br_2)$ is 29.54 kJ/mol at its normal boiling point.
So 29.54 kJ/mol × 0.500 mol = 14.77 kJ.

11.3 $$\text{Heat} = 2.5 \times 10^{10}\ \text{kg H}_2\text{O} \times \frac{10^3\ \text{g}}{1\ \text{kg}} \times \frac{1\ \text{mol H}_2\text{O}}{18.02\ \text{g H}_2\text{O}}$$
$$\times \frac{-44.0\ \text{kJ}}{\text{mol}} = -6.1 \times 10^{13}\ \text{kJ}$$

This process is exothermic as water vapor condenses, forming rain.

11.4 (21.95)/2 = 10.98 kJ

11.5 The gas phase.

11.6 (a) Solid decane is a molecular solid.

(b) Solid $MgCl_2$ is composed of $Mg^{2+}$ and $Cl^-$ ions and is an ionic solid.

$$P_{N_2} = \frac{(0.25\ \text{mol})(0.0821\ \text{L atm mol}^{-1}\ \text{K}^{-1})(773\ \text{K})}{5.0\ \text{L}}$$
$$= 3.2\ \text{atm}$$

11.7 There are two atoms per bcc unit cell. The diagonal of the bcc unit cell is four times the radius of the atoms in the unit cell, so, solving for the edge,

$$\text{Edge} = \frac{4 \times 144\ \text{pm}}{\sqrt{3}} = 333\ \text{pm}$$
$$\text{Density} = \frac{\text{mass}}{\text{volume}}$$
$$= \frac{(2\ \text{Au atoms})(196.97\ \text{g Au}/6.022 \times 10^{23}\ \text{Au atoms})}{[(333\ \text{pm})(1\ \text{m}/10^{12}\ \text{pm})(10^2\ \text{cm/m})]^3}$$
$$= 17.7\ \text{g/cm}^3$$

11.8 The edge of the KCl unit cell would be 2 × 152 pm + 2 × 167 pm = 638 pm.

The unit cell of KCl is larger than that of NaCl.

$$\text{Volume of the unit cell} = (638\ \text{pm})^3$$
$$= 2.60 \times 10^{18}\ \text{pm}^3 \times \left(\frac{10^{-10}\ \text{cm}}{\text{pm}}\right)^3$$
$$= 2.60 \times 10^{-22}\ \text{cm}^3$$

$$D = \frac{m}{v}$$
$$= \frac{(4\ \text{formula units KCl}) \times 74.55\ \text{g KCl}/6.022 \times 10^{23}\ \text{formula units}}{2.60 \times 10^{-22}\ \text{cm}^3}$$
$$D = 1.91\ \text{g/cm}^3$$

11.9 Energy transfer required
$$= 1.45\ \text{g Al} \times \frac{1\ \text{mol Al}}{26.98\ \text{g Al}} \times \frac{10.7\ \text{kJ}}{\text{mol}} = 0.575\ \text{kJ}$$

## Chapter 12

12.1 (a) $$\text{Rate} = \frac{-\Delta[\text{Cv}^+]}{\Delta t} = 1.27 \times 10^{-6}\ \text{mol L}^{-1}\ \text{s}^{-1}$$
$$\Delta t = \frac{-\Delta[\text{Cv}^+]}{1.27 \times 10^{-6}\ \text{mol L}^{-1}\ \text{s}^{-1}}$$
$$= \frac{(4.30 \times 10^{-5} - 3.96 \times 10^{-5})\ \text{mol/L}}{1.27 \times 10^{-6}\ \text{mol L}^{-1}\ \text{s}^{-1}}$$
$$= 2.7\ \text{s}$$

(b) No. The rate of reaction depends on the concentration of $Cv^+$ and, therefore, becomes slower as the reaction progresses. Therefore, the method used in part (a) works only over a small range of concentrations.

12.2 (a) The balanced chemical equation shows that for every mole of $O_2$ consumed two moles of $N_2O_5$ are produced. Therefore, the rate of formation of $N_2O_5$ is twice the rate of disappearance of $O_2$.

(b) Four moles of $NO_2$ are consumed for every mole of $O_2$ consumed. Therefore, if $O_2$ is consumed at the rate of 0.0037 mol $L^{-1}$ $s^{-1}$ the rate of disappearance of $NO_2$ is four times this rate.

$$4 \times (0.0037\ \text{mol L}^{-1}\ \text{s}^{-1}) = 0.015\ \text{mol L}^{-1}\ \text{s}^{-1}$$

12.3 (a) The effect of $[OH^-]$ on the rate of reaction cannot be determined, because the $[OH^-]$ is the same in all three experiments.

(b) Rate = $k[\text{Cv}^+]$

(c) $$k_1 = \frac{\text{rate}}{[\text{Cv}^+]} = \frac{1.3 \times 10^{-6}\ \text{mol L}^{-1}\ \text{s}^{-1}}{4.3 \times 10^{-5}\ \text{mol/L}}$$
$$= 3.0 \times 10^{-2}\ \text{s}^{-1}$$
$$k_2 = 3.0 \times 10^{-2}\ \text{s}^{-1}$$
$$k_3 = 3.0 \times 10^{-2}\ \text{s}^{-1}$$
$$k = \frac{k_1 + k_2 + k_3}{3} = 3.0 \times 10^{-2}\ \text{s}^{-1}$$

(d) Rate = $k[\text{Cv}^+]$
$$= (3.0 \times 10^{-2}\ \text{s}^{-1})(0.00045\ \text{mol/L})$$
$$= 1.4 \times 10^{-5}\ \text{mol L}^{-1}\ \text{s}^{-1}$$

(e) $$\text{Rate} = (3.0 \times 10^{-2}\ \text{s}^{-1})(0.5 \times 0.00045\ \text{mol/L})$$
$$= 6.8 \times 10^{-6}\ \text{mol L}^{-1}\ \text{s}^{-1}$$

12.4 (a) The order of the reaction with respect to each chemical is the exponent associated with the concentration of that chemical. So the reaction is second-order with respect to NO and it is first-order with respect to $Cl_2$.

(b) Tripling the concentration of NO will make the reaction go $3^2 = 9$ times faster but decreasing the concentration of $Cl_2$ by a factor of 8 will make the reaction go at 1/8 the initial rate. If these two changes are made simultaneously the relevant factor will be 9/8 = 1.13, so the reaction will occur 13% faster than it did under the initial conditions.

12.5 Make three plots of the data.

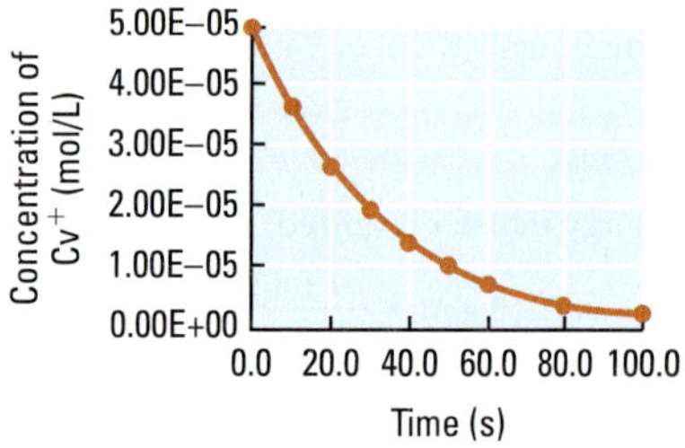


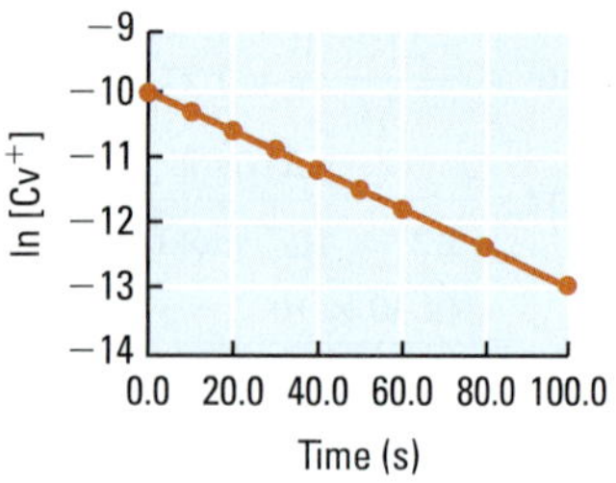


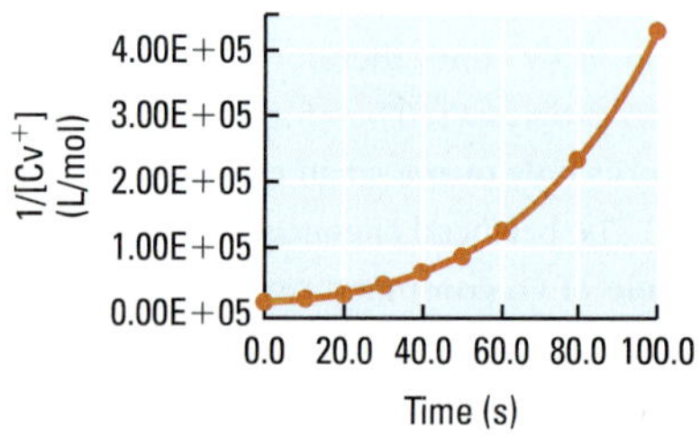


The first–order plot is a straight line and the other plots are curved, so the reaction is first–order. The slope of the first–order plot is $-0.0307\ s^{-1}$, so $k$ = slope = $0.031\ s^{-1}$.

12.6 Use the integrated first–order rate law from Table 12.2.

$$\ln[A]_t = -kt + \ln[A]_0$$

$$\ln\frac{[A]_t}{[A]_0} = -kt$$

$$t = -\frac{1}{k}\ln\frac{[A]_t}{[A]_0} = -\left(\frac{1}{3.43 \times 10^{-2}\ d^{-1}}\right)\ln\left(\frac{0.1}{1.0}\right)$$

$$= -(29.15\ d)(-2.303) = 67.1\ d$$

12.7 In Figure 12.3 the $[Cv^+]$ falls from $5.00 \times 10^{-5}$ M to $2.5 \times 10^{-5}$ M in 23 s. The $[Cv^+]$ falls from $2.5 \times 10^{-5}$ M to $1.25 \times 10^{-5}$ M between 23 s and 46 s. The two times are equal, so $t_{1/2} = 23$ s.

$$k = \frac{0.693}{t_{1/2}} = \frac{0.693}{23\ s} = 3.0 \times 10^{-2}\ s^{-1}$$

12.8

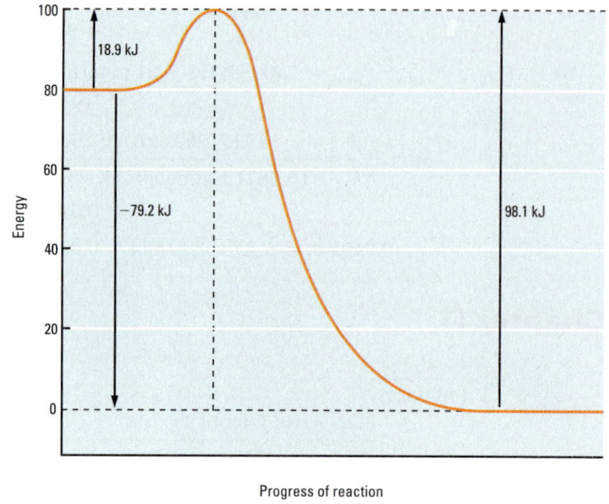


$$Cl_2(g) + 2\ NO(g) \rightarrow 2\ NOCl(g)$$

Since the energy of the products is less than that of reactants, the reaction is exothermic.

12.9 Obtain the value $E_a$ = 76.3 kJ/mol from the discussion and analysis of the data in Figure 12.10 and the value $k = 4.18 \times 10^{-5}\ L\ mol^{-1}\ s^{-1}$ at 273 K from Table 12.3.

$$\frac{k_1}{k_2} = e\left[\frac{E_a}{R}\left(\frac{1}{T_2} - \frac{1}{T_1}\right)\right] = e\left[\frac{76{,}300\ J/mol}{8.314\ J\ K^{-1}\ mol^{-1}}\left(\frac{1}{348\ K} - \frac{1}{273\ K}\right)\right]$$

$$= e^{-7.245} = 7.138 \times 10^{-4}$$

$$k_2 = \frac{k_1}{7.138 \times 10^{-4}} = \frac{4.18 \times 10^{-5}\ L\ mol^{-1}\ s^{-1}}{7.138 \times 10^{-4}}$$

$$= 5.86 \times 10^{-2}\ L\ mol^{-1}\ s^{-1}$$

12.10 (a) $2\ NH_3(aq) + OCl^-(aq) \rightarrow N_2H_4(aq) + Cl^-(aq) + H_2O(\ell)$

(b) Step 1

(c) $NH_2Cl$, $OH^-$, $N_2H_5^+$

(d) Rate = rate of step 1 = $k\ [NH_3][OCl^-]$

## Chapter 13

13.1 (a) $K_c = [CO_2(g)]$ (b) $K_c = \frac{[H_2]}{[HCl]}$

(c) $K_c = \frac{[CO][H_2]^3}{[CH_4][H_2O]}$ (d) $K_c = \frac{[HCN][OH^-]}{[CN^-]}$

13.2 $K_c = K_{c_1} \times K_{c_2} = (4.2 \times 10^{-7})(4.8 \times 10^{-11})$

$= 2.0 \times 10^{-17}$

13.3 $[CH_3COO^-] = \frac{2.96}{100} \times 0.0200\ mol/L = 5.92 \times 10^{-4}\ M$

$[H_3O^+] = 5.92 \times 10^{-4}\ M$

$$[CH_3\ COOH] = \frac{100 - 2.96}{100} \times 0.0200\ mol/L$$

$$= 1.94 \times 10^{-2}\ M$$

$$K_c = \frac{[H_3O^+][CH_3COO^-]}{[CH_3COOH]} = \frac{(5.92 \times 10^{-4})(5.92 \times 10^{-4})}{1.94 \times 10^{-2}}$$

$$= 1.81 \times 10^{-5}$$

The result agrees with the value in Table 13.1.

13.4 (a) $K_c(\text{AgCl}) = 1.8 \times 10^{-10}$; $K_c(\text{AgI}) = 1.5 \times 10^{-16}$. Because $K_c(\text{AgI}) < K_c(\text{AgCl})$, the concentration of silver ions is larger in the beaker of AgCl.

(b) Unless all of the solid AgCl or AgI dissolves (which would mean that there was no equilibrium reaction), the concentrations at equilibrium are independent of the volume.

13.5 $$Q = \frac{(\text{conc. } SO_3)^2}{(\text{conc. } SO_2)^2(\text{conc. } O_2)} = \frac{(0.184)^2}{(0.102 \times 2)^2(0.0132)} = 61.6$$

Since $Q < K_c$, the forward reaction should occur.

13.6 The reaction is the reverse of the one in Table 13.1, so

$$K_c = \frac{1}{1.7 \times 10^2} = 5.9 \times 10^{-3}$$

$$Q = \frac{(\text{conc. } NO_2)^2}{(\text{conc. } N_2O_4)} = \frac{\left(\frac{0.500 \text{ mol}}{4.00 \text{ L}}\right)^2}{\left(\frac{1.00 \text{ mol}}{4.00 \text{ L}}\right)} = 6.25 \times 10^{-2}$$

Because $Q > Kc$, the reaction should go in the reverse direction. Therefore, let $x$ be the change in concentration of $N_2O_4$, giving the ICE table:

| | $N_2O_4$ | $\rightleftharpoons$ | $2\ NO_2$ |
|---|---|---|---|
| Initial concentration (mol/L) | $\frac{1.00}{4.00} = 0.250$ | | $\frac{0.500}{4.00} = 0.125$ |
| Change as reaction occurs (mol/L) | $x$ | | $-2x$ |
| Equilibrium concentration (mol/L) | $0.250 + x$ | | $0.125 - 2x$ |

$$K_c = 5.9 \times 10^{-3} = \frac{(0.125 - 2x)^2}{0.250 + x} = \frac{(1.56 \times 10^{-2}) - 0.500x + 4x^2}{0.250 - x}$$

$$(1.48 \times 10^{-3}) + (5.9 \times 10^{-3})x = (1.56 \times 10^{-2}) - 0.500x + 4x^2$$

$$4x^2 - 0.5059x + (1.412 \times 10^{-2}) = 0$$

$$x = \frac{-(-0.5059) \pm \sqrt{(-0.5059)^2 - 4 \times 4 \times 1.412 \times 10^{-2}}}{2 \times 4} = \frac{0.5059 \pm \sqrt{3.001 \times 10^{-2}}}{8} = \frac{0.5059 \pm 0.1732}{8}$$

$$x = 8.49 \times 10^{-2} \text{ or } x = 4.16 \times 10^{-2}$$

If $x = 8.49 \times 10^{-2}$, then $[N_2O_4] = 0.250 + x = 0.335$ and $[NO_2] = 0.125 - 2x = 0.125 - (2 \times 7.86 \times 10^{-2}) = -0.0448$. A negative concentration is impossible, so $x$ must be $4.16 \times 10^{-2}$. Then

$$[N_2O_4] = 0.250 + 0.0416 = 0.292$$

$$[NO_2] = 0.125 - (2 \times 0.0416) = 0.0418$$

As predicted by $Q$, the reverse reaction has occurred, and the concentration of $N_2O_4$ has increased.

13.7 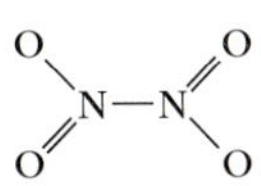 and 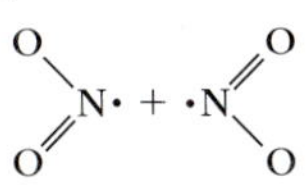

Because a bond is broken and because bond breaking is always endothermic, the reaction must be endothermic. Increasing temperature shifts the equilibrium in the endothermic direction. Figure 13.3 shows that at a higher temperature there is a greater concentration of brown $NO_2$.

13.8 (a) There are more moles of gas phase reactants than products, so entropy favors the reactants.

(b) Data from Appendix J show that $'H^\circ = 168.66$ kJ. The reaction is exothermic, so the energy effect favors the products.

(c) As $T$ increases the reaction shifts in the endothermic direction, which is toward reactants. The entropy effect also becomes more important at high $T$, and it favors reactants. There is a greater concentration of $SO_2$ at low temperature.

## Chapter 14

14.1 (a) Ethylene glycol molecules are polar and attracted to each other by dipole–dipole attractions and hydrogen bonding. They will not dissolve in gasoline, a nonpolar substance.

(b) Molecular iodine and carbon tetrachloride are nonpolar; therefore iodine should dissolve readily in carbon tetrachloride.

(c) Motor oil contains a mixture of nonpolar hydrocarbons that will dissolve in carbon tetrachloride, a nonpolar solvent.

14.2 The —OH groups attached to the ring and to the side chain of vitamin C hydrogen bond to water molecules. The oxygen atoms in the ring also form hydrogen bonds to water.

14.3 Use Henry's law, the Henry's law constant, and the fact that air has a 0.21 mole fraction of oxygen.

$$\text{Pressure of } O_2 = (1.0 \text{ atm})\left(\frac{760 \text{ mm Hg}}{1 \text{ atm}}\right)(0.21) = 160. \text{ mm Hg}$$

$$S_g = k_H P_g = \left(1.66 \times 10^{-6} \frac{\text{mol/L}}{\text{mm Hg}}\right)(160. \text{ mm Hg}) = 2.66 \times 10^{-4} \text{ mol/L}$$

$$(2.66 \times 10^{-4} \text{ mol/L})\left(\frac{32.00 \text{ g } O_2}{1 \text{ mol } O_2}\right) = 0.0085 \text{ g/L or } 8.5 \text{ mg/L}$$

14.4 Total mass is $750 + 21.5 = 771.5$ g.

$$\text{Weight percent glucose} = \frac{21.5 \text{ g}}{771.5 \text{ g}} \times 100\% = 2.79\%$$

14.5 $$\left(\frac{30 \text{ g Se}}{10^9 \text{ g } H_2O}\right)\left(\frac{1 \text{ g } H_2O}{1 \text{ mL } H_2O}\right)\left(\frac{10^6\ \mu\text{g Se}}{1 \text{ g Se}}\right) = 3.0 \times 10^{-2}\ \mu\text{g Se/mL } H_2O$$

Se in 100 mL of water

$$= \left(\frac{3.0 \times 10^{-2} \mu\text{g Se}}{1 \text{ mL } H_2O}\right)(100 \text{ mL } H_2O) = 3.0\ \mu\text{g Se}$$

14.6 (a) $$(0.250 \text{ L})\left(\frac{0.0750 \text{ mol NaBr}}{1 \text{ L}}\right)\left(\frac{102.9 \text{ g NaBr}}{1 \text{ mol NaBr}}\right) = 1.93 \text{ g NaBr}$$

(b) $$V_c = \frac{M_d \times V_d}{M_c} = \frac{(0.00150 \text{ M})(0.500 \text{ L})}{0.0750 \text{ M}} = 0.0100 \text{ L} = 10.0 \text{ mL}$$

14.7 (a) $$\left[\left(\frac{0.0556 \text{ mol } Mg^{2+}}{1 \text{ L}}\right)\left(\frac{24.3 \text{ g } Mg^{2+}}{1 \text{ mol } Mg^{2+}}\right)\right] \Big/ 1.03 \times 10^{-3} \text{ g solution} = 0.00131 \frac{\text{g } Mg^{2+}}{\text{g solution}}$$

(b) $0.00131 \times 10^6$ ppm $= 1310$ ppm

14.8 Molarity $H_2O_2 = \dfrac{\text{moles } H_2O_2}{\text{L solution}}$

$$= \frac{30.0 \text{ g } H_2O_2}{100. \text{ g solution}} \times \frac{1.11 \text{ g solution}}{1 \text{ mL solution}} \times \frac{10^3 \text{ mL solution}}{1 \text{ L solution}} \times \frac{1 \text{ mol } H_2O_2}{34.0 \text{ g } H_2O_2}$$

$$= \frac{3.33 \times 10^4 \text{ mol } H_2O_2}{3.40 \times 10^3 \text{ L}} = 9.79 \text{ M}$$

14.9 Molarity, M $= \left(\dfrac{20 \text{ g NaCl}}{100 \text{ g solution}}\right)\left(\dfrac{1.148 \text{ g solution}}{1 \text{ mL solution}}\right) \times \left(\dfrac{1 \text{ mol NaCl}}{58.5 \text{ g NaCl}}\right)\left(\dfrac{10^3 \text{ mL}}{1 \text{ L}}\right)$

$= 3.9$ mol NaCl/L

Molality, $m = \left(\dfrac{20 \text{ g NaCl}}{0.0080 \text{ kg } H_2O}\right)\left(\dfrac{1 \text{ mol NaCl}}{58.5 \text{ g NaCl}}\right)$

$= 4.3$ mol NaCl/kg $H_2O$

14.10 $P_{water} = (X_{water})(P^\circ_{water})$

291.2 mm Hg $= (X_{water})(355.1$ mm Hg$)$

$$X_{water} = \frac{291.2 \text{ mm Hg}}{355.1 \text{ mm Hg}} = 0.8201$$

$X_{urea} = 1.000 - X_{water} = 1.000 - 0.8201 = 0.1799$

14.11 Molality of solution $= \left(\dfrac{1.20 \text{ kg ethylene glycol}}{6.50 \text{ kg } H_2O}\right)$

$$\left(\frac{1000 \text{ g}}{\text{kg}}\right)\left(\frac{1 \text{ mol ethylene glycol}}{62.068 \text{ g ethylene glycol}}\right) = 2.97 \text{ mol/kg}$$

Next, calculate the freezing point depression of a 2.97 mol/kg solution.

$$\Delta T_f = (1.86\ ^\circ\text{C kg mol}^{-1})(2.97 \text{ mol/kg}) = 5.52\ ^\circ\text{C}$$

This solution will freeze at $-5.52$ °C, so this quantity of ethylene glycol will not protect the 6.5 kg water in the tank if the temperature drops to $-25$ °C.

14.12 F.P. benzene = 5.50 °C;

$\Delta T_f = 5.50\ ^\circ\text{C} - 5.15\ ^\circ\text{C} = 0.35\ ^\circ\text{C}$.

$$\text{Molality} = \frac{\Delta T_f}{K_f} = \frac{0.35\ ^\circ\text{C}}{5.10\ ^\circ\text{C kg mol}^{-1}} = 0.0686 \text{ mol/kg}$$

$$\frac{0.0686 \text{ mol solute}}{1 \text{ kg benzene}} \times 0.0500 \text{ kg benzene} = 0.00343 \text{ mol solute}$$

$$\frac{0.180 \text{ g solute}}{0.00343 \text{ mol solute}} = 52.5 \text{ g/mol}$$

14.13 Hemoglobin is a molecular substance so the factor $i$ is 1.

$$c = \frac{\Pi}{RTi} = \frac{1.8 \times 10^{-3} \text{ atm}}{(0.0821 \text{ L atm mol}^{-1} \text{ K}^{-1})(298 \text{ K})(1)} = 7.36 \times 10^{-5} \text{ mol/L}$$

$$\text{MM} = \frac{5.0 \text{ g}}{7.36 \times 10^{-5} \text{ mol}} = 6.8 \times 10^4 \text{ g/mol}$$

## Chapter 15

15.1

| Acid | Its Conjugate Base | Base | Its Conjugate Acid |
|---|---|---|---|
| $H_2PO_4^-$ | $HPO_4^{2-}$ | $PO_4^{3-}$ | $HPO_4^{2-}$ |
| $H_2$ | $H^-$ | $NH_2^-$ | $NH_3$ |
| $HSO_3^-$ | $SO_3^{2-}$ | $ClO_4^-$ | $HClO_4$ |
| HF | $F^-$ | $Br^-$ | HBr |

15.2 $[OH^-] = 3.0 \times 10^{-8}$ M;

$$[H_3O^+] = \frac{1.0 \times 10^{-14}}{3.0 \times 10^{-8}} = 3.3 \times 10^{-7} \text{ M}$$

Therefore, the solution whose $[H_3O^+]$ is $5.0 \times 10^{-4}$ M is more acidic.

15.3 The $2.0 \times 10^{-5}$ M $H^+$ solution is more acidic.

15.4 In a 0.040 M solution of NaOH, the $[OH^-]$ is 0.040 M because the NaOH is 100% dissociated; pH = 12.60.

15.5 (a) $[H_3O^+] = 10^{-7.90} = 1.3 \times 10^{-8}$ M

(b) A pH of 7.90 is basic.

15.6 (a) $HN_3(aq) \rightleftharpoons H^+(aq) + N_3^-(aq) \qquad K_a = \dfrac{[H^+][N_3^-]}{[HN_3]}$

(b) $HCOOH(aq) \rightleftharpoons H^+(aq) + HCOO^-(aq)$

$$K_a = \frac{[H^+][HCOO^-]}{[HCOOH]}$$

(c) $HClO_2(aq) \rightleftharpoons H^+(aq) + ClO_2^-(aq)$

$$K_a = \frac{[H^+][ClO_2^-]}{[HClO_2]}$$

15.7 (a) $CH_3NH_2(aq) + H_2O(\ell) \rightleftharpoons CH_3NH_3^+(aq) + OH^-(aq)$

$$K_b = \frac{[CH_3NH_3^+][OH^-]}{[CH_3NH_2]}$$

(b) $PH_3(aq) + H_2O(\ell) \rightleftharpoons PH_4^+(aq) + OH^-(aq)$

$$K_b = \frac{[PH_4^+][OH^-]}{[PH_3]}$$

(c) $NO_2^-(aq) + H_2O(\ell) \rightleftharpoons HNO_2(aq) + OH^-(aq)$

$$K_b = \frac{[HNO_2][OH^-]}{[NO_2^-]}$$

15.8 Setting up a small table for lactic acid, HLa:

| | HLa + $H_2O$ $\rightleftharpoons$ | $H_3O^+$ | + $La^-$ |
|---|---|---|---|
| Initial concentration (mol/L) | 0.10 | $10^{-7}$ | 0 |
| Concentration change due to reaction (mol/L) | $-x$ | $+x$ | $+x$ |
| Equilibrium concentration (mol/L) | $0.10 - x$ | $x$ | $x$ |

But $x = [H_3O^+] = 10^{-pH} = 10^{-2.43} = 3.7 \times 10^{-3}$. Substituting in the $K_a$ expression,

$$K_a = \frac{[H_3O^+][La^-]}{[HLa]} = \frac{(3.7 \times 10^{-3})^2}{0.10 - (3.7 \times 10^{-3})} = \frac{1.4 \times 10^{-5}}{0.1} = 1.4 \times 10^{-4}$$

Lactic acid is a stronger acid than propionic acid, with a $K_a$ of $1.4 \times 10^{-5}$.

15.9 (a) Using the same methods as shown in the example,

$$\frac{x^2}{0.015} = 1.9 \times 10^{-5}$$

Solving for $x$, which is $[H_3O^+]$, we get

$$x = \sqrt{(1.9 \times 10^{-5})(0.015)} = 5.3 \times 10^{-4} = [H_3O^+].$$

So the pH of this solution is $-\log(5.3 \times 10^{-4}) = 3.28$.

(b) % ionization $= \dfrac{[H_3O^+]}{[HN_3]_{initial}} \times 100\% = \dfrac{5.4 \times 10^{-4}}{0.015} \times 100\% = 3.6\%$

15.10 In such cases use the $K_b$ expression and value to calculate $[OH^-]$ and then pOH from $[OH^-]$. Calculate pH from 14 − pOH.

$$C_6H_{11}NH_2(aq) + H_2O(\ell) \rightleftharpoons C_6H_{11}NH_3^+(aq) + OH^-(aq)$$

$$K_b = \frac{[C_6H_{11}NH_3^+][OH^-]}{[C_6H_{11}NH_2]} = 4.6 \times 10^{-4}$$

$$K_b = \frac{[C_6H_{11}NH_3^+][OH^-]}{[C_6H_{11}NH_2]} = \frac{x^2}{0.015 - x} = 4.6 \times 10^{-4}$$

$$x^2 = (0.015 - x)(4.6 \times 10^{-4}) = (6.9 \times 10^{-6}) - (4.6 \times 10^{-4}x)$$

Solve the quadratic equation for $x$.

$$x = \frac{4.8 \times 10^{-3}}{2} = 2.4 \times 10^{-3} = [OH^-]$$

$$pOH = -\log(2.4 \times 10^{-3}) = 2.62; \quad pH = 14.00 - 2.62 = 11.38$$

15.11 Using the same methods as those used in the example, letting $x = [OH^-]$ and $[HCO_3^-]$, and using the value of $2.1 \times 10^{-4}$ for $K_b$ for $CO_3^{2-}$, we get

$$\frac{x^2}{1.0} = 2.1 \times 10^{-4} \qquad x = \sqrt{2.1 \times 10^{-4}} = 1.45 \times 10^{-2}$$

pOH = 1.84 and pH = 12.16

15.12 $NH_4Cl$ dissolves by dissociating into $NH_4^+$ and $Cl^-$ ions. The ammonium ions react with water to produce an acidic solution.

$$NH_4^-(aq) - H_2O(\ell) \rightleftharpoons H_3O^-(aq) + NH_3(aq)$$

$$\text{The } K_a \text{ of } NH_4^+ = \frac{1.0 \times 10^{-14}}{1.8 \times 10^{-5}} = \frac{K_w}{K_b};$$

$$K_a = 5.6 \times 10^{-10} = \frac{[H_3O^+][NH_3]}{[NH_4^+]}$$

| | $NH_4^+ + H_2O \rightleftharpoons$ | $H_3O^+$ | $+ NH_3$ |
|---|---|---|---|
| Initial | 0.10 | 0 | 0 |
| Change | $-x$ | $+x$ | $+x$ |
| Equilibrium | $0.10 - x$ | $x$ | $x$ |

$$5.6 \times 10^{-10} = \frac{(x)(x)}{(0.10 - x)}$$

Assume $0.10 - x \approx 0.10$ because $K_a$ is so small. Thus, $(5.6 \times 10^{-10})(0.10) = x^2$; $x = [H_3O^+] = 7.48 \times 10^{-6}$ M.

$$pH = -\log[H_3O^+] = -\log(7.48 \times 10^{-6}) = 5.16$$

$$NH_4Cl(s) \rightleftharpoons NH_4^+(aq) + Cl^-(aq)$$

## Chapter 16

16.1 $$K_a = \frac{[H^+][HCO_3^-]}{[H_2CO_3]} = \frac{H^+(0.025)}{(0.0020)} = [H^+] \times 12.5 = 4.2 \times 10^{-7}$$

$$[H^+] = \frac{4.2 \times 10^{-7}}{12.5} = 3.4 \times 10^{-8}$$

$$pH = -\log(3.4 \times 10^{-8}) = 7.47$$

16.2 $$7.40 = 7.21 + \log(\text{ratio}) = 7.21 + \log\frac{[HPO_4^{2-}]}{[H_2PO_4^-]}$$

$$\log\frac{[HPO_4^{2-}]}{[H_2PO_4^-]} = 7.40 - 7.21 = 0.19$$

$$\frac{[HPO_4^{2-}]}{[H_2PO_4^-]} = 10^{0.19} = 1.5$$

Therefore, $[HPO_4^{2-}] = 1.5 \times [H_2PO_4^-]$.

16.3 (a) Lactic acid-lactate (b) Acetic acid-acetate
(c) Hypochlorous acid-hypochlorite or $H_2PO_4^-$-$HPO_4^{2-}$
(d) $CO_3^{2-}$-$HCO_3^-$

16.4 (a) 0.075 mol HCl converts 0.075 mol of lactate to lactic acid (0.075 mol).

$$pH = 3.85 + \log\frac{(0.20 - 0.075)}{(0.15 + 0.075)} = 3.85 + \log\frac{(0.125)}{(0.225)}$$

$$= 3.85 + \log(0.556) = 3.85 + (-0.25) = 3.60$$

(b) 0.025 mol NaOH converts 0.025 mol of lactic acid to 0.025 mol of lactate.

$$pH = 3.85 + \log\frac{(0.20 + 0.025)}{(0.15 - 0.025)} = 3.85 + \log\frac{(0.225)}{(0.125)}$$

$$= 3.85 + \log(1.8) = 3.85 + (0.26) = 4.11$$

16.5 The buffer capacity will be exceeded when just over 0.25 mol KOH is added, which will have reacted with the 0.25 mol $H_2PO_4^-$.

$$0.25 \text{ mol } OH^- = 0.25 \text{ mol KOH} \times \frac{56 \text{ g KOH}}{1 \text{ mol KOH}} = 14 \text{ g. Thus,}$$

slightly more than 14 g KOH will exceed the buffer capacity.

16.6 (a) $$[H_3O^+] = \frac{(5.00 \times 10^{-3}) - (1.00 \times 10^{-3})}{0.0500 + 0.0100} = \frac{4.00 \times 10^{-3}}{0.0600} = 6.67 \times 10^{-2} \text{ M}$$

pH = 1.176 = 1.18

(b) $$[H_3O^+] = \frac{(5.00 \times 10^{-3}) - 0.00250}{0.0500 + 0.0250} = \frac{2.50 \times 10^{-3}}{0.0750} = 3.33 \times 10^{-2} \text{ M}$$

$$pH = -\log(3.33 \times 10^{-2}) = 1.48$$

(c) $$[H_3O^+] = \frac{(5.00 \times 10^{-3}) - 0.00450}{0.0500 + 0.0450} = \frac{5.00 \times 10^{-4}}{0.0950} = 5.26 \times 10^{-3}$$

$$pH = -\log(5.26 \times 10^{-3}) = 2.28$$

(d) $$[OH^-] = \frac{0.05 \times 10^{-3} \text{ mol}}{0.0500 \text{ L} + 0.0505 \text{ L}} = 5.0 \times 10^{-4} \text{ mol/L}$$

$$pOH = -\log(5.0 \times 10^{-4}) = 3.30$$

$$pH = 14.00 - 3.30 = 10.70$$

16.7 (a) Adding 10.0 mL of 0.100 M NaOH is adding (0.100 mol/L) (0.0100 L) = 0.00100 mol $OH^-$, which neutralizes 0.00100 mol acetic acid, converting it to 0.00100 mol acetate ion.

$$pH = pH + \log\frac{[\text{acetate}]}{[\text{acetic acid}]} = 4.74 + \log\frac{(0.00100/0.0600)}{(0.00400/0.0600)}$$

$$= 4.74 + \log(0.25) = 4.74 + (-0.602) = 4.14$$

(b) $$pH = 4.74 + \log\frac{(0.00250/0.0750)}{(0.00250/0.0750)} = 4.74 + \log(1) = 4.74$$

(c) $pH = 4.74 + \log\dfrac{(0.00450/0.0950)}{(0.00050/0.0950)}$

$= 4.74 + \log(9) = 4.74 + 0.95 = 5.70$

(d) $[OH^-] = \dfrac{0.10 \times 10^{-3}\ mol}{0.0500\ L + 0.0510\ L}$

$= 9.9 \times 10^{-4}\ mol/L$

$pOH = -\log(9.9 \times 10^{-4})$

$= 3.00$

$pH = 14.00 - 3.00 = 11.00$

16.8 (a) $K_{sp} = [Cu^+][Br^-]$ (b) $K_{sp} = [Hg^{2+}][I^-]^2$

(c) $K_{sp} = [Sr^{2+}][SO_4^{2-}]$

16.9 $AgBr(s) \rightleftharpoons Ag^+(aq) + Br^-(aq)$

$K_{sp} = [Ag^+][Br^-] = 5 \times 10^{-10} = x^2$; $x$ = solubility

$x = \sqrt{5 \times 10^{-10}} \cong 2 \times 10^{-5}$

16.10 $Ag_2C_2O_4(s) \rightleftharpoons 2\,Ag^+(aq) + C_2O_4^{2-}(aq)$

$K_{sp} = [Ag^+]^2[C_2O_4^{2-}]$

$K_{sp} = [Ag^+]^2[C_2O_4^{2-}] = (1.4 \times 10^{-4})^2\,(6.9 \times 10^{-5})$

$= 1.4 \times 10^{-12}$

16.11 (a) $PbCl_2\,(s) \rightleftharpoons Pb^{2+}(aq) + 2\,Cl^-(aq)$

$K_{sp} = [Pb^{2+}][Cl^-]^2 = 1.7 \times 10^{-5}$. Let $S$ equal the solubility of lead chloride, which equals $[Pb^{2+}]$

$K_{sp} = 1.7 \times 10^{-5} = (S)(2S)^2 = 4S^3$; $S = \sqrt[3]{\dfrac{1.7 \times 10^{-5}}{4}}$

$= (4.25 \times 10^{-6})^{1/3} = 1.6 \times 10^{-2}\ mol/L$

(b) Let solubility of $PbCl_2 = [Pb^{2+}] = S$; $[Cl^-] = 0.20\ M$

$[Pb^{2+}] = S = \dfrac{1.7 \times 10^{-5}}{(0.20)^2} = 4.3 \times 10^{-4}\ mol/L$

This is less than

that in pure water due to the common ion effect of the presence of chloride ion.

16.12 $AgCl(s) \rightleftharpoons Ag^+(aq) + Cl^-(aq)$ $K_{sp} = 1.8 \times 10^{-10}$

$Ag^+(aq) + 2\,S_2O_3^{2-}(aq) \rightleftharpoons [Ag(S_2O_3)_2]^{3-}(aq)$

$K_f = 2.0 \times 10^{13}$

*Net reaction:*

$AgCl(s) + 2\,S_2O_3^{2-}(aq) \rightleftharpoons [Ag(S_2O_3)_2]^{3-}(aq) + Cl^-(aq)$

Therefore, the equilibrium constant for the net reaction is the product of $K_{sp} \times K_f$: $K_{net} = K_{sp} \times K_f = (1.8 \times 10^{-10})(2.0 \times 10^{-13}) = 3.6 \times 10^3$. Because $K_{net}$ is much greater than 1, the net reaction is product–favored, and AgCl is much more soluble in a $Na_2S_2O_3$ solution than it is in water.

16.13 AgCl will precipitate first. $[Cl^-]$ needed to precipitate AgCl:

$$[Cl^-] = \frac{1.8 \times 10^{-10}}{1.0 \times 10^{-2}} = 1.8 \times 10^{-8}\ M$$

$[Cl^-]$ needed to precipitate $PbCl_2$:

$$[Cl^-] = \sqrt{\frac{1.7 \times 10^{-5}}{1.0 \times 10^{-1}}} = 1.3 \times 10^{-2}\ M$$

## Chapter 17

17.1 $\Delta S = q_{rev}/T = (30.8 \times 10^3\ J)/(273.15 + 45.3)\ K$

$= (30.8 \times 10^3\ J)/(318.45\ K)$

$\Delta S = 96.7\ J/K$

17.2 (a) C(g) has higher $S°$, 158.096 J $K^{-1}$ $mol^{-1}$, versus 5.740 J $K^{-1}$ $mol^{-1}$ for C (graphite).

(b) Ar(g) has higher $S°$, 154.7 J $K^{-1}$ $mol^{-1}$,, versus 41.42 J $K^{-1}$ $mol^{-1}$, for Ca(s).

(c) KOH(aq) has higher $S°$, 91.6 J $K^{-1}$ $mol^{-1}$,, versus 78.9 J $K^{-1}$ $mol^{-1}$, of KOH(s).

17.3 (a) $\Delta S° = 2\ mol\ CO(g) \times S°(CO(g)) + 1\ mol\ O_2(g) \times S°(O_2(g)) - 2\ mol\ CO_2(g) \times S°(CO_2(g))$

$= \{2 \times (197.674) + (205.138) - 2 \times (213.74)\}\ J/K$

$= 173.01\ J/K$

(b) $\Delta S° = 1\ mol\ NaCl(aq) \times S°(NaCl(aq)) - 1\ mol\ NaCl(s) \times S°(NaCl(s))$

$= (115.5 - 72.13)\ J/K = 43.4\ J/K$

(c) $\Delta S° = 1\ mol\ MgO(s) \times S°(MgO(s)) + 1\ mol\ CO_2(g) \times S°(CO_2(g)) - 1\ mol\ MgCO_3(s) \times S°(MgCO_3(s))$

$= (26.94 + 213.74 - 65.7)\ J/K$

$= 175.0\ J/K$

17.4 $N_2(g) + 3\,H_2(g) \rightarrow 2\,NH_3(g)$

$\Delta H° = 2\ mol\ NH_3 \times \Delta H_f°(NH_3(g))$

$= 2(-46.11)\ kJ = -92.22\ kJ$

$\Delta S° = 2\ mol\ NH_3 \times S°(NH_3(g)) - 1\ mol\ N_2(g) \times S°(N_2(g)) - 3\ mol\ H_2 \times S°(H_2(g))$

$= 2(192.45)\ J/K - (191.61)\ J/K - 3(130.684)\ J/K$

$= -198.76\ J/K$

$\Delta S°_{universe} = \dfrac{-\Delta H°}{T} + \Delta S° = \dfrac{92.2\ kJ}{298.15\ K} + (-198.76\ J/K)$

$= \dfrac{92{,}200\ J}{298.15\ K} - 198.76\ J/K = 110.5\ J/K$

The process is product-favored.

17.5 (a) $\Delta H° = \{(-238.66) - (-110.525)\}\ kJ = -128.14\ kJ$

$\Delta S° = \{(126.8) - 197.674 - 2 \times 130.684\}\ J/K$

$= -332.2\ J/K$

$\Delta G° = \Delta H° = T\Delta S°$

$= -128.14 \times 10^3\ J - 298.15\ K \times (-332.2\ J/K)$

$= -29.09 \times 10^3\ J = -29.09\ kJ$

(b) $\Delta G° = [-166.27 - (-137.168)]\ kJ = -29.10\ kJ$. The two results agree.

(c) $'G°$ is negative. The reaction is product–favored at 298.15 K. Because $'S°$ is negative, at very high temperatures the reaction will become reactant–favored.

17.6 (a) $T = \Delta H°/\Delta S°$

$= (-565{,}968\ J)/(-173.01\ J/K) = 3271\ K$

(b) The reaction is exothermic and therefore is product–favored at temperatures lower than 3271 K.

17.7 (a) $\Delta G° = \{-553.04 - 527.81 - (-1128.79)\}\ kJ$

$= 47.94\ kJ$

$K° = e^{-\Delta G°/RT} = e^{-(47.94\ kJ/mol)/(8.314\ J\ K^{-1}\ mol^{-1})(298\ K)}$

$= e^{-(47{,}940\ J/mol)/(8.314\ J\ K^{-1}\ mol^{-1})(298\ K)}$

$= e^{-19.35} = 3.9 \times 10^{-9}$ (close to $K_c$)

(b) $K° = e^{-14.68} = 4.2 \times 10^{-7}$ (agrees with $K_c$)

(c) $K° = e^{-(-1.909)} = 6.75$ (agrees with $K_P$)

For reactions (a) and (b), $K_c = K°$.

17.8 (a) At 298 K,

$\Delta G^\circ = 2 \times (-16.45)\ \text{kJ} = -32.9\ \text{kJ}$

$K^\circ = e^{-(-32{,}900\ \text{J})/(8.314\ \text{J K}^{-1}\ \text{mol}^{-1})(298\ \text{K})} = e^{13.28} = 5.8 \times 10^5$

(b) At 450. K,

$\Delta G^\circ = \Delta H^\circ - T\Delta S^\circ = -92.22\ \text{kJ} - (450.)(-0.19876)\ \text{kJ} = -2.78\ \text{kJ}$

$K^\circ = e^{-(-2780\ \text{J})/(8.314\ \text{J K}^{-1})(450.\ \text{K})} = 2.10$

(c) At 800. K,

$\Delta G^\circ = -92.22\ \text{kJ} - (800.)(-0.19876)\ \text{kJ} = 66.79\ \text{kJ}$

$K^\circ = e^{-(66{,}790\ \text{J})/(8.314\ \text{J K}^{-1}\ \text{mol}^{-1})(800.\ \text{K})} = 4.3 \times 10^{-5}$

17.9 (a) The $\Delta G^\circ = 2(-137.168)\ \text{kJ} - 2(-394.359)\ \text{kJ} = 514.382\ \text{kJ}$. reaction is reactant–favored, and at least 514.382 kJ of work must be done to make it occur.

(b) $\Delta G^\circ = 2(-742.2)\ \text{kJ} = -1484.4\ \text{kJ}$. The reaction is productfavored and could do up to 1484.4 kJ of useful work.

17.10 (a) $\Delta G_f^\circ(\text{MgO(s)}) = -569.43\ \text{kJ}$, so formation of MgO(s) is productfavored and MgO(s) is thermodynamically stable.

(b) $\Delta G_f^\circ(\text{N}_2\text{H}_4(\ell)) = 149.34\ \text{kJ}$; kinetically stable.

(c) $\Delta G_f^\circ(\text{C}_2\text{H}_6(\text{g})) = -32.82\ \text{kJ}$; thermodynamically stable.

(d) $\Delta G_f^\circ(\text{N}_2\text{O(g)}) = 104.20\ \text{kJ}$; kinetically stable.

## Chapter 18

18.1 Reducing agents are indicated by "red" and oxidizing agents are indicated by "ox." Oxidation numbers are shown above the symbols for the elements.

(a) $2\,\overset{0}{\underset{\text{red}}{\text{Fe}}}(s) + 3\,\overset{0}{\underset{\text{ox}}{\text{Cl}_2}}(g) \rightarrow 2\,\overset{+3\ -1}{\text{FeCl}_3}(s)$

(b) $2\overset{0}{\underset{\text{red}}{\text{H}_2}}(g) + \overset{0}{\underset{\text{ox}}{\text{O}_2}}(g) \rightarrow 2\,\overset{+1\ -2}{\text{H}_2\text{O}}(\ell)$

(c) $\overset{0}{\underset{\text{red}}{\text{Cu}}}(S) + 2\,\overset{+5\ -2}{\underset{\text{ox}}{\text{NO}_3^-}}(aq) + 4\,\overset{+1\ -2}{\text{H}_3\text{O}^+}(aq) \rightarrow \overset{+2}{\text{Cu}^{2+}}(aq) + 2\,\overset{+4\ -2}{\text{NO}_2}(g) + 6\,\overset{+1\ -2}{\text{H}_2\text{O}}(\ell)$

(d) $\overset{0}{\underset{\text{red}}{\text{C}}}(s) + \overset{0}{\underset{\text{ox}}{\text{O}_2}}(g) \rightarrow \overset{+4-2}{\text{CO}_2}(g)$

(e) $6\,\overset{+2}{\underset{\text{red}}{\text{Fe}^{2+}}}(aq) + \overset{+6\ -2}{\underset{\text{ox}}{\text{Cr}_2\text{O}_7^{2-}}}(aq) + 14\,\overset{+1\ -2}{\text{H}_3\text{O}^+}(aq) \rightarrow 6\,\overset{+3}{\text{Fe}^{3+}}(aq) + 2\,\overset{+3}{\text{Cr}^{3+}}(aq) + 21\,\overset{+1\ -2}{\text{H}_2\text{O}}(\ell)$

18.2

(a) Ox: $\text{Cd(s)} \rightarrow \text{Cd}^{2+}(aq) + 2\,e^-$

Red: $\text{Cu}^{2+}(aq) + 2\,e^- \rightarrow \text{Cu(s)}$

Net: $\text{Cd(s)} + \text{Cu}^{2+}(aq) \rightarrow \text{Cd}^{2+}(aq) + \text{Cu(s)}$

(b) Ox: $\text{Zn(s)} \rightarrow \text{Zn}^{2+}(aq) + 2\,e^-$

Red: $2\,\text{H}_3\text{O}^+(aq) + 2\,e^- \rightarrow \text{H}_2(g) + 2\,\text{H}_2\text{O}(\ell)$

Net: $\text{Zn(s)} + 2\,\text{H}_3\text{O}^+(aq) \rightarrow \text{Zn}^{2+}(aq) + \text{H}_2(g) + 2\,\text{H}_2\text{O}(\ell)$

(c) Ox: $2\,\text{Al(s)} \rightarrow 2\,\text{Al}^{3+}(aq) + 6\,e^-$

Red: $3\,\text{Zn}^{2+}(aq) + 6\,e^- \rightarrow 3\,\text{Zn(s)}$

Net: $2\,\text{Al(s)} + 3\,\text{Zn}^{2+}(aq) \rightarrow 2\,\text{Al}^{3+}(aq) + 3\,\text{Zn(s)}$

18.3 ***Step 1***. This is an oxidation–reduction reaction. It is obvious that Zn is oxidized by its change in oxidation state.

***Step 2***. The half–reactions are

$\text{Zn(s)} \longrightarrow \text{Zn}^{2+}(aq)$ (This is the oxidation reaction.)

$\text{Cr}_2\text{O}_7^{2-}(aq) \longrightarrow 2\,\text{Cr}^{3+}(aq)$ (This is the reduction reaction.)

***Step 3***. Balance the atoms in the half–reactions. The atoms are balanced in the Zn half–reaction. We need to add water and $H^+$ in the $Cr_2O_7^{2-}$ half–reaction. Fourteen $H^+$ ions are required on the right to combine with the seven O atoms.

$\text{Cr}_2\text{O}_7^{2-}(aq) + 14\,\text{H}^+(aq) \longrightarrow 2\,\text{Cr}^{3+}(aq) + 7\,\text{H}_2\text{O}(\ell)$

***Step 4***. Balance the half–reactions for charge. Write the Zn halfreaction as

$\text{Zn(s)} \longrightarrow \text{Zn}^{2+}(aq) + 2\,e^-$

and write the $Cr_2O_7^{2-}$ half–reaction as

$\text{Cr}_2\text{O}_7^{2-}(aq) + 14\,\text{H}^+(aq) + 6\,e^- \longrightarrow 2\,\text{Cr}^{3+}(aq) + 7\,\text{H}_2\text{O}(\ell)$

***Step 5***. Multiply the half–reactions by factors to make the number of electrons gained equal to the number lost.

$3\,[\text{Zn(s)} \longrightarrow \text{Zn}^{2+}(aq) + 2\,e^-]$

$1\,[\text{Cr}_2\text{O}_7^{2-}(aq) + 14\,\text{H}^+(aq) + 6\,e^- \longrightarrow 2\,\text{Cr}^{3+}(aq) + 7\,\text{H}_2\text{O}(\ell)]$

***Step 6***. Add the two half–reactions, canceling the electrons.

$3\,\text{Zn(s)} \longrightarrow 3\,\text{Zn}^{2+}(aq) + 6\,e^-$

$\text{Cr}_2\text{O}_7^{2-}(aq) + 14\,\text{H}^+(aq) + 6\,e^- \longrightarrow 2\,\text{Cr}^{3+}(aq) + 7\,\text{H}_2\text{O}(\ell)$

$\text{Cr}_2\text{O}_7^{2-}(aq) + 3\,\text{Zn(s)} + 14\,\text{H}^+(aq) \longrightarrow 2\,\text{Cr}^{3+}(aq) + 3\,\text{Zn}^{2+}(aq) + 7\,\text{H}_2\text{O}(\ell)$

***Step 7***. Everything checks.

***Step 8***. Water was added in Step 3. The balanced equation is

$\text{Cr}_2\text{O}_7^{2-}(aq) + 3\,\text{Zn(s)} + 14\,\text{H}_3\text{O}^+(aq) \longrightarrow 2\,\text{Cr}^{3+}(aq) + 3\,\text{Zn}^{2+}(aq) + 21\,\text{H}_2\text{O}(\ell)$

18.4 ***Step 1***. This is an oxidation–reduction reaction. The wording of the question says Al reduces $NO_3^-$ ion. Al is oxidized.

***Step 2***. The half–reactions are:

$\text{Al(s)} \longrightarrow \text{Al(OH)}_4^-(aq)$ (This is the oxidation reaction.)

$\text{NO}_3^-(aq) \longrightarrow \text{NH}_3(aq)$ (This is the reduction reaction.)

***Step 3***. Balance the atoms in the half–reactions. For the Al halfreaction, add four $H^+$ ions on the right and four water molecules on the left.

$\text{Al(s)} + 4\,\text{H}_2\text{O}(\ell) \longrightarrow \text{Al(OH)}_4^- + 4\,\text{H}^+(aq)$

For the $NO_3^-$ half-reaction,

$\text{NO}_3^-(aq) + 9\,\text{H}^+(aq) \longrightarrow \text{NH}_3(aq) + 3\,\text{H}_2\text{O}(\ell)$

***Step 4***. Balance the half–reactions for charge. Put $3\,e^-$ on the right in the Al half–reaction

$\text{Al(s)} + 4\,\text{H}_2\text{O}(\ell) \longrightarrow \text{Al(OH)}_4^- + 4\,\text{H}^+(aq) + 3\,e^-$

and put 8 $e^-$ on the left side of the $NO_3^-$ half-reaction.

$NO_3^-(aq) + 9\,H^+(aq) + 8\,e^- \longrightarrow NH_3(aq) + 3\,H_2O(\ell)$

***Step 5***. Multiply the half–reactions by factors to make the electrons gained equal to those lost.

$8[Al(s) + 4\,H_2O(\ell) \longrightarrow Al(OH)_4^- + 4\,H^+(aq) + 3\,e^-]$

$3[NO_3^-(aq) + 9\,H^+(aq) + 8\,e^- \longrightarrow NH_3(aq) + 3\,H_2O(\ell)]$

Step 6. Remove $H^+(aq)$ ions by adding an appropriate amount of $OH^-$. For the Al half–reaction, add 32 $OH^-$ ions to get

$8\,Al(s) + 32\,OH^-(aq) + 32\,H_2O(\ell) \longrightarrow 8\,Al(OH)_4^- + 32\,H_2O + 24\,e^-$

For the $NO_3^-$ half-reactions, add 27 $OH^-$ ions to get

$3\,NO_3^-(aq) + 27\,H_2O + 24\,e^- \longrightarrow 3\,NH_3(aq) + 9\,H_2O(\ell) + 27\,OH^-(aq)$

***Step 7***. Add both half–reactions and cancel the electrons.

$8\,Al(s) + 32\,OH^-(aq) + 32\,H_2O(\ell) \longrightarrow 8\,Al(OH)_4^- + 32\,H_2O + 24\,e^-$

$3\,NO_3^-(aq) + 27\,H_2O + 24\,e^- \longrightarrow 3\,NH_3(aq) + 9\,H_2O(\ell) + 27\,OH^-(aq)$

$3\,NO_3^-(aq) + 8\,Al(s) + 59\,H_2O(\ell) + 32\,OH^-(aq) \longrightarrow 8\,Al(OH)_4^-(aq) + 3\,NH_3(aq) + 27\,OH^-(aq) + 41\,H_2O(\ell)$

***Step 8***. Make a final check. Since there are $OH^-$ ions and water molecules on both sides of the equation, cancel them out. This gives the final balanced equation.

$3\,NO_3^-(aq) + 8\,Al(s) + 18\,H_2O(\ell) + 5\,OH^-(aq) \longrightarrow 8\,Al(OH)_4^-(aq) + 3\,NH_3(aq)$

(This is a fairly complicated equation to balance. If you balanced this one with a minimum of effort, your understanding of balancing redox equations is rather good. If you had to struggle with one or more of the steps, go back and repeat them.)

18.5 (a) $Ni(s) \rightarrow Ni^{2+}(aq) + 2\,e^-$ (This is the oxidation half-reaction.)

$2\,Ag^+(aq) + 2\,e^- \rightarrow 2\,Ag(s)$ (This is the reduction half-reaction.)

(b) The oxidation of Ni takes place at the anode and the reduction of $Ag^+$ takes place at the cathode.

(c) Electrons would flow through an external circuit from the anode (where Ni is oxidized) to the cathode (where $Ag^+$ ions are reduced).

(d) Nitrate ions would flow through the salt bridge to the anode compartment. Potassium ions would flow into the cathode compartment.

18.6 Oxidation half–reaction:

$Fe(s) \rightarrow Fe^{2+}(aq, 1\,M) + 2\,e^-$ (anode)

Reduction half–reaction:

$Cu^{2+}(aq, 1\,M) + 2\,e^- \rightarrow Cu(s)$ (cathode)

18.7 $F_2(g) + 2\,e^- \longrightarrow 2\,F^-(aq)$ $\quad E^\circ_{cathode} = +2.87$ V

$2\,Li(s) \longrightarrow 2\,Li^+(aq) + 2\,e^-$ $\quad E^\circ_{anode} = -3.045$ V

$2\,Li(s) + F_2(g) \longrightarrow 2\,Li^+(aq) + 2\,F^-(aq)$ $\quad E^\circ_{cell} = +5.91$ V

$E^\circ_{cell} = E^\circ_{cathode} - E^\circ_{anode} = +2.87 - (-3.045) = +5.91$ V

18.8 The two half–reactions are

$Hg^{2+}(aq) + 2\,e^- \longrightarrow 2\,Hg(\ell)$ $\quad E^\circ_{cathode} = +0.855$ V

$2\,I^-(aq) \longrightarrow I_2(s) + 2\,e^-$ $\quad E^\circ_{anode} = +0.535$ V

$E^\circ_{cell} = E^\circ_{cathode} - E^\circ_{anode} = +0.855 - 0.535 = +0.320$ V

The reaction is product-favored as written.

18.9 We first need to calculate , and to do this we break the reaction into two half–reactions.

Ox: $Sn^{2+}(aq) \longrightarrow Sn^{4+}(aq) + 2\,e^-$ $\quad E^\circ_{anode} = +0.15$ V

Red: $I_2(s) + 2\,e^- \longrightarrow 2\,I^-(aq)$ $\quad E^\circ_{cathode} = +0.535$ V

$I_2(s) + Sn^{2+}(aq) \longrightarrow 2\,I^-(aq) + Sn^{4+}(aq)$ $\quad E^\circ_{cell} = +0.385$ V

$E^\circ_{cell} = E^\circ_{cathode} - E^\circ_{anode} = +0.535 - 0.15 = +0.385$ V

$E^\circ_{cell}$ is 0.385 V, and 2 mol of electrons are transferred.

$$\log K = \frac{nE^\circ\ V}{0.0592\ V} = \frac{2 \times 0.385\ V}{0.0592\ V} = 13.00 \text{ and } K = 1 \times 10^{13}$$

The large value of K indicates that the reaction is strongly productfavored as written.

18.10 $$E_{cell} = 0.51\ V - \left(\frac{0.0592\ V}{2} \times \log\frac{3}{0.010}\right) = 0.51\ V - (0.0296\ V \times \log(300)) = 0.51\ V - 0.073\ V = +0.44\ V$$

18.11 (a) The net cell reaction would be

$2\,Na^+ + 2\,Br^- \longrightarrow 2\,Na + Br_2$

Sodium ions would be reduced at the cathode and bromide ions would be oxidized at the anode.

(b) $H_2$ would be produced at the cathode for the same reasons given in Problem–Solving Example 18.8. That reaction is

$2\,H_2O(\ell) + 2\,e^- \longrightarrow H_2(g) + 2\,OH^-(aq)$

At the anode, two reactions are possible: the oxidation of water and the oxidation of $Br^-$ ions.

$6\,H_2O(\ell) \longrightarrow O_2(g) + 4\,H_3O^+(aq) + 4\,e^-$ $\quad E^\circ = 1.229$ V

$2\,Br^-(aq) \longrightarrow Br_2(\ell) + 2\,e^-$ $\quad E^\circ = 1.08$ V

Bromide ions will be oxidized to $Br_2$ because that potential is smaller. The net cell reaction is

$2\,H_2O(\ell) + 2\,Br^-(aq) \longrightarrow Br_2(\ell) + H_2(g) + 2\,OH^-(aq)$

(c) Sn metal will be formed at the cathode because its reduction potential (−0.14 V) is less negative than the potential for the reduction of water. $O_2$ will form at the anode because the $E^\circ$ value for the oxidation of water is smaller than the $E^\circ$ value for the oxidation of $Cl^-$. The net cell reaction is

$2\,Sn^{2+}(aq) + 6\,H_2O(\ell) \longrightarrow 2\,Sn(s) + O_2(g) + 4\,H_3O^+(aq)$

18.12 First, calculate the quantity of charge:

$$\text{Charge} = (25 \times 10^3\ A)(1\ h)\left(\frac{60\ s}{1\ min}\right)\left(\frac{60\ min}{1\ h}\right) = 9.0 \times 10^7\ A \cdot s = 9.0 \times 10^7\ C$$

Then calculate the mass of Na:

$$\text{Mass of Na} = (9.0 \times 10^7\ \text{C})$$
$$\times \left(\frac{1\ \text{mol e}^-}{96{,}500\ \text{C}}\right)\left(\frac{1\ \text{mol Na}}{1\ \text{mol e}^-}\right)\left(\frac{22.99\ \text{g Na}}{1\ \text{mol Na}}\right)$$
$$= 2.1 \times 10^4\ \text{g Na}$$

## Chapter 19

19.1 (a) $^{237}_{93}\text{Np} \rightarrow {}^{4}_{2}\text{He} + {}^{233}_{91}\text{Pa}$ (b) $^{35}_{16}\text{S} \rightarrow {}^{0}_{-1}\text{e} + {}^{35}_{17}\text{Cl}$

19.2 (a) $^{11}_{6}\text{C} \rightarrow {}^{11}_{5}\text{B} + {}^{0}_{1}\text{e}$ (b) $^{35}_{16}\text{S} \rightarrow {}^{35}_{17}\text{Cl} + {}^{0}_{-1}\text{e}$

(c) $^{30}_{15}\text{P} \rightarrow {}^{0}_{+1}\text{e} + {}^{30}_{14}\text{Si}$ (d) $^{22}_{11}\text{Na} \rightarrow {}^{0}_{-1}\text{e} + {}^{22}_{12}\text{Mg}$

19.3 (a) $^{42}_{19}\text{K} \rightarrow {}^{0}_{-1}\text{e} + {}^{42}_{20}\text{Ca}$ (b) $^{234}_{92}\text{U} \rightarrow {}^{4}_{2}\text{He} + {}^{230}_{90}\text{Th}$

(c) $^{20}_{9}\text{F} \rightarrow {}^{0}_{-1}\text{e} + {}^{20}_{10}\text{Ne}$

19.4 (a) $^{90}_{38}\text{Sr} \rightarrow {}^{0}_{-1}\text{e} + {}^{90}_{39}\text{Y}$

(b) It takes 4 half–lives (4 × 29 y = 116 y) for the activity to decrease to 125 beta particles emitted per minute:

| Number of Half-lives | Change of Activity | Total Elapsed Time (y) |
|---|---|---|
| 1 | 2000 to 1000 | 29 |
| 2 | 1000 to 500 | 58 |
| 3 | 500 to 250 | 87 |
| 4 | 250 to 125 | 116 |

19.5 (a) $t_{1/2} = \dfrac{0.693}{9.3 \times 10^{-3}\ \text{d}^{-1}} = 75\ \text{d}$

(b) ln (fraction remaining) = $k \times t = (9.3 \times 10^{-3}\ \text{d}^{-1}) \times (100\ \text{d}) = -0.930$

Fraction of iridium-192 remaining = $e^{-0.930} = 0.39$ Therefore, 39% of the original iridium–192 remains.

19.6 $\ln(0.60) = -0.510 = -k \times \text{t}$

$$k = \frac{0.693}{t_{1/2}} = \frac{0.693}{12.3\ \text{y}} = 0.0563\ \text{y}^{-1}$$
$$t = \frac{-0.510}{-0.0563\ \text{y}^{-1}} = 9.1\ \text{y}$$

# 해답편 – 연습문제 및 개념학습

## Chapter 1

1.1 (a) These temperatures can be compared to the boiling point of water, 212 °F or 100 °C. So 110 °C is a higher temperature than 180 °F.

(b) These temperatures can be compared to normal body temperature, 98.6 °F or 37.0 °C. So 36 °C is a lower temperature than 100 °F.

(c) This temperature can be compared to normal body temperature, 37.0 °C. Since body temperature is above the melting point, gallium held in one's hand will melt.

1.2 Reference to the figure on page 7 indicates that kerosene is the top layer, vegetable oil is the middle layer, and water is the bottom layer.

(a) Since the least dense liquid will be the top layer and the densest liquid will be the bottom layer, the densities increase in the order kerosene, vegetable oil, water.

(b) If vegetable oil is added to the tube, the top and bottom layers will remain the same, but the middle layer will become larger.

(c) If kerosene is now added to the tube the top layer will grow, but the middle and bottom layers will remain the same. The order of levels will *not change*. Density does not depend on the quantity of material present. So no matter how much of each liquid is present, the densities increase in the order kerosene, vegetable oil, water.

1.3 (a) Properties: blue (qualitative), melts at 99 °C (quantitative) Change: melting

(b) Properties: white, cubic (both qualitative) Change: none

(c) Properties: mass of 0.123 g, melts at 327 °C (both quantitative) Change: melting

(d) Properties: colorless, vaporizes easily (both qualitative), boils at 78 °C, density of 0.789 g/mL (both quantitative) Changes: vaporizing, boiling

1.4 Physical change: boiling water Chemical changes: combustion of propane, cooking the egg

1.5 (a) Homogeneous mixture (solution)

(b) Heterogeneous mixture (contains carbon dioxide gas bubbles in a solution of sugar and other substances in water)

(c) Heterogeneous mixture of dirt and oil

(d) Element; diamond is pure carbon.

(e) Modern quarters (since 1965) are composed of a pure copper core (that can be seen when they are viewed side–on) and an outer layer of 75% Cu, 25% Ni alloy, so they are heterogeneous matter. Pre–1965 quarters are fairly pure silver.

(f) Compound; contains carbon, hydrogen, and oxygen

1.6 (a) Energy from the sun warms the ice and the water molecules vibrate more; eventually they break away from their fixed positions in the solid and liquid water forms. As the temperature of the liquid increases, some of the molecules have enough energy to become widely separated from the other molecules, forming water vapor (gas).

(b) Some of the water molecules in the clothes have enough speed and energy to escape from the liquid state and become water vapor; these molecules are carried away from the clothes by breezes or air currents. Eventually nearly every water molecule in the clothes vaporizes, and the clothes become dry.

(c) Water molecules from the air come into contact with the cold glass, and their speeds are decreased, allowing them to become liquid. As more and more molecules enter the liquid state, droplets form on the glass.

(d) Some water molecules escape from the liquid state, forming water vapor. As more and more molecules escape, the ratio of sugar molecules to water molecules becomes larger and larger, and eventually some sugar molecules start to stick together. As more and more sugar molecules stick to each other, a visible crystal forms. Eventually all of the water molecules escape, leaving sugar crystals behind.

1.7 (a) Tellurium, Te, earth (Latin *tellus* means earth); uranium, U, for Uranus; neptunium, Np, for Neptune; and plutonium, Pu, for Pluto. (Mercury, like the planet Mercury, is named for a Roman god.)

(b) Californium, Cf

(c) Curium, Cm, for Marie Curie; and meitnerium, Mt, for Lise Meitner

(d) Scandium, Sc, for Scandinavia; gallium, Ga, for France (Latin *Gallia* means France); germanium, Ge, for Germany; ruthenium, Ru, for Russia; europium, Eu, for Europe; polonium, Po, for Poland; francium, Fr, for France; americium, Am, for America; californium, Cf, for California

(e) H, He, C, N, O, F, Ne, P, S, Cl, Ar, Se, Br, Kr, I, Xe, At, Rn

1.8 (a) Elements that consist of diatomic molecules are H, N, O, F, Cl, Br, and I; At is radioactive and there is probably less than 50 mg of naturally occurring At on earth, but it does form diatomic molecules; H, N, O, plus group 7A.

(b) Metalloids are B, Si, Ge, As, Sb, and Te; along a zig–zag line from B to Te.

1.9 Tin and lead are two different elements; allotropes are two different forms of the same element, so tin and lead are not allotropes.

## Chapter 2

2.1 The movement of the comb though your hair removes some electrons, leaving slight charges on your hair and the comb. The charges must sum to zero; therefore, one must be slightly positive and one must be slightly negative, so they attract each other.

2.2 (a) A nucleus is about one ten–thousandth as large as an atom, so $100 \text{ m} \times (1 \times 10^{-4}) = 1 \times 10^{-2} \text{ m} = 1 \text{ cm}$. (b) Many everyday objects are about 1 cm in size—for example, a grape.

2.3 The statement is wrong because two atoms that are isotopes always have the same number of protons. It is the number of neutrons that varies from one isotope of an element to another.

2.4 Atomic weight of lithium
$= (0.07500)(6.015121 \text{ amu}) + (0.9250)(7.016003 \text{ amu})$
$= 0.451134 \text{ amu} + 6.489802 \text{ amu}$
$= 6.940936 \text{ amu, or } 6.941 \text{ amu}$

2.5 Because the most abundant isotope is magnesium-24 (78.70%), the atomic weight of magnesium is closer to 24 than to 25 or 26, the mass numbers of the other magnesium isotopes, which make up approximately 21% of the remaining mass. The simple arithmetic average is $(24 + 25 + 26)/3 = 25$, which is larger than the atomic weight. In the arithmetic average, the relative abundance of each magnesium isotope is 33%, far less than the actual percent abundance of magnesium-24, and much more than the natural percent abundances of magnesium-25 and magnesium-26.

2.6 There is no reasonable pair of values of the mass numbers for Ga that would have an average value of 69.72.

2.7 Start by calculating the number of moles in 10.00 g of each element.

$$10.00 \text{ g Li} \times \frac{1 \text{ mol Li}}{6.941 \text{ g Li}} = 1.441 \text{ mol Li}$$

$$10.00 \text{ g Ir} \times \frac{1 \text{ mol Ir}}{192.22 \text{ g Ir}} = 0.05202 \text{ mol Ir}$$

Multiply the number of moles of each element by Avogadro's number.

$$1.441 \text{ mol Li} \times 6.022 \times 10^{23} \text{ atoms/mol} = 8.678 \times 10^{23} \text{ atoms Li}$$

$$0.05202 \text{ mol Ir} \times 6.022 \times 10^{23} \text{ atoms/mol} = 3.133 \times 10^{22} \text{ atoms Ir}$$

Find the difference.
$(8.678 \times 10^{23}) - (0.3133 \times 10^{23})$
$= 8.365 \times 10^{23}$ more atoms of Li than Ir

## Chapter 3

3.1 Propylene glycol structural formula:

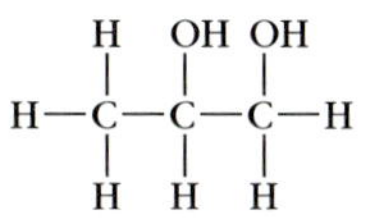

Condensed formula:

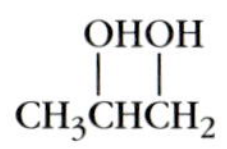

Molecular formula: $C_3H_8O_2$

3.2 (a) $CS_2$ (b) $PCl_3$ (c) $SBr_2$
(d) $SeO_2$ (e) $OF_2$ (f) $XeO_3$

3.3 (a) $C_{16}H_{34}$ and $C_{28}H_{58}$ (b) $C_{14}H_{30}$, 14 carbon atoms and 30 hydrogen atoms

3.4 The structural and condensed formulas for three constitutional isomers of five-carbon alkanes (pentanes) are

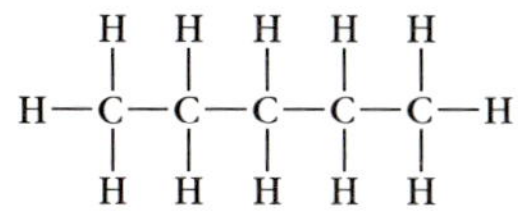 $CH_3CH_2CH_2CH_2CH_3$

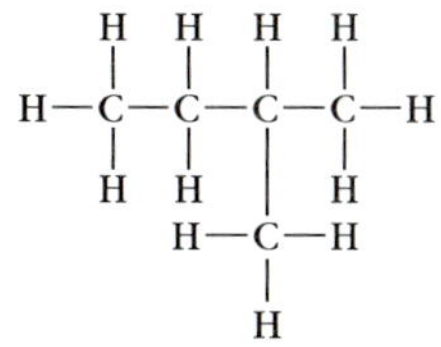 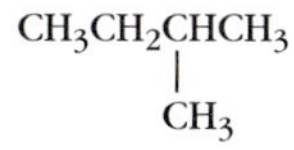

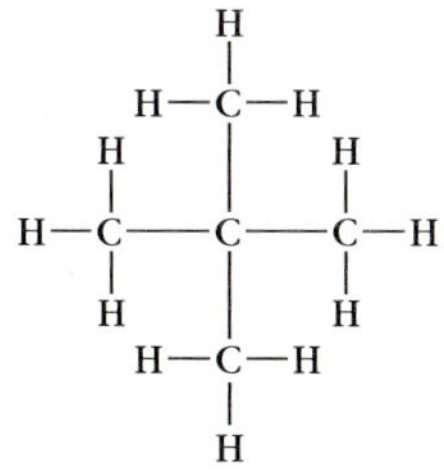 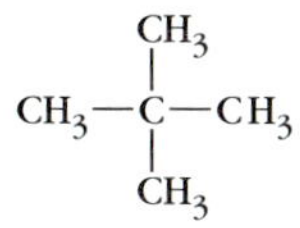

3.5 The compound is a solid at room temperature and is soluble in water, so it is likely to be an ionic compound.

3.6 (a) 174.18 g/mol (b) 386.66 g/mol
(c) 398.07 g/mol (d) 194.19 g/mol

3.7 The statement is true. Because both compounds have the same formula, they have the same molar mass. Thus, 100 g of each compound contains the same number of moles.

3.8 Epsom salt is $MgSO_4 \cdot 7H_2O$, which has a molar mass of 246 g/mol.

$$20 \text{ g} \times \frac{1 \text{ mol}}{246 \text{ g}} = 8.1 \times 10^{-2} \text{ mol Epsom salt}$$

3.9 (a) $SF_6$ molar mass is 146.06 g/mol; 1.000 mol $SF_6$ contains 32.07 g S and $18.9984 \times 6 = 113.99$ g F. The mass percents are

$$\frac{32.07 \text{ g S}}{146.06 \text{ g } SF_6} \times 100\% = 21.96\% \text{ S}$$

$$100.00\% - 21.96\% = 78.04\% \text{ F}$$

(b) $C_{12}H_{22}O_{11}$ has a molar mass of 342.3 g/mol; 1.000 mol $C_{12}H_{22}O_{11}$ contains

$$12.011 \times 12 = 144.13 \text{ g C}$$

$$1.0079 \times 22 = 22.174 \text{ g H}$$

$$15.9994 \times 11 = 175.99 \text{ g O}$$

The mass percents of the three elements are

$$\frac{144.13 \text{ g C}}{342.3 \text{ g}} \times 100\% = 42.12\% \text{ C}$$

$$\frac{22.174 \text{ g H}}{342.3 \text{ g}} \times 100\% = 6.478\% \text{ H}$$

$$\frac{175.99 \text{ g O}}{342.3 \text{ g}} \times 100\% = 51.41\% \text{ O}$$

(c) $Al_2(SO_4)_3$ molar mass is 342.15 g/mol; 1.000 mol $Al_2(SO_4)_3$ contains

$$26.9815 \text{ g/mol} \times 2 \text{ mol} = 53.96 \text{ g Al}$$

$$32.066 \text{ g/mol} \times 3 \text{ mol} = 96.20 \text{ g S}$$

$$15.9994 \text{ g/mol} \times 12 \text{ mol} = 192.0 \text{ g O}$$

The mass percents of the three elements are

$$\frac{53.96\text{ g Al}}{342.15\text{ g}} \times 100\% = 15.77\%\text{ Al}$$

$$\frac{96.20\text{ g S}}{342.15\text{ g}} \times 100\% = 28.12\%\text{ S}$$

$$\frac{192.0\text{ g O}}{342.15\text{ g}} \times 100\% = 56.12\%\text{ O}$$

(d) $U(OTeF_5)_6$ molar mass is 1669.6 g/mol; 1.000 mol $U(OTeF_5)_6$ contains 238.0289 g of U and

$$15.9994\text{ g/mol} \times 6\text{ mol} = 96.00\text{ g O}$$

$$127.60\text{ g/mol} \times 6\text{ mol} = 765.6\text{ g Te}$$

$$18.9984\text{ g/mol} \times 30\text{ mol} = 570.0\text{ g F}$$

The mass percents of the four elements are

$$\frac{238.0289\text{ g U}}{1669.6\text{ g}} \times 100\% = 14.256\%\text{ U}$$

$$\frac{96.00\text{ g O}}{1669.6\text{ g}} \times 100\% = 5.750\%\text{ O}$$

$$\frac{765.6\text{ g Te}}{1669.6\text{ g}} \times 100\% = 45.86\%\text{ Te}$$

$$\frac{570.0\text{ g F}}{1669.6\text{ g}} \times 100\% = 34.14\%\text{ F}$$

3.10 (a) Carbon, nitrogen, oxygen, phosphorus, hydrogen, selenium, sulfur, Cl, Br, I (b) Calcium and magnesium (c) Chloride, bromide, and iodide (d) Iron, copper, zinc, vanadium (also chromium, manganese, cobalt, nickel, molybdenum, and cadmium)

## Chapter 4

4.1 One mol of methane reacts with 2 mol oxygen to produce 1 mol carbon dioxide and 2 mol water.

4.2 (a) The total mass of reactants {$4\text{ Fe(s)} + 3\text{ O}_2\text{(g)}$} must equal the total mass of products {$2\text{ Fe}_2\text{O}_3\text{(s)}$}, which is 2.50 g.

(b) The stoichiometric coefficients are 4, 3, and 2.

(c) $$1.000 \times 10^4\text{ O atoms} \times \frac{1\text{ O}_2\text{ molecule}}{2\text{ O atoms}} \times \frac{4\text{ Fe atoms}}{3\text{ O}_2\text{ molecules}} = 6.667 \times 10^3\text{ Fe atoms}$$

4.3 (a) Not balanced; the number of oxygen atoms do not match.

(b) Not balanced; the number of bromine atoms do not match.

(c) Not balanced; the number of sulfur atoms do not match.

4.4 (a) To predict the product of a combination reaction between two elements, we need to know the ion that will be formed by each element when combined. (b) For calcium, $Ca^{2+}$ ions are formed, and for fluorine, $F^-$ ions are formed. (c) The product is $CaF_2$.

4.5 (a) Magnesium chloride, $MgCl_2$

(b) Magnesium oxide, MgO, and carbon dioxide, $CO_2$

4.6 $\frac{2\text{ mol Al}}{3\text{ mol Br}_2}$, $\frac{2\text{ mol Al}}{1\text{ mol Al}_2\text{Br}_6}$, $\frac{3\text{ mol Br}_2}{1\text{ mol Al}_2\text{Br}_6}$, and their reciprocals

4.7 $$0.300\text{ mol CH}_4 \times \frac{2\text{ mol H}_2\text{O}}{1\text{ mol CH}_4} = 0.600\text{ mol H}_2\text{O}$$

$$0.600\text{ mol H}_2\text{O} \times \frac{18.02\text{ g H}_2\text{O}}{1\text{ mol H}_2\text{O}} = 10.8\text{ g H}_2\text{O}$$

4.8 (a) $$300.\text{ g urea} \times \frac{1\text{ mol urea}}{60.06\text{ g urea}} \times \frac{2\text{ mol NH}_3}{1\text{ mol urea}} \times \frac{17.03\text{ g NH}_3}{1\text{ mol NH}_3} = 170.\text{ g NH}_3$$

$$100.\text{ g H}_2\text{O} \times \frac{1\text{ mol H}_2\text{O}}{18.02\text{ g H}_2\text{O}} \times \frac{2\text{ mol NH}_3}{1\text{ mol H}_2\text{O}} \times \frac{17.03\text{ g NH}_3}{1\text{ mol NH}_3} = 189.\text{ g HN}_3$$

Therefore, urea is the limiting reactant.

(b) 176. g $NH_3$

$$300.\text{ g urea} \times \frac{1\text{ mol urea}}{60.06\text{ g urea}} \times \frac{1\text{ mol H}_2\text{O}}{1\text{ mol urea}} \times \frac{44.01\text{ g CO}_2}{1\text{ mol CO}_2} = 220.\text{ g CO}_2$$

(c) $$300.\text{ g urea} \times \frac{1\text{ mol urea}}{60.06\text{ g urea}} \times \frac{1\text{ mol H}_2\text{O}}{1\text{ mol urea}} \times \frac{18.02\text{ g H}_2\text{O}}{1\text{ mol H}_2\text{O}} = 90.0\text{ g H}_2\text{O}$$

100. g − 90.0 g = 10. g $H_2O$ remains

4.9 (1) Impure reactants; (2) Inaccurate weighing of reactants and products

4.10 Assuming that the nicotine is pure, weigh a sample of nicotine and burn the sample. Separately collect and weigh the carbon dioxide and water generated, and calculate the moles and grams of carbon and hydrogen collected. By mass difference, determine the mass of nitrogen in the original sample, then calculate the moles of nitrogen. Calculate the mole ratios of carbon, hydrogen, and nitrogen in nicotine to determine its empirical formula.

## Chapter 5

5.1 It is possible for an exchange reaction to form two different precipitates—for example, the reaction between barium hydroxide and iron(II) sulfate:

$$\text{Ba(OH)}_2\text{(aq)} + \text{FeSO}_4\text{(aq)} \rightarrow \text{BaSO}_4\text{(s)} + \text{Fe(OH)}_2\text{(s)}$$

5.2 $$\text{H}_3\text{PO}_4\text{(aq)} \rightleftharpoons \text{H}_2\text{PO}_4^-\text{(aq)} + \text{H}^+\text{(aq)}$$
$$\text{H}_2\text{PO}_4^-\text{(aq)} \rightleftharpoons \text{HPO}_4^{2-}\text{(aq)} + \text{H}^+\text{(aq)}$$
$$\text{HPO}_4^{2-}\text{(aq)} \rightleftharpoons \text{PO}_4^{3-}\text{(aq)} + \text{H}^+\text{(aq)}$$

5.3 (a) Hydrogen ions and perchlorate ions:

$$\text{HClO}_4\text{(aq)} \rightarrow \text{H}^+\text{(aq)} + \text{ClO}_4^-\text{(aq)}$$

(b) $\text{Ca(OH)}_2\text{(aq)} \rightarrow \text{Ca}^{2+}\text{(aq)} + 2\text{ OH}^-\text{(aq)}$

5.4 (a) $$\text{H}^+\text{(aq)} + \text{Cl}^-\text{(aq)} + \text{K}^+\text{(aq)} + \text{OH}^-\text{(aq)} \rightarrow \text{H}_2\text{O}(\ell) + \text{K}^+\text{(aq)} + \text{Cl}^-\text{(aq)}$$
$$\text{H}^+\text{(aq)} + \text{OH}^-\text{(aq)} \rightarrow \text{H}_2\text{O}(\ell)$$

(b) $$2\text{ H}^+\text{(aq)} + \text{SO}_4^{2-}\text{(aq)} + \text{Ba}^{2+}\text{(aq)} + 2\text{ OH}^-\text{(aq)} \rightarrow 2\text{ H}_2\text{O}(\ell) + \text{BaSO}_4\text{(s)}$$
$$\text{H}^+\text{(aq)} + \text{OH}^-\text{(aq)} \rightarrow \text{H}_2\text{O}(\ell)$$
$$\text{Ba}^{2+}\text{(aq)} + \text{SO}_4^{2-}\text{(aq)} \rightarrow \text{BaSO}_4\text{(s)}$$

(c) $$2\text{ CH}_3\text{ COOH(aq)} + \text{Ca}^{2+}\text{(aq)} + 2\text{ OH}^-\text{(aq)} \rightarrow \text{Ca}^{2+}\text{(aq)} + 2\text{ CH}_3\text{COO}^-\text{(aq)} + 2\text{ H}_2\text{O}(\ell)$$
$$\text{CH}_3\text{ COOH(aq)} + \text{OH}^-\text{(aq)} \rightarrow \text{H}_2\text{O}(\ell) + \text{CH}_3\text{COO}^-\text{(aq)}$$

5.5 $Al(OH)_3(s) + 3\ H^+(aq) + 3\ Cl^-(aq) \rightarrow$
$3\ H_2O(\ell) + Al^{3+}(aq) + 3\ Cl^-(aq)$
$H^+(aq) + OH^-(aq) \rightarrow H_2O(\ell)$

5.6 (a) The products are aqueous sodium sulfate, water, and carbon dioxide gas.

$$Na_2CO_3(aq) + H_2SO_4(aq) \rightarrow Na_2SO_4(aq) + H_2O(\ell) + CO_2(g)$$
$$2\ H^+(aq) + CO_3^{2-}(aq) \rightarrow H_2O(\ell) + CO_2(g)$$

(b) The products are aqueous iron(II) chloride and hydrogen sulfide gas.

$$FeS(s) + 2\ HCl(aq) \rightarrow FeCl_2(aq) + H_2S(g)$$
$$2\ H^+(aq) + S^{2-}(aq) \rightarrow H_2S(g)$$

(c) The products are aqueous potassium chloride, water, and sulfur dioxide gas.

$$K_2SO_3(aq) + 2\ HCl(aq) \rightarrow 2\ KCl(aq) + H_2O(\ell) + SO_2(g)$$
$$2\ H^+(aq) + SO_3^{2-}(aq) \rightarrow H_2O(\ell) + SO_2(g)$$

5.7 (a) Gas–forming reaction; the products are aqueous nickel sulfate, vwater, and carbon dioxide gas.

$$NiCO_3(s) + H_2SO_4(aq) \rightarrow NiSO_4(aq) + H_2O(\ell) + CO_2(g)$$
$$NiCO_3(s) + 2\ H^+(aq) \rightarrow Ni^{2+}(aq) + H_2O(\ell) + CO_2(g)$$

(b) Acid–base reaction; nitric acid reacts with strontium hydroxide, a base, to produce water and strontium nitrate, a salt.

$$2\ HNO_3(aq) + Sr(OH)_2(s) \rightarrow Sr(NO_3)_2(aq) + 2\ H_2O(\ell)$$
$$Sr(OH)_2(s) + 2\ H^+(aq) \rightarrow Sr^{2+}(aq) + 2\ H_2O(\ell)$$

(c) Precipitation reaction; aqueous sodium chloride and insoluble barium oxalate are produced.

$$BaCl_2(aq) + Na_2C_2O_4(aq) \rightarrow BaC_2O_4(s) + 2\ NaCl(aq)$$
$$Ba^{2+}(aq) + C_2O_4^{2-}(aq) \rightarrow BaC_2O_4(s)$$

(d) Precipitation and gas–forming reaction; lead sulfate precipitates and carbon dioxide gas is released.

$$PbCO_3(aq) + H_2SO_4(aq) \rightarrow PbSO_4(s) + H_2O(\ell) + CO_2(g)$$
$$Cu \rightarrow Cu^{2+} + 2e^-$$
$$Pb^{2+}(aq) + SO_4^{2-}(aq) \rightarrow PbSO_4(s)$$
$$2\ H^+(aq) + CO_3^{2-}(aq) \rightarrow H_2O(\ell) + CO_2(g)$$

5.8 In the reaction Ca loses electrons, $2\ Ca(s) + O_2(g) \rightarrow 2\ CaO(s)$, is oxidized, and is the reducing agent; O gains electrons, is reduced, and is the oxidizing agent.

5.9 $Cl_2(g) + Ca(s) \rightarrow CaCl_2(s)$. $Cl_2(g)$ is the oxidizing agent.

5.10 (a) This is not a redox reaction. Nitric acid is a strong oxidizing agent, but here it serves as an acid.

(b) In this redox reaction, chromium metal (Cr) is oxidized (loses electrons) to form $Cr^{3+}$ ions in $Cr_2O_3$; oxygen ($O_2$) is reduced (gains electrons) to form oxide ions, $O^{2-}$. Oxygen is the oxidizing agent, and chromium is the reducing agent.

(c) This is an acid–base reaction, but not a redox reaction; there are no strong oxidizing or reducing agents present.

(d) Copper is oxidized and chlorine is reduced in this redox reaction, in which copper is the reducing agent and chlorine is the oxidizing agent. The equations are $Cu \rightarrow Cu^{2+} + 2e^-$and $Cl_2 + 2e^- \rightarrow 2\ Cl^-$.

5.11 (a) Carbon in oxalate ion, $C_2O_4^{2-}$ (oxidation state = +3), is oxidized to oxidation state +4 in $CO_2$.

(b) Carbon is reduced from +4 in $CCl_2F_2$ to 0 in C(s).

5.12 (a) $CH_3CH_2OH(\ell) + 3\ O_2(g) \rightarrow 3\ H_2O(\ell) + 2\ CO_2(g)$; redox

(b) $2\ Fe(s) + 6\ HNO_3(aq) \rightarrow 2\ Fe(NO_3)_3(aq) + 3\ H_2(g)$; redox

(c) $AgNO_3(aq) + KBr(aq) \rightarrow AgBr(s) + KNO_3(aq)$; not redox

5.13 Molar mass of cholesterol = 386.7 g/mol

$$240\text{ mg} \times \frac{1\text{ g}}{10^3\text{ mg}} \times \frac{1\text{ mol}}{386.7\text{ g}} = 6.21 \times 10^{-4}\text{ mol cholesterol}$$

$$\frac{6.21 \times 10^{-4}\text{ mol}}{0.100\text{ L}} = 6.2 \times 10^{-3}\text{ M}$$

5.14 (a) $6.37\text{ g Al(NO}_3)_3 \times \dfrac{1\text{ mol Al(NO}_3)_3}{213.0\text{ g Al(NO}_3)_3} = 0.0299\text{ mol Al(NO}_3)_3$;

$$\frac{0.0299\text{ mol}}{0.250\text{ L}} = 0.120\text{ M Al(NO}_3)_3$$

(b) Molarity: $Al^{3+} = 0.120$; $NO_3^- = 3(0.120) = 0.360$

5.15 If the description of solution preparation is always worded in terms of adding enough solvent to make a specific volume of solution, then any possible expansion or contraction has no effect on the molarity of the solution. The denominator of the definition of molarity is liters of *solution*.

5.16 The moles of HCl in the concentrated solution are given by (6.0 mol/L)(0.100 L) = 0.60 mol HCl. The moles of HCl in the dilute solution are given by (1.20 mol/L)(0.500 L) = 0.600 mol HCl.

5.17 The molarity could be increased by evaporating some of the solvent.

5.18 $$0.0193\text{ L} \times \frac{0.200\text{ mol AgNO}_3}{1\text{ L}} \times \frac{1\text{ mol Ag}^+}{1\text{ mol AgNO}_3} \times \frac{1\text{ mol Cl}^-}{1\text{ mol Ag}^+} \times \frac{1\text{ mol NaCl}}{1\text{ mol Cl}^-} = 3.86 \times 10^{-3}\text{ mol NaCl}$$

$$\frac{3.86 \times 10^{-3}\text{ mol NaCl}}{0.0250\text{ L}} = 0.154\text{ M NaCl}$$

## Chapter 6

6.1 You transfer some mechanical energy to the ball to accelerate it upward. The ball's potential energy increases the higher it gets, but its kinetic energy decreases by an equal quantity, and eventually it stops rising and begins to fall. As it falls, some of the ball's potential energy changes to kinetic energy, and the ball goes faster and faster ntil it hits the floor. When the ball hits the floor, some of its kinetic energy is transferred to the atoms, molecules, or ions that make up the floor, causing them to move faster. Eventually all of the ball's kinetic energy is transferred, and the ball stops moving. The nanoscale particles in the floor (and some in the air that the ball fell through) are moving faster on average, and the temperature of the floor (and the air) is slightly higher. The energy has spread out over a much larger number of particles.

6.2

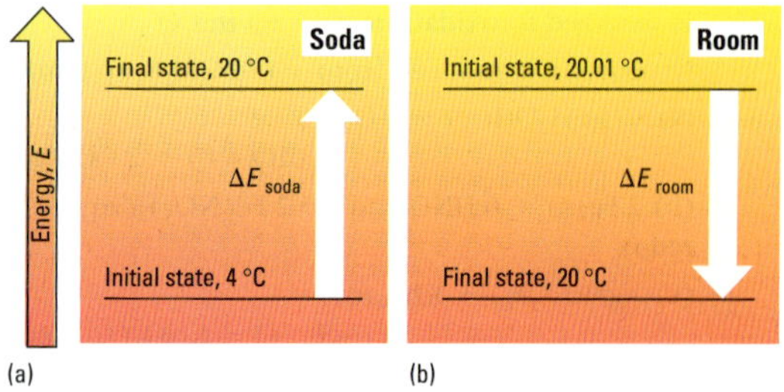


6.3 (a) Heat transfer $= (25.0\ °C - 1.0\ °C)\left(\dfrac{1.5\ kJ}{1.0\ °C}\right) = 36\ kJ$

(b) The system is the can and the liquid it contains.

(c) The surroundings includes the air and other materials in contact with the can, or close to the can.

(d) $'E$ is negative because the system transferred energy to the surroundings as it cooled; $'E = -36$ kJ.

(e)

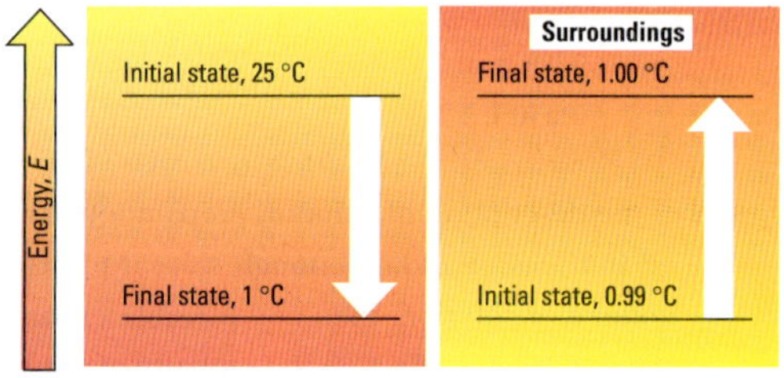


The surroundings are warmed very slightly, say from 0.99 °C to 1.00 °C, by the heat transfer from the can of soda.

6.4 The same quantity of energy is transferred out of each beaker and the mass of each sample is the same. Therefore the sample with the smaller specific heat capacity will cool more. Look up the specific heat capacities in Table 6.1. Because glass has a larger specific heat capacity than carbon, the carbon will cool more and therefore will have the lower temperature.

6.5 The calculation for Al is given as an example.

$$\text{Molar heat capacity} = \frac{0.902\ J}{g\ °C} \times \frac{26.98\ g}{1\ mol} = 24.3\ J\ mol^{-1}\ °C^{-1}$$

| Metal | Molar Heat Capacity ($J\ mol^{-1}\ °C^{-1}$) | Metal | Molar Heat Capacity ($J\ mol^{-1}\ °C^{-1}$) |
|---|---|---|---|
| Al | 24.3 | Cu | 24.5 |
| Fe | 25.2 | Au | 25.2 |

The molar heat capacities of most metals are close to 25 $J\ mol^{-1}\ °C^{-1}$. This rule does not work for ethanol or other compounds listed in Table 6.2.

6.6 (a) Since the heat of vaporization is almost seven times larger than the heat of fusion, the temperature stays constant at 100 °C almost seven times longer than it stays constant at 0 °C. It stays constant at 0 °C for slightly less time than it takes to heat the water from 0 °C to 100 °C (see graph). Because the heating is at a constant rate, time is proportional to quantity of energy transferred.

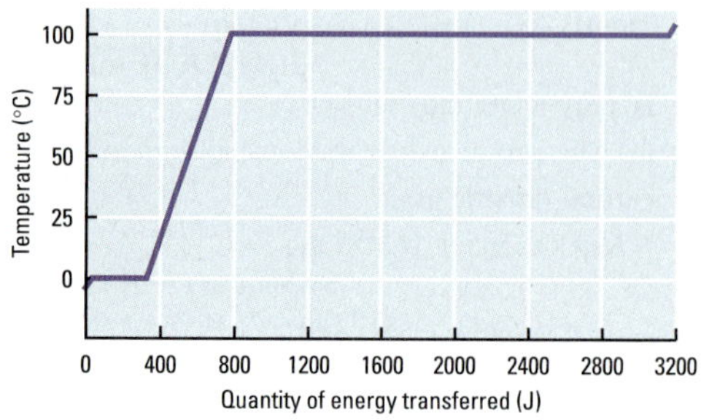


(b) The mass of water is half as great as in part (a), so each process takes half as long. A graph to the same scale as in part (a) begins at 105 °C and reaches −5 °C with half the quantity of energy transferred.

6.7 Heat of fusion: $237\ g \times 333\ J/g = 78.9\ kJ$
Heating liquid: $237\ g \times 4.184\ J\ g^{-1}\ °C^{-1} \times 100.0\ °C = 99.2\ kJ$
Heat of vaporization: $237\ g \times 2260\ J/g = 536\ kJ$
Total heating $= (78.9 + 99.2 + 536)\ kJ = 714\ kJ$

6.8 The direction of energy transfer is indicated by the sign of the enthalpy change. Transfer to the system corresponds to a positive enthalpy change.

6.9 Because of heats of fusion and heats of vaporization, the enthalpy change is different when a reactant or product is in a different state.

6.10 When 1.0 mol of $H_2$ reacts (Equation 6.3), $'H = -241.8$ kJ. When half that much $H_2$ reacts, $'H$ is half as great; that is, $0.50 \times (-241.8) = -120.9$ kJ.

6.11 $\dfrac{-92.22\ kJ}{1\ mol\ N_2(g)}$ $\quad \dfrac{-92.22\ kJ}{3\ mol\ H_2(g)}$ $\quad \dfrac{-92.22\ kJ}{2\ mol\ NH_3(g)}$

$\dfrac{1\ mol\ N_2(g)}{-92.22\ kJ}$ $\quad \dfrac{3\ mol\ H_2(g)}{-92.22\ kJ}$ $\quad \dfrac{2\ mol\ NH_3(g)}{-92.22\ kJ}$

6.12 The reaction used must be exothermic. Because it can be started by opening the package, it probably involves oxygen from the air, and the sealed package prevents the reaction from occurring before it is needed. Many metals can be oxidized easily and exothermically. The reaction of iron with oxygen is a good candidate.

6.13 Yes, it would violate the first law of thermodynamics. According to the supposition, we could create energy by starting with 2 mol HCl, breaking all the molecules apart, recombining the atoms to form 1 mol $H_2$ and 1 mol $Cl_2$ and then reacting the $H_2$ and $Cl_2$ to give 2 HCl.

$$2\ HCl \longrightarrow \text{atoms} \longrightarrow H_2 + Cl_2 \quad \Delta H° = +185\ kJ$$
$$H_2 + Cl_2 \longrightarrow 2\ HCl \quad \Delta H° = -190\ kJ$$

The net effect of these two processes is that there is still 2 mol HCl, but 5 kJ of energy has been created. This is impossible according to the first law of thermodynamics.

6.14 (a) In the reaction $2\ HF \rightarrow H_2 + F_2$ there are two bonds in the two reactant molecules and two bonds in the two product molecules. Since the reaction is endothermic, the bonds in the reactant molecules must be stronger than in the products.

(b) For the reaction $2\ H_2O \rightarrow 2\ H_2 + O_2$, there are four bonds in the two reactant molecules but only three bonds in the three product molecules. The reaction is endothermic because more bonds are broken than are formed.

6.15 $C_6H_{12}O_6(s) + 6\,O_2(g) \rightarrow 6\,CO_2(g) + 6\,H_2O(\ell)$
Because the volume of any ideal gas is proportional to the amount (moles) of gas, and because there are 6 mol of gaseous reactant and 6 mol of gaseous product, there will be very little change in volume. Almost no work will be done, and $\Delta H \cong \Delta E$.

6.16 In the Problem–Solving Example 6.10 the reaction produced 0.25 mol NaCl and the heat transfer associated with the reaction caused 500 mL of solution to warm by 7 °C.
(a) Here the reaction produces 0.20 mol NaCl by neutralizing 0.20 mol NaOH and the heat transfer warms 400. mL of water. So there is less heat transfer but it will be heating a smaller volume. The quantity of reaction is $\frac{0.20\text{ mol}}{0.25\text{ mol}} = 0.80$ as much, so the heat trans–fer is 0.80 as much. The quantity of water to be heated is $\frac{400.\text{mL}}{500.\text{mL}} = 0.800$ as much. Therefore the combined effect on temperature is the same as in Problem–Solving Example 6.10, and the temperature change associated with this process will also be 7 °C.
(b) Here the limiting reactant is $\frac{0.10\text{ mol}}{0.25\text{ mol}} = 0.10$ mol NaOH. (Only half of the $H_2SO_4$ is used up.) The heat transfer from the reaction warms 200. mL of water. So there is less heat transfer but it will heat a smaller volume. The quantity of reaction is as much, so the heat transfer is $\frac{200.}{400.} = 0.40$ as much. The quantity of water is as much. Therefore once again the combined effect on temperature is the same as in Problem–Solving Example 6.10, and the temperature change associated with this process will also be 7 °C.

6.17
(a) The product is the same as the reactant, so there is nochange—nothing happens.
(b) Since product and reactant are the same, $\Delta H = 0$.

## Chapter 7

7.1 Wavelength and frequency are inversely related. Therefore, lowfrequency radiation has long–wavelength radiation.

7.2 Cellular phones use higher frequency radio waves.

7.3 $E = h\nu;\quad \lambda = \dfrac{hc}{E}$

$$E = h\nu = (6.626 \times 10^{-34}\,\text{J}\cdot\text{s})(2.45 \times 10^{9}\,\text{s}^{-1})$$
$$= 1.62 \times 10^{-24}\,\text{J}$$
$$\lambda = \frac{(6.626 \times 10^{-34}\,\text{J}\cdot\text{s})(2.998 \times 10^{8}\,\text{m/s})}{1.62 \times 10^{-24}\,\text{J}}$$
$$= 1.23 \times 10^{-1}\,\text{m}$$

7.4 In a sample of excited hydrogen gas there are many atoms, and each can exist in one of the excited states possible for hydrogen. The observed spectral lines are a result of all the possible transitions of all these hydrogen atoms.

7.5 (a) Emitted (b) Absorbed
(c) Emitted (d) Emitted

7.6 $(2.179 \times 10^{-18}\,\text{J/photon})$
$$\times \left(\frac{1\text{ kJ}}{10^{3}\text{ J}}\right)\left(\frac{6.022 \times 10^{23}\text{ photons}}{1\text{ mol}}\right)$$
$$= 1312\text{ kJ/mol photons}$$

7.7 (a) $5d$ (b) $4f$ (c) $6p$

7.8 The $n = 3$ level can have only three types of sublevels—*s*, *p*, and *d*. The $n = 2$ level can have only *s* and *p* sublevels, not *d* sublevels ($l = 2$).

7.9 $3, 0, 0, +\frac{1}{2}$; $3, 0, 0\ -\frac{1}{2}$

7.10 (a) For example $3, 1, +1, +\frac{1}{2}$ and $3, 1, 0, +\frac{1}{2}$
(b) $3, 1, 1, +\frac{1}{2}$ and $3, 0, 0, -\frac{1}{2}$

7.11 Electron a is in the $3p_y$ orbital. Electron b is in the $3p_z$ orbital.

7.12 (a) The maximum number of electrons in the $n = 3$ level is 18 (2 electrons per orbital). The orbitals would be designated $3s$, $3p_x$, $3p_y$, $3p_z$, $3d_z2$, $3d_{xy}$, $3d_{yz}$, $3d_{xz}$, and $3d_{x^2-y^2}$.
(b) The maximum number of electrons in the $n = 5$ level is 50. The orbitals would be designated $5s$, $5p_x$, $5p_y$, $5p_z$, $5d_{yz}$, $5d_{xz}$, $5d_z2$, $5d_{xy}$, $5d_{x^2-y^2}$, and the seven $5f$ orbitals and the nine 5g, which are not designated by name in the text.

7.13 The first shell that could contain g orbitals would be the $n = 5$ shell. There would be nine g orbitals.

7.14 For the chlorine atom, $n = 3$, and there are seven electrons in this
highest energy level. The configuration is

3*s* [↑↓] 3*p* [↑↓][↑↓][↑].

For the selenium atom, the highest energy level is $n = 4$, and there are six electrons in the n = 4 level. The configuration is

4*s* [↑↓] 4*p* [↑↓][↑][↑].

7.15 The $[Ar]3d^44s^2$ configuration for chromium has four unpaired electrons, and the $[Ar]3d^54s^1$ configuration has six unpaired electrons.

7.16 The $Fe(acac)_2$ contains an $Fe^{2+}$ ion with a $3d$ electron configuration of [↑↓][↑][↑][↑][↑]. This configuration has four unpaired electrons. The compound $Fe(acac)_3$ contains an $Fe^{3+}$ ion, with a $3d$ electron con figuration of [↑][↑][↑][↑][↑]. This configuration has five unpaired electrons. The $Fe(acac)_3$, with more unpaired electrons per molecule, would be attracted more strongly into a magnetic field.

## Chapter 8

8.1 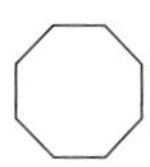 $C_8H_{16}$

8.2 $N_2$ has only 10 valence electrons. The Lewis structure shown has 14 valence electrons.

8.3 None of the structures are correct. (a) is incorrect because sulfur does not have an octet of electrons (it has only six); (b) is incorrect because, although it shows the correct number of valence electrons (26), there is a double bond between F and N rather than a single bond with a lone pair on N; (c) is incorrect because the left carbon has five bonds; (d) is incorrect because COCl should have 17 valence electrons, not 18 as shown.

8.4 (a) $C_5H_{10}$ (b) Two

8.5 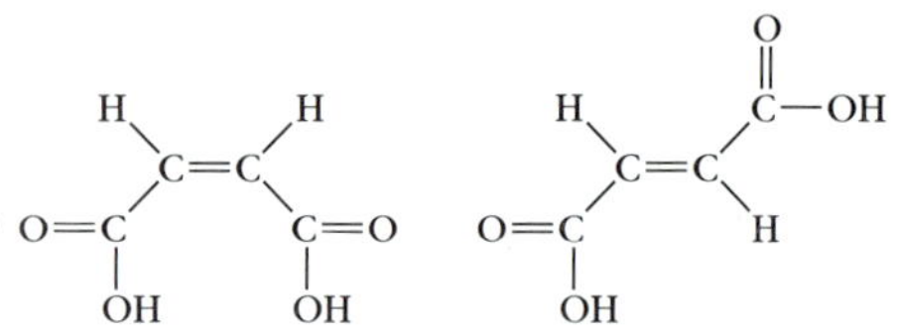

maleic acid (the *cis* isomer) fumaric acid (the *trans* isomer)

8.6 C—N > C=N > C≡N. The order of decreasing bond energy is the reverse order: C≡N > C=N > C—N. See Tables 8.1 and 8.2.

8.7 (a) The electronegativity difference between sodium and chlorine is 2.0, sufficient to cause electron transfer from sodium to chlorine to form $Na^+$ and $Cl^-$ ions. Molten NaCl conducts an electric current, indicating the presence of ions.
(b) There is an electronegativity difference of 1.2 in BrF, which is sufficient to form a polar covalent bond, but not great enough to cause electron transfer leading to ion formation.

8.8 The Lewis structure of hydrazine is

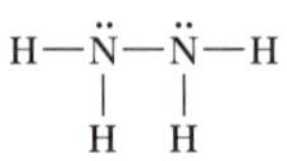

| | H | H | N | N | H | H |
|---|---|---|---|---|---|---|
| Valence electrons | 1 | 1 | 5 | 5 | 1 | 1 |
| Lone pair electrons | 0 | 0 | 2 | 2 | 0 | 0 |
| $\frac{1}{2}$ shared electrons | 1 | 1 | 3 | 3 | 1 | 1 |
| *Formal charge* | 0 | 0 | 0 | 0 | 0 | 0 |

8.9 Atoms cannot be rearranged to derive a resonance structure. There is no N-to-O bond in cyanate ion; therefore, such an arrangement cannot be a resonance structure of cyanate ion.

## Chapter 9

9.1 When the central atom has no lone pairs

9.2 The triangular bipyramidal shape has three of the five pairs situated in equatorial positions 120° apart and the remaining two pairs in axial positions. The square pyramidal shape has four of the atoms bonded to the central atom in a square plane, with the other bonded atom directly above the central atom and equidistant from the other four.

9.3 (a) $AX_2E_3$ (b) $AX_3E_1$ (c) $AX_2E_3$

9.4 Pi bonding is not possible for a carbon atom with $sp^3$ hybridization because it has no unhybridized $2p$ orbitals. All of its $2p$ orbitals have been hybridized.

9.5 (a) Bromine is more electronegative than iodine, and the H—Br bond is more polar than the H—I bond.
(b) Chlorine is more electronegative than the other two halogens; therefore, the C—Cl bond is more polar than the C—Br and C—I bonds.

9.6 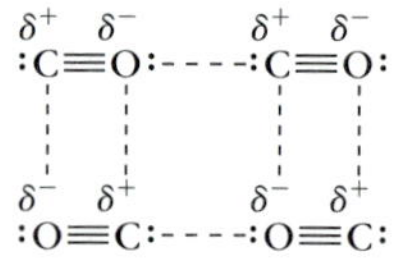


9.7 The F—H · · · F—H hydrogen bond is the strongest because the electronegativity difference between H and F produces a more polar F—H bond than does the lesser electronegativity difference between O and H or N and H in the O—H or N—H bonds.

## Chapter 10

10.1 $$(2.7 \times 10^{14} \text{ molecules}) \times \left(\frac{64.06 \text{ g SO}_2}{6.02 \times 10^{23} \text{ molecules}}\right) = 2.9 \times 10^{-8} \text{ g SO}_2$$

10.2 All have the same kinetic energy at the same temperature.

10.3 For a sample of helium, the plot would look like the curve marked He in Figure 10.6. When an equal number of argon molecules, which are heavier, are added to the helium, the distribution of molecular speeds would look like the sum of the curves marked He and $O_2$ in Figure 10.7, except that the curve for Ar would have its peak a little to the left of the $O_2$ curve.

10.4 (a) The balloon placed in the freezer will be smaller than the one kept at room temperature because its sample of helium is colder.
(b) Upon warming, the helium balloon that had been in the freezer will be either the same size as the balloon kept at room temperature or perhaps slightly larger because there is a greater chance that He atoms leaked out of the room temperature balloon during the time the other balloon was kept in the freezer. This would be caused by the faster-moving He atoms in the room temperature balloon having more chances to escape from tiny openings in the balloon's walls.

10.5 The gas in the shock absorbers will be more highly compressed. The gas molecules will be closer together. The gas molecules will collide with the walls of the shock absorber more often, and the pressure exerted will be larger.

10.6 Increasing the temperature of a gas causes the gas molecules to move faster, on average. This means that each collision with the container walls involves greater force, because on average, a molecule is moving faster and hits the wall harder. If the container remained the same (constant volume), there would also be more collisions with the container wall because faster-moving molecules would hit the walls more often. Increasing the volume of the container, on the other hand, requires that the faster-moving molecules must travel a greater distance before they strike the container walls. Increasing the volume enough would just balance the greater numbers of harder collisions caused by increased temperature. To maintain a constant volume requires that the pressure increases to match the greater pressure due to more and harder collisions of gas molecules with the walls.

10.7 Using the ratio of 100 balloons/26.8 g He, calculate the number of balloons 41.8 g He can fill.

$$\text{Balloons} = (41.8\text{ g He})\left(\frac{100\text{ balloons}}{26.8\text{ g He}}\right) = 155\text{ balloons}$$

This much He will fill more balloons than needed.

10.8 1. Increase the pressure.
2. Decrease the temperature.
3. Remove some of the gas by reaction to form a nongaseous product.

10.9 Density of $Cl_2$ at 25 °C and 0.750 atm $= \dfrac{PM}{RT}$

$$= \frac{(0.750\text{ atm})(70.906\text{ g/mol})}{(0.0821\text{ L atm mol}^{-1}\text{ K}^{-1})(298\text{ K})} = 2.17\text{ g/L}$$

Density of $SO_2$ at 25 °C and 0.750 atm $= \dfrac{PM}{RT}$

$$= \frac{(0.750\text{ atm})(64.06\text{ g/mol})}{(0.0821\text{ L atm mol}^{-1}\text{ K}^{-1})(298\text{ K})} = 1.96\text{ g/L}$$

Density of $Cl_2$ at 35 °C and 0.750 atm $= \dfrac{PM}{RT}$

$$= \frac{(0.750\text{ atm})(70.906\text{ g/mol})}{(0.0821\text{ L atm mol}^{-1}\text{ K}^{-1})(308\text{ K})} = 2.10\text{ g/L}$$

Density of $SO_2$ at 25 °C and 2.60 atm $= \dfrac{PM}{RT}$

$$= \frac{(2.60\text{ atm})(64.06\text{ g/mol})}{(0.0821\text{ L atm mol}^{-1}\text{ K}^{-1})(298\text{ K})} = 6.81\text{ g/L}$$

10.10 Density of He = $1.23 \times 10^{-4}$ g/mL
Density of Li = 0.53 g/mL
Since the density of He is so much less than that of Li, the atoms in a sample of He must be much farther apart than the atoms in a sample of Li. This idea is in keeping with the general principle of the kinetic-molecular theory that the particles making up a gas are far from one another.

10.11 (a) If lowering the temperature causes the volume to decrease, by $PV = nRT$, the pressure can be assumed to be constant. The value of $n$ is unchanged. Since both $P$ and $n$ remain unchanged, the partial pressures of the gases in the mixture remain unchanged.
(b) When the total pressure of a gas mixture increases, the partial pressure of each gas in the mixture increases because the partial pressure of each gas in the mixture is the product of the mole fraction for that gas and the total pressure.

10.12 We can calculate the total number of moles of gas in the flask from the given information.

$$n = \frac{PV}{RT} = \frac{\left(\frac{626}{760}\right)\text{atm }(0.355\text{ L})}{(0.0821\text{ L atm mol}^{-1}\text{ K}^{-1})(308\text{ K})} = 0.01156\text{ mol gas}$$

The number of moles of Ne is

$$0.146\text{ g Ne} \times \frac{1\text{ mol Ne}}{20.18\text{ g/mol}} = 0.007235\text{ mol Ne}$$

We find the number of moles of Ar by subtraction.

$$0.01156\text{ mol gas} - 0.007235\text{ mol Ne} = 0.004325\text{ mol Ar}$$

$$0.004325\text{ mol Ar} \times 39.948\text{ g/mol} = 0.173\text{ g Ar}$$

10.13 Natural sources: animal respiration, forest fires, decay of cellulose materials, partial digestion of carbohydrates, volcanoes. Human sources: burning fossil fuels, burning agricultural wastes and refined cellulose products such as paper, decay of carbon compounds in landfills.

10.14 The fluctuations occur because of the seasons. Photosynthesis, which uses $CO_2$, is greatest during the spring and summer, accounting for lower $CO_2$ levels.

## Chapter 11

11.1 The London forces are greater between bromoform molecules than between chloroform molecules because the bromoform molecules have more electrons. This stronger intermolecular attraction causes the $CHBr_3$ molecules to exhibit a greater surface tension. (The dipole in each molecule contributes less than the London forces to the intermolecular attractions.)

11.2 (a) Water and glycerol would have similar surface tensions because of extensive hydrogen bonding. (b) Octane and decane would have similar surface tensions because both are alkane hydrocarbons.

11.3 (a) 62 °C (b) 0 °C (c) 80 °C

11.4 Bubbles form within a boiling liquid when the vapor pressure of the liquid equals the pressure of the surroundings of the liquid sample. The bubbles are actually filled with vapor of the boiling liquid. One way to prove this would be to trap some of these bubbles and allow them to condense. They would condense to form the liquid that had boiled.

11.5 The evaporating water carries with it thermal energy from the water inside the pot. In addition, a large quantity of thermal energy is required to cause the water to evaporate. Much of this thermal energy comes from the water inside the pot.

11.6 (a) Bromine molecules have more electrons than chlorine molecules. Therefore, bromine molecules are held together by stronger intermolecular attractions.
(b) Ammonia molecules are attracted to one another by hydrogen bonds. This causes ammonia to have a higher boiling point than that of methane, which has no hydrogen bonding.

11.7 Two moles of liquid bromine crystallizing liberates 21.59 kJ of energy. One mole of liquid water crystallizing liberates 6.02 kJ of energy.

11.8 High humidity conditions make the evaporation of water or the sublimation of ice less favorable. Under these conditions, the sublimation of ice required to make the frost–free refrigerator work is less favorable, so the defrost cycle is less effective.

11.9 The impurity molecules are less likely to be converted from the solid phase to the vapor phase. This causes them to be left behind as the molecules that sublime go into the gas phase and then condense at some other place. The molecules that condense are almost all of the same kind, so the sublimed sample is much purer than the original.

11.10 The curve is the vapor pressure curve. Upward: condensation. Downward: vaporization. Left to right: vaporization. Right to left: condensation.

11.11 (a) If liquid $CO_2$ is slowly released from a cylinder of $CO_2$, gaseous $CO_2$ is formed. The temperature remains constant (at room temperature) because there is time for energy to be transferred from the surroundings to separate the $CO_2$ molecules from their intermolecular attractions. This can be seen from the phase diagram as the phase changes from liquid to vapor as the pressure decreases.

(b) If the pressure is suddenly released, the attractive forces between a large number of $CO_2$ molecules must be overcome, which requires energy. This energy comes from the surroundings as well as from the $CO_2$ molecules themselves, causing the temperature of both the surroundings and the $CO_2$ molecules to decrease. On the phase diagram for $CO_2$, a decrease in both temperature and pressure moves into a region where only solid $CO_2$ exists.

11.12 It is predicted that a small concentration of gold will be found in the lead and that a small concentration of lead will be found in the gold. This will occur because of the movement of the metal atoms with time, as predicted by the kinetic molecular theory.

11.13 One Po atom belongs to its unit cell. Two Li atoms belong to its unit cell. Four Ca atoms belong to its unit cell.

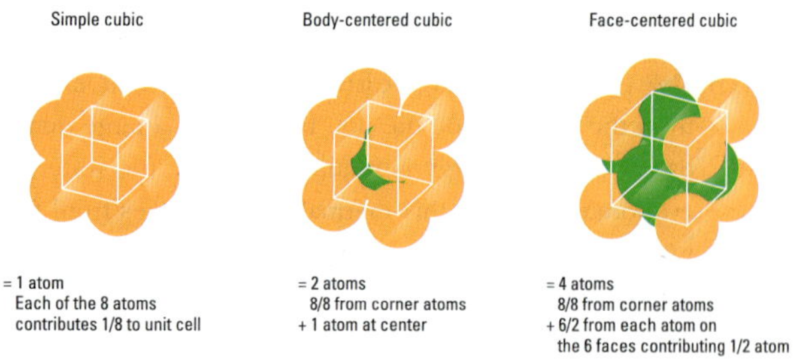


11.14 Each $Cs^+$ ion at the center of the cube has eight $Cl^-$ ions as its neighbors. One eighth of each $Cl^-$ ion belongs to that $Cs^+$ ion. So the formula for this salt must be a 1 : 1 ratio of $Cs^+$ ions to $Cl^-$ ions, or CsCl.

11.15 Cooling a liquid above its freezing point causes the temperature to decrease. When the liquid begins to solidify, energy is released as atoms, molecules, or ions move closer together to form in the solid crystal lattice. This causes the temperature to remain constant until all the molecules in the liquid have positioned themselves in the lattice. Further cooling then causes the temperature to decrease. The shape of this curve is common to all substances that can exist as liquids.

11.16 Increasing strength of metallic bonding is related to increasing numbers of valence electrons. In the transition metals, the presence of *d*–orbital electrons causes stronger metallic bonding. Beyond a half–filled set of *d*–orbitals, however, extra electrons have the effect of decreasing the strength of metallic bonding.

## Chapter 12

12.1

(a)

i. $$\text{Rate} = -\frac{\Delta[\text{Cv}^+]}{\Delta t} = -\frac{(0.793\times10^{-5} - 1.46\times10^{-5})\ \text{mol/L}}{(60.0-40.0)\ \text{s}} = \frac{6.67\times10^{-6}\ \text{mol/L}}{20.0\ \text{s}} = 3.3\times10^{-7}\ \text{mol L}^{-1}\ \text{s}^{-1}$$

ii. $$\text{Rate} = -\frac{(0.429\times10^{-5} - 2.71\times10^{-5})\ \text{mol/L}}{(80.0-20.0)\ \text{s}} = 3.8\times10^{-7}\ \text{mol L}^{-1}\ \text{s}^{-1}$$

iii. $$\text{Rate} = -\frac{(0.232\times10^{-5} - 5.00\times10^{-5})\ \text{mol/L}}{(100.0-0.0)\ \text{s}} = 4.8\times10^{-7}\ \text{mol L}^{-1}\ \text{s}^{-1}$$

(b)

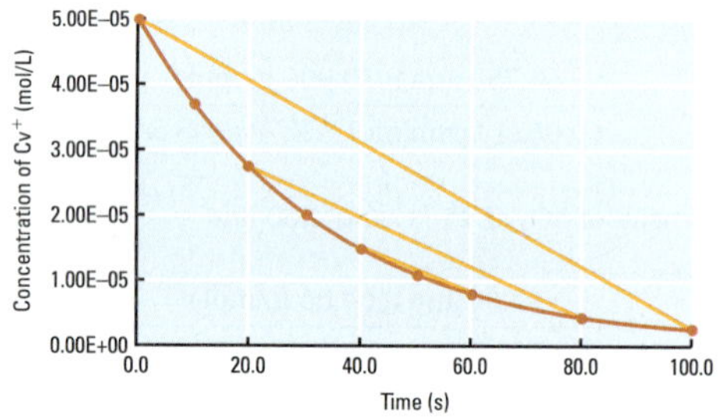


(c) The rate is faster when the concentration of $Cv^+$ is larger. As the reaction takes place, the rate gets slower. There is a much larger change in concentration from 0 s to 50 s than from 50 s to 100 s. Therefore, the ' $[Cv^+]$ is more than three times bigger for the time range from 20 s to 80 s than it is for the time range from 40 s to 60 s, even though '*t* is exactly three times larger.

12.2 (a) Rate (1) is twice rate (3); rate (2) is twice rate (4); rate (3) is twice rate (5).

(b) In each case, the $[Cv^+]$ is twice as great when the rate is twice as great.

(c) Yes, the rate doubles when $[Cv^+]$ doubles.

12.3

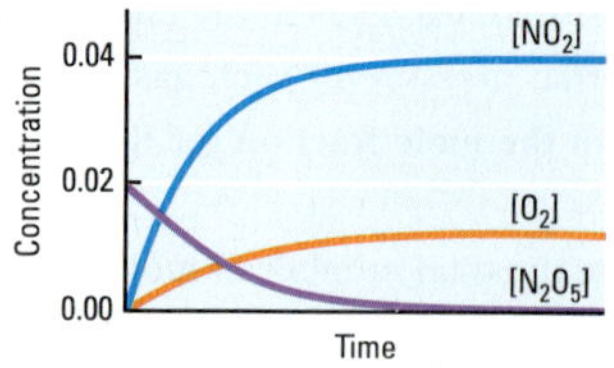

12.4 $\text{Rate}_1 = k[\text{CH}_3\text{COOCH}_3][\text{OH}^-]$

$\text{Rate}_2 = k(2[\text{CH}_3\text{COOCH}_3])$

$(\tfrac{1}{2}[\text{OH}^-] = k[\text{CH}_3\text{COOCH}_3][\text{OH}^-]$

The rate is unchanged.

12.5 $\text{Rate} = k[\text{NO}]^x[\text{Cl}_2]^y$

Taking the log of both sides and applying to experiments 4 and 2 gives

$$\log(\text{Rate}_4) = \log(k) + x\log[\text{NO}]_4 + y\log[\text{Cl}_2]_4$$
$$\log(\text{Rate}_2) = \log(k) + x\log[\text{NO}]_2 + y\log[\text{Cl}_2]_2$$

Recognizing that $[\text{Cl}_2]_4 = [\text{Cl}_2]_2$ and then subtracting the second equation from the first gives

$$\log(\text{Rate}_4) - \log(\text{Rate}_2) = x\log[\text{NO}]_4 - x\log[\text{NO}]_2$$

Using the properties of logarithms gives

$$\log\{\text{Rate}_4/\text{Rate}_2\} = x\{\log[\text{NO}]_4/[\text{NO}]_2\}$$

So

$$x = \log\{\text{Rate}_4/\text{Rate}_2\}/\{\log[\text{NO}]_4/[\text{NO}]_2\} \quad \text{QED}$$

Now we can insert the actual numbers from experiments 4 and 2:

$$x = [\log(6.60 \times 10^{-4}/1.65 \times 10^{-4})]/\log(0.04/0.02)$$

$$x = \log 4/\log 2 = 0.602/0.301 = 2$$

12.6
(a) $\text{CH}_3\text{NC} \rightarrow \text{CH}_3\text{CN}$ unimolecular
(b) $2\,\text{HI} \rightarrow \text{H}_2 + \text{I}_2$ bimolecular
(c) $\text{NO}_2\text{Cl} \rightarrow \text{NO}_2 + \text{Cl}$ unimolecular
(d) $\text{C}_4\text{H}_8 \rightarrow \text{C}_4\text{H}_8$ unimolecular
(e) $\text{NO}_2\text{Cl} + \text{Cl} \rightarrow \text{NO}_2 + \text{Cl}_2$ bimolecular

12.7  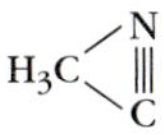

The Lewis structure has five pairs of electrons around one C atom, which would not be stable. However, this is a transition state, which is, by definition, unstable.

12.8 (1) 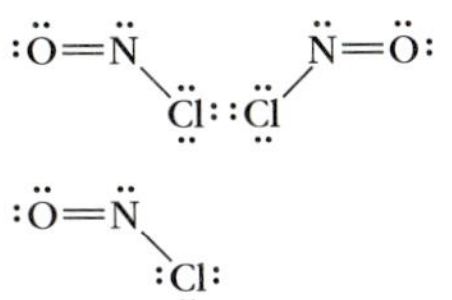

(2) 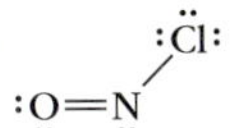

(3) 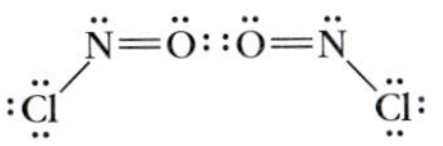

(4) 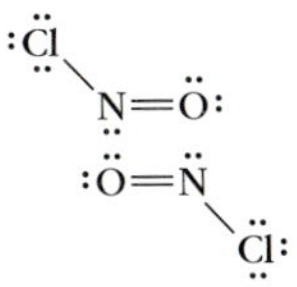

(1) and (2) are much more likely to result in a reaction than are (3) and (4).

12.9 (a) $k = Ae^{-Ea/RT}$

$$= (6.31 \times 10^8\ \text{L mol}^{-1}\ \text{s}^{-1})\, e^{\frac{-10{,}000\ \text{J/mol}}{(8.314\ \text{J K}^{-1}\ \text{mol}^{-1})(370\ \text{K})}}$$

$$k = 2.4 \times 10^7\ \text{L mol}^{-1}\ \text{S}^{-1}$$

(b) $\text{Rate} = k[\text{NO}][\text{O}_3]$

$$= (2.4 \times 10^7\ \text{L mol}^{-1}\ \text{s}^{-1})(1.0 \times 10^{-3}\ \text{mol/L}) \times (5.0 \times 10^{-4}\ \text{mol/L})$$

$$= 12\ \text{mol L}^{-1}\ \text{s}^{-1}$$

12.10 The reaction does not occur in a single step. If it did, the rate law would be Rate = $k[\text{NO}_2][\text{CO}]$.

12.11 Rate = $k[\text{HOI}][\text{I}^-]$

12.12 (a)
$\text{Ce}^{4+} + \text{Mn}^{2+} \rightarrow \text{Ce}^{3+} + \text{Mn}^{3+}$
$\text{Ce}^{4+} + \text{Mn}^{3+} \rightarrow \text{Ce}^{3+} + \text{Mn}^{4+}$
$\text{Mn}^{4+} + \text{Tl}^{+} \rightarrow \text{Mn}^{2+} + \text{Tl}^{3+}$

$2\,\text{Ce}^{4+} + \text{Tl}^{+} \rightarrow 2\,\text{Ce}^{3+} + \text{Tl}^{3+}$

(b) Intermediates are $\text{Mn}^{3+}$ and $\text{Mn}^{4+}$.
(c) The catalyst is $\text{Mn}^{2+}$.
(d) Rate = $k[\text{Ce}^{4+}][\text{Mn}^{2+}]$

12.13 (a) The concentration of a homogeneous catalyst *must* appear in the rate law.

(b) A catalyst does not appear in the equation for an overall reaction.

(c) A *homogeneous* catalyst must always be in the same phase as the reactants.

## Chapter 13

13.1 (a) $(\text{conc. Al}) = \dfrac{2.70\ \text{g}}{\text{mL}} \times \dfrac{1000\ \text{mL}}{1\ \text{L}} \times \dfrac{1\ \text{mol}}{26.98\ \text{g}}$

$= 100.\ \text{mol/L}$

(b) $(\text{conc. benzene}) = \dfrac{0.880\ \text{g}}{\text{mL}} \times \dfrac{1000\ \text{mL}}{1\ \text{L}} \times \dfrac{1\ \text{mol}}{78.11\ \text{g}}$

$= 11.3\ \text{mol/L}$

(c) $(\text{conc. water}) = \dfrac{0.998\ \text{g}}{\text{mL}} \times \dfrac{1000\ \text{mL}}{1\ \text{L}} \times \dfrac{1\ \text{mol}}{18.02\ \text{g}}$

$= 55.4\ \text{mol/L}$

(d) $(\text{conc. Au}) = \dfrac{19.32\ \text{g}}{\text{mL}} \times \dfrac{1000\ \text{mL}}{1\ \text{L}} \times \dfrac{1\ \text{mol}}{196.97\ \text{g}}$

$= 98.1\ \text{mol/L}$

13.2 The mixture is not at equilibrium, but the reaction is so slow that there is no change in concentrations. You could show that the system was not at equilibrium by providing a catalyst or by raising the temperature to speed up the reaction.

13.3 (a) The new mixture is not at equilibrium because the quotient (conc. *trans*)/(conc. *cis*) no longer equals the equilibrium constant. Because (conc. *cis*) was halved, the quotient is twice $K_c$.

(b) The rate *trans* : *cis* remains the same as before, because (conc. *trans*) did not change. The rate *cis* : *trans* is only half as great, because (conc. *cis*) is half as great as at equilibrium.

(c) At 600 K, $K_c$ is 1.47. Thus, [*trans*] = 1.47[*cis*].

(d) 0.15 mol/L

13.4 (a) If the coefficients of an equation are halved, the numerical value for the new equilibrium constant is the square root of the previous equilibrium constant. So the new equilibrium constant is $(6.25 \times 10^{-58})^{1/2} = 2.50 \times 10^{-29}$.

(b) If a chemical equation is reversed, the value for the new equilibrium constant is the reciprocal of the previous equilibrium constant. So the new equilibrium constant is $1/(6.25 \times 10^{-58}) = 1.60 \times 10^{57}$.

13.5 (a) $K_P = K_c \times (RT)^{\Delta n} = (3.5 \times 10^8 \text{ L}^2 \text{ mol}^{-2}) \times \{(0.082057 \text{ L atm K}^{-1} \text{ mol}^{-1})(298)\}^{-2} = 5.8 \times 10^5 \text{ atm}^{-2}$

(b) $K_P = (3.2 \times 10^{81} \text{ L mol}^{-1}) \times \{(0.082057 \text{ L atm mol}^{-1} \text{ K}^{-1})(298 \text{ K})\}^{-1} = 1.3 \times 10^{80} \text{ atm}^{-1}$

(c) $K_P = K_c = 1.7 \times 10^{-3}$

(d) $K_P = (1.7 \times 10^2 \text{ L mol}^{-1}) \times \{(0.082057 \text{ L atm mol}^{-1} \text{ K}^{-1})(298 \text{ K})\}^{-1} = 6.9 \text{ atm}^{-1}$

13.6 (a) Because $K_c$ for the forward reaction is small, $K_c'$ for the reverse reaction is large.

(b) $K_c' = \dfrac{1}{K_c} = \dfrac{1}{1.8 \times 10^{-5}} = 5.6 \times 10^4$

(c) Ammonium ions and hydroxide ions should react, using up nearly all of whichever is the limiting reactant.

(d) $NH_4^+(aq) + OH^-(aq) \rightleftharpoons NH_3(aq) + H_2O(\ell)$
$NH_3(aq) \rightleftharpoons NH_3(g)$

You might detect the odor of $NH_3(g)$ above the solution. A piece of moist red litmus paper above the solutionwould turn blue.

13.7 $Q$ should have the same mathematical form as $K_P$, so for the general Equation 13.1

$$Q_P = \frac{P_C^c \times P_D^d}{P_A^a \times P_B^b}$$

The rules for $Q_P$ and $K_P$ are analogous to those for $Q$ and $K_c$:
If $Q_P > K_P$, then the reverse reaction occurs.
If $Q_P = K_P$, then the system is at equilibrium.
If $Q_P < K_P$, the forward reaction occurs.

13.8 $PCl_5(s) \rightleftharpoons PCl_3(g) + Cl_2(g)$

(a) Adding $Cl_2$ shifts the equilibrium to the left.

(b) Adding $PCl_3$ to the container shifts the equilibrium to the left.

(c) Because $PCl_5(s)$ does not appear in the $K_c$ expression, adding some will not affect the equilibrium.

13.9 $$Q = \frac{(\text{conc. } H_2)(\text{conc. } I_2)}{(\text{conc. HI})^2} = \frac{(0.102 \times 3)(0.0018 \times 3)}{(0.096 \times 3)^2} = \frac{(0.102)(0.0018)(9)}{(0.096)^2(9)} = 0.020 = K_c$$

Since $Q = K_c$, the system is at equilibrium under the new conditions. No shift is needed and none occurs.

13.10 From Problem–Solving Practice 13.6, $[NO_2] = 0.0418$ mol/L and $[N_2O_4] = 0.292$ mol/L.
Decreasing the volume from 4.00 to 1.33 L increases the concentrations as

$$(\text{conc. } NO_2) = 0.0418 \times \frac{4.00}{1.33} = 0.1257 \text{ mol/L}$$

$$(\text{conc. } N_2O_4) = 0.292 \times \frac{4.00}{1.33} = 0.8782 \text{ mol/L}$$

$$Q = \frac{(\text{conc. } NO_2)^2}{(\text{conc. } N_2O_4)} = \frac{(0.1257)^2}{0.8782} = 1.80 \times 10^{-2}$$

which is greater than $K_c$. Therefore, the equilibrium should shift to the left. Let $x$ be the change in concentration of $NO_2$, (which should be negative).

| | $N_2O_4$ | $\rightleftharpoons$ | $2\ NO_2$ |
|---|---|---|---|
| Initial concentration (mol/L) | 0.8782 | | 0.1257 |
| Change as reaction occurs (mol/L) | $-\frac{1}{2}x$ | | $x$ |
| New equilibrium concentration (mol/L) | $0.8782 - \frac{1}{2}x$ | | $0.1257 + x$ |

$$K_c = 5.9 \times 10^{-3} = \frac{(0.1257 + x)^2}{0.8782 - 0.500x} = \frac{(1.580 \times 10^{-2}) + (2.514 \times 10^{-1})x + x^2}{0.8782 - 0.500x}$$

$$5.18 \times 10^{-3} - (2.95 \times 10^{-3})x = (1.580 \times 10^{-2}) + (2.514 \times 10^{-1})x + x^2$$

$$x^2 + 0.2544x + (1.062 \times 10^{-2}) = 0$$

$$x = \frac{-0.2544 \pm \sqrt{6.472 \times 10^{-2} - (4 \times 1 \times 1.062 \times 10^{-2})}}{2}$$

$$x = \frac{-0.2544 \pm 0.1491}{2}$$

$x = -0.0526$ or $x = -0.2018$

The second root is mathematically reasonable, but results in a negative value for the $[NO_2]$. The new equilibrium concentrations are

$$[NO_2] = 0.1257 - 0.0526 = 0.0730 \text{ mol/L}$$

$$[N_2O_4] = 0.8782 - \tfrac{1}{2}(-0.0526) = 0.9045 \text{ mol/L}$$

Compared to the initial equilibrium, the concentrations have changed by

$$NO_2\text{: } \frac{0.0730}{0.0418} = 1.75 \qquad N_2O_4\text{: } \frac{0.945}{0.292} = 3.10$$

The concentration of $N_2O_4$ did increase by more than a factor of 3. The concentration of $NO_2$ increased by 1.75, which is less than a factor of 3 increase.

13.11

| | How Reaction System Changes | Equilibrium Shifts | Change in $K_c$? |
|---|---|---|---|
| (a) Add reactant | Some reactants consumed | To right | No |
| (b) Remove reactant | More reactants formed | To left | No |
| (c) Add product | More reactants formed | To left | No |
| (d) Remove product | More products formed | To right | No |
| (e) Increase $P$ by decreasing $V$ | Total pressure decreases | Toward fewer gas molecules | No |
| (f) Decrease $P$ by increasing $V$ | Total pressure increases | Toward more gas molecules | No |
| (g) Increase $T$ | Heat transfer into system | In endothermic direction | Yes |
| (h) Decrease $T$ | Heat transfer out of system | In exothermic direction | Yes |

If a substance is added or removed, the equilibrium is affected only if the substance's concentration appears in the equilibrium constant expression, or if its addition or removal changes concentrations that appear in the equilibrium constant expression.

Changing pressure by changing volume affects an equilibrium only for gas phase reactions in which there is a difference in the number of moles of gaseous reactants and products.

13.12 (a) The reaction is exothermic. $\Delta H° = -46.11$ kJ.

(b) The reaction is not favored by entropy.

(c) The reaction produces more products at low temperatures.

(d) If you increase $T$ the reaction will go faster, but a smaller amount of products will be produced.

## Chapter 14

14.1 The data in Table 14.2 indicate that the solubility of alcohols decreases as the hydrocarbon chain lengthens. Thus, 1–octanol is less soluble in water than 1–heptanol and 1–decanol should be even less soluble than 1–octanol.

14.2 34 g $NH_4Cl$ would crystallize from solution at 20 °C.

14.3 (a) Unsaturated (b) Supersaturated (c) Saturated

14.4 The solubility of $CO_2$ decreases with increasing temperature, and the beverage loses its carbonation, causing it to go "flat."

14.5 Hot solvent would cause more of the solute to dissolve because Le Chatelier's principle states that at higher temperature an equilibrium will shift in the endothermic direction.

14.6 (a) Mass fraction of $NaHCO_3$

$$= \frac{0.20}{1000 + 6.5 + 0.20 + 0.1 + 0.10} = 2.0 \times 10^{-4}$$

Wt. fraction $= 2.0 \times 10^{-4} \times 100\% = 2.0 \times 10^{-2}$

(b) KCl and $CaCl_2$ each have the lowest mass fraction, 0.015.

14.7 (a) The 20–ppb sample has the higher lead concentration. (The other sample is 3 ppb lead.)

(b) 0.015 mg/L is equivalent to 0.015 ppm, which is 15 ppb. The 20–ppb sample exceeds the EPA limit; the 3–ppb sample does not.

14.8 $$3.5 \times 10^{20}\text{ gal} \times \frac{3.785\text{ L}}{\text{gal}} \times \frac{1 \times 10^{-3}\text{ mg Au}}{1\text{ L}}$$

$$= 1 \times 10^{18}\text{ mg Au} = 1 \times 10^{15}\text{ g Au}$$

$$1 \times 10^{15}\text{ g Au} \times \frac{1\text{ lb Au}}{454\text{ g Au}} = 2 \times 10^{12}\text{ lb Au}$$

14.9 (a) Moles of solute and kilograms of solvent

(b) Molar mass of the solute and the density of the solution

14.10 $$50.0\text{ g sucrose} \times \left(\frac{1\text{ mol sucrose}}{342\text{ g sucrose}}\right) = 0.146\text{ mol sucrose}$$

$$100.0\text{ g water} \times \left(\frac{1\text{ mol water}}{18.0\text{ g water}}\right) = 5.56\text{ mol water}$$

$$X_{H_2O} = \frac{5.56}{5.56 + 0.146} = \frac{5.56}{5.706} = 0.974$$

Applying Raoult's law:

$$P_{water} = (X_{water})(P^0_{water}) = (0.974)(71.88\text{ mm Hg}) = 70.0\text{ mm Hg}$$

14.11 $'T_b = (2.53\text{ °C kg mol}^{-1})(0.10\text{ mol/kg}) = 0.25$ °C. The boiling point of the solution is 80.10 °C + 0.25 °C = 80.35 °C.

14.12 First, calculate the required molality of the solution that would have a freezing point of −30 °C.

$$\Delta T_f = -30\text{ °C} = (-1.86\text{ °C·kg mol}^{-1}) \times m$$

$$m = \frac{-30\text{ °C}}{-1.86\text{ °C kg mol}^{-1}} = 16.1\text{ mol/kg}$$

To protect 4.0 kg of water from this freezing temperature, you would need 4.0 kg × 16.1 mol/kg of ethylene glycol, or 65 mol.

$$65\text{ mol}\left(\frac{62.1\text{ g}}{\text{mol}}\right)\left(\frac{1\text{ mL}}{1.113\text{ g}}\right)\left(\frac{1\text{ L}}{1000\text{ mL}}\right) = 3.6\text{ L}$$

14.13 $\Delta T_f = K_f \times m \times i$;

$$4.78\text{ °C} = (1.86\text{ °C kg mol}^{-1})(2.0\text{ mol/kg})(i)$$

$$i = \frac{4.78\text{ °C}}{(2.0\text{ mol/kg})(1.86\text{ °C kg mol}^{-1})} = 1.28$$

Degree of dissociation: If completely dissociated, 1 mol $CaCl_2$ should yield 3 mol ions

$$CaCl_2 \longrightarrow Ca^{2+} + 2\,Cl^-$$

and i should be 3. The degree of dissociation in this solution is $\frac{1.28}{3} = 0.427 \approx 43\%$.

## Chapter 15

15.1 (a) Acid (b) Base

(c) Acid (d) Base

15.2 More water molecules are available per $NH_3$ molecule in a very dilute solution of $NH_3$.

15.3 (a) $H_3O^+(aq) + CN^-(aq)$

(b) $H_3O^+(aq) + Br^-(aq)$

(c) $CH_3NH_3^+(aq) + OH^-(aq)$

(d) $(CH_3)_2NH_2^+(aq) + OH^-(aq)$

15.4 (a) $HSO_4^-(aq) + H_2O(\ell) : H_2SO_4(aq) + OH^-(aq)$

(b) $H_2SO_4$ is the conjugate acid of $HSO_4^-$ ; water is the conjugate acid of $OH^-$.

(c) Yes; it can be an $H^+$ donor or acceptor.

15.5 The reverse reaction is favored because $HSO_4^-$ is a stronger acid than $CH_3COOH$.

15.6

(a) 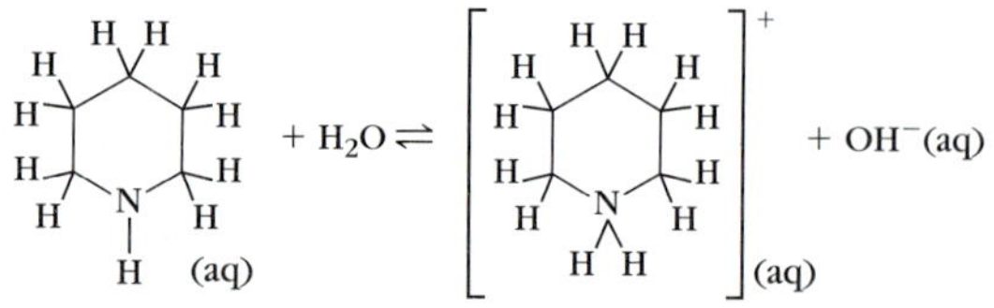

15.7 The pH values of 0.1 M solutions of these two strong acids would be essentially the same since they both are 100% ionized, resulting in $[H_3O^+]$ values that are the same.

15.8 Because pH + pOH = 14.0, both solutions have a pOH of 8.5. The $[H_3O^+] = 10^{-pH} = 10^{-5.5} = 3.16 \times 10^{-6}$ M.

15.9 Pyruvic acid is the stronger acid, as indicated by its larger $K_a$ value. Lactic acid's ionization reaction is more reactant–favored (less acid ionizes).

15.10 Being negatively charged, the $HSO_4^-$ ion has a lesser tendency to lose a positively charged proton because of the electrostatic attractions of opposite charges.

15.11 (a) Step 1: $HOOC{-}COOH(aq) + H_2O(\ell) \rightleftharpoons H_3O^+(aq) + HOOC{-}COO^-(aq)$

Step 2: $HOOC{-}COO^-(aq) + H_2O(\ell) \rightleftharpoons H_3O^+(aq) + {}^-OOC{-}COO^-(aq)$

(b) Step 1: $C_3H_5(COOH)_3(aq) + H_2O \rightleftharpoons H_3O^+(aq) + C_3H_5(COOH)_2COO^-(aq)$

Step 2: $C_3H_5(COOH)_2COO^-(aq) + H_2O \rightleftharpoons H_3O^+(aq) + C_3H_5(COOH)(COO)_2^{2-}(aq)$

Step 3: $C_3H_5(COOH)(COO)_2^{2-}(aq) + H_2O \rightleftharpoons H_3O^+(aq) + C_3H_5(COO)_3^{3-}(aq)$

15.12 $K_b = \dfrac{1.0 \times 10^{-14}}{K_a} = \dfrac{1.0 \times 10^{-14}}{1.3 \times 10^{-10}} = 7.7 \times 10^{-5}$; carbonate ion; by comparing $K_b$ values.

15.13 The pH of soaps is >7 due to the reaction with water of the conjugate base in the soap to form a basic solution.

15.14 Ammonium acetate. The pH of a solution of this salt will be 7.

15.15 (a) Lewis base (b) Lewis acid
(c) Lewis acid and base (d) Lewis acid
(e) Lewis acid (f) Lewis base

## Chapter 16

16.1 HCl and NaCl: no; has no significant $H^+$ acceptor ($Cl^-$ is a very poor base).
KOH and KCl: no; has no $H^+$ donor.

16.2 $pH = 7.21 + \log \dfrac{(0.0025)}{(0.00015)} = 7.21 + \log(1.67)$
$= 7.21 + 0.22 = 7.43$

16.3 $pH = pK_a + \log \dfrac{[\text{acetate}]}{[\text{acetic acid}]}$

$4.68 = 4.74 + \log \dfrac{[\text{acetate}]}{[\text{acetic acid}]}$

$\log \dfrac{[\text{acetate}]}{[\text{acetic acid}]} = 4.68 - 4.74 = -0.06;$

$\dfrac{[\text{acetate}]}{[\text{acetic acid}]} = 10^{-0.06} = 0.86$

Therefore, [acetate] = 0.86 × [acetic acid].

16.4 (a) $pH = 6.38 + \log \dfrac{[0.25]}{[0.10]} = 6.38 + 0.398 = 6.78$

(b) $pH = 7.21 + \log \dfrac{[HPO_4^{2-}]}{[H_2PO_4^-]}$

$= 7.21 + \log \dfrac{(0.25)}{(0.10)} = 7.21 + 0.398 = 7.61$

16.5 Since $CO_2$ reacts to form an acid, $H_2CO_3$, the phosphate ion that is the stronger base, $HPO_4^{2-}$, will be used to counteract its presence.

16.6

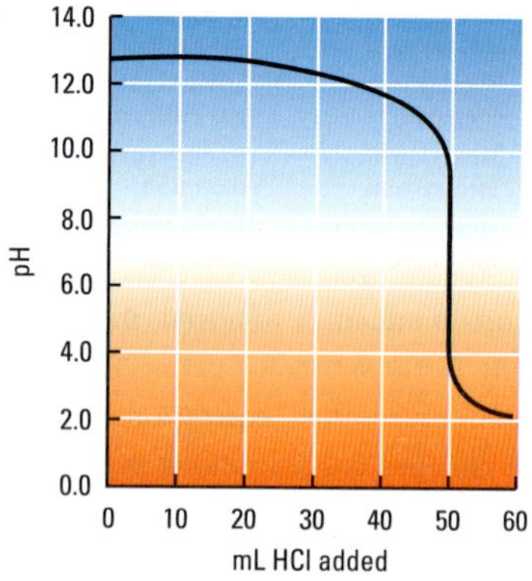


16.7 The addition of 30.0 mL of 0.100 M NaOH neutralizes 30.0 mL of 0.100 M acetic acid, forming 0.0030 mol of acetate ions, which is in 80.0 mL of solution. There is (0.0200 L)(0.100 M) = 0.00200 mol of acetic acid that is unreacted.

$$K_a = 1.8 \times 10^{-5} = \frac{[H^+][C_2H_3O_2^-]}{[HC_2H_3O_2]}$$

$$= \frac{[H^+] \times \left(\dfrac{0.00300 \text{ mol}}{0.0800 \text{ L}}\right)}{\left(\dfrac{0.00200 \text{ mol}}{0.0800 \text{ L}}\right)}$$

$$1.8 \times 10^{-5} = \frac{[H^+] \times (0.0375)}{(0.025)} = [H^+] \times 1.5$$

$$[H^+] = \frac{1.8 \times 10^{-5}}{1.5} = 1.2 \times 10^{-5}$$

$$pH = -\log(1.2 \times 10^{-5}) = 4.92$$

16.8 As NaOH is added, it reacts with acetic acid to form sodium acetate. After 20.0 mL NaOH has been added, just less than half of the acetic acid has been converted to sodium acetate; when 30.0 mL NaOH has been added, just over half of the acetic acid has been neutralized. Thus, after 20.0 mL and 30.0 mL base have been added, the solution contains approximately equal amounts of acetic acid and acetate ion, its conjugate base, which acts as a buffer.

16.9 Because Reaction (b) occurs to an appreciable extent, $CO_3^{2-}$ is used as it forms by Reaction (a), causing additional $CaCO_3(s)$ to dissolve.

16.10 (a) The excess iodide would create a stress on the equilibrium and shift it to the left; some AgI and some $PbI_2$ would precipitate from solution.
(b) The added $SO_4^{2-}$ would cause the precipitation of $BaSO_4$.

## Chapter 17

17.1 (a) $H_2O(\ell) \rightarrow H_2O(g)$ Product-favored

(b) $SiO_2(s) \rightarrow Si(s) + O_2(g)$ Reactant-favored

(c) $(C_6H_{10}O_5)_n(s) + 6n\ O_2(g) \rightarrow$
$6n\ CO_2(g) + 5n\ H_2O(g)$ Product-favored

(d) $C_{12}H_{22}O_{11}(s) \rightarrow C_{12}H_{22}O_{11}(aq)$ Product-favored

17.2 A*** A**B* A*B** B***

If C, D, and E are added, there are many more arrangements in addition to these:

A*B*C* A*B*D* A*B*E* A*C*D* A*C*E*
A*D*E* B*C*D* B*C*E* B*D*E* C*D*E*
A**C* A**D* A**E* B**C* B**D*
B**E* C**A* C**B* C**D* C**E*
D**A* D**B* D**C* D**E* E**A*
E**B* E**C* E**D* C*** D***
E***

There are 35 possible arrangements, but only 4 of them have the energy confined to atoms A and B. The probability that all energy remains with A and B is thus 4/35 = 0.114, or a little more than 11%.

17.3 Using Celsius temperature and $'S = q_{rev}/T$, if the temperature were −10 °C, the value of $'S$ would be negative, in disagreement with the fact that transfer of energy to a sample should increase molecular motion and, hence, entropy.

17.4 (a) The reactant is a gas. The products are also gases, but the number of molecules has increased, so entropy is greater for products. (Entropy increases.)

(b) The reactant is a solid. The product is a solution. Mixing sodium and chloride ions among water molecules results in greater entropy for the product. (Entropy increases.)

(c) The reactant is a solid. The products are a solid and a gas. The much larger entropy of the gas results in greater entropy for the products. (Entropy increases.)

17.5 (a) Because $'S_{surroundings} = -'H/T$ at a given temperature, the larger the value of $T$, the smaller the value of $'S_{surroundings}$.

(b) If $'S_{system}$ does not change much with temperature, then $S_{universe}$ must also get smaller. In this case, because $'S_{system}$ is negative, $'S_{universe}$ would become negative at a high enough temperature.

17.6 (a) The reaction would have gaseous water as a product.

(b) Both $'H°$ and $'S°$ would change. $'H° = -10{,}232.197$ kJ and $'S° = 756.57$ J/K.

(c) If any of the reactants or products change to a different phase (s, ℓ, or g) over the range of temperature, $'H°$ and $'S°$ will change significantly at the temperature of the phase transition.

17.7

| Reaction | $\Delta H°$, 298 K (kJ) | $\Delta S°$, 298 K (J/K) |
|---|---|---|
| (a) | −1410.94 | −267.67 |
| (b) | 467.87 | 560.32 |
| (c) | −393.509 | 2.862 |
| (d) | 1241.2 | −461.50 |

Reaction (a) is product-favored at low $T$ (room temperature) and reactant-favored at high $T$.

Reaction (b) is reactant-favored at low $T$, product-favored at high $T$.

Reaction (c) is product-favored at all values of $T$.

Reaction (d) is reactant-favored at all values of $T$.

17.8

(a) $\Delta S°_{system}$ = 2 mol HCl(g) × $S°$(HCl[g]) − 1 mol $H_2$[g] × $S°(H_2[g])$ − 1 mol $Cl_2$[g] × $S°(Cl_2[g])$
= (2 × 186.908 − 130.684 − 223.066) J/K
= 20.055 J/K

$\Delta S°_{surroundings} = -\Delta H°/T = -\Delta H°/T$
= −[2 mol HCl(g) × (−92.307 kJ/mol)]/298.15 K
= 619.20 J/K

(b) $\Delta S°_{universe}$ = (619.20 + 20.066) J/K = 639.27 J/K (Product-favored)

17.9

| Sign of $\Delta H°$ | Sign of $\Delta S°$ | Sign of $\Delta G°$ | Product-favored? |
|---|---|---|---|
| Negative (exothermic) | Positive | Negative | Yes |
| Negative (exothermic) | Negative | Depends on $T$ | Yes at low $T$; no at high $T$ |
| Positive (endothermic) | Positive | Depends on $T$ | No at low $T$; yes at high $T$ |
| Positive (endothermic) | Negative | Positive | No |

17.10 (a) At 400 °C the equation is

$$2\ HgO(s) \longrightarrow 2\ Hg(g) + O_2(g)$$

Because Hg(g) is a product, instead of Hg(ℓ), both $'H°$ and $'S°$ will have significantly different values above 356 °C from their values below 356 °C. Therefore, the method of estimating $'G°$ would not work above 356 °C.

(b) At 400 °C the entropy change should be more positive, which would make the reaction more product–favored. Because $'H°$ and $'S°$ are both positive, the reaction is product–favored at high temperatures.

17.11

(a) $\Delta S°(i) = \{2 \times (27.78) + \frac{3}{2} \times (205.138) - (87.40)\}$ J/K
= 275.86 kJ

$\Delta H°(i) = -\Delta H_f°(Fe_2O_3[s]) = 824.2$ kJ

$\Delta G°(i) = -\Delta G_f°(Fe_2O_3[s]) = 742.2$ kJ

$\Delta S°(ii) = \{50.92 - 2 \times (28.3) - \frac{3}{2} \times (205.138)\}$ J/K
= −313.4 kJ

$\Delta H°(ii) = \Delta H_f°(Al_2O_3[s]) = -1675.7$ kJ

$\Delta G°(ii) = \Delta G_f°(Al_2O_3[s]) = -1582.3$ kJ

Step (i) is reactant-favored. Step (ii) is product-favored.

(b) Net reaction

$Fe_2O_3(s) + 2\ Al(s) \rightarrow 2\ Fe(s) + Al_2O_3(s)$

$\Delta S°$ = 275.86 J/K + (−313.4 J/K) = −37.5 J/K

$\Delta H°$ = 824.2 kJ + (−1675.7 kJ) = −851.5 kJ

$\Delta G°$ = 742.2 kJ + (−1582.3 kJ) = −840.1 kJ

The net reaction has negative $'G°$ and is therefore productfavored.

For the net reaction, $'S°$, $'H°$, and $'G°$ are all negative.

(c) If the two reactions are coupled, it is possible to obtain iron from iron(III) oxide even though that reaction is not productfavored by itself. The large negative $'G°$ for formation of $Al_2O_3(s)$ makes the overall $'G°$ negative for the coupled reactions.

(d) $Mg(s) + \frac{1}{2}O_2(g) \rightarrow MgO(s)$

$$\Delta G° = \Delta G_f°(MgO[s]) = -569.43\ kJ$$

Coupling the reactions, we have

$$Fe_2O_3(s) \longrightarrow 2\,Fe(s) + \tfrac{3}{2}O_2(g) \qquad \Delta G_1° = 742.2\ kJ$$

$$3 \times (Mg[s] + \tfrac{1}{2}O_2[g] \longrightarrow MgO[s]) \qquad \Delta G_2° = 3(-569.43)\ kJ = -1708.29\ kJ$$

$$Fe_2O_3(s) + 3\,Mg(s) \longrightarrow 2\,Fe(s) + 3\,MgO(s) \qquad \Delta G_3° = -966.1\ kJ$$

## Chapter 18

18.1 This is an application of the law of conservation of matter. If the number of electrons gained were different from the number of electrons lost, some electrons must have been created or destroyed.

18.2 Removal of the salt bridge would effectively switch off the flow of electricity from the battery.

18.3 Avogadro's number of electrons is 96,500 coulombs of charge, so it is 96,500 times as large as one coulomb of charge.

18.4 The zinc anode could be weighed before the battery was put into use. After a period of time, the zinc anode could be dried and reweighed. A loss in weight would be interpreted as being caused by the loss of Zn atoms from the surface through oxidation.

18.5 No, because $Hg^{2+}$ ions can oxidize Al metal to $Al^{3+}$ ions. The net cell reaction is

$$2\,Al(s) + 3\,Hg^{2+}(aq) \longrightarrow 2\,Al^{3+}(aq) + 3\,Hg(\ell)$$

$$E_{cell} = +2.51\ V$$

18.6 For this table,

(a) $V^{2+}$ ion is the weakest oxidizing agent.
(b) $Cl_2$ is the strongest oxidizing agent.
(c) V is the strongest reducing agent.
(d) $Cl^-$ is the weakest reducing agent.
(e) No, $E_{cell}$ for that reaction would be $<0$.
(f) No, $E_{cell}$ for that reaction would be $<0$.
(g) Pb can reduce $I_2$ and $Cl_2$.

18.7 During charging, the reactions at each electrode are reversed. At the electrode that is normally the anode, the charging reaction is

$$Cd(OH)_2(s) + 2\,e^- \longrightarrow Cd(s) + 2\,OH^-(aq)$$

This is reduction, so this electrode is now a cathode.

At the electrode that is normally the cathode, the charging reaction is

$$Ni(OH)_2 + OH^-(aq) \longrightarrow NiO(OH)(s) + H_2O(\ell) + e^-$$

This is oxidation, so this electrode is now an anode.

18.8 Remove the lead cathodes and as much sulfuric acid as you can from the discharged battery. Find some steel and construct a battery with $Cl_2$ gas flowing across a piece of steel. The two halfreactions would be

$$Cl_2(g) + 2\,e^- \longrightarrow 2\,Cl^-(aq) \qquad +1.36\ V$$

$$Pb(s) + SO_4^{2-}(aq) \longrightarrow PbSO_4(s) + 2\,e^- \qquad +0.356\ V$$

$$E_{cell} = 1.36 + 0.356 = 1.71\ V$$

18.9 Potassium metal was produced at the cathode.

*Oxidation reaction:* $2\,F^-\ (molten) \rightarrow F_2(g) + 2\,e^-$

*Reduction reaction:* $2\,(K^+[molten] + e^- \rightarrow K[\ell])$

*Net cell reaction:*

$2\,K^+\ (molten) + 2\,F^-\ (molten) \rightarrow 2\,K(\ell) + F_2(g)$

18.10 Reaction (c) making 2 mol of Cu from $Cu^{2+}$ would require 4 Faradays of electricity. Two F are required for part (b), and 3 F are required for part (a).

18.11

$$C = 2.00 \times 10^4\ A \times 100.\ h \times \frac{3600\ s}{h} = 7.20 \times 10^9\ C$$

$$7.20 \times 10^9\ C \times \frac{1\ mol\ e^-}{9.65 \times 10^4\ C} \times \frac{1\ mol\ NaOH}{1\ mol\ e^-} \times \frac{40.00\ g\ NaOH}{1\ mol\ NaOH} \times \frac{1\ lb}{454\ g} \times \frac{1\ ton}{2000\ lb} = 3.29\ tons\ NaOH$$

18.12 First, calculate how many coulombs of electricity are required to make this much aluminum.

$$(2000.\ ton\ Al)\left(\frac{2000\ lb\ Al}{1\ ton\ Al}\right)\left(\frac{454.6\ g\ Al}{1\ lb\ Al}\right)\left(\frac{1\ mol\ Al}{26.982\ g\ Al}\right) \times \left(\frac{3\ mol\ e^-}{1\ mol\ Al}\right)\left(\frac{96{,}500\ C}{1\ mol\ e^-}\right) = 1.950 \times 10^{13}\ C$$

Next, using the product of charge and voltage, calculate how many joules are required; then convert to kilowatt–hours.

$$Energy = (1.950 \times 10^{13}\ C)(4.0\ V)\left(\frac{1\ J}{1\ C - \times 1\ V}\right) \times \left(\frac{1\ kWh}{3.60 \times 10^6\ J}\right) = 2.2 \times 10^7\ kWh$$

18.13 To calculate how much energy is stored in a battery, you need the voltage and the number of coulombs of charge the battery can provide. The voltage is generally given on the battery label. To determine the number of coulombs available, you would have to disassemble the battery and determine the masses of the chemicals at the cathode and anode.

18.14 $$(0.50\ A)(20.\ min)\left(\frac{60\ s}{1\ min}\right)\left(\frac{1\ C}{1\ A\ s}\right)\left(\frac{1\ mol\ e^-}{96{,}500\ C}\right) \times \left(\frac{1\ mol\ Ag}{1\ mol\ e^-}\right)\left(\frac{107.9\ g\ Ag}{1\ mol\ Ag}\right) = 0.67\ g\ Ag$$

18.15 No, not all metals corrode as easily. Three metals that would corrode about as readily as Fe and Al are Zn, Mg, and Cd. Three metals that do not corrode as readily as Fe and Al are Cu, Ag, and Au. These three metals are used in making coins and jewelry. Metals fall into these two broad groups because of their relative ease of oxidation compared with the oxidation of H2. In Table 18.1, you can see this breakdown easily.

18.16 (b) > (a) > (d) > (c)

Sand by the seashore, (b), would contain both moisture and salts, which would aid corrosion. Moist clay, (a), would contain water but less dissolved salts. If an iron object were embedded within the clay, its impervious nature might prevent oxygen from getting to the iron, which would also lower the rate of corrosion. Desert sand in Arizona, (d), would be quite dry, and this low-moisture environment would not lead to a rapid rate of corrosion. On the moon, (c), there would be a lack of moisture and oxygen. This would lead to a very low rate of corrosion.

## Chapter 19

19.1 $^{235}_{92}U \rightarrow {}^{4}_{2}He + {}^{231}_{90}Th$
$^{231}_{90}Th \rightarrow {}^{0}_{-1}e + {}^{231}_{91}Pa$
$^{231}_{91}Pa \rightarrow {}^{4}_{2}He + {}^{227}_{89}Ac$
$^{227}_{89}Ac \rightarrow {}^{4}_{2}He + {}^{223}_{87}Fr$
$^{223}_{87}Fr \rightarrow {}^{0}_{-1}e + {}^{223}_{88}Ra$

19.2 $^{26}_{13}Al \rightarrow {}^{0}_{+1}e + {}^{26}_{12}Mg$
$^{26}_{13}Al + {}^{0}_{-1}e \rightarrow {}^{26}_{12}Mg$

19.3 Mass difference = $\Delta m = -0.03438$ g/mol
$\Delta E = (-3.438 \times 10^{-5}$ kg/mol$)(2.998 \times 10^{8}$ m/s$)^2$
$= -3.090 \times 10^{12}$ J/mol $= -3.090 \times 10^{8}$ kJ/mol
$E_b$ per nucleon $= 5.150 \times 10^{8}$ kJ/nucleon

$E_b$ for $^6$Li is smaller than $E_b$ for $^4$He; therefore, helium-4 is more stable than lithium-6.

19.4 From the graph it can be seen that the binding energy per nucleon increases more sharply for the fusion of lighter elements than it does for heavy elements undergoing fission. Therefore, fusion is more exothermic per gram than fission.

19.5 $(\frac{1}{2})^{10} = 9.8 \times 10^{-4}$; this is equivalent to 0.098% of the radioisotope remaining.

19.6 All the lead came from the decay of $^{238}$U; therefore, at the time the rock was dated, $N = 100$ and $N_0 = 109$. The decay constant, $k$, can be determined:

$$k = \frac{0.693}{4.51 \times 10^9 \text{ y}} = 1.54 \times 10^{-10} \text{ y}^{-1}$$

The age of the rock ($t$) can be calculated using Equation 19.3:

$$\ln\frac{109}{209} = -(1.54 \times 10^{-10} \text{y}^{-1}) \times t$$
$$t = 4.22 \times 10^9 \text{y}$$

19.7 Ethylene is derived from petroleum, which was formed millennia ago. The half-life of $^{14}$C is 5730 y, and thus much of ethylene's $^{14}$C would have decayed and would be much less than that of the $^{14}$C alcohol produced by fermentation.

19.8 Burning a metric ton of coal produces 2.8 107 kJ of energy.

$$\left(\frac{2.8 \times 10^4 \text{ kJ}}{1.0 \text{ kg}}\right)\left(\frac{10^3 \text{ kg}}{\text{metric ton}}\right) = 2.8 \times 10^7 \text{ kJ of energy}$$

The fission of 1.0 kg of $^{235}$U produces

$$\frac{2.1 \times 10^{10} \text{ kJ}}{0.235 \text{ kg } ^{235}\text{U}} = 8.93 \times 10^{10} \text{ kJ}$$

It would require burning $3.2 \times 10^3$ metric tons of coal to equal the amount of energy from 1.0 kg of $^{235}$U:

$$8.93 \times 10^{10} \text{ kJ from } ^{235}\text{U} \times \frac{1 \text{ metric ton coal}}{2.9 \times 10^7 \text{ kJ}}$$
$$= 3.2 \times 10^3 \text{metric tons}$$

19.9

$$k = \frac{0.693}{29.1 \text{ y}} = 2.38 \times 10^{-2} \text{ y}^{-1}$$

ln(fraction) $= -(2.38 \times 10^{-2}$ y$^{-1})$ (22 y, as of 2008) $= -0.5236$
fraction $= e^{-0.5236} = 0.592 = 59.2\%$

19.10 $k = \frac{0.693}{30.2 \text{ y}} = 2.29 \times 10^{-2} \text{ y}^{-1}$

(a) 60% drop in activity; 40% activity remaining
$\ln(0.40) = -0.916 = -(2.29 \times 10^{-2} \text{ y}^{-1}) \times t$

$$t = \frac{-0.916}{-2.29 \times 10^{-2} \text{ y}^{-1}} = 40 \text{ y}$$

(b) 90% drop in activity, 10% remains
$\ln(0.10) = -2.30 = -(2.29 \times 10^{-2} \text{ y}^{-1}) \times t$

$$t = \frac{-2.30}{-2.29 \times 10^{-2} \text{ y}^{-1}} = 100 \text{ y}$$

19.11 (a) $^{7}_{3}Li + {}^{1}_{1}H \rightarrow {}^{1}_{0}n + {}^{7}_{4}Be$
(b) $^{2}_{1}H + {}^{3}_{2}He \rightarrow {}^{4}_{2}He + {}^{1}_{1}H$

19.12 $k = \frac{0.693}{3.82 \text{ d}} = 0.181 \text{ d}^{-1}$

(a) The drop from 8 to 4 pCi represents one half–life, 3.82 days.

$$\ln\left(\frac{1.5}{8}\right) = -1.67 = -(0.181 \text{ d}^{-1}) \times t$$

$$t = \frac{-1.67}{-0.181 \text{ d}^{-1}} = 9.25 \text{ d}$$

# 문제

## Chapter 1

1. (a) Quantitative (b) Qualitative (c) Qualitative
   (d) Quantitative and qualitative (e) Qualitative
2. Sulfur is a pale yellow, powdery solid. Bromine is a dark, red–brown liquid and a red–brown gas that fills the upper part of the flask. Both the melting point and the boiling point of sulfur must be above room temperature. The boiling point, but not the melting point, of bromine must be above room temperature. Both substances are colored. Most of their other properties appear to be different.
3. The liquid will boil because your body temperature of 37 ℃ is above the boiling point of 20 ℃.
4. Copper
5. Aluminum
6. (a) Physical (b) Chemical
   (c) Chemical (d) Physical
7. (a) Chemical (b) Chemical (c) Physical
8. Heterogeneous; use a magnet.
9. (a) Homogeneous (b) Heterogeneous
   (c) Heterogeneous (d) Heterogeneous
10. (a) A compound that decomposed
    (b) A compound that decomposed
11. (a) Heterogeneous mixture (b) Pure compound
    (c) Heterogeneous mixture (d) Homogeneous mixture
12. (a) No (b) Maybe
13. The macroscopic world; a parallelepiped shape; the atom crystal arrangement is a parallelepiped shape.
14. Carbon dioxide molecules are crowded in the unopened can. When the can is opened, the molecules quickly escape through the hole.
15. When sucrose is heated, the motion of the atoms increases. Only when that motion is extreme enough, will the bonds in the sucrose break, allowing for the formation of new bonds to produce the "caramelization" products.
16. (a) $3.275 \times 10^4$ m (b) $3.42 \times 10^4$ nm (c) $1.21 \times 10^{-3}$ μm
17. Because atoms in the starting materials must all be accounted for in the substances produced, and because the mass of each atom does not change, there would be no change in the mass.
18. (Remember, you are instructed to use your own words to answer this question.) Consider two compounds that both contain the same two elements. In each compound, the proportion of these two elements is a whole–number integer ratio. Because they are different compounds, these ratios must be different. If you pick a sample of each of these compounds such that both samples contain the same number of atoms of the first element, and then you count the number of atoms of the second type, you will find that a small integer relationship exists between the number of atoms of the second type in the first compound and the number of atoms of the second type in the second compound.
19. Many responses are equally valid here. Common examples given here: (a) iron, Fe; gold, Au (b) carbon, C; hydrogen, H (c) boron, B; silicon, Si (d) nitrogen, $N_2$; oxygen, $O_2$.
20. 

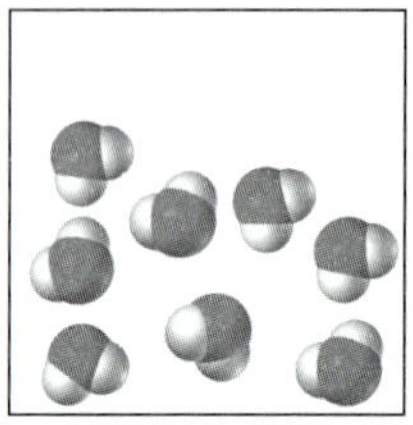

(a) $H_2O$

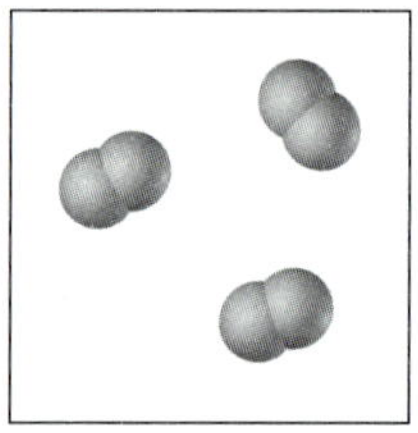

(b) $N_2$

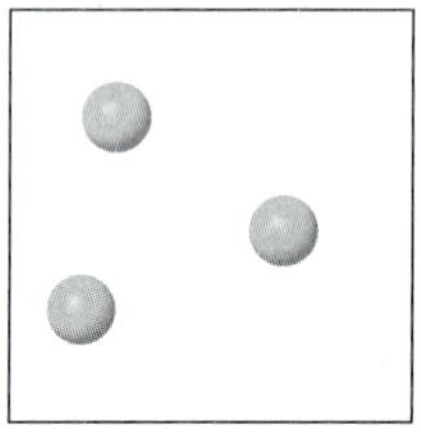

(c) Ne

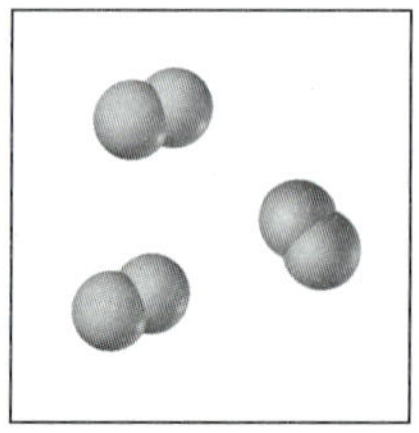

(d) $Cl_2$

21. $2\,H_2(g) + O_2(g) \longrightarrow 2\,H_2O(g)$

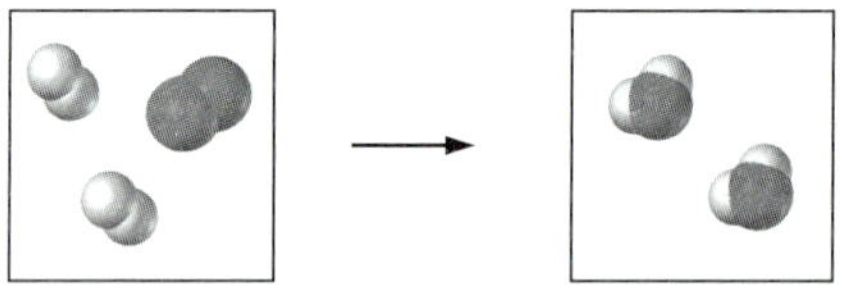


## Chapter 2

1. 40,000 cm
2. $1.97 \times 10^3$ $cm^3$, 1.97 L
3. 1550 $in^2$
4. $2.8 \times 10^9$ $m^3$
5. (a) 4 (b) 3 (c) 4
   (d) 4 (e) 3
6. (a) $4.33 \times 10^{-4}$ (b) $4.47 \times 10^1$
   (c) $2.25 \times 10^1$ (d) $8.84 \times 10^{-3}$
7. (a) 1.9 g/mL (b) 218.4 $cm^3$
   (c) 0.0217 (d) $5.21 \times 10^{-5}$
8. 80.1% silver, 19.9% copper
9. 245 g sulfuric acid
10. 27 protons, 27 electrons, and 33 neutrons
11. 78.92 amu/atom
12. (a) 20 $e^-$, 20 $p^+$, 20 $n^0$ (b) 50 $e^-$, 50 $p^+$, 69 $n^0$
    (c) 94 $e^-$, 94 $p^+$, 150 $n^0$

13.

| *Z* | *A* | Number of Neutrons | Element |
|---|---|---|---|
| 35 | 81 | 46 | Br |
| 46 | 108 | 62 | Pd |
| 77 | 192 | 115 | Ir |
| 63 | 151 | 88 | Eu |

14. $^{18}_{9}X$, $^{20}_{9}X$, and $^{15}_{9}X$
15. (0.07500 × 6.015121 amu/atom $^{6}Li$) + (0.9250 × 7.016003 amu/atom $^{7}Li$) = 6.941 amu/atom
16. 60.12% $^{69}Ga$, 39.87% $^{71}Ga$
17. $^{7}Li$
18. (a) 27 g B (b) 0.48 g $O_2$ (c) $6.98 \times 10^{-2}$ g Fe (d) $2.61 \times 10^{3}$ g H
19. (a) 1.9998 mol Cu (b) 0.499 mol Ca (c) 0.6208 mol Al (d) $3.1 \times 10^{-4}$ mol K (e) $2.1 \times 10^{-5}$ mol Am
20. $4.131 \times 10^{23}$ Cr atoms
21. $1.055 \times 10^{-22}$ g Cu
22. Five; nonmetal: carbon (C), metalloids: silicon (Si) and germanium (Ge), and metals: tin (Sn) and lead (Pb).
23. (a) I (b) In (c) Ir (d) Fe
24. (a) Mg (b) Na (c) C (d) S (e) I (f) Mg (g) Kr (h) O (i) Ge [Other answers are possible for (a), (b), and (i).]

## Chapter 3

1. (a) $BrF_3$ (b) $XeF_2$ (c) $P_2F_4$ (d) $C_{15}H_{32}$ (e) $N_2H_4$
2. (a) $C_6H_6$ (b) $C_6H_8O_6$
3. (a) 1 calcium atom, 2 carbon atoms, and 4 oxygen atoms
(b) 8 carbon atoms and 8 hydrogen atoms
(c) 2 nitrogen atoms, 8 hydrogen atoms, 1 sulfur atom, and 4 oxygen atoms
(d) 1 platinum atom, 2 nitrogen atoms, 6 hydrogen atoms, and 2 chlorine atoms
(e) 4 potassium atoms, 1 iron atom, 6 carbon atoms, and 6 nitrogen atoms
4. (a) Same number of atoms of each kind
(b) Different bonding arrangements
5. (a) +2 (b) +2 (c) +2 or +3 (d) +3
6. (c) and (d) are correct formulas. (a) $AlCl_3$ (b) NaF
7. (a) 1 $Pb^{2+}$ and 2 $NO_3^-$ (b) 1 $Ni^{2+}$ and 1 $CO_3^{2-}$ (c) 3 $NH_4^+$ and 1 $PO_4^{3-}$ (d) 2 $K^+$ and 1 $SO_4^{2-}$
8. (a) $Ni(NO_3)_2$ (b) $NaHCO_3$ (c) LiClO (d) $Mg(ClO_3)_2$ (e) $CaSO_3$
9. (b), (c), and (e) are ionic.
10. (a) $(NH_4)_2CO_3$ (b) $CaI_2$ (c) $CuBr_2$ (d) $AlPO_4$
11. (a) Potassium sulfide (b) Nickel(II) sulfate (c) Ammonium phosphate (d) Aluminum hydroxide (e) Cobalt(III) sulfate
12. (a) $K^+$ and $OH^-$ (b) $K^+$ and $SO_4^{2-}$ (c) $Na^+$ and $NO_3^-$ (d) $NH_4^+$ and $Cl^-$
13. (a) and (d)
14.

| | $CH_3OH$ | Carbon |
|---|---|---|
| No. of moles | One | One |
| No. of molecules or atoms | $6.022 \times 10^{23}$ molecules | $6.022 \times 10^{23}$ atoms |
| Molar mass | 32.0417 g/mol | 12.0107 g/mol |

| | Hydrogen | Oxygen |
|---|---|---|
| No. of moles | Four | One |
| No. of molecules or atoms | $2.409 \times 10^{24}$ atoms | $6.022 \times 10^{23}$ atoms |
| Molar mass | 4.0316 g/mol | 15.9994 g/mol |

15. (a) 159.688 g/mol (b) 67.806 g/mol (c) 44.0128 g/mol (d) 197.905 g/mol (e) 176.1238 g/mol
16. (a) 0.0312 mol (b) 0.0101 mol (c) 0.0125 mol (d) 0.00406 mol (e) 0.00599 mol
17. (a) 151.1622 g/mol (b) 0.0352 mol (c) 25.1 g
18. $1.2 \times 10^{24}$ molecules
19. (a) 0.250 mol $CF_3CH_2F$
(b) $6.02 \times 10^{23}$ F atoms
20. (a) 239.3 g/mol PbS, 86.60% Pb, 13.40% S
(b) 30.0688 g/mol $C_2H_6$, 79.8881% C, 20.1119% H
(c) 60.0518 g/mol $CH_3CO_2H$, 40.0011% C, 6.7135% H, 53.2854% O
(d) 80.0432 g/mol NH4NO3, 34.9979% C, 5.0368% H, 59.9654% O
21. 245.745 g/mol, 25.858% Cu, 22.7992% N, 5.74197% H, 13.048% S, 32.5528% O
22. One
23. $C_4H_4O_4$
24. $C_2H_3OF_3$
25. $KNO_3$
26. $C_5H_{14}N_2$
27. $x = 7$

## Chapter 4

1.

| | $NH_3$ | $O_2$ |
|---|---|---|
| No. molecules | 4 | 5 |
| No. atoms | 16 | 10 |
| No. moles of molecules | 4 | 5 |
| Mass | 68.1216 g | 159.9940 g |
| Total mass of reactants | 228.1156 g | |

| | NO | $H_2O$ |
|---|---|---|
| No. molecules | 4 | 6 |
| No. atoms | 8 | 18 |
| No. moles of molecules | 4 | 6 |
| Mass | 120.0244 g | 108.0912 g |
| Total mass of products | 228.1156 g | |

2. Equation (b)
3. (a) Combination (b) Decomposition (c) Exchange (d) Displacement
4. (a) Decomposition (b) Displacement (c) Combination (d) Exchange
5. (a) $2\ Mg(s) + O_2(g) \rightarrow 2\ MgO(s)$, magnesium oxide
(b) $2\ Ca(s) + O_2(g) \rightarrow 2\ CaO(s)$, calcium oxide
(c) $4\ In(s) + 3\ O_2(g) \rightarrow 2\ In_2O_3(s)$, indium oxide
6. (a) $UO_2(s) + 4\ HF(\ell) \rightarrow UF_4(s) + 2\ H_2O(\ell)$
(b) $B_2O_3(s) + 6\ HF(\ell) \rightarrow 2\ BF_3(s) + 3\ H_2O(\ell)$
(c) $BF_3(g) + 3\ H_2O(\ell) \rightarrow 3\ HF(\ell) + H_3BO_3(s)$

7. (a) $H_2NCl(aq) + 2\ NH_3(g) \rightarrow NH_4Cl(aq) + N_2H_4(aq)$
(b) $(CH_3)_2N_2H_2(\ell) + 2\ N_2O_4(g)$
$\rightarrow 3\ N_2(g) + 4\ H_2O(g) + 2\ CO_2(g)$
(c) $CaC_2(s) + 2\ H_2O(\ell) \rightarrow Ca(OH)_2(s) + C_2H_2(g)$
8. (a) $C_6H_{12}O_6 + 6\ O_2 \rightarrow 6\ CO_2 + 6\ H_2O$
(b) $C_5H_{12} + 8\ O_2 \rightarrow 5\ CO_2 + 6\ H_2O$
(c) $2\ C_7H_{14}O_2 + 19\ O_2 \rightarrow 14\ CO_2 + 14\ H_2O$
(d) $C_2H_4O_2 + 2\ O_2 \rightarrow 2\ CO_2 + 2\ H_2O$
9. 50.0 mol HCl
10. 1.1 mol $O_2$, 35 g $O_2$, $1.0 \times 10^2$ g $NO_2$
11. (a) 12.7 g $Cl_2$ (b) 0.179 mol $FeCl_2$, 22.7 g $FeCl_2$ expected
12.

| $(NH_4)_2PtCl_6$ | Pt | HCl |
|---|---|---|
| 12.35 g | 5.428 g | 5.410 g |
| 0.02782 mol | 0.02782 mol | 0.1484 mol |

13. 2.0 mol, 36.0304 g
14. 0.699 g Ga and 0.751 g As
15. (a) 699 g (b) 526 g
16. $BaCl_2$, 1.12081 g $BaSO_4$
17. (a) $Cl_2$ is limiting. (b) 5.08 g $Al_2Cl_6$
(c) 1.67 g Al unreacted
18. (a) CO (b) 1.3 g $H_2$ (c) 85.2 g
19. 0 mol CaO, 0.19 mol $NH_4Cl$, 2.00 mol $H_2O$, 4.00 mol $NH_3$, 2.00 mol $CaCl_2$
20. 56.0%
21. 8.8%
22. $SO_3$
23. CH
24. $C_3H_6O_2$

## Chapter 5

1. (a) soluble, $Fe^{2+}$ and $ClO_4^-$ (b) soluble, $Na^+$ and $SO_4^{2-}$ (c) soluble, $K^+$ and $Br^-$ (d) soluble, $Na^+$ and $CO_3^{2-}$
2. (a) soluble, $K^+$ and $HPO_4^{2-}$ (b) soluble, $Na^+$ and $ClO^-$ (c) soluble, $Mg^{2+}$ and $Cl^-$ (d) soluble, $Ca^{2+}$ and $OH^-$ (e) soluble, $Al^{3+}$ and $Br^-$
3. (a) $MnCl_2(aq) + Na_2S(aq) \rightarrow MnS(s) + 2\ NaCl(aq)$
(b) NP
(c) NP
(d) $Hg(NO_3)_2(aq) + Na_2S(aq) \rightarrow HgS(s) + 2\ NaNO_3(aq)$
(e) $Pb(NO_3)_2(aq) + 2\ HCl(aq) \rightarrow PbCl_2(s) + 2\ HNO_3(aq)$
(f) $BaCl_2(aq) + H_2SO_4(aq) \rightarrow BaSO_4(s) + 2\ HCl(aq)$
4. (a) CuS insoluble;
$Cu^{2+} + H_2S(aq) \rightarrow CuS(s) + 2\ H$;
spectator ion is $Cl^-$.
(b) $CaCO_3$ insoluble;
$Ca^{2+} + CO_3^{2-} \rightarrow CaCO_3(s)$; spectator ions are $K^+$ and $Cl^-$.
(c) AgI insoluble;
$Ag^+ + I^- \rightarrow AgI(s)$; spectator ions are $Na^+$ and $NO_3^-$.
5. (a) $Zn(s) + 2\ HCl(aq) \rightarrow H_2(g) + ZnCl_2(aq)$
$Zn(s) + 2\ H^+(aq) + 2\ Cl^-(aq) \rightarrow H_2(g) + Zn^{2+}(aq) + 2\ Cl^-(aq)$
$Zn(s) + 2\ H^+(aq) \rightarrow H_2(g) + Zn^{2+}(aq)$
(b) $Mg(OH)_2(s) + 2\ HCl(aq) \rightarrow MgCl_2(aq) + 2\ H_2O(\ell)$
$Mg(OH)_2(s) + 2\ H^+(aq) + 2\ Cl^-(aq) \rightarrow Mg^{2+}(aq) + 2\ Cl^-(aq) + 2\ H_2O(\ell)$
$Mg(OH)_2(s) + 2\ H^+(aq) \rightarrow Mg^{2+}(aq) + 2\ H_2O(\ell)$
(c) $2\ HNO_3(aq) + CaCO_3(s) \rightarrow Ca(NO_3)_2(aq) + H_2O(\ell) + CO_2(g)$
$2\ H^+(aq) + 2\ NO_3^-(aq) + CaCO_3(s) \rightarrow Ca^{2+}(aq) + 2\ NO_3^-(aq) + H_2O(\ell) + CO_2(g)$
$2\ H^+(aq) + CaCO_3(s) \rightarrow Ca^{2+}(aq) + H_2O(\ell) + CO_2(g)$
(d) $4\ HCl(aq) + MnO_2(s) \rightarrow MnCl_2(aq) + Cl_2(g) + 2\ H_2O(\ell)$
$4\ H^+(aq) + 4\ Cl^-(aq) + MnO_2(s) \rightarrow Mn^{2+}(aq) + 2\ Cl^-(aq) + Cl_2(g) + 2\ H_2O(\ell)$
$4\ H^+(aq) + 2\ Cl^-(aq) + MnO_2(s) \rightarrow Mn^{2+}(aq) + Cl_2(g) + 2\ H_2O(\ell)$
6. (a) $Ca(OH)_2(s) + 2\ HNO_3(aq) \rightarrow Ca(NO_3)_2(aq) + 2\ H_2O(\ell)$
$Ca(OH)_2(s) + 2\ H^+(aq) + 2\ NO_3^-(aq) \rightarrow Ca^{2+}(aq) + 2\ NO_3^-(aq) + 2\ H_2O(\ell)$
$Ca(OH)_2(s) + 2\ H^+(aq) \rightarrow Ca^{2+}(aq) + 2\ H_2O(\ell)$
(b) $BaCl_2(aq) + Na_2CO_3(aq) \rightarrow BaCO_3(s) + 2\ NaCl(aq)$
$Ba^{2+}(aq) + 2\ Cl^-(aq) + 2\ Na^+(aq) + CO_3^{2-}(aq) \rightarrow BaCO_3(s) + 2\ Na^+(aq) + 2\ Cl^-(aq)$
$Ba^{2+}(aq) + CO_3^{2-}(aq) \rightarrow BaCO_3(s)$
(c) $2\ Na_3PO_4(aq) + 3\ Ni(NO_3)_2(aq) \rightarrow Ni_3(PO_4)_2(s) + 6\ NaNO_3(aq)$
$6\ Na^+(aq) + 2\ PO_4^{3-}(aq) + 3\ Ni^{2+}(aq) + 6\ NO_3^-(aq) \rightarrow Ni_3(PO_4)_2(s) + 6\ Na^+(aq) + 6\ NO_3^-(aq)$
$2\ PO_4^{3-}(aq) + 3\ Ni^{2+}(aq) \rightarrow Ni_3(PO_4)_2(s)$
7. $CdCl_2(aq) + 2\ NaOH(aq) \longrightarrow Cd(OH)_2(s) + 2\ NaCl(aq)$
$Cd^{2+}(aq) + 2\ Cl^-(aq) + 2\ Na^+(aq) + 2\ OH^-(aq) \longrightarrow Cd(OH)_2(s) + 2\ Na^+(aq) + 2\ Cl^-(aq)$
$Cd^{2+}(aq) + 2\ OH^-(aq) \longrightarrow Cd(OH)_2(s)$
8. (a) Base, strong, $K^+$ and $OH^-$
(b) Base, strong, $Mg^{2+}$ and $OH^-$
(c) Acid, weak, small amounts of $H^+$ and $ClO^-$
(d) Acid, strong, $H^+$ and $Br^-$
(e) Base, strong, $Li^+$ and $OH^-$
(f) Acid, weak, small amounts of $H^+$, $HSO_3^-$, and $SO_3^{2-}$
9. (a) Acid: $HNO_2$, base: NaOH
complete ionic form:
$HNO_2(aq) + Na^+ + OH^- \longrightarrow H_2O(\ell) + Na^+ + NO_2^-$
net ionic form:
$HNO_2(aq) + OH^- \longrightarrow H_2O(\ell) + NO_2^-$
(b) Acid: $H_2SO_4$ base: $Ca(OH)_2$
complete ionic and net ionic forms:
$H^+ + HSO_4^- + Ca(OH)_2(s) \longrightarrow 2\ H_2O(\ell) + CaSO_4(s)$
(c) Acid: HI, base: NaOH
complete ionic form:
$H^+ + I^- + Na^+ + OH^- \longrightarrow H_2O(\ell) + Na^+ + I^-$
net ionic form: $H^+ + OH^- \longrightarrow H_2O(\ell)$
(d) Acid: $H_3PO_4$, base: $Mg(OH)_2$
complete ionic and net ionic forms:
$2\ H_3PO_4(aq) + 3\ Mg(OH)_2(s) \longrightarrow 6\ H_2O(\ell) + Mg_3(PO_4)_2(s)$
10. (a) Precipitation reaction; products are NaCl and MnS;
$MnCl_2(aq) + Na_2S(aq) \rightarrow 2\ NaCl(aq) + MnS(s)$ (b) Precipitation reaction; products are NaCl and $ZnCO_3$;
$Na_2CO_3(aq) + ZnCl_2(aq) \rightarrow 2\ NaCl(aq) + ZnCO_3(s)$
(c) Gas-forming reaction;
products are $KClO_4$, $H_2O$, and $CO_2$;
$K_2CO_3(aq) + 2\ HClO_4(aq) \rightarrow 2\ KClO_4(aq) + H_2O(\ell) + CO_2(g)$

11. (a) Ox. # O = −2, Ox. # S = +6
(b) Ox. # O = −2, Ox. # H = +1, Ox. # N = +5
(c) Ox. # K = +1, Ox. # O = −2, Ox. # Mn = +7
(d) Ox. # O = −2, Ox. # H = +1
(e) Ox. # Li = +1, Ox. # O = −2, Ox. # H = +1
(f) Ox. # Cl = −1, Ox. # H = +1, Ox. # C = 0

12. (a) S: +6, O: −2 (b) N: +5, O: −2
(c) Mn: +7, O: −2 (d) Cr: +3, O: −2, H: +1
(e) P: +5, O: −2, H: +1 (f) S: +2, O: −2

13. Only reaction (b) is an oxidation–reduction reaction; oxidation numbers change. Reaction (a) is precipitation and reaction; (c) is acid–base neutralization.

14. Substances (b), (c), and (d)

15. (a) $CO_2(g)$ or $CO(g)$ (b) $PCl_3(g)$ or $PCl_5(g)$
(c) $TiCl_2(s)$ or $TiCl_4(s)$ (d) $Mg_3N_2(s)$
(e) $Fe_2O_3(s)$ (f) $NO_2(g)$

16. This is just an example:
$Fe(s) + 2\,HCl(aq) \longrightarrow FeCl_2(aq) + H_2(g)$
(a) Fe is oxidized. (b) HCl is reduced.
(c) The reducing agent is Fe(s).
(d) The oxidizing agent is HCl(aq).
(Other answers are possible.)

17. (a) NR (b) NR (c) NR
(d) $Au^{3+}(aq) + 3\,Ag(s) \longrightarrow 3\,Ag^+(aq) + Au(s)$

18. (a) 0.254 M $Na_2CO_3$ (b) 0.508 M $Na^+$, 0.254 M $CO_3^{2-}$

19. 0.494 g $KMnO_4$

20. $5.08 \times 10^3$ mL

21. 0.0150 M $CuSO_4$

22. 0.205 g $Na_2CO_3$

23. 121 mL $HNO_3$ solution

24. 0.18 g AgCl, NaCl, 0.0080 M NaCl

25. 1.192 M HCl

26. (a) $(NH_4)_2S(aq) + Hg(NO_3)_2(aq) \rightarrow HgS(s) + 2\,NH_4NO_3(aq)$
(b) Reactants: ammonium sulfide, mercury(II) nitrate; products: mercury(II) sulfide, ammonium nitrate
(c) $S^{2-}(aq) + Hg^{2+}(aq) \longrightarrow HgS(s)$
(d) Precipitation reaction

27. (a) Combination reaction; product: $H_2SO_4(aq)$
(b) Combination reaction; product: $SrH_2(s)$
(c) Displacement reaction; products: $MgSO_4(aq)$ and $H_2(g)$
(d) Exchange (precipitation) reaction; products: $Ag_3PO_4(s)$ and $NaNO_3(aq)$
(e) Decomposition and gas-forming reaction; products: $CaO(s)$, $H_2O(\ell)$, and $CO_2(g)$
(f) Oxidation–reduction reaction; products: $Fe^{2+}(aq)$ and $Sn^{4+}(aq)$

28. (a) $NH_3(aq)$, $H_2O$ (b) $CH_3CO_2H(aq)$, $H_2O$
(c) $Na^+$, $OH^-$, $H_2O$ (d) $H^+$, $Br^-$, $H_2O$

29. (c) is a redox reaction. The oxidizing agent is Ti. The reducing agent is Mg.

30. Case 1 (a) Before: clear colorless solution; after: solid at the bottom of beaker with colorless solution above it
(b)

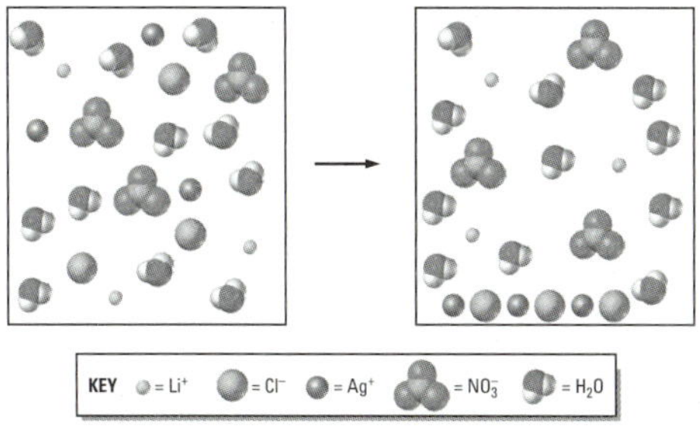


(c) $Li^+ + Cl^- + Ag^+ + NO_3^- \rightarrow Li^+ + AgCl(s) + NO_3^-$
Case 2 (a) Before and after: clear colorless solutions
(b)

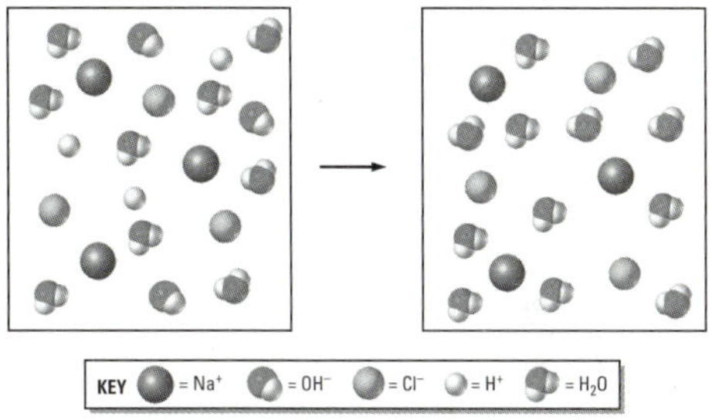


(c) $Na^+ + OH^- + H^+ + Cl^- \rightarrow Na^+ + H_2O(\ell) + Cl^-$

31. (a) Combine $Ba(OH)_2(aq)$ and $H_2SO_4(aq)$
(b) Combine $Na_2SO_4(aq)$ and $Ba(NO_3)_2(aq)$
(c) Combine $BaCO_3(s)$ and $H_2SO_4(aq)$

32. (d)

33. (a) and (d) are correct.

34. (a) Groups C and D: $Ag^+ + Cl^- \rightarrow AgCl(s)$, Groups A and B: $Ag^+ + Br^- \rightarrow AgBr(s)$
(b) Different silver halide produced in Group C and D than in Groups A and B
(c) Bromide is heavier than chloride.

## Chapter 6

1. (a) 399 Cal (b) $5.0 \times 10^6$ J/day

2. $3 \times 10^8$ J

3. (a) The chemical potential energy of the atoms in the match, fuse, and fuel are converted to thermal energy (due to the combustion reaction), potential energy (as the rocket's altitude increases), and light energy (colorful sparkles). (b) The chemical potential energy of the atoms in the fuel is converted to thermal energy (due to the combustion reaction), some of which is converted to kinetic energy (for the movement of the vehicle).

4. (a) The system: $NH_4Cl$; the surroundings: anything not $NH_4Cl$, including the water. (b) To study the release of energy during the phase change of this chemical, we must isolate it and see how it interacts with the surroundings. (c) The system's interaction with the surroundings causes heat to be transferred into the system and from the surroundings. There is no material transfer in this process, but there is a change in the specific interaction between the water and system. (d) Endothermic

5. $'E = +32$ J
6. Process (a) requires more energy than (b).
7. It takes less time to raise the Cu sample to body temperature.
8. More energy ($1.48 \times 10^6$ J) is absorbed by the water than by the ethylene glycol ($9.56 \times 10^5$ J).
9. Gold
10. Positive; Negative
11. $4.13 \times 10^5$ J
12. $5.00 \times 10^5$ J
13.

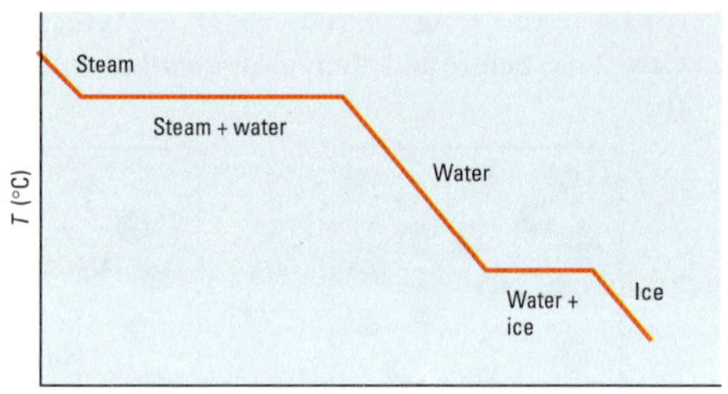


14. Endothermic
15. (a) −210 kJ (b) −33 kJ
16. (a) $\frac{1}{2}\ C_8H_{18}(\ell) + \frac{25}{4}\ O_2(g) \rightarrow 4\ CO_2(g) + \frac{9}{2}\ H_2O(\ell)$ $\Delta H^\circ = -2748.0$ kJ
   (b) $100\ C_8H_{18}(\ell) + 1250\ O_2(g) \rightarrow 800\ CO_2(g) + 900\ H_2O(\ell)$ $\Delta H^\circ = -5.4960 \times 10^5$ kJ
   (c) $C_8H_{18}(\ell) + \frac{25}{2}\ O_2(g) \rightarrow 8\ CO_2(g) + 9\ H_2O(\ell)$ $\Delta H^\circ = -5496.0$ kJ
17. $\frac{464.8\ \text{kJ}}{1\ \text{mol CaO}}, \frac{464.8\ \text{kJ}}{3\ \text{mol C}}, \frac{464.8\ \text{kJ}}{1\ \text{mol CaC}_2}, \frac{464.8\ \text{kJ}}{1\ \text{mol CO}}, \frac{1\ \text{mol CaO}}{464.8\ \text{kJ}},$
   $\frac{3\ \text{mol C}}{464.8\ \text{kJ}}, \frac{1\ \text{mol CaC}_2}{464.8\ \text{kJ}}, \frac{1\ \text{mol CO}}{464.8\ \text{kJ}}$
18. $\Delta H = -1450$ kJ/mol
19. $6 \times 10^4$ kJ released
20. HF
21. For $H_2 + F_2 \longrightarrow 2\ HF$ reaction: (a) 594 kJ (b) −1132 kJ (c) −538 kJ
   For $H_2 + Cl_2 \longrightarrow 2\ HCl$ reaction: (a) 678 kJ (b) −862 kJ (c) −184 kJ (d) Reaction to form HF is most exothermic.
22. 18 °C
23. 6.6 kJ
24. $\Delta H_f^\circ(SrCO_3) = -1220.$ kJ/mol
25. (a) $2\ Al(s) + \frac{3}{2}\ O_2(g) \rightarrow Al_2O_3(s)$ $\Delta H^\circ = -1675.7$ kJ
   (b) $Ti(s) + 2\ Cl_2(g) \rightarrow TiCl_4(\ell)$ $\Delta H^\circ = -804.2$ kJ
   (c) $N_2(g) + 2\ H_2(g) + \frac{3}{2}\ O_2(g) \rightarrow NH_4NO_3(s)$ $\Delta H^\circ = -365.56$ kJ
26. (a) $'H^\circ = 1372$.kj (b) Endothermic

## Chapter 7

1. (a) Radio waves have less energy than infrared.
   (b) Microwaves are higher frequency than radio waves.
2. (a) $3.00 \times 10^{-3}$ m (b) $6.63 \times 10^{-23}$ J/photon
   (c) 39.9 J/mol
3. $6.06 \times 10^{14}$ Hz
4. $1.1 \times 10^{15}$ Hz, $7.4 \times 10^{-19}$ J/photon
5. X-ray ($8.42 \times 10^{-17}$ J/photon) energy is larger than that of orange light ($3.18 \times 10^{-19}$ J/photon).
6. Photons of this light are too low in energy. Increasing the intensity only increases the number of photons, not their individual energy.
7. No
8. (a) Absorbed (b) Emitted (c) Absorbed (d) Emitted
9. (a), (b), (d)
10. $4.576 \times 10^{-19}$ J absorbed, 434.0 nm
11. 0.05 nm
12. (a) Cannot occur, $m_\ell$ too large (b) Can occur
   (c) Cannot occur, $m_s$ cannot be 1, here.
   (d) Cannot occur, $\ell$ must be less than $n$. (e) Can occur
13. Four subshells
14. Electrons do not follow simple paths as planets do.
15. Orbits have predetermined paths—position and momentum are both exactly known at all times. Heisenberg's uncertainty principle says that we cannot know both simultaneously.
16. $d$, $p$, and $s$ orbitals; nine orbitals total
17. $_{32}$Ge: $1s^22s^22p^63s^23p^63d^{10}4s^24p^2$
18. (a) 4s orbital must be full.
   (b) Orbital labels must be 3, not 2; electrons in $3p$ subshell should be in separate orbitals with parallel spin.
   (c) $4d$ orbitals must be completely filled before $5p$ orbitals start filling.
19. 18 elements, all possible orbital electron combinations are already used
20. Mn: $1s^22s^22p^63s^23p^63d^54s^2$; it has 5 unpaired electrons:

   [Ar] 3d: [↑] [↑] [↑] [↑] [↑] 4s: [↑↓]

   $Mn^{2+}$: $1s^22s^22p^63s^23p^63d^5$; it has 5 unpaired electrons:

   [Ar] 3d: [↑] [↑] [↑] [↑] [↑]

   $Mn^{3+}$: $1s^22s^22p^63s^23p^63d^4$; it has 4 unpaired electrons:

   [Ar] 3d: [↑] [↑] [↑] [↑] [ ]

21. (a) $_{63}$Eu: [Xe]$4f^76s^2$ (b) $_{70}$Yb: [Xe]$4f^{14}6s^2$
22. (a) ·Sr· (b) :B̈r· (c) ·Ġa· (d) ·S̈b·
23. (a) [Ar] (b) [Ar] (c) [Ne]
   $Ca^{2+}$ and $K^+$ are isoelectronic.
24. $_{50}$Sn: [Kr]$4d^{10}5s^25p^2$
   $_{50}Sn^{2+}$: [Kr]$4d^{10}5s^2$
   $_{50}Sn^{4+}$: [Kr]$4d^{10}$

25. In both paramagnetic and ferromagnetic substances, atoms have unpaired spins and thus are attracted to magnets. Ferromagnetic substances retain their aligned spins after an external magnetic field has been removed, so they can function as magnets. Paramagnetic substances lose their aligned spins after a time and, therefore, cannot be used as permanent magnets.
26. P < Ge < Ca < Sr < Rb
27. (a) Rb smaller (b) O smaller (c) Br smaller (d) $Ba^{2+}$ smaller (e) $Ca^{2+}$ smaller
28. (c)
29. Na; it must have one valence electron.
30. Adding a negative electron to a negatively charged ion requires additional energy to overcome the coulombic charge repulsion.
31. −862 kJ

## Chapter 8

1. 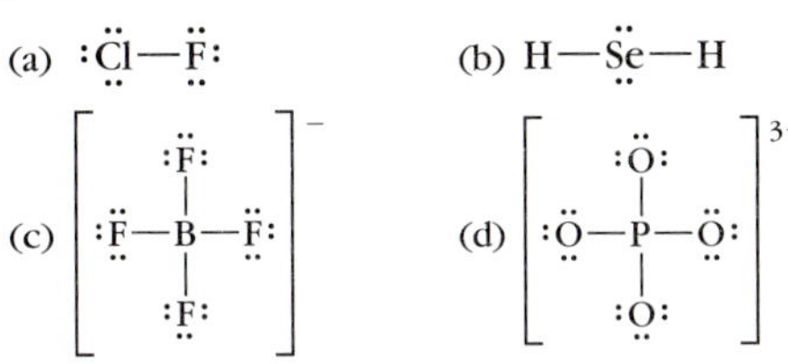

2. 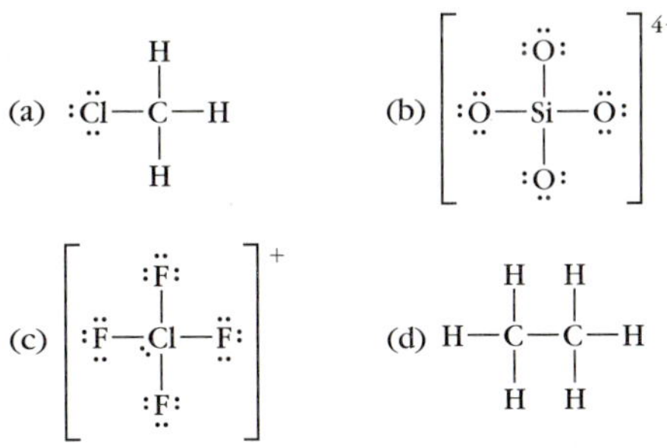

3. 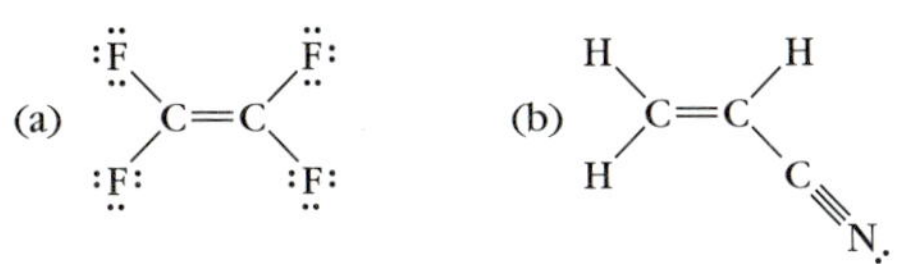

4. (a) Incorrect; the F atoms are missing electrons. (b) Incorrect; the structure has 10 electrons, but needs 12 electrons. (c) Incorrect. The structure has three too many electrons; Carbon has nine electrons. The single electron should be deleted. Oxygen has ten electrons; delete one pair of electrons. (d) Incorrect; one hydrogen atom has more than two electrons. One hydrogen atom is completely missing. (e) Incorrect; the structure has 16 electrons, but needs 18 electrons. The N atom doesn't follow the octet rule. It needs another pair of electrons in the form of a lone pair.

5. Four branched–chain compounds

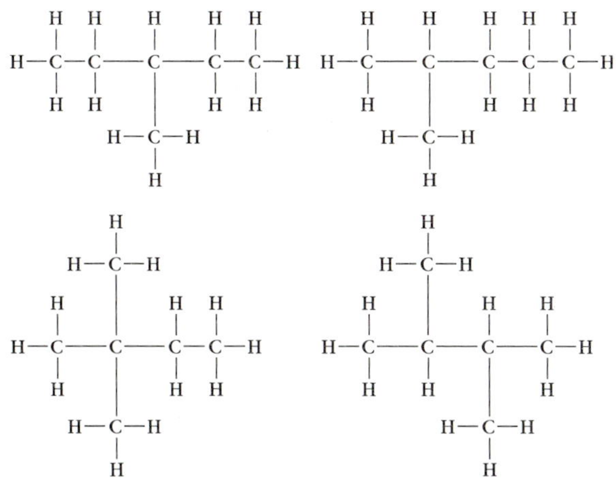

6. (a) Alkyne (b) Alkane (c) Alkene
7. (a) No

(b) Yes

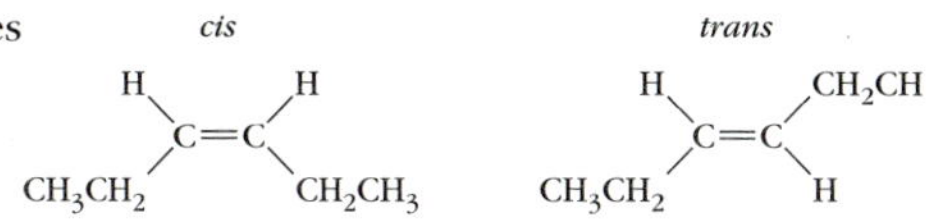

(c) Yes

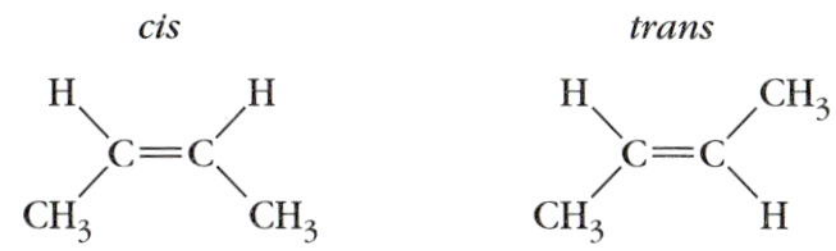

(d) No

8. No; free rotation about the single C—C bond prevents it.
9. (a) B—Cl (b) C—O (c) P—O (d) C=O
10. CO
11. $CO_3^{2-}$ has longer C—O bonds.
12. −92 kJ; the reaction is exothermic.
13. (a) N, C, Br, O

(b) S—O is the most polar.

14. 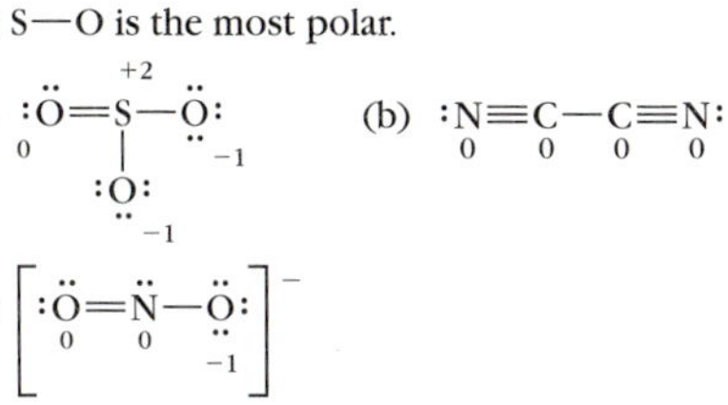

15. 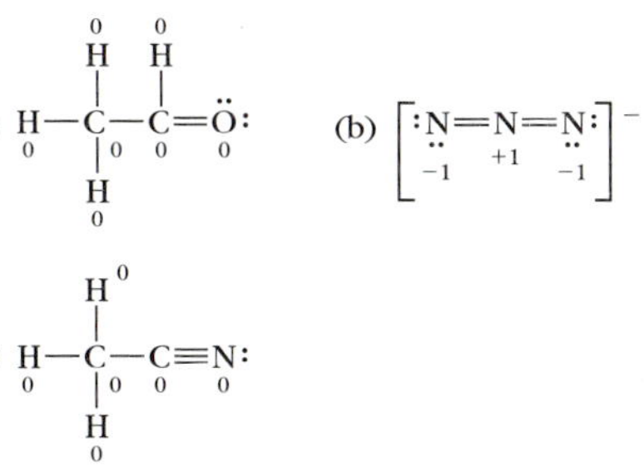

16.

(b)

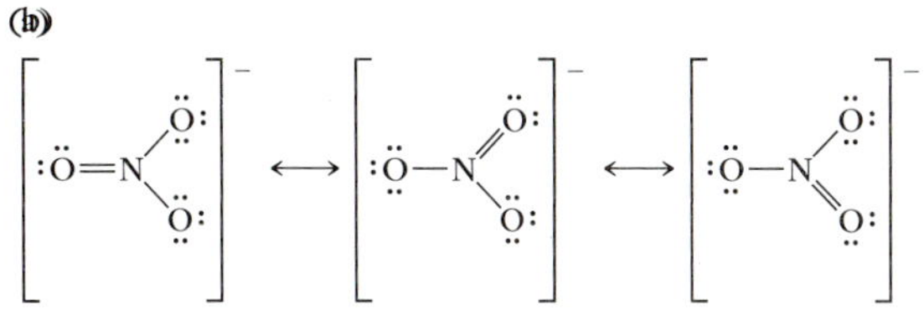

17.

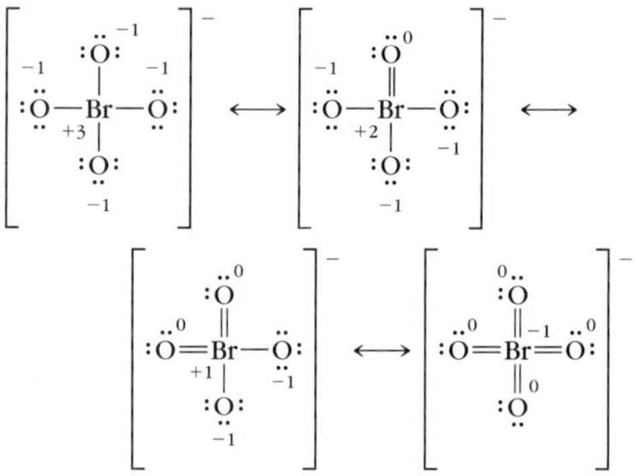

Most plausible

18. (a)

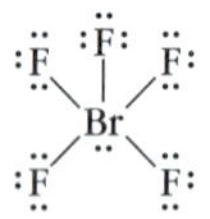

(b)

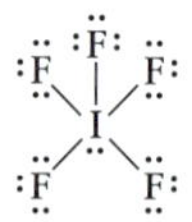

(c)

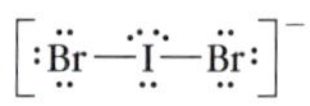

## Chapter 9

1. (a) H—Be—H
Linear

(b)

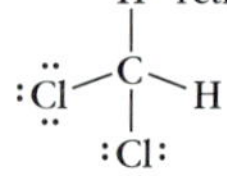

Tetrahedral

(c)

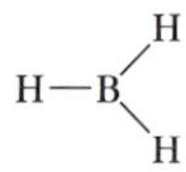

Triangular planar

(d)

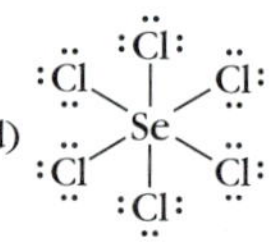

Octahedral

(e)

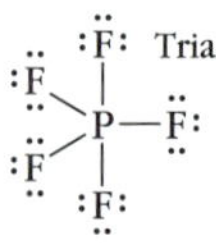

Triangular bipyramidal

2. (a) Both tetrahedral (b) Tetrahedral, angular (109.5°)
(c) Both triangular planar (d) Both triangular planar
3. (a) Both triangular planar (b) Both triangular planar
(c) Tetrahedral, triangular pyramidal
(d) Tetrahedral, triangular pyramidal
Three atoms bonded to the central atom gives triangular shape; however, structures with 26 valence electrons are triangular pyramidal and structures with 24 valence electrons are triangular planar.
4. (a) Both octahedral
(b) Triangular bipyramidal and seesaw
(c) Both triangular bipyramidal
(d) Octahedral and square planar
5. (a) 120° (b) 120°
(c) H—C—H angle is 120°, C—C—N angle is 180°
(d) H—O—N angle = 109.5°, O—N—O angle = 120°
6. (a) 90°, 120°, and 180° (b) 120° and 90° (c) 90° and 180°
7. The O—N—O angle in $NO_2^+$ is larger than in $NO_2$.
8. (a) $sp^3$ (b) $sp^2$
9. Tetrahedral, $sp^3$ hybridized carbon atom
10. The N atom is $sp^3$ hybridized with 109.5° angles. The first two carbons are $sp^3$ hybridized with 109.5° angles. The third carbon is $sp^2$ hybridized with 120° angles. The single-bonded oxygen is $sp^3$ hybridized with 109.5° angles. The double-bonded O is $sp^2$ hybridized with 120° angles.
11. (a) The first two carbon atoms are $sp^3$ hybridized with 109.5° angles. The third and fourth carbon atoms are $sp$ hybridized with 180° angles.
(b) C≡C (c) C≡C
12. (a)

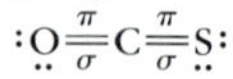

(b)

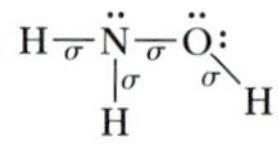

(c)

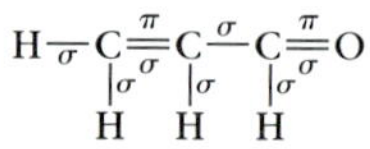

(d)

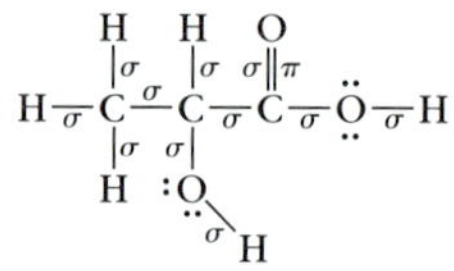

13. (a) Six (b) Three (c) $sp$ (d) $sp$
(e) Both $sp^2$
14. (a) $H_2O$ (b) $CO_2$ and $CCl_4$ (c) F
15. Molecules (b) and (c) are polar; $HBF_2$ has the F atoms on the partial negative end and the H atom on the partial positive end; $CH_3Cl$ has the Cl atom on the partial negative end and the H atoms on the partial positive end.
16. (a) The Br—F bond has a larger electronegativity difference.
(b) The H—O bond has a larger electronegativity difference.
17. (a)

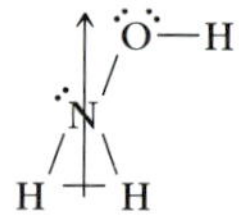

(b)

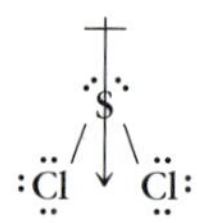

18.

| Interaction | Distance | Example |
|---|---|---|
| Ion-ion | Longest range | $Na^+$ interaction with $Cl^-$ |
| Ion-dipole | Long range | $Na^+$ ions in $H_2O$ |
| Dipole-dipole | Medium range | $H_2O$ interaction with $H_2O$ |
| Dipole-induced dipole | Short range | $H_2O$ interaction with $Br_2$ |
| Induced dipole-induced dipole | Shortest range | $Br_2$ interaction with $Br_2$ |

19. Wax molecules interact using London forces. Water molecules interact using hydrogen bonding. The water molecules interact much more strongly with other water molecules; hence, beads form as the water tries to avoid contact with the surface of the wax.
20. (c), (d), and (e)
21. Vitamin C is capable of forming hydrogen bonds with water.
22. (a) London forces (b) London forces
(c) Intramolecular (covalent) forces
(d) Dipole-dipole force

## Chapter 10

1.

| Molecule | ppm | ppb | |
|---|---|---|---|
| $N_2$ | 780,840 | 780,840,000 | ↑ |
| $O_2$ | 209,480 | 209,480,000 | |
| Ar | 9,340 | 9,340,000 | |
| $CO_2$ | 330 | 330,000 | |
| Ne | 18.2 | 18,200 | >1 ppm |
| $H_2$ | 10. | 10,000 | |
| He | 5.2 | 5,200 | |
| $CH_4$ | 2 | 2,000 | ↓ |
| Kr | 1 | 1,000 | ↑ |
| CO | 0.1 | 100 | between |
| Xe | 0.08 | 80 | 1 ppm |
| $O_3$ | 0.02 | 20 | and |
| $NH_3$ | 0.01 | 10 | 1 ppb |
| $NO_2$ | 0.001 | 1 | ↓ |
| $SO_2$ | 0.0002 | 0.2 | <1 ppb |

2. $1.5 \times 10^8$ metric tons $SO_2$, $2 \times 10^6$ metric tons $SO_2$
3. (a) 0.947 atm (b) 950. mm Hg (c) 542 torr (d) 98.7 kPa (e) 6.91 atm
4. 14 m
5. I. A gas is composed of molecules whose size is much smaller than the distances between them.
   II. Gas molecules move randomly at various speeds and in every possible direction.
   III. Except when molecules collide, forces of attraction and repulsion between them are negligible.
   IV. When collisions occur, they are elastic.
   V. The average kinetic energy of gas molecules is proportional to the absolute temperature.

   Assumption I will become false at very high pressures. Assumptions III and IV will become false at very high pressures or very low temperatures. Assumption II is most likely to always be correct.
6. Slowest $CH_2Cl_2 < Kr < N_2 < CH_4$ fastest
7. Ne will arrive first.
8. $4.2 \times 10^{-5}$ mol CO
9. 62.5 mm Hg
10. 26.5 mL
11. −96 °C
12. 501 mL
13. 0.507 atm
14. Largest number in (d); smallest number in (c)
15. 6.0 L $H_2$
16. 1.9 L $CO_2$; about half the volume is $CO_2$.
17. 10.4 L $O_2$, 10.4 L $H_2O$
18. 21 mm Hg
19. 1.44 g $Ni(CO)_4$
20. 130. g/mol
21. $2.7 \times 10^3$ mL
22. $P_{He}$ is 7.000 times greater than $P_{N_2}$.
23. $3.7 \times 10^{-4}$ g/L
24. $P_{tot} = 4.51$ atm
25. (a) 154 mm Hg
   (b) $X_{N_2} = 0.777$, $X_{O_2} = 0.208$, $X_{Ar} = 0.0093$, $X_{H_2O} = 0.0053$, $X_{CO_2} = 0.0003$
   (c) 77.7% $N_2$, 20.8% $O_2$, 0.93% Ar, 0.03% $CO_2$, 0.54% $H_2O$. This sample is wet. Table 1.3 gives percentages for dry air, so the percentages are slightly different due to the water in this sample.
26. (a) $P_{tot} = 1.98$ atm
   (b) $P_{O_2} = 0.438$ atm, $P_{N_2} = 0.182$ atm, $P_{Ar} = 1.36$ atm
27. 18. mL $H_2O(\ell)$, 22.4 L $H_2O(g)$; No, because the vapor pressure of water at 0 °C is 4.6 mm Hg; we cannot achieve 1 atm pressure for this gas at this temperature.
28. Molecular attractions become larger at higher pressures. Molecules hitting the walls hit them with somewhat less force due to the opposing attractions of other molecules.
29. Greenhouse effect  trapping of heat by atmospheric gases. Global warming  increase of the average global temperature. Global warming is caused by an increase in the amount of greenhouse gases in the atmosphere.
30. Examples of $CO_2$ sources: animal respiration, burning fossil fuels and other plant materials, decomposition of organic matter, etc. Examples of $CO_2$ removal: photosynthesis in plants, being dissolved in rain water, incorporation into carbonate and bicarbonate compounds in the oceans, etc. Currently, $CO_2$ production exceeds $CO_2$ removal.

## Chapter 11

1. Reduce the pressure
2. $1.5 \times 10^6$ kJ
3. 233 kJ
4. 2.00 kJ required for Hg is more than 1.13 kJ required for $H_2O$ sample. Hg has a much greater mass.
5. $NH_3$ has a relatively large boiling point because the molecules interact using relatively strong hydrogen-bonding intermolecular forces. The increase in the boiling points of the series $PH_3$, $AsH_3$, and $SbH_3$ is related to the increasing London dispersion intermolecular forces experienced, due to the larger central atom in the molecule. (Size: P < As < Sb)
6. Methanol molecules are capable of hydrogen bonding, whereas formaldehyde molecules use dipole-dipole forces to interact. Molecules experiencing stronger intermolecular forces (such as methanol here) will have higher boiling points and lower vapor pressures compared to molecules experiencing weaker intermolecular forces (such as formaldehyde here).
7. 0.21 atm, approximately 57 °C
8. 1600 mm Hg
9. '$H_{vap}$ = 70. kJ/mol
10. The interparticle forces in the solid are very strong.
11. The intermolecular forces between the molecules of $H_2O$ in the solid (hydrogen bonding) are stronger than the intermolecular forces between the molecules of $H_2S$ (dipole-dipole).
12. 27 kJ
13. 51.9 g $CCl_2F_2$
14. LiF, because the ions are smaller, making the charges more localized and closer together, causing a higher coulombic interaction between the ions.
15. The highest melting point is (a). The extended network of covalent bonds in SiC are the strongest interparticle forces of the listed choices. The lowest melting point is (d). Both $I_2$ and $CH_3CH_2CH_2CH_3$ interact using the weakest intermo-

lecular forces—London dispersion forces—but large $I_2$ has many more electrons, so its London forces are relatively stronger.

16. (a) Gas phase
(b) Liquid phase
(c) Solid phase
17. (a) Molecular (b) Metallic
(c) Network (d) Ionic
18. (a) Amorphous; it decomposes before melting and does not conduct electricity. (b) Molecular; low melting point and nonconducting (c) Ionic; high melting point and only liquid (molten ions) conduct electricity. (d) Metallic; both solid and liquid conduct electricity.
19. (a) Molecular (b) Ionic
(c) Metallic or network (d) Amorphous
20. See Figure 11.21 and its description
21. 220 pm
22. Diagonal is 696 pm, side length is 401 pm.
23. (a) 152 pm
(b) Radius of $I^-$ = 212 pm and radius of $Li^+$ = 88.0 pm
(c) It is reasonable that the atom is larger than the cation. The assumption that anions touch anions seems unreasonable; there would be some repulsion and probably a small gap or distortion.
24. Carbon atoms in diamond are $sp^3$ hybridized and are tetrahedrally bonded to four other carbon atoms. Carbon atoms in pure graphite are $sp^2$ hybridized and bonded with a triangle planar shape to other carbon atoms. These bonds are partially double bonded so they are shorter than the single bonds in diamond. However, the planar sheets of $sp^2$ hybridized carbon atoms are only weakly attracted by intermolecular forces to adjacent layers, so these interplanar distances are much longer than the C—C single bonds. The net result is that graphite is less dense than diamond.
25. Diamond is an electrical insulator because all the electrons are in single bonds that are shared between two specific atoms and cannot move around. However, graphite is a good conductor of electricity because its electrons are delocalized in conjugated double bonds that allow the electrons to move easily through the graphite sheets.
26. In a conductor, the valence band is only partially filled, whereas, in an insulator, the valence band is completely full, the conduction band is empty, and there is a wide energy gap between the two. In a semiconductor, the gap between the valence band and the conduction band is very small so that electrons are easily excited into the conduction band.
27. Substance (c), Ag, has the greatest electrical conductivity because it is a metal. Substance (d), $P_4$, has the smallest electrical conductivity because it is a nonmetal. (The other two are metalloids.)

## Chapter 12

1. (d) dissolves fastest; (a) dissolves slowest. Rate of dissolving is larger when the grains of sugar are smaller, because there is more surface contact with the solvent.
2. (a) 0.23 mol/L·h (b) 0.20 mol/L·h (c) 0.161 mol/L·h
(d) 0.12 mol/L·h (e) 0.090 mol/L·h (f) 0.066 mol/L·h
3. (a) Calculate the average concentration for each time interval and plot average concentration vs. average rate:

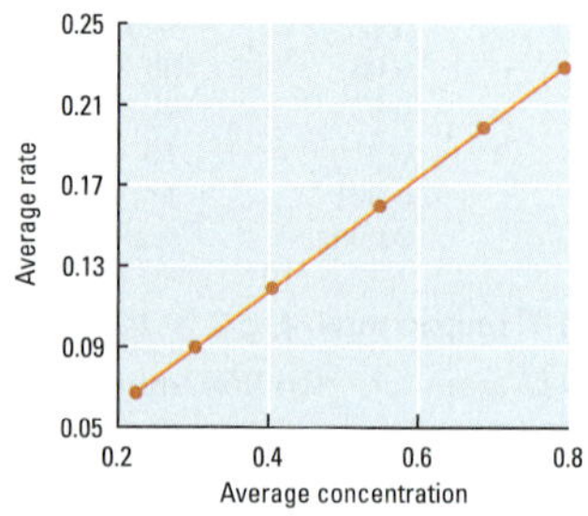


The linear relationship shows: Rate = $k[N_2O_5]$.
(b) $k = 0.29\ h^{-1}$
4.

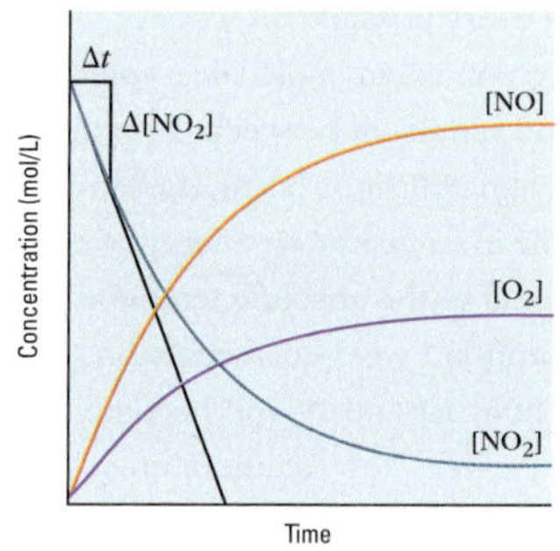


(a) To calculate initial rate, obtain values for 't and '(co ncentration) near initial time, where the curve can still be approximated by a straight line (the black line on the graph) then divide '(concentration) by 't and change the sign to make it positive, e.g.,

$$\text{Initial rate} = \frac{-\Delta[NO_2]}{\Delta t}$$

(b) The curves on the graph become horizontal after a very long time. The final rate will be zero, when $'[NO_2] = 0$.
5. (a) Rate = $k[NO_2]^2$
(b) The rate will be one fourth as fast.
(c) The rate is unchanged.
6. (a) (i) $9.0 \times 10^{-4}$ M/h, (ii) $1.8 \times 10^{-3}$ M/h,
(iii) $3.6 \times 10^{-3}$ M/h
(b) If the initial concentration of $Pt(NH_3)_2Cl_2$ is high, the rate of disappearance of $Pt(NH_3)_2Cl_2$ is high. If the initial concentration of $Pt(NH_3)_2Cl_2$ is low, the rate of disappearance of $Pt(NH_3)_2Cl_2$ is low. The rate of disappearance of $Pt(NH_3)_2Cl_2$ is directly proportional to $[Pt(NH_3)_2Cl_2]$.
(c) The rate law shows direct proportionality between rate and $[Pt(NH_3)_2Cl_2]$.
(d) When the initial $[Pt(NH_3)_2Cl_2]$ is high, the rate of ap-

pearance of $Cl^-$ is high. When the initial concentration is low, the rate of appearance of $Cl^-$ is low. The rate of appearance of $Cl^-$ is directly proportional to $[Pt(NH_3)_2Cl_2]$.

7. (a) Rate $= k[\text{I}][\text{II}]$
   (b) $k = 1.04 \dfrac{\text{L}}{\text{mol}\cdot\text{s}}$
8. (a) The order with respect to NO is one and with respect to $H_2$ is one.
   (b) The reaction is second-order.
   (c) Rate $= k[\text{NO}][H_2]$
   (d) $k = 2.4 \times 10^2\ \text{L mol}^{-1}\ \text{s}^{-1}$
   (e) Initial rate $= 1.5 \times 10^{-2}\ \text{mol L}^{-1}\ \text{s}^{-1}$
9. (a) First-order in A and third-order in B, fourth-order overall
   (b) First-order in A and first-order in B, second-order overall
   (c) First-order in A and zero-order in B, first-order overall
   (d) Third-order in A and first-order in B, fourth-order overall
10. (a) Rate $= k[CH_3COCH_3][H_3O^+]$; first-order in both $H_3O$ and $CH_3COCH_3$, and zero-order in $Br_2$
   (b) $4 \times 10^{-3} \dfrac{\text{L}}{\text{mol}\cdot\text{s}}$ (c) $2 \times 10^{-5} \dfrac{\text{mol}}{\text{L}\cdot\text{s}}$
11. (a) 0.16 mol/L (b) 90. s (c) 120 s
12. $t = 5.49 \times 10^4$ s
13. (a) Not elementary (b) Bimolecular and elementary
   (c) Not elementary (d) Unimolecular and elementary
14. NO + $O_3$, NO is an asymmetric molecule and Cl is a symmetric atom.
15. $E_a = 19$ kJ/mol, Ratio = 1.8
16. (a) $E_a = 22.2$ kJ/mol, $A = 6.66 \times 10^7 \dfrac{\text{L}^2}{\text{mol}^2\cdot\text{s}}$
   (b) $k = 8.39 \times 10^4 \dfrac{\text{L}^2}{\text{mol}^2\cdot\text{s}}$
17. (a) $8 \times 10^{-4} \dfrac{\text{mol}}{\text{L}\cdot\text{s}}$ (b) $3 \times 10^{1} \dfrac{\text{mol}}{\text{L}\cdot\text{s}}$
18. $3 \times 10^2$ kJ/mol
19. Exothermic
20. (a)

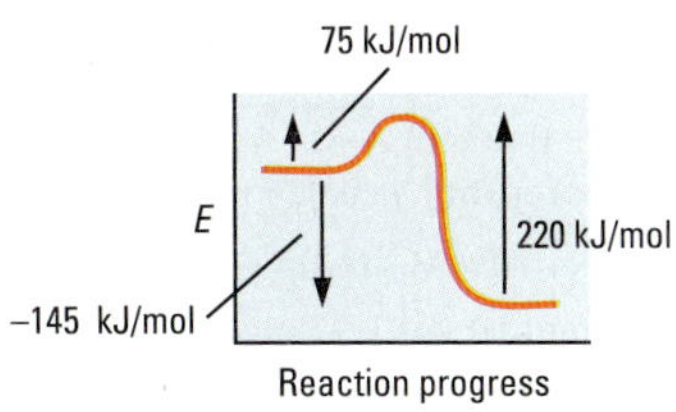


(b)

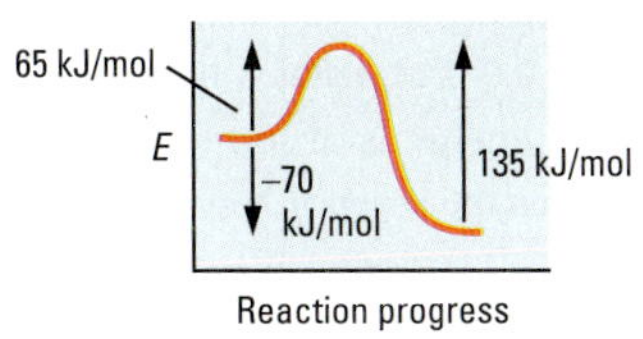


(c)

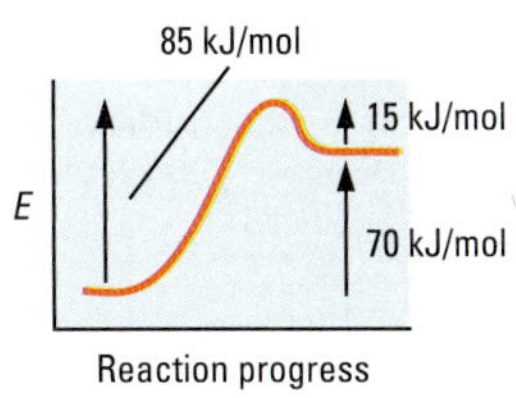


21. (a)

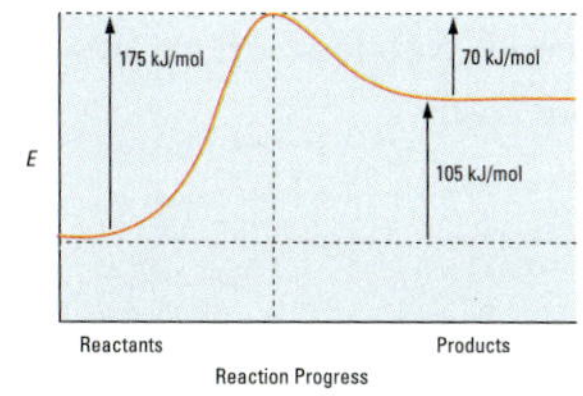


(b)

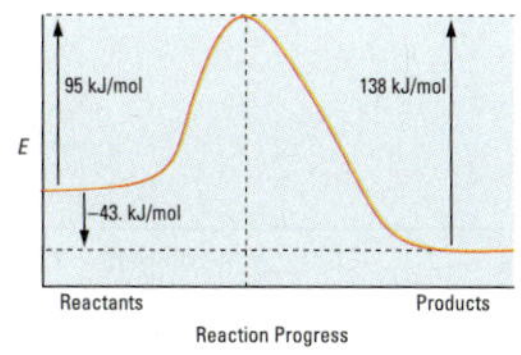


(c)

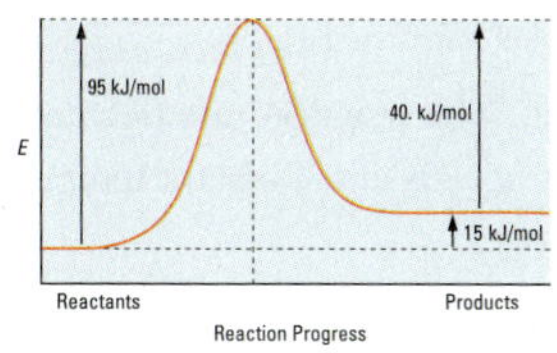


22. (a) Reaction (b) (b) Reaction (c)
23. (a) Rate $= k[\text{NO}][NO_3]$ (b) Rate $= k[\text{O}][O_3]$
   (c) Rate $= k[(CH_3)_3CBr]$ (d) Rate $= k[\text{HI}]^2$
24. (a) $NO_2 + F_2 \longrightarrow FNO_2 + \cancel{F}$
   $+\ NO_2 + \cancel{F} \longrightarrow FNO_2$
   $2\ NO_2 + F_2 \longrightarrow 2\ FNO_2$
   (b) The first step is rate-determining.
25. (a) $CH_3COOCH_3 + H_2O \rightleftharpoons CH_3COOH + CH_3OH$
   (b) Catalyst: $H_3O^+$
   (c) Intermediates: $H_3C(OH)OCH_3$, $H_3C(H_2O)(OH)OCH_3$, $H_3C(OH)_2OHCH_3^+$, and $H_2O$.
26. Only mechanism (a) is compatible with the observed rate law.
27. (a) is true.
28. (a) and (c); (a) homogeneous (c) heterogeneous
29. Enzyme: A protein that catalyzes a biological reaction.
   Substrate: The reactant of a reaction catalyzed by an enzyme.
   Active site: That part of an enzyme where the substrate binds to the enzyme in preparation for conversion into products.
   Proteins: Large polypeptide molecules that serve as structural and functional molecules in living organisms.
   Enzyme-substrate complex: A loose affiliation, usually involving intermolecular forces, between the enzyme and the substrate.
   Induced fit: When the natural shape of either the enzyme or the substrate changes slightly in the formation of the enzyme-substrate complex.
   Globular proteins: Proteins whose structure allows them to fold into tight, compact spherical shapes, in contrast to fibrous proteins which are long and slender.
30. 30. times faster
31. (a) To maximize the surface area and increase contact with the heterogeneous catalyst

(b) Catalysis happens only at the surface of the metal; strips or rods with less surface area would be less efficient and more costly.

32.

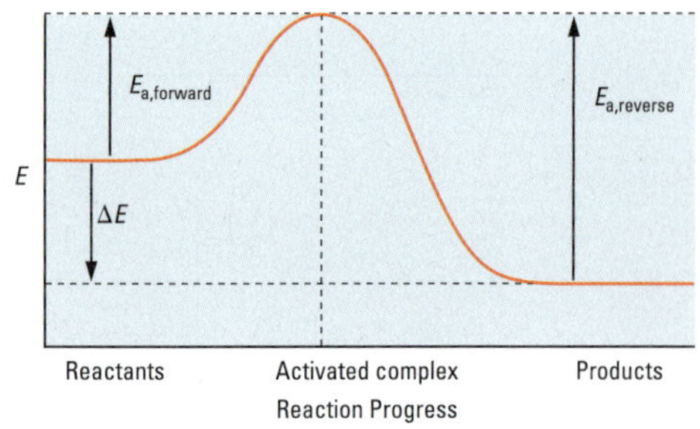


$\Delta E = E_{a,\text{ forward}} - E_{a,\text{ reverse}}$

33. (a) True

(b) False. "The reaction rate decreases as a first–order reaction proceeds at a constant temperature."

(c) True

(d) False. "As a second–order reaction proceeds at a constant temperature, the rate constant does not change." (Other corrections for (b) and (d) are also possible.)

34. Rate $= k[H_2][NO]^2$

35. (a) NO is second-order, $O_2$ is first–order.

(b) Rate $= k[NO]^2[O_2]$ (c) $25 \dfrac{L^2}{mol^2 \cdot s}$

(d) $7.8 \times 10^{-4} \dfrac{mol}{L \cdot s}$ (e) $-\dfrac{\Delta[NO]}{\Delta t} = 2.0 \times 10^{-4} \dfrac{mol}{L \cdot s}$, $+\dfrac{\Delta[NO_2]}{\Delta t} = 2.0 \times 10^{-4} \dfrac{mol}{L \cdot s}$

36. Curve A represents $[H_2O(g)]$ increase with time, Curve B represents $[O_2(g)]$ increase with time, and Curve C represents $[H_2O_2(g)]$ decrease with time.

37. Snapshot (b)

38. Rate $= k[A]^3[B][C]_2$

39. $E_a$ is very, very small—approximately zero.

40. (a) Rate $= 2.4 \times 10^{-7}$ mol $L^{-1}$ $s^{-1}$ $+ k[BSC][F^-]$

(b) 0.3 L $mol^{-1}$ $s^{-1}$

41. (a) $E_a = 3 \times 10^2$ kJ (b) $t = 2 \times 10^3$ s

42. Note: there are other correct answers to this question; the following are examples:

| | | |
|---|---|---|
| (a) | $CH_3CO_2CH_3 + H_3O^+ \longrightarrow CH_3COHOCH_3 + H_2O$ | slow |
| | $CH_3COHOCH_3 + H_2O \longrightarrow CH_3COH(OH_2)OCH_3$ | fast |
| | $CH_3COH(OH_2)OCH_3 \longrightarrow CH_3C(OH)_2 + CH_3OH$ | fast |
| | $CH_3C(OH)_2 + H_2O \longrightarrow CH_3COOH + H_3O^+$ | fast |
| (b) | $H_2 + I_2 \longrightarrow 2\,HI$ | slow |
| (c) | $H_2 + Pt(s) \longrightarrow PtH_2$ | fast |
| | $PtH_2 + I_2 \longrightarrow PtH_2I_2$ | slow |
| | $PtH_2I_2 + O_2 \longrightarrow PtI_2O + H_2O$ | fast |
| | $PtI_2O + H_2 \longrightarrow Pt(s) + I_2 + H_2O$ | fast |

43. Estimated $E_a = 402 \times 10^{-21}$ J/molecule; it is the same to one significant figure as the $E_a$ given in Figure 12.7.

## Chapter 13

1. There are many answers to this question; this is an example: Prepare a sample of $N_2O_4$ in which the N atoms are the heavier isotopes 15N. Introduce the heavy isotope of $N_2O_4$ into an equilibrium mixture of $N_2O_4$ and $NO_2$. Use spectroscopic methods, such as in-frared spectroscopy to observe the distribution of the radioisotope among the reactants and products.

2.

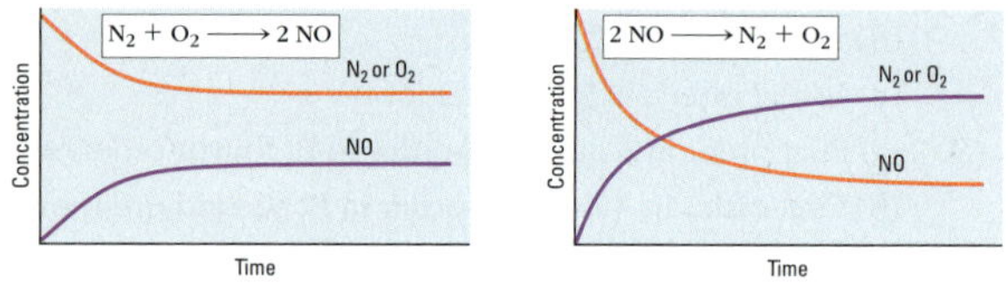


3. (a) $K_c = \dfrac{[H_2O]^2[O_2]}{[H_2O_2]^2}$ (b) $K_c = \dfrac{[PCl_5]}{[PCl_3][Cl_2]}$

(c) $K_c = [CO]^2$ (d) $K_c = \dfrac{[H_2S]}{[H_2]}$

4. Equation (e)

5. (a) $K_P = \dfrac{P^2_{H_2O}P_{O_2}}{P^2_{H_2O_2}}$ (b) $K_P = \dfrac{P_{PCl_5}}{P_{PCl_3}P_{Cl_2}}$

(c) $K_P = P^2_{CO}$ (d) $K_P = \dfrac{P_{H_2S}}{P_{H_2}}$

6. (a) $K_c = 1.0$ (b) $K_c = 1.0$ (c) $K_c = 1$

7. $K_p = 1.6$

8. $K_c = 75$

9. Reactions (b) and (c) are product–favored. Most reactant–favored is (a), then (b), and then (c).

10. (a)

| | butane $\rightleftharpoons$ | 2-methylpropane |
|---|---|---|
| Conc. initial | 0.100 mol/L | 0.100 mol/L |
| Change conc. | $-x$ | $+x$ |
| Equilibrium conc. | $0.100 - x$ | $0.100 + x$ |

(b) $K_c = \dfrac{[\text{2-methylpropane}]}{[\text{butane}]} = 2.5 = \dfrac{0.100 + x}{0.100 - x}$ $x = 0.043$

(c) [2-methylpropane] = 0.024 mol/L, [butane] = 0.010 mol/L

11. $[HI] = 4 \times 10^{-2}$ M; $[H_2] = [I_2] = 5 \times 10^{-3}$ M

12. (a) 1.94 mol HI (b) 1.92 mol HI (c) 1.98 mol HI

13. (a) No (b) Proceed toward products

14. (a) No (b) Proceed toward reactants

(c) $[N_2] = [O_2] = 0.002$ M; $[NO] = 0.061$ M

15. Choice (b); heat energy is absorbed, and increasing the temperature drives the reaction toward products.

16.

| Change | $[Br_2]$ | [HBr] | $K_c$ | $K_p$ |
|---|---|---|---|---|
| Some $H_2$ is added to the container. | Decrease | Increase | No change | No change |
| Temperature of the gases in the container is increased. | Increase | Decrease | Decrease | Decrease |
| The pressure of HBr is increased. | Increase | Increase | No change | No change |

17. (a) No change (b) Left (c) Left
18. (a) Decrease

(b)

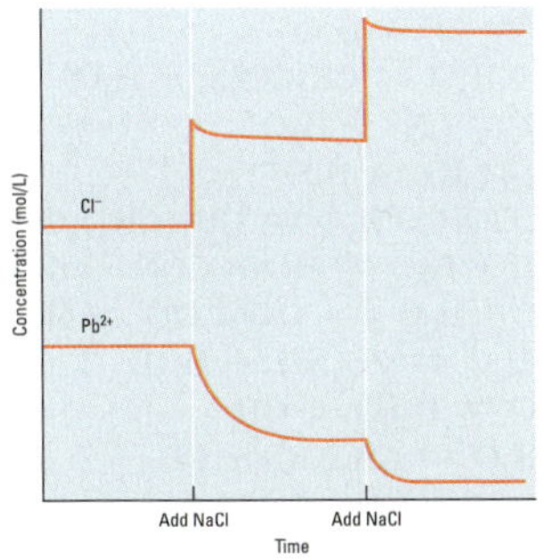


19. (a) Energy effect (b) Entropy effect (c) Neither
20. (a) First reaction: $'H = -296.830$ kJ, second reaction: $'H = -197.78$ kJ, third reaction: $'H = -132.44$ kJ

(b) All three are exothermic, none are endothermic.

(c) None of the reactions have entropy increase, the second and third reactions have entropy decrease, and the first reaction entropy doesn't change.

(d) All three reactions favor products more at low temperatures.

21. (a)

| Species | $Br_2$ | $Cl_2$ | $F_2$ | $H_2$ | $N_2$ | $O_2$ |
|---|---|---|---|---|---|---|
| **[*E*] (mol/L)** | 0.28 | 0.057 | 1.44 | $1.76 \times 10^{-5}$ | $4 \times 10^{-14}$ | $4.0 \times 10^{-6}$ |

(b) $F_2$. (At this temperature, the lowest bond energy is predicted from the reaction that gives the most products.) Compared to Table 8.2, the product production decreases as the bond energy increases: 158 kJ $F_2$, 193 kJ $Br_2$, 242 kJ $Cl_2$, 436 kJ $H_2$, 498 kJ $O_2$, 946 kJ $N_2$. Lewis structures of $F_2$, $Br_2$, $Cl_2$, $H_2$ have a single bond and more products are produced than $O_2$ with double bond and $N_2$ with triple bonds.

22. (a) $K_c = 0.67$ (b) Same result
23. Cases a and b will have decreased [HI] at equilibrium, and Cases c and d will have increased [HI].
24. It is at equilibrium at 600. K. No more experiments are needed.
25. (a) (iii) (b) (i)
26. In the warmer sample, the molecules would be moving faster and more $NO_2$ molecules would be seen. In the cooler sample, the molecules would be moving somewhat slower and fewer $NO_2$ molecules would be seen. In both samples, the molecules are moving very fast. The average speed of gas molecules is commonly hundreds of miles per hour. In both samples, one would see a dynamic equilibrium with some $N_2O_4$ molecules decomposing and some $NO_2$ molecules reacting with each other, at equal rates.
27. Diagrams (b), (c), and (d)
28. The following is an example of a diagram. (Other answers are possible.)

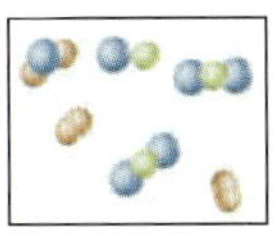

29. Dynamic equilibria with small values of K introduce a small amount of $D^+$ ions in place of $H^+$ ions in the place of the acidic hydrogen.
30. (a) $K_c = 0.0168$ (b) 0.661 atm (c) 0.514
31. (a) $[PCl_3] = [Cl_2] = 0.14$ mol/L, $[PCl_5] = 0.005$ mol/L
    (b) $[PCl_3] = 0.29$ mol/L, $[Cl_2] = 0.14$ mol/L, $[PCl_5] = 0.01$ mol/L
32. (a) (i) Right (ii) Right (iii) Left
    (b) (i) Left (ii) No shift (iii) Right
    (c) (i) Right (ii) Right (iii) No shift
    (d) (i) Right (ii) Right (iii) Left
33. (a) $H_2(g) + Br_2(g) \rightleftharpoons 2\ HBr\ (g)$ (b) $-103$ kJ
    (c) Energy effect (d) To the left (e) No effect
    (f) The reactants must achieve activation energy. At $T < 200°$, reactants do not have enough energy.

## Chapter 14

1. If the solid interacts with the solvent using similar (or stronger) intermolecular forces, it will dissolve readily. If the solute interacts with the solvent using different intermolecular forces than those experienced in the solvent, it will be almost insoluble. For example, consider dissolving an ionic solid in water and oil. The interactions between the ions in the solid and water are very strong, since ions would be attracted to the highly polar water molecule; hence, the solid would have a high solubility. However, the ions in the solid interact with each other much more strongly than the London dis–persion forces experienced between the non–polar hydrocarbons in the oil; hence, the solid would have a low solubility. (Other examples exist.)
2. The dissolving process was endothermic, so the temperature dropped as more solute was added. The solubility of the solid at the lower temperature is lower, so some of the solid did not dissolve. As the solution warmed up, however, the solubility increased again. What remained of the solid dissolved. The solution was saturated at the lower temperature, but is no longer saturated at the current temperature.
3. When an organic acid has a large (non–polar) piece, it interacts primarily using London dispersion intermolecular forces. Since water interacts via hydrogen–bonding intermolecular forces, it would rather interact with itself than with the acid. Hence, the solubility of the large organic acids drops, and some are completely insoluble.
4. The positive H end of the very polar water molecule interacts with the negative ions. The negative O end of the very polar water molecule interacts with the positive ions.

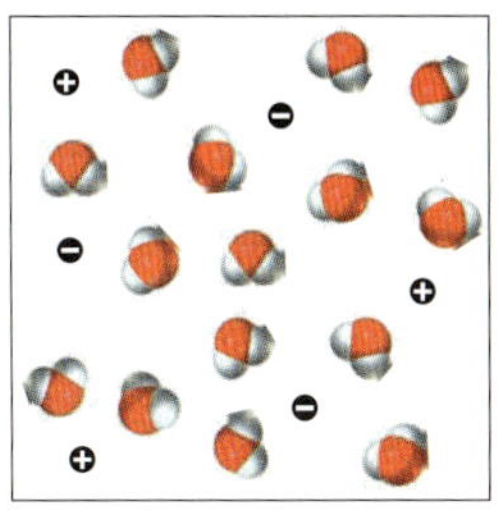

5. $1 \times 10^{-3}$ M
6. 90. g ethanol
7. $1.6 \times 10^{-6}$ g Pb
8. (a) 160. g $NH_4Cl$ (b) 83.9 g KCl (c) 7.46 g $Na_2SO_4$
9. (a) 0.762 M (b) 0.174 M (c) 0.0126 M (d) 0.167 M
10. (a) 0.180 M (b) 0.683 M (c) 0.0260 M (d) 0.0416 M
11. 96% $H_2SO_4$
12. 59 g
13. (a) < (d) < (b) < (c)
14. $T_f = -1.65$ °C, $T_b = 100.46$ °C
15. $X_{H2O} = 0.79999$, 712 g sucrose
16. $1.9 \times 10^2$ g/mol
17. $3.6 \times 10^2$ g/mol; $C_{20}H_{16}Fe_2$
18. (a) 2.5 kg (b) 104.2 °C
19. Water in the cells of the wood leaked out, since the osmotic pressure inside the cells was less than that of the seawater in which the wood was sitting.
20. 28% $NH_3$
21. (a)

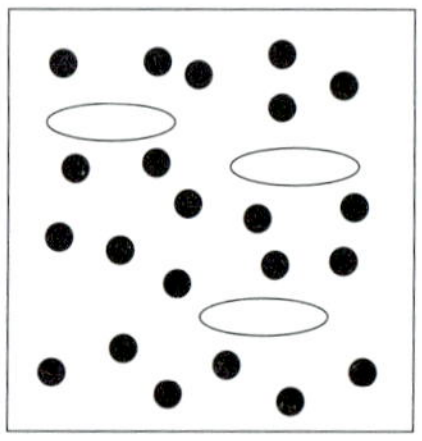

(b)

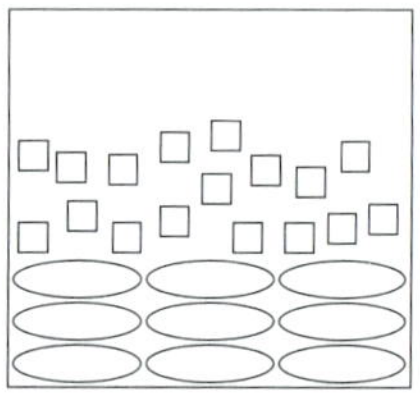

22. (a) Unsaturated (b) Supersaturated (c) Supersaturated (d) Unsaturated
23.

| Compound | Mass of Compound | Mass of Water | Mass Fraction of Solute | Weight Percent of Solute | Conc of Solute |
|---|---|---|---|---|---|
| Lye | 75.0 g | 125 g | 0.375 | 37.5% | $3.75 \times 10^5$ ppm |
| Glycerol | 33 g | 200. g | 0.14 | 14% | $1.4 \times 10^5$ ppm |
| Acetylene | 0.0015 | $2 \times 10^2$ g | 0.000009 | 0.0009% | 9 ppm |

24. (a) Seawater contains more dissolved solutes than fresh water. The presence of a solute lowers the freezing point. That means a lower temperature is required to freeze the seawater than to freeze fresh water.
(b) Salt added to a mixture of ice and water will lower the freezing point of the water. If the ice cream is mixed at a lower temperature, its temperature will drop faster; hence, it will freeze faster.
25. The empirical and molecular formulas are both $C_{18}H_{24}Cr$.
26. (a) No (b) 108.9°
27. 28 m
28. 0.30 M
29. (a) 6300 ppm, 6300000 ppb
(b) 0.040 M (c) $4.99 \times 10^5$ bottles

## Chapter 15

1. (a) $HCO_3^- + H_2O \rightleftharpoons CO_3^{2-} + H_3O^+$
(b) $HCl + H_2O \rightleftharpoons Cl^- + H_3O^+$
(c) $CH_3COOH + H_2O \rightleftharpoons CH_3COO^- + H_3O^+$
(d) $HCN + H_2O \rightleftharpoons CN^- + H_3O^+$
2. (a) $HIO + H_2O \rightleftharpoons IO^- + H_3O^+$
(b) $CH_3(CH_2)_4COOH + H_2O \rightleftharpoons CH_3(CH_2)_4COO^- + H_3O^+$
(c) $HOOCCOOH + H_2O \rightleftharpoons HOOCCOO^- + H_3O^+$
$HOOCCOO^- + H_2O \rightleftharpoons {}^-OOCCOO^- + H_3O^+$
(d) $CH_3NH_3^+ + H_2O \rightleftharpoons CH_3NH_2 + H_3O^+$
3. (a) $HSO_4^- + H_2O \rightleftharpoons H_2SO_4 + OH^-$
(b) $CH_3NH_2 + H_2O \rightleftharpoons CH_3NH_3^+ + OH^-$
(c) $I^- + H_2O \rightleftharpoons HI + OH^-$
(d) $H_2PO_4^- + H_2O \rightleftharpoons H_3PO_4 + OH^-$
4. (a) $I^-$, iodide, conjugate base
(b) $HNO_3$, nitric acid, conjugate acid
(c) $HCO_3^-$, hydrogen carbonate ion, conjugate acid
(d) $HCO_3^-$, hydrogen carbonate ion, conjugate base
5. Pairs (b), (c), and (d)
6.
(a) Reactant acid = $H_2O$, reactant base = $HS^-$, product conjugate acid = $H_2S$, product conjugate base = $OH^-$
(b) Reactant acid = $NH_4^+$, reactant base = $S^{2-}$, product conjugate acid = $HS^-$, product conjugate base = $NH_3$
(c) Reactant acid = $HSO_4^-$, reactant base = $HCO_3^-$, product conjugate acid = $H_2CO_3$, product conjugate base = $SO_4^{2-}$
(d) Reactant acid = $NH_3$, reactant base = $NH_2^-$, product conjugate base = $NH_2^-$, product conjugate acid = $NH_3$
7. (a) $CO_3^{2-} + H_2O \rightleftharpoons HCO_3^- + OH^-$
$HCO_3^- + H_2O \rightleftharpoons H_2CO_3 + OH^-$
(b) $H_3AsO_4 + H_2O \rightleftharpoons H_2AsO_4^- + H_3O^+$
$H_2AsO_4^- + H_2O \rightleftharpoons HAsO_4^{2-} + H_3O^+$
$HAsO_4^{2-} + H_2O \rightleftharpoons AsO_4^{3-} + H_3O^+$
(c) $NH_2CH_2COO^- + H_2O \rightleftharpoons {}^+NH_3CH_2COO^- + OH^-$
${}^+NH_3CH_2COO^- + H_2O \rightleftharpoons {}^+NH_3CH_2COOH + OH^-$
8. $3 \times 10^{-11}$ M, basic
9. pH = 12.40, pOH = 1.60
10. $5 \times 10^{-2}$ M, 2 g HCl
11.

| pH | $[H_3O^+]$ (M) | $[OH^-]$ (M) | Acidic or Basic |
|---|---|---|---|
| (a) 6.21 | $6.1 \times 10^{-7}$ | $1.6 \times 10^{-8}$ | Acidic |
| (b) 5.34 | $4.5 \times 10^{-6}$ | $2.2 \times 10^{-9}$ | Acidic |
| (c) 4.67 | $2.1 \times 10^{-5}$ | $4.7 \times 10^{-10}$ | Acidic |
| (d) 1.60 | $2.5 \times 10^{-2}$ | $4.0 \times 10^{-13}$ | Acidic |
| (e) 9.12 | $7.6 \times 10^{-10}$ | $1.3 \times 10^{-5}$ | Basic |

12. (a) $F^-(aq) + H_2O(\ell) \rightleftharpoons HF(aq) + OH^-(aq)$

$$K = \frac{[HF][OH^-]}{[F^-]}$$

(b) $NH_3(aq) + H_2O(\ell) \rightleftharpoons NH_4^+(aq) + OH^-(aq)$

$$K = \frac{[NH_4^+][OH^-]}{[NH_3]}$$

(c) $H_2CO_3(aq) + H_2O(\ell) \rightleftharpoons HCO_3^-(aq) + H_3O^+(aq)$

$$K = \frac{[HCO_3^-][H_3O^+]}{[H_2CO_3]}$$

(d) $H_3PO_4(aq) + H_2O(\ell) \rightleftharpoons H_2PO_4^-(aq) + H_3O^+(aq)$

$$K = \frac{[H_2PO_4^-][H_3O^+]}{[H_3PO_4]}$$

(e) $CH_3COO^-(aq) + H_2O(\ell) \rightleftharpoons CH_3COOH(aq) + OH^-(aq)$

$$K = \frac{[CH_3COOH][OH^-]}{[CH_3COO^-]}$$

(f) $S^{2-}(aq) + H_2O(\ell) \rightleftharpoons HS^-(aq) + OH^-(aq)$

$$K = \frac{[HS^-][OH^-]}{[S^{2-}]}$$

13. (a) $NH_3$ (b) $K_2S$ (c) $NaCH_3COO$ (d) KCN
14. $K_a = 1.6 \times 10^{-5}$
15. $[H_3O^+] = [A^-] = 1.3 \times 10^{-5}$ M, [HA] = 0.040 M
16. $K_a = 1.4 \times 10^{-5}$
17. 8.85
18. (a) $C_{10}H_{15}NH_2 + H_2O \rightleftharpoons C_{10}H_{15}NH_3^+ + OH^-$
    (b) 10.47
19. 3.28
20. (a) $CN^-$, product-favored (b) $HS^-$, reactant-favored
    (c) $H_2$(g), reactant-favored
21. (a) pH < 7 (b) pH > 7 (c) pH = 7
22. (a) pH > 7 (b) pH > 7 (c) pH > 7
23. All three are Lewis bases; $CO_2$ is a Lewis acid.
24. (a) $I_2$ is a Lewis acid and $I^-$ is a Lewis base.
    (b) $BF_3$ is a Lewis acid and $SO_2$ is a Lewis base.
    (c) $Au^+$ is a Lewis acid and $CN^-$ is a Lewis base.
    (d) $CO_2$ is a Lewis acid and $H_2O$ is a Lewis base.
25. (a) Weak acid (b) Strong base (c) Strong acid
    (d) Weak base (e) Strong base (f) Amphiprotic
26. (a) Less than 7 (b) Equal to 7 (c) Greater than 7
27. 2.85
28. 9.73
29. Conjugates must differ by just one $H^+$.
30. Arrhenius Theory: Electron pairs on the solvent water molecules (Lewis base) form a bond with the hydrogen ion (Lewis acid) producing aqueous $H_3O^+$ ions. Electron pairs on the $OH^-$ ions (Lewis base) form a bond with the hydrogen ion (Lewis acid) in the solvent water molecule, producing aqueous $OH^-$ ions. Brønsted–Lowry Theory: The $H^+$ ion from the Brønsted–Lowry acid is bonded to a Brønsted–Lowry base using an electron pair on the base. The electron–pair acceptor, the H1 ion, is the Lewis acid and the electron–pair donor is the Lewis base.
31. (a) 2.01 (b) 23 times
32. 0.76 L; Probably not
33. Yes, pH increases
34. Br has a higher electronegativity than H. $ClNH_2$ is weaker, because Cl has a higher electronegativity than Br.
35. Strongest HM > HQ > HZ weakest; $K_{a,HZ} = 1 \times 10^{-5}$, $K_{a,HQ} = 1 \times 10^{-3}$, $K_{a,HM} = 1 \times 10^{-1}$ or larger
36. (a) Weak (b) Weak
    (c) Acid/base conjugates (d) 6.26
37. Dilute solution is 9%, saturated solution is 2%.

## Chapter 16

1. (c)
2. (a) pH = 2.1 (b) pH = 7.21 (c) pH = 12.46
3. (a) Lactic acid and lactate ion
   (b) Acetic acid and acetate ion
   (c) HClO and $ClO^-$
   (d) $HCO_3^-$ and $CO_3^{2-}$
   pKa closest to given pH.
4. pH = 9.55, pH = 9.51
5. Sample (b). Only (b) results in a solution containing a conjugate acid/base pair.
6. (a) ΔpH = 0.1 (b) ΔpH = 3.8 (c) ΔpH = 7.25
7. (a) pH = 5.02 (b) pH = 4.99 (c) pH = 4.06
8. (a) Bromothymol blue
   (b) Phenolphthalein
   (c) Methyl red
   (d) Bromothymol blue. Suitable pH color changes
9. 0.0253 M HCl
10. 93.6%
11. (a) 29.2 mL (b) 600. mL (c) 1.20 L (d) 2.7 mL
12. (a) pH = 0.824 (b) pH = 1.30 (c) pH = 3.8
    (d) pH = 7.000 (e) pH = 10.2 (f) 12.48

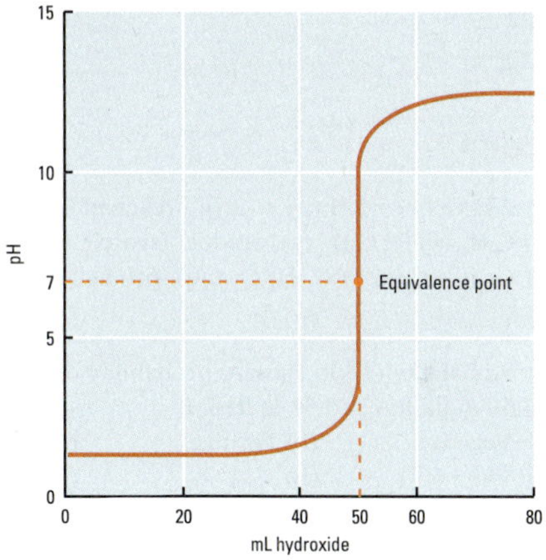


13.

(a) $FeCO_3(s) \rightleftharpoons Fe^{2+}(aq) + CO_3^{2-}(aq)$ $K_{sp} = [Fe^{2+}][CO_3^{2-}]$

(b) $Ag_2SO_4(s) \rightleftharpoons 2\,Ag^+(aq) + SO_4^{2-}(aq)$ $K_{sp} = [Ag^+]^2[SO_4^{2-}]$

(c) $Ca_3(PO_4)_2(s) \rightleftharpoons 3\,Ca^{2+}(aq) + 2\,PO_4^{3-}(aq)$

$$K_{sp} = [Ca^{2+}]^3[PO_4^{3-}]^2$$

(d) $Mn(OH)_2(s) \rightleftharpoons Mn^{2+}(aq) + 2\,OH^-(aq)$

$$K_{sp} = [Mn^{2+}][OH^-]^2$$

14. $K_{sp} = 2.2 \times 10^{-12}$
15. $K_{sp} = 1.7 \times 10^{-5}$
16. $3.1 \times 10^{-5}$ mol/L
17. (a) $K_{sp} = 1 \times 10^{-11}$ (b) $[OH^-]$ must be 0.0085 M or higher.
18. $4.5 \times 10^{-9}$ M or lower
19. pH = 9.0
20. (a) $Ag^+(aq) + 2\,CN^-(aq) \rightleftharpoons [Ag(CN)_2]^-(aq)$

$$K_f = \frac{[[Ag(CN)_2]^-]}{[Ag^+][CN^-]^2}$$

    (b) $Cd^{2+}(aq) + 4\,NH_3(aq) \rightleftharpoons [Cd(NH_3)_4]^{2+}(aq)$

$$K_f = \frac{[[Cd(NH_3)_4]^{2+}]}{[Cd^{2+}][NH_3]^4}$$

21. 0.0078 mol or more

22. (a) $Zn(OH)_2(s) + 2\ H_3O^+(aq) \rightarrow Zn^{2+}(aq) + 4\ H_2O(\ell)$
    $Zn(OH)_2(s) + 2\ OH^-(aq) \rightarrow [Zn(OH)_4]^{2-}(aq)$
    (b) $Sb(OH)_3(s) + 3\ H_3O^+(aq) \rightarrow Sb^{3+}(aq) + 6\ H_2O(\ell)$
    $Sb(OH)_3(s) + OH^-(aq) \rightarrow [Sb(OH)_4]^-(aq)$
23. (a) $H_2O$, $CH_3COO^-$, $Na^+$, $CH_3COOH$, $H_3O^+$, $OH^-$
    (b) pH = 4.95
    (c) pH = 5.05
    (d) $CH_3COOH(aq) + H_2O(\ell) \rightleftharpoons CH_3COO^-(aq) + H_3O^+(aq)$
24. Ratio = 1.6
25. $K_a = 3.5 \times 10^{-6}$
26. The tiny amount of base ($CH_3COO^-$) present is insufficient to prevent the pH from changing dramatically if a strong acid is introduced into the solution.
27. $K_a = 2.3 \times 10^{-4}$
28. Blood pH decreases; acidosis
29. (a) Adding $Ca^{2+}$ drives the reaction more toward reactants, making more apatite.
    (b) Acid reacts with $OH^-$, removing a product and driving the reaction toward the products, causing apatite to decompose.
30. Sample A: $NaHCO_3$; Sample B: NaOH; Sample C: Mixture of NaOH and $Na_2CO_3$ and/or $NaHCO_3$; Sample D: $Na_2CO_3$
31. 3.22
32. 3.2 g

## Chapter 17

1. (a) $2\ H_2O(\ell) \rightarrow 2\ H_2(g) + O_2(g)$, reactant-favored
   (b) $C_8H_{18}(\ell) \rightarrow C_8H_{18}(g)$, product-favored
   (c) $C_{12}H_{22}O_{11}(s) \rightarrow C_{12}H_{22}O_{11}(aq)$, product-favored
2. (a) $\frac{1}{2}$ (b) $\frac{1}{2}$ (c) 50 of each
3. (a) Probability of $\frac{1}{2}$ in Flask A; probability of $\frac{1}{2}$ in flask B
   (b) 50 in flask A and 50 in flask B
4. (a) Negative (b) Positive (c) Positive
5. (a) 후자 (b) 후자 (c) 후자
6. (a) NaCl(s) (b) $P_4(g)$ (c) $NH_4NO_3(aq)$
7. (a) Negative (b) Negative (c) Positive
8. 112 $J\ K^{-1}\ mol^{-1}$
9. (a) +113.0 J/K (b) +38.17 J/K
10. (a) $-173.01\ J\ K^{-1}$ (b) $-326.69\ J\ K^{-1}$ (c) $137.55\ J\ K^{-1}$
11. $'S^\circ = -247.7$ J/K; Cannot tell without $'H^\circ$ also, since that is needed to calculate $'G^\circ$. $'H^\circ = -88.13$ kJ and $'G^\circ = -14.3$ kJ, so it is product-favored at given T.
12. Product-favored at low temperatures; the exothermicity is sufficient to favor products if the temperature is low enough to overcome the decrease in entropy.
13. (a) Enthalpy change (H) is negative; entropy change (S) is positive.
    (b) $'H^\circ = -184.28$ kJ; $'S^\circ = -7.7\ J\ K^{-1}$; not positive, as predicted. The enthalpy change is negative, as predicted in (a). But the entropy change is negative, not as predicted in (a). The aqueous solute must have sufficient order to compensate for the high disorder of the gas. The value of $-7.7\ J\ K^{-1}$ is very small.
14. Entropy increase is insufficient to drive this highly endothermic reaction to form products without assistance from the surroundings at this temperature; reaction is reactant–favored.
15. (a) $'S^\circ = -37.52$ J/K, $'H^\circ = -851.5$ kJ, product-favored at low temperature
    (b) $'S^\circ = -21.77$ J/K, $'H^\circ = 66.36$ kJ, never product-favored
16. (a) $'S_{univ} = 4.92 \times 10^3$ J/K (b) $-1.47 \times 103$ kJ
    (c) Yes; ethane is used as a fuel; hence, we might expect that its combustion reaction is product–favored.
17. First line: Sign of $'G^\circ_{system}$ is negative; last line: Sign of $'G^\circ_{system}$ is positive.
18. $'G^\circ = 'H^\circ - T'S^\circ$ Here $'H^\circ$ is negative, and $'S^\circ$ is positive, so $'G^\circ - |'H^\circ| - |T'S^\circ| = -(|'H^\circ| + |T'S^\circ|) < 0$.
19. $'G^\circ = 28.63$ kJ; reactant-favored
20. (a) −141.05 kJ (b) 141.73 kJ (c) −959.43 kJ
    Reactions (a) and (c) are product-favored.
21. (a) 385.7 K (b) 835.1 K
22. (a) $'H^\circ = 178.32$ kJ, $'S^\circ = 160.6$ J/K, $'G^\circ = 130.5$ kJ
    (b) Reactant-favored
    (c) No; it is only product-favored at high temperatures.
    (d) 1110. K
23. $'G^\circ_f(Ca(OH)_2) = -867.8$ kJ/mol
24. (a) $K = 4 \times 10^{-34}$ (b) $K = 5 \times 10^{-31}$
25. (a) $'G^\circ = -100.97$ kJ, product-favored
    (b) $K = 5 \times 10^{17}$. When $'G^\circ$ is negative, $K$ is larger than 1.
26. (a) $\Delta G^\circ = -106$ kJ/mol (b) $\Delta G^\circ = 8.55$ kJ/mol
    (c) $\Delta G^\circ = -33.8$ kJ/mol
27. (a) can be harnessed; (b) and (c) require work to be done.
28. Reaction 64(b), 5.068 g graphite oxidized; reaction 64(c), 26.94 g graphite oxidized
29. (a) $2\ C(s) + 2\ Cl_2(g) + TiO_2(s) \rightarrow TiCl_4(g) + 2\ CO(g)$
    (b) $\Delta H^\circ$ −44.6 kJ; $\Delta S^\circ = 242.7\ J\ K^{-1}$; $\Delta G^\circ = -116.5$ kJ
    (c) Product-favored (d) More reactant-favored
30. The combustions of coal, petroleum, and natural gas are the most common sources used to supply free energy. We also use solar and nuclear energy as well as the kinetic energy of wind and water. (There may be other answers.)
31. (a) $'G^\circ = -86.5$ kJ, product-favored
    (b) $'G^\circ = -873.1$ kJ (c) No (d) Yes
32. (a) Reaction 2 (b) Reactions 1 and 5
    (c) Reaction 2 (d) Reactions 2 and 3
    (e) None of them
33. (a) $\Delta G^\circ = 141.73$ kJ (b) No (c) Yes
    (d) $K_P = 1 \times 10^4$ (e) $K_c = 7 \times 10^1$
34. (a) $\Delta G^\circ = 31.8$ kJ (b) $K_P = P_{Hg(g)}$
    (c) $K^\circ = 2.7 \times 10^{-6}$ (d) $P_{Hg(g)} = 2.7 \times 10^{-6}$ atm
    (e) $T = 450$ K
35. Scrambled is a very disordered state for an egg. The second law of thermodynamics says that the more disordered state is the more probable state. Putting the delicate tissues and fluids back where they were before the scrambling occurred would take a great deal of energy. Humpty

Dumpty is a fictional character who was also an egg. He fell off a wall. A very probable result of that fall is for an egg to become scrambled. The story goes on to tell that all the energy of the king's horses and men was not sufficient to put Humpty together again.

36. Absolute entropies can be determined because the minimum value of $S^\circ$ is zero at T = 0 K. It is not possible to define conditions for a specific minimum value for internal energy, enthalpy, or Gibbs free energy of a substance, so relative quantities must be used.

37. NaCl, in an orderly crystal structure, and pure water, with only O—H hydrogen bonding interactions in the liquid state, are far more ordered than the dispersed hydrated sodium and chloride ions interacting with the water molecules.

38. (a) False (b) False (c) True
(d) True (e) True

39. '$G < 0$ means products are favored; however, the equilibrium state will always have some reactants present, too. To get all the reactants to go away requires the removal of the products from the reactants, so the reaction continues forward.

40. (a) 58.78 J/K (b) −53.29 J/K (c) −173.93 J/K
Adding more hydrogen makes the '$S^\circ$ more negative.

41. Product favored; '$H^\circ$ is negative. Assuming the '$S^\circ$ of C8H16 and $C_8H_{18}$ are approximately the same value, '$S^\circ$ is negative, but not large enough to give '$G^\circ$ a different sign; hence, '$G^\circ$ is negative, also.

42. (a) $K_P = 1.5 \times 10^7$ (b) Product-favored (c) $K_c = 3.7 \times 10^8$

43. (a) $7\ C(s) + 6\ H_2O(g) \rightarrow 2\ C_2H_6(g) + 3\ CO_2(g)$
$5\ C(s) + 4\ H_2O(g) \rightarrow C_3H_8(g) + 2\ CO_2(g)$
$3\ C(s) + 4\ H_2O(g) \rightarrow 2\ CH_3OH(\ell) + CO_2(g)$
(b) For $C_2H_6$, $\Delta H^\circ = 101.02$ kJ, $\Delta G^\circ = 122.71$ kJ, $\Delta S^\circ = -72.71$ J/K
For $C_3H_8$, $\Delta H^\circ = 76.5$ kJ, $\Delta G^\circ = 102.08$ kJ, $\Delta S^\circ = -86.6$ J/K
For $CH_3OH$, $\Delta H^\circ = 96.44$ kJ, $\Delta G^\circ = 187.39$ kJ, $\Delta S^\circ = -305.2$ J/K
None of these are feasible. '$G^\circ$ is positive. In addition, '$H^\circ$ is positive and '$S^\circ$ is negative, suggesting that there is no temperature at which the products would be favored.

44. (a) (ii) (b) (i) (c) (ii)

## Chapter 18

1. (a) $Zn(s) \rightarrow Zn^{2+}(aq) + 2\ e^-$
(b) $2\ H_3O^+(aq) + 2\ e^- \rightarrow 2\ H_2O(\ell) + H_2(g)$
(c) $Sn^{4+}(aq) + 2\ e^- \rightarrow Sn^{2+}(aq)$
(d) $Cl_2(g) + 2\ e^- \rightarrow 2\ Cl^-(aq)$
(e) $6\ H_2O(\ell) + SO_2(g) \rightarrow SO_4^{2-}(aq) + 4\ H_3O^+(aq) + 2\ e^-$

2. $4\ Zn(s) + 7\ OH^-(aq) + NO_3^-(aq) + 6\ H_2O(\ell) \rightarrow 4\ Zn(OH)_4^{2-} + NH_3(aq)$

3. (a) $3\ CO(g) + O_3(g) \rightarrow 3\ CO_2(g)$
$O_3$ is the oxidizing agent; CO is the reducing agent.
(b) $H_2(g) + Cl_2(g) \rightarrow 2\ HCl(g)$
$Cl_2$ is the oxidizing agent; $H_2$ is the reducing agent.
(c) $H_2O_2(aq) + Ti^{2+}(aq) + 2\ H_3O^+(aq) \rightarrow 4\ H_2O(\ell) + Ti^{4+}(aq)$
$H_2O_2$ is the oxidizing agent; $Ti^{2+}$ is the reducing agent.
(d) $2\ MnO_4^-(aq) + 6\ Cl^-(aq) + 8\ H_3O^+(aq) \rightarrow 2\ MnO_2(s) + 3\ Cl_2(g) + 12\ H_2O(\ell)$
$MnO_4^-$ is the oxidizing agent; $Cl^-$ is the reducing agent.
(e) $4\ FeS_2(s) + 11\ O_2(g) \rightarrow 2\ Fe_2O_3(s) + 8\ SO_2(g)$
$O_2$ is the oxidizing agent; $FeS_2$ is the reducing agent.
(f) $O_3(g) + NO(g) \rightarrow O_2(g) + NO_2(g)$
$O_3$ is the oxidizing agent; NO is the reducing agent.
(g) $Zn(Hg)(amalgam) + HgO(s) \rightarrow ZnO(s) + 2\ Hg(\ell)$
HgO is the oxidizing agent; Zn(Hg) is the reducing agent.

4. The generation of electricity occurs when electrons are transmitted through a wire from the metal to the cation. Here, the transfer of electrons would occur directly from the metal to the cation and the electrons would not flow through any wire.

5. (a) $Zn(s) + Pb^{2+}(aq) \rightarrow Zn^{2+}(aq) + Pb(s)$
(b) Oxidation of zinc occurs at the anode. The reduction of lead ion occurs at the cathode. The anode is metallic zinc. The cathode is metallic lead.
(c)

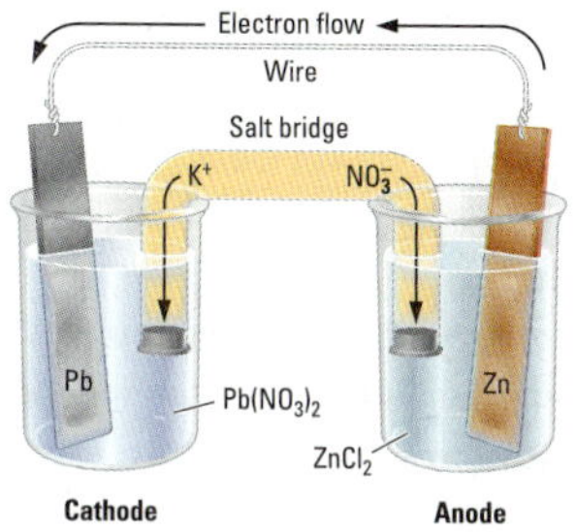


6. $7.5 \times 10^3$ C

7. (a) $Cu(s) \rightarrow Cu^{2+}(aq) + 2\ e^-$
$Ag^+(aq) + e^- \rightarrow Ag(s)$
(b) The copper half-reaction is oxidation and it occurs in the anode compartment. The silver half-reaction is reduction and it occurs in the cathode compartment.

8. Li is the strongest reducing agent and $Li^+$ is the weakest oxidizing agent. $F_2$ is the strongest oxidizing agent and $F^-$ is the weakest reducing agent.

9. Worst oxidizing agent (d) < (c) < (a) < (b) best oxidizing agent

10. (a) 2.91 V (b) −0.028 V
(c) 0.65 V (d) 1.16 V
Reactions (a), (c), and (d) are product-favored.

11. (a) $Al^{3+}$ (b) $Ce^{4+}$ (c) Al
(d) $Ce^{3+}$ (e) Yes (f) No
(g) Mercury(I) ion, silver ion, and cerium(IV) ion
(h) Hg, Sn, Ni, Al

12. (a) 1.55 V (b) −1196 kJ, 1.55 V

13. −409 kJ

14. $1 \times 10^{-18}$, 102 kJ

15. $K^\circ = 4 \times 10^1$

16. (a) 1.20 V (b) 1.16 V (c) 3 M

17. (conc. $Pb^{2+}$)/(conc. $Sn^{2+}$) = 0.3

18. (a) $Ni^{2+}(aq) + Cd(s) \rightarrow Ni(s) + Cd^{2+}(aq)$
(b) Cd is oxidized, $Ni^{2+}$ is reduced, $Ni^{2+}$ is the oxidizing agent, and Cd is the reducing agent.
(c) Metallic Cd is the anode and metallic Ni is the cathode.
(d) 0.15 V
(e) Electrons flow from the Cd electrode to the Ni electrode.
(f) Toward the anode compartment

19. A fuel cell has a continuous supply of reactants and will be useable for as long as the reactants are supplied. A battery contains all the reactants of the reaction. Once the reactants are gone, the battery is no longer useable.
20. (a) The $N_2H_4$ half-reaction occurs at the anode and the $O_2$ halfreaction occurs at the cathode.
    (b) $N_2H_4(g) + O_2(g) \rightarrow N_2(g) + 2\,H_2O(\ell)$
    (c) 7.5 g $N_2H_4$ (d) 7.5 g $O_2$
21. $O_2(g)$ produced at anode; $H_2(g)$ produced at cathode; 2 mol H2 per mol O2
22. $Au^{3+}$, $Hg^{2+}$, $Ag^{+}$, $Hg_2^{2+}$, $Fe^{3+}$, $Cu^{2+}$, $Sn^{4+}$, $Sn^{2+}$, $Ni^{2+}$, $Cd^{2+}$, $Fe^{2+}$, $Zn^{2+}$
23. $H_2$, $Br_2$, and $OH^-$ are produced. After the reaction is complete, the solution contains $H_2O$, $Na^+$, $OH^-$, a small amount of dissolved $Br_2$ (though it has low solubility in water), and a very small amount of $H_3O$. $H_2$ is formed at the cathode. $Br_2$ is formed at the anode.
24. 0.16 g Ag
25. 5.93 g Cu
26. $1.9 \times 10^2$ g Pb
27. 0.043 g Li; 0.64 g Pb
28. 6.85 min
29. Ions increase the electrolytic capacity of the solution.
30. Chromium is highly resistant to corrosion and protects iron in steel from oxidizing.
31. 0.00689 g Cu, 0.00195 g Al
32. Worst reducing agent B $<$ D $<$ A $<$ C best reducing agent
33. (a) B is oxidized and $A^{2+}$ is reduced.
    (b) $A^{2+}$ is the oxidizing agent and B is the reducing agent.
    (c) B is the anode and A is the cathode.
    (d) $A^{2+} + 2e^- \rightarrow A$
    $B \rightarrow B^{2+} + 2e^-$
    (e) A gains mass.
    (f) Electrons flow from B to A.
    (g) $K^+$ ions will migrate toward the $A^{2+}$ solution.
34. (a) $9.5 \times 10^6$ g HF (b) $1.7 \times 10^3$ kWh
35. $Cl_2(g) + 2\,Br^-(aq) \rightarrow Br_2(\ell) + 2\,Cl^-(aq)$
36. 4+
37. 75 s
38. $5 \times 10^{-6}$ M $Cu^{2+}$

## Chapter 19

1. (a) α emission (b) β emission (c) Electron capture or positron emission (d) β emission
2. (a) $^{238}_{92}U$ (b) $^{32}_{15}P$ (c) $^{10}_{5}B$ (d) $^{0}_{-1}e$
   (e) $^{15}_{7}N$
3. (a) $^{28}_{12}Mg \rightarrow {}^{28}_{13}Al + {}^{0}_{-1}e$
   (b) $^{238}_{92}U + {}^{12}_{6}C \rightarrow 4\,{}^{1}_{0}n + {}^{246}_{98}Cf$
   (c) $^{2}_{1}H + {}^{3}_{2}He \rightarrow {}^{4}_{2}He + {}^{1}_{1}H$
   (d) $^{38}_{19}K \rightarrow {}^{38}_{18}Ar + {}^{0}_{+1}e$
   (e) $^{175}_{78}Pt \rightarrow {}^{4}_{2}He + {}^{171}_{76}Os$
4. $^{231}_{90}Th$, $^{231}_{91}Pa$, $^{227}_{89}Ac$, $^{227}_{90}Th$, $^{223}_{88}Ra$
5. $^{222}_{86}Rn \rightarrow {}^{4}_{2}He + {}^{218}_{84}Po$
   $^{218}_{84}Po \rightarrow {}^{4}_{2}He + {}^{214}_{82}Pb$
   $^{214}_{82}Pb \rightarrow {}^{0}_{-1}e + {}^{214}_{83}Bi$
   $^{214}_{83}Bi \rightarrow {}^{0}_{-1}e + {}^{214}_{84}Po$
   $^{214}_{84}Po \rightarrow {}^{4}_{2}He + {}^{210}_{82}Pb$
   $^{210}_{82}Pb \rightarrow {}^{0}_{-1}e + {}^{210}_{83}Bi$
   $^{210}_{83}Bi \rightarrow {}^{0}_{-1}e + {}^{210}_{84}Po$
   $^{210}_{84}Po \rightarrow {}^{4}_{2}He + {}^{206}_{82}Pb$
6. (a) $^{19}_{10}Ne \rightarrow {}^{19}_{9}F + {}^{0}_{+1}e$ (b) $^{230}_{90}Th \rightarrow {}^{0}_{-1}e + {}^{230}_{91}Pa$
   (c) $^{82}_{35}Br \rightarrow {}^{0}_{-1}e + {}^{82}_{36}Kr$ (d) $^{212}_{84}Po \rightarrow {}^{4}_{2}He + {}^{208}_{82}Pb$
7. The binding energy per nucleon of 10B is 6.252 108 kJ/mol nucleon. The binding energy per nucleon of 11B is 6.688 108 kJ/mol nucleon. 11B is more stable than 10B because its binding energy is larger.
8. $-1.7394 \times 10^{11}$ kJ/mol $^{238}U$; $7.3086 \times 10^{8}$ kJ/mol nucleon
9. 5 mg
10. (a) $^{131}_{53}I \rightarrow {}^{131}_{54}Xe + {}^{0}_{-1}e$ (b) 1.56 mg
11. 4.0 y
12. 34.8 d
13. $2.58 \times 10^3$ y; Approx. 570 B.C.
14. $1.6 \times 10^5$ y
15. Cadmium rods (a neutron absorber to control the rate of the fission reaction), uranium rods (a source of fuel, since uranium is a reactant in the nuclear equation), and water (used for cooling by removing excess heat and used in steam/water cycle for the production of turning torque for the generator)
16. (a) $^{140}_{54}Xe$ (b) $^{101}_{41}Nb$ (c) $^{92}_{36}Kr$
17. $6.9 \times 10^3$ barrels
18. A rad is a measure of the amount of radiation absorbed. A rem includes a quality factor that better describes the biological impact of a radiation dose. The unit rem would be more appropriate when talking about the effects of an atomic bomb on humans. The unit gray (Gy) is 100 rad.
19. Since most elements have some proportion of unstable isotopes that decay and we are composed of these elements (e.g., $^{14}C$), our bodies emit radiation particles.
20. (a) $^{0}_{-1}e$ (b) $^{4}_{2}He$ (c) $^{87}_{35}Br$ (d) $^{216}_{84}Po$ (e) $^{68}_{31}Ga$
21. 2 mg
22. $3.6 \times 10^9$ y

23. $^{20}Ne$ is stable. The $^{17}Ne$ is likely to decay by positron emission, increasing the ratio of neutrons to protons. The $^{23}Ne$ is likely to decay by beta emission, decreasing the ratio of neutrons to protons.
24. A nuclear reaction occurred, making products. Therefore, some of the lost mass is found in the decay particles, if the decay is alpha or beta decay, and almost all of the rest is found in the element produced by the reaction.
25. They are first–order because the rate of decay depends only on the quantity of particles decaying.
26. $2.8 \times 10^4$ kg
27. 75.1 y
28. $3.92 \times 10^3$ y

## Appendix B

1. (a) Kilogram, no additional prefix
   (b) cubic meter, prefix nano-
   (c) meter, prefix milli-
2. SI base (fundamental) units are set by convention; derived units are based on the fundamental units.
3. (a) $4.75 \times 10^{-10}$ m (b) $5.6 \times 10^7$ kg (c) $4.28 \times 10^{-6}$ A
4. (a) $8.7 \times 10^{-18}$ m$^2$ (b) $2.73 \times 10^{-17}$ J
   (c) $2.73 \times 10^{-5}$ N
5. (a) 2.20 lb (b) $2.22 \times 10^3$ kg
   (c) 60 in$^3$ (d) $1 \times 10^5$ Pa and 1 bar
6. (a) 99 °F (b) −10.5 °F (c) −40.0 °F

APPENDIX B

# 단위와 환산인자

B.1 Units of the International System (SI) A.18
B.2 Conversion of Units for Physical Quantities A.20

## B.1 Units of the International System (SI)

The metric system was begun by the French National Assembly in 1790 and has undergone many modifications since its inception. The International System of Units, or *Système International* (SI), which represents an extension of the metric system, was adopted by the 11th General Conference on Weights and Measures in 1960. It is constructed from seven base units, each of which represents a particular physical quantity (Table B.1). More information about the SI is available at **http://physics.nist.gov/cuu/Units/index.html.**

The first five units listed in Table B.1 are particularly useful in chemistry. They are defined as follows:

1. The *meter* is the length of the path traveled by light in a vacuum during a time interval of 1/299,792,458 of a second.
2. The *kilogram* represents the mass of a platinum–iridium block kept at the International Bureau of Weights and Measures in Sevres, France.
3. The *second* is the duration of 9,192,631,770 periods of a certain line in the microwave spectrum of cesium–133.
4. The *kelvin* is 1/273.16 of the temperature interval between absolute zero and the triple point of water (the temperature at which liquid water, ice, and water vapor coexist).
5. The *mole* is the amount of substance that contains as many elementary entities (atoms, molecules, ions, or other particles) as there are atoms in exactly 0.012 kg of carbon–12
(12 g of $^{12}C$ atoms).

Decimal fractions and multiples of metric and SI units are designated by using the **prefixes** listed in Table B.2. The prefix *kilo*–, for example, means that a unit is multiplied by $10^3$.

$$1 \text{ kilogram} = 1 \times 10^3 \text{ grams} = 1000 \text{ grams}$$

The prefix *centi*- means that the unit is multiplied by the factor $10^{-2}$.

$$1 \text{ centigram} = 1 \times 10^{-2} \text{ gram} = 0.01 \text{ gram}$$

**Table B.1** SI Fundamental Units

| Physical Quantity | Name of Unit | Symbol |
|---|---|---|
| Length | Meter | m |
| Mass | Kilogram | kg |
| Time | Second | s |
| Temperature | Kelvin | K |
| Amount of substance | Mole | mol |
| Electric current | Ampere | A |
| Luminous intensity | Candela | cd |

**Table B.2** Prefixes for Metric and SI Units*

| Factor | Prefix | Symbol | Factor | Prefix | Symbol |
|---|---|---|---|---|---|
| $10^{18}$ | exa- | E | $10^{-1}$ | *deci-* | d |
| $10^{15}$ | peta- | P | $10^{-2}$ | *centi-* | c |
| $10^{12}$ | tera- | T | $10^{-3}$ | *milli-* | m |
| $10^{9}$ | giga- | G | $10^{-6}$ | *micro-* | μ |
| $10^{6}$ | mega- | M | $10^{-9}$ | *nano-* | n |
| $10^{3}$ | *kilo-* | k | $10^{-12}$ | *pico-* | p |
| $10^{2}$ | hecto- | h | $10^{-15}$ | femto- | f |
| $10^{1}$ | deka- | da | $10^{-18}$ | atto- | a |

*The prefixes most commonly used in chemistry are shown in italics.

The prefixes are added to give units of a magnitude appropriate to what is being measured. The distance from New York to London ($5.6 \times 10^3$ km = 5600 km) is much easier to comprehend measured in kilometers than in meters ($5.6 \times 10^6$ m = 5,600,000 m). Following Table B.2 is a list of units for measuring very small and very large distances.

| | |
|---|---|
| attometer (am) | 0.000000000000000001 meter |
| femtometer (fm) | 0.000000000000001 meter |
| picometer (pm) | 0.000000000001 meter |
| nanometer (nm) | 0.000000001 meter |
| micrometer (μm) | 0.000001 meter |
| millimeter (mm) | 0.001 meter |
| centimeter (cm) | 0.01 meter |
| decimeter (dm) | 0.1 meter |
| meter (m) | 1 meter |
| dekameter (dam) | 10 meters |
| hectometer (hm) | 100 meters |
| kilometer (km) | 1000 meters |
| megameter (Mm) | 1,000,000 meters |
| gigameter (Gm) | 1,000,000,000 meters |
| terameter (Tm) | 1,000,000,000,000 meters |
| petameter (Pm) | 1,000,000,000,000,000 meters |
| exameter (Em) | 1,000,000,000,000,000,000 meters |

In the International System of Units, all physical quantities are represented by appropriate combinations of the base units listed in Table B.1. The result is

**Table B.3** Derived SI Units

| Physical Quantity | Name of Unit | Symbol | Definition | Expressed in Fundamental Units |
|---|---|---|---|---|
| Area | Square meter | $m^2$ | — | |
| Volume | Cubic meter | $m^3$ | — | |
| Density | Kilogram per cubic meter | kg/m | — | |
| Force | Newton | N | $\frac{\text{(kilogram)(meter)}}{\text{(second)}^2}$ | $\text{kg m/s}^2$ |
| Pressure | Pascal | Pa | $\frac{\text{(newton)}}{\text{(meter)}^2}$ | $\text{N/m}^2 = \text{kg m}^{-1}\text{ s}^{-2}$ |
| Energy | Joule | J | $\frac{\text{(kilogram)(meter)}^2}{\text{(second)}^2}$ | $\text{kg m}^2\text{ s}^{-2}$ |
| Electric charge | Coulomb | C | (ampere)(second) | A s |
| Electric potential difference | Volt | V | $\frac{\text{(joule)}}{\text{(ampere)(second)}}$ | $\text{J A}^{-1}\text{ s}^{-1} = \text{kg m}^2\text{ s}^{-3}\text{ A}^{-1}$ |

a derived unit for each kind of measured quantity. The most common derived units are listed in Table B.3. It is easy to see that the derived unit for area is length × length = meter × meter = square meter, $m^2$, or that the derived unit for volume is length × length × length = meter × meter × meter = cubic meter, $m^3$. More complex derived units are arrived at by a similar kind of combination of units. Units such as the joule, which measures energy, have been given simple names that represent the combination of fundamental units by which they are defined.

## B.2 Conversion of Units for Physical Quantities

The result of a measurement is a physical quantity, which consists of a number and a unit. Algebraically, a physical quantity can be treated as if the number is multiplied by the unit. To convert a physical quantity from one unit of measure to another requires a conversion factor (proportionality factor) based on equivalences between units of measure such as those given in Table B.4. (See Appendix A.2 for more about physical quantities and proportionality factors.) Each equivalence provides two conversion factors that are the reciprocals of each other. For example, the equivalence between a quart and a liter, 1 quart = 0.9463 liter, gives

$$\frac{1\text{ quart}}{0.9463\text{ liter}} \quad \text{There is 1 quart per 0.9463 liter.}$$

$$\frac{0.9463\text{ liter}}{1\text{ quart}} \quad \text{There is 0.9463 liter per 1 quart.}$$

The method of canceling units described in Appendix A.2 provides the basis for choosing which conversion factor is needed: It is always the one that allows the unit being converted to be canceled and leaves the new unit uncanceled.

**To convert 2 quarts to liters:**

$$2\text{ quarts} \times \frac{0.9463\text{ liter}}{1\text{ quart}} = 1.893\text{ liters}$$

**To convert 2 liters to quarts:**

$$2\text{ liters} \times \frac{1\text{ quart}}{0.9463\text{ liter}} = 2.113\text{ quarts}$$

Because of the definitions of Celsius degrees and Fahrenheit degrees, conversions between these temperature scales are a bit more complicated. Both units are based on the properties of water. The Celsius unit is defined by assigning 0 ℃ as the freezing point of pure water and 100 ℃ as its boiling point, when the pressure is exactly 1 atm. The size of the Fahrenheit degree is equally arbitrary. Fahrenheit defined 0 ℉ as the freezing point of a solution in which he had dissolved the maximum quantity of ammonium chloride (because this was the lowest temperature he could reproduce reliably), and he intended 100 ℉ to be the normal human body temperature (but this value turned out to be 98.6 ℉). Today, the reference points are set at exactly 32 ℉ and 212 ℉ (the freezing and boiling points of pure water, at 1 atm). The number of units between these two Fahrenheit temperatures is 180 ℉. Thus, the Celsius degree is almost twice as large as the Fahrenheit degree; it takes only 5 Celsius degrees to cover the same temperature range as 9 Fahrenheit degrees.

To be entirely correct, we must specify that pure water boils at 100 °C and freezes at 0 °C only when the pressure of the surrounding atmosphere is 1 atm.

$$\frac{100\ ^\circ\text{C}}{180\ ^\circ\text{F}} = \frac{5\ ^\circ\text{C}}{9\ ^\circ\text{F}}$$

This relationship is the basis for converting a temperature on one scale to a temperature on the other. If $t_C$ is the numerical value of the temperature in ℃ and $t_F$ is the numerical value of the temperature in ℉, then

$$t_C = \left(\tfrac{5}{9}\right)(t_F - 32)$$
$$t_F = \left(\tfrac{9}{5}\right)t_C + 32$$

## Table B.4 Common Units of Measure

### Mass and Weight

1 pound = 453.59 grams = 0.45359 kilogram
1 kilogram = 1000 grams = 2.205 pounds
1 gram = 10 decigrams = 100 centigrams = 1000 milligrams
1 gram = $6.022 \times 10^{23}$ atomic mass units
1 atomic mass unit = $1.6605 \times 10^{-24}$ grams
1 short ton = 2000 pounds = 907.2 kilograms
1 long ton = 2240 pounds
1 metric tonne = 1000 kilograms = 2205 pounds

### Length

1 inch = 2.54 centimeters (exactly)
1 mile = 5280 feet = 1.609 kilometers
1 yard = 36 inches = 0.9144 meter
1 meter = 100 centimeters = 39.37 inches = 3.281 feet = 1.094 yards
1 kilometer = 1000 meters = 1094 yards = 0.6215 miles
1 Angstrom = $1.0 \times 10^{-8}$ centimeters = 0.10 nanometers = 100 picometers
= $1.0 \times 10^{-10}$ meters = $3.937 \times 10^{-9}$ inches

### Volume

1 quart = 0.9463 liters
1 liter = 1.0567 quarts
1 liter = 1 cubic decimeter = $10^3$ cubic centimeters = $10^{-3}$ cubic meters
1 milliliter = 1 cubic centimeters = 0.001 liters = $1.056 \times 10^{-3}$ quarts
1 cubic foot = 28.316 liters = 29.924 quarts = 7.481 gallons

### Force and Pressure

1 atmosphere = 760.0 millimeters of mercury = $1.01325 \times 10^5$ pascals
= 14.70 pounds per square inch
1 bar = $10^5$ pascals = 0.98692 atmospheres
1 torr = 1 millimeter of mercury
1 pascal = 1 kg $m^{-1}$ $s^{-2}$ = 1 $N/m^2$

### Energy

1 joule = $1 \times 10^7$ ergs
1 thermochemical calorie = 4.184 joules = $4.184 \times 10^7$ ergs
= $4.129 \times 10^{-2}$ liter-atmospheres
= $2.612 \times 10^{19}$ electron volts
1 erg = $1 \times 10^{-7}$ joules = $2.3901 \times 10^{-8}$ calories
1 electron volt = $1.6022 \times 10^{-19}$ joules = $1.6022 \times 10^{-12}$ ergs = 96.85 kJ/mol*
1 liter-atmosphere = 24.217 calories = 101.32 joules = $1.0132 \times 10^9$ ergs
1 British thermal unit = 1055.06 joules = $1.05506 \times 10^{10}$ ergs = 252.2 calories

### Temperature

0 K = −273.15 °C

If $T_K$ is the numerical value of the temperature in kelvins, $t_C$ is the numerical value of the temperature in °C, and $t_F$ is the numerical value of the temperature in °F, then

$$T_K = t_C + 273.15$$
$$t_C = \left(\tfrac{5}{9}\right)(t_F - 32)$$
$$t_F = \left(\tfrac{9}{5}\right)t_C + 32$$

*The other units in this line are per particle and must be multiplied by $6.022 \times 10^{23}$ to be strictly comparable.

For example, to show that your normal body temperature of 98.6 °F corresponds to 37.0 °C, use the first equation.

$$t_C = \left(\tfrac{5}{9}\right)(t_F - 32) = \left(\tfrac{5}{9}\right)(98.6 - 32) = \left(\tfrac{9}{5}\right)(66.6) = 37.0$$

Thus, body temperature in °C = 37.0 °C.

Laboratory work is almost always done using Celsius units, and we rarely need to make conversions to and from Fahrenheit degrees. It is best to try to calibrate your senses to Celsius units; to help you do so, it is useful to know that water freezes at 0 °C, a comfortable room temperature is about 22 °C, your body temperature is 37 °C, and the hottest water you could leave your hand in for some time is about 60 °C.

## QUESTIONS FOR APPENDIX B

### Units of the International System

1. Which SI unit accompanied by which prefix would be most convenient for describing each quantity?
   (a) Mass of this book
   (b) Volume of a glass of water
   (c) Thickness of this page
2. Explain the difference between an SI base (fundamental) unit and a derived SI unit.

### Conversion of Units for Physical Quantities

3. Express each quantity in SI base (fundamental) units. Use exponential (scientific) notation whenever it is needed
   (a) 475 pm (b) 56 Gg (c) 4.28 μA
4. Express each quantity in SI base (fundamental) units. Use exponential (scientific) notation whenever it is needed.
   (a) 8.7 $nm^2$ (b) 27.3 aJ (c) 27.3 μN
5. Express each quantity in the units indicated. Use scientific notation.
   (a) 1.00 kg in pound
   (b) 2.45 ton in kilograms
   (c) 1 L in cubic inches ($in^3$)
   (d) 1 atm in pascals and in bars
6. Express each temperature in Fahrenheit degrees.
   (a) 37 °C (b) −23.6 °C (c) −40.0 °C

APPENDIX C

# 물리적 상수와 데이터의 출처

| Quantity | Symbol | Traditional Units | SI Units |
|---|---|---|---|
| Acceleration of gravity | $g_n$ | 980.665 cm/s$^2$ | 9.806 65 m/s$^2$ |
| Atomic mass unit ($\frac{1}{12}$ the mass of $^{12}$C atom) | amu or u | $1.660\ 54 \times 10^{-24}$ g | $1.660\ 54 \times 10^{-27}$ kg |
| Avogadro constant | $N_A$, $L$ | $6.022\ 141\ 79\ (30) \times 10^{23}$ particles/mol | $6.022\ 142 \times 10^{23}$ particles/mol |
| Bohr radius | $a_o$ | 0.529 177 2108 Å | $5.291\ 772\ 108 \times 10^{-11}$ m |
| Boltzmann constant | $k$ | $1.380\ 650\ 5 \times 10^{-16}$ erg/K | $1.380\ 650\ 5 \times 10^{-23}$ J/K |
| Charge-to-mass ratio of electron | $e/m$ | $-1.758\ 820\ 12 \times 10^{8}$ C/g | $-1.758\ 820\ 12 \times 10^{11}$ C/kg |
| Elementary charge (electron or proton charge) | $e$ | $1.602\ 176\ 487\ (40) \times 10^{-19}$ C | $1.602\ 176\ 53 \times 10^{-19}$ C |
| Electron rest mass | $m_e$ | $9.109\ 382\ 15\ (15) \times 10^{-28}$ g | $9.109\ 3826 \times 10^{-31}$ kg |
| Faraday constant | F | 96 485.3383 C/mol e$^-$ | 96 485.3383 C/mol e$^-$ |
| | | 23.06 kcal V$^{-1}$ mol$^{-1}$ | 96 485 J V$^{-1}$ mol$^{-1}$ |
| Gas constant | R | 0.082 057 L atm mol$^{-1}$ K$^{-1}$<br>1.987 cal mol$^{-1}$ K$^{-1}$ | 8.314 472 dm$^3$ Pa mol$^{-1}$ K$^{-1}$<br>8.314 472 J mol$^{-1}$ K$^{-1}$ |
| Molar volume (STP) | $V_m$ | 22.414 L/mol | $22.414 \times 10^{-3}$ m$^3$/mol |
| | | | 22.414 dm$^3$/mol |
| Neutron rest mass | $m_n$ | $1.674\ 927\ 2811\ (84) \times 10^{-24}$ g | $1.674\ 927\ 28 \times 10^{-27}$ kg |
| | | 1.008 664 amu | |
| Planck's constant | $h$ | $6.626\ 0693 \times 10^{-27}$ erg s | $6.626\ 0693 \times 10^{-34}$ J s |
| Proton rest mass | $m_p$ | $1.672\ 621\ 637\ (83) \times 10^{-24}$ g | $1.672\ 621\ 71 \times 10^{-27}$ kg |
| | | 1.007 276 amu | |
| Rydberg constant | $R_\infty$ | $3.289\ 841\ 960 \times 10^{15}$ s$^{-1}$ | $1.097\ 373\ 156\ 8525 \times 10^{7}$ m$^{-1}$ |
| | | $2.179\ 871\ 90 \times 10^{-11}$ erg | $2.179\ 871\ 90 \times 10^{-18}$ J |
| Velocity of light (in a vacuum) | $c$, $c_0$ | $2.997\ 924\ 58 \times 10^{10}$ cm/s | $2.997\ 924\ 58 \times 10^{8}$ m/s |
| | | 186 282 mile/s | |

*Data from the National Institute for Standards and Technology reference on constants, units, and uncertainty (in parentheses), **http://physics.nist.gov/cuu/Constants/Index.html.**

## Online Sources

- Finding Chemical Data in Web and Library Sources. University of Adelaide Library http://www.library.adelaide.edu.au/guide/sci/Chemist ry/ propindex.html
- SIRCh: Selected Internet Resources for Chemistry http://www.indiana.edu/~cheminfo/cis_ca.html SIRCh: Physical Property Information http://www.indiana.edu/~cheminfo/ca_ppi.html
- Thermodex. University of Texas at Austin. http://thermodex.lib.utexas.edu/
- How Many? A Dictionary of Units of Measurement. http://www.unc.edu/~rowlett/units/index.html
- NIST Chemistry Web Book http://webbook.nist.gov/chemistry

## Print Sources


- Lide, David R., ed. *CRC Handbook of Chemistry and Physics*, 88th edition, Boca Raton, FL: CRC Press, 2007 – 2008.
- Budavari, Susan; O'Neil, Maryadele J.; Smith, Ann; Heckelman, Patricia E., eds. *The Merck Index: An Encyclopedia of Chemicals, Drugs, and Biologicals,* 14th edition, Rahway, NJ: Merck & Co., 2006.
- Speight, James, ed. *Lange's Handbook of Chemistry,* 16th edition, New York: McGraw–Hill, 2004.
- Perry, Robert H., Green, Don W., eds. *Perry's Chemical Engineer's Handbook*, 8th edition, New York: McGraw–Hill, 2007.
- Zwillinger, Daniel, ed. *CRC Standard Mathematical Tables and Formulae*, 31st edition, Boca Raton, FL: CRC Press, 2003.
- Lewis, Richard J., Sr. *Hawley's Condensed Chemical Dictionary* (with CD–ROM), 15th edition, New York: Wiley, 2007.

APPENDIX D

# 원자들의 바닥상태 전자배치

| Z | Element | Configuration | Z | Element | Configuration | Z | Element | Configuration |
|---|---|---|---|---|---|---|---|---|
| 1 | H | $1s^1$ | 40 | Zr | [Kr] $4d^2 5s^2$ | 78 | Pt | [Xe] $4f^{14} 5d^9 6s^1$ |
| 2 | He | $1s^2$ | 41 | Nb | [Kr] $4d^4 5s^1$ | 79 | Au | [Xe] $4f^{14} 5d^{10} 6s^1$ |
| 3 | Li | [He] $2s^1$ | 42 | Mo | [Kr] $4d^5 5s^1$ | 80 | Hg | [Xe] $4f^{14} 5d^{10} 6s^2$ |
| 4 | Be | [He] $2s^2$ | 43 | Tc | [Kr] $4d^5 5s^2$ | 81 | Tl | [Xe] $4f^{14} 5d^{10} 6s^2 6p^1$ |
| 5 | B | [He] $2s^2 2p^1$ | 44 | Ru | [Kr] $4d^7 5s^1$ | 82 | Pb | [Xe] $4f^{14} 5d^{10} 6s^2 6p^2$ |
| 6 | C | [He] $2s^2 2p^2$ | 45 | Rh | [Kr] $4d^8 5s^1$ | 83 | Bi | [Xe] $4f^{14} 5d^{10} 6s^2 6p^3$ |
| 7 | N | [He] $2s^2 2p^3$ | 46 | Pd | [Kr] $4d^{10}$ | 84 | Po | [Xe] $4f^{14} 5d^{10} 6s^2 6p^4$ |
| 8 | O | [He] $2s^2 2p^4$ | 47 | Ag | [Kr] $4d^{10} 5s^1$ | 85 | At | [Xe] $4f^{14} 5d^{10} 6s^2 6p^5$ |
| 9 | F | [He] $2s^2 2p^5$ | 48 | Cd | [Kr] $4d^{10} 5s^2$ | 86 | Rn | [Xe] $4f^{14} 5d^{10} 6s^2 6p^6$ |
| 10 | Ne | [He] $2s^2 2p^6$ | 49 | In | [Kr] $4d^{10} 5s^2 5p^1$ | 87 | Fr | [Rn] $7s^1$ |
| 11 | Na | [Ne] $3s^1$ | 50 | Sn | [Kr] $4d^{10} 5s^2 5p^2$ | 88 | Ra | [Rn] $7s^2$ |
| 12 | Mg | [Ne] $3s^2$ | 51 | Sb | [Kr] $4d^{10} 5s^2 5p^3$ | 89 | Ac | [Rn] $6d^1 7s^2$ |
| 13 | Al | [Ne] $3s^2 3p^1$ | 52 | Te | [Kr] $4d^{10} 5s^2 5p^4$ | 90 | Th | [Rn] $6d^2 7s^2$ |
| 14 | Si | [Ne] $3s^2 3p^2$ | 53 | I | [Kr] $4d^{10} 5s^2 5p^5$ | 91 | Pa | [Rn] $5f^2 6d^1 7s^2$ |
| 15 | P | [Ne] $3s^2 3p^3$ | 54 | Xe | [Kr] $4d^{10} 5s^2 5p^6$ | 92 | U | [Rn] $5f^3 6d^1 7s^2$ |
| 16 | S | [Ne] $3s^2 3p^4$ | 55 | Cs | [Xe] $6s^1$ | 93 | Np | [Rn] $5f^4 6d^1 7s^2$ |
| 17 | Cl | [Ne] $3s^2 3p^5$ | 56 | Ba | [Xe] $6s^2$ | 94 | Pu | [Rn] $5f^6 7s^2$ |
| 18 | Ar | [Ne] $3s^2 3p^6$ | 57 | La | [Xe] $5d^1 6s^2$ | 95 | Am | [Rn] $5f^7 7s^2$ |
| 19 | K | [Ar] $4s^1$ | 58 | Ce | [Xe] $4f^1 5d^1 6s^2$ | 96 | Cm | [Rn] $5f^7 6d^1 7s^2$ |
| 20 | Ca | [Ar] $4s^2$ | 59 | Pr | [Xe] $4f^3 6s^2$ | 97 | Bk | [Rn] $5f^9 7s^2$ |
| 21 | Sc | [Ar] $3d^1 4s^2$ | 60 | Nd | [Xe] $4f^4 6s^2$ | 98 | Cf | [Rn] $5f^{10} 7s^2$ |
| 22 | Ti | [Ar] $3d^2 4s^2$ | 61 | Pm | [Xe] $4f^5 6s^2$ | 99 | Es | [Rn] $5f^{11} 7s^2$ |
| 23 | V | [Ar] $3d^3 4s^2$ | 62 | Sm | [Xe] $4f^6 6s^2$ | 100 | Fm | [Rn] $5f^{12} 7s^2$ |
| 24 | Cr | [Ar] $3d^5 4s^1$ | 63 | Eu | [Xe] $4f^7 6s^2$ | 101 | Md | [Rn] $5f^{13} 7s^2$ |
| 25 | Mn | [Ar] $3d^5 4s^2$ | 64 | Gd | [Xe] $4f^7 5d^1 6s^2$ | 102 | No | [Rn] $5f^{14} 7s^2$ |
| 26 | Fe | [Ar] $3d^6 4s^2$ | 65 | Tb | [Xe] $4f^9 6s^2$ | 103 | Lr | [Rn] $5f^{14} 6d^1 7s^2$ |
| 27 | Co | [Ar] $3d^7 4s^2$ | 66 | Dy | [Xe] $4f^{10} 6s^2$ | 104 | Rf | [Rn] $5f^{14} 6d^2 7s^2$ |
| 28 | Ni | [Ar] $3d^8 4s^2$ | 67 | Ho | [Xe] $4f^{11} 6s^2$ | 105 | Db | [Rn] $5f^{14} 6d^3 7s^2$ |
| 29 | Cu | [Ar] $3d^{10} 4s^1$ | 68 | Er | [Xe] $4f^{12} 6s^2$ | 106 | Sg | [Rn] $5f^{14} 6d^4 7s^2$ |
| 30 | Zn | [Ar] $3d^{10} 4s^2$ | 69 | Tm | [Xe] $4f^{13} 6s^2$ | 107 | Bh | [Rn] $5f^{14} 6d^5 7s^2$ |
| 31 | Ga | [Ar] $3d^{10} 4s^2 4p^1$ | 70 | Yb | [Xe] $4f^{14} 6s^2$ | 108 | Hs | [Rn] $5f^{14} 6d^6 7s^2$ |
| 32 | Ge | [Ar] $3d^{10} 4s^2 4p^2$ | 71 | Lu | [Xe] $4f^{14} 5d^1 6s^2$ | 109 | Mt | [Rn] $5f^{14} 6d^7 7s^2$ |
| 33 | As | [Ar] $3d^{10} 4s^2 4p^3$ | 72 | Hf | [Xe] $4f^{14} 5d^2 6s^2$ | 110 | Ds | [Rn] $5f^{14} 6d^8 7s^2$ |
| 34 | Se | [Ar] $3d^{10} 4s^2 4p^4$ | 73 | Ta | [Xe] $4f^{14} 5d^3 6s^2$ | 111 | Rg | [Rn] $5f^{14} 6d^9 7s^2$ |
| 35 | Br | [Ar] $3d^{10} 4s^2 4p^5$ | 74 | W | [Xe] $4f^{14} 5d^4 6s^2$ | 112 | — | [Rn] $5f^{14} 6d^{10} 7s^2$ |
| 36 | Kr | [Ar] $3d^{10} 4s^2 4p^6$ | 75 | Re | [Xe] $4f^{14} 5d^5 6s^2$ | 113 | — | [Rn] $5f^{14} 6d^{10} 7s^2 7p^1$ |
| 37 | Rb | [Kr] $5s^1$ | 76 | Os | [Xe] $4f^{14} 5d^6 6s^2$ | 114 | — | [Rn] $5f^{14} 6d^{10} 7s^2 7p^2$ |
| 38 | Sr | [Kr] $5s^2$ | 77 | Ir | [Xe] $4f^{14} 5d^7 6s^2$ | 115 | — | [Rn] $5f^{14} 6d^{10} 7s^2 7p^3$ |
| 39 | Y | [Kr] $4d^1 5s^2$ | | | | | | |

APPENDIX E

# 탄화수소의 명명

The systematic nomenclature for organic compounds was proposed by the International Union of Pure and Applied Chemistry (IUPAC). The IUPAC set of rules provides different names for the more than 10 million known organic compounds, and allows names to be assigned to new compounds as they are synthesized. Many organic compounds also have *common* names. Usually the common name came first and is widely known. Many consumer products are labeled with the common name, and when only a few isomers are possible, the common name adequately identifies the product for the consumer. However, as illustrated in Section 3.4, a system of common names quickly fails when several structural isomers are possible.

## Hydrocarbons

The name of each member of the hydrocarbon classes has two parts. The first part, called the prefix (*meth-*, *eth-*, *prop-*, *but-*, and so on), reflects the number of carbon atoms. When more than four carbons are present, the Greek or Latin number prefixes are used: *pent-*, *hex-*, *hept-*, *oct-*, *non-*, and *dec-*. The second part of the name, called the suffix, tells the class of hydrocarbon. Alkanes have carbon-carbon single bonds, alkenes have carbon-carbon double bonds, and alkynes have carbon-carbon triple bonds.

### Unbranched Alkanes and Alkyl Groups

The names of the first 20 unbranched (straight-chain) alkanes are given in Table E.1.

Alkyl groups are named by dropping *-ane* from the parent alkane and adding *-yl* (see Table 3.5 for examples).

### Branched-Chain Alkanes

The rules for naming branched–chain alkanes are as follows:

1. *Find the longest continuous chain of carbon atoms; it determines the parent name for the compound.* For example, the following compound has two methyl groups attached to a heptane parent; the longest continuous chain contains seven carbon atoms.

$$\begin{array}{l} CH_3CH_2CH_2\underset{\displaystyle CH_3}{\underset{|}{C}}HCH_2\underset{\displaystyle CH_3}{\underset{|}{C}}HCH_3 \end{array}$$

**Table E.1** Names of Unbranched Alkanes

| | | | |
|---|---|---|---|
| $CH_4$ | Methane | $C_{11}H_{24}$ | Undecane |
| $C_2H_6$ | Ethane | $C_{12}H_{26}$ | Dodecane |
| $C_3H_8$ | Propane | $C_{13}H_{28}$ | Tridecane |
| $C_4H_{10}$ | Butane | $C_{14}H_{30}$ | Tetradecane |
| $C_5H_{12}$ | Pentane | $C_{15}H_{32}$ | Pentadecane |
| $C_6H_{14}$ | Hexane | $C_{16}H_{34}$ | Hexadecane |
| $C_7H_{16}$ | Heptane | $C_{17}H_{36}$ | Heptadecane |
| $C_8H_{18}$ | Octane | $C_{18}H_{38}$ | Octadecane |
| $C_9H_{20}$ | Nonane | $C_{19}H_{40}$ | Nonadecane |
| $C_{10}H_{22}$ | Decane | $C_{20}H_{42}$ | Eicosane |

The longest continuous chain may not be obvious from the way the formula is written, especially for the straight−line format that is commonly used. For example, the longest continuous chain of carbon atoms in the following chain is *eight*, not *four* or *six*.

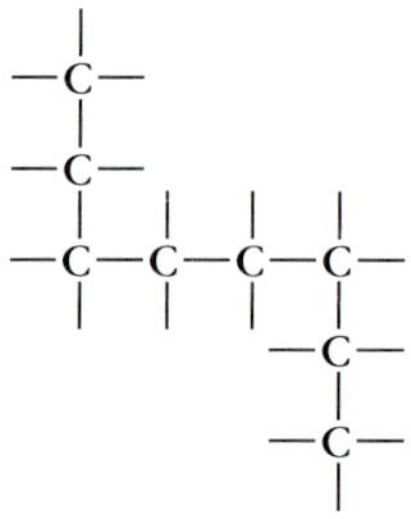

is equivalent to

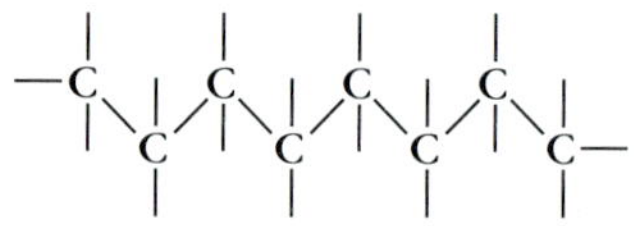

2. *Number the longest chain beginning with the end of the chain nearest the branching. Use these numbers to designate the location of the attached group. When two or more groups are attached to the parent, give each group a number corresponding to its location on the parent chain.* For example, the name of

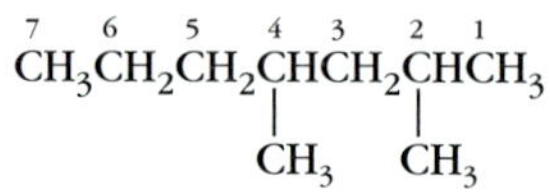

is 2,4-dimethylheptane. The name of the compound below is 3-methylheptane, not 5-methylheptane or 2-ethylhexane.

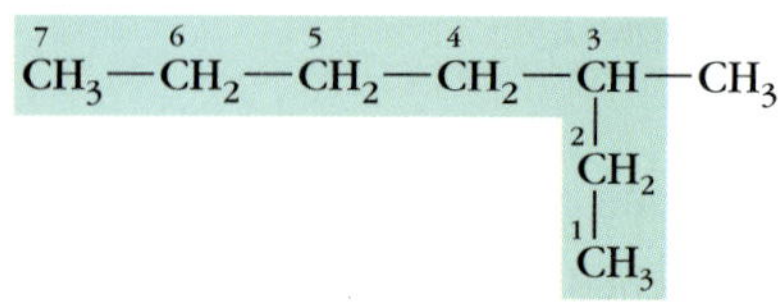

3. *When two or more substituents are identical, indicate this by the use* of the prefixes di-, tri-, tetra, *and so on.Positional numbers of the substituents should have the smallest possible sum.*

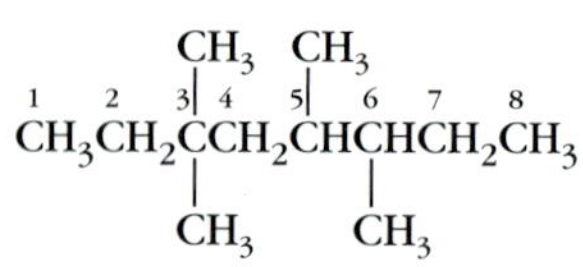

The correct name of this compound is 3,3,5,6–tetramethyloctane.

4. *If there are two or more different groups, the groups are listed alphabetically.*

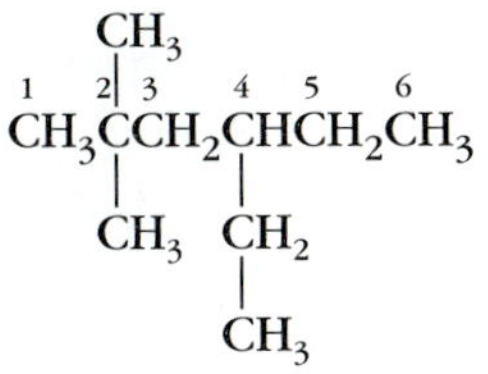

The correct name of this compound is 4-ethyl-2,2-dimethylhexane. Note that the prefix *di*-is ignored in determining alphabetical order.

## Alkenes

Alkenes are named by using the prefix to indicate the number of carbon atoms and the suffix-*ene* to indicate one or more double bonds. The systematic names for the first two members of the alkene series are *ethene* and *propene*.

$$CH_2{=}CH_2 \qquad CH_3CH{=}CH_2$$

When groups, such as methyl or ethyl, are attached to carbon atoms in an alkene, the longest hydrocarbon chain is numbered from the end that will give the double bond the lowest number, and then numbers are assigned to the attached groups. For example, the name of

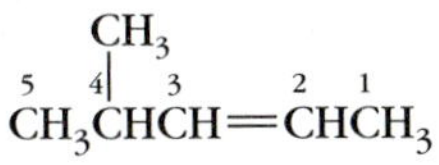

is 4-methyl-2-pentene. See Section 8.4 for a discussion of *cis-trans* isomers of alkenes.

## Alkynes

The naming of alkynes is similar to that of alkenes, with the lowest number possible being used to locate the triple bond. For example, the name of

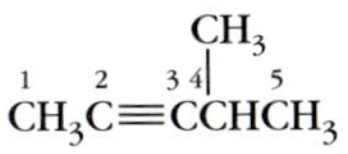

is 4-methyl-2-pentyne.

APPENDIX F

# 25 °C에서 약산의 이온화 상수

| Acid | Formula and Ionization Equation | $K_a$ |
|---|---|---|
| Acetic | $CH_3COOH + H_2O \rightleftharpoons H_3O^+ + CH_3COO^-$ | $1.8 \times 10^{-5}$ |
| Arsenic | $H_3AsO_4 + H_2O \rightleftharpoons H_3O^+ + H_2AsO_4^-$ | $K_1 = 2.5 \times 10^{-4}$ |
| | $H_2AsO_4^- + H_2O \rightleftharpoons H_3O^+ + HAsO_4^{2-}$ | $K_2 = 5.6 \times 10^{-8}$ |
| | $HAsO_4^{2-} + H_2O \rightleftharpoons H_3O^+ + AsO_4^{3-}$ | $K_3 = 3.0 \times 10^{-13}$ |
| Arsenous | $H_3AsO_3 + H_2O \rightleftharpoons H_3O^+ + H_2AsO_3^-$ | $K_1 = 6.0 \times 10^{-10}$ |
| | $H_2AsO_3^- + H_2O \rightleftharpoons H_3O^+ + HAsO_3^{2-}$ | $K_2 = 3.0 \times 10^{-14}$ |
| Benzoic | $C_6H_5COOH + H_2O \rightleftharpoons H_3O^+ + C_6H_5COO^-$ | $6.3 \times 10^{-5}$ |
| Boric | $B(OH)_3(H_2O) + H_2O \rightleftharpoons H_3O^+ + B(OH)_4^-$ | $7.3 \times 10^{-10}$ |
| Carbonic | $H_2CO_3 + H_2O \rightleftharpoons H_3O^+ + HCO_3^-$ | $K_1 = 4.2 \times 10^{-7}$ |
| | $HCO_3^- + H_2O \rightleftharpoons H_3O^+ + CO_3^{2-}$ | $K_2 = 4.8 \times 10^{-11}$ |
| Citric | $H_3C_6H_5O_7 + H_2O \rightleftharpoons H_3O^+ + H_2C_6H_5O_7^-$ | $K_1 = 7.4 \times 10^{-3}$ |
| | $H_2C_6H_5O_7^- + H_2O \rightleftharpoons H_3O^+ + HC_6H_5O_7^{2-}$ | $K_2 = 1.7 \times 10^{-5}$ |
| | $HC_6H_5O_7^{2-} + H_2O \rightleftharpoons H_3O^+ + C_6H_5O_7^{3-}$ | $K_3 = 4.0 \times 10^{-7}$ |
| Cyanic | $HOCN + H_2O \rightleftharpoons H_3O^+ + OCN^-$ | $3.5 \times 10^{-4}$ |
| Formic | $HCOOH + H_2O \rightleftharpoons H_3O^+ + HCOO^-$ | $1.8 \times 10^{-4}$ |
| Hydrazoic | $HN_3 + H_2O \rightleftharpoons H_3O^+ + N_3^-$ | $1.9 \times 10^{-5}$ |
| Hydrocyanic | $HCN + H_2O \rightleftharpoons H_3O^+ + CN^-$ | $4.0 \times 10^{-10}$ |
| Hydrofluoric | $HF + H_2O \rightleftharpoons H_3O^+ + F^-$ | $7.2 \times 10^{-4}$ |
| Hydrogen peroxide | $H_2O_2 + H_2O \rightleftharpoons H_3O^+ + HO_2^-$ | $2.4 \times 10^{-12}$ |
| Hydrosulfuric | $H_2S + H_2O \rightleftharpoons H_3O^+ + HS^-$ | $K_1 = 1 \times 10^{-7}$ |
| | $HS^- + H_2O \rightleftharpoons H_3O^+ + S^{2-}$ | $K_2 = 1 \times 10^{-19}$ |
| Hypobromous | $HOBr + H_2O \rightleftharpoons H_3O^+ + OBr^-$ | $2.5 \times 10^{-9}$ |
| Hypochlorous | $HOCl + H_2O \rightleftharpoons H_3O^+ + OCl^-$ | $3.5 \times 10^{-8}$ |
| Nitrous | $HNO_2 + H_2O \rightleftharpoons H_3O^+ + NO_2^-H_3O^+$ | $4.5 \times 10^{-4}$ |
| Oxalic | $H_2C_2O_4 + H_2O \rightleftharpoons H_3O^+ + HC_2O_4^-$ | $K_1 = 5.9 \times 10^{-2}$ |
| | $HC_2O_4^- + H_2O \rightleftharpoons H_3O^+ + C_2O_4^{2-}$ | $K_2 = 6.4 \times 10^{-5}$ |
| Phenol | $HC_6H_5O + H_2O \rightleftharpoons H_3O^+ + C_6H_5O^-$ | $1.3 \times 10^{-10}$ |
| Phosphoric | $H_3PO_4 + H_2O \rightleftharpoons H_3O^+ + H_2PO_4^-$ | $K_1 = 7.5 \times 10^{-3}$ |
| | $H_2PO_4^- + H_2O \rightleftharpoons H_3O^+ + HPO_4^{2-}$ | $K_2 = 6.2 \times 10^{-8}$ |
| | $HPO_4^{2-} + H_2O \rightleftharpoons H_3O^+ + PO_4^{3-}$ | $K_3 = 3.6 \times 10^{-13}$ |
| Phosphorous | $H_3PO_3 + H_2O \rightleftharpoons H_3O^+ + H_2PO_3^-$ | $K_1 = 1.6 \times 10^{-2}$ |
| | $H_2PO_3^- + H_2O \rightleftharpoons H_3O^+ + HPO_3^{2-}$ | $K_2 = 7.0 \times 10^{-7}$ |
| Selenic | $H_2SeO_4 + H_2O \rightleftharpoons H_3O^+ + HSeO_4^-$ | $K_1$ = very large |
| | $HSeO_4^- + H_2O \rightleftharpoons H_3O^+ + SeO_4^{2-}$ | $K_2 = 1.2 \times 10^{-2}$ |
| Selenous | $H_2SeO_3 + H_2O \rightleftharpoons H_3O^+ + HSeO_3^-$ | $K_1 = 2.7 \times 10^{-3}$ |
| | $HSeO_3^- + H_2O \rightleftharpoons H_3O^+ + SeO_3^{2-}$ | $K_2 = 2.5 \times 10^{-7}$ |
| Sulfuric | $H_2SO_4 + H_2O \rightleftharpoons H_3O^+ + HSO_4^-$ | $K_1$ = very large |
| | $HSO_4^- + H_2O \rightleftharpoons H_3O^+ + SO_4^{2-}$ | $K_2 = 1.2 \times 10^{-2}$ |
| Sulfurous | $H_2SO_3 + H_2O \rightleftharpoons H_3O^+ + HSO_3^-$ | $K_1 = 1.7 \times 10^{-2}$ |
| | $HSO_3^- + H_2O \rightleftharpoons H_3O^+ + SO_3^{2-}$ | $K_2 = 6.4 \times 10^{-8}$ |
| Tellurous | $H_2TeO_3 + H_2O \rightleftharpoons H_3O^+ + HTeO_3^-$ | $K_1 = 2 \times 10^{-3}$ |
| | $HTeO_3^- + H_2O \rightleftharpoons H_3O^+ + TeO_3^{2-}$ | $K_2 = 1 \times 10^{-8}$ |

APPENDIX G

# 25 °C에서 약염기의 이온화 상수

| Base | Formula and Ionization Equation | $K_b$ |
|---|---|---|
| Ammonia | $NH_3 + H_2O \rightleftharpoons NH_4^+ + OH^-$ | $1.8 \times 10^{-5}$ |
| Aniline | $C_6H_5NH_2 + H_2O \rightleftharpoons C_6H_5NH_3^+ + OH^-$ | $4.2 \times 10^{-10}$ |
| Dimethylamine | $(CH_3)_2NH + H_2O \rightleftharpoons (CH_3)_2NH_2^+ + OH^-$ | $7.4 \times 10^{-4}$ |
| Ethylenediamine | $(CH_2)_2(NH_2)_2 + H_2O \rightleftharpoons (CH_2)_2(NH_2)_2H^+ + OH^-$ | $K_1 = 8.5 \times 10^{-5}$ |
| | $(CH_2)_2(NH_2)_2H^+ + H_2O \rightleftharpoons (CH_2)_2(NH_2)_2H_2^{2+} + OH^-$ | $K_2 = 2.7 \times 10^{-8}$ |
| Hydrazine | $N_2H_4 + H_2O \rightleftharpoons N_2H_5^+ + OH^-$ | $K_1 = 8.5 \times 10^{-7}$ |
| | $N_2H_5^+ + H_2O \rightleftharpoons N_2H_6^{2+} + OH^-$ | $K_2 = 8.9 \times 10^{-16}$ |
| Hydroxylamine | $NH_2OH + H_2O \rightleftharpoons NH_3OH^+ + OH^-$ | $6.6 \times 10^{-9}$ |
| Methylamine | $CH_3NH_2 + H_2O \rightleftharpoons CH_3NH_3^+ + OH^-$ | $5.0 \times 10^{-4}$ |
| Pyridine | $C_5H_5N + H_2O \rightleftharpoons C_5H_5NH^+ + OH^-$ | $1.5 \times 10^{-9}$ |
| Trimethylamine | $(CH_3)_3N + H_2O \rightleftharpoons (CH_3)_3NH^+ + OH^-$ | $7.4 \times 10^{-5}$ |

APPENDIX H

# 25 °C에서 무기화합물의 용해도 곱 상수

| Substance | $K_{sp}$ |
|---|---|
| *Aluminum Compounds* | |
| $AlAsO_4$ | $1.6 \times 10^{-16}$ |
| $Al(OH)_3$ | $1.9 \times 10^{-33}$ |
| $AlPO_4$ | $1.3 \times 10^{-20}$ |
| *Barium Compounds* | |
| $Ba_3(AsO_4)_2$ | $1.1 \times 10^{-13}$ |
| $BaCO_3$ | $8.1 \times 10^{-9}$ |
| $BaC_2O_4 \cdot 2\,H_2O$† | $1.1 \times 10^{-7}$ |
| $BaCrO_4$ | $2.0 \times 10^{-10}$ |
| $BaF_2$ | $1.7 \times 10^{-6}$ |
| $Ba(OH)_2 \cdot 8\,H_2O$† | $5.0 \times 10^{-3}$ |
| $Ba_3(PO_4)_2$ | $1.3 \times 10^{-29}$ |
| $BaSeO_4$ | $2.8 \times 10^{-11}$ |
| $BaSO_3$ | $8.0 \times 10^{-7}$ |
| $BaSO_4$ | $1.1 \times 10^{-10}$ |
| *Bismuth Compounds* | |
| BiOCl | $7.0 \times 10^{-9}$ |
| BiO(OH) | $1.0 \times 10^{-12}$ |
| $Bi(OH)_3$ | $3.2 \times 10^{-40}$ |
| $BiI_3$ | $8.1 \times 10^{-19}$ |
| $BiPO_4$ | $1.3 \times 10^{-23}$ |
| *Cadmium Compounds* | |
| $Cd_3(AsO_4)_2$ | $2.2 \times 10^{-32}$ |
| $CdCO_3$ | $2.5 \times 10^{-14}$ |
| $Cd(CN)_2$ | $1.0 \times 10^{-8}$ |
| $Cd_2[Fe(CN)_6]$ | $3.2 \times 10^{-17}$ |
| $Cd(OH)_2$ | $1.2 \times 10^{-14}$ |
| *Calcium Compounds* | |
| $Ca_3(AsO_4)_2$ | $6.8 \times 10^{-19}$ |
| $CaCO_3$ | $3.8 \times 10^{-9}$ |
| $CaCrO_4$ | $7.1 \times 10^{-4}$ |
| $CaC_2O_4 \cdot H_2O$† | $2.3 \times 10^{-9}$ |
| $CaF_2$ | $3.9 \times 10^{-11}$ |
| $Ca(OH)_2$ | $7.9 \times 10^{-6}$ |
| $CaHPO_4$ | $2.7 \times 10^{-7}$ |
| $Ca(H_2PO_4)_2$ | $1.0 \times 10^{-3}$ |
| $Ca_3(PO_4)_2$ | $1.0 \times 10^{-25}$ |

| Substance | $K_{sp}$ |
|---|---|
| $CaSO_3 \cdot 2\,H_2O$† | $1.3 \times 10^{-8}$ |
| $CaSO_4 \cdot 2\,H_2O$† | $2.4 \times 10^{-5}$ |
| *Chromium Compounds* | |
| $CrAsO_4$ | $7.8 \times 10^{-21}$ |
| $Cr(OH)_3$ | $6.7 \times 10^{-31}$ |
| $CrPO_4$ | $2.4 \times 10^{-23}$ |
| *Cobalt Compounds* | |
| $Co_3(AsO_4)_2$ | $7.6 \times 10^{-29}$ |
| $CoCO_3$ | $8.0 \times 10^{-13}$ |
| $Co(OH)_2$ | $2.5 \times 10^{-16}$ |
| $Co(OH)_3$ | $4.0 \times 10^{-45}$ |
| *Copper Compounds* | |
| CuBr | $5.3 \times 10^{-9}$ |
| CuCl | $1.9 \times 10^{-7}$ |
| CuCN | $3.2 \times 10^{-20}$ |
| $Cu_2O(Cu^+ + OH^-)$‡ | $1.0 \times 10^{-14}$ |
| CuI | $5.1 \times 10^{-12}$ |
| CuSCN | $1.6 \times 10^{-11}$ |
| $Cu_3(AsO_4)_2$ | $7.6 \times 10^{-36}$ |
| $CuCO_3$ | $2.5 \times 10^{-10}$ |
| $Cu_2[Fe(CN)_6]$ | $1.3 \times 10^{-16}$ |
| $Cu(OH)_2$ | $1.6 \times 10^{-19}$ |
| *Gold Compounds* | |
| AuBr | $5.0 \times 10^{-17}$ |
| AuCl | $2.0 \times 10^{-13}$ |
| AuI | $1.6 \times 10^{-23}$ |
| $AuBr_3$ | $4.0 \times 10^{-36}$ |
| $AuCl_3$ | $3.2 \times 10^{-25}$ |
| $Au(OH)_3$ | $1 \times 10^{-53}$ |
| $AuI_3$ | $1.0 \times 10^{-46}$ |
| *Iron Compounds* | |
| $FeCO_3$ | $3.5 \times 10^{-11}$ |
| $Fe(OH)_2$ | $7.9 \times 10^{-15}$ |
| FeS | $4.9 \times 10^{-18}$ |
| $Fe_4[Fe(CN)_6]_3$ | $3.0 \times 10^{-41}$ |
| $Fe(OH)_3$ | $6.3 \times 10^{-38}$ |

| Substance | $K_{sp}$ |
|---|---|
| *Lead Compounds* | |
| $Pb_3(AsO_4)_2$ | $4.1 \times 10^{-36}$ |
| $PbBr_2$ | $6.3 \times 10^{-6}$ |
| $PbCO_3$ | $1.5 \times 10^{-13}$ |
| $PbCl_2$ | $1.7 \times 10^{-5}$ |
| $PbCrO_4$ | $1.8 \times 10^{-14}$ |
| $PbF_2$ | $3.7 \times 10^{-8}$ |
| $Pb(OH)_2$ | $2.8 \times 10^{-16}$ |
| $PbI_2$ | $8.7 \times 10^{-9}$ |
| $Pb_3(PO_4)_2$ | $3.0 \times 10^{-44}$ |
| $PbSeO_4$ | $1.5 \times 10^{-7}$ |
| $PbSO_4$ | $1.8 \times 10^{-8}$ |
| *Magnesium Compounds* | |
| $Mg_3(AsO_4)_2$ | $2.1 \times 10^{-20}$ |
| $MgCO_3 \cdot 3\,H_2O$† | $4.0 \times 10^{-5}$ |
| $MgC_2O_4$ | $8.6 \times 10^{-5}$ |
| $MgF_2$ | $6.4 \times 10^{-9}$ |
| $MgNH_4PO_4$ | $2.5 \times 10^{-12}$ |
| *Manganese Compounds* | |
| $Mn_3(AsO_4)_2$ | $1.9 \times 10^{-11}$ |
| $MnCO_3$ | $1.8 \times 10^{-11}$ |
| $Mn(OH)_2$ | $4.6 \times 10^{-14}$ |
| $Mn(OH)_3$ | $\sim 1 \times 10^{-36}$ |
| *Mercury Compounds* | |
| $Hg_2Br_2$ | $1.3 \times 10^{-22}$ |
| $Hg_2CO_3$ | $8.9 \times 10^{-17}$ |
| $Hg_2Cl_2$ | $1.1 \times 10^{-18}$ |
| $Hg_2CrO_4$ | $5.0 \times 10^{-9}$ |
| $Hg_2I_2$ | $4.5 \times 10^{-29}$ |
| $Hg_2O \cdot H_2O\ (Hg_2^{2+} + 2\,OH^-)$†‡ | $1.6 \times 10^{-23}$ |
| $Hg_2SO_4$ | $6.8 \times 10^{-7}$ |
| $Hg(CN)_2$ | $3.0 \times 10^{-23}$ |
| $Hg(OH)_2$ | $2.5 \times 10^{-26}$ |
| $HgI_2$ | $4.0 \times 10^{-29}$ |
| *Nickel Compounds* | |
| $Ni_3(AsO_4)_2$ | $1.9 \times 10^{-26}$ |
| $NiCO_3$ | $6.6 \times 10^{-9}$ |
| $Ni(CN)_2$ | $3.0 \times 10^{-23}$ |
| $Ni(OH)_2$ | $2.8 \times 10^{-16}$ |
| *Silver Compounds* | |
| $Ag_3AsO_4$ | $1.1 \times 10^{-20}$ |
| $AgBr$ | $3.3 \times 10^{-13}$ |
| $Ag_2CO_3$ | $8.1 \times 10^{-12}$ |
| $AgCl$ | $1.8 \times 10^{-10}$ |
| $Ag_2CrO_4$ | $9.0 \times 10^{-12}$ |
| $AgCN$ | $1.2 \times 10^{-16}$ |
| $Ag_4[Fe(CN)_6]$ | $1.6 \times 10^{-41}$ |
| $Ag_2O\ (Ag^+ + OH^-)$‡ | $2.0 \times 10^{-8}$ |
| $AgI$ | $1.5 \times 10^{-16}$ |
| $Ag_3PO_4$ | $8.9 \times 10^{-17}$ |
| $Ag_2SO_3$ | $1.5 \times 10^{-14}$ |
| $Ag_2SO_4$ | $1.7 \times 10^{-5}$ |
| $AgSCN$ | $1.0 \times 10^{-12}$ |
| *Strontium Compounds* | |
| $Sr_3(AsO_4)_2$ | $1.3 \times 10^{-18}$ |
| $SrCO_3$ | $9.4 \times 10^{-10}$ |
| $SrC_2O_4 \cdot 2\,H_2O$† | $5.6 \times 10^{-8}$ |
| $SrCrO_4$ | $3.6 \times 10^{-5}$ |
| $Sr(OH)_2 \cdot 8\,H_2O$† | $3.2 \times 10^{-4}$ |
| $Sr_3(PO_4)_2$ | $1.0 \times 10^{-31}$ |
| $SrSO_3$ | $4.0 \times 10^{-8}$ |
| $SrSO_4$ | $2.8 \times 10^{-7}$ |
| *Tin Compounds* | |
| $Sn(OH)_2$ | $2.0 \times 10^{-26}$ |
| $SnI_2$ | $1.0 \times 10^{-4}$ |
| $Sn(OH)_4$ | $1 \times 10^{-57}$ |
| *Zinc Compounds* | |
| $Zn_3(AsO_4)_2$ | $1.1 \times 10^{-27}$ |
| $ZnCO_3$ | $1.5 \times 10^{-11}$ |
| $Zn(CN)_2$ | $8.0 \times 10^{-12}$ |
| $Zn_3[Fe(CN)_6]$ | $4.1 \times 10^{-16}$ |
| $Zn(OH)_2$ | $4.5 \times 10^{-17}$ |
| $Zn_3(PO_4)_2$ | $9.1 \times 10^{-33}$ |

*No metallic sulfides are listed in this table because sulfide ion is such a strong base that the usual solubility product equilibrium equation does not apply. See Myers, R. J. *Journal of Chemical Education,* Vol. 63, 1986; pp. 687–690.

†Since $[H_2O]$ does not appear in equilibrium constants for equilibria in aqueous solution in general, it does *not* appear in the $K_{sp}$ expressions for hydrated solids.

‡Very small amounts of these oxides dissolve in water to give the ions indicated in parentheses. Solid hydroxides of these metal ions are unstable and decompose to oxides as rapidly as they are formed.

APPENDIX I

# 25 °C 수용액에서의 표준환원전위

| Acidic Solution | Standard Reduction Potential, $E°$ (volts) |
|---|---|
| $F_2(g) + 2e^- \longrightarrow 2\,F^-(aq)$ | 2.87 |
| $Co^{3+}(aq) + e^- \longrightarrow Co^{2+}(aq)$ | 1.82 |
| $Pb^{4+}(aq) + 2\,e^- \longrightarrow Pb^{2+}(aq)$ | 1.8 |
| $H_2O_2(aq) + 2\,H_3O^+(aq) + 2\,e^- \longrightarrow 4\,H_2O(\ell)$ | 1.77 |
| $NiO_2(s) + 4\,H_3O^+(aq) + 2\,e^- \longrightarrow Ni^{2+}(aq) + 6\,H_2O(\ell)$ | 1.7 |
| $PbO_2(s) + SO_4^{2-}(aq) + 4\,H_3O^+(aq) + 2\,e^- \longrightarrow PbSO_4(s) + 6\,H_2O(\ell)$ | 1.685 |
| $Au^+(aq) + e^- \longrightarrow Au(s)$ | 1.68 |
| $2\,HClO(aq) + 2\,H_3O^+(aq) + 2\,e^- \longrightarrow Cl_2(g) + 4\,H_2O(\ell)$ | 1.63 |
| $Ce^{4+}(aq) + e^- \longrightarrow Ce^{3+}(aq)$ | 1.61 |
| $NaBiO_3(s) + 6\,H_3O^+(aq) + 2\,e^- \longrightarrow Bi^{3+}(aq) + Na^+(aq) + 9\,H_2O(\ell)$ | ~ 1.6 |
| $MnO_4^-(aq) + 8\,H_3O^+(aq) + 5\,e^- \longrightarrow Mn^{2+}(aq) + 12\,H_2O(\ell)$ | 1.51 |
| $Au^{3+}(aq) + 3\,e^- \longrightarrow Au(s)$ | 1.50 |
| $2\,ClO_3^-(aq) + 12\,H_3O^+(aq) + 10\,e^- \longrightarrow Cl_2(g) + 18\,H_2O(\ell)$ | 1.47 |
| $BrO_3^-(aq) + 6\,H_3O^+(aq) + 6\,e^- \longrightarrow Br^-(aq) + 9\,H_2O(\ell)$ | 1.44 |
| $Cl_2(g) + 2\,e^- \longrightarrow 2\,Cl^-(aq)$ | 1.358 |
| $Cr_2O_7^{2-}(aq) + 14\,H_3O^+(aq) + 6\,e^- \longrightarrow 2\,Cr^{3+}(aq) + 21\,H_2O(\ell)$ | 1.33 |
| $N_2H_5^+(aq) + 3\,H_3O^+(aq) + 2\,e^- \longrightarrow 2\,NH_4^+(aq) + 3\,H_2O(\ell)$ | 1.24 |
| $MnO_2(s) + 4\,H_3O^+(aq) + 2\,e^- \longrightarrow Mn^{2+}(aq) + 6\,H_2O(\ell)$ | 1.23 |
| $O_2(g) + 4\,H_3O^+(aq) + 4\,e^- \longrightarrow 6\,H_2O(\ell)$ | 1.229 |
| $Pt^{2+}(aq) + 2\,e^- \longrightarrow Pt(s)$ | 1.2 |
| $IO_3^-(aq) + 6\,H_3O^+(aq) + 5\,e^- \longrightarrow \frac{1}{2}I_2(aq) + 9\,H_2O(\ell)$ | 1.195 |
| $ClO_4^-(aq) + 2\,H_3O^+(aq) + 2\,e^- \longrightarrow ClO_3^-(aq) + 3\,H_2O(\ell)$ | 1.19 |
| $Br_2(\ell) + 2\,e^- \longrightarrow 2\,Br^-(aq)$ | 1.066 |
| $AuCl_4^-(aq) + 3\,e^- \longrightarrow Au(s) + 4\,Cl^-(aq)$ | 1.00 |
| $Pd^{2+}(aq) + 2\,e^- \longrightarrow Pd(s)$ | 0.987 |
| $NO_3^-(aq) + 4\,H_3O^+(aq) + 3\,e^- \longrightarrow NO(g) + 6\,H_2O(\ell)$ | 0.96 |
| $NO_3^-(aq) + 3\,H_3O^+(aq) + 2\,e^- \longrightarrow HNO_2(aq) + 4\,H_2O(\ell)$ | 0.94 |
| $2\,Hg^{2+}(aq) + 2\,e^- \longrightarrow Hg_2^{2+}(aq)$ | 0.920 |
| $Hg^{2+}(aq) + 2\,e^- \longrightarrow Hg(\ell)$ | 0.855 |
| $Ag^+(aq) + e^- \longrightarrow Ag(s)$ | 0.7994 |
| $Hg_2^{2+}(aq) + 2\,e^- \longrightarrow 2\,Hg(\ell)$ | 0.789 |
| $Fe^{3+}(aq) + e^- \longrightarrow Fe^{2+}(aq)$ | 0.771 |
| $SbCl_6^-(aq) + 2\,e^- \longrightarrow SbCl_4^-(aq) + 2\,Cl^-(aq)$ | 0.75 |
| $[PtCl_4]^{2-}(aq) + 2\,e^- \longrightarrow Pt(s) + 4\,Cl^-(aq)$ | 0.73 |
| $O_2(g) + 2\,H_3O^+(aq) + 2\,e^- \longrightarrow H_2O_2(aq) + 2\,H_2O(\ell)$ | 0.682 |
| $[PtCl_6]^{2-}(aq) + 2\,e^- \longrightarrow [PtCl_4]^{2-}(aq) + 2\,Cl^-(aq)$ | 0.68 |
| $H_3AsO_4(aq) + 2\,H_3O^+(aq) + 2\,e^- \longrightarrow H_3AsO_3(aq) + 3\,H_2O(\ell)$ | 0.58 |
| $I_2(s) + 2\,e^- \longrightarrow 2\,I^-(aq)$ | 0.535 |

| Acidic Solution | Standard Reduction Potential, $E°$ (volts) |
|---|---|
| $TeO_2(s) + 4\,H_3O^+(aq) + 4\,e^- \longrightarrow Te(s) + 6\,H_2O(\ell)$ | 0.529 |
| $Cu^+(aq) + e^- \longrightarrow Cu(s)$ | 0.521 |
| $[RhCl_6]^{3-}(aq) + 3\,e^- \longrightarrow Rh(s) + 6\,Cl^-(aq)$ | 0.44 |
| $Cu^{2+}(aq) + 2\,e^- \longrightarrow Cu(s)$ | 0.337 |
| $Hg_2Cl_2(s) + 2\,e^- \longrightarrow 2\,Hg(\ell) + 2\,Cl^-(aq)$ | 0.27 |
| $AgCl(s) + e^- \longrightarrow Ag(s) + Cl^-(aq)$ | 0.222 |
| $SO_4^{2-}(aq) + 4\,H_3O^+(aq) + 2\,e^- \longrightarrow SO_2(g) + 6\,H_2O(\ell)$ | 0.20 |
| $SO_4^{2-}(aq) + 4\,H_3O^+(aq) + 2\,e^- \longrightarrow H_2SO_3(aq) + 5\,H_2O(\ell)$ | 0.17 |
| $Cu^{2+}(aq) + e^- \longrightarrow Cu^+(aq)$ | 0.153 |
| $Sn^{4+}(aq) + 2\,e^- \longrightarrow Sn^{2+}(aq)$ | 0.15 |
| $S(s) + 2\,H_3O^+(aq) + 2\,e^- \longrightarrow H_2S(aq) + 2\,H_2O(\ell)$ | 0.14 |
| $AgBr(s) + e^- \longrightarrow Ag(s) + Br^-(aq)$ | 0.0713 |
| $2\,H_3O^+(aq) + 2\,e^- \longrightarrow H_2(g) + 2\,H_2O(\ell)$ (reference electrode) | 0.0000 |
| $N_2O(g) + 6\,H_3O^+(aq) + 4\,e^- \longrightarrow 2\,NH_3OH^+(aq) + 5\,H_2O(\ell)$ | −0.05 |
| $Pb^{2+}(aq) + 2\,e^- \longrightarrow Pb(s)$ | −0.126 |
| $Sn^{2+}(aq) + 2\,e^- \longrightarrow Sn(s)$ | −0.14 |
| $AgI(s) + e^- \longrightarrow Ag(s) + I^-(aq)$ | −0.15 |
| $[SnF_6]^{2-}(aq) + 4\,e^- \longrightarrow Sn(s) + 6\,F^-(aq)$ | −0.25 |
| $Ni^{2+}(aq) + 2\,e^- \longrightarrow Ni(s)$ | −0.25 |
| $Co^{2+}(aq) + 2\,e^- \longrightarrow Co(s)$ | −0.28 |
| $Tl^+(aq) + e^- \longrightarrow Tl(s)$ | −0.34 |
| $PbSO_4(s) + 2\,e^- \longrightarrow Pb(s) + SO_4^{2-}(aq)$ | −0.356 |
| $Se(s) + 2\,H_3O^+(aq) + 2\,e^- \longrightarrow H_2Se(aq) + 2\,H_2O(\ell)$ | −0.40 |
| $Cd^{2+}(aq) + 2\,e^- \longrightarrow Cd(s)$ | −0.403 |
| $Cr^{3+}(aq) + e^- \longrightarrow Cr^{2+}(aq)$ | −0.41 |
| $Fe^{2+}(aq) + 2\,e^- \longrightarrow Fe(s)$ | −0.44 |
| $2\,CO_2(g) + 2\,H_3O^+(aq) + 2\,e^- \longrightarrow (COOH)_2(aq) + 2\,H_2O(\ell)$ | −0.49 |
| $Ga^{3+}(aq) + 3\,e^- \longrightarrow Ga(s)$ | −0.53 |
| $HgS(s) + 2\,H_3O^+(aq) + 2\,e^- \longrightarrow Hg(\ell) + H_2S(g) + 2\,H_2O(\ell)$ | −0.72 |
| $Cr^{3+}(aq) + 3\,e^- \longrightarrow Cr(s)$ | −0.74 |
| $Zn^{2+}(aq) + 2\,e^- \longrightarrow Zn(s)$ | −0.763 |
| $Cr^{2+}(aq) + 2\,e^- \longrightarrow Cr(s)$ | −0.91 |
| $Mn^{2+}(aq) + 2\,e^- \longrightarrow Mn(s)$ | −1.18 |
| $V^{2+}(aq) + 2\,e^- \longrightarrow V(s)$ | −1.18 |
| $Zr^{4+}(aq) + 4\,e^- \longrightarrow Zr(s)$ | −1.53 |
| $Al^{3+}(aq) + 3\,e^- \longrightarrow Al(s)$ | −1.66 |
| $H_2(g) + 2\,e^- \longrightarrow 2\,H^-(aq)$ | −2.25 |
| $Mg^{2+}(aq) + 2\,e^- \longrightarrow Mg(s)$ | −2.37 |
| $Na^+(aq) + e^- \longrightarrow Na(s)$ | −2.714 |
| $Ca^{2+}(aq) + 2\,e^- \longrightarrow Ca(s)$ | −2.87 |
| $Sr^{2+}(aq) + 2\,e^- \longrightarrow Sr(s)$ | −2.89 |
| $Ba^{2+}(aq) + 2\,e^- \longrightarrow Ba(s)$ | −2.90 |
| $Rb^+(aq) + e^- \longrightarrow Rb(s)$ | −2.925 |
| $K^+(aq) + e^- \longrightarrow K(s)$ | −2.925 |
| $Li^+(aq) + e^- \longrightarrow Li(s)$ | −3.045 |

| **Basic Solution** | **Standard Reduction Potential, $E°$ (volts)** |
|---|---|
| $ClO^-(aq) + H_2O(\ell) + 2\,e^- \longrightarrow Cl^-(aq) + 2\,OH^-(aq)$ | 0.89 |
| $OOH^-(aq) + H_2O(\ell) + 2\,e^- \longrightarrow 3\,OH^-(aq)$ | 0.88 |
| $2\,NH_2OH(aq) + 2\,e^- \longrightarrow N_2H_4(aq) + 2\,OH^-(aq)$ | 0.74 |
| $ClO_3^-(aq) + 3\,H_2O(\ell) + 6\,e^- \longrightarrow Cl^-(aq) + 6\,OH^-(aq)$ | 0.62 |
| $MnO_4^-(aq) + 2\,H_2O(\ell) + 3\,e^- \longrightarrow MnO_2(s) + 4\,OH^-(aq)$ | 0.588 |
| $MnO_4^-(aq) + e^- \longrightarrow MnO_4^{2-}(aq)$ | 0.564 |
| $NiO_2(s) + 2\,H_2O(\ell) + 2\,e^- \longrightarrow Ni(OH)_2(s) + 2\,OH^-(aq)$ | 0.49 |
| $Ag_2CrO_4(s) + 2\,e^- \longrightarrow 2\,Ag(s) + CrO_4^{2-}(aq)$ | 0.446 |
| $O_2(g) + 2\,H_2O(\ell) + 4\,e^- \longrightarrow 4\,OH^-(aq)$ | 0.40 |
| $ClO_4^-(aq) + H_2O(\ell) + 2\,e^- \longrightarrow ClO_3^-(aq) + 2\,OH^-(aq)$ | 0.36 |
| $Ag_2O(s) + H_2O(\ell) + 2\,e^- \longrightarrow 2\,Ag(s) + 2\,OH^-(aq)$ | 0.34 |
| $2\,NO_2^-(aq) + 3\,H_2O(\ell) + 4\,e^- \longrightarrow N_2O(g) + 6\,OH^-(aq)$ | 0.15 |
| $N_2H_4(aq) + 2\,H_2O(\ell) + 2\,e^- \longrightarrow 2\,NH_3(aq) + 2\,OH^-(aq)$ | 0.10 |
| $[Co(NH_3)_6]^{3+}(aq) + e^- \longrightarrow [Co(NH_3)_6]^{2+}(aq)$ | 0.10 |
| $HgO(s) + H_2O(\ell) + 2\,e^- \longrightarrow Hg(\ell) + 2\,OH^-(aq)$ | 0.0984 |
| $O_2(g) + H_2O(\ell) + 2\,e^- \longrightarrow OOH^-(aq) + OH^-(aq)$ | 0.076 |
| $NO_3^-(aq) + H_2O(\ell) + 2\,e^- \longrightarrow NO_2^-(aq) + 2\,OH^-(aq)$ | 0.01 |
| $MnO_2(s) + 2\,H_2O(\ell) + 2\,e^- \longrightarrow Mn(OH)_2(s) + 2\,OH^-(aq)$ | −0.05 |
| $CrO_4^{2-}(aq) + 4\,H_2O(\ell) + 3\,e^- \longrightarrow Cr(OH)_3(s) + 5\,OH^-(aq)$ | −0.12 |
| $Cu(OH)_2(s) + 2\,e^- \longrightarrow Cu(s) + 2\,OH^-(aq)$ | −0.36 |
| $Fe(OH)_3(s) + e^- \longrightarrow Fe(OH)_2(s) + OH^-(aq)$ | −0.56 |
| $2\,H_2O(\ell) + 2\,e^- \longrightarrow H_2(g) + 2\,OH^-(aq)$ | −0.8277 |
| $2\,NO_3^-(aq) + 2\,H_2O(\ell) + 2\,e^- \longrightarrow N_2O_4(g) + 4\,OH^-(aq)$ | −0.85 |
| $Fe(OH)_2(s) + 2\,e^- \longrightarrow Fe(s) + 2\,OH^-(aq)$ | −0.877 |
| $SO_4^{2-}(aq) + H_2O(\ell) + 2\,e^- \longrightarrow SO_3^{2-}(aq) + 2\,OH^-(aq)$ | −0.93 |
| $N_2(g) + 4\,H_2O(\ell) + 4\,e^- \longrightarrow N_2H_4(aq) + 4\,OH^-(aq)$ | −1.15 |
| $[Zn(OH)_4]^{2-}(aq) + 2\,e^- \longrightarrow Zn(s) + 4\,OH^-(aq)$ | −1.22 |
| $Zn(OH)_2(s) + 2\,e^- \longrightarrow Zn(s) + 2\,OH^-(aq)$ | −1.245 |
| $[Zn(CN)_4]^{2-}(aq) + 2\,e^- \longrightarrow Zn(s) + 4\,CN^-(aq)$ | −1.26 |
| $Cr(OH)_3(s) + 3\,e^- \longrightarrow Cr(s) + 3\,OH^-(aq)$ | −1.30 |
| $SiO_3^{2-}(aq) + 3\,H_2O(\ell) + 4\,e^- \longrightarrow Si(s) + 6\,OH^-(aq)$ | −1.70 |

APPENDIX J

# 열역학 데이터

| Species | $\Delta H_f^\circ$ (298.15 K) (kJ/mol) | $S^\circ$ (298.15 K) (J K$^{-1}$ mol$^{-1}$) | $\Delta G_f^\circ$ (298.15 K) (kJ/mol) |
|---|---|---|---|
| ***Aluminum*** | | | |
| Al(s) | 0 | 28.275 | 0 |
| $Al^{3+}$(aq) | −531 | −321.7 | −485 |
| $AlCl_3$(s) | −704.2 | 110.67 | −628.8 |
| $Al_2O_3$(s, corundum) | −1675.7 | 50.92 | −1582.3 |
| ***Argon*** | | | |
| Ar(g) | 0 | 154.843 | 0 |
| Ar(aq) | −12.1 | 59.4 | 16.4 |
| ***Barium*** | | | |
| $BaCl_2$(s) | −858.6 | 123.68 | −810.4 |
| BaO(s) | −553.5 | 70.42 | −525.1 |
| $BaSO_4$(s) | −1473.2 | 132.2 | −1362.2 |
| $BaCO_3$(s) | −1216.3 | 112.1 | 85.35 |
| ***Beryllium*** | | | |
| Be(s) | 0 | 9.5 | 0 |
| $Be(OH)_2$(s) | −902.5 | 51.9 | −815 |
| ***Bromine*** | | | |
| Br(g) | 111.884 | 175.022 | 82.396 |
| $Br_2$(ℓ) | 0 | 152.231 | 0 |
| $Br_2$(g) | 30.907 | 245.463 | 3.110 |
| $Br_2$(aq) | −2.59 | 130.5 | 3.93 |
| $Br^-$(aq) | −121.55 | 82.4 | −103.96 |
| BrCl(g) | 14.64 | 240.10 | −0.98 |
| $BrF_3$(g) | −255.6 | 292.53 | −229.43 |
| HBr(g) | −36.40 | 198.695 | −53.45 |
| ***Calcium*** | | | |
| Ca(s) | 0 | 41.42 | 0 |
| Ca(g) | 178.2 | 158.884 | 144.3 |
| $Ca^{2+}$(g) | 1925.9 | — | — |
| $Ca^{2+}$(aq) | −542.83 | −53.1 | −553.58 |
| $CaC_2$(s) | −59.8 | 69.96 | −64.9 |
| $CaCO_3$(s, calcite) | −1206.92 | 92.9 | −1128.79 |
| $CaCl_2$(s) | −795.8 | 104.6 | −748.1 |
| $CaF_2$(s) | −1219.6 | 68.87 | −1167.3 |
| $CaH_2$(s) | −186.2 | 42 | −147.2 |
| CaO(s) | −635.09 | 39.75 | −604.03 |
| CaS(s) | −482.4 | 56.5 | −477.4 |

*Taken from Wagman, D. D., Evans, W. H., Parker, V. B., Schumm, R. H., Halow, I., Bailey, S. M., Churney, K. L., and Nuttall, R. The NBS Tables of Chemical Thermodynamic Properties. *Journal of Physical and Chemical Reference Data,* Vol. 11, Suppl. 2, 1982.

| Species | $\Delta H_f^\circ$ (298.15 K) (kJ/mol) | $S^\circ$ (298.15 K) ($J\ K^{-1}\ mol^{-1}$) | $\Delta G_f^\circ$ (298.15 K) (kJ/mol) |
|---|---|---|---|
| $Ca(OH)_2(s)$ | −986.09 | 83.39 | −898.49 |
| $Ca(OH)_2(aq)$ | −1002.82 | −74.5 | −868.07 |
| $CaSO_4(s)$ | −1434.11 | 106.7 | −1321.79 |
| ***Carbon*** | | | |
| C(s, graphite) | 0 | 5.74 | 0 |
| C(s, diamond) | 1.895 | 2.377 | 2.9 |
| C(g) | 716.682 | 158.096 | 671.257 |
| $CCl_4(\ell)$ | −135.44 | 216.4 | −65.21 |
| $CCl_4(g)$ | −102.9 | 309.85 | −60.59 |
| $CHCl_3(\ell)$ | −134.47 | 201.7 | −73.66 |
| $CHCl_3(g)$ | −103.14 | 295.71 | −70.34 |
| $CH_4$ (g, methane) | −74.81 | 186.264 | −50.72 |
| $C_2H_2$ (g, ethyne) | 226.73 | 200.94 | 209.2 |
| $C_2H_4$ (g, ethene) | 52.26 | 219.56 | 68.15 |
| $C_2H_6$ (g, ethane) | −84.68 | 229.6 | −32.82 |
| $C_3H_8$ (g, propane) | −103.8 | 269.9 | −23.49 |
| $C_4H_{10}$ (g, butane) | −126.148 | 310.227 | −16.985 |
| $C_6H_6$($\ell$, benzene) | 49.03 | 172.8 | 124.5 |
| $C_6H_{14}$($\ell$, hexane) | −198.782 | 296.018 | −4.035 |
| $C_8H_{18}$ (g, octane) | −208.447 | 466.835 | 16.718 |
| $C_8H_{18}$($\ell$, octane) | −249.952 | 361.205 | 6.707 |
| $CH_3OH$($\ell$, methanol) | −238.66 | 126.8 | −166.27 |
| $CH_3OH$(g, methanol) | −200.66 | 239.81 | −161.96 |
| $CH_3OH$(aq, methanol) | −245.931 | 133.1 | −175.31 |
| $C_2H_5OH$($\ell$, ethanol) | −277.69 | 160.7 | −174.78 |
| $C_2H_5OH$(g, ethanol) | −235.1 | 282.7 | −168.49 |
| $C_2H_5OH$(aq, ethanol) | −288.3 | 148.5 | −181.64 |
| $C_6H_{12}O_6$ (s, glucose) | −1274.4 | 235.9 | −917.2 |
| $CH_3COO^-(aq)$ | −486.01 | 86.6 | −369.31 |
| $CH_3COOH(aq)$ | −485.76 | 178.7 | −396.46 |
| $CH_3COOH(\ell)$ | −484.5 | 159.8 | −389.9 |
| CO(g) | −110.525 | 197.674 | −137.168 |
| $CO_2(g)$ | −393.509 | 213.74 | −394.359 |
| $H_2CO_3(aq)$ | −699.65 | 187.4 | −623.08 |
| $HCO_3^-(aq)$ | −691.99 | 91.2 | −586.77 |
| $CO_3^{2-}(aq)$ | −677.14 | −56.9 | −527.81 |
| $HCOO^-(aq)$ | −425.55 | 92.0 | −351.0 |
| HCOOH(aq) | −425.43 | 163 | −372.3 |
| $HCOOH(\ell)$ | −424.72 | 128.95 | −361.35 |
| $CS_2(g)$ | 117.36 | 237.84 | 67.12 |
| $CS_2(\ell)$ | 89.70 | 151.34 | 65.27 |
| $COCl_2(g)$ | −218.8 | 283.53 | −204.6 |
| ***Cesium*** | | | |
| Cs(s) | 0 | 85.23 | 0 |
| $Cs^+(g)$ | 457.964 | — | — |
| CsCl(s) | −443.04 | 101.17 | −414.53 |
| ***Chlorine*** | | | |
| Cl(g) | 121.679 | 165.198 | 105.68 |
| $Cl^-(g)$ | −233.13 | — | — |
| $Cl^-(aq)$ | −167.159 | 56.5 | −131.228 |

| Species | $\Delta H_f^\circ$ (298.15 K) (kJ/mol) | $S^\circ$ (298.15 K) (J $K^{-1}$ $mol^{-1}$) | $\Delta G_f^\circ$ (298.15 K) (kJ/mol) |
|---|---|---|---|
| $Cl_2(g)$ | 0 | 223.066 | 0 |
| $Cl_2(aq)$ | −23.4 | 121 | 6.94 |
| HCl(g) | −92.307 | 186.908 | −95.299 |
| HCl(aq) | −167.159 | 56.5 | −131.228 |
| $ClO_2(g)$ | 102.5 | 256.84 | 120.5 |
| $Cl_2O(g)$ | 80.3 | 266.21 | 97.9 |
| $ClO^-(aq)$ | −107.1 | 42.0 | −36.8 |
| HClO(aq) | −120.9 | 142. | −79.9 |
| $ClF_3(g)$ | −163.2 | 281.61 | −123.0 |
| ***Chromium*** | | | |
| Cr(s) | 0 | 23.77 | 0 |
| $Cr_2O_3(s)$ | −1139.7 | 81.2 | −1058.1 |
| $CrCl_3(s)$ | −556.5 | 123 | −486.1 |
| ***Copper*** | | | |
| Cu(s) | 0 | 33.15 | 0 |
| CuO(s) | −157.3 | 42.63 | −129.7 |
| $CuCl_2(s)$ | −220.1 | 108.07 | −175.7 |
| $CuSO_4(s)$ | −771.36 | 109. | −661.8 |
| ***Fluorine*** | | | |
| $F_2(g)$ | 0 | 202.78 | 0 |
| F(g) | 78.99 | 158.754 | 61.91 |
| $F^-(g)$ | −255.39 | — | — |
| $F^-(aq)$ | −332.63 | −13.8 | −278.79 |
| HF(g) | −271.1 | 173.779 | −273.2 |
| HF(aq, un-ionized) | −320.08 | 88.7 | −296.82 |
| HF(aq, ionized) | −332.63 | −13.8 | −278.79 |
| ***Hydrogen*** † | | | |
| $H_2(g)$ | 0 | 130.684 | 0 |
| $H_2(aq)$ | −4.2 | 57.7 | 17.6 |
| HD(g) | 0.318 | 143.801 | −1.464 |
| $D_2(g)$ | 0 | 144.960 | 0 |
| H(g) | 217.965 | 114.713 | 203.247 |
| $H^+(g)$ | 1536.202 | — | — |
| $H^+(aq)$ | 0 | 0 | 0 |
| $OH^-(aq)$ | −229.994 | −10.75 | −157.244 |
| $H_2O(\ell)$ | −285.83 | 69.91 | −237.129 |
| $H_2O(g)$ | −241.818 | 188.825 | −228.572 |
| $H_2O_2(\ell)$ | −187.78 | 109.6 | −120.35 |
| $H_2O_2(aq)$ | −191.17 | 143.9 | −134.03 |
| $HO_2^-(aq)$ | −160.33 | 23.8 | −67.3 |
| $HDO(\ell)$ | −289.888 | 79.29 | −241.857 |
| $D_2O(\ell)$ | −294.600 | 75.94 | −243.439 |
| ***Iodine*** | | | |
| $I_2(s)$ | 0 | 116.135 | 0 |
| $I_2(g)$ | 62.438 | 260.69 | 19.327 |
| $I_2(aq)$ | 22.6 | 137.2 | 16.40 |
| I(g) | 106.838 | 180.791 | 70.25 |
| $I^-(g)$ | −197 | — | — |

| Species | $\Delta H_f^\circ$ (298.15 K) (kJ/mol) | $S^\circ$ (298.15 K) (J K$^{-1}$ mol$^{-1}$) | $\Delta G_f^\circ$ (298.15 K) (kJ/mol) |
|---|---|---|---|
| $I^-$(aq) | −55.19 | 111.3 | −51.57 |
| $I_3^-$(aq) | −51.5 | 239.3 | −51.4 |
| HI(g) | 26.48 | 206.594 | 1.70 |
| HI(aq, ionized) | −55.19 | 111.3 | −51.57 |
| IF(g) | −95.65 | 236.17 | −118.51 |
| ICl(g) | 17.78 | 247.551 | −5.46 |
| $ICl_3$(s) | −89.5 | 167.4 | −22.29 |
| ICl(ℓ) | −23.89 | 135.1 | −13.58 |
| IBr(g) | 40.84 | 258.773 | 3.69 |
| ***Iron*** | | | |
| Fe(s) | 0 | 27.78 | 0 |
| FeO(s, wustite) | −266.27 | 57.9 | −245.12 |
| $Fe_2O_3$(s, hematite) | −824.2 | 87.4 | −742.2 |
| $Fe_3O_4$(s, magnetite) | −1118.4 | 146.4 | −1015.4 |
| $FeCl_2$(s) | −341.79 | 117.95 | −302.3 |
| $FeCl_3$(s) | −399.49 | 142.3 | −344 |
| $FeS_2$ (s, pyrite) | −178.2 | 52.93 | −166.9 |
| $Fe(CO)_5$(ℓ) | −774 | 338.1 | −705.3 |
| ***Lead*** | | | |
| Pb(s) | 0 | 64.81 | 0 |
| $PbCl_2$(s) | −359.41 | 136 | −314.1 |
| PbO(s, yellow) | −217.32 | 68.7 | −187.89 |
| PbS(s) | −100.4 | 91.2 | −98.7 |
| ***Lithium*** | | | |
| Li(s) | 0 | 29.12 | 0 |
| $Li^+$(g) | 685.783 | — | — |
| LiOH(s) | −484.93 | 42.8 | −438.95 |
| LiOH(aq) | −508.48 | 2.8 | −450.58 |
| LiCl(s) | −408.701 | 59.33 | −384.37 |
| ***Magnesium*** | | | |
| Mg(s) | 0 | 32.68 | 0 |
| $Mg^{2+}$(aq) | −466.85 | −138.1 | −454.8 |
| $MgCl_2$(g) | −400.4 | — | — |
| $MgCl_2$(s) | −641.32 | 89.62 | −591.79 |
| $MgCl_2$(aq) | −801.15 | −25.1 | −717.1 |
| MgO(s) | −601.70 | 26.94 | −569.43 |
| $Mg(OH)_2$(s) | −924.54 | 63.18 | −833.51 |
| MgS(s) | −346 | 50.33 | −341.8 |
| $MgSO_4$(s) | −1284.9 | 91.6 | −1170.6 |
| $MgCO_3$(s) | −1095.8 | 65.7 | −1012.1 |
| ***Mercury*** | | | |
| Hg(ℓ) | 0 | 76.02 | 0 |
| $HgCl_2$(s) | −224.3 | 146 | −178.6 |
| HgO(s, red) | −90.83 | 70.29 | −58.539 |
| HgS(s, red) | −58.2 | 82.4 | −50.6 |

| Species | $\Delta H_f^\circ$ (298.15 K) (kJ/mol) | $S^\circ$ (298.15 K) (J K$^{-1}$ mol$^{-1}$) | $\Delta G_f^\circ$ (298.15 K) (kJ/mol) |
|---|---|---|---|
| ***Nickel*** | | | |
| Ni(s) | 0 | 29.87 | 0 |
| NiO(s) | −239.7 | 37.99 | −211.7 |
| $NiCl_2(s)$ | −305.332 | 97.65 | −259.032 |
| ***Nitrogen*** | | | |
| $N_2(g)$ | 0 | 191.61 | 0 |
| $N_2(aq)$ | −10.8 | — | — |
| N(g) | 472.704 | 153.298 | 455.563 |
| $NH_3(g)$ | −46.11 | 192.45 | −16.45 |
| $NH_3(aq)$ | −80.29 | 111.3 | −26.50 |
| $NH_4^+(aq)$ | −132.51 | 113.4 | −79.31 |
| $N_2H_4(\ell)$ | 50.63 | 121.21 | 149.34 |
| $NH_4Cl(s)$ | −314.43 | 94.6 | −202.87 |
| $NH_4Cl(aq)$ | −299.66 | 169.9 | −210.52 |
| $NH_4NO_3(s)$ | −365.56 | 151.08 | −183.87 |
| $NH_4NO_3(aq)$ | −339.87 | 259.8 | −190.56 |
| NO(g) | 90.25 | 210.761 | 86.55 |
| $NO_2(g)$ | 33.18 | 240.06 | 51.31 |
| $N_2O(g)$ | 82.05 | 219.85 | 104.20 |
| $N_2O_4(g)$ | 9.16 | 304.29 | 97.89 |
| $N_2O_4(\ell)$ | −19.50 | 209.2 | 97.54 |
| NOCl(g) | 51.71 | 261.69 | 66.08 |
| $HNO_3(\ell)$ | −174.10 | 155.60 | −80.71 |
| $HNO_3(g)$ | −135.06 | 266.38 | −74.72 |
| $HNO_3(aq)$ | −207.36 | 146.4 | −111.25 |
| $NO_3^-(aq)$ | −205.0 | 146.4 | −108.74 |
| $NF_3(g)$ | −124.7 | 260.73 | −83.2 |
| ***Oxygen*** † | | | |
| $O_2(g)$ | 0 | 205.138 | 0 |
| $O_2(aq)$ | −11.7 | 110.9 | 16.4 |
| O(g) | 249.170 | 161.055 | 231.731 |
| $O_3(g)$ | 142.7 | 238.93 | 163.2 |
| $OH^-(aq)$ | −229.994 | −10.75 | −157.244 |
| ***Phosphorus*** | | | |
| $P_4$(s, white) | 0 | 164.36 | 0 |
| $P_4$(s, red) | −70.4 | 91.2 | −48.4 |
| P(g) | 314.64 | 163.193 | 278.25 |
| $PH_3(g)$ | 5.4 | 310.23 | 13.4 |
| $PCl_3(g)$ | −287 | 311.78 | −267.8 |
| $PCl_3(\ell)$ | −319.7 | 217.1 | −272.3 |
| $PCl_5(s)$ | −443.5 | — | — |
| $P_4O_{10}(s)$ | −2984 | 228.86 | −2697.7 |
| $H_3PO_4(s)$ | −1279 | 110.5 | −1119.1 |
| ***Potassium*** | | | |
| K(s) | 0 | 64.18 | 0 |
| KF(s) | −567.27 | 66.57 | −537.75 |

| Species | $\Delta H_f^\circ$ (298.15 K) (kJ/mol) | $S^\circ$ (298.15 K) (J K$^{-1}$ mol$^{-1}$) | $\Delta G_f^\circ$ (298.15 K) (kJ/mol) |
|---|---|---|---|
| KCl(s) | −436.747 | 82.59 | −409.14 |
| KCl(aq) | −419.53 | 159.0 | −414.49 |
| KBr(s) | −393.798 | 95.90 | −380.66 |
| KI(s) | −327.900 | 106.32 | −324.892 |
| $KClO_3$(s) | −397.73 | 143.1 | −296.25 |
| KOH(s) | −424.764 | 78.9 | −379.08 |
| KOH(aq) | −482.37 | 91.6 | −440.5 |
| ***Silicon*** | | | |
| Si(s) | 0 | 18.83 | 0 |
| $SiBr_4$(ℓ) | −457.3 | 277.8 | −443.8 |
| SiC(s) | −65.3 | 16.61 | −62.8 |
| $SiCl_4$(g) | −657.01 | 330.73 | −616.98 |
| $SiH_4$(g) | 34.3 | 204.62 | 56.9 |
| $SiF_4$(g) | −1614.94 | 282.49 | −1572.65 |
| $SiO_2$(s, quartz) | −910.94 | 41.84 | −856.64 |
| ***Silver*** | | | |
| Ag(s) | 0 | 42.55 | 0 |
| $Ag^+$(aq) | 105.579 | 72.68 | 77.107 |
| $Ag_2O$(s) | −31.05 | 121.3 | −11.2 |
| AgCl(s) | −127.068 | 96.2 | −109.789 |
| AgI(s) | −61.84 | 115.5 | −66.19 |
| $AgN_3$(s) | 620.60 | 99.22 | 591.0 |
| $AgNO_3$(s) | −124.39 | 140.92 | −33.41 |
| $AgNO_3$(aq) | −101.8 | 219.2 | −34.16 |
| ***Sodium*** | | | |
| Na(s) | 0 | 51.21 | 0 |
| Na(g) | 107.32 | 153.712 | 76.761 |
| $Na^+$(g) | 609.358 | — | — |
| $Na^+$(aq) | −240.12 | 59.0 | −261.905 |
| NaF(s) | −573.647 | 51.46 | −543.494 |
| NaF(aq) | −572.75 | 45.2 | −540.68 |
| NaCl(s) | −411.153 | 72.13 | −384.138 |
| NaCl(g) | −176.65 | 229.81 | −196.66 |
| NaCl(aq) | −407.27 | 115.5 | −393.133 |
| NaBr(s) | −361.062 | 86.82 | −348.983 |
| NaBr(aq) | −361.665 | 141.4 | −365.849 |
| NaI(s) | −287.78 | 98.53 | −286.06 |
| NaI(aq) | −295.31 | 170.3 | −313.47 |
| NaOH(s) | −425.609 | 64.455 | −379.484 |
| NaOH(aq) | −470.114 | 48.1 | −419.15 |
| $NaClO_3$(s) | −365.774 | 123.4 | −262.259 |
| $NaHCO_3$(s) | −950.81 | 101.7 | −851.0 |
| $Na_2CO_3$(s) | −1130.68 | 134.98 | −1044.44 |
| $Na_2SO_4$(s) | −1387.08 | 149.58 | −1270.16 |

| Species | $\Delta H_f^\circ$ (298.15 K) (kJ/mol) | $S^\circ$ (298.15 K) (J K$^{-1}$ mol$^{-1}$) | $\Delta G_f^\circ$ (298.15 K) (kJ/mol) |
|---|---|---|---|
| ***Sulfur*** | | | |
| S(s, monoclinic) | 0.33 | — | — |
| S(s, rhombic) | 0 | 31.80 | 0 |
| S(g) | 278.805 | 167.821 | 238.250 |
| $S^{2-}$(aq) | 33.1 | −14.6 | 85.8 |
| $S_2Cl_2$(g) | −18.4 | 331.5 | −31.8 |
| $SF_6$(g) | −1209. | 291.82 | −1105.3 |
| $SF_4$(g) | −774.9 | 292.03 | −731.3 |
| $H_2S$(g) | −20.63 | 205.79 | −33.56 |
| $H_2S$(aq) | −39.7 | 121 | −27.83 |
| $HS^-$(aq) | −17.6 | 62.8 | 12.08 |
| $SO_2$(g) | −296.830 | 248.22 | −300.194 |
| $SO_3$(g) | −395.72 | 256.76 | −371.06 |
| $SOCl_2$(g) | −212.5 | 309.77 | −198.3 |
| $SO_4^{2-}$(aq) | −909.27 | 20.1 | −744.53 |
| $H_2SO_4$(ℓ) | −813.989 | 156.904 | −690.003 |
| $H_2SO_4$(aq) | −909.27 | 20.1 | −744.53 |
| $HSO_4^-$(aq) | −887.34 | 131.8 | −755.91 |
| ***Tin*** | | | |
| Sn(s, white) | 0 | 51.55 | 0 |
| Sn(s, gray) | −2.09 | 44.14 | 0.13 |
| $SnCl_2$(s) | −325.1 | — | — |
| $SnCl_4$(ℓ) | −511.3 | 258.6 | −440.1 |
| $SnCl_4$(g) | −471.5 | 365.8 | −432.2 |
| $SnO_2$(s) | −580.7 | 52.3 | −519.6 |
| ***Titanium*** | | | |
| Ti(s) | 0 | 30.63 | 0 |
| $TiCl_4$(ℓ) | −804.2 | 252.34 | −737.2 |
| $TiCl_4$(g) | −763.2 | 354.9 | −726.7 |
| $TiO_2$(s) | −939.7 | 49.92 | −884.5 |
| ***Uranium*** | | | |
| U(s) | 0 | 50.21 | 0 |
| $UO_2$(s) | −1084.9 | 77.03 | −1031.7 |
| $UO_3$(s) | −1223.8 | 96.11 | −1145.9 |
| $UF_4$(s) | −1914.2 | 151.67 | −1823.3 |
| $UF_6$(g) | −2147.4 | 377.9 | −2063.7 |
| $UF_6$(s) | −2197.0 | 227.6 | −2068.5 |
| ***Zinc*** | | | |
| Zn(s) | 0 | 41.63 | 0 |
| $ZnCl_2$(s) | −415.05 | 111.46 | −369.398 |
| ZnO(s) | −348.28 | 43.64 | −318.3 |
| ZnS(s, sphalerite) | −205.98 | 57.7 | −201.29 |

[†] Many hydrogen-containing and oxygen-containing compounds are listed only under other elements; for example, $HNO_3$ appears under nitrogen.

# 찾아보기


## ㄱ

가설 4
가수분해 535
가역 과정 586
가열곡선 365
감마 32
강산 127, 129
강자성체 236
강전해질) 129
격자에너지 245
결정격자 74, 374
결정형 고체 373
결합각 290
결합반응 92
결합분자오비탈 280
결합에너지 253
결합 엔탈피 185
결합전자쌍 254
결합차수 281
계 166
고리알케인 258
고립전자쌍 254
고장성 용액 504
고체 17
공명 275
공명혼성 275
공유결합 252
과망간산 이온 621
과포화 482
광자 208
광전 효과 207, 208
교환 반응 97, 120
구조식 56
구조이성질체 62
국제단위계 36
균일반응 388
균일 촉매 421
균일혼합물 12
그물구조 고체 372, 380
극성분자 307
금속 382
금속의 활성도 시리즈 144
기전력 629
기질 422
기체 17
기체의 압력 322
끓는점 오름 496

## ㄴ

나노스케일 16
납축전지 643
내부에너지 166
녹는점 362
녹색 화학 113

## ㄷ

다원자 67
다원자 이온 67
다이아몬드 381
다중결합 292
단위세포 374
단일단계반응 404
당량점 153, 559
대류권 321
동소체 24
동위원소 44
동적 평형 356, 435
들뜬상태 211
등장성 503
등전자 234

## ㄹ

란타나이드 52
루이스의 점 기호 231

## ㅁ

마이크로스케일 16
마크로스케일 16
모세관 작용 355
몰 47
몰농도 147, 490
몰분율 342
몰열용량 170
무게 퍼센트 488
무극성 공유결합 269
무극성분자 307
무기화합물 56
무정형 고체 373
물리적 변화 6
물질 6
미터계 36
밀도 7

## ㅂ

바닥상태 210
반감기 402
반결합분자오비탈 280
반데르발스 345
반도체 382
반응 메커니즘 415
반응물2선호 과정 582

반응속도 389
반응 중간체 416
반응지수 451
반자성 236
반쪽 반응 618
반쪽 전지 625
반투막 500
발열과정 173
방사능 32
배타원리 222
배터리 625
베타 32
보어 모델 209
보존의 법칙 90
복합철맥석 4
볼타 전지 625
봄베 열량계 186
부껍질 218
분압 341
분자 24
분자간 힘 310
분자구조 290
분자 기하구조 290
분자성 고체 372
분자식 56
분자오비탈 279
분자운동론 323
분출 327
분해 반응 94
불균일반응 388
불균일 촉매 424
불균일혼합물 12
불포화 용액 482
불확정성의 원리 216
불활성 기체 52
비공유 상호작용 310
비례인자 9
비열 169
비전해질 76
빈도인자 410

## ㅅ

사틀리에의 원리 455
산 127
산의 이온화 상수 523
산화수 140
산화제 137, 617
산화–환원 반응 135
삼중결합 259
삼중점 367
삼투압 500
삼투현상 500
상대습도 359
상자성 236
상태함수 177
상평형 그림 366
생성물–선호 과정 582
석출 364
성층권 321
소수성 478
속도결정단계 416
속도상수 394
수득률 111
수산이온 129
수은 전지 643
수화 484
수화 엔탈피 484
순간반응속도 392
순간속도 392
스핀양자수 222
승화 364
승화 엔탈피 364
시그마결합 303
실험식 82, 113
쌍극자모멘트 307
쌍극자2쌍극자 인력 312

## ㅇ

아레니우스 식 410
아보가드로수 48
악티나이드 52
알짜 이온 반응식 124
알칼리 금속 52
알칼리 토금속 52
알케인 61, 258
알켄 262
알킨 262
알파 32
암페어 629
압축성 328
액체 17
약산 127
약전해질 129
양극 626
양성자 34
양이온 64
양자수 218
양자이론 205
양쪽성산 510
어는점 내림 497
에너지 보존 605
에너지 보존 법칙 163
엔탈피 변화 174
엔트로피 465
역삼투 504
연소반응 90
열량계 186
열분해 94
열역학 제1 법칙 163
열역학 제2법칙 592
열용량 169
열적 평형 165
염기 129
염다리 626
영구쌍극자 307
옥살산 621
옥소산 528
온도 6
온실효과 346
용매 146
용액 12

용융엔탈피 176, 362
용질 146
용해도 482
용해도 규칙 121
운동에너지 160
원소 14
원자가결합모델 299
원자가전자 230
원자량 46
원자론 19
원자반지름 237
원자번호 42
원자오비탈 217, 224
위치에너지 161
유기화합물 56
유도쌍극자 311
유효숫자 40
유효핵전하 239
육방조밀 쌓임 376
음극 626
음극선 33
응축 360
이론 5
이분자 반응 404
이상기체 328
이상기체법칙 333
이성질체 262
이성질현상 262
이온결합 68
이온반지름 239
이온성 고체 372
이온 수화물 79
이온화 상수 522
이온화 에너지 241
이원자 분자 24
이원자분자 280
이중결합 259
이차 전지 642
일분자 반응 404
일정성분비 법칙 20
일차 전지 642
임계압력 370
임계온도 370
입방조밀 쌓임 376
입체인자 407

## ㅈ

자동 이온화 516
자유라디칼 277
작용기 57
저장성 용액 503
적도 방향 296
적정곡선 560
전극 626
전기음성도 269
전기화학 616
전기화학 전지 625
전이상태 405
전이원소 52
전자껍질 218
전자밀도 217
전자배치 226
전자스핀 222
전자쌍구조 290
전자쌍 기하구조 290
전자친화도 243
전체 반응차수 398
전해질 76
절연체 382
점성도 354
정상끓는점 358
종말점 559
주기 51
주 양자수 210
주 에너지 준위 218
주위 166
주족 원소 51
준금속 23
중성자 35
중화 반응 130
증기압 356
증기압 내림 494
증발 360
증발엔탈피 176
진동수 203
질량보존의 법칙 20
질량 분율 488
질량수 43

## ㅊ

초기속도 394
초임계유체 370
최빈 속력 326
최조밀 쌓임 376
축 방향 296
축약식 56
치환 반응 96, 144
친수성 477
침전 반응 123

## ㅋ~ㅍ

쿨롱 629
탄화수소 60
파스칼 322
파이결합 304
파장 203
퍼센트 수득률 111
편극 311
평균반응속도 392
평균속도 392
평형상수 438
평형상수 식 438
평형이동 455
포화 용액 482
포화탄화수소 258
표면 용융 368
표면장력 355
표준 몰 생성엔탈피 192
표준 엔탈피 변화 178
표준 전압 630

표준 조건 630
표준 평형 상수 600
표준 환원 포텐셜 634
풀러렌 381

## ㅎ

하이드록사이드 이온 508
한계반응물 106
해리 120
핵 35
핵심부전자 230
헤르츠 203
헤스의 법칙 189
헨리의 법칙 487
형식전하 272
화학량론 91
화학식 24
화학식량 77
화학적 변화 10
화학평형 434
화합물 14
확산 327
확장된 옥테트 296
환산인자 9
환원제 137, 617
활성도 144
활성자리 423
활성착물 405
활성화 에너지 406
효소 422
휘발성 356
흑연 381
흡열과정 173

## A

acid ionization constant 523
acivated complex 405
actinides 52
activation energy 406
active site 423
alkali metals 52
alkaline2earth metals 52
alkane 61, 258
alkenes 262
alkynes 262
amorphous solids 373
ampere 629
amphiprotic 510
anode 626
antibonding molecular orbital 280
Antoine Lavoisier 90
Arrhenius equation 410
atome number 42
atomic orbital 217
atomic weight 46
average reaction rate 392
Avogadro's number 48
axial position 296

## B

battery 625
bimolecular reaction 404
boiling point elevation 496
bomb calorimeter 186
bond angle 290
bond energy 253
bonding electron pair 254
bonding molecular orbital 280
bond order 281
buckminsterfullerene 24

## C

calorimeter 186
capillary action 355
cathode 626
cation 64
Chadwick 35
chemical equilibrium 434
chemical formula 24
closest packing 376
$C_m$ 170
combination reaction 92
combustion reaction 90
composite iron matrix, CIM 4
compound 14
compressibility 328
condensation 360
condensed formula 56
conversion factor 9
core electron 230
coulomb 629
covalent bond 252
crystal lattice 74, 374
crystalline solids 373
cycloalkane 258

## D

Debye 307
decomposition reaction 94
deposition 364
diamagnetic 236
diatomic molecules 24
diffusion 327
dipole moment 307
dipole–dipole attraction 312
displacement reaction 96
dissociation 120
Dmitri Mendeleev 51
dot symbol 231
double bond 259
dynamic equilibrium 435

## E

effusion 327
electrochemical cell 625
electrochemistry 616

electrode 626
electrolyte 76
electromotive force 629
electron affinity 243
electron configuration 226
electron density 217
electronegativity 269
electron shell 218
elementary reaction 404
elements 14
emf 629
empirical formula 82
endothermic 173
end poiunt 559
energy conservation 605
enthalpy change 174
enthalpy of fusion 176, 362
enthalpy of hydration 484
enthalpy of sublimation 364
enthalpy of vaporization 176
entropy 465
enzyme 422
equatorial position 296
equilibrium constant 438
equilibrium constant expression 438
equivalence point 153
evaporation 360
exchange reaction 97
excited state 211
exclusion principle 222
exothermic 173

## F

fequency factor 410
ferromagnetic 236
first law of thermodynamics 163
formal charge 272
formular weight 77
free radical 277
freezing point lowering 497
Friedrich A. Kekule 276
functional group 57

## G

gas 17
G. N. Lewis 252
Goudsmit 222
green chemistry 113
greenhouse effect 346
ground state 210

## H

half–cell 625
half–reaction 618
heating curve 365
Heisenberg 217
Henri Becquerel 32
Henry's Law 487
heterogeneous catalysts 424
heterogeneous reaction 388
homogeneous catalyst 421
homogeneous mixture 12
homogeneous reaction 388
hydration 484
hydrocarbons 60
hydrolysis 535
hydrophilic 477
hydrophobic 478
hypertonic solution 504
hypotonic solution 503
Hz 203

## I

ideal gas 328
IE 241
induced dipole 311
initial rate 394
inorganic compound 56
instantaneous reaction rate 392
intermolecular forces 310
internal energy 166
ionic bonding 68
ionic hydrates 79
ionic solids 372
isoelectronic 234
isomer 262
isotonic 503
isotope 44

## J

Jacques Charles 329
John Dalton 19
Joseph Priestly 94
joule 161

## K

kinetic energy 160

## L

lanthanides 52
lattice energy 245
law of conservation of energy 163
law of conservation of mass 20, 90
law of constant composition 20
Le Chatelier's principle 455
limiting reactant 106
Linus Pauling 269
liquid 17
lone pair electrons 254
Louis de Broglie 215

## M

macroscale 16
main group 51
main group elements 51
Marie Curie 32

mass fraction 488
mass number 43
Max Planck 205
melting point 362
metalloid 23
metric system 36
microscale 16
Millikan 33
mm Hg 322
mol 47
molarity 147, 490
molecular formula 56
molecular orbital 279
molecular solids 372
molecule 24
mole fraction 342
most probable speed 326

## N

nanoscale 16
network solids 372
neutron 35
noble gases 52
noncovalent interactions 310
nonelectrolyte 76
nonpolar molecular 307
normal boiling point 358
nucleus 35

## O

organic chemistry 56
osmosis 500
osmotic pressure 500
overall reaction order 398
oxalic acid 621
oxidation number 140
oxidizing agent 137
oxoacid 528

## P

paramagnetic 236
partial pressure 341
p bonds 304
pc 370
periods 51
permanent dipole 307
permanganate ion 621
phase diagram 366
photoelectric effect 208
photon 208
polarization 311
polar molecule 307
polyatomic ion 67
potential energy 161
primary battery 642
principal quantum number 210
product-favored process 582
proton 34

## Q

quantum numbers 218
quantum theory 205

## R

Raoult's law 494
rate constant 394
rate-limiting step 416
reactant-favored process 582
reaction intermediates 416
reaction mechanism 415
reaction quotient 451
reaction rate 389
reducing agent 137
relative humidity 359
resonance 275
resonance hybrid 275
reverse osmosis 504
reversible process 586
Rutherford 34

## S

salt bridge 626
saturated hydrocarbon 258
saturated solution 482
s bonds 303
secandary battery 642
second law of thermodynamics 592
semipermeable membrane 500
shifting an equilibrium 455
significant figures 40
solid 17
solubility 482
solute 146
solution 12
solvent 146
specific heat capacity 169
standard condition 630
standard enthalpy change 178
standard equilibrium constant 600
standard reduction potential 634
standard voltage 630
steric factor 407
stoichiometry 91
stratosphere 321
strong acids 127
structural formula 56
structural isomer 62
sublimation 364
subshell 218
substrate 422
supercritical fluid 370
supersaturated 482
surface tension 355
surroundings 166

system 166

## T

$T_c$ 370
theoretical yield 111
thermal decomposition 94
thermal equilibrium 165
Thomson 33
titration curve 560
transition elements 52
transition state 405
triple bond 259
triple point 367
troposphere 321

## U

Uhlenbeck 222
uncertainty principle 216
unimolecular reaction 404
unit cell 374
unsaturated solution 482

## V

valence bond model 299
valence electron 230
van der Waals 345
vaporization 360
viscosity 354
volatility 356
voltaic cell 625

## W

weak acids 127
weight percent 488

## 기타

짝산–짝염기 쌍 511
Boyle의 법칙 328
Charles의 법칙 329
*cis*–trans 이성질현상 262
Clausius–Clapeyron 식 358
*d* 원자오비탈 226
halide 이온 71
Harber–Bosch 공정 466
Hund의 규칙 227
pH 값 518
pH 측정 521
*p* 원자오비탈 225
Raoult의 법칙 494
redox 반응 136
Rydberg 상수 213
SI 단위 36
*sp* 혼성오비탈 300
$sp^2$ 혼성오비탈 301
$sp^3$ 혼성오비탈 302
*s* 원자오비탈 224
*trans* 이성질체 262

## 역자소개

**건국대학교 :** 권성중, 김상희, 김성훈, 도정환, 박승언, 박용선, 박종만, 임 찬, 이만종, 전영재, 정구춘, 표승문, 허용석

**경운대학교 :** 이선하

**경일대학교 :** 김명철, 제갈영순

**대구대학교 :** 강태종, 김장섭, 김학중, 심준호, 위경량 이성호, 장승현

**동국대학교 :** 김상욱, 박순흠, 이인자, 이준희

**선문대학교 :** 김명녀, 김정희, 박봉진, 이창재, 한철희

**울산대학교 :** 류광선, 양성봉, 우상국, 이무진, 이민형, 이영일, 이형일, 정재훈, 정한모, 지기환, 하지원, 홍종욱

**한림대학교 :** 김상철

(학교명 · 역자 가나다순)


## 화학의 원리 [수정판]

2018년 2월 20일 수정판 인쇄
2018년 2월 26일 수정판 발행

저　　자 | John W. Moore
Conrad L. Stanitski
Peter C. Jurs

역　　자 | 화학교재연구회

펴 낸 이 | 김 중 현

펴 낸 곳 | **녹 문 당**

주　　소 | 경기도 파주시 심학산로 12 (서패동)

전　　화 | 031) 957-2711　FAX | 031) 957-2710

신고번호 | 제 406-1997-000055호

ISBN 978-89-88684-72-6　93430

값 40,000원

## Useful Conversion Factors and Relationships

### Length

**SI unit: meter (m)**

1 kilometer = 1000. meters
= 0.62137 mile
1 meter = 100. centimeters
1 centimeter = 10. millimeters
1 nanometer = $1 \times 10^{-9}$ meter
1 picometer = $1 \times 10^{-12}$ meter
1 inch = 2.54 centimeter (exactly)
1 Ångström = $1 \times 10^{-10}$ meter

### Mass

**SI unit: kilogram (kg)**

1 kilogram = 1000. grams
1 gram = 1000. milligrams
1 pound = 453.59237 grams = 16 ounces
1 ton = 2000. pounds

### Volume

**SI unit: cubic meter ($m^3$)**

1 liter (L) = $1 \times 10^{-3}$ $m^3$
= 1 $dm^3$ = 1000. $cm^3$
= 1.056710 quarts
1 gallon = 4 quarts

### Energy

**SI unit: joule (J)**

1 joule = 1 kg $m^2$ $s^{-2}$
= 0.23901 calorie
= 1 C × 1 V
1 calorie = 4.184 joules

### Pressure

**SI unit: pascal (Pa)**

1 pascal = 1 N/$m^2$
= 1 kg $m^{-1}$ $s^{-1}$
1 atmosphere = 101.325 kilopascals, kPa
= 760. mm Hg = 760. torr
= 14.70 lb/in.$^2$
1 bar = $1 \times 10^5$ Pa
1 kilopascal = $1 \times 10^3$ Pa

### Temperature

**SI unit: kelvin (K)**

If $T_K$ is the numeric value of the temperature in kelvins, $t_C$ the numeric value of the temperature in °C, and $t_F$ the numeric value of the temperature in °F, then

$$T_K = t_C + 273.15$$
$$t_C = (\tfrac{5}{9})(t_F - 32)$$
$$t_F = (\tfrac{9}{5})t_C + 32$$

## Location of Useful Tables and Figures

### Atomic, Ionic, and Molecular Properties

| | |
|---|---|
| Atomic radii | Figure 7.20 |
| Bond energies | Table 8.2 |
| Bond lengths | Table 8.1 |
| Electron affinities | Table 7.8 |
| Electron configurations | Table 7.5, Figure 7.16, Appendix D |
| Electronegativity | Figures 8.6, 8.7 |
| Ionic radii | Figure 7.21 |
| Ionization energies | Figure 7.22 |
| Molecular geometries | Table 9.1 |
| Properties of molecular and ionic compounds | Table 3.9 |
| Properties of solids | Table 11.5 |

### Thermodynamic Properties

| | |
|---|---|
| Specific heat capacities | Table 6.1 |
| Standard molar enthalpies of formation | Table 6.2, App. J |
| Standard molar entropies | Table 17.1, App. J |
| Enthalpy, entropy, Gibbs free energy | Appendix J |
| Equilibrium constants | Table 13.1 (Also see Appendices F, G, and H) |

### Acids, Bases, and Salts

| | |
|---|---|
| Acid-base properties of ions in solution | Table 15.5 |
| Common acids and bases | Table 5.2 |
| Common polyatomic ions | Table 3.7 |
| Solubility guidelines for ionic compounds | Table 5.1 |
| Common monatomic ions | Figure 3.2 |
| Buffer systems | Table 16.1 |
| Acid and base ionization constants | Table 15.2 (See also Appendices F, G) |
| Solubility product constants | Appendix H |

### Other Useful Tables and Figures

| | |
|---|---|
| Common oxidizing and reducing agents | Table 5.3 |
| Electromagnetic spectrum | Figure 7.1 |
| Composition of dry air | Table 10.1 |
| Standard reduction potentials | Table 18.1 (See also Appendix I) |

## STYLE KEY

### Ten Common Atoms

### Orbitals

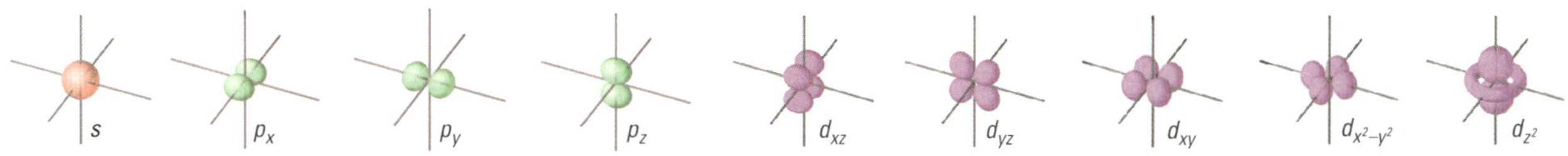


### Bonds

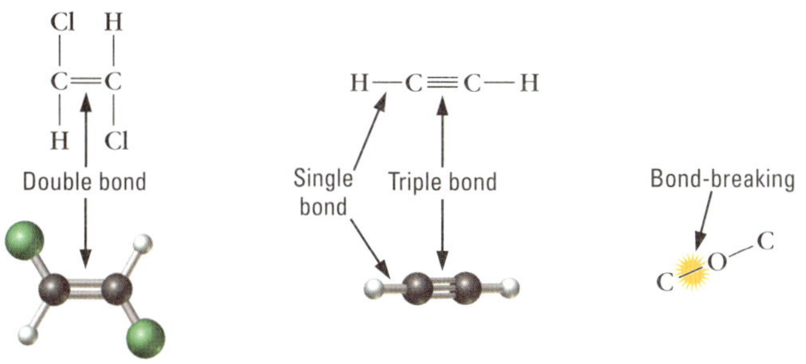


### Intermolecular Forces

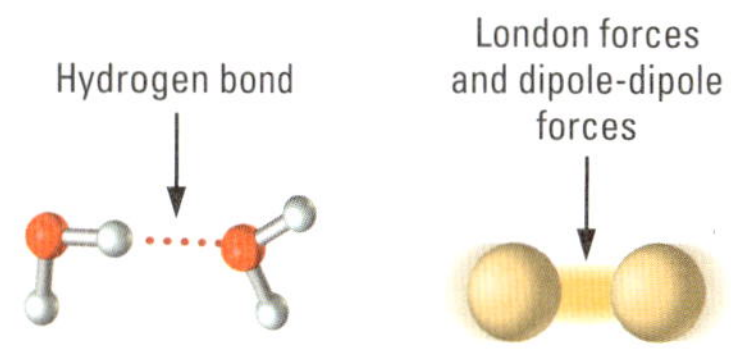


### Electron Density Models

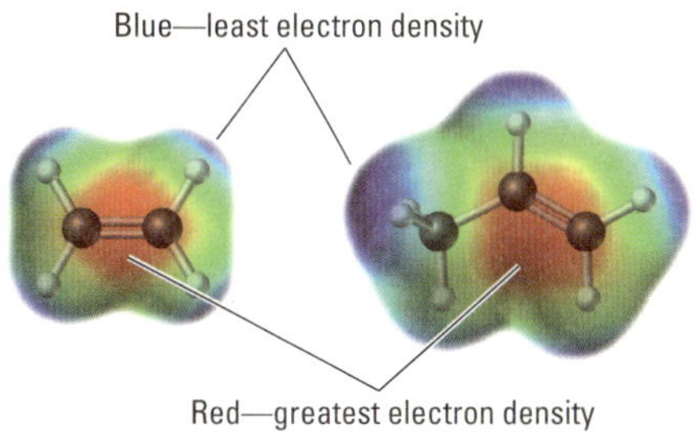


### Periodic Table

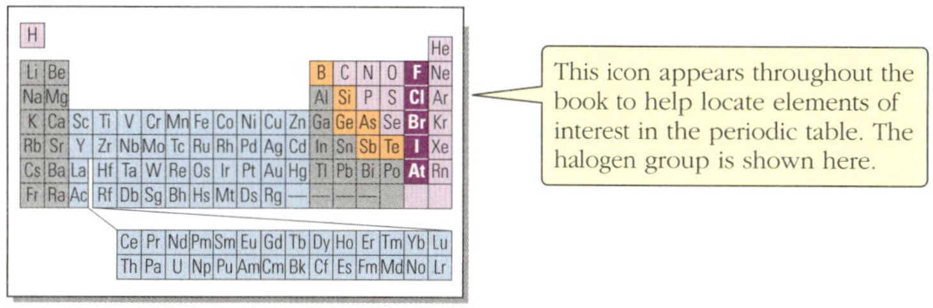


## Physical and Chemical Constants*

| | | | |
|---|---|---|---|
| Avogadro constant | $N_A = 6.022\,14179(30) \times 10^{23}\ \text{mol}^{-1}$ | Neutron mass | $m_n = 1.674\,927\,211(84) \times 10^{-27}$ kg |
| Electron mass | $m_e = 9.109\,38215(15) \times 10^{-31}$ kg | Pi | $\pi = 3.141\,592\,654$ |
| Electronic charge | $e = 1.602\,176487(40) \times 10^{-19}$ C | Planck constant | $h = 6.626\,0693(11) \times 10^{-34}$ J s |
| Faraday constant | $F = 96\,485.3383(83)$ C/mol | Proton mass | $m_p = 1.672\,621\,637(83) \times 10^{-27}$ kg |
| Gas constant | $R = 8.314\,472(15)\ \text{J mol}^{-1}\ \text{K}^{-1}$ <br> $= 0.082057\ \text{L atm mol}^{-1}\ \text{K}^{-1}$ | Speed of light (in a vacuum) | $c = 299\,792\,458$ m/s |

* Data from the National Institute for Standards and Technology reference on constants, units, and uncertainty, **http://physics.nist.gov/cuu/Constants/Index.html.** Uncertainties are given in parentheses following each number.